食用菌产业是我国农业产业结构调整新的选择。食用菌具有"五不争"的特点，就是不与人争粮，不与粮争地，不与地争肥，不与农争时，不与其他争资源。食用菌实现了农业废弃物的资源化，推进了循环经济发展，重要的它还是支撑国家食物安全的生力军。

——李玉

Mushroom not only can convert the huge lignocellulosic biomass waste into rich protein food, but can also produce notable nutraceuticals /pharmaceutical products that have many health benefits. The most aspect of mushroom cultivation is to create pollution free or zero environments.

—— Solomon P. Wasser

李 玉　康源春

（由左至右）

国家出版基金项目
NATIONAL PUBLICATION FOUNDATION

中国菌物资源与利用

中国食用菌生产

李 玉　康源春　主编
Li Yu　Kang Yuanchun

Production
of Edible
Mushroom
in China

中原农民出版社
CENTRAL CHINA FARMER'S PUBLISHING HOUSE

·郑州·
ZHENGZHOU

图书在版编目 (CIP) 数据

中国食用菌生产 / 李玉 , 康源春主编 .—郑州 : 中原农民出版社，2019.12
　（中国菌物资源与利用）
　ISBN 978-7-5542-2217-1

　Ⅰ . ①中… Ⅱ . ①李… ②康… Ⅲ . ①食用菌 – 蔬菜园艺 – 中国 Ⅳ . ① S646

中国版本图书馆 CIP 数据核字 (2019) 第 294050 号

中国食用菌生产

出 版 人　刘宏伟
编　审　汪大凯

策　划　段敬杰
责任编辑　赵林青　王艳红　段敬杰　曹茂森　张云峰
责任校对　尹春霞　李秋娟　张晓冰　侯智颖
装帧设计　薛　莲

出版发行　中原农民出版社
　　　　　地址　河南省郑州市郑东新区祥盛街 27 号
　　　　　电话　0371-65788651
策划编辑联系方式　QQ：895838186　手机：13937196613
编辑部投稿信箱　895838186@qq.com　djj65388962@163.com

承印单位　河南省邮电印刷厂
开　　本　890 mm × 1 240 mm　　1/16
印　　张　92.75
字　　数　2 600 千字
版　　次　2020 年 12 月第 1 版
印　　次　2020 年 12 月第 1 次印刷

书　　号　ISBN 978-7-5542-2217-1
定　　价　1 480.00 元

中文摘要

《中国食用菌生产》是"中国菌物资源与利用"的第二卷。

编纂者以"内容要新、技术要明、观点要准、品种要全"为基本出发点，立足中国食用菌产业生产的现状，兼顾未来的发展趋势，吸收国内外先进生产技术，对全国各地生产实践经验进行细致的总结，注重科学性、准确性、系统性、时效性，力求达到清楚、明晰、容易理解。

全书内容涉及中国食用菌发展历史、现状与展望，食用菌基础知识，食用菌育种技术，食用菌制种技术，食用菌生产设施与设备，食用菌生产技术（共涉及食用菌栽培种37个，含草腐菌6个种、木腐菌27个种、共生菌4个种），病虫鼠害防控技术（包括240种病害、38种害虫及7种害鼠的防控技术），食用菌菌渣利用技术等内容，基本涵盖了食用菌学科的基本学术内容和主要生产品种的生产过程，较为全面地反映了中国食用菌生产技术发展历史和现实情况。

全书文字通俗，内容翔实，是一部普及知识与提高技术兼得的大型食用菌专业书籍，可供广大从事食用菌教学、科研、生产及技术推广人员和各级政府食用菌生产管理者参考。

Brief Introduction

Production of Edible Mushroom in China is the second volume of *Fungal Resources and Utilization in China*.

With the basic starting point of "new content, clear technology, accurate viewpoints, and complete varieties", the editors keep a foothold on current production status of the edible mushroom industry in China, taking into account future development trends, assimilating domestic and foreign advanced production technology, and meticulously summarizing national practical production experience. With the feature of scientificity, accuracy, systematization and time-validity, the book strives to be clear, distinct, easy to understand.

The book involves development history, current situation and prospect of edible mushroom, basic knowledge of edible mushroom, breeding technology of edible mushroom, spawn production technology of edible mushroom, production facilities and equipment of edible mushroom, cultivation technology of edible mushroom (a total of 37 edible mushroom cultivation species, including 6 straw rotting mushrooms, 27 wood rotting mushrooms and 4 symbiotic mushrooms), prevention and control technology of 240 kinds of disease damage, 38 kinds of insect damage and 7 kinds of rodent damage, and utilization technology of mushroom cultivating residue. The book basically covers the basic academic content of the edible mushroom discipline and the production process of the main varieties, and relatively comprehensively reflects the development history and current situation of edible mushroom production technology in China.

The book is popular, informative. It is a large-scale edible mushroom professional book with both popularizing knowledge and improving technology. The book can be used by edible mushroom teaching, scientific research, production and technology promoters, and edible mushroom production managers of all levels of government.

序 I

　　生物物种是生物基因的载体。基因本身在生物物种的个体之外是没有生存价值的。生存于多样性生态系统中的含有基因多样性的物种多样性是生物多样性的核心。没有物种多样性便没有基因多样性。因此，生物物种多样性是人类可持续发展所依赖的最重要的可再生自然资源宝库。

　　菌物是地球生物圈中物种多样性最丰富的生物类群之一。所谓菌物是指所有的真核菌类生物，包括真菌界的真菌(Fungi)，管毛生物界的类真菌(cromistan fungal analogues)如卵菌等，以及原生动物界的类真菌(protozoan fungal analogues)如黏菌等。人类关于菌物物种多样性的知识还非常贫乏。据专家对菌物中真菌种数的保守估计，地球生物圈中至少有250万种以上。然而，已被人类所认识和命名的真菌只有10万种左右；尚有96%的真菌有待人类去发现、认识、命名、描述、研究和开发利用。此外，菌物和其他微生物一样，既能进行大规模工厂化生产，又能通过高科技发展为现代化大产业，是人类可持续发展所依赖的最为丰富的可再生自然资源。

　　由著名菌物学家李玉院士主编的四卷集"中国菌物资源与利用"包括《中国大型菌物资源图鉴》、《中国食用菌生产》、《中国菌物药》和《中国食用菌加工》，是我国迄今最全面的菌物资源与利用方面的巨著。

　　《中国大型菌物资源图鉴》所展示的1 800多种大型菌物，均为著者原创成果，其中记载了大量新发表的种类，反映了大型菌物研究的最新成果。该卷的特色在于文字简明扼要，图片精美，实用性强，是辨识菌物物种资源的重要参考工具。

　　《中国食用菌生产》系统地介绍了作为我国农业生产中第五大作物——食用菌的生产技术，包括生产过程中的成功范例和经验。

　　《中国菌物药》在上篇的总论中介绍了菌物药的定义、起源、发展、本草学考证，传统药性与配伍理论、化学成分、药理作用，鉴定与生产及民族菌物药；在下篇的专论中介绍了子座类、菌核类、发酵类以及其他类菌物药。

《中国食用菌加工》介绍了菌物加工的现状及前瞻，保鲜、储运、设施、设备、初级加工、精细加工、加工质量检测及加工范例等。

我国古代药王孙思邈将人类的健康状态分为上、中、下三个层次，即上为未病（健康），中为欲病（亚健康），下为已病（患者）。对于医疗系统也分为上、中、下三个层次，即治未病者为上医，治欲病者为中医，治已病者为下医。在防病重于治病的理论体系中早已展示出中医药学的博大精深。

现代科学已经证明并将继续证明，食用菌对保持人类健康的上游状态具有重要意义。因此，在大力发展食用菌产业时，与医疗卫生系统合作，实施产学研相结合，继续广泛深入地进行食用菌的研究、开发与利用，使人类保持上游未病状态的健康人数越来越多，下游患病的人数越来越少，无疑是利在当代、功在千秋的伟大事业。"中国菌物资源与利用"四卷集的问世，将为产学研相结合进行食用菌研究、开发与利用提供指导和借鉴，为菌物事业的发展和创新提供基础。

中国科学院　院士
中国菌物学会　名誉理事长
中国科学院中国孢子植物志编辑委员会　主编
中国科学院微生物研究所真菌学国家重点实验室　研究员

序 II

当我接到邀请写这个序的时候，我认为是一个很大的挑战。因为多年来，我疏于用中文写信件及论文。在犹豫不决的时候，偶然想到纳米比亚前总统萨姆·努乔马博士（Dr. Sam Nujoma)曾讲过"我常常喜欢接受挑战，因为在挑战中才有机会学习到新的东西"（I always take challenges as opportunities to learn new things）。写这个序的时候，我真的遇到很多困难与挑战，尤其是在电脑上用拼音写中文。同时我也因有这次挑战的机会学到很多新的东西。

蕈菌（食用菌）生物学（mushroom biology）是真菌学(mycology)的一门新的学科分支。它专门探讨蕈菌的形态、机能、遗传、演化、发育、利用及其与环境间的基本关系等问题。蕈菌生物学不同于蕈菌科学（mushroom biology differs from mushroom science）。蕈菌科学是蕈菌生物学的一个分支，它主要涉及蕈菌的栽培及生产原理与实践。蕈菌生物技术（mushroom biotechnology）是蕈菌科学的一部分，它主要涉及由发酵或提取的蕈菌产品。这些问题的本质变化虽然不大，但是研究的方法却随着自然科学的发展而日新月异。因此，蕈菌生物学的教材内容与研究课题及其方法亦应经常有所增加或删除或改进。"中国菌物资源与利用"是依科技研发为基础编著而成的，它反映了我国蕈菌（大型真菌）生物学研发的最新成果。许多人低估了中国食用菌的科学、技术、创新（STC）政策与成果。统计表明，中国投资蕈菌的研究及开发利用方面的实力非常可观,这将带动食用菌基础研究及产业开发的持续走强。

编著者在前言中已将有关食用菌（蕈菌——大型真菌）的定义明确说明。有关大型真菌的国际会议及文献大都用 Edible mushrooms（食用蕈菌）或 Medicinal mushrooms（药用蕈菌），很少用 Edible fungi（食用真菌 或食用菌）或 Medicinal fungi(药用真菌或药用菌）。

最近估计，地球上真菌生物约有 300 万种（Hawksworth D L, 2012. Biodivers Conserv 21:2425-2433; Wasser S P, 2014. J. Biomed. Sci. 37: 345-356），被定名的真菌种在 2012 年约有 10 万种，但真菌的新种还在不断地被发现，过去 10 年来约有 60% 的真菌新品种是在热带地区发现的。目前估计蕈菌（Chang S T & P G Miles,1992. The Mycologist 6: 64-65）在地球上有 15 万 ~16 万种，但已知的蕈菌种类约为 16 000 种，仅占所估计蕈菌种类的 10%。其中大约有 2 000 种是安全可食的，其内包括 700 多种具有药用价值的蕈菌。蕈菌的生物多样性是一门综合性的生物科学，它对未来蕈菌资源的调查、鉴定及利用十分重要。生物多样性所面临的许多问题是高度复杂的。如，遗传学和分类学相互作用形成保护政策，并从多个层面探索和开发新的食、药用蕈菌资源。因此，对纯正的野生物种采取种质资源保护和进行遗传改良，至关重要。

现代科技在人类文明中的角色正日益扩张，尽管如此，当今人类的福祉还是面临着三大挑战：地区性食物短缺，人类健康质量下降，以及生态环境日趋恶化。这些问题会随着世界人口的持续增长而愈加严重。我们迫切需要掌握公平有效的全球性的知识和技术来解决或减轻这三大挑战，特别是人类健康损害的发生，不仅仅局限于贫困的国家或社会的贫困阶层。事实上，那些在发展中国家和发达国家，生活在高学历和富裕的家庭的人们也有很多健康问题，如高血压、心脏病、糖尿病和癌症等所谓的"富裕病"。这些健康问题的发生，导致了不良的经济后果，提高了消费者和纳税人的生活成本，并使劳动能力减弱，成为生产力下降的主要因素。

不管是个人还是国家都不能忽视这个问题。余从事蕈菌教学及研究已有 50 多年，曾获机会应邀至五大洲讲解有关蕈菌生物学及其科研规范和开发利用的知识。深信蕈菌能对人类面临的三大挑战做出贡献。蕈菌不仅能将含有大量纤维素及木质素的生物废弃物转化成食物，而且能生产出对人类健康意义重大的医疗、保健产品。蕈菌栽培的一个最显著的特点是，如果经营得当，不但可以减轻生态环境的恶化甚至可能实现对环境的零污染。而且，蕈菌产业基础的形成和发展可以提供新的就业机会。此外，栽培、发展食用菌与药用菌可以积极创造经济增长，这对个人和地区及国家的经济发展都具有积极的影响力。因此，蕈菌的研究与开发，未来将会继续扩大。因蕈菌生产（蕈菌本身）、蕈菌产品（蕈菌衍生产品）和废物利用（保护环境）对人类面临的三大挑战都会做出贡献，所以对蕈菌的资源与利用进行可持续的研究与发展，可以成为一种"非绿色的革命"（因为食用菌不含叶绿素，是一种非绿色生物）。

总结：主编李玉教授从构思、实施到完成这套书付出了艰辛的劳动。本套书的编著者都是极富蕈菌教学及研究经验的学者。这是一套全面、完整、系统地介绍我国蕈菌资源分类及生产加工等原理与技术的高文典册，是一套难得可贵的蕈菌学著作。

張樹庭

香港中文大学生物系　荣休讲座教授

二〇一五年一月十日于澳洲坎京

序 Ⅲ

作为"中国菌物资源与利用"的第二卷,《中国食用菌生产》是一卷起步最早,历经磨难的重头戏,也终于和第三、第四卷同时跑到了终点!说它是重头戏,是因为:如果说资源是起点、是基础、是源头的话,菌物药是一个与人类健康息息相关的重要分支,加工则是整个产业的去向,是牵动产业的引擎,而这一链条的核心则是食用菌(食药用菌)的生产。

"食用菌"细究起来这三个字不只是人们意识中所说的蘑菇。"菌"字本是中国的老祖宗对蘑菇的最生动认知,从艸(艸,草字头),囷声(囷,禀之圆者),既生动地描述了蘑菇的外形,又包含着深刻的内涵!现代汉语的语境中描述这类生命体的常用汉字,有菌、菇、蘑、蕈、耳、茸等。日本人小林义雄研究认为,大约有25个描述这一类群的汉字。中国人说要多达50个字(陈士瑜)!记得20世纪80年代我在日本东京一次博览会上作报告,介绍中国食用菌的发展,好几个日本朋友和我说:你说的食用菌,似乎是指日本的"木之子"(きのこ)吧。我突然意识到那已经不是在国内了!日本对蘑菇多称茸或占地!而外文中多用 Mushroom,一些老书中也有时下不太用的 Toadstool。这一大的生命群体一直受到不太公平的待遇。

最早人类认知生物的两界系统中它归植物(不会动!),在之后的岁月中随着观察手段的不断改进升级,有一些更微小的菌类家族的成员被发现,人们越来越认识到它和植物的不同,其中的大多数或者绝大多数并没有被人类广泛认知,虽然只有极少极少部分(10万种左右)被人类认知,采集、驯化成功而大规模栽培者只有数百种,但是这一历程与其他植物和动物的驯化过程毫无二致。所以我一直呼吁把这一部分驯化成功并大量栽培的种类称为菌类作物,赋予它们与粮食作物、经济作物、园艺作物……以平等地位。因为这个行业的国际组织称世界蘑菇协会,中国食用菌协会是其副会长单位,所以一段时间有人建议将中国食用菌协会改为中国蘑菇协会,事未成。现今"食用菌"一词已为越来越多人所接受并使用。在中国民间称"菇"的人较多,台湾就称菇业协会。有人建议把宋元以来逐渐使用的"蘑菇"一词称"菇菌",以与真菌、蕈菌、毒菌、霉菌、酵母菌……协调。

目前,对地球上这个单个个体最大(占地 8.8 万 km^2)、分布最广的生命体,却被人们极不公正地划分到微生物序列，实不应该！

在中国，对蘑菇的认知早期更多的见诸文学、哲学、宗教、艺术等领域的文献中。"朽壤之上，有菌芝者。生于朝，死于晦"（《列子》），"乐出虚，蒸成菌""朝菌不知晦朔"（《庄子》），这些对菇菌的观察记录现在读来充满了对世事人生的哲学思考！先人们注意到了菇菌的鲜美，段玉裁把《礼记》中王室美食记有的菌类专门择出称：燕食所加庶馐有芝栭（只是晚近的书籍中开始使用标点符号时，把逗号点在了庶与馐之间并省去了"燕"字，成了"食所加庶，馐有芝栭"而贻笑大方）。

栽培菌类这一门古老的园艺技艺还应与宗教中道家的服饵方术有关。"种耨芝草"使得方士致力于人工种芝成为可能，汉代的王充、晋代的葛洪等著述中也都可见一些类似的记述。至唐末或五代初期的韩鄂所撰的《四时纂要》，则更为详尽地记载了种菌子法。"取烂构木及叶，于地埋之。常以泔浇令湿，两三日即生。又法畦中下烂粪，取构木可长六七尺，截断�󰀀碎。如种菜法，于畦中匀布，土盖；水浇长令润。如初有小菌子，仰杷推之。明旦又出，亦推之。三度后出者甚大，即收食之"（《四时纂要校释》）。这些栽培方法至现代的农法栽培中仍可见到其技艺的精华！其后的木耳、茯苓、银耳、草菇、香菇等都逐渐有了更为详尽、更为科学、更为规范的栽培记载。这些包括了建厂选址、耗材、菌种、播种、扩繁、高产优质栽培诸多技术环节，有的延续至今仍然熠熠生辉！其中的典型代表，浙江庆元香菇文化系统业已成为当代中国重要农业文化遗产的一部分载入史册。

人类对菌类的认知也为现代科学研究所佐证，如浙江余姚河姆渡遗址的发掘，以及最近黄璐琦等对灵芝的考古发现，可追溯到6 860年前。

中华民族在蘑菇领域的耀眼光辉至近代却黯然失色了，弱国落后的不只是一个方面。蘑菇产业在西洋、东洋诸国得到了长足发展，而我们却是裹足不前，几近于凋零！中华人民共和国成立后百业待兴，食用菌产业也逐渐受到了国家的重视。福建、浙江、四川等地走在了全国的前面！到1978年全国的产量已达到了5.8万t。但这仅仅是个开始！自此中国的食用菌产业如脱缰野马一路飞奔，至2018年已飙升至3 842.04万t！40年增长600多倍！这在世界的食用菌生产历史上，在作物类的种植历史上都是值得浓墨重彩的大书特书！中国的食用菌总产量约占世界食用菌总产量的 80% 以上，成为实实在在的食用菌生产第一大国！在短短的 40 年，中国的食用菌产业由 2.0 时代跨上了 3.0 时代，并且向着 4.0 时代迈进，正是因为食用菌产业在实现农业废弃物资源化、推进循环农业发展、支撑国家食物安全上的巨大潜力，使得这一产业在创新发展的今天越来越焕发出青春的活力！

在这汹涌澎湃的大潮中，中国的菌物学人也在辛勤地耕耘着，出版了上得了庙堂、如黄钟大吕般的鸿篇巨制；也有下得了江湖，浅吟低唱的"小令""绝句"，点缀着菌物文献的百花园！"百花齐放"需要的是姹紫嫣红、百花争艳。千篇一律、千人一面，何来繁荣！而"百家争鸣"贵在一个"争"字上，争先恐后是争，是向前向上，是比拼，是攀登，也应该争论或争议。相左的观点、意见、言辞，可相互砥砺，互补长短，甚至给以警示！在菌物的科研生态中，我们希冀这种局面，并身体力行为之添砖加瓦。所以在本书孕育伊始，就力求撷取当今食用菌产业中急需的技术层面上的重点，把真正在食用菌行业实践中凝练出的硬核汇集起来，希望能为探索者提供些许参考。

我国地域辽阔，生态多样，各地重点发展的品种不尽相同，套用一地一菇的模式肯定不行！"适地适菇"，在千变万化中找出不变的规律，从而驾驭生产，是因地制宜的核心。在遵循"中国菌物资源与利用"整套书全链条的完整性上不可能缺少《中国食用菌生产》涵盖的内容，而涉及本卷更广泛的内容时，又难免挂一漏万。真诚地希望中国的食用菌从业者，特别希望长期工作在第一线的实践者，指出我们的不足，把您的真知灼见毫不保留地赐予我们。"尺之木必有节目，寸之玉必有瑕璃"，期待再版修订时补正！

伟大的两个一百年的奋斗目标，不但给中国的蘑菇人拓展出了更为广阔的空间，而且也赋予了食用菌产业更为坚强的原动力！在伟大的时代，食用菌产业已经成为：

精准产业扶贫的新选择。在产业精准扶贫中有近 80% 的贫困县（市）首选了食用菌作为主导支柱产业，并且发挥的作用业已成为产业扶贫中的一朵奇葩！

大健康产业发展的新引擎。在大健康产业方兴未艾之时，东方医学的上工治未病的理念越来越受到重视。从治病到预防、保健，一个全方位的健康理念和体系逐渐形成,赋予了食用菌产业发展的全新空间,食用菌产业已经成为一个适应于时代需求的产业领域!

农业供给侧结构性改革的新方向。正是由于食用菌产业是循环经济中最为关键的环节,是农业从二维结构向三维结构转变的重要组成,是农业产业践行"两山"理论的助推力,对农业产业结构调整带来了新的选择方向!

乡村振兴战略推进的新推手。在精准扶贫脱贫之后如何稳定致富,如何实现小康,如何实现乡村振兴、建设美丽乡村,这是建设美丽中国、实现人民美好追求的重中之重!食用菌产业更可以用工业化、信息化思维推动农业现代化,进而推动乡村振兴、实现美丽乡村建设的宏伟目标。

践行"一带一路"倡议的新路径。在实践这一倡议的过程中,食用菌已经或正在成为有战略眼光政治家、企业家的选择。走发展食用菌生产这条路较之其他的选择更为便捷,更为简约,也更容易在沿线国家和地区展现看得见、摸得着、用得上的直观效果;也是我国业已发展成熟的产业链条整体辐射的绝佳之选。

令人振奋的是 2020 年 4 月 20 日习近平总书记在陕西柞水考察时,用"小木耳大产业"点赞了食用菌产业,这必将推动这个产业迎来更大发展的春天。新时代给了这一代菌物学人、企业家、经济人、投资者以及广大菇农充分展示才能的空间。"好雨知时节,当春乃发生",历史将会永远记住这一代"蘑菇人"的付出!希望无愧于时代的"蘑菇人",共同携手走进波澜壮阔的"蘑菇圈",深情书写中国的"蘑菇史",创造出这个时代不朽的"蘑菇产业"新辉煌!

李玉

中国工程院　院士

国际药用菌学会　主席

吉林农业大学　原校长

前言

　　我国食用菌产业发展历史悠久，成就辉煌，据中国食用菌协会对我国 28 个省区（不含宁夏、青海、海南和港澳台等省区）的统计调查，2018 年全国食用菌总产量 3 842.04 万 t（鲜品），比 2017 年 3 712 万 t 增长了 3.5%；2018 年全国食用菌产值 2 937.37 亿元，已经发展成为我国继粮、油、果、蔬之后的第五大农业种植产业。随着社会经济发展和人民消费水平的不断提高，健康饮食理念逐渐深入人心，菌类食品越来越受到消费者青睐，食用菌产业前景极其广阔。统计资料显示，2018 年我国食用菌总产量约占世界食用菌总产量的 80% 以上，多数食用菌品种的总产量都居世界首位。

　　伴随着我国经济的飞速发展和综合经济实力的持续提升，我国食用菌生产技术日新月异，已经成为全世界先进技术的集中展示地，从新品种、现代化装备、生产工艺等领域，到顶尖人才的发掘、培养等，都处于全球食用菌行业的制高点。近年来，食用菌的生产技术水平迅速提高，生产条件不断改善，产业化基地不断涌现，规模化、标准化生产逐渐成为食用菌生产的主流。所以，如何总结规模化生产经验，应用标准化生产技术规程指导生产成为当务之急。

　　为此，我们组织了食用菌科研、生产一线的专家学者，依据规模化生产的技术特点，结合各地的生产现状，针对生产中存在的突出问题，总结已有的先进生产技术和最新科研成果，编写了这部专业技术著作。

　　本书的内容包括：中国食用菌发展历史、现状与展望，食用菌基础知识，食用菌育种技术，食用菌制种技术，食用菌生产设施与设备，草腐菌生产技术，木腐菌生产技术，共生菌生产技术，病虫害防控技术、食用菌菌渣利用技术。

　　全书文字通俗，内容翔实，是一部大型的食用菌生产行业的专业工具书，可供广大从事食用菌科研、教学、生产及技术推广者参考应用。

　　编写一部能够推动食用菌产业进步的专业类图书，是编著团队的初衷；使之成为食用菌行业的一部经典之作，是编著团队的梦想。在编著本书的这几年，我国食用菌产业的技术水平又实现了超出预期的快速进步。《中国食用菌生产》这部图书，是编著团队对我国食用菌产业发展历史进程中一个阶段内技术进展的总结和汇总，时效性、阶段性等特点明显，也可以说"书的进步"永远跟不上"现实生产的进步"。

　　由于编著队伍的水平有限，出版周期又长，其间不仅生产技术实现了快速进步，同时国家相关管理政策也发生了不小的变化，书中难免有不到之处，敬请广大读者批评指正！

作者

2020 年 3 月

凡例

1. 著作构成

《中国食用菌生产》是国家出版基金资助出版项目"中国菌物资源与利用"的第二卷，该卷编撰立足中国食用菌产业生产的现状，兼顾未来的发展趋势，吸收国内外先进生产技术，对现阶段全国各地生产实践经验进行细致的总结，注重科学性、准确性、系统性、时效性、实用性，力求达到全面、清楚、明晰、容易理解。

全书由名人名言、主编照片、二封、版权、编委会（丛书＋本书）、中文摘要、外文摘要、序Ⅰ、序Ⅱ、序Ⅲ、前言、凡例、目录、正文、编后记等部分构成。

2. 内容设置

●《中国食用菌生产》全书内容涉及中国食用菌发展历史、现状与展望，食用菌基础知识，食用菌育种技术，食用菌制种技术，食用菌生产设施与设备，草腐菌生产技术，木腐菌生产技术，共生菌生产技术，病虫害防控技术，食用菌菌渣利用技术计10篇70章内容，基本涵盖了食用菌学科的基本学术内容和主要类群的生产过程，较为全面地反映了中国食用菌生产技术的发展历史和现实情况。

●关于栽培品种收录原则，本意为立足当下、着眼未来，选入本书的食用菌为目前具有一定生产规模、生产技术相对成熟、产品销售具有一定市场的品种。为更好更快地推进食用菌生产与发展，最大限度地将食用菌生产技术转变为生产力，把一些具备独特食用价值，虽目前产量不高，但生产效益较好，在生产技术环节具有明显进展的、产品在销售市场已被消费者认可的新驯化成功品种也列入了本书。

●本书将食用菌生产技术部分按照生长发育习性分为草腐菌、木腐菌、共生菌三大类进行编写，分类依据按照自然界野生状态下的生态习性进行归类，如"银耳"在自然状态下生长在木头上，因此列入木腐菌而未列入共生菌；"天麻"因为"蜜环菌"参与生长发育，故列入共生菌；"蛹虫草"在自然状态下生长于腐虫体上，虽然人工栽培时采用大米、小麦为培养料，并未列入腐生菌，也未再列出"虫生菌"类目，而列入共生菌。

●本书第一篇至第五篇为食用菌行业专业入门的钥匙，是食用菌生产从业者必须应知熟记的知识。

第一篇第一章中国食用菌栽培技术发展简史，从主要概念与食用菌学科化进程，我国古代对大型真菌的认知，我国古代对大型真菌利用的记载，我国古籍中对大型真菌栽培技术的记载，我国古代大型真菌著作简介，名菇名蘑，我国近代食用菌生产技术的进步，我国食用菌产业的崛起方面进行了系统的介绍；第二章中国食用菌产业发展现状，从产业的形成，产业地域特色与产业格局，产量、产值与出口创汇情况，产业的国际地位与竞争力，及产业发展中存在的问题进行了阐述；第三章中国食用菌产业发展展望，从行业发展的角度，对中国食用菌产业发展优势、在未来农业中的地位、产业发展新形势及趋势研判等进行了说明，给出了产业现代化进程的重点方向、发展目标与战略设计方案；第四章介绍了我国食用菌文化遗产与保护。熟读此篇，就了解了中国食用菌生产的基本历史与未来发展方向。

　　第二篇食用菌基础知识，介绍了食用菌的分类地位、形态结构、营养价值和药用价值、营养类型及四大营养要素，以及食用菌生长的环境条件。

　　第三篇、第四篇详细介绍了食用菌育种与制种技术。

　　第五篇介绍的是食用菌生产设施与设备。

　　●第六篇至第八篇生产技术部分的"主要生产模式"按照各地农法生产与习惯说法编写，以"生产技术特点"作为分类依据，如平菇生产技术部分，分别列出了"发酵料畦床栽培模式""发酵料压块栽培模式""塑料袋发酵料栽培模式""塑料袋生料栽培模式""塑料袋熟料栽培模式"……

　　第九篇病虫害防控技术，第一章介绍了食用菌病虫害的防控原理与策略，第二章介绍了16种食用菌受真菌、细菌、黏菌、病毒、线虫等侵染引发的60种侵染性病害，及22种食用菌由于人为或气候（或环境）原因引起的180种非侵染性病害；第三章介绍了双翅目、革翅目、鞘翅目、鳞翅目、半翅目、等翅目、弹尾目、缨翅目、蜱螨目、柄眼目、等足目、带马陆目共38种害虫及7种害鼠的识别与防（控）治技术。

　　为了彰显科学性并体现使用价值，本书重点介绍对病原物有命名、侵染循环途径清晰的种类，但对一些发病较广、危害较严重，但研究少、没能准确命名的病害种类也进行了收录。

　　第十篇食用菌菌渣利用技术，第一章概述了食用菌菌渣的存在现状与应用价值；第二章分 8 个部分详述了如何将食用菌菌渣变废为宝，如其在工业、农业（种植、养殖）环保及制药上的利用途径与方法。

4. 查阅方法

本书采用农业科技类图书的常规编撰格式，查阅相关内容可以通过目录、篇、章、节等对应的页码进行查阅。

●根据侧切口和下切口特定区域的色块查阅。本书双码左下角页码的上方与单码右下角页码的左侧，用不同的色块区分不同篇章，以便于读者快捷查找所需要的内容。■色为第一篇中国食用菌发展历史、现状与展望，■色为第二篇食用菌基础知识，■色为第三篇食用菌育种技术，■色为第四篇食用菌制种技术，■色为第五篇食用菌生产设施与设备，■色为第六篇草腐菌生产技术，■色为第七篇木腐菌生产技术，■色为第八篇共生菌生产技术，■色为第九篇病虫害防控技术，■色为第十篇食用菌菌渣利用技术。

5. 部分格式与内容的说明

●本书编写采用平铺直叙的写作方式，体例按篇、章、节、一、（一）、1、（1）、1）逐级编排。内容力求科学、严谨、实用、通俗，使读者一目了然。

●本书统一使用我国法定的计量单位名称和符号，如"质量"的单位用"kg、g、mg"等表示，"压强"用"Pa"，"光照强度"用"lx"，"二氧化碳浓度"用"%"，"小时"采用"h"，"分"采用"min"，"秒"采用"s"。等。但为了阅读方便，在正文中表示时间的"年""天"用汉字表述，而未采用"y""d"。个别单位采用了人们习惯的表述，如"亩"。文中量的数值及有统计意义的数值，一般采用阿拉伯数字。

●本书的名词术语尽可能采用《食用菌术语》（GB/T 12728—2006），国家标准中没有的尽可能做到全书统一。

●为方便读者延伸阅读，参考文献放在每篇正文之后，按照先中文、后外文的顺序排列，且中文按汉语拼音字母排序，英文按英文字母排序。

●本书插入的图片，编号采用篇、章、图序号的编排方式，如第一篇第一章内的第五张图片，表示为"图 1-1-5"。但第一篇由于部分图片图文关系简单、不易混淆，因此在编排时省去了编号。

●本书插入的表格编号采用篇、章、表序号的编排方式，如第一篇第一章内的第五张表格，表示为"表 1-1-5"，表序号与表题文字之间空一字格。

●本书正文中关于操作技术部分整段内容相同的，采用"详见……""同……""参照……"的表述形式。

●生产设施、生产场地、出菇或出耳场所，我国各地叫法差异很大，本书为了阅读方便，对各地不同叫法进行了适度的归纳和统一，尽可能适合大众阅读习惯。

目录
CONTENTS

第二篇　食用菌基础知识
PART II　BASIC KNOWLEDGE OF EDIBLE MUSHROOM

第三篇　食用菌育种技术
PART III　BREEDING TECHNOLOGY OF EDIBLE MUSHROOM

第四篇　食用菌制种技术
PART IV　SPAWN PRODUCTION TECHNOLOGY OF EDIBLE MUSHROOM

第五篇　食用菌生产设施与设备
PART V　PRODUCTION FACILITIES AND EQUIPMENT OF EDIBLE MUSHROOM

第六篇　草腐菌生产技术
PART VI　CULTIVATION TECHNOLOGY OF STRAW ROTTING MUSHROOM

第七篇　木腐菌生产技术
PART Ⅶ　CULTIVATION TECHNOLOGY OF WOOD ROTTING MUSHROOM

第八篇　共生菌生产技术
PART VIII　CULTIVATION TECHNOLOGY OF SYMBIOTIC MUSHROOM

第九篇　病虫鼠害防控技术
PART IX　DISEASE, PEST AND RODENT CONTROL TECHNOLOGY

第十篇　食用菌菌渣利用技术
PART X　UTILIZATION TECHNOLOGY OF EDIBLE MUSHROOM CULTIVATING RESIDUE

中国食用菌生产

PRODUCTION OF
EDIBLE MUSHROOM
IN CHINA

Part I
DEVELOPMENT HISTORY,
CURRENT SITUATION
AND PROSPECT
OF EDIBLE MUSHROOM
IN CHINA

第一篇
中国食用菌
发展历史、
现状与展望

中国食用菌生产

PRODUCTION OF EDIBLE MUSHROOM IN CHINA

第一章　中国食用菌栽培技术发展简史

我国是世界四大文明古国之一，有着悠久灿烂的历史文化。关于食用大型真菌的记载最早出现于《礼记·内则》。对大型真菌栽培比较完整的记载，最早见于唐末或五代初期韩鄂编撰的《四时纂要》之《春令·三月》。南北朝时有关于茯苓栽培的记载。随后又有关于黑木耳栽培的记述，元代王祯《农书》和明代陆容《菽园杂记》均有香菇栽培的记述。

由此足以证明，我国是世界上最早认识大型真菌并进行栽培的国家。20世纪80年代以来，在改革开放的春风沐浴下，食用菌产业快速发展，已经成为农业种植业中位于粮、油、果、蔬之后的第五大种植业。

第一节
主要概念与食用菌学科化进程

一、食用菌概念的由来与定义

（一）食用菌一词的由来

食用菌一词产生于近代。在我国大型真菌应用领域文献中最先出现，见于1901年晚清时期出版的《农学报》第152～158册连载的《蔬菜栽培法》一书中。该书"第五篇菌类"之"洋菌八十七"中有"……其在夏时殊害食用菌"句。见于晚清论文中的，是1909年12月3日《广东劝业报》刊出的《松菌人工繁殖法》，文中有"日本食用菌，需要最多者，为椎菌"。作为文章题目见于1918年杨崑的《食用菌栽培法》（图1-1-1）及1932年陈文敬的《食用菌之栽培法》。在杨崑的《食用菌栽培法》

一文中，介绍了香菇、松茸、木耳和银耳的栽培方法。用于书名见于 1935 年商务印书馆发行的《食用菌栽培法》（图 1-1-2）。该书共八章 162 页，插图 34 幅，至 1950 年已出 4 版。虽然《食用菌栽培法》著者没有在该书中对食用菌概念下定义，但是从该书的目次与内容可以看出，介绍的四种栽培方法（中国段木栽培法、西洋马粪栽培法、科学的锯屑瓶栽法、银耳栽培法）提到的至少包括香菌、双孢蘑菇（西洋菌）、白香菌、平菇（平菰）、银耳等 5 种大型食用真菌。由此可见，晚清、民国时期学界已将食用菌一词作为概括"可食用的大型真菌"来使用。

20 世纪 50 年代以来，用食用菌一词概括多种可食用的大型真菌的用法逐渐多了起来。1955 年上海市农业试验站（现上海市农业科学院）设立食用菌研究组；1957 年出版的《中国真菌学与植物病理学文献》在真菌学一级目录之下列有食用菌二级目录，辑有白木耳、竹荪、草菇、香菰、洋蕈、茯苓等文献近 50 篇；1958 年陈梅朋编写的《食用菌栽培技术问答》（图 1-1-3）出版；1959 年上海市农业试验站编（陈梅朋执笔）的《食用菌栽培》（图 1-1-4）出版；同年唐健、陈其东所著《食用菌栽培技术》出版。

图 1-1-1 1918 年杨崑的《食用菌栽培法》论文（局部）

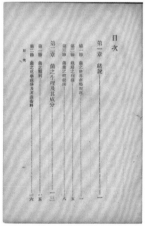

图 1-1-2 1935 年出版的图书《食用菌栽培法》（局部）

图 1-1-3 1958 年出版的《食用菌栽培技术问答》（局部）

图 1-1-4 1959 年出版的《食用菌栽培》（局部）

1960 年上海市农业科学院成立食用菌研究所，进行双孢蘑菇、香菇、草菇、银耳等菌物的纯菌种分离、制种及栽培技术研究。20 世纪 70 年代至 80 年代初，食用菌这一名称开始在全国普及，1977 年湖南师范学院生物系等编著的《湖南主要食用菌和毒菌》出版；1978 年 5 月，北京农业大学娄隆后教授向国务院提交《我国食用菌事业大有可为》的报告，国务院极为重视，有关领导批示农业部、外贸部、全国供销合作总社"要抓食用菌发展"。1978 年 5 月 29 日，上述三部门联合向国务院提交了《关于发展食用菌的生产和科研工作报告》，同年 10 月中国土产畜产进出口总公司编写的《食用菌的栽培和加工》由中国财政经济出版社出版。1979 年经国务院编办批准在云南组建了昆明食用菌研究所；同年上海农业科学院科技情报研究所开始出版《上海农业科技》（食用菌专辑），1981 年杨庆尧《食用菌生物学基础》出版。

至此食用菌这一术语在全国得到了学术界、生产贸易行业、政府部门等的普遍认可与应用，成了食用菌学科和行业的领头术语。

从 1986 年到 1991 年，中华人民共和国技术监督局提出了 21 项食用菌国家标准制定项目，由上海市农业科学院食用菌研究所和昆明食用菌研究所承担。至 1989 年 1 月《食用菌术语》通过专家审定后，由国家技术监督局于 1991 年 2 月 14 日批准，并于 1991 年 10 月 1 日实施。该标准规定了食用菌形态、生理、遗传、育种、栽培、生产、加工、商品贸易等方面有关的术语共 258 条，包括概述、形态结构、生理生态、遗传育种、生产用语、病虫害、保藏加工等部分，中英对照。2006 年进行了第 1 次修订，由中国微生物菌种保藏管理委员会农业微生物中心、中国农业科学院土壤肥料研究所承担，新修订的《食用菌术语》（GB/T 12728—2006）包括基本术语（27 条）、形态结构（51 条）、生理生态（24 条）、遗传育种（51 条）、菌种生产（34 条）、栽培（107 条）、病虫害（22 条）、保藏加工（27 条）等八个方面的食用菌专业术语及英语对应词，共 343 条，涵盖了全行业的科学用语，适用于科研、教学、生产和加工，是行业进行交流的标准语言。

（二）食用菌概念的定义

对食用菌概念的明确定义，文献记载最早的是杨庆尧先生的《食用菌生物学基础》："食用菌俗称菇或蕈，是一类可以食用的大型真菌，具有肉质或胶质的子实体，诸如羊肚菌、牛肝菌、鸡枞菌、蘑菇、口蘑、香菇、草菇、侧耳、木耳、松乳菇等。"

杨新美先生在《中国食用菌栽培学》中对食用菌的定义是："食用菌是一类子实体肉质或胶质可供食用的大型真菌，通常只包括少数几种子囊菌，绝大多数种类是担子菌。担子菌中又以蘑菇目或称伞菌目（Agaricales）为最多。"

黄年来先生在《中国食用菌百科》中对食用菌的定义是："食用菌是可供人类食用的大型真菌（Macroscopic Fungi）。通常也称为'菇'、'菌'、'蕈'、'蘑'、'耳'。约 90% 的食用菌属于担子菌纲（Basidiomycetes），少数属于子囊菌纲（Ascomycetes）。"（2015 年 12 月，《中国大型菌物资源图鉴》作者李玉、李泰辉、杨祝良、图力古尔、戴玉成，根据世界菌物分类新标准，已将担子菌纲升级为担子菌门，子囊菌纲升级为子囊菌门）

《食用菌术语》（GB/T 12728—1991）国家标准中对食用菌的定义是："指可供食用的一些真菌。多数为担子菌，如蘑菇、香菇、草菇、牛肝菌等。少数为子囊菌，如羊肚菌、块菌等。"

《食用菌术语》（GB/T 12728—2006）国家标准中对食用菌的定义修订为："可食用的大型真菌，常包括食药兼用和药用大型真菌。多数为担子菌，如双孢蘑菇、香菇、草菇、牛肝菌等。少数为子囊菌，如羊肚菌、块菌等。"

2009 年出版的《中国食用菌产业科学与发展》对食用菌的定义是："食用菌（Edible mushroom）是指可供人们食用的一类大型真菌，它们具有肉眼可见、徒手可采、具不同形状的子实体。这些子实体或者生于地上的倒木树桩、粪草土壤、植物根茎上面或者生于地下土壤中，俗称'菇'、'蕈'、'蘑'、'菌'、'耳'、'芝'、'伞'等。如平菇、香菇、白灵菇、草菇、大杯蕈、榛蘑、口蘑、松口蘑、猴头蘑、羊肚菌、块菌、木耳、灵芝、黄伞等。从药食同源这个意义上讲，广义上的食用菌包括食用、药用和食药兼用三大类用途的大型真菌；狭义上仅指作为蔬菜食用和食药兼用的种类，不包括药用种类。常见的食用种类如平菇、香菇、双孢蘑菇、木耳、金针菇、草菇等；常见的药用种类有灵芝、茯苓、猪苓等；常见的食药兼用种类有冬虫夏草、猴头、银耳、灰树花等。"

由以上可以看出，现代被我们称为食用菌的大型真菌，包括许多种。古代人们对这一类生物的称呼十分多样，不同年代、不同地区又有不同的称呼，由于它们的种类繁多，形态多样，我国古籍中有文字记载的就有蕈、菌、芝、耳、菰等。这些单音词多数不专指一种，而是泛指几种或相近的一类。

《食用菌术语》（GB/T 12728—2006）中"2.1.2 大型真菌 macrofungus"的定义是："子实体肉眼可见、徒手可采的真菌。"这个定义符合食用菌一词从出现起就是指可食用的大型真菌的历史传统。

二、食用菌、蘑菇的英语对应词与涵义

（一）食用菌的英语对应词与涵义

食用菌的英语对应词是 edible mushroom。

《食用菌术语》（GB/T 12728—2006）前言中明确指出："1）修订了标准的英文名称，由原名《Terms of edible fungus》改为《Terms of edible mushroom》。"这里规范的食用菌英语对应词是 edible mushroom。

20 世纪 70 年代以来，业内有把"食用菌"对应于英语"edible fungus"的。英语"edible fungus"是食用真菌，真菌包括酵母菌、霉菌、大型真菌，而我们所说的食用菌仅仅是大型真菌的一些种类，因此将"食用菌"对应于英语"edible fungus"超出了大型真菌的外延，是不准确的。

（二）蘑菇的英语对应词与涵义

蘑菇规范的英语对应词为 mushroom。

蘑菇是我国有较长历史的传统用词，虽然它的由来还未考证清楚，但至少在元代就已出现，在成书于天历三年（1330 年）的《饮膳正要》"菜品"中有"与蘑菇稍相似"。明吕毖《明宫史·饮食好尚》"正月"中还有"素蔬则滇南之鸡㙡、五台之天花、羊肚菜、鸡腿、银盘等蘑菇"之说。晚清《农学丛书》之一的《家菌长养法·蕈种栽培法》一书中，又有："菌俗名蘑菇"之释义。在没有显微镜的古代，我们的先人把肉眼可见的大型真菌统称为菌或蕈，可见元、明、清时国人所讲的蘑菇都是指大型真菌。

近代西方真菌理论知识传入我国后，英语单词 mushroom 翻译的汉语对应词为蘑菇、蕈，如 1976 年出版的《真菌名词及名称》。1989 年出版的《微生物学名词（1988 年）》将英语单词 mushrooms 的汉语对应词规范为蘑菇。

蘑菇在《食用菌术语》（GB/T 12728—2006）中也已有英语对应词和明确的定义："2.1.3 蘑菇 mushroom 大型真菌的俗称。见大型真菌。按用途分为食用菌、药用菌、有毒菌和用途未知菌四大类。多数为担子菌，少数为子囊菌。"这一定义中蘑菇对应于 mushroom，与《微生物学名词》中的规范是一致的。

2013 年出版的《通用规范汉字字典》中蘑字头下的蘑菇条释义为："一些菌盖为半球状的食用菌的通称，如口蘑、双孢蘑菇等。"

（三）规范使用食用菌、蘑菇及其英语对应词

国务院于 1987 年 8 月 12 日（国函［1987］142 号）明确批示："全国自然科学名词审定委员会是经国务院批准成立的。审定、公布各学科名词，是该委员会的职权范围，经其审定的自然科学名词具有权威性和约束力，全国各科研、教学、生产、经营、新闻出版等单位应遵照使用。"

1990 年 6 月 23 日，国家科委、中国科学院、国家教委、国家新闻出版署在联合通知中明确要求：①各新闻单位要通过各种传播媒介宣传名词统一的重要意义，并带头使用已公布的名词。②各编

辑出版单位今后出版的有关书、刊、文献、资料，要求使用公布的名词。特别是各种工具书，应把是否使用已公布的规范词，作为衡量该书质量的标准之一。③凡已公布的各学科名词，今后编写出版的各类教材都应遵照使用。

根据上述精神，mushroom 的汉语对应词为蘑菇，食用菌的英语对应词是 edible mushroom，都是经国家有关部门规范了的，应遵照使用。

三、食用菌学科化进程

（一）学科的定义、分类及其应具备的条件

1. 学科的产生、形成与定义 《学科分类与代码》（GB/T 13745—2009）对学科的形成过程、定义及其应具备的条件有明确的规定。

对学科的产生与形成，《学科分类与代码》（GB/T 13745—2009）是这样描述的："人类的活动产生经验，经验的积累和消化形成认识，认识通过思考、归纳、理解、抽象而上升成为知识，知识在经过运用并得到验证后进一步发展到科学层面上形成知识体系，处于不断发展和演进的知识体系根据某些共性特征进行划分而成学科。"

"学科 discipline，相对独立的知识体系。"这是《学科分类与代码》（GB/T 13745—2009）对学科的定义。

相对、独立和知识体系三个概念是定义学科的基础。相对，强调了学科分类具有不同的角度和侧面；独立，则使某个具体学科不可被其他学科所替代；知识体系，使学科区别于具体的业务体系或产品。

2. 学科的分类 《学科分类与代码》（GB/T 13745—2009）将学科分类定义到一、二、三级，共设 62 个一级学科或学科群、676 个二级学科或学科群、2 382 个三级学科。"主要收录已经形成的学科，而对于成熟度不够，或者尚在酝酿发展有可能形成学科的雏形则暂不收录，待经过时间考验后下一次修订本标准时再酌情收录。"如 2011 年

12 月 29 日国家标准化委员会关于批准发布《学科分类与代码》（GB/T 13745—2009）第一号修改单的公告：①删除"630 管理学"下的三级学科"6305520 人才学"；在"630 管理学"下新增三级学科"6305521 人才开发与管理"。②在"840 社会学"下新增二级学科"人才学"，并设立"人才学理论"等三级学科。"自 2012 年 3 月 1 日起实施。"可见此国家标准根据学科发展还在不断地进行调整。

3. 学科的四个必备条件 《学科分类与代码》（GB/T 13745—2009）"5"中指出："本标准所列学科应具备其理论体系和专门方法的形成；有关科学家群体的出现；有关研究机构和教学单位以及学术团体的建立并开展有效的活动；有关专著和出版物的问世等条件。"这里指出了学科应具备的四个必备条件。

食用菌学作为学科到目前为止，还没有被收录到国家标准《学科分类与代码》（GB/T 13745—2009）中，说明食用菌学作为学科还不成熟、不完善，在这四个必备条件的建设上还有差距。

（二）食用菌学科化建设成果

1. 专业研究机构相继成立 1960 年上海市农业科学院成立的食用菌研究所是我国第一所以食用菌为名称的专业研究机构。1978 年华中农学院成立了应用真菌研究室。1979 年经国务院编办批准组建了昆明食用菌研究所。20 世纪 80 年代以来，湖南省农业科学院食用菌研究所、山西省农业科学院食用菌研究所、辽宁省农业科学院食用菌研究所相继成立。国家和地方农业科学院系统的土壤肥料、植物保护、微生物、生物相关研究所等科研机构先后成立几十个食用菌研究室或课题组，专门开展食用菌科学技术研究。

2. 创办专业期刊 1979 年上海创办《食用菌》；1982 年昆明创办《中国食用菌》；1982 年创办《浙江食用菌》（2011 年更名为《食药用菌》）；《国外食用菌》、《食用菌文摘》也相继出版。1994 年上海创办《食用菌学报》；2000 年深圳创办《食用

菌市场》（2005年迁址北京）。近几年国内又建立了数家食用菌专业网站、蘑菇圈等。

3.成立专业学会与协会　1980年在中国植物学会下设立真菌学分会，在真菌学分会主持下，1981年在武汉召开了全国第一届食用菌学术讨论会，到2014年在北京已开至第十届。1987年建立了中国食用菌协会，出版《全国食用菌信息》内部刊物。1996年中国农学会下又设食用菌分会，开展国内外食用菌学术交流。商务部的食品土畜进出口商会还建立了食用菌分会，全称为食用菌及制品进出口分会，主要负责全国食用菌进出口贸易业务的协调、服务、促进和维权工作。

4.高校开设食用菌课与学术专著出版　20世纪80年代初，北京农业大学、华中农学院等开设了食用菌课程，之后开设食用菌课程的农业大专院校不断增加。

为适应教学与生产需要，食用菌的学术著作如雨后春笋，卷帙浩繁，代表性专著有：①杨庆尧，《食用菌生物学基础》，上海科学技术出版社，1981年。②应建浙、赵继鼎、卯晓岚等，《食用蘑菇》，科学出版社，1982年。③娄隆后、朱慧真、周壁华，《食用菌生物学及栽培技术》，中国林业出版社，1984年。④中华人民共和国商业部教材编审委员会，《食用菌商品学》，中国商业出版社，1986年。⑤黄年来，《自修食用菌学》，南京大学出版社，1987年。⑥黄毅，《食用菌生产理论与实践》，厦门大学出版社，1987年。⑦杨新美，《中国食用菌栽培学》，农业出版社，1988年。⑧张雪岳，《食用菌学》，重庆大学出版社，1988年。⑨张博、赵占国，《食用菌辞典》，云南科学技术出版社，1989年。⑩刘波，《山西大型食用真菌》，山西高校联合出版社，1991年。⑪上海市农业科学院食用菌研究所，《中国食用菌志》，中国林业出版社，1991年。⑫黄年来，《中国食用菌百科》，农业出版社，1993年。⑬贾身茂、张金霞，《食用菌标准汇编（一）》，中国标准出版社，1997年。⑭杨新美，《食用菌研究法》，中国农业出版社，1998年。⑮张光亚，《中国常见食用菌图鉴》，云南科技出版社，1999年。⑯徐崇敬，《英日汉食用菌词典》，上海科学技术文献出版社，2000年。⑰张松，《食用菌学》，华南理工大学出版社，2000年。⑱王贺祥，《食用菌学》，中国农业大学出版社，2004年。⑲农业部微生物肥料和食用菌菌种质量监督检验中心，中国标准出版社第一编辑室，《食用菌技术标准汇编》，中国标准出版社，2006年。⑳刁治民，《食用菌学》，青海人民出版社，2006年。㉑张金霞，《中国食用菌产业科学与发展》，中国农业出版社，2009年。㉒中国标准出版社第一编辑室，《中国农业标准汇编·食用菌卷》，中国标准出版社，2010年。㉓杨绍斌，《食用菌学》，辽宁教育出版社，2010年。㉔张金霞，《中国食用菌菌种学》，中国农业出版社，2011年。㉕毛传福、贾身茂、曹斌等，《食用菌商品学》，上海三联书社，2012年。

5.理论体系构建和专门方法形成　经过多年的努力，食用菌学科理论体系建设取得丰硕成果，如食用菌资源学、食用菌形态学、食用菌生理学、食用菌遗传学、食用菌育种学、食用菌病理学、食用菌有害动物学、食用菌栽培学、食用菌菌种学、食用菌加工学、工业化食用菌工程、食用菌标准和法规等都从无到有，并不断发展完善。

在专门方法形成方面，一是形成了食用菌菌种繁殖技术体系。如食用菌菌种实行母种（一级种）、原种（二级种）和栽培种（三级种）三级繁育体系，规范食用菌育种技术和方法，推进菌种的规范生产和良种化进程。二是形成了食用菌栽培技术体系。包括床栽技术体系、瓶栽技术体系和袋栽技术体系。一些需要覆土的品种采用床栽；大部分工厂化生产的品种采用瓶栽；除覆土以外的品种大部分都可以采用袋栽。三是形成了食用菌贮藏与加工技术体系。如食用菌子实体采后的冷藏、低温气调贮藏、速冻保藏等技术体系，食用菌产品的盐渍、干制等初级加工以及食品、调味品、化妆品等的深加工研究等。

6. 食用菌术语国家标准制定 我国 1991 年首次发布实施了国家标准《食用菌术语》（GB/T 12728—1991），并于 2006 年进行了第一次修订。修订后的《食用菌术语》（GB/T 12728—2006）的发布和实施，是食用菌学科与行业的建设和发展的需要，使我国的食用菌学科、行业有了统一规范的交流语言和定位的基础。

7. 食用菌种植列入国家国民经济行业分类 《国民经济行业分类》（GB/T 4754—2011）将国民经济行业划分为门类、大类、中类和小类四级，代码由一位拉丁字母和四位阿拉伯数字组成。食用菌种植位于"门类：A 农、林、牧、渔业"，"大类：01 农业"，"中类：014 蔬菜、食用菌及园艺作物种植"，"小类：0142 食用菌种植"。

食用菌种植列入《国民经济行业分类》（GB/T 4754—2011）国家标准，标志着食用菌产业开始纳入了国民经济统计，是食用菌行业的大事，是全行业几十年共同努力的结果，是对食用菌产业对国民经济有一定贡献的肯定。

（三）产业发展与政策支撑

1. 明确了主管部门 1990 年 5 月 7 日，国务院机构改革办公室对七届全国人大代表会议黄年来等代表第 1912 号建议"国务院对食用菌实行归口（行业）管理的建议"作出答复，明确食用菌生产由农业部归口管理。从此结束了食用菌多部门管理的混乱现象。

2. 制定了支撑产业发展的政策法规 1996 年 5 月 28 日农业部发布了《全国食用菌菌种暂行管理办法》，这是我国第一部食用菌菌种管理的规章，明确规定农业部主管全国菌种工作。2000 年 7 月 8 日国家主席令第 34 号公布了《中华人民共和国种子法》（简称《种子法》），首次将食用菌菌种纳入种子法范畴进行管理。《种子法》2000 年 12 月 1 日起正式实施，明确规定"食用菌菌种的种质资源管理和选育、生产、经营、使用、管理等活动，参照本法执行"。此后，农业部根据《种子法》和《中华人民共和国行政许可法》，组织业内各方专家，进行论证，并通过大量的调研工作，反复的意见征询，在原有《全国食用菌菌种暂行管理办法》的基础上，制定了《食用菌菌种管理办法》，于 2006 年 3 月 27 日中华人民共和国农业部令第 62 号公布，2006 年 6 月 1 日起施行。

3. 制定了食用菌标准、认定了一批品种、组建了部级菌种及产品质检机构 截至 2013 年 12 月底，我国已制定发布了食用菌国家标准 37 项，行业标准 88 项，地方标准 484 项，还有数量无法统计的企业标准。基本形成了基础标准和通用技术规范、安全卫生标准、试验方法和检测规程、菌种标准、产品标准等比较完善的食用菌标准体系。

农业部颁布的《食用菌菌种管理办法》有力地推动了我国食用菌良种选育和知识产权保护工作，2006 年 5 月农业部全国农业技术推广服务中心组织成立了食用菌品种认定委员会，并召开了第一次全体会议，讨论形成了《食用菌品种认定委员会章程》《食用菌品种认定管理办法》等文件。2007 年 4 月食用菌品种认定委员会通过了对 49 个食用菌品种的认定，2008 年 4 月又通过了对 58 个食用菌品种的认定，有力推进了食用菌良种化进程。

全国认证了多家食用菌产品质检机构，如中华全国供销合作总社设在昆明的食用菌产品质量监督检验测试中心、农业部设在济南和上海的两个农业部食用菌产品质量监督检验测试中心、农业部设在中国农业科学院农业资源与农业区划研究所的农业部微生物肥料和食用菌菌种质量监督检验测试中心等。

4. 支持了一批食用菌科研和产业发展项目 随着产业规模迅速扩大，以及良好的社会、经济和生态效益，食用菌产业日益受到政府和社会的关注，特别是"十一五"以来，科技部、农业部、财政部相继支持的"科技支撑计划"、"863 计划"、"973 计划"、农业行业科技计划项目、引进国际先进农业科学技术项目等，食用菌均有立项实施；2008 年，建设国家食用菌产业技术体系，成为我国现代农业建设的众多产业技术体系之一，设有覆盖全产业链的技术创新岗位和综合试验站。2014 年又启动了"食用菌产量和品质形成的分子机理及调控"的"973 计划"项目。

以上情况充分说明了食用菌作为新兴学科和产业，已经得到了全社会的认可与支持。

四、食用菌学的提出与定义

食用菌学的问世是我国 20 世纪 80 年代后食用菌产业迅速发展的需要。黄年来主编的《自修食用菌学》1987 年由南京大学出版社出版。第一本《食用菌学》是张雪岳撰写的，1988 年由重庆大学出版社出版。进入 21 世纪后，又有张松撰写的《食用菌学》，2000 年由华南理工大学出版社出版；王贺祥编写的《食用菌学》，2004 年由中国农业大学出版社出版；刁治民等编写的《食用菌学》，2006 年由青海人民出版社出版。

《中国食用菌百科》（1993 年）一书给食用菌学所下的定义是：食用菌学（mushroomology）是以食用菌为研究对象的一门科学。食用菌学隶属于生物学，是真菌学的一个重要分支学科。国际上创立于 1934 年，日本称之为菌蕈学。主要研究菇、菌、蕈、蘑、耳等食用菌的形态、分类、生态、生理、生化、遗传、栽培及应用等方面的内容。食用菌学和其他许多学科有极密切的联系。在欧美各国，食用菌学主要的研究对象是双孢蘑菇、平菇；在日本主要是香菇、金针菇、平菇、滑菇、灰树花；在中国主要是蘑菇、香菇、草菇、木耳、银耳、猴头菌、茯苓、灵芝、竹荪等。中国食用菌学研究的内容和对象是丰富多彩的。

《中国食用菌菌种学》一书给食用菌学的定义是：食用菌学来自英语的 mushroom science，也有蕈菌学之称，有广义和狭义之分，广义的食用菌学包括食用菌的生物学、环境工程学、加工技术、市场管理等与食用菌产业相关的各个方面；狭义的食用菌学为食用菌生物学（mushroom biology），只涉及食用菌的生物学及其应用技术。狭义的食用菌生

物学主要包括真菌学、微生物学、发酵技术、环境工程和菌艺（栽培工艺技术为主）等诸多方面。

食用菌学当前还没有进入《学科分类与代码》（GB/T 13745—2009）国家标准，食用菌学作为学科，理论体系和专门方法基本形成，争取进入《学科分类与代码》（GB/T 13745—2009）国家标准，是我们这一代真菌科学工作者应该努力完成的历史使命。

第二节

我国古代对大型真菌的认知

一、古代对大型真菌的称呼

（一）古代多用菌、蕈等指称大型真菌

1. 菌　《尔雅·释草》中有"中馗，菌。小者菌。"的记载。汉许慎《说文解字》释："菌，地蕈也。从艸，囷声。渠殒切。"晋郭璞（276-324）在《尔雅注疏》中注释："中馗，菌。（地蕈也，似盖；今江东名为土菌，亦曰馗厨。可啖之。）小者菌。（大小异名。）"明代潘之恒（1556—1622）《广菌谱》（1612—1619）中有较详细的阐述："钟馗菌即土菌，地上经秋雨生，重台者，一名仙人帽。盖钟馗，神名也。此菌钉上若伞，其状如钟馗之帽，故以名之。亦名地鸡，亦名獐头菌。"其在文后注曰："李本作'中馗'。"以上说明"菌"的本义是指生长在地上的伞状大型真菌。

在王力主编的《王力古汉语字典》（2000 年）中："菌　jùn　渠殒切，上，轸韵，群。文部。"释义为："（一）植物名。又称蕈。说文：'菌，地蕈也。'尔雅·释草：'中馗，菌。'郭璞注：'地蕈也，似盖，今江东名为土菌，亦曰馗厨，可啖之。'庄子·逍遥游：'朝菌不知晦朔。'释文引司

马彪云：'大芝也，天阴生粪上。'文选汉张衡南都赋：'芝房菌蕈生其隈，玉膏滵溢流其隅。'（二）声音郁结的样子。……（三）通'箘'。竹笋。吕氏春秋 本味：'越骆之菌，鳣鲔之醢。'高诱注：'菌，竹笋也。'"

以上说明，在生物界，古代"菌"字读去声：jùn。由"天阴生粪上"，"生其隈"句可以看出，古代的"菌"，皆指生长在阴湿角落处的大型真菌。

由于科学的进步，微生物学产生后"菌"字的外延扩大。在显微镜问世前，"菌"的概念主要是指那些肉眼可见的大型真菌。自从人类发明了显微镜，用显微镜研究观察生物的微观世界以来，人类发现了"微生物"，建立了微生物学。近代生物科学传入我国以后，按照"菌"有"小"的含义，把一些微小的生物如"bacteria"的汉语对应词翻译为"细菌"、把"yeast"的汉语对应词翻译为酵母菌、把 actinomyces 的汉语对应词翻译为放线菌等，是顺理成章的。人民教育出版社 1954 年 8 月第一版的《新华字典》中，"菌"字已有两种释义（仍为一种读音）："菌 ㄐㄩ（郡） 低等植物的一种，不开花，没有茎和叶，多寄生在别的物体上。种类很多，蘑菇、松蕈等都属于这一类。[细菌] 又叫'分裂菌'，是菌类的一种，很微小，有球状、杆状、螺旋状等形状。特指能使人生病的病原细菌。"商务印书馆 1957 年 6 月新一版的《新华字典》中，"菌"字已有两种读音、两种释义了："菌 ㄐㄩㄣ jùn 低等植物的一种，不开花，没有根、茎、叶的区别，没有叶绿素，不能自己制造养料，多寄生在别的物体上。种类很多，蘑菇、松蕈等都属于这一类。[细菌]（—ㄐㄩㄣ）又叫'分裂菌'，是菌类的一种，很微小，有球状、杆状、螺旋状等形状。特指能使人生病的病原细菌。"这是菌字读音和释义随着科学的进步产生的新的发展。

2. 蕈 《说文解字》："蕈，桑荑，从艸，覃声。慈衽切。"

王鏊《姑苏志》云："蕈即菌，多生西山松林下。"

在王力主编的《王力古汉语字典》（2000 年）中："蕈 xùn 慈荏切，上，寝韵，从。侵部。"释义之一为："（一）菌类植物。生于树上或地上。说文：'蕈，桑荑。'段玉裁注：'荑之生于桑者曰蕈，蕈之生于田中者曰菌。先郑司农注周礼云：深蒲或曰桑耳。'玉篇：'蕈，地菌也。'"由此可知，"蕈"在《说文》上的本意是指生长在桑木上的木耳，后也泛称大型真菌。

以上说明，古代"蕈"字读去声：xùn。"蕈"字同"菌"字一样，在古代指的是不同生态类型的大型真菌。

3. 芝 《说文解字》："芝，神草也，从艸、从之。止而切。"

在王力主编的《王力古汉语字典》（2000 年）中："芝 zhī 止而切，平，之韵，照三。之部。"释义为："（一）灵芝草，菌类植物。古以为瑞草。说文：'芝，神草也。'论衡 验符：'芝生于土。'三国魏晋曹植洛神赋：'尔乃税驾乎蘅皋，秣驷乎芝田。'引申为盖。芝形如盖，故以芝称盖。文选汉张衡思玄赋：'左青琱之捷芝兮，右素威以司钲。'李善注：'芝，小盖也。'又西京赋：'骊驾四鹿，芝盖九葩。'这里'芝盖'指车盖。（二）香草名。白芷。'芝兰' 常连用，比喻贤德之人。荀子 王制：'其民之亲我也，欢若父母，好我芳若芝兰。'孔子家语 六本：'与善人居，如入芝兰之室，久而不闻其香，即与之化矣。'"

以上说明芝字，在古代读第一声：zhī，释义之一指灵芝。但在《太上灵宝芝草品》一书中，记载了 127 种芝，如：青玉芝、东方芝、南方芝、赤松子芝等，在这部书中，从插图看芝似乎指大型真菌。

芝字第二个释义，指香草，如白芷。芝兰常连用，比喻贤德之人。但是我们业界在遇到芝时往往只解释为灵芝，却忽略了还有第二个释义指香草。如 2014 年第二期《全国食用菌信息》刊载的郭天希《中国古典食用菌养生文化四个基本模式》一文中有："孔子家语·六本：'与善人居，如入芝兰之室，久而不闻其香，即与之化矣。'"和"孔子家语·在厄：'芝兰生于深林，不以无人而不芳，君子修道立德，不谓穷困而改节。'以芝兰喻君子之德，而'芝兰之室'还可视为居室灵芝盆景的源头。"这里"芝兰"与灵芝毫无相关，不能"视为居室灵芝盆景的源头"。

4. 蘑菇　在王力主编的《王力古汉语字典》（2000年）中："菇　gū　集韵攻乎切，平，模韵，见。鱼部。"释义为："（一）[蘼菇]王瓜。见尔雅 释草。（二）菌类植物。蘑菇。本亦作'菰'。""菰　gū　古胡切，平，模韵，见。鱼部。"释义为："（一）植物名。一名'蒋'。俗称'茭白'。……（二）菌类植物。即'蘑菰'（菇）（后起义）。正字通 艸部：'菌，江南呼为菰。'后多作'菇'。按，说文菰作苽。"

'蘑菰'（菇）一词虽是"后起义"，但"蘑菇"在我国已是有较长历史时期的传统用语，虽然它的由来还未考证清楚，但至少在元代就已出现于《饮膳正要·菜品》的"蘑菇"条中。

明吕毖《明宫史·饮食好尚》"正月"中还有："素蔬则滇南之鸡㙡、五台之天花、羊肚菜、鸡腿、银盘等蘑菇"之说，这里"蘑菇"包括许多种食用菌。

清袁枚（1716—1798）著《随园食单》中有多处提到"蘑菇"，其"蘑菇"条曰："蘑菇不止作汤，炒食亦佳。但口蘑最易藏沙，更易受霉，须藏之得法，制之得宜。鸡腿蘑便易收拾，亦复讨好"。

道光二年（1822年）阮元等纂修《广东通志》引《舟车闻见录》：有"产于曹溪南华寺者，名南华菇，其味不下于北地蘑菇"的记载。

晚清《农学丛书》之一的《家菌长养法·蕈种栽培法》一书"提要"中，又有："蕈即菌也，香蕈乃其一种"，"菌俗名蘑菇"之释义。

在没有显微镜的古代，我们的先人把肉眼可见的大型真菌统称为菌或蕈，元、明、清时期国人讲的蘑菇也是指的大型真菌。

5. 蕈菌或菌蕈　蕈菌和菌蕈，很早就出现我国古籍中。隋巢元方等《诸病源候论》谓："凡园圃所种之菜本无毒，但蕈菌等物，皆是草木变化所生，出于树者曰蕈，生于地者曰菌。"北宋黄休复《茅亭客话》有："夫蕈菌之物，皆草木变化，生树者曰蕈，生于地者曰菌。"宋末元初周密（1232—1298）《癸辛杂识》言："菌蕈类皆幽隐蒸湿之气，或蛇虺之毒，生食之，皆能害人。"明清之际方以智（1611—1671）的《通雅》卷四十二"芝栭"条云："芝栭，菌蕈也。在地曰芝，在木曰栭，香者曰香蕈。"

可见，古代蕈、菌是同位概念，泛指我们今天所说的不同生态的大型真菌，由蕈、菌组成的同义复合词蕈菌和菌蕈其释义也均为大型真菌。民国时期菌蕈一词在真菌论文中比较常见，如裴维蕃先生的《食用菌蕈栽培丛谈（一）》（1936年）。

但随着科学的进步，菌的外延扩大了，不仅包括真菌，还包括细菌、黏菌，而蕈仍然指大型真菌。因此菌与蕈的关系有了新的变化，菌成了蕈的上位概念。因此，按现代汉语语法构词规律和科学涵义，蕈菌一词表达的意义是符合一般习惯的，仍指大型真菌，而菌蕈则不符合一般习惯。科学术语上像不能把霉菌称作菌霉一样，也不能把蕈菌称作菌蕈，这不是词序的颠倒，实质上是不符合现代汉语习惯。因此，菌蕈一词将逐步被淘汰。

《辞源》（第二版）在菌字头下也没有菌蕈这个词汇。《辞海》（第三版）中菌字头下也没有菌蕈这个词汇。《辞海》（第六版缩印本）蕈字头下记载了蕈菌一词："蕈（xùn）　伞菌一类的植物。无毒的可供食用，如香菇、蘑菇等。""蕈菌　一大类能形成大型子实体的真菌。多数属于担子菌中的伞菌类，少数属子囊菌。子实体多为肉质，典型的由顶部的菌盖（包括表皮、菌肉和菌褶）、中部的菌柄（常附菌环和菌托）和基部的菌丝体三部分组成。广泛分布于森林、草原中的植物残体等有机物丰富的地方。种类很多，其中许多可食用，如蘑菇、香菇、木耳、银耳和平菇等；可药用者如灵芝、云芝和茯苓等；有一些是木腐菌，如多孔菌等；少数种有毒，如毒鹅膏、红网牛肝、柠檬黄伞和毒蝇蕈等。"

这是《辞海》首次将蕈菌一词收入，说明蕈菌一词在国内科学技术界已经得到广泛的认可与应用。

有学者提出：mushroom 的中文译名原来仅为蘑菇，广义上应译为蕈菌，以利于与酵母菌、霉菌、细菌并列使用。蕈菌一词对应于 mushroom 较蘑菇科学，意义更准确，但改变一个在我国使用多年 mushroom 对应于汉语蘑菇的习惯，是不易被人们接受的，况且 mushroom 对应于汉语蘑菇在我国《微生物学名词（1988）》及《食用菌术语》（GB/T 12728—2006）中均作了规范。因此 mushroom 规范的汉语对应词应为蘑菇，有学者把 mushroom 广义上译为蕈菌也是符合科学的，虽然可以使用，但尚无进行规范。

（二）古代对大型真菌的命名

1. 木耳　《尔雅·释草》之"渮灌，注未详茵芝"节有："臣照，按渮灌茵芝当是一节，渮灌者即茵芝，皆湿生可食之物，茵如今豆芽木耳之类。"

蕈在《说文解字》中的解释为："蕈，桑蕈也，从艸，覃声，慈衽切。"紧接着对蕮字的解释为："蕮，木耳也。从艸，臾声。而究切。一曰蕳苃。"北魏贾思勰《齐民要术》卷十"果蓏"中记有："蕮，木耳也。按：木耳，煮而细切之，和以姜、橘，可为菹，滑美。"段注："蕮之生于桑者，曰蕈；蕈之生于田中者，曰菌苃。"关于栭、栮，《康熙字典》（中华书局，1958 年）记有："栭：《唐韵》《正韵》如支切。《集韵》《韵会》人之切，𠀤音而。《说文》枅上标也。《尔雅·释宫注》栭即栌也，谓斗栱也。张衡《西京赋》绣栭云楣。《晋书·大秦国传》以珊瑚为梲栭。又栗属。《尔雅·释木》栵，栭。《郭注》似槲樕，卑小，子如细栗，江东呼栭栗。又芝属。《礼·内则》芝栭菱椇。《郑注》人君燕食所加庶羞也。《疏》无华而实者名栭，芝属也。芝栭一物。亦作檽。《本草别录》木生者为檽，地生者为菌。《类篇》一作檽。详檽注。栮：《集韵》

《类篇》忲忍止切，音耳。亦作檽。木檽。《字汇》生枯木上，形如耳，故以耳名。"

蕮、栭、栮、檽、檽，同为对木耳的称呼。如宋陆游《思蜀》诗："栮美倾筥笼，茶香出土铛。"其中的"栮"即指木耳。

古代称的木耳与今天所指的木耳应为同属的物种，属胶质菌。从以上可以看出，木耳是我们祖先最早对这类大型真菌的命名，这个名称一直到现代仍然被沿用。也是我们祖先最早食用的大型真菌。

2. 茯苓　茯苓也作茯灵。《淮南子·说山训》："千年之松，下有茯苓，上有菟丝。"《史记·龟策列传》："茯灵者，千岁松根也，食之不死。"《种芝草法》（为晋代以后的作品）中有"此木生茯苓，有脂肥故也"之说。

3. 其他

（1）以生长基质命名　如：木耳，粪碗，榆耳等。

（2）以生长季节命名　如：冬菇，雁来菌，桃花菌，冻菌等。

（3）以形状命名　如：猴头菇，蠔菇，喇叭菌，卷曲龙头菌等。

（4）以颜色命名　如：黑木耳，白木耳，白蘑，鸡油菌等。

（5）以物候命名　如：雁来菌，桃花菌，雷惊菌等。

（6）以气味命名　如：香蕈，香杏口蘑等。

二、对形态的认识

我国古代已经认识到大型真菌"无茎、叶、花"。如对《礼记·内则》记载的"芝栭"，南朝宋庾蔚之在《礼记略解》中注解为："无华而生者曰芝栭。"芝栭在古代指木耳也泛指大型真菌。无华的华字，《说文解字》："华，荣也。"《尔雅·释草》："木谓之华，草谓之荣。"是说木上的称华，草上的称荣。《王力古汉语字典》中"华"的释义之一："（一）花。"《说文解字》中无花字，花为后起字。

南朝梁陶弘景（456—536）描写过马勃："紫色虚软，状如狗肺，弹之粉出"，形象地描写了马勃子实体被弹动出孢子的情景。

唐段成式《酉阳杂俎》"卷十九广动植类之四"之"草篇"记述："又梁简文延香园，大同十年，竹林吐一芝，长八寸，头盖似鸡头实，黑色。其柄似藕柄，内通干空（一曰柄干通空），皮质皆纯白，根下微红。鸡头实处似竹节，脱之又得脱也。自节处别生一重，如结网罗，四面同（一曰周），可五六寸，圆绕周匝，以罩柄上，相远不相着也。其似结网众目，轻巧可爱，其柄又得脱也。验仙书，与威喜芝相类。"

1983年黄年来先生发表在《食用菌》杂志上的《武夷山竹荪小考》一文中，就介绍过《酉阳杂俎》中关于"又梁简文延香园"段中的"芝"字，并认为该段文字中所说的"芝"是长裙竹荪。他还写了一段译文："此外，梁朝西魏大统十年（此处原文有误，应为梁大同十年。编者注）简文帝之延香园的竹林里，冒出一种珍奇的菌子，菌体长约8寸，菌盖顶端鸡头状（茨实的果实鸟嗦状，茨实又称鸡头莲 *Euryale ferox*——注），黑色，其柄似藕（藕，荷花 *Nelumbium speciosum*——注），柄内中空（透顶），皮质皆纯白色，根下微红，菌盖基部似竹节，有可动性的节（实指菌盖部分——注），从这个节部生下一个象打结的网罗（即菌裙），其周围5～6寸（约14～15 cm），象吊钟围在柄上，菌裙边缘和菌柄相距甚远，没有沾在一起，这个网目众多的菌裙极为轻盈，美丽可爱，也很容易从菌柄上拿下来，在道教的著作中相当于威喜芝。"尽管段成式不可能为我们拍下照片，但从这段形象逼真的描述，参照真菌分类学的知识，我们立刻明白，这种珍奇的菌子无疑是名贵的食用菌——长裙竹荪 *Dictyophora indusiata*。也就是说段成式有关竹荪的记载是世界上最早最完整的，比欧美各国早一千多年。

以上是黄年来对《酉阳杂俎》中关于"又梁简文延香园"段记载的"芝"，即竹荪的生长环境和

形态的描述的译文。这段记述中运用的"盖"和"柄"是十分准确的。

宋代《尔雅翼》有"芝，瑞草，一岁三华，故楚辞谓之三秀，无根而生"之说。

关于茯苓（茯灵）形状的记载，见于宋苏颂《图经本草》："（茯苓）附根而生，无苗、叶、花、实。"明李时珍《本草纲目》也有记载："出大松下，附根而生，无苗、叶、花、实，作块如拳在土底，大者至数斤，有赤、白二种。"

三、对生长基质的认识

早在远古时期，人们对大型真菌的生理生态就有了一定的认识。关于大型真菌的生长基质，二千多年前的《列子·汤问》中就有"朽壤之上，有菌芝者"的记载，用朽壤表示枯朽的树和含有腐殖质的土壤，是非常准确的。

汉刘向《淮南子·说山训》记载："紫芝生于山，而不能生于盘石之上。"还有"千年之松，下有茯苓，上有菟丝"，是说茯苓与松根有关系。

陶弘景《名医别录》记载："马勃生湿地及朽木上。"

宋寇宗奭《本草衍义》有"茯苓，乃樵斫讫多年松根之气所生"的论述，还有"马勃、菌、五芝、木耳、石耳之类，皆生于枯木、石、粪土之上，精英未沦，安得不为物也"等的记述。

四、对生长环境条件的认识

汉王充在《论衡·验符》中说："芝生于土，土气和，故芝生土。"这里指出了只有在适宜土壤环境，才会生长出芝菌，这里的芝不一定指现代所称的灵芝物种。唐陈藏器《本草拾遗》（739年）中曾记载粘菌："生阴湿地，如屎，亦如地钱，黄白色……。"

王祯《农书》中记载："菌子，说文曰蕈也，尔雅曰中馗菌，率皆朽株湿气蒸溽而生……雨雪之

余，天气蒸暖，则生蕈矣。"元吴瑞《日用本草》曰："夏月间，土壤灰粪中或竹林虚坏处，得雨后尽生，此乃湿热相感而成。"

五、对生长环境与美味关系的认识

古人往往用菌、蕈、芝等字眼来区分各种生理生态不同的大型真菌。古代人们就认为"产于木者曰蕈，产于地者曰菌"，蕈生长在枯木上，而菌自然生长在背阴湿地上。宋陈仁玉《菌谱》（1245年）是世界上现存的最早的食用菌专著。其中提到形状特别相似的杜蕈和鹅膏蕈，但生境不同，前者"生土中"，有毒，后者"生高山中"，无毒。黄世祚的《嘉定县续志》记载："蕈，色如白盖，味甚鲜美，生茅地者，曰茅柴蕈；生杨根者，曰杨树蕈；生竹林者曰竹根蕈。竹蕈最佳，雨多则生，惟多毒。"

古人也注意到大型真菌的生长环境不同，其食性和口味也有所不同。晚清徐宗亮的《黑龙江述略》记载："夸兰蘑菇，齐齐哈尔城东境有之，七月入市，谓之东蘑，色白，边绕黑线，视西北边产味，薄而洁净无沙……传闻吉林省宁古塔，产不减西北边，价亦不昂，北地高亢而湿蒸生菌，视东南卑湿地尤美，物性所致，固不可解。"

六、对生长繁殖的认识

《列子·汤问》中说到："朽壤之上，有菌芝者，生于朝，死于晦。"可见观察之细致。

《庄子·齐物论》中记载："乐出虚，蒸成菌，日夜相代乎前，而莫知其所萌。""蒸成菌"这三个字的意思是，湿暑气蒸，故能生成菌。《庄子·逍遥游》中说道："朝菌不知晦朔。"按庄子集注的注解，朝菌，一种朝生暮死的植物，晦朔，每月的尾一天叫晦，头一天叫朔，说明朝菌生命短暂。

宋陈仁玉《菌谱》云："芝菌，皆气茁也"。

七、对毒蘑菇毒性及预防、治疗的认识

我国古籍中有关对毒蘑菇的认识及毒蘑菇中毒的预防和治疗，多属民间传说，其中夹杂了一些封建迷信的记载，而且所提验方，一般缺乏可靠的临床试验。宜本着"取其精华、弃其糟粕"的原则，加以发掘、整理。

（一）《博物志》中的记述

西晋张华（232—300）《博物志》卷之三，较早记载了对食用蘑菇与毒蘑菇的认识，以及误食毒蘑菇中毒后的治疗方法："江南诸山郡中大树断倒者，经春夏生菌，谓之椹。食之有味而忽毒杀人，云此物往往自生毒者。或云蛇所著之。枫树生者啖之，令人笑不得止，治之，饮土浆即愈。"

（二）王祯《农书》的记述

王祯《农书》记述："菌之种不一，名亦如之……然辨之不精，多能毒人。"

（三）《菌谱》中的记述

陈仁玉《菌谱》中记述了美味的鹅膏菌及与其形状相近的杜蕈（一种毒菌）区分和中毒的治疗："鹅膏菌"，"生高山，状类鹅子，久乃伞开，味殊甘滑，不谢稠膏，然与杜蕈相乱。杜蕈者，生土中，俗言毒蛊气所成，食之杀人，甚美有恶，宜在所黜。食肉不食马肝，未为不知味也。凡中其毒者，必笑。解之，宜以苦茗杂白矾，勺新水并咽之，无不立愈。因著之，俾山居者，享其美而远其害，此谱外意也。"杜蕈，其形态与鹅膏蕈近似，很可能是橙红毒伞或毒蝇伞。这些毒蕈都有使人幻视或纵欢的作用。

（四）《吴蕈谱》中的记述

我国自唐宋以来，采食食用菌的风气很盛，但是识别食用菌都是凭村老以乡俗语根据形象立名，因此认识不准确，误食中毒的事情常有发生。在这种情况下，产生了两种态度，一种是"有菜莫食蕈"；另一种是凭生活经验，采取慎重的态度来采食。《吴蕈谱》中云："故山中人劂（音捉）蕈（吴俗称拾菌为"劂蕈"）必认蕈荡，如某山出何等蕈，

某地出何等蕈，皆有旧荡不乱生者……有名色可认者，采之；无名者，弃之。"

（五）误食毒菌中毒后的治疗方法

关于误食毒菌中毒后的治疗方法，我国流传着大量的偏方，可供在今后临床试验研究时参考。

《本草纲目》"野菌毒"部分，提出了下述治疗毒菌中毒的偏方："甘草（煎麻油服）。防风（汁）。忍冬（汁）。蘆实，酱汁，生姜，胡椒，绿豆（汁）。梨叶（汁）。荷叶（煎）。阿魏，地浆，黄土（煮）。鸊鷉，石首鱼枕，童尿，人屎汁。"《吴蕈谱》有一段关于"枫树蕈"的记载："枫树蕈，食之即令人笑不止。造地浆以治之，掘地做坑，以新汲水投坑中，搅令浊，少待其澄清取饮，即活，亦解诸毒。"同书还记有："芝园主人《急救良方》：食野菌毒用甘草，不拘多少，以麻油一盏煎数沸，冷服，其毒自解。""苏州天平山白云寺五僧行山间，得蕈一丛，甚大，摘而食之，至夜发吐。三人急采鸳鸯草生啖，遂愈……此草藤蔓而生，对开黄白花，傍水依山处皆有之，所谓金银花者是也。"又记载了一乡人，常以鱼腥草解菌毒。

第三节
我国古代对大型真菌利用的记载

一、我国古籍中对大型真菌食用的记载

（一）《礼记·内则》

《礼记·内则》对芝栭的记载为最早。芝栭被郑玄誉为"皆人君燕食所加庶羞也"。芝栭在这里指木耳。

（二）《吕氏春秋·本味》

其原文："和之美者：阳朴之姜；招摇之桂；越骆之菌；鳣鲔之醢；大夏之盐；宰揭之露，其色

如玉；长泽之卵。"高诱注："越骆国名。菌，竹笋也。"

《吕氏春秋·本味》中的"越骆之菌"的菌，根据上述古籍书证中的释义，不是蕈的意思，而是箘的意思。对这种现象，我们应该这样来理解：菌和箘是两个意义毫不相干的字，只是因为读音相同，古书中箘这个字有时也可以用菌这个字来表示。对于箘这个意义来说，菌是假借字；对于菌这个字来说，箘是假借义。《吕氏春秋·本味》中的"越骆之菌"的菌是箘的假借字，其义应是竹笋，而不是菌。目前很多食用菌科技书中，把《吕氏春秋·本味》中"越骆之菌"的菌字释义为蕈是不符合历史真实的。

（三）《齐民要术》

北魏贾思勰《齐民要术》（图1-1-5）约成书于公元533—544年，此书保存了许多北魏以前（后）亡佚的古农书、古食经的原文。其中的"菰菌鱼羹"、"籑淡"、"焦菌法"、和"木耳菹"等多种菌类烹饪方法均来自民间，并有"酸渍蘑菇"的最早记载，表明菌类已成为一种普通食品。

图1-1-5　我国第一部农书《齐民要术》记载了大型真菌的烹饪

《齐民要术》卷九"素食第八十七"中"焦菌（其殒反）法"条记述："菌，一名'地鸡'，口未开，内外全白者佳；其口开里黑者，臭不堪食。其多取欲经冬者，收取，盐汁洗去土，蒸令气馏，下

中国食用菌发展历史、现状与展望

著屋北阴干之。当时随食者，取即汤炸去腥气，擘破。先细切葱白，和麻油（苏亦好），熬令香；复多擘葱白，浑豉、盐、椒末，与菌俱下，焦之。宜肥羊肉；鸡、猪肉亦得。肉焦者，不须苏油（肉亦先熟煮，薄切，重重布之如'焦瓜瓠法'，唯不著菜也）。焦瓜瓠、菌，虽有肉、素两法，然此物充素食，故附素条中。"

其卷九之"作菹、藏生菜法第八十八"中"木耳菹"条记述："取枣、桑、榆、柳树边生犹软湿者（干即不中用，柞木耳亦得。），煮五沸，去腥汁，出置冷水中，净洮。又著酢浆水中，洗出，细缕切。讫，胡荽、葱白（少著，取香而已）。下豉汁、酱清及酢，调和适口，下姜、椒末，甚滑美。"

其卷十之"果蓏"中"蕈（而充反）"条记述："'木耳也'。按：木耳，煮而细切之，和以姜、橘，可为菹，滑美。"

以上说明《齐民要术》已记载了多种食用菌的烹饪加工方法。

（四）《癸辛杂识》

《癸辛杂识》，是周密（1232—约1298）居住杭州癸辛街时所作，所记琐事见闻足资考据者颇多。《癸辛杂识》"桐蕈鳗鱼"条云："天台所出桐蕈，味极珍，然致远必渍之以麻油，色味未免顿减。诸谢皆台人，尤嗜此品，乃并舁桐木以致之，旋摘以供馔，甚鲜美，非油渍者可比。"

（五）《饮膳正要》

成书于元代天历三年（1330年）的《饮膳正要》卷三"菜品"中记载有多种大型真菌，如："蘑菇"、"菌子"、"木耳"、"天花"等。卷一、卷三中还有以蘑菇为原料的羹或菜谱及其制作方法。如荤素羹："羊肉（一脚子，卸成事件），草果（五个），回回豆子（半升，捣碎，去皮）。上件，同熬成汤，滤净，豆粉三斤，作片粉。精羊肉切条道乞马，山药一斤，糟姜二块，瓜齑一块，乳饼一个，胡萝卜十个，蘑菇半斤，生姜四两，各切。鸡子十个，打煎饼，切，用麻泥一斤，杏泥半斤，同炒，葱、盐、醋调和。"

可见元代已经用蘑菇作羹或菜了。这里的"蘑菇"不知是哪一个物种，或指多种可食用的大型真菌。

（六）《明宫史》

明代刘若愚撰《酌中志》24卷。吕毖摘其16～20卷，名《明宫史》。《明宫史·饮食好尚》之"正月"中有："素蔬则滇南之鸡㙡、五台之天花、羊肚菜、鸡腿、银盘等蘑菇。东海之石花海白菜、龙须、海带、鹿角、紫菜。江南之乌笋、糟笋、香蕈。辽东之松子。蓟北之黄花金针……不可胜数也。"这里提到的"蘑菇"达六种之多。

（七）《随园食单》

清袁枚（1716—1797）《随园食单》中有多处提到"蘑菇"，其"蘑菇"条曰："蘑菇不止作汤，炒食亦佳。但口蘑最易藏沙，更易受霉，须藏之得法，制之得宜。鸡腿蘑便易收拾，亦复讨好。"该书记述了香蕈、木耳、松蕈、口蘑、天花、鸡腿菇等多种大型真菌的烹饪方法。

（八）《筵款丰馐依样调鼎新录》

清同治年间厨师手抄秘籍《筵款丰馐依样调鼎新录》中，所录家常和筵席菜款均以川菜为主，其中的菌菜就有200多款，使用的原料有口蘑、洋菇、榆肉、云耳、金耳、银耳、肉菌、香蕈、竹荪、鸡㙡、羊肚菌等。

二、我国古籍中对大型真菌药用的记载

（一）《神农本草经》

该书中记载的一些大型真菌药物有赤芝、黑芝、青芝、白芝、黄芝、紫芝、茯苓、猪苓、桑耳、五木耳、蘿菌、雷丸等12种。对每种大型真菌的异名、产地、性味、功能都有简要的记载。

（二）《新修本草》

《新修本草》，又称《唐本草》，五十四卷，唐苏敬等撰于显庆四年（659年），是世界上第一部由国家颁布的药典。是在《神农本草经》《名医别录》和《本草经集注》等书基础上进一步增补

了隋、唐以来的一些新药品种，并重加修订改编而成。

《新修本草》记述的大型真菌有茯苓、槐耳、猪苓、桑耳、五木耳、雚菌、雷丸、鬼盖、地苓、地耳共10种。

（三）《本草拾遗》

唐陈藏器以为《神农本草经》遗逸尚多，故搜遗补缺，开元二十七年（739年）编撰《本草拾遗》十卷（序例一卷，拾遗六卷，解纷三卷）。原书今已佚，内容幸由《证类本草》收录得以传世。

《本草拾遗》书中第一次提到鉴别毒蘑菇的8条标准和解毒方法。

（四）《经史证类备急本草》

《经史证类备急本草》，简称《证类本草》，宋唐慎微撰。《证类本草》成书时间尚有争议，《辞海》（第六版缩印本）记载"成于元丰六年（1083年）"，有学者认为成书于元祐年间（1091—1093），还有学者认为成书于元丰五年至绍圣四年（1082—1097）。"国家中医药名词术语成果与规范推广"项目审核认证，《证类本草》"约撰于绍圣四年至大观二年（1097—1108）"。

《证类本草》是在掌禹锡等《嘉祐本草》和苏颂《图经本草》基础上，收集民间验方，各家医药名著以及经史传记、佛书道藏等中的有关本草方面的记录，整理编撰而成的。《证类本草》对宋以前的本草学成就进行了系统的总结，在《本草纲目》问世之前流行500余年，一直是本草学研究的范本，在本草史上具有重要地位。

《经史证类备急本草》是集北宋以前本草学之大成的本草学著作，代表了宋代药物学的最高成就。本书成书后未曾刊印。北宋大观二年（1108年）仁和县尉管句学事艾晟受集贤学士孙觌之命，进行校正，并作适量增补，更名《经史证类大观本草》（简称《大观本草》）刊行于世。补订本基本保持《证类本草》编写体例和收载药数，仅在各药条下增入药论、附方等内容。政和六年（1116年）曹孝忠奉敕校勘此书，更名《政和新

修经史证类备用本草》（简称《政和本草》）。南宋时王继先等又再次校修《证类本草》，略加增补而成《绍兴校定经史证类备急本草》（简称《绍兴本草》）。

《政和本草》收入的"大型真菌"有雚菌、茯苓、桑耳、五木耳、猪苓、杨庐耳、雷丸、竹肉、蝉花、鬼盖、蜀格、地耳、地苓共13种。

（五）《滇南本草》

书中记述的大型真菌有灵芝草、帚菌、黄菌、大毒菌、松橄榄、牛肝菌、羊脂菌、青头菌、木上森、杉菌、松菌、皂荚菌、七星菌、篦菌、困木菌、栗菌、桑花菌、柏木菌、苦竹菌、枫菌、麻菌、柳菌、人面菌、番肠菌、腐草菌、马蹄菌、胭脂菌、癫头菌、番花菌、天花菌、竹菌等31种药用的大型真菌。

（六）《本草纲目》

该书（图1-1-6）"菜部第二十八卷"之"菜之五芝栭类一十五种"中，列有青芝、赤芝、黄芝、白芝、黑芝、紫芝、木耳、桑耳、槐耳、榆耳、柳耳、柘耳、杨庐耳、杉菌、皂荚蕈、香蕈、葛花菜、天花蕈、蘑菰蕈、羊肚菜、鸡㙡、舵菜、土菌、鬼盖、地苓、鬼笔、竹蓐、雚菌、蜀格、地耳、石耳等。其中大部分物种是大型真菌，而有些物种不属于大型真菌，如舵菜、蜀格等。另外，"草部第二十一卷"列有马勃，"木部第三十七卷"列有茯苓、猪苓，"虫部第四十一卷"列有蝉花。

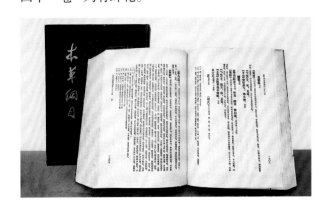

图1-1-6 《本草纲目》之"菜之五"记载了"芝栭类一十五种"

中国食用菌发展历史、现状与展望

第四节
我国古籍中对大型真菌栽培技术的记载

一、茯苓

（一）古书中对茯苓的介绍

茯苓的生长环境，后蜀韩保昇在《蜀本草》中记载："所在大松处皆有，惟华山最多。生枯松树下，形块无定，以似龟、鸟形者为佳。"

茯苓与茯神的区别，宋代寇宗奭著《本草衍义》中记载："乃樵斫讫多年松根之气所生。此盖根之气味，噎郁未绝，故为是物。然亦由土地所宜与不宜。其津气盛者，方发泄于外，结为茯苓，故不抱根而成物。既离其本体，则有苓之义。茯神者，其根但有津气而不甚盛，故止能伏结于本根，既不离其本，故曰茯神。"《太平御览》引《典论》："颍川郄俭能辟谷，饵茯苓。初俭之至市，茯苓价暴数倍。"李时珍也认为："茯苓，史记龟策传作伏灵。盖松之神灵之气，伏结而成，故谓之茯苓、伏神也。"并在附图中将茯苓与松根、雷丸与竹、猪苓与阔叶树根联系并绘在一起。古人虽未看到菌丝感染松树根而生长，但已将茯苓的生长与松根联系起来而且是"生枯松树下"，或"多年樵斫之松根"，我国传统栽培茯苓将松树筒晒干，这与古籍记载相同。同时在松树根旁所生长的茯苓，附在根上者为茯神，不抱者为茯苓，这与传统中药称为茯苓、茯神者吻合。

茯苓的分布、形态、生态在《本草纲目》集解中记载："今泰、华、嵩山皆有之。出大松下，附根而生，无苗、叶、花、实，作块如拳在土底，大者至数斤，有赤、白两种。""外皮黑而细皱，内坚白。形如鸟、兽、龟、鳖者良。虚赤者不佳。"

（二）寻觅或采挖茯苓的方法

宋代《图经本草》记载："今东人见山中古松久为人斩伐，其枯折槎枿，枝叶不复上生者，谓之茯苓拨。即于四面丈余地内，以铁头锥刺地。如有茯苓，则锥固不可拔，乃掘取之。其拨大者，茯苓也大。皆自作块，不附着根。其包根而轻虚者为茯神。则假气生者，其说胜矣。"过去我国茯苓产区的药农乃以此法采集野生茯苓，其实践经验难能可贵。

（三）《证类本草》中关于茯苓栽培的记载

茯苓栽培始于南北朝（420—589）。《证类本草》卷十二引"陶隐居"云："（茯苓）今出郁州，彼土人乃故斫松作之，形多小，虚赤不佳。自然成者，大如三四升器，外皮黑细皱，内坚白，形如鸟兽、龟鳖者良。"这里的"斫松"显然是把松树砍倒，栽培茯苓的最原始方法，由于当时技术还不成熟，故而"形多小，虚赤不佳"品质较差。

（四）《癸辛杂识》中关于茯苓栽培的记载

《癸辛杂识》中的记载："道士郎如山云：茯苓生于大松之根，尚矣！近世村民乃择其小者，以大松根破而系于其中，而紧束之，使脂液渗入于内。然后择地之沃者，坎而瘗之，三年乃取，则成大苓矣。洞宵山最宜茯苓，往往民多盗种，密志之而去。数年后乃取焉，种者多越人云。"这是运用菌核作"肉引"培植茯苓较早较完整的记录，"择其小者"即指菌核。

二、黑木耳

（一）《药性论》中关于黑木耳栽培的记载

木耳栽培大约始于6世纪末7世纪初，见诸宋《政和新修经史证类备用本草》，该书卷十三"五木耳"引《药性论》："蕈……古槐、桑树上者良。……煮浆粥安槐木上，草覆之，即生蕈。"《药性论》早已湮没不传，这段佚文保存在北宋掌禹锡等的《嘉祐本草》中，又被《政和新修经史证类备用本草》转录而得以传世。

关于《药性论》的作者，李时珍认为是唐初的甄权，而《药性论》即见于《隋书·经籍志》中之

《甄氏本草》。据《旧唐书》载：权卒于贞观十七年（643年），年103岁，可推知其生年当为梁武帝萧衍大同七年（541年），而其成书年代大约在隋开皇（581—600）至唐武德初（618年）。在李时珍《本草纲目》中，栽培木耳的文字见两处。一见于《槐耳·释名》中，作"权曰"；一见于《木耳·集解》中，作"恭曰"，相互抵牾。按：恭即苏恭，是《新修本草》（《唐本草》）作者，本名敬，因避宋太祖祖父（赵敬）名讳改之。《新修本草》在国内早已亡佚，后来在日本发现写本残卷，书页中有"天平三年"字样。按：天平三年即唐玄宗开元十九年（731年），距《新修本草》成书不过70余年，在"木耳"、"槐耳"条中均有栽培木耳的内容。李时珍引用古代文献，多经裔切或化裁，故其关于木耳栽培的文字记载应存疑，而以《药性论》较为可信。所以人工栽培木耳的年代，当在6世纪末或7世纪初。另，甄权所说的蕈，就是木耳。

（二）清代及其以后地方志中关于栽培木耳的记载

清杨承禧等修《湖北通志》："木耳，《黄州府志》以为罗田专产，然它县亦有之。《通城志》谓之木蕊，亦木耳也。上游诸郡枣阳、南漳、谷城、兴山、归州、巴东、长阳等处所出亦盛，而以郧属产者为最著名，世谓之'郧耳'。"

同治五年（1866年）杨延烈等修《房县志》：在同治之前，房县的木耳栽培已具有相当规模，排架在山坡上的耳木，"杈丫纵横，如结栅栏"，到同治初年，已是几经兴衰了。

据胡炳等修纂《南江县志》载："木耳亦产南江，居民有山场者，著青冈树，山稍平坦，即留树头所发正身，去其旁枝，经五六年，树颇齐截，大若茶杯等，乃砍为节，头年卧山，次年立架，一经春雨即茁生木耳，居民采摘，数包、数十包不等，以山之广廓而取材焉。商民运至汉中远省行之。""择山内八九年、五六年花栗、青冈、梓树用之，不必过大。每年十月内，将树伐倒，纵横山坡上，雨淋日晒，至次年二三月间，将木

立起，二三十根攒一架；再经淋洒，四五月内即结木耳。第一年结耳尚少，二年最旺，三年后木朽不出耳矣。采耳遇天晴则晒晾，阴雨则用火焙干，然后打包。"

三、香菇

（一）吴三公及菇神庙崇拜

关于香菇栽培的起源，民间传为庆元县人吴昱（兄弟排行老三，又叫吴继山，后世尊称为吴三公）所创，其主要技术为"砍花法"与"惊蕈术"，此说在龙泉、庆元、景宁三县民间广为流传。为了颂扬吴三公的功绩，宋度宗咸淳元年（1265年）兴建显灵庙，祀吴三公为菇神，后人称其为菇神庙。吴三公其人有明万历三十七年（1609年）撰修的《槎东云川吴氏宗谱》（云川是浙江省庆元县龙岩村的旧称）可证。

（二）《贵耳集》《癸辛杂识》中对香菇栽培的记载

南宋人张端义撰《贵耳集》，所记多朝野轶事，其中有"天台桐蕈，致远色味必变，乃并舁桐木致之贾相供馔"之记载。之后，周密的《癸辛杂识》中说："天台所出桐蕈，味极珍，然致远必渍之以麻油，色味又未免顿减。诸谢皆台人，尤嗜此品，乃并舁桐木以致之，旋摘以供馔。""诸谢"是指宋理宗后谢道清（1210—1283）的族党。谢道清于宝庆三年（1227年）册立为后，历经理宗、度宗、恭帝三朝，德祐元年（1275年）垂帘听政，史称谢太后。其兄谢奕、侄谢堂等皆身居显贵，"颇干朝政"（《宋史·谢太后传》）。贾相，即贾似道（1213—1275），淳祐元年（1241年）入阁，开庆元年（1259年）擢任宰辅，在理宗朝是位权臣，颇为谢太后所倚重。因此，出身菇乡的"诸谢"生活嗜好，对贾似道是有一定影响的。所谓"舁桐木以致之，旋摘以供馔"，就是将生长桐蕈的菇木，携运到杭州，以便随时采摘，趁鲜食用。另据《菌谱》《台州外书》所记，当时所供只有台蕈，也即

香菇，这种桐蕈当然也只能是香菇。

由此可见，在12世纪末或13世纪初地处浙东的天台、仙居即已开始栽培香菇了。

（三）王祯《农书》中的记载

王祯《农书》，成书于1313年，是继《齐民要术》之后，我国又一部农业科学巨著。其中《农桑通诀》"菌子"一段中，记载了山区农民栽培香菇的经验："今山中种香蕈亦如此法。但取向荫地，择其所宜木（枫、楮、栲等树），伐倒，用斧碎研成坎，以土覆压之。经年树朽，以蕈碎锉，匀布坎内，以蒿叶及土覆之。时用泔浇灌，越数时，则以槌棒击树，谓之'惊蕈'。雨雪之余，天气蒸暖，则蕈生矣。虽逾年而获利，利则甚博。采讫，遗种在内，来岁仍发复。相地之宜，易岁代种。新采，趁生煮食，香美。曝干则为干香蕈。今深山穷谷之民，以此代耕，殆天苗此品，以遗其利也。"

（四）《菽园杂记》中的记载

陆容（1436—1494）《菽园杂记》引《龙泉县志》记述了香菇栽培方法："香蕈，惟深山至阴之处有之。其法，用干心木、橄榄木，名曰'蕈楺'。先就深山下斫倒仆地，用斧班驳锉木皮上，候淹湿，经二年始间出。至第三年，蕈乃遍出。每经立春后，地气发泄，雷雨震动，则交出木上，始采取。以竹篾穿挂，焙干。至秋冬之交，再用工遍木敲击，其蕈间出，名曰'惊蕈'。惟经雨则出多，所制亦如春法，但不若春蕈之厚耳。大率厚而小者，香味俱胜。又有一种，适当清明向日处，间出小蕈，就木上自干，名曰'日蕈'，此蕈尤佳，但不可多得。今春蕈用日晒干，同谓之'日蕈'，香味亦佳。"并在自注中说："出《龙泉县志》……蕈字原作甚，土音之伪，今正之。"所引《龙泉县志》为何时何人撰著，语焉不详。

龙泉县初建于唐肃宗乾元二年（759年），早期所纂县志，至清共有四部。其中三部，据清乾隆二十七年（1762年）《龙泉县志》例言载："宋志一，嘉定二年（1209年）何澹著；明志，一为嘉靖乙酉（1525年）邑人叶溥、李普溥辑，一为万历戊戌

（1598年）邑人夏舜臣编。"另一部是据明代杨士奇等编《文渊阁书目》卷20"新志类"和明代祁承爜藏编《澹生堂藏书目》著录，记载了成书于正统年间（1436—1449）的正统志，作者及编修年代不详。

关于嘉定二年（1209年）的《龙泉县志》编纂者是谁，也存在不同意见。张寿橙根据乾隆、光绪朝县志例言载："宋志一，嘉定二年（1209年）何澹著"的记载，认为作者是何澹，并于全国第八届食用菌新产品新技术展销会暨中国食用菌产业发展（龙泉）论坛期间（2009年3月22日），"世界上第一个记录人工栽培香菇技术的宋朝龙泉人何澹塑像，也在龙泉落成揭幕"。何澹被誉为"香菇文化之父"。

根据姚德泽、甘长飞、宋晞、芦笛等学者考证，宋嘉定二年《龙泉县志》作者是林应辰和潘桧，何澹仅是作序者。

宋嘉定志及明初正统志均佚。陆容《菽园杂记》引《龙泉县志》记述香菇栽培方法的185个字又不可能引自明嘉靖以后县志。因此这段栽培香菇的185个字，究竟出自宋嘉定志还是明初正统志，是近年来学者争论不休的问题。

（五）《西事珥》中关于福建松溪县香菇栽培的记载

芦笛最近在《明魏濬＜西事珥＞所记香菇栽培史料考述》一文又挖掘发现明代学者魏濬所撰《西事珥》卷6"越骆之菌"条，除考证典故外，还附记了作者时代的关于香菇栽培的生产活动等情况。

该文介绍说，魏濬（1553—1625），字禹卿（卿或作钦），号苍水，福建松溪人。他生平撰有11部著作，其中包括笔记性质的《西事珥》8卷，今有明万历刻本存世。据魏濬自序，《西事珥》的内容是其在"岭右"（即广西）期间"随事录记，得二百余则"，然后"稍加汇次"所成。但是该书具体成书年月不详。考之作者生平和宦迹，可知他是万历甲辰年（1604年）进士（第二甲），万历三十七年（1609年）以后曾自山西调任广西提学佥事，后又

至江西。如此来看，《西事珥》当成书于魏濬任广西提学佥事期间。虽然作者这段仕途前后的具体年月尚不明确，但据雍正和嘉庆《广西通志》的简要记载，其在广西提学佥事任上是"万历间"（1573-1620）。综合以上信息，保守地说，《西事珥》一书当作于1609年到1620年，时间上属于万历后期。

《西事珥》卷6"越骆之菌"条中的相关部分如下："香菌，一曰香蕈，粤中颇多，皆地自出者，有土气，不甚美。予家闽浙之界，里人有业此者，以人力为之。其法：入深山中，择木之美大至合抱以上者，斫而仆之，用斧细斫如鱼鳞，仍以枝叶厚衣其上。三年叶溃尽，蕈（笔者按：蕈当作蕈）始出，五六年而盛，九年、十年尽矣。常以首春入山中摘取，焙而苞之，以售浙贾。盖雷发声，菌始出也。近黠者于冬至后潜往，击木之两端，则腊初早出，盗取以去。今土人亦先期往守之。予常见有大如笠而厚至四五寸者。"

芦笛还对上文进行了试译："香菌，又叫香蕈，广东一带很多，但都是地上自然生长的，带有土气，因此吃起来不太美味。我的家乡位于福建和浙江交界处，同乡之中有专门从事人工栽培香菇的人。其方法是：进入深山，挑选挺拔且合抱不过来的粗大树木，将其砍倒，接着用斧头在树干上细心砍凿，斧痕如鱼鳞，再以厚厚的枝叶覆盖其上。三年后，覆盖的树叶全部烂光，香菇开始零星出现；至第五或六年，香菇开始大量出产；至第九或十年，树干上就不再有香菇长出了。栽培的人常常在正月进山采摘培育出的香菇，然后烘干包好，卖给浙江商人。天上打雷了，香菇才开始长出。近年来，有些聪明而狡猾的人在冬至之后，悄悄前往菇场，敲打树干的两端，待香菇在十二月初提前长出后，再采下偷走。如今当地人吸取了教训，提前去菇场看守。我常见到个头像斗笠一样大而有四五寸厚的香菇。"

芦笛认为：在技术层面，魏濬关于树径和惊蕈的记述非常值得注意。过去的文献虽然提到香菇栽培树种，但是并未明确提到树木的粗细。根据魏濬所说，松溪一带的菇民挑选的是合抱不过来的粗大树木。如此尺寸，当然能为香菇生长提供丰富而持久的养料供应，所以其出产周期能长达六到八年。从采摘时间来看，菇民采下的是冬菇，且出菇过程只是自然地等待雷惊，并不人工惊蕈。而偷盗者却利用人工惊蕈技术提前得手。在魏濬写下这些文字时，以人工惊蕈偷盗香菇的手段已被识破，因而人工惊蕈在松溪的菇民甚至非菇民（如魏濬）中间已经不是什么秘技了。这里有一点需要注意，即相对于偷盗者而言，当地菇民是起初不懂得人工惊蕈技术，还是懂得却并不在实际生产中应用呢？

虽然人工惊蕈技术早已见诸文献（如《农书》《菽园杂记》。编者注），但是以古代中国地域之广、人群之多样、信息传播之局限，这并不意味着民间凡是有香菇栽培的地方，都应该整齐划一地知晓或应用人工惊蕈技术，或者完全放弃自然雷惊，而完全采用人工惊蕈。正是因为实践中存在差异性，偷盗者才能得逞。

芦笛认为松溪一带的菇民是以自然雷惊为主，偶尔辅以人工惊蕈。此外，魏濬对香菇贸易的记载也自有其独特价值。明代及以前的香菇栽培史料很少提到贸易，而像魏濬这样明确提到松溪一带生产出的香菇卖给浙江商人，更是史无前例了。在明中叶以来商品经济逐渐繁荣的背景中，我们当然更能理解这种元代王祯所说的"虽逾年而获利，利则甚博"的香菇生产活动。从福建松溪到浙江，商品化的香菇向北流动。这当然不可能是明代香菇贸易的唯一路径，但从经济史角度观之，浙江北部的湖州、嘉兴构成了明代经济异常发达的江南区域的一部分，而包括香菇在内的各地货品在这一区域集散，是很自然的事情。

闽浙交界处多丘陵，山林资源也很丰富。香菇栽培对于当地的山林垦荒和经济开发有其积极意义，特别是山区农业在水稻、小麦等主粮种植方面的水平和规模不抵平原地区，副业生产就在山民的经济生活中占有突出地位了。但与此同时，我们也要看到历史时期香菇生产与山林生态之间存在紧密

中国食用菌发展历史、现状与展望

联系和相互影响。过度垦荒或砍伐树木以培育香菇，从长远利益看，会导致林木资源和质量下降，从而制约经济的发展。这种情况在历史上不是没有先例。清后期浙江仙居人王魏胜 (1801—1881) 在为南宋陈仁玉《菌谱》作序时就提到，在他那时，仙居因人丁兴旺而致过度开垦，于是"向之丛林茂树是生芝菌者，今则荒山一片矣"；当地的菌类物产受到严重影响，而香菇生产活动也消失了，以至于杭州五云山和闽浙交界处的高品质人工栽培香菇反倒输入仙居。虽然现在已经有了香菇代料栽培技术，大大缓解了对林木的直接依赖，但经济与生态之间的密切联系仍值得当代人重视和反思。

芦笛最后指出，魏澹的记述虽然甚有价值，但其中也有两处值得我们辩证地对待的地方。其一，魏澹说广东的香菇"有土气，不甚美"。虽然各地自然或人工出产的香菇在品质上会呈现一定的多样性，但这其中恐怕也可能掺杂了一点魏澹对家乡香菇的自豪感。其二，魏澹说自己"常见有大如笠而厚至四五寸者"。这当然并不表示当时栽培出的香菇都是这么大，而是因为作者常见到这种"出类拔萃"的香菇，所以留下一笔。以明代一寸约 3.2 cm 计算，四五寸即约 12.8～16 cm。加之形态又大如斗笠，如此巨大的香菇现在是很难想象的。魏澹的描述可能存在一定的夸张，但由于古今环境、培育周期、气候、品质要求等差异，或许的确能在人工培育过程中出现形态较大的香菇。我们不可以今日眼光视之，轻易以今证古。

（六）《闽产录异》中的记载

郭柏苍《闽产录异》（1886 年）：香菇"西四郡均产之，建属为多，先时番民斩楠、梓、槠等木于深山中，雨雪滋动则生菇，味香，因名香菇。后山民仿其意，斩楠、梓枝扑地，淋以米泔，掩之，秋末采焙；至冬，经霜雪尤美。"

（七）地方志的记述

南宋陈耆卿撰《赤城志》成书于嘉定十六年（1223 年），述台州物产："天台万年山出合蕈，土人珍之，多暴以致远，仙居亦有之。"合蕈即

台蕈，见《菌谱》："合蕈始名，旧传昔尝上进，标以台蕈；上遥见误读，因承误云。数十年来既充苞贡，山獠得善贾（价），率曝干以售，罕获生致。"《菌谱》成书在宋理宗淳祐五年（1245 年），理宗于宁宗嘉定十七年（1224 年）即位，次年改元宝庆，可见台州出产之台蕈，早在宁宗（1195-1224）时即已作为方物税贡杭州，因此在喻长霖纂《台州府志》引《台州外书》有"南宋时，仙居之菌为异品，尝以充贡之说"。《赤城志》所说的"合蕈"就是香菇，正如《菌谱》所记。

由此可见，在 12 世纪末或 13 世纪初地处浙东的天台、仙居即已开始栽培香菇了。至明代中叶，此业仍绵延未衰。据明万历三十六年（1608 年）《仙居县志》载："香椹（香菇），韦羌大陈坑诸山皆有，用椆树、栗树先一年砍伐，以斧遍击之，次年雷动则生，味甚美。"明代以后，由于菇树资源遭到破坏，乃至衰绝，见《菌谱》王魏胜序："吾邑介万山中，菌向称土产，微论南宋，即数十年前尚有之。本朝休养生息，百姓不见兵革二百余年，生齿日盛，觅食维艰，深山大泽，稍有沙土之区，即为耒耜所及之处。向之丛林茂树是生芝菌者，今则荒山一片矣。"

嘉靖三十七年（1558 年）汤相、莫亢纂修《龙岩县志》："有香蕈，畲人斩楠木于深山，雨雪滋冻则生蕈，俗呼香菰、木耳。"

雍正《浙江通志》（1735 年）卷 107《物产》篇记温州府的"蕈"时，引《山蔬谱》云"永嘉人以霉月断树，置深林中，密斫之，蒸成菌"，注云："俗名香菇，有冬、春二种，冬菇尤佳。"其中"永嘉"为今温州之故称，得名于东晋太宁元年 (323 年)，之后用以名郡或县，沿用至今，即浙江温州市永嘉县，与龙泉皆位于浙江南部。这段引文是一则十分重要的香菇栽培史料，也为乾隆《温州府志》(1760 年) 卷 15《物产》篇和光绪《永嘉县志》(1882 年) 卷 6《物产》篇所引用。然而遗憾的是，《山蔬谱》这部书已佚。不过，此书亦为任士林 (1253—1309)《松乡集》所提起。《松乡集》卷 7 载有一篇《题方

白云<山蔬谱>》，云："粱肉之味，不达于山林；蔬蕨之甘，不登于朝市。地势则然也。然粱肉厚味，固有以螫其子孙；而蔬蕨清风，千载有余甘。彼夷齐者，独何人也耶？因书以还白云，方巨济入《山蔬谱》云。"

此题记又收入《全元文》。其中的"方白云"即《山蔬谱》的作者，但其生平不显，而"白云"一词在古典文学中常被用以借指归隐（如《松乡集》卷8七律《屡访开元陈高士不值》云："我亦乾坤一腐儒，杖藜时访白云居。"），因此"白云"恐怕不是他的真名。从题记中，可推测他可能是一位吃素的隐士，与任士林有所交往。通过"方巨济入《山蔬谱》"可知，此题记作成后还被收入了《山蔬谱》，而且这位姓方的隐士，他的字当为"巨济"。

道光七年（1827年）胡炳纂修《南江县志》所述香蕈厂栽培方法如下："于秋冬砍伐花栗、青冈、梓树、杪椤等木，山树必择大者，小者不堪用。将木放倒，不去旁枝，即就山头坡上，使其堆积，雨淋日晒。至次年，树上点花，三年后，即结菌，可收七八年，至十年后树朽坏，不复出菌。菌于每年三四月收采，先用火烘干，再上笼蒸过，然后装桶。"

四、金针菇

金针菇人工栽培起源于我国。古代的畦床埋木栽培法，以《四时纂要》记载最为详细。《四时纂要》是唐末或五代初期韩鄂编撰的按月列举应做事项的月令式农事杂录。在《春令·三月》中有"种菌子"："取烂构木及叶，于地埋之。常以泔浇令湿，两三日即生。又法畦中下烂粪，取构木可长六七尺，截断碪碎。如种菜法，于畦中匀布，土盖；水浇长令润。如初有小菌子，仰杷推之。明旦又出，亦推之。三度后出者其大，即收食之。本自构木，食之不损人。"（图1-1-7）这种方法是东汉以来早已流传在中原地区畦地栽培法（埋木法）的继续和发展。据裴维蕃（1952年、1980年）、刘

波（1964年）考证，韩鄂所说的"菌子"就是冬菇（*Flammulina velutipes*）。宋真宗天禧四年（1020年），《四时纂要》由政府刻板颁发各州、府劝农官，而使这种"种菌子"法得以在国内传播推广。

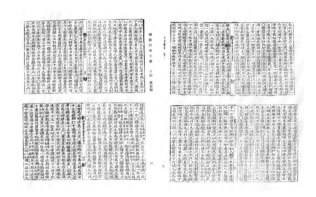

图1-1-7　《四时纂要》中记述的"菌子"栽培

关于韩鄂的生卒年份、详细生平等，由于史籍中缺乏相关传记资料的记载，所以难以详尽查考。不过，从唐代及其他史料与《四时纂要》的记述中，可寻一些蛛丝马迹。韩鄂，唐末或五代初期时人。《旧唐书》《新唐书》都无韩鄂传。不过《新唐书》卷七十三《宰相世系表》上有韩鄂和韩锷两个名字。前者为唐玄宗时宰相韩休之兄韩偲的玄孙；后者为韩休之弟韩倩的玄孙。二人同辈，均为韩休之父韩大智的来孙。农史研究者大多认为韩锷和韩鄂为同一人。

从作者的序中可以看出，本书是在汇集前人的有关资料基础之上写成的。由于前人的资料在唐以前大多出自北方人之手，这与中国的经济文化重心长期以来在黄河流域有关，所以本书内容主要以北方地区的农业为主，这也是自然的。但是，关于《四时纂要》的地区性问题，在史学界存在一些争议。一种意见认为，此书主要反映渭水与黄河下游一带农业生产情况的；另一种意见认为，此书所反映的主要是唐末长江流域地区农业生产技术状况。

《四时纂要》约成书于唐末或五代初（9世纪中期至10世纪初）。全书5卷，约4.2万字。原书在中国早已散佚。1960年在日本发现了明万历十八年（1590年）朝鲜重刻本，1961年由日本山本

书店影印出版。1981年农业出版社出版了由著名农史专家缪启愉整理的《四时纂要校释》。

五、银耳

（一）《清异录》中的记载

中国是银耳栽培的发祥地，也是世界上最早认识和利用银耳的国家。宋陶穀撰《清异录》中记载了"北方桑上生白耳，名桑鹅。贵有力者咸嗜之，呼五鼎芝"（图1-1-8、图1-1-9）。"桑鹅"即今日所说的银耳，也反映出食用银耳对强壮身体大有裨益。陶穀（903—970），字秀实，邠州新平（今陕西省彬县）人，出身名族，唐彦谦之孙，因避后晋高祖石敬瑭的名讳改姓。他生在唐末，殁于宋初，历仕后晋、后汉至后周，官至户部、兵部、吏部侍郎，入宋曾任礼部、刑部、户部尚书，卒赠右仆射。

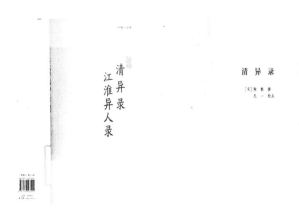

图1-1-8 《清异录》封面及扉页

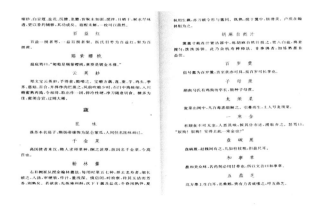

图1-1-9 《清异录》正文内容（部分）

《清异录》最早完成于五代末至北宋初，是中国古代一部重要笔记，保存了中国文化史和社会史方面的很多重要史料，书中许多条目分别被《辞源》和《汉语大词典》采录，其价值可见一斑。它借鉴类书的形式，分为天文、地理、君道、官志、人事、女行、君子、么麽、释族、仙宗、草、木、花、果、蔬、药、禽、兽、虫、鱼、肢体、作用、居室、衣服、妆饰、陈设、器具、文用、武器、酒浆、茗荈、馔羞、薰燎、丧葬、鬼、神、妖，共37门，每门若干条，共661条。

（二）其他文献中的记载

银耳亦名白木耳，清杨承禧等编撰的《湖北通志》谓："来凤桑耳，白者尤珍异，志谓之'五鼎芝'。"陶弘景所述"五木耳"中有白耳，疑即银耳，但历代本草皆无记述。据郑稷熙考证（1934年）："万源前清旧志，且言某家间出产有白色之木耳，则为其地之不祥兆云云。又据乡老言谈，谓有清光绪之际，是属两区出产黑木耳之地，时有多量白木耳混生其间，乡人拾而奉于市场，目为稀有之玩物，好事者供之案头，用作如花之清赏，初不识有若今之奇且贵也。"

明代农学家徐光启在《农政全书》中对一些食用真菌作了记载，其中就有银耳。

清同治五年（1866年）编纂的湖北《房县志》中，有关于人工栽培银耳的记述。

通江县陈河乡出土的"银耳碑"，经国内食用菌专家黄年来考察确认，通江为"国内最早的人工栽培银耳发祥地"，1881—1894年，通江陈河乡"九湾十八包"耳农开始用青冈树生产段木银耳；1894—1921年通江雾露溪发明的段木银耳种植法相继传入万源、南江。

据民国十五年（1926年）《续修通江县志稿》载，光绪庚辰（1880年）、辛巳（1881年）年间，小通江河之涪阳、陈河一带，已有银耳生产，至今已逾百年。

据《贵州通志》记载：贵州银耳约于1921年首先在遵义县团溪培植成功，后来逐渐推广到湄潭、福泉、正安、桐梓、绥阳、黄平等地。

六、草菇

（一）《种树书》中的记载

明俞宗本著《种树书》中有"种蕈，取烂谷禾截断，埋于水地，围草盖，常以米泔浇之则生"（图1-1-10）。文中没有提及是何种菇，但从以烂谷禾为基质，水田做菇场，并在菇床加盖草被这些特点来看，可以推断是草菇。因此，推测中国草菇的栽培最晚应该是始于明代。

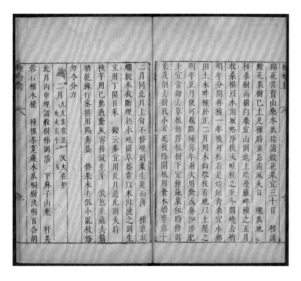

图1-1-10　《种树书》中关于种蕈记载

俞贞木原名祯，字宗本，又字有立，《明史》里没有给他立传，但在《苏州府志·人物》中有他的小传。

俞氏吴县（今江苏苏州）洞庭人，他的祖父俞琰是宋元之际道教学者。俞贞木约生于元代末期，他从小就负笈他乡，"笃志问学"，具有民族气节，元时闭门不仕。及至明代洪武建元后，先后做过乐昌、都昌知县，不久即罢官归隐故里。当时任苏州知府的姚善很是器重他，与之交往甚密，俞氏曾为其子授业。晚年"益励清节，朝夕不继"，一生清贫，刻苦自守，年71岁而终，著有《立庵集》传世。俞氏归隐后，在读书之余，极为留心农事，随时随地观察，请教老农，对农业生产有一定心得体会。晚年，他总结当地农业生产经验，同时"采前人之言，参互考订，悉并录之，分为十二月，而系其下；其他种之法，则备疏于后"。（《种树书·引》）于洪武十二年（1379年）完成这部《种树书》，该书在《明史·艺文志》中有著录，是农家类二十三部农书中较为著名的一种。

《种树书》的"树"字，并不是指树木，而是树植的意思，是泛指种植业。全书近一万字，前部分按十二个月顺序列出每月所应从事的农业生产项目；后部分分别叙述种树方（有的本作"豆麦"）、桑、竹、木、花、果、菜等方面的生产经验。虽然涉及面较广，但是以花果竹木为主。

（二）《广东通志》中的记载

《广东通志》记载了广东曲江南华寺的南华草菇。道光二年（1822年）阮元等纂修《广东通志》引《舟车闻见录》："南华菇：南人谓菌为蕈，豫章、岭南又谓之菰。产于曹溪南华寺者名南华菰，亦家蕈也。其味不下于北地蘑菇。"

阮元，字伯元，号芸台，江苏仪征人。去世后赐谥文达，故后人多称之为文达先生。阮元从乾隆五十四年（1789年）成进士，到道光十八年（1838年）以老病致仕，经历了约50年的为官生涯。阮元不仅是一位政绩卓著的封疆大吏，而且是一位具有很高造诣的学术大师。嘉庆二十三年（1818年）始修《广东通志》，道光二年（1822年）纂成。在历代方志中，阮元主修的《广东通志》是学术界公认的具有较高质量的一部，历来为史志专家所重视。

（三）《英德县志》中的记载

道光二十三年（1843年），黄培燦纂修《英德县志》中有"南华菇：元（原）出曲江南华寺，土人效之，味亦不减北地蘑菇"的记述。

（四）《宁德县志》中的记载

据福建《宁德县志》载："城北瓮窑禾朽，雨后生蕈，宛如星斗丛簇竞吐，农人集而投于市。"可见，草菇原本是生长在南方腐烂禾草上的一种野生食用菌，由南华寺僧人首先采摘食用的。

（五）《英德县续志》中的记载

《英德县续志》（1911年）具体记述了从南华寺学得的草菇栽培技术："光绪初，溪头乡人始仿曲江南华寺制法，秋初于田中筑畦，而四周开沟蓄水，其中用牛粪或豆麸撒入，以稻草踏匀，卷为小束，堆置畦上，五六层，作一字形，上盖稻草，旁亦以稻草围护，以免侵风雨，且易发热。半月后，出菇蕾如珠，即须采取，剖开焙干。若过时不采，则开如伞形，俗名'老菇婆'。其价顿贬。每年草菇登场，人辄往各村收买，贩往诏州、乌石或运往省地售之。"

（六）《农学合编》

清杨巩《农学合编》记载的湖南浏阳麻菇，也是草菇，因"用苎麻皮、杆栽培"而取名麻菇。1939 年菲律宾人 Bememrit 和 Espino 曾到广州考察草菇栽培技术。1950 年泰国的 Jalaricharana 证明，泰国的草菇栽培技术是由华侨传入的。

第五节
我国古代大型真菌著作简介

一、《菌谱》

《菌谱》（1245 年）是世界上最早的大型真菌专著。宋陈仁玉著，一卷，由自序和正文组成。芦笛曾对其进行了校正和研究。《菌谱》较之比利时人 Carolus Chusius（1526—1609）所撰写的西方首部真菌学专著《稀见植物史》（*Rariorum Plantarum Historia*）（1601 年）一书附录的《潘诺尼亚真菌简史》（*Fungorum in Pannoniis Observatorum Brevis Historia*），要早 356 年。

《菌谱》是作者记载其家乡仙居（今浙江省仙居县）出产的合蕈、稠膏蕈、栗壳蕈、松蕈、竹蕈、麦蕈、玉蕈、黄蕈、紫蕈、四季蕈、鹅膏蕈共计 11 种食用菌，此外还提及芝、天花、伏灵（茯苓）、摩姑（蘑菇）、杜蕈。其中杜蕈有毒。陈仁玉对这 11 种食用菌进行了描述，涉及其生长的环

境条件、季节、颜色、气味、形态、质地、口感、效用、烹饪方法、食用禁忌、名称由来和俗名、蕈品等级等方面。《菌谱》鹅膏蕈条还提出"生高山，状类鹅子，久乃伞开，味殊甘滑，不谢稠膏，然与杜蕈相乱"，并描述了"杜蕈者，生土中"的特性以区别，以及杜蕈毒性和人的中毒症状，还提供了解除杜蕈毒性的方法。（图 1-1-11）

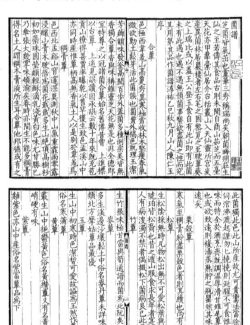

图 1-1-11 《菌谱》局部

《菌谱》广泛被丛书、类书以及其他书籍收录，反映出其流传之广，为后人所重视。在中国和世界生物科学史上，《菌谱》都占有重要的位置。

二、《广菌谱》

芦笛对《广菌谱》（1612—1619）进行过校正和研究。其研究结果指出，明潘之恒（1556—1622）的存世作品《广菌谱》一卷，为《说郛续》《授时通考》《广群芳谱》《古今图书集成》《植物名实图考长编》等古籍所收录。《广菌谱》的前身为《亘史钞》的《菌类》篇，而《菌类》的内容实为摘自《本草纲目》。《广菌谱》的成型有赖于陶珽的删定，继而被收入《说郛续》，得以广为流传。《广菌谱》的"广"是较宋陈仁玉《菌谱》而言的。（图 1-1-12）

廣菌譜

新安潘之恒

木菌

木菌即木耳生於朽木之上無枝葉乃濕熱餘氣所生亦名木檽木㙡樹雞木蛾曰耳曰蛾象形也曰檽以軟濕爲佳也曰㙡曰雞因味似也南楚人謂雞爲㙡曰菌亦象形於蛹乃貝子之名或云地生爲菌木生爲蛾北人曰蛾南人曰蕈

五木耳

五木耳生犍爲山谷中六月多雨時采之暴乾可烹食陶弘景云此五木耳不顯言是何木惟桑樹生桑耳有青黃赤白者軟濕者人采以作葅無復藥用蘇恭云桑槐楮榆柳此爲五木耳軟者並堪啖楮耳人常食槐耳療痔

桑耳

桑耳曰檽曰蛾曰雞曰黃曰臣皆冠以桑又呼爲桑上寄生

槐耳

廣菌譜 八 一

槐耳亦名槐菌名亦雞而稱檽蛾如桑例惟蕊柴要其上以艸覆之即生蕈耳

柳耳

柳耳主補胃理氣治反胃吐痰用五七箇煎湯服即愈

杉菌

杉菌出宜州生積年杉木上狀若菌采無時

皂角菌

皂角菌生皂樹上木耳也不可食

廣菌譜 八 二

香蕈

香蕈生桐柳枳椇木上紫色者名香蕈字从草从覃覃延也蕈味雋永有覃延之意

天花蕈

天花蕈即天花菜出五臺山形如松花而大於香蕈氣如蕈白色食之甚美

麻菰蕈

麻菰蕈出東淮北山間埋桑楮木於土中澆以米泔待菰生采之長二三寸本小末大白色柔軟其中空

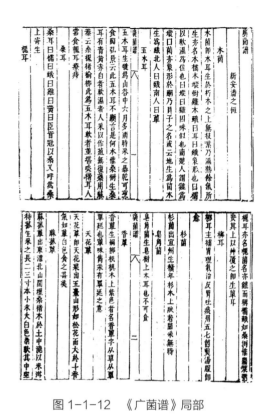

图 1-1-12 《广菌谱》局部

经芦笛研究，虽数量多于《菌谱》，但并非都是大型真菌。《广菌谱》中实际上共记载的大型真菌 19 种（类）：木菌、五木耳、桑耳、槐耳、柳耳、杉菌、皂角菌、香蕈、天花蕈、蔴菰蕈、羊肚菜、鸡㙡蕈、雷蕈、钟馗菌、鬼菌、鬼笔、马勃、竹蓐、萑菌；非大型真菌 4 种：舵菜、地耳、石耳、葛乳。

三、《吴蕈谱》

清吴林《吴蕈谱》（1683 年）一卷，为《赐砚堂丛书新编》《昭代丛书》《农学报》和《农学丛书》所收录，是继宋陈仁玉《菌谱》、明潘之恒《广菌谱》之后的又一种我国古代大型真菌专著（图 1-1-13）。吴林，字锡玄，号息园。长洲（今苏州）人。其《吴蕈谱》一卷作于康熙癸亥岁，即 1683 年。该书除把 26 种（类）可食用的大型真菌分成了上、中、下三品，并对之进行了名称（包括别名）、形状、颜色、发生季节、着生处、生长环境、味道、品味以及有毒否的描述外，还提到了其他一些大型真菌，其中包括毒菌。

昭代叢書丙集卷四十八

歙縣 張潮 山來 漸 進也 同輯

吳江 沈楙悳 翠嶺 校

吳蕈譜

長洲吳林息園著

王鏊姑蘇志云蕈即菌多生西山松林下二月生者名雷驚蕈其色赤者名猪血蕈味皆鮮美又岳岱陽山舊志曰蕈者惟山中有之蓋草木之腴入土兼得膏澤則生鬱蒸時生者山人名曰雷驚蕈高白而斑者曰溪鶩紫而青者曰青紫小而實者曰麩筋青赤色摘之有汁者曰朱血色黃而味甘者曰饅蕈諸種並佳麩筋色赤而摘之有汁者謂之奶汁蕈非朱血也朱恐猪字之訛又牛若麟吳縣志曰蕈各處皆生山中獨多鵞子蕈最佳其他梅蕈松蕈茶蕈桑蕈菜花蕈皆可食吾蘇郡城之西諸山秀異產蕈實繁尤尚黃山者爲絕勝何則以其地迴而易於上市爲最新鮮也他山者可就其地而食之

昭代叢書 丙集 卷四十八 吳蕈譜 一 世楷堂藏板

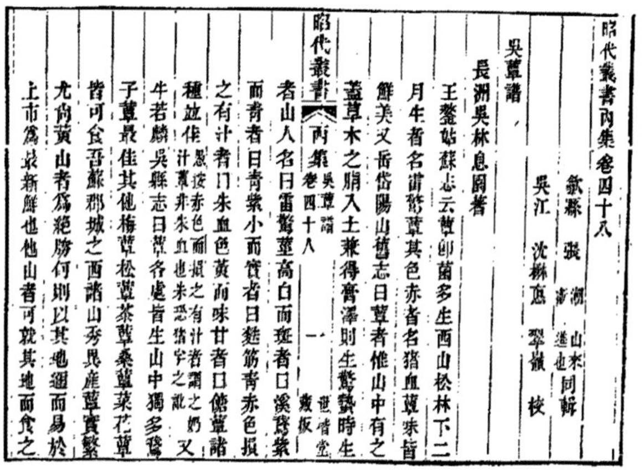

图 1-1-13 《吴蕈谱》局部

上品 9 种（类）：雷惊蕈（一名戴沙，一名石蕈。一种色黑者曰乌雷惊，色正黑，褶带红，山中人谓红褶乌蕈；色黄者曰黄雷惊，又名松花菌）、梅树蕈、菜花蕈、榖树蕈、茶棵蕈、桑树蕈、鹅子蕈（白者曰粉鹅子，黄者曰黄鹅子，黑者曰灰鹅子，黄色小于鹅子者曰黄鸡卵蕈）、茅柴蕈（一名红褶蕈）、糖蕈（松蕈，一名珠玉蕈，四月产者名青草糖蕈，八月产者名西风糖蕈，有白色者曰白糖蕈，黄色者曰黄糖蕈，更有一种名干糖蕈，形如奶汁蕈）。

中品 9 种（类）：紫面蕈、野鸡斑蕈、杨树蕈、奶汁蕈、青面子蕈（菌面青白、杂斑、伞张者曰青面子，白者曰白面子，红者曰红面子，更有赭面子，即俗谓之䵂面子）、佛手蕈（扫帚蕈、灯草蕈、葱管蕈）、紫花蕈、姜黄蕈（栀黄蕈、鸡黄蕈、鸡㙡）、灯台蕈（鸡脚蕈）。

下品 8 种（类）：瘪婆子蕈（老婆）、粉团蕈（玉蕈）、橘皮蕈、伞子蕈、面脚蕈、紫血蕈、紫富蕈（紫蕈）、猪血蕈（有红猪血蕈、淡猪血蕈）。

陈士瑜在《中国食用菌百科》中对《吴蕈谱》中记述的蕈类作了如下诠释：《吴蕈谱》记述的形式上为 26 种，实际上的种要多，因书中所记，有的名称并非一种。如上品中雷惊蕈，另有乌雷惊等多种；鹅子蕈中有粉鹅子、黄鹅子、灰鹅子、黄鸡卵蕈之分；糖蕈中另有白糖蕈、黄糖蕈、干糖蕈数种；中品中青面子蕈可分为青面子、白面子、红面子、䵂面子蕈等；下品中猪血蕈可分为红猪血

蕈、淡红猪血蕈两种；所述种类在 37 种以上。鹅子蕈、糖蕈、奶汁蕈、佛手蕈、猪血蕈等的生物学名称较容易确定；另一些种类如梅树蕈、菜花蕈、茶棵蕈等则以生长环境、树林种类而命名，殊难考证。书中对每种蕈的形态、产地、产时、品味及食用方法，皆有较详细记述。

四、《种芝草法》

《种芝草法》收录在《道藏》洞神部众术类，全书一卷，共计 1 381 字，其中正文 1 372 字。《道藏提要》认为《种芝草法》为晋代（265—420）以后的作品。《道藏》为我国道教典籍的总集，收录道书 5 000 多卷，内容庞杂。其中有不少是研究中国古代自然史的重要史料，《种芝草法》是其中一卷。芦笛对其进行考证及研究后认为：第一，《种芝草法》很有可能是转引自《上清明鉴要经》的第七部分《老子玉匣中种芝经神仙秘事》；第二，《种芝草法》可看作是一部方术之作，其中包含部分对"芝"这类大型真菌在生物学上的认识，但这部分太少；第三，《种芝草法》中所记载的栽培"芝"的方法实属臆造，对我国大型真菌的栽培历史贡献甚微，这和它的卷名极不相符，在从事自然史工作时需谨慎对待。

五、《太上灵宝芝草品》

芦笛曾对《太上灵宝芝草品》进行了研究。《太上灵宝芝草品》一卷，不提撰写人，收录于《道藏》正一部亦字号。正文 4 011 字。《道藏提要》指出它刊刻于北宋时期；《道藏分类解题》认为它是六朝时期的作品；《道藏通考》则认为成书于宋代。该书共记载 127 种芝，每种的描述均有一段文字和一幅图组成，是一种图鉴式的作品，其无与伦比的价值正在于这丰富的附图。（图 1-1-14、图 1-1-15）

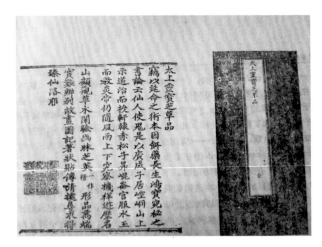

图 1-1-14 《太上灵宝芝草品》（局部）

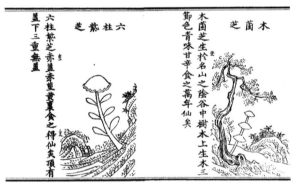

图 1-1-15 《太上灵宝芝草品》部分附图

从文字内容看，《太上灵宝芝草品》夹杂了大量道教神仙思想，芝的名称也与五行密切相关，对照附图，则这 127 种芝无一为现代分类学上的灵芝，其中大部分为伞状大型真菌，其余则形状怪异，荒诞不经。此书在当代芝的分类知识方面无甚贡献，而在道教与生物学的关系方面则可以反映出，在道教徒意识中，芝的概念至少也包括伞菌、非伞菌的大型真菌、非大型真菌的生物，以及部分非生物。

六、其他

《神农本草经》《本草纲目》《滇南本草》《植物名实图考》等，虽非大型真菌方面的专著，但其中关于大型真菌的记载有重要的史料价值。

（一）《神农本草经》

《神农本草经》（简称《本草经》或《本经》），传统医学四大经典著作之一，作为现存最早的中药学著作约起源于神农氏，代代口耳相传，于东汉时期集结整理成书，成书作者不详。但并非出自一时一人之手，而是上古、先秦、秦汉时期众多医学家搜集、总结、整理当时药物学经验成果的专著，是对中国中医药的第一次系统总结。其中规定的大部分中药学理论和配伍规则以及提出的"七情和合"原则在几千年的用药实践中发挥了巨大作用，是中医药药物学理论发展的源头。（图1-1-16）

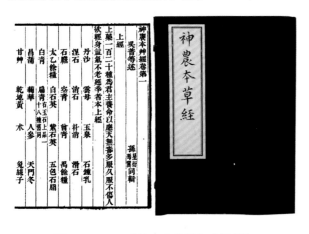

图1-1-16 《神农本草经》（局部）

《神农本草经》全书分三卷，载药365种，以三品分类法，分上、中、下三品，文字简练古朴，成为中药理论精髓。原书早佚，现行本为后世从历代本草书中集辑的。该书最早著录于《隋书·经籍志》，载"神农本草，四卷，雷公集注"；《旧唐书·经籍志》《新唐书·艺文志》均录"神农本草，三卷"；宋《通志·艺文略》录"神农本草，八卷，陶隐居集注"；明《国史·经籍志》录"神农本草经，三卷"；《清史稿·艺文志》录"神农本草经，三卷"。历代有多种传本和注本，现存最早的辑本为明卢复辑《神农本经》（1616年），

流传较广的是清孙星衍、孙冯翼辑本《神农本草经》（1799年），以及清顾观光辑本《神农本草经》（1844年）、日本森立之辑本《神农本草经》（1854年）。

《神农本草经》记载了多种大型真菌，如茯苓、赤芝、猪苓、五木耳等。

（二）《本草纲目》

《本草纲目》，药学著作，52卷，明朝李时珍（1518—1593）撰，约于1590年在南京首次开刻。全书共190多万字，载有药物1897条（实际载药3725种），收集医方11096则，绘制精美插图1109幅，分为16部、60类，是中国古代汉族传统医学集大成者。李时珍（图1-1-17）在继承和总结以前本草学成就的基础上，结合自身长期学习、采访所积累的大量药学知识，经过实践和钻研，历时27年而编成该部巨著。书中考证了过去本草学中的若干错误，综合了大量科学资料，提出了较科学的药物分类方法，融入了先进的生物进化思想，并反映出丰富的临床实践。本书也是一部具有世界性影响的博物学著作。

图1-1-17 我国伟大的本草学家李时珍像

它的主要成就包括：集我国16世纪前中药学

中国食用菌发展历史、现状与展望

之大成，显示当时最先进的药物分类法，全面阐述所载药物知识等。如在药物分类上，改变了原有上、中、下三品分类法，采取了"析族区类，振纲分目"的科学分类。正如该书凡例所言："今通列一十六部为纲，六十类为目，各以类从。""首以水、火，次之以土，水、火为万物之先，土为万物母也。次之以金、石，从土也。次之以草、谷、菜、果、木，从微至巨也。次之以服、器，从草、木也。次之以虫、鳞、介、禽、兽，终之以人，从贱至贵也。"部下再细分为类，如将金石部分为金、玉、石、卤四类。草部分为山草、芳草、隰草、毒草、蔓草、水草、石草等类。这种分类法，已经过渡到按自然演化的系统来进行了。从无机到有机，从简单到复杂，从低级到高级，这种分类法明显含有生物进化的思想，受到达尔文的高度重视。达尔文在《动物和植物在家养下的变异》一书中，引用了《本草纲目》中关于鸡的种类和金鱼家化的资料。尤其对植物的科学分类，要比瑞典的分类学家林奈早二百年。

《本草纲目》记载了马勃、芝、木耳、皂荚蕈、鸡枞、鬼笔、猪苓、茯苓等多种大型真菌，并详述了每种大型真菌的释名、气味、主治和附方等内容，有极高的学术价值和实用价值。

（三）《滇南本草》

古代中医药学著作，共三卷，明代云南嵩明人兰茂所著，是中国现存古代地方性本草书籍中较为完整的作品。这本有着中医药精华汇编性质的医学名著，早于李时珍的《本草纲目》140多年。

《滇南本草》约成书于正统元年（1436年），因记述云南地区药物，故以"滇南"名书。此书在当地民间辗转传抄，迭经后人补录，故被掺入野烟、玉米须等物种。各传本所收药数不一，少者26味，多者458味。各药次第记述药名、性味、功效、主治、附方，个别药物兼述药物生态及形态。书中记录云南众多少数民族习用药物及用药经验，且糅合汉药部分理论，为独具特色之古代地方本草。此书各药之后常附以方剂，书末又附百余首单方。原书附有药图，今存各本中亦有少数有附图。《滇南本草》传本有10余种，多为清代抄本。现存清初刻本及其他清刻本、石印本等。1959年云南人民出版社出版校订本（三卷）。

书中的许多药物都是《本草纲目》未载之药，对中国中医药学的完善做出很大的贡献，尤其对云南本土医药研究具有宝贵价值。许多常见的中医药，都是始载于《滇南本草》，例如，可用于各种出血症常用的止血药物仙鹤草，有散寒解表、祛风除湿、活血舒筋、消食积、止痛等功效的灯盏花，还有具有祛风、利湿、通经活络的川牛膝、川草乌、贝母等都是始载于《滇南本草》。书中除了对草药的记载外，对花卉、水果甚至牛奶的药用价值都有记载，例如樱桃、蒲公英可入药等。《滇南本草》中记载了不少来源于彝族药的药材。如滇重楼、滇黄精、滇龙胆、云黄连、金荞麦等，有的已成为云南道地药材，并收载入《中国药典》。

《滇南本草》成书至今已近600年，被云南人奉为"滇中至宝"。多年来，不仅其药物学方面的内容日臻完善，而且在地名研究、酒文化及历史研究等方面都具有颇高的价值，被称为"药物学的《红楼梦》"。

《滇南本草》中记述了灵芝草、帚菌、牛肝菌、青头菌、杉菌、松菌、皂荚菌、竹菌、天花菌等大型真菌。

（四）《植物名实图考长编》《植物名实图考》

《植物名实图考长编》为《植物名实图考》的姊妹篇，均系吴其濬所著，道光二十八年（1848年）刻印。《植物名实图考》国内有清道光二十八年（1848年）山西太原初刻本，清光绪六年（1880年）山西浚文书局重印本，1919年山西官书局刻本，1919年商务印书馆铅印本，万有文库本，1957年商务印书馆校勘本等版本，还有日本明治二十三年（1890年）刻本。在芝、蕈菌、毒菌、木耳、茯苓项下，采录清代以前关于大型真菌的记载十分丰富。

名菇名蘑

一、我国各地名菇名蘑

（一）东北三大蘑

东北大小兴安岭及长白山区，是我国野生食用菌的重要产区之一。元蘑、榛蘑、猴头蘑（均为产区称谓）被人们称作东北三大蘑。

1. 元蘑　元蘑的拉丁学名 *Panellus edulis*，中文名称美味扇菇，异名美味冬菇、黄蘑、冬蘑、冻蘑。生长在多种阔叶树倒木和腐朽木上，以椴、榆木倒木上最常见。秋末天气转寒时生长的数量反而更多，所以又称冻蘑，其肉厚质细、黏润滑腻、味道鲜美。

元蘑担子果一年生，通常有不明显的菌柄，数个群生，新鲜时肉质，无嗅无味或有新鲜的蘑菇味，干后碎质，重量明显变轻。菌盖半球形，肾形或扇形，平展或中部稍凹，直径 3～20 cm，中部厚可达 5～10 mm。菌盖表面新鲜时浅黄褐色、赭褐色，有时紫褐色或绿褐色，黏性，初期有绒毛，后期变粗糙或光滑，雨后或潮湿时表面非常黏滑，表皮层容易从菌盖剥落。菌褶表面新鲜时浅黄赭色；菌褶密，略延生，每厘米 15～20 个。菌肉新鲜时乳白色或奶油色，肉质，无环带，干后软木栓质，厚达 4 mm。菌柄侧生，非常短，有时几乎无菌柄。

元蘑是美味食用菌，其含的多糖蛋白对肿瘤有明显的抑制作用；其子实体的碱提取物也具有明显抑制小鼠恶性肉瘤细胞 S180 和小鼠肝癌细胞 H22 的作用，且能降低死亡率。元蘑提取物不仅对辐射所致的免疫功能损伤有保护作用，也可增强机体的防御能力。

元蘑在东北地区为常见种类，产量大，子实体通常在夏季和秋季出现，肉质，黏滑，极易腐烂，

子实体出现后要立即采集，并及时晾干或烤干。采集时为了尽量避免带土，用剪刀从菌柄根部剪采较为合适。现已有人工栽培产品。

2. 榛蘑　榛蘑的拉丁学名 *Armillaria mellea*，中文名称蜜环菌，异名小蜜环菌、蜜环蕈、栎蘑。担子果有中生柄，新鲜时肉质，无嗅无味，干后碎质。菌盖幼时半球形至钟形，成熟时圆形，直径 3～8 cm，中部厚 4～28 mm。菌盖表面新鲜时灰橘黄色至暗褐色，有橘黄色至暗褐色的鳞片；鳞片尖端直立并反卷，在菌盖中央厚密，向边缘逐渐稀疏；菌盖表面干后变为黄褐色至红褐色，无环带，粗糙；边缘钝或锐，干后内卷。菌褶表面新鲜时乳白色，干后变为橙褐色；菌褶密，不等长，通常延生，脆质。菌肉新鲜时乳白色，无环带，干后软木栓质，厚达 4 mm。菌柄具有菌环；菌柄幼时柄基膨大，成熟后多等粗，纤维质；成熟菌柄上部灰橘黄色、褐橘黄色，中部灰红色、褐色，基部褐色、黑褐色，菌柄上星块状分布着白色或浅黄色的绒毛状菌幕残留物；菌柄基部有时密布浅黄色的纤毛，菌柄上有时具纵条纹；菌柄长 5～13 cm，上部直径 4～10 mm。

榛蘑生长在多种针阔叶树活立木根部、倒木、腐朽木及伐桩上，偶尔也生长在地上。

在东北地区通常在夏末和秋初出现。该菌易腐烂，子实体出现后要立即采集，并及时晾干或烤干。用剪刀从菌柄根部剪采最为方便，用此方法采集的比较干净。

榛蘑是东北地区普遍食用的优质野生真菌，同时药用。子实体含有蜜环菌素、甘露醇、卵磷脂、麦角甾醇等。蜜环菌具有镇静、抗惊厥、增强耐缺氧能力以及增强机体免疫功能的作用。目前，已经开发出蜜环菌糖浆、复方蜜环菌糖浆、蜜环菌浸膏、健脑露、蜜环菌片等药品，疗效接近天麻，临床上用于治疗神经衰弱、失眠、耳鸣、眩晕、四肢麻木及癫痫等疾病。

榛蘑常以干品上市，"榛蘑炖小鸡"是东北传统名菜。

中国食用菌发展历史、现状与展望

3. 猴头蘑　猴头蘑的拉丁学名 *Hericium erinaceus*，中文名称猴头菌，异名刺猬菌、猥菌、猴头菇、采花菌、猴头等。常生长在森林中的栎类及其他阔叶树的活树木上的枯疤处、倒木上，往往两两相对生长，因此又叫"对口蘑"。菇体上生有白色细软的下垂状肉刺，干后浅黄色，毛茸茸的形似猴头因而得名，其实它也很像刺猬，所以又名刺猬蘑。猴头蘑比较珍贵，虽然在我国其他林区也有出产，但都不及东北林区的个大质佳。东北猴头蘑具有毛短、单个重量大、内部组织致密、口感好、无苦味、营养丰富等鲜明的特点。猴头蘑是著名的"八大山珍"之一。

猴头蘑子实体一年生，无柄或有非常短的侧生柄，通常单生，有时数个子实体连生，新鲜时肉质，后期软革质，无嗅无味，干燥后变为奶酪质或软木栓质，略有馊味，重量明显变轻。单个菌盖近球形，直径 6～25 cm；菌盖表面雪白色至乳白色，后期浅乳黄色，干后变为木材色，有微绒毛，干后粗糙，无同心环纹。菌齿表面新鲜时雪白色或奶油色，干后变为黄褐色，强烈收缩；菌齿圆柱形，从基部向顶部渐尖，新鲜时肉质，干后硬纤维质，长达 10 mm，每厘米 1～2 个。菌肉有穴孔，无环区，厚达 10 cm。菌柄白色或乳白色，干后软木栓质，长可达 2 cm，直径达 2 cm。

子实体在夏季和秋季出现，肉质，雨季易腐烂，采集后需及时晾干或烤干。该菌与基物着生紧密，采集时需要用刀割取。目前该菌已经广泛人工栽培。

猴头蘑食用兼药用。是名贵的山珍，并具有一定的药用价值。主要成分为猴头多糖，抗肿瘤作用是猴头菌的主要药理作用，开发生产的"猴头菌片"在治疗胃癌、食管癌及其他恶性肿瘤方面有明显作用。猴头多糖又是一种较好的免疫增强剂。除此之外，还有抗突变、抗衰老、降血糖、抑菌、抗凝血、促进血溶素形成、抗白细胞下降、降血脂、抗血栓、抗辐射、保肝护肝、胃黏膜损伤保护、抗疲劳等功能。

（二）坝上口蘑

"坝上"是一地理名词，特指由草原陡然升高而形成的地带，又因气候和植被的原因而形成的草甸式草原，现泛指张家口以北 100 km 处到承德以北 100 km 处，统称为坝上地区。坝上草原地处河北省西北部，内蒙古高原南缘，平均海拔 1 486 m，因风景美丽，生态、地貌多样而受旅游和摄影爱好者的喜爱。

口蘑属商品名称，涵盖塞北草原蘑菇生态群，不属于分类学上的学名。

商品口蘑包括许多种，常见的俗称有白蘑、鸡爪蘑、黑蘑、青腿子、马莲杆、水银盘、水晶蕈、香杏蘑等十几种。口蘑产区群众还将野蘑菇、四孢蘑菇、淡黄蘑菇、草地蘑菇、白桦蘑菇等菌褶为黑色的这些食用种类的蘑菇称为"黑口蘑"。市售的口蘑，并非单一的种，是很多种的混合品，也并不限于口蘑属。内蒙古和河北省的产品，大致分为白蘑、青蘑、黑蘑和杂蘑四大档。品质以白蘑最好，递而次之。口蘑用来清炖、红烧、做汤均可，其味清香、鲜美，历来为席上珍馐。蒙古口蘑菌肉肥厚，质细具香气，味鲜美，营养价值高，色、香、味俱佳，是我国北方草原盛产的"口蘑"中之最上品。口蘑以干品进入市场，畅销于国内外。

据记载，自明宣德四年即 1429 年始建张家口堡以来，张家口便成为草原蘑菇的收购、加工、销售集散地，"口蘑"因此而得名。张家口位于长城大镜门脚下，是河北省坝上及内蒙古通往内地的必经重镇，口蘑集中分布于河北省坝上和内蒙古大草原，历来在民间享有"蘑菇之王"、"天下第一蘑"的蒙古口蘑就生长在坝上。"口蘑"一直是明、清两代的贡品。由于产量不大，需求量大，所以价格昂贵。目前仍然是中国市场上最为昂贵的一种蘑菇。享有"塞北特产"，"草原明珠"美称。

历史上著名的"张库大道"把口蘑从张家口交流到欧洲，使口蘑在国外享有盛誉。1958 年，郭沫若到张家口品尝口蘑后曾吟诗："口蘑之名满天下，不知缘何叫口蘑？原来产在张家口，口上蘑菇好且多。"口蘑的知名度由此进一步提高。

相传在明朝的天启、崇祯年间，张家口就已经有十多家加工口蘑的作坊，这些作坊，把来自草原的蘑菇，经过分拣、归类、晾制后，由原来沾泥带沙的土货，制作成洁白干净、整齐漂亮、类别一致的成品，再经过包装后，便成了带有张家口印记的"口蘑"，今天我们理出"口蘑"形成的脉络，就是：草原的蘑菇——在张家口的口蘑作坊加工为成品——经过包装——成为"口蘑"。

古籍对口蘑的记载很多，最早见于元代许有壬（1287—1364）的《沙菌》诗："牛羊膏润足，物产借英华。帐脚骈遮地，钉头怒戴沙。斋厨供玉食，毳索出毡车。莫作垂涎想，家园有莫邪。"称口蘑为"沙菌"。赞扬了口蘑的优美风味，也描绘出口蘑的生态以及多沙的特点；元代忽思慧的食疗学著作《饮膳正要》（1330年），称之为"蘑菰"，记载了许多用蘑菰烹制的养生膳食。

口蘑属食用菌的上品，以独特的风味而见称，因而被视为庖厨之珍。早在唐代韦巨源《食谱》，宋代陶毂《清异录》，宋代林洪《山家清供》，以及宋代的《东京梦华录》（1147年）、《梦粱录》和《都城纪胜》（1235年）等古籍中，所记蘑菇皆为关外之口蘑。宋代以后，在《居家必用事类全集》《饮膳正要》中，记载的口蘑菜就有三色杂燴、玉叶羹、荷莲兜子等数十余款。明代以后，随着商业繁华，酬酢宴乐之风日趋奢靡，口蘑已成为高级筵席不可或缺之物。清代顾禄《桐桥倚棹录》（1842年）中，记有苏州虎丘的口蘑菜就有：口蘑肉、口蘑鸡、口蘑鸭、燴口蘑、炒口蘑、口蘑细汤等。《调鼎集》《筵款丰馐依样调鼎新录》等厨师秘传抄本所记的口蘑菜就有：鲜溜口蘑、虾酿口蘑、鸭腰口蘑、白肺口蘑、素燴口蘑、口蘑鲍鱼、银耳口蘑等。德龄所著《御香缥缈录》，就谈到慈禧特别嗜好菌类，口蘑在宫廷膳食中占有一定地位。口蘑产地每年均以方物入贡，《盛京通志》中就有"岁采厚而佳者入贡"的记载。

口蘑味鲜，誉为"草八珍"之一，享有干果之

王的美称。用以入馔，可荤可素，无不相宜，汤汁尤其鲜美。北京的涮羊肉特别注重汤水，丁德山创办的东来顺羊肉馆，用口蘑作涮锅底料，相得益彰，使东来顺名声大振；地安门街鼓楼前的马凯餐厅，用口蘑汤调制的"汤肚尖"，上海功德林的"绿叶口蘑"、锦江饭店的"口蘑汁豆腐"、成都文殊院的"豆芽口蘑汤"、武汉小桃园的"口蘑虾仁汤"等都能显现出口蘑的特色。张家口的福全馆和万福春是两家专营口蘑的饭店，以"南北烩"和"珍珠蘑菇汤"为拿手菜，档次更高的还有"口蘑席"，因此名闻遐迩。随着人们生活水平的提高和中华烹调文化的发展，以口蘑为主料或辅料制作的口蘑菜肴或面食已达到数百种，并在西餐中占有一定地位。

据现代研究，口蘑中以口蘑科和蘑菇科的种类为主，如口蘑科的蒙古口蘑、大白桩菇（雷蘑），蘑菇科的四孢蘑菇等。另外，还有离褶伞科的香杏丽蘑等。它们均为口蘑之上品。

1. 蒙古口蘑　拉丁学名 *Tricholoma mongolicum*，俗称草原白蘑、口蘑、珍球蘑。子实体中等大，伞状，白色。新鲜时肉质，无嗅无味，干后碎质。菌盖直径 5～17 cm，半球形至平展，光滑，初期边缘内卷。菌肉白色，厚。菌褶白色，稠密，弯生不等长。菌柄中生、粗壮，白色，长 3.5～7 cm，直径 1.5～4.6 cm，内实，基部稍膨大。担孢子无色，光滑，椭圆形。夏秋季在草原上群生，常形成蘑菇圈。野生的蒙古口蘑由于近年来泛采滥挖，现在产地已经很少，较难采到。

根据产地和子实体特征，蒙古口蘑在市场上的商品又称口蘑、白蘑、白口蘑、草原白蘑等，幼小未开伞的商品名为"珍珠蘑"或"磁头蘑"。又把产于百灵庙的按菌盖大小分作"庙大"、"庙小"，或"庙中"，每年立秋时节为盛产期，是口蘑中的上品。

2. 大白桩菇　拉丁学名 *Leucopaxillus giganteus*，异名雷蘑，商品名又称为青腿片、青头蘑及青腿子蘑。其子实体往往巨大。菌盖直径 7～40 cm，

扁半球形至近平展，中部下凹至漏斗状，污白色、青白色或稍带灰黄色，光滑，边缘内卷至渐伸展。菌肉白色，厚。菌褶白色至污白色，老后青褐色，延生，稠密，窄，不等长。菌柄较粗壮，长5～13 cm，直径2～5 cm，白色至青白色，光滑，肉质，基部膨大可达6 cm。孢子印白色。孢子无色，光滑，椭圆形，夏秋季于草原上单生或群生，常形成蘑菇圈，有时生林中草地上。菇体个大，肉肥厚，味道鲜，属中国出产的"口蘑"中的上品。药用治小儿麻疹欲出不出、烦躁不安，有抗肺结核病的作用。

3. 四孢蘑菇 拉丁学名 *Agaricus campestris*，中文名称蘑菇，异名四孢蘑、黑蘑菇、雷窝子。子实体中等至稍大。菌盖直径3～13 cm，初扁半球形，后近平展，有时中部下凹，白色至乳白色，光滑或后期具丛毛状鳞片，干燥时边缘开裂。菌肉白色，厚。菌褶初粉红色，后变褐色至黑褐色，离生，较密，不等长。菌柄较短粗，长1～9 cm，直径0.5～2 cm，圆柱形，有时稍弯曲，白色，近光滑或略有纤毛，中实。菌环单层，白色膜质，生菌柄中部，易脱落。孢子褐色，光滑，椭圆形至广椭圆形。春到秋季于草地、路旁、田野、堆肥场、林间空地等处单生及群生。已能人工栽培和利用菌丝体深层发酵培养。实验对小鼠恶性肉瘤细胞 S180 及艾氏腹水瘤的抑制率均为 80%。

4. 香杏丽蘑 拉丁学名 *Calocybe gambosa*，异名虎皮口蘑、虎皮香蕈，商品名又称香杏片、香杏蘑和香杏口蘑等。子实体一般中等大。菌盖直径6～12 cm，半球形至平展，光滑，不黏，白色或淡土黄色至淡土红色，边缘内卷。菌肉白色，肥厚，具香味。菌褶白色或稍带黄色，弯生，稠密，窄，不等长。菌柄长3.5～10 cm，直径1.5～3.5 cm，白色或稍带黄色，具条纹，内实。孢子印白色。孢子无色，光滑，椭圆形。夏秋季于草原上群生、丛生或形成蘑菇圈。分布于河北、内蒙古、吉林、黑龙江等地。是味道鲜美的优良食用菌，深受欢迎，系"口蘑"中的上品。药用治疗小儿麻疹欲出不出、烦躁不安。

口蘑常生于夏秋时节，在草原上形成蘑菇圈。以蒙古口蘑和大白桩菇形成的蘑菇圈大，又往往在圈上出现碧绿壮观的绿色草圈。口蘑作为一类野生的优质食用菌，早已引起国内外科技人员的关注，近年来国内已对大白桩菇、蒙古口蘑进行人工驯化栽培。

（三）山西台蘑

台蘑像口蘑一样，是一类商品蘑菇的总称，也包括许多种，是产于山西省五台山的优质野生蘑菇的统称。五台山是中国佛教四大名山之一，随着历年来佛教活动，台蘑名扬四海，成为广为人知的一类名贵食用菌。

五台山位于山西省东北部，山脉的北端山峰隆起，有五峰，故称为五台山。以台怀镇为中心，东台望海峰，海拔2 795 m；西台挂月峰，海拔2 773 m；南台锦绣峰，海拔2 485 m；北台叶斗峰，海拔3 061.1m；中台翠岩峰，海拔2 894 m。"台蘑"围绕这五个山峰，分布于海拔2 000～2 800 m、20º～40º的山地草坡及林间。

台蘑和口蘑一样，大多数种有规则地一个个排列成圈状生长在草丛中，称蘑菇圈。根据蘑菇圈的发生季节和其生长状态，当地群众把蘑菇圈分为6个类型：①明圈。分布在草丛茂盛的地方，远望明显可见高而浓密的草圈。②暗圈。远望近看草地上都没有明显特别迹象，蘑菇隐藏分布在草丛中，须凭采集经验分辨寻找。③热圈。发生于伏天，如白雷蘑圈。④凉圈。发生于秋后，如五台山杯伞圈。⑤黑圈。发生于松林内黑绿浓密的苔草丛中，如大杯伞圈。⑥黄圈。发生于秋季草坡上，如肉色香蘑圈。

蘑菇圈在山顶和山腰多，山脚少；阴坡多，阳坡少。蘑菇圈的形状有圆形、椭圆形、半圆形、弧形及线形等。每年从立秋到白露这段时间，是台蘑生长、采集的旺盛季节。

当地群众把台蘑分作银盘和香蕈两大类。银盘按色泽分为白银盘和红银盘；香蕈按大小至少也分为两种。经现代研究，从分类学的角度，台蘑绝大多数属于蘑菇目口蘑科的杯伞属、香蘑属、口蘑属、白桩菇属、铦囊蘑属、金钱菌属和离褶伞科的离褶伞属等七个属。比较可口的有 20～30 种。味道鲜美的主要有 4 种，即白雷蘑、紫丁香蘑、大杯伞和粉紫香蘑。

1. 白雷蘑　拉丁学名 *Leucopaxillus candidus*，异名白银盘、伏银盘等。菌盖直径 6～20 cm，扁半球形，渐平展，最后下凹，呈宽漏斗形，边缘波状或锯齿状，有时有沟纹，早期边缘稍内卷，白色至微白色，光滑，干时稍具光泽。菌肉白色。菌褶白色，稠密，近延生，狭窄，分叉，脆。菌柄长 5～7 cm，直径 2～3 cm，近圆柱形，中实，平滑。孢子印白色。孢子无色，平滑，椭圆形。夏季群生于云杉林内地上，形成蘑菇圈。

2. 紫丁香蘑　拉丁学名 *Lepista nuda*，异名裸口蘑、紫晶蘑、小香蕈等。子实体中等大。菌盖直径 4～10 cm，半球形至平展，有的中部下凹，亮紫色或丁香紫色，后期褐紫色，光滑，湿润，边缘内卷，无条纹。菌肉淡紫色，较厚。菌褶紫色，密，直生至稍延生，不等长，往往边缘呈小锯齿状。菌柄长 4～9 cm，直径 0.5～2 cm，圆柱形，同盖色，上部有絮状粉末，下部光滑或具纵条纹，内实，基部稍膨大。孢子印肉色。孢子无色，椭圆形，近光滑至具小麻点。夏秋季群生或近丛生于林中或林缘地上。

3. 大杯伞　拉丁学名 *Clitocybe maxima*，异名大杯蕈、红银盘、大漏斗菌等。子实体大。菌盖直径 10～20 cm 或更大，初期中部下凹，后期呈漏斗状，中部钝或脐突状，表面平滑，干燥，灰黄色至浅土黄色，幼时边缘内卷，后平展且有不明显的条纹。菌肉中部较厚，向边缘渐薄，白色。菌褶白色至污黄色，较密，窄，延生，不等长。菌柄圆柱形，长 7～10 cm，直径 1.5～2.5 cm，近白色或近似盖色，基部渐膨大呈棒状，有绒毛，内部松软。孢子印白色。孢子无色，近球形，光滑或微粗糙。夏秋季在林中地上或腐枝层群生或近丛生。

4. 紫粉香蘑　拉丁学名 *Lepista personata*，异名豆腐香蕈、天花菜等。子实体中等至稍大。菌盖直径 5～20 cm，半球形至近平展，藕粉色或淡紫粉色，后期褪色，呈污白或蛋壳色，幼时边缘具絮状物。菌肉白色带淡紫色，较厚，具淀粉味。菌褶淡粉紫色，密，弯生，不等长。菌柄柱形，长 4～8 cm，直径 0.5～3 cm，紫色或淡青紫色，中下部多深色纵条纹，上部色淡有白色絮状颗粒，内部实至松软，基部稍膨大。孢子印淡肉粉色。孢子无色，椭圆形，具小麻点。夏秋季在林中地上成群生长或生长成一条带或似蘑菇圈。

元代吴瑞《日用本草》中有这样的记述：天花菜出自山西五台山，形如松花而大，香气如蕈，白色，食之十分鲜美。唐宋时就被选作宫廷菜，是山西传统的著名特产。

（四）新疆阿魏蘑

阿魏蘑，拉丁学名 *Pleurotus ferulae*，又称阿魏侧耳、阿魏菇。

野生阿魏蘑主要分布在新疆木垒、青河、托里等地，是干旱沙漠草原上的一种蘑菇，寄生或腐生在药用植物新疆阿魏的根茎上，每年的 5 月前后发生，是新疆著名的传统出口商品。20 世纪 50 年代中国科学院生物资源考察队在新疆采到标本，后由邓叔群鉴定并记载于《中国的真菌》（1963 年）一书中。1983 年，中国科学院新疆生物土壤沙漠研究所牟川静等开始对新疆野生阿魏蘑进行驯化栽培实验，采用云杉木屑、棉籽壳驯化栽培成功。同时在新疆托里县发现了一个新变种，后经卯晓岚研究定名为白灵侧耳即白灵菇，李玉等编著 2015 年出版的《中国大型菌物资源图鉴》中将其定名为刺芹侧耳托里变种。

阿魏蘑有较高的食用价值，在新疆被当地群众誉为西天白灵芝、草原上的牛肝菌，是侧耳属中最具烹饪价值的一种，不论菌盖或菌柄，其质地细嫩，脆滑浓香，味道鲜美，有很高的营养和药用价值，颇受消费者青睐。由于近年来对野生阿魏蘑保护不力，现在很少能够采到野生的鲜品。

中国食用菌发展历史、现状与展望

子实体中等至稍大。菌盖宽 5～15 cm，扁半球形，后渐平展，最后下凹，初期褐色后渐浅色，干时有龟裂斑纹，幼时边缘内卷，光滑。菌肉白色，厚。菌褶白色，后呈淡黄色，延生，稍密。菌柄长 2～6 cm，直径 1～3 cm，偏生，白色，内实，向下渐细。孢子无色，光滑，长方椭圆形至椭圆形，有内含物。春季于新疆阿魏的根茎上单生或丛生。仅见于新疆。食用味道比较好，是新疆荒漠区分布并生长较早的一种食用菌。记载可治胃病，药效类似新疆阿魏，有消积、杀虫作用，用于腹部肿块、肝脾肿大、脘腹冷痛、虫积、肉积。

刺芹侧耳托里变种，异名白灵侧耳、白灵菇、翅鲍菇、白灵芝菇，拉丁学名 *Pleurotus eryngii* var. *tuoliensis*。子实体一般较大。菌盖宽 5～15 cm，初期近扁球形，很快扁平，基部渐下凹或平展，无后檐或稀有后檐，纯白色，厚，表面近平滑或似绒状。菌肉白色，不变色，厚。菌褶白色，后期带粉黄色，延生。菌柄长 3～8 cm，直径 2～3 cm，稀偏生，上部粗而基部往往细，粗糙，内部白色。担孢子光滑，含油滴，长椭圆形或柱状椭圆形。春秋季于新疆阿魏的根或茎基部，群生、近丛生或单生。分布于新疆。属质细味好柄盖均可食用的食用菌。

阿魏蘑和刺芹侧耳托里变种均可人工栽培。市场上销售的阿魏蘑和刺芹侧耳托里变种，基本上是人工栽培的产品，以鲜品、盐渍菇和罐头为主。

（五）青藏高原冬虫夏草

冬虫夏草，拉丁学名 *Ophiocordyceps sinensis*，异名中华线虫草、冬虫草、中华虫草、中国虫草、中华丝虫草。子座长 5～10 cm，从寄主头部长出，褐色至黄褐色，内部白色。上部可育部分 3～6 mm，近圆柱形，暗褐色，表面有小疣突。顶部不育，变尖。下部不育菌柄较细，直径 3～6 mm。子囊壳卵圆形至椭圆形，埋生至半埋生，有时近表生。子囊顶端帽状体厚，有顶孔。子囊孢子线形，无色，有分隔但不断裂。春夏季单个寄生于高山、亚高山鳞翅目昆虫上。

据芦笛考证，冬虫夏草在分类上有一个变化过程：1843 年，Berkeley 鉴定了中国的冬虫夏草，定名为 *Sphaeria sinensis*。1856 年，Berkeley 又把冬虫夏草的拉丁学名调整为 *Cordyceps sinensis*，但这一新的名称似乎并没有引起广泛的注意。之后，Saccardo 在可能没有注意到 1856 年 Berkeley 的工作的情况下，在 1878 年也把冬虫夏草定名为 *Cordyceps sinensis*。《中国大型菌物资源图鉴》中采用 G. H. Sung 等的分类，将其归为线虫草属，定名为 *Ophiocordyceps sinensis*。

冬虫夏草一直被视为我国的一宝，与人参、鹿茸一起被称为中国三大补品。早在公元 15 世纪，西藏古医书中就有关于冬虫夏草有滋补及药用价值的记载。中国传统医学认为，冬虫夏草性味甘、平，入肺肾经，功能益肺肾、止咳嗽、补虚损、益精气。

中国古代很早就利用冬虫夏草来治病，并积累了许多宝贵经验。凡老人体弱，病后虚损，腰膝疼痛，肾虚阳痿，遗精早泄，肺痨咯血，体弱多汗等病证，不论单用或配伍使用，均可获得良好效果。现代药膳有名的虫草炖鸭，堪称滋补佳品，对于老人体弱，病后虚损者特别适宜。用冬虫夏草数枚泡制的药酒，可治疗腰膝疼痛。

据芦笛考证，中国对冬虫夏草的记载，最早见于西藏医学家宿喀年姆尼多吉 (1439—1475) 的《千万舍利》。在汉语文献中，关于冬虫夏草的记载首出清乾隆《四川通志》（1736 年）；至于本草文献，则初见于清吴仪洛的《本草从新》(1757 年)。据《本草从新》记载："冬虫夏草，甘，平。保肺益肾止血，化痰止劳嗽。产云、贵。冬在土中，身如老蚕，有毛能动，至夏则毛出土上，连身俱化为草。若不取，至冬则复化为虫。"后来，赵学敏的《本草纲目拾遗》（1765 年）一书中记载："夏为草，冬为虫……功与人参同……能治诸虚百损"，该书还对冬虫夏草的产地、食用方法和用量有详细的记述。其后《黔囊》《文房肆考》等数百部古药书中都记载了冬虫夏草。

随着国内外医学的发展和中药学被全世界逐步认识，近年来发现冬虫夏草的功用效果越来越广泛。经研究证明，冬虫夏草含核苷类、甾醇类、氨基酸、肽类、甘露醇、单糖和多糖、有机酸、无机元素、维生素类、蛋白质和多胺类物质。具有镇静、止血、抗惊厥、降压、改善心肌缺血、抗血小板凝结、抗衰老、调节人体免疫的作用，并具有抗肺癌、淋巴癌和肝癌的功能。现代药理学还证明，冬虫夏草浸剂能显著扩张支气管平滑肌而有平喘作用，对结核杆菌有抑制作用，对葡萄球菌、链球菌、炭疽杆菌等细菌以及常见致病性皮肤真菌也有抑制作用。

目前越来越引起国内外药学界和生物学界研究者的重视，有关研究报道大量增加。

据青海省畜牧兽医科学院著名虫草专家王鸿生介绍，冬虫夏草在我国西藏、青海、云南、贵州、四川等地海拔 4 000 m 左右的高原草甸区生长，是虫草菌与蝙蝠蛾幼虫在特殊生态条件下形成的菌虫结合体。每年 7～8 月其孢子进入蝙蝠蛾幼虫体寄生，萌发菌丝。受这种真菌感染的蝙蝠蛾幼虫逐渐蠕动到距地表 2～3 cm 处，于秋冬死去，为"冬虫"。翌年春末夏初，吸收了养分的菌从虫子头部长出，高 2～5 cm，称"夏草"。5～6 月间采集的虫草质量最好。

冬虫夏草主产于青海、四川、西藏、甘肃的东南部、云南的丽江地区以及贵州的西北部。商品冬虫夏草通常根据产地习惯分为青海草（青海产）、藏草（西藏产）、炉草、灌草（四川产）、滇草（云南产）。一般认为，青海省玉树、果洛以及西藏自治区那曲产的冬虫夏草为最优等级。

（六）通江银耳

银耳，拉丁学名 *Tremella fuciformis*，异名白木耳、雪耳。其子实体鲜品呈乳白色或微带黄色，胶质，片状，直立，由许多宽而薄的卷曲耳片组成，耳片不分叉或顶部分叉，呈菊花状或鸡冠状排列，丛径 5～16 cm，基部黄褐色，干后耳片暗白色或稍带淡黄色，基蒂常黄褐色，并收缩，遇水又可恢复原形态。子实层遍布耳片上下表面。担子近球形，成熟时下担子卵形，十字形纵分隔，上担子圆柱形。担孢子卵形，无色透明，成堆时白色。

野生的常于夏秋季群生或散生在栎、杨、柳等多种阔叶树的枯腐木上。

四川省通江县所产银耳尤为人们喜爱，名扬四海，享誉中外。该县不仅仅盛产银耳，也是我国较早栽培银耳的地方。据该县涪阳区玄祖庙碑载，至少在光绪二十四年（1898 年）当地群众就开始了栽培银耳。

但真正掌握其科学培养技术还是 20 世纪。20 世纪 40 年代初杨新美教授开始了银耳栽培研究。上海市农科院食用菌研究所 1960 年获得了纯菌丝菌种并始行木屑栽培。1961 年上海师范学院生物系和商业部菜果局合作用芽孢子菌种人工接种，扩大了银耳的人工栽培。接着福建三明市真菌试验站又对银耳菌种与栽培技术进行了许多研究和推广，终于使银耳成为国内广泛栽培的食用菌。栽培银耳时须注意银耳与香灰菌的伴生关系。仅有银耳菌丝没有香灰菌菌丝，则银耳菌丝不能分化形成子实体。菌种中兼备两种菌丝是人工栽培银耳成功和高产的首要条件。在段木栽培银耳过程中，在段木表面，尤其是接种穴上，常常会看到有一种铜绿色或草绿色的粉末，这粉末就是香灰菌的孢子。香灰菌菌丝生长速度快，对木材的分解能力强，银耳菌丝利用其中间产物来进行营养生长和生殖生长，以完成整个生活史。若碰不到香灰菌丝，就很难萌发生长，这就是野生和半人工栽培之所以产量甚低的主要原因之一。

（七）云南著名食用菌

1.鸡枞　是传统称呼，以往文字记载也多用此名。现代分类学最新分类将其归为蘑菇目离褶伞科蚁巢伞属。

鸡枞是食用菌中的珍品之一，《本草纲目》载："鸡枞出云南"，"高脚伞头"，"生沙地间"。云南山珍之最，非鸡枞菌莫属。陈鼎《滇黔纪游》中说："鸡枞黔中也产，但不如滇中蒙自者佳。"

中国食用菌发展历史、现状与展望

云南的鸡𪢠有很多俗名，如鸡盅、白蚁菇、鸡松、鸡脚菇、蚁𪢠、伞把菇、鸡蕈、豆鸡菇、鸡肉丝菇、鸡脚麟菇等，素有"菌中之王"之美誉，很早以前就列为贡品。清代湘潭人张九钺有《咏鸡𪢠菜》二首："绀袖霓裳白羽衣，炎洲仙子戏空飞。天风吹下珍珠伞，鸡足山头带雨归。""翠笼飞擎驿骑遥，中貂分赐笑前朝。金盘玉箸成何事，只与山厨伴寂寥。"诗后有一段自注："明熹宗嗜此菜，滇中岁驰驿以献，惟客魏得分赐，张后不与焉。"这段话是说：明熹宗皇帝最喜欢吃鸡𪢠，云南每年都要派快骑飞马由驿站将鸡𪢠送到京城上贡，熹宗仅让被称为九千岁的太监魏忠贤尝个味道，连皇后都无福品尝。足见云南的鸡𪢠在明代已经是闻名天下的珍肴。

鸡𪢠不仅味道鲜美，令人食欲大增，而且具有丰富的营养价值。明代状元杨慎在品尝了鸡𪢠的美味后，曾欣然而歌曰："海上天风吹玉枝，樵童睡熟不曾知。仙翁近住华阳洞，分得琼英一两枝。"清人贾杰《鸡𪢠》诗曰："至味常无种，轮菌雪作肤。茎从新雨苗，香自晚春腴。鲜嫩头番秀，肥抽九节蒲。秋风菁菜客，食品列兹无。"清人赵元祚在浙江做官，却忘不了鸡𪢠，其《怀滇中诸友》诗曰："几番春事已阑珊，梦里痴人尚未还。听熟筝琵思白雪，离多花鸟忆青山。鸡𪢠雨长琅玕蕊，蚕豆风翻蝴蝶斑。细细敲诗还煮字，十分清兴让君闲。"

鸡𪢠之名，一说因其味得之，如《本草纲目》载："南人谓为鸡𪢠，皆言其味似之也。"一说因其状得名，清初贵州巡抚田雯在《黔书》写道："鸡𪢠，秋七月生浅草中，初奋地则如笠，渐如盖，移暮纷披如鸡羽，故曰鸡，以其从土出，故曰𪢠。"

鸡𪢠的种类很多，当地按鸡𪢠颜色分为黑皮鸡𪢠、青皮鸡𪢠、白皮鸡𪢠、草皮鸡𪢠等。其中以黑皮鸡𪢠、青皮鸡𪢠的品质为最佳。鸡𪢠多半生长在未受污染的红壤山林的半山坡上，或田野草丛中的白蚁窝上。鸡𪢠产季为每年的6～9月。菌盖刚出土时像蒜头，以后逐渐展开如伞状，菌柄实心，表面光滑，肉质细嫩易破碎。

蚁巢伞属的种类很多，其中美味者有金黄蚁巢伞、盾尖蚁巢伞、真根蚁巢伞、谷堆蚁巢伞、条纹蚁巢伞等。

（1）金黄蚁巢伞　拉丁学名 *Termitomyces aurantiacus*，异名黄白蚁伞、黄鸡𪢠、橙红鸡𪢠菌、红皮鸡𪢠。子实体中等大小。菌盖直径9～12 cm，中心具明显尖突但不呈尖矛状，橙红褐色，盖表皮呈放射状开裂。菌肉白色。菌褶离生，密，白色。菌柄长5～15 cm，直径0.5～2 cm，白色，稍具橙红色调，圆柱形，实心，不膨大或在入土处稍膨大。假根白色。孢子卵形，无色，光滑。菌丝不具锁状联合。

（2）盾尖蚁巢伞　拉丁学名 *Termitomyces clypeatus*，异名斗鸡菇、白蚁伞、盾尖鸡𪢠菌、鸡𪢠。子实体中等大小。菌盖直径4～7 cm，中心具明显的黑色锥尖突起，极尖，坚硬，灰黑色，有的褪为灰白色，盖缘处色浅，盖表呈放射状开裂，边缘初内卷后反卷。菌肉白色。菌褶宽2～3 mm，离生，灰白色至粉肉红色。菌柄长8～13 cm，直径0.3～1.2 cm，长圆柱形，实心，不膨大，白色。假根长15～20 cm，灰白色。孢子卵形，无色，光滑。菌丝不具锁状联合。

（3）真根蚁巢伞　拉丁学名 *Termitomyces eurrhizus*，异名真根鸡𪢠、鸡𪢠。子实体大型。菌盖直径7～12 cm，深灰色、灰黑色、黑褐色，中心具黑褐色钝尖，自中心向边缘具放射状沟纹，表皮有放射状裂纹。菌肉白色。菌褶离生，白色至淡粉红色。菌柄长5～10 cm，直径0.5～2 cm，白色至灰白色。菌柄白色，常膨大呈纺锤形，极幼时常在菌柄上部具菌环的残余，假根长15~20 cm或更长，表面黑色。孢子卵圆形，无色，光滑。菌丝不具锁状联合。

（4）谷堆蚁巢伞　拉丁学名 *Termitomyces heimii*，异名谷堆白蚁伞、套鞋带、谷堆菌、谷堆鸡𪢠、空柄华鸡𪢠、白蚁谷堆鸡𪢠菌、蚂蚁谷堆鸡𪢠。子实体中等大小。菌盖直径7～10 cm，钟形，菌盖中心具乳头状钝突，钝突表面皱缩成小瘤疱和小窝，中心深黑褐色，其余部分白色、灰白色，湿时稍黏。菌肉厚，白色。菌褶白色至淡粉红色，离生，不等长。菌柄长 8～25 cm，直径 1～2.5 cm，近圆柱形或纺锤形，上部实心，向下渐变为空心的假根。假根空管状，表面奶油色至淡黄褐色。菌柄上部具厚菌环，白色至灰白色。孢子卵圆形，无色，光滑。菌丝不具锁状联合。

（5）条纹蚁巢伞　拉丁学名 *Termitomyces striatus*，异名条纹鸡枞菌、鸡枞。子实体中等大小至较大。菌盖直径 5～10 cm，中心突起呈锥形但不甚急尖，灰黑色、深褐色、黑褐色，有辐射状纹理，边缘常撕裂。菌肉白色。菌褶离生，白色至淡粉红色，稠密。菌柄长 5～15 cm，直径 1～2 cm，白色，稍膨大或不膨大。假根近圆柱形，白色至奶油色。孢子无色，光滑。菌丝不具锁状联合。

2.鸡油菌　是一类珍贵的世界著名的食用菌和药用菌，因菌体色泽金黄，颜色似鸡油和鸡蛋黄而得名。菌肉白色或近似淡黄色。在现代分类学上它包括多科多属的物种，如鸡油菌科的鸡油菌属、喇叭菌属，钉菇科的胶鸡油菌属、钉菇属等。需要说明的是，鸡油菌也是 *Cantharellus cibarius* 的中文名称。

鸡油菌营养丰富，蛋白质中含有人体所需要的 8 种必需氨基酸，还含有维生素和钙、磷、铁等矿物质。中医认为，鸡油菌具有清肝、明目、利肺、和胃、益肠等功效，经常食用可治疗维生素 A 缺乏所引起的皮肤粗糙或干燥症、角膜软化症、眼干燥症、夜盲症、视力失常、眼炎等疾病，以及预防某些呼吸道及消化道感染的疾病。据报道，该类菌具有抗癌活性，对癌细胞有一定的抑制作用。

鸡油菌香气浓郁，肉质细嫩，味道鲜美异常，适于炒、烧、烩、扒等烹饪方法。

虽然鸡油菌十分名贵，深受人们喜爱，但至今仍不能人工栽培。野生的以鸡油菌、红鸡油菌、小鸡油菌三种最为美味。

（1）鸡油菌　拉丁学名 *Cantharellus*

cibarius。子实体鸡油黄色，脆，幼时钉状，成熟后浅漏斗状。菌盖直径 2.5～9 cm，幼时边缘内卷，不规则，不黏，盖表常具白粉状物，成熟后中心具不甚明显的小鳞片。菌肉浅黄色至深橙黄色，致密。子实层由放射状隆起的棱脊构成，棱脊不呈褶片状，延生，蛋黄色。菌柄长 2～7 cm，直径 0.5～1.5 cm，等粗或向基部渐细，实心，黄色。全子实体味柔和，具芳香气味。孢子 7.0～9.0×4.5～6.0 μm，无色，光滑。菌丝具锁状联合。

（2）红鸡油菌　拉丁学名 *Cantharellus cinnabarinus*，异名桂花鸡油菌、鸡油菌。子实体小型，橙红色，高 3～5 cm。菌盖直径 2～4 cm，常不规则，成熟后浅漏斗形，橙红色至胡萝卜红色。子实层为分叉的棱脊而不为明显的褶片，棱脊高 1～1.5 mm，延生，稍浅于菌盖。菌柄长 2～3.5 cm，直径 0.5～1.0 cm，等粗或向下渐细，与菌盖同色或稍浅于菌盖，实心，气味同鸡油菌。孢子 6.5～8.5×5.0～6.5 μm，无色，光滑。菌丝具锁状联合。

（3）小鸡油菌　拉丁学名 *Cantharellus minor*，异名鸡油菌。子实体柔软而小。菌盖直径 2～4 cm，浅漏斗形，暗橙黄色或暗黄色，盖中心具褐色或灰色甚至黑色调，中心具鳞片。子实层近褶片状，褶间具多数横脉，延生，同盖色。菌柄长 2～4 cm，直径 0.2～0.5 cm，等粗或向下渐细，暗黄色，空心，气味同鸡油菌。孢子 6.5～8.0×4.5～5.5 μm，无色，光滑。菌丝具锁状联合。

3.松口蘑　拉丁学名 *Tricholoma matsutake*，异名松茸、松蘑、松菌、松毛菌、松树蘑等，是名贵食用菌，生长于松林地和针阔叶混交林地，夏秋季出菇，7～9 月为出菇高潮。新鲜松茸，形若伞状，色泽鲜明，菌盖呈褐色，菌柄为白色，均有纤维状茸毛鳞片，菌肉白嫩肥厚，质地细密，有浓郁的特殊香气。

松口蘑营养丰富，含有蛋白质、氨基酸、多种维生素、碳水化合物和矿物质等有效成分。据有关资料表明，松口蘑还含有丰富的蘑菇多糖，有抗癌效用。日本人喜爱食用，我国鲜、干松口蘑，均出口日本等国。

松茸在日本、欧洲享有很高的声誉，历来被视为食用菌中的珍宝，称为"蘑菇之王"。在日本古代，松茸是老百姓向贵族和天皇进贡的珍品之一，素有"海里的鲱鱼籽，陆地上的松茸"的说法。在云南丽江纳西族地区，松茸也是婚宴上的珍贵菜肴之一。据分析，鲜松茸约含水分 89.9%；在干品中粗蛋白质 17%，纯蛋白质 8.7%，粗脂肪 8.6%，灰分 7.1%。此外，还含有丰量的维生素 B_1、维生素 B_2、维生素 C 及维生素 PP。据过去的许多文献记载，松茸具有强身、益肠胃、止痛、理气化痰、驱虫等功效。现代科学研究表明，松茸还具有治疗糖尿病、抗癌等特殊作用，价值很高，是许多菌类所望尘莫及的。

目前世界上仍以采集野生松茸为主。日本等国虽然进行了近百年的研究，但由于松茸是一种外生菌根的大型真菌，一直未能实现人工栽培。目前仅能用移苗接种法把菌种接种在松树根部进行半人工模拟栽培和移土法栽培，其产量甚微。我国东北现在也采取半人工栽培。

在商品收购时，常易将假松口蘑（Trichotoma bakamatsutake）与松口蘑混在一起收购。下面将松口蘑与假松口蘑特征均作以介绍。

（1）松口蘑　子实体大型。菌盖初半球形，成熟后平展，具绵软的深红褐色鳞片，中心部分具金属光泽。菌肉味柔和，白色。菌褶弯生，密，白色。菌柄粗壮，上下近等粗，偶向基部渐细，上部乳白色，中上部具膜质的残存环膜，环之下具与菌盖表面相同的红褐色鳞片。全子实体具强烈松香气。孢子（5.5）6.0～7.0（7.5）×（4.5）5.0～6.0 μm，无色，光滑。菌丝无锁状联合。生松林下。

（2）假松口蘑　拉丁学名 Tricholoma bakamatsutake，异名松茸、栎茸。子实体粗壮而大。菌盖幼时近半球形，成熟后近平展，中心微凸，

不黏，褐色至红褐色，具深红褐色绵毛状鳞片。菌肉厚，味柔和，白色。菌褶直生至近离生，密，幼时白色，后为奶油色。菌柄粗壮，等粗，实心。菌环近膜状，生菌柄上部，内部白色，外部与菌盖同色。菌环上部的菌柄白色，有白色绢质鳞片，环下覆盖有和菌盖同色的平伏纤维状鳞片。全子实体具强烈松香气味。孢子 6.0～7.5（8.0）×4.5～5.0（6.0）μm，椭圆形，无色，光滑。菌褶边缘具较多长圆柱形或顶端变细的菌丝样囊状体。菌丝无锁状联合。

本种外形与松口蘑（T. matsutake）十分接近，但生壳斗科林下（常为高山栎），菌褶边缘具多数菌丝样囊状体，可以区分。本种与松口蘑同时被作为"松茸"收购，气味浓郁，价位高。据中甸采松茸者称，此菌发生的季节较松口蘑晚且短。

4. 牛肝菌　商品牛肝菌习惯上分白、黄、黑、红、紫等多类，生物分类上包括牛肝菌属、金牛肝菌属、疣柄牛肝菌属等中的多个物种，其中以牛肝菌（Boletus edulis）为上品。牛肝菌菇体肥大，肉质细嫩，含蛋白质高，在西欧各国被推为著名的营养食品，是菇类中换汇率较高的畅销商品。自1923 年起，云南的牛肝菌开始出口西欧，极受欢迎，供不应求。牛肝菌生长于海拔 900～2 200 m 的松栎混交林中，或砍伐不久的林缘地带，在石林途中一带和石林附近出产较多，生长期为每年 5 月底至 10 月中，雨后天晴时生长较多，易于采集。在此期间，去石林游览的客人，或许可以吃到新鲜的牛肝菌。云南省的牛肝菌，大部分是切片晾干或盐渍出口。

下面分述云南几种常见的商品牛肝菌特征，以供鉴别。

（1）牛肝菌　拉丁学名 Boletus edulis，异名白牛肝菌、美味牛肝菌、粗腿菇、大脚菇。菌盖直径 3～14 cm，初扁半球形，后平展，平滑至略起皱，不黏或湿时稍黏，黄褐色至红褐色，干后颜色变深，边缘内卷。菌肉新鲜时白色，厚，伤不变色。菌管近白色至黄绿色，直生或近弯生，或菌

柄周围凹陷。孔口每毫米 2～3 个，圆形，与菌管同色，干后浅褐色至黄褐色。菌柄长 5～13 cm，直径 1.5～4 cm，近圆柱形至棒形，上部黄褐色，下部浅黄色，被有网纹，基部膨大。担孢子 11～15×4～5.5 μm，长椭圆形或舟形，光滑，壁厚，淡黄色。

（2）茶褐牛肝菌　拉丁学名 *Boletus brunneissimus*，异名猫眼菌、黑羊肝、黑荞巴、黑牛肝。菌盖直径 5～10 cm，有绒毛，暗褐色、茶褐色至深肉桂色。菌肉淡黄色至黄色，伤后迅速变蓝色。菌管黄绿色，伤后变淡蓝色。孔口暗褐色至深肉桂色。菌柄长 5～10 cm，直径 1～3.5 cm，圆柱形，被暗褐色糠麸状鳞片，基部有暗褐色硬毛。担孢子 9～13×4～5 μm，长椭圆形至近梭形，光滑，淡青黄色。

（3）灰褐网柄牛肝菌　拉丁学名 *Retiboletus griseus*，异名黑牛肝、灰褐牛肝菌。菌盖直径 5～10 cm，扁半球形至凸镜形，暗灰色至暗黑灰色，被细小绒毛。菌肉近白色至黄白色，伤不变色至变淡褐色。菌管与孔口成熟后污白色，伤后变淡褐色。菌柄长 7～10 cm，直径 2～3 cm，圆柱形，淡褐色至灰色，大部分被暗灰色至近黑色网纹，基部有黄褐色菌丝体。担孢子 9～14×4～5 μm，近梭形至长椭圆形，光滑，黄褐色。

（4）灰褐网柄牛肝菌暗褐变种　拉丁学名 *Retiboletus griseus* var. *fuscus*，异名黑牛肝、灰褐牛肝菌暗褐变种。特征同灰褐网柄牛肝菌（*R. griseus*），然本变种子实体较小而细弱，菌盖更趋黑褐色，幼嫩子实体的菌盖几近黑色，具明显绒质感。

（5）金黄牛肝菌　拉丁学名 *Boletus ornatipes*，异名黄牛肝。子实体中等大小，较细弱。菌盖暗黄色至灰黄色，表面微绒质感。菌肉味苦，黄色，伤不变色。菌管在柄周围凹陷，幼时黄色，成熟后橄榄黄色至金黄色，伤后变为黄褐色，管孔黄色。菌柄棒状，等粗，全柄具明显隆起的暗黑黄色网纹，基部有金黄色菌丝。孢子（8.0）8.5～11.0（12.5）×（3.0）

3.5～4.5 μm，黄褐色。囊状体梭形，黄褐色。

（6）远东疣柄牛肝菌　拉丁学名 *Leccinum extremiorientale*，异名黄赖头。菌盖直径 8～15 cm，扁半球形至平展，杏黄色至褐黄色，有时带红褐色，湿时黏，干燥时表皮强烈龟裂。菌肉奶油色至黄色，伤不变色。菌管弯生。孔口与菌管淡灰黄色、浅黄色至淡灰黄褐色。菌柄长 6～15 cm，直径 2～4 cm，棒形至近圆柱形，杏黄色至褐黄色，被黄色至黄褐色或带红褐色小鳞片。担孢子 10～13×3.5～4.5 μm，长椭圆形至近梭形，光滑，浅黄色。

（7）桃红牛肝菌　拉丁学名 *Boletus regius*，异名红牛肝。子实体大型但不甚粗壮。菌盖黄褐色，多少具红褐色调，盖表具贴生纤毛状鳞片，鳞片中心密集，边缘稍稀。菌肉黄色，柔和，伤后极缓慢变蓝色。菌管直生至稍延生，黄色，管孔黄色但不鲜艳，幼时堵塞，伤后不变色或极缓慢变蓝色。菌柄长 8～14 cm，直径 2～2.5 cm，等粗或在基部稍膨大，表面具网纹，但网纹常不规则，有些网纹拉成近纵条纹状。孢子 11.5～14.5（15.0）×3.5～4.5 μm，淡黄褐色。囊状体未见。

（8）中华牛肝菌　拉丁学名 *Boletus sinicus*，异名红牛肝、见手青。菌盖直径 6～10 cm，半球形至近平展，淡红色、砖红色至暗红色。菌肉米黄色，伤后变淡蓝色或在局部地方变为淡蓝色。菌管淡黄色，伤后变蓝色。孔口红色，伤后变蓝色。菌柄长 6～10 cm，直径 1.5～3 cm，圆柱形，被红色网纹。担孢子 10～13×5～6 μm，长椭圆形至近梭形，光滑，淡黄色。

（9）紫褐牛肝菌　拉丁学名 *Boletus violaceofuscus*，异名紫牛肝。菌盖直径 5～10 cm，扁半球形至凸镜形，紫褐色至蓝紫色，有皱纹，边缘颜色较淡至有一白边。菌肉白色，伤不变色。菌管及孔口污白色至橄榄黄色。菌柄长 5～10 cm，直径 1～2 cm，圆柱形，有明显污白色网纹，基部有白色菌丝。担孢子 10～14×5～6 μm，长椭圆形至近梭形，光滑，淡黄色。

中国食用菌发展历史、现状与展望

（10）网盖金牛肝菌　拉丁学名 *Aureoboletus reticuloceps*。子实体中等大小至大型。菌盖直径 7～10 cm，近半球形，表面皱缩成近网格状，网格之间颜色较深，表面绒毛状，绒毛相聚形成极小颗粒，深褐色至黑褐色，不黏。菌肉味柔和，白色，伤不变色。菌管层近离生，幼时白色，老时橄榄黄色至暗黄色，伤不变色。菌柄上部直径 1.8～2 cm，下部直径 3.5～5 cm，浅褐色至褐色，具明显网纹，上部网纹白色，下部网纹近同盖色。孢子 14.0～17.0（17.5）×（5.0）5.5～6.0 μm，黄褐色。囊状体未见。

5.黑虎掌菌　拉丁学名 *Sarcodon imbricatus*，中文名称翘鳞肉齿菌，异名香肉齿菌、香茸、皮茸、虎掌菌。在历史上被视为国宝珍品，是向历代王朝纳贡的贡品之一。黑虎掌菌营养价值和经济价值很高，鲜时有浓郁的香味，干制后香味更浓厚，有一菌搁置满屋飘香的美名。虎掌菌每年 8～9 月生长在高山悬崖的草丛深处。

子实体一年生，具中生柄，肉质至脆质。菌盖圆形，初期表面突起，后期扁平、中部脐状或下凹，有时呈浅漏斗形，直径可达 20 cm；成熟后表面暗灰黑色，具暗灰色至黑褐色大鳞片，鳞片厚，覆瓦状，趋向中央极大并翘起，呈同心环状排列；边缘锐，波浪状，内卷。子实层体齿状。菌齿初期灰白色，后期深褐色；锥形，基部每毫米 2～3 个，长可达 10 mm。菌肉新鲜时近白色，成熟后污白色至淡灰色，干后中部厚可达 1cm。菌柄淡褐色，圆柱形，基部等粗或膨大，长可达 7 cm，直径可达 2.5 cm。担孢子 6～7×5～6.5μm，近球形，无色，壁稍厚，具瘤状突起，非淀粉质，弱嗜蓝。

6.羊肚菌　羊肚菌是著名的世界性美味食用菌，其肉质脆嫩，香甜可口，是食菌中的珍品之一。我国明代潘之恒的《广菌谱》中就有了关于羊肚菌的记载。丽江纳西族地区，食用羊肚菌也有悠久的历史，过去纳西族头人曾把羊肚菌作为向皇帝朝贡的珍品之一。欧美等国也有食用羊肚菌的习惯，羊肚菌在这些国家也很受欢迎，极为畅销。

美国等一些国家从 1963 年起，就开始大规模地进行菌丝发酵生产。羊肚菌营养丰富，据分析，在 100 g 干羊肚菌中含有蛋白质 24.5 g，脂肪 2.6 g，碳水化合物 39.7 g。粗纤维 7.7 g，灰分 11.9 g，水分 13.6 g，硫胺素 3.92 mg，核黄素 24.6 mg，烟酸 82.0 mg，泛酸 8.7 mg，吡哆醇 5.8 mg，生物素 0.75 mg，叶酸 3.48 mg，维生素 B_{12} 0.003 62 mg。含有亮氨酸、异亮氨酸、苯丙氨酸、甲硫氨酸、缬氨酸、酪氨酸、脯氨酸、精氨酸、组氨酸、赖氨酸、丙氨酸、苏氨酸、甘氨酸、丝氨酸、谷氨酸、天门冬氨酸、半胱氨酸（微量）、丁氨酸、色氨酸等 19 种氨基酸，其中人体所必需的 8 种氨基酸都有。羊肚菌不仅氨基酸种类繁多，其含量也很丰富。其菌丝体也如同菇体一样含有丰富的氨基酸，具有很高的营养价值，现已广泛用作调味品和食品添加剂（作为蛋白质、维生素等营养的补充来源），成为食品工业中一枝引人注目的新花。

羊肚菌营养丰富，是鲜美无比的山珍，菌肉脆嫩、香醇、可口，有"素中荤"之称。据有关资料表明，羊肚菌具有组织修复、增强细胞活力、抗癌、延年益寿、美容健体等功能。用羊肚菌与银耳烹制甜食，是一种很好的保健食品，经过蒸煮，于夜间睡前食用，对气管、食管及平滑肌组织疾患者有保健作用，可安眠平喘，增强细胞活力和抵抗力。中医认为，羊肚菌性平味甘，可用于治疗脾胃虚弱、消化不良、痰多气短等。

商品羊肚菌有多种，如羊肚菌（*Morchella esculenta*）、尖顶羊肚菌（圆锥羊肚菌 *M. conica*）、粗柄羊肚菌（粗腿羊肚菌、皱柄羊肚菌 *M. crassipes*）、黑脉羊肚菌（小顶羊肚菌 *M. angusticeps*）、小羊肚菌（*M. deliciosa*）、高羊肚菌（*M. elata*）、开裂羊肚菌（*M. distans*）、硬羊肚菌（*M. rigida*）、半开羊肚菌（*M. semilibera*）等。以尖顶羊肚菌、羊肚菌为上品。云南省东北部和西北部的山区，每年 4～5 月久雨初晴之时，是羊肚菌的盛产季节。在深山密林中潮湿温和、空气流通之处，羊肚菌生长在草地上，白色并带有淡黄或粉红色，椭圆光洁，远望颇似羊肚，因而得名。

（1）尖顶羊肚菌　拉丁学名 *Morchella conica*，异名圆锥羊肚菌、羊肚菜。子实体肉质，稍脆。菌盖长圆锥形，顶端尖或稍尖，高 3.5～8 cm，直径 2.5～4 cm，表面凹坑多为长方形、淡褐色，棱纹色浅、多为纵向排列、由横脉联结。菌柄长 4～9.5 cm，直径 0.8～2.5 cm，白色，上部平滑，稍细，下部有不规则的稍粗的凹槽，中空。子囊长圆柱形，孢子有 8 个，呈单行排列，长椭圆形，无色，透明，20～23.5×11～15 μm。侧丝顶端膨大，直径 8.5～12 μm。春末夏初之际生于针阔叶混交林地上和林缘空旷处、草丛中。散生至群生，也有丛生。在云南、甘肃、湖南、青海、新疆、山西、河北、河南、陕西有分布。

（2）羊肚菌　拉丁学名 *Morchella esculenta*，异名圆顶羊肚菌、可食羊肚菌、羊肚菜、编笠菌、阳雀菌。子实体肉质，稍脆。菌盖近球形至卵形，顶端钝圆，高 3.5～9.5 cm，直径 2.5～6 cm，表面有许多小凹坑，外观似羊肚，故名羊肚菌。小凹坑呈不规则形或近圆形，白色、黄色至蛋壳色，干后变褐色或黑色。棱纹色较浅淡，纵横相互交叉，呈不规则的近圆形的网眼状。小凹坑内表面布以子实层，子实层由子囊及侧丝组成。菌柄粗大，色稍比菌盖浅淡，近白色或黄色，长 5～8.5 cm，直径 1.5～4.3 cm，幼时上表面有颗粒状突起，后期变平滑，基部膨大且有不规则的凹槽，中空。子囊长圆柱形，孢子有 8 个，呈单行排列，长椭圆形，无色透明，18～25×12～14 μm。侧丝无色，顶端膨大，直径 10～12 μm。春末夏初及初秋生于阔叶林中地上或林缘空旷处以及草丛、河滩地上，有时也见于腐木上。在云南、四川、西藏、贵州、湖南、甘肃、河南、山西、青海、新疆、辽宁、吉林等省区有分布。

7. 离褶伞类　离褶伞属有很多种类，在云南产区俗称一窝鸡、冷菌、白风菌等。其中以荷叶离褶伞、烟色离褶伞、玉蕈离褶伞三种最为著名。日本有一句著名的俗语，称"松茸香，占地美"（在

日本玉蕈离褶伞称"占地"），这表明玉蕈离褶伞的味道十分鲜美，胜过松茸，是稀少且高级的食用菌，在日本清汤、蘑菇饭、奶油炖菜中都有使用，烤食尤其味美，日本人认为是食用菌中的珍品。玉蕈离褶伞的鲜味来自其富含鲜味物质谷氨酸、天冬氨酸等。

（1）荷叶离褶伞　拉丁学名 *Lyophyllum decastes*，异名一窝鸡、冷菌、白风菌。菌盖直径 5～16 cm，扁半球形至平展，中部下凹，灰白色至灰黄色，光滑，不黏，边缘平滑且初期内卷，后伸展呈不规则波状瓣裂。菌肉中部厚，白色。菌褶直生至延生，稍密至稠密，白色，不等长。菌柄长 3～8 cm，直径 0.7～1.8 cm，近圆柱形或稍扁，白色，光滑，实心。担孢子 5～7×4.8～6 μm，近球形，光滑，无色。

（2）烟色离褶伞　拉丁学名 *Lyophyllum fumosum*，异名栎窝、一窝鸡。菌盖直径 3～6 cm，扁半球形至平展，灰色至灰褐色，光滑，不黏。菌肉白色，伤不变色。菌褶直生至弯生，白色至污白色，密。菌柄长 4～10 cm，直径 0.3～1 cm，圆柱形，白色至灰白色；多个菌柄长在一起，形成块状基部。担孢子 5～6.5×4～5 μm，宽椭圆形至近球形，光滑，无色。

（3）玉蕈离褶伞　拉丁学名 *Lyophyllum shimeji*，异名白风菌（滇中）、九月菇（景东）、冷菌。子实体中等大小至较小，簇生。菌盖直径 4～7 cm，盖中心微突灰黑色或稍具褐色调，中心水渍状，边缘有时波折状。菌肉味柔和，白色。菌褶宽 4～7 mm，直生至短延生，污白色。菌柄长 7～12 cm，直径 1～2 cm，白色，棒状，基部具白色菌丝。孢子（4.5）5.0～6.0（7.0）×4.5～6.0 μm，近球形至球状，无色。菌丝具锁状联合。

8. 干巴菌　拉丁学名 *Thelephora ganbajun*，是滇中地区最为群众喜爱的美味食用菌，具有浓郁的地区特色。是臧穆先生定名的一种新纪录种。

子实体一年生，丛生，珊瑚状，多分枝，分枝

叶片扇形，边缘波状，灰白色、灰色至灰黑色，具环纹，高可达 14 cm，宽可达 12 cm，新鲜时轻革质。子实层体光滑至有疣突，灰色，边缘颜色渐浅。担孢子 9～13×7～9 μm，椭圆形，浅褐色，厚壁，具疣突。味美可口，风味独特，为昆明地区家喻户晓、人人皆知的珍贵野生食用菌。

据王向华（2004 年）称，商品上的干巴菌还有两种，其中以莲座革菌最为有名，其次为日本革菌。

（1）莲座革菌　拉丁学名 *Thelephora vialis*，异名干巴菌。子实体中等大小，软栓质，多呈莲座状或覆瓦状，基部近无柄。远子实层面灰褐色、黑褐色，有时色变淡呈灰白色或黄褐色，幼时灰白色。子实层面淡咖啡色，光滑，偶在分枝基部具棘状突起或自基部向边缘形成放射状脊。菌肉厚。全子实体具芳香气味。孢子 4.5～6.0（6.5）×（4.0）4.0～5.5（6.0）μm，稍呈多角形，具圆钝的瘤突。菌丝多数具锁状联合。

（2）日本革菌　拉丁学名 *Thelephora japonica*，异名干巴菌。子实体由一个或数个侧生于地上的扇状层片组成。菌肉白色，基部厚 3～4 mm，顶端厚 1～2 mm。远子实层面灰白色至白色，边缘灰黑色。子实层面淡黄色至褐色，具密集或稀疏的小疣突。孢子 6.0～7.0×6.0～7.0 μm，多角形，具高达 1 μm 的瘤突，部分瘤突尖齿状。菌丝多数具锁状联合。

（八）云贵高原的竹荪

竹荪，是我国西南云南、贵州等省名贵的野生食用菌，素有"真菌之花"、"菌中皇后"等美誉，野生采集的，价等黄金，历来被列为"八珍"之一，以云南昭通、贵州织金、四川长宁的最为闻名。

竹荪质地脆嫩爽口，食味佳美，香气浓郁，别具风味，营养丰富，历来被列为宫廷贡品，近代为国宴名菜，同时也是食疗佳品。

竹荪具有较高的药用价值。药理实验表明，竹荪对恶性肉瘤细胞 S180 的抑制率为 60%，对艾氏腹水瘤的抑制率为 70%，具有明显的抗肿瘤的作用；此菌的煮沸液，可防佳肴变质，若与肉共煮，也有防腐的效果；能减肥、防止腹壁脂肪增厚。此外，竹荪还有降压、降胆固醇、治疗痢疾等作用。云南昭通苗族民间，常用竹荪与糯米一起泡水服用，认为有止咳、补气、止痛的效果。其对治疗高血压、神经衰弱、肠胃疾病等具有显著效果，能减肥壮体。

竹荪见于古籍，始见载于唐代段成式《酉阳杂俎》。南宋陈仁玉《菌谱》，明代潘之恒《广菌谱》等均有记载。清代《素食说略》"竹松"条记载较详："或作竹荪，出四川。滚水淬过，酌加盐、料酒，以高汤煨之。清脆腴美，得未曾有。或与嫩豆腐、玉兰片、色白之菜同煨尚可，不宜夹杂别物，并搭芡也。"

据研究，我国竹荪有 8 个种，其中可食种有长裙竹荪（*Dictyophora indusiata*）、短裙竹荪（*D. duplicata*）、红托竹荪（*D. rubrovolvata*）等。

1. 长裙竹荪　拉丁学名 *Dictyophora indusiata*，异名竹参、竹菌、网纱菌、竹笙菌、仙人笠、僧竺蕈、竹鸡蛋、竹姑娘、面纱菌、舌头、蛇蛋、虚无僧菌等。菌蕾高 7～11 cm，直径 5～7.5 cm，卵形至近球形，土灰色至灰褐色，具不规则裂纹，无嗅无味，成熟后具菌盖、菌裙、菌柄和菌托。菌盖钟形至近锥形，高 4～6 cm，直径 3～5 cm，顶部平截，具开口。网格边缘白色至奶油色，具恶臭的孢体。产孢组织暗褐色，呈黏液状，具臭味。菌裙网状，白色，长可达菌柄基部。菌柄长 8～18 cm，直径 2～3 cm，圆柱形，白色，海绵质，空心。菌托污白色至淡褐色。担孢子 3～4×1.5～2 μm，长椭圆形至短圆柱形或近椭圆形，无色，光滑，薄壁，非淀粉质。

2. 短裙竹荪　拉丁学名 *Dictyophora duplicate*。菌蕾高 5～7 cm，直径 3～5 cm，卵形至近球形，污白色至土黄色，成熟后具菌盖、菌裙和菌柄，菌柄基部具根状菌索。菌盖钟形，高约 5 cm，直径可达 4 cm，顶端平。网格边缘白色至奶油色，其余部分绿褐色至绿黑色，呈黏液状，具恶臭味的孢体。菌裙网状，白色，长可达菌柄的 1/3。菌柄长可达 15 cm，基部直径 3 cm，圆柱形，白色，新鲜时海绵质，空心，干后纤维质。担孢子 3～3.9×1.5～1.8 μm，长椭圆形至短圆柱形，浅黄色，壁稍厚，光滑，非淀粉质，不嗜蓝。

3. 红托竹荪　拉丁学名 *Dictyophora rubrovolvata*。菌蕾卵形，成熟后具菌盖、菌裙、菌柄和菌托。菌盖高 4～6 cm，直径 4～5 cm，钟形至近锥形，具网格，顶端平截，有穿孔。产孢组织暗褐色，恶臭。菌裙白色，钟形，高达 7 cm。网眼直径 0.5～1.5 cm，多角形至近圆形。菌柄长 10～20 cm，直径 3～5 cm，圆柱形，白色，海绵质，空心。菌托紫色至紫红色。担孢子 4～5×1.5～2 μm，椭圆形至长椭圆形，无色，光滑，薄壁，非淀粉质。

商品竹荪是竹荪繁殖体（子实体）的一部分，即菌裙与菌柄。特别值得注意的是近年来竹荪"菌蛋"也是鲜活商品。菌裙和菌柄作食用，是高级的素食材料。优质的商品菌柄、菌裙，其色泽浅黄、味香、肉厚、柔软、网状、海绵质、完整。是著名的土特产。

由于竹荪经济价值很高，野生资源已无法满足国内市场和出口的需要，近年来，云南、贵州、浙江、广东等有关单位进行人工驯化栽培取得成功。目前，贵州织金的红托竹荪，浙江云和、四川长宁的长裙竹荪，都已经大面积生产。

（九）福建红菇

商品红菇包括红菇目红菇科红菇属的菌盖红色又可食用药用的几种大型真菌，福建省红菇常见种类有正红菇（*Russula vinosa*）、大红菇（*Russula alutacea*）、红菇（*Russula lepida*）和大朱菇（*Russula rubra*）、变绿红菇（*Russula virescens*）等，其中以正红菇品味最佳，分布最广，产量最多，福建俗称红菇，主要指正红菇。

福建红菇量大、质好的正红菇，分布于闽西的南平市、三明市和龙岩市，处于闽西大山带—闽西

纵谷—闽中大山带之间。到了夏秋生产季节，局部往往形成"红菇窝"。

红菇是闻名世界的食用菌之一，福建三明市产的红菇干，味美可口，含有丰富的维生素 B、维生素 D、维生素 E，并含有其他食品中稀少的烟酸，以及微量元素铁、锌、硒、锰等。经常食用，可使人皮肤细润，有益肠胃，可预防消化不良、儿童佝偻，能提高正常糖代谢和机体免疫功能，对于产妇乳汁减少、贫血等，是有特殊食疗价值的天然食品。在福建闽南地区，妇女分娩时必食红菇炖鸡，以补充营养。

红菇蒸、炖、炒、烩都可以，均是上等好菜。但主要是拿来煮汤用的，炖鸡、炖鸭、炖蛋、炖猪肚、炖猪排之类配些红菇，不仅使汤色色彩夺目，更能使汤水增甜，味道醇厚鲜美，清香爽口。

正红菇又称红菇、真红菇、朱菇等，商品多以干品上市。

正红菇的特征为：群生或散生。菌盖初期球形，后平展至浅凹，直径可达 14 cm，表面大红或胭脂红，中央暗紫黑色。菌肉白色。菌褶长短不一，基部有分叉，鲜时白色，干时银灰色。菌柄圆柱形，长 5～10 cm，直径 1～2.5 cm，白色或有红色的斑块。孢子印白色或淡奶油色。孢子近球形，8～9×7～8 μm，表面有小疣。

正红菇与米槠、栲树等壳斗科植物形成共生关系，属外生菌根菌，目前还无法人工栽培。近年来，一些地方林木生境破坏严重，正红菇产量逐年下降。

（十）香菇

拉丁学名 *Lentinula edodes*，别名香蕈、香信、冬菰、花菇、香菰。菌盖直径 5～12 cm，呈扁半球形至平展，浅褐色、深褐色至深肉桂色，具深色鳞片，边缘处鳞片色浅或污白色，具毛状物或絮状物，干燥后的子实体有菊花状或龟甲状裂纹，菌缘初时内卷，后平展，早期菌盖边缘与菌柄间有淡褐色绵毛状的内菌幕，菌盖展开后，部分菌幕残留于菌缘。菌肉厚或较厚，白色，柔软而有韧性。菌

褶白色，密，弯生，不等长。菌柄长 3～10 cm，直径 0.5～3 cm，中生或偏生，常向一侧弯曲，实心，坚韧，纤维质。菌环窄，易消失，菌环以下有纤毛状鳞片。担孢子 4.5～7×3～4 μm，椭圆形至卵圆形，光滑，无色。

香菇是我国著名的食用菌，现已广泛栽培，在各地不同的条件下，形成了众多传统名菇。根据黄年来主编的《中国香菇栽培学》（1994 年）和张寿橙等编著的《中国香菇栽培历史与文化》（1993 年），我国东南部形成了八大传统名菇（表1-1-1）。

表 1-1-1　我国香菇的八大传统名菇

名　称	主　要　产　地	特　征　特　性
闽菇或称汀州菇，或以集散地称泉州菇	主产闽北和闽西北的宁化、将乐、沙县、明溪、永安、松溪、清流、尤溪、浦城、建瓯等地	产于深山阔叶树，菇质厚实、香味浓郁、柄短肉厚，无污染
赣菇（赣州菇）	主产浮梁、婺源、德兴、乐平、安远、信奉、武宁、修水、铜鼓、黎川等地	菇质厚实、香味浓郁，花厚菇比例大，产量稳定
徽菇	主产祁门、东至、石台、青阳、贵池、黟县、休宁、歙县、绩溪、旌德、泾县、宁国、南陵等地	肉厚质嫩、香味浓郁、盖大柄粗、多花厚菇。历史上集散地在屯溪，1933 年菇行还有 10 余家。徽菇沿新安江、富春江运至杭州、上海
北江菇	以韶关为中心与江西、湖南毗邻的粤北山区，包括南雄、乐昌、乳源、曲江、翁源、和平、英德、连平、始兴、仁化、怀集、连县、连南、阳山、从化等地	集中产于南雄、韶关、乳源一带，亦即北江菇。接近广州口岸与香港、澳门市场
都柳江香菇	产于湖南西部的会同、靖县、通道，桂北的三江、融安、融水，黔东南的黎平、榕江、从江等地	菇形特大、菌肉肥嫩、盖厚柄短、香味浓郁
处蕈	主产浙江省的处州府的 10 余个县市，包括龙泉、庆元、景宁三县香菇发源地及周边县	"处蕈"柄短、肉厚、异香扑鼻、质地厚实
京山花菇及陕甘豫香菇	主产地鄂属随县、安陆、应山以及陇南、陕南、豫西等山地	菇大肉厚、柄短、花纹洁白裂度大，性状好，厚花菇比例高
云南、四川名菇	主产云南丽江、大理、保山、昭通、怒江及滇中楚雄、昆明等地；四川的巴中、广元、达县、万县等地	尤以丽江香菇肉厚、品质好；楚雄香菇产菇时间长、产量高、较耐高温

自 1960 年以来，我国长江以北诸省也先后发展了香菇栽培。如河南省的泌阳花菇、西峡香菇，辽宁省的九龙川香菇，都是国家地理标志产品。

（十一）亚热带地区的草菇

草菇，拉丁学名 Volvariella volvacea，异名稻草菇、南华菇、秆菇、兰花菇、中国蘑菇、麻菇、贡菇。菌盖直径可达 10 cm，厚可达 5 mm，表面新鲜时灰白色至深灰色，通常中部颜色深，边缘颜色渐浅，具放射状条纹，干后灰褐色；边缘锐，干后内卷。菌肉厚可达 2 mm，干后浅黄色，软木栓质。菌褶密，不等长，离生，初期奶油色，后期粉红色，干后黄褐色。菌柄长 7～9 cm，直径 0.5～2 cm，圆柱形，白色，光滑，纤维质，实心，干后浅黄色，脆质。菌托直径可达 5 cm，杯状，奶油色至灰黑色。担孢子 7.5～8.5×5～6 μm，椭圆形至宽椭圆形，光滑，淡粉红色，非淀粉质。

草菇原产热带、亚热带，喜炎热、湿润，生长时需要较高的温度，多丛生在夏雨之后的草堆上，现已广泛进行人工栽培。在云南、四川、西藏、湖南、湖北、广东、广西、河北、福建、台湾、香港有分布。

草菇以菇肥肉嫩、口味鲜美、营养丰富而深受国内外市场的欢迎。我国栽培草菇历史悠久，故有"中国蘑菇"之称。又由于口味精美，古代曾作为朝廷贡品，故又冠以"贡菇"的美称。目前世界上草菇产量以我国最多。草菇中含有丰富的蛋白质、氨基酸和多种维生素及矿物质，具有较高的营养价值。据福建农学院和张树庭教授分析，鲜草菇含蛋白质 3.37%，脂肪 2.24%，灰分（氧化物）0.91%，还原糖 1.66%，转化糖 0.95%。100 g 鲜草菇含维生素 C 206.27 mg。100 g 干草菇含核酸 8.8 g。100 g 蛋白质中含异亮氨酸 4.2 g，亮氨酸 5.5 g，赖氨酸 9.8 g，甲硫氨酸（蛋氨酸）1.6 g，苯丙氨酸 4.1 g，苏氨酸 4.7 g，缬氨酸 6.5 g，色氨酸 1.8 g（以上为必需氨基酸），酪氨酸 5.7 g，丙氨酸 6.3 g，精氨酸 5.3 g，天门冬氨酸 8.5 g，胱氨酸（未测），谷氨酸 17.6 g，甘氨酸 4.5 g，组氨酸 4.1 g，脯氨酸

5.5 g，丝氨酸 4.3 g。除食用外，草菇亦有很高的药用价值。性寒，味甘，能消食去热，增进健康，尚有降低胆固醇、抗癌等作用。尤其是维生素 C 含量很高，可增强人之抗体，加速伤口愈合，防治坏血病。草菇子实体中含有一种毒蛋白质（Volvatoxin），可使小鼠艾氏腹水瘤细胞膨胀及抑制其呼吸。故常食草菇可以提高人体的抗癌能力。

（十二）茯苓

拉丁学名 Wolfiporia cocos，中文名称茯苓沃菲卧孔菌，异名松茯苓、杜茯苓、茯苓、云苓、川苓、闽苓、安苓。子实体一年生，平伏，贴生，不易与基物剥离，革质，长可达 10 cm，宽可达 8 cm，中部厚可达 2 mm。孔口表面新鲜时白色，干后奶油色；圆形或近圆形至多角形，每毫米 0.5～2 个；边缘薄，撕裂状。不育边缘明显。菌肉奶油色，厚可达 0.5 mm。菌管与孔口表面同色或略浅，长可达 1.5 mm。担孢子 6.5～8.1×2.8～3.1 μm，圆柱形，无色，薄壁，光滑，非淀粉质，不嗜蓝。

茯苓是菌核作为商品。菌核球形、卵圆形、长椭圆形、扁圆形或块状等多种不规则的形状，鲜时外形很像山药蛋，其大小不等，长短不一，小的如拳头，大的直径达 10～50 cm，甚至更大；一般重 10～15 kg，最大的达 60 kg。新鲜时较软，干后坚硬。茯苓休眠之后，在环境适宜时，便进入有性世代。茯苓是一种绝对寄生的菌类，菌核常寄生于马尾松、云南松、赤松、黑松等松树的根际，故古人曾有"碧松根下茯苓多"的诗句。据国外资料报道，茯苓的菌核还可以寄生在漆树、栎属、冷杉属、桧属、桉树、柑橘、洋玉兰、桑属和玉米等植物的根际。茯苓喜欢生长在排水良好的沙壤土上，一般深 50～80 cm 是茯苓生长的最好环境。为适应国内外市场的需要，已广泛应用松木进行人工栽培。在云南、安徽、湖北、河南、四川、贵州、浙江、福建、台湾、广西有分布。

茯苓是用途极广的中药材，又是一种食品。美洲的黑人常将茯苓烧熟食用。在我国，茯苓是

中国食用菌发展历史、现状与展望

制作茯苓糕、饼的主要原料，同时亦是与粥煮时的佳品。它具有益脾健胃、安神补心、利水渗湿等功效，是治疗体虚浮肿、孕妇腿肿、小便淋沥、梦遗白浊、脾胃虚弱、食少便溏、四肢无力、咳嗽、多痰、慢性胃炎、恶心、胃口不好、头昏、心神不安、健忘、心悸、失眠、腹痛不止、小儿伤风咳嗽、水痘等多种疾病的主要配伍药。因此，在《神农本草经》里，把它列为上品，在我国已有很久的药用历史。

茯苓全身是宝，不同部位药用效果均不一样，茯苓皮偏于利水消肿；赤茯苓（即去皮后内部淡红色的部分）偏于清利湿热；茯神（抱木而生、切片中央有木心的茯苓，疗效最好，较为名贵）和朱茯苓（即加朱砂粉的茯苓片），则偏重于安神。

据刘波《中国药用真菌》一书介绍，松树的横断面若呈红色，尚无松脂气味，不腐，无虫蛀，但一敲击即碎，其下土中可能有茯苓；若松树基部附近不长草或草易枯萎，小雨之后干得快，其下土中可能有茯苓；若松树根周围常布以白色膜状物或敷有粉灰时，其下土中可能有茯苓；若以空心铁锥插入松树下土中，难以拔出，拔出后锥中带有白色粉末，即说明土中长有茯苓。

茯苓主要作药用，但历来也是名贵食品，清朝末年慈禧太后喜食的茯苓饼，市场上珍贵食品茯苓糕，都是著名的高档食品。

云南省出产的茯苓品质优良，在国内享有盛名，称之为"云苓"。国内以安徽、湖北、河南出产较多。

（十三）江南的桃花菌

乳菇属的一些种类是美味食用菌。据《食用蘑菇》（应建浙、赵继鼎、卯晓岚，1982年）和《中国常见食用菌图鉴》（张光亚，1999年）等书的介绍，血红乳菇、松乳菇俗称桃花菌。除血红乳菇、松乳菇外，乳菇属还有红汁乳菇也是美味食用菌。由于这些种的乳菇多在春季发生，故名桃花菌，也称谷熟菌，九月的又叫雁来菌等。

1. 松乳菇　拉丁学名 *Lactarius deliciosus*，异名美味松乳菇、美味乳菇、黄奶浆菌、紫花菌、松树菌、桃花菌。菌盖直径 4～10 cm，扁半球形至平展，中央下凹，湿时稍黏，黄褐色至橘黄色，有同心环纹，中央下陷，边缘内卷。菌肉近白色至淡黄色或橙黄色，菌柄处颜色深，伤后呈青绿色，无辣味。菌褶幅窄，较密，橘黄色，伤后或老后缓慢变绿色。乳汁量少，橙色至胡萝卜色，不变色，或与空气接触后呈酒红色，无辣味。菌柄长 2～6 cm，直径 0.8～2 cm，圆柱形，与菌盖同色，具有深色窝斑。担孢子 7～9×5.5～7 μm，包括网纹可达 12×9 μm，宽椭圆形至卵形，有不完整网纹和离散短脊，近无色至带黄色，淀粉质。

该菌质脆味美，咀嚼时有可口舒适的辣味，是乳菇属中很有代表性的食用菌。据报道，该菌提取物对小鼠恶性肉瘤细胞 S180 和艾氏腹水瘤有抑制作用。

2. 血红乳菇　拉丁学名 *Lactarius sanguifluus*，异名桃花菌。菌盖直径 3～12 cm，扁半球形，平展至下凹，最后近漏斗形，边缘初内卷，橘红至浅红褐色，有绿色斑，具浅色环带或环带不明显，无毛，稍黏。菌肉浅米黄色至酒红色，在菌柄近表皮处的菌肉红色更显著。味道柔和，后稍苦或辛辣，气味稍香。乳汁血红色至紫红色。菌褶蛋壳色，后浅红色带紫，伤变绿色，密，窄而薄，有时分叉，直生后延生。菌柄长 3～6 cm，直径 0.8～2.5 cm，等粗或基部渐细，色比菌盖浅，染有绿色斑，有时具红色凹窝，内实后中空。孢子无色，近球形，有疣和不完整网纹，8～9.8×6.7～7.6 μm。囊状体稀少，近梭形，54～65×5.5～9 μm。

夏秋季针叶林中地上单生或散生。可食，有人认为比松乳菇更好吃。

产于江苏、甘肃、青海、四川、云南、西藏、山西等地。

3. 红汁乳菇　拉丁学名 *Lactarius hatsudake*，异名奶浆菌、铜绿菌、鸡血菌（纳西族）。菌盖直径 3～6 cm，扁半球形至平展，灰红色至淡红色，有不清晰的环纹或无环纹，中央下陷，边缘内卷。

菌肉淡红色，不辣。菌褶酒红色，伤后或成熟后缓慢变蓝绿色。乳汁少，酒红色，不变色，不辣。菌柄长 2～6 cm，直径 0.5～1 cm，伤后缓慢变蓝绿色，不具窝斑。担孢子 8～10×7～8.5 μm，宽椭圆形，近无色，有完整至不完整的网纹，淀粉质。

夏秋季单生至群生于松林地上，常与松树形成菌根。在云南、四川、西藏、吉林、黑龙江、辽宁、河北、河南、福建、广东、台湾有分布。

该菌味香可口，是群众欢迎的食用菌。具有抗癌活性，对小鼠恶性肉瘤细胞 S180 的抑制率达 100%，对艾氏腹水瘤的抑制率为 90%。

（十四）分布广泛的鹅蛋黄

拉丁学名 *Amanita caesarea*，中文名称橙盖鹅膏，异名橙盖伞、恺撒橙盖伞、鸡蛋菌、黄罗伞、鹅蛋菌等。当外菌膜未破时呈蛋形，外菌膜破裂后伸出菌盖和菌柄。菌盖初钟形，近半球形，最后平展，直径 4～15 cm，橘色、橘黄色至佛手黄色，表面光滑，湿时稍黏，肉质，边缘有明显条纹，且内卷。菌肉厚，蛋黄色。菌褶较密，浅柠檬黄色，易与菌盖分离，与菌柄离生。菌柄近圆柱形，长 5～13 cm，直径 0.7～1.2 cm，白色，中生，其上有黄色鳞片，中空，幼时其基部嵌插于菌托内。菌环大而明显，下垂，膜质，黄色，上面有条纹。菌托大，杯状，膜质，黄白色，上缘呈裂片状。孢子椭圆形至球形，无色，光滑，10～12.6×6～8.5 μm；孢子印白色。夏秋季生于云南松、马尾松等针阔叶林中地上，散生至群生。常与栎属、松属、山毛榉属、栗属的一些树种形成外生菌根关系。在云南、西藏、广东、河南、安徽、江苏、福建、河北、内蒙古、黑龙江有分布。

鹅蛋黄颜色艳丽、肉厚味美，是鹅膏属中的著名食用菌。传说罗马帝国的恺撒非常喜欢吃这种菌，故又称"恺撒橙盖菌"，是西欧各国享有盛名的名贵菜肴。在我国云南丽江纳西族地区，群众极为喜食，说该菌不仅初期形似鸡蛋，颜色和味道都像鸡蛋黄一样可口。据报道，该菌还有一定的抗癌活性。

鹅蛋黄多以鲜品上市。

（十五）灵芝

灵芝是最重要的药用真菌之一，在我国已有 2 000 多年的记载和利用历史。虽然早在一百多年前法国真菌学家 Patouillard 就有给中国的灵芝冠上 *Ganoderma lucidum* 这一拉丁学名，并沿用至今，但随着分子生物学技术的不断发展，人们认识到过去外国人的定名并不正确。实际上，*G. lucidum* 是 1871 年由 William Curtis 根据采自英国的标本描述的新物种。但不幸的是该模式标本已丢失，而且未能在模式产地找到一个新模式（neotype）（Steyaert 1972 年）。但通常认为英国南部采集的标本最接近模式标本。

Ganoderma lucidum 曾经广泛报道于欧洲、美洲、亚洲、非洲和大洋洲。在中国，关于 *G. lucidum* 的报道始于 20 世纪初，即上文提到的法国真菌学家 Patouillard 将采自我国贵州的标本鉴定为 *G. lucidum*（1907 年）。此后，中国真菌学家邓叔群在 1934 年报道 *G. lucidum* 也分布于中国其他地区（Teng 1934 年），后来在中国具有重要影响的真菌学专著《中国的真菌》和《中国真菌总汇》中都记载了 *G. lucidum*（邓书群 1963 年；戴芳澜 1979 年）。近些年来，我国关于药用真菌的主要论著都将灵芝的拉丁名称处理为 *G. lucidum*，如《中国药用真菌》（刘波 1984 年）、《中国药用真菌图鉴》（应建浙等 1987 年）、《中国经济真菌》（卯晓岚 1988 年）、《中国药用真菌名录及部分名称的修订》（戴玉成，杨祝良 2008 年）。此外，很多和灵芝相关的产品也标注其拉丁名称为 *G. lucidum*。

基于灵芝属大量标本和栽培样品 ITS 序列的系统发育研究表明（Cao et al. 2012 年；Yang & Feng 2013 年），中国广泛分布和栽培的灵芝形成了支持率很高的独立分枝，且这个分枝与 *G. lucidum* 以及其他相关种类在系统发育上不同，因此中国灵芝为一个新种：*Ganoderma lingzhi* S. H. Wu, Y. Cao & Y. C. Dai（Cao et al. 2012 年）。这个名称应为我国广泛分布和栽培且具有重要药用价值的灵芝的合法科学名称。而且学界认为中文名称仍然是灵芝（俗称赤芝），因为该名称在中国已经广泛使用。根据 *lucidum* 的词义，*G. lucidum* 的中文名称为亮盖灵芝（俗称白肉灵芝或白灵芝）。

以下是两者特征与鉴别：

1.灵芝 拉丁学名 *Ganoderma lingzhi*，异名赤芝。子实体一年生，具侧生或偏生柄，新鲜时软木栓质，干后木栓质。菌盖平展盖形，外伸可达 12 cm，宽可达 16 cm，基部厚可达 2.6 cm；颜色多变，幼时浅黄色、浅黄褐色至黄褐色，成熟时黄褐色至红褐色；边缘钝或锐，有时微卷。孔口表面幼时白色，成熟时硫黄色，触摸后变为褐色或深褐色，干燥时淡黄色；近圆形或多角形，每毫米 5～6 个；边缘薄，全缘。不育边缘明显，宽可达 4 mm。菌肉木材色至浅褐色，双层，上层菌肉颜色浅，下层菌肉颜色深，软木栓质，厚可达 1 cm。菌管褐色，木栓质，颜色明显比菌肉深，长可达 1.7 cm。菌柄扁平状或近圆柱形，幼时橙黄色至浅黄褐色，成熟时红褐色至紫黑色，长可达 22 cm，直径可达 3.5 cm。担孢子 9～10.7×5.8～7 µm，椭圆形，顶端平截，浅褐色，双层壁，内壁具小刺，非淀粉质，嗜蓝。

2.亮盖灵芝 拉丁学名 *Ganoderma lucidum*，异名白灵芝。子实体一年生，具侧生柄，新鲜时软木栓质，干后木栓质。菌盖平展盖形、半圆形或扇形，外伸可达 20 cm，宽可达 25 cm，基部厚可达 4 cm；表面新鲜时金黄褐色至褐色，具漆样光泽，成熟时红褐色、深褐色至紫褐色，漆样光泽明显，被一皮壳，光滑，具同心环带，通常被褐色的孢子粉覆盖；边缘钝。孔口表面新鲜时白色至奶油色，干后污褐色至浅褐色；近圆形，每毫米 4～5 个；边缘薄，全缘。不育边缘明显，红褐色，宽可达 5 mm。菌肉木材色至浅褐色，从上至下颜色由浅至深，木栓质，厚可达 2 cm。菌管多层，分层不明显，浅褐色，新鲜时纤维质，干后木栓质，颜色明显比菌肉深，长可达 20 mm。担孢子 8～11×5.1～6 µm，椭圆形，顶端平截，浅褐色，双层壁，外壁无色、光滑，内壁具小刺，非淀粉质，嗜蓝。

灵芝 *G. lingzhi* 广泛分布于中国东部暖温带和亚热带，其主要形态特征是孔口表面白色至硫黄色，成熟时菌肉中有黑褐色区带，管口壁厚度为 80～120 µm。亮盖灵芝 *G. lucidum* 主要分布于欧洲和亚洲，在中国分布于华中海拔较高地区，其孔口表面新鲜时白色至奶油色，成熟时菌肉中无黑褐色区带，管口壁厚度为 40～80 µm。

另外，四川灵芝 *G. sichuanense* 尽管其担孢子与灵芝 *G. lingzhi* 相似，但其模式标本 ITS 序列与灵芝的不同，是个独立的种，且在广东也有发现。

中国多数地方栽培的灵芝为 *G. lingzhi*。

在《神农本草经》中，把灵芝列为上品。中医认为，灵芝性温苦涩，有滋补、健脑、强身、消炎、利尿、益胃等功效，可治疗神经衰弱、心悸头晕、失眠健忘、慢性肝炎、肾盂肾炎、支气管哮喘、支气管炎、胃病、冠心病、动脉硬化、解食毒菌中毒等疾患。药理试验表明，灵芝具有强心、保肝和镇静的作用。据分析，灵芝中含有生物碱类、甾醇类、酚类、氨基酸、甘露醇、麦角固醇、漆酶、苷类、内酯、香豆精等成分。

近年来，国内外举办过多次灵芝专题研讨会，在总结灵芝相关研究成果的同时，进一步推动了灵芝栽培技术与应用研究持续升温。特别是在灵芝分子生物学特性研究、室内连作栽培及工厂化栽培、产品质量安全控制、化学成分和有效成分、药理作用与机制以及防病治病方面的研究均取得了很大进展，灵芝产品的产量、品质不断提高，生产规模不断扩大，已形成一个重要产业。我国已成为世界上灵芝主要生产国，同时我国也是灵芝产品出口大国，我国生产的段木灵芝，以其优良的品质出口到韩国、日本等。

（十六）黑木耳

拉丁学名 *Auricularia heimuer*，异名木耳、光木耳、细木耳。子实体宽 2～9 cm，有时可达

13 cm，厚 0.5～1 mm。新鲜时呈杯形、耳形、叶形或花瓣形，棕褐色至黑褐色，柔软半透明，胶质，有弹性，中部凹陷，边缘锐，无柄或具短柄。干后强烈收缩，变硬，脆质，浸水后迅速恢复成新鲜时形态及质地。子实层表面平滑或有褶状隆起，深褐色至黑色。不育面与基质相连，密被短绒毛。担孢子 11～13×4～5 μm，近圆柱形或弯曲成腊肠形，无色，薄壁，平滑。

根据新近的分子系统学证据，中国广泛分布和栽培的木耳，并非产于欧洲的木耳 A. auricula 或 A. auricula-judae，而是黑木耳 A. heimuer。

木耳是我国传统的食用菌，家喻户晓，人人喜爱。它是有名的胶质菌。春、夏、秋季雨后生于林中或庭园中的栓皮栎、麻栎、柞栎、桤木、柳、槐、榆、杨、桑、枣、栗、榕树等 120 多种阔叶树的腐木上，单生至群生。在云南、贵州、四川、西藏、湖北、湖南、广西、陕西、甘肃、内蒙古、河南、河北、黑龙江、吉林、辽宁、福建、江苏、广东、台湾、香港等地均有分布。

我国是世界上生产木耳最多的国家，也是世界上最大的木耳出口国。

二、我国传统栽培的五种大型真菌

（一）提出的依据

我国历史上有名的食用菌，大部分处于野生状态，但有五种人工栽培历史悠久。1952 年裘维蕃在《中国食菌及其栽培》一书中指出："我国现有的主要食菌栽培事业如香菇、草菇、银耳、木耳和茯苓等，都还保持着原始栽培的状态。"这是裘先生在抗日战争时期对我国食用菌生产情况调查后的总结，他明确地告诉我们历史上与当前在我国栽培的大型真菌主要是这五种。列为传统栽培的大型真菌应具备以下三个条件：①有适应于当时社会生产水平的栽培技术和产地；②有产量统计及一定量的商品；③有国内外贸易的市场流通。这些内容在裘先生的书中均有详细的记述。依此我们确定了我国

传统栽培的五大种类。

（二）传统栽培概况

1. 香菇 据裘维蕃的资料，我国香菇传统产区，集中分布在安徽、浙江、福建、江西、四川、贵州和广西。"中国每年所产的香菇，据抗日战争前的估计，约值 150 万元（硬币）。安徽的产量占全国 30%，江西占 15%，福建和浙江合占 40%，四川、贵州和广西合占 15%"，"光是屯溪一埠，每年所收的香菇大约在六万斤以上，在河沥溪收买的有三万多斤"，张寿橙据此推算当时全国香菇总产为 1 600～2 000 t。1936 年福建省香菇总产 650 t。据曹斌资料 1929 年出口香菇 408 t，出口金额 698 625 元（国币）。

香菇的栽培方法：清道光七年（1827 年），四川《南江县志》记载："香蕈厂，于秋冬砍伐花栗、青冈、梓树、桫椤等木，山树必择大者，小者不堪用。将木放倒，不去旁枝，即就山头坡上，任其堆积，雨淋日晒。至次年，树上点花，三年后，即结菌，可收七八年，至十年后树朽坏，不复出菌。"清同治十三年（1874 年）《韶州府志》记载："香菇，产属内深山。浙人来此赁山，伐桑樟等木，横置于地；凿空藏水，隆冬，菌冒雪而生，曰：'雪菇'；有花纹者曰：'花菇'，味最香厚，俗呼'香信'，如春生者味减。"清代记述的这些香菇栽培方法，用现代真菌学知识分析，很明显是利用孢子自由飘落随意"接种"的传统栽培。那时菇农还不清楚香菇的"种子"是"孢子"，这种栽培靠的只是凭经验的半人工半天然的栽培方法。1979 年娄隆后教授在《我国香菇的老法栽培》的报告中，调查总结的老法栽培，与上述清代文献上的记述基本一致。

2. 草菇 我国草菇传统产区，集中分布在广东、广西、湖南、江西及福建等产水稻的亚热带地区。曾炳荣 1921 年报告，草菇是江西信丰有名的特产，每年运往广州约值 10 万元。仅江西地方试验场年产就达 20～25 t。据裘维蕃的调查，"但就广西而论，抗战前每年的出产达几十万硬币的价值"，"广东客商每年中秋节前后到广西收买作（草

菇）罐头食品的在 1935 年值 50 万元（硬币）。"

草菇的栽培方法。据同治十二年（1873 年）《浏阳县志》载："县西南刘麻后，渐生麻菌，亦不常有也。"又云："麻地生蕈，味美。"注云："刘麻后，覆以牛粪，翌年春末夏初生蕈。"据同治十三年（1874 年）林述训等修的《韶州府志》中记述："贡菇，产南华寺，味香甜。种菇，以早稻草堆积，清水浇之，随地而生。"以上记载的这种栽培方法用现代真菌学知识分析，也是利用孢子自由飘落随意"接种"的半人工半天然栽培方法，接种成功率低而不稳。

3. 银耳　我国银耳传统产区，集中分布在四川省的通江、南江、万源；贵州省的遵义、湄潭、绥阳；福建省的诏安等县。据裴维蕃的记述，任承宪 1938 年在贵州调查银耳生产情况，全省约产 21 t，推测全国总产 30～35 t。1937 年四川年产 7.5 t 以上，贵州 21 t，推算全国为 30～35 t。

银耳的栽培方法：据四川《万源县志》（刘子敬修，民国二十一年，铅印本）记载："白耳始于清光绪末，由四区刘家河开办，渐及关坝，今（四、五、六、七、八、九）各区皆产。斫白耳山之法，在夏历五月内，将青冈树伐倒，梢向上，弥月后，始去枝叶，斫成二三尺许短棍，叠架一处，谓之'发汗'。至第二年春，始择半阴半阳地点平铺之，谓之'排山'（须生羊胡子草处，有茅草则不生耳），雨后即生耳。近又发明，于春初斫伐，名曰斫'芽子山'，本年即能生耳。"这种栽培方法，是民国时期的记载，用现代真菌学知识分析，这也是利用孢子自由飘落随意"接种"的半人工半天然的栽培方法。

4. 木耳　我国木耳传统产区，集中分布在东北黑龙江、吉林等省，中西部的湖北、河南、陕西、甘肃等省，西南的云南、四川、广西等省区的山区。1923 年养材撰写的《齐齐哈尔木耳集散之状况》中报道了齐齐哈尔及其附近木耳的产量与集散："木耳主产生于柞树（Quercus），黑省境内之山林地多产之，采集季节分春秋二期（春期四、五

月，秋季九月）。山林附近居民概从事培养农林业，家之副业也。每年产额约计三十万斤，可值十八万元。其交易于省城者，以嫩江、讷河、布西、景星诸处产者居多。"据曹斌的报告资料，1924 年中国出口黑木耳 603 t。主要出口通关口岸有汉口、重庆、瑷珲等 27 处。20 世纪 20 年代后期，中国的黑木耳出口数量在 500～600 t 之间波动，1934 年突然跃升为 1 176 t，创造出历史最高纪录。七七事变以后东北地区黑木耳供货减少，出口急速减少，1941 年出口数量降至 95 t。

木耳的栽培方法：据四川《万源县志》（刘子敬修，民国二十一年，铅印本）记载："黑耳择山内八九年或五六年之青冈树用之，花梨树、梓树亦可，不必过大。每年秋冬间将树伐倒，纵横山坡，日晒雨淋，两点（面）俱到。至次年二三月，将木立起，二三十根攒一架，再经淋晒，四五月内即生木耳。"该县志记载民国时期的这种栽培方法，用现代真菌学知识分析，也是利用孢子自由飘落随意"接种"的半人工半天然栽培方法。1981 年娄隆后在《中国黑木耳的老式栽培法》报告中，调查总结的老式栽培与上述记载基本一致。

5. 茯苓　我国茯苓传统产区，集中分布在安徽、湖北、河南、陕西、浙江、福建、云南等省的山区。裴维蕃报告，据金陵大学农学院余邦华调查，1922—1924 年三年中，安徽潜山共产茯苓 256.2 t，平均年产 85.4 t。根据 1929 年海关的报告，茯苓销售到香港 614 t，出口到新加坡 125.3 t、泰国 20.6 t、越南 16.4 t 等。再据海关记录：1929—1931 年，每年出口茯苓 1 000 t 左右。

据杨新美的资料：我国出口茯苓也很早，据记载在 1405—1433 年间，郑和七次下西洋时，就已把茯苓传到国外。

茯苓的栽培方法，作者尚未检索出晚清末年关于茯苓栽培的有关文献，但戴芳澜先生的论文《茯苓》（1934 年）可佐证晚清时期栽培茯苓使用的菌种情况。"播种"一节介绍："苓种均为

去年所传之种，若用原苓每次均为一分，附于松料之上端。若用老料，有'枕头窖'与'抱窖'之分。""枕头窖者，以锯断等长之老料，横附于料头之上，与松料成为直角，如枕头状是也。抱窖者，亦用等长之老料，置于松料之中央，与料平行，两边以料抱之，故俗名怀中抱子是也。"戴先生报告的这种栽培方法，是引用金陵大学农学院余邦华的报告。用现代真菌学知识分析，很明显前者是利用"原苓"菌核里的菌丝体进行无性繁殖，后者是利用长过茯苓的"老料"的筒木里的菌丝体作种繁殖的栽培。

裘维蕃在《中国食菌及其栽培》一书中共介绍了七种食药用菌的栽培方法、产量、贸易等，其中包括香菇、草菇、银耳、木耳与茯苓。书中还有其他两种是洋蘑菇、构菌的栽培，洋蘑菇是引进品种，仅在上海等大城市郊区小规模栽培，构菌尚未进行商品化生产，产量很少，故这两种未计入五种传统栽培的品种之列。陈梅朋在《蘑菇和草菇》、《食用菌栽培》两书中介绍了这五种食用菌的旧法栽培等的调查概况。

第七节
我国近代食用菌生产技术的进步

我国是世界上对食用菌认识、利用和驯化栽培最早的国家，但直到近代，五种商业化栽培的香菇、草菇、银耳、木耳和茯苓，其栽培技术还停留在半天然、半人工的状态。1890—1949 年是我国食用菌科技与生产发展史上一个承前启后的重要阶段，这是西方近代真菌学理论知识与应用技术在中国传播，食用菌生产技术开始由传统栽培向新法栽培转变，我国食用菌生产迈步进入近代的历史时期。

一、由传统栽培向新法栽培转变

（一）双孢蘑菇栽培技术的引进

1. 概述　如上所述，1890—1949 年是我国食用菌科技与生产发展史上的一个重要阶段，引进西方近代双孢蘑菇栽培技术，是这个阶段的重要标志。它伴随着西学东渐的步伐，与近代农学、生物学、真菌学一起在晚清开始传入。双孢蘑菇栽培技术，是 19 世纪末 20 世纪初唯一的一种由国外传入我国的食用菌栽培技术，并且在民国时期得到起步、本土化与初步发展，从而促进了我国原有五种食用菌由传统栽培向新法栽培的艰难又缓慢的长达半个多世纪的转变，同时还进行了平菇和金针菇等新品种的木屑栽培试验。完成这个转变的进程，为 20 世纪 50 年代后中国食用菌产业的崛起奠定了理论与技术基础。

2. 传播的主要载体　近代西方双孢蘑菇栽培技术在中国的传播，主要载体是期刊和图书这两种文献，从历史发展阶段来分，可划为晚清与民国两个时期。除这两种文献外，还有菌种和产品等的输入。

（1）主要文献

1）晚清时期的期刊与图书　晚清时期传播西方栽培的 mushroom 及其技术的期刊有《格致汇编》和《农学报》等。

《格致汇编》是中国近代历史上第一份科学期刊，开创了在当时的封闭、落后的中国进行科学启蒙、普及先进文化知识的先河。于清光绪二年正月 (1876 年 2 月) 创刊于上海，其前身为清同治十一年 (1872 年) 在北京创刊的《中西闻见录》，移址、更名、重新出刊后，卷期另编，断断续续地又出版了十多年。1892 年出完第七卷 1～4 期后，最终停刊，共发行 7 卷 60 期。在该刊 1890 年春季号开始连载两期的《西国名菜嘉花论》中，介绍了欧洲人喜爱吃的十一类蔬菜。在菌类中讲述了"上等者为特种而得"的"菌"即蘑菇 (有图，原篇第二十七图)，且为"上味"，以及用"小饼形"之"菌种""种于多粪或极肥之地"的种植方法。

中国食用菌发展历史、现状与展望

图1-1-18是《格致汇编》中的蘑菇插图及部分正文。

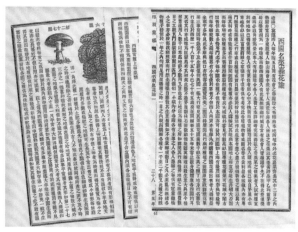

图1-1-18　《格致汇编》中的蘑菇插图及部分正文

《农学报》（图1-1-19）是中国近代历史上第一份农业学术期刊，是晚清经由杂志传播西方近代农学的标志性出版物。由罗振玉、蒋伯斧等人于1896年兴办的上海务农会（后改为农学会、江南总农会）在1897年5月（光绪二十三年四月）创办，该期刊一直到1906年1月（光绪三十一年十二月）停刊，共连续发行315期。在《农学报》中刊载有《家菌长养法》及《蕈种栽培法》，所刊载的《蔬菜栽培法》《圃鉴》等中有介绍蘑菇及其栽培技术的内容。在发行《农学报》的过程，罗振玉及江南总农会等又将《农学报》中每期后边刊载的译文及其他有关重要的农业文献，汇辑成《农学丛书》出版，共7集，82册。其中包括上述4篇（部），或单独或与其他相近资料分类成册出版。由于《农学报》作为珍本在图书馆保藏不易完整查到，可以

在《农学丛书》中查到上述4篇（部）资料。上海图书馆保藏的《农学丛书》就有四种版本。罗振玉辑、北洋官报局出版的《农学丛书》把《家菌长养法》与《蕈种栽培法》合为一册单独出版。

图1-1-19　我国第一份农业科技刊物《农学报》封面

1900年《湖北商务报》第50册，刊登了译自《东方商务报》的一篇《法国菌利》。1906年《万国公报》第207册刊登了译文《种菌之地窖》。

《湖北商务报》，1899年4月由汉口商务局在武昌创刊，旬刊，商务局发行。停刊于1904年12月。《湖北商务报》属于商业刊物，是商业性的官报，内容兼有经济新闻和实用信息。该刊总纂是陈衍，主要编辑都是当时的活跃知识分子和新闻工作者。

《万国公报》（Chinese Globe Magazine），周刊。创刊于1868年9月（同治七年七月），为美国人林乐知（Young J. Allen）所创办和主编，上海林华书院刊发。第1～300卷名为《教会新报》，以宣传宗教为主。从301卷起起名《万国公报》，成为以时事为主的综合性刊物，出至第750卷停刊，至1889年2月（光绪十五年正月）复刊，改为月刊，册次重起，成为广学会的宣传刊物。仍由林乐知主编。至1907年（光绪三十四年）年底停刊。

《农工商报》在1908年39期（7月9日）、41

期（7月28日）两期连续刊登了一篇《种法国菌》。

《农工商报》，光绪三十三年五月十一日（1907年6月21日）在广州创刊，旬刊，初名《农工商旬报》，自24期至54期更名《农工商报》，又从55期起更名《广东劝业报》。该刊以宣传实业和致富之法为宗旨，在普及科学知识和实用技术方面也颇有贡献。

2）民国时期的期刊及图书 据初步检索，在民国时期，期刊上刊登双孢蘑菇栽培技术的文献，有《种蕈新法》《蕈之栽培》《中国食用蕈种类与西洋蕈培养法》《洋蕈之栽培》《食用菌之栽培法》《栽培香菌之常识》《蘑菇栽培法》《洋菌实际栽培法》《麻菇栽培法》《蕈菰栽培之混合肥》等10篇；讲述双孢蘑菇栽培技术的专著有《蕈之栽培》《西洋菌栽培法》《西洋松茸栽培法》《科学的种菇法》等4部；多种食用菌的综合图书有《最新实验人工种菰问答》《四季栽培人工种菰大全》《种蕈实验谈》《食用菌栽培法》等4部。还有1918年《生利指南》第四节之"菌类栽培法"，也是介绍双孢蘑菇栽培技术的。

（2）产品及初加工品罐头 1927年胡昌炽在《中国食用蕈种类与西洋蕈培养法》中谈道："吾国洋蕈在天津上海市场见有培养之品，恐在近数年间所传入，由英法输入之罐诘品，消费不少。"

1935年出版的《西洋菌栽培法》一书"丁序"中有："西洋菌味美，并富于滋养料，为人人所嗜好之物，近来国内所售者，大半来自他邦，而自行出产者，实属少数。"

在《西洋菌栽培法》第七章第三节中还叙述："我国每年由外洋输入罐诘品甚多，故将来西洋菌的栽培普及后，此罐诘制造，当必不可少。"

在《四季栽培人工种菰大全》绪言中，作者非常感慨地写道："查西洋松菰之国外输入额，据海关贸易册之新近报告，岁达二百八十万元之巨，就中以日本输入为最多，约百三十余万元，英法美略次之，此可惊之数，尚逐年增多，苟不力谋抵制，则利权外溢，诚有不堪设想之慨。"

据吴耕民的资料（1931年），"洋蕈乃乘间而入……据海关贸易册统计，民国十五年洋蕈输入量为五一六一担，计值五五〇一〇两；十六年四八四九担，计值六一八五七五两。"这个数字可能还包括香蕈等，不单指蘑菇一种。

由以上可以看出，蘑菇产品主要是蘑菇罐头，在近代已经随其栽培技术一起输入我国了。

（3）菌种 2014年芦笛检索到《农工商报》第39期（1908年7月9日）和41期（1908年7月28日）连载了《种法国菌》一文，其中第39期中提到："法国菌种与英国菌种均驰名地球，不相上下，实业丛书内已发明之。兹有佛山某君新购得法国菌种一箱回粤，箱内容载菌种，约为四磅半，价银五元二毫云。察其菌，形极之肥、厚、大，非中国菌所能比。"据上文所载，则知在1908年7月9日之前，广东佛山就有人在一家法国菌种公司购得菌种一箱，其购买目的无疑是为了栽培。

以上说明法国菌种与英国菌种至少从晚清起，就已经传入我国。

1910年5月9日，《广东劝业报》第101期刊发了《欲买法国菌种者须知》一文，虽属广告性质，但说明法国菌种已经传到我国了，而且进入了市场。

随着蘑菇栽培技术与产品的输入，菌种也随之而来。《四季栽培人工种菰大全》云："人工种菰，固属简易可行，但菌种之制造，一般种植者，多感绝大困难，每购用舶来品。"《最新实验人工种菰问答》55问，答："未加入贵社前，曾向上海某商店购入菌种。"

《食用菌栽培法》第一章说："欧美各国之种植家，见菌业有远大之发展，故群相种植……而回顾我国……仅见一二商贾，为欲推销其国外输入之菌种，登报作营养之宣传而已。"《科学的种菇法》在第七章章末就附有法国、英国、美国、日本等国10余个菇种贩卖所的名称。

胡昌炽1927年记述英国菌种公司：Sutton's Sand Son's Co. Reading, England（该公司在上海

英大马路福利公司为代理店）。

以上说明国外蘑菇菌种，也随着栽培技术的输入最迟在20世纪初已输入了我国。此阶段从国外输入的菌种是直接栽培用的，多为brick spawn（砖状菌种，也有人译为菌丝砖），少量的为flake spawn（片状菌种，也有人译为菌丝粉）。

3. 栽培的mushroom汉语对应词的演变　现代我们非常清楚，欧美人喜欢食用的、大量栽培的mushroom，简称蘑菇，它的中文名称是双孢蘑菇，拉丁学名为*Agaricus bisporus*。但是在近代西学东渐的一百多年历史进程中，由于种种原因，对mushroom翻译成汉语，却有着许多不同的指称，经历了几代文人和科学家的努力，才最终达到了今天比较规范一致的地步。以下依据一些文献资料，按年代先后对此进行了梳理，这些叙述基本上可以反映近代mushroom一词汉语对应词翻译的演变过程。

（1）晚清时期

1）菌类　用"菌类"为三级标题介绍蘑菇栽培技术的文献有一篇，即《西国名菜嘉花论》。该篇有译为"菌类"三级标题，但相应内容只讲了一种栽培的菌。此处译者讲的菌，按当时西国已食用mushroom、已栽培mushroom和该篇叙述"将此种一饼种于土肥多粪处"来判断，很明显指的是蘑菇，也有文中插图（原文第二十七图）佐证。该段标题的"菌类"，不是指一种而言，因在该文中还提到"亦有不喜食者，因有形相似而毒者，恐为所混也"。

上述介绍蘑菇及其栽培技术的一段文字，还没有把当时英国喜食的、圃园中栽培的mushroom翻译为蘑菇。该文献对介绍的"菌类"及"菌"尚未注明其英文对应词或其拉丁学名。

2）家菌　用"家菌"为文献题目介绍蘑菇栽培技术的文献有一篇，即《家菌长养法》。陈寿彭译自1897年3月美国农学会的刊版，篇题称"家菌"内容称"菌"的实指"蘑菇"。罗振玉在将该篇辑入《农学丛书》时加的提要中说："菌俗称蘑菇，为

蔬中上品。"这是较早的使用汉语蘑菇一词，并且说明与菌同义，是广义的。该篇文献详细介绍了用砖状菌种或片状菌种栽培的技术。文献中对"家菌"及"菌"，也未注英文对应词或拉丁学名。何以称"家菌"？推测可能当时译者认为在室内种植，故以"家菌"指称。

3）藁蕈　用"藁蕈"为名称介绍蘑菇及其栽培技术的文献有一篇。在翻译日本的《蕈种栽培法》中，将种在"马踏腐藁"上的第八种蕈，称为藁蕈。并称"西洋各国多用之"。实际上指的是mushroom。该文献也未注明藁蕈的英文对应词或拉丁学名。

4）洋菌　用"洋菌"之称介绍蘑菇栽培技术的文献有二部，即《蔬菜栽培法》及《圃鉴》。《蔬菜栽培法》刊在《农学报》152～158期，在其"第五篇菌类"中，有"洋菌第八十七芝栭科"一节，该洋菌"生于马粪堆上"。在翻译日本农学士山田幸太郎著《圃鉴·卷四》中有"六十一洋菌"一节，以"堆积马粪，俟腐熟用之"，"播下菌丝"，"自二月至三月，即宜采收"。这两份文献先后出现的洋菌名称，不言而喻，是指栽培的mushroom。这里，可能是最早出现的把mushroom称作洋菌。上述两部图书中，均未注洋菌的英文对应词或拉丁学名。

（2）民国时期

1）蕈　用"蕈"之称介绍蘑菇栽培技术的论文有两篇，图书一部。

邹秉文撰写的《种蕈新法》，是民国时期第一篇以近代真菌学知识介绍西方蘑菇栽培技术的文献，文献中对蕈作了比较详细的解释："何为蕈？蕈者，真菌（Fungi）之一也。……其有毒者食之能致死，而可食者为席上之珍品。""蕈种之可食者固多，唯为人栽培者则少。欧美业此者所种多为*Agaricus campestris*。吾国所用之蕈，是否同为一种，作者无此物在，无可鉴别。唯南方所出之冬菇，其蕈盖之有子部为如刀刃状之细片所集即成，此属于Agaricaceae，与*Agaricus campestris*实为

同科。"从这一段我们可以清楚地看出，蕈，真菌（Fungi）之一也，是一个广义的概念，不是指某一种。欧美栽培的，也就是本篇介绍的，是 *Agaricus campestris*，冬菇与 *Agaricus campestris* 同属于 Agaricaceae，均为蕈中之一种，说明蕈主要指伞菌类。在这里邹先生对 *Agaricus campestris* 的汉语名称尚未翻译，说明他治学态度是非常严谨慎重的。

《种蕈新法》一文采用脚注的形式，对正文提供一些附加信息，全篇共有脚注4个，如在正文中"种蕈新法"词组后在右上角注小"（3）"，脚注排在当页的下边："（3）见美国农部 *Bureau of Plant Industry Bulletin* 85"。此篇是美国特格耳（B. M. Duggar）博士发明之种蕈新法，也是邹秉文先生所述技术的来源。用脚注，这在我国近代食用菌文献中也是首次。

使用"蕈"之称介绍蘑菇栽培技术的论文，还有胡竟良的《蕈之栽培》，这是民国时期同类内容的第二篇文献。这里的蕈仍是广义的概念："蕈为食品中美味，久为中外人所同嗜。……今则香蕈、蘑菇，为席上珍品。素食之徒，且视为珍馐海味不若也。湘之麻蕈、浙之茅蕈、川滇黔桂之竹蕈，虽仅见于一地一隅，而知其味者，皆津津乐道之。他如木耳为日食常需，银耳医家且以为补品，为世所重。蕈类之用途，固日进而月有增加也。"此篇论文在我国近代蘑菇的文献中，首次在文末列出了9篇参考文献，他引用的参考文献包括7篇英文的，文献题目含有 mushroom 的就有3篇。由此可以说明作者是把 mushroom 译为蕈的，这与现代汉语里蘑菇和蕈同义的解释是一致的。本篇文献的作者指出欧美栽培是"为欧美通行食用之 *Agaricus campestris*"。

使用"蕈"之称介绍蘑菇栽培技术的图书，是上述《蕈之栽培》论文的作者胡竟良。他在上述论文发表后，对其进行了修改与增加补充，编为四章，仍以《蕈之栽培》为名，由上海新学会社出版。该书1987年刘克均曾做过介绍，是1933年（民国二十二年）的版本。刘先生在介绍该书时将出版时间民国二十二年换算为1932年是不对的，民国二十二年应是1933年，以后很多文献按他换算错误的1932年引用，实属讹误。笔者在查阅《中华农学会报》时，发现该刊1926年的49～52号封三上连续刊登"新出《蕈之栽培》四角，新学会社出版"的广告，但未注明书是哪一年出版，1926年的广告不太可能1933年出书，这给我们留下了该书初版准确时间的难解疑团。上海图书馆藏书有1942年中国农业书局出版的三版本，封面书名：《人工种蕈法》（一名《蕈之栽培》），封三署名吴竟良。全书四章，69页，与刘克均先生介绍的1933年版本内容一致。后来，笔者查到了《蕈之栽培》一书初版时间为1923年。该版本仅北京大学图书馆有收藏。

在专著《蕈之栽培》绪言中有："按蕈与菌同，尔雅疏地菌俗呼地蕈者。"也很明确地说明蕈与菌同义。书中虽未指明栽培的是哪一种，但有欧美通行之 *Agaricus campestris*，说明该书介绍的仍是西方栽培的 mushroom。

2）西洋蕈　用"西洋蕈"为名称介绍蘑菇栽培技术的论文有一篇，即《中国食用蕈种类与西洋蕈培养法》。胡昌炽先生在文中对蕈的意义作了解释："蕈或写菌，俗呼蕈子，自古供为食用，在蔬菜中视为贵品，吾国素斋中用之尤多。"对我国蕈的常见种类作者也作了介绍："中国食用蕈种类甚多，在商品中重要者为蔴菇、香蕈、天花蕈、糖蕈、白蕈、竹荪、白木耳、木耳等八种。"而且在之后的行文中，胡先生还一一列出了对应的拉丁学名。由此看出蕈与菌同义，是广义概念。把天花蕈考证为糙皮侧耳，胡昌炽先生是首次。蔴菇指虎皮口蘑，白木耳即是银耳，糖蕈指红汁乳菇。

对白蕈的解释为："白蕈（南京俗名），学名 *Agaricus campestris* L.（*Psalliota campestris* Fr.）。此蕈在中国、日本、欧美诸国皆野生之，分布甚广。法国培养此蕈最早。"

对西洋蕈的名称及其异名作这样解释："西洋蕈指法国培养蕈 Champignon（*Agaricus*

campestris，L.），即南京俗称野生之白蕈。因欧洲培养此蕈起始最早，东方现在此蕈之培养，系由西洋传来，故称此蕈为西洋蕈，有称洋蕈、洋菇、法国蔴菇者，皆其别名也。"

3）西洋菌　用"西洋菌"为名称介绍蘑菇栽培技术的文献，有图书一部，即《西洋菌栽培法》。书一开头就讲西洋菌之各国名称："中国名：西洋菌、洋菰、马粪蕈。日本名：西洋松茸（セイヤウマツタケ）、佛兰西松茸（フランスマツタケ）、原茸（ハラタケ）、洋菌（ヤウキン）。英国名：Mushroom，法国名：Champignon，学名：*Psalliota campestris*，（L.）Fr. 或 *Agaricus campestris*，L."。

该书引用8部日本食用菌书籍为参考，其中一部为森本彦三郎氏《食用菌栽培法》。

对于西洋菌名称的来历，史公山在《食用菌栽培法》（1935年）第四章中说："马粪栽培菌类，初行于西洋，故我们称此种菌曰西洋菌。"但史先生未指出西洋菌的英文名及拉丁学名。

4）洋蕈　用"洋蕈"为篇名介绍蘑菇栽培技术的文献有一篇，即《洋蕈之栽培》；图书一部，即《种蕈实验谈》（一名《科学种菰术》）。

《洋蕈之栽培》中讲："洋蕈之英名曰Mushroom，法名曰Champignon……学名为 *Psalliota campestris*，Fr."。该篇论文开始使用摄氏温度（℃）。

《种蕈实验谈》的"上篇马粪种蕈法"一开始就讲："蕈又作菰"。后又讲："洋蕈学名为 *Psalliota Campestris*，英语曰Mushroom，法语曰Champignon……洋蕈之品种甚多，大都以纯白之Alaska Group 种为常"。

曾有几部著名专业图书介绍《种蕈实验谈》一书时，书的名称多有讹误，如《中国食用菌百科》里为《种蕈实验法》，《中国食用菌产业科学与发展》与《中国菇业大典》里的为《种菰实验法》。

5）食用菌　用"食用菌"为篇名仅介绍蘑菇栽培技术的文献有一篇，即《食用菌之栽培法》。该篇分3部分："一、解说"；"二、繁殖与制种"；

"三、栽培法"。讲的是牛马粪栽培法，但未说明栽培的是什么种，只说："现在供栽培用之品种，大都依菌之形状，菌柄之长短，菌伞之色泽，如白色黄白色灰白色等以命名，就中以英国之 Twentith century 种为最优良。其色白，最堪食用。" 由此看该文的内容也是 mushroom 的栽培技术，但未具体说明栽培那个种的种名。

6）西洋松菰或洋菰　用"西洋松菰"或"洋菰"为名称介绍蘑菇栽培技术的图书有两部，即《最新实验人工种菰问答》及《四季栽培人工种菰大全》，两书皆为潘志农著。在《四季栽培人工种菰大全》凡例中即说明："本书内有菰、蕈、菌等字概属通用。" 绪言云："按蕈即菰也，为真菌之一。"其第一章标题为"西洋松菰之概况"。在《最新实验人工种菰问答》的182问"洋菰之各国名称及学名为何"时，答："法国名：Champignon。日本名：佛兰西茸（フランスマツタケ）、又名洋菌（ヤウキン）、亦名西洋松茸（セイヤウマツタケ）。英国名：Mushroom。中国名：西洋松菌，洋菰，马粪菰。学名：*Psalliota*（*Agaricus*）*campestris*。"《最新实验人工种菰问答》及《四季栽培人工种菰大全》均出四版，二版与三版有增补，《最新实验人工种菰问答》的书名一、二、三版不同，如一版书名《人工种菌百答》，再版书名《实验人工种菌问答》。

7）西洋松茸或西洋蘑菇　用"西洋松茸"或"西洋蘑菇"为书名介绍蘑菇栽培技术的图书有一部，即《西洋松茸栽培法》（扉页为：西洋蘑菇栽培法）。书中讲："西洋松茸英名是麦雪龙mushroom；法国叫做香菌 champignon；日本称为ハラタケ，也有叫做洋菌，料理茸的。学名 *Psalliota campestris* 或 *Agaricus campestris* (S.) F. Z.。"

从以上这些资料看出，在近代传播蘑菇栽培技术的文献中，对 mushroom 的翻译很不一致，对应词多达10个以上，诸如藁蕈、洋菌、西洋蕈、白蕈、洋蕈、洋菇、法国蔴菇、西洋菌、洋菰、马粪蕈、西洋松菰、西洋松菌、西洋松茸、西洋蘑菇等，有时还使用大概念如菌类、家菌、蕈、食用菌等笼统称呼。这一现象在民国时期一直存在。在近代菌、蕈、菰、蘑菇四者是同义的，狭义的指伞菌类，广义的包括能食用的担子菌，如胡昌炽总结的八种常见商品食用蕈，也包括木耳、竹荪等。

8）蘑菇名称的由来与规范 据近代资料看，蘑菇一词最先出现在上述罗振玉编辑的《农学丛书》中："菌俗称蘑菇，为蔬中上品。"这里的蘑菇还是广义的概念。

1950 年华汝成编写出版的《种香菌和雪白蘑菇》还称栽培的蘑菇为雪白蘑菇，又称西洋菌、西洋松菌、法国松菌等。陈梅朋 1950 年编写的《蘑菰栽培及菌种育制法》称栽培的为蘑菰，但在讲担子柄上孢子数时称为二粒，与野生的四粒不同。1952 年裴维蕃仍称栽培的是洋蘑菇、西洋草菇。1957 年陈梅朋编写的《蘑菇和草菇》称："本文所讲的蘑菇又称西洋菌或洋蘑菇，在植物分类学上是隶属于真菌门担子菌纲中的伞菌目（Agaricales），伞菌科（Agaricaceae），环状伞菌属（Psalliota），学名是 *Psalliota campestris* Fr.。有纯白、黄白、褐色等品种。上海现在栽培的只有纯白的一种。"1959 年刘波在《蘑菇》一书中称："这里说的蘑菇，仅指褶菌（伞菌）而言，一般也叫做蕈。"这里是广义的概念。对栽培的蘑菇，刘波认为是"在上海市农业试验站和蘑菇生产合作社以及北京、东北和其他不少省份都正在进行和推广的在室内所栽培的洋蘑菇 *Agaricus campester* (L.) Fr."。1959 年沈阳农学院编写出版的《蘑菇栽培》中讲："洋蘑菇又称作普通蘑菇、环草菇或西洋蕈，……在植物分类学上的地位是属于真菌门、担子菌纲伞菌目（Agaricales）伞菌科（Agaricaceae）环伞菌属（Psalliota）。""在苏联洋蘑菇有四种，即普通蘑菇（*Psalliota campestris* L.）、田野蘑菇（*P. arvensis* L.）、林蘑菇（*P. silvestis* L.）和草地蘑菇（*P. pratensis* L.）。""其中尤以普通蘑菇的栽培最为普遍。""普通蘑菇的学名是 *Psalliota campestris*

L.。"1959 年唐健、陈其东编写的《食用菌栽培技术》一书中第一部分"蘑菇栽培技术"只提到蘑菇，未提及学名及其他名称。

从以上可以看出，直到 20 世纪 50 年代对于栽培 mushroom 的汉语对应词仍不规范，还使用雪白蘑菇、西洋菌、西洋松菌、法国松菌、蘑菰、洋蘑菇、蘑菇、普通蘑菇、环草菇、西洋蕈等多个名称。直到 1964 年刘波的《蘑菇及其栽培》中才将栽培蘑菇的中文名称及 1949 年新订的拉丁学名在书中使用，他在书中是这样讲的："在上海市农业试验站和蘑菇生产合作社以及北京、东北、山西和其他许多省份都正在进行和推广的在室内所栽培的蘑菇（双孢蘑菇）[*Agaricus bisporus* (Lange) Sing.]"，这里第一次使用了"双孢蘑菇"与 1949 年新定的拉丁学名。刘先生对于双孢蘑菇的异名与原始文献还作了详细的介绍："蘑菇（双孢蘑菇）[*Agaricus bisporus* (Lange)Sing.=*A. campestris* var. *hortensis* Cooke（1911 年）；*Psalliota arvensis* var. *hortensis* W. G. Smith（1908 年）；*P. hortensis* var. *bispora* Lange（1926 年）；*Agaricus campestris* subsp. *hortensis* Konr. et Maubl.（1927 年）；*A. hortensis* Imai（1938 年）；*Psalliota bispora* Schaeff. et Moeller（1938 年）；*Psalliota hortensis* Lange（1939 年）]"。

双孢蘑菇拉丁学名的文献见：*Agaricus bisporus* (Lange) Singer，Lilloa 22：431，1949。

西方栽培的 mushroom 汉语名称的统一、规范过程在我国经历了半个多世纪。1949 年新定的拉丁学名到 1964 年才在我国食用菌文献中使用，刘波是首次。1966 年杨庆尧、陈其东编写的《蘑菇栽培技术》中使用的中文名称和拉丁学名与刘波的一致。

1976 年出版的《真菌名词及名称》将 *Agaricus bisporus* (Lange) Sing. 规范的中文名称确定为二孢蘑菇。对 mushroom 规范的汉语对应词为：蘑菇，蕈，是广义的。

目前广为栽培的是双孢蘑菇，其拉丁学名是

Agaricus bisporus (J. E. Lange) Imbach（李玉等编著，《中国大型菌物资源图鉴》，2015 年）。

4. 蘑菇的形态结构、分类地位及相关术语

（1）蘑菇的形态结构与相关术语　从晚清《家菌长养法》（1898 年）开始，到民国《科学的种菇法》（1941 年），国人翻译和撰写的关于蘑菇栽培技术的文献大都介绍了其形态结构，诸如"孢子或芽孢 spore"、"菌丝 hypha"、"菌丝体 mycelium"、"子实体或生殖体、孢体 sporephore"、"菌盖或菌伞 pileus"、"菌肉 trama"、"菌褶或菌裥 lamella or gill"、"菌柄或菌干、菌茎 stipe"、"菌托 volva"、"菌环或菌轮、菌围 annulus or ring"、"菌膜 velum or veil"，以及其显微构造、"菌种 spawn"等。这些术语中的大部分至今还在使用。

（2）真菌分类的概念及蘑菇的分类地位　民国时期开始引入国际上通用的生物分类系统与双名法。1916 年邹秉文的《种蕈新法》即讲："真菌除 Fungi Imperfecti 外，分为三大派：曰 Phycomycetes，曰 Ascomycetes，曰 Basidiomycetes。蕈如上言属于 Basidiomycetes，即吾国所谓担子孢菌派也。担子孢菌派有十二部（order）而蕈所属之 Hymeniales 其一也。Hymeniales 又分为六科。"

1935 年孙云蔚的《西洋菌栽培法》介绍较为系统："西洋菌之植物学上之地位如下：隐花植物，真菌植物部（Eumycetes），担子孢菌类（Basidiomycetes），高等担子孢菌区（Autsbasidiomycetes），帽菌类亚区（Hymenomycetineae），松蕈科（Agaricaceae），原茸属（*Psalliota* Fries）。"

近代这些文献的生物分类系统，还没有使用 1950 年以后使用的界、门、纲、目、科、属、种等规范的分类等级名称，但在西方生物学知识刚刚传入我国的近代，在讨论蘑菇的分类地位时，有这样的认识已经是进了一大步，表明开始与国际接轨。

5. 对蘑菇繁殖的认识及菌种的应用

（1）对蘑菇繁殖的认识　关于对蘑菇繁殖的认识，在近代的有关食用菌文献中，也是一步一步深入的。

1923 年胡竟良在《蕈之栽培》一文中这样叙述："孢子为一单细胞，成熟后脱落，若温度湿度适宜，即涨大而发芽，由胞膜吸收水分养液，乃分裂为两个细胞。每一新细胞，继续分裂，成长丝形，名菌丝（Hypha）。多数菌丝错杂，名菌丝体。菌丝体在土中吸收有机物而生长。发达至一定限度时，数菌丝团结呈小球形。渐长大成纽形，露出土外。渐长大始稍稍能分别菌盖与菌干。……由菌褶发生孢子。孢子脱落，又生菌丝体。此其无性生殖也。至有性生殖，迄未发现。"其后，胡先生用图示的方式表示了蕈的生活史：孢体→孢子→菌丝体→孢体。

1941 年《科学的种菇法》对菌丝的性就有了初步的认识："详细地研究菇类，它们虽是隐性，但性的生殖是存在的。……属于两性菌丝体的，叫 Heterothallic；单性的叫 Homothallic。"但仅到此为止，还未进一步阐述异宗配合与同宗配合的菌丝性特征与交配型。

（2）蘑菇菌种的应用　邹秉文在《种蕈新法》中讲："蕈与树皆植物也，吾人于树则知栽培有两法，或取其子，或取其枝，皆有培植之功用。蕈之菌丝体，可如树之枝；蕈之孢子，可如树之子。故就理想上想种蕈之法，用蕈之菌丝或孢子均无不可，惟就事实上则今日种蕈无有用孢子者，因 *Agaricus campestris* 之孢子发芽极难也。欧美种蕈者皆用菌丝体。"

菌种的概念，在《家菌长养法》中即有记述："菌为芝属，商货贩运，视同果品，农人种植，视同菜蔬。然其种者，非本质之种子也。盖以他物引之而后生，其在欧美两洲者，常用一种白色或月色之砖，谓之迈西亮母 mycelium，农圃之人，呼为菌种是也。""士旁 spawn，……近今吾人所有生菌之士旁，寻常通用者仅两种。一曰英国砖 English brick。一曰法国片 French flake，二者皆不可废。"

以上告诉我们，孢子、菌丝都可用来繁殖，但要用菌丝体作菌种 spawn 来种植蘑菇。

6. 蘑菇菌种制种技术的沿革

（1）野生菌种　野生菌种（natural spawn, wild spawn）是从野外取回的菌丝体直接做菌种播种。如论文《蕈之栽培》叙述："欧洲当以法国栽培菌类为最早。路易氏十四（Louis XIV）奢侈时代，巴黎即有以种蕈为业者。至一七〇七年陶纳福（Tounefort）关于种蕈各种工作状况之重要记载出，有机物与蕈生活之关系始明。用厩肥种蕈，盖自此发端焉。至十九世纪，巴黎种蕈始种于地穴（Cave）中。十九世纪以前，盖皆种于野外也。其种植之方法，在野外寻得可食之菌，即于其下连土将菌丝掘出，和马粪种之蕈床中。及后，法国有菌丝粉、英国有菌丝砖之制造。"在菌丝粉、菌丝砖菌种制造之前，就是这样利用野外的菌丝体直接做种种植蘑菇的，这是初级阶段。

（2）野生菌丝体繁殖的菌丝体菌种　野生菌丝体繁殖的菌丝体菌种如菌丝砖 brick spawn 或菌丝粉 flake spawn。其制法邹秉文在《种蕈新法》有详细记叙："今之英法种蕈人皆用之，其法则于郊外野地访寻此蕈之菌丝体，得之，则于其发生处之底部掘一坑而实之于厩粪。数星期后取而干之，即以此干粪少许置之于带有湿气之粪砖中，俟其中菌丝生长蔓延，如法干之，名之曰菌丝砖而售之于肆，此英人之治法也。法人得菌丝体法与英人同，惟不以之治砖，仅纳之于散粪中，留为家用，不特作粪砖也。惟野外觅菌，洵为侥幸事，非可必得者。且一种蕈必有数类（variety），其良否不能以其菌丝为鉴别。"由此可见，该菌丝砖或菌丝粉中常常混有杂菌。

这种技术制作的非纯培养的菌丝砖 brick spawn 或菌丝粉 flake spawn，在 1900 年以前一直在全世界栽培蘑菇的国家与地区使用。

1898 年刊版的《家菌长养法》中的资料：美国"当六年前，每年此项种子，入口约六万四千磅，

今则每年增至三十二万磅，盖有自 1890 年起，加至五倍云"。鉴于长期进口菌种的情况，美国就致力于纯菌种的研究。

（3）用纯培养的玻璃管菌丝体菌种繁殖的菌丝体菌种　这种菌种是用纯培养的玻璃管菌丝体菌种扩大繁殖的菌丝砖菌种或菌丝粉菌种。

美国特格耳博士于 1905 年发明一种纯种法（pure culture method），其法以一长玻璃管盛以厩粪，以蒸汽杀灭其中之微生物，然后再取合意之蕈种，取其幼小者，以洁净小刀取菌肉（菌丝体）少许，置之于玻璃管中，三四星期内，管中之粪尽为菌丝体所侵入。于是取少许置之于粪砖中，以成菌丝砖（brick spawn），如英人之治法；或置之散粪中以成菌丝粉（flake spawn），如法人之治法皆可。惟菌丝粉不耐久，菌丝砖则能之，可藏为后用，此为较优。以此法制成的玻璃管菌种，为纯菌种；以玻璃管菌种繁殖的菌丝砖或菌丝粉菌种，不能属于纯种。正如《蕈之栽培》一文中描述的那样：特格耳"发表其纯种栽培蕈法一文，美农部首采其法以供试验，至 1914 年纯种法制成之菌砖，其纯洁为百分之八十至九十"。

尽管以玻璃管菌种为种源繁殖的菌丝砖或菌丝粉不能属于纯菌种，但在蘑菇菌种的发展历史中可谓一大进步。其一，美国特格耳玻璃管厩肥纯菌种的研制成功，开创了组织培养法，使蘑菇制种技术进入了一个崭新的科学发展阶段。栽培者使用由玻璃管纯菌种繁殖的菌丝砖或菌丝粉，其纯度比用野生菌丝体繁殖的菌丝砖、菌丝粉的纯度高得多，栽培产量增加。那种用野生菌丝体繁殖的菌丝砖或菌丝粉很快被淘汰，美国也成立了纯种菌丝公司（Pure Culture Spawn Company, Columbia, Missouri, U.S.A.），专门生产这种菌种。其二，由于特格耳博士用蘑菇的组织培养纯菌种成功后，这种蘑菇才正式成为栽培的品种，种菇事业也就从此有了飞跃的发展。这两点功不可没。

（4）纯培养的菌种　纯培养的菌种（pure culture spawn）是玻璃管菌种或玻璃瓶菌种。

中国食用菌发展历史、现状与展望

藤沼智忠介绍："美国1917年进行了菌种改良，L. F. 伦巴脱（L. F. Lambert）研究以组织分离法培养纯的菌种（bottle culture spawn），这种菌种又称瓶子菌种（bottle spawn）。是在瓶中放入蘑菇菌丝容易繁殖的马厩肥，以及其他腐熟的有机物质，用棉球栓塞之后进行灭菌消毒，然后在无菌条件下从幼小的蕾菇上取下活组织，移植到经过灭菌的培养瓶中，使蘑菇菌丝充分繁殖后作为菌种。"用这种方法制成的菌种，生产者可以如愿以偿地进行优良品种的栽培。而且蘑菇菌丝由于有瓶子的保护，活力比较强，也不会通过菌种传播病虫害，使得蘑菇的生产非常稳定。玻璃瓶菌种的投入使用，开创了蘑菇生产的纯种栽培阶段，一直沿用到今天。

1932年Sinden发明了谷粒菌种（grain spawn），1962年Stoller介绍了麦粒菌种的制作方法（现在基本没有大的改变）。麦粒菌种的研制成功，把蘑菇菌种的制作技术推向又一个新阶段。这种麦粒菌种到现在还一直被广泛应用。

《西洋菌栽培法》介绍，组织培养的试管纯菌种用途有三："1.供栽培时下种之用""2.供制造Brick式种菌时之接种用""3.供制造瓶状式时之（接种）用"。除以玻璃管菌种繁殖的菌丝砖或菌丝粉菌种不属于纯菌种外，玻璃管菌种、玻璃瓶菌种都是纯菌种，因为对培养基消毒，又在无菌条件下接种，标志着蘑菇菌种制作技术进入真正的纯培养阶段。

玻璃瓶菌种的使用，使蘑菇栽培走向了纯种栽培的新阶段，对蘑菇生产产量的增加与品质的改良起了不可估量的巨大作用。

研究组织分离的同时，也进行了孢子分离培养菌种的实验，都属纯种分离方法研究，但孢子最终还要制成菌丝体菌种。因此，本文未涉及用孢子分离制作菌种的历史。

7. 蘑菇栽培场所与生长环境的管理　西方近代蘑菇栽培除上述特点外，还有关于调控环境温湿度及空气等室内栽培的内容。

《家菌长养法》在谈到"菌所第四"时讲："以

至于收成，在在需工，不能听其自然也。菌所之设，最好在于仓廪，或地窖，或暗洞，或茅庐，或篷厂，或坑穴，或绿屋（即西人栽花之玻璃屋也），亦有特建菌屋者。""温度第九"中讲了温度与湿度的调控。

《种蕈新法》在"种蕈之外界"首先介绍："蕈之生长，全赖合宜之温度与水量。"并详细地讲了合适的温度与水量，空气流通等。

在《西洋菌栽培法》一书中对温湿光气的管理更趋于具体、精细：下种时床温"以22～25 ℃为最适"；"自幼菌发生后，至采收终了止，此期间最适之室温为13～14 ℃"；对换气、湿度等也有具体论述。

8. 蘑菇的营养，培养料的配制及处理　重视营养是西方近代蘑菇栽培的另一特点。胡竟良在《蕈之栽培》一书中讲："用作蕈床之肥料，须具两种性质：（1）供给蕈之养分，（2）供给蕈生活需要之热量。""多数学者每思以落叶或锯屑等物以代厩肥。数年前曾经试验，若和入此等物少量，则殊不成问题。如单用木屑或落叶，并加以肥料，则其结果不若厩肥之佳。"并讲了优质厩肥的各种料、比例及发酵，不谓不细不新。

9. 产品加工包装　近代西方蘑菇栽培的文献还重视产品的加工包装等。如《家菌长养法》中："收采第十"、"拣选第十一"、"包裹第十二"介绍了产品的采收、挑选、分级、包装、贮藏等技术。

《西洋菌栽培法》中，除介绍了产品的采收、挑选、分级、包装、贮藏等技术外，还详细介绍了蘑菇罐诘（即罐头）的加工技术。

10. 病虫害防治　《家菌长养法》中："菌病第十五"、"菌虫第十六"介绍了蘑菇栽培过程中常见的病虫害，以及对其防治的方法。

《西洋菌栽培法》对病虫害防治讲得更详细，列出2种病、6种害虫及拉丁学名，更容易查对。此外，还列出了防治方法等。

对于病虫害防治以及栽培场地消毒等，1927年胡昌炽介绍了福尔马林与高锰酸钾熏蒸以及用硫黄熏蒸杀虫杀菌的方法，这两种经典的消毒方法至今还在使用。

11. 传播特征

（1）传播的途径　晚清时期主要是翻译。无论是《格致汇编》或是《农学报》，其刊登的蘑菇文献均为翻译，有的直接译自英美文献，如《西国名菜嘉花论》《家菌长养法》。有的译自日本，如《蕈种栽培法》《蔬菜栽培法》《图鉴》，译自日本的也多是西书由日本翻译成日语后，又转口输入我国的。民国时期改变了晚清时期的单纯翻译，逐步走向积极地融会贯通，并创造性地撰写了蘑菇栽培技术的文献，如民国时期的5篇有关蘑菇的论文与8部有关蘑菇的著作全是国人撰写的。开始了由被动转向主动的历程。

（2）传播的主体　晚清时期中国尚无真正意义上的农学家，倡导学习西方近代农学、翻译农学文献的大多是急欲振兴国家、有远见的政治人物或学术精英。翻译蘑菇文献的也是一些知识分子中的有识之士，虽然他们大多没有受过近代科学的专门教育，但他们都有一颗振兴中华农业的爱国之心，义不容辞地担当起翻译的任务。侯官陈寿彭和山阳林纾分别翻译了《家菌长养法》和《蕈种栽培法》《蔬菜栽培法》等。

民国时期撰写蘑菇文献的是一些留学归来的受过近代农学专门教育的知识分子，他们既精通留学国的语言文字，又对西方近代学术有比较深入的了解，在国外亲眼看到了近代实验农业的优越性，或亲自操作或耳闻目睹，体会到西方近代真菌学理论与蘑菇栽培技术的精髓，主动撰写了一些蘑菇栽培技术方面的论文或专著。他们是近代蘑菇事业的开创者。他们不仅在农业教育、研究、推广等领域奠定了近代农学的学术基础，也几乎都参与了新中国的农业教育与研究机构的创建，直至大学课程的开设、教材的编写，留下了许许多多的中国农业科技史上的第一。

如民国时期撰写《种蕈新法》的邹秉文（1893—1985），江苏苏州人，农学家。1915年获

美国康奈尔大学农学学士学位，1946年获密歇根大学博士学位。回国后先后任金陵大学、国立东南大学、南京中央大学农学院教授等。抗日战争胜利后任联合国粮食及农业组织（FAO）筹委会副主席，1956年回国后任农业部与高教部顾问。周恩来总理称邹秉文、杨杏佛、茅以升为"东南三杰"。

撰写《蕈之栽培》的胡竟良（1897—1971）安徽滁州人，棉花科学家。1921年毕业于南京高等师范学校农科后，在安徽第二农校任教，1926年调东南大学棉作推广委员会，1934年入美国德克萨斯州农工大学学习，获硕士学位。回国后，1938年任中央农业试验所棉作系主任。中华人民共和国成立后任华东农林部特产处处长，1952年任农业部经作司高级农艺师，1957年调任中国农业科学院棉花研究所任副所长，一直到病逝。

撰写《西洋菌栽培法》的孙云蔚（1908—1996），江苏吴江人，果树学家、园艺教育家。1928年毕业于苏州农校，后两度赴日本学习，曾在日本九州帝国大学农学部园艺研究室学习与研究。1936年回国，1940年任北京园艺试验场场长，1948年到南昌中正大学农学院任教授。自1949年任西北农学院园艺系教授、系主任，曾任陕西省园艺学会理事长。

撰写《中国食用蕈种类与西洋蕈培养法》的胡昌炽（1899—1972），江苏苏州人，园艺学家。17岁毕业于苏州农校后即东渡日本留学，21岁毕业于东京大学农学实科后回国任教，25岁又入东京大学园艺系，1928年回国创建金陵大学园艺系，任教授兼系主任。1948年赴台湾讲学滞留台湾，任台湾大学教授兼园艺系主任。胡昌炽先生是有记载的我国栽培蘑菇的第一人。

另外，北平大学农学院园艺系教授陈文敬、浙江大学农学院吴耕民以及生平欠详的宜兴史公山、福州潘志农、杭州余小铁、旅顺苍德玉、翰章与萧苇等，他们在民国时期都撰写了西方近代蘑菇栽培技术的文献。他们都为传播西方近代蘑菇栽培技术做出了不可磨灭的贡献。

中国食用菌发展历史、现状与展望

（3）传播的科技水平　晚清时期的蘑菇文献，由于译者未受过西方近代农学的系统教育，所以译文还没有引进近代真菌分类知识与双名法，对栽培的蘑菇尚未注明英文对应词与拉丁学名。但对于栽培技术的介绍是详尽的。对于缺少西方近代农学教育的知识分子来说，已经是尽到最大的努力了。

民国时期的蘑菇文献，主要是由一些留学回国的具西方近代农学理论知识的学者撰写，对真菌分类、生物学特征、繁殖、学名等都已熟悉，撰写的是以西方近代真菌学理论指导的蘑菇栽培应用技术，比起晚清的译文已向前迈进了一大步，基本反映了那个时期西方的科技发展水平。对于我国当时来说，这些知识是全新的。

12. 我国成功栽培双孢蘑菇的时间　1933年潘志农在《四季栽培人工种菰大全》中说："吾国种菰事业，已有十余年之栽培史。"1935年孙云蔚在《西洋菌栽培法》中说：西洋菌"吾国之栽培起源，无明确记载，然各地农校中，于十数年前，有由外国购入种菌，而行试栽者，唯当时均无详细之记录与发表"。这些说明在1933～1935年的10年前国人已进行蘑菇栽培。

而1927年胡昌炽发表的论文中叙述，正好证明了以上说法的正确："兹述中国食用蕈种类与西洋蕈培养法一篇，以记著者在民国十三年冬至十五年春止之实验及考察经过，能为阅者参考，则幸甚矣"。

"接种后至蕈产生所经期间在适当状况之下，约六～八星期，采收秋季可继续三个月。著者民国十四年春季及秋季经过之时期如次：

接种日期	采收日期	接种至采收始经过日数
春季栽培　三月十五日	五月二十五日	四十五日
秋季栽培　九月十日	十一月一日	五十一日"

由此可以肯定地说，目前已查到的有文字记载的我国国人成功栽培双孢蘑菇的时间是1925年（民国十四年），胡昌炽的记述属首次（作者注：引文中"四十五日"有误。从"三月十五日"到"五月二十五日"，经过的天数不是"四十五日"。）。这一点和陈士瑜关于我国最早栽培双孢蘑菇时间论述是一致的。

2014年芦笛在《法国双孢蘑菇菌种及其栽培技术传入中国之时间考》一文中叙述，1908年"广东佛山就有人在一家法国菌种公司购得菌种一箱，重四磅半（2.04千克），其购买目的无疑是为了栽培。他是否栽培成功尚不得而知，但其开风气之先，则是毫无疑问的"。并认为"我国开始引进法国双孢蘑菇菌种并着手栽培的时间至少可以追溯至1908年7月9日，而菌种的购买和栽培者为广东佛山人"。但"他是否栽培成功尚不得而知"。

另外，1910年5月9日，《广东劝业报》也刊有《欲买法国菌种须知》，但未见相关成功栽培的记载。

13. 西方近代蘑菇栽培技术的本土化　科学技术的本土化，是指科学技术落后的国家接受或采纳先进科学技术，并能独立开展科学研究和自主创新技术的过程。科学技术落后的国家，起初只能向科技先进的国家学习和引进。但是科学技术必须经过本土化改造之后，才能成为植根于本国文化之中的实用技术。对于农业科技而言，本土化改造尤为重要，因为农业生产具有最为明显的地域性、民族性和历史延续性。只有经过本土化改造、与当地农业生产紧密结合的农业科学技术，才能在生产实践中获得应用，成为指导农业生产的理论和提升农业生产水平的新技术。

西方近代蘑菇栽培技术引进的同时，一些有识之士均亲自动手小规模栽培，使之本土化。这些试验栽培主要在农校与试验场进行，除前面谈到的胡昌炽的试验外还有不少，但由于历史原因，留下来的本土化过程的文字资料不多；在大城市郊区为供应城区需要而生产者，只是为了提供商品，更没有文字记载。我们仅可从下面的一些资料中寻得蛛丝马迹。

余小铁在杭州湖墅红石板河口二十一号设有

余小铁种蕈园，在其出版的《种蕈实验谈》凡例中介绍："人工种蕈，近数年来，已知却有提倡之价值，但每多失败，不易成为事实，引为憾事，著者从事医学，每有余暇，即酷好研究人工种蕈方法，先则根据于西籍，依样葫芦，未能获效，但屡遭失败，而此志始终未懈，旋得识著名种蕈专家，相与研究，悉窥其秘，归而行之，如响斯应，可知学说与经验，必须相辅而行，始济于事，经十阅寒暑，耗巨万金钱，得以如愿以偿，特发宏愿，本学术公开之旨，忘其固陋，将其所得，和盘托出，以享吾同志。""著者对于各种蕈类，均有栽培，极愿有志者实地参观，加以指导，惟职务与时间之关系，务请先行订定，否则恕难招待，乞为鉴宥。"其种蕈园内栽培生产的鲜洋蕈有广告出售："洋蕈类，鲜蕈特等，每磅四元；一等每磅三元；普通每磅二元。罐装鲜蕈一磅装每听一元；半磅装每听六角。"这说明虽无详细的文字记载，确有鲜蕈产出。

潘志农在福州石边头后曹洲设有三山农艺社种菌部，并有菌种出售："洋菰菌种，分为湿性圆形及砖块状干燥品两种，每供五平方尺用者约重四两。……本社自制菌种，保证发芽，无论曾否加入研究种菰，一律欢迎购用，以示提倡。" 在"本社出品价目表"中有"新鲜洋菰每磅二元"。 以上说明三山农艺社不仅种洋菰，出售新鲜洋菰，也已试制菌种出售。在"始业须知"中讲："如种植洋菰，每于厩肥未充分发酵，或气温尚高，即行播种，致菌丝因温高而死灭。" 此实属经验之谈，难能可贵，不实践者是体会不到的。在《四季栽培人工种菰大全》1936年再版序中，还有四川万县林学农自述试种蘑菇的记载："现余已能日产鲜菰10余斤。"

孙云蔚《西洋菌栽培法》介绍："考西洋菌生育中，最适之室温为13～14℃。故普通于九月中下旬下种，十一月中开始采收。"

陈梅朋在《蘑菇和草菇》中介绍："1935年在上海开始引进，最初仅有中美蘑菇场一所，栽培面积不过只有400平方公尺。"杨庆尧记述："解放前，我国蘑菇栽培局限在上海等个别城市，栽培面

积一直停留在2万～3万平方尺。"至1950年1月上海中华农场、昆山积善农场场长华汝成在编写出版的《种香菌和雪白蔴菇》中，还谈到他亲自种各种菌的体会。大华农场还油印了陈梅朋撰写的《蘑菇栽培及菌种育制法》，可以想到这几个农场也都会种有蘑菇的。《上海农业志》的记述对此进一步做了佐证："民国二十四年（1935年）位于徐家汇宛平路附近的中美农场，是上海第一个蘑菇生产单位。当时，产量少，价格高，1斤鲜菇可以换大米2.5斗。到50年代初，这种私人经营的蘑菇场有10个，如中美农场、大华农场、大厦农场、华美农场等。生产面积9 000平方米，年产鲜菇1.5万多公斤。"

从以上可以看出，在引进蘑菇栽培技术的同时，国内业界人士不少已在小面积生产栽培，使之技术本土化，虽然规模不大，但到1950年前在一些大城市郊区已有不少种植蘑菇的小型农场了，这些都为以后的继续发展奠定了基础。

14. 传播的意义及影响　从19世纪末开始传入我国的西方近代双孢蘑菇栽培技术，所传播的内容除了蘑菇的栽培技术外，还给我们带来了真菌分类知识，生物双名法，菇的形态构造、繁殖、营养，对外界环境的要求，菌种制作，栽培管理，病虫害防治，产品加工包装等知识与技术。这些理论知识、应用技术以及专业术语至今还发挥着作用，其中影响最大的是蘑菇的繁殖特征与菌种制作技术。自然科学知识的运用，正是西方近代蘑菇栽培技术与我国食用菌传统栽培的最本质的区别，由此，也从而促进了我国多种食用菌发展的科学性，为实现食用菌栽培科学化铺筑了一条坚实的道路，形成了古代与近代的分水岭。

西方近代农业科技的传播，在我国农业发展史上具有开拓引领作用，为我国农业近代化迈出艰难的第一步。这一过程是我国农业近代化的重要阶段，是我国农业近代化的开始，对于发展我国食用菌来讲也具有同样重要的作用与意义。这一过程也是我国食用菌近代化的重要时期，使我国食用菌事

业进入了近代化阶段,从而为中华人民共和国成立后发展我国的食用菌新法栽培奠定了初步基础。

近代先驱者引进蘑菇栽培技术的贡献,功不可没,对我国食用菌近现代化的进程和发展,具有重要的历史意义和深刻的影响。

(二)近代锯屑栽培技术的传播及试验

1. 概述 一项新技术从产生、完善、成熟、配套到应用及实现产业化,往往需要经过相当长的一段时间,而且还要有整个国民经济其他行业的一些技术与产品作支撑。以锯屑为主料栽培木腐菌技术的产业化,就是经过了这样一条漫长的道路。我国从20世纪30年代起就有一些有识之士,探索食用菌锯屑栽培法,虽然取得了一定的成效,但没有能够实现产业化。尽管如此,这一过程仍是我国食用菌近代化的重要阶段,是我国食用菌新法栽培的开端。

直到20世纪60～70年代,上海市农业科学院食用菌研究所何园素等利用木屑压块栽培香菇成功,姚淑先改进创新瓶栽银耳工艺,戴维浩创新的袋栽银耳,以及彭兆旺创新的大田袋栽香菇等几项成套技术突破后,才终于使以木屑为主料栽培木腐菌的技术实现了产业化。

2. 民国时期锯屑栽培食用菌的文献 经过检索与查阅,民国时期食用菌锯屑栽培法的中文文献有6篇:一是贝君的《玻瓶种蕈法》,二是项文宣的《榎菰平菰香菰栽培法》,三是方明才的《锯屑种菰法》,四是吴文萃的《实验蘑菇栽培法》,五是曲辰的《木屑种蕈法》,六是黄范孝的《香菰、扑蕈、平茸等之室内栽培法》。另有5部食用菌著作在其篇或章中有记述:潘志农的《四季栽培人工种菰大全》及《最新实验人工种菰问答》中有以榎菰为例的锯屑栽培,余小铁的《种蕈实验谈》中有银菰的人工锯屑栽培法,史公山的《食用菌栽培法》中有锯屑瓶栽白香菌等四种食用菌的方法;还有苍德玉的主要介绍平茸栽培的《人工蘑菇栽培法》。陈士瑜在《中国菇业大典》中介绍:"20世纪30年代,潘志农(1933年)、黄范孝(1936年)等人

进行过构菌(金针菇)、平菇、香菇的木屑瓶栽,或块栽,同时试种的还有丛生口蘑(*Tricholoma conglobatum*)。"潘志农等进行瓶栽或块栽是事实,黄范孝并没有做过瓶栽或块栽,其论文是"籍供有志者之研究"的摘译编写的论文,不是试验报告。

1938年裴维蕃在四川成都做构菌栽培试验获成功。在做栽培试验的同时还研究了构菌的生理,1948年发表英文论文"Factors Influencing the Sporophere of *Collybia velutipes* (Curt.) Quél."(影响构菌子实体形成之因素)。这些成果编写在1952年初版的《中国食菌及其栽培》一书中,该书中还有"两种野生食菌栽培的研究",是指鸡枞菌、北风菌的栽培。

3. 锯屑栽培食用菌的起源及特点 对锯屑栽培食用菌的技术来源,民国时期的文献中尚未准确指出。在《种蕈实验谈》中记述:"蕈类之初,概属野生,大都发生于枯树之根,其原因由于生蕈之孢子飞散,经适合之温湿,便即累累而发生。旋趋进化,采坚结之木材,截取成段,刻之以纹,散布原菌孢子于其间,置在阴湿之地,经过一二年,即能生蕈。更进而于1919年由Morimoto氏之发明,研究专供食用之蕈类,取其孢子,佐以基础材料,从事培养,然后分植于消毒之瓶中,使其繁殖,俟菌丝蔓延,经过一定之温湿,而致发生,为最新最简洁之方法。自发明以来,风行遐迩,吾国知者尚稀,而提倡亦有不力。"从上面我们可以看出:人类利用木腐食用菌的过程,是由野生到孢子飘落天然接种的原木半人工栽培,再到人工接种孢子的段木栽培,最终向锯屑栽培的进步。但仅说明了锯屑栽培法的发明人是Morimoto,发明时间是1919年,采取的方式为瓶栽,而且要消毒等。

《四季栽培人工种菰大全》中有:"榎菰之栽培,既感绝大困难,学者有鉴于栽培之不易,乃本其经验,经长时间之研究,制成菌种而播种,更利用锯屑为基本原料,实行栽培,大获美满之效果。而从前之旧法栽培,悉行废弃,更用同一方法,

可栽培椎菰、蘑菰、平菰三种，手续简易，清洁异常。此法于数年前发明于日本，经著者研究之结果，确能百发百中，且发生旺盛，色白可爱。"这里仅说明锯屑栽培发明于日本及其特点，发明人与时间则语焉不详。

在《食用菌栽培法》中有："近代发明的锯屑栽培，便是最最进步的方法。所用的材料为等于废物的锯屑及空瓶，且设备简单，不占地位，手续轻便，发生容易，作业清洁。""锯屑瓶栽，除手续简单，清洁异常，产生迅速，资金微薄，不占地位等等优点外，还有一特长之处，那便是气候不论是暑是寒，季节不论是春夏秋冬，都有栽培的可能……决不像野地栽培，每到冬夏季，便停止生产，而断绝市场的供应的。""锯屑栽培法，初发明于欧洲，曾由多数学者先后试验，经二十余年之久，使获得美满的成绩……日本于数年前由学者试验，虽屡次失败，但不久即告成功。"这一段不仅说明锯屑栽培法的特点，还说明始发明于欧洲，以及日本后来试验的过程。其意义是从此由野外栽培开始转向室内栽培。

黄范孝摘译的《香菰、扑蕈、平茸等之室内栽培法》中介绍："日本实行食用菌室内栽培法者，自森本彦三郎氏始。使用锯屑为栽培母体，故命名锯屑栽培法。成功以来，力谋推广，且实行菌种贩卖。"这里介绍日本的锯屑栽培法起源于森本彦三郎。

以上的几份文献都是比较笼统的介绍锯屑栽培法的来源，对其特点均做了客观的论述。

4. 锯屑栽培食用菌的种类与产品质量的卫生检验

（1）锯屑栽培的食用菌种类 锯屑栽培食用菌的种类，在上述文献中的叙述，有介绍两种的、三种的或四种的，有用拉丁学名的，也有不用拉丁学名的。惟余小铁的《种蕈实验谈》中资料较为齐全，不仅有中文名称还有拉丁学名："目下已经研究完成之品种，计分四种。"

其一，*Collydia velutipes*，其中文名称，余小铁称为银菰，潘志农称为榎菰，史公山称为香菌即白香菌，苍德玉称为榎茸，黄范孝称为扑蕈。

其二，*Tricholoma conglobatum*，其中文名称，余小铁称为蘑菰，潘志农也称为蘑菰，史公山亦称为蘑菰。

其三，*Certinellus berkelecana*，其中文名称，余小铁称为椎蕈、香菰，潘志农称为椎菰，史公山亦称之为椎菰，黄范孝称为香菰。

其四，*Pleurotus ostreatus*，其中文名称，余小铁称为屏蕈，潘志农称为平菰，史公山亦称之为平菰，苍德玉称为平茸，黄范孝也称为平茸。

很显然，榎茸、平茸的名称来自日本。

（2）产品质量的卫生检验 余小铁介绍："此四种蕈类，咸属专供食用之品，由来已久者，曾由中央卫生试验所化验证明无毒。各成品亦曾陈列于各展览会，均领得优等奖章。其成绩与历史，均有相当之价格。"

《种蕈实验谈》书中还插有1930年1月杭州工艺实验社余小铁送检的"人工榎菰"，经中央卫生试验所检验后证明"本品不含毒质"的检验报告。书中还有蕈类出品经工商部第一次展览会及西湖博览会颁给优等奖章的图两幅。这些都说明当时锯屑栽培的上述四种蕈，经卫生检验是安全无毒可食用的。

（3）现代名称 上述文献中的中文名称银菰、榎菰、香菌即白香菌、榎茸、扑蕈等，即为今日之金针菇 *Flammulina velutipes*（Curtis）Singer；椎蕈、香菰、椎菰等，即今日之香菇 *Lentinula edodes*（Berk.）Peglar；屏蕈、平菰、平茸乃今日之平菇 *Pleurotus ostreatus*（Jacq.）P. Kumm.；蘑菰，从拉丁学名 *Tricholoma conglobatum*（Vittad.）Sacc. 对照，应是丛生口蘑，陈士瑜也认为是丛生口蘑。但丛生口蘑栽培仅见于20世纪30年代潘志农、余小铁与史公山的这几本书中，之后的文献中尚未看到，时至今日生产中也未闻有栽培这个种的。因文献记述不详，进一步准确地考证这个曾被栽培的菇的种名还比较困难。

中国食用菌发展历史、现状与展望

5. 栽培用锯屑的树种选择与辅料及配制

（1）锯屑种类及处理　《种蕈实验谈》中讲："锯屑，即木工锯板落下之屑，凡木质具有强烈之气味，如樟檀等锯屑不得供用外，大都以松木为上，更须陈旧，至少须两个月前者，方可合用。锯屑取到后，用筛筛去其中杂质，曝于烈日中晒之，始得备用。"

《四季栽培人工种菰大全》中讲："通常多用杉木之屑，……其他木材之锯屑，也可应用，但切忌樟木之屑。……锯屑须经阳光充分暴晒，务使十分干燥者为宜，用筛筛之，弃其筛上之杂质。"

《食用菌栽培法》中讲："除樟木外，无论何种木料的锯屑均可使用。在选择上必具的条件是要干燥与陈旧。"

《人工蘑菇栽培法》中讲："锯末子：勿论松材或杉材或杨柳的锯末等皆可，莫妙越是陈的越好。"

从以上资料可以看出，在那个时代用锯屑栽培食用菌对适生树种的认识还欠精准，主要用松、杉、杨柳等，不强调使用适生树种的锯屑，这也是造成转化率低的原因之一。

（2）辅料　米糠及淘米水。《种蕈实验谈》认为，米糠要新鲜的，淘米水用"以食用之大米三升，在五升之清水内淘洗，候其沉淀，取其上部澄清之液"。

（3）容器、工具与其他用品　白色空瓶（容量一磅至二磅）、插棒、木棉和脱脂棉（最好为脱脂棉）、移植匙、酒精、酒精灯、玻管、寒暑表、消毒锅、接种室（箱）、保温箱、培养箱等。

（4）调制方法　《种蕈实验谈》记述："取业经筛晒之陈旧木屑，计十分之八、新鲜米糠十分之二，共置盆中，混合均匀，用已经沉淀之洗米水，逐渐加入，随伴随和，务使平均，以手紧握，视其中之水分，将欲渗出而不致滴下，方为适合。若过干过湿，均无良好之结果。"这样的调制方法与判断培养料干湿的标准一直沿用到今天。

（5）培养基制作工艺　拌料、装瓶、插孔、塞棉塞、灭菌等程序均有。

从以上的文献摘要可以看出，当时锯屑栽培食用菌的工艺流程是完善的，大的环节与今天并无太大差别。

6. 菌种与移植

（1）菌种来源与种型

1）一级培养法　菌种来源与种型以《四季栽培人工种菰大全》一书中讲解较全面："榎菰菌种，即装于试验管中者，现各地种植者，多仰给于日本，价颇廉。但经过种菰者之转购贩售，竟成贵品，或竟冒为自制者，实则我国人之种植榎菰，仅有数年之短促栽培史，绝少能自制菌种者。著者对于榎菰菌种，曾经长期之研究，历二十多次之试验，始获美满效果，绝无不发育之理，近更精益求精，所制成之菌种，确足以抵制舶来品，方知其制造方法，亦属简易可行，无多大艰难，是事在人为，未可以困难目之也。""制造榎菰菌种之方法，亦分为孢子培养与菌丝繁殖两种。""培养制造榎菰孢子之原料，为锯屑，米糠，洗米汁，三者相混合，计锯屑十分之八，米糠十分之二，再加入适用之洗米汁，装于大号试验管中，于锅中充分消毒后，取其孢子而移植其中，在适宜之气温中，经两个月即可成熟应用矣。""菌丝培养法，同于孢子培养法及榎菰种植法。""椎菰、平菰、蘑菰，菌种制造法，同于榎菰，但成熟之时期较长，大都在八个月以上。"

从这里可以看出对菌种的培养，已有近代的科学认识，即孢子培养与菌丝繁殖。其种型是锯屑试验管种，是把孢子或菌丝一次接入锯屑试验管中，菌丝繁殖后作栽培种用。

2）二级培养法　黄范孝的摘译文献更进一步把试管菌种作两级不同培养基培养："集约栽培菌蕈类，必须先得近于纯粹之菌种。……菌种之纯粹培养，则以寒天（即石花菜亦名东洋菜）加用蔗糖之培养基，最称便利。""纯粹培养所用之孢子或菌丝，须用移植棒迅速移植于上述之斜面培养基，随即塞以棉栓，置于避光直射之适温处所，经过数日，则有白色菌丝蔓延于培养基之面上。……此纯粹培养菌，即称菌种，供贩卖或自用，为锯屑培养基所用之菌种。"这一步制出的菌种，实际上就是今天说的琼脂斜面试管种。

"锯屑培养基调制既毕，可采取寒天培养基繁殖之菌丝一片（不免有多少寒天附着），叮咛移植于锯屑培养基。放置适所，则不到一个月，即见白色菌丝蔓延于锯屑培养基之全体。此样菌种，供自用或贩卖均无不可。"这是转接成的锯屑试验管种。

以上这两个过程是两级培养，虽然容器都使用试验管，但开始用斜面培养基，而后用锯屑培养基。从菌种纯的角度与菌丝多少的角度来衡量，这样两级培养，比直接接入锯屑培养基中的一级培养的试管种作栽培用，纯度又可靠了一些，菌丝量也大了一些。

（2）移植方法 以《种蕈实验谈》中讲解比较详细："移植时须在每日之早晨，择清净无尘之室内行之，最好制一简易灭菌室（图形列后），尤可无虑。取已经完全冷却之发生瓶，横置于桌上，同时以移植匙在酒精瓶中浸透，取出向已经燃着之酒精灯上烧之，候其熄灭，再置于另一玻瓶中冷却。随即将菌种玻管亦横置桌上，拔其棉塞，用已冷却之匙，向菌种管中掘取一匙，约如蚕豆之大，勿使分散细碎，送入发生瓶口内之穴中，随将穴口耙平，即将棉塞向酒精灯之火燃上一烧，紧塞瓶口，即为移植完毕。"

余小铁所述此段文字，将无菌接种技术讲解得十分透彻，书中还有用接种箱接种的照片，今天看来还不失其价值。余小铁是位医生，无菌操作是他的专业特长，在当时一般食用菌栽培人员难以有这种无菌知识与设备条件，更谈不上在生产中普及推广这种无菌操作技术。

7. 菌丝体培养与出菇管理 《种蕈实验谈》的"中篇锯屑种蕈法"中把已经消毒后移植入菌种的锯屑瓶称发生瓶，瓶内蔓延菌丝的培养基称发生块，长满菌丝的发生块称菌丝块。菌丝的生长阶段在保温箱中，管理应避光，保持一定的适宜温度，

强调菌丝长满发生块后再保温培养一定时间。这些在今天看来，还是具一定科学价值的。

出菇时有两种方式：即破瓶出菇与瓶口出菇。出菇在培养箱，出菇温度比菌丝生长温度低一些，湿度要大，要通风，避直射阳光。

这种培养菌丝在保温箱，出菇在培养箱，已是两场制的雏形，说明对食用菌不同生长发育阶段要求的环境条件不同，已有了一定认识。

8. 小规模生产试验的成效

（1）有小规模试验场 潘志农在福州石边头后曹洲设有三山农艺社种菌部。他在《四季栽培人工种菰大全》凡例中说："本书系从敝社之洋菰、榎菰之种植法，及菌种制造法等讲义，更参以新近之实验，汇编而成。"余小铁在杭州湖墅红石板河口二十一号设有余小铁种蕈园，在其所著《种蕈实验谈》的凡例中有"著者对于各种蕈类，均有栽培，亟愿有志者实地参观，加以指导"的介绍。苍德玉在《人工蘑菇栽培法》的"关于人工蘑菇栽培的回顾"里讲："1932年秋季，敝社在创刊《农业进步》杂志之前，曾利用社址之一部，栽培人工蘑菇。……讵料第一次所种的就是所预期，发生了活活泼泼的肥大蘑菇。"由此说明他们三人确实是亲自做了小规模生产试验栽培的，著作中所写是他们亲自操作的经验总结。

（2）有转化率记载及产品出售 对栽培的转化率，潘志农记述：榎菰"每个发生块，可生菰一二百枚之多"。史公山记述较潘书详细：白香菌"其产生量，大约直径三四寸，高约五六寸之圆形菌丝块，每块至少可产一百余枚，多则可采到两百余枚。以一小块不值钱的锯屑，能有这样的收获，实颇可观了"。转化率以每块产个数计，产量虽低，但确有产品出售。

对产品及其价格，潘志农书中有广告："新鲜榎菰每磅一元六角，焙干椎菰每磅三元六角"。余小铁书中也有广告："瓶蕈类，第一种A鲜蕈（即银菰），特等每磅三元，一等每磅二元半，普通每磅三元（作者注：原文"三元"可能有误）。罐装一

磅，每听六角；半磅装者，每听三角八分。""瓶蕈罐头，均系锯屑种蕈之第一种A，如欲第二三四等各种者，则须预先订定。"余小铁还兴奋地赞美："吾国各种蕈类，素乏鲜售。……今乃用人工方法，不论季节，而得造成种种之鲜蕈，使人人可获鲜美之口福，科学之惠，其如何耶！"

苍德玉在《人工蘑菇栽培法》中"关于人工蘑菇栽培的回顾"记述："1932年秋季，敝社在创刊《农业进步》杂志之前，曾利用社址之一部，栽培人工蘑菇。……在大连都是卖给大的饭店和大旅馆之家，也有用以送礼向新京方面去的不少。于1933年曾出品旅顺关东州果实品评会为关东厅长官视为新奇，特由品评会献上若干。除贩卖以外，敝社亦时常自食或用以待客，或包饺子或做汤菜，勿论谁吃，都说是向来没有吃过这样的珍品。"

（3）有自制菌种并出售　潘志农在《四季栽培人工种菰大全》书的正文后"读者注意"中介绍："⑦本社自制菌种，保证发芽，无论曾否加入研究种菰，一律欢迎购用，以示提倡。"广告中还有："榎菰、平菰、椎菰，各菌种每筒售洋三元，可移植七十至九十发生块，购满十筒以上者八折，五十筒以上者七折。"

余小铁在《种蕈实验谈》的正文前"余小铁种蕈园分让菌种价格一览"中曰："锯屑种蕈用菌种，第一种A、第二种B、第三种C、第四种D，每筒概可移植八十至九十个发生块，均每筒五元，寄费均加一成。""使用大量菌种须预先订定，锯屑瓶栽之第二B、第三C、第四D三种，亦须先行预订，其专供段木用之丙种菌种，价与乙种同，亦须先订。"

由此可见，他们均有自制菌种自用或者出售。

（4）有蕈的加工品　余小铁在《种蕈实验谈》中介绍："蕈之副产，可分三种，计汁与粉及油。"书中并有简单的制造方法。书中还有蕈类加工品插图两幅。

（5）有推广成功及传播的实例　四川省万县林学农在《四季栽培人工种菰大全》1936年版本的

"再版序"中讲："余于民国二十三年二月，加入该社研究人工种菰法，屡承潘君以书面教授，甫届一年，对于栽培洋菰榎菰草菰等，均次第成功，迨二十四年夏，因事赴沪，特转道福州，面晤潘君，承引道参观各部，并面授各菌类之制种法，归蜀后，特将自制品，按法种植，果获美满成效，现余已能日产鲜菰十余斤，一家五口，得赖生存者，皆潘君之赐也。"这是推广到四川省万县栽培成功的生动事例。

笔者自2009年10月至2011年10月还从云南省昆明市、广西壮族自治区桂林市与河池市、内蒙古自治区赤峰市、辽宁省大连市、山东省枣庄市等地古旧书店购得《四季栽培人工种菰大全》、《最新实验人工种菰问答》、《种蕈实验谈》、《人工蘑菇栽培法》、《食用菌栽培法》等多册民国时期出版的旧书。可见当时这些食用菌科技图书传播范围之广。

9. 其他材料及方法栽培试验　除用锯屑栽培上述四种食用菌外，还利用稻草、砻糠栽培，对"人造段木栽培法"等也有初步的试验。如《四季栽培人工种菰大全》《种蕈实验谈》的有关章节均有人造段木栽培的介绍。

在20世纪30年代能够实验利用稻草、砻糠栽培，人造段木种蕈等，并做了试验，应该说是对扩大栽培原料的一种有远见的尝试。这里对"人造段木种蕈法"作一扼要介绍：取长一尺、粗二三寸之杉木一段，其一端锯一深一二寸之槽。杉木外紧包稻草一层，贮于白铅皮或马口铁筒中，再加入白糖水适量，用盖密封，于锅中消毒。冷却后在槽中移植入菌种，适温培养菌丝后，取出使生蕈，此项方法，凡锯屑栽培之几种均可。这一方法虽然不易推广，但它开辟了"人造段木"生产试验的先河，其超前的探索精神是难能可贵的。

10. 近代的一些仪器药械引入食用菌锯屑栽培　上述锯屑瓶栽之生产试验文献，不仅传播了知识、技术、术语等，还介绍了近代的一些仪器药械，仅《种蕈实验谈》一书中的，就有下面一些。

①寒暑表，即温度计。②试管及玻璃瓶。③接种用的简易灭菌室（箱），并有图。④显微镜。⑤煎沸消毒装置。⑥保温箱。⑦酒精及酒精灯。黄范孝摘译的文中还有"Koch's氏杀菌器"。

11. 银耳科学培育与制种法　在潘志农著《四季栽培人工种菰大全》1948年的第四版中，又增加了"第九章银耳科学培育与制种法"。此章不足2页，但对银耳的新法栽培及菌种培育作了简单扼要的叙述："银耳之最新栽培法，与榠菰之培养法相同，尤以人造段木之培养产量较丰与可靠，故一般多施行人造段木培养法。关于培养之过程与方法，可参阅本书榠菰种植法，即可明了，唯两者所需要之温湿度稍有不同耳。""银耳菌种之来源，系于耳场中或发生块上所发生之耳，选择形质较佳者，待其开放约达七分时，即用小刀轻轻将其割下，浸于清洁已冷却之沸水中，大约鲜耳一大握，用水一升，同贮玻璃杯或瓷器中，再用小刀或玻璃棒将其捣碎，越细越佳，使其孢子尽落于水中。即将此满含孢子之溶液，用新毛笔使其饱吸后，移植于人造段木之发生筒中，使其繁殖菌丝，每筒仅须移入此水二三滴已足，或将此一二滴之孢子溶液，移滴于大号试验管之锯木屑中，其目的在于繁殖更多之菌丝，以供移植之需，无论将此孢子溶液移植于试验管或发生筒中，其繁殖之目的虽不同，唯此可统称之孢子繁殖法，品种与产量均较可靠。""银耳菌种的制法，除上述孢子移植培养法外，尚有采取菌丝而行繁殖培养者，法将耳场中之耳木，选择其已发生银耳者，其段木最多处之菌丝割取之，以供移植。"

12. 简要述评　总结上述文献，我们可以看出下列几个问题：

第一，民国时期锯屑栽培食用菌的技术，已经建立在无菌操作的基础上，但它之所以没有走向大规模生产，实现产业化，是缺乏其他社会条件的支撑。

第二，民国时期锯屑栽培食用菌的菌种制作，已经是在近代真菌学知识及微生物技术指导下进行的。懂得了从孢子与组织分离原始菌种，但还缺乏选育菌种的知识与技术。栽培种还局限在用试管作容器阶段，容器体积小，菌丝体数量少，满足不了大面积生产的需要。

第三，培养基的主料锯屑，不仅没有选用不同食用菌的适生树种，还没有使用比米糠营养更丰富的麦麸，以配制合理的培养基。因而造成转化率低，大面积推广受到限制。

第四，对栽培环境如温度、湿度、通气、光线的调控，已经建立在近代真菌学知识的基础上，虽然懂得了基本参数，但缺乏相应的设备配套，限制了规模生产。

尽管如此，民国时期锯屑栽培食用菌的先驱们的小面积试验生产，其开创性的历史贡献还是功不可没。他们的试验是我国食用菌新法栽培的滥觞，把我国食用菌生产从传统栽培引向了新法栽培的科学道路，开辟了我国近代食用菌科学技术史的新篇章。用近代科学知识指导食用菌生产已成为知识界的共识，这一新理念的形成，为我国日后食用菌产业的崛起奠定了坚实的基础。

20世纪70～80年代，棉籽壳在栽培多种食用菌上的成功，促进了木屑栽培食用菌在我国的快速发展，也带动了农林有机废弃物在培养基上的广泛应用。改革开放后，国家政策的宽松，国民经济的活跃，栽培及制种技术的成熟，其他行业的发展，塑料袋的使用等多种因素，促生了我国食用菌产业的崛起。正是我们这个时代，各方面的条件给它的成长提供了全方位的土壤，才使食用菌产业在我国20世纪后半期的几十年内得到蓬勃发展。

二、我国食用菌新法栽培的历史进程

（一）食用菌新法栽培的由来与内涵

1916年邹秉文《种蕈新法》一文为我国食用菌新法栽培的先声。该文编译自美国农业部 *Bureau of Plant Industry Bulletin* 85。除蕈之科学分类知识外，在"蕈之组织"部分介绍了"蕈有干名曰蕈干

（stipe），干上有盖名曰蕈盖（pileus），蕈盖又分为二部，其上半部曰无子部，因无生殖之能也；其下半部曰有子部，英文名之曰 Hymenophore。属于此科之种，其有子部皆为如刀刃状之细片所集而成。"而且详细介绍了蕈盖的显微解剖结构。接着在"种蕈之外界"部分讲了温度与水量。在"种蕈之地土"讲了改露天为地穴种之，以及穴地布以厩肥，须坚厚，是谓蕈床（mushroom bed）。"作床后粪之热度仍太高，须约待至一星期后，其热度减至华氏七十度或七十五度，然后可种蕈"。在"蕈之栽培法及菌丝砖之来源"部分讲了"美国在此法未发明之前，多用英国之菌丝砖，菌丝既不良，久而不用，益失功效，种蕈者以此受亏不少。自其农部极力提倡，又有特格耳博士纯种法之发明以来，业此者乃日见其多。今有纯种菌丝公司（Pure Culture Spawn Company，Columbia，Missouri，U.S.A.）者专卖此项菌丝砖，不可谓非一大进步也。吾国不乏种蕈者，惟以作者所闻，其种法颇不合当，提倡而改良之，是为吾国习真菌学（Mycology）者之责，亦振兴国货之一端也"。

由此可以看出，新法种蕈的内涵有三：一是使用纯菌种，二是人造蕈床与下种，三是适合蕈生活的外界条件的管理。这和我国食用菌的传统栽培有天壤之别，传统栽培靠天，新法栽培靠科学与人的管理。

（二）科学启蒙期（1890—1911）

西学东渐给我国带来了近代科学知识，也给食用菌栽培带来了引导技术进步的真菌学理论知识。晚清已有从英国翻译的《西国名菜嘉花论》（1890年）、从美国翻译过来的《家菌长养法》（1898年）以及从法国翻译过来的《法国菌利》（1900年）、《种菌之地窖》（1906年）、《种法国菌》（1908年）、《欲买法国菌种者须知》（1910年）等介绍双孢蘑菇的新法栽培技术的资料。

1890年《格致汇编》连续两期登载了《西国名菜嘉花论》全文，其中的"西国常种上等菜类"部分，"将园中常种有益之菜依类分之，一为常菜类、

二为豆类、三为薯类、四为生菜类、五为萝卜类、六为瓜类、七为芹类、八为葱类、九为茄类、十为香菜类、十一为菌类"。菌类部分介绍了菌的美味与简明扼要的栽培方法，现将原文抄录如下。

"菌类 菌类，西人亦当为上味，常价甚贵。亦有不喜食者，因有形相似而毒者，恐为所混也。如得上等菌种，明其种法，则不至有误。牧牛羊草地天生者颇多，有人取之售于市中。但上等者，为特种而得，其种实为极小之菌，种于多粪或极肥之地，即可生长。其平常出售之种，成小饼形，每饼约洋一角。将此种一饼，种于土肥多粪处，先发白色小点，后生白色细线，即渐生长，采菌之时，须连根除之，否则碍于他菌生长。古人不知此事，以故同地所产之菌，不及今时三分之一。性喜和暖，故产菌之地须遮护之，冷地可于屋内铺粪土种之。伦敦大城外产菌之地颇多，皆获（误为"护"，作者注）大利。但如不识其性，种者每多误事。平常种者，其形如第二十七图（图中的编号为原文编号，作者注）。最大者径约六寸至一尺（英制，1英寸为 2.54 cm，12英寸为 1英尺。作者注），平常者大如洋钱。但头未放大者，其味更佳。西人将菌和以盐水、香料等煮之，成菌油，加于菜内，与中国用酱油同意。如英国屋底之阴房间，有于底面种菌者，虽不见光，亦生长甚好，不但自用，亦可出卖。"

此段文字虽然很短，仅 332 个字（未计标点符号，标点符号是本文作者试加）。但非常精炼清楚地说明了蘑菇的美味、在英国市场上的价格、毒蘑菇和野生菇的不同，以及质量上乘的蘑菇要靠人工栽培等。文中的"菌种"一词，为我国食用菌栽培文献中首次出现。

晚清是中国社会由封建社会艰难迈向近代文明的转型期。晚清时期是一个特殊时期，是中国文化史上继佛经翻译以后的第二次翻译高潮形成的时期。这一时期《格致汇编》翻译编辑人员遵循的工作规则是：翻译方法力求严谨，主要采取西译中述，即外国学者口译，中国学者笔述并润色。其翻

译原则为：沿用中文已有名称；若无中文名称则创立新名；所创新名汇编成"中西名目字汇"等要点。

上述译文，沿用了我国历史上一直常用的菌字，虽然未注双孢蘑菇的学名，也未用洋菌的指称，但从该杂志英文译者傅兰雅（John Fryer）翻译介绍英国人喜食的栽培菌类，以及文中叙述的内容与插图看，译文的名菜之一菌类，介绍的是现代所称的双孢蘑菇 Agaricus bisporus，是无可置疑的。

这段菌类译文文字不长，传播的内容却十分丰富，读后可以使人们耳目一新，在清末引发我国的食用菌生产从传统栽培向新法栽培过程中，起了一定的先导与启蒙作用。《格致汇编》是中国近代最早的以传播科学知识为宗旨的科学杂志，也是中国近代第一份科学普及期刊，开创了在当时封闭、落后的中国进行科学启蒙、普及近代科学知识的先河。

随后又有翻译《家菌长养法》（1898年）等专一介绍双孢蘑菇栽培技术的专著。

《种法国菌》一文是装在1908年广东佛山某君从法国购买菌种的箱子内的一份法文资料，由广州《农工商报》委托谢平安先生翻译。遗憾的是这次购买的菌种是否栽培成功缺乏记载。

这些文献的翻译和发表，不仅传播了双孢蘑菇的近代栽培技术，而且传播了近代真菌学理论知识，在食用菌行业全面开辟了近代科学知识启蒙的先河。

（三）传播试验期（1912—1949）

1. 双孢蘑菇菌种的引进与小面积栽培　1924—1926年金陵大学农学院胡昌炽先生试验栽培蘑菇成功，有详细的记录，并在《中华农学会报》（1927年）上刊登《中国食用蕈种类与西洋蕈培养法》。

福州的潘志农在1930年从上海南京路福利公司买到蘑菇菌丝砖，做了小面积栽培试验，获得了每平方米产菇0.75 kg的成果。1931年潘志农还到杭州湖墅武林门外余小铁老师所创办的工艺试验社参观菌场。余小铁在1933年出版的《种蕈实验谈》中具体介绍了自制菌种和蘑菇的栽培技术。

上海是我国双孢蘑菇栽培较早、规模较大的城市之一，20世纪30年代初就有10多家蘑菇生产厂家。据《大华种菇场参观记》（1943年）一文报告："该场地处沪西陆家路中，地区偏僻，空气清幽，环境至为优美，始创于民国二十三年，至今已有七八年之历史。其种殖之方法，乃为现存最新之马粪栽培法，全部菇菌播种之总面积，有一万方尺。广场中之全部设置，若以目前市价计之当需五万元之巨，至其全年营业之收入，约在三十万元左右。""今以上海一地而言，此新法之种菇场已有十数处之多矣。"由此可见当时上海栽培的蘑菇产量已初具规模。

2. 锯屑及改良段木栽培食用菌　福建潘志农、杭州余小铁、旅顺苍德玉等在20世纪30年代都应用锯屑栽培香菇、金针菇、平菇等获得成功。浙江省龙泉李师颐总结了之前我国的砍花栽培香菇技术的优缺点后，在近代真菌学理论知识指导下，对段木栽培技术进行了改良，并开始运用菇木粉碎的菌丝体菌种播种，开辟了栽培香菇用菌丝体菌种的先河。虽然这种菌种仍然是非纯培养的，但是改变了原来靠香菇孢子自由飘落自然接种的落后局面。

3. 银耳的广泛研究和孢子液接种试验　1914年吴家煦（冰心）发表在《博物学杂志》创刊号的《滋养品白木耳之研究》，是我国第一篇用现代科学方法研究银耳的论文；1929年王清水的《人工栽培银耳秘法讲义》，1932年胡泽的《四川银耳之研究》，郑稷熙1934年的《四川银耳概论》和1935年的《筹建银耳改良场计划书》，1937年刘澍霖的《贵州遵义白木耳之调查》和褚孟胜的《银耳培育法》，1940年陶约翰的《中国白木耳栽培法》，1941年陈文敬的《白银耳栽培法》，1948年周振汉的《白木耳之研究》等著述，对我国银耳的产地分布、生产技术的传播、栽培经验、产量及产品集散地和生产效益都有翔实记载，是研究中国银耳栽培史的珍贵资料。在银耳研究方面卓有建树的是杨新美先生，杨先生对银耳生产技术进步有两个突出贡献：一是田间试验人工接种确有增产效果。之前

中国食用菌发展历史、现状与展望

银耳生产是依靠老区空气中的孢子自然接种；其后采用耳木引诱法（将生产银耳的段木夹放在新段木之间），或在段木上洒银耳孢子液或银耳干粉（取银耳子实体磨烂、水洗，或将银耳风干磨粉，王清水，1929年），或将老段木的树皮或段木的表层磨粉撒入段木的砍花中（胡泽，1932年），虽能表现出增产趋势，但不稳定。杨新美在日本人发明的孢子液法的基础上加以改良，用人工培养银耳孢子液接种，经过3年（1942—1944）试验统计，有58%子实体从接种后的砍花处长出，比天然接种和日本组织块接种要增产1～20倍。人工培养孢子液菌种成功地用于生产，是一个重大突破。二是对伴生菌的发现。在栽培试验中发现，有一种灰绿色的淡色丝状真菌及一种球壳菌，经常与银耳伴随生长，耳农称前者为"新香灰"，后者为"陈香灰"，当时认为是银耳的变态，其存在与银耳产量有极其重要关系。根据观察，前者约占产耳段木的77.4%，后者约占74.5%，而且在湿润的气候条件下，新香灰经常发生在老香灰的子座上，推测它们与银耳营养存在一定关系。这是首次对银耳菌丝伴生菌的观察总结，为以后银耳混合菌种的研制奠定了理论基础。

4. 陈嵘对大型真菌产业的调查　陈嵘是我国林学家、林业教育学家，一生著述甚丰。在陈先生1933年出版的《造林学各论》一书中，附有三篇大型真菌产业调查报告，所涉及物种均为木腐大型食药用真菌。此三篇食药用菌产业调查报告在该书中的位置排列、页码之先后顺序，依次如下："第一编　针叶树类"之"第三马尾松（枞柏、丛树、台湾赤松、香港松、厦门松）"正文之后的"[附]茯苓之繁殖及制造"（60～65页），"第二编　阔叶树类"之"第一章　普通阔叶树类"之"第一栎树"正文后的"[附]我国之菰业及人工栽培与其产销情形"（152～155页）和"[附]我国之木耳业及人工培养与其产销情形"（155～158页）。这三篇食药用菌产业调查报告，是最早对我国食药用菌产业进行调查的报告，报告中记述了茯苓、香菰、木耳

的人工栽培与产销情形，不仅介绍了它们的产地及分布、人工栽培技术，还介绍了其产额、市价、包装运输及产业情况等，具有重要的文献价值和史料价值。

5. 裴维蕃对食用菌资源和生产状况的调查总结及栽培试验　裴维蕃是中国早期研究食用菌分类与栽培方法的学者之一。1937年他在中央农业实验所从事蘑菇栽培研究的时候，受当局政府委托，调查我国东南诸省食用菌生产状况。他只身一人带着一些简单仪器设备，在安徽屯溪、歙县和汤口一带山区，访问菇农，调查菇商，了解农民栽培的方法和经验，取得了大量的第一手资料。1938年在成都期间，他集中主要精力从事栽培食用菌的试验。曾到川北大巴山区，调查银耳和黑木耳栽培情况，到峨眉山采集野生食用菌；去广西柳州了解草菇的栽培情况。通过调查和试验，在国内首创了用锯末栽培北风菌（平菇）和金针菇的方法；总结了两年来关于食用菌栽培的调查研究结果写成了中国近代第一本关于食用菌的专著《中国食菌及其栽培》（1952年，中华书局出版）。1941年应戴芳澜教授之邀，在清华大学农业研究所潜心研究高等担子菌的分类。在此期间，他经常自己出去采集标本，也常到市场上调查，并亲自处理标本，记录菌种性状，绘制图谱，观察孢子，完成了云南红菇科、云南牛肝菌、云南鹅膏菌科和其他伞菌的分类研究。文章在美国发表后，引起国际学术界的重视。美国著名真菌学家 Alexander H. Smith 等称他为"当时世界上搞蘑菇分类的七专家之一"。裴维蕃先生不愧为中国食用菌分类与栽培研究的先驱。

（四）完善示范期（1950—1979）

山西大学生物系刘波教授从20世纪50年代初就开始进行了蘑菇栽培的研究，1955年上海农业实验场成立了食用菌研究组开展蘑菇、香菇、银耳、木耳等新法栽培技术的试验研究，1962年福建省成立了三明地区真菌试验站，1963年在广东省广州市成立了中南真菌研究室，华中农学院杨新美教授继续抗日战争时期的银耳孢子液接种实验等，

拉开了新中国食用菌研究及新法栽培的序幕。通过几年的努力，解决了蘑菇、草菇、香菇、银耳、黑木耳等纯菌种的分离制作技术，并在广大生产地区推广。在这个时期，段木栽培木腐菌技术得到了规范，1972 年河南省农业厅刘纯业发明了棉籽壳栽培多种食用菌技术，姚淑先发明了锯屑瓶栽银耳技术，彭兆旺发明了塑料袋大田栽培香菇技术等，自此新法栽培食用菌的技术，从菌种到培养料及其成型，整个生产过程的科学管理配套成龙，为我国食用菌产业的崛起，做好了技术准备。

（五）全面推广期（产业崛起期）（1980—）

1980 年 8 月中国植物学会真菌学分会在北京成立，1981 年在武汉召开了"第一届全国食用菌学术讨论会"，标志着我国食用菌产业发展进入了新的阶段。

全国食用菌产量从 1978 年的 5.8 万 t，约占全球 5.5%，到 1990 年超过了 100 t，占全球 28.8%，2003 年超过了 1 000 万 t，占全球 75% 以上，2015 年达到了 3 476.27 万 t。短短几十年，我国一跃成为世界上食用菌产量最多的国家。

完善示范期、全面推广期的主要成果，将在第八节详细叙述。

第八节
我国食用菌产业的崛起

一、我国食用菌传统栽培时期生产状况的简要回顾

裴维蕃先生在他 1952 年所著《中国食菌及其栽培》一书的第 111 页指出"培制纯菌种是改良食菌栽培的基础。我国现有的主要食菌栽培事业如香菇、草菇、银耳、木耳和茯苓等，都还保持着原始栽培的状态。"裴先生所指"原始栽培的状态"即是靠"孢子天然接种"或"草引"、"木引"、"肉引"接种的半自然半人工栽培水平。裴先生还指出"现代人工引种法和科学的食菌栽培必须先认识食菌的生理，以及它们的生长习性。有了这种基础，则培制纯菌种就并非难事"。寥寥数语明确告诉了我们，我国食用菌生产从依靠经验为主导的传统栽培走向运用大型真菌生物学知识为指导的新法栽培的关键。

裴维蕃先生的《中国食菌及其栽培》一书，除总结了他亲自调查得到的我国那个历史时期食用菌栽培的主要种类、地区、产量、销售和栽培技术状况外，同时也介绍了近代食用菌的生物学基础知识与纯菌种的培制方法，以及他对几种野生菌的驯化成果。

1956 年以前，我国食用菌生产尚未运用人工接种纯菌丝体菌种的技术。栽培洋蘑菇（双孢蘑菇），大都向外国种子公司购买英国的砖状菌种或法国的片状菌种（均非纯种）。其他几种有一定栽培规模的种类，如香菇、草菇、木耳、银耳、茯苓等的栽培水平，基本上仍处于半自然半人工状态，靠自然温度生长出菇。关于香菇的栽培水平，张素祥、罗宽华还有较详细的报告："1958 年至 1960 年，我们和有关单位曾对广西、广东、福建三省（区）的香菇生产进行了调查。当时栽培香菇，大都是几百年来传下的较老的方法，即砍树后去枝、砍放水口、砍花和遮拦，然后等待香菇孢子自然落入砍花口内接种。极少数地区用旧菇木的菌丝或将鲜菇捣碎（利用菇内的孢子）来接种，这虽然比自然接种好，但效果并不显著。"

草腐菌双孢蘑菇小规模栽培分布在像上海等发达城市的郊区；草菇主要栽培区分布在广东、广西以及江西与福建的南部产水稻的气候炎热地带。木腐菌的香菇、黑木耳、银耳、茯苓等 4 种，香菇主产安徽、浙江、福建、江西、四川以及贵州和广西交界之山区；黑木耳主产四川、贵州、湖北、河南、黑龙江、陕西等省的山区；银耳主产四川、

陕西、湖北和贵州等省的山区；茯苓主产陕西、河南、山西、湖北、安徽、浙江、福建、云南等省的山区。

晚清和民国年间，我国的一些有识之士先后引进了西方和日本的近代先进的种菇技术与科学的真菌学理论知识，但仍处于传播知识、宣传普及与小面积探索试验阶段，尚未大面积在生产中推广应用。运用近代真菌学基础理论知识，人工培养、接种纯菌丝体菌种，以及按照食用菌的生物学特性进行的新法栽培技术，来指导发展食用菌生产，大体起步于1950年。在此基础上，继续进一步深入研究，反复试验消化吸收创新，1960年前后才小面积试验推广，并逐步采用了"人工培养的纯菌丝体菌种接种菌床或段木"，按生物学特性进行管理，即"新法栽培"。1970年前后进一步推广，1978年改革开放后，才在全国全面普及。随着新技术的不断出现，有力地推动了我国食用菌产业的迅速崛起。

回顾我国近代食用菌生产技术进步的历史，我们不能不回忆起在真菌学领域辛勤耕耘的老前辈们，正是他们的长期不懈努力，为我国食用菌产业的崛起奠定了坚实的科学理论与技术基础。

二、大型真菌资源调查及食用菌培育技术应用研究概况

食用菌生产的发展，离不开真菌学研究的理论基础。1950年以前我国真菌学的研究零星分布于植物研究所或微生物研究所、综合性大学或师范院校的生物系、农林院校的植保系或森保系内。1950年以后，随着我国科学技术事业与农业的发展，在真菌学理论与应用领域，有不少学术机构和科技人员做了大量的调查和实验研究，为食用菌产业由以经验为主导的传统栽培向运用大型真菌生物学知识为指导的新法栽培转变奠定了基础。

（一）中国农业大学的调查及研究简况

1950年裘维蕃到北京农业大学（现中国农业大学）任教，在从事植物病理学教学与研究的同时，总结了他多年来关于食用菌栽培的调查研究结果，1952年编著出版了《中国食菌及其栽培》，1957年编著出版了《云南牛肝菌图志》。《中国食菌及其栽培》，是20世纪50年代总结我国历史上食用菌产业状况与传统经验的栽培技术、介绍近代真菌科学知识与先进栽培技术为主的第一部著作，具有承前启后的作用。

1974—1977年期间娄隆后教授即在北京怀柔、密云、延庆山区推广新法接种木耳技术。1978年5月，娄教授高瞻远瞩，以战略科学家的眼光，向国务院提交《我国食用菌事业大有作为》的报告。国务院极为重视，有关领导批示农业部、外贸部、全国供销合作总社"要抓食用菌发展"。1978年5月29日，上述三部门联合向国务院提交了《关于发展食用菌的生产和科研工作报告》。国务院批准了这个报告，同时要求各省、市、自治区党委要指定专人加强对食用菌的领导，强调国家要对贫困地区食用菌生产加以扶持。从此，我国食用菌资源开发、生产、科研、市场发生了巨大的变革。娄教授1978年在国内首先招收食用菌硕士研究生，培养食用菌高级科技人才。1982年3月北京食用菌协会成立，娄隆后任理事长。令人非常惋惜的是正当娄教授尽力为我国食用菌事业发展大展宏图的时候，1983年为引进我国第一条双孢蘑菇工厂化生产线，同天津市静海县领导在意大利考察期间不幸遭遇车祸，造成终身残疾，自此失去了他在最好年华继续为食用菌产业做更大贡献的机会，使我国食用菌界受到重大损失。

（二）中国科学院微生物研究所的调查及研究简况

1953年在中国科学院植物研究所内建立了真菌植物病理研究室，由戴芳澜任主任；在该研究室的基础上，于1956年在中国科学院建立应用真菌研究所，由戴芳澜任所长；1958年底应用真菌研究所与中科院的北京微生物研究室合并，改名微生物研究所，仍由戴芳澜任所长直至1973年他去

世。在该所设有真菌学研究室，开始招收研究生并建立真菌标本室和菌种保藏室。1963年出版了邓叔群的专著《中国的真菌》，1975年编写出版了《毒蘑菇》《灵芝》；1976年编写出版了《真菌名词及名称》；1979年出版了戴芳澜遗著《中国真菌总汇》。戴芳澜先生是中国真菌学的创始人。20世纪80年代初该所应建浙、赵继鼎等还出版了《食用蘑菇》一书，这是第一部全面介绍我国食用菌资源的著作，总结了中国科学院微生物研究所自建所以来野外调查大型食用真菌的成果，为我国食用菌栽培的发展提供了丰富的种质资源。

（三）华中农业大学的试验及研究简况

杨新美先生1952年由武汉大学转入华中农学院（现华中农业大学），1954年发表了《中国的银耳》，介绍银耳芽孢菌种分离、接种技术。1960年在贵州推行银耳新法栽培技术，1965年在湖北保康县推广银耳人工接种技术，使产量增加7～8倍。1971年在湖北黑木耳生产老区推广"三改一放"（改阴坡为阳坡、改分散为集中、改长杆为短杆，冬季把长杆放倒排场）、提早砍杆、合理密植、人工喷灌等新技术。1972编写了《黑木耳香菇栽培技术》。1978年开始招收食用菌硕士研究生，培养高层次人才。同年在华中农学院成立应用真菌研究所，又称湖北省食用菌研究所。1979年受中国土畜产进出口总公司委托，杨新美先生主持香菇优良菌株的驯化及选育的研究。他亲自率领教师及学生到湖北随州市设点开展试验。经过3年试验从23个国外引进的香菇菌株中，评选出适合我国大部分地区栽培的两个良种"7925"和"7917"。在20多个省、市、自治区推广，受到好评。这项成果1982年获得国家经贸部科技成果三等奖。杨先生是我国食用菌栽培技术研究与新技术推广的奠基人。他常说"科学的最终价值在于应用"。他经常深入基层推广科技成果，足迹遍及湖北、陕西、江西、云南、贵州、四川等省边远和贫穷地区，采用"两带一指导"的方法（带试验经费、带香菇良种、指导栽培技术），帮助当地农民发展生产。当地菇

农尊称他为"菇神"，1989年国家教委、农业部、林业部联合授予他"在科技扶贫中有突出贡献的教师"的称号。

（四）上海市农业科学院食用菌研究所的试验及研究简况

1955年上海市农业试验场设立食用菌研究组，1956年上海市农业试验场改为上海市农业试验站，1959年7月成立上海市农业科学研究所，1960年5月上海市农业科学研究所扩建为上海市农业科学院，下设食用菌研究所，陈梅朋（1902—1968）任所长。1970—1980年期间食用菌研究所与园艺研究所合并，1980年底拆分恢复。

1950年陈梅朋先生在大华农场工作期间，担任农业技术专家，编写了《蘑菇栽培及菌种育制法》。1956年上海市农业试验站首次利用稻草试种草菇成功。1957年，在他的主持下，经过4年的努力，在国内首次分离培养出银耳纯菌种，并进行接种于木屑培养基的试验，获得出耳率高（一般都在80%以上）、纯度高的结果，为国内大面积利用段木、木屑生产银耳提供了有效途径。1958年，采用猪牛粪代替马粪栽培蘑菇，获得成功。1960年，上海郊区的蘑菇生产面积迅速扩大，栽培面积较1949年增加了300倍。1959—1960年，陈梅朋先生还先后组织技术力量进行了野生灵芝组织分离和猴头菌驯化工作，首次在国内分离出灵芝纯菌种和猴头菌纯菌种，为国内开发利用药用菌开辟了新途径。在担任食用菌研究所所长期间，陈先生还承担了上海郊区及全国食用菌生产技术推广工作。1957年开始，在上海办起了各种类型的食用菌技术培训班，以后又把培训工作推行到全国各省市区、各行业和基层单位。在短短的几年中，形成了一支庞大的食用菌技术队伍，据1960年统计，当时全国有近20万人的专业人员从事食用菌生产，从而将国内的食用菌事业推向一个新的发展阶段。

20世纪60年代初，陈梅朋带领研究人员，深入湖北、内蒙古一些深山老林，调查种质资源，并

中国食用菌发展历史、现状与展望

采集了一批野生菌，为深入研究和开发利用国内丰富的食用菌资源提供了第一手资料。在他的组建下，上海食用菌研究所从单一的蘑菇起步，发展到从栽培到育种包括食用菌、药用菌十几个菇类的专业化科研机构，对全国食用菌科研的发展起了推动作用。陈先生是我国专业从事食用菌研究的先驱。他先后编辑出版的专业书籍除《蘑菇栽培及菌种育制法》外，还有《蘑菇和草菇》，《食用菌栽培技术问答》，《食用菌栽培》（陈梅朋先生执笔）。20 世纪 70 年代陈先生培养的食用菌科技人员以上海市农业科学院园艺研究所或黑木耳栽培技术编写组署名编写出版了《蘑菇栽培技术》（1973 年）、《银耳栽培技术》（1975 年）和《黑木耳栽培技术》（1975 年）。陈梅朋先生是新中国第一代终生从事食用菌专业研究的科学家，是我国食用菌产业发展的奠基人。

（五）三明市真菌研究所的试验及研究简况

1962 年 12 月 25 日福建省组建三明地区真菌试验站，从事食药用真菌分类、遗传育种、栽培技术和深加工等试验研究，同时先后翻译与编写了《茯苓平菇朴菇》《福建之银耳栽培》《银耳生活史之研究》《银耳纯菌种的分离》《银耳的人工栽培》《蘑菇栽培参考资料》（1964 年）《平菇：人造口蘑的栽培方法》（1977 年）《香菇栽培新技术》《草菇》（1977 年）《食用菌栽培法基础知识》（1969 年）《黑木耳及其栽培》（1977 年）等，发表了论文《银耳孢子的萌发及其在瓶栽中的应用》《银耳氨基酸的定性与定量》《茯苓纯菌种的培育方法》（1977 年），编辑出版《真菌实验》杂志（1964—1984，12 卷 300 多万字）。1978 年更名为三明市真菌研究所，首任所长徐崇暇，继任所长黄年来。该单位成立以来，在全国范围内研究及推广银耳、香菇、蘑菇、草菇、黑木耳、金针菇、平菇、凤尾菇、毛木耳、滑菇、茯苓、灵芝、蜜环菌等十几种食用菌和药用菌的菌种制作、栽培管理技术，培训大量的各级技术人员，提供大量的各种食用菌、药用菌的优良菌株和菌种。是 20 世纪六七十年代我国食用

菌产业开始发展初期的主要启蒙者、推动者之一，为我国食用菌产业迅速崛起提供了多项实用技术与优质菌种。三明市真菌研究所是我国较早专业从事大型真菌与食药用菌育种、栽培研究的单位之一，在食药用菌很多领域有卓越的贡献。

黄年来先生 1961 年大学毕业后即从事真菌研究，进行大型真菌资源考察、真菌生理生化研究、食用菌栽培试验近 40 余年，曾驯化和选育出 20 多种优良食用菌，推广到全国各地，形成规模生产。长期坚持科研和生产相结合，取得了《香菇室内栽培新法》《银耳纯菌种的分离研究》《福建菌类图鉴》（获福建省科技进步奖）等一批科研成果。黄年来先生是终生从事食药用菌研究的科学家，在资源调查、分类、生物学特性、生活史、遗传育种、栽培加工等领域均有很深造诣。黄年来先生全面总结介绍自己的食用菌、药用菌的研究成果并系统总结与介绍国内外科学种菇知识和先进的生产技术，促进全国食用菌产业的发展，深受国内外读者和广大菇农的欢迎。帮助全国各地特别是老、少、边、穷地区的广大农民脱贫致富，取得巨大的经济效益和社会效益。先后获全国五一劳动奖章、福建省五一劳动奖章、福建省劳动模范、全国优秀科技工作者、福建省先进科技工作者等荣誉称号，被选为第六届、第七届全国人大代表，第八届福建省人大代表，1997 年被中国食用菌协会评为有杰出贡献的科技专家，是我国食用菌产业的开拓者。

（六）广东省微生物研究所的研究简况

20 世纪 60 年代，我国著名真菌学家邓叔群先生在广州组建中国科学院中南真菌研究室，1972 年改为广东省微生物研究所，迄今真菌仍是该所的重点研究领域。该所林捷能 1965 年在草菇研究中选育出优良菌株 V23 和 V20，并研究出制种方法及高产栽培技术，其成果获 1979 年广东省科学大会奖。1965 年该所从国内外收集 19 个香菇品种，进行比较试验，选出了大型种香 7、中型种香 9、小型种香 5，与广东省土产进出口公司在广东省翁源县新江公社推广香菇新法接种技术，当年出菇，

增产1～5倍。该所1972年在广东省珠江三角洲水稻产区全面推广新法草菇生产，宝安县栽培面积达千亩以上，成为20世纪70年代我国草菇出口的最大基地。1974年编辑出版了《香菇新法栽培》，介绍了用人工培育纯菌丝体菌种和人工接种段木香菇的新技术。1975年与广东省植物研究所合编《草菇栽培》，推广草菇栽培新技术。广东省微生物研究所是我国较早从事大型真菌研究及食用菌育种研究，推广香菇、草菇新法栽培的单位之一。

（七）山西大学的调查研究简况

刘波教授是我国真菌分类与食用菌栽培研究专家。20世纪50年代初率先研究羊肚菌半人工栽培，1959年第一本介绍食用菌的专著《蘑菇》出版，1964年出版《蘑菇及其栽培》。他还经常走出校门探访山区农民、中医中药界人士，向他们请教，寻求真菌治病单验方，搜集标本。经过数年的努力，结合在实验室对真菌研究的成果，1974年撰写出版了我国第一部《中国药用真菌》，引起国内外真菌学界的重视。日本抢先翻译，在日文《菌蕈》上分期连载，1982年东京自然社结集出版。

1979年美国刊物《真菌学》决定发表刘波的一篇论文，并热情邀请他加入美国真菌学会。不久，刘波用英文撰写的《中国真菌药物》《中国的腹菌》两本专著分别由美国、德国出版。刘波教授被公认是中国地下真菌研究的创始人。

（八）其他单位的研究

20世纪50年代福建农学院李家慎教授研究草菇，沈阳农学院研究蘑菇，辽宁省丹东市杨秉直1959年2月向国家提交了《山区发展栽菌问题报告》，上海师范学院杨庆尧研究蘑菇、银耳，浙江省龙泉县林业局张寿橙研究香菇，河南省农业厅刘纯业1972年研究成功以棉籽壳为培养基栽培多种食用菌，浙江农业大学寿诚学研究蘑菇，以及湖南师范学院彭寅斌、湖南农学院杨曙湘、中国科学院昆明植物研究所臧穆等都在1979年以前对食用菌产业的各个领域较早做了不少贡献，这里恕不一一详述。

三、食用菌新法栽培的适用配套技术集成

（一）生物学特性研究为食用菌生产奠定了基础

1966年中国科学院微生物研究所邓庄的《大型真菌人工栽培的研究》在《植物学报》第14卷第2期发表。该论文研究了木耳 *Auricularia auricuda*、砂耳 *Auricularia hispida*、银耳 *Tremella fuciformis*、猴头 *Hericium erinaceus*、小刺猴头 *Hericium caput-medusae*、茯苓 *Poria cocos*、硫黄菌 *Tyromyces sulphureus*、灵芝 *Ganoderma lucidum*、金顶蘑 *Pleurotus citrinopileatus*、粉褶侧耳 *Pleurotus rhodophyllus*、紫孢侧耳 *Pleurotus sapidus*、香菇 *Lentinula edodes*、雷蘑 *Clitocybe gigantea*、球根蘑 *Tricholoma bulbigerum*、冬菇 *Collybia velutipes*、长根菇 *Collybia radicata*、白环蕈 *Armillaria mucida*、黄伞 *Pholiota adiposa*、银丝菇 *Volvariella bombycina*、草菇 *Volvariella volvacea* var. *heimii*、洋蘑菇 *Agaricus bisporus*、大肥菇 *Agaricus bitorquis*、紫菇 *Agaricus rubellus*、小孢毛鬼伞 *Coprinus ovatus* 和长根静灰球 *Bovistella radicata* 等25种食用菌的菌种和普通实验用的培养基、液体培养基、木屑培养基等培养时所需营养、pH、温度、湿度、光照、通气以及接种至出菇所需时间等。其中有15种先后长出了子实体，并根据子实体分化对温度的要求划分为三个类型：低温型（子实体分化最高温度不超过24℃，最适温度在20℃以下，如香菇、冬菇、洋蘑菇、紫孢侧耳等）、中温型（子实体分化最高温度不超过28℃，最适温度在20～24℃，如大肥菇、紫菇、黄伞、木耳、银耳等）、高温型（子实体分化最高温度30℃以上，最适温度在24℃以上，如草菇、银丝菇、粉褶侧耳、长根菇等）；又根据子实体发生对温度的反应，分为变温型（变温处理对子实体分化有促进作用者，如香菇、紫孢侧耳等）和恒温型（变温处理对子实体分化无促进作用者，如草菇、银丝菇、黄伞、木耳、大肥菇、猴头等）。这是用现代科学手

段实验研究食用菌生物学基础和栽培方法最全面系统的第一篇论文，为我国食用菌新法栽培提供了理论依据。

（二）银耳栽培技术的突破

1. 银耳菌丝体菌种的研究及在生产中的应用 四川、贵州、湖北、福建等传统产地的银耳经验栽培，过去沿用原木引诱法生产，依靠孢子天然播种，接种成功率低，每 100 kg 段木仅产干耳 50～100 g。1960 年以来，华中农学院杨新美先生在贵州、湖北推广液体芽孢菌种，可提前 1 年出耳，增产 1 倍以上，在四川涪阳召开的全国银耳生产现场会上，这一技术得到进一步推广。

早在 1957 年，上海市农业试验站陈梅朋即着手进行银耳纯菌丝体菌种分离培养研究，并于 1961 年获得成功。1962 年陈梅朋及其同事孙华瑜、陈锡凤、王标等人，完成银耳菌种驯化和段木的人工栽培技术研究，先后在浙江临安、江西大茅山进行银耳段木人工接种试验，获得成功。随后上海师范学院杨庆尧、福建三明地区真菌试验站等亦开展了相关研究工作。1962—1964 年，福建三明地区真菌试验站黄年来、吴经纶、徐碧如、黄兰妹等，在国内外研究的基础上，系统地进行银耳菌种分离、菌种生产和室内外段木和瓶栽研究。首次明确了银耳菌种与伴生菌的关系，这一突破为银耳菌种制作奠定了科学基础。1964 年徐碧如发现，银耳纯菌丝在无菌培养基上能正常生长，胶质化，形成耳片，完成生活史，但培养基不会变成褐色，从而否定了以前认为银耳菌丝是羽毛状菌丝（后来认定为香灰菌丝）的观点，并提出羽毛状菌丝是一种耳友菌丝的观点。鉴于银耳担孢子难以萌发，黄年来系统地研究银耳耳木菌丝分离法和银耳菌种生产方法，大大提高了银耳菌种的成品率。20 世纪 60 年代中期，银耳菌丝体和伴生菌混合培养的菌种用于生产实践，并形成了银耳纯菌丝加纯香灰菌丝或银耳酵母状分生孢子加纯香灰菌丝的一套实用的银耳菌种生产方法，使每 100 kg 段木干耳产量提高到 0.5～1.5 kg。推动了段木栽培银耳技术全国性推广

应用，这为 70 年代银耳代料栽培奠定了技术基础。

2. 罐头瓶和塑料袋代料栽培银耳技术的突破推动了银耳产业化 上海市农业科学院食用菌研究所、福建三明地区真菌试验站，于 1960 年先后研究成功的木屑瓶栽银耳虽能瓶内开片，但因手续繁琐，产量低，难以在生产中大面积推广。1974 年福建省古田县食用菌研究所姚淑先，在银耳瓶内开片的基础上，改进了瓶栽技术，把瓶内开片改为瓶口开片，这一方法，可以大面积生产，使银耳瓶栽成为一种商品银耳的生产方式，很快在全国得到推广。1979 年福建古田县戴维浩首先采用塑料袋作为栽培容器栽培银耳获得成功，并迅速在福建、山东、河南等省推广，这一方法目前仍是我国银耳生产的主要方法。姚淑先著的《瓶栽银耳技术》一书 1982 年由农业出版社出版，该书系统总结了瓶栽银耳的整套生产工艺。

（三）香菇纯菌丝体菌种的研制和栽培技术的创新

1. 香菇孢子粉菌种及"木引法"的木片菌种 我国是世界上栽培香菇最早的国家。据考证，浙江的龙泉、庆元、景宁是世界上香菇栽培的发源地。龙泉李师颐于 1931 年开始，进行新法栽培香菇的研究，成立了当时我国第一个香菇专业改良农场——龙泉县香菇种子繁育场，并得到当时政府部门的扶植，上海中国农业书局于 1939 年出版了由他编著的《改良段木种菰术》。书中明确了砍花法利用自然的孢子进行栽培的原理。1959 年张寿橙还从李师颐家的楼梯头发现数包 1936 年制的孢子粉菌种。同时书中还介绍了"木引法"：用出菇良好的红栲菇木边材连同皮层，切成长 4～5 cm、宽 2 cm、厚 0.5～1 cm 的木片，在新的原木伐后，稍经自然干燥，以利斧凿穴，将木片嵌入，再以原树皮覆盖，钉上竹钉，株距 30～40 cm，行距 10 cm。李氏称此为"木引法"或"嵌入法"。孢子粉菌种和木片菌种的使用，为我国进一步研究香菇纯菌丝体菌种奠定了基础。

2. 香菇纯菌丝菌种的研制和段木栽培技术的试

验推广 1956年上海市农业试验站陈梅朋先生研制香菇木屑菌丝体菌种获得成功。1957—1958年春，商业部门组织江西景德镇进行段木接种试验，1959年上海市农业试验站和龙泉县食用菌试验站合作，在龙泉县进行25种树种的原条（长条原木）和段木接种试验，并获得成功，奠定了香菇段木接种栽培新法的基础。其后这一新法逐渐在福建、广东、江西等省推广。在此期间，裘维蕃《中国食菌及其栽培》（1952年）、上海市农业试验站《食用菌栽培》（1959年）、张芸（即张寿橙）、李萍《香菇栽培方法》（1960年）等书相继问世，为香菇段木栽培法的推广提供了必要的理论知识和技术方法。20世纪60年代，上海市外贸公司、福建省土特产品进出口公司、广东省外贸公司做了大量的香菇段木栽培的组织和推广工作，促进了香菇生产的发展。中国科学院中南真菌研究室（广东省微生物研究所的前身）的张素祥、罗宽华等人，福建三明地区真菌试验站的黄年来、许承诺、吴经纶等人，对香菇的生物学特性、菌种制作方法、段木的树种、段木栽培方法等进行了许多方面的研究，并翻译大量日本香菇栽培新技术的书籍和论文，使段木接种栽培香菇的新方法迅速得到普及和提高，培养了大批的技术骨干。在各地外贸、商业、供销部门的大力协助下，段木接种技术先后在广东、广西、福建、江西、浙江、湖北、陕西、安徽、河南、湖南、贵州、四川等地陆续推广。自此我国香菇栽培经历800多年的砍花法之后，逐步向以纯菌丝菌种接种的技术前进，生产力得到飞速发展。1974年广东省微生物研究所编写的《香菇新法栽培》一书，由广东人民出版社出版。该书总结了用菌种接种段木的栽培技术和纯菌种的培育方法。1978年开始，浙江省龙泉、庆元、景宁三县10多万专业菇民利用传统的砍花法优势，结合菌丝体菌种接种技术栽培香菇，产量大幅度提高。

3. 木屑代料栽培香菇的试验成功和在生产中的推广 1964年上海市农业科学院何园素、王曰英等人采用木屑代替段木栽培，菌丝长满木屑后压块

出菇获得成功，创造了每平方米产鲜香菇2.5 kg的纪录。1974年引进日本香菇菌种"7402"，经过4年的栽培试验，在嘉定县马陆人民公社栽培1 000 m²，每平方米鲜菇产量达11 kg。"7402"香菇菌种适宜于木屑栽培，成为我国代料栽培香菇的第一个当家品种。1978年在上海郊区嘉定、川沙等地推广，使上海嘉定成为全国木屑香菇栽培中心，并推广到江苏、广西、陕西、四川等地。1985年，上海市农业科学院食用菌研究所完成的"香菇木屑栽培及良种选育"获国家科学技术进步三等奖。福建省古田县彭兆旺等在银耳袋栽成功的基础上，分析和选择性应用压块法的技术成果，应用三明市真菌研究所新育成的Cr-01、Cr-02杂交菌种，进行大田袋栽香菇试验，1984年创造了大田袋栽香菇新技术，使每100 kg木屑半年时间内产干香菇7～9 kg，仅3年时间，福建全省就推广到8个地市36个县。1986年福建省推广袋栽香菇已达1.4亿袋，产量达8 000 t，占全国产量的35%。古田县也成为全国著名的香菇基地县。我国1987年以来，木屑袋栽香菇新技术迅速推广应用，产量直线上升，1990—1992年干香菇年产量连续逾3万 t，超过了日本，居世界首位。木屑袋栽香菇成功，是一次数量型的革命。

2008年上海市农业科学院食用菌研究所潘迎捷、谭琦等完成的研究成果"香菇育种新技术的建立与新品种的选育"获国家科学技术进步二等奖。这一成果在生产中的推广应用对增加香菇单产、提高香菇品质发挥了巨大的作用。

4. 花菇培育技术的创新 花菇由于生长期长、外观花纹自然秀丽、肉厚细腻、营养价值高、口感润滑而深受消费者的欢迎，市场上货少价高，是历来香菇栽培者获取高额利润的追求。20世纪90年代初，浙江省庆元县、福建省寿宁县采用高棚层架袋栽香菇的方法，提高了花菇发生率，增加了香菇栽培的经济效益。寿宁县从1991年栽培花菇，到1996年达到1亿袋，产值5.7亿元，占农业总产值的53.3%。但是，由于自然条件限制，空气相对湿

度较高，花菇中多为茶花菇。河南省泌阳县于20世纪80年代从福建古田引进香菇袋栽技术，并进行了花菇栽培技术研究，1992年形成了花菇小棚大袋秋栽冬季立体培育技术，花菇率可达85%以上，白花菇率可达35%以上，提高了香菇栽培的经济效益。这一技术很快在国内北方几省推广，把我国香菇栽培技术提高到一个新的水平。白花菇的培育成功是一次从数量型向质量型的飞跃。姚淑先、张寿橙编写的《花菇栽培新技术》（中国农业出版社，1997年）和贾身茂等编写的《泌阳花菇》（河南科学技术出版社，2001年）都对花菇栽培技术进行了很好的总结。

河南省西峡县是我国北方香菇生产的后起之秀，由于实施标准化生产，"西峡香菇"成为知名品牌，2010年，西峡县出口香菇7 422 t，出口额11 874万美元。

（四）棉籽壳的利用推动了食用菌代料栽培的发展

河南省农业厅刘纯业在下放南阳市环城公社北关7队劳动期间，于20世纪70年代初，进行了多种农业有机废弃物栽培食用菌的试验研究，1972年试验成功以棉籽壳为培养基栽培多种食用菌，并获1980年河南省重大科技成果奖。特别是成果中的棉籽壳生料栽培平菇的技术，由于操作简单、产量高、生产周期短，迅速在河南省和全国各地推广，使平菇很快成为我国的大众化蔬菜。同时也推动了玉米芯、玉米秸、甜菜渣、甘蔗渣、豆荚、豆秸、废棉等代料栽培食用菌的发展。据商业部1978在青岛会议上发布的信息，河南南阳、河北晋县、湖北天门成为我国第一批利用棉副产品发展平菇生产的基地。棉籽壳等的农业废弃物栽培食用菌成功，使平菇等食用菌代料生产在全国迅速发展，成为近40年我国食用菌产业迅速发展的重大技术支撑。

（五）双孢蘑菇良种选育和栽培技术的改进

1956年陈梅朋研制蘑菇菌种成功，结束了进口英国砖状菌种的历史。1957年以前，上海栽培蘑菇的培养料均是马粪，上海市农业试验站陈梅朋首次以牛粪代替马粪，与稻草堆积发酵后栽培蘑菇成功。但直至1977年一直是从国外购买或引进菌种，使用期间，多采用菌丝转管、组织分离或多孢分离，造成菌种老化、退化，产量降低。1978—1979年香港中文大学张树庭教授引进了二次发酵技术和法国高产菌株176等，轻工业部组建了全国蘑菇科研协作网，1979年、1980年、1981年分别在福州、上海、杭州举行了第一届、第二届和第三届协作网会议，并组织福建省轻工业研究所、轻工部食品发酵工业科学研究所、浙江农业大学和上海市农业科学院食用菌研究所等单位共同承担国家"五五"蘑菇科技攻关项目"蘑菇罐藏优良菌株选育和提高单产研究"，对引进的各类蘑菇菌株进行多点比较筛选，对二次发酵技术因地制宜地进行示范推广，促进了全国蘑菇栽培的发展。"六五"期间，为了进一步提高菌种质量，继续推广培养料二次发酵技术，国家轻工业部再次组织福建省轻工业研究所、轻工部食品发酵工业科学研究所、浙江农业大学、上海市农业科学院食用菌研究所和四川省轻工业研究所共同承担了国家"六五"科技攻关项目"蘑菇罐藏新菌株选育、提高单产和罐头生产技术研究"（1983—1985）。福建省轻工业研究所在王贤樵教授的指导下，开展了育种和提高栽培技术的科技攻关。经过3年的努力，王振川等在育种中把平均单孢萌发率10%左右提高到60%以上，从引进的高产和优质菌株中分离出近千个单孢分离物，获得了10株具有较好种性的菌株，其中"闽一号"菌株在全国推广使用。同时，王泽生等以同工酶为遗传标记，用凝胶电泳方法预测菌株主要农艺性状，鉴定同核体和杂交子代，分析子代遗传变异，建立起双孢蘑菇同核不育菌株杂交育种技术，先后推出偏G型的杂交新菌株As376、As555、As1671等和HG4型新菌株As2796系列，这是我国具自主知识产权的首批双孢蘑菇新品种。柯家耀等研制出了自然升温再控温的巴氏消毒法，采用保温培养有益微生物的蘑菇培养料节能二次发酵新技术，在福建产区推广。福建省轻工业研究所还开展了液氮保种等研究，使福建双孢蘑菇走上科学生产的道路。在此期间，浙江农业大学、轻工部食品发酵工业科学研究所、上海市农业科学院食用菌研究所等也在科技攻关中取得了成果，该项目于1986年获得国家"六五"科技攻关奖。一系列的技术进步使我国双孢蘑菇生产和科研跻身世界先进行列。

福建省双孢蘑菇生产的悠久历史和产业规模，使漳州市成为我国最大的双孢蘑菇生产基地和双孢蘑菇生产罐头最大的出口基地，产品遍及欧盟、东南亚、中东、美国、加拿大、俄罗斯、日本、韩国等地区和国家，年出口量接近全国蘑菇罐头出口总量的80%。

2012年福建省农业科学院食用菌研究所王泽生、廖剑华等完成的"双孢蘑菇育种新技术的建立与新品种As2796等的选育及推广"获国家科学技术进步二等奖。这一成果在生产中的推广应用大大地促进了我国双孢蘑菇的生产，As2796等新品种在全国的双孢蘑菇生产中发挥了巨大的增产作用。

（六）黑木耳代料栽培与良种选育

黑木耳是我国传统的食用菌之一，历史悠久，其人工栽培经历了四个阶段：一是孢子自然接种，即将砍倒的树木排放在温暖湿润的林间地上，让木耳孢子自然飘落传播接种，属于原始人工栽培；二是人工孢子液喷洒接种；三是菌丝体菌种接种，段木栽培，菌丝体菌种的研制成功是关键的技术；四是代料栽培，以木屑、棉籽壳等为主料，采用塑料袋培养，立袋开口出耳。这是我国目前黑木耳栽培的主要方法，已推广应用数十年。在黑木耳代料栽培技术的研究中，黑龙江省科学院应用微生物研究所、东北林业大学科学技术研究院、吉林农业大学、河北省科学院微生物研究所、辽宁省朝阳市食用菌研究所等单位都做了大量工作。与此同时，许多单位开展了黑木耳良种选育工作，如黑龙江省科学院应用微生物研究所选育出的8808、黑29、931、Au86、黑威9号等，上海市农业科学院食用菌研究所选育的沪耳3号，福建三明市真菌研究所

选育的Au8129，吉林农业大学选育的吉Au1号、吉Au2号，中国农业科学院农业资源与农业区划研究所选育的中农皇天菊花耳和黑缎等，吉林省敦化市明星特产科技开发有限责任公司选育出的吉杂1号，吉林农业大学和吉林省敦化市明星特产科技开发有限责任公司选育的丰收2号，河北省平泉县希才应用菌科技发展有限公司选育的黑A等。

（七）金针菇良种选育及周年栽培技术

黄年来先生1964年就开始了金针菇野生种质的采集工作，1979年郭美英等开始系统地进行金针菇形态、农艺特性、育种和栽培技术研究。1982年在国内选育出第一个优良菌株三明1号，并与福建泉州罐头厂合作生产出第一批金针菇罐头3.46 t。同时研制出一套金针菇高产栽培配方和塑料袋生产工艺。该工艺充分利用了我国来源丰富、取材方便的农副产品下脚料棉籽壳、木屑、蔗渣、稻草粉、油茶果壳、玉米秆等，改变了日本单纯用木屑和麦麸为原料的瓶栽生产工艺。该成果自1984年1月鉴定后，一年内全国就有52家科研单位或菌种厂引种，全国各主要城市的市场上开始有新鲜金针菇产品上市，1986年我国金针菇罐头逾1 000 t。之后，郭美英又根据国内外市场的需要，以三明1号和日本的信浓2号为亲本，杂交选育出杂交19号高产优质新品种。该品种具有三明1号菌丝生长快、出菇早、产量高、栽培周期短、抗病力强的优点，又具信浓2号菌盖不易开伞、呈浅黄色、微光栽培近白色、外观好、生物学效率达100%、优质稳产等特点，受到罐头厂和栽培者的喜爱。杂交19号很快在全国推广，1990年我国金针菇的产量已超过日本，成为世界上金针菇产量最多的国家。福建泉州罐头厂作为全国第一家生产金针菇罐头的厂家，至1989年生产杂交19号品种的金针菇罐头逾5 000 t。之后浙江常山县微生物厂引进三明市真菌研究所杂交19号优良菌种和技术，成为全国第二家发展更快、规模更大的金针菇罐头厂家。与常山相邻的江山县（现改名为江山市）利用这一优势，迅速发展金针菇生产，成为当今我

国金针菇的主要产地之一。与此同时，上海师范大学生物系、上海市农业科学院食用菌研究所、山西原平农业学校、河北省科学院微生物研究所、华中农业大学、福建农学院等也先后选育出数个金针菇优良菌株。20世纪90年代，金针菇栽培已遍布全国，成为我国最大宗栽培的食用菌之一。

日本于20世纪60年代初发明了冷房金针菇瓶栽工厂化技术，由于投资大，在我国难以普遍使用。90年代初，福建晋江的许家庭塑料袋"再生法"周年栽培金针菇获得成功。之后漳州农校的林光华、福建农学院黄毅等进一步加以完善，使我国创造的"再生法"塑料袋栽冷房周年栽培更适合我国国情。其主要技术特点，一是利用固定建筑物为菇房，兼顾金针菇生物学特性和生产管理，以40 m²为一生产单元，菌丝培养室和出菇房的比例为7:3，房间数目多少以产量规模而定；二是菌丝培养室和出菇房用制冷机自动调控温度，缩短生产周期，达到周年出菇常年供应市场；三是采用工业设备，半机械化生产，降低劳动强度；四是引入自动化控制设备，实现温度控制自动化。

目前，我国金针菇基本上实现了工厂化周年生产。

（八）多种野生食用菌驯化栽培成功

1. 猴头菌、竹荪和口蘑　1982年6月广东省微生物研究所林捷能等人工驯化栽培野生短裙竹荪获得成功，第一批人工栽培产品作为商品进入香港市场。1983年"短裙竹荪室内栽培技术"获国家技术发明奖三等奖。上海市农业科学院食用菌研究所完成的"猴头菌人工培养技术"，1988年12月获国家技术发明三等奖。河北省张家口市农业科学研究所研究完成的"口蘑驯化栽培技术"，1993年获国家技术发明三等奖。

2. 阿魏蘑、白灵菇　阿魏蘑又名白阿魏蘑、阿魏侧耳、阿魏菇，每年4～6月自然发生于我国新疆荒漠区，生于伞形科植物新疆阿魏的根或茎基部。20世纪50年代，中国科学院生物资源考察队在新疆北部荒漠区考察，所采集的标本经邓叔群先生鉴定并记载于《中国的真菌》一书中，命名为阿魏菇（Pleurotus ferulae），明确了其科学名称和分类地位，并列为新疆特产。以后也有阿魏侧耳的记载（戴芳澜，1979年）。

中国科学院新疆生物土壤沙漠研究所于1983年开始阿魏蘑的驯化工作。在对其形态特征、分类地位、氨基酸含量、生活条件、菌丝培养特征、驯化栽培等研究中，观察到分离的野生菌株K001、K002与K005在培养特征上不同。1986年又在新疆木垒采集到K111标本，在进一步研究中发现，K005、K111子实体外部形态与菌丝培养特征上，与阿魏侧耳显著不同，定名为阿魏侧耳托里变种（Pleurotus eryngii var. tuoliensis）（曹玉清、牟川静等，1987年）。在K001、K002、K005菌株驯化栽培中，发现在不添加寄主植物新疆阿魏根屑的由棉籽壳、云杉木屑、麸皮等原料组成的培养基上，也可以形成子实体。此后，人工栽培得到推广，从新疆逐步推向了全国。有学者之后考证，将阿魏侧耳托里变种（Pleurotus eryngii var. tuoliensis）定名为白灵侧耳（Pleurotus nebrodensis）（卯晓岚，2000年）。陈忠纯等通过单孢分离、单孢配对，从K002的73个子代菌株中筛选到一个自然变异菌株KH2。后又报告从KH2菌株栽培子实体中组织分离，分别编号为K2、K3、K5和K190，在福建、新疆等地推广。近年我国又选育出了新的高产、优质菌株，如中国农业科学院农业资源与农业区划研究所选育的中农1号、中国农业科学院农业资源与农业区划研究所和四川省农业科学院土壤肥料研究所共同选育的中农翅鲍、华中农业大学选育的华杂13等。目前，KH2、中农1号、中农翅鲍、华杂13均已通过国家食用菌品种认定。

2010年，经黄晨阳等研究，白灵侧耳的拉丁学名定为Pleurotus eryngii var. tuoliensis。2015年，李玉等在《中国大型菌物资源图鉴》中，将该物种（Pleurotus eryngii var. tuoliensis）的中文名称定为刺芹侧耳托里变种，异名或商品名为白灵侧耳、白灵菇。

3. 茶树菇　又名茶薪菇、杨树菇、柳环菌、柳松茸，中文名称柱状田头菇，拉丁学名 *Agrocybe cylindracea*。我国野生资源丰富，福建、江西、贵州等省都有分布。20 世纪 70 年代三明市真菌研究所获得栽培菌株，并形成了相应的栽培技术。黄年来在国内首先提出要发展杨树菇生产，并多次撰文介绍栽培方法。茶树菇 20 世纪 90 年代开始在福建、江西等省大面积推广。

4. 金福菇　又名巨大口蘑、大白口蘑，中文名称洛巴伊大口蘑，拉丁学名 *Macrocybe lobayensis*。1992 年，卯晓岚先生首次在香港中文大学校园内凤凰木（*Delonix regia*）树桩旁草地上采到巨大口蘑的标本，其后在我国福建厦门、三明也有发现。三明市真菌研究所对巨大口蘑进行了驯化栽培，成功后首先在福建等省推广。

此外，我国驯化栽培成功的种类还有雷蘑、榆耳、长根菇、紫丁香蘑、大杯伞、高大环柄菇、大肥菇等近百种。

总之，一系列研究成果主要解决了食用菌新法栽培的以下重要关键技术：①菌种制作与保藏技术。过去，我国木腐食用菌栽培几乎完全是砍花式半人工栽培，单产很低，严重制约生产的发展。菌种分离、菌丝纯培养和菌种制作技术与工艺的规范，促进了人工接种技术的推广应用，实现了菌丝体菌种的使用，大大提高了产量，确保了效益。同时，菌种保藏方法的成熟，使菌种的经济性状稳定，激励了栽培者的积极性，促进了产业的扩大。②优良品种和配套栽培技术。引进和培育出了生产急需的优质高产新品种，并形成了与之配套的栽培技术，提高了栽培者的生产效益。③开拓了培养料来源。木腐菌由过去的主料完全靠木屑拓宽为棉籽壳、玉米芯、棉秆、豆秸、花生秧等农作物的秸秆、皮壳等，特别是棉籽壳成为多数食用菌都可利用的丰产性最好的培养料。④改变了栽培方式，达到了节本增效，高产优质。以塑料袋栽培代替了原木栽培，成本大大降低。在系统研究食用菌生物学特性和生长发育规律认识的基础上，科学管理，在

单产提高的同时，商品质量显著提高，栽培效益显著增加。⑤生产装备水平的提高。运用了先进的农业设施和工业设备，食用菌生产逐步走向规模化、集约化、机械化、周年化，保证了质量和产量的稳定，形成了规模效益。

四、我国食用菌产业飞速发展取得的主要业绩

（一）理顺了管理体制，建立了法规体系

1. 明确食用菌生产的主管部门　食用菌产业发展初期，存在着供销合作社、林业部门、科委、科协等部门多头管理，对此业界反映十分强烈。身为全国人大代表的黄年来，多次向有关部门反映。终于在 1990 年 5 月 7 日，国务院机构改革办公室对七届全国人大代表会议黄年来等代表第 1912 号建议"国务院对食用菌实行归口（行业）管理的建议"作出答复，明确食用菌生产由农业部归口管理。

2. 食用菌菌种选育、生产经营的管理　1996 年 5 月 28 日农业部发布了《全国食用菌菌种暂行管理办法》，这是我国第一部食用菌菌种管理的规章，明确了农业部主管全国菌种工作。2000 年 7 月 8 日国家主席令第 34 号公布了《中华人民共和国种子法》（简称《种子法》），12 月 1 日起施行。《种子法》首次将食用菌菌种纳入种子法范畴进行管理。《种子法》明确规定"食用菌菌种的种质资源管理和选育、生产、经营、使用、管理等活动，参照本法执行"。此后，农业部根据《种子法》，组织业内各方专家，进行论证，并通过大量的调研工作，反复的意见征询，对原有《全国食用菌菌种暂行管理办法》进行修订。后来又根据《中华人民共和国行政许可法》，制定了《食用菌菌种管理办法》，于 2006 年 3 月 27 日中华人民共和国农业部令第 62 号公布，2006 年 6 月 1 日起施行。

3. 野生种质资源保护　1996 年 9 月 30 日国务院发布了《中华人民共和国野生植物保护条例》，

中国食用菌发展历史、现状与展望

自 1997 年 1 月 1 日起施行。1999 年 8 月 4 日国务院批准，并由国家林业局和农业部发布，1999 年 9 月 9 日起施行的《国家重点保护野生植物名录（第一批）》中，虫草（冬虫夏草）*Cordyceps sinensis*（现为 *Ophiocordyceps sinensis*）、松口蘑（松茸）*Tricholoma matsutak* 列为 II 级保护。松茸被列为国家二级保护植物后，国家濒危物种进出口管理办公室和海关总署联合下发通知，对实行允许进出口证明书管理的野生动植物及其产品的种类、商品编码进行了调整，松茸进入监管之列。根据《濒危野生动植物种国际贸易公约》、《中华人民共和国森林法》、《中华人民共和国野生植物保护条例》等相关法律法规的规定，国家濒危物种进出口管理办公室昆明办事处决定，从 2000 年 5 月 1 日起，对云南省松茸出口实行允许进出口证明书管理，由当地林业行政主管部门办理手续，昆明办事处核发进出口许可证，再由海关部门实行监管。根据《中华人民共和国野生植物保护条例》农业部于 2002 年 8 月 12 日审议通过了《农业野生植物保护办法》，自 2002 年 10 月 1 日起施行。2004 年 11 月 19 日青海省人民政府公布了《青海省冬虫夏草采集管理暂行办法》（青政 [2004]87 号）。2006 年 2 月 8 日西藏自治区人民政府发布了《西藏自治区冬虫夏草采集管理暂行办法》（西藏自治区人民政府令第 70 号）。青海、西藏两个办法均规定，冬虫夏草采集实行"采集证制度"。

4. 植物新品种保护　1997 年 3 月 20 日国务院颁布了《中华人民共和国植物新品种保护条例》，自 1997 年 10 月 1 日起施行。1999 年 4 月 23 日我国加入《国际植物新品种保护联盟》。根据《中华人民共和国植物新品种保护条例》，农业部于 1999 年 6 月 19 日发布了《中华人民共和国植物新品种保护条例实施细则（农业部分）》。2005 年 5 月 20 日中华人民共和国农业部令第 51 号《中华人民共和国农业植物品种保护名录（第六批）》中，把白灵侧耳 *Pleurotus nebrodensis*（现为 *Pleurotus eryngii var. tuoliensis*) 列入植物新品种保护名录。2007 年

8 月 25 日农业部第 12 次常务会议通过新修订的《中华人民共和国植物新品种保护条例实施细则（农业部分）》，9 月 19 日发布，2008 年 1 月 1 日起施行，在第二条中明确了食用菌新品种属于保护对象。

5. 食用菌品种认定　2006 年 6 月 1 日农业部实施了《食用菌菌种管理办法》，该办法有力地推动了我国食用菌良种选育和知识产权保护工作，2006 年 5 月农业部全国农业技术推广服务中心组织成立了食用菌品种认定委员会，并召开了第一次全体会议，讨论形成了《食用菌品种认定委员会章程》《食用菌品种认定管理办法》等文件。2007 年 4 月食用菌品种认定委员会通过了对 49 个食用菌品种的认定，2008 年 4 月又通过了对 58 个食用菌品种的认定。认定的 107 个品种，属于 22 个种（或变种），其中双孢蘑菇 6 个，双环蘑菇 1 个，茶树菇 5 个，黑木耳 22 个，毛木耳 6 个，鸡腿菇 1 个，短裙竹荪 1 个，棘托竹荪 1 个，长裙竹荪 2 个，金针菇 10 个，灵芝 4 个，灰树花 1 个，猴头蘑 2 个，元蘑 1 个，香菇 25 个，杏鲍菇 3 个，平菇 5 个，佛州侧耳 1 个，白灵菇 4 个，秀珍菇 2 个，大球盖菇 3 个，草菇 1 个。食用菌品种认定不同于农作物品种的审定，认定是自愿的。认定是对品种经济利用价值的认定，能够推进优良品种的推广使用，促进良种化进程。

6. 地理标志产品保护制度　地理标志产品保护（即原产地域产品保护）是国际上通行的产品保护制度。1999 年 8 月 17 日，我国第一部专门规定原产地域产品保护制度的《原产地域产品保护规定》，由国家质量技术监督局发布实施。这一规定明确了中国原产地域产品保护的法律地位，标志着有中国特色的原产地域产品保护制度的初步确立。国家出入境检验检疫局借鉴《与贸易有关的知识产权协定》（TRIPS）和欧盟地理标志保护制度的相关经验，为积极应对加入世界贸易组织（WTO）需要，2001 年 3 月 5 日，发布了《原产地标记管理规定》及其实施办法，为进一步扩大我国众多名优特产品出口创汇，提升国际竞争力发挥了积极作用。

2001年4月10日，国家质量技术监督局与国家出入境检验检疫局合并成立国家质量监督检验检疫总局（以下称国家质检总局）。2004年10月，国家质检总局成立科技司，设立地理标志管理处，专门负责地理标志产品保护工作。

2005年7月15日，国家质检总局在总结、吸纳原有《原产地域产品保护规定》和《原产地标记管理规定》成功经验的基础上，按照TRIPS的有关原则，依据《中华人民共和国产品质量法》《中华人民共和国标准化法》《中华人民共和国进出口商品检验法》，制定发布实施了《地理标志产品保护规定》。该规定的制定、发布和施行，标志着地理标志产品保护制度在我国的进一步完善。它充分体现了统一名称、统一制度、统一注册程序、统一标志和统一标准的"五个统一"原则，同时还注重发挥质量技术监督部门从源头抓产品质量、执法打假和出入境检验检疫部门对进出口产品进行监管的职能优势，形成了质检系统的合力。

新规定实施以来，地理标志产品保护的各项工作步入了科学化、制度化、规范化的快车道。我国已经建立起比较完善的与国际惯例接轨的地理标志产品保护的法规标准体系，对每个产品都制定了专门的质量技术要求，配套了相应的技术管理规范或标准，并开始实施备案审查，探索建立了一套比较完整的法规标准体系，先后审核批准了多个食用菌地理标志产品。

7.食用菌专业批发市场管理　1994年12月20日内贸部公布了《批发市场管理办法》，各地食用菌批发市场很快发展，如古田食用菌批发市场、庆元香菇批发市场、随州香菇批发市场、泌阳香菇批发市场、西峡双龙香菇批发市场、东宁黑木耳批发市场等，促进了国内外食用菌贸易与商品流通。2004年6月14日农业部印发了《农产品批发市场建设与管理指南（试行）》，农产品批发市场根据国家和地区社会经济发展的实际需要，发挥以下市场功能：大规模、快速集散或配送农产品（集散功能），形成竞争性的透明、合理的农产品价格

（价格形成功能），及时收集和发布市场信息（信息收发功能），保障食用农产品安全（食品安全功能），吞吐调剂农产品供求（市场调节功能），提供金融、通信、结算、仓储等综合服务（借贷功能、物流功能、结算功能）。产地农产品批发市场除发挥前述各项功能以外，还结合我国农村经济社会发展的实际需要，发挥了下列功能：培育农民专业合作组织（组织化功能）；普及农业科技知识（科普功能）；促进产地农产品加工增值（商品调剂功能）；引导农业区域化布局，专业化、标准化生产，品牌化经营（规划功能）；延长农业产业链，发展产业化经营（产业化牵动功能）；扩大农村劳动就业，推动小城镇建设等。

8.产品出口管理　1997年4月7日国家对外贸易经济合作部、国家进出口商品检验局联合发布《蘑菇罐头出口管理若干规定》。2003年11月29日，商务部和海关总署以36号公告形式规定，凡中国出口的干、鲜香菇自2004年1月1日起，均须"预核签章"，海关才给予放行。"预核签章"的执行部门是中国食品土畜进出口商会食用菌分会。"预核签章"管理办法的实施，很快规范了干、鲜香菇出口的秩序，提高了出口香菇的单价。农业部发布实施的《食用菌菌种管理办法》，还对向境外提供食用菌种质资源（包括长有菌丝体的栽培基质及用于菌种分离的子实体）、进出口食用菌菌种（指食用菌菌丝体及其生长基质组成的繁殖材料），均规定应办理进出口审批手续。

9.卫生及真菌类保健食品管理　1986年12月31日卫生部公布了《食用菌卫生管理办法》。2009年2月28日第十一届全国人民代表大会常务委员会第七次会议通过《中华人民共和国食品安全法》，于2009年6月1日正式实施。为了保证法律的贯彻实施，卫生部对现行与食品安全监管有关的部门规章进行了清理。经商有关部门同意，经2009年5月26日卫生部部务会议审议通过，决定将《进口食品卫生监督检验工作规程》等23件部门规章予以废止。这废止的23件部门规章中包括

《食用菌卫生管理办法》。卫生部1990年7月28日颁布《新资源食品卫生管理办法》，后进行了修改，于2007年7月2日颁布了《新资源食品管理办法》，自2007年12月1日起施行。2009年蛹虫草被卫生部批准为新资源食品（卫生部公告第3号，3月16日）。2001年3月23日国家卫生部颁布实施《真菌类保健食品评审规定》，2005年5月20日国家食品药品监督管理局公布新的《真菌类保健食品申报与审评规定（试行）》。两个文件附件中灵芝、紫芝、松杉灵芝为可用于保健食品的真菌菌种。

（二）建立了食用菌产业技术支撑体系

1.建立理论研究与技术开发体系　食用菌研究机构基本稳定，从业人员坚持守业，全国近年多名食用菌专业硕士、博士研究生在读。21世纪初科技部、农业部等都把食用菌项目列入研究计划，组织全国力量进行攻关，构建现代食用菌产业体术体系。如"十一五"国家科技支撑计划立项的"食用菌产业升级关键技术研究与开发"（2008）项目，农业部、财政部现代农业产业技术体系立项的"国家食用菌产业技术体系"（2008）等。

2.学术团体和行业协会组织开展国内外学术技术交流　1980年在中国植物学会下建立真菌学分会，1981年6月中国真菌学会在武汉组织召开了全国第一届食用菌学术讨论会，1984年6在广州召开了全国第二届食用菌学术讨论会，1987年11月在上海召开了全国第三届食用菌学术讨论会，1990年在昆明召开了全国第四届食用菌学术讨论会，1993年5月在真菌学会的基础上成立了中国菌物学会，1994年在中国菌物学会组织下，于11月在郑州召开了全国第五届食用菌学术讨论会，2001年在福州召开了全国第六届食用菌学术讨论会，2004年在吉林蛟河召开了全国第七届食用菌学术讨论会，2007年11月在成都召开了全国第八届食用菌学术讨论会，全国第九届食用菌学术讨论会2010年10月在上海召开。1987年中国食用菌协会成立，协会与全国供销合作总社先后召开了三

次全国香菇专业会议（1980年贵州黎平、1990年福州、1998年河南泌阳）及不定期的食用菌技术交流会，中国食用菌协会还出版《全国食用菌信息》内部刊物。1996年中国农学会成立食用菌分会。2002年10月30日中国食品土畜进出口商会成立食用菌分会，分会不仅出版《食用菌简讯》，协调食用菌产品出口，还组织开展国际食用菌技术交流、出国考察食用菌市场与技术等活动。1981年我国开始派员参加由国际蘑菇学会（International Society for Mushroom Science）主办的会议。其中，2012年第十八届国际食用菌大会，在我国北京召开。1993年我国参加由世界食用菌生物学和产品学会（The World Society for Mushroom Biology and Mushroom Products）主办的世界食用菌生物学与产品会议。首届大会1993年在香港召开，第二届会议1996年在美国的宾夕法尼亚州召开，第三届会议1999年在澳大利亚的悉尼召开，第四届会议2002年在墨西哥的库埃纳瓦卡召开，第五届会议2005年在中国上海举行，第六届大会于2008年在德国波恩举行。2009年，世界食用菌生物学和产品学会理事会和执委会进行改选，来自中国、英国、美国、爱尔兰、墨西哥和韩国等国的食用菌界的著名科学家组成了新一届理事会和执委会，我国上海市农业科学院食用菌研究所谭琦研究员被选为副主席。2001年我国派员参加第一届国际药用菌大会，其中，第五届药用菌大会2009年9月在我国江苏南通举办。1998年我国参加第一届世界菌根食用菌研讨会。其中，2007年8月在我国云南楚雄召开了第五届会议。另外，我国1989年在南京举办了国际食用菌生物技术学术讨论会，1994年在浙江庆元举办了国际香菇生产暨产品研讨会，2002年在河南驻马店举办了中国泌阳国际香菇技术与营销研讨会。

通过国际会议的学术交流和互相实地考察参观访问，让世界食用菌界真正了解了中国食用菌的生产，确定了中国食用菌生产大国的地位，也让我们了解了世界上发达国家食用菌的生产、加工、市场

与消费情况，促进了技术交流与产业进步。

3. 专业学术刊物创刊发行与网站的建立　1979年创办了《食用菌》，1982年创办了《中国食用菌》，1982年创办了《浙江食用菌》，1994年创办了《食用菌学报》，2000年创办《食用菌市场》。这些刊物及《菌物学报》、《菌物研究》、《园艺学报》、《微生物学通报》等相近的学科刊物都经常发表食用菌领域的论文，进行学术交流，促进技术传播与商品贸易信息的沟通。建立了数家食用菌网站，信息交流更加快捷丰富。

4. 建立食用菌标准体系　1986年我国制定发布实施了食用菌产品第一个国家标准《黑木耳》（GB/T 6192—1986），之后在农业部、财政部及其他有关国家部委的支持下，先后制定修订实施了多项食用菌技术标准，截至2013年3月31日，我国已制定发布实施食用菌技术标准119项，其中国家标准37项、行业标准82项。同时，还有多项地方标准、更多的企业标准。基本形成了包括基础标准和通用技术规范、卫生标准、试验方法和检验规程、菌种标准、产品标准等方面的食用菌标准体系。随着科学技术的进步和生产发展，一些标准将被修订。

5. 建立菌种保藏与菌种质量检测机构　我国于1979年7月建立了菌种保藏制度，成立了中国微生物菌种保藏管理委员会，下设7个分中心，分别是中国普通微生物菌种保藏管理中心（China General Microbiological Culture Collection Center，CGMCC，设在中国科学院微生物研究所）、中国农业微生物菌种保藏管理中心（Agricultural Culture Collection of China，ACCC，设在中国农业科学院农业资源与农业区划研究所）、中国工业微生物菌种保藏管理中心（China Center of Industrial Culture Collection，CICC，设在中国食品发酵工业研究院）、中国林业微生物菌种保藏管理中心（China Forestry Culture Collection Center，CFCC，设在中国林业科学院森林生态环境与保护研究所）、中国兽医微生物菌种保藏管理中心（China Veterinary Culture Collection Center，CVCC，设在中国兽医药品监察所）、中国医学微生物菌种保藏管理中心（National Center for Medical Culture Collections，CMCC，设在中国药品生物制品检定所）和中国药学微生物菌种保藏管理中心（China Pharmaceutical Culture Collection，CPCC，设在中国医学科学院医药生物技术研究所），后来又增加了中国典型培养物保藏中心（China Center for Type Culture Collection，CCTCC，设在武汉大学）和中国海洋微生物菌种保藏管理中心（Marine Culture Collection of China，MCCC，设在国家海洋局第三海洋研究所）。这9个菌种保藏管理分中心中，普通微生物中心、农业微生物中心、工业微生物中心和林业微生物中心都保藏有食用菌菌种。

2005年建立了农业部微生物肥料和食用菌菌种质量监督检验测试中心，设在中国农业科学院农业资源与农业区划研究所。

2006年，中国农业科学院农业资源与农业区划研究所建立了国家食用菌标准菌株库（China Center for Mushroom Spawn Standards and Control，CCMSSC），专门保藏食用菌的认定品种和栽培种类的育种材料。该标准菌株库在农业部微生物肥料和食用菌菌种质量监督检验测试中心的质量控制体系下运行，确保第三方公正地位，确保育种者的权益。

6. 建立食用菌产品质量检测机构　1993年中华全国供销合作总社在昆明建立了食用菌产品质量监督检验测试中心，设在昆明食用菌研究所；2001年农业部在上海建立了农业部食用菌产品质量监督检验测试中心（上海），设在上海市农业科学院；2003年农业部批准在山东筹建农业部食用菌产品质量监督检验测试中心（济南），设在山东省食用菌工作站，2007年通过国家有关部门的双认证。监督检验测试中心是检查监测食用菌产品质量的专门机构。2005年建立在华中农业大学的农业部农业微生物产品质量监督检验测试中心（武汉）、各地的"农业部农产品质量监督检验测试中心""食品质量监督检验测试中心"等都有资质进行食用菌产品质量检测。省级的有广东省质量技术监督局2000年批准成立的广东省食用菌产品质量监督检验站（设在广东省微生物研究所），2005年福建省质量技术监督局批准成立的福建省食用菌产品质量监督检验中心等。

7. 建立国家食用菌产业技术体系　2007年，农业部、财政部共同启动现代农业产业技术体系建设，选择10个产业开展技术体系建设试点。到2008年底，启动建设50个现代农业产业技术体系，其中就包括有国家食用菌产业技术体系。

国家食用菌产业技术体系包含1个国家食用菌产业技术研发中心、6个功能实验室和19个综合试验站，首席科学家张金霞。

8. 建立国家农产品加工技术研发食用菌分中心　2008年、2009年农业部认定的国家农产品加工技术研发专业分中心中，有8家食用菌分中心，分别设在湖北省农业科学院农产品加工与核农技术研究所，上海市农业科学院，云南省供销合作社科学研究所，福建仙芝楼生物科技有限公司，江西仙客来生物科技有限公司，江苏安惠生物科技有限公司，山东维多利现代农业发展有限公司，福建省农业科学院农业工程技术研究所。

9. 建立国家食用菌工程技术研究中心　2009年获科技部的批准，由上海市农业科学院食用菌研究所负责组建国家食用菌工程技术研究中心，2013年通过科技部验收正式挂牌。

国家食用菌工程技术研究中心依托上海市农业科学院运作，实行管理委员会领导下的中心主任负责制，下设遗传、加工技术与发酵、种质资源与设施栽培、食用菌信息技术和安全质量检测等5个研究方向。截至2017年底，在全国设立了38个基地。

（三）珍稀菇开发与南菇北移

1. 珍稀菇开发　20世纪90年代初，我国每年可生产200多万t各种食用菌鲜品，大大地丰富了人民的物质生活，但随着人民生活水平的不断提高，国内外消费者对食用菌需求的多样化，原来已普遍栽培的双孢蘑菇、香菇、草菇、金针菇、平菇、银耳、黑木耳、毛木耳、猴头菇等近20种食用菌，已远远不能满足国内外市场的需求，在这种形势下，著名食用菌专家黄年来先生在1994年11月在郑州召开的全国第五届食用菌学术讨论会上及时提出"加速我国珍稀食用菌的开发与推广"的建议，并把珍稀食用菌定义为从野外驯化选育的一些优秀的食用菌新品种。1997年编写出版了《18种珍稀美味食用菌栽培》。在黄先生的这一推动下，我国杏鲍菇、白灵菇、茶树菇、鸡腿菇、巴西蘑菇、真姬菇等珍稀食用菌品种的生产迅速发展起来，成为我国食用菌产业持续发展的极有生命力的新品种。

2. 南菇北移　1978年以前，我国食用菌产区主要在南方各省，北方和西部栽培量较少。20世纪70年代末随着代料、袋栽、塑料大棚等技术的不断完善，给北方和中西部地区的食用菌发展提供了可能。中国食用菌协会在1995年福州召开的食用菌新技术、新产品交流展示会上，适时提出"南菇北移"和"向中西部发展"的倡议。据中国食用菌协会的统计，1993年长江以北省份生产食用菌41万t，占全国产量的27%，2006年生产了食用菌688万t，占全国总产量的46%，上升了19个百分点；1993年中西部省份生产了39万t，占全国产量的25%；2006年生产了食用菌608万t，占全国总产量的41%，上升了16个百分点。

（四）主栽品种生产基地形成

2007年统计，产量居前10位的种类是香菇、平菇、双孢蘑菇、金针菇、草菇、黑木耳、毛木耳、姬菇、滑菇、真姬菇，均形成比较集中的较大的生产基地。2007年统计8大主产省是福建、河南、山东、河北、江苏、四川、湖北、浙江，8个省产量合计1 117.2万t，占全国总产量的66.41%。主产省中主栽品种优势也比较明显。

（五）一些重要指标取得决定性突破

1. 世界上栽培品种最多的国家　从栽培的种类来看，1952年裘维蕃报告我国传统栽培的食药用菌仅有香菇、草菇、黑木耳、银耳和茯苓5种。20世纪80年代以前，我国食用菌栽培种类主要是香菇、黑木耳和双孢蘑菇及少量的草菇、银耳和茯苓。80年代开始，平菇、金针菇、滑菇、猴头菇发展迅速，逐渐成为商业化栽培种类。2000年黄年来报告，我国能栽培的食用菌有50种，形成规模的有20种以上，年产20万t以上的有13种。2009年报告，我国驯化或人工栽培（仿生栽培）出菇的食用菌种类已达百种。

2. 香菇产量超过日本　日本香菇产量多年来稳居世界第一位，据张树庭报告，1987年中国鲜香菇的产量以领先1.4万t的数量首次超过日本。国际香菇市场由原来的日本产品被我国的香菇产品取代，日本也由香菇出口国变为进口国。

3. 全国农产品中食用菌产值居第五位　据统计，我国食用菌总产值仅次于种植业中的粮、油、果、蔬居第五位。许多县农民由于发展食用菌而脱贫致富，如福建省古田县全县农村80%以上农户从事食用菌产销活动，直接从业人员达29多万人，从事食用菌科研、生产、加工、流通、销售工作，2006年产量达45万t，产业产值逾35亿元，食用菌产业成为古田县支柱产业。河北省平泉县2006年全县食用菌产量8万t，产值8亿元，为农民增加收入4亿元，直接带动3万农民致富，户均收入达1万元，年食用菌产值占农业产值39%以上。

4. 成为世界食用菌生产和出口大国　1978年我国食用菌产量为5.8万t，1986年增至58.6万t，2007年增至1 682.2万t。与世界食用菌总产量相比，1994年我国食用菌总产量264万t，全世界总产量490.9万t，约占世界食用菌总产量的53.8%；1997年中国食用菌总产量391万t，占世界总产量的63.2%。从1993年开始，我国食用菌总产量跃居世界第一位。

我国食用菌出口量1988年145 515t，换汇23 814万美元；1998年377 856t，换汇59 531万美元（葛双林，1989，1999）；10年分别增长159.67%和149.98%。2008年出口682 789t，创汇145 315万美元（中国食品土畜进出口商会食用菌分会，2009）；2008年比1998年分别增加80.70%和144.10%；比1988年分别增加369.22%和510.21%。

我国迈向食用菌生产强国任重道远，中华民族有责任、也有能力肩负重任一步一个脚印地走向辉煌。

（贾身茂）

中国食用菌发展历史、现状与展望

第二章　中国食用菌产业发展现状

古语云："民以食为天。"食品是人类赖以生存和发展的基础。近年来，随着经济社会的发展和人民生活水平的提高，人们对食品的需求不再以温饱为首要条件，而是更多地考虑食品安全以及营养要素的合理搭配。食用菌不仅富含人体所需的营养要素，而且味道鲜美，具有良好的保健功能乃至药用价值，因此被誉为"有机、营养、保健的绿色食品"。食用菌产业具有循环、高效、生态的内在特点，有促进农民增收、农业增效的重要作用，是21世纪的一项新兴朝阳产业。

第一节
中国食用菌产业的形成

一、食用菌产业概况

自20世纪90年代以来，伴随着国际食用菌产业发展空间的转移以及国内食用菌生产得天独厚的自然资源与环境条件，在各级政府部门的重视和推动下，中国食用菌产业获得了良好发展，成为世界第一食用菌生产大国。根据中国食用菌协会统计，2018年全国食用菌总产量（鲜重）达3 842.04万t，产值达2 937.37亿元，其中有20个省（区）的产量超过50万t，是世界最大的食用菌生产国。在全国人工栽培的60多种食用菌中，香菇（1 043.12万t）、黑木耳（674.03万t）、平菇（642.82万t）、双孢蘑菇（307.49万t）、金针菇（257.56万t）、杏鲍菇

（195.64 万 t）和毛木耳（189.95 万 t）7 种产品的产量超过百万吨，占食用菌总产量的 86.17%。

中国是世界上食用菌栽培种类最多的国家，也是种质资源较为丰富的国家之一。世界现在发现的能食用的菌类有 2 000 多种，其中中国有 900 多种，驯化栽培的约 100 种，商品化栽培约 60 种，已实现一定规模化生产的超 20 种，年产量 20 万 t 以上的有 13 种（苏雅迪，2018）。通常，按照性状特征、普及推广程度，食用菌可分为大宗品种（香菇、平菇、双孢蘑菇、金针菇、草菇、黑木耳、毛木耳等）、珍稀品种（银耳、滑菇、猴头菇、鸡腿菇、白灵菇、杏鲍菇、茶树菇、姬菇、秀珍菇、竹荪、姬松茸、凤尾菇、银丝草菇、皱环球盖菇、长根菇、真姬菇等）、药用品种（灵芝、冬虫夏草、茯苓、天麻等）和野生品种（松茸、牛肝菌、块菌等），而食用菌制品则主要包括鲜品、干品、盐渍品、罐头、调理食品及保健食品等 6 类。

二、食用菌产业发展历程

经过 40 多年的迅猛发展，我国食用菌年产量不断攀升，在世界总产量中所占份额也逐步增大。据《中国农产品加工业年鉴》历年统计资料显示，2005 年中国食用菌总产量已达 1 334.60 万 t，居世界首位；2018 年总产量达 3 842.04 万 t，占世界总产量的 80% 以上。短短 40 多年的发展，中国食用菌产量便跃居世界第一并且成为食用菌生产大国。

伴随着改革开放政策的实施，食用菌产业获得了持续的发展。1978 年全国食用菌总产量只有 5.80 万 t，仅占世界总产量的 5.47%；随后，产量规模不断扩大，在世界食用菌产量中的比重也呈稳步增长趋势，1983 年全国食用菌总产量增长至 17.45 万 t，占当年世界食用菌总产量的 12.01%；1986 年增长至 58.50 万 t，约占当年世界总产量 217.60 万 t 的 26.88%。自 20 世纪 90 年代以来，中国食用菌产业得到了蓬勃发展。1990 年被认为是中国食用菌生产的转折点，全年产量首次突破

100 万 t，达 108.30 万 t。1995 年，产量快速增长到 300.00 万 t，所占世界比重也超过 50%。随后，中国食用菌生产规模不断扩大，优势产区的生产效率不断提升，其产量也逐年攀升。

近年来，在国内外市场需求的拉动下，中国食用菌产业快速崛起壮大，逐渐成为仅次于粮、油、果、蔬之后的第五大种植业产业。2000 年，食用菌产量进一步提升至 663.00 万 t，占世界总产量的比重超过 60%；2003 年全国食用菌产量迅速增长到 1 038.69 万 t，在世界总产量中占比达 70% 以上；2005 年，全国食用菌产量突破 1 300 万 t，达 1 334.60 万 t，占世界总产量的比重超 70%；2010 年，产量突破 2 200 万 t，达 2 201.16 万 t，所占全球比重接近 80%；2013 年全国食用菌产量则突破 3 000 万 t，达 3 169.69 万 t，约为 1978 年的 546 倍，占世界食用菌总产量的 80% 以上，在全球处于绝对优势地位。

中国改革开放的政策环境，丰富的原料资源、劳动力资源以及技术资源，为中国食用菌产业发展提供了良好的平台和机遇。从各阶段全国食用菌总产量增速来看，1978—1985 年年均增速约为 32.96%，"八五"时期年均增长 22.60%，"九五"时期年均增长 17.19%，"十五"时期年均增长 15.02%，"十一五"时期年均增长 10.52%，"十二五"时期年均增长 11.61%。总体而言，我国食用菌产量经历了一个由快速增长到平稳发展的变化过程，占世界食用菌总产量的比重不断提升。伴随我国食用菌产量的不断增加，其总产值也大幅提升，由 2001 年的 314.75 亿元增至 2018 年的 2 937.37 亿元，年均递增 14.04%。

三、食用菌产业在农业中的地位演变

食用菌产业在推动我国农业与农村经济发展、增加农民收入、衍生新的食品种类和保障人民健康等方面做出了重要贡献。食用菌产业具有"不与人争粮，不与粮争地，不与地争肥，不与农争

时,不与其他行业争资源"的特点,且"占地少、用水少、投资小、见效快",可将大量的农林废弃物转化为可供人类食用的优质蛋白质和健康食品,成为现代农业产业链延伸与生态农业的重要组成部分。

随着食用菌产业的发展壮大,食用菌产值在农业总产值中所占比重呈现逐年攀升趋势,确保了食用菌产业在农业中的重要战略地位(表1-2-1)。

表1-2-1 2001—2018年中国食用菌产值占农业总产值比重

年份	食用菌产值 / 亿元	农业总产值 / 亿元	比重 /%
2001	314.75	14 462.79	2.18
2002	408.90	14 931.54	2.74
2003	437.84	14 870.11	2.94
2004	481.72	18 138.36	2.66
2005	585.48	19 613.37	2.99
2006	638.72	21 529.24	2.97
2007	796.60	24 658.87	3.23
2008	864.99	28 044.20	3.08
2009	1 103.31	30 611.10	3.60
2010	1 413.22	36 941.10	3.83
2011	1 543.24	41 988.60	3.68
2012	1 772.06	46 940.00	3.78
2013	2 017.90	51 497.37	3.92
2014	2 258.10	54 771.55	4.12
2015	2 516.38	57 635.80	4.37
2016	2 741.78	59 287.78	4.62
2017	2 721.92	61 719.69	4.41
2018	2 937.37	61 452.60	4.78

数据来源:《中国农业年鉴》、中国海关信息网。

如表1-2-1所示,中国食用菌产值逐年增加,2001年产值仅为314.75亿元,2009年突破1 000亿元,达到1 103.31亿元,到2018年增加至2 937.37亿元。由此可以看出,食用菌产业发展速度之快,产值逐年攀升。

从图1-2-1中可以看出,中国食用菌产业产值占全国农业总产值的比重不断增大,由2001年的2.18%增长到2018年的4.78%,在众多的

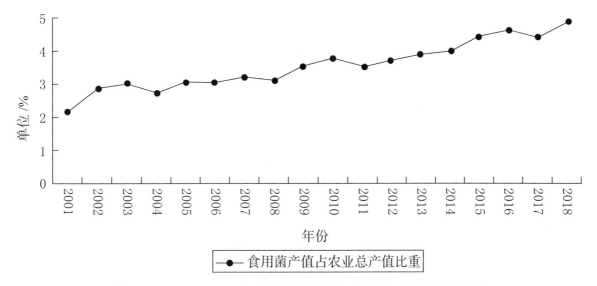

图 1-2-1　2001—2018 年中国食用菌产值占农业总产值比重变化趋势图

农产品中，仅食用菌这一个产业的产值就占了整个国家农业总产值的近 5 个百分点。由此可见，中国食用菌产业在农业中所处地位不容忽视。

总之，食用菌产业是集高效农业、循环农业、低碳农业和可持续农业特征于一体的现代农业，是经济效益、社会效益和生态效益极为显著的新兴产业。因此，大力培育与发展战略性新兴食用菌产业，是实现农业增效和农民增收的重要举措，也是完善现代农业产业体系和推进农村经济快速发展的重要内容。

四、食用菌产业在现代农业中的重要作用

（一）促进农民增收，推动农村经济发展

对于从事食用菌生产的农民而言，种植食用菌是一项投资少、见效快、周期短、效益高的短、平、快致富项目。栽培的食用菌一般只需在播种后 1～2 个月即可收获，部分菇种在高温季节播种后 10 天左右即可出菇，如草菇。此外，种植食用菌的经济效益远高于种植其他农作物或一般蔬菜，约为粮食和蔬菜的几倍甚至几十倍。因此，发展食用菌产业能够有效促进农民增收，振兴乡村经济。

（二）转化农林废弃物，改善农村生态环境

从生物学来讲，食用菌是异养型生物，在培植过程中，需要外界提供足够的营养物质，正好可以合理利用含木质素、纤维素的农林废弃物（如农作物秸秆、壳皮、伐木厂的枝杈材、糟渣以及木材加工厂的锯木屑，果树、桑树修剪的枝条等）作为培植养料。（图 1-2-2）

作为一个农业大国，我国农作物秸秆资源极为丰富（2015 年约 9 亿 t），还有大量的木屑等林副产品，可谓是一笔巨大的木质素、纤维素资源，如果不能加以合理利用，不仅浪费资源，还容易污染农村环境。食用菌种植可将大量的农作物秸秆和畜禽粪便转化为食用菌栽培原料，进行合理的资源再利用。因此，发展食用菌产业实际是一项资源再利用的环保产业，可有效改善农村生态环境。

图 1-2-2　可作栽培原料的玉米芯

中国食用菌发展历史、现状与展望

（三）走农业循环经济道路，促进农业可持续发展

在自然界中，作为大型真菌的食用菌属于还原者，其菌丝在纤维素酶、木质素酶的参与下，可将动植物生产的副产品——纤维素和木质素类物质进行分解，并将其中的碳源转化成为碳水化合物，氮源转化为氨基酸，使有机物进入到食物链当中，进入新的物质循环，而经过分解后剩下的废料则施还农田，可有效改善土壤的理化结构，提高土壤腐殖质含量，同时也增加了土壤的持水、保肥能力。此外，食用菌分解后的废料经过处理可用作畜禽的饲料添加剂，也可用来进行沼气生产以及喂养蚯蚓，蚯蚓又可用作鱼虾和家禽的饲料，而禽畜粪便又可作为食用菌的栽培基质，进入新的生物链循环过程。

可见，发展食用菌产业可有效促进农业可持续发展，实现农业废弃物资源的合理利用，更好地走农业循环经济发展道路。为此，应保持食用菌产业生产率的稳定增长，提高其生产和安全保障，这不仅对发展农村经济、增加农民收入、改善农业生态环境具有积极作用，也能够合理利用自然资源，推动资源再生转化，以满足当代和后代对食物的需求，实现人口、资源、环境三要素以及生态、经济、社会三大系统的协调发展，体现农业发展的可持续性。（图 1-2-3）

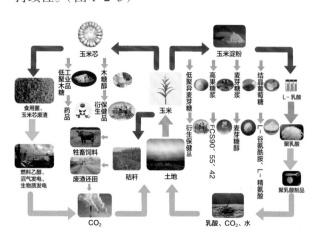

图 1-2-3 循环经济示意

第二节
中国食用菌产业地域特色与产业格局

一、食用菌品种结构及特征

国家标准《食用菌术语》（GB/T 12728—2006）显示，广义的食用菌可以按用途分为 3 大类：其一，作为蔬菜食用的种类；其二，作为中草药用的药用种类；其三，作为食药兼用种类。狭义的食用菌则仅指作为蔬菜食用的种类，如平菇、香菇、草菇、木耳、杏鲍菇、茶树菇、鸡腿菇、滑菇等。药用种类是指列入《中国药典》的种类，如灵芝、冬虫夏草、蛹虫草、茯苓、天麻等。

我国食用菌种质资源丰富，不仅盛产香菇、平菇、双孢蘑菇、金针菇、草菇、黑木耳、毛木耳等大宗品种，而且培育并发展了银耳、滑菇、猴头菇、鸡腿菇、白灵菇、杏鲍菇、茶树菇、秀珍菇、姬松茸、真姬菇等一大批珍稀品种。此外，以灵芝、天麻、茯苓等为代表的药用菌品种及以松茸、牛肝菌、块菌、羊肚菌等为代表的野生食用菌品种也获得了快速发展。我国的食用菌 80% 以上作为蔬菜鲜食，其余 20% 左右加工为干品、盐渍品、罐头、小菜、调味品、即食食品和保健食品等。

2018 年，中国食用菌产量达 3 842.04 万 t，其中居于前 7 位的食用菌依次为：香菇、黑木耳、平菇、双孢蘑菇、金针菇、杏鲍菇、毛木耳，这 7 种食用菌年产量均超过 100 万 t，其产量之和约占全国总产量的 86.17%，如表 1-2-2 所示。

表 1-2-2　2018 年我国产量位居前 7 的食用菌产量及占比

种类	香菇	黑木耳	平菇	双孢蘑菇	金针菇	杏鲍菇	毛木耳	合计
产量 / 万 t	1 043.12	674.03	642.82	307.49	257.56	195.64	189.85	3 310.51
占全国总产量比重 /%	27.15	17.54	16.73	8.00	6.70	5.09	4.94	86.17

目前，中国食用菌品种结构呈现两大特征：一是"大宗品种主导，珍稀食用菌、野生菌和药用菌快速发展"。珍稀品种、药用菌及野生食用菌品种虽得到了长足发展，但其产量规模仍然较小，还未形成规模化经营。二是"木腐菌为主，草腐菌为辅"。这一结构特征也导致了食用菌产业发展与森林资源保护的矛盾日益突出。

二、食用菌产业的地域特色

中国野生食用菌超过 900 种，已驯化的有 100 多种，其中 60 余种可以进行商品化栽培，其中香菇、平菇、金针菇、双孢蘑菇、杏鲍菇、黑木耳、毛木耳、银耳、草菇、白灵菇等 10 余个主栽品种占到全国市场份额的 90% 以上。由于受自然环境、地域差异及技术水平的影响，食用菌种植主要集中在东北地区、华中地区和东南沿海地区，就 2016 年而言，黑龙江、辽宁、吉林、河北、河南、湖北、湖南、四川、广东、广西、山东、安徽、江苏、浙江、福建 15 省（区）的食用菌产量占全国总产量的 80% 以上。

随着食用菌品种结构调整和栽培资源结构变化，中国食用菌产业新兴板块优势区域不断发展，逐步形成了太行山南麓食用菌优势区、小兴安岭—长白山食用菌优势区、黄淮平原食用菌优势区、武夷山区食用菌优势区、湘南—桂北—南岭食用菌优势区、四川盆地食用菌优势区、秦巴山区食用菌优势区、西北潜在食用菌优势区等 8 大优势区域雏形，涵盖了全国 15 个省（区）的 150 多个县（市），品种结构基本覆盖了全国各大

宗品种、珍稀品种以及野生食用菌品种。8 大食用菌优势区域集食用菌菌种选育、标准化和规模化生产、保鲜加工、物流、销售于一体，构建与完善了全国范围内的食用菌产业体系。8 大食用菌优势区域的食用菌产值规模及出口创汇额均占全国的 90% 左右，为转化农林废弃物资源、增加蛋白质供给和增强食物安全保障能力发挥了不可替代的作用。

从 2016 年食用菌产量的省域排名来看，河南省以绝对优势占据榜首，其产量高达 510.20 万 t，占我国食用菌总产量的近七分之一；山东紧随其后，其产量也达到了 424.92 万 t，约占总产量的 11.81%；黑龙江、河北、福建、吉林、江苏、四川依次排在 3 ～ 8 位，其产量介于 200 万 ～ 350 万 t，分别为 331.28 万 t、276.20 万 t、256.02 万 t、237.41 万 t、228.31 万 t 和 200.37 万 t；排在 9 ～ 13 位的依次是湖北、广西、江西、陕西和辽宁，其产量介于 100 万 ～ 150 万 t，分别为 139.10 万 t、128.64 万 t、110.97 万 t、109.88 万 t 和 100.45 万 t。排在前 10 位的省区食用菌总产量高达 2 732.45 万 t，占我国食用菌总产量的七成以上（75.97%），可见中国食用菌生产地域分布较为集中，以东北、华北以及东南沿海所属省份为主。由于品种构成存在差异，各地区食用菌总产值排名与其总产量排名并非完全一致。其中，河南以 380.90 亿元位居榜首；山东次之，达 270.55 亿元；排在 3~10 位的地区依次是河北、黑龙江、吉林、江苏、福建、湖北、云南和广西，其食用菌总产值分别为 216.89 亿元、199.88 亿元、186.43 亿元、176.65 亿元、165.09 亿元、143.41 亿元、123.35 亿元和 115.26 亿元。

中国食用菌发展历史、现状与展望

三、食用菌产业格局

随着食用菌品种结构调整和栽培资源结构变化，食用菌产业格局也在发生改变。据中国食用菌协会基础数据及文本统计分析结果显示，黑龙江、辽宁、吉林、河北、河南、湖北、湖南、四川、广东、广西、山东、安徽、江苏、浙江、福建15省（区）的食用菌产量占全国总产量的80%以上。因此，分析上述15省（区）食用菌产业历年数据，基本可以从整体上把握中国食用菌产业的格局。

依据2000—2016年食用菌产量资料，并结合新世纪以来的产业发展情况，将全国食用菌产区划分为传统产区、北方新兴产区和南方新兴产区，产区的划分基本反映了食用菌产业发展过程中的"南菇北移"和"东菇西移"特征。其中，以福建、浙江、江苏、河南4省为代表的食用菌传统产区在全国总产量占比近年呈逐年递减趋势。2002年以前，传统产区的食用菌产量比重占据全国半壁江山，达到50%以上，此后产量比重逐年下降，

到2016年，这一比重仅为29.67%。15年时间，产量比重下降了20.83个百分点；相比较而言，产值比重下降幅度较小，2002—2007年这6年期间，4省食用菌产值比重基本不变，保持在35%左右，2008年之后的几年产值比重保持在30%左右，2016年这一比重降为28.43%。传统产区4省在食用菌产量比重不断下降的情况下，却能维持产值比重下降幅度较小，表明本区域食用菌产业正在由"粗放型"向"精细型"发展方向转变，由依赖增加食用菌鲜品产量的产业模式向提高食用菌产品质量及附加值的"精、深"加工方向转变。

以山东、河北、辽宁、吉林、黑龙江5省为代表的北方新兴产区在食用菌产业发展中，目前正以平稳态势向前不断推进。5省的食用菌产量占全国食用菌总产量的比重由2002年的25.0%提高到2016年的38.10%；产值占全国产值比重从2002年的24.5%提高到2016年的34.23%，整体来看，发展趋势呈现比重上升态势（表1-2-3）。以上说明该区域内食用菌产业正处于调整状态，即食用菌产业链开始延伸，产品附加值不断增加。

表1-2-3 不同产区食用菌在全国食用菌产业发展中的格局变动情况 单位：%

年份	传统产区		北方新兴产区		南方新兴产区	
	产量比重	产值比重	产量比重	产值比重	产量比重	产值比重
2002	50.5	36.5	25.0	24.5	18.3	17.0
2003	46.6	38.1	26.0	26.4	18.1	21.4
2004	45.4	38.4	27.7	27.4	19.0	21.7
2005	40.6	34.4	28.5	28.7	22.4	26.2
2006	39.4	39.3	29.6	28.2	23.6	29.7
2007	36.8	35.6	25.0	24.5	24.7	25.6
2008	36.7	32.9	31.6	30.6	22.8	24.7
2009	33.4	30	35.8	34.5	22.5	22.7

年份	传统产区		北方新兴产区		南方新兴产区	
	产量比重	产值比重	产量比重	产值比重	产量比重	产值比重
2010	33.4	31.6	39.5	34.8	18.0	25.1
2011	30.6	29.9	40.9	39.1	19.7	21.9
2012	36.0	30.7	38.7	35.8	18.1	21.1
2013	33.85	28.29	36.63	34.19	20.26	23.57
2014	30.75	26.43	37.76	33.55	20.42	24.28
2015	30.05	30.31	38.49	35.28	19.03	17.00
2016	29.67	28.43	38.10	34.23	18.64	19.34

以湖南、湖北、广东、广西、安徽、四川6省（区）为代表的南方新兴产区，近年来在地方政策的强力推动下，2002—2007年间呈现出快速发展势头，但2007年之后，开始出现回落的态势。在产量方面，上述6省（区）占全国总产量的比重在2007年达到一个峰值，由2002年的18.3%增加到2007年的24.7%，即由占全国总产量的1/6提高到占1/4，说明了产量规模扩张速度达到较高水平；但2007年以后呈现缓慢下降态势。在产值方面，该区域的食用菌产值占全国的比重也呈现较快上升速度，由2002年的17.0%增加到2007年的25.6%，中间虽然出现一定波动，但总体趋势没有发生大的变化；2007年以后产值比重波动下降，2016年产值比重降为19.34%。

四、食用菌产业布局与区域比较优势

进入21世纪以来，中国食用菌产业带动农民增收的效果明显，各地因此掀起了"建基地、扩规模"的食用菌生产热潮，从而促使了食用菌年产量的迅速增长，2012年达到2 827.99万t，呈现一派欣欣向荣的景象。从产业发展状况来看，食用菌生产与其产业布局有着密切的联系，要实现食用菌产业的良性发展，就必须合理规划食用菌产业的生产布局。

为此，我们从资源禀赋的角度来对各区域生产食用菌的比较优势予以分析。资源禀赋系数通常用于反映一个国家（地区）某种资源相对丰富程度。资源禀赋系数（EF）的含义为，某一国家（地区）i资源在世界或全国的份额与该国（地区）国内生产总值在全世界（全国国内）生产总值中的份额之比。

资源禀赋系数的计算公式为：

$$EF=\left(V_i/V_{wi}\right)/\left(Y/Y_w\right)$$

式中，EF 表示资源禀赋系数（如果 $EF>1$，则某一国家或地区对i资源拥有比较优势；如果 $EF<1$，则说明该国或该地区对i资源不具有比较优势）；V_i 表示某一国家（地区）拥有的i资源；V_{wi} 表示世界（全国）拥有的i资源；Y 表示该国（地区）国内生产总值；Y_w 表示全世界（全国国内）生产总值。

在本节中，V_i 表示中国各生产地区食用菌产品的产量；V_{wi} 表示全国食用菌产品的总产量；Y 表示各地区生产总值；Y_w 表示全国的国内生产总值。

根据2001—2016年食用菌产量和国内生产总值相关数据计算，中国食用菌资源禀赋系数

（表 1-2-4）都大于 1 的地区有福建、黑龙江。其中，福建是生产食用菌最有比较优势的地区，16 年中其资源禀赋系数都在 1.80 以上；其次是黑龙江，多数年份的资源禀赋系数保持在 1.50 以上。河南、浙江、陕西、江西、江苏、山东、四川、辽宁、河北、湖北、北京、上海、广西和吉林等省（市、区）也是食用菌生产具有比较优势的地区，其资源禀赋系数至少有 1 年大于 1。在不具备食用菌生产比较优势的地区中，可以分为两类地区：一是湖南省，其食用菌资源禀赋系数接近 1（系数均大于 0.5），因此在一定程度上可以认为是生产食用菌具有潜在比较优势的地区；二是天津、山西、内蒙古、安徽、广东、重庆、贵州、云南、宁夏和新疆等省（市、区），其食用菌资源禀赋系数都远小于 1，有的地区甚至处于 0 值状态，因此是不具备食用菌生产比较优势的区域。鉴于此，将中国食用菌生产比较优势区域分成较强比较优势地区、一般比较优势地区、潜在比较优势地区和无比较优势地区四大类（表 1-2-5）。

表 1-2-4　2001—2016 年中国各地区食用菌资源禀赋系数表

地区＼年份	2001	2002	2003	2004	2005	2006	2007	2008	2009	2010	2011	2012	2013	2014	2015	2016
福建	6.26	6.36	4.63	5.06	4.59	4.21	3.97	3.85	4.36	2.92	2.65	2.05	1.98	1.93	1.88	1.84
河南	1.95	1.83	2.14	1.76	1.65	1.56	1.47	1.41	1.46	0.96	1.70	2.84	2.75	2.59	2.62	2.62
浙江	1.68	1.95	1.73	1.64	1.39	1.35	1.51	1.60	1.98	1.42	0.66	0.67	0.66	0.47	0.39	0.32
黑龙江	1.53	1.44	1.42	1.12	1.12	1.02	1.13	1.39	2.49	2.15	3.63	3.33	3.71	4.14	4.26	4.47
陕西	1.64	1.18	1.99	1.91	1.46	0.93	1.04	0.95	1.03	0.69	0.89	0.00	0.79	0.80	0.79	1.18
江西	1.43	1.27	0.87	0.74	1.21	1.18	1.18	1.22	1.50	1.21	1.21	1.26	1.30	1.33	1.31	1.24
江苏	0.80	0.99	1.44	1.44	1.14	1.28	1.25	1.39	1.48	1.14	0.79	0.72	0.73	0.64	0.63	0.61
山东	0.95	0.94	0.90	0.90	0.96	1.02	1.03	1.02	1.17	0.95	1.30	1.34	1.40	1.39	1.40	1.30
四川	0.97	0.86	0.91	0.93	0.96	1.09	1.12	0.77	0.95	0.40	1.19	1.14	1.13	1.21	1.28	1.26
辽宁	0.70	0.90	1.23	1.17	1.15	1.03	0.93	1.15	1.38	1.31	1.29	1.01	0.83	0.80	0.70	0.94
河北	0.63	0.74	0.78	0.99	1.01	1.18	1.20	1.34	1.81	1.08	1.54	1.45	1.38	1.54	1.80	1.79
湖北	0.90	0.93	0.92	0.97	0.96	0.97	1.04	0.94	1.05	0.80	1.24	0.92	1.02	1.04	0.81	0.88
吉林	0.31	0.28	0.46	0.99	1.15	1.17	1.20	1.24	2.20	1.80	2.14	2.02	1.88	2.16	2.77	3.33
湖南	0.84	0.90	0.88	0.86	0.90	0.89	0.80	0.73	0.74	0.49	0.67	0.62	0.65	0.64	0.59	0.51
北京	0.47	0.45	0.46	0.57	0.53	0.88	0.00	1.65	1.83	1.47	0.18	0.15	0.14	0.12	0.12	0.09
天津	0.13	0.12	0.10	0.82	0.85	0.76	0.71	0.80	0.74	0.86	0.26	0.18	0.15	0.10	0.14	0.12
山西	0.44	0.34	0.93	0.28	0.29	0.27	0.43	0.52	0.32	0.31	0.29	0.30	0.33	0.39	0.43	0.49
内蒙古	0.22	0.19	0.16	0.14	0.00	0.00	0.00	0.00	0.00	0.00	0.00	—	0.01	0.46	0.51

地区\年份	2001	2002	2003	2004	2005	2006	2007	2008	2009	2010	2011	2012	2013	2014	2015	2016
上海	0.45	0.62	0.60	0.72	0.82	0.80	0.89	0.95	1.09	0.81	0.08	0.08	0.11	0.15	0.15	0.13
安徽	0.24	0.68	0.38	0.36	0.57	0.58	0.72	0.66	0.89	0.00	0.00	0.00	0.64	0.64	0.62	0.45
广东	0.27	0.14	0.26	0.34	0.60	0.67	0.66	0.68	0.83	0.58	0.25	0.23	0.23	0.19	0.17	0.18
广西	0.50	0.44	0.47	0.42	0.71	0.79	0.81	0.90	1.22	0.86	1.46	1.46	1.56	1.57	1.51	1.46
重庆	0.12	0.20	0.18	0.24	0.24	0.26	0.18	0.16	0.18	0.13	0.00	0.00	—	0.53	0.49	0.40
贵州	0.18	0.16	0.14	0.13	0.00	0.17	0.09	0.06	0.11	0.08	0.00	0.50	0.16	0.44	0.38	0.80
云南	0.66	0.07	0.11	0.13	0.15	0.15	0.17	0.17	0.15	0.16	0.28	0.38	0.49	0.61	0.71	0.66
宁夏	0.18	0.19	0.15	0.13	0.26	0.32	0.19	0.21	0.20	0.00	0.00	0.00	—	—	—	—
新疆	0.05	0.05	0.03	0.04	0.04	0.07	0.07	0.07	0.07	0.05	0.14	0.14	0.14	0.13	0.29	0.23

数据来源：中国农产品加工业年鉴（2002—2009）；中国农业年鉴（2002—2012）；食用菌产业经济研究室数据库。以下同。

表1-2-5　中国食用菌生产区域优势分类表

区域优势分类	主要省、直辖市、自治区
较强比较优势地区	福建、黑龙江
一般比较优势地区	河南、浙江、陕西、江西、江苏、山东、四川、辽宁、河北、湖北、吉林、北京、上海、广西
潜在比较优势地区	湖南
无比较优势地区	天津、山西、内蒙古、安徽、广东、重庆、贵州、云南、宁夏、新疆

测算得出的资源禀赋系数反映了中国2001—2016年各省（区、市）食用菌生产的比较优势差异。在合理安排食用菌生产布局时，必须充分考虑自身资源与技术条件，以便提高资源配置效率，避免造成资源浪费和产业损失。

福建：福建是食用菌生产较强比较优势地区，其资源禀赋系数在1.80以上。据有关资料显示，该地区在香菇、双孢蘑菇、草菇、银耳和杏鲍菇等品种的生产上都具有强的比较优势，尤其是在银耳的生产上比较优势较为明显。

黑龙江：该地区具有较强的食用菌生产的比较优势。资料显示，其在黑木耳生产上具有非常强的比较优势。

河南、浙江、陕西、江西、江苏、山东、四川、辽宁、河北、湖北、吉林、北京、上海、广西：是食用菌生产一般比较优势地区，整体而言，食用菌生产效率较高，年产量占全国比重较大，可以加大食用菌产业的发展力度，利用自身区域优势，有效配置资源，以取得更大的效益。

湖南：该地区具有食用菌生产的潜在比较优势。相关资料显示，在金针菇和杏鲍菇生产上具有一般比较优势；在鸡腿菇生产上具有潜在比较优势。

天津、山西、内蒙古、安徽、广东、重庆、贵州、云南、宁夏、新疆：从整个食用菌产业生产来讲，这10个省（市、区）在食用菌生产上无比较优势，然而其中有些地区仍然适合栽培特殊品种的食用菌，虽然产量不高，但其价值较高。如云南作为中国野生菌类资源最为丰富的地区，可转换思路，从野生菌发展的角度，选择适合自身发展的道路。

第三节
中国食用菌产量、产值与出口创汇

一、食用菌产量与产值

（一）世界产量概览

近年来，世界食用菌产量呈现快速增长的势头。1978年世界食用菌年总产量仅有106万t，到2002年世界食用菌产量达到1 225万t，2008年达到2 571.43万t，且增量主要来自亚洲发展中国家，其中又以中国增长速度最快。

（二）中国食用菌产量

自改革开放以来，中国食用菌产业得到了蓬勃发展。据中国食用菌协会统计：就产量规模来看，1978年全国食用菌产量为5.80万t，到1990年超过100万t，1998年增长至435.00万t；进入21世纪以来，中国食用菌产业发展势头依然保持着持续、健康快速的发展势头，到2003年突破1 000万t，2009年增长至2 020.60万t，2011年增长至2 571.74万t，2018年食用菌产量达到3 842.04万t（表1-2-6和图1-2-4）。

（三）中国食用菌产值

就产值规模来看，2001年全国食用菌产值达到314.75亿元，到2009年食用菌产值突破1 000亿元，2018年产值达到2 937.37亿元，食用菌产值年均增长幅度达14.04%。与此同时，食用菌产业的国际地位不断提高，自1988年以来，中国一直保持着世界食用菌生产第一大国的地位，其中1994年中国食用菌总产量占世界总产量的53.8%，此后不断上升，截止到2012年，中国食用菌产量占到了世界总产量的80%以上。

表1-2-6　2001—2018年中国食用菌产量与产值一览表

年份	产量/万t	产值/亿元
2001	781.87	314.75
2002	876.49	408.90
2003	1 038.69	437.84
2004	1 160.36	481.72
2005	1 334.60	585.48
2006	1 474.10	638.72
2007	1 682.22	796.60
2008	1 827.22	864.99
2009	2 020.60	1 103.31
2010	2 201.16	1 413.22

年份	产量/万t	产值/亿元
2011	2 571.74	1 543.24
2012	2 827.99	1 772.06
2013	3 169.69	2 017.90
2014	3 270.09	2 258.10
2015	3 476.27	2 516.38
2016	3 596.66	2 741.78
2017	3 712.00	2 721.92
2018	3 842.04	2 937.37

数据来源：《中国农产品加工业年鉴》、中国食用菌协会。

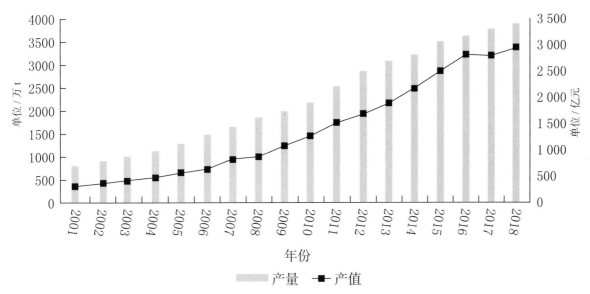

图 1-2-4　2001—2018 年中国食用菌产量与产值趋势图

二、食用菌出口量与出口创汇

近年来，中国食用菌出口量一直居于世界前列，食用菌产品已成为出口创汇农产品中的重要一员。中国食用菌出口的主要品种包括：蘑菇及块菌（用醋或醋酸以外的其他方法制作或保藏）、蘑菇菌丝、冷冻松茸、干木耳、银耳、冬虫夏草、天麻、茯苓以及冷冻牛肝菌等。目前，食用菌产品已成为弥补中国农产品贸易逆差的重要产品，随着全球食用菌贸易的不断发展，中国食用菌产品出口量值规模呈现缓慢增长，据海关数据显示：2018 年，中国食用菌出口额约 44.54 亿美元。其中，干制食用菌占出口总额的 74.63%（其中，干伞菌属蘑菇约 0.02 亿美元、干木耳约 9.34 亿美元、干银耳约 0.64 亿美元、其他干蘑菇及块菌约 23.24 亿美元），蘑菇及块菌（用醋或醋酸以外的其他方法制作或保藏）约占出口总值的 15.68%。分品种来看，其他干蘑菇及块菌、干木耳排在前两位，全年累计实现出口额分别约为 23.24 亿美元、9.34 亿美元，约占食用菌出口总额

中国食用菌发展历史、现状与展望

的 52.18%、20.98%。（图 1-2-5、图 1-2-6）

图 1-2-5　食用菌罐头

图 1-2-6　食用菌贸易产品——金针菇

　　如表 1-2-7、图 1-2-7 所示，中国食用菌出口量呈现"波动上升—骤降—上升"三阶段的变化特征，具体而言：2000—2002 年，食用菌出口量略

有下降，从 36.24 万 t 降至 32.67 万 t；2002—2005年，经历连续三年增长，增幅达 45.42%；2002—2005 年，出口量值实现了持续双增长，主要因为面对入世后进口国的高技术性贸易壁垒，中国相继出台了食用菌出口标准，严格控制农药残留问题，相对于入世前，食用菌产品品质有了大幅度提高，这对促进食用菌贸易出口起到了积极影响；然而 2006 年食用菌出口量达到第一低点，主要是由于日本《食品中残留农业化学品肯定列表制度》的实施，不断对中国出口的食用菌采取检查措施，欧盟也随即在本年发布了新食品安全法规，日本和欧盟出台的这些规章制度无疑给中国食用菌出口带来重创；随后，2007 年、2008 年出口量开始增加，并于 2008 年达到峰值 68.28 万 t，相比 2000年增长 88.41%；2008 年、2009 年，在全球性金融危机冲击下，食用菌出口业遭受重创，出口量急剧下降，2009 年食用菌出口量下降幅度达 40.97%；2009—2011 年，随着国际市场环境的逐渐稳定，出口量有所回升，但仍未达到2008年的最高水平，2011 年出口量为 52.00 万 t；2012 年全国食用菌出口量略微回落至 47.79 万 t，但 2013 年迅速增长至51.24 万 t，并呈现良好的增长态势，2018 年出口量达 70.31 万 t。

表 1-2-7　2000—2018 年中国食用菌出口量值一览表

年份	出口量 / 万 t	同比增幅 /%	出口创汇 / 亿美元	同比增幅 /%
2000	36.24	—	5.08	—
2001	33.73	−6.93	4.61	−9.25
2002	32.67	−3.16	4.69	1.67
2003	42.42	29.85	6.16	31.36
2004	45.60	7.51	7.58	23.08
2005	47.51	4.18	7.96	5.03
2006	43.22	−9.03	9.23	15.94
2007	52.92	22.45	11.69	26.67
2008	68.28	29.02	14.53	24.25

年份	出口量/万 t	同比增幅/%	出口创汇/亿美元	同比增幅/%
2009	40.31	−40.97	10.57	−27.27
2010	49.12	21.86	17.52	65.82
2011	52.00	5.87	24.07	37.33
2012	47.79	−8.09	17.40	−27.70
2013	51.24	7.21	26.95	35.43
2014	51.47	0.45	28.33	5.12
2015	51.68	0.41	30.53	7.76
2016	55.78	7.93	32.20	5.47
2017	63.08	13.09	38.44	19.37
2018	70.31	11.46	44.54	15.87

数据来源：中国海关信息网。

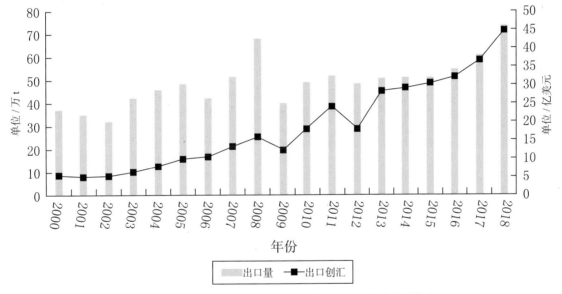

图 1-2-7　2000—2018 年中国食用菌出口量值变化趋势图

2001—2018 年中国食用菌出口创汇总体上呈增长态势。由表 1-2-7、图 1-2-7 可知，2001 年以来，中国食用菌出口创汇金额处于波动上升趋势，并于 2007 年突破 10 亿美元，2008 年达到第一个峰值，达 14.53 亿美元；受金融危机影响，2009 年出口创汇额大幅下降，较 2008 年减少了 27.25%；2010 年、2011 年，随着国际经济形势的逐步好转，食用菌对外出口创汇迅速反弹，2010 年出口创汇值达到 17.52 亿元，超过了 2008 年的峰值，2011 年更是再创新高，达到了 24.07 亿美元；2012 年受到出口数量下降的影响，中国食用菌出口创汇金额陡降至 17.40 亿美元，2013 年其出口创汇金额则随着出口量的增加，再次创下历史新高，高达 26.95 亿美元。2014—2018 年，出口量不断增长，且增速也呈上升趋势，2018 年中国食用菌出口创汇达到 44.54 亿美元。

中国食用菌发展历史、现状与展望

三、食用菌出口贸易特征

由于食用菌的消费不受宗教、种族、年龄等因素限制，加之其味道鲜美，营养价值高，故对其需求量与日俱增。在日益增长的需求下，食用菌的产量越来越高，国际竞争也日益激烈，在这种情况下，中国食用菌出口贸易呈现出新的特点。

（一）具有较高的出口贸易额

世界食用菌主产国基本上是食用菌的供应大国，尤其是中国、荷兰、波兰和爱尔兰，近年来国际市场占有率不断提高。中国食用菌出口额也一直居世界食用菌出口额前列（表1-2-8），进入新世纪以后，尤其是近几年，中国食用菌出口额增长迅猛，2018年贸易额达到了44.54亿美元。

（二）出口单价处于较低水平

由表1-2-9可知，中国食用菌出口单价的变化情况是：1990年至1995年为上升阶段。1995年至2006年处于递减阶段，从1995年的3.52美元/kg下降到2006年的1.07美元/kg，在这一阶段中，除个别年份外，都低于世界食用菌出口平均单价，更是远低于法国、西班牙、意大利和日本的出口单价，在价格上具有较强的国际竞争力。之后，食用菌出口单价则呈现出上升的趋势，2007年更是达到历史最高水平，为4.33美元/kg，2010年出口单价为3.57美元/kg，为历史第二。

表1-2-8 2008—2011年世界食用菌主产国出口贸易额 单位：亿美元

国家	2008年贸易额	2009年贸易额	2010年贸易额	2011年贸易额
中国	14.53	10.57	17.52	24.07
美国	0.45	0.38	0.46	0.51
荷兰	3.08	2.90	2.92	2.81
波兰	3.43	3.03	3.43	3.74
西班牙	0.15	0.14	0.13	0.17
意大利	0.43	0.42	0.50	0.61
加拿大	0.76	0.78	1.05	1.06
爱尔兰	1.78	1.39	1.23	1.29

数据来源：FAO统计数据库、联合国统计司数据库、中国海关信息网整理而来。

表1-2-9 1990—2010年世界食用菌主产国食用菌出口单价比较 单位：美元/kg

时间	中国	美国	荷兰	波兰	法国	西班牙	意大利	加拿大	爱尔兰	日本
1990	2.83	5.48	2.94	2.13	9.93	14.60	13.83	3.67	3.07	4.56
1995	3.52	3.76	2.65	1.92	7.88	11.60	15.69	3.14	3.44	4.76
2000	3.08	4.35	2.56	1.75	7.55	17.44	11.52	3.19	2.61	3.52
2001	2.72	5.02	2.70	1.68	6.26	17.41	10.34	3.51	2.65	2.81
2002	2.38	4.48	2.39	1.51	6.22	8.15	9.76	3.08	2.40	3.21

时间	中国	美国	荷兰	波兰	法国	西班牙	意大利	加拿大	爱尔兰	日本
2003	2.23	2.89	2.00	1.41	5.25	9.58	6.46	2.95	1.87	3.77
2004	1.95	2.80	1.97	1.63	4.99	5.80	5.39	2.95	2.11	2.98
2005	1.95	2.80	2.05	1.90	5.25	7.88	6.20	2.71	2.00	3.05
2006	1.07	3.89	2.69	3.80	9.35	10.92	6.73	5.50	2.63	6.23
2007	4.33	3.02	2.85	3.06	7.69	22.23	8.59	6.02	2.14	4.61
2008	2.13	4.12	3.12	2.32	12.29	20.49	19.11	3.26	2.46	5.86
2009	2.63	4.09	3.40	2.02	11.92	11.47	14.74	3.56	3.18	5.61
2010	3.57	4.67	2.66	2.00	7.51	9.68	14.76	3.72	2.97	4.18

数据来源：FAO 统计数据库、联合国统计司数据库整理而来。

由此可见，中国食用菌出口产品在国际市场有较高的占有率，出口价格相对较低，存在价格比较优势，具有一定的国际竞争力。

（三）出口品种结构多样化

目前，中国食用菌出口品种结构趋于多样化，据相关统计资料显示：2000 年仅 15 个品种，2002 年增至 21 个，2003 年出口品种增至 28 个，2005 年出口品种增至 30 个，现阶段食用菌出口品种基本维持在 30 个左右。2000 年出口的食用菌不仅品种少且结构较为单一，15 个品种中洋蘑菇罐头出口量占了五成以上，但其出口额在出口总额中的比重却远不及出口量的比重，这也说明洋蘑菇罐头的单位创汇能力并不高。其次是鲜或冷藏的其他蘑菇、盐水小白蘑菇，它们分别占了当年食用菌出口总量的 15.21% 和 12.56%，出口额的 14.02% 和 7.60%。其他品种中干香菇和未列名的干蘑菇及块菌出口量的比例虽分别只有 3.88% 和 2.53%，但其出口额在出口总额中的比重却占到了 12.24% 和 10.62%，表明相对于洋蘑菇罐头和盐水小白蘑菇而言，其单位价值较高，单位产品的创汇能力较强。其余品种中除鲜或冷藏的松茸单位价值较高、单位产品创汇能力较强，达到 37.93 美元 /kg 以外，余下品种在出口总量和总额中所占的比例都很小。

表 1-2-10　2018 年中国食用菌各品种（按大类统计）出口量值一览表

出口品种	出口量 /kg	出口额 / 美元	单价 /（美元 / kg）
蘑菇及块菌（用醋或醋酸以外的其他方法制作或保藏）	251 441 417	698 323 719	2.78
蘑菇菌丝	109 146 451	65 621 883	0.60
伞菌属蘑菇	10 237 979	15 163 703	1.48
鲜或冷藏的其他蘑菇或块菌	91 011 657	194 396 072	2.14
冷冻松茸	597 651	13 146 046	22.00
暂时保藏的伞菌属蘑菇	11 754 061	25 987 744	2.21

中国食用菌发展历史、现状与展望

出口品种	出口量/kg	出口额/美元	单价/（美元/kg）
其他暂时保藏的蘑菇及块菌	15 235 455	38 017 462	2.50
干伞菌属蘑菇	98 412	2 122 539	21.57
干木耳	58 865 884	934 335 230	15.87
干银耳	4 349 865	63 931 936	14.70
其他干蘑菇及块菌	137 526 719	2 323 556 936	16.90
冬虫夏草	845	18 627 830	22 044.77
天麻	138 816	2 852 720	20.55
茯苓	3 942 463	17 837 812	4.52
冷冻牛肝菌	8 818 817	40 124 396	4.55
出口总计	703 166 492	4 454 046 028	—

数据来源：中国海关信息网。

与 2000 年相比，2018 年中国食用菌出口种类和数量均增长较快（表 1-2-10，按大类统计），尤其是冷藏型、加工型品种有了大幅度增加，这一方面说明中国食用菌产业规模扩大，另一方面也说明食用菌加工保鲜技术的进步。

四、食用菌主要出口国（地区）

一直以来，中国食用菌产品主要的出口市场集中在中国香港地区和日本、美国、意大利、马来西亚等国，出口的数量占全国食用菌出口创汇的 40% 以上。2018 年，中国食用菌出口市场在东亚、东南亚地区得到进一步扩展，据海关数据显示：仅出口到中国香港地区和越南、泰国两国市场的干香菇就实现创汇 18.42 亿美元，占全国食用菌出口总额的 41.35%。就干香菇而言，从具体的出口市场分布来看，主要集中在中国香港地区，越南、泰国、马来西亚、日本、韩国，出口数量依次为 4.31 万 t、5.16 万 t、1.46 万 t、0.92 万 t、0.54 万 t、0.41 万 t，占据全国食用菌出口数量的 18.21%。

第四节
中国食用菌产业的国际地位与竞争力

一、食用菌产业的国际地位

自 20 世纪 70 年代以来，中国食用菌产业得到迅猛发展，产量屡创新高，跃居世界第一大食用菌生产国；步入 21 世纪以来，中国食用菌出口量及出口创汇额逐年攀升，位居世界前列，占据了一定比例的国际市场。不言而喻，中国食用菌产业的国际地位在不断提高。下文将从中国食用菌年均出口量在世界各国中的排名来衡量其国际地位。此外，需要说明的是，考虑到数据的可得性以及世界食用菌产业的实际发展现状，在分析生产、贸易、消费问题时，将以蘑菇（含块菌）作为食用菌的替代品。本节相关基础数据均出自 FAO 统计数据库。

2000—2011 年，世界蘑菇（含块菌）年均出口额为 1 183 454.92 千美元，年均出口量为

427 146.58 t（表 1-2-11）。分国别来看，波兰、荷兰、爱尔兰、中国四国的蘑菇（含块菌）年均出口量值均位于世界食用菌出口的前四位。就出口量而言，四国年均出口总量达到 27.64 万 t，占世界年均出口量的 64.71%，其中，波兰出口量在 10 万 t 以上，占据世界出口市场 25.60% 的份额；其次为荷兰，出口量在 7 万～8 万 t；爱尔兰和中国的出口量也达到 4 万 t 以上。就出口额而言，四国年均出口总值 6.67 亿美元，占世界年均出口总额的 56.33%。出口额排名与出口量排名一致，其中，波兰、荷兰两国的出口额均在 2 亿美元以上，爱尔兰、中国的出口额也均在 1.2 亿美元以上。中国的蘑菇（含块菌）年均出口量值均居于世界第四位，可见中国蘑菇（含块菌）出口在世界蘑菇（含块菌）出口贸易中占据重要的地位。此外，年均出口量或出口值位于前十的国家或地区还有比利时、加拿大、立陶宛、匈牙利、德国、美国等。

二、食用菌产业国际竞争力测算

20 世纪 90 年代后期，特别是 2002 年以来，中国食用菌出口量和出口额均呈现较快增长势头，与世界其他食用菌出口大国相比，中国食用菌出口贸易在国际市场上地位得到提升，其国际竞争力也在发生变化。以下将选取国际市场占有率（Market Share，MS）、贸易竞争指数（Trade Competition，TC）、显示性对称比较优势指数（Revealed Symmetric Comparative Advantage，RSCA）及相对贸易优势指数（Relative Trade Advantage，RTA）四种指标，选取 FAO 统计数据库中统计的三种食用菌为例，对中国食用菌产业在国际上的竞争力进行测算与评价。

表 1-2-11　2000—2011 年世界蘑菇（含块菌）年均出口量值前十位的国家（地区）

序列	国家	出口量/t	比重/%	序列	国家	出口额/千美元	比重/%
1	波兰	109 344.50	25.60	1	波兰	215 222.00	18.19
2	荷兰	77 747.08	18.20	2	荷兰	202 492.42	17.11
3	爱尔兰	47 499.67	11.12	3	爱尔兰	126 103.92	10.66
4	中国	41 803.50	9.79	4	中国	122 721.17	10.37
5	比利时	30 291.67	7.09	5	加拿大	76 920.92	6.50
6	加拿大	22 923.92	5.37	6	比利时	63 946.33	5.40
7	立陶宛	14 691.00	3.44	7	立陶宛	39 021.58	3.30
8	匈牙利	11 342.50	2.66	8	意大利	34 475.75	2.91
9	德国	8 953.92	2.10	9	美国	28 209.25	2.38
10	美国	6 557.00	1.54	10	法国	25 551.83	2.16
	其他	55 991.83	13.11		其他	248 789.75	21.02
	世界	427 146.58	100.00		世界	1 183 454.92	100.00

数据来源：FAO 统计数据库。

中国食用菌发展历史、现状与展望

（一）国际市场占有率（MS）

国际市场占有率是指一国某产品的出口总额占世界该产品出口总额的比重，是反映一国某产品国际竞争力最直接的指标。该指标值越大，说明该国该产品的国际竞争力越强，反之则相反。其计算公式为：

$$MS_{ij} = \frac{X_{ij}}{X_{iw}}$$

式中，MS_{ij} 表示 j 国 i 产品的国际市场占有率；X_{ij} 表示 j 国 i 产品的出口贸易总额；X_{iw} 表示世界 i 产品的出口贸易总额。

以下在计算中国每年的食用菌市场占有率时，X_{ij} 取每年中国食用菌出口总额，X_{iw} 取每年世界食用菌的出口总额。

一般而言，一国（地区）某产品国际市场占有率越高，就说明该产品出口竞争力越强，当 $MS>20\%$ 时，可认为该产品具有很强的国际竞争力，从表 1-2-12 可以看出，统计年度中国食用菌的国际市场占有率呈较快上升趋势，从 2002 年的 26.60% 增至 2011 年的 48.83%；2008 年和 2009 年 MS 值略有下降，但 2010 年、2011 年 MS 值有所上升，直逼 50%。高市场占有率会使得中国食用菌产品定价对国际市场食用菌的价格走势产生影响，从而使中国在国际食用菌市场拥有一定主导地位。

表 1-2-12　2002—2011 中国食用菌各竞争力指数变化情况

年份	MS/%	TC/%	RCA	RSCA	RMA	RTA
2002	26.60	98.84	3.09	0.51	0.20	2.89
2003	29.19	99.67	3.46	0.55	0.06	3.40
2004	30.98	99.43	3.51	0.56	0.10	3.41
2005	32.48	99.59	3.31	0.54	0.07	3.25
2006	33.64	99.63	3.26	0.53	0.05	3.20
2007	35.55	99.75	3.26	0.53	0.04	3.22
2008	32.98	99.69	3.17	0.52	0.06	3.11
2009	32.71	99.88	3.10	0.51	0.13	2.96
2010	43.67	99.00	3.44	0.55	0.14	3.30
2011	48.83	99.47	3.55	0.56	0.08	3.47

资料来源：根据联合国商品贸易统计数据库（UNCOMTRADE）整理。

（二）贸易竞争指数（TC）

贸易竞争指数，又称可比净出口指数（Normalized Trade Balance, NTB），是指一国某产品的净出口额与其进出口总额的比值，反映了一国与其他国家在某产品生产效率上所处的优劣地位及程度大小。该指标在不考虑经济与通货膨胀等宏观因素的影响下，可直观反映一国的产品贸易是顺差还是逆差，以及净进口或净出口的相对规模。其计算公式为：

$$TC_{ij} = \frac{X_{ij} - M_{ij}}{X_{ij} + M_{ij}}$$

式中，TC_{ij} 表示 j 国 i 产品的贸易竞争指数；X_{ij}、M_{ij} 分别表示 j 国 i 产品的出口额和进口额。

TC 值介于 $-1 \sim 1$。TC 值小于 0 说明该国为某产品的净进口国，且生产效率低于国际水平，值越小其竞争力越弱；TC 值等于 0 说明该国某产品的生产效率与国际水平相当，该产品的进出口贸易可视为等价交换；TC 值大于 0 说明该国为某产品的净出口国，且生产效率高于国际水平，值越大表明其竞争力越强；TC 值等于−1 表示该国该产品只进口不出口，TC 值等于 1 表示该国该产品只出口不进口。

从出口角度来说，TC 值越接近 1 说明该产品就越具有竞争力。从表 1-2-12 可以看出，由于中国的食用菌贸易一直是以出口为主，所以测算出的 TC 值大都处于接近于 1 的水平，2009 年的 TC 值高达 99.88%，为统计年份中的最高点。

（三）显示性对称比较优势指数（RSCA）

显示性对称比较优势指数是对显示性比较优势指数（Revealed Comparative Advantage，RCA）的改进，能够真实可靠地反映出一国（地区）某产品的贸易比较优势。其测算公式如下：

$$RCA_{ij} = \frac{X_{ij}/X_{tj}}{X_{iw}/X_{tw}}$$

$$RSCA_{ij} = (RCA_{ij} - 1) / (RCA_{ij} + 1)$$

式中，RCA_{ij} 表示 j 国 i 产品显示性比较优势指数；X_{ij} 表示 j 国 i 产品的出口贸易总额；X_{tj} 表示 j 国所有产品的出口贸易总额；X_{iw} 表示世界 i 产品的出口贸易总额；X_{tw} 表示世界所有产品的出口贸易总额；$RSCA_{ij}$ 表示 j 国 i 产品显示性对称比较优势指数。

本节中，X_{ij}、X_{iw} 分别指中国食用菌出口额和世界食用菌出口额，X_{tj} 指中国所有产品出口总额，X_{tw} 指世界所有产品出口总额。

一般认为，RCA 指数大于 2.5，表示该类产品具有极强的出口竞争力；RCA 指数为 1.25～2.5，表示具有较强的竞争力；RCA 指数为 0.8～1.25，表示具有中等竞争力；RCA 指数小于 0.8，表示竞争力较弱，没有显示性比较优势。表 1-2-12 中，RCA 值都大于 2.5，可认为 10 年来中国食用菌产品一直都具有极强的出口竞争力。RSCA 值位于 −1～1，当该指数大于 0 时，即认为该产品具有比较优势。加入 WTO 后的 10 年，中国食用菌 RSCA 指数均在 0.5 以上，一直保持着出口比较优势。从图 1-2-8 中也可看出，中国食用菌显示性对称比较优势指数一直处于高水平，且整体呈平稳趋势，只有 2005—2009 年略有下滑。本节选取了国际市场中主要的食用菌出口国进行 RSCA 值比较，所选国家中，爱尔兰 RSCA 值除了 2007 年略低于波兰外，其余年份一直处于首位；荷兰、法国和德国 RSCA 值波动较大，有的年份出现了负值。2003—2005 年，中国食用菌 RSCA 值略高于波兰，其余年份均低于波兰；此外，2007 年和 2008 年中国食用菌的 RSCA 值低于荷兰，所选国家中相对优势水平居于第四位。

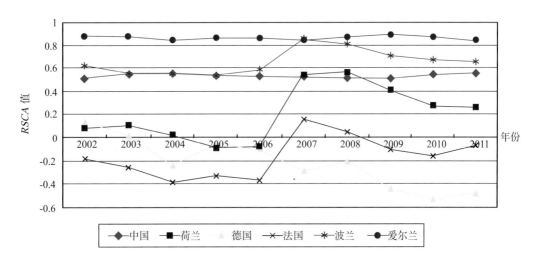

图 1-2-8 食用菌主要出口国家的 RSCA 值变化

（四）相对贸易优势指数（RTA）

在研究农产品国际竞争力时，除了用以出口为中心的显示性比较优势指数（RCA）外，还考虑了以进口为中心的相对进口优势指数（Relative Import Advantage，RMA），二者相减便可得到同时考虑进出口的相对贸易优势指数。具体计算公式如下：

$$RMA_{ij} = \frac{M_{ij}/M_{iw}}{M_j/M_w}$$

$$RTA_{ij} = RCA_{ij} - \frac{M_{ij}/M_{iw}}{M_j/M_w}$$

式中，RMA_{ij} 表示 j 国 i 产品相对进口优势指数；M_{ij} 表示 j 国 i 产品的进口贸易总额；M_{iw} 表示世界 i 产品的进口贸易总额；M_j 表示 j 国所有产品的进口贸易总额；M_w 指世界所有产品的进口贸易总额；RCA_{ij} 表示 j 国 i 产品显示性比较优势指数；RTA_{ij} 表示 j 国 i 产品相对贸易优势指数。

$RTA>0$，指该国该产品具有竞争优势，$RTA<0$，指该国该产品不具有竞争优势；当 $RTA>1$ 时，表明该国该产品具有较强的相对竞争优势。从表 1-2-12 中可以看出，中国食用菌的 RTA 指数值在 2002 年为 2.89，2011 年时达到 3.47，说明中国食用菌相对贸易优势正在不断提高。

图 1-2-9　食用菌加工生产

中国作为世界第一大食用菌生产国，要充分利用丰富的劳动力资源和多品种种植技术，以及价格和品种优势，积极拓展国际市场，扩大出口贸易量，提高国际市场占有率，进一步提升食用菌产业国际竞争能力。为此，一方面要高度重视食用菌安全生产问题，提高从生产到加工每一环节的卫生管理工作，生产符合进口国家产品安全标准的产品，突破进口国绿色壁垒限制，进一步提高食用菌的国际竞争力；另一方面，利用国内食用菌品种多样和成本较低的优势，拓宽出口范围，向远途国家和经济欠发达国家（地区）出口，进一步提升国际市场占有率。（图 1-2-9）

第五节
中国食用菌产业发展中存在的问题

一、中国式发展与中国式市场的矛盾

（一）食用菌小生产与大市场之间的矛盾

目前我国农业生产仍以分散经营为主，小农户与大市场矛盾突出，市场对接面临诸多困境，食用菌产业也不例外。分散经营缺乏获取市场信息的有效渠道，大多数农民在缺文化、少技术、无信息的状况下，盲目生产、流通无序、销售不畅、增产不增收。目前我国食用菌产业基本上还处于劳动密集型产业阶段，虽然近几年开始建立食用菌基地、示范园以及工厂化生产，但生产主体仍是以家庭为单位小作坊式的生产为主，机械化水平低，劳动力成本较高。以香菇为例，一户菇农的生产规模一般在 5 000～10 000 袋，这种规模只相当于发达国家一户菇农的十分之一，甚至只有几十分之一。以黑木耳为例，素有"中国黑木耳之乡"美称的牡丹江海林市，在黑木耳生产上具有得天独厚的自然优势，尽管生产初具规模，但零散耳农的种植规模仅为 5 000～50 000 袋，仅为基地耳农生产规模的六分之一，甚至更低。这种分散的小农生产经营，不仅难以抗御自然风险，也难以抵抗市场风险。分散经营主要生产方式是农户分散栽培，手工操作，靠塑料大棚控制环境，在自然温度下季节性种植。即使有部分工厂化生产，也只是砖砌的菇房，远未达到人为控制环境的生产条件，这种状况导致单产低，生物学效率多在40%～100%。严重分散的生产格局导致了生产技术不规范，产品质量难控制，严重影响我国食用菌产业国际竞争力的提升。这种千家万户作坊式的小农生产，分散无序，抵御风险的能力较差。

在这种生产力水平基础上建立起来的产业结构，广大菇农只能是生产的主体，很难真正成为市场主体，因而难以直接参与市场竞争，更无能力去抵御市场风险，最终影响食用菌产业整体效益的提升。近些年来，"卖菇难"和"增产不增收"的现象常有发生，在不少地区出现了菇农增收缓慢，总体经济效益下降的趋势，严重挫伤了广大菇农的积极性，特别是在一些贫困地区，靠种菇摘下贫困帽的菇农，在从脱贫到奔向小康道路上还有较长的路要走，如果不重视这些问题，食用菌产业整体效益提升可能缓慢，甚至还存在下滑的风险。

（二）食用菌生产布局分散性与市场集聚化发展之间的矛盾

食用菌生产布局上表现为与市场集群化发展之间的脱节。近年来，我国食用菌产业快速发展，呈现出全国开花局面。但是，很多地区食用菌产业是以农民自发生产经营为基础，在国家层面上缺乏全局性规划和布局，缺乏统一的协调和宏观调控；在区域层面，由于缺乏总体生产布局规划，各地区在食用菌生产上各自为政，其产量参差不齐，品质和效益也高低不等。虽然与水稻、小麦等传统农作物相同，食用菌生产效益的提高在一定程度上也依赖于规模效应，但目前部分地区不顾当地资源和技术条件及市场适应能力，在缺乏优化布局、统一协调和宏观调控手段的情况下，急于求成，盲目扩大栽培规模，造成了生产资源的浪费和产业发展的大起大落，影响了菇农生产积极性，极大阻碍了食用菌

产业的健康发展。同时，生产布局的不明确也导致食用菌栽培品种发展不均衡。除少数几个主栽种类之外，其他菌类的优势产区尚未完全确立，菇农的生产也缺乏引导，导致一些增长势头较好的品种受制于有限的规模，产品市场无法打开。据食用菌商务网统计，2012年，山东、江苏、福建、广东等沿海省份在不断壮大的现代农业推动下，依托丰富的资金和资源优势，迅速推进了食用菌工厂化的发展；而一些经济欠发达地区则发展较慢，部分省份年产量只有几十吨；同时不同的地区和企业间的产出效益也有较大差距。行业规划的缺失，造成个别品种食用菌年产量激增或剧减，出现"大小年"波动现象。行业要有大的规划布局，控制总量，剩下的才由市场和企业去完成，但目前，行业组织或者地方主管部门很难平衡各企业间的利益，各工厂化企业都局限于自己的生产规划，很多项目都是地方和企业盲目跟进，缺乏整体战略布局。全国食用菌行业"十二五"发展规划提出，重点建设食用菌市场体系，食用菌加工、销售市场具有集群化发展趋势，而生产布局分散明显无法与市场集聚性进行有效产业链衔接。"十三五"期间食用菌产业发展规划强调要"合理规划行业布局"，要"坚持科学规划、合理布局、差异化发展，建立好优势发展区、适度发展区和保护发展区，实现资源与经济效益和社会效益的均衡化和优势化"。

（三）生产方式无序与市场标准要求不衔接的矛盾

首先表现在生产过程中各自为政，未能有效执行标准化生产，导致有标准不依。调查结果显示，其中仅有不到40%的菌种产自正规食用菌菌种企业，其余超过60%的菌种均为农户自繁自用。目前不少菌种生产者，设备简单，生产程序不科学，菌种杂菌污染严重，边发菌边污染，挖除污染部位后继续做栽培种使用而导致大量栽培袋污染报废。比如，平菇生产栽培技术发展面临的最主要问题是栽培粗放，广大菇农普遍存在着"平菇栽培容易管理"的观念，因此对栽培技术标准不够重视，造成

中国食用菌发展历史、现状与展望

平菇产量较低，生物学效率仅维持在90%左右；双孢蘑菇栽培中，培养料优质高效发酵技术研发滞后，工艺技术进步跟不上社会经济的发展步伐，培养料发酵过程中的建堆翻堆、进房上架等工序劳动繁重，用工量大，标准化程度低，不仅培养料发酵质量提升难，还影响双孢蘑菇的产量与质量。

其次，标准化体系建设本身存在诸多问题，导致无标准可依。产业的标准化建设是庞大的系统工程，其涉及面和影响因素错综复杂，食用菌行业也不例外。标准化工作的任务是制定标准、组织实施标准和对标准的实施进行监督。因此要统筹兼顾均衡发展，在加强标准建设的同时，决不能忽视标准的实施和监督。就标准化任务来看，食用菌产业标准化建设中明显存在以下二方面问题：

1. 物流标准缺少　食用菌产品的质量受木桶短板效应限制，制种、种植、加工、包装、运输、储存等任何一个环节的不规范操作都会影响产品的最终质量，制定标准工作需要各个环节全面共同展开才可有效利用标准来保证产品质量安全。不同于其他农产品，食用菌产品在储存和运输过程中易受微生物污染。目前食用菌标准体系内尚无独立的物流标准，食用菌产品的包装、贮存和运输的要求只是在个别的产品标准中的尾部或详或略做出阐述，如双孢蘑菇、竹荪、银耳、黑木耳等。另外，食用菌罐头制品可以依照《罐头食品包装、标志、运输和贮存》（QB/T 4631—2014）来执行。然而大部分非罐头食用菌产品是无产品标准的，这些产品则无物流标准可依。《无公害食品　食用菌》（NY 5095—2006）及《绿色食品　食用菌》（NY/T 749—2012）里虽有涉及物流规范，但是相对于种类繁多的食用菌产品来说显得捉襟见肘。

2. 部分产品标准缺失　例如，地理标志产品和野生菌的相关标准太少，目前国家标准中地理标志产品标准只有2008年更新过的《地理标志产品　庆元香菇》（GB/T 19087—2008）、《地理标志产品　泌阳花菇》（GB/T 22746—2008）和2009年的《地理标志产品　卢氏黑木耳》（GB/T 23395—2009）三项，行业标准暂缺，相对于我国丰富的特色品种资源来说还太少。野生菌在国外具有较强的市场竞争力，而国家标准中野生菌只有《牛肝菌　美味牛肝菌》（GB/T 23191—2008）这一项，块菌、鸡油菌、羊肚菌等很多野生菌没有任何标准。每年发生的野生食用菌中毒事件，也给生产带来很大负面影响，因此急需予以规范。

（四）产品粗放生产经营与市场精深需求之间的矛盾

食用菌加工技术开发方面：①食用菌加工技术落后，以初级加工为主。多数企业目前仍然停留在烘干、盐渍、制罐头等初级层次，缺乏具有核心竞争力的深加工技术，资源消耗大，产品类型少，附加值低。②缺乏精深加工高效利用技术和高附加值食用菌新产品。我国食用菌加工产品基本还停留在出售原料和初级加工产品阶段。近几年来，尽管国内部分企业如江苏安惠生物科技有限公司、盐城神农保健食品有限公司、北京玛西蒙科技有限公司等以各种食用菌为原料进行了食用菌健康产品的研究与开发，但相对于国内大宗食用菌产量和产值来说，深加工尤其是精加工所占比例仍很低。③缺乏食用菌高效综合利用技术。食用菌加工中产生的边角料等副产物大多作为垃圾处理，有待进行综合利用。食用菌菇柄、残次菇等废弃物在食用菌传统加工过程中基本上没有进行综合利用，造成了资源的极大浪费。较少运用现代生物高科技手段，对食用菌深加工和废弃物综合利用技术进行研究，或是应用前沿技术工艺对食用菌进行分类深加工处理，因此，食用菌资源难以实现高效利用。④功能成分提取技术有待提高。尽管现代医学研究表明食用菌中含有的多糖类、甾醇类、生物碱类等功能性成分对机体有十分重要的作用，如增强机体免疫力、抗肿瘤、抗菌、抗病毒、抗炎及抗辐射、抗氧化、抗衰老等。但至今许多食用菌功能成分不明确，分离提取技术及功能性产品研发不够，还有不少技术难题尚待解决。食用菌中功能成分的发掘、活性的保持和利用研究需要深入，目前仅有少量的产品投放市场，研究开发任务十分紧迫，潜力巨大。

食用菌加工装备方面：目前我国食用菌加工装备发展面临的主要问题包括工艺落后、质量差、可靠性低、自动化和成套化程度不高、关键技术和关键设备需依赖进口、能耗偏高和效率低等。国内食用菌加工装备稳定性差、无故障时间短、外观造型粗糙等，并且设备使用寿命与国际先进产品也有一定差距。我国食用菌加工机械和设备缺乏规模化的生产能力和高度专业化的适用性。食用菌加工设备的单机生产能力较低，多数厂家设备生产线不易配套，自动化程度不高，食用菌加工装备技术相对落后，由此导致生产出来的产品质量稳定性差，科技含量低，缺乏市场竞争力，严重影响了加工产业的技术升级。因此，食用菌加工机械制造企业需在原有装备的基础上，注重向节能、节水、高得率、无污染方向发展，并注重提高资源综合利用率，实现新原理、新技术、新工艺、新材料的改进，以提高设备专业化、连续化、机械化、自动化水平，为食用菌加工企业提供先进生产技术和精良加工装备。

食用菌加工企业方面：①加工企业规模偏小。目前我国的食用菌加工企业以中小企业为主，经营规模普遍偏小。从地域分布来看，实现规模化经营的企业多分布在福建、浙江、上海等沿海经济开放地区，而东北、华北、西南、西北等地区几乎没有规模化经营企业。事实上，我国食用菌加工企业主要以外贸出口的加工工厂为主。随着食用菌内销市场的快速增长，面向国内市场的食用菌加工企业也迅速发展起来，但与外向型企业相比，其规模普遍偏小。②以初加工产品为主，精深加工产品缺乏。我国的食用菌加工企业产品主要以初级产品加工为主，产品附加值低，缺乏以高科技为主导的高附加值、精深加工产品。目前我国食用菌加工仍实行"以初加工为主，深加工为辅"的模式。初加工产品包括干制品、速冻品、盐渍品、糖渍品、膨化品、鲜品等，如低糖菇脯、冻干食用菌、食用菌罐头等，以及利用残菇和下脚料加工成的休闲食品或者即食食品等。食用菌深加工主要集中在灵芝、冬

虫夏草等稀有珍贵食药用菌类，对香菇、平菇、双孢蘑菇等大宗食用菌的深加工产业化利用率较低。③缺乏独立品牌。在世界食用菌产业链中，我国的食用菌产业一直处于低端位置，只是进行食用菌罐头的生产和加工，很少涉足高端产品开发，更不用说拥有自己的品牌。在生产中，主要是为欧美国家大公司"贴牌生产"和"来料加工"，食用菌罐头的上游产品研发和下游营销环节均被欧美国家公司所控制。以漳州食用菌罐头为例，90%以上的罐头出口公司实行的都是"贴牌生产"，对国外公司依存度极高，没有形成自己的独立品牌，在国际市场上缺乏应有的地位，在价格上也没有足够的话语权与定价权。④生产方式落后。我国食用菌加工企业的机械化、自动化程度仍处于较低水平，无论是食用菌的生产种植，还是以食用菌为原料进行的罐头加工，仍以手工操作为主，产业的机械化、自动化程度偏低。与此同时，随着我国经济的快速发展以及国际汇率的不断变动，劳动力成本逐年攀升，国内食用菌企业赖以生存的低廉劳动力成本优势也在逐步消失。⑤经营管理方式落后。在企业经营管理上，国内食用菌加工企业最突出的问题在于墨守成规，畏于创新，缺乏现代化的经营理念和管理方法，不能制定出科学合理的企业中长期发展规划。即便是食用菌加工业较为发达的地区，例如漳州，一个拥有1 000～2 000人规模的罐头加工厂，年出口额可达几千万美元，但其管理水平依旧落后，技术学习仍采用的是"以师带徒"的传统方式。

（五）产业支持政策不足与市场发展需求之间的矛盾

从政策上看，尽管近些年许多地方出台了食用菌产业优惠政策，但总体上产业发展政策仍不配套，有待进一步完善，仍存在食用菌生产的园区土地设施、水电、绿色通道、财政扶持、标准园建设、良种繁育、科技支撑体系建设等问题。

1. 立法保障政策与食用菌产业发展需求相比，仍存在一定差距 立法保障政策是指各级政府部门为进一步促进食用菌产业的持续、健康发展而制

中国食用菌发展历史、现状与展望

定的有关菌种、产品的生产、加工、营销和贸易等一系列管理办法。然而，伴随着食品安全问题的凸显、国际市场不确定性风险的增加（贸易门槛或贸易壁垒）等问题，食用菌产业的相关法规、标准与管理办法需要不断完善。

食用菌产业立法保障政策分为国家、行业、地方等多个层面，主要包括行政管理、市场规范，还包括技术管理等，涉及菌种、食品安全、加工、市场与贸易等。现行的食用菌法规主要有《食用菌菌种管理办法》《新资源食品管理办法》《蘑菇罐头出口管理若干规定》《真菌类保健品申报与审评规定（试行）》等，强制性标准主要包括各类食用菌菌种标准、产品质量安全标准等。与此同时，地方政府有关食用菌产业发展的立法保障工作虽然逐步深化（主要体现在两个方面：一方面，很多省、自治区、直辖市甚至地级市根据当地的实际情况，纷纷制定了一系列的地方标准，以促进当地食用菌产业的健康持续发展；另一方面，一些地区还加强了食用菌相关原产地、民族传统文化与知识产权等方面的保障政策研制），但现有的立法保障政策还远不能满足食用菌产业的发展需要，如菌种管理中的品种名称、非认定品种使用、菌种封样，栽培中的基质添加剂、农药使用，加工中添加剂、包装材料等，都未能在相关法律法规中给予保障。

2. 产业扶持政策缺乏系统性、规划性与科学性，不具持续性　产业扶持政策是各级政府部门的产业开发计划与科技支持项目等给予食用菌产业的倾斜资助，或对种植、加工、销售大户的奖励，对龙头企业的扶持，以及加大新品种的培育与开发力度，加大市场开发力度所实施的导向性扶持政策等。近些年来，国家实施的"星火计划"、"八七扶贫攻坚计划"、"丰收计划"、"菜篮子工程"等一系列重大计划和规划工程，均把食用菌产业列为重点产业，并将之作为我国农业结构调整的重要内容。如福建、浙江、湖北、河北、黑龙江等省多年将食用菌产业作为重点扶持产业，山东省曾将食用菌产业列为重大科技发展计划的重点扶持项目。

食用菌产业发展成为很多地区的支柱产业之一，为当地农民增收、农业增效做出了突出贡献。大力发展食用菌产业是促进农业生态良性循环、建设资源节约型生态高效农业、实现农业可持续发展的重要选择，也是解决"三农"问题、建设社会主义新农村、实现农村小康社会目标的主要抓手之一。为此，许多基层部门也出台了相关的产业扶持政策，将食用菌产业培育为地方支柱产业之一。如河南灵宝市充分利用当地果树剪枝资源优势，采取多项扶持政策，引导群众大力发展食用菌生产，使食用菌成为一项特色农业主导产业。同时，该市还设立了食用菌产业生产发展担保基金，解决菇农资金困难。河北平泉市卧龙镇政府积极扶持食用菌产业发展，由镇里聘请技术人员进村到组、入户宣传食用菌栽培技术，分批组织村民到福建、浙江、河南等地参观学习，并专门成立食用菌发展服务中心，对菇农进行产前、产中、产后全程跟踪服务。甘肃省永昌县政府用扶贫资金集中建设双孢蘑菇大棚，与甘肃省农业科学院合作，签订从产前、产中到产后保险的全程技术服务合同，从福建引进罐头工厂企业收购产品，构建了系列的扶持政策措施，使双孢蘑菇生产实现了规模化、标准化，并成为当地致富产业的典型代表。

虽然各级政府部门纷纷制定与出台了一系列的食用菌产业扶持政策，但是这些政策是根据各地当时食用菌产业发展遇到的问题而制定的，扶持政策只能解食用菌产业发展的一时之需，未能从食用菌产业发展的长远考虑，扶持政策缺乏系统性、规划性和科学性，未能构建起"产业政策支持、产业技术支撑、学科发展与产业人才培养、产业市场培育与建设为核心"的四位一体的产业扶持体系，而且扶持政策的执行力度及持续性有待考证。

3. 技术创新与推广政策严重不足，技术创新激励机制不健全　技术创新和推广政策的制定与实施，其目的在于鼓励行业或企业积极进行产业高新技术、颠覆性技术的研发与实施应用，以达到引导推动某一新兴产业的快速发展。在不同时期的技术创新与推广政策的扶持下，我国食用菌产业发展与改革开放同步，在深化农业产业结构调整、促进农业科技成果转化和产业升级、推动产业持续快速健康发展、支撑食用菌产业的社会公共服务体系建设、抢占国际技术制高点、建立国家食用菌产业技术创新体系等方面发挥了重要作用。但仍存在以下突出问题：一是鼓励原始创新的政策导向欠缺，导致我国食用菌产业技术创新结构不合理，重大原始创新严重不足。二是鼓励食用菌科技成果产业化政策不配套，政出多门与政策空缺并存，造成产业结构不合理。三是适应食用菌产业技术升级和国际竞争需要的产业技术政策尚未真正建立。四是与食用菌相关的技术政策实施的大环境存在着利益主体多元化和决策机制分散化问题，导致部分技术创新政策存在交叉重复、相互矛盾、缺乏连贯性等问题。五是技术创新与推广政策与食用菌产业发展、农村经济、消费文化、社会现状等不相协调，成为我国食用菌产业技术创新与推广政策面临的新问题。六是食用菌技术创新与推广政策在执行中存在抵触、僵化、滞后等问题。

4. 财税金融支持政策不完善，效用尚未实现规模化 发展现代食用菌，促进食用菌产业的可持续发展，离不开财税金融的有效支持。改革开放40余年来，农村金融体制几经调整，各种政策层出不穷，虽然在推动食用菌产业快速发展方面发挥了一定作用，但始终未能建立起适合农村发展，尤其是适合食用菌产业发展的农村金融政策支持体系。总体来看，当前的食用菌产业财政金融税收政策主要存在以下问题：一是食用菌产业发展的金融需求始终未得到足够重视。伴随着食用菌产业发展阶段的转变与升级，产业发展的金融需求日益旺盛，食用菌产业的规模化、标准化和工厂化发展使得农民对金融税收的需求呈现范围广、额度大、周期长的特点。二是商业性金融撤出农村金融市场，农村金融服务功能整体弱化，加之食用菌产业具有市场风险性、金融产品单调、金融链条接续不佳等多种因素，形成了食用菌产业金融服务功能的整体弱化

态势。三是农村合作金融产权不清晰，治理结构不完善，规模小，市场额低，严重影响了金融渠道对食用菌产业发展的有效支持。四是农村政策性金融业务范围封闭、狭窄，没有承载起发展现代农业、推动新农村建设的重任，更不用说食用菌产业。五是农业保险发展滞后，农村经济社会缺乏基本的风险分散和转移机制。而食用菌产业的稳定可持续发展与产业自身的风险性和农民生产的分散性密切相关。因此，必须建立有效的农业风险分散和转移机制。六是农村金融担保体系缺失，农民贷款难问题亟待解决，加之随着食用菌产业的规模化、标准化、工厂化发展，农民贷款额度与周期的拉长，金融机构存在一定的风险。

此外，财税政策也是支撑食用菌产业发展的重要手段，但是当前我国财税政策涉及面广、金额不大等，很难涉及食用菌产业，严重影响了政策实施的效用。

5. 行政管理组织保障政策尚未形成全国性的机构系统 我国食用菌产业经过了40多年的发展，已经形成了较为完备的产供销产业管理体系，是农业中产业化程度较高的产业。不过，为进一步推进食用菌产业快速发展，还需从领导部门到服务部门都建立专门化的机构组织以加强保障工作与管理工作。但由于食用菌产业是近年来才发展起来的新兴产业，尚未形成全国性的机构系统。

目前我国国家层面的食用菌产业的行政管理设在农业农村部种植业管理司。有的食用菌产业大省，如福建、山东等，农业农村厅下分别设立了食用菌技术推广总站或食用菌工作站，专职从事全省的食用菌产业规划、技术、生产、市场、协调等管理工作，很多食用菌产业大县则设立食用菌生产领导小组，下设办公室。食用菌技术推广总站，主要负责总体规划、部门协调、技术推广等工作。虽然各地区为了实现对食用菌产业的有效管理，设置了不同的行政管理组织部门，有效强化了食用菌产业管理，并在此基础上制定、出台与实施了一系列加快食用菌产业发展、加强食用菌行业管理的规定

中国食用菌发展历史、现状与展望

与意见，但是这种行政管理组织模式存在一定的缺陷：一是利益主体多元化和主体决策机制多元化、分散化问题，导致部分行政管理组织政策存在交叉重复、相互矛盾、缺乏连贯性等问题。二是政出多门有可能会导致菌种管理混乱、生产经营无序、产品质量无法保证、贸易纠纷不断等现象。三是菌需物资供应主体的混乱。四是产业和市场信息的混乱。五是阻碍食用菌产业组织化和专业化程度提高，进而影响食用菌产业的持续健康发展。综上可知，成立由上而下的专门的食用菌产业管理机构具有一定的必要性和紧迫性。

二、食用菌产业发展需求与供应现实的矛盾

（一）产品供给与需求矛盾

产品供需矛盾一方面表现为供需数量失衡。由于我国对食用菌产业发展规律缺乏系统研究，当前产业规模的扩大已超过市场需求增长，价格在时间和空间上也出现了较大的不平衡，影响了产业的持续健康发展。随着国内经济的快速发展和人民群众生活水平的提高，广大消费者对健康日益关注，特别是对食用菌特有的菌物蛋白和独特的风味、营养、药用保健功效认识日益加深，越来越多的消费者认识到多吃食用菌有益于身体健康，"一荤一素一菇"的饮食理念越来越为人们所接受，对食用菌产品尤其是珍稀食用菌的消费需求日趋旺盛，其中以北京、上海、广州等大城市的消费需求尤为突出。

产品供需矛盾另一方面表现为反映市场供求的价格异常波动。价格是实现市场供需均衡的重要调节机制，产品市场供需矛盾主要反映在价格差异与波动异常方面。国内主要食用菌（常规）品种，平菇、香菇、金针菇、双孢蘑菇等的价格波动较大，市场供需不稳定性较为突出。以平菇为例，2013年7月31日，全国各地区差异较大，平菇最低批发价为北京水屯农副产品批发市场中心的2.9

元/kg，最高则为江苏无锡天惠超市股份有限公司的13.5元/kg，相差4.66倍。鲜品香菇市场2010年10月平均价格最低为辽宁大连市金发地批发市场的6.5元/kg，最高为江苏凌家塘农副产品批发市场和新疆克拉玛依农副产品批发市场的14.5元/kg，最高价为最低价的2.23倍。从同一批发市场特定食用菌短期波动来看，2013年7月，北京新发地农产品批发市场香菇的最低价格为5元/kg，最高为14元/kg，相差2.8倍，短期波动亦比较明显。菇农与市场、批发商与零售商之间多是短期交易行为，关系不稳定。批发商需自己上门收购食用菌，且其几乎没有固定的客户群，交易多是随机性的。因此，食用菌市场具有供给无保障、销售随机性高等特点。此外，由于食用菌流通市场的价格调节机制不够健全，一旦食用菌价格背离价值，产生较大的价格波动，市场供求就会失去均衡。外销价的下跌也引起内销价的下降，在个别市场上，有时鲜香菇的价格甚至跌得接近于青菜的价格。究其原因，主要是因为无视市场需求，超规模生产但又缺乏对外部市场的开拓，从而导致局部消费市场出现产大于销的情况，最终损害的是食用菌生产者自己的利益。

（二）生产要素供给与需求矛盾

1. 基质要素市场供需矛盾　食用菌栽培需要消耗大量的林木资源，尤其是香菇和黑木耳等木腐类食用菌，因此，菌林矛盾长期困扰着食用菌产业的发展。近年来，尽管各地相继开发了农作物秸秆、食品工业废渣、甘蔗渣、果树枝条等新型培养料，但仍有许多资源亟待进一步开发，如棉秆、板栗壳、竹木屑、油菜秆、花生秧等。且这些新型资源一方面存在数量少且难以实现稳定供给的问题，另一方面其实际效果与纯木屑原料相比也存在一定差距，在农村大面积推广普及的仍属少数。因此，目前我国食用菌生产仍以木屑、棉籽壳、玉米芯等传统栽培原料为主。而随着食用菌整体生产规模的扩大，一些主要原料供给不足，由此导致价格不断上涨；加之国家退耕还林制度的施行，禁止乱砍

滥伐，部分地区为保护当地森林资源，甚至因噎废食，明令禁止食用菌栽培，凸显出菌林矛盾的解决依然困难重重。国家食用菌产业技术体系产业经济研究室测算结果表明，自 2006 年起，我国棉籽壳需求缺口一直保持在 300 万 t 以上，同时我国耕地面积相对不足决定了我国棉花总产量不可能有大幅度提高，这也意味着食用菌生产所需的棉籽壳供需缺口将长期存在并随着食用菌产量的进一步增加而不断扩大。此外，棉花生产区主要集中在新疆、华北平原和长江中下游平原，而我国食用菌生产则集中于东北三省及东部沿海地区，棉花生产大省与食用菌生产大省之间的棉籽壳供需矛盾存在较大差异。

2. 土地要素市场供需矛盾　土地问题一直是食用菌工厂化生产无法绕开的难题，调查中发现，土地供应短缺仍是很多扩建企业和规划项目无法实施的主要羁绊，甚至有些工厂化生产集中的地区出现签约后土地仍然无法落实的情况。这主要是因为企业除在发展初期租用的土地外，在目前用地布局已经占满的情况下，已不具备再扩大生产的条件，制约了食用菌工厂化的进一步发展。同时，融资困难也是食用菌工厂化面临的主要难题，很多企业近几年的快速发展，主要依靠自有资金，企业想扩大规模或发展新项目，需要更多的资金，仅仅依靠企业自身资金已无法满足需求，又缺乏银行融资所需大额抵押物，难以取得信贷支持。

（三）技术供给与需求矛盾

我国食用菌产业面临的最大问题是科技支撑不足。从投入上看，与传统产业相比，国家财政对食用菌的资金投入并不算多，很多科研没办法开展，科研开发"欠账"太多，技术创新落后国外 20 年。从目前荷兰、美国等欧美国家来看，食用菌生产已普遍采用先进的"三次发酵"栽培技术的工业化生产，蘑菇产量高达 36～40 kg/m²。日本和韩国的金针菇、杏鲍菇、蟹味菇等木腐菌生产也全部采用全自动工厂化栽培模式。我国目前使用的香菇品种诸多是国外 20 世纪 80 年代培育出来的，从这一点来

看，我国在技术创新上至少比别人落后了 20～30 年。同时，我国的工厂化生产技术，也落后于一些先进国家。国家食用菌产业技术体系产业经济研究室通过对河南、山东、浙江等食用菌主产省的调研发现，食用菌种植户普遍存在较高的技术需求，大部分农户需要品种技术，将近 70% 的农户希望在轻简化栽培方面获得实用的技术，38% 的农户希望获取病虫害防治技术，也有部分农户对菇棚搭架环节存在技术需求。这一方面说明农户意识到栽培技术是增产增收的保障，另一方面则表明技术需求未得到满足，目前的技术服务还有待完善。在技术培训方面，大部分农户表示很少接受培训，一般都是通过亲戚朋友或邻居获取食用菌技术方面的信息，这说明政府及食用菌服务体系的技术推广以及信息宣传不够。

目前，我国食用菌生产分散的小农生产方式，属于技术加经验型的生产，而且是以经验生产为主，栽培技术较落后，产品质量稳定性差、品质参差不齐。国家食用菌产业技术体系产业经济研究室的调查也显示，农户食用菌生产中存在很多问题都属于技术层面，如菌种技术落后、栽培管理不规范、病虫害防治技术缺乏等。而分散的生产方式无疑增大了食用菌技术培训难度。由于技术的缺乏，目前我国在食用菌的高质化利用、深加工上缺乏技术，初级产品太多，精深加工企业少，食用菌加工中产生的边角料等副产物大多作为垃圾处理，有待进行综合利用研究。

三、社会经济发展与产业发展滞后的矛盾

（一）宏观经济周期负面影响

当前国家政策利好，食用菌产业生产者和投资者积极性空前高涨，造成了产业发展轰轰烈烈，可这种热闹却面临很大风险。由于我国缺乏对食用菌产业发展规律的系统研究，当前产业规模的扩大已超过市场需求增长，价格在时间和空间上也出

现了较大的不平衡，已经影响了产业的可持续健康发展。

（二）社会化服务体系不健全

虽然食用菌产业的社会服务体系政策实施取得了显著成效，但仍然存在些许问题。

1. 食用菌产业的社会化服务体系不健全　主要体现在五个方面：其一，现有服务主体在产前、产中提供的服务较多而产后服务较弱；其二，相关农业社会化服务组织尚未与农民形成利益共同体，服务意识淡薄、服务质量差；其三，政府涉农部门、农民专业合作组织、农业产业化龙头企业等各类食用菌产业社会化服务组织都过于重视自身的经济利益，而忽视农民利益；其四，资金供给以及金融保险等服务体系与政策尚未到位和健全；其五，食用菌产业社会化服务中的市场监管薄弱。

2. 食用菌产业的社会化服务体系政策未能有效调控供求均衡　主要体现在以下四个方面：第一，社会化服务体系政策较为薄弱，还不能满足农户对社会化服务的需求；第二，现有社会化服务体系政策对农户利益的保障作用有限；第三，现有社会化服务体系政策对专业服务公司、农村经纪人等社会力量参与食用菌产业社会化服务难以发挥有效作用；第四，食用菌产业的社会化服务主体间的职能定位不明晰，存在角色职能错位问题。

（三）技术服务队伍建设滞后

食用菌产业对从业人员的技术水平、管理水平要求较高，尤其是在食用菌生产规模扩大以及生产形势和管理状况发生变化之后，食用菌生产管理的工作量和内容也有了大幅增加，对技术服务的依赖性也更强。但不少地区对食用菌技术服务队伍建设重视程度不够，缺乏管理和服务人员。比如，国内食用菌设备生产企业中的技术人员，绝大多数只懂技术，不懂食用菌生产工艺，大部分未经过系统专业技术培训，知识更新和技能培训欠缺，高素质的产品研发人员、管理人员和市场营销人员引不进，更留不住。由于人才缺乏，企业自主开发产品的能力较弱，工艺装备水平差，产品科技含量低，市场

竞争力不强。菌农大多将"栽培技术"作为最迫切的技术需求，但由于缺乏技术服务人员的技术指导，导致广大菌农食用菌生产缺乏技术指引，生产效益受到影响；而且，就技术服务队伍本身而言，食用菌站点的许多技术人员在理论与实践的联系上也较为欠缺，虽通过参加多期培训班使自身理论水平得到了一定提升，但实践能力仍待检验。

（四）产业管理水平较低

农户生产管理方面，与欧美等发达国家食用菌生产相比，我国农户从事食用菌生产通常要涵盖菌种制作、培养料制备、栽培管理等几乎食用菌生产的所有环节，因此，受制于有限的家庭规模和精力，农户食用菌生产管理方式必然粗放。

在企业经营管理方面，国内食用菌加工企业存在的最突出问题在于墨守成规，畏于创新，缺乏现代化的经营理念和管理方法，不能制定出科学合理的企业中长期发展规划。

四、人口资源与产业发展的矛盾

（一）劳动力不足与产业发展的矛盾

目前绝大多数的食用菌栽培户从事分散的个体种植，农忙时节要求农民在短期内完成大量的工作，在生产过程要素投入比例中，劳动力投入比重相对较高，劳动强度大。由于食用菌生产具有明显的周期性和季节性，每年春耳、秋耳生产和采摘期间都需要大量的劳动力，季节性"抢种抢收"十分明显。劳动力短缺不仅导致招工难和劳动力成本上升，更抑制了食用菌栽培户生产规模的扩大和收益的增加。

（二）生产者文化和技术素质低与产业发展的矛盾

食用菌生产既是劳动密集型产业，也是技术密集型产业。多数生产者的文化和技术水平不够，栽培管理技术不到位，难以高产稳产，难以维持较高的经济效益。菇农自身的禀赋在很大程度上影响着食用菌的生产，近年来国家食用菌产业技术体系产

业经济研究室在调研中发现，目前我国菇农素质较低。在文化水平方面，菇农文化水平大多是小学、初中水平，读过高中的很少，国家食用菌产业技术体系产业经济研究室对吉林、黑龙江226户食用菌种植户问卷调查，结果显示，户主文化程度普遍偏低，主要集中在小学至初中学历层次，占样本总数的74.8%。较低的文化素质直接影响菇农对各种技能的学习和运用，甚至降低其在食用菌生产中掌握和应用科学技术的信心。

（三）劳动人口年龄老化与产业发展的矛盾

在年龄层次方面，由于有知识的年轻人以外出打工为首要选择，近年来在农村栽培食用菌的人员多以50岁以上老人为主，难以接受新知识和新技术，并缺乏资金和体力，无法从事技术要求高、体力强度大的农活，食用菌生产也因此受到限制。国家食用菌产业技术体系产业经济研究室在食用菌主产区大样本调查结果表明，随着家庭生命周期的演变，户主年龄呈上升趋势，扩大直系家庭和萎缩家庭户主的平均年龄均超过50岁，反映了我国食用菌生产户主老龄化趋势。

（四）劳动力成本优势弱化与产业发展矛盾

农业作为一个弱势产业，整个产业对劳动力的吸附力差，青壮年劳力不愿留在农村从事农业，农业劳动力的产业外、地区性流动日益频繁，各农产品主产区劳动力供需矛盾一直很突出，加之劳动力生活成本的不断增加，导致食用菌种植的活劳动成本提高。另外，由于日趋紧张的能源供应使得农业生产资料价格上涨迅猛，如农药、农膜等的价格均较前几年有明显上涨，这也是影响食用菌种植成本的关键因素。在成本上涨的推动下，食用菌价格的不断提高也在所难免。食用菌生产中人工成本占生产成本的比重较高，劳动力成本低一直是我国食用菌产业发展的成本比较优势，但由于技术创新要求的劳动力培训和高素质劳动力稀缺，使得我国农产品出口贸易成本也相应提高，国际贸易利润率呈相对下降趋势，因此，以劳动密集型为主的食用菌产业，其低成本优势在逐渐减弱。在比较利益低的情

况下部分贸易商转向了其他产业，而部分没有离开的贸易商，也只是处于维持现状甚至逐步萎缩的状态，这将直接影响我国食用菌产业的健康持续发展。

五、产品质量追求与生产现实的矛盾

（一）非规范性生产与管理缺位导致的产品质量差异明显

食用菌生产涉及诸多原材料和环境条件，以香菇为例，目前大多用袋装木屑、麦麸、红糖、石膏等原材料来代替原木或段木，植入香菇菌种后在一定温度的大棚里进行栽培。由于食用菌原材料取之于植物和工业品，又因食用菌在接种、消毒、栽培、加工保鲜、贮藏等过程中使用农药或接触化学品，因此，食用菌产品质量安全与农药残留、重金属污染以及产品在生长过程中自身产生的化学物质有着千丝万缕的联系。据专业人士分析，香菇在生长繁殖过程中会产生一定量的甲醛。此外，目前食用菌生产主要还是以千家万户的粗放型家庭作业为主，生产者标准化意识淡薄和检测手段欠缺，在生产中使用质量无保证的原辅材料或廉价代用品，导致烂筒或产生污染，也是直接影响食用菌质量安全的原因。

一方面由于当前国家政策的优惠，越来越多的生产者、投资者都积极投身于食用菌产业，使食用菌产业的生产规模不断扩大；但另一方面由于我国对食用菌产业发展规律缺乏系统研究，当前产业规模的快速扩大已超过市场需求的增长，价格在时间及空间上也出现了较大波动。此外，由于非规范化生产且市场监管不严，缺乏统一的产品质量标准，导致食用菌产品的质量参差不齐，在一定程度上降低了经济效益，进而影响了产业健康发展。食用菌生产都是采用模仿式的推广生产，栽培中环境可控性差，病虫害的发生，迫使菇农过多使用农药，造成食用菌产品的"农残"超标，品质下降，增加产品安全隐患。另外，有调研资料显示，在食用菌病

虫害防治方面，个别地方的菇农（尤其是零散栽培农户和相对偏远且不容易获得病虫害防控技术支持的农户）为了达到快速高效杀毒灭菌目的，仍存在使用国家禁用的剧毒农药（敌敌畏等）行为，这些情况无疑引发了食用菌产品质量安全问题的发生。

（二）因产品质量引发的非技术性贸易壁垒时有发生

我国是食用菌生产和贸易大国，食用菌产品对外主要输送到日本、美国、欧盟等发达国家和地区，主要有：香菇，以干香菇和鲜香菇为主；双孢蘑菇，以罐头产品为主；野生菌，以松茸、美味牛肝菌、羊肚菌、块菌为主；木耳等。2006 年，日本开始实施《食品中残留农业化学品肯定列表制度》，并在 2009 年加强对中国农副产品辐射检测；美国制定《2009 年食品安全法案》《H.R.759 议案》《S.510 议案》《H.R.1332 议案》和《美国 FDA 食品安全现代化法案》，提高食品进口的质量安全要求，制定原产地标签规定，加重对违规者的处罚，加强进口食品质量安全监管；欧盟颁布了《欧盟农药管理与食品卫生新法规》，并于 2010 年 1 月 25 日起使用新的蔬菜检验检疫标准，增加随机抽查次数，对进口商品的抽查率提高到 50%，避免有农药残留的果蔬入境。这些措施的出台大幅提高了食用菌产品出口的技术壁垒，引发了一系列食用菌贸易领域的质量安全事件。

据浙江省检验检疫局通报，自 2008 年 4 月至 2011 年 11 月，我国出口至日本、美国、欧盟的食用菌产品因质量安全违规被通报案例 80 多起。因毒死蜱、二氧化硫、甲氰菊酯、放射线等超标，日本通报我国输日食用菌违规案例 23 例；因卫生状况不良、产品标签所显示的营养成分未经批准及所标数重量不具体等，美国食品及药物管理局（FDA）通报我国食用菌违规案例 50 多例，主要为黑木耳、香菇；因重金属含量超标、昆虫碎片、杂质等原因，欧盟通报我国食用菌违规案例 13 例，其中香菇 4 例、蘑菇 4 例、牛肝菌 2 例、木耳 1 例、姬松茸 1 例、草菇 1 例。

（张俊飚）

第三章 中国食用菌产业发展展望

　　作为近年快速发展的新兴特色产业，食用菌产业备受重视。在新的历史条件下，要发挥自身优势，加强产业发展趋势研判，制定恰当的产业战略，加快食用菌产业的现代化发展进程，进一步提高食用菌产业竞争力，这是中国食用菌产业实现由大至强的必由之路。食用菌产业作为国际性的"健康食品"标志性产业，具有十分广阔的发展前景和效益空间。

第一节
中国食用菌产业发展优势

一、有着悠久的栽培和饮食文化历史

　　我国食用菌栽培历史悠久，食用菌资源丰富，是最早栽培食用菌的国家之一。1 100多年前已有人工栽培金针菇的记载，至少在800多年前香菇的栽培已在浙江西南部开始，草菇则是200多年前首先在闽粤一带开始栽培，这些技术一直流传至今。悠久的栽培历史，使得食用菌的历史文化积淀深厚，在人类农业科技发展史上占据一定的地位。此外，我国食用菌饮食文化价值特色明显。食用菌是具有营养价值和保健功能的绿色食品。《礼记·内则》中有食用"芝栭"的记载，可以说，我们的祖先就有了食菌习惯，积累了宝贵的食用菌加工烹调

方法和经验,创造了源远流长、博大精深的食用菌饮食文化,这些饮食保健作用符合当今人们对健康养生的追求,奠定了我国食用菌产业可持续发展的重要基础。

二、有着丰富的食用菌物种资源

目前,据我国菌物学家卯晓岚研究员统计,中国已知食用菌近 950 种,远远超过了蔬菜(200 多种)与水果(50 多种)品种的总和,其中人工栽培和菌丝体发酵培养约 100 种。药用菌及试验有效的近 500 种,形成批量、商品生产的有 30 多种。据估算,中国蕈菌达 15 000 种,占全球估计数的 10%。同时,中国也是食用菌野生资源(图 1-3-1)最丰富的国家之一。依托优质的物种资源,已形成600 多个食用菌主产县,主要分布在河南、福建、山东、江苏、浙江、河北、四川、湖北、黑龙江等省。丰富的食用菌资源,为新品种开发和育种工作提供了相当有利的条件。加入 WTO 之后,我国在保持传统产品出口的同时,积极投入开发珍稀菇品,如白灵菇、杏鲍菇、真姬菇、鸡腿菇、茶薪菇、姬松茸和金福菇等,在开发珍稀菇品中出现了"南菇北移"和"东菇西移"局面,使新品种发展速度加快,在国际市场竞争中形成"我有你无,你有我新"的态势。

图 1-3-1　清新可爱的野生食用菌

三、是世界食用菌生产贸易大国

近几十年来中国食用菌产业发展迅速,现在,我国在新品种栽培、产品产量和出口量上都是世界上当之无愧的"超级大国"。2018 年中国食用菌产量达 3 842.04 万 t,产业规模居世界首位,年产值 2 937.37 亿元,成为循环经济发展的重要特色产业。全国年食用菌出口量达到 70.32 万 t,占据五大洲 126 个国家和地区市场,这是中国食用菌在国际市场上的一大优势。当前国外食用菌人均消费量正以每年 13% 的速度递增,食用菌产品已逐步成为当今世界三大主流食品之一。在发达国家中,食用菌产品的供求缺口甚大。美国每年需进口各种食用菌产品 18 万 t,法国 16 万 t,就食用菌生产大国日本而言,每年也需进口约 12 万 t 食用菌来弥补产销所造成的逆差。中国加入 WTO 标志着中国食用菌更深层次地融入世界市场,可以在 WTO 的159 个缔约国中享受关税减免,无歧视性的自由贸易,这是食用菌产业增强国际市场竞争力的有利时机。

四、是世界食用菌消费量最大和从业人员最多的国家

虽然我国是食用菌生产贸易大国,但所生产的食用菌绝大多数为国内消费,以 2018 年为例,当年出口仅 70.32 万 t,不足生产总量的 2%,因此,98% 以上的食用菌全部在中国国内消费,无疑,中国是世界食用菌消费量最大的国家。同时,据不完全统计,目前中国从事食用菌生产、加工和流通的人员已超过 2 500 万人,是世界食用菌从业人员最多的国家。当今世界没有一个国家像中国这样动员如此多的人力来发展食用菌产业,也没有一个国家像中国这样,有如此多的人们从食用菌产业发展中得到这么多实惠。(图 1-3-2)

图 1-3-2　食用菌产业带动就业效果突出

五、作为现代新兴产业认可度高

目前食用菌已发展成为我国循环经济的首选产业之一，具有健康、环保和高效的特点，完全符合现代农业发展要求，必将在我国现代农业产业体系中占据重要位置。食用菌产业在"三农"发展过程中发挥了重要作用，成为农民增收致富的重要门路，受到了中央高度重视，各级地方政府充分认识到大力发展食用菌产业的优势和可行性。因此，在调整农业产业结构中，把食用菌列入主导产品，采取政策倾斜，从人力、财力和物力上给予扶持，推动我国食用菌产业进入一个快速增长的发展时期，其中福建、山东、黑龙江、河南和浙江等省发展较快。同时，将食用菌产业作为生态循环经济体的发展观已逐渐成为共识，产业发展进入了法制化、规范化轨道，并且相关政策支持构建了多层次现代农业产业技术创新平台，有力支持了产业的可持续发展。

六、产业技术发展成效明显

目前我国食用菌产业栽培技术最全面，已经成为全球食用菌产业转移的主战场。具体表现在：栽培模式多种多样，产业区域遍布全国；改良品种、新菌株不断推出，栽培品种结构优化；栽培基质种类不断拓宽；食用菌初加工技术得到发展，深加工技术、与食用菌产业有关的相关行业得到拓展，据统计，2015 年从事生产、加工和经销的各类企业 1万多家，其中工厂化生产规模化企业达 487 家，年产量达 256 万 t。另外，多种联合经营体制、模式

也带动了产业的协调发展。

中国食用菌产业在未来农业中的地位

对食用菌的开发和利用已逐渐成为我国农村经济中非常活跃的领域之一，目前，食用菌产业已成为我国农业中继粮、油、果、蔬之后的第五大种植业。2018 年，我国食用菌总产量为 3 842.04 万 t，比 1978 年的 5.8 万 t 增加了 661.42 倍，食用菌产业已经成为我国国民经济中新兴的农业产业。

一、是推进我国循环农业经济发展的优势产业

发展生态循环农业是我国当前以及未来农业现代化建设的重要方向与趋势。食用菌产业是在利用和转化动植物废弃物的过程中形成自己的产品，以满足人们的消费需求，实现了动物生产与植物生产之间的物能循环转化，是传统农业产业链条的延伸，符合现代农业建设要求。在未来 30 年，中国食用菌产业发展战略的制定与实施，应逐步构建与完善以食用菌产业为核心的实现农业废弃物循环利用的技术体系、物流体系、加工体系等，建设推动产业联动的生态循环经济发展园区，形成符合生态循环经济发展要求的优势产业，不断推进我国农业循环经济发展。

二、是保障我国食物供给与食物安全的潜力产业

在当前国内面临严峻的生态环境恶化形势的同

中国食用菌发展历史、现状与展望

时，也面临着严峻的食物供给与食物安全隐患，而食用菌产业不但具有提供优质蛋白质供给的功能，还能在很大程度上缓解食物供给的短缺，具有巨大的食物供给潜力与确保食物安全的功能。我国每年大约产生 9 亿 t 农作物秸秆、38 亿 t 畜禽粪污，发展食用菌产业可以有效利用这些废弃物，每生产 1 000 万 t 食用菌，其中含有 190 万～400 万 t 菌类蛋白，这相当于 300 万 t 鸡蛋，400 万～500 万 t 瘦肉，1 000 万～4 000 万 t 牛奶，反映出巨大的食物供给潜力。

三、是引领健康饮食文化的新型产业

随着我国经济发展和居民收入水平的提高，居民健康饮食理念不断增强，健康饮食文化氛围逐渐兴起，为食用菌保健功能和营养价值的全民认同创造了良好的氛围。据相关资料显示，食用菌产品中含有 26% 的粗蛋白质、8% 的脂肪、56% 的碳水化合物、9% 的膳食纤维（亦属碳水化合物，因其营养功能独特而单列）以及 1% 的矿物质，具有高蛋白、低脂肪、低热量、低胆固醇的特点，富含人体所需多种氨基酸和微量元素，具有调节机体免疫水平，提高健康水平、缓解亚健康等功效，是科学饮食结构（一荤一素一菇）的重要构成食品。随着健康饮食文化的兴起，必将需求更多的健康食材，食用菌因其独特的营养价值和保健功能一定会受到更多人的青睐，其产业也会发展成为引领健康饮食文化的产业。这也将有利于开拓国内市场，缓解我国产业发展与市场开拓严重失衡问题。

四、是加快全面建成小康社会和新农村建设的富民产业

基于对资源环境的依赖，传统的食用菌产业大多分布于经济发展水平相对较低的山丘地区，已成为贫困地区脱贫致富奔小康的重点产业。为此，未来 30 年我国食用菌产业发展战略的选择与实施

符合全面建成小康社会与新农村建设的目标，并将在发展农村经济、繁荣社会与治理生态环境方面发挥重要作用。调研数据显示，食用菌每亩净产值约 2.85 万元，是大棚番茄亩净产值的 3.8 倍，是棉花亩净产值的 29.4 倍，是玉米纯收益的 53.8 倍，是优质小麦的 67.1 倍，具有极高的经济收益功能。同时，未来 30 年农民将逐步由农田劳动者向产业工人转变，实现由劳动密集型产业向技术密集型与资金密集型产业的就业转变，而现代食用菌产业的发展正是符合此规律的重要产业之一，将展现出极其显著的社会经济效益。在未来一段时期内，我国需着力打造以食用菌产业为核心的现代循环经济生态园，并充分发挥生态园的辐射作用，逐步改善周边农业立体环境，实现食用菌产业生态功能的规模化效应。

第三节
中国食用菌产业发展新形势及趋势研判

一、中国食用菌产业发展新形势

经过多年的发展，我国食用菌产业发展支撑体系日趋完善，并在政策、科技、教育、市场、服务体系、发展观等层面得以体现。目前，中国食用菌产业已基本走过了生产规模扩增式增长阶段，转至向产业链条不断延伸、产业集群不断优化、产品加工不断深化的方向发展。

（一）产业发展比较优势明显，产量效益稳步提升

食用菌产业以动植物废弃物为主要原料，进行食用菌产品生产。其生产过程具有成本低、周期短、效益高（低蒸腾效率、高生物转化率）、投入

产出率高等特点。据中国食用菌协会数据，2018年，全国食用菌产量已达3 842.04万t，总产值达2 937.37亿元。全国食用菌年产值千万元以上的县500多个，亿元以上的县100多个，遍布全国的食用菌从业人员达2 500多万，且呈增长态势。这表明，中国食用菌产业正在步入快速发展时期，随着食用菌产业发展支撑体系的完善，及其产业支持后效作用的发挥，中国的食用菌产业将会在规模、产量、品质、效益等方面呈现增量发展趋势。

（二）营养价值和食用功效高，在食物安全体系中肩负重任

受工业化和城市化扩张，以及退耕还林、退耕还草、退耕还湖等生态工程建设影响，国家有效耕地资源不断减少，国家粮食安全遭受威胁。据李玉院士"五不争"概括，食用菌产业具有"不与人争粮，不与粮争地，不与地争肥，不与农争时，不与其他行业争资源"的属性，可以实现点草成金、化害为利、变废为宝、无废生产。食用菌产品（干）蛋白质含量在30%～40%，其对均衡蛋白质营养具有不可替代的作用。同时，食用菌产品还富含维生素、膳食纤维、氨基酸等国民饮食膳食结构中的重要成分。另外，从国家粮食安全战略视角出发，国务院原总理温家宝曾在2009年4月8日主持召开国务院常务会议，讨论并通过《全国新增1 000亿斤粮食生产能力规划（2009—2020年）》。就种植业而言，作物生产秸秆的产量还将增加。从作物秸秆利用现状来看（以2015年为例），全国主要农作物秸秆理论资源量为10.4亿t，可收集资源量为9.0亿t，利用量为7.2亿t，秸秆综合利用率为80.1%。如果将其中未被有效利用的秸秆（合1 800亿kg）中的1/2用于食用菌生产，按照60%的生物转化率计算，即可生产食用菌540亿kg。因此，大力发展食用菌产业，对国家食物安全意义重大。

（三）产业内部分工细化，食用菌产业链条不断延伸

产业链是一个包含价值链、企业链、供需链和空间链4个维度的概念。产业链向上游延伸，与产业发展的支撑体系相对接，形成产业发展的基础；向下游拓展，则进入到产品加工和市场化环节。随着食用菌产业的发展，食用菌产业内部的分工愈加细致，形成功能日益完善的食用菌产业发展子系统结构，其结构属性和价值属性凸显。如围绕食用菌产业发展，在上游熟化了多层次一体化专业人才培养体系和食用菌技术产品的研究机构；在中游衍生出如菌种专业化生产企业、专业化菌包生产（图1-3-3）供应企业、专职的食用菌生产技术服务队等；在下游形成了食用菌产品销售经纪人队伍、各级食用菌产品的集散地、初深加工企业等。形成"技术支持—生产资料供应—生产（加工）—销售"一条龙产业发展链条，产业链条逐渐延长，产业附加值不断内化。近几年，受产业发展源—库关系流效应影响，在各地涌现出劳动力资源在产业内区域间流动的新现象，如仅浙江的丽水就有约4万农民专业技术员，季节性地从食用菌生产核心地带向延展地带转移，仅此一项每年赚取劳务费近12亿元，平均每人赚3万元左右。产业内部分工，为产业专业化发展奠定了基础。产业链的延伸，实现了价值增值能力不断强化的产业动态发展态势。

图1-3-3 菌包生产

（四）栽培模式多元共存，生产流程渐趋规范

在市场化进程中，中国食用菌栽培模式将在保持一定包容性的基础上，逐渐向规范化、适度规模化的农户联合经营以及组织化方向发展，受食用菌产业劳动力密集型特点和近几年劳动力成本上升形势的影响，全自动或半自动中小型机械化生产必将成为手工劳动的替代选择，使食用菌产业在吸纳劳

动力就业、推动农民组织化发展、提高农民收入、改善生态环境、增加农村居民幸福指数方面发挥更大作用，使其真正成为具有鲜活元素的朝阳产业。（图1-3-4、图1-3-5）

图 1-3-4　香菇的棚架栽培模式

图 1-3-5　香菇的地栽模式

（五）栽培品种开发稳步推进，种质资源丰度存隐忧

据统计，目前我国驯化栽培的食用菌种类约100种，商品化栽培品种有60多种，除占食用菌市场份额较大的香菇、木耳、双孢蘑菇、平菇、金针菇等品种外，在研发体系的支持下，近几年，珍稀品种如杏鲍菇、白灵菇、真姬菇和茶树菇等发展很快，拓宽了栽培品种丰度。同时，由于政策、资金和人力等方面投入不足，导致对野生食用菌种质资源的调查、采集、保藏和开发利用滞后于产业发展需要，造成食用菌种质资源丰度低、遗传基础差，难以满足当今和未来市场需求，特别是适合规模化、工厂化发展需要的液体菌种开发落后于国际水平。

（六）深加工决定产业未来，转型升级迫在眉睫

据测算，每生产1 kg菇类，初加工后其产值可以增加2～3倍，深加工可以增值10～20倍。目前，中国食用菌加工以精加工和初加工为主，深加工为辅。截至目前，我国通过提取食用菌中具有疗效的成分，直接加工成的猴头菌片、蜜环菌片、安络痛片、云香片等，以及生产出的银耳奶液、灵芝营养霜等制品，需求潜力巨大。当前，食用菌加工企业正在从食用菌产品初加工向深加工转型升级，有部分企业已向高新科技领域发展，如菌类产品的药用开发。当然，目前与食用菌产品深加工相匹配的专业人员还很少，技术和成果储备仍有待加强。

二、中国食用菌产业发展趋势研判

在新的历史条件下，依托科技创新，我国食用菌产业有必要也完全可能继续走出一条特色化发展之路，再创食用菌产业辉煌。我国食用菌产业的特色化发展趋势概括起来体现在以下几个方面。

（一）加大特色化发展，扩大食用菌产业内涵

一是生态食用菌产业，把食用菌资源的充分利用和当地的自然生态环境融为一体，最终实现食用菌产业可持续发展；二是创汇食用菌产业，瞄准国际食用菌市场，栽培出更多有创汇能力的食用菌产品；三是有机食用菌产业，加强有机食用菌产品的开发，推进食用菌品种多样化、产品安全化；四是发展休闲食用菌产业，将食用菌生产与旅游观光、采摘自食等综合开发结合起来，突出食用菌文化底蕴；五是更大程度上发展食用菌的精深加工产业，不断实现食用菌增值，开发和研制食用菌功能性保健食品等。

（二）生产标准化和管理规范化，提升产品竞争力

食用菌产业将坚持走优质高效道路。菌种和菌

品质量都将按照行业标准进行检验，建立菌品注册商标，牢固名牌意识。在激烈的市场竞争中，产品质量决定生产效益和生死存亡。"技术壁垒"对我国食用菌产品进入国际市场的限制很大，各地应尽快建立健全食用菌综合标准体系，包括产品标准、生产技术标准及管理控制标准。对有出口前景的种类，标准的制定应与国际接轨。对食用菌无公害栽培技术研究及相应生产标准和加工体系建立应引起足够重视，详细了解各进口国（地区）的确切要求，从原材辅料、菌种选择、病虫防治，直到生产管理、加工包装以及贮存运输等环节，使标准化生产方式深入人心，严格管理，保证进入市场的产品质量无可挑剔；同时，农药及含有重金属等污染物的材料在食用菌生产上应进行严格控制。另外，在食用菌主产县以企业为龙头，集菌包生产、出菇管理、产品加工、包装、物流配送及菌渣高效利用，或集科研、示范、培训、观光、餐饮为一体的现代食用菌产业示范园区将不断涌现，引导广大菇农由过去一家一户分散种植向园区化、工厂化、规模化、专业化、标准化方向发展。在园区内通过"统一菌包生产、统一原料供应、统一生产标准、统一生产管理、统一收购销售"，大力实施标准化生产，全面提高产品质量及安全水平。

（三）推进菌种优质化，不断优化产品品种结构

菌种选育目标是：优质、高产、抗病、抗虫、耐贮。育种技术要向现代的基因重组技术发展。根据市场需求发展更多优良品种，尤其是国内外畅销的新品种，并通过国际交流引进国外新菌种和育种技术，继续野生菌种的驯化研究，研究出拥有自主知识产权的菌种，设立菌种生产许可证制度。另外，随着国家大力倡导和发展循环经济、建设节约型社会、促进"三农"问题解决各项措施的落实，草腐菌类增长将超过木腐菌。近年这一趋势已经显现，特别是甘肃、宁夏、内蒙古等秸秆资源丰富、同时具有独—特—冷资源的区域，双孢蘑菇成为当地反季节规模栽培的首选食用菌。未来食用菌产品的品种结构将更加完善，更符合市场需求。

（四）市场网络化，优化营销组织结构

发展食用菌产业链条，推进食用菌市场流通体系建设，建立顺畅的流通网络成为食用菌产业发展的关键。一是依托食用菌主产区，在有一定基础或雏形的县市，鼓励各类投资主体投资建设或改造集商品交易、物流配送、质量检测、产品会展、信息网络、菌业文化和生产加工于一体的食用菌专业批发市场。二是基于现有农贸市场建立专门的食用菌物流配送。三是除了供应北京、广州、上海等全国大型城市市场外，努力拓宽消费渠道，二三线城市食用菌销售市场开发将引起更多关注，避免因产品短期、局部集中过剩而打"价格战"，导致市场无序竞争。四是开设食用菌专业餐厅连锁店，扩大消费，形成产、供、销一条龙模式，最终将形成规模产业和品牌效应。五是食用菌物联网的科技研发和推广应用加快，从而实现农业产业的良性循环。

（五）资源节约化，提高产业生态效应

森林保护政策的严格实施，将推动菇耳专用林的发展，代料种植影响范围继续扩大。同时，利用当地林木资源和农作物秸秆资源，通过营养生理研究及原料成分分析，选择配料，科学试验，获得更多优质配方，提高培养料的利用率。

（六）生产周年化，稳定产品市场供应

为顺应国内外市场需求，食用菌产业将做到周年化生产。一方面，充分依托自然条件，发挥广温型和高、中、低温型品种特性，利用山区不同气候条件，继续扩大反季节生产规模；另一方面，通过人工设施调节温湿度来实现反季节生产将成为常态，使鲜品周年稳定供应。

（七）发展科技化，促进产业可持续发展

食用菌产业是一个技术密集型产业，产业的发展需要以科技研究为先导，实现研究与应用的协同发展。我国食用菌生产要实现持续发展，应加强对食用菌保鲜技术和深加工技术的研究。如研究开发保鲜效果好且无毒的化学制剂、生物制剂和物理方法，解决袋料香菇在贮藏过程中甲醛超标问题，研究开发食用菌系列保健食品，研究开发不用灭菌和

不用装袋的生料简化栽培技术、无害化病虫控制技术、无公害段木灵芝生产技术等。事实上，研究共生菌类的保护开发技术，研发投资少、先进实用、可以普及推广的周年生产设施与技术，以及速生丰产专用林培育与新型袋用新料开发、食用菌加工过程中有效成分提取等，均需要依靠科技来解决。因此，我国食用菌产业发展将走科技化道路，在提升食用菌地位的同时，相应调整技术力量布局，持续增加食用菌科研与技术推广投入，建立一批功能较为齐全的研究中心和试验示范基地。同时，通过多种形式加强对农民群众食用菌生产知识和技能培训，努力提高专业技术人员和农民的食用菌科技开发与应用能力，组建全方位、多层次的科研与技术推广体系，集中解决生产中存在的重难点问题，在新品种选育、新技术研发、病虫害防治、产品深加工、产业经济研究等方面取得新突破。

（八）产业发展精深化、工厂化，提升产业附加值水平

食用菌优势发展区域，将从布局、科技含量、企业规模、相互联系等方面确定总体发展思路，着眼于建设发达的加工体系。各方大力扶持有市场、有特色、有潜力的食用菌深加工企业，促进初级食用菌产品资源转化，实现从原料基地向产品基地的战略转移，提高附加值，延长产业链，推动产业升级。引导和推动龙头企业与科研教学单位相结合，加快加工设备的更新改造，促进精深加工技术的研发和推广，研制开发出食用菌保健品、休闲食品、调味品、化妆品及药品等食用菌精深加工品。培育一批产业关联度大、带动能力强、有市场竞争力的大中型食用菌加工企业，强化其与农户之间的利益联结，实现企业发展与农民增收双赢目标。另外，在工厂化食用菌产业发展基础上，加快推进工厂化企业联盟建设。一方面，现有的工厂化企业将被组织起来，组建工厂化企业联盟，在政策、生产、技术、市场等方面进行一定的交流与合作，形成利益共同体，提高议价能力，共同维护企业和消费者利益，稳定市场。同时，组织召开工厂化专题研讨会，共同探讨产业发展面临的新形势、新任务，共同分析新问题，提出新思路，在确保企业健康、稳定发展的同时，更好引领全国食用菌行业又好又快发展。另外，对在建或拟建的食用菌工厂化企业，应科学规划、理性发展，避免品种过于单一造成的市场和效益不稳定，全面提升产业发展效益。

（九）行业宣传常态化，推进食用菌品牌文化建设

一是要让更多的人了解食用菌、宣传食用菌、食用食用菌、关注食用菌和支持食用菌，充分利用行业杂志和协会网站，进一步强化食用菌产业地位和文化影响力。二是巩固食用菌产业与各级新闻媒体、专业协会网站、电子商务平台等有关媒介的长期合作关系，持续扩大食用菌文化宣传阵地。三是提高食用菌产业美誉度，在大型商务、体育赛会活动中吸纳食用菌文化元素，促使食用菌新产品、新工艺、新技术受到越来越多消费者青睐。

第四节
中国食用菌产业现代化进程的重点方向、发展目标与战略设计

一、重点方向

未来 30 年，中国食用菌产业发展要站在生态文明建设、食物供给与安全、战略性新型产业的高度，围绕种质资源保育、菌种创制、安全生产、病虫害防控、产品精深加工、产后资源利用及产业经济研究等环节，实施科技创新与产业链全面发展战略，切实推进食用菌产业的健康持续发展。

二、发展目标

未来30年的总体战略目标是实现食用菌产业的生态、经济与社会效益的规模化呈现，具体目标是将中国食用菌产业打造为具有全球性、引领性、低碳性、成长性、支柱性以及社会性的现代化产业。具体表现为：①历经多年的发展，中国食用菌产业已在国内外市场中占据重要位置，未来将扮演更加重要的角色，成为全球性新型产业。②加强食用菌科技创新，提升食用菌产业关键核心技术水平，引领我国生态循环经济发展，提高农民生态福利水平。③突破木腐菌草腐化微生物发酵工艺，提高产业节能减排效益，构建产业发展与生态环境之间良性互动的内在机制，实现食用菌产业向低碳、健康和可持续方向发展。④推进食用菌产业由传统工艺向现代工厂化发展过渡，构建完善的食用菌产业链条与商业化运作模式。⑤促进农业生产废弃物转化利用规模化，增加优质蛋白质供给，发挥食用菌在缓解我国食物安全供给与结构均衡方面的重要功能。同时，进一步增强食用菌产业在推动农业农村经济繁荣中的作用。⑥立足我国资源禀赋优势与产业发展特色，发挥食用菌产业的劳动密集、技术密集和资金密集的特点，推进我国食用菌种植户向产业工人转变，并进一步强化食用菌产业在缓解农村剩余劳动力问题方面的作用与功能，凸显产业的社会性。

三、战略设计

（一）现代循环经济生态产业园区建设战略

食用菌产业已经成为我国循环经济发展中的特色产业，得到政府的大力鼓励与支持，但由于当前我国食用菌产业仍然是以农户为主的分散生产方式为主，严重制约了产业生态效应的规模化发展。因此，促进产业集群优化发展的食用菌商业化模式创新，制定与实施以食用菌产业为核心载体的现代循环经济生态产业园区建设战略具有一定的紧迫性和

实践意义。立足区域资源环境特点、经济发展水平及规划，实现传统的种植业产业链和养殖业产业链之间的物能循环转化。种植业和养殖业产业链各环节产生的废弃物，在生态产业园区内实现向资源进而向产品转化，又产生的废弃物通过适当技术手段转化为种植业、养殖业的肥料与饲料，或转化为生活能源，再生产品或废弃物重新回到产业生态园区系统。现代循环经济生态产业园区建设在很大程度上实现了产业结构的纵向、横向共生，促进了物资循环、能量流动、信息传递、价值增值。在未来30年，要立足我国现有的产业区域布局，打造集食用菌菌种选育、标准化和规模化生产、保鲜加工、物流、销售于一体的食用菌产业体系为核心的现代循环经济生态产业园区。

（二）工厂化发展战略

食用菌工厂化生产是现代食用菌产业发展的重要方向。未来30年，我国工厂化发展战略要以人工可控的环境设施和机械化装备为主要特征，完善的设施装备同创新的作业方式、变革的生产组织体制结合起来，从根本上改变我国传统的食用菌生产方式，使科技创新、产业转型在食用菌产业中得到广泛应用。我国食用菌工厂化企业普遍存在规模小、产能低、技术和管理水平落后等问题，导致工厂化生产的经济效益较低。未来要立足工厂化发展趋势，实现以下几个方面的转变：一是要打造一批资金雄厚、技术先进、管理规范、销售渠道畅通的食用菌规模化生产企业，改变当前以小工厂及半工厂化栽培方式为主的现状，逐步向国际先进水平迈进。二是不断丰富食用菌工厂化品种，满足市场需求。当前我国实现工厂化栽培的品种较少，仅有金针菇、杏鲍菇、双孢蘑菇、蟹味菇、海鲜菇等，难以满足市场需求。三是积极研发工厂化生产的机械装备，同时大力创制适合工厂化生产的优良菌种。四是构建一批富有活力的经营销售队伍，实现产销对接。当前食用菌生产农户及工厂化企业对营销的重视不足，存在营销人员短缺、业务素质低、专业不对口，以及营销手段单一（降价促销）等问题，严

重制约我国食用菌产业的长期稳定发展。（图1-3-6）

图1-3-6　工厂化食用菌生产

（三）技术创新战略

技术创新、集成示范与推广是保持我国食用菌产业强劲竞争力和持续稳定发展的重要手段，尤其是原始创新。当前我国食用菌产业在技术创新与研发方面存在诸多问题：一是产业技术创新结构不合理，原始创新严重不足。二是食用菌科技成果产业化政策不配套，转化效率偏低。三是适应食用菌产业技术升级和国际竞争需要的产业技术政策体系尚未完善。四是技术创新和推广政策与食用菌产业发展、农村经济、消费文化、社会现状等不相协调。诸多问题的相互交织，严重影响了我国食用菌产业的可持续发展。为此，未来30年，食用菌产业发展的战略重点需要向推动创新技术研发、集成示范与推广，培养自主创新能力，构建新型栽培技术试验示范基地等方面侧重。具体而言，建设一批新型栽培技术的试验示范基地，展示食用菌生产新技术、新品种、新成果，试验和示范一批符合中国各区域特点的新型栽培模式，突出良种良法配套，重点加强高标准试验基地及展示室等设施建设，加大机械设备设施、智能装备配套等。

（四）品牌培育与建设战略

当前，我国大多数食用菌产品仍处于"有名品、无名牌"的窘境中，缺乏品牌意识是食用菌产业参与市场竞争的软肋，食用菌产品品牌建设战略的制定与实施刻不容缓。结合我国食用菌产业发展阶段及国情，在未来较长的时间内，需要从以下方面着手：一是通过龙头组织带动模式，推动食用菌产品品牌发展。打造一批实力较强的食用菌产品生产加工企业，通过实现科技创新，提高加工深度和精度，把分散的资源通过市场买卖、契约、紧密组织等形式有效整合起来，围绕优势食用菌产品，以龙头组织对品牌塑造和开发为核心，积极推行标准化"统一"管理，辐射带动基地和周边农户，带动食用菌产品品牌发展。二是加强食用菌产品质量控制，实现品牌标准化管理。有效整合我国农业科技资源与优势，广泛运用生物工程技术、现代先进种养技术、加工技术和信息技术等，发展科技含量高和高附加值的品牌产品，提高食用菌产业的综合效益和市场竞争力。三是积极营造食用菌消费文化，依靠文化营销，提升品牌价值。根据我国食用菌产业文化资源特点与消费者需求趋势，依托我国历史悠久、源远流长的文化底蕴，并在食用菌产品品牌的设计和培育中，融入浓厚的人文、风土气息，塑造食用菌产品品牌的个性特色，丰富品牌文化内涵，提升品牌价值。四是建立绿色品牌形象，提高品牌竞争力。随着我国经济社会的全面发展，消费者对绿色产品认识的提高以及健康消费观念逐步增强，要把实施食用菌产品品牌战略和发展无公害农产品、绿色食品、有机食品、地理标志产品生产紧密结合起来。通过创建和宣传绿色品牌，更快捷地向消费者传递绿色产品的质量和特色信息，使消费者感到物有所值，降低其对绿色农产品价格的敏感度，进而接受绿色产品并积极、重复地购买，增强优质产品的市场竞争力。五是注重品牌整合传播，加强食用菌产品品牌营销。增加对品牌食用菌产品的宣传投入，塑造品牌形象，建设知名品牌。

（五）国内市场建设与"走出去"战略

当前我国食用菌产业发展存在产业发展与市场开拓失衡的现象，但是伴随着食用菌产品健康饮食文化的日趋发展，食用菌产品的消费潜力将逐步被挖掘。因此，在未来一段时间我国国内市场建设战略应关注以下几个方面的问题：一是提高政府及企业对市场的认知，重视和支持市场建设。二是加快我国食用菌专业市场建设，规范市场流通秩序。三是改进批发市场交易方式，推动流通现代化。四是完善食用菌市场信息体系建设，实现国、省、市、县、乡五级生产信息传递畅通快捷的食用菌电子商务网络系统。五是推行标准化生产，加快食用菌产业化发展步伐。六是强化流通环节监管，确保食用菌产品的质量安全。食用菌产品已经成为我国多省区农业创汇产品的代表，但是在食用菌产业走向国际市场过程中存在着诸如产品质量安全、国外技术贸易壁垒、技术与设备落后等问题，严重制约与阻碍了我国食用菌产业"走出去"战略的实施与推进。因此，必须制定与实施食用菌产业"走出去"战略，尽快推进食用菌大国向食用菌强国转变。在确立并坚持"科技兴菌、质量立菌、品牌强菌、市场活菌"战略思路基础上，认真实施品种多样化、栽培周年化、质量标准化、生产规模化、加工增值化和市场网络化，不断加大多元化市场的开发进程，通过丰富食用菌出口产品内涵和树立出口企业的主体意识，推动食用菌产业的国际化发展与"走出去"战略实施。

（六）产品精深加工战略

面对目前我国食用菌产品加工以盐渍、烘干、罐头等初级粗加工为主和加工链条短、经济效益较差的状况，必须走精深加工之路。为此，要从战略视角认真审视我国食用菌加工业的发展，制定并实施食用菌精深加工业发展战略。一要加大加工技术研发与应用投入。应加大对食用菌精深加工技术、储藏保鲜技术、药用功能因子等新型产品的研究开发与投入力度，重点提升我国食用菌产业技术先进程度、关键设备国产化率、技术自有率等引领性指标。二要以食用菌精深加工产业园区为载体，大力引进和培育生产高品质冻干产品、干片产品、罐头产品、速冻产品、方便食品、即食食品和调味加工品的龙头企业，形成食用菌精深加工产业集群。三要加大对龙头企业的政策扶持。以立法保障政策、产业扶持政策、技术创新与推广政策、财税金融支持政策、行政管理组织保障政策、社会化服务体系政策为基础，以食用菌产业技术支撑体系为手段，

以学科发展与人才培养为支撑，以市场体系建设为方向，构建一套完善的食用菌产业发展扶持政策体系。四要加大标准化体系建设与完善力度，规范企业加工、包装、运输中的行为，确保食用菌产品质量，提升我国食用菌产品市场竞争力。

（七）菌种产业发展战略

菌种是食用菌生产的重要生产资料，关系到生产者切身利益，关系到产业发展的稳定性与可持续性及产品质量。制定与实施菌种产业发展战略是未来我国食用菌产业发展的重中之重。首先，要以优良品种选育为基础，以菌种规范管理为重点，以优良品种示范为抓手，以建立菌种创新与菌种生产的双赢机制为最终目的，制定并实施现代食用菌菌种产业发展战略。其次，强化菌种生产市场准入制度为菌种产业发展战略的核心，以《食用菌菌种管理办法》为标准，建立一套完整的食用菌菌种生产市场准入评价体系，实现我国食用菌菌种由无序状态向规范化转变，逐步推进菌种厂的清理和生产许可实施，关停"三无"菌种场，从根本上确保菌种生产的质量安全。其三，强化菌种三级繁育制度。虽然近年来随着食用菌菌种管理办法等相关法律法规的实施，我国食用菌菌种管理等工作取得显著成效，但远未达到专业化菌种生产的国际水平，仍以手工生产和经验生产为主，生产设备设施先进性和生产环境控制水平仍然较低，从业人员素质和技术水平与发达国家的专业化菌种公司仍存在较大差距。这种分散的生产方式，导致了育种者与菌种生产者的分离，弱化了菌种质量控制与保证能力。强化菌种三级繁育制度与策略的实施，可以有效改善现状，逐步实现菌种的自主生产和授权生产。其四，质量控制和管理战略。综合考虑当前国内食用菌产业发展的技术水平和经济发展水平，以引入企业产品质量控制和管理技术为手段，以提高菌种生产者的质量控制能力和管理水平为目的，引入菌种场质量管理体系认证和产品认证，提高菌种场技术和设备投入的积极性，促进生产的规范性，提高菌种质量控制和管理能力。其五，加大公共财政投

中国食用菌发展历史、现状与展望

入，提高菌种专业化水平。在有条件的地区和单位，特别是主产区，加强公共财政投入，择优改造现有菌种场，淘汰"三无"菌种场，提高专业化装备水平，实现菌种生产的专业化水平，促进菌种质量的提高。（图1-3-7）

图1-3-7　菌种发酵罐

（张俊飚）

第四章 我国食用菌文化遗产与保护

食用菌文化遗产是我国菇民勤劳智慧的结晶，是可持续发展不可替代的宝贵资源。形成有效保护机制，加强文化遗产保护，传承优秀传统文化，对于建设社会主义先进文化，实现由食用菌大国到食用菌强国的梦想具有十分重要的意义。

第一节
文化遗产概述

联合国教科文组织认为，遗产是历史的馈赠，今天我们与其共存，明天应该将其传诸子孙（Heritage is our legacy from the past, what we live with today, and what we pass on to future generations）。

我国历史悠久、文化灿烂，在漫长的发展长河中，沉淀了丰富多彩、弥足珍贵的文化遗产。

一、文化遗产概念

所谓文化遗产，是指由先人创造并保留至今的一切文化遗存。它是一个地区、一个民族或一个国家极为重要的文化资源和文化竞争力的构成要素。

中国食用菌发展历史、现状与展望

我国通过对国际上文化遗产先进理念的吸纳并结合中国的自身实际情况，2005年《国务院关于加强文化遗产保护的通知》（国发〔2005〕42号）对"文化遗产"进行了界定：

文化遗产包括物质文化遗产和非物质文化遗产。

物质文化遗产是具有历史、艺术和科学价值的文物，包括古遗址、古墓葬、古建筑、石窟寺、石刻、壁画、近代现代重要史迹及代表性建筑等不可移动文物，历史上各时代的重要实物、艺术品、文献、手稿、图书资料等可移动文物；以及在建筑式样、分布均匀或与环境景色结合方面具有突出普遍价值的历史文化名城（街区、村镇）。

非物质文化遗产是指各种以非物质形态存在的与群众生活密切相关、世代相承的传统文化表现形式，包括口头传统、传统表演艺术、民俗活动和礼仪与节庆、有关自然界和宇宙的民间传统知识和实践、传统手工艺技能等以及与上述传统文化表现形式相关的文化空间。

党中央、国务院历来高度重视文化遗产保护工作，为了进一步加强我国文化遗产保护，继承和弘扬中华民族优秀传统文化，推动社会主义先进文化建设，国务院决定从2006年起，每年6月的第二个星期六为中国的"文化遗产日"。

二、农业文化遗产

农业文化遗产是指农村与其所处环境长期协同进化和动态适应下所形成的独特的土地利用系统和农业景观，这种系统与景观具有丰富的生物多样性，而且可以满足当地社会经济与文化发展的需要，有利于促进区域可持续发展。其概念源自FAO 2002年推进的"全球重要农业文化遗产(Globally Important Agricultural Heritage Systems, GIAHS) 动态保护与适应性管理"项目。

2012年，农业部在《中国重要农业文化遗产认定标准》中认为，中国重要农业文化遗产是指人类与其所处环境长期协同发展中，创造并传承至今的独特的农业生产系统，这些系统具有丰富的农业生物多样性、传统知识与技术体系和独特的生态与文化景观等，对我国农业文化传承、农业可持续发展和农业功能拓展具有重要的科学价值和实践意义。

农业文化遗产植根于悠久的文化传统和长期的实践经验，传承了故有的系统、协调、循环、再生的思想，因地制宜地发展了许多宝贵的模式和好的经验，蕴含着丰富的天人合一的生态哲学思想，与现代社会倡导的可持续发展理念一脉相承。

中华民族在长期的生息发展中，创造了种类繁多、特色明显、经济与生态价值高度统一的传统农业生产系统，不仅推动了农业的发展，保障了百姓的生计，促进了社会的进步，也由此演进和创造了悠久灿烂的中华文明，成为中华文明立足传承之根基。

在经济快速发展、城镇化加快推进和现代技术应用的过程中，作为中华文明立足传承之根基的传统农业生产系统存在着被破坏、遗忘、抛弃的危险。为此，2016年中央一号文件专门部署要求"开展农业文化遗产普查与保护"。要在普查的基础上，加大价值发掘力度，对已公布的农业生产系统的历史、文化、经济、生态和社会特征与价值进行系统调查和科学研究，深入挖掘其精神内涵。

截至2018年4月20日，在入选的全球重要农业文化遗产名录的50个传统农业项目中，中国拥有15个，在数量和覆盖类型方面均居世界首位。

三、食用菌文化遗产

2018年6月22日，国际著名蕈菌学家张树庭教授把食用菌文化遗产定义为：食用菌（大型真菌或蕈菌）文化遗产包括食用菌的物质文化（mushroom tangible culture）遗产（有关食用菌的文物古迹、诗词书籍、艺术品、名特食用菌产品等）和食用菌的非物质文化（mushroom intangible culture）遗产（有关食用菌的民俗、纪念节日、地方戏、文化系统、生产系统等）。

2016 年 12 月，农业部公布全国农业文化遗产普查结果，在公布的 408 项具有潜在保护价值的农业生产系统中，黑龙江东宁黑木耳生产系统、黑龙江东宁松茸文化系统、黑龙江阿城交界木耳生产系统、浙江龙泉香菇文化系统、浙江云和黑木耳生产系统、浙江景宁香菇文化系统、福建古田银耳生产系统、四川通江银耳生产系统、云南南华山菌利用系统等名列其中。

第二节
食用菌文化遗产内容

一、地理标志产品

地理标志产品，是指产自特定地域，所具有的质量、声誉或其他特性本质取决于该地区的自然因素和人文因素，经审核批准以地理名称进行命名的产品。

农产品地理标志，是指标示农产品来源于特定地域，产品品质和相关特征主要取决于自然生态环境和历史人文因素，并以地域名称冠名的特有农产品标志。农产品是指来源于农业的初级产品，即在农业活动中获得的植物、动物、微生物及其产品。

国家质量监督检验检疫总局（在 2018 年 3 月的国务院机构改革方案中，不再保留国家质量监督检验检疫总局，该局的原产地地理标志管理职责整合到重新组建的国家知识产权局）先后审核批准了多个食用菌地理标志产品。

（一）香菇

1. 泌阳花菇

批准公告号：国家质量监督检验检疫总局 2006 年第 97 号。

保护范围：河南省泌阳县现辖行政区域。

产品特色：泌阳县境内伏牛山与大别山两山脉相交汇，长江与淮河两大水系相分流，山水没有污染，属亚热带向暖温带过渡地区，四季分明，雨量充沛，光照充足，形成了独特的优良"小气候"，为香菇生长提供了得天独厚的自然条件。泌阳花菇朵圆肉厚，质地细腻，色泽洁白，爆花自然，口感脆嫩爽滑，菇香浓郁。

2. 磐安香菇

批准公告号：国家质量监督检验检疫总局 2002 年第 116 号。

保护范围：浙江省磐安县整个辖区，东经 120° 17′ ～120° 47′，北纬 28° 49′ ～29° 19′，包括双峰乡、仁川镇、冷水镇、新渥镇、深泽乡、安文镇、墨林乡、窈川乡、双溪乡、尚湖镇、万苍乡、玉山镇、九和乡、尖山镇、胡宅乡、大盘镇、方前镇、盘峰乡、维新乡、高二乡。

产品特色：磐安县地处浙江中部，是浙江天台山、括苍山、会稽山、仙霞岭四大山系的发脉处，为灵江、瓯江、曹娥江及钱塘江的主要发源地，境内雨量充沛，光照充足，昼夜温差大，冬暖夏凉，形成了丰富的小气候资源，适宜香菇生长。具有菇圆、肉厚、结实、柄短、不易开伞、久煮不糊等特点。

3. 庆元香菇

批准公告号：国家质量监督检验检疫总局 2002 年第 49 号。

保护范围：浙江省庆元县、龙泉市、景宁畲族自治县行政区域范围。

产品特色：该区域属亚热带季风气候，温暖湿润，四季分明，地处浙西南中山区，有溪谷、盆地、丘陵、低山、中山等多种地貌，气候总体特点是冬无严寒、夏无酷暑。就局部而言，东、北部气温较西南部和中部低，无霜期短，昼夜温差大，适宜香菇生长。庆元香菇鲜嫩可口，香气袭人。

4. 利州香菇

批准公告号：国家质量监督检验检疫总局

2013 年第 128 号。

保护范围：四川省广元市利州区金洞乡、宝轮镇、盘龙镇、大石镇、荣山镇、白朝乡等 6 个乡镇现辖行政区域。

产品特色：利州区丰富的林业资源，良好的生态环境，成熟的技术措施孕育了利州香菇的特有品质。利州香菇柄短，菌盖圆整肥厚，卷边大，裂纹深，花纹自然，菌褶整齐，开伞度小，灰白色，味道鲜美，爽滑可口，香气沁人，营养丰富。

5. 西峡香菇

批准公告号：国家质量监督检验检疫总局 2008 年第 140 号。

保护范围：河南省西峡县丹水镇、田关乡、阳城镇、回车镇、五里桥镇、丁河镇、重阳镇、西坪镇、寨根乡、桑坪镇、石界河乡、米坪镇、军马河镇、双龙镇、二狼坪镇、太平镇、城关镇等 17 个乡镇现辖行政区域。

产品特色：河南省西峡是一个深山县，既具有北亚热带向暖温带过渡的气候特点，又有冬季偏暖地区的气候差异。西峡香菇菇体丰满，菇质密实，花菇率高，具有特殊的香味和质感。

6. 九龙川香菇

批准公告号：国家质量监督检验检疫总局 2016 年第 128 号。

保护范围：辽宁省海城市接文镇三家堡村、山咀村、花红峪村、东大岭村、黑峪村、接文村、石头寨村、宋家村、塔子沟村现辖行政区域。

产品特色：九龙川自然保护区内原始生态环境未受任何破坏，属高寒地带，高海拔，长日照，温差大，森林覆盖面积广，空气中负氧离子高，山中泉眼 120 多处，为中碳酸超低钠钙性水，可直接饮用。九龙川香菇生长过程中全部用山泉水灌溉，其香菇中富含磷、铁、镁、锌、钙、钠、钾、铜、硒多种人体所需的矿物质元素，其中硒的含量较高。九龙川香菇肉质浑厚，菇盖内卷，色泽鲜明，口感醇香。

（二）黑木耳

1. 卢氏黑木耳

批准公告号：国家质量监督检验检疫总局 2005 年第 207 号。

保护范围：河南省卢氏县狮子坪乡、沙河乡、双槐树乡、文峪乡、瓦窑沟乡、汤河乡、横涧乡、潘河乡、徐家湾乡、磨沟口乡、木桐乡、官坡镇、范里镇、五里川镇、朱阳关镇、杜关镇、官道口镇、东明镇、城关镇等 19 个乡镇现辖行政区域。

产品特色：卢氏县横跨黄河、长江两大流域，昼夜温差大，雨量充沛，水质优良，无大型工矿企业，空气清新，自然环境非常适宜黑木耳生长。黑木耳具有朵大、肉厚、色深、质细、干湿比高、水泡后柔软多姿的特性，吃起来脆而不艮、滑而不腻。

2. 青川黑木耳

批准公告号：国家质量监督检验检疫总局 2004 年第 186 号。

保护范围：四川省青川县现辖行政区域。

产品特色：青川县位于川、甘、陕三省交界的四川盆地北部边缘，自然条件独特，区域特征明显，具有传统的特色加工工艺。青川黑木耳色泽深，朵大肉厚，有光亮感，质地鲜脆，滑嫩爽口。膨胀率高，干湿比最低可达 1 : 15。

3. 开化黑木耳

批准公告号：国家质量监督检验检疫总局 2005 年第 41 号。

保护范围：开化县位于浙江省西部浙、皖、赣三省交界处，钱塘江源头。地理坐标为东经 118°01′15″～118°37′50″，北纬 28°54′30″～29°29′59″。辖 18 个乡镇。

产品特色：开化县属温暖湿润的亚热带季风气候，植被茂盛，水源涵养丰富。黑木耳单生型，片状，内含丰富的营养胶质。

4. 云和黑木耳

批准公告号：国家质量监督检验检疫总局 2010 年第 71 号。

保护范围：浙江省云和县现辖行政区域。

产品特色：云和县地处浙江西南部丽水市腹地、瓯江上游，是一个"九山半水半分田"的山区县，属亚热带季风气候，全年温暖湿润，雨量充沛，日照充足，四季分明。云和黑木耳朵形美观，肉质厚，有光泽，耐泡，脆嫩，味美，口感好，营养丰富。

5. 五营黑木耳

批准公告号：国家质量监督检验检疫总局2006年第64号。

保护范围：黑龙江省伊春市五营区现辖行政区域。

产品特色：五营区位于黑龙江省伊春市东北部，属中寒温带大陆性湿润季风气候，气候冷凉，昼夜温差大，有利于生物干物质积累，造就了五营黑木耳独特品质。五营黑木耳子实体胶质，成圆盘形，口感细嫩，风味特殊；耳形不规则，直径3～12 cm。新鲜时软，干后成角质。

6. 尚志黑木耳

批准公告号：国家质量监督检验检疫总局2014年第129号。

保护范围：黑龙江省尚志市现辖行政区域。

产品特色：黑龙江省尚志市属温带大陆性季风气候，境内河网密布，地表水资源丰富。雨热同季，冷凉型气候及昼夜温差大的自然环境，赋予了尚志黑木耳优良的品质。尚志黑木耳均用柞树、桦树等阔叶树锯末为原料生产，完全模拟它的自然属性。耳片胶质厚，富弹性，半透明；耳面光滑光亮，呈碗状；耳质轻柔爽口；口感清爽，滑而不腻，耳香浓郁，营养丰富。

7. 康县黑木耳

批准公告号：国家质量监督检验检疫总局2008年第147号。

保护范围：甘肃省康县阳坝镇、铜钱乡、两河镇、三河坝乡、白杨乡、岸门口镇、店子乡、豆坝乡、城关镇、迷坝乡、大南峪乡等11个乡镇现辖行政区域。

产品特色：康县境内的森林覆盖率高达84%，茂密的森林，为黑木耳生长繁衍提供了良好的生态环境。康县黑木耳是从天然生长的野生木耳中选育出来的优良菌株，子实体胶质，耳形不规则，多成菊花形，朵大肉厚，新鲜时软，干后成角质、色泽黑褐。

8. 亚东黑木耳

批准公告号：国家质量监督检验检疫总局2015年第162号。

保护范围：西藏自治区亚东县康布乡、上亚东乡、下司马镇、下亚东乡共4个乡镇现辖行政区域。

产品特色：亚东黑木耳产于喜马拉雅山南麓海拔2 800～3 900 m的亚东县林区蔷薇科的刺树上。亚东黑木耳圆形，鲜体呈咖啡红色，干体呈黑色；肉厚（耳片厚1.7 mm左右），朵较小（直径一般为3～5 mm）。食用口感脆滑爽口，肉质细腻。

有学者研究认为，亚东黑木耳并非真正的黑木耳，而是一种黑耳（*Exidia* sp.）。

9. 房县黑木耳

批准公告号：国家质量监督检验检疫总局2009年第51号。

保护范围：湖北省房县沙河乡、万峪河乡、青峰镇、椰口乡、白鹤乡、土城镇、大木厂镇、姚坪乡、窑淮乡、化龙堰镇、门古寺镇、桥上乡、中坝乡、上龛乡、九道乡、五台山林业总场等16个乡镇（场）现辖行政区域。

产品特色：房县属亚热带和暖温带过渡地区，四季分明，年均气温10～15℃，昼夜温差明显，空气相对湿度75%。房县黑木耳色鲜、肉厚、朵大、质优。

10. 黄松甸黑木耳

批准公告号：国家质量监督检验检疫总局2010年第28号。

保护范围：吉林省蛟河市黄松甸镇、白石山镇、漂河镇、前进乡、新站镇、乌林朝鲜族乡、拉法街道、天岗镇、庆岭镇、松江镇、天北镇、新农街道、河南街道等13个乡镇街道现辖行政区域。

产品特色：黄松甸镇位于蛟河市区东50 km，地处长白山脉延续山区，地势高寒，无霜期较短，冬季寒冷漫长，夏季昼夜温差较大。黑木耳生长周期长，色黑肉厚，口感柔软，肉质细腻，味道清新。

11. 东宁黑木耳

批准公告号：国家质量监督检验检疫总局2016年第112号。

保护范围：黑龙江省东宁县现辖行政区域。

产品特色：东宁市属大陆性季风气候；地貌呈"九山半水半分田"特征，平均海拔高度400～600 m，境内森林覆盖率88%，柞树、桦树等阔叶林面积分布较广，生态环境优越，适合黑木耳生长。耳片无根有弹性，耳面呈黑褐色，耳背呈暗灰色，反正面明显，对称度较好；易于复水，复水后耳片外轮廓呈椭圆形，外形美观、光泽度好。粗蛋白质、粗纤维和糖含量均较高。

（三）竹荪

1. 青川竹荪

批准公告号：国家质量监督检验检疫总局2012年第221号。

保护范围：四川省广元市青川县姚渡镇、营盘乡、沙州镇、木鱼镇、骑马乡、观音店乡、板桥乡、孔溪乡、大坝乡、黄坪乡、瓦砾乡、茶坝乡、青溪镇、桥楼乡、三锅乡、蒿溪回族乡、乐安寺乡、凉水镇、茅坝乡19个乡镇现辖行政区域。

产品特色：四川省广元市青川县地处四川盆地北部边缘，白龙江下游，川、甘、陕三省结合部，属亚热带湿润季风气候。森林覆盖率高，水源丰富。竹荪具有优美的体姿、鲜美的口味和丰富的营养成分，肉质肥厚中空，气息清香而无异杂臭味，菌托白色或淡黄色，菌盖钟形，有显著网格，朵大，粗蛋白质含量高。

2. 织金竹荪

批准公告号：国家质量监督检验检疫总局2010年第110号。

保护范围：贵州省织金县城关镇、绮陌乡、官寨乡、普翁乡、牛场镇、猫场镇、上坪寨乡、珠藏镇、熊家场乡、少普乡、三塘镇、纳雍乡、化起镇、龙场镇、三甲乡、板桥乡、以那镇、八步镇、金龙乡、桂果镇20个乡镇现辖行政区域。

产品特色：织金县位于贵州中部偏西，毕节地区之东南，乌江上游支流六冲河与三岔河交汇处的三角地带；织金县属亚热带季风气候，境内山峦起伏，沟壑纵横，岩溶发育，地形地貌复杂多样。织金竹荪置于沸汤时膨大如鲜品，久煮不烂，尤其是菌柄能够饱吸汤汁，具有清鲜脆嫩的口感。气息清香，含有丰富氨基酸等营养物质。

3. 长宁竹荪

批准公告号：国家质量监督检验检疫总局2016年第112号。

保护范围：四川省长宁县现辖行政区域。

产品特色：长宁县位于四川盆地南缘，宜宾市腹心地带。长宁县蕴藏丰富矿产，且生物资源丰富。长宁竹荪（长宁长裙竹荪）具有朵裙大、肉质厚、鲜味浓郁、营养丰富等品质特性，菌裙为菌柄的2/3～4/5，个体大，含有丰富氨基酸等营养物质。

4. 大方冬荪

批准公告号：国家质量监督检验检疫总局2016年第112号。

保护范围：贵州省毕节市大方县顺德街道办事处、红旗街道办事处、慕俄格古城街道办事处、东关乡、绿塘乡、鼎新乡、猫场镇、牛场乡、马场镇、对江镇、小屯乡、羊场镇、理化乡、黄泥塘镇、六龙镇、凤山乡、安乐乡、核桃乡、达溪镇、八堡乡、兴隆乡、瓢井镇、长石镇、果瓦乡、大山乡、雨冲乡、黄泥乡、沙厂乡、百纳乡、三元乡、星宿乡现辖行政区域。

产品特色：大方县地处低纬度高海拔地区，雨量充沛，冬无严寒、夏无酷暑，属亚热带湿润季风气候。大方冬荪味道鲜美，口感松脆；食药两用。

（四）灵芝

1. 林芝灵芝

批准公告号：国家质量监督检验检疫总局2014年第136号。

保护范围：西藏自治区林芝地区林芝县、米林县、工布江达县、波密县、察隅县、朗县、墨脱县共7个县现辖行政区域。

产品特色：西藏林芝位于高海拔（1 200～3 500 m）、大温差、强日光的高原地带，为绿色无污染环境。白肉林芝菌柄较短，呈黑红色，有漆状光亮，菌柄内为白色海绵状；菌盖呈圆形状，表面红色或深红色，边缘色略淡，中心未喷粉前有漆状光亮，外围为白色，喷粉后菌盖被孢子粉覆盖，无光泽，淡黄色。

2. 霍山灵芝

批准公告号：国家质量监督检验检疫总局2013年第184号。

保护范围：安徽省霍山县黑石渡镇、与儿街镇、诸佛庵镇、太平畈乡、太阳乡、漫水河镇、大化坪镇、上土市镇、落儿岭镇、佛子岭镇、单龙寺乡、东西溪乡、磨子谭镇共13个乡镇现辖行政区域。

产品特色：霍山县位于安徽西部、大别山腹地；属北亚热带湿润季风气候，雨量充沛，冷热适中；动物、植物、矿产资源资源丰富。霍山灵芝主要特征是菌伞肾形、半圆形或近圆形，表面红褐色，有漆样光泽，有菌柄与菌伞同色或较深。

3. 龙泉灵芝

批准公告号：国家质量监督检验检疫总局2010年第54号。

保护范围：浙江省龙泉市现辖行政区域。

产品特色：浙江省龙泉市是中国南方主要林区，属亚热带季风气候，雨量充沛，四季分明，海拔400 m以上地区即使盛夏也很少出现35℃以上高温，海拔800 m以下地区，即使严冬也很少出现-5℃以下低温，适宜灵芝生长。龙泉灵芝朵形圆整，质地致密，底色好。

4. 龙泉灵芝孢子粉

批准公告号：国家质量监督检验检疫总局2011年第137号。

保护范围：浙江省龙泉市现辖行政区域。

产品特色：浙江省龙泉市是中国南方主要林区，属亚热带季风气候，雨量充沛，四季分明，海拔400 m以上地区即使盛夏也很少出现35℃以上高温，海拔800 m以下地区，即使严冬也很少出现-5℃以下低温。适宜灵芝生长。龙泉灵芝孢子粉与子实体产量比高。

（五）松茸

1. 乡城松茸

批准公告号：国家质量监督检验检疫总局2009年第89号。

保护范围：四川省乡城县香巴拉镇、沙贡乡、水洼乡、尼斯乡、青德乡、青麦乡、洞松乡、热乌乡、白依乡、热达乡、正斗乡、定波乡等12个乡镇现辖行政区域。

产品特色：四川省甘孜藏族自治州乡城县位于四川省西部青藏高原东南缘，地处四川省甘孜藏族自治州西南边陲。最高海拔为5 336 m，最低海拔为2 560 m，构成东北高西南低的坡状倾斜面，境内植物资源丰富。乡城松茸产量高、质量好。

2. 林芝松茸

批准公告号：国家质量监督检验检疫总局2015年第162号。

保护范围：西藏自治区林芝市巴宜区、米林县、工布江达县、波密县、察隅县共5个县现辖行政区域。

产品特色：西藏自治区林芝市位于西藏东南部，雅鲁藏布江中下游；平均海拔3 000 m左右，而最低处却只有900 m，是世界陆地垂直地貌落差较大的地带，境内热带、亚热带、温带及寒带多种气候带并存。林芝松茸菌肉肥厚、香气浓郁、营养丰富，含有多种氨基酸、不饱和脂肪酸和人体必需的微量元素、维生素、膳食纤维、活性酶，是国家二级珍稀野生食用菌。

中国食用菌发展历史、现状与展望

3. 香格里拉松茸

批准公告号：国家质量监督检验检疫总局2003年第5号。

保护范围：云南省迪庆藏族自治州现辖行政区域。

产品特色：云南省迪庆藏族自治州位于云南省西北部滇、藏、川三省区交界处，境内最高海拔为梅里雪山主峰卡瓦格博峰（6 740 m），最低海拔为澜沧江河谷（1 486 m），较小范围内的巨大高差使得境内出现了垂直气候和立体生态环境特征。香格里拉松茸是一种纯野生的珍稀名贵食用菌，生长在海拔3 000 m以上的天然无污染的深山松树和针阔混交林中，它与松树根具有共生的关系，又需要有栎树等阔叶林的荫蔽条件。新鲜松茸，形若伞状，色泽鲜明，菌盖呈褐色，菌柄为白色，均有纤维状茸毛鳞片，菌肉白嫩肥厚，质地细密，有浓郁的特殊香气。

4. 南华松茸

批准公告号：国家质量监督检验检疫总局2016年第128号。

保护范围：云南省楚雄市现辖行政区域。

产品特色：云南省楚雄市地处云南省中部，属云贵高原西部，滇中高原的主体部位，境内多山；境内气候属亚热带季风气候，但由于山高谷深，气候垂直变化明显，冬夏季短、春秋季长；日温差大、年温差小；野生菌生长发育的林地约1 130 km^2。南华松茸历史悠久，质、味独特，具有分布范围广、生产周期长、产量高、质量好的特点。

（六）茯苓

1. 商茯苓

批准公告号：国家质量监督检验检疫总局2017年第88号。

保护范围：河南省商城县所辖的长竹园、达权店、伏山、苏仙石、汪岗、冯店、鲇鱼山、余集、吴河、观庙、汪桥、三里坪、丰集、李集、四顾墩、河凤桥、上石桥、白塔集、鄢岗、双椿铺、武桥、城关镇等22个乡镇。

产品特色：商城县位于河南省东南隅，大别山北麓。商城县有大量的野生茯苓，主要寄生在马尾松等松树的根际，人工栽培于窖在地下的松木（椴木或树兜）上。茯苓主要的寄生源马尾松占林地总面积的71.8%，约453 km^2。适宜的生态、良好的气候条件、肥沃的森林土壤，造就了商茯苓优良的品质，加上丰富的野生和人工栽培茯苓资源，使得商城县成为河南省的茯苓生产基地，并且是全国茯苓主产区之一。商茯苓主要产于大别山区的原始森林，以体大、色亮、泽莹、质优、生产历史悠久而享誉全国。

2. 九资河茯苓

批准公告号：国家质量监督检验检疫总局2007年第129号。

保护范围：湖北省罗田县九资河镇、河铺镇、胜利镇、白庙河乡、平湖乡、凤山镇、大河岸镇等7个乡镇现辖行政区域。

产品特色：九资河在大别山主峰天堂寨的南麓，群山起伏，松林似海，枝叶茂密，阳光充足，雨水调和，空气清净，有着"茯苓之乡"美誉，种植茯苓非常适宜。鲜茯苓，扁形、球形或不规则状，略粗糙，棕褐色至黑褐色，质较坚实，断面白色或浅黄色，无夹沙。干茯苓，身干，个完整，棕褐色或褐色，断面白色至黄白色，质坚实，无虫，无沙，无霉。

（七）冬虫夏草

1. 西藏那曲冬虫夏草

批准公告号：国家质量监督检验检疫总局2004年第150号。

保护范围：西藏自治区那曲地区那曲、嘉黎、比如、索县、巴青、聂荣六县。

产品特色：西藏那曲冬虫夏草生长在西藏那曲地区平均海拔4 500 m以上的羌塘草原上，个大。虫体表面色泽黄净、均匀一致。西藏那曲虫草虫体和尾皆透亮油润。

2. 青海冬虫夏草

批准公告号：国家质量监督检验检疫总局2010年第54号。

保护范围：青海省现辖行政区域。

产品特色：青海冬虫夏草主要分布在海拔3 400～4 600 m高寒山区的阴坡或半阴半阳坡，具有典型的垂直地带性分布特征。草场类型是以莎草科嵩草属，蓼科的头花蓼、珠芽蓼以及小大黄，蔷薇科的金露梅等植物为主的高山草甸草原和高寒灌丛。雪域高原，人烟稀少、洁净、寒冷、缺氧、紫外线照射强烈、无污染。虽然自然生态环境严酷，各类珍稀植物、珍稀动物却能自由自在地生存下去。正是由于受到土壤、海拔、光照、温度、湿度以及蝙蝠蛾的生长繁殖等诸多自然条件的影响，造就了青海冬虫夏草的品质。青海冬虫夏草中甘露醇、腺苷类物质、虫草多糖等有效成分的含量主要与其寄主、产地及生长期等因素有关。虫体似蚕，饱满，表面深黄色至黄色，粗糙，质脆，断面类白色，长2.8～6.5 cm。

（八）银耳

1. 古田银耳

批准公告号：国家质量监督检验检疫总局2004年第72号。

保护范围：福建省古田县现辖行政区域。

产品特色：古田县位于福建省东北部，属中亚热带季风气候，年均气温16～20℃，年降水量1 400～2 100 mm，相对湿度常年在76%～81%。海拔高低跨度大。古田银耳朵型圆整，色泽鲜艳，口感滑嫩。

2. 通江银耳

批准公告号：国家质量监督检验检疫总局2004年第149号。

保护范围：四川省通江县现辖行政区域内的52个乡镇的银耳生产基地。

产品特色：通江县位于川东北部，自然地理生态条件十分独特（海拔500～1 500 m，气候温和湿润，全年平均气温21℃左右，雨量充沛，土质肥沃，全县大部分山地被再生青冈林覆盖），通江银耳具有外形美、色泽好、朵大、肉厚、多鸡冠状、颜色微黄、有玉石感、易于炖化的特点。

（九）金针菇

1. 江山白菇

批准公告号：国家质量监督检验检疫总局2004年59号。

保护范围：浙江省江山市行政区划的21个乡镇街道312个行政村范围。

产品特色：江山市属温暖湿润的亚热带季风气候，植被茂盛，水源涵养丰富。植被类型多样，植物资源比较丰富，境内森林覆盖率达67.2%。水资源也十分丰富。气候、水文、植被等自然条件非常适宜江山白菇的生长。江山白菇菇体长短整齐、粗细均匀，色泽亮，菇盖小；盖滑、柄脆、味鲜，性状稳定、产量高。

2. 灌南金针菇

批准公告号：国家质量监督检验检疫总局2012年220号。

保护范围：江苏省灌南县现辖行政区域。

产品特色：灌南县地处北温带南缘，属暖湿季风气候，雨量充沛，气温适中，空气湿度较大，大气质量高，为金针菇生长提供了有利的条件。同时，灌南县特有的水质和土壤也直接或间接为金针菇生长提供了充足的营养。灌南金针菇子实体色泽白亮，菌柄细长，盖小质细，整齐均匀，外形感观好，口感脆嫩爽滑。

（十）蘑菇

1. 姚庄蘑菇

批准公告号：国家质量监督检验检疫总局2007年第103号。

保护范围：浙江省嘉善县姚庄镇所辖行政区域。

产品特色：浙江省嘉兴市嘉善县姚庄镇地处杭嘉湖平原水网地区，地势平坦，水网密布，土壤肥沃；姚庄镇内河、湖水面占区域面积的18%，年采水河泥超1×10^5 t，水河淤泥层深厚且富含有机质、无杂质、无污染、无线虫等微生物的侵害。尤以姚庄荡及其附近 2 km 范围湖泊内的水河泥与稻谷砻糠相混合作为蘑菇覆土材料，营养丰富，通透性好，含水量高，易于保温保湿，有足够数量且取材容易，能够满足蘑菇生长。姚庄蘑菇肉质鲜嫩，美味可口，外观漂亮，肉里结实，菇白肉厚，采收后 24 h 内不易氧化变黑。

2. 卧龙白蘑

批准公告号：国家质量监督检验检疫总局 2016 年第 112 号。

保护范围：吉林省四平市铁东区卧龙村、双合村、永合村、兴隆村、板仓村、白木匠村、杨木林子村、营盘村、英额堡村、云盘沟村、哈福村、郭家村、磨盘沟村、王家沟村、大孤家村、小孤家村、碴子沟村、东升村现辖行政区域。

产品特色：卧龙白蘑产区位于吉林省西南部，地处松辽平原，南与辽宁省接壤，西部与内蒙古接壤，北部与吉林省省会长春市接壤，东部是长白山余脉，属大黑山系。野生白蘑生长在大黑山山地上的特殊的草丛里，色泽洁白，富含蛋白质、维生素及钾、钙、铁、磷等矿物质；入口柔软，具有独特浓郁菌香。

（十一）其他

1. 楚雄牛肝菌

批准公告号：国家质量监督检验检疫总局 2016 年第 128 号。

保护范围：云南省楚雄市现辖行政区域。

产品特色：云南省楚雄市地处云南省中部，属云贵高原西部，滇中高原的主体部位，境内多山；属亚热带季风气候，但由于山高谷深，气候垂直变化明显，冬夏季短，春秋季长；日温差大，年温差小。楚雄牛肝菌色泽分明，菌盖厚实，肉质细嫩紧密，菌味浓香鲜甜，口感糯滑滋润，钾高钠低。

2. 九寨猪苓

批准公告号：国家质量监督检验检疫总局 2011 年第 172 号。

保护范围：四川省九寨沟县现辖行政区域。

产品特色：九寨猪苓主要生长区域海拔高度 2 000～2 900 m，土壤为山地腐殖土，昼夜温差大。九寨猪苓生长周期长，主要含有猪苓多糖等成分。呈类圆形或扁块状，有的有分枝，表面黑色、灰黑色或棕黑色，表皮较光滑或略皱缩，断面类白色或黄白色。个体大，空腔大，密度低，体轻质硬。

3. 浦北红椎菌

批准公告号：国家质量监督检验检疫总局 2014 年第 129 号公告。

保护范围：广西壮族自治区浦北县龙门镇、北通镇、白石水镇、大成镇、张黄镇、泉水镇、安石镇、小江镇、三合镇、福旺镇、寨圩镇、乐民镇、官垌镇、六硍镇、平睦镇、石埇镇共 16 个镇现辖行政区域。

产品特色：浦北县地处低纬地区，以丘陵为主；冬短夏长，光照充足，雨量充沛，属南亚热带季风气候。红椎菌干品菌盖厚实，菌盖中央略凸起，呈褐红色，伞盖边缘呈放射性深红色；菌柄部呈白并带有不均匀的深红色。有野生菌的独特芳香。烹调后的汤呈粉红色，味道鲜美。

二、邮票

邮票，浓缩了历史进程，凝聚着各个领域的文化。

世界邮票史上的第一枚菌物邮票由我国发行。1894 年 11 月 19 日，由清政府海关总税务司赫德提议，海关造册处德籍职员费拉尔（R. A. de Villard）绘图设计，上海海关造册厂印刷，清代海关邮政为慈禧太后六十寿辰而发行的纪念邮票，俗称"万寿票"，其中一枚面值五分银的铬黄票（鲤鱼瑞芝票）展现的是我国传统文化中象征吉祥如意的灵芝。

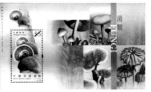

直到 1974 年 11 月 15 日，台湾地区发行了第一套食用菌邮票，展示的是人工栽培的食用菌（双孢蘑菇、平菇、竹荪和金针菇）。

1980 年，中华人民共和国发行了一套 16 枚齐白石老人国画的邮票，其中一枚出现食用菌的图案，并题词道"南方之菌远胜蘑菇，惜不能还家共老妇喜食也"。可见白石老人对南方菌子的偏爱。1981 年 8 月 6 日，中华人民共和国发行了《食用菌》套票，描画的是银耳、竹荪、猴头菇、红菇、香菇和双孢蘑菇（其中红菇为菌根菌，目前无法人工栽培）。

澳门特别行政区在 2003 年发行中药材邮票时出现了冬虫夏草，香港特别行政区 2004 年发行了菌类邮票，展示了热带地区常见的菌类，其中灵芝和草菇为食药用菌。

此后台湾地区分别于 2010、2012 和 2013 年发行了 3 辑 12 枚（种）的野生菌邮票，从菌类层面突出了台湾作为一个生物多样性地区的存在，图案中菌类只有羊肚菌和鲑红平菇为食用菌。

当然我国发行的一些其他素材邮票上也出现过灵芝的图案，但均作为配角。

截至 2018 年 5 月，世界各地发行了 6 400 多枚菌类邮票，尤其非洲和加勒比地区更是不遗余力在邮票上再现菌类这一专题，宣传各自的野生菌类资源和食用菌栽培现状，让集邮者在鉴赏菌类多姿多彩形态的同时，获得生动而难以忘怀的科普知识。

在欧美发达国家，不少国家大量发行具有当地特色菇类的邮票，甚至直接用刀叉或骷髅分别把可食用的和毒菇标注出来。具有长年采食野生食用菌传统的俄罗斯，更是把外观相近的食用菌和毒菇放在一枚邮票上，让人们加以区别。我国每年误食毒蘑菇而死亡的人数不少，而邮票的色形逼真，会给人留下深刻印象，通过发行邮票，让人们了解、识别毒菌，预防食物中毒，不失为一种重要的科普宣传方式和渠道。

2013 年 10 月，邮票上的蘑菇世界——专题邮票展在庆元县香菇博物馆举行，展出邮票由市民姚霄峰提供，展出其收藏的约 1 900 余枚蘑菇邮票中的一部分。2016 年 6 月 20～21 日，在福州举行的中国菌物学会学术年会期间，由曾辉教授级高工联合庆元县蘑菇专题集邮爱好者吴永适、姚霄峰共同举办了"蘑菇邮票精品展"，展示了"世界菌物学家邮票"、"蘑菇与猫头鹰邮票"、"毒蘑菇邮票"、"真菌邮票"和"蘑菇邮票上的中国传统医学"等多个菌物专题。吸引了众多业内人士和广大市民驻足观看。

中国食用菌发展历史、现状与展望

2016年12月2日，曾辉、王泽生编著的《世界蘑菇与地衣邮票集锦》由福建省集邮协会推荐参加了在南宁举行的第33届亚洲国际邮展（中国2016年亚洲国际邮展），荣获文献类镀银奖。

重视食用菌文化遗产（邮票）的宣传活动，进一步加大保护力度，更好传承，任重道远。

三、绘画

自古以来，中国不少画家以灵芝作为绘画素材，将灵芝与松、鹤、鹿、梅、竹、仙人绘在一起，意寓富贵、吉祥、长寿。

明朝中期，万历壬辰年（1592年），周之冕绘

《松梅芝兔图》，奇石左立，一株松树枝繁叶茂，旁有一树梅花相映，石后伴有水仙人，坪上多草，有灵芝点缀，兔子坐于其中。坡上灵芝，描绘精致，一目了然。该画作现藏于常熟市博物馆。

清代咸丰（1851—1861）进士徐河清水墨《芝兰图》中绘有"芝"。据《大河报》2015年1月27日评鉴云："图上水墨写兰两丛，皆为无土之兰。上边一丛稀疏的兰花与一个灵芝用草绳捆扎在一起，寓意芝兰同味，有'寿同松柏千年碧，品似芝兰一味清'的诗意。下面一丛兰花，密密的根和密密的叶子花茎，勾写不厌其烦，浓密厚重，有石涛的遗意。浓淡相宜，虚实相生，繁而不乱。中间大块面行书署款，先是题写两首七言绝句，诗左署名钤印。诗云：'仙草通灵笔有机，写来个个肉芝肥，名花也喜口风拜，争向华堂祝古稀。兄叨天禄弟天恩，蕙馥兰芬草一门。我亦声声东海远，当年香祖本同根。'诗不见出处，画家有诗名，应是画家自咏。书笔苏、米，极得苏东坡书的古雅遒逸和米芾书的挥洒浑劲。"

这一幅《芝兰图》中的"芝"是灵芝的简称。由于古籍中灵芝名实的复杂性尚无法判断，因此这里指的灵芝一词，并不一定是分类学称的灵芝（ *Ganoderma lingzhi* ）物种，而是古籍中"瑞芝"、"芝草"、"神草"的统称。

《国粹学报》的博物图画有8幅18种大型真菌博物图。分别是：①羡道中蕈、玉蕈；②铁面蕈、蟠螭蕈；③佛手蕈、鬼盖；④九云芝、鬼笔；⑤楠四种；⑥铜鼓蕈、烛台蕈；⑦绿毛中蕈、铠甲蕈；⑧草菇和香菇。

1905年2月23日，《国粹学报》在上海创刊。邓实任主编，月刊。该刊以"保种、爱国、存学"为宗旨，阐发学术传统。刊载经学、史学、诸子等论著，也附有图片等内容。

古代的画砖像、陶瓷制品、年画、书籍插图等物品中也可以见到大量的灵芝图案。如四川博物院有"仙人骑鹿"画像砖。一双髻仙女骑于长角神鹿上，侧身回顾；另外一仙女，左手托盘里有仙丹，

右手前伸，下有灵芝仙草。明清时代的瓷器中有许多制品绘有灵芝纹饰。特别是明嘉靖皇帝，笃信道教，当时的青花瓷器除造型大量采用葫芦式外，在装饰题材上，多采用云鹤、八仙和灵芝等纹饰。《唐诗画谱》（黄凤池）、《诗余画谱》（宛陵汪氏）中绘有非常精彩的灵芝插图。杨柳青年画《瑞草园》取材于《白蛇传》中盗仙草（灵芝）的故事。等等。

另外，古代丝织品、窗花剪纸或其他装饰物上，经常可以看到用灵芝构成的图案。在中国古代，以灵芝和其他菌类为题材的绘画作品不胜枚举，成为绘画历史上独特的风采。

四、盆景

盆景源于中国的农耕文化，具有悠久的历史，它汲取了中国人文文化的营养，迎合了大众的审美情趣。在深厚的中国传统文化滋养下，它既能登大雅之堂，也能入百姓庭院。盆景在唐代传入日本，20世纪三四十年代才转而流传到欧洲。从此中国盆景走向世界，享誉全球。

灵芝自古以来被人们视为祥瑞、富贵之物。灵芝盆景以独特雅致的艺术造型和丰富的文化内涵，成为宾馆、酒店、居室、办公室的常用装饰品，也是馈赠亲友的时尚佳品。

灵芝盆景的出现可追溯到宋代，在达官贵人追求祥瑞之风的氛围中，灵芝盆景出现雏形；到了明代，皇家园林中的灵芝盆景向大型化发展，有的盆景使用灵芝达300多个；文人雅士中喜欢把玩的人也越来越多。清代皇宫制作的灵芝盆景，更是精

致，出现很多配有翡翠、玛瑙修饰的盆景，艺术品位也越来越高。清代园艺家陈淏子《花镜》有"雅人取（灵芝）置盆松之下，兰慧之中。甚有逸致，且能耐久不坏"的记述，能营造清新高雅的富有文化底蕴的意境美。

灵芝盆景，有的古朴典雅，有的清新怡人，有的美观艳丽，其艺术魅力，逾千年而不衰。现代的灵芝盆景制作已采用生物技术和造型艺术相结合的方法，成为精美的工艺品，深受人们喜爱。

（照片由上海市农业科学院食用菌研究所李传华博士提供）

中国食用菌发展历史、现状与展望

灵芝有"仙草"、"瑞草"之称，所以生产灵芝盆景的厂家就以灵芝为底座，上面再坐上一尊佛像，更增添灵芝盆景的观赏价值。李传华博士提供的图片，灵芝宛如莲花盆，观音菩萨腾云驾雾翩翩而至，栩栩如生，成为让人赏心悦目的景观。

迎客松

单柄如意

迎客松

三鼎如意芝

聚宝盆

迎客松

（照片由上海市农业科学院食用菌研究所唐传红副研究员提供）

"如意"在我国是一种代表吉祥的珍玩，自唐代以后，逐渐演变成了吉祥的象征物，灵芝如意盆景，令人赏心悦目；聚宝盆是中国古代汉族民间传说故事中的一个宝物，聚宝盆芝冠，寓意吉祥如意；迎客松灵芝盆景，将松树的苍翠挺拔、隽秀飘逸展示得淋漓尽致。这些巧夺天工，姿态万千的艺术造型，形神兼备，带给人美的享受的同时，还提高了灵芝的经济价值。

制作灵芝盆景要注意品种的选择：制作盆景一般要求品种分枝较多、菌炳较长、生长速度较慢，产孢子粉较少的品种。灵芝菌盖面大且平展，可以在其上书写诗文、雕刻图案、绘画等。

五、通江银耳碑及银耳志

随着人类社会的发展，石碑作为一种文化现象，承载着特定时期的民族文化，具有典型的时代特点。

据陈士瑜先生发表文章记载，有三座通江银耳碑：一是玄祖庙碑，二是娃娃岩禁碑，三是石龙嵊村会碑。

玄相庙碑于1960年4月24日发现于通江县涪阳区园子坝玄祖庙，碑石原大181 cm×61 cm，现移置涪阳镇街后。碑文现已风化剥落不可辨。碑文记述了通江银耳栽培的起源、发展经过、银耳的经济价值、创会之缘由。

娃娃岩禁碑是通江涪阳下江口村张万尧于1964年4月在涪阳鄢家沟娃娃岩所发现，现移置涪阳坝东侧银耳公园碑堂内。碑文记述了当地发现银耳之经过、起会缘由和会众遵守章程。

石龙嵊村会碑于1984年12月5日在涪阳镇石龙嵊村发掘，现移置涪阳坝东侧银耳公园碑堂内。涪阳以往生产黑木耳，即有"耳山会"，并立有"耳山碑"，此碑文记述了重新起会之缘由。

以娃娃岩禁碑为例，碑文如下：

戊戌夏五月既望，予在东山公宅，□临公曰："幸哉，适得其人矣！"有□显出会簿（簿）一册，

览毕，知雾露池橡树产耳，丙申俱白，丁酉尤甚。予不禁喟然曰："异哉，天之厚待斯土亦如此乎！远而望之，如天之泻银，近而观之，问若雨金焉。究其滋长，实地灵之以所钟欤？夫天地产此物以利人，而人不珍惜之，听其盗伐□□，是墓天地之心也！"公乃邀集同人，每名出白耳一两，积成一□□□□。产则分疆以禁偷窃，不产则建学馆以教童蒙。□□□□□□友，守望相助，以致家给人足，俗美风清也哉！有十条向与列左。

屈心培　拜撰

邑儒蹇诚之　丹书　龙飞

光绪二十四年夏五月中浣日吉旦

石工王正富　造

地方志是中华民族特有的文化瑰宝，是重要的地方文献，是一个地区的史书。其作用为治资、教化、存史。银耳，至少在光绪二十四年(1898年)前，四川省通江县北涪阳、陈河一带已经普遍种植。1986年四川省地方志编委会还专门编写有《通江银耳志》，2010年又有新版志书问世。由原志的6万字，增加到24万字，内容更加丰富，展示了这一特产滥觞的原生态，发展的全过程。我国蕈菌种类丰富，而以志书为载体弘扬传世者，只有银耳一种。

"历史有碑，现代有志"，这在食用菌中独一无二。这种记载银耳生产的碑及志，是珍贵的文化遗产，对通江银耳生产的发展，起到重要的作用。

六、蕈菌古诗

我国采集和人工栽培食用菌都拥有漫长的历史，古代文人骚客为我们留下众多不朽的诗词。

（一）灵芝

在我国古代文学作品中，灵芝是圣洁、美好的象征。咏芝名作在我国古代文学作品中占有重要地位。

楚国诗人屈原（约前340—前278)在祭祀山神的乐歌《九歌·山鬼》中写到："采三秀兮于山间，

石磊磊兮葛蔓蔓。怨公子兮怅忘归，君思我兮不得闲。"负心的公子不见了，可痴情的山鬼却一如既往，为公子采摘灵芝（三秀）。痴情的女子跃然纸上。

汉武帝制定郊祀之礼，祭祀时咏唱郊祀歌。如《灵芝歌》："因灵寝兮产灵芝，象三德兮瑞应图。延寿命兮光此都，配上市兮象太微，参日月兮扬光辉。"就是其中之一。

自汉代以来，服食芝草追求长生的思想，在汉代乐府诗中已得到反映。如《长歌行》："仙人骑白鹿，发短耳何长。导我上太华，揽芝获赤幢（菌盖如车棚的大赤芝）。来到主人门，奉药一玉箱。主人服此药，身体日康强。发白复还黑，延年寿命长。"还有一首古乐府词，《善哉行》（作者有争议）："来日大难，口燥唇干。今日相乐，皆当喜欢。经历名山，芝草翩翩。仙人王乔，奉药一丸。自惜袖短，内手知寒。惭无灵辄（辙），以救赵宣。月没参横，北斗阑干。亲友在门，饥不及餐。"

与前诗趣旨相同，汉乐府四皓作《采芝操》："皓天嗟嗟，深谷逶迤。树木莫莫，高山崔嵬。岩居穴处，以为幄茵。晔晔紫芝，可以疗饥。"传说四皓隐居深山以灵芝为食。

汉末魏初的曹植（192—232）写下不少赞美灵芝的诗赋。

脍炙人口的《灵芝篇》更是世代流传："灵芝生天（《宋书·乐志》作玉）地，朱草被洛滨，荣华相晃耀，光采晔若神。"

他在清新高雅的《九咏》写到："寻湘汉之长流，采芳岸之灵芝。遇游女于水裔，探菱华而结词"，回忆与甄氏见面时的美好情景。

在曹植的巅峰之作《洛神赋》中描述："攘皓腕于神浒兮，采湍濑之玄芝。余情悦其淑美兮，心振荡而不怡。无良媒以接欢兮，托微波而通辞。"该赋为曹植222年由洛阳东归路过洛水时，有感于宋玉的《神女赋》而作。通篇采用幻想形式，写自己与洛神的恋爱，表现他对美女的爱恋倾慕和不能如愿的怅惘。洛神采撷灵芝时的飘逸之美以及

诗人钟情于神女而激动不安的心情，跃然纸上，令人难忘。

曹植在三七言体《平陵东》写到："闾阖开，天衢通，被我羽衣乘飞龙。乘飞龙，与仙期，东上蓬莱采灵芝。灵芝采之可服食，年若王父无终极。"含有企羡长生的心情。

曹植在《五游咏》中写到："踟蹰玩灵芝，徙倚弄华芳。王子（仙人王子乔）奉仙药，羡门进奇方。服食享遐纪（高龄），延寿保无疆。"此篇精深华妙，从古代神仙传说中汲取素材，借以抒发对于长生的渴慕。

曹植《飞龙篇》："晨游太山，云雾窈窕。忽逢二童，颜色鲜好。乘彼白鹿，手翳芝草。我知真人，长跪问道。西登玉堂，金楼复道。授我仙药，神皇所造。教我服食，还精补脑。寿同金石，永世难老。"人们构想的天界仙人，都是坐骑白鹿，手持灵芝，身体康健，福绵寿长。

这种骑龙控鹤、游历仙山、采集灵芝以求长生的诗，在魏晋六朝间已蔚然成为一代诗风，成为我国古代诗歌重要诗型——以神仙传说和神仙思想为题材的游仙诗不可或缺的元素。

除曹植外，许多著名诗人如张华（232—300）、郭璞（276—324）、沈约（441—513）、江淹（444—505）、陶弘景（456—536）等，都留下不少游仙诗。

东晋著名思想家、史学家干宝倾注二三十年心血所著小说《搜神记》中，还用"煌煌灵芝质，光丽何猗猗。华艳当时显，嘉异表神奇"来形容女子的动人风采。中国女性喜欢以芝或灵芝命名，与灵芝传达的美好、吉祥的意境不无关系。

唐朝咏芝名作比比皆是，著名的有孟浩然（689—740）《寄天台道士》："海上求仙客，三山望几时。焚香宿华顶，裹露采灵芝。屡践莓苔滑，将寻汗漫期。倘因松子去，长与世人辞。"唐朝宰相李义府（614—666）《宣正殿芝草》："明王敦孝感，宝殿秀灵芝。色带朝阳净，光涵雨露滋。且标宣德重，更引国恩施。圣祚今无限，微臣乐未

移。"著名文学家韦应物（737—792）的代表作品之一《送丘员外还山》："长栖白云表，暂访高斋宿。还辞郡邑喧，归泛松江渌。结茅隐苍岭，伐薪响深谷。同是山中人，不知往来蹰。灵芝非庭草，辽鹤委池鹜。终当署里门，一表高阳族。"李白《张相公出镇荆州寻除太子詹事余时流夜郎行至江夏与张公相去千里公因太府丞王昔使车寄罗衣二事及五月五日赠余诗余答以此诗》："张衡殊不乐，应有四愁诗。惭君锦绣段，赠我慰相思。鸿鹄复矫翼，凤凰忆故池。荣乐一如此，商山老紫芝。"

宋代以后，菌类已成为时人所重的山野珍蔬。宋代是中国灵芝文化发展的鼎盛期，以灵芝为题材的作品大量涌现，数量之多，体裁之广，可谓空前绝后。灵芝所蕴含的人文内涵，在宋代文人的笔下得到最全面的体现、最生动的刻画和最深刻的阐发。宋代灵芝诗词较魏晋文人对灵芝简单的描写有更大的进步，作者发挥丰富的想象力，描绘出一幅幅千姿百态的灵芝美景，表现了作者爱好自然，追求健康，向往自由的感情。黄庭坚（1045—1105）《水调歌头》："瑶草一何碧，春入武陵溪。溪上桃花无数，枝上有黄鹂。我欲穿花寻路，直入白云深处，浩气展红霓。只恐花深里，红露湿人衣。坐玉石，倚玉枕，拂金徽。谪仙何处，无人伴我白螺杯。我为灵芝仙草，不为朱唇丹脸，长啸亦何为？醉舞下山去，明月遂人归。"以比喻和象征的手法，写自己的志趣品格宁愿做超尘仙草，不趋炎附势，表现了词人不必去为得不到的功名利禄而叹息。宋代理学家朱熹（1130—1200）有几首咏菌诗，《次刘秀野蔬食十三诗韵 其三紫蕈》说："谁将紫芝苗，种此槎上土。便学商山翁，风餐谢肥荐。"认为紫蕈的风味比肥嫩的羊羔还要鲜美。《次刘秀野蔬食十三诗韵 其十三白蕈》诗描写的是另一种意境："闻说阆风苑，琼田产玉芝；不收云表露，烹瀹讵相宜。"传说是生长在阆苑芝田的玉芝，居然在人间也能得到，用它来做汤是何惬人的享受。朱熹的诗言简意骇，对蕈也充满了溢美之意，赞赏之情。南宋杨万里（1127—1206）的《蕈子》

诗，别有一番情趣："空山一雨山溜急，漂流桂子松花汁。土膏松暖都渗入，蒸出蕈花团戢戢。戴穿落叶忽起立，拨开落叶百数十。蜡面黄紫光欲湿，酥茎娇脆手轻拾。响如鹅掌味如蜜，滑似莼丝无点涩。伞不如笠钉胜笠，香留齿牙麝莫及。菘羔楮鸡避席揖，餐玉茹芝当却粒。作羹不可疏一日，作腊仍堪贮盈笈。"描写了雨后林中蕈子蓬勃生长和村姑在林下忙于采集的动人情景，还品评了菌子的风味。后人史迁还写了一首追和杨万里的诗（《菌子诗追和杨廷秀韵》）："松花冈头雷雨急，坡陀流膏渍香汁。新泥日蒸气深入，穿苔破藓钉戢戢。如盖如芝万玉立，紫黄百余红间十。燕支微匀滑更湿，倾筐盛之行且拾。"

1958 年，一杨姓药农在黄山采到一株鹿角状灵芝，郭沫若先生闻知后赋《咏黄山灵芝草》，诗中描述了老农采药地点，所采灵芝的形态、大小、颜色、种类等，反映了诗人对灵芝的热爱。

在漫长的岁月里，灵芝的文化内涵不断被扩展，但其祥瑞之意一直占主导地位。

（二）天花

唐朝房融《谪南海过始兴广胜寺果上人房》："零落嗟残命，萧条托胜因。方烧三界火，遽洗六情尘。隔岭天花发，凌空月殿新。谁令乡国梦，终此学分身。"南宋朱弁《谢崔致君饷天花》诗云："三年北馈饱膻荤，佳蔬颇忆南州味。地菜方为九夏珍，天花忽从五台至……树鸡湿烂惭扣门，桑蛾青黄谩趋市。赤城菌子立万钉，今日因君不知贵……报君此诗永为好，捧腹一笑万事置。"从此诗内容可知其为朱弁留金时的作品。诗中不仅提到了天花，还提到了天花以外的"树鸡"、"桑蛾"、"赤城菌子"等大型真菌。此外，该诗还指出了天花的产地，即山西五台山。天花（蕈）产自五台山，这种认同在天花（蕈）的相关文献中最为普遍。

黄庭坚《答永新宗令寄石耳》："饥欲食首山薇，渴欲饮颖川水。嘉禾令尹清如冰，寄我南山石上耳。筠笼动浮烟雨姿，瀹汤磨沙光陆离。竹萌粉饵相发挥，芥姜作辛和味宜。公庭退食饱下筋，杞菊避席遗萍蘩。雁门天花不复忆，况乃桑鹅与楮鸡。"

北宋汪藻《食十月蕈》"佳蕈出何许，南山白云根。畦丁入云采，遍以脱叶翻。戢戢寸玉嫩，累累万钉繁。中涵烟霞气，外绝沙土痕。下箸极隽永，加餐亦平温。伊昔贵公子，鲜肥厌羔豚。争啖肉菌美，共品天花尊。居然此珍产，以远莫见论。生令五鼎味，但饱三家村"。汪藻认为能够品尝到天花的美味则是一项至高无上的尊荣了。

经刘波（1958）考订，认为古籍所载之"天花蕈"即今日所指之平菇；据芦笛（2011）考证，"天花"取自佛经中常见的"天花"一词，其气味馨香；天花蕈的本来面目并非平菇，而是香杏丽蘑（*Tricholoma gambosum*）。

（三）茯苓

唐朝杜甫《路逢襄阳杨少府入城戏呈杨员外绾》："寄语杨员外，山寒少茯苓。归来稍暄暖，当为劚青冥。翻动神仙窟，封题鸟兽形。兼将老藤杖，扶汝醉初醒。"提醒杨员外，山寒地冻，不要去采集茯苓。等待天气稍暖，方为挖掘好时机。那时可以随心所欲翻动神仙洞窟一般的松树根系，得到奇形怪状的东西。或许意外收获一株老藤树杖，也好在您这位好酒之人醉酒醒来时扶您一把！李商隐《送阿龟归华》："草堂归意背烟箩，黄绶垂腰不夸何。因汝华阳求药物，碧松根下茯苓多。"茯苓生于松树根部，且具有各种形态。唐朝钱起《自终南山晚归》："采苓日往还，得性非樵隐。白水到初阔，青山辞尚近。绝境胜无倪，归途兴不尽。沮溺时返顾，牛羊自相引。逍遥不外求，尘虑从兹泯。"唐朝李益《罢秩后入华山采茯苓逢道者》中也有"上蟠千年枝，阴虬负青冥。下结九秋霰，流膏为茯苓"的诗句。可见唐代先人对茯苓的生长习性和药用价值已有一定认识。

（四）冬虫夏草

冬虫夏草不仅有着悠久的药用历史，也是文人墨客笔下的宠儿。有关冬虫夏草的佳句不胜枚举。旧时大药房多用"冬虫夏草九重皮，玉叶金花一根蔓"作为楹联。《聊斋志异外集》记载："冬虫夏草名符实，变化生成一气通。一物竟能兼动植，世间物理信难穷。"描述了冬虫夏草一物竟能兼动植的特点。

（五）鸡㙡

鸡㙡称"菌类之王"，其汲天之甘露，地之精华，营养价值高，味道鲜美，是名副其实的山珍。明代文学家杨慎在品尝了鸡㙡美味后，欣然吟诗《沐五华送鸡㙡》："海上天风吹玉枝，樵童睡熟不曾知，仙翁近住华阳洞，分得琼英一两枝。"琼英即指鸡㙡。清人贾杰《鸡㙡》诗作："至味常无种，轮菌雪作肤。茎从新雨苗，香自晚春腴。鲜嫩头番秀，肥抽九节蒲。秋风菁菜客，食品列兹无。"清代张之洞写出菌类的第一篇赋，《鸡㙡菌赋》开篇写到："淡烟漠漠雨初晴，郊外鸡㙡菌乍生，采满筥篮归去也，有人厨下倩调羹。"张国华在《兴义府竹枝词》中写到："郊原野菜味偏浓，夏末秋初菌易逢。山下夕阳山上雨，野人入市卖鸡㙡。"在黔西南做官的余厚塘，写了七律《鸡㙡菌》："宜雨宜晴值仲秋，一肩香菌遍街游。鸡形垂羽惟高脚，蚁穴抽芽独伞头。瘴岭人来何蓑笠，蛮家客至当珍馐。牂牁飞渡尝佳味，动我莼鲈兴未休。"

这些诗赋将鸡㙡的生长季节、环境、形貌等描绘得淋漓尽致。

七、谚语

菇民在长期的生产实践中，积累了丰富的种菇经验，菇民谚语就是这种宝贵经验的高度概括，用通俗凝练的语言表达深刻的道理。分类选录如下：

（一）场地

山场阳，香菇花又重；山场阴，香菇薄又轻。

山地光又实，香菇多又密；山地蓬松松，十槁九是空。

这是对菇场选择的要求，选择菇场必须考虑朝向。土地潮湿阴凉，枯叶败草易烂成泥；土地干燥，枯叶败草不易霉烂，地面松蓬不利香菇生长。

龙泉张寿橙先生认为"檣"应是"橉"。

判檣先瞅山水，讲亲先瞅爹娘；岗背弯则莫贪，不生儿宅眷莫想。

选场如娶媳妇，必须慎重，莫贪恋场面，要能生儿育女才好。判檣前要先观察山水，即生态条件。凡山背及山底不通风处，不宜选用。以山水"浓"与"淡"识别菇场，是菇民长期实践的经验积累。当树种、栽培区域等条件均具备情况下，最后以山水"浓"与"淡"取舍。所谓山水，亦即菇场土壤、气流、座向、光照、湿度、植被等综合因素的反映，菇民没有科学的测试手段，只能凭直觉判断。

排场选地要相当，地肥湿润坡朝阳；二荒地是好排场，茅草扒地好地方。

切莫排到枯沙岗，浸水湖里最遭殃；松树下，老林扒，阴坡深沟更不强。

（二）材料

红栲化香，赚钱有昌；杜翁橄榄，赚钱有限。

砍花法栽培香菇，能否在翌年出菇，并获得较好收成，选树至关重要。前者为上等菇树，而杜翁（杜英）、橄榄（山杜英）出菇虽快，砍花也易成功，但其产量及质量都不如红栲和化香。

杜翁橄榄宜种葷，赤曲朱标当凉柴。

赤曲和朱标这两种树枝条长而软，不易落叶，是理想的遮阴树。

眼枫树，压红栲。

"眼"字含有透亮通风之意，"压"字表示平伏紧贴，即遮阴物厚薄要因树种而异。枫树因含水量大，遮阴物应置空、稍薄；而红栲含水量低、易成干材，遮阴物应置实、稍厚。

若要高山香菇多，米槠、红栲、檀香、乌枫来当家。

若要低山香菇多，杜英、乌槠、槠柴、锥栗来当家。

高山、低山，指的是海拔高度。菇民一般把海拔 800 m 以上的称高山。红栲、檀香、乌枫、杜英、乌槠、槠柴、锥栗，均为菇木名。

硬汉多遮衣，软汉薄薄披。

硬与软均指菇木质地，质地硬的菇木宜多盖柴草，材质疏松的菇木，遮挡物要薄。

上向嫩柴衣，下向粗杆枝。

表层宜盖松软的碎柴或树叶杂草，底下应用粗柴杆支撑，有利通风。

判檣先瞅山木；讲亲先瞅爹娘。

啥树结耳多，桦栎树白皮又红口。

压绝收，晒半收，遮阴、通风保全收。

（三）天气及时间

年情落沙，香菇无渣；年情落灰，香菇成堆。

落沙：即浓雾，霰霾天，对出菇不利。落灰：即微雾、轻霜、雪天，对出菇有利。

上寮不过冬至，下寮不过清明。

指菇民的生产活动规律。

一年雪，三年歌。

已开衣的檣如遇大雪，可连第三年的香菇都一齐长出。

香菇早龙精。

指野外香菇生产怕雷雨和暴雨。

枫树落叶，夫妻分别；枫树抽芽，丈夫回家。

枫树为菇民的物候树种。菇民们通常以枫树抽芽迟早，萌芽更新情况来判断做菇时节和菇场情况。

季节已进九，砍树早动手。

（四）方法

1. 做檣　做檣是传统种菇的重要一环，菇农积累了丰富的经验，一些谚语在菇农中广泛流传。

十檣百菇快，百檣千菇难。

指旧时管理水平差，多做檣不一定能多收香菇。

压檣无一寸，晒檣有一半。

"压檣"指过厚的枝叶遮阴，对发菌不利；"晒檣"指遮阴物不足，则菇木两侧近地部分尚能出菇，光照强烈部分则很难出菇，收成减半。

菇檣南北倒，檣身容易烂；菇檣东西倒，添得一年饭。

中国食用菌发展历史、现状与展望

前者雨淋日晒，菇木易霉烂；后者阴凉，菇木寿命长，可延长产菇时间。

一年开衣，二年当旺，三年二旺，四年五年零散散。

指菇樯从开衣起到第四、五年的出菇规律。开衣：揭开樯上的遮挡物。

童生只要文章好，头科不中望二科。

比喻只要菌丝发得好，头批出菇不理想，下批可望出好。

中间落土两头翘，来年更衣成干樵。

菇木要放平，使其吸水均匀。菇木须整根接触土，不能仅中间触土，否则次年更换遮阴物时菇木要干枯。

霜冻多，少做樯；雨水调匀多做樯。

立夏不起架，蚂蚁堆起来，耳又烂，杆子坏，牲口踩，造成减产划不来。

起架杆子本无巧，砍胁山，除杂草，陡坡要挖脚，架子才不倒。

2. 砍花　砍花技巧很多，不同材质的树种砍花力量不同，而且手法也很有讲究。

三针二探，没有全收也有一半。

砍花法栽培香菇，下斧的力量至关重要。"针"即斧痕，"探"指试探。一针即一个斧痕，也称一"花"，砍花合乎要求，收成就有一半以上。

泽柴半粒米，枫树洋钱边。

砍花深度因树种不同而异。泽柴即槲栎、青冈树，砍入木质部半粒半深；枫树砍入深度要求和银圆边一样，约 0.23 cm。

一花戴帽十花空，一针戴帽七针无用。

"戴帽"指砍花时树皮松动或上翘，这是最坏的砍口。旱天燥裂，雨天过湿，附近砍口的发菌保水都将受影响。若有这类砍口，则应将松动部分削除。砍花有所谓"忍针"，即斧砍下后斧口两边的树皮随斧陷入木质中或稍微带向下面，这是最理想的砍口。

砍花无鬼，看樯（樵）开嘴，楮柴半粒米；米楮砍米碎；银栗火香龙翻边。

"鬼"即指特殊计谋，意思是砍花没什么特殊技巧，砍花主要是根据菇樯的性质，采取不同的砍花方法；根据菇木性质灵活地掌握。楮柴、米楮、银栗、火香均为菇木名称，且均是阔叶树。

砍花老鸦叮，做花还未精；　砍花如水槽，香菇保勿牢。

若砍戴帽花，力气白白花；　砍得两边伏，不愁香蕈无。

"老鸦叮""水槽""戴帽花"，均为不合格的砍花方法。"老鸦叮"系用力不均，形成斧口纹路倾斜；"水槽"系用力过大，纹路透过皮层；"戴帽花"，用力不稳，斧口上弹，使树皮翘起，挡住坎缝，雪水难以浸入。而"两边伏"则指用力匀称得法，使坎缝两边的树皮内伏，有利水分渗入，又可防止积水过多。

3. 惊樯　惊樯是一门技术，既要看菇木的情况，还要看天气情况。

黄云层叠不见蕈，求师惊蕈莫怨天。

黄云，指菇木后期出现的黄色菌丝。常遇菌丝发育良好，但不出菇。菇民即以草鞋或木片在菇木两侧拍打。谓之惊蕈，效果甚佳。

雷雨惊樯空旋转，雨后惊樯够盘缠。

惊樯，用斧头、木槌敲击菇樯，催发香菇生长。其意思是：惊樯也是一门技术，关键是把好天时。

4. 焙菇　焙菇时的火候十分关键。有经验的菇农总结出了一些关键技巧，十分有用。

火面加草灰，香菇好色水；火面不加灰，香菇黑面虎。

指焙菇时，炭火表面撒一层灰，降低火温，以文火烘焙最宜。

这些谚语都是菇农们在长期生产实践中总结出来的丰富经验，也是我国食用菌文化的宝贵遗产。

八、歌谣

歌谣是我国传统文学形式之一，具有重要的文学和文化价值。

《菇业备要全书》最早以歌谣的形式叙述了香菇生产踏槁、判槁、做槁、砍花、遮衣、惊槁、采菇、烘干、出售的全过程，是香菇文化之绝唱，菇民称"香菇书"或"香菇筀歌书"，为龙南乡大赛村（今名大庄村）菇民叶耀廷著。叶耀廷生于清光绪十六年 (1890 年)，他编著的《菇业备要全书》曾于民国十三年（1924 年）龙泉徐同福石印局印行。

2015 年 7 月，由食用菌专家张寿橙注释、西泠印社副主编江兴祐整理后的《菇业备要全书》交由西泠印社出版社重新出版，2015 年 8 月 8 日，在龙南乡第六届龙庆景毗邻乡村香菇文化节上举行首发仪式。全书内容分为两部分：第一部分是菇民外出受到各种伤害后所应采用草药的民间验方；第二部分讲述砍花法的菇事活动；编末附有判槁契约和书信格式。《菇业备要全书》是我国历史上现存的最早的香菇专著，就其形式而言，属于菇民歌谣；就其内容而言，是菇民日用类书。该书是我国香菇文化深厚底蕴的见证，对香菇文化的传播起到重要作用，具有较高的文学和文化价值。

近年来，为普及种菇技术，出现了一批种菇新歌谣，如福建三明市真菌研究所黄年来编写的《种香菇三字歌》，福建省古田县大桥镇苍岩溪边村张雄编写的《袋栽香菇五字经》，还有江苏省泰兴县多种经营技术学校张华庆编写的《蘑菇生产节气歌》，及由张国华和韩省华撰写的《木耳段木栽培技术口诀》等，均是继承中国菇民歌谣传统、采用群众喜闻乐见的形式创作的优秀作品。

九、菇民戏

2014 年 6 月 14 日是我国第九个"文化遗产日"。6 月 12 日，农业部（现农业农村部）公布了 20 个传统农业系统为第二批中国重要农业文化遗产，浙江庆元香菇文化系统榜上有名。庆元香菇种植始于 800 多年前，据传由香菇始祖吴三公（1130—1208）在庆元龙岩村发明砍花法（也称剁花法）生产香菇而成。800 多年来，香菇产业一直是庆元人民赖以生存的传统产业。庆元县是世界人工香菇种植的发源地和主要栽培区域之一，以"香菇之源""中国香菇城"著称。与此同时，庆元菇民世代在深山老林中劳作，创造形成了包括菇山语言"山寮白"、地方剧"二都戏"、香菇武功等绚丽多姿的香菇文化。

其中，菇民戏的表演风格独特，唱腔旋律优美，地方特色明显，流传历史悠久，是我国民间戏曲艺苑中的一朵奇葩。菇民戏又名"英川乱弹"，产生于菇业生产。相传吴氏先祖吴三，名昱，发现一种菌蕈味鲜而无毒，常采以食之，且有强身之功，后又从被砍倒的树木上发现同样的菌蕈，多从刀斧砍过的坎中长出，坎多处蕈多如鳞，坎少处蕈也稀少。吴三公从实践中总结出一套制菇技术，成为历史上香菇生产的发明家。乡人感念功德，尊奉他为菇神，纷纷建立神庙佛殿。清道光十九年（1839 年），景宁、龙泉、庆元 3 县菇民集资在景宁县英川镇毛坑口村联合建造五显灵官大堂殿祀奉菇神，同址设三合堂、菇帮公厅和戏台，每年成千菇民前来朝拜商决菇事，并建立庙会，成立戏班。因而菇民戏是菇民娱神又娱人的特殊产物，具有地区局限性、民间参与广泛性的特征。菇民戏是菇民的精神寄托，是其艰辛生活的佐证，戏中反映的民间信仰、民间管理方式及其发生、发展的规律、流传方式等都具有较高的历史价值和研究价值。由于菇民戏发生的年代久远，外出做菇人员的锐减，老演员相继谢世，剩下的老艺人已风烛残年；因菇民戏季节性强，收入低人们不愿学，戏班相继解散，致使菇民戏处于濒危状况，面临失传的窘境。所以，加强对"菇民戏"的抢救与保护迫在眉睫、刻不容缓。

十、蕈菌餐饮文化

餐饮文化是以食品为物质基础所反映出来的人类精神文明，是人类文化发展的标志之一。中国餐饮文化博大精深，它的历史形成和发展都离不开非物质文化遗产的精神推动力。中国老百姓认为"民以食为天"，餐饮文化更是中华民族精神内涵中极其重要的一部分，蕈菌餐饮文化在中华上下五千年历史长河中散发着浓郁而独特的清香，中国蕈菌菜肴的形成和发展为中国餐饮文化提供了肥沃的土壤。满汉全席中的"八珍"分山八珍、海八珍、禽八珍、草八珍，其中草八珍为猴头菇、银耳、竹荪、驴窝菌、羊肚菌、花菇、黄花菜、云香信。

菌蕈菜肴深受本土风情物产、社会经济、政治生活、烹饪美学乃至民俗宗教等诸多因素的影响，迭经3 000多年演化、充实，逐渐形成制作精湛、技法多样、款式纷呈、风味各异的菌类菜品。

一般而言，可以把菌蕈菜肴的发展做如下梳理分类：①自周秦以来在皇室中食用的"宫廷菜"。②缘于道教和佛教的"寺院菜"和"斋饭"。③晋唐以来在官宦和缙绅之家族形成的"公府菜"。④宋明以后，由于商品经济发展，在名都大邑出现的"市肆素食"。⑤当代人们追求的"自然食品"。

周朝建都以后，中国的皇室食事制度已开始形成，王室的宴食，"食前方丈，罗致珍馐，陈馈八簋，味列九鼎"，极尽铺张之能事；且食馔必务求精美，"会寰宇之异味，悉在庖厨"。《礼记·内则》有"芝栭"的记述，可见周王室已经将蕈菌作为庖厨之珍。

在中国的古籍中，记载了许多封建统治者嗜食菌类的故事：北齐文宣帝高洋（526—559）曾设"凌虚宴，取香菌以供品味……铜钉菌、分丝菌"（《云仙杂记》）。南宋理宗赵昀和皇后都嗜食天台出产的香菇（陈仁玉《菌谱》）。明熹宗朱由校喜欢吃鸡枞菌，常常不惜用驿站快马驰送京城，连皇后张氏也不能伴享（《黔语》）。清代皇室带着满民族嗜食菌类的习惯，不仅常食，而且让御膳房记录档案保存。在《宫中乾隆元年至三年节次照常膳底档》《盛京节次照常膳底档》《四时供底档》《进小菜底档》《皇太后六旬庆典》……（中国第一历史档案馆）都可以见到蕈菌菜肴在宫廷菜中占有重要的地位。宫廷菌菜的主要特点是重华美，所用原料除口蘑之外，大都是猴头菌、银耳、虫草等较名贵的品种；在制作上讲究形味俱胜；且菜名无不雅典艳丽，文采焕灿。较著名的如"御笔猴头""一品银耳""口蘑肥鸭"等，都是菌菜中的精品。

道教的兴盛和佛教的传入，对菌菜的繁荣和提高有重要的影响。道教的斋戒起源较早，与古代祭祀必"齐戒以告鬼神"（《礼记·曲礼》）的信仰有关，在《玄门大法》《正一法文》中都有规定。"菜茹蔬食，弃诸肥腯"是教徒必须遵守的"清规"。道教崇敬神仙，认为神仙禀质清净高雅，整洁肃穆，因此要求祭祀者必须在祭祀前沐浴更衣，不茹荤腥，整洁心、口、身，以示虔诚。在佛教传入之初，僧侣虽行斋戒，但不食荤腥的戒约并不太严格，至唐宋时始严禁荤腥。因此，在寺院均设斋堂供膳，开始讲究素食，烹调技术上博采京、川、鲁、浙技艺之长，取其精华，熔于一炉，并逐渐出现"以素托荤"的"形象菜"，发展成为一个独立完美的菜系，被称为"寺院菜""斋菜"或"素菜"。寺院菜的主要原料是"三菇六耳"和豆制品，因此，菌菜便成寺院菜中的一个别具特色的分支。我国有许多历史悠久的名刹古寺，几乎每个寺院或道观都有一二种盛名遐迩、历久不衰的菌菜。据《东山志》载，禅宗五祖弘忍一生积极倡导斋菜，寺中传统名菜"三春一莲"向有"五祖四宝"之誉。"三春"之一的"烧春菇"，是用东山出产的松乳菇配以荸荠、春笋制作的，三美毕具，相得益彰，所以又名"素三鲜"。武汉市的归元寺，以善作象形菜而闻名遐迩，其中"罗汉上寿"是以金针菇、口蘑等为主要原料，精工细制，不但造型宏伟，而且味道鲜美，丰而不腴。河南南阳市的玄妙观，"园亭之盛，甲于一郡，黄冠行住，动辄数百人"。道观斋菜向以选料严谨而著称。明吕毖《明宫史·饮食好尚》中说，"素蔬则滇南之鸡枞、五台之天花、羊肚菜、鸡腿、银盘等蘑菇"皆一时名产。杭州的僧人们除了把蕈菌菜肴做出具有营养的美食外，还起一些与动物相联系的名字。

在封建时代，钟鸣鼎食、簪缨世族之家，常不惜用重金网罗名厨，在酬酢宴乐中逞一家之长。此风起于唐代，韦巨源官拜尚书令时，曾设"烧尾宴"款待唐中宗。宴会中的菜肴"玉液珍馐，水陆杂陈"，极其丰盛。在孔府宴席的正菜中，有不少著名的菌菜，如"口蘑虾仁""口蘑烧干鱼""烧猴头""烩银耳"等，仍常见于现代菜谱中。孔府食俗，上糕点之后，都要有与之相配的汤菜，如"鱼翅小饺"则要配"口蘑汤"或"银汤"，在现代鲁菜宴席中仍保留着古风。

清代著名文学家袁枚，居官时间不长，致仕后筑随园于小仓山，以论诗著书为乐，又醉心于考究烹饪艺术，所著《随园食单》，被江浙一带厨师奉为秘宝。在"随园菜"中于菌菜研究造诣尤深，如"口蘑煨鸡""蘑菇煨鸡""煨木耳香蕈""炒鸡腿蘑菇""小松菌""羊肚菜""蘑菰素面"的制法，至今为后世所师承。

市肆素菜的形成与都市经济的繁荣有关。在反映宋代两京社会经济生活风貌的《东京梦华录》《梦粱录》和《都城纪胜》等书中，可看到"列肆招牌，灿若云锦"，商贾"骈肩辐辏"的盛况，在酒楼、小食店应市的菌菜有"炒鸡蕈""乳蕈""麻菇丝笋燥子"等。见于宋人林洪《山家清供》中的菌菜还有"山家三脆""酒煮玉蕈""胜肉饼"等。到元代以后，在蒙古人食俗的影响下，出现在菜谱中的菌菜种类更加丰富。在《居家必用事类全集》《饮膳正要》等著作中记录了不少菌菜，既有属于素食的"酒炸蕈""咸豉""炙蕈""三色杂熳""玉叶羹""两熟鱼""假鱼脍"等，又有富于大漠色彩的"葵菜羹""荤素羹""围像""荷莲兜子"等。明代出现资本主义萌芽，出现许多"万家灯火"的名都大邑，例如扬州，是当时东南大都会，商业繁华，酬酢宴乐之风日趋奢靡，也刺激了菌菜烹饪技艺的提高。张岱《陶庵梦忆》追述旧事时有所反映，《天厨聚珍妙馔集》也记载了当时菌菜发展水平。清代中叶的乾隆、嘉庆时期（1736—1820），史称"乾嘉盛世"，由于商品经济的发展，烹饪技术也

得到相应发展。在乾隆年间江南盐商童岳荐所抄秘籍《调鼎集》中，辑录菌类菜点200余种，汇南北风味于一集，异彩纷呈。在另一部抄本《筵款丰馐依样调鼎新录》中，则可看到晚清川菜鼎盛时期的款式全貌和烹调水平，其中菌菜款式之多，也令人瞩目。入馔的菌类有口蘑、肉菌、榆肉、云耳、黄耳（金耳）、银耳、香蕈、鸡枞、竹荪、羊肚菌等10余种，仅银耳菜馔就有"荷花银耳""清烩银耳""银耳燕窝""银耳鱼翅""荷花鱼元""清蒸银耳""银耳口蘑"等。口蘑菜馔更为丰富，有"鲜溜口蘑""虾酿口蘑""鸭腰口蘑""白肺口蘑""素烩口蘑""清烩口蘑""椒盐口蘑""荔枝口蘑""鸡茸口蘑""脑髓口蘑""龙头燕窝""玻璃燕窝""灯笼燕窝""笋炙鱼尾""口蘑菜头""口蘑炖鸡""口蘑鲍鱼"等20余种。这种情况并非川菜中所独有，在顾禄《桐桥倚棹录》中，谈到苏州虎丘的口蘑菜就有"口蘑肉""口蘑鸡""烩口蘑""炒口蘑""口蘑细汤"等，充分反映出菌菜烹调技艺日趋成熟。

宫廷菜、公府菜、市肆素食和寺院菜中的菌类菜点，在发展过程中百川交流，相互融汇，在清代中叶以后，使中国蕈菌菜肴烹调水平日渐提高，款式更加丰富。以寺院斋菜为例，以往多是就地取材，烹调简单，品种不繁。之后出现的"酿扒竹荪""罗汉斋""鼎湖上素"，不但选料严谨，品类丰盛，其制作技艺之细腻精湛，足与市肆高级宴席上素菜相媲美。清末民初，在商贾官场中相互应酬的满汉全席，原本是康熙年间（1662—1722）规制宏大的国宴，在流传中又不断得到补充和更新。在满汉全席中，充分反映了满人重用菌类的特点。如"芙蓉川竹荪""红烧猴头蘑""口蘑鹿筋""口蘑溜鱼片""冬菇烧海参""银耳炖鸡脯""花菇烧鸭掌""鲜蘑扒鹿肚""冰糖银耳"等，可谓集菌菜之大成，充分体现了中国烹饪博、精、养、雅的特点。

蕈菌营养丰富，是百姓餐桌上不可多得的美味。不仅如此，蕈菌经特殊处理还能成为特殊美食。与其他食品按不同配方和工艺可制成各种可口

的食品，如传统的茯苓糕、菇蜜饯、菇软糖、菇月饼、菇饼干等。也有用工业发酵技术，以粮食为原料培养蕈，获得菌丝体蛋白，可广泛添加于强化奶糕、代乳粉和糕点食品中，营养价值可与鸡蛋、牛奶媲美；将菇类加工成干品或盐渍以及制成罐头则是各地普遍的食用菌加工产品。除了单菇清水罐头外，尚有菇肉罐头等。其中以香菇配制的罐头较为普遍。

据湖北日报荆楚网（记者易飞、通讯员余明春）消息，2006年2月13日，武汉市新洲区首次举办菇菌宴，食客是来自全区一线的20名创业者。宴席上一共展示16道菜，全都以当地产的10种菇菌为料，有红烧双孢蘑菇、木耳蒸鳜鱼、金针菇炒肉、龙凤香菇汤和清炖白灵菇等，采取炒、炖、煮、蒸、烹、炸等多种方法烹制，味道鲜美，花样新颖。2015年5月1日，中国（江苏）食用菌美食文化节暨中国食用菌协会健康体检基地博览会在盐城举行。我国的蕈菌餐饮文化事业方兴未艾，蓬勃发展。

未来要进一步加强蕈菌餐饮文化建设，推进食用菌产业更快更好发展。

十一、菇神

人类对于难以理解的自然现象，从惊恐不安到屈从崇拜，进而祈求神灵保佑，似成一种规律。菇民亦如此。菇民对神的虔诚心理之形成，在于对香菇作为一种真菌的特殊生产规律持有模糊见解。与种子植物从播种、发芽、生根、开花、结果不相同，香菇无叶、无芽、无花，却可以从树皮下生长出来。当时的生产力水平之低下，菇民生活之艰辛，使菇民无法从根本上认识与适应自然，但见风调雨顺与天气恶劣时产量差异极大，只能祈求神的庇佑。

在漫长的香菇生产历程中，产生了菇神，孕育了独特的香菇文化。据了解，历史上在菇民中间影响较大的菇神有三位。

（一）吴三公

吴三公原名吴昱（1130—1208），南宋龙泉县龙南乡龙岩村人（1973年龙岩村划归庆元县）。传说"惊蕈法"是吴三公偶然发现的，此后菇民们学到了"惊蕈法"，后世菇民奉他为"菇神"之一，并建造了庆元西洋殿，以纪念他的功绩。吴三公不仅是龙、庆、景三县菇民三代表，也是世界人工栽培香菇的创始人。香菇从野生转变为人工栽培，发展至今成为全球性产业，给人类提供了新的蛋白质来源。这是一项历史的创造，也是我国农业文化的重要组成部分。1989年3月26日，国际著名蕈菌学家张树庭在庆元考察香菇时题词"香菇之源"，1994年张树庭教授题写"香菇之祖"，悬挂于吴三公祠，2013年9月26日，中国食用菌协会根据著名菌物学家余永年、卯晓岚，菌史、菌文化学家贾身茂、陈士瑜先生，中国工程院院士李玉等的推荐意见，在山东省邹城市召开追奉吴三公为香菇始祖专家论证会，专家论证会由上海市农业科学院副院长、著名食用菌专家谭琦担任组长，通过情况介绍、质询答辩、讨论，认为吴三公作为"香菇始祖"的史料、史迹、风俗等历史依据齐全，同意浙江省庆元县人民政府申请追奉"吴三公——香菇始祖"。2013年10月21日，在经过网上公示征求意见后，中国食用菌协会发文追奉吴三公为香菇始祖。

西洋殿内的吴三公塑像
（图片来自甘长飞主编的《香菇春秋》）

（二）刘基

刘基（1311—1375），字伯温，出生于处州府青田县南田村，以其雄才大略协助朱元璋夺取政权，成为明初著名的政治家、军事家，官居御史中丞兼太史令。据叶耀廷《菇业备要全书》一书中载："明太祖朱元璋奠都金陵，因久旱求雨而食素，苦无素菜作下筷之物，刘伯温以菇进献太祖，太祖尝之甚喜，旨令每岁置备若干。刘伯温处属青田人，顾念龙、庆、景三县田少山多，地瘠民贫，乘间奏请太祖，以种香菇为三县之专利。"1948年陈国钧在《菇民研究》一文中，对皇封专利一事，也做了类似的记录："据传明太祖登基之初，因祈雨食素……刘基进献处属土产香菇，帝食之甚悦，刘氏告以做香菇方法，帝尤奇之，传旨提倡各地做菇。刘基为处州属人，顾念处属龙、庆、景三县（当时景宁为青田属内，明景泰三年即1452年从青田分出，单独设县），山多田少，民甚贫苦，惟长于做菇一道，乃乘间奏请种菇为三县菇民专利，他县人不得经营此业。故龙、庆、景菇民得以赖菇业谋生，迄今600余年历史。刘氏历来为菇民所称颂，获世人祀奉为菇神之一。" 所以菇乡大小菇神庙中均有"朱皇亲封龙庆景，国师讨来做香菇"对联，成为历代菇民广为流传的口头语。

（三）五显大帝

五显大帝，又称五显灵官、五圣大帝等，民间俗称马王爷、马天君，是过去我国南方农村供奉最为广泛的神道。菇民敬奉他能统领诸路神道，传扬菇民生产技术，保佑菇民四季吉利、丰衣足食，因此加以顶礼膜拜。

第三节
我国食用菌文化遗产的保护

一、食用菌文化遗产保护理念

对食用菌文化遗产的保护，要遵循国家对文化遗产保护的指导思想、基本方针。

党的十八大以来，以习近平同志为核心的党中央高度重视中华优秀传统文化的传承与发展，始终从中华民族最深沉精神追求的深度看待优秀传统文化，从国家战略资源的高度继承优秀传统文化，从推动中华民族现代化进程的角度创新发展优秀传统文化，使之成为实现"两个一百年"奋斗目标和中华民族伟大复兴中国梦的重要精神力量。习近平总书记做出的一系列重要论述，为传承和创新发展中华优秀传统文化指引了方向。

物质文化遗产保护要贯彻"保护为主、抢救第一、合理利用、加强管理"的方针。非物质文化遗产保护要贯彻"保护为主、抢救第一、合理利用、传承发展"的方针。坚持保护文化遗产的真实性和完整性，坚持依法和科学保护，正确处理经济社会发展与文化遗产保护的关系，统筹规划、分类指导、突出重点、分步实施。

对于物质文化遗产的保护，要做好以下几方面工作：认真组织好全国食用菌文物、遗址等的普查工作；切实做好文物、遗址等保护规划的制定和实施工作；进行必要的考古勘探、发掘等工作，配合基本建设工程做好文物、遗址等保护工作；改进和完善各级文物保护单位的保护；加强历史文化保护区（古镇、古村落）保护；大力推进博物馆建设；加强文物流通市场管理。

对于非物质文化遗产的保护，要做好以下几方面工作：深入开展非物质文化遗产普查工作，切实加强非物质文化遗产的研究、认定、保存和传播，建立非物质文化遗产名录体系，建立和健全非物质文化遗产传承机制。

对于文化遗产的保护，故宫博物院朱诚如教授认为：有一种观念是必须要建立起来的，那就是有形文化遗产和无形文化遗产之间的结合。文化遗产概念的进化过程告诉人们，有形的文化遗迹是不可能被单独欣赏的，除非将它们与其他事物联系起来。这些联系可以是物质性的，也可以是非物质性的，可以是自然的，也可以是人文的。建立这种观念的重要性在于，如果不能表述人类创造力的多样性和整体知识，遗产的概念是毫无意义的。

二、食用菌文化遗产保护内容

（一）传统食用菌栽培技术与经验

传统食用菌栽培技术与经验是广大菇农在漫长的历史中对生产实践与生活实践的经验总结，凝结着先民的智慧，体现了先民对食用菌生产规律的认识，值得后人学习借鉴。

（二）传统食用菌生产工具

在食用菌文化遗产的普查、保护过程中，除对传统食用菌生产技术与经验实施强力保护外，还需对与之相关的生产实物进行深入的调查与系统的保护。传统实物往往代表着一个时代或是一个地域食用菌发展的最高水平。因此，保护好生产用具，对于保护食用菌文化遗产而言，常常会起到事半功倍的作用。

（三）传统生产制度

人类上千年的农业经营文明史已经表明，只有农业技术，而缺乏一套完善而有效的农业生产制度，农业生产就不可能顺利进行，食用菌生产也不例外。传统食用菌生产制度是过去人们在认识自然、改造自然、适应自然的过程中形成的，是对食用菌生产的规律性总结，具有重要文化价值。

（四）传统菇民信仰、民间文学艺术

农业信仰是农业民族的心理支柱。在人类无法战胜自然，或是人类社会无法协调社会意志时，人们往往会通过各种神灵的塑造，以实现社会道德与社会秩序的建立。神灵是人类根据自己的需要而塑造的。人类需要什么神灵，就会创造出什么神灵。譬如人类为保护香菇，便塑造出了菇神。

（五）特有食用菌品种

特有食用菌品种根植于独特的生态环境和农业传统，具有特有的内在品质和外形特征，不仅为当地人所喜爱，而且往往也深受其他地方人们的青睐。保护特有食用菌品种的关键是制定出台标准化

生产等相关举措，增强其市场竞争力，有效促进特有品种持续稳定健康发展。

食用菌文化遗产保护工作需要注意的以下问题：对传统文化遗产要抱有一种更加宽容的态度，只要利大于弊，都应予以保护；打破陈旧观念，彻底澄清一些传统文化落后观；在创立地域文化品牌时，找出该地域的灵魂——地域标志性文化是非常重要的；加强对食用菌文化遗产的活态保护。

三、食用菌文化遗产保护模式

由于我国区域发展的不平衡和食用菌文化遗产资源不均衡的差异，在食用菌文化遗产的保护和开发过程中形成了多样化的模式。

根据学者的研究，保护模式基本分三种。

（一）传承式保护

传承式保护是专门用于处理非物质文遗产保护中关于"非物质"那部分的活态流变。非物质文化遗产因为其时代性可以说是伴随着几代人甚至更深远的人类文明而存在的，传承人是这些不同时代非物质文化遗产的至关重要的连接点，可以说保护非物质文化遗产活动中传承性的最低要求就是保护传承人。

传承式保护的特点要求政府在保护文化遗产的活动中，要保证其多年来传承下来的活性，不仅要传承保护，更要良性发展。

非物质文化遗产代表性项目代表性传承人是非物质文化遗产的重要承载者和传递者，是非物质文化遗产活态传承的代表性人物。

我国《国家级非物质文化遗产项目代表性传承人认定与管理暂行办法》已于2008年6月14正式实施。2014年，国家和地方法规条例进一步明确了传承人在非物质文化遗产保护中的地位，引导传承人与学校进行对接，以促进人才的培养和文化的传承。要深入学习贯彻习近平总书记关于推动中华优秀传统文化创造性转化、创新性发展的重要讲话

精神，大力推进非物质文化遗产传承人队伍建设，积极探索传承人动态管理机制。应该从以下几方面入手：

资助传承人的授徒传艺或教育培训活动；提供必要的传习活动场所；资助有关技艺等资料的整理、出版；提供展示、宣传等有利于项目传承的帮助，扩大影响；进行非遗传承人群培养，以"强基础、增学养、拓眼界"提升传承能力，增强传承人创新意识和能力；充分调动和激发传承人开展活动的责任感和使命感；对无经济收入来源、生活确有困难的国家级非物质文化遗产项目代表性传承人，所在地文化行政部门应积极创造条件，并鼓励社会组织和个人进行资助，保障其基本生活需求。

在食用菌方面，2008 年 1 月 22 日，第一批浙江省非物质文化遗产项目代表性传承人名单中有"菇民防身术"，庆元县吴辉锦为传承人；"凳花"，龙泉县季大科为传承人。

（二）产业式保护

产业式保护，顾名思义就是将保护模式产业化，从民族特色和市场价值的双向角度考虑问题，大多地方数政府都实施着这种"文化搭台，经济唱戏"的保护模式。尤其随着近几年来人们消费习惯的转变，节庆旅游成了见效快、回报高的产业方向，各地政府往往都是通过紧抓地域民族的特色，发掘一个主题，围绕其开发成熟的旅游品牌，把它作为某个地区节庆旅游的主导模式。

2016 年 11 月，以"寻梦菇乡，养生庆元"为主题、以全面打造"香菇始祖朝圣地"为目标的第十届香菇文化节在庆元举行。国际食用菌文化大会、香菇始祖吴三公朝圣大典暨"民间民俗和谐菇乡"巡礼活动也是文化节的重要内容。按照"政府主导、全民参与、文化传承、产业推动"的思路，通过延展庆元香菇文化节系列活动的传播平台，放大"中国香菇城"的品牌亮度，让香菇文化等走向世界。这种节庆旅游式的保护模式，能够有效地带动食用菌文化的发展与传承。

（三）保存式保护

保存式保护是指在非物质文化遗产保护过程中，善于运用记录媒介，将非物质文化遗产中精髓的活态流变性特征用视频、图片、声音等形象记录保存。食用菌非物质文化遗产保存式保护可以通过建立食用菌博物馆或学校等传承基地、拍摄纪录片等多种途径展开。博物馆是专业机构，有自身保护工作的场所，它可以对非物质文化遗产中静态部分进行集中性保护。

2009 年 10 月 26 日，中国菇菌博物馆在上海市奉贤区正式开馆并向公众开放。中国菇菌博物馆内设菇菌科学馆、菇菌历史馆、菇菌民俗艺术馆，是中国首个以综合性菇菌知识为主要展出内容的科普教育基地。菇菌博物馆通过高科技手段展示菇菌的宏观、微观、历史起源与发展等多方面知识，让参观者充分领略悠久的中国菇菌文化。

2017 年，上海市农业科学院和上影集团科教电影制片厂拍摄香菇纪录片《大山的精灵》，纪录片从香菇文化、香菇价值及栽培发展历程等几方面入手，全方位、多角度诠释香菇的文化品位、科学意义等，不但以保存式方式保护了香菇的文化遗产，还使得公众对香菇有了一个全新的认识。

总之，无论采取什么模式，使食用菌文化遗产得以很好地传承和发扬是最终目标。

四、食用菌文化遗产保护机制

食用菌文化遗产是农业文化遗产的重要组成部分，而农业文化遗产又是整个文化遗产的一个子系统。在我国，作为专项的食用菌文化遗产保护工作起步较晚，保护工作更加紧迫，任务更加艰巨。笔者认为，食用菌文化遗产保护工作应依法进行，也就是要按《中华人民共和国宪法》《中华人民共和国文物保护法》《中华人民共和国非物质文化遗产法》等法律要求，形成有效保护机制，依法开展保护工作。

中国食用菌发展历史、现状与展望

（一）政府部门

政府部门首先要提供良好的政策环境。良好的政策环境不仅能提升保护的积极性，更有利于扭转落后的保护意识，支持行业协会发展。大多地方政府通过补贴专项资金，来加大硬件设施建设和人才队伍建设。其次要投资博物馆、展览馆等宣传基地的建设。地方政府应结合本地区的实际情况，积极整理文化遗产，组建相关的专题博物馆、展览馆。再次应加大宣传的力度。信息时代，媒介的多样化更有利于全方位展示文化的特质，通过各种媒介来弘扬食用菌文化，加强舆论宣传，调动广大群众的积极性，强化对食用菌文化的认同感和自豪感，引导人们更加自觉保护和珍惜食用菌文化遗产。最后地方政府部门要积极申报食用菌文化遗产项目，助推当地食用菌产业发展。

（二）法人和其他组织

高校、研究院所、博物馆等应充分发挥智力作用，培养食用菌文化遗产保护、开发和利用的专门人才；成立专门的食用菌文化遗产保护研究机构，形成食用菌文化遗产保护的学术共同体，更加科学有效地保护食用菌文化遗产；深入民间、深入实际，将民间朴素的文化诉求上升为理性文化自觉，挖掘食用菌文化遗产价值，增强民族凝聚力和文化自信。有关工商企业充分发挥资金优势、市场运作能力，大力发展产业式保护，开发具有丰富文化内涵的名优品牌产品；开展公益活动、积极投入保护式保护。

值得一起的是，中国食用菌协会成立于1987年，是经民政部登记注册的具有独立法人资格的全国性行业社会团体，是由食用菌（含药用菌）及相关行业的生产、加工、流通企业和科研、教学单位以及专业合作社、地方性行业组织等自愿参加的非营利性社团组织。2004年经国务院批准，协会代表中国食用菌界加入国际蘑菇学会组织，并被选为副主席国。该协会在推动食用菌文化遗产的发掘、研究和保护方面做出了贡献。

（三）民间大众

食用菌文化遗产根植民间，与民间大众血脉相连，许多食用菌文化遗产都具有强烈的地域性，其产业发展都与当地群众世代生活、生产所遵守的习惯和风俗息息相关。正是在高度发育的农耕文明中，形成了丰富多彩的食用菌文化遗产。所以应高度重视和合理利用源自于民间、为社会大众所熟知接受的民间方式对食用菌文化遗产开展保护。同时，加大宣传力度，鼓励人们积极参与，突出其在保护食用菌文化遗产中的主体地位。

习近平总书记在纪念孔子诞辰2 565周年国际学术研讨会暨国际儒学联合会第五届会员大会开幕会上的讲话很好阐述了传统文化继承和创新的关系。不忘历史才能开辟未来，善于继承才能善于创新。优秀传统文化是一个国家、一个民族传承和发展的根本，如果丢掉了，就割断了精神命脉。我们要善于推动中华优秀传统文化创造性转化、创新性发展。

食用菌文化遗产是我国菇民勤劳智慧的结晶，是可持续发展不可替代的宝贵资源。形成有效保护机制，加强文化遗产保护，传承优秀传统文化，对于建设社会主义先进文化，实现由食用菌大国到食用菌强国的梦想具有十分重要的意义。

（王瑞霞　韩省华　曾辉）

主要参考文献

[1] 薄松年 . 中国绘画史 [M]. 上海 : 上海人民美术出版社 ,2013.

[2] 曹植 . 曹植集校注 [M]. 北京 : 中华书局 ,2016.

[3] 陈士瑜 . 四川通江银耳碑文三种之一"玄祖庙碑"[J]. 浙江食用菌 ,2009,17(4):63.

[4] 陈士瑜 . 四川通江银耳碑文三种之二、三 [J]. 浙江食用菌 ,2009,17(5):57.

[5] 陈士瑜 . 中国食用菌栽培探源 [J]. 中国农史 ,1983(4):42-48.

[6] 陈姝含 . 非物质文化遗产保护中的政府职能研究——以曲靖饮食文化保护为例 [D]. 昆明 : 云南财经大学 ,2014.

[7] 陈志学 , 徐琳 . 并非为了欣赏的艺术——四川博物院藏汉代神话画像砖试析 [J]. 文物天地 , 2015(1):6-12.

[8] 邓瑞全 , 李开升 .《清异录》版本源流考 [J]. 古籍整理研究学刊 ,2008(4):48-55.

[9] 段成式 . 酉阳杂俎 [M]. 文渊阁四库全书影印本 . 台北 : 商务印书馆 ,1986.

[10] 方以智 . 通雅 [M]. 文渊阁四库全书影印本 . 台北 : 商务印书馆 ,1986.

[11] 方以智 . 物理小识 [M]. 文渊阁四库全书影印本 . 台北 : 商务印书馆 ,1986.

[12] 冯洪钱 , 李群 . 唐·韩鄂编撰《四时纂要》兽医方考注 [J]. 中兽医医药杂志 ,2011(2):77-80.

[13] 甘长飞 . 香菇春秋 [M]. 杭州 : 杭州出版社 ,2010.

[14] 广东微生物研究所 . 香菇新法栽培 [M]. 广州 : 广东人民出版社 ,1974.

[15] 郭际富 , 曾星翔 . 通江银耳志 [M]. 成都 : 四川省社会科学院出版社 ,1986.

[16] 国家知识产权局 . 中国地理标志产品 [EB/OL]. http://www.cgi.gov.cn/Products/List/.

[17] 韩鄂 . 四时纂要 [M]. 文渊阁四库全书影印本 . 台北 : 商务印书馆 ,1986.

[18] 黄年来 . 中国食用菌百科 [M]. 北京 : 农业出版社 ,1993.

[19] 黄年来 . 中国现代菇业发展现状及展望 [J]. 食用菌 ,2004(4):2-3.

[20] 黄年来 . 自修食用菌学 [M]. 南京 : 南京大学出版社 ,1987.

[21] 黄年来 , 林志彬 , 陈国良 , 等 . 中国食药用菌学 [M]. 上海 : 上海科学技术文献出版社 ,2010.

[22] 黄世瑞 . 中国古代科学技术史纲 (农学卷)[M]. 沈阳 : 辽宁教育出版社 ,1996:22.

[23] 黄文清 , 张俊飚 . 我国食用菌产业发展的 SWOT 分析 (一) [J]. 食药用菌 ,2011,19(3):1-5.

[24] 黄文清 , 张俊飚 . 我国食用菌产业发展的 SWOT 分析 (二) [J]. 食药用菌 ,2011,19(4):1-4.

[25] 黄辛 . 李玉院士 . 食用菌产业应列入战略性新兴产业 [N]. 中国科学报 ,2013 年 3 月 26 日第一版 .

[26] 贾公彦 . 周礼注疏 [M]. 文渊阁四库全书影印本 . 台北 : 商务印书馆 ,1986.

[27] 贾身茂 . 古籍中"芝"的多义现象浅析 [J]. 食用菌 ,2015(5):66-67.

[28] 贾身茂 ."菌"的多音多义现象及发展和变化 [J]. 食用菌 ,2012(2):73-75.

[29] 贾身茂 . 民国时期食用菌锯屑栽培法的试验与传播评述 (一)[J]. 食药用菌 ,2013,21(4):248-251.

[30] 贾身茂 . 民国时期食用菌锯屑栽培法的试验与传播评述 (二)[J]. 食药用菌 ,2013,21(5):316-319 .

[31] 贾身茂 . 食用菌概念的定义及术语规范化 [J]. 食用菌 ,2013(1):61-64,68.

[32] 贾身茂 . 晚清《格致汇编》翻译传播西国名菜之一的"菌类"[J]. 食药用菌 ,2013,21(3):192-194.

［33］ 贾身茂 . 晚清《农学报》中食药用菌文献综述（一）[J]. 食药用菌 ,2012,20(4):250-252.

［34］ 贾身茂 . 晚清《农学报》中食药用菌文献综述（二）[J]. 食药用菌 ,2012,20(5):312-314.

［35］ 贾身茂 . 晚清《农学报》中食药用菌文献综述（三）[J]. 食药用菌 ,2012,20(6):369-371.

［36］ 贾身茂 . 我国食用菌产业崛起的历史回顾（一）[J]. 浙江食用菌 ,2010,18(4):45-49.

［37］ 贾身茂 . 我国食用菌产业崛起的历史回顾（二）[J]. 浙江食用菌 ,2010,18(5):64-69.

［38］ 贾身茂 . 我国食用菌产业崛起的历史回顾（三）[J]. 浙江食用菌 ,2010,18(6):48-54.

［39］ 贾身茂 . 西方近代双孢蘑菇栽培技术在我国的传播及影响（一）[J]. 食药用菌 ,2011,19(5):51-52.

［40］ 贾身茂 . 西方近代双孢蘑菇栽培技术在我国的传播及影响（二）[J]. 食药用菌 ,2012,20(1):60-63.

［41］ 贾身茂 . 西方近代双孢蘑菇栽培技术在我国的传播及影响（三）[J]. 食药用菌 ,2012,20(2):118-121.

［42］ 贾身茂 . 西方近代双孢蘑菇栽培技术在我国的传播及影响（四）[J]. 食药用菌 ,2012,20(3): 180-183.

［43］ 贾身茂 , 王瑞霞 . 民国时期白木耳试验研究和生产贸易状况述评（一）[J]. 食药用菌 ,2014,22(2):113-118.

［44］ 贾身茂 , 王华 , 康先坡 . 泌阳花菇 [M]. 郑州 : 河南科学技术出版社 ,2001.

［45］ 贾思勰 . 齐民要术 [M]. 文渊阁四库全书影印本 . 台北 : 商务印书馆 ,1986.

［46］ 孔颖达 . 礼记注疏 [M]. 文渊阁四库全书影印本 . 台北 : 商务印书馆 ,1986.

［47］ 兰良程 . 中国食用菌产业现状与发展 [J]. 中国农学通报 ,2009,25(5):205-208.

［48］ 李浩 .《四时纂要》所见唐代农业生产习俗 [J]. 民俗研究 ,2003(1):132-139.

［49］ 李辉柄 . 中国艺术史图典（陶瓷卷）[M]. 上海 : 上海辞书出版社 ,2016.

［50］ 李洁 . 中国 4 个项目被正式列入全球重要农业文化遗产名录 [EB/OL]. 新华网 , [2018-04-20]. http://www.xinhuanet. com/world/2018-04/20/c_1122717076.htm.

［51］ 李文华 . 农业文化遗产的保护与发展 [J]. 农业环境科学学报 ,2015,34(1):1-6.

［52］ 李玉 . 中国食用菌产业的发展态势 [J]. 食药用菌 ,2011,19(1):1-5.

［53］ 李玉 . 中国食用菌产业发展现状及前瞻 [J]. 吉林农业大学学报 ,2008,30(4):446-450.

［54］ 李玉 , 李泰辉 , 杨祝良 , 等 . 中国大型菌物资源图鉴 [M]. 郑州 : 中原农民出版社 ,2015.

［55］ 卢敏 , 李玉 . 中国食用菌产业发展新趋势 [J]. 安徽农业科学 ,2012,40(5):3121-3124,3127.

［56］ 芦笛 . 20 世纪初以前西方学者对中国冬虫夏草的记载和研究 [J]. 菌物研究 ,2014,12(4):233-244.

［57］ 芦笛 .《菌谱》的校正 [J]. 浙江食用菌 ,2010,18(3):54-59.

［58］ 芦笛 .《菌谱》的研究 [J]. 浙江食用菌 ,2010,18(4):50-52.

［59］ 芦笛 . 明代潘之恒《广菌谱》的校正和研究（上）——《广菌谱》的版本与校正 [J]. 食药用菌 ,2012,20(2):122-124.

［60］ 芦笛 . 明代潘之恒《广菌谱》的校正和研究（下）——《广菌谱》研究 [J]. 食药用菌 ,2012,20(3):184-188.

［61］ 芦笛 . 评道教典籍《种芝草法》的自然史价值 [J]. 浙江食用菌 ,2010,18(1):56-59.

［62］ 芦笛 . 清代吴林《吴蕈谱》校正 [J]. 食药用菌 .2012,20(6):372-377.

［63］ 芦笛 .《太上灵宝芝草品》研究 [J]. 中华科技史学会会刊 ,2011(16):10-22.

［64］ 陆容 . 菽园杂记 [M]. 文渊阁四库全书影印本 . 台北 : 商务印书馆 ,1986.

［65］ 罗桂环 , 汪子春 . 中国科学技术史·生物学卷 [M]. 北京 : 科学出版社 ,2005:229-230.

［66］ 马楠 , 闵庆文 , 袁正 . 农业文化遗产中传统知识的概念与保护——以普洱古茶园与茶文化系统为例 [J]. 中国生态农

业学报 , 2018,26(5):771-779.

[67]　孟祺 , 畅师文 , 苗好谦 , 等 . 农桑辑要 [M]. 文渊阁四库全书影印本 . 台北 : 商务印书馆 ,1986.

[68]　缪启愉 . 四时纂要校释 [M]. 北京 : 农业出版社 ,1981.

[69]　倪根金 .《四时纂要》研究二题 [J]. 南都学坛 (哲学社会科学版),2000,20(4):13-17.

[70]　匿名 . 松菌人工繁殖法 [J]. 广东劝业报 ,1909-12-3.

[71]　谭琦 . 我国食用菌的科研与生产 [J]. 中国食用菌 ,2000,19(增刊):27-30.

[72]　谭琦 . 中国香菇产业发展 [M]. 北京 : 中国农业出版社 ,2017.

[73]　王福昌 .《四时纂要》所见唐五代农村社会 [J]. 农业考古 ,2007(4):67-76.

[74]　王金跃 . 韩鄂与《岁华纪丽》考略 [J]. 传承 ,2011(28):74-75,88.

[75]　王永厚 . 俞贞木及其《种树书》[J]. 农业图书情报学刊 ,1984(2):49-51.

[76]　王祯 . 农书 [M]. 文渊阁四库全书影印本 . 台北 : 商务印书馆 ,1986.

[77]　吴其耀 , 刘自强 . 中国食用菌产业面临新的形势——关于韩国食用菌考察的启示 [J]. 浙江食用菌 ,2009,17(6):3-6.

[78]　伍国强 . 从我国古农书《四时纂要》看唐代棉花生产技术 [J]. 江西棉花 ,2001,23(5):28-29.

[79]　向敏 . 我国食用菌产业发展的现状、问题和对策 [J]. 中国蔬菜 ,2003(6):1-3.

[80]　邢昺 . 尔雅注疏 [M]. 文渊阁四库全书影印本 . 台北 : 商务印书馆 ,1986.

[81]　熊召军 , 田云 , 张俊飚 . 我国食用菌出口遭遇贸易壁垒的现状与应对策略 (一)[J]. 食药用菌 ,2011,19(5):1-5.

[82]　熊召军 , 田云 , 张俊飚 . 我国食用菌出口遭遇贸易壁垒的现状与应对策略 (二)[J]. 食药用菌 ,2012,20(1):1-4.

[83]　熊召军 , 田云 , 张俊飚 . 我国食用菌出口遭遇贸易壁垒的现状与应对策略 (三)[J]. 食药用菌 ,2012,20(2):69-73.

[84]　杨庆尧 . 食用菌生物学基础 [M]. 上海 : 上海科学技术出版社 ,1981.

[85]　杨新美 . 中国菌物学传承与开拓 [M]. 北京 : 中国农业出版社 ,2001.

[86]　杨新美 . 中国食用菌栽培学 [M]. 北京 : 农业出版社 ,1988.

[87]　养材 . 齐齐哈尔木耳集散之状况 [J]. 中华农学会报 ,1923(40):110-111.

[88]　苑利 . 农业文化遗产保护与我们所需注意的几个问题 [J]. 农业考古 ,2006(6):168-175.

[89]　张丙春 , 张红 , 李慧冬 , 等 . 我国食用菌标准现状研究 [J]. 食品研究与开发 ,2008,29(10):162-165.

[90]　张金霞 . 中国食用菌产业科学与发展 [M]. 北京 : 中国农业出版社 ,2009.

[91]　张金霞 . 中国食用菌产业现状与发展趋势 [J]. 食用菌学报 ,2010(增刊):15-18.

[92]　张金霞 . 中国食用菌菌种学 [M]. 北京 : 中国农业出版社 ,2011.

[93]　张金霞 , 陈强 . 食用菌质量安全浅谈 [J]. 中国农业信息 ,2012(8):16-18.

[94]　张金霞 , 黄晨阳 , 高巍 , 等 . 中国食用菌产业的多功能性与展望 [J]. 浙江食用菌 ,2009, 17(1): 8-11.

[95]　张俊飚 . 中国食用菌产业经济发展研究 [M]. 北京 : 科学出版社 ,2013.

[96]　张俊飚 , 李波 . 对我国食用菌产业发展的现状与政策思考 [J]. 华中农业大学学报 (社会科学版),2012(5):13-21.

[97]　张俊飚 , 李海鹏 . 2010 年食用菌产业发展的趋势与对策建议 [J]. 浙江食用菌 ,2010,18(3):4-6.

[98]　张寿橙 . 中国香菇栽培史 [M]. 杭州 : 西泠印社出版社 ,2013.

[99]　张树庭 . 药用菌产品 : 保健品或 / 和药品 [J]. 食用菌学报 ,2009,16(4):74-79.

[100]　张鑫 , 李建平 . 唐代农书《四时纂要》释读札记六题 [J]. 农业考古 ,2013(6):267-269.

中国食用菌发展历史、现状与展望

[101] 张子才 . 陶榖的《清异录》[J]. 辞书研究 ,1998(2):134-140.

[102] 郑稷熙 . 四川银耳概论 [J]. 科学 ,1934,18(1):18-26.

[103] 郑素月 , 黄晨阳 , 张金霞 . 我国食用菌质量标准化体系建设及实施概况 [J]. 浙江食用菌 ,2009,17 (3):6-9.

[104] 中国庆元网 . 菇神庙——中国香菇史上的特殊产物 [EB/OL].http://qynews.zjol.com.cn/qynews/system/
2008/01/07/010296383.shtml.

[105] 中国食用菌商务网 . 全国食用菌工厂化生产及市场情况调研报告 [C]. 中国食用菌协会 . 全国第三届食用菌工厂化
生产论坛论文集 , 2010: 5-13.

[106] 周隽 , 沈月琴 . 食用菌产业发展与森林资源可持续利用案例研究——以浙江省庆元县为例 [J]. 林业经济问
题 ,2007,27(1):20-24.

[107] 周密 . 癸辛杂识 [M]. 文渊阁四库全书影印本 . 台北 : 商务印书馆 ,1986.

[108] 朱诚如 . 文化遗产概念的进化与博物馆的变革——兼谈无形文化遗产对当代博物馆的影响 [J]. 中国博物
馆 ,2002(4):9-13.

[109] CHANG S T. The origin and early development of straw mushroom cultivation[J]. Economic Botany, 1977,31(3):374-
376.

[110] FAO. What does GIAHS stand for and what are GIAHS?[EB/OL]. [2018-03-12]. http://www.fao.org/giahs/faq/en/.

[111] LI W H. Agro-ecological farming systems in China[M].New York: The Parthenon Publishing Group,2001.

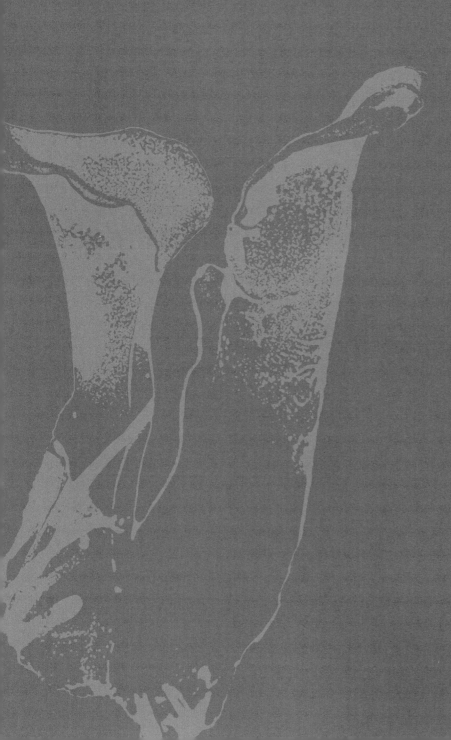

中国食用菌生产
PRODUCTION OF
EDIBLE MUSHROOM
IN CHINA

PART II
BASIC KNOWLEDGE
OF EDIBLE MUSHROOM

第二篇
食用菌
基础知识

第一章 食用菌的分类地位

　　食用菌是高等真菌中可以食用的种类的总称，是一类能形成大型子实体的可食真菌，一般具有肉质或胶质的子实体。根据《中国大型菌物资源图鉴》的分类，目前我们所认识的食用菌都隶属于真菌界中的子囊菌门和担子菌门，其中大部分为担子菌门真菌。

第一节
食用菌在生物界中的分类地位

　　自然界生活着数以亿计的生物物种。每个物种都有其独特的形态结构及生活习性，年复一年地在地球上繁衍生息。它们共存共荣，构成了多姿多彩的生物世界，食用菌只是其中的一类。

　　从古希腊哲学家亚里士多德（Aristotle）到瑞典植物分类学家林奈（Linneaus，1753），都是用肉眼区分生命体，把生物分为植物界和动物界。这是最古老的两界分类系统。两界分类的依据是，植物界成员具有固定根，无固定形状，自养（光合作用），具有纤维素组成的细胞壁；动物界的成员能自由行动，具一定形状，异养（摄食），无细胞壁。菌物在两界分类系统中归属于植物界真菌门。

随着人们对自然界认识水平的提高，德国科学家海克尔（Haeckel，1866）提出了三界分类系统，即在原有的两界分类系统上增加了原生生物界。原生生物界包括单细胞生物、真菌、藻类和原核生物。真菌第一次从植物界分离出来，被列在原生生物界。

后来，美国科学家科普兰（Copeland，1938）提出了原核生物界、原生生物界、植物界和动物界的四界分类系统。而美国生物学家魏泰克（Whittaker，1959、1969）则是先提出另一个四界分类系统——原生生物界、真菌界、植物界和动物界，将真菌从植物界中独立出来，称为真菌界；之后又在此基础上增加了原核生物界，调整为五界分类系统，即原核生物界、原生生物界、真菌界、植物界和动物界，从此确立了真菌在生物的界级系统中的地位。这一分类系统被人们普遍接受，成为一个历史时期内影响最大的分类系统。

随着研究的不断深入，前人的一些分类标准又被后人修改或重新划分。北爱尔兰科学家摩尔（Moore，1971）建议在界级之上增设"域"，并设立了三个域，即病毒域、原核域和真核域，把菌物归于真核域中植物界下的菌物亚界。美国学者沃斯（Woese，1977）和福克斯（Fox，1977）提出将生物划分为细菌、古菌及真核生物三大超界，真菌被放在真核生物超界中。中国学者陈世骧（1979）提出把生物划分为三个总界，即非细胞总界、原核总界和真核总界，菌物归于真核总界中的真菌界。

随着分子生物学技术的发展，分类学家不断深入认识生物世界。英国科学家卡瓦利埃·史密斯（Cavalier Smith，1987、1989）提出生物的八界分类系统：细菌总界，包括真细菌界、古细菌界；真核总界，包括古菌界、原生生物界、植物界、动物界、茸鞭生物界和真菌界，真菌界包括壶菌门、接合菌门、子囊菌门和担子菌门。这一系统的提出反映了当时人们对整个生物世界的认识水平，具有划时代的意义。

随着基因技术的发展，利用基因组及DNA片段序列的证据，结合形态和生态特征，菌物的分类系统会在门一级的界定上更趋于合理性、纲、目级及以下分类单元将会做出重大调整，使各个分类等级更趋于自然。预计未来几年将发表一大批新科、新属和新种，缺乏DNA序列及基因组序列证据的新分类单元的发表将会逐渐减少，菌物的分类与命名将会更加标准化。

根据《中国大型菌物资源图鉴》（李玉等，2015）对大型真菌的分类，食用菌分布在子囊菌门和担子菌门中，食用菌在真菌界的地位见图2-1-1。

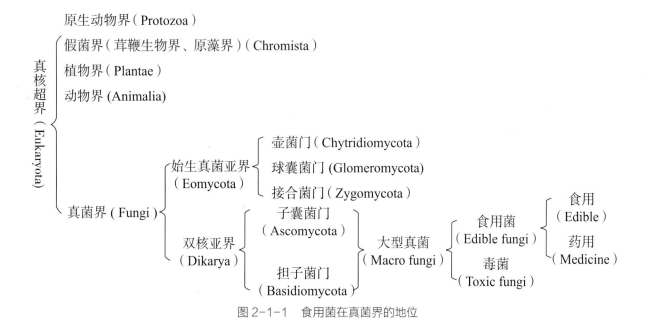

图 2-1-1　食用菌在真菌界的地位

第二节
食用菌的种类

食用菌，顾名思义，即可食用的菌物，都是可形成大型子实体的高等真菌。

真菌是一类具有真核细胞、能产生孢子、无叶绿素的低等真核生物。它们属异养型生物，只能通过分解外界的有机物来获得营养，不能进行光合作用，能进行无性繁殖和有性繁殖。绝大部分真菌具有分枝状的丝状菌体（菌丝）。

真菌陆生性较强，生活以腐生、共生或寄生为主。腐生是指以死亡的有机体为营养源；共生是指与植物形成菌根复合体获取全面营养；寄生是指以活的有机体为营养源。不论是寄生、共生或是腐生，都要求外界存在大量的有机体。古生物学研究及有关化石资料证实，真菌是在距今9亿年前后出现的。

对自然界真菌种类的总数，各国学者估计不一。G. M. Martin（1951）估计有25万种，G. C. Ainsworth认为已报道的真菌总数为4.5万种，比动、植物界的总数少得多。

在庞大的真菌家族中，有一类为大型真菌（蕈菌）。所谓大型真菌，主要是指菌丝生长发育到一定阶段，能形成较大子实体结构的一类真菌，主要是担子菌门和子囊菌门中的一些种类。对人类而言，大型真菌有的可食用或作药用，有的含有毒素不可食用。

食用菌种质资源十分丰富，子囊菌门有6 359属64 163种，担子菌门有1 589属31 515种。据卯晓岚（1988）统计，我国已知可食用的菌达657种，分属于41个科132个属，其中担子菌门占94.4%（620种），子囊菌门占5.6%（37种）。据戴玉成等（2010）调查，我国食用菌共有966个分类单元，包括936种、23变种、3亚种和4变型。

一、子囊菌门

子囊菌门中著名的食用菌有马鞍菌（图2-1-2）、地菇、冬虫夏草（图2-1-3）、块菌（图2-1-4）、羊肚菌（图2-1-5）及林地盘菌等，它们的子实体大都是盘状、杯状、鞍状、钟状或脑状等。马鞍菌、羊肚菌、林地盘菌和块菌分别隶属于盘菌目的马鞍菌科、羊肚菌科、盘菌科，而冬虫夏草则隶属于肉座菌目的虫草科。

（一）盘菌目（Pezizales）

1. 马鞍菌科(Helvellaceae)　马鞍菌属(*Helvella*)中的皱马鞍菌及白柄马鞍菌等可食用。

图2-1-2　马鞍菌

图2-1-3　冬虫夏草

图 2-1-4　块菌

图 2-1-5　羊肚菌

2. 羊肚菌科 (Morchellaceae)　羊肚菌属 (Morchella) 常见的有黑脉羊肚菌、尖顶羊肚菌、粗腿羊肚菌、羊肚菌等，是著名的食用菌。此外，单生或散生于阔叶林地的钟菌等也可食用。值得注意的是，平盘菌科的鹿花菌常被称为假羊肚菌，外观与羊肚菌相似，有毒。

3. 盘菌科 (Pezizaceae)　盘菌属 (Peziza) 常见的有林地盘菌及泡质盘菌，可食，聚集丛生于堆肥及花园或温室的土壤上。

4. 肉杯菌科 (Sarcoscyphaceae)　丛耳属 (Wynnea) 中的美洲丛耳是该科较常见的成员之一，在我国分布于辽宁、四川、陕西等地，秋季生于阔叶林中的地上，可食用及作药用。

5. 块菌科 (Tuberaceae)　地菇属 (Ferfezia) 包括一些通称为地菇的可食性菌类。该科菌子囊不消解，子实层中有侧丝存在。我国已知的有瘤孢地菇，可食，味甜，产于河北、山西等地。

块菌属 (Tuber) 中有一些是名贵的食品，特别是在欧洲大陆，如著名的商品块菌黑孢块菌，主要产于意大利和法国。我国已知的块菌有 26 种，产于四川、云南等地。

（二）肉座菌目 (Hypocreales)

虫草科（Cordycipitaceae）　本科常见的虫草属 (Cordyceps) 的所有种类相当专化地寄生于昆虫、线虫、麦角菌的菌核或大团囊菌属几个种的地下子囊果上。其中，很多种类，如冬虫夏草等是名贵的中药材，既可食用又可药用。

二、担子菌门

大多数食用菌是担子菌门中具有桶孔隔膜和桶孔覆垫的真菌，根据担子细胞中是否产生隔膜分为有隔担子菌（phragmobasidiomycetes）和无隔担子菌（homobasidiomycetes）。木耳目和银耳目属于有隔担子菌类，蘑菇目、牛肝菌目、鸡油菌目、花耳目、鬼笔目、多孔菌目、红菇目、刺革菌目和革菌目则属于无隔担子菌类。

（一）木耳目 (Auriculariales)

子实体胶质，或略革质，担子具横隔膜。本目仅木耳科木耳属的一些种类具有重要价值，木耳、毛木耳是最重要的栽培种类。

（二）银耳目（Tremellales）

子实体胶质，担子产生"十"字形纵隔。担孢子萌发时不直接形成芽管，先形成大量次生担孢子，环境适宜时才萌发。银耳科银耳属可食种类近 10 种，包括金耳（橙黄银耳）（图 2-1-6）、银耳（图 2-1-7）、亚橙耳（图 2-1-8）和茶色银耳（图 2-1-9）等。

图 2-1-6　金耳

食用菌基础知识

图 2-1-7　银耳

图 2-1-8　亚橙耳

图 2-1-9　茶色银耳

（三）蘑菇目（Agaricales）

子实体肉质，很少近革质或膜质，由菌盖和菌柄构成，有的还有菌环和菌托。子实体发育类型

为半被果型或假被果型，子实层体由菌褶或菌管组成。担子无隔，棒状，典型的有 4 个孢子，常有囊状体。担孢子单细胞，无色或有色。

蘑菇目中的食用菌分布很广，而且种类也最多，重要科属有：

1. 蘑菇科（Agaricaceae）　蘑菇属约有 200 种，子实体通常具有由白色到褐色或灰褐色的菌盖，菌褶离生，有菌环而无菌托，菌柄易与菌盖分离。优良的食用种类有双孢蘑菇（*A. bisporus*，图 2-1-10）和蘑菇（*A. campestris*），可食用的还有姬松茸、大肥菇、双环菇（图 2-1-11）、林地蘑菇以及白林地菇等。

图 2-1-10　双孢蘑菇

图 2-1-11　双环菇

马勃属的子实体为被果型，成熟时不伸出长柄，孢子体仍留在包被之内，产孢组织的髓片和担子在成熟时自溶，之后只剩孢丝和孢子，呈粉末

状。包括常见的马勃和一些地星。网纹马勃（图2-1-12）、梨形马勃等幼时可食。

图 2-1-12　网纹马勃

2. 粪伞科（Bolbitiaceae）　菌盖具栅栏状排列的外皮层，孢子具明显的顶孔，菌柄中生。生于腐殖土或有机物的碎片上。

3. 珊瑚菌科（Clavariaceae）　子实体群生或丛生，棒状，不分枝，顶端钝圆。其中可食用的种类有珊瑚菌属的烟色珊瑚菌、紫珊瑚菌，拟锁瑚菌属的宫部拟锁瑚菌及拟枝瑚菌属的孔策拟枝瑚菌等。

4. 牛舌菌科（Fistulinaceae）　牛舌菌属的子实体肉质，有柄，菌盖半圆形、舌形或匙形，子实层为孔状，菌孔各自分开。常见的有牛舌菌，可以食用，味道一般，但有抗癌作用，已人工栽培。

5. 小皮伞科（Marasmiaceae）　通常为淡褐色至橙色，子实体小，菌盖半球形至近平展，中部脐状具沟条，直径 0.5～3 cm，菌柄 3～5 cm，直径 1～3 mm。该科的硬柄小皮伞等是林地常见蘑菇，可食，尚无可栽培种类。小孢伞属的小孢伞，微皮伞属的枝生微皮伞，小皮伞属的大盖小皮伞，松果伞属的大囊松果伞等均可食用。

6. 光柄菇科（Pluteaceae）　子实体群生，菌盖直径 5～9 cm，初钟形，后扁球形，表面灰褐色至鼠灰色，被放射状纤维状花纹或细微的小鳞片，菌肉白色，菌褶离生。光柄菇属的暗色光柄菇、灰光柄菇可以食用。草菇属的草菇（图2-1-13）是重要的食用菌种类并可人工栽培。

图 2-1-13　草菇

7. 裂褶菌科（Schizophyllaceae）　菌盖扇形或肾形，质韧，被绒毛，具多裂瓣。较有代表性的种类如裂褶菌（图2-1-14），春秋季生于阔叶树和针叶树的枯枝及腐木上，分布广泛，可以食用，并有抗癌等作用。

图 2-1-14　裂褶菌

8. 球盖菇科（Strophariaceae）　菌褶与菌柄相连，孢子褐色。鳞伞属的小孢鳞伞俗称滑菇，味道鲜美且已人工栽培。可食用的还有多脂鳞伞、黏鳞伞及红垂幕菇、库恩菇和铜绿球盖菇等。田头菇属的柱状田头菇和田头菇等可食用且可人工栽培。

9. 鹅膏科（Amanitaceae）　鹅膏属的特征是菌褶离生，有菌托，常有菌环，孢子印白色。有些种类毒性很强，误食后死亡率极高。但该属中橙盖鹅膏是著名的美味食用菌，夏秋季在松林或松杂木混交林中地上散生、群生。另外，鹅膏、印花纹鹅膏等也可食用。

（四）牛肝菌目（Boletales）

子实体肉质，子实层管状或假菌褶状，菌管壁

食用菌基础知识

易与菌盖分离开。

1. 牛肝菌科 (Boletaceae) 子实体多为肉质，菌盖为典型的伞状，子实层孔状，菌孔互相不分开。可食用的种类有条孢牛肝菌属的桦条孢牛肝菌、棱柄条孢牛肝菌，牛肝菌属的铜色牛肝菌、美味牛肝菌，疣柄牛肝菌属的红疣柄牛肝菌，褶孔牛肝菌属的美丽褶孔牛肝菌，粉末牛肝菌属的黄网柄粉末牛肝菌，松塔牛肝菌属的松塔牛肝菌，粉孢牛肝菌属的超群粉孢牛肝菌，绒盖牛肝菌属的拟绒盖牛肝菌等。短孢牛肝菌属的铅色短孢牛肝菌菌肉软嫩，较厚，可食用，夏秋季于针叶林或针阔混交林中地上群生，与冷杉、云杉、乔松等形成外生菌根，分布于云南和西藏东南部林区。

2. 铆钉菇科 (Gomphidiaceae) 铆钉菇属的黏铆钉菇、斑点铆钉菇、红铆钉菇、血红铆钉菇和亚红铆钉菇等可食用，并且都与树木形成外生菌根。

3. 桩菇科 (Paxillaceae) 菌盖杯状，有绒毛或光滑。菌褶延生，常有褶间横脉或分叉，并易和菌盖分开。孢子印咖啡褐色、橄榄褐或橄榄绿色。

4. 根须腹菌科 (Rhizopogonaceae) 产孢组织由不规则的波状小腔室构成，子实体近球形或不规则状，常有菌索。须腹菌属的黑根须腹菌子实体不规则球状，新鲜时表面白色至污白色，干时浅烟色至黑色，上部菌索紧贴而不明显，下部菌索似根状，春秋季生于混交林地上，与马尾松等松树形成外生菌根，分布于福建、山西等地，味美可食并可作药用。褐黄根须腹菌子实体椭圆、扁圆、近球形或不规则形，表面黄褐色或褐黄或灰褐色，秋季生林中地上，分布于西藏、青海等地，可食用。

（五）鸡油菌目 (Cantharellales)

子实体漏斗状，有柄，肉质至膜质，光滑、皱折或折叠成厚褶状，孢子无类淀粉质反应。

1. 鸡油菌科 (Cantharellaceae) 子实层上的折叠像浅延生的菌褶一直延伸到菌柄上，单系菌丝型。鸡油菌属的鸡油菌夏秋季于林中地上散生或群生，与杨、云杉、松等树木形成外生菌根，分布广泛，味道鲜美，并有药用价值。其他可食用的种类

还有喇叭菌属的喇叭菌。

2. 锁瑚菌科 (Clavulinaceae) 锁瑚菌属的皱锁瑚菌一般于林中地上腐枝或苔藓间丛生，分布于江苏、江西、青海、甘肃、新疆和陕西等地，可食用。

3. 齿菌科 (Hydnaceae) 主要包括肉质具柄并有齿状子实层的地生种类，单系菌丝型，具锁状联合。齿菌属的卷缘齿菌夏秋季于混交林中地上散生或群生，为栎等阔叶树的外生菌根菌，分布广泛，味道鲜美，是一种优良的野生食用菌。

（六）花耳目 (Dacrymycetales)

子实体胶质或蜡质，黄色至橙色，担子不分隔，音叉状，减数分裂后2个子核退化，只有2个核进入担孢子，每个担子只有2个担孢子。花耳科花耳属的掌状花耳夏秋季或春季均可生长在针叶树腐木上，分布于云南等地，可食用。

（七）鬼笔目 (Phallales)

子实体被果型，初期卵形或球形，包裹着产孢组织和子实层托，成熟时包被开裂，子实层托露出地面，包被下部残留成为菌托。子实层托为海绵质，柱状或窗格状，表面产生有臭气的胶状物（自溶的担子与孢子）。产孢组织肉质，味甜，浅绿色或褐色。

鬼笔科 (Phallaceae) 本科著名的竹荪属子实体，有圆筒形或纺锤状的柄，菌盖钟形，顶生，菌幕网下垂如裙状。常见种类有短裙竹荪、棘托竹荪和竹荪等，是广泛栽培的食用菌。

（八）钉菇目 (Gomphales)

1. 钉菇科 (Gomphaceae) 钉菇属的钉菇夏秋季于云杉、冷杉等针叶林地上丛生、群生或单生，分布于甘肃、云南、贵州、四川和西藏等地，可食用，属树木外生菌根菌。毛钉菇在阔叶或针叶林中地上群生或单生，可能为外生菌根菌，分布很广泛，有人采食，但也有中毒报道。

2. 枝瑚菌科 (Ramariaceae) 子实体较大，棒状、珊瑚形或花瓣形。有食用价值的有枝瑚菌属的葡萄状枝瑚菌、黄枝瑚菌和光孢黄枝瑚菌等。

（九）多孔菌目（Polyporales）

1. 拟层孔菌科（Fomitopsidaceae） 拟层孔菌属的红拟层孔菌在云杉等针叶树的枯木上及大枝丫上单生或群生，是常见木腐菌，分布于黑龙江、四川、云南、甘肃、青海、新疆和西藏等地，有药用价值。

2. 灵芝科（Ganodermaceae） 灵芝属中的灵芝是中医药宝库中的珍品，药用历史悠久。灵芝已经大范围人工栽培（图2-1-15）。树舌灵芝是重要的木腐菌，引起白色腐朽，分布广泛，可作药用。紫灵芝也是著名的药用真菌。

图2-1-15 灵芝

3. 多孔菌科（Polyporaceae） 子实体多为革质、木质，菌盖圆形、半圆形、匙形等，子实层为孔状，菌孔互相不分开。棱孔菌属的宽鳞棱孔菌子实体中等至大型，菌盖扇形，具短柄或近无柄，菌柄侧生，偶尔近中生，生杨、柳、榆、槐及其他阔叶树的树干上，分布广泛，幼时可食，老熟后木质化不宜食用。此外，漏斗棱孔菌幼嫩时也可食用。

4. 绣球菌科（Sparassidaceae） 绣球菌属的真菌在活树木基部或根部产生大型浅色的子实体，单系菌丝型。可食用的有绣球菌，生针叶林中树根上，产于黑龙江、吉林、河北和云南等地。

5. 皱孔菌科（Meruliaceae） 本科的榆耳子实体较小或中等，菌盖呈半圆形、贝壳状、扇形或盘状，边缘内卷，生榆树枯枝干上，分布于辽宁，可食用和药用，可人工栽培。

（十）红菇目（Russulales）

子实体肉质、韧或膜质，子实层托不易从菌盖的肉质部剥离，菌肉组织内有许多泡囊。

1. 瘤孢多孔菌科（Bondarzewiaceae） 瘤孢多孔菌属中伯克氏瘤孢多孔菌生阔叶林中朽木上，分布于广东、海南等地，可食用或药用。山地瘤孢多孔菌生冷杉等针叶林内的树桩旁，分布于四川、云南、福建等地，幼嫩时可以食用。

2. 猴头菌科（Hericiaceae） 子实体肉质，单系菌丝型，具锁状联合，子实层分布在倒悬的刺状结构上。猴头菌属中的猴头菌（猴头菇）是著名的食用和药用菌（图2-1-16），现已广泛栽培。此外，珊瑚状猴头菌及假猴头菌也可食用。

3. 红菇科（Russulaceae） 菌盖和菌柄一般为肉质，由泡囊状细胞和菌丝组成，孢子具有明显的淀粉质反应和外孢壁纹饰，通常没有锁状联合。乳菇属子实体受伤有乳汁或有色液体流出，约120种，多种可食，特别美味的是松乳菇。红菇属子实体无乳汁，质脆，种类约280种，多种可食，如革质红菇、美味红菇、厚皮红菇、柠黄红菇、变绿红菇等。

图2-1-16 猴头菌

（十一）锈革菌目（Hymenochaetales）

子实体平展或反卷成帽檐状，单系菌丝型、二系菌丝型或三系菌丝型，子实层平滑，某些种骨架

食用菌基础知识

菌丝变态成乳管，分泌红色乳汁。

锈革菌科 (Hymenochaetaceae) 纤孔菌属中薄皮纤孔菌生桦等阔叶树腐木上，分布于吉林、四川、江苏、浙江、湖南、广东、广西、海南和西藏等地，为药用菌，可治狐臭，止血，疗胃疾，治麻风病等。

（十二）革菌目（Thelephorales）

1. 坂氏齿菌科 (Bankeraceae) 肉齿菌属的翘鳞肉齿菌多于西藏、新疆等高寒凉爽的云杉林中分布，可食用，新鲜时味道很好，老熟或被雨浸湿者则带苦味。褐紫肉齿菌夏秋季于阔叶林地上群生，分布于云南、甘肃、台湾等地，可食用，在我国云南及日本被视为优良的食用菌。

2. 革菌科（Thelephoraceae） 革菌属中橙黄革菌于云南油杉林及阔叶林和针叶混交林地上群生、丛生或簇生，分布于滇中和滇西等地，味香可食。干巴菌生松林地上，目前仅分布于滇中和滇南，味美可食，有异香，是云南著名的食用菌。

第二章　食用菌的形态结构

　　无论是担子菌还是子囊菌，都是由菌丝体、子实体和孢子三大部分组成。菌丝体是食用菌的营养器官，在基质中蔓延生长，分解基质，吸收营养物质，在生理成熟环境条件适宜时便分化形成子实体。子实体是食用菌的繁殖器官，形态多样，大小不一，生长到一定阶段产生繁殖细胞——孢子，繁殖后代。

第一节
菌丝体的形态结构

一、大型真菌的营养体——菌丝体

　　大多数真菌的菌丝体由微小的细丝状或管状的菌丝组成。菌丝通常由薄而透明的管状壁构成，其中充满密度不同的原生质。

　　在光学显微镜下观察，多数种类的菌丝被间隔规则的横壁所隔断，这些横壁称为隔膜。在子囊菌和担子菌中，隔膜将菌丝分割成间隔或细胞，其中含有一个、两个或多个细胞核，此类菌丝称作有隔菌丝。壶菌和接合菌只在产生繁殖器官或在菌丝受伤部位以及老龄菌丝中形成无孔洞、完全封闭的隔膜，生长活跃的营养菌丝没有隔膜，此类菌丝体称作（无隔）多核的菌丝体。

食用菌基础知识

超微结构研究表明，不同种类的真菌其隔膜的结构不同，主要有下列三种：①单孔型。隔膜中央具有一个较大的中心孔口，常见于子囊菌。②多孔型。隔膜上有多个小孔，排列方式各异，如地霉属（*Geotrichum*）和镰刀菌属（*Fusarium*）。③桶孔型。隔膜中央有一个小孔，其边缘膨大呈桶状。桶外覆盖由内质网形成的弧形膜，称为桶孔覆盖。这种隔膜的结构复杂，由于种类不同，有的桶孔覆盖具孔，有的则没有，但不影响菌丝体内细胞质的流动，常见于担子菌。

隔膜对菌丝起着支撑作用，既可增加菌丝强度，又不影响菌丝内含物的流通。隔膜有初生的和不定的两种类型，前者的形成与细胞核分裂有关，后者与细胞核分裂无关，而与菌丝内原生质浓度的变化有关。目前隔膜的功能仍未完全了解，可能是为适应陆生环境而形成的，有隔菌丝较无隔菌丝更能适应干旱环境。隔膜还可抵御损伤，当菌丝受损伤时，菌丝隔膜孔附近的沃鲁宁体（Woronin body）和一些蛋白质结晶体迅速连接并堵塞隔膜孔，阻止细胞质的流失。

菌丝生长仅限菌丝顶端，其细胞壁可以增厚，但不能伸长。菌丝顶端生长的方式不同于菌丝细胞生长，后者是丝状体的任何一个细胞均可膨大和分裂。菌丝顶端生长时其顶端聚集许多泡囊，菌丝停止生长时泡囊在顶端消失并沿着顶端细胞四周分散，当菌丝重新生长时泡囊又聚集在顶端。泡囊通常被认为来自高尔基体或者内质网的特殊部位。菌丝需要多少泡囊用于合成顶端的细胞壁目前尚不完全清楚。

（一）菌丝的细胞结构

真菌菌丝细胞主要由细胞壁、细胞膜、细胞质、细胞器和细胞核等组成（图2-2-1）。

1. 细胞壁　真菌细胞的细胞壁使细胞保持一定的形状。主要成分是己糖或氨基己糖构成的多糖链，如甲壳质（几丁质）、脱乙酰甲壳质、纤维素、葡聚糖和甘露聚糖等，其他成分还包括蛋白质、类脂及无机盐等。不同类群真菌的细胞壁化学组成成分不同，大多数真菌细胞壁的化学成分是甲壳质，酵母菌的细胞壁主要成分为甘露聚糖，而卵菌细胞壁组成成分主要是纤维素和 β-葡聚糖。因此，根据细胞壁化学成分和核糖体 DNA（rDNA）序列分析的结果，卵菌已被单独列入假菌界。此外，即使同种真菌，在不同的发育阶段其细胞壁组成成分也各异，如毛霉属的 *Mucor rouxii* 的酵母细胞、菌丝及孢子三个发育阶段，各阶段细胞壁化学成分各不相同。

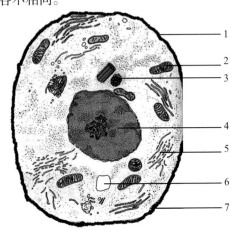

1. 细胞壁　2. 线粒体　3. 微体　4. 细胞核　5. 内质网
6. 液泡　7. 细胞膜

图 2-2-1　食用菌菌丝细胞横切面示意图

2. 细胞膜　真菌细胞的细胞膜又称质膜，与其他真核生物的细胞膜相似，主要成分为磷脂，规则地排列为双层结构，呈微团构型。蛋白质是无定形分子，非对称地镶嵌在磷脂两边，颗粒状，分布不均匀。固醇（甾醇）夹在两层磷脂中间，固醇与磷脂的比例为 1 :（5 ~ 10）。细胞膜在物质运输、能量转换、激素合成、核酸复制等方面起重要作用。

3. 细胞器　对真菌细胞超微结构的观察发现，细胞膜内包含许多具有一定结构和功能的细胞器，分述如下：

（1）须边体　须边体是由单层膜折叠成一层或多层并包被颗粒或泡囊状物质的细胞器，呈球形、卵圆形、管状或囊状等形态。含有一种以上水解酶，可水解多糖、蛋白质和核酸，可能与细胞壁的合成及膜的增生等有关。须边体的膜来源于细胞膜，是细胞膜与细胞壁分离时形成的。迄今除真菌菌丝细胞以外，在真菌的其他细胞或其他生物细胞中尚未发现有须边体。

（2）线粒体　线粒体广泛分布在菌丝中，在光学显微镜下勉强可见，呈细线状或棒状，通常与菌丝长轴平行。真菌的线粒体具有双层膜，内膜较厚，向内延伸形成不同数量和形状的嵴。真菌的线粒体嵴为扁平的片状结构，卵菌门的线粒体嵴则为管状嵴。线粒体是一种含有多种酶的载体，内膜上含有细胞色素、还原型烟酰胺腺嘌呤二核苷酸磷酸（NADH，还原型辅酶Ⅰ）脱氢酶、琥珀酸脱氢酶和腺苷三磷酸（ATP）磷酸化酶，其他如三羧酸循环的酶类、核糖体、蛋白质合成酶和DNA（脱氧核糖核酸）以及脂肪酸氧化作用的酶均在内膜上。外膜主要含有脂质代谢的酶类。线粒体拥有独立的DNA、核糖体和蛋白质合成系统，对呼吸及能量供应起主导作用。真菌线粒体DNA为闭环状，周长19～26 μm，小于植物线粒体的DNA大于动物线粒体的DNA。线粒体的形状、数量和分布与真菌种类、发育阶段及外界环境条件关系密切。一般而言，菌丝顶端的线粒体多为圆形，成熟菌丝中的则呈椭圆形。

（3）核糖体　又称核糖核蛋白体，是真菌细胞质和线粒体中的微小颗粒，含有RNA（核糖核酸）和蛋白质。核糖体包括大小两个亚单位，是合成蛋白质的细胞器，即蛋白质合成的场所。根据核糖体在细胞中所处部位的不同，分为细胞质核糖体和线粒体核糖体。细胞质核糖体80S，游离分布于细胞质中，有的与内质网或核膜结合。线粒体核糖体70S，集中分布于线粒体内膜的嵴间。单个核糖体可结合成多聚核糖体。

由于沉降系数的不同，细胞质核糖体由60S和40S两种亚基组成，大亚基由28S RNA、5.8S RNA、5S RNA及39～40种蛋白质组成，而小亚基由18S RNA和21～24种蛋白质组成。编码rRNA的rDNA是基因组DNA中大约有200个串联重复单位并有转录活性的基因家族。真菌核糖体

基因簇rDNA一般由转录区和非转录区构成。转录区包括5S、5.8S、18S和28S rDNA，其中18S、5.8S和28S rDNA基因组成一个转录单元，产生一个前体RNA。内转录间隔区（ITS）位于18S和5.8S rDNA（ITS1）之间以及5.8S和28S rDNA之间（ITS2）。在18S rDNA的基因上游和28S rDNA的基因下游还有外转录间隔区（ETS）。ITS和ETS包含有rRNA前体加工的信息，在rRNA成熟过程中有着相当重要的作用。ITS和ETS区的转录物均在rRNA成熟过程中被降解。非转录区又称基因间隔区，将相邻的两个重复单位隔开，在转录时有启动和识别作用。整个rDNA的基因簇从5'到3'端依次为基因内转录间隔区（IGS，包括在18S rDNA的基因上游的ETS1和在28S rDNA的基因下游的ETS2），位置可变的5S rDNA，18S rDNA，ITS1，5.8S rDNA，ITS2以及28S rDNA。由于rDNA的基因在进化中的高保守性和相关间隔区的变异性，使其适合于任何分类水平上的系统比较，因此，rDNA重复单位结构已普遍应用于真菌系统学研究（Bruns et al，1991）。

（4）内质网　典型的内质网为管状，中空，两端封闭，通常成对平行排列，大多与核膜相连，很少与质膜相通，在幼嫩菌丝细胞中较多。主要成分为脂蛋白，有时游离蛋白或其他物质也合并到内质网上，内质网被核糖体附着时形成糙面内质网，常见于菌丝顶端细胞中，而未被核糖体附着时则为光面内质网。

（5）高尔基体　高尔基体是球形的泡囊状结构，位于细胞核或核膜孔周围，少数鳞片状或颗粒状。目前已知仅在根瘤菌、前毛壶菌和卵菌中发现，接合菌、子囊菌和担子菌中均未见到。

（6）泡囊　泡囊是在菌丝细胞顶端由膜包围而成的，目前认为是内质网或高尔基体内膜分化过程中产生的一种细胞器，含有蛋白质、多糖和磷酸酶等。泡囊与菌丝的顶端生长，菌丝对各种染料和杀菌剂的吸收，胞外酶的释放以及对高等植物的寄生性有不同程度的相关性。

（7）液泡　液泡是一种囊状的细胞器结构，体积和数目随细胞年龄或老化程度而增加，球形或近球形，少数为星形或不规则形，小液泡可融合成一个大液泡。反之，大液泡也可分成数个小液泡。液泡内主要含有碱性氨基酸，如精氨酸、鸟氨酸、瓜氨酸和谷氨酰胺等，氨基酸可游离到液泡外。液泡内还有多种酶，如蛋白酶、酸性和碱性磷酸酶、核酸酶和纤维素酶等。

4.细胞核　真菌的菌丝几乎都含有许多核。在无隔菌丝类型中，细胞核通常随机分布在生长活跃的菌丝的原生质内。在有隔菌丝类型中，每个菌丝分隔里常含有 1～2 个或许多核，依种类和发育阶段不同而异。真菌的细胞核由双层单位膜的核膜包围，核膜外膜被核糖体附着。核膜内充满均匀无明显结构的核质，中心常有一个明显的稠密区称为核仁。核仁在分裂中可能持久存在，也可能在分裂中消解而不再出现，也可能以一个完整的个体从分裂的细胞核里释放到细胞质中去。

由于真菌细胞核中的染色体小，用常规的细胞学技术很难对其进行研究，因此，对许多真菌的细胞核分裂行为及染色体数目尚不完全了解。近年来发展起来的脉冲电泳技术已应用于真菌的核型分析，通过不断变换方向的脉冲电场将包埋在琼脂糖凝胶中的完整染色体 DNA 分子分离成不同分子量的染色体带，经过溴化乙锭染色，将在紫外线下显示的带谱估测染色体数，与分子量标样比较计算染色体 DNA 分子量的大小。

（二）菌丝的形成

1.初生菌丝　担子菌担孢子萌发后，先形成没有隔膜的多核菌丝，在适宜的环境条件下，很快产生多个隔膜把菌丝分隔成许多个单核细胞。细胞只含有一个细胞核的单核菌丝，称为初生菌丝，也称为一级菌丝、一生菌丝、单核菌丝。初生菌丝极为纤细。

2.次生菌丝　初生菌丝发育到一定阶段后，两个单核菌丝很快结合，细胞原生质融合在一起，进行质配，以致菌丝中每个细胞均有两个细胞核，这种双核菌丝即称次生菌丝，也叫二级菌丝、二生菌丝、双核菌丝。次生菌丝较粗壮，分枝繁茂，生长速度快。

3.三次菌丝　当次生菌丝发育到一定阶段，在适宜的条件下，互相扭结成团形成子实体原基，然后发育成子实体。这种已经组织化并排列在一起并形成一定结构的双核菌丝即结实性菌丝，称为三次菌丝，也叫三生菌丝。

4.锁状联合　锁状联合（图 2-2-2）是双核菌丝细胞分裂的一种特殊形式，可使一个双核细胞变为两个双核细胞。是一种锁状桥接的菌丝结构，是异宗配合担子菌次生菌丝的特征。

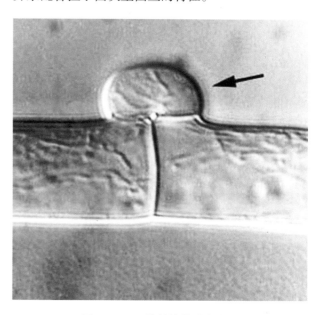

图 2-2-2　菌丝锁状联合结构

锁状联合是双核菌丝上的横隔膜处常产生的一种特征性侧生突起，锁状联合往往发生在顶部双核细胞的两核之间。最初由细胞向侧面伸出一个喙状突起，向下弯曲，其顶端与母细胞接触。与此同时，一核移入突起之中，之后两核同时分裂，变成四核，两核留在细胞的上部，一核在下部，一核在突起中。此时，细胞生出隔膜，将母细胞分成两个细胞，上面的细胞双核，下面的细胞一核；突起的基部也同时产生横隔，突起的顶端与下面细胞的接触处融通，其中的一核移入下面的细胞内，就形成了上下两个双核细胞。侧面就留下了突起，也就是锁状联合。凡是具锁状联合的菌丝可以断定是双核菌丝，但很多具双核菌丝的担子菌并不产生锁状联合。图 2-2-3 是担子菌锁状联合形成过程示意图。

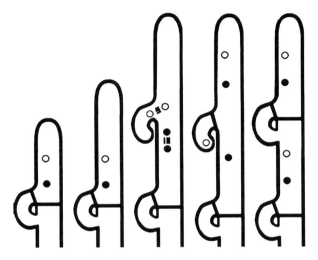

图 2-2-3　担子菌锁状联合形成过程示意图

二、菌丝体及特化菌丝结构

（一）菌丝体

菌丝是丝状真菌的结构单位，由管状细胞组成，有隔或无隔，是菌丝体的构成单元。菌丝前端不断生长、分枝，形成了菌丝群，这种菌丝的集合体称为菌丝体。菌丝体具有四种功能：①降解吸收培养基质中的营养物质；②对降解后的营养物质的运输作用；③对营养物质具有贮藏作用；④具有无性繁殖作用。

按照发育顺序，菌丝体可分为初生菌丝体、次生菌丝体和三次菌丝体。

任何微小菌丝体的片段，均能以无性繁殖的方式产生新的生长点，发展成新的菌丝体，以此进行无性繁殖。如菌种的制作和播种，就是依据该原理进行的。有些种类的双核菌丝体为丝状多细胞，随着生长发育，老菌丝的横隔处断裂，形成短柱状的单个细胞，称为节孢子。条件适宜时节孢子又重新萌发成菌丝。有些种类（如草菇）在菌丝的中间或侧丝的顶细胞，形成具厚壁能抵抗不良环境的无性孢子，称为厚垣孢子。厚垣孢子的大量出现是培养基不适或菌丝老化的标志。但厚垣孢子含有疏水营养物质，能抵抗不良环境，条件适宜时又能萌发成

菌丝。

（二）菌丝形成的特殊结构

食用菌的菌丝在生长发育过程中遇到了不良环境，或由营养生长转入生殖生长时，往往相互紧密地缠结在一起形成一些形态和功能不同的特殊结构，常见的有菌丝束、菌索、菌核、菌髓、菌膜等。

1. 菌丝束　大量平行菌丝排列在一起，组成的粗而略有些分枝的束状菌丝组织称为菌丝束（图 2-2-4 A）。例如在双孢蘑菇的子实体基部的一些白色粗丝状物就是菌丝束，它能把基质中的养分和水分及时输送给子实体。

2. 菌索　有些食用菌如蜜环菌的菌丝集结而成的绳索状的结构称为菌索（图 2-2-4 B）。菌索白色、褐色或暗褐色，粗细长短不一，一般有分枝，彼此连接成网状或根状，有吸收、输送养料和水分的功能。菌索表面常角质化，在不良环境中能保持休眠状态，在条件适宜时可从生长点恢复生长，发育到一定阶段再形成子实体。

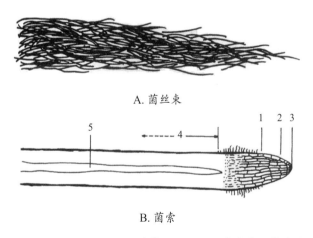

A. 菌丝束

B. 菌索

1. 顶端　2. 伸长区　3. 营养吸收区　4. 成熟变黑菌丝区　5. 菌髓

图 2-2-4　菌丝束和菌索示意图

3. 菌核　由营养菌丝集结成的坚硬的能抵抗不良环境的休眠体，如茯苓、猪苓等菌丝体在地下所形成的块状物（图 2-2-5），称为菌核。菌核质地坚硬，表面多凹凸不平，多棕褐色至黑褐色，内部白色或粉红色。菌核内通常储有较多的养分，是食用菌的休眠组织，能抵御不良环境，当环境适宜时

即可萌发成营养菌丝体。例如药用菌茯苓和猪苓的药用部分就是它们的菌核。菌核的内部结构可分为两层，即皮层和菌髓，皮层由紧密交错的具有光泽的厚壁细胞组成，而菌髓则由无色菌丝交错形成。菌核的形成可以增强菌丝对低温、干燥等不良环境的抵抗能力。菌核具有多种形态，色泽和大小差异也很大。能够形成菌核的真菌多为高等真菌，如子囊菌中的麦角菌和担子菌中的茯苓、雷丸、猪苓等，多数在地下形成。

图2-2-5　茯苓菌核

4.菌髓　一些担子菌组成菌盖或产生子实层组织的中心部分，支持子实层或隔离相邻子实层的一种不育组织，如伞菌菌褶或齿菌菌刺中央部分或菌管与菌管之间的菌丝层，称为菌髓。和菌肉一样，菌髓通常由丝状细胞组成。在伞菌菌褶中，菌髓细胞的排列方式有平行、"人"字形、交叉及混合多种，在红菇和乳菇的菌褶细胞中，还夹杂着许多泡囊状细胞。

5.菌膜　是由菌丝紧密交织而成的一层膜。如香菇的栽培袋或栽培块表面就有一层初期为白色而后期转为褐色的菌膜。在段木栽培的各种食用菌的老树皮的木质层上，也常形成一层菌膜。

6.子座　由拟薄壁组织和疏松组织构成的容纳子实体的褥座状结构（图2-2-6）。纯由营养菌丝组成的称真子座，由营养菌丝和寄生组织结合组成的称假子座。子座成熟后，其上面或内部发育出

各种无性繁殖和有性繁殖的结构，产生孢子或子实体。有的子座在其包被内产生分生孢子或子囊壳，自基物破裂而出，称为外子座，位于外子座下部的结构称为内子座。子座是真菌的休眠和产孢机构。如冬虫夏草，从菌核中长出棒状的柄部和头部子座，在头部周围生有许多子囊壳；竹黄子座呈瘤状，粉红色，初期肉质，后期变成木栓质，子囊埋生于子座近表层的组织内，寄生于竹枝上，引起竹赤团子病。

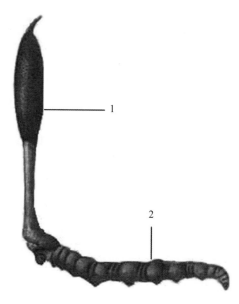

1.子座　2.虫体

图2-2-6　冬虫夏草（示子座）

第二节
子实体的形态结构

产生孢子的真菌组织器官称为子实体。食用菌中供食用的菇体和耳片都是子实体。产生担子的子实体称担子果，产生子囊的子实体称子囊果。

一、担子菌子实体

担子菌子实体，又叫担子果，是高等真菌担子

菌承载担子及担孢子的一种高度组织化的结构。

（一）形态特征

担子菌子实体形态多样，有圆柱形、二叉分枝、珊瑚形、扁平或扁平而边缘卷起、广贴生半圆形、壳状半圆形、扇形、匙形、花瓣形、无柄伞形及有柄伞形等。有柄伞形又可分为柄中生、柄偏生和侧生，而无柄伞形分为平展、平展背部隆突、三角形、蹄形、贝壳形和覆瓦形等。

担子菌子实体大小差异悬殊，小的需要用显微镜才能看到，大的直径可达 1 m 以上，质量达数千克。质地多种多样，如胶质、纸质、革质、肉质、海绵质、软骨质、木栓质和木质等。最常见的种类有蘑菇、多孔菌、珊瑚菌、马勃、地星、鬼笔、鸟巢菌、木耳、银耳和花耳等。

对大多数种类来讲，担子菌子实体的显微性状是鉴定分类的基础，其中菌丝结构、子实层的结构、担子和担孢子的形态是最重要的。子实层由担子、担孢子、囊状体和侧丝等组成。

（二）分类

Corner（1932）提出的三种担子菌子实体菌丝类型经修正后仍然在使用，它们分别是：①生殖菌丝。具隔膜，锁状联合有或无，通常薄壁，也有些种是厚壁的，分枝可膨大，不易识别，迅速引致特化菌丝如骨架菌丝、联络菌丝、囊状体、担子和刚毛的发生。生殖菌丝存在于所有种类的担子菌子实体中。②骨架菌丝。无隔膜，厚壁，一般不分枝，内部常空虚，直立或稍弯曲，构成子实体骨架。③联络菌丝。也叫连接菌丝，缠绕菌丝。隔膜极少，细窄，厚壁或薄壁，通常分枝且弯曲，互相缠结，连接骨架菌丝。

1. 担子菌子实体的菌丝体系　根据菌丝类型分为三种：①单系菌丝体系。只有生殖菌丝。②二系菌丝型。含有生殖菌丝和骨架菌丝或生殖菌丝和联络菌丝。③三系菌丝。同时含有生殖菌丝、骨架菌丝和联络菌丝。其他菌丝如具有高折射力的胶化菌丝，在梅氏试剂中有明亮的染色反应，也可能存在于某些担子菌子实体中。

2. 担子菌子实体的发育方式　在担子菌子实体的发育过程中，一些担子菌的幼小子实体外面、菌盖与菌柄之间有一层膜状结构，叫作菌幕。这是子实体的组成部分，前者称为外菌幕，后者称为内菌幕。子实体成熟或菌盖展开后，有时在菌盖表面、菌盖边缘及菌柄上形成菌幕残余，残留在菌柄上的环状或裙状结构叫作菌环，残留在柄基的叫作菌托。担子菌的子实体根据发育形式分为裸果型、假被果型、半被果型、被果型四种类型。

（1）裸果型　子实层在子实体的外表面形成，表面无组织覆盖，自始至终呈裸露状态。子实体上无菌环、菌托之类的任何残留构造。如牛肝菌科、红菇科、口蘑科许多种类的子实体发育属于裸果型（图 2-2-7 A）。

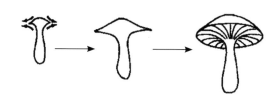

A. 裸果型发育

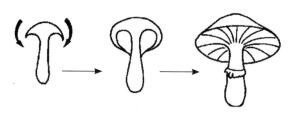

B. 假被果型发育

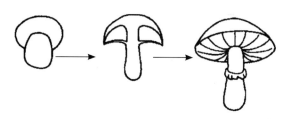

C. 半被果型发育，有内菌幕或外菌幕

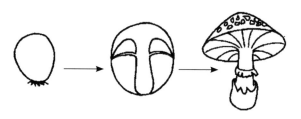

D. 被果型发育

图 2-2-7　担子菌子实体发育类型

（2）假被果型 子实层在子实体的外表面形成，刚开始时表面无组织覆盖，稍后子实层被内卷的菌盖边缘或菌柄向外生长的结构所包被而呈密封状态。当子实体成熟菌盖张开时，内菌幕伸展并随之破裂，子实层再次暴露，且子实体上无菌环、菌托之类的任何残留构造。如牛肝菌科和红菇科的一些种的发育方式属于此类型（图2-2-7 B）。

（3）半被果型 从子实体的早期阶段开始，子实层由子实体组织所包被，菌盖的边缘通过一层膜即内菌幕与菌柄相连，在孢子成熟并即将释放时，菌盖张开并撕裂内菌幕使子实层暴露出来（图2-2-7 C）。半被果型发育在蘑菇目种类中很常见。

在半被果型的种类中，内菌幕发育柔弱而撕裂较早者，其留在菌柄和菌盖边缘的残余物常不显著或较早脱落。但有许多种类内菌幕较坚实且存在较持久，菌盖开展时内菌幕从菌盖边缘拉开，其残余物就附在菌柄上形成菌环。菌环可生于菌柄的上部、中部或下部，形状、大小、厚薄、质地因种不同而有差异，有的还有单双层之分。还有少数种类内菌幕与菌盖拉开的同时也在与菌柄的相连接处拉开，形成一个可以上下移动的菌环，如高大环柄菇。鹅膏属的一些种，整个子实体原基都被外菌幕所覆盖，当子实体增大且菌盖张开后，外菌幕被撕裂并且围绕菌柄在其基部形成一个膨大的杯状物即菌托。还有的菌托仅仅由残存的数圈颗粒组成，甚至完全退化，而残留在菌盖上的那片外菌幕则通常呈现为鳞片状物。

（4）被果型 子实体有内外两层包被，产孢组织自始至终被封闭在内，孢子释放无特殊方式，孢子只在子实体破裂或腐败后才释放（图2-2-7 D）。如马勃属、秃马勃属。

二、伞菌子实体

伞菌是担子菌中的一大类别，包括子实体通常被称为蘑菇的一类担子菌。伞菌类子实体分化出菌盖（菌褶或菌管）、菌柄、菌环、菌托，形态各异。这些特异形态成为真菌分类的依据。

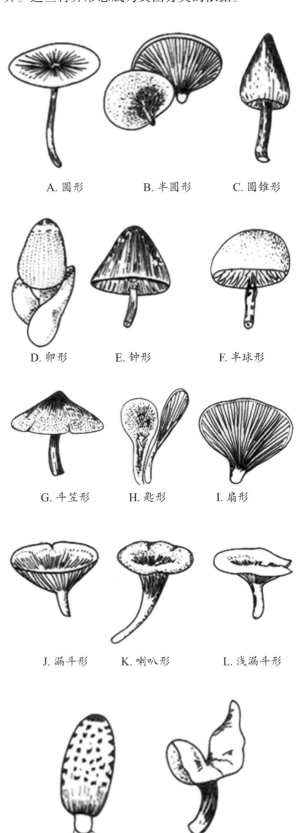

A. 圆形　　　　B. 半圆形　　　　C. 圆锥形

D. 卵形　　　　E. 钟形　　　　F. 半球形

G. 斗笠形　　　　H. 匙形　　　　I. 扇形

J. 漏斗形　　　　K. 喇叭形　　　　L. 浅漏斗形

M. 圆筒形　　　　N. 马鞍形

图2-2-8 菌盖的形态

（一）菌盖

1. 菌盖的形态　菌盖的形态（图2-2-8）是种属的特征之一，但有时形态却随着子实体发育的不同阶段和生态环境不同而发生变化。如草菇破膜之前为卵形，开始破膜为钟形，完全破膜之后呈斗笠形。又如灵芝在人工培养条件下当室内二氧化碳浓度过高、湿度不足时，常呈鹿角状，与正常平展的肾形菌盖差异甚大。不同伞菌菌盖边缘形态也有不同，有的边缘或全缘开裂，具条纹或粗条棱，有的边缘向内卷曲、上翘或反卷，有的边缘呈波状或花瓣状。大多数食用菌可通过菌盖开张程度决定采收期，一般控制在菌盖边缘仍内卷，六七成张开时，此时菇的风味较佳，如香菇。有的伞菌如草菇、蘑菇、滑菇，宜在菌幕尚未破裂之前采收，以便保持最佳风味及菇形。

2. 菌盖的颜色　菌盖的颜色丰富多彩，有黄色、白色、褐色、灰色、红色、绿色、紫色等。如双孢蘑菇为乳白色，鸡油菌为杏黄色，松塔牛肝菌为褐色，草菇为鼠灰色，大红菇为深红色，青头菌为蓝紫色，紫芝为紫铜色。此外也有杂色的，如花脸菇。

菌盖的颜色是种属的重要特征，但其颜色有时也随着栽培条件和生育阶段的不同而变化。另外同一个品种中还因菌株不同而出现菌盖颜色的差异，如金针菇有白色、黄色菌株之分。

3. 菌盖的表面特征　菌盖表面特征也因种属而异。菌盖表面附属物一般可分为纤毛、丛毛鳞片、颗粒状鳞片、块状鳞片、角锥鳞片等（图2-2-9）。菌盖表面不同形态的附属物常由种性决定，是分类的依据。菌盖表面特征也随着菌盖发育阶段和生长条件的不同而不同，不同种类略有不同。例如香菇在潮湿的生态环境下，菌盖的表面微黏，通风条件好者呈现出丛毛鳞片，然而在低温季节，菌盖的表面常因发育减缓，出现菊花状的厚菇，干燥的气候条件下，菌盖又会龟裂形成花菇。

4. 菌盖的组成　菌盖由菌盖角质层、菌肉和产孢组织——菌褶或菌管组成。

（1）菌盖角质层　又称菌盖表皮，位于菌盖的最外层，由角质层菌丝组成。不少食用菌种类菌盖发黏，这是由角质层菌丝分泌或菌丝壁本身胶化而产生的黏多糖所致。

（2）菌肉　菌盖角质层下面就是菌肉，有些食用菌的菌盖角质层与菌肉结合紧密不易分离，如香菇、双孢蘑菇等，但有些很容易分离，如平菇等。菌肉的构造（图2-2-10）通常分为两种，大多数食用菌的菌肉全部由丝状菌丝组成，只有少数食用菌如红菇属和乳菇属中的一些种类，菌丝中有很多分枝的细胞变成膨大的泡囊。这些泡囊成群地遍布在菌肉里面，有时形成菌肉的主要成分，故红菇属等的子实体也就显得特别松脆易碎。这些种类的子实体受伤后会流出乳白色的液汁，菌肉多为白色，少数有色，有些种类的菌肉受伤后会变色。有无乳汁及菌肉伤后的变色反应，常是分类上的重要特征。

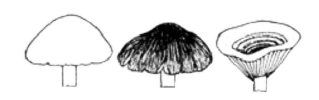

A. 表面光滑　　B. 具毛状条纹　　C. 具环纹 1

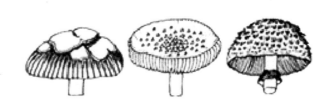

D. 具块状鳞片　E. 具角锥状鳞片　F. 被纤毛状丛生鳞片

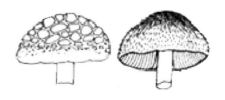

G. 龟裂鳞片　　H. 具短纤毛

图 2-2-9　菌盖表面特征示意图

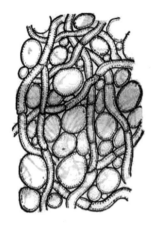

A. 泡囊状菌丝组织   B. 丝状菌丝组织

图 2-2-10 菌肉组织

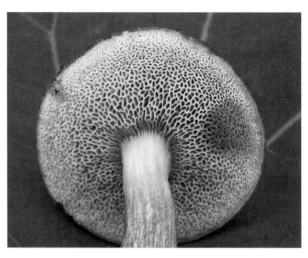

B. 菌管

图 2-2-11 食用菌的菌褶和菌管

（3）菌褶 菌盖另一重要的组织结构为菌褶。菌褶的内部组织也叫菌髓，通常由长丝状细胞组成。红菇属和乳菇属菌髓的长丝状细胞中还分布有大量的泡囊状细胞。菌髓中的菌丝排列方式因种属不同，可分为规则型、交错型、正两侧型和反两侧型四种类型。菌褶（图 2-2-11 A）是生长在菌盖下面的子实层部分，少数呈管状叫作菌管（图 2-2-11 B），多数为褶片状的菌褶。菌褶或菌管排列或疏或密，或等长或不等长，形状有网状、叉状，褶间具有横脉以及菌管呈放射状排列等（图 2-2-12）。

菌褶边缘通常完整光滑，但有的呈波浪形、锯齿状、颗粒状等。菌褶与菌柄连接的方式有离生、直生、延生、弯生等。这些性状也是伞菌分类的依据。

菌褶指担子菌类伞菌子实体的菌盖内侧的褶皱部分。从横切面来看，每个菌褶的两侧都有子实层。由子实层基向外再产生栅状排列的担子和囊状体。担子上着生 2～4 个担孢子，多数担子菌为 4 个。担子、担孢子和囊状体组成子实层。

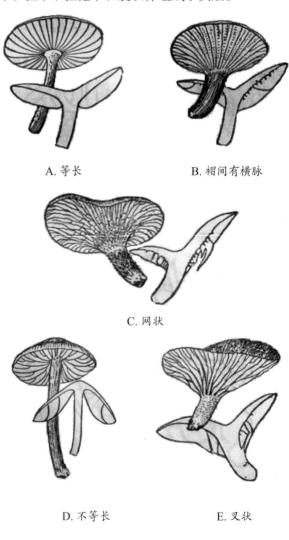

A. 等长   B. 褶间有横脉

C. 网状

D. 不等长   E. 叉状

图 2-2-12 菌褶特征示意图

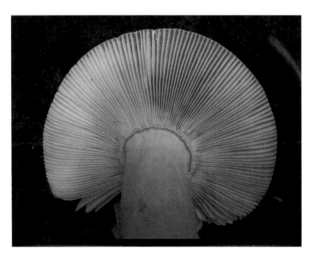

A. 菌褶

1）子实层 伞菌的子实层位于菌褶的表面。胶质菌类中木耳属的子实层着生于子实体的腹凹面，齿菌类（如猴头菌）子实层着生于刺状菌齿的表面。腹菌类如马勃子实层着生于包被封闭的子实体内。牛肝菌类子实层和多孔菌一样，着生于菌管内周壁上。

伞菌子实层发育有两种类型，有的与伞褶同时发育，而有的不同时发育。多数伞菌子实层的发育属于前一种类型，这种类型的菌褶的横切面都是楔形的，担子均匀地覆盖在菌褶表面，孕育成熟释放出孢子。子实层不同时发育的菌褶（通常称为鬼伞型菌褶）的两侧面则是平行的，排列在这些菌褶上的担子逐层由上而下地成熟和孕育孢子，接着就在已释放孢子的地方产生一个自溶带，把已释放孢子的菌褶毁坏掉。菌褶自溶，可能与菌褶组织本身蛋白酶的活动有关。

2）担子 是一种产孢子机构。即担子是孢子的承载体，完成核配和减数分裂。典型的担子为棒状，生4个小梗，上面各产生一个担孢子，成熟时孢子强力弹射。它由子实层基最顶端的双核菌丝膨大发育而成。

担子是否分隔是有隔和无隔担子菌亚纲分类的依据，有以下几种类型（图2-2-13）：① 有隔担子。也称异担子，有的具横隔（通常3个横隔），如木耳；有的具纵隔，如银耳。②无隔担子。也称同担子，筒状（如伞菌）或二叉状（如花耳）。无隔担子可再分为两型：横锤担子，又称横担子，减数分裂时纺锤体横列；纵锤担子，或称纵担子，减数分裂时纺锤体纵列。

依据细胞核行为的不同可将担子分成原担子、异担子、小梗三部分。①原担子。核配发生的部位。②异担子（变态担子）。减数分裂发生的部位。③小梗。异担子和担孢子之间的部分。有的种类如锈菌原担子和异担子有明显形态区别，而同担子菌类原担子和异担子则为同一结构。

3）孢子 孢子是一种有繁殖功能的休眠细胞，分为有性孢子和无性孢子两大类，是真菌繁殖

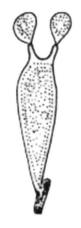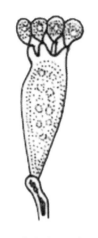

A. 双孢蘑菇的无隔担子　　B. 香菇的无隔担子

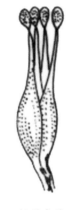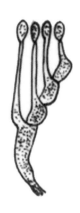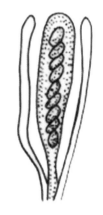

C. 银耳类的　　D. 木耳类的　　E. 子囊、子囊孢
纵隔担子　　　横隔担子　　　子和菌丝

图2-2-13　担子及子囊

的单元。在担子菌和子囊菌中，有性孢子分别称为担孢子和子囊孢子。伞菌的担孢子壁为多层结构，2～6层不等，因种而异。一般来说，孢子壁厚的有孢孔，以芽殖方式萌发孢子（如草菇、蘑菇）；孢子壁薄的则无孢孔，以吸湿伸长方式萌发孢子（如香菇）。

担孢子具有典型的细胞结构，如核蛋白体、线粒体、脂质体、空孢等。担孢子无色或浅色，成熟的子实体不断释放出孢子，堆积起来出现孢子印。孢子印的颜色有白色、粉红色、奶油色、锈色、褐色、青褐色、咖啡色和黑色等，有些菌的孢子印可由浅色变深色。用梅氏试剂对担孢子染色并观察其反应是鉴定的重要依据，如淀粉质反应为蓝色，拟淀粉质反应为浅黄褐色或浅红褐色，非淀粉质反应则为无色或稍带浅黄色。

食用菌基础知识

担子菌的担孢子数量很大，有些种类释放孢子的时间很长。如大秃马勃一个子实体的担孢子数量可达 7×10^{12} 个；蘑菇一天可释放 1.6×10^{10} 个担孢子；香菇释放孢子时间可达 61 天；树舌每天可释放约 30 亿个担孢子，一年中释放担孢子时间长达 6 个月，总数高达 5 400 亿个。成熟的担孢子可直接萌发产生初生菌丝（单核菌丝），或间接萌发产生次生孢子，或芽殖产生大量的分生孢子或小分生孢子（次生分生孢子），然后由分生孢子萌发成初生菌丝。

4）囊状体　囊状体位于担子间，与担子具有同源性。在显微镜下观察，超出担子或比担子更大的细胞即是囊状体。囊状体因着生位置不同往往用不同名称以示区别，如生于菌褶边缘两侧的为侧生囊状体，生在菌褶边缘的叫褶缘囊状体，生于菌盖表皮和菌柄上的则分别称为盖面囊状体和柄生囊状体等。囊状体的大小、形态、颜色、有或无等是分类鉴定中常用的特征。此外，在担子与担子之间还有侧丝。

5）特殊的菌褶　①菌管（图 2-2-11 B）。牛肝菌科和多孔菌科均具管状菌褶，密集竖状排列于菌盖下，外观如蜂窝状，是菌褶的一种变态。两科的差别在于牛肝菌菌管之间易分离开来，多孔菌菌管之间不易分开。菌管口径大者可达几毫米，小者仅有 0.1 mm。菌管圆形、多角型和复管型（大管孔中有小管孔）。菌管的排列从不规则到迷宫形不等。子实层沿着菌管孔内壁整齐排列。这种排列方式显然比伞菌的菌褶平排式产孢面积扩大几倍。此外，菌管的颜色常因种类差异而呈现不同的颜色。有的种类菌管受伤之后也会变色。②菌刺。指整个子实体或菌褶均为齿状，子实层覆盖于圆锥形的刺状结构表面（如猴头菌）。大多属齿菌科。③子座。在子囊菌类中，呈棍棒状，在子座前半部密生着子囊壳，是产生有性孢子——子囊孢子的器官。

6）其他产孢组织　又称造孢组织。在担子菌亚门腹菌纲如马勃属、地星属的大型真菌中，孢子着生在子实体内部的迷宫状子实层上，在子实体破裂时才呈现出来。有的是菌盖突破外包被时，顶部出现蜂窝状的凹陷，孢子着生在凹陷处，如羊肚菌、鬼笔、竹荪等。

（二）菌柄

菌柄是连接和支撑菌盖的"支柱"。菌柄的长短、形状因种类而异，一般长 0.5 ～20 cm，直径 0.1 ～10 cm。菌柄的形状一般为圆柱形。

菌柄表面有光滑、纵横交错、沟纹、网纹之分。菌柄附属物有鳞毛、碎片、茸毛、纤毛等。这些性状有的会随着环境和生长阶段变化而变化。

菌柄依纵剖面的形状分为实心、空心、半空心等。有的种类随着子实体的发育，由实心转化为半实心。菌柄在菌盖的位置可分为中生、偏生、侧生等。此外，从菌柄的质地上还可分为纤维质、脆骨质、肉质和蜡质等。有的种类菌柄上还有菌环和菌托。

菌褶或菌管与菌柄的连接方式，常作为分类的依据，大致分为以下四种类型（图 2-2-14）：①离生。菌褶与菌柄不直接相连且有一段距离，如双孢蘑菇和草菇。②直生。菌褶与菌柄呈直角状连接，如蜜环菌、滑菇。③弯生。菌褶与菌柄呈弯曲状连接，如香菇和口蘑。④延生。菌褶沿菌柄向下延伸，如平菇和凤尾菇。

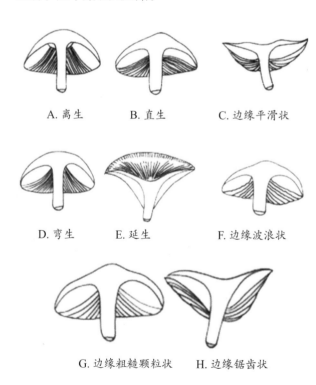

A. 离生　　　B. 直生　　　C. 边缘平滑状

D. 弯生　　　E. 延生　　　F. 边缘波浪状

G. 边缘粗糙颗粒状　　　H. 边缘锯齿状

图 2-2-14　菌褶与菌柄着生情况及边缘特征

（三）菌环

有的伞菌子实体蕾期，内菌幕包连菌柄，随着菌盖展开破裂，残留在菌柄上的部分即为菌环。菌环的大小、薄厚、质地因伞菌种类而异。此外还有单、双层菌环之分。菌环一般着生在菌柄的中上部，有少数种类菌环与菌柄相脱离并可移动。有的菌类早期有菌环，后期消失（图2-2-15）。伞菌菌环的有无是鉴定种属的重要依据。

有一层外菌幕，当菌柄伸长时外菌幕破裂，大部分外菌幕残留在菌柄的基部，形成菌托。菌托的形状有苞状、鞘状、鳞茎状、杯状、杵状，有的由数圈颗粒组成（图2-2-16）。有的一部分外菌幕残留在菌盖上形成鳞片状块斑。

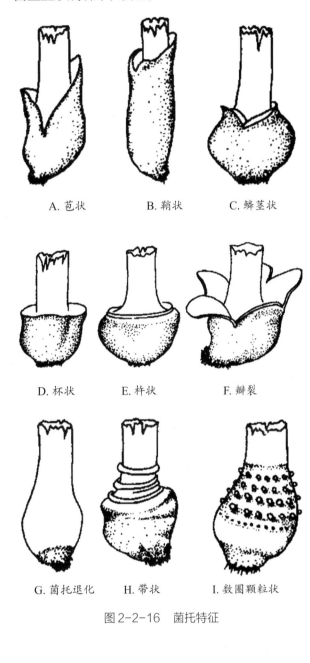

A. 苞状　　　B. 鞘状　　　C. 鳞茎状

D. 杯状　　　E. 杵状　　　F. 瓣裂

G. 菌托退化　　H. 带状　　　I. 数圈颗粒状

图2-2-16　菌托特征

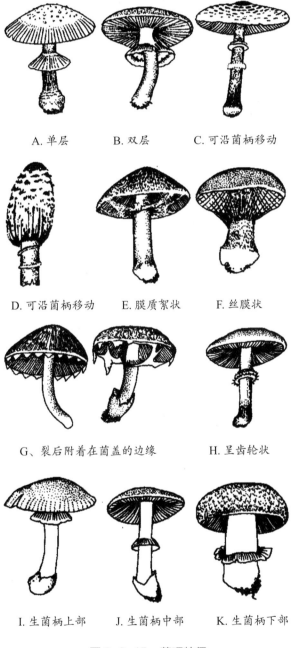

A. 单层　　　B. 双层　　　C. 可沿菌柄移动

D. 可沿菌柄移动　　E. 膜质絮状　　F. 丝膜状

G、裂后附着在菌盖的边缘　　H. 呈齿轮状

I. 生菌柄上部　　J. 生菌柄中部　　K. 生菌柄下部

图2-2-15　菌环特征

（四）菌托

草菇、鹅膏菌属、部分腹菌类的蕾期子实体包

三、子囊菌子实体

大多数子囊菌的子囊被包裹在一个由菌丝组成的包被内，形成具有一定形状的子实体，称为子囊果。酵母菌和少数丝状子囊菌不形成一定形状的子实体，因而没有子囊果。

食用菌基础知识

根据产生子囊的方式，子囊菌子实体分为以下四种类型：①裸果型。子囊裸生而没有任何子实体。②闭囊壳。子囊被封闭在一个球形的缺乏孔口的子囊果内，如块菌。③子囊壳。子囊着生在一个球形或瓶形的子囊壳内，子囊壳或多或少是封闭的，但在成熟时出现一个孔口而使孢子释放出来，如著名的药用真菌冬虫夏草。④子囊盘。子囊着生在一个盘状或杯状开口的子囊果内，与侧丝平行排列在一起形成子实层，如胶陀螺菌、羊肚菌等。

典型的子囊盘包括下列部分：①子实层。由子囊和侧丝相间排列而成。②囊层基。又称子实下层，由子实层基部的菌丝组成。③囊盘被。即子囊盘的包被，是子实体的肉质部分，分为外囊盘被和盘下层，支持囊层基和子实层。④菌柄。并非所有的盘菌都能产生典型的子囊盘，有些菌的子囊盘有柄，而有的无柄或柄不明显。⑤子囊腔。有一类子囊菌，子囊单独、成束或成排地着生于子座的腔内，子囊的周围并没有形成真正的子囊果壁。这种含有子囊的子座称为子囊座，在子囊座内着生子囊的腔称为子囊腔。一个子囊座内可以有多个子囊腔。有些单腔的子囊座外观很像子囊壳，被称为假囊壳。

子囊菌子实体的发育方式有三种类型：①闭果型；②裸果型；③半裸果型。

在子囊菌子实体中，除子囊外还含有各种不同的不孕菌丝和组织：①中心体。由子囊菌子实体内附属结构组成，包括子囊和不孕组织成分。中心体发育是用来区分子囊菌各目的重要特征之一。②侧丝。从子实体基部长出，通常不分枝，有或无隔膜，顶端保持游离地生于子囊间的菌丝。生于子囊果孔口或子座口内部短而不分枝的菌丝。③缘丝。具有引导到子囊孢子孔口顶端释放的作用。④拟侧丝。在子囊腔内，有类似侧丝的拟侧丝。它发生于子囊座中心的顶部，向下生长于子囊之间并到达子囊果的基部，在基部与包被细胞融合成为子囊之间的幕状物。

子囊菌可生长在地下或地上，动物粪便、埋没的树干、腐烂的木材和越冬的落叶及果实上。在子囊菌中，盘菌目的少数种类可食。

第三章　食用菌的营养价值和药用价值

食用菌，常被称为蕈、菌、菇、耳等。作为高档蔬菜，食用菌自古以来就被誉为"山珍""山珍之王"，兼有荤菜（肉、蛋类等）和素菜（蔬菜、豆制品等）两者之长，含有丰富的蛋白质、维生素和矿质元素等多种营养物质。作为传统中药，一些食用菌兼具药用价值。近代医学研究证明，食用菌不仅具传统的通经益气、强身祛病、益寿延年等作用，还可增强人体免疫力，抗癌防癌，疗疾治病等。

第一节
营养价值

食用菌作为食品，同时具备以下三种功能：①营养功能。能提供蛋白质、脂肪、碳水化合物、矿质元素、维生素及其他生理活性物质。②嗜好功能。色、香、味俱佳，口感好，味道好，具有独特的鲜味，可以刺激食欲。③生理功能。有保健作用，食后能参与人体的代谢，维持、调节或改善体内环境的平衡，可以作为一种生物反应调节剂，提高人体免疫力，增强人体防病治病的能力，从而达到延年益寿的作用。食用菌符合联合国粮食及农业组织（FAO）对功能性食品的三个要求，也被称为"21世纪的健康食品"。

食用菌基础知识

一、食用菌的营养特点

食用菌具有高蛋白、低脂肪、维生素含量丰富的特点。

多数食用菌子实体的蛋白质含量一般为鲜重的 2%～4% 或干重的 10%～40%，介于肉类和蔬菜之间。食用菌所含的蛋白质也是由 20 多种氨基酸组成的，其中有 8 种是人体不能合成而又不可缺少的必需氨基酸。有些氨基酸在植物性蛋白食品（如大米等谷物）中一般不齐全，或虽然齐全但比例不适或数量偏少，因而人们须从动物性食品或菌类中获取。据估测，大约 70% 的食用菌蛋白质在人体内消化酶的作用下可分解成氨基酸被人体所吸收，食用菌属于高消化率的蛋白食品。大部分食用菌所含的脂肪酸为不饱和脂肪酸，能降低血脂，是动脉硬化患者理想的保健食品。

维生素也是评价食品营养水平的重要指标。食用菌富含维生素 B_1（硫胺素）、维生素 B_2（核黄素）、烟酸（维生素 B_3）、维生素 C（抗坏血酸）和麦角甾醇（维生素 D 原）等。如人的皮肤、眼睛和机体组织需要维生素 B_2，健康的皮肤和体内能量代谢少不了维生素 B_3，维生素 B_1 对糖代谢及人体神经系统的健康很重要。

二、食用菌的营养物质

随着人们生活水平的不断提高，以及对健康饮食的追求，菌类食品越来越受到消费者的青睐。菌类食品的营养价值介于动物性食品和植物性食品之间，兼具动物性食品高蛋白和植物性食品低脂肪的优点，是名副其实的高蛋白、低脂肪优质食品。食用菌的营养成分因菌物品种、培养料、栽培方法、采收期、贮藏加工等诸多因素的影响而具有一定差异。

食用菌的基本化学组成包括水分和干物质两大部分，干物质中主要有碳水化合物、蛋白质、脂肪、矿质元素、维生素等。

（一）水分

新鲜食用菌的含水量通常为 70%～95%，多数为 90% 左右。不同种类的食用菌含水量不同，即使同一种食用菌，不同的栽培原料、管理措施、采收期都会对子实体含水量产生较大影响。子实体中的水分主要以结合水和自由水两种形态存在。结合水比较稳定，即使高温干燥也不易蒸发，低温下不易结冰。自由水不稳定，在低温条件下能够结冰，在高温条件下容易蒸发散失，食用菌中含水量的变化主要是自由水含量的变化。

水分含量是影响食用菌鲜度、嫩度和风味的重要指标之一，含水量直接影响贮藏保鲜时间长短。

（二）蛋白质

蛋白质的含量和质量是评价食品质量的重要标准。目前，食品中蛋白质含量的测定一般采用凯氏定氮法，用测得的总氮量乘以 6.25 计算出蛋白质含量。因为食用菌中含有较多的非蛋白氮，所以，计算食用菌中蛋白质的含量一般以乘以 4.38 为宜。

据对 112 种食用菌的营养成分分析，平均干重的 25% 是粗蛋白质，一般菇类蛋白质含量为鲜重的 2%～4% 或干重的 20%～40%，多数为 20%～25%，介于肉类和蔬菜之间，是蔬菜的 2～6 倍。蛋白质种类齐全，含量丰富。

食用菌不但蛋白质含量高，而且组成蛋白质的氨基酸种类齐全，一般都含有 17～18 种氨基酸，并含有 8 种人体不能合成而又不可缺少的必需氨基酸。其中赖氨酸和亮氨酸含量较为丰富，而这正是许多粮食作物所缺乏的。在评价蛋白质的质量时，必需氨基酸占氨基酸总量的比例是一个重要指标，大多数食用菌中必需氨基酸占氨基酸总量的 40% 以上，符合 FAO 对优质食品资源的定义。另外，食用菌蛋白质的消化率较高，大约 70% 的食用菌蛋白质在人体内消化酶作用下，可分解成氨基酸被人体吸收，如蘑菇干粉蛋白质超过 42%，蛋白质消化率高达 88.3%。食用菌还含有多种呈味氨基酸，使食用菌具有诱人的鲜味。

食用菌是很好的蛋白质和氨基酸来源。

（三）矿质元素

食用菌含有多种矿质元素，其中许多是人体必需的矿质元素。化学成分分析表明，食用菌含灰分3%～12%，多数种类为6%～10%。经测定，其中的钾、磷、钠、钙和镁所占比例较高，约占总灰分的56%～80%。而在上述几种元素中，钾所占比例最高，占总灰分的45%～58%；其次是磷，约占总灰分的20%左右。因此含钾量丰富的食用菌是治疗缺钾引起的各种症状的良药。

矿质元素参与构成骨骼、血红蛋白、细胞色素，维持体内渗透压和酸碱平衡，还作为酶的辅助因子对维持人体正常生理机能、促进生长发育、抵抗疾病有重要作用。食用菌中含有丰富的微量元素，并且对铁、锌、硒等元素有不同程度的富集作用。硒是人体必需的微量元素之一，可增强人体免疫功能，延缓衰老，保护肝脏，预防肿瘤和心血管疾病。

灵芝的含锗量是人参的3～4倍。锗虽然不是人体必需的微量元素，但研究表明，有机锗具有保健、延年益寿、抗衰老、抗肿瘤等功效。

对人体有害的重金属汞、砷、铅、镉含量极少，绝大多数测试结果表明，重金属含量符合国家食用菌卫生标准要求，对人体健康无不利影响。

（四）维生素

维生素是维持人体正常生理需要的必需物质，一般在人体内不能合成，必须由食物供给。维生素一般作为生物催化剂酶的辅助因子起作用，参与所有细胞的物质与能量变化过程。另外，维生素A、胡萝卜素、维生素C、维生素E等还具有清除自由基、增强免疫力、防止衰老等功效。常吃食用菌可预防维生素缺乏症，提高机体免疫力。

据报道，食用菌中含有多种维生素，如维生素A、维生素 B_1、维生素 B_2、维生素 B_3、泛酸（维生素 B_5）、维生素 B_6（吡哆醇）、维生素 B_{12}（氰钴胺素）、维生素C、生物素（维生素H）、叶酸（维生素 B_9）、胡萝卜素、维生素D、维生素E等。通常食用菌中维生素 B_1 和维生素 B_2 含量较高。胶质菌的胡萝卜素、维生素E含量高于肉质菌，而肉质菌中的草菇、香菇维生素总量高于胶质菌。食用菌是良好的维生素食物来源。

（五）碳水化合物

多数食用菌碳水化合物占干重的60%左右，有的种类则高些，如银耳为94.8%。食用菌中的碳水化合物的主要形式是糖类，少量是纤维素。

碳水化合物是食用菌中含量最高的组分，一般占干重的50%～70%。在食用菌碳水化合物中，营养性糖类含量为2%～10%，包括海藻糖（菌糖）和糖醇。这两种糖是食用菌的甜味成分，经水解生成葡萄糖被吸收利用。食用菌碳水化合物中戊糖胶的含量一般不超过3%，银耳、木耳的戊糖胶含量较高，银耳中戊糖胶的含量占其碳水化合物的14%。戊糖胶是一种黏性物质，具有较强的吸附作用，可以帮助人体将有害的粉尘、纤维排出体外。

食用菌中的可溶性多糖成分具有多种生理活性，特别是近年来发现食用菌中的水溶性多糖成分可抑制肿瘤的生长，具有很强的抗肿瘤活性。

（六）脂肪

食用菌是低脂肪食物，据测定，其脂肪含量平均为4%，多为1.1%～8.3%。食用菌脂肪组成的75%以上为不饱和脂肪酸，不饱和脂肪酸中又有70%以上是人体必需脂肪酸，如亚油酸、油酸等。与其他食品相比，食用菌脂肪有三个突出特点：①脂质含量较低，为低热量食物，但天然粗脂肪齐全。②不饱和脂肪酸的含量远高于饱和脂肪酸，且以亚油酸为主。据分析，目前广泛栽培的几种主要食用菌的不饱和脂肪酸的含量约占总脂肪酸含量的72%左右。③植物固醇尤其是麦角甾醇含量较高。麦角甾醇是维生素D的前体，在紫外线照射下可转变为维生素 D_2，能促进钙的吸收，预防佝偻病。

食用菌所含的脂类有卵磷脂、脑磷脂、神经磷脂和多种固醇类等。食用菌中的不饱和脂肪酸和脂类对降低血脂、胆固醇，预防心血管系统疾病有显著作用。

（七）膳食纤维

食用菌的纤维素成分丰富，占 4% ～ 28%。食用菌中的纤维素主要是构成细胞壁的成分甲壳质，这是一种膳食纤维（粗纤维）。研究表明，膳食纤维对人体健康是极为有益的，能吸附血液中多余的胆固醇和肠道中的代谢毒素并将其排出体外，同时，有利于肠蠕动，预防和缓解便秘。纤维素还能减缓糖尿病患者对葡萄糖的吸收速率，稳定血糖浓度，从而减少对胰岛素的需求量。据测定，双孢蘑菇的纤维素含量为 10.4%，平菇 7.4% ～ 27.6%，草菇 4% ～ 20%。

（八）其他

研究还发现，不少食用菌具有浓郁的香味，如松口蘑、香菇、鸡油菌等，这是由于其菌体含有香味成分，如松口蘑含有 L-松口蘑醇、异松口蘑醇等香味成分，以松口蘑醇含量最高，占香味成分的 60% ～ 80%。香菇中的香味成分主要是香菇香精、香菇油及辛醇等，现在香菇香精已经能够人工合成，添加到食品中可使食品具有香菇香味。

食用菌含有多种营养物质，具有极高的食用价值和鲜美的味道，是营养丰富的食物，是人类理想的健康食品。

第二节
药用价值

中医自古以来就有"药食同源"（又称为"医食同源"）理论，认为许多可食用的动植物产品既可用作食物也可作为药物使用，没有绝对的界限，很多食物即是药物，能够防治疾病。食用菌以前常被归于植物类中，所以它既是美味佳肴，也同样具有独特的医疗保健作用。自《神农本草经》以来，历代本草及其他医学典籍中记载的具有医疗保健价值的食用菌种类不下百种。

具有良好医疗保健价值的大型真菌大致可以分为肉质、胶质和木栓质三大类，肉质菌和胶质菌主要用来食用，如姬松茸、灰树花、香菇、鸡腿菇、茯苓、木耳、银耳等，而木栓质菌、木质菌主要作药用，如灵芝、树舌、桑黄、樟芝、桦褐孔菌、槐耳、云芝等。

现代药学研究表明，食用菌含有多种有效成分，如多糖类、三萜类、核苷类、呋喃衍生物类、固醇类、生物碱类、多肽氨基酸类和脂肪类等。

食用菌多糖具有抗感染、抗辐射、抗凝血、降血糖、抗疲劳、预防和治疗肿瘤等多种功能，属于天然药用活性成分，具有重要的医疗价值和经济价值。萜类化合物是一群以异戊二烯五碳结构为基本单元的化合物大家族，是各类型天然产物中最多的一类，迄今为止已发现的萜类化合物超过 4 万种。三萜类化合物含有 6 个异戊二烯五碳结构，是一类难溶于水、易溶于有机溶剂的化合物，味苦，是食用菌中主要的活性成分之一。从食用菌中提取分离到的三萜类化合物已达 100 多种，有的已被证实具有抗肿瘤和免疫调节等多种药理作用。

一、防癌抗癌作用

食用菌多糖的抗肿瘤作用是其最重要的生物活性之一，也是研究的热点。文献报道，已发现 170 多种食用菌的提取物能抑制小鼠恶性肉瘤细胞 S180 及艾氏腹水癌等细胞的生长，同时有促进肝脏中蛋白质及核酸的合成和骨髓细胞的造血功能恢复，促使机体细胞免疫和体液免疫功能增强的生物学效应。比如，云芝多糖和灰树花多糖已经作为抗肿瘤的临床药物，表现出广谱抗瘤作用，是近年来颇引人注目的抗癌免疫药物；香菇多糖与伏福定 (UFT) 合用可用于治疗胃癌，疗效显著；将猴头菇多糖、香菇多糖和茯苓多糖按相等比例混合后，再按一定比例配以甘草酸等制成的复合多糖，抑瘤效果明显高于单味香菇多糖；猴头菇多糖还对胃癌和食管癌有一定的疗效。此外，灰树花多糖、裂褶菌多糖、姬松茸多糖、灵芝多糖、竹荪多糖等真菌多糖，都具有较强的抑瘤活性。

另外三萜类化合物是药用菌的主要活性成分，Toth 等从赤芝菌丝体中提取了 6 种具细胞毒活性的三萜类化合物，能明显抑制小鼠肝肉瘤细胞的增殖。Lin 等也报道了从食用菌子实体中分离到的三萜类化合物具有较强的抑瘤活性。Tang 等研究发现灵芝三萜可引起线粒体功能紊乱而导致肺癌转移细胞的凋亡。黄书铭等进一步研究表明，赤芝中的三萜类化合物成分对人肝癌细胞生长有一定的选择性抑制作用。刘艳芳等报道了不同发酵阶段的灵芝菌丝三萜类化合物成分与抗肿瘤作用的相关性，表明灵芝三萜类化合物在菌丝发酵后期才大量产生，并非培养时间越长含量就越高，当培养到一定时间后，菌丝的三萜类化合物含量降低或只在组分间相对比例上发生变化。菌丝中三萜类化合物的种类与子实体相比相对较少，不同生长阶段菌丝中的三萜类化合物在组分、相对含量及各组分间的比例上都有所变化，其中两个组分峰的增高与其对肿瘤细胞的抑制作用反相关，另有几个组分峰的增高与对肿瘤细胞的抑制作用正相关。

据统计，到目前为止，中国的药用食用菌大约有 270 种，具有抗癌作用的有 150 多种，现已应用于临床的近 10 种。目前用于肿瘤治疗的以食用菌为原料制取的药剂有 PSK（云芝多糖）、猴菇菌片、香菇多糖针剂、保力生（灰树花多糖）、灵芝宝（灵芝孢子粉）等。

二、降血压、降血脂、抗血栓形成作用

食用菌多糖在降低血压、血脂和血糖方面有显著的作用。它们能有效增强冠状动脉机能，扩大冠状动脉流量，增强心肌供氧能力，降低血脂，预防动脉硬化，改善血液循环。

灵芝有明显的强心作用，对心肌缺血有保护作用。香菇、双孢蘑菇、长根菇、灵芝、木耳、金针菇、凤尾菇、银耳等食用菌中含有香菇素、酪氨酸酶、小奥德蘑酮等物质，具有降低血压和胆固醇的作用。木耳和毛木耳中的腺嘌呤核苷是破坏血小板凝固的物质，可抑制血栓形成。经常食用毛木耳，可减少动脉硬化病的发生。凤尾菇的水提取物可以减缓肾坏死，从而延长慢性肾病患者的生命。鸡腿菇、灵芝都有明显的降血糖作用。

三、抗菌、抗病毒作用

香菇、双孢蘑菇、蜜环菌、牛舌菌、灰树花等多种食用菌都含有抗菌、抗病毒物质，对病原菌、病毒有明显的抑制作用。因此，常食用香菇、双孢蘑菇等食用菌，对流行性感冒（流感）有积极的防御作用。据日本菇农介绍，在菇场工作的采菇人员和经营人员由于常食用菇类几乎不患流行性感冒。我国香菇产地也有类似的报道。据日本药学会第 113 次年会报告，灰树花多糖对人类免疫缺陷病毒（HIV）有抑制作用，具有抗艾滋病的功效。灵芝的体外抑菌试验显示，灵芝三萜类成分对金黄色葡萄球菌、大肠杆菌、产气杆菌、肠炎杆菌、枯草芽孢杆菌具有明显的抑制作用，在抗菌制剂应用方面有潜在的药用价值。

四、免疫调节作用

食用菌多糖调节免疫功能的作用主要体现在以下方面：①激活巨噬细胞。蜜环菌多糖能增加免疫器官的重量，提升单核巨噬细胞的吞噬功能；香菇多糖可使小鼠腹腔巨噬细胞的数量增加，且在给药第 5 天后达到高峰；灵芝多糖、银耳多糖、冬虫夏草多糖等均能增强腹腔巨噬细胞的吞噬功能。水溶性葡聚糖对巨噬细胞的激活作用是通过与巨噬细胞表面特异性受体结合完成的，可促进巨噬细胞对靶细胞的吞噬作用，同时激活巨噬细胞中大量的溶酶体，以消化靶细胞。②激活淋巴细胞。大多数食用菌多糖能激活 T 淋巴细胞（T 细胞），促进细胞毒

T 细胞的产生，提高其杀伤力，如香菇多糖、冬虫夏草多糖、蜜环菌多糖、灵芝多糖、猴头菇多糖、裂褶菌多糖都有增强淋巴细胞增殖的作用。因此食用菌多糖可作为恢复并增强患者免疫功能的辅助性药物。③促进干扰素 (IFN) 生成。香菇多糖能使血浆中的干扰素浓度增大，而云芝糖肽在 $10 \sim 100 \ \mu g/mL$ 时，能使正常人外周白细胞产生干扰素 α 和干扰素 γ 的能力分别提高 8 倍和 4 倍。④促进生成白细胞介素 (IL)。银耳多糖不仅能增加正常小鼠脾细胞白细胞介素 2 的产生，而且可恢复老年小鼠脾细胞分泌白细胞介素 2 的功能。

食用菌三萜类化合物也具有免疫调节功能，Kino 等从赤芝子实体的甲醇提取物中分离出三萜类化合物灵芝酸 A、B、C、D，结果表明这些化合物能明显抑制伴刀豆球蛋白 A 等诱发的肥大细胞的组胺释放。Min 等报道灵芝醇、灵芝酮二醇和灵芝酮三醇能有效阻断补体激活的经典途径，具有发展成为免疫抑制剂的潜能。研究表明，羊毛甾烷型三萜在 C-3 位的羰基是其活性必需基团，且抗补体活性与侧链上的羟甲基数成正比。但对赤芝三萜类的调节免疫功能机制阐述不一。周昌艳等研究发现，灵芝酸能促使带 Lewis 肺癌的豚鼠体内白细胞介素 2 的含量上升，并提高其自然杀伤（NK）细胞的免疫活性，具免疫促进的功能。

长期食用菌类，可以有效地提高机体免疫力，使机体的非特异性免疫功能、体液免疫功能以及细胞免疫功能全面提高，还可促进免疫细胞因子的产生。

五、健胃、保肝和预防肝病作用

食用菌多糖对人体的消化器官具有保健作用。如猴头菇多糖可促使胃液分泌、稀释胃酸，防止胃溃疡患者胃部溃疡面的扩大。茯苓多糖提取物含有层孔酸、茯苓酸等物质，具有护肝解毒作用。灵芝三萜类化合物能不同程度地减轻动物肝损伤，具有明显的保肝作用。如用双孢蘑菇制成的健肝片、肝血康复片，以亮菌、云芝为原料制作的亮菌片、云芝肝泰，以灵芝制成的多种制剂都是治疗肝炎常用的药物或辅助药物。

六、镇静、抗惊厥作用

猴头菇等有镇静作用，可治疗神经衰弱。蜜环菌发酵物有类似天麻的药效，具有中枢镇静作用。茯神的镇静作用比茯苓强，可宁心安神，治心悸失眠。灵芝子实体的二氯甲烷提取物经硅胶柱色谱和高效液相色谱法制得 4 种具有镇痛活性的灵芝三萜类化合物，按剂量给药可产生较好的镇痛效果。

七、代谢调节作用

紫丁香蘑子实体含有维生素 B_1，有维持机体正常糖代谢的功效，经常食用还可预防脚气病。鸡油菌子实体含有维生素 A，经常食用可预防视力失常、眼炎、夜盲、皮肤干燥，亦可治疗呼吸道及消化道疾病。

八、其他药理作用

食用菌多糖还具有抗氧化、延缓衰老、抗感染、抗辐射和修复损伤组织细胞、抗水肿、抗晕、祛痰镇咳等方面的功效。从赤芝水煮提取物中得到含有三萜类成分的粗组分，对联苯三酚诱导的红细胞膜氧化以及 Fe(II)-抗坏血酸诱导的脂质过氧化反应有影响，受试物表现出剂量依赖性的抗氧化作用。香菇能预防小儿佝偻病、软骨病；灵芝具安神、化痰、滋补功效，对神经系统有镇静、安定和镇痛作用；银耳能止咳化痰；黑木耳有润肺清热作用；猪苓、茯苓有很好的利尿祛湿作用；马勃有良好的止血消炎功效。灵芝含有多种腺苷衍生物，都有较强的药理活性，能降低血液黏度，抑制血小板聚集，能提高血红蛋白 2，3-二磷酸甘油酸的含量，加速血液循环，提高血液对心、脑的供氧能力。香菇中的核苷酸包括环磷酸腺苷 (cAMP)、环磷酸鸟苷 (cGMP)、环磷酸胞苷 (cCMP)。环磷酸腺苷是一种调节代谢的活性物质，具有抑制细胞生长和促进细胞分化的作用，可用于抗肿瘤，治疗牛皮癣以及冠心病、心绞痛等。香菇孢子提取物中的双链核糖核酸 (dS-RNA) 能促进干扰素的分泌，是提高干扰素在血中浓度的诱发因子，使人体产生干扰病毒繁殖的蛋白质，可提高人体免疫力，有助于抗艾滋病和抗衰老。不饱和脂肪酸也是人体必需的营养素，在食用菌所含的脂肪酸中，油酸等不饱和脂肪酸含量占到 70％左右。常食用菌类，既能满足人体对不饱和脂肪酸的需要，又能避免饱和脂肪酸过多所造成的危害。在常见食用菌中，无论是游离氨基酸还是人体必需的氨基酸都较蔬菜和水果要高，具有较高的营养保健价值，可促进婴幼儿智力发育和健康成长。

总之，食用菌具有特殊的药用价值，从食用菌中寻找新药是天然药物开发的重要途径。

食用菌基础知识

第四章 食用菌的营养类型及四大营养要素

　　食用菌属于异养型生物，根据它们摄取营养的方式以及与生物环境间的相互关系，可分为腐生、共生和寄生三种营养类型。食用菌的生长发育需要吸收营养物质来维持。碳源、氮源、矿质元素以及生长激素类物质是食用菌不可缺少的营养要素。

食用菌的营养类型

一、腐生

　　腐生是指从死亡的动植物体或无生命的有机质等获取营养的生存方式。腐生包括只营腐生生活的专性腐生（如食用菌中的香菇、蘑菇等大型真菌）

和以寄生为主兼营腐生的兼性腐生（如猴头菇）。目前人工能够栽培的食用菌大多数是腐生菌，根据其腐生对象，又分为木腐型（如香菇、木耳、灵芝等），土腐型和草腐型（如双孢蘑菇、草菇等）。

（一）木腐型

　　主要分解基质中的木质素和纤维素。野生状态下以木本植物的残体为主要营养，以木材为基质，生长在枯朽的立木、倒木、树桩及断枝上，也能在作物秸秆、壳皮上生长。我们时常可以在树林里看到，在砍倒的陈年木段上或活树的部分枯死枝条上，生长着一些大型真菌，如平菇、香菇（图 2-4-1）、金针菇、木耳、银耳、猴头菇、灵芝等。这类食用菌的菌丝分解并吸收木材中的养分，破坏木材结构，使之腐朽，所以被称为木腐菌，可对储木场的木料或建筑物的木质结构造成很大的危害。根据对木材组分的降解和营养方式，木腐菌主要分为褐腐菌和白腐菌两大类型。

图 2-4-1　木腐型食用菌（香菇）

（1）褐腐菌类　菌丝主要降解木材的纤维素和半纤维素，对木质素降解能力较弱。如用松木栽培茯苓时，茯苓菌丝将松木纤维素、半纤维素降解，转化成茯苓多糖贮藏在菌核内，木材的木质素依然残留下来，形成蜂窝状、片状或粉状，使木材的强度减弱。属于褐腐菌类的有多孔菌、齿菌、干朽菌及部分伞菌等。

（2）白腐菌类　菌丝侧重于降解木质素。真菌中的卧孔菌、多孔菌中的一些属种，通过枯木的纹孔、裂纹侵入后，分泌多酚氧化酶（漆酶和酪氨酸酶）降解木材中的木质素，使被侵枯木最后剩下淡黄、白色海绵状的木纤维。伞菌中的香菇也属于白腐菌，主要是利用木质素。

腐生菌并非是十分严格地分为褐腐菌和白腐菌两大类，如香菇以白腐为主，兼有褐腐。

只有清楚所栽培菌类是属于哪一腐生类型，才能科学选择替代用栽培料。如近年来有用一年生的芦苇等木质素含量低的材料种植香菇就违背科学原理，因为香菇主要是利用木质素（白腐），若用芦苇至少要添加 30% 以上的壳斗科阔叶树木屑，才能有较好的栽培效果。

（3）木腐过程　人工接种木腐食用菌的菌丝体一旦定植，菌丝伸展，迅速腐解木材。腐解速度以纵向最快，横向次之，切向最慢，分解比率为 4：1：0.5。木腐菌菌丝向纵深推进的动力，来自化学分解和机械压力。菌丝固着在培养基质上，其前端具有前伸的压力，这种机械压力配合菌丝产生的胞外酶，分解木材细胞壁的组分，造成微孔，使菌丝体渗透到坚硬的木材组织中去，引起木材腐朽。木腐前期进程较为缓慢，后期由于菌丝体的壮大，腐朽的进程加速。同时，由于腐朽区的不断扩大，木材的蓄水力也随之增加，又加速了木材的腐朽。随着腐朽区的扩大，菌丝中养分累积增加，在温度、湿度条件适宜时便形成子实体。

（二）土腐型

以土壤和地表腐殖质为基础，常生长在森林腐烂落叶层、牧草、草地、肥沃田野上，如口蘑、竹荪、羊肚菌等。

（三）草腐型

主要分解基质中的纤维素和半纤维素。野生状态下以草本植物的残体为主要营养，适宜于在秸秆和畜粪上生长，种类较少，如双孢蘑菇、姬松茸和草菇等。

二、共生

共生是指两种不同的生物共同生活，彼此提供所需营养物质的互惠互利的生存方式。已知有 8% 的植物能与大型真菌形成共生体系。

（一）菌类和植物之间的共生

菌根真菌和植物形成的菌根之间就存在着生理上均衡的相互关系，相互依赖。菌根对于改善植物营养，调节植物代谢，增强植物抗逆性都有一定的作用。根据菌丝在植物根部存在的位置，菌根分为外生菌根和内生菌根。食用菌与植物形成的菌根都属于外生菌根，是由菌套、哈蒂氏网、外延菌丝以及植物的营养根组成的复合体。

菌套是菌根食用菌的菌丝在植物营养根的表面生长繁殖交织而成的包裹在根外的套状结构，取代了根毛的地位和作用。菌丝向内生长透过根的表皮进入皮层组织，在外皮层细胞间质蔓延，将细胞逐个包围起来，形成特殊的哈蒂氏网。哈蒂氏网构成了真菌和寄主间的巨大接触面积，有利于双方进行物质交换。菌丝向外部生长形成外延菌丝，形成庞大的外延菌丝网，扩大了植物根的吸收面积。

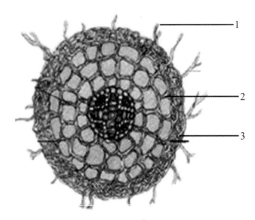

1. 外延菌丝　2. 哈蒂氏网　3. 菌套

图 2-4-2　外生菌根剖面图

（1）外生菌根　大部分外生菌根的菌丝体紧密地缠绕在植物幼根的表面，组成鞘套状结构，包围在根尖外并向四周伸出细密的菌丝网，仅有少部分菌丝在根的表皮细胞间隙蔓延，但不侵入细胞，形成哈蒂氏网，这是外生菌根显著的特征。具外生菌根的植物一般均无根毛，菌根所形成的哈蒂氏网菌套就代替根毛，成了这类植物主要的吸收器官，帮助植物吸收水分和养分，并能分泌生长素，被高等植物所利用（图 2-4-2）。与此同时，高等植物光合作用所形成的糖类，可作为菌根菌类的营养

物质而被利用。能与高等植物形成菌根的菌类约有 30 科 99 个属，常见于块菌科、牛肝菌科及红菇科、口蘑科、鹅膏科等。许多著名的食用菌，比如黑孢块菌、橙盖鹅膏、美味牛肝菌、松口蘑、大红菇、松乳菇等都是外生菌根菌，它们和一定的树木共生。因此，这些品种的驯化栽培比较困难。目前，国内外一些科研机构正在采用人工合成菌根技术培育菌根化幼苗，然后将菌根化幼苗移植到适生地栽培，研究取得了一定进展。

（2）内生菌根　内生菌根的菌丝不侵入营养根的皮层或中柱，在营养根上定居，但不改变根的形态，不像外生菌根那样具有菌套，通常在根系表面看不到密集的菌丝。菌丝往往在寄主的细胞内形成膨胀体及分枝，被根细胞所消化，为寄主提供养分。在大型真菌中，如天麻与蜜环菌的关系是互利共生关系。蜜环菌形成菌索，侵入天麻的地下块茎后，菌丝只在天麻表层细胞间隙生长，菌丝对木材降解后的营养物质以菌索为"桥"，供天麻生长。

（二）菌类与动物之间的共生

除植物之外，菌类和动物也存在共生关系。如著名的鸡枞。沿着鸡枞子实体菌柄基部挖下去，必定有白蚁窝（大多在废旧的墓穴棺材旁）。鸡枞是一种著名的食用菌，目前还无法进行人工栽培。鸡枞子实体基部就着生在白蚁窝上，俗称"菌圃"。白蚁和鸡枞总是相伴共生在这一特殊的生态环境中，二者之间的关系至今尚未了解清楚，可能是鸡枞利用蚁粪和白蚁代谢的活性物质生长，而白蚁则以鸡枞的白色菌丝球为食。

三、寄生

寄生是指一种生物从另一种活的生物体摄取养分为营养来源的生存方式。如虫草菌侵染鳞翅目幼虫，从寄主身上吸取营养，并在其体内繁殖，使幼虫僵化，在适宜条件下形成具有虫和草（真菌的子座）的复合形态结构。寄生又可分为专性寄生和兼性寄生。有些种类的食用菌既可腐生又可寄生，适应范

围极广，生活方式也多种多样，如蜜环菌既可在枯木上腐生，又可在活树上寄生，还可与天麻共生。

第二节
食用菌生长发育的四大营养要素

一、碳源

碳是食用菌最重要的营养素之一。能为食用菌生长提供碳素来源的营养物质称为碳源。碳既是食用菌细胞的主要构成物质，又是其生命活动的能量来源，是合成生物大分子的主要原料。

碳是食用菌中含量最多的元素，占菌体成分的 50%～65%。自然界中的碳，可分为无机碳和有机碳两大类。食用菌不能利用无机碳，只能利用有机碳。

主要碳源物质有单糖、寡糖、多糖等。多糖包括纤维素、半纤维素和淀粉等。有机酸和醇也可以作为食用菌的碳源物质。

（一）单糖

主要包括葡萄糖和果糖。葡萄糖是最易被食用菌利用的碳源物质，其次是果糖、甘露糖。这些碳源物质对其他微生物来说也是最易被利用的碳源，因此常作为培养基质原料。因长时间高温灭菌时单糖易焦化，利用单糖为营养物质时，灭菌一般采取高温短时灭菌。

（二）寡糖

指两种或两种以上单糖所组成的糖苷，其中主要是双糖和三糖。双糖如麦芽糖、纤维二糖、海藻糖、蔗糖和乳糖等，三糖如棉籽糖。双糖中蔗糖和麦芽糖是大型真菌容易利用的碳源，乳糖利用较慢，纤维二糖则被能分解纤维素的真菌利用。三糖中除棉籽糖之外，大多数真菌不能利用。

（三）多糖

是单糖或其衍生物的聚合物，是大部分食用菌可利用的碳源。包括淀粉（α-1，4 葡萄糖苷和 α-1，6 葡萄糖苷）、纤维素（β-1，4 葡萄糖苷）、半纤维素等多糖聚合物。

（四）纤维素

纤维素是植物细胞壁的主要成分，是由 β-1，4 葡萄糖苷键所连接的葡萄糖长链，每个纤维素分子大约由 1 万个以上的葡萄糖残基组成。天然纤维素以直链结构式存在，不溶于水，经过特殊处理可得到人工纤维素，称为羧甲基纤维素（CMC），具有 250～450 个葡萄糖残基，其钠盐溶于水。

食用菌分解纤维素是通过分泌胞外纤维素酶完成的。纤维素酶是一种复合酶，是把纤维素水解成纤维二糖和葡萄糖的一类酶的总称，包括 C1 酶、Cx 酶、葡萄糖苷酶。

半纤维素是由葡萄糖、乳糖、甘露糖、木糖、阿拉伯糖和一些半乳糖混杂而成的杂聚物。它的水解必须依靠菌丝分泌的半纤维素酶催化才能完成。

不同食用菌所分泌的胞外纤维素酶的活性不同，以蜜环菌属、卧孔菌属、多孔菌属和灵芝属分泌的活性最强；纤维二糖酶（葡萄糖苷酶）以松口蘑、金针菇和滑菇分泌的活性较高，香菇、双孢蘑菇次之。

（五）木质素

木质素和纤维素一样，是植物的主要成分，约占木材成分的 20%～30%。其主要组成成分比较复杂，一般是由松柏基、芥子基及香豆基醇单体构成。真菌能产生大量胞外多酚氧化酶，利用氧分子氧化酚和其他物质，生成水和有色物质。有色物质聚合成类黑色素物质。

木质素的功能是增加植物的硬度和强度。食用菌通过菌丝分泌过氧化物酶把木质素降解成原儿茶酚类化合物，开环裂解成简单的化合物，然后加以吸收。不同菌类对木质素的降解能力不同，白腐菌类如香菇、平菇降解木质素的能力较强。

作物茎秆组织内的纤维素、半纤维素、木质素是自然结合在一起的，因此，必须有多种酶的协同作用，才能使之充分降解，降解成葡萄糖、阿拉伯糖、木糖、果糖等简单的糖类后被菌丝利用。

木屑、稻草、棉籽壳等含有纤维素、半纤维素、木质素的农副产品的下脚料，晒干后均能用于栽培大多数目前商品性生产的食用菌种类。

食用菌吸收的碳素大约只有20%用于合成细胞，另外80%则用于维持生命活动所需要的能量。

二、氮源

氮是合成蛋白质和核酸不可缺少的原料。能为食用菌生长发育提供氮素的营养物质，称为氮源。氮源一般不提供能量，是食用菌重要的营养物质之一。

食用菌可利用的氮源包括氮气，无机氮（硝态氮、铵态氮）和有机氮（氨基酸、蛋白质等）。

（一）氮的利用

很多食用菌具有利用氮的能力，也就是具有固氮作用。张树庭报道，在栽培凤尾菇的过程中，少量添加氮气凤尾菇生长良好，最后测定氮的含量有所增加。也有报告认为，鸡腿菇也具有一定的固氮能力。食用菌对氮气的利用有待进一步研究。

（二）有机氮的利用

食用菌主要利用有机氮，如尿素、氨基酸、蛋白胨、蛋白质等。尿素经高温处理后易分解放出氨和氰氢酸，使培养基质pH（酸碱度）升高并带有氨味，从而危害食用菌的生长。栽培双孢蘑菇时应在第二次翻堆时（播种前20天左右）加入尿素，以免产生氨气对菌丝产生毒害。

菌丝能直接吸收氨基酸和小分子的肽。食用菌利用蛋白质和大分子的肽（蛋白胨、牛肉膏、酪蛋白等）则需要经过胞外蛋白酶的作用。许多蛋白质和肽是水溶性的，并能扩散到菌体表面，超过3～5个氨基酸单位的肽不能完整进入细胞（Becker，1980；Wolfinbarger，1980）。因此，食用菌对肽的利用受到膜运输的限制，需要分泌胞外

蛋白酶，把肽分解成分子较小的肽或游离氨基酸后才能进入细胞。

（三）无机氮的利用

一般来说，硝态氮、亚硝态氮是食用菌难以利用的氮源，硝态氮只有还原成氨才容易被利用。

铵态氮包括硫酸铵、硝酸铵、氯化铵等，比硝态氮容易吸收利用，这是因为氨的三价氮原子与细胞有机成分的氮原子处于同等氧化水平。因此，氮的同化不需要氧化或还原。铵离子的同化一般有三种形式，其中一种反应是形成谷氨酸的氨基。氨被固定后形成三种产物，即谷氨酸、谷酰胺和天冬酰胺。天冬酰胺只能起固定作用，谷氨酸和谷酰胺还起转氨基和酰胺基的作用。

食用菌能利用少量无机氮，但生长速度缓慢，如仅用无机氮作为氮源，则不出菇。这是因为其菌丝没有利用无机氮合成细胞所必需的全部氨基酸的能力。某些氨基酸几乎不能由无机氮合成，有的即使能合成，也不能满足食用菌生长所必需的量。因此要使食用菌长得好，需要把几种、十几种氨基酸混合使用。

氮素在木材中的分布很不均匀，在形成层中最多，在心髓中最少。然而木材中所含总氮量只有0.03%～0.10%。如此低的含氮条件，对一般真菌生长来说略嫌不足，但木腐菌具有较强的同化能力和节约氮源的能力，能够顺利生长，由此可见木腐菌对氮源具有较高的利用率，能通过自体溶解，重新利用菌丝所保留的氮素。也就是说，老死菌丝中的原生质经过溶解可以输送到新的腐朽区，重新被幼小的菌丝所利用。

添加到培养基质中的氮源浓度不能过高，如一味地提高氮源浓度，将引起菌丝徒长，延长营养生长期，延迟子实体分化。

（四）碳氮比

碳氮比是指培养基中所有碳元素与氮元素的量的比值，对食用菌的营养生长和生殖生长影响很大。栽培时根据各种食用菌所需的碳氮比，合理配制培养料是丰产的关键。一般来说，食用菌菌丝

生长阶段碳氮比以 20∶1 为宜，生殖生长阶段以（30～40）∶1 为宜，不同的食用菌对碳氮比的要求不同。

任何生物细胞在生长发育过程中都要消耗大量的碳、氮，以获取自身细胞代谢所需的能量，但是生物的碳、氮转化率低于 40%，所以在菌丝培养阶段，碳氮比值较小。而在生殖生长过程中，由于经过漫长的菌丝培养阶段，碳氮比值较大。

栽培不同菌类所选择的培养基质不一样，各有最适的碳氮比，若碳源过多，则难以获得高产；氮源过多，则又推迟了子实体的形成。一般禾本科植物残体碳氮比为（60～80）∶1，而木本植物残体为（200～350）∶1。因而在代料栽培中，为了适合不同食用菌的种类和获得高产，常加些有机物或通过发酵来调节碳氮比。

三、矿质元素

食用菌生长所需要的矿质元素可分为大量元素和微量元素两大类。大量元素包括磷、钾、钙、镁、硫、钠等，微量元素包括铁、硼、铜、锌、钼和钴等。大量元素参与细胞结构物质和酶的组成，维持酶的作用和能量的转移，控制原生质的胶体状态和调节细胞的渗透压等。微量元素是酶活性基的组成成分或是酶的激活剂，需求量极少。

（一）磷

主要是细胞合成核酸、磷脂、核苷酸的重要元素，是烟酰胺腺嘌呤二核苷酸磷酸（NADP）、烟酰胺腺嘌呤二核苷酸（NAD）、腺苷三磷酸（ATP）等的组成物质。磷的吸收与呼吸基质有关，呼吸受阻，磷的吸收也受到抑制。

（二）钾

是核苷酸合成核苷酸转甲酰酶等许多酶的激活剂，对细胞的渗透、物质的运输起着重要的作用。如钾供应量不足，糖的利用率不高。

（三）镁

在食用菌有氧呼吸中，主要是酶的激活剂，如

镁在腺苷二磷酸（ADP）生成腺苷三磷酸能量物质中起着重要作用，催化腺苷二磷酸 + 磷酸（Pi）→腺苷三磷酸时起着辅助因子的作用。镁作为必需元素参与腺苷三磷酸、磷脂以及核酸、核蛋白等各种含磷化合物的合成。镁在细胞内起稳定核糖体、细胞质膜和核酸的作用。

（四）钙

钙是蛋白质的激活剂，能提高线粒体的蛋白质含量。能和钾、镁对抗，克服过量的钾、镁所引起的毒害。能调节细胞内的酸碱度，有利于酶的催化活性。

（五）硫

常以硫酸盐的方式吸收。硫酸根离子首先经腺苷三磷酸活化，形成腺苷酰硫酸，硫还原，最后转移到胱氨酸、蛋氨酸。所以硫是胱氨酸、半胱氨酸、蛋氨酸的组成成分；巯基具有重要的生物学意义，有的与各种酶的蛋白质结合，有的与辅酶结合，如硫胺素、辅酶 A、生物素等都含有巯基；巯基对保持正常的活体内氧化还原电势起着极重要的作用。

（六）铁

是过氧化氢酶、过氧化物酶、细胞色素和细胞色素氧化酶的组成成分，是电子传递作用的重要元素。铁参与产生自由能的呼吸作用，从而影响能量运行的一切生理作用。

（七）铜

是各种氧化酶活化基的核心元素，如多酚氧化酶、抗坏血酸氧化酶等都含有一定量的铜。

（八）锌

是酶的激活剂，是多种脱氢酶、肽酶和脱羧酶的辅助因子。

（九）锰

是对磷化物起作用的酶类的激活剂，有影响物质合成分解、呼吸等作用。

（十）钴

含于维生素 B_{12} 中，对精氨酸酶的活化和丙酮酸脱羧酶的活化都有作用。过量的钴可能会抑制生

物的生长。

（十一）钼

参与硝酸盐的还原作用，参与钼黄素蛋白酶的构成。

（十二）硼

促进钙和其他阳离子的吸收，从而促进细胞壁物质和细胞间质的形成。

四、促生长物质

促生长物质是一类调节和刺激细胞生长的物质，包括维生素、生长素等，这些都是食用菌所需要的微量有机物质，用量甚微，但对菌丝生长、原基形成有明显的促进效果。

（一）维生素

维生素是生物生长和代谢所必需的微量有机物，其既不参与构成细胞成分，也不为细胞提供能量。维生素分为脂溶性和水溶性两类，前者包括维生素 A、维生素 D、维生素 E、维生素 K 和生物素等，后者包括 B 族维生素和维生素 C。

在所有维生素中，对食用菌影响最大的是 B 族维生素及生物素。B 族维生素包括维生素 B_1、维生素 B_2、烟酸、泛酸、维生素 B_6、叶酸、维生素 B_{12} 等。B 族维生素是有关酶的活性辅基，对酶活性起关键作用，其中维生素 B_1 是丙酮酸氧化脱羧酶、α-酮戊二酸氧化脱羧酶的辅酶，是许多食用菌必需的生长因子，对子实体发生极为有利，对顺利进行碳素代谢起重要作用。但维生素 B_1 不耐热，在 120℃ 以上容易迅速分解。在生产实践中，农产品及其下脚料均含有多种维生素，如马铃薯、胡萝卜、麦芽、麸皮和米糠中均含 B 族维生素，利用这些材料配制培养基质时，可以不再添加维生素。生物素又称为辅酶 R，在糖和脂肪代谢过程中起催化作用。

（二）生长素类

不同食用菌所含生长素的种类和含量均不相同，在食用菌生长代谢中的作用尚不明确。如不同食用菌类因内源细胞分裂素含量不同，采收后所能贮藏的时间也不同。这是因为细胞分裂素能延缓子实体衰老。萘乙酸 (NAA)、吲哚乙酸 (IAA)、吲哚丁酸 (IBA) 及赤霉素 (GA) 等生长激素在食用菌栽培上也有一定的应用。不同的生长素对食用菌的生理效应有所不同。有关外源生长素对菌类发育和贮存的影响，仍然处于比较试验阶段。如试验证明萘乙酸能促进蛋白酶和脂肪酶的活性，并增强对磷的吸收，因而促进了子实体的形成，增加产量。另外，某些生长素如三十烷醇 (1 mg/L)、α-萘乙酸配制的蘑菇助长剂 (α-萘乙酸 1%、硫酸镁 25%、硼酸 15%、硫酸锌 20%、淀粉 39%) 对菌丝体的发育都有促进作用。

第五章　食用菌生长的环境条件

　　从孢子萌发，到菌丝生长，再到子实体形成，食用菌都离不开适宜的外部环境条件。不同种类的食用菌对环境条件的要求不同，食用菌的不同生长阶段对环境条件的要求也不同。只有温度、水分、湿度、光照、空气成分、酸碱度以及生物因子等因素相互协调，才能满足食用菌的生长发育需要。

第一节
温度

一、温度与菌丝体生长的关系

　　任何生物代谢过程均需要多种酶的参与，酶是菌丝生理代谢过程的催化剂。各种酶的反应均有其最适温度。不同菌物在酶的组成上存在着差异，因而各种菌物生长的起始温度不一样。在一定温度范围内，随着温度的升高，酶的活性逐渐增加，菌丝生长速度也随之加快，生长达到最快时的温度称为最适温度。一旦超过最适温度，酶蛋白分子将随着温度的升高而逐渐失去活性，导致酶的变性，使菌丝死亡，菌丝开始死亡时的温度称为致死温度。起始温度、最适温度和致死温度呈抛物线关系。由于品系不同、菌株不同，即使同一菌类，它们生长的起始温度、最适温度和致死温度也存在差异，温度对菌丝的生长起着主导作用。在育种中，也常测定

食用菌基础知识

菌丝最高生长温度和最低生长温度以及在极限高、低温度下菌丝体存活率。

同其他真菌菌丝一样，食用菌菌丝较耐低温，绝大多数在0℃不会死亡。日本的森喜作报道，香菇在菇木内遇-20℃低温也不会死亡。但食用菌菌丝一般不能耐高温，香菇菌株"香九"在42℃可存活24 h，44℃9 h，46℃4 h。生长在木块中的多脂磷伞菌丝，在50℃温度下能存活5～6 h，在60℃下1 h即死亡。

需要说明的是菌丝生长最适温度一般是指菌丝体生长最快的温度，但这个温度对菌丝体健壮生长往往不是最适宜的。生长中为了培育健壮菌丝常常要求比菌丝体生长的生理最适温度略低的温度，即在所谓协调最适温度下进行培养。菌丝体培育的最适温度比生理最适温度略低。

菌丝在琼脂平板培养基（平板）上的最快生长速度的温度，不一定就是生理上的最适温度。如双孢蘑菇的菌丝在24～25℃时，其生长速度虽快，但稀疏无力，不如在22℃时的菌丝浓密健壮。

就香菇而言，昼夜温差的增大，可以刺激成熟的菌丝体形成原基。等到菇蕾形成以后，其子实体的发育成长，则对温度、水分以及空气等条件另有要求。

二、温度与子实体生长的关系

当营养菌丝充分蔓延并达到生理成熟，受到外界环境因素刺激后，就能诱发原基的形成。降温是诱导原基形成的主因，一般要求和菌物菌丝生长最适温度之间有3～10℃的降温幅度。通常高温型菌群，如草菇温差为2～3℃；中温型菌群，如平菇要求3～5℃；低温型菌群，如金针菇则要求5～8℃。即使有降温刺激，有些菌物也难以形成原基，这是因为有些菌物属于变温结实，有些则属于恒温结实。另外，即使是同一菌类，由于品系、菌株存在着差异，致使子实体原基形成的温度也不一样，有时即使原基形成，也分化不出子实体。

（一）子实体分化和发育对温度的要求

子实体分化发育与温度密切相关，通过对12种菌物子实体分化温度进行研究（表2-5-1）发现，食用菌子实体对温度的要求，可明显地分为三种类型：低温型、中温型和高温型。

1. 低温型　子实体分化时的最高温度在24℃以下，最适温度为20℃以下，如双孢蘑菇、香菇和金针菇等，多在冬春生长。

2. 中温型　子实体分化时的最高温度在28℃以下，最适温度为22～24℃，如木耳、银耳和大肥菇等，多在春秋季节生长。

3. 高温型　子实体分化时的最高温度在30℃以上，最适温度为24℃以上，如草菇等，多在盛夏生长。

人们为了延长鲜菇的货架时间，大多采用低温处理方法，但要求温度必须在1℃以上。低温会减缓菌物的代谢作用，但温度低于冰点时则可以使细胞原生质内的水分结冰，导致细胞死亡。目前，菌物冻死或热死的生化机制尚不清楚，一般认为，冻死是由于细胞内水分结冰形成冰晶，扰乱了原生质的胶体状态和原生质膜的生理过程；或者在0℃下，尽管细胞外周围液体已结冰，而抗低温菌类细胞内的水分仍然保持着过冷的液体状态，细胞外溶液的浓度上升，细胞内的水分外渗，使细胞内的溶质浓度增加，以致造成质壁分离，最终导致死亡。

（二）子实体分化阶段对变温刺激的反应

1. 变温结实　一些菌物进入生殖生长阶段之前虽有一个连续降温的过程，但还不能诱导原基形成。例如，生理成熟后香菇菌丝单纯受到降温刺激不会形成原基，必须有一较大的昼夜温差刺激才行，温差幅度越大越好。我们将它们称为变温结实性菌类。

同一菌物的不同菌株所需昼夜温差幅度也不同。如香菇菌株有高温、中温和低温菌株之别。高温型菌株所需昼夜温差较小，仅要2～4℃的温差

表 2-5-1　食用菌不同生长阶段对温度的要求

食用菌种类	菌丝生长温度 (℃)		子实体分化和发育的最适温度 (℃)	
	生长范围	最适温度	子实体分化	子实体发育
双孢蘑菇	5 ～ 32	22 ～ 26	13 ～ 18	13 ～ 18
香 菇	5 ～ 35	23 ～ 25	10 ～ 12	8 ～ 16
草 菇	15 ～ 42	35 ～ 38	26 ～ 34	28 ～ 30
木 耳	6 ～ 36	22 ～ 28	20 ～ 24	20 ～ 24
平 菇	5 ～ 35	24 ～ 27	7 ～ 25	13 ～ 17
银 耳	8 ～ 34	20 ～ 28	20 ～ 24	22 ～ 25
猴头菇	6 ～ 32	22 ～ 25	18 ～ 20	18 ～ 20
金针菇	4 ～ 35	22 ～ 26	10 ～ 15	10 ～ 15
大肥菇	10 ～ 32	25 ～ 30	20 ～ 25	20 ～ 25
口 蘑	5 ～ 23	15 ～ 20	13 ～ 15	13 ～ 15
松口蘑	8 ～ 28	15 ～ 25	13 ～ 19	13 ～ 19
滑 菇	4 ～ 32	22 ～ 28	15	7 ～ 15

就能诱发子实体原基的形成。相反，低温型菌株则要有较大的昼夜温差。

另外，原基形成之后，是否能健康地发育成菇蕾与昼夜温差关系不太大，而是取决于基质的含水量及空气相对湿度。但子实体的质量主要取决于温度。

2. 恒温结实　某些菌物营养菌丝生理成熟，经降温至一定值后，保温数日，就可看到菌丝扭结成原基。至于原基能否顺利健全地发育成子实体，取决于培养料温度是否保持稳定。如双孢蘑菇营养菌丝阶段最适温度为 22 ～ 23℃，子实体发育最佳温度为 16℃ ±1℃，温度突然回升或下降都容易导致菌物死亡。

第二节
水分和湿度

一、水分在食用菌生长发育中的作用

孢子只有吸足水分，才能启动和促进生理作用的进行，主要原因是：①水能使孢子壁膨胀软化，使氧能透过孢子壁，增加孢子对氧的吸收。②水能使孢子内凝胶状态的原生质体转变为溶胶状态，使一系列酶发生作用，使代谢加强。③水可促进孢子内可溶性物质运输到正在生长的部位，供呼吸或形

成新细胞结构和组织分化的需要。孢子在干燥条件下不能萌发，如将草菇孢子放在水中浸泡，萌发率显著增加，浸泡 22～26 h 萌发率最高。因此，充足的水分是孢子萌发的首要条件。

水是一切生命所必需的，食用菌子实体含水量高达 85%～92%。子实体生长发育所需要的水分是依靠与其相连通的菌丝输送的，这一过程靠细胞内原生质的流动来实现，输送的动力源自菌体表面水分的蒸腾。植物依靠根系的根毛吸收水分，而菇类则依靠菌丝和培养基质间的渗透压来吸收水分。当菌丝体和培养基质接触时，菌丝顶端的胞外酶能将培养基中的大分子物质降解成小分子物质，依靠渗透压差，使降解后的小分子物质通过细胞膜进入菌丝体内。因此，水起着溶剂的作用，也就是说降解后的小分子物质必须溶解在水里，才能被吸收。同时，菌丝体内的一切生化反应也离不开水。

二、菌丝生长阶段栽培基质的含水量

水不仅是食用菌的重要成分，而且也是新陈代谢、吸收养分必不可少的基础物质。水的比热容高，能有效吸收代谢过程中所放出的热量，使菌丝体内温度不至于骤然上升。同时，水又是热的良好导体，有利于散热，可调节菌丝体内外的温度。

只有基质含水量充足，才能保证子实体正常发育。在生产中栽培量很大的情况下，可简化对料和水的称量步骤，采取边加水边搅拌的办法，检查料中的含水量，取料于手中握紧，如指缝中有水渗出而不下滴，说明含水量 60% 左右。

以段木栽培香菇为例，活树含水量一般为38%～45%，水分包括自由水（游离水）和束缚水（结合水），活树细胞间隙和导管中充满自由水。自由水逐渐散发，当含水量降至 33%～37% 时，段木中就有足够的空气和水分来满足香菇的定植。若自由水全部散失，含水量降至 25%～33%，此时的水分称为束缚水，菌丝所分泌的胞外酶就无法通过细胞间隙和导管表面的水膜而扩散，影响对基质

的降解，故段木不宜过湿或过干，以 33%～37% 为宜。接种后，随着菌丝的定植，物质的降解，边材的孔隙度随之增加，含水量也逐步提高，段木栽培 2～3 年后，段木含水量可达 62%，有利于高产、稳产。采用木屑为基质进行香菇代料栽培时，由于木屑之间孔隙度较段木高得多，培养基质含水量达到 63% 时，仍有足够的孔隙满足香菇菌丝腐解过程中对氧的需求。双孢蘑菇栽培中，培养基质为稻草和牛粪发酵的混合物时，单位体积内的孔隙度也较高，完全可满足菌丝发育对氧的需求。所以，播种之前，培养基质的含水量可控制在62%～65%，过高或过低都将造成减产。培养基质内含水量过高往往会导致厌氧呼吸，双孢蘑菇培养基质内含水量过高，在适宜的通气条件下会刺激营养菌丝徒长，不利于转入生殖生长。

三、子实体发育阶段的空气相对湿度

空气中的水分在子实体生长阶段也起着重要的作用，空气相对湿度不足也不利于菌丝的生长。如段木栽培时，干旱气候条件下，由于段木表层含水量很低，菌丝很难在段木表层蔓延，而是深入段木内部，向纵深蔓延。劈开段木，可看到其梯形的生长区。空气相对湿度是指空气中水蒸气的含量，用百分比来表示，在生产中常使用干湿球温度计测定。

在菌丝生长阶段，由于是在瓶内或袋内密封生长，培养料中的水分蒸发很少，空气相对湿度不要过高，一般为 60%～70%。如超过 80%，会引起瓶（袋）棉塞发霉产生污染，造成栽培失败。在子实体生长期则需提高空气相对湿度，因为这时子实体处于开放的生长环境，相对湿度的变化会明显影响其生长，一般要求达到 80%～95%，低于 60%子实体生长停止，降至 40%～50% 时子实体不再分化，即使分化也会干枯死亡。

栽培环境的空气相对湿度也不可高于 95%，湿度过大，易招致杂菌滋生，还会影响栽培环境的

通风换气,使二氧化碳和其他有害气体不易散发,抑制食用菌正常生长。与此同时,还影响营养物质从菌丝体向子实体输送和转移,这是因为湿度过大时,子实体内的水分蒸腾作用减弱,以水为载体的营养物质运送变慢,不利于子实体对营养的吸收和积累。所以食用菌不同的生育阶段需要的湿度是不同的。

在栽培过程中要借助湿度计经常观测空气相对湿度的变化,要模拟食用菌的自然生态条件,菌丝生长期环境湿度要稍低,温度稍高些;子实体生长期湿度提高,温度稍低。B. E. Plunkett(1953)报道,金针菇若长期处在过度潮湿的空气中,只长菌柄不长菌盖,即使勉强生长,菌盖也长不大,且肉薄。

几种食用菌对空气相对湿度的要求见表2-5-2。

必须注意的是,保持空气湿度是相对的。应根据当时气候条件,因地制宜,注意通风,干湿交替。一味追求增大空气湿度,易引起室内二氧化碳累积过多,蒸腾速度过分降低,营养物质传导受阻,也易招致病虫害的发生。因此,必须根据所栽培食用菌的生物学特性,采取相应的措施来调节空气相对湿度,以利于子实体的生长发育。

食用菌也可以根据湿度对菌丝和子实体发育的影响分为两类:①喜湿性食用菌。对湿度有较高的适应性,过湿时子实体仍可以发育良好,如银耳、平菇、黑木耳等。②厌湿性食用菌。湿度较高则发育不良,如香菇、双孢蘑菇、金针菇等。

第三节
光照

光照对食用菌子实体分化和发育影响很大,与菌丝生长几乎没有关系。在子实体分化和发育方面,只有金针菇、双孢蘑菇和大肥菇等可以在完全黑暗的条件下正常成长,其他栽培菌类都需要光照。各种菌物对可见光的反应不一,不同生育阶段对光照度、光质(不同波长的光)要求均有差异。光的作用是影响细胞分裂促进组织分化,还是直接对菌丝起作用目前尚不明确。

表2-5-2　几种食用菌对空气相对湿度的要求

食用菌种类	菌丝发育时期(%)	子实体发生时期(%)
双孢蘑菇	75	85 ～ 90
香　菇	60 ～ 70	80 ～ 90
草　菇	70	90
平　菇	70	85 ～ 95
金针菇	60 ～ 70	90
银　耳	70	85 ～ 95
黑木耳	60 ～ 70	85 ～ 90
猴头菇	70	90 ～ 95

一、光照对子实体原基形成的影响

一般来说，绝大多数食用菌在子实体分化和发育阶段都需要一定量的散射光，在完全黑暗的条件下原基形成困难。香菇、草菇、松口蘑等在黑暗条件下不能形成子实体；侧耳、灵芝等食用菌虽然能勉强形成子实体，但子实体畸形，经常只长菌柄，不长菌盖，不产孢子。但也有一些食用菌在无光的条件下也能形成发育完好的子实体，生长良好，如金针菇、双孢蘑菇、大肥菇在完全黑暗的条件下能形成子实体，发育完好且品质优良。

食用菌不含叶绿素，不能进行光合作用，生长过程中不需要阳光直射，菌丝可以在黑暗的环境中正常生长。菌丝经强光照射很快会死亡，即使在较强的散射光条件下，菌丝生长也比在黑暗条件下弱。食用菌菌丝生长一般不需要光，光线对某些食用菌甚至起抑制作用。通常在散射光下，不少种类的食用菌菌丝生长速度大大降低，与黑暗条件下相比，生长量减少 40% ～ 60%。

北本丰 (1977) 认为，要诱发子实体发生，通常 0.1 ～ 1 lx 的弱光就够了，诱发子实体所需的光照时间从几分钟到数小时因食用菌种类而异。有些菌物，连续光照诱导子实体发生的效果较好，因为光照能提高食用菌细胞的分裂活性，使分枝旺盛、膨胀、厚壁化、胶质化等，导致菌丝组织化，即子实体原基的出现。原基分化后有的还需要连续给予光周期照射，有的则不需要，如金针菇要在散射光下才能诱导原基分化，一旦原基形成后，则完全可以在黑暗的条件下发育，并能大幅度提高金针菇品质。

在子实体原基发育的初期，菌柄首先分化。菌柄在黑暗条件下，显著增长并具有强烈的向光性。菌柄伸出之后，要给予光照。第一阶段光照主要是诱导菌盖的发育，第二阶段光照主要是促进菌盖的成熟。同时自然界昼夜光周期的变化对担孢子形成和弹射也有积极的作用。与营养生长阶段相反，子实体形成时，需要一定的散射光。

大部分种类，如香菇、平菇、草菇、口蘑等，在黑暗条件下不形成子实体；另一些种类，如金针菇、灵芝在完全黑暗条件下，即使形成子实体也只长菌柄，不产孢子。

二、光照对子实体生长的影响

光照对子实体的色泽也有很大影响，一般随着光照增强，子实体颜色加深。如光照不足时，草菇呈灰白色，黑木耳的色泽也会变淡。

诱导不同食用菌的原基分化所需的光照强度各不相同，一般的食用菌只需要低照度的弱光，如香菇为 10 ～ 210 lx，平菇为 20 ～ 1 500 lx，滑菇为 20 ～ 200 lx，草菇为 50 ～ 300 lx，光照强度过低，就很难诱导原基分化。此外，光照度的强弱会改变一些食用菌的子实体的色泽，如黑木耳在 1 300 ～ 2 400 lx 的光照强度之下，对耳片色泽与厚度的影响不显著，呈深褐色，而 1 200 lx 光照强度下耳片色泽会变淡，增加光照强度之后，耳片色泽又恢复到正常的深褐色。由此可以得出结论，黑木耳需要一定的散射光才能诱导子实体的形成，色泽才能正常。

有些菌类甚至连微弱的散射光也不需要，如茯苓、蘑菇、大肥菇等土生菌，对光的需求极低，在近黑暗的条件下也可以完成其生活史。

三、光质对子实体生长的影响

北本丰认为，在子实体发生时，光谱中适量的紫色光、蓝色光可促进子实体形成，而绿色光几乎无效，黄色光、橙色光、红色光也是无效光。菌丝体内可吸收光线的物质称为光线接收器，起作用的物质是黄素蛋白质和类胡萝卜素。由于它们的存在，受到蓝色光照射后会促进子实体分化和发育。总之，按照光诱导子实体原基形成和发育，食用菌可分为三类：

1）喜光型 在散射光的刺激下，促进子实体分化、发育，如香菇、草菇、滑菇、猴头菇、侧耳类、木耳类等。

2）中间型　对光线反应不敏感，有无散射光均可发育，如蘑菇、大肥菇等。

3）厌光型　无须散射光刺激即可形成子实体，如茯苓、块菌等地下生长的食用菌。

第四节
空气

食用菌是好气性真菌，整个生命活动过程是不断消耗氧气并排出二氧化碳的过程，在生长过程中不能缺少氧气。呼吸在真菌代谢中非常重要，吸收氧气，呼出二氧化碳是密切相关的。二氧化碳在空气中的含量超常，往往对子实体生长发育有毒害作用，但各种食用菌对二氧化碳的耐受能力有区别。

一、空气对菌丝生长的影响

不同菌类在营养生长阶段需氧量存在差异，如金针菇在营养生长阶段，环境中二氧化碳浓度达 0.5% 时菌丝生长速度仅是 0.2% 时的 2/3。虽然裂褶菌、平菇较耐受二氧化碳，但营养阶段菌丝体培育期间，仍然需要新鲜氧的供应，否则菌丝体生活力下降，蔓延缓慢，菌丝体呈灰白色。

经测定，双孢蘑菇的菌丝体在二氧化碳 10% 的浓度下，其生长量只及在正常空气下的 40%。但 Zadrazil(1975) 以三种侧耳 (*P. ostreatus*、*P. florida* 及 *P. eryngii*) 为研究材料，结果证明在二氧化碳浓度为 20% ～ 30% 时，它们的菌丝生长量竟然比在一般空气条件下还增加了 30% ～ 40%；只有当二氧化碳的浓度超过 0.03% 时，菌丝的生长量才急剧下降。

二、空气对子实体的影响

营养生长阶段转入生殖生长阶段初期，较高浓度的二氧化碳能够诱导子实体形成。但也有例外，如杏鲍菇的子实体形成主要受温差刺激，对二氧化碳刺激不甚敏感，原基形成之后要使之正常发育成菇，就必须保持栽培场所有足够的新鲜空气，否则畸形率将增加。香菇进行野外"砍花"或人工栽培时，其畸形率仅为 1% ～ 2%，而在室内进行木屑菌砖栽培，有些品种第一茬菇畸形率均高达 70% ～ 80%，这和栽培室二氧化碳的累积有关。胶质菌类 (银耳、木耳、毛木耳等) 的室内栽培，通风不足耳片不易展开，即使稍微展开，蒂头也过大，干品膨胀率降低。毛木耳袋栽时，常由于耳房内挂袋量过多，空气流通受阻，产生生理性病害"鸡爪耳"。

不同食用菌对氧的需求量存在着差异。草菇为好氧性菌，呼吸量为蘑菇的 6 倍，因而室内栽培时，草菇菇床架应拉开。在菇蕾形成时，二氧化碳的含量达最高峰，这与菇床微生物活动及子实体大量形成、呼吸作用增加有关。草菇发育甚快，尤其是发育时期呼吸作用释放的二氧化碳积聚过量时，会使子实体生长停顿。出菇时，菇房内通风换气量要比菌丝生长期大，但通风换气不可过急，以免使菇房内温度、湿度变化过大，不利于草菇的发育。灵芝子实体形成时对二氧化碳更为敏感，二氧化碳浓度累积至 0.1% 时，一般不形成菌盖，菌柄分化呈鹿角状。金针菇则与上述情况正相反，为了提高金针菇商品价值，在菌柄形成之后，提高二氧化碳浓度至 1%，产量提高。但二氧化碳高达 2% 时又抑制子实体的形成。在适宜的二氧化碳浓度下，菌盖直径的增大随着二氧化碳浓度 (0.06% ～ 0.8%) 增高而受到抑制。

据 Long P. E. (1968) 的报道，微量的二氧化碳 (0.034% ～ 0.1%) 可以刺激双孢蘑菇和草菇的原基形成，但在子实体形成后，由于呼吸旺盛，需要增加氧气供应，而且二氧化碳浓度超过 0.1% 时就对子实体产生毒害作用。又据刘克均报道，在人防工事栽种平菇，当二氧化碳浓度在 0.1% 以下时，子实体尚可正常形成，但当其浓度超过 0.13% 时，子实体出现畸形。

第五节
酸碱度

不同种类的食用菌菌丝生长阶段和子实体形成阶段均有一定的酸碱度（pH）范围，包括最高、最低和最适 pH。这是因为不同种类，不同发育阶段的食用菌新陈代谢过程中起主导作用的酶的种类不同，每一种酶都要求与其相适应的 pH，过高、过低都会使酶活力降低，导致新陈代谢过程的减缓甚至停止。pH 还影响到细胞膜的通透性，pH 低妨碍细胞对阳离子的吸收，pH 高干扰细胞对阴离子的吸收。当培养基质 pH 过高时，一些金属离子，如铁、锌、钙等常会形成不溶性盐类，影响细胞的吸收，还会影响菌体代谢过程中物质的内外传递和正常呼吸。一般来说，木腐菌适于偏酸环境中生长，粪草腐生菌喜欢在偏碱性的基质中生长。根据菌株腐解能力的强弱，可以粗略判断菌物所适宜的 pH，如腐解能力强的猴头菇适宜 pH 3 ~ 4，木耳适宜 pH 5.5 ~ 6.5。草菇为纯草腐生菌，pH 7.5 ~ 9 均能生长。双孢蘑菇为粪草腐生菌，以 pH 7.2 ~ 7.5 为宜。共生菌及腐生菌常出现在酸性腐殖质层环境中。这些适宜的 pH 是长期自然选择的结果。营养生长阶段的 pH 必须控制在所培养食用菌适应的范围内，否则菌丝难以定植和蔓延。测定培养基质适宜 pH，并调节至适宜含水量，是栽培中应注意的问题。

大多数食用菌喜弱酸性环境，酸性环境适宜菌丝生长，pH 3 ~ 8，最适 pH 5 ~ 5.5。猴头菇最耐酸，菌丝在 pH 2.4 时仍能生长，但不耐碱，超过 pH 7.5 菌丝难以生长。草菇喜碱性环境，在 pH 8 的草堆中菌丝仍能很好地生长发育。

在配制培养基质时，pH 要略高于最适值。因为培养料 pH 在灭菌后会有所下降，而且食用菌培养过程中会产生乙酸、琥珀酸、草酸等有机酸，培养基质在存放过程中被杂菌污染也会产酸，这些因素都能使 pH 降低。

培养料 pH 是影响食用菌菌丝生长的条件之一，会影响菌丝细胞内的酶活力、膜的渗透性和对矿物质的吸收能力等。当培养料呈碱性时，镁、锌、钙、铁等金属阳离子易生成不溶性的盐，不易被菌丝吸收。如培养料的酸度过高，会抑制维生素 B_1 参与酶的活性，不利于菌丝的生长。在生产中，为稳定培养料 pH，常加入磷酸二氢钾等缓冲剂以防止出现过酸或过碱的现象。

在子实体形成阶段，各种食用菌对基质 pH 都有一定的要求。如草菇喜碱性，在 pH 8 的草堆里仍然生长良好；香菇喜酸性，菌丝培养几天后基质 pH 很快降低到 3 左右，这并不妨碍香菇子实体的分化发育，但产菇量却以 pH 5 时最高。香菇出菇后期补水时加入少量石灰可以防止 pH 过低。

第六节
生物因子

生物因子是一个比较复杂的问题，如双孢蘑菇的粪草原料配制过程，细菌、放线菌及真菌相继发酵，部分降解堆料中的有机物，消耗其中的一些物质而将大部分的物质转化为它们的菌体。作为此后双孢蘑菇生长发育的生物量之一，这个发酵的程度对于双孢蘑菇的产量是一个决定因素。菌丝体蔓延到一定程度，在菌床上覆土，双孢蘑菇所产生的挥发性气体，刺激覆土中的优势细菌大量繁殖，而这种细菌的优势种为致腐假单胞菌，又是双孢蘑菇子实体分化发育的诱导者。

杨新美调查研究，银耳子实体，经常与绿黏帚霉伴生。银耳可以在没有伴生菌存在时完成其生活史，但在两者混合的情况下子实体产量可以大幅度提高。杨新美、谢宝贵（1989）报道，银耳及其伴生菌在木材降解中具有显著的酶协同作用。在银耳及其伴生菌的胞外纤维素酶系中各组成成分的活性差别显著，但可以互补。银耳的纤维素酶组成成分的活性分别为 C1 酶 4.13 单位，Cx 酶 1.14 单位，β–葡糖甘酶 1.75 单位；其伴生菌分别为 0.05 单位，9.34 单位，44.99 单位。两者的混合作用，可以提高胞外酶降解木粉的能力，比单个菌种作用时提高 5 倍。

（张朝辉　王振河）

主要参考文献

［1］ 戴玉成，杨祝良.中国药用真菌名录及部分名称的修订 [J].菌物学报，2008,27（6）:801-824.

［2］ 董晓雅，周巍巍，张继英，等.荧光假单胞菌对食用菌的促生作用及其机理.生态学报,2010(17):4685-4690.

［3］ 杜敏华.食用菌栽培学 [M].北京：化学工业出版社，2007.

［4］ 胡清秀，宋金娣，管道平.食用菌病虫害危害分析与防治关键控制点 [J].中国农学通报，2015,24（12）：401-406.

［5］ 黄毅.食用菌栽培：第三版 [M].北京：高等教育出版社，2008.

［6］ 李明.食用菌病虫害防治关键技术 [M].北京：中国三峡出版社，2006.

［7］ 林晓民，李振岐，侯军.中国大型真菌的多样性 [M].北京：中国农业出版社，2005.

［8］ 吕作舟.食用菌栽培学 [M].北京：高等教育出版社，2006.

［9］ 申进文.食用菌生产技术大全 [M].郑州：河南科学技术出版社，2014.

［10］ 杨新美.中国食用菌栽培学 [M].北京：农业出版社，1988.

［11］ CHO Y S, KIM J S, CROWLEY D E, et al. Growth promotion of the edible fungus Pleurotus ostreatus by fluorescent pseudomonads. FEMS Microbiology Letters,2003,218(2):271-276.

［12］ FREY-KLETT P, BURLINSON P, DEVEAU A, et al. Bacterial-fungal interactions: hyphens between agricultural, clinical, environmental, and food microbiologists. Microbiol Mol Biol Rev,2011,75(4):583-609.

［13］ GARBAYE J. Tansley Review No. 76 Helper bacteria: a new dimension to the mycorrhizal symbiosis. New Phytol,1994,128(2):197-210.

［14］ KIM M K, MATH R K, CHO K M, et al. Effect of Pseudomonas sp. P7014 on the growth of edible mushroom Pleurotus eryngii in bottle culture for commercial production. Bioresour Technol,2008,99(8):3306-3308.

［15］ PARK J Y, AGNIHOTRI V P. Bacterial metabolites trigger sporophore formation in Agaricus bisporus. Nature,1969,222(5197):984.

［16］ RAINEY P B. Effect of Pseudomonas putida on hyphal growth of Agaricus bisporus. Mycol Res,1991,6(95):699-704.

［17］ SENEVIRATNE G, JAYASINGHEARACHCHI H S. Mycelial colonization by bradyrhizobia and azorhizobia. J Biosci,2003,28(2):243-247.

中国食用菌生产

PRODUCTION OF
EDIBLE MUSHROOM
IN CHINA

PART III
BREEDING
TECHNOLOGY
OF EDIBLE MUSHROOM

第三篇
食用菌
育种技术

第一章　食用菌育种学的发展历程

　　育种学的目标就是应用遗传学原理，依据人类需要，选择并固定那些具有最佳性状表现和遗传组合的个体或品种。因此，育种学和遗传学紧密相连，遗传学是理论基础，育种学是应用技术，在这个过程中遗传学理论的发展对育种学科的发展起到了重要的推动作用。

第一节
遗传学发展历程

一、经典遗传学的发展历程

（一）遗传血统论的形成

　　公元前300多年，古希腊哲学家亚里士多德

（Aristotle）对遗传现象兴趣很浓，他认为儿子像父亲，主要原因是男人血纯，女人血混，男人的血有一种力量可以一代代传下去，于是形成了所谓"遗传"的血统论。现已证明，遗传因子传到下一代和血没有关系。

（二）达尔文物种进化论的建立

　　1859年，达尔文（C. R. Darwin）出版了其伟大的论著《物种起源》，阐明了物竞天择、适者生存的道理，认为物种起源的动力是生物对其所处环境

的适应性。但达尔文只是提出了假说，没有通过试验去证明他的设想，真正建立遗传学理论的是孟德尔（C. J. Mendel）。

（三）孟德尔遗传定律的发现

1865年，孟德尔在欧洲生物科学家自然科学年会上发表的论文阐述了两个遗传定律，即独立分配定律和自由组合定律，提出遗传基因有显性和隐性差别，显性基因与隐性基因杂交后代只表现显性特征，自交后代基因分离而表现3∶1的分离比例（图3-1-1），如果是两个以上的杂种基因自交，后代基因间表现自由配合的分离结果。1900年，德国植物学家柯伦思，奥地利植物学家哲尔马克，荷兰植物学家德弗里斯（H. de Vries），经过大量的植物杂交试验，在不同地点、不同的植物上，得出了与孟德尔相同的遗传规律结果，重新发现了孟德尔于1866年刊出的论文。孟德尔理论的再发现，标志着现代遗传学理论的开始，也为传统育种技术的基本理论与方法的形成奠定了基础，孟德尔也被人们称为"遗传学之父"。

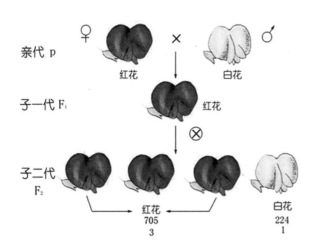

图3-1-1　孟德尔定律3∶1性状分离现象

孟德尔理论被重新发现后，遗传学用于育种的实践还很少，主要研究都集中于对达尔文物种进化理论的验证，大量遗传方面的研究成果陆续出现。1902年，德弗里斯提出了"突变"的概念，不是基因的突变，而是染色体的突变。达尔文在进化论中主张慢慢地变异。突变是突然的进化，是进化的一个主要原因。

（四）遗传学的诞生

遗传学在生物学科中是比较新的一门学科，1906年以前很多人已对遗传现象产生了浓厚的兴趣，但还没有形成一门完整的科学。

1906年贝特生（W. Bateson）第一次提出"遗传学"这个词。那年贝特生和他的学生，用香豌豆做试验，证明不是所有的遗传现象都符合孟德尔第二定律，由此发现了"连锁遗传"现象。不过这个现象当时无法解释，直到1910年摩尔根（T. H. Morgan）做果蝇试验时才得以解决。

（五）基因连锁互换定律的发现

1910年，美国胚胎学家摩尔根用果蝇做试验，首先从红色眼睛的野生果蝇中发现了一只白色眼睛的果蝇（图3-1-2）。白色眼睛是由一对隐性因子控制的，这是第一个被发现的基因突变。在这期间摩尔根和他的学生还证明了染色体在遗传中的作用，其中最重要的是总结出不同的遗传因子在同一条染色体上所出现的连锁作用，即如果两个遗传因子位于同一染色体上，就会出现连锁交换现象。基因间重组机会的大小决定于它们在染色体位点上的距离，两个基因距离越远，则发生重组的机会越大，反之则重组的机会越小，从而提出了"连锁定律"，对孟德尔定律做了有价值的修正和补充。连锁定律在遗传学上也被称为"第三定律"。

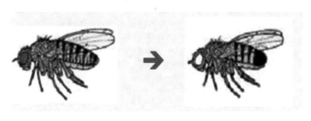

图3-1-2　果蝇红色眼睛突变为白色眼睛现象

（六）一个基因一个酶假说

1941年，毕多(G. W. Beadle)及塔同(E. L.Tatum)通过研究红色链孢霉反应遗传控制的研究，提出了"一个基因一个酶"的假说。基因是遗传学上的名词，酶是生物化学上的名词。他们利用真菌开辟了一条研究遗传学的新门路。

二、分子遗传学的发展历程

1944年，艾弗利（O. Avery），C. MacLeod和M. McCarty等从肺炎双球菌的转化试验中发现，转化因子是DNA，而不是蛋白质，证明了DNA是遗传物质（图3-1-3）。

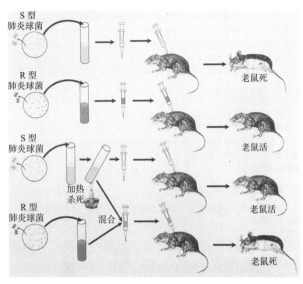

图 3-1-3　肺炎双球菌的转化试验

1953年是生物科学史上划时代的一年，年轻的科学家沃森（J. Watson）和克里克（F. Crick）确定了DNA的结构是双股螺旋结构，从而使遗传学由细胞学、光学显微镜的观感和理解得到分子生物学的验证，遗传理念中的"遗传因子""基因"和包含在染色体基质中的"染色丝（线）"，都成为DNA和RNA遗传载体物质，阐明了基因论的核心问题就是遗传物质的自我复制，从而开创了分子遗传学这一新的科学领域。

三、食用菌遗传学的发展历程

1940年以前，遗传学的研究大都以高等植物为材料，如豌豆、玉米等。高等植物中一些是多倍体，除多倍体植物外一般高等植物都是二倍体生物，生长周期长，繁殖速度慢，由于基因间的互补，显隐性现象复杂，而且有不完全显性现象，只有形成生殖细胞单倍体阶段时，才能观察到它们的染色体组型，这些都给遗传学研究带来了不便。

高等真菌在生活史中大部分为单倍体，避免了显性和隐性的复杂性，是比较好的研究材料。由于真菌的细胞核、染色体微小，感官可识别的性状少，因此与植物和动物相比，真菌的遗传研究起步相对较晚，研究较少，早期对食用菌遗传方面的认识主要基于鬼伞和裂褶菌的遗传特性。随着遗传学的不断发展，对食用菌遗传方面的研究也逐渐得到发展。

1929年，Lambert首次探讨了双孢蘑菇，他成功分离出9个单孢子培养物，结果表明它们都具有产生正常子实体的能力。这是人们首次知道可以用蘑菇孢子萌发成的菌丝体来制备生产用种。

1937年，Sinden用双孢蘑菇单孢菌株做出菇试验，结果发现有大约1/3的单孢子菌株不产生子实体，这个试验首次暗示了蘑菇生殖系统的复杂性，它的子实体既产生自体可育的担孢子，也产生自体不育的担孢子。1943年，Kligman又对双孢蘑菇生殖系统做了进一步的研究，他分离出自体可育和自体不育的两种分离物，并用11个自体不育的单孢分离物做杂交试验，共做了55个配对组合，结果有7个组合恢复了可育性。尽管试验结果提示了蘑菇可能存在一个不亲和性因子或不亲和性系统，但是Kligman的结论却是蘑菇是无性的，他认为蘑菇细胞核在孢子产生之前是"没有遗传学意义的残余特性"。1967年，Pelham首次从菌褶上直接分离出担孢子，并检验了从双孢和三孢担子上分离的孢子的结菇能力。随后Miller(1971)和Elliott(1972)都相继研究了双孢蘑菇的交配系统，认为双孢蘑菇的性特征介于同宗配合与异宗配合之间。

同期人们围绕着担子内减数分裂行为，研究了双孢蘑菇遗传方式。Sarazin于1955年提出在双孢蘑菇担子中，减数分裂后具不同性的两个核是非随机地迁移入每一个担孢子内。1959年，Evans研究了担子中的减数分裂，并细心地观察了减数分裂过程中纺锤丝的动态变化，提出较完整的核非随机分离理论。他估计，在减数分裂的第一次分裂分离中产生异核体的概率为 80%，在第二次分裂分离中产生异核体的概率为 60%。1982 年，Royse 和 May 应用同工酶技术研究双孢蘑菇的遗传机制，发现约 90% 的单孢子在多个同工酶位点上是异质的，而同核孢子数不到 5%，他们认为减数分裂后非姐妹核有进入同一孢子的非随机倾向。核非随机迁移行为导致绝大多数孢子为异核的现象，被解释为是由于该物种为防止同核体隐性纯合可能导致的菌株致残、致死效应，而进化出的适应性遗传机制，该机制最大限度地保持了亲本的异核性质。

金针菇作为一种较早进行商品化栽培的食用菌，其遗传特性研究较为细致。1920 年，Kniep 首次发现了金针菇的异核体特性，单孢分离物没有锁状联合，多个单孢分离物混合培养后形成锁状联合。随后，根据单孢分离物相互交配与锁状联合形成的关系，许多研究者的试验结果都表明金针菇是一种双因子控制的异宗配合真菌。1961 年，Takemaru 把多个不同品种进行互交，根据其孕性，分析结果表明，金针菇的两个不亲和性因子存在着复等位基因，每个因子 (A 因子、B 因子) 包含着两个连锁基因，B 因子的两个连锁基因重组率为 11% ～ 29%，说明这两个基因的连锁程度较松懈，不如裂褶菌的紧密。由于重组，单孢分离物的交配型会产生非亲本型。

食用菌的繁殖方式包括无性繁殖和有性繁殖，在自然条件下，有性繁殖是主要繁殖方式，交配系统有异宗配合和同宗配合两种形式。食用菌遗传学的研究和发展为食用菌育种学奠定了基础。

第二节
食用菌育种技术发展历程

食用菌育种技术是随着遗传学和植物育种学的发展而形成的。植物育种学作为一门学科出现的时间，目前有两种观点：一种观点认为是 1900 年孟德尔遗传学定律重新发现后，才有了科学指导的植物育种学，按照这种观点，植物育种学有 100 多年的历史；另一种观点认为是 18 世纪欧洲启蒙运动之后就有了科学的植物育种学，按照这种观点，植物育种学已有 300 年的历史。不管哪种观点，相对于长达近万年的农业生产历史而言，植物育种学的历史非常短暂。

相对于植物育种学而言，食用菌育种技术的出现更晚。其发展历程可大致分为自然采种、驯化育种、传统育种和现代生物技术育种四个阶段。

一、自然采种

这个阶段还没有形成人工育种技术，生产上没有真正的菌种，但是人们已有意识地利用自然界存在的食用菌孢子进行半人工栽培。

800 多年前浙江龙泉、庆元、景宁一带的劳动人民在劳动中总结出砍花法，在深山密林中从事香菇栽培。"砍花"即在原木上砍出疤痕，利用自然界中的孢子进行自然接种，有意识地为香菇孢子的萌发创造有利条件。

1651 年，法国人用清水漂洗双孢蘑菇成熟的子实体，然后洒在甜瓜地的驴、骡粪上，使它出菇。1707 年，被称为"双孢蘑菇栽培之父"的法国植物学家托尼弗特用长有白色霉状物的马粪团在半发酵的马粪堆上栽种，覆土后长出了子实体。这就是早期模拟自然环境的一种自然采种栽培模式。

二、驯化育种

驯化育种就是将野生型食用菌驯化为人工栽培类型的过程。这时期主要是在纯菌种培养及接种方法上有所突破，还未涉及菌种选育的研究工作。

19 世纪 90 年代，法国人使用实验室萌发的蘑菇孢子首次制成了双孢蘑菇"纯菌种"，从此结束了双孢蘑菇自然采种这一方法，进入真正意义上的食用菌育种阶段。据此推算，食用菌育种距今已有100多年的历史。1929年，Lambert公开了用双孢蘑菇孢子和组织培养物制种的秘密，由此推动了食用菌育种工作的进行。

此后，人们对其他食用菌也相继驯化成功，获得纯菌种。如20世纪30年代日本率先得到了香菇纯菌种，使香菇菌种选育工作成为可能。同期日本还获得了金针菇的纯菌种，并由此开创了金针菇的代料栽培。我国福建省三明市真菌研究所（郭美英，黄年来）自1964年开始进行金针菇的驯化与选种工作，他们首先在全国范围内采集和分离野生金针菇菌株，系统地进行金针菇的驯化和选育研究，并于1982年从野生驯化而来的菌株中，经过组织分离选育出"三明一号"优良菌株。

目前人工栽培的食用菌种类，如双孢蘑菇、木耳、平菇、香菇、银耳、草菇、竹荪等，最初都是由野生种驯化而来，驯化成功后，人们又采用杂交育种、诱变育种、人工选择育种等方式进一步对菌种进行改良、开发，进而形成了目前生产上的诸多食用菌新品种。

三、传统育种

传统育种包括人工选择育种、杂交育种和诱变育种等。

（一）人工选择育种

人工选择育种就是从现有群体中人工选择自然发生的有益变异，使有益性状表现逐渐强化，从而获得优良菌种的一种育种方法。人工选择育种的核心是自发突变和人工选择，其诞生的理论依据是达尔文的生物进化论。

目前生产上使用的大多数食用菌优良品种均是经过长期人工选择而育成的。比如双孢蘑菇栽培菌株的祖先是野生双孢蘑菇，野生种是棕色的而不是白色的，后来分化出浅棕色和奶油色的变种。1927年，在栽培奶油色双孢蘑菇的菇床上出现了一丛纯白色、菌盖光滑的双孢蘑菇，经过人工长期选择，选育出目前世界各国普遍栽培的白色双孢蘑菇优良菌株。近年来生产上所用的玉木耳就是由野生毛木耳中的白色变异菌株分离纯化而得到的。

（二）杂交育种

基因重组可以使双亲的基因重新组合，形成各种不同的类型，不同基因型个体间进行杂交，并在其杂种后代中通过选择而育成的纯合品种的方法。杂交育种可以把两亲本的优良性状组合于子代中，或将双亲中控制同一性状的不同微效基因积累起来，产生在各性状上超过亲本的类型。正确地选择亲本并予以组配是杂交育种成败的关键，理论依据是遗传学上的自由组合规律。

食用菌存在异宗配合和同宗配合两类交配系统，相比之下杂交育种更适宜异宗配合食用菌种类。早期杂交育种的食用菌主要是香菇、金针菇等异宗配合的食用菌种类。香菇杂交育种研究较多，日本开展得比较早，我国20世纪70年代末80年代初才逐渐开展起来。

双孢蘑菇由于遗传特性特殊，大多数孢子是自身可育的，因此双孢蘑菇的杂交育种曾经遇到很多困难，1980年，Sinden在第二次北美蘑菇会议上还认为双孢蘑菇杂交育种不可能。1981～1983年，荷兰Horst蘑菇试验站的育种家G. Fritsche利用双孢蘑菇不育单孢子培养物配对培养，以恢复可育性为标记选育杂交菌株，先后育成了双孢蘑菇杂交品种——U1和U3，由此开创了双孢蘑菇杂交育种的先河。1989年福建省食用菌生产技术推广站王泽生等利用杂交技术育成了高产优质、耐热抗病毒的优良双孢蘑菇杂交品种——As2796系列菌株。

（三）诱变育种

1927年，摩尔根的学生Muller在世界上第一次用X线人工诱发突变，获得突变体。人工诱变的成功促进了人们对诱变育种技术的研究。

20世纪20年代，Stadler用X线诱导玉米、大麦发生突变。1934年，Tollenear利用X线育成第一个烟草突变品种——Chlorina，自此开创了诱变育种技术，依据原理是基因诱发突变。

利用人工诱变技术诱发突变已选育出平菇、木耳、猴头菇、香菇、双孢蘑菇、金针菇、草菇等多种食用菌新品种及一批营养缺陷型和抗药性突变体菌株，丰富了食用菌种质资源，也为后续杂交及原生质体融合育种提供了遗传标记。

四、现代生物技术育种

现代生物技术育种表现在分子和细胞水平两个层次上，主要有原生质体融合育种、基因工程育种和分子标记辅助育种等。

（一）原生质体融合育种

原生质体融合技术起源于 20 世纪 60 年代，最初应用于动物细胞中，后逐渐扩展到植物细胞和微生物细胞。1972 年，荷兰的德弗里斯和 Wessels，用从 *Trichodema viride* 中制备的裂解酶分离了裂褶菌的原生质体，随后又分离了双孢蘑菇和草菇的原生质体。

原生质体融合技术可以使整团基因组（核基因、线粒体基因和胞质基因）有效地混合起来，为基因重组提供更多的方便，使远缘杂交、相同交配型杂交以及体细胞杂交成为可能。

日本、英国、加拿大、中国等对双孢蘑菇、香菇、平菇、木耳等食用菌原生质体的分离、再生、融合做了大量卓有成效的工作。在侧耳属、木耳属种间原生质体融合中已有成功事例，日本蘑菇研究所 T. Toyomasu 等人 1987 年在侧耳属 5 个种，即 *Pleurotus salmoneo-stramineus*、*P. ostreatus*、*P. columbinus*、*P. pulmonarius* 和 *P. sajor-caju* 中进行了种内和种间原生质体营养缺陷型突变体的融合，并成功得到了种内和种间杂合子，结实试验表明 *P. salmoneo-stramineus* 种内杂种和 *P. ostreatus*、*P. columbinus* 的种间杂种，双核化菌丝有结实的能力。

1990 年，肖在勤已成功将凤尾菇和平菇抗药突变株原生质体进行种间融合，获得了可结实的融合菌株。

然而由于不同食用菌种类间遗传背景差异很大，得到的融合子在后代遗传过程中稳定性较差，因此大多还处于研究阶段，距生产上应用还有很大的距离。

（二）基因工程育种

将外源基因通过体外重组后导入受体细胞内，使这个基因在受体细胞内复制、转录、翻译表达的操作过程称为基因工程。基因工程的理论基础主要是基因组学和分子技术。

基因工程从基因重组开始。最先创造重组 DNA 分子的是美国斯坦福大学的 H. W. Boyer 和 P. Berg 等人，他们于 20 世纪 70 年代早期用限制性内切酶将大肠杆菌 (*E. coli*) 的 DNA 切开与病毒 DNA 连接，获得了第一个重组 DNA 分子，拉开了基因重组的序幕。

这个重组 DNA 分子的产生其实还不是生物学意义上的基因重组，只是在化学水平上将不同来源的 DNA 进行了重新组合，并没有实现生物学意义上的可遗传及可增殖的目的。

S. Cohen 和 Boyer 在基因重组方面做出了突出贡献，其主要的基础工作源自 EcoRI 限制性内切酶的分离以及质粒载体的构建。Boyer 分离的 EcoRI 限制性内切酶可以将 DNA 切割成具有黏性末端的片段，具有黏性末端的 DNA 片段很容易连接。Cohen 对大肠杆菌的质粒做了大量研究，并在 1972 年构建了具有实用价值的质粒载体，并用自己名字的缩写将其命名为 "pSC101"。同时也指出了作为克隆载体的三大要素雏形，即可用的酶切位点、复制单位和选择标记。

当时他们发现质粒还有一个重要特征，就是能够转移到宿主细胞中去，一旦进入细胞，单个的质粒就会自身复制出大量的复制体。如果质粒上带有外源基因，外源基因就应该可以随质粒的复制而得到增殖。同时带有质粒的细菌细胞也会增殖，每 20 min 左右就会增殖一次，从而产生大量的后代。这些从一个亲本细胞增殖而来的细胞群体就称为一个"克隆"。这样，位于质粒上的外源基因也就被克隆了。

在这一思想的指导下，Cohen 和 Boyer 于 1973 年开展了两个具有划时代意义的基因重组试验。首先，将质粒 pSC101 与质粒 pSC102 连接起来并转移到大肠杆菌细胞内。由于这两个质粒分别带有四环素抗性基因和卡那霉素抗性基因，重组大肠杆菌获得了同时具有抗这两种抗生素的遗传性状。之后，他们用相同的方法把非洲爪蟾的 DNA 用 *EcoR* Ⅰ 酶切以后将编码核糖体基因的 DNA 片段与质粒 pSC101 重组，并导入大肠杆菌细胞，结果表明，真核动物的基因确实进入了大肠杆菌细胞，并转录出相应的 mRNA 产物。这些试验第一次真正实现了基因重组，基因工程技术自此宣告诞生。

1981 年，世界第一例转基因哺乳动物小鼠在美国问世；1983 年，世界第一例转基因植物烟草问世。

目前基因工程在食用菌中的应用主要包括以下两个方面：①利用食用菌作为受体菌，生产人们所期望的外源基因编码的产品，即作为生物反应器，如高赖氨酸蛋白基因转化银耳、人胰岛素原基因转化香菇等。②利用基因工程技术定向培育食用菌新品种。

基因工程育种技术非常复杂，目前在平菇、香菇、双孢蘑菇、草菇、银耳等一些种类中已初步建立了转化系统，但整体上食用菌基因工程育种还处于基础研究阶段。

（三）分子标记辅助育种

传统育种中大多使用简单直观的形态作为标记，育种周期长，工作量大，一些标记性状易受环境影响。

分子标记技术利用 DNA 分子由于缺失、插入、易位、倒位、重排或由于存在长短与排列不一的重复序列等机制而产生的多态性，直接从 DNA 水平反映遗传变异，因此具有很多的优越性。

分子标记技术是 20 世纪 70 年代以后陆续发展起来的，目前已创立了多种类型，不同类型各有特点，在食用菌育种方面都有不同程度的应用。

第二章 野生食用菌资源驯化

　　野生食用菌资源的驯化过程就是人们有目的地选择自然界中的野生菌物进行分离培养，使之成为可以人工栽培的品种的过程。对野生菌物进行驯化是人类利用自然资源的一种手段，可以驯化出具有优良性状的可栽培品种，提高其产量，保存食用菌种质资源。

第一节
野生食用菌资源概述

一、野生食用菌资源种类

　　在自然界中完全处于野生状态的食用菌种类称为野生食用菌。世界上野生食用菌资源十分丰富，据报道，全世界已知的大型真菌种类估计有 14 000 多种，其中 7 000 多种存在不同程度的可食用性，但多数为共生菌类，不可人工栽培，可栽培的种类有 200 余种。我国食用菌种类有 1 200 多种，可人工栽培种类约 60 种，人工栽培种类仅占食用菌种质资源的 5% 左右，绝大多数的食用菌仍处于野生状态。能够人工栽培的食用菌种类，如香菇、平菇、木耳、金针菇、灵芝、银耳、长根菇等在自然界中也有广泛的野生种质资源分布，因此对野生食用菌进行收集、驯化选育具有重要意义。

食用菌育种技术

二、我国野生食用菌资源分布

我国地域广阔，是野生食用菌资源较丰富的国家之一。李玉院士在《中国大型菌物资源图鉴》中，根据大型菌物水平生态分布特点，参照《中国自然地理》对中国植被地理区域的划分，对我国大型菌物资源进行了地理区域的划分，分为东北地区（Ⅰ）、华北地区（Ⅱ）、华中地区（Ⅲ）、华南地区（Ⅳ）、内蒙古地区（Ⅴ）、西北地区（Ⅵ）和青藏地区（Ⅶ）七个大区。

（一）东北地区（Ⅰ）

北面和东面以国界为界，西界大致从大兴安岭北端开始，沿大兴安岭西麓的丘陵台地边缘，向南延伸至阿尔山附近，向东沿松辽分水岭南缘经瞻榆、保康，以下沿新开河、西辽河至东西辽河汇口处。包括三个自然地理单元：大兴安岭北部山地、东北东部山地和东北中部平原。

东北地区属于温带季风气候带的寒温带和温带湿润、半湿润地区，以冷湿的森林和草甸草原景观为主，冬季风寒冷干燥，夏季风暖热湿润，春秋季短，四季分明，日照丰富。受雨、热等因素的影响，伞菌类、肉质菌类等多数食用菌在7～9月出现。也有一些种类只出现在特殊的季节，如草地或阔叶林地4～5月出现的羊肚菌。

该区温带食用菌资源丰富，并以林居种类占优势，最著名的种类有松口蘑（松茸）、松乳菇、蜜环菌（榛蘑）、亚侧耳（元蘑）、金顶侧耳（榆黄蘑）、猴头菇、黑木耳、花脸香蘑、黏盖牛肝菌、铆钉菇（肉蘑）以及我国特有的美味扇菇等。

（二）华北地区（Ⅱ）

该地区西邻青藏高原，东濒黄渤二海，北与东北地区、内蒙古地区相接，南界为秦岭—淮河线，具体界线为秦岭北麓，经伏牛山、淮河至苏北灌溉总渠。包括四个自然地理单元：东部的辽东山东低山丘陵、中部的黄淮海平原和辽河下游平原、西部的黄土高原、北部的冀北山地。

该区气候表现为暖温带半湿润大陆性季风气候的特点，四季分明，光照充足。冬季寒冷干燥，夏季高温季节降水相对较多，多数菌类出现在夏秋季的雨期及雨期之后。与东北地区相似，也有一些种类只出现在特殊的季节，如羊肚菌在4月即大量出现。

本区的野生食用菌资源包括多种可食用的蘑菇、蒙古口蘑、鸡油菌、灵芝、太原块菌、茯苓、粗糙肉齿菌、银白离褶伞、荷叶离褶伞以及牛肝菌属的若干种类等。

（三）华中地区（Ⅲ）

北起秦岭—淮河，南至南岭，西起中缅边界，东达东海、黄海之滨。包括六个自然地理单元：秦巴山地与淮阳丘陵、长江中下游平原、江南山地丘陵、浙闽山地丘陵、四川盆地和云贵高原。

全区属于中亚热带和北亚热带温润季风气候，热量充足，降水丰沛，但季节差异较大，四季分明，年降水量800～1800 mm，东部高于西部。夏雨最多，春雨次之，秋雨再次，冬雨最少，春末至秋初为大型真菌出现最多的季节。该区的神农架地区、秦岭山区、南岭的北坡等地保留有较好的森林，菌类资源十分丰富，一直受到菌物工作者的关注。本区的北部多为盐碱土，且冬季气温较低（0℃以下），持续时间较长，生态环境相对较差，真菌资源较贫乏。西南部的四川和云南是一个特殊的生态区，真菌种类丰富，特有种类繁多，产量巨大，是野生食用菌的王国。

本区的野生食用菌资源包括香菇、松茸、竹荪、红菇、红黄鹅膏菌、梭柄松苞菇、枝瑚菌、牛肝菌、鸡油菌、乳菇、肉齿菌、干巴菌、鸡枞菌、块菌、蜜环菌以及药用菌竹黄和珍贵的药用菌蝉棒束孢（蝉花）。

（四）华南地区（Ⅳ）

该区位于我国最南部，北与华中地区相接；南面包括辽阔的南海和南海诸岛，与菲律宾、马来西亚、印度尼西亚、文莱等国相望；西南侧紧邻越南、老挝、缅甸等国家的边界。本区北界是南亚热带与中亚热带的分界线。包括五个自然地理单元：

台湾、雷州半岛与海南岛、南海诸岛、岭南丘陵和平原、滇南间山宽谷。

全区表现为热带亚热带季风气候特点，总体上气温常年较高，雨水丰沛，降水强度大，多数地区年降水量 1 400～2 000 mm。该区丰富多样的植被环境和充沛的水分，孕育了丰富的菌物资源。由于热带和亚热带地区温度较高不利于有机物积累，酸性土壤、贫瘠的喀斯特地貌环境面积较大，阔叶林中常有多种植物混杂生长，因此野生菌物资源种类很多，每个种的量都很小。每年 4 月底至 10 月底的雨季是较理想的采集季节，6～9 月最为丰富。

本区的野生食用菌资源包括红菇、牛肝菌、鸡油菌、喇叭菌、钉菇、乳菇、木耳、草菇、洛巴伊大口蘑（金福菇）、灵芝、侧耳、鸡枞菌。

（五）内蒙古地区（Ⅴ）

该区位于我国北部边疆，以蒙古、俄罗斯国境线为北界，东、南、西三面与东北、华北、西北三个自然地区为邻。此区以独特的温带高原草原景观区别于其他地区，与周边地区之间具有鲜明的自然界线。包括四个自然地理单元：内蒙古高原、大兴安岭南部与阴山山地、鄂尔多斯高原与河套平原、西辽河平原与燕山北侧黄土丘陵台地。

该区处在东南季风区边缘，大部分属非季风区，表现出中温带半干旱气候的特点，降水由东向西递减，年降水量由 500 mm 减至 150 mm 以下，降水多在 7～8 月。植被以草甸草原为主，局部地区有针叶林、桦木林等森林植被。从呼伦贝尔草原至阴山河套平原一带为草原气候区，为非大陆性季风气候区，冬季达半年之久，最低平均气温为-28℃，5～9 月春夏秋三季相连，气候温和；东部大青沟国家级自然保护区等地，为温带大陆性季风气候区，年平均气温 5.6℃，冬季漫长寒冷，春秋两季干燥多风，降水量在区内相对较多，年平均降水量 450 mm。7～9 月初是野生食用菌的多发时期。

本区野生食用菌资源包括香蘑、羊肚菌、蜜环菌、口蘑、榆耳、猴头菇、蛹虫草、毡盖木耳、美

味红菇、灰鹅膏，还有许多阔叶林中的种类，包括可食用的毛腿库恩菇、杨鳞伞。其中最为著名的食用菌当属蒙古口蘑。

（六）西北地区（Ⅵ）

该区东以贺兰山为界，南以昆仑山、阿尔金山、祁连山北麓为界，西界、北界均为国界。全区包括新疆的大部分，甘肃和内蒙古的西部，宁夏的西北部。包括五个自然地理单元：阿尔泰山与邻山山地、准噶尔盆地、天山山地、塔里木盆地、阿拉善高原与河西走廊。

西北地区属暖温带至中温带干旱大陆性气候，光照时间长，气温变化大，风沙天气多。冬季寒冷，气温在 0℃ 以下；夏季暖热，平均气温 16～24℃。大部分地区为干旱区和半干旱区，降水量 400 mm 以下，基本没有雨季，是我国最干旱的区域；除高大山地及北疆西部的伊犁、塔城等地区外，全年降水量均不足 250 mm。极端干旱的气候和贫瘠多盐的土壤，造成植被类型结构简单。但由于地处中亚、西伯利亚、蒙古及我国的西藏和华北的交汇处，植物区系的地理成分复杂，不同地区阔叶林形态及环境变化大，食用菌的类型也较为多样，种类也比较丰富。

本区的野生食用菌资源主要包括多种美味的羊肚菌、多种可食用蘑菇、牛肝菌、红菇、翘鳞肉齿菌（黑虎掌菌）、胶质刺银耳、灰鹅膏、淡色香蘑、白柄马鞍菌（巴楚蘑菇）、猴头菇、刺芹侧耳（白灵菇）、黄绿杯伞、宁夏虫草以及国内其他地区比较少见的云杉林内苔藓丛中的脐形小鸡油菌，还有国内其他地区不太常见的食用菌指状钟菌在该植被类型内也有分布。其中黄绿杯伞在国内目前仅见于西北地区，白灵菇则是新疆著名的食用菌，为国内重要的栽培种类。宁夏虫草则是在这一地区发现的我国特有种。它们是该区大型真菌的典型代表。

（七）青藏地区（Ⅶ）

青藏地区位于我国西南部，北起昆仑山、阿尔金山及祁连山，南抵喜马拉雅山。行政区划上包括

青海和西藏的全部以及甘肃、新疆、四川和云南的部分地区。包括八个自然地理单元：东喜马拉雅南麓、藏东川西山地高原、青东南川西北高原、藏南山地与谷地、藏北高原、昆仑山地、祁连山地与阿尔金山、柴达木盆地。

本区是世界上植被垂直生态变化最为明显的地区，也是大型菌物区系垂直分布差异显著的地区。从低海拔至高海拔分别有山地热带雨林和季雨林分布带、山地亚热带常绿阔叶林带、山地亚热带常绿—落叶阔叶混交林带、亚高山针阔混交林带、高山寒温带暗针叶林带、高山寒温带疏林和灌丛带、高山寒带草甸、草原和砾石滩等不同植被类型。本区东南部的察隅以南，降水丰沛，而北部柴达木盆地的西端，年降水量极少，仅 13.5 mm，降水分布的地区差异极为悬殊，该地区真菌资源多样性异常丰富，资源特色明显，特有种类比例高，食药用菌丰富。

本区比较重要的野生食用菌资源有翘鳞肉齿菌、梭柄松苞菇、棒瑚菌、枝瑚菌、云杉乳菇、喜山丝膜菌、黄绿卷毛菇，多种可食用的牛肝菌，可食用的蘑菇、猴头菇、松茸、红黄鹅膏、鸡油菌、乳菇、红菇等。在青藏地区的草原与草甸中，生长有著名的药用菌冬虫夏草，每年 5 月是其采收的最佳时节，主要分布于海拔 3 000～5 000 m 的区域。可食用的淡色冬菇目前国内仅见于这一地区的高山柳树上。

三、野生食用菌资源驯化概况

野生食用菌资源驯化是指有目的地选择自然界中的野生食用菌，进行菌种分离和纯培养，使之成为可以人工栽培的品种的过程。对野生菌的驯化是人类利用自然资源的一种手段，通过驯化使菌株由产量很低的野生生长状态转变为可控式人工栽培状态，提高产量，同时也可以很好地保存食用菌物种资源。

人工栽培的食用菌种类，如双孢蘑菇、木耳、平菇、香菇、银耳、草菇和竹荪等最初都是由野生种质驯化而来，驯化成功后，又通过杂交育种、诱变育种和基因工程育种等方式进一步对菌种进行改良、开发，形成了目前生产上丰富的新菌株。

食用菌种类不同，营养类型不同，驯化难易程度不同。食用菌因营养获取方式不同，有腐生型、寄生型和共生型三种类型，其中最容易驯化的是腐生型。对于一些寄生型和绝大多数的共生型食用菌，如冬虫夏草、松口蘑等，虽然进行了多年的驯化深入研究，但是由于它们生态习性的复杂性，至今未能实现真正意义上的人工栽培。

第二节
野生食用菌资源驯化育种程序

一、野生食用菌可利用性评价

驯化育种的目标，一是将野生状态的食用菌驯化为具有一系列优良性状可供人工栽培的菌株，为人类消费提供营养食品；二是作为试验材料进行研究。因此驯化选育野生食用菌时首先应对其可利用性进行评价。

（一）商品性状评价

1. 商品性　食用菌种类不同，子实体质地、口感、外观不同，食用价值不同。一些野生菌类因其子实体气味难闻，革质，口感差，不能迎合人们的消费需求，从市场需求角度来说其商品价值较低，开发潜力较小。

2. 安全性　这是对食品最基本的一项要求，不能危害人身健康。有些大型真菌含有对人体有毒的物质成分，食后会使人产生不同程度的中毒症状，重者致死。这类野生菌不属于可驯化育种目标。

3. 营养性　FAO 和世界卫生组织（WHO）要

求，新食品资源的开发应符合"天然、营养、保健"的原则，能够提供蛋白质、脂肪、碳水化合物、维生素类和矿质元素等营养物质；色、香、味俱佳；有保健功能。

（二）可培养性评价

人工可培养特性评价，包括菌丝生长特性、出菇特性等。菌丝生长特性包括适宜的基质配方、培养条件等；出菇特性包括在现有条件下能否正常现蕾、正常生长等。目前，一些食用菌因其特殊的生境要求和生长发育特性，还难以人工驯化栽培。

二、驯化育种程序

驯化育种程序可以简略分为六个步骤：①野生菌资源采集、鉴定。采集野生食用菌子实体、生长基质等标本材料。②纯种分离。采用孢子、组织或基内菌丝进行分离纯化。③生长特性测定。观察菌丝培养特征，测定温度、pH 等生长条件。④驯化栽培试验。小规模袋栽（或瓶栽）进行人工驯化栽培试验。⑤扩大试验。测定新菌株在一定的栽培规模下的综合表现。⑥示范推广。选取数个有代表性的试验点进行示范性生产。

（一）野生食用菌的采集和鉴定

野生食用菌的采集和鉴定是进行驯化栽培、良种选育重要的基础工作。

采集前要明确野外采集任务目标，准备好采集所需要的相关物品和工具，如洁净的容器、工具等。采集时不要漏掉任何对驯化栽培研究有帮助的信息，如采集地、采集日期、植被结构、树种组成、林分类型、海拔、坡度、坡向、土壤、气候和着生地等生态信息。观察食用菌生长情况，记录采集地的温度、湿度、光照强度、土壤 pH 等生长条件，作为驯化试验设计参考依据。采集的标本要初步归类，保持子实体完整，做好编号，妥善保存，并及时带回实验室进行鉴定和菌种分离，防止有些野生种质不耐贮存而腐烂变质。

（二）纯种分离

野生食用菌菌种可以采用组织分离、孢子分离和基内菌丝分离方法获得。

组织分离法是利用子实体或菌索等分离获得纯菌丝的一种方法，其中子实体组织分离法最常用。子实体是菌丝体的扭结物，属于组织化的菌丝体，这种组织化的菌丝体具有很强的再生性和保持种性的能力。因此，只要在无菌的条件下切取一小块组织，移植到合适的培养基质上，便能使组织化状态的子实体重新恢复为松散状态的纯菌丝体。从生物学的角度来讲，这是一种无性繁殖法，因此采用组织分离方法，可以保持所分离菌株的原有性状。同时该方法操作简便，成功率高，相比其他两种方法，组织分离法是菌种分离中最常用和优先选用的一种方法。

1. 种菇选择　用于菌种分离的食用菌子实体称为"种菇"。在选取种菇时应从子实体成熟度、朵形、洁净度等方面进行选择，一般在子实体大量出现时期选取大小适中、七八分成熟、朵形圆整、外观典型、无病虫害的作为分离材料。采集到的子实体若不能及时分离，应封存冷藏。

子实体成熟度可以参考子实体外部形态特征，对于有菌幕的食用菌如双孢蘑菇、草菇等，在菌幕变薄、将破而未破时一般为七八分成熟度（图3-2-1）；对于平菇等无菌幕食用菌，当菌盖伸展、边缘变薄、菌褶松散时一般为七八分成熟度。

图 3-2-1　双孢蘑菇子实体八分成熟度形态特征

食用菌育种技术

2.环境消毒　菌种分离要在无菌环境中进行，按照超净工作台工作原理及方法提前做消毒处理，接种箱需要提前30 min用烟雾消毒剂消毒，分离时所用的工具如镊子、解剖刀、火柴、酒精灯、斜面培养基、种菇等均应提前放入。

3.种菇处理　分离前，除掉粘在平菇上的植物残余物、土粒，并用流动的无菌水冲洗（快速冲洗，以免浸水），放到无菌滤纸上除湿，然后再用酒精（乙醇）棉球擦拭表面，一般不用甲醛、氯化汞等消毒剂处理种菇。对已吸湿、老化、幼嫩的种菇，清除泥垢后，不用无菌水冲洗，直接用酒精棉迅速擦拭即可。

4.组织分离

（1）组织分离过程　分离时要严格按照无菌操作要求进行。首先用75%酒精棉球擦拭双手。点燃酒精灯，然后靠近火焰附近，将消毒处理过的种菇撕开或折断，用经火焰灼烧冷却后的解剖刀或尖头镊子，从菇体中心处取下一块菌肉组织，移接到平板培养基或斜面培养基表面，并稍压一下，但不能用力太大，使菇肉组织块固着在培养基上即可，夹取组织块时注意不要带有表皮组织。

（2）分离培养基　采用固体马铃薯葡萄糖琼脂（PDA）培养基。为抑制细菌污染，培养基中加入1种抗生素或2种抗生素混用（每毫升培养基加入200 μg的青霉素，10 μg的链霉素）进行分离较好。

（3）分离组织块大小　以0.3～0.5 cm³为宜。平板培养基每皿接种3～5块，斜面培养基每管接种1块。

（4）分离部位　原则上菌盖、菌柄、菌盖与菌柄的交界处或子实层等各个部分都可以进行组织分离，但部位不同分离的效果不同。生产中一般采用菌盖和菌柄的交界处，或菌肉组织，成功率较高，幼嫩的子实体较老熟的子实体分离成功率高。对于子实体组织已胶质化（如木耳、银耳），或细胞泡囊化的种类，该方法不太适宜。食用菌组织分离过程见图3-2-2。

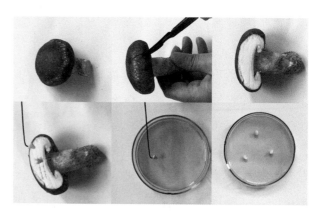

图3-2-2　香菇组织分离操作过程

5.培养纯化　将接种后的培养基置于25 ℃左右的培养箱中培养，检查发菌情况。2～3天后即可看到组织块上产生白色绒毛状菌丝，说明分离成功；若组织块周围出现黏稠状物质，说明被细菌污染，应及时剔除。当新生菌丝长至3～5 cm时，挑取顶端菌丝，接入新的培养基上，培养数天后即为纯菌种。

（三）菌丝生长特性测定

1.菌丝培养特征观察　在同一条件下培养，观察菌丝萌发时间、颜色、菌丝长势、生长速度、菌落边缘特征等。其中菌丝生长速度通常采用十字交叉法测量，即用直径0.6 cm打孔器定量接种于平板培养基中心，菌丝生长一定时间后，在菌丝生长的最前端划线（图3-2-3），标记每天的生长速度，测量菌落两个直交直径，取其平均值。菌丝长势可以表明菌丝生长的健壮度、整齐度和浓密度等，一般划分为三个等级，级别越高表明菌丝越旺盛、浓密、整齐。

A.正面　　　　　　B.反面

图3-2-3　十字交叉法测量菌丝生长速度示意图

2.菌丝生长条件测定　设置不同的梯度处理，对分离菌株的菌丝生长温度、pH、光照、通风和营养等生长要素进行测定，以了解其对各生长要素的要求。测定方法可以采用培养皿固体培养法或液体培养法。比如温度试验通常采用固体培养皿培养法，在 0～40℃ 设置不同温度梯度（间隔 3℃ 或 5℃），如设置 5℃、10℃、15℃、18℃、20℃、23℃、25℃、28℃、30℃、35℃ 和 40℃ 等不同温度梯度，以筛选适宜的生长温度及致死温度（图 3-2-4）。pH 试验采用固体培养法或液体培养法，设置 3、4、5、6、7、8、9、10 和 11 等不同梯度，以筛选适宜的 pH。光照试验可以采用培养皿固体培养法，设置连续光照、12 h / 12 h 光暗交替和连续黑暗三个不同光照处理，观察光照对菌丝生长的影响。每个梯度处理至少重复 3 次。

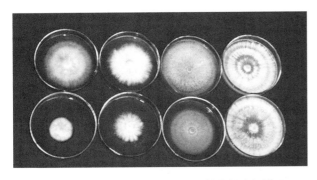

图 3-2-4　不同温度条件下鸡腿菇菌丝生长情况

（四）驯化栽培试验

1. 菌种扩大培养　首次分离纯化后的野生菌菌种数量少，适应能力弱，为了扩大菌种数量，增强适应能力，同时检验菌种活力，需要对分离菌株进行母种、原种和栽培种扩大培养和试验，以制备出优良菌种，为后续栽培试验奠定基础。

2. 驯化栽培试验　食用菌菌种分离、纯培养的成功标志着人工驯化栽培的开始，野生菌分离菌株能否进行人工栽培并应用于生产，必须经过一系列的驯化栽培试验，一般先在实验室条件下进行小规模试验。根据野生菌生长习性不同，选用棉籽壳、玉米芯、木屑等不同培养料种类配方，采用瓶栽和袋栽等不同栽培模式，探索野生菌分离菌株的生长条件和栽培模式。

（1）栽培模式　腐生型菌类容易驯化栽培成功，可以直接制作菌种，在人工培养料上接种、培养和栽培管理。寄生型和共生型食用菌不易驯化栽培，这类食用菌在实验室条件下菌丝可以培养，但是不易出菇。因此针对不同食用菌应采用不同驯化栽培模式。

（2）测定指标　菌丝生长测定指标包括菌种萌发时间，菌丝生长速度、长势、色泽、浓密度、分泌物和污染情况等。

子实体生长测定指标包括菌盖、菌柄、色泽、质地和韧度等形态特征，朵数、单朵重和生物学效率等经济指标，现蕾温度、时间和转茬时间、生长周期等要素。

（五）扩大试验

对初步筛选的优良菌株进行扩大试验，以测定新菌株规模栽培条件下的表现。

1. 扩大试验检测内容

（1）适应性　参试品种在不同地区进行栽培比较，观察菌丝生长情况、出菇情况及产量表现。

（2）一致性　参试品种应保证一定的种植面积，袋栽一般应不少于 30 袋，床栽一般不小于 50 m²，以检验其出菇、子实体性状一致性。

（3）稳定性　参试品种进行不同原料、不同时期和不同模式栽培，比较长势、产量等检验其生长的稳定性。

通过扩大试验，菌种表现的性状在个体间均一，经多次栽培试验表现稳定，才可进一步推广应用。

2. 新品种 DUS 测试　农作物新品种测试时普遍要进行特异性、一致性和稳定性检测，简称 DUS 测试。根据 DUS 测试结果，判定测试品种是否属于新品种。

特异性是指测试品种至少应当有一个特征明显区别于已知品种，且在遗传性状上有明显的区别，这是区别申请品种与已有品种差异的主要测试内容。

一致性是指测试品种经过繁殖，除可预见的变异外，群体特征或者特性一致，即品种的形态特征、生理特性方面的一致性、整齐性。

食用菌育种技术

稳定性是指测试品种经过反复繁殖或在特定繁殖周期结束时，相关的特征或特性保持相对不变，即繁殖几代后性状仍与原来保持一致。植物稳定性判别时要求观察植株至少 50 株。

在食用菌新品种扩大试验时，目前也开始引用类似的"三性"评价标准。包括形态特征、生理特征特性、栽培特性和商品特性等。例如，白灵菇测试性状有 28 项，其中必测性状 20 项，主要必测性状有拮抗反应、温型、栽培周期、菇蕾、菌落特征、菌盖、菌柄形态、质地和色泽等。

（六）示范推广

经扩大试验，对选出的优良菌株已有明确的认识，应选取数个有代表性的试验点进行示范性生产，待结果得到进一步确认后，再逐步在生产中大面积推广。

第三节
野生食用菌驯化育种实例

人们在长期采食过程中，为了提高对食用菌的利用效率，通过对其形态特征、生长环境、分布地区及采集时间的详细观察，积累了丰富的经验，逐渐从采集野生食用菌发展为人工栽培食用菌，大量的驯化栽培品种被应用于生产。

一、腐生型食用菌驯化育种实例

腐生型食用菌易于人工驯化和栽培，目前人工栽培的食用菌，如双孢蘑菇、平菇、香菇、金针菇和银耳等都是由野生资源驯化而来的。下面以金针菇"三明一号"为例介绍腐生型食用菌驯化育种。

（一）金针菇"三明一号"育种背景及生长特性

金针菇的代料栽培开始于日本，1928 年森木彦三郎首创了以木屑和米糠为代料的金针菇瓶栽技术。20 世纪 60 年代初实现了金针菇的周年工厂化生产，80 年代以前日本是世界金针菇主要产地。我国的金针菇资源丰富，东西南北均有分布。为了选育国产金针菇良种，福建省三明市真菌研究所自 1964 年便开始在全国范围内采集和分离野生金针菇菌株，系统地进行金针菇的驯化和选育研究。1974 年黄年来从三明市洋山的枯树枝上分离一株野生金针菇菌株，经过不断的驯化栽培和人工选择，在 1982 年选育出"三明一号"。"三明一号"菌株优良，产量由分离时的每瓶 20 g 提高到每瓶 145 g，生物学效率达 80% 以上，菌丝生长快，适应性广，抗杂抗病能力强，产量高，品质好，且具有广温型的特点，适宜在我国自然条件下栽培，成为 20 世纪 80 年代我国金针菇主栽品种之一。

（二）"三明一号"选育过程

1. 野生金针菇菌株采集和驯化　从华东、华南、华中、东北等不同地区、不同树木采集了多个野生金针菇菌株，在相同培养基和相同环境条件下对采集到的野生金针菇菌株进行驯化栽培研究。根据菌丝生长速度、菌盖大小、色泽、菌柄粗细、菇蕾多少、绒毛有无、产量高低、生育期长短、抗病能力强弱、栽培特点等，从中选出较优的野生金针菇菌株，淘汰质量差的菌株。

2. 种菇选择分离　从较优的野生金针菇菌株中选择出菇早、菇蕾多、菌柄长、色泽较好、开伞较慢的种菇作为分离材料，采用髓部、菌肉和孢子分离三种方法再分离。

3. 稳定性考察　对再分离的金针菇菌株进行进一步栽培比较，从中筛选出性能稳定的优良菌株，经过多次栽培试验后，最终确定优良的野生驯化菌株。

4. 品种比较　从中国科学院微生物研究所、河北省科学院微生物研究所和山西省生物研究所、广东省微生物研究所引进一批野生菌株，以日本"信浓二号"菌株为对照，将驯化选育出的 28 个野生菌株与引进菌株进行对照试验。先后经过 4 代选择和 3 年稳定性考察，成功选育出我国第一个金针菇优良菌株"三明一号"，并在 1984 年通过国内专家审定。同时他们还研制出一套适合我国国情、取材方便、来源丰富的金针菇代用料高产配方和袋栽生产工艺。

二、共生型食用菌驯化育种实例

（一）共生型食用菌驯化存在的主要问题

共生型食用菌驯化栽培一直是一个难题，比如松口蘑。在松口蘑的生活史中，松口蘑孢子萌发出菌丝后，遇到树木的幼小细根，便侵入根细胞间隙，吸收营养，菌丝萌发生长，形成菌根。菌根形成之后，松口蘑生长发育阶段的营养均通过菌根获取，与树木形成典型的菌根型营养共生关系，驯化难度较大。

人工驯化栽培松口蘑的主要技术难点，一是在人工条件下菌丝生长速度缓慢，难以迅速扩大培养；二是人工条件下较难诱发子实体形成。因此，人们对松口蘑人工栽培技术的研究历经 100 多年，投入了巨大的人力和物力，松口蘑的栽培仍处于半人工状态。

（二）共生型食用菌驯化研究主要内容

1. 分离、扩大繁殖培养基的筛选　根据食用菌生长环境设计不同碳源、氮源、碳氮比培养基，添加不同矿质元素、营养素等，制作分离培养基配方、扩大繁殖培养基配方，接种培养筛选出最适宜纯培养的培养基。

2. 生长特性研究　设计不同的温度、湿度、光照、通风等环境要素，测定生长速度、长势，确定营养特性和环境因子，为人工驯化栽培奠定基础。

3. 遗传特征与生长机制研究　共生条件下开展野生菌株与菌根之间营养来源及输送、消耗与吸收等机制研究，为营造共生菌增殖的营养条件和生态环境提供理论基础。

4. 接种方法研究　模拟自然条件，研究园艺式栽培法、土壤接种法、孢子接种法、根段接种法、菌根苗移栽接种法、固体或液体菌丝接种法和胶囊菌种接种法等，观测不同处理方法的接种效果。

5. 栽培方法的研究　目前菌根型食用菌绝大多数采用园艺式栽培法。园艺式栽培法就是将目的菌根型食用菌的菌根苗，按照一定株距行距栽培，辅以灌溉设施，形成类似果园的栽培区。黑孢块菌、松乳菇和光黑腹菌等均采用这种方法栽培成功。完全按照腐生型食用菌栽培方式生产共生型食用菌是育种家不懈的追求，但目前还未能成功。目前已有几种菌根型食用菌商业化栽培成功，但技术还不成熟，产量不稳定，难以实现产业化栽培。

第三章　人工选择育种

　　人工选择育种是利用野生种和现有品种群体在生长过程中由于自发突变而形成的新的变异类型，进行人工选择，从中分离选育出优质、高产菌株的育种过程，其核心是自发突变与人工选择。人工选择育种是食用菌发展选育优良品种简单而有效的方法之一，是各种育种方法的基础。

第一节
人工选择育种的理论基础

一、自发突变

　　生物在长期的生长过程中，会不断地受到来自外界及自身因素的影响而发生遗传物质的改变，这种现象称为自发突变。但自发突变并不是真正的不接触诱变物质，只是不人为施加诱变因子。

　　自发突变产生的主要原因有：①背景辐射和环境诱导。如自然接受射线辐射、热及化学药剂等。②生物自身产生的诱变物质引起的变异。如转座子的插入引起的遗传物质的改变，代谢过程中产生的过氧化氢、有机过氧化物等诱发的变异等。③DNA分子本身的变化引起的配对错误。碱基分子存在着酮式和烯酮式、氨基式与亚氨基式的互变异构现象及环出效应，当结构发生变化时，就容易出现配对差错。④自然状态下的群体杂交。自然状态下通过有性生殖，发生基因的重组也是产生新类型的一种方式。

自发突变产生的新变异在生活能力和适应性方面如果能超过原有类型，则会不断扩大种群数量，进化为新的类型。如果新的变异不及原有类型，则会失去竞争力，通过自然选择而被淘汰。

按照遗传学和细胞学的观点，细胞分裂周期越短、生长越快的生物，在一定时间内发生变异的概率越高。食用菌的细胞分裂和生长速度比植物和动物都快，因此菌种群体中变异个体存在的概率大大增加。据报道，菌丝在生长过程中大约每366个细胞中就有一个细胞发生自发突变。

二、自然选择

在自然界里，各种自然条件对每个生物体都有一种适者生存、去劣留优的选择作用，这就是自然选择。

自然选择是自然界对生物的选择作用，把一切不利于生物生存与发展的个体淘汰掉，使适者生存，不适者被淘汰。在自然界生存的野生食用菌种类，都是经过长期的自然选择而保留下来能适应一定生态环境的优势个体，它们带有特殊的基因，是优良的食用菌种质资源。

三、人工选择

随着对自然选择作用的认识，人们逐渐有意识地从混杂的生物群体中挑选符合人类要求的个体或类型，这就是人工选择。即通过人工方法保存具有有利变异的个体，淘汰具有不利变异的个体，这一改良生物性状和培育新品种的过程叫人工选择。通过人们长期的选择作用，可以逐渐淘汰掉那些不符合人类需要的品种。

人工选择的实质就是使群体内的一部分个体能产生后代，其余的个体产生较少的后代或不产生后代，造成有差别的生殖率，从而定向地改变群体的遗传组成。

人工选择育种由于是从现有品种群体中挑选自然发生的变异，省去了人工创造变异的过程，因此方法比较简单。人工选择育种一般是从推广的优良品种中选育有利的自然变异，是优中选优，更能有效地培育出优良类型。

人工选择育种是一种传统而有效的育种途径，是各项育种途径中必不可少的重要手段。但人工选择育种也有不足之处，它只能从现有群体发生的自然变异中进行选择，因此选择余地小。另外，只能在现有品种中进行改良，而不能有目的地创造新的变异，产生新的基因型。

人工选择育种的核心是自发突变和人工选择。

第二节
人工选择育种程序

一、品种资源的收集

人工选择不能改变个体基因型，而是有目的地积累并利用自然条件下发生的有益变异，但个体的自然变异不一定符合育种目标。因此，选择育种要求育种工作者一方面随时留心观察，注意现有品种中发生的符合选种目标的变异个体；另一方面要广泛收集不同地域和不同生态型的栽培菌株，进行品种比较，从中选出符合人们需要的新品种。

二、变异菌株的选择

食用菌在种植初期，性状一般都整齐一致，但经长期种植后，群体内就会发生一定的个体变异，这些变异就是我们要选择的对象。在选择变异个体时要注意以下几个方面：

（一）选择时机

一是要选择盛菇期，这样获取综合性状优良的子实体的概率高；二是要选择在最能体现亲本优良性状的出菇季节，比如要选育耐低温香菇品种，则应选择在寒冷冬季正常出菇的子实体进行分离；三是要根据不同的菇类和栽培模式，在最有可能获取优良个体的出菇茬次中进行选择，如袋栽平菇和金针菇应在第一茬菇的盛菇期挑选，袋栽香菇的第一茬菇因畸形菇多，所以应选在第二茬菇的盛菇期挑选。

（二）选择标准

一是要选取有典型性状的子实体为材料。比如选择目标是培育短柄香菇菌株的，就应该选取其他性状符合要求，而菌柄最短的菌株为好，尤其在通气不良或高温的条件下，菌柄短的香菇子实体才有可能是遗传物质变异的结果；二是要尽可能地选择生态类型、地域差异大的子实体为材料。

据报道，自然界的野生木腐菌，不仅在同一树桩上甚至同一林地数十乃至数百米范围内的子实体，都有可能是同一子实体的孢子经多年传播逐步扩散而形成的。

（三）选择次数

要多次连续选择。选择育种只有通过多个生长周期里的连续观察和选择分离，才有可能累积有益的自然突变，获取新的优良品种，这与农作物中普遍采用的自然选优留种是同样的道理。

三、纯种分离

在选择育种工作中，最有效和最常用的分离方法是子实体组织分离法。因此，发现具有符合育种目标的变异个体后，应尽快采用组织分离方法取得纯种。通过子实体组织分离法，可稳定该分离物的遗传特性，再经过定向筛选，达到选育出新品种的目的。

四、生理性能测定

通过纯种分离技术获得的纯化菌株，为了避免浪费人力、物力，提高工作效率，应在平板上进行品种性能初步筛选。即采用平板拮抗试验法，将分离菌株与出发菌株接种在同一培养基上，观察菌株间菌丝相互接触后的表现（图3-3-1）。如果没有拮抗反应，说明二者之间基因型相同，很有可能是表现性差异，不是基因型变异，淘汰。如果有拮抗反应，说明两者之间有基因型差异，可以进一步做菌丝培养特征和生长条件测定。温度条件的测定可以采用耐高温测试，例如中低温品种测试时，先将平板菌丝置于最适温度下培养5～7天，然后取出放置30～40℃培养，24 h后再放回最适温度下培养。经过偏高温度处理后，若菌丝仍健壮生长，则表明该菌株具有耐高温的优良特性。

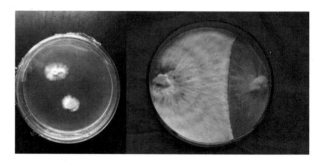

A. 平板对峙接种　　　　　　B. 拮抗反应

图3-3-1　平板拮抗试验

五、品种比较试验

筛选出来的变异菌株，与其他生产上使用的优良品种进行品种比较试验。品种比较试验时应注意如下事项：

（一）试验条件要等同

在设计试验时要保证处理方法和管理措施等一致。如菌种制作和栽培试验时培养料配方、处理方法、含水量、装袋方法、每袋重量、灭菌处理、接种量及接种方法等要一致；栽培试验采用的栽培模式、容器规格和培养料种类等完全一致；菌丝培养和出菇期间生长温度、空气湿度和通风次数等管理措施要相同。

（二）评价内容要全面

评价内容要尽可能全面和具体，菌丝和子实体生长表现都要观察和评价。

菌丝生长评价内容应包括菌丝色泽、浓密度、生长强弱、生长速度、气生菌丝、爬壁能力、满袋时间、分泌物情况和污染情况等。

子实体生长评价内容应包括子实体形状、颜色；菌盖厚度、质地及表面有无裂纹、鳞片、开伞快慢等，菌柄长度、直径、质地及与菌盖着生关系；原基形成时间、原基形成至采收时间、出菇茬次、单菇重及生物学效率等，生物学效率按如下公式计算：

$$生物学效率（\%）= \frac{鲜菇重}{所用干料总重} \times 100\%$$

六、推广应用

通过品种比较试验选出的优良菌株，需要再进行一定栽培规模的扩大试验和示范推广，之后才能应用于生产。

第三节
人工选择育种实例

人工选择育种是在具有良好遗传性状的基础上再选取优良的变异，因此属于优中选优，方法简便。目前，人工选择育种仍然是国内外较常用、较简单有效的方法。

例如世界上广泛栽培的白色蘑菇菌株是由奶油色蘑菇的突变个体中分离选育而来，白色金针菇菌株由黄色金针菇的突变菌株中选育而来。

从日本引进的 7401、7403，我国培育的沪农一号、广香 51、庆科 20 等香菇优良品种，目前我国生产上广泛使用的黑木耳品种均是通过人工选择育种获得的。

一、香菇庆科 20 菌株选育

（一）亲本菌株

亲本为庆元县香菇主栽菌株庆元 9015。

（二）选育过程

1. 采集与分离亲本　1997 年，庆元县食用菌科研中心从庆元 9015 栽培场采集到 23 个菇柄短、单生、长势好的子实体，经过组织分离得到了纯化菌株。

2. 实验室筛选　开展拮抗试验检测各菌株间特异性，开展菌丝培养温度、长势和形态特征等试验，剔除菌丝长势弱的菌株。

3. 栽培筛选

（1）初筛与复筛　获得的试验菌株按常规方法培养进行出菇试验。培养料配方为杂木屑 78%，麸皮 20%，红糖 1%，石膏 1%，含水量 55%～60%。淘汰菌柄过长、子实体丛生和产量过低的菌株。

通过品种比较试验，从品质、产量和菌柄等性状方面进行比较，淘汰遗传性状不稳定的菌株。参试香菇菌株有庆元 9015、241-4、135、Cr02、66、868 和南花 103 等。

（2）中试生产试验　1999—2000 年在庆元、龙泉、景宁及福建的松溪、政和、寿宁等县市（800～1 200 m、500～800 m、300～500 m）三种不同海拔高度，分别设点进行产量鉴定和品种比较试验，接种期安排在春季，出菇后抽样进行评价分析。

（三）选育结果

选育出新品种庆科 20 菌株，该菌株子实体朵形圆整，菌盖平整，组织致密，口感鲜嫩，栽培性状稳定，花菇率高，适宜高棚层架栽培花菇和低棚脱袋栽培普通香菇。

二、香菇沪农一号菌株的选育

20 世纪 90 年代以前，我国山区香菇栽培普遍采用段木栽培方式，菌种质量差，鲜菇产量低，品质差，在国际市场上缺乏竞争力。为了选育适合山区段木栽培的香菇新品种，汪昭月等从 1985 年开始，在浙江和江西等地进行了适合山区栽培的香菇品种菌种选育研究，并从国外引进 4 个香菇菌株，经过人工选择育种最终获得适合段木栽培的香菇新品种沪农一号。

沪农一号较传统品种具有更强的分泌多酚氧化酶和纤维素酶的能力，菌丝定植快，生长迅速，出菇早。经多点比较试验，沪农一号每 50 kg 段木可产香菇 1 kg，比当地品种 241 平均增产 0.3 kg，增产率 42.9%，厚菇和花菇的数量较对照品种分别提高了 25.5% 和 50%。

三、双孢蘑菇白色菌株的选育

双孢蘑菇栽培菌株的祖先是野生双孢蘑菇，野生种是棕色的而不是白色的，栽培过程中分化出浅棕色和奶油色的变种。1927 年在栽培奶油色双孢蘑菇的菇床上出现了一株纯白色菌盖光滑的子实体，后经人工选择分离纯化，选育出目前普遍栽培的白色双孢蘑菇菌株。

第四章　杂交育种

　　食用菌杂交育种就是选择已知优良性状的菌株作为亲本，通过杂交将亲本的优点结合在一起，或利用一个亲本的优良性状去克服另一亲本的缺点，在杂种一代中选择生长势、生活力、繁殖能力、抗逆性、产量及品质上明显超过双亲的个体，得到有突出表现的优良菌株。适宜杂交育种的食用菌主要为异宗配合菌类。单孢杂交和双单杂交是食用菌杂交育种常用的方法。

第一节
杂交育种的理论基础

一、遗传与变异

（一）遗传与遗传物质

　　1. 遗传　　遗传是指物种的遗传物质从亲代传递给子代，亲代的性状在子代表现的现象。生物的遗传性是相对稳定的，从而保证了生命的连续，比如双孢蘑菇种出来的还是双孢蘑菇，香菇种出来的还是香菇，俗话说的"种瓜得瓜，种豆得豆"也是这个道理。这种生命特征不论是通过性细胞进行的有性繁殖，还是通过菌丝体或组织体进行的无性繁殖，都能表现出来。遗传是一切生物的基本属性，它使生物界保持相对稳定。正是有了遗传才能保持食用菌性状和物种的稳定性，使各种食用菌在自然界稳定地延续下来。

　　2. 遗传物质　　所有生物都一样，核酸是遗传

食用菌育种技术

物质。核酸有两种，即 DNA（脱氧核糖核酸）和 RNA（核糖核酸），而绝大多数生物的遗传物质是 DNA。

DNA 由四种脱氧核苷酸组成，脱氧核苷酸由磷酸、脱氧核糖和碱基组成。这四种脱氧核苷酸的脱氧核糖、磷酸的结构和位置相同，只是各自所含的碱基不同。这四种碱基分别是腺嘌呤 (A)、鸟嘌呤 (G)、胸腺嘧啶 (T) 和胞嘧啶 (C)，它们决定了生物的多样性。生物的遗传信息编码于 DNA 链上，3 个碱基对构成一个遗传信息的密码子。在 DNA 分子中，碱基的排列是随机的，这就为遗传信息的多样性提供了物质基础。但对于某个物种来说，DNA 分子却具有特定的碱基的排列顺序，并且通常保持不变，从而保证了物种的稳定性。

（二）变异与变异类型

1. 变异　遗传并不意味着亲代与子代的完全相同，即使同一亲本的子代之间，或亲代与子代之间总是在形状、大小、色泽和抗病性等方面存在着不同程度的差异，这就是变异。

变异是指生物体子代与亲代之间，以及同种个体之间的差异现象。俗话说的"一母生九子，九子各不同"就是这个道理。

遗传和变异是对立统一的两方面，遗传中有变异，变异中有遗传。短期看来是遗传的性状，长远来看又会发生变异。

2. 变异类型

（1）不可遗传变异　由外界环境条件引起的变异，如营养、光线、搔菌和栽培管理措施等因素引起的食用菌变异。这些变异只发生在当代，并不遗传给后代，当引起变异的条件不存在时，这种变异就随之消失。因此，把这类由环境条件的差异而产生的变异称为不可遗传变异。

例如，营养不足时，子实体细小；光线不足时，色泽变浅；二氧化碳浓度太高时，会产生各种畸形菇等。由于这种变异不可遗传，所以在食用菌育种中意义不大，但在食用菌栽培中，对提高食用菌的产量和品质有重要意义。

（2）可遗传变异　由遗传物质基础的改变而产生的变异，可以通过繁殖传给后代，称为可遗传变异。

食用菌可遗传变异来源包括以下几个方面：

1）基因的重组　有性生殖或准性生殖在减数分裂过程中都可引起基因的重组，从而产生具有不同基因型的新个体，表现出不同的性状。基因重组是可遗传变异最普遍的来源，也是杂交育种的理论基础。

2）基因突变　当生物体受到内外界因素的影响，碱基的排列顺序发生改变时，便会引起遗传信息的改变，产生可遗传的变异，这就是基因突变的分子基础，也是生物变异的最初来源。如双孢蘑菇产生的白色突变株，是控制色素形成的基因发生了改变所致。食用菌的担孢子经诱变剂处理后，产生的营养缺陷型突变菌株，是由于控制合成某种营养物质的基因发生了改变所致。

3）染色体结构和数量变异　染色体是遗传物质的载体，它的结构和数量的改变必然会引起性状的变异。

在进行遗传研究及食用菌育种时，要善于区分和正确处理两类不同性质的变异，明确变异的种类和实质，这样才能准确地利用在食用菌生长发育过程中产生的有价值的可遗传变异，淘汰不可遗传变异。比如，同一香菇菌株，不同栽培条件，所产生的子实体差异很大，这时就不能简单地认为原有品种遗传物质发生了改变。确认菌株是否产生了可遗传的变异，必须对原菌株与产生变异的菌株进行试验检验才能做出结论。

二、食用菌的繁殖方式

食用菌的繁殖方式包括无性繁殖和有性繁殖，但在自然条件下，有性繁殖是食用菌的主要繁殖方式。

（一）无性繁殖

无性繁殖是指不经过两性细胞的结合而产生后

代的生殖方式。由于无性繁殖过程中细胞进行的是有丝分裂，因此，无性繁殖的后代仍能很好地保持亲本原有的性状。

食用菌无性繁殖的方式有多种。例如菌丝断裂产生的断裂段萌发后再发育为一个新菌体；双核无性孢子萌发形成菌丝，再发育为一个新的个体；菌种分离时采用的组织分离技术等，这些都属于无性繁殖。在食用菌生活史中，无性繁殖的地位不如有性繁殖重要。

（二）有性繁殖

有性繁殖是由一对可亲和的两性细胞融和后形成合子，再形成新个体的繁殖方式。有性繁殖是生物界中最普遍的一种繁殖方式。食用菌的有性繁殖和其他真菌一样包括质配、核配和减数分裂三个阶段。

1. 质配　是指两个性细胞融合，但细胞核未融合，每一个细胞内有两个细胞核。食用菌通过质配进入双核阶段。在担子菌类食用菌的生活史中，双核期相当长。

2. 核配　是指由质配所带入同一细胞内的两个单倍体核融合为一个二倍体核（2N）。

3. 减数分裂　是指由核配所形成的二倍体核发生分裂，形成4个单倍体核，再由单倍体核发育成担孢子。

三、性的不亲和性与交配系统

（一）性的不亲和性

食用菌中大多为担子菌，种类繁多，千差万别。但是就其有性繁殖来说，除了少数种类外，大多有一个共同的模式，就是由一个自体不育的单核体，通过有性繁殖转变成双核体，在适宜的条件下形成子实体。

食用菌由不育的单核体转变成可育的双核体，必须经过两个性细胞的结合。但并不是所有食用菌种内的两个性细胞都能结合，两个性细胞能否结合，是由性的不亲和性系统决定的。不亲和性系统是生物防止自交从而产生更多变异以适应环境的一种机制，其实质是由基因控制的。根据性不亲和性表现食用菌的交配系统分为异宗配合和同宗配合两种形式。

（二）交配系统

1. 异宗配合　需要由两个性别不同且具有亲和性的单核菌丝结合，才能产生子代的生殖方式称为异宗配合。这种类型属于自交不亲和性（自交不育性），单个菌株不能完成有性生殖。异宗配合是担子菌门食用菌有性繁殖的普遍形式，约占90%。异宗配合又可分为二极性和四极性两类，有25%的担子菌为二极性的异宗配合，75%为四极性的异宗配合。

（1）二极性异宗配合　性的不亲和性由位于同一位点上的一对等位基因控制，通常分别用A、a(或+、-)表示。若是担子菌，产生的单核担孢子仅携带一个A或a核，担孢子萌发而来的单核菌丝只有A和a之间具有性亲和性，才能交配形成异核体而产生子实体，A和A或a和a均不能交配。子实体产生担孢子时，形成的4个担孢子中2个是A，2个是a。因此，同一品系的担孢子萌发而来的单核菌丝间杂交，杂交可孕率为50%，如大肥菇就是这种类型。二极性异宗配合食用菌交配反应情况见表3-4-1。

表3-4-1　二极性异宗配合食用菌交配反应

等位基因	A	a
A	AA（-）	Aa（+）
a	Aa（+）	aa（-）

注：-代表交配后不孕；+代表交配后可孕。

（2）四极性异宗配合

1）不亲和性基因位点　不亲和性的基因分别位于2个位点A、B上，在交配过程中，A因子控制着细胞核的配对和锁状联合的形成，B因子控制着细胞核的迁移和锁状联合的融合。这两个基因位

食用菌育种技术

点位于不同的染色体上,是非连锁的遗传因子。

典型的是每个位点上都有一对等位基因 Aa、Bb,二倍体具有 AaBb 基因型,减数分裂时独立分离,形成四种类型的孢子,每种类型的孢子分别携带 A、B 位点上的各一种基因,子实体成熟时形成下列四种类型的孢子:AB、Ab、ab、aB。这四种孢子的数目大致相同,当由这四种孢子萌发而来的单核菌丝交配时,只有在形成 AaBb 这种组合时,才亲和,才能形成双核菌丝,完成有性生殖。只要在一个或两个位点上有相同的等位基因存在,两种单核菌丝间就不能正常杂交,不能完成生活史。四极性异宗配合食用菌的生活史见图 3-4-1。

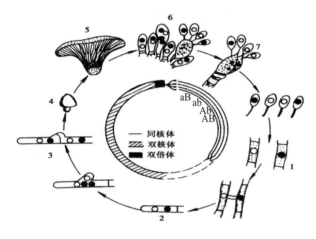

1.单核菌丝 2.双核菌丝 3.锁状联合 4.菇蕾 5.成熟子实体 6.子实层 7.担子及担孢子

图 3-4-1 平菇生活史(四极性异宗配合类型)

2)交配反应类型 四极性异宗配合食用菌,同一品系所产生的担孢子之间进行配对时,理论上杂交成功率只有 1/4,即 25%,出现四种交配情况:

第一种情况是 AB×ab,即 A、B 两位点等位基因均不相同的两种单核菌丝间的杂交反应,杂交的结果形成可结实的、具有锁状联合的双核菌丝。两种单核菌丝进行对峙培养时,在两单核菌丝的交界处形成扇形杂交区。

第二种情况是 AB×AB,即 A、B 两位点等位基因完全相同的两种单核菌丝之间的杂交反应,单核菌丝不亲和,不能杂交。当对峙培养时,两种菌丝完全生长在一起。

第三种情况是 AB×aB,即 B 位点等位基因相同而 A 位点等位基因不同的类型(A ≠,B =),也是有半亲和性。杂交过程中没有细胞核的迁移,结果形成具假锁状联合的同源 B 异核菌丝体。该菌丝不能形成子实体。对峙培养时,两菌落交界处出现排斥现象,即在两菌落间形成一条几毫米宽的带状空白区,这一现象又称阻遏现象,带状空白区称为栅栏带。

第四种情况是 AB×Ab,即 A 位点等位基因相同而 B 位点等位基因不同的类型(A =,B ≠)。这两种单核菌丝体杂交时,表现出半亲和性,只有细胞核迁移,可形成同源 A 异核菌丝体(Ab + AB)。该菌丝体每个细胞中,核的数目不定,没有锁状联合,不能形成子实体。同源 A 异核菌丝体在形态上没有气生菌丝,菌丝长势很弱。对峙培养时,两单核菌丝之间形成带状区域,该区域菌丝紧贴着培养基生长,所以称为扁平反应。

四极性异宗配合食用菌四种交配反应结果见表 3-4-2。四极性异宗配合食用菌四种交配类型见图 3-4-2。

表 3-4-2 四极性异宗配合食用菌四种交配类型

孢子类型	AB	ab	Ab	aB
AB	–	+	F	B
ab	+	–	B	F
Ab	F	B	–	+
aB	B	F	+	–

注:+ 代表杂交后形成具结实能力的双核菌丝;F 代表杂交后只有细胞核迁移,不能形成子实体;B 代表杂交后没有细胞核的迁移,不能形成子实体;– 代表等位基因完全相同,不能杂交。

A. AB×ab（杂交成功）

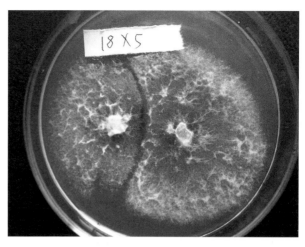

C. AB×aB（阻遏现象）

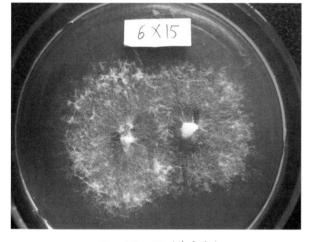

B. AB×AB（未杂交）

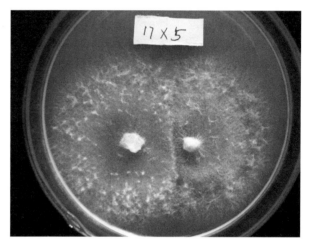

D. AB×Ab（扁平反应）

图 3-4-2　平菇单核菌丝四种杂交反应类型

3）复等位基因现象　理论上，用同一个子实体产生的孢子任意配对时，四极性异宗配合的成功率为 1/4，即 25%，二极性的成功率为 1/2，即 50%。这可作为判断一种食用菌是四极性还是二极性的依据。应注意用这种方法测定亲和性时，必须是用同一子实体的孢子进行交配。否则，不同的子实体可能不是一个菌株，可能会出现同一位点有多种等位基因即复等位基因的情况，这样配合成功率即不再是 25% 或 50%，而要高许多，甚至几乎达到 100%。

事实上，无论是只有一个控制亲和性的基因位点，还是有两个控制亲和性的基因位点，每一位点上并不总是只有一对等位基因，一个位点上也可能有多个等位基因。在相互配合的菌体中，只要复等

位基因不同，杂交就是亲和的。例如 A 位点上可能有多个等位基因 A$_1$，A$_2$，A$_3$，…，A$_n$，具有 A$_1$ 的菌丝体不能和另一具有 A$_1$ 的菌丝体配合，但可以和 A$_2$，A$_3$，…，A$_n$ 中的任何一个配合。因此，用同一菌株的担孢子单核菌丝交配，可亲和子代的比例不会刚好是 25%，而是多于或少于 25%。在有两个控制亲和性基因位点的菌体中，两个位点上的等位基因须是不同的，杂交才亲和。

2. 同宗配合　同宗配合是指同一孢子萌发的菌丝间能通过自体结合而产生子代的一种生殖方式。这是一种自身可育的有性繁殖类型，也就是说由单独一个担孢子萌发出来的菌丝，不需要其他异性细胞的配对就有产生子实体的能力。同宗配合又分为初级同宗配合和次级同宗配合。

食用菌育种技术

（1）初级同宗配合　含有一个核的担孢子萌发形成的单核菌丝，能很快发育成一个有隔膜的双核菌丝。这种双核菌丝的细胞核在遗传上没有差异，但具结实能力，进而发生核配、减数分裂产生新的担孢子。属于这种类型的配合称为初级同宗配合。

初级同宗配合的食用菌菌丝，有的有锁状联合，有的无锁状联合。草菇属于初级同宗配合的食用菌，在草菇的生活史中，有性生殖产生 4 个担孢子，每个担孢子有一个细胞核，每个担孢子萌发后形成的菌丝体具有结实能力。目前认为初级同宗配合的食用菌没有不亲和性因子，或控制不亲和性的因子位于同一条染色体上，其作用相互抵消。

（2）次级同宗配合　食用菌在减数分裂产生担孢子时，两个可亲和性的细胞核同时进入一个担孢子中，使每个担孢子中含有 A、a 两个核。这两个核是遗传上的异核，担孢子萌发后形成的菌丝体属于双核异核菌丝体，因此可以形成子实体，发生核配，减数分裂，再形成新的担孢子。属于这种类型的被称为次级同宗配合。双孢蘑菇就属于这种类型。

1959 年，Evans 在研究双孢蘑菇时发现，双孢蘑菇在形成担孢子时，由于纺锤丝牵拉的方向不同，最后形成的担孢子的可育性不同。当两个交配型不同的核进入一个担孢子时，该担孢子萌发而来的菌丝具结实性。当两个交配型相同的核进入同一担孢子时，该担孢子萌发而来的菌丝不具结实性。一般具结实性的担孢子占 80%，不具结实性的担孢子占 20%。含有相同交配型的担孢子，无论是双孢还是单孢，必须经杂交才能完成生活史。

四、杂交与杂交育种

（一）杂交

杂交是指两个遗传基因不同的个体之间的交配，使遗传基因得到重新组合，创造出兼有双亲优点的新品种。它是遗传物质在细胞水平上的重组过程。生物之间通过杂交可使优良的基因进行重组与累加，同时可利用杂种一代（F_1）产生的杂种优势，得到有突出表现的优良菌株。

（二）杂交育种

杂交育种就是选择两个已知优良性状的菌株作为亲本，通过杂交将双亲的优点结合在一起，或利用一个亲本的优良性状去克服另一亲本的缺点，从而获得高产、优质、抗逆性强的优良新品种。

杂交育种依据的遗传学原理就是基因的自由组合规律，即通过杂交，把生物不同品种间的基因重新组合，以便使不同亲本的优良基因组合到一起，从而创造出对人类有益的杂交新品种。

（三）杂交育种类型

根据育种的指导思想可将杂交育种分为两类：

1. 组合育种　将分属于不同品种，控制不同性状的优良基因随机组合，形成各种不同的基因组合，再通过定向选择，育成集双亲优点于一体的新品种。

2. 超亲育种　将双亲控制同一性状的不同微效基因累积于同一杂种个体中，形成在该性状上超过亲本的类型。

（四）杂种优势

生物之间通过有性杂交发生基因的重新组合，在杂种一代中可能出现在生长势、生活力、繁殖力、抗逆性、产量及品质上明显超过双亲的个体，这就是杂种优势。

杂种优势是生物界普遍存在的一种现象，其优势并不是某一两个性状单独表现突出，而是许多性状综合表现突出。在栽培菇类中，杂种优势通常表现为菌丝生长旺盛、出菇较早、菇体较大、菌盖较厚和菇茬整齐等。

（五）食用菌杂交育种的优越性

与高等动、植物杂交育种相比，食用菌杂交育种具有一定的优越性。

1. 杂交育种材料容易获得　食用菌杂交育种使用的材料为单核菌丝，作为育种材料可长期反复无性繁殖和保存，因此可大大减少工作量，缩短育种程序。单核菌丝是基因重组的产物，具有丰富的基因型，但单核菌丝的表型性状非常少。因此，用于杂交的单核菌丝不能太少，否则会漏掉携带优良基因的单核菌丝。

2. 杂交育种不受时间限制　食用菌单核菌丝的配对杂交在室内进行，栽培试验在设施化大棚内进行，试验操作受环境限制较小。一年可多次进行，缩短育种周期。

3. 有利于杂种一代优势的保持　食用菌菌种的制作是利用菌丝体无性繁殖获得，因此一旦从杂交子中筛选到具结实性且各方面表现优良的菌株，可通过无性繁殖方法保持菌株的优良特性，直接利用杂种一代的杂种优势，无须年年杂交制种。

五、杂交育种适宜食用菌种类

适宜杂交育种的食用菌种类主要为异宗配合菌类，如香菇、平菇、金针菇、猴头菇和木耳等。杂交育种是品种选育中使用最广泛的手段之一。20世纪80年代以来，通过杂交育种培育出一批香菇、金针菇和木耳等食用菌新品种。

对于有性繁殖为同宗配合的食用菌类，采用杂交育种方法困难较大，例如双孢蘑菇属于次级同宗配合的食用菌，它的担孢子中有含两个交配型的核，属自交可育型，占76%～80%；也有含一个交配型的核，属杂交可育型，占20%～24%，双孢蘑菇的杂交育种只能在这类担孢子间进行。

六、食用菌杂交育种方法

食用菌杂交育种方法主要分为单孢杂交和双单杂交。

（一）单孢杂交

1. 单孢杂交　也称单单杂交、对称杂交，就是将基因型不同的单孢子萌发成的单核菌丝两两交配，使其双核化的一种杂交方式。

2. 遗传特征　单孢杂交的基本遗传特征是两个

亲本中的核基因和细胞质基因均等地组合在一个新形成的杂交细胞中，从而构成了一个异质异核的基因重组杂合体（n_1+n_2）。这个新的遗传重组所产生的后代，在菌丝生长势、抗逆性、产量和品质上表现出与双亲不同的连续变异。从后代变异中，筛选出符合育种目标的优良菌株。

3. 适宜菌类　单孢杂交的前提是两个单孢子是属于不同的性别，即含有不同的不亲和性因子，配对后可亲和。因此，单孢杂交适用于异宗配合的食用菌类。

（二）双单杂交

1. 布勒现象　1930年，布勒发现在白绒鬼伞的单核菌丝一侧接种双核菌丝时，单核菌丝迅速发生双核化。1937年，Quintanilha将这一现象命名为布勒现象。1950年，Papazian建议将布勒现象改为双单交配，即非对称杂交。

关于双单交配机制有几种假说，有观点认为，在双核化过程中，作为供核体的双核菌丝以同等频率迁移到单核菌丝中；也有观点认为，是由双核菌丝脱双核化形成的单核菌丝发生单孢交配引起的。

2. 双单杂交　也称为布勒杂交、非对称杂交，指一个双核菌丝或细胞将其中的一个核授给另一单核菌丝或细胞，使后者双核化的一种杂交方式，是一种典型的非对称性杂交方式。

3. 遗传特征　是以需改良菌种的单核体为受体，以能提供改良菌种所需性状的双核菌株为供体，进行非对称杂交。在非对称杂交过程中，携带供体某些优良性状的一个核（先导核）优先进入受体单核细胞内，而受体单核细胞又是一个双核亲本性状较为集中的无性体。因此，在供体和受体遗传物质的分配和组合上形成了一个同质异核的杂交后代，它是具有一套完整的受体细胞质和分别来自供体和受体两个异核的重组基因体。

与单孢杂交相比，在双单杂交中，亲本之一系双核菌丝体，省去了单孢收集和分离的过程；如果采用原生质体技术获得单核体，只需把一个亲本进行原生质体单核化，另一亲本正常保存菌株即可，因此双单杂交方法更省时省力。另外，双单杂交可减少杂交配对的数量，加快育种进程。

4.适宜菌类 双单杂交育种技术主要是针对已具备多种优良性状的菌种做进一步遗传改良。例如，双核体中的某个核已具有我们所期望的基因型，这时以具有较多优良性状的菌种为单核受体，以具有某些特殊优良性状的菌株为双核供体，进行双单杂交，不仅可以获得与常规杂交一样预期的优良组合，同时省力省时。因此，在某些情况下，双单杂交技术在育种上是一种较为有效的育种手段。

虽然双单杂交可以作为一种杂交育种手段，但它不能完全代替常规的单孢杂交。因为，从担子菌遗传的角度看，一个双核体基本上只有两种不同遗传型的核，用同一单核体与之进行双单杂交时，至多获得两种不同类型的杂种双核体。因此，杂交子基因型的丰富多样性不如单孢杂交。

第二节
单孢杂交育种程序

单孢杂交育种程序可以概括如下：①亲本选择。从大量野生或栽培菌株中选出适宜的杂交亲本。②获得单核菌丝。通过孢子稀释法或原生质体单核化获得一定数量的单核菌丝。③杂交配对。用单×单方式将杂交亲本两两配对。④杂交子鉴定。用显微镜检查（镜检）、拮抗试验和生物化学等手段鉴定出真正的杂交子。⑤转扩繁殖。将可亲和组合转管扩大培养（转扩）。⑥性能测定。比较杂交菌株与亲本菌株之间的异同。⑦初筛与复筛。品种比较试验，保留性状优良的杂交菌株。⑧扩大试验。测定杂交菌株在规模栽培条件下的表现。⑨示范推广。选取数个有代表性的试验点进行示范性生产。

一、亲本选择

在杂交育种中，亲本选配是杂种后代能否出现理想性状组合的关键环节。只有恰当选用亲本，合理配置组合，才能有望在杂种后代中出现优良组合并选育出符合需要的良种。在杂交工作进行之前，首先必须收集大量的亲本材料，从菌丝的生长、丰产性能、产品质量多方面进行比较，才能对亲本的选择做到心中有数。

（一）亲本选择的原则

不同的食用菌具体的育种目标不同，亲本选择的原则也不一样，但优良的食用菌品种都要求具有五个方面的优势，即高产、优质（内在品质和农艺性状）、基质高效利用、生长周期短和抗逆性强。

1.至少一个亲本具有高产性状 一般高产品种与高产品种杂交，容易获得高产新菌株。

2.所选亲本优点多，缺点少 食用菌的农艺性状大多属于数量性状，杂种后代群体的性状表现与亲本有密切关系。在许多性状上，双亲的平均值大体上可以决定杂种后代的表现趋势。

3.两亲本间优缺点可以互补 一个亲本的优点能弥补另一个亲本的缺点，具有良好的互补性。例如，某一高产菌株质量欠佳，而另一菌株产量不够理想，但质量性状好，这样的两个菌株杂交往往能够获得综合两者优良性状的杂交种。在这一组合中，高产的菌株是要改造的对象，优质的菌株则是要引入性状的个体。这两个亲本除了性状能互补外，任何一方低劣性状都不能太多，集中力量解决一两个主要问题。

4.杂交亲本亲缘关系差异较大 不同生态型、不同地理来源和不同亲缘关系的品种，由于相互间遗传基础差异大，杂交后代分离的范围比较广，易选出性状超越双亲和适应性更强的新品种。

5.亲本之一最好是推广品种 推广品种一般在生产上经过了长期的使用，对当地具有较强的适应性，易于选育出优良品种。

长期以来，人们在育种实践中，往往根据地理差异、表现型差异、生境差异来选配亲本。这种选配亲本的方法比较简单，但也有一定的盲目性，不能科学地预测杂种优势的大小。20世纪70年代以来，在高等植物的杂交育种中，应用多元分析法测定若干与产量有关的数量性状的遗传距离，进而预测杂种优势，选配强优组合，取得了显著成果。近年来，国内外食用菌工作者开展了食用菌的遗传距离分析，选择遗传距离较远的菌株作为亲本，对亲本的选配起到了很好的指导作用。

（二）亲本的标记

食用菌杂交时，为了判断杂种的真实性，亲代必须要做标记。食用菌中常用的标记类型有形态标记、细胞标记、同工酶标记、营养缺陷性标记、抗药性标记、自然生态标记和分子标记等多种类型。

1. 异宗配合类食用菌亲本标记　异宗配合的食用菌，单核菌丝细胞中含有一个核，没有锁状联合，生长慢，一般不能出菇，而双核菌丝相反，含有两个核，有锁状联合，可以出菇，因此异宗配合类食用菌最常使用的是以细胞核数目、锁状联合和结实情况等形态特征、细胞特征为标记。例如，杂交的两个亲本确实是单孢分离物，配对后凡出现双核菌丝的组合且能正常结实的，就证明二者是杂交种。

2. 同宗配合类食用菌亲本标记　对于同宗配合的食用菌，由于其自交可育，所以不能靠是否产生双核菌丝，能否正常结实等方法标记亲本。判断杂种的真实性，而需要加以特殊的标记，例如同工酶标记和分子标记等。

众所周知，酶是基因的直接产物，又是性状表现的调控者，因此，特性明显不同的菌株之间在某些同工酶遗传基础上存在差异。例如，双孢蘑菇酯酶同工酶表型与菌株特性表型存在着很强的相关性，作为菌株特性鉴定和育种检验的指标可以有效地鉴定菌株的基因型、菌株间的同源关系，推定同核体不育株和杂交子的鉴定等。

3. 自然生态标记　是根据不同种属之间，甚至种内生物的生态习性差异作为标记。生物由于生长的地理区域和生态环境不同，经长期的进化选择，都形成了独特的对生态和生活环境的适应性，这些适应性具有明显的特殊种性。如香菇中的豹皮香菇、虎皮香菇和近裸香菇，由于它们起源于热带和亚热带，对高温有较强的抵抗性，菌丝体能在32～37℃的高温范围内正常生长，而人工栽培的香菇在这个温度范围内生长得很缓慢或停止生长，这些生态习性的差异可被用来作为亲本菌株的遗传标记。另外，还可以利用营养缺陷型标记和抗药性标记等。

二、单核菌丝的获取

单孢杂交首先应获取单核菌丝。单核菌丝可以通过担孢子分离萌发获得，也可采用双核菌丝原生质体单核化的方式获得。

（一）通过担孢子获取单核菌丝

1. 孢子收集　食用菌杂交育种中的关键步骤之一是获取单孢子。亲本选定后，选取八分成熟、具有典型代表的子实体，收集自然弹射的担孢子。为了减少杂菌污染率，收集孢子时最好在干燥的环境中进行。

2. 单核菌丝的分离　担孢子收集后，进行孢子培养以获取单核菌丝。单核菌丝的分离方法有稀释平板分离法、单孢挑取法等多种方法。

（1）稀释平板分离法　该法较为常用。在无菌条件下，挑取适量食用菌担孢子，一般挑取2～3环，先将孢子装入有数十粒玻璃珠和10 mL水的锥形瓶中充分摇匀。再采用梯度稀释法将孢子悬浮液逐级稀释，并在普通低倍光学显微镜下（10倍目镜和物镜）检查，至每滴中有4～5个孢子为宜。取1 mL，涂布平板，适温下培养。当担孢子萌发并长出肉眼可见的单个菌落时，及时挑取菌丝转至另一斜面培养基上培养，以避免菌落间菌丝因相距太近而杂交。

（2）单孢挑取法　是借助显微镜直接挑取单孢子。显微操作器是一种用机械手代替人手进行各种操作的专门设备。通过单孢分离器挑取单个孢子转移至琼脂块表面，再将带有单个孢子的琼脂块转移至平板培养基上，对单个孢子进行标记，孢子萌发后准确挑取菌丝至另一斜面培养基上培养，获得单核菌系的纯培养。

单孢挑取法操作方便、迅速、准确，但需要专用仪器，价格较高，旧显微镜通过改装可以制成单孢分离器。

也可将涂有孢子悬浮液的平板培养基直接放置在 10×10 倍显微镜下，用接种针直接挑取单孢子，转接至新的培养皿培养。这种方法简单、便捷，成功率高，需要反复练习，熟练操作。

（3）单孢分离注意事项　无菌操作对食用菌的单孢分离成功至关重要。因此在操作过程中，要确保培养环境清洁干净；尽可能避免子实体受到污染，各操作环节和材料用具要灭菌；操作要尽量快速。挑取单孢菌落时，对那些萌发较迟、生长缓慢的菌落也应保留，它并不影响杂交后双核菌丝的生长速度。

（二）原生质体单核化获取单核菌丝

从双核菌丝释放的原生质体，再生后会形成单核和双核两种类型的菌丝。原生质体单核化技术提供了一种从异核体中分离两个不同单核菌株的途径。

这种技术与常规的单孢分离法相比有以下优势：①不需要子实体，缩短了分离单核体的周期。②单核体未经减数分裂，其基因型不发生分离，有利于保存亲本的遗传特性。

例如，某亲本双核体的交配型组合为 AB+ab，经过结实过程中的减数分裂，则可产生四种交配型的单核体，即 AB、ab、aB、Ab，结果是稀释了亲本基因型。而采用原生质体单核化技术，可以重新获得两种亲本基因型 AB、ab。

另外对一些难以获得孢子的菌类，原生质体单核化技术更有应用价值。例如，无孢平菇对于解决孢子过敏问题是很有价值的，但是由于不产孢子，难于得到与其他优良品种进行杂交的单核体。

还有一些目前不能栽培的名贵野生食用菌如松

口蘑等，取得单核体也不方便，原生质体单核化技术的应用，就使这些困难迎刃而解。

三、单核菌丝的鉴别

单核菌丝的鉴别主要依据单核菌丝的特征进行。

（一）单核菌丝的主要特征

一是单核菌丝细胞为单核体 (n)；二是单核菌丝不具锁状联合，有分枝；三是单核菌丝与双核菌丝相比生长缓慢，纤细稀疏。

（二）单核菌丝的鉴别

1. 镜检锁状联合　单核菌丝没有锁状联合，镜检观察菌丝有无锁状联合是最简单最常用的一种方法。当挑取的单个孢子萌发的菌落长到 2 cm 时，用无菌解剖针挑取边缘菌丝置于载玻片上，用 1% 的番红染色 1 min，再滴入清水，盖上盖玻片，用滤纸吸取多余的液体，置显微镜下观察。或当单孢子萌发成小菌落时，盖玻片在无菌条件下斜插入菌落边缘的培养基内，适温条件下培养，待菌丝爬上盖玻片后取出盖玻片，染色后显微镜下观察菌丝有无锁状联合 (图 3-4-3)。

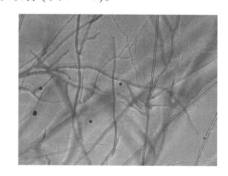

A. 无锁状联合

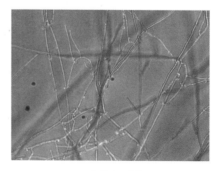

B. 有锁状联合

图 3-4-3　单孢菌落菌丝显微观察（图片来源：蔡为明）

若无锁状联合，可初步认为是单孢萌发而生成的单核菌丝，然后转接到斜面培养基上培养。如菌丝有锁状联合则不是单核菌丝，须重新分离单孢培养、鉴定。单核菌丝与双核菌丝特征见图3-4-4、图3-4-5。

应该指出，锁状联合不是鉴别单核菌丝的唯一标志。早期、初生的双核菌丝也不一定能观察到锁状联合，锁状联合仅是双核体进行有丝分裂表现的一种形态特征。另外多核菌丝体也不一定都具有锁状联合特征。

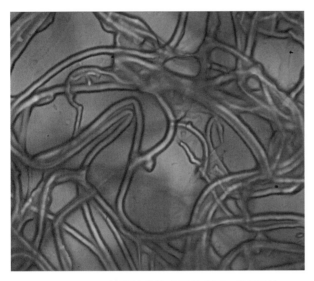

图3-4-4　平菇单核菌丝（图片来源：孔维丽）

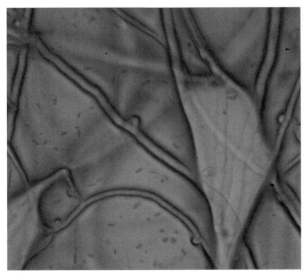

图3-4-5　具有锁状联合的平菇菌丝（图片来源：孔维丽）

2. 细胞核染色镜检　单核菌丝细胞核为单核，通过染色在显微镜下检查细胞核数目，是最直接可靠的方法。

（1）吖啶橙染色法　将长有菌丝的盖玻片用70%酒精固定2～3 min，用蒸馏水冲洗后再滴加pH 7～7.2的0.01%吖啶橙染液，染色20 min后取出，用蒸馏水冲洗多余染液，在荧光显微镜下观察，菌丝细胞质呈浅红色荧光，细胞核呈绿色荧光。

（2）DAPI染色　用纯净水配成1 mg/mL溶液，10 mL母液，-20℃长期保存。使用浓度为4～5 μg/mL，稀释液为1×PBS，吸取100 μL染色剂滴入，染色10 min，荧光显微镜检查，选用紫外激发光。DAPI的猝灭时间较短，需快速观察，拍照。

（3）吉姆萨染色　吉姆萨粉1 g，甘油6 mL，甲醇6 mL。先将吉姆萨粉溶于少量甘油中，匀浆，再将全部甘油倒入，放入56℃恒温2 h，取出，将甲醇加入混匀，即配成原液，棕色瓶保存备用。用时用pH 6.8的磷酸缓冲液（$V : V = 9 : 1$）配成吉姆萨染色剂，可用0.5 μL的染色剂染色10 min，冲去染色液，吸去多余水分，紫外荧光观察细胞核。

四、配对杂交

挑取的单核菌株编号后，即可进行菌丝单孢杂交。单核菌丝杂交有平板培养杂交和试管培养杂交两种方式。

（一）平板培养杂交法

这是最常用的方法。制作平板培养基，挑选适宜的双亲单核菌丝体，分别接种于平板培养基上，两者相距1.5～2 cm适温培养。数天后，凡可亲和的两种单核菌丝，接触后便会发生质配形成双核菌丝，双核菌丝在两菌落交界处生长旺盛，并迅速生长形成拮抗区。这时在菌落交接1～2 cm处挑取粗壮、正常生长的菌丝体转扩至新的培养基内培养，初步镜检，将具有锁状联合的菌丝挑取出来，转到试管斜面，继续培养观察。平板对峙培养菌落特征见图3-4-6。

食用菌育种技术

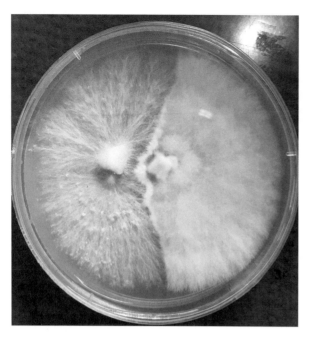

图 3-4-6　平板对峙培养菌落形态（图片来源：孔维丽）

（二）试管培养杂交法

在大号试管斜面培养基上，先接一亲本菌丝（A），培养 2～3 天后，距该菌丝 2 cm 处再接另一亲本菌丝（B）。经过一段时间的培养，从 A 菌株处挑取菌丝镜检观察，将具有锁状联合的菌丝挑取出来，转到试管斜面培养基上，继续培养观察。

五、杂交子的鉴定

验证杂交是否成功，必须做杂交子鉴定。

（一）镜检锁状联合

异宗配合的食用菌，杂交子应为双核菌丝体，凡双核菌丝具有锁状联合的种类，其杂交后代也应具有锁状联合，可作为鉴别标准。将杂交子菌丝做插片培养，菌丝长至盖玻片 1/2 时，取出制作玻片，显微观察，若具有锁状联合，鉴定是双核菌丝后，则初步确定为杂交菌株。

（二）拮抗试验

拮抗试验是鉴定菌株间遗传差异的传统方法，菌丝之间的拮抗反应是菌株间不同菌株遗传特异性的重要表现。

拮抗试验采用对峙培养法。将平板培养基划分为四格，顺时针方向依次划分为 A、B、C、D 区。A、

C 分别接种杂交菌株的菌丝体，B、D 分别接种亲本的菌丝体，菌丝能互相生长连成一片的说明两者之间没有特异性。若在相交处形成明显的拮抗线，便说明两者之间特异性特征显著。表现特异性的菌株就是我们想要得到的杂交后代。

（三）出菇试验

出菇试验是在杂交子鉴定中最直接可靠的方法。如果可以出菇，毫无疑问可以确定是真正的杂交菌株。

（四）生物化学和分子生物学鉴定

通过同工酶谱、可溶性蛋白等分子生物学技术对杂交子进行特异性分析鉴定（见本篇第六章原生质体融合部分）。

六、初筛与复筛

杂交菌株在同样水平下与双亲进行对比试验，试验时菌种质量、培养基成分、接种方法和栽培管理措施等尽量保持一致。观察菌丝生长情况、产量及农艺性状等，保留那些表现优良的菌株，淘汰大部分表现一般的菌株。出菇试验可以选择小规模栽培方式，如瓶栽出菇或小袋出菇。

七、扩大试验和示范推广

如果杂交菌株产量和商品性状超过双亲，且品质好，则可进入不同模式下的扩大试验栽培。扩大试验栽培方法应和生产上使用的方法相似，试验要具有一定的规模。

如香菇菌株扩大试验，应以木屑等为主料配制培养料，选用一定规格的料袋，进行熟料袋栽。每个参试菌株应种植 20 袋以上，设 3 个小区，随机排列，常规管理，收两茬菇。记录 3 个小区有关农艺性状的平均值及其总产量，从总产量、单菇鲜重、生物学效率、菌盖直径、菌盖厚度和生长周期等方面与其亲本农艺性状进行比较。

综合性状表现优良的菌株，可选取数个有代表

性的试验点进行示范性生产。

第三节
双单杂交育种程序

育种程序与单孢杂交育种相似，也包括亲本的选择、单孢获取、亲本菌丝培养、单双配对杂交、获得杂交子和杂种鉴定等，这里重点介绍与单孢杂交不同的地方。

一、亲本菌丝的培养

把准备杂交的双核体(双核亲本)和单核体(单核亲本)分别培养于不同的培养皿中，分别获得双核菌丝和单核菌丝。双核菌丝通过无性繁殖方式直接培养，生长相对苗壮。单核菌丝可以由分离的担孢子培养获得，也可以双核菌丝为原料，利用原生质体单核化技术获得，通过原生质体单核化技术获得的单核菌丝非亲本重组的产物，遗传组成与亲本异核细胞中的一种细胞核相同。

二、双单配对杂交

先将双亲之一的单核菌丝接种于平板培养基内，适温培养数天后，菌丝长至直径 1 cm 时，接种另一亲本的双核菌丝于同一培养皿，共同对峙培养，接触后菌丝堆积形成拮抗线。

三、杂交子挑取与镜检

从单核菌丝形成菌落一侧中挑取少许菌丝，转接平板培养基插片培养，镜检有无锁状联合，确定是否发生了双核化。

挑取菌丝时尽量从单核菌落内紧靠隆起线处取样，不要从接触处隆起线上取样，因为隆起线处有时长出的菌落可能全部都是原双核亲本的菌丝。同一菌落上，双核化的菌丝比较苗壮，生长快，未双核化的单核菌丝较纤细，生长慢。

第四节
杂交育种实例

一、单孢杂交育种实例

（一）香菇单孢杂交育种

香菇是我国的传统种植食用菌种类，属于四极性异宗配合的高等担子菌，其交配系统受 A、B 两个非连锁的等位基因控制，只有当 A、B 等位基因都不同时，才能形成具有真正锁状联合的异核体，能够出菇，这种类型非常适合进行杂交育种。香菇菌种的杂交选育是从 20 世纪 70 年代末 80 年代初发展起来的，生产中 90% 以上的菌种都来源于单孢杂交选育。福建省三明市真菌研究所通过单孢杂交选育出的 Cr 系列是最为突出的代表，是我国香菇代料栽培的主导品种。

1. 香菇 Cr-20 的选育 Cr-20 香菇 1987 年开始推广应用，是我国木屑栽培香菇主产区的当家品种。

（1）亲本特征 亲本一为日本引进的段木香菇品种(国内编号 7917)，中温型，菌盖大，中大叶，肉厚，形美。亲本二为当地段木栽培用种(编号为 L-21)，子实体菌盖大，肉厚，柄短，采集于江西资溪县香菇场的菇木上。

（2）菌种选育过程 经单孢分离、鉴定、菌丝培养选择后，分别取亲本一的 9 个单孢菌丝和亲本二的 9 个单孢菌丝进行杂交配对，获得 192 株异

食用菌育种技术

核体杂交菌株。杂交菌株间、杂交菌株与亲本菌株分别做拮抗试验，筛选出特异性菌株。

（3）杂交组合性状测定　经菌丝培养观察和木屑菌块出菇初筛和复筛后，根据产量质量测评，选育出 Cr-20 优良菌株。

2. 香菇申香 8 号的选育　申香 8 号也是我国香菇主产区的主栽品种之一。由上海市农业科学院食用菌研究所培育而成。

（1）亲本特征　亲本一是采自湖北京山的香菇野生种（编号 0426），亲本二是香菇生产中的当家品种之一（Le1），属中温偏高型，产量较高，但优质菇的比例不高。

（2）菌种选育过程　通过原生质体单核化技术制备单核体，经过再生技术获得再生菌落，挑取单菌落两两接种于同一 PDA 培养基上，单核菌丝杂交，挑取两个菌落交接处两侧菌丝进行镜检，观察锁状联合，确定杂交组合。

（3）杂交组合性状测定　通过对众多杂交组合鉴别和测定，筛选出一个表现突出的杂交后代，通过 4 年的小试、中试和生产性示范试验，其产量比亲本 Le1 增产 24%～30%。

（二）双孢蘑菇单孢杂交育种

双孢蘑菇通常担子上仅产生两个担孢子，单个担孢子萌发生长即可完成营养积累、子实体发育和子代担孢子成熟。性特征介于同宗配合与异宗配合之间，属于二极性次级同宗配合交配型系统。

双孢蘑菇杂交育种比较困难，一是它具有独特的遗传特性，担子上的两个孢子大多具有异核而自身可育；二是它的同核体与异核体间没有形态上的差异，即异核体也不形成锁状联合。另外双孢蘑菇杂交育种还存在其他障碍，比如，缺少具利用价值的野生种质，缺少与优良性状相关的遗传标记等。因此早期的选种方法基本采用多孢分离筛选和单孢分离筛选法，菌株改良进程缓慢。但随着双孢蘑菇遗传研究的不断深入，杂交育种工作也获得了重大突破。

20 世纪 70 年代 G. Fritsche 利用双孢蘑菇不育单孢子培养物配对培养，以恢复可育性为标记选育杂交菌株，首先育成纯白色品系和米色品系间的杂交品种 HorstU1 和 HorstU3，并投放市场，之后杂交菌株基本取代了传统的孢子分离菌株。

我国缺乏双孢蘑菇种质资源，1925 年前后从国外引入，1978 年前后开始品种的改良。福建省轻工业研究所于 1983 年开始双孢蘑菇的杂交育种研究，1986 年以来以同工酶为遗传标记，用凝胶电泳方法鉴别菌株类型，鉴定同核体和杂交子代，分析子代遗传变异，实验室筛选，建立起双孢蘑菇同核不育菌株配对杂交育种技术，先后选育出 As376、As1671 和 As2796 等系列杂交菌株，这是我国培育的首批双孢蘑菇杂交菌株。其中 As2796 杂交菌株明显结合了双亲高产优质耐热的优良特征，成为我国最广泛使用的商业菌株。世界各国使用的双孢蘑菇商业菌种多数为杂交品种 U 系列或 As2796 系列的后代。

双孢蘑菇 As2796 的选育

（1）供试亲本　双孢蘑菇的异核体菌株 02(H2 型高产品种) 和 8213(G1 型优质品种)14 株，它们的同核体菌株 361-2(Hs1) 和 165(Gs2) 等 28 株。

（2）配对杂交　以酯酶同工酶为遗传标记，从供试异核体亲本中共分离出 2 578 个单孢培养物，获得 158 个具有 S 型酶谱的推定同核体，选出 Gs 型培养物 16 个，Hs 型培养物 12 个，HGs 型培养物 8 个，共做 380 个配对杂交组合。

（3）筛选　杂交种经过实验室耐温耐水培养、花盆栽培筛选和中型生产试验，从获得的 F_1 中选出 HG4 和 HG5 型菌种，并从中分离出 2 000 多个单孢培养物参加同工酶鉴定分型后，有 400 个培养物进入实验室筛选，优选后有 200 个新菌株进入栽培初筛，40 个进入复筛，10 个进入中试，从中选出 As2796 菌株。As2796 是高产型菌株 02 和优质型菌株 8213 的同核不育株配对杂交种 W95-2（F_1）的单孢分离培养物 F_2。

（三）平菇单孢杂交育种

平菇是我国广泛栽培的食用菌品种之一，河南省农业科学院经过多年的研究总结，2016年率先培育出国内第一个适宜工厂化瓶栽的平菇品种，集成了从菌丝培育到出菇，瓶栽工厂化、智能化管理相关工艺技术参数。

（1）供试品种和选择依据 供试亲本为P99（国审品种）、NY-2（野生菌株）。选择依据是，P99黑色高产；NY-2深灰色无柄，产量低。

（2）选育过程 孢子收集→单孢分离→单孢子杂交→杂交子挑选→菌株鉴定→初选→二次工厂化栽培筛选→优良菌株→生产试验。

（3）单孢杂交 分离单孢子30个，编号为P1～P30；NY-2编号Y1～Y30)。根据形态学不同，分别挑选菌丝旺盛的单孢子6个，两两进行杂交，共获得杂交子72个，与亲本及杂交子之间做拮抗试验筛选出49个杂交菌株，进入出菇小试试验。

（4）栽培筛选 栽培初选采用14 cm×18 cm聚丙烯袋，套环封口，每袋装干料200 g，每个杂交菌株接种10袋。观察出菇整齐度、子实体性状、一茬菇产量，筛选出15个优势菌株进入工厂化瓶栽试验。以15个优势菌株为参试菌株，以棉籽壳为原料，采用1 100 mL塑料瓶作为容器，每瓶装干料250 g，接种15个优势菌株；菌丝满瓶后，13～15℃低温后熟5～7天现蕾，揭去瓶盖，移入出菇室，保持温度13～18℃，相对湿度80%～90%，二氧化碳浓度控制在0.08%以下，光照150～200 lx，子实体七八分成熟采收。观察出菇整齐度、子实体性状，称量产量，计算生物学效率。在15个杂交菌株中，黑平16-1出菇集中（图3-4-7），平均出菇率为87.5%，平均每瓶一茬菇产量达到178 g，生物学效率为71.2%。子实体菌盖蓝黑色，直径3～4.5 cm，厚1～1.2 cm，韧性强，菌柄长1～1.2 cm，直径0.5～1 cm。以灰美2号(CK1)、黑抗650(CK2)、农平4号(CK3)、P99(亲本)为对照菌株，黑平16-1为检验菌株，按照工厂化生产方式随机抽取3筐测定产量、生物学效率、单瓶重、子实体性状等，结果表明，黑平16-1出菇率的整齐度与亲本P99一致，显著高于3个对

照菌株；平均单瓶产量185 g，一茬菇平均生物学效率最高为74%，显著高于3个对照品种及亲本菌株10%～14%，单瓶最重达到200 g，生物学效率为88%；该品种含有17种氨基酸，每100 g干菇总氨基酸含量17.1 g，蛋白质含量25 g，粗脂肪含量1.6 g，粗纤维7.72 g，蛋白质含量高于3个对照菌株1.3%～3.4%。在河南郑州、原阳、新郑等地栽培表现良好。

A.高温时段出菇

B.低温时段出菇

图3-4-7 平菇黑平16-1出菇图片

二、双单杂交育种实例

（一）香菇双单杂交育种实例

香菇双单杂交育种研究报道比较多。1976年Moriki等报道，以香菇为试验材料，在固体培养基

上，首先接种单核菌丝体，一周后在单核菌丝体的外围接种双核菌丝体，3周后在单核菌丝体的放射状边缘找到新的杂合异核菌丝体。用日本5个香菇栽培种的单核菌丝与我国台湾及新几内亚的野生香菇菌株的双核菌丝杂交，均取得成功。

2000年，谭琦等利用随机扩增多态性DNA标记（RAPD）技术，对已收集保藏的香菇野生种质资源及表现优良的栽培种进行遗传差异分析，合理选用亲本。在研究双单杂交遗传机制的基础上，以香菇菌株L26的原生质体单核体为受体，苏香菌株为双核供体，选育出我国第一个用双单杂交技术育成的香菇新菌株申香10号。该菌株具有优质、高产、抗逆性强和栽培适应性广等特点，已成为香菇主栽品种之一。

2007年，叶明选用香菇的杂交菌株农1(N1)与野生菌株(Q)孢子单核体及其自交后代进行正反双单杂交，以拮抗试验辅以液体出菇试验进行鉴定，得到6个杂交后代，选用1号与4号菌株进行栽培，正常出菇，栽培结果表明1号菌株产量明显高于4号菌株、Q及N1，生物学效率为134.3%，杂种优势十分显著。由此进一步证明，双单杂交技术在香菇育种上是一种行之有效的方法。

下面以申香10号为代表，介绍香菇双单杂交成功育种实例。

1. 亲本选配　申香10号的亲本为生产用种L26与苏香。选配原则为双亲表现优良，符合选育目标，RAPD技术分析其遗传距离远近。

2. 杂交　通过原生质体单核化技术制备菌株L26的单核体作受体，与苏香的双核体供体对峙培养于同一PDA平板上，15～20天后，挑取单核体边缘的菌块镜检，有锁状联合者于PDA平板上扩大培养，一周后再扩大培养。

3. 杂交组合验证　将杂交后代与相应供体亲本(双核体)接种于同一PDA平板上，25℃对峙培养20天，观察拮抗现象。再将与亲本产生拮抗现象的双核体彼此做拮抗试验，以便确定杂交后代的个数。

4. 出菇试验　6月中旬制木屑原种，8月中上旬制作料袋，用规格15 cm×55 cm聚丙烯塑料袋装入木屑培养料，每袋装干料800 g，每个品种接种20袋，塑料大棚内常规管理，整个栽培试验截止于翌年的4月下旬。71个组合的出菇试验中有30个新组合为双单杂交F₁后代。在这30个组合中，根据子实体性状及产量指标，筛选出4个组合在1996～1998年进行中试试验，从中选出编号为9525菌株(后正式命名为申香10号)。

9525杂种优势比较稳定，其中一个明显的特征是产量比作为单核受体的亲本之一L26有较大的增长，增长幅度16.5%～79.6%。说明通过双单杂交，双核亲本苏香的部分高产性状转入了L26的单核受体，这一趋势与预期的通过非对称杂交来改变受体菌株部分性状的目的一致。

5. 遗传分析　DNA扩增产物聚类分析表明，申香10号与受体亲本L26(5号)的相似系数为0.81，与供体亲本苏香(4号)的遗传相似系数为0.56，在分子水平上验证了在双单杂交后代出现以受体亲本遗传组成为主的重组和变异趋势。

6. 推广应用　用组织分离法稳定杂种优势，对稳定的组合继续中试，最后推广应用。

7. 申香10号生物学特征　子实体质地坚实紧密，菇形圆整，菌盖淡褐色中等偏大，菌柄短，以单生为主，茬次明显，转茬快。栽培生态型为中温型，菌丝最适生长温度为25℃左右，最适出菇温度为16～20℃，最适培养菌龄65～70天。

（二）金针菇双单杂交育种实例

2011年王波等以黄色金针菇菌株"金丝"和白色金针菇菌株F092为亲本，通过双单杂交方法，培育出一株早熟白色金针菇菌株F212-1，目前已申请国家专利。

1. 单核体分离与鉴定

（1）孢子收集　取黄色金针菇菌株"金丝"的成熟子实体菌盖，将其放置在洁净纸上，适温放置12～24 h，直至洁净纸上出现孢子印为止。

（2）孢子萌发培养　取2～3环孢子印稀释

于无菌水中，制成孢子悬液，再用无菌水稀释孢子液至50～100个/mL，取1 mL孢子液涂布培养基平板上，20～28℃下培养4～6天，直至孢子萌发成白色菌落，再取单个白色菌落转接在酵母粉葡萄糖琼脂培养基上，在20～28℃继续培养。

（3）单核体鉴定　取少量菌丝体置于玻片上，用水展开菌丝体，盖上盖玻片，在400倍显微镜下观察，无锁状联合的菌株确定为单核菌丝。

2. 杂交配对

（1）杂交配对　将金针菇菌株的单核体菌株30～50个分别接种在酵母粉葡萄糖琼脂培养基平板上，同时接种白色金针菇菌株F092的双核菌丝，20～28℃下培养到菌丝体相互接触为止。

（2）杂交种鉴定　单核体菌丝一侧取直径为0.3～0.5 cm的菌种块，接种在试管斜面培养基上，20～28℃培养。待菌丝长至1～3 cm时，在显微镜下观察，将有锁状联合标记的菌种初步确定为杂交种。

将初步确定的杂交种再进行拮抗试验鉴定。即将杂交种接种在酵母粉葡萄糖琼脂培养基平板上，中部接种杂交菌株，两侧接种亲本菌株，相距2～3 cm，20～28℃培养至菌丝体接触后，凡是与两亲本菌株之间出现沟状、隆起或隔离现象的确定为杂交种。

3. 杂交种筛选

（1）栽培方法　培养料配方为棉籽壳75%～85%，麸皮15%～25%，料水比为1:（1.1～1.2）。熟料瓶栽，出菇瓶为1 100 mL塑料瓶。20～25℃培养菌丝，10～18℃出菇，当子实体生长高度达到3～4 cm时，在子实体周围套塑料筒培育子实体，达到18～20 cm时采收。

（2）农艺性状测定　筛选具有双亲菌株共有性状的杂交菌株，即子实体的菌盖呈黄白色，颜色介于黄色与白色之间，菌盖形状半球形，与白色金针菇菌株相似，菌柄白色、粗壮，基部无绒毛，不粘连。

4. 自交种构建

（1）构建自交菌株　取杂交菌株的孢子，进行单孢分离培养获得单核体菌株，然后在酵母粉葡萄糖琼脂培养基平板上两两配对，即在同一平板培养基上接种2个单核体菌株，相距1～2 cm，在20～28℃下培养，取接触部位的菌丝体转接于斜面酵母粉葡萄糖琼脂培养基上，当菌丝达到1～3 cm时，取菌丝进行鉴定，在显微镜下观察有无锁状联合，将有锁状联合的菌种确定为双核体菌株，得到自交代菌株。

（2）出菇法筛选　以黄色金针菇菌株和白色金针菇菌株为对照，筛选出生长周期与黄色金针菇一致，子实体为白色，菌柄基部无绒毛，不粘连的菌株。

（3）自交菌株性状固定　将筛选出的自交菌株，取菌盖组织进行分离获得遗传稳定的菌株F2120-1。该菌株子实体白色，早熟，菌柄基部无绒毛，既保持了黄色金针菇早熟和菌柄基部无绒毛的性状，又保持了白色金针菇子实体为白色的性状，缩短了栽培时间，适用于多种栽培技术模式生产。

第五章　诱变育种

　　食用菌诱变育种是利用物理化学因素处理细胞群体，促使其中少数细胞的遗传物质发生分子结构上的变化，从而引起遗传变异，从群体中选出少数具有优良性状的菌株。通过使用诱变剂，使菌种发生突变的频率和变异的幅度得到提高，大大增加筛选优良菌株的概率。

第一节
诱变育种的理论基础

一、诱变育种的概念及特点

（一）诱变育种的概念

　　生物遗传物质的变异可分为自发突变和诱发突变两类。自发突变指生物体自然发生的遗传变异，发生频率很低，真菌一般为 $10^{-8} \sim 10^{-6}$。接触诱变剂而发生的变异称为诱发突变，发生频率较高。从自发突变中筛选优良个体属于选择育种，从诱发突变中筛选优良个体属于诱变育种。

　　诱变育种是指利用物理、化学或生物诱变剂处理生物细胞群体，诱发细胞遗传特性发生变异，进而从变异群体中筛选优良品种的过程。

　　诱变育种与选择育种相比较，由于引进了诱变剂处理，而使菌种发生突变的频率和变异的幅度得到大幅度提高，从而使筛选获得具有优良特性的变异菌株概率得到了提高。

（二）诱变育种的特点

1.诱变育种的优势

（1）增加变异率、扩大变异谱　自然界生物产生自发突变频率极低，人工诱变可使突变频率增加100～1 000倍。不仅突变的频率增加，还可能诱变出新的基因，产生自然界本来没有的新类型。

（2）修缮优良品种（改良品种性状）　人工诱变大多产生单个基因的突变，即点突变和隐性突变，可以只改变品种的某一缺点，而不损害或改变该品种的其他优良性状，即对优良品种进行修缮。

（3）打破基因连锁及进行染色体片段的移植　诱变可使染色体断裂，两个连锁基因拆开，通过染色体交换形成新的结合，这是诱变育种的一个特色功能。

2.诱变育种的局限性　诱变育种很难预见变异的类型及突变频率，诱变效应可能是正向突变，也可能是负向突变，有利变异少，难以改良综合性

状。因此要想得到特定表型效应的突变，需要用不同的筛选方法和大量筛选试验来完成。

二、常用诱变剂种类

能够诱发生物基因突变，提高生物体突变频率的物质称为诱变剂。诱变剂可分为物理诱变剂、化学诱变剂和生物诱变剂三大类。

（一）物理诱变剂

利用辐射诱发基因突变和染色体变异的物质称为物理诱变剂。典型的物理诱变剂是不同种类的射线，育种上常用的有紫外线、X射线、γ射线、中子、α粒子和β粒子等，其中以紫外线应用最为普遍。不同物理诱变剂的主要特性见表3-5-1。

1.紫外线　是育种实践中应用最方便、最广泛的物理诱变剂。它是一种非电离辐射，能使被照射物质分子或原子中内层电子提高能级，但并不获得或失去电子。

表 3-5-1　物理诱变剂的主要特性

种类	辐射源	性质	能量	危险性	必需的屏障
紫外线	低压汞灯	低能电磁辐射	低	较小	玻璃即可
X射线	X线机	电磁辐射	5万～30万eV	危险，有穿透力	几毫米厚的铅板
γ射线	放射性同位素及核反应堆	与X射线相似的电磁辐射	几微电子伏	危险，有穿透力	很厚的防护，厚铅或混凝土
中子（快、慢、热）	核反应堆或加速器	不带电的粒子	从不到1 eV到几微电子伏	危险	用轻材料做的厚防护层
α粒子	放射性同位素	电离密度大	2～9μeV	内照射时很危险	一张薄纸即可
β粒子、快速电子	放射性同位素或加速器	正负电子	几微电子伏	有时有危险	厚纸板

紫外线的光谱与细胞内的核酸吸收光谱一致，使 DNA 强烈吸收紫外线，引起 DNA 结构的变化，如 DNA 链断裂、DNA 分子内和分子间发生交联形成嘧啶二聚体、核酸与蛋白质的交联、胞嘧啶和尿嘧啶的水合等，从而导致受体的遗传性状发生改变。使同链 DNA 的相邻嘧啶间形成共价结合的胸腺嘧啶二聚体，二聚体的出现会减弱双链间氢键的作用，引起双链结构扭曲变形，阻碍碱基间的正常配对，从而有可能引起突变或死亡。

诱变的最佳波长范围是 250～290 nm，这个区段是核酸的吸收光谱区，诱变作用最强，其中又以 260 nm 左右最佳。紫外线的照射源是低压汞灯，一般 15 W 低功率紫外线灯放出的光谱集中于 260 nm，适用于诱变。但紫外线对组织的穿透力很弱，使用时不能有阻挡。

2. X 射线　X 射线属于电离辐射，能将原子中的电子激发而形成正离子。经 X 射线处理后的 DNA 分子失去或得到电子后，形成离子对及自由基，带不同电荷的基团极有可能发生分解或聚合反应，从而导致核酸碱基的化学变化，氢键的断裂，单链或双链的断裂，双链之间的交联，不同 DNA 分子之间的交联，以及 DNA 和蛋白质之间的交联而诱发突变。同时电离辐射的能量又被水分子所吸收，从而产生具有强氧化或还原能力的基团。这些基团进一步作用于遗传物质，引发 DNA 的各种异常。

X 射线发射出的光子波长 0.005～1 nm，能量为 50～300 keV。产生 X 射线的装置为 X 线机。

3. γ 射线　γ 射线是一种波长更短的电离辐射线，是原子核从能级较高的激发状态跃迁到能级较低的状态时发出的射线。与 X 射线相比，γ 射线波长更短，能量更高，穿透力更强。γ 光子波长 <0.001 nm，能量可达几百万电子伏，可穿入很厚的组织。

早期诱发突变研究工作主要用 X 射线，但从原子反应堆建成可大量生产 γ 射线源后，X 射线逐渐被 γ 射线代替。γ 射线是目前辐射育种中最

常用的诱变剂。^{60}Co 和 ^{137}Cs 是目前应用最广泛的 γ 射线源。

4. 粒子辐射　与发射光子的电磁辐射不同，粒子辐射由具有静止质量的粒子组成。粒子辐射有带电粒子辐射和不带电粒子辐射两种。

中子是不带电的粒子，有较强的穿透能力，按能量可分为热中子、慢中子、中能中子、快中子和超快中子。常用的中子源有反应堆中子源、加速器中子源和同位素中子源。

α 粒子是带正电的粒子束，由两个质子和两个中子组成，也就是氦的原子核，穿透力弱，电离密度大。射线在空气中的射程只有几厘米，一张薄纸就能将 α 射线挡住。α 射线作为外照射源并不重要，但在引入生物体内作为内照射源时，在有机体内可产生严重的损伤，诱发染色体断裂的能力很强。

β 粒子的穿透力较大，而电离密度较小，β 射线在组织中一般能穿透几个毫米，所以在育种中往往用能产生 β 射线的放射性同位素溶液来浸泡处理材料，即内照射。β 射线是电子或正电子的射线束，由 ^{32}P 或 ^{35}S 等放射性同位素直接发生。

5. 其他物理诱变剂　包括电子束、激光、离子注入等。

（二）化学诱变剂

能与生物体的遗传物质发生作用，并能改变其结构，使其后代产生变异的化学物质称为化学诱变剂。化学诱变剂能和辐射一样引起基因突变或染色体畸变，能引起生物体遗传物质产生变异的化学物质很多，从简单的无机物到复杂的有机物均能产生诱变作用。

1. 烷化剂类诱变剂　烷化剂是指具有烷化功能的化合物。这类试剂的共同特点是携带一至多个活跃的烷基，如—CH₃、—C₂H₅，烷基转移到一个电子密度较高的分子上，可置换碱基中的氧原子，从而导致 DNA 或 RNA 分子复制或转录过程中遗传密码的改变，进而发生变异。

常用的烷化剂为乙烯亚胺、硫酸二乙酯、甲基

磺酸乙酯、氮芥和亚硝基胍。

2. 核酸碱基类似物　碱基类似物指与DNA中碱基的化学结构相类似的一些物质。它们因化学结构上与DNA某种碱基相似（图3-5-1），在DNA复制的正常过程中以"原料"的身份"冒名顶替"进入DNA结构中充当碱基，从而形成异种DNA，进而导致碱基配对的差错，引起点突变。其产生的生物学效应与辐射诱变相似，故这类化学试剂又称为拟辐射物质。

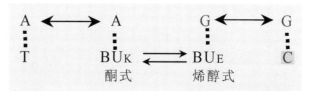

图3-5-2　碱基类似物5-溴尿嘧啶导致的碱基错配

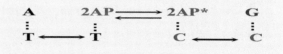

图3-5-3　碱基类似物2-氨基嘌呤导致的碱基错配

常用的碱基类似物有类似胸腺嘧啶的5-溴尿嘧啶（5-Bu）、5-溴脱氧核苷（BUdR），以及类似腺嘌呤的2-氨基嘌呤（2-AP）。5-溴尿嘧啶和胸腺嘧啶（T）很相似，有酮式、烯醇式两种异构体，可分别与腺嘌呤（A）及鸟嘌呤（G）配对结合。2-氨基嘌呤有正常状态和稀有状态两种异构体，可分别与T和胞嘧啶（C）配对结合。当2-氨基嘌呤渗入DNA分子中时，由于其异构体的变换而导致A-T错配为G-C（图3-5-2、图3-5-3）。

3. 脱氨基诱变剂　脱氨基诱变剂可以脱去碱基分子中的氨基，使碱基种类发生变化，如腺嘌呤脱去氨基后变成次黄嘌呤（I），在DNA复制时造成碱基置换，引起遗传信息的错误而导致突变。常用的脱氨基诱变剂有亚硝酸和羟胺。

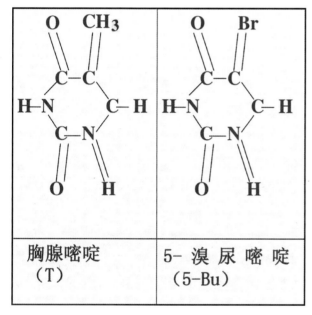

图3-5-1　碱基类似物5-溴尿嘧啶与胸腺嘧啶结构式

表3-5-2　常见化学诱变剂的诱变效应

诱变剂	对DNA的效应	诱变效应
烷化剂	烷化碱基（主要是G），烷化磷酸基团脱烷化嘌呤，糖-磷酸骨架的断裂	A—T/G—C的转换，A—T/T—A的颠换，G—C/C—G的颠换
叠氮化合物	烷化磷酸基团、碱基	影响DNA的复制
碱基类似物	渗入DNA，取代原来的碱基	A-T/G-C的转换
羟胺	与胞嘧啶专化反应	G-C/A-T的转换
亚硝酸	交换A、G的脱氨基作用	C缺失，A-T/G-C的转换
吖啶类	碱基之间的插入	移码

食用菌育种技术

4. 移码诱变剂　这类化合物造成 DNA 碱基对上碱基的添加或缺失，使三联体密码子改变而诱发突变。如吖啶橙和吖啶黄。常见化学诱变剂的诱变效应见表 3-5-2。

（三）生物诱变剂

生物诱变剂实际上是一 DNA 片段，如转座因子和噬菌体。当这些诱变剂渗入细胞后，便可作用于 DNA，改变细胞遗传物质的正常结构。这类诱变剂目前在实践中应用较少。抗生素、除草剂、秋水仙碱和叠氮化合物等也能引起基因突变。

三、诱变机制

不同的诱变剂其作用机制及引起的生物学效应不同。诱变剂的作用机制主要有以下几类。

（一）碱基置换

即 DNA 分子中的一对碱基被另一对碱基所置换。比如原来碱基对是 A-T，突变后变为 G-T。一对碱基被改变叫点突变，多对碱基被改变叫多点突变，点突变对 DNA 来说属微小损伤。

能引起碱基对置换的诱变剂主要有亚硝酸、羟胺、硫酸二乙酯、甲基磺酸乙酯、亚硝酸胍、乙烯亚胺和氮芥等。

亚硝酸的作用机制主要是脱去碱基分子中的氨基，使腺嘌呤脱去氨基后变成次黄嘌呤，胞嘧啶变成尿嘧啶（U），鸟嘌呤变成黄嘌呤（X）。生物细胞经亚硝酸处理后，在 DNA 复制时，脱去氨基变成次黄嘌呤的腺嘌呤不能按原来的配对原则与胸腺嘧啶配对，而只能与胞嘧啶配对。同理，胞嘧啶脱去氨基转变成尿嘧啶，不能与鸟嘌呤配对，只能与腺嘌呤配对，结果便造成 AT → HC → GC 和 GC → UA → TA 的碱基对转换，从而引起遗传信息的错误而造成突变。

此外，碱基类似物也能引起碱基对的转换，它不是直接作用于碱基使碱基改变，而是通过代谢渗入 DNA 分子中，当 DNA 再次复制时，间接引起碱基对转换。

（二）移码突变

移码突变也属于 DNA 分子的微小损伤。是指 DNA 链上失去或增加一个或几个碱基造成的 mRNA 读码框的改变，无论前译或后译，所翻译出的蛋白质都会出现错误。移码突变造成 mRNA 的错译示例见表 3-5-3。

在发生移码突变时，如果加进一个碱基又失去一个碱基，则密码子又可恢复正常。如果加进或缺失 3 个或 3 个的倍数，则只会打乱一小段码组，其余的仍为正常的密码子。

表 3-5-3　移码突变造成 mRNA 的错译

正常 mRNA 的读码框	AG*U UUU AAA GAC			
编码 AA 读码	Ser	Phe	Lys	Asp
缺失后读码框	AUU	UUA	AAG	AGG
编码AA	Ile	Phe	Lys	Thr

造成移码突变的诱变剂，主要是一些吖啶类物质，如吖啶黄、吖啶橙和 2-氨基吖啶等。这类化合物的分子结构为平面三环结构，与核酸中的碱基很相似，能插入 DNA 两个相邻碱基对之间，使 DNA 链拉长，原来两个碱基对距离为 0.34 nm，当加入一个吖啶类化合物后则变为 0.68 nm。由于吖啶类化合物的插入，造成 DNA 碱基对上碱基的添加或缺失，在 DNA 复制时突变点以下的三联体密码子的改变而发生突变。生物诱变剂本身就是一段 DNA，插入后也能引起移码突变。

（三）染色体畸变

每种生物的每个细胞都有一定数目的染色体，各个染色体的形状也是恒定的。如果它们的数目和结构改变，就会出现可遗传的变异。某些强烈的诱变因子如 X 射线、亚硝酸等除了引起点突变以外，还会产生 DNA 分子的大损伤，导致染色体数目的变化及结构的改变。

染色体结构改变有如下几种类型：①缺失，染色体某一段丢失。②重复，染色体某一段出现重复。③倒位，染色体某一段正常顺序发生颠倒。④易位，一条染色体的片段搭接到另一条染色体上。比如甲基磺酸乙酯，既能诱发碱基对的转换，又能诱发染色体片段移接到另一条同源染色体上去。

四、DNA损伤的修复

从上述诱变剂作用机制看，诱变剂渗入细胞后，接触生物体的遗传物质而使其发生改变。但对生物体来说，它们自身有多种方式去修复损伤的DNA。诱变剂所造成的DNA分子某一位置的结构改变通常称为前突变。这一突变可以通过DNA分子修复而成为真正的突变，也可通过修复变为原结构并不发生突变。DNA损伤主要通过以下方式进行修复。

（一）光复活作用

光复活作用是常见的一种修复方式，是指生物细胞在可见光下对损伤的DNA具有的修复功能。生物体细胞受损伤后在可见光下能产生光复合酶，该酶能与受伤的DNA结合，行使核酸内切酶的作用，切除突变部分，以另一链为母链重新合成DNA。该酶在黑暗的条件下无活性，光照条件下才能被激活。

光复活能力的强弱，不同菌类，甚至同一种菌类的不同品系都有差异。对于那些有光复活能力的菌类，诱变材料进行诱变处理时，需在暗室红光或黄光（黄光波长 535～585 nm，橙光586～654 nm，红光 646～760 nm）下进行，处理后还要用黑纸包严以保存突变体，防止光修复作用。

在实践中也可使用此原理，利用致死剂量的紫外线与日光（300～500 W）反复交替处理，以增加变异幅度。

（二）暗修复作用

又称切除修复。该修复系统除了碱基错误配对和单核苷酸插入不能修复外，几乎所有其他DNA损伤均可修复，是细胞内的主要修复系统。

（三）SOS修复

是指DNA受到严重损伤、细胞处于危急状态时所诱导的一种DNA修复方式。修复结果只是能维持基因组的完整性，提高细胞的生成率，但留下的错误较多，故又称为错误倾向修复，可使细胞有较高的突变率。

（四）重组修复

含有嘧啶二聚体或其他结构损伤的DNA进行复制时，子代DNA链会在损伤部位出现缺口。通过遗传重组，从完整的母链上将相应的片段移至子链的缺口处，然后用再合成的多核苷酸链补上母链的缺失。

第二节
诱变育种程序

一、诱变材料的选择

（一）出发菌株的选择

用来进行诱变处理的菌株，称为出发菌株。选好出发菌株有助于提高育种效果。实践证明，选择生产上应用过的、发生自然变异并对诱变因素较为敏感的菌株，诱变效果更好。另外，诱变的主要特点之一是产生单个基因的突变，最适于改良单一性状。因此，选择生长速度快、营养要求低、出菇早和适应性强等综合性状优良的菌株较好。例如，无孢平菇与出发菌株相比，子实体不散发孢子，其他性状基本无改变；营养缺陷型和抗药性突变株则是出发菌株营养特性或抗药性发生突变得来的，其他性状无显著改变。

（二）诱变材料部位的选择

食用菌菌丝（单核菌丝和双核菌丝）、分生孢子、担孢子及原生质体都可用作诱变材料。

诱变材料和诱变部位不同诱变剂不同，因此选择的诱变材料应与使用的诱变剂相适应，这样才易获得较高的突变率。例如，化学诱变剂亚硝酸和各种烷化剂等以孢子为诱变材料较好，可以直接改变孢子DNA结构；而碱基类似物如5-溴尿嘧啶，它是通过代谢渗入DNA分子中，造成碱基配对错误，适宜选择已萌发的单核菌丝或经培育的孢子进行诱变处理；利用紫外线进行诱变时，使用已萌发的孢子、菌丝和原生质体为诱变材料，诱变效果较好；电离辐射如γ射线处理休眠孢子、萌动孢子和双核菌丝能取得较好的诱变效果。

（三）诱变材料生理状态的选择

诱变材料的生理状态不同，对诱变剂的敏感性不同。据报道，代谢盛期的材料对诱变剂最灵敏，因此以菌丝片段和原生质体为诱变材料时，应在幼嫩、快速生长时期进行处理。成熟的食用菌孢子大多处于休眠状态，若多次诱变无效果时，可以进行孢子预培养，使孢子稍稍萌发，以利于提高诱变效果。

为使每个细胞均匀接触诱变剂，达到较好的诱变效果，用于诱变的材料还应呈单细胞分散状态，使细胞均匀地接触诱变剂，避免多细胞体系中正常细胞对遗传基因已发生突变细胞的掩蔽作用。

食用菌菌丝体多核、担孢子壁厚给诱变育种带来了一定的难度。原生质体一般呈单细胞分散状态，而且除去了细胞壁的阻挡，诱变剂更容易接触细胞内的DNA，因此原生质体是一种很好的诱变材料。对于异宗配合的食用菌，其双核菌丝体制备的原生质体，诱变处理后的再生菌株还可直接进行菌种的筛选，简化诱变育种的程序。

二、诱变处理

（一）诱变剂的确定

1. 诱变剂种类的选择　用于诱变育种的诱变剂种类很多，但不同诱变剂对食用菌的诱变效果不同，而且对诱发某一特定性状的频率也不同。1991年韩新才用紫外线、硫酸二乙酯、亚硝酸和亚硝基胍等多种诱变剂处理光木耳和琥珀木耳，均未获得营养缺陷型，而用γ射线诱变获得了9株营养缺陷型菌株。因此诱变剂选择的依据主要是实际操作的方便程度和已成功的经验，尽可能地选择简便有效的诱变剂。

在食用菌诱变育种中，紫外线应用最多，效果也最明显，通过紫外线诱变已培育出黑木耳、香菇、金针菇、双孢蘑菇等新品种和平菇、凤尾菇抗药性突变株及大肥菇营养缺陷型。但紫外线诱变易引起突变株的光修复，不利于突变体的稳定。γ射线辐射诱变在食用菌育种中也有较多的应用，并培育出平菇、金针菇、猴头菇新品种和木耳、平菇营养缺陷型菌株。

因此诱变剂选择时，可根据诱变剂作用机制的不同进行复合使用。因为不同诱变剂对DNA分子作用的"热点"（DNA分子易发生突变的位点）不同，复合使用可弥补因一种诱变剂多次使用而产生的"热点"饱和。如紫外线主要作用在DNA的嘧啶碱基上，而亚硝酸则主要作用在DNA的嘌呤碱基上。紫外线和亚硝酸复合作用，使突变谱变宽，提高诱变效果。

2. 诱变剂量的确定　诱变剂都是一些剧毒的化学物质，大多数诱变剂在诱发生物体发生突变的同时，还造成生物细胞的大量死亡，要选用最适的诱变剂量。

剂量确定时应以能够提高菌株的正向突变频率为最适剂量。正向突变是指诱变处理后，其机体的某个或某一些生物活性有明显增加；负向突变则是有明显减弱，甚至丧失。近年来研究发现，正向突变多出现在偏低的剂量中，而负向突变则往往出现在偏高的剂量中。因此倾向于采用较低诱变剂量来处理，如紫外线通常选用诱变后致死率为99.9%的剂量，采用致死率为30%～70%的剂量正向突变效果较好。

化学诱变剂的剂量，通常通过溶液的浓度（0.01～1 g/mol）、作用时间和处理温度来控制，使用的浓度越高，杀菌率越高。紫外线的绝对剂量不易掌握和计量，可以通过灯管的功率、灯管和被照射物之间的距离及照射时间来衡量。若灯管的功率、照射距离固定，那么剂量就和照射的时间成正比，也就可以用照射时间作为相对剂量。在具体操作中，常用 15 W 的波长为 2 537 nm 的紫外线灯，照射距离控制在 30 cm 以内。

剂量大小的确定还应考虑食用菌不同处理材料的敏感性，周伏忠等报道香菇不同材料对紫外线辐射敏感性不同，敏感性顺序排列为单核菌丝原生质体＞担孢子原生质体＞双核菌丝原生质体＞担孢子。几种常见食用菌辐射诱变的适宜剂量见表3-5-4。

一般认为，如果菌株不很稳定，要求其稳定地提高产量或改变品质，宜用缓和一些的诱变剂，剂量低一些为好。如果出发菌株比较稳定，要求突变幅度大，应考虑诱变能力强的诱变剂和高的诱变剂量，使其遗传物质受到强烈的冲击而发生大的改变。

由于每种诱变材料的最佳剂量差异很大，因此，诱变处理剂量的选择是一个比较复杂的问题，必须通过大量的预备试验确定剂量。

（二）诱变处理条件

诱变剂的诱变效应受到培养条件、pH、氧和可见光等外部条件的影响，因此诱变处理时应注意外部环境条件。光照影响诱变效果。

诱变剂不同，要求的诱变条件不同。亚硝基胍进行诱变处理时，不能用中性条件，而应用酸性或碱性条件，因为亚硝基胍在中性条件下的诱变效应很弱。碱基类似物进行诱变处理时，必须创造天然碱基贫乏的环境，即平板培养基中，不应含有机氮源等富含天然碱基的成分，而应用合成培养基添加碱基类似物来培养，以迫使菌种在生长过程中为了合成DNA的需要而错误地吸收碱基类似物，同时，也可以用孢子进行饥饿萌发处理。

表 3-5-4　几种食用菌辐射诱变适宜剂量

食用菌种类	处理材料	γ 射线 /Gy	紫外线
平菇	原生质体		15 W, 30 cm, 2 min
	担孢子	1 500 ～ 2 500	
	双核菌丝	1 000 ～ 2 000	15 W, 30 ～ 40 cm, 100 ～ 200 s
香菇	原生质体		15 W, 30 ～ 40 cm, 60 ～ 120 s
	担孢子		15 W, 30 ～ 40 cm, 90 ～ 150 s
	双核菌丝	1 000	30 W, 30 cm, 60 ～ 120 s
	担孢子	250 ～ 2 000	
木耳	双核菌丝	1 500 ～ 2 500	15 W, 30 ～ 40 cm, 10 ～ 50 s（重复照射）
猴头菇	担孢子		30 W, 30 cm, 30 ～ 60 s
	双核菌丝	750 ～ 1 400	15 W, 30 cm, 2 min
	原生质体		30 W, 64 cm, 45 ～ 100 s
金针菇	双核菌丝	1 000 ～ 3 000	
凤尾菇	担孢子	500 ～ 2 000	
	双核菌丝		15 W, 40 cm, 120 ～ 150 s

注：表中数据引自杨宗渠（1997）。

食用菌育种技术

三、突变体的筛选

诱变育种和其他方法相比较，具有速度快、方法简便等优点。但是诱发突变随机性大，群体中可能会出现各种各样的突变类型，如抗药性突变、形态突变和温度突变以及各种生理生化突变型等，但其中多数是负突变体。要想得到特定表型效应的突变型，需要大规模的筛选工作。实际操作中，一般可以将筛选分为初筛和复筛两阶段进行，前者以量为主，后者以质为主。

（一）形态与色素变异菌株筛选

在突变体中，形态与色素方面的变异可以凭直观筛选。对食药用菌来说，形态与色素变异可分为两个层次：一是菌落变异；二是子实体变异。例如，美味侧耳（Pleurotus sapidus）的担孢子经紫外线诱变后，有部分存活孢子萌发出了特异型菌落，有的呈皱褶式生长，有的气生菌丝消失，有的分泌色素，有的菌丝生长速率加快。许多具有商品生产价值的变种如白色金针菇、白色木耳、浅色草菇和香菇等，均属于子实体色素变异类型。它们之中有的是经过物理化学因素诱变和杂交等手段而获得的诱变株，有的是偶然发现的自然突变株。

（二）酶活性变异菌株筛选

诱变后酶活性方面的变异不能凭直观筛选，可采用间接测定法进行初筛。例如，将碘加入培养基中来指示液化淀粉酶活力的高低；在加有纤维素的培养基上，透明圈的大小可说明纤维素酶活力的强弱等。

（三）抗药性变异菌株筛选

抗药性变异指被诱变菌株对其原本敏感的某种药物产生了抗性突变。抗药性突变菌株的筛选则是在培养基中加入某种药物造成野生型菌株不能生长，而发生抗性菌株能生存的原理进行筛选。因此，此类变异相对容易筛选。

抗药性变异菌株的筛选常用梯度培养皿法，即制备表面存在药物浓度梯度的平板培养基，在培养基表面涂布诱变处理后的细胞悬液进行培养，选取

生长菌落，能够存活生长的即为抗药性突变株。梯度培养皿法是定向筛选抗药性突变株的一种有效方法。抗药性品种便于在生产上使用杀菌剂控制杂菌侵染。

（四）营养缺陷型变异菌株筛选

营养缺陷型菌株是指经诱变处理后，失去合成某些必需营养物质能力的变异菌株。该菌株只能在完全培养基上或在添加相应营养物质的基本培养基上正常生长。变异前的原始菌株常称为野生型或原生型，变异后的菌株则称为营养缺陷型。

1. 筛选培养基　营养缺陷型菌株通过采用不同培养基进行筛选。筛选培养基包括基本培养基（MM）、完全培养基（CM）、补充培养基。

（1）基本培养基　能满足野生型菌株最低营养需求的培养基称为基本培养基。这种培养基一般以无机氮为唯一氮源。

（2）完全培养基　可以满足缺陷型菌株生长的培养基称为完全培养基。这种培养基中富含一些氨基酸、维生素和碱基等天然有机物质（如蛋白胨、酵母膏等）。

（3）补充培养基　在基本培养基中有针对性地加入某一种或几种营养成分，以满足相应的营养缺陷型菌株生长的培养基称为补充培养基。

2. 筛选方法　采用不同培养基，经过营养缺陷型的浓缩、检出和鉴定等一系列程序进行筛选。

（1）营养缺陷型的浓缩　在诱变后的孢子或原生质体群体中，营养缺陷型发生的频率一般在百万分之几，有的甚至更低。因此，需提高群体中营养缺陷型的比例，以便于检出。先将诱变后的孢子悬液转接到液体基本培养基中振荡培养，此时大部分野生型菌株萌发为菌丝，而营养缺陷型菌株在基本培养基上不生长，再经过滤除去野生型，浓缩突变株。

（2）营养缺陷型的检出　将经过滤浓缩后的孢子悬液涂布在完全培养基平板上，长出菌落后再把这些菌落分别对应接到基本培养基和完全培养基上，经培养后在完全培养基上生长而在基本培养基

上不生长的菌落基本确认为营养缺陷型突变株。

（3）营养缺陷型的鉴定 营养缺陷型可能需要氨基酸，也可能需要核酸碱基或维生素，到底缺哪一种，需要通过补充培养基进行鉴定。

营养缺陷型菌株在遗传研究中可作为杂交、转化、转导或基因克隆的遗传标记菌株。

（五）高产突变株的筛选

高产突变株的选择最直接可靠的方法是进行出菇鉴定。人们进行了很多有益的探索，以期找出出菇鉴定简捷有效的方法，缩短育种周期，减少工作量。Eger 研究了平菇菌株产菇能力的鉴定方法，把双核菌丝接到麦芽膏肉汤培养基上，连续黑暗培养，菌丝生长至平板边缘时（红光下检查）向培养皿中加 1 mL 含 0.5 g/mol 磷酸钠（Na_3PO_4）和 2% 天门冬酰胺的溶液，在 1 500 lx 白光下，温度保持 20～25 ℃，4～10 天内计算培养皿上长出的子实体数，作为产菇能力的标志。

（六）其他变异菌株的筛选

对于一些双核体和初级同宗配合食用菌，诱变萌发后的菌丝具结实性，可根据育种目标直接进行出菇筛选。如双核原生质体的诱变处理和草菇担孢子的诱变处理。

对于异宗配合的食用菌，如香菇和平菇等，以担孢子为诱变材料时，萌发后的单核菌丝不能结实，不能直接进行菌种选育，杂交后才能产生结实性菌丝。也就是说，诱变萌发后的直接产物是单核菌丝，目前尚无确定的筛选标准。

第三节
诱变育种实例

与野生驯化、人工选择和杂交育种等方法相比，人工诱变可以提高突变频率，创造自然界原来

所没有的性状，且操作简便、周期短，因此在食用菌育种中应用也非常普遍。Imbernon 等人通过紫外线照射从 1 200 个平菇诱变株中得到 4 个无孢突变株，德国的研究人员使用同样方法得到无孢或极少产生孢子的突变株并用于生产，部分程度上解决了因室内种植平菇大量孢子飞散引发种植者孢子过敏的问题。

中国南方航天育种技术研究中心和江西省农业科学院微生物研究所共同合作，采用航天育种诱变技术于 2008 年培育出了金针菇航金 1 号和航金 2 号，这是中国首例通过航天育种培育的食用菌新品种。目前我国利用紫外线、γ 射线、亚硝酸、离子束和硫酸二乙酯等诱变剂已选育出平菇、木耳、猴头菇、香菇、双孢蘑菇、金针菇、草菇、灵芝、杏鲍菇、白灵菇和姬松茸等多种食用菌的新品种或遗传标记材料。

一、无孢平菇诱变育种

1987 年，陆师义等利用紫外线诱变处理，筛选出了品质好、产量高和不释放孢子的平菇新品种，这是我国较早的有关无孢平菇诱变育种的研究报道。

（一）试验方法

1. 出发菌株 紫孢侧耳 852。该品种具有产量高、抗逆性强和品质优等特点。

2. 孢子收集和培养 取 6 cm 的子实体，菌褶朝下置 500 mL 烧杯中，四层纱布封口，24 ℃弹射孢子 24 h 收集孢子，收集到的孢子于 2% 葡萄糖液中培养 2～7 天，使孢子萌发。培养天数的差异对诱变结果没有明显的影响。

3. 紫外线诱变处理 在无菌条件下取孢子悬浮液 5 mL 置于直径 6 cm 的培养皿中，在 15 W 紫外灯下，垂直距离 30 cm，处理时间 40 s，致死率达 99%。

4. 单核体分离及鉴定 将经紫外线处理的孢子悬浮液稀释后涂布培养皿，通过梯度稀释，使每个

培养皿中单菌落数在 5～10 个。挑取单菌落，分别接入 PDA 培养基，同时做插片培养，供单核体鉴定。采用镜检锁状联合的方法鉴定单核体。

5. 单核体间的配合与鉴定　单核菌丝在培养皿上相互配对接种，25 ℃下培养 7～10 天，观察菌落表型。将配合型的菌丝挑出转接于斜面培养基，共获 700 株。鉴定这些菌株的锁状联合，凡能确定为双核体的菌株，进一步扩大制种，做出菇试验。

6. 双核体出菇试验　袋式栽培，每袋装料 150 g，每个诱变菌株接 30 袋。18～25 ℃培养菌丝。13～15 ℃，相对湿度 85% 条件下进行出菇。

（二）试验结果

1. 形态变异　在 700 株子实体中，获得 3 种较明显的形态变异，即喇叭形、伞形和色素沉积型。其中喇叭形、伞形变异不释放孢子，色素沉积型释放少量孢子。

2. 无孢突变株的筛选　通过观察孢子印的有无，初筛无孢突变株。即采集八分成熟而未释放孢子的子实体，置于黑纸上 25 ℃弹射孢子 48 h，不显现孢子印者挑出，共检出 30 株。

对检出的 30 株进一步进行复筛，取 1 cm² 菌盖，密封在无菌试管中培养，在不同时间内分别用无菌水收集试管底部的孢子，取一定量涂于 PDA 培养皿上，25 ℃培养 5～7 天，同时做显微镜检测。在初筛获得的 30 株无孢菌株中，经复筛后获得 8 株无孢菌株。

3. 营养和栽培性状　筛选出的无孢平菇氨基酸总量超过其亲本紫孢侧耳，栽培性状及商品性状优于同类品种。

二、^{60}Co 与紫外线复合诱变选育姬松茸

以姬松茸 J1 为原始菌株，采用 ^{60}Co 紫外线复合诱变技术选育出了姬松茸新品种福姬 77，并于 2013 年通过福建省非主要农作物品种审定委员会认定。

（一）原始菌株

姬松茸 J1。

（二）选育过程

1. ^{60}Co 照射　姬松茸菌株 J1 转接到 PDA 培养基试管上，23～26 ℃培养，菌丝满管 1 周后进行 ^{60}Co 照射，辐射剂量分别为 250 Gy、500 Gy、750 Gy、1 000 Gy、1 250 Gy、1 750 Gy 和 2 000 Gy，剂量率为 11.36 Gy/min。

2. 紫外线照射　把经过 ^{60}Co 照射的菌丝放在距紫外线灯 26 cm 处，分别照射 7 min、14 min、21 min、28 min、35 min、42 min、49 min。

3. 培养筛选　试管菌丝复合照射后放到 26 ℃培养箱中再培养 3 天，转到 PDA 培养基上于 23～26 ℃继续培养，观察菌丝生长情况，确定致死和半致死的复合处理。再利用半致死复合处理 10 管菌丝，处理后转管培养，连续转接 4 次，每次转接培养 300 支试管，最终获得 4 株菌丝生长均匀、粗壮和扭结点多，并与原菌株差异明显的菌株。

4. 出菇试验和鉴定　筛选出的菌株进行出菇试验，选取产量最高的菌株 J77 进行后续试验。经过细胞学和 DNA 指纹图谱检验，该菌株与原菌株存在明显差异，为一个新菌株。

5. 品种特性、产量、稳定性　在福建省多点区试和测定结果表明，福姬 77 产量高，遗传稳定，品质优良，重金属含量低。与姬松茸 J1 相比，该品种增产 23.12%～38.76%，粗蛋白质、粗纤维含量分别提高 25.16%、10.17%，脂肪酸 $C_{18:1}$、$C_{18:2}$ 含量分别提高 17.86%、8.73%，汞、镉、铅含量分别降低 17.65%、87.69% 和 28.57%。

第六章 原生质体融合育种

原生质体融合是目前细胞工程中应用最广的一项技术。使用脱壁酶处理细胞获得大量原生质体，通过化学、物理方法诱导，使两个不同种的原生质体融合成为异核体，异核体内不同细胞核进一步融合成为共核体，共核体产生再生细胞壁成为杂种细胞，从而培育出优良种株。

第一节
概述

一、原生质体融合育种的概念及优势

（一）原生质体

原生质体，是指生物细胞在细胞壁脱去或降解后所形成的圆球体。原生质体失去了原有细胞壁，但是它依然有原生质膜和整体基因组，因此，是一个具有生理功能的单位，具有全部遗传信息和活细胞的一切特性，在适宜的培养条件下，原生质体可以重新形成细胞壁，并发育成完整的细胞。

（二）原生质体融合

原生质体融合，是指脱壁后的不同遗传类型的原生质体，在融合剂或特定物理手段的诱导下进行融合，最终达到部分或整套基因组（核基因、线粒体基因及细胞质基因）的交换与重组，产生新的品种与类型。

原生质体融合是杂交育种的一种类型，属于体细胞杂交，是一种不通过有性生活史而达到基因重

组或有性杂交的手段。

（三）原生质体融合育种的优势

1. 实现远缘杂交育种　由于原生质体脱去了细胞壁，排除了远缘杂交过程中细胞壁的屏障，使细胞壁不亲和的种间和属间细胞通过原生质体融合而实现配对杂交，如香菇与平菇种间杂交。

2. 快速获得同核体　通过原生质体再生，可以快速获得同核菌株用于杂交。这种菌株是无性操作的产物，在遗传上比有性生殖产生的同核菌株更接近于亲本。

3. 是良好的诱变育种材料　原生质体除去了细胞壁的阻挡，对诱变剂的诱变效应更敏感，使诱变剂更容易进入细胞。

4. 作为外源基因的受体　原生质体能有效地摄取多种外源遗传颗粒，如 DNA 质粒、病毒和其他细胞器，因此，在基因工程研究及基因工程育种方面具有重要作用。

二、食用菌原生质体技术研究

原生质体技术起源于 20 世纪 60 年代，最初应用于动物细胞中，后逐渐扩展到植物细胞和微生物细胞。食用菌原生质体技术的研究内容主要有三个方面：

（一）原生质体制备条件

在 20 世纪 70 年代，原生质体技术研究内容主要是探索不同食用菌菌丝体、孢子和子实体原生质体制备条件。即根据高等担子菌细胞壁的结构特点，从木霉等真菌中分离和纯化出各种脱壁酶，并从脱壁酶的组分、浓度和 pH 等各方面建立不同食用菌原生质体制备和再生的最佳条件，并已从平菇、香菇、金针菇和草菇等 70 多种食用菌中成功制备原生质体。

（二）原生质体融合技术

20 世纪 80 年代后，主要研究内容以原生质体融合为主，通过聚乙二醇（PEG）促融剂和电融法，先后获得食用菌种内、种间、属间甚至科间原生质体融合子，并从科间原生质体融合菌株中选育出了优良品种，在生产上应用。

（三）与分子生物学手段相结合

随着细胞工程和分子生物学的发展，食用菌原生质体技术同分子生物学相结合，由此进入了一个新的研究阶段。该阶段以裸露原生质体为材料，研究外源基因的导入和转化、DNA 的分离纯化、RFLP（限制性片段长度多态性）和 PCR（聚合酶链式反应）技术的应用及基因文库的构建等。

第二节
原生质体融合育种程序

原生质体融合技术的一般程序包括：融合亲本的选择，原生质体的制备，原生质体的融合，原生质体的再生，融合子的选择与鉴定，菌种培养，生长性状与稳定性检验等。

一、融合亲本的选择

原生质体融合需要两株亲本。亲本要具有良好的生产性状并有明显的差异，带有遗传标记且两株亲本的遗传标记各不相同，以便融合子的筛选。遗传标记类型很多，根据实际情况可以选择不同的遗传标记。

（一）灭活原生质体标记

灭活原生质体作为标记，就是通过物理或化学因子使原生质体灭活，失去再生能力，仅成为遗传物质的载体，再与其他原生质体融合。原生质体物理灭活方法多采用热灭活法和化学灭活法，常用的灭活剂有碘代乙酸胺和焦磷酸二乙酯。化学试剂是较好的灭活因子，它能专一性地抑制原生质体上某些酶的活性，从而影响原生质体的再生能力。

（二）其他遗传标记

其他遗传标记包括形态标记、营养缺陷型标记、抗药性标记、同工酶标记和分子标记等。

二、原生质体的制备

（一）原生质体制备过程

能够制备原生质体的材料很多，如各种类型的有性和无性孢子、单核菌丝、双核菌丝和不同发育时期的子实体组织等，均可用于制备原生质体。但由于材料的结构和性质不同，不同材料经酶解处理后得到原生质体的数量会有很大差异。担孢子具有较厚的细胞壁且成分复杂不易酶解，子实体组织不易分散影响溶壁酶的渗入，而且子实体中组织化的菌丝细胞壁也较厚，不利于原生质体的释放，因此目前制备原生质体以菌丝体为主。

以菌丝体为材料制备原生质体包括菌丝体培养、收集与洗涤，酶解处理，原生质体的洗涤与纯化，原生质体检验等程序。

1.菌丝体培养　菌丝体的培养一般采用液体静置培养法。每个培养瓶中放十余粒玻璃珠。先将菌种接种于液体培养基中活化，活化后吸取菌丝悬液转接于装有液体完全培养基的锥形瓶中，25℃左右静置培养，培养期间每天用手摇1～3次。培养时间根据食用菌种类而定，一般3～10天。

2.菌丝体收集与洗涤　通过离心或过滤收集幼龄菌丝体，再用无菌水和渗透压稳定剂（稳渗剂）[0.6 mol/L的硫酸镁（$MgSO_4 \cdot 7H_2O$）或0.6 mol/L的氯化钾]分别冲洗2次，再用无菌吸水纸吸干多余的水分备用。

3.酶解处理　按0.5 g鲜菌丝体加1 mL酶液的比例，将菌丝体、溶壁酶，放入无菌的培养瓶或离心管内，充分混匀后，在合适的温度下保温酶解。脱壁酶需预先经细菌过滤器过滤除菌，过滤膜孔直径0.2～0.45 μm，并用0.6 mol/L的硫酸镁配制稳渗剂，保持一定的渗透压，以利质膜的稳定。

酶解温度一般24～35℃，酶解时间2～6 h，

其间每15 min轻轻振荡一次，定时取样在显微镜下检查，并用血细胞计数板计算原生质体形成率。当原生质体形成率达到10^7个/L左右时提纯。

菌丝体酶解后，菌体细胞会发生质壁分离，其内含物会剧烈收缩而形成明显的边界。随着细胞质的流动原生质体逐渐从菌丝尖端、侧面或菌丝片段释放出来，原生质体呈圆球状（图3-6-1）。

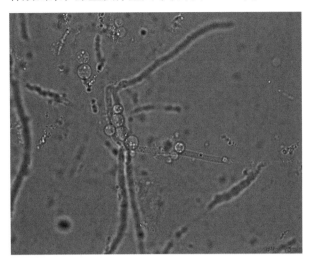

图3-6-1　香菇菌丝释放的原生质体

原生质体的大小相差较大，直径4～16 μm不等。菌丝菌龄较大时，形成的原生质体偏大。偏大的原生质体多含有大液泡，偏小的多呈透明状。

4.原生质体的洗涤与纯化　原生质体洗涤纯化的目的是除去酶液及酶解剩余的菌丝片段。首先，用无菌脱脂棉、玻璃棉或350目（1平方英寸上的网孔数）不锈钢网过滤原生质体悬液，以除去菌丝残片，滤液再经4 000～5 000 r/min离心10 min，去掉上清液，收集沉淀物，将沉淀物用等量稳渗剂（0.5 mol 蔗糖）冲洗2～3次，再以1 000 r/min离心10 min，即得到纯净的原生质体。原生质体需要保存时，可以将原生质体悬浮在等体积的稳渗液中，4℃保存备用。

5.原生质体检验　对原生质体的检验包括去壁情况、活力和纯度等。原生质体的去壁情况可以通过加入荧光增白剂等予以检验（壁成分可染上色），也可以用低渗处理来初步判断去壁效果。原生质体活力可以使用0.1%中性红染色检验，染上者为失活。原生质体的纯度可以通过涂布法检验，

将原生质体适当稀释，涂布到不含稳渗剂的一般培养基上，若有再生菌落说明原生质体脱壁不彻底或有菌丝片段。原生质体纯化稀释后，用血细胞计数板准确计数每 1 mL 中原生质体的数量。

（二）影响原生质体形成的因素

影响原生质体形成的因素很多，包括菌丝菌龄、预处理、培养基成分、酶种类、酶浓度、酶解时间、酶解温度、酶解 pH 和稳渗剂等。

1. 菌丝菌龄 菌丝的菌龄对原生质体形成的影响很大。菌龄太小，生产的菌丝量太少，形成率低，菌龄过大，形成的原生质体也少而且变形多，甚至有时只产生菌丝碎片。由于不同食用菌种类菌丝生长速度不同，获取幼龄菌丝体天数也不同。如草菇一般需要 2～3 天，平菇 3～4 天，香菇 5～6天，双孢蘑菇 7～9 天，木耳 9～11 天。菌丝菌龄对原生质体形成率的影响见表 3-6-1。

表 3-6-1 菌丝菌龄对双孢蘑菇和大肥菇原生质体形成率的影响

菌龄（天）	双孢蘑菇	大肥菇
5	2.0×10^7	8.0×10^6
7	1.8×10^7	1.6×10^7
9	5.0×10^6	1.2×10^6
15	3.0×10^4	5.0×10^5

注：0.6 r/min 氯化钾配制溶壁酶，分别于 24℃（双孢蘑菇）和 35℃（大肥菇）下酶解 4 h，原生质体形成率以 0.5 g 鲜重菌丝的形成率计算。

2. 预处理 对已培养好的菌丝体在酶解前用适量硫醇化合物（如 β-巯基乙醇和二硫苏糖醇）预处理，能还原细胞壁中蛋白质的二硫键，使分子链切开，酶分子易渗入，从而促进细胞壁的水解及原生质体的释放；乙二胺四乙酸（EDTA）作为螯合剂，可以避免金属离子对酶的抑制作用而提高酶的脱壁效果，从而提高原生质体的形成率。适量的青霉素对菌丝体进行预处理，可以抑制肽聚糖合成过

程中的转肽作用，有利于原生质体的形成。

3. 脱壁酶 脱壁酶种类很多，包括新生酶、几丁质酶、蜗牛酶、崩溃酶、纤维素酶、溶壁酶、消解酶、解析酶和 β-葡萄糖苷酸酶等。目前已有至少 20 种商品酶可用于食用菌原生质体的制备。食用菌种类不同，适宜使用的酶及酶的配比也不同，据报道，目前有效的脱壁酶均为木霉产生的酶系。由于食用菌细胞壁的结构复杂，多酶混合使用比单独使用一种酶的脱壁效果要好。

4. 酶解条件 酶解温度、时间、pH 等条件都与原生质体的形成有很大关系。适宜的酶解条件是使脱壁酶活力处于最佳状态。

温度影响到原生质体形成的速度。以双孢蘑菇原生质体的制备为例，温度低，原生质体形成慢；温度高，则形成快，但温度偏高，原生质体极易破裂，形成率反而下降，以 25℃ 为宜。在一定范围内，酶作用的时间与原生质体的形成率呈正相关，与再生率呈负相关。酶解时间短，形成率低，时间长，原生质体易变形，活力下降，甚至破裂。酶解时间以 2～4 h 为宜。由于加入的脱壁酶量大，故 pH 多保持自然状态，约 5.6。酶解温度和时间对食用菌原生质体形成率的影响见表 3-6-2。

表 3-6-2 酶解温度和时间对双孢蘑菇原生质体形成率的影响

温度（℃）	时间（天）			
	2	4	6	8
24	1.6×10^7	2.4×10^7	2.0×10^7	1.2×10^5
28	6.0×10^6	6.2×10^7	6.0×10^7	1.0×10^7
35	1.3×10^5	5.1×10^5	1.0×10^5	少许

注：菌丝菌龄 5 天，0.6 mol/L 氯化钾配制脱壁酶。

5. 稳渗剂 脱去了细胞壁的原生质体很脆弱，如果细胞外的渗透压比细胞内低，原生质体就会因吸水而胀破。所以，需要用特定的高渗溶液来悬浮原生质体，这类高渗溶液即是稳渗剂。原生质体在

分离、再生及融合过程中都离不开稳渗剂的保护。

稳渗剂分无机和有机两大类，不同的稳渗剂对原生质体形成率影响很大。最常用的有氯化钾、硫酸镁、甘露醇、山梨醇、蔗糖、葡萄糖等，食用菌上使用 0.6 mol/L 的氯化钾和硫酸镁等无机盐类作为稳渗剂效果较好。

因此，在原生质体制备中应综合考虑各种影响因素，正式脱壁前需要进行脱壁条件试验，以确定脱壁酶的种类、酶浓度、溶解温度和时间等。

三、原生质体的再生

食用菌原生质体融合育种中重要的环节是使原生质体再生成具有细胞壁的菌丝细胞，这样才能对产生的同核体或融合子进行遗传鉴别、筛选和利用。

原生质体在含有稳渗剂的再生培养基上，重新形成细胞壁，发育成菌丝体的过程称为原生质体的再生。原生质体的再生包括细胞壁的再生和复原。

（一）再生培养基

适合于食用菌原生质体再生的培养基种类很多，可根据需要选择使用。

1. RCM 培养基　蛋白胨 2 g，酵母膏 2 g，硫酸镁 0.5 g，磷酸二氢钾 0.46 g，磷酸氢二钾 1 g，葡萄糖 20 g，琼脂 20 g，蒸馏水 1 000 mL，稳渗剂山梨醇 0.6 mol/L。

2. RMDY 培养基　麦芽糖 10 g，葡萄糖 4 g，酵母粉 4 g，琼脂 20 g，蒸馏水 1 000 mL，稳渗剂硫酸镁 0.6 mol/L。

3. 菌丝浸提液培养基　15% 的供试菌株菌丝浸提液 1 000 mL，琼脂 20 g，稳渗剂硫酸镁 1 mol/L。以上培养基中不加入琼脂则为液体再生培养基。

4. TB₃ 培养基　蔗糖 200 g，酵母粉 3 g，水解酪蛋白 3 g，琼脂 8 g，蒸馏水 1 000 mL。

（二）再生过程和形态

王泽生等在双孢蘑菇与大肥菇原生质体再生条件研究中发现，食用菌原生质体的再生并不同步，

快的 20 h 后即萌发出芽管，24 h 长成菌丝，并很快分枝长成小菌落状，慢的 24 h 后才萌发出芽管。原生质体再生的形态也不一样，有的萌发出芽管即长成菌丝，有的先分裂出一个近球状细胞，由此再分出芽管和菌丝，继而形成菌落。平菇原生质体再生形成的菌落见图 3-6-2。

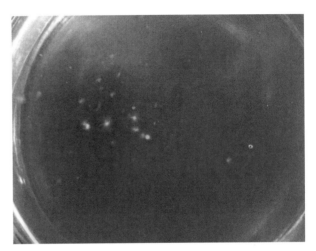

图 3-6-2　平菇原生质体再生形成的单菌落
（图片来源：邱立友）

（三）再生率的计算

将精制提纯的食用菌原生质体制成悬液，1 mL 悬液约含原生质体 1×10^5 个。取 0.5 mL 加入液体再生培养基中适温培养，另取同量原生质体样品加 3 倍无离子水稀释后加入同一种再生培养基中适温培养，定时取样镜检再生效果，按下式计算再生率。

$$原生质体再生率 = (A - B)/C \times 100\%$$

式中，A 为纯化后的原生质体在再生培养基上长出的菌落数（个 /mL），包括未脱壁的残存菌丝长出的菌落数与原生质体长出的菌落数；B 为低渗裂解后在再生培养基上长出的菌落数（个 /mL），即菌丝残片长出的菌落数；C 为显微镜镜检的原生质体个数（个 /mL）。

（四）影响原生质体再生率的因素

原生质体的再生率与稳渗剂种类、浓度、酶种类、酶解时间、离心条件、再生培养基成分、培养方法和食用菌种类等有关。

1. 稳渗剂　稳渗剂种类不同，原生质体再生率

不同，再生形态也不同。不适宜的稳渗剂会导致原生质体呈球状分裂，甚至不再生出菌丝体。有机物质如蔗糖、甘露醇和山梨醇等比无机物如氯化钾、氯化钠和硫酸镁要好。稳渗剂通常采用 0.5 mol/L 蔗糖。

2. 脱壁酶　有些脱壁酶系含有较多的蛋白水解酶，能破坏细胞膜结构而影响再生。许多研究者发现，新生酶对某些食用菌的再生也有不利影响。

3. 酶解时间　一般随着酶解时间的延长，原生质体的释放量增多，形成率提高，但由于酶对原生质体膜的破坏作用，再生率却有所下降。

4. 离心条件　较高的离心力及较长时间的离心，均可引起原生质体的破裂，而影响原生质体的再生。一般采用 2 000～5 000 r/min 离心 5～10 min。

5. 再生培养基成分　再生培养基成分不同，原生质体再生率不同；同一种再生培养基，食用菌种类不同，原生质体再生率不同。1% 大麦芽浸出液，0.4% 葡萄糖，0.4% 酵母膏，0.4% 蛋白胨，0.5 g 蔗糖，是一种常用的再生培养基，但对双孢蘑菇就不适宜。双孢蘑菇在常用的食用菌原生质体再生培养基上难以再生细胞壁，而在含蘑菇堆肥成分的培养基上能获得 5% 左右的再生率，适宜原生质体再生的培养基可以查阅相关资料。

培养基中适当添加细胞壁合成所需的前体物质能提高再生率。例如，添加 0.1% 的水解酪蛋白，0.03% 的 L-谷氨酸，能明显提高再生率。

6. 培养方式　培养方式对原生质体的再生也有影响。原生质体在固体再生培养基和液体再生培养基上均能再生。如果在液体再生培养基上先培养 12～24 h，芽管长出后再涂布于固体培养基上，比直接涂布更早出现肉眼可见的小菌落。另外，采用双层培养基培养法比单层效果好，即底层含琼脂 2%，上层含琼脂 0.7%。为了获得再生单菌落，采用固体再生培养基较好。

另外，也有研究表明，原生质体的再生率与食用菌的生长速度呈正相关。生长速度慢再生率也

低，说明原生质体的再生能力可能也受食用菌自身的遗传特性影响。

四、原生质体融合

（一）原生质体融合方法

原生质体可以自发融合，这种现象非常罕见，一般情况都是通过人工诱导方法促使原生质体发生融合。

诱导融合现象最初是在动物细胞中发现的，20 世纪 50 年代，日本学者用灭活的仙台病毒成功地诱导动物细胞融合。随后细胞融合技术逐渐扩展到植物和微生物细胞，融合方法也不断地改进和发展，主要有生物法、化学法、物理法和混合法。目前在食用菌原生质体融合中，报道最多的是聚乙二醇化学诱导融合和电诱导融合。

1. 生物法　最早发现的一些紫外线灭活的病毒膜片能使细胞间产生凝聚和融合。但由于存在安全性及融合效率低等原因，只适用于动物细胞融合。未在食用菌原生质体融合中采用。

2. 化学法　20 世纪 70 年代，用化学融合剂促进原生质体融合，不需要特别的仪器设备，操作也简便。目前最常用的诱导融合法是聚乙二醇结合高钙离子、pH 诱导法，高钙离子和 pH 可以提高聚乙二醇的融合效率。

3. 物理法　20 世纪 80 年代前后，用物理的手段（如电场、激光、超声波和磁声等）使亲本的原生质体发生融合。最常用的有电处理融合法、激光诱导融合法以及在电融合技术上改进的方法，如磁-电融合法、超声-电融合法和电-机械融合法等。这种方法，优点在于电融合条件可控、融合率高、无毒性、操作简便及融合子成活率高，但也存在设备条件要求高和费用较贵等缺点。

4. 混合法　包括细胞物理聚集电融合法、细胞化学聚集电融合法和特异性电融合法等，具有融合效率高、专一性强和对原生质体损伤小等优点，但却存在方法和设备复杂等缺点，目前在食用菌中还

未见报道。

（二）聚乙二醇诱导原生质体融合程序

目前原生质体融合最成功且至今广为使用的是以聚乙二醇作为融合剂的原生质体融合法。下面就以聚乙二醇诱导原生质体融合为例介绍原生质体融合程序。

1. 菌悬液混合　将制备好的两种原生质体悬液以等体积混合。

2. 离心　5 000 r/min离心，离心后弃上清液。

3. 加入促融剂　用巴氏吸管滴入1 mL含氯化钙的聚乙二醇促融剂，边加入边轻轻摇动，1 min内加完。

4. 水浴融合　30 ℃水浴，使悬液静置促融10 ～20 min。

5. 离心　在融合终止后，4 000 r/min离心10 min，得到原生质体沉淀。

6. 洗涤　用0.6 mol/L的甘露醇洗涤两次原生质体沉淀，去除聚乙二醇毒性。

7. 稀释　原生质体沉淀用含0.6 mol/L甘露醇的基本培养基稀释到10^5个/mL。

8. 再生培养　取一定体积稀释液涂在再生平板上进行培养筛选，再生培养10 ～20天。

9. 转接　把肉眼可见的再生菌落分别移至适宜的培养基上继续培养。

聚乙二醇诱导原生质体融合程序见图3-6-3。

（三）影响原生质体融合的因素

1. 聚乙二醇的分子量　聚乙二醇本身对原生质体具有一定的毒性，影响原生质体的再生。在一定范围内，分子量越大，其促融效率越高，但毒性也越大。食用菌融合常采用分子量4 000 ～6 000的聚乙二醇。

2. 聚乙二醇的使用浓度　5% ～90%的聚乙二醇均可使原生质体发生融合，25% ～40%的浓度可获得较高的融合率。

3. 钙离子浓度　融合溶液中加入钙离子可促进原生质体融合，钙离子浓度太小，凝聚速度慢。钙离子浓度为0.01 ～0.05 mol/L较好。

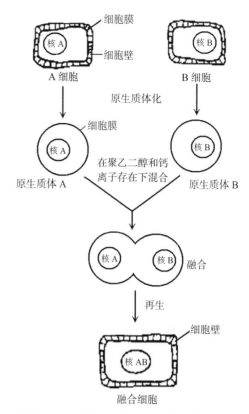

图3-6-3　聚乙二醇诱导原生质体融合示意图

4. pH　融合溶液的pH影响着间隙连接的通透性和相邻细胞结合的程度，适宜pH 7 ～8.5。但融合溶液的pH与选用何种缓冲液及原生质体有关，对于具体的融合试验，需要反复试验后才能确定最佳pH。

5. 添加剂　在融合溶液中添加一些添加剂可以提高融合率。据报道，伴刀豆球蛋白A（Con A）、二甲基亚砜（DMSO）、链霉蛋白酶、胰蛋白酶精胺和亚精胺等都可显著提高融合率，这些添加剂的作用是增加质膜的黏附性。添加剂的引入一方面可以提高融合率，另一方面在相同的融合率的条件下，可以减少聚乙二醇的用量，降低聚乙二醇的细胞毒性。

五、融合子的检出与鉴定

（一）融合子的检出

融合子的检出有两种方法，直接检出法和间接检出法。

1. 直接检出法　根据亲本菌株的遗传标记，直接筛选出融合子。如果两亲本菌株均为营养缺陷型标记，可将融合液涂布于基本培养基上，直接筛选出融合子。若为抗药性标记，可在补充两种药物的培养基上，筛选出双重抗药性的重组子。若为双核菌丝，则可以根据锁状联合进行筛选。

2. 间接检出法　即将融合液涂布在营养丰富的再生培养基上，使亲本菌株和重组子都能再生，然后，再施加选择因子检出重组子。间接法虽然费时，但它可以克服某些有表型延迟作用的遗传标记基因直接选择产生的干扰作用。

（二）融合效果的检测

原生质体的融合效果如何，一般用融合率来检测，融合率可以使用下面的公式来计算：

$$融合率（\%）= \frac{A}{B} \times 100\%$$

式中，A 为在选择压力下再生出来的菌落数（个/mL）；B 为未加选择压力再生出来的菌落数（个/mL）。

由于选择压力，一些融合子会长不出来，此式计算出来的融合率并不十分准确，会比实际值低些。

（三）融合子的鉴定

重组融合子检出后，需要对融合子做进一步的鉴定。鉴定是原生质体融合过程中最关键的一步，也是判定整个融合过程成功与否的有力证据。在融合体中除了有重组外，还有异核体、部分结合子、杂合二倍体和杂合子，这些都会在再生培养基上形成菌落。为了从融合后的细胞群中选育出目的杂种细胞，必须采用合适的筛选方法进行融合子的鉴定。

1. 生物学鉴定

（1）菌落形态　采用培养皿培养法对融合子的再生菌落与亲本菌落在生长类型、生长速度、无性孢子以及色素分泌等方面进行对比。

（2）细胞学观察　原生质体融合子的再生菌丝首先表现在细胞核与亲本不同。特别是萌发初期的菌丝体，细胞核分布非常混乱，这一点与亲本有较大区别。可采用凹玻片微培养，吉姆萨结合苏木精染色，镜检菌丝顶端生长情况及分枝、核相和锁状联合等方法进行鉴别。锁状联合是食用菌种内杂交子所具有的特征，可以作为种内是否融合成功的一个标志，但作为种间融合子的标志时并不完全可靠。

（3）拮抗试验　不同菌株的菌丝在生长中相遇时表现出的拮抗反应不同。重组融合子与双亲菌株在遗传物质组成上有差异，因此在对峙培养时，会表现出对亲本菌株的拮抗作用。

（4）出菇试验　融合子再生出来后进行出菇试验，从子实体的形态、色泽等特征上进行鉴定。融合子属于杂种异核体，它可能会出菇也可能不会。出菇试验不仅实现了融合育种的目的，更是融合子鉴定的最直接证据。

2. 生化鉴定　通过同工酶谱、可溶性蛋白和DNA 百分含量等方法进行分析鉴定。

（1）同工酶电泳图谱分析　不同菌株的同工酶谱一般不同，融合子由于发生了基因重组，在同工酶上和亲本会有所不同。将融合子的同工酶与亲本相比较，可作为融合子鉴定的一个依据。常见的有酯酶（EST）同工酶、过氧化物酶（POD）同工酶和 SOD 同工酶等。

（2）可溶性蛋白凝胶电泳图谱分析　是微生物化学分类的有效手段，也是检测种间相似程度的一种可靠方法，可作为原生质体融合子与亲本鉴定比较的重要依据。

3. 分子生物学鉴定

（1）RFLP 分析　可直接反映 DNA 结构差异，是鉴定融合子稳定又可靠的方法。将融合子及亲本的总 DNA 经限制性内切酶酶切，凝胶电泳后 Southern 杂交。由于融合子是两亲本细胞质和染色体的集合，用特异性探针分子杂交时，会显示 DNA 的同源性和共显性。

（2）电泳核型技术　通过能够分离 DNA 大分子的脉冲场凝胶电泳技术，进行核型分离。该技术能分离染色体，检测染色体长度多型性，可用于融合子分析鉴定，揭示融合子染色体来源和双亲染色体丢失情况。

（3）RAPD 分析　即随机扩增多态性 DNA 分析，步骤简单，DNA 用量少，纯度要求不高，引物具有通用性和广泛性，成本低，广泛用于遗传作图、基因定位、特殊染色体区段的鉴定和分离、种属特异性鉴定等方面。

（4）ISSR 分析　即简单序列间重复扩增分析，标记稳定重复性高，无须知道靶标序列的背景信息，多态性好、快速高效、灵敏。引物具有通用性，所需 DNA 量少，操作简单，广泛用于基因定位、克隆和菌株鉴定及遗传图谱构建。

六、融合菌株生产性状与稳定性检验

原生质体融合得到的菌种，两个亲本遗传距离都较远，在以后的培养过程中，两种亲本的遗传物质很容易相互排斥，所以，开始性状很好的菌种，以后很可能逐渐回复到某一亲本的性状。亲缘关系越远，在以后的世代中遗传物质相互排斥的现象越严重。所以，融合子经过鉴定后，还必须经过长时间的试验观察，通过菌种的逐级培养、菌丝生长速率测定、栽培特性和产量与质量性状的比较，并确定遗传性状是稳定的，才可以用于大规模生产。

第三节
原生质体融合育种实例

利用原生质体融合技术克服食用菌杂交育种中天然不亲和因子的障碍，使远缘食用菌种属细胞间发生全基因组的有效混合，从而突破品种内原有遗传局限，使多种基因很快汇集于一体。目前国内外许多学者相继报道了多种食用菌的种内、种间、属间甚至目间融合成功的实例，获得了具有锁状联合的融合双核体。然而由于不同食用菌遗传背景差异很大，得到的融合子稳定性较差，大多还处于研究阶段。

一、属间原生质体融合育种实例

食用菌属间原生质体融合研究，是国内外研究的重要课题，但目前还主要处于研究阶段。

刘振岳从 1987 年开始，将纯化的平菇和香菇单孢原生质体进行异源融合，以聚乙二醇为促融剂，于 1988 年获得了可出菇的融合子。2010 年四川大学杨土凤等以平菇（杂优 1 号）和香菇（武香）为出发菌株，研究了平菇与香菇的属间原生质体融合，获得 5 个偏平菇型新菌株。

（一）材料与方法

1. 出发菌株　平菇为杂优 1 号菌株，香菇为武香菌株。

2. 培养基

（1）基础培养基　PDA。

（2）再生培养基　PDA 培养基中添加稳渗剂 0.6 mol/L 蔗糖。

（3）产纤维素酶培养基　羧甲基纤维素钠 2 g，硫酸铵 1.4 g，硫酸镁 0.13 g，磷酸二氢钾 2 g，氯化钙 0.13 g，硫酸亚铁 0.5 mg，硫酸锰 1.6 mg，氯化锌 1.7 mg，氯化钴 1.7 mg，pH 7，水 1 000 mL。

（4）产木质素酶培养基　去皮马铃薯 200 g，磷酸二氢钾 3 g，硫酸镁 3.1 g，酒石酸铵 5 g，稻草粉（过 60 目筛）20 g，微量元素溶液 50 mL，用硫酸调至 pH 5，水 1 000 mL。

（5）栽培培养基（木屑培养基）　木屑 98%，碳酸钙 1%，硝酸铵 1%。

3. 原生质体的制备、融合和再生　分别将香菇和平菇斜面菌丝在固体培养基平板上活化，然后分别用直径 0.9 cm 的打孔器取两块菌种，分别接种于 20 mL 液体培养基中（盛装于 100 mL 锥形瓶）

静置培养 6 天。用刀片切取边缘菌丝 200 mg，在稳渗液中洗涤两次，每次 20 min，按照菌丝锥形 1 mg：酶液 8 μL 的比例添加酶液，然后在酶液中进行酶解，酶解完毕后经 0.5 cm 脱脂棉过滤除去残留菌丝，再离心除去酶液。将离心后的原生质体沉淀用稳渗液洗涤两次，重新悬浮在等体积的稳渗液中，4℃保存备用。

取热灭活的平菇原生质体悬液 1 mL 与等量的香菇原生质体悬液混合，离心，去上清液，逐滴加入 1 mL 融合剂，30℃处理 30 min，离心，去除融合剂，清洗两次，涂布于再生培养基平板 26℃进行再生；再生菌株转入 34 ℃和 37 ℃高温下驯化筛选 3 天，挑选存活菌株，备用。

4. 菌株间拮抗试验　将亲本菌株与耐温的融合菌株同时对称接种于同一 PDA 平板上，26℃恒温培养，观察菌株间的拮抗线。

5. 融合新菌株菌丝生长速度测定　将新菌株与亲本菌株接种在 PDA 平板上，分别测定其在 26 ℃、34 ℃和 37 ℃交替高温培养下的生长速度；接种木屑栽培培养基，测定其在 26 ℃温度培养下的生长速度。

6. 融合新菌株酶活力测定　包括总纤维素酶滤纸酶活力、羧甲基纤维素钠酶活力、漆酶酶活力和酯酶同工酶酶谱。

（二）研究结果

融合新菌株在形态学、生理生化和代谢能力方面均较出发菌株有较大提高。菌丝生长速度、纤维素酶酶活力、漆酶酶活力得到明显提高。其中融合新菌株 R23 在 26 ℃下培养菌丝生长速度最快，且产酶能力显著高于亲本，R8 菌株最耐高温，R24 菌株的纤维素酶酶活力表现最优。酯酶同工酶酶谱分析结果显示 R4、R15、R24 新菌株含有香菇和平菇双亲的酶谱条带。

二、种间原生质体融合育种实例

种间原生质体融合育种目前主要局限于侧耳属

种之间和灵芝属少数几个种之间。张鹏等以白灵菇双核菌株和秀珍菇单孢菌株为亲本，分别制备原生质体，白灵菇原生质体 50 ℃水浴 20 min 热灭活，然后与秀珍菇原生质体在 25% 聚乙二醇融合剂、pH 8 及 30 ℃水浴下融合 20 min，通过锁状联合和拮抗试验得到 1 株融合子，经 RAPD、ISSR 分子标记证明融合子含有双亲遗传物质。其他融合成功的还有平菇和桃红平菇、平菇和灰平菇、平菇和凤尾菇、平菇和佛罗里达平菇、凤尾菇和灰平菇、灰盖鬼伞和透明鬼伞、灵芝和树舌、灰树花和白树花等。但能形成子实体的较少，距生产上的应用还有一定的距离。

下面以佛罗里达平菇与桃红平菇原生质体电处理融合为例，简要概述。

（一）材料与方法

1. 出发菌株　佛罗里达平菇 Pf67（ade-），桃红平菇 PS5（arg-），PSH（arg-）。

2. 原生质体的制备　取 PDA 斜面上 25 ℃培养 7 ~ 10 天的菌丝，转接于 MYP 培养基中，置温箱内静置培养 3 天，再转入 15 mL MYP 中培养，用尼龙网过滤收集菌丝。菌丝用 0.6 mol/L 硫酸镁洗两次，取 0.25 g 湿菌丝，加 1 mL 1.5% 的溶壁酶溶液，置恒温水浴锅内 34 ℃酶解 1.5 h，酶解液用钢网过滤，4 000 r/min 离心，收集原生质体，原生质体用电解液洗两次。

3. 原生质体融合　将纯化后的原生质体稀释到 1×10^7 个 /mL 的浓度，两亲本以 1:1 的比例混合的。再取 50 μL 悬浮液加在融合小室上，静置片刻，缓缓施加交变电场（200 V/cm），待原生质体成串并且无旋转现象时施加 3 个脉宽 25 μs，场强为 10 kV/cm，时间间隔为 0.5 s 的直流脉冲。待融合发生后，将交变电场降至 0.5 min，将原生质体洗下。

4. 融合子的选出　离心收集原生质体，并用 0.6 mol/L 硫酸镁稀释到 10^5 个 /L，取 0.2 mL 涂布于基本再生培养基上，于 25 ℃培养，能再生的可初步定为融合子。

（二）试验结果

共得融合产物6个，对融合产物进行一系列研究，结果表明，一个融合子为二核体，其余均为单核体。但该二核体不稳定，转接后很快分离为单核体。各融合产物与亲本在酚氧化酶方面产生很大差异，有的能形成锁状联合，但不能出菇。

三、种内原生质体融合育种实例

食用菌种内融合育种成功实例比较多，已报道的有香菇、平菇、草菇、毛木耳、大根鬼伞和裂褶菌等。南京农业大学微生物研究室自1987年以来，通过对香菇原生质体分离再生的研究，找到了释放原生质体及再生的最佳条件，同时成功地把经转化的香菇单核营养缺陷型原生质体与用碘代乙酰胺灭活的野生菇原生质用聚乙二醇进行融合，获得香菇种内融合成功的结果。潘迎捷在香菇种内原生质体融合中，用中高温大叶型和中温中叶型的香菇单核菌丝为亲本，通过聚乙二醇促融作用，以双核菌丝形成锁状联合为筛选的自然标记，在国内首次报道获得两株香菇种内融合子，融合子在木屑培养基上发育形成子实体。

李省印等研究了16个不同温型平菇种内原生质体分离与融合育种，得到种内杂交融合子5株，其中新育的优生1号品系表现适应性强、优质、丰产、抗杂和耐热。

（一）材料与方法

1. 供试菌株 平菇品种选用12个，编号为1~12，其中中温型2个，中高温型4个，广温型6个，用于平菇品种比较与特性研究；另增设4个低温型品种用于原生质体的制备和融合。

2. 液体培养基

（1）改良PDY培养基 杨树枝10 g，马铃薯20 g，葡萄糖2 g，酵母粉0.2 g，磷酸二氢钾0.2 g，五水硫酸镁0.1 g，水100 mL。

（2）PDMK培养基 马铃薯20 g，葡萄糖2 g，硫酸镁0.075 g，磷酸二氢钾0.15 g，水100 mL。

（3）MY培养基 麦芽糖2 g，酵母粉2 g，水100 mL。

3. 酶液种类及剂量 酶制剂有溶菌酶和溶壁酶，各分3个剂量处理：1%，1.5%，2%。

4. 稳渗剂及浓度 五水硫酸镁、氯化钾和蔗糖，3个处理浓度分别为0.3 mol/L、0.6 mol/L和1.2 mol/L。

5. 融合剂及浓度 氯化钙（0，15%，30%）；聚乙二醇6000（0，0.2 mol/L，0.4 mol/L）。

6. 原生质体的制备 将编号1~6的每一品种利用液体培养基进行菌丝悬浮培养，获菌丝；所用酶液在无菌操作下经0.22 μL滤针抽滤灭菌；无菌水、稳渗剂溶液、400目镍网漏斗、双层滤纸漏斗、1 cm厚的脱脂棉镍网过滤漏斗、培养基和器具均经高压灭菌；酶解过程中，每隔15 min用针挑取少量酶解中的菌丝，加一滴0.6 mol/L氯化钾稳渗剂制成玻片，在显微镜下观察菌丝酶解与原生质体的分离状况；每隔20 min摇动一次，以加速酶解反应；2 h后再加入等体积的0.6 mol/L氯化钾稳渗剂稀释，以终止酶解；然后在1 cm厚的脱脂棉镍网上仔细过滤一次，清除未酶解的菌丝残片就可得到纯净原生质体。

7. 原生质体融合 将原生质体有针对性地两两进行融合杂交，共配出39个组合。融合操作时，各取原生质体各2 mL混合，用4.5 mL 0.4 mol/L的聚乙二醇和2 mL pH 9的30%氯化钙作为融合剂，逐滴轻轻加入，在27~30 ℃下静置1 h；之后加上8 mL氯化钾（0.6 mol/L）终止融合。

8. 融合子再生菌丝 终止融合后，用改良PDY再生培养液洗涤离心一次，洗去聚乙二醇后，转入装有50 mL改良PDY再生培养液的锥形瓶中，室温振荡培养。

9. 融合子性能检测

（1）出菇试验 把再生出的所有母种菌丝球，接入PDA固体培养皿中，在室温22~25 ℃下培养，观察皿中出菇情况。

（2）拮抗试验　将融合子菌丝与双亲菌丝，同时接入 PDA 固体培养基中进行培养，观察拮抗反应情况。

（3）栽培试验与示范推广　将上述所得组合与其双亲品系，在秋冬和春夏季节进行栽培与品种比较。

（二）试验结果

16 个平菇品种的菌丝体，在 25 ℃、pH 5.8～6 环境下，分别用 1.5% 溶菌酶和 0.6 mol/L 氯化钾稳渗剂溶解其细胞壁 2 h，原生质体获得量最高；将获得的原生质体进行两两配对成 39 个组合，在 30 ℃、pH 9、0.6 mol/L 氯化钾稳渗剂、添加融合促进剂氯化钙和聚乙二醇 6000 的融合条件下，得到种内杂交融合子 5 株。其中有 4 株融合子再生出菌丝体和子实体；同皿接种试验显示，新菌株与其双亲具明显的拮抗性。经栽培试验与生产示范，新育的优生 1 号品系表现适应性强，优质、丰产、抗杂、耐热。

第七章　基因工程育种

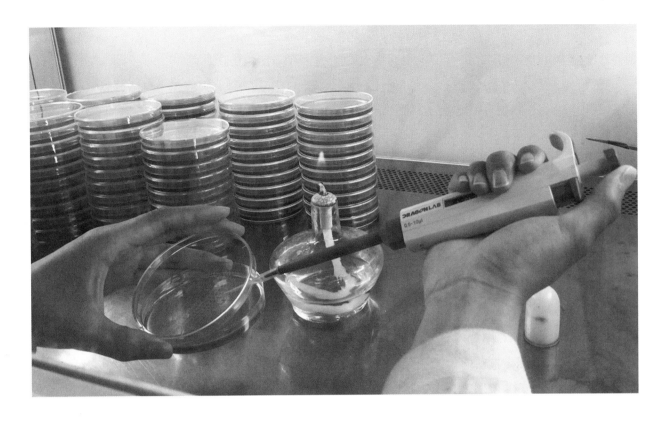

　　基因工程是用人工方法把人们所需要的某一供体的遗传物质 DNA 大分子提取出来，在离体条件下进行切割，把它和作为载体的 DNA 分子连接起来，导入受体细胞中，使外来的遗传物质在受体细胞内进行正常的复制和表达，从而获得符合设计要求的新的品种。是基因水平上的遗传工程。

第一节
基因工程的理论基础

一、基因工程的概念

　　将外源基因（编码蛋白质和 RNA 的基因）通过体外重组后再导入受体细胞内，使这个基因能在受体细胞内复制、转录和翻译表达的技术叫作基因工程。基因工程又称为基因拼接技术或 DNA 重组技术。

　　与常规育种技术相比，基因工程育种在技术上较为复杂，要求也很高，但是具有常规育种所不具备的优势：①克服远缘杂交不亲和性，可以把一种生物的基因转移到与其毫无关系的其他任何受体细胞中，可以更方便地对更多基因进行有目的的改造，打破自然界物种间难以交配的天然屏障，实现超远缘杂交，将不同物种的基因按照人们的意愿重新组合，改变物种的遗传特性，创造出物种的新性状。②目的性强，可通过对受体细胞基因组进行定向改造，从而定向改变生物的性状使植入的某一段 DNA 可在受体细胞内进行复制，为准备大量纯化的 DNA 片段提供可能。③育种周期短。

食用菌育种技术

二、基因工程的三大理论基础

（一）DNA 是遗传信息载体

20 世纪 40 年代，O. T. Avery 通过肺炎双球菌体外转化试验，打破了当时人们认为只有蛋白质这样复杂的大分子才能决定细胞的特性和遗传的信条，证明了 DNA 可以把一个细胞的性状转给另一个细胞，即 DNA 分子是遗传信息的载体。

（二）DNA 为双螺旋结构

20 世纪 50 年代 J. Watson 和 F. Crick 揭示了 DNA 分子的双螺旋结构和半保留复制机制，解决了基因的自我复制和传递的问题。在 DNA 的复制过程中，它的双链解开（氢链断开），以单链形式作为合成自己互补链（cDNA）的模板；而在 DNA 到 RNA 的转录过程中，单链的 DNA 则是作为指导 RNA 合成的模板，在细胞内 DNA 的两条链中只有一条具有转录的活性，另一条则只能进行复制而无转录的功能。在从 RNA 到蛋白质的所谓转译过程中，RNA 又反过来作为蛋白质氨基酸顺序的模板，指导多肽链的合成。

（三）中心法则和遗传密码的破译

1958 年 F. Crick 提出了遗传信息传递的中心法则，1964 年 M. W. Nirenberg 和 H. G. Khorana 等破译了 64 个遗传密码，从而阐明了遗传信息的流向和表达问题。

第二节
基因工程育种程序

基因工程育种步骤主要包括：目的基因的获取，载体系统的选择，目的基因与载体 DNA 体外重组，DNA 重组体导入受体细胞，工程菌或工程细胞株的表达、检测以及一系列生产性试验等。

一、目的基因的获取

目的基因是指所要研究或应用的基因，也是需要克隆或表达的基因。基因工程育种的前提和基础是目的基因的获取。

（一）从生物基因组群体中直接分离

用生物化学方法，将目的基因从供体细胞内分离出来。利用限制性内切酶将基因组 DNA 进行切割，得到若干 DNA 片段，将这些片段混合物随机重组入适当的载体，转化后在受体细胞内扩增，再用适当的方法筛选出所需基因。这种方法适合基因组较小的原核细胞。目前利用这种方法已提取了多种目的基因，如苏云金杆菌抗虫基因、人胰岛素基因和植物抗病基因等。

（二）人工体外合成

对于基因组较大的可以通过人工合成的方法获得目的基因。人工合成的方法很多，如构建 cDNA 文库法、构建基因组文库法、PCR 扩增法和 mRNA 差异显示法等。

1. 构建 cDNA 文库法　主要步骤为：提取细胞内总 RNA →分离和纯化 mRNA →在反转录酶的作用下合成互补的单链 DNA（cDNA）→在 DNA 聚合酶的作用下或 PCR 法合成双链 cDNA →构建 cDNA 文库→ cDNA 文库与载体相连→导入宿主细胞→筛选目的基因。

cDNA 文库与基因组文库的区别是，cDNA 文库中只包含表达蛋白质的 DNA 序列，基因组文库则包含所有的 DNA 序列。

2. 构建基因组文库法　根据基因表达的产物进行基因克隆，主要步骤为：分离蛋白质→明确氨基酸序列→推导核苷酸序列→人工合成。人们就是利用这种方法首次合成了胰岛素基因。但是这种方法效率相对较低，未知基因及产物较多。

3. PCR 扩增法　PCR 是多聚酶链式反应的缩写，是一种在生物体外迅速扩增 DNA 片段的技术，它能以极少的 DNA 为模板，在几小时内复制出上百万份 DNA 拷贝。利用 PCR 技术获取目的基因的前提是要有一段已知目的基因的核苷酸序列，以便根据这一序列合成引物。

二、载体系统的选择

基因克隆过程中需要借助特殊的工具才能使目的 DNA 分子进入细胞中并进行复制和表达。这种携带外源目的基因或 DNA 片段进入宿主细胞进行复制和表达的工具称为"载体"，其本质是 DNA（少数为 RNA）。

（一）载体和类型

1. 载体应具备的条件　载体一般具备下列条件：①在寄主细胞中能自我复制，即本身是复制子。②容易从寄主细胞中分离纯化。③载体 DNA 分子中有一段不影响它们扩增的非必需区域，插在其中的外源基因可以像载体的正常组分一样进行复制和扩增。④具有合适的限制性内切酶位点，以便于目的基因的组装。⑤具有特殊的遗传标记，以便于对导入的重组体进行鉴定和检测。⑥用于表达目的基因的载体还应具有启动子（强启动子）、增强子、SD 序列、终止子、遗传标记等。

2. 载体的类型　载体按功能可分为克隆载体和表达载体两种基本类型。克隆载体主要用来克隆和扩增 DNA 片段，有一个松弛的复制子，能带动外源基因在宿主细胞中复制扩增。表达载体除具有克隆载体的基本元件外，还具有转录和翻译所必需的 DNA 元件，使外源基因在宿主细胞中能有效表达。

现在用的多种载体，是由细菌质粒、噬菌体 DNA 和病毒 DNA 分离出的元件组装而成。在食用菌大肥菇线粒体中也发现了类质粒 DNA（pl-DNA），因此有专家开始探讨利用食用菌线粒体 DNA 作为载体。

表达载体必须带有能够控制外源插入的 DNA 片段进行有效转录和翻译的 DNA 序列，即启动子结构。启动子是一段供 RNA 聚合酶定位用的 DNA 序列，通常位于基因的上游。一旦 RNA 聚合酶定位并结合在启动子上即可启动转录过程，因此启动

子是基因表达调控的重要顺式作用元件。

克隆启动子的方法很多，大致可以分为两种：一种是利用启动子探针质粒载体筛选启动子；另一种是利用 PCR 技术。目前食用菌遗传转化所采用的启动子主要有 *ras* 启动子和 *gpd* 启动子。

（二）载体构建中常用的选择标记

外源基因整合到目标生物基因组中的频率通常为百万分之几至千分之几。因此，目的基因的导入通常需要串联易于识别的标记基因用于筛选转化子，这种标记基因又称为选择标记或筛选标记。

载体构建时将选择标记基因与适当启动子组成嵌合基因，一同克隆到载体上，与目的基因同时进行转化。标记基因在受体细胞中表达，表达出特定的特性，如抗生素抗性标记能使转化细胞具有抵抗相应抗生素的能力而存活下来，非转化细胞则被抑制和杀死。

目前有多种标记基因被插入各种转化载体中。以细菌质粒为基础构建的质粒载体 pBR322（图 3-7-1），长度 4 361 bp（碱基对），含一个复制点，含一个抗氨苄青霉素标记 (Amp^r) 和一个抗四环素标记 (Tet^r)。Amp^r 和 Tet^r 内各有一些限制酶的酶切位点，供外源基因插入。当外源基因插入抗药基因位点时，Amp^r →氨苄青霉素敏感标记 (Amp^s)、Tet^r →四环素敏感标记 (Tet^s)。

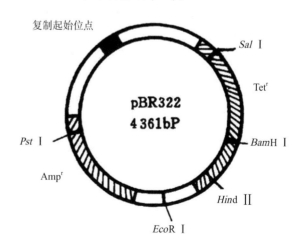

图 3-7-1　质粒载体 pBR322 结构特性示意图

食用菌遗传转化中，应用较早、较为传统的选择标记有抗生素抗性选择标记、除草剂和杀菌剂抗

性选择标记、营养缺陷型选择标记和代谢产物抗性选择标记。随着食用菌转基因技术的不断发展和成熟，研究者又成功地尝试了以耐胁迫基因和报告基因等作为遗传转化的选择标记。

1. 抗生素抗性选择标记　已在植物、真菌遗传转化子的筛选上广泛使用。应用最多的是潮霉素抗性基因（hyg^r），其已经在平菇、香菇和双孢蘑菇中获得表达。

2. 除草剂和杀菌剂抗性选择标记　在食用菌遗传转化上的应用也有一些报道。如 Bialaphos 抗性基因，杀菌剂 Carboxin 抗性基因。

尽管抗性选择标记在遗传转化中得到了广泛的应用且具有良好的选择效果，但这些抗性选择标记基因存留于转化食用菌内，可能存在生物安全隐患。

3. 营养缺陷型选择标记　通过将野生型等位基因转移到相应的营养缺陷型菌株中，在基本培养基上筛选营养型生长菌落而得到转化子。其标记基因来自宿主本身，因而这种转化属于同源转化，标记基因的启动子也是原有的启动子，这种转化不存在甲基化现象，因而无论从转化率还是转基因安全性角度，营养缺陷型选择标记都是一种优良的选择标记，但是食用菌营养缺陷型菌株不易获得，限制了这种标记的应用。目前已报道的有二氢乳清酸基因、p-氨基苯甲酸、色氨酸基因、银耳肌醇营养缺陷型菌株等，它们在杨树菇、双孢蘑菇遗传转化选择中已得到应用。

4. 代谢产物选择标记　这是一种新型选择标记，是把外源的功能基因转入受体并在受体中得到表达，从而利用其特有的代谢产物进行筛选。如从鬼伞中分离得到的 trp3iar 基因，是抗氟基吲哚基因（5-FL）代谢的，草菇和平菇对潮霉素不敏感，而对 5-FL 十分敏感，当把 trp3iar 转入草菇和平菇时，这两种食用菌就能对 5-FL 产生抗性，达到选择的目的。

5. 其他选择标记　如耐胁迫基因、报告基因和绿色荧光蛋白基因等。报告基因，如 β-半乳糖苷酶基因、β-葡萄糖苷酸基因、绿色荧光蛋白基因，能与指示化合物呈显色反应，可直观地检测所导入基因编码的酶的活性。

三、目的基因与载体 DNA 的体外重组

这一步就是在体外将目的基因连接到能自我复制又带有选择标记的载体上，进行 DNA 重组。这个过程需要两种酶的参与。

一种是限制性内切酶。这种酶是一种水解 DNA 的磷酸二酯酶，它就像一把"剪刀"，将基因或 DNA 片段从染色体上剪切下来，以利于体外基因重组操作。目前主要用分子质量< 100 000 的限制性内切酶，在镁离子存在的情况下专一性强。

另一种是连接酶。这种酶能够催化 DNA 5'-磷酸基与 3'-OH 之间形成磷酸二酯键，将限制酶切下来的 DNA 片段连接起来，实现 DNA 重组。基因工程中最常用的连接酶是 T4 DNA 连接酶。

体外重组过程就是用特异性限制性内切酶切割供体和载体上的 DNA，获得互补黏性末端或人工合成黏性末端，然后把两者放在较低的温度（5～6 ℃）下混合"退火"，由于每一种限制性内切酶所切断的双链 DNA 片段的黏性末端有相同的核苷酸组分，所以当两者相混时，凡黏性末端上碱基互补的片段，就会因氢键的作用而彼此吸引，重新形成双链。这时，再经 DNA 连接酶的作用，供体的 DNA 片段与载体 DNA 片段的裂口处被缝合，目的基因插入载体内，形成重组 DNA 分子。外源 DNA 与载体 DNA 体外重组过程示意见图 3-7-2。

四、DNA 重组体导入受体细胞

这一步就是将体外反应生成的重组 DNA 转移到受体细胞中。因为只有将 DNA 重组体引入适当的受体细胞内，才能使其基因扩增和表达。主要导入方法如下。

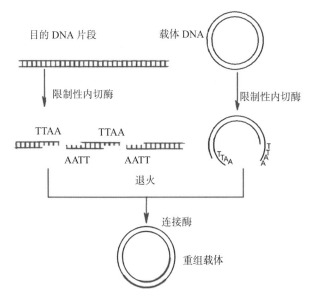

图 3-7-2　外源 DNA 与载体 DNA 体外重组过程示意

（一）聚乙二醇介导的原生质体转化法

Davey 等以矮牵牛悬浮细胞的原生质体为受体，Krens 等以烟草无菌苗分离的原生质体为受体，在聚乙二醇的协助下开创性地使用裸露的 DNA 直接转化植物原生质体。他们的研究结果为基因直接转移到受体细胞奠定了基础。

聚乙二醇是细胞融合剂，能使细胞膜之间或 DNA 与膜之间形成分子桥，促使细胞间的接触和粘连，或是通过引起表面电荷的紊乱，干扰细胞间的识别，从而促进外源基因进入细胞。聚乙二醇法操作简单，结果稳定，重复性好，无须昂贵的设备，对原生质体的损伤相对较小，是食用菌中应用最多的一种方法。它在双孢蘑菇、平菇、草菇和鬼伞中都有成功应用，但转化率低。

转化方法是，先用酶液处理菌丝体或孢子获得原生质体，然后将原生质体和外源载体 DNA 混合于一定浓度的聚乙二醇缓冲液中，在一定的温度条件下放置一段时间进行转化，最后将原生质体涂布于再生培养基中选择。此外，在介导缓冲液中还通常添加氯化钙或乙酸锂，这两种化学物质可明显提高转化率。

乙酸锂可以介导完整细胞的转化，因此对不容易获得原生质体的真菌，可以利用这种方法进行转化。向培养好的细胞内加入一定浓度的聚乙二醇、乙酸锂和载体 DNA，然后在一定的温度条件下培养一定时间进行转化，转化后的细胞涂布于选择培养基中选择转化子，转化效率可达到 1 μg DNA（1 ～ 5）× 10^4 转化子。

（二）电击转化法

电击转化法是利用高压电脉冲作用，在原生质体膜上电击穿孔形成可逆的瞬间通道，从而促进外源 DNA 的摄取。该法自 1979 年 Zimmerann 发明以来经过多年的研究和改进，已广泛应用于动物和植物的遗传转化研究上。1991 年，J. C. Royer 等首先采用电击转化法把编码二氢乳清酸脱氢酶基因（ura1）导入同源的杨树菇营养缺陷型突变菌株中，获得正常表达的杨树菇；双孢蘑菇、平菇和草菇等也用该法进行遗传转化，获得转化子。

转化方法是，将原生质体和外源质粒 DNA 混合于一定浓度的稳渗液中，然后进行电击，形成电脉冲电场。此电脉冲在原生质体膜上造成可恢复性小孔，DNA 和其他大分子可以进入细胞，并整合到基因组中。最后将电击后的原生质体涂布于再生培养基中选择转化子。原生质体的浓度、电击条件以及载体 DNA 的浓度等对转化效率都有影响。

与聚乙二醇法相比，电击转化法操作更为简便，需要的 DNA 也较少，且转化受体类型多样化，不仅可电击原生质体，还可电击菌丝体、完整细胞。但电击法对转化体的损伤较大，仪器昂贵，转化率同聚乙二醇相比提高不明显。

（三）基因枪转化法

基因枪转换法又称微弹轰击法，自 T. M. Klein 等 1987 年首次利用钨粒对洋葱的组织进行轰击试验以来，已被广泛应用于植物的遗传转化。

转化方法是，将外源 DNA 与金属微粒（金粉或钨粉）混合，使外源 DNA 包裹在金属微粒的表面，制成微弹，然后再利用一定的压力装置将金属微弹高速射出，击入受体细胞内进行转化。射击后的细胞或组织经过一定时间的恢复培养后，再转移至选择培养基上选择转化子。

食用菌育种技术

（四）限制性内切酶介导DNA整合法

这种方法是 20 世纪 90 年代发展起来的，能较大幅度提高转化率。原理是限制性内切酶穿透细胞膜和核膜进入核内，在特异的酶切位点切割染色体DNA，产生切口和自由单链，在宿主细胞酶系的作用下，单链与同样被酶切割成线状的载体连接，载体被整合到染色体上。

Schiestl 和 Petes 于 1991 年第一次在酿酒酵母菌上创立使用，1992 年 Kuspaa 和 Loomis 等在盘基网柄菌上改进了此法，并使之固定成为一种新的转化方法。1997 年 Granado 用限制性内切酶介导DNA 整合法转化了灰盖鬼伞，探讨了不同的酶、不同的酶浓度、载体线性化与非线性化、同源片段等因素对限制性内切酶介导 DNA 整合法转化率的影响。认为限制性内切酶介导 DNA 整合法能否提高转化率很大程度上取决于所使用的酶及其浓度。对不同的转化体，其适宜的酶和酶浓度不同，要经过试验确定。一般低浓度有利于提高转化率，高浓度会降低转化率。1998 年日本的 Sato 等将限制性内切酶介导 DNA 整合法应用于香菇转化，并获得转化子，这是第一例获得成功的香菇转化试验。Hirano 等比较了普通聚乙二醇和限制性内切酶介导 DNA 整合法在香菇转化中的效果，结果表明后者比前者转化率提高了 10 倍。限制性内切酶介导DNA 整合法的缺点是易引起突变而产生假阳性。

（五）农杆菌介导转化法

农杆菌即根癌农杆菌，其介导的遗传转化系统是一种天然有效的遗传工程系统，已广泛应用于双子叶植物和单子叶植物的遗传转化研究上。

1998 年 De Groot 等首先把农杆菌应用于真菌的遗传转化中，但是双孢蘑菇的转化率很低，只有0.000 03%。2000 年 Chen 等改进了转化方法，直接用双孢蘑菇的幼嫩菌褶组织与农杆菌共同培养，获得了 30% ～40% 的转化率。

与其他几种转化方法相比，农杆菌介导转化法有其明显优势。首先，农杆菌在长期的进化中，自身已经建立了一套完整高效的侵染体系，稍加改进就可以达到理想的转化效果。其次，农杆菌介导法可以以菌丝体为转化材料，避免了以原生质体为转化材料的缺点，因为食用菌原生质体制备比较困难，再生率又低。另外，农杆菌转化可产生稳定的单拷贝整合，而其他方法更容易产生多拷贝整合。

五、受体细胞的繁殖扩增

基因工程的最后一个关键环节就是使含有重组DNA 的受体细胞，在适当的培养条件下能通过自主复制进行繁殖和扩增使重组 DNA 分子在受体细胞内的拷贝数大量增加，从而使受体细胞表达出新的遗传性状。

六、转化子的筛选和鉴定

受体细胞经转化（转染）或转导处理后，真正获得目的基因并能有效表达的克隆子只是很小一部分，而绝大部分仍是原来的受体细胞，或者是不含目的基因的克隆子。为了从处理后的大量受体细胞中分离出真正的克隆子，需要对克隆子进行筛选和鉴定。

（一）转化子的筛选

使用特异性选择标记，将转化细胞选择出来。带有草铵膦抗性标记的蛹虫草转化子在含有草铵膦的培养平板上的生长情况见图 3-7-3。

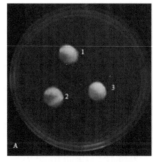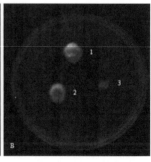

1、2.带有草铵膦抗性标记的蛹虫草转化子 3.出发菌株

图 3-7-3　蛹虫草转化子与出发菌株生长情况

（二）转化体的鉴定

通过筛选得到的转化子，可以初步证明标记基

因整合进入受体细胞，至于目的基因是否整合到受体核基因组、是否表达，还必须进一步检测。鉴定方法主要有以下几种。

1.DNA 水平的鉴定　如特异性 PCR 和 Southern 杂交。

2. 转录水平的鉴定　例如 Northern 杂交和 RT-PCR 检测。

3. 翻译水平的鉴定　例如 Western 杂交和免疫检测。

七、生产性状与稳定性检验及安全性评价

通过基因工程培育的新菌株经过鉴定后，必须经过长时间的试验观察，通过菌种的逐级培养，菌丝生长速率、栽培特性、产量与质量性状的比较，确定产品安全，才可以用于大规模生产。

在草菇基因工程育种过程中发现，外源目的基因在转接传代和担孢子形成传代过程中遗传稳定性很差，外源目的基因容易丢失和分离，必须进行遗传稳定性检验。

第三节
食用菌基因工程育种实例

目前，基因工程在食用菌中的应用，主要包括以下两个方面：一是利用食用菌作为新的基因工程的受体菌，生产人们所期望的外源基因编码的产品（即作为生物反应器），如高赖氨酸蛋白基因（lys）转化银耳、人胰岛素原基因转化香菇等。这是因为食用菌安全可食，且具有很强的外源蛋白能力，利用食用菌作为新的受体菌更安全，产物更易于纯化。二是利用基因工程技术定向培育食用菌新品种，包括抗冻、抗虫、抗病、优质（富含蛋白质、必需氨基酸或延长货架寿命等）的新品种，以及将编码纤维素或木质素降解酶基因导入食用菌体内，以提高食用菌菌丝体对栽培基质的利用率或开发新的栽培基质，最终提高食用菌产量和质量。

一、人乳铁蛋白基因转化银耳

人乳铁蛋白（hLF）是一种属于铁结合蛋白家族的糖基化蛋白，广泛存在于哺乳动物的体液和嗜中性粒细胞的次级颗粒中，主要有广谱抗菌、抗感染和免疫生理调节功能。朱坚等利用电击转化法进行了人乳铁蛋白基因转化银耳的研究，结果表明，银耳的遗传转化效率很高，容易获得转基因菌株，人乳铁蛋白基因能整合到银耳的基因组中，并且能转录形成 RNA。银耳能否合成有活性的人乳铁蛋白，还须进一步研究检测。

（一）试验材料

1. 菌种　银耳芽孢菌株 Tr21，大肠杆菌 DH5a，质粒 PCB，质粒 pUC-hlf，质粒 pCB-hlf。

2. 培养基

（1）LB 培养基　蛋白胨 10 g，酵母粉 5 g，氯化钠 10 g，琼脂 20 g，水 1 000 mL，pH 7。

（2）完全培养基　葡萄糖 20 g，蛋白胨 2 g，酵母膏 2 g，磷酸二氢钾 0.46 g，磷酸氢二钾 1 g，硫酸镁 1 g，琼脂 20 g，水 1 000 mL。

（3）再生培养基　麦芽糖 10 g，葡萄糖 10 g，蛋白胨 4 g，磷酸二氢钾 0.46 g，磷酸氢二钾 1 g，硫酸镁 1 g，琼脂 20 g，水 1 000 mL，加氯化钾至终浓度为 0.6 mol/L。

（4）选择培养基　潮霉素终浓度为 50 μg/mL 的再生培养基。

3. 寡聚核苷酸引物

（1）转化子的 GUS 基因 PCR 引物

引物 F：5'-TATGAACTGTGCGTCACAGC-3'

引物 R：5'-AGCATCTCTTCAGCGTAAGG-

3'。

（2）转化子的 hLF 基因 PCR 引物

引物 F：5'-ATGAAACTFGTCTFCCTC-3'。

引物 R：5'-GTCTGATCTCCTAACCACC-3'。

（3）转化子的 Tnos 终止子 PCR 引物

引物 F：5'-GATCGTYCAAACATTrrGGCA-3'。

引物 R：5'-CCCGATCTAGTAACATAGAT-3'。

（二）核酸提取

用碱裂解法进行质粒 DNA 的分离提纯，用 CTAB（十六烷基三甲基溴化铵）法进行银耳基因组 DNA 的提取。

银耳总 RNA 的提取：所有器具用 0.1% DEPC 水浸泡过夜，并高温高压灭菌 30 min。称取 0.5 g 银耳芽孢，用液氮速冻后，迅速研磨成细粉，分装于 2 个 1.5 mL 的离心管中。加入 1 mL TRIzol 试剂，混合均匀，室温下放置 5 min，4 ℃ 12 000 r/min 离心 10 min，小心将上清液吸入 1.5 mL 的离心管中；每管加 0.2 mL 氯仿，用力振荡 15 s，室温放置 3 min，4 ℃ 12 000 r/min 离心 15 min；将上清液吸入新的 1.5 mL 离心管中，加等体积异丙醇混匀，-20 ℃ 冰箱中放置 30 min 后，于 4 ℃ 12 000 r/min 离心 15 min；弃上清液，收集 RNA 沉淀，加 1 mL 75% 酒精洗涤沉淀 2 次，随后在 4 ℃ 12 000 r/min 离心 15 min；沉淀物放置在室温下干燥 20 min，加入 30 μL 的 RNA 酶去离子水。

（三）pCB-hlf 表达载体构建

用 BamH Ⅰ /Sac Ⅰ 双酶切处理 pUC-hlf 和 pCB，将 pUC-hlf 小片段与 pCB 大片段连接，获得的重组质粒命名为 pCB-hlf，转化至大肠杆菌 DH5α 培养，挑选单菌落，提取质粒后，用 BamH Ⅰ 和 Sac Ⅰ 双酶切处理及 PCR 检测 hlf、gus 和 Tnos 序列，结果与预期结果相符，表明构建的 pCB-hlf 表达载体可用于银耳的转化研究。

（四）电击转化

取芽孢培养液 5 mL，离心收集沉淀，0.6 mol/L 氯化钾洗涤两次，加入 2% 溶壁酶溶液，35 ℃ 水

浴 1 min，离心，沉淀，加 1 mL 电击缓冲液悬浮芽孢。取预处理后银耳芽孢 200 μL 与 30 μg 质粒 DNA 混匀，加入电击杯中，冰浴 10 min，室温下电击处理，冰浴 10 min，稀释到合适浓度，将芽孢涂布于完全培养基，25 ℃ 培养 10 天。电击转化条件为：2 mm 电击杯，电压 300 V，电阻 600 Ω，电容 25 μf。

（五）银耳转化子鉴定

1. β-葡糖醛酸糖苷酶（GUS）活性检测　在无菌操作条件下，用磷酸缓冲液 (pH 7，50 mmol/L) 将斜面培养物洗入 200 μL 的离心管中，5 000 r/min 离心 5 min，弃上清液，再用磷酸缓冲液 50 μL 洗涤菌体细胞一次，5 000 r/min 离心 5 min，弃上清液，每支离心管中加入 0.5 mg/mL 的 X-gluc 试剂 50 μL，振荡混匀。25 ℃ 放置数天，观察液体及菌体颜色的变化。

2. 转化子 PCR 检测　以提取的转化子 DNA 为模板，用特定引物在适当条件下做 gus、hlf、Tnos 终止子 PCR 扩增反应，电泳检测是否有特异条带以确定转化子。根据模板的差异和扩增片段的不同，PCR 反应体系和反应条件要做相应的改变，主要应考虑引物的退火温度、反应时间、模板的浓度。其中扩增时引物的终浓度为 0.1～1.0 μmol/L。模板的终浓度为 10～50 μg/μL，dNTP 混合液的终浓度 0.2 mmol/L。

50 μL 体系中：模板 1 μL, dNTP(2.5 mmol/L)4 μL，引物各 1 μL，10 倍缓冲液 5 μL，Taq 聚合酶 (5 U/ μL)0.5 μL，加无菌水至 50 μL。

3. GUS 基因 PCR 扩增条件　94 ℃ 预变性 5 min；94 ℃ 变性 45 s，52 ℃ 退火 45 s，72 ℃ 延伸 90 s，30 个循环；最后 72 ℃ 延伸 10 min。

4. hLF 基因 PCR 扩增条件　94 ℃ 预变性 5 min；94 ℃ 变性 45 s，55 ℃ 退火 45 s，72 ℃ 延伸 120 s，30 个循环；最后 72 ℃ 延伸 10 min。

5. Tnos 终止子 PCR 扩增条件　94 ℃ 预变性 5 min；94 ℃ 变性 45 s，52 ℃ 退火 45 s，72 ℃ 延伸 90 s，30 个循环；最后 72 ℃ 延伸 10 min。

（六）转化子的 Southern 杂交

取 30 μg 转基因银耳基因组 DNA，按 EcoR I 使用说明书加入适量的 10 倍缓冲液和 30 U 内切酶，37 ℃下酶切过夜；充分酶切的基因组 DNA 与适量的 6 倍缓冲液混合后，用 1% 琼脂糖凝胶进行电泳（电压 1～2 V/cm）分离；将凝胶用双蒸水漂洗一次，在变性液中变性 1 h，用双蒸水再漂洗一次，在中和液中中和 1 h，期间更换一次中和液，然后用电转移法将电泳分离的基因组 DNA 转移至尼龙膜上，取下尼龙膜，2 倍柠檬酸钠缓冲液（SSC）短暂洗涤，80 ℃烘烤 2 h。Southern 杂交按照 DIG High Prime DNA 标记及杂交检测试剂盒 I 操作说明书进行。

（七）转化子的 RT-PCR

RT-PCR 按照 Takara RNA PCR Kit(AMV) Ver 2.1 说明书进行。

（八）结果验证

银耳芽孢用 2% 溶壁酶处理 1 h，吸入 2 mm 电击杯电击后稀释，取 0.1 mL 稀释液涂布 SM 培养基，培养 10 天，每个培养皿可长出 250～300 个抗性菌落，转化率最高可达到每 1g 质粒 DNA 9.25×10⁶ 个。

随机挑取上述 6 个转化子，用 PDA 斜面扩大培养，在含 50 μg/mL 和 100 μg/mL 潮霉素的选择培养基上划线接种，24 ℃培养 5 天，转化子生长良好，表明转化子对潮霉素有较强的抗性。

从上述 6 个转化子中挑取 5 个测定其 β-葡糖醛酸糖苷酶活性。阳性对照（大肠杆菌 DH5α）第二天变蓝，5 个待测菌株经过 10 天开始变蓝，说明质粒上的 gus 在转基因菌株中有表达。

用 PCR 扩增法对 5 个转基因菌株进行检测，5 个转基因菌株均可以扩增 1.4 kb 左右的特异信号带，而原始亲本菌株 Tr21（阴性对照）没有扩增该特异带，表明基因已转入这 5 个转基因菌株中。

用 gus 特异性引物 PCR 检测上述 5 个有 β-葡糖醛酸糖苷酶活性的转基因菌株，转基因菌株都可以扩增出特异的条带，而原始亲本菌株 Tr21 没有

这一条带，说明 gus 的 DNA 序列已转入这 5 个转基因菌株。

5 个转基因菌株均可获得特异扩增条带，而对照菌株 Tr21 没有扩增条带，表明 Tnos 已转入受体细胞。

以质粒 pCB-hlf 为阳性对照，以原始亲本菌株 Tr21 为阴性对照，对 PCR 鉴定为阳性的 5 个转基因菌株进行 Southern 杂交检测。阳性质粒 pCB-hlf 出现 283 bp 和 15 503 bp 两条强信号带，空白对照没有杂交信号。阴性对照没有杂交信号带说明原始亲本菌株 Tr21 的基因组中没有与基因相似的 DNA 序列。转基因菌株 1、2、4、5 具有明显的杂交条带，条带的长短有差异，可以推断序列已整合到银耳的基因组中，不同的转基因菌株其整合的位置不同。转基因菌株 2 和 5 有两条杂交带，有 2 个 hlf 拷贝转基因菌株没有杂交条带，而上述的 PCR 鉴定均显示为阳性，可能是信号较弱。

提取转基因菌株 1、2、3 的 RNA，反转录成 cDNA 后，用 hlf 的特异性引物进行 PCR 扩增，以 Tr21 为阴性对照，hlf 特异性引物扩增质粒 pCB-hlf 的 DNA 为阳性对照，结果 3 个转基因菌株均有 hlf 的转录产物。Tr21 没有，说明检测的 3 个转基因菌株均能把外源基因转录形成 mRNA。

二、草菇基因工程育种

通过基因工程技术手段培育食用菌新品种，目前成功的实例较少，多数研究成果都没有达到市场应用的程度。相比之下研究较多的主要集中在草菇育种。

草菇是典型的高温型食用菌，不耐低温，在 4 ℃低温下，子实体 24 h 内就会发生软化、自溶，甚至腐烂。另外草菇为同宗配合真菌，菌丝间没有锁状联合，杂种缺乏选择标记，利用常规的杂交育种技术培育耐低温的草菇菌株非常困难。华南农业大学郭丽琼等采用基因工程技术培育出了抗低温的转基因草菇新品种，并于 2005 年申请了国家专

利。林俊芳等于2008年对他们课题组十多年草菇基因工程育种的研究结果做了如下详细的报道。

（一）启动子的克隆及功能鉴定

1. *gpd* 启动子和 *ras* 启动子的克隆　根据GenBank 已报道的香菇 *gpd* 启动子和 *ras* 启动子的序列设计引物，从灵芝、香菇、灰树花、草菇、金针菇的基因组中分别克隆灵芝 *gpd*-Gl 启动子，香菇 *gpd*-Le 和 *ras* 启动子，灰树花 *gpd*-Gf 启动子，草菇 *gpd*-Vv 启动子，金针菇 *gpd*-Fv1 和 *gpd*-Fvs 启动子。

2. *gpd* 启动子和 *ras* 启动子的功能鉴定　以表达载体 pBlu-gfp 为基本框架［该质粒含有双孢蘑菇启动子 *gpd*-Ab、绿色荧光蛋白基因（*gfp*）、*trp* C 终止子］，把克隆的 *gpd* 和 *ras* 启动子分别替换表达载体 pBlu-gfp 上的 *gpd*-Ab 启动子，报告基因 *gfp* 连接在待测启动子的下游，构建了检测启动子功能活性的表达质粒 pLg-gfp、pGfg-gfp、pGlg-gfp、pVvg-gfp 和 pLr-gfp。以色氨酸营养缺陷型为选择标记，通过聚乙二醇介导法将这些检测启动子功能活性的表达质粒分别与辅助质粒 pCc1001（含 *trp1* 基因）共转化色氨酸营养缺陷型灰盖鬼伞菌株 LT2 粉孢子原生质体后，经过选择培养基筛选、PCR 和 Southern 杂交验证获得含有报告基因的转化子。

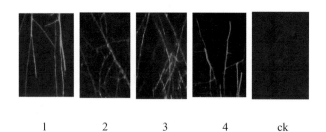

1.pLg-gfp 转化子　2.pGlg-gfp 转化子　3.pGfg-gfp 转化子
4.pVvg-gfp 转化子　ck.非转基因对照 LT2

图 3-7-4　激光共聚焦扫描显微镜下观察到的绿色荧光蛋白在灰盖鬼伞菌丝中的表达

利用激光共聚焦扫描显微镜对转化子进行荧光检测，结果表明：pLg-gfp（含 *gpd*-Le 启动子）、pGlg-gfp（含 *gpd*-Gl 启动子）、pGfg-gfp（含 *gpd*-Gf 启动子）、pVvg-gfp（含 *gpd*-Vv 启动子）

的转化子均能检测到绿色荧光蛋白的表达，转化子的菌丝发出强的绿色荧光，而 pLr-gfp（含 *ras* 启动子）转化子和 LT2 菌株空白对照全部没有检测到绿色荧光蛋白的表达（图 3-7-4）。

（二）目的基因的获得

1. 多功能纤维素酶基因（*mfc*）的克隆　采用 RT-PCR 方法从热带福寿螺胃组织中扩增 *mfc*。该扩增片段全长为 1 225 bp，上游 5' 端非编码区有 19 bp，下游 3' 端非编码区有 21 bp，可读框 1 185 bp，编码 395 个氨基酸。同源性比对结果显示，*mfc* 以及推测的氨基酸序列与已报道的 *egx* 基因（GenBank Accession No: AAP31839）的同源性分别为 99.3% 和 99.8%，在 8 个位点出现核苷酸差异，有 1 个位点出现氨基酸残基差异（缬氨酸变为丙氨酸）。*mfc* 与 *egx* 的同源性为 87%。

2. 抗冷冻蛋白基因（*afp*）的克隆　采用 RT-PCR 方法从北极昆虫幼虫克隆了 *afp*。该基因全长 412 bp，可读框 327 bp，编码 109 个氨基酸，与已报道的鳞翅目幼虫克隆的 *afp* 的同源性为 99%。

（三）草菇高效转化体系的建立

1. 草菇基因枪转化体系

（1）GUS 报告基因转化草菇　以含有 35 S 启动子、GUS 报告基因 *gus*、潮霉素抗性基因 *hph* 的表达载体 pCAMBIA301 为草菇初始表达载体，采用基因枪法对草菇菌丝体进行遗传转化。基因枪参数为氦气压力 1 100 Psi，真空压力 66 cmHg，靶距离 6 cm，轰击次数 1 次。经过含有潮霉素的选择培养基选择和 Southern 杂交验证、*gus* 组织化学分析，结果表明外源 *gus* 整合进草菇的基因组中并在草菇菌丝中表达，但表达活性较低。

（2）抗冷冻蛋白基因转化草菇　以 *afp* 为目的基因，替换表达载体 pCAMBIA301 上的 *gus*，构建含有目的基因的草菇表达载体 CTH823，利用上述 *gus* 转化获得的草菇基因枪转化体系，对草菇进行目的基因的转化。经过 3 次含有潮霉素的选择培养基选择、Southern 杂交验证、耐冷性测定，结果表明，目的基因已整合在草菇基因组中，转基因草菇的菌丝在 4 ℃低温下比对照菌丝的存活时间延长 9～16 天（图 3-7-5）。这说明外源 afp 在草菇中获得表达，使草菇菌丝提高了耐寒能力。

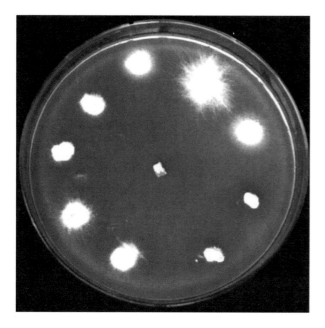

图 3-7-5　草菇转化子和对照在 0 ℃低温处理 9 天后的生长情况（外周菌落为转基因草菇，中间菌落为非转基因对照）

（3）转基因草菇外源基因稳定性分析　为了了解外源目的基因 afp 是否能在草菇菌丝中稳定遗传，把转基因草菇的菌丝体在 PDA 斜面上转接 10 次后提取总 DNA，以 afp 为探针进行 Southern 杂交检测，结果没有检测到 afp 的杂交信号。这预示外源目的基因在草菇菌丝体转接过程中丢失，在无性繁殖过程中不稳定。产生这种结果的原因可能是：一方面基因枪转化法中的外源基因是以随机多拷贝的形式整合在宿主基因组上的，这种整合方式在宿主细胞有丝分裂和减数分裂过程中都会由于基因的重组、重排而造成外源基因的丢失；另一方面草菇细胞是多核的，外源基因可能整合在细胞的某个核而其他核没有整合进外源基因，因而随着细胞及其核的分裂和分配，一些细胞中不含有外源目的基因，一旦这些细胞被转接继代，外源目的基因就会在继代过程中丢失。

2. 无抗生素抗性选择标记的转基因草菇选择体系　hph 作为草菇的选择标记基因，在获得目的

基因的草菇之后，留在草菇基因组中即是多余的，这也是人们关注的转基因草菇安全性的关键因素之一。afp 转入草菇后能够提高转化的草菇细胞的耐低温能力，不仅可以作为改良草菇耐冷性的目的基因，也有可能成为筛选草菇转化子的新型安全的选择标记基因。

（1）草菇原生质体再生菌丝 0 ℃低温致死时间的确定　以 0.6 mol/L 的甘露醇作为稳渗剂，溶壁酶浓度 15 mg/mL，34 ℃酶解 3 h 制备草菇原生质体。原生质体再生后的菌丝置于 0 ℃低温下处理，结果表明，草菇菌株 V23、V844 和 V51 在 0 ℃低温下的致死时间分别为 120 h、72 h 和 70 h。

（2）草菇菌丝 0 ℃低温致死时间的确定　草菇不同菌株的 0 ℃低温致死时间是不同的。把草菇菌丝块接种于 PDA 平板上，置于 0 ℃低温下处理，结果表明草菇菌株 V23、V844、V51 在 0 ℃低温下的致死时间分别为 30 h、12 h 和 35 h。

3. 草菇原生质体转化体系

（1）表达载体构建　以表达载体 pBlu-gfp 为基本框架，通过酶切和连接，使用目的基因 afp 替换 pBlu-gfp 质粒上的 gfp 基因，构建含有 gpd-Ab 启动子和 afp 基因的表达载体 pAg-afp。随之，采用同样的方法，使用 gpd-Le 和 gpd-Vv 启动子替换表达载体 pAg-afp 质粒上的 gpd-Ab 启动子，分别构建含有 gpd-Le 启动子和 afp 基因以及含有 gpd-Vv 启动子和 afp 基因的表达载体 pLg-afp 和 pVsg-afp。

（2）草菇原生质体的聚乙二醇介导 afp 基因转化　采用 25% 的聚乙二醇 4000 缓冲液介导，把表达质粒 pAg-afp、pLg-afp、pVsg-afp 分别转化 V844 和 V51 草菇原生质体，经过 0 ℃低温筛选、PCR 鉴定以及 Southern 杂交检测（图 3-7-6），获得无抗生素抗性标记的转基因草菇菌株。不同表达质粒（不同启动子）转化草菇原生质体的结果不同，表达质粒 pAg-afp（含双孢蘑菇 gpd-Ab 启动子）没有得到转化子，说明双孢蘑菇的 gpd-Ab 启动子在草菇中驱动外源基因 afp 表达的功能差。这

可能与双孢蘑菇 *gpd* 启动子和草菇 *gpd* 启动子没有同源性有关。

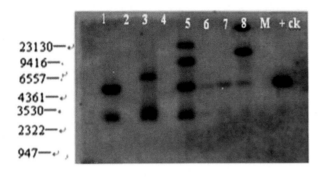

M. DNA 标记 1 ～ 8. 草菇拟转化子　+. 质粒 pLg-afp
ck. V844 非转基因对照

图 3-7-6　转基因草菇 Southern 杂交检测

（3）草菇原生质体的电击 *afp* 基因转化

1）电击参数的确定　采用 ELE 缓冲液 Ⅰ、ELE 缓冲液 Ⅱ、Hepes 缓冲液、STM 缓冲液等四种缓冲液为电击缓冲液，对草菇原生质体进行电击处理。结果表明，ELE 缓冲液 Ⅱ 电击处理草菇原生质体，其再生率最高，在 3.0% 以上。因此，选择 ELE 缓冲液为草菇原生质体最佳的电击缓冲液。

电击电压是影响电击转化效率的另一个重要因素。转化时，高压电脉冲作用会对原生质体造成一定的损伤，因此不同的电击电压会带来一定的原生质体致死率。试验设定 0、2.5 kV/cm、5 kV/cm、7.5 kV/cm、10 kV/cm 的电压梯度，电击相同量的草菇原生质体，通过电击致死率的比较来确定合适的转化电击电压。结果表明，当电击电压为 5 kV/cm 时，其对草菇原生质体的致死率均在 40% ～ 60% 范围内。因此，电击转化试验时，确定 5 kV/cm 为最佳的电击电压。

2）电击转化及转化子筛选　将新鲜的原生质体悬于冰浴冷却的电击缓冲液中，调节原生质体浓度为 10^8 个 /mL，转到宽度 0.2 cm 的电击杯中，分别加入 100 μL 原生质体悬液和 5 μg 的表达载体 pAg-afp 或 pLg-afp 质粒，同时设 1 个不加质粒的电击作为空白对照，冰浴 5 min 后施电，以 5 kV、25 μF、400 Ω 的参数进行电击转化处理，时间为 5 ms。电击后立即加入 1 mL 冰浴冷却的 PDBM，

冰浴 10 min 后转入 10 mL 的液体再生培养基中，30 ℃预培养 16 h。

预培养后 3 000 r/min（×1 157 g）离心 10 min，沉淀原生质体重悬于液体再生培养基中，调整原生质体悬液为 10^6 个 /mL，涂布 300 ～ 400 μL 原生质体悬液在一个 PDSA 培养皿上，34 ℃培养 8 天。电击后的转化子筛选与鉴定与聚乙二醇介导的转化相同。电击转化中，表达质粒 pAg-afp 仍然没有筛选到阳性转化子，进一步说明蘑菇 *gpd*-Ab 启动子不适合用于草菇外源基因的遗传转化。电击转化结果也显示，草菇原生质体电击转化的效率比聚乙二醇介导的转化效率低。

4. 农杆菌介导的草菇转化体系

（1）双元表达载体的构建　以 *Sac* Ⅱ 和 *Kpn* Ⅰ 双酶切表达载体 pAg-afp，获得含有双孢蘑菇 *gpd* 启动子、*afp* 基因和 *trp*C 终止子片段。以 *Hind* Ⅲ 和 *Kpn* Ⅰ 双酶切双元表达载体 pLIN235 获得完整农杆菌 T-DNA 区域的双元表达载体基本框架片段。两个片段连接构建成草菇双元表达载体 pAg-afp235。以双元表达载体 pAg-afp235 为框架，用 *Nco* Ⅰ 和 *Sac* Ⅱ 分别双酶切表达质粒 pLg-gfp 和 pVsg-afp，获得 *gpd*-Le 和 *gpd*-Vv 启动子片段。这两个启动子分别替换表达载体 pAg-afp235 中的双孢蘑菇 *gpd* 启动子片段，构建成 2 个草菇双元表达载体 pLg-afp235 和 pVsg-afp235。

（2）农杆菌菌株的侵染体系　把双元表达载体 pAg-afp235、pLg-afp235 和 pVsg-afp235 用电击或热激法分别导入三种农杆菌菌株 EHA105、LBA4404 和 A281 中，构建成带有各自质粒的工程农杆菌。

工程农杆菌菌株侵染草菇外植体转化目的基因的效率受到乙酰丁香酮浓度、农杆菌菌株、草菇外植体、菌液浓度、共培养温度和时间的影响。

本研究结果得出如下结论：①三种农杆菌菌株中 EHA105 菌株转化效率最高，LBA4404 和 A281 菌株转化效率很低。②草菇外植体以处于生长对数期的菌丝球转化效率最高，其他磨碎的菌丝体、刚萌发的担孢子、子实体块均未获得转化子。③以

OD660 为 0.15 的 EHA105 为侵染的农杆菌菌株，加入 200 μmol/L 乙酰丁香酮进行预培养，侵染菌丝球 30 min 后将外植体转入含有乙酰丁香酮含量为 200 μmol/L 的 IMA 培养基上，28 ℃共培养 60 h，获得转化率最高。

（3）转基因草菇的筛选与鉴定　将准备好的菌丝球外植体用诱导培养基冲洗一次，过滤收集菌丝球，侵染 30 min，每间隔 5 min 摇动一下。侵染结束后，将外植体放入上下均铺有无菌滤纸的大培养皿内，吸掉多余的菌液；将侵染后的外植体转入放有一层无菌滤纸的共培养基上，28 ℃共培养 60 h。共培养结束后，在共培养平板上覆盖一层选择培养基，34 ℃培养至菌丝长出。取小块转化的菌丝接于 PDA 平板上，于 0 ℃放置一定时间，取出放入 34 ℃培养 6～10 天后，有菌丝长出的视为拟转化子。拟转化子经过 PCR 鉴定和 Southern 杂交检测，获得无抗生素抗性选择标记的转基因草菇。本研究中以蘑菇 gpd 启动子连接 afp 基因的表达载体，农杆菌介导的转化结果获得了草菇转化子。这与以草菇原生质体为起始受体时的聚乙二醇介导转化和电击转化没有得到转化子的结果不一致，其原因和机制有待进一步探明。

（四）无抗生素抗性选择标记的转基因草菇耐寒性测定及稳定性分析

1. 转基因草菇菌丝体耐寒性测定　各挑取部分聚乙二醇介导转化、电击转化和农杆菌介导转化所得到的转化子，将其接种在 PDSA 平板上，培养 5 天后切取菌块，转接于新平板上在 0 ℃低温处理一定时间后取出，于 34 ℃下恢复培养，观察其恢复生长的情况。结果显示，转基因草菇的菌丝体对 0 ℃低温的耐受能力普遍提高 2～3 倍，甚至有些转化子的菌丝体在 0 ℃低温下处理 90 h 后还能恢复生长。

2. 转基因草菇培养液的抗冻检测　吸取 6 mL 的草菇菌丝培养液于试管中，置于 -8 ℃温度下冷冻 24 h。结果显示，转基因草菇的培养液没有结冰，而对照非转基因草菇的培养液结冰。

3. 转基因草菇遗传稳定性分析　转基因草菇经过出菇后，收集担孢子。用平板稀释法进行单孢分离，单孢菌株经 PCR 检测及 Southern 杂交验证，结果表明，F₁ 代单孢菌株中只有 10%～15% 检测到 afp 基因存在，其余 85%～90% 的单孢菌株没有检测到 afp 基因。这说明外源 afp 基因在草菇担孢子形成过程中发生了分离，外源目的基因在转基因草菇 F₁ 代的减数分裂过程中遗传不稳定。

（五）多功能纤维素酶基因 mfc 转化草菇

1. 转 mfc 基因草菇的出菇试验　将草菇 gpd-Vvs 内源启动子和 mfc 基因连接构建草菇表达载体 pVvs-mfc，采用已经建立的草菇菌丝原生质体转化体系及 0 ℃低温选择体系，把草菇表达载体 pVvs-mfc 和含有 afp 基因的表达载体 pVg-afp 转化进草菇 V23 菌株原生质体中，经过 PCR 鉴定及 Southern 杂交检测证明获得了转 mfc 基因的草菇 F₀ 代。F₀ 代的转基因草菇经过种植、单孢分离及筛选，已获得稳定遗传的转 mfc 基因的草菇新菌株。栽培试验结果显示，无论是 F₀ 代转 mfc 基因的草菇，还是 F₁ 代转 mfc 基因的草菇，其生物转化率均比对照高 5%～8%。

2. 转 mfc 基因草菇的纤维素酶活性检测　对 4 个转 mfc 基因草菇菌株的纤维素酶活性进行测定分析，结果表明，无论是羧甲基纤维素钠酶活力还是滤纸酶活力，转基因草菇菌株的酶活力均比对照高，且差异显著。羧甲基纤维素钠酶活力最大的是 TV-m2 和 TV-m7，均为 4.60 U/mL，是对照的 1.65 倍；滤纸酶活力最高的是 TV-m2，为 4.74 U/mL，是对照的 1.76 倍。这一结果表明，整合在草菇基因组中的外源 mfc 基因获得了表达，提高了草菇的纤维素酶活性，进而提高草菇分解培养基质中木质纤维素的能力，从而提高草菇子实体产量和生物转化率。

（六）转基因草菇的安全性评价

对转基因草菇及其对照的菌丝体和子实体的营养成分、抗营养因子等进行检测分析，结果表明，大部分转基因草菇菌株的水分、灰分、粗纤维、多糖、粗蛋白质、粗脂肪、氨基酸、维生素、矿物质的含量与非转基因对照没有显著差异；只有两个转*afp*基因的转基因耐冷草菇菌株在子实体原基形成时期和数量上与非转基因对照存在极显著差异，其菌丝颜色和子实体颜色也与对照有明显的不同，即转基因草菇存在非期望效应。转*afp*基因的转基因耐冷草菇产生这种非期望效应的机制正在进一步研究中。

（七）存在问题

目前，草菇基因工程育种存在的问题主要是，外源目的基因在转基因草菇转接传代（有丝分裂、无性繁殖）过程中和担孢子形成传代（减数分裂、有性繁殖）过程中在遗传稳定性方面都是不稳定的，都有分离现象；外源目的基因在草菇细胞中的表达水平都比较低，改良草菇菌株不良性状的效果不够理想，与预期结果还有较大差距；草菇菌株菌种退化十分严重，经过多年努力培育获得的部分转基因草菇，在试种几代或经过一段时间的保藏后便退化不结实。

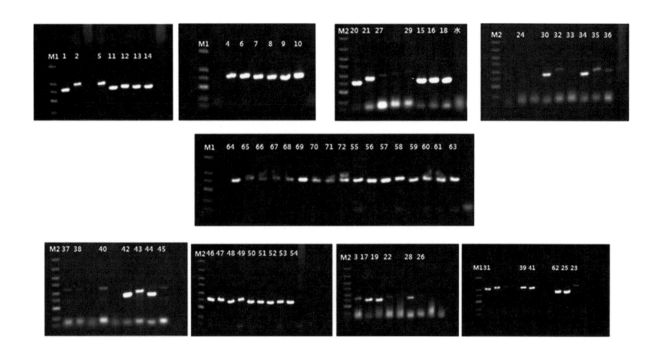

分子标记辅助育种，就是利用与目标性状基因紧密连锁的标记对基因型进行间接选择而获具有理想性状的品种。分子标记辅助育种提高了育种的选择效率和育种的可预见性。基于 PCR 技术的分子标记和以分子杂交为基础的 DNA 标记是常用的分子标记。

第一节
分子标记的类型与特点

传统育种是通过表现型间接对基因型进行选择，分子标记为实现对基因型的直接选择提供了可能。如果目标基因与某个分子标记紧密连锁，那么通过对分子标记基因型的检测，就能获知目标基因的基因型。能够借助分子标记对目标性状的基因型进行选择，这称为标记辅助选择。使用简便高效的遗传标记对提高育种效率、缩短育种时间具有重要作用。

一、遗传标记类型

遗传标记是指可以明确反映遗传多态性的生物特性，它是生物分类学、育种学、遗传学和物种进化等研究的主要技术指标之一。目前遗传标记可分为四种类型，即形态学标记、细胞学标记、生化标记和分子标记。

（一）形态学标记

形态学标记，是指那些与目标性状紧密连锁，表型上可识别的等位基因突变体，也就是指肉眼可识别的生物体的外部形态特征，如子实体的大小、形状和颜色等。形态学标记简单直观，经济方便，但数量少，多态性差，易受外界环境影响。尤其是食用菌因个体小、形态结构比较简单，可利用的形态学标记更有限。

（二）细胞学标记

细胞学标记，主要是对染色体数目和形态进行分析，包括染色体组型、带型缺失、重复、易位和倒位等。由于染色体的数目、位置、大小和染色深浅具有相对的稳定性，因此，它可以作为一种区分不同物种、不同种群的遗传标记，或通过染色体代换等遗传操作进行基因定位。细胞学标记花费人力多，时间长，一些不涉及染色体数目、结构变异特性性状的难以获得这类标记。

（三）生化标记

生化标记，是以蛋白质作为特征的遗传标记，主要包括同工酶和等位酶标记。分析方法是从生物组织的蛋白质粗提物中通过电泳和组织化学染色法将酶的多种形式转变成肉眼可辨的酶谱带型。这类标记利用基因的表达产物，受环境影响较小，具有经济方便的优点；但是蛋白质的表达存在着阶段和器官的特异性，可利用的生化标记十分有限，多态性差，要求精度高，要找到与目标性状相关的遗传标记实际上很困难。

（四）分子标记

分子标记有广义和狭义之分。广义的分子标记，是指可遗传的并可检测的DNA序列或蛋白质；狭义的分子标记，特指DNA标记，目前这个定义被广泛采纳。DNA标记也称为DNA指纹图谱，是指能反映生物个体或种群间基因组中某种差异特征的DNA片段，即基因型在DNA水平上的表现形式。

随着分子生物学的发展，直接从DNA水平反映遗传变异的分子标记技术被越来越多地应用于包括食用菌在内的各种生物研究中。

二、分子标记的优越性

分子标记技术是基于研究DNA分子由于缺失、插入、易位、倒位、重排或由于存在长短与排列不一的重复序列等机制而产生的多态性。它作为一种基因型特殊的易于识别的表现形式，与其他遗传标记相比具有优越性。

1）表现稳定。多态性直接以DNA形式表现，不受组织器官、发育时期、季节和环境条件等限制；不存在表达与否等问题。

2）数量多。理论上遍及整个基因组，可检测数量几乎无限。

3）多态性高。自然界存在许多等位变异，无须人为创造特殊遗传材料。这为大量重要性状基因紧密连锁的标记筛选创造了条件。

4）表现为中性。不影响目标性状的表达。

5）许多标记表现为共显性特点。能够鉴别出纯合基因型和杂合基因型，对隐性的农艺性状的选择十分便利。

三、分子标记的类型和特点

目前分子标记技术按特性可分为三大类：一类是以分子杂交为基础的DNA标记技术，如限制性片段长度多态性（RFLP）标记；第二类是以PCR反应为核心的各种DNA标记技术，如随机扩增多态DNA（RAPD）标记、简单序列重复区间（ISSR）标记、扩增片段长度多态性（AFLP）标记、特定序列扩增（SCAR）标记、简单重复序列（SSR）标记；第三类是以测序为基础的新型分子标记，如单核苷酸多态性（SNP）标记、表达序列标签（EST）标记。

（一）以分子杂交为基础的DNA标记类型

以分子杂交为基础的DNA标记类型主要以

RFLP为主。RFLP标记在20世纪70年代已被发现，是发现最早目前应用最为广泛的一种分子标记。

1. RFLP标记的原理　RFLP是用特定的限制性内切酶切割不同个体的DNA，产生大小不同的片段，通过与克隆的DNA片段（探针）杂交和放射自显影等步骤来检测片段长度的多态性。这样的酶与探针组合可以作为遗传标记。

基因组DNA上的碱基替换、插入、缺失或重复等，会造成某种限制性内切酶酶切位点的增加或丧失，经限制性内切酶完全酶解后，会产生很多条分子量不同的DNA片段，通过琼脂糖电泳分离可将这些片段按大小顺序分离，然后将它们按原来的顺序和位置转移至易于操作的尼龙膜或硝酸纤维素膜上，用放射性同位素（如^{32}P）或非放射性物质（如生物素、地高辛等）标记的DNA作为探针，与膜上的DNA进行Southern杂交。若某一位置上的DNA酶切片段与探针序列相似，或者说同源程度较高，则标记好的探针就结合在这个位置上。放射自显影或酶学检测后，即可显示出不同材料对该探针的限制性片段长度多态性情况。

RFLP探针主要有三种来源，即cDNA克隆、基因组克隆和PCR克隆。RFLP分析的探针，必须是单拷贝或寡拷贝的，否则杂交结果不能显示清晰可辨的带型，表现为弥散状，不易进行观察分析。

2. RFLP标记的特点　遍布于整个基因组，数量几乎是无限的；无表型效应，结果稳定可靠；共显性标记，双亲的两个以上分子量不同的多态性片段均能在F_1中表现。因而利用RFLP标记连锁图谱对未知基因进行定位比较方便。但RFLP标记所需DNA量大，检测步骤烦琐，特别是只检测少数几个探针时成本较高，用作探针的DNA克隆的制备、保存与发放也不方便，检测中一般要用放射性同位素，安全性较差。目前，RFLP标记直接用于育种成本高，人们正致力于将RFLP标记转化为PCR标记，便于在育种上利用。

（二）以PCR反应为基础的DNA标记

1. PCR反应原理　PCR是Mullis等首创的在模板DNA、引物和四种脱氧核糖核苷酸存在的条件下，依赖于DNA聚合酶的体外酶促反应合成特异DNA片段的一种方法。PCR技术的特异性取决于引物与模板DNA的特异结合。

PCR反应分变性、复性和延伸三步。变性指的是通过加热使DNA双螺旋的氢键断裂，双链解离形成单链DNA的过程；复性（又称退火）是指当温度降低时，单链DNA回复形成双链的过程，由于模板分子结构较引物要复杂得多，而且反应体系中引物DNA大大高于模板DNA，容易使引物和其互补的模板在局部形成杂交链；延伸是指在DNA聚合酶和四种脱氧核糖核苷酸底物及镁离子存在的条件下，在聚合酶催化下进行以引物为起始点的5'～3'的DNA链延伸。以上三步为一个循环，每一循环的产物可以作为下一个循环的模板，经25～30个循环后，介于两个引物之间的特异DNA片段得到大量的复制，数量可达$2 \times 10^{6 \sim 7}$拷贝。按照PCR所需引物类型分为单引物PCR标记和双引物选择性扩增的PCR标记。

以PCR反应为基础的DNA标记类型较多，如RAPD标记、AFLP标记、相关序列扩增多态性（SRAP）标记、SSR标记、ISSR标记、SCAR标记、序列标签位点（STS）标记和酶切扩增多态性序列（CAPs）标记等。

2. RAPD标记　RAPD标记，就是用随机排列的寡核苷酸单链引物，通过PCR扩增染色体组中的DNA所获得的长度不同的多态性DNA片段，由美国人Williams等于1990年首先创立。

（1）RAPD标记原理　是以基因组DNA为模板，以一个随机的寡核苷酸序列（通常为10个碱基对）作引物，通过PCR扩增反应，产生不连续的DNA产物，用以检测DNA序列的多态性。遗传材料的基因组DNA如果在特定引物结合区域发生DNA片段插入、缺失或碱基突变，就会导致引物结合位点的分布发生相应变化，导致PCR产物增加、缺少或分子量的变化。若PCR产物增加或缺少，则产生显性的RAPD标记。若PCR产物发生分子量变化则产生共显性的 RAPD 标记，通过电泳分析即可检测出基因组 DNA 在这些区域的多态性。

（2）RAPD 标记的特点　RAPD 技术可用于种属特异性鉴定，确定进化关系，追踪外源导入基因，鉴定染色体上特异的 DNA 片段，寻找与靶基因连锁的分子标记，可用于基因分离、定位、遗传作图。

RAPD 标记不需要探针，设计引物也无须知道序列信息；不涉及分子杂交，快速、简便；DNA 样品用量少；不需要同位素标记；多态性检出率高。目前该方法已广泛应用于种质资源鉴定与分类、目标性状基因的标记、构建遗传图谱等方面的研究。

RAPD 标记一般表现为显性遗传，极少数表现为共显性遗传，不能鉴别杂合子和纯合子；此外 RAPD 反应受条件影响较大，重复性差，需要摸索试验条件和选择引物。

3. AFLP 标记　AFLP 标记，是荷兰 Keygene 公司的 Marc & Pieter 于 1993 年创造发明的一种 DNA 分子标记。该技术是对限制性酶切片段的选择性扩增，又称"基于 PCR 的 RFLP"。

（1）AFLP 标记的原理　AFLP 技术是同时使用高频内切酶和低频内切酶来对基因组 DNA 进行酶切，用酶切频率较高的内切酶是为了产生易于扩增的且可在测序胶上能较好分离出大小合适的短 DNA 片段，用低频内切酶是限制用于扩增的模板 DNA 片段的数量。使用获取的大小不一的酶切片段，在连接酶作用下与人工合成的接头连接，作为扩增反应的模板 DNA。

AFLP 扩增数量是由酶切频率较低的限制性内切酶在基因组中的酶切位点数量决定的。根据接头序列和酶切位点设计 DNA 引物，对模板 DNA 进行选择性扩增，通过聚丙烯酰胺凝胶电泳分离检测所获得的 DNA 扩增片段，最后用同位素进行放射自显影或者用银染法对扩增片段检测多态性。

（2）AFLP 标记的特点　AFLP 技术结合了

RFLP 稳定性和 PCR 技术高效性的优点，不需要预先知道 DNA 序列的信息，因而可以用于任何生物的基因组研究。鉴于 AFLP 标记的多态性强，一次可检测到 100～150 个扩增产物，一次 PCR 反应可以同时检测多个遗传位点，因而非常适合绘制品种指纹图谱及遗传多样性的研究。但由于 AFLP 技术和 RFLP 检测技术一样需要使用同位素标记，需要具备相关仪器设备并在专业人员指导下进行同位素相关操作，限制了 AFLP 技术的使用范围。

4. SRAP 标记　是一种基于 PCR 的标记系统。

（1）SRAP 标记的原理　SRAP 即相关序列扩增多态性。由于内含子、启动子和间隔序列在不同物种甚至不同个体间变异很大，富含 AT 的区域序列通常见于启动子和内含子，富含 GC 的序列常见于外显子，可构建含 GGCC 核苷酸序列的上游引物与外显子相应区域配对，含 AATT 核苷酸序列的下游引物与启动子和内含子相应区域配对，扩增可读框，因个体不同以及物种的扩增可读框长度不等而产生多态性。

（2）SRAP 标记的特点　引物大小最适在 17～18 bp，引物过短，易产生多条短片段扩增条带，带型分布的可重复性及严谨性差；在设计引物时应注意上游引物和下游引物不能形成发夹结构或其他二级结构；G、C 含量在 40%～50%；引物的填充序列长度为 10 bp 或 11bp，二者必须不同。

SRAP 分子标记主要应用于种质资源遗传评价、遗传图谱构建、绘制基因转录图谱、标记重要基因并克隆测序。

5. SSR 标记　又称微卫星 DNA 标记。是一类由 1～6 bp 组成的基序串联重复而成的 DNA 序列，其长度一般较短，广泛分布于基因组的不同位置，具有较高的多态性。1987 年，Nakamura 发现生物基因组内有一种短的重复次数不同的核心序列，它们在生物体内的多态性水平极高，由此创立了 SSR 标记。

（1）SSR 标记的原理　尽管微卫星 DNA 分布于整个基因组的不同位置上，但其两端的序列多是相对保守的单拷贝序列。根据微卫星 DNA 两端的单拷贝序列设计一对特异性引物，利用 PCR 技术，扩增每个位点的微卫星 DNA 序列，通过电泳分析核心序列的长度多态性。同一类微卫星 DNA 可分布于整个基因组的不同位置上，通过其重复次数的不同以及重叠程度的不完全而造成每个座位的多态性。

（2）SSR 标记的特点　SSR 的检测是依据其两侧特定的引物进行 PCR 扩增，是基于全基因组 DNA 扩增其微卫星区域。数量丰富，广泛分散分布于整个基因组中，检测到的一般是一个单一的复等位基因位点；共显性标记，可鉴别出杂合子和纯合子；结果稳定，重复性高。为了提高分辨率，通常使用聚丙烯酰胺凝胶电泳检测出单拷贝差异。它兼具 PCR 反应的优点，所需 DNA 样品量少，对 DNA 质量要求不太高。SSR 标记技术需要知道重复序列两端的 DNA 序列信息，因此开发成本高。

6. ISSR 标记　是在 SSR 标记的基础上发展起来的一种标记技术。

（1）ISSR 标记原理　ISSR 标记利用在基因组中广泛存在的简单重复序列设计引物，通常为 16 ～18 bp 序列，由 1 ～4 bp 串联重复和几个非重复的锚定碱基组成，从而保证了两侧引物与基因组 DNA 中的简单重复序列 5' 或 3' 末端结合，对反向排列、间隔不太大的重复序列间基因组片段进行 PCR 扩增，扩增产物经聚丙烯酰胺凝胶电泳或者琼脂糖凝胶电泳分离，获得扩增指纹图谱。

ISSR 标记可利用常见的微卫星序列：二核苷酸重复序列 $(CA)_n$、$(AT)_n$ 和 $(AG)_n$，三核苷酸重复序列 $(AGC)_n$、$(TAT)_n$ 和 $(GAG)_n$，四核苷酸重复序列 $(GACA)_n$ 等来设计通用引物。

（2）ISSR 标记的特点　ISSR 标记结合了 RAPD 和 SSR 的优点，DNA 样品用量少，特异性强，无须预先知道微卫星 DNA 的侧翼顺序，检测方便；其引物为重复序列，变异性较基因组 DNA 高，无选择压力，易保留，引物多态性较高，且一次扩增的位点在 3 ～8 个或更多，多态检出率高。

因为其扩增位点是基因组内的微卫星 DNA，而不是随机 DNA 片段，针对性明确；由于 PCR 扩增条件中的退火温度较高 (52 ～55℃)，其稳定性和重复性也好于 RAPD 技术。

由于 ISSR 分子标记依赖于基因组中 SSR 丰度及 SSR 间隔片段长度多态性，通用引物可能在部分物种中不能扩增出 DNA 条带，因此须进行预试验选择出适合于该物种的最佳引物。由于 ISSR 标记是显性遗传标记，不能区分显性纯合基因型和杂合基因型。

ISSR 分子标记技术目前已经在多种作物研究中得到成功应用，适用于种以及种以上单位的分类鉴定，可应用于食用菌各属之间遗传关系评价或者属内系统发育研究。

7. SCAR 标记　是指特异序列扩增区域标记，是在 RAPD 技术的基础上，由 Paran 和 Michelmore 于 1993 年提出的。

（1）SCAR 标记原理　SCAR 标记基于对特异扩增片段的测序，需要根据目的片段的两端序列设计 18 ～24 bp 的 DNA 引物，一般是将 RAPD 扩增的特异性片段进行克隆、测序后转换为 SCAR 标记，在较高的退火温度下进行特异性扩增，实现由非特异性分子标记到特异性标记的转化。

（2）SCAR 标记特点　由于 SCAR 标记直接采用专一性特异性引物进行 PCR 扩增，排除了随机引物结合位点之间的竞争，且避免了选择引物、估算样品间遗传相似性和构建遗传聚类图的烦琐过程，扩增结果稳定性好，可重复性强。另外，其扩增片段的有无可以直接在 PCR 管中加入溴化乙锭，在紫外灯下通过观察荧光来判断，省去电泳步骤，便捷可靠，适合于大量个体的快速检测，可应用于种质鉴定、分子标记辅助育种、遗传连锁图谱构建和基因定位等诸多领域。

由于 RAPD 扩增过程中错配概率较高，RAPD 标记片段同源性高，导致 SCAR 标记的转换功率较低。由 SRAP 和 ISSR 分子标记转换得到的 SCAR 标记成功率较高。

食用菌育种技术

表 3-8-1　几种主要类型 DNA 分子标记的技术特点比较

	RFLP	RADP	ISSR	SSR	AFLP
基因组分布	低拷贝编码序列	整个基因组	整个基因组	整个基因组	整个基因组
遗传特点	共显性	多数共显性	共显性/显性	共显性	共显性/显性
多态性	中等	较高	较高	高	较高
多检测基因座位数	1～3	1～10	1～10	多数为1	20～200
探针/引物类型	gDNA 或 cDNA 特异性低拷贝探针	9～10 bp 随机引物	16～18 bp 特异性引物	14～16 bp 特异性引物	16～26 bp 特异性引物
DNA 质量要求	高	低	低	中高	高
DNA 用量	2～10 μg	10～25 ng	25～50 ng	25～50 ng	2～5 μg
技术难度	高	低	低	低	中等
同位素使用情况	通常用	不用	不用	可不用	通常用
可靠性	高	低/中等	高	高	高
耗时	多	少	少	少	中等
成本	高	较低	较低	中等	较高

（三）以测序为基础的分子标记

1. SNP 标记　是指在基因组水平上由单个核苷酸的变异所引起的 DNA 序列多态性，是一种基于测序的分子标记。利用不同碱基在测序过程中峰值不同，可检出任意一个碱基的替换引起的 DNA 多态性。作为一种遗传多态性，SNP 具有分布广泛、数量众多、多态性丰富、易于批量检测等优点，并已应用于人类第三代基因图的绘制。

2. EST 标记　这一概念首次由 Adams 等于1991 年提出。是将 mRNA 反转录成 cDNA 并克隆到合适的载体中，构建成 cDNA 文库，大规模随机挑选 cDNA 克隆，对其进行 5'端和3'端单向单次测序后获得序列，与已知序列进行比较。

几种主要类型 DNA 分子标记的技术特点比较见表 3-8-1。

第二节

分子标记技术在食用菌育种中的应用

一、分子标记用于亲本选择

（一）亲本选择中分子标记的应用

杂交育种中亲本的选择至关重要。综合性状优良、亲缘关系较远的亲本组合，杂交后代出现杂种优势的可能性就大。

传统育种中对于亲本的选择通常依据形态特征、地理来源、体细胞不亲和性反应、农艺性状等指标进行鉴别。这些指标很不稳定且易受环境因素的影响，不能从本质上反映亲本之间固有的遗传差异，因而选择具不确定性和盲目性，效率较低。

　　亲缘关系不同的物种，基因组内核苷酸序列也不同，用同一种随机引物对基因组进行体外扩增时，基因组上与引物互补的 DNA 片段的数目和位点就不同，扩增产物的大小、数目也不同，据此可以从 DNA 水平反映出亲本菌株之间的亲缘关系。

　　国内外已有很多关于食用菌菌株遗传多样性和亲缘关系分析的研究报道，涉及的种类包括双孢蘑菇、香菇、金针菇、柳松菇、羊肚菌、松茸、乳菇及侧耳属、灵芝属、蜜环菌属、块菌属、木耳属、鹅膏菌属的一些种类，涉及的分子标记技术有 RAPD、ISSR、SRAP、AFLP、RFLP、SSR 等。

（二）亲本选择中分子标记方法

　　亲本菌株首先液体培养，然后收集菌丝，提取 DNA，选定一种分子标记类型对亲本 DNA 进行体外扩增；电泳获得基因组扩增图中的每一条带均代表了模板 DNA 上与引物互补的一对结合位点，同一引物扩增产物中电泳迁移率一致的条带被认为属于同一位点。算出各亲本菌株的多态位点数和位点总数，利用多态位点与检测到的总位点之比，算出多态位点百分率，以多态位点百分率来估算遗传分化的水平。利用相关软件如 SPSS 13.0、DPSv 6.55 等进行聚类分析，统计遗传距离，计算遗传相似性系数，划定一个具体的遗传距离位置，对亲本菌株进行归类。

　　分子标记鉴别亲本之间的遗传差异应和传统的品种比较试验选择相结合，即对收集的亲本菌株进行常规品种比较试验，从菌丝生长特征、子实体生长状况、产量、质量、温型、抗逆性等方面进行比较，结合品种比较试验和分子标记检测结果来综合选择亲本。

二、分子标记用于后代的性状预测

　　方便快捷地预测杂种后代性状和杂种优势是遗传育种研究中的重要课题之一。比如，子实体颜色是食用菌的一个重要的商品性状，品种选育时子实体色泽是一个重要的育种目标。传统育种中后代菌株的颜色要经过出菇才能鉴别，育种周期长，工作量大，而利用与子实体颜色相关的分子标记技术可显著提高育种效率。这在金针菇、双孢蘑菇中都有相关报道。

（一）分子标记用于后代子实体颜色鉴定

　　谢宝贵等利用 SCAR 标记技术获得了与白色基因连锁的分子标记。其方法是：采用氯化苄法提取金针菇总 DNA，采用紫外分光光度计 (260 nm) 测量，确定 DNA 含量，用 TE 缓冲剂将各 DNA 稀释成相同的质量浓度，分别取 5 个黄色菌株的 DNA 等体积混合，5 个白色菌株的 DNA 等体积混合，组成 2 个等基因 DNA 池，用 200 个随机引物分别对黄色基因池和白色基因池进行扩增，其中 S375 引物在白色基因池中扩增出一条 1 800 bp 的片段，而黄色基因池没有该片段，表明这个片段与白色基因连锁。将 $S375_{1800}$ 片段与 T 载体连接，转化大肠杆菌，对重组质粒的插入片段 ($S375_{1800}$) 两端测序，并根据 $S375_{1800}$ 片段两端的碱基序列合成 SCAR 标记引物，PCR 扩增，由此发现了金针菇子实体颜色基因的标记技术。SCAR 标记能对带有白色基因的金针菇菌株扩增出单一片段，PCR 产物不需电泳，加入溴化乙锭后可在紫外线灯下直接进行检测。

　　蔡志欣等基于分子标记技术，建立了一种双孢蘑菇菌株子实体颜色 SCAR-PCR 标记鉴定方法。双孢蘑菇野生种质中很大一部分菌株为棕色，利用特异性引物对双孢蘑菇菌株的基因组 DNA 进行 SCAR-PCR 扩增，特异性地扩增出 1 273 bp 的产物，其中子实体颜色为棕色的菌株扩增为阳性，菌株子实体颜色为白色的扩增为阴性。该方法耗时短，操作简便，特异性强，无须出菇。

（二）分子标记用于后代子实体品质的预测

　　宋思扬等在基因组水平上对双孢蘑菇的优质低产型 (G 型) 及低质高产型 (H 型) 菌株进行 RAPD 分析中，获得一个与双孢蘑菇子实体品质相关的大小约为 2 000 bp 的差异 DNA 片段，为双孢蘑菇菌株性状的早期预测提供了参考。

试验选取两组 10 株菌株，一组为 5 株优质低产型菌株 (G 型)，另一组为 5 株低质高产型菌株 (H 型)，用 20 个随机引物对其总 DNA 进行扩增，在基因组水平上进行 RAPD 差异显示。其中引物 OPU17 可在 G 型菌株中扩增出一约为 2 000 bp 的差异带，将 $G17_{2000}$ 进行回收与纯化、克隆及重组子的酶切鉴定，并应用点杂交及 RFLP 技术对其区分两类菌株的有效性进行了检验，认为对双孢蘑菇菌株性状的早期预测有参考意义。

三、分子标记用于担孢子性状的鉴别

了解食用菌的有性生殖特征及交配系统在杂交育种中至关重要。常规的菌落培养、交配试验工作量大，有时遇到某些菌落形态特征不太典型时，易出现误差。将分子标记技术与传统方法相结合，可以相互印证食用菌担孢子的交配型。

第三节

分子标记辅助育种研究实例

分子标记辅助育种与常规育种相结合，可以提高定向育种的效率，我国在水稻、小麦和玉米等主要农作物育种中都已建立了较为完善的分子标记辅助育种技术体系。

近些年利用分子标记在食用菌如金针菇、杏鲍菇、草菇、棕色双孢蘑菇和大球盖菇等食用菌辅助育种方面都有相关研究报道。但是目前分子标记技术在食用菌育种中的应用整体上仍处于基础研究阶段。下面以草菇为例介绍食用菌分子标记辅助育种实例。

一、研究背景

杂交育种是目前食用菌育种中最有效的方法之一，但杂交育种能否获得高产优质的优良菌株，其关键之一在杂交亲本的选择。要求两亲本必须具有优良的性状和互补性，而且要具有远缘性，遗传差异大。但对于交配系统属于同宗配合的食用菌而言，由于缺乏有效的遗传标记，杂交育种的应用受到一定的限制。

草菇属于同宗配合食用菌，菌丝细胞多核且无锁状联合，缺乏有效的遗传标记，同核菌丝、异核菌丝或亲本、杂交种无法在生理形态上加以区分，由此限制了草菇的杂交育种。2008 年李刚尝试了分子标记辅助草菇育种研究，对 60 个草菇菌株进行出菇品种比较试验，根据农艺性状筛选出 16 个种性相对优良的核心菌株，又利用分子标记技术对遗传距离进行了测定，并根据不同的育种目标组配出 4 对杂交组合，建立了一套草菇种质资源评价和杂交育种亲本选配体系。

二、草菇分子标记辅助育种过程

（一）品种比较试验筛选草菇核心种质资源

对收集的 60 个草菇菌株进行出菇品种比较试验，从菌丝长势、子实体外观颜色、原基形成时间、生物学效率、抗逆性、开伞难易度等六个方面综合考虑，筛选出 16 个核心种质资源：V0003+4，V0017，V0023+1，V0024+1，V0025+1，V0032，V0035，V0036，V0038，V0045，V0051，V0052，V0053，V0060，V0061，V0062。

（二）通过 RAPD 技术分析核心种质资源遗传距离

采用 CTAB 法提取基因组 DNA，对基因组 DNA 进行 RAPD 扩增。

1.RAPD 扩增反应体系　1 μL DNA 模板，2.5 μL 10 倍缓冲液，2.5 μL Mg^{2+} (25 mmol/L)，0.3 μL *Taq* DNA 聚合酶 (5 U/μL)，2.5 μL dNTP (2.5 mmol/L)，

引物 1 μL (10 μmol/L)，最后用双蒸水将总体积补至 25 μL。

2.RAPD 扩增反应程序　94 ℃预变性 7 min；94 ℃变性 1 min，34 ℃退火 1 min，72 ℃延伸 2 min，35 个循环；72 ℃延伸 10 min，4 ℃保存。

3.RAPD 聚类分析遗传距离　在平均遗传距离 6 处将 16 个核心种质草菇资源菌株分为三大类，以代表亲缘关系的远近。

（三）以 RAPD 分子遗传距离为标准选配亲本组合

根据品种比较试验和 RAPD 聚类分析结果，以 RAPD 分子遗传距离为标准，有目的地选择杂交亲本，组配 V0045×V0032、V0045×V0035、V0045×V0060 三对杂交组合。其中，组合 V0045×V0032 杂交目标是从内在种性上提高草菇生物学效率，组合 V0045×V0035 的意义在于将菇体的外观和品质加以改善，组合 V0045×V0060 则是以延迟开伞、提高抗逆性为目的。

本次针对草菇种质资源的研究发现，提高草菇生物学效率是目前最迫切的育种需要，因此选定组合 V0032×V0045 作为进一步研究的对象。

（四）SCAR 分子标记对单孢杂交子 DNA 进行鉴定

将来自亲本菌株 V0045、V0032 的单孢菌株两两配对，取交界处尖端菌丝进一步培养，测定菌丝生长速度，观察菌落形态特征。但通过菌落特征和菌丝生长速度很难准确判断菌株是否杂交成功。进一步利用 SCAR 分子标记对杂交子 DNA 进行鉴定，DNA 提取采用 CTAB 法。

1.SCAR 扩增反应体系　1 μL DNA 模板，2.5 μL 10 倍缓冲液（含 1.5 mmol/L Mg^{2+}），0.3 μL Taq DNA 聚合酶（5 U/μL），2.5 μL dNTP(2.5 mmol/L)，引物 1 μL (10 μmol/L)，最后用双蒸水将总体积补至 25 μL。

2. SCAR 扩增反应程序　94 ℃预变性 5 min；94 ℃变性 45 s，61 ℃退火 45 s，72 ℃延伸 1.5 min，35 个循环；72 ℃延伸 10 min，4 ℃保存。

通过 SCAR 条带确定 A3A21 为 32A3 与 45A21 的杂交后代菌株，从中证明，利用分子标记技术进行食用菌辅助育种具有一定的可行性，可以降低育种选择中的随机性和不确定性。

（五）杂交子出菇试验

杂交子出菇试验结果显示，杂种优势不明显，生物学效率很低，在生产上的应用价值不大。说明草菇单孢杂交育种仅仅依靠目标性状优良和遗传距离大的亲本是不够的，性状优良的单孢分离物对杂交育种也起着至关重要的作用。

（杜爱玲　孔维丽）

主要参考文献

［1］　蔡衍山．香菇新菌株 Cr-72 的杂交选育及推广应用 [J]. 中国食用菌 ,2004,23(2):12-15.

［2］　陈恒雷，武宝山，石伟娜，等．阿魏菇多糖高产菌的离子束和激光复合诱变育种 [J]. 生物技术，2010，20(1):30-33.

［3］　陈娟，苏开美．食用菌遗传育种及种质鉴定研究进展 [J]. 中国食用菌，2008，27(5):3-8.

［4］　陈美元，廖剑华，郭仲杰，等．双孢蘑菇耐热相关基因的表达载体构建及转化研究 [J]. 菌物学报，2009，28(6):797-801.

［5］　陈世通，白建波，蒲敏．香菇单孢杂交及杂交菌株分子鉴定 [J]. 食用菌学报，2013,20(1):1-4.

［6］　陈士瑜，陈惠．菇菌栽培手册 [M]. 北京：科学技术文献出版社，2003.

［7］　陈五岭，赵巧云，姚胜利．He-Ne 激光在香菇速生高产菌株选育中的应用 [J]. 光子学报，1997，26(11)：972-976.

［8］　成亚利，朱宝成，李亮亮．荧光标记金针菇原生质体融合 [J]. 微生物学通报，1997，24(6)：331-333.

［9］　程莉，李安政，林范学，等．糙皮侧耳担孢子交配型的鉴定 [J]. 微生物学通报，2007，34（6）：1086-1089.

［10］　崔鹏．金针菇杂交育种及野生食用菌菌种驯化研究 [D]. 石家庄：河北师范大学，2010.

［11］　董玉玮，苗敬芝，曹泽虹，等．紫外诱变赤灵芝原生质体选育高产有机锗菌株的研究 [J]. 食品科学，2009，30(15):188-192.

［12］　方宣钧，吴为人，唐纪良．作物 DNA 标记辅助育种 [M]. 北京：科学出版社，2001.

［13］　冯伟林．杏鲍菇优良杂交新菌株选育研究 [D]. 杭州：浙江大学，2010.

［14］　冯伟林，蔡为明，金群力，等．杏鲍菇担孢子交配型的鉴定分析 [J]. 浙江农业学报，2010,22(1):100-104.

［15］　付立忠，吴学谦，魏海龙，等．我国食用菌育种技术应用研究现状与展望 [J]. 食用菌学报，2005，12(3)：63-68.

［16］　傅俊生．草菇杂交育种研究及其分子遗传标记的建立 [D]. 福州：福建农林大学，2007.

［17］　甘炳成，唐家蓉，彭卫红，等．香菇单核原生质体杂交菌株 JW 系列的选育研究 [J]. 西南农业学报，2006,19(3):494-497.

［18］　郭丽琼，刘二鲜，王杰，等．高效银耳芽孢遗传转化体系的建立 [J]. 中国农业科学，2008，41(11)：3728-3734.

［19］　郭丽琼，林俊芳，熊盛，等．抗冷冻蛋白基因遗传转化草菇的研究 [J]. 微生物学报，2005，45(1)：39-43.

［20］　郭丽琼，王秀旭，柳永，等．香菇 gpd-Le 和 ras-Le 启动子的功能分析 [J]. 菌物学报，2007，26（2）：249-256.

［21］　郭丽琼，杨飞芸，熊盛，等．草菇基因枪法遗传转化体系的建立 [J]. 园艺学报，2005，32(5)：828-833.

［22］　韩新才，杨新美，罗信昌．光木耳和琥珀木耳营养缺陷型菌株的辐射诱变及鉴定 [J]. 中国食用菌 ,1994，13（2）：19-21.

［23］　贺立虎，李黔蜀．食用菌遗传育种技术的研究进展 [J] . 陕西农业科学，2012,58(1)：116-118.

［24］　侯志江，李荣春．蘑菇属主栽种栽培特性比较及驯化展望 [J]. 云南农业大学学报，2009，24(3):474-478.

［25］　黄宏英，童翠英，李钦芳，等．野生松乳菇的驯化试验初探 [J]. 中国食用菌，2007，26(5):14-15.

［26］　黄龙花，吴清平，杨小兵，等．基于特定引物 PCR 的 DNA 分子标记技术研究进展 [J]. 生物技术通报，2011(2):61-65.

［27］ 黄年来，林志彬，陈国良，等 . 中国食药用菌学 [M]. 上海：上海科学技术文献出版社，2010.

［28］ 黄小丹，柳建良 . 食用菌分子生物学研究进展 [J]. 仲恺农业工程学院学报，2009，22(3)：53-58.

［29］ 贾建航，刘振岳，泰丽芳，等 . 香菇 DNA 导入平菇原生质体及转化子鉴定研究 [J]. 食用菌学报，1997，4(4)：5-10.

［30］ 江枝和，翁伯琦，雷锦桂，等 .60Coγ 射线辐射大杯香菇诱变效应的主成分分析 [J]. 激光生物学报，2009，18(3)：309-314.

［31］ 焦海涛 . 杨先新，周伟，等 . 香菇原生质体单核体杂交方法试验 [J]. 中国食用菌，2002，21(6)：8-10.

［32］ 金玲，武艳霞，周宗俊，等 . 原生质体辐射诱变培育金针菇新菌株 [J]. 园艺学报，2000，27(1):65-66.

［33］ 李翠翠，郭立忠，卢伟东，等 . RAPD 和 SRAP 分子标记在真姬菇菌种鉴定中的应用 [J]. 食用菌学报，2009，16(1)：21-25.

［34］ 李发盛，李海鹰，何达崇，等 . 野生云耳分离及驯化 [J]. 食用菌，2008，30(6):20-21.

［35］ 李刚 . 草菇分子标记辅助育种研究 [D]. 福州：福建农林大学，2008.

［36］ 李刚，杨凡，李瑞雪，等 . 原生质体紫外诱变选育灵芝新菌种的研究 [J]. 微生物学报，2001，41(4)：229-233.

［37］ 李冠喜，华国栋，王多明，等 . 采用同核体单孢杂交育种技术选育双孢蘑菇 [J]. 食用菌学报，2011，18(3)：17-21.

［38］ 李琳，周国英，刘君昂，等 . 双孢蘑菇遗传育种研究进展 [J]. 食用菌学报，2007,14(1)：62-66.

［39］ 李省印，李孟楼，胡彩霞，等 . 平菇种内原生质体分离与融合杂交育种技术及应用 [J]. 西北农业学报，2004，13(4)：146-151.

［40］ 李玉 . 野生食用菌菌种分离与鉴定 [D]. 福州：福建农林大学，2008.

［41］ 梁枝荣，安沫平，通占元 . 香菇原生质体分离诱变育种研究 [J]. 微生物学通报，2001，28(2)：38-41.

［42］ 梁枝荣，赵良启 . 凤尾菇和盖囊侧耳原生质体非对称融合的研究 [J]. 菌物系统，1999，18(4)：440-444.

［43］ 林俊芳，郭丽琼，王杰，等 . 草菇基因工程育种研究：中国菌物学会第四届会员代表大会暨全国第七届菌物学学术讨论会论文集 [C]. 武汉：华中农业大学，2008.

［44］ 林瑞虾 . 草菇 60Co 诱变育种研究 [D]. 福州：福建农林大学，2011.

［45］ 刘国振，刘振岳，贾建航，等 . 用 RAPD 方法对平菇、香菇属间原生质体融合子的研究 [J]. 遗传，1995，17(5)：37-40.

［46］ 刘海英，张运峰，范永山，等 . 紫外线对杏鲍菇原生质体的诱变作用 [J]. 核农学报，2011，25(4):719-723.

［47］ 刘明广，冯志勇，霍光华，等 . 真姬菇交配型研究 [J]. 食用菌学报，2008，15（1）：11-13.

［48］ 刘朋虎，江枝和，雷锦桂，等 .60Co 与紫外复合诱变选育姬松茸新品种——福姬 77[J]. 核农学报，2014，28(3):365-370.

［49］ 刘晓红 . ISSR 辅助杏鲍菇常规杂交育种研究 [D]. 合肥：安徽农业大学，2010.

［50］ 刘宇，王守现，耿小丽，等 . 杏鲍菇 14 号杂交菌株选育研究 [J]. 中国食用菌，2011，30(6)：15-17.

［51］ 刘振岳 . 平菇与香菇属间原生质体融合研究 [J]. 遗传学报，1991(5)：65-68.

［52］ 刘忠松，罗赫荣 . 现代植物育种学 [M]. 北京：科学出版社，2010.

［53］ 刘祖同，罗信昌 . 食用蕈菌生物技术及应用 [M]. 北京：清华大学出版社,2002.

［54］ 吕作舟 . 食用菌栽培学 [M]. 北京：高等教育出版社，2006.

［55］ 马庆芳，张丕奇，戴肖东，等．黑木耳 Au185 菌株一个 SCAR 标记的建立 [J]．菌物研究，2009，7(2)：104-108.

［56］ 马三梅，王永飞．植物驯化、传统育种和基因工程育种 [J]．世界农业，2005（6）：47-48.

［57］ 马三梅，王永飞，亦如瀚．食用菌育种的研究进展 [J]．西北农林科技大学学报（自然科学版），2004,32(4)：108-112.

［58］ 马淑凤．高产多糖白灵菇菌株的诱变选育及其多糖的研究 [D]．沈阳：沈阳农业大学，2006.

［59］ 卯晓岚．中国经济真菌 [M]．北京：科学出版社，1998.

［60］ 梅凡，江义，赵超，等．漆酶高产菌株的筛选及诱变育种 [J]．贵州农业科学，2014,42(2):128-131.

［61］ 潘迎捷，陈明杰，汪昭月，等．单核和同核原生质体技术在食用菌遗传育种上的应用 [J]．食用菌学报，1994，1(2)：56-62.

［62］ 尚晓冬，李明容，邢增涛，等．白灵侧耳交配型遗传研究 [J]．食用菌学报，2006，13（2）：1-4.

［63］ 宋春艳，刘德云，尚晓冬，等．香菇杂交新品种'申香 16 号'[J]．园艺学报，2010，37(11)：1887-1888.

［64］ 宋思扬，曾伟，陈融，等．一个与双孢蘑菇子实体品质相关的 DNA 片段的克隆 [J]．食用菌学报，2000，7(3)：11-15.

［65］ 宋晓霞，李传华，谭琦，等．中国香菇部分栽培菌株来源汇总 [J]．菌物研究，2015，13（3）：146-154.

［66］ 宿红艳，王磊，明永飞，等．ISSR 分子标记技术在金针菇菌株鉴别中的应用 [J]．生态学杂志，2008，27(10)：1725-1728.

［67］ 孙丽，张长铠．香菇爪哇香菇属间原生质体不对称融合 [J]．中国食用菌，2000,19(1):11-12.

［68］ 孙晓红，陈明杰，潘迎捷．启动子克隆概述 [J]．食用菌学报，2002，9（3）：57-62.

［69］ 谭琦，潘迎捷，黄为一．中国香菇育种的发展历程 [J]．食用菌学报，2000，7(4):48-52.

［70］ 田娟，李玉祥，李惠君．香菇金针菇远缘亲本原生质体融合及融合子检测 [J]．南京农业大学学报，1996，19（3）：63-69.

［71］ 仝金山．滑菇杂交新品种选育、菌种质量评价及亲缘关系研究 [D]．石家庄：河北师范大学，2008.

［72］ 王波，赵晓清，贾定洪．棕色双孢蘑菇杂交育种研究 [J]．食用菌学报，2010，增刊:1-4.

［73］ 王澄澈，杜爱玲．食用菌栽培学 [M]．北京：气象出版社，2000.

［74］ 王澄澈，梁枝荣．凤尾菇和香菇原生质体非对称融合 [J]．菌物系统，2000,19(3):413-415.

［75］ 王春晖，喻初权，张志光．外源 DNA 片段导入草菇原生质体的研究 [J]．食用菌学报，1999，6(4)：1-6.

［76］ 王关林，方宏筠．植物基因工程：第 2 版 [M]．北京：科学出版社，2002.

［77］ 王海英，华秀英，钮旭光，等．原生质体技术在食用菌育种上的应用 [J]．沈阳农业大学学报，2006，31(3)：300-303.

［78］ 王杰．新型筛选标记的转基因耐寒草菇的研究 [D]．广州：华南农业大学，2007.

［79］ 王蕾．刺芹侧耳的细胞工程育种及栽培研究 [D]．保定：河北大学，2009.

［80］ 王楠，任大明，龚涛，等．60Co-γ 射线辐照诱变尖端菌丝选育猴头菌多糖高产菌株 [J]．中国食用菌，2005，24(6)：37-39.

［81］ 王丕武，王东昌，李玉．食用菌基因工程研究进展 [J]．吉林农业大学学报，2001,23(3)：23-27.

［82］ 王秀全．白色金针菇的分子标记辅助育种技术研究 [D]．福州：福建农林大学，2005.

［83］　王艺红．纤维素酶基因转化草菇及其表达研究 [D]．广州：华南农业大学，2008．

［84］　王泽生．双孢蘑菇与大肥菇原生质体再生条件研究 [J]．食用菌，1989(5)：16．

［85］　王泽生，廖剑华，陈美元，等．双孢蘑菇遗传育种和产业发展 [J]．食用菌学报，2012,19(3)：1-14．

［86］　王卓仁，刘启燕，肖扬，等．香菇单孢杂交子代群体灰色关联度和 ISSR 分析 [J]．菌物学报，2010，29(2)：267-272．

［87］　王卓仁，马宇生，解泽民，等．白杵蘑菇的驯化及其人工栽培技术 [J]．中国食用菌，2008，27(3):18-21．

［88］　汪昭月，王曰英，龚胜萍，等．香菇沪农 1 号的选育 [J]．食用菌，1990(2):10-11．

［89］　吴康云，边银丙．黑木耳种内杂交子的鉴定技术 [J]．菌物系统，2002，21(2):210-214．

［90］　肖扬．几种新型分子标记技术在中国香菇种质资源遗传多样性研究中的应用 [D]．武汉：华中农业大学，2009．

［91］　肖在勤，谭伟，彭卫红，等．金针菇与凤尾菇科间原生质体融合研究 [J]．食用菌学报，1998，5(1)：6-12．

［92］　谢宝贵，卢启泉，饶永斌，等．人胰岛素基因的人工合成及转化银耳的研究 [J]．食用菌学报，2007，14(2):1-8．

［93］　熊芳，郑闽江，刘新锐，等．鲍鱼菇种质资源 SCAR 标记的建立及其初步应用 [J]．中国农学通报，2010，26(11)：330-335．

［94］　徐美玲．杏鲍菇和白灵菇的远缘杂交育种研究 [D]．福州：福建农林大学，2010．

［95］　徐锐．野生香菇数量性状与 SSR 分子标记的关联分析 [D]．武汉：华中农业大学，2010．

［96］　徐珍，尚晓冬，郭倩，等．早熟金针菇新品种 G1 的杂交选育 [J]．食用菌学报，2009，16(4)：20-22．

［97］　许囊中，夏道平．原生质体紫外线诱变选育无孢高产平菇的研究 [J]．食用菌学报，1997，4(2)：11-15．

［98］　燕克勤，朱宝成，赵会良，等．电击法介导的紫孢侧耳原生质体转化 [J]．生物工程学报，1996，12(1)：40-44．

［99］　阎培生，边银丙，罗信昌．高等真菌基因工程研究进展 [J]．食用菌学报，1997，4（2）：47-53．

［100］　阎培生，李桂舫，罗信昌，等．外源抗药性基因导入香菇体内的研究 [J]．食用菌学报，2002，9(1):6-9．

［101］　张树庭，MILES P G．食用蕈菌及其栽培 [M]．杨国良，张金霞译．保定：河北大学出版社，1992．

［102］　杨培周．多功能纤维素酶基因（mfc）的克隆及其在灰盖鬼伞中的表达研究 [D]．广州：华南农业大学，2008．

［103］　杨培周，郭丽琼，王艺红，等．毛柄金钱菌 gpd-Fv 启动子的克隆及序列分析 [J]．工业微生物，2008，38(3):33-37．

［104］　杨土凤，王立洪，杨涛，等．平菇与香菇原生质体融合新菌株的生物学特性研究 [J]．四川大学学报（自然科学版），2010,47(1):202-206．

［105］　杨新美．食用菌研究法 [M]．北京：中国农业出版社,1998．

［106］　杨新美．中国食用菌栽培学 [M]．北京：农业出版社,1988．

［107］　姚强，刘岩，宫志远，等．香菇的分子生物学技术研究进展 [J]．中国食用菌，2011,30(6)：3-6．

［108］　叶明．香菇的正反双单杂交育种 [J]．安徽机电学院学报，1999,14(2):31-34．

［109］　叶明，潘迎捷，陈永萱，等．利用 RAPD 技术检测香菇双 - 单杂交后代 [J]．微生物学通报，2000,27(4):283-286．

［110］　龙敏南．基因工程 [M]．北京：科学出版社，2010．

［111］　于富强，肖月芹，刘培贵．野生粗柄侧耳的生物学特性及其人工栽培 [J]．食用菌学报，2005，12(3)：33-37．

［112］　于晓玲，林俊芳，郭丽琼，等．香菇 ras 和 gpd 启动子的克隆与功能鉴定 [J]．食用菌学报，2005，12（3）:15-20．

［113］　余知和．蕈菌与生物工程技术 [J]．食用菌学报，1998，5(3)：52-58．

食用菌育种技术

［114］ 喻晶晶 . 农杆菌介导的香菇遗传转化体系构建 [D]. 武汉：华中农业大学，2012.

［115］ 詹才新，凌霞芬，杨家林 . 双孢蘑菇性亲和性相关分子标记的初步筛选 [J]. 食用菌学报，2002，9(4):1-8.

［116］ 张飞雄，李雅轩 . 普通遗传学：第 3 版 [M]. 北京：科学出版社，2015.

［117］ 张卉，李长彪，陈明波，等 . 原生质体紫外诱变选育姬松茸新菌株 [J]. 微生物学杂志，2004，24(6):56-57.

［118］ 张金霞 . 中国食用菌菌种学 [M]. 北京：中国农业出版社，2011.

［119］ 张金霞，黄晨阳，陈强，等 . 食用菌可栽培种类野生种质的评价 [J]. 植物遗传资源学报，2010，11(2):127-131.

［120］ 张金霞，黄晨阳，张瑞颖，等 . 中国栽培白灵侧耳的 RAPD 和 IGS 分析 [J]. 菌物学报，2004，23(4)：514-519.

［121］ 张美彦，谭琦，陈明杰，等 . 香菇 135 菌株特异 SCAR 标记在其原生质体单核中的分布 [J]. 菌物学报，2008，27(2)：252-257.

［122］ 张铭堂，李建生，才卓 . 作物遗传学发展历程回顾与玉米育种目标的前瞻 [J]. 玉米科学，2011,19(2)：1-5.

［123］ 张鹏，龚玲凤，朱坚 . 刺芹侧耳与秀珍菇细胞融合及融合子的鉴定 [J]. 食用菌学报 ,2013，20(3)：1-5.

［124］ 张瑞颖，胡丹丹，左雪梅，等 . 分子标记技术在食用菌遗传育种中的应用 [J]. 中国食用菌，2011,30(1)：3-7.

［125］ 张树强，卫彩红，胡建伟 . 鸡腿菇单孢分离和单孢杂交的研究 [J]. 新疆农业科学，2012，49(1)：190-194.

［126］ 张树庭，林芳灿 . 蕈菌遗传与育种 [M]. 北京：中国农业出版社，1997.

［127］ 张渊，王谦，张筱梅，等 . 刺芹侧耳原生质体诱变育种初报 [J]. 河北农业大学学报，2004,27(6):69-73.

［128］ 赵姝娴，林俊芳，王杰，等 . 安全选择标记的转基因食用菌研究进展 [J]. 食用菌学报，2007，14(1):55-61.

［129］ 周伏忠，贾身茂 . 金针菇原生质体的制备再生及其紫外线诱变的条件 [J]. 食用菌，1992(2):8-9.

［130］ 周巍，尹健，周颖 . 野生紫孢侧耳生物学特性及驯化研究 [J]. 中国食用菌，2003，22(4):17-18.

［131］ 朱宝成，王谦 . 原生质体诱变选育无孢平菇 [J]. 遗传，1994，16(2)：32-34.

［132］ 朱芬，陈军，师亮，等 . 灵芝三萜高产菌株原生质体紫外诱变选育 [J]. 南京农业大学学报，2008，31(1):37-41.

［133］ 朱虎 . 高赖氨酸蛋白基因转化银耳研究 [D]. 福州：福建农林大学，2004.

［134］ 朱坚，饶永斌，谢宝贵，等 . 人乳铁蛋白基因转化银耳的研究 [J]. 热带作物学报，2010，31(7):1137-1142.

［135］ 竹文坤，贺新生 . 红平菇化学诱变育种研究 ［J］. 食用菌，2008，30(4):17-19.

［136］ AIMI T, YOSHIDA R , ISHIKAWA M, et al. Identification and linkage mapping of the genes for the putative homeodomain protein(hoxl) and the putative pheromone receptor protein homologue(rcbl) in a bipolar basidiomycete, Pholiota nameko[J]. Current Genetics, 2005(48)：184 — 194.

［137］ BAO D, ISHIHARA H, MORI N, et al. Phylogenetic analysis of Oyster mushroom (Pleurotus spp.) based on restriction fragment length polymorphisms of the 5' portion of 26S rDNA [J]. Journal Wood Research Society, 2004(50)：169-176.

［138］ CALLAE P, SPATARO C, CAILLE A, et al. Evidence for outcrossing via the buller phenomenon in a substrate simultaneously inoculated with spores and mycelium of Agaricus bisporus[J]. Applied and Environmental Microbiology, 2006:2366—2372.

［139］ DING Y, LIANG S, LEI J, et al. Agrobacterium tumefaciens-mediated fused egfp-hph gene expression under the control of gpd promoter in Pleurotus ostreatus[J]. Microbiological Research, 2011, 166：314-322.

［140］ FAN L, PAN H, SOCCOL A T, et al. Advances in mushroom research in the last decade[J]. Food Technology and

Biotechnology, 2006, 44(3): 303-311.

[141] HAMLY R F, et al. Efficient protoplast isolation from fungi using commercial enzymes[J].Enzyme Microbial Technology,1981(3): 321-325.

[142] JIAN H J, JOHN A B, JOHN F P. Transformation of the edible fungi, Pleurotus ostreatus and Volvariella volvacea[J]. Microbiological Research,1998,102(7): 876-880.

[143] KOTHE E. Mating-type genes for basidiomycete strain improvement in mushroom farming[J]. Appl Microbiol Biotechnol, 2001,56:589-601.

[144] LABB J, ZHANG X, YIN T, et al. A genetic linkage map for the ectomycorrhizal fungus Laccaria bicolor and its alignment to the whole genome sequence assemblies[J]. New Phytologist, 2008, 180(2): 316-328.

[145] LARRAYA L M, PEREZ G, LRIBARREN I, et al. Relationship between monokaryotic growth rate and mating type in the edible basidiomycete Pleurotus ostreatus[J]. Applied and Environmental Microbiology, 2001, 67(8): 3385-3390.

[146] LARRAYA L M, PEREZ G, RITTER E, et al. Genetic linkage map of the edible basidiomycete Pleurotus ostreatus[J]. Applied and Environmental Microbiology, 2000, 66(12): 5290-5300.

[147] MASAHIDE S, OMASATAKE, Y. Intraspecific protoplast fusion between auxotrophic mutans of Auricuaria polytricaha[J]. Mokuzaishi, 2004(37): 1069-1074.

[148] MURAGUCHI H, ITO Y, KAMADA T, et al. A linkage map of the basidiomycete Coprinus cinereus based on random amplified polymorphic DNAs and restriction fragment length polymorphisms[J]. Fungal Genetics and Biology, 2003, 40(2): 93-102.

[149] NAGAOKA T, OGIHARA Y. Applicability of inter simple sequence repeat polymorphisma in wheat for use as DNA markers in comparison to RFLP and RAPD markers [J]. Theoretical and Applied Genetics, 1997, 94(5): 597-602.

[150] RAPER C A, MILLER R E, RAPER, J R. Genetic analysis of the life cycle of Agaricus bisporus[J]. Mycologia, 1972, 64(5):1088-1117.

[151] STOOP J M H, MOOIBROEK,H. Advances in genetic analysis and biotechnology of the cultivated button mushroom,Agaricus bisporus[J]. Applied Microbiology and biotechnology,1999,52(4):474-483.

[152] TANAKA A, MIYAZAKI K, MURAKAMI H, et al.Sequence characterized amplified region markers tightly linked to the mating factors of Lentinula edodes[J]. Genome, 2004, 47(1): 156-162.

[153] YAN P S, JIANG J H. Preliminary research of the RAPD molecular marker-assisted breeding of the edible basidiomycete Strophariarugos annulata[J]. World Journal of Microbiology & Biotechnology, 2005(21): 559-563.

[154] YOO Y B, PEBERDY J F. Studies on protoplast isolation from edible fungi[J]. Korea Journal of Mycology,1985,13(1): 1-10.

[155] ZHU H, WANG T W, SUN S J, et al. Chromosomal integration of the Vitreoscilla hemoglobin gene and its physiological actions in Tremella fuciformis[J]. Applied Microbiology and Biotechnology, 2006, 72(4): 770-776.

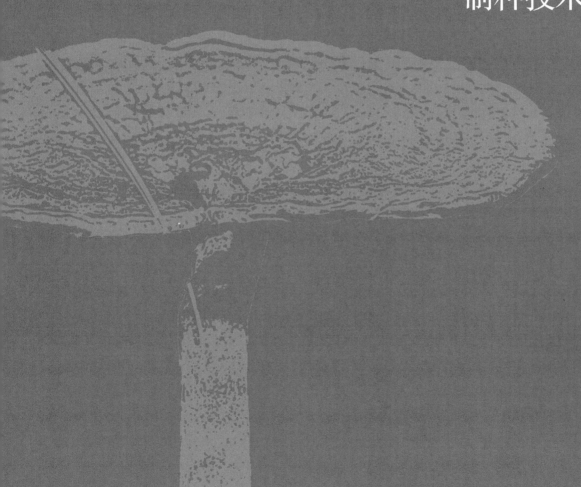

中国食用菌生产

PRODUCTION OF
EDIBLE MUSHROOM
IN CHINA

Part IV
SPAWN
PRODUCTION
TECHNOLOGY
OF EDIBLE MUSHROOM

第四篇
食用菌
制种技术

中国食用菌生产
PRODUCTION OF
EDIBLE MUSHROOM
IN CHINA

第一章 食用菌菌种的概念与类型

母种　　　　原种　　　　栽培种

我国实行三级菌种繁育制度。菌种分为母种（一级种）、原种（二级种）和栽培种（三级种）三个级别。按级别生产，下一级菌种只能用上一级菌种进行生产，栽培种不得用于扩大繁殖培养菌种。

根据物理状态菌种可分为固体菌种、半固体菌种、液体菌种和还原型液体菌种。其中固体菌种是目前应用的主要类型，液体菌种和还原型液体菌种在未来的食用菌生产中将会有较大的发展空间。

第一节
食用菌菌种的概念与分级

一、食用菌菌种的概念

在自然界中，食用菌的繁殖靠的是孢子自然随风传播。人工生产食用菌，菌种是生产的基础。

目前，关于食用菌菌种并没有一个统一的、非常确切的、为行业内普遍接受的定义。

《食用菌术语》（GB/T 12728—2006）中的定义是：生长在适宜基质上具结实性的菌丝培养物，包括母种、原种和栽培种。

《食用菌菌种管理办法》中对菌种的定义是：食用菌菌丝体及其生长基质组成的繁殖材料。菌种分为母种（一级种）、原种（二级种）和栽培种（三级种）三级。

IV

《食用菌菌种生产技术规程》（NY/T 528—2010）中对菌种的定义为：生长在适宜基质上具结实性的菌丝培养物，包括母种、原种和栽培种。

由以上可知，食用菌菌种的定义包含三层含义：一是指具有某特定遗传特性的品种，二是在一定容器内以适宜的材料为培养基，三是经过培养获得高纯度菌丝体和基质的混合体。

菌种并非食用菌真正的种子——孢子，而是在一定容器中以适宜的培养料为基质经培养获得的纯菌丝体。一般是双核菌丝体。

二、食用菌菌种的分级

（一）母种

母种，也称一级种、试管种或斜面菌种，指经各种方法选育得到的具有结实性的菌丝体纯培养物及其继代培养物，通常以玻璃试管为培养容器和使用单位（图4-1-1）。

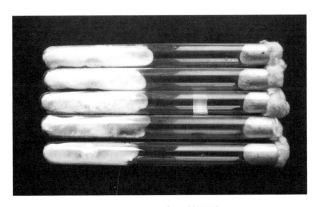

图 4-1-1　食用菌母种

图 4-1-2　食用菌原种

（二）原种

原种，也称二级种，是由母种移植、扩大培养而成的菌丝体纯培养物，常以玻璃菌种瓶为容器，也可采用聚丙烯塑料袋为培养料容器（图4-1-2）。

（三）栽培种

栽培种，也称三级种、生产种，指由原种移植、扩大培养而成的菌丝体纯培养物（图4-1-3）。栽培种只能用于栽培，不可用于扩大培养生产菌种。

图 4-1-3　食用菌栽培种

通过母种扩大培养生产原种，原种扩大培养生产栽培种，不仅可以实现菌种数量的扩大，满足生产对菌种的需要，而且能够提高菌种对培养料的适应性。

第二节
食用菌菌种的类型

依据不同的分类方法可以将食用菌菌种划分为不同的类型。如根据菌种的来源、繁殖代数及生产目的，可以将菌种划分为母种、原种和栽培种。根据菌种的物理状态可以将菌种划分为固体菌种、半固体菌种和液体菌种，以及固体菌种后期转换成液体菌

食用菌制种技术

种用于生产的还原型液体菌种。根据生产菌种所用培养基不同可以将菌种分为麦粒菌种、谷粒菌种、木屑菌种、粪草菌种、棉籽壳菌种和枝条菌种等。

本书主要根据菌种的物理状态划分来介绍食用菌菌种的类型。

一、固体菌种

固体菌种是目前生产上应用最普遍的菌种类型，主要利用固体原材料如麦粒、棉籽壳、玉米芯、粪草、枝条等材料培育而成，或者在液体培养基中加入凝固剂制成，也可以用一定方法做成炮弹菌种和胶囊菌种。目前生产中常用的固体菌种主要有以下几种类型。

（一）斜面固体菌种

母种生产多数采用 PDA 培养基，其中琼脂作为凝固剂使培养基呈固体状态。斜面固体菌种（图 4-1-4）是食用菌母种的主要形式，利用斜面培养基培养母种比较容易观察菌种长势及病虫害侵染状况。

图 4-1-4　斜面固体菌种

（二）麦粒菌种

麦粒菌种（图 4-1-5）在菌种生产中的应用非常广泛，可用于大多数食用菌的原种及部分食用菌

如双孢蘑菇的栽培种生产。主要培养料为麦粒，辅以少量石膏、碳酸钙和白糖等。制作工艺简单，菌丝生长速度快，菌丝浓白健壮，用于下一步接种方便，缺点是不耐老化。生产中应避免长期贮藏。

图 4-1-5　麦粒菌种

（三）棉籽壳菌种

棉籽壳菌种（图 4-1-6）可用于食用菌原种或栽培种的生产。主要培养材料为棉籽壳，辅以少量麸皮、玉米粉、石膏、石灰等。棉籽壳菌种菌丝生长浓密健壮，耐老化。

图 4-1-6　棉籽壳菌种

图 4-1-7　木屑菌种

（四）木屑菌种

木屑菌种（图 4-1-7）可用于所有木腐菌菌种

的生产，目前生产中主要用于香菇、木耳、银耳等食用菌原种或栽培种的生产。用于木腐菌母种的生产或保藏时，能够减缓菌种老化及退化。主要培养材料为阔叶树木屑，辅以少量麸皮、玉米粉、石膏、石灰等。木屑菌种菌丝生长浓密健壮，生长较慢，耐老化。

（五）枝条菌种

采用紫穗槐、杨树或桐树等阔叶树的枝条或木材制成的条形菌种，可以分为短枝条菌种和长枝条菌种两类。短枝条菌种（图4-1-8）常用于香菇栽培种的制作，长枝条菌种（图4-1-9）常用于工厂化生产杏鲍菇的菌种和熟料栽培平菇的菌种。主要培养材料为枝条或木条，辅以少量麸皮、石膏、白糖等。枝条菌种菌丝生长快，刚长满的菌种须继续培养一段时间才能用于下一步接种。枝条菌种耐老化能力很强。

图4-1-8　短枝条菌种

图4-1-9　长枝条菌种

（六）炮弹菌种和嵌入式菌种

炮弹菌种（图4-1-10）和嵌入式菌种（图4-1-11）都是利用人工制造的塑料外壳将松散的木屑固定在一起制成条形的菌种，便于接种，利于菌种多点生长，属于新类型菌种，培养材料与木屑菌种相同，主要用于香菇和黑木耳栽培。菌丝生长快，操作方便，接种效率高。接种后菌丝多点生长，可以缩短栽培袋的发菌时间。

图4-1-10　炮弹菌种

图4-1-11　嵌入式菌种

（七）胶囊菌种

胶囊菌种（图4-1-12）是一种新型标准化菌种。菌种像胶囊一样压在塑料蜂窝板上，每颗菌种呈锥形，尾端连着透气泡沫盖，设计科学，标准规范，取用方便。接种过程中与空气接触时间短，污染概率低。接种后泡沫盖密封透气，既可防止杂菌和病虫侵染，又能保持菌种水分，促进菌丝良好发育，成品率比传统菌种大大提高。胶囊菌种具有接

食用菌制种技术

种操作快捷方便，接种速度快，接种后菌丝恢复生长快，菌棒接种成活率高，携带运输方便等诸多技术优势。胶囊菌种还可减少接种空间消毒剂的用量，从而大大减轻消毒剂的使用给接种者造成的伤害和对空间环境的污染。

图 4-1-12　胶囊菌种

二、半固体菌种

将少量的凝固剂加入液体培养基中，制成半固体培养基。以琼脂为例，它的用量在 0.2%～0.7%。半固体菌种一般用于蜜环菌和安络小皮伞等药用菌母种的培养（图 4-1-13）。

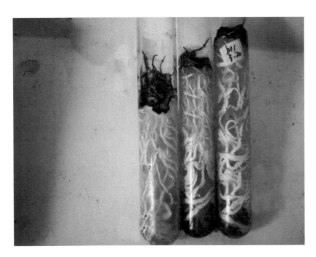

图 4-1-13　半固体菌种

三、液体菌种

液体菌种是通过摇床振荡培养或者发酵罐深层培养获得的菌种。摇瓶液体菌种（图 4-1-14）主要是作为发酵罐培养液体菌种的种源或者进行少量栽

培，发酵罐可以为生产提供大量的液体菌种（图 4-1-15）。液体菌种制备具有成本低、培养周期短、省人工、效率高等优点。液体菌种接种到固体培养料后具有萌发迅速、生长快、菌丝的生理成熟度比较一致等优良特性。实践表明，分别用液体菌种和固体菌种接种栽培袋时，液体菌种接种速度快，接种效率高，劳动强度低。由于传统的液体菌种生产一次性投资大，尤其发酵罐培养的液体菌种保存和运输比较困难，因此在食用菌生产中目前还没有普及应用。但是随着食用菌产业发展水平的提高，液体菌种一定会有更大的应用空间。

图 4-1-14　摇瓶培养液体菌种

图 4-1-15　发酵罐培养液体菌种

四、还原型液体菌种

还原型液体菌种是将特殊培养的固体菌种破碎后用无菌水稀释制成的液体菌种。这种菌种结合了

固体菌种和液体菌种的优点，是传统液体菌种的替代品。这种菌种解决了传统液体菌种难以运输和保存的难题。在保存和运输过程中，采用的是固体菌种（图 4-1-16）；在接种前，利用粉碎机破碎，然后用无菌水溶解制成液体菌种（图 4-1-17）。应用效果与传统的液体菌种无明显差异。

图 4-1-16　还原型液体菌种之固体菌种

图 4-1-17　还原型液体菌种之液体菌种

食用菌制种技术

第二章　菌种厂的设计与建造

　　菌种厂是生产各级各类菌种的场所，一般包括原料仓库、晒料场、燃料堆放处、洗涤室、拌料室、装袋 (瓶) 室、灭菌室、冷却室、缓冲间、接种室、培养室、菌种储藏室、销售处等。要综合考虑各项条件，根据实际情况，结合生产工艺流程，进行科学的规划设计和合理的布局。

第一节
菌种厂的选址与设计

一、菌种厂选址的原则

　　菌种厂选址应以《食用菌菌种生产技术规程》（NY/T 528—2010）的基本要求为原则。

　　规模化的菌种厂需要购进大量生产原材料，如棉籽壳、玉米芯、木屑等，销售大量的菌种产品，要在交通便利处建厂。交通便利，人流量大，对企业也有一定的宣传作用。

　　食用菌菌种生产离不开水电资源，水电充足才能保证生产正常进行。现代化的菌种厂，许多环节都采用机械化生产，所以，必须保证电力供应。生产菌种培养基质含水量一般要达到 65% 左右，因此必须保证有足够的洁净水满足生产需要。

　　菌种培养期间不需要太高的空气相对湿度，地势低洼处环境空气相对湿度偏高，会导致环境中杂

IV

314　中国食用菌生产

菌滋生，增加菌种被污染的概率。因此菌种厂应建在地势较高、空气流通的地方。

菌种厂周围至少300 m之内无化工厂、发酵厂、垃圾场及畜禽养殖场，以防止有害气体、有害微生物及动物对菌种的危害，避免交叉感染。

二、菌种厂的设计和布局

食用菌菌种厂的设计和布局，应按《食用菌菌种生产技术规程》（NY/T 528—2010）中厂房设计和布局的要求进行。

菌种厂应当严格按微生物传播规律来设计建设，这样可以最大限度地降低有害微生物的危害。菌种厂不但要有先进的设备，还要具有高素质的生产、管理人员，要严格按有菌区和无菌区进行划分，无菌区又有高度无菌区和一般无菌区之分。

菌种厂的设计必须综合考虑菌种的生产规模、生产种类、企业资金状况，避免贪大求全，也不能因陋就简，要根据实际情况进行科学合理的规划设计。菌种厂内厂房的布局应按照菌种生产的工艺流程，自然形成一条流水作业的生产线，以提高生产效率和保证菌种质量。

菌种厂一般包括原料仓库、晒料场、燃料堆放处、洗涤室、拌料室、装袋（瓶）室、灭菌室、冷却室、缓冲间、接种室、培养室、菌种贮藏室、销售处等。菌种厂平面布局示意如图4-2-1，在实际使用中可依据具体情况予以适当调整。

原料仓库		洗涤室	燃料堆放处
晒料场		拌料室	装袋（瓶）室	灭菌室
		冷却室	
菌种贮藏室	培养室	培养室	培养室	接种室	缓冲间
销售处				接种室	缓冲间

图4-2-1 菌种厂平面布局示意图

三、对菌种生产经营者的要求

（一）资质条件

《食用菌菌种管理办法》规定，从事菌种生产经营的单位和个人应当取得食用菌菌种生产经营许可证。仅从事栽培种经营的单位和个人，可以不办理食用菌菌种生产经营许可证，但经营者要具备菌种的相关知识，具有相应的菌种贮藏设备和场所，并报县级人民政府农业行政主管部门备案。

（二）其他条件

《食用菌菌种管理办法》规定，食用菌菌种厂还应具备以下几方面的条件。

1. 从事母种和原种生产与经营的菌种厂应当具备的条件　生产经营母种注册资本100万元以上，生产经营原种注册资本50万元以上。省级人民政府农业行政主管部门考核合格的检验人员1名以上，生产技术人员2名以上。有相应的灭菌、接种、培养、贮存等设备和场所，有相应的质量检验仪器和设施。生产母种还应当有做出菇试验所需的设备和场所。生产场地环境卫生及其他条件符合《食用菌菌种生产技术规程》要求。

2. 从事栽培种生产与经营的菌种厂应当具备的条件　注册资本10万元以上。省级人民政府农业行政主管部门考核合格的检验人员1名以上，生产技术人员1名以上。有必要的灭菌、接种、培养、贮存等设备和场所，有必要的质量检验仪器和设施。栽培种生产场地的环境卫生及其他条件符合《食用菌菌种生产技术规程》要求。

第二节
菌种厂的基本设施

进行食用菌菌种生产，为满足生产需要，提高生产效率,需要根据资金情况建造必备的设施。

一、基本要求

整个场地面积不低于 2 000 m²,其中培养室不少于 10 间。电路设计合理,线路应该满足各种生产设备开动时的负荷需要。用水方便,排水通畅。要有专用的交通工具,如汽车或农用机动车。菌种厂内部具有运送原材料的手推车或其他搬运工具。

二、生产场地

一般包括原料仓库、晒料场、燃料堆放处、洗涤室、拌料室、装袋(瓶)室、灭菌室、冷却室、缓冲间、接种室、培养室、菌种贮藏室、销售处等。

(一)原料仓库

用于制作原种及栽培种的原材料,数量多,体积大,易发霉发酵或滋生害虫杂菌,因此库房必须干燥,通风良好,防雨,远离火源,并保持环境干净卫生(图 4-2-2)。同时应远离冷却室、接种室和培养室。

图 4-2-2　原料仓库

(二)晒料场

用于培养料摊晒、粉碎及堆积发酵。因此应当用混凝土硬化地面,通风良好,光照充足,空旷开阔,远离火源(图 4-2-3)。晒料场要选择在菌种厂的下风向处,以防大风天气扬尘影响菌种厂的环境卫生。

图 4-2-3　晒料场

(三)洗涤室

洗涤室主要用于洗刷菌种瓶、试管等。原种和栽培种生产需要大量的菌种瓶,这些玻璃瓶在使用前要求清洗干净,所以应建造一个长、宽各 2 m,深 0.3 m 的洗涤池(图 4-2-4),下部留放水口以利排出污水,配备搬运菌种瓶的筐篮,控水沥干菌种瓶的木架以及洗涤剂、瓶刷等。

图 4-2-4　洗涤池

(四)拌料室、装袋(瓶)室、灭菌室

拌料室用于培养料搅拌,需要安装搅拌设备。

装袋(瓶)室主要用于装瓶或者装袋,需要安装相应的装袋(瓶)机。

灭菌室用于培养料灭菌,需要安装供热设备,如锅炉或电加热设备、灭菌器等,因此要求水电齐全,安全方便,通风良好,空间充足。灭菌室应尽量靠近冷却室、接种室。

(五)冷却室、缓冲间、接种室

冷却室(图 4-2-5)是灭菌后培养料冷却的场所,为保证无菌状态,其构建应按照无菌室标准,要求空间干燥、洁净，无尘，易散热。缓冲间、接种室要求空间干燥，防尘防潮，空气洁净，易于调温，光线明亮，同时室内地面、墙壁、天花板应光滑，以便于清洗、消毒和净化。同时，安装空调过滤装置，冷却室配备除湿和强制冷却装置，接种室配备分离式空调机。均采用推拉门结构，以减少门窗启动过程的空气流通。

图 4-2-6　菌种贮藏室

图 4-2-5　冷却室

（六）培养室

是用来培养菌种的场所，室内放置培养架，并要配置控温设备，以保证高温季节能正常生产。

（七）菌种贮藏室

是用于成品菌种销售中或使用前临时存放的场所，要求具备通风良好、干燥、宽敞、阴凉、避光、隔热等性能（图 4-2-6）。贮藏室应设在培养室的出口处，贮藏室应尽量安装制冷设备，以保证贮藏的菌种不会因贮藏时间和温度等因素而影响菌种的质量。

（八）出菇试验大棚

主要用于进行品种比较试验，验证菌种生产性状的优劣，选育出适宜当地推广的主要品种，另外还可兼具品种示范的作用（图 4-2-7）。

图 4-2-7　出菇试验大棚

为保证菌种生产各工艺环节的顺利实施，降低劳动强度，提高菌种质量和生产效率，菌种生产厂家除严格按照要求进行厂房建设和布局外，还应配备相应的设备。包括培养料制作设备、装料设备、灭菌设备、接种设备、培养设备、环境控制设备、菌种保藏设备等，将在专门的章节进行详细介绍。

第三章 母种生产技术

　　母种是最基本的食用菌菌种，可以通过组织分离、孢子分离和基内菌丝分离等纯种分离方法获得，也可通过转管扩大培养来获得。纯种分离获得的母种称为原始母种，转管获得的称为继代母种。继代母种有代数之分，称为一代母种（F_1）、二代母种（F_2）……母种主要用于扩大培养接种原种和菌种保藏。

第一节
母种培养基种类

　　在实际生产中，食用菌所需的培养基与一般丝状菌类所需的培养基相似，但由于食用菌种类繁多，因此在同一种培养基上表现出的生长发育状况存在差异。为使某一食用菌生长发育良好，首先要选出该食用菌最适宜的培养基。生产企业可根据自身的情况加以选择应用。为了避免因人为因素导致食用菌母种发生退化，在生产中最好选用两个以上的母种培养基交替使用。

一、母种培养基的形式

　　培养目的不同，培养基的形式也不一样。母种培养基通常有下述三种形式。

（一）斜面培养基

将琼脂培养基注入试管，灭菌后放置成斜面，冷却后即为斜面培养基（图4-3-1）。试管斜面培养基一般适用于母种扩大培养及菌种保藏。

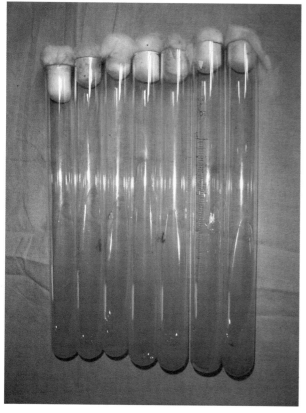

图4-3-1　斜面培养基

（二）平板培养基

将灭菌琼脂培养液倒入培养皿中，凝固后制成的培养基即为平板培养基（图4-3-2）。平板培养基用于菌种分离及食用菌特性的研究。

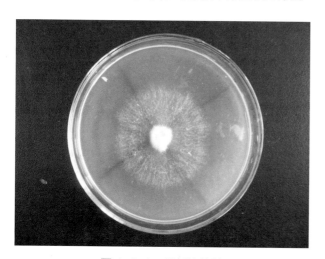

图4-3-2　平板培养基

（三）高层培养基

将琼脂培养基注入试管内灭菌，直立制成培养基即为高层培养基（图4-3-3）。这样接入菌种后，培养面虽然小，但培养基的厚度增大，营养丰富，时间长也不容易干燥开裂。因此保存菌种常采用高层培养基。

图4-3-3　高层培养基

二、母种培养基的种类与制作方法

生产中用于生产食用菌母种的培养基很多，下面主要介绍最常用的10种母种培养基。

（一）马铃薯葡萄糖琼脂（PDA）培养基

PDA培养基广泛应用于食用菌母种制作。它的原材料便宜且容易获取，制作方法简单，所以深受人们的青睐。PDA培养基适用于培养各种菇类，但草菇、猴头菇在此培养基上生长不良。

1. 配方　马铃薯200 g，葡萄糖20 g，琼脂20 g，水1 000 mL，自然pH。

2. 制作方法　为了保证培养基的质量，配制时要按照一定的操作步骤进行。选择合适的浸煮容器，一般可用玻璃缸、搪瓷缸或铝锅等，不能用铜、铁器皿，以免铜锈或铁锈混入培养基中。配方中的葡萄糖可使用市售葡萄糖粉代替，以降低生产成本。

（1）计算　按需要培养基的数量计算各种成分的用量。

（2）称量　按计算的用量准确称量固体物，

一般用托盘天平或者电子秤称量，要求称量准确。液体一般用量杯或者量筒量取。

（3）配制　以1 000 mL PDA培养基为例。将选好的马铃薯洗净、去皮、挖去芽眼，切成薄片，称取200 g放入容器中，加水1 000 mL，加热煮沸15～20 min，煮至酥而不烂，用4～8层纱布过滤，取滤液定容至1 000 mL。此滤液即为马铃薯煮汁(图4-3-4)。然后在汁中加入琼脂，小火加热，不断用玻璃棒搅拌，至琼脂全部溶化，再加入20 g葡萄糖等其他物质，再小火煮几分钟，搅拌至溶化，防止糊底或溢出。烧煳的培养基营养物质被破坏，而且容易产生对食用菌有害的物质，不宜再用。加热过程蒸发的水分应在最后补足。

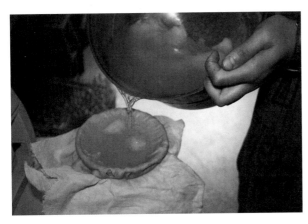

图4-3-4　制备马铃薯汁

（4）pH调节　一般用10%盐酸和10%氢氧化钠，也可用乳酸进行pH调节。用pH试纸测试。调pH时要小心，逐滴加酸或碱，勿过酸或过碱，以避免某些营养成分被破坏。

（5）分装　一般用简易分装装置分装，装置由漏斗架、漏斗、乳胶管、尖头玻璃管和止水夹组成(图4-3-5)。培养基配好后，趁热将其按需要分装于锥形瓶或试管内，以免琼脂遇冷凝固。温度低时，要保温分装。分装时应避免培养基黏附在管口或瓶口。琼脂若黏附在棉塞上，会影响接种，还易引起杂菌滋生。装入锥形瓶的培养基量，一般不超过瓶容量的1/3；装入试管中的量，不超过试管长的1/5；分装速度要快，避免培养基凝固。

（6）塞棉塞　分装后，塞好棉塞。棉塞要用

普通棉花，不能用脱脂棉，使用脱脂棉容易吸水变潮而导致杂菌生长。棉塞的作用是既通气又过滤空气，避免杂菌污染培养基。目前生产上也用硅胶塞来封口。

图4-3-5　简易分装装置

棉塞的制作：取适量棉花，做成均匀一片，将一边向里折叠，使之成为一条整齐的边，将相邻的另一边再向里折叠，使第二边与第一边成直角。然后顺着第二边将棉花卷紧，使之成为柱形，末端的棉絮自然平贴在棉柱上。至此，棉柱的一端平整，另一端毛茬。将毛茬折转平贴在棉柱上，最后将此端塞入试管口。塞入试管的部分要超过棉塞总长的1/2，而管外部分不要短于1 cm，以利无菌操作时方便拔取（图4-3-6）。塞入试管的棉塞要紧贴管壁，不留缝隙，大小、松紧均匀适度。将棉塞提起，试管跟着被提起而不下滑，表明棉塞不松；将棉塞拔出，可听到有轻微的声音而不明显，表明棉塞不紧。

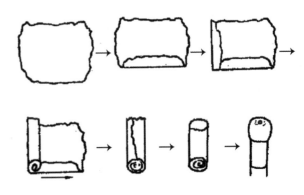

图4-3-6　棉塞制作过程示意图

（7）捆把　棉塞塞好后，每7支同样规格的

试管包扎成一把，试管棉塞部分要包上一层牛皮纸或双层报纸，用绳捆扎在管壁或瓶颈上（图4-3-7）。包纸的作用是避免灭菌时冷凝水淋湿棉塞，并防止接种前培养基水分散失或污染杂菌。

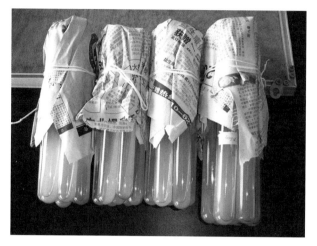

图4-3-7　捆把

（8）灭菌　试管包扎好后，放入灭菌筐中，竖直放入高压灭菌锅内灭菌。在压力升至0.05 MPa时排放两次冷空气，然后再在0.11～0.14 MPa压力下灭菌20～30 min。灭菌时间不能过长，否则容易破坏培养基的营养成分，使酸度增加，凝固不良。

（9）摆斜面　灭菌后待温度缓慢降到60 ℃左右时再摆成斜面，以防冷凝水在管内积聚过多。摆放方法是将1 cm厚的木板或钢板平放于平台或地上，然后将灭过菌的试管口朝上摆放于板上冷却凝固即成斜面培养基。摆放后在试管上覆盖棉布，既保温也可避免冷凝水过多。斜面长度以占试管总长的1/2，最多不超过3/5（图4-3-8）为宜。

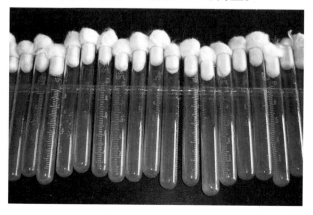

图4-3-8　摆斜面

（10）保存　待培养基完全冷却后，置于通风干燥处保存。如要较长时间保存，待棉塞干燥后放入冷藏箱保存。

（二）综合PDA培养基

1. 配方　去皮马铃薯200 g，葡萄糖20 g，磷酸二氢钾3 g，硫酸镁1.5 g，维生素B$_1$10 mg，琼脂20 g，水1 000 mL，自然pH。

2. 制作方法　制取马铃薯煮汁同PDA培养基，滤汁定容至1 000 mL，加热至沸腾，加入剪成小条的琼脂20 g，边加热边搅拌至琼脂全部溶化，最后再加入葡萄糖20 g，磷酸二氢钾3 g，硫酸镁1.5 g，维生素B$_1$10 mg，搅拌令其溶解。分装试管、包扎、灭菌，摆放与PDA培养基相同。

该培养基比PDA培养基营养全面、丰富，更适合大多数食用菌菌丝的生长，常用于食用菌菌丝的培养和菌种保藏。特别适用于培养草菇、灵芝、猴头、茯苓及其他菇类。

（三）加富PDA培养基

1. 配方　去皮马铃薯200 g，葡萄糖20 g，磷酸二氢钾3 g，蛋白胨（或酵母粉）5 g，琼脂20 g，水1 000 mL，自然pH。

2. 制作方法　参照PDA培养基的制作。最后再加入葡萄糖20 g时，将蛋白胨（或酵母粉）用少量冷水溶解后一起加入，这样可以防止结块，搅拌令其溶解。分装试管、包扎、灭菌、摆放与PDA培养基相同。

该培养基与PDA培养基相比，添加了蛋白胨或酵母粉，营养更为丰富，可以使菌丝生长更旺。在PDA培养基上生长不良的食用菌可以采用该培养基。

（四）马铃薯蔗糖琼脂培养基（PSA培养基）

1. 配方　去皮马铃薯200 g，蔗糖20 g，琼脂20 g，水1 000 mL。

2. 制作方法　参照PDA培养基的制作。

培养平菇时，菌丝长势不如PDA培养基。培养基中的蔗糖可以用市售白糖或者红糖来代替，以降低生产成本。

食用菌制种技术

（五）玉米粉葡萄糖琼脂培养基（CDA 培养基）

1. 配方　玉米粉 40～100 g，葡萄糖 10 g，琼脂 17～20 g，水 1 000 mL。

2. 制作方法　参照 PDA 培养基的制作。

适用于培养蘑菇、香菇、木耳等，但菌丝长势稍逊于 PDA 培养基。在基本组分内另加 5 g 葡萄糖、10 g 蛋白胨，适宜于猴头菇菌丝生长。

（六）棉籽壳麸皮煮汁培养基

1. 配方　棉籽壳 100 g，麸皮 50 g，磷酸二氢钾 3 g，蛋白胨 2 g，硫酸镁 1.5 g，维生素 B_1 10 mg，葡萄糖 20 g，琼脂 20 g，水 1 000 mL。

2. 制作方法　参照 PDA 培养基的制作。

该培养基培养猴头菇、木耳、平菇时，菌丝生长速度，生长量优于综合 PDA 培养基。

（七）完全培养基（CM 培养基）

1. 配方　葡萄糖 20 g，蛋白胨 2 g，磷酸二氢钾 0.46 g，磷酸氢二钾 1 g，硫酸镁 0.5 g，琼脂 20 g，蒸馏水 1 000 mL。

2. 制作方法　参照 PDA 培养基的制作。

培养食用菌最常用的合成培养基，供培养菇类母种和保藏用。在培养基中另加酵母膏 0.5~1 g，可使菌丝生长更加旺盛

（八）蛋白胨葡萄糖琼脂培养基（PGA 培养基）

1. 配方　蛋白胨 20 g，葡萄糖 20 g，磷酸氢二钾 1 g，磷酸二氢钾 0.5 g，硫酸镁 0.5 g，维生素 B_1 0.5 mg，琼脂 18～20 g，水 1 000 mL，自然 pH。

2. 制作方法　参照 PDA 培养基的制作。

广泛应用于各类食用菌的分离培养。

（九）复壮培养基

1. 配方　去皮马铃薯 200 g，麸皮 100 g，玉米粉 50 g，蔗糖 20 g，琼脂 20 g，水 1 000 mL，自然 pH。

2. 制作方法　将去皮马铃薯碎片及麸皮、玉米粉用纱布包好煮沸 10～15 min，取滤液加入其他成分。

广泛用于各类食用菌的分离培养。

（十）木屑豆饼培养基

1. 配方　木屑 200 g，黄豆饼粉 30 g，蔗糖（或市售白糖）20 g，硫酸镁 1 g，过磷酸钙 2 g，琼脂 20 g，水 1 000 mL。

2. 制作方法　木屑以栎、榆等材质为宜，加水煮沸 30 min，取滤液再与黄豆饼粉煮沸 20 min。加入过磷酸钙搅拌，降温至 50℃ 时用 6 层纱布过滤。滤液定容至 1 000 mL，加热至沸腾，加入剪成小条的琼脂 20 g，边加热边搅拌至琼脂全部溶化。再加入蔗糖（或市售白糖）20 g，硫酸镁 1 g，搅拌让其溶解。分装试管，包扎灭菌。

木屑豆饼培养基制作成本低，原材料易得。黄豆饼中含有刺激木腐菌菌丝生长的物质，菌丝生长速度快，生长势强，浓密粗壮，是较为常用的培养基之一。

三、酸化培养基的制备

多数食用菌适合在中性偏酸的培养基上生长，但个别菇类则需要在酸度较大的环境下生长。因此，有时需要制备酸化培养基。制备酸化培养基除适当增加琼脂用量外，还应该在灭菌后酸化。如果灭菌前将培养基调至 pH 4 以下，则灭菌后不能凝固。将灭菌后的试管移到无菌室内，用灭菌吸管吸取事先单独灭过菌的 0.5% 苹果酸或柠檬酸溶液，加入试管内数滴，用精密试纸检查，再确定加入量，在试管内进行酸化。如制备量较大，可以将培养基装入锥形瓶灭菌酸化后，再装入灭过菌的空试管。

四、平板培养基的制备

如制锥形瓶培养基，将培养基装入锥形瓶内灭菌、冷却即可。如制平板培养基，将灭过菌的锥形瓶中的培养基，放入微波炉内熔化，按 15～20 mL 的量倒入无菌培养皿中，放平，凝固后即成平板培养基。一般现用现制。

培养基灭菌

母种培养基一般生产量较小，因此灭菌时多数采用手提式高压蒸汽灭菌锅或立式高压蒸汽灭菌锅进行高压灭菌。

一、高压蒸汽灭菌的操作过程

（一）加水

灭菌前需要向灭菌锅加水，要按标定水位要求添加，不可超过水位，也不可低于水位，以防发生危险。切忌不加水。水太少，容易烧干，从而导致电炉丝熔断等事故。水太多，容易浸湿棉塞，甚至使试管中进水，最终导致培养基制作失败。

（二）装锅

将需要灭菌的培养基放入灭菌锅中，注意不能太密集，否则水蒸气流通不畅而使灭菌不彻底。另外，还应注意安全阀及排气阀位置必须留出空隙，保障其放气畅通，否则会因安全阀气孔堵塞未能泄压造成锅体爆裂事故。

（三）加盖

封闭锅盖时先将盖上的导气管插入灭菌锅内壁的管内，然后盖好锅盖，依次将对角线方向的固定螺丝拧紧，最后关闭排气阀。注意拧紧螺丝时，相对应的两个螺丝要同时用力，避免密封不严而漏气。

（四）排气

加热灭菌锅，当压力升至 0.05 MPa 时，打开排气阀，排出空气使压力降至 0 MPa。为保证灭菌彻底，一般需要重复该步骤一次。新型立式高压蒸汽灭菌锅排气时，可在前期打开下方排气阀，等大量蒸汽从中逸出时适当关闭排气阀，留一个小口保持少量蒸汽不断排出，使锅内蒸汽保持流动状态。这样灭菌效果更好。

（五）恒温恒压灭菌

排气后继续加热，当压力升至 0.11 MPa、温度 121℃时，开始计时，维持 20～30 min，停止加热。

（六）冷却

让灭菌锅自然降温，当压力表示数降至 0 时，打开排气阀，直至灭菌锅内蒸汽排尽再打开灭菌锅。

（七）烘干棉塞

为了减少培养基表面的冷凝水，避免棉塞潮湿，冷却过程中使锅盖与锅体错开一条宽约 10 cm 的缝隙，利用锅内的余热烘干棉塞。

（八）摆放斜面

在试管温度降至 60℃左右时摆放斜面。使试管倾斜，在试管口一端的下面用一个物体垫起，调节试管的倾斜度，达到"下不露底、前不超过 1/2"的标准。培养基凝固后迅速收起备用。生产中为了提高生产效率，斜面长度也可达到试管总长的 2/3，但绝对不能接触棉塞。

（九）灭菌锅维护

高压蒸汽灭菌锅为压力容器，每次使用前都要对各部件进行检查，如压力表、排气阀、安全阀等，保证使用安全，防止发生事故。

使用完毕，应立即排出锅体内剩余水，使锅内保持干燥。如继续使用，必须加足水后再用。

（十）灭菌效果检查

随机取几把培养基，放在 35℃温度下培养 24～48 h，观察有无杂菌生长。若培养基上生长有杂菌，说明灭菌不彻底，不能使用。

二、高压蒸汽灭菌的注意事项

高压蒸汽灭菌锅应该严格按照操作规程使用，否则容易导致灭菌不彻底甚至发生危险。使用时应注意以下几点：

1）合理摆放。待灭菌的物品放置不宜过紧密。

2）充分排气。必须将冷空气充分排除，否则锅内温度达不到规定温度，影响灭菌效果。

3）缓慢排气。灭菌时间达到后，不可放气减压，否则试管内液体会剧烈沸腾，冲掉棉塞而外溢甚至导致容器爆裂。须待锅内压力降至与大气压相等后才可开盖。

4）防冷凝水。装培养基的试管的棉塞，应包上报纸或牛皮纸，以防冷凝水入内。

5）灭菌检测。为了确保灭菌效果，应定期检查灭菌效果，常用的方法是将硫黄粉末（熔点为115℃）或苯甲酸（熔点为120℃）置于试管内，然后进行灭菌试验。如上述物质熔化，则说明高压蒸汽灭菌锅内的温度已达要求，灭菌的效果是可靠的。也可将检测灭菌器效果的胶纸（其上有温度敏感指示剂）贴于待灭菌的物品外包装上，如胶纸上的指示剂变色，也说明灭菌效果是可靠的。

6）自动控制。现在已有自动控制的高压蒸汽灭菌器，放去冷气，仪器即可自动恒压定时，时间一到即自动切断电源并鸣笛，使用起来很方便。

第三节
纯种分离技术

在自然界中，微生物无处不在，即使是正常生长的食用菌子实体也不例外，其表面和周围环境中存在有各种微生物，如细菌、酵母、霉菌等。这些微生物对于食用菌来说就是杂菌。要想获得食用菌纯菌种，就必须进行纯种分离。通过一定的技术措施，把食用菌菌丝体或孢子从混杂的微生物环境中单独分离出来进行纯培养的操作技术，叫作纯种分离技术。

食用菌纯菌种分离的方法很多，常用的有组织分离法、孢子分离法和基内菌丝分离法三种。这三种分离法各有特点，可根据食用菌的用途，采取不同的分离方法。在几种常见的食用菌中，子实体大而肥厚的香菇、平菇、猴头菇、草菇、鸡腿菇等多采用组织分离法；子实体小而薄的木耳等多采用孢子分离法；银耳多采用基内菌丝分离法。无论采取何种方法分离的菌种均不能直接用于生产，需要通过多方面试验证明其性状优良后，才能在生产中推广应用。

一、组织分离法

组织分离法是利用子实体、菌核、菌索部分组织接种于培养基上，经培养获得纯菌丝体菌种的方法。这是一种无性繁殖方法。用组织分离法分离出的营养菌丝中两个细胞核并不融合，即双亲的染色体并没有发生重组，由双核菌丝直接发育成子实体，因此采用组织分离法获得的纯培养遗传性状稳定，变异小。

食用菌的子实体是菌丝体的特殊结构，只要切除一小块组织移接到合适的培养基上，在适宜条件下培养，就可以生长成为营养菌丝，从而获得纯菌种。组织分离法操作简便，取材广泛，又能保持原品系的遗传特性，容易成功，是生产中最常用的一种食用菌菌种分离方法。在生产中能否长期连续采用组织分离法来获得纯菌种，目前尚无定论。据报道，国外有研究者长期采用组织分离法来获得香菇、蘑菇纯菌种，并未出现种性退化的现象。用处于旺盛生长状态中的幼嫩子实体或菇蕾作为组织分离的材料较好。生长较弱，成熟过度，有病虫害的子实体均不适合作为组织分离的材料。

虽然食用菌子实体的各个部分均可作为组织分离的材料，但由于各部分组织细胞存在差异，所以分离出的菌种的活力就有所不同。对一般食用菌品种来说，取种菇菌盖与菌柄交接处的组织分离效果最好；对有些有外菌幕或内菌幕保护的食用菌品种，取在菌幕保护下的幼嫩菌褶分离效果更好；对于某些菌根菌，要选用靠近基部的菌柄组织作为分离材料才能成功。

有些食用菌品种可以利用子实层进行组织分离，如鸡腿菇和草菇，由于菌肉较薄，菌褶前期未暴露，所以可以采用菌褶分离法。有资料报道，用菌褶分离法获得的菌种具有较强的生活力。伞菌类分离时，如使用菌肉作为分离材料，可先用手将菌盖撕成两半，露出白色的菌肉，再用无菌镊子将菌肉撕成小块，用接种钩将小块放入试管斜面中央培养。应该注意镊子不能接触任何菇体外表皮，包括菌褶，以免发生污染。如果菇体较大，结构紧密，如双孢蘑菇、平菇等，可用酒精棉球擦拭菇体表面。如果菇体组织疏松，一般不进行表面消毒，更不能将菇体放在消毒剂中。经过消毒剂浸泡的菇体含水量高，分离成功率低。

（一）平菇组织分离法

1. 种菇选择　选择能代表品种固有遗传特性的平菇个体，从出菇早、出菇均匀、生长旺盛的菌袋上选取长势好、菇体完整、菌盖适中、肉厚、无病虫害、刚进入成熟初期的菇作为种菇。种菇采收前一天要停止喷水，以保持菇体的干爽，提高分离成功率。

2. 种菇的处理与消毒　由于菇体含水量过大，不易分离成功。因此应先将采收的种菇去掉杂质，放置 1～2 h，让菇体失去较多的水分。然后在无菌条件下用 75% 酒精进行表面消毒。

3. 分离与移接　在无菌条件下，用无菌纱布吸干菇体表面水分，将分离用的尖头镊子或接种钩在酒精灯火焰上灼烧至发红，冷却后将菌盖撕开，在菇盖与菇柄相接处的部位夹取绿豆大小的菌肉组织，迅速移接在斜面培养基中央 (图 4-3-9)。

图 4-3-9　平菇组织分离

也可以用菌褶分离法分离平菇菌种。选择菌褶刚形成的平菇，撕开菌盖，在断面切取 1～1.5 cm 长的一小片菌褶，接种到斜面培养基上。只要能控制污染，通过此法分离平菇菌种，效果要比菌肉组织分离法好。

4. 菌丝培养　将接过平菇组织块的试管放入 25℃培养箱中恒温培养，2 天后可萌发出白色的平菇菌丝。在培养过程中要经常检查，及时去除污染菌种。如果培养基表面有黏稠状物，为细菌或酵母菌污染。如果培养基表面有各种颜色的绒毛状菌丝或蜘蛛网状物，为霉菌感染。如果一支试管中大部分菌丝长势良好，只有少部分污染，可采取顶端菌丝分离法进行纯化，即从菌丝生长健壮、远离污染点的地方切取一小块带有菌丝的培养基移到新的培养基上进行培养，从而获得纯菌丝体。

挑选菌丝生长健壮、浓密洁白、长势旺盛、无杂菌污染的菌丝再进行转接。

5. 出菇试验　利用此方法得到的平菇母种必须进行小范围的出菇试验，确认其菌丝生长良好、出菇正常，即可以用于大面积生产。

（二）香菇组织分离法

1. 种菇选择　从出菇早、生长旺盛的菇木或菌袋上，挑选发育正常、菇形圆整、边缘内卷、菇柄粗壮、菇盖肥厚、无病虫害的菇体作为分离材料。

2. 消毒与分离　将选好的种菇切去菇柄基部，放置于接种箱内或净化工作台上，接种箱消毒 30 min，净化工作台用紫外线灯照射 30 min。消毒程序完成后，用酒精棉球擦拭菇体表面，放入无菌的培养皿内，用消过毒的接种刀将菇蕾纵剖为二，在菇盖与菇柄相接处切取黄豆大小的菌肉，用接种钩或接种刀移接到斜面培养基上。

3. 菌丝培养　试管内接入组织块后，置于 24～25℃恒温培养 2～3 天，组织块长出白色绒毛状菌丝，并向培养基上蔓延生长。当菌丝在斜面上生长后，挑选纯洁而且健壮旺盛的菌丝移接到新的斜面培养基上，置于 24～25℃恒温培养，菌丝长满斜面培养基后，香菇母种培养成功。

4.出菇试验 将分离获得的香菇母种进行小批量出菇试验，确认其菌丝生长良好、出菇正常，即可以用于大面积生产。

（三）木耳组织分离法

黑木耳、毛木耳、银耳等胶质菌类，子实体耳片较薄，质地坚韧，且菌丝数量少，操作难度大。因此，在过去的分离法中很少采用耳片组织进行分离。实际上采用组织分离法，操作简便，只要消毒操作严格，分离也易成功。

1.剥片分离法

（1）种耳选择 选择生长健壮，耳片色泽、朵形等符合要求，八分成熟度的木耳子实体。

（2）种耳消毒 先将种耳冲洗干净，放置在室内自然散失水分，至含水量减少大半时，再用无菌水冲洗数次后用无菌纱布或滤纸擦干，用酒精消毒表面，进行组织分离。

（3）分离接种方法 不同的木耳，分离方法有区别。分离毛木耳时，将毛木耳腹（子实层面）背面剥离，用锋利小刀刮取少量菌肉接种到斜面培养基上。分离黑木耳、皱木耳时，它们的腹背面不好分离，可用接种刀在子实体边缘切一个小断面，再沿断面方向剥开，使之出现一个较大的斜断面，用接种钩在断面上刮取少量菌肉接种到斜面培养基上。

（4）培养菌丝 试管内接入组织块后，置于26～28℃恒温培养2～3天，组织块长出白色绒状菌丝，并向培养基上蔓延生长。当菌丝在斜面上生长后，挑选纯洁而且健壮旺盛的菌丝移接到新的斜面培养基上，置于26～28℃恒温培养，菌丝长满培养基后，分离成功。

（5）出耳试验 将分离获得的木耳母种进行小批量生产试验，确认其菌丝生长良好、出耳正常，即可用于大面积生产。

2.耳基分离法

（1）种耳选择 分离菊花形木耳时可采用耳基分离法。菊花形木耳产量较高。为了保持这一良好的经济性状，可利用其耳基较大这一特性进行组织分离。

（2）种耳消毒与分离 先将干耳用无菌水浸泡6～8 h，然后用无菌水冲洗2～3次，用清洁纱布或药棉吸干水分，放入接种箱内或净化工作台上，再用酒精擦洗表面，用无菌水冲洗数次。用无菌剪刀剪去耳片的四周边缘，取其中黄豆大的组织块，接种在试管斜面中部培养基上，以利于长出菌丝。

将消过毒的木耳耳基切成米粒大小接种在培养基上。在自然气温下干燥的、贮存期在6个月以内的干种耳，分离后依然能长出菌丝体。

（3）菌丝培养 接种后放入28℃的恒温下培养1～2天后，就能看到白色绒毛状菌丝。初期菌丝生长缓慢，5～6天后生长加快，15天左右即可长满斜面。挑选生长健壮、无杂菌的菌丝再进行扩大培养就得到母种。

（4）出耳试验 将分离获得的木耳母种进行小批量出耳试验，确认其菌丝生长良好、出耳正常，再用于大面积生产。

（四）草菇组织分离法

1.菌肉组织分离法

（1）选择种菇 选取菇形端正、健壮肥大、尚未开伞的幼嫩菇蕾作为分离种菇。

（2）种菇消毒 将种菇放在已灭菌的接种箱内或净化工作台上，启用消毒程序后，用无菌水反复冲洗数次后用无菌纸吸干，再使用酒精进行表面消毒。

（3）分离接种 用接种刀从菌柄和菌盖交接处切开，用接种针挑取一小块菌柄和菌盖交接处的菌肉，接种到斜面培养基上进行培养。

（4）菌丝培养 接种后放入26～28℃的温度下培养菌丝生长，7～10天菌丝可长满斜面。挑选生长健壮、无杂菌的菌丝再进行扩大培养就得到母种。

（5）出菇试验 选取菌丝粗壮、气生菌丝较多的菌株进行出菇试验，确认其菌丝生长良好、出菇正常，再用于生产。

2. 子实层组织分离法

（1）选择种菇　选取尚未开伞的幼嫩菇蕾作为分离材料。

（2）消毒　同菌肉组织分离法。

（3）分离接种　消毒后剥去外菌幕，用灭过菌的接种刀切开菇蕾露出幼嫩菌褶，用接种针挑取1～2片菌褶，接种到培养基上。

（4）菌丝培养　接种后放入26～28℃的温度下培养菌丝，7～10天菌丝可长满斜面。本法分离的菌种不但菌丝生长快，气生菌丝致密，而且厚垣孢子少，用于栽培发菌快，抗逆性好，可提前出菇。

（5）出菇试验　同菌肉组织分离法。

（五）茯苓组织分离法

茯苓是采用菌核分离。菌核中的菌丝具有很强的再生能力，因此，可以作为菌种的分离材料，并可直接用作生产上的"菌种"。

1. 种苓选择　在高产、稳产的苓窖内，选取球形、外皮薄、皮色淡黄或红棕、有裂纹、苓肉白色、浆多、香味浓、鲜重2.5 kg以上的茯苓作为分离材料。选好的茯苓要及时分离，不宜久放。如需短期存放或运往外地，要用湿沙掩埋，以防干燥。

2. 种苓消毒　分离时将种苓用清水洗净、纱布擦干，用酒精或0.1%氯化汞溶液进行表面消毒。

3. 分离接种　用接种刀将种苓切开或用手掰开，再用接种针取切面苓肉接种。茯苓组织分离要选取稍大一点的组织块（比黄豆粒稍大）接种。因为茯苓并非子实体，而是菌核，组织内只有少量菌丝，其余都是贮藏物质——茯苓多糖和相关化合物。若选取的组织块太小，易导致分离失败。

4. 菌丝培养　将茯苓组织块接种在PDA斜面培养基上，在22～25℃下培养。2天后菌丝开始萌发，7天后长满试管，但菌丝不够丰满，应及时转接到相同的培养基上继续培养，菌丝才能旺盛生长，并出现茯苓菌落特有的同心环纹。当气生菌丝在培养基表面长满后，菌落环纹才逐渐消失，散发

出茯苓所特有的香味。

用组织分离法得到的茯苓菌种，只能扩大培养2～3次。传代过多，容易引起退化。

5. 出苓试验　将组织分离的茯苓母种进行出苓试验，确认其菌丝生长速度快、菌核个体大、产量高、总多糖和三萜类物质含量高，再应用于大面积生产。

（六）灵芝组织分离法

1. 种芝选择　成熟的灵芝子实体细胞已木栓质化，不宜作为分离材料，应选取尚未木栓质化的幼嫩子实体作为分离材料。可以选用尚未形成菌盖的幼蕾，取生长前端的浅黄色幼嫩组织进行分离。生长中的灵芝，要选择出芝早，个体粗壮，生长旺盛，外观鲜嫩，色泽均匀，无病态及畸形，具有本品种典型特性的个体，在灵芝菌盖前端呈浅黄色时采收。

2. 种芝消毒　把采回的种芝及时放入无菌接种箱内，放入0.1%氯化汞溶液中浸泡1～2 min，取出放入无菌水中涮洗，然后取出用灭过菌的纱布擦干表面的水。

3. 分离接种　用接种刀把菌盖表层切去，取菌盖前端的浅黄色幼嫩组织进行分离。切取绿豆大小的组织块，迅速接进灭过菌的空白试管内，并及时塞好棉塞。每个种芝可接8～10支试管。

4. 菌丝培养　将接好组织块的试管置于25～28℃的恒温箱内黑暗条件下培养。有光时，灵芝菌丝很快革质化，不利于转管操作。3～4天后，组织块上开始出现白色绒毛状菌丝，及时挑出不发菌或受到污染的试管，剩下的继续在恒温下培养，直至菌丝发满试管。然后挑出菌丝洁白、生长势旺的试管，在无菌条件下将菌丝再转入新的试管中，在25～27℃培养5～7天，菌丝发满，便制成了灵芝母种。

5. 出芝试验　用培养好的母种，转扩进行生产检验，待灵芝正常出芝并表现出良好的生产性状后再扩大应用。

多孔菌类组织分离均可参照此法。

（七）蜜环菌组织分离法

1.菌索组织分离法

（1）培养基准备　分离蜜环菌用的试管培养基为高层培养基。培养基容量占到试管长度的一半，灭菌后直立放置，凝固后备用。

（2）选择种材　蜜环菌类用粗壮的菌索作为分离材料。幼嫩菌索呈棕红色，前端具黄白色的生长点，内部充满白色的疏松菌丝，靠近生长点的幼嫩部位，菌丝再生能力和生活力都很强，为最好的分离材料。在野外采集蜜环菌菌索时，应连同树桩和树根挖取，埋入潮湿的木屑或沙土中，常浇水保湿，放在适宜的温度下，待新菌索长出后，用白色生长点或幼嫩菌索分离，可提高成功率。

（3）种材消毒　在腐朽的木桩、菌材或天麻块茎上选取幼嫩、粗壮的菌索，洗净后用纱布吸干水分，放入接种箱内，用酒精或 0.1% 氯化汞溶液进行表面消毒。

（4）分离接种　用无菌接种刀刮去菌索的皮鞘，抽出其中的白色菌髓切成小段后，用尖头镊子夹取一小段，接入试管内培养。

（5）菌索培养　放在 24～25℃ 下培养，待菌索布满试管内培养基后，分离成功。

2.子实体组织分离法

（1）培养基准备　准备试管高层培养基。

（2）种材选择　采集新鲜的、形态完整、生长健壮、无病虫害、近于成熟的子实体作为分离材料。

（3）种材消毒　用酒精或 0.1% 氯化汞溶液进行表面消毒。

（4）分离接种　用无菌接种刀从菌盖中间纵向切开，在菌柄与菌盖交界处取麦粒大小的一块组织移到培养基上。

（5）菌索培养　放在 24～25℃ 下培养，待菌索布满试管内培养基后，分离成功。

假蜜环菌、安络小皮伞等有菌索的菇类都可采用此法分离。

（八）鸡油菌组织分离法

鸡油菌也采取菌索分离法分离。菌索一般由菌鞘和菌髓组成，对不良环境具有较强的抵抗能力。菌鞘深褐色，胶质化。菌髓白色，似薄壁组织。

1.种材选择　在林地选取结实前的鸡油菌菌索，连同腐殖质土一同挖取，保持原有结构，在 25℃ 下培养 4 天。

2.种材消毒　分离时，挑出菌索用无菌水冲洗数次。

3.分离接种　取菌索尖端组织少许接种到斜面培养基上。还可以将菌索用无菌接种刀切断，抽出菌髓，取一小段接入培养基中培养。

4.培养　在 25℃ 下恒温培养。再经过纯化，就可得到鸡油菌纯菌种。

（九）猪苓菌核组织分离法

1.种材选择　挑选菌核外皮完整、黑亮、无杂色斑点、有弹性，切面质地均匀、色白，健壮饱满，新鲜，中等偏小，长 5～10 cm 的成熟猪苓菌核作为分离材料。

2.种材消毒　将选好的菌核用清水冲洗干净，再放入 5% 甲酚皂溶液中浸泡 30 min，用无菌水冲洗干净。

3.分离接种　用刀片将菌核切成 0.5 cm 厚的片状。为防止接种物的细菌感染，可将菌核片放入 0.2% 金霉素溶液中蘸一下立即放入培养皿中。每皿放 1～3 片。

4.菌丝培养　接种后，将培养皿放入 25℃ 下培养 3～4 天，菌核即萌发出色白而密的菌丝。7～8 天菌丝深入基质中，长 1～2 mm。采用气生菌丝和基内菌丝块，可以获得猪苓纯菌种。

猪苓气生菌丝出现 15 天内即老化，变成褐色。因此，需要在菌丝伸入到基质内的初期进行移植。

（十）竹荪组织分离法

1.种材选择　选取个体肥大、结实，顶端没有出现突起，尚未破裂、七八分成熟度的适龄菌蕾作为分离材料。

2. 种材消毒　用 0.1% 氯化汞溶液或酒精进行表面消毒。再用灭过菌的接种刀，沿菌蕾纵剖，在中部切 0.2～0.4 cm 深的切口。

3. 分离接种　用手指将菌蕾撕开，用接种刀在露出的剖面上切成许多 0.3～0.5 cm 的小方格。用接种针插入被割开的小方块内，使组织块游离，随即用接种针挑取白色组织块，接种到斜面培养基的中间部位。

4. 菌丝培养　放入 20～22℃恒温箱内培养。长裙竹荪接种 3 天萌发，短裙竹荪接种 7 天萌发。在相同的培养条件下，长裙竹荪的菌丝生长速度是短裙竹荪的 20 倍。菌丝长满试管后，经扩大培养即成母种。

二、孢子分离法

孢子是食用菌的基本繁殖单位。食用菌的孢子具有代谢旺盛、发育强壮、数量多的特点，所以在食用菌生产中常常采用孢子分离法选择具有优良性状的菌株。

孢子分离法是利用成熟子实体的有性孢子能自动从子实层中弹射出来的特性，在无菌条件下和适宜的培养基上获得孢子，使孢子萌发成菌丝，从而获得纯菌丝的方法。孢子的生活力强、数量多、变异概率高，采用孢子分离法能为选择优良菌株提供更多的机会。孢子分离的菌种菌龄短，生活力旺盛，常作为菌种复壮的一种手段。但孢子产生的菌丝会发生变异，孢子分离法也存在优良菌株性状难以保存的缺陷。

进行孢子分离时应该选择好种菇。香菇、平菇等无菌幕或菌幕易自动破裂的菇类，应该选八分成熟即将释放孢子的子实体，此时采集的孢子基本上是无菌的；双孢蘑菇、草菇等有菌幕的食用菌品种，应挑选菌幕即将破裂的健壮个体，此时种菇已发育成熟，而子实层又未被感染。

种菇采收后要及时切除基部并进行表面消毒。在接种室（箱）内，把种菇浸入 0.1% 氯化汞

溶液中消毒 1 min，随即取出用无菌水冲洗数次，再用无菌纱布将表面水吸干。也可用 75% 酒精或 20% 过氧化氢溶液进行种菇表面消毒。对于香菇、平菇等子实体裸露的种菇，只能用 75% 酒精揩擦菌盖及菌柄表面。对于木耳、银耳类子实体，千万不能接触消毒剂，只能置于烧杯中用无菌水洗涤，再用镊子夹起用无菌水冲洗数次后用无菌纱布吸干表面水分。

（一）孢子收集

1. 孢子采集器收集法　此方法用于双孢蘑菇、香菇、平菇、猴头菇、草菇、滑菇、鸡腿菇、竹荪等。下面以双孢蘑菇为例介绍具体操作。

（1）种菇的选择　双孢蘑菇种菇的选择，秋菇比春菇好，一般在 11 月上中旬，在第一、二茬菇中挑选，最好选择第二茬菇。此时双孢蘑菇生长最旺盛，菌丝生活力强，子实体健壮，质量好，加上气温适宜，双孢蘑菇能正常成熟。应从菌丝生长健壮有力、无病虫杂菌、出菇均匀、转茬快、子实体生长旺盛的中层菇床上，挑选菇盖肥厚、颜色洁白、菇形圆整、菇柄粗壮的单生菇作为种菇。种菇以菌盖 4～8 cm 为好。种菇从小就要进行挑选和标记，首先从菇床上选 20 个符合要求的小菇，从纽扣大小起（约 2 cm）就插上标记，注意观察，对每天的生长情况进行记录并加以比较，最后留下 2～3 个长势最好、菇体肥壮的作为种菇。为了使种菇能正常生长，并有充分的养料，可将周围 6～10 cm 范围内的小菇拔掉。

用作孢子分离的种菇要达到一定的成熟度。双孢蘑菇种菇采收的标准是菌幕将破而未破（未开伞），八九分成熟时。为了便于观察，可用小镜子放在菇盖下，当看见菌膜变薄而绷紧、菌幕即将破裂时，轻轻采下。采摘过早，孢子尚未成熟；采摘过迟，菇已开伞，菌褶外露，表面消毒困难，也易杀伤孢子。

种菇采摘后，将菌柄的 2/3 切除，尽早进行孢子收集或组织分离。

（2）孢子收集器的准备　孢子收集器是用来

采收食用菌孢子的一种装置。它既可避免杂菌污染，又能满足种菇生长所需要的空气和空气相对湿度，有利于孢子弹射。孢子收集器是用一个直径13 cm的培养皿和25 cm左右的搪瓷盘，盘内垫上几层纱布，上面放一只直径9 cm的培养皿（收集孢子），皿口向上，皿内放一个不锈钢三脚架（供插种菇），再在搪瓷盘上加盖一只玻璃钟罩（也可用大玻璃漏斗代替）。将上孔塞上棉塞或扎上6～8层纱布，外面连同瓷盘一起用纱布包好，放入灭菌锅内用0.11 MPa的压力灭菌1 h，然后取出放在已消毒的接种箱内备用。

（3）孢子的采集　先把孢子收集器进行高压灭菌，然后和用具一起放在接种箱内用消毒剂熏蒸消毒30 min，也可放置在净化工作台上消毒30 min。种菇采收后及时切除基部并进行表面消毒。在接种室（箱）内或净化工作台上，把种菇浸入0.1%氯化汞溶液中消毒1 min，随即取出用无菌水冲洗数次，再用无菌纱布将表面水吸干。也可用75%酒精、20%过氧化氢、0.1%～0.2%高锰酸钾溶液进行种菇表面消毒。种菇消毒后，轻轻掀开玻璃钟罩，将种菇迅速插在三脚架上，使子实体菌褶向下并正对培养皿，盖上钟罩，用纱布将玻璃钟罩周围盖好，并在纱布上倒0.1%氯化汞溶液或无菌水少许，既可防止杂菌侵入，又可为种菇弹射孢子提供所需要的空气相对湿度。然后将孢子收集器从无菌室（箱）内取出，移入恒温箱培养，让其自然弹射孢子。弹射孢子所需要的温度，因种菇的大小而异，单菇重在100 g以上的，需放在22℃条件下培养；单菇重在100 g以下的，在18～20℃条件下培养。种菇一般经培养2天左右即可落下孢子。待培养皿内孢子由淡咖啡色转为咖啡色时，要中止孢子弹射，以防成熟过度、生活力较差的孢子混入。将孢子收集器移至无菌室（箱）内，在无菌条件下打开钟罩，拿出种菇和支架，将培养皿盖好，并用透明胶或胶布封贴保存。

不同的食用菌品种释放孢子的温度不同，在收集孢子时要注意将种菇放在适温下让其自然弹射孢子。

2. 锥形瓶孢子收集法　此法简单易行，最为常用，适用于不具菌柄的菌类，如木耳、银耳等孢子的收集。

（1）种耳的选择　木耳应选择出耳早、朵形端正、耳片大而肥厚、色黑、健壮而无病虫杂菌的、八九分成熟的新鲜春耳作为种耳。银耳要选择瓣片肥厚、朵形大、色泽洁白而透明、生长健壮的作为种耳。

（2）孢子的采集　在250 mL的锥形瓶内放一个"S"形铁丝钩，塞上棉塞后进行灭菌。分离时把种耳的耳片用无菌水冲洗干净，然后用无菌纱布吸干表面水分，用手术剪剪取2 cm² 大小的小片挂在瓶内的小铁丝钩上，然后放入锥形瓶内，铁丝钩的另一端钩住瓶口。锥形瓶内盛有1 cm厚、事先灭过菌的凝固的PDA培养基。塞紧棉塞。注意操作时不要使耳片接触培养基或瓶口。然后把悬挂着耳片的锥形瓶从接种室（箱）内取出移入25～28℃下放置10～15 h，当培养基表面有一层白色孢子印时，再移入无菌室（箱）内，及时取出耳片和钩子，塞好棉塞（图4-3-10）。

图4-3-10　锥形瓶收集孢子

3. 玻璃珠孢子收集法　将几十个豆粒大小的玻璃珠放入锥形瓶中，塞上棉塞，经灭菌后放入接种室（箱）内。把已进行表面消毒的种菇或种耳用细铁丝悬挂在锥形瓶内。操作同锥形瓶孢子收集法。待孢子弹射后，将落有孢子的玻璃珠取出，放入已消毒的培养皿或试管培养基上滚动后倒出，然后盖好培养皿或塞好试管棉塞待用。

4. 试管印模收集法 在接种箱内对挑选好的种菇进行表面消毒处理后，将备好的试管斜面培养基的试管口用酒精灯火焰灭菌后稍冷却，对准经过消毒处理的种菇菌褶按压，种菇组织即被试管口割下进入试管内。然后再用灭过菌的工具将进入试管内的菇块推进管内约 3 cm，塞上棉塞，棉塞与菇块相距 1 cm 左右。将试管置于恒温培养箱内培养，斜面向上呈 45° 角倾斜。待斜面培养基表面出现白色或褐色粉末时，表明孢子已被弹射出来。此时，把试管再移入接种室（箱）内，用接种钩取出菇块，塞好棉塞。

5. 贴附弹射法 在无菌室（箱）内，将选择好的种菇消毒处理后，切取一小块耳片或菌褶，用无菌接种针挑起，用熔化的琼脂或糨糊贴附在试管斜面的正上方，注意菌褶对着斜面，塞上棉塞，放在 25℃ 下培养。24 h 后，斜面培养基上就有孢子出现。在无菌条件下，去除菌褶或耳片后备用。也可用培养皿作为收集容器。

6. 空中捕捉孢子法 灵芝、云芝等多孔菌，马勃等腹菌，羊肚菌等子囊菌，凤尾菇、平菇、香菇、草菇等伞菌子实体成熟后，会自动弹射大量孢子，在子实体周围可见有烟雾状的"孢子云"。此时用打开口的装有母种培养基的培养皿或试管斜面迎着孢子烟雾快速捕捉几下，使孢子附着于培养基表面，立即盖上盖子或塞好棉塞。此法简单易行，适用于菇类孢子的收集。但杂菌较多，需要经过多次分离纯化，才能获得纯培养物。

为减少杂菌感染，可用一支灭过菌的 50～100 mL 的注射器，吸入 20～40 mL 无菌水，将针管内的空气排出，然后取下针头，将管口移向"孢子云"，迅速将注射器的推管向后拉，吸入少量"孢子云"，再装上针头、摇匀，制成孢子悬浮液，用于分离。

（二）孢子分离

采集的孢子不经分离也可以在培养基上长出菌丝体，但生理活性及发育程度是不整齐的，发育的菌丝体中会有长势较弱的菌丝。此外，对于四极性的食用菌来说，孢子之间能配对的概率只有 25%，在萌发的菌丝间必然混有许多不孕的菌丝体。因此采集到的孢子必须经过分离纯化，才能选育出优良的菌株。

孢子的分离分为多孢分离和单孢分离两种。双孢蘑菇和草菇等同宗配合的食用菌的一部分单孢子具有单孢结实的能力，由单孢培养的菌丝，经双核化后形成的双核菌丝一般具有结实的能力，纯种分离常采用单孢分离法。香菇、平菇、木耳、金针菇等异宗配合的食用菌，孢子具有性别，单个孢子萌发的菌丝无结实能力，单孢菌丝只有经过交配后才能结实，常采用多孢分离法。如果进行杂交，也可进行单孢分离。

1. 多孢分离法 多孢分离就是把采集到的许多孢子接种在同一培养基上，让其萌发、自由交配形成异核菌丝，再经过挑选纯化，通过出菇试验后用于栽培。本方法对食用菌制种有非常重要的意义。多孢分离法常难以得到理想的菌株，采集到的孢子可以用以下几种方法加以分离。

（1）平板划线法 按无菌操作规程，用接种针蘸取少量孢子悬浮液，在平板培养基上划线，注意不要划破培养基表面。然后放入适温下培养，待孢子萌发后，挑取萌发早、长势旺的菌落，转接于装有 PDA 培养基的试管再进行培养即成母种。

（2）直接培养法 将收集到的孢子直接放入恒温箱进行培养，待孢子萌发后挑取性状好的菌落转接培养成母种。

（3）涂布法 在无菌条件下，将采集到的孢子用无菌水稀释成孢子悬浮液，再在无菌条件下用移液管吸取孢子悬浮液放入无菌试管斜面或培养皿内，用玻璃刮刀将孢子悬浮液在试管斜面或培养皿表面涂布均匀，然后进行恒温培养。待孢子萌发时，挑取发育均匀、生长快速的菌落转入新的试管斜面培养成为母种。

选育优良品种，仅从形态上判断是不够的。为了保证母种的质量，还需要做生物学鉴定（如出菇试验），根据生物学特性和生物学效率等数据，来确定是否为优良品种而用于扩大培养和生产。

2. 单孢分离法 单孢分离就是将采集到的孢子单个分开进行培养，让它单独萌发成菌丝而获得单核菌丝的方法。单孢分离对于杂交育种具有十分重要的意义，在人工条件下使两个优良品系的单孢进行杂交，从而培育出新菌株。

从许多孢子中挑选出单个孢子，一般需用单孢分离器。如果没有单孢分离器，也可用稀释法获得单个孢子。常用的有连续稀释法、平板稀释法和毛细管切割法。其操作原理是用无菌水把孢子冲散，降低一定体积中孢子的密度，最后使每滴孢子液中含1～2个孢子。然后把含1～2个孢子的孢子液滴在琼脂培养皿上培养，发现菌落时立即转移到新的培养基上进行培养，并检查有无锁状联合，以确定是否单孢菌落。然后编号培养，可得到单孢分离菌株。

（1）单孢稀释分离法 在无菌条件下，用灭过菌的注射器吸取5 mL无菌水注入收集孢子的培养皿内，轻轻摇动，使孢子均匀混于水中，制成孢子悬浮液。斜置倾放，使密度大的饱满、健壮的孢子沉于下部。也可用注射器吸取下层孢子液，针头朝上放置几分钟，再推动注射器，让相对密度较小的孢子悬浮液从针口溢出，留下层孢子液2～3 mL。再吸取2～3 mL无菌水，把孢子液稀释到淡咖啡色（可用孢子液涂载玻片，在显微镜下观察，以每滴孢子液中有4～5个孢子为宜）。

将斜面试管的棉塞轻轻拔动，用注射器吸取孢子液，针头从试管壁插入，注入1～2滴孢子液。注射后塞好棉塞，旋转试管，使孢子液均匀分布于斜面培养基上，便于以后挑选。

将注入孢子液的试管放在23～25℃的恒温箱中培养，经常检查孢子萌发情况和是否有杂菌。在适宜条件下，双孢蘑菇孢子7天可以萌发，9～12天可以看到菌丝。15天后才萌发的孢子，其生活力较差，不能用于生产。杂菌孢子萌发快，如7天内肉眼能看到萌发的菌丝，多为杂菌，应该直接弃掉。

单孢萌发成的菌丝，在菌落之间尚未相连时，挑取发育均匀、菌丝健壮的单菌落移入斜面培养基中培养即成纯种。挑选菌落要在无菌条件下进行，用接种铲连同菌落周围的培养基一起移入斜面试管中。如果是异宗配合的食用菌则需要获得具有亲和能力的单核菌落，配对成功后获得双核菌丝，之后经出菇试验才能用于生产。

另外一种稀释分离法为：准备5支试管，其中一支装10 mL无菌蒸馏水，另外4支各装9 mL无菌蒸馏水。用接种针蘸取孢子，加入10 mL无菌水的试管中，摇动使孢子分散成孢子悬浮液。用无菌注射器或吸管取1 mL孢子悬浮液加入第二支试管，摇动使其分散。以此类推至第五支试管。这种梯度稀释法，每稀释一支试管，悬浮液中的孢子量就降至原来的10%。稀释度越高，悬浮液中的孢子量就越少。从第五支试管取少许稀释液放显微镜下观察，如果孢子单个分开，就达到了分离目的，否则就要按此法继续稀释。视孢子量从第四或第五支试管中取0.2 mL孢子悬浮液加入培养皿培养基上，用无菌涂抹棒使孢子液均匀涂布于培养基表面，经过适温培养即可得到单孢菌落。如培养皿上无单孢菌落，说明孢子悬浮液中孢子量过多，要增加稀释度，重新培养。每次可做10个培养皿，以便挑选单孢菌落。还可先制成平板培养基，将一滴孢子液滴在平板培养基中间，再加入一滴吐温80，孢子液被油剂表面张力推散，按上述条件培养，也可得到单孢菌落。

（2）试管稀释点样法 用无菌接种针在培养皿内蘸取少量孢子，或用接种针直接从菌褶上轻轻刮取少量孢子，放入盛有无菌水的试管中，充分摇动，使孢子均匀分散。用无菌接种针蘸取一滴孢子液涂在载玻片上，在低倍显微镜下观察，如果每滴孢子液中有3～4个孢子，应继续稀释，直到每滴孢子液中有0～1个孢子为止。将孢子液滴在培养皿盖的边缘2 cm处，用低倍物镜观察，将只有1个单孢子的孢子液用蜡笔在反面做标记并加一滴营养液。为了防止营养液蒸发过快，在培养皿内加少许无菌水，用纸包好进行培养。孢子萌发，经显微镜检查确认只有 1 个孢子后，在孢子液上放一琼脂块，使孢子继续生长。2～4 天后，将菌丝连同琼脂块一起移到试管内培养。

（3）毛细管切割法　将稀释过的孢子悬浮液滴在培养皿内的培养基上，每个培养皿内放 1 mL。停几分钟后，倒去多余的水，进行保温培养。孢子萌发后，用毛细管在低倍显微镜下割取只有 1 个芽管的单孢子，移接到试管斜面培养基上培养。

（三）孢子萌发

1. 影响孢子萌发的因素

（1）孢子结构影响萌发率　对于孢子壁较薄的孢子，水很容易通过孢子壁渗透进入孢子使其萌发。而孢子壁厚的（如草菇和灵芝），水及营养液只能从孢孔进入，再由孢孔萌发出芽管，形成菌丝。这类孢子萌发率很低。

（2）多孢刺激能诱导萌发　多数腐生菌类的孢子都容易萌发，因为孢子呼吸释放出的气体可以刺激孢子萌发。所以，多孢子比单孢子容易萌发。

（3）温度影响孢子萌发　温度显著影响孢子的萌发，不同的食用菌孢子萌发所需要的温度和子实体形成的温度相近，孢子分离时要置于最适温度下培养。

2. 诱导孢子萌发的方法

（1）洗净处理　将孢子用无菌水或 0.05% 磷酸缓冲液 (pH 8) 浸 12 h，然后用滤纸过滤，取其孢子接种和培养，如草菇孢子。

（2）高温处理　孢子液在 40℃下处理 48 h，再置于 25℃下培养。

（3）低温处理　将孢子在 -7℃ 处理 70 天后移接在 25℃ 下培养。

（4）添加诱导物质　将 0.001%～0.01% 异戊酸或异戊醇加入培养基中于 25℃ 培养（如双孢蘑菇）可提高萌发率。

（5）在培养基中加天然基质提取液　将食用菌的生长基质、腐殖质、土壤或子实体浸取液加入培养基中，可以促进其孢子萌发。这是一种常用的

简单有效的方法。如用灵芝子实体浸提液可以促进其孢子萌发。

（四）常见食用菌孢子分离技术

1. 双孢蘑菇孢子分离技术

（1）双孢蘑菇单孢分离　双孢蘑菇孢子萌发率很低，国际上多采用异戊酸溶液刺激孢子，提高萌发率。但这类化合物的使用浓度如超过最适水平，反而会抑制蘑菇孢子萌发。用双孢蘑菇菌丝来刺激孢子萌发，则是一种简单而有效的方法。

首先制备 PDA 平板培养基，每个培养皿内倒入 12 mL 培养基，冷凝后，切成 16 mm^2 的小块。用玻璃毛细管将双孢蘑菇孢子稀释液在培养皿盖内点样，再盖到盛有琼脂的培养基上。在低倍显微镜下检查，将只有 1 个孢子的点样用蜡笔做好标记。用接种针挑取一小块 PDA 培养基，放到有标记的点样附近，再轻轻推动，使之碰到液滴。注意不要将琼脂块盖到液滴上，否则孢子不会萌发。事先在另一个培养皿内培养好双孢蘑菇菌丝，或放一层双孢蘑菇麦粒菌种，把皿盖取下放在培养皿底部，立即盖上点样的皿盖，使两个皿盖对接，用胶布贴住接缝（为了通气，应留 0.5 cm 不贴胶布），形成一个刺激双孢蘑菇孢子萌发的小环境。将之放在 23℃ 的培养箱内进行培养。孢子萌发后，将琼脂块移接到试管内继续培养。此法可使双孢蘑菇孢子萌发率达 20%～45%。

（2）双孢蘑菇单孢菌落的挑选　双孢蘑菇孢子的萌发速度是双孢蘑菇菌株初选的重要依据。将在 20～22℃ 下 8～10 天内萌发的菌落列为挑选的对象。多孢子萌发的菌落应及时挑选和提纯，以免菌落交织后难以优选。当菌落长至绿豆大时，从中选出若干个菌丝浓密粗壮、整齐、不倒伏、生长旺盛、培养基背面可见一圈圈年轮样斑纹的单孢菌落，连同其着生的一小块基质移接到新的培养基上，置 20～22℃ 下继续培养。没有入选的菌落弃去不用。当菌落长至蚕豆大时，将培养温度降至 15℃ 左右；当菌落长至斜面的 1/2 时，将培养温度降至 12℃ 左右，直至菌丝长满试管。

食用菌制种技术

（3）从菌落形态进行复选　在培养过程中，如果有形态不正常或长势较差的菌落，应逐渐淘汰。当菌丝长至斜面的1/2时，菌丝的培养特征已比较明显，可根据双孢蘑菇菌丝在斜面上的类型（生长在培养基表面的气生型、紧贴培养基表面的匍匐型、长在基质内的基内型）进行挑选。最好选用气生菌丝和基内菌丝发育得比较好的菌株。国内以前多采用气生型菌株。挑选的菌株应该具有菌丝浓密粗壮、生长旺盛、清晰整齐、高温不倒伏、不干瘪、基内菌丝扎得深、培养基背面可见年轮样斑纹的特性。

（4）抗逆试验　首先进行抗高温试验。当菌丝长至斜面的1/2时，转入35℃下培养24 h，再放在20～22℃下继续培养。如菌丝不发生萎缩倒伏（俗称"倒毛"）且能正常生长的，必须保留。如果倒毛严重，适温培养后菌丝生长势变弱，应该淘汰。

然后再进行抗湿试验。将经过抗温试验挑选出的菌株在含有不同用量琼脂的斜面上进行抗湿试验，将在不同空气相对湿度下均可生长的菌株挑选出来。只适于在偏干、偏湿条件下生长的菌株不宜用于生产。

（5）吃料试验　将经过上述试验的菌株接种到粪草培养料上，观察菌丝吃料情况。以2天内菌丝恢复生长，8天内长入料中，培养料变为红棕色、菌丝前端粗壮、生长整齐、呈蒲扇形排列的菌株为好。

（6）出菇试验　双孢蘑菇孢子中的20%～30%是不育的。因此，选育出的菌株在生产使用前一定要进行出菇试验，并同时考核其生产性状和经济性状。经常使用的鉴定方法有瓶栽法和箱栽法。

1）瓶栽法　将粪草培养料装入750 mL的菌种瓶内，装至瓶的一半。灭菌后，接入供试母种，25℃培养。当菌丝长满后，将瓶子上部打碎，盖上2～2.5 cm厚的处理好的土，常规管理。记录出菇时间、菇形、菇质、出菇密度、转茬快慢等性状。

每个菌株至少试验10瓶。

2）箱栽法　用长30 cm，宽30 cm，深7～10 cm的木箱或塑料筐，常规处理培养料、装箱、播种、出菇管理。观察菌丝形态和生产性状，每个菌株设5次重复。

2. 草菇孢子分离技术

（1）草菇单孢分离　挑选发育健壮、形态正常、肉厚、无病虫害、大小适中、菌幕刚开始破裂的子实体作为种菇收集孢子。注意种菇消毒只能用75%酒精进行表面消毒，而不能用药水浸泡。收集孢子时温度要控制在33℃左右。

（2）草菇孢子的萌发　草菇孢子萌发的温度范围比较窄，在25℃以下、45℃以上均不能萌发，30℃时只有少量萌发，40℃萌发最多。

培养基上的孢子密度也是影响孢子萌发率的重要条件。每平方毫米内有10～100个孢子萌发率可达90%，而每个培养皿上只有一个孢子，萌发率会下降到60%。

下面是常用的提高孢子萌发率的方法。

1）热刺激。先将草菇孢子在40℃下培养2 h，再置30～33℃下继续培养。待长出菌丝后，在单孢菌丝尚未连接之前，无菌转入斜面试管，置33℃左右培养。

2）浸泡处理。用蒸馏水或0.05%磷酸盐缓冲液（pH 8）浸泡孢子22～26 h，萌发率可显著提高。

（3）可育单孢菌株鉴别　草菇有些单孢子菌株可以结实，有些不能结实，两者的培养特征区别显著。可以结实的菌株菌丝初期透明，无色，纤细，生长速度快，分枝性强，后期菌丝变白色至黄白色，粗壮，直或弯曲，棉絮状或绒毛状，气生菌丝旺盛，有红褐色厚垣孢子产生，移植后能正常生长。不能结实的单孢菌株，菌丝生长缓慢，气生菌丝少且不粗壮，经几次移植后很快死亡或生长不良。生产上应用的菌株必须进行出菇试验。

（4）草菇菌株的出菇试验

1）菌种瓶（袋）覆土法。用菌种瓶（袋）装上培养料，灭菌后接种，适温培养。待菌丝长满后，覆灭过菌的细土，常规管理。此法只能证明菌株的可育性，而不能用来测定生物学效率。

2）浅盘出菇法。用铁丝、木料、高温塑料编织50 cm×50 cm×20 cm的浅盘，装入堆制好的培养料，用塑料薄膜覆盖后进行巴氏灭菌。待料温降到38℃左右接种，进行常规管理。观察供试菌株的特性。

3. 香菇孢子分离技术

（1）种菇选择　在无病虫害的菌材或菌袋上选取菇形圆整、菌盖中等、菌肉肥厚、菇柄较短、生长健壮、无病虫感染、菌幕尚未破裂、八分成熟的子实体作为种菇。

（2）香菇孢子的收集　用75%酒精进行表面消毒，将菌柄在与菌盖平齐处切除。将菌褶朝下插在孢子收集器内的三脚架上，置15～20℃下24 h。当看到培养皿内有白色孢子印时，停止收集。也可用贴附弹射法收集孢子。

（3）孢子稀释分离　香菇的孢子是四极性的，单孢子萌发的单核菌丝只有经过交配才能成为可育的双核菌丝。生产中一般采用多孢分离法。先准备一个内装50 mL无菌水以及10个小玻璃珠的100 mL的锥形瓶。在无菌条件下用注射器吸取2～3 mL无菌水注入有香菇孢子的培养皿内。再将孢子液吸入锥形瓶内。摇动锥形瓶，使香菇孢子均匀分散于水中。再用注射器吸取1 mL孢子悬浮液，注入装有9 mL无菌水的试管中。再用注射器吸取1 mL稀释的孢子液，注入第二支装有9 mL无菌水的试管中。依此类推，根据实际需要，决定稀释倍数。最后用注射器吸取0.05 mL稀释后的孢子液，接入PDA试管斜面或平板培养基上，置于22～25℃下培养。

（4）培养提纯　在22～25℃下，3～4天就可以观察到香菇孢子的萌发。每天观察，看到有异常菌丝或细菌菌落要及时淘汰。培养几天后，在无菌条件下挑取两菌落菌丝交叉处的菌丝移入PDA斜面培养基上，22～25℃培养后，挑少许菌丝制作载玻片在显微镜下观察，有锁状联合的即为双核

菌丝。将这种菌丝体一部分保藏，一部分用于出菇鉴定。没有锁状联合的不能用于生产。

（5）单核菌丝的鉴别　通过单孢分离培养在培养皿上看到的菌落并不都是单孢菌落。

香菇的单核菌丝和双核菌丝有以下区别：

用碱性甲基蓝将菌丝染色，单核菌丝的细胞只有一个核，双核菌丝有两个核。

通过显微镜观察，单核菌丝没有锁状联合，双核菌丝有锁状联合。

单核菌丝较细，双核菌丝较粗。在显微镜下用测微尺测定菌丝宽度，单核菌丝1.2～2 μm，双核菌丝3～4 μm。

通过显微镜观察，单核菌丝分枝多，双核菌丝分枝少。

在平板培养基上双核菌丝生长快，单核菌丝生长速度只有双核菌丝的30%～80%。

将香菇斜面菌种保存在自然条件下，双核菌丝20～60天便出现老化；单核菌丝85天仍没有老化、变褐现象。

双核菌丝常规转管继代培养，均可旺盛生长。单核菌丝经过多次转管或长期保存在低温下，生长势逐渐减弱，甚至会分泌黄色色素，直至停止生长。

平板培养的双核菌丝体厚而均匀，致密，菌丝平伏。单核菌丝生长稀疏，不均匀，呈绒毛状，而且会出现多种不同的菌落。

（6）分离菌株的检验　将分离得到的香菇菌株进行栽培，观察菌丝生长速度、菌丝长势、出菇时间、菇体形态、产量等特性。确定菌株优良后，才能用于生产。若是段木菌种，需要进行段木栽培试验。

4. 平菇孢子分离技术

（1）种菇选择　选择出菇早、菇形端正、菌肉肥厚、生长健壮、成熟度适中、无病虫危害的前两茬菇。

（2）孢子采集　将种菇用75%酒精进行表面消毒后收集孢子。平菇孢子采集方法很多，如孢

子收集器收集法、锥形瓶孢子收集法、贴附弹射法等。平菇孢子的弹射顺序由基部(靠近菌柄的一端)呈带状向前缘推移，菌盖前缘隆起处是孢子弹射最活跃的地方。利用贴附弹射法收集孢子时多取此处的菌褶。

（3）孢子分离　孢子分离包括多孢分离和单孢分离。

（4）提纯培养　孢子分离后，置于25℃左右培养，当有肉眼可见的菌落时及时转接。

多孢菌种纯化后，未经出菇试验和子实体组织分离不能直接用于生产。因为菌种来自多孢，在扩大培养中，个体间会出现差异，随着转管次数的增加，差异更加明显。解决这一问题的办法是在进行出菇试验时，挑选表现良好的菇体再进行一次组织分离。经过这次组织分离得到的菌种性能稳定，再经出菇试验证明其性状优良后可以投入生长使用。

单孢萌发的菌丝只能作为育种材料，而不能用于生产。

（5）分离菌株的检验　将分离得到的平菇菌种用常规栽培方法进行性状检验，确定性状优良后再应用于生产。

5. 木耳孢子分离技术

（1）种耳选择　选取生长旺盛、菊花状、色泽黑、朵大、肉厚、皱褶多、无病虫害、七八分成熟的子实体作为种耳。

春耳发育健壮，病虫害较少，所以种耳最好在春耳发生季节采取。应在耳木生长都比较旺盛且病虫害较少的耳场采取种耳和种木。

如果是干耳，应将其放在灭过菌的烧杯内，用无菌水发胀。再用无菌水冲洗数次后，用无菌纱布将耳片擦干，放入无菌培养皿内，上盖无菌湿纱布，在25℃下培养24 h后，再用锥形瓶孢子收集法收集孢子。

（2）孢子收集　采用锥形瓶孢子收集法收集孢子。注意悬挂时要使木耳的子实层一面向下，因为木耳子实体有绒毛的一面是不育的。

（3）菌种提纯　一般采用尖端提纯的方法。将初次分离的菌种转管后，在菌丝尚未长满试管时，挑取生长正常的菌落的尖端菌丝，经过反复提纯，直到无任何异常为止。

（4）菌种检验　多采用瓶栽法进行鉴定。将分离母种接种到灭过菌的瓶装培养料上，常规管理培养，在培养基上出现耳基，就可以认定为木耳菌种。

如须进一步验证生长性状，可采用常规栽培方法进行出耳验证。

6. 银耳孢子分离技术　银耳孢子获得相对困难，而且孢子也不易萌发成菌丝，在生产中应用比较少。但为了进行育种研究，就必须采用单孢分离法获得单核菌丝。

（1）种耳选择　分离银耳孢子最好用新鲜银耳作为分离材料，选朵大、色白、无病虫害的银耳作种耳。当耳瓣由透明变成乳白色、手摸有黏滑感时，表明银耳已成熟，要及时进行分离。当耳瓣出现大量皱褶，并开始失去弹性时，说明已成熟过度，不能作为分离材料。自然风干的银耳也可作分离材料，需经冷水泡发后使用。但烘干的银耳绝对不能使用。

（2）孢子收集　银耳孢子采集用锥形瓶孢子收集法，具体方法同木耳孢子采集。分离时将分离物固定在小钩上，耳片距培养基表面约1 cm，给予充分的光照，即可弹射孢子。须注意的是银耳弹射孢子比一般伞菌都少，能否获得孢子，与控制瓶内相对湿度有一定关系。如瓶内相对湿度过大，耳片上出现许多雾状水珠，银耳是很难弹射孢子的。应在分离之前将灭过菌的锥形瓶放在30～32℃的温箱内培养3～5天，当培养基表面和瓶壁上都没有游离水时，再进行孢子收集。

一般在20～25℃下经1天就可看到培养基上有雾状的孢子印。此时，应及时将种耳取出。再将孢子移入20～25℃环境中培养1～2天，培养基表面就会出现许多乳白色、糊状的小菌落，俗称"芽孢"，即为银耳的酵母状分生孢子。为了减少污染，要及时进行提纯，即挑取少许没有杂菌的酵母状分生孢子移入新的试管中培养。由芽孢纯化而来的菌种称为芽孢菌种。

（3）促进银耳芽孢萌发的培养基　在PDA培养基上，银耳的分生孢子只能以出芽的方式形成酵母状芽孢菌落。采用银耳木屑菌丝浸汁培养基、麸皮麦芽糖琼脂培养基、马铃薯淀粉综合培养基、马铃薯葡萄糖过磷酸钙培养基等可以促进芽孢的萌发，尤以马铃薯淀粉综合培养基效果最为理想。用接种环挑取一环芽孢，接种在琼脂培养基中央，23～25℃培养。第二天，芽孢即以芽殖方式进行增殖，以后逐渐长出菌丝，形成耳芽。

7. 茯苓孢子分离技术　茯苓是多孔菌的菌核，其子实体直接在菌核的表面产生。只有先促使茯苓菌核形成子实体，才能获得茯苓孢子。常用以下方法促进子实体的形成。

将采到的新鲜菌核放在水中洗去泥沙，再放在盛水容器的上方，菌核距水面2 cm，置于26～28℃、空气相对湿度85%、有散射光的条件下培养。经1天培养，在靠近水面的地方就会有白色蜂窝状的子实体出现，并逐渐蔓延到整个菌核的表面。

将鲜菌核放在湿沙盘上，上面覆盖报纸或牛皮纸。将沙盘置阴湿清洁处，注意保持沙盘潮湿，培养温度24～28℃。2～3天后，茯苓表面出现许多白毛菌丝，并逐渐长成许多大小不一的子实体。

用培养基装得较满且已长满的瓶装菌种，将棉塞向下推移，稍与培养基接触，保持温度24～28℃、空气相对湿度85%、适宜的散射光进行培养。菌丝通过棉塞长向瓶外，并在棉塞表面和瓶外壁形成子实体。形成较早的部分，则在生长过程中加厚，管口孔径变大，开始弹射孢子。此时将已成熟的子实体从菌核上剥下，切成1 cm²的小块，用金属钩悬挂在锥形瓶内，置28℃培养。24 h后，瓶内培养基上出现白色的孢子印，将分离物取出。再经48 h培养，孢子萌发，呈星芒状白色菌落，可转入试管培养。

通过孢子分离的菌种生活力强，但变异较大，必须经过出菇试验才能用于生产。

8. 灵芝孢子分离技术

（1）种芝选择　选择种芝应从原基形成期开始标记，选择出芝早、生长整齐、子实体完整、菌盖肥大、柄短粗壮、形态正常、颜色均匀的子实体，待长至七八分成熟时采下。

（2）灵芝菌盖表面消毒　采回的种芝，先剪去菌柄，将菌盖上黏附的杂质擦去，放入无菌室或接种箱内的0.1%氯化汞溶液内，浸泡1～2 min，取出用无菌水冲洗两次，再用无菌纱布吸干表面水分。

（3）灵芝孢子的收集及培养　采用孢子收集器法收集孢子。在无菌条件下将处理过的种芝插在漏斗内的不锈钢架上，把漏斗盖好，放在25℃下培养。2天后，灵芝担孢子开始弹射，孢子落在小培养皿内，可透过玻璃漏斗看到培养皿底上散落的棕色孢子。把孢子收集器重新放回接种箱内，取出种芝，在无菌条件下，用接种环蘸取少量孢子接入试管中的培养基上。接过孢子的试管放入25～28℃的恒温箱内，经过7天左右，孢子会萌发成菌丝。选择孢子萌发早、菌丝浓白的试管，将菌丝转接到新的试管中，再经7天培养，菌丝会发满试管，便获得由孢子分离的灵芝母种。

也可以采用弹射分离法分离孢子。先制备平板培养基，用无菌纱布或滤纸吸干盖内的冷凝水。将表面消毒过的种芝菌盖切成1 cm²的小块，用锋利接种刀将皮壳状菌盖连同少许菌肉切去，然后在剖面涂上胶水，贴到培养皿盖内一侧，再盖到培养皿上。将培养皿置于25℃培养。6 h后，将培养皿盖按顺时针方向移动数度，以后每隔4 h按顺时针方向再移动数度，直到回复到原来的位置。然后移去组织块，用纸将培养皿包好，倒放在温箱内培养。孢子萌发后，挑取分散性好又连成片的菌落，转入试管内培养。应用此法能及时发现混入灵芝孢子内的杂菌。

此法还适用于伞菌、猴头菇及各种多孔菌的孢子分离。

（4）促进灵芝孢子萌发的方法　灵芝孢子在普通培养基上萌发较慢，萌发率低。3% 的麦芽汁培养基可促进灵芝孢子萌发。把灵芝孢子放在含生物素的蒸馏水中，24 h 即可伸出芽管，72 h 菌丝可形成分枝。20% 的灵芝子实体浸出液可刺激孢子萌发，萌发率可达 15% 左右。

9.竹荪孢子分离技术

取发育成熟的菌蕾，在包被尚未破裂前，用清水洗去泥沙。在无菌箱内用 0.1% 氯化汞溶液浸泡 30 s，然后用无菌水冲洗 4～5 次，再用无菌纱布或滤纸吸干表面水分。将菌蕾固定在孢子采集器的支架上，放在 22℃ 恒温箱内培养。当两层托撑破包被，菌盖露出包被之外产孢组织液化时，用接种针挑取含有孢子的黏质物，接种到无菌水内，制成孢子悬浮液。再用接种环蘸取一环孢子液接种到斜面培养基上，放入 20～22℃ 恒温箱内培养。孢子萌发形成菌丝之后，经纯化培养即为母种。因为本法对无菌条件要求极为严格，故当前已很少使用。

10.云芝等多孔菌孢子分离技术

云芝等多孔菌及层孔菌可采用下述方法进行孢子分离。先将菌盖表面用 75% 酒精消毒，再用接种刀在子实体的子实层面（有菌管的一面）切取 1 cm² 的小块组织，在断面涂上胶水，贴到培养皿盖上，使管口向下盖在培养皿上。在 25℃ 下培养 30～60 min，子实层即可弹射孢子。多孔菌产生的孢子比伞菌多且持续时间长。1 h 后，可将贴有子实层的皿盖盖到另一个培养皿上，继续进行孢子弹射。孢子萌发后进行纯化即可得到纯菌种。

三、基内菌丝分离法

基内菌丝分离法是分离食用菌天然寄主或菇（耳）木中的菌丝体而得到纯菌种的一种方法。这种方法易受污染，能用孢子分离或组织分离法获得菌种的食用菌类，一般不用此法。而有些食用菌孢子较少不易获得，有些食用菌子实体已腐烂，有些

食用菌子实体小而薄或有胶质致组织分离比较困难，就得采用基内菌丝分离法。银耳菌丝，只有与香灰菌菌丝生长在一起才能产生子实体，采用基内菌丝分离，就可同时得到这两种菌丝的混合种。生产上常用此法获得银耳菌种。要挑选菌丝发育较好的基质作为分离材料。在木材内，凡有菌丝活动的地方，颜色往往变浅或有特定的斑纹，应在菌丝分布范围内切取接种块。分解纤维素能力旺盛的菇类，要在木材深部取接种块，这样可以减少污染。分解纤维素能力较弱的菇类，要在木材浅层取接种块，最好在靠近子实体生长处，可以提高成功率。基内菌丝分离法获得的菌种一定要进行出菇试验才能用于生产。基内菌丝分离法又可分为菇（耳）木分离法和土中菌丝分离法。

（一）菇（耳）木分离法

1.香菇、木耳菇（耳）木分离法

（1）菇木或耳木的采集　生长香菇的段木叫菇木，生长木耳的段木叫耳木。采集菇木、耳木都要在香菇、木耳发生的季节进行。在栽培场所寻找已长过香菇、木耳的木材，从中采集食用菌菌丝发育良好的第一年或第二年菇（耳）木作为分离材料。

（2）菇（耳）木的评价　在分离之前，对采集来的菇（耳）木进行比较，从中间锯断，可以初步判断菌丝生长情况，并能判断是否遭受其他木腐菌侵染，遭木腐菌侵染的菇木断面会出现浅黄褐色的拮抗线。把菌丝发育旺盛、木材未腐烂、看不见杂菌生长的菇（耳）木留下来，以便得到健壮、无杂菌的菌种。

（3）菇（耳）木的风干　在香菇、木耳发生季节，菇（耳）木含水量较大，细菌能随木材导管进入木质部，致使分离过程中有大量细菌发生。此时不要将菇（耳）木马上锯断，应将菇（耳）木风干，以减少杂菌污染。另外，分离时应用酸化培养基或加抗虫素培养基，培养基表面应该干燥无水。

（4）菇（耳）木的表面无菌处理　菇（耳）木的分离部位是取得纯菌种的关键。把采集到的菇（耳）木，在长有香菇、木耳处的两侧，锯下约

1 cm厚的木段置于接种箱内。再从耳（菇）基穴周围，切取一个三角块，浸在0.1%氯化汞溶液中表面消毒15 s至1 min，取出用无菌水冲洗，再用无菌纱布吸干表面水分，移至另一块无菌纱布上。

（5）接种块的选择　接种块必须在菌丝蔓延生长的范围内切取。菌丝生长缓慢的种类(如银耳)应取离树皮稍近的部位，即耳基周围处。为了防止污染，菌丝生长迅速的种类（如香菇）应取离树皮较远的部位。用接种刀将木块从中间切开，用小刀在切面挑取米粒大小的接种块，接入斜面培养基上。接种块应尽量小，以减少污染的机会。接种后放在22～25℃下培养。

2. 银耳耳木分离法　利用壳斗科的麻栎、青冈栽培银耳，因耳木质地比较致密，银耳和香灰菌总是伴生，致使银耳菌丝分离成功率很低，只有1%左右。如用大戟科的乌桕、木油桐进行栽培，因木材质地比较疏松，使用浅层分离法，银耳菌种分离成功率可达20%。银耳的耳木分离、种木选择与消毒处理与前述的方法相似。在分离时要尽量避免污染，还必须把银耳菌丝和香灰菌菌丝单独分离出来。

（1）种木选择　截取一小段出耳多、耳质好、杂菌少的耳木作为分离材料。将耳木风干，并用药剂熏蒸后，再进行分离。

（2）耳木表面灭菌　将耳木锯成厚2 cm左右的木轮，再去掉树皮、耳基，在接种箱内无菌条件下，使用75%酒精或0.1%氯化汞溶液进行表面消毒。

（3）菌丝分离　两种菌丝的生长速度差别较大。银耳纯白菌丝生长缓慢，只能在耳根周围处分离得到。香灰菌菌丝分解木质素能力较强，生长速度较快，可以在离耳根远的地方分离得到。

通过耳基着生处把耳木纵切成两半，然后在耳基着生处的正下方取极小的木屑粉末，接种在试管斜面培养基上。不能用小木片，接种块越小，得到银耳纯菌丝的机会越大。接种块越大，得到香灰菌菌丝或香灰菌菌丝夹杂银耳菌丝的机会越大。接种

后放在22～28℃下培养。

银耳菌丝分离时如果没有杂菌污染，可得到以下几种结果：只得到香灰菌菌丝；只得到银耳菌丝；得到银耳酵母状分生孢子和香灰菌菌丝；同时得到香灰菌菌丝和银耳菌丝，但香灰菌菌丝占多数。

为了得到有生产价值的银耳菌种，在分离后要天天观察，把银耳菌丝和香灰菌菌丝单独分离出来。接种后2～3天出现的菌丝多为香灰菌菌丝；7～8天出现的白色菌丝，才是银耳菌丝；13～15天，菌丝逐渐变浓密，并有浅褐色或浅黄色分泌物。银耳菌丝生长很缓慢，20天也只有豆粒大小。常见的是在斜面上先出现香灰菌菌丝，再出现银耳菌丝，可作为母种直接使用。

从木材上分离的银耳菌丝，有以下几种类型：①菌丝致密，难胶质化。②菌丝呈匍匐状，难胶质化。③菌丝呈匍匐状，但中央老龄菌丝很容易胶质化。④气生菌丝呈绒毛状，疏松，很容易胶质化，甚至有小耳片出现。前两种菌丝生理成熟度低，可作为段木栽培选种用。后两种菌丝生理成熟度较高，可作为袋栽选种用。

（4）香灰菌分离法　香灰菌是银耳菌的伴生菌，常采用段木分离。截取一小段段木，在断面上可看到褐色大理石纹状斑块。从褐色斑纹比较密集的地方切下一块木材，用75%酒精或0.1%氯化汞溶液进行表面消毒后，削去木材外部，再用刀将木块切成比火柴梗稍短的小段接入斜面培养基上，置25℃下培养。2天后，菌丝开始萌发。随着培养时间的延长，菌丝产生的色素溶入培养基中，使之变色。当菌丝长到试管的1/2时，切取菌落前端的菌丝，转管纯化，可得到纯净的香灰菌菌丝。

如果不具备段木分离的条件，也可用木屑菌种进行分离。扒去表层菌丝体，在瓶的中部挑取1～2颗木屑，经过分离纯化，也能得到纯净的香灰菌菌丝，但生活力不如从段木分离出的香灰菌菌丝。

（5）袋栽银耳菌种分离法　选朵形正常、色白肥大的袋栽银耳作分离材料。将种耳齐耳基切

食用菌制种技术

去，留下耳基和培养基供分离用。首先从木屑培养基上任意挑取一小粒带有香灰菌菌丝的木屑，接种到斜面培养基上，于25℃培养，待香灰菌菌丝长出后，切取生长旺盛、爬壁力强的菌丝进行纯化，即可得到香灰菌菌丝。然后将分离材料风干或阴干，去掉周围疏松的木屑，将耳基部分放在玻璃干燥器中，用浓硫酸或五氧化二磷强行脱水（要注意安全）。因香灰菌菌丝耐旱能力差，先于银耳菌丝脱水死亡，故可从中分离得到银耳菌丝。应用此法，制作程序和选取部位非常重要，如取浅层分离的菌丝，易胶质化成浅黄色菌丝，经混合培养后，所产子实体颜色发黄且泡发率低，朵小，易烂耳，常在试管内就开片。因此，经脱水10～20天后，剖开耳基，从中部挑取一点菌丝接种到培养基上，于25℃下培养。因香灰菌菌丝不耐高温而死亡，此时生长出来的都是银耳菌丝。进行混合培养时，在斜面上先接银耳菌丝，待其菌落长至蚕豆大时，再接种香灰菌菌丝。待香灰菌菌丝长满试管后，就可作为银耳母种使用。每支母种只能接一瓶原种。此方法只适于直接在生产中应用，不适于数代连续采用。

（6）袋栽银耳菌种快速分离法　选取菌龄25～28天、朵径5～6 cm的银耳子实体作为分离材料。将银耳用接种刀切去，再将耳基从培养料中剥出。此时的耳基为一充满致密白色菌丝体的硬块。用刀片将耳基切开，切除上部和下部，留厚1 cm左右的中间一层供分离用。将留下的分离材料四周的基质切除，再将中心部分切成麦粒大小的许多小块，一一接种到斜面培养基上，于25℃下培养，经7～10天，银耳菌丝可恢复生长。也可将挖出的耳基在瓶内充分捣碎后接种到木屑培养基上，于25℃下培养。经7～10天，木屑培养基上会出现白色绒毛团状的银耳菌丝，用接种针小心挑取白毛团状菌丝，接种到斜面培养基上，再经7～10天培养，可形成银耳菌丝。再经过10～15天，接种块周围会出现红或褐色分泌物，继而形成原基，即成为银耳菌种。这两种方法得到的银耳菌种均为银耳、香灰菌的混合菌种，不须进行混合培养。也可选取生长期20天左右的原种，将菌种瓶打破，取耳基下的菌丝团，除去耳基和幼耳，将菌丝团分割成小块，接种在木屑培养基上，于23～25℃下培养12天后，选取菌丝健壮、白毛团状菌丝长势旺盛、色素分布均匀的作为分离材料。从瓶内挑取一粒白毛团状菌丝，移接到木屑培养基上，于25℃下培养15～20天即为木屑母种。一瓶母种可接30～40瓶原种。

3. 野生灵芝分离法　生产中常利用野生灵芝着生在腐木的基部处，挖取带基质的菌丝进行分离。

（1）分离材料的采集　在林区野生灵芝着生处，将野生灵芝同基部腐木内的菌丝一起挖走，去掉外部杂物及泥土，包好带回实验室。

（2）分离　把采回的野生灵芝及腐木进行分离，野生灵芝风干作为标本。把腐木表层切除，放入0.1%氯化汞溶液中浸泡2 min，取出用无菌水冲洗2～3次，用无菌纱布吸干表面水分。在接种箱内用接种刀将腐木表层切去，剩下的心部用刀沿纵向剖开。在剖面部位切取带菌丝的小木块(豆粒大小)放入试管中。

（3）培养　置25℃下培养。3天左右木块上开始出现白色菌丝，7～10天菌丝会发满试管，挑出菌丝旺盛的试管，再把菌丝转移到新的试管中培养。

（二）土中菌丝分离法

土层中的菌丝体经分离也能获得纯菌种，主要用于提纯生长在土中的菇类的菌丝体。采集子实体已腐烂的土生菌时，必须用此法获取菌种。

尽可能选取清洁菌丝束的顶端不带杂物的菌丝接种。

由于土壤中有各种各样的微生物，如细菌、霉菌等，分离时必须反复用无菌水冲洗，把附着的杂菌冲洗干净，并用无菌纱布吸干表面水分。

培养基中加入抑菌剂，如40 mL/L链霉素或金霉素，或0.03%～0.06%孟加拉红，或0.1%亚碲酸钾等。取菌丝束顶端部分接入培养基中进行适温培养。

在土中获得的菌种可靠性较低，必须经过出菇试验才能确认。

四、分离菌种的纯化

分离菌种的纯化是指将分离获得的菌种进行再提纯，从而获得纯菌种的方法。在实际操作中，无论采取何种分离方法，都不排除杂菌污染的可能性。

对污染的菌种可以采取如下方法进行纯化。

（一）菌丝的再提纯

选取无污染、菌落生长一致的菌丝体作为提纯对象。

用无菌接种铲连同培养基一起切取菌落的前端部分，移接到新的培养基上培养。

如果菌丝稀疏，如草菇，可采用单根菌丝分离法，即在低倍显微镜下选择单根菌丝，用锋利的接种针仔细地将贴在固体培养基上的单条菌丝带少量培养基切下，移接到新的培养基上培养。

如此，经过几次切割移植，就可以得到纯菌种。

（二）排除污染物

菌种分离时细菌、霉菌污染在所难免，在培养基中加入 0.1% 克霉灵，可以防止霉菌污染。在每千克培养基中加入 30～40 mg 链霉素防止细菌污染。但药物不可滥用，如木耳菌丝对多菌灵等抗霉菌剂比较敏感。

一般来说，污染的菌种不能使用，特殊情况需要使用时，可将灭菌后的滤纸浸在 10% 克霉灵溶液中，然后取出覆盖在霉菌生长点上，以防止分生孢子的扩散，再用无菌接种铲铲取一块远离杂菌的顶端健壮菌丝移植到新的培养基上培养。

如果是细菌感染，可以用接种铲将细菌菌落连同培养基一起铲除，再从无杂菌部位铲取一块菌丝移接到新培养基上进行培养。

第四节
母种的扩大培养

初次分离或引进的母种常需要进行扩大培养，要进行转管接种。转管接种是食用菌生产中的一项最基本的操作，无论是纯菌种的分离、鉴定，还是食用菌的形态、生理方面的研究，以及菌种的扩大培养，都必须进行接种。

转管扩大培养就是把试管菌种或培养皿菌种转入试管斜面上的过程。这种方法常常用于母种的扩大培养。一般对初次分离获得的母种或从其他单位引进的母种要进行扩大培养，即选择菌丝粗壮、生长旺盛、颜色纯正、无杂菌感染的试管母种，进行 2～3 次转管，以增加母种数量。

母种扩大培养一般在接种箱内或者净化工作台上进行。在接种箱内进行时接种箱要提前进行消毒，首先要用 0.25% 苯扎溴铵或其他消毒药物将接种箱揩擦干净，将灭过菌的试管斜面培养基、试管斜面菌种、酒精棉球、接种钩、废物瓶、记号笔、酒精灯、火柴或打火机、灭过菌的干燥棉塞等放入接种箱。接种箱消毒也可用 30 W 的紫外线灯照射 30 min，照射时箱体要用黑布罩住。接种箱还可以气雾消毒剂（4～5 g/m³）熏蒸，在接种箱内点燃气雾消毒剂即可，方便快捷。

如果在净化工作台上进行操作，需要提前把净化工作台的风机和紫外线灯打开 20~30 min，利用风力将台面上含有杂菌的空气吹出来，保证台面处于无菌状态。

一、常见型母种的扩大培养

（一）种源选择

接种前应严格检查菌种是否污染。需要注意的是转管用的母种不得事先放入无菌室或接种箱中与待接斜面一起消毒，以免损伤菌种。

（二）接种方法

接种要在无菌室及接种箱内严格按照无菌操作规程操作。接种前，先用肥皂水或 2% 甲酚皂溶液洗手，再用 75% 酒精擦拭双手、接种工具和试管表面。即先进行表面消毒，再开始接种。

酒精灯火焰周围的空间为无菌区。利用酒精灯火焰接种可以避免杂菌污染。

将菌种和斜面培养基的两支试管用拇指和其他四指平握在左手中，使中指位于两试管间的空隙，斜面向上，并使它们处于水平位置。

先将棉塞用右手拧转松动，以利接种时拔出。

右手拿接种钩，拿的方法如同握笔，在火焰上进行灼烧灭菌。凡在接种时进入试管的部分均应在火焰上灼烧。

以下 4 步操作都要保持试管口在火焰上方 5 cm 的无菌区以内。

用右手掌根、小指、无名指同时拔掉两个试管的棉塞，并用手指夹紧，切勿掉落或放于工作台上，更不能放在未经灭菌的物品上。

以火焰灼烧试管口，灼烧时不断转动管口（靠手腕动作），烧死管口上可能附着的杂菌。

将灼烧过的接种钩伸入菌种管内，先接触未长菌丝的培养基部分，使其冷却，以免烫死菌丝。先去除气生菌丝再轻轻挑取少许菌丝，迅速移入待接的试管斜面中央，轻压防止接种块滑动。注意不要把培养基划破，也不要让菌丝粘在管壁上。

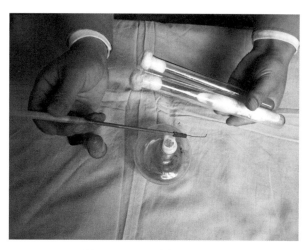

图 4-3-11　转管扩大培养

抽出接种钩，灼烧管口，再将棉塞塞上。塞棉塞时，不要用试管去迎棉塞，以免试管在移动时纳入不洁空气（图 4-3-11）。

如此反复操作，一支母种一般可扩 20～30 支试管。

试管从无菌室或无菌箱取出时，应逐支塞紧棉塞，在试管上贴标签，注明接种日期、菌种编号、转管次数及操作者姓名等。然后 7 支一把，用纸包扎试管上部，进行适温培养。

二、特殊型母种接种方法

1. 酵母型母种接种方法　银耳芽孢及金耳、血耳等胶质菌的芽孢菌种常用此法。用接种环挑取芽孢菌种，在斜面培养基上作蛇形划线接种或呈分散点状接种。

2. 菌索型母种接种方法　蜜环菌等用此法。用接种刀将菌索切成小段，选取红褐色的菌索或幼嫩的菌索先端接种。

3. 革质状母种接种方法　灵芝等的斜面母种长满后，及时用黑纸包好置低温下保藏。否则，表面菌丝很容易革质化，难于切割。如果转接的菌种已革质化，要用接种工具将革质化菌膜与培养基剥离，将革质化菌膜推到试管底部，露出带有菌丝的培养基，挑取表层米粒大小的培养基接种。

4. 孢子型母种接种方法　草菇、金针菇等形成无性孢子的菇类用此法。草菇和金针菇容易产生无性孢子，如有必要，可用无性孢子接种。用无菌接种环蘸取少许无菌水，在斜面母种上蘸取少量孢子接种到斜面上。

三、银耳菌种的混合培养

人工培养的银耳菌种必须是银耳菌丝和香灰菌菌丝的混合体。银耳菌丝和香灰菌菌丝是分开保存的，只在使用前进行混合。银耳菌丝和香灰菌菌丝有严格的亲和性，不同品系之间任何一种菌种都不能调换。即使同一品系，不同产地、寄主调换后，也不能很好地配对。最好是将在同一材料上分离的银耳菌丝和香灰菌菌丝进行混合。如果同一品种间进行调换，还应该考察其亲和效果，经出菇试验证明其性状优良后才能用于生产。菌种混合后，直接接种到原种上，一般不再进行扩大培养。

1. 在琼脂培养基上进行混合培养　如果用银耳菌丝进行混合培养，应将银耳菌丝连同少量培养基一起移接至琼脂斜面上，置23～25℃下培养5～7天。当银耳菌落直径超过1 cm时，在菌落前面或后面接少许香灰菌菌丝，在相同温度下培养7～10天，待香灰菌菌丝长满斜面时即为混合母种。也可先在斜面接种菌龄短的原基组织、原基块上的绒毛或纤细的银耳次生菌丝，待银耳菌丝长到玉米粒大时，再在距其0.5 cm处接种一小块香灰菌菌丝。选菌丝团长势好、吐黄水的试管作母种用。此法培养的银耳母种常用于袋栽。如果用芽孢进行混合培养，先接芽孢，待芽孢萌发形成银耳菌丝后，再接香灰菌菌丝。此法培养的银耳母种常用于段木栽培。

进行混合培养时一定要注意接种的顺序，即银耳菌丝或芽孢接种在前，香灰菌菌丝接种在后。先接银耳菌丝可以保证其在混合培养中的相对优势，如果先接香灰菌菌丝，就会影响到银耳菌丝的定植和发育。尤其是制作袋栽菌种时，更要注意这个问题。

2. 在木屑培养基上进行混合培养　将已萌发的芽孢菌落或银耳菌丝连同培养基接入木屑培养基上。因为银耳菌丝不能分解纤维素，所以要同时接入香灰菌菌丝，在25℃下培养。当香灰菌菌丝长到瓶底，银耳菌丝已形成菌丝团并开始胶质化时，根据银耳菌丝的生理成熟程度，决定作母种或原种使用。如福建省应用比较多的是提前3天将香灰菌菌丝接种到木屑培养基上，然后再从菌龄22天左右的原种瓶中挑取银耳菌丝团接种，在22～24℃下培养15～20天，即可作为母种使用。

3. 直接用芽孢进行混合培养　将香灰菌菌丝接种到木屑培养基上，在25～28℃下培养，待菌丝长到瓶底时，用接种环挑取芽孢在木屑培养基表面进行划线接种。25℃下培养10～15天，银耳菌丝开始萌发，并逐渐胶质化形成子实体原基。也可将无菌水倒入芽孢试管中，制成芽孢悬浮液，再用接种针在木屑培养基内打孔，直达底部。可以多打几个孔，孔分布要均匀。将芽孢悬浮液倒入菌种瓶内，使其从孔内自动渗到培养基的内部，然后放在25℃下培养7～10天，即可作为母种使用。前一种培养方法，银耳菌丝集中在表面，生理成熟度较高，适宜作袋栽菌种使用。后一种培养方法，银耳菌丝在培养基内，生理成熟度较低，适宜作段木栽培菌种。

四、母种接种操作注意事项

要保持接种室和接种箱的卫生。不能随意抛撒杂物，杂物应放在搪瓷盘内或培养皿内。接种完毕，及时清除杂物。

待接种试管和所需物品要进行消毒处理。接种前再用75%酒精擦洗试管外壁和管口。

工作人员在操作前要用消毒液洗手，接种前再用75%酒精擦手臂。接种时，不得在无菌室内大声喧哗和快速走动。

严格无菌接种操作，动作要快速准确，尽量减少接种物在外面停留的时间。接种时棉塞不能随意放在未经灭菌的物品上，应夹在指缝间。接种时管口不得离开酒精灯火焰上方的无菌区。

接种工具在使用时每次都要灼烧灭菌。不要在接种工具冷却前接触菌丝，防止接种工具温度过高烫伤或烫死菌丝影响接种效果。

不要用上一次接种部位的菌丝作母种。接种部位的菌丝老化快，生活力差，不适于作母种使用，更不宜用于母种扩大培养。

每次接种完毕，都要将接种工具在酒精灯火焰上方灼烧彻底灭菌，保持无菌状态。

接种后要对菌种做好标记，避免混淆。没有标签或标签模糊不清会造成菌种混乱，给生产造成不可挽回的损失。

第五节
母种的培养

母种培养过程中要注意控制环境的温度、湿度、空气、光线等环境条件。少量母种可以在培养箱中进行，但大量母种培养一定要在培养室内进行，这样可以满足菌丝对氧气等环境条件的需求。

不同食用菌母种在不同培养基中菌丝生长速度不同，如平菇母种 7～8 天即可长满，而黑木耳母种需要 10～15 天才可以满管。正常的食用菌菌丝白色，浓密，绒毛状，生长均匀整齐，菌丝粗壮。母种菌丝长满后最好及时使用，暂时不用时应放入 4～5℃冰箱中保存。一般在冰箱中可保存半年。冰箱保存的菌种取出后最好在 20～25℃室温下活化 1～2 天后再使用。

一、母种的培养方法

斜面接种后，要立即将试管放在适温下培养。母种培养时应注意以下几个问题。

要将不同种类、不同接种时间的母种分类摆放，以免混淆，这样也便于观察和取用。

要适温培养，不同品种最适培养温度不同。接种后应置于最适培养温度下培养至接种块菌丝萌发。当菌丝萌发并在培养基上蔓延时，可将培养温度降低 2～3℃，使菌丝更加健壮。

要防止温度过高，以免菌丝长势弱和衰老快。

要防止温度波动过大，以免形成冷凝水后滴下接触菌丝，使菌丝发黄、倒伏。

要注意氧气供应充足，保证空气流通。缺氧时，易导致菌丝发黄、衰老。母种占据空间小，条件要求严格，适宜放在恒温室内培养。为避免缺氧，培养过程中不能过度拥挤。

注意避光。室内培养可在试管上覆盖报纸遮光，母种快长满时要及时移入冰箱保存。

气生菌丝发达的菌种，如气生型蘑菇菌种，要采取逐步降温的方法进行培养。接种后置于 20～22℃下培养，经 7～8 天菌落长到蚕豆大时，将培养温度降至 15℃左右。当菌丝长到试管的 1/2 时，再在 12℃左右培养，直至菌丝发满。

平菇、气生型蘑菇等母种培养过程中，常在接种块附近出现一个菌丝塌陷区。尤其是蘑菇菌丝，沿着塌陷区的菌丝还会发黄、倒伏。这主要是由于接种块过大、培养温度过高所导致。

灵芝等菌种，表面气生菌丝易革质化，最好用黑纸包裹培养。

二、母种培养过程中的观察

正常情况下，斜面接种后菌丝即从接种块向四周蔓延。金针菇的菌丝前端可形成粉孢子，猴头菇的老熟菌丝会形成厚垣孢子，银耳菌丝能产生分生孢子。因此，斜面上常会出现一些分散性的小菌落。

培养期间要经常检查，接种 3 天后要检查斜面菌落，发现污染及时淘汰。如果 5～10 天出现色彩鲜艳的分生孢子，就是霉菌菌落。如在接种块周围或一侧出现黏稠状菌落，多是细菌感染。如斜面上出现分散性细菌菌落，主要由灭菌不彻底、接种操作不规范引起。如在接种块一侧或周围出现污染，多由母种不纯引起。发现不正常菌丝或菌落应及时淘汰，以确保菌种的纯度。

菌种发满应及时用于原种接种。如暂时不用，应在母种完全发满之前，及时放入 1～4℃冰箱保存。保藏的母种在使用前认真检查有无污染。检查时要从斜面上方和背面两个方向观察。如有异样菌落或菌丝出现说明已污染，不能使用。

母种生产注意事项

在母种生产过程中，要制订菌种生产计划，尽量使斜面菌丝长好后立即用于原种生产。

进行母种生产应该具备基本的菌种生产设备，如冰箱、高压蒸汽灭菌锅、接种箱等。

对于投入生产使用的母种，不论是分离的或是引进的均要进行生产鉴定，明确其生物学特性和生产性状，只有经过出菇试验证明其性状优良后才能在生产中应用。否则，可能会给生产带来严重的损失。

选用适宜菌种。用于转接的菌种菌龄要适宜，不能使用干缩、老化、污染的母种。

制种人员要熟练掌握制种技术，严格按照无菌操作规程认真操作。接种时琼脂块不能过厚，否则接种块上的菌丝很快向四周蔓延，然后再向培养基内生长，使中间菌种老化快，影响使用。

低温下长期保藏的菌种，在使用前应进行活化，用经过活化的菌丝扩大培养。也可将长时间保藏在冰箱内的菌种取出放在恒温箱内进行活化培养，一般培养 1～2 天。活化培养可以提高菌种萌发速度。

在母种培养过程中，要控制适宜的环境条件，使菌丝健壮生长。

认真进行菌种的检查工作。接种前要检查保藏菌种是否污染，是否有杂菌。在菌种培养过程中，发现污染、菌丝生长异常等现象，要及时拣出并查找原因。

对于在生产中多次转管的母种要及时进行复壮。在母种转管过程中，因机械损伤和培养条件的不同，常会造成菌种生活力的下降，影响生产。因此，母种第一次转接要尽可能多接一些，并用不同的方法保藏，使用时取一管供生产使用。转管次数多的要及时进行菌种复壮。

建立菌种档案。菌种保藏要指定专人负责，并建立菌种档案，详细记录菌种来源、种类、级别、品种、生产单位、接种日期、编号、培养基、生产数量、生产时间、培养条件、菌种培养中出现的问题、销售情况、生产使用结果、保藏时间及条件等内容。

防止误用菌种。在菌种转接和发售过程中，一定要明确菌种编号，切勿使用无标记的菌种，以防用错菌种，给生产带来严重损失。同时接几个不同的品种或几个不同的菌株时，更要做好标记，严防混杂。

菌种长满后，应立即用于原种生产。如不及时使用，要注意保藏。用报纸或牛皮纸包好，在试管和包装纸上做双重标记，放在 4℃ 左右的低温环境中保存。

所保藏的菌种在任何情况下都不能用完，以免菌种绝代。

第四章　原种生产技术

　　原种也称二级种，是由母种移植、扩大培养而成的菌丝体纯培养物。原种主要用于扩接栽培种或者直接应用于少量栽培。规模化生产金针菇时也有直接用原种接种到栽培袋内的。

　　原种生产包括培养基制备、灭菌、冷却、接种、培养、质量检查等工序。原种长好后应及时用于扩接栽培种，如不能及时使用，应置于 1～4℃的低温条件下保藏，防止老化。

第一节
原种培养料制备

　　常用的食用菌原种培养料有麦粒、腐熟粪草、腐熟棉籽壳、木屑培养基等。其中，麦粒培养料最为常用，在麦粒培养料中菌丝生长速度快，生长旺盛，扩大培养栽培种或在栽培料上播种后具有生长点多、发菌快等特点，目前在生产中广泛应用。

一、原种培养料配方

　　1. 麦粒培养料　小麦 98%，石膏 1%，碳酸钙 1%，含水量 50% 左右，pH 7.5～8.8。适用于双孢蘑菇、平菇、木耳、金针菇、杏鲍菇、白灵菇等食

IV

用菌。

2. 腐熟粪草培养料　腐熟麦秸或稻草（干）77%，腐熟牛粪粉20%，石膏粉1%，碳酸钙1%，石灰1%，含水量62%，pH 7.5。适用于双孢蘑菇、姬松茸等草腐菌类的食用菌。

3. 腐熟棉籽壳培养料　腐熟棉籽壳（干）97%，石膏粉1%，碳酸钙1%，石灰1%，含水量55%，pH 7.5。适用于平菇、木耳、金针菇、杏鲍菇、白灵菇等食用菌。

4. 木屑培养料　阔叶树木屑78%，麸皮20%，糖1%，石膏1%，含水量58%，pH 7.5。适用于香菇、木耳、银耳等食用菌。

二、原种培养料制作

1. 麦粒培养料制作

（1）配方　参考麦粒培养料配方。

（2）称量　用500 mL的菌种瓶时，一般每瓶用小麦（干）200 g左右；用750 mL的菌种瓶时，一般每瓶用小麦（干）300 g左右。根据灭菌锅的容量计算后称量。

（3）漂洗　用清水将麦粒漂洗2～3遍，除去灰尘、麦糠等杂物，同时也减少培养料中杂菌的基数。

（4）浸泡　在制种的前一天下午，用1%石灰水浸泡小麦，夏天一般浸泡10～12 h，春秋季气温低时浸泡15～20 h（图4-4-1）。

图4-4-1　麦粒浸泡

（5）煮沸　小麦捞出后在煮麦锅内煮沸，水沸腾后再煮20 min左右，当麦粒达到"无白心、不开花"的标准后及时捞出，沥干多余水分。煮麦时加水不可偏少，麦粒成熟度是关系麦粒菌种制作成败的关键。

（6）晾晒　将麦粒摊开，晾去表面水分，麦粒不沾手时及时收起。

（7）加辅料　把石膏、碳酸钙按比例加入，搅拌均匀。

2. 腐熟粪草培养料制作

（1）配方　参考腐熟粪草培养料配方。

（2）拌料　将吸水后的麦秸或稻草切成2～3 cm的草段，加入牛粪粉、石膏、石灰、碳酸钙等辅料后充分搅拌均匀，加水调整含水量到62%左右。拌料后让培养料吸水平衡2～3 h，自然堆积发酵20天左右，期间翻堆4次。

3. 腐熟棉籽壳培养料制作

（1）配方　参考腐熟棉籽壳培养料配方。

（2）拌料、发酵　按照配方将培养料搅拌均匀，加水调整含水量到70%～75%，建成宽1.5 m、高1.2～1.3 m的梯形堆，长度依培养料数量而定，堆上打通气孔。

当料温达到70℃左右时进行翻堆，要求将外层培养料翻到中间，中间温度高的培养料翻到外围，以利发酵均匀。以后每间隔3～4天翻堆一次，方法同前。

每次翻堆后都要打通气孔。

发酵15～18天，培养料中出现大量高温放线菌后终止发酵，直接装瓶即可，也可以晾干后贮藏备用。

4. 木屑培养料制作

（1）配方　参考木屑培养料配方。

（2）制备　按照配方称重，加水后用搅拌机搅拌均匀。

食用菌制种技术

第二节
装瓶与灭菌

一、容器选择

生产原种的容器主要有菌种瓶和塑料袋，菌种瓶及塑料袋封口用的主要是瓶塞和袋塞。为保证菌种质量及接种方便，生产上制作原种时多使用耐高温玻璃瓶。

（一）玻璃瓶质量要求

使用 850 mL 以下，耐 126℃ 高温的无色或近无色的，瓶口直径 ≤ 4 cm 的玻璃瓶，瓶口大小适宜，利于通气又不易污染。生产中也有用无色罐头瓶、生理盐水瓶、酒瓶的，但每批次菌种的容器规格要一致。生理盐水瓶因瓶口较小，只适用于培育木屑或麦粒菌种。酒瓶常割去瓶颈扩大瓶口，它也可以作为生产原种的容器，但只适用于家庭生产使用。生产销售菌种时应选用规格质量符合《食用菌菌种生产技术规程》（NY/T 528—2010）规定的玻璃菌种瓶。

（二）塑料瓶质量要求

选用透明度好，耐 126℃ 高温的塑料瓶，规格质量符合《食用菌菌种生产技术规程》（NY/T 528—2010）的规定。

（三）塑料袋质量要求

用聚丙烯塑料袋作容器生产原种，要求使用 15 cm × 28 cm × 0.05 mm 耐 126℃ 高温且符合《食品安全国家标准 食品接触用塑料材料及制品》（GB 4806.7—2016）规定的聚丙烯塑料袋。优点是成本低，袋口大；缺点是塑料袋易被尖锐的物体扎破形成小洞，导致杂菌污染。所以，在装料、搬运和摆放时要格外小心。

二、装瓶或装袋

（一）装瓶

1. 菌种瓶清洗　菌种瓶用清水浸泡，用毛刷将内外杂物清洗干净，倒置瓶身控干水分。

2. 装瓶　将配好的培养料加水充分拌匀，菌种瓶控干后装入适量的培养料，棉籽壳或玉米芯培养料至瓶肩处，装料量为培养料上表面距瓶口 5 cm 左右。用工具将料面压平压实，将瓶外壁擦拭干净。用生理盐水瓶装麦粒时，装料量以瓶的 1/2 或 2/3 为宜，过多则灭菌后麦粒不易摇匀。装好料的菌种瓶用棉花将瓶口塞上，注意棉塞要塞紧，没有棉花时可用两层报纸外加一层耐高温的聚丙烯塑料膜封口。生理盐水瓶的封口用两层报纸外加一层牛皮纸，或两层报纸外加一层聚丙烯塑料膜。

（二）装袋

1. 装料　选用（14 ～ 17）cm × （25 ～ 38）cm × 0.05 mm 的聚丙烯塑料袋。手工或机械装袋均可，装料要松紧适中。

2. 封口　袋口采用尼龙草扎口，也可选用能多次使用的成套的套环和套盖。

三、灭菌

1. 高压灭菌　培养料装瓶后或装袋后，要及时灭菌。高压蒸汽灭菌在 0.14 MPa 的压力下保持 90 ～ 120 min，将培养料中的各种杂菌彻底杀死。棉籽壳及玉米芯料一般要求灭菌 90 min，麦粒培养料灭菌 120 min。

2. 常压灭菌　常压蒸汽灭菌时，当锅内温度达到 100℃，保持 8 ～ 12 h，麦粒菌种时间要相应延长。但制作麦粒菌种时，不宜采用常压灭菌方法。

第三节

原种的接种

一、消毒

1. 接种环境消毒　将冷却后的培养料瓶或料袋放入接种室,移入接种箱,同时放入母种和接种工具,用气雾消毒剂 4～8 g/m³ 熏蒸 30 min。

2. 工具消毒　接种前,双手经 75% 酒精表面消毒后伸入接种箱,点燃酒精灯,对接种工具进行灼烧灭菌。然后将菌种瓶放到酒精灯的一侧,松动棉塞。

二、接种

1. 操作方法　左手拿一支母种,右手拿接种钩(铲),右手小指和无名指夹住试管的棉塞并拔出,用接种钩挑取 1.2～1.5 cm 见方的母种块,再用小指和掌根取下瓶口的棉塞,迅速转移到原种培养基的表面中央,一般菌丝面向上,重新盖上试管和原种瓶的棉塞。重复以上操作,一般每支母种接种 4～6 瓶原种(图 4-4-2)。

图 4-4-2　原种的接种

接种塑料袋时,将袋口套环去掉,接入母种块,迅速盖上套环盖。每支母种接种 4～6 袋。

2. 粘贴标签　接种后每瓶、每袋都要贴上标签,标签内容应有品种名称、接种日期、接种人代号等信息。

第四节

原种的培养

一、摆放

接种后的菌瓶或菌袋直立摆放在培养室的层架上。低温期可以密集摆放,高温期摆放时应加大瓶(袋)间距。

二、环境调控

培养室应根据接种的品种调整培养室环境温度,一般设定温度在 24～26℃,空气相对湿度 65%,常温发菌也可。培养室保持避光、适量通风,尽量减少人员出入。

三、发菌期管理

1. 培养室环境卫生　培养期间要做好病虫害的检查工作,定期消毒、除虫。每 2 周喷洒消毒药剂一次。保持培养室干净卫生。

2. 培养室通风保湿　定期通风,防止室内二氧化碳浓度过高。培养室环境相对湿度应不低于 60%。

3. 检查发菌质量　接种后 12 天,检查发菌情况,发现污染及时挑出。

4. 发菌时间　不同培养料、不同食用菌品种,原种长满菌种瓶的时间存在较大差异。

在适宜的温度下,麦粒培养料中,平菇菌丝

13～15天即可长满，白灵菇、杏鲍菇、黑木耳、双孢蘑菇等食用菌，18～20天菌丝才能长满。

在粪草培养料中双孢蘑菇菌丝约40天才可发满，在木屑培养料中香菇或黑木耳原种35～40天才可长满。

四、贮存

自用原种须在发满菌后继续培养5～7天再应用于扩接下一级菌种。

原种长满后可暂存或出售。

不同食用菌品种贮存的温度和贮存期有一定的差异，大多数品种适宜采用低温贮存。如平菇、香菇菌种发满后在4℃温度下可以保藏较长时间，但草菇菌种不适宜低温贮存，草菇菌种长满菌丝后必须尽快使用。

香菇菌种在4～10℃温度下可以保存40天。双孢蘑菇菌种在4～6℃下可以保存40天。平菇、金针菇、白灵菇、杏鲍菇菌种在4～6℃下可以保存45天左右。银耳菌种在15～25℃下保存10天左右。黑木耳菌种在1～10℃下保存40天左右。

第五节
银耳原种生产

由于银耳菌种为混合菌种，所以单独列出加以叙述。银耳原种的制作，不但要按段木栽培或代料栽培来选择菌种，还要考虑银耳菌丝和香灰菌菌丝的生活力、配比、银耳菌丝的生理成熟度等因素，采用适宜的培养方法。

银耳原种和栽培种培养料常用的配方有以下两种。

配方1：木屑67%，麸皮30%，蔗糖1.5%，石膏1.5%。

配方2：木屑70%，麸皮25%，蔗糖3%，石膏1.5%，硫酸镁0.5%。

配制培养料时，水分不能过大（含水量55%左右），以防止在过湿的情况下银耳菌丝断裂成节孢子。

瓶内的培养料也不能装得过满，以占瓶深的2/5～1/2为宜。因银耳菌丝很难长到瓶底，装料过多，只会延长培养时间，而且下部主要是香灰菌菌丝，不能增加银耳菌丝的量。瓶内留下较大空间，有利于接种时进行搅拌。

在试管内进行混合的母种，银耳菌丝在接种块附近形成一个不太大的菌落，下面的培养基也不变色；香灰菌菌丝则蔓延到整个培养基的表面，下面的培养基也变黑色，很容易将二者区别开。接种时一般一支试管只接一瓶原种，将试管内的香灰菌菌丝连同培养基挖掉，再将银耳菌丝连同少量香灰菌菌丝接到菌种瓶内。如果母种数量太少，可将银耳菌落分成3块，每瓶接种一块。但不能分割得太小，以免影响质量。

如是在木屑培养基上培养的母种，应选用已形成原基的母种供接种用。接种时将进行过表面灭菌的菌种瓶上部打破，用接种铲将原基挖去，将耳基下方的白色菌丝团取出，放入一个经高压灭菌的空瓶内，用接种铲将白色菌丝团捣散。然后用接种勺挑取黄豆大小的一块接入原种瓶内。每瓶母种可接30～40瓶原种。

接种后，将菌种瓶放在培养室内，控制温度23～25℃、空气相对湿度70%以下，保持空气新鲜进行培养。培养期间要经常进行检查，发现杂菌及时挑出。接种后20天左右，接种块处白色团状菌丝上有浅黄褐色或红褐色分泌物出现。接种后30天左右，出现原基，即可作为原种使用。

银耳菌种发满后，如有下列情况要酌情处理：种块上的晶状体原基不断增大，但不开片，菌丝生理成熟度低，可用于段木栽培。如用于袋栽，一定要在木屑培养料上转接一次，以提高银耳菌丝的生

IV

350 | 中国食用菌生产

理成熟度，否则，不能用于生产。种块上的白色菌丝团不旺盛，分泌物少，不能作原种使用，可在瓶内加入芽孢复壮后使用。瓶内有大量分泌物或耳基已展片，都是菌种开始老化的表现，最好不要在生产中使用。

如果原种不能满足需要，可以将其再扩大培养一次，称为再生原种。将原种表面的白色菌丝团刮除，扒松培养料内的菌丝体，扒松部分占培养料的1/3～1/2。取一支芽孢菌种，倒入无菌水至覆盖斜面，用接种环刮取芽孢，制成孢子悬浮液。将孢子悬浮液倒入原种内，搅拌均匀。用接种匙挖取拌和芽孢的原种接种，23～25℃培养30天左右，待菌丝长满瓶，表面有白色菌丝团即成。此法也可用于菌种复壮。

第六节
原种生产注意事项

一、原材料质量

培养料要干净，无霉变，无污染，无病虫害，不含有害物质。制作不同的菌种时，要结合相应的营养要求，挑选适宜的培养料，并按一定比例配制。不同的原材料和配比会影响菌种的使用效果，经常使用的原种和栽培种的培养料配方尽量不要改变，更不要随意改变培养料的组分。

二、含水量

培养料的含水量要适宜，以用手紧握培养料指缝间有水渗出而不下滴为宜。菌种制作培养料的含水量要比栽培时稍微少一些，可以延缓菌种衰老。

三、装料数量

装入瓶（袋）中的培养料要松紧适度。装得过紧，通气不良，菌丝发育较慢；装得过松，菌丝发育较快，但菌丝纤细、稀疏。要求装得上紧下松，周围紧中间松。上部紧可以防止水分过快蒸发，下部松有利于透气，促进菌丝生长。

四、容器

生产原种时尽量用菌种瓶作容器。生产栽培种时，可根据情况选用塑料袋作容器。使用塑料袋时要注意塑料袋的质量。装塑料袋前，木屑等应该过筛，去除有锐角的颗粒和枝条以防刺破菌袋。

五、灭菌

培养料要及时彻底灭菌。尤其是在高温季节，培养料装好后要及时灭菌，以防堆放时间过长，使培养料发酵酸败。

六、接种

要遵守操作规程，严格按无菌操作要求进行操作，尽可能地减少杂菌污染。

七、培养管理

在培养菌种时，要控制好培养室的环境条件，创造菌丝发育的最适条件，使菌丝健壮生长。进行严格的检查，发现有污染、菌丝生长异常等问题的菌种要及时淘汰，防止扩散蔓延。

八、菌种贮存

菌种发满后要及时使用。如暂时不用，要将菌种置于干燥、避光、低温处保藏。

第五章　栽培种生产技术

栽培种是指由原种移植、扩大培养而成的菌丝体纯培养物。栽培种只能用于栽培，不可再次扩大培养菌种。栽培种是将原种移植到更为接近栽培基质的培养料上生长而成的菌种，是食用菌生产中使用量最大的菌种，与原种的生产过程大致相同

第一节
栽培种培养料的种类与配方

一、麦粒培养料

配方 1：麦粒 98%，石膏 1%，糖 1%。

配方 2：麦粒 97%，石膏 1%，鸡粪 2%。

配方 3：麦粒 94%，石膏 1%，干牛粪 5%。

二、谷粒培养料

配方 1：谷子 99%，石膏 1%。

配方 2：谷子 97%，石膏 1%，鸡粪 2%。

配方 3：谷子 94%，石膏 1%，干牛粪 5%。

三、玉米培养料

配方 1：玉米 99%，石膏 1%。

IV

配方 2：玉米 97%，石膏 1%，麸皮 2%。

配方 3：玉米 94%，石膏 1%，麸皮 5%。

四、水稻培养料

配方 1：水稻 99%，石膏 1%。

配方 2：水稻 97%，石膏 1%，麸皮 2%。

配方 3：水稻 94%，石膏 1%，麸皮 5%。

五、木屑培养料

配方 1：杂木屑 78%，麸皮 20%，石膏 1%，蔗糖 1%。

配方 2：木屑 84%，麸皮 10%，石膏 1%，玉米粉 5%。

六、棉籽壳培养料

配方 1：棉籽壳 93%，麸皮 5%，石膏 1%，蔗糖 1%。

配方 2：棉籽壳 92%，麸皮 10%，石膏 1%，玉米粉 3%。

七、玉米芯培养料

配方 1：玉米芯 78%，麸皮 20%，石膏 1%，蔗糖 1%。

配方 2：玉米芯 60%，棉籽壳 24%，麸皮 10%，石膏 1%，玉米粉 5%。

配方 3：玉米芯 40%，棉籽壳 24%，木屑 20%，麸皮 10%，石膏 1%，玉米粉 5%。

八、枝条培养料

（一）配方

配方 1：杨树长枝条（>8 cm）88%，麸皮 10%，碳酸钙 1%，石膏 1%。

配方 2：果木长枝条（>8 cm）87%，麸皮 10%，石膏 1%，玉米粉 2%。

配方 3：果木短枝条（<5 cm）69%，木屑 20%，麸皮 10%，石膏 1%。

（二）制作

果树、紫穗槐等适合直接截段的原材料，用果树剪处理成小于 5 cm 长的小段，一端切成楔形。

杨树、硬杂木应用专业设备加工成冰糕棒状的长枝条，长度根据下一阶段的接种要求制作。

浸泡使枝条含水量达到 60% 左右，再根据配方要求拌入麸皮、碳酸钙、石膏等原材料。

第二节
栽培种的贮存

一、菌龄

不同食用菌品种的栽培种最适菌龄有一定的差别，如平菇等多数木腐菌最适菌龄为菌丝长满菌袋后 7 天左右。此时菌丝从接种点生长到菌种瓶或菌袋的底部，内部菌丝又经过大量繁殖，菌丝量巨大，菌丝生命力旺盛，活力最强，是进行进一步扩大培养进入生产过程的最佳菌龄。

在适宜的温度条件下，食用菌菌丝一直处于生长繁殖过程，生长发育到一定时期，菌丝就会进入老化阶段。

菌丝老化后，生活力减低、抗性减弱，不能再作为菌种进入生产流程。

二、栽培种贮存

草菇菌种老化速度极快，菌种长满菌丝后必须尽快使用。

《黑木耳菌种》（GB 19169—2003）规定，黑木耳栽培种，低于26℃贮藏期14天。

《香菇菌种》（GB 19710—2003）规定，香菇栽培种1～6℃贮藏期45天，低于25℃ 14天。

《双孢蘑菇菌种》（GB 19711—2003）规定，双孢蘑菇栽培种4～6℃贮藏期90天，24℃+1℃贮藏期10天。

《平菇菌种》（GB 19712—2003）规定，平菇栽培种1～6℃贮藏期45天，低于25℃贮藏期10天。

《杏鲍菇和白灵菇菌种》（NY 862—2004）规定，白灵菇栽培种4～6℃贮藏期45天，低于25℃贮藏期10天。

《古田银耳标准综合体　菌种制作规程》（DB 35/T 137.5—2001）规定，银耳栽培种15～25℃贮藏期5～7天。

第六章　液体菌种生产技术

　　液体菌种是在液体培养基中培养获得的液态菌种，因为具有培养时间短、接种速度快、接种后萌发点多等优点，近年来在规模化工厂化生产中得到广泛应用。可采用接种机械进行接种，极大地提高了生产效率和发菌速度。

第一节
液体菌种概述

一、液体菌种的概念

　　液体菌种，是相对于固体菌种而言，是指生长在液体培养基中的菌种或菌丝体。

　　液体菌种的制作工艺在工业上称为深层培养或者深层发酵。与固体发酵过程一样，是将纯种微生物接种到含有适宜营养成分的灭菌培养基内，在控制温度条件下进行培养，根据需要供给或者不供给氧气。就是在生物发酵罐中，通过深层培养技术生产液体形态的食用菌菌种。

　　液体制种实质是利用生物发酵工程生产液体菌种，取代传统的固体制种，利用生物发酵原理，给菌丝生长提供最佳的营养、pH、温度、供氧量，使菌丝快速生长，迅速繁殖，短时间内达到一定的数量，完成一个发酵周期，即培养完毕。

常规制备液体菌种多采用母种——一级摇瓶种——二级摇瓶种——培养（发酵）器的生产工艺，环节多，操作复杂。

液体菌种制种工艺流程如下：

清洗和检查→培养基配制→上料装罐→培养基灭菌→降温冷却→接入专用菌种→发酵培养→菌丝成熟→菌种使用。

二、液体菌种的发展趋势

目前以固体菌种为主流工艺。固体菌种制作具有观察方便、接种简便、技术工艺成熟简单等优点，被广大生产者优先采用。但液体制种也一直在不断发展。

近年研制的系列液体菌种培养器及制备技术，将母种经过提纯、活化制备成大量的液体菌种专用母种，直接接种到培养器中培养。使用液体专用母种，解决了液体菌种生产及使用上的一系列难题。传统的生产从一级摇瓶、二级摇瓶到培养器一个生产周期需 9～13 天，而专用种直接接到培养器上到生产出成品液体种只需 2～4 天时间，使得液体菌种自身的生产周期大大缩短。同时节约了投资和生产成本，减少了中间环节的污染；菌丝球量大，菌龄一致。

第二节
液体菌种的成本优势

液体菌种近几年在食用菌工厂化生产领域受到高度重视，随着液体菌种生产设备的改进和自动化控制水平的提高，已开始被部分厂家接受。图4-6-1为液体菌种成套连续生产设备。

图 4-6-1　液体菌种成套连续生产设备

液体菌种的优势表现在液体菌种培养周期短，接种容易实现自动化，接种后菌丝萌发快，吃料早，菌丝分散性好，发菌周期短等。

选用固体或液体菌种应该坚持以下原则：①投资控制原则，比较固体和液体菌种的必需投资，选取投资少的。②技术成熟和简便原则，固体菌种成熟，液体菌种操作复杂。③风险原则，固体菌种和液体菌种的使用风险差别较大。④综合成本原则，综合比较固体菌种和液体菌种的使用成本，进行分析比较综合成本。

一、固体菌种与液体菌种生产设备投资比较

固体菌种与液体菌种的生产设备差距较大，固体菌种的设备包括搅拌、装瓶（袋）、灭菌、接种、培养架等。液体菌种的生产设备包括煮料锅、摇瓶设备、发酵罐等。

以日产 30 000 瓶生产规模为例，固体菌种和液体菌种生产设备投资比较见表4-6-1。

二、固体菌种与液体菌种生产过程使用成本比较

固体菌种与液体菌种生产过程使用成本差距较大，日产 30 000 瓶生产规模生产过程使用成本比

较见表4-6-2。

三、固体菌种与液体菌种使用过程的接种速度对比

固体菌种与液体菌种使用过程中接入栽培瓶的接种速度差别较大，见表4-6-3。

四、固体菌种与液体菌种接种菌丝生长速度对比

液体菌种接种后菌种着床迅速，封面快，污染率较低（图4-6-2）。栽培瓶培养周期缩短2～3天，菌丝的生理成熟度比较一致，出菇整齐。液

表4-6-1　固体菌种与液体菌种生产设备投资比较

项目	固体菌种	固体设备/元	液体菌种	液体设备/元
栽培种数量	2 000 瓶		1 000 L	
母种生产设备	小型灭菌锅	1 000	小型灭菌锅	1 000
	试管（500 支）	500	试管	500
	其他	500	其他	500
原种生产设备	培养室（300 m^2）	300 000	100 m^2	100 000
	菌种瓶（800 瓶）	800	液体菌种摇瓶	200
栽培种生产设备	菌种瓶（80 000 瓶）	80 000	液体菌种培养罐体（7 套）	420 000
合计		382 800		522 200

表4-6-2　日产30 000 瓶生产规模固体菌种与液体菌种生产过程使用成本比较

项目	固体菌种	投资/元	液体菌种	投资/元
栽培种数量	2 000 瓶		1 000 L	
母种生产设备	人员1人	100	人员1人	100
栽培种生产设备	人员1人	100		
	2 000 瓶培养料	2 000	1 000 L 培养液	300
合计		2 200		400

表4-6-3　固体菌种与液体菌种使用过程的接种速度对比

项目	固体菌种人工接种	液体菌种人工接种	液体菌种	投资/元
接种时间	4人 1 h	4人 1 h	1 000 L	
接种速度	最快速度每人每分5瓶	最快速度每人每分16瓶	人员1人	100

体菌种比较固体菌种增收降本的综合效益可达25%左右。

图 4-6-2　液体菌种接种后菌丝生长速度较快

五、固体菌种与液体菌种综合使用成本对比

日产 30 000 瓶生产规模固体菌种与液体菌种综合使用成本对比，见表 4-6-4。

六、固体菌种与液体菌种的综合优势对比

固体菌种使用方便，技术成熟，操作容易，但使用成本较高。

液体菌种设备一次性投入较大，约为固体菌种设备投入的 2 倍。

液体菌种使用成本较固体菌种大幅降低，约是固体菌种的 1/5。

人工操作条件下液体菌种接种速度比固体菌种快，劳动效率大幅提高，可提高 4 倍以上。

液体菌种发菌速度较固体菌种明显加快，液体菌种 18～20 天发满菌丝，同样环境条件下固体菌种需要 35～45 天，液体菌种比固体菌种发菌周期缩短 17～25 天。

液体菌种接种后培养瓶内污染率大幅降低，污染率控制在 0.5% 以下。

表 4-6-4　固体菌种与液体菌种综合使用成本对比

编号	项目	固体菌种	液体菌种
1	设备投资	382 800 元	522 200 元
2	操作人员	2 人以上	1 人
3	使用成本	2 200 元	400 元
4	接种速度	最快速度每人每分 5 瓶	最快速度每人每分 16 瓶
5	萌发时间	3 天	3 天
6	吃料时间	7 天	7 天
7	发菌时间	35～45 天	18～20 天
8	污染率	1%～5%	0.5%～3%

第三节
摇瓶生产液体菌种技术

一、培养液制作

（一）配方

配方1：马铃薯 100 g，蔗糖 15 g，葡萄糖 10 g，麸皮 20 g，蛋白胨 2.5 g，磷酸二氢钾 2 g，硫酸镁 1 g，维生素 B_1 10 mg，豆粕 10 g，水 500 mL。

配方2（摇瓶改进配方）：马铃薯 100 g，葡萄糖 10 g，蛋白胨 2.5 g，维生素 B_1 10 mg，水 500 mL。

（二）制作

按照配方比例称重，加水煮沸 20 min，用两层纱布过滤取滤液。

二、灌装与灭菌

培养液配制好后，装入 500 mL 容量的锥形瓶中，每瓶装量为 200 mL，并加入 10～15 粒小玻璃珠，加棉塞后再包扎牛皮纸封口。用小型灭菌锅，在 0.14 MPa 压力下灭菌 30 min，取出冷却到 30℃以下。

三、接种与培养

在超净工作台上按照无菌接种工艺要求在锥形瓶内接入一小块斜面菌种，23～25℃下静置培养 24 h 后，置往复式摇床上振荡培养，振荡频率为 80～100 次/min，振幅 6～10 cm。如果用旋转式摇床，振荡频率为 200～220 r/min。摇床室温控制在 24～25℃，培养时间因菌类不同而异，一般是在 7 天左右。

培养结束的标准是培养液清澈透明，液中悬浮着大量小菌丝球，并伴有各种菇类特有的香味（图4-6-3、图4-6-4）。

图 4-6-3　摇床培养液体菌种

图 4-6-4　培养好的液体菌种

四、注意事项

（一）坚持"三关"检验制度

即培养皿培养检测关、试管培养检测关、菌瓶培养检验关，培养观测 3 天确认无污染后再进入下一程序。

（二）建立菌种质量检测签字制度

培养瓶操作人第一关签字，菌种质量监督员第二关签字，工厂技术总监第三关签字把关。

（三）检验过程拍照存档制度

"三关"检查菌丝发育情况拍照存档，注明日期、品种、发菌情况等，以备后期追查。

（四）液体菌种保藏等待制度

培养好的液体菌种放置在 0～3℃条件下 3 天，等待检验质量合格后再应用。

食用菌制种技术

第四节
发酵罐生产液体菌种技术

一、培养液配方与配制

（一）配方

基本配方：麸皮 1 000 g，葡萄糖 1 000 g，蔗糖 1 000 g，硫酸镁 100 g，磷酸二氢钾 200 g，蛋白胨 200 g，玉米淀粉 1 000 g，豆粕 1 000 g，食用油 400 mL，水 80 L。

改进配方：麸皮 1 000 g，葡萄糖 1 000 g，硫酸镁 100 g，磷酸二氢钾 200 g，蛋白胨 200 g，玉米淀粉 1 000 g，食用油 400 mL，水 80 L。

（二）制备

按照配方比例称重，加入蒸煮锅内，用蒸汽或电加热设备加热。

根据培养罐的容量选择蒸煮容器，大型培养罐一般配备专用培养液蒸煮锅，小型培养罐可以选择不锈钢锅或不锈钢桶。加水煮沸 20 min，煮制过程中用专用工具不停地搅拌。

用两层纱布过滤，收集过滤液。

二、空罐灭菌

第一次使用或停用较长时间的培养罐，必须进行空罐灭菌。灭菌的目的是杀死培养罐内部、阀门、连接管道等部位存在的杂菌。

空罐加水至观察窗上限位置。检查罐体各部位阀门是否处于关闭状态。打开加热开关。关闭第一过滤罐的进气开关，关闭第一、第二过滤罐所有开关，升温并升压至 0.05 MPa，打开第一、第二过滤罐排气阀门两次，彻底排除内部冷空气，关闭阀门。升压至 0.05 MPa，打开过滤罐外层排气开关，确认无冷空气时关闭。打开两个过滤器中间的阀门，压力达到 0.14 MPa，126℃时维持 45 min。注意罐体底部排污阀也要进行灭菌。接种阀门、取样阀门等开关处都要通过排气的方法进行灭菌，灭菌后用酒精棉球消毒并用牛皮纸包裹。降压冷却。确认冷却结束后，加注培养液。

三、培养液灭菌

（一）灭菌流程

罐内加注培养液—罐内加水—关闭培养罐封口—打开加热开关—排除罐内冷空气—二次排除冷空气—灭菌—冷却。

（二）操作方法

设定电控柜灭菌温度、时间。空罐灭菌冷却后，确认培养罐内无气压、无蒸汽，打开罐体封盖，在罐内直接加水，同时打开 1、2 加热开关。加入各类培养料，打开进气开关和气泵，边搅拌边加水至观察窗中线。盖上封盖，排气孔打开，上紧封闭螺丝。关闭气泵，关闭进气阀门。升压至 0.05 MPa，打开顶部排气阀，放气两次以排除冷空气。升压至 0.14 MPa，计时 45 min。灭菌时间到后，自然冷却至室温。

四、培养液冷却

在罐内自然冷却至压力 0.03 MPa 以下，缓慢打开顶部排气接种阀门，使其处于全开状态。至压力接近零时及时关闭顶部排气阀，避免外界空气进入。打开下部夹层冷水进入开关，同时打开第一过滤罐排水开关。打开第一过滤罐下部排气开关，打开气泵，打开罐体顶部接种开关，打开气泵进入第一过滤罐开关和罐体进气开关。调节第一过滤罐排气开关，通过空气和水同时降温。打开顶部空气过滤器调节罐内压力，至 0.05 MPa 左右。温度降至 23℃左右，关闭气泵，关闭顶部接种阀门，关闭第一过滤器进气阀门。

五、接种操作

提前 5～7 天准备锥形瓶液体菌种，培养好后及时接入培养罐。培养液灭菌后，冷却至内外罐体温度基本一致，25℃左右。准备手套、酒精棉球、打火机等接种用品。在顶部接种阀门上套上酒精浸湿的棉球，点燃，将液体菌种在酒精燃烧的环境下接入。这一步需要 2～3 人配合。接入菌种后，关闭顶部阀门，用纱布密封。

接种后将摇瓶菌种接种管折叠封闭，放入培养箱置 28℃培养 24 h 以上，观测遗留的菌种有无污染。

六、培养菌丝

调节罐体空气过滤系统，先打开第一过滤罐下方排气阀门，打开第一过滤罐进气阀门，打开罐体过滤后进气开关，打开气泵，打开罐体顶部呼吸阀门。通过顶部过滤器、第一过滤器排气管排气阀门调节罐内气压，维持在 0.05 MPa。

在控制箱内设定培养液温度为 22℃，采用罐体循环水控温或培养室空调控温。

观测调整罐体内部气体进入、液体搅动情况。每 1 h 观测一次温度、培养液搅动情况。通过罐体玻璃窗口观测培养液菌丝生长发育情况。

定时用试管取样观测、检查菌丝生长发育状况。取样后取样口阀门应进行消毒处理。

七、注意事项

同摇瓶生产液体菌种技术。

八、液体菌种转扩接种

接种用的移液胶管、接种枪等用具，用塑料袋装好密封，在灭菌锅内彻底灭菌。

在培养罐体中部通过酒精燃烧灭菌方法套上接种移液器塑料管，连接胶管进入接种车间。

接种操作时，调节管内部压力达到 0.07 MPa。

普通接种室人工接种需要 3 人配合，一人手持接种枪操作，一人打开料瓶（袋），一人辅助搬运。

自动传送带流水线接种车间，接种时 2 人配合即可。

采用液体菌种接种机，则应按照设备说明进行操作。

人工接种时根据需要接种的料瓶或料袋的容量，每瓶（袋）接种 25～35 mL 菌种，料瓶（袋）内部、中部打入菌种，上部料面全部覆盖菌种。

机械接种时要根据料瓶（袋）容量调整接种量，一般接种量在 30 mL 左右。

九、罐体清洗

接种后将剩余的菌种导入第二个无菌罐内，排出多余的菌种。

关闭电源，关闭阀门和气泵，打开灌顶封闭阀门，去掉顶盖，用清水清洗内部，不留死角。

十、培养罐的保养

电气一体罐电气部分较多，定期检查电线接口处是否接线紧实，自动控制系统是否完好。

定期清洗过滤罐，连续使用 3 个月应更换 1 次。

定期检查各种阀门，发现封闭不严，及时检修或更换。

安全阀使用过程中观察是否漏气，发现问题及时维修或更换。

第七章　菌种的质量检测与鉴定

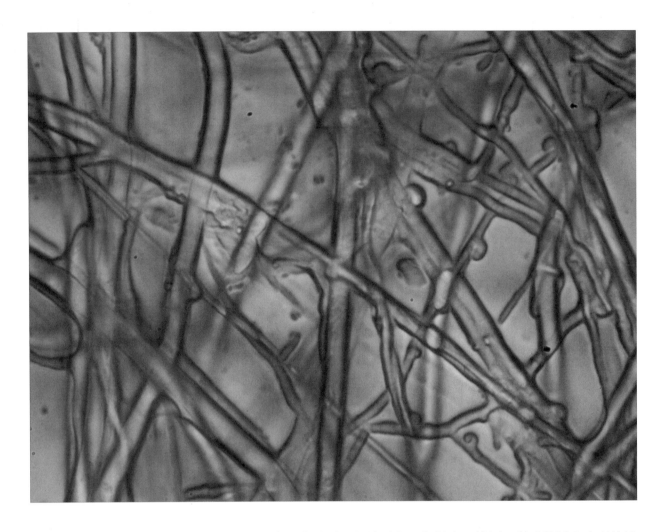

　　菌种质量直接影响食用菌栽培的成功率。菌种质量的检测主要包括宏观检测、微观检测和生理特性检测等。宏观检测主要是通过感官进行的外观检测等；微观检测主要是通过显微镜观测；生理特性检测主要是检测其抗逆性、适应性等。只有通过质量检测表现优良的菌种才能用于下一步生产。

第一节
母种质量的鉴定

　　广大菇农和专业技术人员在生产实践中总结出一套宏观检查菌种质量的方法，可概括为"纯、正、壮、润、香"五个字。

　　纯：指菌种的纯度高，无杂菌感染，无抑制线，无"退菌""断菌"现象等。

　　正：指菌丝无异常，具有亲本的特征，如菌丝纯白、有光泽，生长整齐，扭结成块，具弹性等。

　　壮：指菌丝粗壮，生长势旺盛，分枝多而密，在培养基上萌发、定植、蔓延速度快。

　　润：指菌种基质湿润，与瓶壁紧贴，瓶颈略有水珠，无干缩、松散现象。

香：指具有该品种特有的香味，无霉变、腥臭、酸败气味。

一、母种质量标准

要求试管完整，无破损，棉塞干燥、洁净，松紧度适宜，能满足透气和滤菌要求。斜面顶端距棉塞4～5 cm，接种块（3～5）mm×（3～5）mm。菌丝白色或微黄色，生长健壮、浓密、均匀，菌落边缘整齐。培养基不干缩，颜色均匀，无暗斑，无色素。培养物有食用菌种特有的香味，无酸、臭、霉等异味，镜检菌丝粗壮，分枝多，无杂菌菌丝及孢子，无害虫及虫卵。

二、母种的质量鉴定

（一）直接观察

对引进或分离的菌种要进行仔细观察，看菌丝生长是否正常，菌种是否老化，菌种中有无杂菌感染，同时还要检查瓶袋有无破损等。

（二）显微镜检查

在载玻片上放一滴蒸馏水，然后挑取少许菌丝置水滴上，盖好盖玻片，再置显微镜下观察。载玻片也可染色后再进行镜检。若菌丝透明，呈分枝状，有间隔，锁状联合明显，具有品种应有的特征，则可认为是合格菌种。

（三）观察菌丝长势

将待检的菌种接入新配制的试管斜面培养基上，置最适宜的温湿度条件下进行培养。如菌丝生长迅速，整齐浓密，健壮有力，则表明是优良菌种。若菌丝生长缓慢，或长速特快，稀疏无力，参差不齐，易于衰老，则表明是劣质菌种。

（四）耐高温测试

对一般中低温型的菌种，可先将母种试管数支置于最适温度下培养，7天后取出部分试管置35℃下培养，4 h后再放回最适温度下培养。经过这样偏高温度的处理，如果菌丝仍然健壮，旺盛生长，

则表明具有耐高温的优良特性。反之，菌丝生长缓慢，且出现倒伏，发黄，萎缩无力，则可认为是不良菌种。

（五）吃料能力鉴定

将菌种接入最佳配方的原种培养料中，置适宜的温度、空气相对湿度条件下培养，7天后观察菌丝的生长情况。如菌丝能很快萌发，并迅速向四周和培养料中生长伸展，则说明吃料能力强。反之，则表明对培养料的适应能力差。对菌种吃料能力的测定，不仅可用于对菌种本身的考核，同时还可作为对培养料进行选择的一种手段。

（六）出菇试验

经过以上五个方面考核后，认为是优良菌种的，则可进行转管扩大培养，然后取出一部分母种用于出菇试验，以鉴定菌种的实际生产能力。

1. 形态特征　菌丝为白色，整齐，粗壮，有弹性，萌发快。菌丝干燥，收缩或自溶产生红褐色液体的勿用。

2. 耐温湿性鉴定　耐温性试验是测定品种对高温的抵抗能力。适温培养7天，然后35℃培养24 h，再适温培养。若菌种恢复快，不发黄，不倒伏，不萎缩，则为良种。

空气相对湿度对大型真菌的影响是采用耐干湿性试验测定的。在琼脂含量<1.5%的培养基上能正常生长，说明菌种耐湿性好。在琼脂含量>2%的培养基上生长良好，表明菌丝耐干性好。

3. 出菇鉴定　母种扩大培养成原种和栽培种，然后进行少量出菇试验是最有效、可靠的方法，但是费时费力。

三、常见食用菌母种的质量鉴定

（一）平菇

菌丝洁白，浓密粗壮，生长整齐，不产生色素。菌丝生长快，在适温下6～8天可长满斜面。显微镜下观察，菌丝粗细均匀，分枝较多，在菌丝间隔处有明显的锁状联合。菌丝粗壮，整齐，气生

菌丝少，有菇香的为优良菌种。气生菌丝多，形成很厚的菌被将管壁包满，是老化菌种或经多次无性繁殖的菌种，很容易在种块或管壁上形成原基，不宜扩大培养。有黑、绿等杂色以及拮抗线的为杂菌污染菌种，不能使用。

有些菌株爬壁力强，气生菌丝旺盛，可布满整个试管。有些菌株气生菌丝不发达，但在气生菌丝表面出现许多菌丝小球。有些菌株在超过28℃下培养或时间过长，气生菌丝顶端往往变成橘红色，并产生浅黄色或橘红色分泌物，对扩大培养原种无不良影响，但不适于转管扩大培养。低温保藏时，很容易在种块或管壁上形成原基。

（二）香菇

菌丝白色，粗壮，棉毛状，平铺生长，有香菇特有的香味。菌丝生长速度中等，在适温下10～12天可长满斜面，略有爬壁现象，后期可分泌酱油状液滴的菌种为优质菌种。在斜面上一般不形成原基，有的品种可以形成原基，是早熟优质菌株。镜检菌丝粗细均匀，有隔膜，有明显的锁状联合。

（三）金针菇

菌丝白色至灰白色，初期较蓬松，后期气生菌丝紧贴培养基，爬壁慢。菌丝老熟时表面出现淡污褐色斑块，能产生色素，使培养基变为淡黄色。菌丝生长速度中等，适温下10天左右长满斜面。菌丝在扭结之前会分泌淡黄色至琥珀色液滴，有些品种没有分泌物。镜检菌丝粗细均匀，有锁状联合，突起呈半圆形。低温保存时，在培养基表面易形成盖小柄长的子实体，在菌柄的周围可产生许多小子实体。已分化子实体出现次生菌丝或萎缩，培养基干枯，都是菌种老化的表现。较老的菌种，管壁上会出现粉状物——菌丝断裂形成的粉孢子。凡形成粉孢子多的品种，品质较差。

（四）猴头菇

菌丝粉白或灰白色，丝绒状，紧贴于培养基表面，气生菌丝粗壮，较稀，基内菌丝发达。在含氮丰富的培养基上，菌丝纤细，洁白，浓密，绒毛状，有气生菌丝。能产生棕褐色色素，使培养基变为棕褐色至茶色。菌丝生长速度缓慢，一般15～20天可长满试管。后期在菌丝上产生红褐色分泌物，在斜面培养基上极易形成珊瑚状原基。镜检菌丝粗细均匀，粗壮，分枝多，锁状联合大而多。较老的菌丝可断裂成节孢子。用过深基内菌丝接种时，很难在斜面上长满。菌丝呈线粒状或星芒状，难以继续生长，是菌丝生活力下降的表现，不宜扩大培养和接种原种。

（五）木耳

由孢子萌发的初生菌丝纤细，透明，洁白，经细胞质融合成为次生菌丝后，较粗壮，密集，洁白，平铺，紧贴培养基匍匐生长，像细羊毛状。菌丝前端较整齐。菌丝一般都有爬壁现象。后期颜色加深，并产生分生孢子，使培养基表面覆盖一层粉状物。能分泌浅黄色至茶褐色色素，培养基因色素渗入而变色。菌丝生长速度中等，在适温下10天左右可长满试管斜面。在见光的情况下，在斜面边缘或表面出现胶质琥珀状原基。镜检菌丝粗细不匀，根状分枝较多，锁状联合不明显，有钩状或马蹄状分生孢子。毛木耳母种老化后，有红褐色珊瑚状原基出现。

（六）银耳

银耳母种有芽孢、银耳纯菌丝、香灰菌菌丝和混合母种等几种形态。

1. 芽孢　幼龄芽孢菌落表面光滑，半透明，边缘整齐，乳白色，有光泽。随培养时间延长，菌落变大，表面出现皱纹，变为浅棕色。在PDA培养基上，菌落黏稠性较小，可在斜面上流动；在合成培养基上，菌落比较干燥，有时表面有疣点；在营养丰富的琼脂培养基上，黏度适中，边缘能形成放射状暗花纹。菌落在适温下生长迅速，3～4天即可长满斜面。在普通培养基上不能萌发成菌丝。

2. 银耳纯菌丝　纯菌丝白色、淡黄色至鹅黄色。气生菌丝短而密集成团，俗称"白毛团"。另一类菌丝贴生于培养基表面或深入基质中，边缘整齐，生长速度极慢，有气生菌丝。"白毛团"周围一圈紧贴培养基形成菌环，不易胶质化，适合段木栽培；相反则适于代料栽培。后者老熟菌丝多弯曲，在培养基表面缠绕成团，逐渐胶质化并形成小的耳芽。过湿或移植时易断裂形成芽孢。镜检菌丝粗细均匀，纤细，有锁状联合，突起小而少。次生菌丝移植后，或继续长菌丝，或迅速胶质化，或变成酵母状分生孢子，取决于菌丝的菌龄、发育程度、培养基表面有无水层、接种时的热刺激或机械刺激等。

3. 香灰菌菌丝　菌丝白色，有细长的主干和对称的侧生分枝，称为"羽毛状"菌丝。菌丝爬壁力极强，生长速度快，26℃下4～5天可长满斜面，3～5天后分泌色素，使培养基变成淡褐色或黑褐色。老龄菌丝变浅黄色或浅棕色，基部有时带暗绿色。气生菌丝灰白色，细绒状，并往往出现碳质黑斑。有时有黄绿色或草绿色分生孢子出现。

4. 混合母种　有两种类型。从种木分离的混合菌种，香灰菌长满试管斜面，然后在种木块上开始出现"白毛团"，继而出现浅黄色或浅褐色的分泌物，很快胶质化，形成银耳原基。混合菌种亦可进行人工混合培养，先在斜面中央接种芽孢（或银耳纯菌丝），待芽孢萌发后（也可在萌发前），于芽孢菌落边缘接种香灰菌菌丝，长满斜面后，即为母种，斜面中央为一胶质化的硬块。银耳混合母种只能用于原种接种，不适于扩大培养。

（七）双孢蘑菇

菌丝白色或灰白色，纤细，蓬松。菌种有气生型、匍匐型、半气生半匍匐型三种。气生型菌丝较发达，尖端挺拔有力，清晰整齐，呈扇形展开。气生型菌丝绒毛状，易形成菌皮，基内菌丝发达。匍匐型菌丝贴生在培养基表面，横向伸展生长，有放射状的线状菌丝，生长缓慢，随培养时间延长，菌落呈多种形态，在显微镜下观察，菌丝节间短，分枝多，节间处膨大。半气生半匍匐型菌丝兼有以上两种菌丝的特点，初期匍匐型，后期在菌丝尖端出现银灰色绒毛状菌丝，并有少量气生菌丝，基内菌丝发达。

蘑菇菌丝生长较慢，一般培养15～20天才长满试管斜面。优质菌丝应该生长速度均匀，有蘑菇特有的香味，无酸、臭、霉等异味，没有生长很快的扇形变异。以气生菌丝生长整齐均匀，无角变，基内菌丝扎得深者为好。菌丝倒伏、发黄，形成黄白色菌被者不能用于生产。在琼脂斜面上不能形成子实体，镜检有隔膜和分枝，无锁状联合。

（八）草菇

菌丝无色至淡黄色，细长，稀疏，半透明，有金属样光泽，似蚕丝。菌丝爬壁力强，可布满整个试管，气生菌丝旺盛。试管内生长显得蓬乱不整齐，每根菌丝清晰可见。菌丝生长速度快，33℃下4～5天即可长满试管斜面。菌丝体培养20天左右，在斜面培养基的边缘产生厚垣孢子时出现深红褐色斑块，以致最后培养基的表面呈紫红色。厚垣孢子出现过早、数量过多，是生活力开始衰退的表现。斜面上不产生子实体，菌丝镜检半透明，分枝呈直角状，有隔膜，粗细不匀，无锁状联合。若菌丝密集，颜色洁白，可能感染杂菌。

（九）滑菇

菌丝绒毛状，较短，气生菌丝不旺盛，最初白色，随着生长而逐渐变为乳黄色、淡黄色，管壁常出现网状菌丝束，产生黄褐色色素。菌丝生长速度较慢，在适温下培养12～15天可长满试管斜面。培养过程中产生大量分生孢子。镜检有锁状联合。

（十）灵芝

菌丝白色，浓密，短绒状，气生菌丝不发达，老熟时革质化，表面淡黄色。菌丝生长速度中等，在适温下7～10天可长满试管。镜检菌丝粗细不匀，有锁状联合。凡菌丝洁白粗壮，生长整齐均匀，气生菌丝具有极强的爬壁力，菌丝有弹性的母种为优质菌种。如菌丝呈现灰白色，生长稀疏且不整齐，菌丝生长势弱，不宜再使用，应淘汰。

（十一）蜜环菌

菌丝絮状，灰白色，后期淡红棕色，生长较慢，具轮廓分明的边缘。7～9天后，在絮状中心呈现褐色色素，逐渐加深，向四周扩散。培养

食用菌制种技术

13～15 天后形成菌索。菌索树根状，初期白色，后期变深褐色或黑色，产生色素，溶于培养基，使其变成红褐色。菌丝和幼嫩菌索能产生荧光。镜检菌丝无明显的锁状联合。

（十二）竹荪

菌丝粗壮，色白，绒毛状。气生菌丝旺盛，爬壁力强，后期出现菌丝束，并产生色素使培养基变色。长裙竹荪粉红色，间有紫色；短裙竹荪多为紫色或蓝紫色；红托竹荪为粉红色；棘托竹荪为粉红色、淡紫色或黄褐色。老化后，气生菌丝消失并产生黄水。

（十三）茯苓

菌丝绒毛状，白色，老时呈棕褐色，有时形成菌丝束。早期形成的菌落有特殊结构。生长开始时，菌丝紧贴培养基表面呈放射状生长，组成菌丝较稀疏的一环，随着菌丝向前生长则形成具有较多气生菌丝的另一同心环，彼此相间排列，逐渐形成具有多个同心环纹的菌落。随着气生菌丝的增加，环纹逐渐不明显甚至消失。环纹菌落是茯苓菌种早期鉴别的主要特征。镜检菌丝分枝多，无锁状联合。菌丝旺盛，浓密，洁白，爬壁力强的是优良菌种。

（十四）鸡腿菇

菌丝初期灰白色，长满管后，顶端开始变为灰色、银灰色，随培养时间延长，色泽加深，菌丝稀疏，气生菌丝均匀。随着培养时间延长而变灰色，是鉴别鸡腿菇纯菌种的主要依据。菌丝生长过程中会分泌褐色色素，使培养基变为淡褐色。

（十五）金耳

母种由两种菌混合培养而成。

1. 粗毛韧革菌　菌丝初期疏松，棉毛状，白色，很快转为黄色或橙黄色，最后呈厚毡状。故菌龄较长的菌种很难切割。菌丝生长快，琼脂斜面大都是粗毛韧革菌。

2. 金耳纯菌丝　生长初期细而短，无色透明，平伏于培养基表面，很少有气生菌丝。当与粗毛韧革菌菌丝生长在一起时，可以长成短而密的气生菌丝，白色或淡黄色。金耳纯菌丝在斜面上生长缓慢，仅限于局部。因此，接种时必须用有白色和淡黄色的菌丝团才能成功。

第二节
原种质量的鉴定

一、原种质量标准

原种的质量直接影响到食用菌栽培的产量和效益。因此，必须对原种进行质量检查。首先是外观要求。菌丝已长满培养料，旺盛、浓密、洁白（有些菇类呈现其特有的性状），分布均匀，绒状菌丝多，具特有的菇香味。银耳菌种表面应该有原基出现。其次是菌种不能有污染，颜色一致，没有红、黄、绿、黑等杂色，没有拮抗线，没有变异菌丝。菌种不老化，菌丝柱不收缩，瓶底没有红色或黄色积液。最后是菌龄要求。原种发好后要及时使用。如暂时不用，可置低温下保藏，不能在高温下放置时间过长，否则菌丝生活力下降，失去使用价值。

合格菌种菌丝洁白（符合该菌种的颜色）、均匀、粗壮、整齐，有菇香味，无杂色、黄水、结皮，一般要求无原基，接种后萌发快。培养基湿润，不干缩脱壁等。

二、常见食用菌原种的质量鉴定

（一）平菇

菌丝浓密，洁白，粗壮，棉毛状，有爬壁现象，适宜条件下培养 1 个月左右在瓶壁上形成珊瑚状小原基的是性状优良的菌种。

菌丝稀疏或成束生长，菌丝生长缓慢或不向下生长，说明培养基过湿、过干或过紧。培养基表面或瓶壁出现大量原基或子实体已经分化，说明菌龄已较长，应尽快使用。培养基开始萎缩并与瓶壁分离，底部有浅黄色或红褐色积液，为老化菌种，无使用价值。培养基表面或瓶壁出现霉菌菌落、拮抗线、湿斑等，都是被污染的菌种，应予以淘汰。

（二）香菇

菌丝洁白，密集，蓬松，棉毛状，上下内外均匀一致，不易形成很厚的菌被，表面有少量转色，具香菇特有的香味的是优质菌种。

凡菌丝萎缩，吐黄水或严重徒长，以及有绿色、黄色、黑色或橘红色等杂菌的菌种，都必须淘汰。出现许多发黄的菌丝束，或瓶肩处的菌丝已萎缩、色泽暗淡的菌种，都不可用于生产。

瓶内菌丝生长稀疏，能看到木屑颗粒，说明培养时间太短，应继续培养。若是米糠、麸皮用量不足且质量过差，致使菌丝生长不良，应更换培养基。如瓶内菌丝块已与瓶壁脱离，开始萎缩，表面菌被变为褐色，说明菌种过老，应尽快使用。菌丝块易与瓶壁脱离，与培养料过干或装料过松有关。瓶内开始有小菇蕾形成，是菌种品质优良的表现之一，但也说明菌龄较大，应去掉菇蕾，尽快使用。

（三）金针菇

菌丝洁白，粗壮，有时外观呈细粉状，富有弹性，生活力强，后期在培养基表面有琥珀色液滴，易形成子实体者为优良菌种。

瓶内菌丝不能继续向下生长，长菌丝与不长菌丝处有一明显界线，说明培养基太湿。如培养基出现黏液，则多是细菌污染的结果。若菌丝稀疏，可能与培养基有机氮含量低有关，也可能与菌种生活力下降有关，这种菌种不能使用。若瓶壁上形成许多子实体并形成很长菌柄延伸到培养基表面，说明培养基已干缩，菌龄较长，应尽快使用。若培养基表面有菌膜出现，是开始老化的表现，挑去菌膜，一般仍可使用。若菌块干缩或菌丝自溶，产生大量红褐色液体，说明生活力已变弱，不应该再使用。

（四）猴头菇

菌丝洁白，浓密，粗壮，上下均匀一致，在培养料上易形成子实体，肥大肉厚，菌丝长的为优良的菌种。

菌丝稀疏，纤细，上下分布不匀，是生活力衰退的表现，易感染杂菌。培养基收缩，瓶底积满黄色黏液，说明菌种已老化。如菌丝生长势弱，可能是培养基酸度不够或氮元素不足所致，应提高培养基酸度或增加氮素营养，改善菌种的生活条件。菌丝只长到瓶深 1/4 就有原基出现，可能是连续采用组织分离，导致菌种退化所致，应采用孢子分离法对菌种进行复壮。

（五）木耳原种

菌丝洁白，有时上部呈现淡褐色，粗壮，生长速度较快，发育均匀，培养一段时间后，瓶壁会出现菊花状或梅花状的胶质原基，褐色至黑褐色，为性状优良菌种。

菌丝稀疏，可以看到培养基的颗粒，与培养时间短有关。若经过一段时间培养，仍无显著变化，可能为营养成分不足，特别是与麸皮质量差有关。在菌丝满瓶以前，就有原基出现，说明生理成熟度高或转管次数过多，此类菌种应用于生产，出耳数量多，但耳片小、不易长大，应该淘汰。如瓶底有浅黄色液体，为老化菌种，不可使用。若菌种长至一半或一个角落而不再继续生长，可能是培养基太干或太湿。如因培养时间过短或温度过低，菌丝未长满全瓶，应继续在适温下培养。

（六）银耳原种

银耳菌丝与香灰菌菌丝的比例适当，经过一段时间的培养，会形成"白毛团"或胶质化的耳基，并很快展开，是优良的银耳菌种。

瓶内香灰菌菌丝生长健旺，初期分布均匀，白色，气生菌丝向瓶壁延伸，并能产生黑斑，后期在耳基下方出现束根状分布，表面黑斑多，分布均匀，没有其他杂斑，是香灰菌菌丝生长良好的表现。如果银耳菌丝能深入培养料，吃料很深，在耳基下方有一层较厚的银耳菌丝，木屑颜色变浅，"白毛团"旺盛，原基大，说明菌龄小，生活力强，适合段木栽培。如果"白毛团"很小，易胶质化变成小耳，说明菌种已接近生理成熟，不适合段木栽培，只可供袋（瓶）栽用。

如果香灰菌菌丝稀疏，不深入瓶中，子实体呈胶团状或胶刺状，不开片，说明培养基太湿。如果瓶内很快出现子实体原基（10～15天）或"白毛团"很多、很小，说明已反复移植多次，菌龄已大，不适合段木栽培。如果瓶内只长香灰菌菌丝，表面没有"白毛团"，不能用于生产，否则不会出耳，应添加芽孢菌种混合后再使用。如培养基表面有一层很厚的菌膜，下面仍有银耳原基，说明菌种不纯，应淘汰。如果培养基表面开始退菌，耳基变成淡红色，产生大量红褐色液体，可能是遭受螨虫污染。

（七）双孢蘑菇

菌丝灰白，细绒状。气生型菌株气生菌丝旺盛，菌丝前端呈扇形；匍匐型菌丝贴生于培养基表面，呈细线状分布，上下均匀，没有生长很快的扇形变异，没有黄白色厚菌被，有蘑菇特有的菇香，抗高温及病虫害。经出菇试验，子实体洁白，朵大圆整，产量高，质量好，出菇早，茬次分明，是优良菌种。

培养料中菌丝已变成细线状或粗索状，呈淡黄白色，萎缩，生长无力，为培养料较湿或较老的菌种。培养料内几乎看不到菌丝，内容物呈糊状，为培养料水分过大或菌龄较长的，应予以淘汰。菌种瓶内上部菌丝干缩，下部菌丝生长尚好，说明培养料过干，培养温度过高。在高温下培养的菌种菌丝黄褐色，播种后很难吃料。如菌种瓶内培养基上方出现很厚的菌被，是生产性能差或菌种过老的表现，不能应用于生产。麦草料菌种比粪草料菌种的菌丝稀为正常现象。粪草原种的适宜菌龄为50～55天，麦粒种为25～30天。

（八）草菇

菌丝白色，半透明，密集，健壮，全瓶分布均匀，厚垣孢子尚未产生或产生极少，为幼龄菌种。菌丝转黄白色，透明，产生厚垣孢子，为适龄菌种。培养料内的菌丝逐渐稀少，但有大量的厚垣孢子充满稻草缝隙间，或菌丝黄白色，浓密如菌被，上层菌丝萎缩，为老龄菌种。菌龄过短、过长的菌种都不适于栽培。草菇菌种不适于长期保存，栽培种最好不要超过0天。

凡菌丝稀疏，透明，纤细，多为培养料灭菌不彻底，导致菌丝生长有限，很少分枝。菌丝生长不旺，厚垣孢子堆成团，为培养料过湿。菌丝洁白、密集，呈棉絮状，表明有杂菌污染。瓶内形成原基，可能是感染鬼伞，因为草菇在瓶内很少形成原基。菌丝逐渐消失，瓶壁有粉状物，可能感染害螨。培养料发黄、腐败或有各色的杂菌孢子，是细菌或霉菌污染所致，应淘汰。

（九）滑菇原种

菌丝浓密洁白，呈绒毛状，富有弹性，培养基变淡黄色或白色，均匀一致，在靠近培养料的瓶壁上出现网状菌丝束，交织处有黄褐色或红褐色小颗粒的为优质菌种。

菌丝虽为白色，但不呈绒毛状，无弹性，用手捏成小块或粉状，培养基呈黄褐色或暗褐色，为菌龄过小的菌种，要继续培养。瓶底有黄白色或褐色液体，为老化菌种，不宜使用。

（十）灵芝

菌丝浓密洁白，上下分布均匀，表面形成菌膜，后期易形成子实体原基，为优良菌种。

菌丝前期生长快，后期生长变慢，可能是装料过紧或营养不良。上部菌丝均匀，下部较弱，可能由于水分过大。培养料呈黑腐状，菌丝很少，必须淘汰。

（十一）茯苓

菌丝浓密白色，长满木块后常见根状菌索，有浓郁茯苓味，木块易折断，内部呈淡黄色，菌丝不发黄，无子实体出现，无茯苓皮出现，无病虫害为优质菌种。

（十二）竹荪

菌丝白色，粗壮，呈束状。气生菌丝旺盛，初期为白色，后期有的品种有色素。长裙竹荪呈粉红色，偶有紫色，短裙竹荪呈紫色为优良菌种。

菌丝变黄或自溶，产生黄水是老化菌种。瓶内菌丝上部生长均匀，下部生长弱或难以生长，说明培养料过湿或装料过紧。

（十三）金耳

金耳菌丝生长旺盛，粗毛韧革菌菌丝虽然布满全瓶，但较细弱，经35～45天培养，培养料上方（多在近瓶壁处）出现扭结，逐渐形成小颗粒状胶质子实体原基，有的可发育成较大的脑状子实体，为优良菌种。

瓶内只长浓密的粗毛韧革菌菌丝，常分泌黄色液体，后期在瓶壁形成浅盘状韧革菌子实体的菌种，不能作原种使用。

第三节
栽培种质量与鉴定

一、优良栽培种的标准

（一）菌丝生长速度一致

同一品种，使用相同的培养料，在相同的条件下培养，生长速度和菌丝体特征应基本相同。

（二）菌丝生长速度正常

不同品种、培养料、生长条件下，菌丝生长速度不同，但对每一个品种，在固定的培养料和培养条件下，有固定的生长速度。

（三）色泽正常，上下一致

不同食用菌的菌种虽然色泽略有差异，但在天然木质纤维质的培养基上生长时，菌丝体几乎都是白色。如果污染有其他杂菌，从菌种外观可看到污染菌菌落的颜色或明显的拮抗线。

（四）菌丝丰满

优良的栽培种，不论生长中还是长满后，菌丝都应丰满，浓密，粗壮，均匀。

（五）香味浓郁

正常的栽培种，打开瓶（袋）口，可闻到浓郁的菇香味。如果气味清淡或无香味，说明菌种有问题，不能使用。

二、栽培种的质量鉴定

栽培种的质量主要看菌种的长相和活力、是否老化、有没有污染和螨害。对于购买栽培种的菇农，拿到菌种后首先看标签上的接种日期，看是否老化。如在正常菌龄内，再将菌龄与外观联系起来判断菌种质量。然后仔细观察棉塞和整个菌体，看是否有霉菌污染和螨害。最后看长相，看是否有活力，是否有霉菌，主要通过感官鉴别。

（一）菌丝体特征和菌丝活力

优质菌种外观水灵，鲜活，饱满，菌丝旺盛，整齐，均匀（蜜环菌除外），这是菌丝细胞生命力强、有较强生长势的表现，是品种种性优良、菌种优质的重要标志。相反，则表明该品种已老化，不宜投入生产使用。

（二）老化

老化菌种的特征是外观发干，菌丝干瘪，甚至表面出现菌皮或粉状物，菌体干缩与瓶（袋）分离，还可能有黄水。

（三）污染

污染常见有两种情况，一是霉菌污染，二是细菌污染。霉菌污染比较易于鉴别，污染菌种的霉菌孢子几乎都是有色的，常见颜色有绿、灰绿、黑、黑褐、灰、灰褐、橘红等。有时霉菌污染后又被食用菌菌丝覆盖，这种情况下仔细观察可以见到浅黄色的拮抗线。细菌则较难鉴别。细菌污染不像霉菌那样，菌落长在表面一看便知，而是分散在料内。有细菌污染的菌种外观不够白甚至灰暗，菌丝纤细，较稀疏，不鲜活，常上下色泽不均一，上暗下白，打开瓶塞菇香味很淡，甚至有酸臭味。

（四）螨害

在我国南方，菌种的螨害时常发生。螨害主要来自不洁的培养场所，菌种培养期从瓶（袋）口向里钻，咬食菌丝。有螨危害的菌种在瓶（袋）内壁可见到微小的颗粒，小得像粉尘，菌种表面没有明显的菌膜，培养料常呈裸露状态。肉眼观察不清时可以用放大镜仔细观察。

劣质菌种首先表现为外观形态不正常，如表面皱缩，不舒展，长速变慢。气生菌丝雪花状、粉状，凌乱，倒伏，生长势变弱。有的是气生菌丝变多、变少或没有。菌丝不是正常的白色，而是呈现微黄色、浅褐色或其他色泽，或由鲜亮变暗淡。有的分泌色素，吐黄水，菌体干缩，色泽暗淡，上下色泽不一致，表面有原基或小菇，也是劣质种的表现。

第四节
液体菌种的质量检验技术

一、液体菌种质量标准

（一）外观色泽

1.透明度　将样品静置桌上观察，正常的发酵液呈浅黄色或黄褐色，清澈透明。菌丝颜色因菌种而异，老化后颜色变深。感染杂菌的发酵液则混浊不透明。

2.菌丝形态　正常的菌丝大小一致，聚集在一起呈球状、片状、絮状或棒状，菌丝粗壮，线条分明。而感染杂菌后，菌丝纤细，轮廓不清。

3.菌丝体比例　即液体菌种上清液与沉淀部的比例。沉淀部分为菌丝体，菌丝体所占比例越大越好，较好的液体菌种中菌丝体所占比例可达80%左右。

（二）酸度变化

在培养液中加入甲基红或复合指示剂，经3～5天颜色改变，说明培养液 pH 4 左右，为发酵点。如果在 24 h 内即变色，说明因杂菌快速生长而使培养液酸度剧变。

（三）酵母菌线

利用三角瓶培养时，如果在培养液与空气交界处的瓶壁上有灰色条状附着物（酵母线），说明为酵母菌污染。

（四）黏稠度

手提样品瓶轻轻旋转一下，观其菌丝体的特点。发酵液的黏稠度高，说明菌种性能好；稀薄则表示菌丝球少，不宜使用。菌丝的悬浮力好，放置 5 min 不沉淀，表明菌种生长力强。如果菌丝极易沉淀，说明菌丝已老化或死亡。再次观察菌丝状态，大小不一，毛刺明显，说明供氧不足。如果菌丝球缩小且光滑，或菌丝纤细并有自溶现象，说明污染杂菌。

（五）气味

培养好的优质液体菌种，具有芳香气味，而染杂菌的液体菌种则散发出酸、甜、霉、臭等各种异味。

二、摇瓶液体菌种质量检验

（一）肉眼观察

用玻璃三角瓶盛装，培养液内的菌丝球清晰可辨，无混浊。

（二）气味检测

培养液呈糖香味，培养好的菌液有菌丝特有的芳香味，污染的菌液会发出酸、臭、酒精等异味。

（三）显微镜检测

取少量液体菌种涂于载玻片上，在显微镜下观察菌丝生长发育情况，观测有无其他杂菌污染。

（四）取样测试

从样品瓶或培养罐中取出菌液进行测试，如称重检查和黏度检查、生长力测定和出菇试验，进行化学检查，包括测 pH、糖含量和氧含量等。

（五）平板培养检测

取少量液体菌种接种在平板培养基上，在

26～28℃条件下培养，观察菌丝生长和污染情况，观测3天。每次检测应用3个平板。

（六）试管培养检测

取少量液体菌种接种在试管内斜面培养基上，在26～28℃条件下培养3天，观察菌丝生长和污染情况。每次检测应用3个试管。

（七）接种菌瓶检验

用生产中无菌的料瓶，在超净工作台上接种摇瓶内的菌种，放置在培养箱中在26～28℃条件下培养，观察菌丝生长发育情况，确认无污染后再进行培养罐接种。每次检测应用3个料瓶。

（八）液体菌种保藏

培养好的液体菌种应先放置在0～3℃条件下3天，等待检验质量合格后再应用。

三、发酵罐液体菌种质量检验

（一）肉眼观察

培养期间随时通过玻璃窗口观测发菌情况，发酵液透明澄清，无混浊。

（二）气味检测

用三角瓶或其他器皿从检测阀门处接正在培养的菌液，观测菌液的透明度，闻气味是否芳香，若有酸、臭、霉等各种异味且混浊不透明，则表明培养液污染。

（三）显微镜检测

发酵过程中定时取样进行检测（每间隔6～8h），取少量液体菌种涂于载玻片上，在显微镜下观察菌丝生长情况。

（四）取样测试

从培养罐取出菌液进行测试，如称重检查和黏度检查、生活力测定和出菇试验，进行化学检查，包括测pH、糖含量和氧含量等。

（五）平板培养检测

取少量液体菌种接种在平板培养基上，在26～28℃条件下培养，观察菌丝生长和污染情况。每次检测应用3个平板。

（六）试管培养检测

取少量液体菌种接种在试管内斜面培养基上，在26～28℃条件下培养，观察菌丝生长和污染情况。每次检测应用3个试管。

（七）菌瓶检验

用生产中的灭菌好的料瓶，在超净工作台上接种摇瓶内的菌种，放置在培养箱中在26～28℃条件下培养，观察菌丝生长发育情况，确认无污染后再进行培养罐接种。每次检测应用3个料瓶。

第五节
主要食用菌品种菌种标准

一、平菇菌种标准

（一）母种

1. 感官要求　应符合表4-7-1的规定。

2. 微生物学要求　应符合表4-7-2的规定。

3. 菌丝生长速度　在PDA培养基上，在适温25℃±2℃下，6～8天长满斜面。

（二）原种

1. 感官要求　应符合表4-7-3的规定。

2. 微生物学要求　应符合表4-7-2的规定。

3. 菌丝生长速度　在适宜培养基上，在适温25℃±2℃下，25～30天长满容器。

（三）栽培种

1. 感官要求　应符合表4-7-4的规定。

2. 微生物学要求　应符合表4-7-2的规定。

3. 菌丝生长速度　在适温25℃±2℃下，在谷粒培养基上菌丝长满瓶应15天±2天，长满袋应20天±2天；在其他培养基上长满瓶应20～25天，长满袋应30～35天。

二、香菇菌种标准

（一）母种

1. 感官要求　应符合表 4-7-5 的规定。

2. 微生物学要求　应符合表 4-7-6 的规定。

3. 菌丝生长速度　在 PDA 培养基上，在适温 24℃ ±1℃下，长满斜面 10～14 天。

（二）原种

1. 感官要求　应符合表 4-7-7 的规定。

2. 微生物学要求　应符合表 4-7-6 的规定。

3. 菌丝生长速度　在适宜培养基上，在适温 23℃ ±2℃下，菌丝长满容器应 35～50 天。

（三）栽培种

1. 感官要求　应符合表 4-7-8 的规定。

2. 微生物学要求　应符合表 4-7-6 的规定。

3. 菌丝生长速度　在适宜培养基上，在适温 23℃ ±2℃下，菌丝长满容器一般 40～50 天。

三、双孢蘑菇菌种标准

（一）母种

1. 感官要求　应符合表 4-7-9 的规定。

2. 微生物学要求　应符合表 4-7-10 的规定。

3. 菌丝生长速度　在 PDA 培养基上，在适温 24℃ ±1℃下，15～20 天长满斜面。

4. 母种栽培性状

1）菌丝萌发、定植与生长能力　接种到适合的培养基后，在正常条件下 24 h 内萌发，定植迅速，菌丝健壮。

2）结菇转茬能力　覆土后 12～16 天结菇，分布均匀；18～22 天采菇，每茬菇间隔 7～10 天。

（二）原种

1. 感官要求　应符合表 4-7-11 的规定。

2. 微生物学要求　应符合表 4-7-10 的规定。

3. 菌丝生长速度　在适宜培养基上，在适温 24℃ ±1℃下，菌丝长满容器不超过 45 天。

（三）栽培种

1. 感官要求　应符合表 4-7-12 的规定。

2. 微生物学要求　应符合表 4-7-10 的规定。

3. 菌丝生长速度　在适宜培养基上，在适温 24℃ ±1℃下菌丝长满瓶（袋）不超过 45 天。

四、黑木耳菌种标准

（一）母种

1. 感官要求　应符合表 4-7-13 的规定。

2. 微生物学要求　应符合表 4-7-14 的规定。

3. 菌丝生长速度　在 PDA 培养基上，在适温 26℃ ±2℃下，菌丝 10～15 天长满斜面。

（二）原种

1. 感官要求　应符合表 4-7-15 的规定。

2. 微生物学要求　应符合表 4-7-14 的规定。

3. 菌丝生长速度　在适宜培养基上，在适温 26℃ ±2℃下，40～45 天长满容器。

（三）栽培种

1. 感官要求　应符合表 4-7-16 的规定。

2. 微生物学要求　应符合表 4-7-14 的规定。

3. 菌丝生长速度　在适宜培养基上，在适温 26℃ ±2℃下，一般 35～40 天长满容器。

五、草菇菌种标准

（一）母种

1. 感官要求　应符合表 4-7-17 的规定。

2. 微生物学要求　应符合表 4-7-18 的规定。

3. 菌丝生长速度　在 PDA 培养基上，在黑暗、适温 32℃ ±1℃条件下，菌丝长满斜面的时间为 3～5 天。

（二）原种

1. 感官要求　应符合表 4-7-19 的规定。

2. 微生物学要求　应符合表 4-7-18 的规定。

3. 菌丝生长速度　在适宜培养基上，在适温 32℃ ±1℃ 条件下，菌丝长满容器的时间为 7～12 天。

（三）栽培种

1. 感官要求　应符合表 4-7-20 的规定。

2. 微生物学要求　应符合表 4-7-18 的规定。

3. 菌丝生长速度　在适宜培养基上，在黑暗、适温 32℃ ±1℃ 条件下，菌丝长满容器的时间为 7～12 天。

六、杏鲍菇和白灵菇菌种标准

（一）母种

1. 感官要求　应符合表 4-7-21 的规定。

2. 微生物学要求　应符合表 4-7-22 的规定。

3. 菌丝生长速度

（1）白灵菇　在 25℃ ±1℃ 条件下，在 PDPYA 培养基上，10～12 天长满斜面；在 90 mm 培养皿上，8～10 天长满平板。在 PDA 培养基上，12～14 天长满斜面；在 90 mm 培养皿上，9～11 天长满平板。

（2）杏鲍菇　在 PDA 培养基上，在 25℃ ±1℃ 条件下，10～12 天长满斜面；在 90 mm 培养皿上，8～10 天长满平板。

（二）原种

1. 感官要求　应符合表 4-7-23 的规定。

2. 微生物学要求　应符合表 4-7-22 的规定。

3. 菌丝生长速度　在培养室室温 23℃ ±1℃ 条件下，在谷粒培养基上 20 天 ±2 天长满容器，在棉籽壳麸皮培养基和棉籽壳玉米粉培养基上 30～35 天长满容器，在木屑培养基上 35～40 天长满容器。

（三）栽培种

1. 感官要求　应符合表 4-7-24 的规定。

2. 微生物学要求　应符合表 4-7-22 的规定。

3. 菌丝生长速度　在培养室室温 23℃ ±1℃ 条件下，在谷粒培养基上菌丝长满瓶应 20 天 ±2 天，长满袋 25 天 ±2 天；在其他培养基上长满瓶应 25～35 天，长满袋应 30～35 天。

表 4-7-1　平菇母种感官要求

项目		要求
容器		完整，无损
棉塞或无棉塑料盖		干燥，洁净，松紧适度，能满足透气和滤菌要求
培养基灌入量		试管总容积的 1/4～1/5
斜面长度		顶端距棉塞 40～50 mm
接种块大小（接种量）		(3～5) mm×(3～5) mm
菌种外观	菌丝生长量	长满斜面
	菌丝体特征	洁白，浓密，旺健，棉毛状
	菌丝体表面	均匀，舒展，平整，无角变
	菌丝分泌物	无
	菌落边缘	整齐
	杂菌菌落	无
斜面背面外观		培养基不干缩，颜色均匀，无暗斑，无色素
气味		有平菇菌种特有的清香味，无酸、臭、霉等异味

表 4-7-2　平菇母种微生物学要求

项目	要求
菌丝生长状态	粗壮，丰满，均匀
锁状联合	有
杂菌	无

表 4-7-3　平菇原种感官要求

项目		要求
容器		完整，无损
棉塞或无棉塑料盖		干燥，洁净，松紧适度，能满足透气和滤菌要求
培养基上表面距瓶（袋）口的距离		50 mm ± 5 mm
接种量（每支母种接原种数，接种物大小）		4 ～ 6 瓶（袋），≥ 12 mm × 15 mm
菌种外观	菌丝生长量	长满容器
	菌丝体特征	洁白，浓密，生长旺健
	培养物表面菌丝体	生长均匀，无角变，无高温抑制线
	培养基及菌丝体	紧贴瓶（袋）壁，无干缩
	培养物表面分泌物	无，允许有少量无色或浅黄色水珠
	杂菌菌落	无
	拮抗现象	无
	子实体原基	无
气味		有平菇菌种特有的清香味，无酸、臭、霉等异味

表 4-7-4　平菇栽培种感官要求

项目	要求
容器	完整，无损
棉塞或无棉塑料盖	干燥，洁净，松紧适度，满足透气和滤菌要求
培养基上表面距瓶（袋）口的距离	50 mm ± 5 mm
接种量［每瓶（袋）原种接栽培种数］	30 ～ 50 瓶（袋）

项目		要求
菌种外观	菌丝生长量	长满容器
	菌丝体特征	洁白，浓密，生长旺健，饱满
	不同部位菌丝体	生长均匀，色泽一致，无角变，无高温抑制线
	培养基及菌丝体	紧贴瓶（袋）壁，无干缩
	培养物表面分泌物	无，允许有少量无色或浅黄色水珠
	杂菌菌落	无
	拮抗现象	无
	子实体原基	允许少量，出现原基总量≤5%
气味		有平菇菌种特有的清香味，无酸、臭、霉等异味

表 4-7-5　香菇母种感官要求

项目		要求
容器		完整，无损
棉塞或无棉塑料盖		干燥，洁净，松紧适度，能满足透气和滤菌要求
培养基灌入量		为试管总容积的 1/4 ~ 1/5
培养基斜面长度		顶端距棉塞 40 ~ 50 mm
接种量（接种块大小）		（3 ~ 5）mm×（3 ~ 5）mm
菌种外观	菌丝生长量	长满斜面
	菌丝体特征	洁白，浓密，棉毛状
	菌丝体表面	均匀，平整，无角变
	菌丝分泌物	无
	菌落边缘	整齐
	杂菌菌落	无
斜面背面外观		培养基不干缩，颜色均匀，无暗斑，无色素
气味		有香菇菌种特有的香味，无酸、臭、霉等异味

表 4-7-6　香菇母种微生物学要求

项目	要求
菌丝生长状态	粗壮，丰满，均匀
锁状联合	有
杂菌	无

食用菌制种技术

表 4-7-7　香菇原种感官要求

项目		要求
容器		完整，无损
棉塞或无棉塑料盖		干燥，洁净，松紧适度，能满足透气和滤菌要求
培养基上表面距瓶（袋）口的距离		50 mm ± 5 mm
接种量（每支母种接原种数，接种物大小）		4 ～ 6 瓶（袋），≥ 12 mm × 15 mm
菌种外观	菌丝生长量	长满容器
	菌丝体特征	洁白，浓密，生长旺健
	培养物表面菌丝体	生长均匀，无角变，无高温抑制线
	培养基及菌丝体	紧贴瓶（袋）壁，无干缩
	培养物表面分泌物	无，允许有少量深黄色至棕褐色水珠
	杂菌菌落	无
	拮抗现象	无
	子实体原基	无
气味		有香菇菌种特有的香味，无酸、臭、霉等异味

表 4-7-8　香菇栽培种感官要求

项目		要求
容器		完整，无损
棉塞或无棉塑料盖		干燥，洁净，松紧适度，能满足透气和滤菌要求
培养基上表面距瓶（袋）口的距离		50 mm ± 5 mm
接种量（每瓶原种接栽培种数）		30 ～ 50 瓶（袋）
菌种外观	菌丝生长量	长满容器
	菌丝体特征	洁白浓密，生长旺健
	不同部位菌丝体	生长均匀，无角变，无高温抑制线
	培养基及菌丝体	紧贴瓶（袋）壁，无干缩
	培养物表面分泌物	无或有少量深黄色至棕褐色水珠
	杂菌菌落	无
	拮抗现象	无
	子实体原基	无
气味		有香菇菌种特有的香味，无酸、臭、霉等异味

表 4-7-9 双孢蘑菇母种感官要求

项目		要求
容器		完整，无损
棉塞或无棉塑料盖		干燥，洁净，松紧适度，能满足透气和滤菌要求
培养基灌入量		为试管总容积的 1/5 ～ 1/4
培养基斜面长度		顶端距棉塞 40 ～ 50 mm
接种量（接种块大小）		（3 ～ 5）mm ×（3 ～ 5）mm
菌种外观	菌丝生长量	长满斜面
	菌丝体特征	洁白或米白，浓密，羽毛状或叶脉状
	菌丝体表面	均匀，平整，无角变
	菌丝分泌物	无
	菌落边缘	整齐
	杂菌菌落	无
斜面背面外观		培养基不干缩，颜色均匀，无暗斑，无色素
气味		有双孢蘑菇菌种特有的香味，无酸、臭、霉等异味

表 4-7-10 双孢蘑菇母种微生物学要求

项目	要求
菌丝	粗壮
杂菌	无

表 4-7-11 双孢蘑菇原种感官要求

项目	要求
容器	完整，无损
棉塞或无棉塑料盖	干燥，洁净，松紧适度，能满足透气和滤菌要求
培养基上表面距瓶口的距离	50 mm ± 5 mm
接种量（每支母种接原种数，接种物大小）	4 ～ 6 瓶（袋），≥ 12 mm × 15 mm

项目		要求
菌种外观	菌丝生长量	长满容器
	菌丝体特征	洁白，浓密，生长旺健
	表面菌丝体	生长均匀，无角变，无高温抑制线
	培养基及菌丝体	紧贴瓶（袋）壁，无干缩
	表面分泌物	无
	杂菌菌落	无
	拮抗现象	无
气味		有双孢蘑菇菌种特有的香味，无酸、臭、霉等异味

表 4-7-12　双孢蘑菇栽培种感官要求

项目		要求
容器		完整，无损
棉塞或无棉塑料盖		干燥，洁净，松紧适度，能满足透气和滤菌要求
培养基面距瓶（袋）口的距离		50 mm ± 5 mm
接种量［每瓶（袋）原种接栽培种数］		30 ～ 50 瓶（袋）
菌种外观	菌丝生长量	长满容器
	菌丝体特征	洁白，浓密，生长旺健
	不同部位菌丝体	生长均匀，无角变，无高温抑制线
	培养基及菌丝体	紧贴瓶（袋）壁，无干缩
	表面分泌物	无
	杂菌菌落	无
	拮抗现象	无
气味		有双孢蘑菇菌种特有的香味，无酸、臭、霉等异味

表 4-7-13　黑木耳母种感官要求

项目	要求
容器	完整，无破损，无裂纹
棉塞或无棉塑料盖	干燥，洁净，松紧适度，能满足透气和滤菌要求
培养基灌入量	为试管总容积的 1/4 ～ 1/5

IV

项目	要求
斜面长度	顶端距棉塞 40 ~ 50 mm
菌丝生长量	长满斜面
接种量（接种块大小）	（3 ~ 5）mm ×（3 ~ 5）mm
菌种正面外观	洁白，纤细，平贴培养基生长，均匀，平整，无角变，菌落边缘整齐，无杂菌菌落
斜面背面外观	培养基不干缩，有菌丝体分泌的黄褐色色素于培养基中
气味	有黑木耳菌种特有的清香味，无酸、臭、霉等异味

表 4-7-14　黑木耳母种微生物学要求

项目	要求
菌丝形态	粗细不匀，常出现根状分枝，有锁状联合
杂菌	无

表 4-7-15　黑木耳原种感官要求

项目	要求
容器	完整，无破损，无裂纹
棉塞或无棉塑料盖	干燥，洁净，松紧适度，能满足透气和滤菌要求
培养基上表面距瓶（袋）口的距离	50 mm ± 5 mm
接种量（每支母种接原种数，接种物大小）	4 ~ 6 瓶（袋），≥ 12 mm × 15 mm
菌丝生长量	长满容器
菌丝体特征	白色至米黄色，细羊毛状，生长旺健，菌落边缘整齐
培养基及菌丝体	培养基变色均匀，菌种紧贴瓶（袋）壁，无干缩
菌丝分泌物	允许有少量无色至棕黄色水珠
杂菌菌落	无
拮抗现象及角变	无
耳芽（子实体原基）	允许有少量胶质、琥珀色颗粒状耳芽
气味	有黑木耳菌种特有的清香味，无酸、臭、霉等异味

食用菌制种技术

表 4-7-16　黑木耳栽培种感官要求

项目	要求
容器	完整，无破损，无裂纹
棉塞或无棉塑料盖	干燥，洁净，松紧适度，能满足透气和滤菌要求
培养基上表面距瓶（袋）口的距离	50 mm ± 5 mm
接种量（每瓶原种接栽培种数）	40～50 瓶（袋）
菌丝生长量	长满容器
菌丝体特征	白色至米黄色，细羊毛状，生长旺健，菌落边缘整齐
培养基及菌丝体	培养基变色均匀，菌种紧贴瓶（袋）壁或略无干缩
菌丝分泌物	允许有少量无色至棕黄色水珠
杂菌菌落	无
拮抗现象及角变	无
耳芽（子实体原基）	允许有少量浅褐色至黑褐色菊花状或不规则胶质耳芽
气味	有黑木耳菌种特有的清香味，无酸、臭、霉等异味

表 4-7-17　草菇母种感官要求

项目		要求
容器		完整，无损
棉塞或硅胶塞		干燥，洁净，松紧适度，能满足透气和滤菌要求
培养基灌入量		试管总容积的 1/4～1/5
斜面长度		顶端距棉塞或硅胶塞 40～50 mm
接种块大小（接种量）		（3～5）mm×（3～5）mm
菌种外观	菌丝生长量	长满斜面
	菌丝体特征	淡白至黄白色，半透明，旺健，丰满，爬壁力强，气生菌丝旺盛，菌种表面允许有少量红褐色的厚垣孢子
	菌丝体表面	舒展，无角变
	菌丝分泌物	无
	菌落边缘	整齐
	杂菌菌落	无
斜面背面外观		培养基不干缩，颜色均匀，无暗斑，无色素
气味		有草菇菌种特有的清香味，无酸、臭、霉等异味

表 4-7-18　草菇母种微生物学要求

项目	要求
菌丝生长状态	粗壮，丰满，显微镜下观察，有直径 ≥ 8 µm 的粗壮菌丝，菌丝线形，分枝均匀，呈直角或近于直角
细菌和霉菌	无

表 4-7-19　草菇原种感官要求

项目		要求
容器		完整，无损
棉塞或无棉塞塑料盖		干燥，洁净，松紧适度，能满足透气和滤菌要求
培养基上表面距瓶（袋）口距离		50 mm ± 5 mm
接种量（每支母种接原种数，接种物大小）		4 ～ 6 瓶（袋），≥ 12 mm × 15 mm
菌种外观	菌丝生长量	长满容器
	菌丝体特征	菌丝显淡白或灰白色，生长旺健，饱满，菌种表面允许有少量红褐色的厚垣孢子
	培养物表面菌丝体	无角变，无高温抑制线
	培养基及菌丝体	紧贴瓶（袋）壁，无干缩
	培养物表面分泌物	无
	杂菌菌落	无
	拮抗现象	无
	子实体原基	无
气味		有草菇菌种特有的清香味，无酸、臭、霉等异味

表 4-7-20　草菇栽培种感官要求

项目	要求
容器	完整，无损
棉塞或无棉塞塑料盖	干燥，洁净，松紧适度，满足透气和滤菌要求
培养基上表面距瓶（袋）口的距离	50 mm ± 5 mm
接种量［每瓶（袋）原种接栽培种数］	30 ～ 50 瓶（袋）

食用菌制种技术

项目		要求
菌种外观	菌丝生长量	长满容器
	菌丝体特征	菌丝显淡白或灰白色，生长旺健，饱满，菌种表面允许有少量红褐色的厚垣孢子
	不同部位菌丝体	生长齐整，色泽一致，无角变，无高温抑制线
	培养基及菌丝体	紧贴瓶（袋）壁，无干缩
	培养物表面分泌物	无
	杂菌菌落	无
	拮抗现象	无
	子实体原基	无
气味		有草菇菌种特有的清香味，无酸、臭、霉等异味

表 4-7-21　杏鲍菇和白灵菇母种感官要求

项目		要求
容器		洁净，完整，无损
棉塞或无棉塑料盖		干燥，洁净，松紧适度，能满足透气和滤菌要求
斜面长度		顶端距棉塞 40 ～ 50 mm
接种量（接种物）		（3 ～ 5）mm×（3 ～ 5）mm
菌种外观	菌丝生长量	长满斜面
	菌丝体特征	洁白，健壮，棉毛状
	菌丝体表面	均匀，舒展，平整，无角变，色泽一致
	菌丝分泌物	无
	菌落边缘	较整齐
	杂菌菌落	无
	虫（螨）体	无
斜面背面外观		培养基无干缩，颜色均匀，无暗斑，无明显色素
气味		具特有的香味，无异味

表 4-7-22　杏鲍菇和白灵菇母种微生物学要求

项目	要求
菌丝生长状态	粗壮，丰满，均匀
锁状联合	有
杂菌	无

表 4-7-23　杏鲍菇和白灵菇原种感官要求

项目			要求
容器			洁净，完整，无损
棉塞或无棉塑料盖			干燥，洁净，松紧适度，能满足透气和滤菌要求
培养基上表面距瓶（袋）口的距离			50 mm ± 5 mm
接种量（接种物大小）			≥ 12 mm × 12 mm
菌种外观	菌丝生长量		长满容器
	菌丝体特征		洁白浓密，生长健壮
	培养物表面菌丝体		生长均匀，无角变，无高温圈
	培养基及菌丝体		紧贴瓶（袋）壁，无明显干缩
	培养物表面分泌物		无
	杂菌菌落		无
	虫（螨）体		无
	拮抗现象		无
	菌皮		无
	出现子实体原基的瓶（袋）数	杏鲍菇	≤ 3%
		白灵菇	无
气味			具特有的清香味，无异味

表 4-7-24　杏鲍菇和白灵菇栽培种感官要求

项目		要求
容器		洁净，完整，无损
棉塞或无棉塑料盖		干燥，洁净，松紧适度，满足透气和滤菌要求
培养基上表面距瓶（袋）口的距离		50 mm ± 5 mm
菌种外观	菌丝生长量	长满容器
	菌丝体特征	洁白，浓密，生长健壮，饱满
	不同部位菌丝体	生长均匀，色泽一致，无角变，无高温圈
	培养基及菌丝体	紧贴瓶（袋）壁，无明显干缩
	培养物表面分泌物	无
	杂菌菌落	无
	虫（螨）体	无
	拮抗现象	无
	菌皮	无
	出现子实体原基的瓶（袋）数　杏鲍菇	≤ 5%
	出现子实体原基的瓶（袋）数　白灵菇	无
气味		具特有的香味，无异味

第八章 食用菌菌种保藏技术

菌种保藏是指采取妥善的保藏方法，使菌种不死、不污染，并尽可能少地发生变异，长期保存活力。其原理是通过干燥、低温、缺氧、避光及减少营养等方法，使菌种的代谢水平降低乃至完全停止，达到半休眠或完全休眠的状态，在一定时间内保持菌丝的活力。常用方法有斜面低温保藏法、液状石蜡保藏法、液氮超低温保藏法、真空干燥保藏法等。

第一节
食用菌菌种保藏技术的发展历史

世界各国都非常重视微生物菌种的保藏工作，最早的菌种保藏工作始于1890年，但直到1906年各国才相继建立了菌种保藏机构。

微生物菌种资源保藏机构起源于欧洲，1890年捷克微生物学家 Frantisek Kral 最早开始微生物菌种的公共性保藏工作。菌种保藏的发展经历了两个大的阶段，即微生物菌种保藏机构的兴起建设阶段和发展壮大阶段。20世纪初，法国、荷兰、英国、美国和日本等有关研究机构相继建立了几个菌种保藏机构，延续至今的有1906年在荷兰建立的 CBS（Centralbureau voor Schimmelcultures），

食用菌制种技术

1925 年在美国建立的 ATCC（America Type Culture Collection）。1963 年国际微生物学会在渥太华召集一次国际菌种保藏会议，成立了菌种保藏分会。1970 年，在墨西哥城举行的国际微生物学会议上，将菌种保藏分会改组为世界菌种保藏联合会 WFCC（World Federation for Culture Collections），同时确定澳大利亚昆士兰大学微生物系为世界资料中心。WFCC 成立之后，菌种保藏机构进入有序管理状态。WFCC 每 3～4 年召开一次国际菌种保藏大会。该组织目前拥有 601 个保藏单位成员，分布在 68 个国家和地区。2004～2010 年第 10 届、11 届、12 届国际菌种保藏会议分别在日本、德国、巴西召开。

我国的菌种保藏机构始建于 20 世纪 50 年代。1979 年，在国家科学技术委员会的组织领导下，召开了第一届全国菌种保藏会议，成立了中国微生物菌种保藏管理委员会，正式成立了 6 个专业性保藏管理中心。随着食用菌产业的快速发展，中国已经成为世界上食用菌栽培和出口量最大的国家之一，对食用菌种质资源的收集与保藏越来越重视。2006 年农业部微生物肥料和食用菌菌种质量监督检验测试中心建立了国家食用菌标准菌株库（China Center for Mushroom Spawn Standards and Control, 简称 CCMSSC），挂靠在中国农业科学院农业资源与农业区划研究所。2013 年第 13 届国际菌种保藏会议在北京召开，标志着我国菌种保藏技术手段达到世界领先水平。

在各级政府、食用菌科技工作者的共同努力下，我国的食用菌生产逐步向规范化方向发展。在菌种保藏方面国内逐步建立了知名的食用菌菌种保藏中心，如中国农业微生物菌种保藏管理中心、上海市农业科学院、福建农林大学菌物研究中心、中国科学院昆明植物研究所、福建省三明市真菌研究所、黑龙江省科学院微生物研究所等。2002 年起，省级的菌种保藏中心开始逐步建立，如山东省食用菌菌种保藏供应中心、河南省食用菌种质资源库等。

在微生物领域，不管是基础科研工作还是生物技术的应用研究，都需要保证菌种的质量和活力。菌种保藏中心要保持公益性，保证这些人类共有的财产能为所有人共享。此外，我们还要研究挖掘这些菌种资源的应用价值，让其不断升值，支撑起食用菌产业的发展。

第二节
食用菌菌种保藏的原理

一、原理

菌种保藏的原理是通过干燥、低温、缺氧、避光及减少营养等方法，使菌种的代谢水平降低乃至完全停止，达到半休眠或完全休眠的状态，而在一定时间内得以保存。

二、意义

菌种保藏的重要意义在于尽可能保持其原有性状和生活力的稳定，确保菌种不死亡、少变异、不被污染，以达到便于生产、研究、共享和利用等诸方面的需要。在需要时再通过提供适宜的生长条件使保藏的菌种恢复生活力，仍然保持原有的生命力、形态特征、优良遗传性状。

三、应用策略

食用菌生产者可根据自身的条件加以选择。有条件的地方，同一菌株，最好用几种方法同时保藏。

常温保藏的菌种，应放在通风、干燥、黑暗的环境中保藏，应保持环境清洁，做好防虫、防螨工作。低温保藏时，冰箱要定期除霜，清除水槽内的积水。

菌种保藏要由专人负责，做好菌种档案，详细记录菌种来源、移植经过、保藏情况以及在生产中的使用情况等。

第三节
食用菌菌种保藏方法

食用菌菌种的保藏方法总体分为两类，即菌丝保藏法和孢子保藏法。菌丝保藏法在生产中最为常用，常见的有斜面低温保藏法、超低温冰箱冷冻保藏法、液氮超低温保藏法、液状石蜡保藏法、菌丝液体保藏法、固体菌种保藏法。孢子保藏法因其方法相对复杂在生产中受到局限，主要有沙土管法、滤纸保藏法、真空冷冻干燥法。

一、斜面低温保藏法

（一）概述

斜面低温保藏法，也叫定期移植法或继代保藏法，将保藏菌株接种于适宜的培养基上，在最适温度培养至成熟或产生孢子时，置入 4℃ 的冰箱（图 4-8-1）（或冷库）保存。

在培养和保存的过程中，由于代谢产物的累积而改变了原菌种的生活条件，结果菌落群体中的个体就不断衰老和死亡，因此每 1～4 个月要重新移植一次，具体间隔时间因品种而异。

（二）适用范围与品种

适用于所有的食用菌，也是国内外保藏机构最常用的方法。

国内很多人认为斜面低温保藏易造成菌种退化，多用组织分离进行菌种复壮以保持原有性状。据报道，日本使用此法保藏菌株，20 多年尚未见

到菌种退化现象。国内学者利用 ISSR 分子技术实时监测、探索杏鲍菇继代保藏的极限时间为 180 天，超过 180 天杏鲍菇总产量和优菇率明显下降，因此杏鲍菇的保藏期限最好是 3 个月。不同菇类是否有不同的保藏期限，有待继续研究。

图 4-8-1　冰箱低温保藏

（三）不适用的品种

草菇的保藏温度 15℃，不宜低温保藏。还有竹荪也不宜低温保藏。

（四）技术特点

适用于绝大多数的食用菌，方法简单，设备价格低。但需要经常转管扩大培养，工作量大，在转管扩大培养过程中不同菌株易发生混乱。

（五）操作方法

要采用营养丰富的天然培养基，如马铃薯系列培养基等。在培养基中加入少量木屑，可延缓菌丝老化。琼脂用量可加大到 2.5%。加大培养基灌装量，摆制斜面时，试管底部的培养基要厚些。试管塞采用透气性差的原材料或棉塞外加塑料膜。菌丝即将长满时即放到冰箱中保藏。保藏过程中不要经常开启冰箱。对保藏的菌株，每年都要做一次出菇实验。

食用菌制种技术

菌种标签要用铅笔或碳素墨水书写，字迹模糊或无标签的菌株不要使用。定期检查菌种保藏的情况。

保藏菌种使用前应先行活化，再行移植。移植时应采用原来的培养基配方。

二、超低温冰箱冷冻保藏法

利用超低温冰箱，温度控制在-70～-80℃，大部分食用菌品种可以实现长期保藏。简单易行，普通斜面培养基母种放置于超低温冰箱中-70～-80℃保存即可。平菇菌种一般可保藏1～2年。

斜面培养基母种菌丝长满试管后，用厚牛皮纸包裹，用铅笔或油性记号笔注明品种、日期等品种信息，再装入塑料袋，直接放入超低温冰箱保存。

适用于平菇、香菇、毛木耳、白灵菇、杏鲍菇等木腐菌。

三、液氮超低温保藏法

（一）概述

液氮超低温保藏法是将保存的菌株密封于冷冻管（图4-8-2）内，加入合适的冷冻保护剂（图4-8-3），预冷（图4-8-4），放入-196℃液氮罐内（图4-8-5），达到长期保存的目的。液氮超低温保藏法适合保存各种微生物，已经被世界各个保藏机构采用。

（二）操作方法

将保藏用的琼脂培养基倒入无菌培养皿内制成平板培养基，然后在平板中心接种食用菌菌丝体，在25℃下培育7～10天。取直径5 mm的打洞器在菌丝的近外围打取琼脂块，然后用无菌镊子将带有菌丝体的琼脂块移入2 mL冷冻管中。加入0.8 mL已经灭菌的冰冻保护剂。冷冻保护剂常用10%的甘油或10%二甲亚砜溶液。以每分下降1℃的速度缓慢降温，直至-35～-40℃，使瓶内的保护剂和菌丝块冻结，然后置-196℃液氮罐中保藏。

定期观察，注意补充液氮。启用液氮超低温保藏菌种块时，取出后立即放入35～40℃的温水中迅速解冻。为了防止污染，用75%酒精清洗冷冻管表面，表面干燥后，用火焰烧过的剪刀在冷冻管的一端剪开，用无菌接种针把菌块移接至PDA培养基上，置22～24℃培养。

（三）技术特点

液氮超低温保藏效果好，操作简单，保藏时间长。中国农业科学院菌种保藏中心和上海市农业科学院食用菌研究所菌种保藏中心采用该法保藏平菇菌株，效果很好。但保藏的菌种不宜邮寄，同时还需特殊的设备液氮罐。长期保存，当液氮量减少1/3时需补充液氮，投入成本较高，目前大部分地区还无法采用液氮保藏菌种。

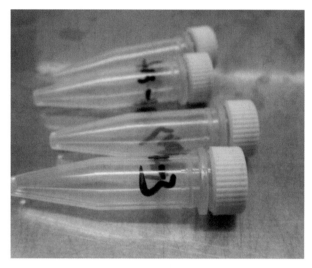

图4-8-2　液氮保藏冷冻管

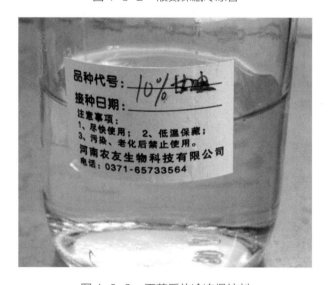

图4-8-3　灭菌后的冷冻保护剂

IV

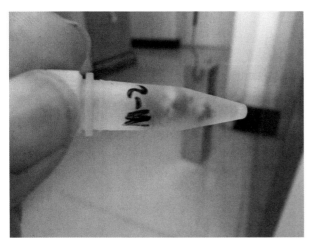

图 4-8-4　准备预冷的装有菌株的冷冻管

图 4-8-5　预冷后放入液氮罐内保藏

四、液状石蜡保藏法

又称矿物油保藏法。法国人 Lumiere 于 1914年发明，现已广泛使用。荷兰的 CBS、日本采用此法保藏菌株，保藏期限可达 10 年以上，一般为 5 ~ 7 年。

（一）发展趋势

李钟庆等用液状石蜡保藏 44 属 63 种 181 株菌株，5 ~ 8 年，只有灵芝属 3 株、草地蘑菇 8 株保存 5 ~ 6 年外，其余均保持生活力。对保藏的 12个菌株进行栽培试验，除假蜜环菌、香菇、银耳外，其余均保持形成子实体的性状。

石蜡要求化学纯，使用前分装于锥形瓶中，在 0.11 ~ 0.14 MPa 压力下灭菌 30 min，再置 40℃烘箱内烘干混在液状石蜡中的水分，使液体变得透明，要求灭菌两次。将液状石蜡注入待保藏的斜面中，至少高出斜面尖端 1 cm。试管立放，置冰箱中或常温下保存。棉塞可换用无菌的硅胶塞。一般 1 ~ 2 年移植一次。第一次移植，菌丝一般长势较弱，再移植一次即恢复正常。

（二）技术特点

简单易行，只要在待保藏斜面上灌注一层无菌的液状石蜡即可。液状石蜡能抑制微生物代谢，推迟细胞衰老，隔绝空气，防止培养基水分蒸发，因而能延长菌种寿命，从而达到保藏的目的。使用该法平菇菌种一般可贮藏 2 ~ 10 年，但最好是每隔 1 ~ 2 年移植一次。液状石蜡菌种可放置在常温下保藏，比斜面低温保藏法效果好。

（三）操作方法

选用化学纯的液状石蜡，装入锥形瓶中，装量达容积的 1/3，塞好棉塞。另配上适合该锥形瓶的硅胶塞，塞子的上面安装虹吸管，用纸包好。于 0.14 MPa 压力下灭菌 30 min，灭菌后将液状石蜡置于 40℃烘箱中，使高压蒸汽灭菌时渗入的水分蒸发掉，当石蜡液变得澄清后备用。需要连续灭菌两次。

将灭菌后的盛有液状石蜡的锥形瓶，于接种室内装上虹吸管（少量菌种也可用无菌吸管），按照无菌操作规程注入菌丝刚长好的斜面培养基内，使液面高出斜面尖端 1 cm 左右。灌注过多接种时不便，灌注过少贮藏时间长了易干涸。将原来的棉塞换成硅胶塞。

将注入液状石蜡的菌种，置于试管架上以直立形式常温、干燥保存。

所用液状石蜡纯度要高，杂质多易引起变质或死亡。保藏期间应定期检查，如培养基露出液面时，应及时补充无菌的液状石蜡。同时液状石蜡易燃，必须注意防火。移植菌种时因接种针带有石蜡和菌体，火焰灭菌时易飞溅，应严防感染。

使用液状石蜡保藏菌种时，不必倒去石蜡，只要用接种铲从斜面上铲取一小块菌丝即可。母种可重新封蜡继续保藏。刚从液状石蜡菌种中移出的菌丝体因沾有大量矿物油，生长较弱，需再转管扩大培养一次，方能恢复正常。

五、菌丝液体保藏法

菌丝液体保藏法，也叫蒸馏水保藏法。1939年 Castellani 首次报道病原真菌蒸馏水保存技术，后被广泛使用。

刘风春等用马铃薯 20%、葡萄糖 20%、磷酸二氢钾 0.3%、硫酸镁 0.15%、硫酸铵微量配制的营养液，每支试管 5 mL，保存了 36 株担子菌。保存 33 个月和 42 个月后，培养试验表明，保藏 33 个月后菌丝球存活率 89.2%，菌块存活率 91.9%；42 个月后菌丝球存活率 83.9%，菌块存活率 88.9%，高于生理盐水的存活水平（生理盐水 33 个月的存活率为 70%）。这种方法不影响子实体的结实能力。黑龙江省科学院微生物研究所（1978）用此法保藏 17 个属 20 种 31 株担子菌，保存 16 个月 2 株香菇失活，22 个月 1 株紫芝和 1 株篱边黏褶菌失活，栽培试验表明存活的菌种均不失去形成子实体的特性。

1979 年，Ellis 对保存在蒸馏水中的 66 株担子菌的存活情况进行检查，大多数菌株可用此法保藏 20 个月，34 个月仍有活力。

杨慧等用蒸馏水保藏金针菇菌株 12 年，与液氮长期保藏的金针菇 0188W、0188N 菌株相比较，结果表明两者菌丝生长速度、生长势、纤维素酶酶活差异不显著，而前者的菌丝满瓶时间和产量极显著高于后者。

蒸馏水和液氮保藏香菇菌株 0338 和 0432，结果表明两种方法保藏的香菇 0338 菌丝生长速度无显著性差异，液氮保藏香菇菌种 0432 的菌丝生长速度显著高于蒸馏水保藏方法保藏的菌种。

（一）操作方法

采用平板或锥形瓶培养菌丝长满，用打孔器在平板上打孔，取出 5～6 块菌块或 5～6 个菌丝球放入试管内，加入灭过菌的蒸馏水、生理盐水或营养液，胶塞封口并蜡封。

（二）技术特点

操作简单，保存时间长，节省用工。保藏试管需要直立摆放，空间利用率低。

六、固体菌种保藏法

（一）麸皮保藏法

水与新鲜麸皮按 1∶0.8 的比例混合拌匀，装入试管，至管深的 2/5，洗净管壁，加棉塞，在 0.11～0.14 MPa 压力下灭菌 40 min，接入菌种 24～28℃培养 6～8 天，菌丝在培养基表面延伸即可。用真空泵抽干试管内水分，棉塞上滴加无菌凡士林，置干燥器内常温下保存，2～3 年转接一次。

1984 年刘学英等人做了改进，将新鲜麸皮用适量清水调和，装入 10 mm×100 mm 的试管，深度占试管总长的 2/5，加棉塞，高压灭菌 30 min，冷却接种，菌丝布满料面终止培养。用真空泵将麸皮内水分抽干，放入盛有硅胶或氯化钙的干燥器内，用凡士林封口，常温下保藏。68 个菌株经过 3 年保藏，除了 2 株香菇菌株失活外，其余均保持生活力。

（二）木屑保藏法

木屑保藏法是最原始的保藏方式，同时也是生产中保藏木腐菌最有效的方法（图 4-8-6）。按阔叶树木屑 78%，麸皮 20%，蔗糖 1%，石膏 1%，料水比 1∶1 配制培养基，装入试管中，至管深的 3/4，在 0.11～0.14 MPa 压力下灭菌 1 h。接入菌丝置 24～25℃培养，当菌丝长到管深的 1/2 时，用接种钩挑去老接种块，用石蜡封口，包上塑料薄膜，冰箱中或常温下保存，1～2 年转接一次。启用时先将菌种活化培养 12～24 h，挑取木屑内菌丝使用。

河北省科学院微生物研究所霍红利用木屑法保藏蜜环菌，保藏 1～2 年。

戴晓东等用木屑保藏法分别保藏黑木耳、榆黄蘑、猴头菇、滑菇、灵芝，10 年后黑木耳菌株依然存活。将木屑培养基分装于 18 mm×180 mm 试

空计测量，要求在抽气 15 min 后达到 13.3 MPa 以下，并维持真空度在 6.67～10 MPa，这样经 6～8 h 就能抽干。为防止菌种冻块在抽干过程中融化，抽干时通常将真空干燥器置于 1∶3 的盐冰水内，以维持菌种块的冻结。

（5）真空熔封　菌种安瓿管经真空干燥后，应立即抽气熔封。抽气管是一个盲端多歧管，每个分歧管口装有真空橡皮管，安瓿管口就插在橡皮管内。熔封一般在真空度达到 4～10 MPa 时才进行，边抽气边将安瓿管颈熔封。熔封时火焰不宜过大，以免在烘熔管壁时烫伤菌体。菌种安瓿管熔封后应检查是否漏气。用电子真空枪检查时安瓿管应呈蓝色荧光。

（6）保存　菌种安瓿管经无菌检查和存活率检查合格后，可保存在 2～6℃冰箱内，保存期 1～20 年。中国科学院微生物研究所经过多年试验，认为真空冷冻干燥管也可以保存在室温下，他们曾在室温波动幅度为 5～36℃ 的情况下，保存 236 种共 502 株丝状真菌，4.5～8 年后仍有 87.4% 的存活率，与保存在冰箱内的相差无几。

（7）复苏培养　在开启的安瓿管内注入 0.3～0.5 mL 的无菌生理盐水或 1% 麦芽汁。菌种安瓿管开启时，无菌条件下先将安瓿管的封端加热后，在浸有煤酚溶液的湿布上滚一下，使管壁裂缝，然后再轻轻敲碎。切忌猛然割断，以免空气骤然进入，造成污染。安瓿管加入生理盐水后，菌种块（干后的菌种样品）自行融化，摇动后即成菌种悬浮液，可接在相应的培养基上，复苏培养。

（王振河　赵现方　孔维丽）

主要参考文献

[1] 蔡令仪，谭琦，曹晖，等.不同菌种保藏方法对香菇产量的影响[J].食用菌学报，2003，10（4）：52-54.

[2] 陈士瑜.木耳生产全书[M].北京：中国农业出版社，2008.

[3] 陈士瑜，田敬华.食用菌工作者手册[M].天门：湖北天门县科学技术委员会，1986.

[4] 戴肖东，王玉江，张丕奇.木屑长期保藏食用菌菌种活性试验[J].黑龙江科学，2013，4（10）：18-19.

[5] 方苏，林勤，倪志婧.冬虫夏草菌种保藏方法的比较[J].安徽农业科学，2011，39（14）：8290-8292.

[6] 顾金刚，姜瑞波.微生物资源保藏机构的职能、作用与管理举措分析[J].中国科技资源导刊，2008，40（5）：53-57.

[7] 顾金刚，李世贵，姜瑞波.真菌保藏技术研究进展[J].菌物学报，2007，26（2）：316，320.

[8] 郭美英.中国金针菇生产[M].北京：中国农业出版社，2000.

[9] 韩芹芹，王金宁，李国庆，等.液氮保藏菌种对平菇菌丝体和子实体的影响[J].安徽农业大学学报，2012，39（6）：1003-1007.

[10] 何云松，龙汉武，潘高潮.贵州红托竹荪菌种保藏方法及栽培研究[J].中国食用菌，2013，32(2)：15-16，19.

[11] 黄年来.中国食用菌百科[M].北京：中国农业出版社，1997.

[12] 黄年来.中国香菇栽培学[M].上海：上海科学技术文献出版社，1994.

[13] 黄年来.中国银耳生产[M].北京：中国农业出版社，2000.

[14] 黄毅.食用菌栽培：第3版[M].北京：高等教育出版社，2008.

[15] 霍红.蜜环菌菌种保藏技术要点[J].食用菌，2003（6）：42.

[16] 李造成.冻干法保藏蘑菇种研究[J].食用菌，1985（2）：17-18.

[17] 李钟庆，陈燕妍.矿物油封藏法保存担子菌菌种的评定[J].微生物学通报，1981（1-4）：45-53.

[18] 刘凤春，郭砚翠，梁锦基.担子菌菌丝体的液体保藏及其产生乙醇的研究[J].微生物学通报，1982（1-6）：173-176.

[19] 刘新锐，叶夏，王玉青.香菇菌种液氮保藏技术研究[J].热带作物学报，2011，32（7）：1360-1363.

[20] 吕作舟.食用菌栽培学[M].北京：高等教育出版社，2006.

[21] 阮秋菊.金针菇菌种保藏效果的评价[J].科协论坛，2013（7）：90-92.

[22] 王波.最新食用菌栽培技术[M].成都：四川科学技术出版社，2001.

[23] 王振河，李峰，姚素梅.双孢菇生产[M].北京：中国农业科学技术出版社，2007.

[24] 王振河，武模戈，单长卷.双孢蘑菇标准化生产[M].郑州：河南科学技术出版社，2011.

[25] 肖奎，李明元，黄佳莉，等.食用菌生产菌种保藏期限监测技术研究[J].西华大学学报，2011，30（6）：77-80.

[26] 杨国良，薛海滨，等.食药用菌专业户手册[M].北京：中国农业出版社，2002.

[27] 杨慧，尚晓冬，王瑞霞，等.蒸馏水与液氮保藏金针菇菌种特性的比较[J].食用菌学报，2010，17(4)：23-25.

[28] 杨新美.食用菌栽培学[M].北京：中国农业出版社，1999.

[29]　张金霞 . 食用菌菌种生产与管理手册 [M]. 北京：中国农业出版社，2006.

[30]　张金霞 . 中国食用菌菌种学 [M]. 北京：中国农业出版社，2011.

[31]　张金霞，黄晨阳，胡小军 . 中国食用菌品种 [M]. 北京：中国农业出版社，2012.

[32]　张金霞，张树庭 . 草菇菌种保藏效果鉴定的研究 [J]. 中国食用菌，1992，11（4）：3-9.

[33]　张雪岳 . 枝条法保藏食用菌菌株 [J]. 中国食用菌，1985（1）：11.

食用菌制种技术

中国食用菌生产

PRODUCTION OF
EDIBLE MUSHROOM
IN CHINA

PART V
PRODUCTION
FACILITIES
AND EQUIPMENT
OF EDIBLE MUSHROOM

第五篇
食用菌
生产设施与设备

第一章 食用菌生产设施

日产1万袋牛肝菌厂房效果图

食用菌生产离不开相应的生产设施。设施的建造要有一个整体设计，选择好场地，根据食用菌对生活条件的要求修建。可以新建，也可以由其他设施改造，但都要求冬暖夏凉，保温保湿，气流通畅，光照适宜，保证食用菌对温度、湿度、光照和氧气的需要。

第一节
生产场地的基本要求

生产场地的环境条件要求符合无公害农产品产地环境的标准，5 km 以内无工矿企业污染源，3 km 以内无生活垃圾堆放和填埋场、工业固体废弃物和危险固体废弃物堆放和填埋场等。生产场地内部要求清洁、卫生，具有保温、保湿、通风良好的性能。

远离公路干线 100 m 以上，交通便利，地势平坦，取水方便。

场地设施牢固，具有抗大风、抗大雨、抗大雪等不良自然灾害的能力。

生产用水达到安全要求，水中各种污染物含量均应符合饮用水标准要求。保证生产生活用电需求，生活与生产污水能顺利排放。

第二节
生产设施的类型、选择与修建

一、生产设施的类型

（一）农法栽培菇房

1.窑洞　包括窑洞、山洞、人防工事等。

2.普通民房　包括各类常见的砖混或其他材料建造的民房。

3.塑料大棚　主要包括拱形塑料大棚、斜坡形塑料大棚、半地下式塑料大棚、地下式塑料大棚、小拱棚等。

4.日光温室　利用竹木、水泥预制骨架、钢骨架等材料建造的各类塑料膜或玻璃温室设施。

5.光伏温室　利用太阳能光伏发电装置，在其下方搭建的各类生产食用菌的设施。

（二）工业化菇房

包括利用砖混结构和彩钢板建造的专门用于食用菌生产的出菇场所。这类专用菇房按照食用菌的出菇要求设计建造，一般具有控温、控湿、调光和通风设施和装置，是较高层次的食用菌生产场所。

二、生产设施的选择与修建

（一）农法栽培菇房

1.窑洞

（1）窑洞　如在豫西地区，有不少窑洞，稍加改造即可种植食用菌，可以实现提前出菇或延后出菇，每年延长出菇期1～3个月。

（2）人防工事　城市的许多单位和企业都建有人防工事，在这些地下洞室内，温度常年稳定在13～18℃，通风及水源问题解决后就可以种植食用菌，能够实现高温期或低温期出菇，延长出菇时间。

2.普通民房　普通民房进行适当的改造也可以

作为生产食用菌的出菇场所（图5-1-1）。根据我国北方地区大部分普通民房的特点，最关键的是改造通风窗，在墙体上挖出可以形成对流的通风窗。另外，如果考虑冬季加温，就要修建加温装置，即在室外设置火灶，室内加装升温通道，室外加装排烟通道。

图5-1-1　普通民房改造的菇房

3.塑料大棚　按规模可以分为大棚、中棚和小棚。按用材可分为钢骨架大棚、竹木骨架大棚、聚氯乙烯塑料骨架、水泥预制骨架大棚等。从外观上又可分为拱形大棚和斜坡形大棚、地上式大棚和半地下式大棚。

（1）拱形塑料大棚　拱形塑料大棚是最常见的一类大棚（图5-1-2），骨架多采用钢管、PVC塑料、水泥预制件等，规格尺寸一般高2.5～3 m（中间高度），宽5～10 m，长度20～60 m不等。棚上覆膜多采用高强度的聚乙烯膜或无滴型聚氯乙烯有色大棚专用膜，保温遮阳材料多采用稻草或麦秸草苫（图5-1-3），遮阳也可采用专用的黑色遮阳网。小拱棚一般高1 m（中间高度），宽60～80 cm，长度依条件而定。拱形塑料大棚一般建在土地平整、朝阳、取水方便、交通便利的地方，大棚多东西方向，棚的大小根据生产量和投资的多少决定。

（2）斜坡形塑料大棚　斜坡形塑料大棚采光性好，保暖性好，建造省力，成本低。大棚东西方向，坐北朝南，北面用砖墙或土墙，南面也可不筑墙而直接用塑料膜。大棚北高南低，北墙一般高

图 5-1-2　拱形塑料大棚

图 5-1-3　拱形塑料大棚外覆盖草苫

2.5 ～ 3.2 m，南墙高 1 ～ 1.5 m，北墙厚度要大一些，南北墙上每隔 2 m 左右留一通风孔。大棚骨架多采用竹木或水泥预制品，取材容易，建造省力省工，农村多采用这种形式。

（3）半地下式塑料大棚　半地下式塑料大棚内部一般向下深挖 1 m 左右，优点是保温保湿性能好，冬暖夏凉，结构简单，建筑省材省工，适合

农村及贫困地区，大棚可大可小，拱形和斜坡形均可。

4. 日光温室　日光温室是对塑料大棚进行的一种改进和结构优化，可最大限度地利用太阳光能，保温性能好，在寒冷的冬季连续几天阴雨雪天气，室内气温不低于 5 ℃，多云或晴天室内温度与外界气温可相差 20 ～ 25 ℃，对食用菌生产非常有利。利用日光温室从事食用菌生产，在冬季可以满足食用菌正常生长对温度的要求，解决了一般大棚加温困难、保暖性差的问题，还可以节约大量的燃料费用。

日光温室一般坐北朝南，东西延长，向东或向西偏斜 5°～ 7°。日光温室的结构有土筑墙式和砖筑墙式两类。高度一般 2.8 ～ 3 m，后墙高 1.8 ～ 2 m，跨度 6.5 ～ 7 m，长度 50 ～ 60 m，土筑墙的墙体厚度 80 ～ 100 cm，砖筑墙的墙体厚度 50 cm（图 5-1-4）。

图 5-1-4　日光温室

骨架一般选用钢架材料或竹木材料，也可用专用的水泥预制骨架。棚膜多采用聚氯乙烯耐老化无滴膜或聚乙烯多功能复合膜。

砌体墙的保暖材料多用炉渣、锯末、硅石等，后坡的保温材料多用秸秆和草泥，前坡多用草苫或棉被。

5. 光伏温室　采用高效率单晶硅太阳电池组件与传统农业大棚相结合的形式发明的光伏温室是将风能、光能、储能以及现代农业设施有机结合，集

太阳能光伏发电、智能温控、现代高科技种植于一体（图 5-1-5）。

图 5-1-5　光伏温室

　　光伏温室主体是在目前广泛使用的三代日光温室的基础上进行改进，采用钢制骨架，上覆塑料薄膜，既保证了光伏发电组件的光照要求，又保证了整个温室的采光需要。

（二）工业化菇房

　　工业化菇房通常采用彩钢复合板材，屋顶层采用符合国家相关标准的 15 cm 厚的复合板，四周墙面采用 10 cm 厚的复合板，地面采用保温材料外加水泥混凝土，出菇房内放置铁制层架，安装有控制温度、通风、湿度、光照等的相关装置（图 5-1-6、图 5-1-7）。

图 5-1-7　工业化菇房内景

图 5-1-6　工业化菇房外景

第三节
食用菌厂房的设计

　　食用菌的主要栽培方式有床栽、棒栽、砖栽、箱栽、袋栽、瓶栽等，工厂化生产主要以袋栽和瓶栽为主。不同的生产方式与品种对厂房各功能区域的要求有着很大的区别，对厂房的结构也有着不同的要求，合理设计与建造厂房可以充分利用能源，有效满足生产需求，降低生产成本和管理成本，增强市场竞争力。

如何确定工厂化生产的厂房规划与布局，这不仅涉及生产对象，还与物料条件、生产规模、生产种类和质量要求以及经济条件等密切相关。工厂化生产厂房设计时，首先要确定生产规模、设备方案、生产种类、生产工艺，严格计算设备的安装空间、生产数量及堆放位置、面积等。

工厂化生产食用菌在发展现代农业、均衡市场供应、建设农业标准化、保障产品质量安全等方面具有突出优势。但由于必须采用制冷或加热设备调节食用菌厂房温度、湿度和二氧化碳浓度，需要消耗大量的电力能源。调查统计显示，电能消耗大约占食用菌生产总成本的 20％～30％。因此，如何减少能源消耗，如何处理食用菌生产厂房的气密性和保温性两大障碍性难题，已成为食用菌工厂化生产企业亟待解决的问题。同时，食用菌工厂化快速发展面临市场竞争、土地电力供应、技术创新等因素的制约。生产是一项系统工程，影响能耗的因素很多，如不同地区、不同品种、不同设备设施、不同生产工艺等，要想从根本上解决食用菌工厂化生产中存在的高耗能问题，除了要有先进的技术和管理外，最根本的还是要从食用菌生产厂房的设计入手，提倡和推行节能设计。

食用菌生产厂房的节能设计，包括厂房工艺设计、平面及空间设计、建筑设计和环境模拟及控制系统设计。设计主要依靠从总体到单体的建筑来保证和维持厂房的正常使用，并尽量减小能源设备装机功率，使负荷变小，为节能创造条件。环境模拟控制系统设计，包括相关环境模拟控制设备的选型、智能控制系统设计等，就是在满足实际负荷要求的情况下，依靠设备及系统本身的高效率来实现节能。对于食用菌工厂化生产来说，根据食用菌的生物学特性和具体生长状况进行精细管理、科学管理对节能降耗显得尤为重要。厂房设计、环境模拟控制系统设计以及科学管理三者相辅相成，才能真正实现企业的节能生产。

一、食用菌生产厂房的节能设计

（一）概述

生产厂房要具有相对密闭、保温、环境可控制、防火阻燃等特点，围护结构一般由外表面层、保温层、内表面层等构成，要求内、外表面层材料应具有保温、防水防湿、不燃性和自熄性，化学稳定性好，强度高、不易开裂以及使用寿命长等性能。食用菌生产厂房保温效果决定供冷时间长短及生长温度变化，厂房外围结构传热占厂房总热负荷的 20％～35％。在一定范围内，厂房外热负荷与围护结构的厚度成反比关系，随着围护结构厚度的增大，外热负荷将变小，这可以减少制冷系统投资和制冷系统运行费用。但是围护结构的增厚，将会增加厂房建设的初期投资。因此，如何确定围护系统结构对于厂房建设是十分重要的。

食用菌厂房与季节性栽培菇房或大棚相比，最主要的区别在于防潮、隔湿和保温，如何最大限度地杜绝"冷桥"是工厂化食用菌生产厂房施工中的重点和难点，也是食用菌厂房施工中节能的重要一环。在施工中节点、梁柱、钢构、管道、支吊架以及地坪等易产生"冷桥"的部位应有科学的设计方案并严格按设计图纸施工。因为一旦形成"冷桥"，将增加厂房的热负荷。另外，厂房的外表面颜色尽量设计成白色或浅色，通过反射来减少辐射热量。颜色是影响反射率的主要因素，颜色越浅，反射太阳辐射的能力越强。如白色表面对太阳辐射的反射率可达 0.8，而黑色只有 0.1。因此，夏季在强烈的太阳照射下，白色表面的温度可比黑色表面低 25～30℃。

（二）整体布局设计原则

整体布局应做到近期与远期结合，以近期为主，适当考虑以后扩建的可能。企业在进行开工建设前，应进行总体规划，制定企业中长期发展战略，避免在生产过程中出现由于规模扩张带来的厂房改造成本增加或无法改造的现象。

由于培养房及出菇房之间温差较大，在进行食用菌厂房规划时，一般实行分区管理，尽量避免混合排列设计。实行分区管理，能够提高生产效率。在培养区与出菇区分别安装隔热风幕机或设立缓冲区，可使厂房内外环境隔开，杜绝冷暖空气对流形成水雾，保障开门作业不影响菇房内温度回升，避免由于温度梯度引起的能量传递，从而达到节约能源的目的。

（三）设计案例

下面列举几种食用菌生产厂房设计，见图5-1-8～图5-1-10。食用菌工厂化生产应理性发展，着力提升竞争力；加强宣传，做大市场；响应政策扶持，发展循环经济等。

图 5-1-8　斑玉蕈生产厂房效果图

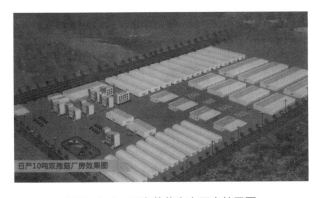

图 5-1-9　双孢蘑菇生产厂房效果图

图 5-1-10　香（花）菇生产厂房效果图

二、环境控制系统的节能设计

（一）概述

食用菌厂房环境控制系统设计里一个重要的节能措施往往被忽视，就是厂房内的气流合理组织。

（二）传统厂房的问题

食用菌产业在工厂化过程中出现了很多问题，以2012年后工厂化企业数量在经历快速增长后开始下降为标志，行业竞争加剧和企业经营不善是企业关闭的重要原因。目前，大多数传统食用菌生产厂房的气流组织是不合理或欠合理的，主要表现为：① 达到目标温度所需的降温时间长，运行能耗增加。② 厂房内产生死角现象。③ 厂房内部温度分布不均匀，导致培养或出菇同步性下降。④ 出菇品质差或者产量不高。

（三）厂房优化气流设计

厂房内产生气流组织不合理的因素与厂房结构尺寸、内部设计、风机选型和布局等有关。部分食用菌生产企业在进行厂房设计时，培养房倾向于采用大面积库房，单间建筑面积一般为 $100 \sim 200 \ m^2$，出菇房倾向于采用小面积库房，单间建筑面积一般为 $60 \sim 70 \ m^2$。在进行内部菇架摆放时，应遵循环境控制优先的原则，避免一味追求高库存量，导致厂房内部产生温度梯度，影响食用菌生长同步性。另一方面，在进行风机布局时，要注意消除厂房内部空气回流现象，使冷风机流向一致，保持厂房内温度场和速度场的均匀性，减少厂房内空气流动的波动，同时保持一定的空气流速，强化空气及制冷设备之间的热交换过程，及时排出食用菌在培养或出菇过程中产生的二氧化碳，改善食用菌生长的环境条件。因此，优化设计食用菌栽培菇房能够达到改善气流组织的合理性，降低生产能耗的目的。良好的食用菌工厂化生产厂房环境模拟控制系统的设计应该以达到目标温度的时间最短且食用菌产品具有较高的质量和产量为评判标准。

（四）制冷匹配设计

制冷机组的选择，一方面影响厂房内环境控制

食用菌生产设施与设备

的效果，另一方面影响到食用菌生产耗电量，制冷机组的选型和匹配对节能至关重要。但是，食用菌工厂化生产用冷情况特别复杂，须根据菇房大小、最大容量、不同品种的菌丝培养及子实体生长等方面进行综合考虑。

蒸发温度就是制冷剂液体在蒸发器内蒸发时的温度，也是制冷剂对应于蒸发压力的饱和温度。蒸发温度的高低，对制冷效率影响很大。提高蒸发温度，减少传热温差，有利于节省电能。根据估算，蒸发温度每降低 1 ℃，耗电增加 3%～4%。不同的食用菌品种，都有其适合的温度范围。厂房的温度在不影响出菇产量及质量的前提下，设计时应选用较高的温度，优化组合压缩机制冷系数和各蒸发温度系统的制冷系数，实现压缩机制冷量与菇房实耗冷量的合理匹配，避免出现"大马拉小车"或"小马拉大车"的现象。

（五）辅助设备的选型

辅助设备的性能制约着压缩机主机的效率，冷凝器等辅助配件的合理优化选择对制冷装置能耗也有较大的影响。

根据冷却介质和冷却方式的不同，常用的冷凝器按其冷却介质及冷却方式一般可分为水冷式冷凝器、空气冷却式冷凝器以及蒸发式冷凝器等三种类型。

（六）新风换气设计

国内大多安装排气扇进行通风换气，从而导致通风时菇房内环境变化大，制冷或加热耗能增加。因此，选择合适的新风换气机应用在食用菌工厂化生产中是非常必要的。新风换气机在排出室内二氧化碳和送入室外新鲜空气的同时，既通过传热板交换温度，又通过板上的微孔交换湿度，从而达到既通风换气又保持室内温湿度相对稳定的效果。

新风换气机的优点有以下三个方面：① 室内外双向换气，新风等量置换。② 过滤处理配置不同过滤材料，新风过滤处理，可有效净化空气，防止病原菌传播。③ 高效节能。内置静止热交换器，热交换效率大于 70%，冷热负荷不受新风影响，大幅度降低新风处理所需能量，节约新风处理能耗 30% 以上。

三、控制系统的节能设计

（一）作用

控制系统的自动控制主要有两方面的作用：一方面保护机器设备的正常运行、保护操作人员的安全；另一方面可以节省能源。与手动控制相比，自动控制可节能 10% 左右，并且降低劳动力成本。

（二）自动控制系统

控制系统的自动控制可以在以下几个方面实现：厂房温度的自动调节、蒸发器的自动融霜，通风换气的程序控制、制冷压缩机的变频控制；辅助设备的自动控制可使制冷量与冷热负荷相适应，合理自动调节机器设备，如对冷风机上的风机采用双速电机，当热负荷较小时，自动转入低速运转以降低电耗等。随着电子技术的发展，可变程序控制器的功能越来越强大，自动控制已成为系统节能设计中不可缺少的环节。通过对温度、湿度、二氧化碳浓度、压力、流量等数据的采集和计算，实现对压缩机、蒸发器、冷风机等设备的自动调节，从而对整个制冷系统进行控制，使系统在经济高效的状态下运行，达到节能的目的。

四、运行管理

在食用菌工厂化生产中，厂房的节能设计是基础，而企业运行管理的好坏是关键。运行节能管理主要包括两方面的内容：一方面是生产过程中的节能管理，包括整个食用菌生产工艺的每一道工序的合理设计；另一方面是设备运行当中的维护和保养，主要是相关设备及其关键部件的检查和维护。两者互为补充。

食用菌工厂化生产是新生事物，涉及建筑学、制冷工程、环境工程、微生物学等多学科知识，还需要一个认识、再认识的过程，需要多学科专家进行协同攻关。能源是社会经济的重要支柱，能源问题是世界各国普遍面临的紧迫问题。食用菌工厂化生产是高耗能产业，重点是节能。食用菌工厂化企业应该对工厂化生产进行优化设计，适当增加初期一次性投资，配置必要的节能设备，提高节能水平，降低运行费用，实现高效节能的运行目的，增强企业市场竞争力，提高企业盈利能力。

第二章　食用菌生产设备

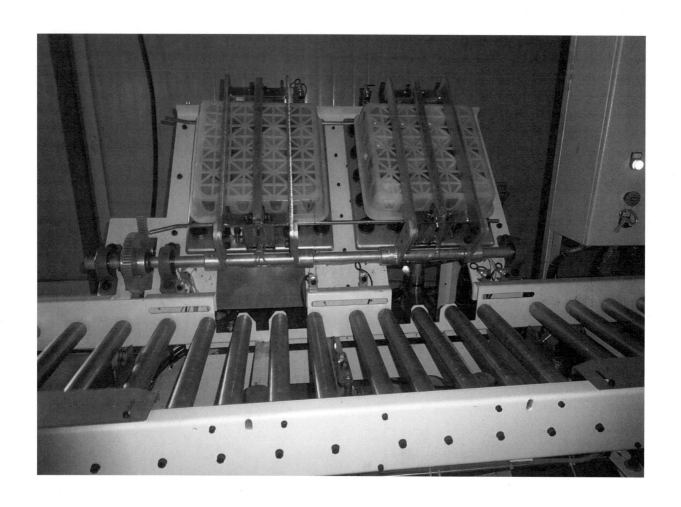

　　食用菌生产设备，按生产流程来分，一般有原材料粉碎设备、筛分设备、培养料混合设备、培养料及菌瓶输送设备、装袋设备、装瓶设备、灭菌设备、制种和接种的相关设备、搔菌设备、净化设备、环境控制设备、菌渣处理设备等。

第一节
原材料粉碎设备

　　食用菌生产中，常使用木屑、棉籽壳、玉米芯、麦秸、稻草、豆秸、棉秆、玉米秆等作为原料。这些原料中除棉籽壳之外，都需要进行粉碎处理，所以粉碎机是非常必要的原材料加工设备。

一、木材切片机

　　木材切片机可将木材切成薄片，经粉碎机粉碎作为食用菌栽培原料。它主要由刀盘、进料口、出料口、主轴、皮带轮、机架等几个部分组成。

　　木材切片机工作时由动力带动皮带轮，经主轴使刀盘旋转，刀盘上装有飞刀（动刀），进料口装有底刀（定刀）。木材由进料口送入，被飞刀切削成木片，由于惯性力和刀盘上风叶的吸抛作用和底刀的切削作用，木片从机体下方出料口迅速抛出。

启动前应先打开上风罩，检查调整刀盘上飞刀与喂料口底刀之间间隙，飞刀应在一个平面上；检查各处紧固螺钉的紧固情况。

启动时，先空转 3 min 以检查机器运转是否正常。

切片时，投料要均匀，严防木材夹带石块、金属件喂入，以防损坏刀片或机器。工作时进料口和出料口正中区域不可站人，以防被木料击伤。

二、木片粉碎机

木片粉碎机用于粉碎木片、谷物、稻草、秸秆、玉米芯等原材料，主要由喂料斗、转子、用销连接在转子上的锤片、筛板、齿板、风机、传动装置等组成。

工作时，物料由进料口进入粉碎室，受到高速旋转的锤片的打击而破碎，颗粒以较高的速度撞击固定于机体上的齿板进一步粉碎，随后被弹回再次受到锤片的撞击作用。粉碎到一定程度时，小于筛孔的颗粒被排出粉碎室，大颗粒继续粉碎，直至全部排出机外。

三、木屑粉碎机

木屑粉碎机集切片、粉碎为一体，可切屑直径 1～20 cm 的枝杈及枝干，还可用于竹、茅草、玉米秆、高粱秆等纤维质物料的切屑。主要由喂料口、出料口、旋转刀盘、锤片、风叶轮、环形筛、机架等组成。

工作时，木材投入喂料口，首先被旋转刀盘上的飞刀切削成木片，在共同的机壳内及时被锤片锤击成木屑，合格的木屑被机内风叶片旋转产生的气流推向环形筛，由筛孔排往出料口。

四、秸秆切削粉碎机

秸秆切削粉碎机以粉碎小麦、玉米等秸秆为主

的粉碎机较多（图 5-2-1）。可以根据粉碎物品的差异，选用相应规格的粉碎机和配套电机，结构和工作原理与木屑粉碎机基本相同。

图 5-2-1　秸秆切削粉碎机

五、玉米芯粉碎机

玉米芯粉碎机与秸秆粉碎机有相似的机型，可以通用，因现在玉米芯用量较大，所以大型专用机械较多，型号也较多（图 5-2-2）。

图 5-2-2　玉米芯粉碎机

六、大型联合粉碎机

专业化的原料生产加工企业多采用大型的联合设备，自动化程度高，生产效率高，粉碎质量好（图 5-2-3）。

图 5-2-3　粉碎木屑的大型成套机械

图 5-2-4　振动筛

第二节
筛分设备

筛分设备可将原料按粒度大小分成若干个等级或去除杂质进行下一步加工。筛面是筛分设备的主要工作部件，常用的筛面有栅筛面、板筛面和编织筛面。按筛面的运动特性，可分为四大类：① 振动筛，靠激振器使筛面产生高频振动。② 摇动筛，靠曲柄连杆使筛面直线往复运动或摆动。③ 回转筛，靠驱动装置使筛筒回转实现筛分。④ 固定筛，筛面不动，靠物料沿工作面滑动而使物料得到筛分。

一、振动筛

振动筛主要由筛箱、激振器、悬挂（或支承）装置及电动机等组成（图 5-2-4）。根据物料与杂质粒度的不同，靠激振器使筛面产生高频振动，物料在筛面上产生跳动而进行筛选。物料在筛面上产生剧烈跳动，容易松散，有利于筛去小杂质，而且筛孔不易堵塞，筛分效率和生产率较高。

二、摇动筛

摇动筛也称摆动筛，主要由筛体、吊杆（或滚轮）、曲柄连杆机构、传动机构和机架组成。

摇动筛电机通过皮带传动，使偏心轴旋转，然后由连杆带动筛框做定向往复运动，筛框的运动使筛面上的物料以一定的速度在筛面上移动，同时获得筛分。

结构简单，制造、安装较容易，更换筛面方便。适用于多种物料和同一种物料的不同规格的筛分。动平衡困难，连杆易损坏，噪声大。

三、回转筛

回转筛靠驱动装置使筛筒回转实现筛分，目前市场上常见的有平面回转筛和圆筒回转筛。

平面回转筛主要由进料口、出料口、筛体、偏心机构、传动装置和机架组成。倾角为 5°～10° 的筛体由传动装置驱动。物料运动轨迹在进料端为水平圆周运动，在长度方向逐渐变成椭圆运动，最后在出料端转变成近似往复直线运动。主要是利用偏心机构使筛面做匀速往复回旋运动，物料与网面接触时间长，网丝对粉体料产生切割，因而透筛概率大，筛分产量大，筛分精度高，对物料自身结构破坏性小。

平面回转筛有全封闭结构和敞开式结构。筛具运动有组合圆周、椭圆、直线三种轨迹，筛分效果好，不破坏物料的原有结构，适合多种物料的筛分和筛选。配备有效的筛板安装系统，清洁方便，使筛板利用率高、寿命长，更换筛板操作简便。

四、固定筛

固定筛一般由机架和筛体两部分组成。工作时筛面不动，靠物料沿工作面滑动而使物料得到筛分。结构简单，使用寿命长，尤其是不消耗动力，没有运动部件，并且使用成本比较低。但生产能力和筛分效率也比较低。

第三节
培养料混合设备

培养料混合是指使配合后的各种物料分布均匀的关键工序，混合设备的生产率决定工厂的规模。混合一般有五种方式：① 剪切混合，利用外力使物料中形成剪切面而产生混合作用。② 对流混合，混合部件将物料团从料堆一处移到另一处产生混合。③ 扩散混合，物料因各粉粒间压缩、泼洒和相互吸引或排斥而引起粒子之间的相对移动产生混合。④ 冲击混合，在物料与壁壳碰击作用下，造成单个物料颗粒的分散。⑤ 粉碎混合，在外力或颗粒间力的作用下，使物料颗粒变形和破碎而产生混合作用。

这五种混合方式一般共存于一个混合过程中。

培养料混合设备主要有立式螺旋混合机、卧式螺带混合机和卧式双轴桨叶混合机。

一、立式螺旋混合机

立式螺旋混合机主要由料筒、内套筒、垂直螺旋、料斗、电机和皮带等组成。工作时将各种需要混合的物料装入料斗内由搅龙向上运送，到搅龙顶端由拨料板抛出，落到搅龙外壳与圆筒之间，由锥形底部将料聚集在一起，再由搅龙向上运送，反复多次，直到混合均匀，打开卸料口，将料排出。

混合均匀，动力消耗小，占地小。但混合时间长，生产率低，卸料不充分。

二、卧式螺带混合机

卧式螺带混合机主要由机体、转子、进料口、出料口和传动机构等组成（图 5-2-5）。机体为"U"形槽结构，进料口在机体顶部，出料口在底部。转子由主轴、支撑杆、螺带构成，螺带包括旋转方向不同的内层螺带和外层螺带。

图 5-2-5 卧式螺带混合机

工作时槽内物料受螺旋带的推动，内外层物料相对移动，彼此产生翻滚、剪切和对流作用，如此不断反复使物料混合，混好的物料从排料口排出。

混合效率高，质量好，卸料快。但占地面积大，配套动力较大。

三、卧式双轴桨叶混合机

卧式双轴桨叶混合机由机壳、转轴、桨叶、进出料口和传动系统组成，桨叶按螺旋线排列。

工作时混合物料受两个方向旋转的转子作用，进行复合运动。桨叶带动物料一方面沿着机槽内壁做逆时针旋转，一方面左右翻动，在两转子交叉重叠处形成失重区。在此区域内，不论物料的形状、大小和密度如何，都能使物料上浮处于瞬间失重状态，这使物料在机槽内形成全方位连续翻动，相互交错剪切，从而达到快速混合均匀的目的。

适用范围广，尤其对密度、粒度等物性差异较大的物料混合时不产生离析，从而可得到高精度的混合物。

四、混合设备的使用与维护

检查传动链条和带护罩完好，防止工作中操作人员触及链条造成人身伤害事故。

调整电动机位置，保证传动链条或传动带松紧度合适，传动平稳。

检查减速器润滑油，同时为传动链条刷机油。

使用混合机时应空车启动，先启动电动机，待运转正常后再进料工作。

一次使用完毕或停工时，应取出混合容器内的剩余物料，清除机械各部分的残余物料。

进入混合机的物料应经过筛选和磁选，以免混入硬块或金属杂质。

第四节
培养料及菌瓶输送设备

输送设备主要用于传送培养料、瓶筐或在传送中对物料进行工艺操作处理。食用菌生产中用到的传输设备主要是传送带和叉车。

传送带有链条传送带、辊轴传送带、带式输送机、螺旋输送机、刮板输送机、斗式输送机等。

叉车的形式多样，主要有手推叉车、电动叉车、重型叉车、集装箱叉车、侧面叉车、普通内燃叉车等。

一、传送带

传送带式输送设备受到机械制造、电机、化工和冶金工业技术进步的影响，不断完善，逐步由完成车间内部的传送，发展到完成在企业内部、企业之间甚至城市之间的物料搬运，成为物料搬运系统机械化和自动化不可缺少的组成部分。

（一）链条传送带

链条传送带是一种主要输送形式，主要传送成形物、麻袋、成筐菌瓶等。

它由许多链条单元通过连接销钉以一种无端循环的方式彼此相连。链条具有一适合于沿传输路径承载运输中的货物的外周面，和一适合于与一链轮相结合将动力从链轮传送至链条上的内周面。由驱动辊筒带动链轮，使链条连续运行而将链条上的物料输送到一定的位置。输送平稳，动力消耗小。但输送不密封，链条易磨损，输送距离短。

（二）辊轴传送带

可传送菌瓶筐、各类箱包、托盘等物品，由机架、辊筒和驱动装置组成。驱动装置包括减速电机、链传动或皮带传动机构。工作时减速电机通过带传动或链传动带动辊筒转动，通过物料与辊筒的摩擦来实现物料的输送。

结构简单，工作灵活。但成本高，输送不密封，不便移动，输送距离短。

（三）带式输送机

又称连续输送机，是在一定的线路上连续输送物料的物料搬运机械。输送机可进行水平、倾斜和垂直输送，也可组成空间输送线路，输送线路一般是固定的。

可输送粉粒体、块状物料、麻袋等，主要由环形输送带、驱动辊筒、变向辊筒、张紧装置、托辊和机架等组成。工作时驱动辊筒通过摩擦带动输送带，使输送带连续运行而将带上的物料输送到一定的位置。

输送平稳，噪声小，不损伤物料；动力消耗小，输送效率高；输送距离长，速度范围广。但输送不密封，物料易飞扬；设备成本高，输送带易磨损；不适于倾角过大的场合。

（四）螺旋输送机

可输送粉粒体、小块状物料，主要由槽体、转轴、螺旋叶片、轴承和传动装置组成。工作时螺旋旋转，由于叶片的推动，以及物料重力、与槽内壁间的摩擦力作用，使物料在槽内向前移动。

结构简单，占地面积小；可水平、倾斜和垂直输送安装，操作安全方便，密封性好，制造成本低。但摩擦较大，功率消耗大，物料易磨损，喂料要求均匀，不宜输送颗粒大的物料，运输距离不宜太长，一般在 30 m 以内。

（五）刮板输送机

利用固接在牵引链上的一系列板条在水平或倾斜方向输送物料的输送机，以单片钢板铰接成环带作为运输机的牵引和承载构件，承载面具有横向隔片置于槽箱中，驱动环带借隔片运输物品。

可输送粉粒体、小块状物料，由刮板、牵引链条、驱动和张紧链轮、传动机构、机架等组成。机架上固定着敞开的料槽，装有刮板的链条围绕链轮在料槽中运动。物料从进料斗送入，在刮板的作用下，从卸料口卸出。

结构简单、体积小；可在任意位置多点装料和卸料；生产率高而稳定，并容易调节。但工作条件恶劣，功率消耗大，输送速度低。

（六）斗式输送机

可连续不断地输送散装货（如煤等）货斗到敞开的舱口上面的某一点，使货斗向货舱中卸料。

主要连续输送粉状、颗粒状及块状物料，由牵引构件（链或带）、辊筒（或链轮）、张紧装置、进料和卸料装置、驱动装置和货斗等组成。工作时货斗把物料从机座底部舀起，通过带传动或链传动提升到顶部，在绕过头轮后将物料从货斗中倾入后续溜管。

结构简单紧凑，横断面外形尺寸小，可显著节省占地面积，提升高度较大，生产率范围较大，有良好的密封性能，可避免污染环境。但对过载较敏感，必须连续均匀地进料，料斗和牵引构件易磨损，输送物料种类受到限制。

二、叉车

叉车是指对成件托盘货物进行装卸、堆垛和短距离运输、重物搬运作业的各种轮式搬运车辆，属于物料搬运机械，是机械化装卸、堆垛和短距离运输的高效设备。

（一）手推叉车

手推叉车（图5-2-6），在使用时将其承载的货叉插入托盘孔内，由液压驱动系统来实现托盘货物的起升和下降，并由人力拉动完成搬运作业。它是托盘运输工具中最简便、最有效、最常见的装卸、搬运工具。

图 5-2-6　手推叉车

（二）电动叉车

电动叉车是指以电力驱动进行作业的叉车，大多数都是以蓄电池作电源。

电动叉车采用电力驱动，与内燃机叉车相比，具有无污染、易操作、节能高效等优点。操控简便灵活，大大降低了操作人员的劳动强度，对于提高工作效率以及工作的准确性有非常大的帮助。并且电动车辆噪声低，无尾气排放，操作舒适，适用范围较广。

（三）普通内燃机叉车

一般采用柴油、汽油、液化石油气或天然气发动机作为动力，载荷能力 1.2 ～ 8 t，作业通道宽度一般为 3.5 ～ 5 m，考虑到尾气排放和噪声问题，通常用在室外、车间或其他对尾气排放和噪声没有特殊要求的场所。由于燃料补充方便，因此可实现长时间的连续作业，而且能胜任在恶劣的环境下（如雨天）工作。

下面三种都属于内燃机叉车。

1. 重型叉车　采用柴油发动机作为动力，承载能力 10 ～ 52 t，一般用于搬运较重货物的户外作业（如图 5-2-7）。

图 5-2-7　重型叉车

2. 集装箱叉车　采用柴油发动机作为动力，承载能力 8 ～ 45 t，一般分为空箱堆高机、重箱堆高机和集装箱正面吊。应用于集装箱搬运。

3. 侧面叉车　采用柴油发动机作为动力，承载能力 3 ～ 6 t。在不转弯的情况下，具有直接从侧面叉取货物的能力，主要用来叉取长条状货物。

第五节
装袋设备

装袋设备就是把混合好的固体培养料装填到一定规格的塑料袋中的装置。目前市场上装袋机大致分为冲压式和螺旋式两大类，螺旋式装袋机又分为卧式螺旋装袋机和立式螺旋装袋机。

自动化冲压装袋机，生产效率 1 000 袋 /h。一般菇农可购置螺旋多功能装袋机，配用 0.75 kW 电动机，普通照明电压，生产能力每小时 800 袋 / 台，配用多套口径不同的出料筒，可装不同规格的栽培袋。

一、冲压式装袋机

冲压式装袋机主要由机架、喂料系统、加料盘系统、冲压杆系统、传动系统、护套、夹袋部件等组成（图 5-2-8）。

图 5-2-8　立式冲压装袋机

装袋由四个行程完成，即人工套袋、自动加料、自动冲压、人工卸袋。人工将塑料袋套入转盘套筒上，夹指夹紧塑料袋，通过喂料斗中螺带、搅掌旋转动作将料拨入塑料袋中，装满后加料转盘旋转45°进入冲压工位，冲压杆冲压时抱袋机构抱紧塑料袋，转盘依次旋转45°卸袋。

装袋快而稳，人随机器动，可保证班产达到一定的产量。装袋规格标准且密实，采用冲压式装袋机所装的袋均匀、密实、一致，袋之间差异极小，适宜商品化制袋生产要求。

由于采用冲压设计和压后袋内压力不均，易造成料袋微孔和大小头，这是食用菌栽培最忌讳的缺点和冲压式装袋机致命的弱点。对于长度50 cm以上的香菇棒、银耳棒缺点更明显。对原料有苛刻的要求，原料颗粒稍大或预湿不好就会将袋子冲破，形成大孔。

二、卧式螺旋装袋机

卧式装袋机采用螺旋输送原理，将料斗中的培养料通过螺旋搅龙推入套在搅龙套上的袋中。

各机型的区别主要在搅龙的尺寸、数目、搅拌器、操纵控制机构等结构的不同上。根据搅龙数目不同有单筒和双筒之分。根据操纵控制机构的不同分为程控、电控和机械离合式三种，后者又有摩擦盘离合和轴向齿嵌离合的不同。

1. 机械离合卧式螺旋装袋机　主要由料斗、送料搅龙、传动系统、离合操纵系统、机架等五个部分组成。

袋口套在装袋机的搅龙套上，用脚踩下踏板，接上离合器，搅龙转动，物料由料斗经搅拌器进入送料搅龙，被挤压送进袋内。随着物料不断进入袋内并挤实，袋装满后，抬脚使离合器断开，将袋从搅龙套上取下，周而复始。

所装料袋微孔较少，没有大孔；装袋数量不稳定，由于是人工操控机器，加料、套袋、出袋都由人为因素控制，导致班产数量没保证，装袋不标准，料袋长度、松紧度参差不齐，很不规范，料袋商品性差。

2. 电动（自动）抱筒装袋机　主要由供料系统、螺旋输送机构、抱筒滑行小车、传动系统、机架等部分组成。抱筒搅龙结构，组合式设计，是传统装袋机和冲压式自动装袋机的结合物。

装袋时，人工手持塑料空料袋套进出料筒时轻碰相关的行程开关，装料电机启动，培养料在搅龙轴螺旋叶片的推动下进入出料筒中，并不断从出料筒输出。与此同时，滑行小车向出料筒方向移动，小车上的上下两半模筒闭合并让出料筒自动套进，实现自动夹袋、护袋和控制装袋量。装完后滑行小车自动后退，当滑行小车后退至斜坡导轨处时，在重力作用下，下半模筒张开并松开料袋，料袋自行沿滑梯下滑至地面，完成一个工作循环。

装袋长度500～580 mm，可自由调整，松紧度可自由调整。操作简便，自动打中心孔和自动打开抱筒，装袋效果好，适合料袋的长短袋作业。全自动装袋生产线，适用于大规模的工厂化生产（图5-2-9），可大幅度提高工作效率。

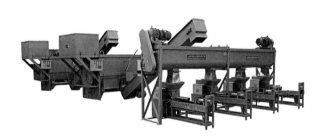

图5-2-9　食用菌自动装袋生产线

三、立式螺旋装袋机

立式螺旋装袋机主要由机架、料斗、拨料装置、螺旋输送装置、离合器、离合器操纵机构和传动装置组成（图5-2-10）。

工作时，将料斗装满培养料，用脚踏下踏板，拨叉将离合拨起脱离拨料轮的啮合。合上开关电机，通过三角带使搅龙及拨料轮轴转动，将塑料袋套在送料筒的出料口上，松开踏板离合器啮合，拨料轴带动拨板转动，使培养料进入送料筒中，在搅龙的推动下送入塑料袋中。当塑料袋装到规定的

图 5-2-10　立式螺旋装袋机

量后，料袋下压托板，使菱形调节板变形带动踏板下移，操作杆重新将离合器分离。再次用脚踩住踏板，更换空袋。

立式螺旋装袋机集冲压型装袋机与卧式螺旋送料型装袋机优点于一体，重量轻，无噪声；能按照预先设定好的标准装得上下虚实一样，装到标准后自动停止出料。

四、装袋接种一体机

规模化生产食用菌时，采用可以直接接种的装袋机，可使生产效率提高。这种机械采用中间是菌种，也有中间和四周全是菌种的接种机。

机器主要由机架、进料斗、菌种斗、搅拌器、螺旋供料机构、活塞供种机构、动力传动机构组成。可实现自动碎种、分层接种、同步装袋多工序联合作业，也可作为普通装袋机使用。

采用搅龙送料结构，活塞电控间歇分别供种供料技术，模拟人工分层接种方法，适合平菇等生料接种袋的食用菌作业。使用时培养料进入进料斗，菌种进入菌种斗内，人工套袋，脚踩离合器踏板，螺旋器将搅拌后的培养料旋转带到出口处。同时，活塞电控间歇向内移动将菌种压到进料斗下部，随螺旋器带到出口处，培养料和菌种被带到塑料袋中。

在机器工作时严禁用手或木棒拨动原料以免产生危险或损伤机器。机器的活塞导杆是外置的，使用者应远离导杆的工作范围，避免与机器产生碰撞。工作结束应及时清除料斗内残余物料，保持设备与环境的清洁卫生。

装袋时离合器脚踏板应一次踩紧，严禁离合器在半离合状态下工作，以免减少离合器的使用寿命。

有条件时原料应过筛，避免霉变结块的原料和块状、棒状、铁丝等物品混入，从而造成塞车、卡死等故障。机器齿轮活塞杆等应注意添加润滑油。

第六节

装瓶设备

现在采用的瓶栽方式生产是工厂化生产的代表，采用机械方式对菌瓶进行灌装培养料，把16个菌瓶作为一组，装入塑料筐中，将装有菌瓶的塑料筐作为操作单元，按照设定的要求自动完成送筐、培养料装瓶、打孔、加盖作业。这样不仅可以大幅度提高食用菌的品质，而且生产效率高，劳动强度低，使食用菌大规模集约化生产成为可能。

一、装瓶流水线

装瓶流水线由推筐机、装瓶机、打孔机和压盖机四个部分组合而成，各部分之间通过辊式输送机衔接，完成送筐、装料、夯实、打孔、压盖等一系列动作，使生产效率、装瓶质量均得到显著提高。

二、推筐机

推筐机通过推筐机构和抬筐机构将瓶筐推送到装瓶工位，为装瓶前空瓶筐的有序、连续递送提供了可靠保障。推筐机主要由传输辊道、机架、推筐机构和抬筐机构组成。

先把3摞装满空瓶的瓶筐（1摞为2～8筐，1筐装4瓶×4=16瓶）放到推筐机的传送带上，启动工作程序。首先，推筐机把放在传送带上的3摞瓶筐向前推进。当进入抬筐位置，抬筐机构将第二筐以上的筐一并抬起并暂时悬停，推筐气缸启动，将瓶筐送到装瓶机的底板上，气缸返程。

三、供料系统

经过充分搅拌达到装瓶标准的培养料通过供料系统传送到下一联动装置——装料装置。

四、装料装置

装料装置由供料系统、压实装置、装料机构、机架组成（图5-2-11）。

图 5-2-11　装料装置

机械装料高效有序，缩小了每瓶培养料的误差，并通过机械压实，保证了理想的培养料松紧度，自动实现16个菌瓶同时装料并压实。

工作时，装料装置的可动料箱在气缸驱动下前行，可动料箱到位后搅拌和振动电机即启动，可动料箱中的培养料便在搅拌和振动双重作用下落入压套和瓶中。到设定的时间搅拌和振动电机停止，可动料箱返程，可动料箱返程到位后，压实装置在气缸驱动下下行，压实后压实杆退回原位。

五、打孔装置

对于有些食用菌栽培瓶（比如金针菇），有时需经过两次打孔的过程：第一次在瓶中部打一大孔（图5-2-12），第二次在四周均匀打4个小孔（图5-2-13）。

图 5-2-12　一次打孔装置

图 5-2-13　二次打孔装置

六、加盖装置

加盖装置将装料后的瓶筐及时机械压盖，提高了工作效率。

七、自动装瓶机

装瓶机是用于食用菌瓶栽工厂的培养料自动填充机器，通过培养料传送带将培养料自动运送到装瓶机处装入瓶内。优点是自动装入的培养料能够呈现上紧下松的状态，这样有利于后期发菌。同时，通过多处精细的调节，使装料质量差控制在 20 g 之内，并且调整范围大。自动装入的培养料在第一次压紧后，进入到打孔机处，打孔机规范每个孔的深度和粗细程度。打过孔后，瓶筐会自动进入下一个程序进行盖瓶。

第七节
灭菌设备

灭菌设备包括常压蒸汽灭菌锅、高压蒸汽灭菌锅和干燥灭菌箱。前两种主要用于培养料灭菌，杀灭病原菌，达到基质安全的目的；后一种用于玻璃器皿和金属用具等物品的干热灭菌。

一、常压蒸汽灭菌锅

食用菌生产过程中，常压蒸汽灭菌锅主要用于大批量培养料的灭菌，是在自然压力下，靠热蒸汽流通达到灭菌目的。建造容易，成本低廉，容量大。但灶内温度只能达 100℃，灭菌时间长，能源消耗大。

常压蒸汽灭菌锅主要分为蒸汽发生器和灭菌室两部分，可以根据情况灵活建造。但要注意蒸汽室与灭菌室相匹配，以免产生灭菌不彻底的现象。用煤、柴、油、气等作能源产生蒸汽进行灭菌的自建常压蒸汽灭菌灶应用比较普遍，其体积大小不等，容量 1.5～3 m³ 或更大。根据蒸汽的来源方式不同，常压蒸汽灭菌锅可分为外源发生蒸汽（输入式）和自身发生蒸汽（直热式）两种。

（一）输入式常压蒸汽灭菌锅

比较成熟的输入式常压蒸汽灭菌锅一般由锅炉和灭菌仓两部分组成。应根据每次灭菌的培养料量来选择不同产汽量的锅炉。如每次灭菌培养料数量大，产汽量要大。每个锅炉带两个灭菌仓，交替使用，有利于提高生产效率。

（二）直热式常压蒸汽灭菌锅

比较成熟的直热式常压蒸汽灭菌锅有船形灭菌锅和圆筒形灭菌锅两种类型，都是由钢板焊制而成，主要由炉灶和锅膛两部分组成。炉灶用于产生蒸汽，锅膛容纳被消毒的物料。直热式常压蒸汽灭菌锅容量大，比输入式常压蒸汽灭菌锅节省燃料。

小型的还有卧式常压蒸汽炉和立式常压蒸汽炉等。

蒸汽炉由锅和炉两部分组成，锅用于接收热量，并把热量传给工质（水）的受热面系统；炉是指锅炉中把燃料的化学能变为热能的空间和烟气流通的通道。

二、高压蒸汽灭菌锅

高压蒸汽灭菌锅灭菌的原理是在一个具有夹层、能承受一定压力的密闭系统内，在锅底或夹层中盛水，锅内的水经加产生蒸汽，在密闭状态下蒸汽不能向外扩散，迫使锅内的压力升高，随着蒸汽的压力升高，水的沸点也随之升高，饱和蒸汽的温度随压力的增大而升高，因此可获得高于 100 ℃ 的蒸汽温度，在很短的时间内就可以杀死微生物的营养体及它们的芽孢和孢子，从而达到快速彻底灭菌的目的。高压蒸汽灭菌是食用菌生产中使用较普遍、灭菌效果最好的灭菌方式。高压蒸汽灭菌时一定要将锅内的冷空气排尽，否则会造成灭菌不彻底。高压蒸汽灭菌锅中的蒸汽温度和蒸汽压力成正比，根据不同的培养基确定不同的蒸汽压力和灭菌时间。高压蒸汽灭菌锅用于培养基、无菌水、接种工具等物品的灭菌。结构严密，操作方便，灭菌时间短，效率高，节省燃料，但价格高，投资大。

目前生产上使用的高压蒸汽灭菌锅有许多类型，按加热方式有电热式、煤热式及煤电加热两用式等类型，按形状和容量可分为手提式、立式以及大型食用菌灭菌器。

（一）手提式高压蒸汽灭菌锅

手提式和立式高压蒸汽灭菌锅一样都是利用电热丝加热使水产生蒸汽，并能维持一定压力的装置，主要由可以密封的桶体、压力表、排气阀、安全阀、电热丝等组成。

手提式高压蒸汽灭菌锅是利用饱和蒸汽压力进行迅速而可靠的消毒灭菌，食用菌生产中常用来消毒试管、培养基灭菌。这种锅结构简单，较轻便、经济，使用方便，最高控温126℃，容量一般为18 L，适于试管培养基、锥形瓶或培养皿、无菌水、少量菌种瓶及一些接种器具灭菌。每锅可装18 mm×180 mm试管120～180支或菌种瓶数个。

（二）立式高压蒸汽灭菌锅

立式高压蒸汽灭菌锅往往采用手轮式快开门安全联锁装置结构，设计更安全、合理。锅体外壳、内腔均采用优质不锈钢材料制成，耐酸，耐碱，耐腐蚀；微电脑智能化自动控制；压力安全联锁装置，超温自动保护装置；自涨式密封圈，自动排放冷空气；高低水位报警，断水自控。相比手提式灭菌锅更加高效、耐用。容量较大，一般为40～110 L。除装有压力表、放气阀、安全阀外，还有进出水管等装置，以电力为能源，灭菌时间短、效果好。主要用于原种以及栽培种培养料的灭菌。

（三）大型食用菌灭菌器

工厂化生产中的大型食用菌灭菌器采用精密编程控制，可以多次抽真空、进高温蒸汽的方式来置换内室空气进行灭菌，具有升温快、穿透性强、室内温度均匀的特点。常见的类型包括方形灭菌器和圆形灭菌器。优质的管路配件、合理的管路设计和先进的灭菌程序控制，既可节约能源又能保证灭菌效果。

三、干燥灭菌箱

干燥灭菌箱又叫干热灭菌锅或干燥箱。电热干燥灭菌箱箱体由双层壁组成，壁中间夹有石棉、珍珠岩等保温材料；箱顶有温度计和通风孔；箱内有隔板，用以存放灭菌或烘干物品；箱内装有电动鼓风机，促使箱内热空气对流，温度均匀。箱的前面或侧面有温度调节器可自动控制温度，最高可达200 ℃。培养皿、试管、吸管等玻璃器皿，棉塞、滤纸以及不能与蒸汽充分接触的液体（如石蜡）等，都可用干燥灭菌箱灭菌。灭菌时玻璃器具要预先充分干燥，试管、锥形瓶要塞上棉塞，培养皿、吸管要用报纸包好。干热灭菌温度一般在160～170℃，保持2 h，待冷却后才能把灭菌物品取出，否则，温度强降，会使玻璃器皿破碎。

干热灭菌过程中如遇箱内冒烟，温度突然升高，应立即切断电源，关闭排气小孔箱门，四周用湿毛巾堵塞，杜绝氧气进入，火则自熄。

第八节
制种和接种的相关设备

一、制种设备

制种设备包括固体菌种培养设备和液体菌种培养设备。

液体菌种罐是食用菌液体菌种培养专用容器，培养出的液体菌种具有生产周期短、菌龄一致、出菇齐、便于管理、菌种成本低、接种方便快速等优点。主要有普通液体发酵罐、气升式液体发酵罐、不锈钢液体发酵罐、中试生产液体发酵罐、工厂化生产大型液体发酵罐等。

发酵罐是利用生物发酵原理，给菌丝生长提供最佳的营养、pH、温度、供氧量，使菌丝快速生长，迅速繁殖，在短时间形成一定的菌丝球数量，完成一个发酵培养周期。

二、接种设备

（一）接种箱

接种箱又叫无菌箱，规格较多，一般都是木质结构（图5-2-14）。箱体长140 cm左右，宽90 cm左右，总高160 cm左右，底脚高75 cm左右。箱的上部、前后各装有两扇能启闭的玻璃窗，窗的下部分别设有两个直径约13 cm的圆洞，两洞的中心距为40 cm，洞口装有双层布套，操作时两人相对而坐，双手通过布套伸入箱内。箱的两侧和顶部为木板，箱顶内安装紫外线灯和日光灯各1支。

接种箱的结构简单，制造容易，操作方便，易于消毒灭菌，由于人在箱外操作，气温较高时也能持续作业，适合于专业户制作母种和原种。

图5-2-14　接种箱

（二）净化工作台

净化工作台是一种通过空气过滤去除杂菌孢子和灰尘颗粒而达到净化空气的装置。空气过滤的气流形式有平流式和垂流式，有单人操作机和双人操作机两种。它由工作台、过滤器、风机、静压箱和支承体等组成（图5-2-15）。室内空气经预过滤器和高效过滤器除尘、洁净后，以垂直或水平流状态通过操作区，由于空气没有涡流，故任何一点灰尘或附着在灰尘上的细菌，都能被排除，不易向别处扩散转移。因此，可使操作区保持无尘无菌的环境，是目前比较先进的接种设备。优点是操作方便，有效可靠，无须消毒药剂，占用面积小，可移动。工作台面积小仅适用于实验室和小批量生产，价格较贵，高效过滤器需要定期清洗或更换。

图5-2-15　净化工作台

（三）连续接种机

连续接种机是大批量生产菌种中常用的设备（图5-2-16）。特点是方便操作，接种速度快。连续接种机安放在接种室内，待接种的菌袋从墙壁一端的窗口通过自动输送带进入接种室，在接种机内接种完毕后通过输送带从另一端窗口输出。接种机

图5-2-16　连续接种机

的工作原理与净化工作台相似，通过空气过滤和紫外线照射来除尘杀菌。

三、培养设备

（一）恒温培养箱

恒温培养箱也叫恒温箱，体积较小，用于母种和少量原种的培养。结构严密，可根据需要将温度控制在一定范围内。

培养箱主要为电热式，由箱体、电热丝和温度调节器等组成（图5-2-17）。箱体为双层金属板，中间夹有绝热材料（石棉或玻璃纤维）制成的长方形箱。箱内有放置物品的培养仓室，由网式隔板隔成数层。箱门有两道，一道为玻璃门，用以观察室内情况，另一道为有绝热层的金属隔热门。箱顶有排气孔，顶盖中央有一可插入温度计的小孔。箱底有进气孔，便于干燥空气进入，以促使培养仓室热空气流通。箱侧控制层内装有指示灯、温度调节器等部件。箱底夹层装有电热丝作为热源。电热恒温培养箱的电热丝，是由多组串联而成，固定于瓷盘上，使电热丝温度不超过80℃，可使箱内温度均匀。箱上或侧面，装有特殊合金制成的自动温度调节器，对冷热极为敏感，冷则收缩，使电路接通，温度上升；热则膨胀，使电路断开，温度下降。降至一定程度时，电路又接通，温度又上升。电路的接通和断开，

图5-2-17　恒温培养箱

可从左侧或下方的红绿指示灯亮灭得知。红灯亮时，表示电路接通，逐渐升温；绿灯亮时，表示电路断开，逐渐降温或保持恒温。

（二）培养架

用于放置菌袋和菌种瓶，竹架、木架或铁架均可，以4～6层为宜。培养架一般长1.5 m，宽0.45 m，高2.6 m，底层离地面0.25 m，生产者可根据需要灵活调整。培养架在室内的放置，四周不宜靠墙，培养架之间应设人行道，宽度以能够方便进出装菌种瓶（袋）的车子为宜。

（三）液体菌种培养设备

1. 恒温振荡器　恒温振荡器简称摇床，根据振荡方式可以分成往复式摇床和旋转式摇床两种，也可以根据能否控温分为控温和不控温两种。在摇床上进行摇瓶培养，主要用于制备液体种子。

2. 液体菌种发酵罐　液体菌种发酵罐是液体菌种最理想的生产设备，生产技术成熟、质量稳定，近几年这种设备在生产中推广普及比较迅速。

四、菌种保藏设备

（一）冰箱或冷藏箱

菌种只能保藏在冷藏箱中，一般保藏温度控制在1～4℃，主要用于母种或少量原种、栽培种的短期保藏。

（二）小型冷库

一般采用机械制冷，利用汽化温度很低的制冷剂在低压下变成气体，吸收库内的热量，使贮藏物的温度降低，并使冷库的温度保持在有利于延长菌种寿命的范围内。

冷库安装有压缩冷凝机组、蒸发器、轴流风机、自动控温装置等，面积应根据菌种生产量的大小和市场需求量来确定，库容量通常以100 m³为宜。

五、质量检测设备

主要是显微镜，用于观察菌丝形态、细胞核、

锁状联合、孢子以及各种病原菌的鉴别等。一般普通光学显微镜即可满足生产需要。显微镜由机械装置和光学系统两大部分组成。

第九节
搔菌设备

"搔菌"就是通过手工或使用搔菌机去除老菌种块和菌皮，促使菌丝发生原基。通过搔菌可使子实体从培养料表面整齐发生。

由于菌丝生长造成呼吸热使水分蒸发，上层菌丝老化，甚至形成菌皮菌膜，阻碍湿气与内部菌丝接触，与新鲜空气接触不畅，延长出菇时间，出菇不整齐。搔菌后，新生菌丝生命力旺盛，接触新鲜空气、湿气，从而达到菇齐菌壮。

自动搔菌机是食用菌瓶式栽培中菌瓶的自动搔菌机械，设有去盖清洁装置、搔菌装置、加水装置等。它采用机械方式对菌瓶进行自动去盖、刷盖、搔菌、加水作业，以16个菌瓶作为一组，装入4瓶×4的塑料筐作为操作单元，能够高效保质地按照设定的要求自动完成作业。

搔菌机开始工作，机械手将成筐的菌瓶转移至传送带，进而完成整个搔菌工作。

一、去盖清洁装置

由菌瓶输送装置、机架、挡瓶架、去盖装置和刷盖装置组成。完成菌瓶去盖、刷盖并收集瓶盖的作业。按启动键启动流水线，传送带运行使菌瓶筐前进。菌瓶筐到达去盖位置，传送带停，气缸带动去盖装置去盖，去盖后，传送带运行，拖动去过盖的菌瓶筐前进。菌瓶筐被拖出去盖工位后，传送带停，毛刷刷盖，刷干净后毛刷下降，下降到位后，

传送带运行，拖动第二只菌瓶筐和去过盖的菌瓶筐一同前进。当第二只菌瓶筐到达去盖位置后，去盖清洁机便开始了第二次去盖刷盖程序。

二、侧翻搔菌机

主要由机架、菌瓶输送辊道、搔菌装置、冲刷装置、加水装置和电控装置等部分组成。完成菌瓶中菌料的搔菌、冲瓶和加水作业。去过盖的菌瓶筐输送到搔菌工位和冲刷工位后，翻转框架向上翻转，翻转到位后停止，搔菌刀上升搔菌，同时冲刷管路前后运动冲刷菌瓶口。搔菌及冲刷结束后，搔菌刀下降，冲刷水管路运动回到初始位置，翻转框架向下翻转。翻转到位后输送辊道运行将冲刷过的菌瓶筐输送到加水工位加水，同时搔过菌的菌瓶筐输送到冲刷工位，下一个去过盖的菌瓶筐被输送到搔菌工位，翻转框架再次向上翻转，开始了第二次搔菌、冲刷及加水程序。

搔菌动作主要由搔菌头完成。孔搔搔菌头见图5-2-18，平搔搔菌头见图5-2-19。搔菌后由加水装置进行加水。

图 5-2-18　孔搔搔菌头

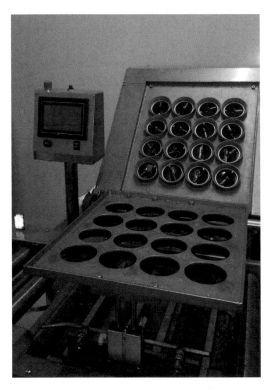

图 5-2-19　平搔搔菌头

搔菌装置工作时，勿触及机器内部。对机器进行清洁、检查、调整和维修，必须确认电源已切断。勿打开机器的盖板。不要触及电器控制箱内的非绝缘元件。长时间停机不用，务必断开所有断路器和电源开关，关闭好电器控制柜。使用过程中，出现报警时务必立即按停止按钮或者直接关闭电源开关。

第十节
净化设备

在食用菌工厂化生产过程中，冷却室和接种室（一区）需要创造出无菌的洁净环境，菌丝培养区（二区）对洁净度有着严格要求，搔菌、栽培、包装区（三区）对环境的整体要求较高，操作区（四区）包括装瓶和灭菌区域，对环境无特殊要求。因此，在一、二、三区需要注重洁净环境的营造。

一、过滤器

（一）初效空气过滤器

初效过滤器适用于空调系统的初级过滤，主要用于过滤 5 μm 以上颗粒物。

（二）中效空气过滤器

中效空气过滤器边框有冷板喷塑、镀锌板等形式，过滤材料有无纺布、玻璃纤维等，过滤粒直径 1 ～ 5 μm，过滤效率 60％～ 95％（比色法）。中效空气过滤器分袋式和板式两种。

（三）高效空气过滤器

对直径为 0.3 μm 以上的微粒，去除率可达到 99.7％以上。

（四）超高效空气过滤器

对直径 0.1 μm ～ 0.3 μm 的微粒有效去除率达到 99.998％以上。

二、层流罩

层流罩广泛应用于需要局部净化的区域，如实验室、生物制药、光电产业、微电子、硬盘制造等领域。层流罩具有高洁净度、可连接成装配生产线、低噪声、可移动等优点。近年来，食用菌接种时已广泛采用百级层流罩接种，有效地提高了接种成品率。

三、高效送风口

高效送风口为千级、万级、十万级净化空调系统较为理想的终端过滤装置，广泛应用于医药、卫生、电子、化工等行业的净化空调系统。

四、风淋室

风淋室是一种通用性较强的局部净化设备，安装于洁净室与非洁净室之间。当人与货物要进入洁净区时需经风淋室吹淋，其吹出的洁净空气可去除人与货物所携带的尘埃，能有效阻断或减少尘源。风淋室的前后两道门为电子互锁，又可起到气闸的作用，阻止未净化的空气进入洁净区域。

五、洁净工作台

即净化工作台，提供局部无尘、无菌工作环境，并能将工作区已被污染的空气通过专门的过滤通道人为地控制排放，避免对人和环境造成危害，对改善工艺条件，保护操作者的身体健康，提高产品质量和成品率均有良好的效果。

六、风机过滤机组

风机过滤机组是一种自带动力的送风过滤装置，具有过滤功能的模块化的末端送风装置。风机过滤机组从顶部将空气吸入并经高效空气过滤器过滤，过滤后的洁净空气在整个出风面均匀送出。风机过滤机组设有初效、高效两级过滤网。优点是工作时间长，噪声低，震动小，可无级调速，风速均匀，安装方便等。

七、净化区域

根据工艺流程所需要的净化级别，分别使冷却室（千级）、接种室（百级）、养菌室（万级）处于不同的空气洁净度数等级，这些净化级别的选择，由经济实力和工艺的需要而决定（图5-2-20）。

A. 万级

B. 三十万级

图 5-2-20　不同净化级的净化区域

八、物料传递窗

物料传递窗作为洁净室的一种辅助设备，主要用于洁净区与洁净区、非洁净区与洁净区之间小件物品的传递，以减少洁净室的开门次数，最大限度地降低洁净区的污染。

九、净水设备

生产型净水设备机构组成：原水箱→原水泵→机制过滤器→活性炭吸附器→软水器→精滤器→一级高压泵→一级反渗透装置→中间水箱→二级高压泵→二级反渗透装置→臭氧发生器→纯水箱→灌装机。

第十一节
环境控制设备

无论是袋栽还是瓶栽，食用菌经过接种后，就进入了培养期和生育期。这是出菇的关键期，整个空间环境的质量直接影响菇的品质和产量。要做好环境控制，离不开专业的环境控制设备。

一、菇房环境智能控制系统

（一）控制系统的结构组成

菇房环境控制系统主要由主控微机、温度传感器、湿度传感器、二氧化碳传感器、光照强度传感器、PLC 或单片机智能控制箱以及风机、空调或制冷系统、加湿器等外围设备构成。

（二）控制系统的原理

标准化菇房环境控制，一般采用环境综合控制仪，也叫智能控制箱，是专为智能菇房设计的高性能智能化监控仪器。控制器可以采用集散式控制系统，集散式单独对菇房进行自动控制，也可以采用分布式控制系统，通过一台计算机对多台控制器进行统一监测管理，形成两级控制系统，上位机为微型机，下位机是控制器。

采用菇房环境控制器对执行机构进行自动控制，以单片机或 PLC 为主控板的控制系统，实现对温度、二氧化碳浓度、光照强度、湿度的显示、设置和自动控制。

集散式控制系统由控制器、传感器和执行机构组成。每个菇房安装环境控制器单独控制，通过单片机控制面板，把环境控制参数输入单片机中，由单片机来控制各个执行机构（制冷机组等）的开停。

分布式控制系统是采用一台计算机与多台单片机构成的主从式测控系统来控制环境，由计算机、控制器、传感器和执行机构组成。打开程序，首先输入菇房内食用菌要求的温度、湿度、二氧化碳等环境参数，然后通过总线与控制器进行通信，控制执行设备的运转。

（三）控制系统的主要功能

1. 显示功能　显示菇房内的二氧化碳含量、温度、湿度、光照强度等数据。通过键盘，可以设置二氧化碳、温湿度的上下限以及控制光照时间、循环风的启动周期。

2. 二氧化碳排放控制功能　当菇房内的二氧化碳含量高于所设二氧化碳上限时，控制器自动打开排风机和换气扇，进行通风换气；当二氧化碳降到正常时，控制器自动关闭排风机和换气扇。

3. 温度控制功能　当菇房内的温度高于所设值时，控制器自动打开制冷或空调系统，进行制冷降温；当温度降到正常时，控制器自动关闭制冷或空调系统。

4. 加湿控制功能　当菇房内的湿度低于所设湿度下限时，控制器自动打开加湿器，进行加湿；当湿度升到正常时，控制器自动关闭加湿器。

5. 循环风控制功能　根据循环风的启动周期，自动启动循环风机，使菇房内的温湿度分布均匀。

6. 光照控制功能　根据设定的照明时段，自动打开或关闭照明设备。

7. 通信功能　带有计算机通信接口，可以和计算机联网，构成菇房环境集中控制系统，一台计算机可以对多台控制器进行统一监测管理。

二、控温设备

空调系统主要有中央空调和分体机等。通常所说的中央空调是指有制冷主机、冷却塔（地源水井）和终端（风机盘管）的系统。分体机通常指有室外机＋多个室内机，或者室外机＋室内机＋多个室内终端。分体机和中央空调的组成有一定的区别，但是都有室内终端。

中央空调的主机属于大型的制冷机组，往往需要一个大型的机房。冷凝装置一般使用冷却塔、地下水等。系统终端（风机盘管）冷媒也是以水为主。

分体机是一般小型的制冷机组，通常每层建筑或者每个区域用一台制冷机组，没有专用的机房。冷凝方式一般采用空气换热，主机自带散热板换热。风机盘管的终端冷媒是水，在制冷主机和终端之间需要一个室内机（蒸发换热器）连接。

1. 温度传感器　利用物质各种物理性质随温度变化的规律把温度转换为电量。温度计通过传导或对流达到热平衡，从而使温度计的示值能直接表示被测对象的温度。

2. 加热器　主要包括电加热器和油罐加热器。其中电加热器包括电磁加热器、红外线加热器和电阻加热器。

3. 制冷机组　主要分为风冷式制冷机组（图5-2-21）和水冷式制冷机组（图5-2-22）两种。根据压缩机形式又分为螺杆式制冷机组和涡旋式制冷机组。在温度控制上分为低温制冷机组和常温制冷机组。

压缩机、蒸发器、冷凝器和节流元件是组成蒸气压缩式制冷系统的主要部件。在实际制冷装置中，为了提高制冷装置运行的经济性和安全可靠性，还增加了许多其他辅助设备和仪器仪表。如油分离器、储液器、集油器、过滤器等，以及压力表、温度计、截止阀、安全阀、液位计和一些自动化控制仪器仪表等。

图 5-2-21　风冷式制冷机组

图 5-2-22　水冷式制冷机组

三、控湿设备

（一）湿度传感器

1. 氯化锂湿度传感器

（1）电阻式氯化锂湿度计　具有较高的精度，同时结构简单、价廉，适用于常温常湿的测控。

（2）露点式氯化锂湿度计　和电阻式氯化锂湿度计形式相似，但工作原理却完全不同，它是利用氯化锂饱和水溶液的饱和水汽压随温度变化而进行工作的。

2. 碳湿敏元件　具有响应速度快、重复性好、无冲蚀效应和滞后环窄，比阻稳定性较好。

3. 氧化铝湿度计　体积可以非常小（例如用于探空仪的湿敏元件仅 90 μm 厚、12 mg 重），灵敏度高（测量下限达−110℃露点），响应速度快（一般 0.3 ～ 3 s），测量信号直接以电参量的形式输出，大大简化了数据处理程序。

4. 陶瓷湿度传感器　由金属氧化物陶瓷构成，分离子型和电子型两类。陶瓷湿度传感器是近年来大力发展的一种新型传感器，优点在于响应速度快，体积小，便于批量生产，但由于多孔型材质，对尘埃影响很大，日常维护频繁，时常需要通过电加热加以清洗，易受湿度影响，在低湿高温环境下线性度差，特别是使用寿命短，长期可靠性差。

5. 线性电压输出式集成湿度传感器　采用恒压供电，内置放大电路，能输出与相对湿度呈比例关系的伏特级电压信号，响应速度快，重复性好，抗污染能力强。

6. 线性频率输出集成湿度传感器　采用模块式结构，属于频率输出式集成湿度传感器，具有线性度好、抗干扰能力强、便于匹配数字电路或单片机、价格低等优点。

7. 频率 / 温度输出式集成湿度传感器　在线性频率输出集成湿度传感器（图5-2-23）基础上，增加了温度信号输出端，利用负温度系数热敏电阻作为温度传感器。当环境温度变化时，其电阻值也相应改变并且从负温度系数端引出，配上二次仪表即可测量出温度值。

图 5-2-23　频率/温度输出式集成湿度传感器

8.单片智能化湿度/温度传感器　标准系数被编成相应的程序存入校准存储器中，在测量过程中可对相对湿度进行自动校准，不仅能准确测量相对湿度，还能测量温度和露点。响应速度快，抗干扰能力强，不需要外部元件，适配各种单片机。

（二）加湿机

加湿机可以给指定房间加湿，也可以与锅炉或中央空调系统相连给整栋建筑加湿。主要包括喷灌加湿装置、二流体加湿机、高压微雾加湿系统、超声加湿机等。

1.喷罐加湿装置　喷灌加湿是利用专门设备将有压水输送至需加湿地段，喷射到空中，以降雨方式进行加湿。主要由水源、加压泵、喷头等组成，优点是均匀、机械化程度高。缺点是投资和运行费用高。

2.二流体加湿机　二流体加湿机（图5-2-24）

图 5-2-24　二流体加湿机

是在引进国外先进技术的基础上研制开发的一种新型加湿器。它利用压缩空气将水雾化至直径5～10 μm的细小粒子，经过特制的喷射系统喷射到室内达到高度加湿效果。汽水混合加湿器作为运送媒介的压缩空气可确保室内排放的湿气均匀，防止空气粒子沉降，并能维持高度可靠的稳定加湿效果。造价较低，高效节能，使用方便，易于管理。

3.高压微雾加湿系统　大型工业高压微雾加湿系统是新一代节能高效洁净的加湿设备，使用高压陶瓷柱塞泵通过专业高压管路将净化过的水加压，然后通过高压水管将高压水传送到特殊的微雾喷嘴上，并以直径3～10 μm的雾滴喷射到空气中。水雾从空气中吸收热量，从液态变成气态，使空气湿度加大，同时降低空气温度。如空气中粉尘量较大，则粉尘会因与水气结合变重而沉降到地面，这也就是高压微雾系统降尘的工作原理。适用于面积较大的培养室。

4.超声加湿机　采用每秒200万次的超声波高频振荡，将水雾化为直径1～5 μm的超微粒子和负氧离子，通过风动装置，将水雾扩散到空气中，振动子的寿命在500 h左右，需定期更换。

5.蒸汽加湿　蒸汽管直接通入栽培车间，起到加热和增湿作用。适用于北方寒冷、干燥的栽培室。

（三）除湿机

除湿机又称为抽湿机、干燥机、除湿器，通常由压缩机、热交换器、风扇、盛水器、机壳及控制器组成。其工作原理是，由风扇将潮湿空气抽入机内，通过热交换器，此时空气中的水分子冷凝成水珠，处理过后的干燥空气排出机外，如此循环，使室内湿度保持在适宜的状态，可用于香菇的催花管理。

除湿机具有很多不同的类型，主要包括小型除湿机、中大型除湿机、调温除湿机、转轮除湿机、管道除湿机和吊顶除湿机等，选择空间很大。

1.小型除湿机　是指以制冷的方式来降低空气

食用菌生产设施与设备

的相对湿度，保持空间的相对适宜湿度，用于小面积香菇催花及少量食用菌干品的防潮防霉。

2. 中大型除湿机　在除湿机选配时往往按需除湿场所的面积进行简单选型。因工艺性需求对目标湿度有着严格要求，除湿设备不能单纯依据使用场所的面积来选型，而是根据使用场所的总体湿负荷而选型，依据面积、层高、初始湿度值、目标湿度值、室内密闭程度、散湿源、新风补给等综合因素计算得出全制冷量、单位时间除湿量等关键参数后进行除湿机选型。

3. 调温除湿机　调温除湿机（图5-2-25）是用蒸发器与冷凝器来对空气进行处理，从而达到调温除湿的目的。其工作过程中回收系统的冷凝热来弥补空气中因为冷却除湿时散失的热量，是一种高效节能的除湿方式。

图5-2-25　调温除湿机

4. 转轮除湿机　转轮除湿机（图5-2-26）的主

图5-2-26　转轮除湿机

体结构为一不断转动的蜂窝状干燥转轮。干燥转轮是除湿机中吸附水分的关键部件，它由特殊复合耐热材料制成的波纹状介质所构成。波纹状介质中载有吸湿剂。这种设计，结构紧凑，而且可以为湿空气与吸湿介质提供充分接触的巨大表面积，从而大大提高除湿效率。

5. 管道除湿机　用蒸发器来给空气降温除湿，并回收系统的冷凝热，弥补空气中因为冷却除湿时散失的热量，高效节能。

6. 吊顶除湿机

四、通风设备

食用菌菌丝培养和子实体生长阶段产生大量的二氧化碳和其他代谢产物以及大量的热能，因此通风条件的优劣直接影响到菌丝的营养积累和对杂菌的抵抗能力，最终影响到产品的品质与产量。合理的放置密度既要充分利用空间，又要使每一个菌瓶（袋）处于良好的通风换气环境中，菌丝与菇体呼吸产生的热量及二氧化碳及时排出，保证每瓶（袋）均能产出高品质的产品。常用的通风设备由感应器和送风系统两部分组成。

（一）感应器

1. 半导体式二氧化碳传感器　利用金属氧化物半导体材料，在一定的温度下，随着环境气体的成分变化从而发生一定程度的变化，然后传感芯体中的电阻电流发生波动，进而检测到空气中的二氧化碳的相关参数。

2. 催化剂二氧化碳传感器　使用白金电阻表面的催化剂涂层，在一定的温度下可燃性气体在其表面催化燃烧，燃烧使白金电阻温度升高，电阻变化，变化值是可燃性气体浓度的函数。可选择性地检测可燃性气体。

3. 热导池式传感器　这种传感器可用于氢气、二氧化碳、高浓度甲烷的检测，应用范围较窄，限制因素较多。

4. 电化学式二氧化碳传感器　通过电化学氧化

或者还原反应，分辨二氧化碳在大气中的相关参数。

5. 红外线二氧化碳传感器　利用二氧化碳在红外区具有的特征吸收峰，检测特征吸收峰位置的吸收情况，就可以确定它的浓度。使用无须调制光源的红外探测器使仪器，完全没有机械运动部件，完全实现免维护。

（二）送风系统

1. 机械送风系统　将室外清洁空气或经过处理的空气送入室内的机械通风系统。

2. 布袋式送风系统　是一种用特殊纤维织成的柔性空气分布系统，替代传统的送风管、风阀、散流器、绝热材料等，主要靠纤维渗透和喷孔射流的独特出风模式均匀线式送风至终端系统。面式出风，风量大，整体送风均匀分布，无吹风感，防凝露；系统运行安静，改善环境质量，易清洁维护，健康环保；美观高档，色彩多样，个性化突出；质量轻，安装简单，灵活，可重复使用；节省成本，性价比高。

（三）排风系统

利用排风扇将室内的混浊空气定时排出室外，可采用定时排风系统和自动控制系统进行。

五、光控设备

（一）照明灯

按光源可分为白炽灯、荧光灯、高压气体放电灯等三类。

1. 白炽灯　白炽灯是将灯丝通电加热到白炽状态，利用热辐射发出可见光的电光源。

2. 荧光灯　传统型荧光灯即低压汞灯，是利用低气压的汞蒸气在通电后释放紫外线，从而使荧光粉发出可见光，属于低气压弧光放电光源。

3. 高压气体放电灯　高压气体放电灯是气体放电灯的一种，通过灯管中的弧光放电，再结合灯管中填充的惰性气体或金属蒸气产生很强的光线。

此外，还有应急照明灯。在正常照明电源发生故障时，能有效照明和显示疏散通道，能持续照明

而不间断工作。

（二）调控灯

食用菌栽培中的调控灯一般都是补光灯，主要使用灯带。把 LED 灯用特殊的加工工艺焊接在铜线或者带状柔性线路板上面，再连接上电源发光。主要有蓝光灯带（图 5-2-27），红光灯带，黄光灯带，绿光灯带，白光灯带（图 5-2-28）。

图 5-2-27　蓝光灯带

图 5-2-28　白光灯带

六、智能控制设备

智能控制系统采用智能无线传感器、控制器，结合计算机自动控制技术，根据环境的温度、湿度、二氧化碳含量、光照强度等因素，控制食用菌生产车间各项指标，确保食用菌最佳生长环境。

每个车间通过传感器信号总线与 GPRS 无线模块连接，通过网络将数据传送到中央控制室上位机实时监控。上位机接收数据进行处理，并发出相应的控制信号连接到无线智能控制器，由无线智能控

制器来控制车间电磁阀的开启，从而实现环境监控系统的运行（图5-2-29、图5-2-30）。

图5-2-29　环境参数实时显示

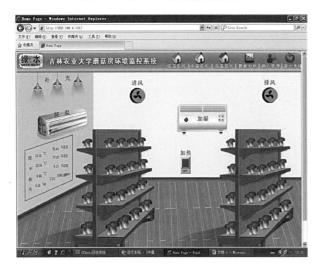

图5-2-30　环境模块控制

数据分析采用报表和曲线的形式分别实时显示环境参数变化（图5-2-31）。

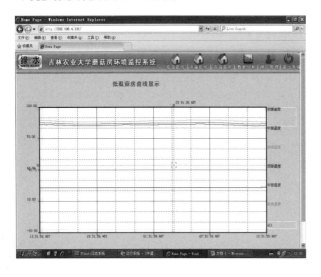

图5-2-31　智能系统数据分析

智能管理系统还能进行视频监控，实现对重要区域的实时监控。

七、其他环境控制设备

（一）杀虫灯

杀虫灯采用仿生原理制作，可将害虫吸引过来，再利用超静音风扇将其吸入装置内风干致死，在整个过程中不利用高压放电，没有氮氧化合物产生，不会造成环境二次污染。

（二）臭氧机（臭氧消毒杀菌机）

利用雷击放电产生臭氧的原理，以空气为原料，采用沿面陡变放电技术释放高浓度臭氧。臭氧在一定浓度下可迅速杀灭水及空气中的各种有害细菌，没有任何有毒残留，不会形成二次污染，是一种广谱高效杀菌消毒剂，被誉为"最清洁的氧化剂和消毒剂"。臭氧具有很强的杀菌效果，有研究表明臭氧可在5 min内杀死99%以上的细菌繁殖体。

第十二节
菌渣处理设备

袋栽或瓶栽的食用菌采收后的菌渣可以作为食

用菌再生产的配料、动物饲料、土壤肥料和沼气原料等。塑料袋可以回收制成塑料颗粒，菌瓶可清洗后再利用。袋栽菌渣需经袋料分离粉碎，瓶栽菌渣需经挖瓶去料才能加以利用，目前市场上常用的设备有脱袋机和挖瓶机。

一、袋栽菌渣脱袋机

主要由机架、割袋部件、粉碎输送部件、进料口、出袋口、出料口组成。将塑料袋和菌渣彻底分开，并将菌渣初步粉碎。废菌袋由进料口喂入，割袋刀先将塑料袋划开。菌渣在分离粉碎部件的作用下从塑料袋中脱出并粉碎，经出料口排出。破碎的塑料袋输送到另一端由出袋口排出，实现袋渣分离粉碎。

二、气动挖瓶机

气动挖瓶机主要由机架、挖瓶单元、压紧瓶框、升降曲柄总成、瓶框输送单元、瓶框翻转单元、废料输送单元、锁紧装置、气动系统和电气控制系统组成。是利用压缩空气自动完成菌瓶内菌渣挖出工作的自动化设备。

机器开启后，输送辊道上前限位板下落，瓶筐进入翻转单元工作位，停下同时上定位板迅速下落压紧瓶筐，启动瓶筐翻转单元。当瓶筐翻转单元达到预定位置后，启动瓶筐锁定装置将翻转筐架锁紧，启动升降电机，带动升降曲柄总成，推动挖瓶单元上升到工作位置，并把16个出气管插入每个料瓶中。挖瓶单元到达预定位置后，启动储气罐上的电磁阀，迅速给出气管中通入高压气体，把培养

瓶中菌渣迅速吹出。吹料结束后瓶筐锁定装置退回原位，启动瓶筐翻转单元，使其退回原位，同时辊道上前后限位板全部落下，空瓶筐被瓶筐输送单元送走，完成一个工作流程。吹出的菌渣落在废料输送单元中，将菌渣排出运走。

三、翻转式挖瓶机

翻转挖瓶机主要由机架、升降刀架、翻转支架及升降部件、定瓶夹瓶支架、输送辊道、气动系统、电气系统等部件组成。是利用机械传动控制挖瓶刀，自动完成菌瓶内菌渣挖出工作的自动化设备。

将瓶筐依次放在送筐辊道上，按下启动按钮，移动到挡瓶筐弯板处停止前进，推筐辊道上的气缸将瓶筐推入翻转支架上，气缸驱动使压平孔板下移将瓶口套住，翻转支架上移，上移至最高点时电机驱动翻转架转动180°之后，翻转之间下移至最低点，定瓶夹瓶支架将瓶口夹紧，驱动曲柄连杆机构使挖瓶刀上移，开始挖瓶。

工作后清除机内外及料箱的杂物，保持整机的清洁。每班前，检查翻转支架中料瓶能否准确落到定瓶架上的定位套内。检查出料槽板有无歪斜变形，挖瓶刀摆动刀头是否灵活。每班作业后，要检查各连接体有无松动与损坏。清洗消毒时，不能喷水清洗电器柜、行程开关及按钮控制盒，防止电气元件等受潮。

设备要定期检查维修。每工作3个月，传动链条、轴承清洗加油。每工作10个月左右，齿轮箱更换一次润滑油，加油量为5 kg。每工作1年，传动部件、易损件进行拆卸清洗检查、修理、更换、调整，恢复设备原有精度。

第三章　食用菌产品保鲜冷藏设备设施

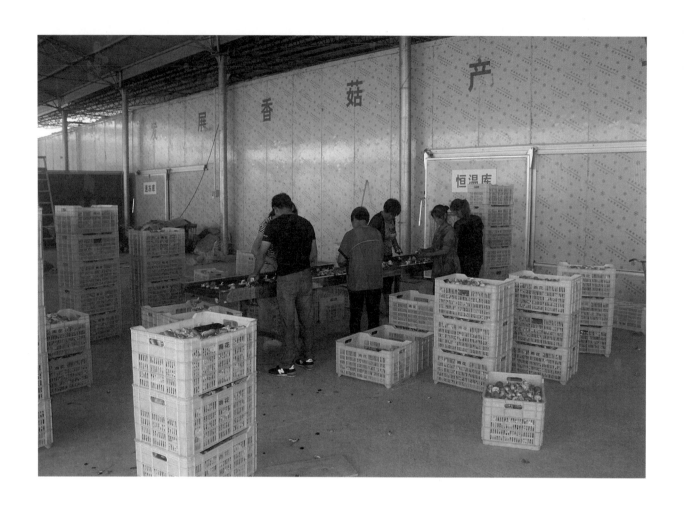

对食用菌来说，冷藏是行之有效的贮藏方法。少量鲜用，可在拣选分级包装后预冷、预藏；大量产品保鲜，则应在预冷库中进行。食用菌的食用性在于其新鲜的风味和特殊的口感，保鲜技术的应用即是保证食用菌在一定的时间内最大限度地保持风味与口感的稳定。

第一节
简易保鲜设备

冷是蘑菇保鲜的基础，预冷是蘑菇保鲜的首要措施。预冷的目的是尽早迅速消除蘑菇自生呼吸热，使蘑菇达到贮藏保鲜温度。表 5-3-1 是几种预冷方式的比较。

冷藏保鲜设备一般是指通过设备制冷、可人为控制和保持稳定低温的设施。它的基本组成部分有制冷系统、电控装置，有一定隔热性能的库房、附属性建筑物等。

本身能维持一定的低温环境，并能运输低温食品的设施及装置，也有人认为属于冷藏保鲜设备。

一、简易保鲜盒

简易保鲜盒采用保温内胆，可以短时间对少量食用菌起到保鲜作用。

表 5-3-1　几种预冷方式的比较

预冷方式		预冷方法	优缺点
水预冷法	浸泡式	将食用菌放入冰水中，过一段时间取出阴干	优点：成本低，简单易行，适用于表面积比较小的食用菌子实体 缺点：冷却速度慢，易感染病害
	喷水式	将子实体放入容器中，采用机动喷布水点或水雾达到降低温度的目的	优点：干净卫生，可减少病菌污染 缺点：用水量大，生产效率不高
风预冷法	自然对流冷却	堆放在阴凉的场所，通过空气自然流动降低食用菌表面温度	优点：方法简单易推广 缺点：所需时间较长，降温速度慢 昼夜温差大的地区采用此法效果要好一些
	强制通风冷却	强制抽取大气中的冷空气，尽快地输送到预冷现场，排除食用菌表面的呼吸热	优点：预冷速度快，不易被病菌感染 缺点：冷却温度不均匀，特别是冷却大型菌物子实体时，冷却速度比较慢
差压预冷法		利用空气的压力梯度形成差压，强制吹入冷气，形成冷气循环，强制冷空气从产品周转箱的缝隙中流过，使食用菌子实体实现快速降温，各部位的温度基本达到一致	比一般冷库预冷要快 4～10 倍，大部分菇类适合使用差压预冷，对松茸、块菌和杏鲍菇使用效果显著，0.5℃的冷空气在 75 min 内可以将温度从 14℃降到 4℃（中心温度）
真空预冷法		食用菌放入真空预冷槽，由真空泵进行排气，随着槽内压力的不断下降，食用菌体内水分不断蒸发带出热量而快速降温	优点：冷却速度快，生产效率高；预冷后食用菌心部和外部温度均匀一致；设备能耗低，运行费用低；设备使用安全卫生、操作方便 缺点：预冷食用菌会失水，每下降 10℃约失水 1%；对于组织密实的食用菌，冷却速度也较慢；造价较高，一次性设备投资较大

二、冷藏保鲜柜

可以设置保鲜温度，对较多食用菌起到保鲜贮藏的作用。

三、真空减压保鲜仓

根据真空保鲜技术制作的保鲜设备，实现大量食用菌的保鲜贮藏。

四、薄膜保鲜设备

采用薄膜对蘑菇进行包装，能够有效延长保鲜期。

五、气调保鲜设备

人工控制环境的气体成分以及温度、湿度等因素，达到安全保鲜的目的。

第二节
食用菌大型保鲜冷藏设施

一、冷库

冷库用于食用菌贮藏，可实现超大量产品的保鲜。冷库的温度控制在 $0 \sim 3$℃，用塑料袋封装的食用菌可保鲜 $3 \sim 7$ 天。

二、低温冷库

低温冷库，也称冻库，是指温度控制在 -18℃以下的冷库。可以长期保存食用菌鲜菇和经杀青处理的产品。

（李长田）

中国食用菌生产
PRODUCTION OF
EDIBLE MUSHROOM
IN CHINA

PART VI
CULTIVATION
TECHNOLOGY
OF STRAW
ROTTING MUSHROOM

第六篇
草腐菌
生产技术

第一章　双孢蘑菇

　　双孢蘑菇是目前世界上人工栽培最广泛、产量最高、消费量最大的食用菌，约占世界食用菌总产量的45%。它是一种典型的草腐菌，根据菌盖颜色可分为白色种、奶油色种和棕色种，其中以白色种栽培最为广泛。其口感脆嫩，菌香浓郁，营养丰富，素有"植物肉"之称。

第一节
概述

拉丁学名：*Agaricus bisporus*（J. E. Lange）Imbach。

中文别名：双孢菇、口蘑、圆蘑菇、洋蘑菇、蘑菇、白蘑菇（图6-1-1）。

一、分类地位

　　双孢蘑菇隶属真菌界、担子菌门、蘑菇亚门、蘑菇纲、蘑菇亚纲、蘑菇目、蘑菇科、蘑菇属。欧美生产经营者常称之为普通栽培蘑菇或纽扣蘑菇。

二、营养价值与经济价值

　　双孢蘑菇肉质细嫩，味道鲜美，营养丰富，是一种高蛋白、低脂肪、低热量的健康食品。据测定，每100 g鲜菇中含蛋白质3.7 g、脂肪0.2 g、

图 6-1-1 双孢蘑菇子实体

糖 3 g、纤维素 0.8 g、磷 110 mg、钙 9 mg、铁 0.6 mg，还含有多种氨基酸及核苷酸、维生素 B_1、维生素 B_2、维生素 C、烟酸、维生素 D 等，其中包括 8 种人体必需氨基酸。其蛋白质含量高于所有的蔬菜，与牛奶相当，可与某些肉类媲美，易于人体消化吸收，可消化率高达 88.5%。

双孢蘑菇不仅味道鲜美、营养丰富，而且具有较高的药用价值和保健功能。它含有丰富的矿物质、氨基酸、核苷酸，还含有丰富的蛋白质分解酶、麦芽糖酶及蘑菇多糖等，其味甘、性平，常食双孢蘑菇有助于消化、降血压、提高人体免疫力等。特别是双孢蘑菇中所含的多糖化合物，具有一定的抗癌防癌作用。由于双孢蘑菇是一种低热量的碱性食物，子实体中的不饱和脂肪酸含量较高，食后不会增加血液中的胆固醇，还可预防动脉硬化、心脏病及肥胖病等。也有报道双孢蘑菇具有抗艾滋病的功能。另外随着双孢蘑菇菌丝深层培养的研究成功，还可利用双孢蘑菇菌丝体生产蛋白质、氨基酸、草酸和菌糖等，从而扩大双孢蘑菇的食用和药用领域。双孢蘑菇被消费者视为高档蔬菜和营养保健食品。

双孢蘑菇自 1959 年在上海大面积推广栽培以来，对农村的副业生产、罐头食品加工业、外贸出口等都起过重要的作用。尤其是近几年来，双孢蘑菇不仅以罐头菇、盐渍菇、双孢蘑菇干片等产品形式远销海外，而且随着国内市场经济的发展，人们生活水平的不断提高，国内鲜销数量逐年增加，其价格较出口产品的收购价还高。因此，随着社会经济的发展，双孢蘑菇在我国的栽培面积还会不断扩大，其贸易出口也会不断增加，对社会经济的发展将起到一定的促进作用。

三、发展历程

（一）世界双孢蘑菇发展历程

双孢蘑菇栽培起源于法国。据报道，1550 年，法国已有人将蘑菇栽培在菜园里未经发酵的非新鲜马粪上。1651 年，法国人用清水漂洗蘑菇成熟的子实体，然后将洗菇水洒在甜瓜地的驴粪、骡粪上，使之出菇。1707 年，被称为"蘑菇栽培之父"的法国植物学家托尼弗特将长有白色霉状物的马粪团在半发酵的马粪堆上栽种，覆土后终于长出了蘑菇。1754 年，瑞典人兰德伯格进行了蘑菇的周年温室栽培。1780 年，法国人开始利用天然菌株进行山洞或废弃坑道栽培。1865 年，人工栽培技术经英国传入美国，首次进行了小规模蘑菇栽培，到了 1870 年就已发展成为蘑菇工业。1910 年，标准式蘑菇床式菇房在美国建成。菌丝生长和出菇管理均在同一菇房内进行，称为单区栽培系统，适合手工操作。

1934 年美国人兰伯特把蘑菇培养料堆制分为两个阶段，即前发酵和后发酵，极大地提高了培养料的堆制效率和质量。

20 世纪 50 年代荷兰的蘑菇技术研究所进行了双孢蘑菇栽培场的标准化设计与应用推广，迅速推进了双孢蘑菇机械化发展的进程，成为单区制典范。同时期，法国开创了蘑菇的浅箱式栽培技术，大大提高了出菇房的使用效率，成为多区制典范。意大利发明了大容量堆肥隧道式发酵工艺，20 世纪 70 年代该技术在荷兰和法国的蘑菇生产上得到了成功应用，它的应用节约了大量的人力资源和能源，简化了环境控制操作，奠定了近代蘑菇产业的基础。

草腐菌生产技术

（二）中国双孢蘑菇发展历程

1956年上海市农业试验站的陈梅朋先生将双孢蘑菇制种技术进行了推广，1958年其利用猪粪、牛粪栽培蘑菇试验成功并推广，极大地促进了中国蘑菇栽培的发展。1978—1979年，张树庭教授将国外二次发酵技术引进并推广，创造了中国20世纪80年代中后期的蘑菇鼎盛发展时期。1992年后，福建省蘑菇菌种研究推广站的蘑菇As2796高产优质菌株及规范化、集约化栽培模式的推广应用，促使中国的蘑菇栽培又进入了一个快速发展的阶段。现阶段中国双孢蘑菇生产技术的更新变革速度明显落后于欧美各国，尤其是双孢蘑菇的培养料堆制发酵技术。

从双孢蘑菇的栽培技术历史来看，蘑菇的栽培都是以马厩肥作为原料，最初是将马厩肥添加适量的水后堆垛成直径6 m的锥形大堆，后来逐步改进为宽2 m左右、高1.4 m的长条形堆垛。经过长期的摸索和总结，基本形成了约6次翻堆的堆制技术，翻堆间隔为7天—6天—5天—4天—3天—2天，整个堆制周期约为28天。蘑菇栽培者还发现加入石膏会明显改善堆肥油腻黏重的问题，这种方法显著改善了堆料的堆制效果。目前，中国局部地区仍然在应用这种蘑菇培养料的堆制技术。

中国双孢蘑菇生产已由自发、分散、小规模的家庭副业式生产，发展成为工厂化、标准化、集约化栽培和农村副业栽培并存的生产方式；栽培技术有周年栽培和季节性栽培，室内栽培、室外栽培、人防地道或山洞栽培，床架式栽培、塑料袋栽培和地畦栽培等；栽培菇房有竹木结构、土木结构、砖木结构和水泥结构等。20世纪80年代以来，有数条蘑菇工厂生产线从意大利、美国等地引进中国，由于管理不当、技术欠缺等，大多未能正常运行。目前在中国广泛应用的有塑料薄膜菇房标准化、集约化栽培和保温板材菇房标准化、集约化栽培。

1990年，福建省轻工业研究所蘑菇站提交的《双孢蘑菇菌种》和《双孢蘑菇栽培规程》两项标准获得批准，标准对栽培使用的菌种、菇房及其设施的规格、培养料配方及堆制发酵工艺、栽培管理及采摘技术和安全卫生要求都做了规定，是国内第一套比较完整的蘑菇菌种与栽培技术标准。标准化、集约化栽培就是按照该标准进行生产，其要点是强化培养料节能二次发酵技术，推广标准化塑料薄膜菇房，应用杂交新菌株As2796系列，试行联户栽培与适度规模经营。标准实施后，户栽培面积由100 m²扩大到1 000 m²以上，最大达1 794 m²，形成标准化、集约化栽培；每平方米产量由4.5 kg增加到9 kg以上，经济效益显著提高。1992年，全国蘑菇科研协作会议在福建莆田召开，标准化、集约化栽培技术由此被推广到全国各地。至今，在全国不同的栽培主产区已根据当地的实际条件发展成"漳州模式""莆田模式""宁德模式""福州模式""夏邑模式""九发模式"等。

各地安排蘑菇生产时，要根据当地气候情况进行，提前栽培或推迟栽培均可能影响蘑菇的产量和质量。通常，季节性栽培从秋季开始，由北到南，播种期可以选择8月下旬至9月（山东、河南）和10～12月（福建、广东、广西等地）。集约化栽培一定要在掌握标准化栽培技术的基础上进行，操作时应列出每批每座菇房的进度表，特别注意有交叉用料、用工的地方，保证进度的落实。近几年中国各地双孢蘑菇生产技术快速提高，随着一批从荷兰等地引进的现代化工厂相继投产，技术水平和单位面积产量水平已与国际上先进水平接近，2018年全国双孢蘑菇总产量约248万t。

四、主要产区

双孢蘑菇在我国各个省份几乎都有分布，按照地域经济、气候特点、生产习惯、消费习惯、生产模式等因素，分为以下几个主要产区。

（一）东南产区

东南产区主要指福建、浙江、上海、江苏等地，这些地区气候温暖湿润，以稻草栽培为主。

（二）西南产区

西南产区主要指广西、四川、贵州、云南等地。

（三）中部产区

中部产区主要指河南、山东、河北、安徽等地，以麦草（即麦秸）栽培为主。

（四）西北产区

西北产区主要指青海、甘肃、宁夏、陕西、新疆等地，这些地区气候夏季冷凉，主要以小麦、大麦、青稞等秸秆栽培为主。

（五）东北地区

东北地区主要指辽宁、吉林、黑龙江、内蒙古等地。

五、发展前景

双孢蘑菇的主要栽培原料是麦秸、玉米秆、稻草等农作物下脚料。我国是农业大国，秸秆资源十分丰富，年产量约 5 亿 t，其中麦秸、玉米秆和稻草三大作物秸秆产量约 4 亿 t，为双孢蘑菇生产提供了丰富的原料。如果用其中的十分之一来栽培双孢蘑菇，生物学效率按 30% 计算，能产鲜双孢蘑菇 1 000 多万 t，产值可达 400 多亿元，不仅能增加蔬菜品种，保证市场供应，改善人们长期以粮食为主的食物结构，充实城乡居民的菜篮子，还能增加农民收入，为国家增加外汇收入，减少环境污染。栽培过双孢蘑菇的培养料还可做有机肥料，返还于农田，形成良好的生态循环链。更重要的是 2004 年 3 月 1 日，美国食品药品管理局（FDA）已宣布解除了对中国双孢蘑菇罐头长达 15 年之久的"自动扣留"限制，这更有利于我国食用菌产品销售，同时，国内需求也逐年增加，因而双孢蘑菇产业和市场可谓前景广阔。

第二节
生物学特性

一、形态特征

（一）菌丝体

菌丝体是营养器官，由担孢子萌发生长而成，直径 $1 \sim 10 \mu m$，细胞多异核，细胞间有横隔，通过隔膜孔相连，经尖端生长、不断分枝而形成蛛网状菌丝体，主要作用是吸收、运送水分和营养物质，支撑子实体。从形态上看，菌丝体有绒毛状菌丝（一级菌丝）、线状菌丝（二级菌丝）和索状菌丝（三级菌丝），其培养菌落有白色绒毛型、白色紧贴绒毛型等类型。绒毛状菌丝是初期生长的菌丝，在生长过程中遇到适宜的环境条件就会相互结合形成线状菌丝，进而扭结、分化、发育成子实体。其间，线状菌丝分化形成束状菌丝，束状菌丝体再分化形成子实体组织和根状菌束。

（二）子实体

子实体是繁殖器官，其机能是产生孢子，繁衍后代，也是人们食用的部分，包括菌盖、菌柄、菌膜、菌环等几个部分（图 6-1-2）。菌盖初期呈半圆形、扁圆形，后期渐平展，成熟时直径 $4 \sim 12 \, cm$，表面白色、米色、奶油色或棕色，光滑或有鳞片，干时变淡黄色或棕色，幼时边缘内卷；菌肉组织白色，较结实；菌褶，菌盖下面呈放射状排列的片状结构，初期为米色或粉红色，后变至褐色或深褐色，密、窄，离生不等长。菌柄一般长 $4.5 \sim 9 \, cm$，直径 $1.5 \sim 3.5 \, cm$，白色，近圆柱形，是菌盖中央的支撑部分，起着给菌盖输送养分的作用。菌膜为菌盖和菌柄相连接的一层膜，随着子实体成熟，逐渐拉开，直至破裂。有的品种有菌环，菌环单层、膜质，生于菌柄中部，易脱落。菌褶两侧生长着许多棒状的担子，担子为单细胞，无分隔，通常着生有 2 个担孢子（图 6-1-3）。

草腐菌生产技术

一朵蘑菇成熟后可以产生 10 多亿个孢子，孢子 6～8.5 μm×5～6 μm，褐色，椭圆形，光滑。孢子印深褐色或咖啡色。

1.菌盖　2.菌褶　3.菌环　4.菌柄　5.根状菌束

图 6-1-2　双孢蘑菇子实体形态

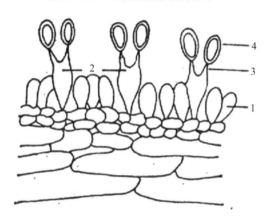

1.幼嫩担子　2.成熟担子　3.担子柄　4.担孢子

图 6-1-3　双孢蘑菇菌褶横切面

二、生活史

双孢蘑菇的繁殖方式有无性繁殖和有性繁殖两种。无性繁殖是指由异核母细胞直接产生子代的繁殖方式。有性繁殖是其生活史的主要部分，包括从担孢子萌发成菌丝，扭结成原基，发育成菇蕾，生长成子实体，直到成熟从菌褶上再释放出担孢子的过程。双孢蘑菇的有性繁殖有两个分支，一支是含"＋""－"两个不同交配型细胞核的担孢子，萌发成菌丝后，不需要交配就可以完成生活史。另一支是仅含"＋"核的担孢子或仅含"－"核的担孢

子，萌发成菌丝后，需经交配才能完成生活史。在典型的双孢蘑菇中，双孢担子占绝大多数，四孢担子为数较少，所以次级同宗配合的遗传方式在其完整的有性繁殖生活史中占有很大的比例。也就是说，通常双孢蘑菇的担子上仅产生 2 个担孢子，绝大多数担孢子内含"＋""－"两个核，即担孢子通常只获得 4 个减数分裂产物中的 2 个。这种异核担孢子萌发出的菌丝是异核的菌丝体，它们不产生锁状联合，不需要经过交配就能完成其生活史，因此这种异核担孢子是自体可育的。1972 年，Raper 等就详细地阐述了双孢蘑菇特殊的二极性次级同宗配合的生活史。此外，双孢蘑菇的担子偶尔也能产生 1 个、3 个、4 个甚至 8 个担孢子等。据统计，一孢担子占 3%，二孢担子占 81.8%，三孢担子占 12.8%，四孢担子占 1.2%，五孢担子占 0.013%，七孢担子占 0.003%。单核孢子或同核的双核孢子是以异宗配合的遗传方式来完成其生活史的。双孢蘑菇有性繁殖生活史见图 6-1-4。

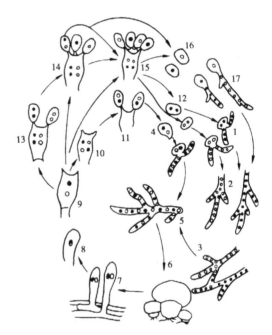

1.同核担孢子的萌发　2.同核菌丝体　3.同核菌丝体之间的质配　4.异核担孢子的萌发　5.异核菌丝体　6.子实体　7.担子　8.接合的细胞核　9.第一次减数分裂　10.第二次减数分裂　11.异核担孢子的形成　12.担孢子的弹射　13.同核担孢子的形成　14.三孢担子　15.四孢担子　16.单核担孢子　17.单核担孢子的萌发

图 6-1-4　双孢蘑菇有性繁殖生活史

（参考《自修食用菌学》，1987）

1992 年，在美国加利福尼亚州发现了双孢蘑菇的四孢变种，这不但丰富了种质资源，也极大地推动了性因子的研究，同时也使双孢蘑菇有性繁殖生活史的研究得到进一步完善。四孢变种的生活史是以异宗配合为主要繁殖方式。杂交研究表明，四孢担孢子性状相对二孢担孢子是显性的，三孢担孢子介于二者之间。

三、营养

（一）碳源

双孢蘑菇是一种腐生菌，完全依赖培养料中的营养物质。它能利用各种碳源，如糖类、淀粉、木质素、半纤维素、树胶、果胶和泥炭等。这些碳源主要存在于农作物的秸秆中，必须依靠其他微生物和蘑菇菌丝分泌的酶将其分解为简单的碳水化合物后，才能为蘑菇所利用。

（二）氮源

氮源是双孢蘑菇生长发育过程中的重要营养成分。双孢蘑菇不能同化硝酸盐，但可以同化铵态氮。双孢蘑菇更易于利用有机氮，其原因是有机氮中的碳可以转化为碳源，从而促进了营养的平衡。双孢蘑菇不能直接吸收蛋白质，但能很好地利用其水解产物。双孢蘑菇的主要氮源有蛋白质、蛋白胨、肽、氨基酸、嘌呤、嘧啶、酰胺、胺、尿素、铵盐等。生产中常用牛粪、马粪、鸡粪和秸秆作为堆制培养料的原料，并添加适量菜籽饼或碳酸氢铵、尿素等氮源，通过培养料二次发酵，适宜的微生物活动，对原料中的各种成分进行降解和转化，形成有益于双孢蘑菇生长发育的木质素 - 蛋白质复合体、木质素 - 腐殖质复合体等。

双孢蘑菇生长最适碳氮比是 17∶1，根据这个要求，在配制培养料时，原料的碳氮比应为（28 ~ 30）∶1，培养料经过一系列发酵过程会达到适宜的碳氮比。

（三）矿质元素

双孢蘑菇的生长需要大量的钙、磷、硫、钾等矿质元素，这些元素除粪、草中含有外，配料时还需加入适量的过磷酸钙、硫酸钙、石灰、石膏等，以满足双孢蘑菇生长发育的需要。

双孢蘑菇生长发育还需一些微量元素如铁、铜、钼、锌等。

（四）其他

双孢蘑菇生长发育还需要生长素、维生素、核酸等物质，这些可从培养料发酵期间的微生物代谢产物中获得。

四、环境条件

双孢蘑菇属喜温喜湿的腐生真菌。野生双孢蘑菇通常生长在草地或丛林中腐熟或半腐熟的植物腐殖质和动物粪便上，单生或丛生。双孢蘑菇整个生育阶段，从孢子萌发到子实体成熟都要在一定的环境条件下进行，这些条件包括满足生长发育过程中所需要的温度、水分、空气、光照、酸碱度等环境因子。

（一）温度

温度是双孢蘑菇生长发育的一个重要影响因素。通常双孢蘑菇担孢子释放的温度为 13 ~ 20 ℃，超过 27 ℃，即使子实体已相当成熟，也不能释放。双孢蘑菇担孢子萌发的温度为 24 ℃左右，温度过高或过低都会延迟担孢子的萌发。双孢蘑菇菌丝生长的温度为 6 ~ 32 ℃，最适温度为 22 ~ 26 ℃。子实体发育温度为 6 ~ 24 ℃，最适温度为 16 ~ 20 ℃。

（二）水分

双孢蘑菇子实体含水量在 90% 左右，菌丝体含水量为 70% ~ 75%。不同类型菌株以及同一类型菌株不同生长发育阶段对水分或空气湿度的需求不同。一般要求发酵好的培养料含水量达 60% ~ 70%（用手紧握一把培养料，指缝间有 1 ~ 4 滴水），以 65% 为最适宜。覆土的含水量视不同材料来掌握，通常田园土的含水量需调节至 33% ~ 35%（手捏成团，掉地即散）。菇房的空气相对湿度在菌丝生长阶段保持在 75%～80%，出菇期应提高至 90%～95%。超过 95% 易出现烂菇、杂菌感染等现象；低于 70% 子实体生长缓慢，菌盖表皮变硬，甚至龟裂；低于 50% 停止出菇。

（三）空气

双孢蘑菇是好氧性真菌，菌丝体和子实体都要不断地吸入氧气，呼出二氧化碳。培养料的分解也会不断产生二氧化碳、氨、硫化氢等对蘑菇菌丝体和子实体生长发育有害的气体。适于菌丝生长的二氧化碳浓度为 0.1%～0.5%，空气中二氧化碳浓度减少到 0.03%～0.1% 时，可诱发菇蕾发生。覆土层中的二氧化碳浓度达 0.5% 以上时就会抑制子实体分化，达 1% 时子实体菌盖变小，菌柄细长，易开伞，因此菇房要经常通风换气。

（四）光照

光照对双孢蘑菇的生长发育没有直接作用，其菌丝和子实体在完全黑暗环境下均可正常生长，并且在较暗的环境中形成的子实体色白、肉厚细嫩、朵形圆整、品质优良。有少量散射光影响不大，但最忌直射光，直射光会使子实体表面干燥发黄，导致品质下降。生产上最好保持较暗的菇房环境，避免光线直射菇床。

（五）酸碱度

双孢蘑菇菌丝生长的 pH 6～8，最适 pH 7 左右。菌丝生长过程会产生碳酸和草酸使生长环境逐渐偏酸，因此，播种时常把培养料 pH 调至 7～7.5，覆土层 pH 可调至 7.5～8。

第三节
生产中常用品种简介

目前全世界使用的双孢蘑菇菌种有 90% 以上均为同核不育单孢杂交的菌株。从颜色上分，有白色杂交种（多为纯白色种与米白色种杂交）和棕色杂交种（多为棕色种之间或棕色与白色种之间杂交）。从生产特性上分，又有适于工厂化生产的种（如 U 系列、A 系列、F 系列）和适于自然气候条件下栽培的种（中国的 As 系列）。从加工特点上分，又有适于鲜销的种、罐藏加工的种及二者都适用的种（As2796）。我国生产中常用的品种见表 6-1-1。

表 6-1-1　双孢蘑菇部分商品杂交菌株简介

国别	选育单位	菌株名称	使用情况
中国	福建省农业科学院食用菌研究所	As2796	在中国广泛使用，抗逆性强，适于罐藏与鲜销
		As3003	
		As4607	
		W2000	新品种，抗逆性强，适于罐藏与鲜销
		W192	新品种，适于农法栽培和工厂化栽培
	浙江省农业科学院	浙农 1 号	适于罐藏

国别	选育单位	菌株名称	使用情况
美国	Sylvan 公司	S130	适于工厂化栽培，鲜销
		S608	适于工厂化栽培，鲜销
		S512	适于工厂化栽培，罐藏与鲜销
		A2	适于工厂化栽培，罐藏与鲜销
		A15	适于工厂化栽培，罐藏与鲜销
		SB65	棕色蘑菇
		SB295	棕色蘑菇
荷兰	Horst 蘑菇试验站	U1	在欧洲、北美广泛使用，适于罐藏与鲜销
法国	不详	F56	在欧洲广泛使用，适于罐藏与鲜销
		F50	在欧洲广泛使用，适于罐藏与鲜销
	不详	MC441	棕色蘑菇
		MRC948-2	棕色蘑菇
		ZM-1	棕色蘑菇

一、认（审）定品种

（一）As4607（2007035）

1. 选育单位　福建省蘑菇菌种研究推广站。

2. 形态特征　子实体大型，单生。菌盖白色，半球形，直径一般 3.2～3.8 cm，厚 2～2.8 cm，表面光滑。菌柄白色，圆柱形，长 1.5～4 cm（视通风情况而定），一般 2 cm；直径 1～1.5 cm，一般 1.3 cm；质地致密，中生。

3. 菌丝培养特征特性　菌丝生长温度为 10～35 ℃，最适培养温度为 24 ℃，耐最高温度 37 ℃ 12 h，耐最低温度 0 ℃ 12 h，保藏温度为 4 ℃。在适宜的培养条件下，22 天长满直径 90 mm 培养皿。菌丝白色、浓密、绒毛状，气生菌丝发达，无色素分泌。

4. 出菇特性　出菇过程中不需光照，要求空气流通性好。

（二）As2796（2007036）

1. 选育单位　福建省蘑菇菌种研究推广站。

2. 形态特征　子实体大型，单生。菌盖直径 2～10 cm，一般 3～3.5 cm；厚 2～2.5 cm，一般 2～2.3 cm；白色，半球形，表面光滑。菌柄长 1.5～4 cm（视通风情况而定），一般 2 cm；直径 1～1.5 cm，一般 1.3 cm；白色，圆柱形，质地致密，中生。

3. 菌丝培养特征特性　菌丝生长温度为 10～35 ℃，最适培养温度为 24 ℃，耐最高温度 37 ℃ 12 h，耐最低温度 0 ℃ 12 h，保藏温度为 4 ℃。在适宜的培养条件下，20 天长满直径 90 mm 培养皿。菌丝白色、致密，气生菌丝发达，无色素分泌。

4. 出菇特性　出菇期空气相对湿度要求 90%～95%，不需光照，要求空气流通性好；温度低于 10 ℃时尽量不出菇，以保证菇品质量。

（三）英秀1号（2007037）

1. 选育单位　浙江省农业科学院园艺研究所。

2. 形态特征　子实体大小中等。菌盖白色，直径3～10 cm，一般4～6 cm；厚1～3 cm，一般2 cm左右。菌柄中生，长2～5 cm（视通风情况而定），一般2.5 cm；直径1.2～2.2 cm，一般1.4 cm左右。生长发育过程中产孢量很少，孢子释放晚，只有当子实体完全成熟，才开始大量弹射孢子。

3. 菌丝培养特征特性　菌丝生长温度为5～33 ℃，适宜生长温度为22～25 ℃，耐最高温度38 ℃ 12 h，保藏温度为4 ℃。在适宜的培养条件下，33天长满直径90 mm培养皿。菌落不均匀，边缘不整齐，菌丝白色，气生菌丝较少，分泌浅褐色色素。

4. 出菇特性　生长期不需光照，菌丝体生长时期需适当提高二氧化碳浓度，在子实体生长期需通风供氧。

（四）棕秀1号（2007038）

1. 选育单位　浙江省农业科学院园艺研究所。

2. 形态特征　子实体大小中等。菌盖幼时浅棕色，渐变为深棕褐色，色泽深浅随温度变化而有所不同；直径3～10 cm，一般4～8 cm；厚1～3 cm，一般2 cm左右。菌柄中生，长1～6 cm（视通风情况而定），一般3 cm左右；直径1.2～2.3 cm，一般1.5 cm左右。生长发育过程中产孢量很少，孢子释放晚，只有当子实体完全成熟，才开始较大量弹射孢子。

3. 菌丝培养特征特性　菌丝生长温度为5～33 ℃，适宜生长温度为20～25 ℃，耐最高温度38 ℃ 12 h，保藏温度为4 ℃。在适宜的培养条件下，26天长满直径90 mm培养皿。菌落雪花状，边缘不整齐，菌丝白色，气生菌丝较少，分泌少量浅褐色色素。

4. 出菇特性　该菇种属中低温型品种，生长期不需光照，在菌丝体生长期需适当提高二氧化碳浓度，在子实体生长期需通风供氧。

（五）蘑加1号（2010002）

1. 选育单位　华中农业大学。

2. 形态特征　子实体前期丛生，后期多单生，组织致密。菌盖直径3～9 cm，一般4～8 cm，厚1.5～2 cm；洁白，半球形，空气干燥时易产生同心圆状的较规则的鳞片。菌柄长1.5～3.5 cm，直径1.2～2 cm，一般1.5 cm左右，白色，近柱状，基部稍膨大。菌褶离生，少有菌环。

3. 菌丝培养特征特性　菌丝生长温度为6～32 ℃，适宜生长温度为22～25 ℃，耐最高温度35 ℃ 12 h，耐最低温度0 ℃ 5天，保藏温度为2～4 ℃。生长速度很慢，很难长满直径90 mm培养皿。菌落边缘不整齐，正面白色，反面黄白色；菌丝白色、较致密，气生菌丝很少，无色素分泌。

4. 出菇特性　该菇种属中低温型品种，不需光照，但整个生长期都需要充足的氧气，需保证良好的通风，以免二氧化碳浓度过高影响菇的品质。

（六）W192（闽认菌2012001）

1. 选育单位　福建省农业科学院食用菌研究所。

2. 形态特征　子实体单生，组织致密。菌盖直径3～5 cm，厚1.5～2.5 cm，白色，扁半球形，表面光滑。菌柄长1.5～2 cm，直径1.2～1.5 cm，白色，圆柱形，中生、肉质，无绒毛和鳞片。

3. 菌丝培养特征特性　菌丝生长温度为10～32 ℃，适宜生长温度为24～28 ℃，耐最高温度34 ℃ 12 h，保藏温度为2～4 ℃。在适宜的培养条件下，18～20天长满直径90 mm培养皿。菌落贴生、平整、雪花状，正反面均为乳白色，气生菌丝少，无色素分泌。

4. 出菇特性　出菇不需要温差刺激和光刺激（图6-1-5），出菇期适宜温度为16～20 ℃，空气相对湿度90%～95%，二氧化碳浓度在0.15%以下。

（七）W2000

1. 选育单位　福建省农业科学院食用菌研

图 6-1-5　W192 生产示范

究所。

2. 形态特征　子实体单生，组织致密。菌盖直径 3 ～ 5.5 cm，厚 1.8 ～ 3 cm，白色，扁半球形，表面光滑。菌柄长 1.5 ～ 2 cm，直径 1.3 ～ 1.6 cm，白色，圆柱形，中生、肉质，无绒毛和鳞片。

3. 菌丝培养特征特性　菌丝生长温度为 10 ～ 32 ℃，适宜生长温度为 24 ～ 28 ℃，耐最高温度 34 ℃ 12 h，保藏温度为 2 ～ 4 ℃。在适宜的培养条件下，16 ～ 18 天长满直径 90 mm 培养皿。菌落中间贴生、边缘气生，正反面均为白色，气生菌丝较发达，无色素分泌。

4. 出菇特性　出菇不需要温差刺激和光刺激（图 6-1-6），出菇期适宜温度为 16 ～ 20 ℃，空气相对湿度 90％～ 95％，二氧化碳浓度在 0.15％以下。

图 6-1-6　W2000 生产示范

（八）As2987

1. 选育单位　福建省农业科学院食用菌研究所。

2. 形态特征　子实体半球形，单生或群生，组织致密。菌盖直径 3.5 ～ 5.5 cm，厚 1.9 ～ 3 cm，白色，扁半球形，表面光滑。菌柄长 1.5 ～ 1.9 cm，直径 1.3 ～ 1.6 cm，白色，圆柱形，中生、肉质，无绒毛和鳞片。菌褶色淡、较紧密。

3. 菌丝培养特征特性　菌丝生长温度为 10 ～ 32 ℃，适宜生长温度为 24 ～ 28 ℃，耐最高温度 34 ℃ 12 h，保藏温度为 2 ～ 4 ℃。在适宜的培养条件下，16 ～ 17 天长满直径 90 mm 培养皿。菌落中央贴生、外围气生，正反面均为白色。菌丝较致密，气生菌丝较发达，无色素分泌。

4. 出菇特性　该菇种对光不敏感，出菇期适宜温度为 14 ～ 22 ℃，空气相对湿度 90％～ 95％，二氧化碳浓度在 0.15％以下。

（九）AG23

1. 选育单位　四川省农业科学院土壤肥料研究所。

2. 形态特征　子实体单生，组织致密。菌盖直径 3.4 ～ 4.2 cm，厚 1.1 ～ 1.5 cm，白色，半球形，表面光滑。菌柄长 1.5 ～ 1.7 cm，直径 1.6 ～ 2.1 cm，白色，圆柱形，中生。

3. 菌丝培养特征特性　适宜培养基为加富 PDA 培养基。菌丝生长温度为 10 ～ 30 ℃，最适温度为 25 ℃，耐最高温度 35 ℃，保藏温度为 4 ～ 6 ℃。在适宜的培养条件下，23 天长满直径 90 mm 培养皿。菌落形态为半气生型，绵毛状，边缘不整齐，局部形成浓密的气生菌丝，正反面均为白色，无色素分泌。

4. 出菇特性　该菇种需遮光，出菇期适宜温度为 14 ～ 18 ℃，空气相对湿度 90％～ 95％，保持良好通风，保持土壤湿润，水要少喷勤喷。

（十）夏菇 93（2008032）

1. 选育单位　浙江省农业科学院园艺研究所。

2. 形态特征　子实体中等偏大，散生，少量丛生，半球形至扁半球形，菌柄粗短。成熟展开后的子实体菌盖直径多数在 6.6 ～ 21 cm；菌柄长 3 ～ 8.5 cm，直径 1.3 ～ 4.5 cm。商品菇菌盖平均直径 4.61 cm；菌柄平均长 2.15 cm，平均直径 2.01 cm。菌盖和菌柄白色，表面光洁，组织致密结实，菌盖厚，口感好，味道鲜美；抗机械伤，伤后变色慢，久后略变淡红色至浅褐色，较耐贮运。菌褶幼时白色，后变为淡红色至黑褐色，稠密，窄，离生，不等长。菌环双层，白色，膜质，生于菌柄中部至偏下部。每个担子着生 4 个担孢子，孢子印深褐色。孢子 5.28 ～ 8.6 μm×3.4 ～ 6.36 μm，褐色至暗褐色，卵圆形至近球形，光滑，壁稍厚。褶缘囊状体 13.76 ～ 25.8 μm×6.4 ～ 8.6 μm，棒状，无色，透明。

3. 菌丝培养特征特性　菌丝生长温度为 18 ～ 38 ℃，发菌期适宜温度为 27 ～ 30 ℃。低于 23 ℃ 时应采取保温加温措施，高于 34 ℃ 时应采取通风降温措施。空气相对湿度保持在 70% ～ 85%（前期高，后期低）。

4. 出菇特性　原基形成是不需要温差刺激，出菇温度为 25 ～ 34 ℃，最适出菇温度 27 ～ 32 ℃，子实体能在 36 ～ 38 ℃ 下继续生长。子实体对二氧化碳的耐受能力较强，能在 0.15% ～ 0.2% 二氧化碳浓度下长出正常菇形的子实体，栽培周期 85 天左右，茬次间隔 7 ～ 8 天，可采收 5 ～ 6 茬菇。

（十一）夏秀 2000（2010006）

1. 选育单位　浙江省农业科学院园艺研究所。

2. 形态特征　子实体中等偏大，散生，少量丛生，半球形至扁半球形，菌柄粗短。商品菇菌盖平均直径 4.47 cm；菌柄平均长 2.05 cm，平均直径 1.93 cm。菌盖和菌柄白色，表面光洁，组织致密结实，菌盖厚，口感好，味道鲜美；抗机械伤，伤后变色慢，久后略变淡红色至浅褐色，较耐贮运。菌褶稠密，离生，不等长。菌环双层。

3. 菌丝培养特征特性　菌种萌发定植期适宜温度为 27 ～ 30 ℃，发菌期适宜温度为 26 ～ 34 ℃。

播种后 5 ～ 7 天，以紧闭门窗促进菌丝萌发生长为主，而后逐渐增加通风，促进菌丝向料层生长，菌丝一般 23 天左右长满整个料层。

4. 出菇特性　夏秋季气温高于 25 ℃ 的时间超过 70 天的地区均可栽培，一般北方适宜栽培期为 6 ～ 8 月，长江流域为 5 ～ 9 月，南方为 4 ～ 10 月。出菇期菇房内适宜温度 27 ～ 30 ℃。水分管理以一茬菇喷一次水为好，尽量避免子实体生长期用水，以免发生细菌性污斑病；适宜空气相对湿度为 85% ～ 90%。每茬菇采收结束后，清理床面，在采菇带走泥土而使菌丝裸露的部位补一层细土，按上述一茬菇一次水的原则，进行喷水管理。栽培周期 85 天左右，茬次间隔 7 ～ 8 天，可采收 5 ～ 6 茬菇。

二、未认（审）定品种

（一）W192-38

以 W192 为母本，经单孢分离的子二代纯化新菌株。单产比 W192 略有提高。目前正在福建省多点区试，准备申报省级认定。

（二）W2000-6 和 W2000-9

以 W2000 为母本，经单孢分离的子二代纯化新菌株。单产比 W2000 略有提高，子实体质量更结实。目前正在福建省多点区试，准备申报省级认定。

第四节
主要生产模式及其技术规程

一、标准化菇房生产模式

（一）标准化集约化菇房设施

1. 菇房规格　以福建省推广的标准化双孢蘑

菇栽培菇房为例，栽培面积230 m²的标准化塑料薄膜菇房长11.5 m，宽7.5 m，边高4.5 m，中高5.5 m。床架排列方向与菇房方向垂直。两侧操作的床架长6 m，宽1.5 m，共4架；单侧操作的长7.5 m，宽0.9 m，共2架。在床架间与床架两头设通道，宽0.7 m。菇床分5层，底层离地0.2 m，层间距离0.66 m，顶层离房顶1 m以上。床架间通道两端各开上、中、下通风窗，窗的大小为0.3 m×0.4 m，床架间通道中间的屋顶设置拔风筒，筒高1 m左右，内径0.3 m，共设置5个。拔风筒顶端装风帽，大小为筒口的2倍，帽缘与筒口平。菇房开1～2扇门，在中间通道或第2、第4通道开门，宽度与通道相同，门上也要设地窗。（图6-1-7）。

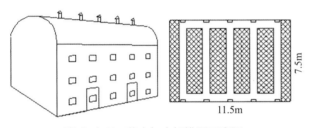

图6-1-7 菇房与床架排列示意图

2. 菇房材料 每座菇房估计用毛竹1 000～1 200 kg，尾竹2 000 kg，草苫200 kg，0.09～0.1 mm厚塑料薄膜50 kg，铁钉和铁丝8 kg，煤炭200 kg，木板条、砖块和石块若干。用毛竹搭菇房与菇床，外披塑料薄膜，再覆盖草苫。菇房搭盖应按规范要求操作，保证牢固、实用、防止倒塌。

（二）栽培菇房的演变发展

随着蘑菇栽培规模的不断扩大，在各个蘑菇栽培区已形成符合当地气候条件的不同栽培菇房，例如在福建就发展形成漳州高层砖瓦栽培菇房和闽中多层砖瓦栽培菇房。这些栽培菇房因地适宜，在原有栽培模式的基础上改良而成，菇房的保温保湿性能和病虫害预防能力都有较大提高，但也存在层架过多、操作不便等缺点。

1. 福建漳州高层砖瓦栽培菇房 这种菇房通常高5～6 m，长12～15 m，宽8～9 m，中高6～7 m。床架排列方向与菇房方向垂直，床架长7～9 m，宽约1 m，6～10架。菇床分8～12层，底层离地0.3 m，层间距离0.45 m，顶层离房顶1 m左右。床架间通道两端墙面自上到下间隔50 cm开设通风窗，窗的大小为0.3 m×0.4 m。地面用混凝土浇灌，菇房四周墙壁采用混砖结构，屋顶用大片石棉瓦呈瓦状覆盖，栽培面积在350～550 m²。这种菇房的保温保湿性能有了显著提高，菇房栽培面积的利用率也有显著提高，但是因为层间距太小，不利于通风，当外界气温较高且维持时间较长时，容易引起"烧菌"、死菇、菌丝萎缩等生理疾病。

2. 闽中多层砖瓦栽培菇房 这种模式的菇房通常高5～6 m，长12～15 m，宽10～12 m，中高6～7 m。床架排列方向与菇房方向垂直，床架长9～10 m，宽约1.4 m，6～10架。菇床分7～8层，底层离地0.3 m，层间距离0.55 m，顶层离房顶1.5 m左右。床架间通道两端各开设上、中、下通风窗，窗的大小为0.3 m×0.4 m，床架间通道中间的屋顶设置拔风筒，筒高1 m左右，内径0.3 m，共设置5个。拔风筒顶端装风帽，大小为筒口的2倍，帽缘与筒口平。在菇房中间通道或第2、第4、第6通道开门，宽度与通道相同，门上开设地窗。地面用混凝土浇灌，菇房四周墙壁采用混砖结构，屋顶用大片石棉瓦呈瓦状覆盖，栽培面积在400～700 m²（图6-1-8）。这种菇房的保温保湿性能有了明显提高，通风良好，是一种适宜大面积推广的栽培菇房。

图6-1-8 闽中多层砖瓦栽培菇房

草腐菌生产技术

3. 周年控温控湿栽培菇房　随着劳动力成本的不断提高，市场对双孢蘑菇栽培的工厂化、机械化、周年栽培模式的要求越来越迫切。我国自20世纪80年代起陆续引进数条全套的双孢蘑菇周年工厂化、机械化栽培生产线，因生产管理水平不高及市场经济环境不协调，大多已破产、停产或艰难经营。因此，结合我国实际生产现状，通过吸收引进、自主设计开发的周年工厂化栽培模式已经在我国部分地区建设并生产运作。例如，福建武平久和菌业有限公司、四川都江堰兴达食品有限公司等。

菇房通常高5 m、长12～15 m、宽5～10 m、中高6 m。床架排列方向与菇房方向垂直，床架用不锈钢或防锈角钢制作，长10～12 m、宽1.4 m，2～4床架。菇床分5～6层，底层离地0.4 m，层间距离0.6 m，顶层离房顶2 m左右。床架间通道下端开设2～4个百叶扇通风窗。菇房墙体和屋顶通常采用10 cm厚的彩钢泡沫板铆接而成，或者在砖瓦房内部填充聚氨酯泡沫层而成。栽培面积在200～350 m²。菇房的通风通过安装在菇房内部的循环通风机进行调节，循环通风机连接外部通风管、菇房内部的回风管和温度调节系统，可通过计算机芯片程序进行新风和循环风比例的调控，以满足菇房内有充足的氧气和合适的温度、湿度需求。（图6-1-9、图6-1-10）。

这种菇房具有良好的控温控湿和调控二氧化碳的能力，可调控双孢蘑菇最适的生长环境，大幅提

图6-1-9　工厂化栽培菇房的不锈钢床架

图6-1-10　周年控温控湿栽培菇房

高产量，配套相应的专业机械可进行周年化高效率的生产运作。配套相应的机械，需要较高的经济投入。严格的管理水平，生产成本较高，尤其是双孢蘑菇专业机械设备研制在我国仍处于起步期，该模式推广应用还需要一段较长的试验磨合期和改进发展期。

（三）培养料的堆制工艺及配方

1. 培养料堆制工艺　1978年以前，双孢蘑菇培养料只进行一次发酵，即把粪草料堆在室外，在自然条件下发酵，其间经5～6次翻堆，翻堆间隔为7天—6天—5天—4天—3天—2天，整个堆制周期为25～28天，然后铺床播种，平均单产只有3.6 kg/m²。这种模式主要适宜地栽，现在我国仍然有部分地区应用这种模式。1978年，香港中文大学张树庭教授引进双孢蘑菇培养料二次发酵工艺，将蘑菇单产提高到6 kg/m²。1979年，福建省轻工业研究所开始研究节能二次发酵技术，1985年获得成功并得到推广。其要点：一是适当缩短前发酵时间至10～12天；二是前发酵的料半集中地堆放在床架中间3层（共5层）；三是后发酵采用先控温培养（48～52℃，2天左右），后巴氏消毒（60～62℃，6～8 h），再控温培养（48～52℃，3～5天）的新工艺。其特点是能充分利用堆料中微生物发酵产生的热能，节约燃料；能促进堆料中有益微生物的生长，提高堆料的选择性和质量；能提高培养料巴氏消毒的效果；整个工艺容易控制，便于推广，将蘑菇的栽培单产提高到8～10 kg/m²。

2. 培养料配方

（1）不同原辅材料碳氮比　蘑菇培养料主要成分的碳氮比见表 6-1-2。按照培养料营养配比的要求，发酵前，培养料的碳氮比（28～30）:1，含氮量 1.4%～1.6%，投料量 30～35 kg/m²。

（2）推荐营养配方（以栽培面积 230 m² 的标准菇房计算）

配方 1：干稻（麦）草 4 500 kg，干牛粪 3 000 kg，过磷酸钙 70 kg，石膏 110 kg，豆饼粉 180 kg，碳酸钙 90 kg，尿素 60 kg，碳酸氢铵 60 kg，石灰 110 kg。

配方 2：干稻（麦）草 4 400 kg，干牛粪 2 000 kg，过磷酸钙 60 kg，石膏 100 kg，菜籽饼粉 200 kg，碳酸钙 80 kg，尿素 60 kg，碳酸氢铵 60 kg，石灰 120 kg。

配方 3：干稻（麦）草 5 500 kg，干鸡粪 1 600 kg，过磷酸钙 60 kg，石膏 200 kg，豆饼粉 200 kg，碳酸钙 160 kg，尿素 80 kg，石灰 200 kg。

（四）培养料的堆制发酵

培养料的堆制发酵分为一次发酵和二次发酵两个阶段。

1. 一次发酵　一次发酵又称前发酵，前发酵的目的是：① 将原材料充分预湿，混合均匀；② 建堆并利用料堆内自然微生物的发酵作用，产生 60～80 ℃的高温，软化稻（麦）草，积累有益微生物菌体；③ 降解有机物并合成高分子营养物质——腐殖质复合体；④ 通过翻堆堆制成混合均匀的堆料。

前发酵又分为预堆、建堆和翻堆。

（1）预堆　将新鲜无霉变的稻（麦）草、干牛粪等配料经过准确过秤后，先将稻（麦）草切短，在 1% 的石灰水中浸泡充分预湿，捞出沥干并随堆随踩成长方形；干牛粪碾碎过筛，均匀混入饼粉，加水预湿堆成长方形，预堆时间 1～2 天。

（2）建堆　先清扫场地，以栽培面积 230 m² 计，在堆料场用石灰粉画出宽 1.8 m、总长 22 m 的堆基，堆基周围挖沟，使场地不积水，底层铺 30 cm 厚的稻（麦）草，然后交替铺上 3～5 cm 厚的干牛粪和 25 cm 厚的稻（麦）草，这样交替铺 10～12 层，一直堆到料堆高达 1.5 m 以上。铺放稻（麦）草时既要求疏松、抖乱，又要扎边切墙，料堆边应基本垂直；铺盖粪肥要求边上多，里面

表 6-1-2　双孢蘑菇培养料主要成分的碳氮比（C/N）

物料	C/%	N/%	C/N	物料	C/%	N/%	C/N
稻草	45.59	0.63	72.37	羊粪	16.24	0.65	24.98
大麦秸秆	47.09	0.64	73.58	兔粪	13.70	2.10	6.52
玉米秆	43.30	1.67	26.00	鸡粪	4.10	1.30～4.00	3.15～1.03
小麦秸秆	47.03	0.48	98.00	花生饼	49.04	6.32	7.76
稻壳	41.64	0.64	65.00	大豆饼	47.46	7.00	6.78
马粪	11.60	0.55	21.09	菜籽饼	45.20	4.60	9.83
黄牛粪	38.60	1.78	21.70	尿素		46.00	
水牛粪	39.78	1.27	31.30	硫酸铵		21.00	
奶牛粪	31.79	1.33	24.00	碳酸氢铵		17.00	

草腐菌生产技术

少，上层多，下层少。从第三层起开始均匀加水和尿素，并逐层增加，特别是顶层应保持牛粪厚层覆盖，顶部堆成龟背形，以增加上层压力，水分掌握在堆好后料堆四周有少量水流出为准。建堆后4～5天进行翻堆。

（3）翻堆　翻堆的主要目的：改变料堆各部位的发酵条件，调节水分，散发废气，增加新鲜空气，添加养分；让料堆的各部分充分混合，制成尽可能均匀的堆肥；促进有益微生物的生长繁殖，升高堆温，加深发酵，使培养料得到良好的转化和分解。翻堆对料堆补充氧气的作用是有限的，因为翻堆后的料堆总氧量数小时就被微生物消耗掉。当堆内的氧气耗尽时，料堆的补氧主要靠料堆烟囱效应提供。因此，翻堆时应上下、里外、生料和熟料相对调位，把粪草充分抖松，干湿拌和均匀，各种辅助材料按程序均匀加入。翻堆3次。

图6-1-11显示，料堆内二氧化碳比例上升到10%～20%时较理想，二氧化碳比例高于20%会形成厌氧状态，低于10%说明通风太强、料堆温度不易升高。料堆的含水量也会产生同样的现象，当料堆内有足够含水量时，微生物活动活跃，堆料水分大于75%时就会妨碍料堆的通气，造成嫌气性；而水分小于40%，微生物的活动就会急剧降低。因此为了获得更好的堆肥和更高的产量，要求一次发酵过程中的含水量控制在70%～75%。

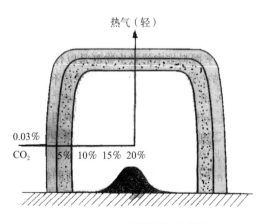

图6-1-11　料堆的烟囱效应

第一次翻堆：一般建堆后的第1天料温上升，第2～3天料中心温度可达70～80℃，至第4～5天即可进行第一次翻堆。这次翻堆改变堆形，前后竖翻，堆基长度缩短1.5 m左右，堆宽为1.7 m，堆高不变，料堆中间每隔1 m设排气孔。翻堆时仍要浇足水分，并分层加入所需的铵肥和过磷酸钙，水分掌握在翻堆后料堆四周有少量粪水流出为准。

第二次翻堆：第一次翻堆后1～2天，料温可达75～80℃，3天后再进行第二次翻堆。翻堆时，料堆宽度缩至1.6 m，高度不变，长度缩短，并在料堆中设排气孔，在翻堆时，应尽量抖松粪草，把石膏粉分层撒在粪草上，有利于均匀发酵。这次翻堆原则上不浇水，较干的地方补浇少量水，需防止浇水过多造成培养料酸臭腐烂现象。

第三次翻堆：第二次翻堆后2～3天，即可进行第三次翻堆。这次翻堆，堆宽1.6 m，高度不变，缩短长度，改变堆形；前后竖翻，使粪草均匀混翻；料堆中间设排气孔，改善通气状况。将石灰粉和碳酸钙混合均匀后分层撒在粪草上。整个堆制过程料堆水分应掌握前湿、中干、后调整的原则。2天后结束前发酵，把培养料搬进菇房。培养料进菇房前一天，要在料堆表面及四周喷洒敌敌畏400倍液灭虫，进房时调整含水量达68%。如果发现第三次翻堆后，堆料仍然偏生，可以继续建堆，延长2天后翻入菇房。

进房时堆料的标准：此时的培养料颜色应呈咖啡色，生熟度适中（草料有韧性而又不易拉断），料疏松，含水量为68%，pH在7.5～8.5。若料偏干，应该用石灰水调至适宜含水量，一般达到用手握紧培养料有5～7滴水珠由指缝渗出即可。

2.二次发酵　二次发酵又称为后发酵，分为菇房消毒、进料、后发酵三个过程。1934年，美国人兰伯特发现，在一次发酵过程中料堆形成了不同温度发酵区，不同发酵区内温度差异较大，微生物活动表现形态差异明显，于是将其划分为A、B、C、D四个区域（图6-1-12、图6-1-13）。

图6-1-12、图6-1-13中，A区暴露于空气中，热量流失快，温度较低，堆料外干内湿。B

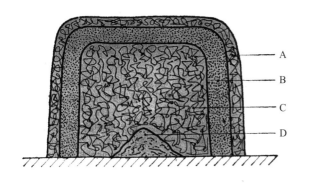

A. 冷却区 B. 放线菌活动区 C. 最适发酵区 D. 厌氧发酵区

图 6-1-12 料堆的分区

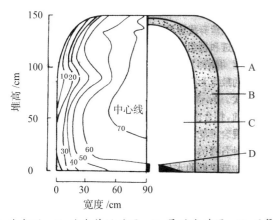

A. 冷却区 B. 放线菌活动区 C. 最适发酵区 D. 厌氧发酵区

图 6-1-13 料堆内的温度分布（单位：℃）

区为比较干燥的料层，可以看到较多的放线菌白斑。C 区为料堆内发酵最佳的部分，温度多维持在 50～75 ℃。D 区为厌氧发酵区，此区的料湿、黏，具不良气味。

兰伯特从料堆的不同温度区分别取一些堆肥进行蘑菇栽培，发现 C 区的 50～55 ℃区域内堆肥栽培效果最好，并且发现其他区的劣质堆肥在重新放在较适宜的 C 区内发酵，可以继续改进质量。于是尝试把经过发酵后的料放置于温度保持在 50～55 ℃的专门房间内 2～3 天，发现能够明显改善堆肥质量，减少病虫害，显著提高单产。兰伯特的发现不仅很好地解释了翻堆的原理，而且创造了二次发酵的最初模型，这种处理方式被称为"控温发酵"。

在随后的时间，生物学家在对蘑菇害虫防治过程中发现，在 60～65 ℃条件下几小时内就可以杀灭线虫、螨类的成虫及卵；进一步地研究发现，这个温度范围能够迅速杀灭堆料内的众多病原菌及其孢子，于是将这一成果应用于控温发酵过程中，形成了巴氏消毒的发酵措施。消灭双孢蘑菇不同致病生物体所需的温度和时间见表 6-1-3。

表 6-1-3 消灭双孢蘑菇不同致病生物体所需的温度和时间

生物体	55 ℃维持时间 /h	60 ℃维持时间 /h
白色石膏霉	4	2
湿泡病菌（疣孢霉）	4	2
干泡病菌（轮枝孢霉）	4	2
蛛网霉（轮指孢霉）	4	2
假单胞杆菌	2	1
线虫	5	3
蝇类、瘿蚊类的幼虫	5	3
螨类	5	3

草腐菌生产技术

生物体	55 ℃维持时间/h	60 ℃维持时间/h
唇红霉（地霉）	16	6
橄榄绿霉	16	6
黄色金孢霉（黄霉）	10	2
褐色石膏霉（丝葚霉）	16	4
绿霉（木霉）	16	6
胡桃肉状菌（假块菌）	6	3

二次发酵的目的是：① 通过巴氏消毒杀灭残留在未能完全腐熟堆料中的有害生物体。② 为堆料中有益微生物菌群［高温细菌（最适温度 50 ～ 60 ℃）、放线菌（50 ～ 55 ℃）、丝状真菌（45 ～ 53 ℃）］创造出适宜的活动与繁殖条件，继续发酵并积累只适于蘑菇菌丝利用的选择性营养堆肥。为了达到良好的发酵效果，整个二次发酵过程必须在栽培室或特别的设施内严密地控制温度和空气的供给，整个过程分为温度平衡、巴氏消毒、控温发酵、降温冷却四个阶段（图 6-1-14）。

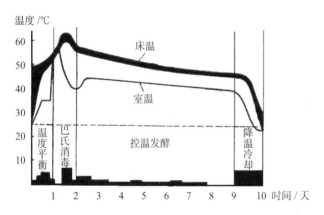

图 6-1-14　二次发酵过程的温度和新鲜空气的供应

（1）菇房杀虫　菇房杀虫一般采用高效、低残留的菌酯类药剂进行熏蒸，密封 24 h 后，打开门窗通风，排除废气后即可进料。

（2）进料　将经前发酵的培养料迅速搬进菇房，堆放在中间三层床架上，厚度自上而下递增，分别为 30 cm、33 cm、36 cm，堆放时要求料疏松、厚薄均匀。漳州模式菇房的培养料在进料时就分层定量填充，发酵好后可直接进行整床播种。

（3）二次发酵　发酵前必须检查菇房，菇房不得漏气。培养料进房后，关闭门窗，让其自热升温，视料温上升情况启闭门窗，调节吐纳气量，促其自热达 48 ～ 52 ℃，培养 2 天左右（视料的腐熟程度而定），待料温不再上行时再进行巴氏消毒，及时引入热蒸汽杀灭杂菌、孢子和害虫等。但考虑到发酵料的均匀度不同，目前公认的巴氏消毒处理方式是控制料温在 58 ～ 62 ℃范围内维持 6 ～ 8 h（图 6-1-15）。

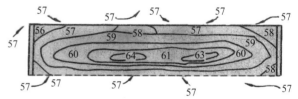

图 6-1-15　巴氏消毒过程中菇床温度的分布（单位：℃）

巴氏消毒时，每座菇房可采用由四个汽油桶改装成的蒸汽发生炉灶通气加热，使料、室温度达 60 ℃保持 6 ～ 8 h。之后压炉火保持 48 ～ 52 ℃继续培养 3 ～ 5 天（视料的腐熟程度而定），每天小通风 1 ～ 2 次，每次通风数分钟。二次发酵温度控制曲线如图 6-1-16 所示。如培养料仍有氨味，须继续升温培养至氨味消失。二次发酵用的炉灶距离菇房不得少于 2 m，靠炉灶一侧的草苫需泼水，防止着火，整个栽培期间禁止在菇房四周抽烟，以防引起火灾。测温时，为防止废气中毒，人不得进入菇房。可在室外制一竹竿温度计，竹竿长 2 m、直径 2.5 cm，在前端一节挖槽，装入酒精温度计，捆紧即可，由室外插入至料中心测料温，至空间测室温。测温必须按时准确，并做好记录。

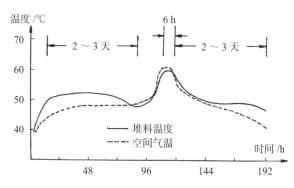

温度 /℃

图 6-1-16 双孢蘑菇培养料（节能）后发酵温度控制曲线

发酵良好的培养料标准：经后发酵的培养料，颜色呈褐棕色，腐熟均匀，富有弹性，禾秆类轻轻一拉即断；培养料碳氮比 17∶1，含氮量 1.6%～2%，含水量 65%～68%，含氨量 0.04% 以下，pH 7.5～7.8；具有浓厚的料香味，无臭味、异味；料内及床架上长满灰白色、可供蘑菇优先利用的嗜热性微生物菌落，使培养料具有较强的选择性。

一次发酵和二次发酵的日常安排和操作要点见表 6-1-4。

3. 发酵过程中容易产生的问题

（1）堆温低　产生这种现象一是因粪多、草少，料堆压得太紧，透气不良，厌氧发酵所致。发

表 6-1-4　一次发酵和二次发酵的日常安排和操作要点

	日程	步骤	操作内容	注意事项
一次发酵	1	预湿	将切短的稻（麦）草和粉碎的牛粪充分预湿	稻（麦）草浸没在 1% 石灰水中吸足水，含水量约 65%
	2	建堆	稻（麦）草和牛粪分层堆积，尿素分层添加	补充含水量至 68%，尿素全部加入
	3			
	4			
	5	一翻	混合均匀翻堆，添加过磷酸钙和碳酸氢铵总量的 1/2	往稻（麦）草上洒水，控制含水量 68%
	6			
	7			
	8	二翻	充分搅拌均匀，添加过磷酸钙总量的 1/4 和石膏总量的 1/2	生料内翻、熟料外置，控制含水量 68%
	9			
	10			
	11	三翻	充分抖松、搅拌均匀，添加过磷酸钙总量的 1/4 和石膏总量的 1/2	生料内翻、熟料外置，控制含水量 68%～70%
	12			

草腐菌生产技术

	日程	步骤	操作内容	注意事项
二次发酵	13	装床	混匀进料，堆放于中间三层床架	调节含水量68%，pH 7.5～8.5
	14	升温培养	密闭门窗，自然升温	控制料温48～52℃
	15		适当换气，维持高温	控制料温45～50℃
	16	巴氏消毒	加热蒸汽进行巴氏消毒	控制料温58～62℃ 6～8 h
	17	控温发酵	通风换气，缓慢降温	控制料温48～52℃
	18		适当换气	控制料温48～52℃
	19		适当换气	控制料温48～52℃
	20	降温整床	加强通风，降温至25℃，混匀均摊各料层	堆料含水量65%，无氨味，有特有料香，咖啡色，轻拉易断

现这种情况应及时采取措施，提早翻堆并适当加些稻（麦）草，将粪草料抖松，料堆缩窄，增加通气性，以提高堆温。二是因草多、粪少，堆得太松、太狭，经风吹日晒，料内水分蒸发，粪草过干，微生物活动困难所致。在这种情况下，也应提早翻堆，将料堆适当放宽，将草拍紧，加足水分，以利升高堆温。

（2）翻堆时发现部分培养料发黑、发黏、发臭或发酸　这主要是培养料内水分过多，粪草过湿，造成厌氧发酵的缘故。因此，翻堆时应将中间黑、臭、黏的培养料翻到外面，将粪草料抖松，散发水分；在料堆内打洞，增加通气性。

（3）料堆内产生白色粉末状物质　产生这种情况的原因是在高温、干燥的情况下，耐高温的放线菌容易大量繁殖、生长，消耗培养料内的养分。发现堆料有白色粉末物质时，必须浇足水分以免培养料过干。

（4）料堆内草腐烂，粪块生，有霉气　产生这种情况的原因主要是培养料前期堆温不高，又没有及时采取适当措施，培养料不是腐熟而是腐烂。发现这种情况需及时翻堆，提高堆温。

（5）后发酵结束培养料过干　主要原因是进房时培养料含水量未适当提高，后发酵期间又未能采取保湿的措施。播种前虽可补充水分，但易引起杂菌的感染，此时可用1%～1.5%石灰水上清液调节水分，以防杂菌的发生。

（6）后发酵结束后，料内灰白色的有益微生物很少，转色差　这主要是由于后发酵期间料温过高、通气不良等所造成的。发现这种情况应延长后发酵的时间，维持好温度（48～52℃），适当通风，培养好氧嗜热的有益微生物，时间2～3天。

（五）播种

常规二次发酵结束后，打开门窗通风，待培养料温度降至30℃左右时，把培养料均摊于各层，上下翻透抖松。若培养料偏干，可适当喷洒冷开水调制的石灰水，并再翻料一次，使之干湿均匀；若培养料偏湿，可将培养料抖松并加大通风，降低料的含水量，然后整平料面，料层厚度掌握在20 cm左右。整床的同时在菇房中间通道屋顶安装拔风筒，每座菇房5个。当料温稳定在28℃左右，同时外界气温在30℃以下时播种，每平方米栽培面积使用1瓶（750 mL）麦粒种，撒播并部分轻翻入料面内，压实打平，关闭门窗，保温保湿，促进菌种萌发。

（六）发菌

播种后2～3天，适当关闭门窗，以保持高湿为主，促进菌种萌发，若室温超过28℃时应适当通风降温。3天后，当菌种已萌发且菌丝发白并向料表面生长时，适当进行微通风。播后7～10天，菌丝基本封面，应逐渐加大通风量，促使菌丝整齐往下吃料，菇房空气相对湿度控制在80％左右。一般播种后20～30天菌丝可发菌到料底。播种以后，如管理不当，在生产上很容易发生下列问题，必须及时采取相应措施。

1. 菌种块不萌发　播种后，在正常情况下，3天内菌种块便萌发出绒毛状菌丝。如果料温连续2～3天高于33℃，菌种块被"烧死"而不能萌发；料内氨气残留量太高，氨气的刺激使菌种块不能正常萌发；室温高于30℃以上，菇房通风不够，菌种块因闷热而失去活力，也不能萌发。遇到上述情况，必须及时查明菌丝不能萌发的原因，采取相应措施。如增加翻架次数，加大菇房通风，降低料温，散发氨气，必要时需喷洒1％甲醛溶液，重新翻架，或再次后发酵，及时补种。菌种块不萌发除上述原因外，还应检查是否有螨类咬食菌种，如有必须及时消灭。

2. 菌种块菌丝不吃料　播种后菌种块萌发正常，但迟迟不往培养料里生长，产生这种情况多数是由培养料过干或过湿，或培养料内添加物质过多营养不协调所致。此时需查明原因，采取相应措施。若培养料过干，需加湿调节；若培养料过湿，应从反面打扦乃至重新翻架，加大通风，散发水分。若料内营养成分不协调或某种成分太多，需重新将培养料用水冲洗，再行堆制，不过往往要推迟出菇期，影响产量。若培养料偏酸（pH≤6.5），需用石灰水上清液（pH 8.5～9）进行调节。

3. 料内菌丝稀疏无力　产生这种情况的原因是培养料的养分较差，前发酵期间料温不够高，或者使用的粪草在堆料前已经发热、发霉过，致使培养料松散无凝性、养分差。在这种培养料上，菌丝生长往往表现出稀疏、无力、缓慢。为防止这种情况的发生，应选用新鲜原料，提高培养料前发酵的质量，使之达到高温快速发酵的要求，再经过后发酵，情况可以得到改善。

4. 料内线状菌丝增多，绒毛状菌丝稀少　造成这种状况的原因，主要是料内透气性差。比如配方不当、粪肥过量，在前发酵过程中容易造成厌氧发酵，加上培养料过熟、过湿，料内透气性差，氧气不足而妨碍了绒毛状菌丝的生长，提前形成线状菌丝，过早地由生长转入发育。为防止这种情况的发生，主要应改善培养料的通气性，配料时粪肥不宜过多，堆期不宜过长，并在料内打洞增加通气，防止厌氧发酵。培养料水分掌握偏干些，铺料适当薄一点。采取以上措施，情况可以得到改善。

（七）覆土

当蘑菇菌丝走透菌床后（受料的厚度和环境气温影响，通常为20～30天），应在菌床表面均匀覆盖一层适宜的土粒，俗称"覆土"。只有如此，才能促使蘑菇菌丝爬土扭结并形成子实体。

1. 覆土前的准备工作　覆土之前，必须检查用于覆盖的土壤是否有潜伏的害虫或受到杂菌污染，尤其是疣孢霉、绿霉和螨类。一旦发现，必须弃之不用。否则覆土层变成了杂菌和害虫的保护层，难以将其彻底消灭，以致危害蘑菇的产量和质量。覆土前，菇床培养料表面应保持干燥，若料面表层太干，可以在覆土前2～3天以1％石灰水上清液细雾湿润料面，促进料内菌丝回攻和复壮，以利于菌丝爬土。料面在覆土前长期保持较高的湿度，容易诱发菌床料面菌丝徒长，形成菌被，阻碍菌丝的爬土定植，因此应及时打开门窗进行大通风，以吹干料面。注意覆土前最好进行一次全面的"搔菌"，即用手将料面轻轻搔动、拉平，再用木板将培养料轻轻拍平。这样，料面的菌丝受到了破坏，断裂成更多的菌丝段，覆土调水以后，菌丝纷纷恢复生长，往料面和土层中生长的绒毛状菌丝更多，更旺盛。

在生产中，一些栽培者为了早出菇，不等菌丝长到底就覆土。从表面上看，好像争取了时间，其实适得其反。在这种情况下，料表的菌丝向上往土层生长，料内的菌丝则继续往下生长。结果，菌丝向两个方向生长，使菌丝爬土慢，延迟了出菇时间。

2. 覆土的作用机制　关于覆土对双孢蘑菇子实体扭结形成作用的机制，国内外有不少的学术观点，但至今未形成定论。主要的理论观点有细菌效应理论、吸附效应理论、二氧化碳效应理论、乙烯效应理论和离子效应理论等。

因此，目前达成共识的覆土机制是一种综合效应机制：蘑菇及时与覆土层内的微生物形成生物群落，这些微生物的代谢产物对菌丝和子实体的生长发育起着促进作用；覆土后，改变了料面与土层中二氧化碳和氧的分压比例及营养条件，促使蘑菇菌丝由营养生长转向生殖生长，扭结形成子实体原基；覆土层中的贮水为蘑菇子实体的生长发育提供所需的部分水分；另外，覆土层还起到支撑蘑菇子实体正常生长的作用。

3. 覆土材料的选择与预处理　给覆土层喷水，起到增加土层内部和菇床表面空间湿度的作用，为蘑菇子实体原基发育成长提供适宜的环境湿度，补偿土层因蒸发而导致的失水，也为菇蕾的发育提供部分水分，同时还可以通过喷水进行床温的调节。但若喷施过度，往往会造成过多的水分下渗到料土分隔层，形成水膜，导致料土分隔层的蘑菇菌丝因缺氧窒息而萎缩，危及产量，俗称"漏床"。有时过多的水分会下渗到蘑菇堆肥料层中，容易导致堆肥厌氧发酵，发黑、黏重，诱发病虫害的发生。因此，选择适宜的持水能力强的土壤作为覆土材料是蘑菇高产的重要保证之一。

理想的覆土材料应该具有下列特征：具有良好的团粒结构，毛细孔隙丰富，疏松透气，不易板结，具有良好的吸水性和持水能力，含有适量的腐殖质，土壤营养成分少，不带有病原菌、害虫及虫卵。因此，单一的沙质土、重黏土、酸性土、盐碱土均不适合用作覆土材料。

国内用作覆土的土壤材料主要有：草炭土、稻田土、菜园土、冲积壤土、沙壤土、池塘沉积泥、河泥、红壤土、黄壤土、发酵土等。这些土壤除草

炭土自身拥有较高的吸水性与持水能力外，其他土壤的最大含水量均不超过40%，因此有必要根据覆土材料的理想特征进行土壤的改良。

（1）草炭土　由植物残体、根系在地层内经漫长年份的沉积、埋压而成。其组织疏松，吸水性强，保水性好（含水量可达80%～100%），pH适中，病虫杂菌少，蘑菇菌丝在土层中生长势强，菌丝粗壮，有利于子实体原基扭结。完全的草炭土使用并不能达到最好的效果，而且使用成本较高，不同材质的草炭土其性能也有较大的区别，通常草炭土用作覆土材料一般还添加部分黑色泥炭土、白垩土及已高温灭菌的蘑菇废料。国外的蘑菇工厂化栽培场都使用草炭混合土进行覆土。我国的草炭土分布较广泛，但开发利用较少，目前仅有少数几家周年生产的蘑菇场使用，江浙和福建部分地区专供高品质鲜菇的蘑菇场也在使用。在我国现有蘑菇栽培设施及栽培技术水平尚未大幅提升、单产不高的前提下，不建议推广草炭土的普及利用，因为草炭土对水土保持起着重要的作用，它的开发利用需要进行有序规划，避免破坏生态环境。

（2）稻田土　我国最普遍用作覆土的材料是稻田土。优质的稻田土是蘑菇高产优质的重要保证，但有的稻田土农药残留偏高，因此在取土时应将耕作层上层20 cm的土壤弃置一边，以备重新回田。取土时应选取团粒结构好、毛细孔隙丰富的胶粒黏土。稻田土采后应注意及时回填，否则容易损坏稻田耕作层的土壤结构。

（3）菜园土　腐殖质含量较高，团粒结构好，毛细孔隙较丰富，但土壤中的病原菌和害虫、虫卵较多，因此，对菜园土的严格消毒尤为重要。

（4）冲积壤土　主要是江河、湖滨冲积形成的壤土，是沙子、黏土、有机质的混合土。这类土受外力冲积容易破碎，因此在喷水管理时应避免重水冲击。

（5）沙壤土　含有较多的细沙，毛细孔隙较少，团粒结构差，经多次喷水后易导致团粒结构破坏、丧失，导致土层和料层内的菌丝缺氧窒息而

死，造成减产。用沙壤土作覆土材料，应添加部分辅助物质（例如谷壳、颗粒煤渣等）进行土壤性能的改良。

（6）池塘沉积泥和河泥　这类土壤的质地大多细密黏重，且细菌含量较多，经多次喷水后易板结，致使土层和料层内的菌丝缺氧窒息而死，造成严重减产。用作覆土材料，应添加部分辅助物质（例如谷壳、颗粒煤渣、稻草段等）进行土壤性能的改良。使用这种土壤时，通常添加砻糠拌和制成河泥砻糠覆土材料，但要注意防止菌丝徒长、冒菌被等生理性病害。

（7）红（黄）壤土　北方双孢蘑菇主产区大多采用壤土为主。壤土比较洁净，病原菌和害虫残留极少，病虫害发生的诱因大大降低。此类土壤多以沙黏土为主，团粒结构较好，但毛细孔隙不够丰富，土壤大多自然呈酸性，使用时适当加大生石灰的使用量，并添加谷壳、颗粒煤渣等，丰富土壤的毛细孔隙，增加持水力。

（8）发酵土　这种土壤的制作主要是在稻田土中添加粪肥、砻糠、石灰、过磷酸钙等，进行2～3次的捣土和厌氧发酵后，晒干、粉碎备用。这种土制备复杂，费工费时。因土壤内营养条件较好，容易引起菌丝徒长和出菇部位过高等生理性病害，也容易感染绿霉等真菌。所以，应用时需要把握好土壤制备和使用的每个环节。

4.覆土处理与覆盖　在我国，双孢蘑菇南方主产区大多选择经过水稻耕作的稻田土作为覆土材料，北方主产区大多以红壤土（俗称淤土）作为覆土材料。下面以南方稻田土为例，介绍覆土使用前的预处理及消毒处理。

（1）覆土的消毒处理　稻田土应取耕作层20 cm以下的土壤，230 m² 栽培面积取用土量10 m³，约9 000 kg，将土块打成直径1～1.5 cm大小，在烈日下暴晒至土粒无白心后装袋，放置于洁净、阴暗处贮存备用。

使用前先用石灰100～150 kg与土粒均匀混合，控制pH 7.5左右。然后用5%甲醛溶液80 kg均匀喷洒土粒并覆盖薄膜，消毒24 h后摊晾，让甲醛挥发至无味备用。当菌丝发满培养料，即可覆土。

（2）常规的覆土方法　覆土时，粗土粒放在下层，厚2.5～3 cm，细土粒放在上层，厚约1 cm，细土太细可加适量谷壳拌匀使用。粗细土层总厚以3.5～4.5 cm为宜。覆土后，在2天内分3～4次采取轻喷勤喷的办法，逐步将土壤调至所需湿度，土壤的含水量因不同土壤性能有所不同，感官上以"手捏成团、掉地微散"为宜。此时菇房内空气相对湿度控制在90%左右。也可先将土壤在水泥地面用水均匀湿润调匀至"手捏成团、掉地微散"后再覆盖菌床。如环沟灌水处理法。

覆土后3天内，可用400 g灰霉克星蘑菇专用高效杀菌剂（福建省蘑菇菌种研究推广站研制）加水160 kg，均匀喷洒在栽培面积为230 m² 的覆土层上，防治疣孢霉、菇床绿霉、青霉等真菌性病害。杀菌剂一般不进行拌土覆盖，大多药剂与石灰接触容易失效，既增加了投资，又没有起到预防效果。3天后应适当加大通风量，有利于菌丝爬土。

（3）一次性覆土方法　最初的一次性覆土主要是因良好覆土材料来源受限，部分产区只能因地制宜，就地取材进行覆土。例如江浙地区的塘泥及河泥的砻糠一次性覆土，细泥砻糠一次性覆土。

现在蘑菇栽培的床架大多较高，覆土时需要较多的人力投入，随之劳动力资源日趋紧张，工价日益上涨，大部分的蘑菇产区都实行一次性覆土。福建长乐地区大多用稻田土添加发酵稻草段后加水，并用拖拉机打浆后进行菇床的浆状覆盖。稻田土及菜园土的覆盖也不再区分粗细土，进行一次性覆盖。福建漳州地区大多采用红（黄）壤土通过预处理后，码堆注水预湿后进行一次性覆土。（图6-1-17～图6-1-20。）

（4）覆土的厚度　覆土层的厚度一般要求在3.5～4.5 cm。过薄，土层透气性好，但保湿性能差，容易造成土层含水量少或偏干，土层内菌丝生长量不多，产量也相应降低，而且采菇时容易伤害

图 6-1-17 福建长乐的稻草段浆泥

图 6-1-18 稻田谷壳混合土

图 6-1-19 福建漳州的红壤土

图 6-1-20 漳州覆土的环沟灌水

到覆土底层的菌丝，引起死菇。过厚，透气性差，喷水时耗工耗时，水分不容易管理，不利于子实体的形成，或导致出菇位置过低而影响蘑菇的产量和质量。

覆土层的厚度还应根据不同的覆土材质而异。土壤团粒结构差、毛细孔隙少的土壤可以适当薄些，以 3 ~ 3.5 cm 为宜，喷水时应注意少量多次，防止漏水。塘泥砻糠土、河泥砻糠土和浆泥稻草土的覆土因为较易硬化板结，也不宜过厚，以 3 ~ 3.5 cm 为宜。

覆土的厚度还应根据各种情况灵活掌握。如环境气候较干燥，菇房的保湿性能差，培养料偏薄或偏干，菌丝生长较旺盛，覆土应适当厚些，以 4.5 cm 左右为宜。从我国双孢蘑菇不同栽培区域划分，北方地区覆土应当厚一些，南方地区则应薄一些。

（八）出菇管理

双孢蘑菇出菇期长短随地域气候条件不同而异。通常，福建、广东、广西从当年的 11 ~ 12 月开始至翌年的 4 ~ 5 月结束，可连续出菇。其中，前 60 天大致可收 5 茬菇（其中 1 ~ 3 茬出菇较集中），占总产量的 65% ~ 75%，称秋菇。接下来的一段时间温度较低，出菇较少，占总产量的 5% ~ 10%，称冬菇。此后 40 ~ 50 天，春天来临，天气回暖，可再收 2 ~ 3 茬菇，占总产量的 20% ~ 30%，称春菇。

1. 秋菇管理 覆土 12 天左右，就可在覆土表面土缝中见到菌丝。当土缝中见到菌丝时应及时喷结菇水，以促进菌丝扭结，此时的喷水量应为平时的 2 ~ 3 倍，早晚喷，连续 2 ~ 3 天，总喷水量 4.5 kg/m² 左右，以土层吸足水分又不漏到土层下的培养料面为准。在喷结菇水的同时，通风量必须比平时大 3 ~ 4 倍。遇气温高于 20 ℃时，应适当减少喷水量，增加通风，并推迟喷结菇水。喷结菇水后 5 天左右，土缝中出现黄豆大小的菇蕾，应及时喷出菇水，早晚喷，连续 2 ~ 3 天，总喷水量同结菇水，一般 3 天后可采菇。菇房用水必须符合

《生活饮用水卫生标准》（GB 5749—2006）。从覆土到出菇这个阶段易出现以下问题：

（1）料面菌丝萎缩　在覆土调水、喷结菇重水、出菇重水期间，一次喷水过重，水分很容易直接流入料面，或覆土前料面较潮湿，结果由于水分过多，氧气供应不足，料面菌丝会逐渐失去活力而萎缩。调水期间菇房通风不够，以及高温期间喷水，都会因蘑菇菌丝代谢产生的热量和二氧化碳不能及时散发而自身受到损害，最终产生菌丝萎缩现象。因此，为防止料面菌丝萎缩，覆土前加强通风，防止料面太潮湿；覆土调水、喷水后，菇房要加大通风；高温时不喷水。

（2）杂菌和虫害　这段时间菇房内的温湿度都非常适合杂菌和害虫的发生。疣孢霉、胡桃肉状菌适于在高温、高湿、通风差的条件下发生和发展。螨类也很容易在这段时间内发生。因而要特别注意防止这些杂菌和害虫的危害。

（3）菌丝徒长，土层菌丝板结　主要原因是覆土上干下湿、结菇水喷施过迟、喷结菇重水后菇房通风不够、菇房内空气相对湿度过高等。这些情况都会促进蘑菇的营养生长而抑制生殖生长，造成菌丝在土层中过分地生长，甚至长出覆土表面，布满土表，形成菌被，迟迟不能结菇。针对上述情况，应分别采取相应措施，如用松动或拨动破坏培养料菌丝的办法，阻止菌丝的继续生长。喷结菇重水后，要加大菇房通风，促使结菇。

（4）出密菇、小菇　主要原因是结菇部位不适当。这跟喷施结菇重水是否适时、适量有关，结菇重水喷施过迟，菌丝爬得太高，子实体往往扭结在覆土表层。结菇重水用量不足，菇房通风不够，菌丝扭结而成的小白点（原基）过多，因而子实体大量集中形成，造成菇密而小。为防止密菇、小菇的产生，应及时调节结菇重水，避免菌丝在覆土表面扭结、结菇部位过高。结菇重水用量要足，菇房通风要大，防止菌丝继续向土面生长，抑制过多子实体的形成。

（5）出顶泥菇、菇稀　原因是结菇重水喷得过急，用量过大，抑制菌丝向土层生长，促进菌丝在粗土层扭结，降低了出菇部位，以致第一茬菇都从粗土间顶出，菇大、柄长且稀。

（6）死菇　出菇以后，在蘑菇生产中经常遇到大批死菇的现象。此现象往往在出第一茬菇时发生。究其原因，主要是高温的影响和喷水不当所引起。在蘑菇原基形成以后，尤其在出现小菇蕾以后，若室温超过23 ℃，菇房通风不够，这时子实体生长受阻，菌丝体生长加速，这样营养便会从子实体内倒流回菌丝中，供给菌丝生长，大批的原基便会逐渐干枯而死亡；喷结菇重水前未能及时补土，米粒大小的原基（小白点）裸露，此时，易受水的直接冲击而死亡；喷结菇和出菇重水用量不足，粗土过干，小菇也会干枯而死。针对上述原因，防止高温影响，喷水时保护好幼小的菇蕾可有效地减少死菇的发生。

双孢蘑菇采收期间，应根据菌株特性保持菇房空气相对湿度在90%～95%；喷水量应根据出菇量和气候灵活掌握，一般床面喷水应当以间歇喷水为主，以轻喷勤喷为辅，从多到少，菇多多喷，菇少少喷，晴天多喷，阴雨天少喷，忌打关门水，忌在菇房高温时和采菇前喷水。每茬菇前期通风量适当加大，但需保持菇房空气相对湿度90%左右，后期菇少可适当减少通风量。气温高于20 ℃时应在早晚或夜间通风、喷水，气温低于15 ℃时应在中午通风、喷水。整个栽培管理过程，正确处理喷水、通风与保湿三者关系，既要多出菇、出好菇，又要保护好菌丝，促进菌丝前期旺盛、中期有劲、后期不早衰。当子实体长到标准规定的大小且未成薄菇时应及时采摘。每茬菇采收后应去除根头，补土并停止喷水2～3天，让菌丝恢复生长后再喷水。栽培后期喷施适量的营养添加剂，补充和调整营养成分，消除有害因素，改善蘑菇的生态环境，可提高产量。

2. 冬菇管理　冬菇管理的要点是控制低温季节停止出菇，恢复并保持培养料和土层中菌丝的活力，为春菇生长做准备。通常采取以下措施：

草腐菌生产技术

（1）秋菇结束后在培养料的反面打洞，以散发废气，补充新鲜空气。

（2）当气温低至 10 ℃左右，虽仍有零星出菇，但基本不喷水，让菌丝开始进入冬季"休眠阶段"；5 ℃左右，每周可喷水 1～2 次，保持覆土干燥而不变白；不超过 0 ℃时，每周喷水 1 次，每次大约 0.45 kg/m²。

（3）加强菇房保温措施，中午给予适当通风，保持菇房内空气新鲜又不结冰。

（4）春天气温回暖，当气温达 10 ℃左右时，应该对覆土进行松动，清除死菇与老根，排除废气恢复菌丝生长。此时需补充一次水分，又称"发菌水"。分 2～3 天，每天喷 1～2 次，总用水量约 3 kg/m²，喷水后适当通风。这一段时间应注意菇房保温、保湿，保证菌丝恢复生长。

3. 春菇管理 通常，北方在 3 月气温回升至不低于 10 ℃时，进入春菇生产。越冬春菇的菌丝活力比秋菇有所降低，培养料养分减少，气温变化由低到高，不利于生产，因此，对生产管理要求较高。北方春季干燥且温度变化大。春菇前期，菇房以保温、保湿为主，让菌丝充分恢复生长。随着气温升高，开始春菇调水，需轻喷勤喷，每天约 0.5 kg/m²，逐渐提高覆土的湿度（手捏成团，掉地即散）。气温低于 16 ℃，中午通风；20 ℃左右，早晚通风。此期间（北方 3～4 月）是春菇生产的黄金时间，出菇管理要根据气温变化，用水要准、要足，以保证产量。春菇中后期，气温偏高，需采取降温与病虫害防治措施，并及时调控出菇，保证春菇质量。也有相当部分栽培者把秋菇和春菇栽培分开，分别制作培养料，投入虽然高些，但产量也高。

（九）采收

由于第一茬菇营养高度集中，出菇密集，量大丛生，有些形状不圆整，第二茬菇后即平均出菇。为保证头茬的菇形漂亮，第一茬菇应在菌盖直径 3～4 cm 时及时采收。采菇时，动作要轻，用中指、食指、拇指轻捏菌盖，稍加旋转，拔起即可。

若无法采大留小，只能整丛采下时，要用刀轻轻切下，免得影响其他菇的生长；轻采轻放，防止指甲划伤；削根要平整，一刀切下，尽量做到菇根长短整齐；刀要锋利，动作要轻，防止斜根、裂根、短根或长根。采菇前床面不要喷水，否则采菇时手捏菌盖容易发红。注意子实体整洁，防止子实体带泥土。若根部带泥土，加工时很难漂洗掉。

（十）后茬菇管理

挑根补土。秋菇期间，每次采菇后，应及时用镊子挑除遗留在床面上的干、黄老根和死菇。因为这些老根已失去吸收营养和结菇能力，若继续留在土层内将会影响新菌丝的生长。时间一长还会发霉、腐烂，极易引起绿霉或其他杂菌的侵染和害虫滋生。

每次挑根后，需及时补上采菇时带走的泥土，最好补用湿润的细土，补干土会延迟出菇时间。采菇或挑根后，可随时把周围的土粒，轻轻拔到采菇后留下的小穴内，免得喷水时水积在小穴中流到培养料内而影响菌丝的生长。秋菇期间，由于工作十分忙碌，往往容易忽视采菇后的挑根补土工作，其结果会明显延长转茬的时间，使出菇变稀而不平均，降低产量。秋菇前期，若第一、第二茬菇后，发现土层板结，应及时用小刀或镊子松动土层，将土层内板结的菌丝撬断，可促使转茬和结菇。第三茬菇后，为了增加培养料的透气性，散发蘑菇在生长过程中产生的废气，还应及时在培养料床架下戳洞，以促使培养料内的气体换取，保证菇床一直出菇。

（十一）贮藏与保鲜

采收后的双孢蘑菇，子实体的新陈代谢仍在进行，体内处于生命活动的状态，由于切断了其营养和水分的供应，只能利用体内贮存的营养和水分来维持生命活动。如果不及时进行保鲜贮藏，子实体就会发生褐变、萎缩、软化、菌柄伸长、菌盖开伞和产生异味，从而降低双孢蘑菇产品的质量，甚至失去商品价值。因此，在双孢蘑菇采收后，要及时进行销售，若一时销售不完，要进行保鲜贮藏，最大限度地延缓蘑菇品质的变化，保持蘑菇特有的鲜味，延长其货架期。搞好蘑菇鲜菇的贮藏保鲜除能保证鲜菇的市场供应外，还能保证加工后蘑菇的风味和质量。

采收后的鲜菇，为延长供应时间，增加商品价值，延长产业链，可进行短期保鲜贮藏。

低温保鲜法是最常用的一种方法。其原理是利用自然低温或人工降低环境温度的方法，来抑制菇体新陈代谢和致腐微生物的活动，从而达到贮藏保鲜的目的。低温保鲜法可分以下几种类型：

（1）常温保鲜　将新鲜的双孢蘑菇整理包装后，立即放入塑料筐中，上面覆盖多层湿纱布或塑料薄膜，放置于冷凉的地方，可保鲜3～4天。

（2）冰块降温保鲜　将整理好后的双孢蘑菇包装后，放于泡沫箱的中间，四周放置冰块，或将冰块放于底层，中间放置双孢蘑菇，上面再放置冰块，用于降温。注意冰块要用塑料袋包裹，防止漏水，并要定期更换冰块。

（3）井窖保鲜　此法适于农村具备井窖的地方，往往能取得较好的效果。其具体做法是：先将采收后的鲜菇整理好，放入塑料筐或泡沫箱中，再用多层纱布覆盖；在窖中放入水缸，并放入少量清水，水中放上木架，将装有鲜菇的筐或箱放在木架上，再用塑料薄膜封闭缸口。在使用时，一定要注意通风换气，并随时检查菇的保藏情况。

（4）冷库保鲜　有条件的栽培大户，可建或租冷库进行保鲜。蘑菇采收后，及时修柄分级，并用清水冲洗干净，如需护色的可用0.01%焦亚硫酸钠水溶液漂洗3～5 min。然后用真空冷却或冰水进行预冷处理，使菇体温度降至3～5 ℃，沥干水分，装入通风的塑料筐中或塑料袋内，分批入库。一般冷库温度宜保持在1～3 ℃，可通过向地面洒水使空气相对湿度控制在90%～95%，同时还要注意经常通风，控制冷库内二氧化碳浓度不超过0.3%，这样在冷库内贮藏的蘑菇可保鲜1周左右。

二、露地简易保护栽培模式

双孢蘑菇的露地栽培是指无须搭建菇房，直接在稻田地上栽培的一种简易生产模式。该模式具有投入少、成本低、技术含量要求低、易于推广等优点，可充分利用空闲地达到增产、增收、肥田的效果，但也存在单产低、品质较差的缺点。露地栽培蘑菇也可在杨树或果树林下，以及蔗田、菜园或山坡地上栽培。

（一）场地选择

选择排灌良好，近水源，2～3年内未种过蘑菇的早熟中稻田块，水稻后期应及时排水，收获后要及时清理较高的稻茬，整地开畦前每亩施石灰50 kg进行地面消毒。

（二）栽培方式

1.露地草苫覆盖模式（图6-1-21、图6-1-22）

按1.5 m开沟放线，畦（厢）长不超过15 m，便于盖

图6-1-21　蘑菇露天地栽（陈旺瑞提供）

图6-1-22　菇农在采菇（陈旺瑞提供）

草腐菌生产技术

膜和管理，宽 1 m，沟底宽 0.7 m，覆土后畦（厢）面宽达到 1.1 m。出菇期间畦面以草苫和塑料薄膜覆盖，挖沟土留作覆土备用。

2. 大棚模式　菇棚一般占地面积 110～130 m²，长 20～25 m，宽 5～6 m，高 1.8～2 m。大棚的骨架采用竹子搭建成三角形或拱形，上面的覆盖物用白色或黑色塑料薄膜和草苫。大棚内开畦（厢）采用高畦（厢）低沟法，即畦（厢）面高于走道和沟。畦（厢）面采用"川"字形（即可顺棚子走向平行开，也可与棚子垂直走向开），畦（厢）宽 1 m，沟宽 0.7 m。覆土后畦（厢）面宽达 1.1～1.2 m。

3. 单拱棚模式（图 6-1-23、图 6-1-24）　按 1.5 m 开沟放线，畦（厢）长不超过 15 m，便于盖膜和管理，畦（厢）宽 1 m，沟底宽 0.7 m。覆土后畦（厢）面宽达到 1.1 m。每畦面用竹片搭建成拱形小棚，上覆草苫和塑料薄膜。

图 6-1-23　蘑菇拱棚地栽 1（陈旺瑞提供）

图 6-1-24　蘑菇拱棚地栽 2（陈旺瑞提供）

（三）栽培配方（以每亩有效净种菇面积 400 m² 计算）

1. 粪草配方　干稻草 5 000 kg，干牛粪 2 000 kg，尿素 40 kg，石灰 200 kg，石膏 150 kg，碳酸氢铵 100 kg。

2. 合成料配方

配方 1：干稻草 6 000 kg，菜籽饼 400 kg，磷肥 100 kg，尿素 60 kg，石灰 200～250 kg，石膏 150 kg，碳酸氢铵 100 kg。

配方 2：干稻草 7 500 kg，饼肥 625 kg，米糠 625 kg，石灰 250 kg，石膏 100～150 kg。

栽培原料可以因地制宜选用，例如玉米秆、蔗渣、麦秸、畜禽粪肥等，既可以节约栽培成本，又避免了原料抛弃对环境的二次污染。

（四）培养料堆制

合理安排好生产季节是获得双孢蘑菇高产的重要前提，各地应根据气候条件特别是温度条件确定适宜的栽培时间。通常整个发酵时间为 22～25 天。具体发酵技术参照"标准化菇房生产模式"的一次发酵技术。

（五）单畦拱棚简易二次发酵

一次发酵完成后于中午时分迅速趁热将堆肥分铺于菇畦（厢）上，呈条垄状。畦面铺上一层干稻草，用 80% 敌菇虫 400 倍液喷洒待用。搭建畦式小拱棚，覆盖透明塑料薄膜，利用白天阳光照射，夜间覆盖草苫进行简易二次发酵。天气晴好，至第二天早晨，料温可以升高到 60～62 ℃，维持 8 h，揭两头薄膜通风换气，降温至 55～58 ℃并维持 2～3 天，即可揭膜换气降温。当料温低于 28 ℃时即可播种。

（六）播种及管理

1. 铺床　铺床前 3 天，将菇畦（厢）喷洒一次 80% 敌菇虫 500 倍液，2 天后撒上一层薄石灰即可铺料上畦。铺料时，将已发酵好的料趁热进畦，铺料厚度为 18～20 cm，将培养料充分抖松铺平，让料内氨气和热量散发。

2. 播种　当料温下降到 28 ℃以下时播种。播种宜在阴天或晴天 18 时以后进行，播种之前，用

0.1%高锰酸钾溶液对菌种瓶、播种器具和手进行消毒，防止杂菌感染。一般采用撒播，每平方米播约1.5瓶，播后及时盖上农用薄膜，再覆盖草苫，草苫厚5~6 cm。

3. 发菌管理　播种3天后，观察菌种大部分萌发时，可将农用薄膜揭开，换草苫在下，农用薄膜在上。草苫和农用薄膜都要覆盖，温度过高时在夜间掀膜通风，随着菌丝逐步长入培养料中，应加大通风量，这时料面一般不喷水，尽量保持料面干燥，抑制杂菌萌发。

（七）覆土

1. 覆土处理　蘑菇露地栽培一般用两畦间走道的土为覆土，尽可能把土打碎，土块的直径为1 cm。按土粒重量的1%~2%加入石灰杀死线虫及调节pH，用塑料薄膜覆盖待用。

2. 覆土方法　播种后7~10天，当菌丝生长至料层的1/3~1/2时，开始覆土。菌丝长得快时早盖，长得慢时迟盖。覆土厚度为5 cm左右，不得少于2 cm。覆土要求底粗面细，盖面均匀不露料，覆完后立即调水，土壤含水量以土粒捏得扁、撮得圆、不黏手或稍黏手为宜，土壤pH为7.5~8。注意避免喷水过多，导致漏床现象发生。盖土后要保持氧气充足，在无雨的情况下，只盖草苫，有雨时要及时盖膜，切记不能让雨水侵入菇床内。

（八）出菇管理

1. 冬前管理　当菌丝大面积长至土层1/2时，注意保持土层湿润。待覆土层表面有80%左右蘑菇菌丝露头时喷结菇水。喷结菇水要狠，贴着土层打，标准是土层表面发亮并渗入土层2/5厚度。当菇蕾长至米粒大小时喷出菇水，出菇水喷水标准以土层表面发亮、水不下渗为宜，喷水5~10 min后盖草苫。要做到勤喷水，晴天多喷，阴天少喷，菇多多喷，菇少少喷，换茬停喷。喷水时，喷头向上呈45°，切忌直喷菇蕾而造成菇蕾死亡。温度高时在下午喷水，温度低时在中午喷水。喷水时应揭开草苫，喷水后待土面稍干时盖上草苫。如温

度偏高，只盖草苫不盖膜，无风傍晚也可掀掉草苫通气。

2. 冬季管理　气温降至5℃以下时，双孢蘑菇停止生长，进入冬季管理阶段。越冬期间应盖好农用薄膜、草苫，并用土块压严实。注意保持土粒不发白，菌丝不干瘪。床面菌丝发育好的，不喷水；菌丝差的，床面每周喷一次水，用量0.25~0.5 kg/m²，使床面略湿，一般在中午前后进行。晴天中午可隔天揭膜通风透气，切忌盖膜后长期不通风而闷死菌种。2月底以前，刮开细土，松动粗土透气，去掉老根和发黄菌丝，补上新的细土。

3. 春季管理　一般3月上旬气温回升时调水，菌丝生长差可推迟至3月下旬，使土粒松软，土层含水量保持18%~19%，喷水时可结合追施0.1%~0.2%的尿素。后期高温季节，水分适当多些，以土粒捏得扁、搓得圆、不黏手为准。防止覆土过干或过湿，白天少通风，晚上多通风。

三、金针菇菌渣栽培模式

食用菌菌渣又叫菌糠、下脚料，是指食用菌子实体采收后废弃的固体基质，是菌丝体和培养料的复合物。近年来，随着我国食用菌产业工厂化的蓬勃发展，尤其是全国金针菇和杏鲍菇工厂化生产方兴未艾，产生大量的菌渣。这些菌渣主要成分是棉籽壳、玉米芯和木屑，菌渣中含有丰富的菌丝蛋白和微量元素。近年来，利用菌渣栽培食用菌的研究也取得了较大进展。

（一）栽培季节

利用金针菇菌渣栽培双孢蘑菇不同于麦秸栽培，由于菌渣较为致密，透气性与麦秸相比较差，栽培较早易造成菌床温度较高，难以降温，致使"烧菌"现象时有发生，因此与利用麦秸栽培相比，利用菌渣栽培时可适当晚播7~10天。在豫东地区一般7月底发酵，9月上旬播种。

（二）培养料配方（按100 m²栽培面积计算）

金针菇菌渣4 000 kg，干牛粪2 000 kg，过磷

酸钙 100 kg，轻质碳酸钙 100 kg。

（三）培养料发酵工艺

金针菇菌渣发酵工艺与麦秸发酵略有不同。一次发酵一般翻堆 3 次，间隔为 6 天—5 天—5 天，一次发酵共 16 天，与麦秸发酵相比可缩短 7 天左右，翻堆次数减少一次。同时金针菇菌渣发酵时可用铲车或翻料机进行翻堆，一次发酵翻堆与麦秸发酵翻堆相比每棚可约用工开支 1 500 元。

（四）培养料二次发酵

金针菇菌渣一次发酵结束后及时移入菇房，利用一次发酵余热及时进行二次发酵，二次发酵工艺同麦秸二次发酵，这里不再赘述。菌渣移入菇房前，菇房要做好消毒杀菌处理，尤其是常年种植双孢蘑菇的菇房。但要注意两点，一是菌渣二次发酵时菇房上方四角要始终小口开窗，使发酵料内氨气、代谢产生的废气排出菇房；二是发酵后通风使料温降到 28 ℃以下不再升温时方可播种，防止降温不彻底播种后造成"烧菌"。

（五）播种

二次发酵结束，及时平整料面，当温度降至 28 ℃以下且不再升高时方可播种。播种前要注意两点，一是结合料面干湿情况酌情调水，使培养料含水量达到 65%～68%；二是为了防止培养料内滋生螨虫，在播种前要密封菇房，用磷化铝熏蒸 48 h。播种方式采取撒播，每平方米撒播菌种 1.5 瓶。

（六）发菌期管理

利用金针菇菌渣栽培双孢蘑菇，发菌期管理是关键。主要是温湿度的协调管理，播种后，前 3 天以保温促菌萌发为主，但要每天检查一次菇房料面及料内温度。若发现温度较高，要适当通风降温，严防高温"烧菌"。3 天后，逐渐加大通风量，促使菌丝向下吃料。一般情况，播种 25～30 天菌丝吃透培养料后，即可覆土。

（七）覆土及其管理

播后 7 天检查培养料内是否有害虫、杂菌，尤其是螨类和绿霉。覆土前进行一次全面的"搔

菌"，将料面轻轻搔动，再用木板将培养料轻轻拍平。播种 25～30 天，菌丝吃透培养料后及时覆土。采用一次性覆土，厚度为 3～4 cm，均匀一致。覆土材料的制备同麦秸培养料。

覆土后管理主要注意以下几点：

（1）覆土后 1～3 天，应以保温为主，早晚换气半小时，覆土表面要喷澄清的石灰水或者直接喷用水泵抽取的地下水，每天 1 次，连续喷 3～4 次，具体根据覆土材料的干湿程度和天气来定喷水量和次数。每次每平方米喷水量不超过 500 g，土层含水量以手捏成团、不板结、不黏手为宜，并维持空气相对湿度在 80%～95%，温度在 20～24 ℃，空气新鲜，暗光照射。

（2）在正常情况下覆土 3～6 天后要补土，因为土较薄的地方，菌丝会长出土面，通风时间要随天数增长而渐渐拉长。10 天以后可以加大通风时间。

（3）覆土 14～18 天，大部分由线状菌丝变成小点或有小部分菇蕾时即可喷结菇水。及时喷结菇水（2 000 mL/m²），分 2 天喷入，每天 2 次，同时进行大通风。当子实体长到黄豆大小时，喷出菇水，保持空气相对湿度在 80%～90%。

（八）秋季出菇管理

保持室内的空气相对湿度在 90%～95%，喷水量应根据出菇量和气候具体掌握，一般床面喷水，应当以间歇喷水为主，以轻喷勤喷为辅，从多到少，菇多多喷，菇少少喷，晴天多喷，阴雨天少喷，忌喷关门水，忌在室内高温时和采菇前喷水。每茬菇前期通风量适当加大，但需保持菇房的空气相对湿度在 90% 左右，后期菇少适当减少通风量。气温高于 20 ℃，应在早晚或夜间通风喷水；气温低于 15 ℃，应在中午通风和喷水。整个栽培管理过程，正确处理喷水、通风、保湿三者关系，既要多出菇、出好菇，又要保护好菌丝，促进菌丝前期旺盛、中期有劲、后期不早衰，那就丰产稳产在望。

1. 水的控制　喷水时根据菌丝的强弱、小菇蕾

疏密、气候变化、菇房保温性能、泥层薄厚灵活掌握。喷水时和停水后的 1 ～ 2 天要加大通风,当菇长到黄豆大时再喷一次出菇水,3 ～ 5 天就可采菇。采菇期要多喷维持水,一般上午采菇下午打维持水。不恰当的喷水会影响产量,甚至造成严重的损失,因此秋菇喷水要做到"四看""四忌"。

(1)"四看" 一看气候变化。若气温适宜,菇房内温度在 14 ～ 18℃,气候干燥,则多喷水,反之少喷水。二看菇房保湿通风性。若保湿差、通风性好则多喷水,反之少喷水。三看泥土吸水性能和泥层薄厚。若泥土吸水性能强、泥层厚则多喷水,反之少喷水。四看菌丝强弱,床面的小菇多少。若泥层菌丝强、床面小菇多则多喷水,反之少喷水。

(2)"四忌" 一忌关门喷水。若喷水时和喷水后不开窗或马上关窗,则会造成通风不良,轻则会影响菌丝和蘑菇生活力,重则会使菌丝萎缩及小菇死亡。二忌高温时喷水。若菇房内温度在 20℃以上时喷水,则会使菇房内高温、高湿,导致小菇大量死亡,同时会导致杂菌和虫害的发生。如果确定要打水时,应选早晚进行。三忌摘菇前喷水。若在采菇前喷水,则会影响蘑菇质量,同时也不利于采菇。四忌一次性喷大水。若一次性喷大水,则会使泥层缺氧或漏料,轻则影响蘑菇生活力,重则造成小菇死亡和菌丝退化。

2.采收

(1)采菇时要轻轻拧起,不能猛地拔起,防止带起大量菌丝,伤及周围小菇。

(2)采菇时不要丢下大根,应即时拔掉,表面留下的小洞要及时补土。

(3)采菇要轻拿轻放,防止造成损伤,降低商品质量。

(4)采头茬菇不要长得过大,防止影响下茬菇转茬,同时浪费培养料中的营养,易开伞,影响后茬产量。菌渣出菇场景如图 6-1-25 所示。

(九)越冬管理

北方进入元月以后,随着气温逐渐下降,床面出菇很少,进入越冬管理阶段。越冬水分管理有

图 6-1-25 菌渣出菇场景

"干过冬"或"湿过冬"之分,"干过冬"就是越冬期基本上不喷水,保持土粒不发白,菌丝不干瘪即可。而"湿过冬"则是在床面上每隔 10 天左右喷一次水,使床保持略有潮湿,菌丝仍能继续生长复壮。越冬期间,菌床管理的好坏直接决定着翌年春菇产量,具体管理要点如下:

1.打扦戳洞 菌床越冬时,首先应对菌床进行一次打扦措施,以改善菌床的透气性能,排出菌床内的不良气体和有害菌丝的代谢产物,早使菌床、菌丝得到养息复壮的机会。打扦的要求与做法:用竹签或削尖的细木棍或尖头钢筋自菌床底面向上戳洞,洞距 12 ～ 15 cm,戳至土层松动为宜,打扦时床面要盖上薄膜,以防上层培养料落入下层菌床上。

2.喷水追肥 冬季气候干燥,菌床水分仍在缓慢蒸发,为了防止菌床过干而影响菌丝正常的代谢活动,菇房一般宜采取湿过冬方式。采用干过冬的菇房,越冬期间也应注意菌床含水量的检查,并注意保湿,必要时应适当喷水。冬季菇房喷水要配合追肥,不喷清水。若菌丝长势弱,可喷健壮素和 1% 葡萄糖水,或者 0.25% 尿素加 0.5% 磷酸二氢钾对水喷洒。在喷水时要适当少量,切忌喷水过大导致退菌。一般选择在晴天中午无风时进行喷水。

3.保温与通风 冬季气温低,菌丝生活力明显减弱,为维持菌丝缓慢生长,菇房必须加强保温工作。温度以 3 ～ 4℃为宜,并要注意每隔 7 天左右,在晴天中午稍通风。

草腐菌生产技术

4. 菌床整理 菌床整理包括松土、除老根、剔除废料、补土等多项工作。菌床整理前要停水，并加大通风，让细土水分收干，这样松土翻动时不易碰碎，逐床进行当日完成。整理后要结合喷水、追肥、补盖细土。另外，做好菇房卫生，地面保持清洁，地面撒石灰粉，墙壁可用石灰浆粉刷一次。每隔 20 天喷一次杀虫药液，以减少病虫的越冬数量。等到翌年春天，控好温调好水，方能稳产高产。

（十）春季管理

阳春三月，气温回升并相对稳定是春菇进入管理的最佳时期，双孢蘑菇菇房的春季管理是指 3 月上旬至 5 月上旬这段时间，其间温度由低到高，pH 由高到低，发酵料养分逐步减少，病虫害逐渐侵染。因此春季管理的重点是调温、调水、调 pH、补充营养与病虫害防治。

1. 调温 早春阶段菇房内温度低，此时应以增温保温为主。未出菇或刚刚出菇时，白天可间隔揭开草苫等覆盖物利用阳光增温，通风宜在中午进行。后期温度偏高，可增加覆盖物或向覆盖物上喷水降温，通风时间改在早晨或晚上。整个春季管理中无论增温还是降温，都应注意降低菇房内昼夜温差，防止因温差过大引起死菇。

2. 调水 由于春季温度变化大，调水必须以稳为主，调水过早过多，会因低温造成菌丝或菇蕾死亡；调水过迟，会影响正常出菇。调水量宜由少到多慢慢达到覆土的湿度要求。在豫东地区，一般喷水选择在最低气温稳定在 5 ℃以上，料温稳定在 10 ℃以上时进行。初次喷水不可过多，一般喷水量为 500 g/m²，以后气温逐步回升时，每隔 7 天左右调一次水，调水时逐渐加大喷水量，直至达到出菇所需含水量。

春菇调水的总原则是：3 月稳，4 月准，5 月狠。春天温度不稳定，喷水与通风时应注意躲避寒流和干热风的袭击，以免发生大量死菇。

3. 调 pH 由于秋菇产量较高，造成培养料营养的消耗，多数会引起 pH 下降，因此春季管理中

应时刻注意料中 pH 的变化，使培养料和覆土层的 pH 保持在 7.5 左右。一旦超标立即用 1％石灰水调整。

4. 补充营养 双孢蘑菇在生长后期会因连续出菇，菌丝不能积累充足的营养而出现薄皮菇、空心菇，甚至造成小菇成批死亡的现象，因此每茬菇采完后，需停止喷水 4～5 天进行充分养菌，然后结合调水补充营养，即补水时加入一些营养液，可用转潮王和菇大壮交替喷施。

四、草菇-双孢蘑菇"一料两菇"生产模式

河南省夏邑县自 1999 年从福建漳州引进菇房棚架立体栽培草菇和双孢蘑菇技术以来，结合当地气候、资源等特点，在生产中不断总结和完善栽培技术，形成独具夏邑特色的"一料两菇"栽培技术模式。夏邑"一料两菇"模式，可简单概括为利用稻草、麦秸种植草菇，草菇菌渣结合麦秸发酵后再种植双孢蘑菇。"一料两菇"生产模式的优点，在于极大地节约了生产双孢蘑菇所用的培养料，节省了原料资源和投入成本，又充分利用了栽培设施，节省了场地和设施投资，实现了菇房的周年利用。目前，该模式在夏邑县及周边地区形成了一个拥有菇房 2.5 万座、栽培面积 1 300 万 m²，年产量突破 20 万 t 的生产基地，种植规模、产量、效益在全国位居前列。

（一）栽培设施

1. 菇房 菇房建造应靠近水源，地势平整，周边环境卫生。立体菇房一般南北走向，也可以东西走向。长 16 m，宽 9 m，高 5 m，砖墙结构、保温泡沫板材或简易布毡覆盖结构皆可（夏邑县大多为砖墙结构），室内水泥地面，架子用竹竿、水泥柱捆绑加固，架宽 1 m，层间距 0.5～0.6 m，架路宽 0.8 m，共 9 架，每架 6～8 层。前后通风口与架路相对并保持通风对流，每个架路前后各设置 5 个通风口，通风口规格为 0.3 m×0.4 m，采用卡槽

平推玻璃封口。房顶部用塑料薄膜密封，膜上用水泥楼板或泡沫板材固定。菇房的构造有一定的灵活性，可以根据实际条件进行适当调整，一般情况每个标准化菇房床架栽培面积为 500 m²。

2.菇房的消毒　无论是砖墙结构的菇房还是简易结构的菇房，在培养料进菇房前，都必须将菇房清扫干净，加固栽培床架，并进行消毒。

常用的消毒方法有：

（1）硫黄熏蒸消毒　使用硫黄熏蒸消毒时，一般每座菇房用 5.5 kg 硫黄粉，加在点燃的木炭上让其缓慢燃烧，并密闭菇房，熏蒸 12 ～ 24 h 即可。

（2）食用菌专用消毒盒　应用食用菌专用菇房消毒盒进行密闭熏蒸 24 h。

（二）栽培季节

根据夏邑县当地气候条件，栽培草菇一般在 4 月备料，4 月下旬培养料上架播种，5、6 月为草菇出菇期。草菇结束后培养料下架晒干备用或直接发酵。7 月下旬至 8 月上旬为双孢蘑菇培养料建堆发酵期，8 月下旬至 9 月上旬为双孢蘑菇播种期，9 月中下旬为发菌管理期，10 月上中旬覆土，10 月下旬至 12 月为秋菇出菇期，翌年 1 ～ 2 月为越冬管理期，3 ～ 5 月为春菇出菇。至此，在时间上实现了利用菇房的周年栽培，在原料上实现了"一料两菇"。在双孢蘑菇栽培时，栽培季节过早，前期温度高，容易发生"烧菌"现象；栽培季节过迟，则播种后发菌慢，出菇迟，影响产量和效益。

（三）草菇生产

1.原料配方（以 500 m² 栽培面积标准菇房为单位计算）

配方 1：稻草 15 000 kg，烘干牛粪 1 250 ～ 1 500 kg，石灰 150 kg。

配方 2：麦秸 14 500 kg，烘干牛粪 1 500 kg，500 kg 大豆饼，石灰 150 kg。

在实际生产中，夏邑县及周边地区多以配方 1 为主，主要原因是草菇生产周期短，稻草较利于草菇菌丝生长且产量高于配方 2。而麦秸因秸秆表面蜡质层在短期内不易破坏，故草菇产量略低于配方 1，可在上料前碾碎破坏蜡质层并进行简单发酵处理。

2.栽培方法　草菇属高温型品种，生长最适温度为 28 ～ 32 ℃，在河南省夏邑县及周边地区草菇最适生长时间为 4 月下旬至 5 月，如配有必要的加温设备，也可提前至 4 月中旬。根据栽培面积，按照原料配方备料，把备好的稻草（麦秸）用石灰水充分预湿，使其含水量达到 70% 左右，假堆发酵，3 天后待原料柔软后趁发酵余热进菇房上架。铺料厚度一般在 20 ～ 25 cm，然后再在培养料上覆一层厚 3 ～ 5 cm 预湿过的牛粪。在其他关于草菇栽培技术中都是预湿后上架直接播种，笔者根据夏邑县草菇基地栽培管理经验，实践证明草菇播种前培养料进行简单的假堆发酵处理，不仅利于缩短培养料在菇房内进行巴氏灭菌的升温时间，降低燃料成本，而且假堆发酵使培养料充分分解软化，利于草菇菌丝生长和提高产量。这里要温馨提醒广大种植户，一些有关种植草菇的报道说培养料先上架后上水，但在实际生产中，先上料后上水操作更为困难，且经常因为补水不均造成草菇出菇不均，不仅影响草菇产量，而且在上水不足的地方易出鬼伞。把假堆发酵后的培养料进入菇房后及时封闭门窗，进行巴氏消毒。消毒分四个阶段进行，第一阶段为升温阶段，将利用蒸汽锅炉或采用废油桶制成的简易锅炉产生的热蒸汽通入菇房内，在 2 天内使菇房温度升至 48 ～ 52 ℃，在此温度范围保持 2 ～ 3 天；第二阶段为巴氏消毒阶段，加温使菇房内温度升至 60 ～ 65 ℃保持 6 ～ 8 h；第三阶段为保温阶段，通过压火使菇房温度降至 48 ～ 52 ℃，保持 2 ～ 3 天；第四阶段为降温阶段，菇房温度缓慢降至 32 ℃以下时开始播种。一般情况下，菇房内温度由上升到下降这一过程需要 7 天左右。在播种前，结合补水在料面上喷施杀虫药剂做好防虫处理。在料面上采取撒播或穴播皆可，一般每平方米播种 1.5 ～ 2 袋菌种。

3.草菇发菌期管理　播种后前 2 天不通风，使菇房内温度保持在 30 ～ 33 ℃，目的是促使菌丝早发快长。2天后，每天中午少量通风1 h。在此期间温度管理是关键，切忌料温高于35 ℃或低于28 ℃，否则易造成死菌或不萌发。草菇生长过程如图6-1-26～图6-1-31所示。

图6-1-26　草菇菌丝体时期

图6-1-27　草菇针尖期

图6-1-28　草菇豆粒期

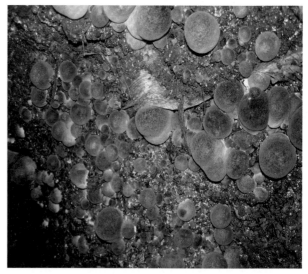

图6-1-29　草菇幼菇期

图6-1-30　草菇成菇期

图6-1-31　草菇开伞期

4. 草菇出菇期管理

（1）温度　播种后7天左右有米粒大小菇蕾原基形成，9～10天开始出菇。出菇期需要保持相对恒温，料内温度要降至 29～32 ℃，料面温度为 30～33 ℃。若高于 35 ℃时，已形成的小菇蕾上又会长出银白色的菌丝；若低于 26 ℃时，小菇蕾则停止发育。温度较高时，可采用在菇房屋面上覆盖遮阳网或从屋顶向四周屋面外墙壁上淋喷深井水的办法来调节室内温湿度。需要说明的是，根据夏邑县草菇栽培经验，笔者总结出两种温度管理方法：一种是常规管理法，就是适当采取适合草菇生长的接近上限温度的管理，即出菇期要求菇房温度为 30～32 ℃，料内温度为 29～31 ℃；这种管理方法的特点是出菇快，转茬快。另一种管理方法为懒汉管理法，就是采取适合草菇生长的下限温度的管理，即出菇期要求菇房温度为 28～30 ℃，料内温度为 26～28 ℃；这种管理方法的特点是草菇生长较慢，出菇期相应较长，但产量较高，管理较为省心。

（2）水分 水分包括培养料的含水量和菇房内空气湿度两个方面，要求培养料的含水量达到 70%，空气相对湿度达到 85%～95%。解决空气湿度偏低的途径是喷水保湿，当菇蕾刚形成到花生米粒大小前，不能直接向菇床上喷水，只可以向地面、墙壁以及栽培架空间喷水，水滴应尽量雾化，喷水距床面 60 cm 以上，不要紧贴床面。一般都采取多喷头（3～4 个）喷雾器，喷雾器直接接到水泵上使用。喷水时间安排在中午为宜，因为一般下午气温较高，蒸发量大，中午喷水可以防止下午菇房内空气湿度过低。喷水量 500 mL/m² 左右。喷水前，需将门窗适度开启，让料面稍干爽后喷水，喷水以后，不能马上关闭门窗，而必须继续适度开启门窗通风，使料面稍干爽后再关闭门窗保温。在夏邑县草菇基地，大多是播种前补足培养料内水分，在草菇发菌期和出菇期很少喷水，以免因喷水造成死菇。

（3）通风 草菇是好氧性真菌，子实体生长期间需吸收氧气排出二氧化碳，氧气缺乏或二氧化碳浓度过高，不仅会影响子实体的形成和生长，而且已形成的子实体还可能染病以致死亡。当菇蕾形

成之后，每天需开启门窗通风。外界温度高时，窗户适当开大一点；外界温度低时，不能开门，窗户可开小一点通风。通风是否充足可以从两个方面来观察：一是当小菇蕾形成之后，如果中央部分下凹呈脐状，或菇蕾表面出现水渍状锈斑，一般都是二氧化碳浓度过高、空间湿度较大引起的，如出现这种现象，需注意通风。二是检查子实体表面水珠的颜色，如果水珠呈黄褐色，则表明二氧化碳浓度过高，应加强通风换气。检查水珠的颜色一般在喷水后 3～4 h 进行，此时较易发现。

（4）光照 草菇子实体生长发育期间，需要一定的散射光。没有光线，子实体生长较弱，菇身易伸长，菌幕较薄，较易开伞。适宜的光照强度为 200～600 lx，在此光照条件下，子实体颜色较深，子实体生长较为健壮。

5. 采收 当草菇长至卵圆形、菌盖直径达 3～4 cm、未开伞前及时采摘。采摘时先向下稍压草菇，再轻轻旋转采下，避免带下周围小菇。

第一茬菇产量约占总产量的 60%。头茬菇结束后要及时补一次水养菌，5～7 天后开始出第二茬菇。一般两茬菇结束，整个草菇出菇期产量在 7～9 kg/m²。

（四）双孢蘑菇生产

1. 原料配方（以 500 m² 栽培面积计） 需草菇菌渣 10 000 kg（生产草菇后的菌渣大约剩余 10 000 kg/棚），补充麦秸 5 000 kg，干牛粪 10 000 kg，过磷酸钙 500 kg，石膏 350 kg，石灰 250 kg。此配方一是充分利用了草菇菌渣，节约了生产双孢蘑菇的原料成本；二是该配方大大增加了单位面积培养料用量。依此配方栽培双孢蘑菇，产量大多在 20 kg/m² 以上，高产的可达到 25 kg/m²。

2. 栽培时期 草菇生产一般在 4 月下旬开始，6 月底结束清棚，种植双孢蘑菇在 7 月下旬开始进行培养料前发酵，麦秸翻堆第三次时加入草菇菌渣，再进行发酵翻堆两次后移入菇房，结合巴氏消毒进行后发酵，8 月下旬开始播种，一般 8 月底播种结束。如果播种较晚则出菇期推迟，秋菇出菇期

时间较短不利于提高产量。

3. 培养料发酵

（1）前发酵　首先提前两天把麦秸和干牛粪分别用石灰水预湿处理，使麦秸充分吸足水分，含水量达到65%～70%，然后按照一层麦秸一层粪建堆，堆宽2 m左右，堆高2 m，长度不限。

建堆7天后进行第一次翻堆，翻堆时做到内外、上下互换翻匀，随翻堆加入过磷酸钙，以后每隔6天、5天再翻堆两次。第三次翻堆时加入预湿后的草菇菌渣，同时加入石膏粉，翻堆时若发现发酵料缺水要及时调水。第四次翻堆3天后即可进房上料。

（2）后发酵　栽培双孢蘑菇的培养料后发酵技术同草菇培养料室内巴氏消毒发酵技术。

4. 播种　当料内温度降到28 ℃以下并呈下降趋势时即可播种，切忌在料内温度还没有降到30 ℃以下就急忙播种。在室外温度较高时（尤其是在8月下旬播种），如果后发酵培养料温度降不下来，料内发酵余热还可能有继续升温现象。一般500 m² 撒播800瓶麦粒菌种。

5. 发菌期管理　播种后应重点观测菇房内温度，前3天菇房温度如不超过25 ℃，或料内温度不超过28 ℃，可关闭门窗不通风，保持一定菇房温度促使菌种尽快定植萌发；若料内温度超过28 ℃，要适当通风降温，防治高温"烧菌"。3天后，可根据菇房内温度、湿度和二氧化碳浓度情况适量通风调节，10天后菌丝基本铺满料面，可打开所有门窗进行昼夜通风，加大通风量促使菌丝向下吃料萌发。当菌丝吃透培养料时即可覆土。

6. 覆土及覆土期管理　覆土选择有机质含量高、土质疏松、孔隙度高、通气性良好，不含病原菌和害虫，有较大持水力的泥炭土、草炭土、菜园土、人工培育发酵土或复合营养土。夏邑县双孢蘑菇种植基地大多采取黏壤土作为覆土材料，以500 m² 播种面积计算，需备土18～20 m³，石灰200 kg，干稻壳500 kg。应在播种后及时准备好覆土材料，并将大的土块粉碎暴晒10天左右，然后将覆土材料混合均匀用5%甲醛溶液喷雾，边喷边调节土壤湿度，使之手握成团、落地即散。调湿后用塑料薄膜闷堆，3天后摊开无药味备用。

播后1周检查培养料内是否有害虫、杂菌，尤其是螨类和绿霉。覆土前3天，应关闭门窗在菇房内用磷化铝进行一次熏蒸处理，以彻底杀死菇房内各种害虫，做到无虫预防，有虫治虫。覆土前进行一次全面的"搔菌"，将料面轻轻搔动，再用木板将培养料轻轻拍平。当菌丝吃透培养料时即可覆土，覆土厚度为3～4 cm，覆土要做到均匀一致，一次到位。

覆土后关闭门窗1～2天，促使菌丝向上生长，第3天开始少量通风并逐渐调水，每天喷雾调水1次，根据土壤干湿情况进行调水，切忌一次喷水过多造成水分渗入料内影响菌丝正常生长。调水原则是少喷水，以不漏床为原则，连续调水3天，把水分逐步调到最大值。调水时应打开门窗加强通风，直至喷水后土表水珠消失，然后关闭门窗进行吊菌丝。

覆土至出菇一般在20天左右，这期间的管理主要是温湿度及通风管理，尤其温度管理，是"厚料栽培"能否成功的关键。一般要求菇房温度在18～22 ℃，料内温度在22～26 ℃。如果料内温度长期在28 ℃以上，容易产生大量床边菇，造成料床中间不出菇，同时高温高湿条件下，也易造成各种病害的暴发，导致栽培失败。要每天观察菇房内温度及料温的变化，采取开关门窗来调节温度。

7. 出菇期管理　当菇床上能够看到有米粒大小的原基时，即进入出菇期管理阶段，此时要逐步加强调湿与通风管理。当子实体长至黄豆粒大小时，要适当加大喷结菇水，连续2～3天调节好土壤和菇房湿度。一般情况下，每2天喷水1次，用量为0.5 kg/m²，连续喷水2～3次，使菇房的空气相对湿度保持在80%～90%，同时每天要适当加大通风量。出菇期双孢蘑菇生长如图6-1-32所示。

图 6-1-32　出菇期场景

（1）秋菇管理　采取一茬菇一茬水、菇多多喷水、菇少少喷水的原则，根据出菇量的多少确定用水量。由于夏邑县采取的是"厚料栽培"，出菇较为集中，茬次较为明显，与"薄料栽培"相比用水量较多。同时由于培养料代谢多，应注意通风换气，要时刻注意保持菇房内空气新鲜。

（2）冬菇管理　在北方11月底进入冬季，在管理上以保温为主，在菇房内不气闷、无异味的情况下少通风，通风选择在晴天中午进行。结合通风进行喷水，原则是应少喷水勤喷水。在夏邑县采取"厚料栽培"时，由于培养料内产生大量生物代谢热，一般情况下菇房内温度比"薄料栽培"的菇房高3～5℃，所以在冬季12月适当加温仍可正常出菇，而此时北方采取"薄料栽培"的菇房已经进入冬季休棚阶段，市场上鲜菇稀缺，菇价较高于秋菇，同时由于料厚营养物质充足，鲜菇产量也比"薄料栽培"高出许多，因此"厚料栽培"能够获得较高的经济效益。

（3）春菇管理　进入翌年3月以后，由于北方春季适合出菇的时间较短，春季前期外界气温较低且时有倒春寒天气，后期气温逐步升高，管理上前期以保温为主，后期以降温为主，同时做好病虫害的预防，尽量延长出菇期。在水分管理上采取菇多多喷水、菇少少喷水的原则。

第五节
工厂化生产模式

一、机械化建堆、翻堆

二战以后，欧美双孢蘑菇产区由于劳动力成本迅速上升，促使双孢蘑菇培养料堆制的专业机械——建堆机、翻堆机应运而生。专业机械的应用，既降低了劳动强度和生产成本，又提高了堆肥质量。至今机械化建堆、翻堆仍是双孢蘑菇工厂化生产中培养材料堆制的主要方式。

最初利用机械进行一次发酵的主要方法是：首先将切好的麦秸（稻草）充分预湿，再用铲车将麦秸（稻草）与粪肥充分混合，添加适量辅料，用建堆机械进行建堆，堆宽2 m左右，堆高2～2.2 m。根据堆内温度的变化进行机械化翻堆。这些机械设备的使用大大降低了堆肥堆制对劳动力的依赖，提高了工作效率和工作质量，既节约了生产成本，又降低了有害废气的影响。

随着机械制造工艺技术的发展，培养料堆制机械也在不断改进发展，现在已完全实现机械化预湿、混料、建堆、翻堆的流水线作业（图6-1-33～图6-1-36）。我国的双孢蘑菇培养料堆制机

图 6-1-33　麦秸的设施化预湿

草腐菌生产技术

图 6-1-34　培养料混合机

图 6-1-35　利用翻堆机进行翻堆

图 6-1-36　机械化培养料上床

械研制起步较晚，20世纪80年代初，福建省轻工业研究所蘑菇站与机械研究院合作开发了一台半自动机械翻堆机，但因适用性不足，未能得以推广。

21世纪初，随着国内劳动力成本逐渐提高，对机械翻堆机的需求越来越迫切。如果仅从国外进口设备，费用昂贵且后续维修成为难题。目前，国内已有几款自主设计或模仿制造的翻堆机械在不同双孢蘑菇产区试用。

二、隧道式一次发酵

受到集中式二次发酵原理和一次发酵烟囱效应的启发，欧美的蘑菇研究者将二次发酵隧道技术应用于一次发酵过程中，目的是在一次发酵过程中创造出适宜的条件，从而制造出更均匀的良好的一次发酵料。由于一次发酵是一个原料软化降解的过程，需要经过不同温型的微生物将原料分解利用，同时还是有益微生物扩大生殖繁衍的过程，因此并不需要在封闭的隧道内进行，通常一次发酵隧道的进料门和屋顶是开放式的，因此也被称为槽式发酵。

最初的二次发酵隧道的通气方式并不能很好地适应于一次发酵。主要是因为早期的二次发酵地面都采用栅格状的大面积"川"字形通风孔，通风口面积占地面面积的25%。在二次发酵过程中循环回风量为主要通风量，堆料下部和上部会形成较大的压力差，有助于空气的流通。但这种模式应用于敞开的一次发酵隧道中，同样功率风机的压力达不到让气流穿透堆料层的要求。

随后的技术改进是将隧道的通风方式改进为上小下大的小孔径锥形通风孔（图6-1-37），上

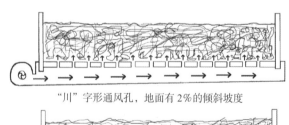

"川"字形通风孔，地面有2%的倾斜坡度

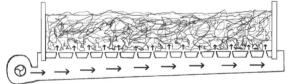

锥形通风孔，地面有2%的倾斜坡度

图 6-1-37　二次发酵隧道通气方式的变革

VI

470　中国食用菌生产

通风口总面积不超过地面面积的 1%。改进后的隧道能够产生较高压的气流，有利于气流的穿透上行，这就使得隧道式一次发酵效果得以显著提高。

这两种隧道的预制板下部空间是全部通透的，立于下部的起支撑作用的水泥桩子会阻碍空气流通，使气流形成不同走向的乱流，结果降低了气流的压力，不利于空气的穿透上行。将隧道底部按通气孔分割成独立的条状通气道，并引进离心式高压风机，可有效改善情况。现在荷兰人已开发出专用的 PVC 通风管道系统，管道直径为 16 cm，要求风机压力达到 4 ～ 6 kPa。这种通风系统可以产生强大的压力气流，整个管道的压力基本一致，并能迅速向堆料内渗透，并不会因为隧道内某些部位的阻力小而使得气流更多的流向此处，既解决了隧道内堆料不均匀导致的通气不良问题，又大幅度提高了一次发酵隧道的填料量，填料高度由原来的 2 m 上升到 5 m。（图 6-1-38 ～图 6-1-40）。

在隧道式一次发酵室内，通气采用间歇式供给方式，主要是满足堆料 20 m³/ 天的新鲜空气供给量。供给的时间和间歇的时间根据不同原材料材质和料堆温度的上升不断调整。

最新的一次发酵工艺流程是：原材料充分预湿，搅拌均匀→建堆→当温度上升达到 70 ℃时翻

图 6-1-39 浇筑好混凝土的一次发酵隧道

图 6-1-40 一次发酵隧道压力风机和风管

堆（通常 5 h 内翻堆 2 次）→进一次发酵隧道→中心料温升到 80 ℃时翻堆→中心料温升到 80 ℃后，控制料温在 80 ℃条件下维持 3 h（即蒸煮阶段，图 6-1-41）翻堆→料温再次升到 80 ℃时进二次发酵

图 6-1-38 发酵隧道底部通气管

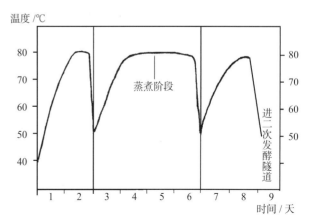

图 6-1-41 一次发酵蒸煮阶段的温度走势

草腐菌生产技术

隧道。在一次发酵隧道内的翻堆次数通常是2次，如果料腐熟较快（主要原因是麦秸的质量差），仅翻堆1次，经过高温蒸煮阶段后即可进二次发酵隧道。

蒸煮阶段的意义是：在高温状态下，绝大多数的微生物不能生存，但堆料内发生的焦糖化化合反应所产生的暗色的高碳化合物是蘑菇菌丝必需的碳源物质，这些碳源物质在蘑菇碳代谢中占相当大的比重。因此，蒸煮阶段的目的就是产生更多的高碳化合物，增强蘑菇堆肥的特异性（选择性）。

把大容积的堆肥放在特制的隧道设施中进行自动控制的二次发酵方式是意大利发明的。到了20世纪70年代才在荷兰和法国的蘑菇生产上成功应用，它的应用使得蘑菇栽培更容易进行机械化传输、装床、接种和出料等工作，节约了大量人力资源、能源，简化了环境控制操作，奠定了近代蘑菇产业的基础。据报道，荷兰仅引进隧道集中发酵技术，就使本国的蘑菇产业规模扩大了30%。

常规床架式的二次发酵过程中，菇床料温和室温差距通常可以达到10～15℃，但在隧道式集中发酵中，二者温差仅为1～2℃（图6-1-42）。这对正确维持高温有益微生物最适条件48～52℃是很有效的，甚至几乎不需要外源热量，依靠自然发酵热就可以完成巴氏消毒和控温发酵整个二次发酵周期。隧道式一次发酵的应用使蘑菇栽培方式由单区制进入二区制，既增加了菇房的年栽培周期，又延长了菇房设备的使用寿命。

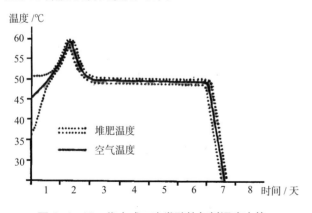

图6-1-42 集中式二次发酵的气料温度走势

集中发酵方式要求发酵隧道除了一个排气口

和进气口外，其余地方完全密闭，并具备优良的保温性能、抗压能力和可控温、控湿、控制风量的空气内外循环混合系统。为了保险，还必须安装输入干热和湿热的不同进气管道。在整个系统中，最重要的是要保证循环风机具有满足隧道内每吨堆肥200 m³/h循环风量、最大能产生13.3 kPa静压力的能力（图6-1-43）。

A.二次隧道的机械进料

B.二次隧道的气流走向

图6-1-43 二次隧道的机械进料和循环通气

如果二次发酵效果不理想，一方面可能是因为风机功率不匹配导致新鲜空气供给不足或太强，另一方面可能是因为隧道内不同位置的堆肥密度不同导致通风不均匀。通常新鲜空气的加入量仅相当于循环风量的10%。因此在风机流量和压力满足的情况下，还必须满足以下条件才能制造出均匀统一的优良堆肥：①保证堆肥的结构、含水量、分解程度等是均匀的。②堆肥充分混合，以相同厚度和密度进行装料，装料呈均匀状态。③装料作业一次完成，不能中断，堆肥层不会产生断层。④隧道下部的通风地面对着空气入口呈2%的坡度，目的是维持前后空间的压力均衡和有利于排除积水。但在实际生产过程中要保持绝对的均匀是不可能的，为了达到二次发酵过程中温度、需氧量的动态平衡，需要管理者具有丰富的实践经验。

隧道式二次发酵技术的普及应用是我国双孢蘑菇产业发展的必经之路。随着经济发展，发展中国家对环境卫生和产品质量安全的要求越来越严格，蘑菇生产企业或农场将逐步整合，以符合要求并提高企业对市场风险的抵御能力。产业整合扩展到一定规模，利用机械进行专业的堆肥制造工艺也将迅速普及。例如，西欧的爱尔兰、南美洲的巴西等国，从事蘑菇生产的菇场要求平均日产至少 0.5 t，每个场地都配备有相应规模的二次发酵隧道。

三、工厂化生产模式的种类与特点

（一）国外工厂化生产模式的种类

双孢蘑菇的工厂化生产需要较大的投资，例如，建设一座日产 1 t 鲜菇的空调化菇场至少需要投入 50 万美元，场地约需要 6 500 m²，其基本设施有覆土消毒室、发菌隧道、空调控制室、发酵隧道、走廊、出菇箱、燃油锅炉、接种覆土作业线、翻堆机、堆肥、预湿场、出菇室等。

在工厂化的双孢蘑菇栽培中，堆肥的二次发酵、发菌、出菇三个阶段在同一室中完成的为单区制，一个栽培周期 84 天，每年栽培 4.3 次；二次发酵与覆土之前的发菌在隧道内进行，覆土后催菇及出菇在出菇室中进行的为二区制，一个栽培周期 63 天，每年栽培 5.7 次；而三区制又单设了覆土之后的发菌催菇室，出菇室仅供出菇之用，一个栽培周期 42 天，每年栽培 8.6 次。

单区制生产投资较少，适于小菇场；而二区制及三区制生产投资较大，适于较大规模的菇场。在双孢蘑菇多区制生产设施中，最值得投资的是发酵隧道，利用其不但可以进行高质量的堆肥后发酵，而且还可以进行高效率的集中式大堆发菌，不占用出菇室发菌，因而栽培周期由每年栽培 4.3 次增加到 5.7 ～ 8.6 次，大大提高了设施利用率。在双孢菇工厂化栽培中，堆肥的前发酵一般要进行 14 ～ 18 天，因不占用出菇室，所以不计入栽培周期。

（二）国外双孢蘑菇生产技术的特点

在欧美许多国家，双孢蘑菇栽培已经实现工厂化生产。菌种生产、堆肥生产、覆土生产、产品销售等分别由专业公司和菇场完成，菇场只是购进二次发酵成熟的堆肥甚至发好菌的堆肥直接上架栽培，产出的鲜菇销售给双孢蘑菇配送中心。欧美国家高度专业化的双孢蘑菇生产方式，尽管不完全适合我国国情，但借鉴吸收发达国家双孢蘑菇工业化生产技术，是提高我国双孢蘑菇生产水平的捷径。

（三）单区制生产模式

一个有 12 间菇房的单区制小菇场，一年 52 周中的每周都有一间菇房采菇，产品可以周年均衡上市。单区制小菇场一般具有铺料、压实、播种、覆土、喷水等所需的机器设备。

（四）二、三区制生产模式

1. 二区制栽培 原料的一次发酵在室外进行，大约 15 天，采用翻堆机翻堆。堆肥的二次发酵约需 7 天，覆土前的发菌（14 天）都在隧道内集中进行，因而不计入出菇室占用周期。发满菌的堆肥经由传送带铺入出菇室的菇床（或菇箱），同时完成覆土。

二区制栽培整个出菇周期从覆土到出完菇约需 63 天，每个菇房一年可循环装床出菇 5.7 次。在一个出菇周期内，一般采收 3 ～ 4 茬双孢蘑菇。

2. 三区制栽培 采用菇箱比二区制占用出菇室的时间节省了 19 天，即菇箱覆土后的发菌与催菇另辟一区而不占用出菇室，出菇室只供采菇期占用 40 天左右，全年 360 天完成 8.6 个周期。

（五）袋式与块式生产模式

袋式与块式栽培起源于爱尔兰，是二区制生产的一种变形方式，早期用于山洞、人防工程等非专建的出菇场所。

这种模式中堆肥被装到坚固的塑料编织袋里，每袋约装 25 kg，当堆肥发好菌即把袋边翻卷，覆土 6 ～ 8 周后产菇 5 ～ 7 kg/ 袋。

有的菇场采用块式栽培，即堆肥播种发菌 14 天后压成大块，采用塑料薄膜包装。

四、播种

1. 菌种 菌种以长满瓶后 7 ～ 10 天使用最佳。如果在 2 ～ 5 ℃冷库中贮存，应在接种的前一天取

草腐菌生产技术

出来，放在 20 ～ 23 ℃ 的室内使其恢复活力。接种方法有穴播法、撒播法、混播法、扩播法等。这几种接种方式中，混播法最合理，发菌最快，产量最高，因而工厂化栽培大都采用此法。颗粒状菌种容易混入堆肥中，用起来也很方便，在生产中多采用小麦或燕麦，也有采用谷子、高粱等制作的。

2. 播种量　1 t 堆肥至少应使用 5 L 菌种。从经济效益来说，1 m² 通常使用 0.5 ～ 0.7 L（每吨堆肥用 5 ～ 7 L）是较合适的。

如果播种后立即在料上覆土，建议接种量按堆肥质量的 0.5% 计，一间栽培面积为 500 m² 的菇房铺 50 ～ 60 t 堆肥，需要 500 ～ 600 L 的菌种。美国的公司接种率是按鲜菇计算，每产 30 kg 鲜菇用 1 kg 麦粒菌种，即 1 m² 料床用 1 kg 麦粒菌种。我国的常规接种量一般为麦粒菌种 0.4 ～ 0.5 kg/m²，粪草菌种用 1 ～ 2 kg/m²。

五、发菌期管理技术

1. 架床式栽培　采用单区制的工厂化生产，一般采用的是架床。装床时用翻斗机将堆肥卸进铺料机中，再均匀铺在尼龙网上，通过装在菇床远端的卷网机将网顺床面拉入（出残料时可反方向操作）。接种时堆肥的含水量以 65% 左右为宜，若因二次发酵失水过多而料偏干，必须喷水调湿。二次发酵结束后要立刻进行接种，如果耽搁较长时间不接种，料面就容易受到竞争性杂菌的危害。经二次发酵后的堆肥呈浅灰白色，接种后当菌丝开始从最初的生长点萌发生长时，能看出菌丝本身像一层纤细的蓝白色丝膜。几天之后，菇房里可闻到明显的双孢蘑菇气味。菌丝生长的快慢取决于堆肥质量、菌种优劣和温度是否适宜。

如果床温长时间在 22 ℃ 以下，则双孢蘑菇菌丝生长缓慢，会延长发菌时间。当把室温维持在 21 ～ 22 ℃，床温维持在 25 ～ 27 ℃，通常 14 天菌丝就能长满堆肥。发菌的时间，也受菌种的接种

量及分散状态、堆肥质量及含水量的影响。如果发菌超过 20 天，就可以认为不正常。

如果菌丝一开始就不萌发，或一开始就形成粗纤维状，堆肥颜色暗黑，表明堆肥质量不佳。这种堆肥不是太湿就是发酵不当，加上没有很好地进行二次发酵，以致在播种时堆肥中还残留有氨气而影响发菌。

双孢蘑菇菌丝生长的最适温度是 24 ℃，但是为了把病虫害的发生控制到最小限度，也可把发菌温度调至 21 ℃。

在适宜条件下诱导如覆土和低温刺激下，菌丝进入生殖生长期而形成双孢蘑菇原基。覆土中的菌丝之间相互融合，形成粗大的管状构造——菌丝束（俗称菇根），培养料内的菌丝通过菌索向菇体输送营养物质。参与菌索形成的菌丝在覆土中发育成气生菌丝，培养料内的菌丝不参与菌索的形成，因而覆土层中气生菌丝的多寡或强弱与产菇量呈正相关。

当覆土层表面约 40% 的面积有白色的双孢蘑菇菌丝时，可进行"搔菌"，搅断菌丝并使之与覆土充分混合，在 25 ～ 27 ℃ 的适温条件下，经过 24 h 后，菌丝相连而恢复活力，使菌丝均匀侵入覆土层，可使双孢蘑菇原基在覆土表面整齐发生，减少双孢蘑菇成丛现象。

2. 浅箱式栽培　浅箱栽培适于工厂化二区制或三区制生产，在美国、荷兰、法国等国家已广泛采用。

（1）浅箱规格　标准浅箱宽 1.2 m，长 1.75 m。40 t 腐熟堆肥装 220 个浅箱，每个浅箱平均装堆肥 180 kg。

（2）排箱发菌　发菌时浅箱的排列为：高 0.35 m×12 层，箱堆四周的距离为 60 ～ 80 cm。

堆叠起来的浅箱内堆肥表面和上方浅箱的底板之间，要有足够的气体交换通路。最下部的浅箱下垫码 20 cm 高的预制水泥块作为空间。发菌室温度控制在 20 ～ 22 ℃，空气相对湿度为 80% ～ 85%，菌丝培养 14 天左右，栽培箱移出发

菌室进行覆土。

3. 隧道集中发菌 是在隧道中大堆集中发菌的技术，类似于堆肥的二次发酵，将二次发酵结束的腐熟堆肥移送到另一间隧道室中，不装入浅箱或任何其他容器，在移送过程中把菌种混合进去（混合接种）。

隧道集中发菌是培育双孢蘑菇菌丝非常高效的方法，一般12天就可以完成发菌。把发好菌的堆肥装进菇箱或菇床之后，至少要恢复3天再覆土。

六、覆土与催菇期管理

栽培箱覆经过消毒处理的泥炭土，覆土厚度一般为5 cm。覆土后转入出菇室，覆土调水后，于24 ℃再培养7～10天，促使料内菌丝进入覆土层，之后转入催菇管理。催菇温度控制在14～16 ℃，空气相对湿度为90%～95%，一般在覆土之后20天左右可采收一茬双孢蘑菇，出3茬菇约采收30天结束一个栽培周期。然后出菇室再运进下一批发好菌的浅箱，经覆土培养、降温增湿使其出菇，如此周而复始连续生产，每个菇房每年装箱出菇8次以上。

七、出菇期管理

（一）覆土1周

维持床温23～25 ℃，室温21～22 ℃，通风量200～300 m³/h，覆土中的二氧化碳浓度由1%渐降至0.4%，覆土3天后连续喷水4天，每天1次，每次喷水量为1 L/m²，逐步调节覆土层含水量，使土壤含水量达到最大值但又不能漏料造成退菌。

（二）覆土后2周

8～10天时以2 400 m³/h的大通风量降温，同时将空气中的二氧化碳浓度降到0.2%左右，床温降至15～17 ℃，室温15 ℃。

（三）覆土后3周

18天生成大量原基，维持800 m³/h的通风量，将空气中的二氧化碳浓度控制在0.2%以下，床温控制在17 ℃，室温15 ℃，连续4天，每天喷水1次，喷水量为1 L/m²。

（四）覆土后4～6周

出3茬菇，总产量每平方米可达到40 kg。

八、采菇

在工厂化的栽培条件下，头一次采收双孢蘑菇从覆土后18～21天开始，约是低温诱导原基形成后的10天。以后以间隔7～10天的周期形成菇茬，一般收获3～4茬菇，大约延续5周。随着收获期延长，每茬菇的产量逐渐降低。虽然还能出菇，但工厂化生产为了提高设施利用率，一般终止出菇以进行下一轮栽培。

在6周的采收期中，前3周的产量是总产量的70%～75%。两茬之间的天数受菇房温度、管理水平的影响。

（1）采菇温度 菇房温度要保持在15～16 ℃，菇床的温度一般要比菇房高2～3 ℃。采收出菇较多的第一茬菇期间，温度要降至14～15 ℃。

（2）采菇标准 双孢蘑菇的子实体发育成熟、放出孢子之后，不久就老化、枯死了。开伞双孢蘑菇的风味较浓，国外有些消费者喜食。但由于开伞双孢蘑菇极易破损及褐变，不易贮运和加工，因此商家收购经销的均是未开伞的实心双孢蘑菇。

（3）采菇效率 采收较大的双孢蘑菇劳动效率高，而小双孢蘑菇（菌盖直径3 cm）的采收成本相当高，所以销售的价格也较高。欧美国家的许多菇场栽培米色双孢蘑菇菌株，以生产出大而重的子实体。此外，覆土时每平方米堆肥添加1 kg大豆粉促使双孢蘑菇高产，每茬菇每平方米产10～12 kg是可能的。要获得这样的产量，就要把双孢蘑菇留在菇床上长到最大限度（以不开伞为

草腐菌生产技术

度）为止。

有经验的一名工人1 h可采菇（菌盖直径6 cm）50 kg。如果采收的是一级双孢蘑菇（菌盖直径3 cm），那么采收效率要低得多，采收成本则相对较高。

（4）机械采菇　由于采菇成本在总的生产成本中占比大，所以机械化采菇已是势在必行。

双孢蘑菇使用收割机时，180 m² 的菇床，3个人操作，大约4 h可以收割完毕，可采收1 500 ～ 2 000 kg二级或三级的双孢蘑菇，比手采的效率提高了3 ～ 4倍。

大部分菇床是切割2次，第一次切掉双孢蘑菇（图6-1-44），第二次切掉留在菇床上的菇脚部分。

图6-1-44　机械采菇

现代化的采菇装置效率高，劳动强度低，减少了工人使用量，发达国家如荷兰、英国多采用这种装置。

九、清理菇房

大约采菇5周后，虽然菇床仍可再出菇，但为了提高设施利用率、尽早安排下一轮栽培而中止出菇。把菇床采干净，直接用蒸汽蒸培养料8 ～ 10 h，然后出清，或在菇床表面喷水，把电子热电耦放在培养料中直接产生蒸汽，使培养料温度

达到70 ℃，这样的温度至少要保持12 h。热蒸的目的主要是杀死杂菌、病菌和害虫。在这样高的温度下，培养料中的线虫、螨类、蝇类以及霉菌都会被杀死。

第六节
双环蘑菇生产技术

一、概述

双环蘑菇广泛分布于世界各地不同环境中，温带、亚热带和热带地区均有分布，寒带尚无分布记载。主要分布于欧洲、北美和东南亚等地，我国青海、甘肃、内蒙古、新疆和台湾等地均有分布。

双环蘑菇隶属真菌界、担子菌门、蘑菇亚门、蘑菇纲、蘑菇亚纲、蘑菇目、蘑菇科、蘑菇属。

拉丁学名：*Agaricus bitorquis*（Quél.）Sacc.。

中文别名：大肥菇、大肥蘑菇、美味蘑菇、高温蘑菇。

英文名：Mushroom，Hot mushroom。

我国的双环蘑菇栽培，与双孢蘑菇一样，也是一个从国外引进的外来菇种。我国最早报道于70年代，引进欧洲与北美的温带型双环蘑菇（当时称为大肥菇）进行试种（郑时利等，1981）；王广民（1993）、张功（1993）分别对我国青海省柴达木盆地和内蒙古呼和浩特的野生双环蘑菇进行人工驯化栽培试验；姚忠明等（2005）对新疆巴里坤县的野生双环蘑菇进行人工驯化栽培试验。由于引进的温带型双环蘑菇菌株的子实体生长发育温度范围窄，适宜出菇温度为19 ～ 24 ℃。当温度持续高于26 ℃时，原基即不能形成、分化。在我国的自然气候条件下栽培，适宜出菇的时间短，产量低。而国内青海、内蒙古和新疆的野生双环蘑菇驯化栽培试验表明，子实体生长发

育适宜温度低于24℃，也属温带型双环蘑菇。在生产季节安排上，我国大部分蘑菇产区栽培季节为9月至翌年4～5月，而6～9月夏季菇房空闲期间气温普遍超过30℃，无法栽培这些温带型双环蘑菇。试种还表明该菌株菌肉粗糙，口感欠佳，商品价值不高。因此，一直未能在我国得到生产性推广应用。

90年代初，浙江省农业科学院园艺研究所方菊莲、蔡为明等以原产于东南亚的野生热带型双环蘑菇为材料，开展高温蘑菇选育，于1993年成功选育出国内首个适合夏季栽培的高温型双环蘑菇品种"夏菇93"（原名"浙AgH-1"），于2000年通过浙江省农作物品种审定委员会认定。该品种适宜出菇温度为25～34℃，成长中的子实体能在36～38℃高温下继续生长，十分适合我国夏季高温期栽培，可以利用蘑菇产区现有的菇房（棚）夏季空闲期栽培，且出菇期正值蘑菇淡季，价格高，大大提高了菇农的年栽培效益，深受菇农的欢迎。

继"夏菇93"育成后，浙江省农业科学院园艺研究所蔡为明、方菊莲等针对高温型双环蘑菇品种"夏菇93"存在的菌丝爬土能力不强、出菇部位偏低、影响结实率和子实体商品质量等问题，通过与野生种质杂交于2000年育成了爬土能力强、结实率高的优质高产新菌株"夏秀2000"，使高温型双环蘑菇的产量和品质得到了进一步提高。上述品种已在浙江、江苏、上海、广东、福建、新疆等全国各新老蘑菇产区推广应用。

二、标准化菇房生产技术

由于温带中温型双环蘑菇菌株子实体生长发育温度范围窄，适宜出菇温度为19～24℃，当温度持续高于26℃时，原基即不能形成、分化，无法在我国夏季栽培，因此生产上极少应用。本节介绍的是热带高温型双环蘑菇的生产技术。

（一）栽培季节

在自然气候条件下，各地首先要根据高温型双环蘑菇的菌丝生长，尤其是子实体形成所需的适宜温度范围，再根据当地历年的气温变化情况以及当年的天气变化等因素确定双环蘑菇的栽培季节，以确保在适宜的温度下出菇，获得最理想的产量。另外，还应考虑市场供求和价格因素，尽可能错开上市高峰期，以提高栽培效益。综合分析上述因素后，确定最佳播种栽培时间。

根据高温型双环蘑菇的生物学特性，栽培季节安排的总体原则是：菇房内温度高于25℃的出菇时间超过5周，使之具有足够的有效出菇时间，以确保双环蘑菇产量。一般北方适宜出菇期为6～8月，播种时间为5～6月初；长江流域适宜出菇期为5～9月，播种时间为4～7月初；南方适宜出菇期为4～10月，安排合理可栽种2茬，其播种时间分别为3～4月和7～8月初。各地在安排栽培季节时，还应注意培养料室外一次发酵期尽可能避开梅雨季节，在梅雨季节到来之前完成室外一次发酵，以免雨水进入料堆影响发酵质量。

（二）栽培设施

双环蘑菇栽培设施与双孢蘑菇相同，因此，可以利用现有的栽培双孢蘑菇的菇房（棚）在夏季空闲期栽培，以提高菇房（棚）利用率、降低生产成本。

传统农艺式双孢蘑菇栽培设施主要有菇房或大棚床架栽培、室外地栽和人防地道地栽三种栽培设施。由于双环蘑菇在高温高湿条件下栽培，容易发生杂菌和病虫害，因此不仅要求菇房（棚）具有良好的保温保湿性能、通风换气能力和卫生条件，以创造有利于双环蘑菇生长发育而不利于杂菌和病虫害发生的栽培环境；同时培养料必须进行严格的二次发酵，以有利于双环蘑菇生长发育而不利于杂菌和病菌、害虫发生。菇房和大棚床架式设施栽培在上述两方面条件均优于室外地栽和人防地道地栽。此外，由于双环蘑菇菌丝接触土壤后只需少量空气即能形成子实体，采取室外地栽和人防地道地栽时，容易在菌丝料和土层之间形成子实体，产生"地雷菇"，影响蘑菇产量和品质，因此，双环蘑菇应尽可能采用菇房或大棚床架式栽培。

草腐菌生产技术

菇房（棚）是栽培双环蘑菇的场所，又是杂菌、病菌和害虫的滋生场所，尤其是高温型双环蘑菇在高温高湿条件下栽培，十分适宜于潜伏在菇房内的杂菌、病菌和害虫的滋生繁殖，因此，菇房的消毒工作十分重要，是高温型双环蘑菇成功栽培的关键技术之一。

利用现有双孢蘑菇菇房（棚）栽培的，在双孢蘑菇结束后，必须及时清除菌渣，冲洗干净，然后分别用浓石灰水、漂白粉对床架、菇房地面、墙壁进行消毒。在堆肥进房（棚）进行二次发酵前4～5天，用石灰粉撒菇房（棚）地面，并按每110 m² 栽培面积的菇房（棚），以敌敌畏 0.5 kg、甲醛 3～5 kg 的用量进行密闭熏蒸消毒，于培养料进房（棚）前一天打开门窗通风换气，便于进料。

（三）培养料配方

1. 配方　培养料是双环蘑菇生长的物质基础，双环蘑菇培养料可采用双孢蘑菇的配方，培养料配方中的碳氮比以 30∶1 左右为宜，含氮量以 1.5%～1.7% 为好。根据有无含畜禽粪而分为无粪合成料配方和粪草培养料配方两种。

（1）无粪合成料配方

配方1：干稻（麦）草94%，尿素1.7%，硫酸铵0.5%，过磷酸钙0.5%，石膏2%，石灰1.3%。

配方2：干稻（麦）草88%，尿素1.3%，复合肥0.7%，菜籽饼7%，石膏2%，石灰1%。

（2）粪草培养料配方

配方1：干猪牛粪40%～45%，干稻（麦）草45%～50%，饼肥2%～3%，化肥0.5%～2%，过磷酸钙1%，石膏1%～2%，石灰1%～2%。

配方2：干猪牛粪40%左右，干稻（麦）草55%左右，干菜籽饼2%～3%，过磷酸钙0.5%，石膏1%～2%，石灰1%～2%。

2. 培养料用量　由于高温型双环蘑菇栽培周期短，出菇茬次较双孢蘑菇少，并且在高温高湿条件下栽培，若管理不当，厚料比薄料更易发生杂菌和病虫害，因此，高温型双环蘑菇的培养料用量一般少于双孢蘑菇。实践表明，在当前的栽培

设施条件下，培养料配方中的干草、粪总用量以 15～20 kg/m² 为宜；如培养料发酵质量好，栽培管理到位，适当增加培养料用量将有利于提高产量。

（四）培养料堆制发酵

培养料堆制发酵的作用是通过一次发酵和二次发酵，利用有益微生物对培养料中营养物质的分解转化和巴氏消毒等环节，杀灭培养料及菇房内的杂菌和病虫害，尤其能使培养料成为适合蘑菇生长而不适合杂菌生长的选择性培养基质。在高温高湿环境下栽培，更易发生杂菌和病虫害，更需要严格按培养料一次发酵和二次发酵工艺进行堆制发酵。严把培养料一次发酵和二次发酵质量关，是防止和控制高温型双环蘑菇病虫害和杂菌发生，确保栽培成功的关键。

1. 一次发酵　培养料一次发酵也称前发酵，我国一般都在室外自然条件下进行，故也称为室外发酵。双环蘑菇培养料一次发酵过程中，需特别注意做好以下几方面工作：① 严格做好堆肥场的卫生和消毒工作，建堆前一天用石灰或漂白粉等对堆肥场地进行消毒处理，并做好场地周围的环境清洁卫生；② 严防由于浇水过多或雨天料堆进水造成培养料过湿，控制培养料的含水量在 60%～65%；③ 及时检查堆温是否处于正常发酵状态，如堆温不能达到要求，应及时查明原因，采取相应措施。

（1）堆肥场地准备　建堆前的堆肥场准备工作主要包括环境清洁卫生与消毒，以及消除场地积水坑和通畅排水沟等。整平夯实堆肥场，不留水坑，堆料场地建成龟背形，以免积水。堆肥场整理后，用石灰或漂白粉等进行消毒。最好在堆肥场内建一个流失水收集池，收集在建堆和堆肥过程中从料堆中流出的肥水，重新用回料堆中。这样不仅可避免堆肥废水横流而引起面源污染，而且可避免堆肥肥水外流而导致营养损失，影响堆肥质量，进而影响蘑菇产量。

（2）预湿、预堆　建堆前2～3天需对稻（麦）草进行预湿，通常麦草需比稻草早1～2天

预湿，待其充分吸收水分后建堆。预湿可采取浇淋、浸泡等多种方法，不论采用何种方法，都应使稻（麦）草湿透，否则就需要在加肥料的建堆过程中大量浇水，容易导致肥水流失。国外一般用机器收割麦草，压缩打包堆叠在草场中，用抽水机将水直接打在草堆上预湿，使整个草堆充分湿透；国内大多采用人工收割，未经压缩打包的整草、散草，一般采用边堆边浇水边踩踏的方法预湿。

（3）建堆　建堆时，先铺一层宽 1.8 ～ 2 m、厚约 30 cm 的湿稻草，然后铺一层粪，第三层开始加入菜饼和尿素等肥料，如此一层草料一层粪肥进行铺堆，一般分 10 层左右堆完。要求料堆四边垂直，高 1.6 ～ 1.8 m。如果采用稻麦混合草，由于麦草比稻草腐熟慢，麦草宜堆放在中间几层，以加快其发酵，使之与稻草发酵同步。在堆料过程中，应根据草料的干湿度进行补水，一般底下 3 ～ 4 层不需要浇水，从第四层开始，如草料偏干，应边堆边浇水，浇水量应根据草料的干湿度确定，一般以建堆完毕时料堆四周有少量水流出为度。建堆时如草料比较疏松，可在料堆铺至 6 ～ 7 层时，结合浇水加菜饼、尿素，由 1 ～ 2 人上料堆，边堆边踩踏，使料堆紧实适度，有利于发酵升温。料堆建成后，顶部用草苫覆盖，防止日晒雨淋；下雨时，应在料堆上覆盖薄膜，以免雨水进入料堆，但不能密封，并且雨后应及时掀去，防止厌氧发酵。国外最新采用透气防雨的无纺布覆盖料堆，晴天可避免料堆表层草料被晒干，减少料堆水分散失，雨天可防止雨水进入料堆。

（4）翻堆　翻堆的目的是通过翻动料堆，调换不同料层位置，使培养料发酵均匀；同时在翻堆的过程中补充新鲜的空气，排除发酵过程中产生的废气，改善料堆内的空气条件，调节水分，促进微生物继续生长、繁殖。一般当料堆内的温度由最高点开始下降，即料堆中的微生物由于氧气不足、有害气体积累而生长繁殖活动开始下降时进行翻堆为宜。通常整个室外一次发酵过程中需进行 4 次翻堆。

第一次翻堆：一般在建堆后第 2 ～ 3 天，料堆温度达 70 ℃以上时进行。翻堆时，必须充分抖松料块，尽可能多地排出料块中的废气、补充新鲜空气，并将料堆外层和底层的料翻入新料堆的中心，将原料堆中心的料翻到新料堆的外层。在翻堆过程中，均匀加入全部过磷酸钙和 60% 的石膏；根据料堆干湿度补充水分，使含水量达 60% ～ 65%，即用手紧握一把培养料，可在指缝间挤出 1 ～ 3滴水。必须注意浇水不能过多，以免料堆过湿。翻堆后的料堆可适当缩小到宽 1.6 ～ 1.8 m、高1.2 ～ 1.5 m。由于经发酵后的培养料吸水性会不断提高，应特别注意下雨时盖好薄膜，严防雨水进入料堆，导致料堆过湿；天晴立即揭膜，防止厌氧发酵。

如果建堆 3 天后料温达不到 70 ℃，说明料堆发酵欠佳；如果料温低于 60 ℃，则应及时拆堆检查，分析原因，并采取相应措施重新建堆。通常，建堆后 2 ～ 3 天堆温达不到要求的原因有以下两个方面：① 料堆氮素营养不足。由于配方中碳氮比过高，含氮不足，或者由于预湿时草料湿度不够，在建堆过程中大量浇水，养分随水流失，含氮量下降；或者由于使用了霉变、发酵能力差的粪肥、饼肥，影响堆肥微生物生长繁殖，而导致堆温不高。补救措施是及时翻堆，加入适量的新鲜粪肥、菜饼或尿素等氮源材料，重新建堆。② 料堆含水量不足、过于疏松，影响料堆微生物生长繁殖和堆温积累升高。补救措施是在翻堆、重新建堆时补充水分，使料堆湿度均匀地达到 60% ～ 65%，并适当压紧料堆。如果翻堆后料温达不到要求，除上述两方面原因外，通常还有一个原因：料堆过湿、缺氧，影响料堆微生物生长繁殖。补救措施是晴天拆堆晾晒，去除多余水分，使含水量降低到合适范围后重新建堆发酵。

第二次翻堆：第一次翻堆后 1 ～ 2 天内料堆温度可上升到 75 ～ 80 ℃，通常在第一次翻堆后 4 天进行第二次翻堆，翻堆的具体方法同第一次。翻堆时，加入余下的 40% 石膏，同时根据料堆干湿度，

草腐菌生产技术

补充水分，但切忌补水过多。第二次翻堆后，如果翻堆过程中加水过多或者雨水进入料堆，会使料堆过湿，料堆温度低，影响发酵质量。这是导致减产减收甚至绝收的常见问题之一，需引起高度重视。

第三次翻堆：通常在第二次翻堆后 3 天进行，翻堆时，加入总量 50% 左右的石灰，调节 pH 至 8 左右，翻堆的具体方法同第一次。

第四次翻堆：通常在第三次翻堆后 2 天进行。翻堆时，加入适量的石灰，调节料堆 pH 至 8 左右。调节料堆含水量至 60%～65%，在此范围内，培养料含水量高，供水足，有利于获得高产，但胡桃肉状菌等杂菌发生风险增大，管理难度增加，栽培技术要求高。培养量含水量偏低，供水量下降，一定程度上会影响蘑菇产量，但有利于防止和控制胡桃肉状菌等杂菌的发生。因此，应认真分析评价栽培条件、培养料发酵质量和栽培管理技术水平，妥善调节好培养料含水量。如具备培养料一次发酵质量优良，菇房（棚）控温控湿条件好、清洁消毒工作到位，二次发酵的温度、保温时间与通气等能严格达到工艺要求，栽培管理技术水平高、经验丰富等良好条件，培养料含水量采用偏高值，调节至 63%～65%，有利于提高产量。

一般第四次翻堆后的第 2～3 天，将培养料搬运进菇房（棚）进行二次发酵。一次发酵结束时的培养料质量应达到如下要求：培养料为深褐色，可见少量的白色放线菌；手握料有弹性，不黏手；pH 为 7.5 左右；具有发酵厩肥气味，允许有少量氨味；含水量在 60%～65%。

2. 二次发酵　二次发酵也称后发酵，一般都在室内进行，因此也称为室内发酵。二次发酵总体上分巴氏消毒和控温发酵两个阶段。其主要作用：一是通过巴氏消毒阶段，杀灭不利于蘑菇生长的杂菌、害虫等；二是通过控温发酵阶段，充分培育堆肥中的嗜热真菌、放线菌等嗜热有益微生物，进一步将复杂的有机物降解转化成为适合蘑菇生长的营养物质，同时消除培养料中游离氨和容易引起杂菌发生的简单糖类，从而使经过二次发酵的培养料成为适合蘑菇生长而不适合杂菌生长的选择性培养基质。栽培高温型双环蘑菇的培养料，必须严格执行二次发酵工艺，重点做好以下几方面工作：

（1）培养料进房　经室外一次发酵的培养料抖松后，趁热迅速搬进经消毒的菇房（棚），铺放在第二层以上的床架上。进料结束后关紧门窗，利用培养料自身产热升高室温，5～6 h 后开始加热升温。

（2）升温巴氏消毒　通过加热使室温达 60 ℃以上，维持 8～10 h，杀灭潜伏在菇房（棚）和料内的杂菌和害虫，此为巴氏消毒阶段，是二次发酵中的关键环节。近年来蘑菇培养料的加温发酵方法已逐渐从火炉等明火干热发酵改进为蒸汽湿热发酵。采用蒸汽湿热发酵不仅可消除干热发酵引起的料内水分蒸发和表层料面失水干燥化，提高发酵质量和均匀度，同时可有效降低明火干热发酵存在的火灾隐患。采用蒸汽加温 5～6 h 后，使室温逐渐升高到 60 ℃以上，使料温始终高于气温，避免升温过快而使气温高于料温，影响料内氨气等有害气体的散发，影响发酵质量。此外，当前我国的二次发酵都在菇房（棚）内进行，由于菇房（棚）空间大、温度不均匀，容易造成巴氏消毒死角，因此，应采取多点测温的方法，在菇房内铺料的第二层床架以上的不同部位的温度都均匀地达到 60 ℃以上时，才能开始计时保温，确保巴氏消毒全面彻底。

（3）控温发酵　控温发酵的目的是充分培育堆肥中的嗜热真菌、放线菌等嗜热有益微生物，促进养分转化，这是二次发酵的主要阶段。巴氏消毒阶段结束后，逐渐降低菇房内的温度，降温速度以每天下降 2 ℃左右为宜，以促进不同温度类型的有益微生物生长、繁殖。控温发酵期间最低温度不应低于 48 ℃，料温在 48～57 ℃的控温发酵时间一般需 5～6 天。在控温发酵期间，除了控制合适的温度外，菇房的通风换气非常重要，在确保合适温度的前提下，每隔 3～4 h 需斜对角开一对上窗和地窗进行一次通风，补充菇房内新鲜空气，促进放线菌等有益微生物的活动。控温发酵阶段结束后，停汽（停火）自然降温至 45 ℃左右时，开门窗通风降温。二次发酵后正常的培养料的质量指标：料表层和内部都可见白色的放线菌和有益真菌附着在暗褐色的草料上，放线菌等有益微生物的生长量是二次发酵质量的重要指标，放线菌等有益微生物多，表明发酵质量好；培养料具有发酵香味，料层中心部位的热料应无氨味，如果发现有氨味存在，必须继续加温进行发酵，直至氨味消失；手握培养料柔软而有弹性、有韧性、不黏手；含水量为 60%～65%，即可手紧握料可在指缝间挤出 1～3 滴水；pH 为 7 左右。

（五）播种与发菌管理

二次发酵结束后，要及时进行翻格和播种。

1. 翻格　如果在春末夏初早期播种栽培，外界气温不高，经二次发酵的培养料应趁热进行翻格与料层整理，当料温降至 32 ℃时，即可进行播种。翻格时要求将整个料层抖松，不留料块，让料块内的有害气体散发出去。如果翻格不彻底，留有料块，不仅会影响蘑菇菌丝生长，而且容易发生杂菌。在翻格的同时，须将各床架的料层厚度整理均匀。

2. 播种　应选用菌丝长满瓶并经后熟培养、菌龄合适的菌种进行播种。菌种内的菌丝活力强、粗壮，无杂菌和害虫，瓶内上下菌丝均匀洁白不萎缩、不吐黄水，瓶内有少量的子实体原基，但避免使用子实体原基过多的菌种。

当前我国高温型双环蘑菇的菌种主要有麦粒菌种和棉籽壳菌种两种；播种量因菌种的培养基质不同而不同，以 750 mL 菌种瓶计，一般麦粒菌种的用种量为 1.5 瓶 /m² 左右，棉籽壳菌种为 2 瓶 /m² 左右；适当提高用种量，有利于加快发菌，降低杂菌感染风险。如菌种中存在子实体原基，则应在菌种从瓶中挖出时挑出去除；如果播种时将子实体原基带入培养料中，容易在覆土前形成子实体，消耗养分、影响发菌。

播种前须对菌种瓶的外表、挖菌种的器具和盛放菌种的容器用高锰酸钾或新洁尔灭等消毒剂进行消毒。播种方法一般以混播加面播法为好，菌丝封面快，长满料层时间短。具体方法是：将 1/2～2/3 的菌种均匀地撒在经翻格的料面上，用手指将菌种耙入 1/3～1/2 料层深处，再把余下的 1/3～1/2 菌种均匀地播撒在料面。菌种播撒完毕后，压紧培养料，压紧的力度应根据培养料的质量和含水量而定。培养料质量好，疏松不黏、有弹性，含水量适中或偏低，播种后培养料应重压、压紧一些，以减少发菌过程中的水分蒸发损失；培养料质量差，黏性大，或含有氨气，或含水量高，应轻压甚至不压，以免加重对菌丝生长的阻碍作用。

播种后，在菌床表面覆盖经消毒的报纸或类似覆盖物，在报纸上喷 0.5% 甲醛溶液保湿，有利于菌种萌发与定植生长；保湿条件和密闭程度好的菇房，也可以不覆盖报纸。播种完毕后，清理菇房，关紧门窗发菌。

3. 发菌期管理　整个发菌期的管理以保温、保湿、控气为中心。在播种至菌种萌发、定植的 5～7 天，应紧闭门窗，创造高二氧化碳浓度环境，温度控制在 27～30 ℃，空气相对湿度保持在 90%～95%，促进菌种尽快萌发和定植；而当温度超过 34 ℃时，则应开天窗或上窗通风降温，以免"烧菌"导致菌丝失去活力。一般 5～7 天后菌丝可封面，此时应逐渐增加通风换气，促进菌丝向料层内生长。通气量的多少，应根据菇房的湿度、温度和发菌情况而定，总体要求以通风至表层 2 cm 左右的培养料适当风干，抑制菌床表面杂菌发生，而又不导致料内水分过多蒸发损失。整个发菌期温度尽可能控制在 26～34 ℃。在适宜的条件下，一般 23 天左右菌丝可长满整个料层。菌丝长满培养料后应及时进行覆土。

（六）覆土及覆土后管理

高温型双环蘑菇有时在未覆土的菌床上或菌床背面也能形成子实体原基，甚至能发育成子实体。尽管高温型双环蘑菇能在不覆土情况下形成子实体，但必须经覆土后才能获得商业性的蘑菇产品。高温型双环蘑菇的覆土必须在菌丝长满整个料层后进行。如果菌丝没有长满料层、发育未成熟进行覆土，不利于菌丝爬土，甚至造成菌丝不爬土，影响产量。

1. 覆土前的准备工作　覆土前 2～3 天应整平菌床，以免覆土厚薄不均；同时进行一次"搔菌"，轻轻抓动表层菌料后用木板拍实拍平，使菌丝发生断裂，以加快覆土后菌丝爬土速度。同时，全面检查潜伏在菌床和菇房内的杂菌和害虫，尤其是胡桃肉状菌和跳虫，一旦发现必须及时采取措施加以控制和消灭，以免覆土后增加防治和消灭的难度，造成更大的损失。

2. 覆土的种类与制备　尽管覆土的确切作用目前还不十分清楚，但覆土是影响蘑菇产量、品质和出菇整齐度的重要因素。理想的蘑菇覆土必须具备特殊的理化特性和微生物特性。已有研究证明，覆土的某些理化性状，如空隙度、持水率、盐浓度、渗透势和 pH 等可以影响蘑菇生长。覆土是蘑菇生长发育所需水分的重要来源，据 Kalberer（1983，1985）研究，蘑菇子实体生长发育所吸收的水分 54%～83% 来自培养料，17%～46% 来自覆土。覆土材料是否具备适于蘑菇生长发育的理化特性，尤其是持水率的高低，与蘑菇产量关系密切。提高覆土的持水率、增加覆土的含水量是提高蘑菇产量的有效措施。

泥炭（草炭）是一种优质蘑菇覆土材料，不仅具有均匀、合适的空隙度，结构稳定，反复喷水能保持良好的结构等特性，十分有利于菌丝与子实体的生长发育；而更为重要的是泥炭的持水率可高达80% 以上，能充分供应蘑菇生长发育所需的水分。欧美国家蘑菇工厂化生产中普遍采用泥炭覆土，这是获得高产的重要因素。

当前我国高温型双环蘑菇栽培中使用的覆土种类与双孢蘑菇相同，制备方法见双孢蘑菇部分。由于我国大多蘑菇产区缺乏泥炭资源，因此普遍采用砻糠河泥混合土或砻糠田泥混合土作为覆土材料。而这两种覆土材料持水率仅 33%～42%，并且喷水后容易板结，不利于菌丝生长发育，这是导致我国蘑菇低产的重要因素。（蔡为明等，2002）

蔡为明等（2008）采用泥炭 / 田泥混合覆土取得了良好的增产增效结果，已在生产上推广应用。在田泥中，按体积比加入 30%～50% 的泥炭（草炭）后，在较少增加成本的情况下，可有效地改善覆土的团粒结构、空隙度和持水率等性状；同时有效地提高了覆土中的蘑菇菌丝生物量，从而提高了菇床子实体的形成量和均匀度，较大幅度地提高了蘑菇的产量和品质。

泥炭 / 田泥混合覆土的配制方法如下：按体积比计，取泥炭（草炭）30%～50%，田土50%～70%。如果采用去水分的干泥炭，需预先充分调湿至含水量达 70% 以上、相互黏结成团的水分饱和状态；将半干的田土用打土机打细，与充分调湿的泥炭混合均匀。由于泥炭呈酸性，需在配制时均匀加入适量的石灰将覆土 pH 调节为7～7.5。

应注意的是，所有覆土材料必须进行严格消毒后才能使用。通常在覆土前 5 天，按每 110 m² 栽培面积的覆土（约 3 000 kg，3～3.5 m³）用 3～5 kg甲醛，将其迅速均匀地加入覆土堆中，并立即用塑料薄膜覆盖，密封熏蒸消毒 72 h 以上。覆土前散堆，使残留的甲醛彻底挥发后再使用。有条件的最好采用 70～75 ℃蒸汽消毒 2～3 h。

3. 覆土与覆土后管理　由于高温型双环蘑菇菌丝的爬土性状比双孢蘑菇弱，覆土和管理不当容易导致出菇部位低，影响菇形和子实体清洁度，甚至在覆土和料层之间形成"地雷菇"，严重影响蘑菇产量和品质，因此，采取相应的覆土及覆土后管理技术措施，是夺取高温型双环蘑菇优质高产的关键之一。

（1）覆土的水分调节　高温型双环蘑菇覆土的湿度最好预先调节至既能保持良好颗粒结构，又便于在覆土时铺撒开的最大含水量，避免覆土上床后因调水不当影响菌丝爬土。如覆土后含水量达不到调水指标时，应于覆土后第 2 天用清洁水慢慢地将其充分调湿。切忌喷水过急或过多，致使覆土来不及吸收或多余的水分渗流入料层引起退菌。调水完成后，需等土表的水渍干后，才能逐步关紧门窗。

（2）覆土方法与厚度　采取二次覆土法，覆土总厚度 3 cm 左右，首次覆土厚度以 2 ～ 2.5 cm 为宜，覆土时要求厚度均匀一致。待 80% 以上床面在灯光照射下可见菌丝时进行第二次覆土，在见菌丝的床面覆一层厚 0.5 cm 左右的细土。

（3）覆土后的管理　采用砻糠田泥混合土和泥炭/田泥混合土，在覆土后如覆盖经消毒的报纸或类似覆盖物，可提高二氧化碳浓度，促进菌丝爬土。密闭程度好的菇房，也可以不覆盖报纸，但必须在覆土后的第 2 天起关紧门窗，提高菇房内二氧化碳浓度，促进菌丝爬土。如此阶段菇房密闭程度不高、通风漏气，则菌丝难以向覆土层生长，导致覆土层菌丝少、出菇部位低，影响产量和品质。若菇房内温度超过 34 ℃，应开启天窗或上窗通风降温，以免引起"烧菌"、退菌。采用砻糠河泥混合覆土，由于其透气性差，覆土后不能关门窗，在开门窗通风至河泥表面无水渍时用钉耙进行刺孔，深至料层，然后逐渐关门窗、减少通风，促进菌丝爬土。气温高于 30 ℃时每天早晚开窗通风，午间关窗；低于 26 ℃时午间开窗通风，早晚关窗。无论采用哪种覆土，覆土后菇房内温度宜控制在 27 ～ 28 ℃，以利于菌丝爬土。覆土后及时检查菌丝生长情况，一般覆土后 40 ～ 48 h，拨开覆土可见料面菌丝开始重新萌发生长，6 ～ 7 天，部分覆土较薄的床面可见菌丝，应采取局部补土的方法，调节菇床菌丝爬土的整齐度；待 80% 以上床面在灯光照射下可见菌丝时，普覆一次 0.5 cm 左右细土，打开窗门，加强通风，促使菌丝倒伏、变粗，然后根据覆土湿度补足水分，促进菌丝扭结，进入出菇阶段。一般从覆土至子实体开始扭结形成需要 10 天左右时间。

（七）出菇期管理

出菇期的管理主要是根据高温型双环蘑菇子实体生长发育所需的条件，协调管理水分、温度和空气。

1. 水分与通风管理　第二次覆土后或当菌丝生长至土表下 0.3 ～ 0.5 cm 的适宜出菇部位时，开门窗通风，并根据覆土层的湿度，分次间歇喷水将覆土层充分调湿。喷水过程中以及喷水后，应开门窗加大通风，至覆土表面水渍干后才能逐渐减少通风。在降低二氧化碳浓度的同时，保持充足的覆土湿度，促进菌丝从营养生长向生殖生长转变，并提供子实体形成和生长所需的水分和氧气。

高温型双环蘑菇在水分管理不当、菇表面沉积水分时，容易发生细菌性污斑病，影响蘑菇的商品价值，这是导致高温型双环蘑菇高产低效的主要原因。因此，高温型双环蘑菇以采取一茬菇喷一次结菇重水的管理方法为好，尽量避免子实体生长期喷水。如果子实体生长期覆土干燥，影响子实体生长必须喷水时，应选择有风的天气，在菇房内空气流通的条件下进行喷水，喷水后应加大通风，尽快将蘑菇表面水渍吹干，防止细菌性污斑病发生。每茬菇采收结束后，停水、关门窗养菌 2 ～ 3 天，然后进行通风使新萌发生长的菌丝变粗，随后喷一次结菇重水，促进下一茬菇形成。出菇期菇房内的空气相对湿度应保持在 85% ～ 90%，湿度过高，容易发生病害和杂菌感染。

水分和通风的协调管理是高温型双环蘑菇出菇管理中的技术核心，既要保持覆土层和空气中的合适湿度环境，满足子实体生长发育所需的水分条件，又要加强通风，防止细菌性斑点病、胡桃肉状菌等病杂菌的发生。

2. 温度与通风管理　出菇期菇房内温度最好控制在 27 ～ 30 ℃，使之最适于子实体形成和生长发育，出菇率高，菇质好。夏季高温期的温度和通风管理中，应遵循避免菇房内产生闷热环境的原则，以防病虫杂菌发生和幼菇死亡。当菇房内温度高于 32 ℃时应加大通风，温度高于 34 ℃以上时，午间高温时关南窗、开启顶部拔风筒进行散热降温，早晚和夜间气温低时开对窗通风降温；初夏和晚秋气温低于 26 ℃时，应以保温为主，早晚和夜间气温低时关门窗保温，午间气温高时通风，以提高菇房内温度。

每茬菇采收结束后，清理床面，挑除残留在菇床上的菇根与死菇，在采菇时带走泥土而使菌丝裸露的部位补一层细土，按上述水分与通风管理、温度与通风管理的原则进行管理，一般每隔7～10天采一茬菇，在夏季高温期间可连续采收5～6茬菇。

（八）采收与贮运

高温型双环蘑菇栽培期间温度高，子实体生长快，必须及时采收。一般地说，当双环蘑菇近基部的一个菌环破裂而还不见菌膜时，就可以采收了。也可以根据子实体的成熟度和大小来决定采收时间。通常宜在子实体直径为4～5 cm，质地坚实未松软前采收。

采收时应轻轻捏住菌盖，小心转动并向上拔出，避免或减少带走泥土，并保持菇体洁净。蘑菇的包装容器要硬实，内垫一层软的缓冲层，防止途中挤压、擦伤；有条件的应及时放入冷库，及时销售。

栽培结束后，及时清理废料，拆洗床架，并进行菇房消毒，准备下季栽培。

（廖剑华　王泽生　卢政辉　王家才　黄海洋　蔡为明　郭蓓）

第二章　草菇

草菇是生长在热带、亚热带高温多雨地区的一种喜热、喜湿的高温草腐型真菌。一般腐生在温暖潮湿的稻草、麦秸等其他禾本科死亡的植物体上，也可生长在废棉、锯末等农副产品下脚料上。其营养丰富，味道鲜美，菇质滑爽，是我国重要的出口创汇品种。

第一节
概述

中国及东南亚地区是草菇栽培集中区，中国是世界上草菇主产区之一，历年产量居世界之首。据中国食用菌协会 2017 年统计，全国总产量 23.9 万 t。草菇种植周期是目前所有食用菌品种中最短的一种。

一、分类地位

草菇（图 6-2-1）隶属真菌界、担子菌门、蘑菇亚门、蘑菇纲、蘑菇亚纲、蘑菇目、光柄菇科、草菇属。

拉丁学名：*Volvariella volvacea*（Bull.）Singer。

中文别名：稻草菇、兰花菇、美味苞脚菇、麻菇、秆菇等。

图 6-2-1　草菇子实体

二、营养价值与经济价值

（一）营养价值

草菇味道鲜美、香味浓郁、营养丰富，有"素中之荤""放一片香一锅"的美称，是一种高蛋白、低脂肪和富含多种维生素、多糖、无机盐的食品，人们对鲜草菇的需求正逐年增加。

草菇蛋白质含量丰富，按干重计算为25.9%～29.63%，与双孢蘑菇、美味牛肝菌相近，比牛奶略高，明显高于大米、小麦，是国际公认的优质蛋白质来源。草菇还含有一种异种蛋白物质，所含粗蛋白质超过香菇，其他营养成分与木腐类食用菌大体相当，同样具有抑制癌细胞生长的作用，特别是对消化道肿瘤有辅助治疗作用，能加强肝肾的活力，减慢人体对碳水化合物的吸收，是糖尿病患者的良好食品。

草菇所含的脂肪总量为2.24%～3.6%，其中非饱和脂肪酸占到85%，非饱和脂肪酸在人体内可以抑制人体对胆固醇的吸收，促进胆固醇的分解，降低血液中胆固醇的浓度，有利于预防心血管疾病。

草菇含有丰富的维生素，每100 g鲜草菇中含维生素C 158～206 mg，比橙子高出4～6倍，另外还含有丰富的维生素D、生物素等。

草菇含有17种氨基酸，其中包括8种人体必需氨基酸，且必需氨基酸的总含量达到29.1%～38.2%。

草菇还含有多种丰富的无机盐，其无机盐含量达到13.8%（占干物质重），是比较好的无机盐来源（无机盐可以使骨骼结构具有一定强度和硬度，可以激活酶系统，对肌肉和神经的应激性起到特殊的作用）。同时，草菇中还含有硒元素，硒元素具有抗衰老、增强人体免疫功能、预防肿瘤、预防心血管疾病等功效。另外，草菇还含有多糖类物质，多糖具有重要的生物免疫调节活性，能够抑制癌细胞的生长和扩散，是一种比较理想的非特异性免疫促进剂。

中医认为草菇性寒味甘，能消食祛热，补脾益气，清暑热，增强人体免疫力等。草菇是集营养、保健、口感、风味等于一体，深受人们喜爱的一种食药兼用型食用菌，经常食用对人体具有良好的保健功效。

（二）经济价值

草菇作为一种特殊保健食品和高档菌类食品，其采收后的产品既可以鲜售，也可盐渍贮存（图6-2-2）、速冻和干制（图6-2-3），是一种极具发展前途的食用菌品种。草菇总产量在世界菌类产量中仅次于双孢蘑菇、平菇、香菇，是一种重要的食用菌产品。近年来，世界上草菇消费量达到20万 t，中国草菇产量占世界60%以上，年出口创汇数亿元，是我国重要的出口创汇农产品。

图 6-2-2　盐渍草菇

图 6-2-3 干制草菇

20 世纪 60 年代，我国开始大规模人工栽培，栽培方法和栽培技术均有较大幅度提高，代替了传统"靠天吃饭"的落后草菇栽培方法；70 年代广东省率先从优良菌株选育、栽培原料配制和生产管理技术进行研究，推动了草菇栽培管理技术的创新，1979 年草菇全国总产量达 3.8 万 t，占全世界草菇总产量的 77%；80 年代，草菇栽培技术由旧法栽培发展到新法栽培，栽培方式由单一的室外栽培发展到室内和塑料大棚栽培，栽培原料也由单一的稻草栽培发展到多种原料（图 6-2-4 ～图 6-2-7）、混合原料栽培，使草菇种植面积、区域、范围不断扩大，并出现"草菇种植区域南菇北移"现象，草菇种植技术取得长足发展；进入 90 年代中后期，草菇栽培技术有了突飞猛进的发展、创新，草菇的熟料、半熟料栽培技术逐步完善，形成了系统化和理论化技术集成。中国产业信息网发布的《2015—2020 年中国草菇行业前景预测及投资风险报告》显示，2013 年我国草菇产量为 31.1 万 t，2014 年国内产量增长至 33.5 万 t，占同期国内食用菌总产量的 1.1%，不仅能满足国内消费，还大量出口欧美等地区，草菇生产已成为促进农民增收的新途径之一。

图 6-2-4 菌渣栽培草菇

图 6-2-5 玉米芯栽培草菇

图 6-2-6 稻草栽培草菇

图 6-2-7 棉籽壳栽培草菇

草菇主要利用农副产品下脚料进行栽培生产，如稻草、麦秸、玉米秆、玉米芯、废棉、甘蔗渣、菌渣、锯末等。草菇生产不但可以有效解决这些农副产品下脚料的环境污染问题，提高资源利用率，生产大量菌类食品，而且可为农业生产提供大量有机肥料，补充土壤养分，从而实现了农业生产再循环利用和可持续发展，充分体现了草菇生产的

草腐菌生产技术

社会效益和经济价值。

三、发展历程

我国开始种植草菇，距今已有300多年的历史。道光二年（1822年）阮元等篆修《广东通志·土产篇》旨《舟车闻见录》："南华菇：南人谓菌为蕈，豫章、岭南又谓之菇。产于曹溪南华寺者名南华菇，亦家蕈也。其味不下于北地蘑菇。"道光二十三年（1843年）黄培燦篆修的《英德县志·物产略》中也有同样记述："南华菇：元（原）出曲江南华寺，土人效之，味亦不减北地蘑菇。"又据福建《宁德县志》载："城北瓮窑禾朽，雨后生蕈，宛如星斗丛簇竞吐，农人集而投于市。"可见，草菇原本是生长在南方腐烂禾草上的一种野生食用菌，由南华寺僧人首先采摘食用的。1962年以后，香港中文大学张树庭教授和中国著名真菌学家邓叔群教授对草菇相继开展了一系列调查，先从田间栽培技术和菇农的调查访问开始，继而进行了生理学、细胞学、形态学和遗传学的研究，丰富了草菇基础研究，为草菇人工栽培积累了宝贵的经验。

随着食用菌科学技术的发展，人工栽培草菇的区域已从我国南方主栽区逐渐北移，河南省新乡市农业科学院苗长海研究员在20世纪80年代初期，先后两次分别从武汉、长沙等地引进草菇母种，经过扩大繁殖制作成草菇原种和草菇栽培种，以棉籽壳代替稻草作培养料进行栽培试验获得成功。草菇目前已成为华北地区常见的食用菌栽培品种之一，草菇的栽培技术已推广至周边各省及北京地区。特别是近几年河南省草菇生产与双孢蘑菇生产同步发展，栽培方式（图6-2-8、图6-2-9）、场地也多样化，生产规模不断扩大，2006年鲜菇产量达到3.5万t，成为重要的草菇生产省份。中国是草菇的发源地，1934年经华侨传入马来西亚、缅甸等国，而后主要在东南亚各国种植。目前菲律宾、泰国、印度尼西亚、新加坡、韩国、日本、中国及非洲的尼日利亚、马达加斯加等国家均有栽培。

图6-2-8 立体层架栽培

图6-2-9 地面栽培

四、主要产区

（一）东南产区

草菇自然分布区域在亚洲东南部，属于热带、亚热带环境中的喜热真菌微生物。在我国，草菇主要分布于广东、海南、福建、浙江、江西、江苏、台湾等地，这些地区属于温暖湿润的亚热带海洋性季风气候和热带季风气候，气候温和，非常适宜草菇栽培，为草菇栽培的重要区域。

（二）中部产区

主要包括河南及河北、山西、山东等地区。这些地区多为菇房、温室或大棚生产，是继"草菇北移"后开展草菇栽培最早的区域，其中以河南栽培面积最大，豫北、豫东为主要栽培区域，是夏季草菇最重要的栽培区域。近年来，随着"一料两菇"技术的不断完善，出现草菇与双孢蘑菇同步发展趋势，草菇栽培面积逐年扩大。

（三）其他产区

主要包括四川、云南、西藏等部分地区。

五、存在问题

草菇生产目前存在的问题主要表现在以下几个方面：

（一）新原料开发推广较少

当前草菇种植原料主要还是稻草、麦秸、玉米芯、菌渣、棉籽壳、废棉等，由于食用菌种植规模不断扩大、工业和种植业争夺原料、农业机械化收割的快速推广等原因，草菇种植原料价格上涨已成为必然趋势，如何加强研发、推广新的种植原料已成为草菇种植研究的一个新的课题。

（二）菌种生产不够规范

菌种作为草菇种植的主要基本生产资料，也是重要生产资料，但在当前生产中还存在许多问题，特别是：

1. 品种问题　生产中使用的认定品种少，同种异名、同名异种现象存在，无限扩繁现象也较普遍。

2. 生产方式　草菇生产方式多为分散的农户式栽培，菌种生产也多为农户式分散生产，工厂化种植处于启动阶段。

3. 菌种质量　采用组织分离菌种，未进行出菇实验直接用于栽培现象存在，菌种生产质量较低。

（三）新品种、新技术更新速度慢

虽然草菇种植起源于中国，但由于草菇生产种植季节短，在目前人工栽培食用菌品种中，种植规模相对较小，并且受食用菌品种管理不正规、引种较乱等影响，草菇在新品种选育和种植新技术研发方面投入较少、进展较慢。

（四）草菇单产低，生物学效率低

虽然草菇口感极佳、营养丰富，深受消费者喜爱，但由于受生产技术水平限制，相对平菇、香菇、鸡腿菇、金针菇等食用菌而言，草菇单位面积的产量比较低，这也是阻碍草菇生产的最大问题之一，也是食用菌科研工作者及一线的生产者共同需要解决的最大问题。

（五）生产方式落后，产品加工水平低

食用菌种植业同其他行业相比较，政府政策、经济扶持力度较小、科学研发投入不够，当前草菇种植还主要停留在一家一户的种植方式上。种植户发展草菇种植主要是建立在自身经济实力基础上自行发展种植，整个草菇种植产业存在种植规模小、种植设施相对简单、种植机械化程度低、种植技术更新较慢等现象，导致草菇生产种植方式更新较慢。另外，草菇加工方式目前主要停留在简单的盐渍菇、干制菇和清水菇等简单加工上，产品附加值低，加工技术有待提高。

六、发展前景

草菇作为我国主要的栽培食用菌品种之一，与其他食用菌种类相比，具有独特的特点与优势。

（一）季节性栽培

草菇作为高温菇，菌丝生长和子实体生长均需要 25 ℃以上高温，因此国内大部分地区栽培草菇主要还是选择在炎热的夏季进行，黄河以北地区以一季一茬或两茬种植为主，长江以南地区以一季两茬或多茬种植为主。

（二）种植周期短

草菇是所有种植食用菌中收获最快的一种，从播种到采收只需 14 天左右，一个栽培周期只需 20 ～ 30 天。

（三）生产投入低

常规季节种植，不需要特殊设备，室内、室外都可以栽培，且草菇可以利用农副产品如棉籽壳、稻草、甘蔗渣、麦秸、玉米秆、玉米芯、废棉以及种植其他食用菌后的菌渣等作为栽培原料，种植原料来源较为广泛，要求条件简单，相对投资较低。

草腐菌生产技术

（四）商品价格高

在夏季，高温炎热的天气是多种食用菌常规生产的淡季，其他食用菌种植较少，新鲜草菇的上市，填补了食用菌鲜品市场，丰富了人们的菜篮子；同时草菇味道鲜美，适合中国人口味，因此新鲜草菇多为超市销售，售价较高。

（五）经济效益好

一般种植 335 m^2 的一个塑料大棚，以麦秸为主料栽培草菇（约用 6 t 麦秸），投资 3 000 元，可以产鲜菇 1 500 kg，按照市场批发价每千克 7 ～ 8 元计算，可实现产值 1 万 ～ 1.2 万元，利润 7 000 ～ 9 000 元；以食用菌工厂化生产金针菇、杏鲍菇的菌渣作为主要栽培原料，一般投资 2 000 元，产鲜菇不低于 1 500 kg，经济效益要超过用麦秸做栽培原料的栽培模式。

随着我国新农村建设的快速推进和国家对农业投入的大幅度增加，再加上草菇种植具有显著的种植原料来源广、生产成本低、生产周期短、栽培技术逐步完善和营养丰富、味道极鲜等特点，草菇种植、消费优势会更加突出，草菇种植前景不仅广阔，并且加工、消费市场也会得到飞跃发展。

同时，草菇栽培原料经高温发酵、巴氏消毒等处理，杀灭了所有的病菌、虫源，整个栽培过程病虫害较少，子实体生长期不施任何化肥、农药，是消费者真正可以放心食用的绿色、健康的食品，符合人类生活需要，发展潜力巨大。

第二节
生物学特性

成熟的草菇子实体产生的担孢子弹射到空中或地面上，通过风吹或动物的携带，广泛分布在自然界中，一旦遇到适宜的环境条件，担孢子便会萌发、生长，进一步形成子实体，进行周而复始的生长繁衍。如果条件不适宜，担孢子便难以萌发，即使萌发、生长，也难以形成子实体。

一、形态特征

草菇由菌丝体和子实体（图 6-2-10）两部分组成。

A. 初熟

B. 成熟

图 6-2-10　草菇子实体

（一）菌丝体

草菇菌丝体是由许多菌丝交织而成的，是草菇的营养器官，它不断生长、繁殖，分解基质，从中吸收营养，有吸收、输送和积累物质的作用。菌丝无色透明，细胞长度不一，46 ～ 400 μm，平均 217 μm；宽 6 ～ 18 μm，平均 10 μm，被隔膜分隔为多细胞菌丝，不断分枝蔓延，互相交织形成疏松网状菌丝体。细胞壁厚薄不一，含有多个核，无孢脐，贮藏许多养分，呈休眠状态，可抵抗干旱、低温等不良环境，待到条件适宜，在细胞壁较薄的地方突起，形成芽管，由此产生的菌丝可发育成正常子实体。菌丝体按其发育和形态分为初生菌丝和次生菌丝。初生菌丝为单核菌丝，是由担孢子在适宜条件下萌发形成的，为透明色；次生菌丝是初生菌丝生长分枝后相互融合而成的双核菌丝，比初生菌丝生长得更快、更茂盛。在琼脂斜面（图 6-2-11）及稻草、棉籽壳等培养基上，大多数次生菌丝体能形成厚垣孢子（图 6-2-12）。

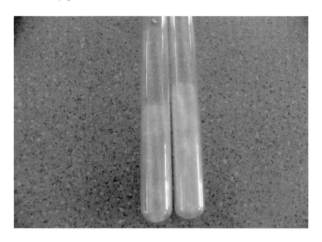

图 6-2-11　琼脂斜面上的草菇菌丝

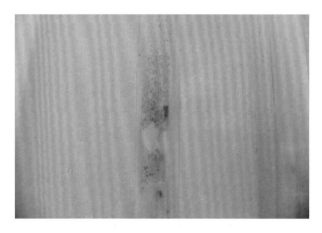

图 6-2-12　厚垣孢子

厚垣孢子是草菇菌丝生长发育到一定阶段的产物。其细胞壁较厚，对干旱、寒冷有较强的抵抗力。厚垣孢子通常呈红褐色，细胞多核，大多数连接在一起呈链状。厚垣孢子是草菇菌丝体某些细胞膨大所致，膜壁坚韧，成熟后与菌丝体分离。当温度、湿度条件适宜时，厚垣孢子能萌发

成菌丝。

（二）子实体

子实体是草菇的繁育器官，也是人们食用的部分，由菌丝体扭结发育而成。成熟的草菇子实体明显地分为菌盖、菌柄和菌托等几个部分。未成熟的子实体由菌盖、菌柄、外膜、菌托等构成。

1. 菌盖　着生在菌柄之上，张开前钟形，展开后伞形，最后呈碟状，直径 5～12 cm，大者达 21 cm；鼠灰色，中央色较深，四周渐浅，具有放射状暗色纤毛，有时具有凸起的三角形鳞片。长短不一的片状菌褶相间地呈辐射状排列在菌盖下部，与菌柄离生，每片菌褶由 3 层组织构成，最内层是菌髓，为松软斜生细胞，其间有相当大的胞隙；中间层是子实基层，菌丝细胞密集而膨胀；外层是子实层，由菌丝尖端细胞形成狭长侧丝，或膨大而成棒形担孢子及隔胞。子实体未充分成熟时，菌褶白色，成熟过程中渐渐变为粉红色，最后呈深褐色。担孢子长 7～9 μm，宽 5～6 μm，卵形，最外层为外壁，内层为周壁，与担孢子梗相连处为孢脐，是担孢子萌芽时吸收水分的孔点。初期颜色透明淡黄色，最后为红褐色。一个直径 5～11 cm 的菌伞可散落 5 亿～48 亿个孢子。

2. 菌柄　中生，顶部和菌盖相接，基部与菌托相连，圆柱形，直径 0.8～1.5 cm，长 3～8 cm，充分伸长时可达 8 cm 以上。

3. 外膜　又称包被、脚包，顶部灰黑色或灰白色，往下渐淡，基部白色，未成熟子实体被包裹其间，随着子实体增大，外膜遗留在菌柄基部而成菌托。

4. 菌托　菌托是子实体外包被的残留物，在子实体幼期起保护菌盖和菌柄的作用，随着子实体的生长而被顶破，残留在菌柄基部，像一个杯状物，托着子实体。

（三）子实体生长时期

根据草菇子实体发育的特点，子实体的生长发育过程（图 6-2-13）可分针头期、小纽扣期、纽扣期、蛋形期、伸长期和成熟期。

图 6-2-13　草菇生长发育过程

1. 针头期　部分次生菌丝体进一步分化为短片状，扭结成团，形成针头般的白色或灰白色子实体原基（图 6-2-14），尚未具有菌柄、菌盖等外部形态。

图 6-2-14　针头期

2. 小纽扣期　料面上出现圆形或椭圆形的幼小菇蕾，形似小纽扣（图 6-2-15）。

图 6-2-15　小纽扣期

3. 纽扣期　草菇菇蕾形似纽扣，菌盖明显增大，菌柄稍伸长，外膜变薄。

4. 蛋形期　各部分组织迅速生长，外膜开始变薄，子实体顶部由钝而渐尖，像鸡蛋，用手轻捏有弹性，灰黑色，而基部白色。从纽扣期进入蛋形期需要 1～2 天时间，此时是商品菇采收的最佳时期（图 6-2-16、图 6-2-17）。

图 6-2-16　蛋形期

图 6-2-17　蛋形期剖面图

5. 伸长期（破膜）　菌柄、菌盖等继续伸长和增大，把外膜顶破，开始外露于空气中，外膜遗留在菌柄基部成为菌托（图 6-2-18～图 6-2-20）。

图 6-2-18　伸长初期

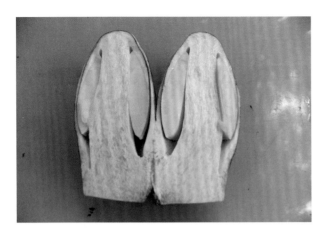

图 6-2-19 伸长初期剖面图

图 6-2-20 伸长期

6.成熟期 菌盖撑破子实体外包被,菌柄伸长,犹如一把撑开的伞(图 6-2-21)。

图 6-2-21 成熟期

二、生活史

草菇有性繁殖中约有 76% 的孢子属于同宗配合,24% 的孢子属于异宗配合,草菇菌丝没有锁状联合。在菌丝生长发育过程中常出现厚垣孢子,厚垣孢子是无性孢子,在环境条件适宜时又重新萌发成菌丝。成熟的草菇子实体会从菌褶里面散发出孢子,孢子会重新萌发成菌丝,菌丝经过结合、扭结,形成瘤状突起,从而进一步发育形成子实体,子实体成熟后又产生孢子,形成草菇的一个完整的生活史循环。

三、营养

(一)碳源

碳源是构成草菇细胞和新陈代谢中最为重要的营养物质,稻草、玉米芯、麦秸、废棉、棉籽壳等农副产品都是种植草菇的良好碳源,草菇菌丝通过分泌纤维素酶和半纤维素酶将其纤维素和半纤维素降解为葡萄糖后加以吸收利用。草菇栽培应选择无霉烂变质的各种原料。另外,甘蔗渣、黄豆秆、青茅草、花生藤等都可以作为栽培草菇的原料。

(二)氮源

草菇生长发育所需的氮源有无机氮和有机氮两大类。无机氮主要是硫酸铵、硝酸铵等无机盐;有机氮主要是尿素、氨基酸、蛋白胨、蛋白质等。草菇菌丝可以直接吸收氨基酸、尿素等小分子有机氮,不能直接吸收蛋白质高分子有机氮。添加适量的氮源物质是提高草菇产量的关键,生产上常选用干牛粪、鸡鸭粪、麸皮、玉米粉、米糠等作为补充氮源的辅助料。

(三)矿质元素

草菇生长所需的矿质元素主要有磷、钾、钙、镁、硫等,常添加的无机盐有磷酸二氢钾、磷酸氢二钾、硫酸镁、硫酸钙、碳酸钙等。

四、环境条件

环境条件是影响草菇和其他竞争生物生长最重要的因素,这些条件主要包括温度、水分、空气、

草腐菌生产技术

光照以及酸碱度。

（一）温度

草菇是一种喜热性的高温结实真菌，孢子在25～45℃均能萌发，以40℃最为适宜。其菌丝生长温度为10～42℃，适温是30～39℃，最适温度为33～35℃，低于10℃或高于42℃菌丝生长会受到抑制，低于5℃或高于45℃时会导致菌丝死亡。子实体生长所需温度为28～35℃，最适温度为30℃左右，低于25℃或高于35℃时不适宜子实体形成，甚至会导致子实体死亡。

草菇生长发育的不同时期对温度的要求和反应是不一样的。草菇菌丝体时期要求的适宜温度相对整个生长发育过程而言较高，低温反而不利于菌丝体的生长发育，但子实体分化的适宜温度相对就比较低一些，最适宜的分化温度为26～30℃，也就是说，在此温度范围内最有利于草菇原基的形成。草菇子实体原基形成后最适宜的生长温度为28～35℃，温度过高或过低均不利于草菇的生长。因此，生产种植过程中应根据草菇生长发育对温度需求的特点，对培养料、种植场所进行合理控温。

（二）水分

水分是草菇菌丝和子实体细胞的重要组成部分，草菇生长发育的不同时期对水分的要求不同。

菌丝体生长时期要求培养料适宜的含水量为65%～70%，即通常100 kg的干料需加水125～130 kg（在培养料水分不散失的理想状态下的水分添加量）。培养料水分含量不宜过低，一旦水分含量低于30%，菌丝则无法生长。培养料水分含量也不宜过高，一旦水分含量超过70%，培养料透气性变差，草菇菌丝生长速度变慢，各种杂菌在高温条件下会很快繁殖，从而影响草菇的种植成功率。

子实体生长发育期要求生长环境保持较高的湿度，一般草菇子实体生长阶段空气相对湿度应保持在85%以上，最好保持在90%左右。湿度不宜过低，一旦空气相对湿度低于50%，子实体便会停止生长发育，严重时正在生长的子实体原基也会枯死。草菇生长场所的湿度也不宜过高，一旦空气相对湿度超过95%，不仅容易引起各种杂菌的感染，而且还会影响草菇正常的生长发育，更为严重的会造成草菇的大面积死亡。因此，保持合理的空气湿度是草菇正常生长的关键因素之一。

（三）空气

草菇属高温好氧真菌，无论是菌丝体还是子实体生长都要呼吸消耗氧气，排出二氧化碳。正常情况下，空气中的氧气含量一般在21%，二氧化碳的含量约为0.03%，在整个草菇生产种植过程中，受草菇呼吸作用的影响，势必会引起空气中的二氧化碳浓度增高，特别是在温度较高时，草菇的呼吸代谢更为旺盛，需要消耗大量的氧气。

草菇在生长发育过程中需要充分的氧气供应，必须根据菇房特点合理设计通风口。如果空气中的氧气含量不足，就会抑制菌丝的生长和子实体的发育。在菌丝生长阶段和子实体分化阶段，草菇对氧气的需求量相对较低，此时二氧化碳的浓度可适当提高，适当较高的二氧化碳（一般可提高到0.034%～0.1%）反而能一定程度地抑制各种杂菌的发生和促进草菇子实体原基的生成；而在草菇子实体原基形成后，草菇对氧气的需求就会急速增加，高浓度的二氧化碳则对子实体有毒害作用，容易引起草菇畸形发育，严重的会引起大面积的草菇死亡。因此，生产种植中合理控制通风量，也是草菇取得高产优质的关键因素之一。

（四）光照

草菇菌丝体生长阶段不需要光照，子实体生长期必须有适宜的散射光。在菌丝生长阶段，较强的光照对草菇菌丝有毒害作用，会抑制菌丝的生长，因此在菌丝体生长阶段一定要注意采取避光措施。但进入子实体生长阶段，适当的光照对子实体的形成有促进作用，对草菇的品质和子实体颜色也有较大的影响。一般情况下，光照越强，子实体颜色越深且有光泽，反之则色浅且暗淡，因此在子实体阶段，合理调节光照的强弱是提高草菇品质的重要措施。

（五）酸碱度

草菇喜在微碱性的环境中生长，菌丝体生长适宜 pH7.5～8，子实体生长适宜 pH 为 8。酸碱度可以用 pH 试纸（图6-2-22）测量。为了使菌丝体生长在合适的 pH 范围之内，在配制草菇培养料时一定要添加适量的石灰或者碳酸钙等碱性物质，将培养料的 pH 调至 9。

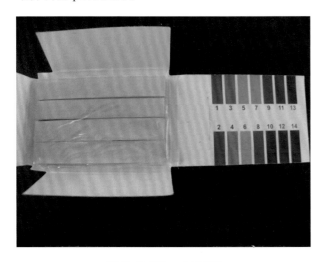

图6-2-22　pH 试纸

总之，温度、水分、空气、光照、酸碱度等环境条件相互联系、相互影响、相互制约，共同影响草菇的生长。在生产中应科学管理，采取有效措施，协调各环境条件的关系，最大限度地满足草菇生长的环境，以达到草菇栽培的高产稳产、优质高效。

第三节
生产中常用品种简介

目前，人工栽培的草菇品种主要有黑色草菇、白色草菇和银丝草菇3个品系。草菇品种（包括亚种）有100多种，但大部分还是属于黑色品系和白色品系两大类。黑色品系由于保存过程中极易变色，不适合远程运输。白色品系是从国外引进的草菇品系，由于该品系的草菇保存特性较好，可耐长途运输，较适合外销。在香港市场销售的草菇品种基本均属于白色品系，并且市场需求量逐年增加。现就目前国内草菇生产区常用的部分品种做一简要介绍。

一、认（审）定品种

（一）川草53（川审菌3号）

1. 选育单位　四川省农业科学院土壤肥料研究所。

2. 品种来源　以野生草菇分离菌株 Cm4 菌丝的原生质体经紫外线诱变，筛选育成的适合四川省栽培的高产优良草菇菌株品种。

3. 特征特性　菇蕾浅褐色至浅灰黑色，粒大，粒重15～30 g，椭圆形，单生或丛生，不易破膜开伞。菌丝生长温度为20～40 ℃，最适温度为35 ℃，在15 ℃以下和45 ℃以上不生长。菌丝生长的 pH 为4～11，最适 pH 为6～7。子实体生长温度为21～35℃，最适温度为25～33 ℃，能耐最低温度18 ℃。

4. 试验产量　四川省栽培试验，单产5～7 kg/m²，生物效率20%～30%。

5. 栽培技术要点　①栽培季节：适宜在5～9月即气温在25 ℃以上栽培。②栽培原料：棉渣、棉籽壳、稻草、麦秸以及菌渣等多种原料。可进行生料、短期发酵、二次发酵栽培。③栽培方式：适宜田间覆土栽培、塑料大棚床架栽培和室内二次发酵栽培。④播种后4天开始出菇，第9天开始收获，可采收2～3茬，生产周期为1个月左右。

（二）草菇1318（沪农品认食用菌（2004）第074号）

1. 选育单位　上海市农业科学院。

2. 品种来源　自广东引进品种系统选育。

3. 特征特性　属于典型的高温型蕈菌，生长适温为28～32 ℃，4 ℃时菌丝死亡，培养料含水量

70%左右。子实体鼠灰色，中等，含水量90%左右，菌种保存适温为18～20℃。

4.试验产量 上海市栽培试验，生物学效率28.7%，比V5增产5%。

5.栽培技术要点 要求平均气温稳定在25℃以上，空气相对湿度为80%以上。菌丝体生长时料温以32～35℃为宜，环境温度以30～32℃为宜；子实体生长温度为30～32℃，空气相对湿度以85%～90%为宜。需要喷水时，尽量不要喷到子实体，且水温与室温相同，室内栽培室温要求在30～32℃，室外栽培要求日平均温度稳定在25℃。

二、未认（审）定品种

（一）黑色品系草菇

黑色品系草菇的主要特征：草菇子实体包被鼠灰色或灰褐色，菌盖灰色或灰白色，呈卵圆形，基部较小，不易开伞，子实体多单生，容易采摘，货架期较长，对温差变化特别敏感，抗逆性较差。

1.V23 由广东省微生物研究所选育。该品种子实体较大，属大型种。包被厚而韧，不易开伞，鼠灰色，圆菇（未开伞的菇蕾）率高，最适合烤制干菇，也适合制罐头和鲜食。一般播种后6～11天出菇，产量较高，但抗逆性较差，对高、低温和恶劣天气反应敏感，生长期间如果管理不当，容易造成早期菇蕾枯萎死亡。现在各地所用品种，多数为它的复壮种。

2.V37 该品种个体中等，属中型种。包被较厚，不易开伞，鼠灰色，抗逆性较强，产量较高，一般播种后5～10天出菇，子实体发育需6～7天，适于加工罐头、烤制干菇和鲜食。但味淡，圆菇率也不如V23，仅为80%左右。同时，菌种较易退化，不宜长期保存，使用时要注意复壮。

3.V20 该品种个体较小，属小型种。包被薄，易开伞，鼠灰色，抗逆性强，产量高，对不良的外界环境抵抗力较强，较耐寒，菇质幼嫩、美味可口，适于鲜食。缺点是个体小，不适宜制干菇，圆菇率也低，为60%左右。一般播种后4～9天出菇，子实体发育需5～6天，适合稻草、棉籽壳等原料栽培。

4.V35 子实体个体中等偏大，颜色灰白，肉质细嫩，香味较浓，口味鲜美，产量较高，生物学效率在35%以上。包被厚，开伞稍慢，商品性好。菌丝外观浅白色，粗壮，透明，但其对温度敏感，当气温稳定在25℃以上时，才能正常发育并形成子实体，属高温型品种。我国北方地区栽培适期为6月中旬到8月上旬。

5.V733 子实体大小中等，属中型种。菇蕾灰色或浅灰黑色，卵圆形，单生或丛生，不易开伞。菌丝体生长温度为20～40℃，最适温度为30～35℃；子实体发生温度为22～35℃，最适温度为25～35℃，较耐低温。最适pH为7～9，高产、优质、抗逆性强。

6.GV34 该品种属低温中型种。子实体灰黑色，椭圆形，包被厚薄适中，不易开伞，商品性状好，脱皮菇成品率在60%以上。产量较高，抗逆性强，对温度适应范围广，能耐气温骤降和昼夜温差较大的气候环境，适于北方初夏和早秋季节栽培。菌丝体能在24～32℃下良好生长，子实体可以在23～25℃下正常出菇。

（二）白色品系草菇

白色品系草菇的主要特征：草菇子实体包被为白色或灰白色（由于受生长环境影响，子实体颜色会有一定差异，因此草菇子实体颜色不能作为区别不同品种的主要因素），菌盖为白色，蛋形期为圆锥形，基部较大，包被薄，易开伞，子实体多丛生，出菇快，产量高，不容易采摘，抗逆性较强。该品系品种的最大特征就是保存特性较好，可以长途运输，如V844、屏优1号等。

1.V844 该品种属中温中型种。菌丝体生长适温为26～38℃，最适温度为33～34℃；子实体发生温度在24～30℃，最适温度为27℃。抗低温性能强，菇形圆整、均匀，适合市场鲜销。但抗高温性能弱，较易开伞。

2. 屏优 1 号　该品种子实体较大，属大型种，灰白色，多群生。菌丝体生长温度为 25 ～ 45 ℃，最适温度为 30 ～ 35 ℃；子实体在 25 ～ 35 ℃均可生长，最适温度为 28 ～ 30 ℃，不宜开伞，产量高，抗逆性强，适合鲜销、干制和制罐，最适合稻草栽培。

3. VP53　该品种子实体较大，白色至浅灰色，单生或丛生。菌丝体生长温度为 20 ～ 40 ℃，最适温度为 35 ℃左右；出菇温度为 20 ～ 35 ℃，最适温度为 25 ～ 30 ℃。耐低温能力强，不易开伞，产量高，菇质优。

4. 粤 V1　该品种属中型种。菌丝体生长最适温度为 35 ℃左右，子实体分化发育最适温度为 28 ～ 33 ℃。子实体灰白色，通气良好时顶部灰黑色，基部白色，通风不良、光线不足时子实体白色。草菇子实体呈圆锥形，基部大，顶部尖，抗逆性强，产量高，但易开伞。子实体在二氧化碳浓度高时易畸形，适合废棉渣、中药渣、稻草等多种原料种植。

第四节
主要生产模式及其技术规程

草菇生产可以分为床架立体栽培、塑料袋栽培、砖块式栽培、平面畦栽培、菇粮套种栽培以及堆料栽培等 6 种生产模式，目前生产上应用较多的是床架立体栽培、塑料袋栽培和砖块式栽培。这三种栽培模式各有优缺点，不能一概而论，关键是结合当地季节、种植设施、种植习惯选择适合自己的种植模式，获得理想的种植产量和效益。另外，近年来，利用工厂化金针菇菌渣、杏鲍菇菌渣与鸡腿菇菌渣生产草菇的种植模式也成为许多地区种植草

菇的主要生产模式，经济效益较好，读者可根据当地实际情况斟酌参考。

一、床架立体栽培模式

床架立体栽培是利用双孢蘑菇菇房、泡沫房、现有房屋改造出菇房等设施搭建床架进行的立体栽培出菇模式，是近几年推广的和双孢蘑菇搭配种植的一种周年种植模式，主要是在高温季节种植一茬草菇，草菇菌渣再结合麦秸发酵种植双孢蘑菇，这种"一料两菇"模式既能充分利用菇房，提高复种指数，又能提高经济效益。

（一）栽培季节

自然状态下，草菇生长在高温、高湿的季节，属于高温结实性品种。在自然环境条件下，一般当自然气温稳定在 25 ～ 30 ℃，白天和晚上温差变化不大，空气相对湿度在 70%以上时即开始自然生长。

我国从南到北，幅员辽阔，分属不同气候带，全国各地气温同一季节相差较大，难以统一栽培时间，各地可根据当地的气候条件，确定具体的栽培时间。一般南方地区，如海南、广东可在 4 ～ 10 月，连续栽培 4 ～ 5 次；福建、江西、广西等地在 4 ～ 9 月，连续栽培 3 ～ 4 次。黄河以北地区可在 6 ～ 8 月栽培，连续栽培 2 ～ 3 次。当然同一地区的不同栽培地，因气候不同温度也不尽相同，具体栽培时间还要结合当地温度的实际情况而定。如果采用设施栽培，草菇可以进行周年生产。选择合适的栽培时间，不仅可以提高种植效率及成功率，还可以稳定提高产量，增加种植效益。

一般南方地区，由于自然温度、湿度相对偏高，泡沫板房易保温、升温和保湿，可用来进行草菇的周年生产；保护地栽培模式具有一定的保温、保湿效果，可用来进行提前或延后栽培，提高单位面积生产效率；其他栽培模式适于在草菇正常生长的季节进行。

北方地区（特别是黄河以北地区），由于气候相对干燥、温度偏低，种植时间宜集中在晚春、夏

季和早秋，不便于进行大规模草菇周年种植，但可以利用保护地栽培模式保温、保湿、避光、升温等特点，适当提前1个月和推后1个月延长种植时间（即利用每年5～9月时间）种植3～4茬草菇，其他栽培形式根据需要自己选择。

（二）菌种制作

草菇菌种同其他食用菌菌种一样，菌种制作包括母种制作、原种制作、栽培种制作。

1. 母种制作

草菇母种制作主要流程包括培养基制备、母种转接、母种培养等过程。

（1）母种培养基制备及母种转接　草菇母种培养基可选用下面的配方。

配方1（稻草汁培养基）：碎稻草200 g，葡萄糖20 g，硫酸铵3 g，琼脂20 g，水1 000 mL。

配方2（稻草汁综合PDA培养基）：碎稻草200 g，马铃薯（去皮）200 g，葡萄糖20 g，硫酸镁0.5 g，磷酸二氢钾2 g，琼脂20 g，水1 000 mL。

配方3（综合PDYA培养基）：马铃薯（去皮）200 g，葡萄糖20 g，酵母粉5 g，硫酸镁1 g，磷酸二氢钾2 g，琼脂20 g，水1 000 mL。

培养基制备与母种转接方法同常规方法。

（2）母种培养　接种后的母种应置于32～34 ℃条件下恒温培养。在培养过程中，必须经常、严格检查母种试管是否有杂菌污染，特别是棉花塞上是否污染根霉、青霉、曲霉等霉菌，一旦发现有污染现象，必须立刻淘汰。经过7～10天的培养，菌丝即可长满试管斜面培养基，成为二代或三代母种。

2. 原种、栽培种制作

（1）培养基配方

配方1：棉籽壳93%，麦糠5%，石灰2%，料水比1:（1.25～1.3）。

配方2：碎稻草50%，棉籽壳47%，石膏1%，石灰2%，料水比1:（1.25～1.3）。

（2）培养基配制　选择新鲜无霉变的棉籽壳和碎稻草，按照比例称取后放入搅拌机，加水、石膏、石灰等辅助原料，搅拌10～15 min，搅拌均匀后一定注意测含水量，并防止"夹生料"现象。培养基拌好后一般应立即装瓶或装袋。一般原种多用瓶装，也可用袋装。

1）装瓶　装瓶前必须把空瓶洗刷干净，并倒尽瓶内积水，然后一边往瓶内装料，一边用压实把把培养料压实。培养料装至瓶肩即可，一般料面离瓶口距离不小于5 cm，不可装料过满，否则不利于培养料透气，接种后反而影响菌丝生长。瓶装好后，用圆锥形木棒（直径约2 cm）在培养料中间打一个洞，直到瓶底或临近瓶底为止，目的是为了增加瓶内的透气性，利于菌丝沿洞穴向下快速蔓延生长，同时也有利于菌种块的固定。洞眼打好后将瓶口的培养料擦拭干净，塞上棉塞或专用透气塞。需要注意的是：棉塞要松紧适宜，以手提棉塞瓶不下掉为准。棉塞可以用普通棉花做原料，也可以用废棉或丝棉，但一般不用脱脂棉，因为脱脂棉成本较高。棉塞长度要适宜，一般为4～5 cm，其中2/3塞在瓶内，1/3露在口外，内不触料，外不开花。为了防潮、防尘、防棉塞感染杂菌，生产中多用防潮纸或牛皮纸将瓶口包扎，以减少各种杂菌感染棉塞的机会。另外菌种瓶也可用一层聚丙烯塑料（中间一般刺孔）加双层报纸捆扎封口。如果使用食用菌专用菌种瓶，直接盖上瓶盖即可。

2）装袋　高压灭菌选用聚丙烯料袋，常压灭菌可选用聚丙烯或低压聚乙烯料袋。原种一般可选用折径15～17 cm、长35 cm、厚0.05 mm的一头封口袋，栽培种可用折径17cm、长35～38 cm、厚0.04 mm的料袋。装袋一般用装袋机装袋，要求培养料松紧适宜，且上下一致，用塑料绳捆口，也可用食用菌专用套环盖口。装袋时要注意袋身不可磨损或被硬物刺破。原种装袋要求用食用菌专用套环盖口。

3）灭菌　装好的原种瓶和栽培种袋及时装入灭菌锅进行灭菌。可选用高压灭菌，灭菌时保证锅盖密封紧密不漏气，当锅内压力达到0.05 MPa时进行2～3次排气，彻底排除锅内冷空气；当锅内压力达到 0.15 MPa（锅内温度 125 ～ 126 ℃）时保持 1.5 ～ 2 h（视培养基和灭菌量决定灭菌时间），灭菌结束后待锅内压力自然降至零时可打开锅盖。也可选用常压灭菌，一般当天装袋当天灭菌，灭菌时要保证气包鼓起时间不超过 5 h，袋温达到 100 ℃保持时间在 12 ～ 14 h，锅内菌袋摆放时菌袋间一定要留有适当间隙，以利于灭菌时蒸汽循环通畅，蒸汽包内菌袋温度一致，灭菌彻底。

4）接种　当灭好菌的原种或栽培种温度降至 35 ℃左右时及时接种。接种时一定要按照无菌操作技术规程严格进行操作，对于农村生产种植户，最好在接种箱内接种，也可在自制接种帐或改造过的接种室内进行。接种时一定要严格进行空间灭菌，使用质好、量足的有效熏蒸式灭菌剂熏蒸 30 min，用酒精对手及接种钩或接种用的镊子等用具进行消毒，在酒精灯的无菌区内，用接种钩快速将母种接入原种瓶内，用接种铲或用镊子将原种接入栽培种袋内。接种完毕后，及时将已接过种的原种或栽培种移入培养室或培养箱内进行菌丝生长培养。

5）培养　菌种培养过程是一个既简单又复杂的过程，要严格做到"三控制"，才能培育出优质合格的菌种。① 控制温度。草菇菌丝生长适宜温度为 33 ～ 35 ℃，培养室温度可控制在 28 ～ 30 ℃，原种、栽培种瓶（袋）温度可控制在 33 ～ 35 ℃。如果原种、栽培种瓶（袋）温度过低，培养好的菌种菌龄偏长；如果栽培种培养袋温度过高，培养好的菌种菌丝稀疏、不健壮。严格控制袋温不得超过 39 ℃，坚决淘汰受过高温影响的菌种。② 控制光线。草菇菌丝生长期间不需要光线，尤其强光直射。光线越弱，越有利于菌丝生长；相反，菌丝生长缓慢，不健壮。③ 控制通风。培养室适当通风，可以保证菌丝生长时有足够的氧气供应，菌丝生长迅速健壮。但通风时应考虑培养室内外温差，如室外温度高时，尽量晚间通风，室外温度低时则尽量安排白天中午通风。

6）挑拣污染菌种　在菌丝培养过程中要定期

做好菌种挑杂工作。在整个发菌培养过程中，一般要进行 3 次挑杂检查。第一次检查：一般在接种后 5 ～ 6 天，菌种块菌丝全部开始生长时检查。此时由于接种操作造成的污染的症状已开始显现，试管母种或原种有各种杂菌感染也能明显表现出来，如果不及时检查，有的杂菌会被草菇菌丝覆盖，造成草菇菌丝与杂菌混合生长的现象。如果草菇菌丝生长旺盛，以后很难从菌种瓶或菌种袋表面发现此类杂菌感染。第二次检查：一般在接种后 13 ～ 15 天，此时由原料灭菌不彻底、菌袋破裂或有微孔、培养环境污染等引起的各类杂菌感染基本都能表现出来。此时检查一定要认真细致，一旦菌丝长满菌袋（菌种瓶），有些杂菌将很难检查出来，如毛霉。第三次检查：在菌种使用或出售时，一般都要再做一次菌种质量的全面检查。

（三）培养料准备

原料是草菇种植至关重要的物质，是草菇种植高产的基础，原料越新鲜，营养成分破坏就越少；经过雨淋、发热、发酵、霉变等影响的培养料，营养成分消耗，原料物理性状被破坏，并产生有毒、有害物质，因此菌丝生长不旺盛、不健壮，最后影响草菇总体产量，并且易发生病害。因此种草菇要选择无霉变、未经雨淋的优质原料做培养料。

1. 栽培原料　草菇生产中常用的原料主要有废棉渣、棉籽壳、稻草等。辅料主要有石灰、麸皮、玉米粉及饼肥等。下面简要介绍以下这些原料的类型及特点。

（1）废棉渣　又叫废棉、破籽棉、落地棉、地脚棉等，来源于棉纺厂、轧花厂、纺织厂、弹花厂的下脚料，含有破籽的棉籽壳、棉籽仁以及棉柴屑等原料，是目前最理想的草菇种植原料。废棉渣作为企业生产下脚料，来源比较广，产品比较杂，没有质量等级标准，购买时价格也相差较大，购买者应根据自己的种植季节和经验进行购买。一般情况下，质量好、纤维多、短绒多的废棉渣，持水性好，发热均匀；质量差、杂质多的废棉渣发热不均匀。在使用废棉渣时，尽量在低温季节使用质量差、杂质多的废棉渣，在气温比较高时使用质量好、纤维多、短绒多的废棉渣，也可以根据自己的经验按照比例进行配比使用。

（2）棉籽壳　棉籽壳是棉籽榨油后的一种农副产品下脚料，也是目前适合多种食用菌种植的主要原料，它不仅营养丰富，而且质量稳定、透气性好、持水力适中，是一种难得的食用菌种植优质原料。

选购棉籽壳时应注意棉籽壳上绒不宜过长或太多，也不可无绒，要求有一定数量的短绒，手握稍有刺感，手感柔软；并且棉籽壳外观应色泽灰白或雪白，而不是褐色。特别需要注意的是，棉籽壳内不能含有超量的棉籽仁。

棉籽壳适合室外保护地畦栽，不太适合室内床架栽培。主要是由于棉籽壳保温、保水性相对较差，栽培后期产热量不足，在气温较低时容易引起减产。因此，生产栽培时要选用无霉变、无结块、未经雨淋的新鲜棉籽壳作为原料，使用前最好在阳光下暴晒 1～2 天。

以棉籽壳为培养料栽培草菇，可以平面床式种植，也可立体床式种植，其营养物质丰富，采收完第一茬菇后进行科学的管理，可以连续采收两茬。第一茬菇采收后及时清除料面上的残菇和菌皮，喷洒营养水和调酸碱度后，覆上塑料薄膜让菌丝恢复营养生长，控制温度在 32～34 ℃，经 2～3 天第二茬菇便可以形成。第二茬菇采收后的管理同第一茬菇，3～5 天后第三茬菇形成。棉籽壳的利用周期达 1 个月左右，每 100 kg 培养料可采收鲜菇 35～40 kg。

（3）稻草　稻草是栽培草菇最早使用的原料，是我国农业生产中最主要的农作物秸秆之一，来源极为广泛。

稻草分早季稻草、中季稻草、晚季稻草。早季稻草秸秆柔软，发酵后极易腐熟，所以栽培料透气性差，一般较少采用；食用菌生产上用得最多的为中晚季稻草。稻草由于柔软、较短，相对于麦秸、玉米秆省工，所以在食用菌生产上用得也更多些。

在生产中，利用稻草种植草菇，只要再添加必需的营养物质，培养料合理处理后（稻草质地坚硬，含大量的蜡质，在使用前一般应暴晒 1～2 天，还需在使用前用 2% 的石灰水浸泡处理，并建堆发酵），是可以取得草菇种植高产的。

（4）麦秸　麦秸是传统的草菇种植优质原料。由于其营养较差、产量较低，曾一度受废棉渣、棉籽壳营养相对丰富、产量高等因素的影响用量巨减，但近年来由于废棉渣、棉籽壳价格上涨过快，价格较高，在小麦产区，利用麦秸种植草菇的现象也有所回升。

麦秸的种类很多，从发酵效果看，大麦秸最好，裸麦秸次之，再次是小麦秸。麦秸应在收割后立即暴晒，干燥贮存，不要受雨淋，否则会产生厌氧发酵，发热霉变。麦秸较硬，蜡质层厚，吸水差，腐熟速度慢，可采用碾压、石灰水浸泡等措施进行处理。

由于麦秸原料的物理性状较差、持水性较差、营养不丰富，生物学效率一直超不过 20%，在配制培养料时有必要增加营养，或者与废棉渣、棉籽壳按比例配合使用，以增加单位面积的草菇产量，提高种植效益。

（5）玉米芯、玉米秆　玉米收获后，先将玉米芯、玉米秆晒干贮存，待翌年夏季使用。玉米芯、玉米秆作为一种新型培养料目前正被用来种植多种食用菌，特别是玉米芯用途越来越广。玉米芯之所以被广泛推广，一是来源广、价格低，二是贮运方便，三是营养比较全面，四是颗粒性好、透气性好，五是保水性好。

使用玉米芯、玉米秆需要注意，由于玉米芯或玉米秆含氮量较低，在草菇生产培养料发酵时，应添加适当含氮量较高的麸皮、米糠、玉米粉等物质，以便获得较高产量。

（6）食用菌菌渣　随着食用菌产业的快速发展，食用菌菌渣越来越多，因其含有丰富的蛋白质及其他营养成分，在农业生产上有较高的利用价值。其中工厂化生产杏鲍菇、金针菇等的菌渣养分非常丰富，是种植草菇的非常好的原料。另外，鸡腿菇菌渣也是种植草菇的一种较为理想的原料。

（7）中药渣　是指中药厂提炼中药有效成分后的下脚料，目前是广东省第三大种植原料，同稻草、麦秸等原料相比更为好用。一般情况下，中药渣经高温处理后，不用再进行杀菌、杀虫和调水处理，只需加入石灰调节原料酸碱度即可。

（8）其他原料　剑麻渣也是一种比较好的草菇种植原料，它是剑麻加工厂的一种下脚料，种植效果要比稻草、麦秸原料要好。甘蔗渣也是一种种植原料，但同其他原料相比，生产中要谨慎使用。

（9）各种辅料　草菇种植同其他食用菌种植相比使用辅料较少，特别是用废棉渣、棉籽壳、中药渣作原料时，只需加入石灰调节酸碱度即可以栽培。辅料指麸皮、玉米粉、黄豆粉、饼肥、牲畜粪便及所需的矿物质，辅料可以根据自己的条件加入，一般情况下按照麸皮5%～10%、玉米粉5%～8%、黄豆粉3%～5%、饼肥2%～3%、牲畜粪便5%～10%比例添加。这些物质在拌入培养料前要进行处理，尤其是牲畜粪便要进行堆制发酵，饼肥在使用前要进行粉碎，矿物质应先溶于水后再掺入料中。

下面对草菇生产中使用的各种添加辅料及特点做一介绍。

1）石灰　生产中常用的石灰有生石灰和熟石灰之分，生石灰呈白色块状，遇水则化合生成氢氧化钙，并产生大量的热，具有杀菌作用。熟石灰又名消石灰，主要成分为氢氧化钙，一般呈白色粉末状，具有强碱性，吸湿性强，能够吸收空气中的二氧化碳变为碳酸钙。氢氧化钙的水溶液俗称石灰水，具有一定的杀菌作用。通常在生产中常使用生石灰，在使用时加水使其变为熟石灰。草菇生产中石灰是非常重要的物质，它的主要作用是调节培养料的酸碱度，抑制发酵过程中产酸菌的繁殖，促进放线菌等嗜热微生物的繁殖。生产中根据培养料的不同、生产时期的不同及发酵时间的长短，石灰的添加量一般为3%～4%。另外，如果石灰质量差

或原料有酸变的，石灰的添加量应该适当增加。

2）麸皮　麸皮营养丰富，是配制草菇培养料的主要辅料。在选择时，要求麸皮新鲜无霉变、无虫蛀、不板结。另外，在配制稻草、麦秸等秸秆类培养料时，最好使用颗粒较细的麸皮，因为麸皮颗粒较细时，容易与这类培养料充分混合，拌料均匀。添加麸皮，一般可以加速发酵进程，增强出菇后劲，但也会影响培养料的酸碱度，因此应酌量增加石灰用量。

3）玉米粉　玉米粉含碳50.92%，含氮2.28%，其维生素 B_2 含量高于其他谷物。适当添加玉米粉，可以增加培养料的营养源，增强菌丝的活力，提高草菇产量。除使用量与麸皮不同外，其选择和使用的注意事项同麸皮。

4）黄豆粉、饼肥　这类物质营养丰富，含氮量较高。如花生饼含碳49.04%，含氮6.32%，碳氮比为7.76∶1；菜籽饼含碳45.2%，含氮4.6%，碳氮比9.83∶1；豆粕含碳为47.46%，含氮为7%，碳氮比为6.78∶1。各类饼肥可以为草菇生长补充氮源营养，使用时必须粉碎。其选择、使用方法和特点同麸皮。

5）牲畜粪便　粪肥可以促进培养料的充分发酵，同时为草菇菌丝生长提供氮源营养。粪肥的种类很多，草菇生产中多使用牛、马、猪、羊、鸡等牲畜的粪便。粪便因其来源不一样，各自的营养成分也不一样，因此，在使用粪肥作为草菇生产的辅料时，要根据使用粪肥的不同添加适宜的粪肥量。粪肥最好晒干后再使用。另外，在与培养料混合前要充分堆制发酵后再使用。

6）各类化学肥料　草菇生产中常用的化学肥料主要有氯化钾、磷酸二氢钾、过磷酸钙、钙镁磷肥等。氯化钾对草菇发育成活有促进作用，用量一般为0.05%～0.08%；磷酸二氢钾有促进成菇的作用，用量一般不超过0.04%，否则可能出现小菇多、不易壮大的情况；过磷酸钙也有促进成菇的作用，同时也可补充适量的钙元素，添加量一般为0.5%～0.8%。

2. 栽培配方 草菇培养料配方比较多，下面简单介绍几个有代表性原料的培养料配方，各地应结合当地实际情况合理选择。

配方1（棉籽壳培养料）：棉籽壳70%，玉米芯20%，麸皮5%，磷肥2%～3%，石灰2%～3%，0.1%克霉灵。

配方2（废棉渣培养料）：废棉渣50%，棉籽壳40%，稻草（麦秸）7%，石灰2%～3%，0.1%克霉灵。

配方3（稻草培养料）：稻草90%，麸皮（米糠）10%，另加入3%～4%石灰（主要用于浸泡稻草）、0.1%克霉灵。

配方4（稻草、棉籽壳混合料）：稻草75%、棉籽壳20%，麸皮（米糠）5%，另加入2%～3%石灰（主要用于浸泡稻草）、0.1%克霉灵。

配方5［玉米秆（玉米芯）培养料］：玉米秆（玉米芯）80%～85%，棉籽壳10%～15%，磷肥2%，石灰2%～3%。

配方6（麦秸培养料）：麦秸90%，干牛粪5%，麸皮5%，另加入3%～4%石灰（主要用于浸泡麦秸）。

配方7（甘蔗渣培养料）：甘蔗渣85%～90%，麸皮8%～12%，石灰2%～3%。

（四）培养料发酵

适宜草菇栽培的原料较多，栽培模式不同主要原料的处理方法也不同。

1. 稻草培养料

（1）整把稻草栽培 稻草先用2%～3%石灰水浸泡4～5 h，以破坏稻草表皮细胞组织中的部分蜡质，从而使草菇菌丝难以利用的物质得以软化和降解。稻草泡软以后，在堆草前捆成草把。草把通常有两种扎法：长的稻草，抓起一把，理整齐后先用两手旋扭，再对折扭成麻花形并扎住，即成为麻花形草把；短的稻草不易拧成把，理整齐后可以用湿草将其两端捆紧，形成每把重0.5 kg的草把。干牛粪预湿后加麸皮堆起，发酵3～5天，用时撒在草把上。

（2）切碎稻草培养料 将稻草切成5～10 cm长或用粉碎机粉碎。切碎的稻草用2%～3%石灰水浸泡，浸泡4～5 h后捞起沥干进行建堆发酵。一般建成宽2 m以上，高1 m，长度不限的梯形堆。建堆后要盖膜保湿（注意揭膜通风，并每隔50 cm打一透气孔，防止厌氧发酵），同时防止害虫侵入；堆制5天后，中间翻堆1次，翻堆时可加入麸皮（在铺料前拌匀加入）。发酵好的培养料质地柔软，含水量在65%～70%，pH调至8左右。采用建堆发酵后最好进行二次发酵，特别是添加了米糠或麸皮、干牛粪的原料，一定要进行二次发酵。

2. 麦秸培养料 麦秸表层有一层蜡质，播种初期不易被草菇菌丝吸收，因此用来种植草菇的麦秸一定选用拖拉机碾压过的麦秸。种植前，将麦秸先浸入石灰水中泡24 h，去掉麦秸表层的蜡质，然后捞出沥去水分，掺入干牛粪建堆（建堆方法参照上述"切碎稻草培养料"部分），经过2～3天后，麦秸变得柔软而有弹性，便可铺料播种或进行二次发酵。铺料时要求铺料厚度15～25 cm，最厚处不得超过30 cm。

3. 棉籽壳培养料 棉籽壳是一种很好的食用菌种植原料，它不仅营养丰富，而且透气性好，可以用来种植多种食用菌，其种植草菇的生物学效率是稻草、麦秸等原料的2～3倍。棉籽壳可用搅拌机拌料，这样拌出的料不仅均匀，而且含水量易控制，拌好的培养料进行建堆（建堆方法参照上述"切碎稻草培养料"部分），经过3天发酵后即可铺料播种或进行二次发酵。铺料时要求铺料厚度12～15 cm，最厚处不得超过20 cm。

4. 玉米芯、玉米秆培养料 栽培前玉米芯用粉碎机粉碎至花生豆或黄豆大小颗粒，玉米秆用铡草机压扁切段，也可先用拖拉机碾压，再用铡草机将碾过的玉米秆铡成3～5 cm长的段，然后将碎玉米芯或玉米秆放入3%的石灰水中浸泡3～5 h，捞出沥去多余的水分，使玉米芯或玉米秆含水量达到65%～70%，然后按配方添加其余辅料建堆发酵。一般建成宽 2 m 以上，高 0.9～1.2 m，长度不限的梯形堆。建堆后，在料堆上每隔 50 cm 用木棍打孔到底，上面覆盖塑料薄膜，当发酵料堆温达 60 ℃时每天翻堆 1 次，以免形成厌氧发酵，约 3 天（玉米芯发酵时间根据情况可以达到 5～6 天）后料即发酵好。发酵好的玉米秆由白色或浅黄色变成咖啡色，松软有弹性。

（五）铺料建床

1. 种植场地

（1）日光温室　是节能日光温室的简称，又称暖棚，是一种在室内不加热的温室，是我国北方地区独有的温室类型。日光温室采用较简易的设施，白天充分利用太阳能升温、晚上利用棚体保温的特性，创造适合草菇生长需要的高温、高湿条件，延长草菇种植季节，是我国独有的设施。日光温室的结构各地不尽相同，分类方法也比较多。按墙体材料分主要有干打垒温室、砖石结构温室、复合结构温室等；按后屋面长度分，有长后坡温室和短后坡温室；按前屋面形式分，有二折式、三折式、拱圆式、微拱式等；按结构分，有竹木结构、钢木结构、钢筋混凝土结构、全钢结构、全钢筋混凝土结构、悬索结构、热镀锌钢管装配结构。具体建造方法：参照蔬菜温室修建，宽 8～8.5 m，长 35～40 m，北墙高 1.8～2 m，后坡长 1.5 m，脊高 2.6～2.8 m，采光面倾斜角为 30°～35°，用砖墙或土墙均可，但后墙每隔 1 m 留一离地面 0.5～0.6 m 高的通风口，通风口直径要求不低于 0.25 m。在日光温室内草菇可进行立体栽培，也可直接进行平面栽培（图 6-2-23）。

（2）塑料大棚　塑料大棚是一种简易实用的保护地栽培设施，由于其建造容易、使用方便、投资较少，被普遍采用。利用塑料大棚种植食用菌时，必须覆盖草苫进行遮阴（图 6-2-24）。具体建造方法：在建棚材料上可因地制宜、就地取材，建棚的主要材料是竹竿、木头、水泥柱、塑料布和草苫，棚的形状有圆顶形和屋脊顶形，大棚宽 8～8.5 m，长 20～50 m，高 1.8～2 m，面积为

图 6-2-23　日光温室平面种植

图 6-2-24　塑料大棚

200～400 m²。

（3）塑料小拱棚　塑料小拱棚又叫阳畦（图 6-2-25），用竹竿或树枝扎成拱形，上面覆盖塑料薄膜保湿，并覆盖草苫遮阴保温，畦内温湿度条件适宜草菇生长，可获得较高产量。具体建造方法：畦宽 2～3 m，长 10～20 m，深 0.3～0.5 m，挖

图 6-2-25　塑料小拱棚

草腐菌生产技术

出的湿土沿畦边垛成土墙，墙高 0.5 m，骨架拱高 1.2～1.5 m，从畦底到拱顶高约 1.8 m。

（4）标准菇房　一般是指用砖、水泥建造的长 20～30 m、宽 9 m、高 3～4 m，内部用竹竿或钢材搭建 6～7 层床架（图 6-2-26、图 6-2-27）可以立体栽培（图 6-2-28）的专用双孢蘑菇菇房（图 6-2-29）。菇房东西朝向，墙南北两面留长 40 cm、宽 25 cm 的通风口，上下间隔 40 cm，左右间隔 1.5 m。床架用竹竿制作，床架宽 1.1 m，上下床架间隔 50 cm，底层距地面 20 cm，顶层距房顶 0.6～1 m，床架之间人行道宽 65 cm 左右。这种结构是从福建借鉴过来的用来栽培双孢蘑菇的专用菇房。广大菇农为了提高菇房利用率，增加经济收入，在冬春季栽培双孢蘑菇结束、下茬双孢蘑菇种植前栽培一茬草菇，种过草菇的料还可以再用来种植双孢蘑菇。

图 6-2-28　立体栽培

图 6-2-26　竹架立体结构

图 6-2-29　标准菇房

（5）简易菇房　建造原理同标准菇房，但其建造简单，用竹竿搭好架后，外部用塑料薄膜保湿、草苫保温（图 6-2-30、图 6-2-31）。

（6）泡沫板菇房　泡沫板菇房（图 6-2-32）搭建规格长 5 m、宽 2.2～4.8 m（一般出菇房宽度 2.2 m 是指一个菇房里一个通道、两排出菇架，宽度 4 m 是指一个菇房里两个通道、三排出菇架，宽度 4.8 m 是指一个菇房里两个通道、四排出菇架）、高 2.3～2.8 m（一般边沿高度是 2.3 m，中间最高处是 2.8 m），用直径 0.5 cm 左右的毛竹或方木（4 cm×4 cm 或 3 cm×5 cm 的杉木）搭建出菇架出菇；出菇架宽 70 cm，层与层之间距离 45 cm，一般底层距地面 35 cm，顶层距屋顶最高处 1 m，搭建 4 层，排与排之间距离 65 cm。

图 6-2-27　钢架立体结构

VI

图 6-2-30　简易菇房

图 6-2-33　砖瓦房外景

图 6-2-31　外加遮阳网简易菇房

图 6-2-34　砖瓦房立体种植内景

层与层之间距离 0.45 m，底层距地面 0.35 m，顶层距房顶 0.5 m。门一般按照高 1.7 m、宽 0.65 m 开设，窗一般按照 0.4 m×（0.5 ～ 0.6）m 开设上下两排。砖砌好房体后，在屋顶盖石棉瓦后封 3 cm 厚的泡沫板，再封一层薄膜，最后再搭建床架（床架的搭法可以参照泡沫板菇房）。

2. 场地消毒　首先是栽培前要认真打扫卫生，打开门窗，通风换气 2 天以上，然后用紫外线照射或用化学消毒剂进行熏蒸或喷洒消毒。对种植过草菇或其他菇的菇房更应加强消毒，并喷洒高效低毒杀虫剂进行防虫处理。

图 6-2-32　建造中的保温泡沫板菇房

（7）砖瓦房　利用或建造砖瓦房（图 6-2-33）种植草菇（图 6-2-34）与泡沫板菇房相比，更具有保温、保湿性，室内环境更加稳定，但相对建造成本要高得多。

建造方法：选择地势较高的地方，用砖砌成长 6 m、宽 4 m、边高 2.8 m、顶高 3.5 m 的起脊房架体。菇房内设 2 ～ 3 排出菇架，床架宽 0.7 ～ 1 m，

（1）紫外线照射　紫外线按照波长分为长波紫外线和短波紫外线。在灭菌上，主要是采用短波紫外线光进行灭菌，按照每 10 ～ 30 m² 安装一支 40 W 的紫外线灯管，照射 30 min 即可以达到灭菌效果。需要注意的是：① 培养室在使用前必须打扫干净，不得有灰尘；② 紫外线灯管要保持干净，对灭过菌的房间要保持黑暗；③ 紫外线对

草腐菌生产技术

固体穿透力差，凡是光线照不到的地方不能起到灭菌效果；④ 一般紫外线灯管的工作温度是 25 ~ 40 ℃，环境温度偏低时紫外线杀菌效果较差。

（2）化学消毒剂喷洒　化学消毒剂是一种简单、实用、效果稳定的杀菌剂，通常使用的消毒剂主要有食用菌专用场地消毒剂和二氧化氯消毒剂等，按照 300 ~ 500 倍的比例稀释配制，进行喷洒消毒。消毒时药剂一定要喷洒均匀，并且喷洒后场地要密闭 24 h，以增强消毒效果。

（3）化学药物熏蒸　使用食用菌专用熏蒸剂（如一熏净、必洁仕等）或高锰酸钾等熏蒸剂，按照比例密闭熏蒸。

（4）喷洒杀虫剂　使用拟除虫菊酯类杀虫剂［按照 1 :（800 ~ 1 000）比例稀释配制］进行喷洒，防虫、杀虫。

3. 二次发酵及畦床铺料

（1）二次发酵　草菇培养料进行二次发酵不同于双孢蘑菇的二次发酵，相比而言，草菇培养料二次发酵时间短，操作较为简单。首先将发酵好的培养料按要求将其铺到培养架面上，料面整理后关闭门窗，密闭菇房并开始通入蒸汽进行二次发酵，使料温达到 65 ~ 70 ℃，维持 4 ~ 12 h（根据培养料质量、发酵程度等决定），然后自然降温，降到 45 ℃左右时打开门窗，待料温降至 36 ℃左右时播种。

草菇培养料二次发酵实际是利用巴氏消毒的原理对培养料进行的一次消毒杀虫并继续发酵的过程，是草菇培养料配制中关键的环节。经过二次发酵的培养料种植草菇，病虫害发生少，出菇均匀、快，易于出菇管理，增产效果明显。

（2）畦床铺料

1）平铺式铺料法　整理床架上的培养料，要求培养料表面除中间略现龟背式外，其余部分平整。培养料的厚度依气温高低而有区别，如气温 30 ℃时，用棉籽壳（玉米芯）作培养料的中心最高处厚 15 ~ 18 cm，用稻草作培养料的中心厚 20 ~ 25 cm；气温高达 33 ℃时，用棉籽壳（玉米芯）作培养料的中心厚 12 ~ 15 cm，用稻草作培养料的中心厚 18 ~ 20 cm；气温 25 ℃时，用棉籽壳（玉米芯）作培养料的中心厚 18 ~ 20 cm，用稻草作培养料的中心厚 30 cm。

2）波浪式铺料法　整理床架上的培养料，按照菇床排列的纵向方向，做成形似波浪式短小小埂菌床。小埂高 15 ~ 20 cm（注意：依据种植原料不同调整料厚度），埂与埂之间相距 5 ~ 7 cm。这种形式的优点是增加了出菇面积，通风良好，菌丝生长迅速，出菇早，菇体整齐。但这种方法不仅比较费工、费时，而且喷水较重时，小埂中部常被水渍，容易影响菌丝生长、出菇。

（六）接种

采用撒播、条播、穴播均可，这三种方法各有优缺点，可根据实际情况选用适合自己的播种方法。但播种结束后要注意覆盖薄膜保温保湿，促进发菌。

1. 撒播　将菌种均匀撒在培养料表面，用木板轻轻拍实，让菌种与培养料充分接触即可。

2. 条播　在床面按 10 cm 的距离挖一条宽 3 cm、深 3 cm 的播种沟，把菌种均匀地播入，后轻轻压平。

3. 穴播　要把床面整平，先按 7 ~ 8 cm 的距离挖穴，再塞入一团菌种，并轻轻压平穴口。

（七）发菌管理

1. 覆土　播后 4 ~ 5 天，床面菌丝开始蔓延生长时，就可在床面盖一层薄薄的火烧土或草木灰，也可盖疏松肥沃的壤土并喷 1% 石灰水，保持土壤湿润。采用"一料两菇"栽培（草菇与双孢蘑菇配套栽培）时一般不覆土。

2. 温度　播种后菇房温度应控制在 33 ~ 35 ℃，要经常测量培养料温度（图 6-2-35），料温保持在 35 ~ 40 ℃，最高不能超过 40 ℃。若气温过低，低于 28 ℃时就要进行加温。若夏季气温过高时，应注意降温，一般采取打开门窗通风换气或在菇房内空间喷雾和地面洒水的方法降温。

图 6-2-35 发菌期测量培养料温度

3.水分 条件适宜草菇生长的情况下，一般播种后 1 天左右菌丝即能长满整个床面，一般下床比上床长得快。菌丝生长阶段，如果气温高，料面易干燥，播种后 3～4 天应视情况向床面轻喷 1～2 次水，促使菌丝往下吃料。当菌丝吃透培养料时，向料中喷洒适量结菇水。

4.空气与光照 草菇属好氧性真菌，在整个发菌阶段都要有新鲜的空气、保持菇房空气流通，促进菌丝生长。发菌前期要避光发菌，喷结菇水后要适当增加通风，增加光照（最好夜间照射日光灯），以促进菇蕾分化。

（八）出菇期管理

出菇期管理的重点是温度、水分、通风、光照，这四个方面的管理是相辅相成、相互制约的，如何协调、处理好这四个方面的管理因素，是草菇种植获得高产、优质的关键。

1.温度 正常情况下，播种后菌丝生长 10～12 天，菌丝即可全部长满培养料，进入菌丝成熟期。

出菇期间草菇子实体生长要求的温度与菌丝生长期间菌丝生长要求的温度不同，一般要略低于菌丝生长期间温度，要求料面温度控制在 30～32 ℃为宜。温度偏高（≥35 ℃）、湿度大时，气生菌丝旺盛，影响草菇产量，并且子实体生长快、菇质相对疏松、开伞快，影响产品质量；温度低时（≤28 ℃），子实体生长受阻甚至停止生长。因

此，出菇期要保持温度稳定，通过增温、保温和降温措施创造子实体生长最佳温度区域，防止温度变化对子实体生长的影响，特别是昼夜温差要控制在 5 ℃以内，不得超过 8 ℃，以免养分倒流出现大面积"死菇"现象。

增温、保温和降温方法：一般情况下，温度高时，可以通过通风、遮阴进行降温，必要时注意加盖覆盖物，防止太阳光直射引起的空间温度升高，并延长晚上通风时间，同时洒水降温。温度低时，可以通过增温、进光等措施进行升温，必要时可以白天揭开草苫晒膜升温，夜间盖上草苫保温；当温度低于 25 ℃时，延长中午通风时间，缩短早晚通风时间。总之，不管是升温还是降温，一定要结合自身情况灵活运用增温、降温方法。

2.水分 为了使出菇整齐及出菇后子实体能正常生长，在出菇前喷浇一次 pH 为 8～9 的石灰水，喷水量以栽培料上无积水为宜。喷出菇水一般不要过量，因为培养料长期处于水分较多情况下，会引起培养料中间的菌丝缺氧，养分输送困难，正在生长的草菇不容易膨大，产量和质量都会受到影响，所以，在出菇水用量难以确定的情况下，一般采取先适当少喷洒一些水，再经过 8～12 h 的培养料吸收后，观察菇床培养料表面的水分状态，如果不够湿润，便可以继续进行出菇水的补充。

一般喷出菇水后 2～3 天，在培养料边缘处出现形似小米粒的原基。草菇子实体生长时从培养料及空气中吸收大量的水分，尤其是子实体快速膨大期，水分不足会明显影响草菇的日生长量，所以要经常检测培养料和空气中的水分。根据气温，一般晴天干燥时要早晚喷水，使培养料表面保持湿润状态；阴雨天可以掀膜进潮气，保持培养料含水量不低于 60%（经验：手摸料面柔软、不扎手，抽几根稻草或麦秸用劲拧，有水印即可），空气相对湿度可以用湿度计测量，控制在 90% 左右（经验：顶部塑料布有致密水珠，立柱和周围墙壁上有部分水珠。如果感觉不准，最好使用干湿温度计）。

采收第一茬菇后，要停水 2～3 天再进行喷水

草腐菌生产技术

管理，5天左右可收第二茬菇，如此管理一般可收3～4茬菇。

（1）喷水　空气湿度受料温、气温、通风等外界因素影响，喷水可以有效增加空气湿度，喷水时间一般安排在中午最好。因为中午喷水，一是可以防止下午气温升高后出现的蒸发量增大、空气湿度下降问题；二是可以防止喷水对温度下降的影响（主要是指当出菇场所温度偏低时，喷水会起到降温作用，选择中午气温较高时喷水，对出菇场所温度变化起伏影响较小）；三是喷水前，需将门窗等通风设施适当打开，让料面稍微干燥以后再喷水，喷水后也不能马上关闭门窗等通风设施，要待料面稍微干燥后再关闭门窗等通风设施，防止料面气生菌丝旺长，消耗养分，影响草菇子实体正常生长；四是子实体幼小时一般不能直接对床面喷洒水分，不能喷水过多，要采取轻喷雾状水的方法喷洒，否则容易引起草菇的菇蕾、幼菇死亡；五是喷水时还应注意，喷头一定要向上喷雾，水温应与气温相接近，与料温相差一般不超过4℃，更不能用低于25℃的冷水喷洒，以免菇蕾受冷水刺激而死亡。

（2）湿度调节　可以采用几下几种方法：

1）关闭门窗　这种方法适于原料含水量正常，表面湿度正常，环境出菇温度较适宜时。一般门窗、通风口关闭约1h后，空气相对湿度就可以上升到80%以上，待菇房内湿度正常后可适当打开一定的门窗或通风口，从而维持空气湿度的稳定。

2）通风　这种方法一般用于空气相对湿度在90%以上，环境温度适宜或较高的情况下，一旦降到适宜湿度时便要及时停止通风或减小通风量。

3）加温　这种方法主要适于空气相对湿度在85%以上，菇房内温度较低的情况。

4）喷雾　这种方法是常用的增加湿度的方法。

3.通风　草菇属于大型可食用真菌，在子实体生长期间，需要大量的新鲜空气（主要是氧气），一旦二氧化碳浓度过高，不仅会影响子实体的形成，而且会影响子实体正常生长形成肚脐菇，即子实体顶部向下凹陷形成的畸形菇，降低商品价值。因此，做好通风管理，不仅可以生产出形状优美、商品性状优良的子实体，而且通过通风管理还可以减少病害发生。

出菇期的通风管理是一个尤为重要的管理环节，当草菇子实体原基形成后，将料面的覆盖物支起，以加强通风换气，每天通风3次，早、中、晚各1次，每次30～40 min。不管低温季节还是高温季节，不论出菇场所温度高还是低，必须保证每天进行通风换气。需要说明的是：子实体生长越多、越大时，通风时间可以延长；反之，通风时间可以相对减少，只要没有畸形菇出现就说明通风时间可以。总之，通风时间长短要灵活掌握，一定要结合菇房内的温湿度以及日常管理操作等进行调节。

4.光照管理　草菇子实体原基形成（白点状的幼蕾）和生长阶段需要一定的散射光（图6-2-36），一般从草苫缝隙透的阳光为光照量的1/10（一般可以用看报纸的方法来测量光线强度，即人的眼睛离报纸30～35 cm距离基本可以看清报纸上的5号字的光线亮度），即可满足需要。随着子实体的不断膨大，散射光强度要增强到300～500 lx。散射光强度充足时，长出的子实体菌肉致密，品质好，菇体颜色深；散射光不足时，子实体生长较弱，菌肉疏松，菇体颜色浅白，菌柄易伸长，菇的产量和质量均受到影响。散射光过强时，一是影响菇房内湿度，一般会加大菇房内料面

图6-2-36　散射光出菇

水分的蒸发，降低菇房内的空气湿度和料面的水分含量；二是影响棚内温度；三是影响菇体颜色，使菇体颜色加黑，影响商品性状。

（九）采收

适期、分批采收。按照收购标准，采菇一定要及时。在第一、二茬的高峰期，子实体生长速度特别快，为了保证质量，一般一天需采菇2次。

1. 采收标准　当草菇子实体生长到蛋形期后，菇体饱满光滑，菇质较硬，颜色由深变浅，草菇外包被尚未破裂，用手指轻轻捏子实体的顶部，有弹性，手摸子实体其中间无空腔感，此时应立即采收（图6-2-37）。这时的子实体蛋白质含量最多，味最美，商品价值最高。一旦包被开裂（图6-2-38）或开伞，商品价值则降低。

图6-2-37　采收适期

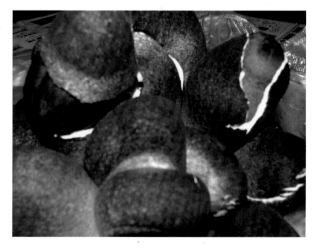

图6-2-38　开伞草菇

2. 采收方法　草菇采收前要停止洒水，以利于保鲜和运输。鲜菇采后的用途不同，其采收时间也有差异，如用于制作罐头时要在蛋形中期采收，用于鲜销时在蛋形中后期采收。采摘时一手按住子实体生长的基部（小心保护未成熟的幼菇），一手捏住将成熟的子实体拧转摘起。如丛状生长时，应在大部分菇蕾适宜采收时一齐采摘；个别先成熟的，也可用小刀小心地从基部切掉，留下纽扣菇让其继续生长，这样能提高草菇产量。

特别要注意的是，草菇采收不同于其他食用菌品种，草菇生长速度快、老化速度快，必须及时采收，防止菇体包被破裂，确保菇体质量。采菇时动作要轻快，采摘后用小刀轻轻切掉泥根或根部培养料，及时进行预处理加工或销售。

（十）包装、保鲜与加工

1. 包装　采收后的鲜草菇在运往销售市场过程中可简便包装，主要用食品袋装成250～500 g的小袋或用托盘、小塑料筐（图6-2-39）包装供消费者鲜食。

图6-2-39　小塑料筐包装

2. 保鲜

（1）低温保鲜　将去过杂质的子实体放在竹筐或塑料筐里，每筐装15～20 cm厚，放置在18 ℃的低温室中，可保鲜24～30 h。但注意控制室温不要低于15 ℃，否则草菇就要发生冻害，从而影响市场销售。

在低温保藏过程中，草菇仍然是以活体的形式存在，仍旧有微弱的呼吸作用，并产生一定热量，因此，存放时不可堆积过厚。在低温室中，如果草菇存放较多，要保证草菇散热通畅，避免外凉内热，造成保鲜失败。

草腐菌生产技术

（2）速冻保鲜　将采收的草菇分级后，去杂装入塑料箱或塑料盒中，放入-22～-20℃的冷藏库中保藏。一般可以保持3个月左右，草菇的味道、色泽基本不变。

（3）辐射保鲜　这种贮存保鲜方法是近年来新兴的保鲜方法。这种方法主要是利用钴-60为放射源，控制12.9 C/kg左右的γ射线照射，菇体中的水分和其他物质将发生电离，可以杀死细胞，抑制菇体中酶的活性，阻止和降低菇体的新陈代谢，从而达到草菇保鲜的目的。经过大量的试验和理论分析，辐射处理过的草菇对人体是安全无害的。

3. 加工

（1）盐渍加工　盐渍加工是最常用的一种加工方法，与其他食用菌的盐渍加工原理和方法基本一致，但草菇在高温季节盐渍极易腐败，故在加工的具体操作上略有不同。盐渍的草菇首先要求菇根切削要平整，不带任何培养料和杂质，剔除菇色发黄的死菇，否则加工时会影响质量。

1）漂洗　用清水漂洗草菇，清洗菇体上的泥屑，并拣尽杂质。

2）预煮　预煮必须在铝锅或不锈钢锅中进行。先将清水或10%的盐水烧开，然后按菇水1：（2～3）的比例倒入草菇，煮沸10～15 min，以菇心无白色为度。

3）冷却　草菇煮好后应立即捞出，倒入流动冷水冷却，要求充分冷透，菇体内外与外界温度一致。如果冷却不透，就容易造成腐败现象。

4）盐渍　将冷却好的草菇沥去水分，然后进行盐渍加工（图6-2-40）。盐渍方法有两种：① 生盐盐渍。将沥去水分的草菇按每100 kg加60～70 kg食盐的比例逐层盐渍，先在缸底放一层盐，再加一层菇，然后再逐层加盐、加菇；也可以将盐和菇拌和，直至缸满，满缸后覆一层盐封顶，上面再加盖加压，直至腌制完毕。在装桶时再用1.18 g/cm³的熟盐水浸制。该方法操作简单，管理方便，但加工不当，易使菇色变黄，影响加工质量。② 熟盐盐渍。先备制好饱和盐水，且需烧开。冷却后倒入草菇，要求盐水浸没草菇，满缸后，上面覆盖一层纱布，再在纱布上加一层盐。该方法比较科学，盐渍好的草菇色泽鲜亮，菇形饱满，加工质量好，杂质少，只是过程稍繁些，管理上难一些。熟盐盐渍要求做到勤翻缸，勤加熟盐水。一般第一次翻缸在6 h后，当盐水相对密度降到1.07 g/cm³以下要及时翻缸，并加入1.18 g/cm³的熟盐水，再在其上覆纱布和一层盐。第二次翻缸可以适当延长些，一般在8～10 h后，每次都要没入1.18 g/cm³的熟盐水中腌制，一般翻缸4～5次后，盐水相对密度逐渐稳定至1.17～1.18 g/cm³，大概需要1周，盐渍方告完成。第一次翻缸的盐水应弃之不用，第二次以后的盐水可以再利用。加工过程中必须注意勤观察，防止缸内起沫发泡，影响盐渍质量，一旦发现，应及时翻缸。

图6-2-40　正在腌渍的草菇

5）装桶　盐水相对密度逐渐稳定至1.17～1.18 g/cm³的草菇，即可以进行装桶（图6-2-41）。

图6-2-41　桶装盐渍菇

装桶应该注意：一是必须用饱和盐水浸没草菇，否则贮藏时易产生异味变质；二是桶内草菇不可过多，以免造成挤压，影响质量。

（2）干制加工　干制是将新鲜草菇经过自然或人工干燥方法降低其含水量，使其成为含水量只有13%左右的干品。草菇干品香味浓郁、味道鲜美，且具有便于保存、运输等特点，深受国内外市场欢迎，市场销路非常好。

干制也是一种很好的加工方法。草菇干制分为自然干制（晒干）和人工干制（焙干、烘干）两种方法。

1）自然干制　将采回来的新鲜草菇，用不锈钢刀削净基部杂质，将草菇纵剖，但基部不切透还连在一起，切口向上排放在竹帘、席子或筛子上，在强日光下脱水，中间要勤翻，小心操作，避免损坏。一般每隔2~3 h翻一次，2 h后草菇可脱水至含水量15%左右。

这种方法获得的干菇，虽然操作简便，方法简单，但比较费时间，且菇体含水量比烘干菇略高，不耐长久贮藏，如遇阴雨天就无法进行；同时由于温度、时间等不确定因素较多，菇体颜色相差较大。

2）人工干制

①焙干。将采回来的新鲜草菇，用锋利的小刀削净基部杂质，纵切成包被处相连的两半，切口朝上，排列在竹制或铁丝制的烘盘上，再将烘盘放在焙笼上烘烤。为节省燃料，晴天时可以把切好的草菇先在太阳下晒几小时，再进行烘焙；烘焙时开始温度控制在40 ℃为宜，不能超过45 ℃，2 h后升到50 ℃，待七八成干温度再升至60 ℃，直至菇体脆硬时，即可出焙。

用这种方法加工的草菇香味浓郁，规模小、成本低，且操作方便、方法简单，非常适合小规模生产的菇农。但焙干时温度容易过高、过低，焙出的菇有发黄、发黑现象，影响产品的商品价值。

②烘干。是将整个鲜菇或切片鲜菇放在食用菌脱水烘干机中，用电、煤、柴等加热烘干。烘干

的草菇，脱水速度快，效率高，干制质量好，能散发出浓郁的菇香味，耐久藏，适用于规模化、工厂化干制加工。具体方法：第一步，及时摊晾所采鲜菇，摊放在通风干燥场地的竹帘上，以加快菇体表层水分蒸发。第二步，整理、装机、烘烤，要求当日采收，当日烘烤。第三步，掌握火候，切不可高温急烘。

注意事项：① 开机操作务求规范。在点火升温的同时，启动排风扇，使热源均匀输入烘房。为防止在烘烤过程中草菇细胞新陈代谢加剧，造成菇体包被破裂、降低品质，可在鲜菇进烘干机前先将烘干机空机增温至35~38 ℃，再将摆好鲜菇的烘帘分层放入烘房（注意：质量好的放上层，质量差的放下层）。② 烘房温度控制。1~4 h保持38~40 ℃，4~8 h保持40~45 ℃，8~12 h保持45~50 ℃，12~16 h保持50~53 ℃，17 h保持55 ℃，18 h至烘干保持60 ℃。具体烘干时间根据菇体含水量灵活掌握。③ 烘房通风及湿度控制。1~8 h全部打开排湿窗，8~12 h通风量保持50%左右，10~15 h通风量保持30%，16 h后，菇体已基本干燥，可长闭排湿窗。用指甲顶压菇体感觉坚硬并稍有指甲痕迹，翻动哗哗有声时，表明草菇干度已够，可出房冷却包装。随着菇体内部水分的蒸发，烘房内通风不畅会造成其色泽灰褐，品质下降，因此，整个烘干期要特别注意排湿、通风。

（十一）采后管理

采过第一茬草菇后，培养料中的碳、氮营养均会明显下降，为确保下一茬草菇产量，要结合补水补充一些营养液。可以到专业商店购买现成的食用菌专用微肥，也可以自己配制营养液。

1. 补充营养　第一茬菇采收结束后，及时清理料面上的死菇和菇根，保持出菇场地卫生，并在培养料的出菇面上喷洒增产微肥。通常用得比较多的增产微肥有菇大壮、防霉多潮王、蘑菇专用肥等。

喷施方法：喷施微肥的多少具体要根据菇床原料的含水量和出菇季节来决定，菇床含水量低时多

草腐菌生产技术

补，含水量合适时少补；高温季节多补，低温季节少补。一般补充营养液的量在 200 ~ 500 g/m²。补水后应采取保温措施，如关闭门窗、适当通风，目的是促进原料二次升温、菌丝再度生长，促进菌丝养分积累。一旦料温上升，就要适当通风，通风量大小和时间依料温下降幅度越小越好来定。一般补水后 2 ~ 3 天，菇床上面就会有小菇蕾出现。

自制营养液：100 kg 水中加入葡萄糖 1 kg、硫酸镁 0.1 kg、磷酸二氢钾 0.5 kg、维生素 B₁ 200 片，充分拌匀。具体使用量和使用方法参照上述微肥。

2. 调节酸碱度　第一茬菇采收后，料中的 pH 会因菌丝的代谢而降低，喷洒 0.5% 石灰水，调整培养料的 pH 为 8 ~ 8.5，不但可以满足草菇对 pH 的需求，还可以有效抑制培养料中的杂菌、鬼伞菌的发生。

二、塑料袋栽培模式

塑料袋栽培草菇根据培养料处理方式不同，主要分为发酵料袋栽和熟料袋栽，主要原料多为玉米芯、棉籽壳、废棉渣以及粉碎后的秸秆类原料。现介绍以玉米芯为发酵料的袋栽生产模式。

（一）栽培季节

根据当地的气候条件确定具体的栽培时间，可参照本节"床架立体栽培模式"进行。

（二）菌种生产

菌种生产包括母种生产、原种生产和栽培种生产，具体生产技术参照本节"床架立体栽培模式"进行。

（三）培养料准备

塑料袋栽培模式培养料多采用玉米芯、棉籽壳及粉碎后的秸秆类原料，具体要求参照本节"床架立体栽培模式"中的进行。

（四）培养料发酵

常规方法预湿、翻堆（图 6-2-42）、发酵，当培养料变为棕褐色，并有大量放线菌出现时，添加 0.1% 克霉灵或多菌灵，均匀翻堆一次并继续发酵 24 h 即可。

其他技术参照本节"床架立体栽培模式"进行。

图 6-2-42　培养料翻堆

（五）装袋接种

栽培袋选用折径 28 cm、长 50 cm、厚 0.015 mm 一端封口的聚乙烯塑料袋。在袋底撒一层菌种，装料要松紧适宜，边装边压实，装料 15 cm 高时，再撒一层菌种、装一层料，共 3 层菌种 2 层料或 4 层菌种 3 层料，满袋后用绳扎紧袋口。用种量为培养料干重的 15% 以上。接种后直接用刀片在袋两端各切两道 2 cm 长的口，以供给菌种新鲜空气，促进菌丝生长。

（六）发菌管理

把接种后的菌袋排放在清洁通风处发菌（图 6-2-43），根据室内温度确定栽培袋摆放层数，一般

图 6-2-43　发菌

温度高于32℃排放1～2层,低于28℃排放3～4层,每排间距5～10 cm。

室温保持在30℃左右,空气相对湿度为70%,可以通过直接向地面及空间洒水调节发菌场地温湿度。在适宜条件下,10～15天菌丝可长满全袋,进入出菇期。具体管理参照本节"床架立体栽培模式"进行。

（七）脱袋覆土

出菇场所可选在塑料大棚内、玉米地及其他空闲地块,做深20 cm、长与宽不限的畦床,畦底拍平压实,喷5%石灰水与0.2%敌敌畏杀虫灭菌。把长满菌丝的菌袋去掉塑料袋,平排或切开铺在畦床内,空隙用肥土填充(肥土参考配方:肥沃菜园土100 kg、草木灰4 kg、氮磷钾复合肥0.2 kg、石灰2 kg),然后用水灌畦,每平方米灌水10～20 kg,待水下渗后再在料面覆盖1.5～2 cm厚的肥土(图6-2-44)。

图6-2-44　脱袋覆土

覆土后料面要盖膜保湿,露地出菇时,可在畦床上方搭拱形棚,覆盖薄膜(图6-2-45)与草苫保湿遮光,温度保持在30℃,空气相对湿度保持在90%。

（八）出菇管理

菌袋覆土后约2天,菌丝即长入土层,3天后料面即可出现小菇蕾。当幼菇生长2～3天后,菌托即将破裂、菌托内的菌盖未展开时,要及时采收。

每采收一茬菇后,应向料面喷洒0.1%氮磷钾

图6-2-45　建床

复合肥溶液,约3天后二茬菇可现蕾。一般情况下可采收4～5茬菇。

其他管理参照本节"床架立体栽培模式"进行。

（九）采收及采后管理

草菇采收及采后管理可参照本节"床架立体栽培模式"进行。

袋栽草菇具有可以提前种植、便于立体栽培、产量高、易发菌和易控制病虫害等优点,但袋栽同样存在费工、费时问题,并且需要注意防止发菌期出现"烧菌"现象;同时,由于草菇发菌环境一般温度较高,如果原料选择不新鲜,则很容易导致菌袋污染,应及早预防。

三、砖块式栽培模式

砖块式栽培草菇具有产量高、易管理、病虫危害少等优点。

（一）栽培季节

根据当地的气候条件确定具体的栽培时间,可参照本节"床架立体栽培模式"进行。

（二）菌种准备

菌种准备包括母种、原种和栽培种准备,具体菌种生产技术可参照本节"床架立体栽培模式"进行。

（三）培养料准备

砖块式栽培草菇培养料多采用稻草、麦秸、玉米芯、食用菌菌渣等,具体要求参照本节"床架立体栽培模式"。

草腐菌生产技术

（四）培养料发酵

常规方法发酵即可，不同之处是培养料只要预湿透，发酵时间较短，一般翻堆 2 次即可。

（五）草砖块制作

自制长和宽均为 40 cm、高 15 cm 的木框，在木框上放一张薄膜（长、宽约 150 cm，中间每隔 15 cm 打一个 10 cm 大的洞，以利透水通气），向框内装入发酵好的培养料，压实，面上盖好薄膜，提起木框，便做成草砖块。

（六）灭菌、接种、发菌

制好的草砖块要进行常压灭菌（100 ℃保持 8 ～ 10 h）。

灭菌后搬入栽培室（栽培室事先要进行杀菌杀虫处理），待料温降至 37 ℃以下时进行接种。接种时先把面上薄膜打开，用撒播法播种，播种后马上盖回薄膜，搬上菇床养菌。发菌管理参照本节"床架立体栽培模式"进行。

（七）出菇管理、采收及采后管理

播种 6 天后，把料面上薄膜或报纸掀开，盖上 1 cm 厚的火烧土，保持土层湿润，空气相对湿度在 85%～ 95%，以促进原基的生长发育。

一般现蕾后 3 ～ 5 天就可采菇。第一茬菇采完后，检查培养料的含水量，必要时可用 pH 为 8 ～ 9 的石灰水喷洒料面，然后提高菇房温度，促使菌丝恢复生长（有条件可进行二次播种）。再按上述方法进行管理，一般整个栽培周期 30 天，可采 2 ～ 3 茬菇。具体管理方法参照本节"床架立体栽培模式"进行。

四、工厂化杏鲍菇菌渣栽培模式

根据草菇和杏鲍菇对原料利用的特点，工厂化杏鲍菇生产原料配比特点以及杏鲍菇菌渣的理化性质，杏鲍菇菌渣可以用来种植草菇，而且原料处理简单、易管理、菇质好、产量高。

（一）栽培季节

根据当地的气候条件确定具体的栽培时间，可参照本节"床架立体栽培模式"进行。

（二）菌种准备

菌种准备包括母种、原种、栽培种准备，菌种的生产技术可参照本节"床架立体栽培模式"。

（三）菌渣处理

1. 原料配方　杏鲍菇菌渣一般添加 3% 石灰即可用来种植草菇，根据杏鲍菇原料配方特点和产量高低，生物学效率在 60% 以上的菌渣处理后种植草菇，草菇生物学效率一般在 30% 以上。

2. 杏鲍菇菌渣处理　将出菇结束后的杏鲍菇废菌棒脱袋，用碎袋机将菌棒粉碎后摊开晾晒，菌渣晾干或晒到水分在 40% 以下即可使用（图 6-2-46）。

图 6-2-46　粉碎晒干后的杏鲍菇菌渣

注意事项：杏鲍菇废菌棒一定要挑选无杂菌污染的，并且菌棒上残留的杏鲍菇子实体或较厚的子实体组织一定要清理干净，避免在种植草菇中被杂菌感染或引发虫害。另外，废菌棒粉碎后摊开晾晒时要注意不可太厚，防止菌渣因营养丰富而发热变质或感染杂菌。

（四）菌渣发酵

将菌渣用 2% 石灰水预湿，培养料水分调到 70% 左右，用手抓一把培养料紧握后，指缝间渗出 3 ～ 4 滴水即可。将培养料建堆发酵，由于培养料颗粒较细，一般建堆时堆高在 0.6 ～ 0.7 m，长、宽在 2 m 以上，发酵过程中在料堆表面按 40 cm×30 cm 打透气孔，透气孔不可太小，一般直径在 15 cm 为好。建堆后夏季一般 24 h 后堆温即可达到 60 ℃以上，翻堆一次（翻堆过程中视培养料水分多少用石灰水合理调节培养料水分），待培养料再次升温达到 60 ℃以上后保持 24 h 再进行翻堆，翻堆时加入 0.1% 克霉灵杀菌剂，堆闷 24 h 后即可趁热将培养料运至出菇房摊料、铺畦。此时培养料的水分在 65% 左右，pH 在 8 左右，发酵均匀，无虫、无臭味。采用立体栽培模式种植草菇，菌渣上架铺料后最好再进行二次发酵，经过二次发酵可有效提高草菇产量和品质。

注意事项：培养料水分一定要充足。如果水分偏少，杏鲍菇菌渣铺畦后在较长时间内培养料温度会持续偏高，培养料水分散失较快，一是影响后期出菇，二是会影响发酵质量，培养料容易滋生杂菌，从而影响草菇的品质和产量。

（五）铺畦播种

可采用立体床架栽培模式，这样有利于草菇后期管理。

1. 铺畦　将培养料整理后开始铺畦，一般畦宽以 80 cm 为好，长度根据菇房大小设计，培养料表面可设计成龟背形畦面或波浪式畦面，培养料的厚度依气温高低而定。如气温在 30 ℃左右，培养料最高处厚度为 15～20 cm；气温在 25 ℃左右时，最高处厚为 20～25 cm。

2. 播种　铺畦结束后即可播种，但料温一般需稳定在 40 ℃以下方可播种，温度较低的季节如春末秋初可以在料内温度 45 ℃以下播种（此时料面温度受外界影响大多在 40℃左右）。播种方法可采用层播法。

（六）发菌管理

由于杏鲍菇菌渣富含麸皮等氮源丰富的物质，加之培养料质地较致密，铺畦播种后培养料会很快升温，此时应密切注意料温。播种后，培养料中间部分的温度在 40～45 ℃，培养料表面温度在 32～35 ℃时最适宜菌丝萌发生长蔓延。如料温过高，视温度高低可采用适当通风、培养料表面打洞、喷水等方法降温。草菇在发菌期，一般情况下

气温较高，料面容易干燥，因此，在播种后，可采用适当在出菇房内空间喷水、地面洒水等方法控制出菇房湿度，也可通过加盖塑料薄膜、报纸的方式来保持培养料表面湿润。具体管理参照本节"床架立体栽培模式"进行。

（七）出菇管理

一般在播种 6～7 天后，根据草菇对温湿度的要求指标，逐渐增加出菇房的环境湿度，控制室温在 28～32 ℃，并且适当通风换气、增加光照等，以诱发子实体原基形成。

一般播种后 7～10 天，培养料表面便会陆续出现白色小米粒状的子实体原基，2 天后便可采摘。此时要求培养料中央温度在 32～42 ℃最好，堆温过低，会引起草菇死亡。通过空间喷水，控制空气相对湿度在 90%～95%。喷水时，喷头一定要向上轻喷，必须注意，在草菇子实体原基刚形成时，不能喷水过多，要轻喷，以雾状水最好，禁止将水直接喷到菇蕾上，以免草菇原基死亡。从见到菇蕾到开始采收一般需 2～3 天时间，每茬菇 4～5 天。采收一茬菇后按常规方法管理，适当补充营养，一般 3～5 天后下茬菇便会出现。

草菇采收方法同其他栽培模式一样，采收后管理方法参照本节"床架立体栽培模式"。

五、鸡腿菇菌渣栽培模式

种植鸡腿菇的原料多为棉籽壳、玉米芯、各种农作物秸秆，鸡腿菇出菇结束后，剩余的鸡腿菇菌渣对于草菇而言，营养也是极其丰富的，尤其是春季种植鸡腿菇的菌渣，由于春季鸡腿菇出菇时间较短，培养料的物理性质变化较小，只要稍作处理就是种植草菇很好的原料。用鸡腿菇菌渣生产草菇（图 6-2-47），同样具有原料处理简单、易管理、菇质好、产量高的优点。

（一）栽培季节

根据当地气候条件确定具体的栽培时间，可参照本节"床架立体栽培模式"。

草腐菌生产技术

图 6-2-47 鸡腿菇菌渣栽培草菇

（二）菌种准备

菌种准备包括母种、原种和栽培种准备，具体准备时间和生产技术可参照本节"床架立体栽培模式"。

（三）菌渣处理

1. 原料配方　鸡腿菇原料的生产配方很多，多数的配方都可以用来种植草菇，但要想取得草菇的高产，应先做菌渣出菇试验才能大面积推广。

2. 鸡腿菇菌渣处理　用鸡腿菇菌渣生产草菇，多选用春季种植鸡腿菇的菌渣，此时的菌渣，微生物分解培养料的时间短，玉米芯的颗粒性较强。选择种植草菇的鸡腿菇菌渣不能有杂菌感染（鸡爪菌感染的培养料影响较小，不能有绿霉、曲霉等真菌性杂菌），用人工或机器将培养料粉碎并摊开晾晒，待培养料晒干后贮存备用。如果晾晒后立即使用，培养料晒至六七成干时即可。

（四）菌渣发酵

1. 菌渣前发酵　将菌渣用 2% 石灰水预湿（菌渣水分调到 70% 左右，手抓一把菌渣紧握后，指缝间渗出 3～5 滴水即可）后建堆发酵。发酵过程中在菌渣堆表面按 40 cm×30 cm 打透气孔，透气孔不可太小，一般直径在 15 cm 为好。建堆后待温度达 60 ℃以上，翻堆一次（翻堆过程中视菌渣水分多少用 2% 石灰水合理调节菌渣水分），待培养料再次升温达到 60 ℃即可再翻堆，翻堆时加入 0.1% 克霉灵和杀虫剂晶体敌百虫，堆闷 24 h 后趁热将培养料运至出菇房摊料铺畦。夏季菌渣从建堆到发酵结束一般 3～4 天即可，发酵时间不可过长，否则会影响铺畦后培养料的温度。发酵好的菌渣：水分 65% 左右，pH 在 8 左右，无虫、无臭味。

2. 菌渣后发酵　在条件允许的情况下，鸡腿菇菌渣发酵结束后进行二次发酵，可采用炉火或蒸汽加温。基本方法是将发酵后的菌渣运至出菇房，即开始加热，将温度升至 60 ℃后维持 6～8 h 即可。

菌渣进行二次发酵预湿时，水分要根据二次发酵使用的热源合理控制，用炉火加温的，菌渣水分可控制在 70% 左右；用蒸汽加热的，菌渣水分可控制在 65%～70%。如果水分不足，在发酵结束后可及时用 2% 石灰水来调节菌渣的含水量。

（五）铺畦播种、发菌管理、出菇管理

菌渣发酵结束后即可铺畦播种，常规发菌管理，7～10 天后即可出菇，具体铺畦、播种、发菌管理、出菇管理等参照本节"床架立体栽培模式"进行。

（李峰　黄海洋　靳荣线　胡晓强　郭蓓　赵建选）

第三章 鸡腿菇

鸡腿菇夏秋季群生或单生于草地、林中空地、路旁或田野上。因其形如鸡腿，肉质似鸡丝而得名，是近年来人工开发的具有商业潜力的珍稀食用菌，被誉为"菌中新秀"。鸡腿菇营养丰富、味道鲜美，口感极好，具有很高的营养价值，经常食用有助于增进食欲、促进消化、增强人体免疫力等。

第一节
概述

一、分类地位

鸡腿菇隶属真菌界、担子菌门、蘑菇亚门、蘑菇纲、蘑菇亚纲、蘑菇目、蘑菇科、鬼伞属。

拉丁学名：*Coprinus comatus*（O.F. Müll.）Pers.。

中文别名：毛头鬼伞、鸡腿蘑、刺蘑菇等。

二、营养价值与经济价值

鸡腿菇是一种食药兼用的食用菌，其子实体肥厚，菌肉嫩滑，味道鲜美，营养丰富。据测定，鲜菇含水量92.2%，每100 g干品中含粗蛋白质25.4 g、脂肪3.3 g、总糖58.8 g、灰分12.5 g。此外，鸡腿菇还含有20种氨基酸，其中人体必需氨基酸（8种）全部具备，占氨基酸总量的 34.83%；其他氨基酸（12 种），占总量的 65.17%，其中谷氨酸、天冬氨酸和酪氨酸的含量较高。

鸡腿菇集营养、保健、食疗于一身，具有高蛋白、低脂肪的优良特性，且色、香、味、形俱佳。菇体洁白、美观，肉质细腻，炒食、炖食、煲汤均久煮不烂，口感滑嫩，清香味美，因而备受消费者青睐。

鸡腿菇还是一种药用菌，性平、味甘滑，有益脾胃、清心安神、治疗痔疮等功效。经常食用鸡腿菇不仅可以补充氨基酸以及微量元素，而且可以促进肠胃的消化、增加食欲等。

三、发展历程

鸡腿菇是一种古老又新兴的食用菌。元末明初之际，山东、淮北等地就沿用埋土法栽培。20 世纪 80 年代后期，我国进行野生菌株分离筛选和人工栽培研究取得较大进展，人工栽培技术不断成熟，技术水平快速提升，逐渐形成了利用棉籽壳发酵料栽培的生产模式。20 世纪 90 年代，部分生产区，利用日光温室、塑料大棚进行地埋覆土出菇，生产规模进一步扩大。进入 21 世纪，鸡腿菇生产技术呈现多元化发展，生产工艺更加成熟，生产模式、栽培场地更加多样化，生产模式有发酵料畦床覆土出菇、发酵料塑料袋畦床覆土出菇、塑料袋熟料覆土出菇等，栽培场地有塑料大棚、日光温室、标准菇房、窑洞、厂房等，有的地方在菇房内安装空调实现周年生产。河南、山东、河北、江苏、浙江、上海等地均有大批的规模化生产基地。

四、主要产区

鸡腿菇在我国的各个省份都有分布，按照地域经济、气候特点、生产习惯、消费习惯、生产模式等因素，分为以下几个产区。

（一）东南产区

东南产区主要指福建、浙江、上海、江苏部分地区，这些地区分布在我国东南沿海地带，消费水平较高。

（二）中部产区

中部产区是我国鸡腿菇的重要生产区域，主要指湖北、安徽、河南、山西、陕西、河北等地。在这些地区，鸡腿菇栽培原料以棉籽壳、玉米芯为主，栽培方式有生料、发酵料和熟料栽培。其他地区则以熟料栽培为主，栽培原料也有棉籽壳、玉米芯、甘蔗渣、稻草等。

（三）北方产区

主要指黑龙江、吉林、辽宁、内蒙古部分地区。

五、发展前景

食用菌是高蛋白、低脂肪、多药效、风味独特、口感滑腻、味道鲜美、营养丰富的保健食品，生产过程几乎不需喷药施肥，是无公害绿色食品的典范，被国际营养学家推荐为世界十大健康食品之一。进入 21 世纪，随着人们消费观念的转变和膳食结构的改变，国际市场上食用菌及其加工品的销量逐年增加，我国食用菌产品的出口量也逐年上升，成为全球最大的食用菌生产、出口大国。在国内，随着生活水平的提高，人们对食品的要求逐步向营养、抗病、保健、无公害方向发展。鸡腿菇作为一种绿色食品和健康食品，其产量以年均 10% 的速度递增，国内外十分畅销，价格看好（每吨价格 6 000 ～ 10 000 元），效益可观（投入与纯效益比一般为 1：2），具有很大的发展潜力。

鸡腿菇是草腐土生菌，其栽培原料来源广、种植成本低、周期短、效益高。鸡腿菇对培养料的要求不严，能利用相当广泛的碳源和氮源及各类食用菌栽培后的菌渣，大部分农作物的秸秆、杂木屑、棉籽壳、玉米芯、麸皮以及畜禽粪等都可作为鸡腿菇的培养料，不仅适合规模化专业化生产，而且又可以进行一季多茬生产。一个生产周期长则 90 天，短则 60 天或 45 天，一年可完成 3 ～ 4 个生产周期，并且可以同农作物进行间作、套种。通常占地 1 亩的塑料大棚按 400 m² 出菇面积计算，一个种植周期可产 8 000 ～ 10 000 kg 鲜菇，按全年均价每千克 6 元计，每亩地产值可达 4.8 万～ 6 万元，扣除成本 1.5 万元，利润在 3 万元以上。一年若按 3 个生产周期计算，可获纯利润 9 万元以上，发展前景十分广阔。

第二节
生物学特性

一、形态特征

（一）菌丝体

菌丝体是鸡腿菇的营养器官，由孢子萌发而成，呈白色绒毛状（图 6-3-1），气生菌丝不发达，生长后期接种块下培养基变黑褐色。显微镜下双核菌丝有锁状联合。

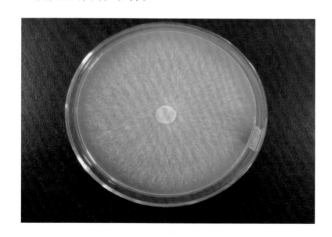

图 6-3-1　菌丝体

（二）子实体

子实体是鸡腿菇的繁殖器官，由菌盖、菌柄、菌环等组成（图 6-3-2）。

图 6-3-2　子实体

子实体单生或丛生。菌盖直径 3~5 cm，高 6 ～ 18 cm，圆柱形，初期表面光滑，后期表皮裂开成平伏的鳞片；菌褶密集，白色，后变黑色，自溶。菌柄长 6 ～ 30 cm，直径 1 ～ 2.5 cm，形状似火鸡腿，白色。菌环白色，易脱落。孢子 12.5 ～ 16 μm×7.5 ～ 9 μm，黑色，光滑，椭圆形。囊状体 24 ～ 60 μm×10 ～ 12.3 μm，无色，棒状，顶部钝圆。

（三）子实体生长时期

鸡腿菇子实体生长可划分为七个时期。

1. 分化期　覆土层菌丝在条件适宜时开始扭结，形成米粒状的子实体原基（图 6-3-3）。

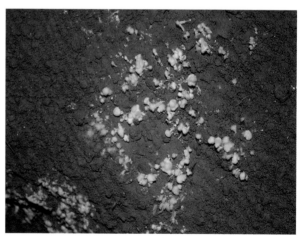

图 6-3-3　子实体原基

2. 幼蕾期　子实体分化形成幼蕾，大小像花生米，一般在土层下面（图 6-3-4）。

3. 生长期　菌盖、菌柄区别不明显，呈椭圆形（图 6-3-5）。

4. 成形期　菌盖、菌柄区别明显（图 6-3-6）。

5. 商品期　菌盖、菌柄发育良好，菌柄中实或

草腐菌生产技术

少有中空，菌盖完整，组织密实，无开伞迹象（图6-3-7）。

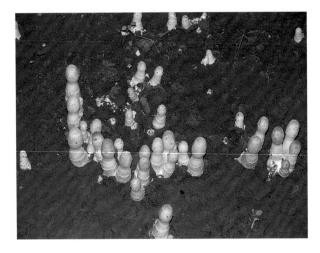

图6-3-4　幼蕾期

图6-3-7　子实体商品期

6.开伞期　鸡腿菇子实体高度 7 ～ 18 cm，菌盖直径 3 ～ 5 cm，菌柄中空，菌盖展开（图6-3-8）。

图6-3-5　子实体生长期

图6-3-8　子实体开伞期

7.老化期　菌盖组织老化变黑并自溶为黑色的汁液（图6-3-9）。

图6-3-6　子实体成形期

图6-3-9　子实体老化期

二、生活史

成熟鸡腿菇子实体弹射出担孢子，担孢子在适宜的条件下萌发形成单核菌丝，具有亲和能力的单核菌丝经过质配形成双核菌丝，双核菌丝发育到一定阶段就形成子实体，子实体成熟后又产生新一代孢子。

孢子→菌丝→子实体→孢子的循环过程构成鸡腿菇的整个生活史。

三、营养

鸡腿菇是一种草腐土生菌，营养是鸡腿菇生命活动的基础。其主要营养包括碳源、氮源、矿质元素和维生素等。

（一）碳源

碳源指构成鸡腿菇细胞和代谢产物中碳元素的营养物质，主要是有机物，包括纤维素、半纤维素、木质素、淀粉、葡萄糖、蔗糖、有机酸和醇类等，为鸡腿菇生长发育提供所需的能量。在鸡腿菇栽培中，除葡萄糖、蔗糖等简单糖类外，碳源主要来自各种富含纤维素、半纤维素、木质素的农副产品下脚料，包括菌渣、玉米芯、棉籽壳、农作物秸秆、甘蔗渣等。

（二）氮源

氮源指鸡腿菇菌丝可吸收利用的含氮化合物，主要用以合成蛋白质和核酸。鸡腿菇可利用各种有机氮和包括铵盐、硝酸盐在内的无机氮，有机氮较无机氮更易于被鸡腿菇菌丝利用。在鸡腿菇栽培中常加入麸皮、玉米粉、豆饼、黄豆粉、米糠、畜禽粪等含有有机氮的辅料，以促进鸡腿菇生长。

（三）矿质元素

矿质元素是鸡腿菇生长发育所不可缺少的营养物质，其主要功能是构成细胞成分、参与酶的活动、调节细胞渗透压等。在矿质元素中，钙、镁、钾、磷、硫等元素需要量较大，在栽培中通常加入过磷酸钙、磷酸二氢钾、硫酸镁、石膏等来满足鸡腿菇生长需要。

（四）其他

维生素可以刺激和调节鸡腿菇的生长。维生素缺乏会导致鸡腿菇不能生长或生长不良。维生素类包括维生素 B_1、维生素 B_2、维生素 B_5 和维生素 B_6 等。麸皮、米糠等原料含有丰富的维生素。

四、环境条件

（一）温度

温度是控制菌丝生长和子实体发育的主要因素之一，不同生长发育阶段对温度的要求不同。孢子萌发适宜温度为 22 ～ 26 ℃；菌丝生长最适温度为 22 ～ 25 ℃，温度过低菌丝生长速度缓慢，温度超过 35 ℃菌丝停止生长，且迅速老化。鸡腿菇菌丝耐低温能力较强，一般在-10 ℃温度下短期内不会被冻死。子实体生长温度为 8 ～ 30 ℃，出菇最适温度为 15 ～ 22 ℃，在此温度范围内子实体发生量最多，产量最高。低于 8 ℃，子实体不易形成；高于 25 ℃，子实体生长迅速，但菇质较差。

（二）水分

水分是鸡腿菇菌丝体和子实体的主要组成部分，参与细胞的新陈代谢。菌丝生长期的培养料含水量以 65％左右为宜，空气相对湿度以 65％～ 70％为宜。子实体发育时期除要求培养料的含水量在 65％以上，还要求环境空气相对湿度在 85％～ 90％。湿度过低，子实体易萎缩，停止生长；湿度过高，子实体易腐烂，产生病害。

（三）空气

鸡腿菇是一种好氧性真菌。菌丝生长阶段对空气的要求不是很严格，一定浓度的二氧化碳对菌丝生长有利，当二氧化碳浓度大于2％时，则会影响菌丝的正常生长。子实体生长阶段对二氧化碳比较敏感，二氧化碳浓度过高，子实体易发生畸形。

（四）光照

菌丝生长不需要光照，在黑暗条件下菌丝生长旺盛，较强的光照对菌丝生长具有抑制作用。菇蕾

草腐菌生产技术

分化和子实体生长发育阶段需要 100 ～ 600 lx 的光照。在微弱光线下，子实体生长粗壮、密实，菇体白嫩；强光对子实体生长有抑制作用。

（五）酸碱度

鸡腿菇喜欢在偏酸性培养料中生长，菌丝在 pH 2 ～ 10 时均能生长，最适 pH 6.5 ～ 7.5。菌丝在生长过程中会产生少量的酸性物质，故在培养料中应加入一定量的生石灰来调节 pH。

（六）覆土

鸡腿菇作为草腐土生菌，子实体的发生与生长均离不开土壤。菌丝布满培养料后，即使达到生理成熟，如果无覆土刺激，便永远不会出菇，这是鸡腿菇的重要特性之一，也是子实体生长的前提条件。

野生条件下鸡腿菇易发生于潮湿且土壤营养丰富的地方，土质肥沃、疏松的土壤作为覆土材料有利于鸡腿菇的生长。无毒无害的土壤对于生产优质的鸡腿菇十分有利，有毒有害物质污染的土壤禁止作为鸡腿菇覆土层用土。

第三节
生产中常用品种简介

一、认（审）定品种

（一）薏谷 8 号（2008038）

1. 选育单位　吉林省敦化市明星特产科技开发有限责任公司。

2. 形态特征　子实体丛生或聚生、单生或散生，圆柱形，高 7 ～ 20 cm；菌盖厚 1 ～ 1.3 cm，菌肉白色；菌柄白色，光滑，中空。

3. 菌丝培养特征特性　在 PDA 培养基上菌丝洁白、浓密，有气生菌丝且发达，菌丝呈绒毛状，菌落边缘整齐，健壮均匀，试管菌种背面时间较长

易出现褐色色素。菌丝生长的温度为 8 ～ 35 ℃，适宜温度 26 ～ 28 ℃，耐最高温度 40 ℃ 48 h；保藏温度 4 ℃。在适宜的培养条件下，8 天长满 90 mm 培养皿。菌落平整，正面灰白色，背面浅白色；菌丝灰白色，较疏松，气生菌丝少，无色素分泌。

4. 出菇特性　出菇需要散射光，适宜光照强度为 50 ～ 100 lx，强光会抑制生长；适宜空气相对湿度 85% ～ 95%；出菇温度为 9 ～ 30 ℃，适宜温度为 12 ～ 18 ℃。

（二）川鸡腿菇 1 号（2004006）

1. 选育单位　四川省菌种场。

2. 形态特征　子实体单生或丛生，棒槌状。菌盖初呈圆柱形，后呈钟状，最后平展；初期白色，老熟后鳞片浅褐色，菌盖顶部略多，其余部分稀少；菌肉白色，较薄；菌褶厚、密。菌柄离生，早期白色，老熟后黑色，圆柱状，中空，基部稍膨大。菌环白色，生于菌柄中上部，可上下活动，易脱落。

3. 菌丝培养特征特性　菌丝适应生长温度为 22 ～ 26 ℃，子实体适宜生长温度为 8 ～ 28 ℃。子实体大小中等，肉质紧密，口感细腻脆嫩，宜鲜销、干制、盐渍，鲜品不耐贮藏。

4. 出菇特性　宜发酵料床栽或熟料袋栽，出菇期必须覆土。出菇期内温度控制在 8 ～ 28 ℃，最适出菇温度为 15 ～ 25 ℃，原基形成时空气相对湿度保持在 90% 左右，子实体形成后空气相对湿度宜控制在 80% ～ 85%，保持低强度光照可使子实体嫩色。菌环尚未松动时，及时采收。

5. 产量表现　生物学效率可达 92% 以上，比全国推广菌株 Cc168、Cc173 分别增产 22% 和 9.1%，比出发菌株 Cc-1 增产 10% 左右。

二、未认（审）定品种

目前国内栽培的鸡腿菇品种有 20 多个，有的是从国外引进的，大部分是对本地野生种驯化培育的。现推广面积较大的品种是 Cc168、Cc173、

Cc944 和 Cc981。

（一）Cc168

菌丝体生长温度为 10～35 ℃，最适温度为 20～30 ℃；子实体生长温度为 8～30 ℃，最适温度 12～25 ℃。该菌株发菌快，菌丝浓密、洁白；子实体单生，一般个体重 20～50 g，最大重 400 g，个体圆整，鳞片少，乳白色，不易开伞，适宜加工销售。生物学效率 107%～150%，由日本引入。

（二）Cc173

菌丝体生长温度为 10～35 ℃，最适温度为 20～30 ℃；子实体生长温度为 8～30 ℃，最适温度 12～22 ℃。该菌株菌丝生长快，浓密，洁白；子实体丛生，但易开伞；菌柄较长，脆嫩，无纤维化。每丛重 0.5～1 kg，最大丛重 5 kg，适宜鲜销。生物学效率 110%～150%，产地浙江。

（三）Cc944

菌丝体生长温度为 20～25 ℃，子实体生长温度为 16～25 ℃。菌丝生长快，旺盛，浓密，边缘整齐，长势好；子实体较大，柄粗，丛生。生物学效率 90%，产地江苏。

（四）Cc981

菌丝体生长温度为 19～35 ℃，子实体生长温度为 4～32 ℃。菌丝生长快，对泥土的穿透力强；子实体丛生，乳白色，柄粗短，个体肥大，不易开伞。生物学效率 120%，产地山东。

第四节
主要生产模式及其技术规程

一、发酵料畦床覆土栽培模式

畦床覆土栽培是指在菇房或菇棚内，采用层架、地面铺料建立畦床进行出菇的生产方式。这种方式投资小、生产简便、出菇期集中，适合初学者。

（一）栽培季节

根据品种特性、生产目的、生产条件、生产区域，合理安排生产时间。

鸡腿菇栽培一般安排在每年的春、秋季节。春季栽培，一般在 1～2 月制作栽培菌种，3 月上旬发酵培养料，3 月中下旬铺床种植，4 月上旬至 5 月下旬出菇；秋季栽培，一般在 7～8 月制作栽培菌种，9 月上旬发酵培养料，9 月中旬铺床种植，9 月下旬至 11 月下旬出菇。

（二）菌种制备

菌种的生产时间应根据栽培时间而定。参考所定栽培时间，根据母种、原种、栽培种三级菌种的生产周期，推算出不同级别菌种的生产期。根据自然气候特点，一般母种应在原种制作期前 10～15 天进行制备，原种应在栽培种制作期前 30 天左右进行制备，栽培种应在生产期前 35～40 天进行制备。

1. 母种制备　春季栽培应在上年的 11～12 月制备母种，秋季栽培应在 5 月制备母种。鸡腿菇母种采用马铃薯综合培养基：去皮马铃薯 200 g，葡萄糖 20 g，蛋白胨 5 g，磷酸二氢钾 2 g，硫酸镁 0.5 g，琼脂 20 g，水 1 000 mL。用玻璃试管作容器，采用高压灭菌（冷空气排净后，当压力达到 0.14～0.15 MPa，温度在 126～128 ℃时保持 30 min）。灭菌结束后，待压力降至零，取出试管排放斜面。马铃薯培养基斜面冷凝后，在无菌条件下接入黄豆粒大小的母种菌丝块，在 22～25 ℃的温度条件下培养 6～8 天，待菌丝长满试管后备用（图 6-3-10）。

2. 原种制备　春季栽培在上年的 12 月至翌年 1 月制备原种，秋季栽培在 6～7 月制备原种。鸡腿菇原种配方：煮熟的麦粒或发酵棉籽壳 98%，石膏 1%，生石灰 1%。用玻璃瓶（如 500 mL 输液瓶）作容器，采用高压灭菌（冷空气排净后，当压

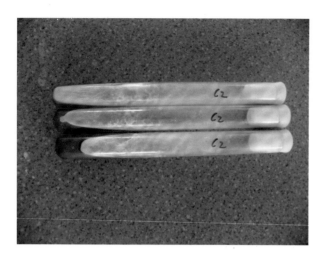

图6-3-10 鸡腿菇母种

力达到 0.14～0.15 MPa，温度在 126～128 ℃保持 1～1.5 h）。当瓶内温度降至 30 ℃以下时，在无菌条件下，将备好的母种菌丝块接到原种瓶内，在 22～25 ℃温度条件下培养 25～30 天，菌丝便可长满瓶，满瓶 3～5 天后即可使用（图6-3-11）。

图6-3-11 鸡腿菇原种

3. 栽培种制备　春季栽培在上年的 1～2 月制备栽培种，秋季栽培在 7～8 月制备栽培种。鸡腿菇栽培种配方：棉籽壳 93 %，麸皮 5 %，石膏 1 %，生石灰 1 %。用折径 17 cm、长 38 cm、厚 0.04 mm、两端开口的低压聚乙烯塑料袋进行常压灭菌（灭菌灶内料温达到 100 ℃维持 10～12 h），或使用折径 17 cm、长 35 cm、厚 0.04 mm、两端开口的聚丙烯塑料袋进行高压灭菌（冷空气排净后，当压力达到 0.14～0.15 MPa，温度在 126～128 ℃

时保持 2～2.5 h）。灭菌完成后，当料温降至 30 ℃以下时，在无菌条件下，将备好的原种接到栽培袋内，在 22～25 ℃温度条件下培养 30 天左右，菌丝便可长满袋，满袋 7～10 天后即可使用（图6-3-12）。

图6-3-12 鸡腿菇栽培种

（三）培养料准备

1. 原料　选用新鲜、干燥、颗粒松散、色泽正常、无霉烂、无虫害、无结团、无异味、无混杂物的原料。玉米芯使用前要将其粉碎成 0.2～0.6 cm 大小的颗粒，颗粒过大，发酵不彻底，易带杂菌和虫害；颗粒过小，透气性不佳，发酵效果不好。

2. 配方

配方1：棉籽壳 48.9 %，玉米芯 49 %，石灰 2 %，克霉灵 0.1 %，含水量 65 %～70 %。

配方2：玉米芯 89.4 %，麸皮 5 %，尿素 1.5 %，过磷酸钙 2 %，石灰 2 %，克霉灵 0.1 %，含水量 65 %～70 %。

配方3：玉米秆 91.4 %，豆饼 3 %，尿素 1.5 %，过磷酸钙 2 %，生石灰 2 %，克霉灵 0.1 %，含水量 65 %～70 %。

（四）培养料发酵

按照培养料配方将原料混匀，加水，使培养料含水量达到 65 %～70 %，将拌好的料堆成高 1 m 左右、宽 2 m 以上、长度不限的梯形堆。堆好后，在堆上打孔透气并覆盖草苫保湿，雨天覆盖塑料薄膜防雨。在气温 20～25 ℃条件下，1～2 天后料温达到 60 ℃ 以上，此时应进行翻堆，翻堆时应注意上下、内外翻匀。当料温达到 65 ℃ 时，每 1 ～ 2 天翻堆一次，连续翻堆 3 ～ 4 次。当料面长满白色放线菌丝，培养料呈浅褐色，伴有香味，且无酸、无臭、无虫、含水量合适时，即可将料扒开，降温使用。

（五）铺料建床

1. 种植场地　种植场地条件应符合《食用菌生产技术规范》（NY/T 2375—2013）要求。生产场地应清洁卫生、地势平坦、排灌方便、有饮用水源；生态环境良好，周围 5 km 之内无化学污染源，1 km 之内无工业废弃物，100 m 之内无集市、水泥厂、石灰厂、木材加工厂等扬尘源，50 m 之内无畜禽舍、垃圾场和死水池塘等危害食用菌的病虫滋生地；距公路主干线 200 m 以上；远离医院，避开学校和公共场所。鸡腿菇栽培场所没有严格限制，既可利用空闲房室，也可在室外的塑料大棚、塑料小拱棚、半地下拱棚、窑洞等，还可以在菜田、果园中整畦搭棚。

（1）日光温室　由采光和保温维护结构组成，以塑料薄膜为透明覆盖材料，依据地势坐北朝南稍偏东，宽 8 ～ 9 m，脊高 2.8 ～ 3.3 m，长 30 ～ 60 m，具备门、通风口等通风装置，能遮光、保温、保湿，在寒冷季节主要依靠获取和蓄积太阳辐射能升温。

（2）塑料大棚　根据地势而建，南北走向、东西走向均可，但以东西走向为佳，采用塑料薄膜覆盖的圆拱形棚，其骨架常用竹、木或复合材料制成，顶高 2 ～ 2.5 m，宽 6 ～ 9 m，长 30 ～ 60 m，具备门、通风口等通风装置，能遮光、保温、保湿。

（3）塑料小拱棚　一般建造规格为：宽 3 ～ 5 m、长 20 ～ 30 m，棚面积 100 ～ 150 m²。在建棚时将中间的土向下挖 20 ～ 30 cm，将挖出的土堆到两边。棚内地面整平后，用长 5 ～ 8 m、宽 5 ～ 6 cm 的竹片拱起来插在两边土堆中，中间高 0.8 ～ 1.2 m，用两边的土将竹片固定好。竹片上面

盖上宽 5 ～ 8 m 的塑料薄膜，将塑料薄膜固定好后覆盖草苫，以便遮阳、保温（图 6-3-13）。

图 6-3-13　塑料小拱棚内种植鸡腿菇

（4）窑洞　窑洞种植鸡腿菇具有显著的"五不争"特点，即与人不争粮、与树不争地、与菜不争水、与果不争肥和与畜不争草。窑洞环境幽暗、阴凉，保湿性好，自然条件满足了鸡腿菇子实体形成期需要的暗环境，温度和湿度也能得到较好的保持，种植的鸡腿菇肥厚、坚实、洁白，商品性状极佳（图 6-3-14）。

图 6-3-14　窑洞内种植鸡腿菇

2. 场地消毒　在铺床前 2 天按照每平方米使用食用菌专用场地消毒剂 1.2 ～ 1.5 mL 喷洒密闭消毒 24 h；在铺床前一天对发菌场地撒一薄层 0.1 ～ 0.2 cm 厚的石灰进行消毒。

3. 畦床铺料　地面清理干净，利用地面作为培养料放置的场所，每个畦床规划好大小，畦床宽 0.8 ～ 1 cm，长 6 ～ 8 m，两个畦床间留 30 ～ 40 cm 的人行道。畦床上先垫一层报纸，

再将发酵好的培养料平铺到畦床上，培养料厚15～20 cm。

（六）接种

按15%～20%的接种量，采用层播结合面播的方法进行播种。播种后将料面稍加拍实，并立即用塑料薄膜或地膜覆盖（图6-3-15）。

图6-3-15　畦床覆盖薄膜

（七）菌丝培养

播种后，一是控制床面料温22～26 ℃；二是根据室内温度的变化，每天通风30～60 min；三是环境空气相对湿度在70%以下；四是进行避光培养菌丝生长（图6-3-16）；五是如果在薄膜上凝集大量水珠，应将薄膜掀去1～2天，防止表面菌丝徒长；六是在菌丝培养过程中一旦发现有杂菌感染，立即进行处理。

图6-3-16　菌丝培养（菌丝萌发）

（八）覆土

鸡腿菇具有不覆土不出菇的特点，覆土材料对鸡腿菇的产量影响较大。

1. 选择土壤　选用含有一定腐殖质的，具有一定透气性的土壤作为覆土材料。沙土易板结，保水和透气能力差，不宜使用。

2. 调节土壤pH　在土中加入1%～2%的石灰，调节pH至8左右。

3. 加入肥料　加入0.2%磷酸二铵或氮磷钾复合肥和5%～10%经发酵或烘干处理过的畜禽粪。

4. 土壤消毒　用氯氰菊酯500倍液或抗菌先锋100倍液对土壤实施喷洒至湿润，用塑料薄膜覆盖，闷堆24 h。

5. 覆土方法　在鸡腿菇菌丝长满发酵料2/3时，开始在料面上覆土（图6-3-17），覆土厚2～5 cm即可。覆土的厚度根据气温灵活掌握，温度高时覆土较薄；反之，覆土较厚。覆土后灌水或喷水使土层含水量达到湿润程度，以利于菌丝向土层生长。在15～24 ℃的温度下10天左右，土中即可见灰白色鸡腿菇菌丝。

图6-3-17　畦床上覆土

（九）出菇管理

菌丝在土中发满后，即开始出菇（图6-3-18），出菇温度尽量控制在15～25 ℃，空气相对湿度保持在80%～90%。

图 6-3-18　鸡腿菇畦床出菇

1.通风　适当控制通风换气，一般每1～2天通风换气一次，让空气中含有一定浓度的二氧化碳。因为一定浓度的二氧化碳可保证子实体色泽洁白，鳞片少，子实体稍大，柄长。但是如果二氧化碳浓度过高，子实体盖小，柄粗，易形成畸形菇。

2.光照　子实体生长期要求较弱的光照，光照过强菇体颜色变深，呈乳黄色。在黑暗条件下，子实体分化少或瘦弱。

3.水分　出现菇蕾后，一般不在料面或子实体上浇水，主要应加大菇房湿度，保持空气相对湿度在85%～90%。若湿度过大或对子实体喷水，可导致烂菇或菇体变黄，影响子实体的质量和外观；湿度过小，则子实体易出现鳞片，变瘦变小，影响产量和质量。

（十）采收

鸡腿菇成熟后极易开伞，菌盖自溶为黑色汁液，仅留菌柄，失去商品价值。鸡腿菇商品期的标准是：子实体高5～13 cm，菌盖直径1.5～3 cm，用手指轻捏菌盖，中部有变松空的感觉。达到这一标准，说明鸡腿菇已经成熟，可采收。

采摘方法：由于鸡腿菇生长参差不齐，采摘时间不一致，在采收时对已成熟的子实体，一手按住子实体一侧覆土层，一手捏住子实体左右转动轻轻

摘下。由于鸡腿菇丛生较多，采收时稍不注意，易使子实体连根带土脱离料面，拉动其他幼菇，造成整丛其他幼菇死亡，所以要严格采收操作。

（十一）包装及加工

1.清理菇体　及时将采后的鲜菇上的泥土清理干净，并用竹片削去菇根（图6-3-19）。

图 6-3-19　用竹片削去菇根

2.去除鳞片　用薄竹片将鸡腿菇周身的鳞片刮除干净（图6-3-20）。

图 6-3-20　去除鸡腿菇表面鳞片

3.塑料袋包装　整理干净的鲜菇装入聚乙烯塑料袋内，一般每袋500 g，大袋可以每袋装2.5 kg，排出袋内空气，用细绳将袋口封死（图6-3-21）。

草腐菌生产技术

图 6-3-21 塑料袋包装（2.5 kg）

4. 真空包装 有条件时用简易真空包装机将整理干净的鲜菇装入聚乙烯塑料袋内，抽去袋内空气，延长鲜菇保质期（图 6-3-22）。

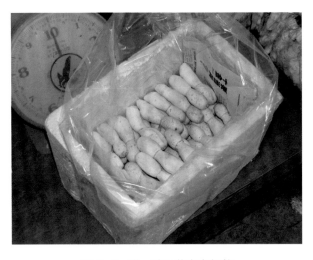

图 6-3-22 鸡腿菇真空包装

5. 包装分级 目前鸡腿菇鲜菇的分级还没有国家标准，一般根据国内批发市场大部分经营商户和加工厂家认可的标准分级包装（图 6-3-23）。鸡腿菇鲜菇的分级标准如下：

一级菇：菌盖直径 1 ～ 1.5 cm，子实体光滑细腻，洁白，菇形规则，菌柄长度不小于 4 cm，不超过 8 cm。整个子实体发育七八分成熟，大小均匀，无斑点；菌盖、菌柄中实。

二级菇：菌盖直径 0.8 ～ 2.2 cm，子实体光滑细腻，洁白，菇形规则，菌柄长度不小于 3 cm，不超过 10 cm。整个子实体发育七八分成熟，大

图 6-3-23 鸡腿菇分级包装

小基本均匀，无斑点；菌柄中实，菌盖部分略有中空。

三级菇：菌盖直径 0.8 ～ 2.5 cm，子实体基本光滑细腻，洁白，菇形规则，菌柄长度不小于 3 cm，不超过 12 cm。整个子实体发育七至九分成熟，大小基本均匀，少有斑点；菌柄中实或略有中空，菌盖部分略有中空。

等外菇：指不符合一级、二级、三级菇标准的产品。

6. 低温保鲜法 把采下的鸡腿菇用聚乙烯塑料袋包装，置于 4 ～ 5 ℃ 的环境中保存，可保鲜 5 ～ 7 天；用聚乙烯塑料袋真空包装，在 0 ～ 2 ℃ 环境下可保鲜 7 ～ 10 天。

7. 冷冻贮藏 将采下的鸡腿菇处理干净，用聚乙烯无毒塑料薄膜包装，置 -18 ℃ 环境中冰冻保存，可贮藏 6 个月。

（十二）后茬菇管理

待一茬菇采收后，及时清理畦内菇根和杂物。如采菇后发现料面有菌蛆或其他虫害，可用氯氰菊酯 800 倍液喷洒后覆土。覆土时先填平因出菇造成的凹陷部分，再在料面上覆盖 1 cm 厚的薄土层，然后在畦间走道内浇水（畦间走道应低于畦面），从下面浸透，即可出二茬菇。采收完二茬菇后，用土填平畦面凹陷处，再从畦间走道内浇水，即可出三茬菇。一般可采收 3 ～ 4 茬。

二、发酵料塑料袋畦床覆土栽培模式

（一）栽培季节

鸡腿菇属于中低温菌类，根据北方的气候特点，一年之中有两个最适宜的栽培季节，即春季2～3月和秋季8～9月。

春季2～3月栽培的菌袋，到4～5月出菇；秋季8～9月栽培的菌袋，从10月一直出菇到第二年的5月。在我国的大部分地区，以秋季栽培为主。

（二）菌种制备

菌种的生产时间应根据栽培时间而定。根据母种、原种、栽培种三级菌种的生产周期，参考所定栽培时间，可以推算出不同级别菌种的生产期。根据自然气候特点，母种应在原种制作期前10～15天进行制备，原种应在栽培种制作期前30天左右进行制备，栽培种应在生产期前30～35天进行制备。

母种、原种、栽培种的制备参照本节"发酵料畦床覆土栽培模式"进行。

（三）培养料准备

1. 原料　玉米芯应新鲜、干燥、无霉变，用锤式粉碎机进行粉碎，以筛孔直径2.5～3 cm的筛板粉碎的料大小最合适。玉米秆用铡草机切碎，长度以1～2 cm为好。若玉米芯、玉米秆颗粒太大，虽然透气性好，但由于料空隙大，菌丝生长速度反而降低；若颗粒太小，透气性差，菌丝生长缓慢。

2. 配方　常用栽培配方有：

配方1：玉米秆（碎）88.4%，麸皮5%，玉米粉3%，生石灰3%，尿素0.3%，磷酸二氢钾0.2%，克霉灵0.1%。

配方2：玉米秆（碎）45.4%，棉籽壳45%，生石灰4%，麸皮5%，尿素0.3%，磷酸二氢钾0.2%，克霉灵0.1%。

配方3：玉米秆（碎）67.4%，棉籽壳20%，生石灰4%，麸皮8%，尿素0.3%，磷酸二氢钾0.2%，克霉灵0.1%。

配方4：玉米芯88.4%，麸皮5%，尿素1.5%，过磷酸钙2%，石灰3%，克霉灵0.1%。

（四）培养料发酵

按照料水比1:（1.6～1.8）配料，搅拌均匀后建堆，堆宽2 m以上，高1.2～1.3 m。表面轻轻拍实后用木棒打孔，不覆盖薄膜进行开放式发酵，持续6～7天。遇雨天盖上塑料薄膜，雨后立即揭去塑料薄膜。发酵期间每天翻一次堆，改变培养料内外、上下位置，前期中心温度控制在60～70 ℃，以杀灭杂菌及害虫；后期缩小堆宽、堆高，中心温度控制在50 ℃左右，以利嗜高温的放线菌大量繁殖，促进培养料的营养转化。当培养料中形成大量放线菌及腐质霉（似下霜状），即说明发酵结束。

开始装袋的前一天，翻堆时加入干料重的0.1%的克霉灵。

发酵结束后，培养料质地疏松，用手紧握不能有水溢出，不黏，无刺激性气味，pH 7左右。

（五）装袋接种

选用折径26 cm、长53～55 cm、厚0.015 mm的低压聚乙烯塑料袋，装袋前先将料堆散开，散去发酵过程中产生的废气，并使温度下降至30 ℃以下。特别是在高温期栽培时，培养料一定要冷却透，否则装袋后培养料持续高温，会产生"烧菌"现象，造成菌丝受害、杂菌滋生。

栽培袋在使用前先在袋上刺微孔，以利通气。方法是取8～10个裁好的塑料袋，先在中间扎一排小孔，然后对折，在距顶端6～8 cm处再扎一排小孔。

装袋时用碗或其他容器将料装入塑料袋，边装边压实，装至中间小孔处，取每袋用种的1/3掰成红枣大小的种块，沿袋壁摆放一圈，然后继续装料并压实，到离袋口6～8 cm时再摆放一层菌种，用大头针扎口或细绳捆口（图6-3-24）。

装袋时菌种不可掰得太碎，一般为红枣大小，菌种用量为干料重的15%～20%。

图6-3-24 鸡腿菇发酵料装袋接种

图6-3-25 鸡腿菇发酵料塑料袋单层摆放发菌

（六）发菌管理

1. 摆放　气温高时最好单层摆放，袋间留空隙，每四排留一条管理通道（图6-3-25）；气温低时可摆放3～4层，排间留管理通道（图6-3-26）。

2. 控温　袋内温度以23～25℃为宜，超过28℃易造成杂菌污染。

3. 遮光　有光时会抑制菌丝生长，同时会造成早出菇现象，应避光培养。

4. 通风　每天通风1～2次，保持空气新鲜，保持室内无异味。

5. 翻堆　竖放时每隔7～10天倒头一次，卧放时根据料温变化及时翻堆，以使发菌均匀，同时可防"烧菌"。

6. 防杂　发现杂菌及时用克霉灵100～200倍液注射，并置于低温处培养。严重污染的应搬离培养场所，避免交叉感染。

7. 时间　玉米芯、玉米秆透气性好，一般20～25天即可满袋（图6-3-27）。菌丝长满后，菌丝复壮5～8天，待外表菌丝浓白、菌袋变硬时进行覆土管理。

图6-3-26 鸡腿菇发酵料塑料袋多层摆放发菌

图6-3-27 鸡腿菇发酵料塑料袋菌丝长满

VI

（七）畦床覆土

鸡腿菇具有不覆土不出菇的特点，覆土材料对鸡腿菇的产量影响较大。

1. 选择土壤　参照本节"发酵料畦床覆土栽培模式"中的相关要求进行。

2. 覆土方法

（1）畦内消毒　畦内喷洒氯氰菊酯 500 倍液或抗菌先锋 100 倍液，对场地进行消毒和治虫。

（2）码菌袋　把发满菌的袋子脱去塑料袋（图6-3-28），袋与袋之间紧密地卧放在畦床内，或把袋子对称截成两截，截面朝下，紧密竖排在畦中（图6-3-29）。

图 6-3-28　鸡腿菇发酵料塑料袋脱袋

图 6-3-29　鸡腿菇袋子对称截成两截

（3）填土　用土将袋子间空隙填补，并浇灌大量的水使土将菌袋间的缝隙彻底填实。

（4）撒土　填实之后，在菌袋表面撒上 2 ～

5 cm 的土。覆土的厚度根据温度灵活掌握，温度高时覆土较薄，反之覆土较厚（图6-3-30）。

图 6-3-30　鸡腿菇菌袋覆土

（5）培养　覆土后立即用塑料薄膜或地膜覆盖（图6-3-31），在 10 ～ 24℃ 的温度下 10 ～ 15 天，土中即可见灰白色鸡腿菇菌丝（图6-3-32）。

图 6-3-31　鸡腿菇发酵料塑料袋覆土后

图 6-3-32　鸡腿菇菌丝上土

（八）出菇管理

菌丝在土中发满后，即开始出菇（图6-3-

草腐菌生产技术

33）。出菇管理可参照本节"发酵料畦床覆土栽培模式"的相关要求进行。

图6-3-33　鸡腿菇发酵料塑料袋畦床出菇

（九）采收

鸡腿菇达到采收标准（商品期）时，要及时采摘，具体可参照本节"发酵料畦床覆土栽培模式"的相关要求进行。

（十）包装及加工

包装及加工与"发酵料畦床覆土栽培模式"的相同。值得注意的是，加工以盐渍、制罐为主。包装后的运输销售环节如下。

1. 短途运销　指产地到销地之间距离50 km以内，或运输时间不超过1 h的运输方式。

短途运销时应注意：

（1）采收后将鲜菇清理干净，然后用无毒聚乙烯塑料袋封装好，有条件时采用真空包装。

（2）若连土销售时，可用纸箱或塑料筐盛装，菇体直立排放，带土的一端朝下，最好五六分成熟时采收，可延长销售期。

2. 长途运销　指运输距离超过200 km，或运输时间超过3 h。这种情况下要对鸡腿菇产品妥善包装，先用聚乙烯塑料薄膜密封，有条件的用真空包装；没有真空包装时，包装袋内的空气也要尽量排除完，然后将包装好的鸡腿菇放入塑料泡沫箱内或纸箱内。纸箱要选用强度好的厚纸箱，防止运输途中重压使菇体破碎。气温高且途中时间较长时，应在纸箱或泡沫箱中加入冰块降温，或用矿泉水瓶加水冷冻成冰后每箱放2瓶降温。

（十一）后茬菇管理

鸡腿菇采收后，要及时清除畦床的菇根和杂物。补充覆土和水分管理可参照本节"发酵料畦床覆土栽培模式"的相关要求进行。

三、塑料袋熟料覆土栽培模式

鸡腿菇塑料袋熟料覆土栽培是指装袋后对培养料进行高压或常压灭菌后接种栽培，菌丝发满菌袋后覆土出菇的生产方式。

（一）栽培季节

鸡腿菇属于中低温菌类，根据北方的气候特点，一年之中有两个最适宜的栽培季节，即春季2～3月和秋季8～9月。

2～3月栽培的菌袋，到4～6月出菇；8～9月栽培的菌袋，从10月一直出菇到翌年的5月。在我国的大部分地区，以秋季栽培为主。

（二）菌种制备

栽培品种选择应结合当地的环境及气候条件。一年分为春、秋两季栽培。秋季气温由高到低，只要选定具备鸡腿菇出菇温度的时期，再往前推算约30天（菌丝体生长时期）就是制作栽培种的时间。

菌种的制备参照本节"发酵料畦床覆土栽培模式"进行。

（三）原料准备

鸡腿菇熟料栽培的主要栽培材料有棉籽壳、玉米芯、玉米秆、麸皮、玉米粉等。原料的准备要求与本节"发酵料塑料袋畦床覆土栽培模式"相同。值得注意的是，为使培养料灭菌彻底，提高灭菌效果，原料粉碎的颗粒要小（直径0.5 cm左右），在培养料配制前可进行预湿堆闷1～2天。

（四）培养料配制

1. 培养料配方　该生产模式的培养料配方与本节"发酵料塑料袋畦床覆土栽培模式"相同。

2. 配制　按培养料生产配方将原料在搅拌锅内

混拌均匀，然后添加水，搅拌均匀，调至培养料含水量65％左右，即用手握拌好的料，手指缝有水浸出或浸出1～2滴。

（五）装袋

选用折径20～24 cm、长35～50 cm、厚0.04 mm的低压聚乙烯筒袋或聚丙烯塑料袋，手工或机械装袋均可。装料要松紧适中（料袋外观圆滑，用手指轻按不留指窝，手握料身有弹性为标准）。若装袋过紧，菌丝长速缓慢，且易出现灭菌不彻底现象；若装袋过松，会出现袋内中空出菇，不利于出菇管理，在搬运过程中还会出现料袋断裂影响产量。在装袋过程中要检查袋子破损情况，对局部破损的微孔及时用透明胶封好。装袋原则上是当天拌料当天装完，不可过夜，防止料酸败。

（六）灭菌

1. 装锅　装好袋后要尽快灭菌，最好当天装袋当天灭菌，以免袋内培养料发酵，杂菌繁殖，导致料变质。将料袋装入筐内（图6-3-34）进行灭菌，这样做的好处：一是可以增加灭菌锅内料袋之间的通透性，灭菌更彻底；二是整体搬运，减少杂菌感染的机会。

图6-3-34　料袋装入塑料筐内待灭菌

2. 常压灭菌法　当灭菌灶的中心温度达到100 ℃后，开始计时，维持12～16 h（图6-3-35）。灭菌时蒸汽通入应按照"攻头、控中、保尾"原则（即灭菌开始4 h和结束前4 h蒸汽通入量越大越好，灭菌维持阶段蒸汽量以保持温度100 ℃不下降），务必灭菌彻底。

图6-3-35　栽培袋常压灭菌

3. 高压灭菌法　在121～126 ℃温度下灭菌2 h。

（七）接种

待料袋冷却至30 ℃以下时无菌操作接种。在接种箱或接种室内使用高效气雾消毒剂4 g/m³消毒30 min后开始接种，也可用必洁士或紫外线消毒。接种室或接种箱应备有酒精灯，接种操作在酒精灯火焰周围无菌区内进行，采用两端接种方式。一般每袋栽培种接15～20袋。

（八）发菌管理

接种结束后，将菌袋运至培养室，环境温度控制在25 ℃左右，保证空气新鲜、环境干燥、暗光发菌。定期检查和剔除污染菌袋，并及时运至培养室外处理。

1. 摆放　气温高时最好直立摆放，袋间留空隙，每四排留一条管理通道；气温低时可摆放3～4层，排间留管理通道。

2. 控温　袋内温度以23～25 ℃为宜，超过28 ℃易造成杂菌污染。

3. 遮光　有光时会抑制菌丝生长，同时会造成早出菇现象，应避光培养。

4. 通风　每天通风1～2次，保持空气新鲜，室内无异味。

5. 翻堆　竖放时每隔7～10天倒头一次，卧

草腐菌生产技术

放时根据料温变化及时翻堆，以使发菌均匀，同时可防"烧菌"。

6.防杂　发现杂菌及时用克霉灵100～200倍液喷洒，并置于低温处培养。严重污染的应搬离培养场所，避免交叉感染。

7.时间　玉米芯、玉米秆透气性好，一般20～25天即可满袋。菌丝长满后，菌丝复壮5～8天，待外表菌丝浓白，菌袋变硬，进行覆土管理。

（九）覆土

鸡腿菇塑料袋熟料覆土栽培土壤的选择及土壤pH的调节，可参照本节"发酵料畦床覆土栽培模式"中的相关要求进行。该模式菌袋的覆土方式有两种：畦床覆土和袋内覆土。

1.畦床覆土　参照本节"发酵料畦床覆土栽培模式"中的相关要求进行。

2.袋内覆土　发满菌丝的菌袋，打开袋口，在料面上均匀撒入含水量适宜的土壤，覆土厚度3 cm左右（图6-3-36）。

图6-3-37　鸡腿菇塑料袋熟料畦床覆土出菇

图6-3-38　鸡腿菇塑料袋熟料袋内覆土出菇

于25 ℃，子实体生长极快，但品质差；气温超过30 ℃，则子实体易开伞。

2.水分管理　空气相对湿度以85%～90%为宜，尽量往空中或地面喷水，尽可能少往菇体上喷，尤其是气温高于20 ℃时，不要往菇体上喷水。

3.通风管理　每天通风1～2次，每次30～60 min。

4.光照管理　调控光线以微光为主，即大棚内能看清10 m远的物体即可，防止强光照射。

（十一）采收

采收标准和方法可参照本节"发酵料畦床覆土栽培模式"中的相关要求。

（十二）包装及加工

包装与加工可参照本节"发酵料塑料袋畦床覆土栽培模式"中的相关方法进行。

（十三）后茬菇管理

待一茬菇采收后，及时清理畦内菇根和杂物，

图6-3-36　鸡腿菇袋内覆土

（十）出菇管理

出菇期管理是实现鸡腿菇优质、高产、高效的最关键环节（图6-3-37、图6-3-38），关键技术措施有以下几点：

1.温度管理　出菇环境温度20 ℃左右，覆土后20～30天，即在土层上见到大量的鸡腿菇小菇蕾。小菇蕾形成后，调控环境温度在15～25 ℃，温度低于15 ℃，子实体生长迟缓，但菇质优；高

如采菇后发现料面有菌蛆或其他虫害，可用 10% 氯氰菊酯 800 倍液喷洒后覆土。覆土时先填平因出菇造成的凹陷部分，再在料面上覆盖 1 cm 厚的薄土层，然后在畦间走道内浇水（畦间走道应低于畦面）。从下面浸透，即可出二茬菇。采收完二茬菇后，用土填平畦面凹陷处，再从畦间走道内浇水，即可出三茬菇。

（康源春　黄海洋　靳荣线　李峰　胡晓强　韩玉娥　王家才）

草腐菌生产技术

第四章 姬松茸

姬松茸原产于美国加利福尼亚州南部和佛罗里达州以及巴西东南部圣保罗市郊外的皮也拿（Piedade）山地，是一种夏秋生长的腐生菌。其子实体圆整、肥厚，菌盖嫩，菌柄脆，具杏仁香味，口感极好，味醇鲜香，营养极其丰富，是一种营养价值和药用价值都很高的名贵食用菌。

第一节
概述

一、分类地位

姬松茸隶属真菌界、担子菌门、蘑菇亚门、蘑菇纲、蘑菇亚纲、蘑菇目、蘑菇科、蘑菇属。

拉丁学名：*Agaricus blazei* Murrill。

中文别名：巴氏蘑菇、巴西蘑菇、抗癌蘑菇、松茸蘑菇、小松菇等。

二、营养价值与经济价值

姬松茸营养极其丰富，富含糖质、蛋白质和合乎人体健康组配要求的氨基酸，其营养保健价值备受关注。

姬松茸鲜菇的含水量为 85％～87％。每 100 g 干菇中，粗蛋白质含量为 40％～50％，糖分为 38%～45%，粗纤维为 6%～8%，粗脂肪为 3%～4%，粗灰分为 5%～7%。但由于产地不同，姬松茸的营养成分也存在差异。

姬松茸的蛋白质含量除低于双孢蘑菇（含蛋白质 47.42%）外，均高于其他食用菌，如香菇、平菇、金针菇、灰树花、木耳、银耳和松茸等。

据种藏文等（1999）报道，姬松茸子实体中含有 18 种氨基酸，总量为 30.87%，其中人体必需的 8 种氨基酸占总氨基酸的 42.8%。据杨梅等（1998）报道，姬松茸干菌丝体中氨基酸含量为 21.37%，其中人体必需氨基酸占氨基酸总量的 39.7%。可见子实体中氨基酸含量高于菌丝体。

矿质元素是姬松茸的重要组成成分，在总灰分中，钾的含量最高，占一大半。不同产地的姬松茸，其矿质元素含量也存在差异。

姬松茸的药效成分比较丰富，含有脂肪酸、多糖类、核酸、外源凝集素和甾醇类等药效物质。在姬松茸菌盖脂质中，组成其脂肪酸的总脂质、中性脂肪和磷脂，都是以亚油酸为主体，不饱和脂肪酸的含量高。不饱和脂肪酸具有降低胆固醇和抗血栓活性等功效。从姬松茸子实体、菌丝体和培养液中提取的多糖，都具有显著的抗肿瘤活性。从姬松茸中分离出的红细胞凝集素（两种外源凝集素），其中有一种对人的红细胞凝集没有血型的特异性，在室温至 65℃稳定。两种外源凝集素（ABL），具有宿主中介的抗肿瘤活性。从姬松茸中单独分离出的 6 种甾醇，已发现其中 3 种对子宫颈癌细胞（Hela 细胞）的增殖有抑制作用。

由于姬松茸中含有较丰富的具有良好药效的物质，因而在防治疾病、维护健康中表现出良好的药理作用。姬松茸子实体经热水提取所得到的粗多糖，无论是通过腹腔注射还是口服，都有显著抑制小鼠恶性肉瘤细胞 S180 的作用。腹腔注射粗多糖，最高抑制率可达 100%，口服粗多糖最高抑制率可达 99.9%，可见从姬松茸子实体中提取的粗多糖具备显著的抑制肿瘤的作用。利用化学方法精制出多糖物质（高分子精多糖、甘露聚糖），

对肿瘤抑制率虽不及粗多糖高，但最高的也可达 94%。姬松茸中的多糖，对用 X 射线照射治癌有协同作用。姬松茸子实体、菌丝体和培养液中的多糖抗肿瘤活性比云芝（Ps-K）、猪苓、灵芝、酵母聚糖强，其对肿瘤的抑制率可达 99.5%～100%，而云芝对肿瘤的抑制率为 99.3%，猪苓的抑制率为 88.7%，灵芝的抑制率为 83.3%，酵母聚糖的抑制率为 81.4%。其多糖含量较高，是被称为"人间仙草"的灵芝的 5 倍，在抑制肿瘤、增强精力等方面的疗效都得到了科学的验证。

姬松茸不仅能抑制肿瘤，同时也具有防御癌细胞生长的作用。通过对移植了癌细胞的小白鼠给予姬松茸多糖，使其癌细胞消失后再移植入癌细胞，结果癌细胞无法再生长。姬松茸多糖对白血病也具有一定的疗效，对患有白血病的小白鼠，给予姬松茸多糖，结果它的寿命延长率为 25%。可见姬松茸具有较强的抗癌作用。

姬松茸对其他疾病也有良好的疗效。它具有活化胃肠蠕动、强心、壮体、抑制肝脏障碍性疾病、降低胆固醇和抗疲劳等作用，因而可预防和治疗糖尿病、便秘、痔疮等疾病，维护身体健康。比如姬松茸中含有丰富的能降低胆固醇的亚油酸，可用于治疗由动脉硬化引起的高血压病。

三、发展历程

姬松茸原产地位于巴西东南部圣保罗市郊外的皮也拿山地，当地以产野马而著名，野马的排泄物混入泥土中，使得当地土壤十分特殊，粪肥含量十分丰富，加之气候适宜，为姬松茸提供了生长发育的良好条件。很早以前，姬松茸就已成为当地餐桌上的一种食物，被称为"阳光蘑菇""虔敬蘑菇"等。美国加利福尼亚的 W.J.Shinden 和 E.D.Runbert 博士在皮也拿山地考察时发现，当地居民身体健康、长寿，癌症发病率很低。这一现象引起了研究人员的注意，他们考察这里的环境、水质以及当地居民的生活方式后发现这与当

地人经常食用姬松茸有关。1965 年，他们向科学界公布了考察结果。同年，侨居巴西的美籍日裔种菇商古本农寿通过孢子分离获得菌丝体，随后将菌种带回日本送给三重大学农学部的岩出亥之助教授。他们二人分别在巴西和日本进行园地栽培和室内栽培研究，并于 1972 年和 1975 年先后获得人工试验栽培成功。之后，岩出教授给该食用菌取了一个日本名称——"代蘑菇"。为了便于在市场上销售，他又将其商品名定为日本人喜爱的"巴氏蘑菇"（意即小松菇）。1976 年，比利时真菌学家海聂曼（Heinemann）博士将其命名为 *Agaricus blazei* Murri.。

姬松茸栽培成功后，在日本三重、爱知、岐阜等县推广。我国在 1992 年从日本引进姬松茸菌种，对其生物学特性和栽培技术进行了研究，最终栽培成功。

四、主要产区

姬松茸原产于北美南部的加利福尼亚州和佛罗里达州，以及南美北部的巴西、秘鲁等地，主要分布于海岸地带草场及巴西东南部的皮也拿山地。1965 年被日本引进驯化试种，1978 年进行商业化栽培，这种珍稀菌已在日本、美国、巴西、秘鲁等国大面积栽培。我国于 1992 年由福建省农业科学院从日本引进了该菌种。目前，国内姬松茸栽培面积较大的除福建省外，还有湖南、湖北、广东、浙江、上海、云南、台湾等地。姬松茸已成为我国人工栽培的新菇种，并有逐年扩大栽培的趋势。2018 年全国姬松茸鲜菇产量 10.09 万 t。

（一）东南产区

福建省是我国栽培姬松茸的主产区，2018 年姬松茸鲜菇产量 3.95 万 t，湖南省 2018 年姬松茸鲜菇产量 5 400 t，广东省 2018 年姬松茸鲜菇 1 500 t。

（二）东北产区

2018 年吉林省姬松茸鲜菇产量 89 t，黑龙江和辽宁省也有少量生产。

（三）西南产区

2018 年云南省姬松茸鲜菇产量 2.73 万 t，贵州省姬松茸鲜菇产量 1.63 万 t，四川和重庆也有少量生产。

（四）中部产区

河南省、安徽省、山东省也是姬松茸生产的主要区域，2018 年河南省姬松茸鲜菇产量 5 040 t，安徽省鲜菇产量 2 360 t，山东省姬松茸鲜菇产量 525 t。

五、发展前景

由于姬松茸富含蛋白质、氨基酸，人体必需的氨基酸含量占氨基酸总量的比例大，矿质元素含量丰富，多糖含量高，不仅具有很高的营养价值、色香味俱全、适口性好，而且还具有抗癌、抗凝血、降血脂、安神和改善动脉硬化症等药用功效，从而受到了美食、保健、医学和药学界的关注，具有巨大的发展潜力。

用于栽培姬松茸的原料丰富，姬松茸能分解利用各种农作物秸秆和畜禽粪便作为培养料，生产出绿色食品。草、粪来源丰富，取之不尽，用之不竭。同时，姬松茸栽培的菌渣又是优质的生态肥料，可促进作物增产，这样形成一个稳定的生态良性循环，促进农业的可持续发展。

姬松茸栽培技术较易掌握，生产周期短，见效快，成本低，效益好，是农民致富理想的短、平、快项目。

第二节
生物学特性

一、形态特征

姬松茸由菌丝体和子实体两部分组成。

（一）菌丝体

菌丝体是姬松茸的营养器官，菌丝白色，绒毛状，气生菌丝旺盛，爬壁强，菌丝直径5～6μm。菌丝体有初生菌丝体、次生菌丝体两种。菌丝不断生产发育，各条菌丝之间相互连接，呈蛛网状。

（二）子实体

子实体是姬松茸的繁殖器官，能产生大量担孢子，即生殖细胞。子实体由菌盖、菌柄和菌环等组成（图6-4-1）。子实体单生、丛生或群生，伞状，一般单朵重20～50 g，大的可达350 g。菌盖直径3.4～7.4 cm，最大的可达15 cm，原基呈乳白色；初时为浅褐色，扁半球形，成熟后呈棕褐色，有纤维状鳞片；菌盖厚0.65～1.3 cm，菌肉白色。菌柄长5.9～7.5 cm，直径0.7～1.3 cm，中生，近圆柱形，白色，初期实心，后中期松至空心。菌褶是孕育担子的场所，位于菌盖下面，由菌柄向菌盖边缘放射状排列，白色，柔软，呈刀片状；成熟后慢慢会产生斑点，生长后期变成褐色；宽2～5 mm，初期为粉红色，后期呈咖啡色，表面着生子实层、担子和囊状体。经扫描电镜观察，担子无隔膜，棍棒形，外表有不规则网状形；担子间囊状体10.9～5.3μm，长圆柱形。

图6-4-1　成熟子实体形态

二、生活史

姬松茸孢子从担子小梗弹射出来，在适宜的条件下萌发成单核菌丝（初生菌丝体），单核菌丝经

过原生质融合形成双核菌丝（次生菌丝体），双核菌丝在适宜条件下生长发育扭结成子实体，子实体成熟时又产生孢子。由担孢子萌发开始，经过连续的生长发育，又产生生殖细胞——担孢子的过程，即经过了一个世代周期。

三、营养

姬松茸属于腐生菌类，其生长发育所需的营养全部由外界提供，主要有碳源、氮源、矿质元素等，其中以碳源和氮源需求量最大。

（一）碳源

碳源又称碳素营养物质，为姬松茸所需的主要营养物质。适于姬松茸生长的碳源主要有葡萄糖、蔗糖、麦芽糖、木糖、乳糖和淀粉等，其中以蔗糖、麦芽糖和葡萄糖的利用效果较好，乳糖和木糖的利用效果则较差。姬松茸能分解利用经过发酵的各种农作物秸秆、秕壳、木屑等作为自身所需要的碳素营养。

（二）氮源

氮源又称氮素营养物质。可供姬松茸利用的氮源主要有牛肉膏、酵母膏、蛋白胨、甘氨酸、氯化铵、硫酸铵、麸皮、豆饼粉、玉米粉等，其中以硫酸铵、蛋白胨、甘氨酸的效果最好，牛肉膏次之，酵母膏的效果最差。

据江枝和等（1996）报道，姬松茸菌丝生长最适氮源为硫酸铵、氯化铵和豆饼粉，其次是麸皮和花生饼，而玉米粉的利用效果较差。生产上常利用发酵过的畜禽粪、菜籽饼粉、硫酸铵、尿素等作为氮源，并与稻草等碳源物质相混合，以满足姬松茸对营养的要求。

（三）矿质元素

姬松茸生长所需矿质元素主要有钾、磷、钙、镁、铁、锌、锰等，其中以钾、磷、镁三元素为最重要。这些元素有的参与姬松茸细胞成分的构成，有的参与能量交换，有的作为酶的组分，有的则起着调节渗透压的作用。在栽培实践中，常用的无机盐类主要有硫酸钙、硫酸镁、过磷酸钙、磷酸氢二钾、磷酸二氢钾、硫酸亚铁、硫酸锌、氧化锰和碳酸钙等。

据报道，姬松茸子实体具有富集镉的作用。在检测姬松茸产品质量时，发现样品中镉的含量普遍超标，达 13 ~ 23.1 μg/g。其原因目前有两种解释，一种认为与覆土和培养料均无关，系其本身富集镉元素的生物学特性决定的；另一种认为姬松茸产品中镉主要来自牛粪，建议培养料尽量不用或少用牛粪，究竟系何原因，有待于进一步验证。

（四）其他

维生素 B_1 是姬松茸必需的生长因子，因其本身不能合成，故需要从外界营养中吸收利用。此外，姬松茸子实体形成过程中，还需要土壤中的一些有益微生物所产生的代谢产物作诱导，子实体才能分化和形成。因此，栽培姬松茸必须要覆土，这样才能保证出菇。

四、环境条件

姬松茸是夏秋间发生在有畜粪的草地上的腐生菌，要求的环境条件包括温度、水分、空气、光照和酸碱度等。

（一）温度

菌丝生长的温度为 10 ~ 34 ℃，适宜温度为 22 ~ 27 ℃。9 ℃以下菌丝生长缓慢，28 ℃以上菌丝生长虽快，但易老化，45 ℃以上菌丝会死亡。姬松茸子实体发育的温度为 16 ~ 33 ℃，适宜温度为 18 ~ 24 ℃，超过 25 ℃以上子实体生长快，从原基形成到采收只需 5 ~ 6 天，但子实体小，柄细盖薄，易开伞。

（二）水分

培养料含水量在 60% ~ 72%，其中含水量 65% 为最好（料与水的比例约为 1 : 1.3）。覆土层最适含水量为 60% ~ 65%。菇房适宜的空气相对湿度为 75% ~ 85%，出菇期空气相对湿度在 80% ~ 95%。由于栽培姬松茸需覆盖土壤，只要土壤长期保持湿润状态，就能满足姬松茸生长对水分和湿度的要求，故空气湿度只起辅助作用。但空气相对湿度超过 95% 时，子实体易得病死亡。

（三）空气

姬松茸是一种好氧性的食用菌，菌丝生长和子实体发育均需要氧气的供应，特别是子实体生殖阶段，因其新陈代谢旺盛，需氧量较菌丝营养生长时期要多，更要注意通风换气。栽培时培养料和覆土层的通透性直接影响菌丝和子实体的生长，只有在通透性良好、氧气充足的环境条件下菌丝才能生长良好，长出的子实体多，且粗壮、结实。

（四）光照

姬松茸菌丝生长不需要光照，在黑暗条件下，菌丝生长得更为粗壮、洁白。子实体的形成和生长发育需要一定的散射光刺激。光线暗，会长成畸形菇，但强烈的光照虽对子实体生长无影响，却易使其失水干燥，因此这两种情况都要避免，以七分阴三分阳为好。

（五）酸碱度

菌丝在 pH 4 ~ 8 均可生长，但最适 pH 6.5 ~ 7.5，在此范围内菌丝生长最快。子实体的形成最适 pH 6.5 ~ 7.5，pH 4.5 以下或 7.5 以上时子实体形成数量就会减少。覆土层最适 pH 7。

以上环境条件的各个方面对姬松茸的生长发育起着综合作用，缺少任何一个条件，姬松茸均不能正常生长。

第三节
生产中常用品种简介

一、认（审）定品种

（一）姬松茸 AbML11（闽认菌 2010001）

1. 选育单位　福建省农业科学院土壤肥料研

究所。

2. 品种来源　1992 年福建省农业科学院从日本引进姬松茸 AbM9，2004 年以该菌株的担孢子为试验材料，利用氮离子束注入技术，从中选育到姬松茸新菌株 AbML11。

3. 特征特性　该品种具有产量高、转茬快的特点。子实体前期呈浅棕色至浅褐色；菌盖直径 3 ～ 4 cm，圆整，扁半球形，盖缘内卷；菌褶离生，前期白色，开伞后褐色。菌柄实心，前期粗短，逐渐变得细长，长 2 ～ 6 cm，直径 1.5 ～ 3 cm。

4. 产量表现　在福建省南平、三明、莆田、福州等地多年多点试种，一般产量达 4.88 ～ 6.42 kg/m²，生物学效率达 23.1％ ～ 42.8％，比出发菌株 AbM9 增产 15.1％ ～ 47％。

5. 栽培技术要点　姬松茸 AbML11 适宜以稻草、芦苇、牛粪等为主料，以麸皮、过磷酸钙、石灰等为辅料；培养料采用常规的二次发酵方法制备，适宜含水量为 55％ ～ 60％（料水比为 1 : 1.4），适宜 pH6.5 ～ 7.5；每平方米播种量 1 ～ 2 瓶（750 mL 菌种瓶）。菌丝生长适宜温度为 23 ～ 27 ℃，子实体发育适宜温度为 22 ～ 25 ℃，菇房适宜的空气相对湿度为 75％ ～ 85％。姬松茸 AbML11 外观品质优，适宜福建省春秋季栽培。

（二）川姬松茸 1 号（川审菌 2005004）

1. 选育单位　四川省农业科学院土壤肥料研究所。

2. 品种来源　是四川省农业科学院土壤肥料研究所以日本引进的姬松茸菌株为出发菌株，将栽培试验的多个优良单株进行组织分离，经系统选育后获得的优良菌株。

3. 特征特性　孢子印黑褐色。菌丝灰白色，有锁状联合。子实体近半球形，黄褐色至浅棕褐色，有纤维状鳞片。菌柄圆柱状，菌环上位，膜质。菌丝生长温度为 15 ～ 32 ℃，最适温度 22 ～ 26 ℃。子实体生长温度为 16 ～ 30 ℃，最适温度 18 ～ 25 ℃。菌丝生长阶段不需光照，子实体生长需 300 lx 以上的光照强度进行照射。培

养料适宜的含水量为 60％ ～ 70％，覆土含水量为 20％ ～ 25％，子实体生长的空气相对湿度为 85％ ～ 90％。菌丝生长最适 pH 6.5 ～ 7.5，子实体形成的最适 pH 6.5 ～ 7.5，覆土层的 pH 7 ～ 7.5。

4. 产量表现　与出发菌株日本姬松茸相比，产量增加幅度为 8.51％ ～ 12.43％，比全国推广菌株福建姬松茸增产 4.68％ ～ 6.09％。

5. 栽培技术要点　适宜以稻草、麦秸、棉籽壳、甘蔗渣等为主料，与辅料麸皮、米糠、牛粪等经堆制发酵腐熟后进行床（箱）栽或熟料袋栽。姬松茸属中温偏高的菌类，一年可生产两季，3 ～ 4 月播种，4 ～ 8 月出菇；8 ～ 9 月播种，9 ～ 12 月出菇。自然气温在 15 ～ 30 ℃均可种植。

（三）姬松茸 2 号［沪农品认食用菌（2005）第 001 号］

1. 品种来源　日本引进，系统选育而成。

2. 特征特性　子实体大小中等，棕色，圆整，菌盖半球形，有杏仁香味。

3. 产量表现　个体中等，单菇重 20 g 左右。

4. 栽培技术要点　①原料应新鲜，无霉变和腐烂变质；②配方可以按照双孢蘑菇栽培配方，因地制宜；③建议进行二次发酵，后发酵期间应在 60 ℃保温 8 ～ 12 h，50 ～ 55 ℃温度下保持时间一定要保证 4 天以上；④发菌温度 25 ℃左右，覆土厚度保持在 4 cm 左右，不宜低于 3 cm；⑤出菇温度应保持在 22 ～ 26 ℃，出现冒菌丝现象时应避免大通风，提高菇房湿度；⑥管理上宜采用一茬菇一次水的方法。

（四）姬松茸 3 号［沪农品认食用菌（2004）第 078 号］

1. 品种来源　福建引进品种，系统选育而成。

2. 特征特性　子实体棕色，圆整，菌盖半球形，有杏仁香味。

3. 产量表现　上海市浦东栽培试验，产量达 5.6 kg/m²，明显高于其他品种。

4. 栽培技术要点　①原料应新鲜，无霉变和腐烂变质；②配方可以按照双孢蘑菇栽培配方，

草腐菌生产技术

因地制宜；③建议进行二次发酵，后发酵期间应在 60 ℃保温 8 ～ 12 h，50 ～ 55 ℃温度下保持时间一定要保证 4 天以上；④发菌温度 25 ℃左右，覆土厚度保持在 4 cm 左右，不宜低于 3 cm；⑤出菇温度应保持在 22 ～ 26 ℃，出现冒菌丝现象时应避免大通风，提高菇房湿度；⑥管理上宜采用一茬菇一次水的方法。

（五）福姬 5 号（原名：福姬 J5，闽认菌2013002）

1. 选育单位　福建省农业科学院。

2. 品种来源　以日本引进的姬松茸品种 'J1' 菌丝体为材料，采用 $^{60}Co\gamma$ 射线照射选育而成。

3. 特征特性　子实体单生、群生或丛生，伞状，菌盖直径平均 4.72 cm，菌盖厚度平均 3.16 cm，菌肉厚度平均 0.95 cm。原基乳白色，菌盖近钟形、褐色，表面有淡褐色至栗色的纤维状鳞片；菌肉白色，受伤后变微橙黄色；菌褶离生，密集，宽 8.5 ～ 9.5 mm。菌柄平均长度 6.3 cm，直径 2.19 cm，圆柱状，上下等粗或基部膨大，初期实心，后期松至空心，表面白色。

4. 产量表现　经福建省莆田、仙游、顺昌、武夷山等地两年区域试验，平均产量 7.43 kg/m²，生物学效率 27.8%，比对照 'J1' 增产 30.58%。

5. 栽培技术要点　适宜播种期春季为 3 月中旬至 4 月中旬，秋季为 8 月底至 9 月中旬。培养基配方：稻草 78%、牛粪 16%、碳酸氢铵 1.5%、过磷酸钙 1.5%、石膏 1.5%、熟石灰 1.5%。培养料前发酵 13 ～ 18 天，翻堆 3 ～ 4 次；后发酵 57 ～ 59 ℃保持 10 h，48 ～ 52 ℃保持 4 ～ 5 天。培养料发酵后的 pH6.5 ～ 7，含水量 61% ～ 66%。麦粒种的播种量为每平方米 1.5 ～ 2 瓶（湿重为 1 200 ～ 1 600 g）。覆土材料适宜含水量为 23% ～ 24%，菌丝生长的适宜温度 23 ～ 26 ℃，子实体发育适宜温度 22 ～ 26 ℃，出菇的适宜空气相对湿度 85% ～ 95%。

（六）福姬 77（原名：福姬 J，闽认菌2013003）

1. 选育单位　福建省农业科学院土壤肥料研究所、福建农林大学生命科学学院、福建省农业科学院农业生态研究所。

2. 品种来源　以日本引进的姬松茸品种 'J1' 菌丝体为材料，采用 $^{60}Co\gamma$ 射线和紫外线复合照射选育而成。

3. 特征特性　子实体单生、群生或丛生，伞状，菌盖直径平均 4.94 cm，菌盖厚度平均 2.67 cm，菌肉厚度平均 0.76 cm。原基近白色，菌盖半球形，边缘乳白色，中间浅褐色；菌肉白色，受伤后变微橙黄色；菌褶宽 6 ～ 8 mm，离生，密集。菌柄平均长度 5.45 cm，直径 2 cm，圆柱状，上下等粗或基部膨大，初期实心，后期松至空心，表面白色。

4. 产量表现　经福建省莆田、仙游、顺昌、武夷山等地两年区域试验，平均产量 7.38 kg/m²，生物学效率 27.6%，比对照 'J1' 增产 30.85%。

5. 栽培技术要点　适宜播种期春季为 3 月中旬至 4 月中旬，秋季为 8 月底至 9 月中旬。培养基配方：稻草 78%、牛粪 16%、碳酸氢铵 1.5%、过磷酸钙 1.5%、石膏 1.5%、熟石灰 1.5%。培养料前发酵 13 ～ 18 天，翻堆 3 ～ 4 次；后发酵 57 ～ 59 ℃保持 10 h，48 ～ 52 ℃保持 4 ～ 5 天；培养料发酵后的 pH 为 6.5 ～ 7，含水量为 61% ～ 66%。麦粒种的播种量为每平方米 1.5 ～ 2 瓶（湿重为 1 200 ～ 1 600 g）。覆土材料适宜含水量为 23% ～ 24%，菌丝生长的适宜温度为 23 ～ 26 ℃，子实体发育适宜温度为 22 ～ 26 ℃，出菇的适宜空气相对湿度为 85% ～ 95%。

二、未认（审）定品种

（一）姬松茸 7 号

菌丝乳白色，稀疏，爬壁力弱。子实体单生或丛生，菌盖斗笠形或圆形，菌柄细长，从菌柄到菌盖均为白色。为白色品种，虫害重，产量较低，但营养价值高（经测量，氨基酸含量比普通姬松茸高），其颜色、口感较好，深受消费者喜爱。

（二）姬松茸9号

菌丝洁白，密集，粗壮，爬壁力强，生长快。子实体单生或丛生，菌盖直径 4.9 cm，厚 3.3 cm，斗笠形或圆形，浅褐色，有绒毛，韧性好，耐贮运。菌柄粗短，脚柄有气生菌丝。生物学效率 36%。菌丝生长适宜温度 22～28 ℃，出菇温度 20～32 ℃。

（三）1号（三明）

小朵品种，出菇密，菌盖长帽形，菌柄较细长，上下较均匀，产量高。菌丝生长适宜温度 22～28 ℃，出菇温度 20～32 ℃。

（四）2号（三明）

小朵品种，出菇密，菌盖长帽形，菌柄较细长，上下较均匀，产量高。菌丝生长适宜温度 22～28 ℃，出菇温度 20～32 ℃。

（五）4号（三明）

大朵品种，菌盖色泽较深，帽形，菌柄较粗短，产量高。菌丝生长适宜温度 23～28 ℃，出菇温度 20～33 ℃。

（六）5号（三明）

大朵品种，出菇密，菌柄较短，不易开伞，颜色较浅，产量高。菌丝生长适宜温度 23～28 ℃，出菇温度 20～33 ℃。

（七）新太阳

菌丝萌发力及爬壁能力强，粗壮、密集，色泽浓白，长势好，生长速度每天 0.53 cm。菌盖浅褐色，菌柄粗壮，菌肉肥厚，朵形较大。子实体较嫩，口感较好，但韧性较差，不耐贮运。

（八）姬A

菌丝萌发力及爬壁能力较强，粗壮、较密集，色泽洁白，长势较好，生长速度每天 0.47 cm。菌盖褐色，菌柄粗壮，菌肉肥厚，朵形较大，韧性较好，耐贮运。

第四节
主要生产模式及其技术规程

一、床架栽培模式

姬松茸自 1992 年引入我国福建以及其他省份试种推广以来，在我国很多地方已形成规模种植，广大生产者根据当地资源优势和气候特点，设计建造出形状各异的栽培菇房，并通过科学有效的灭菌和消毒方法，为栽培成功奠定了基础。比较常用的菇房有标准菇房、草棚菇房、塑料大棚墙式菇房、工厂化菇房、高标准控温菇棚、竹木结构简易菇房、简易菇棚及普通民房、具有抽送风设备的地下室、山洞、地道、人防工事等。栽培者可根据自身经济基础、现有条件、实际生产规模等灵活掌握，选择不同形状、结构、材料的设施用于姬松茸生产。

（一）设施种类

1. 短后坡高后墙塑料薄膜日光温室　跨度 5～7 m，后坡长 1～1.5 m，后坡构造及覆盖层由柱、梁、檩、细竹、玉米秆及泥土构成，矢高 2.3 m，后墙高 1.5～1.7 m，在寒冷的北方地区后墙厚 0.5 m，墙外培土，温室四周开排水沟。

2. 琴弦式塑料薄膜日光温室　跨度 7 m，矢高 3.1 m，其中水泥预制中柱高出地面 2.7 m，地下埋深 40 cm，前立窗高 0.8 m，后墙高 1.5～1.8 m，后坡长 1.5 m，宽 7 m。每隔 3 m 设一道 10 cm 钢管桁架，在桁架上按 40 cm 间距横拉 8 号铁丝固定于东西山墙，在铁丝上每隔 60 cm 设一道细竹竿作骨架，上面盖塑料薄膜，不用压膜线，在塑料薄膜上面压细竹竿，在骨架细竹竿上用铁丝固定。这种结构的日光温室采光好，空间大，温室效应明显。前部无支柱，操作方便。

3. 全钢拱架塑料薄膜日光温室　跨度 6～8 m，矢高 2.7 m，后墙为 43 号空心砖墙，高 2 m；

草腐菌生产技术

钢筋骨架，上弦直径 14 ～ 16 mm，下弦直径 12 ～ 14 mm，拉花直径 8 ～ 10 mm，由 3 道花梁横向拉接；拱架间距 60 ～ 80 cm，拱架的上端搭在后墙上，拱架后屋面铺木板，木板上抹泥密封，后屋面下部 1/2 处铺炉渣作保温层；通风换气口设在保温层上部，每隔 9 m 设一通风口。温室前底脚处设有暖气沟或加温火管。这种结构的温室，坚固耐用，采光良好，通风方便，有利于保温和室内作业。

4. 97 式日光温室　室内净宽 7.5 m，长 60 m，脊高 3.1 m，顶高 3.47 m，后墙高 1.8 m，跨间 2 m，室内面积 453.6 m²，内部无立柱。前屋角 20° ～ 22°，立窗角 70°，后坡 30°，前后坡宽度投影比 3.8∶1，属短后坡型。

覆盖材料是用 0.15 mm 或 0.12 mm 进口聚乙烯长寿膜，双层充气，也可根据生产要求，内层使用红外保温无滴膜，整体充气，塑料薄膜无接缝，不用压膜线，抗风能力强。

97 式日光温室将双层塑料薄膜充气结构改进为双层砖墙结构，保温性提高，热量流失少。温室顶部、侧墙配有专门的通风窗，可灵活控制温室内温度及通风量。

5. 半地下式塑料大棚（图 6-4-2）　半地下式塑料大棚一般在建造时，把大棚的主体部分向地面下挖 1.2 ～ 1.4 m，大棚外的高度 60 cm 左右，而大棚内部的高度 1.8 ～ 2 m。这种结构的大棚保温保湿效果好，冬暖夏凉，结构简单，建造省工、省材，可大可小，外形呈斜坡形或弓形均可，适合农村及贫困地区使用。

图 6-4-2　半地下式塑料大棚

6. 标准菇房　菇房面积以 100 ～ 200 m² 为宜，宽 6 ～ 7 m，长 10 ～ 20 m，瓦房或钢筋水泥菇房皆可，墙壁、屋面应厚些。菇房顶要有保温层，菇房内安装加温设备。南北墙设上、下两排通气窗，下窗高出地面 10 cm 左右，有利于二氧化碳排出，上窗的上沿略低于屋檐，窗户 40 cm×46 cm。菇房的两端山墙安装排气窗，并安上排风扇，可进行强行通风。房顶安有拔气筒。菇房门窗安装有窗纱，墙壁应坚实并光洁，便于冲洗和熏蒸消毒，常见有地上式菇房和半地下式菇房。

菇房床架用木板、钢材或竹竿制作。床架和菇房垂直排列，靠房屋侧墙的床架宽约 70 cm，中间的床架宽 1.2 ～ 1.5 m，床架层距 0.5 m，下层距地面 30 cm，最上层离房顶 1.3 ～ 1.5 m。

7. 草棚菇房（图 6-4-3）　草棚菇房夏天能降温，冬天又可遮风、保温、保湿，造价低廉，经济实用。菇房宽 6 ～ 7 m，长 20 ～ 30 m，中部立柱高 3 m，两侧立柱高 1.8 m，立柱横向间隔 1 m，纵向间隔 4 ～ 5 m。立柱的高度，由中部向两侧依次降低。菇房顶部纵横交错地放上竹竿或木棒，其纵向间距 0.3 ～ 0.4 m，上覆草苫，草苫上再盖塑料薄膜。在四周围好草苫，两侧每隔 2 m 开一个窗口。

图 6-4-3　草棚菇房

床架用竹竿或木板制作，与标准菇房床架设置基本相同。

8. 塑料大棚墙式菇房　塑料大棚宽 6.5 ～ 8 m，

长 50～70 m。建造时先在北面用砖砌墙，或垒土墙，墙高 2.5～2.8 m，厚 37～60 cm，墙体为空心结构，墙上开通风换气窗口。墙体分为外墙和内墙，内墙高 1.5 m，外墙高 2 m，后墙的仰角为 45°。

东西两端的墙体开设门和窗口，在南面搭建塑料大棚，先用钢筋或水泥柱作拱梁，一端固定在北墙顶部，另一端则插入地下，形成一个半拱形架，架与架之间相距 1 m。另外，再在拱形架上均匀地放三根横杆并加以固定。最后盖上塑料薄膜，再在塑料薄膜上加盖一层草苫。草苫的一端要固定在后墙上，使其可以成为收卷和展开的活动草苫。

塑料大棚内设床架，靠棚两边的床架宽 0.7 m，中间床架宽为 1.5 m，每层床架层距 0.7 m，每个床架四周设围栏，围栏高 25 cm。床架之间相距 0.5 m，作为人行道。

（二）栽培季节

国内姬松茸的人工栽培首先在福建省得到推广，使福建成为国内最大的姬松茸生产和出口基地。之后进一步推广到浙江、四川、江西、云南，乃至一些北方省份，成为一些地区食用菌产业发展新的增长点。

各地栽培季节稍有不同。一般说来，南方地区受自然条件的制约较少，更适合姬松茸生长，在温湿度合适的地区和林区，可以在加荫棚、风障的条件下露地做畦栽培，根据适合姬松茸生长的温湿度及当地的气候条件灵活掌握，一般安排在春秋两季栽培。春栽，平原地区于 3～4 月，山区于 4～5 月播种，4 月中下旬至 6 月中旬出菇，越夏后 9～11 月出菇；秋栽，于 8 月中旬播种，9 月至翌年 5 月出菇。

北方地区气候干燥，冬季寒冷，宜采用温室和大小塑料棚进行室内栽培，栽培场地要避风、遮光、保湿、冬暖夏凉。室内多采用床栽，床架要南北走向，便于通风，光照均匀。一般安排在春末夏初至秋天栽培，播种后 30～35 天出菇，出菇时菇房温度应控制在 20～28 ℃。

姬松茸栽培条件要求严格，科学合理地安排好制种时间和栽培季节非常重要。姬松茸出菇期受温度制约较大，低于 20 ℃，高于 33 ℃，即停止出菇。但该菌菌丝体的生活力很强，有抵抗高低温的能力，一般只要保持覆土层湿润，菌丝体不失水，温度适宜后还会继续正常出菇。在河南省，夏季出菇是 5～7 月，秋季出菇是 9～10 月。

我国地域辽阔，在同一季节因地区不同而气候各异，特别是南、北气候悬殊，所以，应根据姬松茸出菇的遗传特性、品种特性及生产目的、生产条件和生产区域，做到因地制宜，合理安排。

（三）培养料的配制

1. 原料选择　原料的选择应本着就地取材、廉价易得、择优利用的原则进行。具体要求如下：

（1）营养丰富　姬松茸是一种草腐生菌，不能自己制造养分，所需营养几乎全部从培养料中获得，因此培养料内所含的营养，应能够满足姬松茸整个生育期内对营养的需求。

（2）持水性好　姬松茸的子实体生长阶段所需水分主要从培养料中获得，培养料含水量的高低、持水性能的好坏都直接影响产量。合理搭配培养料的物理结构，在不影响菌丝生长的情况下，适当加大培养料的含水量，是高产稳产的基础。

（3）疏松透气　姬松茸分解木质素、纤维素的能力弱，培养料要质地疏松、柔软、富有弹性，能含有较多的氧气。

（4）干燥洁净　要求所用原料无病虫侵害、无霉变、无气味和无杂质，无工业"三废"残留及农药残留等有毒有害成分。

2. 原料的类型　掌握各种原料的营养和物理特性，是进行科学配制培养料、获得高产优质姬松茸的关键。

姬松茸的生产原料，主要是由农作物秸秆、畜禽粪、化学肥料等组成。生产中，按照姬松茸的营养生理特性，将多种原料按一定比例配制成培养料。根据各种原料在培养料中所占的比例，分为主

草腐菌生产技术

料和辅料两类。

（1）主料 主料是指生产中的主要原料，用量占70%以上，主要为农副产物如棉籽壳、玉米芯、玉米秆、稻草、麦秸、高粱秆、高粱壳、蔗渣，以及各种野草等。

（2）辅料 包括麸皮、玉米粉、米糠、黄豆饼粉、菜籽饼粉、花生饼粉、尿素、硫酸铵、石膏、石灰等。

3.配方 栽培姬松茸的培养料，应根据姬松茸的生物学特性和当地的原料资源状况合理进行组合。

配方1：麦秸60%，稻草20%，干牛粪15%，麸皮3%，过磷酸钙1%，石膏1%。

配方2：麦秸70%，棉籽壳12.5%，干牛粪15%，石膏1%，过磷酸钙1%，尿素0.5%。

配方3：稻草90%，麸皮（米糠）2%，干鸡粪3%，石膏2%，过磷酸钙2%，尿素1%。

配方4：玉米秆36%，棉籽壳36%，麦秸11.5%，干鸡粪15%，碳酸钙1%，尿素0.5%。

配方5：茶渣40%，棉籽壳20%，甘蔗渣20%，干牛粪10%，麸皮10%。

配方6：稻草73%，麸皮（米糠）10%，菜籽饼粉10%，尿素1%，过磷酸钙1%，石膏2%，石灰3%。

配方7：稻草42%，棉籽壳42%，牛粪7%，麸皮6.5%，钙镁磷肥1%，碳酸钙1%，磷酸二氢钾0.5%。

配方8：稻草44%，麦秸30%，麸皮10%，菜籽饼粉8%，尿素1%，过磷酸钙2%，石膏2%，石灰3%。

配方9：菌渣60%，稻草17%，饼肥8%，麸皮10%，石膏1%，过磷酸钙2%，石灰2%。

配方10：稻草52%，麦秸20%，米糠（麸皮）10%，菜籽饼粉10%，尿素1%，过磷酸钙2%，石膏2%，石灰3%。

配方11：麦秸75%，棉籽壳13%，干鸡粪10%，复合肥0.5%，生石灰1.5%。

4.堆制与发酵

（1）培养料的一次发酵

1）建堆场所的选择 建堆场所应选择地势平坦、干燥、近水源的地方，同时应考虑离栽培场所较近，以便于运输和播种。场所选择好以后，预先在场所较低处挖一个长约2 m、宽约1 m、深0.8 m左右的蓄水池，池底和四周垫双层塑料薄膜以防漏水。蓄水池的作用主要是收集堆料过程中从料堆流出的营养水，以便在下次翻堆时用来补充料堆水分。

2）粪草的处理及预湿 用于栽培姬松茸的粪肥应预先晒干、粉碎，并将其中的石块、瓦砾、竹木片等拣出，然后用清水或人粪尿均匀浇泼于粪肥中，使含水量达60%左右，堆闷预湿24 h，待建堆时加入。稻草浸泡2～3 h，捞起后堆闷24 h，或用清水直接浇于稻草上预湿24 h。也可以将稻草切成20～30 cm长的小段，使草料发酵更均匀。如果用麦秸，则应先将麦秸碾破使其变软，放入0.5%石灰水浸泡或直接喷洒0.5%石灰水使麦秸含水量达65%，预湿24 h。如果用菜籽饼粉等肥料，应使用新鲜的，以免携带病虫杂菌影响堆料质量和以后的正常发菌。饼肥预湿方法同粪肥。

3）建堆 堆料宜南北走向，以防光照不匀导致温差过大。料堆一般宽2 m左右，高1.5～2 m，长度依场地和料堆数量而定。建堆时先铺一层厚约20 cm、宽约2 m的草料，踏实后再加入一层预湿好的粪肥或饼肥，厚度一般以2 cm左右为宜，具体依粪肥或饼肥的数量而定，但应注意防止厚薄不匀或下层很厚而上层很薄，甚至上层无粪肥的现象。尿素、磷肥等化肥应先搅拌匀，加在中间几层料中，四周及顶层不宜加入，以防挥发浪费。水分应浇充足，但也不宜过多，草料含水量在65%左右为宜。照此一层草料一层粪肥堆叠上去，共堆叠7层，每层厚度20～25 cm，最上一层盖上较厚的粪肥。注意每层堆料外周做边应整齐，避免参差不齐而塌堆。料堆建成后，四周应成墙状，堆四周挖排水沟直通蓄水池。最后在堆顶覆盖草苫或散草，以防太阳照射而导致水分蒸发。建堆发酵过程中如遇下雨天气，应用薄膜覆盖以防雨淋，雨停后随即撤去，防止闷料。若在料堆上搭建拱形塑料棚，则既可防雨又能透气。

4）翻堆 翻堆的目的是通过对粪草的多次翻动，将外层与内层和底层的料互换位置，以促使料堆发酵均匀，使微生物的分解活动进行得更为彻底。同时，翻堆可排除堆内的二氧化碳，增加氧气，还可以调节水分，使含水量均匀一致，从而改善料堆内发酵条件，因此是一项非常重要的工作。

翻堆的次数因料堆的发酵方式而有所不同。如果利用一次发酵料直接铺料栽培，发酵时间应稍长些，约28天，其间需翻堆5～6次，翻堆的间隔天数依次为7天、6天、5天、4天、3天。如果一次发酵后需进行二次发酵的，则第一次发酵的时间应短一些，以12～14天为宜，翻堆2～3次即可，间隔天数依次为4天、3天、3天。其中粪草料应比合成料堆制发酵的时间短一些，翻堆工序也可减少1～2次。

第一次翻堆：第一次翻堆是在建堆后的6～7天进行，此时料温可上升到75～80℃。当料温开始下降，即建堆后的6～7天应及时翻堆。翻堆时应先将料抖散，将底层和外层培养料作为新建堆的中层，将中层料作为新建堆的外层和底层。翻堆过程中应注意将料充分抖松、抖散。若料中水分不足，应及时补足水分；若水分过多，则要适当晾晒，待多余水分蒸发后再堆料，或加入干料搅和入堆。注意所建的料堆形状应与原堆形状一致。翻堆完毕，和第一次一样盖上草苫或散草保温保湿，以利于发酵。要注意雨天及时覆薄膜，防止雨水渗入料内导致培养料含水量过多；雨停后及时揭去薄膜，以防料堆通气不良和料温过高。翻堆后2～3天，料温就可上升至70～80℃，当料温不再上升并开始下降，即在翻堆后第6天左右进行第二次翻堆。若进行二次发酵，则应在建堆后第4天开始第一次翻堆。

第二次翻堆：于第一次翻堆后的第6天进行，

翻堆方式基本与第一次相同。因原料经过第一次发酵已软化，料堆体积已缩小，故再次建堆体积也应适当缩小，一般而言，宽度应比上一次的缩小30～35 cm，高度可适当降低。建堆后，盖上草苫或一层薄散草保温保湿。若需进行二次发酵处理，应在此次建堆后3天进行第三次翻堆；反之，一般情况下于建堆后的第5天进行下一次翻堆，以后顺次进行。

发酵完毕检查发酵程度，主要包括：检查有无氨味和臭味，若有氨味，可喷洒1%甲醛溶液或1%过磷酸钙消除氨味；检查水分，用手捏料，指缝间有水印但是无水滴形成视为含水量适中，若有水滴形成说明含水量过高，应采取措施降低含水量，反之，则可加入1%石灰水调节；检查料中秸秆腐熟程度，以秸秆发酵后变为棕褐色或酱褐色、秸秆一拉即断并有弹性为宜；检查酸碱度，用pH试纸检测，以pH 7～8为宜，若pH偏低，应加入石灰水或石灰粉调节；检查虫害情况，若料中有螨虫等害虫出现，应及时喷洒克螨特、噻螨酮等农药防控，喷洒时注意边翻料边喷药，翻完后覆盖塑料膜密闭2～3天，可杀死害虫。

姬松茸培养料堆积发酵的时间不宜过长，也不宜过短，以恰到好处为宜。若堆积发酵时间过长，则会消耗过多养分而影响姬松茸产量；若发酵时间过短，则料中杂菌未完全杀灭，培养料腐熟程度也不一致，易出现"夹生料"，栽培时往往会长出"鬼伞"等杂菌，严重影响姬松茸菌丝的正常生长，造成产量降低。当发酵达到标准时，应立即停止发酵，不能及时栽培播种的，应将料摊开降温，以抑制微生物生长繁殖，使发酵不再进行。

（2）培养料的二次发酵 培养料二次发酵又称后发酵。二次发酵克服了传统一次发酵时间长、培养料发酵不均匀、氮素损失大、堆肥易变质，以及发酵过程无法控制导致发酵程度不够或过度等弊端，从而为姬松茸高产创造了条件。二次发酵是目前国内外普遍推广应用的一种科学的发酵方法。

1）二次发酵栽培菇房的建造 对二次发酵栽

草腐菌生产技术

培菇房的建造总的要求是密封性能良好，能通风换气，符合姬松茸生长发育所需的环境要求。菇房设施最好用钢材和发泡塑料板制造，也可用竹竿和塑料薄膜制作。前者坚固耐用，后者则便于搭建和拆迁。菇房使用 1～2 年后要拆迁至另外一个地方重新搭建，可避免菇房连续使用多年病虫害加重而导致产量降低的现象。

2）二次发酵的方法　二次发酵培养料第一次发酵的时间应比一次发酵培养料发酵的时间要短，一般为 12～14 天，其间翻堆 3 次，间隔天数分别为 4 天、3 天、2 天。用于二次发酵的菇房应密闭性能良好，但又能通风换气。二次发酵的方法是，将前期发酵料（一次发酵料）趁热铺于室内床架上，注意铺料时只能将料铺在床架的上层和中层（因为菇房密闭，空气不能对流，上层温度比下层温度高）。铺料后立即关闭门窗和通风口，第二天加温，如遇气温低料温难以升高时，应立即加温。

二次发酵加温可用如下三种方法：

① 干热加温法　在室外做一个火炉，其通道进入菇房后，分成两道，于另一端靠墙处又汇合为一道，并穿墙伸至墙外，利用烟道散热来提高室内温度。该方法可使菇房内的温度达到 62 ℃，但容易使培养料的含水量下降，因此进料前应适当调高培养料的含水量，使其达到 70%～75%。

② 湿热加温法　在菇房外用锅炉产生蒸汽，再将蒸汽用管道输入菇房内加温。没有锅炉也可用一个汽油桶当作蒸汽发生器，先在汽油桶上安装好排水管和放汽管，再将汽油桶横放在火炉上，最后放入水加热，使其产生大量蒸汽并将蒸汽送入室内。用于送汽的塑料管可在室内绕成环状，并每隔一定距离在塑料管上开一个排气孔，以使蒸汽在室内各个部位分布均匀，使室内温度一致。另外，也可在室内砌一个灶，灶开口设在室外，灶上放一口大铁锅，锅内装水，在室外加燃料烧火升温。当锅内水烧开后，即产生大量蒸汽，室内温度可升高，但此法效果不如干热加温法效果好。

③ 增温剂发酵加温　增温剂是一种生物发酵剂，既可用于一次发酵料增温，也可用于二次发酵料增温。用此法增温，除低温季节外不需人工另作增温，既节约资源又省工，还能增产。其操作要点是：先将畜禽粪、饼肥及石膏、磷肥等辅料与增温剂拌成含水量约 60% 的混合料，堆成小堆，并用塑料膜盖好，闷堆发酵 8～12 h 即成曲料。每 111 m² 栽培面积的培养料使用增温剂 1kg 左右。当曲料制好后，将曲料均匀拌入准备二次发酵的料中，在增温剂的作用下，料温即自动上升，2～3 天可达 65 ℃，室温也可达 60 ℃左右，持续 1～2 天可自然回落。此时应注意控制温度。

二次发酵的温度控制可分为三个阶段。第一阶段为升温期，也称为巴氏消毒期。一般从 45 ℃开始升温至 60～62 ℃时进入巴氏消毒。此时应根据料的腐熟程度决定巴氏消毒的时间。若料偏生，可在 60～62 ℃保持 6～8 h；若料偏熟，则只需在 60～62 ℃条件下保持 2～4 h，并注意定期通风换气，早晚各开门通风一次，每次通风 5min。其作用是利用高温杀死培养料中的杂菌、虫卵和幼虫等。第二阶段为保温阶段，又称控温发酵期。升温期结束后，应及时缓慢打开通风口降温，当温度降至 48～52 ℃时，即停止降温，然后在此温度下维持 4～6 天。若料偏熟则需维持 2～4 天。此阶段的作用主要是制造喜热细菌、放线菌和霉菌生长繁殖的条件，使其大量生长繁殖。第三阶段为降温期。后发酵结束后要逐步降温，当温度降至 45 ℃，要及时打开顶部的通风口，让上层料的温度尽快降下来，然后打开中间通风口（窗口），使温度进一步下降，其间应注意降温缓慢进行。当料温降至 30 ℃以下时，有益微生物停止生长，此时可分床匀料、均匀铺料并播种。

由于二次发酵微生物活动旺盛，消耗氧气较多，室内很容易缺氧，因此人员不应随意进入菇房，以免造成缺氧中毒事故。此时可用长 2 m、直径 2.5 cm 的竹竿，将前端一节挖成槽，装上酒精温度计，由室外插入室内料中心进行测温，操作时最好由两人共同完成。

3）二次发酵后的培养料标准　二次发酵后的培养料标准为棕褐色，富有弹性，有大量喜热菌的白色菌落布满料面，无氨味和异味，有特殊香味，pH 为 7.8～8，含水量为 65％左右。

（四）铺料播种

先将发酵好的培养料散堆并抖松，再均匀铺于室内外床架或畦床上，料厚约 20 cm。当料温降至 30 ℃以下时，即可播种。播种时应选择菌丝生长旺盛、洁白、粗壮、菌龄适宜的菌种，凡有杂菌污染或有虫害的菌种应予以淘汰。播种方法根据菌种基质不同分为穴播和撒播两种。

用粪草发酵料制备的菌种，应以穴播为主，不宜用撒播的方法，因撒播会将菌种弄碎而导致菌丝难以萌发吃料。穴播的方法是：先在料面上挖穴，穴深约为料层厚度的 1/2，再将菌种分成鸡蛋大小的菌种块，注意不要将菌种分得过小，否则菌种不宜萌发吃料。分块完毕，将菌种放入穴内，保持穴与穴之间相距 10 cm 左右，并呈梅花形分布。穴播完成后，应留下 1/3 用量的菌种撒播于料面，同样也不能将撒播的菌种块分得太小，也不宜过大，以防播后不久从菌种块上长出子实体。播种完毕，用木板或用手掌将料面压平，再在料面上盖上一层经石灰水消毒过的湿报纸或塑料薄膜保温保湿。

用麦粒或谷粒发酵料制备的菌种，应以撒播为主，因为这类菌种呈颗粒状，播后麦粒或谷粒上会长出菌丝，均能吃料生长。撒播的方法是：先在床架上铺一层料，料厚 6～7 cm，然后将菌种均匀撒播于料面上，再铺一层料播一层菌种，共铺 3 层料，3 层菌种。其中表面一层菌种应略多一些，以利菌丝尽快封面。播种完毕，用木板将料面稍微拍平压实，让菌种充分与培养料接触，再在料面上盖上一层经石灰水消毒过的报纸或塑料薄膜保温保湿。采用撒播的方式，由于菌种在料面上分散范围大，生长均匀，故菌种萌发吃料、生长和封面均较快。

铺料播种前，关紧菇房门窗，每立方米用福尔马林 10 mL、高锰酸钾 5 g 熏蒸 1 天，然后通气后进料上床。播种时，菌种用量一般为每平方米用发酵料菌种 2～3 袋（折径 20 cm、长 33 cm 塑料菌种袋）或麦粒料菌种 1.5～2 瓶（750 mL 菌种瓶）。播种后，及时在料面上盖上塑料薄膜或报纸，以利保温保湿，促进菌种顺利萌发。一般 4～5 天不要掀动塑料薄膜，6～7 天后可每天揭开薄膜通风换气一次，注意保持菇房温度 25 ℃左右，防止出现高温。

（五）发菌与覆土

播种后，将菌种与料层适当压实，并覆盖薄膜保温、增温，经 3～5 天揭开薄膜通风换气。若阳光强烈，要遮阳降温。8～12 天菌丝即布满料面，待吃料达 3 cm 深时，便可开始覆土。覆土能为姬松茸提供温差、湿差、营养差等方面的刺激，改变培养料表层二氧化碳和氧气比例，增加有益微生物，刺激其营养菌丝扭结和子实体的形成。

覆土的时间有两种，可根据具体情况选用。一种是播种结束后立即覆土，此时盖土可防止水分的流失和提早出菇。前提要求是菌种和培养料质量都要好，否则，若菌种生命力不强或培养料质量差，菌种复活后生长不良或不生长，则不便及时采取补救措施。另外，培养料湿度偏低或环境较干燥时，也可提前覆土。另一种是在菌丝萌发、吃料并在料中生长展开后进行，一般为播种后的 8～12 天，此时覆土可促进姬松茸菌丝生长，防治因菌种或培养料质量不好而出现菌丝生长差的现象，即使出现也可补救。

覆土的方法也有两种。一种是平铺覆盖。具体做法是先在料面上覆盖粗土粒，再在上面覆盖细土粒，或两者混合在一起覆盖，土层厚 3～5 cm。土粒大小要求适宜直径 1～2 cm。土粒过大，子实体难以将土顶开而形成畸形菇；土粒过小，会因喷水而造成土壤板结，导致通透性变差。覆土过程中注意随时剔除杂物。另一种覆土方法是将土覆盖成土埂。具体做法是在料面上用土砌成土埂，土埂呈梯形，下宽约 10 cm，上宽约 6 cm，埂高约 6 cm，两土埂之间相距 6 cm，土埂下层为粗粒土，上层为细粒土。土埂之间覆盖约 1 cm 厚的细粒土。通过这样覆土，可诱导子实体在土埂上生长，增加出菇面积，且料中通透性好，有利于提高产量。这是日本人在栽培姬松茸过程中创造的一种覆土方法。

菌丝覆土后，管理的重点主要是保持覆土层的湿润状态。一般应 7 ～ 10 天喷一次水，喷水时应注意少喷勤喷。每次喷水量不宜过多，只需保持土层湿润即可，否则土壤含水量过多，易导致通气不良，影响菌丝生长。但若出现土壤发干变白，也应及时喷水湿润。为了减少土壤中水分的蒸发，应注意关好门窗，以减少通风量，如气候干燥空气湿度低，还可以在土层上覆盖草苫或塑料薄膜保湿，但覆盖薄膜应注意定时通风，以防二氧化碳浓度过高，导致菌丝大量往土层表面生长而形成一层致密菌丝层。

播种、覆土后至出菇前的一段时间，温度应保持在 22 ～ 26 ℃，如果温度过高，菌丝虽然生长快，但长势差，积累养分少，产量会受到影响；但温度也不宜过低，否则将会导致菌丝生长缓慢。如果在夏季栽培，则应选择易降温的地方作为栽培场所。

用于覆土的土质以壤土为好，沙土和黏性大的土壤不宜作覆土。沙土含沙量大，通透性好，因而保水能力差，易使菌料水分散失。黏性大的土壤水分含量过大，通透性差，不适宜菌丝在土层中生长和出菇。但在黏性大的土壤中适当添加谷壳或炭渣之类的物质，可增加其通透性，降低水分含量，在壤土较缺乏的环境中，可考虑采用此种土壤覆土。覆土时，选择的土质一定要新鲜，含水量少，保水性和通透性良好。覆土选好后，要先将土壤打散成颗粒状，颗粒直径 1 ～ 2 cm。覆土的含水量要求在 20% ～ 22%，以用手能将土粒捏扁并搓成圆形，且不黏手为宜。若土壤发白，用手一捏即成粉末，则需加水调湿；反之，含水量过高，则需晾晒。最后在准备好的土粒中加入 1% 的新鲜石灰粉，并与土粒拌匀，使 pH 为 7 ～ 7.5。据报道，采用泥炭土作为姬松茸的覆土材料，可较大幅度提高其产量。

姬松茸子实体的形成离不开土壤，覆土是子实体栽培过程中不可缺少的重要环节。

（六）出菇管理

播种后 35 ～ 40 天，子实体开始长出，即进入出菇管理期，此时管理的重点是调温、控湿、增氧和增加散射光（图 6-4-4）。

图 6-4-4　子实体成形

1. 调温　姬松茸子实体生长发育的温度为 16 ～ 33 ℃，最适温度为 18 ～ 24 ℃。调节温度最主要的是通过调节栽培季节来实现，即利用合适的自然气温来栽培姬松茸。栽培时间可依据出菇时间推算，出菇时间河南一般安排在 4 ～ 6 月和 9 ～ 11 月。当夏季气温高于 33 ℃时，要加强通风，以利于降低温度，满足姬松茸子实体生长的要求。

2. 控湿　控湿主要是指调节土壤含水量。只要经常保持土壤呈湿润状态，就可满足姬松茸生长的需要。当土层表面干燥变白时应及时喷水保湿，每次喷水以刚好使土壤湿润为宜。空气相对湿度以 75% ～ 80% 为好，不宜过大。尤其是原基形成期和菇蕾生长期，更不能喷水过多，否则容易造成原基和菇蕾死亡。喷水时应采用喷雾器或专用设备，并尽量向空中和地面喷雾，不能采用直接浇水的方法，以免对菌丝和子实体造成伤害。喷水后应打开门窗通风 10 ～ 20 min，使多余的水分自然散发。

3. 增氧　子实体发育期间需要通风良好，氧气充足，在这种环境条件下子实体生长健壮、结实。如果二氧化碳浓度过高，就会形成畸形菇，还会由于通风不良造成环境湿度偏高。

4. 增加散射光　子实体形成期和生长期需要散射光，完全黑暗不宜形成子实体，即使形成也易发育成畸形菇。光照强度以能看清室内的物品为宜，出菇期间应敞开窗口，增加散射光。

（七）采收

子实体长到 5～8 cm，菌膜还未破裂时及时采收。夏季气温高，子实体生长快，高峰时每天早晚应各采收一次。在气温 20～30 ℃ 的条件下 10～13 天便可生长一茬菇，持续 3～4 个月，可收 5～6 茬鲜菇。采收时用左手食指和中指按住料面，右手握菌柄先向下轻压并轻轻旋转采下，采大留小。同时注意去掉死菇和各种碎菇残片，以防引发病虫害；并削去泥脚，小心放入箩筐等容器中，及时销售或送入加工房进行烘干加工。采收后的菇脚坑应及时用土填平，然后向覆土层或土埂喷水，诱导下一茬菇形成。

二、大田畦床栽培模式

大田畦床栽培姬松茸，具有投入低、不受场地限制、病虫害少、便于管理的特点。畦床有利于保持培养料水分，更适于秋季栽培。

（一）整地做畦

栽培场地应选择在地势较高、地面平坦、排水顺畅、不易积水的场所。场地选好后，要提前翻耕晒白，将土块打碎，整平地面，拣去杂草和石块等杂物。如果土壤偏湿，要进行晾晒，以降低土壤含水量，当土壤含水量下降至22% 左右，即用手能捏成扁土块，并可搓成圆形而不黏手为宜。播种前，土壤宁可偏干，也不要偏湿。如果土壤偏湿，培养料会从土壤中吸收水分，造成培养料含水过多，影响菌丝生长和出菇产量。如果使用曾栽培过双孢蘑菇、香菇、竹荪等食用菌的畦床栽培姬松茸，则要喷农药杀灭地下害虫。

场地整好后即可做畦。畦床宽 1.2 m，长度因地势而定。如果地势较平缓，排水不畅，在雨季容易积水，则应平地起畦，将培养料直接铺在地面上；若是在大雨期间也不会灌水淹没的坡地，可做成 25 cm 的深畦。畦床与畦床之间留 40 cm 作业道，在畦床四周开好排水沟。场地较湿时，畦面做成龟背形；若场地偏干，畦面做成平面形，畦面的土块要打碎。若畦面土壤偏湿，要在晾晒后再铺料；若土壤偏干，则应在畦床喷水或灌水保墒，待土壤湿润后再铺料，以避免铺料后造成培养料过湿或过干。

大田畦床栽培在铺料播种之后，要在畦床上用竹片搭拱形塑料棚，中心高度距床面约 60 cm。用毛竹在栽培场地搭遮阳棚。棚高 1.8 m，棚顶用遮阳率为 95% 的遮阳网覆盖，并下垂到四周地面。棚顶也可用草苫、茅草、带叶杉枝等覆盖，其疏密度以"三分阳七分阴"为宜。

（二）培养料配方

培养料配方应根据姬松茸的生物学特性，结合当地的资源情况进行合理的组合。具体参照本节"床架栽培模式"的相关内容。

（三）培养料发酵

大田畦床栽培不便于二次发酵，通常按照双孢蘑菇堆肥常规堆制发酵，即一次发酵法。具体做法：稻草等秸秆料预湿 2～3 天，建堆后翻堆 4 次，间隔时间分别为 7 天、6 天、5 天、4 天，最后一次翻堆后 3 天拆堆进料。

姬松茸培养料堆制发酵时，若添加 EM（Effective Microbes）菌制剂，有助于改善培养料的理化性状，提高产量。EM 是一种新型复合微生物菌剂。它可充分分解有机质，促进有机物的转化，增加有机物的有效营养成分；可提高堆肥中的有益微生物数量，减少有害微生物数量；可促进堆肥的发酵分解，提高肥效，增进理化性质。

草腐菌生产技术

在培养料堆制过程中，还可使用上海市农业科学院食用菌研究所研制的蘑菇堆肥增温剂。这种菌剂含有嗜温性微生物，在70℃高温下经4h仍具有生物活力，能明显提高堆肥温度，促进培养料的分解转化，并改善培养料的理化性能。据报道，在姬松茸堆肥中添加0.1%的蘑菇堆肥增温剂所制造的堆肥，姬松茸的菌丝只需15天或更短的时间就可在菇床长满。

（四）铺料播种

将发酵好的料抖松散堆，均匀地铺于畦床上，厚度约为20cm，当料温降至30℃以下时即可播种。播种后，用平板将料面拍平，覆盖地膜或在地膜上再盖一层草苫保温保湿。然后在畦床上（或以两畦为一组）用竹竿支起拱形棚架，用塑料薄膜覆盖并加盖草苫。也可在播种后立即在料面覆盖一薄层土粒，厚约1cm，其好处是有利于保温保湿并可提早出菇，缺点是如果菌种没有萌发，就难以检查发现，不便管理。

采用穴播时，菌种块不宜过大，如种块过大，不但增加用种量，还会出现种块上过早出菇的现象。过早出菇，由于没有从培养料中充分吸收养分，子实体一般较小，商品价值低。种块也不宜过小，如果种块过小，虽可节约用种，但易失水干燥，对外界不良环境抗御能力较差，不易萌发吃料。在料面播种的菌种，要分布均匀，约占菌种总用量的1/3。

（五）搭建遮阳棚

田间畦床栽培姬松茸应及时搭建遮阳棚，以便挡光防雨。搭建遮阳棚的方法有多种，一种是用遮光率为95%的遮阳网和竹竿建造，在搭建时先用竹竿做一个高为1.8m、大小与栽培面积相适应的遮阳棚支架，然后用遮阳网覆盖在支架上，注意使四周遮阳网着地，再在菌床上建造60cm高的塑料薄膜棚。另一种方法是先搭一个遮阳网棚，再在菌床上搭建40cm高的棚架，然后在棚架40cm高处平放草苫遮雨。栽培者可根据自己的实际情况选择合适的方法搭建。

（六）发菌管理

播种后2～4天，以保温保湿为主。一般不揭膜，以后视气温高低每天揭膜通风1～2次，每次通风0.5～1h，膜内温度保持在20～27℃，空气相对湿度保持在75%左右。若料面干燥，可适当喷水，但要防止水灌入畦床。通常在播种后20～24h菌种萌发，48h后菌丝开始向培养料内蔓延生长。

（七）覆土调水

在正常情况下，播种后15～20天菌丝可蔓延到料层的2/3以上，此时可进行覆土。覆土也可分2次进行。播种后在料面盖塑料薄膜、草苫保温保湿。2～4天后每天揭膜通风1～2次，促进菌丝生长；6～7天后在料面覆盖一薄层土粒，可改善畦床的透气性并有保湿作用，可使出菇时间提前。覆土可以在畦间挖取，也可选用保湿、透气性好和富含腐殖质的稻田土，打碎成0.2～2cm的土粒，然后加入1%的石灰水拌匀，调节土粒含水量为22%，pH 6～6.5。若土壤黏性过大，可酌情加入适量垄糠或炭渣，以改善其透气性。

畦床覆土有两种方法。通常是将土粒均匀覆盖在床面，厚3～5cm。另一种方法是在料面做成土埂（也称波浪形），土埂间距6cm、高6cm、下宽10cm、上宽6cm，其下层为粗土粒，上层为细土粒。在土埂之间覆盖一薄层细土粒，厚约1cm。覆土后的管理工作主要是水分管理。用少量勤喷的方法，将覆土的含水量调整至60%～65%，并盖上塑料薄膜，促使菌丝迅速长入土层。覆土后要求保持土粒呈湿润状态，如果气候干燥，土粒发白，要及时喷水保湿。覆土后10～20天，当菌丝爬到土表时，应经常揭膜通风。如果棚内二氧化碳浓度过高，土壤湿度过大，会导致土粒表面气生菌丝过度生长，对出菇不利。

（八）出菇管理

在管理正常情况下，从播种到出菇一般需30天。当覆土层形成粗壮菌丝、出现米粒大小白色子实体原基时，应喷一次出菇水，每平方米畦床喷水 2～3 L，并加大通风，保持空气相对湿度在 85%～95%。以后每天喷水 1～2 次，保持土层湿润即可，待菇蕾长至直径约 2 cm 时停止喷水。

出菇期间，棚内温度保持在 22～25 ℃。若温度过高，子实体长得快，菇体小，易开伞。在夏季高温期间，要加强通风换气，以降低棚内温度，提高其品质。

三、熟料脱袋覆土栽培模式

姬松茸与双孢蘑菇相同，大都采用发酵料床栽和畦栽，所不同的是姬松茸还可采用熟料脱袋覆土栽培。由于培养料经过灭菌处理，并且是在良好条件下发菌的，因而菌丝生长浓密，积累养分多，能有效地控制杂菌和害虫的侵染，产量高，效益好。这种生产模式特别适于夏季栽培，对因条件设施和技术上的原因不能进行二次发酵的，更是一种有效的高产栽培方法。

（一）培养料配方

配方 1：棉籽壳（经过发酵处理）60%，玉米粉 5%，麸皮 10%，砻糠 10%，干牛粪 10%，石膏 1%，磷肥 1%，尿素 1%，石灰 2%。

配方 2：棉籽壳（经过发酵处理）70%，玉米粉 5%，砻糠 10%，干牛粪 10%，石膏 1%，磷肥 1%，尿素 1%，石灰粉 2%。

配方 3：发酵料 70%，稻草（或麦秸粉）20%，米糠 10%。

配方 4：菌渣 60%，稻草（或麦秸粉）20%，麸皮 10%，菜籽饼粉 8%，石膏 2%。

配方 5：菌渣 50%，稻草 30%，菜籽饼粉 7%，米糠 10%，石膏 1%，石灰 2%。

（二）菌袋制备

7月上旬制袋接种。按上述任一配方配料，含水量调至 65%，料水比在 1:（1.4～1.5）。装料采用折径 17 cm、长 33 cm 的塑料袋，按常规方法装袋、灭菌、接种。每瓶菌种可接种 10～12 袋。接种量不宜过少，应使菌种覆盖整个料面。

（三）发菌管理

夏季气温高，接种后应将菌袋置放在阴凉、通风处培养。培养温度控制在 25～28 ℃，不宜超过 30 ℃，空气相对湿度保持在 70% 左右。

（四）脱袋覆土

7月上旬接种的，一般在 9 月初发菌结束，继续培养 10 天以上，使袋内菌丝吸收更多养分，到 9 月上旬进行脱袋栽培。

按照室外畦栽的要求选择栽培场地，整理好畦床，浇足底水，剥去塑料袋后将菌丝块卧放在畦床上，随即覆土。覆土材料为细土、砻糠按 10:1 比例混合的混合土。覆土上床后、用细水调整覆土含水量，以土粒不黏手、无白心为宜。在床面加盖塑料薄膜，每天揭膜通风 1～2 次。

（五）出菇管理

脱袋覆土后 15 天左右，菌丝便可爬上覆土层，揭去畦床表面塑料薄膜，在畦床上架设拱形塑料棚，棚顶高 60 cm。同时在床面再加盖一层细土，大通风。经 15 天左右，菌丝扭结形成菇蕾，再喷一次出菇水，2～3 天后大量菇蕾从土面长出。

第一茬菇采收后，进行挖根补土，停水 2～3 天后，再喷一次重水，第二茬菇的菇蕾很快形成。以后均按一茬菇一次水的方法进行管理，一般可出菇 4～5 茬，至翌年 5 月以前结束生产。

四、果蔬、农作物行间套种出菇模式

姬松茸菌丝对外界不良环境的抵抗能力较强，特别是具有较强的耐水能力，菌丝经过雨淋仍能正常萌发和生长。因此，可在果蔬、农作物地块，如玉米地、甘蔗地、番茄地、丝瓜棚、葡萄架、柑橘园等将姬松茸与这些果蔬、农作物套种。在作物行间进行姬松茸栽培，既可充分利用土地，又能将种过菇的菌渣直接还田肥土。

下面以苦瓜套种栽培姬松茸为例，将其技术要点介绍如下。

草腐菌生产技术

（一）栽培季节

苦瓜栽培季节一般为2～10月，产瓜期为5～10月，姬松茸的栽培季节为3～10月，出菇期为5月中旬至10月。7～8月虽然气温过高，但可利用苦瓜荫棚下地温低于气温3～6℃的特点进行出菇。

（二）育苗和菌种制作

苦瓜种子经脱毒处理后于2月中旬穴播到营养钵中，置于18～25℃温室内进行培苗。育苗过程中注意温室内定期通风，温度控制在18～25℃，空气相对湿度保持在80%～85%，营养钵要定期补充营养水，保持钵内土壤湿度为85%～90%。当苗期达到35天左右，苗高20 cm并有真叶出现时即可移入大田定植。同时，于2月中旬制作姬松茸麦粒原种。温室培菌35天左右，至3月中旬制备栽培种，温室培菌40天即可完成。

（三）移栽和搭架

移栽前大田要深耕20 cm，以采用垄畦栽培为宜。垄畦宽1 m左右，两垄畦间开一条宽30 cm、深20 cm的沟，沟长随田块而定，坐北朝南。畦上预盖地膜（膜宽3 m，为栽培姬松茸而备），并按苦瓜株行距要求插上竹竿，搭好瓜架，要求架高1.6 m左右，架上用绳或铁丝绑紧扎牢。当日平均气温在18℃以上时即可移栽瓜苗，每畦栽种1行，株距30 cm。栽植时先将地膜挖一个10 cm×10 cm的洞，然后插入瓜苗。栽苗处比垄畦高约20 cm，栽后浇水盖膜保温保湿，促苦瓜苗定植。一般一亩地面积栽苦瓜苗1 500株左右。

（四）瓜田管理和姬松茸培养料配制

使用地膜覆盖法，3月下旬地温可达18℃以上。如果气温过低，可将预留地膜弓起以提高垄畦内温度，促进苦瓜苗生长。同时应注意浇缓水苗，并适当施粪尿肥。当瓜秧爬蔓时应注意引蔓上架，并将1 m以下的侧蔓摘除。当茎蔓爬至架顶部（蔓长约1.6 m，有9片真叶）时，可进行摘心处理，并将下部萌发的侧枝中选几条生长规则的作为开

花结果枝。姬松茸栽培料以粪草料为主，辅以少量磷肥和尿素，根据栽培面积的70%进行配制，然后进行堆料，要求建堆时含水量控制在60%。按常规盖膜堆料，当料温达60℃以上时，保持1天可翻堆，经4次翻堆后，当料色变为金黄色而富有弹性时堆料结束，此时可按要求调整好pH和含水量，然后将料搬至垄畦内栽培。

（五）苦瓜花期管理与姬松茸垄畦栽培

自4月下旬，苦瓜长茎蔓已爬上顶架，当植株长至8～12节时出现第一朵雌花，以后每一叶节都会长出雄花和雌花，一般以雄花居多，雌花则每隔3～6节出现一朵。苦瓜主要靠茎蔓第1～4朵雌花结果，故应适当摘除侧蔓以减少养分消耗，提高主蔓结瓜率。姬松茸培养料入垄之前，应先将垄畦土层铲松2～4 cm，再将发酵好的培养料移入垄畦，铺料厚度约为20 cm。外侧缘与沟面对齐，采用撒播法播种，每平方米播种量为1～2瓶麦粒菌种（750 mL菌种瓶），然后压实压平，盖上未发酵的新鲜稻草，再盖上已事先预备在畦上的地膜。2～3天后掀膜检查发菌情况，以后每天通风一次，并逐渐加大通风量。自第10天起，可白天揭膜通风，晚上盖膜。约经20天，菌丝可吃料2/3，以后每天通风，至第25天菌丝可吃料95%左右，此时可按常规进行覆土管理。

（六）采瓜期和出菇期田间管理

苦瓜从开花至成熟需12～15天，苦瓜采收的标准是外观表皮呈条状或瘤状粒迅速膨大且明显突起，整瓜饱满而有光泽。苦瓜因主要集中在主蔓和主侧蔓上结瓜，因此应定期进行整枝打杈，控制营养生长，以便集中养分提高产量。姬松茸覆土后应将垄畦地膜弓起50 cm左右，从第3天起每天通风一次，并逐渐加大通风量。如果发现菌丝爬出土面，应及时补土，约20天畦床面出现大量菇蕾时及时喷洒出菇水。至6月初开始采收第一批菇，10月初采收结束，出菇期长达4个月。7～8月高温天气有瓜棚遮阴，此时瓜棚下温度不会超

过 33 ℃，适宜姬松茸正常出菇，其间可采菇 4 ～ 5 茬。

此栽培模式的优点：一是解决了姬松茸因 7 ～ 8 月气温过高不能出菇的问题。长江中下游及华南各省（区）7 ～ 8 月气温可达 35 ℃以上，而苦瓜是绿色植物，其光合作用等多种因素可使菇棚气温始终处于 33 ℃以下，从而可使酷暑季节出菇不断。二是姬松茸栽培过程中渗出的肥料可促进苦瓜更好生长，可节省肥料投资。出完菇的培养料还可直接留于瓜田用作有机肥，同时菌丝代谢产生的二氧化碳可为苦瓜光合作用提供原料，而苦瓜光合作用产生的氧气又可促进菌丝生长，从而提高苦瓜和姬松茸的产量。

五、盆景栽培模式

我国于 20 世纪 90 年代初引进姬松茸品种后，在栽培方式上主要有床栽、箱栽和袋栽，而在栽培地点的选择上，无一例外地选择了空旷通风的菇房。家庭环境下培养姬松茸盆景是农产品营销方式上的突破，赋予了农产品艺术的价值。另外，家庭盆景种植的姬松茸子实体很好地保持了食用菌的完整性、新鲜度、营养成分和风味。

盆景栽培姬松茸不仅使食用菌的附加值大大增加，而且使人们在美化居室、装扮办公桌时又多了一种选择。

（一）菌种制作

原种和栽培种均选用麦粒培养基，原种选用普通玻璃罐头瓶作为菌种瓶，栽培种选用折径 12 cm、长 24 cm 聚丙烯塑料袋作为菌种袋。栽培种在 25 ℃下培养备用。

（二）培养料配方及堆制处理

配方 1：芦笋老茎 70%，棉籽壳 20%，豆饼 7.5%，过磷酸钙 1%，石膏 1%，尿素 0.5%。

配方 2：玉米秆 70%，棉籽壳 20%，豆饼 7.5%，过磷酸钙 1%，石膏 1%，尿素 0.5%。

培养料按常规方法进行高温发酵处理。

（三）接种及发菌管理

选用塑料箱（长 67.5 cm，宽 42 cm，高 16 cm）作为盆景栽培容器。二次发酵以后，将培养料装入栽培容器中，料厚度 10 cm，压实压匀，然后按照撒播的方式进行播种，播种后将容器移至菇房中，按照常规方法进行发菌管理。当菌丝长至料的 2/3 处时即可进行覆土，先覆一层粗土，等菌丝长到土面上时再覆一层细土。待栽培容器中长出姬松茸原基后，将盆景移至家庭环境中不受阳光直射的地方。根据室内环境及室外天气情况灵活调整盆景小环境的光照、温度、湿度等条件。

（四）出菇管理

1. 温度与空气调节　北方 5 ～ 9 月的室内温度比较恒定，经测定保持在 22 ～ 28 ℃，即使在最热的 7、8 月，也很少超过 30 ℃，所以室内的温度条件基本符合姬松茸生长的需求，不需要做大的调整。通风昼夜进行，夜晚可在箱上覆盖留有气孔的塑料布（气孔直径在 1.5 ～ 2 cm，数目在 5 ～ 7 个），白天可以完全敞开。

2. 水分管理　水分管理是姬松茸出菇管理中最重要的环节。姬松茸菌丝体生长阶段需水量少，子实体生长发育阶段需水量多。水分管理主要是覆土层喷水，向斜上方喷，保持土层湿润，将土粒湿度调到捏得扁、搓得圆、不黏手、不散开的程度。喷水可采用轻喷、勤喷的方法，逐步增加覆土含水量，以满足子实体发育的需要。当土表出现米粒大小的白色子实体原基时，应喷一次重水，以后每天轻喷 1 ～ 2 次，待长出小菇蕾时停水，这时可覆盖带有小孔的塑料布将塑料花盆或塑料箱遮住以保持小环境的空气湿度。

（五）采收

当姬松茸发育接近成熟时及时采收。在 7、8 月气温高时要早采，5、6、9 月温度不太高时可迟采。采后应清除菇脚、死菇，及时补土，以保持床面厚度。采下的鲜菇可直接食用，也可清除泥土后置于阳光下暴晒制成姬松茸干品或者冷藏在冰箱中以后食用。

第五节
工厂化生产模式

姬松茸的工厂化栽培处于起步阶段。工厂化栽培不受季节的影响，可常年栽培，产量高，质量好，是今后商业化栽培发展的方向。

近年来，由于自然生产姬松茸的成本不断增加，受双孢蘑菇工厂化栽培的影响，人们便开始不断探索姬松茸的工厂化栽培方法，福建、四川、上海等地都在积极尝试。

一、栽培场所

姬松茸栽培场地应选择在地势高、通风良好、排水畅通、用电方便、交通便利的地方，并且要远离污染源，至少1 000 m内无禽畜舍、无垃圾（粪便）场、无污水和其他污染源（如大量扬尘的水泥场、砖瓦场、石灰厂、木材加工厂等），远离医院、学校、居民区、公路主干线500 m以上。产地环境应符合《无公害农产品 种植业产地环境条件》（NY/T 5010—2016）的要求。

生产用水包括拌料用水、菇床喷洒用水及生产环境湿度维持水，应符合《生活饮用水标准》（GB 5749—2006）的规定。

菇房采用钢结构或砖混结构建设，要求通风、保温、保湿。生产场地布局合理，生产区、加工区和原材料存放区应严格分开。生产区中原料区、拌料区、发酵区、装料区、灭菌区、冷却区、接种区、培养出菇区应紧密相连。废料堆放、处理区应远离生产区。各个区域要按照栽培工艺流程合理安排布局，做到生产时既井然有序，又省时省工。

二、菇房构造及设备配置

温控菇房地面为水泥硬化地面，四周及房顶全部采用10 cm厚的夹芯彩钢板。单库菇房大小以长20 m、宽10 m、高3.8 m为宜，按冷库标准要求进行建造，制冷设备与冷库大小相匹配，配置制冷机及制冷系统、风机及通风系统和自动控制系统（图6-4-5）；应有齐全的消防安全设施，备足消防器材；排水系统畅通，地面平整；菇房内每个过道安装照明日光灯2支（图6-4-6）。

图6-4-5　制冷设备配置

图6-4-6　工厂化菇房

三、菇房内栽培架的设计

栽培方式使用床架栽培，栽培架5层，架宽1.5 m，层间距55 cm，底层离地面20 cm，顶层距房顶90 cm以上，架间走道80 cm。在顶层与天花板之间用无滴膜隔开，避免制冷机冷气直接吹到菌床。每层床架的背面要安装LED灯带或日光灯，灯带的多少要根据床架的宽度来确定，一般0.5 m宽度就需安装一条灯带。

四、设施配置

菇房加湿配加雾器，要求雾化程度高，空间雾化均匀。通气设施每间菇房配置进气风扇 4 台，另一侧设排气风扇 4 台。风扇要正对过道，进气扇在菇房的上部离屋顶 50 cm，排气扇在菇房的下部离地面 20 cm。要求风扇规格为 250 mm×250 mm。

五、栽培管理

（一）原料选择

主辅原料应选用干燥、纯净、无霉、无虫、无结块、无污染物，要防止有毒有害物质混入。在堆肥过程中可添加天然微生物发酵剂。培养料配制用水和出菇管理用水应选用井水或山泉水。

覆土材料应选用天然的、未受污染的河塘土、泥炭土、草炭土、林地腐殖土或农田耕作层以下的壤土，要求质地疏松、毛细孔多、团粒结构好、透气保水性强、有机质含量较高、呈颗粒状。

（二）培养料配方

姬松茸栽培料配方宜选用以下几种。

配方 1：稻麦草 50％，牛粪 37％，饼肥 8％，石灰 2％，硫酸钙 2％，碳酸钙 1％。

配方 2：玉米芯 35％，棉籽壳 20％，牛粪 35％，麸皮 5％，石灰 2％，硫酸钙 2％，碳酸钙 1％。

配方 3：玉米秆 52％，牛粪 37％，饼肥 6％，石灰 2％，硫酸钙 2％，碳酸钙 1％。

（三）培养料堆制发酵

1. 预湿　建堆前 2～3 天，将稻麦草、玉米秆、玉米芯等用石灰水淋透，使其吸水均匀，堆放预湿。建堆前 7～10 天，将干粪用清水淋湿，每 100 kg 干粪加水 160～180 kg，充分吸水后进行预发酵处理。

2. 建堆　料堆呈南北走向，堆宽 1.6～2 m，堆高 1.5～1.8 m，长度视场地而定。料堆的四周呈垂直状，顶部呈龟背形。建堆时，先在地上堆一层已预湿过的稻麦草，厚度 25～30 cm，在稻麦草上撒一层已打碎调湿的粪肥 5～6 cm，依次再堆一层稻麦草、一层粪肥，做到草料粪肥比例混合均匀，从第四层开始浇水，第四层到第八层逐层加入饼肥、石膏粉及碳酸钙，共堆制 10 层。建堆时每隔 1.5 m 竖立一根粗木棒或竹竿，建好堆后拔出即形成透气孔。堆顶覆盖草苫，雨天遮盖薄膜，雨后及时揭掉。建堆时要求培养料含水量达到饱和程度。

3. 翻堆　采用行走式翻料机翻料或人工翻料。

第一次翻堆在建堆后的第 7 天，即当料堆温度达到 70 ℃左右时保持 3～4 天后开始翻堆。翻堆时要把草料抖松，做到上下、里外倒翻均匀。翻堆后使料含水量达到 70％～72％，可用 2％～3％的石灰水调节 pH 为 8～8.5。

第二次翻堆在第一次翻堆后的第 6 天，即料温继续上升至 70～75 ℃时保持 3～4 天，当料温开始下降时翻堆，方法同第一次翻堆，再重新建堆。

其后进行第三次、第四次翻堆，间隔时间分别为 5 天、4 天，前发酵时间为 22 天左右。最后一次翻堆时调节好堆料的水分和酸碱度，要求培养料含水量达到 68％～70％，pH 为 7.8～8.2。

前发酵也可采用隧道式蒸汽发酵。

4. 后发酵　采用隧道式蒸汽发酵（图 6-4-7）。

图 6-4-7　一次发酵隧道

后发酵可分三个阶段进行，即升温阶段、保温阶段和降温阶段。当前发酵培养料料温不再上升时便开始通蒸汽加温，升温要逐渐均匀升至 60～62 ℃，保持约 10 h。待料温降至 50 ℃，维持 4～5 天。在保温期可适量通入过滤消毒的新鲜空气，排出废气。当料温降至 45 ℃，再通入过滤消毒的新鲜空气，使料温迅速降至30℃以下，后发酵即全部结束。

经过后发酵，培养料含水量为62%～65%，pH为7.2～7.5。

（四）播种、发菌及覆土管理

1. 播种　将发酵好的培养料均匀铺在菌床上，料厚22～25 cm，稍压实，待料温降到30℃左右时开始播种，采用混播与表播相结合的方式播种，播种量为1 kg/m²。将2/3的菌种均匀撒于料面，用木叉将菌种翻入料内，与培养料充分混匀，然后把料面整平，再将其余1/3的菌种覆盖在料面，用木板轻轻拍实，使菌种和培养料紧密接触，覆盖干净塑料薄膜（图6-4-8）。

图6-4-8　覆膜

2. 发菌　播种后控制菇房的温度在22～25℃、空气相对湿度为75%左右，以促进菌种快速萌动生长。播种后3天内不通风。当菌丝吃料一半时，可用三齿叉斜插入料深3/4处，轻轻撬动几次，增加通气，保持菇房内空气新鲜，避光发菌（图6-4-9、图6-4-10）。

图6-4-9　发菌

图6-4-10　菌丝发满

3. 覆土　当菌丝已深入培养料的2/3时，一般在播种后17～20天，即可覆土（图6-4-11）。覆土前一周先将土壤在阳光下曝晒、过筛，用石灰粉调pH为7.5～7.8，并另加1%的石膏粉或轻质碳酸钙，将含水量调至接近其最大持水量。覆土时土粒粒径在0.5～2 cm，覆土层厚度在4 cm左右，厚薄均匀，表面平整。覆土后2～3天，根据菌丝的生长情况开始调水，采用轻喷勤喷的方法把覆土层的含水量调足。覆土后至出菇期间一般不通风或轻通风。喷水后，短时通风，让土层表面的积水散发掉，至表土不黏手为宜。一般7天后菌丝即可爬上覆土层。

图6-4-11　覆土

4. 耙土　覆土后7～10天、菌丝爬土3/4时开始耙土。用8号铁丝做成铁耙耙覆土，将土层中菌丝浓壮和菌丝稀弱地方的覆土掺和均匀，不要伤及培养料，保持土层厚薄均匀一致，耙土后将覆土表面轻压平实，保持 22 ℃左右的温度，不通风，增加空气相对湿度，使之达到 90％左右，促使菌丝再次萌发、扭结，均匀爬满整个土层。耙土后 4 ～ 5 天，将温度降至 18 ～ 20 ℃，并进行适量喷水，诱导原基形成，促进出菇。

（五）出菇管理

耙土后 8 ～ 10 天，控制菇房温度为 18 ～ 20 ℃，重喷结菇水，总用水量约为 2 kg/m^2，在 2 天内分 8 ～ 10 次喷完，保持空气相对湿度在 90％～ 95％，同时加大通风换气。当子实体长到黄豆粒大小时，需再喷一次出菇水，喷水量为 1.5 kg/m^2 左右，在 2 天内分 6 ～ 8 次喷完，喷水呈雾状，喷水后立即进行通风（图 6-4-12 ～图 6-4-19）。

图 6-4-14　原基生长 1

图 6-4-12　出菇（原基出现）

图 6-4-15　原基生长 2

图 6-4-13　原基发育

图 6-4-16　菌盖形成

草腐菌生产技术

图 6-4-17 成形期

图 6-4-18 开伞

图 6-4-19 老熟子实体

（六）采收和清床

1. 采收 当姬松茸子实体长至 5～8 cm，菌膜还未破裂时，应及时采收。采菇时动作要轻，左手食指、拇指轻捏菌柄，稍向下用力旋转，拔起即可，不要带出菌丝体和覆土，右手持利刀轻轻切下泥根。保持菇体整洁，防止沾带泥屑杂质。

2. 清床 每次采菇后，及时挑除遗留在床面上干瘪变黄的老根、死菇和其他残留物，彻底清床，重新填平采菇留下的孔穴。每茬菇清床后 2 天内不宜喷水，准备下一茬出菇管理。工厂化栽培姬松茸一般可连续采收 3 茬菇。

（七）整理及加工

鲜菇采收后将畸形、病斑、虫蛀菇剔出，及时整理分级，装入干净、专用的包装容器内。按照加工要求，干菇采用脱水机烘干，保鲜及烘干的材料和方法应符合国家相关卫生标准，不得采用人工合成化学添加剂、有毒有害物质或离子辐照等进行漂洗、熏蒸、喷洒或辐照处理，不得使用含转基因物质的配料、添加剂和加工助剂。

（八）贮藏和运输

姬松茸预冷后进冷库保存，鲜菇宜采用冷链运输，在 1～4℃低温贮藏、气调贮藏或采取速冻保鲜。贮藏仓库应当干净、无虫害和鼠害，无有害物质残留，在最近 7 天内未使用禁用物质处理过。

（米青山 黄海洋 张华珍 郭蓓）

第五章　大球盖菇

　　大球盖菇俗称球盖菇，色泽鲜艳、柄粗盖肥，富含蛋白质、矿质元素、维生素等，是国际菇类交易市场上十大菇类之一及联合国粮农组织（FAO）向发展中国家推荐栽培的特色食用菌品种之一，也是我国北方地区近几年来刚刚兴起的一株璀璨的食用菌新秀。

第一节
概述

一、分类地位

　　大球盖菇隶属真菌界、担子菌门、蘑菇亚门、蘑菇纲、蘑菇亚纲、蘑菇目、球盖菇科、球盖菇属。

拉丁学名：*Stropharia rugosoannulata* Farl. ex Murrill。

　　中文别名：皱环球盖菇、皱球盖菇、酒红球盖菇、斐氏球盖菇等。

二、营养价值与经济价值

　　大球盖菇子实体色泽鲜艳，柄粗盖肥，菌柄爽脆，肉质滑嫩，食味清香，食后让人记忆犹新。干菇香味浓郁，富含较高的蛋白质和对人体有益的多种矿质元素及维生素，具有预防改善人体多种疾病之功效。大球盖菇是食用菌中的后起之秀，色鲜味美，被誉为"素中之荤"，是集香菇、蘑菇、草菇三者于一身的美味食品，不论是爆炒、煎炸，还是煲汤、涮锅，都很受人们欢迎。

大球盖菇富含蛋白质、多糖、矿质元素、维生素等生物活性物质，包含 17 种氨基酸（含人体必需的 8 种氨基酸）。大球盖菇每 100 g 干品中，含水分 11.9 g，粗蛋白质 29.1 g（低于姬松茸和双孢蘑菇，高于其他的食用菌及牛、猪、鸡、鱼肉等），脂肪 0.66 g，碳水化合物 44 ~ 54 g，粗纤维 9.9 g，灰分 4.36 g，钙 240 mg，磷 448 mg，铁 11 mg，维生素 B_2 2.14 mg，维生素 C 6.8 mg。大球盖菇还含有胆碱、甜菜碱、组胺、鸟嘌呤、胍和乙醇胺等多种生物胺，其中组胺、乙醇胺和胆碱含量较高。

大球盖菇具有较高的药用价值，其提取物具有较强的抗肿瘤活性，对小鼠恶性肉瘤细胞 S180 和艾氏腹水癌的抑制率高达 70%。同时还具有降血脂、降血压等功效，能助消化、预防冠心病、缓解精神疲劳，对肝病、心绞痛、心功能不全、心肌梗死等多种疾病也有较好的疗效。经常食用大球盖菇，可以预防胃酸过多、消化不良、食欲不振等。

大球盖菇为草腐菌，它以秸秆和粪肥为主要栽培原料，具有"不与粮争地、不与地争肥、不与人争林"等优点，可有效降解秸秆中的木质素，是生物化解农作物下脚料的能手，能较好地解决环境污染问题，是生态农业的生力军，也是近年林下经济优选品种，大球盖菇栽培逐渐成为各地精准扶贫、种植结构调整的优势项目。由此可见，大球盖菇栽培技术可在林区全面禁伐的背景下进行大规模栽培，不但提高农业资源利用率，而且可显著增加农区、林区居民收入，其经济效益非常可观。

大球盖菇口感极佳，营养丰富，产品一投放市场，就很受消费者青睐。目前该产品已成为我国各地区大中城市市民的抢手货，也是各大酒店推崇抢点的"明星"高档美味佳肴，更是火锅店热销的首

选食用菌新品种。国内市场除鲜销外，真空清水软包装加工厂、速冻加工厂更急需货源；盐渍品、切片干品在国内外市场潜力极大。通过消费引导和人们对大球盖菇的品尝认识，再加上人们对高档美味营养保健食品的迫切追求和对食品求新、求异的心理，大球盖菇的销量会逐年增加，其经济价值非常可观。

近年来研究发现，大球盖菇还被国内外广泛应用于工业和环境治理上。大球盖菇在漂白纸浆的同时使纸浆的 Kappa 值下降；在饲料工业上，利用其处理饲料可提高动物对饲料的消化率，从而突破了秸秆仅用于反刍动物饲料的局限；在环境治理中，能有效降解土壤及污水、废水中的 2,4,6-三硝基甲苯（TNT）等各种难溶芳香族化合物。由此可见，大球盖菇的广泛开发利用具有很高的经济价值。

三、发展历程

（一）国外

1922 年美国人首先发现并报道了大球盖菇，1930 年德国、日本等地也相继发现了野生的大球盖菇。1969 年德国的 Joachim Puschel 对大球盖菇进行了人工驯化栽培，并获得成功。1973 年波兰的 Szudyga，1974 年捷克斯洛伐克的 Stanek、匈牙利的 Balazs 也相继引种栽培成功。目前，大球盖菇已成为许多欧美国家人工栽培的食用菌之一。

（二）国内

1980 年，上海市农业科学院食用菌研究所派许秀莲等人到波兰考察引种，随后，他们在国内试种并栽培成功，但未进行推广。20 世纪 90 年代，福建省三明市真菌研究所的颜淑婉等人开始立项研究，在橘园、田间栽培大球盖菇获得成功获得良好效益后逐步向省内外推广。近年来，随着我国食用菌产业的发展，大球盖菇在福建、四川、云南、山东、辽宁、湖南、浙江、河南、河北、新疆等地均有一定规模的栽培。

四、主要产区

大球盖菇在我国各个省份几乎都有分布。按照地域经济、气候特点、生产习惯、消费习惯、生产模式等因素，分为以下几个产区。

（一）东南产区

东南产区主要指福建、浙江、上海、江苏部分地区。这些地区分布在我国东南沿海地带，消费水平较高。

（二）中部产区

中部产区是我国大球盖菇的重要生产区域，主要指湖北、安徽、河南、山东、山西、陕西、河北等地。在这些地区，大球盖菇栽培原料以麦秸、稻壳为主，栽培方式为林下畦床栽培。

（三）北方产区

主要指黑龙江、吉林、辽宁、内蒙古部分地区。

五、发展前景

大球盖菇菌丝对秸秆中的纤维素、木质素具有很强的分解能力，且抗杂菌能力极强，可直接利用农作物秸秆进行栽培，不需要添加任何辅料，不需要任何机械设备，栽培技术简单，栽培成功率高，原料来源广，操作简便，生产成本低，经济效益好。实践表明，种植大球盖菇是广大农民致富的好项目。

栽培原料非常丰富，栽培场地灵活，不仅可利用温室或大棚进行反季节栽培，还可利用成年混杂林地、杨树林地、果园、葡萄架下、玉米地、大田小拱矮棚等进行间作或套种。由于其种植投资小、见效快、效益高，不与农争时、不与人争粮、不与粮争地、不与地争肥，菌渣能得到综合开发利用，大球盖菇栽培已成为农村种植结构战略性调整的一个主要品种。

生产实践表明，大球盖菇具有非常广阔的发展前景。第一，栽培技术简便，可直接采用生料栽培，具有很强的抗杂能力，容易获得成功；第二，

栽培原料来源丰富，它可生长在各种作物秸秆上（如稻草、麦秸、玉米秆等），还可利用栽培过食用菌的菌渣、污染杂菌的菌渣进行栽培，栽培后的菌渣直接还田还可以改良土壤、增加肥力，促进农业生产良性循环，实现生态农业；第三，大球盖菇抗逆性强，适应温度范围广，可在 4 ～ 30 ℃环境中出菇，在闽粤等地区可以自然越冬，在其他菌或蔬菜淡季时上市；第四，大球盖菇由于产量高，生产成本低，很容易被广大种植者所接受；第五，生产周期短，从种到收仅需 4 个月；第六，产品质量好，菇味清香柔和，菇质脆嫩，适口性好，且营养丰富，药用价值高，很受消费者欢迎。

在当前食用菌栽培原材料（如棉籽壳等）涨价，林、菌矛盾突出的情况下，大力发展大球盖菇生产，可提高秸秆资源利用率，缓解食用菌生产存在的原料困境，实现农业资源循环利用等，有广阔的发展前景。

第二节
生物学特性

大球盖菇抗逆性很强，春、秋季节常生长于草丛、林缘、路边或含有丰富有机质的垃圾场、木屑堆、牛马粪堆上，也可生长在各种植物腐烂的秸秆上。成熟的大球盖菇子实体产生担孢子，弹射到空中或地面上，广泛分布到自然界中，遇到适宜的环境条件，便会萌发生长，进而形成子实体，进行周而复始的生长繁衍。

一、形态特征

（一）菌丝体

菌丝白色丝状，气生菌丝少，粗壮有力，双核

菌丝有明显的锁状联合。在培养基上，菌落圆形呈放射状蔓延。

（二）子实体

子实体单生、群生或丛生，中等至较大，直径 3～6 cm。菌盖早期近半球形，后扁平；幼嫩子实体为白色，常有乳头状的小突起，随着子实体逐渐长大，菌盖逐渐变为红褐色至葡萄酒红褐色，老熟后褪为褐色；表面光滑，有的有纤维状鳞片，鳞片随着子实体的生长成熟逐渐消失；肉质，湿润时表面有一点黏性，干时表面有光泽；边缘初期内卷，常附有菌盖残片，菌肉肥厚，白色。菌褶直生，排列密集，初为乌白色，后变为灰白色，随着菌盖平展，逐渐变深褐色或紫黑色。菌柄长 5～20 cm，直径 0.5～3 cm，近圆柱形，靠近基部稍膨大，早期中间有髓，成熟后中空。具有菌环，膜质，易脱落。孢子印紫褐色。孢子 12～15 μm×6.5～9 μm，椭圆形，顶端具明显芽孔，壁厚。

二、生活史

成熟的大球盖菇弹射出孢子，孢子在适宜的环境条件下萌发，形成单核菌丝，再发育成双核菌丝。经过一定时期的营养积累，在外界条件适宜时，便聚集联结，可见凸起或隆起物。菌丝吸收的养分不断向凸起或隆起物输送，逐渐形成子实体原基。子实体原基在一定的条件下不断膨大，并分化出菌柄和菌盖，进而分化出菌褶和子实层。经过快速伸展，并产生担孢子，成熟后被弹射出去，子实体老化甚至自溶。

三、营养

营养物质是大球盖菇生命活动的物质基础，也是获得高产的根本保证。大球盖菇对营养的要求以碳水化合物和含氮物质为主，其生长还需要一些矿质元素及维生素。

（一）碳源

碳源指构成大球盖菇细胞和代谢产物中碳元素来源的营养物质，主要是有机物，包括葡萄糖、蔗糖、纤维素、半纤维素及木质素等，为大球盖菇生长发育提供所需的能量。在大球盖菇栽培中，除葡萄糖、蔗糖等简单糖类外，碳源主要来自各种富含纤维素、半纤维素、木质素的农副产品下脚料，包括菌渣、玉米芯、农作物秸秆（稻草、麦秸、玉米秆等）、木屑等，这些物质能满足大球盖菇生长所需要的碳源。

（二）氮源

氮源指大球盖菇菌丝可吸收利用的含氮化合物，主要用以合成蛋白质和核酸。大球盖菇可利用各种有机氮（如氨基酸和蛋白质、蛋白胨等）和包括铵盐、硝酸盐在内的无机氮（如尿素）等，有机氮较无机氮更易于被大球盖菇菌丝利用。在大球盖菇栽培中常加入麸皮、玉米面、豆饼、米糠、畜禽粪等含有有机氮辅料，以促进大球盖菇生长。

（三）矿质元素

矿质元素是大球盖菇生长发育所不可缺少的营养物质，其主要功能是构成细胞成分、参与酶的活动、调节细胞渗透压等。在矿质元素中，钙、镁、钾、磷等元素需要量较大，在栽培中通常加入过磷酸钙、磷酸二氢钾、硫酸镁、石膏等来满足大球盖菇的生长需要。

（四）维生素

维生素类包括维生素 B_1、维生素 B_2、维生素 B_5 和维生素 B_6 等。麸皮、米糠等原料含有丰富的维生素。维生素可以刺激和调节大球盖菇的生长，缺乏时不能生长或生长不良。

四、环境条件

大球盖菇是一种草腐土生菌，环境条件是影响大球盖菇和其他竞争性生物的重要因素，这些因素包括温度、水分、空气、光照、酸碱度和覆土。在实际栽培过程中，一定要充分协调好这些因素之间的关系，最大限度地满足大球盖菇生长所需要的环境，以达到大球盖菇栽培的高产稳产、优质高产。

（一）温度

大球盖菇为中温性菌类，温度是大球盖菇菌丝生长和子实体形成的一个重要因子。大球盖菇菌丝生长温度为 5 ～ 35 ℃，最适温度为 24 ～ 26 ℃，在 10 ℃以下和 32 ℃以上生长速度迅速下降，超过 35 ℃菌丝停止生长，长时间高温将会造成菌丝死亡。在低温下，菌丝生长缓慢，但不影响其生活力。当温度升高到 32 ℃以上时，对菌丝生长会产生不良影响，即使温度恢复到适宜范围，菌丝的生长速度已明显减慢。在实际栽培中若有此种现象发生，将影响培养料发酵，并影响产量。

大球盖菇子实体形成的温度为 4 ～ 30 ℃，原基分化的最适温度为 10 ～ 22 ℃，子实体生长的最适温度为 16 ～ 21 ℃。气温低于 4 ℃或高于 30 ℃，子实体难以形成。在适宜温度范围内，子实体的生长速度随温度升高而加快，朵形较小，易开伞；而在较低的温度下，子实体发育缓慢，朵形较大，柄粗且肥，质优，不易开伞。子实体在生长过程中，遇到霜雪天气，只要采取一定的防冻措施，菇蕾就能存活。当气温超过 30 ℃以上时，子实体原基难以形成。

（二）水分

菌丝生长阶段培养料含水量一般要求为 65% ～ 70%。培养料中含水量过高，菌丝生长不良，表现稀、细弱，生长的菌丝还会出现萎缩。环境湿度对原基分化有促进作用，原基形成期环境的空气相对湿度要达到 95% ～ 98%。子实体生长阶段培养料含水量以 65% 为宜，菇房内空气相对湿度一般要求以 90% ～ 95% 为宜。菌丝从营养生长阶段转入生殖生长阶段必须提高空气湿度，才可刺激出菇，否则菌丝虽生长健壮，但由于湿度较低，出菇较少。

（三）空气

大球盖菇属于好氧性真菌，菌丝生长阶段对空气要求不太敏感，可耐受 0.5% ～ 1% 的二氧化碳浓度；而子实体生长发育阶段，要求空气中的二氧化碳浓度低于 0.15%。当空气不流通、氧气不足时，菌丝生长和子实体的发育均会受到抑制，特别在子实体大量发生时，更应注意场地的通风。只有保证场地的空气新鲜，才能获得优质高产。

（四）光照

大球盖菇菌丝生长阶段不需要光照，但散射光对子实体的分化与形成有一定的促进作用，光照强度一般为 100 ～ 500 lx。在实际栽培中，栽培场所选半遮阴的环境，不但产量高，而且色泽鲜艳、菇质好。长时间的太阳直射，会造成空气湿度降低，使正在迅速生长而接近收获期的菇体龟裂，影响商品的外观。

（五）酸碱度

大球盖菇喜欢微酸性的栽培环境，菌丝在 pH 4 ～ 9 均可生长，最适 pH 5 ～ 7，在此范围内菌丝生长迅速、健壮，而且 pH 为 6 时菌丝生长最快且粗壮。当 pH > 8 时，随着 pH 的升高，菌丝生长细弱且速度减慢。覆土的 pH 以 5.7 ～ 6 为宜。

（六）覆土

大球盖菇子实体的发生和生长与土壤中的微生物群落有关。栽培中虽然不覆土也能出菇，但出菇时间明显延长，且出菇较少甚至不出菇。覆土可给菌丝以物理刺激，从而促进原基的分化。覆土材料以具有团粒结构、保水性及透气性良好的腐殖土、林地表层土、耕作层壤土为好。

第三节
生产中常用品种简介

大球盖菇作为食用菌大家族的新成员，目前栽培面积很少，优良品种少之又少。现将经过多年的栽培试验总结，在生产上常用的品种介绍如下。

一、认（审）定的品种

（一）大球盖菇1号（2008049）

1. 选育单位　四川省农业科学院土壤肥料研究所。

2. 形态特征　子实体单生或簇生，菌盖直径8～12 cm，赭红色，具有灰白色鳞片，边缘具有白色菌幕残片；菌褶污白色至暗褐紫色；菌肉肥厚，白色。菌柄长6～8 cm，直径1.5～4 cm，白色，近圆柱形，靠近基部稍膨大。菌环膜质，双层，具条纹。

3. 菌丝培养特征特性　菌丝生长的温度为5～36 ℃，适宜生长温度为23～27 ℃，耐最高温度为38 ℃，耐最低温度为1 ℃；保藏温度为5～8 ℃。在适宜的培养条件下，8天长满直径90 mm的培养皿。菌落白色、平整、较致密，正面白色，背面无色，气生菌丝较发达，无色素分泌。

4. 出菇特性　出菇需一定散射光、良好的通风，出菇适宜温度为18～23 ℃。

5. 产量表现　生物学效率35%左右，高的可达45%。

6. 栽培技术要点

① 南方地区9～12月播种；培养料以稻草为主，含水量不超过70%，每亩投入新鲜干稻草5 000 kg，用水浸湿保持5～7天。②菌种播于表层，菌丝长满料层时覆细土3 cm；发菌适宜温度24～28 ℃，空气相对湿度85%～90%；出菇温度10～20 ℃，最适温度15～18 ℃。③发菌期间，注意通风换气；覆土层不宜过厚，当菌丝长满土层应降低湿度，避免菌丝徒长；出菇期间，注意喷水，掌握"勤、少、细"的原则；至翌年4月底采收结束。

7. 适宜地区　建议在长江流域及长江以南地区自然环境下栽培。

（二）明大128（2008050）

1. 选育单位　福建省三明市真菌研究所。

2. 形态特征　子实体单生或群生，朵形中等至较大，幼嫩子实体白色，后渐变成酒红色，干燥条件下褐色、锈褐色，干制后深褐色。菌盖直径5～20 cm，近半球形后扁平；菌褶直生、密集。菌柄长5～20 cm，直径1.5～10 cm，近圆柱形，近基部稍膨大，成熟后中空。菌环双层，棉絮状，位于柄的中上部，易脱落。

3. 菌丝培养特征特性　菌丝白色、线状，气生菌丝少；菌丝生长温度为5～34 ℃，最适温度为25～28 ℃。

4. 出菇特性　子实体生长温度为4～30 ℃，最适温度为14～25 ℃，遇高温时菌柄易空心。空气相对湿度为90%～95%，保证通风良好，且需一定的散射光。

5. 产量表现　生物学效率为40%左右。

6. 栽培技术要点　栽培原料选用干燥、无霉变的稻草、麦秸、玉米秆等，用料量为每平方米20～25 kg，铺料厚25～30 cm，分三层铺料，层与层之间播种，即二层播种，最上层覆盖草料。9～11月气温稳定在28 ℃以下时播种，不宜选择低畦和过于阴湿的场地；一个月后覆土或播种后即覆土；11月至翌年4月为子实体生长及采收期。

7. 适宜地区　建议在福建西北部、广东北部及安徽、江西、湖南、云南、四川、重庆、湖北、上海、浙江、江苏等地栽培。

（三）球盖菇5号（2008021）

1. 选育单位　上海市农业科学院食用菌研究所。

2. 形态特征　子实体单生或丛生，单个子实体大小差别极大，小的单朵重约10 g，大的重达200 g。菌盖红褐色，被有绒毛；菌柄白色，粗壮；子实层灰黑色至紫黑色，能产生大量担孢子，孢子紫黑色。

3. 菌丝培养特征特性　菌丝洁白、浓密，有绒毛状气生菌丝；菌丝生长最适温度为23～27℃。

4.出菇特性　培养料含水量以70%左右为宜；子实体生长最适温度为12～20℃，空气相对湿度以90%～95%为宜；发菌阶段不需光照，子实体生长阶段需散射光。

5.产量表现　每平方米可产鲜菇4.5 kg左右。

6.栽培技术要点　可采用熟料和生料两种栽培方式。

（1）熟料栽培　待菌丝发透培养料后去掉塑料袋排列在排水性好的菌床上，覆土材料用暴晒消毒后的田园土，覆土厚2～3 cm，喷水使覆土保持湿润但不板结，加强菇房通风和保湿；子实体球形时期进行采收，采收后及时清理培养料中残留的菇根，补平覆土，进行下茬菇管理；可采收4～6茬。

（2）生料栽培　在排水性好的菌床上铺好培养料，播种后覆土，加强保温、保湿和换气管理，接种约50天出菇；出菇和采收管理同熟料栽培，但生料栽培的茬次不明显，在子实体形成大量黑紫色担孢子前适时采收，采收期可持续3～4个月。

7.适宜地区　建议在长江流域及长江以南地区自然环境下栽培。

二、未认（审）定的品种

（一）兴农一号

1.选育单位　商丘市农林科学院试验示范基地（虞城金隆菇业栽培基地负责人利金站同志经过十余年的栽培与驯化而获得的优势菌株）。

2.形态特征　该品种子实体单生或丛生，中等大小，菌盖近半球形，头稍尖，直径3～5 cm；幼嫩子实体为白色，常有乳头状的小突起，随着子实体逐渐长大，菌盖逐渐变为红褐色至葡萄酒红褐色，老熟后褪为褐色。

3.菌丝培养特征特性　菌丝粗壮、抗杂能力强，生长温度一般在8～32℃，最适温度为

23～26℃，最适pH 5.5～6.5，在此范围内，一般从开始播种到出菇约需50天。栽培中菌丝可耐受最高温度为32℃，最低温度为-10℃，特耐低温；子实体适宜生长温度为16～22℃，可耐受最高温度为30℃，最低温度为10℃。

4.产量表现　该品种特高产，在东北生料栽培生物学效率可达100%，适合全生料栽培。

5.栽培技术要点　培养料含水量为65%～70%，碳氮比为17∶1。在配制大球盖菇培养料时，原材料的碳氮比应在（30～33）∶1，这样经过堆制发酵后的原材料的碳氮比才能达到17∶1。以河南商丘市为例，栽培时间应在立秋后20天，气温由高（最高30℃）向低降的季节开始栽培，最好在农历七月初至八月底栽培结束，九月中旬开始出菇。其他地区也可以根据本地的实际情况，提前或者推迟种植时间。

栽培场地应选择土壤肥沃、富含腐殖质的树林或空闲地，进行开畦栽培，畦宽60～80 cm，长不限，畦床间留40 cm的走道。畦床不能过宽，超过80cm产量会下降；走道也不能过窄，小于40 cm对出菇不利。将堆制好的培养料均匀地铺在畦中，采用穴播法进行播种，每平方米约用种500 g，然后在菌种上铺处理好的稻壳，厚3～5 cm。发菌管理要严格按照大球盖菇兴农一号的生物学特性进行。

（二）宏宝一号

1.菌种来源　郭洪宝先生在吉林省蛟河市指导滑子蘑生产时，在沟内腐草上发现一丛野生大球盖菇，后通过对菇体标本进行组织分离获得此优势菌株。

2.特征特性　该菌株菌丝生长速度迅猛、吃料特快，菌丝粗壮、浓密，爬土能力强，抗逆性极强，特别是抗高温能力强，不易退菌。菌盖深紫色，菌柄近菌盖处呈深粉红色，中下部菌柄洁白。子实体紧实肥壮，菇重色艳，不易开伞，耐贮运，出菇早，转茬快，口感好，商品价格高。

主要生产模式及其技术规程

大球盖菇抗逆性强，栽培粗放，业内人士称其为懒汉菇。但是在实际栽培中，场地及土壤的选择很是重要，这关系到大球盖菇的产量及经济效益。其栽培模式很多，不仅可以在塑料大棚中进行地畦栽培和床架栽培，还适合在室外林下、冬闲田、山地荒坡等地方栽培。我国多以室外生料栽培为主，因为不需要特殊设备，栽培简便且易管理，生产成本低，经济效益好。

一、林地栽培模式

此模式不需搭遮阳棚，省工、省时。在夏末、秋初气温较高时利用果树、杨树林的叶片自然遮阳，其降温、保湿效果较好。这种栽培模式适用于需要提前播种、早出菇、早上市、早收益的种植户。下面以河南省商丘市为例，简要说明其栽培技术规程。

河南省是典型的农业大省，地处中原，林下资源极其丰富，杨树林随处可见，这就给我们种植大球盖菇创造了一个得天独厚的条件。

（一）栽培季节

从理论上说，立秋后一直到翌年的春季都可栽培，也就是说一年春秋两季均可栽培大球盖菇。但在生产实际中，春季如果没有保护设施最好不要栽培，因为春季栽培时气温较低，而大球盖菇发菌的最适温度为 23～26 ℃，春季的气温根本就不能达到发菌所需的温度，从而会延长发菌的时间。本来秋季种植气温适宜时，每平方米栽培料用一袋菌种50 天就可以出菇，春季种植要用两袋菌种 60～70 天才能出菇，而且出菇的时候气温升高，产量低，菇质差，所以不提倡春季栽培。

河南省商丘市一般在立秋后 20 天开始栽培大球盖菇，此时气温由高温 30 ℃开始降低，最好在农历七月初至八月底栽培结束，九月中旬开始出菇。其他地区也可以根据本地的实际情况，提前或者推迟种植时间。

（二）培养料的选择及处理

1. 原料　栽培大球盖菇的原料比较广泛，除食用菌界公认的万能培养料棉籽壳不能正常栽培外，其余的可以分为六大类，均可以栽培。

（1）秸秆类　各种农作物秸秆，如麦秸、稻草、亚麻秆、玉米秆、豆秆等。

（2）壳类　稻壳、花生壳、莲子壳、豆壳等。

（3）枝条类　各种果树枝修剪后的条。

（4）杂木屑　木材加工厂的下脚料，如锯木屑、刨花等。

（5）菌渣类　金针菇、杏鲍菇、茶树菇、白灵菇等菇类的菌渣。

（6）野草类　各种杂草都可以栽培。

2. 原料选择与配方　无论采用哪种农作物的秸秆，都要求是当年新鲜、干燥、无霉变的，菌渣需要晒干打碎。商丘市周边主要是利用麦秸加稻壳栽培大球盖菇。如果只用麦秸种植，产量偏低，最好加入 1/3 的稻壳。生产上常用的配方主要有以下几种。

配方 1：稻壳 100％ 或稻草 100％ 或麦秸 100％。

配方 2：麦秸 70％，稻壳 30％。

配方 3：稻草 50％，稻壳 50％。

配方 4：玉米秆（晒干、压扁）50％，稻壳 50％。

配方 5：玉米秆（晒干、打碎）70％，稻壳 30％。

配方 6：干玉米秆或野草（粉碎成 4 cm 左右）40％，菌渣 40％，稻壳 20％。

配方 7：杂木屑 50％，秸秆类 20％，稻壳 30％。

配方 8：各种干枝条（切断）50％，秸秆类 20％，稻壳 30％。

3. 原料处理　培养料除麦秸外，稻草、玉米秆、稻壳等均可栽培大球盖菇，只是在配料时要加入 1% 的生石灰，用清洁无污染的水直接喷淋，每次喷淋 15 ～ 30 min，每天 3 次，中间翻料 1 ～ 2 次，使培养料含水均匀。栽培时，培养料含水量要达到 65% 左右。一定要控制好含水量，不能太干或太湿，否则会影响菌丝生长，导致栽培失败。

（三）栽培场地

栽培场地应选择遮阳较好的成年林地，场地通风、向阳，地势较高，水源较近且排水顺畅，且要求交通方便。

大球盖菇为草腐土生菌，有不见土不出菇的特性，即使偶尔出菇产量也很低，栽培场地土质好，产量就高，反之产量就低。土质应选择含有团粒结构腐殖壤土（黏度 40% 左右），这样的土质喷水不板结，大雨后不太黏，干了不龟裂，保水性好。太黏的土壤或太沙的土壤如果不加处理，大球盖菇产量会受到影响。

在栽培场地四周最好挖排水沟，宽 100 ～ 110 cm，长度不限。畦与畦之间留 50 ～ 60 cm 宽的走道，以方便生产操作。畦开好后，在畦内及畦埂上撒上一层生石灰进行消毒杀虫。

在离树 30 ～ 40 cm 处开畦，畦深 8 ～ 10 cm，宽一般 60 ～ 80 cm，长度不限，畦与畦之间应留宽 40 cm 的走道。注意畦床不能过宽，80 cm 以上菇产量会下降；走道不能过窄，小于 40 cm 对出菇有影响。做畦床时尽量让中间稍微高一些，这样栽培时培养料底部不容易积水，出菇时料面中间能正常出菇，否则易造成原料底部水分大，发黑、变质，料面不出菇。

（四）铺料播种

将预处理过的培养料，按每平方米 20 kg 培养料分两层放置于畦床上，下层厚约 10 cm，上层厚约 7 cm。在两层的中间及周边穴播菌种，菌种量约占菌种总量的 2/5，余下的菌种穴播在料面表层。

播种采用梅花形穴播法，将菌种掰开分成核桃大小，播在两层原料的中间及表面，穴距 10 cm。

表层播好后覆盖一层预湿好的稻壳（注意这个环节很关键），3 ～ 5 cm 稻壳，然后在菌床表面均匀地覆盖一层 3 cm 左右的土壤，之后覆盖秸秆保温保湿。用种量一般 500 ～ 600 g/m^2。

（五）发菌管理

1. 水分调节　播种后 3 ～ 7 天，掀开覆盖在菌床上的草被，观察培养料与覆土的含水量，要求培养料的含水量达 60% ～ 65%，覆土含水量要达到用手指一捏能捏成团、齐腰落地能散的程度。

调节水分时可用水幕带或喷雾器直接喷水，要做到少量多次喷洒，既要达到要求的含水量又不能让底部的培养料渗入太多的水。如果发现病虫害，可以结合喷水加入一定量的药剂防治。如果发现培养料含水量偏湿，在中下部有发酸、发臭、变黑的现象，应停止喷水，松动上面覆盖的草被并在菌床的两侧用铁叉或棍棒顺着地面往里面插入 60 cm 左右，上下抖动，最好是两人一组同时进行，目的是让下层的原料接触新鲜的空气，散发一部分水分，排出有害气体。一般采取措施后，都能看到理想的效果。

2. 温度要求　温度是控制菌丝生长和子实体形成的一个重要因素。业内有句谚语："成不成功在温度。"无论是发菌阶段还是出菇阶段，温度是关键。发菌时主要看料温，料温高了容易造成"烧菌"，低一些安全但也不能过低，料温太低菌丝不萌发，即使萌发也要推迟出菇时间。菌丝生长的温度为 5 ～ 36 ℃，最适温度为 21 ～ 26 ℃，在此范围内，一般从开始播种到出菇约需 50 天。

（六）出菇期管理

当菌丝生长 40 天左右时，培养料内的菌丝基本长透并在覆土表面冒出，此时要加强出菇管理措施，重点是保湿、保温、通风等。树林里露天栽培要及时喷洒出菇水，方法是少喷多次，定时定量，力求使空间相对湿度保持在 85% ～ 95%，并结合喷水扒动草被，使覆土上接触草被的菌丝断掉，促使菌丝向下生长、扭结形成菇蕾。

秋季栽培出菇时，只要中午最高料温能达到

草腐菌生产技术

15 ℃，夜间即使气温低于 2 ℃，形成的菇蕾照样可以生长。这样的条件下形成的子实体粗壮，朵形较大，不易开伞，生长发育缓慢，质优价高（图6-5-1）。

图 6-5-1 未成熟子实体

（七）采收

不同成熟度的大球盖菇品质口感差异很大，其中以菇蕾长成半球形状、未开伞的子实体品质最佳。因此，以子实体菌膜尚未破裂，菌盖呈钟形时采收为宜。采收方法非常简单，就是手握菇体基部轻扭动即掉。采收时手法要轻，用一只手按住其余的菇，另一只手抓住要采的菇轻轻转动，不可带动别的菇蕾。如果一簇菇有十分之八达到采收标准，可以成簇采收。采收时尽量不带起培养料，采菇后的菌床上留下的坑要用土壤及时覆盖并清理残留的死菇。一般是早上开始采摘，中午 12 时以前采收结束，下午喷水保湿。

（八）销售和加工

1. 鲜销　采收的鲜菇应及时去除残留的泥土和培养料等污物，剔除病虫菇后放入竹筐或塑料筐，尽快运往销售点鲜销。鲜菇应放在通风阴凉处，避免菌盖表面长出绒毛状气生菌丝而影响商品美观。鲜菇在 2 ～ 5 ℃温度下可保鲜 2 ～ 3 天，时间长了，品质将下降。

2. 加工

（1）干制　采用人工机械脱水的方法，把鲜菇经杀青后，排放于竹筛上，放入脱水机内脱水，使含水量达 11% ～ 13%。杀青后脱水干燥的大球盖菇，香味浓，口感好，开伞菇采用此法加工，可提高质量。也可采用焙烤脱水，用 40 ℃文火烘烤至七八成干后再升温至 50 ～ 60 ℃，直至菇体足干，冷却后及时装入塑料食品袋，防止干菇回潮发霉变质。

（2）盐渍　大球盖菇菇体一般较大，杀青需 8 ～ 12 min，以菇体熟而不烂为度，视菇体大小掌握。通常熟菇置冷水中会下沉，而生菇上浮。按一层盐一层菇装缸，上压重物再加盖。盐水一定要没过菇体，浓度为 22 波美度。

（九）采后管理

第一茬菇采收后，应及时清理好菇床上的残菇、菌渣等，停水 3 ～ 4 天，覆膜养菌，继续喷水管理，要求轻喷、细喷，尽量做到既要让土壤湿润又不能让土壤板结，禁止浇大水和透水。若遇大雨天气，应及时做好排水工作，避免原料底部进水。经 15 ～ 20 天，即可采收第二茬菇。一般可采收 3 茬菇，生物学效率可达 85% ～ 100%。

大球盖菇整个生长期可以采收 3 ～ 5 茬菇，在河南区域栽培一般是春节前出 1 ～ 2 茬菇。气温下降进入越冬期，停止出菇，到翌年春季当料温达 15 ℃以上即杨树发芽时开始出菇，提前喷出菇水，至 6 月初基本结束。后期气温升高，菇蕾生长迅速，易开伞，菇质差。

二、冬闲田畦床栽培模式

栽培时常采用搭简易拱棚的形式，或不搭拱棚直接利用覆盖的草苫来遮阳，这种生产模式适用于鲜菇销售市场较大，位于市郊的菇农采用。

（一）栽培季节

大球盖菇的栽培季节应根据菌丝体生长和子实体形成及生长发育所需的温度来确定。一般来说，南方地区可在 8 月底 9 月初至翌年的 3 月均可播种，北方地区秋季栽培可在 7 月底 8 月初进行。

总之，应根据当地的气候特点和大球盖菇的生长特性，因地制宜，灵活掌握。

（二）场地选择

选择交通便利、排灌方便、土质肥沃的冬闲田或菜园地作为栽培场地。这种栽培场地有利于高产，方便运输。

（三）整地做菌床

先将栽培场地平整并清除场地内的杂草，按高20～25 cm、宽1.3 m、长度不限的规格制作龟背形畦床，床与床之间留40 cm的人行道，场地四周挖排水沟，土壤干燥时应先喷水，有条件的场地内可搭建遮阳棚；在畦床上及四周喷敌敌畏以杀灭害虫，然后撒生石灰粉消毒，同时撒灭蚁灵、白蚁粉等灭蚁。

（四）培养料处理

选用新鲜、干燥、无霉变、质地较坚硬的稻草、麦秸等农作物秸秆制作培养料。先将培养料在阳光下暴晒1～2天，可减少病虫害的基数，再将培养料放置于水池中浸泡2天，使培养料吸足水分，质地变软，以利于菌丝萌发和吃料；也可将培养料先铺在地上，用水管喷淋，并不断翻动草料，边喷水边踩草，使培养料吸足水分。然后将培养料堆成宽2 m、高1.5 m、长度不限的料堆进行自然发酵。培养料温度达到60 ℃以上时，进行翻堆，每隔3天进行一次，共翻堆2～3次，最后散堆降温播种。

（五）铺料播种

待料温降到30 ℃以下时，即可采用扎把式铺料或畦床式铺料的方法铺料播种。扎把式铺料就是先把处理好的培养料扎成草把，每2 kg扎成一把，先在畦床上铺宽1.5 m的农用地膜，然后铺第一层料，料厚约15 cm，然后撒播50%菌种；再铺第二层料，料厚10～15 cm，再播50%菌种；第三层料要用预湿好的稻草，铺厚4～5 cm，播种完后料面上盖薄膜，以保湿发菌。每平方米总用料量合干料20～25 kg，用菌种2～4瓶。值得注意的是，每播一层菌种都要轻轻地拍压菌种和培养料，以利

于菌种定植和萌发。

（六）覆土处理

播完菌种后，要及时在培养料料面及四周覆上1 cm厚的腐殖质土，以保护培养料水分的散发。覆土材料要求腐殖质含量高、偏酸性，呈颗粒状，使用前要暴晒并打碎，随后要拌入适量的石灰粉、稻壳及多菌灵等。覆土后要适量喷水，使覆土含水量达到30%左右。

正常温度下，4～5天菌丝开始萌发，铺料15～20天后，拨开表层稻草发现菌丝基本布满并吃料5 cm时，开始覆土。覆土可先覆一层2～3 cm薄土，并注意土壤保湿。覆土后10～15天就能见到菌丝爬上土面，此时可二次覆土。如果天气许可或者采取搭建遮阳棚保护措施，也可暂时不用覆土，待菌丝块与块之间联结时再覆土，这样菌丝发育快，能比直接覆土的提前10天出菇。

（七）出菇管理及采收

可参照本节"林地栽培模式"的相关技术措施进行操作。

三、塑料大棚栽培模式

塑料大棚栽培模式可避免冬季不良气候及春季出菇的影响，达到好管理、出菇快、稳产高产的目的，并能科学地调节出菇高峰期，使其于蔬菜淡季上市，满足市场需要。

（一）塑料大棚的选择

塑料大棚可以利用已有的蔬菜大棚单独栽培大球盖菇，还可以与其他蔬菜套种。没有塑料大棚的可以仿照蔬菜大棚重新建造。塑料大棚可根据占地面积分为大棚、中棚和小棚，还可以根据建棚使用材料分为竹木结构、竹木钢筋混合结构、钢架结构等，可根据自己的财力和生产规模自行选择。

（二）主要技术规程

1. 栽培季节　春夏季节一般在2月下旬至3月上旬播种，5～7月出菇；秋冬季节一般10月下

旬至 11 月中旬播种，元旦前后出菇，正赶上销售旺季，菇市行情较好。只要销售渠道畅通，在塑料大棚内种植，一年四季都可种植大球盖菇。

2.培养料的配制　可参照本节"林地栽培模式"，但建堆发酵可在棚内进行，以便于铺料播种，省工省时。

3.整地做畦　先将塑料大棚内杂草、杂物清除干净，并进行平整地面。按照大棚的实际面积规划菌床，菌床宽 1 m，长依大棚长度而定，床与床之间留 40 cm 的人行道。

4.铺料播种　按设定菌床进行铺料，料厚 20～25 cm。具体播种方法可参照本节"冬闲田畦床栽培模式"中的相关内容。

5.发菌及出菇管理　可参照本节"林地栽培模式"中的相关要求进行。

值得注意的是，大棚内由于密封较严，容易产生有害气体，应加强通风和换气，以促进菌丝萌发和子实体生长。还要增加光照，因子实体生长所需的温度为 4～30 ℃，最适温度为 16～25 ℃。当料温低于 13 ℃很难形成菇蕾，高于 25 ℃形成的小菇蕾会死亡。

在大棚内栽培的操作方法和露天栽培基本一样，不同的是大棚内栽培可以暂时不用覆土，待菌丝块与块之间联结时再覆土，这样菌丝发育快，能比直接覆土的提前 10 天出菇。

四、盆栽模式

这种生产模式只适合小面积栽培或家庭栽培。

（一）栽培盆的选择

1.容器选择　可选用直径为 60 cm 左右的大盆，为了美观也可选用盆景用花盆，盆要结实、耐用、美观。

2.场地消毒　在盆内及放置的地方撒生石灰或喷洒克霉灵等杀菌剂进行消毒处理。

（二）主要技术规程

1.栽培季节　春夏季节一般在 3 月上旬播种，

6～7 月出菇；秋冬季节一般 8 月下旬至 9 月中旬播种，10 月至翌年 4 月出菇。

2.培养料的配制　可参照本节"林地栽培模式"中的相关内容进行。

3.铺料播种　可于盆内铺堆制好的培养料，第一层料厚约 15 cm，然后播种 25% 的菌种；第二层料厚 10 cm，再播种 25%；第三层料厚 10 cm，再播 50%；最后使用预湿好的稻草铺厚 4～5 cm。每筐合干料 10 kg，用菌种 1～2 瓶。播种完后，料面上盖上薄膜，以保湿发菌。

4.发菌及出菇管理　可参照本节"林地栽培模式"的相关内容。

五、筐栽模式

（一）栽培筐的选择

1.容器选择　可选用规格为高 30～35 cm、长 100 cm、宽 60 cm 的竹筐、塑料筐等，筐要结实、耐用、美观。

2.场地消毒　在筐内及放置的地方撒生石灰或喷洒克霉灵等杀菌剂进行消毒处理。

（二）主要技术规程

1.栽培季节　春夏季节一般在 3 月上旬播种，6～7 月出菇；秋冬季节一般 8 月下旬至 9 月中旬播种，10 月至翌年 4 月出菇。

2.培养料的配制　可参照本节"林地栽培模式"中的相关内容。

3.铺料播种　可于竹筐等栽培设施内铺一层农用地膜，于筐内铺堆制好的培养料，具体操作可参照本节"盆栽模式"。

4.发菌及出菇管理　可参照"林地栽培模式"的相关要求进行。

六、塑料袋脱袋覆土栽培模式

大球盖菇塑料袋脱袋覆土栽培操作简单，单产高、质量好，适于塑料大棚或林下生产。

（一）栽培季节

各地的栽培时间大多以秋季和春季为主。

有条件的地方可进行反季节栽培，因为5～9月全国大部分地区高温而无法生产大球盖菇，此时大球盖菇售价特别高，若此时能出菇，将会有较好的经济效益。

（二）原辅材料的选择与处理

1. 主料

（1）玉米芯　要求新鲜无霉变、无结块、无杂质、不发热。若结块，需打碎过一遍筛备用。

（2）麦秸、稻草、玉米秆、豆秆等　这些秸秆均可使用，要求干燥无霉变，均需破碎或粉碎至2～3 cm长，便于翻堆和装袋，最好是各种秸秆混合的培养料，这样营养较全，质量好，菇产量高。

（3）菌渣　以白灵菇、杏鲍菇、金针菇等出菇茬数少的菌渣为宜，需经仔细筛选，以菌丝白、无杂菌为佳，杂菌少的可切除掉污染部分晒干打碎使用。

2. 辅料

（1）麸皮　营养厚实，维生素B_1含量高，既是优良氮源又是维生素B_1的增加剂，但易滋生霉菌，需严格筛选，发霉结块的不易采用，以红皮粗皮为好。

（2）饼肥　各种油渣如菜籽饼、胡麻饼等均可使用，但不要发霉的，且需粉碎、过筛、晒干。

（3）磷肥　通常用过磷酸钙来补充磷元素，用量一般1%左右。过磷酸钙也是一种优良的消氨剂，收获时若培养料含有氨味，可用过磷酸钙来消除。

（4）石灰　主要用来调节培养料的pH，并且可以杀死杂菌或抑制杂菌的生长。生产中以采用生石灰为佳，在加入料前用水化开，必需过细筛，注意不要太湿，免得成团。

（5）石膏　一般建材市场卖的即可使用，但需注意不能有结块，主要作用是改善培养料的结构和水分状况，增加钙素营养。

（6）发酵剂　一般市场卖的食用菌发酵剂都可使用，注意按使用说明使用。

（三）建堆发酵

1. 预湿　将各种主料堆在一起翻几遍，搅拌均匀，按料水比1∶1.5左右，用水管直接浇水，第2天建堆。

2. 建堆　先将1/3石灰粉撒在料堆上，再将饼肥、石膏、过磷酸钙等撒均匀，将发酵剂按使用说明中的用量与麸皮混合搅拌3次，然后将麸皮撒在料上，进行倒堆、翻料，力争使各种原料均匀，对水分不足的位置要适当洒水。翻第二遍后正式建堆，堆底宽2.3 m左右，高1 m，长度不限。建堆的场地中不能积水，建好堆后先整理好料面，用扫帚或铁锹稍拍平，然后用一根长1.5 m、直径4 cm左右的木棍一头削尖打孔。先从最高处打两排，孔间距30 cm左右，用力将木棍插到地，摇动木棍将孔扩大一些，用手稍压实木棍周围的料面拔出木棍。两边料面高低各打4排孔，间距和顶孔一致，互相打通。最后将底边的料翻动一下，用铁锹拍一遍，周围零散的料用扫帚扫净，放在料堆上。用几根长2 m左右的木杆或竹竿等沿料堆斜面两边放在料上，一头放空中，呈"八"字形，最后将塑料薄膜盖在上面，既可以保温又能通风，防止水分过量蒸发，防雨淋，每天掀动薄膜五六次，每次半小时即可。注意：建堆时要在料堆一头留出2 m的空地，以便于翻堆。

3. 翻堆　翻堆的目的是改善料堆内的透气性，调节水分，散发废气，防止堆温过高或过低；促进有益微生物的迅速生长，使培养料发酵均匀，防止底层料因缺氧而造成厌氧发酵，导致培养料发酸发臭。

当料堆温度达到最高温度不再下降时翻堆最为适宜。料温升高说明料堆内氧气、水分等条件适宜，微生物对培养料进行分解产生了大量的热能；料温降低说明料堆中氧气、水、酸碱度等状况对微生物的分解活动不适宜，此时，就必须翻堆，以改善、调整料堆中的水分、氧气等状况。这是每次翻堆都应遵循的原则，也是决断何时翻堆的准则。

草腐菌生产技术

翻堆时若料堆表面干燥，先用1%的石灰水洒湿，因两端温度较低，翻堆时先从料堆一头1.5 m处取一段翻到一头预留的空地处，再接着依次翻。翻堆时要把下面的培养料翻到上面，四边的料翻到中心；干的、生的翻到中心，湿的、熟的翻到外面；底部发黄、发酸的料要翻到表面。可以先将表面的料用铁锹刮下去放到一边，然后将中心发白的热料放在底层，成块的要拍碎；再将刮下的料放到中心，底层的料放到最上面；每次翻堆时方法相同，翻堆时尽量将料用铁锹散开。

在培养料堆制过程中，由于前期培养料未经腐熟，料堆疏松、通气性好，好氧性微生物活动旺盛，分解的物质多，放出的热量也多，料堆温度上升快。而后期培养料逐渐腐熟，料堆日益坚实，通气性差，微生物新陈代谢所产生的代谢产物积累增加，生命力衰退，分解物质的能力降低，料堆温度下降快。于是，在翻堆时必须采取相应的措施，水分调节应先湿后干，后期则需在料堆上打通气洞，以增加其透气性，防止厌氧发酵。正常情况下第一次翻堆在建堆后第5天进行，第二次翻堆在第一次翻堆后第4天、第三次翻堆在第二次翻堆后的第3天，翻堆后打通气孔。前两次重点要调节好水分，第三次再加1/3的石灰，并且用80%敌敌畏50倍液喷雾，边翻边喷，整个喷一遍，同时调节好水分。随着体积缩小，料堆的宽度缩小到2 m。为防止底部缺氧而发酵不良，可以用细钢筋焊若干个直径为30 cm的半圆网，上面再绷上纱网，长短自定，在翻堆时放于料底部，没有条件时可用红砖在料堆底立两排，上面再盖一层砖，两端伸出料堆外，增加透气性。

第四次、第五次翻堆间隔3天，共计发酵约18天。发酵结束后便可准备装袋接种。最后一次翻堆后要对发酵料进行检查和调整，使发酵料的腐熟度、含水量、pH达到大球盖菇生长的要求。

（四）装袋接种

1. 装袋前的准备

（1）计算用种量，备好接种用品　按照培养料的多少算好菌种，备好菌种盆、小凳子和宽24 cm、长45～50 cm、厚2～3 mm的聚乙烯塑料袋等用具，以及高锰酸钾、酒精、消毒液、棉花、毛巾等用品。菌种瓶泡在3%高锰酸钾溶液中。

（2）菌种的选择与处置　装袋前1～2天，对所用的栽培菌种进行挑选。优良的菌种应当无病虫、无杂菌，培养料转色好，瓶内菌丝不萎缩、不结菌块、不吐黄水，绒毛状菌丝多，线状菌丝少，菌丝粗大，生活力旺盛等。用消毒液将手洗净或用酒精擦裸露的手臂，并将毛巾用消毒液浸泡，其余用具用酒精或高锰酸钾溶液逐一消毒，然后敲破瓶底，取出菌种，用酒精棉球擦掉碎玻璃碴儿，免得扎手，小心地用手指将菌种掰开，然后将菌种取出。

（3）培养料的处理　先将培养料料堆散开，用剩余的石灰将其pH调至8～9，等温度降至28 ℃左右即可接种。若氨味太浓应增强通风，否则菌种萌发困难。

2. 装袋接种（三层料四层菌种）　先将料袋一头收拢，用细绳扎成活结，用手把袋底撑平，袋底放一层菌种、装一层料后压实，接着放第二层菌种，菌种尽量撒在袋壁边，中心放料即可，再装第二层料压实，同法放第三层菌种、装第三层料，最后在表面撒一层菌种，收拢袋口，用细绳扎成活结，即可码袋。

装袋时要注意：①三层料根据袋子长短，厚度要平均，试装一部分就可掌握。②菌种的用量以一瓶接种4袋为准，两端撒3/5，中心两层撒2/5，中心两层菌种尽量放在袋壁周围，因袋壁氧气较多发菌快。③装袋时用力要均匀，既要将料压紧实，又不能使菌袋过散；若菌袋松软，脱袋覆土时菌袋易断裂破碎。

（五）菌袋培养

1. 码袋　一般码4层，行距30 cm，若棚温高达25 ℃以上时，可码3层，菌袋之间还要留出1 cm的间距，温度低时可适当码高。码好袋后，在一行菌袋的中心上、中、下不同部位，放几根棒式温度计，温度计要夹在两个菌袋之间，每天记录温度，同时在棚内挂干湿球温度计作参考，空气相对湿度控制在50%～70%。

2.翻袋查菌　接种后7天，将高低边的菌袋对调码放；菌种没有萌发的说明菌种已死，要把菌袋挑出，倒出料晒干备用；有杂菌的菌袋挑出，及时用灭菌灵或甲醛处置。第二次翻袋在第一次翻袋后15天左右，翻袋时要轻，防止菌袋断裂等。绝大多数的菌袋长满菌丝时即可覆土。

3.发菌管理

（1）温度　温度是菌袋培养期最关键、最重要因素。要尽可能地将棚温控制在20～25℃，并保持恒温，要注意菌袋保温、降温措施，以防止继续发热"烧菌"。

（2）湿度　空气相对湿度控制在60%左右即可。

（3）通风　早期不要通风，中后期可通风，温度过高时则需在晚上通风降温。

（4）光照　最好保持黑暗的环境，防止菌袋培养后期"鬼伞"的发生，预防害虫活动。

（六）覆土的处置

1.覆土的选择标准　良好的覆土应具有土壤疏松，空隙度大，通气优良，有一定的团粒结构，吸水性强，不易板结，无虫卵，杂菌少，含有一定腐殖质，干不成块，湿不发黏，喷水不板结，水少不龟裂等特点。覆土应首选泥炭土，其他麦地土、沙性土壤、河泥均可使用；不宜采用沙质土、重黏土（如红土、黄土）、酸性土、盐碱土等。若在麦地中取土，需挖取表面20cm以下的土，表层土因杂菌虫卵较多而不宜采用。

2.覆土的处置　覆土前3天将每立方米覆土用20kg石灰拌匀，然后铲平、堆高，纵横挖成小沟，放水浸湿透，第二天用铁耙耙开，晾晒至含水量达20%左右，即用手握土粒能握成团、搓成圆，不黏手，落地即散；pH在8左右，土粒在3cm以下，粗、细土粒混合使用；堆土时要用80%敌敌畏300倍液用喷雾器边翻边喷。完成后，将覆土堆成高约1m、长度不限的堆，周围用2%甲醛溶液或50%多菌灵可湿性粉剂300倍液喷洒均匀。用塑料布盖严，24h后即可掀掉，散尽药味后即可使用。每立方米土大约可覆盖12 m²。

（七）覆土

1.脱袋覆土

（1）开畦　一般畦宽1m，长度不限，两端离边距50cm，畦间过道预留60cm，畦深30cm，以菌袋直立放入畦中高出畦面2～3cm为宜。畦面铲平，先喷一遍浓度较高的食用菌专用杀虫剂，再撒一层石灰粉。

（2）入畦　将发好菌丝的菌袋码在畦间过道上，用锋利的不锈钢刀尖划破菌袋，然后脱掉塑料袋，将菌袋直立于畦内，每平方米放24个，间距自然。注意菌袋顶端一定要做到一个水平位置上，不能崎岖不平，长的菌袋在下面用小铁铲铲掉一些土，短的菌袋在下面垫一些土，一畦菌袋放满后再进行覆土。

（3）覆土　将备好的覆土填在菌袋之间，注意不要一次太多，用力要轻，免得将菌袋打倒或弄斜。当土盖到与地相平或离菌袋头3cm时，用小水量将土浇一遍，注意不要让水溅到菌袋最上面，然后覆土至与料面相平。最后，在菌袋上多插几根牙签，标出3cm的位置，再覆土3cm厚，将表面较大的土粒用小刮板刮到边上，边上也覆土3cm厚。

（4）覆土后的处置　用杀虫剂和杀菌剂或烟雾剂对整个菇棚进行消毒杀虫。

2.袋内直接覆土　将发好菌丝的菌袋，解开一头扎绳，使其直立站在地上，直接在袋内覆上1cm厚的处理过的土。

（八）养菌

从覆土到出菇大约需20天，在此期间要做好养菌管理。

1.温度　控制在25℃左右。

2.湿度　空气相对湿度控制在75%左右。

3.通风　发菌期间需要大量的新鲜空气,适量通风换气即可。

4.光照　菌丝完全可以在黑暗中生长,不需要太强的光照。

5.水分　若覆土表面发白变干时,需用喷雾器喷水,整个覆土层以稍干为宜,可以促使菌丝在土层中缓慢有力地生长。

（九）出菇期管理

出菇及采收管理可参照本节"林地栽培模式"的相关要求进行。

值得注意的是,袋式栽培大球盖菇具有以下几个特点:

（1）用料广　稻草、麦秸、玉米秆、棉籽壳、玉米芯等各种农产品下脚料均可用来栽培。

（2）营养高而全　因可用原料广,配制合理,营养比保守配方要高而全。

（3）可控性增强　采用袋式栽培,生产管理更精细化,防止了保守生产形式的集约性和不可控性。

（4）抗不良环境　袋式栽培补充了大棚栽培设施简陋造成的不良环境对大球盖菇的影响,抗不良环境的能力大大增强。

（5）产量大大提高　平均每平方米可达 20 kg以上,经进一步技术革新可达每平方米 25 kg 以上,可实现高产、稳产。

（黄海洋　郭蓓）

第六章 竹荪

竹荪是寄生在枯竹根部的一种隐花菌类，形状略似网状干蛇皮，因其身着一袭白色纱裙，头戴一顶深绿色的小帽，亭亭玉立，婀娜多姿，被誉为"雪裙仙子""真菌皇后"。其脆嫩爽口、香味浓郁、滋味鲜美、营养丰富，是一种珍贵的食用菌。

第一节
概述

一、分类地位

竹荪隶属真菌界、担子菌门、蘑菇亚门、蘑菇纲、鬼笔亚纲、鬼笔目、鬼笔科、竹荪属。在我国常见的有以下几种。

拉丁学名：*Dictyophora indusiata*（Vent.）Desv.（长裙竹荪）；*Dictyophora duplicata*（Bosc.）E. Fisch.（短裙竹荪）；*Dictyophora echinovolvata* M. Zang et al.（棘托竹荪）；*Dictyophora rubrovolvata* M. Zang et al.（红托竹荪）；*Dictyophora merulina* Berk.（皱盖竹荪）；*Dictyophora multicolor* Berk. & Broome（黄裙竹荪）。

中文别名：竹参、竹花、竹笙、竹姑娘、网纱菌、僧笠蕈、鬼打伞、雪裙仙子等。

草腐菌生产技术

二、营养价值与经济价值

竹荪营养丰富，是一种高蛋白、低脂肪的保健食品。每 100 g 鲜竹荪中粗蛋白质含量达 20.2%，粗脂肪 2.6%，碳水化合物 6.2%，粗纤维为 8.8%；还含有 21 种氨基酸，其中 8 种为人体所必需的，占氨基酸总量的 33.3%，尤其是谷氨酸的含量高达 1.76%，占氨基酸总量的 17%；同时它还富含多种维生素如维生素 B_1、维生素 B_2、维生素 B_6 及维生素 A、维生素 D、维生素 E 等，并含有多种微量元素，主要有锌（60.2 mg/kg）、铁（68.7 mg/kg）、铜（7.9 mg/kg）、硒（6.38 mg/kg）。

现代大量的医药科学研究表明，竹荪含有的多种营养成分特别是有效多糖和氨基酸成分，具有降脂、抑菌、抗炎、抗氧化、保肝、降压、抗肿瘤、提高免疫力、清除超氧阴离子自由基等作用，对高血压、肥胖症、肝炎、细菌性肠炎、动脉硬化有很好的功效，尤其是在竹荪的天然防腐抑菌功效方面仍有待进一步的深度开发，经济价值显著。

三、发展历程

唐朝段成式著的《酉阳杂俎》第十九卷中就有关于竹荪的记载，所以早在 1 000 多年前我国古人对竹荪就有所认识。竹荪入馔则最早记载于山东曲阜孔府《进贡册》（公元 1784 年）。南宋的陈仁玉《菌谱》、明代的潘之恒《广菌谱》、清代的《素食说略》等均有记载。1923 年，我国真菌学先驱胡先骕先生在《农学杂志》上发表了"说竹荪"的文章，开创了竹荪研究之先驱。1937 年周建侯等在《农学月刊》上发表对竹荪的成分分析研究。1973 年云南昭通的李植森进行人工栽培竹荪的研究，揭开了野生竹荪人工驯化栽培的序幕。1974 年贵州科学院生物所胡宁拙等分离培养出竹荪纯菌丝菌种，创新性地进行竹荪椴木栽培试验，于 1978 年培育出竹荪子实体，取得了竹荪人工驯化栽培的成功，并在 1981 年《微生物学通报》上发表的《竹荪的人工栽培》一文中明确指出"竹荪是腐生菌，不是共生菌，它不仅能在竹类植物上生长，还能在多种阔叶树木上生长，利用的营养物质不是专一的，没有严格的选择性"，为竹荪人工栽培基质的研究奠定了基础。在这期间，国内许多科研单位也相继开展竹荪野生驯化的研究，广东省微生物研究所也取得了重大突破，筛选出一株适宜人工栽培的短裙竹荪并通过鉴定。中国科学院昆明植物研究所、中国林科院亚热带林业研究所、浙江农业大学、四川农业科学院土肥所等科研单位在竹荪的室内外栽培研究上也取得突破性进展。竹荪的驯化栽培历经 10 多年的研究，探明了竹荪的种性特征及生态条件的要求。贵州吴勇等采用织金县竹林中采集的野生红托竹荪进行组织分离和菌种繁育及栽培试验，于 1985 年取得"织金竹荪"，驯化成功之后进一步发展推广"竹荪砂锅栽培法"，使贵州的织金、大方等县成为我国竹荪的重点产区。同年，湖南的潘世表在竹林地栽培竹荪获得成功引起国内轰动，至 1989 年竹荪林下栽培技术迅速推广到湖南的会同、绥宁、靖安等 10 多个县，栽培面积达 8 hm^2，使我国的竹荪栽培进入了商品化生产。1989 年春，福建古田的周永通等采用竹类枝叶、杂木屑、芦苇、麦秸等原料进行不同品种的竹荪栽培试验，发现刺托竹荪抗逆性强，能高效地降解培养料中的木质素和纤维素，菌丝生长旺盛，长势快，适于仿原生态的野外生料栽培。该项技术的突破辐射带动古田县 4 000 多户菇农种植竹荪，推广面积达 1.5 hm^2，使福建古田县跃居成为 20 世纪 90 年代我国最大的竹荪生产和出口基地。随之"古田模式"的竹荪生料栽培技术在国内也得到了迅速推广，由此我国的竹荪人工栽培进入了高速发展期。进入 21 世纪后福建顺昌县经多年栽培实践，摸索总结出一套"竹荪发酵料大田栽培法"，极大地提高了竹荪的栽培产量，创造了竹荪速生高产栽培之典范。该项"竹荪发酵料大田栽培技术"在我国南方各省以及河南、四川、陕西等 18 个省区得到迅速推广应用，实现了我国竹荪大规模商业化生产。

2017 年竹荪全国产量达 19.95 万 t。

四、主要产区

竹荪在我国各个省份几乎都有分布。按照地域经济、气候特点、生产习惯、消费习惯、生产模式等因素，分为以下几个产区。

（一）东南产区

东南产区主要指福建、浙江、上海、江苏部分地区，这些地域处于我国东南沿海地带，消费水平较高。21 世纪，随着竹荪栽培技术研究的不断突破，福建省竹荪产业发展较快，其竹荪产量由 2000 年的 200 t 发展到 2017 年的 10.258 万 t，成为我国竹荪的主产区。福建省的竹荪主产区主要分布于顺昌、邵武、沙县、建阳、南平、建瓯等县。福建"顺昌竹荪"被农业部授予国家地理标志产品。

（二）中部产区

中部产区主要指湖北、安徽、河南、山东、山西、陕西、河北等地。在这些地区竹荪栽培原料以麦秸、玉米秆、稻壳为主，栽培方式为林下畦床栽培。

（三）北方产区

主要指黑龙江、吉林、辽宁、内蒙古部分地区。

（四）西南产区

西南产区主要指广西、贵州、四川、云南等地，贵州省织金县先后被中国食用菌协会授予"中国竹荪之乡"称号。其中四川"青川竹荪"被农业部授予国家地理标志产品。

五、发展前景

早在 20 世纪 70 年代之前，我国的竹荪产品均源于野生天然采集，因产量稀少，曾有"竹荪黄金价之说"。随着竹荪人工栽培的突破，竹荪产业的快速发展，现如今竹荪已成为寻常百姓餐桌上的佳肴，同时以竹荪为原料的深加工保健食品如竹荪保健茶、竹荪酒、竹荪罐头等的不断研发，延伸了竹荪的产业链，提高了竹荪产品的附加值，竹荪产业发展前景良好。

第二节
生物学特性

一、形态特征

竹荪形态奇特、婀娜多姿，广为世人称誉，有着"真菌之花""面纱女郎""仙人伞"之美名。竹荪的形态结构可分为菌丝体和子实体两部分。

（一）菌丝体

菌丝体是竹荪的营养体，由其担孢子萌发而成。担孢子是竹荪的基本繁殖体，在显微镜下观察，担孢子 3 ～ 4.5 μm×2.2 ～ 3.7 μm，单核，椭圆形，光滑，无色透明。菌丝体由无数纤细的菌丝组成，在其发育生长初期呈白色绒毛状；在生长培养后期具有不同的颜色，通常呈粉红色、米色或淡紫色。竹荪的菌丝体会因温度、光照或机械刺激等产生色素，因此其产生的色素是鉴别竹荪菌种的重要依据。长裙竹荪菌丝多为粉红色，短裙竹荪以紫色或淡紫色居多。

竹荪菌丝可分为单核菌丝和双核菌丝。单核菌丝是由竹荪的孢子萌发后芽管不断伸长分枝形成的，较纤细、管状，无色透明；双核菌丝是由两种性别的单核菌丝经过质配以后形成的，较初生菌丝粗壮。双核菌丝进一步发育形成密集、膨大交错的根状菌索。索状菌丝的形成是竹荪由营养生长转为生殖生长的外在特征。

（二）子实体

成熟的竹荪子实体主要由菌盖、菌裙、菌柄、

草腐菌生产技术

菌托等组成（图6-6-1）。

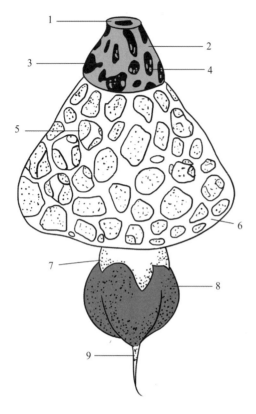

1.孔口　2.菌盖　3.网格　4.孢体　5.网眼　6.菌裙
7.菌柄　8.菌托　9.菌索
图6-6-1　竹荪子实体示意图

竹荪的子实体生长分为两个阶段：幼龄期和成熟期。幼龄期的子实体呈卵状球形，称菇蕾或菌球。它是由菌索顶端扭结发育而成的。菇蕾早期为蚁卵状，后逐步生长发育由小变大到鸡蛋大小，俗称"竹蛋"，呈圆球形，具三层包被，外包被薄且光滑，中包被胶质，内包被坚韧肉质。子实体在菇蕾中孕育，菇蕾原为白色，后渐变为粉红色、土红色、深灰色、褐色，表面呈龟裂纹。随着菇蕾膨大，顶端隆起成桃形，表面裂纹增多。成熟的菇蕾外形及纵剖面特征（图6-6-2、图6-6-3）。

菇蕾成熟时包被裂开（图6-6-4），菌柄将菌盖顶出（图6-6-5）。菌柄长5～30 cm，直径2～4 cm，呈圆柱状，中空，基部钝尖，顶端有一穿孔，外表白色由海绵状小孔组成，支撑菌盖和菌裙，是食用的主体。包被开裂后遗留在菌柄的基部，形成菌托。菌盖高2～4 cm，生于柄顶端呈钟形，盖表凹凸不平呈网格或皱纹。子实层着生

在菌盖表面上，凹的部分密布担孢子，当孢子成熟时，子实层呈黏液状并具臭味。当子实体成熟后柄顶端盖下有白色网状菌幕撒开，下垂如裙（图6-6-6），称为菌裙。菌裙长6～20 cm，网眼圆形、椭圆形或多角形，它是竹荪分类学上的重要依据。菌裙有孔或无孔是竹荪属与鬼笔属的重要区别，菌裙的长短是长裙竹荪与短裙竹荪的区别之一。

图6-6-2　刺托竹荪成熟菇蕾

图6-6-3　刺托竹荪菇蕾纵剖面图

图6-6-4　刺托竹荪菇蕾成熟开裂

图 6-6-5　刺托竹荪菌柄将菌盖顶出

图 6-6-6　子实体成熟时菌幕撒开

二、生活史

竹荪的生活史是指竹荪生长发育所经历的全过程（图 6-6-7）。

竹荪完成一个生命周期需要多长时间呢？自然界中成熟的竹荪孢子经风雨或由昆虫带到适合其生长的基质中，在适宜的环境条件下，孢子萌发为菌丝，开启其生命的周期。人工栽培则于每年春季的 3～5 月及秋季的 9～11 月将竹荪栽培种播入培养料中，菌种萌发形成菌丝。菌丝不断生长由单核菌丝生长为双核菌丝，随后形成庞

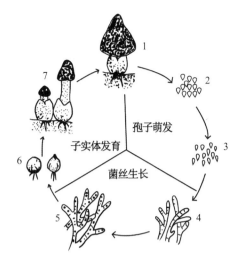

1. 子实体　2. 孢子　3. 孢子萌发　4. 初生菌丝　5. 双核菌丝　6. 菇蕾　7. 破口抽柄

图 6-6-7　竹荪生活史

大的菌丝体。在适温下历经 30～50 天的培养，菌丝体进一步发育形成根状菌索。菌索穿过腐殖土层，其末端聚集纠结形成瘤状凸起的原基。原基经 10～20 天培养逐渐膨大形成菇蕾，菇蕾由小变大呈球状。随着菇蕾的膨大，顶端突起呈桃形。在适宜的温湿度下，菇蕾壳层顶端裂口，在 10～12 h 内，菌柄迅速伸长将菌盖顶出，再经 2～3 h 菌柄长至 8～10 cm，褶皱菌盖内的网状菌裙慢慢撒开形成成熟的子实体，成熟的子实体顶端产生担孢子，即完成了一个生命周期（图 6-6-8）。如此周而复始地循环代代繁衍，野生竹荪在大自然中生长需要 1 年时间，而人工栽培竹荪完成一个生命周期仅需 3～4 个月。

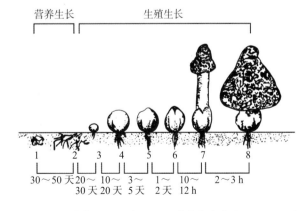

1. 接种　2. 菌索　3. 原基　4. 竹荪球发育成熟　5. 顶端突起　6. 破口　7. 菌顶形成并露裙　8. 子实体形成

图 6-6-8　竹荪生长发育周期

三、营养

20 世纪 70 年代之前人们把竹荪视为与竹类共生的真菌。80 年代至今，大量的科学与实践研究表明，竹荪是一种腐生性真菌，对营养物质没有专一性，与常规腐生性真菌的要求大致相同，其营养要求主要为碳源、氮源、无机盐等。

（一）碳源

碳源是竹荪碳素营养的来源，它不仅是竹荪生长发育的能量来源，还是合成竹荪碳水化合物和氨基酸等的重要成分。竹荪与其他的草腐菌蘑菇、草菇等不同，对碳源营养物不具有专一性，草、木皆可利用。自然界中许多富含淀粉、纤维素、半纤维素、木质素的有机物质均能被竹荪分解成简单的糖类，其可利用多种草本植物和木本植物，有农作物秸秆（棉籽壳、麦秸、玉米秆、木薯秸、高粱秆、蔗渣、谷壳等）、野草类（芒萁、芦苇、五节芒、斑茅等）、竹类（竹子的干、枝叶、根茎等）、树木类（阔叶树枝丫、木片、木屑及果树枝丫等）。

（二）氮源

氮源是指能被竹荪菌丝吸收利用的含氮物质，它是合成蛋白质和核酸的必要元素。竹荪喜氮，可利用多种氮源如麸皮、玉米粉、氨基酸、尿素、铵盐等。无论是有机氮还是无机氮都可以被竹荪菌丝吸收利用。生产上常用尿素作为氮源。在其菌丝的营养生长阶段，培养料的含氮量以 0.016%～0.064% 为宜；在原辅材料建堆发酵时由于竹粉、木屑中的氮源不足，可添加适量的尿素以补充培养料中氮的含量，可以促进竹荪菌丝的生长。

（三）矿质元素

矿质元素是构成竹荪细胞的成分和酶的组分，还具有调节细胞渗透压的作用。添加适量的石膏、过磷酸钙、碳酸钙、磷酸二氢钾、磷酸氢二钾、硫酸钙、硫酸镁等无机盐，既可调节培养料的酸碱度，又可促进竹荪菌丝的生长。所以生产中常加入 1% 的石膏或过磷酸钙以满足竹荪生长的需要。

（四）微量元素

竹荪生长需要少量的微量元素，如铁、钴、锰、钼、硼等，这些在实际生产中不需要另外添加，培养料农作物秸秆及天然水中的含量即可满足其生长需要。

四、环境条件

竹荪与其他草腐菌一样，其营养生长和生殖生长过程除与各营养因子相关外，还与温度、水分、空气、光照、酸碱度等其他生态因子息息相关。

（一）温度

温度是竹荪生长发育的关键因子，它直接影响其子实体生长发育。不同竹荪品种对温度的要求不一样，但温度低于 15 ℃均无法形成子实体。短裙竹荪、长裙竹荪、红托竹荪属中温型，菌丝在 5～30 ℃均可生长，最适温度为 23～25 ℃，而其子实体生长发育的适宜温度为 19～28 ℃。棘托竹荪属高温型，菌丝生长温度为 5～38 ℃，最适温度为 25～30 ℃，其子实体形成的适宜温度为 25～32 ℃。

（二）水分

竹荪是喜湿性菌类，水分对其新陈代谢和营养的吸收起着关键性的作用，是竹荪生长发育的重要因子，它主要包括培养料的含水量、土壤湿度和空气湿度。在竹荪的营养生长阶段所需水分主要源于培养料。基质的含水量以 60%～65% 为宜，低于 30% 菌丝会因脱水而死亡，高于 75% 菌丝会因培养料透气性差，缺氧窒息而死；当进入子实体发育期，培养料的含水量应当提高到 65%～70% 才有利于子实体的形成与生长。土壤湿度以竹荪大田畦床栽培为例。由于竹荪菌丝体均生长在大田里，只有在一般湿润的土壤条件下才能正常生长，所以覆土时应调节好覆土材料的含水量，以手捏土粒扁而不碎、不黏手为宜。在栽培过程中保持土壤处于湿润状态，含水量以 25%～30% 左右为佳；在竹荪的菌丝生长阶段，空气湿度虽无直接影响，但会间接影响培养料水分的蒸发。在菌丝生长阶段，空气相对湿度以保持在 65%～75% 为宜；当进入生殖生长阶段，菇蕾处于卵形期，空气相对湿度应提高到 80%，以促进菇蕾分化；当菇蕾成熟至裂口期，空气相对湿度应提高到 85%；而由裂口到菌柄伸长期，空气相对湿度应提高到 90%；在菌裙张开期，空气相对湿度应达到 95% 以上才能确保竹荪菌裙的完整、饱满。当遇上洪涝时要及时排水，防止畦床长时间浸泡在水中；当遇上少雨干旱天，应适度喷水保湿。

（三）空气

竹荪属好氧性真菌，在其生长发育的全过程都必须有充足的氧气，要求栽培过程中培养料和覆土层及环境通风透气。只有培养料和覆土层通透性良好，才能确保菌丝生长旺盛，原基形成快，子实体正常生长；而在严重缺氧的情况下，菌丝生长会受到抑制，生长缓慢，甚至窒息而死。所以无论是室内栽培还是室外栽培，应定时开门窗或揭开覆盖的薄膜进行通风换气，以保持竹荪良好的生存空间。

（四）光照

竹荪的营养生长阶段不需要光照，在完全黑暗的条件下培养，菌丝呈白色绒毛状。菌丝见光后生长会受抑制，易变成紫红色，引起老化。在子实体原基形成阶段也不需要光照，但菇蕾露土后则要求一定的散射光，以 15～200 lx 为宜。在自然界中竹荪均处于竹林、草丛下，若将它暴晒在阳光之下，很快就会萎缩。强烈的光照不仅难以保持较高的环境湿度，同时不利于子实体的正常生长发育，易引起菇蕾的萎缩而形成畸形菇。所以室外栽培一定要注意遮阴，避免强光的照射。

（五）酸碱度

野生竹荪大多生长在竹林下的腐殖层，所以竹荪适宜在偏酸性的环境下生长。竹荪菌丝发育适宜的 pH 为 5.5～6，子实体生长发育适宜 pH 为 4.5～5。

（六）覆土

竹荪由营养生长阶段进入生殖生长阶段时，土壤因子也是不可缺失的，即栽培时必须覆盖土壤。土壤可促进其原基的分化，诱导子实体的形成。所用土壤以富含腐殖质、持水性良好、不宜板结、呈弱酸性（pH 6～6.5）的轻壤土为佳，使用前应进行暴晒消毒处理。

第三节
生产中常用品种简介

目前我国有长裙竹荪、短裙竹荪、红托竹荪、棘托竹荪、黄裙竹荪、朱红竹荪、皱盖竹荪共 7 个种，但形成商品化规模生产的常用竹荪品种则主要有长裙竹荪、短裙竹荪、红托竹荪、棘托竹荪 4 个种。

一、认（审）定品种

（一）宁 B1（2008054）

1. 选育单位　湖南省微生物研究所。

2. 形态特征　长裙竹荪，子实体幼时椭圆形，成熟后菌柄伸长，菌柄基部 2～4 cm，株高 12～24 cm；菌托紫色。菌盖钟形，高为 3～6 cm，有明显网格，成熟后网格内有微臭的暗绿色孢子。菌裙白色，网格多角形，下垂 10 cm 以上。中温偏低型出菇品种，子实体生长需良好通风。

3. 菌丝培养特征特性　菌丝生长温度 8～30 ℃，最适温度为 22～24 ℃，水分要求 60%～65%，最适 pH5～5.5，菌丝生长阶段不需要光照，需保持良好通风。

4. 出菇特性　菇蕾形成温度 10～23 ℃，空气相对湿度 80% 以上；开伞温度 12 ～ 23 ℃，空气相对湿度 90% 以上。在适宜培养条件下 65 天左右出菇。

5. 产量表现　生物学效率 65% 以上。

6. 栽培技术要点　①适宜山区栽培，最适播种期为 3 ～ 4 月，当年播种当年收获。②需覆土出菇，播种时菇床边土不宜过厚，土层宜稍干，以免影响通气。③出菇阶段要求菇床湿度稍大。

7. 适宜地区　建议在湖南省及相似生态地区栽培。

（二）粤竹 D1216（2008055）

1. 选育单位　广东省微生物研究所。

2. 形态特征　短裙竹荪，单生或群生，子实体幼时呈卵球形，子实体高 10 ～ 18 cm，直径 3.5 ～ 4 cm，具有明显的凹凸不平网格，顶端平，有穿孔。菌柄长 10 ～ 15 cm，圆柱形至纺锤形。菌盖下部至菌柄上部有白色的网状菌裙，下垂 3 ～ 5 cm，长度为菌柄的 1/3 ～ 1/2。菌裙上部的网格多为圆形，下部则为多边形（图 6-6-9）。菌托直径 3 ～ 5 cm，正常条件下呈粉红色至淡紫色，受伤后变深紫红色，菌托重约占子实体重的 58%，烘干后占整个子实体重的 95.4%。孢子清香。

图 6-6-9　粤竹 D1216（广东省微生物研究所提供）

3. 菌丝培养特征特性　菌丝生长温度 12 ～ 33 ℃，最适温度为 22 ～ 25 ℃，要求空气相对湿度在 60% ～ 65%，最适 pH5 ～ 5.5。菌丝生长阶段不需要光线，需保持良好通风。

4. 出菇特性　子实体分化温度为 17 ～ 25 ℃，生长温度为 20 ～ 24 ℃。子实体发育阶段，培养料含水量要求在 60% ～ 65%。

5. 产量表现　生物学效率 40% ～ 60%。

6. 栽培技术要点　①熟料栽培、生料栽培均可。②出菇前进行覆土，覆土层含水量要求 15% ～ 20%，空气相对湿度控制在 80% 左右；出菇至子实体成熟阶段，空气相对湿度要求在 85% 以上。③子实体生长阶段光照强度以 20 ～ 200 lx 为宜。④出菇阶段注意通风换气，保持栽培室内空气新鲜。

7. 适宜地区　菌株抗杂菌能力较强，对生长条件要求高，在自然条件下，广州地区一年可栽培两茬。建议在广东省等南方相似生态地区自然条件下栽培。

（三）D88（2008052）

1. 选育单位　福建省建阳大竹岚真菌研究所。

2. 形态特征　棘托竹荪，菌球初期带棘，后期消失。菌球中等偏大，成熟子实体裙与柄等长或较柄长，色白、厚实。

3. 菌丝培养特征特性　菌丝生长温度 5 ～ 35 ℃，最适温度 25 ～ 30 ℃。

4. 出菇特性　子实体形成温度 20 ～ 32 ℃；品种抗逆性强，适应范围广，出菇早，不耐贫瘠，抗虫性能差，不耐黏菌侵害，不耐二氧化碳。

5. 产量表现　生物学效率为 50% ～ 83%。

6. 栽培技术要点　主要基质为竹类、阔叶杂木类、农作物秸秆等；种植季节在 2 ～ 8 月，栽培场地不宜连作；原料需预湿或发酵，用种量应充足；覆土以偏酸性富含有机质、疏松的沙壤土为宜；播种后 45 ～ 70 天可现蕾，现蕾期间空气相对湿度维持在 80% ～ 95%。

7. 适宜栽培地区　建议在长江以南适宜地区栽培。

（四）B5 号（2008053）

1. 选育单位　湖南省微生物研究所。

2. 形态特征　棘托竹荪，子实体个体小，密度大，幼期近球形，有棘毛，后期颜色由白色逐渐转为褐色。菌盖钟形，高 3 ～ 4 cm，有明显网格，内含土褐色孢子液。菌裙白色，下垂 8 ～ 12 cm，裙幅 10 ～ 14 cm，网眼正五边形。菌托土褐色，有棘毛。菌柄长 10 ～ 16 cm，菌柄基部直径 1.5 ～ 3 cm，白色，中空，海绵状。

3.菌丝培养特征特性　菌丝生长温度 5 ～ 35 ℃，最适温度 25 ～ 30 ℃，菌丝可耐受 32 ℃高温。

4.出菇特性　高温型出菇品种，子实体可耐受 30℃高温。

5.产量表现　生物学效率在 90% 以上。

6.栽培技术要点　可在山区、平原、丘陵地区栽培，栽培原料为竹、木类和作物秸秆；最适播种期是 4 ～ 5 月，当年播种当年收获；在适宜培养条件下 55 天左右出菇；栽培需覆土，不覆土出菇产量低。

7.适宜栽培地区　建议在湖南省及相似生态地区栽培。

二、未认（审）定品种

（一）红托竹荪

散生或群生，幼蕾呈卵球形，淡粉红色或暗紫红色，成熟时变为长椭圆形，子实体呈乳白色，菌盖直径 3.5 ～ 4.5 cm，圆锥形，表面有明显凹凸不平的网格，顶端平，内有一孔。菌柄由顶端伸出，白色，柱形，中空，海绵状，通常长 10 ～ 30 cm，直径 2 ～ 5 cm。菌托碗形，包着菌柄基部。菌裙白色、花眼状，有圆形、椭圆形、多角形（图 6-6-10）。红托竹荪主要分布于贵州的织金、清镇、金沙、毕节、绥阳、大方、平坝、赤水等地，其中以织金分布最广。当下以"织金清香型"红托竹荪品种种植较多，该品种属中偏低温型品种。菌丝生长温度 10 ～ 30 ℃，最适温度 23 ～ 25 ℃，营养生长阶段以 18 ～ 25 ℃为好，进入生殖生长阶段温度以 17 ～ 28 ℃为佳。早晚温差 10 ℃左右有利于子实体的大量产生，但温度不得超过 32 ℃，超过 32 ℃

会导致子实体死亡。

图 6-6-10　红托竹荪

（二）棘托竹荪

菌丝在培养基质表面呈放射性匍匐生长。菇蕾（图 6-6-11）呈球状或卵状，表面有散生的白色棘毛，柔软，上端呈锥刺状，随着菇蕾的生长，棘毛短少，至萎缩退化成褐斑。菇蕾多为群生，少数单生。子实体高 20 ～ 30 cm，菌盖薄而脆，裙长落地，色白（图 6-6-12），有奇香。菌丝生长温度 5 ～ 35 ℃，最适温度 25 ～ 30 ℃；子实体生长温度 23 ～ 35 ℃，最适温度 25 ～ 32 ℃，属高温型品种。该品种较其他品种易栽培，产量高，见效快。棘托竹荪在福建的顺昌、邵武、古田等主产区栽培最为广泛，主栽品种有 D89、D1。

图 6-6-11　菇蕾

草腐菌生产技术

图 6-6-12 棘托竹荪

第四节
主要生产模式及其技术规程

目前竹荪的主要生产模式有生料栽培、发酵料大田栽培、套种栽培、室内层架及筐式栽培等。

一、生料栽培模式

栽培实践表明，竹荪与其他食用菌品种相比，菌丝在自然中的生长优势明显，菌丝抗逆性强，即使培养料已被其他微生物侵染，但只要接入适量的竹荪菌种，在被侵染的培养料上竹荪菌丝均能后来居上而茁壮生长。这是由于竹荪菌丝分泌出的胞外酶分解力极强，能够充分分解吸收培养料中的养分，特别是棘托竹荪在生料栽培上优势更为明显，所以生料栽培以棘托竹荪为主栽品种。

（一）栽培季节

一般分春、秋两季进行栽培生产。以适宜竹荪生长发育的温度 10 ～ 30 ℃为依据，春季：低海拔地区 2 ～ 4 月，高山地区 3 ～ 5 月。秋季：9 ～ 11 月。

（二）菌种制备

竹荪的菌种繁育与其他草腐菌相类似，菌种分为母种、原种和栽培种。

1. 母种制作

配方 1（PDA 培养基）：马铃薯 200 g，葡萄糖 20 g，琼脂 20 g。

配方 2：玉米粉 60 g，蔗糖 10 g，琼脂 20 g，硫酸镁 0.5 g。

配方 3：鲜竹根 100 g，鲜蕨根 100 g，葡萄糖 10 g，琼脂 20 g，磷酸二氢钾 0.6 g，维生素 B_1 0.1 g。

上述三种配方加清水 1 000 mL，pH 5.5 ～ 6，制作方法同常规斜面母种生产的方法。

2. 原种、栽培种的制作　竹荪原种和栽培种常用推荐配方如下。

配方 1：竹屑 30%，杂木屑 30%，豆秸粉 12%，麸皮 25%，蔗糖 1.2%，磷酸二氢钾 0.3%，石膏 1.5%，pH 6.5 ～ 7，料水比 1∶（1.4 ～ 1.5）。

配方 2：杂木条 60%，豆秸粉 14%，麸皮 23%，蔗糖 1.2%，磷酸二氢钾 0.3%，石膏 1.5%，pH 6.5 ～ 7，含水量 55% ～ 60%。

配方 3：杂木屑 75%，麸皮 15%，玉米芯 8%，石膏 2%，pH 6.5 ～ 7，料水比 1∶（1.3 ～ 1.4）。

配方 4：棉籽壳 40%，杂木屑 20%，棉柴 20%，麸皮 18%，蔗糖 1%，碳酸钙 0.8%，磷酸二氢钾 0.2%，pH 6.5 ～ 7，料水比 1∶（1.5 ～ 1.6）。

培养料中杂木屑及杂木条宜选择木质较疏松的阔叶树种如青冈栎、板栗、核桃、杨树等。上述培养料拌好后装瓶，要求下松上稍紧，中间打洞。其生产方法与其他食用菌常规原种、栽培种生产相同。每支母种一般扩接原种 4 ～ 5 瓶，接种后置 25 ℃ ±2 ℃培养室内培养 50 ～ 60 天，菌丝长满瓶即可。原种每瓶扩接栽培种 45 ～ 50 袋（瓶），25 ℃ ±2 ℃培养 60 ～ 70 天，菌丝满袋（瓶）即可用于栽培生产。优良的竹荪菌种，菌丝色白，长势旺盛、强壮，气生菌丝浓密、均匀、无间断。

（三）培养料准备

1. 原料选择　适合竹荪栽培的原料非常丰富，主要有四大类：竹类（所有常见品种竹子的干、枝叶、根茎、竹屑等）、农作物秸秆类（棉籽壳、玉米秆、玉米芯、木薯秸、大豆秸、高粱秆、花生壳、谷壳、黄麻秆、甘蔗渣等）、野草类（类芦、芒萁、芦苇、五节芒、斑茅等）、树木类（阔叶树枝丫、木片、木屑及果树枝丫、桑枝等）。

2.原料的处理与配比

（1）晒干　用于栽培的原料无论是秸秆类、竹类、野草类还是树木类均要晒干，防止有害微生物及虫害的滋生，同时新砍伐的竹或树木类及下脚料等通过日晒可降低原料中的生物碱含量，有利于菌丝的生长。

（2）切破　主要针对竹类、树木类，通过切破原料，破坏原料的坚硬外表，使植物鲜活组织不易存活，便于竹荪菌丝吸收。可通过菇木切削机将木材料切成小薄片，竹类或枝丫材切成 5～6 cm 长的小段。竹子的干还可整条锤、压（平铺于公路让拖拉机、汽车等来回碾压）破裂即可。

（3）浸泡　原料的浸泡通常采用碱化法和药浸法。

1）碱化法　将整个竹类原料放入浸泡池内，木片或其他碎原料装入麻袋中整袋放入池内。按每 100 kg 干料加入 3%～4% 的石灰，以水淹没料为度，浸泡 24～36 h。滤后反复用清水冲洗至 pH 7 以下。捞起沥干至含水量 60%～70%，即可用于生产。采用蔗渣、棉籽壳、玉米芯和谷壳等秸秆类栽培的，也可按 100 kg 干料加入 3%～4% 的石灰，直接拌入料中，闷 8～12 h 即可使用。

2）药浸法　将原料浸入 0.5% 甲基托布津溶液中 3～4 h，浸至无白心为止。

（4）培养料配比　栽培竹荪的基质无论是竹类、树木类、野草类、秸秆类中的一类或是几类混合都可以。竹类、树木类混合林下栽培不仅产量高，且后续营养足可连收 2 年。芦苇纤维较易被竹荪菌丝分解吸收，收菇快产量高。所以配料时应注重竹、木、草三结合，粗、细、长、短搭配适宜才能确保高产栽培。

配方 1：杂木片 50%，杂竹及枝叶 40%，芦苇或豆秸 10%。

配方 2：杂竹及枝叶 30%，杂木片 30%，黄麻秆 25%，甘蔗渣或玉米芯 15%。

配方 3：杂竹及枝叶 50%，杂木片 30%，芦苇 20%。

配方 4：芦苇 50%，杂木片 35%，杂竹及枝叶 15%。

配方 5：甘蔗渣 50%，竹类或花生壳 25%，杂木片 14%，豆秸 10%，过磷酸钙 1%。

生产上常用的配方培养料含水量 65%～70%。

（四）栽培场地选择及处理

野生竹荪多长于潮湿、清凉、土壤肥沃的竹林或阔叶林地上，适宜的栽培场所应尽可能模拟其自然环境以满足其生长的需要。林密度 70% 的竹林或阔叶林地的山坡脚下或半山斜坡，坡向朝外，腐殖层厚、土壤肥沃，呈弱酸性（pH 6～6.5）的轻壤土，近水源，排水良好，无虫害的场所最为理想。也可以充分利用房前屋后的空闲地、瓜棚下、果林园、大田等加以改造，创造出适宜竹荪栽培的场所。场所要做好消毒杀虫、整理畦床、搭盖荫棚三个环节。

1.栽培前的消毒、杀虫清理　栽培场所若是稻田，在栽培之前应先开沟排水，清除稻头，挖深土层 10 cm，晒白后待用。若是山地，应先剔除石子，铲除杂草，整畦之前在场地的四周撒上石灰粉进行消毒杀菌。若是林地或旱地，栽培前则要喷施氰戊菊酯或氟虫胺等杀白蚁药物，防止白蚁的滋生。

2.整理畦床　畦床宽 1～1.3 m，长则视场地而定，一般以 10～15 m 为好。畦面整成龟背状（即中间高四周低），畦床高出畦沟底盘 25～30 cm。畦与畦之间设人行道，宽 30～40 cm，畦沟的人行道两端应有一定的倾斜，防止积水。

3.建遮阳棚　为防止日光暴晒，栽培场地遮阴度差的应建遮阳棚，棚顶可铺设遮阳网或不易落叶的芦苇、茅草、高粱秆等遮光。春季栽培也可通过套种植物瓜果，使其藤叶蔓延伸至棚顶，以达到遮阳的效果。光照要求"四分阳六分阴"，尤以"梅花点"的散射光为佳。

（五）铺料播种与覆土

1. 铺料　每平方米用干料 25 kg，培养料含水量 65%～70%。铺料时从地面畦床起，采用"三料二菌种"法：畦床→铺料 5 cm→播种→铺料 10 cm→播种→铺料 5 cm→覆土 2～3 cm，或"二料一菌种"法：底层料占 2/3，然后播一层菌种，上层料占 1/3，形成二层料一层菌种，整个料厚 20 cm。

2. 播种　播种与铺料要密切配合，应做到一边铺料，一边播种，料铺完一层后要把料踏实，然后再在料面上播一层菌种，菌种要掰成 2 cm×2 cm 的块状，以利于菌丝的萌发。播种采用穴播或撒播均可。"三料二菌种"法中第二层的料和菌种要比第一层增加 1 倍。总的播种量为 2～3 袋/m²，每袋 500 g。

3. 覆土　铺料与播种后应在畦床面上覆盖一层 2～3 cm 厚的土。覆土不宜过厚，太厚会造成出菇慢，但覆土过薄也不利于子实体的形成。土质要求肥沃、疏松、透气、保水性好，以竹林和栎林中表层的腐殖土为佳，菜园土次之，塘泥土较差，黄壤土最差。

（六）栽培管理

1. 发菌期　覆土 10 天后应用芦苇、茅草等铺盖在畦床上，防止雨水冲刷造成表土流失。大田栽培覆土后应盖上塑料薄膜，温度保持在 23～28 ℃，超过 30 ℃揭膜通风，每天应通风 1 次。春季栽培气候无常，遇晴暖天气应揭膜通风，遇冷空气则应减少通风，注意保温。而秋季栽培因气温逐渐降低，也应酌情减少通风时间。播种后 10 天左右，检查菌丝定植情况。若菌丝萌发不佳应查明原因，并及时补播菌种。播种后 25～30 天，菌丝发育期通常不必喷水，以盖膜内呈雾状并挂满水珠为宜。若因气候干燥或气温偏高表土发白干燥，可喷雾状水至土壤湿润。发菌期喷水宜少不宜多，否则过湿易导致菌丝霉烂。

2. 菇蕾期　播种 30 天后，菌丝经过培养增殖，吸收养分聚集成菌索爬上畦面。菌索尖端扭结形成白色米粒状的原基，此时应每天通风 1 次（30 min），喷雾状水 1 次。当分化成菇蕾直径 1～1.5 cm 时，可直接轻喷畦床 1 次并通风。菇蕾由小到大长成球状时，水分要求增多，需早晚各喷水 1 次，保持空气相对湿度 85%～90%，结合通风换气保障菇场空气流畅，温度以 25～30 ℃为宜。

3. 抽柄撒裙期　菇蕾膨大至顶端凸起后，在短时间内菇蕾便破口，继之抽柄散裙。通常菇蕾在 8 时起破口，到 12 时就要完成子实体的采收，否则会因采收不及时而倒伏消亡。这个阶段要加大喷水量，早晚各重喷 1 次，保持菇场空气相对湿度 95%。采前重喷促进加快抽柄散裙。此出菇期间应加强通风，保持场内空气清新，防止高温，出菇中心温度以 25～30 ℃为宜。

（七）采收与加工

由于竹荪出菇菇茬集中，从子实体破蕾到撒裙成熟时限较短，大部分在每天 8～12 时，少量在 14～15 时成熟。当菌裙撒至菌柄 1/3 时就要及时采摘，若等其撒裙后 1～2 h，子实体会倾倒畦上自溶，所以采收时应安排充足的劳力及时采收。同时要做到当天采收，当天烘干。可采用二次烘干法进行加工，即鲜菇在烘房控温 60～65 ℃烘至八成干时出烘房，冷却 10～15 min 后，将半干品捆成一束束（约 50 g）再进烘房烘至足干。烘干后的产品应及时用双层塑料袋包装，并在袋内放入硅胶防潮剂进行防潮处理。

二、发酵料大田栽培模式

竹荪发酵料大田栽培在我国竹荪主产区福建的顺昌、古田、邵武等地已得到了大面积的推广，是目前国内竹荪生产的主要模式（图 6-6-13）。其栽培的主要品种是刺托竹荪。它与传统生料栽培相比种植产量翻番，平均每亩可产竹荪干品 100 kg，高产的可达 180 kg。

图 6-6-13　发酵料大田栽培模式

（一）栽培季节

竹荪属中温型菌类，当气温稳定在 10 ℃以上即可播种。以福建闽北各主产区为例，主要以春栽为主，每年 2～4 月播种。通常播种后 60～70 天进入子实体发育期，温度在 20 ℃以上即可出菇，5～9 月采收，通常可采菇 4～6 茬。由于竹荪子实体发育时需在 20 ℃以上，所以早播种不一定能早出菇。适宜的栽培日期依气温而定，外加参考原料的粗硬度。原料粗硬的早播种，原料细软的可略迟播种。种植面积较大的，应合理安排播种时间，错开采收期，避免集中采收。

（二）菌种制备

菌种制备包括母种、原种、栽培种制备，具体制种技术参照本节"生料栽培模式"进行。

（三）田地的选择

选择交通方便、排灌便利、土质疏松、持水性良好、富含腐殖质、肥力强、未栽培过竹荪的大田。竹荪种植不宜连作，须间隔 2 年以上，以周边田块未种植过竹荪为佳。当年种过红薯、玉米等喜肥旱作物的田块及以细沙为主、保水性差、易受旱的田块不宜采用。若仅因土质肥力不足，可在栽培前一个月选择阴雨天施肥，施肥量按每亩施尿素 15 kg，过磷酸钙 50 kg，以增强土壤的肥力。

（四）培养料准备

竹荪发酵料栽培原料十分广泛，凡是含有木质素、纤维素的农副产品下脚料等皆可作为其栽培原料。目前主要采用的原料为各加工厂的下脚料如竹粉、竹丝以及杂木屑、芦苇、黄豆秸、谷壳等。混合料的产量高于单一原料，所以原料种类要多样化，同时要粗细搭配。

备干料 4 000～5 000 kg/亩，即每亩用干竹屑 1 500～2 000 kg，干木屑 1 500～2 000 kg，谷壳 1 000 kg，尿素 50 kg，碳酸钙或过磷酸钙 25 kg（如培养料以竹屑为主时用碳酸钙，以木屑为主时则用过磷酸钙），石膏 50 kg。

备料时间一般选在 10～12 月。原料堆放期间应防潮、防霉变。

（五）建堆发酵

一般建堆发酵时间为 40～60 天，在每年 12 月至翌年 1 月开始建堆发酵。栽培料建堆宽为 2 m，高 1.5～1.8 m，长度根据所需培养料数量和场地而定。场地四周应排水通畅。堆料按铺一层混合料（底层先铺谷壳 20 cm，然后铺木屑 15 cm、竹屑 15 cm）撒一层尿素、碳酸钙、石膏，并先浇少量清水，然后再铺一层混合料（厚度及铺料顺序同上）再撒一层尿素、碳酸钙、石膏并浇水，如此反复，共堆 3～4 层，最后浇足水分，一般以 50 kg 干料浇 30 kg 水为宜。若有添加禽畜粪则应均匀铺撒在各层料面间，以使其充分发酵。当料堆中心温度达 60～65 ℃时即可进行翻堆，每隔 10～15 天翻堆一次，共翻 3～4 次。翻堆应选择晴好天气时进行，并根据培养料的干湿情况酌情补充水分。翻堆时要求上下、左右、内外培养料互换位置，以达到里外发酵均匀。原料粗硬的应早建堆，并相应延长翻堆的间隔时间。原料细软的则可略延后建堆时间。通过建堆发酵，一方面可使培养料腐殖变软，利于竹荪菌丝的生长；另一方面利用发酵时产生的高温杀灭培养料中虫害及杂菌，进一步确保竹荪菌丝的生长优势。由于竹荪菌丝喜氮，在培养料中添加牛粪、鸡粪、鸭粪、尿素等可增加培养料的含氮量，对提高竹荪产量有着显著的作用。但添加这些氮源基质时应在培养料发酵前加入。单独添加尿素，其添加量不应超过总干料的1%；单独添加禽畜粪，其添加量也不应超过总干料的20%。同时

草腐菌生产技术

添加禽畜粪及尿素，则要依据上述推荐添加比例掌握好适宜的配比。在堆制完成后，要特别关注培养料是否仍有氨味，只有发酵料废气散尽无氨味后方可进行播种。

（六）整畦铺料播种

1. 整畦　由于竹荪出菇具有边际效应（图6-6-14），畦面中部现蕾较畦边少，所以整理畦床时，畦面不宜过宽。每畦宽60～70 cm，高20～25 cm，长不限，畦与畦之间留30 cm走道，四周应排水通畅。

图6-6-14　竹荪出菇的边际效应

2. 铺料播种　铺料前，先检查发酵料是否还有氨味，如有则先将发酵料堆放在畦床上晾晒几日。晾晒期间要防雨，避免养分流失。若培养料偏干，则应补充水分将含水量调至60%～65%，然后铺料。用料量每平方米20～25 kg（宽55 cm，厚15 cm，长以畦长为准），先将竹荪菌种掰成鸽子蛋大小（2 cm×2 cm）的块状，播种可采用"一"字双排播种法，播下菌种后覆盖培养料再覆土。也可采用梅花形穴播法，每穴放入菌种约30 g，播种量为每平方米1～2袋（500 g/袋）。播下菌种后，用培养料将菌种盖住压平，再覆土，覆土厚度为3～4 cm。最后在畦面盖上一层稻草1～2 cm，2～3天后待稻草吸湿变软时再盖上塑料薄膜保温防雨。

（七）发菌期管理

播种后7～10天，要检查菌种的萌发和吃料情况，发现菌种萌发差、吃料慢的要查明原因并及时补种，确保菌种的成活率达95%以上。发菌阶段遇雨天或寒冷的天气（气温低于15 ℃），除了必要的通风透气外，要盖好塑料薄膜保温防雨；若天热无雨（气温超过30 ℃），则要揭膜降温。

当畦面可见竹荪菌丝时，要及时掀去畦面保湿稻草。当竹荪菌丝由营养生长转入生殖生长时即菇蕾期，要注意控制培养料的含水量保持在60%～65%。若培养料太干，要在畦沟内灌水，待培养料含水量适中后，再将畦沟内的水排干；若料太湿，则要增加通风，排干场地积水。从播种起45～50天（约在现蕾前10天）用除草剂消灭畦面的杂草，不宜人工拔除杂草，防止因表土松动影响菌丝正常生长。当土层温度达15 ℃以上，畦面有少许菇蕾长出时，应用芦苇、遮阳网等搭建遮阳棚。早春遮阳物宜薄些，保持"四分阳六分阴"。随着气温的升高和菌蕾的不断长大，遮阳物要逐渐增厚调节到"三分阳七分阴"。

（八）出菇期管理

竹荪在生长过程中对水分及湿度的调控要求较高，因此要做好场地保湿、防涝工作，特别是在菇蕾期和出菇阶段一定要把工作做扎实。具体做到"四看"，一看遮盖物，若稻草变干，就要喷水。二看覆土，覆土层发白，要多喷、勤喷，促进菌丝进入土壤形成菌索。三看菇蕾，菇蕾小轻喷、雾喷，菇蕾大多喷、重喷。四看天气，遇久晴、无雨的干燥天水分蒸发量大，要多喷，以保持畦面覆土的湿度及栽培场地空气湿度；若阴雨绵绵，则不喷，应及时清理排水沟，防止培养料浸泡，造成菌丝窒息死亡。

出菇期要保持培养料含水量60%～65%（手捏料成团而无水挤出即可），覆土层的含水量保持在25%～30%（以手捏土粒能成团、放手即散为宜）。子实体生长期的水分、通风管理的具体方法可参照本节"生料栽培模式"中的相关内容。在一茬菇采收结束后，应停水5～7天，然后在畦面浇一次重水。结合浇水，每亩可喷施氮磷钾复合肥8～10 kg，对水500～1 000 kg，以补充营养促进下一茬竹荪的生长。

（九）采收烘干

竹荪菇蕾破壳抽柄至成熟需 2.5～7 h，一般 12～48 h 即倒伏死亡。竹荪菇蕾破口抽柄柄长 10～20 cm 时便可采收。采摘时，扶住菌托，一手用小刀将整个子实体从菌托下方切断，轻轻取出，剥去菌盖和菌托，注意保持菇体完整和清洁，并轻放入筐内。不能用手扯摘，菌裙、菌柄较脆嫩，若用手扯摘易将其折断。采收的竹荪应及时整齐地摆放在烘筛上，当天烘干。分两个阶段进行机械脱水烘干。

1.定型烘干　将竹荪子实体整齐地排放在筛上，放进烤房，打开炉顶天窗（全部打开）烧大火，温度控制在 60～65 ℃，排湿定型。这个阶段一定要注意控制适宜的温度，温度不能超过 65 ℃，但前期烘烤温度也不宜太低，太低了排湿过慢，会造成竹荪缩管。

2.定色烘干　待竹荪脱水至七八成干时，打开烘门，取出烘筛，间隔 10～15 min，然后将竹荪整齐地扎成捆，每捆直径约 20 cm，竖起放进烘箱中再次进行烘干、定色。温度控制在 50～55 ℃，不易过高，否则菌裙容易变黄影响品质。最后将烘制好的竹荪干品取出，充分冷却后装进透明薄膜袋，双层包装，并在袋内放入硅胶防潮剂后扎好袋口，置于阴凉、干燥处保存。

三、红托竹荪贵州生产模式

继 1986 年红托竹荪在贵州人工驯化栽培成功后，红托竹荪栽培技术在长期生产实践中得到不断的改进和提高，已集成了一套高效的栽培技术。织金红托竹荪（图 6-6-15）是由贵州毕节野生红托竹荪种驯化、选育而成，对贵州的生态环境有极强适应性的优良红托竹荪品种，是贵州产区的主栽品种。

（一）栽培季节

织金红托竹荪是贵州毕节等地的主栽品种，适宜在贵州省大部分地区种植。一般分为春季和秋季

图 6-6-15　织金红托竹荪（贵州孙翔鹏提供）

栽培，播种时气温不高于 28 ℃，播种 2～3 个月后气温不低于 15 ℃。春季栽培：2～4 月播种，9～10 月采收；秋季栽培：9～11 月播种，翌年春天现蕾，初夏才能采收。

（二）栽培场地的选择

选择交通便利，远离污染源，无虫害，通风、排灌良好的缓坡地块或田地。土壤肥沃疏松呈弱酸性（pH 6～6.5）。

（三）建棚整畦

1.建棚　在适宜的栽培地块上搭好遮阳棚。搭建的大棚为"人"字形，即中间高两边低，中间高 1.8～2.4 m，两边最低处 1.3～1.6 m。柱与柱的间距为 2.5 m，棚架搭好后先用薄膜覆盖，然后薄膜上再用农作物秸秆、茅草等覆盖物遮阳。这种大棚保温保湿性能好，能为红托竹荪的生长发育提供一个比较理想的生态环境，同时管理方便，便于病虫害的防治，有利于高产稳产。

2.整畦　畦床高 8～10 cm，宽 60～70 cm，因红托竹荪的出菇有明显边际效应，即长菇的地方较集中在畦宽边缘的缓坡区域，所以畦宽不宜超过 70 cm，以 60 cm 为宜，畦长不限，畦间开 20～30 cm 宽的过道，既方便管理又利于排水。

（四）栽培原料

1.培养料的选择与预处理

（1）培养料的选择　培养料要求新鲜、干燥，一般选择木质较疏松、易腐烂的阔叶树，如杨树、青冈栎、核桃、马桑、板栗以及竹子等。长期

栽培研究表明，以阔叶树木材为主料，后劲足，能充分满足竹荪较长的后期营养需求，而适当添加一定比例的竹屑有利于菌种尽早萌发吃料，所以以杂木为主、竹屑为辅的复合料种植红托竹荪的栽培产量较单一配比料栽培的产量高。推荐培养料配比：阔叶树木材85%，竹枝叶与黄豆秸秆或竹屑等细料15%，过磷酸钙1%。

（2）培养料的预处理　栽培前先将杂木料加工成20 cm×2 cm规格，竹片则可砍为长45～50 cm压裂后使用。可采用生料栽培法或发酵料栽培法。生料栽培法是在种植前将原料先用5%澄清石灰水浸泡6～7天，捞起后再用清水浸泡2～3天，洗净，调其pH 6～6.5，捞起备用即可。发酵料栽培则是将原料充分浸透水后堆成高1.2 m、宽2 m、长度不限的料堆进行发酵，待料中心温度高达65 ℃即可翻堆，每7～10天翻一次，翻3～4次，待培养料腐熟呈棕褐色无氨味即可使用。

2. 覆土材料的选择与预处理　覆土材料宜选用透气性良好的腐殖土或偏酸性土壤，最好选择大田耕作层20 cm以下无污染的土层。不能用重黏土和高含水量的河泥、塘泥等，可腐殖土和大田土按一定比例混合使用，此比例要根据大田土的土质和pH来确定，一般为1∶1。若大田土质肥力不足，可以适当增加腐殖土的比例。

（五）铺料播种

1. 双料双菌种法　通常采用双层原料双层菌种的栽培模式。第一层：将处理好的培养料整齐地铺放在做好的畦面上，厚6～8 cm，压实，然后均匀播入掰成2 cm×2 cm大小的菌种，菌块间距2～3 cm。第二层：在第一层做好后，在上面铺放培养料与第一层铺料方法相同，料的厚度稍薄，厚度在5 cm左右，不同的是平铺面积略窄些，周围略薄些，然后覆土，覆土厚3～5 cm，厚薄要均匀。最后盖上一层松针或刨木花，厚度以完全掩盖覆土为宜，整个畦面种植结束后呈拱弧形。

2. 三料二菌种法　三层原料两层菌种法是指竹荪畦式栽培由下而上共分3层。第一层：将处理好的培养料整齐地铺放在做好的畦面上，厚5～6 cm，并压实，然后播菌种，播后均匀地撒上一层覆土，以掩埋菌种块一半略多一点为度，俗称夹心花泥。第二层：按与第一层基本相同的方法进行铺料，培养料略厚，8～10 cm，面积略窄一些。第三层：铺料5～6 cm，平铺面积依次略窄些，然后覆土，厚为3～5 cm，最后盖上一层松针或刨木花，厚度以完全掩盖覆土为宜，整个畦面栽培结束后呈拱弧形。

无论是双料双菌种法还是三料二菌种法，其培养料投料量为20～25 kg/m²，菌种用量10瓶/m²，每瓶500 g。覆土后气温低时要在畦面上覆盖一层塑料薄膜，以保湿保温，温度控制在22～25 ℃，超过28 ℃要掀膜降温。播种后要检查发菌吃料的情况，发现污染要及时处理，局部的污染可用石灰粉加以控制。

（六）出菇期管理

科学的管理是红托竹荪栽培的关键，栽培过程中要经常观测大棚内的温度、湿度，然后依据竹荪不同的生长发育期，及时调整大棚内的温度、湿度及光照等，以促进竹荪的生长发育。红托竹荪子实体生长过程如图6-6-16～图6-6-19（贵州孙翔鹏提供）所示。

图6-6-16　形成大量菇蕾

图6-6-17　菇蕾成熟开裂

图6-6-18　撒裙

图6-6-19　子实体成熟

1.温度　播种后5～6天菌丝开始萌发，此时应经常观察气温的变化，保持温度在18～25℃，菌丝就能正常生长发育。营养生长阶段以18～25℃菌丝生长为好，进入生殖生长阶段温度以17～28℃为佳。在菌丝萌发吃料的初期，气温下降时，则要盖好薄膜，注意保温；在夏季，如棚内温度过高超过32℃就要及时进行通风换气或往棚上喷洒水，以降低温度。

2.湿度　依据竹荪不同的生长阶段对水分的要求不同，通过合理的水分管理保持适宜的湿度。在栽培初期，菌丝在培养料内生长，有地膜保温保湿，1个月左右不需要喷水。揭膜后要经常巡查栽培情况，若覆土表面有干燥现象，可适当喷水保湿，喷水量和次数应依通风、光照程度而定，一般应以勤喷、少喷为主。在营养生长阶段土壤湿度应保持在60%～65%，空气相对湿度保持在60%～70%，要经常检查栽培料的水分情况，若湿度不够，适当浇一次透水。播种后60～70天开始出现菇蕾时，需水量会更多一些，应保持土壤湿度在65%～70%，但不能超过75%，空气相对湿度要求在90%以上，以利养分的吸收和转运。土壤湿度低于30%时，部分菌丝会因脱水而死亡。子实体大量形成时，空气相对湿度一般要求在85%～90%。竹荪开展放裙时，空气相对湿度要求在90%以上。在竹荪整个生长发育过程中，水分的管理一定要根据培养料和土壤具体情况灵活掌握：晴天多喷，阴雨天少喷或不喷；气温低时午前午后喷，气温高时早晚或夜间喷；菌丝生长强时可多喷，生长弱时可少喷；菇蕾多时多喷，菇蕾少时少喷。总之要有足够的水分才能保证竹荪生长良好、开裙完整，但又不能过湿，否则会造成菌丝死亡。

3.光照　竹荪菌丝在营养生长阶段不需要光照，菇蕾的生长也仅需要一点散射光，所以搭建的遮阳棚要满足：生长初期"四分阳六分阴"，生长中后期"三分阳七分阴"。贵州孙翔鹏等的研究表明红托竹荪栽培场所的适宜光照强度应控制在50～180 lx。光照在50 lx以下时，菇蕾颜色泛白；在60～120 lx时，菇蕾呈粉红色；在120～180 lx时，菇蕾呈深红色，生长良好；超过

200 lx，菇蕾呈死红色，会畸形，也会导致不开伞或死亡。因此，在红托竹荪子实体的生长过程中应注意避免阳光直射。

4. 空气　竹荪是一种好氧性真菌，在整个生长发育过程中，都需要充足的氧气供应，因此栽培管理中要经常通风换气，以保持空气清新。

（七）采收与加工

在红托竹荪子实体进入生长成熟期时就可采收。采收时不能用手直接拉扯或拔子实体，以免损伤菌索，影响下茬出菇。应一手轻握子实体菌托处，一手用小刀从菌托的底部切断菌索。采摘下的子实体要及时剥离菌盖和菌托，分开堆放，注意勿使泥土污染菌柄和菌裙。

子实体采收清净之后应及时进行烘干加工，延迟烘干将直接影响竹荪的品质。

四、竹荪与作物套作生产模式

随着竹荪人工栽培技术的日臻成熟，全国各地生产者因地制宜开展竹荪高效栽培，由大棚转为露天开放式栽培，由集中大田栽培到套种栽培，形式多样，综合经济效益良好。特别是棘托竹荪属于高温型，其子实体生产发育采收期为每年夏季的6～9月，而夏季正值各种农作物如大豆、玉米、高粱、瓜类等茎叶茂盛期，果园、林场的林果也树木郁闭，遮阴条件良好，可为竹荪栽培创造良好的生态条件，所以结合自然的环境条件，更加合理地开发利用资源，套作栽培竹荪等技术具有良好推广应用前景。

（一）玉米、大豆套作

在竹荪畦床旁边套种玉米、高粱等高秆作物可用于遮阴，在高秆作物之间套种矮秆作物大豆等，又能起到很好的固氮作用，因此，这种栽培方式能有效地提高竹荪的产量和经济效益。

1. 栽培季节　一般分春、秋两季。中国南北气温不同，主要依气温而定，播种期气温以10～28℃为宜。南方通常3月下旬开始堆料播种，而北方则适当延后。

2. 场地整理　在畦床四周先开好排水沟，防止积水。畦床宽1 m，长度依场地而定，一般以10～15 m为宜；畦与畦之间设人行道，宽20～30 cm。

3. 铺料播种　栽培原料为生料或发酵料。原料的处理同上述生料栽培或发酵料大田栽培模式。投料量（以干料计）为每平方米12～15 kg，菌种用量为每平方米2～3瓶，每瓶500 g。可采用两层料一层菌种的播种法，即先将2/3的培养料铺放在畦床上把料垒实，再把菌种掰成块状，撒播或穴播于培养料中，然后再将1/3的料铺放在上层并压实料面。整个料高约15 cm，底层略宽，上层略窄。

4. 覆土盖膜　铺料播种后，在畦床表面覆盖一层3～4 cm厚的腐殖土，腐殖土的含水量以25%～30%为宜。覆土后用竹叶或芦苇铺盖。为了防雨保温，应在畦床上罩好薄膜。

5. 套种作物　竹荪播种7～10天后，在畦床旁边按每间隔1～1.5 m种一穴玉米或高粱等高秆作物，在高秆作物之间再套种两穴大豆等矮秆作物。

6. 出菇管理　播种后，在适温下培育30天左右，菌丝经过培养不断增殖形成菌索，并爬上畦面，很快扭结成原基，进一步分化形成菇蕾，菇蕾逐渐长大并破口抽柄形成子实体。出菇期培养料含水量以60%为宜，覆土含水量不低于20%为宜，空气相对湿度保持在85%为好。菇蕾生长期，必须早晚各喷水1次，保持空气相对湿度不低于90%，菇蕾小轻喷、雾喷，菇蕾大多喷、重喷。出菇期通常处于夏季高温季节，若遇干旱天，也可在夜间畦沟灌水，清晨排出，仅保留沟底浅度蓄水。播种后50～60天进入出菇期，此时玉米、大豆枝叶繁茂自然遮阴，若作物枝叶过于茂盛影响透光，则应适当摘叶疏密。播种后60～70天进入竹荪采收期，直至9月底结束，套种作物也进入结实期，所以玉米、大豆套作竹荪行之有效。

（二）桑园套作

在桑园中套种竹荪，充分利用桑树资源，既可就地取材，又可发挥桑树的遮阳作用。这种套作竹荪的方法不仅变废为宝，同时降低了竹荪栽培的生产成本，生产后大量的有机菌肥留在桑园地里，可有效地改良桑园的土壤，桑树与竹荪相得益彰、协调生长，能促进生态的良性循环，创造良好的经济效益。

1. 场地选择和畦床整理　根据竹荪生长对生态环境因子的要求，选择4年以上树龄、能灌溉、不积水的中干或高干桑园。竹荪培养料可以放在桑树蔸下，也可摆放在桑树行间，可以每行都种植竹荪，也可隔行种植，但都需空出20～30 cm的人行道，便于竹荪的管理与采摘。

2. 播种　桑树春伐后，温度在10 ℃以上时，即3～4月间播种。将处理好的培养料均匀地铺20 cm左右的厚度，中间略铺高些，用料量（以干料计）为15 kg/m²。菌种可以采用穴播法，也可采用层播法，一层培养料播一层菌种，用菌种量1～2袋/m²。播种应选在晴天进行较好，菌种要掰成2 cm×2 cm的大小，均匀放在培养料中，播完种后覆盖2 cm薄料，再覆盖上2～3 cm的腐殖土，最后盖上稻草或茅草保温保湿。

3. 管理　播种后如遇雨天，气温低、湿度大，可采用畦面覆盖薄膜的方法进行保温控湿，后期气温升高应注意揭薄膜通风换气。菌丝生长期如遇干旱天，应早晚喷水；遇雨季要及时清沟排水，防止积水。一般新场地不易发生病虫害，仍应以防为主，及时检查培养料和覆土中病虫害发生状况，一旦有病害发生要及时消除隐患。在适温下培养40～50天，菌丝吃透培养料并长入土壤中，形成菌索并扭结形成米粒状菇蕾即转入生殖生长。菇蕾再经20天的生长，子实体成熟即可采收。

4. 采收　竹荪的出菇有3～4茬。每茬出菇时间都较为集中。由于菇蕾从破壳到菌裙完整张开，仅需2～3 h，且菇体成熟后就开始萎缩并引起自溶，所以通常在每天的上午时间段要及时采摘。采

下后要及时剥离菌盖和菌托，轻拿轻放，菇体不能带入泥土和杂物，并及时烘干。

（三）竹林套种

竹林下套种竹荪，能充分利用竹林间荫蔽的自然条件，栽培过程无须搭建遮阳棚，减少了劳动量，同时还节约了耕地和竹荪的栽培成本。其栽培主要关键技术如下：

1. 林地选择　栽培竹荪的林地要求地势平缓，阴凉潮湿，郁闭度在0.7以上，土壤团粒结构好，质地疏松不易板结，呈弱酸性。

2. 栽培材料预处理　竹林地套种竹荪，主要是利用野外丰富的野草资源（五节芒、芒萁、类芦等）来栽培竹荪。在竹荪栽培之前将收集的野草进行自然晾晒后，再用破碎机破碎，草粉长度为1～2 cm即可。

3. 培养料配方　每亩推荐用料：经过预处理的草料4 000 kg，菌渣1 000～2 000 kg，尿素50～60 kg，麸皮40 kg，磷酸钙25 kg，石膏20 kg，pH以5.5～6为宜。

4. 培养料发酵　将备好的原料拉到已经选好的竹林旁，先让其充分日晒雨淋后，再建堆发酵。建堆时，若培养料的含水量达不到65％，需喷洒适量清水或0.3％石灰水进行调节。然后按照铺一层草料一层菌渣，再撒上一些尿素和石膏粉的原则，依次堆制，建成长方形堆。培养料制堆完成后，露天发酵。如果要加快发酵的速度，提升发酵的效果，也可在制堆完成后，用塑料薄膜将其遮蔽好发酵。当料堆中心温度达65 ℃时可进行第一次翻堆，此后每隔2～3天翻堆1次，共翻3～4次。当培养料发酵至暗褐色，并无刺激性气味时，即可铺料播种。

5. 整畦铺料接种

（1）建畦层播法　在竹林地中沿坡地走向建畦床，挖畦宽40～50 cm，高15～25 cm。栽培过程要防雨季林中积水冲毁畦床。畦床建好后，铺一层10～12 cm培养料，播一层大小为2 cm×2 cm的块状菌种，然后再铺一层料播一层

草腐菌生产技术

种，重复 3 次，将菌料垒实后再覆 2～3 cm 的碎土层，最后再盖一层竹叶、稻草或松针等。播种量为 3～4 瓶 /m²。播种后若遇气温较低时，应覆膜保温。10 天左右观察菌种萌发及吃料情况，若发现菌块萌发异常应及时补种。

（2）旧竹穴播法　选择砍伐 2 年以上的竹，在其旁边上坡方向挖一个穴位，深 20～25 cm，穴位用层播法。也可在竹林里从高到低，每隔 25～30 cm 挖一条小沟，深 7～10 cm，沟底垫上少许腐竹或竹鞭，撒上菌种后覆土。

6. 水分管理　竹荪既不耐旱也不耐涝，场地排水沟应疏通。干旱时要浇水保湿，以不低于 60% 为好。培菌阶段，冬季 15～20 天、夏季 3～5 天浇一次水，浇水不宜过急，防止冲散表面覆盖的竹叶层。土壤含水量要保持在 25%～30%（以抓一把土壤，捏之能成团，放之即松散为度）。遇暴雨天发现覆土被冲薄，培养料裸露，应及时补盖覆土。

7. 出菇管理　在适宜的温湿度条件下，棘托竹荪在覆土后 10～15 天后就可形成菌索。当菌索进一步扭结成原基时，原基分化形成菇蕾。伴随菇蕾开始膨大时，应往空气中喷洒适量清水以保持空气相对湿度 85%～90%。菇蕾小轻喷、雾喷，菇蕾大多喷、重喷，促进其子实体的生长。高温季节从菇蕾破口抽柄到撒裙需 2～3 h。一般在 8～15 时撒裙。如遇气温较低，棘托竹荪的撒裙时间就会往后推迟，一般在 11～15 时撒裙。当竹荪开始撒裙时应及时进行采收。采收时，一手扶住菌托，一手用小刀将整个子实体从菌托下方切断，然后将菌盖、菌托摘除。在采收过程中，一要注意保持菌裙的完整，二要保持菇体的洁净。为了避免因采摘过程中菌裙被撕裂而造成经济损失，也可采摘菇蕾，即清晨选取已破口并且当天就会撒裙的菇蕾采摘回来，将其放置在洁净的地方撒裙，撒裙结束，把菌托和菌盖除去即可。

（四）林下套种

利用山场林地的树木空间以及苹果、柑橘、葡萄、油奈、桃、梨等果园内的空间套种竹荪，可提高土地利用率。

1. 林地整畦　选择平地或缓坡地的果林，含有腐殖质的沙壤土、近水源的果园，在播种前 7～10 天清理场地杂物及野草，最好要翻土晒白，果树头喷波尔多液防病虫害。一般果树间距 3 m×3 m，其中间空地作为竹荪畦床，可顺果树开沟做畦，人行道间距 30 cm，畦宽 60～80 cm，果树旁留 40～50 cm 作业道。整地土块不可太碎，以利通气。

2. 堆料播种　播种前把培养料预湿好，含水量 60% 左右，选择晴天将畦面土层扒开 3 cm，向畦两侧推，留作覆土用；然后将培养料堆在畦床上，竹荪菌种点播料上，再铺料一层，最后覆土。若果树枝叶不密，可在覆土上面铺盖一层稻草和茅草，以避免阳光直射。播种后盖好薄膜，防止雨淋。畦沟和场地四周，撒石灰或其他农药杀虫。

3. 发菌管理　播种后 15～20 天，一般无须喷水，最好每天揭膜通风 30 min 左右，后期增加通风次数，培养料保持含水量 60%～65%。春天雨水多，应挖好排水沟，沟要比畦深 30 cm。菌丝适宜的生长温度为 23～26 ℃。

4. 出菇管理　播种后 30～40 天菌丝长满培养料，再经 10～15 天菌丝体形成菌索爬上覆土，在正常温度 20 ℃以上培育 10～20 天即可长出菇蕾，此时保持空气相对湿度为 80%～90%。再经过培育 20～28 天，菇蕾发育成熟，破蕾、抽柄、撒裙时应及时采收。

五、室内栽培模式

竹荪室内栽培有箱筐栽培和层架栽培等生产模式。箱筐栽培采用塑料箱、木箱等进行，而层架栽培通常还利用现有的栽培蘑菇等的菇房，内设层架，铁架、塑料架或竹木床架均可。原料用生料或发酵料均可。

（一）箱筐栽培

1. 箱筐的预处理　可利用塑料周转箱、木箱及竹筐等，规格一般为长 50 cm、宽 40 cm、高 30 cm。密闭的箱底需先打几个排水孔。栽培前，先将栽培箱筐用清水洗净后，经暴晒或用 0.5% 高锰酸钾溶液擦拭其内外表面，备用。箱筐进菇房前 1 周，要事先将菇房彻底清扫干净，用 0.1% 多菌灵或 0.5% 漂白粉液全面喷洒菇房，再用福尔马林熏蒸，密闭门窗一昼夜后打开通风，备用。

2. 铺料与播种　先在箱内铺上塑料膜，并打几个可出水的小孔，再在底层铺 2 ～ 3 cm 厚的小卵石，卵石上铺 2 cm 厚的肥土，随即铺入培养料，厚 7 ～ 10 cm，播上菌种。再以同样的方法铺料播种，最后撒上一层薄料。播种量为 3 ～ 4 瓶 /m²。

3. 管理　根据气候变化控制好菇房的温湿度，待菌丝长满培养料，再覆上厚约 3 cm 的土层。在温湿度适宜的条件下，覆土后 40 ～ 50 天可出菇。管理时注重保温保湿，温度依品种而定，长裙竹荪以 25 ～ 30 ℃为宜，红托竹荪以 20 ～ 28 ℃为佳。菌丝生长阶段温度控制在 23 ～ 28 ℃为宜，遇低温干燥天则应盖膜保湿，同时要每天掀膜通风换气 1 ～ 2 次。由于室内栽培通风条件较户外栽培差，应加强通风换气。培养料偏干时要及时喷水保湿，出菇期应喷适度的水，保持空气相对湿度为 85% ～ 95%，并引进适度光源，促进子实体正常分化。

（二）压块栽培

压块栽培是将培养好的竹荪栽培种压制成菌块进行覆土栽培的方法。特点是栽培用时短，出菇早而集中，但用种量较大。

1. 挖瓶压块　四川等地在每年的 4 ～ 5 月，将刚长满的竹荪栽培种，从瓶（袋）中挖出压块。所用的木框规格为长 40 cm、宽 40 cm、高 12 cm，使用前用 5% 石灰水或 0.5% 高锰酸钾溶液擦洗。每块用种约 12 瓶，做成的栽培块四周较中部稍薄点。注意不要压得太紧，以免损伤菌丝体。

2. 菌丝体愈合　压块成型后，去掉木框，将菌块放在消毒后的薄膜上，并包裹好，菌块之间相距 4 ～ 5 cm，置于床架上，保湿培养 15 ～ 20 天，菌丝体重新愈合。

3. 覆土　菌丝愈合后，在菌块上面盖 1 ～ 2 cm 厚的竹叶，继续培养 5 ～ 10 天，等菌丝布满叶层 80% 以上时及时覆盖 2 ～ 4 cm 厚的土。

4. 管理　主要通过调节培养料及覆土层的含水量，以及菇房内的温度、通风和光照条件等来满足竹荪生长发育所需的最适条件，达到高产稳产。通常覆土后，在气温 20 ～ 28 ℃、空气相对湿度 80%、光照 30 ～ 100 lx 条件下，培养 30 ～ 50 天后即可形成菇蕾。

（1）水分管理　覆土层土壤含水量控制在 25% ～ 28%。土壤含水量不宜过大，否则菌丝会因徒长，大量爬于土层表面，在土层中分化形成原基，影响菇蕾的形成。培菌期菇房内空气相对湿度应保持在 80% 左右，菇蕾生长阶段空气相对湿度以 85% ～ 90% 为宜。空气湿度太低，料及土层水分易散失；空气湿度太高，则易引起杂菌繁殖，尤其是黏菌。浇水时喷头应向上，避免直接喷伤菇蕾。

（2）温度控制　菇房适宜的温度为 23 ～ 28 ℃。有条件的可安装控温设备，普通菇房则通过开闭门窗等措施来调节温度。遇高温时，开窗通风降低温度；低温时，紧闭门窗提高菇房温度，以防冻伤菇蕾。

（3）通风换气　出菇期间应结合喷水，每天通风 2 ～ 3 次，每次 10 ～ 20 min，确保菇房内空气新鲜。

（4）病虫害的防治　预防为主。若发现菇床上有黏菌（又称褐发网菌 *Stemonitis fusca* Roth）和鬼伞类（Coprinaceae）杂菌出现，应在其发生的四周撒上一层干石灰粉，及时防治控制其蔓延。同时菇房应安装纱窗、纱门，预防虫害发生。若发现有菇蝇危害时，在菇房的上空悬挂诱虫灯或在菇床上方 20 cm 处悬挂 25 cm × 15 cm 的黄色粘虫板进行诱杀。

（三）层架栽培

层架栽培是将经处理后的栽培料等直接铺于层架上进行播种、覆土的栽培方法。它能有效利用菇架面积进行栽培，具有出菇面积大的特点。栽培前菇房按箱筐栽培法进行消毒处理。

1. 床架设置　菇房要求坐北朝南，通风良好，保温保湿性良好。床架通常采用竹、木架。床架宽 80～90 cm，床架长度及层数视场地而定，层间距至少 50 cm，床架底铺垫木条或竹条，四周床框高 25 cm 左右。栽培前床架用 5% 石灰水或 5% 漂白粉液喷洒消毒备用。

2. 铺料与播种　先在床架铺上塑料薄膜，并在薄膜底部打几个小孔，以利排出多余的水分。然后先在薄膜上铺一层 5 cm 厚富含腐殖质的土壤，再开始铺料、播种。铺一层料播一层种，共播 3 层菌种。通常第一层料厚 5～6 cm，压实后再播种，穴播或撒播均可，种和料应紧密相贴；第二层所用的料与菌种均为第一层的 1 倍；最上一层盖上一层薄料或一薄层竹叶。用料量（以干料计）为 20～25 kg/m²，用菌种 3～4 瓶/m²。播种后再盖上茅草或塑料薄膜保温保湿培养。

3. 覆土　培菌期间菇房温度应控制在 23～28℃，培养 6～10 天菌丝基本布满培养料时，应及时进行覆土，覆土厚度为 3～4 cm。

4. 管理　出菇管理技术等可参照上述"压块栽培"中的相关内容。

（四）袋料栽培

袋料栽培是的一种利用杂木屑、玉米芯等农林废弃物进行袋式熟料栽培的模式，可有效缩短栽培周期，极大地降低竹荪的生产成本，提高竹荪生产效益。

1. 栽培料推荐配方

配方 1：杂木屑 78%，米糠 15%，大豆 3%，玉米粉 2%，过磷酸钙 1%，石膏 1%，含水量 60%～65%，pH 6.5～7。

配方 2：玉米芯（粉碎）50%，杂木屑 30%，米糠 15%，大豆 3%，过磷酸钙 1%，石膏 1%，含水量 60%～65%，pH 6.5～7。

2. 栽培料的配制　木屑、玉米芯粉等主料应提前一天预湿，使培养料吸水均匀，次日按照配方比例主辅料充分混合拌匀，调节适宜的含水量，并结合用 1% 石灰水的澄清液调节 pH。

3. 装袋　采用折径 15 cm、长 30 cm、厚 0.04 mm 的聚丙烯袋，每袋平均装干料 200 g，将料压实后在料袋中央用直径 1.5 cm 的木棒打一透气孔，然后用无棉盖体封口。

4. 灭菌、接种、培养　灭菌在 0.025 MPa 蒸汽压（125℃）下灭菌 2～2.5 h，菌包充分冷却后，无菌操作接入竹荪菌种，然后置 25℃±2℃的恒温条件下培养，50～60 天菌丝可走满袋。

5. 脱袋压块栽培及管理　将已走满袋的菌包脱袋并压成菌块置床架上培养，待菌丝愈合后再进行覆土，其他栽培管理可参照上述"压块栽培"中的相关内容进行。

（蔡丹凤　黄海洋　郭蓓）

主要参考文献

［1］ 暴增海，周婷，林曼曼．红托竹荪的研究进展［J］.北方园艺，2011（11）：166-167.

［2］ 蔡翠芳，吴少风，李正美，等．竹荪栽培中菌丝"氨害"的原因与预防措施［J］.食用菌，2013（3）：65-66.

［3］ 蔡为明，方菊莲，金群力，等．高温蘑菇原基形成条件的研究［J］.浙江农业学报，2001，13（6）：343-346.

［4］ 蔡为明，方菊莲，吴永志．高温蘑菇浙 Ag H-1 种型的鉴定［J］.食用菌学报，2000，7（1）：15-18.

［5］ 蔡为明，冯伟林，金群力，等．高温型双环蘑菇不同覆土细菌消长动态［J］.菌物学报，2005，24：227-230.

［6］ 蔡为明，金群力，杜新法，等．双环蘑菇与双孢蘑菇多酚氧化酶活性的比较分析［J］.浙江农业学报，2003，15（6）：
341-344.

［7］ 蔡为明，金群力，冯伟林，等．覆土对双孢蘑菇菌丝产量的影响［J］.园艺学报，2008，35（8）：1167-1174.

［8］ 蔡为明，金群力，冯伟林，等．高温型双环蘑菇新品种'夏秀2000'［J］.园艺学报，2006，33（6）：1414.

［9］ 蔡为明，金群力，冯伟林，等．双环蘑菇的遗传学特性及品种选育研究进展［J］.食用菌学报，2007，14（4）：
76-80.

［10］ 蔡为明，RALPH N，金群力，等．三种工农业废料的理化性状及作为蘑菇覆土材料的研究［J］.浙江农业学报，
2002，14（6）：315-319.

［11］ 蔡志英，卢政辉，丁中文，等．添加茭白鞘叶栽培双孢蘑菇初探［J］.福建农业学报，2012，27（12）：1343-
1346.

［12］ 曹德宾，姚利，张昌爱，等．沼渣药渣优化配制双孢蘑菇基料的试验［J］.食用菌，2011（1）：29-33.

［13］ 陈声佩．双孢蘑菇培养料生产机械化［J］.机电技术，2010（5）：53-54.

［14］ 陈顺灿，苏惠荣，王钦良．白色双孢蘑菇与棕色蘑菇品比试验［J］.中国食用菌，2011，30（2）：31-32.

［15］ 陈钟佃，黄秀声，刘明香，等．杂交狼尾草栽培双孢蘑菇初探［J］.食用菌学报，2011，18（1）：9-11.

［16］ 程翊，曾辉，卢政辉，等．杏鲍菇菌渣循环利用技术研究［J］.中国食用菌，2011，30（5）：19-21.

［17］ 池致念，柯家耀，王泽生．双孢蘑菇褐变的酶学机理［J］.中国食用菌，1999（5）：21-22.

［18］ 池致念，柯家耀，王泽生．双孢蘑菇褐变的酶学机理（续）［J］.中国食用菌，1999（6）：17-18.

［19］ 丁湖广．农林下脚料露天生料仿野生栽培竹荪技术［J］.西南园艺，2006，34（5）：38-39.

［20］ 杜宇，樊美珍，李增智．鸡腿菇胞外多糖发酵条件的研究［J］.安徽农业大学学报，2005，32（3）：323-327.

［21］ 方菊莲，蔡为明，范雷法．高温蘑菇浙 Ag HWZ-1 生物学特性的研究［J］.食用菌学报，1996（2）：21-27.

［22］ 冯邦朝，黄桂珍，黄艳，等．以杂木屑为主料杏鲍菇高产栽培配方的筛选［J］.北方园艺，2012（6）：166-168.

［23］ 冯国杰，成官文，王瑞平．菌渣、鸡粪联合堆肥工艺研究［J］.安全与环境学报，2007，7（3）：86-89.

［24］ 符长焕，郑良义．茭白鞘叶栽培蘑菇试验初报［J］.现代农业科技，2008（9）：20-21.

［25］ 高允旺．竹荪高产栽培新技术［J］.食用菌，2004（3）：37-38.

［26］ 韩金陵．草菇废料加麦秸厚料栽培双孢蘑菇高产高效技术［J］.食用菌，2012（6）：43，48.

［27］ 何培新，等．名特新食用菌30种［M］.北京：中国农业出版社，1999.

［28］ 何燕萍．利用金针菇、杏鲍菇废菌渣栽培草菇试验［J］.蔬菜，2010（12）：42-43.

草腐菌生产技术

［29］ 侯立娟，姚方杰，高芮，等.食用菌菌糠再利用研究概述 [J].中国食用菌，2008，27（3）：6-8.

［30］ 侯永侠，何莉莉.不同培养料栽培对双孢蘑菇子实体质量的影响 [J].北方园艺，2008（5）：218-219.

［31］ 胡宁拙，邹方伦，周薇，等.竹荪人工栽培技术（连载）[J].中国食用菌，1987（1）：25-27.

［32］ 胡清秀.珍稀食用菌栽培实用技术 [M].北京：中国农业出版社，2011.

［33］ 胡清秀，卫智涛，王洪媛.双孢蘑菇菌渣堆肥及其肥效的研究 [J].农业环境科学学报，2011，30（9）：1902-1909.

［34］ 黄海洋，储凤丽，刘克全，等.林地栽培长裙竹荪新技术 [J].食用菌，2010（6）：53-54.

［35］ 黄海洋，刘克全，储凤丽，等.杨树林栽培大球盖菇技术 [J].食用菌，2010（3）：48.

［36］ 黄年来.中国食用菌百科 [M].北京：农业出版社，1993.

［37］ 黄年来，林志彬，陈国良，等.中国食药用菌学 [M].上海：上海科学技术文献出版社，2010.

［38］ 黄义勇，曹若彬.红托竹荪的生物学特性研究 [J].浙江农业大学学报，1993（2）：66-70.

［39］ 康源春，王志军.金针菇斤菇斤料种植能手谈经 [M].郑州：中原农民出版社，2013.

［40］ 孔祥君，王泽生.中国蘑菇生产 [M].北京：中国农业出版社，2000.

［41］ 雷银清.竹荪高产优质栽培新技术 [J].中国食用菌，2006，25（5）：59-60.

［42］ 黎德荣.杏鲍菇下脚料栽培高温蘑菇试验 [J].中国食用菌，2011，30（4）：67-68.

［43］ 李峰.草菇种植能手谈经 [M].郑州：中原农民出版社，2015.

［44］ 李师鹏，苏蕾.鸡腿蘑多糖的提取及其免疫活性抗肿瘤活性的研究 [J].中国商办工业，2000（1）：44-45.

［45］ 林辉，林应兴，曹剑虹，等.菌草无粪栽培蘑菇营养成分分析 [J].广西科学院学报，2010，26（2）：128-129.

［46］ 刘凤珠，王岁楼，催建云.不同培养基及培养条件对鸡腿菇深层培养菌丝体及胞内多糖的影响 [J].食用菌，2002，24（6）：4-5.

［47］ 刘健仙，严泽湘，严新涛.真姬菇　姬松茸　榆黄蘑 [M].北京：科学技术文献出版社，2002.

［48］ 刘瑞璧.竹荪发酵料高产栽培技术 [J].福建农业科技，2010（2）：38-89.

［49］ 刘叶高，肖胜刚，钟连顺，等.竹荪褐发网菌及其防治试验 [J].食用菌，2007，29（4）：53-54.

［50］ 吕本国，王伯华，陈云斌.香蕉秆叶栽培蘑菇 [J].食用菌，2008（2）：17.

［51］ 罗星野，吕德平，王伟.鸡腿菇"昆研 C—901"菌株驯化栽培研究 [J].中国食用菌，1991，10（4）：13-15.

［52］ 米青山，杜纪格.鸡腿菇不同覆土厚度比较试验 [J].食用菌，2005（1）：37-38.

［53］ 苗长海.草菇高效栽培技术 [M].郑州：河南科学技术出版社，1997.

［54］ 倪滔滔，谭琦，BOSWELL J A.杏鲍菇栽培周期木质素酶变化规律的研究 [J].上海农业学报，2011，27（2）：14-17.

［55］ 彭荣，高媛.利用菌渣栽培草菇的试验 [J].重庆工商大学学报（自然科学版），2007，24（3）：306-308.

［56］ 邵力平，沈瑞祥，张素轩，等.真菌分类学 [M].北京：中国林业出版社，1984.

［57］ 石文权，贾琦，刘民强，等.发酵剂在双孢蘑菇栽培中的应用研究 [J].食用菌，2010（1）：33-35.

［58］ 宋金俤，华秀红，林金盛，等.棕色蘑菇主要特性及营养成分分析 [J].食用菌学报，2007，14（2）：86-90.

［59］ 唐利华，高君辉，郭倩.杏鲍菇工厂化栽培中不同培养料配方的研究 [J].食用菌学报，2009，16（3）：33-35.

［60］ 田景花，胡宝华，李明，等.杏鲍菇高产高效栽培料配方研究 [J].北方园艺，2013（6）：155-158.

VI

[61] 童万享 . 福建省食用菌 [M]. 北京：中国农业出版社，2000.

[62] 万水霞，朱宏赋，李帆，等 . 利用秀珍菇菇渣栽培双孢蘑菇的试验 [J]. 中国食用菌，2009，28（3）：20-22.

[63] 王波，鲜灵 . 姬松茸栽培技术 [M]. 北京：金盾出版社，2001.

[64] 王财富 . 利用杏鲍菇废菌渣栽培草菇 [J]. 食药用菌，2011，19（2）：33-34.

[65] 王德芝，魏秋玉 . 稻田套种食用菌高产配套技术研究 [J]. 中国农学通报，2005，21（8）：143-145.

[66] 王广民 . 柴达木野生大肥菇驯化栽培研究初报 [J]. 中国食用菌，1993，12（1）：21-22.

[67] 王家才，郭蓓，姜曙光，等 .7 个双孢蘑菇品种比较试验 [J]. 食用菌，2017（2）：32-33.

[68] 王家才，黄海洋，苏瑞峰，等 . 沙壤土掺草炭土作双孢蘑菇覆土比较试验 [J]. 食用菌，2016，38（5）：33-36，37.

[69] 王家才，黄海洋，周帅，等 . 大球盖菇林地简便化栽培技术 [J]. 中国食用菌，2012（5）：62.

[70] 王家才，姜晓君，周帅，等 . 夏邑模式"一料双菇"生产技术 [J]. 农业科技通讯，2014（9）：245-248.

[71] 王尚堃，叶俊英，李段，等 . 鸡腿菇不同覆土厚度对比试验 [J]. 河南农业科学，2004（8）：66-67.

[72] 王书忠 . 竹荪大田畦栽高产新技术 [J]. 食用菌，2009（1）：47-48.

[73] 王泽生，池致念，王贤樵 . 双孢蘑菇易褐变菌株的多酚氧化酶特征 [J]. 食用菌学报，1999（4）：15-20.

[74] 王泽生，王波，卢政辉 . 图说双孢蘑菇栽培关键技术 [M]. 北京：中国农业出版社，2011.

[75] 魏秀俭 . 竹荪及其营养保健价值 [J]. 中国食物与营养，2005（4）：110-112.

[76] 魏亚兰，刁治民，陈克龙，等 . 大球盖菇生物学特性及经济价值的探讨 [J]. 青海草业，2017（4）43-48.

[77] 吴锋，韦其泰 . 利用甜玉米秸秆栽培双孢蘑菇技术探析 [J]. 广西农学报，2010，25（3）：47-49.

[78] 吴海花，张福元 . 不同覆土材料对鸡腿菇出菇性状和产量的影响 [J]. 中国食用菌，2003，22（6）：18-20.

[79] 吴健 . 芦苇栽培双胞蘑菇新技术 [J]. 农村实用技术，2008（7）：32.

[80] 吴小风 . 竹荪栽培的高产措施 [J]. 食用菌，2004（2）：35.

[81] 吴艳，郭亮，徐全飞，等 . 双孢蘑菇栽培原料优选试验 [J]. 食用菌，2010（4）：32-33.

[82] 吴勇，林朝忠，姜守忠 . 竹荪栽培与加工技术 [M]. 贵阳：贵州科技出版社，1997.

[83] 熊鹰，唐利民，姜邻 . 鸡腿蘑对食用菌菌渣的再利用研究 [J]. 食用菌学报，2005，12（1）：27-30.

[84] 徐明高 . 利用废菌筒栽培双孢蘑菇高产技术初报 [J]. 食用菌，2010（3）：56.

[85] 徐邵峰 . 杏鲍菇以棉籽壳为主料的栽培配方筛选试验 [J]. 现代农业科技，2012（7）：119-120.

[86] 徐文香，郭炳冉，刘常金，等 . 鸡腿蘑保鲜及其机理探讨 [J]. 吉林农业大学学报，1998，20（增刊）：193.

[87] 颜淑婉 . 大球盖菇的生物学特性 [J]. 福建农林大学学报（自然科学版），2002，31（3）：401-403.

[88] 颜振兰 . 红托竹荪栽培技术 [J]. 食用菌，2002（2）：32-33.

[89] 杨红澎，班立桐，黄亮，等 . 双孢蘑菇和棕色蘑菇氨基酸的对比分析 [J]. 食品研究与开发，2013，34（5）：84-86.

[90] 杨凯，孙亮全 ."织金竹荪"品牌现状之研究 [J]. 黔南民族师范学院学报，2013（1）：124-128.

[91] 杨宣华，张维民，关仕港，等 . 不同覆土深度对鸡腿菇子实体产量的影响 [J]. 中国食用菌，2004，23（2）：27-28.

[92] 杨珍，吴迪，黄筑，等，红托竹荪的研究与栽培应用 [J]. 种子，2014，33（12）：48-51.

草腐菌生产技术

［93］　姚占芳，马向东，李小六，等.姬松茸高产栽培问答 [M].郑州：中原农民出版社，2003.

［94］　姚忠明，李艳娟，阿尤甫，等.野生大肥菇驯化栽培试验初报 [J].食用菌，2005（2）：13-14.

［95］　应建浙，赵继鼎，卯晓岚，等.食用蘑菇 [M].北京：科学出版社，1982.

［96］　余茜.竹荪与农作物套种栽培技术 [J].中国园艺文摘，2011（7）：136，119.

［97］　袁俊杰，李萍萍，胡永光.温湿度对鸡腿菇生长发育的影响 [J].江苏农业科学，2009（1）：172-174.

［98］　袁书钦，武金钟，张建林.大球盖菇栽培技术图说.郑州：河南科学技术出版社，2002.

［99］　张福元，马琴.酵素菌发酵和二次发酵玉米秸秆料对双孢蘑菇生育影响的研究 [J].中国食用菌，2006，25（3）：53-54.

［100］　张功.大肥菇驯化培种及生态习性研究 [J].内蒙古师范大学学报（自然科学汉文版），1993（S2）：62-64.

［101］　张金文，柯丽娜，袁滨，等.漳州模式杏鲍菇菌渣栽培双孢蘑菇技术研究 [J].食用菌，2012（6）：19-21.

［102］　张金学，陈应龙，邬成义.竹荪人工栽培技术 [J].安徽农学通报，2008（17）：164-165.

［103］　张良，李宗堂，邢雅阁，等.杏鲍菇菌糠草菇产业化再栽培研究 [J].食用菌，2012（3）：64-66.

［104］　张树庭.食用蕈菌及其栽培 [M].石家庄：河北大学出版社，1992.

［105］　张维瑞.草菇袋栽新技术 [M].北京：金盾出版社，2007.

［106］　张新友.新法栽培大球盖菇 [M].武汉：华中科技大学出版社，2010.

［107］　张志鸿，张金文，柯丽娜，等.杏鲍菇菌渣栽培草菇技术 [J].食药用菌，2011，19（3）：43-44.

［108］　张致平，姚天爵.抗生素与微生物产生的生物活性物质 [M].北京：化学工业出版社，2004.

［109］　郑春龙.茭白鞘叶栽培双孢蘑菇研究 [J].湖北农业科学，2010，49（1）：106-108.

［110］　郑时利，何锦星，杨佩玉，等.大肥菇栽培习性的研究 [J].食用菌，1981（3）：5-6.

［111］　郑元林，黄文林，李启华，等.贵州红托竹荪（织金竹荪）高效栽培技术 [J].中国蔬菜，2011（5）：48-50.

［112］　朱斌.酒糟是双孢蘑菇栽培的合适基质 [J].农家顾问，2010（7）：29.

［113］　朱建明，袁书钦，杨建民，等.鸡腿菇栽培技术图说 [M].郑州：河南科学技术出版社，2002.

［114］　邹方伦.贵州竹荪资源及生态的研究 [J].贵州农业科学，1994（3）：43-47.

［115］　AGGARWALA R K，JANDAIK CL. Cultivation of *Agaricus bitorquis* Mushroom cultivation in India[M].Solan：Indian Mushroom Grower's Association，1986，18-94.

［116］　ANDERSON J B，PETSCHE D M，HERR F B，et al. Breeding relationships among several species of *Agaricus*[J]. Can. J. Bot，1984，62：1884-1889.

［117］　BUSH D A. Autolysis of *Coprinus comutus* sporophores[J]. Experientia，1974，30（9）：984-985.

［118］　CAILLEUX R. Procede de Culture de *Psalliota subedulis* en Afrique[J]. Cahiers de La Maboke，1969，3（Ⅱ）：114-122.

［119］　CHARVAT I，ESAU K. An Ultrastructural Study of Acid Phosphatas. localization in *Phaseolus Vulgaris* Xylem by the use of an Azo-dye Method[J]. Journal of Cell Science，1975，19（3）：543-561.

［120］　DIELEMAN-VAN ZAAYEN A. Spread， prevention and control of mushroom virus disease[J]. Mushroom Science，1972，8：131-154.

［121］　FANG T T， OU S M， LEE M L. Investigation on the activities of polyphenol oxidase and peroxidase of cultivated mushroom and their inhibitors[J]. Mushroom Science, 1974, 9: 47-58.

[122] FRITSCHE G. Breeding works on the newly cultivated mushroom: *Agaricus bitorquis* (Quél.) Sacc[J]. Mushroom J., 1977, 50: 54-61.

[123] FRITSCHE G. Some remarks on the breeding, maintenance of strains and spawn of *A. bisporus* and *A. bitorquis*[J]. Mush. Sci. 1982, 11 (1): 367-386.

[124] GEORGE B, TOM H. Fungi on fairways[J]. Golf Course Managent, 1999 (12): 58-61.

[125] HASSELBACH OE, MUTSERS P. *Agaricus bitorquis* (Quél.) Sacc., een warmteminnend familielid van de champignon[J]. Champignoncultuur, 1971, 15: 211-219.

[126] HINTZ W E A, ANDERSON J B, HORGEN P A. Nuclear Migration and Mitochondrial Inheritance in the Mushroom *Agaricus bitorquis*[J]. Genetics. 1988, 119 (1): 35-41.

[127] HOPPLE JS Jr, VILGALYS R. Phylogenetic relationships among coprinoid taxa and allies based on data from restriction site mapping of nuclear rDNA[J]. Mycologia, 1994, 86 (1): 96-107.

[128] HOPPLE JS Jr, VILGALYS R. Phylogenetic relationships in the mushroom genus *Coprinus* and dark-spored allies based on sequence data from the nuclear gene coding for the large ribosomal subunit RNA: divergent domains, outgroups and monophyly[J].Mol. Phylogenet. Evol, 1999, 13 (1): 1-19.

[129] JOHNSON J, VILGALYS R. Phylogenetic systematics of Lepiota sensu lato based on nuclear large subunit rDNA evidence[J]. Mycologia, 1998, 90 (6): 971-979.

[130] KALBERER P P. Influence of the depth of the casing layer and the harvesting time on changes of the water content of the casing layer and the substrate caused by the first flush of mushrooms[J]. Scientia Horticulturae, 1983, 21: 9-18.

[131] KALBERER P P. Influence of the depth of the casing layer on the water extraction from casing soil and substrate by the sporophores, on the yield and on the dry matter content of the fruit bodies of the first three flushes of the cultivated mushroom, *Agaricus bisporus*[J]. Scientia Horticulturae, 1985, 27: 33-43.

[132] KÜES U. Life History and Development Processes in the Basidiomycete *Coprinus cinereus*[J]. Microbiology and Molecular Biology Reviews, 2000, 64 (2): 316-353.

[133] MARTINEZ-CARRERA D, CHALLEN M P, SMITH J F, et al. Homokaryotic fruiting in *Agaricus bitorquis*: A new approach[J]. Mushroom Science, 1995, 14 (1): 37-44.

[134] MARTINEZ-CARRERA D, SMITH J F, CHALLEN M P, et al, Evolutionary trends in the Agaricus bitorquis complex and their relevance for breeding[C]. Elliott. Science and Cultivation of Edible Fungi. Rotterdam: Balkema, 1995: 29-36.

[135] MOLITORIS H P. Wood degradation, phenoloxidases and chemotaxonomy of higher fungi[J]. Mushroom Science, 1979, 10: 243-263.

[136] NEHEMIAH J L. Localization of Acid Phosphatase Activity in the Basidia of *Coprinus micaceus*[J]. Journal of Bacteriology, 1973, 115 (1): 443-446.

[137] PAHIL V S. Cultivation and strain improvement of high temperature wild and cultivated *Agaricus species*[D]. London: University of London, 1992.

草腐菌生产技术

[138] PAHIL V S, SMITH J F, ELLIOTT T J. The testing and improvement of high temperature, wild Agaricus strains for use in tropical and sub-tropical climates[C]. Maher. Science and Cultivation of Edible Fungi. Rotterdam: Balkema, 1991: 589-599.

[139] RAPER C A. Sexuality and life cycle of the edible, wild *Agaricus bitorquis*[J]. J. Gen. Microbiol., 1976, 95: 54-56.

[140] SMITH J F. A hot weather mushroom AGC W20[J]. Mushroom J., 1991, 501: 20-21.

[141] SMITH J F, LOVE M E. A tropical Agaricus with commercial potential[J]. Mushroom Science, 1989, 12: 305-315.

[142] SMITH J F, LOVE M E. Identification of environmental requirements for the commercial culture of a tropical Agaricus strain[C]. Maher. Science and Cultivation of Edible Fungi. Rotterdam: Balkema, 1991: 601-610.

[143] VEDDER PJC. Our experiences with growing *Agaricus bitorquis*[J]. Mushroom J., 1975, 32: 262-269.

[144] WICKLOW D T, CARROLL G C. The fungal community: its organiztion and role in the ecosystem[M]. New York: Marcel Dekker. 1981.

[145] WOOD D A. Primordium Formation in Axenic Cultures of *Agaricus bisporus* (Lang) Sing.[J]. Journal of General Microbiology, 1976, 95 (2) : 313-323.

[146] WOOD D A. Studies on Primordium Initiation in *Agaricus bisporus* and *Agaricus bitorquis* (Syn. *edulis*) [J]. Mushroom Science, 1978, 10 : 565-586.

[147] WOOD D A, BLIGHT M. Sporophore Initiation in Axenic Culture[R]. Glasshouse Crops Research Institute, 1981: 140.

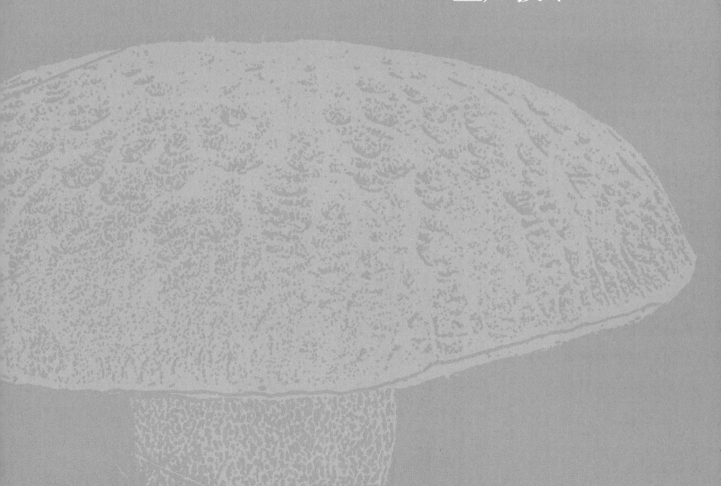

中国食用菌生产
PRODUCTION OF
EDIBLE MUSHROOM
IN CHINA

PART VII
CULTIVATION
TECHNOLOGY
OF WOOD
ROTTING MUSHROOM

第七篇
木腐菌
生产技术

第一章 平菇

平菇具有较高的营养和保健价值，是我国栽培范围最广的食用菌。平菇适应性强，可以充分利用多种农副产品下脚料。平菇栽培技术容易掌握，栽培模式多样。平菇栽培经济效益显著，具有广阔的发展前景。

第一节
概述

一、分类地位

平菇隶属真菌界、担子菌门、蘑菇亚门、蘑菇纲、蘑菇亚纲、蘑菇目、侧耳科、侧耳属。

拉丁学名：*Pleurotus ostreatus*（Jacq.）P. Kumm.。

中文别名：糙皮侧耳、侧耳、蠔菇。部分地区生产的小黑平菇也有人叫姬菇。

二、营养价值与经济价值

（一）营养价值

平菇营养丰富，肉质肥厚，味道鲜美。鲜平菇含水量 85.7% ～ 92.9%。平菇蛋白质含量较高，氨基酸的种类也十分丰富。平菇含 17 种氨基酸，其中包括人体必需的 8 种氨基酸，特别是含有谷物和豆类通常缺乏的赖氨酸、甲硫氨酸。平菇维生素含量也较为丰富，维生素 C、维生素 B_1、维生素 B_2 和麦角固醇含量都较高。钙、钾、磷、铁、钼、锌、铜、钴等矿质元素在平菇中含量也比较丰富。

平菇具有较强的医疗保健作用，经常食用可提高人体免疫力，能降血压，还能降低血液中的胆固醇含量，对肝炎、胃溃疡、心血管疾病、糖尿病也有一定的预防作用。平菇具有较高的药用价值，是中国传统医学中用于制作中药"舒筋散"的原料之一，可用于治疗腰腿疼痛、手足麻木、筋络不适等。平菇还具有抗肿瘤作用，临床实验证明，平菇多糖对小鼠恶性肉瘤细胞 S180 的抑制率达 75%。

（二）经济价值

平菇适应性强、原料来源广泛、生长周期短，栽培技术易掌握，效益显著。以一个占地 350 ㎡ 的塑料大棚为例，投料 17 000 kg，一般可产鲜菇 17 000 kg 左右，以平均收购价 3 元/kg 计算可实现产值 51 000 元，扣除成本 25 000 元，可获纯利 26 000 元左右，经济效益非常显著。平菇栽培可以充分利用农副产品下脚料等废弃资源，减少农作物秸秆无法有效利用对环境的污染，延长农业产业链条，调整农村产业结构，充分利用农村剩余劳动力，促进农业增产、农业增效、农民增收，产生显著的经济效益、生态效益和社会效益。

三、发展历程

1933 年我国开始进行平菇瓶栽技术研究。1960 年前后，上海市农业科学院园艺研究所用木屑瓶栽平菇成功。1972 年，河南刘纯业用棉籽壳生料栽培平菇成功，随之平菇栽培在全国快速普及，为平菇的大面积栽培奠定了基础。1978 年，河北晋州市利用棉籽壳栽培平菇获得高产后，栽培更为广泛。20 世纪 70 年代后期，平菇成为国

内普及程度最高的食用菌品种。1982 年河南省安阳市农业科学研究所等单位的秦修本、杨式贤等完成的"平菇塑料袋堆积栽培法"技术成果通过河南省科委鉴定。塑料袋栽培平菇成功，大大推动了我国的平菇生产。1986 年农业部全国农业技术推广总站组织科研、推广部门协作攻关，在冀、鲁、豫、鄂、晋、辽、陕、皖、新等地进行大面积技术开发，完善和提高棉籽壳栽培平菇技术，平菇生产在全国迅速发展，总产量连年增长。20 世纪 90 年代，平菇生产进入稳步发展时期，产量不断增加。跨入 21 世纪，随着国民经济的快速发展和居民生活水平的提高，平菇生产发展更加迅速，2018 年平菇产量 642.82 万 t，占全国食用菌总产量的 16.73%，是我国栽培量最大的食用菌之一。其中，山东和河南的平菇产量分别为 115.30 万 t、111.16 万 t。

四、主要产区

平菇是世界范围分布的食用菌，在我国的各个省份都有分布。按照地域、气候特点、生产习惯、消费习惯、生产模式等因素，分为以下几个产区。

（一）海南产区

海南省是我国最南部的省份。平菇在该区域一年四季均有生产，生产模式以熟料为主，品种以高温型为主，栽培原料以甘蔗渣、稻草、木屑、椰子壳等为主。

（二）东南产区

东南产区主要指福建、浙江、上海、江苏部分地区。该区处于我国东南沿海地带，消费水平较高，但平菇栽培量不大。

（三）南方产区

南方产区主要指广东、湖南、江西等地，栽培原料有棉籽壳、玉米芯、甘蔗渣、稻草等。

（四）西南产区

西南产区主要指广西、云南、贵州、四川、西藏等地，栽培原料有棉籽壳、玉米芯、甘蔗渣、稻

草、木屑等。

（五）西北产区

西北产区主要指宁夏、新疆、青海、内蒙古部分地区，栽培原料有棉籽壳、玉米芯等。

（六）东北产区

东北产区主要指黑龙江、吉林、辽宁、内蒙古部分地区，栽培原料有棉籽壳、玉米芯、甘蔗渣、稻草、木屑等。

（七）中部产区

中部产区是我国平菇的重要生产区域，主要指河南、山东、湖北、安徽、山西、陕西、河北等地，栽培原料以棉籽壳、玉米芯为主，生产模式有生料、发酵料和熟料等。

五、发展前景

我国平菇栽培品种资源十分丰富，不同温型的品种多，适合我国地域辽阔、气候类型多样的要求，为平菇大规模生产提供了先决条件。同时，我国是农业大国，农作物秸秆等农副产品下脚料资源丰富，又有充足的劳动力资源，为平菇生产提供了良好的条件。平菇适应性强、技术较易掌握、生产周期短、经济效益高，适合在广大农村进行栽培。平菇市场开发早，消费者认知度高，消费量大，价格平稳，投资回报快。随着人们保健意识的增强，追求绿色产品潮流的升温，平菇市场消费量不断增加。综上所述，平菇产业具有广阔的发展前景。

第二节
生物学特性

一、形态特征

（一）菌丝体

平菇菌丝由孢子萌发而成，分为单核菌丝和双核菌丝。单核菌丝细胞内只有一个细胞核，无结实能力，双核菌丝有结实能力，且菌丝粗壮、生命力旺盛、抵抗力强（图7-1-1、图7-1-2、图7-1-3）。

平菇双核菌丝白色，绒毛状，有分枝。大量菌丝相互交织扭结成为菌丝体。菌丝体生长在培养料内，是营养器官。菌丝体的主要生理功能是分解培养料、吸收储存营养物质，条件适宜时，就可以形成子实体。

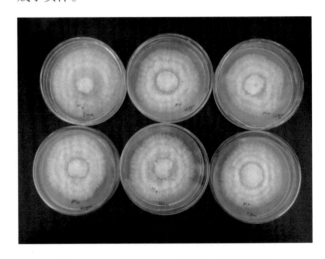

图 7-1-1　平菇菌丝在平板上的生长情况

图 7-1-2　平菇菌丝在枝条上的生长情况

图 7-1-3 平菇菌丝在培养料上的生长情况

（二）子实体

子实体（图 7-1-4）是平菇的繁殖器官。平菇子实体的外形、颜色等因品种、外界环境的不同而各有差异，但其基本结构是一样的，都由菌盖和菌柄两部分组成。

图 7-1-4 平菇子实体

1. 菌盖　呈扇形，叠生或丛生。菌盖大小和颜色因品种、生长环境不同而差异很大。菌盖一般宽 5 ～ 21 cm。菌盖的颜色有白色、灰色、灰白色、

灰黑色、黑色等。菌盖幼时颜色较深，呈深灰色甚至黑色，随着成熟度的增大而逐渐变浅。菌盖与菌柄连接处有下凹，有时上面会有一层白色绒毛。这层白色绒毛是平菇成熟的标志之一。

菌盖下方长有刀片状菌褶，质脆易断，长短不等。平菇的菌褶一般延生，很少弯生，长短不一，常为白色。在显微镜下观察，菌褶的横切面两面是子实层，中间为菌髓细胞。子实层里的棍棒状细胞是担子。平菇成熟后，会散发出许多担孢子。孢子大量弹射时，好似一缕缕轻烟，使菇房内呈现烟雾状。当大量孢子掉落在塑料袋上时，可见一层白色粉末。

2. 菌柄　圆柱形，侧生或偏生，上端与菌盖相连有支撑菌盖的作用，下端与培养料相连。菌柄长度和粗细因生长环境而不同，长度一般为 2 ～ 8 cm。

二、生活史

平菇的生活史就是平菇从孢子发育成初生菌丝然后生长为次生菌丝，再发育为子实体，子实体再弹射出孢子的循环过程。

平菇属于四极性异宗配合食用菌，也就是说平菇的性别是由两对独立的遗传因子 Aa、Bb 所控制的。每个担子上产生近似于四种性别的四个担孢子，分别为 AB、Ab、aB、ab。

平菇担孢子成熟后从子实体上弹射出来，在合适的温度、水分和营养条件下开始萌发，形成具上述四种基因型的单核菌丝。这种单核菌丝的细胞中只有一个细胞核，菌丝较细、没有锁状联合，不能形成子实体。随着单核菌丝的发育，当两条不同性别的单核菌丝结合即发生质配就形成了双核菌丝，也叫次生菌丝。次生菌丝可以不断地进行细胞分裂，产生分枝，从而进一步生长发育直至生理成熟。次生菌丝遇到适宜的温度、湿度、光线就开始扭结，在培养料上形成菇蕾，直至形成子实体。子实体成熟后，又在菌褶的子实层中产生担子。在担子中，经过

木腐菌生产技术

核配，再经过减数分裂和有丝分裂，使遗传物质得到重组和分离，产生四个子核，每个子核在担子梗端各形成一个担孢子。当孢子成熟后，就会从菌褶上弹射出来，这样平菇就完成了它的一个生活周期。如此循环往复，就是平菇的生活史（图7-1-5）。

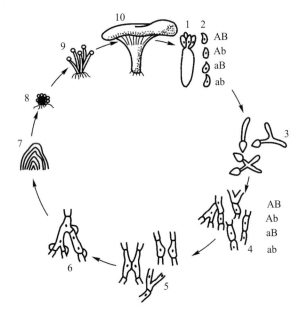

1. 担子　2. 担孢子　3. 芽管　4. 不同极性的单核菌丝　5. 质配　6. 双核菌丝及锁状联合　7. 菌丝扭结　8. 桑葚期　9. 珊瑚期　10. 子实体

图7-1-5　平菇生活史（引自杨曙湘，1996）

三、营养

（一）碳源

指平菇菌丝可吸收利用的含碳化合物，其主要作用是构成细胞物质和提供平菇生长发育所需的能量。平菇的碳源主要是有机物，包括纤维素、半纤维素、木质素、淀粉、葡萄糖、蔗糖、有机酸和醇类等。在平菇栽培中，除葡萄糖、蔗糖等简单糖类外，碳源主要来自各种富含纤维素、半纤维素、木质素的农副产品下脚料，如棉籽壳、玉米芯、甘蔗渣等。

据K. Hashimoto研究，甘露糖、葡萄糖、麦芽糖有利于平菇菌丝生长，而蔗糖、果糖、淀粉、纤维素有利于子实体形成，这对栽培时选用碳源有一定的指导意义。

（二）氮源

指平菇菌丝可吸收利用的含氮化合物，主要用于合成蛋白质和核酸。平菇可利用无机氮和各种有机氮。有机氮更易于被平菇利用。为使平菇生长良好，栽培中常用豆饼、豆粉、麸皮、米糠、畜禽粪等做氮源。

P. Khanna和H. S. Gareha研究了4种侧耳对14种氮源的利用情况，其结果见表7-1-1。从表7-1-1可以看出，佛州侧耳对硝酸钠的利用率最高；蛋白胨作为有机氮源，能使平菇和凤尾菇的菌丝产量达到最大值；天冬酰胺可使佛州侧耳和紫孢侧耳的菌丝产量达到最大值。

（三）碳氮比

培养料中碳氮比也要恰当。一般认为，平菇营养生长阶段碳氮比以20∶1为宜，而生殖生长阶段碳氮比以（30～40）∶1为宜。在配制平菇培养料时要注意将碳氮比调节在合理的范围。

（四）矿质元素

矿质元素是平菇生长发育所不可缺少的营养物质，其主要功能是构成细胞成分、参与酶的活动、调节细胞渗透压等。在矿质元素中，钙、镁、钾、磷、硫等元素需要量较大，称为大量元素，可通过添加磷酸二氢钾、硫酸镁、石膏等来满足。此外还需要铁、钴、锰、锌、钼、硼等微量元素。这些微量元素在培养料和天然水中的含量基本可满足平菇生长需要，一般不需要额外添加。

（五）维生素

维生素可以刺激和调节平菇菌丝的生长，缺乏时菌丝不能生长或生长不良。目前食用菌生产上常用的维生素主要是维生素B_1。它是所有食用菌必需的生长因子，对食用菌碳代谢的顺利进行有重要作用，一般需要量在0.01 mg/L以上。米糠和麸皮中含有大量维生素B_1，在培养料中添加米糠、麸皮等辅料，也可以提供维生素B_1。维生素B_1不耐热，在120 ℃以上容易迅速分解。

表 7-1-1　4种侧耳在不同氮源上生长时菌丝生物量及蛋白质含量

氮　源		凤尾菇		平菇		佛州侧耳		紫孢侧耳	
		菌丝干重 /mg	蛋白质 /%	菌丝干重 /mg	蛋白质 /%	菌丝干重 /mg	蛋白质 /%	菌丝干重 /mg	蛋白质 /%
无机氮源	硝酸铵	154	18.4	161	26.1	106	24.1	144	17.2
	氯化钠	141	10.0	139	25.3	181	26.7	150	17.0
	硫酸铵	130	18.0	123	24.3	162	25.3	133	18.4
	磷酸铵	115	16.5	82	24.9	126	25.2	90	17.4
	酒石酸铵	71	17.9	101	24.3	88	24.1	104	17.1
	硝酸钾	168	18.8	181	25.7	174	25.8	174	18.7
	硝酸钠	144	17.3	157	25.9	191	27.2	163	18.9
	硝酸钙	88	19.1	150	24.4	85	24.4	129	17.3
有机氮源	尿素	145	18.8	139	24.9	133	24.9	169	18.7
	蛋白胨	179	18.7	185	26.0	177	26.2	163	19.1
	天冬酰胺	173	18.3	170	25.2	199	26.9	182	19.0
	甘氨酸	56	17.1	85	24.0	53	24.0	52	17.0
	L-谷氨酸	68	15.9	67	22.9	63	24.0	74	16.3
	酪蛋白	128	16.9	159	25.0	160	26.1	153	17.6

四、平菇生长对环境条件的要求

（一）温度

温度是影响平菇生长发育的重要因素之一。温度可以影响平菇菌丝生长和子实体发育。平菇孢子形成、菌丝生长、子实体形成和发育对温度的要求是不同的。平菇孢子形成温度13～28℃，适宜温度13～24℃。孢子萌发温度13～28℃，适宜温度24～28℃。菌丝生长温度5～35℃，最适温度25℃左右，5℃以下和35℃以上生长极为缓慢。如果温度超过40℃，菌丝就会死亡。平菇菌丝耐寒力较强，在−30℃下也不会死亡，当气温回升时，菌丝即可恢复正常生长。

平菇属变温结实性菇类，昼夜温差大有利于原基形成。每天有8～10℃的温差，能促进原基形成与发育。恒温条件下平菇子实体难以发生。子实体形成对温度的要求因菌株不同而有区别，生产中常用的中低温型平菇品种在5～25℃都能正常形成子实体，适宜温度在10～20℃。平菇子实体发育温度7～33℃，适宜温度13～20℃，比菌丝生长的温度低，比原基分化的温度高。在子实体生长的适温范围内，温度低时子实体生长缓慢，但菇质肥厚；温度高时子实体生长快，但菇质薄。子实体颜色深浅也受温度影响，气温低时颜色深，气温高时颜色浅。

根据出菇温度范围的不同，可将平菇划分为低温型、中温型、高温型和广温型等类型。低温型品种子实体分化温度5～15℃，适宜温度8～

13 ℃，这类品种子实体颜色呈灰色、深灰色或黑色，适宜冬季栽培；中温型品种子实体分化适宜温度 12 ～ 22 ℃，这类品种子实体颜色多为浅灰色或灰白色，产量中等，适宜秋冬季和早春栽培；高温型品种子实体分化适宜温度为 20 ～ 30 ℃，这类品种子实体颜色为白色、灰白色或浅灰色，适宜高温季节栽培；广温型品种子实体分化适宜温度 15 ～ 25 ℃。这类品种子实体颜色随温度变化而变化，温度高，菌盖近白色；温度低，菌盖灰色或灰褐色。温度越低，颜色越深。不过，温型的划分不是绝对的，有的品种倾向于中低温型，有的品种倾向于中高温型。生产上可根据不同季节、不同地区来选择适宜品种。

（二）水分

水分是平菇的重要组成部分，平菇的菌丝体和子实体含水量都在 90％ 左右。水分对平菇的生命活动是必不可少的，营养的吸收运输和物质代谢都依靠水分的参与来完成。平菇的水分主要来源于培养料及空气。平菇菌丝生长阶段和子实体发育阶段，对培养料水分和空气相对湿度的要求是不同的。

平菇菌丝体生长时，培养料含水量以 65％ 左右为宜，含水量过低，菌丝生长细弱，影响子实体的形成和发育；含水量过高，培养料内氧气量少，菌丝生长受抑制。配制培养料时，应根据培养料的物理性状（吸水性、孔隙度等）的差异，灵活掌握含水量，以保证培养料内水、气比例适宜，使平菇菌丝正常生长。

培养料含水量的计算公式如下：

培养料含水量（％）＝［（培养料重量 × 自身含水量 ＋ 加水量）/（培养料重量 ＋ 加水量）］×100％

如 100 kg 棉籽壳，其自身含水量为 13％，加水 110 kg，则拌好的棉籽壳含水量为：

$$\frac{100 \times 13\% + 110}{100 + 110} \times 100\% \approx 58.57\%$$

平菇菌丝生长阶段要求较干燥的空气，空气相对湿度应控制在 70％ 以下。空气相对湿度过大，易造成病菌感染。

在平菇子实体发育期，菌丝代谢活动增强，需水量增加，保持培养料内水分和空气相对湿度适宜是很重要的。这个阶段除了要求培养料含水量在 65％ 外，还要使环境空气相对湿度达 90％ 左右。空气相对湿度过低，子实体分化困难，即使已分化也会枯死；空气相对湿度过高，超过 95％，会影响子实体表面水分的正常蒸腾作用，子实体生长受到抑制，菇体小、菌柄长，严重时还会造成子实体腐烂及感染病虫害，降低平菇质量与产量。因此，合适的水分管理是平菇高产稳产的关键。

（三）光照

平菇菌丝生长阶段不需要光线，强光对平菇菌丝生长有抑制作用。在黑暗条件下平菇菌丝生长速度比在强光下快 40％ 左右。因此，在菌丝生长阶段，培养室要尽量避免光照，促使菌丝健壮生长。

在平菇原基分化和子实体生长发育期间，则需要散射光。一定强度的散射光是诱导平菇原基分化的必要因素。在子实体生长发育期间，要有适度的散射光，子实体才能正常发育，菌肉肥厚、色泽自然、产量高。在黑暗条件下，平菇子实体柄细、盖小、畸形；但强烈的光照（大于 2 500 lx）尤其直射光照射同样抑制子实体生长。平菇子实体正常发育的光照强度在 200 ～ 1 000 lx。

（四）空气

平菇是好氧性真菌，其生长过程中不断吸入氧气、排出二氧化碳。所以，新鲜空气是平菇生长发育的重要条件。平菇菌丝生长阶段对空气要求不很严格，在氧气充足的前提下，一定浓度的二氧化碳对菌丝生长有利，但二氧化碳浓度过高会影响菌丝正常生长。因此，在菌丝生长阶段，要保持足够的氧气。

子实体形成阶段要求通气良好、空气新鲜，以满足原基分化及子实体发育对氧气的需求。如果空气不流通、二氧化碳浓度过高（超过 0.1％ 时），往往形成柄长、盖小的"长腿菇"。严重时，菌柄丛生并分叉，不形成菌盖，发育成所谓的高脚状、菜花状或珊瑚状等畸形菇。

（五）酸碱度

平菇菌丝喜欢偏酸条件，在 pH 3～7 均能生长，但以 pH 5.5～6 为宜。在平菇菌丝生长过程中，由于其代谢作用，会使培养料的 pH 逐渐下降，因此在配制培养料时一般将培养料调至稍偏碱为好。

第三节
生产中常用品种简介

我国平菇菌株主要来源于国内科研单位选育，也有一部分从国外引进。现将通过认定的菌株和尚未认定但生产上常用的菌株介绍如下。

一、认定品种

（一）川杯菇（国品认菌 2010001）

1. 选育单位　四川省农业科学院土壤肥料研究所，2005 年四川省农作物品种审定委员会审定。

2. 形态特征　子实体聚生。菌盖宽 4.5～5.3 cm，半球形，中部凹，灰色至深灰色，表面光滑，菌柄中生，白色，光滑，较长，长 7～8 cm，直径 0.5～1.1 cm；菌褶白色，延生，较密，不等长。

3. 菌丝培养特性　中低温型菌株。发菌适宜温度 23～26 ℃，空气相对湿度 60%～80%，pH 6～7，发菌期 25～30 天，无后熟期。

4. 出菇特性　栽培周期为 100～120 天，原基形成需要 5～8 ℃的温差刺激，菌丝可耐受的最高温度为 40 ℃，子实体可耐受的最高温度 28 ℃，最低温度为 5 ℃。子实体对二氧化碳的耐受能力较强。子实体生长整齐，大小较均匀，致密度中等，

贮存温度 1～4 ℃，货架寿命 5～7 天，口感脆嫩、风味清香。菇茬明显，间隔期为 10～15 天。以幼菇作为商品菇，适宜鲜销和加工成罐头、干菇等产品；菌盖易破裂，采收时须边采收边分成单个菇体，装入筐中。

（二）金地平菇 2 号（国品认菌 2008020）

1. 选育单位　四川省农业科学院土壤肥料研究所。

2. 形态特征　子实体丛生，朵形紧凑，表面光滑光亮，商品性高。菌盖宽 8～15 cm，扇形，深灰色，菌肉白色、紧实，菌肉厚 1.2 cm 左右；菌柄白色，长 1～2 cm；菌褶细密，白色。

3. 菌丝培养特性　中低温型菌株，菌丝生长适宜温度 20～25 ℃。

4. 出菇特性　出菇温度 8～22 ℃，适宜温度 10～18 ℃，菇茬明显，间隔期为 5～7 天；不出现黄菇、死菇现象，高产稳产，抗病能力和抗杂能力强。

（三）金凤 2-1（国品认菌 2008021）

1. 选育单位　四川省农业科学院土壤肥料研究所，1998 年四川省农作物品种审定委员会审定。

2. 形态特征　子实体丛生，朵形紧凑，菌盖中大型，大小均匀，色泽美观，边缘不上卷，商品性状好，每丛由 10～25 片组成；菌盖灰褐色至深灰褐色，菌肉厚、质嫩鲜香；菌褶细白；菌柄偏生至侧生，长 2～3 cm，直径 1～2 cm。

3. 菌丝培养特性　菌丝生长温度 20～30 ℃，出菇温度 5～34 ℃，适宜温度 10～25 ℃。

4. 出菇特性　出菇茬次明显，间隔期为 5～6 天；不易出现黄菇和死菇，抗杂菌能力和抗病能力强；子实体不易破碎，韧性较好，耐储运。

（四）黑平 -01（国品认菌 2008022）

1. 选育单位　上海市农业科学院食用菌研究所，2004 年上海市农作物品种审定委员会审定。

2. 形态特征　子实体丛生，白色；菌肉厚，菌柄中等。

3. 菌丝培养特性　菌丝生长温度 20～30 ℃，

适宜温度 22 ～ 25 ℃。

4.出菇特性 高温型品种,最高出菇温度可达 34 ℃,最低出菇温度为 10 ℃。高温条件下,子实体白色,菌盖宽达 10 cm 左右,菌柄中等;低温条件下,子实体灰白色,菌肉厚,菌盖宽达 15 cm 左右;子实体韧性好,菌盖不易开裂,抗杂菌能力强。

（五）中蔬 10 号（国品认菌 2008024）

1.选育单位 中国农业科学院农业资源与农业区划研究所从国外引进。

2.形态特征 子实体丛散生。菌盖中型,厚度中等,色泽受温度影响,低温下呈深灰棕色,高温下呈乳白色。

3.菌丝培养特性 广温耐高温型品种,菌丝生长适宜温度 25 ～ 28 ℃。

4.出菇特性 出菇温度 8 ～ 30 ℃,适宜温度 16 ～ 26 ℃,可以周年栽培。

（六）丰 5（国品认菌 2008025）

1.选育单位 山东省农业科学院土壤肥料研究所。

2.形态特征 子实体丛生。菌盖宽 5 ～ 8 cm,厚 1 ～ 1.8 cm;菌柄长 2.5 ～ 3.5 cm。

3.菌丝培养特性 菌丝生长温度 4 ～ 35 ℃,适宜温度 24 ～ 26 ℃。

4.出菇特性 子实体形成温度 8 ～ 28 ℃,适宜温度 12 ～ 24 ℃;菇蕾期灰黑色,随生长发育逐渐变为浅灰色;子实体颜色随温度变化较大,在 6 ～ 12 ℃时灰黑色,12 ℃以上时浅灰色;抗杂、抗病性强,适于生产鲜菇和腌渍加工。

（七）P234

1.选育单位 四川省农业科学院土壤肥料研究所。

2.形态特征 子实体丛生。菌盖灰褐色,宽 1.8 ～ 3.4 cm;菌柄长 4.0 ～ 5.2 cm,直径 0.7 ～ 1.4 cm。

3.菌丝培养特性 菌丝生长温度 10 ～ 40 ℃,最适温度 30 ℃,耐受最高温度 45 ℃,耐受最低温度 1 ℃;保藏温度 4 ～ 6 ℃。在适宜的培养条件下,

7 天长满直径 90 mm 的培养皿。菌落雪花状,正反面均为白色。菌丝致密,气生菌丝发达,无色素分泌。

4.出菇特性 子实体生长温度 5 ～ 25 ℃,适宜温度 10 ～ 18 ℃。适宜空气相对湿度 90%～ 95%,对二氧化碳和光线较敏感。

（八）平杂 19

1.选育单位 华中农业大学。

2.形态特征 子实体丛生,出菇较整齐。菌盖灰略偏黑色,光线较强时颜色偏灰,平均宽度 6.37 cm,平均厚度 0.94 cm,表面光滑,边缘内卷,菌盖较薄,中部靠菌柄处下凹并有少量白色绒毛;菌褶平均宽度 5.79 mm;菌柄乳白色、圆柱形,侧生,平均长度 5.1 cm,平均直径 1.1 cm,质地均匀,基部有少量绒毛。平均单菇重 13.23 g。

3.菌丝培养特性 菌丝生长温度 5 ～ 32 ℃,适宜温度 24 ～ 26 ℃;保藏温度 4 ℃。在适宜的培养条件下,6 ～ 7 天长满直径 90 mm 的培养皿。菌落洁白、平展、绵毛状,边缘整齐,培养后期菌落背面分泌少量黄色色素,气生菌丝较发达,培养皿边缘部分气生菌丝有爬壁现象。

4.出菇特性 子实体生长温度 5 ～ 26 ℃,适宜温度 15 ～ 19 ℃。适宜空气相对湿度 85%～ 95%。

（九）平杂 27

1.选育单位 华中农业大学。

2.形态特征 子实体丛生。菌盖灰黑色,平均宽度 7.38 cm,平均厚度 1.2 cm,表面光滑、平展,边缘内卷;菌褶平均宽度 7.4 mm;菌柄洁白,圆柱状,平均长度 3.11 cm,平均直径 1.57 cm,侧生,质地均匀。平均单菇重 20.34 g。

3.菌丝培养特性 菌丝生长温度 5 ～ 31 ℃,适宜温度 24 ～ 26 ℃;保藏温度 4℃。在适宜的培养条件下,8 天长满直径 90 mm 的培养皿。菌落洁白、平展、绵毛状,边缘整齐,培养后期菌落背面分泌黄色色素,气生菌丝发达,培养皿边缘部分气生菌丝有爬壁现象。

VII

4. 出菇特性 子实体生长温度 5 ～ 28 ℃, 适宜温度 15 ～ 18 ℃。适宜空气相对湿度 85% ～ 95%。

（十）平杂28

1. 选育单位 华中农业大学。

2. 形态特征 子实体丛生。菌盖灰白色, 扇贝状, 平均宽度 6.96 cm, 平均厚度 1.0 cm, 表面光滑, 边缘内卷; 菌褶平均宽度 5.8 mm; 菌柄乳白色, 平均长度 3.09 cm, 平均直径 1.57 cm, 质地均匀, 表面有少量微绒毛。平均单菇重 18.77 g。

3. 菌丝培养特性 菌丝生长温度 4 ～ 30 ℃, 适宜温度 24 ～ 26 ℃; 保藏温度 4 ℃。在适宜的培养条件下, 7 天长满直径 90 mm 的培养皿。菌落洁白、平展、绵毛状, 边缘整齐。培养后期菌落背面分泌少量黄色色素, 气生菌丝发达, 培养皿边缘部分气生菌丝有爬壁现象。

4. 出菇特性 子实体生长温度 4 ～ 25 ℃, 适宜温度 15 ～ 20 ℃。适宜空气相对湿度 85% ～ 95%。

（十一）DZ24

1. 选育单位 华中农业大学。

2. 形态特征 子实体丛生或单生, 出菇较整齐。菌盖洁白、扇形, 平均大小 3.5 cm × 3 cm, 平均厚度 1 cm, 表面光滑, 边缘反卷, 菌肉白色; 菌褶较短且稀疏, 平均宽度 2.5 mm; 菌柄乳白色, 圆柱状, 侧生, 平均长度 2.4 cm, 平均直径 1.4 cm, 质地均匀, 致密度中等, 无绒毛和鳞片。

3. 菌丝培养特性 菌丝生长温度 5 ～ 33 ℃, 适宜温度 25 ～ 28 ℃; 保藏温度 4 ℃。在适宜的培养条件下, 10 天长满直径 90 mm 的培养皿。菌落均匀、平展、绒毛状, 边缘不甚整齐, 培养后期菌落背面分泌少量黄色色素。菌丝洁白、致密, 气生菌丝较少。

4. 出菇特性 子实体生长温度 22 ～ 28 ℃, 适宜温度 15 ～ 19 ℃。适宜空气相对湿度 80% ～ 90%, 对二氧化碳较敏感。

（十二）SD-1

1. 选育单位 山东省农业科学院。

2. 形态特征 子实体叠生, 覆瓦状。菌盖大而平展, 幼期黑褐色, 随温度升高变浅（温度 6 ～ 12 ℃黑褐色, 12 ℃以上灰褐色）, 成熟时深灰色, 菌盖宽 10 ～ 15 cm, 厚 1 ～ 1.4 cm, 表面光滑、无绒毛; 菌褶白色, 较密, 辐射状; 菌柄白色, 侧生, 直径 1.1 ～ 1.8 cm, 质地紧密, 无绒毛, 无鳞片。

3. 菌丝培养特性 菌丝生长温度 3 ～ 35 ℃, 适宜温度 20 ～ 25 ℃, 耐最高温度 48 ℃ 12 h, 保藏温度 4 ℃。在适宜的培养条件下, 7 天长满直径 90 mm 的培养皿。菌落正反面均为白色, 菌丝体白色、绒毛状、平整、致密, 气生菌丝较发达, 无色素分泌。

4. 出菇特性 子实体生长温度 8 ～ 24 ℃, 适宜温度 10 ～ 20 ℃。适宜空气相对湿度 85% ～ 95%。

（十三）SD-2

1. 选育单位 山东省农业科学院。

2. 形态特性 子实体叠生, 覆瓦状, 扇形, 表面光滑有细条纹, 中部略凹, 菌肉较厚。菌盖颜色随温度降低由灰色至深灰色, 宽 6 ～ 14 cm, 厚 0.6 ～ 1.1 cm; 菌柄白色, 侧生, 长 1 ～ 3 cm, 直径 1.1 ～ 1.8 cm, 实心, 菌肉质地较柔软, 基部有少量绒毛; 菌褶白色、较密。

3. 菌丝培养特性 菌丝生长温度 3 ～ 35 ℃, 适宜温度 20 ～ 25 ℃, 耐最高温度 48 ℃ 12 h, 保藏温度 4 ℃。在适宜的培养条件下, 7 天长满直径 90 mm 的培养皿。菌落平整、致密, 正反面颜色均为白色, 菌丝绒毛状, 气生菌丝多, 气生菌丝老化后分泌橘黄色色素。

4. 出菇特性 子实体生长温度 10 ～ 29 ℃, 适宜温度 16 ～ 24 ℃。适宜空气相对湿度 85% ～ 95%。

（十四）亚光1号

1. 选育单位 中国农业科学院农业资源与农业区划研究所。

2. 形态特征 子实体大型, 近喇叭状至扇形

（出菇部位不同而形态不同）。菌盖幼时灰色，渐变为浅灰色或灰白色，且随温度的变化而变化，温度低时色深，温度高时色浅，宽 7 ～ 25 cm，一般 10 ～ 15 cm；厚 1.5 ～ 1.8 cm，一般 1.5 cm。菌柄长 2 ～ 10 cm（视通风情况而不同），一般 6 cm；直径 1.4 ～ 1.8 cm，一般 1.5 cm，菌柄侧生偏中。生长发育过程中产孢量很少，孢子释放晚，只有当子实体完全成熟，菌盖边缘出现波状卷曲才开始较大量地弹射孢子。

3. 菌丝培养特性　在 28 ℃条件下，6 天长满直径 90 mm 的培养皿。菌落浓密、绒毛状，正反面颜色均为白色。菌丝洁白，气生菌丝较发达，无色素分泌。

4. 出菇特性　子实体生长温度 5 ～ 35 ℃，适宜温度 10 ～ 25 ℃。适宜空气相对湿度 90%～ 95%，对二氧化碳较敏感。

（十五）特白 1 号

1. 选育单位　中国农业科学院农业资源与农业区划研究所。

2. 形态特征　子实体纯白色，丛生，整丛呈牡丹花形。菌盖中大型，宽 6 ～ 16 cm，平均 9 cm 左右；厚度中等，1 ～ 1.3 cm，平均 1.1 cm。菌柄短而细，仅 1 ～ 3 cm×0.8 ～ 1.2 cm。

3. 菌丝培养特性　在适宜的培养条件下，7 天长满直径 90 mm 的培养皿。在 PDA 培养基上，菌落絮状，边缘不甚整齐，菌丝生长后期易出现黄梢，分泌浅黄色色素。在培养温度偏高条件下，菌落雪花状，黄梢色深，分泌物增多。

4. 出菇特性　子实体生长温度 5 ～ 17 ℃，适宜温度 12 ～ 14 ℃。适宜空气相对湿度 80%～ 95%。

（十六）CCEF89

1. 品种来源　国外引进，系统选育。

2. 形态特征　子实体丛生，大型。菌盖断面漏斗形，平均长径 10.2 cm，平均短径 7.8 cm，长径与短径比值为 1.31，厚 1.2 cm，表面光滑，致密度中等偏上。幼时和低温下菌盖深褐色带微黄，随生长发育颜色渐变浅。高温条件下菌盖浅灰色至灰

白色；菌褶低温下暗灰色，高温下颜色变浅，底端呈网纹；菌柄白色、无纤毛、表面平滑细腻，短粗型，平均长 2.2 cm，直径 1.9 cm。

3. 菌丝培养特性　菌丝生长温度 5 ～ 35 ℃，适宜温度 24 ～ 30 ℃，最适温度 28 ℃，耐最高温度 45 ℃ 4 h。在适宜的培养条件下，6 ～ 7 天长满直径 90 mm 的培养皿，过度培养 1 周内无菌皮形成。菌落均匀、平展，边缘整齐；菌丝粗壮、致密、均匀、洁白，无色素、无黄梢、无分泌物。

4. 出菇特性　子实体生长温度 6 ～ 27 ℃，适宜温度 12 ～ 20 ℃。适宜空气相对湿度 80%～ 95%。

（十七）99

1. 品种来源　国外引进，系统选育。

2. 形态特征　子实体丛生，大型。菌盖断面凹形，平均长径 9.9 cm，平均短径 8.3 cm，长径与短径比值为 1.19，厚 1.2 cm，表面光滑，质地极其紧密。幼时和低温下菌盖深青褐色，随生长发育颜色渐变浅，高温条件下菌盖浅灰色；菌褶低温下暗灰色，高温下颜色变浅，无网纹；菌柄白色、无纤毛、表面平滑细腻，短粗型，平均长 2.8 cm，直径 2.3 cm，下细上渐粗。

3. 菌丝培养特性　菌丝生长温度 5 ～ 35 ℃，适宜温度 24 ～ 30 ℃，最适温度 28 ℃，耐最高温度 48 ℃ 2 h。在适宜的培养条件下，6 ～ 7 天长满直径 90 mm 的培养皿。过度培养 1 周内无菌皮形成。菌落均匀、平整，边缘整齐，正反面颜色均为白色；菌丝粗壮、致密、均匀、洁白，无色素、无黄梢、无分泌物。

4. 出菇特性　子实体生长温度 5 ～ 28 ℃，适宜温度 11 ～ 21 ℃。适宜空气相对湿度 80%～ 95%。

（十八）金地姬菇（川审菌 2004002）

1. 选育单位　四川省农业科学院土壤肥料研究所。

2. 品种来源　以日本姬菇为亲本，经系统选育后获得。

3. 特征特性　出菇温度范围广，子实体丛生；

菌盖小，青灰色，不易开伞，菌褶白色；菌柄白色，中生至侧生。抗杂菌能力强。转茬快，品质优良。出菇温度 8～22℃，出菇阶段空气相对湿度应保持在 90% 以上，并保证充足的氧气。

4. 产量表现　生物学效率两茬菇达到 50% 左右，较本地当家品种闵 31 增产 20% 左右。

5. 栽培技术要点　由于出菇温度为 8～22℃，出菇季节应安排在气温较低的秋冬季节；选择通风换气，能保温的场地栽培；满足充足的氧气，保证空气相对湿度在 90% 以上。

6. 适宜种植地区　适宜种植低温型平菇的地区皆可进行金地姬菇栽培。

（十九）川姬菇 1 号（川审菌 2004008）

1. 选育单位　四川省农业科学院土壤肥料研究所。

2. 品种来源　以西德 33 为亲本菌株，经系统选育而成。

3. 特征特性　该品种子实体丛生，菌盖初期扁半球形或与菌柄交接处略下陷。菌肉白色、较厚。菌柄侧生，内实，表面略呈纵行条纹，长 2～5 cm，直径 0.6～1.2 cm。孢子长椭圆形，光滑，无色，孢子印淡紫色。菌丝适宜生长温度 22～26℃，子实体生长温度 8～28℃。

4. 产量表现　区域试验结果表明，该品种比国内推广品种闵 31、姬菇 39 号和西德 33 号分别增产 4.9%、16.4% 和 9%。

5. 栽培技术要点　栽培原料用棉籽壳、稻草、麦秸、木屑、玉米芯为主料，辅以麸皮和玉米粉。培养料经 5～7 天堆制发酵后，效果更好。适宜出菇温度 12～18℃，空气相对湿度 85%～95%，光照强度 500～1 000 lx。

6. 适宜种植地区　四川省内平坝及浅丘区，10 月中下旬至翌年 3 月出菇。

（二十）川姬菇 2 号（川审菌 2010005）

1. 选育单位　四川省农业科学院土壤肥料研究所。

2. 品种来源　西德 33/ 姬菇 53。

3. 特征特性　子实体丛生，出菇整齐度高，大小均匀，分枝多，菇脚少，菌柄适中，商品菇比例较大，产量明显优于对照西德 33。干品粗蛋白质含量 30.5%，脂肪含量 1.77%，氨基酸含量 22.7%。

4. 产量表现　平均产量比对照西德 33 高 16% 以上，品质优于对照，已在成都、中江和通江等地进行了大面积栽培，综合平均单产为 0.62 kg/ 袋，平均生物学效率 73%。

5. 栽培技术要点　①栽培原料：主料为棉籽壳和稻草粉，辅料为麸皮、石灰等；②栽培季节：自然条件下适宜在 10 月至翌年 3 月生产；③栽培方式：熟料袋栽。④栽培出菇管理方法：出菇期间温度控制在 8～20℃，空气相对湿度 85%～90%，光照强度在 100 lx 以上，通风良好，保持空气新鲜。⑤采收标准：当一丛菇中大部分子实体菌盖宽 1.1～2 cm、菌柄长 2.5 cm 时，及时采收。

6. 适宜种植地区　除甘孜州、阿坝州和凉山州部分高海拔地区外，四川其他地区的冬春季都可生产，即只要气温在 5～20℃ 范围内有 4 个月时间均可栽培。

（二十一）P234

1. 选育单位　四川省农业科学院土壤肥料研究所。

2. 品种来源　单孢杂交选育，亲本为西德 33、杂优 1 号。

3. 特征特性　子实体丛生，菌盖灰褐色，宽 1.8～3.4 cm；菌柄长 4～5.2 cm，直径 0.7～1.4 cm。菌丝生长温度 10～40℃，最适温度 30℃，耐受最高温度 45℃，耐受最低温度 1℃；保藏温度 4～6℃。在适宜的培养条件下 7 天长满直径 90 mm 的培养皿。菌落雪花状，反面均为白色；菌丝致密，气生菌丝发达，无色素分泌。

4. 产量表现　以棉籽壳为原料，生物学效率在 95% 以上。

5. 栽培技术要点　培养料配方：①棉籽壳 20%、稻草 30%、玉米芯 37%、玉米粉或麸皮

10%、石灰 3%；②棉籽壳 27%、木屑 30%、麦秸 30%、玉米粉或麸皮 10%、石灰 3%。发菌温度 20～25℃，空气相对湿度 60%～80%，遮光培养，通风良好。发菌期 25～30 天，无后熟期。菌龄 30～35 天。催蕾温度 8～20℃，光照强度 50～300 lx，空气相对湿度 80%～95%，通风良好，5～10℃的温差刺激出菇整齐。子实体生长温度 5～25℃，适宜温度 10～18℃，空气相对湿度 90%～95%，光照强度 100～300 lx，通风良好。菇茬明显，间隔期为 20～25 天。

6. 适宜种植地区　四川省平原及其形似气候条件地域，9～11 月接种。

7. 商品特性　贮存温度 1～4℃，较耐贮藏；口感脆、嫩、柔、清香；适宜罐头加工。

（二十二）平杂 19

1. 选育单位　华中农业大学。

2. 品种来源　体细胞单核杂交选育，亲本为平高 30、姬菇 3 号。

3. 特征特性　子实体丛生，出菇整齐；菌盖灰黑色，光照刺激颜色偏灰，平均宽度 6.37 cm，平均厚度 0.94 cm，表面光滑、边缘内卷、较薄，中部靠菌柄处下凹并有少量绒毛；菌柄乳白色、圆柱形，侧生，平均长 5.1 cm，平均直径 1.1 cm，质地均匀。菌丝生长温度 5～32℃，适宜温度 24～26℃，保藏温度 4℃。在适宜条件下 6～7 天长满直径 90 mm 的培养皿。菌落洁白、平展、绵毛状，边缘整齐，培养后期菌落背面分泌少量黄色色素，气生菌丝较发达，培养皿边缘部分气生菌丝有爬壁现象。

4. 产量表现　在适宜的栽培条件下，最高生物学效率达 153.8%。

5. 栽培技术要点　培养料配方为棉籽壳 88%、麸皮 10%、石灰 2%，含水量 62%，pH 6～7。发菌适宜温度 20～25℃，空气相对湿度 60%～70%，遮光。子实体耐受最高温度 35℃，最低温度为 0℃。子实体对二氧化碳耐受较强，极少出现子实体无菌盖等畸形情况。原基分化和子实

体生长需要散射光刺激，强光刺激时子实体生长受到抑制，菌盖颜色发生变化。发菌期 25 天左右，后熟期 6～8 天。菇茬明显，间隔期为 22 天左右，可采收 5 茬。栽培周期 120 天左右。拌料之前，棉籽壳预湿后堆制发酵 1～2 天可以提高产量。出菇期间，为了保证子实体质量，宜将栽培室温度控制在 20℃以下，保证通风良好，避免阳光直射。

6. 适宜种植地区　湖北地区秋冬季栽培，9 月中旬接种，10 月中旬开始出菇。

7. 商品特性　子实体致密度中等偏低；贮存温度控制在 4～10 ℃，在 4℃的条件下贮存，货架期可达 5 天，随着温度升高货架期减短；菌盖边缘较薄，受外力作用宜损坏；口感滑嫩，以鲜销为主。

（二十三）姬菇 258

1. 选育单位　四川省农业科学院土壤肥料研究所、四川金地菌类有限责任公司。

2. 品种来源　以西德 33 与江苏省天达食用菌研究所的姬菇 51 为亲本，通过单孢杂交选育获得。

3. 特征特性　子实体丛生，菌盖椭圆形或近圆形，青灰色，宽 1～2 cm，菌肉致密、白色；菌柄侧生，柱状，较粗，直径 0.5～1 cm，白色。出菇整齐度高，大小均匀，分枝多，菌柄适中。菌丝体生长温度 15～32℃，适宜温度 25～28℃；子实体生长温度 5～20℃，适宜温度 10～15℃。菌丝体生长培养料适宜含水量 60%～65%；子实体形成和发育阶段，适宜空气相对湿度 85%～90%。

4. 产量表现　经过 2009—2011 年连续二季（两年），在成都、中江和彭州 3 个区试点结果表明：姬菇 258 比对照西德 33 菌株平均增产 23.17%，增产显著。

5. 栽培技术要点　栽培原料的主料为棉籽壳和稻草粉，辅料为麸皮、玉米粉等；自然条件下适宜在 10 月至翌年 2 月生产；熟料袋栽。出菇温度控制在 5～20℃，空气相对湿度 85%～90%，光照强度以 100 lx 以上散射光为宜，通风良好。

6. 适宜种植地区　四川姬菇产区。

（二十四）姬菇 7 号

1. 选育单位　四川省农业科学院园艺研究所。

2. 品种来源　以姬菇 258 和金凤 2–1 为亲本，采用"单、单交配"育种方法获得的杂交种。

3. 特征特性　菌丝（双核菌丝）管状直径 4 ～ 6 μm。菌丝体在棉籽壳和稻草粉为主的培养料上生长良好，最适含水量为 65%，适宜生长温度 25 ～ 28℃，最适 pH 为 5.5。满袋期（从接种到菌丝长满料袋的天数）为 35 天。子实体丛生，菌盖椭圆形或近圆形，浅灰色；菌柄侧生，柱状。原基形成和子实体生长发育的适宜温度为 8 ～ 15℃，适宜空气相对湿度为 80% ～ 88%。自然条件下，从接种到出菇结束的生育期为 148 天左右，出菇主产期集中在 11 ～ 12 月。子实体干品含水量 18.1%，含粗蛋白质 21.9%、粗脂肪 1.35%、氨基酸 15.9%。

4. 产量表现　单产比对照西德 33 增产 16% 以上，生物学效率 114%。

5. 栽培技术要点　自然条件下适宜在 9 月至翌年 2 月生产，9 月制袋，11 月至翌年 2 月出菇；栽培原料以棉籽壳和稻草粉等为主料，麸皮、石灰等为辅料。拌料均匀，培养料含水量调至 65%，培养料装袋松紧适度。常规方法进行料袋灭菌、接种以及发菌；菌丝满袋后移至出菇棚，墙式成行整齐堆码，堆高 5 层菌袋，堆长顺其菇床长度。出菇期间温度控制在 8 ～ 15℃，空气相对湿度控制在 80% ～ 88%，光照强度 10 lx 以上散射光即可，通风良好，保持空气新鲜。

6. 适宜种植地区　四川适宜温度范围区均可栽培。

二、未认定品种

（一）广温型品种

1. 新 831　菌丝粗壮、洁白、生活力旺盛，生长快，抗逆性强。菌丝生长温度 5 ～ 32 ℃，出菇温度 5 ～ 30 ℃。子实体叠生，菌盖浅灰色，柄短盖厚，味道鲜美，出菇早，转茬快，高产稳产。

2. 豫平 1 号　菌丝生长温度 3 ～ 35 ℃，出菇温度 3 ～ 29 ℃。子实体叠生，菌盖大型，柄短盖厚，浅灰色，菌肉细嫩。

3. 豫平 2 号　菌丝生长温度 2 ～ 32 ℃，出菇温度 5 ～ 28 ℃。子实体叠生，菌盖浅白色，温度低时颜色偏深，柄短盖厚，出菇集中，产量较高。

4. 园林 802　菌丝洁白、浓密，生长速度快，适宜生长温度 20 ～ 25 ℃，出菇温度 5 ～ 28 ℃。子实体叠生，菌盖灰白色，菇形好，柄短盖厚，韧性好，优质高产。

5. 江都 109　菌丝粗壮，耐二氧化碳。菌丝生长适温 20 ～ 24 ℃，出菇温度 4 ～ 30 ℃。子实体叠生，菌盖灰白色，柄短肉厚，韧性好，抗杂高产。

6. 大灰平　菌丝洁白粗壮，生活力旺盛。菌丝生长温度 2 ～ 33 ℃，出菇温度 4 ～ 30℃。子实体叠生，菌盖黑灰色，柄短肉厚，韧性好，口感好。

7. 豫平 3 号　菌丝粗壮，生活力旺盛。菌丝生长温度 2 ～ 33 ℃，出菇温度 3 ～ 30℃。子实体叠生，菌盖灰白色，柄短肉厚，韧性好，不易破碎。

8. 539　菌丝洁白、粗壮，生活力旺盛，适应性强。菌丝生长适温 20 ～ 25 ℃，出菇温度 3 ～ 24 ℃。子实体叠生，菌盖灰白色，菌柄较短，菌肉肥厚，味道鲜美，优质高产。

9. 野丰 118　菌丝洁白、粗壮，生活力旺盛，抗逆性强；菌丝生长适温 20 ～ 25 ℃，出菇温度 4 ～ 26 ℃；子实体叠生，菌盖灰白色，柄短盖厚，菌肉细嫩。

（二）中温型品种

1. 佛罗里达　菌丝浓密、洁白，抗逆性强。菌丝生长适温 22 ～ 26 ℃，出菇温度 8 ～ 28 ℃。子实体丛生，菌盖扇形或半圆形，初为浅灰色，成熟后乳白色；菌柄偏长，可达 3 ～ 10 cm。

2. 79　菌丝粗壮、洁白，抗逆性强；菌丝生长适温 21 ～ 26 ℃，出菇温度 5 ～ 28 ℃；子实体丛生，菌盖浅灰色，优质高产。

（三）低温型品种

831 菌丝洁白、粗壮，生活力旺盛，抗逆性强。菌丝生长适温 20～25 ℃，出菇温度 4～25 ℃。子实体叠生，呈覆瓦状排列，菌盖幼时深褐色，成熟时浅灰色，菌柄较短，菌肉肥厚，味道鲜美，优质高产。

（四）高温型品种

1.P01 菌丝粗壮、洁白，生活力旺盛，抗逆性强。菌丝生长适温 18～26 ℃，出菇温度 12～35 ℃。出菇早，转茬快，耐高温性较明显。子实体丛生，菌盖白色，温度高时菌柄较长，可达 3～10 cm，为夏季栽培常用品种。

2.苏平 菌丝洁白，生活力旺盛，抗逆性强。菌丝生长温度 6～35 ℃，出菇温度 12～32 ℃。出菇早，转茬快，较耐高温。子实体丛生，菌盖白色，菇形好，韧性好，耐贮运。

3.苏引6号 菌丝粗壮、浓密，生活力旺盛。菌丝生长适温 20～27 ℃，出菇温度 15～33 ℃。子实体丛生，菌盖浅白色，朵大，菌柄粗短，产量高。

第四节
主要生产模式及其技术规程

平菇生产模式众多，按培养料处理不同分为生料栽培、发酵料栽培、熟料栽培等模式；按照出菇场地不同分为大棚出菇、室内出菇、林下出菇、菇粮套种等模式；按照栽培季节不同分为秋栽、春栽和夏栽等模式；按照栽培模式不同分为畦床、压块、塑料袋、大兜式、大柱体、菌墙覆土、地埋等模式。本节从不同产区的生产习惯出发，按照栽培模式介绍平菇的主要生产模式及其相关配套技术。

一、发酵料畦床栽培模式

畦床栽培模式是指在菇房、菇棚内，采用层架、地面铺料建立畦床进行出菇的方式。这种方式投资小、生产简便、出菇集中，适合初学者采用。

（一）生产时间

根据品种特性、生产目的、生产条件、生产区域，合理安排生产时间。

1.中原地区 中原地区春、夏、秋、冬四季分明，按照自然气候特点，从 9 月中旬至翌年 2 月随时可以采用发酵料畦床栽培模式进行平菇种植，通常以安排两茬栽培为佳。

第一茬栽培：9 月中旬至 11 月上旬建畦床，10 月下旬至翌年 4 月上旬出菇。中原地区进入 9 月中旬以后，自然气温一般在 20～25 ℃，比较适合平菇菌丝生长。进入 10 月下旬以后，自然气温逐渐下降到 20 ℃以下，非常有利于出菇。

第二茬栽培：1 月至 2 月上旬建畦床，采用室内加温培养菌丝，控制室温在 18～20℃培育健壮菌丝，一般进入 3 月自然气温回升到 10 ℃左右即可出菇。这个季节昼夜温差大，能有效促进平菇现蕾。需要注意的是：一是必须在 2 月上旬以前建畦床，保证在较低温度条件下平菇的正常出菇生理需求，并为获得平菇的优质、高产提供较低温度保证；二是受近年来气候异常的影响，春季气温不太稳定，如遇短期高温，将对平菇的产量和质量造成不利影响，具体栽培季节菇农可根据当地情况，科学合理地安排，为平菇的丰产增收创造条件。

2.北方地区 以华北地区为例，进入 8 月中旬以后即可以采用发酵料畦床栽培模式种植平菇。第一茬栽培以 8 月中旬至 10 月上旬建畦床，9 月中下旬至翌年 5 月上旬出菇；第二茬栽培可于 12 月至翌年 1 月上旬建畦床，采用室内加温培养菌丝，一般室温保持在 16～18 ℃菌丝就能正常发育，春季 2～3 月自然气温回升到 10 ℃左右，即可进行出菇管理。

3.南方地区 南方地区冬季时间短，春季气温回升快，平菇生产可安排在10月至11月初建畦床，11月下旬至翌年2月出菇。因南方地区气候各异，平菇的生产安排差别较大，其中江苏、浙江、湖南、湖北等地11月中旬就可出菇，翌年2月中旬可结束栽培；而福建、广东一带往往在11月中旬气温尚在20 ℃以上，种植可以安排在11月至12月初建畦床，11月下旬至翌年2月出菇。

（二）栽培品种

1.春、秋季栽培品种　选择菌丝洁白、生长旺盛，出菇早，转茬快，生物学效率高，抗病能力强，出菇温度15～25 ℃的低温偏中温型品种。

2.冬、春季栽培品种　选择菌丝洁白、生长旺盛，出菇整齐，转茬快，生物学效率高，抗病能力强，较耐二氧化碳，出菇温度5～20 ℃的中低温型品种。

（三）菌种制备

菌种的生产时间应根据栽培时间而决定。根据母种、原种、栽培种三级菌种的生产周期，参考所要栽培的时间，从而推算出不同级别菌种的生产期。母种应在原种制作期前10～15天制作。原种应在栽培种制作期前30天左右制作。栽培种应在生产期前30～35天制作。但是不同的季节、不同的品种、不同的技术熟练程度、不同的培养条件均影响菌种的制作、菌丝的生长和菌种质量，一定要提前或按期做好菌种，确保平菇按期种植。

1.母种制备　母种制备采用马铃薯葡萄糖综合培养基，配方是：马铃薯200 g（去皮）、葡萄糖20 g、蛋白胨5 g、磷酸二氢钾2 g、硫酸镁1.5 g、琼脂20 g、水1 000 mL。玻璃试管做容器，采用高压灭菌，在冷空气排净后，当压力达到0.11 MPa、温度121 ℃保持30 min。灭菌结束后，待压力降至0，取出试管斜面排放（图7-1-6）；培养基斜面冷凝后，在无菌条件下接入母种菌丝，在22～25 ℃培养6～8天，菌丝长满试管后备用（图7-1-7）。

图7-1-6　灭菌试管培养基

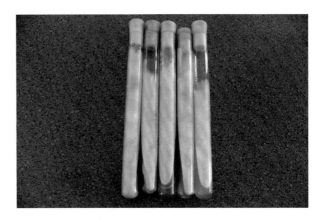

图7-1-7　平菇试管母种

2.原种制备　原种一般采用麦粒作培养料、玻璃瓶（如500 mL输液瓶）做容器，采用高压灭菌（在冷空气排净后，当压力达到0.14～0.15 MPa，温度在126 ℃时，保持2～5 h）。当菌种瓶内温度降至30 ℃以下时，在无菌条件下，将备好的母种接到原种瓶内，控制培养室空间温度在22～25 ℃。正常情况下25天左右菌丝长满菌种瓶，28～30天后即可使用（图7-1-8）。

图7-1-8　平菇麦粒原种

3.栽培种制备　栽培种的培养料主要采用98%棉籽壳、1%石膏、1%石灰的配方。也可另加入5%

木腐菌生产技术

的麸皮、适量的微肥。按照上述配方拌料装袋，使用 17 cm×38 cm×0.004～0.005 cm，两端开口的低压聚乙烯塑料袋。采用常压灭菌，当灭菌灶内料温达到 100 ℃维持 14～16 h，即完成灭菌。当料温降至 30 ℃以下时，在无菌条件下，将备好的原种接到栽培袋内。接种后在 22～25 ℃下培养 30 天左右菌丝长满袋。满袋 7～10 天后即可使用（图 7-1-9、图 7-1-10）。

图 7-1-9　平菇栽培种菌丝生长

图 7-1-10　已长满袋的平菇栽培种

（四）原料准备

原料是平菇种植高产的基础，原料越新鲜，营养成分破坏就越少，种植成功率就越高、产量也就越高。经过雨淋、发热、发酵、霉变等影响的原料，不是营养成分消耗、破坏，就是物理性状被破坏，并产生有毒、有害物质，导致菌丝生长不旺盛、不健壮，影响平菇产量。

不同原料的理化性质、营养特性有着较大的差异。如选用玉米芯，要求干燥、无霉变，使用前粉碎成直径为 0.5～1 cm 的颗粒；如选用棉籽壳，要新鲜、干燥、颗粒松散、色泽正常，无霉烂、无虫害、无结块、无异味、无混杂物。

（五）培养料配方

培养料配方是否适宜，直接影响平菇菌丝的生长、产量的高低以及品质的优劣。在多年的实践中，分别以玉米芯和棉籽壳为主料，适当添加含氮辅料的培养料容易取得高产。

配方 1：96.9％棉籽壳，3％石灰，0.1％克霉灵。

配方 2：93.9％玉米芯，1.5％尿素，2％磷肥，2.5％石灰，0.1％克霉灵。

配方 3：69.9％玉米芯，25％棉籽壳，0.5％尿素，2％磷肥，2.5％石灰，0.1％克霉灵。

（六）培养料配制

培养料配制是平菇种植的一个重要环节，它关系到平菇种植的成败、产量高低和商品性状的好坏，每个平菇种植者都必须严格按照培养料配制要求进行操作。

发酵是指将原料按配方加水混拌均匀后堆积在一起，利用原料内大量微生物繁殖产生的热量，使原料堆内的温度升高至 60 ℃以上，保持一段时间，通过高温杀死原料内的有害菌和部分害虫的虫卵，从而达到净化原料、减少杂菌污染的一种方法。生产工艺流程是：预湿拌料→建堆发酵→翻堆→发酵完成。

1. 预湿拌料　将棉籽壳或玉米芯加水拌匀，添加 2％的石灰，剩余石灰在每次翻料时，根据情况加入。玉米芯预湿后颜色由白转成淡黄色，含水量达 70％左右，即达到手握拌好的料手指缝有水滴出状态。

2. 建堆发酵　预湿后的培养料经过一天的堆制，已基本吸透水分，添加尿素、磷肥、麸皮等混合均匀，并调节含水量至 65％～70％，堆成高 0.6～1 m、宽不低于 2 m、长度不限的梯形堆（图 7-1-11）。堆好后，用直径 7～8 cm 的木棒从堆顶部垂直向下打透气孔，直达堆底，间距 30～40 cm，应打深、打透、打密。随后在料堆中插入长柄温度计，有条件的可用草毡、麻包、编织袋等覆盖物盖好料堆，阴雨天气要加盖塑料布做好防雨准备，严防雨水进入料内。

图 7-1-11　发酵料建堆

3. 翻堆　建堆后由于堆内中高温好氧性微生物活动产生代谢热，堆温会逐渐升高。高温季节 24 h 左右，低温季节 48 h 左右，堆温可升到 60 ℃ 以上（堆顶以下 20 cm 处）。堆温达 60 ℃ 以上维持 24 h 左右进行翻堆。翻堆时将料堆上、下、里、外层的培养料互换，混合均匀。

翻堆的作用：一是将低温干燥的表层和底层的低温厌氧发酵层与中部的高温发酵层调换位置；二是通过翻堆达到气体交换的目的。翻堆后重新建堆，稍加拍平后，打孔、覆盖，继续发酵。重新建堆后，堆中氧气充足，微生物活动旺盛，当料温达到 65 ℃ 以上时保持 24 h 左右，进行第二次翻堆。如此翻堆 4～5 次，次数不要过多，但求翻堆质量达标。翻堆时往往发现堆底中心培养料色泽变浅、发酸，这是局部通气不良、厌氧发酵的结果。重新建堆时，加强通气即可消除。翻堆时若发现料中出现大量白色粗壮线状菌丝，这是嗜热放线菌。它的存在是堆料温度较高的反映，不是杂菌，无须担心。一般棉籽壳发酵 4～5 天，玉米芯发酵 7～10 天，温度低时适当延长。

4. 发酵完成　当料面长满白色放线菌、培养料呈浅褐色，且料无酸臭味时，发酵即完成（图 7-1-12）。发酵好的培养料，散开冷却后即可铺床上料。

图 7-1-12　发酵完成

在发酵过程中，如果发现料堆表面蚊虫或苍蝇较多时，可在每次翻堆时在料堆表面喷洒一定量的高效低毒、低残留的杀虫剂，能起到较好的防虫效果。

配制培养料时需注意的事项：

（1）拌料要均匀　不同的培养料配方不同。不管是哪种配方，一是要按照配方加足、加够辅料，二是要搅拌均匀。

（2）严格控制含水量　培养料的含水量直接影响种植成功率。适宜的含水量，有利于菌丝生长和栽培产量提高。培养料含水量过高，菌丝生长慢，菌丝长满料时间长，容易滋生杂菌，影响种植成功率；培养料含水量偏低，培养料发酵不理想，播种后菌丝生长缓慢，出菇后劲不足，直接影响平菇商品性状和生物学效率。

（3）酸碱度应适宜　平菇菌丝在 pH 3.5～9 都能生长，适宜 pH 为 5.5～7.5。实际栽培中，常加入石灰提高培养料 pH 到 7.5～8.5，以抑制霉菌滋生。

（七）场地与设施

1. 场地环境条件　场地应符合无公害农产品产地环境的要求标准，周边无污染源，如土壤、空气、水源，没有受到"三废"的污染；出菇场地 300 m 内没有大型动物饲养场或其他污染源；远离干线公路 100 m 以上；交通便利、场地平坦、取水方便；场地内部清洁、卫生，保温、保湿、通风良好；场地设施牢固，具有抗大风、抗大雨、抗大雪等不良自然灾害的能力。

2.设施类型　可进行平菇畦床栽培的设施包括日光温室和各类大棚。

（1）日光温室　是我国北方地区独有的一种温室类型（图7-1-13）。日光温室白天能利用太阳能升温，晚上能利用温室保温，可以创造适合平菇生长的条件。日光温室的结构各地不尽相同，分类方法也比较多。按墙体材料分主要有干打垒土温室、砖石结构温室、复合结构温室等；按后屋面长度分，有长后坡温室和短后坡温室；按前屋面形式分，有二折式、三折式、拱圆式、微拱式等；按结构分，有竹木结构、钢木结构、钢筋混凝土结构、全钢结构、全钢筋混凝土结构等。

建造方法：参照蔬菜日光温室修建，一般宽8～8.5 m，长35～40 m，北墙高1.8～2 m，后坡长1.5 m，脊高2.6～2.8 m，采光面倾斜角为30～35°，用砖墙或土墙均可，但后墙每隔1 m留一离地面0.5～0.6 m高的通风口，通风口直径要求不低于0.25 m。

图7-1-13　日光温室

（2）塑料大棚　塑料大棚是一种简易实用的保护地栽培设施（图7-1-14）。由于其建造容易、使用方便、投资较少，现已被世界各国普遍采用。塑料大棚利用竹木、钢材等骨架材料，搭成拱形棚，上覆塑料薄膜、遮阳网或草苫，有门、通风口等，具备遮光、保温、保湿的功能。可根据地势建造，南北走向、东西走向均可，但以东西走向为佳，常见大棚拱顶高2.0～2.5 m，宽6～9 m，长

30～60 m。

图7-1-14　塑料大棚

（3）半地下拱棚　一般宽7～9 m，长30～60 m。建棚时向下挖深约1 m，四周用砖砌墙或用土掺麦秸和泥垛墙，高1～1.5 m，拱棚顶高2.2～2.5 m。骨架常用竹、木或复合材料制成，上面覆盖塑料薄膜和草苫保温、保湿（图7-1-15）。

图7-1-15　半地下拱棚

（八）场地消毒

在铺床前2天，每平方米喷洒食用菌专用场地消毒剂1.5～2 mL，密闭消毒24 h；铺床前1天在发菌场地撒一层0.1～0.2 cm厚的石灰消毒。

（九）畦床建造

1.床架设置　床架一般南北排列，四周不要靠墙，床面宽60～80 cm。层间距50～60 cm。床架间留走道，宽60 cm，床底铺竹竿、木片或塑料编织网，防止床架上下同时出菇。

2.地面畦床　利用地面作为培养料放置的场所，要将地面清理干净。

3.铺床上料　使用厚3 cm左右的木板，从四周固定成长300～600 cm、宽60～80 cm的矩形

床，固定好床架之后，在床上先垫一层报纸或塑料薄膜，再将培养料平铺到床上（图7-1-16）。棉籽壳栽培，料厚15 cm左右，气温高的季节铺料可薄一些。

图7-1-16　平菇畦床栽培（铺床）

（十）播种

1. 播种量　播种量以培养料干重的15%～20%为宜，将生长健壮、无杂菌污染的栽培种掰分成直径0.8～1.5 cm的菌种块。

2. 播种方法　采用点播和层播相结合的方法播种。点播是在培养料铺到5～6 cm厚时，沿床四周每隔5～10 cm点播菌种块；层播是在培养料全部上完后，在整个床面上播一层菌种。播种结束后，用木板将料面稍加拍实，最后用塑料薄膜或地膜覆盖畦床。

（十一）发菌管理

1. 温度　发菌管理的关键是控制培养料的温度，将畦床温度控制在22～26 ℃，最高不得超过28 ℃，防止出现高温烧菌现象，但也要注意培养料最低温度不宜低于20 ℃。菌丝生长场所温度要求比较稳定，要防止菌丝生长温度忽高忽低，温度越恒定，菌丝生长越快、越健壮，出菇后劲也就越足。

2. 湿度　平菇菌种播种后，控制空间空气相对湿度为65%～70%。为防止培养料水分蒸发，可在畦床表面覆盖地膜保湿。适当增加空气相对湿度，可创造适宜平菇菌丝生长的发菌环境。

3. 光照　平菇菌丝生长期间不需要光照，尤其不能强光直射。光照越弱，越有利于菌丝生长。

4. 通风　平菇菌丝生长期间，一是要每天掀开薄膜通风，以排除有害气体，保证空气新鲜、促进菌丝生长；二是要定期、定时通风，保证种植场地的空气新鲜。

综合上述管理，一般经过25～30天，平菇菌丝即可长满整个畦床，进入出菇管理。

（十二）催蕾管理

菌丝长满畦床以后即可催蕾，催蕾管理应注意以下几方面。

1. 光照刺激　催蕾期需要散射光。一般光照强度50～100 lx即可满足催蕾期光线需求。要避免强光直接照射。

2. 温差刺激　催蕾期需要8～10 ℃的温差刺激才能正常现蕾。室内可采取白天关窗关门升温，夜晚开窗开门降温等措施创造温差；大棚内可采取白天适当掀开覆盖物吸取太阳光热量升温，夜晚降温等措施创造温差。

3. 通风刺激　催蕾期要求增大通风量，保持环境空气清新，控制二氧化碳浓度在0.15%以下。

4. 定位现蕾　一般经过7天左右的光照、温差及通风等刺激，畦床表面即可现出幼小菇蕾。平菇畦床栽培，可实现集中现蕾出菇，但根据种植目的和市场行情，也可进行定位诱导出菇，避免出菇太过集中造成菌盖相互挤压而影响商品性状。可用小钩钩破覆盖薄膜，从而实现定位现蕾出菇。定位时可选择首先现出原基的位置，在钩破表面覆盖薄膜时应注意不损伤床面菌丝或原基。

（十三）出菇管理

1. 温度　早秋栽培出菇温度一般在10～28 ℃，适宜温度15～22 ℃。冬季栽培出菇温度一般在5～20 ℃，适宜温度10～15 ℃。进入12月至翌年2月气温较低，可采取白天掀开保温被透光增温或者人工加热等措施提高出菇畦温度。

2. 湿度　出菇期间要求出菇场地空气相对湿度80%～90%。湿度高于95%易引发平菇病害，湿度低于80%易造成种植减产。菇房内空气相对湿度调节控制的方法主要有四种。

（1）关闭门窗调节菇房湿度　这种方法适用于培养料含水量正常、表面湿度正常、出菇温度较适宜的情况。一般门窗、通风口关闭约 1 h 后，空气相对湿度就可以上升到 80% 以上，待菇房内湿度正常后可适当打开门窗或通风口，以维持空气相对湿度的稳定。

（2）通风降低湿度　这种方法一般用于空气相对湿度在 90% 以上、环境温度适宜或较高的情况下。一旦空气相对湿度降到适宜时便要及时停止通风或减小通风量。

（3）加温降低湿度　这种方法主要适用于空气相对湿度在 85% 以上、菇房内温度较低的情况。

（4）喷雾加湿法　采用定时微喷雾是增加空气相对湿度的有效方法。

3.通风　平菇属好氧性真菌，出菇期间的通风管理是一个尤为重要的管理环节。当平菇原基形成后，将料面的覆盖物支起，每天通风 3～5 次，每次 40～60 min。不管低温季节还是高温季节，不论出菇场所温度高还是低，必须保证每天进行通风换气，保持出菇场地空气清新，不得有异味，出菇环境内二氧化碳浓度维持在 0.15% 以下。通风时间，要根据出菇场地的温度、湿度灵活掌握。

4.光照　平菇出菇期间需要一定的散射光，一般光照强度不低于 50 lx，避免强光直射。光照影响子实体颜色，一般光照越强子实体颜色越深，光照越弱子实体颜色越浅。

5.水分　平菇子实体生长期间，需要足够的水分以满足正常的生长需求，水分不够，菇体干软，商品性状欠佳；水分过大，菇体易受病害侵袭，幼小菇体会腐烂。向子实体喷水的原则是：子实体幼小时应少喷、勤喷，避免直接向幼小菇体喷水，并注意增加空气相对湿度，最好采用雾化水增湿；随着子实体增大，喷水量增大。喷水后要及时通风，使菇体表面水分能够快速蒸发。

还要避免水分过大，造成床面积水。一旦床面积水不能及时排除，轻者导致子实体腐烂，重者将诱发病虫害，造成减产。

（十四）转茬管理

平菇的转茬管理是指床面和环境的清理、补充水分、添加营养物质等。科学的转茬管理，可在不增加投资的情况下提高后茬的产量，以提高平菇总产量。平菇转茬管理应注意以下几方面。

1.床面清理　一茬菇采收结束后，及时清除床面上残留的残菇、病菇、死菇和菌柄，以免影响下茬菇的生长；及时清除培养料表面形成的老菌膜（或叫衰老菌皮），改善基内菌丝的呼吸效果。老菌膜的形成，会使出菇畦表面板结，影响培养料深处菌丝的呼吸、水分蒸腾以及菌丝体的营养运输。

2.环境卫生　在平菇生长过程中，要求的空气相对湿度较高，常造成一些杂菌也伴随繁衍滋生，成为培养料表面的污染源。为避免杂菌对培养料的污染，在平菇转茬期间要喷洒二氧化氯类杀菌剂进行环境消毒。

3.养菌　第一茬菇采收之后，菌丝体内的营养需要补充，即菌丝体需要一个积累营养的过程，这个过程称为养菌。采收后 3～5 天，停止喷水，如培养料含水量充足，在此阶段床面不要覆盖薄膜等，让水分随着蒸发流动，使养分到达菌丝体内，而达到养菌目的。如培养料含水量不足，养菌时床面要覆盖薄膜。整个养菌过程要注意定时通风，保证基内菌丝正常呼吸。

4.补水　养菌 3～5 天后，在培养料表面出现洁白的新菌丝时，开始喷水（图 7-1-17）。在第一茬菇采收后，培养料中水分损失较多，再加上料面的自然蒸发，含水量会低于 40%，如不对培养料补水，第二茬菇将难以形成。补水采取表面洒水的方式，第一次洒水要足，洒完水后可在畦床上方用细竹竿做起一拱形支架，将塑料薄膜盖在架上，白天盖膜，晚上揭膜，1～2 天后再继续洒水，洒水 2～3 次才能浸润到培养料内部，使含水量补充至 60% 左右。

图 7-1-17 平菇转茬补水

转茬管理后即可进入下一茬菇的出菇管理。出菇管理与前茬管理方法相同，如此循环，共可采收4～5茬菇。

（十五）采收

1. 采收前管理　采收前2～4 h往平菇子实体表面喷一次水，喷水量不宜过大，这样有利于保持韧性，防止干燥脆裂。

2. 采收标准　当平菇菌盖长至宽7 cm左右，刚趋平展，边缘紧收，菌柄中实，手感实密，颜色由深逐渐变浅，下凹部分开始出现白色毛状物，孢子弹射前（约八成熟）采收。

适时采收，不仅保证平菇味美可口，而且产量也高；延误采收时间，不仅使平菇质量下降，而且不利于下茬平菇的生长。同时，随着平菇采收的推迟，散发孢子量逐渐增多，容易引起咳嗽，影响健康。

3. 采收方法　采收时注意防止手握菇体左右晃动，避免平菇和基部的培养料一齐拔掉。因为平菇基部菌丝和培养料结合紧密，用力过猛还会将刚形成的原基拔掉，影响下茬出菇。采收时也可借用利刀或竹片，轻轻从基部将平菇和培养料分离。采收丛生菇体时更应注意，采收时要一手握菇柄，一手持刀在基部将平菇轻轻切下，尽量少留菌柄。采收后的鲜菇，要轻取轻放，并用力割去菌柄基部，及时进行包装加工。

（十六）包装及保鲜

采收的新鲜平菇要根据质量好坏、市场销售需求分级。采收的鲜菇包装时一定要摆放整齐，不挤压、不损伤平菇子实体，从而提高平菇商品价值。一般在室温3～5 ℃、空气相对湿度80％左右条件下存放有利于保鲜。如进行较长距离运输销售的，一般采用塑料袋加纸箱、泡沫箱或塑料筐包装（图7-1-18），可以防止运输销售过程中水分散失和挤压，从而保证平菇商品质量。

图 7-1-18　采摘摆放、保鲜

二、发酵料压块栽培模式

平菇压块栽培是指在菇房内，通过施加压力使培养料在固定模型内压制成型，成为具有一定形状和尺寸的压块，在压块上进行出菇的栽培模式。压块栽培是平菇集约化栽培的一种方式，采用这种方式种植，容易实现平菇的机械化生产，适合床架栽培和立体栽培，提高种植场地空间利用率；同时，压块栽培出菇整齐，更有利于进行异地出菇。

（一）生产时间

生产时间根据品种特性、生产目的、生产条件和生产区域进行合理安排。

1. 春季生产　不同的平菇品种对温度的要求差别很大。根据不同的栽培季节、不同的栽培目的和不同的栽培方式选择平菇栽培品种。我国北方春季气温偏低，可选择低温型黑色品种。培养料的发酵可选择室内发酵，也可以选择在培养料里添加促酵剂室外发酵；中原地区春季气温一般在10～22℃，最适宜中低温型平菇的种植，可选择在2月上旬发酵培养料，2月上中旬发菌，3～5月出菇；南方地区春季气温多在20℃左右，可选择中温型平菇进行种植，1月底发酵培养料，2月上旬发菌，3～4月出菇。

2. 夏季生产　夏季气温偏高，一般在25～35℃，在常规菇房内不适合发酵料压块模式种植平菇。平菇压块生产，培养料被压缩成型，培养料的孔隙度很小，加之培养料发酵升温，造成内部温度在自然条件下较难掌控，温度高低不同，这会影响菌丝的生长和栽培产量。如果采用发酵料压块模式种植平菇，建议在工厂化的菇房内进行。食用菌工厂化生产是在控温、控湿、控二氧化碳、控光条件下，按照工厂化管理进行的规模生产、规模发菌，实现定量出菇、均衡供应的一种生产模式。近几年，一部分人已开始采用工厂化生产模式进行平菇生产，获得了比较好的效益。

压块模式种植平菇更适宜工厂化生产：一是品种选择范围大。平菇工厂化压块生产，由于生产环境可控，所以品种的选择范围很大，可以根据生产目的选择低温型、中温型、高温型和广温型等平菇品种。二是促进菌丝生长。平菇工厂化压块生产，平菇菌丝在可控的环境下生长，发菌质量明显提高。三是产品质量稳定。平菇工厂化压块生产是在人为条件下，开展的人工控制条件下的生产种植管理，不仅保证了产品的性状一致，质量也更加稳定。同时减少了自然种植条件下环境温度、湿度、光照和二氧化碳浓度对其的影响。

3. 秋季生产　平菇秋季压块生产一般选择中低温型品种。8月中下旬发酵培养料，9月中下旬发菌，9月底至11月出菇。我国北方秋季气温偏低，可提早至8月初发酵培养料，9月初开始出菇；南方地区秋季气温偏高，可在8月底发酵培养料，9月底至11月出菇。

4. 冬季生产　平菇冬季压块生产一般选用低温

型品种。北方冬季气温偏低，可在9月底至11月初发酵培养料，10月底开始出菇，菇房内采取升温措施，菇房表面加盖厚棉被进行保温，避免冻伤损害；南方冬季气温普遍在10℃以上，可选择中温品种进行种植，10月中旬至11月中旬发酵培养料，11～12月发菌，11月底开始出菇。

（二）生产准备

按照种植季节安排，提前准备好所需的母种、原种、栽培种，压块栽培模式菌种制备、原料准备、培养料配方、培养料配制等环节可参照平菇"发酵料畦床栽培模式"进行。

培养料发酵时需注意的事项：

（1）主料　平菇栽培以玉米芯和棉籽壳为主料。玉米芯要求干燥、无霉变，使用前粉碎成直径为0.5～1.5 cm的颗粒，不宜过大（直径＞6 cm）；棉籽壳要求新鲜、干燥、颗粒松散、色泽正常，无霉烂、无虫害、无结块、无异味、无混杂物；石灰要求无板结、松散粉末状；磷肥要求无板结、颗粒分明。

（2）含水量　发酵前含水量要适当高一点（70%左右），因为培养料经过4～10天（一般棉籽壳培养料发酵4～5天，玉米芯培养料发酵8～10天）的发酵会蒸发一部分水分，发酵完成后，培养料含水量一般控制在63%～65%，含水量过大（70%以上）或过小（60%以下），均会影响发菌及后期产量。

（3）调水　培养料含水量需要调节时，应在发酵前期进行，后期忌加水。这是因为发酵后期加入生水，培养料易滋生各种杂菌，减弱菌丝吃料能力，降低种植成功率。

（4）培养料建堆　培养料用2%石灰水预湿，一定要湿透。预湿后可建成高0.8～0.9 m、宽2m以上、长度不限的梯形堆。堆形大小要合适，堆体过大容易引起厌氧发酵，培养料容易发酸、发臭；堆体过小不利于升温发酵，培养料发酵不彻底。

注意：一是培养料建堆时一定要按照0.8～

0.9 m 高，长、宽不低于 2 m 的标准建堆；二是在发酵堆表面按照 0.3 ～ 0.4 m 的距离打透气孔，透气孔要打密、打深、打透，防止培养料产生厌氧发酵，尽可能减少发酵堆出现低温区和厌氧发酵区。

（5）翻堆次数及方法　培养料料温达 60 ℃ 后保持 24 h 即可翻堆。以后每隔 1 ～ 2 天翻堆一次（棉籽壳培养料每隔 1 天翻 1 次堆，玉米芯培养料每隔 2 天翻 1 次堆），一般翻堆 3 ～ 4 次。

翻堆时注意上、下、内、外翻匀，以使培养料充分发酵。特别要注意将表层和周围 15 ～ 20 cm 的料翻到中间，不仅能够促进表面料发酵，而且可以有效杀死部分虫卵、幼虫。

（6）发酵好的培养料标准　培养料表层 10 ～ 30 cm 处布满白色高温放线菌，培养料无氨味、酸臭味，玉米芯变为咖啡色或红褐色且质地柔软。

（三）生产场地

平菇压块生产的场地可以选择在塑料大棚内，也可在工厂化菇房内进行。不管在哪里种植，压块生产前 3 天，必须清除种植场地及周围的杂物，喷洒食用菌场地专用消毒剂及杀虫剂，或撒一薄层生石灰粉，减少种植场地杂菌、虫源给生产带来的安全隐患。

（四）压块制作及接种

有铁制和木制的活动模具，其大小一般为长 40 ～ 60 cm、宽 20 ～ 40 cm、高 15 ～ 25 cm，也可根据需要定制，但每块面积以不超过 0.5 m² 为宜。通常采用长 40 cm、宽 25 cm、高 25 cm 的压块模具，可装湿培养料 12 kg 左右。所需原材料：长 500 cm、高 30 cm、厚 2 cm 的木板或铁板 2 个；长 40 cm、高 25 cm、厚 2 cm 的小木板或铁板数个；25 cm×55 cm×0.003 cm 的桶状聚乙烯塑料袋数个。

1. 制作方法　首先将约 12 kg 的培养料装进桶状塑料袋内，稍压实后系口。再将两个长 500 cm、高 30 cm、厚约 2 cm 的木板或铁板竖立固定好，形成床型空间。在床型空间内部的一头，将两个长 40 cm、高 25 cm、厚 2 cm 的小木板或铁板

竖立固定好位置，即在床型空间内部下隔出一个菌块大小的格子。最后，将装有培养料的塑料袋放进固定好的格子里，按压和挤压使料块成型。到此，第一个料块就完成了。第二个料块要紧贴第一个料块的一侧，制作方法跟第一个料块相同，如此重复可制作多个料块。

2. 接种　一个个料块制作完成后即可进行接种。可以直接打穴接种。也可以先将料块暴露的上表面用锋利的刀具划开 40 cm 长的口子，将口子撑开后在料面上每隔 8 cm 距离用打孔器（钢管或木棍）自上而下打孔（直径 5 cm），打孔尽量打透到料的底部，再将事先掰好的菌种块播种到每个小孔里，尽量填满小孔。播完种后将料块表面的口子用胶带黏合，菌块就制作完成（图 7-1-19）。

图 7-1-19　接种后的平菇菌块

（五）发菌管理

发菌环境要求干净、干燥、遮光、通风良好。控制发菌环境温度在 20 ～ 28 ℃。发菌温度低时，

菌块上面可覆盖薄膜或保温被；发菌温度高时，可使用风扇或冷风机降温。25～30天菌丝即可长满整个菌块。

菌丝长好的菌块硬实并富有弹性，各个菌块形状已固定结实，可搬移菌块进行异地出菇。

（六）出菇管理

菌块菌丝长满5～7天后，就可以刺激出菇。出菇阶段要适当拉大温差，一般温差8～10℃即可现蕾出菇。催蕾时，可脱去塑料袋让菌块周身出菇，也可不脱去塑料袋，进行定位出菇，即在特定位置划开或钩开塑料袋。另外，提高空气相对湿度到70%～80%。正常情况下，刺激5天左右菌块表面即会现出小菇蕾（图7-1-20、图7-1-21），然后进入出菇管理。

图7-1-20　平菇压块出菇1

图7-1-21　平菇压块出菇2

出菇温度要适宜（根据品种特性控制）；空气相对湿度80%～90%，并定时向子实体表面喷水；勤通风，保持出菇环境空气清新，无异味。菌块之间要留有距离，避免出菇时子实体相互碰撞挤压，影响商品性状。

（七）转茬管理

转茬管理与本节"发酵料畦床栽培模式"的相同。

（八）采收与贮藏

平菇压块生产，子实体采收标准与常规生产模式相同，但需要注意：

1. 采收方法　采收时尽量使用刀具或锋利竹片，用刀具或竹片从菌柄根部切割下子实体，避免用手直接拧下子实体而带走大块培养料，影响后茬菇的产量。

2. 贮藏方法　采收的平菇应尽快销售。如果需要暂时贮藏，可放进浅口（高20 cm左右）泡沫箱内或塑料筐内在4℃冷库保存。保存时注意：刚采收的平菇，放进冷库保存时，不要立即密盖，要敞口等待子实体内部温度完全降下来之后再盖上。这是因为，刚采收的子实体温度高，与冷库温度比较，温差大，会在泡沫箱内凝聚水珠，引起平菇腐烂。

三、塑料袋发酵料栽培模式

（一）生产时间

平菇发酵料栽培受温度影响较大，高温季节栽培风险较大。南方宜选择在11月底至翌年1月初，北方宜选择在8月下旬至11月。

（二）培养料配方

配方1：棉籽壳94.5%，尿素0.5%，钙镁磷肥2%，石灰3%，水适量。

配方2：玉米芯91.5%，尿素1.5%，钙镁磷肥4%，石灰3%，水适量。

配方3：玉米芯82%，麸皮10%，尿素1%，钙镁磷肥4%，石灰3%，水适量。

配方4：玉米芯61.5%，棉籽壳30%，尿素1.5%，钙镁磷肥4%，石灰3%，水适量。

配方5：豆秸94.5%，钙镁磷肥2%，尿素0.5%，石灰3%，水适量。

配方6：玉米芯61.5%，豆秸30%，尿素1.5%，钙镁磷肥4%，石灰3%，水适量。

（三）培养料配制

预湿拌料、建堆发酵可参照本节"发酵料畦床栽培模式"的相关内容进行。

1. 发酵注意事项

（1）建堆体积要适宜　体积过大，虽然保温保湿效果好、升温快，但边缘料不能充分发酵；料堆体积过小，则不易升温、杀虫、杀菌，腐熟效果较差。起堆要松，要将培养料抖松后上堆，表面稍加拍平后，用直径 5 ~ 10 cm 一端稍尖的木棒，每隔 30 cm 自上而下打一个透气孔，均匀分布，以改善料堆的透气性。

（2）要控制料堆温度　料温达到 60 ℃以上维持 24 h 左右才能翻堆，以杀死有害的霉菌、细菌以及害虫的卵和幼虫等。

（3）翻堆要均匀　在发酵过程中，堆内温度分布规律是：表层受外界影响温度波动大、偏低，这层很薄；中部很厚的一层温度最高，发酵进度快；下部透气不良，温度低、发酵差。因此，在翻堆时一定要将上下内外培养料互换。

（4）适时补水　翻堆时发现培养料较干，应该及时补充水分。播种前发现料堆水分耗失严重时，可用 pH 7 ~ 8 的石灰水调节，注意不要添加生水，以免滋生杂菌，导致培养料发黏发臭。

（5）适当通气　水分和通气是相互矛盾的两个条件，只有在含水量适中的条件下，才能使料堆保持良好的通气状况，进行正常发酵。在预定时间（24 ~ 48 h）若堆温能正常上升到 60 ℃以上，开堆可见适量白色嗜热放线菌菌丝，表示料堆含水量适中、发酵正常。如建堆后堆温迟迟不能上升到 60 ℃，说明发酵不正常。可能是培养料加水过多，或堆料过紧、过实，或未打通气孔或通气孔太少等原因造成的料堆通气不良，不利于放线菌生长繁殖，培养料不能发酵升温。在此情况下应及时翻堆，将培养料摊开晾晒，或添加干料至含水量适宜，再将料抖松后重新建堆发酵。如料堆升温正常，但开堆时培养料有白化现象，说明培养料含水量过少。可在翻堆时适当添加水分（最好用石灰

水），拌匀后重新建堆。

2. 发酵时间　发酵终止时间应根据料堆 60 ~ 70 ℃持续时间和料堆发酵均匀度而定。第一次翻堆可在 60 ℃以上进行；以后每次翻堆，一定要在堆温达到 65 ℃左右、持续 24 h 左右才能进行。一般经过 3 ~ 5 次翻堆，可以终止发酵。如果 60 ℃以上持续时间不足、料堆发酵不均匀，则中温性杂菌可能大量增殖；发酵时间过长，会使料堆中有机质大量腐解，损失养分，影响平菇产量。

3. 发酵结束后处理　发酵终止时应散堆降温，用石灰粉调 pH 至 7 ~ 8，并均匀喷洒 0.1%多菌灵、0.1%氯氰菊酯，有利于防治病虫害。

4. 优质发酵料标准　发酵好的培养料松散而有弹性，略带褐色，无异味，不发黏，质感好，遍布适量的白色放线菌菌丝，含水量 65%左右。

（四）装袋接种

1. 接种时间　最好在早晨或下午进行，不要在中午高温时段和大风天气装袋。

2. 料袋规格　发酵料栽培平菇常用聚乙烯塑料袋，规格为 25 ~ 28 cm×45 ~ 55 cm×0.001 5 cm，可装干料 1.5 ~ 2 kg。早秋、早春栽培时用较窄的塑料袋，冬季气温低时用较宽的塑料袋。

3. 接种方法　采用层接法，三层料四层种或两层料三层种均可。

先将塑料袋一端折叠放在地上，从另一端装进发酵好的培养料，边装边用手将料压实。塑料袋的周围要压实一些，中间装得虚一点，装至 8 ~ 10cm，均匀撒一层菌种。菌种的碎度以花生粒大小为宜，菌种块太小，对菌丝的损伤大，影响菌丝的恢复生长；菌种块太大，需种量多，造成不必要的浪费。然后再装一层培养料，撒一层菌种。再装第三层培养料，在料面上撒一层菌种，两端菌种用量要将培养料料面盖严。将袋口扎紧，系成活结。将袋子倒转过来，把料面压平，撒上一层菌种，用同样的方法扎口。

菌种用量以培养料干重的 10% ~ 20%为宜。冬春低温季节用种量可降为 10%左右；春末、早

秋气温较高，用种量可加大到20%左右。适当加大用种量，菌丝生长快，封面早，可利用菌种数量优势，抑制杂菌发生。

4. 装袋接种注意事项

（1）料袋要松紧适宜　一般以手压料袋有弹性，重压处有凹陷，料袋不变形为好。装料松，菌丝生长细弱无力，菌丝易断裂，影响产量；装得太实则通气不好，菌丝生长慢，出菇推迟。

（2）打通气孔　装完袋后，可用直径1.2～1.4 cm、长50 cm的木棒（铁棒）从袋子一端捅到另一端，以利于通风换气。发酵料栽培一定要在料袋上打通气孔，否则换气不良，极易导致杂菌污染。

5. 接种后的异常情况及对策

第一，接种后2～3天菌丝未萌发，多属于未打透气孔，应立即补打。

第二，接种后3～5天，菌种块萌发，但不吃料，多属于袋内温度的问题。特别是菌种层周围温度过高，如果超过34 ℃，应立即降低培养料温度，采用单层散放，贴地发菌。

第三，接种后如果发现个别菌袋水分过大，多余水分沉积于袋底，可将菌袋立放在地面上，让水通过透气孔流出。

第四，凡污染绿霉已无法挽救的菌袋，应及时清理出场地。

（五）发菌管理

1. 环境消毒　首先要将发菌场所打扫干净，用消毒剂消毒，再在地上撒一层石灰粉，尽量降低发菌环境的杂菌基数。

2. 环境控制　在整个发菌期，应创造适宜平菇菌丝生长发育的环境条件，即温度20～26 ℃；较弱的光照；空气相对湿度70%以下；经常通风换气，保持空气新鲜。

发菌期间一定要控制好温度。平菇菌丝最适生长温度为25 ℃左右。这个温度也适合大多数杂菌的生长，如果控制不好，杂菌与平菇菌丝将会同步生长，造成污染。为了发菌安全，发菌温度最好偏

低一些。发酵料栽培的料温不宜超过28 ℃。培养温度还可通过菌袋堆叠密度和高度来调节。播种后将菌袋及时起堆，排放在水泥地面或横放在培养架上。堆放菌袋的层数应根据气温高低而定。一般来说，温度越高堆放的层数越少。气温低于10 ℃，可堆放5～7层（图7-1-22）；气温10～20 ℃，可堆放3～5层；气温在20 ℃以上，堆2～3层；气温超过28 ℃，菌袋宜单层排放在地面，并采取其他降温措施（图7-1-23）。如在低温季节发菌，可以增加菌袋堆放的高度和密度，并加覆盖物，以提高培养料的温度。

接种后2～3天即可看到菌丝从菌种块上萌发，由于培养料发酵升温，还会使料温上升。为使发菌均匀，5天后应结合检查进行翻堆，对接种后忘记打孔的菌袋，补充打孔，将上下层菌袋互换位置，使料温保持均衡，发现污染或菌丝不萌发吃料的应及时拣出处理。

图7-1-22　平菇菌袋堆放

图7-1-23　排风扇辅助通风降温

第一次翻堆。一般在接种后 3 ～ 5 天，菌种开始萌发。翻堆方法是下倒上，上倒下，里倒外，外倒里。

第二次翻堆。接种后 10 天左右，菌丝已经定植，生长迅速，料温开始上升，这时应注意观察料温变化。用一支温度计插入中间袋内，观察料内温度变化。料温应控制在 25 ℃ 左右，最高不超过 30 ℃。如果环境温度过高，应增加通风，降低环境温度。结合倒堆，可以适当减少堆放层数和增大堆的空间，以利散热通风。

以后每隔 7 ～ 10 天翻堆一次，使堆内菌袋温度均匀、发菌整齐。局部污染的可以注射甲醛或克霉灵、多菌灵等杀菌剂，控制杂菌蔓延。同时将污染的袋子搬离发菌场地，单独培养。污染严重的要埋掉或晒干、处理后再使用。

一般经过 20 ～ 30 天，菌丝即可长满袋。

（六）出菇管理

1. 菌袋摆放　菌丝满袋后及时搬入出菇场地进行出菇管理。目前出菇多采用立体堆积出菇方法（图 7-1-24）。

图 7-1-24　立体堆积出菇

出菇管理对获得平菇高产具有重要作用，管理水平高低直接决定平菇产量高低。

2. 温度　在我国多数地区平菇出菇时间一般在当年 9 月到翌年 4 月，自然温差多在 10 ℃ 以上，完全可以满足平菇现蕾的需要。通过关闭门窗等措施，可创造 8 ～ 12 ℃ 的昼夜温差，使出菇整齐、茬次明显、产量高。

子实体生长期间，温度要控制在 10 ～ 25 ℃，以 13 ～ 20 ℃ 为宜。如果温度过高，可采取白天盖草苫、早晚掀膜通风等措施降温；如果温度过低，可覆盖草苫防寒，防止因低温引起菇体发育不良。遇到连续低温时，可通过白天适当减少荫棚上的覆盖物、增加太阳照射的措施，使菇房温度达 10 ℃ 以上。冬天也可在菇房内加火升温，但一定要通过烟囱将煤烟排出菇房外。

3. 湿度　平菇催蕾期间要求空气相对湿度 90% ～ 95%，此时一定要保持足够的空气相对湿度，以免袋口的培养料失水变干，不利于菇蕾形成。

原基是在高湿环境中发生的，进入开放管理后，菇房的空气相对湿度会因通风而迅速下降，此时应向空中、地面喷水（图 7-1-25），以提高环境湿度。一般不要直接向原基上喷水，否则会使原基成茬死亡。原基期环境的空气相对湿度一般控制在 90% 左右为宜。

图 7-1-25　微喷补水

子实体生长期间，由于菇体生长迅速，吸水量增加，培养料的含水量逐渐下降，此时，必须保持较高的空气相对湿度。一般每日喷水 2 ～ 3 次。每次喷水后，要求菇体表面有光泽而不积水。

秋季气温适宜，菇体发育较迅速，加上菇房通风比较好，水分蒸发和消耗都较快，补水调湿必须及时，否则，菇体会因生理失水而干缩枯萎。

根据菇体不同的生长发育期，调节好空气相对湿度。菇蕾期需水量不大，可向空中喷雾，同时向墙壁和地面喷水，保持潮湿，在后期可以往菇体上喷雾，雾滴要细。不要直接向菇体上喷过多的水，以免菇体吸收大量水分后发黄水肿，并变软萎缩，逐渐死亡，引起病害传染。

补水调湿还要结合菇场的保湿性能和环境气候的变化等因素灵活掌握用水次数和用水量。晴天空气相对湿度低或天气干燥时，喷水次数要多，雨天相对湿度大时要少喷或不喷；气温下降、菇体生长发育缓慢时喷水要减少，反之，则要增加。用水量要根据出菇密度及分布情况灵活掌握。出菇多的多喷水，未出菇或出菇少的少喷水；菇大的多喷水，菇小的喷水量相对减少。

4.通风　催蕾期间增加通风量，促进菇蕾形成。原基分化和子实体的生长，对氧气的要求是不一样的。适当二氧化碳浓度的半封闭管理，能促进原基的发生，也可以调控原基发生密度；但在原基分化之后，就必须转入开放式管理，供给足够的新鲜空气，否则会产生畸形菇。进入开放式管理后，应开启菇房通风窗口（图7-1-26），以利原基迅速进入菇蕾分化期。原基期通风应缓慢进行，若风力较强、气流过快会造成菌袋失水和原基干枯。

图 7-1-26　平菇出菇期通风管理

子实体生长前期，因菇蕾对环境适应能力较差、抗逆性较弱，故通风量不能过大，通风时间也不宜过长，否则，会造成菇体失水过快而萎缩死亡。随着子实体生长加快，生理代谢进入旺盛阶段，要加大通风量和延长通风时间，以利菇体的正常发育和迅速长大。

通风除了要根据菇体的发育程度进行调节外，还要与菇体发育时所处的环境温度和空气相对湿度相协调。气温偏高时，应加大通风换气，以利热量及时散发，减少因高温引起的薄肉早衰菇和水肿菇的发生；当气温较低时，应缩短通风时间，特别是在深秋季节，当夜间气温低于菇体生长最低温度时，要停止通风，以防低温袭击，使菇体受冻出现僵硬或结瘤等症状。凡阴雨天或多雾无风天，都应加大菇房的通风量，以促进菇体发育。若遇刮风天气，要关闭迎风的通风口，减少通风量，防止菇体失水过快。

5.光照　给予 50～500 lx 的散射光照，不要强光照射。

出菇期间要协调好温度、湿度、通风和光照的管理，创造适宜平菇子实体生长发育的环境条件，促进平菇子实体生长发育。

（七）采收

1.采收标准　当平菇菌盖平展、连柄处下凹、边缘未平伸时（图7-1-27），菌盖和菌柄的蛋白质含量较高，纤维化程度低，商品性状好，产量高、质量也好，为最适采收期。

图 7-1-27　采收适期的平菇

2.采收方法　正确采收平菇不仅能保证收获质量，也利于下茬菇的发生和管理。采收的具体要求如下：

第一，采收前要喷一次水，这样既可以提高菇房空气相对湿度，又可以降低空气中飘浮的孢子，能减少对工作人员的影响，并使菌盖保持新鲜、干净，不易开裂，但喷水量不宜过大。

第二，同一丛菇体如果大部分已经成熟就应该大小一起采收，因为剩下的小菇不会继续生长。

第三，如果是单生菇，可以一手按住菌柄基部的培养料，一手捏住菌柄轻轻扭下；如果是丛生菇，切不可硬掰，以免将培养料整块带起，最好用利刀紧贴菌袋表面将菇体成丛割下。

第四，平菇菌盖质地脆嫩，容易开裂，采收后要轻拿轻放，并尽量减少翻动次数。采下的平菇要放入干净、光滑的容器内，以免造成菇体的机械损伤。

第五，采完一茬菇后，要把料面清理干净，将死菇和残留在培养料中的菇根捡净。

（八）包装

将采下的平菇依菇形、大小、厚薄分级，塑料袋包装，每袋 2.5 kg。包装箱用瓦楞纸箱，每箱 10 kg。塑料筐每筐 5 kg。

（九）贮藏

经过分级、修整后的鲜菇，及时移入 0～3 ℃的冷库中充分预冷，使菇体温度降至 1～4 ℃条件下短期贮藏。

（十）转茬管理

1. 转茬与养菌　前一茬菇采收之后，菌丝体内的营养需要补充，在转茬期间要给菌丝一个积累营养的过程，这个过程称养菌。养菌期间，停止喷水或减少喷水次数，降低菇房空气相对湿度至 80%以下，白天结合天气状况及菇房温度，通过搭盖保温被或掀开保温被等措施，尽量创造出 20～25 ℃的温度范围促进菌丝恢复。养菌 3～5 天后结合温差刺激、空气增湿等措施，即可完成转茬管理。

玉米芯培养料出过 2～3 茬菇后，培养料含水量一般仍保持在 60%以上，通过正常的养菌即可完成转茬菇处理；纯棉籽壳培养料出过 1～2 茬菇后，培养料含水量一般偏低，养菌前要进行补水，补水量视出菇茬次决定，使培养料含水量维持在

60%以上，补过水后的菌袋，重量一般为上茬菇袋重量的 2/3 左右。

2. 补水　补水的方法应根据栽培形式而定，袋栽多用补水针补水，即在袋内沿纵向插入补水器，利用自来水压力强制补水，此法补水快、效果好。

养菌 3～5 天后，菌丝体内的营养得到充分恢复，在采菇后的穴口有洁白的新菌丝发生时，便可按照常规进行出菇管理。

四、塑料袋生料栽培模式

（一）栽培季节

平菇生料栽培受温度影响较大，应选择温度较低、湿度较小的季节进行，这样可以降低病虫感染率，提高发菌成功率。一般在冬季气温较低时采用此法。南方宜选择在 11 月底至翌年 3 月初，北方宜选择在 10 月上旬至翌年 3 月。

（二）培养料配方

塑料袋生料栽培模式培养料配方与本节"塑料袋发酵料栽培模式"的培养料配方相同。

（三）培养料配制

生料栽培对原料要求更为严格，一般选用棉籽壳等适宜平菇菌丝生长的原料，要求新鲜、无虫卵、无霉变。还要降低培养料配方中的含氮量，从而减少杂菌污染的机会。按照配方将原料拌匀，使培养料含水量控制在 60%左右，pH 10 左右为宜。培养料中需添加 0.1%～0.2%克霉灵可湿性粉剂。

（四）装袋与接种

生料栽培一般选用 22～25 cm×45～50 cm×0.002 cm 高压聚乙烯塑料袋。采用层播法接种，一般以播种四层或三层为宜，料袋两端用菌种封面，中间层菌种放在四周，两头扎通气塞。生料栽培接种尽量选在环境较卫生的地方进行，场内避免苍蝇等害虫侵害。

（五）发菌管理

生料栽培的发菌阶段较其他栽培方式要求更为严格：一是控制好温度，生料栽培的发菌温度要低

于 20 ℃，这样可以防止杂菌污染。发菌初期要及时翻堆，防止料温过高引起烧菌或杂菌污染。二是通风换气，随着菌丝生长速度加快，应加大通风换气量，以满足菌丝生长需要、促进菌丝生长。

（六）后期管理

生料栽培的出菇管理、采收、包装、贮藏、转茬管理等环节参照本节"塑料袋发酵料栽培模式"的相关内容进行。

五、塑料袋熟料栽培模式

（一）生产时间

应结合当地的环境及气候条件选择栽培时间。我国平菇栽培主要利用自然气候条件进行，一年分为春、秋两季栽培。秋季气温由高到低，选定适合平菇出菇的时期，再往前推算约 30 天（菌丝体生长时期）就是制袋期。一般 9 月上旬至 12 月中旬制袋；春季气温由低到高，子实体生长阶段常会遇到气温偏高的现象，因此，要提早接种，使出菇期避开高温季节，一般是在 2 月中旬至 4 月下旬制袋。

（二）培养料配方

配方 1：棉籽壳 97%，石灰 2%，轻质碳酸钙 1%，水适量。

配方 2：棉籽壳 72%（或玉米芯、豆秸），麸皮 25%，石灰 2%，轻质碳酸钙 1%，水适量。

配方 3：棉籽壳 95%（或玉米芯、豆秸），磷酸二铵 2%，石灰 2%，轻质碳酸钙 1%，水适量。

配方 4：棉籽壳（或玉米芯、豆秸）83.5%，麸皮 10%，豆粕 3%，尿素 0.5%，石灰 2%，轻质碳酸钙 1%，水适量。

配方 5：玉米芯 33.5%，棉籽壳 50%，麸皮 10%，豆粕 3%，尿素 0.5%，石灰 2%，轻质碳酸钙 1%，水适量。

配方 6：豆秸 66%，棉籽壳 17.5%，麸皮 10%，豆粕 3%，尿素 0.5%，石灰 2%，轻质碳酸钙 1%，水适量。

配方 7：豆秸 58.5%，玉米芯 25%，麸皮 10%，豆粕 3%，尿素 0.5%，石灰 2%，轻质碳酸钙 1%，水适量。

配方 8：棉籽壳 25%，玉米芯 16.5%，豆秸 42%，麸皮 10%，豆粕 3%，尿素 0.5%，石灰 2%，轻质碳酸钙 1%，水适量。

配方 9：棉籽壳 25%，豆秸 25%，玉米芯 16.75%，棉柴 16.75%，麸皮 10%，豆粕 3%，尿素 0.5%，石灰 2%，轻质碳酸钙 1%，水适量。

甘蔗渣、高粱壳以及多种农作物秸秆都是栽培平菇的好原料。生产者可根据当地的资源设计配方。尽量使用多种原料搭配，这样既可在养分上互补、改善培养料物理性状，又可降低成本，达到既增产又增收的目的。

（三）培养料配制

利用搅拌机加入定量的水进行培养料搅拌，搅拌时间不低于 30 min，务必将培养料搅拌均匀，含水量控制在 65% 左右。

（四）装袋

熟料袋栽多选用 18 ～ 24 cm×35 ～ 50 cm×0.004 cm 的低压聚乙烯塑料袋。手工或机械装袋均可。装料要松紧适中（以料袋外观圆滑，用手指轻按不留指窝，手握料身有弹性为标准）。若装袋过紧，菌丝生长缓慢；装袋过松，会出袋内菇，不利于出菇管理，在搬运过程中还会出现菌袋断裂影响产量。在装袋过程中要检查袋子破损情况，对局部破损的微孔及时用透明胶封好。当天拌料当天装完，不可过夜，以防培养料酸败。

（五）灭菌

装好袋后要做到当天装袋当天灭菌，以防止培养料内杂菌大量繁殖而导致培养料变质。最好将料袋装入筐内或编织袋内灭菌，这样做的好处：一是可以增加灭菌锅内料袋之间的通透性，灭菌更彻底；二是整体搬运减少杂菌污染的机会。当灭菌灶的中心温度达到 100 ℃后，开始计时，维持 12 ～ 16 h。灭菌时蒸汽通入应按照"攻头，控中，保尾"（即灭菌开始 4 h 时和结束前

4 h 蒸汽通入量越大越好,灭菌维持阶段蒸汽量以保持温度100℃不下降即可)原则,务必灭菌彻底。

（六）接种

待料袋冷却至30 ℃以下时,按无菌操作规程接种。在接种箱或接种室内使用高效气雾消毒剂,按4～5 g/m³的用量消毒30 min后开始接种,也可用紫外线消毒。接种室或接种箱应备有酒精灯,接种操作在酒精灯火焰周围无菌区内进行。每袋栽培种接15～20袋。

（七）发菌管理

接种结束后,将菌袋运至培养室,控制环境温度25 ℃左右,保证空气新鲜、环境干燥、暗光发菌。定期检查和剔除污染菌袋,并及时运至培养室外处理。

（八）后期管理

塑料袋熟料栽培模式的出菇管理、采收、包装、贮藏、转茬管理等环节参照本节"塑料袋发酵料栽培模式"的相关内容进行。

六、塑料袋大兜式吊挂出菇栽培模式

塑料袋大兜式吊挂出菇栽培模式采用高强度的大背心式塑料袋,直径60 cm,每袋装干培养料5～10 kg（图7-1-28）。该生产模式利于立体式栽培,空间利用率高,菌丝满袋后,吊挂开口周身出菇,出菇面积大,出菇集中,生产周期短,一般出2～3茬菇后即可完成一个生产周期,菇房周转利用率高,一个生产季可完成2～3个周期的生产,便于进行人工可控环境条件下出菇,生产模式可介于工厂化出菇与常规季节性出菇模式之间,标准化程度较工厂化出菇模式低,较常规季节性出菇模式产量集中,便于管理,集约化程度较高。

生产时间、培养料配方、培养料配制、发菌管理、出菇管理等环节参照本节"塑料袋发酵料栽培模式"的相关内容进行。

图7-1-28　塑料袋大兜式吊挂栽培

七、塑料袋大柱体栽培模式

平菇塑料袋大柱体栽培,是指利用模具将培养料固定成大柱体形状进行出菇的一种模式。大柱体栽培平菇,操作简便、管理方便、出菇面积大、菇体较大、出菇周期长、空间利用率高,较好地解决了平菇袋式栽培操作复杂、管理不便、出菇周期短、生物学效率低等问题。大柱体一般为直径25～35 cm、高60～70 cm的圆柱体。可装培养料40～45 kg。

平菇塑料袋大柱体栽培,分生料栽培和发酵料栽培两种方式。生料栽培是指直接将培养料搅拌均匀后装入塑料袋内,固定成大柱体形状栽培。大柱体生料栽培,由于培养料未经过发酵或灭菌处理,容易滋生杂菌和引发病害,而导致成功率不高。塑料袋大柱体发酵料栽培,培养料经过充分发酵腐熟,出菇后劲大、易出大朵菇、出菇周期长,而且出菇后期可以对培养料进行补水补肥,提高生物学效率,是一种常用的平菇塑料袋大柱体栽培方法。

（一）生产时间

平菇塑料袋大柱体栽培可选择适宜品种,在春、夏、秋、冬种植。夏季气温高,大柱体栽培最好在环境可控菇房内进行。由于大柱体栽培出菇周期长,一般选择在秋冬季种植,即每年的10月中旬至11月底栽培,采收期可延长至翌年5月中下旬。低温季节栽培,平菇菇体厚实,菌肉肥厚,商品性状优良。

(二)生产准备

塑料袋大柱体栽培模式,菌种制备、原料准备、培养料配方、培养料配制等环节可参照本节"发酵料畦床栽培模式"的相关内容进行。

(三)大柱体制作

1. 设计模具　以外观是立体圆柱形为目标,以坚硬支撑物固定平菇发酵料成柱形为技术出发点,设计大小适宜的铁皮为圆柱形外围及带孔的PVC管为圆柱形的中心,在铁皮与PVC管之间填充培养料。

(1)外围构件设计　厚0.03 cm、长80 cm、宽70 cm的矩形普通铁皮(图7-1-29)。

图7-1-29　大柱体外围构造

(2)中心管构件设计　厚0.04 cm、直径11 cm、高76 cm的PVC管,管身每隔6 cm左右,打直径1 cm的圆形小孔(图7-1-30)。

图7-1-30　中心管构造

(3)料面按压器构件设计　厚0.03 cm、弧长26 cm、直径26 cm、圆心角114°的扇形铁皮,扇形中间焊接一个柄长37 cm、把长14 cm钢管材质的柄把(图7-1-31)。

图7-1-31　按压器构造

2. 制作方法　大柱体栽培平菇柱体内部要套塑料薄膜,一般采用50 cm×110 cm×0.003 cm的聚乙烯塑料袋。

首先,将外围铁皮围成圆柱形,并用铁丝捆扎固定,把塑料袋紧贴铁皮放入圆柱内;然后,将PVC管放置在圆柱中心,用手扶立好PVC管后,开始往圆柱内添加培养料,边添加培养料边用按压器按压培养料,使其松紧适宜。当加入培养料的高度达15 cm时，播一层厚度约3cm的菌种层，菌种块直径以2～4 cm为宜，此后按此填料及播种程序操作，当所加培养料高度达到60 cm时，即播种4层后，再加培养料10 cm，最后往柱体最上层表面撒播最后一层（第五层）菌种，停止加培养料，并以中心PVC管为圆轴，用绳子将塑料袋口系住，即完成柱体制作（图7-1-32、图7-1-33）。

图7-1-32　柱形整体

图7-1-33　大柱体

（四）发菌管理

发菌期间控制培养料温度20～25 ℃，发菌场地空气相对湿度控制在70%以下，避光，经常通风，保持空气清新。一般经过25～30天，菌丝即可长满柱体。

发菌温度是影响平菇大柱体栽培成功率的关键环节。平菇大柱体栽培发菌温度必须控制在28 ℃以下。柱体之间要留0.5 m以上的空隙，并注意通风换气。一旦柱体温度超过28 ℃，必须采取加强通风、吹凉风等措施进行降温（图7-1-34）。

图7-1-34　平菇大柱体发菌

平菇菌丝长满柱体后，去掉中间的PVC管，在中空部分填土（图7-1-35）后进行出菇管理。

图7-1-35　大柱体中间填土

（五）出菇管理

菌丝长满柱体7天以后即可刺激催蕾。催蕾阶段要拉大温差至8～10 ℃。另外，提高空气相对湿度到70%～80%。正常情况下，刺激5天左右培养料表面即会现出小菇蕾（图7-1-36）。之后进

木腐菌生产技术

入出菇管理。

图 7-1-36　平菇大柱体现蕾

大批菇蕾形成后去掉塑料袋，周身出菇，也可以进行定位出菇（图 7-1-37）。

图 7-1-37　平菇大柱体定位出菇

子实体生长期间温度控制在 10 ～ 20 ℃；空气

相对湿度控制在 85% ～ 95%，喷水时以雾状水较为适宜，禁止直接向幼小菇蕾喷水，喷水后应及时通风；适当加大通风，温度高、湿度大、菇多时应多通风；给予散射光照，避免强光直射。

（六）采收

1. 采收要求　采收前 2 ～ 4 h 往平菇子实体表面喷一次水，喷水量不宜过大。这样有利于菇体保持韧性。

2. 采收标准　当平菇菌盖刚趋平展，边缘紧收，菌柄中实，手感实密，颜色由深逐渐变浅，下凹部分开始出现白色毛状物，孢子弹射前（约八成熟）采收（图 7-1-38）。

图 7-1-38　平菇大柱体出菇（采收期）

3. 采收方法　平菇大柱体种植，菇体多为丛生，采收时可借助利刀，一手握菌柄，一手持刀在基部将平菇轻轻切下。在不影响基部小菇蕾的情况下，尽量少留菇柄，禁止手握菇体向上猛提，以免将基部培养料一齐拔掉。对于单生的子实体，在采收时要先使其左右旋转一下，使子实体和培养料之间稍松动后再轻轻拔出，也尽可能少带培养料。采收后的鲜菇，要轻取轻放，用刀具修剪菌柄基部后，及时进行包装加工。

（七）包装

采收的新鲜平菇，在室温 3～5℃、空气相对湿度 80% 左右条件下存放最为适宜。根据平菇质量、市场销售特点实行分级销售。在运输途中，包装袋或周转筐内应控制较低温度。鲜销平菇多采用塑料袋加纸箱或塑料筐盛装，可以防止运输及销售过程中水分散失和挤压，从而保护平菇商品性状。放筐时一定要摆放整齐，不挤压，不损伤平菇子实体，从而提高平菇商品价值。

（八）转茬管理

1. 清理柱体料面　一茬采收后，柱体表面上残留一些死菇和菌柄，应及时清除，以免腐烂而影响后茬菇的生长。

2. 补肥补水　采收一茬菇后进行补肥补水，给培养料供给充足的养分和水分，提高后茬平菇产量和生物学效率。

正常管理情况下，平菇大柱体栽培可采收 5～6 茬菇，生物学效率在 100% 以上。

八、筐式与盆式栽培模式

在现代社会多元化消费背景下，体验式消费和现场采摘越来越受到消费者的喜爱。利用筐式和盆式栽培模式，是实现家庭体验式消费和现场采摘消费的可行生产模式，也是城市家庭种菇的一种可行方案。

（一）生产准备

筐式与盆式栽培生产模式生产时间、培养料配方与配制等环节可参照本节"塑料袋熟料栽培模式"的相关内容进行。

（二）装筐（盆）与接种

将发酵好的培养料直接装入塑料筐内或塑料盆内。采用穴播或层播方法接种。接种后覆盖地膜或报纸保湿。

（三）发菌管理

在干净、干燥、遮光、通风良好的室内培养菌丝，控制发菌环境温度在 20～28℃，25 天左右菌丝可以发满培养料。

采用熟料袋栽的，可将发满菌的菌袋脱袋后装入塑料筐或塑料盆，覆土后进行出菇管理。

（四）出菇管理

菌丝发满后，移入菇房内，去掉覆盖物，按照平菇出菇要求进行管理。盆口料面出菇，出菇集中，管理方便（图 7-1-39、图 7-1-40）。

（五）后茬菇管理

采收一茬菇后，由于培养料失水严重，应进行补水。补水量应达到原重量的 90% 左右，或者在盆内培养料表面覆土，覆土厚度 3 cm 左右，覆土后浇水使覆土层土壤达到饱和含水量。

图 7-1-39　塑料筐栽培出菇

图 7-1-40　盆栽出菇

（六）采收、包装、贮藏

参照本节"塑料袋发酵料栽培模式"的相关内容进行。

木腐菌生产技术

九、地埋覆土出菇栽培模式

地埋覆土出菇栽培模式是提高平菇单位产量的有效方法，可以延长出菇时间，提高生产效益。

（一）生产准备

地埋覆土出菇栽培模式的生产时间、培养料配方与配制、灭菌、接种、发菌管理等环节可参照本节"塑料袋熟料栽培模式"的相关内容进行。

（二）畦床建造

在大棚或其他出菇场地内，挖深25 cm、宽1.2 m的畦。喷洒杀虫剂、杀菌剂消毒，并增施有机肥。

（三）脱袋覆土

将脱去塑料袋的平菇菌棒，直立或平放在畦床上，用细土将菌棒覆盖，土层厚2～3 cm，在土层上浇清水，水退后用细土覆盖畦床。

（四）后期管理

地埋覆土出菇栽培模式的出菇管理、采收及转茬管理等环节可参照本节"塑料袋发酵料栽培模式"的相关内容进行。

十、菌袋墙式覆土出菇栽培模式

不管采用发酵料还是熟料栽培，只要菌丝发满袋后均可采用墙式覆土出菇模式进行出菇管理，出过1～2茬菇的菌袋采用墙式覆土方法进行出菇管理，可明显提高产量。

将发满菌丝的菌袋脱袋，也可在出菇时保留5 cm左右的塑料袋，按照自然堆叠的方法，排一层菌袋用稀泥抹一层，再摆一层菌袋，再用稀泥抹一层，直至菌袋6～8层高，最后将整个菌墙用稀泥抹好，各处泥土的厚度不低于1.5 cm（图7-1-41）。也可垒成梯形菌墙，菌墙下层宽而上层窄，最上层中间土宽10 cm，最下层土层宽30 cm（图7-1-42）。这种方法保水容易，不易倒堆，还可以为平菇生长提供更多的营养。

图 7-1-41 脱袋双排菌袋墙式覆土出菇

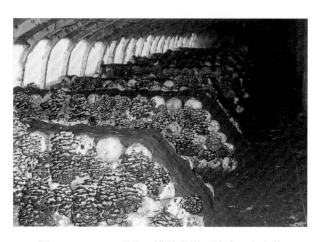

图 7-1-42 不脱袋双排菌袋梯形墙式覆土出菇

菌袋墙式覆土出菇栽培模式的生产时间、培养料配方与配制、装袋接种、发菌管理、出菇管理、采收、包装、贮藏等环节可参照本节"塑料袋发酵料栽培模式"和"塑料袋熟料栽培模式"的相关内容进行。

第五节
工厂化生产技术

一、塑料袋栽培工厂化生产模式

（一）生产时间

采用工厂化生产，可以实现全年不间断生产，不受季节限制。

（二）生产场地与主要设备

1. 生产场地　按照食用菌工厂设计建造，包括原料仓库、装袋区、灭菌区、净化接种区、培养区、出菇区、包装区等。

2. 主要设备　包括培养料搅拌与装袋装瓶专用机器设备、灭菌设备、制冷设备及控制系统、搬运设备与设施、室内出菇层架、包装设备及其他设备。

（三）菌种准备

1. 固体菌种　菌种培育时间：母种约 8 天，原种 30 天，栽培种约 30 天，全程 68 ～ 80 天。

2. 液体菌种　菌种培育时间：三角瓶约 6 天，种子罐约 7 天，栽培种约 6 天，全程 19 ～ 20 天。

（四）培养料配方

配方 1：棉籽壳 100 kg，磷酸二氢钾 0.1 kg，尿素 0.3 kg，酵母粉 0.1 kg，生石灰 3 kg。

配方 2：玉米芯 100 kg，尿素 0.2 kg，磷酸二氢钾 0.1 kg，酵母粉 0.1 kg，石膏 1 kg，生石灰 5 kg。

配方 3：木屑（阔叶树）100 kg，尿素 0.3 kg，磷酸二氢钾 0.1 kg，酵母粉 0.1 kg，生石灰 3 kg，石膏 1 kg。

配方 4：玉米芯 50 kg，棉籽壳 50 kg，尿素 0.2 kg，石膏 1 kg，生石灰 3 kg，磷酸二氢钾 0.1 kg。

配方 5：金针菇菌渣 100 kg，玉米芯 30 kg，麸皮 20 kg，碳酸钙 1 kg，生石灰 2 kg，磷酸二氢钾 1 kg，尿素 1 kg。

配方 6：玉米芯 300 kg，棉籽壳 100 kg，麸皮 90 kg，玉米粉 40 kg，碳酸钙 5 kg，生石灰 5 kg。

（五）培养料配制

按培养料配方比例称好各种原料，将原料倒入搅拌机内加水混合拌匀。培养料含水量控制在 60％ ～ 65％，pH 7 ～ 8。

培养料和水搅拌不均匀，不仅影响菌丝生长，而且会降低灭菌效果，导致污染率的增加。因此，将培养料和水加入搅拌机，设定合理的搅拌方法和时间至关重要。采用 2 次搅拌，第一次搅拌 30 min，第二次搅拌 20 min，能够达到比较好的搅拌效果。

（六）装袋

1. 塑料袋规格和培养料装料量确定　工厂化栽培时，一要考虑到菌袋在倒库过程中的人工操作和搬运方便等问题，二要考虑到缩短生产周期和培养料充分利用问题，因此塑料袋规格和培养料装料量必须考虑。研究发现，塑料袋规格 18 cm × 35 cm × 0.005 cm、0.35 kg 干料量，各个测定指标均最佳。

2. 培养料打孔技术　菌丝生长需要一定的氧气，为了缩短生长周期，减少菌丝满袋时间，需要在袋料中打孔。研究发现，当在袋料中打一孔时，各个测定指标最佳。

3. 袋口处理技术　将培养料装进塑料袋后，要封口，以进行灭菌。当采用套环封口时，接种时操作方便、灭菌效果最好、成本较低。

（七）灭菌

1. 料袋盛放　料袋盛放容器采用塑料筐、木筐和铁制筐等。灭菌及灭菌结束后冷凝水常导致污染率增加。为减少污染率，操作时，在每个铁制筐内放置 16 个料袋，然后，在上面放置一层薄膜，起到防止冷凝水落至料袋上的作用，效果良好。

2. 高压灭菌　采用高压灭菌容器，一次可以灭菌 3 000 袋以上。采用高压灭菌，通入蒸汽，待压力达 0.15 MPa（对应 126 ℃）时，保持 2.5 ～ 3 h。然后自然降压至 0，打开锅门。

3. 常压灭菌　通入蒸汽，灭菌温度 100 ℃，灭菌时间 12 h 以上。

（八）冷却

料袋灭菌后进入冷却室降温。冷却室须清洁消毒，安装空气净化机，至少保持 10 000 级的净化度；制冷机设置为内循环，要求功率大，降温快。

料袋内培养料温度降至 30 ℃左右开始接种。

（九）接种

在无菌室按无菌操作要求接种，接种量均匀

一致。

使用菌丝满瓶后3～5天的合格菌种。液体菌种应使用刚达到培养标准的菌丝培养液。

每瓶麦粒种接30～50袋。采用液体菌种接种时培养液数量达到60 mL左右，菌丝液体全部覆盖料面并注入到底部和中间部位（图7-1-43）。

图7-1-43 接种

（十）发菌管理

1. 菌袋摆放方式　放袋前1周，将培养室打扫干净，并消毒一次。将装好袋的筐整齐地立放在层架上，或放在塑料筐内多层堆放（图7-1-44）。

图7-1-44 发菌

2. 培养室温度　培养初期（7天前）温度为24～26 ℃，中后期（7天以后）温度为22～25 ℃。

3. 培养室湿度　培养期间空气相对湿度控制在70%以下。

4. 培养室光照　黑暗条件下避光培养。

5. 培养室通风　培养室二氧化碳浓度控制在0.15%以下，可通过自动通风装置调节。

6. 发菌检查　培养10天后对菌丝生长情况进行第一次检查，及时清理污染袋。20天后进行第二次检查。

（十一）出菇管理

1. 出菇模式

（1）菌袋平放出菇　平摆一端打孔出菇，或者平摆一端套环开口出菇（图7-1-45、图7-1-46）。

图7-1-45 平摆一端打孔出菇

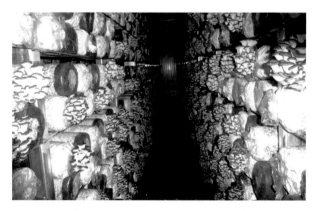

图7-1-46 平摆一端套环开口出菇

（2）直立出菇　采用整筐出菇的，可以在菌袋顶端套环出菇。

2. 催蕾管理　温度控制在15～20 ℃。空气相对湿度控制在 85%～95%。给予 50～500 lx 的散射光照。良好通风，保持空气新鲜，二氧化碳浓度低于 0.08%。

3. 现蕾　在以上环境条件下，经 5～8 天，培养料表面即出现米粒状原基。

4. 子实体形成期管理　温度控制在 15～18 ℃。空气相对湿度控制在 80%～90%。给予 50～200 lx 的散射光照。加强通风换气，保持空气新鲜，二氧化碳浓度控制在 0.08% 以下。

（十二）采收

1. 采收标准　菌盖宽 5 cm 左右，及时采收。

2. 采摘卫生要求　采摘人员不得留长指甲，采摘前手及不锈钢小刀、装菇的容器应用清水洗涤干净、晾干。采摘时采收人员应戴一次性手套。

3. 采收方法　采收时用手握住菌柄基部轻轻扭下，并削去菌柄基部杂物。

（十三）包装

将采下的菇按商品要求切下一定长度的菌柄，依菇形、大小、厚薄分级。按不同级别整齐地放入泡沫塑料箱内。

塑料箱要符合《食品安全国家标准食品接触用塑料材料及制品》（GB 4806.7—2016）的要求。箱外壁的标志和标签应标明产品名称、企业名称、地址、等级规格、重量、生产日期、贮存方法和保质期等，字迹应清晰、完整、准确。

（十四）贮藏

经过分级、修整后的鲜菇，及时移入 0～3 ℃ 的冷库中充分预冷，使菇体温度降至 1～4 ℃ 再进行包装。在 0～4 ℃ 条件下贮藏，贮藏期不超过 3 天。

二、塑料瓶栽培工厂化生产模式

（一）生产时间

采用瓶栽工艺工厂化生产平菇，可以实现全年不间断生产，不受时间、季节、气候的限制。

（二）生产场地与主要设备

1. 生产场地　按照食用菌工厂设计建造，包括原料仓库、装瓶区、灭菌区、净化接种区、培养区、出菇区、包装区等。

2. 主要设备　包括瓶栽工艺的所有设备，主要有搅拌机、装瓶机、锅炉、灭菌锅、净化接种流水线、大型制冷机、净化水系统、搔菌机、挖瓶机等，其他配套设备的内容参考第五篇"食用菌生产设施与设备"部分。

（三）菌种准备

与本节"塑料袋栽培工厂化生产模式"的相关内容相同。

（四）培养料配方

配方 1：棉籽壳 100 kg，麸皮 10 kg，磷酸二氢钾 0.1 kg，尿素 0.2 kg，酵母粉 0.1 kg，生石灰 3 kg。

配方 2：玉米芯 100 kg，尿素 0.2 kg，磷酸二氢钾 0.1 kg，酵母粉 0.1 kg，石膏 1 kg，生石灰 5 kg。

配方 3：木屑（阔叶树）100 kg，尿素 0.3 kg，磷酸二氢钾 0.1 kg，酵母粉 0.1 kg，生石灰 3 kg，石膏 1 kg。

配方 4：玉米芯 50 kg，棉籽壳 50 kg，尿素 0.2 kg，石膏 1 kg，生石灰 3 kg，磷酸二氢钾 0.1 kg。

配方 5：金针菇菌渣 100 kg，玉米芯 30 kg，麸皮 20 kg，碳酸钙 1 kg，生石灰 2 kg，磷酸二氢钾 1 kg，尿素 1 kg。

配方 6：玉米芯 300 kg，棉籽壳 100 kg，麸皮 90 kg，玉米粉 40 kg，碳酸钙 5 kg，生石灰 5 kg。

（五）培养料配制

采用专用拌料机进行拌料。通常采用二次混合搅拌技术，即第一台搅拌机搅拌后再进入第二台搅拌机搅拌，然后进入装瓶程序，保证所有原料与水混合均匀。培养料含水量应达到 65% 左右。

（六）装瓶

培养料拌好后立即装瓶，以免造成酸败。所用塑料瓶的规格为 1 000 mL、1 100 mL、1 400 mL，瓶口直径 75～90 mm，配有专用瓶盖。工厂化生产，拌好的培养料由提升机送至装瓶机料斗由装瓶机组自动装瓶，装好的料瓶松紧均匀一致。小规模生产一般用手工装瓶，要求上紧下松，以利发菌。料装至瓶颈与瓶肩交界处。然后压实料面，封盖（图7-1-47）。

图 7-1-47　装瓶

（七）灭菌与冷却

料瓶装好后应立即进行灭菌。常用的灭菌方式有两种，即高压蒸汽灭菌和常压蒸汽灭菌。工厂化生产，多以高压蒸汽灭菌为主，在 0.15 MPa 126℃保持 2 ～ 3 h。常压灭菌在 98 ～ 100℃灭菌 10 ～ 12 h。

灭菌结束后的料瓶，出锅时料温仍在 90 ℃左右，需置于洁净通风的冷却室内，冷却至料温 30 ℃以下方可接种。

（八）接种

将冷却好的料瓶搬入接种室，然后对所使用的菌种进行认真细致的检查，以免菌种混杂或生长不良，确保菌种质量及种性稳定。接种前按操作程序对接种室先行消毒，接种人员需更换清洗、消毒后的衣、帽、鞋，佩戴口罩，洁净后进入接种室。用自动接种机接种，保证每瓶接种量在 10 g 左右，菌种块基本覆盖培养料面。一般 850 mL 菌种瓶可接 45 ～ 50 瓶。

（九）发菌管理

接好种的菌瓶移入培养室培养，室温控制在 20 ～ 22℃，空气相对湿度 60%～ 65%。培养室温度的控制应根据品种特性和不同培养阶段而定。接

种后 1 ～ 7 天为菌丝萌发定植阶段（图 7-1-48），培养室温度控制在 23 ～ 25℃。7 天后菌丝已定植并长入料内，其自身因呼吸代谢而产生一定的热量，特别在接种后 10 ～ 20 天，菌丝处于旺盛生长阶段，菌丝产热量较大，可将室温适当降低 2 ～ 3℃。培养室要保持洁净卫生，通风排气条件良好，保证菌瓶发菌一致。

图 7-1-48　发菌

（十）搔菌

采用搔菌机搔菌。搔菌机自动将瓶口的菌种及表层菌丝去除，用洁净水清洗瓶口料面，并注入 30 mL 左右的清水，搔菌后的菌瓶料面平整，这样有利于菇蕾整齐发生（图 7-1-49）。

图 7-1-49　搔菌后的菌瓶

（十一）出菇管理

1. 出菇模式

（1）直立出菇　菌丝长好后，再培养 7 天，然后进行搔菌，把瓶口部位的老菌种块扒掉，同时

把料面整平。这一过程可使用搔菌机完成。搔菌前必须对菌瓶进行一次仔细检查，以免杂菌污染的菌瓶通过搔菌工具造成交叉感染。搔菌有两个作用：一是进行机械刺激，有利出菇；二是搔菌后菌丝对外界温湿度的变化更容易感知，促使菌丝尽快由营养生长期转入生殖生长期。搔菌后将成筐的平菇菌瓶放置在出菇房的层架上，瓶口向上（图7-1-50）。控制温度在15～22℃，空气相对湿度85%～95%，每天用50～100 lx的散射光照射1 h左右，定时通风换气，保证空气新鲜。

图7-1-50　塑料瓶栽培直立出菇

（2）平行出菇　搔菌后将成筐的平菇菌瓶放置在专用的层架上，瓶口呈平行状态（图7-1-51）。控制温度在15～22℃，空气相对湿度85%～95%，每天用50～100 lx的散射光照射1 h左右，定时通风换气，保证空气新鲜。瓶口出菇，层架放置，出菇集中，管理方便，出菇一致，菇形整齐。

图7-1-51　塑料瓶栽培平行出菇

2.出菇管理　子实体进入旺盛生长发育期（图7-1-52），管理的重点是促使子实体形态、色泽发育正常，生长整齐一致。此时菇房温度控制在12～20℃，空气相对湿度控制在85%～95%，适当增加光照强度，加强通风换气。工厂化生产在密闭的菇房内，加之高密度、立体式栽培，二氧化碳浓度的控制适当与否，直接影响到平菇产量高低及品质好坏。

图7-1-52　子实体旺盛生长发育期

（十二）采收、包装、贮藏

塑料瓶栽培工厂化生产模式的采收（图7-1-53）、包装、贮藏等环节参照本节"塑料袋栽培工厂化生产模式"的相关内容进行。

图7-1-53　采收

（十三）挖瓶清房

采收结束后，应立即将料瓶清出菇房，对菇房进行一次彻底清理消毒及设备检修。然后将清出的

木腐菌生产技术

料瓶用挖瓶机挖去，塑料瓶可以重复使用。

第六节
姬菇生产技术

一、塑料袋发酵料栽培模式

该模式较适合北方地区，因其技术操作简单，容易掌握，深受广大种植户的欢迎，在河南、山东等地一般采用此法。

（一）栽培场地

1.场地要求　生产场地要选择交通便利、靠近清洁水源、排水排污方便、供电有保障的地方，周围环境无污染源，如土壤、空气、水源应符合无公害化标准。出菇场地 300 m 内没有大型动物饲养场，远离干线公路 100 m 以上。场地内部清洁、卫生，具有保温保湿、通风良好的性能。场地设施牢固，具有抗大风、抗大雨、抗大雪等不良自然灾害的能力。

2.场地类型　普通民房、塑料大棚、日光温室等。

3.场地消毒

（1）紫外照射法　在 400 ～ 500 m² 的塑料大棚内，利用 8 ～ 10 支 30 W 的紫外灯照射 30 ～ 60 min。

（2）化学药剂喷洒法　利用高效无毒或低毒的化学药剂，如克霉灵、金星消毒剂、新洁尔灭等消毒药品，配制成 200 ～ 300 倍液喷洒 2 ～ 3 次。

（3）化学药剂熏蒸法　每立方米空间使用空气消毒剂 3 ～ 5 g 或者相同剂量的片剂 2 ～ 3 片，密闭熏蒸 2 ～ 3 天。

（二）栽培季节

一般在秋冬季气温较低时采用此法，南方宜选择在 11 月底至翌年 3 月初，北方宜选择在 10 月上旬至翌年 3 月。

（三）培养料配方

姬菇培养料常用棉籽壳或玉米芯为主料，常用配方如下：

配方 1：玉米芯 100 kg，尿素 1 kg，麸皮 10 kg，石灰 5 kg，料水比 1 : 2.4。

配方 2：玉米芯 100 kg，麸皮 5 kg，玉米粉 5 kg，石灰 5kg，料水比 1 : 2.2。

配方 3：玉米芯 100 kg，磷酸氢二铵 1 kg，复合肥 2 kg，石灰 5kg，料水比 1 : 2.2。

配方 4：棉籽壳 100 kg，麸皮 5 kg，尿素 0.1 kg，石灰 3 kg，料水比 1 : 1.4。

（四）培养料发酵

1.原料预湿　粉碎好的玉米芯按照料水比 1 : 2.2 加水预湿。玉米芯较多时，用管子直接喷水预湿，管子一端连接水龙头并安装水表，边加水边翻料并加入石灰，石灰量是玉米芯量的 5％。水加到玉米芯量的 2.2 倍时达到饱和，预湿 24 h。

2.建堆　第 2 天加水至料水比 1 : 2.5，加入尿素等其他辅料，翻堆、拌匀、建堆，堆高 60 ～ 80 cm，宽 2 ～ 2.5 m，长度不限。料堆建好后在料堆上用直径 8 ～ 10 cm 的木棒在堆顶上部每隔 30 ～ 40 cm 垂直向下打透气孔，随后在料堆中插入长柄温度计（0 ～ 100℃），观察温度变化。用 pH 试纸测量发酵前培养料 pH 为 11 ～ 13。

3.翻堆　测定料堆中上部温度上升至 65 ～ 72℃时，保持 18 ～ 24 h，开始翻堆，翻堆时能看见料堆截面上部培养料变白，并有清香味。每 2 天翻一次堆，共翻堆 4 次，发酵 10 天。发酵后培养料 pH 为 7 ～ 8。

培养料较多时也可采用自走式自动翻料机进行翻堆。

4.发酵注意事项　在生产中培养料发酵结束后含水量以 65％ 为宜，尿素添加量控制在 1％ 以下。避免料堆过高，造成厌氧发酵，产生有害微生物。

（五）装袋接种

常用的塑料袋规格：26 ～ 28 cm×51 ～ 54 cm×0.0015 cm 聚乙烯袋。接种量 15%，中间两层，两端两层碎菌种，菌袋装好后质量为 4 kg 左右。菌袋两端扎口直接封死或加盖套环封口，封死口的菌袋分别用直径 1.5 ～ 2 cm 木棒在两端接种处各扎两个通气孔。

（六）发菌

在菌袋进棚前 7 天左右，在大棚内喷洒杀虫剂、杀螨药剂。接种后的菌袋移入事先消毒的大棚内培养，菌袋摆放的层数应根据大棚温度而定。大棚内温度超过 25℃时，菌袋易摆单层，袋与袋之间留一定空隙。温度在 10 ～ 20℃，可以摆 3 ～ 4 层。用温度计测量菌袋内温度，保持袋内温度 24 ～ 27℃。接种后的第 3 天，菌种开始萌发，料温也开始上升，每隔 7 天检查一次发菌情况。接种后 6 ～ 10 天，菌丝开始吃料，料温上升较快，这时要勤观察料温的变化。当料温上升到 32℃以上时，应及时打开门窗通风降温，防止烧菌。接种后 15 天左右时，要进行一次调堆，把菌丝生长好的放在一起，生长差的放在一起，有污染的挑出进行单独处理。污染轻的可用石灰涂抹或注射；污染严重的菌袋，要及时处理。从接种到菌丝满袋需 20 ～ 30 天。

河北省一般采用微孔透气法和间隙排放法。前者是在菌袋轴向扎 4 排微孔；后者是在码放菌袋时，预留 4 cm 左右间隙，使上层菌袋的一排微孔对准下层菌袋间缝隙，码放高度为 6 层。经过 20 ～ 30 天，菌丝即可长满袋。

（七）出菇方式

菌丝满袋后，移入出菇棚，去掉套环的封口物品，在出菇棚内平摆于地面，两排之间留 50 ～ 60 cm 宽的走道，堆叠高度视环境温度而定。低温期（25℃以下）6 ～ 8 层高，高温期（25℃以上）限 2 ～ 3 层高。

1. 墙式两端套环出菇　在两端的套环口处出菇，出菇整齐，菇形适中，菇质较好，是生产中的

常用方式（图 7-1-54）。

图 7-1-54　两端套环出菇

2. 墙式两端定位出菇　在菌袋两端的菌丝面上，用锋利的小刀划 2 ～ 3 个长度 3 cm 左右的"X"形出菇口或长度 4 ～ 6 cm 的"一"字形出菇口，或者菌袋两端用直径 2 cm 木棒打两个出菇孔。划袋时尽量不要划伤菌丝层，在划缝处形成子实体。此方法可以有效地减少菌袋后期水分的散失，生产中推荐采用此法。

3. 墙式两端直接开口出菇　将菌袋两端的塑料袋直接解开或划掉袋口（图 7-1-55）。此法能有效利用空间，出菇集中，朵形较大，但基部易粘连培养料，菌袋失水较快，生产中不推荐使用此法。

4. 墙式两端双"C"开口出菇　河北地区在生产中总结此法，即在开袋处划两个半圆，半圆对接的地方不割断，形似正反双"C"，然后稍提袋端进入新鲜空气。此法较两端开口法头茬原基分化整齐，对提高姬菇商品菇率非常有利。

图 7-1-55　两端直接开口出菇

木腐菌生产技术

（八）转茬管理

1. 转茬与养菌　一茬菇采收之后，菌丝体内的营养需要补充，在转茬期间要给菌丝体一个积累营养的过程，这个过程称养菌。采收后3～5天不应急于补水，要根据培养料的含水量进行处理。如含水量充足，采菇后不要急于覆盖薄膜或至少在早晚不覆盖，因为基内菌丝对营养的吸收是以水为载体进行的，只有随着水分蒸发流动，养分才能进入菌丝体内达到养菌的目的；如果采收后料中的水分不足，养菌时要覆盖薄膜，同时注意定时通风，保证菌丝体正常呼吸。

2. 补水　补水的方法应根据栽培形式而定，袋栽多用补水针补水，即在袋内沿纵向插入补水器，利用自来水压力强制补水。此法补水快、效果好。也可采用高压补水机械补水，使含水量补充至60%～65%。补水宜在料面干净、气温相对较低时进行。

养菌3～5天后，菌丝体内的营养得到充分恢复，在采收菇后的穴口有洁白的新菌丝发生时，便可按照常规进行出菇管理。

（九）采收与分级

当菌盖宽度长到1.5 cm左右，菌柄长度达到4 cm时，就要及时采收；菌盖宽度到2.5 cm以上时，其质量下降；完全成熟后，菌盖展平，只能作为一般平菇产品。采收方法是将整丛菇一并摘下，或者用剪刀剪下菌盖宽度达到1.5 cm的单菇，留下幼小菇继续生长。采取这种方法摘菇，有利于提高质量，但较费工。采收的菇，装入框内，轻拿轻搬运，避免菌盖被压碎而降低质量。整丛采收的分剪成单菇，菌柄长度为2.5～4 cm，切口平整，不能是尖脚菇，然后进行分级装框，分别进行加工。分级标准如下：

1. SS级　菌柄长度1.5～3 cm，菌盖宽0.5～0.7 cm，无病斑，无杂质，菌柄基部切口平整，菇体完整。

2. S级　菌柄长度2.5～4 cm，菌盖宽0.8～1.5 cm，无病斑，无杂质，菌柄基部切口平整，菇体完整，菌盖没有破裂。

3. M级　菌柄长度2.5～4 cm，菌盖宽1.6～2.5 cm，无病斑，无杂质，菌柄基部切口平整，菇体完整，菌盖没有破裂。M级常用于鲜菇销售。SS级和M级的盐渍菇出口数量少，价格低，在国内销售量较大。

4. L级　又叫一级菇，质量最好，出口价格高。菌柄长度4～5 cm，菌盖宽2.5～4 cm，无病斑，无杂质，菌柄基部切口平整，菇体完整，菌盖没有破裂。

鲜菇销售时，将分剪的单菇装入塑料袋内，每袋装量为5 kg，便于在批发市场出售。需空运到省外市场的，将装菇的塑料袋再装入纸箱或泡沫塑料箱内，每箱装菇4袋即20 kg。

二、塑料袋熟料栽培模式

（一）栽培场地

塑料袋熟料栽培场地要求、类型及消毒同本节"塑料袋发酵料栽培模式"部分。

（二）栽培季节

姬菇适宜的出菇温度为8～20℃。自然条件下，南方地区一般9～11月为制袋适宜期。10月中下旬至翌年3月为采收适宜期。北方地区一般8～10月制袋，10月至翌年4月出菇。

（三）培养料配方

生产者可根据当地的资源设计配方、尽量使用多种原料搭配，这样既可在养分上互补，改善培养料物理性状，又可降低成本，达到既增产又增收的目的。

配方1：杂木屑76%，麸皮或米糠20%，石膏1%，石灰3%，含水量60%。

配方2：麦秸粉46%，稻草粉30%，麸皮或米糠20%，石膏1%，石灰3%，含水量65%。

配方3：麦秸粉或稻草粉51%，棉籽壳30%，麸皮15%，石膏1%，石灰3%，含水量65%。

配方4：玉米芯80%，麸皮或米糠16%，石膏 1%，石灰 3%，含水量 70%。

配方 5：玉米芯 40%，麦秸粉 40%，麸皮或米糠 16%，石膏 1%，石灰 3%，含水量 65%。

配方 6：麦秸粉 60%，甘蔗渣 20%，麸皮 10%，玉米粉 6%，石膏 1%，石灰 3%，含水量 65%。

配方 7：棉籽壳 86%，麸皮或米糠 10%，石膏 1%，石灰 3%，含水量 60%。

配方 8：稻草粉或麦秸粉 80%，麸皮 10%，玉米粉 6%，石膏 1%，石灰 3%，含水量 65%。

配方 9：稻草粉 50%，杂木屑 30%，米糠 10%，玉米粉 6%，石膏 1%，石灰 3%，含水量 65%。

配方 10：麦秸粉或稻草粉 30%，杂木屑 25%，玉米芯 25%，麸皮 10%，玉米粉 6%，石膏 1%，石灰 3%，含水量 65%。

（四）培养料配制

培养料的配制一般采用机械或手工拌料，机械拌料较为简单，按配方比例称取各种原料，加水直接搅拌 30 min。手工拌料时，先干料混合拌匀，再加水拌匀，石灰最好溶解于水中取上清液加入。不同的培养料适宜的含水量不同，以用手捏紧培养料无水滴出、手指缝间有水可见为宜，一般含水量为 60%～65%。培养料中有玉米芯、木屑时，因玉米芯、木屑颗粒较粗，不易吸水湿透，按常规方法拌料会造成灭菌不彻底，所以要先加水拌匀，堆放 18～24 h 后再与其他原料混合拌匀。

拌好的培养料即可装入袋中。以麦秸和稻草为主料的，因其疏松并富有弹性，使装入袋中的培养料数量减少，所以最好堆积 7 天左右，中途翻堆 1 次，使秸秆粉软化后再装入袋中。

（五）装袋

熟料栽培一般选用 22～23 cm×38～47 cm×0.003～0.004 cm 的低压聚乙烯袋或高压聚丙烯袋，麦秸或稻草宜用较大规格的塑料袋装料。一般采用机械装袋或手工装袋。袋口用绳子扎好，或者两端套塑料颈环用橡皮筋固定，再用塑料薄膜或纸封口。装入袋中的培养料要松紧适度、均匀一致。若装袋过紧，易出现灭菌不彻底现象，且菌丝长速缓慢；装袋过松，会出现袋内中空出菇，不利于出菇管理，在搬运过程中还会出现菌袋断裂影响产量。在装袋过程中要检查袋子破损情况，对局部破损的微孔及时用透明胶封好。装袋原则上是当天拌料当天装完，不可过夜，防止培养料酸败。

（六）灭菌

1. 常压灭菌　当灶（锅）内温度达 100℃时，保持恒温 12～16 h 停火，利用余热闷 6～8 h 后开灶出袋。

2. 高压灭菌　排尽锅内冷空气后，当压力升到 0.15MPa 时，保持恒压 2～3 h，停止加热，待压力表自然回零后开放气阀排尽余气，开锅出袋。

（七）接种

接种常在接种室内或培养室内进行，大面积生产时在菇房内接种、发菌、出菇。在菇房内接种培养时，接种前先清扫干净场地，喷洒杀虫农药和杀菌剂，然后在地面上铺一层塑料薄膜，放上料袋，用竹竿或木材制作一个塑料棚接种罩（似蚊帐）。接种罩的大小根据接种袋的数量而定，一般高 2 m、长 2.5 m、宽 2 m 的接种罩可放置 1 000 个料袋。接种后移开接种罩，菌袋就地堆码发菌，可减少菌袋的搬运，十分方便。也可不用接种罩，就地接种，但要求干净整洁，做好消毒处理。

1. 接种场所的消毒　用气雾消毒盒点燃产生的烟雾来熏蒸消毒，每立方米的空间用药 2～3 g，接种室和接种罩内用药 2～3 盒。采用熏蒸方法消毒时，需要在密闭条件下进行。密闭条件不好的，需采用喷洒消毒剂的方法来杀灭环境中的杂菌，常喷洒 0.25% 新洁尔灭。消毒处理在接种前 2 h 进行，待刺激性气味减少后，开始进行接种操作。

2. 菌种准备　要求菌种菌丝长满袋，没有长出子实体，菌丝浓密粗壮、白色，无杂菌污染，菌袋上无破损。菌袋表面用 2% 高锰酸钾液或 0.25% 新洁尔灭等消毒剂擦洗后使用。

3. 接种操作　手、菌种瓶（袋）外壁用 75%

酒精或 0.25% 新洁尔灭消毒剂擦洗消毒；用经火焰灭菌后的接种工具去掉表层及上层老化、失水菌种，按无菌操作将栽培种接入待接袋口，且覆盖完袋口表面培养料，并尽量将菌种接种在袋肩部，适当压实，迅速封好袋口。用种量为一瓶栽培种（750 mL）接 10 ～ 12 袋，或一袋栽培种（22 cm×42 cm）接 35 ～ 45 袋。接种后袋口套上颈圈，用灭菌过的干燥纸封口，不能用塑料薄膜封口，也不宜用绳扎紧袋口，否则菌袋内不透气，菌丝生长速度减慢，甚至无法长满袋。

（八）发菌

接种后的菌袋，放在培养室内进行发菌。菌袋按排堆码，共堆码 6 ～ 7 层高，每排菌袋之间相距 10 cm 左右。培养期间温度较高时，应采用"井"字形码袋，以利于散热降温。温度较低时，堆码菌袋要紧凑，并在表面覆盖塑料薄膜保温。菌袋内温度控制在 20 ～ 28℃，最高温度不超过 32℃。高于 32℃时，要及时通风降温，防止出现高温烧菌现象。培养室空气相对湿度控制在 60% ～ 70%，加强通风，保持空气新鲜，遮光培养。

培养期间要及时搬出杂菌污染的菌袋，特别是感染链孢霉的菌袋，因其传染能力极强，发现后要及早清除掉。搬出的杂菌污染袋，可倒出培养料，与新培养料混合拌匀，重新装袋、灭菌后加以利用。

培养 25 天左右菌丝就可长满袋，菌袋进入出菇管理。

（九）排袋催菇

1. 清洁菇房　对出菇房进行清洁，并做杀虫、杀菌处理后备用。将长满菌丝的菌袋移到出菇房内，在地面上单排墙式堆码或层架式排放。

2. 码袋方法　在地面上重叠堆码，堆码高度为 5 ～ 6 层，形成一排一排的菌墙，菌墙按宽窄行交替排列，即菌墙之间间隔 30 cm 后，又间隔 40 cm 宽。菌墙之间距离不宜太宽，其目的是适当增加二氧化碳浓度，使菌柄生长加长，降低菌盖生长速度。菌墙之间加宽是为了便于采收和管理。

3. 催菇　排袋后，揭去封口纸，给予散射光照，加强通风，人为加大昼夜温差，向菇房地面及四壁喷水，保持空气相对湿度在 80% ～ 90%。

（十）出菇管理

1. 温度　姬菇属于广温偏低的菇类，出菇温度 8 ～ 25 ℃，适宜温度 13 ～ 18℃。在我国多数地区，姬菇出菇一般在当年 10 月下旬至翌年 4 月。温度高于 20 ℃时，子实体生长加快，菌柄较短，菌盖生长快，盖薄，颜色浅，呈灰褐色，质量较差。温度低于 8 ℃时，菌盖表面易长出刺状物，使菌盖表面不光滑，从而降低优质菇比例。北方地区 12 月底至翌年 2 月初是温度最低的时期，此时低温一般在 0 ～ 5 ℃，高温 5 ～ 10 ℃，菇房内温度一般在 0 ～ 10 ℃，要采取办法做好升温、保温措施，防止因低温引起子实体发育不良。

在温度偏高时，通过在菇房顶部加盖草苫、加强通风换气、喷水措施来降低温度，同时做到适时采收。

2. 湿度　子实体生长发育期间，对水分的需求量较大，空气相对湿度需要达到 85% ～ 95%。空气相对湿度低于 70% 时，菌盖表面易失水干燥，生长受到抑制。但空气相对湿度长期处于 95% 以上的高湿环境下，菇蕾会变成黄色，最后死亡腐烂。喷水要根据菇体的大小和气候而定，处于珊瑚期不能喷水，菌盖宽度长到 1 cm 后，根据环境中干湿情况来喷水。在晴天空气干燥时，要多喷、勤喷，主要向地面喷水，子实体上不能喷水过多，一旦子实体吸水过多，就会死亡。在阴天和雨天，一般不喷水。每次喷水后，要进行通风换气，让子实体上过多的水分蒸发掉。

3. 光照　子实体形成和生长发育期间，需要散射光照，只要有微弱的光照就能满足其生长。在完全黑暗的条件下，原基不易形成，会长成无菌盖，菌柄似珊瑚状的畸形菇。光照不宜过强，光照太强子实体易失水，保湿困难，还会增加菇房内温度。但在温度偏低时，可通过增加光照，来提高菇房内温度。

4. 空气　姬菇是一种好氧性菌类。子实体生长发育期间，要消耗大量的氧气，排出二氧化碳，二氧化碳浓度增高后，就会促进菌柄生长，抑制菌盖发育。由于姬菇要求菌柄长度达到 4 cm，因此要适当增加二氧化碳浓度，使菌柄生长加快，降低菌盖生长速度，长成菌柄较长、菌盖较小的菇。通过缩小菌袋之间距离和减少通风量来满足子实体生长的空气条件，但也要适当地进行通风换气，防止二氧化碳浓度过高后，长成畸形菇。

出菇期间的温度、湿度、光照和空气是综合起作用，任一条件不具备，都会造成子实体生长不良，因此不要偏废任一环境条件。

5. 转茬管理　采收一茬菇后，清除残余菇脚，停水养菌 3～4 天，待菌丝发白，再喷重水增湿、降温、增光、催蕾，再按前述方法进行出菇管理，一般管理得当可采收 5～6 茬菇。

（十一）采收与分级

同本章"塑料袋发酵料栽培模式"。

（申进文　康源春　李彦增　文晴　李峰　黄晨阳　韩玉娥）

第二章　香菇

香菇具有丰富的营养价值和特殊的医疗保健价值。2012 年全国香菇生产量首次超过平菇跃升为第一位，2018 年全国香菇鲜菇产量达到 1 043 万 t，消费量也稳步上升。香菇正在成为世界各国消费者都喜爱的食用菌品种。

第一节
概述

一、分类地位

香菇隶属真菌界、担子菌门、蘑菇亚门、蘑菇纲、蘑菇亚纲、蘑菇目、口蘑科、香蘑属。

拉丁学名：*Lentinula edodes*（Berk.）Pegler。

中文别名：中国蘑菇、香蕈、香信、冬菰、花菇、香菰等。

二、营养价值与经济价值

香菇是世界著名的食用菌之一，在我国已发现有几十个种。由于它香气浓郁，滑嫩鲜美，且含有丰富的营养，长期食用能够起到防病健身的作用，故有健康食品之称。在日本，香菇被称为植物性食品的顶峰。香菇的香味浓郁独特，经化学分析，其主要香味物质 5-鸟苷酸是一种天然鲜味剂,其鲜度比味精高 150 倍左右。香菇含有糖类、脂类、蛋白质、矿质元素和维生素等营养物质。人体必需的 8 种氨基酸,香菇就含有 7 种,其中赖氨酸、精氨酸的含量较多,是人类理想的食品。

现代科学研究证实,香菇具有降低胆固醇,防治心血管病、糖尿病、佝偻病和健脾胃、助消化的功效,能强身滋补、清热解毒,还有抗流感病毒、抗肿瘤的作用等。

三、发展历程

古时香菇栽培常用砍花法,这种方法对气候环境的依赖甚多,采收年限长达 4 年,产量较低。1928 年日本的森木彦三郎首先用锯木屑菌种进行段木人工栽培接种取得成功,随后该技术随着中日往来传入我国并得到推广和普及。到了 1946 年,日本人发明了木块菌种,使香菇的段木栽培技术臻于完善,此技术从接种到采头茬菇一般需要 8 ~ 12 个月,生物学效率在 15% 左右。

香菇的代料栽培始于福建,最早是瓶栽,后来台湾又发明了塑料袋栽培,随后又经历了上海的块栽,福建的人造菌棒,澳大利亚、美国的大菌袋栽培等发展历史。目前,代料栽培 6 个月的生物学效率为 60% ~ 80%,随着栽培周期的延长其生物学效率可达到 100%。

香菇的代料栽培是指利用木屑、棉籽壳、甘蔗渣、玉米芯等为主料,与麸皮、糖、石膏等辅料配制成培养料,以代替原木(或段木)栽培香菇的生产方式。几个世纪以来,香菇栽培均依靠天然孢子自然接种繁殖。1957 年陈梅朋进行了香菇纯菌种的培养,试用木屑代替原木栽培香菇,1960 年试验获得成功。1964 年,上海市农业科学院食用菌研究所何园素等人采用木屑代替段木栽培,菌丝长满木屑后压块出菇获得成功。1974 年开始,何园素等人在马陆公社蹲点推广,并进行了大量试验研究,到 1979 年栽培量达 8 444 m²。20 世纪 80 年代初,随着塑料工业的发展,彭兆旺、彭兆燧等在福建古田推行塑料袋木屑栽培,我国香菇自此走向腾飞道路。

袋式菌棒是我国代料香菇的主导栽培模式。不同地区根据当地的不同自然条件,创造出了春栽越夏秋冬出菇模式、半地下秋季栽培模式、大袋小棚立体秋季人工催花模式、塑料大棚地面栽培模式、春栽夏出覆土高温栽培模式等,促进了我国香菇产业由数量型向质量效益型转变,大大提高了我国香菇在市场上的竞争力。

四、主要产区

香菇自然分布在亚洲东南部,属于热带亚热带环境中的大型真菌。在我国,香菇主要分布于广东、广西、湖南、湖北、福建、江西、浙江、江苏、云南、河南、陕西、辽宁、四川、贵州及台湾地区。

(一)东南产区

以福建、浙江、广东为代表,该区域栽培最早引领全国生产。福建以宽 15 cm 的小袋栽培为主,浙江以宽 17 cm 的中袋栽培为主,2010 年以前以生产烘干菇为主,近年来保鲜菇发展迅速,形成保鲜、烘干齐头发展的格局。浙江庆元、龙泉、景宁是这个区域的典型代表。庆元县是我国香菇栽培的发源地,香菇栽培历史可以追溯到 1 000 年以前。该地区属于热带季风气候,非常适合香菇栽培。1993 年该县香菇产量占到当年世界香菇总产量的 10%,占中国香菇产量的 1/15,1994 年该县被中国政府命名为"中国香菇城"。由于当地资源消耗比较严重,政府认识到这一点后通过封、改、造等措施,到 2009 年底实现了菇木资源"长大于消",同时还提高了香菇精深加工领域的技术层次。

2010 年第八届中国(庆元)香菇文化节的成功举办,深厚的香菇文化及近年的大力培育、推介使"庆元香菇"品牌价值逾 43 亿元。

浙江省磐安县因其鲜香菇出口额占到全国鲜

木腐菌生产技术

香菇出口额的 1/3 而被称为"鲜香菇之乡"，"磐安香菇"于 2005 年加入国际地理标志网络组织。磐安县位于浙江省的中部，是个山区县。磐安全年可以向市场提供鲜香菇共计 4 万 t，它不仅销售本地产的鲜菇，还是其他县市鲜菇交易的集散地。大量的鲜香菇通过在市场上交易后运送到海内、外市场。磐安县鲜香菇年交易额约为 5 300 万美元，其中出口额达到 2 700 万美元，占到全国鲜香菇出口额的 1/3，产量占到当地食用菌总产量的 80%。

（二）中部产区

中部产区是南菇北移的第一站，起初大都是引进福建、浙江的生产模式，但又根据当地的气候特点，在原有栽培模式的基础上创造出了适合当地环境的特有模式，这个区域的典型栽培模式有泌阳模式、西峡模式、随州模式。

1. 河南泌阳　泌阳县被称为"花菇之乡"。泌阳花菇栽培模式是"大袋、立体、小棚、秋栽"。2002 年，泌阳县举办国际香菇研讨会，优质的香菇和较好的宣传，使得泌阳香菇美名远扬。泌阳花菇价格最高时达到每千克 500 元，最低时跌至每千克 20 元，现基本稳定在每千克 60 ~ 80 元。"泌阳花菇"于 2006 年获"国家地理标志保护产品"称号。自从泌阳模式被推广以来，农民的人均收入显著增加。现在泌阳模式已被推广到 15 个省的 120 个县。近年来该县香菇种植面积一直稳定在 3 亿袋。

2. 河南西峡　西峡县被称为"中国香菇之乡"。西峡香菇栽培模式是"中袋、立体、中棚、春栽越夏"。"西峡香菇"于 2008 年获"国家地理标志保护产品"称号。西峡县大力推广香菇标准化生产，按照"三改四化"（"三改"即改木质棚架为水泥棚架、改土路为硬化道路、改脏乱差环境为干净卫生环境；"四化"即标准化、集约化、产业化、现代化）的要求，高标准建设香菇标准化基地。该县于 2009 年举办了中国·西峡香菇国际论坛暨产销见面会，2012 年举办了中国·西峡香菇国际高层论坛暨产销研见面会，向国内外展示了西峡香菇

的产品质量及标准化生产的成果，推动了西峡香菇产业实现质的跨越。2012 年，西峡香菇总产量 17 万 t，产值达 11 亿元以上，综合收入 25 亿元。全县农民人均纯收入的 40% 来自香菇产业。西峡香菇 80% 对外出口，年出口量占全国出口量的 1/3 以上，日本香菇市场的 70% 来自于西峡。2018 年西峡发展香菇 3 亿多袋，香菇产值 30 多亿元，香菇产业综合产值已达 100 亿元。

3. 湖北随州　随州借鉴了泌阳、西峡的模式采用"中袋、立体、中棚、秋栽"模式，随州是全国重要的香菇主产区和集散地，产品远销东南亚、日本、韩国、欧美等 60 多个国家和地区。

随州香菇产业发展大致经历了三个阶段。一是起步阶段（1978 年至 20 世纪 90 年代中期），1978 年华中农业大学杨新美教授在三里岗镇试种段木香菇获得成功，从此农民开始零星种植；二是发展阶段（20 世纪 90 年代中期至 21 世纪初），1996 年从浙江庆元引进香菇代料栽培技术，迅速扩大了香菇生产规模，此外随州香菇开始借道广东"漂洋出海"；三是壮大阶段（21 世纪初至今），2000 年一批香菇加工企业开始自营出口，香菇产业链条不断拉长加粗，跻身全省 67 个重点产业集群行列。如今，以炎帝科技成功实现工厂化生产为标志，随州香菇产业正迈入竞进提质的新阶段，成为随州名副其实的特色产业、创汇产业、高效产业、富民产业。

随州香菇"每生产两个，就出口一个"，是典型的外向型产业。2013 年总产值过百亿元，出口创汇 6.5 亿美元，居全国地市级首位。年均袋栽香菇 1.6 亿袋，自产干菇约 4 万 t，年均出口干菇约 3.5 万 t，占全国出口总量的 20% 以上。2018 年湖北省香菇产量达 105 万 t。

（三）北部产区

北部产区是南菇北移的第二站，以河北、山西、陕西、山东、东北三省开始规模化生产香菇为标志，形成北部产区，其中以河北平泉的反季节香菇栽培较为典型。2010 年，"平泉香菇"被授予

VII

"农产品地理标志产品"称号，有效提高了"平泉香菇"品牌的知名度。现在平泉逐渐形成多模式生产格局，加强了与中国农业科学院、中国农业大学等科研院所的合作，香菇常年生产量1亿袋，其中架式香菇2 500万袋，地栽香菇7 500万袋，标准化覆盖率达到86%，全县年销售香菇4.83万t。

五、发展前景

一是生产模式趋向集约化，产业化经营意识进一步增强。二是受资源限制，规模不会扩展很大。自2007年以来，香菇价格一路上涨，对比2005年价格，鲜菇价格平均提高35%，受效益驱动，香菇生产规模迅速扩大。据中国食用菌协会香菇分会统计，2018年全国香菇产量1 043万t，且居我国各食用菌品种的第1位。但由于香菇产业是一项林木消耗产业，政府为保护生态必定会加以控制和采取有效的措施引导，否则在主产区就会出现毁林、伤林的局面，因此虽然香菇价格较好，但受资源的限制，规模扩展很大的可能性不大。三是寻找木屑替代培养料减少木屑用量。四是受市场和劳动力、资本影响，逐步实现香菇产业分工专业化。五是香菇菌棒工业化生产及出菇管理现代化是必然趋势。六是提高产品质量成为产业发展的重点。

随着人民生活水平的进一步提高，香菇的需求量会越来越大。据报道，我国香菇的消费量以每年2 000 t的速度递增。香菇作为国际市场畅销的食用菌之一，近年来出口量也大幅度增加。因此，香菇是一种有着广阔开发前景的食用菌。

第二节
生物学特性

一、形态特征

（一）菌丝体

香菇菌丝无色、透明、绒毛状，具有分枝，菌丝网状（图7-2-1）。菌丝成熟后形成褐色菌膜。

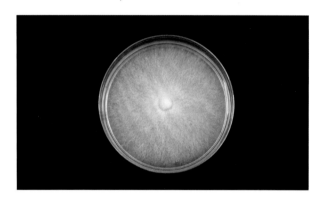

图7-2-1　香菇菌丝体

（二）子实体

香菇子实体群生（图7-2-2）或丛生，也有单生（图7-2-3）。菌盖圆形，直径3～15 cm，幼时呈半球形，边缘内卷，过分成熟时向上反卷。菌盖表面呈茶色或棕褐色，部分品种表面有黑褐色或白色的鳞片。香菇菌肉白色，菌柄中生或偏生，白色中实，直径0.5～1.5 cm，长2～6 cm。菌环顶生易消失。

图7-2-2　香菇子实体群生

木腐菌生产技术

图 7-2-3　香菇子实体单生

二、生活史

香菇是四极性异宗配合的菌类，它的生活史是从孢子萌发开始，经过单核菌丝的交配形成双核菌丝，双核菌丝不断生长，在适合条件下形成子实体，子实体产生新一代的孢子，这就是香菇的一个生活周期。具体的生活史由以下 7 个时期组成：

第一，担孢子萌发，产生四种不同交配型的单核菌丝。

第二，两条可亲和的单核菌丝通过结合，进行质配，形成有锁状联合的双核菌丝，并借锁状联合使双核菌丝不断增殖。

第三，当双核菌丝发育到一定的生理阶段，在适宜的条件下，双核菌丝相互扭结形成子实体原基，并不断分化形成完整的子实体。

第四，在菌褶上，双核菌丝的顶端细胞发育成担子，担子排列成子实层。

第五，在成熟的担孢子中，两个单元核发生融合（核配），形成一个双元核。

第六，担孢子中的双元核进行两次成熟分裂，其中包括一次减数分裂。最后形成 4 个担孢子。

第七，担孢子弹射后，在萌发过程中，经常发生一次有丝分裂，表明生活周期重新开始。

三、营养

营养是香菇整个生命过程的能量源泉，也是产生大量子实体的物质基础。香菇属于木腐菌，不能进行光合作用，主要依靠自身合成的各种酶系分解纤维素、木质素、氮素等来获得营养物质。

（一）碳源

试验研究证明，香菇生长最易利用的碳源是单糖和双糖等，在实际生产上，常用木屑、棉籽壳、豆秸、蔗糖等作为碳源。

（二）氮源

可利用的氮源是有机氮（蛋白胨、尿素等）和铵态氮（硫酸铵），不能利用硝态氮。麸皮、米糠、豆饼、尿素等可作为氮源。

香菇不同生长发育阶段要求的碳氮比不同，在菌丝生长阶段碳氮比为（25～40）：1，子实体形成及发育时期碳氮比以 60：1 为好，含氮量过高反而抑制生长。

（三）矿质元素

矿质元素用量较小但不能缺少，它是酶的激活剂。香菇主要从木屑、麸皮中获得磷、钾、镁、钙、铁等元素，以磷、钾、镁最为重要。

（四）维生素

维生素 B_1 是香菇生长发育必需的营养，缺少时许多代谢无法进行。因麸皮和米糠中含有丰富的维生素 B_1，因此在配制培养料时，不必再添加维生素类。

四、环境条件

（一）温度

温度是影响香菇生长发育的一个最活跃、最敏感、最重要的因素，不同品种、同一品种的不同发育阶段对温度的要求也不一样。

1. 孢子萌发阶段　孢子萌发温度 15～28℃，以 22～26 ℃为宜。

2. 菌丝生长发育阶段　菌丝在 3～30℃的范围内都能生长，适宜温度范围为 14～27℃，最适温度为 25℃。香菇菌丝耐低温不耐高温，超过 32℃生长不良，35℃停止生长，38℃就有可能死亡；5℃以下菌丝生长缓慢，但不死亡。因此，代料栽培菌种在夏季高温季节制备时，必须利用空调降温，否则质量无法保证，会导致种植失败。

3. 子实体发育阶段　香菇属于变温结实性食用菌。原基分化温度 8 ～ 17℃，以 10 ～ 12℃为宜，同时还需要 10℃左右的温差刺激。子实体生长的温度范围为 5 ～ 30℃，低温型品种生长适宜温度为 8 ～ 15℃，中温型品种生长适宜温度为 12 ～ 20℃，高温型品种生长适宜温度为 15 ～ 28℃。同一品种在高温下生长快，但肉薄柄长且易开伞、品质差；在低温下生长慢肉厚柄短。

（二）水分

水分是香菇生命活动的基础。香菇对水分的要求包括两个方面：一是培养料中的含水量，二是空气相对湿度。菌丝生长阶段，要求培养料含水量为 50% ～ 60%，培养室内的空气相对湿度在 70% 以下；子实体生长阶段要求培养料含水量为 55% 左右，空气相对湿度保持在 80% ～ 85%。一定的干湿差能够促进香菇原基的分化。人工栽培时，菇蕾形成后，为了培育优质花菇常把空气相对湿度控制在 70% 以下。

（三）空气

香菇是好氧性真菌，在生长发育过程中需要不断地吸入氧气排出二氧化碳。若环境中氧气不足，二氧化碳浓度超过 0.1% 时，其生长就会受抑制，菌丝在袋内迟迟不能发满袋；出菇时菇小、畸形多，同时还会引起杂菌污染。香菇只有在通风良好的场所才能优质高产。

（四）光照

菌丝生长阶段不需要光照，强光反而抑制菌丝生长，但是子实体原基的分化和生长阶段则必须有光的刺激和诱导，在完全黑暗条件下不能形成子实体，适宜的光照强度为 200 ～ 600 lx，在此光照环境下子实体颜色深，柄短盖厚圆整。

（五）酸碱度

香菇菌丝适宜生长在偏酸性环境里，在 pH 3 ～ 7 均能生长，以 pH 5 ～ 5.5 为宜。子实体原基

分化和生长发育期，以 pH 3.5 ～ 5 为宜。秋季栽培因温度较高，菌丝体在新陈代谢过程中产生有机酸使 pH 降低，为减少杂菌污染，一般在配料时加入生石灰把 pH 调到 7.5 ～ 8.5 为好。

第三节
生产中常用品种简介

一、认（审）定品种

（一）Cr-02（国品认菌 2007004）

1. 选育单位　福建省三明市真菌研究所。

2. 形态特征　子实体小型，较致密；菌盖褐色（含水量低时色浅），圆整，直径 3 ～ 5 cm，厚 1.0 ～ 1.5 cm，鳞片较少；菌柄长 3 ～ 5 cm（视通风情况而不同），通风好的栽培环境下菌柄一般不超过 3.5 cm，直径 0.7 ～ 1.2 cm，一般 0.9 cm。

3. 菌丝培养特性　菌丝生长温度 5 ～ 33℃，适宜温度 23 ～ 25℃，耐最高温度 40℃ 4 h，耐最低温度 0℃ 8 h；保藏温度 4 ～ 6℃。在适宜的培养条件下，12 天长满直径 90 mm 的培养皿。菌落平整，菌丝洁白，气生菌丝少，无色素分泌。

4. 出菇特性　子实体生长温度 7 ～ 25℃，适宜温度 10 ～ 18℃。空气相对湿度 85% ～ 90%。

（二）L135（国品认菌 2007005）

1. 选育单位　福建省三明市真菌研究所。

2. 形态特征　子实体中型，质地致密，易形成明花菇；菌盖浅褐色至褐色（含水量低时色浅）、圆整，直径 4 ～ 6 cm，厚 1.5 ～ 2.0 cm，一般无鳞片；菌柄长 3 ～ 5 cm（视通风情况而不同），通风良好时菌柄长度一般不超过 3.5 cm，直径 0.8 ～ 1.2 cm。其优点是盖大、肉厚、柄短，易形成花菇。其缺点是菌丝抗逆性差，不易越夏。

3. 菌丝培养特性 菌丝生长温度 5～32℃，适宜温度 23～25℃，耐最高温度 40℃ 4 h，耐最低温度 0℃ 8 h；保藏温度 4～6℃。在适宜的培养条件下，12 天长满直径 90 mm 的培养皿。菌落平整，菌丝洁白，气生菌丝少，无色素分泌。

4. 出菇特性 出菇温度 6～18℃，该菌株为分散出菇，出菇量相对较少，栽培管理有其特别之处。

（三）闽丰 1 号（国品认菌 2007006）

1. 选育单位 福建省三明市真菌研究所。

2. 形态特征 子实体大型，较致密；菌盖褐色（含水量低时色浅），大部分圆整，直径 6～9 cm，厚 1.2～1.8 cm，有鳞片和绒毛；菌柄长 3～5 cm（视通风情况和温度而不同），通风好、温度适宜时一般不超过 4 cm，直径 1.0～1.5 cm，一般 1.2 cm。

3. 菌丝培养特性 菌丝生长温度 5～33℃，适宜温度 23～25 ℃，耐最高温度 40 ℃ 4 h，耐最低温度 0 ℃ 8 h；保藏温度 4～6℃。在适宜的培养条件下，12 天长满直径 90 mm 的培养皿。菌落平整，菌丝洁白，气生菌丝少，无色素分泌。

4. 出菇特性 子实体生长温度 5～25 ℃，适宜温度 10～18 ℃。空气相对湿度 90％～95％，对二氧化碳和光照较敏感。

（四）Cr-62（国品认菌 2007007）

1. 选育单位 福建省三明市真菌研究所。

2. 形态特征 子实体中型，较致密；菌盖浅褐色至褐色（含水量低时色浅），圆整，直径 4～6 cm，厚 1.5～2.0 cm，少有鳞片和绒毛；菌柄长 3～5 cm，通风好一般不超过 3.5 cm，直径 0.8～1.2 cm，一般 1 cm。

3. 菌丝培养特性 菌丝生长温度 7～28℃，适宜温度 23～25℃，耐最高温度 35℃，耐最低温度 5 ℃；保藏温度 4～6℃。在适宜的培养条件下，发菌期 30～35 天，后熟期 30 天。

4. 出菇特性 菇蕾形成时拉大日夜温差，控制温度在 13～26℃、空气相对湿度在 85％～95％

条件下催蕾。

（五）Cr-04（国品认菌 2007008）

1. 选育单位 福建省三明市真菌研究所。

2. 形态特征 子实体大型，较致密；菌盖褐色至深褐色（含水量低时色浅），圆整，直径 5～8 cm，厚 1.5～2.0 cm，有鳞片和绒毛；菌柄长 3.5～5 cm，通风好一般不超过 4.5 cm，直径 0.9～1.4 cm，一般 1.1 cm。

3. 菌丝培养特性 菌丝生长温度 5～32℃，适宜温度 23～25℃，耐最高温度 40℃ 4 h，耐最低温度 0℃ 8 h；保藏温度 4～6℃。在适宜的培养条件下，12 天长满直径 90 mm 的培养皿。菌落平整，菌丝洁白，气生菌丝少，无色素分泌。

4. 出菇特性 子实体生长温度 13～26℃，适宜温度 10～18℃，菇蕾形成时需要 5℃ 以上的昼夜温差刺激，控制空气相对湿度在 85％～95％。

（六）庆元 9015（国品认菌 2007009）

1. 选育单位 浙江省庆元县食用菌科学技术研究中心。

2. 形态特征 子实体大型，单生（偶有丛生），组织致密，朵形圆整，肉厚，易形成花菇；菌盖褐色，直径 4～14 cm，厚 1.0～1.8 cm，表面有淡色鳞片；菌柄黄白色，长 3.5～5.5 cm，直径 1.0～1.3 cm，有淡色绒毛；菌褶整齐。

3. 菌丝培养特性 菌丝生长温度 5～32℃，适宜温度 24～26℃。

4. 出菇特性 出菇温度 8～20℃，适宜温度 14～18℃；中温偏低、中熟型菌株；菇茬明显，间隔期 7～15 天，头茬菇在较高的出菇温度条件下，菌柄偏长。

（七）241-4（国品认菌 2007010）

1. 选育单位 浙江省庆元县食用菌科学技术研究中心。

2. 形态特征 子实体单生，中等大，组织致密，朵形圆整，肉厚；菌盖棕褐色，直径 6～10 cm，厚 1.8～2.2 cm，有淡色鳞片，部分菌盖有斗笠状尖顶；菌柄黄白色，有弯头，质地中等硬，长 3.4 ～ 4.2 cm，直径 1 ～ 1.3 cm，有淡色绒毛；菌褶整齐。

3. 菌丝培养特性　菌丝生长温度 5 ～ 32℃，适宜温度 24 ～ 26℃。

4. 出菇特性　出菇温度 6 ～ 20℃，适宜温度 12 ～ 15℃；菇蕾形成时需 10℃ 以上的温差刺激；花菇比例低，不适合作花菇品种使用。

（八）武香 1 号（国品认菌 2007011）

1. 选育单位　浙江省武义县真菌研究所。

2. 形态特征　子实体单生，偶有丛生，中等大小，组织致密；菌盖淡灰褐色，直径 5 ～ 10 cm，表面有鳞片；菌柄白色，长 3 ～ 6 cm，直径 1 ～ 1.5 cm，有绒毛。

3. 菌丝培养特性　菌丝生长温度 5 ～ 32℃，适宜温度 24 ～ 27℃。菌龄 60 ～ 70 天。

4. 出菇特性　出菇温度 5 ～ 30℃，适宜温度 15 ～ 25℃。子实体六至八成熟时采收，出口鲜菇五六成熟时采收。

（九）赣香 1 号（国品认菌 2007012）

1. 选育单位　江西省农业科学院微生物研究所。

2. 形态特征　子实体中大型，菌盖幼时深褐色，随着子实体的长大逐渐为浅褐色，直径 7 ～ 10 cm，平展后 13 cm，厚 1.5 ～ 2.2 cm；菌柄长 3 ～ 5 cm，直径 0.5 ～ 1cm。

3. 菌丝培养特性　菌丝生长温度 10 ～ 32℃，适宜温度 25 ～ 26℃，耐最高温度 38℃ 1 天，耐最低温度 -10℃ 1 天；保藏温度 4℃。在适宜的培养条件下，9 天长满直径 90 mm 的培养皿。菌落匍匐、放射状，气生菌丝较少。

4. 出菇特性　前期现蕾较多。接种至出菇 60 ～ 65 天，出菇温度 5 ～ 24℃，适宜温度 16 ～ 22℃。

（十）森源 1 号（国品认菌 2007014）

1. 选育单位　湖北省宜昌森源食用菌有限责任公司。

2. 形态特征　子实体中大型，多单生，少数丛生，菇形圆整，较致密；菌盖深褐色，圆形，直径 4 ～ 7 cm，厚 1 ～ 3 cm；菌柄白色，质韧，长 1 ～ 4 cm，直径 1 ～ 1.5 cm；菌柄长度与菌盖直径比为 1 : 3。

3. 菌丝培养特性　菌丝生长温度 15 ～ 25℃，最适温度 23℃。在适宜的培养条件下，15 天长满直径 90 mm 的培养皿。菌落舒展，边缘整齐；菌丝白色，气生菌丝较发达，无色素分泌。

4. 出菇特性　适宜段木栽培，接种期在 11 月至 12 月上旬和翌年 2 月中旬至 3 月底，发菌期适量喷水保湿和通风，出菇期在 9 月下旬至翌年 5 月。子实体生长适宜温度 8 ～ 20℃，花菇率高。对温湿差和振动刺激反应敏感，过强振动容易出菇太多。

（十一）森源 10 号（国品认菌 2007015）

1. 选育单位　湖北省宜昌森源食用菌有限责任公司。

2. 形态特征　子实体中大型，单生，菇形圆整，柄短盖大；菌盖浅褐色，直径 4 ～ 8 cm，厚 1 ～ 3 cm；菌柄白色，质地紧实，有弹性，长 1 ～ 3 cm，直径 1 ～ 1.5 cm，菌柄长度与菌盖直径的比为 1 : 4。

3. 菌丝培养特性　菌丝生长温度 5 ～ 35℃，最适温度 23℃。在适宜的培养条件下，16 天长满直径 90 mm 的培养皿。菌落舒展，边缘整齐；菌丝白色，较致密，绒毛状，气生菌丝较发达，无色素分泌。

4. 出菇特性　出菇温度 6 ～ 20℃，适宜温度 14 ～ 18℃；低温、晚熟型菌株；菇茬明显，段木、代料栽培两用型品种。

（十二）香九（国品认菌 2008001）

1. 选育单位　广东省微生物研究所。

2. 形态特征　子实体中型，单生；菌盖较薄，扁平球形，有鳞片，菌盖直径 7 ～ 11 cm。

3. 菌丝培养特性　菌丝生长温度 5 ～ 32℃，适宜温度 23 ～ 26℃，耐最高温度 35℃ 2 天，耐最低温度 0℃ 2 天；保藏温度 2 ～ 4℃。在适宜的培养条件下，11 天长满直径 90 mm 的培养皿。菌落絮状，均匀，正面浅白色，背面浅黄白色，气生菌丝较发达，无色素分泌。

4.出菇特性　适宜段木栽培，接种期在 11 月至 12 月上旬和翌年 2 月中旬至 3 月底，发菌期适量喷水保湿和通风，出菇期在 9 月下旬至翌年 5 月。子实体生长适宜温度 8～20℃，花菇率高。

（十三）华香 8 号（国品认菌 2008004）

1.选育单位　华中农业大学。

2.形态特征　子实体单生，不易开伞，菌肉厚实、较软，菌盖深褐色，半扁球形，直径 5～10 cm，一般 5～7 cm，厚 1.5～2.0 cm，一般 1.8 cm，表面有鳞片；菌柄浅白色、有韧性，长 3～6 cm（视通风情况而不同），一般 3～4 cm，直径 1.3～2.0 cm，有浅白色鳞片。

3.菌丝培养特性　菌丝生长温度 5～32℃，适宜温度 23～26℃，耐最高温度 35℃2 天，耐最低温度 0℃2 天；保藏温度 2～4℃。菌龄 65～75 天。

4.出菇特性　转色中等略偏深，出菇较均衡；出菇温度 6～24℃，适宜温度 13～20℃，需要 8℃以上的温差刺激；转色较浅时子实体发生较多，商品性下降。

（十四）华香 5 号（国品认菌 2008005）

1.选育单位　华中农业大学。

2.形态特征　子实体单生或丛生，中大型，菌肉较致密；菌盖浅黄褐色，圆整，直径 6～21 cm，一般 5～7 cm，厚 1.2～1.7 cm，一般 1.6 cm，表面有鳞片，中部较平或微弧形，边缘内卷；菌柄浅棕色，中粗，有韧性，长 3～7 cm，一般 3～4 cm，直径 1～1.8 cm，有鳞片。

3.菌丝培养特性　菌丝生长温度 5～32℃，适宜温度 23～26℃，耐最高温度 35℃2 天，耐最低温度 0℃2 天；保藏温度 2～4℃。在适宜的培养条件下，12 天长满直径 90 mm 的培养皿。菌落均匀平整，较致密，表面白色，背面浅黄白色，气生菌丝较少，无色素分泌。菌龄约 110 天。

4.出菇特性　出菇密度中等。出菇温度 5～24℃，适宜温度 12～15℃，需要 8℃以上的温差刺激，气温高时开伞较快。通风较干燥的环境可培育出优质花菇。

（十五）菌兴 8 号（国品认菌 2008007）

1.选育单位　浙江省丽水市食用菌研究开发中心，浙江省林业科学研究院。

2.形态特征　子实体单生，偶有丛生，大型，肉厚而致密；菌盖棕褐色，直径 4～7 cm，菌肉厚 1.5～2 cm，少绒毛；菌柄较短，长 4～7 cm；子实体开膜迟，产孢晚。

3.菌丝培养特性　菌丝体生长温度 5～35℃，适宜温度 23～25℃。在适宜的培养条件下，10 天长满直径 90 mm 的培养皿。菌落白色，呈同心圆状，内圈菌丝较稀，外圈较浓密，气生菌丝多而浓密，分泌少许棕黄色色素。菌龄 60 天以上。

4.出菇特性　出菇温度 10～32℃，适宜温度 18～23℃，需要 5℃以上的温差刺激，属高温型品种，子实体六至八成熟时采收。

（十六）L9319（国品认菌 2008008）

1.选育单位　浙江省丽水市大山菇业研究开发有限公司。

2.形态特征　子实体大型，较致密，单生；菌盖幼时褐色，渐变黄褐色，菌盖颜色随湿度而变化，湿度高时为黄褐色，湿度低时为浅褐色；菌盖扁半球形，直径 5～8 cm，一般 4～6 cm，厚 1.3～2.2 cm，一般 2.0 cm，平顶，边缘内卷，有白色鳞片，边缘多，中间少。菌柄白色，长 6～9 cm，基部稍细，质地较硬，绒毛较多；菌褶白色、较密。

3.菌丝培养特性　菌丝长势较旺，色白，爬壁良好。菌丝生长温度 5～35℃，最适温度 25℃；保藏温度 4～6℃。在适宜的培养条件下，10 天左右长满直径 90 mm 的培养皿。菌落均匀、舒展，边缘整齐；菌丝白色，气生菌丝较发达，随着培养时间增长，分泌红褐色色素。菌龄 120 天以上。

4. 出菇特性　出菇温度 12 ~ 34 ℃，适宜温度 15 ~ 28 ℃；温差、湿差、振动刺激有利于子实体发生；茬次明显，抗逆性强，适应性广。

（十七）L808（国品认菌 2008009）

1. 选育单位　浙江省丽水市大山菇业研究开发有限公司。

2. 形态特征　子实体单生，中大型，菌肉厚，质地紧实；菌盖幼时深褐色，渐变黄褐色和深褐色，温度低、含水量大时色泽较深，呈褐色，温度高、含水量低时色泽较浅，呈黄褐色；菌盖扁半球形，直径 4.5 ~ 7 cm，一般 5 ~ 7 cm，厚 1.4 ~ 2.8 cm，一般 2.5 cm，边缘内卷，表面有较多白色鳞片，中间到顶部膨大，菌柄长 1.5 ~ 3.5 cm，直径 1.5 ~ 2.5 cm，上粗下细，基部圆头状。

3. 菌丝培养特性　菌丝生长温度 5 ~ 33 ℃，最适温度 25 ℃，保藏温度 2 ~ 6 ℃。在适宜的培养条件下，10 天左右长满直径 90 mm 的培养皿。菌落较致密，表面白色，背面初始白色，后期黄白色，气生菌丝较发达，随着培养时间增长，分泌褐色色素。菌龄 100 ~ 120 天。

4. 出菇特性　出菇温度 14 ~ 28 ℃，适宜温度 15 ~ 22 ℃；温差、湿差、振动刺激有利于子实体发生；茬次明显，抗逆性强，适应性广。缺点是菌皮厚，第一茬菇催菇困难。

（十八）申香 16 号

1. 选育单位　上海市农业科学院食用菌研究所。

2. 形态特征　子实体单生，朵形圆整，菌肉厚实；菌盖褐色，直径 6 ~ 9 cm（平均 6.4 cm），厚 1.3 ~ 2.6 cm（平均 1.8 cm），表面布满白色鳞片；菌柄柱状或者漏斗状，质地紧实，长 3 ~ 6.5 cm（平均 4.1 cm），直径 0.9 ~ 2.6 cm（平均 1.4 cm），有淡色纤毛，菌盖直径与菌柄长度比值为 1.63，整体特征属大菇、柄短型。

3. 菌丝培养特性　菌丝生长温度 10 ~ 30℃，

最适温度 25℃，耐最高温度 35℃；保藏温度 4℃。在适宜的培养条件下，13 天长满直径 90 mm 的培养皿。菌落平整，正反面均为白色，菌丝较致密，气生菌丝较少，不分泌色素。菌龄 75 ~ 80 天。

4. 出菇特性　属于中熟中温型品种，出菇温度 14 ~ 22 ℃，菌棒转色快，颜色深，菇蕾均匀。

（十九）申香 215

1. 选育单位　上海市农业科学院食用菌研究所。

2. 形态特征　子实体单生，朵形圆整，菌肉厚实；菌盖褐色，直径 6 ~ 9 cm（平均 6.4 cm），厚 1.3 ~ 2.6 cm（平均 1.8 cm），表面布满白色鳞片；菌柄柱状或者漏斗状，质地紧实，长 3 ~ 6.5 cm（平均 4.1 cm），直径 0.9 ~ 2.6 cm，属中等长度。

3. 菌丝培养特性　菌丝生长温度 10 ~ 30℃，适宜温度 20 ~ 25℃，耐最高温度 35℃；保藏温度 4℃。在适宜的培养条件下，13 天长满直径 90 mm 的培养皿。菌落平整，正反面均为白色，菌丝较致密，气生菌丝较少，不分泌色素。菌龄 100 ~ 110 天。

4. 出菇特性　属于中高温长菌型品种，出菇温度 15 ~ 25℃，菇蕾形成时需要 85% 以上的空气相对湿度，6 ~ 8℃ 的昼夜温差刺激。

（二十）庆科 20（国品认菌 2010003）

1. 选育单位　浙江省庆元县食用菌科学技术研究中心。

2. 形态特征　子实体单生，菇形圆整；菌盖淡褐色、平整，直径 2 ~ 7 cm，厚 0.5 ~ 1.5 cm，组织致密，鳞片较少；菌柄长 2.8 ~ 4 cm，直径 0.8 ~ 1.3 cm，比亲本短而小。

3. 菌丝培养特性　菌丝生长温度 5 ~ 32℃，适宜温度 24 ~ 26℃。

4. 出菇特性　适宜出菇温度 14 ~ 18℃；菌棒振动催蕾效果明显，要提早排场，减少机械振动，否则易导致大量原基形成分化和集中出菇，子实体偏小。

二、未认（审）定品种

（一）香菇9608

1. 集中种植区　河南省西峡县。

2. 形态特征　子实体大型，单生（偶有丛生），组织致密，朵形圆整、肉厚，易形成花菇；菌盖褐色，直径4～14 cm，厚1.0～1.8 cm，表面有淡色鳞片；菌柄黄白色，长3.5～5.5 cm，直径1.0～1.3 cm，有淡色绒毛；菌褶整齐。

3. 菌丝培养特性　菌丝生长温度5～32℃，适宜温度24～26℃。菌丝生长粗壮、浓白，爬壁能力强。气生菌丝旺盛，菌丝定植吃料快。菌龄120天。

4. 出菇特性　出菇温度8～24℃，适宜温度12～16℃；低温、晚熟型菌株；菇茬明显，间隔期7～15天，头茬菇在较高的出菇温度条件下，菌柄偏长。适宜春季栽培，2～3月为最佳接种期，出菇期为10月至翌年4月，是适宜北方栽培的一个优良高产菌株。

（二）L18（南山一号）

1. 集中种植区　福建省长汀县、湖北省枣阳市、河北省平泉县。

2. 形态特征　子实体单生，偶有丛生，中等大小，组织致密；菌盖淡灰褐色，直径5～7 cm，表面有鳞片；菌柄白色，长3～6 cm，直径1～1.5 cm，有绒毛。

3. 菌丝培养特性　菌丝生长温度5～32 ℃，适宜温度24～27 ℃。菌龄70～90天。

4. 出菇特性　属中高温型菌株，出菇温度5～30 ℃，适宜温度15～25 ℃，菇蕾形成期需6～10 ℃的昼夜温差刺激。子实体六至八成熟时采收。

（三）雨花五号

1. 集中种植区　河南省泌阳县。

2. 形态特征　子实体单生，菌肉厚实、较软，菌盖深褐色，半扁球形，直径5～10 cm，一般5～7 cm，厚1.5～2 cm，一般1.8 cm，表面有鳞片；菌柄浅白色，有韧性，长3～6 cm（视通风情况而不同），一般3～4 cm，直径1.3～2 cm，有浅白色鳞片。

3. 菌丝培养特性　菌丝生长温度5～32 ℃，适宜温度23～26 ℃，耐最高温度35 ℃ 2天，耐最低温度0 ℃ 2天；保藏温度2～4 ℃。菌龄55～65天。

4. 出菇特性　转色中等略偏深，出菇较均衡；中温偏低型菌株，出菇温度6～24 ℃，适宜温度14～18 ℃，需要8 ℃以上的温差刺激；转色较浅时子实体发生较多，商品性下降。适宜北方秋栽花菇模式。

第四节
主要生产模式及其技术规程

一、香菇段木栽培模式

香菇段木栽培模式是在传统原木砍花栽培法基础上形成的。砍花栽培法起源于浙江的龙泉、庆元、景宁一带，当地菇农在长期的生产实践中，总结出一整套包括选场、选树、做墙、砍花、遮衣、惊蕈、采焙等工序在内的栽培技术，原木砍花栽培法一直沿用至20世纪70年代末。原木砍花栽培法是利用香菇孢子自然传播接种的香菇栽培法，是现代段木栽培香菇技术的基础，尤其是惊蕈催蕾术仍是现代出菇管理中一项不可缺少的技术措施。

香菇段木栽培是将适宜的菇树砍伐、截段、集中搬运到一起，然后接入纯培养的香菇菌种，在栽培场地进行培菌、出菇管理的技术模式。香菇段木栽培法继承了原木砍花栽培法关于选场、选树、催蕾等一些技术精髓，并进行了全面的改革和创新，具有原木砍花法所不可比的先进性：一是采用人工纯培养菌种接种,接种成活率高,产量高而稳定,品质优;二是出菇早,一般可在接种后8～10个月进入出菇期,减少了管理用工及费用;三是不受菇树大小的限制,可充分利用林木采伐的枝丫材及废材,提高了菇树资源的利用率;四是不受山场条件的限制,受自然条件的影响也较少,集中培菌和出菇更加便于人为控制和进行精细化管理操作,可进行机械化和工厂化规模生产,实现周年栽培出菇。

（一）菇树树种的选择

香菇菌丝不能在含有大量芳香油、樟油、辛辣物质的木材中生长,除松、杉、柏等针叶树及部分含有樟油、辛辣物质的阔叶树不能用于栽培香菇外,其他阔叶树一般均可选择使用。不同树种的营养成分和木材质地不同,即使在同一条件下进行同样的栽培管理,不同的树种也会在出菇的迟早和香菇产量的高低、品质的优劣等方面表现出很大的差异。选择适宜段木栽培的菇树非常重要,应选择栽培产量高、香菇品质优的菇树,以获取较高的经济效益。

我国适宜栽培香菇的树种有10多个科20多个属的300多个树种,主要集中在壳斗科、桦木科、金缕梅科、榛科、杜英科等十几个科中。

（二）品种选择

选择优良品种是香菇段木栽培获得优质高产的前提条件。目前段木栽培香菇品种主要有L241、日丰34、7401、沪农一号、L135、8210等。段木香菇品种应根据栽培目的来选择,如要多产优质花菇,选择花菇形成速度快、花菇率高的品种L135;若需栽培夏秋菇,用中高温型品种,如菌王1号、W612等。

（三）栽培场地选择

香菇段木栽培出菇场所可根据栽培生产的实际情况而定,主要有3种形式:一是林区内天然菇场;二是林区外人工菇场;三是天然人工结合型菇场。

1.天然菇场　天然菇场应选在林区坡度比较平缓的山腰处,要求通风排水良好,朝向以东坡或南坡为佳,菇场附近有水源以方便喷水或浸泡菇木,不宜选择在潮湿、寒冷的北面,切忌选择低洼的山谷或水沟溪流旁边。菇场上的遮阳树以常绿阔叶树、竹林或竹阔混交林最佳,遮阳度以四阳六阴为好,这种菇场可省去搭建荫棚和搬运菇木的费用。

2.人工菇场　人工菇场一般选择在地势平坦或稍有坡度、通风排水良好的地方,附近要有水源、引水方便。人工菇场要搭建荫棚,遮阳度掌握在70%左右。荫棚四周需开好排水沟并设置围篱,有条件的地方还可种上葡萄、猕猴桃、南瓜等藤本作物,既能遮阳又可增加经济收入。这种菇场虽增加了荫棚搭建和菇木搬运费用,但用电方便,出菇管理容易。

3.天然人工结合型菇场　在林区内选择一块空旷平地,搭建荫棚,将菇木集中在菇场内进行培菌出菇管理,有条件的还可配备小型发电机。

（四）菇树砍伐季节与截段

1.砍伐季节　香菇段木栽培对菇树的砍伐季节要求相当严格,砍伐季节不当,会严重影响香菇的产量和质量,甚至可能造成栽培的失败。由于树木质量随生长季节而变化,水分、营养物质的含量在不同季节差别很大。为了提高接种成活率及获取更高的栽培单产,必须既要求菇树的树皮不易剥脱,韧皮部与木质部贴合紧密,又要求菇树中积累的糖分、淀粉、蛋白质等营养物质丰富。适宜的菇树砍伐期是树木的休眠期,一般在每年立冬至翌年的惊蛰之间,即11月中旬至翌年2月下旬。这一时期的树木中贮藏的养分充足,形成层已停止活动,韧皮部和木质部贴合紧密,树皮不容易脱落。我国南北之间纬度不同,各地真正进入冬季的时间有较大差异。因此各地在决定砍伐期时,还应根据当地具体气候变化情况适当调整。

一般将菇树砍伐适期分为3个时段:第一时段为秋冬期,从菇树进入休眠期至12月中旬;第二时段为大寒期,从12月下旬至翌年2月中旬;第三时段为春天期,从2月中旬至上水前。对于秋冬期和春天期砍伐菇树,由于气温较高,水分蒸发快，菇树容易干燥，必须在砍伐后1个月左右完成接种。在大寒期砍伐的菇树，气温低，从菇树砍伐期到接种的间隔时间可长一些，一般为50～60天。

2. 砍伐与截段　应选择中等大小、胸径（离地140 cm处直径）在20～25 cm的菇树。砍伐菇树应采取单株择伐的形式，砍树时应注意树木的倒向和安全，尽可能避免压断旁边的小树。同时还要十分注意保护树皮，防止滚滑和重叠，以减少树皮损坏。菇树砍伐时，沾染太多泥土也不可取。菇树砍伐后，应带枝置于山场一段时间，一般为15～20天，使其抽水干燥，然后开始截段。应在晴天截段，截段长度一般为90～120 cm，截好的段木尽快集中搬运到栽培场。

搬运段木时要注意保护树皮，确保树皮完整和干净，绝对禁止贪图省力而采用溜山的方法搬运段木。截段后的段木还要有一个收浆干燥过程。段木集中后，选择一个比较平坦、通风良好的阳坡地，将段木以"井"字形或屋脊形堆叠起来继续晒一段时间。堆叠时，将不同时期砍伐的段木及大小差异较大的段木分开堆叠。部分落叶树种如枫香、麻栎等不易干燥，必须单独堆叠在较为朝阳的地方。

（五）打穴接种

1. 接种时间　根据香菇菌丝对温度的要求，最适接种时间是2～3月，此时气温已基本稳定在香菇菌丝生长适温范围内（5 ℃以上）。但由于各菇场地理位置、海拔、树种等不同，接种时间有较大差异。一般来讲，长江以南栽培区，适宜接种期为2月至4月上旬，长江以北地区或海拔高、气温低的地区，接种期应适当推迟，最迟可延迟到5月下旬。生产中做好菇树砍伐与接种期的衔接非常重要，这样既有利于提高接种成活率，又有利于合理安排劳动力。秋天砍伐的菇树，由于此时气温还比较高且气候十分干燥，砍伐的菇树水分蒸发快，应在砍伐后30天内完成接种；早春砍伐的菇树，气温将逐步快速升高应抓紧在砍伐后1个月内完成接种。在大寒期间砍伐的菇树，由于气温很低、露水大、雨雪天多，菇树水分蒸发较慢，一般可在砍伐

后的60天左右完成接种。

接种应选择在晴天，禁止在雨天、露天条件下打穴接种。雨天接种穴往往有积水易造成烂筒，霉菌孢子也易随雨水进入接种穴，增加污染杂菌的机会，影响菌丝的成活。

2. 打穴与接种操作要点

（1）打穴工具的选择　生产上常用打穴工具有手提式电钻和具有打穴功能的木工机械。

（2）接种密度和接种穴的测量　打穴接种的行、株距分别为7～8 cm和20～25 cm，分布均匀、隔行相对呈"品"字形。段木两端的截面易受杂菌侵入，两头的接种穴离截面不应超过8 cm，并在此增加1～2穴，树皮破裂处、节疤处一般也应增加几个穴。打穴接种的数量以每30 cm² 内有2个接种穴为宜。一根段木所需的接种穴可按下式计算：

所需接种穴数＝［段木直径（cm）/3］×［段木长度（cm）/20］。例如一根直径为15 cm、长100 cm的段木，应打接种穴25个，计算如下：（15/3）×（100/20）＝25（穴）。

（3）接种操作程序　接种操作程序包括打穴、接种、封口等，一般以3～5人为一组。

1）打穴　将段木置于干燥地面上或木架上，用打穴工具按计划的行株距打穴，或用双手握住段木在打穴机械上打穴，穴口直径1～1.5 cm，穴深1.5～2 cm，树皮厚的深一些，薄的浅一些，但必须进入木质部。两头的接种穴应从距段木的端部5～7 cm处开始，接种穴应与段木垂直，不能歪斜。接种穴间排列及距离力求整齐均匀。

2）接种　接种应由专人负责。接种者的双手和菌种的外包装及其他用具必须用0.1%高锰酸钾或75%酒精擦拭消毒。接种时一手拿菌种袋，另一手掰出一块菌种迅速塞入穴孔内并按实，不能凹陷。接种后用盖封口。

3）封口　接种穴的封口主要有树皮盖封口和玉米轴封口两种。树皮盖封口，可在树皮厚度为0.3～0.4 cm的枝丫或幼树上，用打穴工具打取树

皮。玉米轴封口，将玉米轴劈成两瓣成条拿在手上，一端放在接种穴上直接敲进穴口。

（六）发菌管理

发菌管理也称困山，主要工作有叠堆发菌、翻堆、发菌检查等。

1. 叠堆发菌　段木接入菌种后集中堆叠起来，以促进香菇菌丝在段木中定植和生长蔓延，生产上将这一时期称为假困山期。叠堆的形式有"井"字形、屋脊形、鱼鳞形等。"井"字形堆最为常用，堆高 1.5 m 左右，堆底部用石块或杂木垫高 15 cm，上面盖好薄膜覆盖枝叶、茅草以保持较高的温度。前期气温低时可增强光照以提高堆内温度，一般堆内温度控制在 25 ℃以下、15 ℃以上。每隔 3 ～ 5 天揭膜通风一次，午间气温高时更应注意揭膜通风。堆内相对湿度保持在 75% 左右，接种 1 周后，若湿度太低可每隔 3 ～ 5 天喷一次水，使菇木树皮处于湿润状态。

对秋冬季接种的段木，由于气温低菌丝定植生长缓慢，应采取必要的升温保温措施，主要有覆盖薄膜、增加光照等，有条件的还可人工加温。

2. 翻堆　翻堆是发菌管理阶段的主要技术措施，目的是促进堆内菇木间均匀发菌，剔除受杂菌污染的菇木。接种后 10 天 左右进行第 1 次翻堆，以后隔 7 ～ 10 天再翻堆一次。经过两次翻堆后每隔 15 天左右再翻堆一次。对"井"字形堆或屋脊形堆，翻堆时要将上下、里外的菇木调换位置，对于覆瓦式堆，要将菇木上下调头。翻堆时，发现已污染杂菌的菇木应立即剔除。

3. 发菌检查　段木接种后 15 ～ 20 天进行一次全面发菌情况检查，观察菌丝定植生长情况。检查的方法是在每堆菇木中随机抽取几根菇木用小刀分别轻轻挖开几个接种穴，若穴内白色菌丝已向四周生长则说明菌丝已成活；对用树皮盖封口的，若在盖上及四周已经长出白色绒毛状菌丝，说明菌丝已恢复生长。若穴内菌种为黄色，呈干涸状，发菌少或不发菌，应增加水分。若菌种发霉、发绿、变黑，说明菌丝已死亡。若在一堆菇木中有较多接种

穴的菌丝没有成活，应抓紧时间在未成活的接种穴附近重新打穴接种。

接种是香菇段木栽培非常关键的技术环节，若成活率太低错过接种适期会造成无可挽回的损失。在接种操作时应严格按照技术规程，做好接种后的假困山期管理，在接种后的 10 ～ 20 天及时检查接种成活情况，如果成活率较低应查找出原因及时进行补接种。

（七）养菌与越夏管理

段木接种后在较适宜的温湿度条件下，一般经 50 ～ 60 天的发菌，菌丝即可长满皮层，前期培菌管理工作即告完成，随后开始进入养菌越夏管理阶段。养菌越夏管理就是要创造一个较适宜菌丝生长的环境条件以促进菌丝向木质部生长，分解木材积累的养分，为出好菇、多出菇奠定基础。

1. 菇木散堆与翻堆　当菌丝已完全定植长满皮层后，将菇木移至荫棚内、堆叠成"井"字形、屋脊形或覆瓦形，菇木间距离相对大一些，同时降低菇木堆高并加厚荫棚的遮阳物，以降低堆温，增强通风。在整个养菌期内，需每一个月翻堆一次，调整菇木位置。南方菇场在梅雨期间，每隔 10 ～ 15 天翻堆一次，并采取有效降低堆温的措施，排除积水降低湿度。在翻堆过程中应及时剔除已被污染的菇木，并注意检查有没有遭白蚁危害。

2. 越夏与干湿交替管理　高温、干旱是夏季的主要气候特征，管理的中心工作是降温与通风保湿。主要措施是将菇木堆内最高温度控制在 32 ℃以内，气温过高时加厚遮阳物并喷水降温；堆内温度在 35 ℃以上时，需采用地面灌水等各种方法尽量降低堆温。同时，7 ～ 8 月正是菌丝生长最旺盛的时期，必须进行干干湿湿、干湿交替的管理，以促进菌丝向菇木中心生长。以"干"来增加菇木的内部空隙，并增加菇木内的氧气，使菌丝由皮层向木质部生长；而"湿"可为菌丝生长提供充足的水分，使菌丝生长旺盛。具体操作是先喷一次重水使菇木吸足水后，停止喷水 57 天，让菇木有一个干燥过程后，然后再喷水、干燥。

（八）上架与报信菇期管理

经过6～10个月的发菌管理，菌丝已布满整段菇木基本达到生理成熟，具备了开始出菇的条件。但在整个秋冬季出菇量还非常少，这一时期称为报信菇期，这一时期长出的香菇称为报信菇。报信菇的有无和多少是衡量菇木培菌越夏管理好坏的一个重要标准。菇木必须具有一定的成熟度才开始出菇，成熟度用接种时段木重量减少的百分率来推测。当菇木的重量比刚接种时减少30%以上时，说明菇木已基本成熟，菇木越轻成熟度越高，出菇量也就越大。

1. 上架　将已完成发菌的菇木移至出菇场地摆成适宜出菇的形状，上架形状有"人"字形、蜈蚣形、牌坊形等。上架时间一般在当年秋天至翌年早春，刚开始发生报信菇的时候。上架前必须仔细检查、鉴别菇木，对发菌不正常或已感染杂菌的菇木应立即淘汰。发菌良好的菇木具有以下特征：菇木树皮上无杂菌，树皮贴紧，轻轻叩击菇木，会发出浊音或半浊音，剥去小块树皮可见皮下呈金黄色，且具有香菇的特殊气味。

2. 报信菇期管理　在报信菇期，香菇菌丝还不是很成熟，虽然已能长少量的菇，但总体来讲畸形菇较多，并不适宜进行正常的催蕾出菇。因此报信菇期的管理仍应以保温保湿、干湿交替管理为主，以促进菌丝进一步生长，积累更多的养分。在报信菇期，不宜进行浸水催蕾操作，更不能进行惊蕈催蕾。对由于受温差、湿差等刺激，已自然长出的菇蕾，可按管理的要求进行管理。

（九）盛菇期管理

1. 出菇前菇木处理　出菇前10～15天将菇木堆叠，遮光、蔽雨，使菇木适当失水干燥。干燥度以菌丝足以维持生命为度，然后浸水催蕾，即可达到调整出菇期和促使出菇整齐的目的。该项技术措施一般选在每茬菇后，结合养菌时采用，往往能取得较好的效果。

2. 惊蕈催蕾与浸水催蕾

（1）惊蕈催蕾　对一些平时喷水较多或吸收雨水较多的菇木，采取温差刺激催蕾效果不明显。出菇量很少或不出菇的菇木和通过浸水后仍不出菇的菇木，可采用惊蕈法催蕾。惊蕈催蕾操作应选气温在15℃左右时期，用泡沫板或软木条轻轻拍打菇木，做到既振动菇木，又不损伤树皮。一般在惊蕈后7～8天菇蕾就会大量发生。

（2）浸水催蕾　浸水催蕾是将含水量较低、停止出菇一段时间的菇木浸入冷水中，使菇木吸收较多水分，并获得温差刺激，以促进菇蕾产生的措施。浸水一般24～36 h，浸水时必须将菇木浸没在水中，防止菇木浮起，损伤树皮。菇木浸水后，将其竖立10～20 h，沥去多余水分，让菇木表面水分自然蒸发，然后将菇木以"井"字形堆叠，上盖薄膜，以提高菇木的温度。经4～5天，菇蕾即可发生。

3. 子实体生长期管理　子实体生长期的管理主要是调温、控湿、光照与通风，目的是为香菇子实体生长创造一个最为适宜的外部环境条件，以满足子实体生长的要求。

（1）调温　虽然不同温型的香菇品种出菇温度不同，但子实体生长的最适温度却相近，均在12～16℃。在此温度条件下生长的香菇子实体盖大、肉厚、品质优。因此在子实体生长期，菇场的温度应控制在这一范围之内，最高不要超过23℃，并要创造10℃以上的昼夜温差，以刺激子实体原基的形成，促进菇蕾大量发生。在秋季和晚春季节气温较高，调温的主要工作是降低菇场的温度，增加菇场的遮阳物、勤通风换气、加大喷水量，特别是喷低温的山泉水。而在冬季和早春，外界气温很低，必须加盖保温塑料膜和减少菇场遮阳物，以增加光照，有条件的还可进行人工加温。

（2）控湿　子实体生长期的湿度管理，包括菇木含水量和空气相对湿度调节两部分。菇木含水量已在浸水催蕾时得到调节补充，空气相对湿度必须通过盖膜、喷淋水等调节。在菇蕾较小时，必须使菇场、菇木均处于较湿润状态。应通过喷水，使菇场的空气相对湿度保持在80%～90%。

随着菇蕾的长大，应逐渐停止喷水，进行干湿交替管理。对于培育花菇的菇木，当菇蕾直径长至 1.5 ~ 2.5 cm 时，应停止喷水，使菇场相对湿度保持在 75% 以下。

（3）光照与通风　较强光照和良好的通风条件，是培育优质香菇所必不可少的条件。菇场的光照一般控制为春冬强、夏秋弱，高温时弱、低温时强，冬季低温时，菇场应达到"二阴八阳"的光照条件。在秋季和晚春气温高、太阳光照强时，菇场应保持在"七阴三阳"或"六阴四阳"。

（十）采收

适时采摘是保证香菇质量的先决条件。当菌盖长到六七分开、菌盖边缘仍向内卷曲还未完全展开时，就应及时采摘。这样的香菇加工后肉质肥厚，香味浓郁，质量最佳。如果不及时采摘，只要再留 2 ~ 3 天，菌盖边缘就会伸展开，甚至向上翘起，这种香菇明显已过分成熟，加工后肉薄质次，香味淡薄，品级和档次均有下降。采摘香菇时，应用手指捏住菌柄的基部，左右摇动一下后拔起。采菇时一定要注意保护菇木的树皮，尽量避免菇蒂带起大块树皮或撕裂树皮。树皮损伤后，菌丝恢复十分困难，同时影响出菇，缩短菇木产菇年限。

采摘香菇时切忌用力过猛扯菇，摘菇时要稳，不能扯断菌柄。否则残留在菇木上的菇脚，很容易腐烂发霉，甚至感染杂菌至菇木内部，变成一个病灶。采收时应掌握适熟的先采，适熟一茬采一茬。

（十一）加工

采收后香菇应及时晾晒或利用电热鼓风干燥箱、香菇脱水机来烘干香菇。

烘干后的香菇，在空气中很容易返潮变软。分级后尽快用聚丙烯或聚乙烯塑料袋包装，扎紧袋口，然后再套入帆布袋或塑料编织袋，放入干燥的库房。

（十二）休息养菌与越夏管理

1. 休息养菌　一茬菇采收后，菇木应休息养菌，将其集中到通风干燥的场所，堆放成"井"字形或鱼鳞形。采菇量大的菇木采菇后会留下很多裸露的菇疤，容易使菇木蒸发失水，要尽快让菌丝在菇疤处形成褐色的菌膜。因此在养菌的前期需在菇木上喷水保湿，盖上覆盖物或塑料薄膜，保温保湿 7 ~ 10 天。菇木休息养菌的时间，因养菌场所、菇木含水量、树种、香菇品种、季节等不同而有所差异，短的 15 天左右，长时可达 50 天以上。总的原则是气温高时短一些，气温低时长一些。若菇木含水量太低，为避免菇木过度失水，在养菌过程中还需适当喷水保湿。

2. 越夏管理　每年 4 ~ 5 月，由于气温升高，一个年度出菇期结束，菇木进入越夏管理期。在整个生产过程中，大口径的菇木一般需经历 2 ~ 3 个夏季，而直径 8 cm 以下的菇木，一般只需经历一个夏季。

在高温、干燥的夏秋季节，应保护好菇木树皮及基内菌丝，为下半年的出菇积累养分。管理上应防止炽热的阳光直接照射菇木，避免树皮被晒裂。在采菇结束后，把菇木堆叠起来，菇木堆上盖一层茅草或枝条。夏季若长期干旱少雨，为防止菇木过分失水，每隔 5 ~ 6 天喷一次水，以保持菇木适当的湿度。对越夏期间的菇木，翻堆是很必要的，一般每一个月翻堆一次，翻堆时要小心轻放，以减少树皮的损伤。此外还应注意菇木堆四周杂草的清除工作，以免因杂草生长过高、过快而影响菇木的通风，污染杂菌。同时还必须十分注意对白蚁的防治工作。到了秋季，随着气温下降，又将开始下一年度的出菇管理。如此反复，直至菇木变朽，不能再出菇为止。

二、春栽越夏中棚中袋层架栽培模式

该模式的集中栽培区主要集中在浙江丽水和河南西峡，全国其他地方也有种植。

（一）栽培季节

1. 栽培时期　最佳接种时期应在 1 月下旬至 4 月中旬，在这个时间段内越早越好，5 月中旬前必须进棚上架以利于越夏。种植期内要集中种植，不要拖时间太长。要求 4 月中旬前必须结束，以确保菌袋发菌整齐一致，及早长满菌丝，免受高温危害。

2. 种植前的准备　根据生产经验，栽培时期确定以后，一是要提前 6 个月向制种单位预订菌种，提前 1～2 个月备好生产原料、设备，如木屑、塑料袋、燃料、锅炉、发菌棚等。如果是到了生产季节再临时去购原料，可能会因为原料紧张而不能及时购到从而拖延种植时间，那么就有可能造成菌种老化。或者会出现因急于抓货而购买到质量次的甚至是假的原料，造成生产上的损失。二是要选择好栽培场所，香菇生产场所的环境条件，与香菇产品质量关系密切。根据污染分析，如果栽培场地靠近城市和工矿区，其土壤中重金属含量较高，地表水可能被重金属、农药及硝酸盐等污染，污染物也会被香菇富集吸收，这不仅危害香菇子实体的正常生长发育，降低产量，更严重的是有害物质降低了香菇的品质。所以，栽培场所必须远离城市工矿区、食品酿造工业区、畜禽舍、医院和居民区，距离 1 000 m 以上。菇棚最好傍山近溪河，四周宽阔，气流通畅，周围无垃圾等乱杂废物。水源要求无污染，水质清洁。

（二）菌种的选择与准备

春季栽培香菇，应选择中温偏低型的中晚熟品种。目前使用的品种主要是庆科 20、香菇 9608、庆元 9015、香菇 241-1 等，这些品种出菇率高，抗性强，比较适合春季种植、菌棒越夏、秋冬出菇。

（三）培养料准备

1. 原料选择　用于香菇栽培的主料主要是木屑，以硬质阔叶树种粉碎的木屑为佳，其他农作物秸秆也可以，但是添加量应控制在 20% 以内，否则前期出菇集中，个体小，菌棒寿命短，效果不理想。木屑颗粒度大小对培养料的透气性、含水量和香菇菌丝的生长速度影响很大。所以要用专用粉碎机粉碎，木屑颗粒直径 1 cm 左右，呈方块状，粗细搭配合理。辅料主要有三类：第一类是天然有机物质，如蔗糖、米糠、麸皮、玉米粉、豆饼等，主要用于补充培养料粗蛋白质、水溶性糖及其他营养成分的不足；第二类是化学添加剂，如尿素、硫酸铵、硝酸铵、硫酸镁、过磷酸钙等，以补充培养料中的氮素养分；第三类是天然矿类物质，如轻质碳酸钙、石膏、石灰等，以补充矿质元素不足和改善培养料化学、物理性状。

2. 配制　香菇的培养料配方并没有十分严格的标准，一般掌握的原则是木屑 78%～83%，麸皮 15%～20%，石膏、石灰各 1%，糖 1%，也可不加糖。具体要求和做法如下：

（1）场地要求　以水泥地坪为好。泥土地因含有土沙，加水后泥土融化会混入料中，不宜采用。选好场地后应进行清洗并清理四周环境。

（2）配制方法　配制时间以晴天的上午较为理想。混合料的配制分为机械拌料和人工拌料两种。

1）过筛　把木屑用 2～3 目的铁丝筛过筛，剔除小木片、小枝条及其他有棱角的硬物，以防装料时刺破塑料袋。

2）混合　配料时先按比例称量好木屑、麸皮、石膏，翻拌均匀后，将可溶性的添加物如蔗糖等溶于水中，再加入干料中混合。

3）拌料　若是人工拌料，则需提前 1～2 天预湿木屑，然后混入辅料摊开，做成中间凹陷周围高的料堆。再把清水倒入凹陷处，用耧耙或锹把凹陷处逐步向四周扩大，使水分逐渐渗透，并再次将料堆摊开，反复翻拌 3～4 次，使水分均匀吸收。

若是机械拌料，则可以现拌现用，木屑和辅料直接混合后再加水搅拌，直到木屑湿润均匀。

3. 含水量的测定

（1）含水量标准　培养料含水量以 50%～55% 为宜，生产中应掌握干湿适度的原则，以当时木屑的干湿程度决定加水比例。含水量偏低，菌丝生长缓慢、纤弱；含水量偏高，菌丝缺氧影响菌丝生长，引起杂菌繁殖；含水量超过 60%，菌丝生长受阻。

（2）含水量的测量方法　先测量原料中的含水量，取原料样品称重，然后放入恒温箱60 ℃烘干至重量不再减少，重量的减少部分就是原料的含水量。在此基础上加水使培养料含水量达到50%～55%。

4. 酸碱度的测定　香菇培养料 pH 以 5.5～6 为宜。测定方法：取 pH 试纸一小段，插入培养料中 1 min 后取出，对照标准比色卡，查出相应的 pH。在生产实际中，一般会呈酸性，为防止培养料酸性增加，可用适量石灰水调节。

5. 配料时要把好四个关键

（1）调水要掌握"四多四少"　一是培养料颗粒偏细或偏干的，吸收性强，水分宜多些；培养料颗粒偏硬或偏湿的，吸水性差，水分应少些。二是晴天水分蒸发量大，水分应偏多些；阴天空气湿度大，水分不易蒸发，则偏少些。三是拌料场所吸水性强的地坪，水分宜多些；吸水性差的地坪，水分宜少些。四是在高海拔地区和秋季干燥天气，用水量应略多些；气温在 25 ℃以下配料时用水要少些。

（2）拌料力求均匀　配料时要求做到"三均匀"，即主料与辅料混合均匀，干湿搅拌均匀，酸碱度均匀。

（3）操作速度要快　生产上常因拌料时间延长，造成培养料发酸，接种后菌袋成品率不高。因此当干物质加入水分后，要做到拌料分秒必争，当天拌料当天及时装袋灭菌，避免培养料酸败。

（四）装袋

1. 塑料袋规格　拌好料后立即转入装袋工序，所用塑料袋为低压高密度聚乙烯袋，其规格是：内袋宽 18 cm× 长 60 cm× 厚 0.007 cm；外袋宽 20 cm× 长 67 cm× 厚 0.000 5～0.001 5 cm。

2. 装料量　一般每袋装干料 1.5 kg 左右。

3. 装料要求　因生产量大，需用人工配合装袋机装袋。目前市场上开发的食用菌装袋机形式多样，不同的装袋机操作方法略有不同。装袋机每小时可装 400～800 袋。每台机器配备 7 人为一组，

其中添料 1 人，套袋 1 人，传袋 1 人，捆扎口 4 人。用扎口机扎袋口时可减少扎袋口人员。

4. 操作要点

（1）松紧适中　培养料松紧检验标准是：以成年人手抓料袋，五指用中等力捏住，袋面呈微凹指印，有木棒状感觉为妥。如果手抓料袋而两头略垂，料有断裂痕，表明太松。

（2）不超时限　装袋要抢时间，从开始到结束，时间不超过 6 h。无论是机装或手工装袋，均应根据当天配料的多少安排好人手。

（3）扎牢袋口　抓紧用扎口机扎袋口，要求袋口清理干净、捆扎牢固、不漏气，防止灭菌时袋料受热膨胀，气压冲散扎头，袋口不密封导致杂菌从袋口进入。

（4）轻拿轻放　装料和搬运过程要轻拿轻放，不可乱扔乱摔，以免破袋或料袋产生砂眼，接种后感染杂菌。

（5）日料日清　培养料的配制数量要与灭菌设备的一次灭菌量相配套，做到当日配料，当日装完，当日装灶灭菌。

（五）灭菌

1. 及时进灶　培养料营养丰富，装入袋内容易发热，如果不及时灭菌，酵母菌、细菌加速增殖，会将培养料分解，导致酸败。因此，装料后要立即进灶灭菌。

2. 合理堆垛　料袋进灶的堆垛原则：一要保证料袋堆放稳定，防止倒堆；二要使气流自下而上流通，仓内蒸汽能均匀运行。

料袋进入灭菌设备时，采用一行接一行，自下而上堆垛排放的方式，行与行之间要留有空隙，以使蒸汽均匀循环。否则气流受阻，不能循环运行，轻则造成局部死角，重则灭菌不彻底，污染严重。另外，在灭菌设备四周要留有空隙，使蒸汽一上来就包围袋堆，并渐向堆内推进。

大型罩膜导气灭菌灶，采用外部蒸汽导入灭菌灶底部灭菌。一次可灭菌 3 000 袋以上，其堆放方式采取四面转角处横竖交叉摆放，中部与内腹平

排（图7-2-4），里面留一定空间，让气流正常流动。堆好垛后应罩紧薄膜，外加彩条布（或帆布）保温，然后用绳索缚扎，四边压沙袋等物，以防蒸汽压力把罩膜冲飞（图7-2-5）。

图7-2-4 料袋堆垛摆放

图7-2-5 罩膜覆盖料袋

3.灭菌时间 灭菌开始时用旺火猛攻，力争使温度在6～8 h升到100 ℃，灭菌4 000袋时，100 ℃保持20～24 h，中途不停火，缓加冷水使袋温不降低，防止"大头、小尾、中间松"的现象。每次灭菌量大于4 000袋时，应增加1台蒸汽发生炉，使蒸汽发生量与灭菌数量相匹配。

灭菌时根据料袋的多少灵活掌握时间，以3 000袋为例，气温达到100 ℃后要维持16 h以上，每增加1 000袋，灭菌时间要延长4 h以上。如果遇到大风天气，还要适当延长2～3 h，或在迎风面加遮挡物，否则，迎风面的袋子蒸不透。灭菌温度100 ℃要保持恒定，不能长时间下降，一旦温度下降时间过长，要重新计时，延长灭菌时间。

4.认真观察 为准确掌握灭菌料袋内部温度，可把数显温度计的测温探头放在灭菌垛下部第二层与第三层袋间，从温度盘上读数。

（六）冷却

灭菌后的料袋应及时搬进接种室（或接种棚）内冷却，最好按"井"字形摆放，让袋温自然冷却，袋内温度下降到28 ℃时方可转入接种工序。检测方法是用棒形温度计插入袋中观察温度，切不可用手摸料袋凭感觉判断，这样易出现失误。生产中由于料温过高烧死菌种的例子较多，要高度重视。

（七）接种

接种是香菇生产的关键环节，需采取无菌操作。

1.接种设备 接种室要求清洁卫生、干燥、密闭、便于通风。专门搭建的临时塑料接种棚见图7-2-6。接种箱见图7-2-7。

图7-2-6 临时塑料接种棚

图7-2-7 接种箱

2.消毒 接种前的二次消毒及消毒方法：接种

前要做到两次消毒，即接种设备的初次消毒和料袋进入接种设备内的二次消毒。常用的消毒方法有以下几种，可根据情况任选一种。

（1）喷洒法　在接种室墙壁、空间和地面上喷洒1～2次来苏儿或金星消毒液等消毒剂，密闭1 h后再启用。

（2）气雾法　采用二氯异氰尿酸钠气雾消毒剂，每立方米空间用量4～6 g。使用时用明火或暗火点燃，即喷出白色烟雾，密闭30 min后可达到灭菌的目的。

（3）照射法　用紫外线灯照射消毒，每次接种前将各种器具移入室内。一般每40 m³的接种室需用2盏30W紫外线灯，照射2 h后才能达到消毒杀菌的要求。紫外线照射时，人员要离开室内，以防眼角膜、视网膜受伤。紫外线对杀灭细菌较可靠，对霉菌可靠性较差。

第一次对接种设备消毒，应在接种前24 h进行，消毒方法宜用药物喷洒法。而在料袋进入接种设备内再次消毒时，应在接种前1 h进行，消毒方法不宜采用水剂药物喷洒法，防止增加湿度。可采用气雾消毒盒、紫外线照射消毒，其用量和方法与第一次消毒相同。连续接种时，除第一批次需二次消毒外，其余批次可待料袋进入接种设备内后消毒一次即可。

3. 菌种预处理　接种前对所使用的菌种再仔细地挑选一遍，把不纯的、老化的或有疑点的菌种剔除出来，将合格的菌种先用75%酒精或30倍金星消毒液擦洗表面，再搬进接种室等接种设备内，连同料袋、接种工具等一起进行接种前的第二次消毒。

4. 打穴与接种

（1）选好接种时间　大批量接种时，应选择晴天午夜或清晨接种，此时气温低，空气较洁净，杂菌处于静止状态，有利于提高接种的成功率。雨天空气湿度大，容易感染霉菌。大风天气空间悬浮粒多，易感染杂菌，因此这样的天气不宜进行接种。

（2）打穴接种　采用木棒制成的尖形打穴钻打孔，单面接种，每袋接种3～4穴，穴口直径2.5～3 cm，深2～2.5 cm，接种人员剥去菌种外袋，去掉顶端1 cm老化菌种，再掰成2～3 cm厚月饼形状，继续掰成大小适中的楔形种块接入穴内，接满穴口，并使菌种略高出料面1～3 mm，再稍压紧，使菌种将穴口封严，点种后立即套外袋扎口。一般15 cm×30 cm×0.005 cm的菌种袋可接10～15袋。接种完毕后，置于培养室（棚）内发菌。

（3）枝条菌种接种　将料袋表面用75%酒精擦拭，擦拭时朝一个方向擦一次，不要来回擦涂。然后手上套无菌手套，把枝条菌种从菌种袋中取出，在袋面把枝条菌种等距离插入料袋内，每袋接种3～5穴，枝条高出料袋1～2 mm，接种后套上外套袋。

5. 注意事项

（1）做好个人卫生　要求接种人员洗净头发并晾干，更换干净的衣服后方可进入接种室。接种前用75%酒精擦洗双手，严格无菌操作规程。

（2）动作迅速敏捷　接种操作要求迅速、敏捷，尽量缩短菌种在空气中暴露的时间。

（3）接种后更新空气　每一批料袋接种结束后，应打开接种室门窗，通风换气30～40 min，然后关闭门窗重新进袋、消毒，继续接种。

（4）及时清理残留物　每一批料袋接种完毕后，应结合通风换气认真检查，进行一次打扫，清除残留杂物，保持场地的清洁，减少污染源。

（5）加强岗位责任制　由于袋栽香菇生产规模较大，一般每次接种少则几千，多则上万，接种工作量相当大。因此要安排好人手，落实岗位责任制，加强管理，确保自始至终按照操作规程的要求严格操作。

（6）接种人员严格操作规程　进入接种室后人员不能乱说话、不能随意出入接种室。

（7）选用的菌种菌龄要适宜　菌种不宜老化，发现菌种萎缩失水时不能使用。

木腐菌生产技术

（八）发菌管理

整个发菌期的主要工作是围绕着调节培养室的温度采取不同的管理措施。其具体管理措施如下。

1.合理摆袋　刚接完种时可以集中堆码（图7-2-8），但随着香菇菌丝的定植和发育，菌丝产生的呼吸热，会使室温迅速提高，料内温度会高出室温3～7 ℃，当袋温超过25 ℃时要降低菌袋的堆放高度，必要时转换成"井"字形或"△"形排放。

2.科学调节温度　菌袋培养期间，根据不同生长期的气温、堆温和料温的变化，及时加以调节，防止温度过高或过低。

图7-2-8　集中堆码发菌

（1）菌丝萌发定植期　接种后第1～3天为萌发期，第4～6天为定植期，经6天培养，接种穴四周可以看到白色绒毛状的菌丝，说明菌种已萌发定植。此期袋温一般比室温低1～3 ℃，室内温度应控制在27 ℃左右。如果气温低于22 ℃，可采用薄膜覆盖菌袋，必要时考虑加温，使堆温升高，以满足菌丝萌发对温度的需要。此期一般不通风，更不要翻动菌袋。

（2）菌丝生长期　接种后第7～10天，菌丝已经开始吃料，室温应控制在26～28 ℃，袋温比室温低1～2 ℃。此时可进行第一次翻堆，检查发菌和污染情况，发现污染及时处理，漏种的要及时补上。培养半个月后，随着菌丝加快发育生长，袋温会比室温高出2～3 ℃。此时调节室温至25 ℃最合适。当菌袋培养25天以后，菌丝处于旺盛生长状态，尤其是刺孔以后，需氧量增加，堆温上升较快，应特别注意防止高温。这段温度宜控制在23～24 ℃，如果室温为27 ℃，那么袋温就会超过30 ℃，必须注意调整堆形，疏袋散热，以"井"字形或"△"形重叠，抑制堆温上升，降低袋温。

3.加强通风换气　菌丝培养期间应加强通风换气，可结合气温调节温度。气温高时选择早晨或夜晚通风，气温低时中午前后通风。菌袋堆大而密时多通风，菌袋温度高时勤通风，有条件的可以加装电风扇排风，加大空气流速，降低温度。

4.注意防湿控光　菌袋培养阶段要求场地干燥，空气相对湿度在70%以下，防止雨水淋浇菌袋和场地积水潮湿。在菌袋培养期间严禁对菌袋喷水。菌袋培养不需要光照，培养室应遮光，待菌丝长满袋后，再给以适量光照，使菌丝隆起生长，逐渐转色形成菌皮。同时要注意通风，不能因为遮光把培养室盖得密不透风，造成空气不流通。

5.及时翻堆检查　在菌袋培养期间，要翻堆2～3次，第一次在菌丝长到8～10 cm时，过早会造成菌种块脱落及菌袋进空气而感染杂菌，以后结合堆温确定翻堆次数。翻堆时做到上下、里外相互对调。目的是使菌袋均匀地接触光、空气和温度，促进平衡发菌。翻袋时认真检查菌袋，发现杂菌污染要及时处理。杂菌常见在菌袋面和接种口上，有花斑、丝条、点粒、块状等物，其颜色有红、绿、黄、黑。也有菌种不萌发死菌现象，应通过检查进行分类处理。

6.污染菌袋处理

（1）轻度污染　只是在菌袋上出现星点或丝状的杂菌小菌落，没有蔓延的，可用注射针筒吸取克霉灵溶液，注射受害处，并用手指轻轻按摩表面，使药液渗透到杂菌体内，然后用胶布封住注射口。

（2）穴口污染　杂菌侵入接种口，不受影响的菌袋，可用5%～10%的石灰上清液涂污染处。

（3）严重污染　菌袋遍布花斑点或接种口杂菌占多数，无可救药的，可破袋取料，拌以3%石灰水溶液闷堆一夜，摊开晒干，配以新料，重新装袋灭菌，再接种培养。如发现链孢霉污染，应及时用塑料薄膜袋套住，搬出发菌棚深埋或蒸后将料晒干再利用，避免孢子传播。

7. 及时脱袋　当接种穴的菌丝发展到 8 ～ 10 cm 时，即可将保湿的外袋脱掉，结合脱袋翻一次堆（图 7-2-9）。

图 7-2-9　可以脱外袋时菌丝长相

8. 合理刺孔增氧　菌丝在袋内培养料中生长，要消耗氧气。当前端菌丝开始变淡或菌袋内出现瘤状物时，要及时刺孔。刺孔在整个发菌期需要进行 2 ～ 3 次。第一次在菌丝圈直径长到 8 ～ 10 cm 时，每个接种穴周围用牙签刺 4 ～ 6 个小孔，刺孔部位在离菌丝圈外围 2 cm 处，向内斜刺，孔深 1 cm 左右；第二次是待菌丝圈完全相连后或菌丝长至接种穴背面时，每个接种穴用毛衣针刺 6 ～ 8 个孔；第三次当菌丝满袋且发白时刺，在菌丝发透的部位用削尖的竹筷子、螺丝刀等均匀刺 40 ～ 80 个孔，要适当深刺至袋心，让菌丝发透，也可机械刺孔。

刺孔应注意以下几点：

第一，刺孔后 2 ～ 3 天，因菌丝呼吸作用加强，释放出大量热能，袋内温度高出室温 6 ～ 10 ℃。因此当室温达 22 ℃时，应停止刺孔，防止烧菌。

第二，含水量高的菌袋可多刺，含水量低的要少刺。

第三，菌袋污染部位、菌丝未发到部位、有黄水部位、菌丝刚连部位均不刺孔。

第四，对同一发菌棚内的菌棒刺孔，要分批进行，以防刺孔后散热不及时，造成烧菌。第二次刺孔后，刺孔部位应侧放。

第五，刺孔后注意通风降温，降低菌袋堆叠层数，摆稀菌袋。

9. 适时转色　菌丝长满袋后，会出现瘤状物，待菌袋 2/3 表面出现大量瘤状物后，菌袋进入转色管理。香菇菌袋转色好坏直接影响出菇快慢、产量高低和质量好坏，同时，转色能为香菇菌袋营造一个保护层，保证菌袋安全越夏。

转色需要的环境条件：转色是靠调节干湿差而形成的，转色促熟温度 15 ～ 25 ℃，适宜温度 18 ～ 22 ℃，空气相对湿度控制在 85% 左右，辅以适当的通风和散射光刺激。

整个转色过程需要 15 ～ 20 天，必须在越夏管理之前完成。转色过程中菌袋内常常分泌出黄水，要及时刺孔排出，防止菌袋污染。成功转色的菌袋菌膜呈有光泽的棕红色，菌皮厚薄适当，具有较强的韧性。

（九）越夏管理

越夏质量的好坏，事关菌袋营养积累的高低。越夏菌袋出现问题，将会给栽培者带来巨大的经济损失。造成问题的主要原因是越夏场所温度高、空气不流畅、菌袋表皮菌丝活力减弱，遇刺激不能形成菇蕾，所以在越夏管理中要注意以下几个方面：

1. 越夏场所　理想的越夏场所是三层遮阳网搭设的组合棚（图 7-2-10），通常在覆盖一层遮阳网的内菇棚上方再架设两层遮阳平棚，遮阳平棚高度必须在 3.5 m 以上，距离内菇棚顶 1.2 m 以上，四周要设围网，菌袋离围网距离要在 2 m 以上，这种设施通风好，降温快，越夏安全系数高；还有双棚（出菇棚上架设一层遮阳网）内菌棒立摆越夏；5 年以上树龄的速生林下架设一层遮阳网等多种越夏形式。

图 7-2-10　组合棚越夏

2. 适时越夏　注意气温变化，高温（34 ℃）来临之前菌袋必须进入越夏场所。一般菌袋要在 6 月底前完成转色，7 ～ 8 月进入越夏管理。

3. 合理摆袋　要采取易通风散热的垛形，通常采用"井"字形（图 7-2-11）摆放或单层平摆地面，效果较好。

4. 注意降温　高温天气要采取降温措施，使棚内温度始终不能超过 30 ℃，否则易引起烧菌。需要特别注意的是，袋温一般比气温高 2 ～ 3 ℃，当温度超过 35 ℃ 4 h 以上，菌丝就会开始老化、自溶、菌袋变软。因此 7 ～ 8 月高温期间，要特别注意天气变化，及时采取降温措施。

图 7-2-11　"井"字形摆放越夏菌袋

第一，棚内温度达 30 ℃时，及时打开前后通风口进行降温。

第二，在棚顶加厚遮阳物，棚顶上方 1 ～ 2 m 的地方及四周加设遮阳网，控制棚内温度。

第三，在棚内安装微喷设施，极端高温来临时进行喷水降温。

第四，在棚内四周及过道两边挖宽 20 cm、深 30 cm 的沟，在沟内放水降温。

5. 加强通风　晚上要掀起四周围网加强通风。

6. 避免刺激现蕾　菌袋转色前就应进入越夏场所，在越夏棚实施转色管理的，应防止昼夜温差大、振动等刺激现蕾。

（十）棚架搭建

标准棚架由外棚及内架组合而成。

1. 外棚规格　外棚棚高 3.5 ～ 4.5 m，每座外荫棚四周距内架 2 m，四周围栏能通风，遮光。外棚顶和四周用 2 ～ 3 层遮阳网隔热，遮光率 70％ 以上，外棚顶与内架顶间距 1.2 ～ 2.2 m。提倡 2 ～ 6 架内菇架共用一架外荫棚。连片构筑内菇棚时，共用一个外荫棚的内菇架不多于 25 架。每架外荫棚间距不得少于 2 m（图 7-2-12）。

图 7-2-12　外棚（搭设遮阳网）

2. 内架规格　采用中间一大架、两边各一小架的搭架方法。内架总宽 3.6 m。中间层架地上部分高 2.2 m（埋地 40 cm），宽 2×45 cm=90 cm，层间距 30 cm，共 7 层。中间层架两侧走道各宽 90 cm。两边层架地上部分高 1.9 m（埋地 40 cm），宽各 45 cm，层间距 30 cm，共 6 层。底层距地面 10 cm（图 7-2-13）。菇棚长度以 10 ～ 12 m 为宜。棚膜幅宽 7.5 ～ 8 m。

图 7-2-13　内架搭设

3. 架柱材料　可用毛竹、杉木、木料等作架柱，也可用钢管焊制，或用钢筋混凝土预制。层架上一般用毛竹作棚架材料。

4. 菌袋摆放　越夏期间，每个 2 m 长、45 cm 宽的层架可以摆放菌袋 10 袋，每个 12 m 长的菇棚摆放菌袋 1 560 袋。出菇期间，每个 2 m 长、45 cm 宽的层架摆放菌袋 7 袋，每个 12 m 长的菇棚可以摆放菌袋 1 092 袋。

棚架搭建时需注意的问题：

第一，菇棚应选择通风条件好，远离污染源，有水源、排水又好的地块。

第二，每个菇棚架不宜太长，以 10 ～ 12 m 为宜，过长将影响菇棚中间通风。

第三，外棚宜稍高，便于通风、降温。

第四，搭棚时一定要注意牢固，以避免风雪带来损失。

第五，越夏期间，如菌棒放在菇棚内越夏，遮阳物要厚，以防阳光透入。冬季出菇期间，遮阳物要逐步稀疏，增加光照，有利于花菇形成。

（十一）出菇管理

菌袋经养菌、转色越夏、菌丝完全达到生理成熟后，9 月下旬至 10 月初，外界日平均气温达到 20 ℃ 以下时，即可进入催蕾出菇管理阶段。春栽香菇共可出 4 ～ 5 茬菇，依据出菇季节不同，分为秋菇、冬菇、春菇三种。

1. 菌袋成熟度

（1）菌龄　当使用 9608 菌株时，菌龄为 150 天左右。

（2）色泽　菌袋 70%～ 80% 表面为茶褐色，有光泽，袋内木屑米黄色。

（3）气味　袋内菌料有香菇的特有气味。

（4）手感　手捏菌袋具有弹性。

（5）菌袋失重率　菌袋失重率为初始料袋重的 20%～ 25%。

2. 出菇需要的环境条件

（1）温度　催蕾温差 10 ℃ 以上，子实体生长温度 14 ～ 18 ℃。

（2）湿度　催蕾期和菇蕾生长期空气相对湿度在 85%～ 90%，培育花菇期空气相对湿度在 65%～ 72%。

（3）空气　保持通风，空气新鲜。

（4）光线　冬季出菇保持半阴半阳；春季出菇保持"四阴六阳"。

3. 秋菇的管理　10 ～ 11 月底出的菇为秋菇（图 7-2-14），此期气温逐渐降低至日平均气温 20 ℃ 以下，越夏后的菌袋经过半年的营养积累，已具备出菇条件，可依据天气情况和收菇目的决定是否出菇。秋菇管理技术简单，但由于气温偏高，香菇生长快，难以培育优质香菇，所以此期以培育厚菇和中档花菇为主。若想培育优质花菇，可待气温降低至适宜培育花菇温度后再进行出菇管理。

图 7-2-14　秋菇

木腐菌生产技术

（1）催蕾管理　日平均气温降至20℃以下时，应通过白天在内架上盖塑料薄膜、晚上通风等措施，拉大温差在10℃以上，空气相对湿度85%～90%，增加光照。一般只要操作得当，3～5天菇蕾就会大量出现。

（2）开口定位　菇蕾长至1cm左右时即可扩口育菇，每袋预留较好的菇10朵左右，在菇蕾处用小刀割开塑料膜2/3，留下1/3，以利于保湿，多余的弱小菇用小刀割除。

（3）菇蕾期管理　扩口后适当增加菇棚环境相对湿度，当菌盖直径长至1.5～2cm时，白天揭膜通风，让阳光照射，夜晚盖膜防潮，3～5天即可达到采收标准，天气干燥时也能育出花菇。

（4）采后管理　采收一茬菇后养菌7～10天，补水至菌袋初始重量的90%，再进行出菇管理，秋菇一般可采收1～2茬。

4.冬菇的管理　12月至翌年3月初，气温低，空气干燥，是培育优质花菇的有利时期，此期主要技术措施如下。

（1）补水与催蕾　外界日平均气温降至8～18℃时是培育花菇的有利时期，但此期气温较低，补水后的菌袋需进行催蕾管理。

1）补水　补水方式有注水法和浸水法两种。春栽香菇采用中袋栽培，以注水器补水为主。菌袋补水应根据不同时期补充不同的水量，第一次补水恢复制袋时的含水量，以后逐渐减轻。注水器由4～5个空心金属管制成，一般管长25cm，上钻有10多个出水小孔，注水时将金属管从菌袋一端插入，利用压差将水压入菌袋，补水速度快，一次4～5袋，1h可补水60袋左右。

2）催蕾　冬季催蕾以保温为主。常用催蕾方法是棚内催蕾，在适宜的条件下7天左右即可形成批量的菇蕾。

棚内催蕾是指菌棒补水后，盖上菇棚外边的薄膜，白天棚内温度15～22℃，夜间降至8～12℃，温差10℃以上，空气相对湿度85%左右，增加光照，加强通风，促进菇蕾形成。

（2）开口定位　菇蕾批量形成后，按前述方法进行开口定位，每袋预留较好的菇10朵左右。

（3）蹲菇催花　菇蕾开口后，温度要求8～16℃，散射光，加强通风，空气相对湿度达85%左右，当菌盖直径长至2～3cm时开始催花。

1）形成花菇的条件　低温、干燥、强光、大通风、大温差。较适宜的环境温度是6～18℃，昼夜温差10℃以上，菇棚内空气相对湿度70%以下，以50%～65%为宜，菌袋内培养料的含水量以55%为宜，最好有微风吹拂，并给较强光照刺激。

2）催花的具体操作　白天揭膜让菇风刮日晒，夜间温度低于5℃盖膜，5℃以上不盖膜；阴天有风可揭膜，无风不揭膜。若遇阴、雨、雾天可用烧火加温的方法将菇棚内湿气排出，通过降温的方法迫使香菇的表皮组织干燥停止生长，这样内外生长不同步，表皮干裂，形成花菇。

（4）保花管理　花菇催出后，为使菌盖继续增大、增厚、裂纹增宽、花纹增白，仍须进行一段保花管理。要求温度8～18℃，空气相对湿度55%左右，加强通风，全光育菇，防止菇棚内地面回潮或阴雨雾天的影响，严防菇棚内空气相对湿度达到70%以上，否则花菇会由白变黄，使产品等级下降。若遇阴雨天气，人工又难以改善菇棚内高湿条件的，也可提前采菇。

（5）间歇养菌　每采收一茬菇后，菌袋要休养一段时间，一般7～10天，温度低时需15天。条件是温度20～26℃，空气相对湿度70%左右，暗光，适当通风。当采菇疤痕处菌丝发白吐黄水时表明菌丝已复壮，即可补水催菇。此过程又称复菌，复菌方法如下：

1）地面集中复菌　在菇棚附近按"井"字形5～7层堆放，上面盖上稻草或秸秆遮光，温度低时可在稻草或秸秆上加盖薄膜利用太阳光能增温，湿度低时可在稻草或秸秆上洒水，以达到复菌需要的温湿度条件。

2）棚架复菌　在菇棚架上复菌，棚上盖遮阳物和适当通风，确保空气新鲜，棚内适当洒少量水，以达到复菌需要的温湿度条件。

通过科学的管理，在冬季可出优质花菇2～3茬，对提高种菇的整体效益非常有利。

5. 春菇的管理　3月下旬以后气温回升较快，气温高达20℃以上，香菇生长速度快，培育优质花菇的难度增加，此期要对菇棚进行遮阳，以降温为主，必要时喷水降温，同时注意菇棚通风。

进入4月中下旬后，菌袋出过几茬菇后，其养分已大量消耗，菌丝的生活力和抗性相应减弱，加上气温较高，这时可采取脱袋出菇或埋土出菇的办法管理，生产一般性的板菇（图7-2-15）。

图7-2-15　板菇

三、秋栽冬春花菇生产模式（泌阳模式）

（一）菇棚建造

菇棚结构、地理位置、形状等是否合理，以是否能够创造一个适宜香菇生长的小环境同时是否管理方便等为判断依据。

1. 场地选择　建造菇棚应选择背风、向阳、平坦、卫生、地势干燥、离水源较近的场地。如庭院、平房顶、房前屋后、村边、树林、耕地等均可。

2. 菇棚建造　各地的种植习惯不同，搭建的菇棚设施也不同。培养花菇的菇棚最好是小棚，这种菇棚适宜人工培育花菇。当地菇农搭建的竹木结构的简易层架式菇棚，也适宜人工催花。在部分地区，菇农利用自然气候条件培育花菇，不进行人工催花，搭建的是层架式中棚（图7-2-16），棚长8～24 m，宽2.6 m，边柱高2 m，内柱高2.3 m，棚顶高2.5 m，每棚可摆放600～2 000袋。

图7-2-16　层架式中棚生产花菇

（二）接种时间

秋栽香菇从接种到出菇结束，一般需7～9个月，具有生产周期短、季节性强的特点，能否选择最佳的栽培时期，将直接影响香菇的产量和效益。各地确定秋栽香菇栽培适期必须以香菇生产两个不同阶段的生理特点和自然气候条件为依据。秋栽香菇品种发菌、出菇对温度的要求是：中温（25～27 ℃）发菌、低温（15 ℃最佳）出菇。为此确定栽培适期是：接种时当地的旬平均气温不超过26 ℃，出菇期当地旬平均气温不低于10 ℃。

适期栽培不用增温设备，经60～70天的发菌培养，出菇时适逢低温干燥的自然气候条件，非常适宜培育优质花菇。在适宜接种期内应突出一个"早"字，力争早制袋栽培，早发满菌袋，早转色成熟，早出、多出优质菇。这样春节前可采2茬菇，春节后又可采2茬菇，达到稳产、高产的目的。

秋季栽培最佳种植时间应选择在8月中下旬到9月底之间，各地可根据具体情况选择开始生产时间，深山区气温相对较低，可提早至7月下旬至8月上中旬开始，浅山丘陵区可在8月中下旬开始，平原地区宜在8月下旬至9月上旬开始。接种太早，气温高于30 ℃，杂菌污染严重；接种太迟，低温来临影响当年出菇。实践证明，若推迟至10月接种，则每推迟10天，出菇期将推迟1个月，经济效益减少1/4～1/3。

（三）菌种选择

1. 菌种选择原则　选择适合本地气候特点和生产习惯的品种是秋季香菇栽培成功的关键。各地可根据不同的品种特性，选择合适的品种进行生产。凡从外地引进的菌株或自己分离的菌株，均应先进行试验，待了解这些品种的特性，且产量与质量均达到要求后，再扩大或推广，以免造成不必要的经济损失。

2. 品种选择原则　低海拔地区秋栽香菇，宜选中温偏低型、短菌龄的菌株。北方大部分地区，秋栽香菇宜用 L087、Cr-62、雨花五号等菌株，菌龄 60～75 天，适合低海拔及平原地域培育花菇。

（四）培养料配方

培养料是香菇生长发育的基础，选料是否优良，配比是否恰当，干湿是否适度，掺混是否均匀，酸碱度是否达到要求，直接影响香菇菌丝的长势和产量的高低。在诸多原料中，以纯栎木屑为最好。棉柴、果树枝、桑枝条、秸秆等粉碎后与栎木屑科学配比也是较好主料。

配方 1：纯木屑 78%，麸皮 15%，玉米粉 5%，石膏 1%，生石灰 1%。含水量 50% 左右（包括木屑本身水分含量），pH 7～8。

配方 2：纯木屑 68%，棉柴粉 10%，麸皮 15%，玉米粉 5%，石膏 1%，生石灰 1%。含水量 55% 左右，pH 7～8。

（五）培养料配制

白天预湿木屑、棉柴粉等主料，晚上加入麸皮等辅料后，及时拌料，当天晚上拌料结束后立即开始装袋，第二天早晨装袋结束后即进入灭菌程序。晚上拌料的好处是：秋栽香菇开始栽培季节正值 8 月中下旬或 9 月上旬，白天最高气温达 30 ℃左右，而晚上最低气温约 15 ℃，培养料拌制时间过长或白天拌料，易因高温而使培养料酸败，导致杂菌污染，增加灭菌难度，而晚上拌料减少了不利的天气影响因素。"当天拌料、当天装袋、当天灭菌"的操作可有效提高制袋成功率。

（六）装袋

1. 塑料袋规格　生产人工催花花菇常用塑料袋规格：23～24 cm×55 cm×0.005～0.007 cm；生产自然花菇常用塑料袋规格：20～22 cm×58 cm×0.005～0.007 cm。

2. 装袋方法　拌好料后，用准备好的塑料袋装料。人工装袋时，应一手提袋，一手装料，边装边压，要适当紧实，以手抓料袋不出现凹陷为宜；现多采用装袋机装袋，装好的袋也应松紧适宜。人工扎口时，先直扎，再将袋口多余的塑料膜折扎，即采用"双层扎口"法，以免灭菌时漏气造成水袋；最好采用扎口机扎口。扎好的料袋要轻拿轻放，摆放在铺有麻袋等物的地面上，防止沙粒刺破造成微孔，导致杂菌污染。注意培养料拌好后，应在 6～8 h 装完料，并随即开始灭菌。

无论手工装袋或机械装袋，袋内培养料都要装紧装实。若袋装松了，料袋搬动时，袋内培养料易松动，出菇少，影响产量和质量。

（七）灭菌

1. 及时装锅　灭菌前的培养料内存有大量微生物，秋栽时正处于高温时期，若灭菌不及时，袋内酵母菌和细菌会大量繁殖，迅速分解培养料，导致培养料酸败，影响菌丝的正常生长。因此，装好的料袋应及时装锅、灭菌。

2. 合理摆放料袋　料袋摆放与本节"春栽越夏中棚中袋层架栽培模式"相同。

3. 灭菌温度控制　灭菌开始时用旺火猛攻，使温度在 6～8 h 升到 100℃。温度升到 100℃后开始计时，一次灭菌 1 000 袋时，100℃ 保持 15 h 即可；一次灭菌 2 000 袋时，100℃ 保持 20～24 h，停火闷袋 8 h 后，再把料袋移到接种室。灭菌袋数增加，应相应延长灭菌时间，一次灭菌量宜控制在 3 000 袋以内。灭菌期间严禁温度低于 98℃。

（八）接种

1. 接种前消毒　与本节"春栽越夏中棚中袋层架栽培模式"相同。

2. 接种　秋栽香菇接种时，须严格执行无菌操作。秋栽香菇一般在接种室、简易接种箱或接种箱内接种。接种室内宜配备空调降温，接种期间每30 min室内喷洒一次200倍的金星消毒液。接种时，用木棒打穴，穴口直径和深度均为2 cm。穴打好后，立即填入菌种块（或枝条菌种），菌种块要掰成比接种穴略大为宜。单面或两面接种，单面每袋5穴，双面一面3～4穴，另一面2～3穴，穴口要填实、填满，并略高于袋面，使菌种压住穴口塑料袋，千万不要让穴口菌袋翘起，使得杂菌侵入。一般一瓶菌种可接种60余穴，相当于7～9袋。接入菌种后要立即将外层膜迅速套上，起到保湿作用，防止菌种失水不萌发，还有抑制杂菌侵染的作用。

（九）发菌管理

1. 菌袋摆放　秋季气温较高，接种后的菌袋宜呈"井"字形摆放，高8～10层，堆与堆之间留10 cm以上空隙。

2. 菌丝萌发定植期（1～6天）　接种后的菌袋，第1～3天为萌发期，第3～6天为定植期。此时袋温比室温低1～3℃。室温可控制在28～30℃，以创造适宜菌丝萌发定植的最佳温度。一般不通风，更不要翻动菌袋，若此时室温低于23℃，可采用塑料膜覆盖菌袋提高袋温；若室温高于30℃，需通风降温。经6天培养，接种穴周围可看到白色绒毛状菌丝，说明菌种已萌发定植。

3. 菌丝生长发育期（7～30天）　接种后7～10天，穴口菌丝吃料达2～3 cm。此时袋温比室温低1～2℃，室温控制在26～28℃，早晚通风一次，每次20～30 min，同时进行第一次翻堆检查，发现杂菌应立即用药液处理。

第11～15天，菌丝已开始旺盛生长，穴口菌丝吃料达4～6 cm。袋温与室温相等或略高1～2℃，此时室温控制在24℃，以保温为主，加强通风，进行第二次翻堆。

第16～20天，菌丝大量增殖，穴口菌丝吃料达7～10 cm。菌丝代谢旺盛，袋温比室温高3～5℃，室温可控制在22～24℃，适当通

风。从此以后，要随时测量袋温，不可使袋温超过27℃。此时菌袋内氧气不足，可结合翻堆脱去外袋增氧，采用枝条菌种接种的，可拔出菌种枝条，按此操作后，袋温会突然增高，要特别注意加强通风，严防袋温超过32℃。可采用电风扇排风，加大空气流量，以降低温度。

第21～30天，穴与穴之间菌丝相连，逐渐长满全袋，管理上要注意适时刺孔增氧。对于封口的菌袋，因枝条不易拔出，可结合翻堆在穴口周围菌丝上用毛衣针或竹签刺孔增氧。此段时间，袋温高于室温5～10℃，应注意通风，散热降温。

（十）转色管理

1. 转色方法　转色是让菌袋表面形成一层棕褐色的菌皮。菌袋的转色是一个十分复杂的生理过程，转色的好坏直接影响出菇的快慢和产量的高低及质量的优劣，因此管理时应按照转色对环境的要求进行科学调控。北方秋栽香菇的转色特点是不脱袋转色（图7-2-17至图7-2-19），因为在北方菌袋长满菌丝后，已到10月下旬或11月上旬，当地旬平均气温已在14℃以下，脱袋后不能顺利转色，所以要带袋转色。菌袋转色需要适宜的环境条件，即控制温度在20～25℃，空气相对湿度在80%～85%，提供200～300 lx的散射光照，刺孔增氧，排放黄水。在冬季气温较低时，应将菌丝体已长满、表面形成许多瘤状物的菌袋，移到出菇棚内，排放在出菇架上，保持温度在15℃以上，进行转色管理，同时注意通风，否则会造成缺氧不转色。

图7-2-17　室内不脱袋转色

木腐菌生产技术

图 7-2-18　出菇棚内不脱袋转色

图 7-2-19　发菌棚内不脱袋转色

2.转色管理　香菇菌丝达到生理成熟，转色适宜后出菇，菇质好，后期产量高，且易进行出菇管理。生理成熟的菌袋具备如下特征时即可进入转色管理（图 7-2-20）：菌丝长满整个菌袋，培养料与菌袋交界处出现空隙；菌袋四周菌丝体膨胀、皱褶、瘤状物占整个袋面的 2/3，手握菌袋有弹性松软感，而不是很硬的感觉；袋内可见黄水，且水滴的颜色日益加深；个别菌袋开始出现褐色斑点或斑块。

图 7-2-20　适宜转色管理的菌袋

转色管理应从以下几个方面灵活运用：

（1）控制温度　严格控制培养料的温度，温度控制在 20 ～ 25 ℃，达 25 ℃以上应及时散热，掌握宁可低温延长转色时间，也不可高温烧菌的原则。

（2）控制湿度　可通过喷水和通风措施控制空气相对湿度在 80%～ 85%，同时保证发菌棚（室）有 5% 以上的干湿差，要防止菌袋严重失水而影响转色。

（3）刺孔增氧措施　生理成熟后菌丝体代谢量大为增加，可通过打孔的措施，增加其内部氧气，排出废气，达到提高代谢和散失部分水分的目的，同时还可通过刺孔来排放袋内的黄水。

（4）增加光照　适当的光照刺激是促进菌袋转色的重要因素，此时应去掉门窗上的遮光物，增加光照强度，并使菌袋受光均匀，达到转色一致。

（5）灵活通风　培养室的通风换气要灵活，不要把室温温差拉得太大，要勤通风。时间要短，以满足室内空气新鲜为宜。

一般情况下 10 ～ 15 天完成转色，只要能保持温度，转色的时间可适当长一些，即使转色结束也可再培养几天。

3.转色标准　转色标准是菌袋表面形成一层棕褐色菌膜（图 7-2-21）。菌袋转色不良即花脸袋，或有的没有转色即白袋，是不宜进行出菇的，否则易出现木霉侵染，造成烂袋。

图 7-2-21　转色良好的菌袋

4.常见问题

（1）转色不足　转色时气温低于 20 ℃、湿度小、光线暗，则转色后的菌袋菌膜薄，呈黄褐色或灰白色（图7-2-22）。这样的菌袋形成的香菇肉薄而柄长、朵小而密集，产量低、质量差。

图7-2-22 转色不足

（2）转色过度 转色时湿度大、光线强、通风不良、转色时间过长，导致菌皮太厚，呈铁锈色或深褐色。这样的菌袋出菇难而迟、朵数少甚至不出菇。

（十一）出菇管理

泌阳模式是"小棚、大袋、立体、秋栽"。秋栽香菇，既可生产花菇，又可生产保鲜菇，有的地方以人工催花生产白花菇为主，有的地方利用冬季干燥的自然气候特点进行人工调控生产"麻花菇"或"茶花菇"。栽培目的不同，出菇管理方式也不同。对以泌阳模式为基础生产花菇的经验，各地可根据市场情况借鉴参考。关于秋栽香菇出菇管理，生产上还应了解和掌握如下技术环节。

1. 菌袋补水 菌袋通过漫长的发菌、刺孔增氧、转色等过程，水分损失较大，当菌袋含水量低于40%时，菇蕾很难形成，需及时补水。所以，秋栽香菇在催蕾前要先补水。补水方法很多，主要有浸泡、注水、滴注、泵吸四种方法，常用浸泡补水法和注水器补水法。泌阳模式生产花菇以菌袋浸泡进行补水，不使用针管补水器进行补水。因菌袋是折径23～24 cm的大袋，以培育花菇为主，经风吹日晒，菌袋表皮干燥，即使把袋内水分补足也不易出菇，而浸泡补水法不但补足袋内水分，更重要的是湿润了菌袋表皮，给出菇创造了有利条件。

（1）浸泡补水法 利用专设的浸水池或清洁沟畦，根据菌袋失水量，用铁丝或竹木在菌袋两端打几个15 cm深的孔（失水多的打深些），然后把菌袋排在池内，上面用木板、石头等重物压紧（图7-2-23），再注入清水淹没菌袋，一般浸泡12～24 h，使含水量达到50%～60%为宜。正常情况下在每一茬菇采收后，菌袋重量要比原来减少0.4 kg左右。浸水时水温应低于袋温，否则吸水很慢。第一、二次浸水，一般不需添加营养物质，随着出菇茬数的增多，袋内养分大量消耗，可加入一定营养物质。春季气温高时，浸泡后为防止杂菌污染，可喷洒克霉灵溶液或用1%石灰水浸泡。

（2）浸水时间 浸水时间视菌袋含水量和当时气温、水温而定。一年四季气温不同，浸水方法也不同。

图7-2-23 浸泡补水

冬天气温低，菌袋温度也低，虽然浸水，但菌袋不易吸水，易导致出菇很少或不出菇，因此应适当延长浸水时间（一般48 h以上）。由于在低温下，菌丝的呼吸量很少，水中的微生物也不活动，水质在浸泡的有限时间内变化不大，所以浸水时间长一些对菌袋的生殖能力影响不大。若白天最高气温为10℃左右，水温为5 ℃，每天的14：00～15：00，袋温达到最高并接近气温，此时浸水，袋温高于水温容易吸水；若气温一直很低，可以在上午把菌袋搬入菇棚，待温度上升后再浸水，这样可以缩短浸水时间，提高浸水效果。

春末、秋初气温接近夏天的气温，必须注意勿使水温升高到 20 ℃ 以上，如气温到 20 ℃ 以上，就必须采用夏天浸水的技术。

从初春到夏天，气温逐渐回升，称为气温大波动。在气温大波动期间，有时 3 ～ 5 天很凉爽，有时 5 ～ 6 天非常闷热，这称为气温小波动。在气温小波动的上升期浸水，时间要短，少打孔；在下降期浸水，菌丝不受影响，出菇效果最好。

从初秋到立冬，气温下降，这是气温大波动的下降期。在这个时期，同样有气温小波动，例如有 3 ～ 5 天就像夏天一样，其后又有几天非常凉爽，就是气温下降时的小波动，到秋末天气就基本变冷了，浸袋将不受高温影响。

2. 催蕾　香菇属低温、变温结实性菇类。在一定的温差、干湿差、通风、散射光等刺激下，菌丝开始扭结成盘状组织，进而形成香菇原基，并在适宜条件下发育形成菇蕾。生产中的催蕾场所和催蕾方法有：

（1）菇棚层架催蕾　将浸水适量的菌袋沥去外表水后，搬进菇棚置层架上，盖上棚膜。当温度达 10 ～ 20 ℃ 时，把热蒸汽通入菇棚，增加菇棚内空气相对湿度达 80% ～ 90%；如果温度低于 10 ℃，除盖上草苫外，还要在菇棚内加温，使菇棚内温度达 10 ～ 20 ℃。这样温湿度适宜，又有温差刺激，几天后便可现蕾。

（2）单个菌袋排立地面催蕾　选择避风向阳、平坦的地面，铺上一层麦草或沙，把浸过水的菌袋竖立排放，盖上薄膜和草苫。根据不同的天气情况，采取相应的管理措施，调节这个小环境的温、湿、气、光，促使现蕾。即有 10 ℃ 左右的温差刺激（白天 20 ℃ 左右，晚上不低于 6 ℃，不高于 10 ℃），又有一定的空气相对湿度（80% ～ 90%）和干湿刺激，再加上充足的氧气和一定的光照。这些条件需要靠去掉和盖上外面的薄膜和草苫来调节。如白天无风晴朗时，上午可掀去薄膜和草苫，通风 20 ～ 30 min 后盖上薄膜，让冬季的太阳光直接照在薄膜上，使菌袋内温度达

18 ℃ 左右；中午掀掉薄膜通风 1 h 左右，并上水增加湿度，上水 20 min 后盖膜；每天的 17：00 左右通风 30 min 后盖上薄膜和草苫。阴天或有风天气白天盖薄膜和草苫，无风少风的晚上掀去 1 ～ 2 h，以造成昼夜温差刺激等，这样经过 3 ～ 5 天即可现蕾。

（3）室外堆积催蕾　把浸水后的菌袋捞出并沥去外表水后，按"井"字形堆高 6 ～ 8 层，盖上薄膜，外面再盖上保温物（图 7-2-24），每天通风 2 次，注意袋温，防止高温催出"豆芽菇"。

（4）棚内立摆催蕾　若以生产保鲜菇为主，一般采取棚内脱袋立摆模式出菇，脱袋后在棚内直接催蕾。人工拉大温差在 10 ℃ 以上，保持湿度在 80% ～ 85%，增加光照，3 ～ 5 天菇蕾就会大量出现。

此外，采取拍袋、抓袋惊蕾也有助于原基形成，尤其是对菌皮较厚的袋子效果更好。具体方法是：用手重重地抓住两个袋子相互拍击，或用木板拍打袋子，这种方法对刺激原基形成有一定的作用。

图 7-2-24　地面"井"字形摆放集中催蕾

3. 定位留菇

（1）割孔　当菇蕾直径长至 0.5 ～ 1 cm 或微微顶起袋膜时，及时用锋利的刀尖绕菇蕾近处划破袋膜 3/4，留 1/4 使袋膜面相连，让菇蕾自由长出。如割孔过早，菇蕾太小，抗逆性差，难以成活；如割孔过迟，菇蕾太大，易受挤压，长大后成为畸形

菇，商品性差。为保持水分应尽量将孔割得愈小愈好，袋的完整还有利于中后期料袋不碎、不折。割孔前，应先根据出菇情况把菌袋放好，然后再留袋子上面的菇和两侧的菇，菌袋下面的菇一般不留，以提高菇的质量。

（2）护蕾　菇蕾对外界条件适应性差，只有创造一个适宜的环境才能正常生长，否则菇蕾会中途夭折。因此要保证小环境温度在 10 ～ 12 ℃，空气相对湿度在 80 % ～ 90 %，并适当给予散射光，早晚通风保持空气新鲜。切忌割孔后 2 天内出现环境温度低于 5 ℃、3 级以上的大风和强光照射的环境条件。

（3）疏蕾　催蕾后每个菌袋上都有大量的菇蕾形成，要每天检查菌袋及时割孔放蕾，根据每个菌袋上菇蕾的多少和菇蕾的形状来采取放蕾还是去掉，选优去劣，进行疏蕾。菇蕾间距 5 cm 左右，每袋留 5 ～ 10 朵为好。疏蕾即是对畸形菇、丛生菇、并列菇和密度大的菇蕾进行割除。割除最简单的方法是当菇蕾刚长出时，用拇指往菇蕾上一压，

使菇蕾消失即可。若菇蕾稍大些，则应用小刀划口割除。

（十二）培育花菇

花菇是香菇中的上品，其市场价格比普通香菇高出许多。花菇并不是某一优良菌株的固有特性，它是子实体生长过程中，在特定的环境条件下所形成的一种特殊的畸形菇。它菇质密、菇肉厚，营养丰富，外形美观，是人们喜食的菇中珍品。

1. 花菇形成的机制　菇蕾发育阶段，菌盖生长速度最快，菌柄发育迟缓或基本停滞，菌褶生长很慢。在强光、干燥、低温的条件下，菌盖表面组织生长缓慢，甚至停止生长，而香菇自身的生理作用则通过菌柄把菌丝体中的营养成分和水分输送给菌盖内细胞并正常生长，使菌盖越来越紧密厚实。由于菌盖表皮细胞和菌肉细胞发育不同步，表皮被胀裂露出白色菌肉。随着时间的延长菌盖表面的裂痕逐渐加深，形成明显的花纹，这样就形成了花菇（图 7-2-25）。菌盖在菇蕾期裂开越早、越深、越明显，菇质就越好。

图 7-2-25　白花菇

2. 花菇形成的条件　花菇在低温、干燥、通风、强光、大温差等综合因素调控下容易形成。具体形成条件如下：

（1）温度　旬平均气温在5～18℃。形成花菇的最佳温度最高为22℃，最低为0℃，温差10℃以上。气温低，香菇子实体生长缓慢，菌肉厚，再加上干燥，就容易形成花菇；如果气温高，香菇子实体生长快，菌肉薄，即使在干燥环境下也很难形成爆花菇，只能形成麻花菇（图7-2-26）。人工催花措施就是使棚内温度时高时低，不断交替，促使菌盖皮层干缩，菇内细胞猛长，导致皮包不住肉形成花菇。低温下，从现蕾到长成花菇需20～30天。北方大量形成花菇的季节是每年的11月至翌年3月，即深秋、冬季和早春。

图7-2-26　麻花菇

（2）湿度　菇棚内空气相对湿度在70％以下，以50％～65％为宜。干湿差15％以上。当外界环境干燥，空气相对湿度低于60％，菇蕾内部细胞与菌盖细胞生长发育不同步，菌盖表皮生长慢，内部生长发育快，菌盖表面才能被胀裂。若菇棚内空气相对湿度在70％以上，则菌盖不开裂，不易形成花菇（图7-2-27）；若空气相对湿度低于50％，则只裂纹，不长菇，并易造成硬开伞。

（3）菌袋含水量　菌袋含水量需保持在45％～60％，以50％～55％为宜。如菌袋含水量在60％以上，则很难形成花菇。因此补水时不能过量，过量补水易造成菌丝死亡，尤其在春季更要注意。

图7-2-27　空气相对湿度大不易形成花菇

（4）通风量　在花菇生长期间，如遇1～3级微风且天气干燥晴朗，要昼夜揭膜，充分利用自然条件培育花菇。直径5cm以上的大花菇，可耐4～5级的大风。

（5）光照　光照对子实体的生理状态有直接影响。遮阳过暗，不易形成花菇；光照不足，花菇颜色不佳，白度不够。因此在冬季和早春，需全光育菇。

3. 人工培育花菇技术　通过对菇棚内温、光、水、气进行人为控制，促使菌盖龟裂的一套综合技术措施，称为人工促花技术。季节不同、外界环境条件不同，需采用的促花技术也不同。生产上从菇蕾形成到育成花菇分为四个阶段进行促花管理。

（1）花菇培育场所　秋栽香菇出菇管理一般在菇棚内完成。花菇培育前期是低温控菇阶段，后期是催花增白阶段，两个阶段的管理方法和措施不同，不能把出菇的菌袋放在同一个菇棚内。如混在一起，菌袋大小不一致，有的要干燥，有的需加湿，对培育花菇有影响，所以要分开管理，提高菇的质量，增加经济效益。如种植量大，可采取"双棚法催蕾培育花菇技术（两棚制）"，即在一个棚里保湿、增湿、催蕾、育幼小菇，在另一个棚里采取干燥、强光措施培育花菇。如种植量小，可采取"一棚两制育菇法"，即一般在棚外催蕾，棚内上部催花、育花、保花，下部用来培育幼菇和蹲菇。这样既能保证产量，又能保证质量。

（2）促花技术　常用的人工促花技术有以下

四种。

1）常温促花　旬均气温在 8～15 ℃，空气相对湿度在 70% 左右时，不需加温加湿，利用自然温度即可进行促花。白天增温，夜晚降温，自然促使菌盖加剧开裂。

2）加温促花　冬、春季节，气温 0～12 ℃，可在夜晚加温促花，在 1～2 h 把棚温升到 15～28 ℃，袋温在 15 ℃，最高不超过 18 ℃。如湿度过低，可同时增湿至 75% 左右，在温湿度达标情况下，保持 5 h 左右。白天应揭膜降温、降湿、加大通风，增强光照。

3）蒸汽促花　在低温、干燥、久旱无雨的季节，温度在 12 ℃ 以下，空气相对湿度在 50% 以下时，可用蒸汽促花。密封菇棚，直接将蒸汽导入棚内，加湿加温同时并进。当增至 80% 时立即停止通蒸汽，此时袋温一般在 15 ℃，保持 8～10 h。

4）低温促花　温度在 8 ℃ 以下亦可促成花菇。白天盖膜增温到 15 ℃ 以上，夜晚温度常降至 4 ℃ 以下。此时增湿到 80%～85%，温度越低，湿度增得越高，白天、夜晚应拉大温差 10 ℃ 以上，干湿差 20% 以上，利用冷暖交替、干湿交替，连续 5～7 天，即可促成优质白花菇。

（3）管理技术　花菇在不同生长阶段的管理技术有所不同。

1）菇蕾生长前期（也叫蹲蕾期）　菌盖直径在 2 cm 以下，比较幼嫩，适应性差，遇到不良环境条件易萎缩死亡，可进行蹲蕾管理。蹲蕾也称练蕾、困蕾，目的是让菇蕾生长速度放慢，积蓄营养，同时让养分在菌柄上集聚，使柄部增粗，菌柄越粗壮，菇质越坚实，越有利于爆花菇形成。管理时应使棚内温度稳定在 6～10 ℃，空气相对湿度保持在 80%～85%，遮蔽强光，小通风。当温度低于 6 ℃ 时，棚内需增温，但不可高于 10 ℃，否则生长过快，导致菇质疏松。若自然温度高于 10 ℃ 时，可采取遮阳、小通风的方法降温。空气相对湿度不宜太小，否则菇蕾易干裂枯死，可通过注入蒸汽来调控湿度。此期不需温差刺激，忽冷忽热会造成菇

蕾萎缩死亡；也不需强光刺激，避免大通风，否则易引起菇蕾生长不良，萎缩夭折。

蹲蕾成功的标准，可以概括为"一看二摸三观测"。一是看菌盖，如果菌盖表面上的绒毛状鳞片脱落消失，表皮干燥有光亮，颜色淡棕色，有表浅的自然裂纹、数量多而分布均匀，菌盖不离膜，表明蹲蕾合格。二是摸菌盖，如果菌盖表面干燥，光滑不黏手，菇质致密有弹性，正适合促花。三是观测菇棚温度、湿度、菌袋温度。

蹲蕾期需 5～7 天。当菌盖直径长到 2.5 cm 左右、表面颜色开始变深时，就进入了菇蕾生长后期。

2）菇蕾生长后期（也叫初裂期）　蹲蕾后，菌盖直径为 2～3 cm，圆整色浅，菌肉致密坚实。此时菌褶已形成，对外界不良环境适应性增强，正适宜催花管理（图 7-2-28）。如果在菌盖直径大于 3 cm 时催花，易形成条状裂纹，裂痕浅而窄；如果在菌盖直径小于 1.5 cm 时催花，菇蕾易干裂夭折或只能形成花菇丁，培育不出优质花菇。

图 7-2-28　适宜催花的菇蕾

初裂期管理目的在于继续集聚养分，同时使菌盖表面有裂纹出现，为催花管理奠定基础。初裂期需控制棚内空气相对湿度 60%～75%，温度 10～15 ℃，增加光照，加强通风，适当加大湿差刺激。技术措施是：再次人工选择（划口定位时的疏蕾选优是第一次人工选择），挑蕾选优，使产生的每朵花菇形状圆整，柄短肉厚，菇质坚实，每袋留 6～10 朵，以便集中供养；调控温度，在晴朗

干燥天气，可加大两端空气对流或揭 1/2 棚膜，让微风吹拂。每天的 16：00 ～ 17：00 盖棚后自然上潮 3 ～ 5 h，使菇面上有发黏感，然后迅速加温排潮 2 h 左右，使菇面发干，到第二天早上即有初裂现象。初裂期菇蕾不能受到 75% 以上空气相对湿度的影响，否则菌盖表面不开裂，会成为光面菇。为此，空气相对湿度大时要严密覆盖，加温排潮；为了防止夜晚棚内地面回潮，可在棚内地面上铺薄膜隔潮或撒石灰、炉渣吸潮。经 7 天左右，当菌盖直径长到 3 cm 时，即进入催花期。

3）催花期　当菌盖直径长到 3 ～ 3.5 cm 时，为提高花菇率并形成爆花菇可采取催花措施。催花的最佳时间要根据菌盖直径大小、菇面干湿程度、气象因素等具体对待，否则不能达到理想效果。

催花的方法是：选晴朗天气，每天 8：00 左右把菇棚上的薄膜掀去，让太阳光直接照射菇蕾，三级以下微风吹拂菇蕾，此时菌盖表面呈干燥状态，每天 14：00 ～ 15：00 盖上薄膜，晚上查看菇棚内的湿度和菌盖表面的湿黏情况，以此决定需不需要加湿和什么时间加湿。每天 24：00 时前后加温，在 1 ～ 2 h 把棚温升到 15 ～ 28 ℃，但不可超过 30 ℃；袋温 10 ～ 15 ℃，最高不超过 18 ℃，持续加温 4 ～ 5 h，再突然揭棚膜降温到 15 ℃ 以下，连续 4 夜。白天给予强光刺激（图 7-2-29）。

图 7-2-29　催花形成花菇

晚上棚内加温的目的是排湿和提高菌袋温度。为防棚内温度超过 30 ℃，加温时需将菇棚一端的门打开，另一端顶上的薄膜向内推开 30 ～ 50 cm，形成一个三角形的通风窗，达到空气流动和排潮、散热的目的。加温 4 ～ 5 h 后，再突然把菇棚上盖的薄膜全部掀去，菌盖表面由湿热状态骤然遇干冷，再遇冷风吹刮，立刻出现不规则的裂纹，即形成花菇。之后，再盖上棚膜及遮阳网保温，防止菇蕾受冻害。

催花时严禁用明火，以确保菇蕾不被二氧化硫污染。

此催花方法将一昼夜分成四个阶段，形成"干（8：00 ～ 15：00）—湿（15：00 ～ 24：00）—干（24：00 ～ 翌日 4：00）—湿（4：00 ～ 8：00）"循环。具体操作时间的长短可根据催花时每天的天气情况灵活掌握。

在初秋、春末白天温度较高，当平均温度超过 15 ℃ 时，可采取白天升温、夜晚揭棚膜降温的方法，促使菌盖开裂。

棚内香菇子实体经 3 ～ 4 天的连续刺激后，菌盖表面就会迅速开裂，白色菌肉裸露，形成大量的优质爆花菇（图 7-2-30），应用催花技术可使花菇率达到 90% 以上。

图 7-2-30　爆花菇

4）保花期 催花后的香菇子实体，为使菌盖增大、增白、肉质增厚、裂痕加深增宽，形成白花菇，还需要15～20天认真细致的管理培养。要求棚内温度控制在5～12℃，空气相对湿度保持在55％～65％，加强通风，全光育菇。若棚内空气相对湿度达70％以上，经3～4 h后，同时温度在15℃以上时，菌盖表面露出的白色菌肉上会再生出一层薄薄的表皮。初形成的细胞层很薄，为茶红色的膜，随着时间增长，且温度适宜时，菌盖表皮细胞增多，表皮加厚，颜色加深，把原来的白色菌肉覆盖，从而形成茶花菇或红花菇或暗花菇，而不是白花菇。因此，在白花菇生长过程中，为了保持菌盖表皮裂纹露出的菌肉呈白色且一直保持不变，关键是防止菇棚内空气相对湿度超过70％（图7-2-31）。在湿度大、温度在10℃以下时，菇体也会慢慢变红。而防止空气湿度增大，要根据潮湿的不同来源采用不同的方法。可采取盖严菇棚，用塑料薄膜隔绝外界空气，或在地面铺上塑料薄膜，以及加温排湿等几种方法，根据情况选用。

在保花过程中，只要空气相对湿度不超过70％，就不需要加温、排湿。若长期干燥还须在菇棚内适当增加湿度，才能保持花菇正常生长，防止花菇干枯死亡。在5～12℃的低温条件下，花菇

图7-2-31 保花

生长缓慢，但盖厚柄短质优。

（十三）采收

1. 采收时间 采收香菇应尽量选择在晴天进行，晴天采收的香菇色泽鲜艳，菌盖光滑，烘干后质量好。雨天采收的香菇含水量达90％以上，菌盖粗糙，烘干后品质差，烘干率低。

2. 采收方法 根据采大留小的原则采收。采摘时一手按袋，一手用拇指和食指捏紧菌柄基部，先左右旋转，再轻轻向上拔起。注意保持菇形完整，不受损伤，手不要捏菌盖，否则易变色影响菇质。同时，清除菌袋上的菇根，以免腐烂感染杂菌，影响以后的出菇。

采下的鲜菇要盛在竹筐、塑料筐等硬质容器中，并要轻放轻取，保持菇体的完整。不可装在编织袋或布袋内，以免造成挤压和损伤。

3. 采收前管理 香菇采收前不宜喷水，因为采前喷水会导致子实体含水量过高，脱水加工时菌褶会变黑，不符合出口色泽要求，降低商品价值。

4. 鲜销香菇的采收标准 鲜销香菇主要是供应周边市场和对外出口，尤其对外出口对菇的质量要求较高。一般要求菌柄正中、朵形圆整、菌肉肥厚、卷边整齐，菌盖直径4 cm以上，菌膜微破，不开伞，无畸形、无虫害，含水量低。采收后用不锈钢刀去掉老化菇根，及时放入冷库，防止变色、变质与开伞。

5. 干制香菇采收标准 菌膜已破，菌盖展开七至八成，仍有部分内卷，称"大卷边"或"铜锣边"。

（十四）间歇养菌

每一茬菇采收后，需要养菌一段时间使菌丝恢复生长（又称复菌），使其积累营养，以利于下茬菇生长。适宜的养菌温度为24～26℃，空气相对湿度为70％左右，遮光通风，以便菌丝迅速生长，分解吸收培养料内营养。菌袋复菌一般为7～10天，气温低时需15天；当采菇处菌丝发白吐黄水时表明菌丝已复壮（图7-2-32），即可浸水催菇。

图 7-2-32 复菌完成标准

1.棚内养菌 当气温在 10 ~ 20 ℃时，养菌可以在出菇棚内进行，一般不翻动菌袋。

2.地面养菌 当气温在 4 ~ 10 ℃时，把菌袋放置在地上，可以竖放或"井"字形堆放，白天引光增温，夜晚覆膜保温。当气温在 4 ℃以下时，要在地上铺 3 ~ 4 cm 厚麦秸，菌袋上面盖上稻草等覆盖物，以遮光、增温（图 7-2-33）。

图 7-2-33 地面养菌（遮光、增温）

四、秋季塑料大棚保鲜香菇栽培模式

秋季塑料大棚保鲜香菇栽培模式的接种时间、培养料配方与配制、灭菌、接种、发菌管理、采收、间歇养菌等环节可参照本节"秋栽冬春花菇生产模式（泌阳模式）"的相关内容进行。

（一）品种选择

适宜秋季塑料大棚保鲜香菇栽培模式的品种有 L808 和申香 215。

（二）场地选择与大棚搭建

1.场地选择 要求光线充足、靠近水源、地势平坦、交通方便、洁净通风的地方。

2.大棚搭建 如果只作保鲜香菇生产，可以选用塑料拱棚、简易日光温室或日光温室等具有调节温度及遮阳、通风功能的设施。塑料拱棚一般宽 6 ~ 8 m，长 30 ~ 60 m，矢高 1.8 ~ 3.1 m，骨架可根据条件选用竹木、钢管、水泥混凝土、新型材料、镀锌管组合骨架、钢丝加小立柱骨架等。日光温室结构形式多样，保温效果不一，可依据经济条件建造相应标准的日光温室，但应注意能够操作方便，利于通风。

（三）装袋

秋栽保鲜香菇生产常用塑料袋规格为 16 ~ 17 cm × 55 cm × 0.005 ~ 0.006 cm。其装袋方法可参照本节"秋栽冬春花菇生产模式（泌阳模式）"的相关内容进行。

（四）出菇管理

1.早秋种植太阳能温室出菇 该模式出菇时间在冬春季。冬季气温低，呼吸代谢强度小，培养料的分解和营养积累慢，出菇少，但冬季形成的菇个大、肉厚、品质优，菇价较好。

2.冬菇管理 根据冬季的气候特点及菌丝生理状况，要增加冬季的产量，必须提高大棚温度，促进培养料分解和营养积累，加快原基的发生和菇蕾的形成。

3.环境调控 减少菇棚遮阳物，增加光照强度，提高菇棚温度。通风选在气温较高的中午前后，时间不宜过长，每天一次或两天一次，每次约 20 min。通风后要盖好薄膜。

气温低时菌棒要保持一定的水分，并有一定的空气相对湿度，确保菌棒表皮湿润即可；气温过低时不能盲目注水催蕾，否则容易导致菌棒内部菌丝缺氧、自溶，甚至烂筒。秋栽保鲜香菇生产采用注水器补水法。

五、冬春栽夏秋出菇生产模式

夏香菇（通常又称反季节香菇）是产品的"逆向入市"，要求在夏季能正常出菇。经过科技工作者和生产者的多年探索与实践，冬春栽夏秋出菇技术逐步完善，在全国广大地区迅速推广。我国地域辽阔，不同区域夏季温度相差很大，栽培模式也不尽相同，在低海拔低纬度地区采用平面覆土模式；在高海拔高纬度地区采用地面斜靠模式。

冬春栽夏秋出菇生产模式的培养料配方与配制、灭菌等环节可参照本节"秋栽冬春花菇生产模式（泌阳模式）"的相关内容进行。

（一）栽培设施

1. 林地栽培设施

（1）林地内搭设简易出菇拱棚　一般选择6～7年树龄的林地，在树行间搭建拱棚，拱棚上覆设一层塑料薄膜，一层遮阳网。

（2）林地内直接搭设遮阳网　此种设施保湿性差，在夏季多雨、湿度大的地方可以选用。

2. 田间栽培设施

（1）双层"人"字形出菇棚　为做到遮阳、保湿、避雨、通风，夏季田间栽培香菇可搭设成双层"人"字形出菇棚。下层是塑料薄膜，薄膜可以上下伸缩，下雨时拉下薄膜，防止雨淋菌棒，大通风时可以收起薄膜。上层是遮阳网和草苫，用作遮阳。周围用遮阳网围护（图7-2-34）。

图7-2-34　双层"人"字形出菇棚

（2）双层拱形出菇棚　上层搭设遮阳网，下层搭设塑料薄膜和遮阳网，上下层间距80 cm以上，下层拱顶高2 m（图7-2-35）。

图7-2-35　双层拱形出菇棚

（3）遮阳网平棚＋"人"字形薄膜棚　下层塑料薄膜棚高1.8 m以上，上层平棚搭设遮阳网和草苫，上下层间距80 cm以上（图7-2-36）。

图7-2-36　遮阳网平棚＋"人"字形薄膜棚

（4）遮阳网平棚＋拱形薄膜棚　用竹竿或铁管搭设棚架。下层拱形塑料薄膜棚高1.8 m以上，上层平棚搭设遮阳网和草苫，上下层间距80 cm以上，以利于隔热降温。

（二）栽培时期

春栽夏出香菇，适宜菌袋制作的时间长，由于气温逐渐升高，温度易调控，栽培成功率高。根据大部分地区的自然气候特点，一般应在6～9月生产母种，8～10月生产原种，10～12月制栽培种，12月至翌年3月上旬生产菌袋。

在适宜的菌袋制作期内，菌袋制作以偏早为好，太迟气温回升快，杂菌活力强，菌袋易遭杂菌污染，菌袋发满菌丝后气温过高会影响菌丝的正常转色。安排生产季节时，必须因地制宜，根据栽培方式，参照当地气候，以初夏适宜出菇气温（15 ℃以上）作为始菇期，往前倒推 90 ～ 100 天作为菌袋制作接种期。

一般 800 m 以上高海拔地区，其菌袋生产安排在 12 月下旬至翌年 2 月上旬进行。此时气温低，菌袋成品率高，发菌培养时间长，需 3 ～ 4 个月后菌丝才生理成熟，到 4 ～ 5 月，气温暖和进棚脱袋排场，5 ～ 11 月为出菇期；南方小平原低海拔和北方地区，适宜埋棒覆土（沙）栽培，其菌袋生产宜于 1 ～ 2 月进行，经过室内养菌 3 ～ 4 个月，至 5 月上旬进棚脱袋埋棒覆土（沙），6 ～ 11 月为出菇期；海拔较低的平原地区可提前于 12 月下旬至翌年 1 月上旬制袋；而北方高寒地区早春气温低，菌袋生产可适当推迟到 2 ～ 3 月进行。

（三）品种选择

目前推广常选用的品种主要有 L18、931、931-9、武香 1 号等，该类品种适温下菌龄 60 ～ 70 天，出菇早，菇形好，产量高。

（四）装袋

夏栽香菇采用的塑料内袋规格为 15 ～ 17 cm × 55 ～ 60 cm × 0.007 cm。外袋一般较内袋宽 2 ～ 3 cm，长为 63 ～ 65 cm，厚为 0.001 5 cm；也可以用一个外袋套两个内袋，例如：当内袋宽 15 cm 时，外袋宽 27 cm。其装袋方法可参照本节"春栽越夏中棚中袋层架栽培模式"的相关内容进行。

（五）接种

严格按照无菌操作规程进行接种。采用打穴接种，可以两面交叉打 5 穴，也可以单面打 3 ～ 4 穴。若是覆土（沙）栽培，只限于一面打 3 ～ 4 穴，覆土时穴口朝上，背面菌丝体埋在土壤内，有利于均衡吸收水分和养分。接种要多人同时进行，所以在接种室和塑料接种帐中操作比较方便。首先将打孔器和双手用消毒剂处理，然后在料袋上开孔，将菌种分成小块，放入孔内，填满穴口，并且菌种要稍高出料袋表面。最后套上外袋，起到保湿、抑制

杂菌侵染的作用。

（六）菌丝培养

冬、春季接种时气温低，接种以后以增温、促快发、早定植为主。菌袋堆积排放可以堆高一些，可摆 10 ～ 15 层高，但排与排之间要留有 10 ～ 20 cm 空隙，要经常观察袋温的变化，当袋温升高至 28 ℃时，可转换成"井"字形排放。接种后前 1 周要设法使料温达到 24 ～ 26 ℃，促进菌丝早萌发、早定植。

（七）转色管理

夏栽香菇的转色可分为不脱袋转色和脱袋转色。

1. 不脱袋转色　菌丝满袋后，有部分菌袋形成瘤状突起，表明菌丝将要进入转色期。转色管理的最关键因素是温度，转色时适宜的菌袋温度是 18 ～ 23 ℃，低于 15 ℃或高于 25 ℃，菌丝都不能正常转色。所以在冬季气温较低时，应将菌丝体已长满、表面形成许多瘤状物的菌袋，移到出菇棚内，保持温度在 15 ℃以上。

2. 脱袋"人"字形立排转色　转色管理的另一种方法是将已达到生理成熟的菌袋，即表面出现许多瘤状物，接种孔周围开始出现褐色，有弹性感的菌袋移到出菇棚内，脱去塑料袋后，使菌棒呈"人"字形靠在排袋架上。关闭塑料大棚，使温度保持在 18 ～ 22 ℃，空气相对湿度保持在 80% ～ 85%，湿度低时，应在地面上洒水来增加棚内湿度，并给予散射光照，让菌棒表面菌丝恢复生长。4 天以后，每天早上揭开大棚两端塑料薄膜通风换气 30 min 左右，适当降低湿度，补充新鲜空气，防止菌丝体徒长、形成过厚的菌皮。

3. 脱袋覆土（沙）转色　埋棒主要靠土壤（沙）温度、湿度帮助菌丝加快生理成熟。菌棒脱袋排场后应尽快覆土（沙），先将畦沟泥土铲至畦面四周空位上做边，再将湿润的覆土（沙）材料撒施在未转色的菌棒上面，将未转色菌棒全面覆盖，厚 1 cm 以上。经 7 ～ 10 天，菌棒就能转成红棕色，再过几天就能转为棕褐色。

（八）地面斜靠方式出菇管理

这种方式是在地面设立支撑架，将脱袋后的菌棒斜靠在支撑架上的出菇方式。该方式的优点是单位面积栽培量大，节约土地，设施成本低；缺点是菇腿长，菇个小。

1. 设立支撑架　脱袋前，先在棚内做菇床。床宽 1 ～ 1.5 m，长 20 ～ 30 m，两端横向设三个木桩（直径 6 ～ 8 cm）并用铁丝斜拉固定，木桩上距离地面 20 cm 高架一横杆，横杆上相距 20 cm 拉一道 14# 铁丝（或黄金绳）供斜立排放菌棒。为防止铁丝下垂和左右摆动，中间每隔 1.5 ～ 2 m 设一道木桩横杆（可比两端的细一些，因为它只起支撑作用），每平方米可摆放菌袋 30 袋左右。走道铺一层炉渣或沙子。

2. 脱袋排棒　用刀片划破菌袋后，脱去塑料袋，将菌袋以 70° ～ 80° 的角度斜靠在铁丝（或黄金绳）上（图 7-2-37）。这时温室内的空气相对湿度最好控制在 75% ～ 80%，对有黄水的菌棒，可用清水冲洗净。

图 7-2-37　夏栽香菇菌棒摆放

3. 变温催菇　香菇属变温结实性菇类。昼夜温差大，能诱导原基形成。调控棚内环境温度在 15 ～ 28 ℃，空气相对湿度在 85% 左右，连续处理 4 ～ 6 天便开始出菇。常用的温度调控方法是：夜晚增加通风量降温，白天减少通风量升温。另外，在脱袋过程中，菌棒受到振动刺激，也能诱导原基形成。刺激强度大，菌棒上会形成数十个甚至更多

子实体，但菇体小，菌盖薄，质量差。为此，要根据不同品种的出菇特性，适度催菇。对菇蕾过多的菌棒，要提前剔除部分菇蕾，以提高出菇质量。

4. 降温保湿　进入 6 月后，外界气温开始快速上升。当气温升高到 28 ℃ 以上时，要采取降温措施，可在大棚外增加覆盖物厚度。如在一层草苫的基础上再加一层草苫，或在草苫上再覆盖一层麦秸或玉米秆，必要时在草苫上空 50 ～ 100 cm 处拉上一层遮阳网，以使菇棚内的温度维持在 32 ℃ 以下；棚内空气相对湿度保持在 85% ～ 90%，湿度低时，需人工喷水或雾化喷水系统自动喷水，喷水要做到少喷勤喷，并且干湿交替管理，同时，减少通风量来保持湿度。

5. 补水　采收完一茬菇后，应清除死菇和病菇，通风换气 2 ～ 3 天，让菌棒休养 7 ～ 10 天后，再用注水器进行补水。补水至菌棒重量达脱袋出菇时菌棒重量的 80% 即可，宁少勿多。一旦补水过多，菌棒内通透性下降，菌丝体生长、呼吸受阻，生长活动停止，只有表层菌丝体向子实体供应养分，结果子实体个体小，盖小而薄，气温高时，还会出现烂棒现象。补水后，可将菌棒调头放置，使菌棒内上下水分一致。随着出菇茬数增多，逐渐增加补水量，每出一茬要补水一次。

（九）覆土方式出菇管理

覆土出菇是利用较低的地表温度以及遮阳设施的降温作用，将菌棒脱袋后埋入透气性较好的土中，在适宜的条件下，实现夏、秋季出菇的一种出菇方式。

1. 整畦　在大棚内（或树行间）依大棚（树行）走向而定，两个畦之间挖宽 50 cm、深 30 ～ 40 cm 的小沟，用于出菇期灌水降温、保湿。

2. 排棒　将菌棒平摆，棒与棒紧挨不留缝隙。

3. 覆土　先将土壤进行杀虫和消毒处理，常用 0.1% 敌敌畏溶液和漂白粉液喷洒土壤并闷 2 天以上，然后在菌棒的空隙处撒满细土，菌棒的上方盖一层 1 cm 厚的土（图 7-2-38），使没有转色完毕的菌棒在土壤内完成转色，当转色完成后将菌棒上方

的土扒去，露出菌棒上表面以利出菇（图7-2-39）。

图 7-2-38　夏栽香菇林地覆土

图 7-2-39　去掉表面土

4. 出菇　定时向菌棒表面喷水保持土壤湿度，空气相对湿度保持在75%～80%，经过4～6天的管理就能出菇（图7-2-40）。当出完一茬菇后，要养菌复壮，即排干畦沟水，加大通风量，减少喷水量，养菌5～6天，待菇蒂伤痕处菌丝恢复后，再连续喷水或注水器注水，重复催蕾做法，又可出菇。只要管理得当可出5～6茬菇。

图 7-2-40　夏栽林地覆土出菇

（十）覆沙方式出菇管理

将荫棚下或树林行间地面整平，用绳子定好畦面，畦面上摆上菌棒，菌棒上覆上洁净的粗河沙，畦与畦之间自然形成水沟（图7-2-41）。待菌棒转色完成后扒去表面的沙子露出菌棒上表面，出菇管理方式同覆土方式出菇管理（图7-2-42）。

图 7-2-41　荫棚覆沙

图 7-2-42　夏栽林地覆沙出菇

（十一）采菇

由于夏季袋栽香菇出菇期气温高，香菇子实体生长迅速，所以适时采菇非常重要，每天都要观察香菇子实体的生长情况，在菌盖没破膜前（六成熟时）及时采收，必要时每天采收2次。采收后马上整理，及时包装外运或冷藏。

六、南方半地下秋季栽培模式

南方半地下秋季栽培模式的接种时间、培养料配方与配制、装袋、灭菌、接种、发菌管理等可参照本节"秋栽冬春花菇生产模式（泌阳模式）"的相关内容进行。

（一）技术特点

第一，菇床由地面向下挖深 35～40 cm、面宽 110～120 cm，不搭建荫棚，改用活动草苫遮阳。菇床温度较大田荫棚模式平均高 2 ℃，秋冬菇比例达 60% 左右，且单产较高，每袋（15 cm×55 cm 的菌袋）产鲜菇 0.8～1 kg，菇质优、菌盖色深、肉厚柄短。

第二，周期短，从接种到出菇结束为 7 个月。

第三，节约菇棚成本近 2/3。

第四，菇稻轮作提高土地利用率，解决了菇粮争地的矛盾，且明显提高了土地有机质含量，改善了土壤理化性质，减轻了水稻病虫害，提高了粮食产量，同时解决了香菇连茬的问题。

但该模式也有不足的地方：

第一，管理不太方便，劳动强度较大，尤其是采菇，弯腰幅度较大，次数多，雨天操作更辛苦。

第二，菇体容易粘上泥土，影响香菇质量。

第三，场地局限性较大，必须是水源充足的农田。因半地下秋季栽培模式菇场选择和菇棚构成的特殊性，菌棒脱袋排场后，温度、湿度、光照等条件与其他栽培模式有所不同，在栽培季节、品种选择及出菇管理等方面也有一定的差异。

（二）季节选择

半地下秋季栽培模式的菌棒，接种季节比大田荫棚模式推迟 15～20 天，制棒时间能较好地避开高温季节。丽水的云和县、龙泉市、松阳县等每年 8 月 20 日才开始接种，9 月中旬结束。

（三）菇场选择与菇床设置

1. 菇场选择　菇场要选择在周围环境清洁，无杂菌污染及病虫滋生，空气流通，冬季日照长，有清洁水源，排灌方便，略含沙性土壤的农田。

2. 菇床设置　先在大田上划出菇床的位置，走向为纵向南北，横向东西。宽 1.1～1.2 m 的凹形菇床，一行可排放菌棒 6～7 个，菇床长度以便于管理为宜。把床内的泥土成块的铲起垒实作为走道，走道宽 40～50 cm。菇床深 35～40 cm，床底的中间挖一条小水沟，深 5～7 cm，宽 6～8 cm，床底及四周打实拍平，进水口一端要略高于出水口一端。

在菇床两壁每边 25 cm、高 20～25 cm 处，横插一条粗约 2 cm 的竹竿或木棒作菇架。在菇床两边每隔 1 m 左右插一支 2 m 左右长的拱形竹篾，上盖 2 m 宽的薄膜。用稻草编扎约 2 m 长的草苫，盖在东西两边。利用掀盖薄膜、草苫来调节光照和温湿度。

（四）出菇管理

1. 催菇　菇农运输或挑运菌棒时，对菌棒有振动刺激催菇的作用；半地下式菇床的独特结构，其日夜温差比高棚大，其催菇只需白天盖紧薄膜、草苫，视温度高低采取低遮或少遮，使菇床温度升高，但不能超过 28 ℃以上。早晨或晚上气温下降时可掀膜通气或撤去草苫即可拉大温差，让冷空气进入菇床，使温差达 8～10 ℃，如此连续 3～5 天刺激，以促进菇蕾发生；冬季气候寒冷可在回暖时进行补水或催菇；春夏之交气候变暖，可在气候回寒时立即进行浸水催菇。总之视不同季节的气候变化，灵活掌握，科学管理，促使菌棒多长菇、获高产。催蕾必须产出第一茬菇，这样对后茬菇的产生非常有利，否则很难产生下一茬菇。

2. 浸水补水　菌棒长菇 1～2 茬后，含水量下降，不利出菇。此时应通风养菌 5～7 天，再浸水或注水补足水分。由于半地下式菇床结构的独特，采用注水法操作强度大，且不方便。所以都采用浸水法，方法如下：将通风养菌后的菌棒用铁钉板穿刺后，堆放于菇架（横梁的竹竿或木条）下，菌棒方向与菇床平行。将进水口打开、出水口关闭，将水引进菇床高至菇架上 1 cm。如菌棒上浮，将菌棒压在架下即可。菌棒含水量达到 55%～60%（达菌棒装袋时重 1.8 kg 左右）后，把进水口封住，挖开出水口即成。水排干后把菌棒放菇架上，晾干表面水分后按原样摆好，并盖好薄膜催蕾。

3. 温度管理　秋季气温较高，白天要盖好草苫，掀起菇床两头薄膜，以防温度过高。傍晚掀掉草苫、薄膜进行通风换气，适当时间后重新盖好薄膜、草苫。

秋末冬季，气温低，早上太阳斜射，可以掀掉草苫，提高菇床的温度。8：00～9：00根据太阳的移动方向盖上草苫，晚上盖好薄膜与草苫增加保温效果。

春夏季节，气温上升，温度高，可采用草苫盖严薄膜遮住阳光，适时掀揭薄膜通风和喷洒冷水等措施降低菇床内温度，还可以通过菇床的小水沟放跑马水降温。

4. 水分管理　半地下式菇床保湿性能好，湿度管理较为方便，只需在每天通风后喷1～2次水，待菌棒表面水分散发后再盖膜。温度高时早晚各喷1次；气温低时，在午后喷1次，就可保持80%～90%的空气相对湿度。菇床底部尽量保持干燥，以防着地端菌棒因过湿而霉烂。一茬菇结束后要停止喷水数天，养菌复壮，视菌棒情况（一般采摘二茬菇后）及时补水。半地下式菇床因结构独特，采用注水法操作强度大，也不方便，大都采用浸水法。

5. 光照管理　光照不仅促进菇蕾的形成，菇体的着色，而且直接影响到菇床内温度、湿度变化，半地下式菇床结构使得这种影响更加明显。根据与环境因子的互动关系，秋季及翌年夏季光照强，应盖严草苫，以降低菇床温度。晚秋、冬季及早春，应减少遮阳物以提高菇床温度。

6. 通气管理　空气是香菇子实体生长不可缺少的因子，通风换气与温度、湿度密切相关。一般每天通风1～2次，气温高时每天2次，时间选在早晚。气温低时每天1次、时间安排在中午。湿度大时多换气，湿度低时少换气，换气可与采菇、喷水结合起来，即采菇后喷水一遍，通风20～30 min后再盖薄膜。

7. 综合管理　根据香菇对温度、湿度等因素的要求，应充分利用无棚半地下式菇床的独特结构，在秋、冬、春不同季节的气候条件下，灵活利用草苫、薄膜以及浸水等措施，选择灵活的管理方法，提高香菇产量和质量。

（五）采收

香菇达八成熟即可采摘，对于出口保鲜菇，则要在五六成熟未开膜时采摘。采摘时，左手按住菌棒，右手拇指与食指将菇体连同菌柄往顺时针或逆时针方向转动，从菌棒上连菇蒂一起摘下。采菇时尽量不要或少连带培养料，还要注意不要让香菇粘上泥土影响质量。

第五节
工厂化生产技术

目前，香菇工厂化栽培采用袋栽形式的较多，根据塑料袋形状、尺寸和功能，大致可分为长菌棒、短菌包以及透气袋方形菌袋三种形式，另有上海市农业科学院开发的采用栽培瓶培养后再挖瓶压块的二次培养生产工艺。发菌培养阶段一般采用机械装袋（瓶），机械接种，控温菇房发菌、转色，控温或不控温的菇房或塑料大棚进行出菇。香菇生产周期长（150～180天），生产过程复杂，出菇需要进行多个茬次，目前国内工厂化生产企业数量远少于其他菇类。下面对目前主要采用的工厂化栽培模式作简单介绍。

一、透气袋方形菌袋栽培模式

透气袋方形菌袋栽培模式目前主要集中在亚洲的日本和韩国，采用该模式可在装袋、灭菌、接种等操作中实现机械化。发菌以及出菇是在人工可控的环境下进行的，可实现香菇周年稳定生产。现以日本透气袋方形菌袋栽培模式为例进行介绍。

日本香菇工厂化生产企业规模都较小，日产一般在 5 000 ～ 10 000 袋，需要本国生产的专业机械设备以及透气袋，生产成本较高。

（一）原料准备

阔叶硬杂木（油性植物除外）均可作为香菇的栽培原料，以栎树产量为最高，切去树皮后粉碎成颗粒状，直径 3 ～ 5 mm，大小均匀，最好能粗细混合搭配。

（二）拌料

培养料为栎树木屑、麸皮、米糠、碳酸钙，搭配比例为干料木屑 85％～ 87％、米糠 5％～ 6％、麸皮 8％～ 9％（夏季加入 1％～ 2％碳酸钙），含水量约为 60％，一般以 57％～ 58％为宜。

（三）装袋

机械装袋，每袋重量为 2.4 ～ 2.5 kg。

（四）灭菌

经高温高压灭菌，灭菌温度取决于所用塑料袋和原料。

（五）接种

采用全自动接种机械接种。

（六）菌丝培养

接种完毕后的菌包应及时放至培养室内养菌，培养温度控制在 20 ～ 23 ℃，空气相对湿度 60％～ 70％，光照强度约 10 lx，二氧化碳浓度在 0.07％。约需 90 天，完成菌丝培养。菌丝培养大致分为三个阶段：生长阶段、转色阶段和后熟阶段。

1. 生长阶段（1 ～ 30 天） 室温控制在 20 ～ 21 ℃，约 1 周后，开始生长白色菌丝。第 10 天时，菌包上表层开始生长白色菌丝。第 20 ～ 25 天时，白色菌丝长满菌包的 1/2 ～ 2/3，将菌包侧立（袋口朝外）在培养架上。

2. 转色阶段（31 ～ 60 天） 保持每日 10 h 照明，室温控制在 21 ～ 21.5 ℃。第 40 天时，白色菌丝长满整个菌包，菌包硬度明显加强，第 40 ～ 45 天转色，60 天转色完成。

3. 后熟阶段（61 ～ 90 天） 继续保持室内照明（每日 10 h），室温控制在 21.5 ～ 22.5 ℃。70

天时，菌包呈现块状干涸土壤色，80 ～ 90 天时，菌包呈现大部分块状干涸土壤色与少量块状棕褐色相间，表面凸起，稍带韧性。

（七）脱袋出菇

割袋冲洗后的菌包应立即放至出菇房内出菇，室内温度应设定为 16 ～ 18 ℃，保持室内通风与照明。在菇蕾长出后，为保证菌包的营养成分不被过分吸收，应及时进行疏蕾处理，使每两个菇蕾之间保持约 5 cm 的间距，过密的菇蕾应及时清除。二氧化碳浓度保持在 0.3％以下。

（八）茬间休养

室内温度设定为 23.5 ～ 24.5 ℃，关闭室内照明，仅保持房间窗户自然光照，每天喷水保持菌包表面湿润，7 天后，注水或浸泡，使单个菌包进水约 400 g，放至出菇房内等待下茬出菇，需 7 天左右可采收。

二、工厂化菌棒栽培模式

该模式与传统栽培模式生产菌棒相似，一般使用规格为 15 cm×55 cm×0.005 cm 的聚乙烯塑料袋，与传统栽培的差别主要是装袋、接种更加广泛地采用机械设备来增加效率，菌丝培养在控温菇房中进行，出菇在控温或不控温的菇房中皆可。原料和培养料配方与传统栽培一致。品种选择菌龄短（80 ～ 100 天）、中低温型、耐二氧化碳、菇质致密、茬次明显的品种。

（一）配料装袋

杂木屑 78％，麸皮 20％，糖 1％，石膏 1％或碳酸钙 1％，含水量 58％～ 60％，自然 pH。采用机械装袋，每台装袋机需配备 4 ～ 5 人。

（二）高压灭菌

一般采用 108 ℃左右的温度灭菌，根据菌棒摆放密度，灭菌时间在 12 ～ 24 h。

（三）机械接种

待菌棒灭菌后冷却到 28 ℃以下时即可进行接种，每台接种机需要配备 3 ～ 4 人。

（四）菌丝培养

菌丝培养，大致可分为养菌和转色两个阶段，培养室温度控制在 22～25 ℃为宜。养菌过程中可进行 1～2 次局部刺孔通气管理，并避光培养。转色前再进行一次周身刺孔，转色时室温可稍高于养菌期，并每天进行 4～8 h 的光照。

第一次在菌丝圈直径 10 cm 左右，不套袋的在每个接种孔菌丝圈边内侧 2 cm 的地方刺 4 个孔左右，孔深 1 cm；第二次刺孔时间掌握在菌丝圈在接种孔背面相连时，在每个接种孔菌丝圈边内侧 2 cm 的地方刺 8 个孔左右，孔深 1 cm；第三次刺孔通气掌握在脱袋前 7～10 天，这次刺孔为大通气，孔深 2 cm，全袋孔数 40～60 个。根据不同管理方式，前两次刺孔可合并简化为一次。

（五）出菇管理

菌丝达到生理成熟后，在受到外界温度、湿度、振动等因素的刺激下，相互扭结成盘状组织。盘状组织在水分和营养的供给下，不断分化、膨大，形成子实体原基，再形成菇蕾，最后长大成香菇。出菇的过程，大体上分为原基形成期、菇蕾形成期和子实体生长期三个阶段。每个阶段需要不同的环境条件，出菇管理就是创造适合其所需条件，以生产出商品性状优良的香菇。

三、基于二茬培养的工厂化栽培

上海市农业科学院在 20 世纪 70 年代菌砖栽培法的基础上开发出的基于二茬培养的香菇工厂化技术工艺，与袋栽模式相比，可使香菇栽培机械化程度更高，栽培周期缩短，提高优质菇比例。

原料和培养料配方与传统栽培一致。品种选择菌龄短（80～100 天）、中低温型、耐二氧化碳、易出菇、茬次明显的品种。

（一）配料

杂木屑 78％，麸皮 20％，糖 1％，碳酸钙 1％或石膏 1％，含水量 58％～60％，pH 5.8～6.2。采用机械化搅拌培养料，搅拌时间不低于 30 min。

（二）装瓶

利用自动化装瓶机进行装瓶。

（三）灭菌

一般采用 121 ℃左右的高压灭菌，灭菌时间 3.5 h 左右。

（四）接种

采用瓶栽接种机接种。

（五）菌丝培养

菌丝培养温度控制在 22～23 ℃，相对湿度 75％，防止瓶口料面干燥。30～40 天栽培瓶菌丝即可完全发满。

（六）挖瓶压块

待栽培瓶菌丝完全发满后即可进行挖瓶压块。菌丝完全发满后至产生隆起前进行挖瓶压块均可。菌块长 25 cm、宽 15 cm、高 10 cm 左右，质量在 2.6～2.8 kg。

（七）转色

压块完成后需要在模具中进行菌丝恢复，3～4 天后压块可成型，即可脱模。脱模后的菌块周身雪白，需要进入转色管理，可适当增加温度和湿度或少量喷水加速转色过程。20～28 天后即可完全转色。转色后期应注意保湿，防止菌块大量失水。

（八）出菇管理

根据不同菌种菌龄，转色完成后 10～20 天即可转入出菇管理阶段。

出菇管理与袋栽模式相同，需注意压块水分控制，如在转色过程中失水过多则第一茬需补水后才能出菇。

（魏银初 康源春 班新河 宋春艳）

第三章　金针菇

　　金针菇是低温结实性菌类，具有菌柄脆嫩、菌盖黏滑、味道鲜美等特点。在自然界于秋末冬初或早春寒冷季节，多发生于杨、柳、榆、槐、桑等树的枯枝和树桩上，多数丛生，有时也发生在一些树的活立木上，在树皮与木质交接部形成大量菌丝，引起木材的腐朽。

第一节
概述

一、分类地位

　　金针菇在分类学上，属真菌界、担子菌门、蘑菇亚门、蘑菇纲、蘑菇亚纲、蘑菇目、口蘑科、金钱菌属。

拉丁学名：*Flammulina velutipes*（Curtis) Singer。

中文别名：毛柄金钱菌、冬菇、朴菰、构菌、冻菌等。

二、营养价值与经济价值

　　金针菇既是营养十分丰富的食用菌，又是保健、疗效价值较高的药用菌。金针菇所含的18种氨基酸中，其中8种是人体必需氨基酸，这8种氨基酸人体不能自身合成，必须依靠食物来提供。而金

木腐菌生产技术

针菇中赖氨酸、精氨酸、谷氨酸、天冬氨酸的含量较高，均超过1%，这是一般食品都无法与之比拟的。这4种氨基酸中的赖氨酸有增长智力的作用，天冬氨酸有提高肝功能之效，由于这些氨基酸存在于天然食品中，食用后人体能同时平衡吸收到多种成分，所以多食也不会产生不良反应。金针菇是儿童保健增智、老年人益寿延年、成年人增强记忆的必需食品，被誉为增智菇、智力菇和超级食品。金针菇不仅味道鲜美，还具有食疗保健的药用价值，其性寒，味甘咸，滑润，有利肝脏、益肠胃、增强机体免疫力、增智抗癌等功效；营养专家表示，常食用金针菇不仅可以预防和治疗肝脏病及胃、肠道溃疡，而且对高血压、高血脂亦有一定的防治功效；研究发现，金针菇所含的朴菇素，具有提高机体免疫功能，抑制肿瘤细胞合成DNA、RNA、蛋白质的能力，对小鼠恶性肉瘤细胞S180和艾氏腹水癌细胞等有明显的抑制作用。另外，金针菇中有一种蛋白，可以预防老年人常患的哮喘、鼻炎、湿疹等过敏症，对病毒性感染及癌症等也都有很好的预防作用。

据上海工业食品研究所测定：每100 g金针菇鲜品中含水分89.73 g，蛋白质2.72 g，脂肪0.13 g，粗纤维1.77 g，糖类5.45 g，钙0.097 g，铁0.22 mg，磷1.48 mg，钠0.22 mg，镁0.31 mg，钾3.7 mg，维生素$B_1$0.29 mg，维生素$B_2$0.21 mg，维生素C 2.27 mg。

随着人们生活水平的提高，金针菇以其独特的色、香、味和优异口感、全面而丰富的营养种类以及效果明显的防病、抗病功能，日益受到人们的追捧。同时，也为生产者提供了广阔的市场和效益空间。

三、发展历程

近代，人们模拟金针菇的野生条件，进行段木栽培，这种方法受自然条件影响产量不定。在20世纪20年代末和30年代初，我国和日本分别开始利用木屑瓶栽，将金针菇的野外栽培移入保护地或室内栽培，使其人工栽培向前迈进一步。从20世纪50年代开始，日本已进行金针菇的工厂化和现代化栽培。我国由于当时社会条件的限制，人工栽培尚未进入商品化生产。1964年福建省三明地区真菌试验站在全国各地采集、分离了许多野生金针菇菌株，并于1972年从日本引进了"信浓2号"菌株进行少量栽培试验；1979年以后，开始对金针菇进行系统、深入的研究；1982年在国内选育出第一个定型的优良菌株"三明1号"，同时研制出一套金针菇培养料高产配方及适合我国国情的塑料袋生产工艺，充分利用了农副产品下脚料如棉籽壳、木屑、甘蔗渣、稻草、玉米秆等，改变了日本单纯用木屑、麸皮为培养料的瓶栽生产工艺。特别是陕西省铜川市人民防空办公室以棉籽壳为主料生料床栽"三明1号"成功后，使我国金针菇生产得到了迅速发展。1984年，福建省三明市真菌研究所以选育出的"三明1号"菌株为父本，日本"信浓2号"菌株为母本，进行了国内首项金针菇的孢子杂交育种试验，选育出了我国第一个优质高产、抗病力强的金针菇杂交新菌株"杂交19号"，并推广到全国。这使我国金针菇栽培量在1990年一举超过日本，成为世界上金针菇产量最大的国家。20世纪90年代前，金针菇栽培以黄色品种为主，20世纪90年代后以白色品种为主，特别是工厂化生产，白色品种占总量的95%左右。据中国食用菌协会统计，2008年和2018年，我国金针菇总产量分别为135.28万t和247.92万t。

国外金针菇生产主要在日本和韩国。日本从20世纪60年代开始工厂化生产黄色金针菇，80年代开始工厂化生产白色金针菇。韩国基本是采用日本栽培方式和栽培菌株，现在多数采用工厂化瓶栽进行生产，生产设施先进，生产规模大，日产5～20 t。由于实行高度机械化、自动化生产，生产技术已经成熟，成品率高，产品质量稳定，生产效益高。

随着市场需求的变化和技术的不断进步，金针菇的栽培量日趋增加，工厂化周年栽培也走向成熟。目前，山东、上海、广东、河南等地都建有金针菇工厂，金针菇鲜品一年四季不间断供应市场，不仅极大地丰富了广大消费者的菜篮子，而且生产者也获得了良好的经济效益。

近几年，我国金针菇的生产形势发生了巨大的变化，以大型工厂化生产为主导的格局已经形成，小散户的生产规模快速萎缩，生产水平已接近和超过发达国家。

四、主要产区

以自然季节栽培的六大主产区，即浙江产区、河南产区、河北产区、四川产区、山东产区和江苏产区。

（一）浙江产区

浙江产区主要分布于杭州西南的江山、常山、开化等山区。接种时间集中在9月下旬至11月上旬，采收期从11月中下旬至翌年3月底，栽培品种以白色金针菇FL21为主，产品主要销往杭州、上海等周边城市，小部分销往广州、深圳，也有部分加工成清水罐头或桶装出口。主要栽培原料为棉籽壳、米糠、麸皮等。由于当地没有资源，所用棉籽壳均是从外地购入，而棉籽壳价格近两年持续上涨，造成菇农生产成本大幅度提高，在没有找到合适的替代材料的情况下，只能保持其现有的生产规模，扩展空间较小。

（二）河南产区

河南产区以豫北地区安阳市汤阴县为中心，辐射带动的周边栽培区，栽培模式主要是折角聚丙烯或聚乙烯塑料袋，立式出菇。主要栽培原料为棉籽壳、木糖渣、麸皮、玉米粉等。具有生产成本低、产量高的优势。由于自然气候条件适宜，每年可栽培两次，第一次接种时间为8月下旬至9月中旬，10月下旬至11月上中旬进入采菇期，翌年3月采菇结束。第二次接种时间为11月上旬至12月上旬，翌年1月中下旬进入采菇期，到4月中下旬结束。品种以白色金针菇FL21为主，产品主要销往郑州、武汉、西安、北京、上海等地，小部分销往广州、深圳、成都及东北市场。因该地区与晋、冀、鲁三省相邻，又有京广铁路及京港澳高速公路，地理位置十分优越，原材料资源极为丰富。

（三）河北产区

河北产区以石家庄西北的灵寿县为中心，辐射带动的周边栽培区域，栽培方式以墙式袋栽双面出菇为主，7月下旬至9月下旬接种，10月中旬至11月进入采菇期，翌年4月初结束，以白色品种为主。由于近几年有罐头厂和清水菇出口商订货，部分种植户已调整栽培黄色品种。主要栽培原料为棉籽壳、麸皮、玉米粉等。因该地区采用墙式栽培，喷水量小，加上冬季温度低、湿度小，产品品质较好，耐储存，在市场上具有较高的竞争能力。产品大部分销往北京、太原、沈阳、哈尔滨等地，小部分销往广州、深圳等地。

（四）四川产区

四川金针菇以黄色品种为主，有少量的白色品种生产。主要分布在成都周边县市，为筒式塑料袋栽培，墙式双面出菇和折角袋套环栽培，立体套袋出菇。栽培的黄色菇以金针菇川金3号、川金4号、川金6号、P951、F411等品种为主，白色菇以FL21、白雪等品种为主。主要栽培原料为棉籽壳、玉米芯、米糠、麸皮等。菌袋生产季节主要在9～11月，出菇期在11月至翌年3月。如果结合地理优势，利用高海拔和防空洞等特殊环境优势，基本可达到周年生产，上市产品有鲜菇、清水加工品、红油即食品等商品销往全国各地。因黄色金针菇具有产量高、易管理等特点，可获得较高的经济效益，所以近年来生产规模逐年扩大。

（五）山东产区

山东金针菇以黄色品种为主，有少量的白色品种生产。产地主要集中于鲁南苍山周围。主要栽培原料为棉籽壳、木糖渣、麸皮、玉米粉等。接种时间为9月中下旬至10月上旬，11月上中旬进入采菇期，到翌年3月下旬结束。主要栽培的黄色品种为金杂19号、SD-2、金针913等。白色品种为SD-1、纯白1号等。鲜品除一部分加工成即食罐头、清水和盐渍产品外，大部分销往济南、常州、青岛等地。

（六）江苏产区

产地主要集中于南京西部的铜山县，以黄色品种为主，接种时间为9月上旬至10月中旬，11月上中旬进入采菇期，至翌年3月结束。主要栽培原料为棉籽壳、玉米芯、麸皮、米糠等，产品以盐渍、清水加工为主，少量鲜品销往南京、常州、上海等市场。

五、发展前景

金针菇具有适应能力强、生长周期短、生产成本低、见效快等特点，适宜在我国大部分地区推广种植。随着生产技术日趋成熟，金针菇的栽培量快速增加，以自然季节栽培效益分析，一个占地1亩（667m²）的塑料大棚，棚内净面积500 m²，1 m²平均放置60袋，共计30 000袋，按平均生物学效率90%（目前最高技术可达到150%）计算，可产鲜菇10 800 kg，按全年平均价格5元/kg，可实现产值54 000元，扣除综合成本30 000元，可获利润24 000元。一年按一季计算，是种植小麦、玉米粮食作物效益的12倍，如适当加以调整即可栽培两季，其利润就会翻番。因此，栽培金针菇是广大农民脱贫致富奔小康的一种有效途径。随着我国的经济发展和科技创新，金针菇的精深加工产品如益智奶粉、益智饮料、金针菇挂面等相继问世，发展前景极好。

第二节
生物学特性

一、形态特征

（一）菌丝体

金针菇菌丝体白色，绒毛状，有横隔、分枝及锁状联合（图7-3-1）。显微镜下菌丝见图7-3-2。菌丝体发育到一定程度，互相扭结后形成原基，原基进一步发育成子实体。

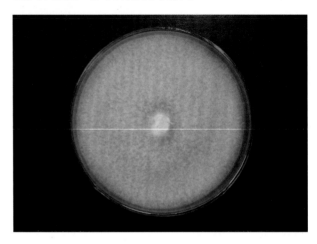

图7-3-1　金针菇菌丝体

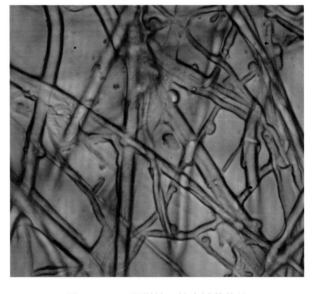

图7-3-2　显微镜下的金针菇菌丝

（二）子实体

子实体丛生，极少单生。菌盖因品种不同，呈现出黄褐色、淡黄色或白色（图7-3-3），幼小呈尖球形至半球形，以后慢慢展开为扁平状，直径2～15 cm，表面有胶质的薄皮，湿时黏滑，边缘薄、中央厚；菌柄中生，呈圆柱形，纤维质、强韧，初期中实，后期变中空，长5～8 cm，直径0.5～0.8 cm，上下等粗或上方稍细，下半部呈暗褐色，密生短绒毛。人工栽培时菌柄细长，直径0.3～0.4 cm，长15 cm左右，脆嫩，淡黄色或白色，无绒毛或少绒毛。

图 7-3-3 白色金针菇

二、生活史

金针菇的生活史比较复杂，既有有性大循环，又有无性小循环（图 7-3-4）。

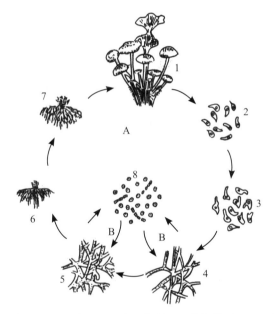

1.子实体 2.担孢子 3.孢子萌发 4.单核菌丝 5.双核菌丝 6.原基 7.菇蕾 8.分生孢子 A.有性大循环 B.无性小循环

图 7-3-4 金针菇生活史

（一）有性繁殖

子实层上的每个担子产生 4 个担孢子，有 AB、ab、Ab、aB 四种交配型。担孢子萌发成性别不同的单核菌丝后结合、质配，形成每个细胞内具有两个异核的双核菌丝。双核菌丝生理成熟后在适宜的营养和环境条件下，相互扭结形成原基，发育

成子实体，随着子实体的成熟，在菌褶上形成无数的担子，异核在担子中进行核配，双倍体的核随即经过减数分裂产生 4 个单倍体的细胞核，每个核通过担子小梗，在担子的顶端又着生 4 个担孢子，从而完成自己的生活史。

（二）无性繁殖

无性繁殖表现为以下几种小循环：

单核菌丝也会形成单核子实体，但它和双核菌丝形成的子实体相比，菇体小且发育不良，只能产生少量孢子，无实用价值。

在无性阶段，单核菌丝和双核菌丝都能产生大量的单核粉孢子，在适宜的条件下，粉孢子萌发成单核菌丝，不同性别的单核菌丝经质配形成双核菌丝，并按双核菌丝的发育方式继续生长发育，形成子实体后，产生担孢子。

菌丝体还可以断裂成节孢子。节孢子与粉孢子都是由菌丝断裂产生的，形态上略有差别。节孢子按照粉孢子的发育形式，亦可完成其生活史。

三、营养

金针菇生长所需的营养物质可分为碳源、氮源、矿质元素和维生素四大类。

（一）碳源

碳源是合成碳水化合物和氨基酸的原料及生命活动的能量来源。金针菇能利用木材中的纤维素、木质素和糖类等化合物作为碳源。常用的碳素营养以淀粉为最好，其次是葡萄糖、蔗糖和麦芽糖。富含纤维素的农副产品下脚料几乎都能用来栽培金针菇，如棉籽壳、玉米芯、木糖渣等。不同树种的木屑对金针菇的产量有明显的影响，锯木屑以阔叶树的木屑为佳，经堆积的陈旧的木屑比新鲜木屑好。

（二）氮源

氮是构成蛋白质和核酸的主要成分，蛋白质和核酸是原生质的主要成分，在有机体生长和繁殖过程中起着重要的作用。氮源的数量对菌丝体和子实体的生长发育有很大的影响。可利用多种氮源，其

中以有机氮最好，如蛋白胨、天冬酰胺、谷氨酸、尿素、牛肉浸膏、酵母浸膏、麦芽浸膏等。无机氮中的铵态氮如硫酸铵也能利用；硝态氮和亚硝态氮、硝酸钠、亚硝酸钠利用最差。在大面积生产中，以麸皮、细米糠、玉米粉、豆粉和饼粕等为主要氮源，培养料的碳氮比以 30 : 1 为宜。

（三）矿质元素

矿质元素是金针菇生命活动中不可缺少的物质，其主要功能是构成菌丝体成分，作为酶的组成部分；调节氧化还原电位和酶的作用；调节培养料的渗透压和 pH。金针菇生长发育需要一定量的矿质元素，其中以磷、钾、镁最为重要，镁和磷酸根离子对金针菇菌丝的生长有促进作用。特别对于粉孢子多、菌丝稀疏的品系，添加镁、磷酸根离子后，菌丝生长旺盛，速度增快，对子实体分化也有效果。同时，磷酸根离子也是子实体分化不可缺少的物质。在生产中常添加硫酸镁、磷酸二氢钾、磷酸氢二钾或过磷酸钙等作为主要的无机营养。

各种微量元素如铁、锌、锰、钴、钼等元素，对金针菇菌丝的生长和子实体的形成也是必需的，但用量极微，普通原料以及水中的含量已能基本满足需要，一般不另外添加。

（四）维生素

金针菇维生素 B_1 和维生素 B_2 天然不足，因此必须在培养料中添加维生素 B_1 和维生素 B_2，才能加快菌丝的生长速度。一般在培养料中添加 B 族维生素含量较多的麸皮和米糠，即可解决金针菇所需的维生素 B_1 和维生素 B_2。

四、环境条件

（一）温度

金针菇属低温结实性菌类，是食用菌中较耐寒的品种之一，故有冬菇之称。其孢子在 $15 \sim 25$℃时大量形成，并萌发成菌丝，菌丝能在 $3 \sim 34$℃条件下生长，适宜温度为 $22 \sim 24$℃。据报道，菌丝在 -21℃条件下经 138 天不会被冻死，恢复至

适宜温度仍能正常生长。但耐高温能力较差，在 32℃时菌丝虽能萌发，但很难吃料，35℃以上菌丝就会死亡。子实体形成与生长阶段要求较低的温度，原基形成适宜温度为 $12 \sim 15$℃，在 $5 \sim 20$℃可形成子实体，以 13℃子实体分化最快，形成的数量也最多。温度偏低时，子实体生长健壮、整齐、品质好、产量高；温度偏高时，子实体生长瘦弱、柄细盖薄、品质差、货架寿命短。

（二）水分

金针菇菌丝生长的培养料含水量为 65% 左右，低于 60% 时，菌丝生长细弱，且不易形成子实体，含水量过高，则通气不良，因缺氧引起菌丝呼吸作用减弱，抑制生长发育。适宜菌丝体生长的空气相对湿度保持在 60% 左右为宜，空气相对湿度过高，易引起杂菌污染。子实体生长则需要较高的环境湿度，原基形成时要求空气相对湿度为 85% 左右，子实体生长发育阶段要提高到 85%～95%。根据外界及菇房内温度的变化，应随时调控菇房的空气相对湿度，一般低温时可适当提高空气相对湿度，高温时则要适当降低。子实体生长期内浇水时不能向菇体直接浇水。

（三）空气

金针菇是好氧性菌类，必须在有充足氧气的条件下才能正常生长。氧气不足，菌丝呈灰白色、活力下降。菌丝生长阶段，要注意培养室的通风换气，保持空气新鲜。

二氧化碳的浓度是决定菌盖大小与菌柄长度的主导因子。一般子实体形成后，菌盖直径随二氧化碳浓度的增加而变小，二氧化碳浓度超过 1% 就会抑制菌盖的发育，达到 5% 时就不能形成子实体。二氧化碳浓度超过 3% 可促进菌柄的伸长，而且菇体总重量增加，但超过 5% 时，反而会抑制菌柄的生长。

由于市场需要小菌盖、长菌柄的金针菇商品，在生产中可适当调控二氧化碳浓度。

（四）光照

金针菇是厌光性菌类。菌丝在黑暗条件下生

长正常，幼小的原基也能形成。若在完全黑暗条件下，虽然能形成原基，但发育缓慢，且菌盖不易形成，常出现针状菇。若光线过强，则菌柄短粗，菌盖肥大易开伞，色泽深，基部绒毛多，商品质量严重降低。因此，适宜的光照，是促进子实体正常生长发育所必需的条件。

（五）酸碱度

金针菇需要微酸性的培养料，菌丝在 pH 3～8.2 均可生长，但以 pH 5.5～6.5 为宜。出菇期间以 pH 5～6 为宜，产量较高。

第三节
生产中常用品种简介

一、认（审）定品种

（一）F7（国品认菌 2008039）

1. 选育单位　浙江省农业科学院园艺研究所。

2. 形态特征　子实体小型，近半球形；菌盖幼时浅黄色，渐变深至黄色，直径 10～16 mm，厚 2～5 mm，一般 3 mm；菌柄长 13～19 cm，一般 17 cm，直径 2～5 mm，一般 3 mm。生长发育过程中产孢量很少，孢子释放晚。

3. 菌丝培养特性　菌丝生长温度 6～33℃，适宜温度 22～25℃，耐最高温度 40℃ 12 h；保藏温度 4℃。在适宜培养条件下，8 天长满直径 90 mm 的培养皿。菌落平整、绒毛状，正反面均为白色，气生菌丝发达，无色素。

（二）川金 2 号（国品认菌 2008040）

1. 选育单位　四川省农业科学院土壤肥料研究所。

2. 形态特征　子实体小型，伞状；菌盖黄褐色至褐色，直径 5～12 mm，厚 2.5～3 mm；

菌柄长 15～18 cm（视采收时间而不同），直径 3.5～4.5 mm。

3. 菌丝培养特性　菌丝生长温度 5～30℃，适宜温度 22～25℃，最适培养温度 25℃，耐最高温度 35℃；保藏温度 4～6℃。在适宜的培养条件下，8 天长满直径 90 mm 的培养皿。菌落细绒毛状，边缘整齐，正反面均为白色，气生菌丝较发达，无色素分泌。

（三）川金 3 号（国品认菌 2008041）

1. 选育单位　四川省农业科学院土壤肥料研究所。

2. 形态特征　子实体中大型；菌盖黄褐色至褐色，直径 5～15 mm，厚 3～3.5 mm；菌柄长 15～18 cm（视采收时间而不同），直径 3～5.4 mm，孢子近白色。

3. 菌丝培养特性　菌丝生长温度 5～30℃，最适培养温度 25℃，耐最高温度 25℃；保藏温度 4～6℃。在适宜的培养条件下，8 天长满直径 90 mm 的培养皿。菌落细绒毛状，边缘整齐，正反面均为白色，气生菌丝较发达，无色素分泌。

（四）川金 4 号（川审菌 2008005 号）

1. 选育单位　四川省农业科学院土壤肥料研究所。

2. 形态特征　子实体丛生；菌盖黄色、半球形，直径 4.8～9.2 mm，厚 3～4 mm；菌柄上端近白色，基部为浅黄色，中生、圆柱形，长 17～20 cm，直径 2.4～3.8 mm，基部无绒毛，粘连度低，质地较硬。菌柄长度与直径比值为 59.3，菌柄长度与菌盖直径比值为 26.7。

3. 菌丝培养特性　菌丝生长温度 10～30℃，最适温度 25℃，耐最高温度 35℃，耐最低温度 -20℃；保藏温度 4～6℃。在适宜的培养条件下，7 天长满直径 90 mm 的培养皿。菌落舒展、绵毛状，正反面均为白色；菌丝洁白致密，气生菌丝较发达，无色素分泌。

（五）川金 6 号（川审菌 2010001）

1. 选育单位　四川省农业科学院土壤肥料研

究所。

2. 形态特征　子实体丛生；菌盖黄白色、半球形，直径 5 ～ 7.9 mm，厚 3 ～ 4 mm；菌柄上端近白色，基部为浅褐色，长 16 ～ 17 cm，直径 1.8 ～ 3.9 mm，中生，圆柱状，基部有少量绒毛，粘连度中等，质地较硬；菌柄长度与直径比值为 57.8，菌柄长度与菌盖直径比值为 25.5。

3. 菌丝培养特性　菌丝生长温度 10 ～ 30℃，最适温度 25℃，耐最高温度 35℃，耐最低温度 −20℃；保藏温度 4 ～ 6℃。在适宜的培养条件下，7 天长满直径 90 mm 的培养皿。菌落舒展、绵毛状，正反面均为白色；菌丝洁白、浓密，气生菌丝较发达，无色素分泌。

（六）金杂 19 号（国品认菌 2008043）

1. 选育单位　福建省三明市真菌研究所。

2. 形态特征　菌盖淡黄色、圆形，直径多数为 6 ～ 12 mm，厚 3 ～ 5 mm，表面光滑，中部突起，边缘内卷；菌柄淡黄色，长 15 ～ 18 cm，直径 2 ～ 4 mm，纤维质，少绒毛，无鳞片。

3. 菌丝培养特性　菌丝生长温度 4 ～ 32℃，耐最高温度 38℃ 4 h，耐最低温度 0℃ 8 h；保藏温度 4 ～ 6℃。在适宜的培养条件下，7 天长满直径 90 mm 的培养皿。菌落平整、较致密，正反面均为白色，气生菌丝较发达，无色素分泌。

（七）明金 1 号（国品认菌 2008044）

1. 选育单位　福建省三明市真菌研究所。

2. 形态特征　菌盖淡黄色、圆形，直径多数为 1 ～ 2 mm，厚 2 ～ 3 mm，表面光滑，中部突起，边缘内卷；菌柄淡黄色，长 10 ～ 15 cm，直径 3 ～ 4 mm，纤维质，少绒毛，无鳞片。

3. 菌丝培养特性　菌丝生长温度 4 ～ 32℃，适宜温度 20 ～ 25℃，耐最高温度 38℃ 4 h，耐最低温度 0℃ 8 h；保藏温度 4 ～ 6℃。在适宜的培养条件下，7 天长满直径 90 mm 的培养皿。菌落平整、较致密，正反面均为白色，气生菌丝较发达，无色素分泌。

（八）江山白菇（国品认菌 2008045）

1. 选育单位　浙江省江山市农业科学研究所。

2. 形态特征　子实体纯白色，丛生；菌盖半球形，直径 10 ～ 20 mm，肉厚不易开伞；菌柄长 15 ～ 20 cm，直径 2 ～ 3 mm，成熟时菌柄柔软、中空、不开裂、不倒伏，下部生有稀疏的绒毛。孢子释放晚。

3. 菌丝培养特性　菌丝生长温度 3 ～ 33℃，适宜温度 23 ～ 25℃，保藏温度 4 ～ 5℃。在适宜的培养条件下，8 天长满直径 90 mm 的培养皿。菌落平整、致密，边缘整齐，正面白色，背面灰白色，气生菌丝少，无色素分泌。

（九）F0306（A30）（国品认菌 2012006）

1. 选育单位　福建农林大学。

2. 形态特征　子实体白色、丛生；菌盖直径 5 ～ 13 mm，幼时球形至半球形，逐渐展开至平坦，中央略带黄点，表面光滑、有胶质薄皮，湿润时有黏性，边缘内卷；菌柄白色、硬直，长 15 ～ 18 cm，表面光滑。

3. 菌丝培养特性　菌丝生长温度 15 ～ 35℃，最适温度 30 ℃，耐最高温度 37 ℃；保藏温度 0 ～ 4 ℃。在适宜的培养条件下，9 天长满直径 90 mm 的培养皿。菌落舒展、绵毛状，边缘整齐，正反面颜色均为乳白色；菌丝较密，气生菌丝较发达，不良培养条件下局部菌丝老化时有黄色分泌液。

（十）A47

1. 选育单位　福建农林大学。

2. 形态特征　子实体白色、丛生；菌盖直径 6 ～ 14 mm，幼时球形至半球形，逐渐展开至平坦，中央略带黄点、光滑，表面有胶质薄皮，湿润时有黏性，边缘内卷；菌柄白色、硬直，长 12 ～ 17 cm，表面光滑。

3. 菌丝培养特性　菌丝生长温度 15 ～ 30 ℃，最适温度 25 ℃，耐最高温度 40 ℃，保藏温度 0 ～ 4℃。在适宜的培养条件下，11 天长满直径 90 mm 的培养皿；菌落舒展，绵毛状，边缘整齐，正反面均为乳白色，当培养温度在 30 ℃或以上时，边缘出现致密层；菌丝较密，气生菌丝较多，无色素分泌。

（十一）F0303

1. 选育单位　福建农林大学。

2. 形态特征　子实体白色、丛生；菌盖直径 4 ～ 11 mm，幼时球形至半球形，逐渐展开至平坦，中央略带黄点，表面光滑。

3. 菌丝培养特性　菌丝生长温度 15 ～ 35 ℃，适宜温度 25 ～ 30 ℃，耐最高温度 37 ℃；保藏温度 0 ～ 4 ℃。在适宜的培养条件下，10 天长满直径 90 mm 的培养皿。菌落舒展、绵毛状，边缘整齐，正反面均为乳白色；菌丝洁白、浓密，气生菌丝较发达，无色素分泌。

二、未认（审）定品种

（一）黄色金针菇菌株

1. 三明 1 号　该菌株丛生，单丛子实体菇蕾数达 200 枝以上，早期呈半球形或近球形，后逐渐开展，直径 1 ～ 2.5 cm；菌盖淡黄色，菌肉厚 0.2 cm，中央稍厚，边缘渐薄，开伞较快。菌褶白色；菌柄粗细较均匀，长 10 ～ 15 cm，直径 0.3 ～ 0.4 cm，较粗壮，淡黄色至黄褐色，绒毛不明显，菌柄分枝多，少扭曲，属细密型；菌丝生长温度 3 ～ 30 ℃，适宜温度 22 ～ 25 ℃，出菇温度 5 ～ 22 ℃，但以 6 ～ 16 ℃现蕾最密。

2. 苏金 3460　子实体丛生，细密型，菌盖白色至淡黄色，早期球形至半球形，朵形圆整，直径 0.5 ～ 1.5 cm，菌肉厚 0.3 cm 左右，稍内卷，离生；菌柄圆柱状、中空、细、均匀，长 15 ～ 20 cm，直径 0.2 ～ 0.3 cm，商品性状较好；菌丝生长温度 3 ～ 30 ℃，适宜温度 24 ～ 26 ℃；出菇温度 5 ～ 22℃，适宜温度 8 ～ 16 ℃。

3. 苏金 6 号　子实体丛生，单丛菇重平均 300 g，菌盖早期半球形或斗笠形，淡黄色，边缘较薄，直径 1 ～ 2 cm，菌褶白色；菌柄圆柱形，粗细均匀，长 10 ～ 16 cm，直径 0.3 ～ 0.4 cm，淡黄至白色，环境条件控制得好，下半部金黄色，绒毛

不明显，菌柄不扭曲，属细密型，转茬快；子实体生长温度 6 ～ 22 ℃，5 ～ 8 ℃子实体生长缓慢，色泽浅，不易开伞，质量最好，产量最高。

4. 金针 913　子实体丛生，细密型，较耐低温，菌盖乳黄色，小球状，整齐一致，不宜开伞；菌柄圆柱状，较长，自上而下为浅白色，直径 0.2 ～ 0.5 cm，根部乳黄色，不易变褐，商品性状较好；菌丝生长温度 3 ～ 28 ℃，适宜温度 22 ～ 24 ℃；出菇温度 5 ～ 20 ℃，适宜温度 8 ～ 12 ℃。

（二）白色金针菇菌株

1. FL212　子实体纯白色，生长整齐，早期呈半球形，不易开伞，直径 0.5 ～ 1.5 cm。菌肉厚 0.3 ～ 0.35 cm，菌褶白色，离生，菌柄乳白色、挺直，圆柱状，中空，粗细均匀，长 15 ～ 20 cm，直径 0.2 ～ 0.4 cm，有光泽；菌柄大部分无绒毛，仅在近基部处有白色细密绒毛；产品适合鲜销和制罐，出菇温度 5 ～ 22 ℃，适宜温度 6 ～ 16 ℃。

2. FL10　子实体丛生、细密、洁白，菌盖呈钟形，直径 0.5 ～ 1 cm，菌肉厚 0.3 ～ 0.4 cm，不易开伞。菌柄挺直，直径 0.3 ～ 0.4 cm。菌丝生长温度 15 ～ 28 ℃，适宜温度 20 ～ 24 ℃；出菇温度 5 ～ 20 ℃，适宜温度 8 ～ 18 ℃。该品种在豫北地区主要应用于二茬栽培，菇质优、产量高。

3. FL088　子实体丛生，每丛 160 ～ 240 枝，生长整齐，菌盖乳白色，早期呈球形，后期呈半球形，直径 0.5 ～ 1.5 cm。菌肉厚 0.3 ～ 0.35 cm，菌褶白色，离生，菌柄乳白色，纤维质，圆柱状，中空，粗细均匀，长 15 ～ 20 cm，直径 0.2 ～ 0.4 cm，稍有光泽。菌柄大部分无绒毛，仅在近基部处有白色细密绒毛，比 FL10 的菌柄细、软。出菇温度 5 ～ 18 ℃，适宜温度 6 ～ 16 ℃。

4. Fv093　子实体纯白色，丛生，生长整齐，菌盖半球形、内卷，不易开伞，直径 0.5 ～ 1.5 cm，菌肉厚 0.3 ～ 0.35 cm，菌褶白色，不等长，离生；菌柄乳白色、挺直，圆柱状、中空，粗细均匀，长 15 ～ 20 cm，直径 0.3 ～ 0.7 cm，有光泽，菌柄绒毛少，仅在近基部处有白色细密绒毛；子实体色

木腐菌生产技术

泽对光照不敏感，在1 000 lx以下子实体洁白不变色，适合鲜销、制罐及冷冻出口的产品要求；出菇温度5～20℃，适宜温度8～15℃。

5.1011　在生产中的主要表现为原基形成密集整齐，抗病能力强，适应温度范围较广，在4～18℃均能正常出菇，菌柄中粗，乳白色，圆柱形，中空；菌肉厚0.3～0.4 cm，不易开伞；子实体生长整齐一致，产品适合鲜销、制罐和即食品的加工，特别适合北方半地下式菇房栽培。

6.FL8903　为当前工厂化再生植法袋栽主要品种之一。子实体丛生，菇蕾数多，菌盖直径0.4～1 cm，菌肉厚0.3～0.4 cm，不易开伞；菌柄中粗，直径0.3～0.4 cm，较硬挺，基部有绒毛、多粘连；菌丝生长适宜温度20～22℃，子实体形成适宜温度10～13℃。

7.雪秀1号　为当前工厂化瓶栽主要品种之一。子实体丛生，出菇密度高，菇形秀美，色泽洁白；菌盖直径0.4～1.2 cm，菌盖顶部略有凹凸感，菌肉厚0.2～0.35 cm；菌柄挺直，商品菇菌柄长13～15 cm，直径0.2～0.5 cm，基部绒毛少；菌丝生长温度4～32℃，适宜温度18～20℃；出菇温度5～18℃，适宜温度8～9℃，鲜菇口感好，爽滑脆嫩，略带甘甜味，耐储存。

8.金白18　子实体丛生、细密，出菇早，菇质好，菌柄、菌盖雪白，菌盖钟形，菌盖直径0.5～1 cm，菌肉厚0.2～0.5 cm，不易开伞；菌柄挺直，直径0.3～0.5 cm，硬挺，商品性状好；菌丝生长温度15～30℃，适宜温度20～24℃；出菇温度5～20℃，适宜温度6～18℃。

第四节

主要生产模式及其技术规程

一、塑料袋熟料直生栽培模式

（一）生产时间

在我国的大部分地区，以秋季栽培为主。秋季9～11月栽培的菌袋，从11月一直出菇到翌年4月。

（二）菌种准备

栽培品种选择应结合当地的环境及气候条件。一年分为春、秋两季栽培。秋季气温由高到低，只要选定适合金针菇出菇温度的时期，再往前推算约30天（菌丝体生长时期）就是制袋期。

（三）培养料配方与配制

1.配方

配方1：棉籽壳45%，杂木屑30%，麸皮20%，玉米粉3%，过磷酸钙0.5%，石膏1%，石灰0.5%。

配方2：杂木屑39%，玉米芯39%，麸皮或米糠20%，石膏1%，石灰1%。

配方3：棉籽壳60%，木屑12%，麸皮20%，玉米粉5%，石膏1%，过磷酸钙0.5%，石灰1.5%。

2.配制　参照前面介绍的配方选用干燥、新鲜、无霉变、无虫害、颗粒大小适宜、粗细搭配合理的原料，先按65%～70%的含水量加水，充分搅拌，拌好的培养料必须均匀一致。一般先干拌5 min，再定量加水，边加水边搅拌，继续搅拌30 min左右，使营养、水分充分混匀，而且要保证每批料的含水量都尽量均匀一致。

（四）装袋

常用塑料袋的规格为宽17～18 cm×长33～38 cm×厚0.004～0.005 cm的低压高密度聚乙烯或聚丙烯塑料折角袋。

培养料拌好后立即装袋，装袋场地要求平整，以水泥地面为好。装料量因季节而异，一般早秋栽培，自然温度偏高，可装少些，秋冬低温可装多些。装料量一般为 300 ～ 500 g，料袋高度为 8 ～ 15 cm。装好的料袋要求四周紧密、均匀、松紧适宜，料面平整，随料面将袋口折下包在一侧，用橡皮圈固定。坚持做到拌料、装袋、灭菌当天完成。

（五）灭菌

装好的料袋必须尽快装锅灭菌，气温在 15 ℃以下，装好的料袋存放不宜超过 10 h；气温在 15 ℃以上，装好的料袋存放不宜超过 5 h；一般料袋在灭菌锅内摆放 5 ～ 8 层，料袋间要留有缝隙，便于蒸汽流通，受热均匀。聚丙烯塑料袋透明度好，高压、常压灭菌均可，但手感滞涩、韧性差，底部易出现微孔造成发菌后期污染，破损率高，在低温季节更为严重。聚乙烯塑料袋手感光滑、韧性好，操作过程中不易出现微孔，破损率低，但不耐高压，透明度低。如采用高压灭菌，要注意排气时不可太急，以防塑料袋膨胀爆破。河南省各地栽培金针菇多以常压灭菌为主。常压灭菌达到 100 ℃维持 12 ～ 18 h，灭菌时间的长短以料袋的大小、装入量的多少、料袋的摆放形式决定，确保灭菌彻底。

（六）接种

接种一般在接种箱内进行，生产量大可以在接种室内进行。接种前应先对接种箱（室）进行认真细致的清扫检查，看是否有破损或漏气，按每立方米空间用气雾型消毒剂密封熏蒸 30 ～ 60 min 进行预消毒处理。对所用菌种要严格检查，发现生长不正常或杂菌污染的菌种要杜绝使用。经检查合格的菌种，使用前需先用 75% 酒精棉球擦拭外壁，或用 0.1% 的高锰酸钾溶液浸湿，以杀灭菌种瓶（袋）外表的杂菌。然后将灭菌后冷却至 26 ℃以下的料袋、菌种及接种工具一起放入接种箱（室）内，重新用气雾消毒剂等杀菌剂熏蒸消毒 30 min后，接种人员要穿工作服、戴工作帽和口罩，双手用肥皂水洗净或戴乳胶手套，并用 75% 酒精棉球

擦拭，然后进入接种箱（室）内，再用 75% 酒精棉球擦手及接种工具，将菌种瓶（袋）口打开，再次用 75% 酒精棉球反复擦拭消毒后，用接种钩耙去上部老菌种块及菌被。把料袋打开，每袋接入栽培种适量，使菌种呈颗粒状覆盖整个料面，然后仍用原来的方法密封瓶（袋）口。

（七）发菌管理

接种后的菌袋移入事先消毒好的培养棚（室）内培养菌丝。培养场所要求环境清洁、干燥、通风、蔽光。培菌场所温度在 20 ～ 25 ℃时，菌袋立放 1 ～ 3 层；温度在 10 ～ 15 ℃时，菌袋立放高度可增至 5 ～ 8 层；菌袋移入后，培养场所每天或隔天通风一次，保持空气新鲜。当菌丝长到菌袋高度的 1/3 时，去掉橡皮圈，拉松袋口（但不能全部打开），增加袋内通气量，促进菌丝旺盛生长（图 7-3-5）。整个培菌期内搞好环境卫生和病虫害防治，发现污染及时捡出并妥善处理，以免传播蔓延。正常情况下经过 25 ～ 35 天，菌丝可发满全袋。

图 7-3-5　正在发菌的金针菇菌袋

（八）搔菌

金针菇具有边发菌边出菇的特点，当菌丝长到菌袋高度的 2/3 时，如出菇场地的环境温度条件适宜子实体分化形成，可提前催蕾出菇。

将待出菇的菌袋口打开，用接种铲或小勺搔掉浮在料面上的菌种，搔平料面并把袋壁上的碎料清理干净，拉直袋口并向外反折将料面以上塑料膜翻下 1/2，单层排放在地面或床架上，轻喷一

遍防霉杀菌剂，菌袋上方覆盖报纸或塑料薄膜，养菌3～5天，控制出菇场所温度在8～16℃，空气相对湿度85%～90%。每天向覆盖物及棚内四周、空中、地面喷水，每天通风1～2次，每次30～50 min，并给予一定的散射光，促使子实体尽快形成。条件适宜时10天左右料面即可大量形成米粒状原基。

（九）育菇

当子实体伸长至2 cm左右时，将菇房温度控制在5℃左右，减少或停止喷水，加大通风量，使正常发育的子实体受到抑制，缓慢生长，以利出菇整齐。抑制期5～7天即可。

抑制期过后，将温度控制在8～16℃，空气相对湿度90%～95%，菌袋上方覆盖塑料膜调节袋内二氧化碳含量，环境中光线尽量调暗，促进子实体的菌柄快速生长。随着子实体生长的加快，所需氧气也有所加大。每天结合喷水把覆盖物掀开，通气20～30 min，偶遇外界气温高时，菇房内减少喷水量，降低湿度，以免因高温、高湿导致病害发生，使菇体内部生理失调，造成畸形菇和烂菇。

（十）采收

菌柄长、嫩、白的金针菇为优质品。菌柄长至10～15 cm，菌盖内卷呈半球形、直径1～1.5 cm时，就应及时采收。如果不及时采收，2天后菌盖就会展开，菌柄长至20 cm以上，菌柄纤维化，加工或鲜售的质量等级都会下降。若过早采收，菌柄长度低于10 cm、菌盖直径小于0.5 cm，则不利于提高产量。

采收时，用手按住袋口，另一手轻轻握住菌柄整丛拔出。采收完第一茬菇后，要将菌袋内残留的枯萎小菇清理干净，以利出第二茬菇。第一茬菇采收后10～20天，可收第二茬菇，一般采收3～4茬。但一茬比一茬产量低，质量差。

（十一）包装

常见的有大袋包装、中袋包装，小袋真空包装、小袋带基包装、托盘包装等形式。

1. 大袋包装　采收后的金针菇，去掉菌柄根部

的杂质，用剪刀将根部修剪整齐，把鲜菇一丛丛装入聚乙烯塑料袋内，每袋装鲜菇2.5 kg，用专用的压缩工具将袋内的空气排除，将菇体压紧并快速用细绳把袋口扎紧，放入专用的纸箱内（图7-3-6），每箱8袋，净重20 kg。

图7-3-6　金针菇的大袋包装

2. 中袋包装　每袋装入修剪好的金针菇0.5 kg，用电热封口机封口，放入专用纸箱内，每箱20袋，净重10 kg。

3. 小袋真空包装　每袋装入修剪好的金针菇0.25 kg，用真空包装机抽净袋内空气并封口，放入专用纸箱内，每箱40袋，净重10 kg。

4. 小袋带基包装　一般小袋装100 g鲜菇，然后装入纸箱内，每箱10 kg。

5. 托盘包装　修剪好的金针菇放入蔬菜专用托盘内，每盘0.25 kg或0.5 kg，在专用包装机上用保鲜膜包好，进入超市或直销店。

（十二）贮藏

金针菇的贮藏、运输和销售，有条件时应在冷链环节下进行，即贮藏、运输和销售的环境温度维持在0～5℃。

二、筒式塑料袋两端出菇生产模式

这一栽培模式利用聚乙烯或聚丙烯塑料膜截

成一定长度的袋子，两端接种，墙式排袋，两端出菇。这种模式提高菇房空间利用率，增大容量。室外地沟、窑洞、简易塑料大棚等均可利用作为出菇场地，具有投资少、生产成本低、易管理、经济效益高等优点。

（一）生产准备

筒式塑料袋两端出菇生产模式，生产时间、菌种准备、培养料配方与配制等环节可参照本节"塑料袋熟料直生栽培模式"的相关内容进行。

（二）装袋

根据灭菌条件选用聚乙烯或聚丙烯塑料筒，规格为 17 cm×35～40 cm×0.004 cm 的筒袋。装料时，先用绳子将一端扎好，撑开另一端将培养料装入袋内，边装边压实，料装至 15～16 cm 时，把料面压平扎好袋口。袋子的两端必须各留出 10～12 cm 长的袋膜，便于子实体生长。

（三）灭菌

料袋装好后，随即放入高压或常压蒸汽灭菌锅内，平放 4～6 层，料袋间要留些空隙，不可堆积太紧或太高，量大可加隔层后再放，以免料袋受挤压使间隙堵塞，蒸汽难以流通，影响灭菌效果。同时，由于料袋受热后变软，再加上挤压太紧或料袋装的太松，塑料袋易与培养料之间出现空隙，出菇时易在袋壁形成菇蕾，从而影响料面正常出菇。锅装好后，在高压 0.15 MPa、126 ℃保持 1.5～2 h。常压 100 ℃保持 8～12 h，再闷 4～6 h 后出锅，常压灭菌从装好锅到袋温达 100 ℃，最好不超过 4 h，否则培养料易变酸。

（四）接种

接种时严格按照无菌操作规程操作，先将已经灭菌冷却好的料袋、菌种及接种工具全部放入已消毒的接种箱（室）内，再重新进行消毒，一般 30 min 后，点燃酒精灯，将接种钩或接种匙在火焰上反复灼烧消毒后，打开菌种瓶口用接种钩剔除菌种表面的老化种块，将菌种用接种钩搅碎呈颗粒状，在酒精灯火焰上方的无菌区内，打开料袋快速接入菌种，两端接完菌种后把袋口扎好。接种量以均匀覆盖培养料面为宜，整个操作过程要迅速，尽量缩短料面和菌种在空气中暴露的时间，减少杂菌污染机会。接种时间最好选在早、晚进行，以利于提高接种成功率。

（五）发菌管理

接种后的菌袋可排放在多层床架或培养架上，采用分层横放方式，每层床架中放 3～5 层。床架层间要适当留些空隙，有利于空气流通。接种后的 10 天内，菌丝处于萌发定植时期，培养室温度应控制在 23～25 ℃，促使菌种尽快封面定植。10 天后菌丝已封严料面并长入料中，由于呼吸作用产生热量，袋内温度往往比室温高 2～4 ℃。此时室温以 18～20 ℃较为适宜，这一阶段培养室温度不要低于 18 ℃或高于 25 ℃。低于 18 ℃易出现菌丝未满袋即提前出菇现象，使培养料中的养分不能充分利用，严重影响产量；若高于 25 ℃，要立即采取通风等降温措施，以免造成菌丝发黄萎缩或杂菌污染。为使菌袋发菌均匀一致，培养期间要尽量保持培养室内黑暗，并每隔 10 天将菌袋上下内外调换一次位置，当菌丝长入菌袋 5 cm 左右时，菌丝量增多，生长速度加快，代谢活动加强，需氧量增加，此时应将袋两端扎紧的绳子松开，松动一下袋口，以增加通气量促进菌丝健壮生长。一般培养 25～35 天，菌丝可长满全袋。

（六）搔菌催蕾

把搔菌用的工具在克霉灵等消毒杀菌药液中浸泡或在酒精灯火焰上灼烧，然后将菌袋扎口绳去除，打开袋口，将料面的老菌种块及菌膜搔掉，并整平料面。

搔菌后的菌袋呈墙式摆好，一般摆放 6～8 层，两侧最好用塑料薄膜搭盖，促进菌丝恢复，将菇房温度控制在 10～15 ℃，空气相对湿度 85%～90%，给予一定散射光。经 15 天左右，料面可大量形成小米粒状原基。此时管理的重点是把菇房门窗打开，掀起搭盖的薄膜，增加通风量和光照强度，促进菇蕾大量形成（图 7-3-7）。

图 7-3-7　金针菇菇蕾形成

（七）育菇管理

当子实体伸长至 1 ~ 2 cm 时，将菇房温度降至 5 ~ 8 ℃，保持一定量的通风和光照，促使菇蕾整齐、健壮。壮蕾的时间长短，可根据气温而定，若温度偏低，子实体长得慢，数量多而整齐，一般需 5 ~ 7 天；气温偏高时，壮蕾时间短，菇蕾数量少、整齐度差。当子实体伸长至 5 cm 左右时，为获得柄长、盖小的优质产品，适当提高二氧化碳浓度。将菇房门窗缝隙用纸糊住，减少空气流通，同时，把菌袋两端的塑料膜全部撑开拉直，增加小气候的二氧化碳浓度，抑制菌盖开伞，加速菌柄伸长。但菇房内的二氧化碳浓度不可过高，否则易形成菌柄纤细而无菌盖的针头菇，严重影响产量和质量。

空气湿度的调节根据子实体生长的不同时期进行人为控制。在菇蕾形成初期，空气相对湿度以 90% 左右为宜；当菌柄长到 5 cm 以后时，空气相对湿度应控制在 85% 左右。一般每天早、中、晚向菇房四周、空间轻喷雾化水，喷水次数应根据自然温度高低、不同生长时期而有所不同。出菇期间禁止向子实体直接喷水，否则易使菇体发黄影响鲜菇质量，菇体过湿也易产生根腐病和细菌性斑点病。

（八）采收

开袋后经过 20 天左右的管理，达到采收标准后要及时采收（图 7-3-8）。采收前 2 天要适当加大通风，降低湿度，这样采收后的金针菇比较耐贮藏，货架寿命长。去掉套袋，手握菌柄基部，将金针菇成丛采下，菌盖朝向一端放在采菇筐中，避免菌柄基部的培养料掉落在金针菇上。

图 7-3-8　金针菇采收前

（九）包装

根据市场要求采用 2.5 kg 的大包装，每箱装 8 袋，净重 20 kg。

三、生料畦床栽培模式

生料畦床栽培，就是将配制好的培养料不经任何灭菌处理，在开放式环境中直接向畦床铺料播入菌种。此法减少了熟料栽培时的能源消耗和劳动强度，简化了生产工序，降低了生产成本，具有栽培工艺简单，适宜大规模、机械化生产的优点。但这一栽培方法杂菌污染率相对较高，产量不稳定，菇质较差。仅限于北方 15 ℃ 以下低温季节生产，品种以三明 1 号、金杂 19 号等黄色品种较为适宜，白色品种不宜采用。

生料畦床栽培模式，培养料配方与配制、采收及包装等环节可参照本节"塑料袋熟料直生栽培模式"的相关内容进行。

（一）生产时间

在我国的大部分地区，以秋冬季栽培为主。秋季 10 月中下旬至 11 月底栽培的畦床，从 12 月一直出菇到翌年 4 月。

（二）菌种准备

一般母种于栽培接种前 95 天制备，原种于栽培接种前 80 天制备，栽培种于畦床接种前 40 天制备。根据我国气候特点，北方一般应在 7 ～ 8 月生产母种，8 ～ 9 月生产原种，9 ～ 10 月生产栽培种。

（三）畦床建造与消毒

室内可用砖或专用木制模板围成宽度为 50 ～ 80 cm、长度不限的畦床，畦床一般高 10 ～ 15 cm，并留出 40 cm 的人行走道。室外阳畦，可挖土建成深 15 cm 左右、宽 70 ～ 80 cm、长度不限的畦床。床面要求平整，使用前用 5% 的石灰水或克霉灵药液喷洒地面和四周消毒，上铺塑料薄膜。用床架栽培时，床架的层间距不得少于 50 cm，床与床之间设 60 cm 宽的人行道。

（四）铺料接种

生料畦床栽培金针菇，可因地制宜选择培养料配方，但其中麸皮或米糠用量以 10% 左右以宜，用量过多易造成杂菌污染和病虫危害。石灰用量可在熟料栽培基础上增加 0.5% ～ 1%，并加入 50% 多菌灵可湿性粉剂或 0.1% 克霉灵粉剂，以防杂菌污染。

将配制好的培养料铺到畦床薄膜上，薄膜宽度为床面的 2 倍再加 100 cm，长度因床而异。采用分层和四周播种的方法，逐层加料和播种，菌种的分配为底层、中层、四周各 1/5，料面为 2/5；每平方米用干料约 25 kg，用种量为干料重的 10% 以上，畦床料厚 12 ～ 15 cm，整平压实呈龟背形，盖膜保湿，薄膜覆盖要严而不死，以利菌丝尽快恢复生长。

（五）发菌管理

播种后，气温应控制在 15 ℃ 以内，料温不超过 18 ℃。一旦温度升高，要及时通风降温，否则易造成大面积污染，播种 10 天内，菌床不需做任何管理，10 天后需打开薄膜，检查菌丝生长情况，如个别地方尚未萌发，可轻轻抖动薄膜通气，促使菌丝向料内延伸。正常情况下，经 20 天左右，菌丝可布满料面，并深入料内 2 ～ 3 cm，此时，应增加通风量，每天保持揭膜通风 10 ～ 15 min，以加快菌丝生长，经 40 天左右，菌丝即可长满整个菌床，进入出菇阶段。

（六）催蕾

当菌床表面菌丝由灰白色转为雪白色，并有黄水出现时，则意味着原基即将形成。此时，把薄膜抬起，高度为距料面 15 ～ 20 cm，温度控制在 13 ℃ 左右，空气相对湿度 85% 以上。菇房每天通风 2 ～ 3 次，揭膜换气 1 ～ 2 次，每次 10 ～ 15 min，经过 7 天左右，床面可见大量菇蕾产生。头茬菇一般不搔菌，但要拔除较大的散菇。菇蕾催的是否整齐，直接影响产量的高低，要想催蕾整齐，必须严格按要求去做。在整个催蕾过程中，温度低于 8 ℃、高于 18 ℃，空气相对湿度低于 70%、高于 95%，均很难催齐菇蕾。

（七）育菇管理

1. 抑制幼菇生长　当幼菇伸长至 1 cm 左右时，降温至 3 ～ 5 ℃，降低湿度，减少或停止喷水，将空气相对湿度控制在 75% 左右，加强通风换气，延长揭膜时间。通过以上措施，以抑制幼菇生长，使幼菇坚实、挺直、整齐一致，此期 5 ～ 7 天。

2. 促柄增长　抑制期之后，加强温、湿度及光照调节，温度控制在 10 ～ 15 ℃，增加喷水量使空气相对湿度保持在 90% ～ 95%，减少通风，并给予微光诱导，使菌柄朝着光源方向伸长。此时菌柄生长很快，5 ～ 7 天即可达 10 ～ 15 cm，10 天后菌柄长度可达 20 cm。

畦床栽培金针菇的出菇管理，也可参照再生法利用子实体生长过程中顶端优势的特点，将长至 2 ～ 3 cm 的幼菇顶端通风干燥，或提高二氧化碳浓度，或剪除菌盖，使顶端萎蔫和损伤失去顶端优势，促使菌柄上潜在的侧芽分蘖再生出数量极多的菇蕾，以获得更多的子实体，达到增产的目的。

工厂化生产技术

金针菇工厂化生产是按照金针菇生长周期所需，利用工业技术调控温、湿、光、气等环境要素，利用机械设备实现自动化操作，集自动化机械、智能化控制、模拟生态环境于一体的生产线。

金针菇是目前工厂化生产开发最为成功的木腐型食用菌，这一技术最早由日本在20世纪60年代开发成功，利用各种自动化控制设备形成一整套周年工厂化生产金针菇的体系。80年代又将栽培瓶制作阶段（拌料、装瓶、灭菌、接种、培养、搔菌），集中到"培养中心"，采用高度自动化生产，农户提前2个月和"培养中心"进行沟通，确定供货时间和数量，价格由农协、农户、厂家三方共同协商。目前国内金针菇工厂化生产主要有外资企业、台资企业和内地企业三种经营类型，工厂化金针菇生产量占我国工厂化生产食用菌的60%以上。

工厂化周年生产金针菇主要有塑料袋栽培和塑料瓶栽培两种生产模式。塑料袋栽培自动化程度相对较低，产品质量也较塑料瓶栽培稍差，前期投资较小，但产品具有价格优势，目前有存在的市场空间；塑料瓶栽培自动化程度高，产品质量优，但前期投资巨大。各企业可以根据自身条件进行选择。

一、工厂化塑料袋再生出菇生产模式

（一）菇房设计

1. 菇房结构　菇房以东西走向和双排为好，中间通道2m以上，以便于通行。

以日产1t规模的厂房计算，可设10～12间出菇房。出菇房净长9.5m，净宽5m，净高3.5m，天花板用20cm厚的泡沫塑料板，沿摆放床架的正上方中间预埋照明电线。四周及地板用10cm厚的塑料泡沫板作保温隔热。两侧墙的中间每隔3m预

埋插座，作补充照明及内循环通风时的电源。内外墙各设1.2～1.5m宽的房门。外墙正门两边离边墙40cm、离地面30cm处各设40cm宽的正方形排气窗，正对中间通道的外墙内侧安装风机。外墙上侧（离天花板50～80cm）正对风机回风板处，预埋5cm口径进风管道数根。紧靠外墙的外面设宽1.8m的栏道作安装制冷机组用，在离地面2.5m处搭荫棚，尽量使制冷机组避开日晒雨淋。

2. 菇房的层架设置　菇房内采用层架设计，除了考虑节约投资，提高菇房利用率外，更要考虑到空气流通和光照均匀等方面的需求，以及排袋、采菇等操作的便利。可根据菇房的结构、栽培袋的大小设计床架的长、宽，使床架达到最合理利用。

层架要求选用坚实耐腐的材料，两排床架中间设70cm宽通道，靠墙两边留60cm宽作回风道兼过道，这样既便于操作，又能使室内空气流通，光照均匀。

（1）培养室的设置　从国内金针菇袋栽规模来看，日产5 000袋的小企业比较多。室内可设置4个7层栽培架，两侧栽培架不能紧靠墙壁，以利空气循环。为使所有栽培层架之间的空气上下对流，层架的搁板为条状。每间培养室都应有独立的制冷、制热、排气、光照等自动控制系统。

（2）出菇房的设置　出菇房也是采用层架摆放，为了使出菇房内各角落温湿度、通风尽可能均匀，出菇房有效面积以33 m^2 为宜，内置7层栽培架。每一间出菇房均有独立的制冷、加热、补氧、光照系统。

3. 制冷量　金针菇在10℃以下才能长得粗壮、洁白。

菇房制冷设备单一控制比中央空调控制方便、节能。每间菇房由压缩机、冷凝器、加压泵、冷风机组装配套成制冷机组。冷却塔、水池可共用一个，以最少的能耗达到最佳制冷要求。

4. 光照设计　白色金针菇在菇蕾发生与子实体生长过程中要求有光照，短时间光线照射，对促进子实体的快速生长、子实体颜色的增白和产量的提高有较明显的作用。

在灯光的布局上要尽量做到均匀、充足，一般的日光灯或荧光灯的光照强度可满足上3层子实体生长对光照的需求。3层以下部分可用光度计进行测定，根据需要可在两侧临时增加移动式灯管补充光照，保证有足够和均匀的光照强度。

5. 通风换气　通风包括内循环通风和外循环通风（室内外换气）两个方面，是栽培的重要环节。

金针菇在子实体生长过程中，会产生一定量的二氧化碳，需要适时更换新鲜空气。二氧化碳的相对密度大于空气的相对密度，会在室内向下沉积，冷空气也往下沉积，使上下层之间温度、湿度、二氧化碳浓度不一致。

在考虑通风时，应同时考虑内循环通风和外循环通风两个方面。

内循环通风可在层架的中间及两侧上方设1个往复式内循环风扇；而外循环通风不仅要求适时更换适量的新鲜空气，还应考虑温度与湿度的变化。

6. 智能控制　为节省人力物力，最大限度地提高金针菇产品的质量，必须通过合理的菇房控制技术，使光照、水分、空气各个生长因子达到最佳状态。这需要把上述各项设计科学合理地连接起来，构成一个完整的控制系统。

一是温度。将感温探头连接到控制器，温度超出设定范围时，自动开启制冷系统。二是光照。将照明系统连接到时控器，设定不同时期的光照强度与光照时间。三是内外循环通风。将内外循环风扇分别连接到时控器，然后分别对内循环通风和外循环通风作不同设定。低速、低风量的内循环通风对子实体生长极为有利，一般可每小时进行10～20 min内循环通风。外界湿度较大时，可增加内循环通风量，减少外循环通风量，以此来降低子实体周围二氧化碳浓度，稳定菇房内空气湿度，促进子实体正常生长。

更换新鲜空气时，应根据二氧化碳测定仪测定的数值，针对金针菇不同生长时期和不同气候条件，设定相应的换气时间和换气量，基本实现金针菇出菇的自动控制。

（二）栽培前的准备

栽培前需要准备栽培原料、栽培袋及封口材料、菌种等。

1. 栽培原料　金针菇栽培的原料包括主料和辅料两大类。主料可以选择用木屑、棉籽壳、玉米芯、甘蔗渣等，辅料包括麸皮、细米糠、玉米粉、石灰、石膏、过磷酸钙等。

栽培金针菇的木屑应选择软质阔叶树木屑，木屑使用前最好经过3～6个月的堆积，不断淋水发酵后才能使用。为防止尖锐的木刺刺破菌袋，木屑要用振动过筛机过筛。棉籽壳颗粒适中，持水性和透气性好，是栽培金针菇的优质原料。玉米芯含糖量高，颗粒较大，配料前需要经过发酵处理才好。甘蔗渣由于成本低，也广泛用于金针菇生产。

由于主料中含氮量偏低，不能满足金针菇生产的需要，所以要添加含氮量高的辅料。袋栽多用新鲜麸皮，添加量一般为培养料总量的20%左右。有人认为添加2%～5%的玉米粉有一定的增产作用，但添加量不宜过多，否则培养料会发黏，影响培养料的透气性。

为满足金针菇对矿质元素的需要及调节酸碱度，培养料中一般要添加少量的石膏、过磷酸钙、石灰等。

2. 栽培袋及封口材料　目前工厂化栽培金针菇多数采用高压灭菌，使用宽17 cm×长38 cm×厚0.005 cm的一端封口的聚丙烯折角袋，这种菌袋装好后底端为一平面，便于摆放。

为提高菌袋的透气性和接种速度，袋口需要套上颈圈（图7-3-9），用棉花、纤维棉或专用无棉盖体封口。

图7-3-9　封口颈圈

木腐菌生产技术

3.菌种 规模化生产多数采用瓶装木屑菌种。要在生产前制订详细的菌种生产计划，包括数量计划和时间计划。依照每天生产料袋数量确定栽培种生产量，依照栽培种需要量确定原种生产量，依照原种需要量确定母种生产量。一般每支母种接种原种5～6瓶，每瓶原种接种栽培种30瓶左右，每瓶栽培种接种栽培袋20袋左右。时间计划按照母种8天长满，木屑原种和栽培种大约30天长满来进行计划。现在部分企业已采用液体菌种，由于液体菌种不耐贮藏，母种、摇瓶种子和发酵罐菌种的生产计划更要详尽。

优质菌种应该纯度高、生长旺、菌龄适宜，幼龄菌种菌丝量少，老化菌种萌发力差，直接影响栽培效果。

（三）培养料配制

1.原料过筛 生产所用木屑要用振动过筛机过筛，除去大的木片及其他杂物。如果含有较大的木片或刺状木片，不但会刺破料袋造成微孔污染，还可能由于其不能完全湿透导致灭菌不彻底，为料袋后期污染埋下隐患。木屑过筛后通过输送带送到拌料机内。

2.拌料 首先要根据金针菇生长对营养的要求确定培养料配方。配方设计要考虑营养、持水性、透气性等因素。

目前工厂化生产的常用配方与本章"塑料袋熟料直生栽培模式"相同。

由于木屑、玉米芯要提前预湿软化，采用容积配料反而比重量配料更方便。按照配方的重量折算出各种原料的容积，用不同容积的容器量取各种培养料，在大型搅拌机中进行搅拌。木屑与麸皮的容积比约为3∶1，每立方米混合料加水350 kg左右，培养料含水量63%。一般先干拌5 min，再定量加水，边加水边搅拌，继续搅拌15 min左右，使营养、水分充分混匀，而且要保证每批料的含水量都尽量均匀一致。培养料含水量要求在61%～62%。如果含水量偏低，将严重影响产量和质量；含水量偏高，透气性变差，菌丝生长不良。

（四）装袋

工厂化栽培金针菇多选用半自动冲压式装袋机进行装袋。小型企业多采用单机使用的半自动冲压式装袋机，大型企业多选用与拌料机联合使用的装袋系统，一台拌料机带两台装袋机，或者两台拌料机带五台装袋机。拌料机拌好的培养料直接由输送带送到装袋机的进料口，在一个搅拌装置的作用下自由落体进入塑料袋，然后在装袋机的冲压板作用下被压实。同时在料袋的培养料中央打一透气孔。1名工人只需将空的塑料袋套在装袋机转盘的转换工位上，依靠转盘旋转至进料口下方，培养料装满后再旋转至冲压板下方，在弧形抱夹保护下被压实，最后旋转到另一端，由3～4名工人将装好的料袋取下，套上塑料颈圈，塞上棉塞或纤维棉，或者用无棉盖体封口。要求：从拌料、装袋到装锅要在3 h内完成，并尽早开始灭菌，以减少灭菌前微生物的自繁量。装好的料袋放入灭菌筐或灭菌车内准备灭菌。

（五）灭菌

工厂化生产主要采用高压灭菌。

1.灭菌锅配置 日产5 000袋的中型企业多选用直径1.2～1.5 m的圆形高压灭菌锅，单锅容量1 200～2 500袋；日产10 000袋以上的大型企业多选用矩形高压灭菌锅（图7-3-10），单锅容量5 000～10 000袋，根据生产量确定购买灭菌锅的数量。从进锅到出锅结束，每次灭菌约需5 h。从生产方便和防止污染的角度考虑，最好选购两端都可开门的灭菌锅，这样可以将有菌区和无菌区分开。

图7-3-10 矩形高压灭菌锅

2.锅炉配置 日产5 000～10 000袋的企业可

以选用每小时汽化量 0.5 t 的锅炉，日产 10 000 ～ 20 000 袋的企业需要选用每小时汽化量 1 t 的锅炉，日产 20 000 袋以上的大型企业需要选用每小时汽化量 2 t 的锅炉。

3. 灭菌操作　生产中要边装袋边装锅，装袋临近尾声时，即开始给锅炉加热，积蓄蒸汽，封闭好灭菌锅后即可向灭菌锅内通入蒸汽，这样可以减少袋中微生物的自繁量。通入蒸汽时打开下方排气阀，热蒸汽从锅顶向下将锅内冷空气挤压出去，当排气口排出不间断的白色蒸汽时，关闭排气阀。继续加热，当压力升至 0.05 MPa 时，打开排气阀使压力恢复到 0，关闭排气阀继续加热。这样缓慢排气和集中排气相结合，可以排净锅内的冷空气。当压力升至 0.11 MPa 时开始计时，控制压力在 0.11 ～ 0.14 MPa，保温保压控制 2 h。灭菌结束后，让锅体自然冷却，压力指示降至 0 后，微开门，让余热烘干棉塞。待袋温降至 60 ℃后出锅。灭菌前用较厚的塑料膜（防潮膜）盖住料袋，可以避免棉塞被打湿，运到冷却室后及时去掉防潮膜。

（六）冷却

小型企业一般采用自然冷却（图 7-3-11），大型企业一般采用强制冷却。自然冷却依靠自然风或风扇对流冷却，在降温的同时，料袋表面也会有不少微生物黏附，留下杂菌污染的隐患。强制冷却利用制冷机组在相对封闭的环境下使料袋快速降温，但容易引起空气倒吸，袋内积聚冷凝水。比较理想的冷却方法是灭菌后在锅内适当降温，80 ～ 90 ℃时出锅，自然冷却到 60 ℃左右，再用制冷机强制降温。冷却过程中可以用气雾消毒剂熏蒸或在空间喷洒消毒液。

图 7-3-11　自然冷却

（七）接种

目前生产中多采用固体菌种接种，少数企业也开始用液体菌种接种。

1. 固体菌种接种

（1）接种室内接种　接种室要求地面、墙壁光滑，密封性好。将冷却后的料袋移入接种室，利用空气过滤风机向室内鼓风，使室内始终保持正压，鼓风半小时后接种人员进入室内开始接种。接种室内建造滚轴接种流水线，接种人员密切配合，1 人负责处理菌种，首先用来苏儿等消毒液对料袋表面进行消毒，然后用烧过的刀片切掉菌种顶端的颈圈及棉塞，去掉表层老化干燥的菌种。接种人员数名，坐在流水线两侧，用灭菌后的小勺将菌种打散，迅速去掉棉塞或无棉盖体，接入两勺菌种，要求菌种覆盖整个袋口，且有少量菌种掉入料袋内的通气孔中，最后迅速封口。整个接种过程仅持续几秒钟，接种的成功率也相当高。每袋菌种可接 30 个料袋。接种时，打开盖、接种、盖上盖子，这三者之间连贯性要好，培养料暴露的时间越短越好，这是提高接种成功率的关键。如果是瓶装菌种，将瓶壁进行消毒后，揭去瓶盖，挖去表面老化菌种即可接种，每瓶菌种接 20 个料袋。一批接完后要彻底清理接种室，装入下一批料袋，用气雾消毒剂熏蒸，按上述程序进行下一批接种。

（2）接种机接种　采用空气过滤装置向接种小环境鼓风，使之处于无菌状态。其中 1 名工人将要接种的料袋整筐推入接种区，两侧 2 ～ 4 名工人将处理过的菌种接入料袋，要求同上，另 1 名工人将接好的料袋取出装到运输小车上，等一批接完后集中运到培养室中。

2. 液体菌种接种　液体菌种接种环境与固体菌种接种要求相同。一般在接种室内流水线接种。1 名工人将料袋从冷却室沿滚轴流水线推入接种室，1 名工人去棉塞、盖棉塞，1 名工人用接种枪打入 20 mL 液体菌种，1 名工人将接好的料袋推出接种室，室外 1 名工人将接好的料袋装上运输小车送到培养室培养。5 人 1 组配合，每天可接种 5 000 ～ 6 000 袋。

采用液体菌种接种的料袋的含水量要比用固体菌种接种的料袋的含水量略低，因为接入液体菌种时会带入一部分水分。由于液体菌种具有流动性，生长点也多，所以发菌速度会较固体菌种快些。但是生产中也发现由于液体菌种质量不易控制，生产成品不稳定。

（八）发菌管理

发菌管理主要是创造一个适宜金针菇菌丝生长的条件，使菌丝快速、健壮生长。发菌期主要进行以下几项工作：

（1）菌袋摆放　接种后的菌袋直接竖放到培养架上（图7-3-12），或者以周转筐为单位直接放在培养架上（图7-3-13）。以筐为单位来进行灭菌、培养及后期管理可以减少移动次数，搬运方便，可以提高工作效率，减少菌袋微孔污染，只是需要投入一定资金购买大量的周转筐。目前一个周转筐的市场价格6～8元。现在多数企业采用小型培养室，每间培养室面积45 m² 左右，每间培养室可摆放20 000袋左右。

图7-3-12　单袋摆放

图7-3-13　以筐为单位摆放

（2）环境控制　发菌管理主要控制温、湿、光、气等四个环境条件。温度要灵活控制，培养初期菌丝生长量小，袋温低于气温；随着菌丝生长，袋温高于气温，特别是培养15天后，菌丝发热量大，料温会明显高于气温。所以，通过温控装置及空气内循环系统，保持袋温在23～24 ℃为宜。如果温度偏高，上半部菌丝会发黄，发生烧菌现象，会严重影响后期产量。空气相对湿度保持在65%～70%即可，偏高易发生杂菌污染，偏低菌袋失水严重，影响发菌及后期产量。发菌期要在完全黑暗条件下培养，有光不但会抑制菌丝生长，而且会在菌丝未长满菌袋时出菇，影响生产。通风管理是发菌管理的另一个重点，因为通风直接会引起培养室温度的变化。通过排风扇进行室内外空气交换，氧气满足需要时要开启室内循环系统使室内温度尽量均匀。

（3）培养检查　接种后第3天要检查菌丝萌发情况，一般3天后菌种即萌发吃料，如果发现异常要及时查明原因加以纠正。接种7天后，要全面检查有无杂菌污染，发现污染菌袋应及时将其清理出培养室。10天后要密切关注袋温上升情况，进行控温通风。一般接种后第22天菌丝满袋。如果采用再生法出菇，在第25天将培养温度降至14～16 ℃，通过低温刺激诱导菇蕾在菌袋顶端形成。在袋内高浓度二氧化碳环境下，形成大量原生子实体。大约在接种后第35天，选择形成大量菇蕾的菌袋转入出菇房进行出菇管理。如果采用搔菌法出菇，在第28天将菌袋移入出菇房进行搔菌和出菇管理。现在为了提高金针菇产量和质量，多数厂家都采用再生法出菇管理。

（九）催蕾

出菇管理主要是通过控制温、湿、光、气等环境条件，促使菇蕾形成，并通过套袋、光抑制、低温抑制等技术措施，使菇蕾生长整齐，形成盖小、柄长、色浅的优质金针菇。由于多数厂家都采用再生出菇法，所以这里以再生法为例介绍出菇管理的方法。

（十）再生出菇

再生出菇过程主要进行以下几项工作：

1. 割袋　再生法是利用金针菇具有在菌柄上产生第二次分枝的再生特性而设计的一种出菇管理方法。近年来的应用表明，再生法对提高袋栽金针菇产量和质量都有很好的作用。当袋口形成针头状菇蕾长至 2～4 cm 时，用小刀将袋口高出培养料 2 cm 的塑料薄膜割除。割袋后，如果有的菌袋菇蕾偏长，可以用剪刀适当修剪。

2. 菇蕾再生　将开口后的菌袋装入周转筐，转移到出菇房的床架上，菌袋一般摆放在中间的床架上。温度控制在 6～8℃，空气相对湿度控制在 80% 左右，通过加强通风或者在制冷机组运转风力的作用下，使原生菇蕾倒伏，约 2 天后菇蕾呈半枯萎状态，这时菌柄没有完全发软，用手触摸菌柄有轻微的硬实感。通风枯萎后的菌袋要适时转移到下层床架上，提高空气相对湿度到 90% 左右，促使原生菇蕾上再生出新的菇蕾，这个环节直接关系到金针菇的质量和产量。一是要做到原生菇蕾必须较多，能铺满袋口；二是原生菇蕾的长度适宜，一般长 2～4 cm，如果偏长或有的已经形成菌盖，一定要进行修剪。三是枯萎的程度要适宜，太轻原生菇蕾会继续生长，很少形成再生菇蕾，太重则原生菇蕾干燥死亡，不再发生再生菇蕾。四是菇蕾枯萎到一定程度，马上创造一个适宜原基再生的环境，促使菇蕾大量、整齐地再生。

一般割袋 6 天后即有再生菇蕾形成，8 天后可以看到新菇蕾形成馒头形（图 7-3-14）。再生菇蕾的数量大，菌柄细，菌盖小，颜色淡，生长相对整齐。

图 7-3-14　再生后的菇蕾

3. 套袋　较高浓度的二氧化碳可以刺激菌柄生长而抑制菌盖生长，利用这一特性，在菇蕾长至 3～4 cm 时，要及时在菇蕾外套上一个塑料袋，以积聚二氧化碳，保持金针菇生长的小环境湿度，同时利于金针菇菇丛生长整齐。目前套袋有两种方法，一是在整个菌袋外套上一个宽 19 cm× 长 40 cm× 厚 0.002 cm 的低压高密度聚乙烯塑料袋，第一次套上时套袋口高于菇蕾 3～4 cm，随着菇蕾伸长，当菇蕾高度接近套袋高度时逐渐提高套袋，使金针菇菇盖始终低于套袋高度。不可一次将套袋拉直，这样袋内二氧化碳和空气湿度偏高，加上环境缺氧，接触套袋壁的菇蕾会萎缩甚至腐烂（图 7-3-15）。第二种方法是在袋口套上一个卷成喇叭状的厚 0.006 cm 的聚丙烯薄膜，也能起到第一种套袋方法的作用。这种套袋方法管理简单，不足之处是金针菇生长的小环境内易缺乏氧气，中间菇蕾高于四周菇蕾，质量和产量都不如第一种套袋方法（图 7-3-16）。

图 7-3-15　整袋套袋

图 7-3-16　袋口套袋

木腐菌生产技术

（十一）育菇管理

1. 光抑制和低温抑制　进行光抑制和低温抑制的目的是为了使袋内菇蕾整齐生长，以提高子实体的整齐度和质量。套袋后首先进行光抑制，给予光照强度600 lx的光线照射菇蕾，生长较快的菇蕾菌盖生长较快，遮挡住下面较小菇蕾的光线，下面菇蕾的菌柄迅速遮挡住最下面较小菇蕾的光线，最下面菇蕾的菌柄迅速伸长，使整个菌袋内的菌柄长度趋于一致，顶部平面变得平整。但光照时间一定把握好，防止菌盖过大。然后降低菇房温度，保持在4～6℃，减缓菇蕾生长的速度，类似于农作物栽培中的"蹲苗"管理，使菌柄生长健壮，提高金针菇的商品质量。

2. 伸长期管理　抑制后保持完全黑暗的培养环境，室内温度保持在10～12℃，空气相对湿度保持在90%左右。随着金针菇菌柄伸长逐渐拉高袋口，在经过5～7天的培养，当菌柄长度达15 cm左右、菌盖直径达1 cm左右时即可采收。

（十二）采收

与本章"筒式塑料袋两端出菇生产模式"相同，为提高菇房周转效率，工厂化栽培金针菇一般只收一茬菇，每袋产量一般可达300～400 g。

（十三）包装

根据市场采用2.5 kg的大包装或150 g的真空小包装，装箱后销售。

二、工厂化塑料袋栽培模式

（一）生产准备

工厂化塑料袋栽培模式的菇房设计、栽培前的准备、培养料配制、装袋、灭菌、冷却、接种、发菌管理等环节可参照本节"工厂化塑料袋再生出菇生产模式"的相关内容进行。

（二）搔菌

1. 人工搔菌　将待出菇的菌袋口打开，用接种铲或小勺搔掉料面上的菌种，搔平料面并把袋壁上的碎料清理干净，拉直袋口并向外反折将料面以上塑料膜翻下1/2，单层排放在地面或床架上，轻喷一遍防霉杀菌剂，菌袋上方覆盖报纸或塑料薄膜，养菌3～5天，控制出菇场所温度在8～16℃，空气相对湿度85%～90%。每天向覆盖物上及棚内四周、空中、地面喷水，每天通风1～2次，每次30～50 min，并给予一定的散射光，促使子实体尽快形成。条件适宜时10天左右料面即可大量形成米粒状原基（图7-3-17）。

图7-3-17　搔菌后原基形成

2. 机械搔菌　将待出菇的菌袋口打开，用小型搔菌机械将料面老菌种清理干净，并适量注入清水。

3. 切割搔菌　将发满菌丝的菌袋，用锋利的小刀或钢锯，在带扣处用力将多余的塑料袋连同培养料一起去除，切割出一个平整的新料面。

（三）催蕾

出菇管理主要是通过控制温、湿、光、气等环境条件，促使菇蕾形成，并通过套袋、光抑制、低温抑制等技术措施，使菇蕾生长整齐，形成盖小、柄长、色浅的优质金针菇（图7-3-18）。

图7-3-18　搔菌后菇蕾形成

（四）出菇管理

育菇管理、采收、包装等环节可参照本节"工厂化塑料袋再生出菇生产模式"的相关内容进行。

三、工厂化塑料瓶栽培模式

利用专用塑料瓶栽培金针菇是目前最先进、自动化程度最高、产品质量最好的金针菇生产模式，生产过程与前述塑料袋栽培大致相似，但其中存在一些不同点，为避免重复，瓶栽金针菇技术主要介绍与袋栽的区别之处，其他内容请参考袋栽技术部分。

（一）袋栽与瓶栽生产模式的比较

国内金针菇最早栽培是采用罐头瓶或菌种瓶栽培，由于罐头瓶容量较小、瓶口偏大，而菌种瓶容量较大，但瓶口又偏小，栽培效益不高，所以从20世纪80年代开始，随着塑料袋在食用菌行业的迅速应用，国内金针菇栽培多数都改用塑料袋栽培。早期塑料袋栽培多采用两端接种，菌丝长满菌袋后解开一端套袋出菇，这种解口接种的方法接种效率较低，所以，塑料袋栽培逐渐被一端封口的折角袋取代，并形成了四种袋栽模式。其中三种季节性栽培模式，一是以浙江江山和河南汤阴为代表的半袋料、竖放出菇模式，二是以河北灵寿为代表的满袋料、横放立体出菇模式，三是以四川为代表的大袋、墙式出菇模式。另外一种是工厂化袋式、层架栽培模式，内地企业多采用这种生产模式，而台资企业和外资企业多采用瓶栽模式。

袋栽模式工厂化生产金针菇有诸多优势，如前期投入少，容器容量大，有悠久的栽培传统和丰富的栽培经验，菌渣处理简单等。但也存在诸多缺点，如破损率高，菌袋一致性较差，接种自动化程度低，出菇不整齐，产品质量较差、生产连续性不高、用工多等，特别是近年来国内劳动力渐缺，工资上涨，用工成本压力越来越大，所以工厂化袋栽金针菇的劣势越来越明显。

瓶栽金针菇最大的优势是容器固定、装料均匀、出菇整齐、质量上乘，生产自动化程度高，连续性强，如有些先进企业除了培养室菌瓶堆叠需要人工外，其他拌料、装瓶、加盖、灭菌、冷却、接种、运输、产品包装等都实现了机械化、自动化，都是流水线作业，而且最重要的是各环节之间都通过输送带等连贯在一起，生产连续性高，用工少。如台湾的戴氏养菌园，采用全套现代化瓶栽系统，日产金针菇30 t，仅雇用工人60人，平均每人每天出产半吨金针菇，生产效率和产品质量都远远高于工厂化袋栽。但是，同样的生产规模，瓶栽的设备投资要比袋栽高得多，所以，采用袋栽还是瓶栽要根据自己的经济实力。从长远考虑，降低劳动力成本和提高产品质量是发展趋势，所以，瓶栽金针菇发展后劲要远远大于袋栽。

（二）备料

根据生产规模购买不同型号的大型拌料机，如TM8000型拌料机配套动力11 kW，每次搅拌6.4 m³的培养料，可装1 100 mL的栽培瓶6 000瓶，850 mL的栽培瓶8 000瓶，一次完成搅拌，工作效率高，同时防止培养料变酸。

拌料的关键是将配制好的培养料加水进行均匀搅拌、混合，保证营养物质和水分混合均匀，无死角，无干料块，另外要尽量缩短拌料至灭菌之间的时间，防止培养料酸败。木屑、棉籽壳和玉米芯等主料可以通过提前预湿来减少搅拌的时间，麸皮、米糠和玉米粉等辅料应先混合均匀，在装料前0.5 h倒入搅拌机，争取2 h内完成装瓶，每瓶中的培养料应保证松紧一致，重量均匀，料面高度一致。立即灭菌。高温季节，在搅拌机上方安装风扇，及时排除搅拌过程中产生的热量，以避免和减轻发热、酸败。

搅拌均匀后由连接拌料机和装袋机之间的培养料传输系统自动送至自动装瓶机。传输系统的所有出料口全部使用传感装置，全自动控制传输过程。根据生产需要配置单台、两台或更多台装瓶机的运输系统。

木腐菌生产技术

（三）装瓶、加盖生产线

目前工厂化生产金针菇使用的塑料瓶是为金针菇生产专门设计的聚丙烯塑料瓶，规格有850 mL、950 mL 和 1 100 mL 等多种，瓶口直径65 ～ 75 mm。850 mL 的栽培瓶装料 520 ～ 550 g，1 100 mL 的栽培瓶装料 650 ～ 680 g。

金针菇生产使用的栽培瓶有逐渐加大的趋势，目前多数企业选用容量为 1 100 mL、瓶口直径75 mm 的聚丙烯塑料瓶，这种瓶容量大，瓶口大小适中，能够循环使用 20 次以上。配套使用耐高温的聚丙烯周转筐，每筐可装栽培瓶4行4列共16瓶。

由自动装瓶机装瓶，生产效率高，培养料高度一致，料面距瓶口约 1.5 cm，瓶口培养料自动留下5 个接种孔，其中中间孔较大，直径 1.2 ～ 2 cm，四周的 4 个孔较小，直径约 1 cm，接种后部分菌种掉入孔内可以缩短菌丝满瓶时间。培养料下松上紧，可以减少瓶口培养料水分的散失。

自动装瓶机和自动加盖机通过中间的流水线连接在一起。将栽培瓶整齐装进周转筐，周转筐堆叠放在进瓶口，依次自动进入装瓶机，装瓶机自动完成填料、压实和打孔工作。打孔应保持料面平整、无塌陷和变形的现象，五孔清晰，由出瓶口自动出来，通过流水线进入自动加盖机，完成加盖后，通过流水线上方的机械手自动将栽培瓶堆垛到灭菌小车上，整个过程由机械设备自动完成。T–5 型装瓶机每小时可装 4 500 瓶以上，T–8 型装瓶机每小时可装 8 000 ～ 10 000 瓶，单翼型加盖机每小时加盖 4 500 瓶以上，双翼型加盖机每小时加盖 8 000 瓶以上。机械手每小时可以装卸12 000 瓶以上。

（四）灭菌与冷却

工厂化瓶栽金针菇的培养料多数采用真空高压灭菌，采用抽真空、进蒸汽来置换高压锅体内的空气，灭菌效果较好。这种灭菌锅容量大，每次能放数千瓶甚至上万瓶，升温快，灭菌时间短，能源消耗低，只是售价偏高。在通入蒸汽时，开启真空泵，抽出锅体内的冷空气，变被动排冷为主动排冷，灭菌温

度 121 ～ 124 ℃，灭菌压力 0.12 ～ 0.14 MPa，然后在121 ℃恒温灭菌 2 h，灭菌结束后，自然降温。压力恢复到 0 时，打开锅盖，温度降至 70 ～ 80 ℃时，推入强制冷却室，自然降温一段时间后，开动制冷机强制降温。冷却室设定温度 14 ～ 18 ℃，可将瓶温冷却至 17 ～ 22 ℃。

（五）接种

工厂化瓶栽金针菇采用自动接种机接种，目前有的企业采用固体菌种接种，有的企业采用液体菌种接种，2007 年日本千曲化成株式会社研制成功的千曲化成式液体菌种更是将固体菌种的稳定与液体菌种接种的快捷集于一身，将来可能会成为菌种生产发展的方向。

1. 固体菌种接种　固体菌种是目前使用最普遍的菌种类型，用木屑、棉籽壳或谷粒等材料制成的固体培养料，在菌种瓶内培养获得。固体菌种的优点是稳定性好、技术简单、设备投入低，但缺点也很明显，主要表现在培养时间长、占用培养空间大、接种效率偏低、菌龄不一致等。固体接种机的应用提高了接种的效率，接种机可以完成自动去盖、自动接种、自动封盖等工序，每小时可以接种 4 500 瓶以上，1 000 mL 的栽培瓶中接入10 ～ 13 g 菌种。瓶内料温冷却至 28 ℃，可推至接种室内接种。

2. 液体菌种接种　许多企业采用液体菌种接种。液体菌种与固体菌种相比菌种制备成本低、周期短，由原来的 20 天缩短为 5 ～ 7 天；接种效率明显提高，而且节省人工；接种后萌发快、封面快、吃料快，栽培周期可以缩短 2 ～ 3 天；菌丝生理成熟度比较一致，出菇整齐；菌种培养面积缩小，液体菌种比固体菌种增收节支的综合效益可达25% 左右。

液体菌种采用发酵罐生产，接种采用液体接种机接种（图 7-3-19）。液体菌种接种机每次可以同时对一筐内的 16 个栽培瓶接种，每小时可以完成 10 000 瓶的接种量，每瓶接入菌种10 ～ 20 mL。

图 7-3-19　发酵罐（A）和液体菌种接种机（B）

瓶内料温冷却至 14～18℃，推入接种室内接种。接种室宜配备自动接种机和接种用的百级层流罩。接种过程应控制好接种量，培养料面喷洒均匀。

（六）培养

将已接种的栽培瓶转移到培养室，多采用堆叠式培养（图 7-3-20）。将装在周转筐内的栽培瓶整齐地堆放在专用塑料托盘上，每个托盘上堆放 2 垛，每垛 8 筐。用叉车将之移送到培养室内，可以进一步堆垛。以每筐 16 瓶计，每堆可放 512 瓶。这种堆积培养的方式不但空间利用率高，而且利于机械化操作。堆叠要求整齐，保证室内空气循环畅通。每隔一定距离应留有人行通道，以便查看菌丝生长情况。也可以将接种后的栽培瓶放到床架上培养。

图 7-3-20　堆叠式培养

培养期间主要是根据金针菇的不同生长阶段进行控温、控湿培养。发菌前期，保持温度 23～25℃，让菌种尽快萌发定植，维持较高温度 8～10 天，然后将气温降低 2～3 ℃，当瓶内菌丝发至料深的 2/3 时，室温降至 20 ℃左右，减

慢菌丝生长速度，使菌丝长得健壮旺盛。菌丝培养时，保持室内空气相对湿度在 75%～85%、良好的通风，闭光培养。二氧化碳浓度控制在 0.1%～0.15%。在菌丝生长过程中还要经常翻动瓶子进行检查，对杂菌污染的及时挑出处理。

整个发菌过程中要进行闭光培养，并根据菌丝生长量逐渐加大通风量。正常情况下，从接种到长满瓶需要 23～25 天。

（七）搔菌

多数企业采用搔菌机进行搔菌，搔菌机自动将瓶口的菌种及表层菌丝搔去，并在瓶口适当喷水，清除碎料并补充培养料水分，这样有利于菇蕾整齐发生。搔菌应保证料面平整，深浅一致，并确保料面到瓶肩距离为 2～5 cm。搔菌后应对料面进行冲刷，保证料面干净、无散料，并适当补水 15～20 mL。

（八）催蕾、抑制、包菇片、发育

1. 催蕾　搔菌后的栽培瓶进行出菇管理（含菌丝恢复期、原基形成期、菇蕾形成期、抑制、包菇片、发育六阶段）。栽培瓶进入催蕾室后，采用自动增湿机来加湿，保持催蕾室温度在 14～16 ℃，空气相对湿度在 95%～100%，防止瓶口培养料干燥。前 3 天为菌丝恢复期，通过换气加温等设备设施，保证室内温度和湿度均匀，并保证室内二氧化碳浓度在 0.1% 以下。催蕾中期以后因呼吸旺盛，二氧化碳浓度升高，通风管理是关键。在催蕾管理中，要防止培养料料面干燥，制冷机以自然对流式较好。管理时应把温度（14～16 ℃）、空气相对湿度（95%～100%）和通风调到适合的范围。搔菌后第 6 天，培养料表面会发生白色棉绒状的气生菌丝，接着便出现透明近无色的水滴，适当加大室内通风量，并给予 100～150 lx 的蓝光刺激，促使原基形成。过 8～10 天就可出现菇蕾，催蕾结束（图 7-3-21）。如果出现浅茶色至褐色且混浊的液滴表明培养料已被细菌污染。液滴的发生与菌种质量、木屑种类和持水性、培养料的组成、栽培管理状态都有关系，应控制好上述的条件，尽量减少液滴的发生。降低湿度，也可改善症状。

菇蕾形成后，应降温至 5 ～ 8℃，在降温过程中，应适当提升空气相对湿度至 98%～ 99%。

图 7-3-21　菇蕾形成

2. 抑制　抑制前必须进行充分的均育处理，如果直接进行抑制处理，瓶子周围的温度很快降低至 4 ～ 5℃，原基会停止生长发育。而均育是利用抑制工艺的低温，使抵抗力弱的原基不至于枯死，增加了抵抗力，能均匀发育。均育的温度约 8℃，空气相对湿度 95%～ 98%，适当加大室内风循环，并给予 100 ～ 150 lx 的光照刺激，通过 6 ～ 8 h 的光照，确保原基整齐生长。均育后，必须进行抑制处理。抑制的目的是为了促使菌盖形成，菌柄整齐。当菌柄直径 1 mm、菌盖直径约 1.5 mm 时为最适。抑制室的温度保持在 3 ～ 5℃，空气相对湿度 85%～ 90%，二氧化碳浓度在 0.1% 以下，抑制时间约 7 天。抑制的措施有光抑制和风抑制两种方法。对金针菇来说，光照也有抑制效果，错过光照适期，就会妨碍原基的生长。抑制初期光照后，会阻止菌盖形成。在抑制中期至后期，用 200 lx 光照，每天照射 2 h，分数次进行，抑制效果最好。风抑制是在栽培瓶移到抑制室后 2 ～ 3 天，菌柄直径长至 2 mm 左右开始吹风，每天吹 2 ～ 3 h，分别吹风 3 天左右。在吹风抑制时，结合光抑制，对金针菇子实体的形成有效。光源采用白炽灯或荧光灯。当子实体伸长到瓶口时，可提高风速，有利于培养色白、干燥、质硬的金针菇（图 7-3-22）。均育和抑制期共 10 天左右。

图 7-3-22　抑制后的菇蕾

3. 包菇片　抑制 4 ～ 5 天后，当金针菇子实体长到瓶口上 2 ～ 3 cm 时进行包菇片（图 7-3-23）当天可适当增加进 / 排风量，保证空气流通。包菇片的材料可因地制宜、就地取材，可用蜡质纸或塑料纸等。纸的质量不同，其透气性也不一样。纸筒为喇叭状，即上口大下口小，开角为 15°，纸筒下端留 4 ～ 6 个小孔以利内外空气流动。纸筒高 15 ～ 18 cm，上口直径 6 ～ 8 cm，下口直径 4 ～ 5 cm。如用塑料套袋，可用与瓶径一样的袋。把扇状的蜡质纸或塑料纸卷起直立固定在瓶口上，以达到减少氧气、抑制菌盖开展、促进菌柄生长的目的。

图 7-3-23　包菇片

4. 发育　开始包菇片一直到收获期，室内温度要保持在 6 ～ 8℃，空气相对湿度 85%～ 90%，可根据金针菇子实体的长势情况调整温、湿度并适当通风。金针菇子实体不整齐，可适当照光促其整齐生长。根据二氧化碳浓度调整进 / 排风量，以控制金针菇整体的长势差异、菌盖大小等。每天配合管理用 300 lx 的光照照射 15 min，采收前连续照射 20～24 h 有增产和提高品质的效果。但光照不能过度，否则菌盖和菌柄的色泽发暗，且菌盖有变大的趋势。套袋后 5～6 天，子实体伸长至 10 cm 时，由上往下对菌盖吹风，使菌盖、菌柄干燥、发白，培育出耐存放的优质金针菇（图 7-3-24）。

图 7-3-24　发育期的金针菇子实体

（九）采收

当金针菇子实体及根部伸长至 13～17 cm，菌盖直径在 0.6～1 cm 时，可进行采收（图 7-3-25）。采收前 2 天，空气相对湿度保持在 75%～80%，若发现子实体含水分多，可开电风扇使水分蒸发。采收时将套袋取下，握住子实体基部，前后摇动即可。采完后把菌柄基部和培养料连接部分、培养料、生长不良的菇剔除干净，放置于塑料筐中。大型的现代化工厂采用流水线采收装置，采收效率大幅度提高。

图 7-3-25　采收前的金针菇

瓶栽金针菇从搔菌至第一茬菇采收需 30～35 天。采收后的金针菇要及时采取保鲜措施，否则会因呼吸作用旺盛，继续生长而变色，影响商品价值。采用透气性差、厚 0.02 mm 的透明聚丙烯袋可以抑制袋中金针菇的呼吸作用，减少养分消耗，收到较好的保鲜效果。

（十）包装

按市场要求进行包装，用聚丙烯或聚乙烯塑料薄膜袋抽气密封包装，低温保藏，运到各地市场销售。

（康源春　王志军）

第四章　斑玉蕈

　　斑玉蕈是一种珍稀食用菌，在自然条件下多于秋末至春初发生，属于中偏低温型、变温结实性菌类，常在壳斗科及其他阔叶树的枯木、风倒木、树桩上着生。斑玉蕈具有较高的药用价值，有防止便秘、抗癌、防癌，提高免疫力、预防衰老、延长寿命的独特功效。

第一节
概述

一、分类地位

　　斑玉蕈隶属真菌界、担子菌门、蘑菇亚门、蘑菇纲、蘑菇亚纲、蘑菇目、离褶伞科、玉蕈属。

　　拉丁学名：*Hypsizygus marmoreus*（Peck）H. E. Bigelow。

　　中文别名：鸿喜菇、玉蕈、胶玉蘑、真姬菇。

　　目前栽培的斑玉蕈有黄褐色和纯白色两个品系。黄褐色的具有独特的蟹味，故称为蟹味菇，其发育过程中，菌盖上会产生龟裂花纹。白色品系周身雪白，丛生，长度在 5 ～ 8 cm，商品名称为白玉菇，白色品系中菌柄拉长至 8 ～ 14 cm，形成不同商品外观的，称为海鲜菇。

二、营养价值与经济价值

斑玉蕈味道鲜美，质地脆嫩，营养价值高，是一种低热量、低脂肪的保健食品。经测定，每100 g斑玉蕈鲜品中含水分88.8 g，粗蛋白质3.0 g，粗脂肪0.08 g，粗纤维1.03 g，碳水化合物5.4 g，灰分0.7 g（主要是磷、钾、铁、钙、锌等矿质元素），维生素$B_1$0.64 mg，维生素$B_2$5.84 mg，维生素$B_6$186.99 mg，维生素$C_1$3.8 mg。斑玉蕈共含17种氨基酸，占干重13.27%，其中8种人体必需氨基酸占氨基酸总量的36.82%。斑玉蕈子实体中提取的β-1，3-D葡聚糖具有很高的抗肿瘤活性，且子实体热水提取物和有机溶剂提取物有清除体内自由基作用。

三、发展历程

我国于20世纪80年代开始进行斑玉蕈人工种植。随着珍稀食用菌技术的普及，斑玉蕈在我国逐渐受到消费者的青睐。

我国于20世纪80年代引种，主要在山西、河北、山东、福建等地进行小规模栽培。近年来，斑玉蕈生产规模逐渐扩大，已遍及全国，现已实现工厂化生产。

我国斑玉蕈栽培自上海丰科生物科技股份有限公司于2001年引进日本先进的成套自动化机械设备后，越来越多能够进行周年生产的斑玉蕈工厂相继投产，取得了很好的经济效益。

四、主要产区

我国早期主要在山西、河北、河南、山东、福建等地进行小面积斑玉蕈栽培，工厂化设备进入国内后，通过人为控制斑玉蕈的生长条件，多地涌现出专业、规模工厂化栽培斑玉蕈的食用菌工厂。

五、发展前景

斑玉蕈是近20年来新开发的菌类，其栽培规模逐年扩大，发展速度惊人。2018年斑玉蕈生产量超过杏鲍菇生产量。因为斑玉蕈商品货架期长，口感软硬适中，骨质脆，没有杏鲍菇硬，不会像老金针菇那样塞牙缝，消费者认同度逐渐增加，消费量急增，市场逐年扩大。

斑玉蕈栽培周期较长，是杏鲍菇、金针菇栽培周期的2倍，单产较低，仅有275～350 g，低于杏鲍菇和金针菇。但从市场价格稳定性来看，年平均单价超过杏鲍菇和金针菇，属于比较稳定的栽培品种。

目前国内各地斑玉蕈生产厂家都有蟹味菇、白玉菇、海鲜菇生产，但全国每日生产量与现有金针菇生产总量比较，还是比较少的，具有较大的发展空间。

第二节
生物学特性

一、形态特征

（一）菌丝体

在PDA斜面试管上，斑玉蕈菌丝洁白浓密，粗壮整齐，棉毛状，气生菌丝少，不分泌色素，不产生菌皮，能产生节孢子和厚垣孢子。菌丝成熟后呈浅灰色。单核菌丝纤细，细胞有分隔，无锁状联合，直径1.1～1.8 μm；双核菌丝直径1.8～2.6 μm，细胞狭长形，横隔相距较远，有锁状联合（图7-4-1）。在木屑培养料上菌丝生长整齐，前端呈羽毛状，会在培养料外层形成根状菌索。斑玉蕈菌袋成熟后呈白色，松软状。

木腐菌生产技术

（二）子实体

子实体丛生，菌盖幼时球形，成熟后渐平展，直径 1 ～ 7.5 cm，菌盖表面光滑，近白色至灰褐色、黄色，干后呈灰色至褐色。菌盖四周色浅，中部色深，表面有明显大理石状斑纹。菌柄较长，中生，内实，肉质白色或近白色至灰色，多为圆柱状，有时基部膨大，长度因不同菌株而异，菌柄直径 1 ～ 3.5 cm。菌褶为片状，弯生或直生，呈密集排列，不等长，白色。担子棒状，其上着生 2 ～ 4 个担孢子。担孢子呈卵圆形，无色，光滑，内含颗粒，孢子印白色。

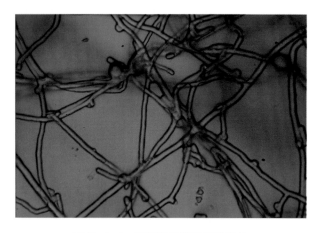

图 7-4-1　显微镜下蟹味菇菌丝体

二、生活史

斑玉蕈是四极性异宗配合的食用菌。成熟斑玉蕈子实体弹射出担孢子，担孢子在适宜的条件下萌发形成单核菌丝，具有亲和能力的单核菌丝之间经过质配形成双核菌丝，双核菌丝发育到一定阶段就形成子实体，子实体成熟后又产生新一代孢子。孢子→菌丝→子实体→孢子的循环过程就是有性繁殖的生活史。

三、营养

斑玉蕈是一种木腐菌，有较强的分解木质素的能力。在自然界，斑玉蕈的主要培养料包括山毛榉、七叶树等阔叶树木。代料栽培时常使用的原料有甘蔗渣、木屑、棉籽壳、麸皮、玉米粉、米糠、玉米芯、石灰、轻质碳酸钙等，再加少量的微量元素。培养料的碳氮比在（30 ～ 34）∶1，最适碳氮比为 32∶1。

四、环境条件

（一）温度

斑玉蕈属中偏低温型食用菌，在自然条件下多于秋末、春初发生。菌丝生长温度 5 ～ 30 ℃，适宜温度 20 ～ 25 ℃，超过 35 ℃或低于 4 ℃时菌丝不再生长，在 45 ℃以上无法存活。原基形成需 10 ～ 16 ℃较低温度刺激。子实体生长温度以 13 ～ 18 ℃为宜。

（二）水分

培养料的含水量以 63％为宜，出菇前栽培袋应适当补水，使培养料的含水量达 70％～ 75％，才能满足斑玉蕈的生长；菇蕾分化期间，菇房的空气相对湿度应调至 90％～ 95％；子实体生长阶段，菇房的空气相对湿度应调至 85％～ 90％，如果空气相对湿度长时间高于 95％，子实体易产生黄色斑点且质地松软。

（三）光照

斑玉蕈菌丝生长阶段无须光照，直射光线不仅会抑制菌丝生长，而且会使菌丝色泽变深；但在生殖阶段需要一定的散射光来促使原基的正常发育，光照与原基发生量有一定的相关性，黑暗会抑制菌盖的分化而产生畸形菇，黑暗中斑玉蕈易白化，导致产品质地不佳。子实体生长过程中有明显的向光性。出菇阶段光照强度控制在 200 ～ 1 000 lx 较为理想。

（四）空气

斑玉蕈为适度好氧性真菌。菌丝对空气不敏感，但在不透气的环境中，随着呼吸时间延长，二氧化碳浓度提高，菌丝生长速度也会减缓。子实体在发育过程中对二氧化碳相对较敏感，尤其是菇蕾分化对二氧化碳浓度非常敏感。菇蕾分化时菇房的二氧化碳浓度要求在 0.05％～ 0.1％。子实体生长时菇房的二氧化碳浓度要求在 0.2%～0.4%。实际操作中，往往通过减少换气把二氧化碳浓度提高至适当浓度，关窗盖膜来间接地延缓开伞、促进长柄，提高品质和增加菇的产量。如果菇房二氧化碳浓度长时间高于 0.4%，子实体易出现畸形。

（五）酸碱度

斑玉蕈菌丝体对酸碱度要求不严格，在 pH 4.0～8.5 条件下都可以生长。菌丝生长阶段以 pH 6.5～7.5 为宜。由于培养料 pH 在高压蒸汽灭菌后会降低，并且菌丝体在生长过程中会分泌一些酸性物质。因此，在实际操作中，可将培养料的 pH 调至 7.5 左右。

第三节
生产中常用品种简介

我国斑玉蕈菌株主要来源于科研单位选育，也有一部分从国外引进。现将通过审定的菌株和尚未审定但生产上常用的菌株介绍如下：

一、认（审）定品种

（一）FHM-1（国品认菌 2010008）

1. 选育单位　上海市农业科学院食用菌研究所，上海丰科生物科技股份有限公司。

2. 品种来源　国外栽培种 Hokuto-8 自然突变株经组织分离，然后经系统选育而成。

3. 形态特征　子实体丛生，整体菇形圆润紧凑。菌盖直径 1.2～2.2 cm，肉厚。菌盖中部灰茶色，菌盖边缘浅灰茶色，大理石花纹较清晰，浮雕状，外观形态美观。菌褶白色，菌柄灰白色，实心，中粗，长 4～6 cm。

4. 菌丝培养特性　培养温度（25±1）℃，

空气相对湿度 65%～75%，二氧化碳浓度小于 0.35%，恒温培养，直到后熟结束。栽培周期 100～105 天，培养周期 80～85 天，生育期 19～21 天；采收期仅 2 天，出菇整齐，一次性出菇。菇体美观，不易发生瘤盖菇；子实体致密、贮存温度为（5±3）℃，口感脆嫩、微苦。适宜玉米芯配方，含水量 65%，pH 6.5。豆腐渣、米糠、麸皮、玉米粉作为营养料较佳。适合工厂化周年生产。在适宜栽培条件下，生物学效率 72.5% 左右。

5. 出菇特性　专用搔菌刀搔菌后，加少量水，低温（14±1）℃ 刺激现原基。蕾期温度 16～17 ℃，空气相对湿度 90%，二氧化碳浓度小于 0.15%。生育期温度 14～15 ℃，空气相对湿度 90%，二氧化碳浓度小于 0.2%。

二、未认定品种

1. ZJ-021　上海市农业科学院食用菌研究所选育，适合工厂化生产专用菌株。

2. ZJ-01　中国林业科学研究院森林生态环境保护研究所选育。

3. ZJ-029　西北农林科技大学林学院（林业科学研究院）选育。

4. ZJ- G0816　四川省绵阳市食用菌研究所选育。

第四节
主要生产模式及其技术规程

一、海鲜菇塑料袋栽培模式

（一）栽培场地

塑料大棚、空房、地下室和防空洞等均可作为海鲜菇的栽培场地，有条件的可用专业菇房栽培。

（二）栽培时间

海鲜菇因其生育期长，应根据当地气候条件来安排栽培时间。我国南方一般在每年9月气温稳定在最高气温28 ℃以下时制菌袋，9～11月发菌及后熟培养，11～12月最高气温18 ℃以下时出菇。而北方则随着纬度的提高相应提前。山东、河南、河北等大部分地区一般在8月下旬开始制菌袋，8～10月发菌及后熟培养，11月中下旬至12月中下旬出菇。如甘肃、宁夏等省份一般在每年5月以前接种，6月中旬开始制菌袋，7～9月发菌及后熟培养，9月下旬至10月中下旬出菇；东北地区则相应更早。

（三）栽培原料

栽培中常使用的原料有木屑、玉米芯、棉籽壳、玉米粉、麸皮、甘蔗渣、米糠、石灰、轻质碳酸钙等。

（四）培养料配方与配制

1. 培养料配方

配方1：棉籽壳48 ％，木屑35 ％，麸皮10 ％，玉米粉5 ％，石灰1 ％，石膏1%。含水量65%，适用于棉籽壳、木屑较多的地区。

配方2：玉米芯40 ％，木屑25 ％，棉籽壳15 ％，麸皮12 ％，玉米粉5 ％，石膏1.5 ％，石灰1.5%。含水量65%，适用于玉米芯、木屑较多的地区。

2. 配制　培养料配方中的各组分分成主料和辅料。主料是指木屑、玉米芯等用量比较大的栽培材料。辅料是指麸皮、米糠、玉米粉、轻质碳酸钙等用量比较少的栽培材料。

（1）主料　海鲜菇为木腐生菌类，木屑为栽培主要材料。木屑需要预湿，但木屑来源混杂，使用前需要利用滚筒式、振动式过筛机除杂，也可以先堆积发酵，再使用往复式小型过筛机。

（2）辅料　辅料可以换算成相应的体积。由于辅料用量比较少，可根据当日各种辅料的生产总量，将辅料预先混合，再分量量取，进入各批次搅拌机。

为了使每批次培养料理化性质都一致，尽量减少每批次之间的误差，所选择的搅拌机应尽可能大些。规模生产时每天生产量都是固定不变的，按照搅拌机体积进行分次搅拌。为了保证每批次培养料的同步性，应准确控制每次倒入料斗的主料和辅料的重量，每一个搅拌批次加水量也应一致，每次搅拌时间控制在固定时间之内。将搅拌均匀的混合培养料快速完成装袋和灭菌，避免培养料发酵酸败，影响发菌速度。

（五）装袋

根据生产条件不同，可进行机械装袋或人工装袋。海鲜菇栽培使用规格为宽18 cm×长32 cm×厚0.0 048 cm的低压高密度聚乙烯或聚丙烯塑料袋。聚乙烯袋虽然透明度较差，但塑料薄膜和培养料间不容易出现料壁分离现象，不会出现侧生菇。料袋填料的高度为15～16 cm，湿重1.1 kg左右。采用塑料圈套做瓶颈。海鲜菇袋式栽培周期很长，为了防止失水过多，栽培上多使用无棉盖体塑料塞。为了缩短培养时间，在料袋填料过程中插入塑料棒作为模具，使培养料内形成预留孔，一般选用长13.5 cm、外径2 cm的塑料棒。

（六）灭菌

1. 常压灭菌　将填好料的料袋和塑料筐置于移动灭菌车，推入具有双层保温墙和保温顶棚的常压灭菌锅内灭菌。锅炉蒸汽通过保温管，从灭菌锅的下端送汽。使用电子记录仪即时监控并记录灭菌过程的温度变化曲线，保证常压灭菌彻底。燃料来自于采收后的菌渣，去除塑料膜后，置于专用铁制周转筐内。自然风干的菌渣做燃料，可降低燃料费用。

2. 高压灭菌　目前许多海鲜菇生产企业使用抽真空双门高压灭菌锅灭菌，其目的也是要保证灭菌彻底。

（七）冷却与接种

1. 冷却　大、中型企业采用双门高压灭菌锅灭菌，经过一次、二次冷却，当料袋冷却至25 ℃

时，移入净化接种间进行接种。

2. 接种 在规模化生产上，大多在净化接种间、FFU 高效净化机下，使用枝条菌种流水线上接种，除了插入枝条之外，还应加入菌种屑，封口。由于海鲜菇菌丝生长速度比较慢，菇蕾多在老菌丝上先发生，所以封口的菌种屑的量比其他菌类多得多。

（八）菌丝培养

海鲜菇培养室与常规工厂化培养室相接近。海鲜菇菌丝培养期分为定植期、生长期、后熟（营养积累）期（图 7-4-2）。

图 7-4-2 菌丝培养

1. 定植期 接种后 10 天内，无须补新风，尽量减少菇房内空气流动。培养室温度控制在 22 ～ 24 ℃，空气相对湿度为 60％～ 70％，二氧化碳浓度低于 0.4％。

2. 生长期 定植后菌丝开始迅速蔓延，降解培养料，新陈代谢逐渐旺盛，释放出二氧化碳、水及大量的菌丝呼吸热，应加强培养室内的空气循环，进行通风换气。采用负压排风法，利用时间控制器控制负压排气的时间。栽培架上、中、下抽样的菌袋内插上温度计，早晚观察、记录。菌袋中心温以 25 ℃为上限，检查有无污染菌袋，一旦发生有污染的菌袋，应及时清除，并查找原因加以改进。

3. 后熟期 海鲜菇菌丝蔓延速度比较慢，大致需要 35 天才能够长满，菌丝满袋后还需要有后熟阶段培养，菌袋后熟培养期间，培养室温度应提高至 23 ～ 25 ℃，并补充大量新鲜空气，满足菌袋新陈代谢对氧气的需求。经过长达 80 ～ 90 天的培养，培养料彻底降解，菌袋变软，用手按之即凹陷，培养料的颜色由土黄色转为黄白色，表示菌袋内的菌丝量积累很多，后熟结束，可进行搔菌出菇。

（九）搔菌

1. 开袋搔菌 打开生理成熟后的菌袋，进行简单搔菌，仅是去除菌袋内表面的气生菌丝而已。随手将袋口的薄膜向外弯折，保留 3 ～ 5 cm 高度。

2. 上架 栽培架排放方式对海鲜菇的产量和质量影响很大。栽培床架和菇房内制冷机出风方向垂直（横放），制冷机组运转过程产生的"回风"，能够从栽培架上所有菌袋的上端通过，避免了层架间空气流通不畅。

（十）催蕾

1. 恢复期 轻搔后的菌袋置于出菇房内的栽培架上，使用喷雾器，喷枪喷头朝上，让水滴雾状飘落到菌袋料面上，每袋喷洒水总量在 5 ～ 10 mL（季节差异）。其主要原因是经过近百日的培养，培养料表面失水比较严重。喷雾实质上是补水，软化表层培养料，促进料面菌丝恢复生长，

空气相对湿度控制在 85％～ 92％，温度 15 ～ 18 ℃，二氧化碳浓度 0.2％～ 0.25％，菌袋搔菌后损伤的菌丝逐渐恢复，5 天前后"返白"。

2. 现蕾期 菌丝逐渐"返白"后，开始进入现蕾期。任何菌类从营养生长转入生殖生长必须具备四大条件：一是菌袋生理成熟（pH 降低）；二是进行降温、温差刺激（出菇房内温度控制在 14 ～ 16 ℃）；三是延长光照时间（每天 8 ～ 10 h 的光刺激）；四是增加通风量，二氧化碳浓度控制在 0.25％～ 0.3％。第 6 天菌丝开始出现扭结现象，第 8 天扭结的菌丝体上出现原基，此时应注意适当减少雾化量，否则原基会不断增加，不利于原基健康生长。第 12 天左右出现三角形原基，此时应开始适当加湿，可以使用无纺布或编织袋覆盖保湿（图 7-4-3）。通常出芽后第 15 天前后，停水 2

天，让健壮的菇蕾（图7-4-4）向上生长，弱小菇蕾因失水，逐渐夭折。以低湿度控制菇蕾数量，达到疏蕾效果。

图7-4-3　覆盖保湿

图7-4-4　健壮的菇蕾

（十一）出菇管理

1. 壮蕾　原基形成后，将进一步发育，分化成菌柄、菌盖。菇房内二氧化碳浓度保持在0.25%～0.3%，温度在14～16℃，每天适当光照2 h，光照强度在30～50 lx。壮蕾期维持菇蕾长至袋口。控制菇房的湿度，每袋只要50支左右的原基发育成菇蕾，就能够获得高产。如果菇蕾过多，无效菇增加，消耗养分，反而不利于达到高产目的，可以通过停水2天，增加通风量来调控。菇蕾伸长后，采用自动或者人工喷雾，且逐渐增加喷雾量，减少新风补充量。各地栽培地理位置不同，当地环境气候不同，难用数字表示，只能够触摸菌盖来判断是过干还是过湿。喷水之前先用手指触摸菌盖，有刺感，硬，说明干了，如果手指感觉发黏，说明过湿。

2. 培育商品菇　壮蕾后，控制二氧化碳浓度在0.5%～0.6%，空气相对湿度90%～95%，实现拉长菌柄，控制菌盖展开，培育优质商品菇（图7-4-5）。根据菇房喷水设施结构或人工打水，促使菌柄快速地被拉长。根据菇体状况而定光照时长，柄短、帽大则减光或不开灯，反之，每天保持光照2 h。喷水后，加大内循环运行的时间，经过15 min菇蕾上看不到水膜的存在，以防止出现细菌性病原菌的侵染。

3. 减少异常菇　在菇蕾形成后，菌盖表面应处于不干不湿状态，否则容易出现小菇瘤（俗称盐巴菇），失去商品价值（图7-4-6）。夏季制冷机组运转频率增加，相对出现盐巴菇的概率就少很多。加大内循环风机运转、通风，喷水后，15 min内让菌盖看不见水膜存在为宜，进行控干管理，进入加速生长期再加大喷水管理，也有的采用每天多次喷水管理，不让菌盖上出现干干湿湿，但过湿管理影响菇体的通风换气，常出现菌盖边黄。采收前再减少喷水量。

图7-4-5　培育优质商品菇

图7-4-6　菌盖上的小菇瘤

目前湿度控制已经实现自动化，由湿度计、控制中心、二流体组成的湿度控制系统已经极大地降低了劳动强度和提高了湿度控制精度。

（十二）采收

1. 采收标准　当菌柄长至 13 ~ 15 cm，菌盖未开伞就要及时采收（图 7-4-7）。其基本标准应根据市场需要而定，从开袋到采摘一般需要 24 ~ 27 天。

2. 采收方法　采收时，手握紧菇筒晃动，待菇丛松动脱离料面后再拔出，不要碰坏菌盖。运至包装间的冷藏间进行预冷，排放在地面，先进行数小时预冷，使菇体表面"收水"，海鲜菇菇体中心温度快速下降，再包装。包装间温度维持在 13 ~ 15 ℃。

（十三）包装与贮藏

1. 整理　去掉菌柄基部的杂质，拣出伤、残、病菇，并根据市场需要分拣后，使用包装模具一根根排放在包装模具盒内，两头向外，弃掉长度 5 cm

以下无效菇，进行半抽真空，每大包装 2.5 kg。也有的进行简易包装，海鲜菇货架期相当长，在 6 ℃冰箱冷藏环境下冷藏 1 个月，依然完好。

2. 小包装　抽真空小包装可以直接供给超市。

3. 冷藏　包装后海鲜菇销售包放置在泡沫保温箱内，不封盖，堆积冷藏，使包装包内中心温度继续下降至 5 ℃，发货前再封箱，途中全程冷链运输。

二、蟹味菇塑料袋栽培模式

蟹味菇塑料袋栽培模式的栽培场地、栽培时间等环节可参照本节"海鲜菇塑料袋栽培模式"的相关内容进行。

（一）培养料配方与配制

蟹味菇的栽培要求培养料偏硬质化。培养料的孔隙率（透气性）决定了菌丝的生长速度和健壮程度。因此，在配制培养料时，不仅要考虑营养，也

图 7-4-7　可采收的商品菇

木腐菌生产技术

必须充分考虑培养料的持水性和孔隙率，来确定培养料中营养添加剂的种类和用量。当然，最终必须在进行成本核算的基础上，来决定使用营养添加剂的种类和用量。营养添加剂的质量对蟹味菇的菌丝生长发育和菇体的品质、产量都有很大的影响。要求原料新鲜无霉变，玉米芯粉碎成直径 3～4 mm 的颗粒。

可供选择的培养料配方较多，根据各地条件，以下几种配方可供参考。

配方 1：阔叶、针叶树木屑 79%（重量比，下同），米糠或麸皮 18%，白糖 1%，石灰 1%，石膏 1%，含水量 65%。适用于木屑主产区。

配方 2：棉籽壳 98%，石膏 1%，石灰 1%，含水量 65%。适用于棉籽壳主产区。

配方 3：棉籽壳 48%，木屑 35%，麸皮 10%，玉米粉 5%，石灰 1%，石膏 1%，含水量 65%。适用于棉籽壳、木屑较多的地区。

配方 4：玉米芯 40%，木屑 40%，麸皮 12%，玉米粉 5%，石膏 1.5%，石灰 1.5%，含水量 65%。适用于玉米芯、木屑较多的地区。

配方 5：棉籽壳 46%，玉米芯 30%，麸皮 16%，玉米粉 5%，石灰 1.5%，石膏 1.5%，含水量 65%。适用于棉籽壳、玉米芯较多的地区。

配方 6：玉米芯 65%，棉籽壳 15%，麸皮 12%，玉米粉 5%，石膏 1.5%，石灰 1.5%，含水量 65%。适用于玉米芯主产区。

配方 7：玉米芯 80%，麸皮 12%，玉米粉 5%，石膏 1.5%，石灰 1.5%，含水量 65%。适用于玉米芯主产区。

按当地原料情况就近取材，选择配方，准确称量，加水拌匀，用石灰水调整 pH 至 7～8。规模化生产时，一般利用搅拌机进行三级搅拌，确保充分搅拌均匀；人工拌料时，必须先对主料进行预湿。

（二）装袋

蟹味菇发菌时间长，出菇时间较长，一般采用 15～17 cm×30 cm×0.005 cm 的聚丙烯袋或低压聚乙烯折角袋。装袋可采用人工或装袋机装袋，装袋时要小心，防袋破损。每袋装干料 500 g 左右。装袋松紧适中，袋中央用直径 2 cm 塑料棒打一个圆柱形的孔道，孔道最低处距袋底 3 cm（切勿打到袋底并刺破袋子），圈封口袋装好后，及时套圈，用包装线扎紧袋口。打孔道可以使袋中央的料被充分分解利用，且有利于发菌时积累在料中的废气及时排出菌袋。打孔时，不要动作过快，应匀速打正，并避免打破袋底。

（三）灭菌

装袋结束后，立即采用常压或高压灭菌，常压灭菌（100 ℃）持续 14～16 h；高压蒸汽灭菌，需在 0.15 MPa 下保持 2 h。

（四）冷却与接种

经过灭菌的料袋，待温度降至 60 ℃左右时及时移至冷却室内冷却至 30 ℃以下时接种。蟹味菇发菌时间长，接种时严格按无菌操作程序进行。蟹味菇有先在菌种层上分化出菇的习性，故要求接种时有足够的用种量，并保持一定的菌种铺盖面积和表面积。接种前把菌种掰成花生仁大小，接种在料面上，使之自然成凸起状，既增加了出菇面积，又有利于子实体的自然排列，不仅产量高，而且整齐度好。袋栽可采用一端或两端接种。接种量为 500 mL 罐头瓶菌种接 25～30 袋，250 mL 盐水瓶菌种接 10～15 袋。

（五）菌丝培养

接种后将菌袋搬入发菌室预先消过毒的培养架上培养，根据菌丝体生长对环境条件的要求，接种后的菌袋，放在温度 20～25 ℃、空气相对湿度低于 70%，通风避光的室内发菌，气候条件适宜时，也可置于室外空地上发菌。菌垛大小根据季节和温度适当调整，切忌大堆垛放，以免发生烧菌现象。室外发菌，空气新鲜，昼夜温差会引起菌袋内气体的热胀冷缩，有利于菌袋内外的气体交换，但要遮阳，必要时还要用薄膜或其他材料覆盖菌垛保温、防雨。如栽培用的塑料袋口扎得过紧，发菌后期常会出现抑菌现象，即菌落前沿的菌丝短而齐，呈线状,严重时出现黄色抑菌线,菌丝停止向前延伸,此时应适当松动扎口绳,或在距菌丝前沿约2 cm菌丝处扎口通气,并降低环境温度。每天通风3～4次,每次30 min以上,遮光培养40～50天菌丝基本长满。

(六)后熟培养

蟹味菇菌丝发满后,须在20～25 ℃下再培养40～50天,当达到生理成熟和贮存足够的营养物质,即菌丝分泌浅黄色素时,才能出菇。菌袋生理成熟的标志是:菌丝由洁白转为土黄色;菌袋失水,重量变轻;培养料收缩成凹凸不平的皱缩状;无病虫害。后熟培养结束后,若仍处于高温季节而不适宜出菇时,宜将菌袋移至较阴凉、干净、通风、避光处存放,待气候适宜时再行出菇。

利用自然温度,于春、秋两季播种,隔季出菇时,对发好的菌袋进行越季保存的过程,也就是进行后熟培养的过程。其时间长短,取决于后熟培养时温度、通气状况、培养料的pH和含水量、容器装料量以及光照等的影响。若温度高、通风好、pH高、含水量低、有一定光照刺激,菌丝成熟的速度就快,反之所需时间就长。一般规律是:适当提高发菌温度;如培菌环境过于干燥,可适当提高空气相对湿度;稍加大通风量;适当增加光照及温差刺激,以提高后熟效果。一般50天左右,即完成后熟期。

越夏管理:春播的菌袋发满后,可移入阴暗通风的室内进行越夏。可以相对集中排放;也可在室外搭棚,菌袋堆上用秸秆遮光,防止提前分化长出菇蕾。夏季温度高,一般不需要管理,菌丝可顺利于8月下旬达到生理成熟。

越冬管理:主要解决保温问题,否则到了翌年春季菌丝体可能仍未成熟,影响出菇。前期大堆排放,袋堆上加覆盖物保温。出菇前1个月检查,如果菌丝体仍为白色,说明其生理成熟度不够,要进行人工加温,将温度控制在25～30 ℃,以加速菌丝的成熟进度。

(七)搔菌

菌袋进菇房前,先在房内隔50 cm起一条宽22 cm、高10 cm的埂,并向空间喷雾水,使其空气相对湿度提高至90%～95%,然后开袋口。将菌袋出菇端,在地上轻揉一下,使表面菌丝稍受损伤,并起料面与袋膜分离的作用。出菇季节到来后,取出菌袋,立于地面或床架上,解开袋口,单头直立出菇,用小铁片搔去料面的气生菌丝和厚菌皮,但要保留原来接种块,忌用手大块抠挖表面的培养料。轻轻除去培养料表面的老菌种,其目的是促使原基从料面中间接种块处成丛地形成,使以后长出的菇蕾向四周发展,形成菌柄肥实、菌盖完整、菌肉肥厚的优质菇。搔菌的好坏,直接影响子实体的形成和产量。采取不同搔菌方法对产量影响较大,其中以四周搔菌效果最佳,后熟期短、间歇期也短,转茬快,畸形菇率低。搔菌后将菌袋分层横放或单层竖放在土埂上,并将袋头轻轻拉动使之自然张口,以维持料面处于一个湿润的小气候环境中。层排时菌袋5～8层高为宜。如空气相对湿度低,要在菌墙上加盖薄膜或小拱棚。在搔菌或出一茬菇后,可往袋口灌注200～300 g清水(或加催菇液),2 h后,倒出清水,此工序可刺激出菇,并补充菌丝生长过程中失去的水分。

(八)催蕾

因蟹味菇的菇蕾分化及发育阶段对环境条件反应极为敏感,管理不当,轻则分化密度不够,菇蕾长不好,重则不分化或已分化的菇蕾会成茬死亡。利用自然条件和简易菇房出菇,通过保护性催蕾也可以获得满意的效果。即在开口、排袋时不急于挽起或剪去袋口薄膜,在待出菇的料面与袋口之间留一个既与外界有一定的通透性又能起到缓冲作用的空间,以抵御外界环境的剧烈变化对菇蕾可能造成的危害。

搔菌注水后的菌袋放置整齐后,袋口覆盖无纺布或报纸,喷水保湿,催蕾分化时间7～12天,室内温度尽可能保持在12～16 ℃,加大温差,光照强度10～30 lx,保持空气清新、湿润,空气相对湿度90%～95%。经8～10天的催蕾，即长出完整的菌盖，便进入育菇管理阶段。

（九）出菇管理

1. 育菇　子实体从发育到长大要5～10天（图7-4-8）。在菌盖接触袋头前，将袋头挽起或剪去，此时菇房温度控制在13～18℃，空气相对湿度保持在85%～90%，同时加大通风。如菌丝培养时间不够，出菇不整齐，菇体大小不一；培养时间过长，培养料上层容易干掉，并易感染杂菌，影响原基分化，菇蕾还会发生在袋的侧面，形成畸形菇。

图7-4-8　蟹味菇袋栽出菇

2. 茬间管理　第一茬菇采收后，应弃除残留的菇根和死菇，补足水分，用报纸或塑料薄膜覆盖好，进行第二茬菇的管理。一般可采2～3茬菇，产量主要集中在第一茬菇。因此蟹味菇的管理应首攻头茬菇。只要栽培过程中各个环节都能做到位的话，蟹味菇生物学效率可达75%～85%。采收时，蟹味菇要小心轻放，不得碰撞、挤压，以防菇体破损或变色。

3. 覆土出菇管理

（1）排袋　菌丝成熟的菌袋，打开一端，将塑料袋卷退到另一端的边缘，但不要全部脱掉，使之形成土壤与菇体的隔离层，避免出菇时菇体带土。在地沟中间部位，把菌袋头对头（相隔8 cm）并放两排，未脱去塑料袋的一头朝外。每袋间留

2 cm间隙，所有间隙用肥沃壤土（必须预先消毒处理）填充，每层覆土2 cm，并喷水使土壤吸足水分。照此依次排放第2、3、4……层，共排8层左右（根据菇房实际情况决定层数）。另外，两个墙边各排一行菌袋，紧贴墙边排，依次逐层覆土。这样从横截面上看菌袋共4排，覆土后成为3堵菌墙，2条宽70 cm左右的走道，出菇都在走道两边。每排最上层覆土厚4 cm，并抹个水槽。菌墙做好后，以保湿为主，每天要根据菇房情况进行通风换气，待袋口形成菇蕾后，即可转入出菇管理。

（2）原基期管理　覆土后15天左右，菌丝体长入土壤中，并和周围菌棒菌丝相互交织，形成了3堵菌墙。此时，菇房温度应保持在16～28℃，空气相对湿度85%～90%，散射光线光照强度150～200 lx，空气新鲜，二氧化碳浓度在0.1%以下。7天左右，料面上分化出密密麻麻小米粒大小原基，5天左右原基伸长成针尖状，再过约5天，针状菇蕾发育成深褐色球形小菌盖，袋口卷起，露出菇蕾。

菇蕾出现后，控制菇房温度为13～18℃，空气相对湿度为85%～90%，每日通风6～8次，控制二氧化碳浓度在0.1%以下，光照强度为200～500 lx，促使菇蕾发育长大。

（十）采收

从现蕾到采收一般需8～15天（视温度而定，温度高则加快，温度低则延期）。采收蟹味菇宜在夜晚或清晨进行，避免中午或午后采收。采收前3天，空气相对湿度应在85%左右，以延长采收后的保鲜期。

采收的基本标准是：菌盖上大理石斑纹清晰，色泽正常；菌盖未平展，孢子未喷射，最大一朵菌盖直径在2.5～3 cm，整丛柄长5～6 cm，粗细均匀。蟹味菇的采收一定要及时，采收偏晚的话，会有苦味。

采收时要双手横抓菌袋并晃动菇筒，待菇丛松动脱离料面后再拔出，注意不要碰坏菌盖。采下的鲜菇用泡沫箱或塑料周转箱小心盛放。采收

第一茬菇后，应及时清除料面上残留的菌柄、碎片和死菇，停水 3 天左右，挖去表层 1 cm 厚的培养料，覆盖湿的无纺布，让料面菌丝恢复后再喷水保湿催蕾，必要时可增喷氮、磷、钾混合营养液增加营养，约 20 天后可形成第二茬菇。

一般蟹味菇可分为 3 个等级：一级菇，盖直径 1.5～2.5 cm，柄长 4 cm 以下。二级菇，菌盖直径 2.6～3.5 cm，柄长 4 cm 以下。三级菇，菌盖直径 3.6～4.5 cm，柄长 4 cm 以下。

（十一）贮藏

采收后的蟹味菇分级包装后可在冷库存放，鲜菇销售；也可以盐渍加工；还可以烘干成干品销售，也可开发即食休闲食品。

第五节
蟹味菇工厂化瓶栽生产模式

一、栽培原料与配方

（一）栽培原料

常用原料有甘蔗渣、木屑、棉籽壳、麸皮、玉米粉、米糠、玉米芯、石灰、轻质碳酸钙。

（二）配方

棉籽壳 48%，木屑 35%，麸皮 10%，玉米粉 5%，石灰 1%，石膏 1%，含水量 62%～64%。灭菌后培养料 pH 6～6.5。

二、培养料配制

通过搅拌，使培养料混合均匀。同时快速完成装瓶和灭菌，避免微生物大量繁殖致使灭菌前培养料发酵、酸败，改变其理化性质，特别是培养料 pH 下降，否则影响发菌速度和产品产量。

三、装瓶

将混合均匀的培养料均匀地装入 1 350 mL 的塑料瓶中，并完成打孔和压盖。时常抽查装瓶筐对角线两瓶间填料差，避免误差过大（以不超过 20 g 为度）。和其他菌类瓶式栽培不同，金针菇菌柄比较细，搔菌采用的是平搔，能够保证每一瓶菌都能发育足够多的菇蕾；而蟹味菇菌柄比较粗，如果也采用平搔，所形成的菇蕾数量过于密集，发育平面不足，挤压，难以达到商品菇的标准，所以只能够采用局部搔菌。减少出芽数量，使每个健壮的菇蕾都有适当的发育空间。

四、灭菌与冷却

（一）灭菌

为了保证生产的稳定性，采用高压灭菌。灭菌后，应回接判断是否灭菌彻底，取样，对培养料含水量、pH 进行复核测试，直至生产稳定。

（二）冷却

灭菌结束后，自然降温，压力回复至 0 时打开锅盖，温度降至 70～80℃时推入强制冷却室，自然降温一段时间后，开动制冷机强制降温。

五、接种

当料袋冷却至 25 ℃时，移入净化接种室，在 FFU 接种罩下进行接种。瓶栽蟹味菇一般都是采用枝条菌种接入瓶内预留的孔洞，这样能使菌种从中间往外扩散，缩短培养周期，再用菌种全部封口，盖满培养料料面，减少栽培瓶污染的概率。

六、菌丝培养

接种后，从接种室递送窗将接种后的菌瓶整筐移入培养室内进行发菌培养。培养室要求洁净无尘，进风扇和排气扇均应装置过滤网，使培养室

木腐菌生产技术

处于正压的状态为好。培养期间无光照，仅备工作灯。排放时，除了注意瓶间距外，还得注意栽培筐间距，不得放得过密，按地面预先画线堆放。堆放密度要合理，使每个区域上下层、内外的栽培筐温度、湿度、气体等环境条件大体均匀一致，便于散热及二氧化碳的排放及室内空气的循环，从而提高菌丝蔓延的同步性。

（一）定植期

定植期培养室的温度控制在 22～24℃，空气相对湿度 60%～70%，二氧化碳浓度低于 0.3%，培养至料面布满菌丝。接种后 10 天，尽量减少菇房内空气流动，无须补新风，重点在稳定温度。如果经济和场地条件允许，将定植期培养室与生长期、后熟期所使用的菇房分开。接种后，非必要人员不得进出定植期培养室，6 天后，培养室正压负压交替，负压时补充经过中效过滤后的新风，以提高成品率至 99.5%。

（二）生长期

15 天左右，栽培瓶开始发热，将定植期培养室栽培筐移到生长与后熟室内，移动过程中要注意检杂，每垛栽培筐的间距适当拉大，控制栽培瓶中心温度 23～25℃，二氧化碳浓度在 0.25% 以下。

七、后熟培养

经过 35 天培养，菌丝满瓶后进入后熟期培养，控制室内温度为 23～25℃，空气相对湿度为 70%～75%，二氧化碳浓度为 0.22%～0.3%。当培养料由土黄色转为黄白色为后熟结束。

八、搔菌管理

（一）搔菌

采用局部搔菌，使栽培瓶表面的菌丝局部损伤，部分没搔菌菌丝面依然保持完好。由于搔菌部分受伤的菌丝重新形成扭结面（图 7-4-9），和没有搔菌的菌丝面扭结会出现时间差，从而减少

菇蕾形成面的芽数量，使健壮菇蕾都能够有足够空间发育。

图 7-4-9　搔菌后料面菌丝重新形成扭结面

（二）保湿

由于经过长时间栽培瓶培养，在制冷环境条件下，瓶内表面水分散失比较多。在搔菌过程中，视栽培瓶料面的失水程度加入 5～10 mL 纯净水，让栽培瓶表面菌丝湿润，有利于菌丝扭结。搔菌后，栽培瓶成筐排放在出菇架上，再覆盖上无纺布、编织袋或者混纺布保湿。

（三）恢复期

恢复期是指搔菌后，菌丝在菇蕾形成处逐渐返白恢复菌丝生长的一个过程，需要 3～5 天，控制空气相对湿度 85%～92%，温度 15～18℃，二氧化碳浓度 0.2%～0.25%。

（四）催蕾

控制温度 12～15℃，每天光照 8～10 h，二氧化碳浓度 0.25%～0.3%，促进菌丝扭结形成原基，第 12 天左右，就能看到三角形原基，此时应开始适当加湿。

九、育菇管理

（一）壮蕾

当原基形成后，将进一步发育分化成菌柄、菌盖（图 7-4-10）。随着菇蕾慢慢伸长，进入快速发

育阶段。随着呼吸量增加，水分消耗量增加，故应视当时气候、菇体状态，逐渐增加喷水量。每次喷水后，应减少室内短时间通风（对于密闭较好的菇房，仅需要数分钟的大通风，对保温性较差的菇房可以不通风）。随后，保持出菇房内二氧化碳浓度在 0.25% ～ 0.3%，温度在 14 ～ 16 ℃，适当光照 2 ～ 6 h。壮蕾期维持菇蕾长至 5 cm。

（二）伸长期

壮蕾期后，减少通风量，将二氧化碳浓度提升至 0.5% ～ 0.6%，空气相对湿度调至 90% ～ 95%，促使菌柄快速地被拉长。逐渐减少光照时间，通常是柄短、盖大减光或不开灯，反之，使用 LED 灯，保持光照 2 ～ 6 h。

图 7-4-10　分化形成的菌柄、菌盖

（三）成熟期

开袋后 24 ～ 27 天（季节不同），当菌柄长至 5 ～ 7 cm，菌盖微微张开（图 7-4-11），即可采收。

图 7-4-11　蟹味菇成熟期

十、采收、包装与贮藏

蟹味菇瓶式栽培的采收、包装与贮藏可参照本章第四节"海鲜菇塑料袋栽培模式"的相关内容进行。

第六节
白玉菇工厂化瓶栽生产模式

白玉菇工厂化瓶栽生产模式栽培原料与配方、培养料配制、装瓶、灭菌与冷却、接种、菌丝培养、后熟培养、搔菌、采收、包装与贮藏等环节均可参照本章第五节"蟹味菇工厂化瓶栽生产模式"的相关内容进行，本节只介绍不同点。

白玉菇在搔菌后将栽培瓶置于栽培架上，由于菇房内高度有限，为了操作方便，栽培层架多设计为 5 层。国内金针菇袋式栽培的出菇架多为 7 层，增加菇房容量，也提高了菇房内二氧化碳浓度，抑制菌盖展开，在金针菇行情不甚理想时，稍加改造即可进行白玉菇栽培。

搔菌后菌丝恢复需要一定的湿度，可以用覆盖长条形打湿无纺布（或者纱布）的方法进行保湿，搔菌后料面菌丝很快变白，并逐渐分化形成菌柄、菌盖（图 7-4-12）。

图 7-4-12　菌丝分化形成菌柄、菌盖

木腐菌生产技术

该属菌类在干干湿湿的状态下很容易在菌盖上面长出小菇瘤，俗称盐巴菇，影响商品外观。因此，要求有一定的层架层距（55～60 cm），层架不宜过宽。白玉菇属于丛状发生的菌类，应保证每一朵鲜菇在栽培过程中时常有对流风从每一层栽培瓶菌盖表面流过，雾化产生的水雾粒也会飘落到新芽上，满足丛状菇蕾发育过程中对氧气和湿度的需求。

此外，灯光抑制是栽培中不可缺少的，这能够提高鲜菇的整齐度，并使菌柄变粗壮，减少无效菇的量。补光方面，以往多使用日光灯，虽然属于冷光源，依然会发热并且能耗较高。LED灯发展成熟，节能且寿命较长，企业目前几乎都改为LED灯。

白玉菇为丛状菇蕾（图7-4-13），单产低，如果采用1 100 mL的塑料瓶，每瓶单产仅150 g左右，主要是在快速生长期氧气不足，无效菇蕾比较多。

单产低于蟹味菇，但货架期较长，口感滑嫩。为了防止被挤压破损，大多采用软包装。因栽培周期比较长，栽培者相对比较少，全年单价比较稳定。

图7-4-13　白玉菇菇蕾

（陈建芳　王振河　孔维丽　李宇伟）

第五章　杏鲍菇

　　杏鲍菇常在春末、夏末单生、群生或丛生于伞形花科植物如刺芹的茎基部，所以又叫刺芹侧耳。野生杏鲍菇主要分布在我国的新疆、四川北部和青海。目前，我国杏鲍菇生产已经基本实现工厂化，技术水平已进入国际先进行列。

第一节
概述

一、分类地位

　　杏鲍菇隶属真菌界、担子菌门、蘑菇亚门、蘑菇纲、蘑菇亚纲、蘑菇目、侧耳科、侧耳属。

　　拉丁学名：*Pleurotus eryngii*（DC.）Quél.。

　　中文学名：刺芹侧耳、杏鲍菇、杏香鲍鱼菇、杏鲍茸、雪茸等。

二、营养价值与经济价值

　　杏鲍菇菌肉肥厚，质地脆嫩，组织紧密，富有弹性，采摘后冷藏保存的时间较长。其营养丰富，富含蛋白质、碳水化合物、维生素及钙、镁、铜、锌等，具有杏仁的香味和如鲍鱼般的口感。常食用

木腐菌生产技术

可以提高人体免疫功能，具有抗癌、降血脂、润肠胃以及美容等作用。

杏鲍菇的经济价值可观，销售市场稳中有升，消费量逐年提升，消费空间广阔。

三、发展历程

杏鲍菇属于木腐生菌类，和所有商业性木腐生菌类一样，大多是熟料栽培。杏鲍菇栽培按照设施可以分为季节性农业栽培和工厂化周年栽培，1989年林光华创办福建漳州第一家食用菌工厂化生产企业，漳州杏鲍菇工厂化生产技术在全国处于领先地位，被业界赞誉为"漳州模式"。2013年前后，活跃在全国各地的漳州杏鲍菇栽培技术员年薪二三十万元，高的达到四五十万元。

杏鲍菇的生产方式由传统的家庭作坊式操作、季节性生产模式，逐渐向设施化、工厂化、周年化、规模化生产发展。生产方式的变革带动了食用菌新品种、新技术、新机械、新信息的开发。目前，信息化、网络化和电商化加快了杏鲍菇工厂化的步伐，致使杏鲍菇产品过剩，影响企业效益。大型工厂日产鲜菇50 t以上，2018年全国杏鲍菇总产量195万 t。

四、主要产区

杏鲍菇产区主要集中在福建、浙江、江苏、河南、山东、河北、北京、辽宁、江西、山西、上海、天津和内蒙古等地。

杏鲍菇工厂化生产技术日趋成熟，新技术、新业态和新的产业模式不断涌现，工厂化生产已经成为杏鲍菇产业发展趋势，如洛阳佳嘉乐农产品开发股份有限公司、新乡市康宏食用菌有限公司、昆山市正兴食用菌有限公司、镇江市丹徒区正东生态农业发展中心、上海雪榕生物科技股份有限公司等。

五、发展前景

杏鲍菇种植技术日趋成熟，工厂化生产规模越来越大，自动化程度愈来愈高。杏鲍菇工厂化将向设施智能化、操作轻简化、产量稳定化方向发展。杏鲍菇栽培原料来源广泛，木屑、农作物秸秆、玉米芯、棉籽壳等均可使用，易收集。大量栽培杏鲍菇既可以调整我国农村的产业结构，同时也是广大农村致富的首选项目之一。

第二节
生物学特性

一、形态特征

（一）菌丝体

杏鲍菇菌丝白色，棉絮状，初期纤细，逐渐浓密蔓延，为单一型，有锁状联合。杏鲍菇菌丝体在生长阶段分为5个时期：萌发期→定植期→扩展期→深入期→密结期。

（二）子实体

杏鲍菇子实体单生或群生，呈保龄球形或棒状。菌盖直径2～12 cm，初期盖缘内卷呈拱圆形，成熟后平展，后期盖缘上翘，中央浅凹，呈浅盘状至漏斗形，表面有丝样光泽，不粘，幼时为淡灰黑色，成熟后浅棕色或黄白色。菌肉白色，肥厚，质地脆嫩，口感佳，具有杏仁味道，贮藏与运输性能良好。菌褶延生，密集，白色，不等长。菌柄长2～10 cm，直径0.3～3 cm，偏心生或中生，近白色至浅黄白色，光滑，中实，肉质。

二、生活史

生活史是从单孢子萌发，形成单核的初生菌丝，再由单核菌丝融合形成异核的双核菌丝，发展到一定阶段进而由双核菌丝扭结形成原基，长成子实体。最后，在子实体成熟后，产生新的单孢子，完成整个发育过程，然后再循环重复组成其生活史。

三、营养

（一）碳源

根据高产优质和采购方便的原则，杏鲍菇可以选用棉籽壳、杂木屑、玉米芯、豆秸、甘蔗渣、花生壳等作为碳源。以杏鲍菇的菌落直径作为指标，采用平板固体培养法，菌丝生长的最适碳源是麦芽糖，其次是蔗糖、果糖、葡萄糖、乳糖。

（二）氮源

杏鲍菇可以利用的氮源有蛋白胨、酵母膏、玉米粉、麸皮、豆粉、米糠、菜籽饼粉等。以杏鲍菇的菌落直径作为指标，采用平板固体培养法，菌丝生长的最适氮源为酵母粉，其次是牛肉膏、蛋白胨、硝酸铵、硫酸铵，其中，有机氮源明显优于无机氮源。

（三）矿质元素

添加少量石膏、石灰、磷酸二氢钾等矿质元素，可满足营养生长需要。

（四）维生素

一般在培养料中添加 B 族维生素含量较多的麸皮和米糠，即可满足杏鲍菇所需的维生素 B_1 和维生素 B_2。

四、环境条件

（一）温度

杏鲍菇属于中低温性菌类，菌丝生长温度为 5～31 ℃，适宜温度为 22～27 ℃，最适温度为 25 ℃。

原基形成和子实体发育的温度范围较窄，大多数菌株为 8～20 ℃，适宜温度为 12～18 ℃。环境温度低于 8 ℃不会形成原基；高于 20 ℃时，易出畸形菇，易受杂菌污染，子实体变黄萎蔫。

（二）水分

杏鲍菇菌丝生长期，培养料含水量为 60％～65％；子实体分化期的空气相对湿度为 75％～85％，生长期的空气相对湿度为 80％～95％。

（三）空气

新鲜空气是杏鲍菇生长的重要条件，菌丝生长阶段对空气要求不很严格，在氧气充足的前提下，一定浓度的二氧化碳对菌丝生长有利，但超过 0.2％会影响菌丝正常生长；在子实体生长阶段，一定浓度的二氧化碳可以改变杏鲍菇子实体的形状，二氧化碳浓度的调节技术在工厂化生产模式中应用较多。

（四）光照

菌丝培育期不需要光照；子实体分化期光照强度为 200～500 lx，生长期光照强度为 500～1 000 lx。

（五）酸碱度

菌丝培育期 pH 6～8；子实体分化期 pH 6～7，生长期 pH 5.5～7。

第三节
生产中常用品种简介

一、日引 1 号（闽认菌 2010002）

1. 选育单位　漳州市农业科学研究所。

2. 形态特征　该品种子实体棍棒状，单生或群生，朵形大，菌盖初期内卷呈半球形，成熟后平展，后期盖缘上翘，中央浅凹，呈浅盘状至漏斗形，菌肉白色，菌褶延生、密集、白色不等长。菌盖直径 3 ～ 6.5 cm，平均 4.9 cm，菌柄长 15 ～ 24 cm，平均 18.8 cm。

3. 菌丝培养特性　菌丝生长最适温度为 24 ℃左右，不需要光照；原基形成和分化适宜温度 10 ～ 15℃；子实体生长发育的温度控制在（13±2）℃较好。子实体形成和发育适宜光照强度 500 ～ 1 000 lx，空气相对湿度 85% ～ 95%。

二、川杏鲍菇 2 号（国品认菌 2007040）

1. 选育单位　四川省农业科学院土壤肥料研究所。

2. 形态特征　该品种子实体菌盖黄褐色，幼时为帽状，成熟后边缘上翘，中部凹，似碗状，表面有纤维状鳞片，直径 3 ～ 5 cm。菌褶白色，延生，密，不等长。菌柄白色，中生。

3. 菌丝培养特性　菌丝生长温度 5 ～ 35℃，最适生长温度 25℃；子实体生长温度 12 ～ 25℃，适宜生长温度 15 ～ 17℃。菌丝体生长不需要光照，子实体形成适宜光照强度 100 ～ 500 lx，子实体生长适宜光照强度 10 ～ 1 000 lx。菌丝体生长的培养料适宜含水量 60% ～ 70%，子实体生长适宜空气相对湿度 80% ～ 90%。适宜 pH 5 ～ 6。

三、川选 1 号（国品认菌 2007041）

1. 选育单位　四川省农业科学院土壤肥料研究所。

2. 形态特征　该品种子实体中型；菌盖浅褐色至淡黑褐色，直径 3 ～ 5 cm，厚 0.8 ～ 1.5 cm，平展，顶部凸，表面有纤维状鳞片。幼时为帽状，成熟后边缘上翘，中部凹，似碗状，菌褶白色，延生，密，不等长。菌柄白色，中生。

3. 菌丝培养特性　菌丝生长温度 5 ～ 35 ℃，最适生长温度 25℃；子实体形成温度 12 ～ 20℃，适宜温度 12 ～ 15 ℃。菌丝体生长不需要光照，子

实体形成适宜光照强度 500 ～ 600 lx，生长适宜光照强度 10 ～ 1 000 lx。菌丝体生长的培养料适宜含水量 60% ～ 70%，子实体生长适宜空气相对湿度 80% ～ 90%。适宜 pH 6 ～ 7。

四、中农脆杏

1. 选育单位　中国农业科学院农业资源与农业区划研究所。

2. 形态特征　该品种原基簇生，灰白色；子实体菌盖灰褐色；菌褶淡黄色，有网纹；菌柄白色，呈保龄球形，表面光滑，质地中等。

3. 菌丝培养特性　菌丝生长温度 5 ～ 35 ℃，最适生长温度 25 ℃；子实体形成温度 12 ～ 20 ℃，适宜温度 12 ～ 16 ℃。菌丝体生长不需要光照，子实体形成适宜光照强度 500 ～ 600 lx，子实体生长适宜光照强度 10 ～ 1 000 lx。菌丝体生长的培养料适宜含水量 60% ～ 70%，子实体生长适宜空气相对湿度 85% ～ 90%。适宜 pH 6 ～ 7。待菌丝满袋后搔菌，加盖无纺布保持空气相对湿度在 85% ～ 95%，于 10 ～ 15℃条件下培养，7 天左右形成菇蕾。

第四节
主要生产模式及其技术规程

一、塑料袋熟料生产模式

杏鲍菇主要采用塑料袋熟料栽培，出菇方式有覆土出菇方式和非覆土出菇方式。

（一）栽培季节

在自然条件下，各地应根据杏鲍菇出菇期间对温度的要求（12 ～ 18 ℃），合理安排栽培季节，

一般是以当地气温降至 18 ℃的日期，提前 50 天制菌袋。

我国地域辽阔，在同一季节因地区不同而气候各异，特别是南北气候相差悬殊，所以，应根据当地气候、品种特性、生产目的、生产条件和生产区域，合理安排好栽培季节。

（二）菌种准备

杏鲍菇菌种提前准备，一般栽培种的感官要求见表 7-5-1。

（三）原料选择与培养料配方

1. 原料选择　根据高产优质和采购方便的原则，原料选择以木屑、棉籽壳、玉米芯、玉米粉、麸皮、豆粉等为主。

2. 培养料配方

（1）木屑配方　木屑是指木材加工厂生产出的锯末，或专用加工设备生产出的一定细度的木材颗粒。绝大多数的树种生产出的木屑都可用于杏鲍菇栽培，平原地区的杨、柳、榆及多种果木，都是生产杏鲍菇的优质树种。

配方 1：木屑 73%，麸皮 20%，玉米粉 5%，糖 1%，石膏 1%。

配方 2：木屑 37.5%，棉籽壳 37.5%，麸皮 10%，豆秸 10%，玉米粉 5%。

配方 3：木屑 38%，棉籽壳 20%，豆秸 20%，麸皮 20%，石膏 1%，石灰 1%。

配方 4：木屑 60%，麸皮 18%，玉米芯 20%，石膏 2%，石灰适量。

（2）棉籽壳配方　棉籽壳物理性状较好，营养丰富，是栽培杏鲍菇的优质原料。以棉籽壳为主要栽培原料种植杏鲍菇，菌丝既能旺盛生长，又能获得较高产量。常用配方如下：

配方 1：棉籽壳 78%，麸皮 15%，玉米粉

表 7-5-1　栽培种的感官要求

项目		要求
容器		洁净、完整、无损
棉塞或无棉塑料盖		干燥、洁净、松紧适度，能满足透气和滤菌要求
培养基上表面距瓶口的距离		（50±5）mm
接种物大小		12 mm×12 mm 及以上
菌种外观	菌丝体特征	洁白浓密，生长健壮
	培养基表面菌丝体	生长均匀，无角变，无高温圈
	培养基及菌丝体	紧贴瓶（袋）壁，无明显干缩
	拮抗现象和菌皮	无
	杂菌菌落和培养基表面分泌物	无
	虫（螨）体	无
气味		有杏鲍菇菌丝特有的芳香味，无酸、臭、霉等异味
出现子实体原基的瓶数占总瓶数的比例		小于 5%

5%，石灰1%，石膏1%。

配方2：棉籽壳50%，木屑32%，麸皮10%，玉米粉5%，石灰2%，石膏1%。

配方3：棉籽壳39%，木屑39%，麸皮15%，玉米粉5%，石灰1%，石膏1%。

配方4：棉籽壳60%，木屑20%，麸皮10%，玉米粉8%，石灰1%，石膏1%。

（3）玉米芯配方　玉米芯是指玉米棒去掉玉米粒后的心轴。在每批玉米收获后，将玉米芯及时收集晒干，用粉碎机破碎成花生粒大小的颗粒状，或在场内用拖拉机碾压。处理后的颗粒大小应适宜，太大或太细都不利于杏鲍菇菌丝的生长。

配方1：玉米芯80%，麸皮15%，石灰3%，磷肥1%，石膏1%。

配方2：玉米芯60%，麸皮18%，木屑20%，石膏2%，石灰适量。

配方3：玉米芯50%，棉籽壳30%，麸皮15%，玉米粉3%，白糖1%，石膏1%。

配方4：玉米芯50%，棉籽壳10%，木屑10%，麸皮25%，玉米粉3%，碳酸钙1%，石膏1%。该配方培养的菌丝生长势强，产量可达0.43 kg/袋。

（四）装袋

1. 拌料装袋　采用专用拌料机进行拌料后，选择低压高密度聚乙烯塑料袋或聚丙烯塑料袋进行装袋。在高温期生产，如在8月生产，宜使用宽15 cm×长35 cm×厚0.006 cm规格的塑料袋。气温降低后可适当增加塑料袋的规格，如9月下旬至10月底可采用宽17～18 cm×长35～40 cm×厚0.005 cm的塑料袋。在生产中除应注意适宜塑料袋的规格外，还应注意塑料袋的质量和厚度。塑料袋的厚度每降低0.001 cm，其污染率就会增加5%以上。因此在生产中不宜使用厚度在0.005 cm以下的塑料袋。

2. 装袋过程中注意事项

第一，手工装袋时，先将料袋一端折叠少许，一手提起料袋边缘，另一手装料，边装料边用手压实，注意破膜或产生砂眼。

第二，一端装好后，用尼龙绳或细绳扎好，捆扎不宜太松或太紧，系活结。而后旋转料袋，再将另一端整理好，留足袋口长度，确保接种顺利，而后将袋口扎成活结。

第三，装袋要松紧适宜，防止袋内培养料过松或过紧，适宜标准为用手轻压料袋，指感有弹性。

第四，用机械装袋时，袋长度应基本一致，料内松紧适宜，扎口合理，料袋外表干净。成品后的菌袋表面要光滑，便于灭菌彻底。

（五）灭菌

1. 装筐　料袋装筐，进行灭菌。外界气温高于20 ℃时装袋后不能超过6 h。当天装袋当天灭菌，不宜隔夜。料袋摆放时留出适当的空隙，不宜太密实，保证蒸汽流动通畅。灭菌保温仓密封应严实，防止漏汽。

2. 温度与时间控制　常压灭菌时，灭菌前期旺火猛攻，4～6 h使温度上升至100 ℃，保持10～15 h，灭菌时间长短视料袋多少而定，1 000袋以下，10～12 h；1 000～2 000袋，13～15 h；2 000袋以上，15 h。灭菌时间到后，停火，再焖一夜，提高灭菌效果。

高压灭菌时，从蒸汽开始产生到压力0.15 MPa不能太快，比较合适的时间为1.5 h。当压力上升至0.05 MPa时，停止通入蒸汽，排出锅内冷空气。如此进行2次，排出冷空气，防止出现假压，造成灭菌不彻底。当高压到达0.15 MPa时，维持2.5～3 h，高压上压时间1～1.5 h。

3. 料袋冷却　灭菌结束后避免猛然降温。灭菌结束后要缓慢降温，避免因快速降温而导致料袋破裂。灭菌后进行散热冷却，安装必要的制冷设备进行强制冷却。

4. 灭菌质量检验　灭过菌的料袋挑出30袋放置在25 ℃左右的培养室内，自然存放7～10天，检测其灭菌效果。如果料袋没有任何杂菌污染，就说明灭菌效果良好；如果有污染，应分析原因，改进灭菌程序。

（六）接种

1.接种室消毒　接种室使用前7天打扫干净，前4天选用低毒、刺激性小、安全高效的消毒剂进行消毒。门口砌高约10 cm的水泥池，内铺7 cm厚的生石灰，让"白灰封门"，工作人员必须脚踏石灰方可进出。接种箱内使用高效气雾消毒剂5 g/m³消毒30 min后开始接种。

2.接种过程

（1）冷却消毒　料袋必须冷却至30 ℃以下，夏季高温天气用大功率制冷机组进行强制冷却；栽培种瓶的表面、接种用具等用0.1%克霉灵或75%酒精或0.25%新洁尔灭等擦洗消毒。

（2）区域时段　搞好接种环境消毒，降低接种区域温度，或选在一天的低温时段接种，在无菌条件下进行接种操作。

（3）酒精灯外焰　接种工具的灼烧、接种操作都在酒精灯火焰上方热区内进行。

（4）接种方法　去掉瓶口表层老菌种，使用下层菌种。或将袋装菌种取出，分成小块放入盆内，用汤匙取菌种放入袋内。接入的菌种完全覆盖袋口培养料。用液体菌种接种后，袋口不宜过紧，使其透气；或上颈圈后，用透气盖封盖。

（5）接种数量　瓶装菌种，每瓶菌种接10～15个出菇袋；袋装菌种，每袋菌种接25～35个出菇袋。

（6）接种时间　接种箱连续接种时间不超过90 min；也可以接种流水线操作（图7-5-1）。流水线接种室可以采取3层通风净化过滤系统（如FFU层流罩，一种可提供局部高洁净环境的空气净化设备。它主要由箱体、风机、初中高效空气过滤器、阻尼层、灯具等组成，外壳喷塑。该产品既可悬挂，又可地面支撑，结构紧凑，使用方便）。即操作过道与冷却间一道过滤层，冷却间与接种室一道过滤层，接种室流水线上方安装一道过滤层，这样可以有效避免内循环净化系统的累积污染效应。

（七）发菌管理

1.培养室环境　菌丝生长期间，要求环境干燥清洁，远离各类污染源、杂草和垃圾；定期消毒，降低杂菌密度；适宜通风，暗光培养；调控培养温

图7-5-1　接种流水线操作

木腐菌生产技术

度为 20～22℃，尤其整个发菌阶段，料温都不要超过 28℃，谨防烧菌或杂菌污染；环境空气相对湿度不宜大于 70%，偏干为主；尽量减少培菌环境人为因素的影响，如只允许生产管理人员出入培菌场所，避免无关人员经常出入。

2. 培养室管理

（1）菌袋摆放　发菌期间不同出菇方式的菌袋摆放不同，常见的有室内层架发菌、塑料大棚发菌、网格式承放架发菌、工厂化发菌等（图 7-5-2）。室内层架摆放按培养室的要求进行。塑料大棚内摆放，应先在地面撒少量石灰粉，然后呈南北走向摆放，当气温在 20℃以上时，摆放高度不超过 4 层，排与排之间留 50～60 cm 的操作通道，气温低时层数可加高。

（2）发菌前期　接种后 3～7 天为菌袋静止期，控制环境温度 20～26℃，少通风或不通风，促进菌种块快速萌发定植。

A. 塑料筐发菌　B. 网格式承放架发菌　C. 塑料大棚发菌

图 7-5-2　室内菌袋摆放发菌方式

（3）发菌中期　接种后 7 ～ 15 天，进行第一次翻堆，挑出杂菌污染袋。接种污染或灭菌不彻底而污染，都会在这期间表现，管理工作主要有：

1）检查　翻堆检查，发现有污染的菌袋要及时挑出，不发菌或没有接种的要挑出重新接种，局部少量污染可用药物防治。检查时使用头灯，尽量少搬动菌袋，防止手捏袋口提起又放下时造成袋口内外产生气压差，使杂菌乘虚而入，导致越检查越污染。

2）通风、光照管理　每天通风 30 ～ 60 min，以保证环境干燥、空气新鲜，光线不宜太强，以 100 ～ 200 lx 为宜。一般情况下，培养室下端安装排气口，向外排出二氧化碳，走道偏上方安装进气扇，时刻保证走道清洁卫生非常重要。

3）环境消毒　每隔 7 ～ 10 天可用金星消毒液 100 倍液或克霉王 200 倍液喷雾，以净化环境。

（4）发菌后期　如果菌袋摆放过高，通风不畅，随着菌丝生长，呼吸热增加，易导致料温上升过快。当料温上升至 32 ℃以上，菌丝发生萎缩、停止生长现象，此时应疏散菌袋，增加通风量，控制培养室环境温度。发菌后期增加开窗通风的次数和时间。每天通风 1 ～ 2 h，光照强度 200 ～ 500 lx。控制环境温度在 18 ～ 22 ℃。

（5）后熟培养　菌丝发满后，控制温度在 25 ℃左右，促使菌丝充分吸收和转化培养料营养，该阶段 10 天左右。

（6）发菌检查

1）菌袋大部分污染　菌袋中部（远离接种部位）出现大量的各种杂色的污染菌落，常常成批发生。其直接原因是灭菌不彻底。在适宜的营养、温度、水分条件下，菌袋内未杀死的杂菌繁殖，起初星星点点，逐步扩展成片。而灭菌不彻底的原因主要有：培养料没有充分吸水，拌料不均，干湿不匀，料有生心导致灭菌不透；灭菌未排尽冷空气，导致热循环不好；灭菌时间不够，或灭菌过程停火断气，或菌袋摆放过多过紧；管理人员责任心不强，工人操作不规范，细节把握不到位。

2）袋壁杂菌污染　菌袋存在砂眼，或袋子被刺而出现孔洞会引起杂菌污染（图 7-5-3）。选用优质菌袋，轻拿轻放，才能保证装袋、灭菌、接种、排包等过程不破损、不漏气、不裂缝、不撕裂。

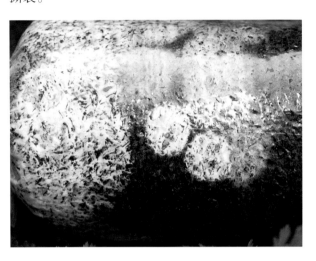

图 7-5-3　菌袋发生刺孔污染

3）菌种带杂菌污染　接种后 7 天内，接种块周围部分发生杂菌污染。发现后应在接种箱内无菌操作，将感染部位及相连 2 cm 的培养料挖掉，重新接种。

4）接种污染　接种 7 天后，袋口发生杂菌或菌袋两端发现杂菌菌斑，但接种块周围并未发生感染，多为接种消毒不严格或接种时不符合操作要求引起的，发现后处理方法同上述"3）菌种带杂菌污染"。

5）培养污染　由于培养室潮湿，不清洁卫生，或培养温度过高，在接种 15 天后菌袋发生污染。污染轻的可以用生石灰涂抹，或 0.3% 多菌灵涂抹或注射；污染重的，将培养料倒出，晒干后予以处理重新利用。污染过的培养室认真清扫，水枪清洗，消毒剂喷洒或熏蒸等，严格细节管理，预防到位，责任到人。

6）菌丝不萌发或发得很慢　原因主要有：菌种未能接触到培养料表面；菌种活力弱，只有菌龄适宜（35 天左右），菌丝洁白、浓密、粗壮的菌种，生命力才强。

7）边发菌边出菇　杏鲍菇在抑制菌丝生长的

逆境条件下，由营养生长过早地转向生殖生长，以便延续种族。发菌温度过低（远低于20℃），袋内湿度过大（大于65%），再加上光照刺激等不利于菌丝生长的条件，使菌袋没有发满就出菇，多发生在冬季栽培（图7-5-4）。

图7-5-4　室内层架边发菌边出菇

另外，陈料或上次残余料装袋后引起酸败，菌丝生长不过去，导致发菌不到菌袋底部。

菌袋培养一般经过40～45天，菌丝浓白走满袋内，生理成熟了。这时菌袋就要从发菌室搬到出菇房内摆放，转入出菇阶段。

（八）搔菌

菌丝长满袋后，继续培养7～10天，促使后熟，积累养分。当气温下降至10～18℃时，进行搔菌，把原接种穴或袋口表层的老菌种块钩出，平整袋内菌质。

（九）催蕾

先去掉套环，将塑料袋口翻转至靠近培养料表面，适当通风降温，每天通风2次，每次35 min，保持环境温度10～18℃。如果温度超过20℃或低于8℃，原基分化停止。白天环境温度控制在10～18℃，夜晚控制在8～10℃，空气相对湿度85%～95%，增强散射光刺激，促进原基形成。增加菇房内通风次数和时间，每天通风2～3次，每次0.5～1 h，保持空气新鲜。经过3～6天，即可出现白色原基。

（十）育菇

1.出菇管理

（1）疏蕾　当原基生长到菌盖直径为1～2 cm的小菇蕾时，开袋。先将袋口薄膜向外翻卷下折至低于料面2～3 cm，露出小菇蕾。如果小菇蕾过密过多，进行疏蕾，存优去劣（图7-5-5），袋口留2～4个。注意观察原基的定位，如果原基在菌袋中部形成，可用刀片割去袋膜一小块，让2～4个原基外露。但开口不宜过大，否则长出的子实体较小。

图7-5-5　每个菌袋的出菇端口保留的子实体

（2）温度管理　杏鲍菇子实体不同生长阶段的温度控制略有差异。温度在12～18℃时，子实体苗壮，肉质紧实，不易开伞，品质好。如果温度低于12℃，子实体生长缓慢；高于18℃，菌柄长，组织松软，品质下降。一般情况下，菇蕾期菇房内温度控制在14～18℃；菌柄生长期控制在15～20℃（图7-5-6）；菌盖生长期控制在11～20℃（图7-5-7）；成型期与成熟期控制在10～20℃（图7-5-8）。

图7-5-6　菌柄生长期

图 7-5-7　菌盖生长期

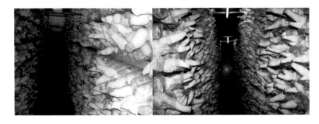

图 7-5-8　成型期

（3）通风、湿度、光照管理　杏鲍菇子实体生长需要较高的环境湿度和适当的通风、光照条件。出菇空气相对湿度要求 85%～90%，低于 80% 时，子实体分化受到抑制，菌盖变小，严重时菌盖干裂，生长发育停止。杏鲍菇的喷水方法要求严格，当温度低于 6℃，减少通风量，在菇房地面、空间四周墙、袋面的报纸或覆盖物上喷洒；当温度低于 18℃ 时，可在菇体上喷水；超过 18℃ 时，菇体上喷水会造成菇体发黄，甚至霉烂。当气温高于 20℃ 时，加大菇房通风量；当温度低于 12℃，且湿度又较低时，可以不进行大量通风换气。此外通风换气应结合喷水进行。

1）通风管理　根据天气、出菇数量和菇相调节空气：菇蕾期结合喷水，每天通风 1～2 次，每次 35 min；菌柄、菌盖生长期，每天通风 2～3 次，每次 90 min；生长期根据天气情况，增加通风次数，延长通风时间；成型期、成熟期保持通风良好。只有通过连续不断的实践操作掌握了温、湿、气三者之间的相互关系，加以灵活运用，才可能实现杏鲍菇的优质高产。

2）湿度管理　不同生长时期的湿度要求略有不同。菇蕾期空气相对湿度控制在 90%；菌柄、

菌盖生长期控制在 85% 以上，但是不能够长期处于 95%；成型期与成熟期控制在 85%，有利于延长杏鲍菇的货架寿命。

湿度调控是一项细致工作，要根据气候变化，菇房湿度，菌株特性，子实体生长情况，综合考虑，灵活掌握，在实践中积累经验，随时调整喷水时间和喷水量。

3）光照管理　出菇期间以散射光照为主，避免强光照射，造成菇体干燥，发育受到抑制。散射光以 500～800 lx 为宜。菇蕾期和菌柄、菌盖生长期，防止阳光直接照射；成型期和成熟期防止强光照射（图 7-5-9）。

图 7-5-9　利用日光灯增加光照强度

2. 出菇方式　杏鲍菇袋栽的出菇方式很多，主要有两大类：菌袋直接出菇和覆土出菇两种。

（1）菌袋直接出菇　常见直接出菇方式有直立、平放、吊挂平放、网格式承放架平放等出菇方式。菌袋直接开袋口出菇方式，出菇早，菇形好，优质菇率较高，管理方便，省工省时，但是总产量低。袋内培养料水分散失快，第一茬菌袋养分、水分充足，出菇齐，菇形好，优质菇率高，但第二茬、第三茬菇由于菌袋养分、水分不足，出菇不齐，产量不高，外观品质差，存在较多的盖小柄小的次品菇，对商品销售不利。

1）直立出菇　一般菌丝长满袋后 15～20 天，菌袋竖直摆放在层架或地面上解口出菇（图 7-5-10）。

优点：省工、省力，有利于提早出菇，管理方便，摆放数量多，出菇整齐，菇形好，优质菇率

高。另外，待菌袋出完第一茬菇后，可以选择未感染杂菌的菌袋，剔除老化菌丝和残留的菌柄，将塑料膜去掉，采取全脱袋覆土出二茬菇。一茬菇后采取全脱袋覆土有利于提高后期杏鲍菇子实体的产量和质量，提高栽培效益。

缺点：层架上直立出菇增加层架的投资，采菇用工量大。菌袋易失水，产量低。地面上直立出菇造成场地利用率不高。

图 7-5-10 菌袋在层架上直立摆放出菇

2）平放出菇

①单排堆叠两端出菇。满袋的菌袋用小刀将袋口多余的塑料膜割除，露出培养料 1～3 cm，在出菇场内顺势摆放成多排，排与排之间留 50～60 cm 宽的过道，摆放高度 3～7 层，排与排之间的走向以通风容易、行走方便为宜（图 7-5-11）。

优点：排放省工、省力，提早出菇，管理方便，摆放数量多，空间利用率高，出菇整齐，菇形好，优质菇率高。

缺点：菌袋易失水，菇体难以长大，菇体含水量偏低，产量不是很高。

图 7-5-11 单排堆叠两端出菇

②单排菌袋层架式平放一端出菇。在制作菌袋时，在接种口端套上专用套环，发满菌丝后将封闭套环的密封物去掉，搔菌。在出菇场内顺势摆放成多排，排与排之间留 50～60 cm 宽的过道，摆放 3～7 层，排与排之间的走向以通风容易、行走方便为宜。有条件时可采用层架式立体摆放，将菌袋平放在架子上进行出菇管理（图 7-5-12）。

图 7-5-12 单排菌袋层架式平放一端出菇

优点：排放省工、省力，提早出菇，管理方便，空间利用率高，出菇整齐，单菇率高，菇形好，优质菇率高。

缺点：菌袋生产时费工，增加套环和层架的投资。菌袋易失水，菇体小，含水量偏低，产量低。

③双排菌袋层架式平放一端出菇。将菌袋的一端用小刀割去多余的部分，一端露出培养料 2～4 cm，两个菌袋不解口的一端相挨摆放，依次摆成排，摆放 4～6 层，两排菌袋摆在一起，两端划口部分分别朝外，菌袋的一端出菇结束后，再将另一端口划开，颠倒菌袋，没出菇的一端解口后朝外摆放，再出第二茬菇（图 7-5-13）。

图 7-5-13 双排菌袋平放堆叠一端解口出菇

优点：提高空间利用率，出菇质量好，比较省工。

缺点：后期出菇困难，一端出菇后，需要补水才能保证另一端出菇，总产量难以大幅度提高。

④菌袋套环双排堆叠出菇。这种出菇方式制作菌袋时在接种口的两端各套上专用套环，发满菌丝后将封闭套环的密封物去掉，用接种工具进行搔菌，在出菇场内顺势摆放成多排，两排菌袋摆在一起，两端套环部分分别朝外，摆放4~6层（图7-5-14）。

图7-5-14　菌袋套环双排堆叠出菇

优点：排放省工、省力，提早出菇，管理方便，空间利用率高，出菇整齐，单菇率高，菇形好，优质菇率高。

缺点：菌袋生产时费工，增加套环成本。

3）吊挂平放出菇　利用专用的吊挂装置和配套的专用工具将菌袋吊挂，菌袋解口出菇，吊挂高度可达3m以上，充分利用空间（图7-5-15）。当温度高于20℃时，早晚打开门窗，中午关闭所有门窗，必要时可进行喷水降温。随着菇体的长大，适当加大通风量，增加通风次数，保证新鲜空气。通风不良，容易产生畸形菇，尤其是在高温高湿情况下，易受细菌感染而腐烂。

优点：单位面积菌袋数量多，工作效率高，劳动强度低，比工厂化生产投资低，容易实现多区制栽培，提高出菇房的空间利用率。机器操作方便，通风顺畅，菌袋易散热。

缺点：技术水平要求高，固定投资较高，管理水平要求高。

图7-5-15　吊挂平放出菇

4）网格式承放架平放出菇　网格式承放架由刚性的"人"字梯形支架、刚性或柔性的网格及支架轮等组成。"人"字梯形支架具有两个刚性的四边形框架，采用可活动的连接件连接其一边，其对边可自由张开；若干根刚性或柔性的材料分别焊接或系结在两框架的四个边上，每个框架都形成两个网状的面，其相对应的经纬线构成承放菌袋的网格，"人"字梯形支架还具有若干根固定杆，由连接件固定在两框架连接边的对边上；两框架连接边的对边上或固定杆上安装若干个支架轮。当温度高于17℃时，及时喷水降温或制冷机降温。随着菇体的长大，适当加大通风量，增加通风次数（图7-5-16、图7-5-17）。

优点：人工操作方便，通风顺畅，菌袋易散热。固定投资比工厂化生产低，提高出菇房的空间利用率。

图7-5-16　菇房内网格式承放架发菌

木腐菌生产技术

图 7-5-17　菌袋出菇

缺点：固定投资较高，技术和管理水平要求高。

（2）覆土出菇　覆土出菇的方式有畦式覆土出菇、墙式覆土出菇和菌袋内直接覆土出菇三种。畦式覆土出菇又可分为半脱袋畦式覆土出菇、全脱袋畦式覆土出菇和不脱袋畦式覆土出菇；墙式覆土出菇有单排菌袋中间环切墙式覆土出菇、双排菌袋墙式覆土出菇和双排菌袋梯形墙式覆土出菇等。

覆土出菇时，土壤质地以壤质土为好，沙壤土、沙土也可，质地太黏重的土壤不好。土壤质量应符合无公害农产品对土壤条件的要求。土壤中各项污染物的指标不超过表 7-5-2 所示的要求。

选择没有受过污染的土壤，取土表 5 cm 以下的净土，1 m³ 用 1 kg 石灰、1 kg 石膏、20 mL 甲醛混闷 24 h 以上，以杀死土壤中的病原物和害虫。为提高产量可在土中添加少量的复合肥、草木灰或消毒过的干畜禽粪等。土壤的含水量为 65% 左右，即手握成团，落地能散。

1）畦式覆土出菇

①半脱袋畦式覆土出菇。即菌丝长满袋后，在出菇场内挖出畦床，畦床宽 1 m 左右，深 15 cm 左右，将菌袋两端多余的塑料膜割除，留住袋身塑料膜，或将菌袋上端的塑料膜翻至料面以下（防止上端形成漏斗，喷水时造成菌袋内积水）。在挖好的畦床内将菌袋直立相挨排放，袋与袋空隙内填入碎土，菌袋上端不覆土。

优点：菌袋失水慢，出菇整齐，商品性状好，出菇周期较长，优质菇率和总产量处于中游水平。

缺点：土中病虫害多，菌袋直立，出菇密集，菇形不易控制，易出特大菇，优质菇率低，场地利用率不高。

②全脱袋畦式覆土出菇。即菌丝满袋后将外表塑料膜全部去掉，在出菇场内开沟，畦床宽 1.2 m 左右，长度视场地而定，深度视袋高而定，开沟的泥土堆于四周。沟底撒石灰。将菌袋埋入土中，菌袋之间相距 3 cm，上方覆土厚 2～3 cm，覆土含水量 18%，适当压实、平整。

优点：菌丝可以从土中吸取水分和养料，出

表 7-5-2　土壤中各项污染物的指标要求

级别	一级	二级			三级
土壤 pH	自然背景	< 6.5	6.5～7.5	> 7.5	> 6.5
镉（mg/kg）≤	0.20	0.30	0.60	1.0	
汞（mg/kg）≤	0.15	0.30	0.50	1.0	1.5
砷（mg/kg）≤	15	30	25	20	30
铅（mg/kg）≤	35	250	300	350	500
铬（mg/kg）≤	90	250	300	350	500
铜（mg/kg）≤	35	50	100	100	400

菇多且菇体大，产量高，与直接开袋口出菇方式相比，可增产1倍以上。

缺点：菇体含水量偏高，菇形不易控制，易出现特大菇，优质菇率低，且覆土中病虫害较多。

③不脱袋畦式覆土出菇。即将培养料上部的塑料膜剪掉，袋相挨排放，上方覆土厚2～3 cm，覆土含水量18%，适当压实、平整。覆土后补水应少量多次，保持畦面湿润，保证表土不发白，水分不流入料内，并结合通风换气。15天左右即可形成原基。

优点：与直接开袋口出菇方式相比，产量高。

缺点：菇形不易控制，优质菇率低，且覆土中病虫害较多。

2）墙式覆土出菇

①单排菌袋中间环切墙式覆土出菇。即菌丝长满袋后，先将一端用小刀划开口或将袋口解开，去掉多余的塑料膜；另一端用小刀划开口或将袋口解开，去掉多余的塑料膜，将菌袋中间的塑料膜用小刀环切3～5 cm，在出菇场内顺势摆放成多排，排与排之间留50～60 cm宽的过道，每摆放一排后在菌袋的空隙处填入潮湿的泥土，摆放5～7层，排与排之间的走向以通风容易、行走方便为宜。最上一层的菌袋上将泥土整理成沟槽状，在沟槽内注入清水（图7-5-18）。

物学效率100%，高产可达160%以上。场地利用率高。

缺点：费工，操作难度较大。

②双排菌袋墙式覆土出菇。即菌丝长满袋后，先将一端用小刀划开口或将袋口解开，去掉多余的塑料膜；另一端在端口处将多余的塑料膜全部去掉，但袋身的塑料膜不动，两排菌袋之间留10～20 cm宽的空隙用来填土，两排菌袋摆放7～10层高，中间填土略高于菌袋。填土后在土层中灌水，以后保持土壤潮湿，在菌袋两端解口处出菇。

优点：解决了菌袋后期易失水的矛盾，出菇多，产量高。

缺点：大菇、等外菇较多，易污染。

③双排菌袋梯形墙式覆土出菇。双排菌袋梯形墙式覆土出菇是在双排菌袋墙式覆土出菇的基础上演变出来的，其高度可增加至1.5～1.8 m，菌袋可摆放近20层高，有效提高了空间的利用率。但是，摆放费时，用工较多，覆土层内土层厚、菌袋高，堆内温度易上升，菇形不美观，易出特大菇（图7-5-19）。

优点：解决了菌袋后期易失水的矛盾，出菇多，产量高，场地利用率高。

缺点：大菇、等外菇较多。

图7-5-18　单排菌袋中间环切墙式覆土出菇

优点：解决了菌袋后期易失水的矛盾，出菇多，产量高，菇形好，可出菇3茬以上，平均生

图7-5-19　双排菌袋梯形墙式覆土出菇

3）菌袋内直接覆土出菇　即生产菌袋时采用折径17 cm的折角袋，每袋装干料0.25～0.3 kg，

一端接种。菌丝长满袋熟化后，在菌袋的上部填入消毒处理的土壤（图7-5-20），厚2～3 cm，土层注入消毒营养水溶液并保持土层湿润，封闭袋口。菌袋摆放方式有两种：一种是直立平摆一层，两个菌袋摆在一起成排摆放，排与排之间留走道50 cm，每一菌袋的外侧用小刀划一圆形小口。另一种是直立平摆一层，两个菌袋摆在一起成排摆放，向上堆叠4～6层，排与排之间留走道50 cm，每一菌袋的外侧用小刀划一圆形小口。

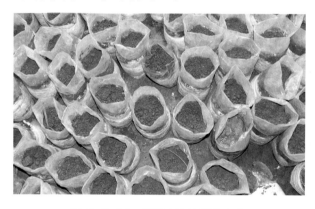

图7-5-20　菌袋内直接覆土出菇

优点：解决了菌袋后期易失水的问题，定向定量出菇，菇形好，优质菇率高，产量高。

缺点：费工，操作难度较大。

总之，不同的杏鲍菇出菇方式各具特色，每种方式都有它的适应性。因此，在杏鲍菇的生产实践中，应根据生产目的不同而灵活选择。

（十一）采收

1.采收标准　采收标准根据市场需求而定，一般市场要求菌柄长6～12 cm、直径2～4 cm，菌盖直径4～6 cm；罐头加工、切片干制的标准可以适当放宽，各地菜市场对菇形的要求各不相同。接近成熟时采收，杏鲍菇品质下降，商品菇储存期缩短。

2.转茬出菇　第一茬菇占整个产量的70%，采收后，将出菇口、料面整理干净，并清洁菇房，降低湿度，提高菇房温度，遮光，促使菌丝恢复生长。待原基再现后，可以重复出菇管理。第二茬菇，每袋1次生长1朵或1丛菇，也有的长2～3朵，单朵重量50～80 g，最重达250 g。生物学效

率达100%。但产量主要集中在第一茬菇。

3.采收、包装　采收人员应注意个人卫生，不得留长指甲，采摘前手、不锈钢小刀及盛放的容器应用0.1%高锰酸钾消毒或用肥皂水洗涤干净、晾干，尽量戴一次性卫生手套采菇。

采收时手握菌柄基部，轻轻旋转上提或用小刀采收。采收后的鲜菇要及时进入冷库，剪去菇脚、木屑和残余物，用刀切除带土菇根后将菇放入洁净的容器内。采下的菇装在塑料筐或泡沫箱内。采菇后的菌袋不要留残迹，同时把劣质菇一并采掉，在分拣时处理。出售鲜菇应放在洁净的容器中，用食品塑料袋包装后装入纸箱，须及时送往收购点，运输时要防止积压和机械损伤。

第五节
工厂化生产技术

杏鲍菇工厂化生产技术是2000年后迅速发展起来的食用菌机械化、智能化、标准化、规范化、规模化、设施化和专业化的生产技术，整个生产过程实行环境控制智能化、生产操作自动化、产品质量标准化，实现了杏鲍菇产品的规模化、不间断周年均衡供应，产品达到绿色食品标准。按照杏鲍菇培养料包装材料的不同，分为塑料袋工厂化生产模式和塑料瓶工厂化生产模式。

一、塑料袋工厂化生产模式

塑料袋工厂化生产模式，采用网格式出菇模式，一般40 m² 的出菇房，一次可以放置6 000个菌袋，或者80 m² 的出菇房放置10 000个菌袋。原料选择与培养料配方、发菌管理、搔菌、催蕾、育菇、采收等环节可参照本章第四节"塑料袋熟料生

产模式"的相关内容进行。

（一）生产季节

杏鲍菇工厂化生产是不受季节限制、不受时间限制的规模化生产方式。

（二）菌种准备

1. 枝条菌种　培育时间是母种 8 天→原种 30 天→栽培种 35 ～ 40 天，全程 70 ～ 80 天。

2. 液体菌种　培育时间是三角瓶 6 天→种子罐 7 天→栽培种 6 天，全程 19 ～ 20 天。

（三）拌料与装袋

1. 机械拌料　按培养料配方比例称好各种原料，倒入搅拌机内加水混合拌匀（图 7-5-21）。培养料含水量控制在 65% ～ 70%，pH 控制在 7 ～ 8。

一般采用二次搅拌，有条件的可以采用三次搅拌，第一次搅拌 30 min，第二次搅拌 20 min，保证培养料充分吸水，混合均匀，含水量适中。

图 7-5-21　机械拌料

2. 机械装袋

（1）选袋　采用 18 cm × 35 cm × 0.005 cm 的聚丙烯塑料袋。

（2）装袋　将按培养料配方比例混合均匀、水量适中的培养料用冲压式装袋机装袋，将装好的料袋及时套环封口，盖上配套的无棉盖体进行装筐，等待灭菌。

1）装袋高度、重量　袋高 17.5 cm 的重量为 1.2 kg，袋高 18.5 cm 的重量为 1.25 ～ 1.28 kg（图 7-5-22）。

图 7-5-22　装袋高度、重量

2）装袋松紧度　用手拿起装好的料袋不能有松软的感觉，手指捏到的地方可以略有下陷，但不能顶手，也不能明显下陷。

3）二次打孔　为防止料袋中间机械打孔料堵塞，可以采用二次人工打孔，有利于枝条菌种或液体菌种的接种及菌种萌发，保证菌丝快速布满料袋。

（四）灭菌

根据生产规模定制一台或两台食用菌专用高压灭菌锅，最好选用电脑控制灭菌程序，两端均具有开门的方形高压灭菌锅。

将装好的料袋及时装进专用塑料筐，放到专用灭菌架上，可以在上面放置一层薄膜，防止冷凝水落至料袋上，推进高压灭菌锅内迅速进行灭菌，一般将从装袋到灭菌时间控制在 4 h 以内（图 7-5-23、图 7-5-24）。

图 7-5-23　灭菌架

木腐菌生产技术

图 7-5-24 装锅

按照电脑程序进行灭菌（图 7-5-25），一般灭菌温度 126 ℃，灭菌时间 2.5～3 h，灭菌效果最彻底。

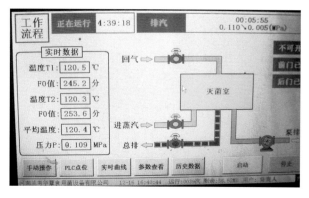

图 7-5-25 电脑控制灭菌程序

灭菌结束后，自然降压至压力表为 0，稍停一段时间后再打开锅门，将灭好菌的料袋推进冷却室进行强制冷却降温，料袋温度降至 28 ℃以下开始进入接种程序。冷却室要求：一是安装有空气净化机，保持 10 000 级的净化度；二是配备有功率足够大、降温快、设置为内循环的制冷机。

（五）接种

在专用净化车间内采用接种流水线操作。

1. 枝条菌种　一是将一根枝条菌种插入料袋中间预留孔内；二是将部分碎菌种接到料袋表面，4

人单班（8 h）生产效率提高至 10 000 袋，每人单班可以接种 2 500 袋。

2. 液体菌种接种　液体菌种接种量控制在 30 mL 菌丝培养液，接种时注意将液体菌种在袋内上、中、下部均匀分布，上层料面多注入菌种，将液体基本铺满料面。

（六）包装

依据不同包装膜处理杏鲍菇的综合品质得分，从高到低依次为：高压低密度聚乙烯（LDPE）＞聚丙烯（PP）＞低压高密度聚乙烯（HDPE）＞聚乙烯（PE）＞乙烯-乙酸乙烯酯共聚物（EVA）＞未包装（CK）。由此可见，包装膜有利于杏鲍菇贮藏保鲜，且 LDPE 包装材料的保鲜效果最佳。

1. 大袋包装　采菇后装袋入泡沫箱或纸箱，每箱 20 kg。包装方式采用塑料袋包装，每袋 2.5 kg。

2. 泡沫箱中袋包装　用食品专用保鲜纸将单个菇包好，按一定顺序放进泡沫箱内，箱内最上面覆盖一层保鲜纸，盖子用胶带封好，每箱杏鲍菇净重 5 kg。

（七）贮藏

杏鲍菇采摘后进行分级和包装，放入纸箱后进入冷库贮藏。贮藏温度在 4 ℃时可以延缓杏鲍菇贮藏过程中的品质劣变及衰老进程，可以明显抑制杏鲍菇开伞、失重、褐变程度、多酚氧化酶活性以及蛋白质、维生素 C、总糖的快速流失，丙二醛含量的快速增加，延缓菇体的物质代谢，较好地保持了菇体的商品性质。

（八）废菌袋的覆土再出菇

废菌袋的覆土栽培杏鲍菇，用含海藻糖 0.6% 左右的溶液浸泡废菌袋 6 h 有助于菌丝恢复生长与抗杂菌能力的增强，并促进生物学效率的提高；在含陶砾 10% 的黄土中添加 15% 的菌渣可缩短原基形成时间，提高生物学效率；菌袋覆土的最佳时间是在菌丝恢复生长后的第 9～12 天；在覆土中添加 0.9% 的磷酸二氢钾有利于缩短原基形成时间，并使生物学效率提高至 88%。

二、塑料瓶工厂化生产模式

（一）原料

主要原料有杂木屑、棉籽壳、玉米芯、甘蔗渣等，可适当添加辅料如麸皮、细米糠、玉米粉、豆粉等。栽培者可因地制宜，根据当地资源，就地取材，制定出适合杏鲍菇生长需要的合理且经济的配方。投入使用的原料必须符合《无公害食品 食用菌栽培基质安全技术要求》（NY 5099—2002）（包括附录A：食用菌栽培基质常用化学添加剂种类、功效、用量和使用方法；附录B：不允许使用的化学药剂）的规范和标准，应向正规厂家或供货商订货，以确保产品质量。投入使用的原料要求新鲜、洁净、干燥、无虫蛀、无霉烂、无异味。生产用水应符合纯净水标准。

培养料配方直接影响杏鲍菇的产量和质量，影响栽培效益，甚至栽培成败。培养料配制的基本原则是：首先根据所栽培菇种的生物学特性选择栽培原料、配制碳氮比适宜的配方，其次根据栽培学和经济利用率确定适宜用量。

（二）拌料

拌料使配方各组分混合均匀一致，并调节合适的含水量。根据最终培养料的计划含水量计算出计划加水量，实际拌料时先按计划加水量的80%加水，待料混合均匀后再用快速水分测定仪测出培养料的水分，根据测量结果定量加水。由于杏鲍菇在栽培过程中不喷水，要求培养料含水量控制在65%～68%，木屑较玉米芯的含水量控制低一些。

拌料的两个关键点：一是搅拌促使原料及其湿度的均一性，无死角，无干料块；二是确保在搅拌的过程中使原料不酸败。

因此，拌料时应注意做好以下几方面：

第一，针对不同原料采取不同的调湿方法，木屑可以通过室外日晒雨淋，以促使其提高自身含水量；棉籽壳可在搅拌前浸入水池中，使其充分吸水，从而减少搅拌的时间。

第二，由于玉米芯含有丰富的糖质，搅拌时间长，不马上装料灭菌，容易引起酸败。应采用浸水短期预湿的方法使其增加含水量，减少搅拌时间。

第三，先倒入主料搅拌调湿，麸皮、米糠、玉米粉等极易酸败的辅料，在装料前0.5 h倒入搅拌机，1.5 h内完成装瓶，立即灭菌。

第四，高温季节，在搅拌机上方安装风扇，及时排除搅拌过程中产生的热量，以避免和减轻发热、酸败，同时添加适量石灰调节培养料pH至7～8。要求灭菌后培养料pH 5.5～6.5。

用专用拌料机进行拌料，通常采用二次混合搅拌技术，即用搅拌机搅拌一次后再进入第二个搅拌机搅拌后进入装瓶程序，保证所有原料与水混合均匀。

（三）装瓶

将拌料机中拌好的培养料500～750 g放入1 100mL的塑料瓶中，在距离瓶口2 cm处，将料面轻轻压平，用杵在瓶中培养料的中心及四周处打5或7孔直径为1.5～2.0 cm的通气、接种孔，直到瓶底，将瓶口周围多余的培养料去掉，加滤气瓶盖。在装瓶过程中调节培养料的输出量，如果输出量过多，拌料机将自动停止对装瓶机培养料的输出；如果输出量不足，装瓶机将会自动调整输出的量（图7-5-26、图7-5-27）。瓶栽一般采用耐高温塑料筐（16瓶/筐），装瓶机和封盖机定期维修。

图7-5-26 自动装瓶机在装瓶

木腐菌生产技术

图 7-5-27 装瓶机侧面

装料要求：

第一，每锅料在装瓶时，培养料的含水量必须均匀一致，根据不同菇种和栽培原料确定含水量，一般在 63%～65%。

第二，上紧下松，使培养料通气良好，发菌速度快。

第三，瓶与瓶之间，或袋与袋之间装料松紧一致，使每瓶的装料量一致，每瓶重量误差在 ±20 g；瓶肩无空隙，培养料之间的空隙度一致，确保菌丝发菌的均一性，从而保证出菇的均一性。

（四）灭菌

采用高压 126 ℃灭菌 1.5 h。

灭菌应注意以下几点：

第一，灭菌锅内的数量和密度按规定放置，如果放置数量过大、密度过高，蒸汽穿透力受到影响，灭菌时间要相对延长。

第二，高压灭菌时，从蒸汽开始产生到压力 0.15 MPa 不能太快，比较合适的时间为 1.5 h。如果 30 min 达到压力 0.15 MPa，即使维持 3 h，也灭不透。在灭菌前期，尤其是高温季节，应用大蒸汽或猛火升温，尽快使料温达到 100 ℃，如果长时间灭菌锅内温度达不到 100 ℃，培养料仍然在酸败，灭菌后培养料会变黑，pH 下降，影响发菌和出菇。

第三，高压灭菌在保温灭菌前必须放尽冷气，使灭菌锅内温度均匀一致，不留死角，培养料在 126 ℃保温 1.5～2 h。

第四，如果培养料的配方变化，培养料之间的空隙可能会变小或变大，灭菌程序也要作相应的修改，否则可能会导致污染或能源的浪费。

第五，采用全自动灭菌锅在灭菌结束后都有脱气过程，使锅内外压力平衡，便于锅门打开。应安装空气过滤装置使外界空气通过过滤装置回流到灭菌锅内，以免影响灭菌的效果。

（五）冷却

由于在冷却的过程中存在冷热空气的交换，这样栽培瓶就可能在冷却室中因冷空气回流而造成污染。因此冷却室严格要求：

第一，冷却室必须进行清洁消毒，必须安装空气净化机，至少保持 10 000 级的净化度。

第二，冷却室中的制冷机应设置为内循环，要求功率大，降温快，在最短的时间内将栽培瓶降至合适的温度，可减少空气的交换，降低污染的风险。

（六）接种

接种最容易引起污染，因此是工厂化生产中控制污染、确保成品率的关键环节。接种机对已冷却至 25 ℃左右的培养料进行接种。接种机安装在无菌室，开盖的机器和接种机通过输送带连接在一起，打开瓶盖后接种机直接将 8～20 mL 的菌种接入瓶内。

接种时应注意以下几方面：

第一，接种室必须有空调设备，使室内温度保持 18～20 ℃。

第二，接种室的地面必须易于清理，最好用环氧树脂材料等无尘材料。

第三，接种时由于有栽培种传输至外操作区域，所以室内必须保持一定的正压状态，且新风的引入必须经过高效过滤，室内保持 10 000 级，接种机区域保持 100 级。

第四，接种室必须安装紫外灯或臭氧发生器，对室内定期进行消毒、杀菌，紫外灯安装时注意角度和安装位置，使接种室消毒均匀周到。

第五，接种操作前后相关器皿、工具必须用 75%的酒精擦洗、浸泡或火焰灼烧。

第六，尽量能将预留孔穴填平，一般一瓶菌种

（约 500 g）可接种 35 瓶左右。整个接种操作应规范、迅速，避免人员进出接种室，确保整个接种过程处于无菌有序的状态。

（七）发菌培养

培养必须置于清洁干净、黑暗、恒温、恒湿，并且能定时通风的发菌室中。发菌室恒温 23～25 ℃，空气相对湿度控制在 60%～70%。随着菌丝的生长，瓶中二氧化碳浓度由正常空气中的量（0.03%）逐渐上升至 0.22%，较高浓度二氧化碳可刺激菌丝生长，所以培养期间少量换气即可。菌丝封面后及时挑除杂菌瓶，特别是高温高湿季节，做到早发现、早处理、早预防。在日常培养管理工作中，应尽量减少光照刺激，工作人员可备手电筒进行工作，避免开大灯（图 7-5-28、图 7-5-29）。

图 7-5-28　净化培养室内培养菌丝

图 7-5-29　正在发菌的培养瓶

正常情况下（室温 18～20 ℃，料温 23～25 ℃），杏鲍菇接种后发菌时间 35 天左右（图 7-5-30）。

图 7-5-30　发满菌丝的培养瓶

菌丝培养阶段常见问题：

第一，灭菌批次的栽培瓶全部污染杂菌。原因是灭菌不彻底或高温烧菌。

第二，灭菌批次的栽培瓶部分集中发生杂菌污染。原因是灭菌锅内有死角，温度分布不均匀，部分灭菌不彻底。

第三，以原种瓶为单位，所接瓶子发生连续污染。原因是原种带杂菌。

第四，零星污染杂菌。原因是栽培瓶在冷却过程中吸入了冷空气，或接种、培养时感染杂菌。

（八）后熟培养

菌丝长满后或菌丝满瓶后再培养 7～10 天，使其达到生理成熟（即进行后熟培养 10 天左右），即可搔菌或催蕾出菇。

（九）搔菌

在湿度与温度一定的培养室内进行搔菌。搔菌机首先将瓶盖打开，然后将箱子放到旋转操作台上，放置的箱子以 120° 的角度旋转按顺序进入操作。在旋转作业台的左部下方进行搔菌，除去瓶口 1～1.5 cm 厚的老化菌丝；右侧下部进行浇水作业，操作完成的箱子从搔菌机上脱离，用搬运机排列到大车上。机械操作过程包括：开盖→旋转→搔菌→冲洗→扣盖。搔菌可使出菇整齐（图 7-5-31）。据上海某公司试验，后熟培养后的菌瓶，经搔菌后覆盖无纺布催蕾，有利于优质高产；台湾瓶栽模式在菌丝长满瓶后去除表面菌皮后，重新封盖

木腐菌生产技术

移入出菇房催蕾；袋栽一般都不进行搔菌。

图 7-5-31　搔菌

瓶栽杏鲍菇搔菌后的菌丝恢复情况为：搔菌后第 1 天菌丝恢复缓慢，适应环境后开始快速生长，第 2 天菌丝开始大量恢复，第 5 天菌丝基本完全覆盖料面，第 6 天开始形成大量原基。

（十）催蕾

搔菌后开始催蕾，瓶口向下翻入一个空筐，利于菌丝恢复生长，空气相对湿度 90％～ 95％，温度 12 ～ 15 ℃，适度通风。菌丝恢复生长后，空气

相对湿度降至 80％～ 85％，形成湿度差；光照强度 500 ～ 800 lx，二氧化碳浓度在 0.1％以下，催蕾 3 ～ 7 天，刺激原基的形成。当形成许多细小菇蕾时，开口进行出菇管理。也有先开口覆盖无纺布或薄膜进行催蕾，7 ～ 10 天形成菇蕾。如果二氧化碳浓度超过 0.1％，则菇体容易发生畸形。

（十一）育菇

菇蕾形成后再翻筐，使瓶口朝上育菇，温度 15 ～ 17 ℃，空气相对湿度 90％～ 95％，光照强度 50 ～ 500 lx，通风换气，控制二氧化碳浓度在 0.2％以下。用喷雾机调湿，但不可向菇体直接喷水，使用纯净水控制杏鲍菇出菇环境的空气相对湿度。当菇蕾长到花生米大小时，及时用锋利的小刀疏去畸形菇和过密菇蕾。每袋产量与成菇朵数趋正相关，应根据市场需求决定所留菇蕾数，一般每袋成菇 4 朵，产量、质量较高。

幼菇定型后，子实体进入旺盛生长发育期（图 7-5-32），管理的重点是促使子实体形态、色泽发育正常，生长整齐一致。此时菇房温度控制在

图 7-5-32　旺盛生长的杏鲍菇

图 7-5-33　适宜采收的杏鲍菇

10～15 ℃，空气相对湿度在80％～85％，适当增加光照强度。此期通风换气十分重要，特别是工厂化生产。在密闭的菇房内，高密度、立体式栽培，适宜的二氧化碳浓度，直接决定杏鲍菇的产量及品质。

（十二）采收

采收时期根据客户要求，一般在菌盖平展、未弹射孢子前采收。采收应采大留小，分茬采收，不影响小菇（图7-5-33）。采收单菇时，手握菌柄基部旋转扭下，丛菇用小刀切割，装入塑料筐，用手推车运进工厂化包装车间进行包装。一般从现蕾到采菇10～20天，工厂化瓶式栽培只采收一茬，生物学效率为50％左右。

（十三）脱瓶

杏鲍菇采收结束后，应立即将料瓶清出菇房，对菇房进行彻底清理消毒及设备检修。用脱瓶机将杏鲍菇采收后留在瓶内的菌渣挖出（图7-5-34），将瓶清洗、干燥后，进入下一轮生产循环。

（十四）菌渣利用

1.能源利用　菌渣直接进入锅炉焚烧（图7-5-

35）作能源转化。

图 7-5-34　挖瓶机在工作

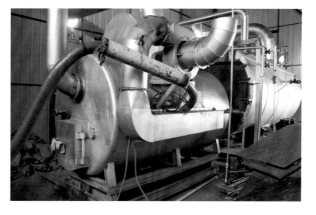

图 7-5-35　焚烧菌渣的专用锅炉

木腐菌生产技术

2.菌渣栽培双孢蘑菇　用杏鲍菇菌渣进行循环栽培双孢蘑菇，操作简便，成本降低。结合实际生产，进行原料配比调整配方，可以选择：

配方1：杏鲍菇菌渣 25 kg/m²，牛粪 10 kg/m²，过磷酸钙 0.75 kg/m²。

配方2：杏鲍菇菌渣 22.5 kg/m²，牛粪 12.5 kg/m²，生石灰 0.3 kg/m²，过磷酸钙 0.75 kg/m²。

但在双孢蘑菇栽培工艺上需要进一步熟化。

（袁瑞奇　张玉亭　段亚魁　刘芹）

第六章　白灵菇

　　白灵菇原产于新疆维吾尔自治区气候干旱的戈壁沙滩上，新疆民间称为"天山神菇"。在自然界中白灵菇主要发生于春末夏初，我国主要分布于新疆的伊犁、塔城、阿勒泰等地区，专性寄生或腐生于药用植物阿魏的根茎上，故又名"阿魏蘑"。白灵菇是一个神奇的食用菌品种，受到国内外广大消费者的好评和关注。

第一节
概述

一、分类地位

　　白灵菇隶属真菌界、担子菌门、蘑菇亚门、蘑菇纲、蘑菇亚纲、蘑菇目、侧耳科、侧耳属。

　　拉丁学名：*Pleurotus eryngii* var. *tuoliensis* C.J. Mou。

　　中文学名：白灵侧耳，与常见的平菇近缘。

二、营养价值与经济价值

　　白灵菇是一种食、药两用大型真菌，菇体肥大，盖厚柄粗，颜色洁白，肉嫩可口，味鲜美，具有丰富的营养价值。据国家食品质量监督检验中心检测，白灵菇主要含蛋白质14.7%，碳水化合物43.2%，脂肪4.3%，粗纤维15.4%，灰分4.8%。

木腐菌生产技术

白灵菇富含维生素C，含量达264 mg/kg。每克白灵菇含多糖（以葡萄糖计）190 mg。白灵菇含有钾（16 398 mg/kg）、钠（190 mg/kg）、钙（98 mg/kg）、磷（5 190 mg/kg）、镁（597 mg/kg）、锰（2.2 mg/kg）、锌（17.5 mg/kg）、铜（3.2 mg/kg）、硒（0.068 mg/kg）等多种矿质元素，尤其钾、磷、镁、钠的含量特别丰富。

白灵菇含有17种氨基酸，其中8种是人体必需的氨基酸，占氨基酸总量的35%。17种氨基酸含量分别为赖氨酸5 690 mg/kg，亮氨酸7 902 mg/kg，异亮氨酸4 701 mg/kg，缬氨酸6 746 mg/kg，苏氨酸4 504 mg/kg，苯丙氨酸4 478 mg/kg，甘氨酸5 557 mg/kg，谷氨酸17 070 mg/kg，丙氨酸5 623 mg/kg，胱氨酸475 mg/kg，丝氨酸4 502 mg/kg，天门氨酸11 749 mg/kg，蛋氨酸1 548 mg/kg，组氨酸2 135 mg/kg，精氨酸10 023 mg/kg，脯氨酸6 996 mg/kg，酪氨酸2 413 mg/kg，其中赖氨酸和精氨酸含量比金针菇多1～6倍。

白灵菇具有调节人体生理平衡、增强人体免疫功能的作用，并对肿瘤、高血压、病毒、腹部肿块、肝脾肿大、脘腹冷痛等有预防作用，还有帮助消化和美容养颜的功效。

白灵菇产品的特色明显，市场需求旺盛，价格昂贵。按目前市场的平均价格，一个1亩的大棚，按每棚栽培3万袋计算，可产鲜菇7 500 kg，按平均批发价每千克8元计算，产值达6万元以上，扣除生产成本（每袋1元），每个大棚可获纯利3万元以上。

三、发展历程

曹玉清、牟川静等1983年在研究驯化分布于新疆托里地区的野生阿魏侧耳时，观察到分离的野生菌株K001、K002与K005在培养特征上不同。1986年他们又在新疆木垒采集到K111标本，在进一步研究中发现，K005、K111在外部形态及菌丝培养特征上与阿魏侧耳显著不同，经鉴定定名为阿

魏侧耳托里变种。此后阿魏侧耳及其托里变种在新疆推广栽培。白灵菇这个名称是1997年北京金信食用菌有限公司孔传广经理从新疆木垒赵炳处引进（白）阿魏蘑菌袋在北京大面积出菇成功后，在北京召开的专家论证会上，卯晓岚先生推荐使用的商品名，现已被市场接受，广泛使用。

四、主要产区

我国大面积栽培白灵菇开始于北京，现在新疆、河南、天津、山东、河北、甘肃、内蒙古、青海、云南、湖北等地大面积推广。

（一）西北产区

主要包括新疆、甘肃、青海、内蒙古等地。野生白灵菇自然分布于新疆塔城、阿尔泰、木垒等地，在新疆阿魏的荒滩上，分布于海拔800～900 m处。

（二）北方产区

主要包括北京、天津、河北、山东等地。第一茬栽培于8月中旬至10月上旬制袋，11月下旬至翌年4月上旬出菇。第二茬栽培可于12月至翌年1月上旬制袋。第二茬栽培只有在1月上旬制袋结束，才能保证在较低温度条件下正常出菇并获得高产。近年来，工厂化生产在该区发展较快，白灵菇产品实现了周年生产和供应市场。

（三）河南产区

河南省于1998年引入白灵菇进行试种栽培，并获得初步成功。1999年河南省农业科学院等科研单位开始对白灵菇的生物学特性和栽培工艺进行试验研究，吸取国内外先进研究成果，筛选出了优质高产的白灵菇品种和配套高产栽培技术，在河南省的安阳、许昌、驻马店、濮阳、开封等地推广应用，取得了良好的示范效应。2002年开始，河南省白灵菇的栽培面积和规模不断扩大，2003年开始连续6年总产量居全国第一位，规模占全国总量的一半以上。濮阳市清丰县，安阳市汤阴县，开封市通许县，南阳市西峡县，许昌市许昌县、襄城

县，驻马店市遂平县、正阳县，洛阳市偃师市，焦作市修武县、武陟县等地都有白灵菇规模化生产。河南省濮阳市清丰县发展最快，产量年度突破 8 万 t，2006 年被中国食用菌协会命名为"中国白灵菇之乡"。

该区一年可以安排两茬栽培。第一茬栽培于 8 月中旬至 10 月上旬制袋，11 月下旬至翌年 4 月上旬出菇。第二茬栽培于 12 月至翌年 1 月上旬制袋。中原地区每年同期气温有较大差异，具体栽培季节菇农可根据当地情况，科学合理地安排，为白灵菇的丰产增收创造条件。

（四）南方产区

主要包括江苏、浙江、湖南、湖北、福建、广东等地。

南方地区冬季时间短，春季气温回升快，白灵菇生产可安排在 10 月至 11 月初制袋接种。此时自然气温在 25 ℃左右，菌丝可正常生长发育。12 月下旬至翌年 3 月出菇。因南方地区气候各异，白灵菇的生产安排不相同。其中江苏、浙江、湖南、湖北等地 12 月中旬就可出菇，翌年 4 月中旬可结束栽培。而福建、广东一带往往在 11 月中旬气温尚在 20 ℃以上，所以必须在 12 月底至翌年 1 月初栽培方能正常出菇。春季气温偏高，清明节后气温回升较快，因此以 3 月底结束出菇较为适宜。

近几年在白灵菇的主产区，部分生产者利用冷库等设施提前生产，春季 4 ～ 6 月制作菌袋，利用自然气温发菌，菌丝满袋后在冷库存放，7 ～ 9 月低温越夏，10 月中旬开始移到塑料大棚内出菇，比秋季栽培提前 2 个月开始出菇，产品价格较高，效益比较突出。

近年来，在大城市郊区，随着工厂化生产技术的不断普及，白灵菇工厂化生产厂家越来越多，这是白灵菇生产今后发展的方向。

五、发展前景

白灵菇是我国近年来发展迅速的珍稀美味食用菌之一，是目前我国食用菌中最早被列入植物品种保护名录的物种（2005 年 5 月 13 日第六批）。它作为一个珍稀食用菌新品种，其发展前景十分广阔。根据中国食用菌协会的统计，白灵菇年产量从 2001 年的 7 300 t 到 2008 年的 21.6 万 t，增长了近 30 倍，其受市场欢迎程度可见一斑。而国际市场对白灵菇的认知度也在不断提高，我国出口数量连年增加，出口渠道不断扩展，罐头产品已出口到世界近 30 个国家和地区。

近几年，白灵菇的生产规模有所萎缩，2018 年全国产量只有 5.5 万 t，与高峰期相比减少幅度较大，但白灵菇产品的价格相对较高，从长远看白灵菇的市场前景是很好的。

第二节
生物学特性

一、形态特征

（一）菌丝体

白灵菇的菌丝在母种培养基上洁白浓密，活力旺盛。在原种及菌袋生长阶段，菌丝粗壮有力。菌丝满瓶后会在瓶内形成较厚的菌丝层，随着菌种存放时间的延长，还会形成较厚的菌皮。这种现象在菌袋内表现更为突出。

（二）子实体

白灵菇的子实体单生或丛生，完整的子实体由菌盖和菌柄构成。

1. 菌盖　呈扇形或贝壳形。菌盖直径 8 ～ 15 cm，最大的可超过 35 cm。菌盖颜色呈白色，因品种不同而稍有差别。菌盖一般厚 1 ～ 5 cm，最厚可达 10 cm 以上。菌褶着生在菌盖的下方，呈刀片状，排列整齐，长短不一。

2.菌柄　侧生或偏生于菌盖下端，菌柄中实，直径 1 ～ 5 cm，因品种不同差异较大，菌柄长 2 ～ 5 cm，有时达 5 cm 以上。

（三）子实体生长时期

白灵菇子实体生长发育一般分为 6 个时期。

1. 菇蕾形成期　菇蕾形成初期如米粒大小，后发育成直径 1 ～ 3 cm 的小球，一般需 5 ～ 7 天。

2. 菌柄分化期　随着小菇蕾的不断生长，在菇蕾的根部会逐渐分化出菌柄。

3. 菌盖形成期　菇蕾由球状发育成贝壳状，表面平展光滑，一般需 3 ～ 7 天。

4. 菌柄形成期　随着菌盖的成形，菌柄也形成并逐步生长。此期应加强通风，避免菌柄生长太长。

5. 菇体生长期　菇体各部分进入旺盛生长时期，时间随温度的变化而不同：5 ～ 10 ℃生长缓慢，10 ℃以上生长较快，20 ℃以上生长迅速。

6. 成熟期　菌盖、菌柄基本停止生长，菌褶上开始发育孢子并由白变黄，菌盖的边缘开始平展，菇质密度开始降低。

二、生活史

（一）有性繁殖

白灵菇的生活史，通俗地讲就是白灵菇完成一个生命周期的过程，通常是指从白灵菇的孢子发育到新的孢子产生的过程。其完整过程为：白灵菇子实体成熟后产生大量的担孢子，担孢子在适宜的营养和环境条件下萌发形成单核菌丝，单核菌丝经异宗配合形成双核菌丝，双核菌丝是白灵菇菌丝的主要形态。双核菌丝进一步发育，在适宜的营养和环境条件下扭结形成子实体，子实体长大成熟后又形成担孢子。

（二）无性繁殖

无性繁殖是不经生殖细胞结合的受精过程，由母体的一部分直接产生子代的繁殖方法。通常母种由子实体组织分离，母种的继代培养、母种生产原种和栽培种等过程均是无性繁殖。

三、营养

白灵菇属腐生兼寄生性真菌，主要依靠各种酶来分解和降解培养料中的纤维素、木质素、粗蛋白质及多种矿质元素。白灵菇菌丝在自然界多寄生于阿魏草上，主要利用木质素作碳源，利用树皮和年轮层部细胞中的原生质作氮源。

（一）碳源

碳源是白灵菇生长发育过程中的主要营养源。一是可构成活细胞中的蛋白质、有机酸、糖类等物质，二是有相当部分的能量来源于碳水化合物的氧化作用。白灵菇生长的碳源主要是指有机化合物，如各种糖类、有机酸、醇类、淀粉、纤维素、半纤维素、木质素等。一些糖类、有机酸、醇类等化合物可直接被菌丝吸收利用，而大部分纤维素、半纤维素、木质素、淀粉等大分子化合物则不能被菌丝直接吸收，必须依靠酶的作用将其分解成小分子，才能被吸收利用。适合白灵菇培养料中添加的辅料主要有麸皮、玉米粉、米糠、饼肥等。纤维素、半纤维素、木质素的来源主要包括除桉、樟、槐、苦楝等种外的阔叶树木屑；自然堆积 6 个月以上的针叶树种的木屑；稻草、麦秸、玉米芯、玉米秆、高粱秸、棉籽壳、豆秸、甘蔗渣等农作物秸秆；糠醛渣、酒糟、醋糟等。

（二）氮源

氮源是提供白灵菇菌丝体合成原生质及细胞结构所不可缺少的营养元素。氮源主要分有机氮和无机氮化合物。白灵菇的氮源以尿素、蛋白胨、氨基酸为最好。此外，白灵菇菌丝可以直接吸收各种氨基酸或尿素等有机氮，蛋白质则必须通过菌丝分泌的蛋白酶分解成氨基酸才能被吸收利用。在添加尿素时要与主料分开加入。

（三）矿质元素

白灵菇的菌丝体和子实体在生长过程中所需的矿质元素主要有磷、硫、钙、镁、钾等元素。这些元素直接参与构成细胞的成分，保持细胞渗透压的平衡，促进新陈代谢的正常进行。激化各种酶的活性，分解培养料。补充矿质元素时添加一定量的复合添加剂即可满足其生长需要。

四、环境条件

（一）温度

白灵菇的菌丝生长温度为 6～35 ℃，适宜温度为 22～25 ℃。温度超过 35 ℃菌丝即停止生长，低于 6 ℃则菌丝生长缓慢。子实体分化温度为 0～15 ℃，子实体生长温度为 3～22 ℃，适宜生长温度为 8～18 ℃。若温度低于 10 ℃，子实体生长缓慢，但菇质较佳；若达到 20 ℃以上则菇体生长快，但菇质稍差；一旦超过 25 ℃，子实体就很难形成。

（二）水分

菌丝生长阶段培养料的含水量以 65% 左右为宜。含水量高时，菌丝生长缓慢或难以生长；含水量低时，菌丝生长细弱，影响子实体的形成和生长发育。

白灵菇子实体生长除了要求培养料内含水量维持在 65% 左右外，还要求子实体生长环境中的空气相对湿度不低于 70%，但也不宜长期高于 95%，以 85% 左右为宜。

（三）空气

白灵菇是好氧性菌类，菌丝体和子实体的生长发育均需新鲜空气。如果菌袋培养前期缺氧，则菌丝生长极为缓慢，长期缺氧则菌丝易衰老死亡。培养中期缺氧易引起大量游离铵产生和菌丝氨中毒，绿霉菌等杂菌大量繁殖。若二氧化碳浓度在 0.15% 以上，原基发育就会受阻，易发生畸形菇。白灵菇子实体生长阶段对氧气的需求量超过一般菇类，栽培环境通气不良易产生畸形菇，从而影响品质。

（四）光照

白灵菇菌丝生长阶段不需要光照，但子实体的生长发育需要一定的散射光。在完全黑暗条件下，子实体很难分化，强光下也不易形成子实体，一般光照强度在 200～1 500 lx，子实体都能正常生长发育。但品种不同对光照的要求不同，有的要求强光，有的要求弱光。近几年的生产实践证明，光照过弱会产生畸形菇，适量的散射光有助于白灵菇子实体的形成和培育形态优良的子实体。

（五）酸碱度

白灵菇菌丝在 pH 5～11 的培养料上均可生长，适宜 pH 6～7。母种培养基的 pH 以 6.5 左右为最好。培养料的初始 pH 应为 8～9，灭菌后的培养料 pH 应为 7～8。出菇期采用覆土方式时，覆土材料如土壤的 pH 宜调节为 8～8.5。

第三节
生产中常用品种简介

一、认（审）定品种

（一）中农 1 号（国品认菌 2007042）

1. 选育单位　中国农业科学院农业资源与农业区划研究所。

2. 品种来源　以新疆木垒地区的 1 个野生菌种为亲本，通过多孢杂交选育而成。

3. 特征特性　子实体色泽洁白，菌盖贴贝状，平均厚 4.5 cm；长宽比约 1∶1，菌柄的长宽比约 1∶1，菌盖长和菌柄长之比约 2.5∶1；菌柄侧生，白色，表面光滑。子实体形态的一致性高于 80%。培养料适宜含水量 70%；菌丝生长适宜温度 25～28 ℃；子实体分化温度 5～20 ℃，适宜温度 10～14 ℃；发菌期 40～50 天，后熟期 18～20 ℃下 30～40 天；菇茬较集中。栽培周期为 100～110 天；温度高于 35 ℃、低于 5 ℃时，菌丝体停止生长。子实体生长快，从原基出现到采收一般 7～10 天。出菇的整齐度高，一茬菇一级优质菇在80%以上。培养料含水量不足或高温时菇质较松。一茬菇采收后补水可以出二茬。

4.产量表现 以棉籽壳为主料，一茬菇生物学效率在40%以上。

5.栽培技术要点 东北地区初夏至夏季接种，华北及黄河流域8～9月接种，长江流域9月中旬至10月上旬接种。以棉籽壳90%，玉米粉6%，石灰2%，石膏1%，磷酸二氢钾1%为配方栽培时，料水比为1：（1.5～1.6）。喜大水环境，出菇期以环割覆土法提高料内含水量。料内水分充足和偏低温条件下，菇质紧密，培养料含水量70%以上和≤12℃条件下生长的子实体质地紧密；栽培密度以每平方米地面≤40袋为宜。

（二）华杂13号（国品认菌2008028）

1.选育单位 华中农业大学。

2.品种来源 以（白）阿魏蘑1号与长柄阿魏蘑为亲本，经单孢杂交选育而成。

3.特征特性 菌盖扇形，白色，宽7～12cm，肉较厚，菌盖厚约2.5cm，菌褶延生，着生于菌柄部位的菌褶有时呈网格状；菌柄侧生或偏生，中等粗，长6～8cm；菌丝生长温度以23～26℃为宜，长时间超过28℃菌丝易老化，大于30℃易烧菌；接种70～80天后出菇，出菇快，较耐高温，出菇不需冷刺激和大的温差，商品性较（白）阿魏蘑1号稍差。

4.产量表现 在适宜条件下，生物学效率为40%～60%。

5.栽培技术要点 适合用棉籽壳、木屑、玉米芯、麸皮等作培养料进行熟料栽培；湖北地区一般于9月上中旬接种为宜，11月下旬至翌年3月出菇；出菇温度控制在5～23℃为宜，有5℃以上温差刺激更易出菇；子实体一般不宜直接喷水，要求菇场空气流通，通风良好；菇蕾发生较多时，应适当疏蕾，每袋留1～2个子实体为宜。

（三）中农翅鲍（国品认菌2008029）

1.选育单位 中国农业科学院农业资源与农业区划研究所，四川省农业科学院土壤肥料研究所。

2.品种来源 新疆木垒野生种经人工选育而成。

3.特征特性 中低温型菌株；子实体呈掌状，后期外缘易出现细微暗条纹，菌褶乳白色，后期稍带粉黄色；子实体大中型，菌盖厚5cm左右，菌盖长11.7cm，宽10.6cm；菌柄侧生或偏生，长1.1cm，直径1.95cm，白色，表面光滑；子实体生长较缓慢，耐高温高湿性差；货架期长，质地脆嫩，口感细腻。

4.产量表现 以棉籽壳为主料的栽培条件下，一茬菇生物学效率35%～40%，二茬菇生物学效率20%～30%。

5.栽培技术要点

（1）熟料栽培 培养料含水量60%～65%，适宜pH5.5～6.5，碳氮比（30～40）：1。培养料配方为棉籽壳90%，玉米粉6%，石灰2%，石膏1%，磷酸二氢钾1%。

（2）适期接种 东北地区6月底至8月中旬接种，华北地区8～9月接种，华中地区9月上中旬接种，长江流域9月中旬至10月上旬接种。

（3）发菌期 需遮光，室内温度20～26℃，经常通风，10天左右翻堆一次。

（4）菌丝长满后 培养室温度控制在18～25℃，空气相对湿度控制在70%，给予少量散射光。

（5）开袋搔菌后 松扎袋口，0～13℃低温和适量光照刺激，促进原基形成。

（6）菇蕾期 温度控制在8～12℃，空气相对湿度控制在85%～95%；子实体发育期温度控制在5～20℃，空气相对湿度控制在85%～95%，给予一定的散射光；当原基长至2cm以上后开袋、疏蕾，增加光照。

（7）一茬菇采收后 养菌20～30天，注水到菌袋原重的80%左右或覆土增湿，促使二茬菇形成。

（四）KH2（国品认菌2007043）

1.选育单位 福建省三明市真菌研究所。

2.品种来源　野生阿魏蘑 K002 菌株驯化而成。

3.特征特性　子实体单生、双生或群生，洁白。子实体致密度均匀、中等。菌盖成熟时平展或中央下凹，宽 6 ～ 12 cm；菌柄偏中生，近圆柱状，长 4 ～ 8 cm，直径 2 ～ 5 cm。适温下，发菌期 30 ～ 35 天，后熟期 40 ～ 45 天，后熟期要求散射光照。栽培周期 90 ～ 120 天。原基形成需 5 ℃以上温差刺激。菌丝体可耐受 35 ℃高温，子实体可耐受 5 ℃低温和 24 ℃高温。

4.产量表现　代料栽培条件下，生物学效率 60％～ 80％。

5.栽培技术要点　按杂木屑 39％、棉籽壳 39％、麸皮 20％、蔗糖 1％、碳酸钙 1％培养料配方栽培。福建地区接种期为夏季至秋季。适温、散射光条件下培养 40 ～ 45 天。8 ～ 18 ℃催蕾，拉大日夜温差，给以散射光。菇蕾长至 2 ～ 3 cm 时开袋。保持室内空气相对湿度 80％～ 90％及适宜温度，子实体生长期 10 ～ 15 天。

二、未认（审）定品种

（一）白灵 2 号

子实体白色，中型，贝壳形，菌柄白色，短柄，长 2 ～ 4 cm，品质较好。菌丝生长适温为 20 ～ 28 ℃，子实体分化温度为 5 ～ 15 ℃。后熟期 30 ～ 40 天。

（二）新优 3 号

子实体白色，中型，贝壳形，菌柄白色，短柄，长 2 ～ 4 cm，品质较好。菌丝适宜生长温度为 22 ～ 28 ℃，菌丝活力强，出菇早。子实体分化温度为 5 ～ 12 ℃。后熟期 30 ～ 40 天。

（三）天山 2 号

子实体白色，中型，手掌形，菌柄白色，短柄，长 2 ～ 4 cm，品质较好。菌丝生长适温为 20 ～ 28 ℃，子实体分化温度为 5 ～ 15 ℃。菌丝生长适温为 22 ～ 26 ℃，子实体分化温度为 5 ～ 12 ℃。后熟期 40 天左右。

第四节
主要生产模式及其技术规程

一、塑料袋大棚生产模式

（一）生产时间

白灵菇适宜的出菇温度为 10 ～ 20 ℃，生产时间各地应根据白灵菇出菇温度安排。一般白灵菇生产者多在秋冬季栽培，此期气温适宜，栽培成功率高，产量也较高（表 7-6-1）。

（二）菌种准备

白灵菇菌种生产时间的安排应根据栽培时间而定。

根据白灵菇母种、原种、栽培种三级菌种的生产周期，参考所要栽培的时间，可以推算出不同级别菌种的生产时期。母种应在原种制作期前 10 ～ 15 天进行制作，原种应在栽培种制作期前 30 天左右进行制作，栽培种应在生产期前 30 ～ 35 天进行制作。根据自然季节进行栽培的，母种应于栽培袋接种前 95 天左右制备，原种应于栽培袋接种前 80 天左右制备，栽培种于栽培袋接种前 40 天左右制备。

（三）培养料配方与配制

1.培养料配方

配方 1：棉籽壳 94％，玉米粉 2.8％，石膏 1％，石灰 2％，尿素 0.2％。

配方 2：棉籽壳 40％，木屑 40％，麸皮 10％，玉米粉 8％，糖 1％，石膏 1％。

配方 3：玉米芯 60％，棉籽壳 20％，麸皮 18％，石灰 1％，石膏 1％。料水比 1：1.4。

以上配方含水量均为 60％～ 65％。

2.培养料配制

按不同配方称量好主料和辅料，再按一定比例称量水，先把不溶于水的原料混合均匀，再把可溶于水的辅料拌匀加入水中，料与水拌匀，调节酸碱

表 7-6-1　菌种生产时间安排

月份	母种	原种	栽培种	菌袋	出菇
1月					●
2月					●
3月					●
4月	●				●
5月	●				●
6月	●	●			
7月	●	●	●		
8月	●	●	●	●	
9月		●	●	●	
10月			●	●	
11月				●	●
12月				●	●

度，并充分搅拌。

（四）装袋

采用人工装袋或自动装袋机装袋。8 月生产，使用 15 cm×35 cm×0.006 cm 的塑料袋。9 月下旬至 10 月底生产可采用 17～18 cm×35～40 cm×0.005 cm 的塑料袋。无论机械或手工装袋，装好的料袋必须松紧度适中。过松，菌丝不易联结紧密，过实则会影响菌丝生长速度。用眼观测料袋外观圆整，用手指轻按时不留指窝，手握有弹性。每袋装干料 0.5 kg。装袋是白灵菇生产中的一个重要环节。装袋质量好，可以使培养料灭菌彻底，接种操作方便，菌丝生长快，菌袋污染概率小，可提高发菌成功率。

（五）灭菌

装袋后及时灭菌。外界气温高于 20 ℃时装袋后不能超过 6 h。料袋在摆放时应注意摆放合理，留出适当的空隙，保证热空气扩散和流动通畅。灭菌保温仓密封应严实，防止漏汽。常压灭菌时，灭菌前期旺火猛攻，保温仓在 4 h 内使温度上升至 100 ℃。灭菌期间保持温度不低于 95 ℃。灭菌保持足够时间，常压灭菌通常温度上升至 100 ℃后应

保持 12 h 以上。

（六）接种

灭菌结束后利用自然温度进行冷却。采用接种箱接种。一般紫外线消毒 30～60 min，消毒剂消毒 20～30 min，每瓶菌种转扩 15～20 个栽培袋。

第一次对接种设备消毒，应在接种前 24 h 进行，消毒方法宜用药剂喷雾法或烟雾消毒剂熏蒸法。而在料袋进入接种设备内再次消毒时，应在接种前 1 h 进行，通常选用低毒、刺激性小、安全高效的消毒剂，消毒方法不宜采用化学药剂喷雾法，防止增加湿度，可采用气雾消毒剂点燃熏蒸法。连续接种时，除第一批次需二次消毒外，其余批次待料袋进入接种设备内后消毒一次即可。

当袋温降至 30 ℃时，在接种室或接种箱内打开袋口，采用无菌操作从两端或一端接入菌种，接种量为培养料干重的 10%。

（七）发菌管理

接种后的菌袋应立即运送到已进行病虫害预防、干燥、通风、光线暗的发菌室（棚）中培养发菌。塑料大棚内摆放，应先在地面撒少量石灰粉，然后呈南北走向摆放。气温在 20 ℃以上摆放一般

不超过 4 层，每两排之间留 50 ～ 60 cm 的操作通道。气温低时摆放层数可以适当增加。接种后，温度控制在 22 ～ 26 ℃，以促进菌丝健壮迅速生长，一般 35 ～ 40 天即可长满菌袋。要求发菌环境黑暗或微光，空气相对湿度在 70% 以下。经常通风换气，保持氧气充足。气温高时可以在早晚通风，雨天少通风。

发菌完成后，应对菌袋进行后熟培养。后熟期一般在 30 ～ 60 天，不同品种后熟期稍有差异。后熟结束后，菌袋上表面和肩处有乳白色的薄薄的菌皮，菌丝浓密、洁白，手触有坚实感。当菌袋出现较多原基时，即开口催蕾出菇。

（八）菌袋出菇摆放方式

后熟结束后，可采用不同的方式将菌袋摆放，以方便后面的出菇管理。常用的菌袋摆放方式有单排菌袋自然堆叠出菇方式（图 7-6-1）、双排菌袋堆叠出菇方式、菌袋套环双排堆叠出菇方式、菌袋平放出菇方式等。

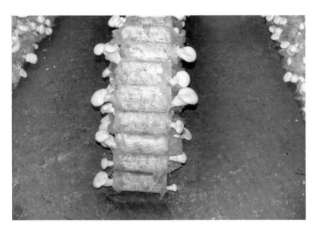

图 7-6-1　单排菌袋自然堆叠两端解口出菇

（九）催蕾

后熟结束后，培养料表面有原基出现，菇蕾逐步形成，此时应进行催蕾管理。把菌袋解开，松动袋口并扭拧。开口后用接种锄搔掉菌种块及种块周围直径 3 cm 的老菌膜，但其他部位不要搔动。菌袋开口后，环境温度日最高温度 15 ～ 18 ℃，日最低温度 0 ～ 5 ℃，温差 12 ℃以上，以刺激菇蕾形成。可白天阳光强时掀去部分草苫，增加温度，而晚上将草苫掀去降温，增大温差。菌袋开口后，

向菇棚空间、地面喷水，使菇棚内空气相对湿度达 80% ～ 85%，保持菌袋料面湿润，促使原基分化成子实体。一般经 10 ～ 12 天管理可形成菇蕾。当菌袋开口后，一是注意适当加强菇棚通风换气，一般先喷水后通风，保持菇棚中二氧化碳含量不超过 0.1%；二是可只掀去遮阳网，不去棚膜，在 600 lx 的散射光照下，菇蕾形成快。

也可以采用定向定量出菇方式，即在袋中央打直径 1 cm 的洞，或者袋两端打深 2 cm、直径 0.5 ～ 1 cm 的小洞。

当白灵菇原基长至花生仁大小时，可进行疏蕾。菌袋两端一端留一个菇蕾，留大菇蕾，去小菇蕾；留健壮蕾，去生长势较弱的蕾；留菌盖大的菇蕾，去柄长的菇蕾；留菇形圆整的菇蕾，去长条形菇蕾；留无斑点无伤痕的菇蕾；留直接在料面上长出的菇蕾，去掉在菌种块上形成的菇蕾。疏蕾用的工具注意在每个菌袋疏蕾过后，用 75% 酒精消毒一次，以免细菌性病害的交叉感染，疏蕾工具不能碰伤保留的菇蕾及菇蕾基部的菌丝；每袋疏蕾后要剪去菌袋两端多余的塑料袋并按原来菌袋的摆放位置放好。

当菇蕾长至鸡蛋大小时，要把塑料袋口挽起。向菇棚空间、地面喷水，使菇棚内空气相对湿度达 80% ～ 90%，保持菌袋料面湿润。注意适当加强菇棚通风换气，保持氧气充足。确保菇体色泽鲜亮。

（十）育菇

菇蕾发育至鸡蛋大小后，发育加快，此时应维持空气相对湿度在 85% ～ 90%。常采用地面洒水或者对空间喷雾等办法增加菇棚湿度。喷水时不要直接向菇体喷水。菇体发育期，温度以 8 ～ 17 ℃ 为宜，不能低于 5 ℃、高于 20 ℃。常通过加厚窗帘或调节膜上的草苫及通风控制温度，甚至可以加温。必须加强通风，每天 2 ～ 3 次，每次 30 min。亦可常开窗扇，或撩起菇棚下部棚膜，确保空气清新，但风不可直吹菇体，以防变色萎缩。

白灵菇子实体生长需要一定的散射光，光照强度在 400 lx 以上时，子实体膨大顺利，菇体硕大而

洁白；可通过草苫控制光照。一般白天隔一个掀开一个草苫，棚内光照即可满足要求。

（十一）采收

白灵菇采收前一天应停止喷水并适当通风降湿。其他正常管理即可。

白灵菇子实体在八成熟时采收较适宜（图7-6-2）。采收后第一步要先将菇体上附带的杂质去除干净，如菌盖上的泥土、杂草、菌柄上黏附的培养料等。分好级后，最好用周转筐盛放，若气温较低也可用塑料袋存放，搬运至温度较低的房间或冷库存放，使菇体温度尽快降低，以抑制其呼吸作用的进行。

图7-6-2　适宜采收的白灵菇

（十二）包装

预冷处理10～15 h后用塑料袋盛装，一般每袋5 kg或10 kg。也可用托盘包装。外销的鲜菇应及时外运，不能外运的移入保鲜冷库中短期贮存。

包装一般用食品级泡沫箱，一般每箱装5 kg，箱口用塑料胶带封口。白灵菇也用原纸（不含荧光剂）包装，在箱内要摆放整齐，菌褶朝下，空余空间要用包装纸填塞。

（十三）贮藏

在低温冷库中短期贮藏。

（十四）二茬菇管理

一茬菇采收后，及时清理料面，除去残菇、碎菇及菌皮等杂物，搔动表面菌丝，整平。料面清理后，停水养菌，加强通风，把温度调高至22～

26 ℃，遮光培养，以适应菌丝的生长与重新积累养分，让菌丝体复壮，养菌时间7天左右。若菌袋失水较多，菌袋含水量低于50%，可采取连续喷重水2～3天、浸泡、注水等措施，对菌袋进行补水。补水后，沥去菌袋多余水分，摆放到适宜出菇位置，大通风1～2天，使料面收缩，防止发霉。

养菌、补水结束后，再度进行催蕾。适宜条件下，10～15天，第二茬菇蕾出现。若条件允许，在出过一茬菇的菌袋原基处重新开口、催蕾，可以提前现蕾5天左右。按前述方法管理，二茬菇即可旺盛生长。

（十五）后茬菇管理

在正常气温条件下，从接种到采收结束，一般需90～110天，生物学效率可达50%～80%。白灵菇一般可采收2～3茬，但以第一至二茬菇的产量高、品质好，一般占总产量的80%。因此，生产中应重点做好前二茬菇的管理。采收茬次越多，个体越小，品质越差。二茬菇出菇后菌袋失水严重，菌丝变弱，活力下降，易被杂菌污染，一旦感染杂菌，极难治理。为此，后茬菇管理应主要做好补水、养菌、防杂菌工作。常用管理措施是：二茬菇采收后，及时清理料面，对菌袋补水，进行养菌管理后，再按第二茬菇管理技术进行出菇管理。发现杂菌污染的菌袋，应及时剔除。

对出过二茬菇、失水严重的菌袋，可采用全脱袋畦式地埋覆土法，其总生物学效率一般可达到90%。方法是：将出过一茬菇的菌袋脱去塑料膜进行覆土，用土壤将菌袋掩埋，但菌袋一端宜露出土层1 cm左右，防止出菇后菇体上粘上土粒。该办法也可用于未出菇的白灵菇菌袋栽培，增产效果亦十分明显。

覆土出菇还有多种形式，如双排菌袋墙式覆土出菇方式、双排菌袋梯形墙式覆土出菇方式、半脱袋畦式地埋覆土出菇方式、单排菌袋中间环切墙式覆土出菇方式、单排菌袋全脱袋墙式覆土出菇方式、菌袋内直接覆土出菇方式、花盆内覆土出菇方式等。

第五节
工厂化生产技术

一、塑料袋工厂化生产模式

（一）菇房设计

1. 菇房结构　应根据栽培工艺，结合当地的环境和条件进行厂区规划，总体布局可分为堆料场、仓库、装瓶区、灭菌区、接种区、培养区、出菇区等，其面积比例 5:3:3:1:2:15:30，即配套区与出菇区的比例约为 1:1。

菇房可用双面 0.5 mm 的彩钢夹芯板建造，夹芯板外围厚 12.5 cm、顶板厚 15 cm、走道和隔板厚 10 cm，夹芯板内的泡沫密度为 18 kg/m³，板与板之间应密封。每栋菇房长宽分别为 55 m、22 m，有效栽培面积 900～1 000 m²。

接种室应密封、无死角、可调温。接种区域空气洁净度等级达到 100 级，其他区域达到 10 000 级。应采用高效过滤器不断将空气循环，滤去接种室内空气中的尘埃、细菌、霉菌孢子及菌丝片段。每间标准养菌房面积为 45 m²，即长 9 m，宽 5 m。具有保温、保湿和空气交换功能。

2. 层架设置　采用层架培养，架宽 0.92 m，长 8.5 m，架与架之间靠紧并用螺栓加固，一般设 10 层，层距 37 cm，两边距墙 15 cm，中间走道宽 1 m。最底二层可适当增加至 50 cm，每间菇房可以培养 20 000 袋。也可采用大菇房垫板堆放发菌。

3. 制冷量　每间标准菇房应安装 1 台 7.5 HP 制冷机组，并有温度自动控制装置。

4. 光照设计　每间标准菇房安装 35 W 节能灯 5 盏。

5. 通风换气　在每间标准出菇房的通道两端应开上下窗各一对，上窗低于檐 50 cm，下窗高出地面 20 cm，窗户大小为 37 cm×37 cm。两个上窗安装三号轴流风机，下窗装上百叶帘。宜加装 9 kg/h

超声波加湿机 1 台。

6. 智能控制　采用自动控制系统，通过感知菇房内温度、湿度、光照、通风等参数的变化，自动控制温度调节系统、光照、通风换气等设备，以满足白灵菇生长发育的需求。

（二）栽培前的准备

1. 栽培原料　栽培原料的选择应本着就地取材、资源丰富、择优利用的原则进行。常用的主料有玉米芯、棉籽壳、木屑等，辅料主要有麸皮、玉米粉、米糠、碳酸钙等。

2. 栽培袋及封口材料　一般采用宽 17～18 cm×长 35～40 cm×厚 0.005 cm 的塑料袋。用套环封口（图 7-6-3）。

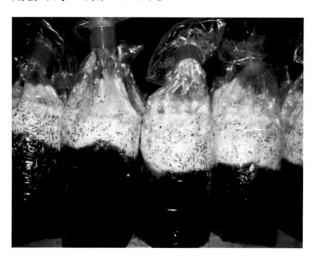

图 7-6-3　套环封口

3. 菌种准备

（1）母种制作　采用 PDA 培养基，如马铃薯 200 g（用浸出汁），葡萄糖 20 g，琼脂 20 g，水 1 000 mL，pH 自然。

（2）原种制作

配方 1：麦粒（含水量 55%～60%）98%，蔗糖 1%，轻质碳酸钙 1%。

配方 2：棉籽壳 90%，麸皮 7%，玉米粉 2%，石膏 1%，含水量 63%～67%。

（3）栽培种制作　棉籽壳、小麦、玉米等都可作为白灵菇菌种的培养料。

1）棉籽壳培养料　取 100 kg 干棉籽壳，加入 15% 麸皮，再加入 1% 的石膏和 3% 的石灰，加入

130 kg 水，混拌均匀即可进行装瓶或装袋。

2）麦粒培养料　称 100 kg 干麦粒，在相应的容器内加水浸泡一夜，捞出控水倒入锅内煮沸 15～20 min，沥出多余水分，加入 0.5% 碳酸钙，1% 蔗糖拌匀，冷凉后装瓶。

3）玉米培养料　称 100 kg 玉米，浸泡一夜或 12 h，开水中煮沸 15～20 min，捞出加入 0.5% 碳酸钙，冷却后装瓶。

（4）液体菌种制作　液体菌种需要提前 15 天开始制作，摇瓶菌丝培养需要 5～7 天，发酵罐培养 5～7 天。

（三）培养料配制

培养料配制之前，应首先过筛除去木屑中混有的杂质、异物等，以防刺破塑料袋，造成杂菌污染。

按培养料配方比例称好各种原料，将原料倒入搅拌机内加水混合拌匀。利用大型搅拌机进行混合搅拌，根据培养料重量决定加水数量，搅拌时间应在 30 min 以上，保证营养物质和水分混合均匀，无死角，木屑、玉米芯等主料可以通过提前预湿来减少搅拌的时间，麸皮、米糠和玉米粉等辅料应先混合均匀，在装料前 30 min 倒入搅拌机，2 h 内尽快完成装袋，立即灭菌。

（四）装袋

1. 塑料袋规格和装料量　工厂化栽培白灵菇时，一要考虑到菌袋在倒库过程中的人工操作和搬运方便等问题，二要考虑到缩短生产周期（菌丝满袋时间）和培养料充分利用问题（过多一则浪费，二则影响发菌时菌袋散热；过少则影响产量），因此塑料袋规格和装料量必须考虑。塑料袋规格为宽 18 cm× 长 35 cm× 厚 0.005 cm 的聚丙烯袋，每袋装湿料 1.2 kg 左右（干料 0.45 kg 左右）。

2. 装袋方式　采用双冲压自动装袋机装袋。

3. 袋口处理　装袋后，袋口要用一定的方法进行封口，以便进行灭菌。在胶塞、棉花、扎绳和套环等 4 种封口方式中，采用套环封口时，接种时操作方便，灭菌效果最好，成本较低。

（五）灭菌

1. 灭菌容器　全钢抗高压灭菌容器，一般准备 2 个，一次可以灭菌 4 000 袋。

2. 料袋盛放容器　综合考虑塑料筐、木筐和铁制筐的优缺点，选择自焊铁制防锈筐，强度高，耐用性好，物美价廉。

3. 灭菌容器内料袋的摆放　灭菌及灭菌结束后冷凝水常导致污染率增高，因此每个铁制筐放置 16 个料袋后，在上面放置一层薄膜，防止冷凝水落至料袋上，效果良好。

4. 灭菌时间确定　灭菌温度 126 ℃，灭菌时间 3 h，灭菌效果最彻底。灭菌结束后，自然降压至压力表为 0，稍停一段时间后再打开锅门。

（六）冷却

冷却室进行清洁消毒，安装空气净化机，至少保持 10 000 级的净化度；制冷机设置为内循环，要求功率大，降温快。

大型工厂的灭菌锅为双开门，灭菌后的锅门对应净化冷却间，灭菌后的栽培袋应移到预先消毒的冷却室或接种室中冷却，通过自然降温和强制冷却工序后，待到料温降至 28 ℃左右，进入到接种程序。

（七）接种

1. 固体菌种接种

（1）接种室内接种　传统方法接种，每人每天（8 h）800 袋左右。

（2）净化车间接种　采用先进的净化车间内半自动接种技术，接种效率大幅提高，接种污染率降低至 1% 以下，4 人单班（8 h）生产效率提高至 10 000 袋，每人单班接种 2 500 袋，较全人工接种效率提高 6 倍以上。

2. 液体菌种接种　液体菌种接种量控制在 30 mL 菌丝培养液，人工接种注意控制接种量一致。接种时注意将液体菌种在袋内上、中、下部均匀分布，上层料面多注入菌种，将液体基本铺满料面。

（八）发菌管理

放袋前 1 周，将培养室打扫干净，并消毒一次。菌丝在菌袋中生长，培养温度非常重要。培养室温度控制在 24 ~ 26 ℃，空气相对湿度控制在 60% ~ 70%。

（九）后熟培养

1. 后熟温度　菌丝长满袋后，温度应控制在 26 ~ 28 ℃，空气相对湿度应控制在 70% ~ 80%，通风闭光条件下，继续培养 30 ~ 35 天（不同菌种），以促进菌丝生理成熟。直至菌瓶内菌丝生长浓白后转入催蕾管理。培养后期要给予一定光照刺激，光照强度不低于 100 lx。

为了加快后熟速度，后熟温度可以适当提高，部分厂家应用结果表明，后熟温度提高到 28 ~ 30 ℃，菌丝的后熟效果更好，出菇期可以提前，出菇一致性更好。

2. 后熟时间　在适宜的温度下继续培养 30 ~ 35 天（不同菌种），即可达到菌丝生理成熟，具备出菇能力，但不同品种之间差别较大，有的品种需要后熟 50 天才能使批量生产的白灵菇出菇整齐。个别早熟的品种，后熟期 25 天，也能正常出菇。因此，后熟的时间和温度应根据选用品种的特性决定。

（十）冷刺激

1. 冷刺激时间节点　试验结果表明白灵菇菌丝不经过特殊的冷刺激处理，只要发菌过程温度适宜，白灵菇菌丝就会自动实现由营养生长向生殖生长转变，在温度、空气相对湿度、光照、通风等环境条件适宜的条件下菌丝体就会扭结形成子实体原基。人工培育和工厂化生产时，为了实现尽快出菇，并使批量生产的菌袋达到出菇整齐，冷刺激具有促进白灵菇子实体形成的作用。研究表明白灵菇菌丝体达到生理成熟时，适当给予极限低温刺激，可以促使白灵菇菌丝体扭结形成子实体。冷刺激的最佳时间在搔菌前或搔菌后都可以。

2. 冷刺激温度　冷刺激促进白灵菇菌丝扭结形成子实体的机制和生物化学变化目前还不十分清楚，试验结果证明 0 ℃是最佳的冷刺激温度，5 ℃以下都具有冷刺激作用。

3. 冷刺激时间　实践证明菌袋在 0 ℃的环境中存放 24 h，就可以正常出菇。2 ~ 5 ℃ 3 天，也能达到冷刺激效果。

（十一）搔菌

1. 搔菌时间节点　白灵菇菌丝后熟结束，冷刺激之前或之后均可。

2. 搔菌工艺　采用工具，打开袋口，把袋内老菌种去掉，把料面整理平整。

（十二）催蕾管理

1. 菌袋摆放方式　利用专用出菇架，实现整筐斜放菌袋袋口与地面平行。

2. 出菇房环境参数设置

（1）温度　温度控制在 14 ~ 16 ℃。10 ℃以下子实体形成太慢，20 ℃以上白灵菇子实体难以形成。7 ~ 9 ℃，子实体从原基至发育成熟需 20 ~ 22 天；菇形好，质地密实，白度高。10 ~ 12 ℃，子实体形成期 16 ~ 20 天；菇形好，质地密实，白度受影响。12 ~ 14 ℃，子实体形成期 15 ~ 16 天；菇形不好控制，质地较差，表面白度受影响。14 ~ 16 ℃，子实体形成期 14 ~ 16 天；菇形不好控制，质地较差，表面白度受影响。16 ~ 18 ℃，子实体形成期 11 ~ 15 天；菇形不好控制，质地较差，表面白度受影响。

（2）空气相对湿度　空气相对湿度控制在 85% ~ 95%。

（3）光照强度　给予 200 ~ 500 lx 的散射光照。

（4）空气　保持空气新鲜，二氧化碳浓度低于 0.06%。

在以上环境条件下，经 12 ~ 15 天，瓶内培养料表面即会出现米粒状原基。

3. 加湿控制设备与控制系统

（1）人工喷水系统　采用普通水管加装喷头，根据管理人员经验实现人为喷水控制，喷水雾化程度低，空气相对湿度难以稳定保持。

木腐菌生产技术

（2）自动化雾化喷灌系统　采用塑料管加装雾化喷头，加装时间控制器实现自动定时喷雾，喷水雾化程度低，空气相对湿度虽然可以稳定保持，但是水珠大，影响白灵菇子实体生长发育。

（3）超声波加湿系统　采用超声波设备，加装自动感应装置实现自动控制空气相对湿度，雾化效果好。但需要使用纯净水，设备维护困难。

（4）新型干雾雾化系统　采用新型干雾雾化装置，通过自动控制空气相对湿度，雾化效果好，可以使用普通水。

（十三）育菇管理

1. 疏蕾　白灵菇子实体形成后，每袋保留 1 个菇蕾，如果袋内料面只形成 1 个菇蕾，就应注意加强培育。如果袋内料面形成 2 个以上菇蕾，则应挑选 1 个健壮、长势良好的保留，其余的用专用工具剔除。

2. 低温蹲菇　菇蕾定位后，保持环境温度低于 8 ℃，维持 5 天左右，培育健壮菇蕾。

3. 光照方位固定　从蹲菇开始，白灵菇子实体的菇蕾就应固定方向，不能因为剔菇或其他人为活动改变瓶子和光照的方向，从而保证菇蕾正常生长发育，培育良好的菇形。

4. 培育优质菇

（1）温度控制　保持环境温度不低于 8 ℃，不高于 13 ℃。

（2）空气新鲜　通风设置与二氧化碳浓度控制，定时通风换气或自动通风换气，二氧化碳浓度保持在 0.08% 以下。

（3）空气相对湿度控制　空气相对湿度控制在 85% 左右，菌盖发育接近七成熟时，降低空气相对湿度至 80% 左右。

（4）光照控制　光照强度维持在 200 lx 左右。

（十四）采收

1. 采收标准　八成熟时采收较适宜，此时菇体外观洁白，致密有弹性，菌盖边缘内卷，菌褶排列整齐，菌盖直径为 10～15 cm，有部分小菇的菌盖直径达不到 10 cm，但其已接近成熟，也应将其采收。

采摘人员不得留长指甲，采摘前手、不锈钢小刀及装菇的容器应用清水洗涤干净、晾干，采摘时采收人员应戴一次性手套。采收时用手握住菌柄基部轻轻扭下，并削去菌柄基部杂物。

2. 整理分级　采收后第一步要先将菇体上附带的杂质如菌柄上黏附的培养料等去除干净，将经过分级、修整后的鲜菇分级存放。

3. 包装　将采下的白灵菇按商品要求切下一定长度的菌柄，依菇形、大小、厚薄分级。按不同级别整齐地放入泡沫塑料箱内。

（十五）包装

及时移入 0～4 ℃的冷库中充分预冷，使菇体温度降至 0～4 ℃再进行包装。

每个泡沫塑料箱装鲜菇 5 kg。箱外壁的标志和标签应标明产品名称、企业名称、地址、等级规格、重量、生产日期、贮存方法和保质期等，字迹应清晰、完整、准确。

二、塑料瓶工厂化生产模式

（一）袋栽与瓶栽生产模式的比较

袋栽和瓶栽模式相比，瓶栽模式的自动化程度更高，代表着白灵菇工厂化生产的发展方向。但瓶栽模式投资大，适合资金实力雄厚的投资者，而袋栽模式投资较小，更适合中小型投资者生产。

瓶栽模式后熟培养、冷刺激、出菇房环境参数设置、育菇管理、采收、包装等环节可参照本节"塑料袋工厂化生产模式"的相关内容进行。

（二）拌料

1. 配料　按培养料配方比例称好各种原辅料，将原料倒入搅拌机内加水混合拌匀。

2. 搅拌　利用大型搅拌机进行混合搅拌，根据培养料重量决定加水数量，搅拌时间应在 30 min 以上，保证各种原料和水混合均匀、无死角，木屑、玉米芯等主料可以通过提前预湿来减少搅拌的时间，麸皮、米糠和玉米粉等辅料应先混合均匀，在装料前30 min倒入搅拌机，一般采用二次搅拌，以保证原料之间以及原料与水混匀。争取2 h内完成装瓶。

3.加水数量　培养料含水量控制在63%～67%，pH 7～8。

4.注意事项　高温季节，在搅拌机上方安装风扇，及时排除搅拌过程中产生的热量，以避免和减轻发热、酸败。

（三）装瓶

1.塑料瓶规格　以聚丙烯塑料瓶为容器，容积宜为1 100 mL。

2.装瓶　用装瓶机装瓶，装料高度为瓶口下1.0～1.5 cm。由自动装瓶机装瓶，生产效率高，培养料高度一致，料面距瓶口约1.5 cm，瓶口培养料自动留下5个接种孔，其中中间孔较大，直径1.2～2 cm，四周的四个孔较小，直径约1 cm。

3.摆放　盖好瓶盖后放入周转筐内。装瓶与搬运过程中要轻拿轻放。

（四）灭菌与冷却

1.摆放　利用专用灭菌层架，将装好料的塑料瓶整筐平放灭菌台车的层架上，层架高度根据灭菌锅尺寸决定。

2.灭菌　采用高压灭菌。通入蒸汽，利用排气阀门排除灭菌锅内冷空气，大型灭菌锅采用自动抽真空排气，冷空气排除彻底，灭菌效果更好。待压力达0.15 MPa（126 ℃）时，保持2.5 h。灭菌结束后，自然降压至压力表为0，稍停一段时间后再打开锅门。

3.冷却　大型工厂的灭菌锅为双开门，灭菌后的锅门对应净化冷却间，灭菌后的栽培瓶应移到预先消毒的冷却室或接种室中冷却，通过自然降温和强制冷却工序后，待到料温降至28 ℃左右，进入到接种程序。

（五）接种

1.固体菌种接种

（1）净化接种车间消毒　接种各项准备工作做好后，启动净化空气过滤系统，运行30 min后，接种人员进入净化接种室，按照规程进行操作前准备。

（2）人工接种　净化接种车间的自动输送线，操作人员4人一组，去盖、接种、盖盖等程序连续快速进行，一瓶塑料瓶菌种可以扩接栽培瓶40瓶左右。

（3）自动接种机接种　自动接种机的应用提高了接种的效率，接种机可以完成自动去盖、自动接种、自动封盖等工序，每小时可以接种4 500瓶以上，1 100 mL的栽培瓶中接入10～13 g菌种。

2.液体菌种接种　液体菌种接种量控制在30 mL菌丝培养液，人工接种注意控制接种量一致。接种时注意将液体菌种在瓶内上、中、下部均匀分布，上层料面多注入菌种，将液体基本铺满料面。采用液体菌种自动接种流水线（图7-6-4）时，注意调整适宜的接种量，每瓶接种量应不低于20 mL。

图7-6-4　自动接种流水线

（六）培养

放瓶前1周，将培养室打扫干净，并消毒一次。将装好瓶的筐整齐地立放在层架上。培养初期（7天前）适宜温度为24～26 ℃，中后期（7天以后）适宜温度为25～26 ℃。培养期间空气相对湿度控制在70%以下。在黑暗条件下避光培养。培养室二氧化碳浓度控制在0.15%以下，可通过自动通风装置调节。培养10天后对菌丝生长情况进行第一次检查,并及时清理污染瓶。20天后进行第二次检查。经30天左右,菌丝在瓶内料中长满时,进行第三次检查。

（七）搔菌

白灵菇菌丝后熟结束,冷刺激之前或之后均可。分料面全部搔菌和点搔。

1. 料面全部搔菌　利用自动搔菌机,清除菌瓶内料面表层老化菌种和菌丝体。

2. 点搔

（1）料面点搔　利用自动搔菌机,更换专用搔菌刀头,实现料面局部搔菌,直径2cm,深1cm。

（2）打孔搔菌　利用专用工具在菌瓶的料面上打孔,直径1cm,孔深5cm（图7-6-5）。

图 7-6-5　打孔搔菌

3. 不同搔菌工艺的效果　不搔菌,出菇期需要25天以上,并且料面菇蕾较多,后期疏蕾工作量大;料面全部搔菌,出菇期需要22天以上,并且料面菇蕾较多,后期疏蕾工作量大;料面中间1孔点位料面搔菌,出菇期需要16天以上,孔位处形成一个菇蕾的比率达75%;料面2孔点位深度搔菌,出菇期需要16天以上,孔位处形成一个菇蕾的比率达50%;料面2孔点位打孔搔菌,出菇期需要16天以上,孔位处形成一个菇蕾的比率达75%（图7-6-6）。

图 7-6-6　单瓶单菇蕾

（八）菌瓶摆放方式

1. 整筐直立瓶口向上　搔菌后的菌瓶整筐放在出菇房内的层架上,瓶口直立向上。

2. 整筐菌瓶瓶口与地面平行　搔菌后的菌瓶摆放在出菇房的层架上,瓶口与地面平行。

3. 整筐斜放菌瓶瓶口与地面平行　利用专用出菇架,实现整筐斜放菌瓶瓶口与地面平行（图7-6-7）。

图 7-6-7　整筐斜放菌瓶瓶口与地面平行

（九）出菇管理

出菇管理可参照本节"塑料袋工厂化生产模式"的相关内容进行。

（孔维威　康源春　崔筱　黄晨阳　胡素娟）

第七章 毛木耳

  毛木耳是我国主要栽培的食用菌种类之一，富含人体易吸收的铁、钙等元素，具有良好的补血活血、镇静止痛、滋润肠道、清肺益气等功效。毛木耳作为我国食用菌主要推广品种，营养成分与黑木耳等同，但是产量比黑木耳高。毛木耳栽培技术简单，管理粗放，产量高，适宜大面积推广。

第一节
概述

一、分类地位

  毛木耳隶属真菌界、担子菌门、蘑菇亚门、蘑菇纲、木耳目、木耳科、木耳属。

  拉丁学名：*Auricularia cornea* Ehrenb.。

  中文别名：白背木耳、黄背木耳、邹木耳、粗木耳、枸耳等。白色品种也称玉木耳。

二、营养价值与经济价值

  毛木耳生产原料来源广泛，产量较高且相对比较稳定，风味独特、口感脆滑，受到广大消费者的青睐。毛木耳具有耐炒、耐煮、清脆爽滑的特点，烹炒凉拌，做汤配菜均可，味美可口。毛木耳还可以加工成木耳丝、木耳片、木耳粉等方便食品。此外毛木耳是食药用菌品种之一，具有滋阴壮阳、清肺益气、补血活血、止血止痛等功效。

毛木耳常呈黑褐色或红褐色，外观上毛木耳的耳片较黑木耳厚，其背面有较长的绒毛，所以叫毛木耳。质地上毛木耳较黑木耳硬而脆。毛木耳营养丰富，据分析测定，每 100 g 毛木耳干品中含粗蛋白质 7 ～ 9.1 g，粗脂肪 0.6 ～ 1.2 g，碳水化合物 64.6 ～ 69.2 g，粗纤维 9.7 ～ 14.3 g，灰分 2.1 ～ 4.2 g，热量 1 230.1 ～ 1 334.7 kJ。其中所含有的 7 种人体必需氨基酸，占毛木耳干品氨基酸的 42.31%。除此之外，毛木耳还含有丰富的维生素和多种人体容易吸收利用的微量元素，特别是富含人体容易吸收利用的铁和钙等元素。

毛木耳有较高的药用价值。在民间医方中，毛木耳被称为医治跌打损伤的"圣药"，毛木耳的腺苷成分，具有抑制人类血小板聚集的作用，对心血管患者有特殊的疗效。此外毛木耳含有胶质和磷脂物质，若长期食用对人的消化系统内不溶性纤维、尘粒有较强的吸附能力，能消除胃肠中的杂物，因此是纺织和矿山等行业职工理想的保健食品。

据《本草纲目》记载，毛木耳既可止血又有活血功效，与现代研究结果相一致。贾卫梅和钟韩等人均从毛木耳中分离出腺苷类物质，腺苷类物质的作用与阿司匹林相似，可抑制血小板聚集，预防中风和心肌梗死发作。吴春敏等人和钟韩等人还分别证实毛木耳多糖具有延长体内和体外凝血时间、延长凝血酶元时间的作用，提出该多糖可能同时参与外源性和内源性凝血途径，发挥抗凝血作用。据日本资料报道，毛木耳是抗肿瘤活性效果佳的六种药用菌之一（其余为灵芝、云芝、桦褐孔菌、树舌、红栓菌）。

三、发展历程

我国毛木耳野生资源丰富，但开发较迟。印度和东南亚的菲律宾、泰国、越南等国家人工栽培开始较早。20 世纪 70 年代中期，我国培育出黄背毛木耳 781 品种并将其推广到大江南北 10 多个省份。80 年代后，台湾商人在福建闽南一带租地办厂，

引进白背毛木耳，并使其很快在沿海推广开来。20 世纪 80 年代后期，以河南省鲁山县、西华县，四川省什邡县，山东省鱼台县，江苏省丰县为重点的生产区域形成并在全国辐射扩大，生产技术不断提高，具有较高推广价值的栽培方法和管理手段在各地层出不穷，立体层架式、立体吊挂式、立体多层墙式、单层地摆式等先进生产技术在全国各地大面积推广应用。

毛木耳在我国食用菌产业中属于一个常规的大宗品种，2018 年其鲜耳总产量已达 22.3 万 t，该品种的发展现状和生产等一系列问题备受业内关注。近年来针对毛木耳生产中存在的新问题，国家都给予了高度重视。农业部在 2009 年成立了现代农业产业技术体系，其中包括国家食用菌产业技术体系，这支团队汇聚了全国科研部门及各大知名院校的食用菌产业精英，共同探索食用菌的发展方向，研究食用菌各品种的高新技术和生产上的疑难问题。其中，国家食用菌产业技术体系还专门设立了毛木耳生产栽培岗位科学家，统筹布局全国毛木耳研究新进展、新思路，推广应用毛木耳相关新技术。通过不断的研究，该体系研发出了一系列毛木耳新品种、新技术、新专利，制定出了毛木耳一系列精准化生产技术规程，此外各地陆续制定了毛木耳生产技术规程的地方标准，找出了影响毛木耳主要病害的病源并配套有一系列的防控措施。此举让毛木耳的后续发展有标准可依，毛木耳按规程规模化、产业化生产以及再上新台阶的目标有望实现。

毛木耳生命力强，适应性广，栽培方法简便，管理相对比较粗放，生产周期短，一般一个栽培周期在 3 ～ 4 个月完成，1 kg 原料可生产干耳 100 ～ 150 g，高产可达 200 g。

1. 现阶段我国毛木耳产业呈现出的发展态势

（1）栽培模式多样化　我国各地生产毛木耳的栽培模式多种多样。河南鲁山先采用的是大袋双绳吊挂栽培模式（图 7-7-1），即 20 cm×45 cm×0.003 cm 的菌袋两端接种立体吊挂出耳法。后来河南西华又采用了小袋单绳吊挂栽培

模式，即 17 cm×35 cm×0.003 cm 的菌袋一端接种吊挂出耳法，近几年又借鉴了山东、福建等地的 17 cm×35 cm×0.003 cm 墙式两端出耳模式。我国四川地区多用 24 cm×50 cm×0.003 cm 大袋层架出耳模式。

图 7-7-1　大袋双绳吊挂栽培模式

（2）区域优势明显，品种更新快　毛木耳属中高温型品种，在我国种植规模较大，区域优势明显。主要分布在河南、山东、福建、四川等地。但在毛木耳生产上，多年来一直存在着品种更新快的现象。毛木耳的生产常用优良品种，每两年就要更换一次，否则，毛木耳各种性状和产量就大不如从前，表现为耳片变小，产量明显降低等现象。

（3）栽培经济效益显著　毛木耳生产技术简单易学，生产规模可大可小，产量可鲜售也可干制，还可以加工成即食的方便食品，经济效益较为突出。

2. 国内毛木耳菌种的现状

（1）收集种质资源，保存优良种质，将是今后科研工作者的首要任务　毛木耳由于其食用和药用方面的作用，已经显示出巨大的经济价值和社会生态效益。但是长期以来在毛木耳的制种和引种方面管理还不够规范，使得目前毛木耳的菌种名称极为混乱，同种异名、同名异种、同名异株现象极为严重。大多数种植户在制种和栽培过程中往往由于条件差，不按严格的操作规程进行，导致菌种污染率增加，菌种退化快，病虫害大量滋生，这些都严重制约着毛木耳的可持续发展。因此收集种质

资源，保存优良种质，选育毛木耳新品种是今后科研工作者的首要任务，也是保证毛木耳可持续发展的根本所在。

（2）毛木耳液体发酵菌种的制作和应用研究还需进一步加强　目前食用菌液体菌种发展较快，应用很广泛，但有关毛木耳液体发酵的资料还很缺乏。有试验报道以菌丝体生物量和粗多糖产量为主要指标，对毛木耳的深层发酵条件进行了优化试验，为毛木耳的液体发酵及胞外多糖的开发提供了理论参考。毛木耳菌丝体生长的最佳发酵培养基：果糖 2.0%，牛肉膏 0.2%，磷酸二氢钾 0.20%，硫酸镁 0.05%。毛木耳粗多糖最佳发酵培养基：乳糖 2.0%，牛肉膏 0.2%，磷酸二氢钾 0.25%，硫酸镁 0.1%。试验中菌丝体生长较好的碳源为果糖及葡萄糖。目前毛木耳液体菌种制作和生产应用已取得了很大的进展，液体菌种生产周期短，接种快、发菌快等特点明显优于固体菌种。但农户大规模栽培毛木耳时液体菌种还没能普及，还存在着设备贵、制作技术难度大的问题，无法推广，还需进一步研究出低成本的设备和方法进行应用和推广。

（3）毛木耳粗木屑菌种比细木屑菌种耐贮存、耐老化　毛木耳菌种对木屑要求不高，粗细木屑都可以，但粗木屑菌种比细木屑菌种耐贮存、耐老化，这是从生产实践中得出的一个经验。因为毛木耳菌种在温度 20～25 ℃时，很容易出耳老化，所以菌种长满后应及时使用。在规模化毛木耳生产基地，往往存在着上一年表现较为高产的品种到第二年再种植时表现出产量不高或产量不稳的现象，大多数种植户都认为是菌种退化了，其实多数是因为菌种老化的原因。

（4）毛木耳菌种如遇强低温刺激，会严重影响菌种的活力　在中原地区毛木耳适宜栽培的季节多在晚冬或早春，当时的外界气温较低，甚至在-5 ℃以下。毛木耳的菌种从 20 ℃左右的培养室里取出，如果长时间遭遇强低温刺激（如长途运输等）会使菌种的活力下降。所以在生产上如果需

要运输毛木耳菌种时，首先要选择气温相对较高的晴朗天气；对包装要求做到菌种不挤压或挤压轻，保温性能好；运输途中应选择保温车，若农户小规模生产，购买运输菌种量较少时，最好把菌种放在车上后，再进行一次保温覆盖措施，确保菌种不受低温刺激。

四、主要产区

毛木耳属于中高温型出菇品种，主要分布在热带和亚热带地区，其主要栽培地区集中在日本、菲律宾、泰国和我国南方的一些省区。我国较早从事毛木耳大规模生产的主要是福建、广东、四川和台湾等南方地区，而近年来渐渐发展到湖南、湖北、河南、江苏、浙江、山东等21个省区。现在以四川、福建、河南、山东等地为主要产区。

五、发展前景

近年来我国毛木耳种植量不断增加，出口量也逐年增加。毛木耳还可进行加工后再销售，其中毛木耳可以切丝、切片，也可以加工成一冲即食的木耳汤等，市场前景较为广阔。在出口和加工方面黄背木耳表现尤其突出。

毛木耳适应性强，对生产设施要求不高，技术简单，生产周期短，经济效益高，适合在广大农村地区推广。此外毛木耳产量高，市场开发早，消费者认知度高，消费量大，投资回报快。随着人类保健意识的增强，追求绿色产品潮流的升温，毛木耳生产获得了广阔的发展空间，并在生产经营模式上实现了多样化，即传统农户生产模式、公司+农户生产模式、公司+专业合作社+农户生产模式。在公司+专业合作社+农户生产模式下，公司利用先进的设备条件生产菌袋，实现了菌袋规模化生产，成功率大幅度提高，专业合作社利用当地的自然优势，可总体布局和规划场地，并组织农户集中生产，易形成产业化。农户只进行出耳管理，也易

上规模，从而增加规模效益，有利于进行集约化、专业化、规模化生产。该经营模式是目前种植毛木耳的发展方向。

近年来，随着封山育林力度的不断加大，段木黑木耳的产量逐年减少，取而代之的代料毛木耳走俏市场。毛木耳比黑木耳易栽培，相同条件下毛木耳栽培成功率要高40%，产量高3倍。相比之下，生产者更乐于种植毛木耳，菌商也有利可图，这是近10年来毛木耳跻身于俏销商品之列的重要原因。毛木耳干品最早推向日本市场，现已扩展至东南亚、西欧等地，市场前景十分广阔。

从经济效益看，毛木耳一个栽培周期为4个月，每万袋毛木耳可产干品1 000 kg，目前按每千克26元售价计算，产值可达2.6万元，菌种及原料成本为1万元，投入、产出比约为1∶3。

第二节
生物学特性

一、形态特征

（一）菌丝体

毛木耳菌丝无色透明，有横隔和分枝，锁状联合，多条菌丝互相缠绕为菌丝体，在琼脂培养基、麦粒和棉籽壳培养基上大量的菌丝体集结一起呈白色，气生菌丝发育较旺盛，呈绒毛状。菌丝体在试管中的爬壁性不强，在琼脂培养基上不容易形成子实体，与黑木耳菌落的差异不明显。

（二）子实体

毛木耳子实体单生或丛生，初期呈米粒状白点，逐渐形成圆珠形粉红色颗粒状，继而相互连接成为耳基（图7-7-2）。毛木耳子实体初期的耳基在光线较弱的情况下呈黄褐色突起；光线较强，空

气流通较好时，呈棕红色。子实体表面密生绒毛，后不断生长渐变为耳状、叶片状、浅盘状或不规则形，直径8～15 cm，大的可达22 cm，背面凸起，灰白色、浅黄褐色至茶褐色，并长有绒毛。背面是子实层，上面着生孢子。子实体新鲜时呈软胶质状（图7-7-3），干后收缩，质地坚硬（图7-7-4）。

图7-7-2　毛木耳耳基

图7-7-3　毛木耳子实体

图7-7-4　毛木耳晒干收缩状

（三）子实体生长发育

1. 发菌期　毛木耳发菌温度要求先高后低，菌丝萌发时保持在25～28 ℃，菌丝定植后，温度降至22～24 ℃，遇到低温时要做好发菌室的温控工作，以利菌袋健康生长，可通过覆盖草苫或者安装温控设备等措施实现发菌时的控温（图7-7-5）。

图7-7-5　发菌期

2. 养菌期　接种前期，毛木耳菌丝生长较慢，当菌丝生长到封住袋口的料面时生长较快，从接种到菌袋长满需要40～50天。菌丝长满菌袋后再经5～7天养菌期，让菌丝充分成熟后即可进行出耳管理（图7-7-6）。

图7-7-6　养菌期

3. 耳芽期　菌丝生长发育到一定阶段，菌丝达到生理成熟后，开始由营养生长向生殖生长转化，在外界温度适宜时，加强光照，菌丝体就会扭结形成许多紫红色突起，一般成堆或成团状（图7-7-7）。

木腐菌生产技术

图 7-7-7　耳芽期

4. 漏斗期　此时也称杯状期。在温度、湿度、通风、光照条件适宜时耳芽逐渐生长发育，呈漏斗状或杯状（图 7-7-8）。

图 7-7-8　漏斗期

5. 成熟期　杯状耳片逐渐生长，开始反卷时即为成熟期（图 7-7-9）。

6. 老化期　耳片变薄并充分展开，边缘开始卷曲，耳基变小，腹面可见白色孢子粉，若不及时采收，会形成"流耳"等（图 7-7-10）。

图 7-7-9　成熟期

图 7-7-10　老化期

二、生活史

毛木耳子实体发育成熟后，在其腹面形成棒状的担子，担子生出小支，小支上再生出担孢子，单孢子被子实体上特殊的弹射器官弹离子实体，借助风力飘散，找到适合的基质萌发为菌丝，菌丝不断从周围环境吸取养分和水分，进行分枝和繁殖，并相互交替缠绕，构成肉眼看得见的白色菌丝体，菌丝体经过一段时间的生长繁殖，积累了足够的营养物质，大量的菌丝体相互扭结，在基质上形成子实体原基，再进一步发育为毛木耳子实体，完成毛木耳的一个生活史（图 7-7-11）。

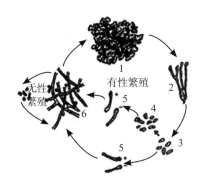

1. 子实体　2. 担子和担孢子　3. 担孢子　4. 担孢子萌发
5. 单核菌丝　6. 双核菌丝

图 7-7-11　毛木耳生活史

三、营养

毛木耳是一种木腐菌，生长发育需要一定的外界条件，包括碳源、氮源、维生素、矿质元素等四个方面。

（一）碳源

碳源是毛木耳最基本的营养源，是毛木耳生命活动的重要能量来源，是合成碳水化合物和氨基酸的原料。毛木耳能广泛地利用有机碳类物质，对木质素、纤维素、半纤维素有很强的分解利用能力。这些物质在农副产品下脚料中广泛存在，如棉籽壳、玉米芯、麸皮、木屑、豆秸等都是毛木耳的良好碳源。

（二）氮源

氮源是合成氨基酸和核酸不可缺少的原料。毛木耳能够利用的氮源物质主要有蛋白质、氨基酸、尿素、铵盐等。粗蛋白质在棉籽壳中含量达 17%，麸皮中含量达 13.5%，玉米粉中含量达 9.8%，豆饼中含量达 37%。

（三）维生素

毛木耳生长过程中需要一定量的维生素和核酸类物质，特别是维生素 B_1、维生素 B_2。维生素可以促使酶的合成，增强菌丝对培养料的分解利用。

（四）矿质元素

矿质元素分为大量元素和微量元素，其中大量元素磷、硫、钾、镁、钙等参与细胞结构的组成、

能量的转换、原生质体的状态维持和渗透作用控制等；微量元素中的铁、铜、锰、锌、硼等，有的作为酶活性物质的组成部分，有的是酶激活剂。

四、环境条件

毛木耳像其他生物一样，正常生长需要温度、湿度、空气、光照、酸碱度等环境条件，而健康生长的毛木耳是这些环境条件协同作用的结果，其中一个条件不具备，毛木耳的正常生长就存在隐患。

（一）温度

毛木耳属中高温型菌类。菌丝生长温度为 3 ～ 35 ℃，菌丝在 0 ℃不会死亡，3 ～ 5 ℃缓慢生长，10 ℃以上时随温度升高生长加快。菌丝生长适宜温度为 25 ～ 32 ℃，35 ℃以上停止生长，40 ℃以上在数小时以内就会死亡。

子实体生长温度为 17 ～ 32 ℃，适宜温度为 22 ～ 28 ℃。在北方适宜春末至秋初栽培出耳，在中原地区一般 5 月中旬至 6 月中旬为头茬耳生长期，在这一阶段耳棚气温在 17 ～ 30 ℃，气温不稳定，子实体生长较慢，但晴天多，虫害少，耳片干净、稍厚，产品质量好（图 7-7-12）。7 ～ 8 月气温较高，毛木耳生长速度虽然快，但耳片较薄，耳片上有大量的皱褶，产品质量稍差（图 7-7-13）。

（二）水分

在菌丝生长阶段，培养料含水量60%～65%，

图 7-7-12　温度低时毛木耳的生长状态

木腐菌生产技术

图 7-7-13　温度过高时毛木耳的生长状态

空气相对湿度保持在 60%~70% 为宜。在生产拌料时要根据原料的含水量情况、颗粒粗细及吸水强弱灵活掌握加水量。在子实体生长阶段，耳房的空气相对湿度以 85%~95% 为宜。耳房若较长时间过于干燥，则子实体干缩，生长缓慢或停止生长（图 7-7-14）；若喷水次数过勤，空气相对湿度过大，则会因透气不良而影响子实体生长，严重时子实体颜色加深，甚至烂耳（图 7-7-15）。

图 7-7-14　湿度较小时毛木耳的生长状态

图 7-7-15　湿度大时毛木耳的生长状态

（三）空气

毛木耳属好氧性真菌。在菌丝体生长阶段，菌丝在新陈代谢过程中吸收氧气呼出二氧化碳，培养室内二氧化碳浓度保持在 20%~30%，菌丝体能正常生长。当二氧化碳不断积累，浓度超过 30% 时，菌丝生长量急剧下降，生长受到明显的抑制。如果长期缺氧，菌丝体借酵解作用暂时维持生命，但消耗大量的营养，菌丝体出现衰老、死亡，严重影响毛木耳的产量。子实体生长阶段，需要大量的新鲜空气，结合耳房内温度管理，空气要流通顺畅（图 7-7-16、图 7-7-17）。

图 7-7-16　通风正常时毛木耳的生长状态

图 7-7-17　通风差时毛木耳的生长状态

（四）光照

毛木耳菌丝生长期间，暗光有利于菌丝生长，强光对菌丝生长有抑制作用。子实体生长期间，光线有诱导刺激耳基形成的作用。光线强，耳片颜色深、背面毛长、耳片厚；光线弱，耳片颜色浅、耳毛少，光照强度在 250 ～ 310 lx 为宜。但光照只是影响毛木耳鲜耳的颜色，经干制之后，毛木耳耳片并没有显著差别（图 7-7-18、图 7-7-19）。

图 7-7-18　光照强时毛木耳的生长状态

图 7-7-19　光照弱时毛木耳的生长状态

（五）酸碱度

毛木耳菌丝生长的培养料 pH 为 3 ～ 10，适宜 pH 为 5.8 ～ 8。在生产中因杂菌往往喜欢偏酸的环境，在毛木耳菌丝能够生长的范围内应尽量把 pH 调偏高些，这样既不影响菌丝健壮生长，又对杂菌起到一定的抑制作用，从而提高制袋的成功率。一般每 100 kg 原料加入 1 ～ 2 kg 优质石灰，拌好料后 pH 达 8 ～ 9，常压灭菌后 pH 降至 7 ～ 8，刚好适合毛木耳菌丝生长。

第三节
生产中常用品种简介

一、认（审）定品种

（一）AP4（国品认菌 2007030）

1. 选育单位　上海市农业科学院食用菌研究所。

2. 形态特征　子实体盘状至耳状，幼时杯状。成熟耳片直径 7 ～ 18 cm，腹面紫灰色至黑褐色，背面绒毛长 400 ～ 500 μm，直径 5 ～ 7 μm。新鲜子实体黑褐色，有弹性。抗杂菌能力较强。

3. 菌丝培养特性　菌丝生长温度为 5 ～ 35 ℃，在 25 ～ 28 ℃条件下，50 天左右菌丝长满袋。

4. 出耳特性　南方地区 2 月制种，4 ～ 5 月出耳；北方地区 3 月制种，5 ～ 6 月出耳。菌丝长满袋后搬到出耳房进行消毒开口，温度控制在 22 ～ 30 ℃，空气相对湿度控制在 85% 以上，开口后的菌袋置于出耳架上，1 周后开口处出现耳芽时，可直接向袋上喷水，如果条件合适，半月可发育成熟。

（二）川耳 10 号（国品认菌 2007031）

1. 选育单位　四川省农业科学院土壤肥料研究所。

2. 形态特征　子实体单生或聚生，盘状。成熟耳片直径 10 ～ 15 cm，不规则形，表面有少量棱脊，紫红褐色、深褐色等。有明显基部，无柄，背面有短、细绒毛。较柔软，口感脆滑，无明显气味。子实体形成适宜温度为 22 ～ 32 ℃，不需温差刺激。

3. 菌丝培养特性　菌丝在 5 ～ 36 ℃均可生长，适宜温度 26 ～ 28 ℃；发菌初期温度 25 ～ 28 ℃。菌丝定植后保持室温 22 ℃左右，暗光培养。

4. 出耳特性　菌丝满袋后再培养 5 ～ 7 天，开始出现胶质状耳基时，菌袋即达到生理成熟，温度不能低于 20 ℃ 或超过 35 ℃，每天室内适当喷水，使空气相对湿度保持在 90% 左右。早晚适当通风，需要较强的散射光照。一茬耳采收后，停止喷水，使菌丝恢复生长。耳基形成后即需喷水保湿，促进二茬耳的形成；一般在春节前后生产菌袋。

（三）川耳 7 号（国品认菌 2007032）

1. 选育单位　四川省农业科学院土壤肥料研究所。

2. 形态特征　子实体单生或聚生，鸡冠花状。成熟耳片直径 15～20 cm，厚 1.8～2 mm；耳片紫红色，腹面有少量棱脊，背面绒毛中等长、密、粗，口感滑嫩，无气味。发菌期 40 天，栽培周期 180 天。原基形成不需要温差刺激。菌丝可耐受最高温度 37 ℃，最低温度 1 ℃；子实体可耐受最高温度 35 ℃，最低温度 10 ℃。耳茬明显，间隔期 20 天左右。

3. 菌丝培养特性　菌丝在 5～36 ℃ 均可生长，适宜温度为 26～28 ℃；发菌初期温度 25～28 ℃。菌丝定植后保持室温 22 ℃ 左右，暗光培养。

4. 出耳特性　菌丝满袋后再培养 5～7 天，开始出现胶质状耳基时，菌袋即达到生理成熟，温度不能低于 20 ℃ 或超过 35 ℃，每天室内适当喷水，使空气相对湿度保持在 90% 左右。早晚适当通风，需要较强的散射光照。一茬耳采收后，停止喷水，使菌丝恢复生长。耳基形成后即需喷水保湿，促进二茬耳的形成；一般在春节前后生产菌袋。

（四）川耳 1 号（国品认菌 2007033）

1. 选育单位　四川省农业科学院土壤肥料研究所。

2. 形态特征　子实体聚生，盘状。成熟耳片直径 15～18 cm，紫红褐色至深褐色。有明显耳基，无柄，背面有短、细、密绒毛；腹面下凹，致密程度中等，柔软，无明显气味。子实体形成温度 26～32 ℃，不需温差刺激，耳茬间隔期 20 天左右。

3. 菌丝培养特性　菌丝生长温度 5～36 ℃。

发菌初期温度 25～28 ℃，定植后保持室温 22 ℃ 左右，暗光培养。

4. 出耳特性　菌丝长满后，后熟培养 5～7 天，胶质状耳基出现是菌袋生理成熟的标志，控制温度在 24～28 ℃，空气相对湿度在 90% 左右，给予较强的散射光照，适当通风，保持充足氧气。一般在春节前后生产菌袋。

（五）苏毛 3 号（国品认菌 2007034）

1. 选育单位　江苏省农业科学院蔬菜研究所。

2. 形态特征　子实体聚生，牡丹花状，大小中等。成熟耳片直径 7～10 cm，腹面红褐色、背面白色。绒毛长度、密度和直径中等。栽培周期 155～180 天；原基形成不需温差刺激；菌丝体和子实体可耐受最高温度 35 ℃，最低温度 2 ℃；耳茬明显，间隔期 10 天左右。

3. 菌丝培养特性　发菌适宜温度 20～25 ℃，发菌期 45～60 天。

4. 出耳特性　采取 "V" 字形开口法和切割袋口法控制原基数量。原基越多，朵形越小，产量越低；原基数量少，则朵形大，质地好，产量高。出耳期控制温度在 15～25 ℃，温度低于 15 ℃ 需加温出耳，保证良好的通风，原基出现后，开始进行水分管理，以保湿为主，每天要喷水 2～3 次。一般 50 天左右长满袋，在 20～25 ℃ 条件下，后熟期 15～20 天。之后移到出耳场内出耳。注意出耳期需氧量大，氧气偏少时易畸形。

（六）Au2（国品认菌 2008019）

1. 选育单位　广东省微生物研究所。

2. 形态特征　子实体丛生或单生；绒毛短，朵形大，肉质厚，背部白色，鲜耳或干耳复水后质地柔软；菌株适应性广，温度在 15～30 ℃；全生长期约 180 天，生产性状稳定，抗性强，产量高；适宜段木及代料栽培；口感接近黑木耳，不粗糙。

3. 菌丝培养特性　菌丝生长期不需要光照。

4. 出耳特性　栽培季节为每年 10 月至翌年 5 月，温度为 20～28 ℃，空气相对湿度为 70%～98%；出耳期要求光照强度为

50～600 lx，二氧化碳浓度为 0.03%～0.05%，pH 5.5～7.2。

二、未认（审）定品种

43-1　朵形大，面黑，背白，商品性状好，最典型的特征是背面绒毛多而白，耳质柔软，肉质细腻，品质优良，出耳温度 18～33 ℃，适宜温度 20～30 ℃，是切丝加工和出口外销的主要品种。

第四节
主要生产模式及其技术规程

毛木耳属于中高温型品种，在我国各地生产的季节中，只要发菌时错开 -5 ℃以下的寒潮期，出耳时错开 35 ℃以上的高温期都能进行生产。大规模生产时，冬季发菌要注意保暖，春、夏季出耳时，要注意通风降温等管理技术。

毛木耳品种从耳片背面的绒毛颜色看，又可分为黄背木耳和白背木耳两种。但单从栽培季节来说，一般黄背木耳比白背木耳适应的温度要稍高一些，所以可以根据各地的气候灵活选择栽培和出耳的季节，以达到最佳效益。

我国地域辽阔、南北气候差异较大，各地依据经济、自然气候资源、原材料资源、食用菌栽培习惯的不同，形成了具有不同地域特色的毛木耳栽培模式。毛木耳常见的栽培模式有塑料袋墙式出耳栽培模式、吊袋出耳栽培模式及层架摆放出耳栽培模式等。而具体选择什么样的出耳方式，要根据季节和大棚的条件等多因素来决定。第一，从种植季节上选择出耳方式。气温较低，用墙式出耳，袋与袋之间紧靠在一起，可保温催芽，可提早出耳。当气温升高后，用吊袋出耳，菌袋分开吊挂，可起到散

热催芽的作用，出耳相对较晚。第二，从搭建的大棚条件选择出耳方式。不同出耳方式，要求搭建大棚的条件不一样，应因地制宜。当搭建的大棚骨架很结实，承重力大的，用吊袋出耳，可以撑起吊袋的重量。大棚结构简单，不能承重的大棚，要用墙式出耳。而层架摆放出耳多用于四川地区，塑料袋规格较大，袋与袋之间有空隙，袋温不易升高，出耳产量高，且感病率低。

经过多年的试验和生产实践，我们把墙式出耳和吊袋出耳进行了差异比较，结果证明两种出耳方式总产量并没有显著差异。墙式出耳因大棚需要保温性好，大棚的温度要便于调整控制，可比吊袋出耳的鲜耳早上市 1 个月以上，商品提早抢占市场。而且墙式出耳耳的根部小，叶片大，品质好，质量优，每千克干耳也比吊袋出耳高出 2 元左右，所以总效益要比吊袋出耳高出 10% 以上，另外墙式出耳还可大大节省空间。但墙式出耳栽培周期稍长一些，这样不利于毛木耳油疤病的防控。吊袋出耳的优点是出耳较集中，第一茬产量可达总产量的 70%，在种植较晚时，采用这种出耳方式，可以尽早出耳，提高效益。而且出耳集中，油疤病还没有大量发生时，出耳就结束了，这样可以有效避开毛木耳油疤病的发生与发展。

一、塑料袋墙式出耳栽培模式

对于毛木耳来说，墙式栽培模式主要有墙式两端出耳和墙式一端出耳两种。墙式两端出耳是把发好的木耳菌袋垛成单墙式，不在菌袋表面开出耳穴，而在菌袋两端开口出耳，只让菌袋两端出耳。这样菌袋中间见光时间少，就形不成耳芽，而菌袋两端由于受到光的刺激，能形成大量耳芽，从而使料内水分和养分供应集中，子实体生长旺盛，耳肉厚，耳片大，产量高。菌袋墙一般高 6～10 层，垛间距 60～80 cm。这种出耳模式可以大大节省出耳空间，660 m² 的大棚，可放菌袋 3 万袋。

墙式一端出耳是把菌袋开口集中在袋子的一

端，背靠背两行摆放或者靠墙摆放，也可将一端开口的菌袋放至出耳筐内。筐式一端出耳适合科研单位，场地空间有限，可立体摆放，筐式可以增加高度到12～15层。这种栽培方式，生产的毛木耳耳片肥厚，出耳不集中，出耳周期较长。

（一）生产时间

我国地域辽阔，南北气候差别较大，根据毛木耳菌丝生长和子实体发育温度，中原地区2～4月制作菌袋最好，4～9月适宜出耳。根据菌丝的发育特点，制作菌袋宜在1月下旬到3月中旬。如果栽培数量较大，制袋时间可以适当提前，这样菌丝生长可躲过高温天气，避免因温度过高引起烧菌。在河南省的毛木耳重点生产区，有部分种植户生产时间已经提前到头年的11月，但需在翌年3月上旬把菌袋制作完成。

以河南东南地区毛木耳生产为例，生产菌袋大多集中在12月至翌年3月，但这个季节当地气温较低（5～15℃），为保证菌丝的正常生长，菌袋发菌期还需要适当地加温和保温，菌袋培养和菌丝生长会有一定的难度和风险。

如生产的季节前移到9～11月，也必须掌握气候的变化规律，尽管此时的发菌温度很适合，菌丝生长快而且污染率低，但发好的菌袋要等到4～5月才能进行出耳管理，这样，菌袋存放的时间过长，一方面菌袋中菌丝的活力会明显下降影响产量；另一方面，菌袋内的营养和水分也会有不同程度地流失，同样会造成产量降低。

如果生产的季节推迟到翌年的3～5月，也躲过了低温发菌的风险，温度适宜，菌丝发育很快，因为中原地区每年的5月以后已是夏季，会出现35℃以上的持续高温天气，如果正好赶上头茬的出菇时间，会存在着出耳过晚、高温出耳的风险，进而造成大量的毛木耳不开片、耳片卷曲等次品耳形成，有产量没有效益。在生产上已遇到过不少这样的案例。所以没有经验的用户，要结合老种植户的技术，合理安排好种植时间，不要盲目进行生产，以免造成不必要的损失。

（二）耳棚建造

耳棚可以是多种样式，普通住房、日光温室、竹木结构大棚、钢结构大棚等都可以出耳，但以保暖性好、通风顺畅为基本要求，其他方面可以根据当地的情况，因地制宜。一般在建棚时，要选择通风向阳、靠近水源、排水方便的场所，棚内四周悬挂薄膜，可提高保温保湿效果。有条件的地方亦可采用砖、石砌墙体，仍用"人"字形草棚顶，为半固定式简易耳棚。

一般生产规模小的种植户栽培毛木耳时都是利用空闲房屋或草棚，但规模化栽培毛木耳尽量采用专用耳棚，以创造适宜的环境条件。栽培毛木耳的场所要求光照充足，冬暖夏凉，避北风，环境清洁，靠近水源。

（三）原料选择与培养料配制

1. 原料选择　棉籽壳、木屑、玉米芯首先要无霉变、无结块、无杂质。木屑可以用杂木屑，但必须要过筛去除杂质，松树柏树的木屑不用。新鲜的木屑要自然堆积2个月以上再用较好。玉米芯粉碎成花生粒大小备用。

2. 培养料配制

（1）棉籽壳培养料的配制　各种原料的物理和化学性状不同，总的来说棉籽壳是较好的毛木耳栽培原料之一。它含有较高的营养，质地坚硬，有利于菌丝体的逐步分解利用；且形状不规则，颗粒之间的间隙大，通气性能好；棉籽壳上残留的短棉纤维，还有利于菌丝体的生长发育；棉籽壳培养料的酸碱度偏碱时不利于杂菌的生长。纯棉籽壳原料可以栽培毛木耳，菌丝既能旺盛生长，也能获得较高产量。但近年来棉籽壳价格不断攀升，我们在配方中适当减少了棉籽壳的用量，以棉籽壳为主料的配方有：

配方1：棉籽壳37%，锯末20%，玉米芯40%，石膏2%，石灰1%。

配方2：棉籽壳30%，锯末30%，玉米芯37%，石灰3%。

以上配方的含水量均为60%～65%。

原料处理：毛木耳属于熟料栽培品种，所有的原料都要经过灭菌才能栽培成功。但灭菌前培养料进行堆闷发酵后再装袋，成功率会大大提高。

（2）玉米芯培养料的配制　玉米芯是指玉米棒去掉玉米粒后的芯轴。在北方玉米产区，玉米芯量大，易于收集利用。玉米芯晒干后，用粉碎机破碎成花生粒大小的颗粒，或在场内用拖拉机碾压。处理后的颗粒大小应适宜，太大或太细都不利于毛木耳菌丝的生长。玉米芯原料质地比较疏松，菌丝体生长较快，但容易腐熟且易生虫，出耳时间短，产量较低。因此最好和其他原料混合配比，合理利用，才能达到理想的效果。

以玉米芯为主料的配方有：

配方1：玉米芯28%，木屑28%，棉籽壳28%，麸皮12%，过磷酸钙1%，石灰2%，石膏1%。

配方2：玉米芯79%，麸皮20%，石膏1%。

以上配方的含水量均为60%～65%。

原料处理：发酵处理的过程与棉籽壳原料的发酵过程相同。

（3）木屑培养料的配制　木屑是种植毛木耳的另一主要原料，该原料质地较坚硬，营养丰富，和其他原料混合种植时产量较高。木屑与棉籽壳混合是生产毛木耳较理想的培养料。木屑自然堆积3～6个月后再使用为最好。毛木耳菌丝对木屑要求不高，粗、细木屑一般都可以，但使用细木屑的毛木耳菌丝在温度达到20℃左右时，很容易出耳老化，所以菌丝长满后要及时处理，这是毛木耳菌丝不同于其他食用菌菌丝的一个特点。多数菌丝表现不好时，菌种老化的可能性最大，而并非菌种退化。粗木屑菌丝比细木屑耐贮存耐老化，这是生产实践中得出的一个经验。

以木屑为主料的配方有：

配方1：杂木屑35%，棉籽壳25%，玉米芯26.7%，麸皮10%，尿素0.3%，石膏1%，石灰2%。

配方2：木屑85%，麸皮12%，过磷酸钙1%，石灰1%，石膏1%。

配方3：木屑30%，棉籽壳30%，玉米芯30%，麸皮8%，石灰1%，石膏1%。

以上配方的含水量均为60%～65%。

原料处理：加水比例根据木屑的含水量而有所不同，木屑晒干状况下料水比为1:（1.1～1.4），木屑含水量大时，适当减少加水量。

发酵方法与棉籽壳相同，发酵期6～10天，发酵期内每天翻堆一次。

（四）拌料

拌料时按配方称好各种主、辅料，混合均匀，然后加入水反复搅拌均匀。一般料水比为1:（1.1～1.4），培养料含水量在60%～65%，培养料pH在8左右。拌料时加水量和气温、培养料是否发酵等有关，气温高、天气晴朗时加水多些，气温低、阴天时加水少些。培养料不发酵就立即装袋时，加水少些，培养料先发酵5天左右再装袋时可以加水稍多些。

一般情况下，料拌好后装袋前可选择两种方式。一种是随时拌料随时就装袋，而另外一种是先发酵5天左右，然后再装袋。这两种方法都是常用的，可以根据自己的实际情况做选择。这两种方式的根本区别在于：如果培养料随时拌随时装袋，然后进行灭菌，料袋冷却后，不能在开放的空间里接种，最好是在接种箱里接种，这样才能保证料袋接种的成功率高。如果是拌好的培养料发酵5天后装袋灭菌，然后再冷却接种，在大棚里经过空间消毒后就可以开放式接种。开放式接种操作更方便，且成功率高，大规模生产时都采用这种方式。

培养料堆闷发酵是将原料加水混拌均匀后堆集在一起，利用原料内微生物产生的热量，使原料堆内的温度升高，一般在60℃以上，保持一段时间，杀死原料内的杂菌和害虫的虫卵，从而达到净化原料的目的。

具体操作方法：主料及辅料加水拌匀，依据培养料的多少堆成圆锥形或长梯形，高度一般在1m左右，堆上不用塑料膜覆盖，气温在15℃以上时，堆闷1天，料堆内的温度即可达到60 ℃以上，第二天即可翻堆一次。发酵时，还要注意及时翻堆，培养料较少时可以用锨翻堆，每天翻堆一次。培养料较多时要用机械翻堆，翻堆时要上下左右翻均匀。将外面的料翻入中间，中间的料翻到外面。如果翻堆时发现培养料缺水，应在每次翻堆前再喷淋少量水，使培养料保持合适的含水量。要保持1～2天翻堆一次，使培养料充分发酵均匀。每次翻堆后，把料面整平，在料面上每隔0.5～0.6 m处插孔洞通气。一般情况下，发酵5天即可，气温较低时可适当延长发酵时间。发酵好的棉籽壳培养料散开堆后可见到大量的白色或灰白色放线菌块，并散发出大量的热气，料内没有酸臭味。然后把发酵好的培养料，散开冷却，检验培养料的含水状况，调整培养料酸碱度，调适宜后即可开始装袋灭菌。

（五）装袋

生产毛木耳一般用高密度低压聚乙烯塑料短袋栽培，也可选用耐高压聚丙烯塑料袋。根据出耳方式不同来选用两端开口或一端封口的塑料袋，袋子的规格也有一定的地域特色，鲁山栽培模式一般采用20 cm×45 cm×0.003 cm的袋子，河南西华模式一般采用17 cm×35 cm×0.003 cm的袋子，而四川多用24 cm×50 cm×0.003 cm的大袋。以河南西华毛木耳生产基地为例，多年来一直采用17 cm×35 cm×0.003 cm的一端封口袋，培养料拌好后发酵5天再开始装袋，袋口用自制的直径3 cm的套环封口，套环在里，袋子在外，并配一扎口绳子，要扎成活结，以利于以后取下套环重复使用，最后用腈纶棉塞进套环中。装袋时要边装边用手轻轻压实，使上下松紧一致。袋不能装得太松，太松菌丝萌发后菌袋易断裂，太实透气性差，影响菌丝正常生长。

1.人工装袋　本着装袋要紧，封口要严的原则。用手将培养料装入筒袋内，边装边轻轻压实，用力均匀，使袋壁光滑而无空隙，装满袋后再把袋口合拢，用塑料绳紧贴料面扎紧。

2.机器装袋　利用装袋机进行装袋，机械装袋既保证质量，松紧适合，又可提高工效。有条件的最好选用装袋机进行装料。

3.装袋注意事项

（1）装袋前再翻堆一次　装袋前把培养料再翻堆一次，调匀培养料的水分，以免上部料干，下部料湿。

（2）装袋标准统一　袋的长短、粗细尽量一致，便于摆放和出耳。松紧适合，用力均匀，勿过松或过紧。压得过松，料袋难成形，菌丝生长散而无力，在堆放时容易断裂损伤，影响出耳和产量；压得过紧，透气不良，菌丝长势弱，生长速度慢，且灭菌时料袋易膨胀破裂。装袋的松紧度，以手按有弹性、手压有轻度凹陷、手托挺直为宜。

（3）装袋时动作轻柔且迅速　轻拿轻放，不拖不磨，避免人为弄破袋子。快装，最好一天完成，尤其在气温高时，以防止培养料发酵变质。

（六）灭菌

毛木耳塑料袋规模化生产均采用常压灭菌，无须用高压灭菌。所谓常压灭菌将灭菌物置于常压灭菌锅内，以自然压力的蒸汽进行灭菌的方法。

1.灭菌操作　灭菌是毛木耳塑料袋生产的关键环节之一，灭菌的好坏直接影响着毛木耳种植的成败。

灭菌场所选择时，应首先选择一背风朝阳、地势较平的地面，北方地区冬季可置于院内或室内，在准备蒸料摆袋的地方，在地面上铺一层塑料雨布（这一项很关键），其作用是隔气、隔水、防止冷凝水浸湿地面而倒垛。然后再在上面先摆一个蒸料的锅底，锅底可以是多种方式，可以向地下挖少许，也可以在平地摆砖或摆竹笆，还可以周围用砖砌一个0.5 m高的水泥池，下面摆砖，这样可以使所蒸的料袋好摆放，且保暖效果好。

铺地的塑料雨布上面根据堆垛大小摆上两层砖，每块砖要间隔摆放，留出空隙，用于串气。在砖上面铺上麻袋、蛇皮袋等透气性好的网状物以防扎袋。但禁止铺可能影响上气的其他物品。在上面摆放料袋，把料袋尽可能码高，不要使垛过长、过宽。料袋在高温环境下会变软，码的时候，垛要一层一层地往内缩，成塔形结构，防止在灭菌过程中发生倒垛现象。把锅炉的外接排气管一端插到垛底部砖头的空隙里，以留备用。垛码好后，用塑料雨布自上向下，包裹好，塑料雨布与地面上铺的雨布重叠部分要卷在一起，尽可能不要漏气。根据垛面积大小，用麻袋或其他较厚的物品包裹垛。其一，是做保温层用；其二，为了防止塑料雨布遇到高温蒸汽被涨破，俗话说的"烧崩垛"。最好再用方格花塑料雨布从垛顶自上向下，包裹到底边，然后用绳索在垛四周及顶部捆好，垛就算包好了。

把灭菌锅炉放到距垛 1 m 左右的地方，在锅炉底部垫几层砖，以抬高锅炉便于通风和清除炉渣。然后把蒸汽导管接好，一端插进垛底部，也就是地面铺的砖头的空隙内，不要插进去太深，以 20 ~ 30 cm 为宜。要注意使排气管口平伸，不要向上翘或向下翘，排气管的周围要用布包裹一下，防止其漏气；垛四周先用沙子稍微压一下，以便于排冷气。锅炉点火后，待垛内的冷气排净，下部开始冒热气后，可以把垛底边四周的雨布用沙子压实。锅炉点火后要保持旺火（非常重要，直接关系到灭菌时间的长短），争取在 4 h 内使垛内达到 100 ℃，火不要忽大忽小，用中火恒温维持 8 ~ 12 h。全部灭菌过程中应按照"猛攻 - 恒温 - 徐降"的程序掌握火力，即升温要尽可能得快，达到 100 ℃后要保持恒温 10 h 左右，停火后再闷一夜到第 2 天待降到 60 ℃后，方可出锅。

灭菌时锅炉水位要稳在水位线的中下部。锅炉加完燃料，炉门一定要关上。下水开关开到能使炉内水气平衡为宜，不要开一下关一下。

2. 灭菌注意事项

（1）灭菌时间　猛火"攻头"，尽快升温至 100 ℃，维持 10 h，中间不能降温，最后用旺火猛攻一会儿，再停火闷一夜后出锅。

（2）灭菌温度　灭菌时要在锅的底层料袋之间放一个耐高温的感应探头温度计，当温度达到 100 ℃时开始计时，维持 8 ~ 10 h 即可。实践表明，蒸汽包鼓起时底层袋温才 70 ℃，因此温度要达到 90 ℃并持续 4 h 以上。当蒸过数锅以后，用心摸索出产气量和火力大小情况就能自行掌握灭菌时间和火力大小的关系了，甚至不用放入温度计也没有什么问题了。

（3）灭菌水位　灭菌过程中还应该认真观测灭菌锅或锅炉里的水位，及时适量地加水和加火，避免烧干锅，防止料袋着火。初学者，往往没有灭菌的经验，可能在自己垒土蒸锅时并没有考虑到灭菌中期还要加水，就没有预留出中间缺水时向锅中续水的加水孔，在实际灭菌时只顾大火烧，等灭菌 8 h 以上时，随着蒸汽的大量蒸发，锅内水分会大量被蒸发掉，造成缺水干锅，甚至可能使灭菌的料袋着火，造成直接经济损失。此外也应避免火力过猛造成罩膜炸裂。

3. 影响常压灭菌效果的因素

（1）培养料预湿应均匀　培养料在搅拌前预湿是否均匀，对灭菌效果有很大的影响。以棉籽壳培养料为例，有时接种 10 天左右，菌丝已封严料面并深入料内，从料袋或瓶的中上或下部出现杂菌色斑，除去料袋微孔和灭菌时间不达标等原因外，还和棉籽壳预湿不均匀有关。因棉籽壳含有少量的油脂，不易与水亲和。预湿不透或不均匀，会使个别处于干燥状态的棉籽壳包容部分杂菌，湿热蒸汽就难以穿透，达不到彻底灭菌的目的。

因此，应尽可能将结块的棉籽壳打散，提前均匀预湿 3 ~ 4 h。但预湿过度，会使培养料含水量过高，造成料袋接种后出现菌被或菌丝生长缓慢，甚至难以生长。所以在生产中无论使用何种培养料，都应做到预湿均匀，水量适宜。

（2）控制灭菌前微生物的繁殖　培养料在拌好后到灭菌前，所含各类微生物的数量是惊人的。在干燥条件下，它们处在休眠或半休眠状态。培养料一旦调湿，休眠或半休眠的各种微生物就会恢复活性，增殖速度加快。特别是配制好的培养料营养丰富再加上气温偏高，料袋时间一旦拉长，酵母、细菌就会以几何倍数增殖，就可能导致培养料的酸败。因此，在高温季节制作菌种或栽培袋时，可在培养料配制时适当添加或提高石灰粉的用量，以提高培养料的pH。

（3）料袋装锅应留空隙　料袋装锅时应留足够的空隙用于蒸汽循环，最好能加入30 cm×30 cm的金属网状空心透气架若干个（具体长度因锅而异），或使用定形灭菌周转筐。否则，料袋受热和挤压后，会将料袋间空隙堵塞，造成湿热蒸汽难以穿透，使受热不均，影响灭菌效果。有的生产者为了追求灭菌数量，将料袋重叠堆积。他们认为适当延长灭菌时间就能达到灭菌效果，结果造成锅内中下部大量料袋厌氧发酵，发黄变酸。

（4）灭菌锅体积要适宜　目前，自然季节生产者灭菌大部分采用锅炉或油桶作为蒸汽发生器，通过管道将蒸汽输入灭菌房、池或料盘内，进行分体式灭菌。因此，蒸汽发生器的大小必须与灭菌料袋的多少相匹配。

据观察，个别生产者为节约投资和耗能，在购置蒸汽发生器或铁锅时，常让"小马拉大车"。殊不知一次性灭菌料袋太多，料袋总吸收热量也相应增加，必然导致料袋内升温缓慢，使袋内微生物繁殖量增多，严重影响灭菌效果。

（5）温度和时间是灭菌彻底的关键　有学者研究细菌致死数量和温度的关系认为：灭菌温度每降低10 ℃，细菌数量增加1/10，所以灭菌是否彻底，很大程度上取决于能否使锅内下层温度始终保持100 ℃。有的资料介绍水沸腾后或刚上蒸汽时开始计时，都不可靠，因水沸腾后或刚上蒸汽，锅内袋温不会立即达到100 ℃的有效灭菌温度。

从锅内蒸汽循环来看，锅内蒸汽传导是从锅顶开始的，逐渐向中下层蔓延。在一般火势下，要经3～6 h（视锅体结构、料袋摆放方式和蒸汽消耗量而异）才能达到热平衡。锅内下半部温度达到100 ℃或上来蒸汽只表示料袋间隙的气团温度达到了100 ℃。据测定，此时料袋中心温度仅90～95 ℃，在旺火猛攻情况下，还需要2～3 h才能稳定在

98～100 ℃。在此温度下，再经6～8 h可使料袋中心的微生物基本致死（视锅内料袋多少而异），达到基本灭菌的目的。

（6）锅内蒸汽应流通灵活，避免死角　无论采用哪一种灭菌方式，蒸汽都是从底部上升，依靠锅内空气分子进行热传递，料袋从顶部先热，逐步向下进行热传递。与此同时，逐渐出现冷凝水，冷凝水形成的量大小和流动蒸汽输入的强弱有关，间接影响到灭菌料袋升温的速度。与此相反，流动蒸汽过程又使能源消耗过多，因而在操作时应综合考虑，适当操作。

为了保证整个灭菌过程都有流动蒸汽，可在建造灭菌锅时根据锅体大小，在锅体下半部的适宜位置，预留2～4个直径6～8 cm的排气孔，这对于密封性较好的常压锅十分重要。这样可保证锅内蒸汽的流动，避免出现死角。在灭菌过程中，不要为了节能而过早将排气孔堵塞。对于实践经验少的新手，宁可多耗能，也不能灭菌不彻底。当锅内温度达100 ℃后，最好能听到漏气缝有"丝丝"的响声，此时锅内温度为100～105 ℃（因灭菌锅的密封程度和密封物而异），如此保持12～14 h，即能达到彻底灭菌的目的。

（七）冷却

根据毛木耳生产技术的需要，冷却室要求不仅要能降温而且也能保温，因为毛木耳接种的关键技术就是要抢温接种，所以蒸好的料袋应立即移入已消毒好的接种房中进行冷却。

（八）接种室消毒

接种前要先把接种室收拾干净，提前2天进行消毒灭菌。接种室接种空间大，杂菌污染机会多，一定要严格消毒。根据实际条件，我们可以选择紫外线照射消毒、离子风机消毒、药剂熏蒸消毒、直接喷洒药剂消毒等方法。若采用紫外线杀菌消毒法，可按400～500 m²的塑料大棚8～10支30W紫外灯照射30～60 min的标准；若采用药剂熏蒸法，要在接种前一天把所用工具如小桌、接种钩、洗种盆等全部放在接种室内，按4 g/m³的气雾消毒

盒点燃熏蒸消毒。第二天打开门窗通风 30min 再进行接种；若采用药剂喷洒法，可使用高效无毒或低毒的化学药剂，如克霉王、克霉灵、金星消毒液、消毒大王等消毒药品，配制成 200～300 倍液对大棚喷洒 2～3 次。

在进行接种场地消毒时，将接种工具也放于其中一并进行消毒。而在开始接种前要对接种工具进行完全消毒灭菌，比如将接种勺置于酒精灯外焰区进行灼烧灭菌。

（九）菌种准备

接种所用的菌种首先应选用当前已审（认）定且大面积推广的优良品种，不要选用自制分离的菌种。其次所用的菌种必须是菌丝长满后 20 天以内的菌龄，生活力强无杂菌污染的菌种。若菌种需要运输时，一定要做好保温措施，以防低温使菌丝的活力下降。

（十）接种

1. 接种箱接种　接种箱接种，是把灭过菌的料袋冷却后放入接种箱中，通过熏蒸消毒等空间灭菌后，形成了一个无菌空间，就可以安全地在箱中完成接种的过程。接种箱接种的成功率较高。缺点是用工量大，接种效率低。

2. 煤火口接种　煤火口接种是利用煤火正在燃烧的火焰上方的高温，借助小桌上的圆孔，可以形成一个高温无菌区，把需要接种的料袋放在煤火口的周围开口接种就可达到无菌的效果。这也是广大种植者在生产中创造的经济实惠的好办法。但在接种时常常需要接种的空间密闭，在这样的空间中易形成煤气中毒现象，给接种工人造成了很大的安全隐患，目前该方法基本不使用。

3. 离子风接种　近年来，种植者通过考察，引进了一种叫离子风的小型接种机，效果还不错，主要是操作方便，对人无害。

离子风接种机的原理是吸附空气中的杂菌尘粒以达到无菌的目的，所以使用离子风时要注意使接种空间保持空气清新，空气中浮尘浓度降为最小。这样就要求接种前把接种室内进行一次消毒降尘。

4. 开放式接种　毛木耳在大规模生产时可以采用开放式接种，主要有以下两种方法：

（1）接种室接种　选择阴凉、干净、干燥的房间作为接种室，面积以 50～60 m² 为宜，可供一次接种 5 000 袋之用。室内用塑料薄膜分隔 3～4 m² 的小间，作为缓冲间和更衣室。接种按常规方法操作，在操作过程中要避免室内空气流动过大，以降低污染率。

（2）接种棚接种　接种棚最好设在整个耳场的风头处，可兼作冷却室使用。

接种前把菌种上部老化的菌皮去掉 1～5 cm。接种人员 4 人一班，一人拔棉塞，一人用专用的接种工具快速地把菌种送入已开口的料袋内，另外一人把未接种的袋子运到接种人身边，还有一人把接过种的料袋摆好，码垛整齐。料袋已接种的那头朝里摆放。在接种时不要乱开门窗，防止人员出入时空气流动引进杂菌污染。

（十一）发菌管理

发菌管理前首先是发菌棚的搭建问题，发菌棚主要有保温和降温两个方面的作用。发菌棚也可以当做出耳棚，所以搭建发菌棚时要根据生产量灵活设计。

半地下式发菌棚在北方冬季发菌时效果不错。还有日光温室或保温房发菌棚，但大部分种植者采用的是水泥、竹竿搭建的拱形棚体。大棚中间的立柱用水泥，使用时要注意把立柱用布或袋子包好，以免撞破菌袋，其他的都用竹竿。大棚宽 8～9 m，中间高 3 m，两边高 2 m，长度可根据生产量灵活决定。大棚上先铺一层塑料薄膜，再在上面盖一层草苫或保温毡，最上面再铺一层塑料薄膜。大棚的两边可以随时掀开，可以方便调节温度的变化。

接种后的菌袋，直接放在发菌棚进行码垛。先在棚内地面上铺上一层塑料布，这一层塑料布的作用是可以防潮还可以保暖，然后在塑料薄膜上再铺一层薄的草苫或一层保温毡，以利菌袋底层保暖。

最后把接好种的菌袋按四行一垛进行摆放，行与行之间留有空隙，摆放时注意让接种头朝里，以利保温。一般垛8个菌袋高度。上堆后1周内不要翻动，当菌丝长到菌袋的1/3长度时，及时翻堆，一方面使菌袋生长均匀，另一方面可以挑出发菌不良的菌袋并进行处理。菌丝长满后，移到耳房内堆成菌墙出耳。

此外菌袋培养及管理应按照以下参数进行操作：

1. 温度　根据毛木耳生长习性，菌丝萌发时保持在25～28℃，菌丝定植后，不超过25℃，这样菌丝生长缓慢，但健壮洁白。遇到低温、下雪等天气还要对棚内进行加温和保温措施，以利菌袋发育正常。

2. 通风　一般晴天的中午每天都要通风一次，每次2h左右。而低温天气要适时通风，以增加发菌棚内的氧气量，这样既可让菌丝能正常生长，又能减少菌袋的污染率。

3. 空气相对湿度　空气相对湿度保持在60%～70%。

4. 光照强度　发菌棚内光照强度应小于100 lx，接近于黑暗。

5. 杂菌污染处理办法　在培养菌袋的过程中，菌袋常有杂菌污染，要及时检查杂菌污染情况，发现有轻度污染斑时，用注射器将杀菌剂注入菌斑部位，然后贴上胶布，控制杂菌的蔓延。菌袋污染严重时，要及时挑出。一般发菌棚内15～20天就要翻堆一次，这样既可以调节垛内的温度，又可以及时挑出被污染的菌袋。挑出的被污染的菌袋，应在离发菌棚较远的地方集中处理。一般可以重新倒出来，加入一定量的毛木耳专用杀菌剂，再装袋灭菌，重新接毛木耳菌种。重新接种的菌袋，在温度适宜时，从接种到菌袋长满菌丝需要40～50天。

（十二）摆袋、划口

当菌袋发满且菌丝成熟后即可进行摆袋出耳。菌丝后熟适宜出耳时，可用小刀在菌袋两端需要出耳的地方均匀划口，划口形状呈"+"字形、"V"字形或"一"字形。

（十三）出耳管理

1. 温度　温度应控制在18～32℃。在温度适宜时，5～7天后，经强光刺激菌袋两端划口处就会出现耳芽。

2. 水分　幼耳期是水分最难控制的时期，喷水后菌袋表面光滑，耳基小，吸收水分能力小，耳棚空间大，稍有微风，就会吹遍全棚，菌袋表面容易干燥。此时主要是启动雾化喷水系统向地面及空间喷雾，提高空气相对湿度，每天喷2～3次，如有干热风每天喷3～5次，以雾状水为宜，不能喷到耳片上过多水滴，以免耳根积水。

随着耳片逐渐展开，需要大量水分。因此每天要喷2次水以上，有风时要喷3～5次，晴天多喷，风天勤喷，阴天少喷，雨天不喷。当耳片绒毛呈白色，耳片边缘稍卷就可以停水，耳片呈棕黑色，说明湿度大，要减少喷水，加大通风。

当耳片已充分展开，朵形已基本固定，但没有完全成熟。此时耳片互相交织，似菌裙一样向下垂展，将下一层菌袋几乎覆盖，耳片间通风不良，内部不易得到水分，喷水时注意管子伸向内部，喷洒均匀，并多掀起覆盖物，加大通风量。

3. 光照　子实体在完全黑暗的条件下不能形成；在微弱的光线条件下，耳片色泽较淡，质地柔软，毛短而少；光线过强，耳片色泽较重，毛长而粗；直射光对毛木耳出耳更不利。一般挂袋后5～8天，为了使耳基形成快而整齐，给予一定的光照刺激。出耳前期可以把棚上的遮阳物去掉些，当耳片直径长到3～5 cm时，再将遮阳物去掉一些，形成"七阴三阳"，以利耳片长大，背面毛少。光线暗，色发黄，后期要加大光照刺激，达到"六阴四阳"，使耳片颜色变深。

4. 通气　通风量不足、高温、高湿引起杂菌滋生，子实体长成条而不开片或造成流耳。通风要求一般是根据耳片的大小而定，耳片大时要增大通风量。

5. 追肥　追肥大多从第二茬耳开始进行。在追肥前 1 天，耳棚应停水 1 天，使毛木耳耳片稍干，有利吸收肥液。第二天用喷雾器均匀地喷在耳片上，几种营养液一般不要混合使用。喷施肥液，要选择在晴天下午进行，追肥后当天不能再喷水，翌日照常进行喷水管理。隔 1 天喷施 1 次，连喷 3 次效果更好。

（十四）后茬出耳管理

头茬木耳采收后，停止喷水 3 天，让菌丝稍微恢复一下，配合病虫害的预防。然后再喷水催耳，一般 10 天以后第二茬耳可形成耳基。第二茬耳往往在 6 月下旬至 7 月初，气温高，湿度大，耳片生长快。此时耳棚容易发生虫害和病害，应该及时防治。第三茬耳因气温高，生长快，单片较多，耳稀少，需降温、透风好，并注意及时喷水。第四茬出耳管理可参照第三茬出耳管理。

（十五）采收

进入成熟期，耳片开始反卷，当耳片反卷达 1/4～1/3 时即可采收。采收前 1 天停止喷水，使背面绒毛充分生长，阴天则可提前 2～3 天停水。当耳片已充分展开，边缘开始卷曲，耳基变小，腹面可见白色孢子粉时，为采收适期。采收过早，影响产量；采收过迟，耳片晒干后不平坦，感官较差。一般从原基分化到采收，生长时间长者品质较好，反之则差，这是因为高温下毛木耳生长快，耳片薄。采耳时，直接用手捏住耳基将整丛耳采下。如果出耳不齐，先采摘大的、已经成熟的，留下小的、未成熟的继续生长。采收时一定要把耳根采净，以免杂菌污染或者虫害造成烂耳，影响下茬耳的生长。

（十六）毛木耳的干制

当毛木耳不作为鲜品食用或出售时，可以将其干制贮藏。对于毛木耳一般采用自然晾晒法干制，这样晒干的耳片质量好。而经烘干机干制的毛木耳，背面绒毛会焦化变色，失去光泽。

自然晒干法可以充分利用自然条件，节约能源，方法简便，适宜大批量耳类处理，设备简易，

成本低。缺点是受气候限制，低温、阴雨季节多发生烂耳等。晒耳的场地应选干净水泥地面，或选干净的其他场地，选择水泥地晾晒为最好，没有条件的可以用草苫、塑料薄膜、彩条布铺在地上。毛木耳晾晒时一般应有 2 个连续的好天气，这样就可以一次性晒干。毛木耳晾晒时一般不下雨晚上不要收，一次性晒干的毛木耳耳形好看，没有挤压的样子，色泽新鲜，质量优，价格高。

（十七）包装贮藏与运输

毛木耳晒干后，经专用的毛木耳筛子过筛，用普通的蛇皮袋装好，保存在阴凉干燥处，防止吸潮发霉。高温雨季，要经常检查，发现有返潮现象，随时晾晒。毛木耳运输装车时，要小心。如果毛木耳晒得太干，一碰即碎，不易立即装大车运输，应等返潮后再装车，装车时还应注意不要踩得太多，以减少毛木耳碎片，影响毛木耳的商品价值。

二、吊袋出耳栽培模式

吊袋出耳栽培模式中，培养料配制、装袋、灭菌、冷却、菌种准备、接种等环节可参照本节"塑料袋墙式出耳栽培模式"的相关内容进行。

（一）耳棚建造

选择在向阳、通风、给排水方便、平坦、地势较高的场所建造出耳棚。棚内用水泥方柱作为立柱，柱与柱之间距离为 1.5 m×2 m，横向每 3 根 1 组，间距 1.5 m，两组中间留一条 0.7 m 宽的走道以便管理。立柱间的上部蓬横杆，横杆之间用棚杆连接上挂耳串，并用铁丝扎牢。横向每组用立柱 6 根，宽 3.7 m。外围搭建宽 4 m、高 2.5 m 的耳棚，长度根据需要而定。周围用秸秆、草苫、保温毡等围成简易围墙，上搭遮阳棚。为了更加坚固，四周要用斜柱加固以防出耳期歪棚，造成极大的损失。

如果出耳棚建造得不牢固，或出耳棚地势低洼下雨天易积水，会把立柱周围的土泡松等，在出耳期随着耳片越开越大，喷水量越来越多，整棚吊袋的重量会大大增加，棚的承重会越来越重，只要

有一根立柱不稳，就会形成整个棚倾斜，正在生长的耳片会被压坏，人工扶起来的难度很大，造成极大的损失。因此吊袋出耳的棚建造得要坚固才行。

（二）吊袋出耳

吊袋出耳又分为大袋双绳吊袋出耳、小袋单绳吊袋出耳和吊挂出耳三种方式。

1. 大袋双绳吊袋出耳　所用塑料袋规格为20 cm×43 cm×0.003 cm，每串可吊挂8～9袋，串与串之间间隔20 cm，一串挨一串排列，每4行空一走道。这种方式是一端用两根绳子，上面绑在棚杆上，袋子不要吊得太靠上，因为吊在最上面的袋子容易干燥缺水而产量低，所以距棚顶40～50 cm开始吊袋，每串也不要吊得太多，每串最好不要超过10袋。吊绳最好用尼龙绳，能承受10 kg以上的重量，同时不会因承受重量而拉长为好。按等距离从上部开始吊袋，每放一袋，每一端的绳子扭转两周，最下面一袋用绳子扎紧。

2. 小袋单绳吊袋出耳　所用塑料袋规格为17 cm×35 cm×0.003 cm，这种方式每串可吊8～10袋，用一根绳子，上面绳子绑牢在棚杆上，下面用单绳系住菌袋的中间，每串6～8袋，最下面用活结扎住菌袋，最上面的菌袋离棚顶约50 cm，最下面的菌袋离地面约30 cm。第一个菌袋吊得过高，上面的空气相对湿度较小，耳基易干枯死亡，一般很难正常出耳。最下面的菌袋如果离地面太低，随着毛木耳耳基到耳片的成长，加上大量的喷水，每串的重量不断增加，整串的重量会下沉，从而引起菌袋下降，会造成菌袋碰到地面，影响毛木耳的商品性状。

吊袋出耳的绳子一定要结实，上年用的旧绳最好不用，因为随着耳片的生长，还会不断喷水，每串重量会增加许多，如果因绳子不结实，大批断掉的话，不仅会把耳片砸坏，造成损失，还会给生产增加很多麻烦。

3. 吊挂出耳　目前黑木耳栽培用的吊挂出耳方式已推广开来，毛木耳出耳也采用现成的塑料吊挂吊在大棚内，把毛木耳菌袋直接插入吊挂上，每个

吊挂上可挂10袋，出耳方式和单绳吊袋一样。该方法省工省时，简单易掌握。缺点是购买塑料吊挂成本较高。

（三）出耳管理

1. 开口、育耳　以中原地区为例，3月底至4月上旬，把长满菌丝的菌袋，用刀片每袋均匀开3行，每行3～4个出耳口，耳口割成"一"字形或"V"字形均可，刀刃可深入菌丝1～2 mm，刀口长度以1.5 cm为宜。开口后菌袋可竖放，袋与袋之间要稍留空隙。前3天可不喷水，3天后可开始喷水，使空气相对湿度达85％以上，进入毛木耳育耳期。

2. 增加光照刺激，诱导耳基形成　平均温度18 ℃以上保持1周，开口部位将出现米粒状白点，随着生长逐渐变成绿豆大小粉红色圆珠状耳基，在耳袋表面光线较强的地方，颜色呈紫红色。当耳基长至大米粒大小时即可吊袋上架。

三、层架摆放出耳栽培模式

毛木耳层架摆放出耳栽培模式在我国四川地区应用较多，并形成了一定的特色，本节以四川地区常用生产模式为例介绍这种栽培方式。

（一）场地选择

耳棚场地要求引水喷灌方便，水质符合饮用水质量要求，排水良好，通风向阳，运输方便，便于管理。耳棚可用竹、木、钢管、塑料薄膜、遮阳网、草苫等材料搭建。耳棚要具有一定的散射光照，但不能有强光照，实践证明强光照是诱导毛木耳油疤病发生的因素之一。耳棚既要有良好的保湿效果，又要便于通风换气。

（二）季节安排

根据四川地区气温条件，一般4～9月为正常的出耳期，菌袋制作安排在12月至翌年3月进行，各地应根据当地的气候条件和栽培目的安排合适的菌袋制作时间，菌袋制作太早，菌丝满袋后，气温不能满足出耳要求，需要长时间存放。存放期间，

菌袋营养消耗，菌丝活力下降，抗逆性减弱，出耳后容易产生油疤病。菌袋制作太迟，气温高，容易感染杂菌，增加制袋成本。如果为了在8～9月销售鲜耳，也可以安排在5～6月制作菌袋。高温季节制作菌袋时，要控制辅料的添加量，提高制袋成功率。

（三）原料选择与培养料配制

适合毛木耳栽培的主料有棉籽壳、玉米芯、阔叶树锯木屑、玉米秸等，辅料主要有麸皮、米糠、玉米粉、磷肥、石灰、石膏等，碳氮比以（20～25）：1为宜，根据生产地的原材料情况，选择合适的高产配方，是取得高产的基本前提。常用的高产配方有以下几种：

配方1（什邡）：杂木屑33%，棉籽壳17.5%，玉米芯22%，米糠19.5%，玉米粉3.5%，石膏1%，石灰2.5%，磷肥1%，含水量60%～65%。

配方2（崇州）：杂木屑30.5%，棉籽壳27%，玉米芯27%，玉米粉10%，白糖1%，石膏1.5%，石灰3%，含水量60%～65%。

配方3（彭山）：杂木屑43%，棉籽壳43%，玉米芯3.5%，磷肥5.5%，石膏1%，石灰3.9%，磷酸二氢钾0.1%，含水量60%～65%。

配方4（简阳）：棉籽壳37.5%，玉米芯58.5%，石灰4%，含水量60%～65%。

配方5（峨眉山）：杂木屑51.5%，棉籽壳32%，胡豆壳1.5%，玉米粉8.5%，麸皮2%，石膏1%，石灰3.5%，含水量60%～65%。

（四）装袋灭菌

按照配方配制各种原料，玉米芯等原料要先预湿，拌料时要充分搅拌均匀，含水量严格控制在60%～65%。料袋可选用21～23 cm×45～48 cm×0.0025 cm的聚乙烯塑料袋。装袋时要松紧适度，以手捏有弹性为好；装料过紧，易出现灭菌不彻底，菌丝长满袋时间长；装料过松，后期易产生料壁分离。装袋完毕应及时灭菌，以免料发酸变质。常压灭菌灶多采用船式灭菌灶、灭菌房

等，当灶内温度达到70～80℃时，打开冷气阀排放冷气；当温度达到95℃时，关闭冷气阀，灶内温度升到100℃时，开始保温计时。保温时间因灶内料袋数量多少而异，1000袋以下保持12 h；1000～1500袋保持13～15 h；1500～2000袋保持15～18 h。灭菌结束后，再闷一夜或半天，可增强灭菌效果。灭菌时，开始火力要猛，争取4～5 h内就能将温度升到100℃，要做到"大火攻头，小火保温，余热增效"。灭菌后待料温降到30℃以下时，即可在无菌条件下接种。

（五）品种选择与准备

经过20多年的选择、淘汰，目前四川省毛木耳品种以黄耳10号、琥珀木耳、781和上海1号为主。黄耳10号耳色红亮，适合鲜销；琥珀木耳耳片大、产量高，适合干制；781色泽较深，是一个老的优良品种，仍有部分种植户喜欢；上海1号抗杂能力较强。各地应根据当地的气候条件和栽培目的选择合适的品种。此外毛木耳比其他食用菌品种退化快，实力较强的单位每年都要进行系统选育，菌种质量更有保证，所以应选择从实力较强的单位购买菌种。

（六）接种

采用开放式接种，在料袋的两端接入菌种并用出耳圈加报纸、皮筋封口，接种量为培养料的20%。

（七）菌袋培养

接种后的料袋放到培养室培养。培养室在使用之前应打扫干净，消毒杀虫，地面可撒一层石灰粉，既能吸潮，又有杀菌、杀灭虫卵的效果。菌袋在培养室的堆码方法根据气温高低而定，气温高时堆高3～4层，并呈"井"字形排列，也可直接放在出耳架上培养。冬季气温低时可采取墙式码放，堆高6～8层，行距15～20 cm，堆码好后，上面撒一层石灰粉。菌丝培养期间温度控制是培育强壮菌丝的关键，应保持室内空间温度在20℃左右，袋堆行道温度在20～23℃。菌袋堆内表面温度在22～25℃，使袋内温度始终低于28℃。此外培

养室还应避光，不宜强光照射，室内空气相对湿度60%～70%，并根据气温情况，进行通风换气，气温高，采取早晚通风，气温低，采取午间通风，每次不低于半小时，保持室内空气新鲜。菌丝培养阶段特别要重视高温和强光照对菌丝生长的影响，高温和强光照都有可能促进菌丝胶质化，增加油疤病发生的概率。

（八）出耳管理

1.耳基形成期　气温稳定在18℃以上时即可进入出耳管理。菌袋的堆放方式可采取吊袋、夹袋、"井"字形、床架上横卧等排袋方式。袋排好后，在菌袋上开2个至数个长1～2 cm的"一"字形或"V"字形口，开口后不能立即喷水，要待开口部位菌丝恢复生长后，才能向空中喷雾状水，同时增加散射光刺激，诱导耳基形成。袋口耳基开始形成时，要及时去掉两端袋口上封口纸，封口纸取迟了，耳基就会形成块状，耳蒂大，开片少。

2.耳片伸展和成熟期　进入耳片伸展期，耳片生长迅速，新陈代谢旺盛，要注意温度、空气相对湿度、补水和通气，1周以后即可进入成熟期。

该时期主要应做好以下几方面的管理：

（1）温度控制　耳棚内温度保持在18～30℃，适宜温度24～28℃，温度低于18℃时，耳片生长缓慢，温度超过35℃时，耳片生长受到抑制，严重时会出现耳片生长停止或流耳。

（2）空气相对湿度调节　耳片生长期间，喷水保持空气相对湿度在85%～95%，喷水注意少量多次，雾点小。不大水浇灌，达到耳片不缺水，又不太湿的状态，并做到干湿交替管理，不要长期处于高湿条件下，否则会出现流耳。当耳片边缘出现卷曲发白时，表明湿度不足，就要及时喷水保湿，在晴天每天喷水2～3次，阴天或雨天少喷水或不喷水。

（3）光照强度调节　耳片生长期间，光照强度对耳片颜色和厚度有较大影响，在光照强的环境下，耳片厚、大，颜色为紫黑色至紫红色；光线弱时，耳片呈黄褐色、薄。因此生产者可通过调节光

照强度，生产出不同质量的耳片来满足市场需要。

（4）通风换气　耳片生长期间，要加强通风换气，保持耳棚内空气新鲜，通风不良，二氧化碳浓度增高后，耳片分化受到抑制，长成"指状"的畸形耳。要注意温度、湿度、光照、氧气的综合调节，四者要兼顾，只有在所有环境条件都良好时，长出的耳片才能质量好、产量高。

（九）适时采收

当耳片颜色转淡并充分舒展，边缘开始卷曲时即可采收。推迟采收会弹射出大量孢子，附着在耳片上，形成一层白色粉末状物，从而降低产品质量，并延迟下茬耳基形成。选择在晴天采收，采收前1天停止喷水，这样有利于干燥。出现连续阴雨天气时，应在八九分成熟并且孢子尚未形成时采收，这样在阴干的过程中，则不会弹射出孢子。

（十）采后管理

采收后，清理袋口残余耳基，打扫卫生，停水4～5天，待伤口处菌丝恢复，并形成耳基时，再喷水保湿，进入下一茬出耳管理。

第五节
玉木耳生产技术

一、品种简介

玉木耳是新选育的品种，现已通过吉林省新品种认定和辽宁省新品种备案。

1.选育单位　吉林农业大学食药用菌教育部工程中心。

2.品种来源　由毛木耳白色变异菌株经过系统选育获得。

3.特征特性　子实体胶质，耳状或盘状，小孔出耳多为单片，鲜耳乳白色，表面光滑有明显光

泽，半透明。耳片直径 2 ～ 12 cm，厚 0.1 ～ 0.2 cm。背面有白色短绒毛，褶皱少至没有，干耳背面浅黄白色，腹面淡黄色，复水后恢复乳白色至纯白色。该品种菌丝洁白、生长势强，菌丝生长适宜温度 22 ～ 32℃，子实体生长适宜温度 20 ～ 24℃，不易出现流耳。该品种属中高温型，早熟种，生育期 65 ～ 85 天；抗杂菌能力强，对木霉、链孢霉有较强的抑制作用。

4. 产量表现　两年区域试验平均产量分别为 86.9 kg/ 千袋（干）、91.2 kg/ 千袋（干），与对照品种毛木耳差异不显著。两年生产试验平均产量分别为 91.0 kg/ 千袋（干）、91.1 kg/ 千袋（干），与对照品种毛木耳差异不显著。生物学效率为 150% 左右。

5. 栽培技术要点　玉木耳适于大棚吊袋出耳。玉木耳栽培季节依子实体生长所需温度和菌袋制作时间来选择。菌袋在合适的养菌条件下接种固体菌种一般需要 35 天左右长满。栽培袋规格为 17cm×33cm×0.005cm，每袋装干料约 0.5kg。培养料以木屑、玉米芯等为主料，麸皮、玉米粉、豆粉等为辅料，石灰、石膏调节 pH。菌袋后熟完成，划口出耳，每袋划口 40 ～ 60 个，划口深 0.5 ～ 1cm。小孔单片出耳划口要深至 1cm。划口完成，集中催耳或吊袋催耳，空气相对湿度控制在 80% ～ 85%，温度控制在 25℃，减少通风，切勿使打孔处料面发干。棚内菌袋吊挂完成，温度控制在 16 ～ 26℃，空气相对湿度控制在 80% ～ 95%，禁止菌袋刀口、菌袋表面发干。棚温低于 16℃禁止喷水。棚内喷水要均匀，雾化喷水，无明显水滴。催芽期以控温保湿为主，通风为辅。耳芽长到 1cm 以上时，适当加大喷水量，保持耳芽始终处于湿润状态。浇水时温度在 14℃以上时，适当加强通风，保持棚内二氧化碳含量在 0.1% 以下。禁止棚温超过 26℃。玉木耳耳片直径长至 3 cm 后及时采摘，采摘前 0.5 ～ 1 天停水。采摘时保持耳片干净，采收后摊开晾晒。

6. 适宜种植地区　建议在吉林、辽宁、黑龙江、山东、河南、江苏等地设施栽培。

二、吊袋出耳生产模式

（一）栽培季节

玉木耳的栽培季节依子实体生长所需的温度和菌袋制作时间来选择。根据子实体生长对温度的要求，对应当地的气候找出合适的出耳季节，再对应出耳季节推算菌袋的制作时间，即为玉木耳的栽培季节。玉木耳属中高温型菌类，子实体生长温度为 15 ～ 30℃，最适温度为 25℃左右。菌袋在合适的养菌条件下接种固体菌种一般需要 35 天左右长满，接种液体菌种则需要 25 ～ 30 天长满。因此，菌袋制作时间应根据当地气候做出相应的调整。以长春地区为例，长春地区在 4 月 20 ～ 25 日气温达到 15℃以上，这时棚内温度就可以保证正常出耳。按这个时间往前推 30 ～ 35 天，那么春耳的菌袋制作时间就应该是 3 月上旬左右。

（二）菌种制备

根据母种、原种、栽培种三级菌种的生产周期，参考所要栽培的时间，推算出不同级别菌种的制作时期。母种应在原种制作期前 10 ～ 15 天进行制作，根据自然气候特点原种应在栽培种制作期前 30 天左右进行制作，栽培种应在栽培期前 35 ～ 50 天进行制作。

（三）培养料配方

适合玉木耳栽培的原料很多，以木屑为主料，稻糠、麸皮、稻壳粉、豆粉、玉米粉等为辅料，用石灰、轻质碳酸钙、石膏调节 pH。常用配方如下。

配方 1：木屑 66%，稻壳粉 15%，精稻糠 15%，豆粉 2%，石膏 1%，石灰 0.5%，蔗糖 0.5%。

配方 2：木屑 80%，稻糠 15%，豆粉 2%，玉米粉 2%，石膏 1%。

配方 3：粗木屑 40.5%，细木屑 40.5%，麸皮 10%，豆粕 2%，高粱壳 5%，石灰 1%，石膏 1%。

配方 4：木屑 64.5%，稻糠 30%，豆粉 2%，石膏 2%，石灰 1%，蔗糖 0.5%。

木腐菌生产技术

配方 5：木屑 77%，麸皮 20%，豆粕 2%，石灰 0.5%，石膏 0.5%。

配方 6：花生壳粉 30%，木屑 25%，玉米芯 25%，麸皮 18%，石膏 1%，石灰 1%。

配方 7：粗木屑 29%，细木屑 22%，麸皮 27%，豆粉 9%，玉米粉 11%，碳酸钙 1.5%，石灰 0.5%。

配方 8：细木屑 41%，玉米芯 10%，麸皮 27%，豆粉 9%，玉米粉 11%，碳酸钙 1.5%，石灰 0.5%。

（四）培养料配制

拌料场地应是水泥地面、砖地等无泥土的干净场地，防止拌料时混入泥土影响培养料质量。按比例加水，边加水边拌料使水分均匀。加水时要注意培养料含水量的控制，避免加水不当。生产经验显示，若含水量过高，则菌丝生长缓慢，吃料差甚至不长菌丝；反之，若含水量过低，装袋易不紧实，菌丝松散，打孔后菌丝恢复慢，出耳慢且产量低。检测方法是：可用手握一把培养料使劲攥，见水"要滴没滴"的状态为宜。也可随机称取 100 g 培养料，用微波炉烘干称干重，测含水量，调节至适宜的含水量。拌料过程应注意培养料的 pH 控制，使其保持在 6～7 为宜，pH 的调节可用添加石灰或石膏的量来控制。

机械拌料适宜生产菌袋的工厂或专业生产菌袋的加工户等，由筛料机、一级拌料机、二级拌料机、传送带及装袋机组成一个整体。也有部分菌袋生产量比较大的农户使用小型拌料机等来减少人工投入。机械拌料后培养料混合均匀，含水量、pH 等一致性较易控制，拌料时间也大大缩减，是未来菌袋生产的必然趋势。机械拌料由于生产量较大，速度快，需要加入原料的速度也大大增加。所以称重的方法并不适合机械拌料，在计量原料时，需要将按照配方计算出的重量转化为体积，如搅拌一次加几袋木屑、几桶石灰等。计算出后，按照配方加料搅拌，按比例加水。如分为两次搅拌的，各拌 20～30 min 即可。

（五）装袋

培养料搅拌均匀后要马上装袋，以防酸化腐败改变 pH 和增加杂菌基数。装袋一般用装袋机操作。

玉木耳塑料袋一般规格为 17 cm×33 cm×0.005 cm 的聚乙烯和聚丙烯折角袋，装料高度为 18 cm，湿重为 1.4 kg 左右。聚乙烯塑料袋采取常压灭菌的方式灭菌，聚丙烯塑料袋耐高温高压，可进行高压灭菌。聚丙烯塑料袋的质地较聚乙烯塑料袋的硬、脆，弹性较差，易导致袋料分离。

装袋机打包速率因其型号而异，装袋机一般可对培养料松紧度、高度、加料量等参数进行调节。这些参数与生长一致性、菌袋养菌时间长短及成本等有很大关系。如培养料过紧，在相同培养料体积下，培养料相应增加了，从而增加了生产成本，且透气性差，菌丝生长缓慢，养菌时间长，易导致塑料袋破裂。培养料过松，则易导致袋料分离，使打孔出耳时原基无法长出，影响产量。因此，在装袋前应先做少量试验把参数调整好。在装袋时，一般每个装袋机需要两个工位，一人控制装袋机套袋，另一人负责将袋口折到装袋机形成的孔内并用插棒封口。料袋装好后放入周转筐内，立即进行灭菌，尤其在高温季节应注意拌好料到灭菌的时间不宜超过 5 h。

（六）灭菌

灭菌方法分为常压灭菌和高压灭菌两种，灭菌原理都是利用具有强穿透力的蒸汽进行湿热灭菌。灭菌过程中蒸汽与待灭菌物接触时凝结成水，同时释放出潜热，热力不断传导至培养料深处，逐渐达到内外热平衡，并能在相当长的一段时间内维持 100℃，从而达到灭菌的目的。

常压灭菌是目前较为常用的一种玉木耳料袋灭菌的方式。这是因为常压灭菌锅制作简单，形式多样，成本低，取材方便。常压灭菌锅的规格可随生产量而定。灭菌时，一般用周转筐作为料袋的装载容器。因此，灭菌锅的规格需以灭菌所需周转筐的数量来确定。边生产边装锅，在料袋生产后期就开始点火将锅预热，这样不仅可以减少从拌料到灭菌的时间，防止培养料酸化，还能在灭菌锅封闭前排出冷气。常压灭菌一般需保持100℃（锅中心下层料袋内温度）以上8～10 h，加上升温需4 h左右（升温时间因料袋量及灭菌锅产蒸汽速率而异），整个灭菌过程需12～14 h。常压灭菌过程要遵循"攻头保尾控中间"的原则。"攻头"指灭菌开始时尽快使温度达到100℃。"控中间"指灭菌过程的中间时段要保持温度稳定，使其一直在100℃以上。要注意：保温时间需随灭菌量的多少进行调整。"保尾"指灭菌结束后要闷锅保持温度使其自然降温。灭菌过程中要注意加水防止干锅，且需加热水以免造成锅内温度骤然下降。要注意：必须等锅内温度降到80℃以下后方可将灭菌锅打开一条缝隙，放出蒸汽烘干料袋表面水分。

高压灭菌是指彻底排除高压容器内滞留的冷空气后，将高压容器密封，继续加热使容器内充满饱和蒸汽。饱和蒸汽是水的一种特殊物理状态，当蒸汽骤冷时，释放出一定的潜热，并使体积收缩产生负压，使外层蒸汽不断补充进来，因而热力可较快地穿透至深处。饱和蒸汽在较短的时间内能有效杀死细菌芽孢。饱和蒸汽的压力越大，温度越高，灭菌时间便可相应缩短。高压灭菌锅有圆形高压灭菌锅和方形高压灭菌锅两种。两者除容积、价格差异外，承受的压力也不同。圆形高压灭菌锅可承受0.18 MPa的压力，而方形高压灭菌锅只能承受0.14 MPa的压力，但方形高压灭菌锅空间利用率比较高，两者各有千秋。由于方形高压灭菌锅一次性投入大，维修费用高，一般只适合企业或栽培大户使用。高压灭菌时使用专业的高压灭菌锅将料袋在0.14 MPa 126℃下灭菌90 min（可随气候、灭菌量等适当调节），整个灭菌过程需5 h左右。灭菌彻底是生产菌袋的第一要求，灭菌过程中必须严格按照有关说明书进行，而且灭菌保压过程中不允许有落压的情况发生，否则就应重新开始计算灭菌时间。目前，一般高压灭菌锅都是双门锅（一边在菌袋生产车间，一边在洁净室冷却间）。

（七）冷却

灭菌结束后需停汽或停火进行降温冷却。冷却的主要目的是将灭菌后的高温料袋在洁净的环境中降到30℃的接种温度。冷却方式因灭菌方式及灭菌锅形式、冷却设备等而异。一般单门锅在灭菌过程结束后需要停火，使其自然降温至80℃以下，再打开一条小缝以排出蒸汽，并用余温烘干料袋表面的水分。此时，要注意：不可开门过大，防止外界带杂菌的空气倒流回因降温而导致负压的料袋内部而引起污染。可在锅内温度降到40～50℃时将料袋移到消过毒的洁净的接种室内准备接种。双门锅的设计是一边门连接料袋生产车间，方便装入料袋，另一边门连接洁净室冷却间，强制制冷。灭菌结束后，如是常压灭菌锅需自然冷却到80℃以下，若是高压灭菌锅则需注意使压力降到0时方可打开锅门。穿洁净工作服的工人打开冷却室一侧的锅门并将料袋移入洁净的冷却间中，应特别注意保证冷却间洁净。然后打开风机进行强制降温。在冷却间与锅门之间一般会有一个缓冲间，用于防止打开锅门时的大量蒸汽扩散到冷却间增加降温难度。

（八）接种

当料袋温度（料袋中心温度而非冷却间室内温度）降到30℃时需及时接种。接种环节是对环境洁净度要求最高的一个环节，需要从每个细节抓起，严格要求。

接种时间最好选择在深夜或凌晨，此时人为活动少，对空气流动影响小，有利于提高接种成功率。如工厂大规模连续生产，则需对接种间等无菌区合理设计，保证无菌。

接种人员需换整套（包括鞋、帽子、手套、口罩等）的洁净服，洁净服需提前用紫外线消毒或和接种室一起进行熏蒸消毒。接种前还需用75%酒精对手部进行消毒。

接种时对于接种区域（菌袋拔出接种棒到塞上海绵的区域）需采取措施保证无菌。工厂中可用高效空气过滤器将该区域形成无菌的空气正压区，农户可用接种箱里酒精灯火焰形成的无菌区，也有用离子风机吹出无菌风来制造无菌的正压区。接种

木腐菌生产技术

区域需保持百级实验室水平（空气中粒径大于等于 0.5×10^{-3} mm 的尘埃浓度不大于 0.35 粒/L）。

接种工具及接种后封口的棉塞都需随着料袋一起灭菌。

目前玉木耳菌种基本上可分为固体菌种和液体菌种两类。两者相对应的接种方式也各有不同。固体菌种有木屑菌种、谷粒菌种和枝条菌种 3 类。固体菌种接种前先用 0.2% ～ 0.3% 高锰酸钾溶液浸泡 2 ～ 3 min，取出将菌种袋撕开，放入一个灭过菌的无菌容器中。接种时，两人一组，一人负责将菌袋接种棒拔出，并在另一人接种后用无菌棉塞封口，另一人负责将菌种掰成长条状（木屑菌种）或一根枝条插入接种口。接种液体菌种时需用专业的接种枪，在无菌条件下将培养好的液体发酵器与接种枪连接好。液体菌种接种量为 30 mL/袋左右，接种时三人一组，一人拔接种棒，一人接种，一人塞棉塞。流水线工作接种枪呈雾状喷射，较为均匀地接种到菌袋内，这样菌种萌发点多、分布广，可以大幅度缩短养菌时间。

（九）发菌管理

在玉木耳的生产过程中，接种后，为了让菌丝尽快恢复生长，需要将菌袋移入提前准备好的培养室中，进行菌丝培养。菌丝培养阶段（即发菌阶段）是出耳的基础。一旦发菌期间管理不善，则可能直接导致污染及生产周期的延长和生产成本的增加，从而影响收益。因此，发菌阶段的工作在整个生产周期中是非常重要的一环。

无论是传统栽培，还是工厂化栽培，培养室在使用之前，都应该进行彻底的消毒处理。传统栽培要求培养室应全面、彻底地消毒，不留死角。工厂化栽培，在整个厂区建好后，应进行相应的消毒处理，以确保环境的洁净。无论采用哪种形式的培养，层架和塑料筐上的细节一定不能忽视。若层架是木质结构，则木板一定要晾干，并且抛光涂漆；若层架是铁质结构，则角钢和钢筋要进行一定的抛光或包裹，以避免其划破菌袋使之感染杂菌。塑料筐每次使用前也要检查是否

有破损，以避免破损处扎破菌袋造成污染。

一般工厂化生产都会选择层架式培养。层架用角钢和钢筋焊接制作，层架的规格应当依据培养室的大小而定。如培养室足够高，则可用叉车将两个层架叠放。在工厂化生产中，菌袋立放在塑料筐内，直接将筐放在层架上，进行养菌。也可以将菌袋直接摆放在层架上进行培养，可以立放、平放、垛放。条件允许的话，以采用单层立放为最好。这种方式的优点在于节省空间，提高培养室的利用率；缺点是刚接好种的菌袋经过多次转运，容易感染杂菌，费时费力。

菌袋进入培养室前，要先将培养室打扫干净，并将室内通风口封闭，然后进行消毒。消毒一般可采用甲醛和高锰酸钾熏蒸，每立方米用甲醛 14 mL 和高锰酸钾 7 g；或用食用菌专业气雾消毒剂熏蒸消毒，也可以用臭氧消毒。密闭 24 h 后，可将培养室通风口打开，使培养室中空气与外界流通。待空气充分流通后，便可以将菌袋放入培养室内进行培养。养菌时，应在室内不同位置悬挂温度计，并且在不同位置的菌袋中插入温度计，每天定时进行温度记录。

菌袋移入培养室的前 10 天，一般称为前期培养，培养室内温度应维持在 28 ～ 32℃。这期间，菌丝处于恢复生长阶段，应保持较高的温度，以便菌丝定植生长，尽量减少通风，以防止杂菌通过通风口进入，对菌袋造成污染。还应减少人员进入，以防带入杂菌。

菌袋移入培养室 10 天后，菌丝基本定植完成，已经扩展到 1 元硬币大小，生长优势已经建立，进入快速生长期。此时，菌丝呼吸代谢加快，菌丝量不断增加，从而导致呼出二氧化碳量增多，菌袋内开始升温，根据室内温度和二氧化碳浓度应适当加强通风。因此，可将菌袋移入消过毒的后期培养室，同时剔除杂菌污染的菌袋，确保不将杂菌带入后期培养室引起污染。后期培养室的温度维持在 26 ～ 30℃即可。这个过程俗称倒库。

养菌 20 天后，由于菌丝量变大，呼吸代谢加

快，菌丝呼出大量二氧化碳，同时，呼吸代谢也产生大量的生物热，此时，应再次加大通风量，保证氧气的供应，并且应注意观察记录培养室内温度和菌袋内温度，必要时应采取如加大通风量、打开培养室门窗等降温措施，以避免局部菌袋温度增高过快，造成烧菌。生长较快的菌袋，25天左右就可以长满菌丝；生长较慢的，35天左右也可以长满菌丝。菌丝长满菌袋后，尽量不要立即进行打孔出耳，应将菌袋放在培养室内继续培养5~7天，使菌丝充分分解木屑内部的营养，俗称后熟，栽培户称困菌。后熟结束后，菌丝培养阶段全部完成。

（十）出耳管理

1. 划口　经过后熟的玉木耳菌袋，可以划口出耳（图7-7-20），划口的方式很多，但总的来讲有以下几种："V"字形口、"一"字形口、"十"字形口、"△"形口。"V"字形口、"一"字形口多生产大片玉木耳，"十"字形口、"△"形口多生产小孔单片玉木耳。"V"字形口、"一"字形口又分为大"V"、小"V"和大"一"、小"一"。大"V"、大"一"通常每袋划口12个，小"V"、小"一"通常每袋划口40~60个。"V"字形口、"一"字形口通常划口深0.5 cm，"十"字形口、"△"形口通常划口深1 cm。小孔单片划口要深至1 cm（图7-7-21），这个很重要，否则会影响到出耳、长耳和产量。

图7-7-21　小孔单片划口

2. 催耳　菌袋划口后，进入原基形成和耳芽发生阶段，也就是玉木耳由营养生长转入生殖生长阶段，为确保原基迅速形成，必须注意以下几点：东北地区栽培玉木耳，由于春季气温低，适宜集中催耳，便于控制温湿度。打孔后的菌袋应码垛催芽，在耳棚中铺上草席或地膜，将菌袋整齐码放不超过4层，横向之间应留10 cm左右的距离，保证小环境的温度。码放好后立即覆盖一层草苫，保证湿度，草苫应选用无霉变、干燥的草席。耳棚内空气相对湿度控制在80%~85%，可向地面洒水控制湿度，温度自然维持在25℃，减少通风，切勿通大风使打孔处料面发干。温度适宜时也可选择直接挂袋催芽。

中部地区或南方地区，可以不经过催耳，划口后直接吊袋，吊袋后再进行催耳。

3. 吊袋　催芽后可见明显菌丝恢复和出现微小原基时，应进行吊袋。由于玉木耳适合棚式栽培，在栽培棚中每3股绳吊6~8袋（图7-7-22）。

图7-7-20　菌袋划口

图7-7-22　菌袋吊挂

吊袋时要注意以下几点：

第一，菌袋接种口处朝下，防止在该处积水，造成污染。

第二，上面一层菌袋不可离浇水管过近，使得喷雾水滴无法浇到下层菌袋。

第三，下面一层菌袋不可离地面过近，这是由于下层湿度大，菌袋离地面过近不仅会使得采收不方便，同时会造成上下耳片生长差异大，对一致性造成影响，而且过大的湿度也易滋生细菌，导致感染。

（十一）出耳管理

玉木耳的出耳管理不同于黑木耳。玉木耳对水分的需求较大，故不同于黑木耳出耳期间"干干湿湿""干湿交替"的湿度要求，玉木耳出耳期间需一直保持较大的湿度（空气相对湿度90%以上），应勤浇水、少浇水，保证耳片不干燥。在通风量上，可选择持续通微风，若遇大风天气，应将耳棚两侧的薄膜拉下，留纵向的通风口。待耳片长大些后，可适当加大通风，但仍要保证耳片不干燥。玉木耳菌袋在阳光下暴晒容易受青苔的侵染。因此，栽培过程中必须保持暗光或散射光条件，不可以阳光直射（图7-7-23）。

图 7-7-23　菌袋出耳

（十二）采收

一般玉木耳从耳芽长到成熟耳片直径 5 ～ 8 cm

需要10天左右（图7-7-24）。当耳片腹面有明显白色孢子弹射时就可以采摘。特别注意，采摘时不能留下耳根，否则易导致细菌污染。如果任由耳片生长，则可以长到手掌一般大。因此，视市场需求控制耳片采摘的时间也很重要。

图 7-7-24　接近成熟的玉木耳

（十三）晾晒

玉木耳采收后要及时鲜销或晾晒。晾晒时应将耳片单层摆放不能重叠，否则晾晒出的耳片会变黄、变褐，影响质量。

（十四）后茬耳管理

一茬耳采收结束后，及时清除菌袋及地面的残、病、死耳，保持环境卫生，适当干燥1～2天，然后再喷水保持环境潮湿。管理得当，可以连续采收3茬以上，生物学效率可以达到150%左右。

（黄桃阁　闻亚美　李晓）

第八章　黑木耳

　　黑木耳又名木耳，营养丰富，软嫩爽滑，味道鲜美，素有山珍之称。它的胶体成分具有较强的吸附能力，有清涤胃肠和消化纤维素的作用，有着独特的营养和保健功能。我国为黑木耳生产、消费大国，黑木耳堪称国蕈。

第一节
概述

一、分类地位

　　黑木耳隶属真菌界、担子菌门、蘑菇亚门、蘑菇纲、木耳目、木耳科、木耳属，是木耳属模式种。但是国内关于真菌名称的主要书籍中，如《真菌名词及名称》《中国真菌总汇》《孢子植物名词及

名称》等，多数使用"木耳"这个名称。

　　拉丁学名：*Auricularia heimuer* F.Wu et al.。

　　中文别名：木耳、细木耳、细耳、木耳菇、黑菜、黑叶、云耳、耳子、光木耳、木茸、木菌、木蛾、树鸡。

二、营养价值与经济价值

　　黑木耳是我国记载利用最早的食用菌，具有独特的保健功能。资料显示，每 100 g 黑木耳干品中含水分 10.9 g，蛋白质 10.6 g，脂肪 0.2 g，

碳水化合物 65.5 g，粗纤维 7 g，钙 357 mg，磷 201 mg，铁 185 mg，维生素 B_1 0.15 mg，维生素 B_2 0.55 mg，胡萝卜素 0.03 mg，维生素 C 2.7 mg。黑木耳还含有丰富的氨基酸、尼克酸等营养物质，并富含具有清涤肠胃中纤维素作用的植物胶原物质、抗肿瘤作用的酸性异葡聚糖类物质和抑制血小板聚集的腺苷类物质等，具有益气强身、滋肾养胃、清滑消化系统、软化血管、防止血栓形成的作用。黑木耳食用生熟皆宜，在中华料理中不仅作为原料使用，而且还是重要的配料来源，它是中国老百姓餐桌上久食不厌的传统食用菌，并且按照中国人独特的烹饪艺术把它制成粥、羹、汤、炒菜、拌菜等不同类型、不同口味的食品来食用。

黑木耳栽培技术简单易学，不论段木栽培还是代料栽培，投入产出比均保持在 1：2 以上，比较效益是水稻的 10 倍、玉米的 15 倍以上，经济效益显著，一直是山区、农区农业产业结构调整和农民脱贫致富的好项目。

三、发展历程

黑木耳是我国栽培、利用最早的食用菌之一，早在《周礼》中就有了黑木耳的记载。黑木耳人工栽培发展历史，可以分四个阶段：第一阶段，古代的自然接种法生产，这种自然生产启发了人工栽培的开展。第二阶段，近代（至 20 世纪 60 年代）半人工半自然接种生产，人们将腐朽的木段放置在黑木耳自然生长的地方，人为提供培养料，由大自然播种。第三阶段，现代（20 世纪 70 年代开始）纯菌种接种生产，即人工培养黑木耳菌种，播撒在段木上，这个阶段形成了成熟的段木栽培技术（图 7-8-1）。段木栽培是一种比较成熟的人工栽培方式，在 20 世纪 80～90 年代得到迅速发展。但是随着国家"天保工程"政策的出台，段木栽培受到极大限制，也使我国黑木耳的产量在 20 世纪 90 年代中期降到最低水平。第四阶段，20 世纪 80 年代福建等地成功采用蔗渣等代用培养料栽培毛木耳，也成为黑木耳代料栽培（图 7-8-2）的开始。

图 7-8-1　黑木耳的段木栽培

图 7-8-2　黑木耳的代料栽培

与其他食用菌相比，黑木耳进入现代代料栽培较晚。代料栽培之初，直接套用其他食用菌的棚室栽培模式及"V"字形口出耳方式，未能发挥出其特有的种性优势，耳片簇生非"耳"形、颜色浅，改变了黑木耳传统产品的商品性状，深受市场诟病。

20 世纪末 21 世纪初，通过对黑木耳的温光水气需求特点及出耳特性研究发现，富含胶质的黑木耳子实体，断水干燥再喷水后极易复水再生长，且耳片颜色随光照增强而加深。因此在东北开展了逐渐减少覆盖、增加光照及逐渐缩小出耳口大小、提高单片出耳率的系统研究，即由传统的棚室覆盖栽培→露地小拱棚覆盖栽培→透明窗纱覆盖栽培→全光间歇弥雾栽培，并由"V"字形口、"一"字形口等大口出耳缩小到圆形小孔出耳等，集成创新出小孔全光间歇弥雾栽培模式，即在露地无覆盖的全光条件下栽培，早晚喷雾增湿保持水分平衡管理、促进生长的一种颠覆食用菌必须利用棚室遮光保湿的传统理念，真正实现轻简化栽培的产业化模式。该模式符合了满足黑木耳独特生物学特性要求又恰到好处地抑制病虫害发生的高光强、大温差、见干见湿的小气候条件，再配上小孔出耳技术，生产的商品耳片厚黑、质地致密、单片且呈"耳"形，符合市场要求，质量赶超野生黑木耳或段木栽培黑木耳，深受消费者欢迎，并真正实现了轻简化栽培，成为"北耳南扩"产业战略实施的可靠产业化技术载体，使黑木耳由东北向南推广至华北、西北、华中、华南、西南等地。

四、主要产区

黑木耳栽培遍布全国多个地区，由东北推至华东、华中、华南和西北等全国80％以上主产区，其中以东北地区和华东地区为典型代表示范区域，这些示范区域将其栽培模式即小孔短袋全光间歇弥雾栽培模式和小孔长袋全光间歇弥雾栽培模式向其他区域推广应用，形成了适合本地区的栽培模式，使黑木耳的产业不断发展。

（一）野生黑木耳主要产区

野生黑木耳（图7-8-3）主要分布在中国、日本、菲律宾、泰国等国家，生长于温带和亚热带山区的栎、杨、榕、槐等120多种阔叶树的腐木上，单生或群生。野生黑木耳总产量以中国最大，主要分布在大小兴安岭林区、秦巴山北、广区、伏牛山区等。黑龙江、吉林、福建、台湾、湖东、广西、

图7-8-3　野生黑木耳

四川、贵州、云南、河南等地是中国野生黑木耳的主产区。

（二）人工栽培黑木耳主要产区

1. 东北产区　东北产区是我国最大的黑木耳产区，主要分布于大小兴安岭和长白山区，依托其广大的林区面积，在20世纪70～80年代逐渐发展到全国，也是世界最大的黑木耳段木栽培产区，形成了以黑龙江的东宁、林口、海林，吉林的浑江、龙井、珲春为代表的老生产基地。近几年，随着短袋地栽黑木耳技术的推广，传统的段木栽培黑木耳技术逐渐被取代，以黑龙江的牡丹江、伊春、尚志，吉林的汪清、蛟河、白山，辽宁的朝阳、抚顺为代表的新型生产基地逐渐形成。黑木耳主要的栽培方式有露地简易覆盖栽培和露地全光间歇弥雾栽培，培养料以木屑为主，人工拌料和人工接种。由于东北地区气温常年较低，多在室内催芽，露地摆袋出耳，传统打"V"字形孔的出耳方式已经渐渐被淘汰，多采用小孔（圆孔）出耳技术。东北产区年产黑木耳数百万吨，成为全国最大的黑木耳批发基地，年交易额占全国黑木耳总交易额的2/3。

2. 华中产区　华中产区是我国主要的段木黑木耳产区。主要分布在华北中部的秦巴山区、伏牛山区，这里不仅是黑木耳栽培的发祥地，也是中华人民共和国成立后纯菌种段木栽培的发源地。河南卢氏、栾川、西峡，湖北房县、保康、南漳为此区域的老牌生产基地，特别是湖北的房县、河南的卢氏等都有国家地理标志产品，产品享誉全国。近几年，陕西的商洛和河南的栾川也已形成一定的生产规模。此区域多为山地丘陵地带，林木资源较少，传统的段木栽培技术已被塑料袋代料栽培技术取代，主要的栽培方式为棚室栽培，有立体的层架栽培模式和立体的吊袋栽培模式，还有露地的长袋地摆模式和露地的短袋地摆模式。培养料以木屑和棉籽壳为主，人工或机械拌料，人工接种。由于此地区温度较高和降水较少，多在棚室内催芽和出耳，采用小孔（圆孔）出耳技术。

3. 华南产区　华南产区主要分布在云贵高原

及武夷山等山区。广西百色、田林、田阳，四川广元、青川，贵州册亨，云南富宁、文山是其主要的生产基地。目前，此地区黑木耳的主要栽培方式为段木栽培，棉秆、棉壳等代料栽培也有一定规模。另外，南方完全可以利用其秋冬季冷凉时节，采用秋-冬栽培的小孔长袋全光间歇弥雾栽培模式、桑枝黑木耳栽培模式及与农业"四不争"的生态稻-耳轮作栽培模式，生产高产优质黑木耳。

4.西北产区　西北产区主要分布在陕西宁强，甘肃康县、陕西大同等为代表的高纬度地区，模拟东北栽培模式生产黑木耳，栽培数量逐年增加，形成别具一格的黑木耳生产区域。

五、发展前景

黑木耳产业近十几年得到了飞速的发展，源于创新型的露地全光间歇弥雾栽培模式配以小孔出耳技术，实现了黑木耳轻简化栽培，实现了"北耳南扩"发展战略。"北耳南扩"发展战略将品种、菌种、小孔出耳技术与各地低产田、林地及冬闲水稻田的生态条件有机结合，集成创新出北方春-秋栽培的小孔短袋全光间歇弥雾栽培模式、南方秋-冬栽培的小孔长袋全光间歇弥雾栽培模式、桑枝黑木耳栽培模式与生态稻-耳轮作栽培模式。

北方春-秋栽培的小孔短袋全光间歇弥雾栽培模式和南方秋-冬栽培的小孔长袋全光间歇弥雾栽培模式均是结合当地的生态条件，发挥自身优势，促进产业发展。北方地区发挥"冷"资源，即春秋两季栽培，昼夜温差较大，产品质量优异，产品"黑又厚"。南方地区发挥"热"资源，无霜期长，生产周期长。

此外，浙江等南方稻作区利用冬闲稻田种植黑木耳，创新出生态稻-耳轮作栽培模式，表现出黑木耳"不与农争时、不与农争地、不与农争工、不与农争肥"的优点，且黑木耳产品收获后的菌渣可以直接还田，为下季水稻或花卉提供优质有机肥。

在南方黑木耳产区，还利用发达桑蚕业每年产出的大量桑枝副产物，创新出桑枝黑木耳栽培模式，为桑枝再利用找到了新途径，为木耳栽培提供了新培养料，已经形成了营养保健的"桑枝木耳"品牌。

"北耳南扩"生产体系最大限度地发挥了黑木耳独特的生物学优势，从根本上改变了套用其他食用菌栽培模式的落后局面。

2018年全国黑木耳总产量达到674万t（鲜），已成为第二大主要食用菌品种。未来随着广大消费者认知水平的提高，黑木耳发展前景将十分广阔。

第二节
生物学特性

一、形态特征

（一）孢子

黑木耳孢子印为白色的不规则形状。其有性担孢子呈肾形或者圆棒形，颜色为无色，透明度高。不同品种的黑木耳担孢子的大小有差异，其大小（长×高）为 $3.51 \sim 5.59~\mu m \times 11.20 \sim 13.44~\mu m$（图7-8-4）。

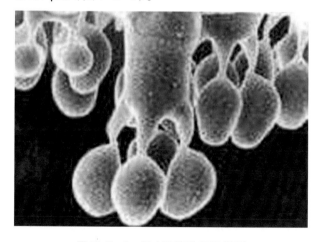

图 7-8-4　黑木耳担孢子显微图

（二）菌丝体

在光学显微镜下观察黑木耳的菌丝体，可见其纤细，呈半透明状，有分支，其中双核菌丝体具有锁状联合，单核菌丝体则无（图7-8-5），且较双核菌丝体更为纤细。其中作为菌种生产的菌丝体为双核菌丝体，具有锁状联合，这也是检验菌种质量的指标之一。

双核菌丝体菌落呈白色（图7-8-6），生长整齐，但其长势较其他食用菌（如平菇、香菇等）弱，吃料能力差。黑木耳菌丝体生长势因品种而异。菌丝体的母种培养常向培养基内分泌褐色素，色素分泌的程度也因品种而异。将双核菌丝体用直径5mm的打孔器制成接种块后，接种于装有20 mL PDA培养基的培养皿（直径90 mm）中间，（25±1）℃避光培养，7天后观察发现，菌丝浓密度分为浓密型、中等型和稀疏型。

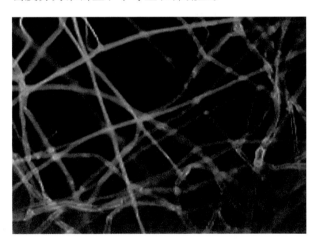

图7-8-5　黑木耳菌丝体显微图

图7-8-6　培养皿中的黑木耳菌丝体

（三）子实体

人工栽培的黑木耳子实体呈黄褐色至黑褐色（图7-8-7）。新鲜时呈胶质有弹性，干燥后强烈收缩；采用小孔出耳法长出子实体，采收干燥后呈"一"字形或三角形。黑木耳干耳复水能力强。

图7-8-7　黑木耳子实体

1.子实体朵型　撕开丛生子实体，无明显肉质耳基且耳片背面布满皱褶的为簇生型，有明显肉质耳基的为菊花型。

2.子实体腹面皱褶　指耳片腹面（子实层）皱褶特征。无皱褶的为平滑型，有皱褶的为有褶型。

3.子实体背面皱褶　指耳片背面（非子实层）皱褶特征。无皱褶的为平滑型，耳片先端至耳基均有皱褶分布的为皱褶型，近耳基分布皱褶的为少褶型。

4.子实体干耳背面颜色　取第一茬自然晒干的子实体，观察干耳背面颜色，可见有褐色、灰褐色和灰色之分。

二、生活史

黑木耳子实体成熟时，在其腹面的子实层形成担孢子。担孢子萌发长出芽管，芽管伸长为单核菌丝，交配型可亲和的两种单核菌丝结合，形成双核菌丝。双核菌丝不断生长，分化发育形成原基，原基进一步形成子实体，子实体成熟后又产生大量的担孢子，这样的一个生长发育过程就是黑木耳有性生活史。笔者研究发现，单核菌丝、双核菌丝均可

木腐菌生产技术

以产生马蹄状的分生孢子，这填补了黑木耳无性生活史空白，对今后开展黑木耳的遗传育种研究具有重要意义。

三、营养

（一）碳源

碳素是黑木耳的重要能量来源，黑木耳是典型的木腐菌，但菌丝体分解纤维素和木质素能力弱，生长缓慢，因此尽可能增加培养料的营养。适宜木耳生长的碳源有单糖、二糖、有机酸等小分子物质，如蔗糖、葡萄糖，可以直接被黑木耳菌丝体吸收和利用。大分子的碳源主要有木质素、纤维素、半纤维素和淀粉等，但需要通过菌丝体分泌胞外酶并分解成阿拉伯糖、木糖、葡萄糖、果糖和半乳糖等小分子物质后才能吸收和利用。在生产中可以桑、槐、榆、栎、桦树等阔叶树木段或木屑等为碳源，亦可在多种农副产品下脚料如棉籽壳、玉米芯上生长。

（二）氮源

氮素是黑木耳生长必需的营养成分，它是合成氨基酸、蛋白质和核酸的必需原料。主要的氮源有氨基酸、蛋白质、铵盐、硝酸盐和尿素等。其中有机氮比无机氮更容易被木耳菌丝体分解、吸收和利用。与碳素营养的利用方式相同，菌丝体必须分泌胞外酶将大分子的氮素营养分解成小分子物质再加以利用。在生产中一般以玉米粉、麸皮、豆粉和蛋白胨等物质作为氮源。

（三）矿质元素

黑木耳的生长发育还需要少量的无机盐类，如钙、磷、钾、镁等元素，这些物质主要以碳酸钙、硫酸钙、硫酸镁、硫酸亚铁、磷酸二氢钾和磷酸氢二钾等无机盐的形式存在。一般来说，培养料中如木屑、米糠、麸皮、秸秆和水中均含有部分上述无机盐类，基本能满足黑木耳的生长发育需要。在实际生产中应根据培养料的养分组成，适当添加石膏、石灰、磷肥、磷酸二氢钾等来满足黑木耳对无机盐类的需求，既可补充矿质元素又可起到调节 pH 的作用。

四、环境条件

（一）温度

黑木耳属于中温型菌类，菌丝生长适宜温度 $22 \sim 35$ ℃，最适温度 25 ℃左右，子实体生长温度 $15 \sim 28$ ℃，适宜温度 $22 \sim 25$ ℃。生产上根据黑木耳所在的不同的生长发育阶段，给予不同的温度条件，母种培养温度在 25 ℃左右。

（二）水分

黑木耳喜温暖潮湿的气候，对空气湿度的要求因生育期而异。栽培种菌丝体生长发育阶段所需的水分来源于培养料，培养料含水量要求在 $58\% \pm 2\%$，水分过多，通透气性差，抑制菌丝体生长发育，且其易感染厌氧性杂菌，但水分过少，也会降低其代谢能力，减缓生长发育，要求空气相对湿度为 $55\% \sim 65\%$。子实体分化阶段，即原基发生阶段，要求空气相对湿度 $85\% \sim 90\%$；子实体生长阶段，要求空气相对湿度 $80\% \sim 90\%$。

（三）酸碱度

黑木耳菌丝生长 pH $4 \sim 8$，适宜 pH $5 \sim 7$。当 pH 小于 4 或大于 8 时，菌丝稀疏，生长速度变慢，进而造成出耳困难。在生产中，由于培养料需要进行灭菌处理，导致其 pH 有所下降；另一方面，由于菌丝在生长过程中会产生一些酸性的代谢产物，造成培养料中的 pH 降低。因此在配制培养料时一般通过添加 1% 的石膏来提高其 pH，避免由于培养料在灭菌和菌丝培养阶段 pH 的降低对生产造成影响。

（四）光照

黑木耳的各个生长发育阶段对光照要求不同。菌丝生长期对光照要求不严格，多为黑暗或弱光条件。子实体分化阶段要求散射光，刺激原基的形成。子实体膨大、生长期需要大量散射光和一定强度的直射光。出耳阶段给予强光条件，子实体生长相对缓慢，但是能够抑制杂菌的发生，耳片色泽深，呈黑色或黑褐色，质地好，耳片厚；光照过弱，耳片色泽浅，产量低，质量差。

（五）空气

黑木耳为好氧性真菌。在生长发育中，要求空气畅通清新，排除过多的二氧化碳和有害气体。当空气中二氧化碳超过 1% 时，就会阻碍菌丝生长，影响菌丝代谢，子实体呈畸形，变成珊瑚状；超过 5% 就会导致子实体中毒死亡。因此在栽培中要求发菌场所、出耳场所通风良好，保持空气流通新鲜。

第三节
生产中常用品种简介

一、认（审）定品种

（一）国家认（审）定品种

1. 黑 29（国品认菌 2007018） 由黑龙江省科学院微生物研究所选育，通过国家品种审定。品种来源于黑龙江省尚志市鱼池乡野生黑木耳。

（1）特征特性 子实体簇生，耳根较小，子实体单朵宽 6 ~ 12 cm，厚 0.5 ~ 1 mm。耳脉多而明显，耳片呈碗状，正反面差异大。腹面黑色、有光泽；背面灰褐色，绒毛短、密度中等。菌丝体耐受最高温度 35 ℃、最低温度 20 ℃；子实体可耐受最高温度 30 ℃、最低温度 5 ℃。晚熟品种，出耳较晚，不齐，没有明显的耳茬间隔，二茬产耳很少。

（2）产量表现 每 100 kg 干料产干耳 10 ~ 15 kg。

（3）栽培技术要点 春季栽培种接种时间为 1 月下旬至 2 月上旬，划口出耳时间为 4 月下旬至

5 月上旬。秋季栽培种接种时间为 5 月中旬，划口出耳时间为 7 月下旬至 8 月上旬。由于出耳要求 10 ~ 15 天的后熟期，因此制袋安排要提早。发菌适宜温度 25 ~ 26 ℃，前期适温 22 ~ 25 ℃，避光，后期适温 20 ℃左右。长满菌袋后，18 ~ 20 ℃再培养 10 ~ 15 天后划口催芽。划口适宜温度 10 ~ 15 ℃，划口后 15 ~ 20 天耳芽形成，集中催耳。催耳期要求空气相对湿度在 85% 以上，适宜温度 15 ~ 25 ℃。保持良好通风，有散射光，分床后可进行全光管理。

2. 丰收 2 号（国品认菌 2007028） 由敦化市明星特产科技开发有限责任公司选育，国家认定品种。

子实体聚生，单片耳状。商品耳单片簇生，耳片宽 8 ~ 15 cm，厚 1.4 ~ 1.6 mm，耳片黑色，低温强光下颜色深。发菌适温 25 ℃。从出现耳基到采耳 20 ~ 30 天，从接种到采第一茬耳为 115 ~ 120 天。建议在吉林、黑龙江、河北、山东、辽宁、山西、河南、湖北、陕西、内蒙古、新疆、江苏等地栽培。

3. 黑木耳 6 号（黑威 9 号）（国品认菌 2007021） 由黑龙江省科学院微生物研究所选育，通过国家品种审定。

子实体簇生，牡丹花状；大片形，单朵宽 6 ~ 12 cm，厚 0.5 ~ 1 mm，耳根较小，耳片呈碗状，有耳脉；正反面差异大，腹面黑色、有光泽，背面灰褐色，绒毛短，密度中等。晚熟品种，出耳较晚，开口后 15 ~ 20 天形成耳芽。适宜东北地区春、秋季栽培。

4. 吉杂 1 号（国品认菌 2007027） 由敦化市明星特产科技开发有限责任公司选育，国家认定品种。

子实体丛生，单片耳状，宽 8 ~ 15 cm，厚 1.3 ~ 1.5 mm，耳片黑色，低温强光下颜色深。商品耳片皱褶多。抗烂、出耳早，转茬快。建议在吉林、黑龙江、河北、山东、辽宁、山西、河南、湖北、陕西、内蒙古、新疆、江苏等地栽培。

5. 新科（国品认菌 2008017） 由浙江省丽水市云和县食用菌管理站选育，品种来源于浙江省云和县野生菌株。

（1）特征特性 子实体单片，中温型品种，菌丝生活力强，菌丝生长温度 5～36 ℃，适宜温度 27～30 ℃，耳基形成温度 15～25 ℃，适宜温度 18～22 ℃。菌丝生长培养料含水量 50%～55%，耳芽发生期培养料适宜含水量 55%～60%。耳片肉质厚，具光泽，浸泡系数大，在湿度偏低时，菌丝生长速度慢，耳片过熟时颜色变浅，甚至会变成红棕色。

（2）产量表现 段木栽培生物学效率 70% 左右，代料栽培生物学效率 135% 左右。

（3）栽培技术要点

1）段木栽培 选择栓皮栎、麻栎、槲栎、桦木、山樱桃、枫香、枫杨、兰果树、山乌桕等树种。当地气温在 5 ℃ 以上时接种，长江以南地区 2～3 月接种，长江以北地区 3～4 月接种。接种穴间距 5～7cm，穴孔排列成"品"字状，种块塞满穴孔，穴口压上树皮盖，接种后应上覆塑料薄膜发菌。发菌期做好光照、温度和通风管理，发菌 10 天左右进行第一次翻堆，以后每隔半月翻堆一次，注意通风换气及喷水补湿。接种穴间菌丝连接时即可起架进行出耳管理。耳木排场选择在海拔 300～500 m、地势平坦、通风及水源等条件较好的场地。出耳期间做好水分管理及病虫害防治，耳片发生期控制空气相对湿度在 85%～95%。及时采摘和晒耳，每茬耳采摘后停喷水 5～7 天，促使菌丝恢复生长。

2）代料栽培 高海拔地区于 8 月上旬制作菌袋，低海拔地区 9 月上中旬制作菌袋。培养料配方：杂木屑 76%，麸皮 10%，米糠 10%，蔗糖 1%，玉米粉 2%，硫酸钙 0.5%，碳酸钙 0.5%。发菌场喷杀虫剂灭菌，菌袋堆叠整齐，培养 15～20 天进行翻堆，菌丝长满菌袋时进行刺孔供氧，孔深 2～3 cm，见光催耳芽；菌袋全面刺孔后 7 天就可以出田排场。以畦式排场，畦宽 1.3～1.5 m，长度不限。排场后做好水分管理和病虫害防治，及时采摘晒干，避免产生流耳。

6. 单片 5 号（国品认菌 2008013） 由华中农业大学选育，品种来源于浙江省缙云县野生黑木耳菌株。

（1）特征特性 子实体单生，少有丛生。耳片宽 3～8 cm，厚 1～1.4 mm，干后边缘卷缩成三角状。耳片边缘平滑，腹面浅黑色，背面灰褐色至黄黑褐色，有细短浅色绒毛，脉状皱纹无或不明显。段木栽培为主，亦可用木屑作主料进行代料栽培。树种以枫香、核桃最为适宜，栓皮栎、麻栎、青冈栎、板栗等树种均可。出耳较快，产量较高。菌丝较稀疏，定植和抗杂能力较弱，菌种生产时注意防止杂菌污染。

（2）产量表现 在适宜栽培条件下每根直径 6～8 cm、长 1.2 m 的栎木可产干耳 165～200 g；袋栽（15 cm×55 cm 塑料袋）每袋可采干耳 65 g 左右。

（3）栽培技术要点 段木栽培为主，以树龄 6～10 年、直径 6～10 cm、长 1.2 m 的段木较好；含水量 40% 左右时钻眼接种，孔距 3～4 cm，孔深 1.5～2 cm、孔径 1.4 cm 为宜。接种适宜季节为 2 月中旬至 4 月上旬，气温在 7～20 ℃范围内，采用木屑菌种或丝条状木屑菌种。当菌丝深入木质部达 2/3 以上，接种眼有 60% 以上出现耳芽时起架，耳木排场和起架场所应选择阳坡湿润地，避免阴坡或低洼地。8 月底至 9 月初可进行喷灌浇水出耳，高温季节早晚浇水，低温季节中午浇水，干湿交替，避免水分过多出现流耳。出耳适宜温度为 14～25 ℃，收获期为 2 年，当年秋季和翌年春季为出耳盛期。

代料栽培可以木屑为主料，采用 15 cm×55 cm 塑料袋刺孔斜立地栽模式。湖北地区在 8 月底至 9 月初接种，10 月底至 12 月以及翌年 3 月至 5 月出耳，喷水带喷灌浇水，干湿交替，每袋可采耳 3～4 茬。

7. 延特 5 号（国品认菌 2008011） 由吉林省

延边朝鲜族自治州特产研究所人工驯化育成，品种来源于长白山野生菌株，国家认定品种。

（1）特征特性　中晚熟品种，子实体散朵状、根小、圆形边。耳片宽6～10 cm，厚0.8～1.2 mm，反正面明显，腹面极黑、有光泽，背面灰褐色。高温高湿不烂耳，见光易出耳，出耳芽快，抗杂能力强。菌丝生长温度6～36 ℃，适温20～28 ℃；适温下发菌期40天左右菌丝长满袋，15～20 ℃条件下后熟15～20天；出耳温度14～32 ℃，适宜温度22～28 ℃。

（2）产量表现　木屑栽培生物学效率可达100%。

（3）栽培技术要点　春、秋耳栽培皆可，易催耳，出耳齐，适宜代料栽培和段木栽培。培养料配方为木屑86%，麸皮10%，豆粉2%，石膏1%，石灰1%。在恒温室内培养发菌，空气相对湿度70%，初始温度27～28 ℃，菌丝定植后降至25 ℃。待菌丝长至菌袋1/3时，温度降至22 ℃，后熟阶段温度控制在15～18 ℃。室内催耳时将划完口的菌袋摆放在床架上，进行变温和光照刺激。夜间开门通风降温，白天关门保温，拉大昼夜温差。室外催耳时把划完口的菌袋放在做好的耳床上，上面盖一层草苫保湿，一层塑料薄膜保温。催耳可采取早晚撒掉草苫和塑料薄膜、中午盖上的方法拉大昼夜温差。一般经过10天左右，当耳芽长至1 cm左右时即可分床。分床时菌袋间隔一般为15～20 cm，袋与袋呈"品"字形摆放。在耳片生长期要加强湿度管理，要求干湿交替。

8. 黑793（国品认菌2008014）　由华中农业大学选育。品种由神农架山区中野生黑木耳子实体分离驯化而成。

（1）特征特性　子实体丛生，有时单生。耳片半透明，宽6～12 cm，厚0.8～1.0 mm。耳片边缘波状或平滑内卷，有时叠生或丛生菊花状。耳片腹面光滑，黄褐色，背面淡黄褐色，有稀疏绒毛，有明显脉纹。菌丝体可耐受38 ℃高温和5 ℃低温。干耳褐色或灰褐色，商品外观菊花状或不规则状。

（2）产量表现　每根段木可产干耳120 g以上。

（3）栽培技术要点　适宜段木栽培，麻栎、栓皮栎、油桐、乌桕、枫香等树种，树木直径6～8 cm。冬季落叶后砍树、架晒，树木含水量42%～45%时钻眼接种。一般3月上旬至下旬气温在10～20 ℃时接种，宜采用锯木屑菌种。菌丝定植、发菌期适宜温度20～26 ℃，需适当遮阳，注意通风，干湿交替，避免出现28 ℃以上气温烧菌。耳木排场和起架场所选择阳坡湿润肥沃地，避免岗地或阴坡低洼地。春、秋季均可出耳，出耳期适宜温度18～26 ℃，适量喷水，干湿交替，避免水分过多而流耳。收获期1～2年，翌年春季为出耳盛期。适宜在湖北、河南、陕西、四川等木耳产区进行段木栽培。

9. 黑威981（国品认菌2008018）　由黑龙江省科学院微生物研究所选育。品种来源于大兴安岭呼中林场野生黑木耳。

（1）特征特性　子实体聚生，耳片呈碗状，正反面差异大。耳片宽4～12 cm，耳片腹面为黑色，有光泽，背面为灰褐色，绒毛短。采用熟料栽培，培养料含水量60%～65%，碳氮比为（20～40）∶1，发菌适宜温度22～26 ℃，空气相对湿度60%，pH 5.5～7。发菌前期培养温度22～25 ℃，后期温度20 ℃左右。子实体可耐受的最高温度为30 ℃，最低温度为10 ℃。二茬耳产量很少。

（2）产量表现　木屑栽培生物学效率可达100%。

（3）栽培技术要点

配方1：木屑79%，麸皮20%，石膏1%。

配方2：木屑84%，麸皮或米糠13%，豆粉2%，石膏0.5%，石灰0.5%。接种时间为2月下旬至3月上旬，划口出耳时间为4月下旬至5月上旬。菌种萌发期室温控制在26～28 ℃，生长期室温控制在22～25 ℃，少通风或不通风，避光培养。菌种培养后期室温控制在 18 ～ 20 ℃，多通风，给予适当散光。菌丝长满菌袋后，进行划口催芽管理，一般在 4 月下旬至 5 月上旬集中催耳，适宜温度 20 ～ 25 ℃，空气相对湿度在 85% 以上，要求通风良好、有散射光。分床后第一天不浇水，此后每天上、下午浇水，中午气温高时不浇水。耳片长速缓慢或不易开片时，可停水晒床 2 ～ 3 天，再继续浇水。采收前停水 1 天，以清晨或上午采收为佳。适宜在东北地区春秋季栽培。

10. 中农黄天菊花耳（国品认菌 2007026） 由中国农业科学院农业资源与农业区划研究所选育。品种来源于大巴山野生种，通过常规人工选择育成。

（1）特征特性 菌丝纤细，菌落呈绒毛状。耳片聚生，菊花状，色泽较黄，半透明，耳根稍大。耳片宽 6 ～ 12 cm，厚 0.8 ～ 1.2 mm，背面呈黄褐色，绒毛短，新鲜时几乎不见绒毛，腹面平滑，有脉状皱纹。菌丝生长温度 6 ～ 36 ℃，适宜温度 22 ～ 32 ℃。出耳温度 15 ～ 32 ℃，适宜温度 20 ～ 26 ℃。耳片分化时适宜空气相对湿度 90%～95%。发菌期为 40 ～ 60 天，后熟期较短，为 7 ～ 10 天，栽培周期为 90 ～ 120 天。需低温刺激和光照形成耳基，培养料中菌丝体耐受最高温度 38 ℃。

（2）产量表现 以木屑为主料栽培条件下，生物学效率 110% 左右。

（3）栽培技术要点 南方耳区宜秋栽，9 月中旬接种，11 ～ 12 月出耳。北方耳区宜春栽，1 ～ 3 月接种，4 ～ 6 月出耳。后熟培养保持适宜温度 20 ℃左右，子实体原基形成到耳芽期保持适宜温度 20 ～ 25 ℃，适宜空气相对湿度 85%～ 95%。耳芽期不直接向栽培袋喷水，保持料内含水量 60%～ 70%，自然光照。耳芽盖满开口后可直接喷水。适宜在东北、华北、长江流域栽培。

11. 旗黑 1 号 由吉林农业大学选育。品种来源于吉林省白河林业局二道林场采集的野生菌株"木耳 AU5 号"。

（1）特征特性 中温、中熟品种，从接种到采收 115 ～ 125 天，菌丝体洁白浓密，气生菌丝发达呈绒毛状，菌落边缘整齐，均匀。无效原基少，子实体单片簇生，黑色，单个耳片宽 5 ～ 10 cm，厚 0.1 ～ 0.13 cm。

（2）产量表现 每 100 kg 干料产鲜耳 78.4 kg。

（3）栽培技术要点 熟料栽培 17 cm × 33 cm 的聚丙烯折角袋，每袋装干料 0.5 kg。2 月中旬接种制袋，5 月上中旬划口催芽，保持 75%～ 85% 空气相对湿度，但要避免水滴到耳芽上。适宜"V"字形口和小孔出耳。出现耳芽以后早晚喷雾，干湿交替，6 月中旬当耳片尚未弹射孢子时开始采收。适宜在吉林省栽培。

12. 吉黑 1 号 由吉林农业大学和吉林省海外农业科技开发有限公司选育。品种来源于吉林省和龙市林业局福洞山采集的黑木耳野生菌株 2003-7。

（1）特征特性 从接种到采收 118 ～ 130 天，属于中晚熟品种。菌丝体洁白浓密，气生菌丝发达呈绒毛状，菌落边缘整齐、均匀。子实体单片簇生，黑色，小孔栽培单片耳率高达 90% 以上，单个耳片宽 3.2 ～ 5.8 cm，厚 0.11 ～ 0.13 cm。

（2）产量表现 每 100 kg 干料产鲜耳 79.8 kg。

（3）栽培技术要点 熟料栽培，17 cm × 33 cm 的聚丙烯折角袋，每袋装干料 0.5 kg。培养料配方为柞木等阔叶树木屑 86.5%，米糠或麸皮 10%，豆粉 1.5%，石灰 1%，石膏 1%，含水量 58%±2%。在吉林省，2 月中下旬制备栽培袋，按照全光间歇弥雾栽培模式进行管理，4 月末至 5 月上旬划口催芽、摆地出耳，适宜"V"字形口和小孔出耳，保持 75%～ 85% 的空气相对湿度，但避免水滴直接落到耳芽上，注意干湿交替，6 月中旬当耳片即将弹射孢子时开始采收。秋季栽培，7 月下旬至 8 月初下地出耳，一般不用催芽。适宜在吉林省栽培。

13. 吉黑 2 号 由吉林农业大学、杭州市农业科学研究院和吉林省海外农业科技开发有限公司共同选育。品种由吉林省地方品种与大兴安岭加格达奇林业局采集的野生菌株经过单-单杂交再经过系统选育而成。

（1）特征特性　从接种到采收 115 ～ 125 天，属于中熟品种。菌丝体洁白浓密，气生菌丝发达呈绒毛状，菌落边缘整齐、均匀。子实体单片簇生，黑色，单个耳片宽 3.5 ～ 6.3 cm，厚 0.12 ～ 0.14 cm。

（2）产量表现　每 100 kg 干料产鲜耳 80.9 kg。

（3）栽培技术要点　熟料栽培，17 cm×33 cm 的聚丙烯折角袋，每袋装干料 0.5 kg。培养料配方为阔叶树木屑 77％、麸皮或米糠 20％、糖 1％、石膏 1％、石灰 1％，含水量 60％。在吉林省，2 月中旬制备栽培袋，4 月末至 5 月上旬划口催芽、摆地出耳，适宜小孔出耳。保持 75％ ～ 85％ 的空气相对湿度，但要避免水滴直接落到耳芽上。耳片生长期早晚喷雾，干湿交替，6 月中旬当耳片即将弹射孢子时开始采收。秋季栽培，8 月初下地出耳，一般不用催芽。适宜在吉林省栽培。

14. 吉黑 3 号　由吉林农业大学、吉林省海外农业科技开发有限公司和杭州市农业科学研究院共同选育。品种由野生黑木耳菌株与地方品种单-单杂交，再经系统选育而成。

（1）特征特性　属于中熟品种，从接种到采收 95 ～ 105 天。菌丝体洁白浓密，菌落边缘整齐、均匀。子实体呈簇生型，黑褐色，小孔栽培单片耳率高达 90％ 以上，单个耳片宽 3 ～ 6.5 cm，厚 0.11 ～ 0.13 cm。

（2）产量表现　每 100 kg 干料产鲜耳 81.7 kg。

（3）栽培技术要点　适宜吉林省地区春、秋季栽培，采用全光间歇弥雾栽培模式的东北短袋栽培。春栽要在 2 月中下旬制备栽培袋，4 月末至 5 月初下地；秋栽栽培种制种时间为 5 月下旬至 6 月上旬，7 月中下旬即可下地出耳。培养料配方为阔叶树木屑 86.5％、麸皮或米糠 10％、豆粉 1.5％、石灰 1％、石膏 1％，含水量 60％。

（二）各省认（审）定品种

1. 黑木耳特产 2 号　由黑龙江省林副特产研究所育成，黑龙江省认定品种。

菌丝体在培养基上生长整齐、粗壮，菌丝浓密、洁白，生长速度较快。接种块周围易出现黄褐色斑。子实体边缘整齐，颜色深黑、朵状、耳片大、厚、正反面对比明显、耳片背面有耳筋，筋少，但筋粗，属大筋黑木耳。与对照黑 29 相比，根大，颜色略深，出耳较早，出耳齐。适宜东北地区春、秋季栽培，适合小口单片出耳。可用于段木栽培。

2. 黑木耳 9809　黑龙江省东宁必得金食用菌研究所选育，黑龙江省认定品种。

朵状，耳基较菊花型小，耳片大小中等，褐色至黑色，正反面颜色差别小。早熟品种，易出耳芽，菌丝长满袋后可直接开口出耳，没有后熟期。早熟品种，开口后 7 ～ 10 天现耳芽。喜水，干旱不易开片，不耐高温，抗性稍差。产量高，适宜东北地区春季代料栽培。

3. 牡耳 1 号（黑登记 2013056）　由黑龙江省农业科学院牡丹江分院选育，黑龙江省认定品种。

中晚熟品种，菌丝体洁白、粗壮、菌落边缘整齐；子实体单片、根小、色黑、碗状、圆边、单片（厚 1.5 ～ 2 mm），耳片腹面呈黑色，光滑，发亮，背部淡黑色有毛，聚生成朵。干耳正反面明显，弹性好，背面少筋，胶质成分丰富。菌丝适宜生长温度 6 ～ 36 ℃，前期 25 ～ 30 ℃，中期 23 ℃，后期 18 ℃。15 ～ 20 ℃ 条件下后熟 15 ～ 20 天。出耳温度 13 ～ 30 ℃，最适出耳温度 25 ℃。抗逆性强，出耳转茬快，产量高。春、秋季栽培皆可，适宜小孔栽培。

4. 南耳 1 号（闽认菌 2013004）　福建省南平市农业科学研究所从野生黑木耳分离驯化育成。福建省认定品种。

（1）特征特性　中温偏高型菌株，菌丝生长适宜温度 23 ～ 25 ℃，出耳适宜温度 18 ～ 22 ℃。子实体群生、花瓣状、胶质、半透明，鲜耳宽 6 ～ 11 cm，厚 0.8 ～ 1 mm；鲜耳红褐色或者褐色，干耳光面呈青褐色，有脉状皱纹，耳片柔软，绒毛短；泡发率 9 ～ 12 倍。经南平市产品质量检验所检测，每 100 克干耳含粗蛋白质 12.7 g，粗脂肪 2.6 g，总糖 47.5 g，粗纤维 4.6 g，灰分 7.0 g，铁 258 mg，钙 234 mg。经南平市植保植检站实地调查，南耳 1 号杂菌污染率 9.6%，与对照 Au139 相当，流耳率 0.16%，显著低于对照（16.2%）。

（2）产量表现　经南平、三明等地两年区试，平均单袋（干料 750g）产干耳 116g（生物学效率 15.47%），比对照 Au139 增产 10.3%。

（3）栽培技术要点　培养料配方为杂木屑 72.5%、棉籽壳 10%、麸皮 10%、玉米粉 5%、糖 1%、碳酸钙 1%、石灰 0.5%，含水量 61%～ 65%，pH 6 ～ 6.5。秋栽 8 月中旬至 9 月上旬制袋，10 月中下旬下地出耳；春栽 12 月至翌年 1 月制袋，3 月下地出耳。

二、未认（审）定品种

市场上未经认（审）定品种很多。有些是科研单位刚研制的品种尚未通过认（审）定，而有些则是不法商贩拿到国审、省审品种后，随意改了名字又投放市场的。所以，不推荐使用未经认（审）定的黑木耳品种。

第四节
主要生产模式及其技术规程

一、段木栽培模式

（一）山坡地仿野生黑木耳段木栽培模式

1.场地选择　段木黑木耳理想的栽培场所应选

在向阳避风，取水、排水方便的山脚缓坡地带（图 7-8-8），最好是平整开阔的大田地块（图 7-8-9），便于规划场地和施工操作。

图 7-8-8　山坡地段木黑木耳栽培场

图 7-8-9　大田地块段木黑木耳栽培场

有条件的地方，最好采用两场制，即发菌场和出耳场不用同一个场地。地势平坦的发菌场方便砍树后接种，不用长距离搬运段木，节省劳动力和减少杂菌侵染机会。菌丝体发满耳木后，再选择适宜的出耳场地。出耳场宜选择在离水源较近，方便人工管理操作的地方。

实践证明，两场制有许多好处，不仅可减少成本，而且可以减少污染，大幅度提高黑木耳的产量和品质。

2.选树备料

（1）选树　适宜段木栽培黑木耳的树种很多，除松、柏、杉、樟之外大多数树种都可用来生产黑木耳。最适宜黑木耳生产的树种有壳斗科的麻栎、枹栎等，杨柳科的山杨、垂柳等，榆科的春榆，豆科的洋槐等也可使用。山区人民使用修枝剔下的或者种香菇余下的细树梢、粗树枝来栽培黑木耳，既能充分利用林木资源，又能缩短生产周期，效益也很好。

一般选择树龄在 8 ～ 10 年、树干直径为 8 ～ 10 cm 的树木。砍伐时间从树叶变黄到翌年树芽萌动之前均可。这一时期是北方地区落叶树木的休眠期，树汁不流动，树木含水量低，形成层活动最弱，树皮和木质部结合紧密，未来的耳木不易掉皮。休眠期砍伐的树木营养大都集中在树根部位，砍伐后有利于树桩萌芽更新。休眠期内的树木养分贮藏最丰富，除木质素、纤维素外，还贮藏有供来年树木抽枝发芽用的淀粉、脂肪等，为黑木耳后期丰产提供了必要的营养条件。冬季寒冷，砍树后应立即用锯子或锋利的刀斧自下而上顺着枝丫延伸的方向将树干削平，进行整枝，但不能伤及树皮。

（2）备料　整理好的原木运到栽培场后进行截段，一般段木长 1 ～ 1.2 m，生产上要求同一批段木的长短要均匀一致。段木截好后两端的截面及伤口应及时用新鲜的石灰水涂刷，防止杂菌侵入。段木整好后根据不同树种以及木材直径的大小分开堆放，此期也称为晒架，目的是为了加速木材组织的死亡，使段木内的含水量降低到适宜黑木耳菌丝生长的标准。

晒架时耳木呈"井"字形（图 7-8-10）或"△"形堆放（图 7-8-11），堆高 1 m 左右，10 天左右翻堆一次，晒架时间 20 ～ 30 天。若砍伐时间较晚，晒架时间可适当缩短，晒架时间过长，段木中含水量过低，会使黑木耳菌丝难以成活。从外表观察，段木两端的颜色由白变黄，敲击时声音变脆，此时即可开始接种。

（3）段木含水量　接种前，段木的含水量十分关键，一定要注意。无论过干或过湿，菌丝都不能很好地生长。过干，菌丝根本就不能萌发；过湿，则会影响菌丝生长环境的透气性，抑制菌丝生长。40% ～ 50% 的含水量较适宜黑木耳菌丝体定植生长。

图 7-8-10 "井"字形架晾晒耳木

图 7-8-11 "△"形架晾晒耳木

判断段木含水量的最简单办法：当段木横截面上出现宽度 1 mm 放射状细小的裂纹时（图 7-8-12），含水量大约为 50%；当裂纹宽度在 2 mm 以上时，含水量大约为 40%。此时应立即接种，否则成活困难。

图 7-8-12 段木横截面裂纹

3. 菌种选择　段木栽培黑木耳时，菌种质量的好坏直接影响到黑木耳的产量和质量，应注意以下三点：

（1）选好对路的品种　段木栽培黑木耳常

木腐菌生产技术

用的品种主要有黑29、延特5号、新科6号等认（审）定的适宜段木栽培的品种，这些品种均具有抗杂性好、产量高、质量好的特点，在生产上均有较好的表现。

（2）选择高质量的菌种　优质的菌种具有定植早、发菌快、出耳早、产量高、品质好的优点，而劣质的菌种会给段木栽培带来不可预料的危害。若要自己制菌种，一定要严格按照操作程序，制出优良的菌种。若是购买菌种，要掌握木耳菌种质量的鉴别标准，认真进行检查和鉴定：优质的黑木耳菌种，菌丝粗壮，颜色洁白，上下一致，长势旺盛，菌丝长满瓶（袋）后，在培养料表面会出现许多黑木耳的耳芽。凡是有红、黄、黑、绿或其他非正常菌丝颜色的现象，表明培养料已为杂菌所感染，不能使用。

（3）防止菌种老化　因为食用菌菌种是食用菌的营养体，极不耐贮藏。黑木耳菌种发满菌丝后不宜长期存放，菌种长满后，存放太长时间易失水老化；存放期间，菌种受热则会吐黄水，影响菌种的恢复和生长。因此无论是自己制种还是购买菌种，黑木耳菌种满瓶或满袋后应尽快使用，如在3～4月，温度超过25℃时，长成的菌种存放时间不应超过20天，否则将会影响其成活率。

4. 耳木点种

（1）适宜的点种时期　黑木耳菌丝耐低温不耐高温，根据河南省的气候特点，3月初至4月中旬为适宜的点种时期，山区不宜超过5月上旬，气温过高时点种易感染杂菌。

（2）点种密度　用直径12～14 mm的钻头打点种穴，穴的深度要达到1.5～2.5 cm（图7-8-13），一般穴距5～7 cm，行距4～6 cm，行与行之间交叉打穴（图7-8-14），每相邻三穴呈"品"字形。打点种穴时要尽量靠近两端和剃枝留下的铜钱疤处。要密植深种，以缩短发菌时间，提高单产。打孔后的耳木须及时点种，防止耳木过度失水或淋入雨水，滋生杂菌。

图7-8-13　段木黑木耳点种穴深度

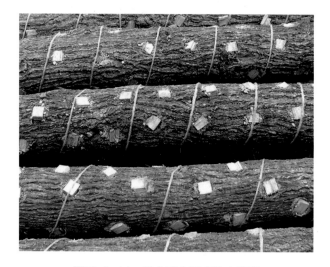

图7-8-14　段木黑木耳点种穴密度

（3）点种方法　点种多采用木屑菌种，在晴天进行，点种环境要求干净、无菌，点种操作要严格按照规程进行。点种时，应先去掉菌种表面一层耳芽和老菌皮，凡出现萎缩、发软、有黄水的老化菌种不能用。将处理好的菌种切成1～2 cm厚的薄片，盛放于干净的容器中。再将菌种掰成小块填入接种孔内，以菌种填满无空隙，低于耳木表皮1～2 mm为准。不能把菌种弄得很碎，更不能填得过紧过死。点种密度应视耳木的粗细、木质的软硬、点种时间的早晚来掌握。耳木较粗、较硬或点种时间过迟的应适当密点，反之则适当稀点。接种量宜大不宜小，一般每架50根耳木用种量为15～20瓶或8～12袋。耳木点种切忌在雨天和太阳直射下进行。

（4）及时封口　点好种的耳木，应立即用人工制作并经消毒处理的树皮盖或方形木塞盖封口（图7-8-15），也可用灭菌处理过的玉米芯块封口，减少菌种的水分散失，提高菌种的萌发率。不论采用哪一种方法封口，一定要封盖严实，防止因封口不严而使菌种失水干死或感染杂菌。树皮盖不能盖反，敲紧后与耳木表皮要平整。

图7-8-15　木塞封口

（5）点种注意事项　接种是段木黑木耳栽培中保证菌种成活、减少污染的关键环节，在点种时要注意以下四点：

第一，点种时期气温不要超过30 ℃，否则影响成活率。

第二，要注意点种的密度。每根段木打接种穴的密度应以其粗细来确定，以穴与穴之间的距离5 cm左右为宜。

第三，菌种与穴孔壁接触要紧密。接种时，可以先把菌种掰成2～3 cm厚的片，再拿专用的细木棒将菌种捣入接种穴，捣紧捣实。这样，菌种与穴孔壁接触更加紧密，更容易成活，萌发也会更快。

第四，菌种封口要严密。用树皮盖或木塞封口，需要注意树皮盖或木塞一定要比接种穴的直径大2～3 mm，才能封紧接种穴口（图7-8-16、图7-8-17）。

图7-8-16　封口不合格的耳木

图7-8-17　封口合格的耳木

5.发菌期管理

（1）上堆发菌　将发菌场清扫干净，在平坦的场地上用枕木或石块垫高20～30 cm，将点好种的耳木呈"井"字形堆放（图7-8-18）或"川"字形密集码放（图7-8-19）在枕木上，堆高1.2～1.5 m，堆长不限。点种期间气温较低可顺码后用薄膜覆盖，如遇到雨雪天气应在塑料薄膜上覆盖草苫等防寒物品。若气温在15 ℃以上时，须码成"井"字形后用树枝叶盖严。上堆覆盖主要是保温保湿有利于菌丝萌发生长，尽快定植于耳木上。

木腐菌生产技术

图 7-8-18 "井"字形堆放的耳木

图 7-8-19 "川"字形密集码放的耳木

上堆后，管理的主要任务是调控堆内温度，保证空气新鲜，促进菌丝快速生长。根据天气的变化控制堆内的温度在 20 ～ 28 ℃。气温高时注意揭膜放风，防止温度过高，烧死菌丝。晴天或中午高温时段应将塑料薄膜全部揭开，以利通风降温。每隔 7 ～ 10 天翻堆一次，把位于上层的耳木移到底层，位于里边的耳木移到外边，相互交换位置，促进耳木发菌一致。结合翻堆，检查菌丝生长发育情况，若发现死穴要及时补种，捡出有杂菌的要及时妥善处理。

（2）散堆排场 上堆后 1 个月左右，黑木耳菌丝已在耳木中定植生长，菌丝已延伸到木质部并见有少量的耳芽产生，这时应及时将耳木散堆排场，让耳木接受阳光和新鲜空气，并从地面吸收一定的潮气（图 7-8-20），促进黑木耳菌丝进一步生长发育，尽快从营养生长阶段进入生殖生长阶段，

使耳芽尽快形成。

图 7-8-20 散堆排场 1

排场的方法是在栽培场地上将耳木的一端抬高 30 cm 左右，另一端着地；或者将两端都抬高 20 ～ 30 cm，平铺在栽培场地上；也可以将耳木一根根平铺在向阳潮湿并有适当短草遮蔽的地面上（图 7-8-21）。此期管理应避免高温，每 10 天左右将耳木翻动一次，喷水调节湿度，促进耳芽尽快形成。经过 40 ～ 50 天，当耳木上有 80% 左右的耳芽产生时，即可起架，进入出耳期管理。

图 7-8-21 散堆排场 2

（3）发菌注意事项 接种后的耳木进入发菌管理，发菌是黑木耳积累营养和长成"苗"的过程，只有"苗壮"才能结好"果"。发菌要注意六点：

1）创造适宜的外界条件，促使黑木耳菌丝在耳木中早萌发、早定植、早吃料 保持发菌温度在 24 ℃左右，促使菌丝快速生长。这个时期往往处在低温期，所以一定要选择避风、干燥的地方。刚接完种的耳木，上好堆后用塑料薄膜覆盖，以利于

保湿保温，促使菌种萌发。

2）注意遮光　由于菌丝体生长阶段需要黑暗的环境，光照不利于菌丝生长，强光还会使菌丝致死。因此，发菌场地上面一定要有遮阳物，比如在树荫下，最好是搭盖遮阳网荫棚（图7-8-22）。

3）通风换气　在发菌期内随着菌丝的大量生长，呼吸作用加强，产生的呼吸热急剧增加，这时要做好通风换气，可采用揭盖塑料薄膜的方法进行。

图7-8-22　遮阳网荫棚

4）注意补水　在通风换气的同时要根据耳木的干湿程度适量喷水，防止耳木缺水，但一次喷水量不宜过多，否则湿度过大会引发杂菌污染。

5）防止杂菌污染　耳木上堆前将场地打扫干净，并进行杀菌消毒。耳木下面用横木或石块垫高，防止积水浸泡耳木，引起杂菌污染。同时要定期喷洒杀菌、杀虫药剂。

6）勤翻耳木　翻动时，要将上下头互相调换，确保耳木两头不会因缺水而让木耳菌丝干死，保证耳木发菌均匀。

6. 出耳管理　段木栽培黑木耳的出耳周期长，管理相应较为复杂，一般接种后当年春季即可见到少量木耳，秋季就会大量收获，出耳盛期多集中在接种后的第二年，到第三、第四年，产量一般会比较低。因为段木栽培黑木耳用的耳木多数都比较

细小，2年以后，耳木会有营养不足的问题。

（1）耳场处理　段木栽培的黑木耳要选择适宜的出耳场。出耳场要求平坦、干净、避风、向阳、有水源。最好能修建专用的出耳场，水源充足、电源设备齐全，搭建光线充足、通风良好、易保温保湿的出耳场。

黑木耳出耳场的搭建，最好能保证"七分阳，三分阴，花花太阳照得进"，才能确保黑木耳的色泽和品质。

（2）起架管理　耳木起架的形式多种多样，一般多采用"人"字形。先在出耳场内架一高80～90 cm的横木，将长有一半耳芽的耳木（图7-8-23）挑选出来，交错斜靠在横木两侧，间距5～10 cm。耳木与地面的夹角在60°左右，构成"人"字形的出耳架。

图7-8-23　"人"字形架长出耳芽的耳木

段木栽培黑木耳出耳场地面上，如果能铺上一层塑料薄膜或无纺布，防止沙土溅到耳片上就更好了。

管理上主要抓好出耳场的温度、湿度、光照和通风等条件的统筹协调，特别是水分管理。段木含水量保持在70%左右，空气相对湿度控制在85%～95%。水分管理要有促有控，促控结合。采用干干湿湿交替的方法进行喷水，有利于子实体的形成和长大。

（3）春耳的管理　每年3～5月间生长的黑木耳称为春耳。在黑木耳产品中，春耳的朵形好、

个大，耳片厚、颜色黑，质量比夏耳、秋耳要好得多，是黑木耳中的上品。此期要加强管理，提高春耳的产量。

1）水分　耳木中的含水量和环境的空气湿度，对黑木耳的生长起着决定性的作用。春季气温回升到 12 ℃以上时，即可对耳木进行催耳处理。首先要增加耳木的含水量，其方法是将耳木浸水或加大喷水量，使耳木充分吸水，当耳木上有大量的耳芽出现时，再加大空气相对湿度，使其达到 85% 左右。为了防止耳芽干燥失水，可采用喷水的方法，每天喷水 1～2 次。

2）温度　黑木耳适宜的出耳温度在 15～28 ℃。早春气温低，管理上应以保温增温为主。大棚内出耳的，可以通过覆盖薄膜增温，争取早日上市；露地栽培的则要预防大风降温。春末气温回升后，要防止高温。

3）光照　黑木耳子实体生长阶段需要一定的光照刺激，出耳场内"三分阴七分阳"的光照条件最适宜生产优质的黑木耳。黑木耳子实体在露天全光照的场地上也能正常生长（图 7-8-24），但光照越强水分蒸发越快，湿度难以保持，一定程度上会影响黑木耳子实体的生长。因此，出耳场内需要视情况，采用遮阳网或在塑料大棚上面覆盖稀草苫或少量的树枝，以防止光线太强，满足黑木耳子实体生长发育所需的光照条件。

图 7-8-24　露天全光照出耳场

4）空气　在黑木耳子实体的生长过程中要做好通风和保温工作。早春以保温为主，减少通风次数，春末夏初则应以通风为主，防止出耳场内空气

不新鲜而产生烂耳和杂菌。早春黑木耳子实体生长缓慢，耳片厚，营养物质积累多（图 7-8-25），生产的黑木耳质量好。

图 7-8-25　色黑肉厚的春耳

（4）伏耳的管理　6 月中旬至 8 月下旬出的耳称为伏耳。因其是在夏季高温期产生的，生产出的黑木耳特点是耳片小、肉薄、颜色浅、泡发率低，品质不佳（图 7-8-26）。6 月中旬以后河南省大部分地区气温升高至 25 ℃以上，尤其是 7～8 月，最高气温高达 35 ℃以上，已不适宜黑木耳子实体的生长。

图 7-8-26　色浅肉薄的伏耳

伏耳期管理的重点是搞好出耳场的通风降温，防止出耳场高温、高湿。降温的措施是增加出耳场遮阳度，可用双层遮阳网或加厚其他遮光的物料。如果出耳场没有遮阳降温措施，可放弃伏耳，让耳木干燥，把耳木收集在一起，呈"井"字形摆放，在荫棚下越夏，注意耳木越夏期间要防止杂菌产生。

（5）秋耳的管理　9～11 月，气温逐渐降低，此期河南省的气候特点是日照时间长，空气湿度大，一方面有利于黑木耳子实体的生长，另一方面空气中杂菌含量高，要注意防止杂菌的侵袭。

当气温回落到 28 ℃以下时，越夏后的耳木即可进入秋耳期管理，一般 9 月初即可开始。首先将耳木移开摆放成"人"字形架式（图 7-8-27），增加喷水次数，使耳木尽快吸水，促使耳芽早形成。耳芽形成后，每日喷水 2～3 次，但要注意高温期中午少喷或不喷，防止出耳场内高温高湿，避免烂耳或滋生杂菌，促使耳片健康长大（图 7-8-28）。第一茬耳采收后，停水 3～5 天，然后再喷水。喷水最好采用喷雾器细喷、勤喷，防止用大水浇灌，有条件的可安装雾化喷灌装置，以保证喷水的效果。每年的秋耳共可采耳 2～3 茬。

图 7-8-27　秋季排架出耳

图 7-8-28　深褐色的秋茬耳片

7.越冬管理　黑木耳段木栽培中接种一次可连续出耳 3～4 年。但每年的冬季随气温的降低，黑木耳菌丝活力降低，外界气温在 10 ℃以下，黑木耳菌丝已很难再形成子实体，此期应该进入越冬管理。一般河南省在 11 月底至翌年的 3 月初，都为黑木耳的越冬管理期。

越冬期要将耳木收集起来，呈"井"字形摆放，堆高 1 m 左右，排放成长方形，用塑料薄膜覆盖，上面要有遮阳物，以免阳光直射伤害菌丝。但若采用塑料大棚、日光温室作为黑木耳栽培的出耳场，则出耳期会大大延长，冬季也可出耳。

8.适时采收

（1）黑木耳成熟的特征　黑木耳的耳片充分展开，边缘开始收缩，颜色由深变浅，腹面产生白色的孢子粉，肉质肥厚，耳根收缩、变细，用手触动可看到耳片颤动。只要具备这些特征，就说明黑木耳已经成熟，要及时采收。黑木耳成熟时，还有一个重要特征就是耳片舒展变软。最好等耳片半干或近干时采收。

（2）采收要求　不同季节生长的黑木耳，采收的要求有所不同。采收春茬耳和秋茬耳时，要求采大留小，因为这时气温较低，有利于黑木耳子实体正常生长，留下的小木耳等长大后再采收。而采收伏耳时，则要求大小一齐收。

（3）采收时间　最好选在雨过天晴的早晨，或者晴天早晨露水未干时。这时耳片潮软，不会因耳片干燥而弄碎。如遇上连绵阴雨也要采收及时，以免耳片生长过度造成烂耳。

这与上面说的"等耳片半干或近干时采收"并不矛盾。耳片半干或近干时采收，容易晾晒。但白天采收，易将耳片弄碎，等早晨耳片潮软时采收，不会弄碎耳片，还容易晾晒。

（4）采收方法　采收时，用手抓住整朵黑木耳子实体，连耳根一起摘下。如采摘不尽，容易烂耳根，滋生杂菌。采收时，要注意保护小的耳芽，以利继续生长。每次采收后，需将耳木翻个面，使均匀吸收潮气和阳光，增加出耳面。并将耳木倒转，使原来的下段多受阳光，减少腐烂，原来的上段多吸潮气，促使结耳。黑木耳要勤采，预防流耳。

9.加工与贮藏

（1）加工　刚采下的新鲜黑木耳含水量很高，重量为干品的 10～15 倍，应及时加工。加工前，首先要清除树皮、木塞、草叶等杂物，如有泥沙应放在清水中漂洗干净，再进行干制。

1）晒干法　即在天气晴朗、光照充足时，将鲜耳薄薄地摊放在架离地面的晒席或竹帘上，在烈日下晾晒 1～2 天即可晒干（图 7-8-29），含水量不能超过 13%，在耳片未干以前，不宜多翻动，以免耳片破碎和卷曲，形成拳耳，影响质量。夏大害虫较多，应将伏耳多晒一段时间，晒干了再翻晒几次，以便杀死躲在耳片里的害虫。

2）烘干法　采用烘房或专用烘干设备（图 7-8-30）。加工黑木耳时，要注意操作程序，烘烤时温度由低到高，注意通风排湿，确保烘烤质量。

图 7-8-29　黑木耳晾晒场

图 7-8-30　黑木耳烘干房

（2）贮藏　干制好的黑木耳变得硬脆，容易吸湿回潮，应当妥善贮藏，防止变质或被害虫蛀食造成损失。需要进行简单的分级处理，一般是按个体大小分为不同的等级进行贮藏。贮藏多使用无毒的双层聚乙烯塑料袋包装密封，外加硬质纸箱保护层，存放在干燥、通风、洁净的库房里。

在黑木耳仓库内贮藏期间，为防止害虫蛀食，可用二硫化碳熏蒸，即把少量二硫化碳装入玻璃瓶内，用松软的棉塞塞住瓶口，把药瓶放在仓库中，使药气缓慢散失，即可熏蒸防虫。

（二）大田荫棚段木栽培模式

由于使用了荫棚遮阳，点种时间可稍向后推迟至 5 月。一般在 3 月中旬至 5 月上旬，当气温稳定在 10 ℃以上时，均可开始点种。

1.耳场选择　耳场一般选择在四周开阔通风、阳光充足、空气清新、环境卫生好、靠近水源的地方。便于搭建荫棚和布设微喷设施。方位坐北朝南，或坐西北朝东南。

2.耳木处理　耳木应以每年秋天树叶落完至翌年 2 月树木发芽之前采伐的柞木、栎树、核桃楸、千金榆等硬杂木为好。耳木直径以 6～8 cm 为宜。在接种前 20 天要将耳木截成 1～1.2 m 长的木段，堆放在耳场附近，当两端横截面出现辐射状裂纹时，即可进行接种。

3.打穴接种　用装有直径 1.2 cm 钻头的手电钻给耳木打接种穴。穴深 1.5～2.5 cm，行距 4～5 cm，穴距 6～8 cm。直径小的耳木打穴相应浅些，直径大的耳木相应深些（图 7-8-31）。接种时把菌种掰成 1～2 cm 厚的片，用一根直径 1 cm 的小圆木棒把菌种压进接种穴内，装满捣实，与耳木的木质部平齐。用锤子把树皮盖或方形木塞（事先用菇宝等气雾消毒剂熏蒸消毒，或用 3% 石灰水浸泡 24 h，捞出晒干）敲入接种穴内，使之与耳木外表皮平齐。接完种的耳木应放在室外空旷的地方，摆成"井"字形垛，垛高不超过 80 cm。

4.发菌管理

（1）建堆发菌　接种完毕后把耳木搭成"井"字形垛，气温较低时需用薄膜覆盖，遮阳、保湿和通风换气相结合。每隔6～8天要翻垛1次，把上下里外的耳木互换位置。

图 7-8-31　耳木接种孔深度

（2）散堆排场　经过30～45天，菌丝已长入木质部1～2 mm，即可散堆排场。用直径10～15 cm、长100 cm的圆木作枕木，把耳木一端搭在枕木上，另一端着地，耳木与地面的夹角约为45°。粗的耳木放两侧，细的耳木放中间。每层依次排7～8根，耳木与耳木间隔在5 cm以上。在距斜放耳木顶端30 cm处再放一根横向耳木，其上继续斜放耳木（图7-8-32）。顺着荫棚规划的方向依次摆放，排与排之间距离在40～60 cm。排场后每隔7天应翻1次段，把耳木朝上的一面转到下面，靠地的一面转到上面，每半月结合翻段把耳木上下调头1次。如果久不降雨、天气干旱，可连续4～5天在早晚给耳木喷水，使耳木充分湿润，然后停水5～6天。有条件的种植户，可在耳木上方架设微喷设施。总之耳木菌丝蔓延期的水分管理要遵循干干湿湿的原则。

图 7-8-32　散堆排场

5. 起架管理　从菌种定植到耳木出耳需70～90天，当菌丝在耳木内已充分蔓延，雨后可在耳穴边缘见到耳芽时，将耳木移入出耳场进行管理。先在出耳场内架一高80～90 cm的横木，将长出耳芽的耳木挑选出来，左右交错斜靠在横木上，耳木间隔12～15 cm。耳木与地面的夹角60°左右，构成"人"字形的出耳架（图7-8-33）。

图 7-8-33　荫棚段木栽培模式

6. 出耳管理　保持耳场内清洁干净、通风良好，减少杂菌污染和病虫害发生，定期清除长高的杂草。日常管理上主要抓耳场的温度、湿度、光照和通风等条件的统筹协调，特别是水分管理。耳木含水量保持在70%左右，空气相对湿度控制在85%～95%。水分管理要有促有控，促控结合。采用干干湿湿、干湿交替的方法进行喷水，有利于耳片的形成和长大。

7. 适时采收　耳片伸展速度减缓，耳根缩细，肉质肥厚，有白色孢子附着在耳片上时，应及时采摘。7月上旬前或秋季采耳应采大留小，雨季来临前应大小一起采摘。耳片基本成熟时期，要密切关注当地天气预报，若近期将出现连续降雨天气，要赶在雨前及早采耳，防止高温高湿引起流耳、烂耳的发生。通常情况下，柞木耳木当年耳芽出齐，翌年5月上旬可采收第一茬耳。采收过的耳木，应立即停止喷水，10天左右恢复营养生长，同时将残留的耳根从穴内清除，然后重复进行出耳的水分管理。

二、塑料袋立体吊挂栽培模式

（一）栽培季节

根据不同的季节和气候条件，选择本地区适宜的栽培季节。黑木耳子实体在 5～32 ℃均可形成，但适宜温度为 18～26 ℃。超过 28 ℃时，子实体生长加快，易发生流耳；低于 15 ℃子实体难以分化，即使分化出子实体原基，长期处于 15 ℃以下的环境，黑木耳子实体的生长发育也会受到影响。一般海拔在 700 m 以下，春季出耳的菌袋较适宜的制作时间为 1～3 月；秋季出耳的菌袋较适宜的制作时间为 9 月。海拔高于 700 m 的地区春季栽培可延迟到 4 月中下旬，秋季栽培则可提前至 8 月中旬。当然，不能一味地以海拔来确定栽培季节，而是要根据当地以往的栽培经验和气候条件因地而异科学地选择。若有特别好的温湿度控制条件和设施的，可以一年多季栽培或进行周年栽培。

（二）菌种准备

黑木耳菌丝体同其他食用菌的菌丝体相比，菌丝较细弱，对外界抵抗力弱，这就对代料栽培黑木耳的品种提出较高的要求。在段木生产上表现良好的品种，不一定适宜代料栽培使用。因此，代料栽培黑木耳要选择菌丝浓密、粗壮有力，分解能力强，适应性广，抗杂菌能力强，生长速度快，出耳早，产量高，品质优等性状优良的品种。

（三）培养料准备

1. 原料选择 栽培原料是黑木耳生长的物质基础，黑木耳的产量与原料的种类和配比有密切的关系。在选择、配制培养料时，能否做到选料精良、配制合理，对黑木耳栽培的成败、产量的高低、质量的优劣，起着至关重要的作用。

能够用来栽培黑木耳的原料很多，但必须选用干净、无霉变的。除了松、柏、杉等富含芳香族化合物的树种之外，凡是富含木质素、纤维素、半纤维素的棉籽壳、玉米芯、棉秆、豆秸等农副产品下脚料均可用来栽培黑木耳。在原料选择上，要本着因地制宜、就地取材、廉价易得、择优

利用的原则进行，并注意多种原料的混合搭配，一方面可以保证原料的营养全面，另一方面可以降低原料的成本。

2. 原料配比的原则

第一，要保证培养料的营养丰富、全面。

第二，符合黑木耳生长的碳氮比要求。

第三，原料的通透性要好。

第四，含有角质硬皮、硬壳的原料，要通过粉碎、碾压破坏它的原有物理性状。

3. 培养料配方

配方 1：木屑 78%，麸皮 20%，石膏 1%，糖 1%。

配方 2：木屑 86.5%，麸皮或米糠 10%，豆饼 2%，石膏 1%，石灰 0.5%。

配方 3：棉籽壳 78%，麸皮 20%，石膏 1%，糖 1%。

配方 4：棉籽壳 40%，木屑 38%，麸皮 20%，石膏 1%，糖 1%。

配方 5：玉米芯 40%，木屑 48.5%，米糠或麸皮 10%，石膏 1%，石灰 0.5%。

配方 6：玉米芯 56.5%，木屑 30%，麸皮 10%，豆饼 2%，石灰 0.5%，石膏 1%。

配方 7：豆秸 30%，木屑 58%，麸皮 10%，豆粉 1%，石膏 0.5%，石灰 0.5%。

4. 培养料配制 按选择配方和灭菌的容量计算，准确称量当天应配制的各种原料。人工拌料时，先把麸皮、玉米粉、石膏等辅料混合干拌均匀后，再与木屑等主料干拌均匀，同时将石灰、磷酸二氢钾等微量添加剂溶于水制成溶液，再洒入干料中拌匀。拌料时，料水比多为 1:（1.0～1.3）。但适宜的加水量需根据木屑干湿程度、配料时天气情况适当增减，木屑干燥、晴天风天要适当多加水，木屑湿润、阴天雨天要适当少加水。如果是采用拌料机拌料，要先将干料放入拌料机内搅拌均匀后，再加水搅拌。拌好的培养料应该达到：各种原料混合均匀、干湿均匀、酸碱度均匀。培养料含水量 55%～60%，散碎无块，手紧握成团，落地即

散，pH 7 ～ 8。

（1）培养料配制原则

第一，拌料力求均匀。配制培养料时，不管是用拌料机拌料，还是人工拌料，生手最好是先将所有的原料按配方比例称量好，先在干燥状态下搅拌均匀，再按配方比例称重加水。

第二，严格控制含水量。配料时应严格掌握培养料内的含水量，一般适宜的含水量应控制在55%～60%。含水量是关键因素之一，培养料含水量过高或过低，黑木耳菌丝都不能正常生长。在加水这个环节上，比较容易被人们忽视的是在计算加水量的时候，要考虑干物质本身13%～14%的含水量。完全风干后的原料加水比例一般为1：（1.2～1.3），若原料自身含水量偏高，则应降低加水比例。有经验的栽培者也可用感官测定含水量是否适宜。原料加水混拌好后稍停一段时间，用手握原料能成团，用力握手指缝中见水而不下滴，松开后稍一抖动原料团又能散开，这时含水量较适宜，否则不是太高就是太低。

第三，培养料的酸碱度要适宜。黑木耳培养料的酸碱度，混配好后应略微偏碱一些。在灭菌和菌丝发育过程中，pH 会降低，原料会向偏酸范围变化，若拌料时原料偏酸则后期酸性更强，对菌丝生长不利，且易导致杂菌发生。培养料拌好后，一定要测量 pH。有条件的最好使用 pH 测试仪准确测量。没有 pH 测试仪的，必须用广泛 pH 试纸。正常情况下，按所给配方要求配制，拌匀后 pH 应在7～8，只要不添加石灰过量，pH 不会大于8，灭菌后正好适合黑木耳菌丝体生长所需。如果测量培养料 pH 小于7，可以用石灰进行调整。

第四，严防污染源混入。选择的原料要干燥、干净、无霉变，拌料时也可加入 0.1% 的高锰酸钾以防杂菌污染。

第五，培养料拌好后尽快装袋灭菌，不宜停放太久，最好不要过夜。

（2）培养料配制注意事项

第一，在各个环节都要严格按照操作规程进行，按照要求对每一项都要认真检查、测试，避免出现不必要的损失。

第二，严格按照配方中每种原料的比例称重。

第三，培养料中不能有干料块。

（四）菌袋制作

1. 料袋选择　在生产实践中，应根据灭菌方式和出耳方式考虑塑料袋的材质和规格。

（1）根据灭菌方式选择塑料袋的材质　高压灭菌的一定要选择聚丙烯塑料袋，这种袋子透明度好，材质较脆，低温条件下易破损，但它能耐 126 ℃ 的高温和 1.5 kg/cm² 的高压。低压聚乙烯塑料袋在高温高压条件下就会融化粘连。如果是采用常压灭菌的则可以选择聚丙烯塑料袋或低压聚乙烯塑料袋。

（2）根据出耳方式选择塑料袋的规格　黑木耳的出耳方式受气候条件影响很大。气候冷凉干燥的北方地区，袋栽黑木耳能出 3～4 茬耳，可选用口径较粗的 17 cm×35 cm×（0.004～0.005）cm、18 cm×60 cm×（0.004～0.005）cm、20 cm×45 cm×（0.004～0.005）cm 的几种塑料袋；而气候温热湿润的南方地区，袋栽黑木耳一般只能出 2～3 茬耳，选用口径较细的 15 cm×33 cm×（0.004～0.005）cm、15 cm×55 cm×（0.004～0.005）cm 的塑料袋较为适宜。

2. 装袋　装袋时可用装袋机装袋，也可人工装袋，装袋虚实要适中。装袋太实，袋内容易缺氧，影响菌丝生长；装袋太虚，袋内的培养料不易成形。适宜的松紧度应是用手指按压不留指窝，手握有弹性。装好的料袋口用塑料绳扎紧扎牢，绳头留成活结，以利于接种时操作。如果选择 60 cm 长的塑料袋，需要在袋壁打孔接种，就使用扎口机扎口，速度快，质量好。

另外，在装袋和搬运过程中要注意轻拿轻放，防止扎破或碰破塑料袋，发现塑料袋破损要及时粘贴密封或采取其他补救措施。

3. 灭菌　当天装好的料袋立即装锅，进行灭菌，不宜过夜。若不得已延长了装袋时间，则要添加石灰将培养料的pH调高，防止酸败。灭菌分为高压灭菌和常压灭菌两种形式。

（1）高压灭菌　温度高、时间短、效果好。灭菌时，根据使用塑料袋规格大小，要求到压后维持150～180 min。高压灭菌过程中还要注意将高压蒸汽灭菌锅内冷空气一定要排除干净，避免因锅体内冷空气放不完而影响灭菌效果。

（2）常压灭菌特点　近年来黑木耳生产上常用的有简易常压灭菌灶、常压灭菌灶和专用蒸汽发生炉等，其中使用专用蒸汽发生炉进行灭菌最为广泛。

常压灭菌灶内料袋的摆放不宜太密实，袋与袋之间一定要留有间隙，作为蒸汽流动的通道。灭菌开始时尽量大火猛攻，争取使灶内料袋温度尽快上升到100 ℃，最底层料袋中心温度上升到100 ℃时，根据所用料袋的规格大小维持12～18 h。灭菌期间不能停火，也不能掉温，否则要重新计时。烧火中间要注意勤补热水，一次补水量不要太多，防止灶内温度骤然下降影响灭菌效果。

4. 接种　接种是袋栽黑木耳非常关键的技术环节，接种质量的好坏将直接影响菌袋的成功率。接种的方式有接种箱内接种和接种室内接种等。

（1）接种箱内接种　采用接种箱接种时，先将冷却好的料袋放入接种箱，再将所用菌种、接种工具、用具、消毒物品一同放进箱内，按每立方米空间用5g气雾消毒剂的剂量点燃密闭熏蒸30 min后开始接种。

（2）接种室内接种　接种室内接种的消毒方法与箱内相同，但室内接种时要密闭门窗，减少空气流动。袋栽黑木耳多采用一端单点或两端接种方式，接种时2～3人合作，其中一人负责解开袋口，另一人将菌种迅速放入袋口，立即将袋口扎好。采用60 cm长的塑料袋，也可以一侧单行打3～4个孔进行接种。接种后，迅速套上一层0.001 cm厚的外套袋，保湿防杂。接种操作时每隔30 min用消毒大王或金星消毒液对操作区上方空气喷雾消毒一次。接种过程要求操作快速、准确，确保接种质量。

（3）接种注意事项

第一，做好接种前环境的消毒工作，接种箱要搬到室外，放太阳下暴晒1天，然后进行空箱熏蒸；接种室要在使用前72 h内进行药物熏蒸和紫外线照射30 min双重消毒一次。

第二，要做好接种人员的清洁卫生，接种要穿消过毒的工作服，特别是不要留长指甲，不戴首饰，避免划破菌袋。

第三，严格进行手臂和器械的消毒，手臂要用75％的酒精擦拭消毒；接种器械使用前，最好是进行灭菌处理，使用时用75％的酒精或来苏儿擦拭消毒。

第四，在接种室接种，不要喧哗，不要来回走动，减少室内空气流动。每隔半小时要进行药物喷洒等空气消毒，打孔工具灼烧灭菌，器械、手臂等也要同时进行擦拭消毒。

5. 发菌管理　菌袋培养得好，将来出耳产量高、品质好；菌袋培养得不好，将来出耳产量低、品质差。如果菌袋在培养阶段发热受损，后期可能还会导致不出耳。

在这一阶段，要抓住两个关键：一是及时拣出污染菌袋，进行处理；二是要控制好温度，特别是菌袋内部的温度。该阶段管理的重点在控制温度，及时拣出被杂菌污染的菌袋，保持良好的通风和黑暗条件。在温度控制上，要坚持做到对菌袋内的温度进行经常性的观测，特别是菌垛中间菌袋的温度。在具体操作中，要求在每垛中间插一个温度计，经常进行观察，以便及时掌握菌袋内温度的变化。因为菌丝生长产生的呼吸热容易积累，使菌袋内温度过高，就会造成烧菌，这一点千万要引起重视。

接好菌种的菌袋要尽快移送到培养室进入发菌管理。培养室要求干净、干燥、黑暗、保温、保湿、通风性能好。菌袋进房前，培养室要先打扫干净，并用硫黄熏蒸消毒一次。培养室内最好使用分层式培养架，不但可以增加房间的利用率，还能有效地防止菌袋排放过密，发热烧菌。没有培养架时可在地面铺一层彩条布或其他隔湿保温物,将菌袋袋口相对顺码摆成 2～4 排,堆高 8～10 层。排与排之间留 60 cm 左右宽的走道,以便于检查菌袋发育情况。

发菌期要求菌袋内的温度要保持在 24 ℃左右、空气相对湿度 70% 以下,暗光,通风良好。菌袋培育过程通常分为以下三个主要阶段:

(1)菌丝萌发定植期 接种后的菌袋,第 1～3 天为菌种萌发期,接入菌袋的菌种开始萌发长出白色菌丝。第 4～6 天为定植期,萌发的菌丝体开始向培养料中生长(图 7-8-34)。此时菌袋内部温度一般都会比室温低 1～3 ℃,室温可控制在 28～30 ℃,以提高菌袋温度,创造适宜黑木耳菌丝体萌发定植的最佳温度。这一时期,一般不通风,更不要翻动菌袋。若室温低于 23 ℃,需要采取加温措施;棚室堆垛发菌的,可在菌袋上覆盖塑料薄膜或保温被提高袋温。若室温高于 30 ℃,需及时通风降温。经过 6 天的培养,接种穴周围可看到白色绒毛状菌丝已进入培养料,说明菌种已萌发定植。

图 7-8-34　菌种萌发吃料

(2)菌丝生长发育期

1)接种后 7～10 天　黑木耳菌丝向接种穴四周蔓延生长 1 cm 左右,菌落直径可达 3～5 cm(图 7-8-35)。此时,使用外套袋的可将外套袋的扎口绳解开放松袋口,以增加通气量,促进菌丝快速生长。这时的菌袋温度要比室温低 1～2 ℃,室温可控制在 26～28 ℃,早晚通风一次,每次 20～30 min,同时进行第一次翻堆检查。发现感染杂菌的菌袋应立即拣出并用药液处理,以后每隔

7～10 天翻堆一次。

图 7-8-35　菌丝在培养料中生长

2)接种后 11～15 天　黑木耳菌丝已开始旺盛生长,在培养料内蔓延生长达 2～3 cm,菌落直径 5～8 cm,使用外套袋的可去掉外套袋的扎口绳,松开袋口,增氧发菌。此时,菌袋温度与室温基本相当或略高 1～2 ℃,控制室温在 24 ℃左右,以保温为主,加强通风,进行第二次翻堆。

3)接种后 16～20 天　黑木耳菌丝大量增殖,菌丝代谢旺盛,接种穴口处菌落直径达 8～10 cm。袋温比室温高 2～3 ℃,室温可控制在 22～23 ℃,适当通风,保温为主。采用外套袋的菌袋,应脱去外套袋(图 7-8-36),防止菌袋内氧气不足。此后,要随时测量袋温。袋温过高时,可采用电风扇排风,加强通风,确保袋温不超过 27 ℃。

图 7-8-36　脱去外套袋的菌袋

木腐菌生产技术

4）接种后 21～30 天　此时接种穴与接种穴之间菌落已经相连，逐渐长满全袋。这段时间，菌袋温度高于室温 5～8 ℃，管理上应注意加强通风、散热降温。正常情况下，经 40～50 天的养菌管理，黑木耳菌丝即可长满菌袋。发菌阶段是控制黑木耳菌袋成品率的关键时期，应做好以下三方面的工作：

①预防杂菌污染。空气中的许多种杂菌都异常活跃，接种后 5 天内的菌袋非常容易被杂菌污染。因此，接种后的 5 天内不要翻动菌袋，第 6 天进行第一次翻袋，检查有无杂菌。在翻袋前及每天通风后喷洒 50～100 倍的金星消毒液，直到第 15 天结束。

②控制温度严防烧菌。发菌后期，菌丝体生长量迅速增大，天气长期闷热、翻堆后关闭门窗，不注意通风，很容易引起菌袋升温，引发烧菌。故在管理上应勤开门窗通风换气，降低堆高，疏散菌袋。室温超过 30 ℃不翻堆，随时观察温度变化，及时采取降温措施。

③根据发生杂菌类别采取不同措施。绿霉是黑木耳生产的大敌，应早发现、早隔离。根据绿霉污染的程度区别对待：接种穴菌落在 8 cm 以内，多穴感染的视为报废袋处理，整袋只有一两处感染的可先干净彻底地将接种穴挖掉，并用 100 倍的克霉灵拌木屑填平，再用胶带封口；接种穴菌落生长已经超过 8 cm 又感染绿霉的，可将感病菌袋放在低温处让黑木耳菌丝体自行慢慢生长。黄曲霉在发菌前期危害大，尤其在黑木耳菌丝未定植或刚定植（菌落直径不超过 4 cm）发生感染的，做报废处理。链孢霉是黑木耳发菌期需要特别注意的，一旦发现被链孢霉感染的菌袋，要立即隔离，并对耳场进行消毒处理，以防传染。总的来说，高温高湿有利于杂菌的繁殖生长，而低温条件下有利于黑木耳菌丝生长，不利于杂菌生长。当杂菌发生时，降低培养室温度、加强通风换气能有效地抑制杂菌的传播。

6.菌袋后熟处理　从外观上看菌丝已经长满

袋，但并没有完全发透培养料时，不要急于划口出耳。这样的菌袋需要继续养菌 7～10 天，使菌袋彻底发透，菌丝充分成熟，否则会影响黑木耳的产量和品质。这一时期的管理要点是：培养室温度控制在 24～26 ℃，空气相对湿度 80% 左右，增加光照刺激，加强通风，以促进黑木耳菌丝从营养生长向生殖生长转化。最好在菌袋上有星点的耳基形成时，运往出耳场划口管理出耳。

（五）出耳场地的选择

1. 出耳场地　根据黑木耳子实体生长发育所需外界环境条件的要求，出耳场地宜选择地势平坦、通风条件良好、排灌方便的地块。

2. 出耳大棚　黑木耳吊袋栽培就是将菌袋吊挂在出耳架的铁丝、绳子上进行出耳管理。在出耳场内选择场地顺风向建设日光温室、塑料大棚。这类棚室必须足够坚固，平均每平方米大棚吊挂菌袋 70～80 袋，重约 200 kg。一个可以吊挂 30 000 袋的棚室长 30 m，宽 8～12 m，棚脊高 2.8～3.5 m，两侧肩高 1.8～2 m。棚内框架上放置若干横杆，每两根为一组，间距 25～30 cm，吊袋绳就绑在横杆上。组与组之间留 60～70 cm 的通道。在每条通道上下各铺设 1 条雾化微喷管。

（六）出耳管理

1. 菌袋划口　将长满菌丝的菌袋，先用 0.1% 的高锰酸钾水溶液浸蘸消毒，再用锋利的小刀或刀片在菌袋四周划出耳口。划口的形状有"X"字形、"V"字形（图 7-8-37）。以"V"字形口为好，"V"开口朝向上方，刀口长 2 cm。近些年，随着黑木耳栽培规模的迅速扩大和劳动力工价的不断提高，机械刺口出耳成为主流。机械刺口也是对菌袋的周身进行刺口，形状以"）"形和"一"字形为主，以小"一"字形口为好。每个菌袋划口的多少应根据选用塑料袋的规格大小来决定，一般 15 cm×35 cm 的菌袋四周划口 6～8 个，间距 5～7cm；17 cm×60 cm 的菌袋四周划口 14～16 个，间距 2 cm 左右，其他大规格的菌袋相应增加划口数量。

图 7-8-37　菌袋上"V"字形出耳口

图 7-8-38　菌袋划口处显现耳基

2. 菌袋吊挂　菌袋划口后,根据菌袋大小不同,分别进行吊袋作业。

(1)短袋吊挂　是在棚内承重横杆上,每隔20~25 cm 按"品"字形系紧一组共三根塑料绳,并将底部打结,离地面 30~50 cm。然后把已划口的菌袋袋口朝下夹在三根塑料绳中间,再用塑料卡扣或自制的两头带钩的铁丝钩扣在三根塑料绳上将菌袋固定好;按同样方法将第二个菌袋固定在第一个菌袋上方,袋与袋之间距离 10~20 cm;以此类推,每组绳子可立体吊挂 8 个菌袋。每串吊袋之间应按"品"字形排列,间距不能少于 25 cm。最后,将每组吊绳底部用绳连接在一起,防止通风时菌袋随风摇晃,相互碰撞造成耳芽脱落,还利于通风,防止产生畸形木耳,提高产量。

(2)长袋吊挂　用绳子将菌袋串起来,每根绳串 4~5 袋,吊挂在棚内承重横杆上。袋与袋之间距离不宜少于 20 cm,串与串之间距离不少于25 cm。菌袋离地面 20~30 cm。每 3~4 行,留出 50~60 cm 作业道。

3. 催耳管理　黑木耳菌袋划口吊袋至耳基形成需要 7~10 天。这一时期,以保温、保湿为主,适量通风,通风量不宜太大。喷水最好能用喷雾器喷成雾状水,保持耳棚空气相对湿度达到 85%左右,控制耳棚内气温在 18~22 ℃,适当增加光照,但光照不宜太强。5~7 天可见出耳口处开始变黑,逐渐显现耳基(图 7-8-38);耳棚内空气相对湿度达到 90%以上,增加通风量,2~3 天后

即可见到划口处形成黑木耳耳芽。

4. 育耳管理

(1)幼耳期　黑木耳从颗粒状的耳芽到耳片开始分化需要 5~8 天。此期仍以保湿为主,适量通风,并给予适量的散射光。控制耳棚温度在20 ℃左右,每天喷水 1~2 次,保持空气相对湿度在 85%~95%,促使耳芽迅速长大并逐步分化形成耳片(图 7-8-39)。

图 7-8-39　耳芽分化出耳片

(2)生长期　黑木耳从耳片分化到耳片长大成熟前需要 5~8 天。此期耳片生长旺盛(图 7-8-40),对水分、氧气的需求增加。为了获取优质的黑木耳产品,这时需要将耳棚温度降至 18 ℃左右,以减缓其生长发育速度。加强通风的同时增加雾化喷水量,每天喷水 2~3 次,保持空气相对湿度在 80%~95%,人为拉大干湿差,创造干干

湿湿、干湿交替的生长环境，使黑木耳子实体在干（图7-8-41）湿（图7-8-42）交替的环境中发育长大。

图7-8-40 耳片旺盛生长

图7-8-41 耳片干干湿湿"干"的标准

图7-8-42 耳片干干湿湿"湿"的标准

（3）成熟期 随着耳片的不断生长，黑木耳逐渐发育成熟，当耳片充分展开、在腹面上能见到白色绒毛时，表明黑木耳已进入成熟期，要及时采收。

5. 出耳管理注意事项 出耳期是黑木耳获得优质高产的关键时期，科学地调控耳场的水、温、光、气，最大限度地满足黑木耳子实体生长的需求。出耳管理要特别注意以下几点：

第一，必须使用干净卫生的水，最好选用井水。有条件的在管道上加上过滤网，效果更好。

第二，科学调控耳场水、温、光、气。春季栽培时出耳的时间一般在4～6月，早春气温低，黑木耳子实体生长慢，耳场管理以增温、保湿为主，促进黑木耳子实体快速生长。进入5月中旬以后，气温回升较快，此期要以降温、保湿为主，防止耳场高温、高湿。当耳场气温超过25 ℃时，应加强通风，加厚遮阳物，中午当气温超过28 ℃时，要减少喷水量；温度超过30 ℃时，停止喷水，让耳片干燥，气温低时再喷水，防止因高温、高湿引起烂耳或杂菌滋生蔓延。

第三，高温期间除搞好水、温、光、气管理外，还要勤检查黑木耳子实体的发育状况，发现有个别耳穴处有杂菌污染时，及时用75%酒精或用10%浓石灰水涂抹处理。

第四，整个出耳期都要搞好耳场周围的环境卫生，严防耳场周围有污染源，发现有不洁之物要及时清除。

第五，加强通风，保证耳场空气清新。

（七）适时采收

当耳片发育成熟时要及时采收，防止黑木耳过度成熟而发生烂耳。采收前，停水1～2天，加强通风，使耳片稍干，耳根收缩，耳片收边后（图7-8-43），选择晴天的上午进行采收。采摘时用手捏着耳根稍加摇动，将耳片采下。

图 7-8-43　适宜采收的耳片

采摘耳片一定要把耳基采尽，不能留下耳基残茬，防止残留耳基溃烂后感染杂菌。袋栽黑木耳和段木黑木耳一样需要勤采，预防流耳。

（八）采后管理

黑木耳采收后，停水养菌 5 ~ 7 天，使菌丝恢复后再进行第二茬耳的管理。管理得当，可采耳 3 ~ 4 茬。

三、立体层架栽培模式

黑木耳立体层架栽培和立体吊挂栽培都实现了立体多层，充分利用了空间。不同的是立体吊挂栽培的黑木耳菌袋在出耳期是用绳子串挂，垂吊起来出耳，而立体层架栽培的黑木耳菌袋在出耳期则是摆放在事先搭建好的层架上出耳。

（一）菌袋制作

黑木耳立体层架栽培中的栽培季节、菌种准备、培养料准备、菌袋制作等环节均可参考本节"塑料袋立体吊挂栽培模式"的相关内容进行。下文主要介绍菌袋制作之后的技术措施。

（二）出耳层架的搭建

选通风、向阳、水源好、环境卫生、地面平整、排灌方便的地方搭建耳棚。棚架脊高 200 cm，边高 180 cm，宽 270 cm，中间留走道宽 70 cm，两边各设 100 cm 宽的出耳层架，长度以栽培袋数量多少而定。出耳架共 6 层，每层相隔 20 cm，底层

距地面 25 cm。用于大袋栽培的出耳层架可以是两根平行度相距 25 ~ 30 cm 的钢管或竹竿（图 7-8-44）；用于小袋栽培的出耳层架则必须是平板（图 7-8-45）。棚上覆盖薄膜，用于温度低时保温保湿和防雨。在耳棚上方 100 cm 高的地方及四周搭遮阳网，创造弱光、阴凉、通风性能好的环境。

图 7-8-44　大袋栽培用的立体层架

图 7-8-45　小袋栽培用的立体层架

（三）菌袋划口

黑木耳菌棒经过一段时间的后熟管理，即可进行划口出耳。由于小孔出耳模式的单耳率高，商品性状好，不流耳，产品更符合国内外市场的要求；采摘时不带木屑，采后容易处理，采摘后出耳口可继续转茬出耳，转茬快、营养利用充分。因此，采用专用工具或机器划小"一"字形出耳口最好，可参考黑木耳"塑料袋立体吊挂栽培模式"的相关内容进行。

木腐菌生产技术

（四）菌袋上架

划好口的菌袋摆放于层架上。短袋可以竖直排放于层架上，袋与袋间距 7～10 cm，或者将菌袋口朝下直接插在出耳架上，摆放时还需要注意，尽量使出耳口避开层架杆，以免影响正常出耳；长袋则需要横卧于层架杆上（图 7-8-46），袋距 20 cm。每个出耳棚内的菌袋必须在 1～2 天内全部摆齐。

图 7-8-46　长袋横卧摆放出耳

（五）催耳管理

菌袋催耳期管理方法可参考本节"塑料袋立体吊挂栽培模式"的相关内容进行。

（六）子实体生长期管理

黑木耳是喜湿性食用菌，水分需求量大。水分管理是黑木耳子实体生长期管理的核心。温、水、光的协调管理是黑木耳高产优质的有效措施。

1. 温度　黑木耳子实体生长期保持棚温15～25 ℃为宜。若自然环境过低，则可在棚上面覆盖草苫用来保温。南方高温地区需要遮阳降温，临时搭建荫棚或覆盖遮阳网。

2. 水分　黑木耳子实体生长阶段水分管理尤为重要，生产上要多采用微喷带和微喷管等雾化喷水措施进行"见干见湿，干湿交替"的水分管理。

黑木耳菌袋经催耳管理，耳芽长到黄豆大小时，将空气相对湿度由 88%～94% 降至83%～90%，人为增湿使耳片边沿始终呈湿润状态。直到五成熟时，再拉大湿度差，使空气相对

湿度保持在 75%～94%。管理方面可采用早晚喷水、中午断水，使耳片呈白天干边，停止生长，夜晚湿边，促使生长，干干湿湿，直到采收。

3. 光照　黑木耳出耳阶段给予适量的散射光照会使耳片更黑，品质更好。立体层架栽培黑木耳的棚架上采用遮阳网覆盖遮光，创造四分阳六分阴的光照条件。

（七）采收及干制

早春晚秋栽培出耳可待耳片连体（图 7-8-47），大量弹射孢子时采收，晚春、早秋、夏季育耳，可在耳片变薄时立即采收。采收前提前 1 天停水。选晴天早上采收，采大留小，尽量不要伤到培养料；采收后的木耳，基部朝下摆在竹筛上晾晒，晒干后用透明塑料袋密封包装防潮，外套编织袋保护塑料袋。

图 7-8-47　接近成熟的黑木耳子实体

（八）后茬耳管理

首茬采收后停水 5～7 天，停水期间，每袋根据采收后袋体破坏情况，原出耳处袋体与培养料脱离，可在原口附近再划一"V"字形口；外界气温较高时，育二茬耳每袋可再均匀加割 3～4 个"V"字形口，以增大出耳密度，喷水增湿与首茬耳相同。

四、东北地区短袋地栽黑木耳生产模式

黑木耳革命性的栽培模式——全光间歇弥雾栽培，加上小孔栽培技术，实现了代料栽培的轻简化，使得黑木耳产业不断地向前发展，实现了"北

耳南扩"产业发展战略,形成了以东北为代表的小孔短袋全光间歇弥雾栽培模式。

(一)地栽春耳栽培技术

1. 栽培季节 东北地区在立春前后的冬闲季节开始制作栽培袋,整个栽培周期跨越冬末、春季和夏初,由于经历了整个春季故称为春栽。在东北的不同地区存在无霜期的差别,它直接影响着黑木耳栽培季节的选择。无霜期长的地区可以进行两季栽培;无霜期短的地区,生育期积温太低,仅能完成一季栽培。

以吉林、黑龙江主产区为例,一般栽培种制作在 11 月下旬至翌年 1 月上中旬,栽培袋制作时间为 1 月下旬至 3 月上旬。经过 45 ～ 60 天菌丝长满菌袋,再经过 15 ～ 20 天后熟后,根据当地当年气候条件于 4 月末至 5 月上旬的日均气温稳定在 13 ℃左右时,及时开口、下地、催芽、摆袋,6 月上中旬采收第一茬黑木耳,可以采收 3 茬以上。

春栽黑木耳要经历冬春两季低温,生产上要围绕保温开展工作。具有东北地区标志性的栽培环节"催芽"就是针对春季低温条件施行保温措施,能有效地促使黑木耳原基和子实体的形成。在子实体形成期间外界温度逐步升高,昼夜温差逐渐减小,当子实体形成后,刚好赶上适宜的温度,黑木耳子实体完全可以靠自然气温生长发育。这项措施,不但使春季头茬耳大大提前,而且低温季节催芽还能有效地减少黑木耳菌袋杂菌污染的概率。

2. 品种选择

(1)根据生育期选择适宜品种 黑木耳的生育期是指接种翌日起至第一茬耳成熟采收为止的时间,以天为单位。以耳片充分展开,较少部分耳片腹面出现白色粉状物(孢子粉)时,为黑木耳子实体成熟标准。东北短袋栽培的品种对黑木耳的生育期划分为:生育期小于 90 天的是早熟型品种,生育期在 90 ～ 100 天的是中熟型品种,生育期大于 100 天的是晚熟型品种。

早熟型品种适宜的栽培季节和栽培地区相对较

为广泛。无霜期长的地区,可以充分利用其早熟性进行一年两季栽培。无霜期短的地区,在春栽中可以提早上市抢占市场,又可以在秋栽中采收更多的茬次,收获更高的产量,也可以在秋季延后栽培中获取好的效益。

中熟型品种,栽培季节的灵活性低于早熟品种。中熟型品种更适宜无霜期短的区域,采用三连季栽培,春栽时辅以保温措施使头茬耳在进入暑伏季节前完成采收,暑伏季节进行"放养"延长转茬时间,之后开始秋栽。适时接种、划口和催芽,确保其生育期处于最佳栽培季节,提高黑木耳的产量和品质。

晚熟型品种,适宜春栽,晚熟型品种产量集中在第一茬次,为了保证黑木耳子实体生育期处于最佳的栽培季节,春栽菌袋要提前制作,保证黑木耳菌丝有足够长的生育期和足量的积温,顺季适时出耳。

(2)根据商品性状选择适宜品种

1)单耳率 小孔出耳的黑木耳多为单片耳,商品性状备受消费者青睐。不同的品种采用小孔出耳法出耳,往往会表现出不同的农艺性状,这与品种的特性有关。

簇生型品种耳基比重小、朵片数少,对小孔出耳的不同孔径规格适用范围广;菊花型品种单耳率低于簇生型品种,菊花型品种需要对小孔出耳的规格进行优化。

2)干制品外观 黑木耳干制产品的外观因品种而异,主要表现在耳片腹背面的颜色差异。对外观品种的选择要针对不同消费者的要求。从腹背面颜色看,干制后簇生型品种背面呈灰褐色或灰色,腹背面差异明显;菊花型品种背面呈褐色,腹背面差异低于簇生型品种。

综上,黑木耳的品种选择要根据不同的地理位置、不同的栽培条件以及不同的生产目的综合考虑。品种确定后,还要深入地了解所用品种的特性,再根据其品种特性精心安排生产季节、配套良好的栽培条件,实现黑木耳栽培的高产高效。

3. 培养料配方与配制

（1）常用配方

配方1：阔叶树木屑86.5%，麸皮或米糠10%，豆饼2%，石膏1%，石灰0.5%。

配方2：阔叶树木屑77%，麸皮或米糠20%，豆饼2%，石膏0.5%，石灰0.5%。

配方3：玉米芯40%，木屑48.5%，麸皮或米糠10%，石灰0.5%，石膏1%。

配方4：玉米芯56.5%，木屑30%，麸皮10%，豆饼2%，石灰0.5%，石膏1%。

配方5：豆秸20%，木屑66%，米糠12%，石灰1%，石膏1%。

配方6：豆秸30%，木屑58%，麸皮10%，豆饼1%，石灰0.5%，石膏0.5%。

以上配方的含水量均在58%±2%。

（2）配制　把木屑、玉米芯、豆秸等主料过筛，剔除小木片及其他异物，并提前预湿，以防装袋时扎破料袋。麸皮、石灰、石膏等辅料一定选用干燥、无霉、无虫蛀的优质材料。按照生产配方称取木屑等主料平摊在地上，再将辅料均匀撒在主料上，用人工或拌料机将干料搅拌混匀，然后按1：（1.2～1.3）的料水比加入自来水，搅拌均匀。控制培养料含水量在60%左右，pH在7左右为宜，堆闷30 min后装袋。

4. 装袋　料袋选用33～35 cm×17～20 cm×0.004 cm的聚乙烯塑料袋，装料前检查菌袋的质量。每袋装湿料1.2～1.3 kg，料袋高21～22 cm，用手工或装袋机装袋，袋口余6～7 cm时停装，压平袋内料面，收拢袋口扎牢。松紧度以手拿无指印，料面不松动，袋面无皱褶，光滑为标准。手工装袋用木棒在料袋的中间扎一个接种眼至料袋的底部，然后收拢料袋口。

封口的方法主要有三种：①袋口边沿向内收，用一根光滑的塑料棒将袋口折回挤压塞进料袋中央的接种孔；②袋口收拢，套上颈圈，用塑料盖或棉塞封口；③装料至袋口6～8 cm处，用手将袋口捏着拧转2～3圈，袋口朝下倒置灭菌。

5. 灭菌　装好的黑木耳料袋要尽快放入高压灭菌锅灭菌或进行常压灭菌。

（1）高压灭菌　将装好袋的培养袋装入高压灭菌锅内，在1.5 kg/cm² 压力下保持1～1.5 h；在1.4 kg/cm² 压力下保持1.5～2 h；在1.2 kg/cm² 压力下保持3.5～4 h方能灭菌彻底。灭菌压力和维持时间因灭菌物体的容积、介质不同而有区别。

注意：高压灭菌一定要彻底排除高压灭菌锅内冷空气，否则会出现"假升压现象"。还要掌握"进气慢，排气缓"的原则。

（2）常压灭菌　将装好的料袋摆放到常压灭菌灶上，盖好棉被。开始大火猛烧，力求使灭菌锅内底层料袋中心温度在4 h内达到100 ℃，开始计时。锅内温度严格控制在100～103 ℃维持12～16 h，停火，再利用灶内余热闷2 h以上，才能达到灭菌效果。整个灭菌过程要始终保持水的沸腾，注意补充锅内水量，防止干锅。

6. 接种

（1）接种室准备　接种前，将灭菌冷却后温度降到30 ℃左右的料袋移入接种室，将接种工具包括镊子、酒精灯、脱脂棉、接种针、火柴、记号笔等物品都放入接种室。烟雾消毒剂烟雾熏蒸12 h，打开门窗，排除有害气体后，进行接种。随着科学技术的发展，现在多采用臭氧灭菌。臭氧氧化能力强、安全、无毒、无残留，杀菌效果好；臭氧散去快，还可以分解成氧气，对人体伤害较小。用臭氧灭菌需要打开臭氧机1.5～2 h后关机，待臭氧散去，即可接种。

（2）接种　接种的方法主要有红外灯下接种、离子风接种、超净工作台接种和接种箱接种等。

接种操作3～4人为一组，分工明确，密切合作。操作人员带上乳胶手套，点燃酒精灯，用75%酒精擦拭手套、工具，接种锄、镊子蘸95%酒精后在酒精灯外焰烧灼并冷却后备用。1号操作人员一手拿黑木耳菌种在酒精灯火焰上方打开瓶（袋）口，另一手取接种锄再次蘸95%酒精后在酒精灯外焰烧灼并冷却后，伸进菌种瓶（袋）内，将菌种表面的老化菌丝和老的接种块清除干净备用。2号操作人员取一袋待接种的料袋，拔出袋中间预放的塑料棒。此时，1号操作人员快速用镊子或接种锄等接种工具取出适量菌种迅速接入料袋中间的接种孔内，速度越快越好。3号操作人员立即用准备好的棉塞塞紧袋口。接着进行第二袋接种，接好菌种的菌袋由4号操作人员以筐为单位或以袋为单位搬下操作台。一般一瓶（袋）菌种可接种料袋40～50个。

接种期间应注意：

第一，接种工具应勤过火灭菌，每接完一瓶原种都应该用酒精棉擦拭后在火焰上灼烧一次。

第二，每隔半小时，要用来苏儿药液对作业区空间喷雾消毒一次。

第三，操作人员分工合作，尽量少走动。

7. 菌袋培养　生产实践中，菌袋培养期间不需要光照。在黑暗条件下培养，黑木耳菌丝体生长得更好。接种后7～10天培养室温度以26～28 ℃为宜，初始温度略高于适温范围有利于菌丝复活、定植，并降低污染率。10天后，控制培养室温度在25～27 ℃，虽然菌丝生长慢些，但可培养成健壮的菌丝，提高产量。15天后，室温降至25 ℃左右。培养室内空气相对湿度控制在50%～60%。在统筹温度和湿度的前提下，加强通风换气，保持室内空气新鲜，促进菌丝快速生长。每周翻堆（或倒架）一次，防止烧菌和发生后期污染。当菌丝生长到2/3袋时，将室温降至22 ℃左右，使菌丝生长更加健壮。当菌丝长满袋时，将室温降至20 ℃左右，继续培养10～15天，使菌丝由营养生长转入生殖生长，多积累养分，为黑木耳子实体良好生长发育、获得高产提供物质保证。

培养过程中要经常检查菌丝生长发育情况，如发现有杂菌污染，应及时清除处理。

8. 整床　场地宜选择避风向阳、地势平坦、靠近水源的地方。先起8 cm左右高畦、整平，畦床的宽度根据覆盖的草苫长度而定。畦床长度不限，

畦床之间留80 cm作业道。使用前再把畦床用水浇透，同时，对场地进行全面消毒后开始摆袋。

9. 催芽　黑木耳菌袋完成菌丝后熟后，达到生理成熟，就可以划口，进行催芽管理。催芽方式主要有室内集中催芽、室外集中催芽和室外直接摆袋催芽三种。

（1）室内集中催芽　是采用室内或大棚进行催芽的方式，头茬采耳时间可以提前15天以上，提高春耳的质量和产量，并可延长秋耳的采收时间，增加产量。

菌袋经消毒处理、划口后立式摆放在室内床架或床面上，袋间距5 cm。前4～5天，控制室内温度为20～25 ℃，促进菌丝的恢复，待开口处菌丝变白封口后，可将温度降至20 ℃以下。夜间通风，加大昼夜温差，促进耳基形成。空气相对湿度开始时控制在70%～75%，之后逐渐提高至80%以上。

（2）室外集中催芽　是利用草苫、塑料薄膜及微喷等设备集中打造适宜出耳的畦床条件，促使耳芽快速形成。将菌袋消毒处理、开口后，摆在铺好薄膜的畦床上，袋间距2～3 cm，每平方米摆放45～50袋。在菌袋上面覆盖塑料薄膜后覆盖草苫或遮阳网，畦床两头及床边每隔4～5 m设通风口。在催芽期间，畦床温度控制在15～24 ℃，温度超过24 ℃时应揭开塑料薄膜通风。薄膜下空气相对湿度控制在80%～90%。经10～15天即可形成黑木耳原基。

（3）室外直接摆袋催芽　是适合低洼地块、林下栽培和高温高湿季节的秋季栽培。将菌袋消毒处理后，用开口机给菌袋开口，摆在铺好薄膜的畦床上，袋间距10～12 cm。覆盖草苫或遮阳网。每天向草苫上喷水，菌袋间隙空气相对湿度控制在80%～85%，温度控制在25 ℃以下，温度超过28 ℃时，可通过浇水和加盖草苫降温。10～15天后，划口处黑线突起，形成耳基。

10. 出耳管理

（1）子实体形成初期　由划口到形成珊瑚

状的黑线,这个时期主要是保湿,做到草苫潮湿但不要滴水,期间畦床内空气相对湿度要控制在85%～95%,温度控制在10～25℃,以18～23℃为宜。空气相对湿度在80%～85%。2～3天后,在早晚无风时将草苫掀起,抖去积存水珠,给菌袋短时吹风,只要温度不超过25℃,无须天天通风。

(2)子实体分化期 即耳芽期,由原基形成珊瑚状耳基,耳基形成后,给予一定的温度、湿度、温差及通风等条件,慢慢分化。分化期的管理和耳基形成初期管理基本相同,这阶段就像庄稼"蹲苗"一样。当黑木耳耳基长至直径1 cm大小的圆球以后,将菌袋进行分床处理。按每平方米22～25袋摆放,撤去塑料薄膜和草苫。向地面上轻喷勤喷雾状水,或向过道浇水,空气相对湿度85%～90%,但决不允许有大的水滴进入划口处。5～7天后进入下一阶段。

分床管理方法如下:继续保持床面、草苫湿润。湿度不够,可向草苫喷雾状水,使帘子湿润不滴水,切忌直接向菌袋喷水。因为幼嫩的耳芽吸水过多会使细胞膨胀破裂,导致感染。床温超过25℃时,加盖一层草苫遮阳降温保湿。待原基长至1～1.5 cm时,适当加大通风量,每次1～2 h,间隔2～3天一次。可在清晨和傍晚卷起草苫两端,从床侧面加强通风。草苫过厚或遇到连续阴雨天,早晚可以揭开草帘通风透光。

全光栽培,分床后晒2～3天,再开始喷水。菌袋内温度15～25℃时是适宜喷水时间。袋温低于15℃时,不宜喷水,否则耳片不能生长,还会造成烂耳。喷水还要做到轻喷、勤喷,每半小时左右喷一次,每次喷3～5 min,以每个耳片都湿透为准。

(3)子实体生长期 子实体生长期即从开片到子实体成熟,为7～10天。当球状的黑木耳子实体直径超过1 cm以后,边缘分化出许多个小耳片,并逐渐向外伸展,划口处已被子实体彻底封严。

这期间耳芽生长较快,几天后便长成"鸡冠""碗形"等耳片(图7-8-48)。这一时期,需保持畦床温度在15～25℃,空气相对湿度90%～95%。随着耳片的不断长大,应逐渐加大喷水量,并加强通风换气。高湿度、强通风为黑木耳子实体迅速成长提供所需的条件。

图7-8-48 成熟黑木耳子实体群体

需要注意的是:

第一,此阶段空气相对湿度控制得比较高,不通过强通风降湿增氧,容易引起流耳等病害的发生。

第二,在水分的管理上,要遵循"干长菌丝,湿长木耳"的规律,采用"干干湿湿"的管理方法。白天床内湿度小,傍晚和清晨喷水提湿,便出现干湿交替,利于黑木耳正常生长。傍晚喷一次雾状水;翌日早晨向草苫再喷一次水。

第三,这个时期如果采用全光管理,白天间隔1～2 h浇水5～10 min,以耳片湿润不收边为准,切不可喷重水或过头水。喷水要喷雾状水。

11. 采收 当耳片逐渐长大、平展,边缘平滑整齐,达到七八成熟时,及时采收。

12. 栽培技术特点 该模式栽培技术成熟、发菌期好管理、产量高。此外,它不争农时,完全可以利用农闲时间制菌、发菌。但是,由于春季栽培黑木耳的采收期处在6月下旬至7月上旬,采收后期气温高,昼夜温差小,所以采收的黑木耳易出现颜色黄、耳片薄、流耳及其他病虫害。

(二)地栽秋耳栽培技术

地栽秋耳栽培技术的品种选择、培养料配方与配制、装袋、整床等环节可参照本节"地栽春耳栽培技术"的相关内容进行。

1. 栽培季节 东北地区的秋栽黑木耳适宜在无霜期在 120～150 天的地区进行。由于下地排场出耳的时间在立秋前，子实体形成在秋季，所以称为秋栽。

一般早熟品种 4 月中下旬生产菌种，6 月上中旬生产栽培袋；中晚熟品种 3 月开始生产菌种，5 月生产栽培袋。7 月下旬至 8 月上旬下地摆袋出耳，9 月下旬开始采收。采收茬次各地不同，初霜期较早的地区，可采收 1～2 茬。初霜期较晚的地区，可采收 2～3 茬。为了提高产量，借助基础设施，将栽培袋生产时间尽量往前提，避免发菌期赶上高温雨季，温度不易控制，容易造成烧菌现象，还会使出耳期提前，延长出耳期。

2. 灭菌冷却 培养料灭菌不彻底，是引发发菌期和出耳期污染的主要原因之一，特别是秋耳生产。料袋装锅不要太紧，要留有一定空隙，保证蒸汽流畅，以达到更好的灭菌效果。常压灭菌时，前几小时火力一定要猛，蒸汽要足，使锅内温度在 4 h 内使底部料袋中心温度达到 100 ℃，维持 12～16 h，停火闷锅。灭好菌的料袋不要急于出锅，袋温自然降至 70 ℃以下时，出锅运至事先消毒处理过的干净清洁的冷却室冷却降温。高压灭菌一定要彻底排除高压灭菌锅内的冷空气，否则会出现"假升压现象"。掌握进气慢、排气缓的原则，防止涨袋。在 1.5 kg/cm² 的蒸汽压力下，灭菌 2.5～3 h，灭菌后的料袋置于冷却室自然冷却。

3. 接种 当料袋温度冷却到 30 ℃左右时，进行抢温接种，更利于黑木耳菌丝萌发生长，以减少杂菌污染的机会。秋耳制袋时，外界温度较高，杂菌活动频繁，所以应选用接种箱接种或超净工作台接种。

在接种前先用来苏儿水溶液把毛巾蘸湿、拧干。用湿润且不滴水的毛巾擦拭接种箱。先将待接种的料袋放入接种箱内，再用 75% 酒精棉球将菌种瓶（袋）外壁擦拭消毒后，放入接种箱内。然后

每立方米用 4 g 菇宝消毒粉点燃熏蒸消毒，同时打开紫外线灯照射 30 min 后开始接种。接种时，操作人员双手戴乳胶手套，用配好的来苏儿水溶液擦洗后伸进接种箱。点燃酒精灯，用 75% 酒精擦拭接种钩。然后，接种钩蘸 95% 酒精后，在酒精灯上过火烧灼灭菌。冷却后，用钩子将菌种表面菌丝和老的接种块清理干净，再将菌种弄碎。在酒精灯上方的无菌区内，将菌种扒进料袋，并均匀地覆盖料面。秋栽制袋温度较高，杂菌污染率会较高，所以用种量也要适当增加，一瓶 500 mL 的菌种可接 30～50 个栽培袋，以利于黑木耳菌种抢先占领料面，减少杂菌污染的机会。

4. 菌袋培养 秋耳菌袋的培养室用前要进行消毒。如果是旧的培养室，先用石灰水粉刷墙壁，把培养架和架板用高锰酸钾水溶液洗刷后放阳光下暴晒，直到完全干燥。然后对培养室用菇宝等杀菌剂交叉消毒。

养菌时，根据黑木耳菌丝生长对温度的要求，掌握"前高后低"的原则。接种后 3 天内，将培养室的温度保持在 28～30 ℃，不通风，使刚接种的菌丝迅速萌发、定植。第 4～15 天，保持温度在 25～28 ℃，使黑木耳菌丝快速生长封盖料面，减少杂菌污染机会。培养室的空气相对湿度宜保持在 50%～60%。接种 15 天后，黑木耳菌丝生长量大大增加，应加大早晚通风量，将培养室的温度降到 22～24 ℃，利用菌丝自身的代谢活动产生的热量维持菌袋温度 24～26 ℃，保持菌丝快速健壮生长。培养室的空气相对湿度要低于春耳，宜保持在 45%～50%。当菌丝快发到袋底时，再把温度降至 20 ℃，使黑木耳菌丝在较低温度下生长更加健壮。菌袋培养后期，袋温容易升高，必要时适当疏散菌袋，更利于控制菌袋温度。

5. 催芽管理 秋耳催芽有一个很好的条件，此时昼夜温差小，早晚结成浓厚的雾层，湿度比较大，空气流畅新鲜，既保湿度，又保温度，最适合黑木耳发育，所以白天摆的袋到晚间必须把草苫掀下来，早晨再把它盖上。但是这个季节多晴多雨

木腐菌生产技术

的变化较多，如果碰到雨天可以马上把草苫掀下来，如果掀得不及时，草苫没有灭菌，气温高，湿度大，内部高度缺氧，对菌丝生长、子实体形成，都会产生抑制作用，雨水通过草苫滴入刀口，就会发生杂菌；若二氧化碳浓度过大时，就会导致黑木耳死亡。开口方式同春耳栽培，主要以小孔栽培为主，孔径为 0.4 ～ 0.6 cm，孔深 0.5 cm，孔间距为 1.5 ～ 2 cm，划口后耳芽 7 ～ 8 天即可形成并封住划口线。

6. 出耳管理　秋耳出耳芽后，根据当地气候条件，进行喷水管理，阴雨天少喷水或不喷水，晴天正常管理。随着气温逐渐降低，喷水规律也应随之改变，采用上午和中午温度高时喷水，喷水量也随之减少，空气相对湿度保持在 85% ～ 90%，耳片不干边即可。

7. 采收　当耳片逐渐长大、平展，边缘平滑整齐，达到七八成熟时，及时采收。

8. 栽培技术特点　秋耳栽培制袋温度相对较高，菌丝满袋时间较春耳短，发菌时注意通风降温，可省去春栽催芽环节。子实体形成期间，温度逐渐降低，昼夜温差逐步加大，因此子实体形成时间慢于春栽。采收期气温低，昼夜温差大，耳片厚，颜色黑，无病虫害，品质更优，其市场价格是春耳的 2 ～ 3 倍。

（三）越冬耳栽培技术

越冬耳栽培技术的品种选择、培养料配方与配制等环节可参照本节"地栽春耳栽培技术"的相关内容进行。

1. 栽培季节　越冬耳即春秋连作越冬栽培的黑木耳，5 ～ 6 月生产菌种，7 ～ 8 月高温季节生产栽培袋，在室内、室外控温养菌。9 月中下旬划口（小孔）集中催芽，出耳后盖塑料薄膜、草苫过冬，翌年化冻后分床进行出耳管理，耳片直径长至 3 ～ 5 cm 要及时采收，6 月中旬采收结束。秋耳菌袋越冬后春季摆放采收的黑木耳也是越冬耳。

2. 装袋、灭菌　塑料袋规格选用 17 cm×35 cm×0.005 cm 的聚乙烯袋，采用机械装袋，装料高度

为 20 cm 左右，每袋重 1.1 ～ 1.2 kg，装料时要求上下松紧一致，料面平整，无散料，塑料袋无褶皱。灭菌方式采用常压灭菌，100 ℃条件下保持 12 ～ 16 h。要求灭菌锅内的料袋摆放不要过于紧密，冷空气必须排尽，灭菌结束后自然冷却。

3. 接种与培养　菌袋冷却到 30 ℃左右时，在无菌环境下将原种接入料袋中，具体操作接种方法与春、秋耳相同。菌袋培养方法与秋耳栽培相同。

4. 催芽管理　一般情况下 8 月末至 9 月初给菌袋划口，每个菌袋划口 120 ～ 150 个。催芽管理与秋耳栽培相同；9 月中下旬划口或刺小孔的，催芽管理与春耳栽培相同。

5. 越冬管理　进入晚秋，耳芽基本形成，但随着气温降低，黑木耳子实体逐渐停止生长，进入休眠阶段，这时就应该进行越冬管理。

首先在催好耳芽的菌袋上面覆盖塑料薄膜，可起到提温保湿的作用；接着在塑料薄膜上再覆盖草苫保温。北方地区冬季气温较低，不用过多关注通风问题。等到春季气温回升后，注意菌袋的保湿和通风。

6. 分床　春季气温回升化冻后，根据耳片大小采取相应的管理措施。耳片直径小于 1 cm 的，应撤掉塑料薄膜，将耳片喷湿，再将覆盖的草苫喷水保湿，待耳片直径长至 2 cm 以上时再分床。分床方法与春耳栽培相同，但分床后的菌袋间距可为 6 ～ 8 cm，节省土地又利于保温。菌袋间距过大，风大不利于保温，易成边片或成朵，影响品质。

7. 浇水管理　分床后，覆盖草苫，早晚各喷水 1 次，保持耳片、草苫潮湿。4 ～ 5 天后掀掉草苫晒干耳片，然后再将耳片喷水湿透，覆盖草苫喷水保湿。如此干干湿湿循环管理，直至耳片展开。日最高气温稳定在 15 ℃以上时，即可撤掉草苫，与春耳栽培一样进行全光管理。

8. 采收　越冬耳一般会在 5 月初开始采收，采收方法同春耳。当黑木耳展片后直径为 3 ～ 5 cm 时，就要及时采收。采收后继续喷水管理，共可采收 2 ～ 3 茬耳。

9.栽培技术特点　越冬耳栽培是高温季节制袋，利用自然温度发菌，比春耳栽培省近半燃料；越冬黑木耳产量高、质量优、口感好；病虫害发生率低，不需使用除草剂、杀虫剂和杀菌剂，可有效保证黑木耳品质。

（四）三连季栽培技术

三连季栽培是东北地区无霜期短的区域只在冬春低温季节制备栽培袋，气温回升后催芽出耳。子实体的生长、收获经历春、夏、秋三个季节，实际上就是春茬的菌袋多茬出耳直至秋季的初霜期。无霜期短的区域，栽培季节受终霜期的限制，终霜期结束后再下地出耳，则头茬耳采收已经是相对高温的季节了，菌袋营养的消耗很大，秋耳的产量偏低。菌袋的主要产量集中在头茬，但品质较差。

无霜期短的地区合理安排栽培时间，辅以较好的设备设施和有效的管理措施，提前下地进行催芽，使黑木耳子实体的采摘期提前，进而提高产品的质量；高温季节水分管理采取控水措施，尽量利用夏天雨季的自然降水，进行"放养"，延长黑木耳的转茬周期。待到昼夜温差逐步加大时，调控水分促进子实体形成，提高秋耳产量，增加经济效益。这种生产模式生产周期长，要选用耐风化的聚乙烯塑料袋。三连季栽培技术品种选择及栽培技术可参照本节"地栽春耳栽培技术"的相关内容进行。

五、南方地区长袋地栽黑木耳生产模式

东北黑木耳产区地域大、纬度高、气温低、出耳时间长，以短袋、连季生产模式为主，而南方则正好相反，采用全光间歇弥雾栽培模式，加上小孔栽培技术，形成了以浙江为代表的小孔长袋全光间歇弥雾栽培模式。

南方地区长袋地栽黑木耳生产模式的出耳管理可参照本节"东北地区短袋地栽黑木耳生产模式"的相关内容进行。

（一）栽培季节

浙江等南方地区的长袋栽培生产工艺成熟，辐射至南方多数主产区。由于南方地区温度偏高且雨水充足，很容易形成高温高湿的环境，病虫害高发，尤以流耳现象严重。因此尽可能避免在高温季节栽培黑木耳，适宜秋冬季栽培。浙江等南方地区一般6～7月制作栽培种，8月上旬至9月下旬制作栽培袋，10月中旬至11月中旬排场出耳。生产上应根据所在区域的海拔高度，栽培场所小气候及生产设施设备的不同选择具体的生产日期，把出耳采收期安排在当年秋冬季和翌年春季。

（二）品种选择

浙江等南方地区无霜期显著长于北方地区，因此理论上生育期各异的品种在该地区适应性更强。而高温高湿引起的流耳问题是南方地区黑木耳栽培面临的主要问题，因此，要熟练掌握黑木耳生长发育规律，安排不同生育期品种的子实体成熟期避过高温高湿的季节，以降低流耳等问题。另外，可以交错安排生育期不同的品种在无霜期内进行黑木耳栽培。利用生育期短的品种进行春栽，在进入雨季前进行采收。秋冬栽培选择的品种根据采收时间有所侧重，早、中熟型品种可在当年和翌年采收。

（三）菌袋选择

浙江等南方地区，栽培周期长，无霜期长，采用长袋栽培，多选用15 cm×55 cm×0.005 cm的聚乙烯栽培袋。

（四）培养料配方和配制方法

1. 常用的培养料配方

（1）木屑培养料　阔叶树木屑86.5%，米糠或麸皮10%，豆粕1.5%，石灰1%，石膏1%，含水量58%±2%。

（2）木屑棉籽壳培养料　阔叶树木屑63%，棉籽壳15%，麸皮20%，石灰1%，石膏1%，含水量58%±2%。

（3）棉籽壳培养料　棉籽壳78%，麸皮20%，石灰1%，石膏1%，含水量58%±2%。

2. 配制方法　黑木耳培养料配制要做到"三均匀一充分"，即原料混合均匀、含水量均匀、pH均匀，原料吸水要充分。培养料配制数量大时，

拌料均匀和含水量的掌握尤为重要，含水量掌握在58%±2%。

（五）装袋

培养料拌好后立即装袋，不及时装袋，培养料易酸败。装料要松紧适度，以利于保水透气。一般采用装袋机完成，装料扎口后每袋湿料1.6～1.7 kg。

（六）灭菌、冷却

装袋后及时进锅灭菌。采用高压灭菌的，126 ℃条件下灭菌2～3 h。

一般采用常压灭菌方法，要求100 ℃条件下维持12～16 h。出锅后及时将料袋运到已经消毒处理好的冷却场地进行冷却。

（七）接种

无菌观念要贯彻于整个接种操作流程，以求减少污染，提高菌袋成功率。

长袋栽培的接种与香菇菌袋接种方法类似，不解袋口，在袋身打孔接种。在一个菌袋上沿一条直线纵向单行打4个接种孔，然后，立即将菌种塞入接种孔封口，塞严塞实，并略高于料袋平面1～2 mm，每个菌袋接种量30～50 g。接好菌种的菌袋迅速套上一层0.002 cm厚的外套袋保湿防杂，保证菌种成活率，降低污染率。

（八）菌袋培养

1. 温度　黑木耳代料栽培适宜进行变温管理发菌，以提高黑木耳的菌袋质量。所谓变温管理发菌就是按照前高后低的规律控温发菌。接种后的7～10天，为保菌袋温度不过分下降，需保持26～28 ℃利于黑木耳菌丝定植。10～25天的发菌中期需将室温降到22～24 ℃，室温与菌袋温度基本一致。26～40天的发菌后期要将室温降到18～20 ℃，使室温低于袋温，促使菌袋温度逐渐降低，室温过高时，可以进行通风来保持温度在适宜范围内。利用低温进行菌袋的后熟处理，使菌丝更加健壮，以利于后期出耳。

为了更好地掌握发菌室温度的变化，一般要在发菌室培养架不同高度、不同位置挂上温度计，方便进行观测。

2. 湿度　发菌期间，可以结合通风换气和在地上洒水等措施将发菌室内的空气相对湿度控制在50%～60%，以满足黑木耳发菌期间对空气相对湿度的要求。

3. 光照　黑木耳菌丝生长发育不需要光照，最好完全黑暗或遮光进行暗培养。菌丝长满袋后，可以给光促使原基的形成，进入出耳阶段。

4. 空气　黑木耳是典型的好氧性真菌，新鲜的空气是维持黑木耳菌丝正常代谢的基础，所以发菌阶段需要经常通风换气，增加室内的氧气含量，同时降低二氧化碳和有害气体的含量，以维持菌丝的正常生长。另外，发菌期间的通风换气还能起到为菌袋散热，防烧袋的作用。

5. 其他管理

（1）检查菌袋　菌袋接种7天后做首次检查，检出菌种未成活或被杂菌污染的菌袋。其中污染程度较轻的菌袋，杂菌菌落零星分布未大面积扩散，而且黑木耳菌丝经定植成活的，可以进行隔离培养，后期黑木耳菌丝表现出其优势，可以出耳。污染程度较轻的菌袋，发现一个剔除一个。并且还要注意在将杂菌污染的菌袋移出培养室时，动作幅度要轻，防止杂菌孢子四处飞散。

（2）脱去外袋　南方地区，栽培季节温度偏高，菌种萌发定植后，黑木耳菌丝会快速生长而产生大量的呼吸热和废气，导致袋温升高、菌丝缺氧，出现高温烧菌现象。所以，当相邻接种点菌落相连，即应脱下外套袋以利于散热增氧。高海拔地区气温相对较低，可适当推迟脱外袋时间，在长满袋时，再脱下外套袋。

（九）后熟（困菌）管理

黑木耳菌丝长满袋需要45～60天。待菌丝满袋后，可将发菌温度调低3～5 ℃再继续培养1～2周，这个过程称为困菌或菌袋后熟。其目的是让前期快速生长的黑木耳菌丝放慢生长速度，积累更多养分，为后期出耳做准备，这一过程类似于农作物栽培中的低温"炼苗"。困菌阶段要结合温度、湿度、通风管理，增加散射光，刺激黑木耳原基的形成，为菌袋下地出耳做准备。

（十）菌袋划口

黑木耳菌袋经过后熟阶段的管理，菌袋已经达到生理成熟，就可进行划口出耳。小孔出耳采用专用工具或机器划口，单耳率高，商品性状好，采摘时不易带木屑，采后容易处理，较"V"字形口出耳模式能更有效地减少流耳的发生。

（十一）菌袋催耳

长袋栽培模式直接排场出耳，事先造好的高畦床经消毒杀虫后，铺上地布或稻草。用竹竿或铁丝搭建纵向 3 排、高 25 ～ 30 cm、行距 40 ～ 50 cm 的支架，菌袋与地面成 60° ～ 70° 角斜靠在支架上，均匀排列，间距 10 ～ 15 cm。为了保证耳芽发生整齐，催芽时还应在畦床上方修建小拱棚，覆盖塑料薄膜和遮阳网，防止高温、强光和阴雨季节的影响。

催耳期间，要保持床面空气相对湿度在 85％ 左右，温度控制在 15 ～ 25 ℃，以 18 ～ 23 ℃为宜。白天阳光较好，棚内温度会上升，可掀开覆盖物，通风降温，防止高温烧菌和杂菌滋生，并视情况适量喷水增湿，以菌袋水珠挂壁为宜。当划口处黑色原基封住口时，可以结束催芽进行分床排场出耳。分床时间依据当地实际气候条件具体确定。分床过早，温度偏低不利于保温，生长缓慢；分床过晚，耳芽或耳片粘连，且床内氧气含量低易引起烂耳，造成损失。

（姚方杰　杜适普）

第九章　银耳

　　银耳是我国著名的食药兼用真菌，是我国最早开展人工栽培的食用菌种类之一，1880 年前后，四川通江银耳栽培就已初具规模。现代科技的进步揭开了银耳与香灰菌伴生的秘密，使银耳栽培技术取得突出的进展；银耳的多种保健功效被发掘利用，使银耳栽培焕发出新的生机。

第一节
概述

一、分类地位

　　银耳隶属真菌界、担子菌门、蘑菇亚门、银耳纲、银耳目、银耳科、银耳属。

　　拉丁学名：*Tremella fuciformis* Berk.。

　　中文别名：雪耳。

　　野生银耳分布于亚热带，也有分布于热带、温带和寒带地区的，较集中的地区包括亚洲东部、美洲东部和南美的巴西等地。我国野生银耳（图 7-9-1）自然分布于内蒙古、陕西、四川、云南、贵州等地，在晚春至秋末，子实体单生或群生于阔叶树腐木及栎树上。

图 7-9-1　野生银耳

二、营养价值与经济价值

银耳是一种营养价值较高的食用菌和药用菌，是我国久负盛名的滋补品和筵席珍品。它营养丰富，富含胶质，含有蛋白质、脂肪、碳水化合物、粗纤维、无机盐和多种维生素等营养成分，据测定 100 g 银耳干品中含有粗蛋白质 7.6 g，氨基酸 7.54 g，粗纤维 1.3 g，铁 11.1 mg，钙 132 mg，磷 288.2 mg。银耳所含化学成分比较复杂，主要可分为 3 大类，即多糖类、脂类和蛋白类（酶、蛋白质、氨基酸）。此外有无机盐、B 族维生素等。

近年来，国内外学者对银耳的主要活性成分——银耳多糖进行了大量研究，表明银耳多糖具有广泛的药理作用，是一种较好的保健食品。银耳中含有丰富的银耳多糖，从银耳中提取出的银耳多糖具有抗肿瘤、抗肝炎和突变，降低血糖，促干扰素诱生，促进骨髓造血机能提高的作用。适用于肿瘤病人放（化）疗和其他原因引起的白细胞减少症状，以及慢性肝炎和各类型糖尿病的辅助治疗。

三、发展历程

杨新美先生在 1942—1944 年间，采用孢子弹射分离获得孢子种并在壳斗科段木上经过 3 年的田间人工孢子悬浮液的接种对比试验，获得了显著的增产效果，银耳最高可增产 20 倍，研究成果属国际首创。

清道光十六年 (1836 年)，陈河腹地九湾十八包的山民尝试银耳人工培育。清同治四年 (1865 年)，通江县诺水流域开始大规模人工生产木耳，其间有较多银耳产出。随着人们对银耳认识的逐步加深，银耳栽培技术日益提高，特别是在经历了银耳菌种制备技术的飞跃和突破，银耳栽培技术迅速发展。

黄年来等人研究认为，按照接种物的不同，银耳生产栽培大体上经历了 3 个主要的阶段，即天然孢子接种阶段（1880—1940 年前后）；银耳孢子液，即酵母状分生孢子悬浮液接种阶段（1940—1970 年）；菌丝接种阶段（1957 年至今），这一阶段按照培养料和容器的不同，划分为段木栽培、瓶栽和袋栽三种方式。罗信昌等认为银耳栽培大体经历了三个阶段，即砍树栽培、段木栽培、代料栽培。

四、区域布局

我国是世界上银耳产量最大的国家，传统银耳产地以福建和四川通江为主，近年来山东、江苏、江西、河南、安徽、湖南、湖北等地，银耳生产均有不同规模的发展。现在四川、贵州、陕西、湖北、浙江和福建等地的山区是银耳的主要生产区。

据统计，我国银耳年产量约 30 万 t，折合干耳 2.8 万 t，产值约 18 亿元。福建是我国银耳生产最大的省份，2012 年福建古田栽培银耳规模达 3.68 亿袋，产量达 28 万 t，占全国总产量的 90% 以上。产地集中在闽中沿鹫峰山和戴云山脉的山区，古田、屏南、建阳、闽清、永泰等县（区）市，其中古田县年产量占全国总产量的 80%，被誉为中国银耳之乡。"古田银耳" 1995 年获第二届中国农业博览会金奖，2004 年被国家质监总局授予 "中华人民共和国地理标志保护产品"。四川银耳产区，主要集中在大巴山地区的通江县涪阳、诺水河和沙溪等 22 个乡镇，主要采用段木栽培。成都平原周边有少量银耳栽培。

五、发展前景

随着人们对银耳认识的逐步深入和保健意识的加强，银耳的提高机体免疫力、抗氧化、抗癌、润肺、美容、抗溃疡、抗血栓形成、降血糖和血脂等保健功效以及银耳对于降低灰霾污染对人体伤害潜力逐步被发掘出来，银耳产品的市场需求日益扩大。过去银耳限于广东、江苏、浙江南方诸省消费，如今遍及大江南北，成为全国城乡亿万百姓餐桌上的大众化菜肴，产品需求增加，销量不断扩大。

当前我国银耳产品的精深加工深入开展，品种不断增加，主要围绕银耳多糖的提取以及添加制备成化妆品、保健品、药品。市场上常见银耳罐头、饮料、冲剂、饼干、果冻、银耳保健口服液等食品以及银耳保湿霜等化妆品；近年来各地又相继开发了银耳大曲、银耳软糖、压缩银耳、银耳茶、银耳羹、银耳冲剂、银耳香槟和银耳通便降脂胶囊等产品，可以预计，在不久的将来，越来越多的银耳产品将会逐步被开发出来。

为顺应市场的需求，银耳的生产模式也逐步发展。生产栽培从粗放逐步向精准方向发展，由利用自然条件的栽培向人工控温控湿的方向发展，由简单设施向工厂化精确控制的方向发展，栽培技术日益成熟，银耳代料、段木栽培周年生产已初具雏形，栽培区域不断扩大。

我国是银耳生产和出口大国，过去的 100 多年，主要是针对银耳制种技术和栽培技术的研究，对遗传学、生态学、育种技术和保藏方法等的研究还比较薄弱。随着银耳产业的发展，研究与生产实践之间的矛盾日益明显，加强银耳基础研究力度，保持银耳产业的健康发展，已经成为我们迫切的任务。

第二节
生物学特性

一、形态特征

银耳为二态型真菌，生活史中有芽孢、菌丝体和子实体 3 种形态。

新鲜的银耳子实体纯白色或略带黄色，半透明，胶质，柔软，丛生或单生；由许多薄而波卷状褶的瓣片丛集成鸡冠状、牡丹状、菊花状或绣球状等。

银耳子实体瓣片不分叉或顶部分叉，表面光滑，富有弹性；直径 5～16 cm 或更大，基蒂黄色至淡橘黄色或黄褐色；子实层遍生瓣片；担子椭圆或近圆形，被纵隔分割为 4 个细胞，每个细胞长出一个担子梗，担子梗上端再生一个担孢子。子实体干时收缩成角质，硬而脆，白色或米黄色。

成熟的耳片横切面可分为三层：子实层、疏松中层、子实层。子实层分别位于银耳耳片的上、下两面，由担子、侧丝组成致密层带；疏松中层位于子实层之间，由双核菌丝组成的疏松层带。

成熟子实体的瓣片表面有一层白色或米黄色的粉末状担孢子，大小为 5～7μm×4～6μm，呈卵圆形。担子卵球形或近球形，"十"字形垂直或稍斜分割成四个细胞（也称下担子），每个细胞上生一个细长的柄（也称上担子），每一个担子上生一个担子梗，担子梗上端再生一个担孢子。担孢子成堆时白色，在显微镜下无色透明，卵球形或卵形，大小为 6～6.4μm×7.5～8μm，有小尖。担孢子产生芽管，萌发成菌丝或以出芽方式产生酵母状分生孢子。在芽殖过程中，分生孢子越来越多，但孢子越来越小，分生孢子较难萌发产生菌丝。

银耳担孢子萌发形成菌丝或以芽殖方式产生

酵母状分生孢子。银耳孢子（担孢子和节孢子）在 PDA 培养基上为乳白色、半透明、黏糊状、边缘整齐、表面光滑的酵母状芽孢菌落，即银耳孢子菌落。随着培养时间的延长，其菌落不断扩展和加厚，从乳白色半透明变成淡黄色不透明以至成土黄色。在一般情况下，银耳担孢子繁殖而来的孢子，不易萌发生长出菌丝，而节孢子繁殖而来的孢子芽孢，较易萌发生长出菌丝。银耳担孢子瓜子形，中间无隔，大小较为均匀；银耳的芽孢有瓜子形、酵母形、鼓腿形、鸡蛋形，以酵母形占绝大多数，大小相差较大。

银耳菌丝白色，气生菌丝直立或平贴在培养基表面，短而密，为多细胞分枝分隔的菌丝，有锁状联合，直径 $1.5 \sim 3 \mu m$。由担孢子萌发形成单核菌丝，不同性别单核菌丝结合后形成双核菌丝。菌丝呈灰白色，极细，能在木材或各种代料培养基上蔓延生长，吸收和疏松养分，并在适宜的条件下形成子实体。在普通培养基上，适宜条件下，菌丝会出现白色绒球状的菌丝团，俗称白毛团，逐渐出现一圈紧贴于培养基的晕环，有水珠状的液体，开始为透明液珠，逐渐浓稠，变为黄褐色，最后胶质化。菌丝分为单核菌丝、双核菌丝和结实性双核菌丝等；单核菌丝每个细胞中含有一个细胞核，双核菌丝每个细胞中含有两个细胞核，结实性双核菌丝可产生子实体并易胶质化。

电镜下银耳菌丝直径为 $1 \sim 4 \mu m$，有许多明显的突起结构，膨大结构和扭曲缠绕程度比较明显，没有发现菌丝的横隔结构，吸器结构明显可见，呈椭圆球状结构，与菌丝连接部位呈细柄状，宽 $1 \mu m$ 左右，吸器结构大小 $2 \mu m \times 4 \mu m$ 左右。

香灰菌菌丝初期灰白色，直径 $0.5 \sim 2 \mu m$，细长且直，分枝少且层次比较稀疏清晰，略呈羽毛状，无锁状联合，在斜面上生长极快，爬壁能力较强，菌丝培养时间延长后，菌丝变浅黄、浅棕，并分泌黑色的色素，培养基颜色变为黑色或墨绿色，培养基表面有碳质的黑疤。色素的形成与光线有关，光线强，色素形成快而深。

二、生态习性

（一）银耳是伴生菌协同完成生活史的典型代表

银耳不能直接利用纤维素、木质素和淀粉等大分子物质，在琼脂培养基上能正常生长，形成子实体；但在段木和木屑上则必须要有香灰菌的协同作用才能完成生活史。香灰菌可以帮助银耳分解木材，提供营养，把银耳菌丝无法直接利用的材料变成可被利用的营养成分，以利于银耳担孢子的萌发、菌丝的定植和子实体的生长发育。银耳与香灰菌胞外纤维素酶系，各组分有明显的协同作用，它们之间构成了一种很密切的共生关系，这是长期自然选择、进化的结果。

对于香灰菌与银耳相互作用机理及其分类地位等，还存在许多的争论。香灰菌可以使银耳菌丝稳定生长和延缓胶质化，且不同来源的香灰菌对营养物质的利用，存在显著的差异性。杨新美等人认为其为碳团菌属 *Hypoxylon* 的无性阶段，其学名初步鉴定为 *Gliocladium Virens*；臧穆将其发现的与银耳共同生长的香灰菌新种，定名为香灰拟锁担菌（*Filobasidiella xianghui jun* Zang）；也有人认为香灰菌不是单一的物种，可能隶属于碳团属和碳豆属，有 $3 \sim 4$ 个种，其中一种经鉴定初步认为是阿尔碳团（*Hypoxylon archeri*）。谢宝贵等人通过对 1 株香灰菌的 ITS 序列的分析，认为在 DNA 水平上，该香灰菌与 *Hypoxylon stygium* 很相似。香灰菌的分类地位，还有待进一步的研究。有人认为银耳是寄生在香灰菌上，臧穆认为香灰菌有吸器，为寄生菌，这些都有待进一步确认。

福建农林大学谢宝贵课题组通过对银耳伴生菌香灰菌的形态与分子生物学的分析，结果显示，香灰菌为碳团菌属的一个种，为 *Annulohypoxylon stygium (Hypoxylon stygium)*；利用同位素等研究证实，银耳可能是香灰菌的寄生菌，银耳不是从培养料中获取营养，而是从香灰菌细胞内获得营养（图 7-9-2）。

木腐菌生产技术

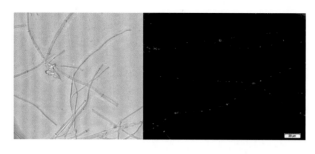

图 7-9-2　香灰菌菌丝及其荧光显微图片

（二）银耳具有二型态现象

真菌的二型态现象是指某些真菌在其生活史中，营养体可呈现出两种不同的细胞型态，即酵母型和菌丝型。银耳即是一种二型态食用担子菌，营养体能在环境或其他因素的影响下，在酵母型和菌丝型两种型态间发生可逆互变，无论单核菌丝或双核菌丝，只要受到环境条件的刺激，如受热、搅动、浸水都可以断裂成节孢子。刘娟等人研究结果显示，银耳纯菌丝在培养过程中或因外界环境因素的刺激，在其边缘处能形成单核或双核的酵母状节孢子。银耳节孢子直径略大于担孢子，担孢子为单核细胞，节孢子绝大多数为单核细胞，少数为双核细胞，菌丝体为双核细胞并具有典型的锁状联合结构。可亲和的担孢子或节孢子配对后长出萌发管，担孢子和节孢子在培养过程中能形成丝状的拉长形和链状的假丝形。总蛋白及同工酶电泳分析表明：菌丝型总蛋白谱带多于酵母型，过氧化物及酯酶与酵母型存在一定差异，而多酚氧化酶基本相同。因此，伴随银耳二型态细胞两种型态的转变，细胞代谢水平发生了相应变化。

三、生活史

银耳子实体成熟后，在每一个担子上产生 4 个担孢子。担孢子在适宜的条件下，萌发成单核菌丝。在单核菌丝生长发育的同时，相邻的、可亲和的单核菌丝相互结合，经质配，形成具有锁状联合的双核菌丝。随着双核菌丝的生长发育，达到生理成熟的双核菌丝，在培养基表面的扭结逐渐发育成白毛团并胶质化成银耳原基。原基在良好的营养和

适宜的环境条件下，不断生长发育，最后成为洁白的子实体。子实体成熟后，从子实层上弹射出担孢子，完成其生活史。

银耳的生活史较为复杂，包含一个有性生活周期和若干个无性生活周期。

（一）有性繁殖

值得注意的是，银耳在营养成分适宜的琼脂培养基上可以形成较小的子实体，但在培养料中，以上生活史的完成必须有香灰菌的共同作用。

（二）无性繁殖

银耳子实体组织或耳木里面的菌丝，有很强的生命力，具有无性繁殖的性能。在一定条件下，银耳担孢子或节孢子能反复芽殖，产生大量的酵母状分生孢子。分生孢子越来越多，越来越小，条件适宜时，酵母状担孢子和节孢子均萌发成单核多细胞菌丝，可亲和的担孢子或节孢子可融合生长形成萌发管，并按上述方式完成它的生活史（图7-9-3）。

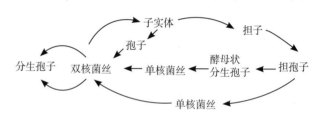

图 7-9-3　银耳生活史（黄年来）

四、营养

银耳自然生长是从枯死的阔叶树的木材中分解吸收营养物质。它没有绿叶素，不能进行光合作用，与香灰菌相互作用，营腐生生活方式。单独的银耳菌丝在含有多种养分的琼脂培养基上可以形成子实体，完成生活史，但不能分解纤维素和木质素等固体培养料。

银耳完成生活史，需要的营养条件包括适宜的碳源、氮源、矿质元素等，自然界中银耳生活史的完成对香灰菌具有较大的依赖性。

（一）碳源

银耳菌丝和酵母状的分生孢子能直接利用简单

的碳水化合物，如单糖和双糖，不能利用多糖。可同化葡萄糖、蔗糖、半乳糖、麦芽糖、甘露醇、木糖、纤维二糖、乙醇、醋酸钠等，不能同化乳糖、纤维素、可溶性淀粉、乙二醇、丙三醇等。在制备斜面培养基时，一般需要添加葡萄糖、麦芽糖、酵母浸膏、马铃薯等作为碳源。银耳菌丝不能直接利用纤维素、半纤维素、木质素和淀粉等大分子化合物，只有通过香灰菌菌丝，先将培养料中的大分子化合物分解为简单的小分子化合物，银耳菌丝才能利用。

香灰菌可利用的碳源较多，王玉万研究了香灰菌降解木质素和纤维素的能力，表明在香灰菌菌丝生长过程中，主要分解纤维素与半纤维素，而不会分解木质素，具有较高的纤维素酶、半纤维素酶及多酚氧化酶活性。杨新美发现银耳胞外纤维素酶系中，Cx 酶及 β-葡萄糖苷酶的活性很低，而香灰菌这两种酶的活性很高，银耳的 $C1$ 酶活性较高，伴生菌却几乎没有 $C1$ 酶的活性。经提取银耳、香灰菌以及银耳/香灰菌等三种物质胞外纤维素酶，研究它们对栎树木粉的分解能力，结果显示银耳/香灰菌胞外酶混合作用分解能力是对照的 5 倍，香灰菌次之，银耳的分解能力最弱。

银耳与香灰菌系统作用，可分解多种木材，彭彪等人研究了刨花楠、青冈栎、乌桕、盐肤木、柿树、拟赤杨木屑对银耳菌种和出耳的影响，结果显示 6 种树种都适合作银耳菌种（含银耳和香灰菌）的培养料，只是菌丝生长快慢、菌丝长势强弱、出耳快慢、产量高低、品质优劣上具有一定的差别，认为刨花楠是最好的银耳培养料原料，其次为青冈栎，再次为乌桕、盐肤木、柿树、拟赤杨。自然条件下，银耳生长的树种可超过 100 种，常见的青冈栎、枫香、乌桕、垂柳、榕树等树种均可作为银耳的碳源来源。

（二）氮源

氮源是供给银耳合成蛋白质和核酸的主要原料。银耳菌丝对氮源的利用，以有机态氮和铵态氮（硫酸铵）为最好，而硝态氮则难以利用。试验证

实能同化的氮源为有机氮，如蛋白胨、铵态氮如硫酸铵，不能同化硝态氮如硝酸钾等。伴生的香灰菌，可利用硫酸铵和硝酸钙等，但在以酵母粉、蛋白胨和麸皮为氮源的培养料上，长势较好。生产栽培中常用麸皮、豆粉等辅料作为氮源。香灰菌对酵母粉、麸皮和蛋白胨的利用较好，对硝态氮和铵态氮的利用较差。

（三）矿质元素

无机盐主要参与银耳细胞的合成，酶活调节，能量代谢，控制原生质胶体状态，维持细胞渗透性等过程。银耳生长发育需要的矿质元素有钙、硫、磷等，在培养料中加入适量的石膏粉、硫酸镁、过磷酸钙和磷酸二氢钾等，有助于菌丝和子实体的生长发育。但由于无机盐在水和常规天然培养物的木屑、棉籽壳中均有一定含量，因此在添加时一定要适量，切忌浓度过大，否则影响银耳生长。段木栽培时，一般采用适生树种，能为银耳生长发育提供较全面的营养。

此外香灰菌浸出液，对银耳菌丝体稳定生长、延缓其胶质化具有较好作用；添加了香灰菌浸出液的培养基，更适宜银耳菌丝体的稳定生长。

五、环境条件

银耳属于中温型菌类，但耐寒能力很强，自然气候春、秋两季生长；整个生长发育过程，需要适宜的温度和湿润的环境，以及充足的氧气；菌丝生长和子实体发育都需要一定的散射光，属于好氧、喜光的食用菌。

自然条件下，银耳一般生长在温暖湿润的亚热带、热带、温带地区。

（一）水分

水分是银耳生命活动的首要条件，也是银耳菌丝细胞的重要成分，新鲜银耳含水量 90% 以上。水可溶解培养料中的营养物质，输送养分，参与细胞内的生化反应。在细胞新陈代谢过程中，外界的营养物质只有溶解在水中，才能被细胞吸收。银耳

木腐菌生产技术

及香灰菌在生长过程中产生的代谢产物，也只有通过溶解在水中，才能排出细胞外。在生产栽培过程中，水能提供菌丝正常生长和子实体发育所需的湿润环境。

银耳生长发育所需的水分，绝大部分来自培养料。菌丝生长阶段，在一定的范围内，培养料偏干，有利于菌丝的生长蔓延；形成原基后，要求大量的水分和较高的空气相对湿度。水分过少，菌丝生长受阻，影响对营养物质的分解和吸收，导致出耳不正常；水分过多，则造成培养料通风不良，菌丝呼吸困难，生长纤弱。

银耳与香灰菌菌丝抗旱能力差异较大。银耳菌丝抗旱能力较强，长期干旱也不会死亡，但不耐水湿，长期浸水，部分银耳菌丝断裂为节孢子（菌落形态和酵母状分生孢子很相似）。香灰菌不耐干旱，需在潮湿条件下生长，长期干燥的环境中易死亡。因此，培养料含水量稍低些有利于银耳菌丝的蔓延。一般木屑等培养料，含水量以60%左右为宜；段木栽培时，木质的含水量以42%～47%为宜，树皮的含水量要达到44%～50%。

试验证明，银耳担孢子在蒸馏水中就能萌发，但比例极少，在水中或液体培养基中，绝大多数担孢子以芽殖的方式，形成酵母状的分生孢子。子实体生长阶段，除依靠培养料输给水分外，还需要潮湿的环境，按其不同生长期，空气相对湿度应保持在80%～95%。

（二）温度

银耳是一种中温型的食用菌，但具有较强的耐寒能力。按其生长发育对气候的要求，一般地区春、秋两季气候都适宜。

温度对孢子萌发的影响。银耳担孢子在15～32℃下均能萌发形成菌丝，但以22～25℃为宜。银耳孢子在28℃经48h，在16℃经52h，会形成芽孢，芽孢在−17.7℃下2h，不会失去萌发能力。芽孢的抗寒能力强，在2～3℃下保存5年，仍具有活力，在0℃下2h，不会失去发芽能力，但超过39℃会死亡。

温度对菌丝生长的影响。银耳纯菌丝与银耳香灰菌混合的菌丝体，两者在温度上略有差异。其中银耳纯菌丝生长温度8～34℃，适宜温度20～25℃，在12℃以上，随着气温的上升，生长逐渐加快。超过25℃，接种穴口的白毛团分泌黄水珠；超过28℃不利于菌丝生长，白毛团量少，分泌黑水珠，且基部变黑，影响出耳；30℃以上生长缓慢，35℃以上停止生长。低于18℃接种穴口会吐出白色晶状液，菌丝细胞壁自然脱水加厚，形成芽孢，处于休眠状态；培养基出现白毛团集结加厚并变得光滑，气生菌丝薄弱。银耳纯菌丝能耐低温，3～5℃可微弱生长，2℃以下停止生长，在0℃不会死亡，在−17.7℃经5h就会死亡。而伴生菌的香灰菌菌丝耐高温，38℃以下均能生长，适宜温度25～28℃，30℃条件下其生长速度比22℃下更快。低于10℃生长缓慢，甚至会出现退缩，即由灰黑色变成白色，俗称"退灰"，失去分解培养基的能力，影响出耳。银耳香灰菌混合的菌丝体，具有耐低温、不耐高温的特性。在6～32℃均能生长，适宜温度23～26℃，在0℃下不死，35℃停止生长，39℃以上死亡。

温度对子实体生长的影响。在适宜温度范围内，子实体生长快，展片好，耳片厚，产量高；长时间高于28℃，子实体虽然生长快，但耳片薄，质量差，产量低，易腐烂。长时间低于20℃，子实体虽然生长较缓慢，但肉厚质佳，朵形好，干重率高。

（三）空气

银耳是好氧性真菌，整个生育期都离不开氧气，对氧的需求随生长而增多。菌丝生长需氧量较小，若培养料水分太多，氧气不足，原基分化迟；子实体发育期间呼吸旺盛，需要新鲜空气。如若通风不良，子实体扭结成团不开片，易造成烂耳及杂菌滋生，因此栽培场地应保持空气清新。

（四）光照

银耳和香灰菌为喜光性菌类，菌丝生长和子实体发育需要一定的散射光。据观察，香灰菌菌丝色素的形成与光线关系很大，光线强色素形成快而多。在黑暗中培养15天的香灰菌菌丝纤细，黑褐色分泌物很少；而有散射光时，菌丝粗壮，分泌物正常。50～600 lx的光照条件，可满足银耳和香灰菌生长发育。一般培养室及栽培场所，选择三分阳七分阴、光照强度300～500 lx为宜。光照过暗，子实体分化迟缓，质量低劣；但光照过强，会直接杀死银耳的孢子和菌丝，而且也不利于孢子萌发和子实体分化。

（五）酸碱度

银耳为喜偏酸性菌类，孢子萌发和菌丝生长适宜的pH范围为5.2～7.2，一些菌丝在pH 5～9范围内均能生长，但以pH 5～6为宜。

第三节
生产中常用品种简介

一、适宜代料栽培的品种

1. 沪耳05　朵大形美，展片均匀，色白，接种后15天出耳，产量稳定。上海农业科学院食用菌研究所菌种厂选育。

2.TR20　朵中大，片厚，花形，色白，15天出耳，适应性强，产量高。福建省三明市真菌研究所选育。

3.TR01　耳片舒展，宽大肥厚，朵大，较高，色白，15天左右出耳，每千克干料产干耳120～160 g。湖南农业大学食用菌研究所选育。

4. 川江银耳　菊花形，朵大，耳片肥厚，色白，出耳快，产量高。四川省农业科学院食用菌开发中心选育。

5.TR29　朵大形美，色泽白，基小，15天出耳，产量稳定。福建省古田县日新食用菌研究所选育。

6. 华耳97　牡丹花形，朵大，黄白色，抗杂力强，适应性广，高产。华中农业大学菌种实验中心选育。

7.TRPP01　牡丹花形，朵大形美，产品自然白色，适宜加工剪花雪耳。福建古田县金隆食用菌研究所选育。

二、适宜段木栽培的品种

川银耳1号，鲜银耳色泽雪白，耳片透明，干银耳色泽乳白至米黄；朵大，耳片宽大，肥厚，泡松率高，胶质（多糖、蛋白质）丰富。

代料银耳与段木银耳品种选择上有一定的差异，段木栽培银耳菌种，应选择菌龄小，继代培养次数少，生理成熟度低，白毛团旺盛，不易胶质化，菌丝能吃料较深的菌株，菌丝应采用孢子萌发或耳木培养料分离方法制备；香灰菌应选择爬壁能力强，羽毛状分支长，对木质素及纤维素分解能力强，易产生黑疤圈的菌种。同时银耳和香灰菌菌丝要相适应配对，混合菌丝要求可分解利用的树种多，有较广的适应性，生活力和抗病力强。一些地区反映代料栽培的菌种应用到段木生产，效果还不错，表现为出耳早，朵形大，但生产后劲不足，总产量不高。目前段木栽培的菌株，较多是使用通江银耳科学技术研究所选育的"银科"，其耳片厚，耳基小，产量高。

第四节
主要生产模式及其技术规程

一、段木出耳生产模式

银耳段木栽培（图7-9-4）是将适宜的耳树砍

木腐菌生产技术

图 7-9-4　银耳段木栽培

伐、截段、接种，在栽培场地进行出耳管理的技术模式。段木栽培银耳产品具有耳基小、胶质丰富和耳片宽大肥厚的特点，是银耳中的上品。我国四川通江至今仍完整地保留着青冈栎段木银耳生产模式。

（一）耳树的选择

四川通江采用的银耳栽培树种为壳斗科栎属、栗属、青冈属、水青冈属等，主要树种有栓皮栎（粗皮青冈）、麻栎（细皮青冈）、板栗树、青冈栎、水青冈、巴山水青冈等，主要基于野生银耳多从耳树裂缝中长出，认为树皮裂缝多，有利于孢子的定植，出耳较好。

当前采用的银耳栽培可选择的树种超过 100 种，很多阔叶树都可以用作银耳栽培的原料。根据生产经验，一般叶大、材质松，边材发达，心材小，树皮厚度适中，不易脱落，含单宁较少的阔叶树，树径 5～15 cm 是银耳段木栽培的优良树种。树径不宜过大，过大则树木表面积小，利用率低。土地肥沃，植被茂密，不挡北风的地方生长的青冈树是最理想的栽培材料。水青冈树、槐树、柳树、核桃树等也可作栽培材料。树种、树龄、树皮厚度和树径以及砍伐时间等对出耳率、朵型、色泽、产量、品质等具有一定的影响。如枫杨段木栽培银耳，采收茬次多，耳片大，色泽白；朴树段木栽培银耳，则采收茬次少，朵小，色泽较黄。

树龄对产量和朵型有一定的影响，青冈树一般生长 8～12 年即可砍伐，壳斗科树木以 10～15 年为宜，速生树以 3～5 年为宜。这时树木边材多、心材小，木质较松软，树径 5～15 cm，适合银耳生长的要求，树径过大，表面积较小，利用率低。其他木质疏松的树种砍伐年龄应视其生长情况而定。优良的银耳耳树还应具备生长快、易于造林、分布广和适应性强等优点。

常用耳木树种名称见表 7-9-1。

（二）耳木处理

1. 砍伐　传统银耳栽培，耳树应在秋季落叶后至翌年新芽萌发前砍伐，最好是在 2～3 月新芽萌动前，即从树木进入冬季休眠期至翌年吐新芽前约 15 天，为最佳砍伐期，但以出芽一周前砍伐为好。这期间，树木贮藏养分丰富，集聚的养分开始转化形成利于银耳菌丝吸收的状况，形成层不活动、树皮和木质部结合紧密；同时在此期间砍伐，有利于段木中水分的调节和青冈树再生。

通江等地清明前后砍伐叫作砍春山，土质肥沃处"坐四砍五"，土壤瘠薄处"坐五砍六"，以树皮裂口者为佳。立秋至立冬之间砍伐叫作砍秋山，土质肥沃处"坐五砍六"，土壤瘠薄处"坐七砍八"。（"坐四砍五"即选择生长满 4 年的青冈树，于第五年砍伐用来种耳，其他以此类推）

砍伐应选择在晴天进行，一般以择伐为好。砍伐时，两边下斧砍成"鸦雀口"，树应横山倒，忌顺山倒或立山倒，有利于树木中养分分布均匀，并防止养分流失。

2. 剔枝　砍倒的耳树，为了加速水分蒸发，促进组织死亡，砍伐后要放置 1～2 周，待树皮褪绿，

表 7-9-1　常用耳木树种名称

属　名	主要树种名称
锥属 *Castanopisis*	米槠，毛锥（南岭栲）
栎属 *Quercus*	麻栎，白栎，槲栎，栓皮栎
青冈属 *Cyclobalanopsis*	青冈栎
栗属 *Castanea*	茅栗，锥栗，中国板栗
水青冈属 *Fagus*	水青冈，巴山水青冈，棒梗水青冈等
石栎属 *Lithocarpus*	石栎
枫香树属 *Liquidambar*	枫香树
蕈树属 *Altingia*	蕈树，薄叶蕈树，赤水蕈树，细青皮等
蚊母树属 *Distylium*	蚊母树，杨梅叶蚊母树
水丝梨属 *Sycopsis*	水丝梨，滇水丝梨，钝叶水丝梨等
杜英属 *Elaeocarpus*	杜英，山杜英，中华杜英，薯豆
猴欢喜属 *Sloanea*	猴欢喜
盐肤木属 *Rhus*	盐肤木
化香树属 *Platycarya*	化香树
鹅掌柴属 *Schefflera*	鹅掌柴
鹅耳枥属 *Carpinus*	鹅耳枥
黄檀属 *Dalbergia*	藤黄檀
羊蹄甲属 *Bauhinia*	羊蹄甲，红花羊蹄甲，洋紫荆
金合欢属 *Acacia*	相思树
合欢属 *Albizia*	阔荚合欢
安息香属 *Styrax*	赛山梅
赤杨叶属 *Alniphyllum*	赤杨叶，台湾赤杨叶（长叶拟赤杨）
秋枫属 *Bischofia*	重阳木
野桐属 *Mallotus*	野桐
乌桕属 *Sapium*	乌桕，山乌桕
油桐属 *Vernicia*	木油桐（千年桐）
杨属 *Populus*	胡杨，白杨，棉白杨等
柳属 *Salix*	垂柳

木腐菌生产技术

属　　名	主要树种名称
杧果属 *Mangifera*	杧果
桤木属 *Alnus*	桤木
桦木属 *Betula*	黑桦
橄榄属 *Canarium*	橄榄，乌榄
黄杞属 *Engelhardtia*	黄杞
枫杨属 *Pterocarya*	枫杨
朴属 *Celtis*	朴树
桑属 *Morus*	桑树，鸡桑
榕属 *Ficus*	榕树
李属 *Prunus*	李
桉属 *Eucalyptus*	大叶桉，柠檬桉

再进行剔枝和截段。要防止树木抽水过多，减少养分消耗。剔枝的刀子要锋利，剔成的树干几乎一样平展，剔后的痕迹以像鱼眼睛或铜钱疤为佳。剔枝的伤疤易平而小，勿伤树皮，以减少杂菌侵入。

3. 铡棒　为了方便管理应将树干截成 1 m 长的段木，最小直径不得低于 5 cm。段木横截面要用新鲜石灰水涂刷，消毒伤口，防止杂菌生长和侵入。

4. 架晒　截好的段木及时运到阳光充足、通风干燥、便于管理的地方架晒。可根据具体情况在地势干燥、通风、向阳的地方架成三角形或"井"字形，使段木干燥。每隔 7 天左右翻堆一次，使堆内段木水分干燥均匀。晴天日晒，雨天覆盖塑料薄膜，防止雨淋。待段木横断面变为棕红色，并出现放射状裂纹，即达到架晒的目的，以待接种（图 7-9-5 ）。

在传统段木银耳栽培中，需要进行段木的堆积发酵，使段木死亡，细胞消解，同时有益微生物，特别是香灰菌的定植。发酵过程中，段木的一些物质被微生物利用，同时发热，排出二氧化碳和水汽。水汽在段木上凝结成水珠，好像段木出汗，耳农俗称发汗。当前使用银耳和香灰菌混合菌种接种，段木发酵过程已逐步被简化。段木不经发酵也可以供栽培用。在银耳的段木截段中，为了预防杂菌侵染，在段木两端涂刷石灰。

图 7-9-5　架晒及截段的耳木

（三）出耳场所

排放段木栽培银耳的场所，大部分地区称为耳场，四川等地俗称耳堂。耳场应选择在山谷、林间、溪旁、池畔。要求地势平坦，水源充足，气候温和湿润，"七分阴三分阳，花花太阳照耳场"的环境。山阴应择阳处，山阳应择阴处，寒地应择阳坡。早晨和黄昏有阳光透射。坡向以南坡、东坡、东南坡为佳，在山腰、山谷有一定平坦面积的阔叶林地，坡度 10°～30°，不宜太陡，林间郁闭度为 0.7～0.8。林下长有苔藓、蕨类、禾本科和莎草的地方最理想。好的耳场应具备通风、透光、保温、保湿、清洁等条件。

银耳山场一般选在山东方、南方，且有一定斜度但又不甚陡峭的青冈林坡地，须土质良好，土层厚，排水良，有地卷皮，长羊胡草，并有杂木遮阳。耳场选好之后，耳农们要将所选之地的荆棘、杂草砍芟殆尽，并将牛羊马粪、枯枝败叶清除干净，称为芟场。

耳场大小，以排放段木多少而定。耳场四周用黏土筑起 180～200 cm 高的土墙，墙上用竹竿或木条搭成"人"字形的屋架（角度小于 45°），上面铺上农用薄膜，再放一些阔叶树枝丫遮阳，气温很高时，应在屋架上再搭荫棚，距薄膜 1m 以上，以便遮阳降温。为了便于管理，应在土墙上适当位置开一扇或两扇高 160 cm、宽 70 cm 的木制或竹制门。另外可根据场内段木排放方向，选适当的位置，开若干个小地窗，通风换气；用薄膜作帘，可随时开关；地面铺一层 6～8 cm 厚的小石片或沙石，四周挖好排水沟，除去污物，净化环境。

传统的耳场当前已有了较大的改进，当前四川通江段木栽培的耳场主要为土墙荫棚薄膜耳场（图 7-9-6）。长 10 m、宽 4.5 m、边高 2 m、中高 3 m、地窗 4 个、中窗 2 个、天窗 2 个、门 2 个（耳场两头对开）。耳场内地面平整，两边巷道 80 cm，中间巷道 90 cm，每个耳场排两行耳木，每行宽 1 m。

图 7-9-6　耳场

（四）接种

1. 接种时间　接种时间与菌种成活率和出耳率有关，从清明至立夏，选择雨后初晴、气温较高、湿度较大的日子进行接种。一般以气温稳定在 15～18 ℃为宜。四川通江为 3 月中旬至下旬。接种宜在晴天进行，下雨天湿度大，易感染杂菌，不宜接种。

2. 场所处理　接种场地为室内或室外荫蔽处，忌太阳光直射，地面坚实。接种场地要求干净卫生。接种人员先用肥皂水将手洗净，再用酒精棉球擦洗，然后用酒精棉球对接种工具进行擦洗，要树立无菌操作观念和意识。

3. 打孔　当前段木银耳接种多采用电钻钻孔，也有利用凿斧打孔的。孔距 8～10 cm，行距 5～6cm，孔深 1.5～2cm，树径小可稍浅；直径 8 cm 的棒钻三排孔，10 cm 的棒钻四排孔，12 cm 的棒钻五排孔，14 cm 的棒钻六排孔。一米长段木每排钻 9 个孔。打第二行时，要与第一行呈"丁"字形排列（图 7-9-7）。也可采用接种斧打孔，孔穴应与段木垂直，不能歪斜，接种穴间排列及距离，应力求整齐、均匀。树径较粗、材质硬的树木，接种穴可以密一些，反之，则可稀一些。

图 7-9-7　打孔后的段木

4.拌种　当前段木银耳采用的菌种，以木屑菌种为主。由于银耳菌丝和香灰菌菌丝生长的差异，在培养料中，银耳菌丝吃料的深度，远不及香灰菌。为了避免接种时两种菌丝的接种量失调，必须将培养料中两种菌丝拌匀，以保证出耳率。拌种前，先用0.1%的高锰酸钾水擦洗菌种瓶（袋），然后将胶质化子实体去掉，保留耳根处白色的板块，把菌种倒入接种盆捣细、充分混合均匀。装菌种的容器工具要洗净消毒。

5.接种　接种应由专人负责，操作人员的双手、操作所用的工具均需先用肥皂水洗净，再用0.1%的高锰酸钾或75%的酒精消毒。接种时，将拌好的菌种，用接种勺或手接入接种孔内，种面与段木表面平贴，每孔菌种要填满、压实，至段木表面平整为宜，菌种必须与接种孔底部充分接触。接种后，为了防止菌种干枯或被雨水淋湿，应用预先准备的树皮盖把穴盖好，再把四周敲紧使其树皮表面平贴。或采用石蜡封口，配方为85%石蜡、10%鲜猪油、5%松油。具体方法：蘸融化的石蜡封住接种口的表面，要求石蜡薄如纸，与段木表面齐平。封口时石蜡加温融化后的温度不超过40℃。采用孢子液接种方式，首先配制孢子液，用滴管或喷雾器进行接种。

传统栽培，将炕棒后的耳棒运往耳场散开，顺着耳棒一排排堆放整齐，紧贴地面，每根耳棒间隔寸（1寸≈3.3厘米）许，每两排耳棒间留人行道，以便清除杂草和拣耳时不至于踩着耳棒。排棒后，

在自然条件下，由风力自然传播银耳孢子和香灰菌使其着生在耳棒上。

（五）发菌管理

保温发菌又称为困山。将接种后的段木置于打扫洁净的树荫下或在干净的室内或棚内"井"字形堆码，用透气保温材料覆盖，8天左右翻棒一次，使其上下错置，里外反复，须翻五六次，且保温保湿，当耳棒上零星冒耳时即可准备排堂。发菌的好坏关系到出耳率的高低，也影响接种成活率及菌丝生长的好坏。一般发菌时间约45天。为了使银耳和香灰菌都生长较好，获得理想的栽培效果，要提供满足这两种菌生活的条件。生长时间不足，或菌丝量不足或其中只有一种菌丝长得好，都不能获得高产。

1.选地叠堆　发菌场地可根据气候变化的具体情况，选在耳场内、树荫下、草地上、土院坝里。要求环境清洁，事先地面上撒些石灰和其他杀虫剂灭菌、杀虫。然后将接种后的段木，以"井"字形堆叠在树荫或有遮阳的棚下，使太阳射入提高堆温，但应防止堆温过高。堆高一般不超过1.2 m，长不限，但一般不超过10 m。下面垫棒，上盖薄膜，薄膜不能直接接触耳棒，可在耳棒与薄膜之间用树枝相隔，上层用4 cm的竹板搭建成弧形，高于耳棒10～15 cm或用山茅草覆盖堆内表面，再用塑料薄膜覆盖整个发菌堆。堆内放入干湿温度计，以便掌握温湿度变化情况。

2.发菌培养　菌丝生长阶段，不需要良好的通风和光照，过多的水分会使银耳在菌丝没有达到生理成熟之前，就提前扭结出耳，减弱银耳菌丝继续向纵深方向生长的势头。发菌过程保持空气相对湿度75%～80%，当堆内湿度过大时要排湿；若湿度不足，要适当喷水，薄膜内有水珠凝聚，是适度、适宜的表现。翻堆时根据堆内湿度情况可适当喷水。发菌前期不要喷水，让菌丝深入木质部。第2～3次翻堆时，耳棒过于干燥时，才可适当喷水，每次喷水后，要在耳棒表面水分风干后再覆盖薄膜。需水量是由少到多，因此喷

水的时间、多少要灵活掌握，它关系到发菌的成败，要引起重视。发菌期间，温度保持22～26℃，不可超过28℃，前期应尽量保持25℃左右。若堆温过低、温度不够时，要升温，白天应掀开覆盖盖物，利用阳光提高堆温，晚间应覆盖。若堆温过高，则白天加盖或加厚覆盖物，或将薄膜掀开一角通风；温度过高时要降温，定期翻堆，使菌丝均匀生长。

当前四川通江段木银耳生产中，一般为前10天堆内温度应保持在20～28℃，空气相对湿度保持在75％左右。后10天堆内温度保持在22～25℃，空气相对湿度保持在75％～80％，每天中午掀膜一次，通风半小时。

3. 适时翻堆　为了使堆内温湿度平衡，要常翻堆。每隔7～10天将堆内耳棒上下内外轮换一次。重新堆叠时，覆盖的树叶也要更换一次，一般翻堆都在晴天进行。第一次翻堆间隔10天，以后每7天翻堆一次，翻堆要做到下边翻到上边，两边的翻到中间，上下内外互相调换位置，使每根耳棒都得到相似的环境条件，使耳棒发菌均匀。翻堆时应小心轻放，防止碰伤树皮，碰掉封蜡。

4. 发菌时间　在正常情况下木质松软的、耳棒直径小的45天可结束发菌工序，准备排堂；相反，木质硬、段木较粗的，则要两个多月才能达到发菌的效果，若遇发菌期阴雨低温，则需要更长一点时间。关键是要保证耳棒中菌丝基本上长透，达到生理成熟，即接种孔壁及附近组织有白色绒毛状菌丝和黑色斑线出现。接种后35～40天，即有耳芽发生（图7-9-8）。

（六）搭架排棒及出耳管理

发好菌的耳棒，运进耳场俗称进场。耳场内备好木杆或竹竿和篱桩若干，顺着排放方向打两行篱桩，离地面高70～80 cm，两桩间距80 cm，长短视耳场大小而定。再顺着篱桩排两行木杆搭牢。耳场内排放耳棒的木架之间要留70 cm宽的人行道。

图7-9-8　耳棒发菌

1. 搭架排棒　一般堆内长出小银耳的耳棒达到30％左右时，应立即排场。排棒时，先选一根较为端正的耳棒作横杆，再将其余耳棒与地面成约80°角，斜靠在横放的耳棒上排放。每根耳棒之间保持3～5 cm的距离。第一排耳棒排列完毕之后，相距8～10 cm，再排列第二排耳棒，直至将所有耳棒排列完毕（图7-9-9）。

图7-9-9　搭架排棒

木腐菌生产技术

2.出耳管理　出耳期的管理主要是水分、温度、空气、光照的调节。

（1）水分调节　排进耳场的耳棒较干燥，要用干净的河水或井水喷在耳棒上，以增加含水量，并要相应地提高空气湿度。这期间应保持空气相对湿度达到90%，耳木、树皮内含水量应达到38%～50%。喷水次数的多少以及量的大小，要根据天气、耳棒、耳象等情况灵活掌握，一般每天可喷水3～5次，以地面见湿不滴水、耳棒见水不流水为宜。一般晴天及较干燥的耳场，每天早晨应喷水1次，将耳棒喷湿；阴天或阴湿的耳场，要根据水分蒸发的快慢，确定喷水的次数和喷水量，最好用喷雾器对空喷水，不宜直接喷水在耳棒上。耳农在实践中总结出"五多五少喷水法"值得我们借鉴，即"晴天喷得多，阴天喷得少（雨天不喷）；耳棒上部喷得多，下部喷得少；耳干喷得多，耳湿喷得少；当风耳棒喷得多，背风耳棒喷得少；早上喷得多，下午喷得少"。喷水时以"地面见湿不见水，耳棒见水不淌水"为准。总之，管理中要使耳棒干干湿湿交替。"湿"是为了长出肥美饱绽的耳片，"干"是为了菌丝进一步向纵深发展，扩大吸收营养的范围，以利高产。如果水喷得过多易黑棒，朵小，烂耳。

（2）温度调节　出耳期间温度要控制在20～25℃。老产区4～5月气温变化一般在此范围内，7月以后气温上升，要采取降温措施。在出耳管理前、后期，温度不是太高，遮阳物不宜太厚，要让一些阳光从缝隙射进耳场以增加温度。出耳管理中期，在7～8月，是一年中气温最高的季节，也是银耳出产最多的时候，场内温度可达35～36℃，此时应注意降温。主要方法是加厚遮阳物，早晚打开门窗换气，让空气对流，每天换气不少于2次。若长时间干旱、高温，水源好的地方可对荫棚和塑料棚直接用高压喷水设备反复多次大量喷水；在场内可对空喷射，切忌直接喷在耳棒上。同时向场内墙壁、地板上多次喷水、降温保湿，场内温度尽量控制在30℃以下。否则对银耳生长不利。也可

早晚打开地窗、开天窗加强通风换气，每次通风不少于30 min。注意：外界自然温度超过30℃以上不宜打开门和地窗。在银耳子实体生长后期，当气温降到20℃以下时，应注意保温保湿。此时早晚不宜打开门和天地窗，通风换气应该在中午气温回升时。逐步减少遮阳物，增强光照，提高耳场内的温度，促使银耳子实体的生长。

（3）光气协调　子实体分化和发育，需要一定的散射光和充足的氧气。生产中主要采用适时打开门窗、增减遮阳物等办法，为银耳子实体生长提供最适宜的光照条件。场内换气的时间，应安排在一天中外界气温≤25℃时进行，每天换气2次，每次时间不宜过长。

（七）采收与加工

1.采收　在适宜的条件下，新冒出的耳基经过7～10天的生长，当七八分成熟，耳片完全展开，呈白色半透明，手感柔软而有弹性，并有黏液时，不论大朵、小朵都应及时采收。一般每隔5～6天采耳一次。采收后，将耳棒上下掉转，重新排好。采收时尽量不要将遭受病害、虫害的耳棒掉在耳场内，防止杂菌侵染面积的扩大。若接种穴的耳基生长不良，可用利刀将接种穴残留耳基刮去一层，让下部的菌丝生长上来，以促进新耳基的萌发。若有烂耳发生，应及时将烂耳刮除干净。正常情况下，一个耳穴可采收3～7次，产量不定，一般100 kg段木产耳0.5～1 kg。

2.加工　将采收的新鲜银耳，除去杂质，剪去发黑、发黄的蒂头或耳脚，在清凉干净的水中淘洗干净，沥去水，然后按朵片大小分级，用烘干机烘干或铺在涂有植物油的竹筛或铁丝上晒干，也可用炭火烘烤。有人认为采收后的银耳通过清水淘洗，会使胶质外溢，耳片变薄，晒烘干后，产量会降低，因此也有免去了洗涤这一步骤。

鲜耳的摆放应使耳基朝下，耳片朝上，不能重叠摆放。烘烤时，鲜耳不能翻动，只能将烘笆上下调换。烘烤时，开始应将温度尽快升到60℃，当耳片接近干时，温度逐步降到40℃，以防温度过

高，把耳片烤焦。商品银耳应具有色白(或微黄)、空松、干燥、无杂质、无霉烂、无耳脚等特点（图7-9-10）。

图 7-9-10　烘干后的银耳

二、代料出耳生产模式

银耳代料栽培是以杂木屑、棉籽壳、玉米芯、甘蔗渣等为主料，麸皮、米糠、豆粉、蔗糖、石膏等为辅料混合，以塑料袋、罐、瓶作为载体，取代木材（原木或段木）的银耳栽培方式。我国95%银耳产量均为代料栽培。代料栽培可充分利用农林副产物进行银耳栽培，且栽培产量显著高于段木银耳。据统计，每100 kg棉籽壳，可产干耳16～18 kg，高产可达20 kg，是段木银耳产量的10倍以上，同时代料银耳生产周期从接种到采收35～40天，显著短于段木银耳。基于以上特点，我国现行商业性生产的银耳，主要是采用培养料袋栽方式。

（一）栽培季节安排

利用自然条件的银耳代料栽培季节，以春、秋两季自然气温为适宜。但由于其生产周期短，从接种到采收只有35～40天，采用设施调节温、湿度进行银耳周年栽培也较多。我国南北气候不同，春、秋季节差异甚大。因此，各地在安排栽培季节时，必须根据当地的气候条件，掌握好银耳菌丝生长适宜温度22～26 ℃、子实体生长适宜温度23～25 ℃这两个指标，因地制宜地安排栽培季节，才能获得较好的效益。

长江以南春栽3～4月，秋栽9～11月。

低海拔地区春季可提前到2月开始，秋季推迟到10～12月。冬季无0 ℃以下寒流的地区，则春、秋、冬季均适宜栽培；高海拔山区，夏季气温不超28 ℃，春、夏、秋季均可栽培。

长城以南，淮河以北，春栽4～6月，秋栽9～10月。东北、西北高寒地区春季解冻、气温回升后，以4～6月较适宜，秋季8月中旬至9月。若采用日光温室或配暖气设施条件的，可人为选择和创造适宜银耳生长的生态条件，形成春、夏、秋、冬周年生产。

（二）培养料配方与配制

1.培养料选择　银耳栽培的原料资源比较丰富，棉籽壳、木屑、甘蔗渣、棉柴、玉米秆、玉米芯、豆秸、花生壳及部分野草，如芦苇、类芦、斑茅等均可。常用辅料如麸皮、米糠、玉米粉等，主要用于补充主料中的有机氮、水溶性碳水化合物以及其他营养成分的不足。各种辅料均应选用新鲜、无霉变的。

银耳培养料配方中常采用石膏、碳酸钙、石灰，常用化学添加剂用量，应按照无公害培养料安全技术要求，石膏不超过2%，碳酸钙不超过1%，石灰不超过5%，磷酸二氧钾不超过2%。

以杂木屑为原料，除含有松脂、醚等杀菌物质的针叶树，如松、杉、柏和含有挥发性芳香油的樟科树种外，其他杂木屑均可用于栽培。木屑主要来自木材加工厂，应尽可能地利用木材加工厂的边角余料，积极营造速生耳木，保证银耳栽培的原料。

2.培养料配方

（1）棉籽壳培养料配方

配方1：棉籽壳85%，麸皮13%，石膏1.5%，蔗糖0.5%，料水比为1:（1.1～:1.2）（以下同）。

配方2：棉籽壳82%～88%，麸皮11%～16%，石膏1%～2%，含水量55%～60%。

配方3：棉籽壳80%，麸皮17.5%，石膏1.8%，蔗糖0.5%，尿素0.2%。

配方4：棉籽壳80%，麸皮17%，石膏

2.5%，硫酸镁0.5%。

配方5：棉籽壳78%，麸皮19.5%，石膏2%，硫酸镁0.5%。

配方6：棉籽壳96.3%，豆粉1.5%，石膏2%，硫酸镁0.2%。

（2）杂木屑培养料配方

配方1：杂木屑75%，麸皮20%，石膏2%，蔗糖1.3%，硫酸镁0.4%，豆粉1%，尿素0.3%，料水比为1:1.15（以下同）。

配方2：杂木屑60%，豆秸23%，麸皮15%，石膏2%，含水量55%～60%。

配方3：杂木屑77%，麸皮18%，石膏1.5%，蔗糖1%，豆粉1.5%，过磷酸钙1%。

配方4：杂木屑76%，米糠19%，豆粉1.5%，蔗糖1%，过磷酸钙1%，石膏1.5%。

配方5：杂木屑74%，麸皮22%，石膏3%，尿素0.3%，石灰0.3%，硫酸镁0.4%。

配方6：杂木屑73%，麸皮24.5%，石膏1%，蔗糖1%，磷酸二氢钾0.5%。

3.其他配方

配方1：棉籽壳50%，玉米芯26%，稻草粉18.5%，石膏2.5%，豆粉1.3%，蔗糖1.3%，硫酸镁0.4%，料水比为1:（1.1～1.2）（以下同）。

配方2：棉籽壳40%，杂木屑40%，麸皮17%，蔗糖1%，石膏1%，硫酸镁1%。

配方3：杂木屑34%，玉米芯25%，棉籽壳22%，麸皮16%，石膏1.5%，蔗糖1%，硫酸镁0.5%。

配方4：棉籽壳86%，稻谷壳8%，石膏2%，玉米粉2.5%，硫酸镁0.5%，蔗糖1%。

配方5：杂木屑50%，甘蔗渣22%，麸皮25%，豆粉1.3%，蔗糖1.3%，硫酸镁0.4%。

配方6：甘蔗渣71%，麸皮24.6%，豆粉2%，硫酸镁0.4%，石膏2%。

4.培养料配制　按耳房大小，计算好生产数量，确定栽培袋数，按量取料。一般9 m×4 m×4 m的耳房，一次栽培3 000袋，按照棉籽壳85%、麸皮13%、石膏1.5%、蔗糖0.5%的配方计算，其用料量见表7-9-2。培养料在配制前，应在太阳下暴晒1～2天，杀死培养料中的部分螨虫、虫卵和杂菌孢子。

按称取的主、辅料，首先进行过筛，剔除混入的沙石、金属、木块等物质，以防刺破料袋。然后将棉籽壳或木屑倒入拌料场上成堆，再把麸皮从堆顶均匀地往下撒开，将石膏均匀地撒向四周。上述干料先搅拌均匀，然后把可溶性的添加物，如蔗糖、硫酸镁、磷酸二氧钾等溶于水中，再加入干料中混合。

培养料配方中料水比为1:（1.1～1.2），在加水时应掌握"三多三少"：培养料颗粒松或偏干、吸水性强的宜多加水；颗粒硬和偏湿、吸水性差的应少加；晴天水分蒸发量大，应多加；阴天空气湿度大，水分不易蒸发应少加；拌料场是水泥地的，吸水性强，宜多加；木板地吸水性差，应少加。实际操作时，要区别棉籽壳质量和栽培季节及当日天气。棉纤维多的棉籽壳，吸水量多，应加水110%～120%；籽壳多的吸水少而快，极易往下流，只需加水100%。南方春季雨水多，湿度大，加水100%～105%；秋高气燥水分蒸发快，加水量110%～120%为宜。

培养料的含水量高低，对菌丝生长影响极大。水分过多渗出，会造成培养料营养流失，还会导致袋内积水过多，接种后菌丝缺氧而停止生长或窒息死亡；含水量高，料温随之上升，培养料容易酸败，杂菌污染率也高。如果含水量低，培养料偏干，满足不了菌丝生长对水分的要求，也会造成菌丝纤弱，生长缓慢或停滞不前。

银耳培养料含水量要求严格，一般以56%～58%为宜，不超过60%。配方中麸皮可用米糠代替，但需要加入豆粉补充营养的不足，一般100 kg应加入豆粉4～6 kg。豆粉的加入可以使耳片肥厚、色白，具有增产效果。

银耳菌丝生长喜欢微酸性，pH在5.2～5.8生长正常。但在配料后，灭菌前培养料pH可掌握在

表 7-9-2　银耳栽培 3 000 袋用料量

名　称	数　量 /kg	占比 /%	要　求
棉籽壳	1 650	85	含水量在 13% 以内
麸皮	252	13	足干，无霉变，无失水
石膏	29	1.5	白度好，无结块
蔗糖	10	0.5	白糖，红糖
合　计	1 941	100	料水比 1 :（1.1 ～ 1.2）

6.2 ～ 6.8，经过灭菌后其 pH 会降低，适合银耳菌丝生长。培养料配制后，其酸碱度的测定方法为：称取 5 g 培养料，加入 10 mL 的中性水，然后搅拌澄清，用石蕊试纸蘸澄清液，测定其 pH。也可取一小段广谱试纸，插入培养料中，1 min 后取出与标准色板比色确定 pH。如酸性强，可加入 4% 氢氧化钠溶液进行调整；若偏碱性，可加入 3% 盐酸溶液进行调节。一般以棉籽壳或杂木屑等为原料，pH 在 6 ～ 7，按照配方比例进行配制的培养料，其 pH 在 6.3 ～ 7，经灭菌降为 5.3 ～ 6，就不需进行调节。

培养料配制后，如果装袋时间拖延，袋内高温微生物繁殖，造成培养料酸败，使 pH 变化，对菌丝生长不利。因此，从培养料加水到拌料装袋结束，时间不应超过 5 h。

（三）菌袋制作

1. 装袋　采用对折径 12.5 cm、长 53 ～ 55 cm、厚 0.004 cm 的低压聚乙烯塑料薄膜成型折角袋，也有的银耳栽培采用长 50 cm、折幅宽 12 cm、厚 0.0035 ～ 0.004 cm 的筒袋。优质塑料袋要求厚薄均匀，袋径扁宽大小一致；料面密度强，无砂眼，无针孔，无凹凸不平；抗张强度好；耐高温，装料后常压 100 ℃灭菌，保持 16 ～ 24 h，不膨胀，不破裂，不熔化。

装袋可机械或手工操作。银耳专用装袋机，出料口套筒直径 6.6 cm，适宜宽 12 cm 的塑料袋。每台装袋机配备操作人员 7 人，其中上料 1 人，掌机 1 人，传袋 1 人，扎袋口 2 人，打穴 1 人，胶布封口 1 人。

代料银耳标准装料量为干料 0.6 ～ 0.75 kg，湿料 1.3 ～ 1.5 kg，培养料填装高度为 45 ～ 47 cm。袋紧实度以手抓料袋、五指用中等力度捏住袋面，袋面呈现微凹即可。装袋结束，需要将料袋表面黏附的培养料清理干净，用线扎紧袋口。料袋需要及时进灭菌灶，通常要求的时限是装袋后 2 h 内进灶，进灶后立即灭菌。当日配料，当日装完，当日灭菌。

2. 打穴　因银耳菌丝抗逆、抗杂能力弱，相比其他菌类容易被杂菌污染，为减少培养料在空间暴露的时间，防止杂菌入侵，应采取先打穴、封口，后灭菌、接种的方式。料袋长短规格不同，接种穴数量也有别：袋长 50 cm 的打 3 穴，袋长 55 cm 的打 4 穴。接种穴位置，按料袋长度等分距离。

用直径 1.5 cm 的打孔器在装好的料袋上打穴，或借助简单的机械进行打孔。标准接种穴直径为 1.2 cm，深 1.5 ～ 2 cm。银耳接种后，1 穴长 1 朵，一次性收成，为此，接种穴的深浅要求十分严格。如果接种穴太浅，一是菌种定植期遇高温干燥的不良环境时，菌种很快松散、萎缩，不定植；二是菌丝发育形成白毛团，紧贴在胶布上，当穴口揭布

木腐菌生产技术

时，会把白毛团菌丝一起带走，影响出耳。

3.胶布封口　将银耳封口专用胶布剪成3.3 cm×3.3 cm的小方块，斜面重叠成排，布边留1 cm，便于顺手揭布。打穴接种后，用毛巾擦去袋面残留物，将胶布贴封在穴口上，再用手指平压拉平胶布，使之紧贴在袋膜上，穴口四周封严密实。如果封口胶布粘贴不紧，料袋灭菌时，会使水分渗透袋内，造成胶布受湿脱落，易引起杂菌侵入。

（四）灭菌

银耳料袋灭菌采用常压灭菌灶。灭菌灶可根据需要自行设计。料袋在灶内摆放要注意留空间，使气流自下而上畅通，蒸汽能均匀运行。料袋摆放完毕后罩紧薄膜，外加帆布或麻袋，然后用绳索缚扎于灶台的钢钩上，四周捆牢灭菌。

袋进灶后，立即旺火猛攻，使温度在4 h内迅速上升到100 ℃后，确保灭菌灶内所有料袋温度达到100 ℃开始计时，持续8～10 h，中途不停火，不掺冷水，不降温。在灭菌过程中，工作人员要坚守岗位，随时观察温度、水位和是否漏气。

达到灭菌要求后，待仓内温度降至60 ℃以下时，可趁热卸袋。及时搬进已做消毒处理的接种室内，按"井"字形排放，每层4袋，交叉排叠，让袋温散热冷却。冷却时间，通常从料袋进房后24 h，直到手摸料袋无热感。

（五）接种

1.菌种质量检测　根据福建省地方标准《银耳栽培种质量检验规程》（DB35/T 1203—2011）的要求，对银耳栽培种的外观、真实性、纯度和活力进行了界定，认为：

菌种经ITS扩增产物检测、ITS片段的克隆与测序后，图谱上同时出现535bp和910bp两条片段，且满足其中535bp的片段序列和银耳 *T. fuciformis* 的ITS序列相似性达98%以上的为银耳种性，否则是其他菌；其中910bp的片段序列和香灰菌 *Hypoxylon stygium* 的ITS序列相似性达98%以上的为香灰菌种性，否则是其他菌。检测菌种同时含有银耳ITS标记和香灰菌ITS的为完整菌种，

否则为不完整菌种。

按照《食用菌菌种中杂菌及害虫的检验》（NY/T 1284—2007）、《食用菌菌种纯度检测方法》（DB35/T 1022—2010）的检测方法，检测结果未检出除银耳、香灰菌以外其他生物的菌种，判定为菌种纯；检测结果若出现细菌、霉菌、酵母菌、螨虫或其他生物的其中一种或一种以上，为污染菌种，判定为菌种不纯。

银耳栽培种的多酚氧化酶活性的OD值在0.2以上，同时满足银耳栽培种的漆酶活性的OD值在0.05以上，则表明银耳栽培种的活力强；否则活力弱。银耳菌种的外观应具有白毛团色洁白，形状圆整、丰满，分泌液清亮，无浊液；香灰菌菌丝生长有力，分布均匀，分泌黑色素，瓶壁上出现黑色花纹。

代料银耳栽培应选择生长健壮，无杂菌污染，菌龄较短，白毛团出现时间早，色白而结实，挺拔有力，菌丝吃料不深，白毛团吐黄水快，胶质化快，香灰菌吃料1/3～1/2，耳基就开始增大甚至开片的菌种。

2.接种　采用熏蒸法消毒，气雾消毒剂用量5～10 g/m³，点燃烟熏时间2～5 h。银耳接种与其他菌类不同，接种前上下反复搅拌均匀后，方可用于接种，否则必然造成有的接种穴长耳，有的接种穴只长菌丝不长耳。搅拌后的菌种还要掌握其菌丝吃料深浅，决定用种时间。菌丝吃料深达4/5的菌种，当日上午拌种，当天晚上可以用于接种；菌丝吃料深达2/3的菌种，拌种后可安排翌日晚上接种。拌种工序十分重要，两种菌丝搅拌均匀，出耳率高，且出耳时间快。如果银耳纯菌丝与耳友菌丝比例失调，香灰菌菌丝过量，偏面向吃料，也会造成出耳时间推迟。若银耳纯菌丝没拌到与耳友菌丝混合均匀的程度，其结果只长耳友菌丝，而不长耳。若两种菌丝上下搅拌不匀，则不长菌丝。为此拌种务必认真操作。选择合格的三级种，在接种前12～24 h内进行拌种。

拌种需要将白毛团去掉，将菌种上部约6 cm

的菌丝体挖松，用接种铲将生长在表层的银耳菌丝与生长至料中的香灰菌菌丝充分搅拌均匀。菌种下部的菌丝及培养料不含有银耳菌丝，应弃去不用。

接种室消毒后 4 h 即可接种，小批量生产可在接种箱内进行，大批量生产应在接种室内进行。一般 12m² 的接种室，一次可容 1 500 袋。每穴接种量约 1.5 g，1 瓶菌种可接种 110～120 穴，即每瓶栽培种可接 3 穴袋的 45～50 袋，若接 4 穴袋的为 35～40 袋。要求接入穴内的菌种比穴口低 1～2 mm。

接种的方法是在无菌条件下，2 人配合操作，一人揭胶布，一人挖取菌种进行接种。放入穴内的菌种不宜过满，应低于胶布 0.3～0.5 cm，以利于菌丝的萌发。

（六）发菌培养

接种后的菌袋按照"井"字形叠放，每层 4～5 袋，每堆叠放 10～12 层。

选择在无污染和生态良好的地区发菌培养。应远离食品酿造工业、禽畜舍、医院和居民区。培养室要求环境清洁，空气流通；既能保温，又能通风，有一定散射光。墙壁刷白灰，最好加刷防火涂料；地面用水泥抹平、磨光为好。室内建造培养架，用于摆放栽培袋养菌；培养室门窗安装防虫网，外盖遮阳网；选用无公害的药剂消毒，如用次氯酸钙药剂消毒，接触空气后迅速分解成对环境、人体及银耳生产无害的物质，并能消灭病原微生物。

接种后种块上最先萌发的是香灰菌菌丝，之后是银耳菌丝，在接种块周围扭结成团，形成原基，原基发育之初为黄褐色透明的胶粒，逐渐成熟开片。菌袋接种后根据菌丝生长情况的变化，需要分阶段进行不同的管理。

1. 菌丝萌发定植阶段　接种后 1～3 天，是菌丝萌发定植的关键时期，为使菌种萌发定植正常生长，发菌室必须提前 24 h 进行消毒灭菌，保持发菌室干燥，空间相对湿度控制在 70% 以下。菌袋采取每 2 袋穴口对穴口重叠 2～3 层的方式。若是

平地叠袋按每 4 袋并列，纵横交叉堆叠，层高不超过 1.5 m。早春或晚秋气温偏低，采取堆叠法有助于提高袋温；若在气温稍高的秋季，宜 3 袋并列堆叠培养。

保护接种口的封盖物。发菌期间要适时检查接种穴上的胶布有无翘起，若发现翘起或脱落，应及时贴封好，防止病从"口"入。接种后，在菌丝未长满表层之前，不可打开穴口上的覆盖物，以免杂菌侵入。

接种后头 3 天的发菌期内，保持室温 26～28 ℃，不得超过 30 ℃发菌，促使菌丝萌发定植。用棉籽壳作培养料的菌袋，由于棉籽壳的纤维素多，袋温上升快，发菌期应注意袋堆温度变化，及时调整，避免造成高温烧袋。发菌期若室温超过 30 ℃时，耳友菌丝生长过快，处于不正常状态，必须开窗通风，将温度调节到适宜的范围；若低于 23 ℃时，则菌丝生长缓慢，将延长发菌时间，这时需提高室温。有条件的可以利用暖气设备，农村则多采用煤炭火升温，但要注意排除二氧化碳等有害气体，以免损害菌丝体，引起后期烂耳。发菌期间管理工作的关键在于调温和防污染。因此，要根据气候的变化，准确地掌握好温度，尤其是南方诸省，在夏初及初秋栽培时，发菌期更应注意防止高温。

银耳虽然是喜光菌类，但发菌期一般以微弱的散射光或黑暗的环境条件为适。发菌室玻璃窗常用黑布遮盖，弱光散射，避免阳光直射。

2. 菌丝生长发育阶段　菌袋经过菌丝定植发育培养，菌种块萌发新菌丝，向接种穴四周扩展，形成芒状白色菌圈，直径 5～6 cm，从此进入菌丝生长发育阶段。在 25 ℃左右的适温环境条件下，菌丝每日以 0.3～0.5 cm 的速度延伸料中。这阶段一般需培养 4～8 天。

在管理上需要翻堆检查，清理受污染的菌袋。对菌袋进行一次上下里外翻动，认真检查袋壁及袋口，以及接种穴四周表面。随着菌丝的逐渐伸展，料温日益上升。为了避免温度偏高，在检查的同

时，应把菌袋排稀，袋间距2～3 cm排于培养架上，若是平地垒叠的应改2～3袋"井"字形排袋，应扩大袋间距离，以利散热。室内进行通风更新空气，以适宜菌丝生长。

菌丝生长期间，由于袋温上升，室内温度要求比发菌期调低3～4 ℃，主要是打开门窗通风降温，以23～25 ℃为好。在气温高的秋季栽培时，更要特别注意通风降温，以免造成高温而伤害菌丝。

无论是菌丝萌发定值阶段，还是生长发育阶段，室内空气相对湿度均要求在70%以下。多雨季节，室内空气相对湿度常在80%以上，杂菌孢子容易萌发，并会从接种穴口胶布的小缝隙中侵入而造成污染。因此，湿度高和多雨季节菌袋培养应注意通风，促进空气对流，降低空气湿度，一般需要每天通风2次，每次10 min。

这一阶段仍需要避光培养。耳房朝阳方向需挂遮阳网，窗口应安装网纱，外用草苫遮阳，防止阳光直射，通风时也应关好纱窗。但也不能为避强光而把门窗遮得不透气，这样也不利于菌丝生长。清理的污染菌袋应及时搬离培养室。

（七）菌袋转房排场

菌袋经过发菌培养，菌落直径可达到8～10 cm，菌丝生长逐步旺盛，新陈代谢活力增强，产生的二氧化碳浓度也随之增加。此时需要吸收外界氧气，排除二氧化碳，以满足菌丝生长发育的需求。因此，菌袋必须由原来发菌室及时搬进出耳房，疏袋排放在培养架上，进行出耳管理。

1. 场所消毒　在菌袋进房前3天，进行一次室内外消毒灭菌。房内消毒应选用经农业部颁发的有农药生产许可证的合法企业生产的产品。常用66%二氯异氰尿酸钠烟剂进行烟雾消毒。施用时，明火点燃产生气雾杀菌，耳房四周环境清除杂草，并撒石灰粉消毒，然后开窗换气。

2. 转场　菌袋转场的时间一般从接种之日起，在适宜温度条件下经过10天左右的培育（表7-9-3），菌丝已伸展至接种穴胶布边，菌丝圈直径达

10 cm，穴与穴之间的菌圈互相连接。达到这个标准时应把菌袋从菌丝培养室转入耳房内，即菌袋接种后由发菌干燥处转入适宜子实体生长的高湿处。如果培养期间气温低，菌丝生长没达标，还要延长1～2天；气温稍高时提前1～2天。

3. 排袋方式　菌袋进入耳房后，应及时排放于培养架上，采取卧式排放。袋与袋之间距离3～4 cm，以利于散热；4.3 m宽的耳房，靠房壁两旁的菌袋一端要离壁15 cm，以利内侧空气流动，耳片舒展，避免因通风不良引起展片差，畸形耳。

4. 温湿度控制　这一阶段温度控制在22～25 ℃，空气相对湿度在75%～80%，每天通风3～4次，每次10 min，需要随时注意防虫网密闭，保持耳房内外的环境清洁。

（八）原基分化期管理

菌袋经过转房排场后，菌丝发育加快，大量吸收营养后开始分泌色素。黑色斑纹的菌丝舒展有力，不断驱赶浓白菌丝，逐渐由白色变为黑色云斑的菌丝体。此时菌丝呼吸旺盛，生理上需氧量加大，单靠穴口通气量小，不能满足要求。为此必须及时开孔增氧，以满足幼耳生长发育对氧气的需求。按照正常的管理，在接种后13～19天进入这一阶段。

在开孔增氧这个环节上，最早是采取先把穴口胶布揭起一角，并皱成半圆形小口，当穴内白毛团显现胶质化，形成原基时，再把胶布撕掉，然后进行割膜扩口。后来改进为穴口不揭不撕胶布，采取割膜扩穴时一次性完成。近年来，又创新一次不割膜扩穴，而是采取袋旁划线增氧。

1. 割膜扩穴增氧法　菌袋接种后经培养15天左右时进行。但在这道工序操作前，应注意观察菌丝长势，选择适宜气温，注意时限，不可误期，否则袋内缺氧，菌丝生长欠佳。秋季气候干燥，如延期扩穴，会出现白毛团疏松，致使出耳不齐，或因缺氧导致菌丝衰竭，出耳后将发生烂耳。

割膜扩穴应掌握袋内菌丝发育占整个袋面

表 7-9-3　菌丝培养要求（引自 GB/T 29369—2012）

日程/天	生长状况	作业内容	环境条件要求			注意事项
			温度/℃	湿度/%	通风	
1～3	接种后，菌丝萌发定植	菌袋按"井"字形重叠排放在室内发菌，保护接种口的封盖物	26～28	自然	不必每天通风	避光培养，室温不得超过 30 ℃
4～8	穴中凸起白毛团，袋壁菌丝伸长	翻袋检查杂菌，疏袋调整散热	23～25	自然	2 次/天，10 min/次	避光，通风时关好纱窗，检出有病虫害的菌袋，并用干净的塑料袋装好，搬离菌丝培养室

2/3，表面菌丝呈黑色，底部菌丝呈白色；菌丝两边尖端已出现连接的走势。达到这个标准时，即可把穴口上的胶布在割膜扩穴时一起去掉。

扩穴时左手提菌袋，穴口朝上；右手提刀片，顺手沿着穴口的边缘，圈割去袋面的塑料薄膜宽 1 cm 左右，连同穴口胶布一次性去掉，使穴口直径达 4～5 cm。如果扩口过大，出耳后会引起耳基增大，影响品质；若扩口过小，影响袋内菌丝增氧，对长耳不利。割膜扩穴时，切勿割伤菌丝体。通过扩大穴口，使袋内增加氧气，促进幼耳顺利生长（图 7-9-11）。

图 7-9-11　扩穴后的菌袋

2. 袋旁划线增氧法　划线增氧法即菌袋穴口旁边割破薄膜增氧，取代穴口割膜扩穴增氧的一种新工艺。划线增氧法的优点是：银耳子实体蒂头小，朵形美观；银耳子实体基部与袋膜不粘连，可避免

绿霉侵染；同时操作方便。划线技术掌握三点：

第一，以菌袋接种后正常温度条件下培养 15～16 天，撕去穴口胶布，覆盖报纸或无纺布，喷水保湿 6～7 天后，穴口银耳子实体已现食指大时进行划线。其菌龄也就是接种后 21～23 天，进行划线工序。春栽气温高，菌丝生长发育快，可适当提前 1～2 天进行划线。

第二，对准菌袋穴口侧向，两旁居中位置，用刀片各划一条裂缝。划线长度掌握 3 cm 左右，深度以割破袋膜而不伤菌丝为适。

第三，这一阶段菌丝基本布满菌袋，淡黄色原基形成，原基分化出耳芽，需要控制温度在 22～25 ℃，空气相对湿度 90%～95%，每天通风 3～4 次，每次 30 min。

（九）幼耳管理

菌袋经过割膜增氧后，菌丝由营养生长转入生殖生长，也就进入原基分化、幼耳生长发育阶段。这一阶段耳片直径 3～12 cm，耳片未展开，色白，幼嫩，生长不够整齐，在管理技术上主要掌握以下几点。

1. 盖纸喷水　扩穴后要立即用整张旧报纸覆盖到菌袋上面，并喷水保湿。目的是防止穴口白毛团露空，由小气候转入大气候培养后被风干，影响原基形成。操作时，注意把菌袋一袋挨一袋地侧势排放，使穴内多余黄水自动流出穴外，还可避免白毛团粘连在纸上。盖纸后用喷雾器喷水于纸面上，保持湿润，以不积水为度。每天必须掀动报纸1次，使空气新鲜；同时也防止白毛团粘在纸上，引起烂耳。当幼耳直径长至1.5～2 cm时，把袋面覆盖的报纸取出，置于阳光下晒干，趁此时让幼耳露空，适应自然环境12～24 h，然后再覆盖喷水保湿。应在幼耳直径长至4 cm左右、子实体生长加快、需水量大时，将报纸取掉，直接微喷于幼耳上。耳黄多喷水，耳白少喷水（图7-9-12）。

图 7-9-12　盖纸喷水

2. 处理黄水　开口后穴上出现黄水珠，这是菌丝新陈代谢、生理成熟过程中的分泌物，属于正常的现象。处理黄水珠的办法是把菌袋侧放，使穴口朝向一侧。这样，黄水会自然流出穴外。同时应把室内温度调至24～26 ℃，则黄水量自然会减少。

3. 通风换气　适当控制氧气和通风，每天开窗通风3～4次，保持耳房内空气新鲜，干湿交替，使原基在潮湿清爽的环境下，分化成幼耳并逐步长大。通风要根据栽培季节和出耳时间灵活掌握。需要注意的是幼耳期因室内的空气相对湿度偏低，若无须降温和排湿，不宜频繁开窗。氧气充足会使幼耳发育过快，影响产量和质量。通风时间20～80 min不等。气温极高时，白天关闭门窗，不让热风热气吹进耳房内；早晚打开门窗，长时间通风；低温季节通风，宜选择在10：00～16：00进行，但要缩短通风时间，每次控制15 min左右即可。

4. 保湿养耳　幼耳生长阶段所需的水分，除了靠培养料所含水分输送外，大部分需靠喷水加湿来提供，以微粒状雾化为好。幼耳期湿度宜偏低，在其他条件适宜的情况下，适当降低湿度，可以促使幼耳生长整齐。幼耳期室内空气相对湿度控制在80％为宜。空气相对湿度低于75％，容易使幼耳萎缩发黄；空气相对湿度高于85％，会出现开片早，展片不均匀，产量低和朵形不好等问题。幼耳直径长至5 cm时，要用重水催耳，使空气相对湿度达到95％，5～6天，幼耳即可迅速长大。每天喷水的次数和多少要根据气候和耳片情况决定。

5. 控制室温　幼耳生长期室内温度以23～25 ℃为佳。若低于18 ℃，耳结蕊多，展片不良；高于30 ℃，耳片疏松肉薄，容易烂蒂，但温度低于22 ℃，耳片变薄，长期低温，会导致幼耳萎缩、不开片或腐烂。春、秋季节自然气温适宜，耳房可以全天打开门窗，使气流顺畅，空气新鲜；晚上气温低于18 ℃时，应关闭门窗保温。夏季气温高时，长耳期间也可把菌袋搬到林荫下、地下室、防空洞和地沟等阴凉环境中培养，使幼耳正常生长。冬末、早春气温低，栽培时可用电炉、红外线或用煤炭火加温。采用煤炭火加温时，要注意通风，排除二氧化碳。

6. 结合通风，增加光照　幼耳发育成长阶段，室内必须有散射光照。一般光照强度300～500 lx，也可以在耳房内安装日光灯照射。这样展片快，耳片肥厚，色泽鲜白，产量高。如果室内黑暗，幼耳发育将受到抑制。冬季栽培时，有些耳农为了保温，紧闭门窗甚至挂上棉帘，以致室内光照不足，影响幼耳的正常发育。因此，冬季一定要增加适量光照，以利于幼耳旺盛生长。

（十）成耳管理

银耳子实体进入成熟期，一般在接种30天后，耳片直径可长至12～16 cm。从进入成熟期开始直至采收，通常需要6～10天，这期间对环境条件的要求与幼耳生长发育期不同。要使子实体旺盛生长，达到朵大，形圆整，展片整齐美观，这就需要人为进行科学操作，具体措施如下：

1. 停湿造型银耳　子实体进入成熟期并形成担孢子时，如果湿度过大，会引起霉菌发作而烂耳。因此，必须停止喷水，空气相对湿度保持在85%左右。停湿后，子实体所需的水分，主要靠菌丝体从培养料内加紧吸收输送，使料内养分、水分在短期内全部被吸收降解；同时，停湿后可使尚未伸展的耳片继续向外发育；而已成熟的耳片，因外界水分缺乏而停止生长。这样促使子实体长势平衡，朵形圆整美观，耳片肥厚、疏松。停湿后进入成熟期。通常采耳前5～7天，停止喷水，保持湿润即可，以利于提高产量。

2. 加强通风　成熟期呼吸作用旺盛，必须增加通风量，使耳房空气保持新鲜。特别是雨天，通风不良，湿度偏大，容易造成烂耳。春、秋季节自然气温恒定在23～25℃时，应整天开窗通风；晚间气温下降时，要闭窗保温。早春、秋末气温较低，应在保温的前提下，每天通风3～4次，每次30 min。

3. 引光增白　银耳子实体进入收获期时，除停湿通风外，还需要一定光照。光照可以促进耳片色泽增白，同时阳光中的紫外线对附着在耳片上的霉菌、细菌有杀灭作用。为此，每天8:00～10:00应打开门窗，让阳光透进耳架，照射耳片，促进耳片色泽鲜白，耳片增厚，提高商品质量。

4. 控温防害　停湿期温度以23～25℃为宜。如果低于22℃时，容易引起蒂头淤水猝烂。早春或晚秋气温低时，采取电热升温或在室外烧火，热源通过火坑使室内升温。注意不要在室内用煤、柴、炭明火加温，以免二氧化硫气体袭击子实体，引起产品污染。超过25℃时，加强通风，保持耳房空气新鲜，确保停湿期不烂耳。

菌袋接种后至采收栽培管理要求见表7-9-4。

（十一）采收与干制

银耳子实体成熟后，应适时采收。成熟的标志是耳片完全展开，中部无硬心，耳片舒展，有弹性，并有黏腻的感觉，直径一般较大，可达到10～12 cm。采收之后的银耳烘干或鲜品销售，应根据需要及时处理。

1. 银耳成熟特征　银耳的采收与加工，是保证产品质量和经济效益的重要一环。适时采收，科学加工，可以获得高质量的产品和更高的经济效益。

成熟银耳的标准：耳片全部伸展，疏松，生长停止，没有小耳蕊；形似牡丹花或菊花，颜色鲜白或黄，稍有弹性。直径可达10～15 cm，鲜重150～250 g，成熟后会散发出大量白色担孢子（图7-9-13）。

图7-9-13　成熟银耳

2. 采收方法　银耳子实体充分伸展，达到完全成熟时一次采收完毕。银耳采收时，应注意以下事项。

（1）晴天采收　晴天上午采收，有利于及时加工。若收获期遇雨天，可继续停湿保留在耳房内，延长管理时间5～7天，待天气晴朗后再采收，加强通风，防止烂耳。

（2）整朵收割　采用锋利刀片，从耳基部位沿着菌袋薄膜削平，整朵割下，并挖去蒂头的杂质。收割和挖蒂时，均要小心，切勿损坏朵形。

（3）保持清洁　采收时，防止菌渣黏附在耳片上。采割下来的银耳放在干净的塑料筐或泡沫箱内，轻采轻放，切勿重压。

3. 干制　市场货架上的代料银耳，按其形态分为整花鲜银耳、小花鲜银耳。整花鲜银耳是鲜耳削除耳基，经浸泡漂洗，朵形完整的商品；而小花鲜银耳是经掰分，呈小花状的鲜银耳商品。

表 7-9-4　栽培管理要求（引自 GB/T 29369—2012）

日程/天	生长状况	作业内容	环境条件要求			注意事项
			温度/℃	湿度/%	通风	
9～12	菌落直径 8～10 cm，白色带黑斑	栽培房消毒，床架清洗晾干，菌袋搬入栽培房排放培养架上，袋距 3～4 cm	22～25	75～80	3～4次/天 10min/次	栽培管理整个过程随时注意防虫网密闭，保持栽培房内外清洁
13～19	菌丝基本布满菌袋，淡黄色原基形成，原基分化出耳芽	割膜扩穴 1 cm，覆盖无纺布，喷水加湿，保持湿润	22～25	90～95	3～4次/天，30min/次	
20～25	耳片直径 3～6 cm，耳片未展开，色白	取出覆盖物晒干后再盖上，喷水保湿	20～24	90～95	3～4次/天，20～80 min/次	耳黄多喷水，耳白少喷水，结合通风，增加散射光
26～30	耳片直径 8～12 cm，耳片松展，色白	取出覆盖物，喷水保湿	22～25	90～95	3～4次/天，20～30 min/次	以湿为主，干湿交替，晴天多喷水，结合通风
31～35	耳片直径 12～16 cm，耳片略有收缩，色白，基部呈黄色，有弹性	停止喷水，控制温度，成耳待收	22～25	自然	3～4次/天，30 min/次	保温与通风
36～43	菌袋收缩出现皱褶，变轻，耳片收缩，边缘干缩，有弹性	采收				

银耳的烘干设备包括热风炉、蒸汽锅炉、热交换器等。干制的流程主要包括摊晾、削耳基（小花银耳瓣分）、吸水、清洗、排筛、烘干、出厢、包装和贮存等环节。

不同类型的银耳产品烘干的阶段和时间有不同的要求，烘箱底部温度 70～80 ℃，在烘烤 2～4 h 后需要将烘筛的位置进行调整或将银耳产品翻面，使产品均匀受热干燥。

采收结束需要清洁耳房，及时把废袋搬离耳房，同时清理残留物，打开门窗通风 3～4 天，让阳光直射房内，并进行消毒，以便迎接新的菌袋入房培养。

采后的菌渣应收集放于干燥处，通过废筒脱膜粉碎分离机取料，可与其他原料适量混合用于栽培金针菇、竹荪和毛木耳等，或用作燃料、饲料和肥料。

三、瓶栽出耳生产模式

银耳封闭式栽培的独特之处：一是无公害装置。采用透明塑料两接罐，下半部装置培养料接种培养菌丝体，上半部为子实体生长发育的空间，设过滤层过滤空气。银耳在这种空间内，有洁净的空气和营养供应生长发育，从接种到采收，完全处在洁净的环境中，达到无公害有机食品的要求。二是鲜活性好。培养料连同看得见雪白、鲜活、洁净的子实体，整体进入超市货架出售，或进酒楼、餐馆的橱窗。让顾客现点现取，每罐割一朵银耳正好烹饪佳肴一盘，原汁原味，成为现代餐饮的一种天然享受。三是观赏性强。罐内子实体像一朵晶莹剔透的牡丹花。置于4℃低温商品橱展销，其货架期30天，28℃以内常温下，货架期15天，保持鲜活不变，消费者购回可谓既增添一种艺术观赏品，又可品尝保健有机食品。

（一）营养罐栽培方法

营养罐是近代银耳进入工厂化生产的一种新型栽培容器，以聚丙烯为原料，通过模具热注成型，且有透明、耐光、耐高压的特点。罐高18 cm，直径8.5 cm，罐中间螺纹旋合，下半部高9 cm，盛装培养料。每罐装干料160 g；上半部高9 cm，其罐顶中心设通气口高1 cm，口径3.5 cm，装有海绵过滤片，配有塑料口盖，每罐长耳200 g。营养罐栽培实际是HACCP（即危害分析的临界控制点）体系在银耳有机栽培中的应用，可达到产品安全。

1. 培养料　按照有机食品的要求，选择主要原料、辅助营养料和添加剂以及水等，事先通过检测砷、铅、镉、汞含量，以及农药残留量不超出规定的范围。原料再经曝晒等处理。具体配方：阔叶树杂木屑78%、麸皮18%、玉米粉2%、蔗糖1%、石膏1%，水料比为1:（1～1.15）。将上述培养料搅拌均匀，含水量60%左右，pH 6～7。由于营养罐内长子实体，自始至终不喷水，所以培养料含水量一次性配制达标，尤其夏季空调条件下培养，含水量要适当提高一些。

2. 装料灭菌　装料采用GXZP-6000型自动装料机。将营养罐装入周转筐内，罐口对准输料筒口，一次装成24罐，是现代自动化程度较高的罐瓶装料机械设备。手工装罐时，先将罐集中排放，将料撒放于罐面，并用竹扫来回拖动，使料落罐，再提起在掌中扣实；同时填料至离罐口2 cm左右，再扣实。每罐装干料160 g。然后在料中央打1个深2～3 cm的接种穴，顺手封好罐盖，清理罐面残料。装料后置于高压杀菌锅内，在蒸汽压力10.787×10⁴ Pa（即121℃）下保持1.5 h，或常压灭菌100℃保持16 h，然后卸出冷却。

3. 接种发菌　待料温降至28℃以下时，把罐搬进无菌箱内。接种时打开罐盖，将银耳菌种迅速通过酒精灯火焰接入罐内穴中，略向料面低1 cm，顺手封盖。然后搬进培养室内发菌培养3天，室温24～28℃，空气相对湿度70%以下，散射光照，适当通风。

4. 揭盖罩罐　经发菌培养5天，穴口白毛团涌现，将罐盖去掉，把上半部透明罐罩上，并顺螺纹旋紧。去盖换罩应在无菌环境条件下进行。

5. 控温培养　营养罐栽培银耳从接种后到成耳出品，约需30天。管理上主要控制好温度。接种后菌丝萌发定植后，第5天揭盖时，以23～26℃为好。揭盖罩罐3天后适当调低3℃，刺激1～2天，有利诱发原基。10天之后掌握在23～25℃，不超过28℃。一般接种后13～15天原基形成碎米状耳芽，伴有棕色水珠，逐日长大。空气相对湿度70%～75%，每天早晚通风换气，室内要求清洁、干燥、凉爽，光照强度300～600 lx。

6. 成品运销　营养罐银耳成熟期，应掌握子实体直径6～7 cm，色洁白，晶莹透亮，耳片舒展无结芯，朵形美观的标准。成品按每24罐或32罐纸箱包装，采取低温流通，冷藏起运，保鲜商品橱展销。食用时旋开罩盖，整朵割下，冷拌、炒煮，细嫩清脆，荤素皆宜。银耳采割后将罐底打洞，利用罐内菌渣栽种花卉，或取料作花肥施用，对环境无污染。

（二）罐头瓶栽培方法

1. 选瓶洗净　采用 500 g 水果罐头瓶或 750 g 药瓶作栽培容器。这些玻璃瓶可向收购站购买，其成本低廉，购回时用漂白粉水进行洗刷，然后用清水多次冲洗，或用 2% 高锰酸钾溶液清洗消毒，使其无氯气味即可。聚丙烯塑料瓶用清水冲洗即可。

2. 装料灭菌　配方拌料按常规进行。将培养料装至离瓶口 1 cm 后，用打洞棒，在瓶内料中打 1 个直径 1.2 cm、深 2～3 cm 的接种穴，擦去瓶壁残物。用与瓶口大些的塑料薄膜盖面，再用 1 张同等规格的牛皮纸覆盖在薄膜上面，用橡皮圈扎紧瓶口即可。每 100 kg 棉籽壳干料可装 800 瓶。装料后置于高压灭菌锅内，在蒸汽压力 10.787×10^4 Pa 下保持 1.5 h 灭菌。也可在常压灭菌灶内，经 100 ℃保持 10 h 以上灭菌，然后趁热卸瓶散热。

3. 接种培养　接种时打开瓶口封盖物，在无菌条件下，将菌种接入穴中，顺手将封盖物包好扎牢。由于瓶壁厚散热差，发菌时室温一般比袋栽调低 1～2 ℃为宜，即头 3 天不超过 28 ℃，4 天后不超过 26 ℃。

4. 套高增氧　约经 12 天培养后，菌丝占瓶料 2/3 时，将瓶口上的塑料薄膜取掉，把原牛皮纸拉高，套在瓶口上，形成套筒式，使氧气在一定的空间内透入料内，促使菌丝加快生长。此时室温应控制在 20～23 ℃，保持 2～3 天，有利原基发生。

5. 出耳管理　瓶栽银耳由于重量较大，应加固栽培架，防止超负荷而倒塌。经过套高增氧后，每天向瓶口套纸上喷水 4～5 次，使套纸湿润。空间相对湿度保持在 90%～95%。出耳后去掉套纸，用旧报纸盖住表面，并喷水保湿，室温保持 23～25 ℃。瓶栽银耳子实体的成熟比袋栽慢 2～3 天，朵大形好，品质优。

四、"安全罩"出耳生产模式

所谓"安全罩"是由聚丙烯塑料袋制成的，在塑料袋下半部或底部开一个 2 cm×3 cm 通气口，用过滤纸封口，达到既能过滤空气，又能防止灰尘和蚁虫进入的目的。这是在无公害生产的基础上，按照绿色和有机栽培要求进行生产。其特点是菌袋接种培养生理成熟，进入子实体生长时，揭去袋盖，套上薄膜安全罩。每袋长银耳 1 朵，约重 250 g，运输轻便，成本低。具体方法：

（一）料袋制作

采用棉籽壳、麸皮、石膏为原料，按袋栽常规配方加水拌匀，含水量 55%～60%。选用 15 cm×25 cm 的聚丙烯成型折角袋，每袋装干料 175 g 左右，袋口用塑料套圈加盖。装袋后置于高压锅内灭菌，在蒸汽压力 10.787×10^4 Pa 下保持 3 h 取出冷却后，按常规无菌操作，接入银耳菌种，并盖好塑料盖，移入培养室发菌培养。

（二）菌丝培养

培养室内保持清洁干净，室温控制在 23～25 ℃，每天通风 1 次，每次 1 h 左右。经过 15 天左右发菌培养，菌丝长满袋，料面出现的白毛团即将形成原基时，揭去塑料盖。

（三）套捆"安全罩"

套罩时去掉菌袋上的塑料盖，套上"安全罩"。在套罩与营养袋连接处，用橡皮筋扎紧封闭。然后把菌袋摆上培养架，让其自然生长发育。

（四）控温管理

子实体形成与发育阶段主要掌握好室内温度，控制在 23～25 ℃，不超过 28 ℃，不低于 18 ℃。随着菌丝生长发育，袋温升高，此时注意疏袋散热，袋与袋之间留 2～3 cm 空隙；每日通风 1～2 次，每次 30 min，保持室内空气清新，并引进散射光，促使展片良好，色泽鲜白。

（五）产品上市

套罩后一般培育 20 天左右，即菌袋接种后 35 天，子实体生长达到直径 15 cm 左右的，即可带袋包装上市。在 28 ℃以内常温下货架期 15 天，4 ℃保鲜柜货架期 1 个月以上，未采收之前不可打开"安全罩"，避免子实体露空变质。

五、高山反季节出耳生产模式

银耳传统生产季节以春、秋季自然气温为宜。冬季气温低，夏季气温高，均为逆温，不适合银耳生长。然而每年夏季、冬季正是银耳产品市场旺销季节，往往产销不平衡。为了调节银耳产季，各地栽培者不断试验研究，积累了反季节栽培的技术，在酷暑和寒冬照样能生产银耳，实现春、夏、秋、冬四季周年生产。具体技术措施如下：

（一）夏季栽培

夏栽银耳菌袋接种常在5～7月，长耳期为6～8月，此期间气温较高。而银耳菌丝生长适宜温度最高不超过32 ℃，子实体生长最高不超过30 ℃。在南方古田、屏南等县，都选择在海拔800 m以上的山区栽培。在管理上必须采取特殊技术处理，才能确保银耳正常生长。具体措施：

1. 改善培养料　夏季气温高，采用棉籽壳为原料需要区别处理：凡是棉籽壳含纤维多，松软，呈粉状，浸水后挤压液汁呈乳状物的，应加入杂木屑8%或谷壳5%，配方中麸皮比例应比春秋季节减少2%～3%，防止营养过量，菌丝代谢过旺，袋温超高。夏季水分易蒸发，培养料调水适当多些，这样可使培养料疏松、透气、营养适当偏低，含水量恰到好处，使菌丝正常生长。凡是棉籽壳含籽壳量多、纤维少，浸水后挤压没有乳状汁的，则品质稍弱，吸水性也差，这种原料不必添加辅料，应适当减少含水量。菌袋生产工艺按常规。总的要求是夏季的培养料营养成分适当偏低些。

2. 控温养菌　首先了解当地近期气温，回避高温期，选择阴天24：00至翌日凌晨3：00气温最低时间，进行抢温接种。发菌室内有条件的专业性厂（场），应安装空调降温。民间栽培可在海拔较高、气候稍凉的山村接种和发菌，也可在当地傍山临水、环境阴凉的房间发菌培养。发菌期间遇高温，应把菌袋排稀，袋距5 cm。室内安装风扇，并开通门窗，使空气对流，降低温度，确保菌丝培育期室温不超过30 ℃。发菌期禁忌喷水降温，以免造成高温、高湿引起杂菌发作，而污染银耳菌袋。

3. 荫棚出耳　选择树林荫蔽度好，太阳不西照，近水源，地整平坦，通风良好，环境卫生的场地，搭建度夏耳棚，于每年6～9月进行银耳生产，这是反季节栽培的理想场地。通过特殊技术处理，在夏季空间温度35 ℃时，而野外荫棚内一片阴凉，温度计显示26 ℃，正适宜银耳子实体生长。在荫棚方面，各地因地制宜构建。福建屏南县耳房采用"荫棚套内棚"。荫棚用竹木条搭成"∧"形，中间高4 m，两边高3.2 m。棚顶内衬固定塑料膜，外盖芒箕、茅草；四周围草苫，排防虫网，并安装日光灯。一般每个荫棚内设4个内棚，内棚呈"∩"形，排放两个架床。架床外柱高2.5 m，内柱高2.75 m，分设6层，底层离地15 cm，顶层离棚顶50 cm，离边25 cm。床宽90 cm，排放两个菌袋。两架床之间设20～80 cm走道。架顶用弓形竹片拱起，用塑料薄膜将两个架床覆盖安装通风设备，内棚起调节温、湿度和通风作用；外棚防雨遮阳，创造良好的长耳环境条件。也可以采取畦床卧倒排放菌袋，穴口朝天，上搭竹片弓棚，再覆盖黑膜和遮阳网，露地畦床长耳。

4. 相关措施　清理场地残留物，四周撒石灰粉，畦面喷药消毒。夏栽银耳菌袋在室内培养12天左右，就可搬到野外荫棚内，排放培养架上或露地摆放于畦床上。排袋时穴口朝天，袋与袋的距离为2～3 cm。培养3天后撕去胶布，同时割膜扩穴或采用划线增氧，覆盖报纸并喷水增湿。下雨天注意罩薄膜遮雨。通过野外荫棚20～25天管理，子实体生长良好。

（二）冬季栽培

这里的冬季栽培，主要是指南方省、区，12月至翌年2月，通常月平均气温在-5～-2 ℃的地区。在这些温区进行冬栽银耳时，首先使发菌阶段温度不低于20 ℃，出耳阶段温度不低于18 ℃，才能确保银耳栽培达到理想效果。菌袋生产工艺按常规进行，特殊处理技术如下。

1. 选料优配　冬季气温低，菌丝代谢缓慢，要求提供较好养分的培养料，才能满足生长所需。为此，要选好主料，棉籽壳应选取籽粉仁多，易粘手，较新鲜，呈绿色、黄色或红褐色的籽，带较多棉纤维，这种棉籽壳含氮量高。在配方中加1%～5%蔗糖，3%玉米粉，含水量应掌握在60%。原料质好，配方营养成分高，有利于菌丝生长，其袋温比一般配方可提高3℃。

2. 增温设施　冬季耳房必须增加保温设施。如增设地下火坑道、采取室外燃烧、烟热进坑道等方法，提高耳房温度；同时在四周土墙、房顶上方加盖薄膜沥青纸、稻草和干泥土。室内四周用膨体塑料保温板作墙壁。屋内安装微型吊扇，设通风窗口，安装排气扇。北方气温较低，可采用太阳能温床、日光温室或设有暖气设备的塑料大棚做出耳房。

3. 控温发菌　接种后进入发菌阶段，室内应加温，可采用保温灯、电热炉或煤炉加温。采用煤炉加温时，在炉口套上排气筒，伸向窗外，把有害气体排出室外。通过加温使室内温度达到20℃以上。冬季发菌长势缓慢，培养时间为13～15天，一般比常温培养慢3～4天。为了保温，发菌期紧闭门窗，同时为防止室内二氧化碳过多积累，应选择晴天中午气温高时，打开门窗通风换气。

4. 出耳管理　在适温下，经过15天的培养，如果温度偏低，菌丝生长缓慢就得延长1～2天。然后将菌袋搬入出耳房内，上架排放；揭布敞口增氧，喷水保湿，引诱原基发生。再经2～3天培养后进行割膜扩穴，采取划线增氧，详见常规栽培划线增氧操作。进入幼耳期逐步转入成耳。出耳阶段室温控制不低于18℃，争取达到23℃，以适于子实体正常生长。冬季室内空气流动小，由于火坑加温和菌丝体代谢发出热能，使高温空气聚集到上层，低温空气沉落在下层，形成空气上下温差大，导致培养架上下层温度不匀。因此，必须经常打开室内上方的微型吊扇，使上下层气流均衡；中午短时间开窗通风换气，使空气流畅，防止片面追求保温而紧闭门窗不通风，造成菌丝缺氧窒息。但冬季开窗通风要防止西北风直接吹子实体上，引起耳基

受冻醉烂；通风的时间也不宜过长，否则会造成室温下降，重新增温又需加热，消耗很多能源。冬季屋内外温差较大，如果长时间通风，会使菌丝体受剧烈的变温刺激，降低活力，影响正常生长。还要注意的是子实体生长期间不宜采用燃烧煤炭直接保温，以免造成室内缺氧，影响银耳正常生长。

六、大棚套栽多种耳菇

近年来许多城市郊区大量蔬菜塑料大棚被用于栽培食用菌或进行菇菜间种，提高了大棚的利用率和经济效益。大棚耳菇套栽具体技术如下。

（一）掌握棚温

塑料大棚内的气温和空气湿度与室外差别很大，栽培者应掌握棚内四季温度、湿度的变化。

（二）季节安排

大棚内适于银耳出耳的月份，据上海华漕塑料大棚显示的温度：5～6月，18～24℃；9～10月，19～25℃。而空气相对湿度，春、秋两季平均在93%～95%，正适宜子实体生长。按照这个长耳期，倒计时15～18天，进行菌袋配制与接种，并进行室内发菌培养。

（三）进棚长耳

当菌袋培育13～15天，菌丝发育到袋下部相连接时，搬进大棚内的培养架上排袋；同时进行撕布、割膜和扩穴一步到位，并盖纸喷湿。由于大棚内空气湿度较大，出耳阶段一般不需喷水。干燥天空气相对湿度低于80%时，应在盖纸上喷水增湿。注意通风换气，使棚内空气新鲜。棚顶需盖草苫或遮阳网，尤其秋季更要防止阳光照射。一般在大棚内长耳只需20～25天可收获。采收后，继续将发好菌的菌袋搬入棚内上架出耳。如此，在春、秋4个月可连续栽培5茬。

（四）套栽品种

大棚除栽培银耳外，还有8个月时间，可选温型适合的菇耳进行交叉套种。上海华漕塑料大棚内1～3月，月平均气温在4～12℃，适合栽

培低温型的金针菇、真姬菇；7～8月平均气温在24～28 ℃，适于栽培高温型的金福菇、鲍鱼菇、白毛木耳；11～12月，适于栽培中低温型的秀珍菇、杏鲍菇、猴头菇。这样多品种交叉套栽，一年四季不断生产菇耳，形成周年制栽培，生产效益数倍增长。

（五）注意事项

塑料大棚栽培菇耳时，要及时掌握气温变化。上海地区秋季棚内9月极高气温达29.17 ℃。如果银耳菌袋入棚开口扩穴时，袋温自身热量增加，又遇极高气温，必然会使菌丝受到严重危害而使栽培失败。因此，必须注意天气预报，要避免极高气温进棚出耳，才能确保成功。大棚密罩，空气相对静止，为此必须设微型吊扇和开设通风口，安装排气扇，使棚内空气流畅，氧气充足，促使银耳子实体肥厚，朵大，产量稳定。

七、斜架与吊袋栽培生产模式

（一）斜架袋栽法

室内袋栽银耳是采用水平式床架。近年来有的地区银耳采用斜架栽培法，能明显减少烂耳，并可降低设施投资，空间利用率提高25%～30%。斜架栽培的床架为立式三角形。床架高2.2～2.5m，架顶夹角为30°左右。每层间距42～50 cm，共4～6层。近墙处的单面架斜靠墙上，中间用"人"字形双面架。接种后的耳袋，从下层依次向上排放。耳袋的上端用细小尼龙绳吊在上一层横放的竹竿上，下端斜放在下一层横放的竹竿上，接种穴口向外。每一层的上横杆，又是上一层耳袋斜放的支杆。排放结束后，形成排满耳袋的斜墙面。

室内管理基本上与常规层架袋栽相同。上架后培养室温度保持在24～28 ℃，空气相对湿度为65%，培养5～7天后，菌丝伸展到4～5 cm时，用消毒过的缝纫针在穴位上下两侧扎针刺孔通氧，并覆盖经过消毒的报纸或牛皮纸。当耳袋各穴孔菌丝基本连续时，掀动穴口覆盖薄膜进行通风，使薄膜成皱形。幼耳长到4～5 cm时，去掉覆盖纸，喷水管理，至成熟采收。

（二）吊袋栽培法

银耳吊袋栽培设施简单，投资少，空气对流畅通，上下层温差较小，能避免因积水引起的烂耳。

1. 搭架　栽培架由2根立柱和4根横杆组成。立柱长2.5 m，直径5～8 cm，埋在栽培室外的土中深20 cm左右，间距0.9～1 m。埋柱之前，在每根立柱的同一侧，于距下端95 cm、140 cm、185 cm、230 cm处各钉1根10 cm的铁钉，用于搁放横杆。横杆长1～1.05 m，其粗以能承受二十多千克的负荷为度。在每根横杆相对的两侧面，各钉1排6～8 cm的小铁钉，间距为9～10 cm，每侧10个，用来悬挂菌袋，每杆可挂20袋。栽培架的数量，视栽培室大小而定，相邻两架间留60～70 cm宽的操作道。一般3 m×3 m的栽培室，中间留0.9～1 m宽的操作道，两边可设5架，能吊挂800袋。非专业性生产，只用几根竹竿，用支架架高75～80 cm，挂上菌袋后，用薄膜围护以保温保湿，便可成为简易栽培室。

2. 菌袋制作　培养料配制、灭菌、接种均按常规方法操作。为便于吊挂，在菌袋的一端留长10～15 cm尼龙线，线头留扣结，以便吊挂菌袋。

3. 吊袋出耳　接种后将菌袋直接吊挂在事先经过消毒的栽培室内架上。1～5天保持室温28～30 ℃，5～12天降至25～26 ℃，空气相对湿度不超过65%。12天后至出耳前，温度调为23～25 ℃，空气相对湿度75%左右。若温、湿度适宜，12天后菌丝就长满袋面，应揭开胶布，开孔增氧。孔口向地面，待接种口吐黄水时，再把胶布缝隙揭大。黄水要及时用脱脂棉吸干。出耳后揭去胶布，空气相对湿度初期控制在85%～90%；随着幼耳长大，逐步增加到95%。室温控制在23～25 ℃。培养前期可轻微通风，以后逐渐加大通风量，增加氧气。子实体呈白色半透明时即可采收。

（彭卫红　王国英　王勇　丁湖广　闫世杰）

第十章　茶薪菇

　　茶薪菇脆嫩爽口，味道鲜美，香味特殊，营养丰富，能预防和治疗多种疾病，集营养、保健和医疗于一身，是理想的食药兼用菌类。在自然条件下，茶薪菇多生长在油茶树腐朽的树干和树根上，子实体常发生在春夏和夏秋之间。人工栽培茶薪菇分春、秋两季，春季栽培在 2 ～ 4 月，秋季栽培在 8 ～ 10 月。

第一节
概述

一、分类地位

　　茶薪菇隶属真菌界、担子菌门、蘑菇亚门、蘑菇纲、蘑菇亚纲、蘑菇目、球盖菇科、田头菇属。
　　拉丁学名：*Agrocybe cylindracea*（DC.）Maire。
　　中文学名：柱状田头菇。

　　中文别名：茶树菇、油茶菇等，是我国发现的新种，由我国著名食用菌专家黄年来命名。

二、营养价值与经济价值

　　茶薪菇的菌盖和菌柄脆嫩爽口，味道鲜美，有特殊的香味，营养丰富。蛋白质含量高，含有人体所需的 18 种氨基酸，其中含量最高的是蛋氨酸，占 2.49%，其次为谷氨酸、天冬氨酸、异亮氨酸、甘氨酸和丙氨酸；总氨基酸含量为 16.86%；特别是含有人体所不能合成的 8 种氨基酸。根据国家食品质量监督检验中心（北京）检验报告，茶薪菇营养成分为：每 100 g 茶薪菇干品中含蛋白质 14.2 g，纤维素 14.4 g，总糖 9.93 g，钾 4713.9 mg，钠 186.6 mg，钙 26.2 mg，铁 42.3 mg。由于茶薪菇的品种、栽培原料和栽培季节不同，其营养成分有一定差异。

茶薪菇的鲜味来源于丰富的氨基酸，特别是谷氨酸含量高时味更佳，而茶薪菇独特的香味则是因其含有许多挥发性含碳化合物。茶薪菇性平、味甘、无毒，具有滋阴、补肾、健脾开胃、平肝清热、明目美容、提高人体免疫力、增强人体防病能力的功效，常食可起到抗衰老、美容等作用。临床证明茶薪菇对肾虚、水肿、气喘及小儿低烧有特殊疗效。菇中所含的茶薪菇多糖，对小鼠恶性肉瘤细胞 S180 和艾氏腹水癌细胞的抑制率高达 80%～90%。因而人们将茶薪菇誉为"抗癌尖兵"。中医认为该菇具有补肾、利尿、治腰酸痛、渗湿、健脾、止泻等功效，还可用来治疗头晕、头痛、呕吐等病症，是高血压、心血管和肥胖症患者的理想食品。因此，茶薪菇既有很高的营养价值，又能预防多种疾病，集营养和保健于一身，是理想的食药兼用菌类。

三、发展历程

我国人工栽培始于 1972 年。洪震 (1981) 曾报道了茶薪菇的生理特性和人工栽培试验结果。20 世纪 90 年代初，江西广昌开始大面积人工栽培，随后福建三明等地也陆续开始推广人工栽培茶薪菇。近年来在全国大面积推广栽培。

野生茶薪菇的产量极低，福建省三明市真菌研究所 (1978) 曾进行生态考察，其后洪震 (1978)、吴锡鹏 (1993) 均曾报道驯化栽培结果，林杰 (1996) 较系统地介绍过茶薪菇的生物学特性及栽培方法。20 世纪 80 年代初，驯化栽培的培养料为木屑和茶籽壳，栽培虽然获得成功，但产量不高。后来对其营养生理机制进行研究发现，茶薪菇对木材纤维的分解能力较弱，但对蛋白质的利用则较强，因而在

20 世纪 80 年代末，茶薪菇的培养料已普遍改用木屑和棉籽壳等混合材料，并添加了适量有利于茶薪菇菌丝生长的菜籽饼、花生饼和豆饼等饼肥，增加了氮源含量，以满足茶薪菇的营养生理需要。这样既可提高产量，又可提高品质，增强香味。经过近 30 年的驯化栽培，已筛选出多个优质高产菌株。采用 17 cm×33 cm 的塑料袋栽培，装干料 0.5～0.6 kg，每袋可产鲜菇 0.3～0.5 kg。

四、主要产区

茶薪菇自然分布主要在温带及亚热带地区。世界上主要分布在中国、日本以及南欧、北美洲东南部。在我国多分布在福建、浙江、江西、云南、贵州、四川和台湾等省。

（一）东南产区

目前，国内茶薪菇的栽培东南产区主要在江西、福建两省。江西省的黎川、广昌、南丰、南城和资溪县，福建的泰宁、建宁、古田、光泽和郡武等县（市）已有较大规模的栽培。广东、浙江、上海等省市也都有一定量的栽培。

（二）中原产区

湖南、山东、湖北、河南、天津和北京等省市茶薪菇也都有一定量的栽培。

（三）西北产区

2014 年新疆玛纳斯县茶薪菇试种成功。

（四）西南产区

四川、贵州、云南均有栽培，其中云南的丽江、大理等栽培面积较大。

五、发展前景

茶薪菇驯化栽培成功之初，其身价昂贵，仅出现在都市餐饮及盛大宴会的餐桌上。经过近几年的开发，现在已经进入城乡百姓的菜篮。它能提供人体所需的蛋白质、脂肪、碳水化合物、维生素、矿质元素和其他生理活性物质，具有明显的保健及药

用功效。自 20 世纪 90 年代以来，茶薪菇生产在福建、广西迅速发展，浙江、山东、上海、北京等地也都在发展。一些县市将茶薪菇的栽培生产确定为"富民强县"的新兴支柱产业。

栽培茶薪菇的原料来源丰富，价格低廉。所用原料主要是农作物秸秆、壳皮及林业下脚料，如木屑、棉籽壳、玉米芯、豆秸、花生蔓、稻草和麦秸等。用这些原料栽培茶薪菇，就把废弃物质转化为高蛋白食品，种过菇的培养料因含有丰富的养分，又可作为优质饲料及肥料。这样不仅增加了农民收入，也保护了生态环境，形成了自然界物质的良性循环，促进了生态平衡。

茶薪菇的生产投资小，生产周期短，经济效益高，见效快。如农户种植 1 万袋茶薪菇，原料等成本为 5 000 元左右 (平均每袋 0.5 元左右)。接种后 60 天开始收菇，生产周期为 5 ～ 6 个月，可产茶薪菇干菇 300 ～ 500 kg，半年时间不仅可收回投资成本，而且纯利润可达 1 万元左右。因此，栽培茶薪菇是目前高效益农业项目之一。

茶薪菇是栽培历史较短的珍稀菇类，由于它营养价值高、味道鲜美并有独特的药用价值，所以在产品投放市场后，深受人们的青睐。在世界上已成为后续替代菇类中的主要品种。我国的茶薪菇产品不仅进入广州、北京、上海、武汉等大中城市，销往香港、澳门、台湾等地区，而且还远销日本、新加坡、印度尼西亚等国家，需求量与日俱增，因此栽培前景十分广阔。

第二节
生物学特性

一、形态特征

（一）菌丝体

菌丝体是茶薪菇的营养体。它在培养料中吸收养分，不断进行分裂繁殖和贮藏营养，为子实体形成奠定基础。在自然界，茶薪菇菌丝体呈丝状，常生长在枯死的油茶树木枝干、树兜、枯枝落叶或土壤等培养料内。菌丝为白色、绒毛状，极细，在培养料中向各个方向分枝和延伸，以便利用培养料营养，繁衍自己，组成菌丝群。由孢子萌发产生的菌丝叫初生菌丝。初生菌丝开始时是多核的，到后来产生隔膜，把菌丝隔成单核的菌丝。单核菌丝纤细，生长缓慢，生活力较差。初生菌丝生长到一定阶段时，两个不同性别的单核菌丝通过菌丝细胞的接触彼此沟通，将细胞质融合在一起，但细胞核不结合，这样每个细胞中就含有两个细胞核，故又称双核菌丝或次生菌丝。这种双核化了的菌丝，粗壮，繁茂，生活力旺盛，当它生长到一定的数量、达到生理成熟时，再加上适宜的环境条件，菌丝体便缠结在一起，形成茶薪菇子实体。

茶薪菇的菌丝都是多细胞的，每个细胞都是由细胞壁、细胞质、细胞核等组成。

（二）子实体

子实体呈伞状，单生或丛生。

菌盖又叫菇盖或菇伞，为茶薪菇的帽状部分，直径 4 ～ 10 cm。初期为半球形且边缘内卷，随着生长时间推移，逐渐长成伞状，成熟后伸展为扁平状。菌盖由表皮、菌肉、菌褶三部分组成。菌盖表面平滑或有皱纹，初为暗红褐色，后变为浅褐色或浅土黄色，并带丝绸光泽。菌盖边缘淡褐色，有浅皱纹，成熟后菌盖反卷。菌肉白色，未开伞时肉厚，开伞后肉变薄。菌褶初为白色，成熟后呈黄锈色至咖啡色；直生近弯曲，与菌盖分离，由菌柄处向四周伸展。菌褶表面着生子实层，生有许多棒状的担子。每个担子顶端有 4 个担孢子，菌褶是担孢子的产生场所和保护器官。担孢子呈淡黄褐色，光滑，椭圆形或卵圆形，$8.5 \sim 11 \mu m \times 5.5 \sim 7 \mu m$，属于异宗配合的四极性担子菌。

菌柄又叫菇柄，近圆柱体，直立或弯曲。长 $3 \sim 10 cm$，直径为 $0.3 \sim 1.6 cm$，中实，纤维质，脆嫩。表面纤维状，近白色，基部常为褐色。成熟期菌柄变硬。菌柄着生在菌盖下面中央处，既支撑菌盖的生长又起着输送营养和水分的作用，是人们食用的主要部分。

菌环是内菌幕残留在菌柄上的环状结构，为菌柄与菌盖间连着的一层膜状物。子实体幼嫩时，菌膜包着菌褶，随着子实体的生长，菌盖向四周伸展，将菌膜涨破，残留在菌柄上的菌膜变成菌环。菌环幼时淡白色，开伞后变成锈褐色，常附着在菌柄上部，易自行消失。

二、生活史

茶薪菇是一种异宗配合的四极性担子菌。其生活史是从孢子萌发开始，经过各级菌丝发育和子实体发育，直至产生子代孢子的整个生长过程。

其发育过程是：担孢子在适宜的条件下萌发，形成初生菌丝，也叫单核菌丝；不同性别的单核菌丝经过细胞质配合（质配）形成双核菌丝，即每个菌丝细胞中有两个核；双核菌丝在适宜条件下，经组织化形成子实体；在菌褶上产生担子，担子中两个单倍体核，经过核配形成一个双倍体核；双倍体核立即进行减数分裂产生 4 个单倍体核，每个核分别移至担子梗顶端，便形成 4 个新的担孢子。担孢子成熟后，又开始新的生活周期。在人工栽培条件下，$60 \sim 80$ 天完成一个生活史。

三、营养

营养是茶薪菇生长发育的基础，只有在丰富、全面又适宜的营养条件下，茶薪菇才能正常生长发育，栽培才能获得成功，并取得丰产。

（一）碳源

碳是构成细胞的主要成分，也是茶薪菇生长发育的能量来源。茶薪菇菌丝能利用的碳源有单糖、双糖和多糖。单糖（葡萄糖、果糖等）和双糖（蔗糖、麦芽糖）可直接被菌丝吸收利用，而大分子的多糖，如淀粉、纤维素、半纤维素、木质素等不能被菌丝直接吸收利用，要经相应的酶分解后才能利用。因为茶薪菇细胞中的木质素酶活性较低，所以茶薪菇菌丝分解利用木质素的能力弱。茶薪菇细胞中纤维素酶、半纤维素酶和果胶酶活性中等，而蛋白酶活性最高。因此，在栽培茶薪菇时，以含纤维素和蛋白质丰富的培养料为佳。在制备茶薪菇菌种培养基时一般加入葡萄糖或蔗糖作为碳源，而大面积栽培时，多以秸秆、棉籽壳、木屑等富含纤维素的物质为碳源。为使菌丝萌发快，可适当加入些可溶性单糖，以利菌丝尽快萌发定植并产生相应的胞外酶，将复杂的碳化物分解。

（二）氮源

氮是合成蛋白质、核酸等的重要原料。茶薪菇可利用的氮源有蛋白质、氨基酸、尿素、铵盐和硝酸盐。蛋白质类需经胞外酶水解后才可吸收。

茶薪菇容易吸收和利用有机态氮，对无机态氮的利用较差。菌丝能直接吸收氨基酸小分子的有机氮化物，大分子的尿素、蛋白质、核酸等，需经蛋白酶类分解转化为小分子氮化物后方可吸收。由于茶薪菇菌丝细胞能分泌大量的蛋白酶，而且蛋白酶的活性又高，所以茶薪菇利用有机氮化物能力最强。制备母种培养基时，常以添加蛋白胨、酵母膏为氮源，而栽培茶薪菇的培养料以麸皮、米糠、豆饼等作为氮源。

茶薪菇生长发育不但需要丰富的碳源和氮

源，而且碳与氮的比例要恰当，也就是要求一定的碳氮比。实践证明，茶薪菇菌丝生长阶段适宜的碳氮比为 20：1，而子实体生长发育阶段碳氮比以 (30～40)：1 为宜。碳与氮比例失调会导致菌丝体和子实体生长不良。

（三）矿质元素

茶薪菇的生长还需要一定量的矿质元素，包括大量元素和微量元素。大量元素主要有磷、钾、钙、镁、硫等，微量元素有铁、铜、锰、锌、铝等。这些元素有的构成细胞成分，有的是酶的组成成分，有的是酶的激活剂，还有的在维持细胞渗透压和保持酸碱平衡中起重要作用。总之，这些元素虽然需要量很少，但能保持各种代谢作用正常进行，保证菌丝体和子实体生长发育良好，是绝对不可缺少的营养物质。在制备培养料时，通常加入磷酸二氢钾、磷酸氢二钾、硫酸镁、硫酸亚铁等，以提供茶薪菇所必需的磷、钾、钙、镁、硫等大量元素。因为微量元素需要量极少，一般在 0.1mg/kg 以下，在天然水和培养料中的含量就可满足，不必另外添加。

四、环境条件

影响茶薪菇生长发育的环境条件很多。有物理、化学和生物的多种因素。其中重要的理化因素有温度、水分、空气、光照和酸碱度。

（一）温度

这是影响食用菌生长的重要因素之一。它对食用菌的影响有两个方面：一方面随温度的升高，菇体内生化反应的速度加快，因此菇体生长加快；另一方面菇体的主要成分蛋白质、核酸及各种酶类随着温度的上升，可能遭受不可逆的破坏。因此每种食用菌都有其适宜生长的温度范围。茶薪菇在不同的发育阶段对温度的要求不同。在 PDA 培养基上，26 ℃条件下，孢子经 24 h 时萌发，48 h 后肉眼可见到微细的菌丝。菌丝生长温度 10～35 ℃，适宜温度 25～27 ℃，超过 34℃即停止生长，在 -4℃

可保存 3 个月。子实体原基分化温度 12～26 ℃，适宜温度 22～24 ℃，较低或较高温度都会推迟原基分化。出菇时无变温刺激，仍能正常出菇。温度较低，子实体生长缓慢，但组织结实，菇形较大，质量好；温度较高，易开伞和形成长柄薄盖菇。

（二）水分

水是茶薪菇新陈代谢、吸收营养必不可少的基本物质。茶薪菇对各种营养物质的吸收和输送，是在水的运载下进行的；其代谢废物也是溶于水后，才能被排出体外。缺少水分的菌丝会处于休眠状态，停止发育，根本不能产生子实体。此外，水对料温的变化也起缓冲作用，在菌丝生长和培养料制作中，要求含水量为 60%～65%，低于 50% 将不出菇，高于 70% 菌丝生长减慢、纤弱。

空气相对湿度对子实体的发育也有很大影响，菌丝发育阶段，一般要求空气相对湿度为 60%～70%，子实体分化和生长阶段一般要求空气相对湿度在 85%～90%。若低于 70%，菌盖外表变硬甚至发生龟裂；低于 50%，会停止出菇，已分化的菇蕾，也会因脱水而枯萎死亡。但空气相对湿度过高（如长期在 95% 以上）则造成通气不良，易感染杂菌，引起子实体腐烂。

（三）空气

茶薪菇为好氧性真菌，菌丝生长阶段需要一定的氧气，因此要经常通风换气，但要注意不能因通风换气而使温度波动过大。原基出现时需氧量大，要多通风换气，但子实体分化后要改变通风量和通风方法，培养室空气要新鲜，而袋口膜内二氧化碳含量稍高，有利于菌柄伸长，可提高菇的质量和产量，这种现象类似于金针菇。

（四）光照

茶薪菇菌丝的生长完全不需要光照。茶薪菇在子实体分化和发育时，需要一定量的散射光，光照强度以 300～500 lx 为宜。光照强度与子实体的色泽有关，光线不足会使子实体的颜色变淡、变白，使食用菌的商品价值降低。

（五）酸碱度

茶薪菇喜在弱酸性环境中生长，pH 4～6.5菌丝均能生长，适宜 pH 5～6。栽培时可采用自然 pH。

由于培养料在高压灭菌后 pH 会降低，同时，茶薪菇培养后，因新陈代谢所产生的有机酸的积累，也会使 pH 下降，因此配制培养料时，应将 pH 适当调高。也可加入 0.2% 的磷酸二氢钾和磷酸氢二钾作缓冲剂，若产酸过多，还可加入少量中和剂，如碳酸钙等。

第三节
生产中常用品种简介

目前茶薪菇菌株较多。不同的茶薪菇菌株，子实体形态略有不同，对原料的适应性也有差别，其原基分化与形成阶段的适宜温度有一定的差异。在生产上要根据具体情况选择相应品种。

一、认（审）定品种

（一）古茶 1 号（国品认菌 2008033 2010-08-20）

1. 选育单位　福建省古田县食用菌办公室。

2. 品种来源　茶薪菇 988。

3. 特征特性　子实体多丛生，少量单生；菌盖半圆形，初期中央凸出，呈浅黄褐色，直径 2～3cm，菌柄长 5～20 cm，直径 0.5～2 cm；接种后 60 天出菇，75 天为旺盛期，平均 13 天出一茬菇，属广温型早熟品种；菌丝生长温度 5～38 ℃，适宜温度 20～27 ℃，子实体形成温度 14～35 ℃，适宜温度 18～25 ℃；菌丝生长 pH 5.5～7.5，适宜 pH 6～7.5；菌丝生长阶段不

需要光照，子实体生长具有趋光性，适宜光照强度 300～500 lx。

4. 产量表现　生物学效率 100% 左右。适宜以棉籽壳为栽培主料。在南方地区可根据当地气候和品种特性选择适宜季节栽培。

（二）古茶 988（国品认菌 2008035 2010-08-20）

1. 选育单位　福建省古田县食用菌办公室。

2. 品种来源　古田县野生种经人工驯化育成。

3. 特征特性　子实体丛生或单生，菇形粗大；菌盖深褐色，不易开伞；菌丝生长温度 5～38 ℃，适宜温度 23～28 ℃；子实体形成温度 18～35 ℃，适宜温度 20～25 ℃，pH 6.5～7.5；生长周期长，65 天左右出菇；冬季出菇量少，春夏出菇旺盛，平均 15 天出一茬菇；子实体生长期间易遭蚊蝇危害；抗逆性强，适宜鲜销。

4. 产量表现　生物学效率 100% 以上。适宜以棉籽壳为栽培主料，可在南方地区栽培。

（三）赣茶 AS-1（国品认菌 2008036 2010-08-20）

1. 选育单位　江西省农业科学院农业应用微生物研究所。

2. 品种来源　江西省广昌县野生品种经人工选育而成。

3. 特征特性　子实体丛生，少单生；菌盖直径 3～8 cm，黑褐色，菌柄中实，长 8～15 cm，表面有细条纹，幼时有菌膜，菌环上位；菌丝生长适宜温度 24～28 ℃，适宜 pH 5.5～6.5；菌丝生长好氧，菌丝浓白，生长速度快，抗杂性好，抗逆性强；菇蕾分化初期需要一定浓度的二氧化碳刺激，原基和子实体形成要求 500～1 000 lx 的光照；出菇适宜温度 16～28 ℃，出菇时间长，茬次明显。

4. 产量表现　生物学效率在 80% 以上。适宜以棉籽壳、木屑为栽培主料，适量添加玉米粉可提高产量。可在全国茶薪菇产区栽培。南方地区菌袋生产一般安排在 9～11 月，低温季节生产菌袋成

功率高，出菇最佳季节安排在翌年 3 ～ 6 月，越夏后秋季仍可出菇；北方地区春、夏、秋季均可栽培出菇；适于鲜菇生产，也可用于干制。

（四）古茶 2 号（国品认菌 2008037）

1. 选育单位　福建省古田县食用菌办公室。

2. 品种来源　古田县野生品种经人工驯化育成。

3. 特征特性　子实体丛生；菌柄长 18 ～ 22 cm，菌盖棕色，适宜鲜销；中温偏低型早熟品种，菌丝生长温度 5 ～ 38 ℃，适宜温度 23 ～ 26 ℃；子实体形成温度 15 ～ 35 ℃，适宜温度 8 ～ 22 ℃，pH 6.5 ～ 7.5；接种后 55 天左右出菇；光照强时，菌袋局部会出现变褐色现象；冬季出菇量多，夏季出菇量少，出菇转茬快，平均 13 天出一茬菇。

4. 产量表现　生物学效率在 100% 以上。适宜以棉籽壳为栽培原料。可在南方地区秋季栽培。

二、未认（审）定品种

当前生产上应用的优良菌株主要来自福建和江西两省。全国目前推广的茶薪菇主要菌株见表 7-10-1。

表 7-10-1　全国目前推广的茶薪菇主要菌株

菌株代号	菌丝生长适温 /℃	子实体生长适温 /℃	种性特征
赣茶 1 号	20 ～ 28	10 ～ 24	丛生，菌盖圆整，土黄褐色，边缘有菌皱，菌肉厚，柄脆、白，气味香浓，适熟料栽培
赣茶 2 号	20 ～ 27	13 ～ 25	丛生，菌盖呈麻花点，半球状，菌盖锈褐偏黄色，菌柄粗壮，香味特浓，适鲜销和干制。抗性较强，产量较高。周年出菇
赣茶 3 号	20 ～ 27	13 ～ 27	丛生，菌盖锈褐偏灰色，柄脆一折就断，菇形圆整，好看，适鲜销。秋冬春可出菇
赣茶 4 号	20 ～ 28	15 ～ 27	丛生，菇体外观好，菌盖褐色，带绒毛，半球状，菌柄浅棕色，20 ℃以上时出菇良好，出菇早，转茬快，味美香甜。春秋出菇
赣茶 5 号	20 ～ 27	10 ～ 24	丛生，菌盖光滑，球形，深色盖小，柄近白色，适料广。秋冬春可出菇
AS・b	20 ～ 27	10 ～ 24	丛生或单生，出菇快，黄褐色，柄长，圆柱状，生物学效率 100%
高茶 1 号	20 ～ 27	14 ～ 30	丛生，茶褐色，盖半球形，柄圆、脆，味香，转茬快，产量高，周年生产
强茶 1 号	20 ～ 27	15 ～ 28	丛生，菌盖茶褐色，柄圆长适中，脆嫩，味香，形美，出菇快，转化率 100%

菌株代号	菌丝生长适温 /℃	子实体生长适温 /℃	种性特征
茶薪菇 5 号	20 ~ 27	12 ~ 28	丛生，菌盖圆形，土黄色，柄脆、较白，口感好，出菇 50 天
庆丰 1 号	23 ~ 26	10 ~ 30	<u>丛生</u>，菌盖圆整，土黄褐色，边缘有菌皱，菌肉厚，柄脆，味香
古茶 2 号	23 ~ 26	15 ~ 35	<u>丛生</u>，菌盖半球形、褐色，菌柄长，较白，早熟，耐寒，好氧，转茬快，不易开伞，周年出菇，产量高
鑫茶 2 号	23 ~ 26	13 ~ 30	丛生，菌盖有麻花点，半球状，锈褐偏黄，菌肉厚，柄粗，味香，抗性强，周年出菇
AS-2	20 ~ 26	10 ~ 25	<u>丛生</u>，菌盖光滑，球形偏小，黄褐色，柄脆，近白色，味香
闽茶 A 号	23 ~ 26	13 ~ 28	<u>丛生</u>，菌盖褐色，带绒毛，半球形；菌柄土黄色，出菇早，转茬快，外观美，味香，产量高
茶树菇 8 号	25 ~ 28	6 ~ 28	<u>丛生</u>，幼时棕黄色，成熟时淡黄色，盖平整，柄上下等粗近白色，口感脆嫩，产量较高

第四节
主要生产模式及其技术规程

一、塑料袋出菇生产模式

（一）栽培场地选择

选择茶薪菇栽培场地时应注意以下四个方面。

第一，环境清洁，地势较高，排灌水方便，通风向阳，空气清新，远离畜禽圈舍、饲料仓库、生活垃圾堆及填埋场等病虫害多发区。避开热电厂、造纸厂、水泥厂、石料场等工矿"三废"污染源。

第二，方便产销，交通方便，水电供应有保证。

第三，茶薪菇无公害栽培对产地空气质量要求符合《环境空气质量标准》（GB 3095—2012）。

第四，茶薪菇拌料和出菇管理用水要符合《生活饮用水卫生标准》（GB 5749 — 2006）。

（二）栽培季节安排

茶薪菇的栽培时间主要是根据菌丝的生长和子实体发育的温度，选择适宜的自然季节来进行栽培管理。茶薪菇在自然季节栽培时，科学合理地安排好制种时间和栽培季节非常重要。

茶薪菇属于中温型菌类。菌丝生长适宜温度 25 ~ 27 ℃，出菇适宜温度 22 ~ 24 ℃。一般菌株子实体分化发育适温 13 ~ 25℃，中温偏高型菌株子实体分化发育适温 15 ~ 30 ℃。具体把握好：一是接种后 50 ~ 60 天内为发菌期，当地自然气温不超过 30 ℃；二是接种日起，往后推 50 ~ 60 天的终止日，进入出菇期，当地气温不低于 13 ℃，不超过 28 ℃。

我国大部分地区属于温带和亚热带，气候温暖，降水量充沛，在自然条件下，南方沿海地区可进行茶薪菇周年生产。但各地所处纬度不同，海拔不一，自然气候差异甚大，根据各地实践经验，结合茶薪菇出菇的遗传特性、品种特性及生产目的、生产条件和生产区域，做到因地制宜，合理安排。

长江以南地区，春季宜在2月下旬至4月上旬接种菌袋，4月中旬至6月中旬出菇；秋季宜在8月下旬至9月底接种菌袋，10月上旬至翌年春季出菇。

华北地区，以河南省中部气温为准，春季宜在3月上旬至4月底接种菌袋，5月初至6月中旬出菇；秋季宜在8月上旬至9月上旬接种菌袋，9月下旬至10月下旬出菇。大棚内控温不低于15℃，冬季照常出菇。

西南地区，以四川省中部气候为准。春季宜在3月下旬至4月中旬接种菌袋，5月下旬至6月底出菇；秋季宜在8月初至9月上旬接种菌袋，10月中旬至翌年春季出菇。

有栽培设施的则另当别论，可实行周年栽培。

（三）培养料配制

1.原料选择原则　栽培原料的选择应本着就地取材、廉价易得、择优利用的原则进行。原料必须营养丰富，持水性好，疏松透气，干燥洁净。

（1）营养丰富　茶薪菇是一种腐生菌，不能自己制造养分，所需营养几乎全部从培养料中获得。所以培养料内所含的营养，应能够满足茶薪菇整个生育期内对营养的需求。

（2）持水性好　因为茶薪菇的子实体生长阶段所需水分主要从培养料中获得，培养料含水量的高低、持水性能的好坏都直接影响产量的高低。在不影响菌丝情况下，合理搭配好培养料的物理结构，适当加大培养料的含水量，是高产稳产的基础。

（3）疏松透气　茶薪菇分解木质素、纤维素的能力弱，培养料要质地疏松、柔软、富有弹性，能含有较多的氧气。

（4）干燥洁净　要求所用原料无病虫侵害、无霉变、无气味和杂质。无工业"三废"残留及农药残毒等有毒有害成分。

2.茶薪菇培养料配方

（1）棉籽壳培养料配方

配方1：棉籽壳72％，米糠20％，菜籽饼5％，石灰1％，蔗糖1％，磷酸二氢钾1％（徐尔尼等）。

配方2：茶籽壳40％，棉籽壳32％，麸皮20％，玉米粉5％，石灰2％，过磷酸钙1％（丁湖广等）。

配方3：棉籽壳77.5％，麸皮20％，石膏1％，蔗糖1％，过磷酸钙0.5％。

配方4：棉籽壳78％，麸皮20％，石膏1％，红糖0.5％，石灰0.5％。

配方5：棉籽壳40％，干杂木屑33％，麸皮25％，白糖1％，轻质碳酸钙1％，含水量55％～60％。

（2）木屑培养料配方

配方1：干杂木屑48％，棉籽壳25％，麸皮22％，玉米粉3％，白糖1％，轻质碳酸钙1％，含水量55％～60％。

配方2：杂木屑40％，棉籽壳30％，麸皮25％，菜籽饼3％，红糖1％，碳酸钙1％。

配方3：杂木屑62％，玉米粉15％，麸皮20％，石膏1％，石灰2％，料水比1∶（1.1～1.2）。

（3）玉米芯培养料配方

配方1：玉米芯42％，木屑34％，麸皮22％，石膏1％，石灰0.5％，过磷酸钙0.5％。

配方2：玉米芯60％，棉籽壳10％，木屑10％，麸皮12％，玉米粉6％，石膏1％，蔗糖0.5％，磷酸二氢钾0.4％，硫酸镁0.1％。

配方3：玉米芯44％，木屑36％，麸皮12％，玉米粉5.5％，石膏1％，蔗糖1％，磷酸二氢钾0.4％，硫酸镁0.1％。

（4）废棉培养料配方　废棉20％，棉籽壳55％，玉米粉5％，麸皮15％，石膏1％，石灰1％，饼粉3％。

（5）秸秆培养料配方

配方1：棉秆粉20％，玉米芯36％，棉籽壳20％，麸皮18％，玉米粉4％，石膏1％，蔗糖 1%。

配方 2：豆秸 30%，玉米芯 44%，麸皮 15%，玉米粉 5%，饼粉 4%，石膏 1%，蔗糖 1%。

（6）野草培养料配方　芦苇 35%，芒萁 30%，棉籽壳 12%，麸皮 20%，蔗糖 1.5%，石灰 1%，硫酸镁 0.5%。

以上配方因地制宜任选一种，当然也要考虑品种的特性及经验，配制时含水量 65% 左右，pH 自然。

（四）菌袋制作及发菌管理

1. 装袋灭菌　选用 15～17 cm×35～37 cm× 0.005 cm 低压聚乙烯（如高压灭菌选用聚丙烯）食用菌专用袋，每袋装料 720～750 g（合干重 350 g 左右），装料松紧适度，高 14 cm 左右，整平表面，中间用直径 2 cm 的木棒打一洞，深度为料的 2/3，注意拔起时不要将料面松动，并及时套上套环。

装袋可采用装袋机或人工装料，装袋机每台每小时可装 800 袋，7 人为一组，其中添料 1 人，套袋 1 人，传袋 1 人，捆扎袋口 4 人。不论采用机械或人工装料，都要装料紧实无空隙，光滑均匀，特别是料与膜之间不能留有空隙，否则袋壁之间易形成原基，消耗养分。

常压灭菌，要在 4 h 以内将温度上升到 100 ℃，保持 8～10 h，可根据灭菌锅内的装量情况，适当减少或增加保温时间。茶薪菇菌丝抗杂力较弱，因此灭菌要彻底，灭菌是否彻底是茶薪菇栽培成败的关键因素之一。

2. 接种　待灭菌后的料袋温度降到 60 ℃ 以下时，趁热搬运到接种室内，当料温冷却到 28 ℃ 以下时接种。严格按无菌操作要求接种。选用的栽培种菌丝要浓白、健壮、无病虫害，菌龄以满瓶后 7～10 天，待菌丝生理成熟后，再用于接种，这样的菌种发菌有力，吃料快。接种时，首先将栽培种上层老化的菌种扒掉一薄层，然后将栽培种分成蚕豆大小，每瓶菌种接 30～40 袋，为了加快菌丝生长，可适当加大接种量。

3. 发菌管理　接种后将菌袋移入发菌室（棚）内堆放发菌，袋口两端向外，行与行之间留操作道。堆高根据栽培季节而定，春栽堆高 10～12 层，秋栽只能堆 5～8 层，以利于保持或调节堆内温度。为有利菌丝健壮生长，应根据不同发菌阶段进行管理。

（1）发菌前期（接种后 15 天内）　接种后 2～3 天，菌种萌发，并开始吃料，然后菌丝向四周辐射生长，占满料面，这段时间约需 15 天。此阶段菌丝处于恢复和萌发阶段，该阶段料温一般比室温低 1～2 ℃，室温掌握在 27 ℃ 左右，使袋内料温处于菌丝生长的最佳温度。如果冬天或早春气温低，可用草苫或保温被加盖菌袋，使堆温提高，以满足菌丝生长需求。

（2）发菌中期（16～40 天）　菌袋中的菌丝长满袋后，继续向培养料内深入，当菌丝生长达到菌袋长度的一半时，由于菌丝生长旺盛，呼吸加强，代谢活跃，自身产生热量，应解开袋口补充氧气，排除二氧化碳气体。该阶段料温比室温高 4～5 ℃，此时如管理跟不上，易出现烧菌或菌丝缺氧窒息现象。缺氧将导致菌丝长得纤细，不浓白，色淡，培养料显露。因此，必须加强通风换气和降温管理。

（3）发菌后期（41～60 天）　当菌丝生长超过一半时，解袋松口，菌丝将旺盛生长，浓密洁白，菌丝量急剧增大，呼吸旺盛，对培养料的分解和转化活性增强，菌丝体内营养积累增多。此阶段温度宜在 20～24 ℃，特别注意防止高温。如室温达 27 ℃，料温就会超过 30 ℃，容易导致菌丝发黄变红，受到严重损伤，甚至发生烧菌，菌袋变软，培养料酸败。因此必须注意疏袋散热，以控制堆温，降低料温。

菌袋在适温 20～27 ℃ 下经 50～60 天培养接近成熟，应适时翻卷袋口，转色催菇。翻卷袋口后氧气充足，升温非常快，堆温会上升 5～8 ℃，要及时通风降温，排除二氧化碳，否则菌丝变黄退化，菌袋内培养料急剧失水收缩，将对后期菌丝生长及菌皮形成、转色和原基形成产生不良影响。

木腐菌生产技术

发菌期间还要做好以下管理工作：室（棚）内空气相对湿度要控制在70%以下，湿度过高时要排湿。加强通风换气，发菌期每天开门窗通风2～3次，随培养时间的增加，适当延长通风时间，若室温偏高，还要疏袋散热；发菌时要进行遮光培养，有利于菌丝健壮生长；及时翻堆检查，10～15天进行一次。一是为了处理杂菌。通过翻堆发现杂菌污染的菌袋可用杀菌溶液注射，能够控制污染源的蔓延。对未萌发成活及菌丝生长不良的菌袋，应及时回锅灭菌处理。对污染严重，如红色链孢霉污染，应及时清除深埋，以防传染给其他菌袋。二是调节菌袋位置，使菌袋受热、通气均匀，发菌一致。

4. 催蕾与出菇管理

（1）催蕾管理　经过60～80天发菌，菌袋表面全部转色，培养料的颜色进一步变淡，菌丝体累积了大量营养物质，培养料含水量达70%以上，用手捏菌袋感到柔软、有弹性时，即生理成熟，可移入出菇房进行催蕾管理。

出菇房在使用前一周，要用药剂熏蒸，以杀死残存的病虫害。可用次氯酸钙、二氧化氯、气雾消毒盒等熏蒸消毒。

菌丝体由白色转变为褐色的过程俗称转色。转色是茶薪菇菌丝从营养生长向生殖生长过渡的标志，表明菌丝已达到生理成熟，便可翻卷袋口排场，进行催蕾。

室外菇棚排场的方法如下：将场地整成宽1 m、高15 cm的畦床，并铺上沙子，然后可铺2层塑料薄膜防潮湿。将成熟度相同的菌袋排在一起，有利于转色催蕾出菇管理。菌袋排场方向，应与菇棚的门窗方向一致。

1）菌袋排场　适时翻卷袋口排场，是生产成功和高产的关键。翻卷袋口时间要根据以下条件来决定：

第一，菌丝要达到生理成熟。营养物质的积累与酶解有关。茶薪菇菌丝体依靠自身合成各种氧化酶。菌丝生长初期，酶的活性较低。菌丝体经过30～50天生长，胞内酶合成达高峰期，也是胞外酶达到最大量的时期。只有当酶的活性达到有利于对木质素的分解时，才可能在菌丝内积累足够的营养物质，促进菌丝达到生理成熟，从而进入生殖生长阶段。根据生产实践，当菌袋重比原始减少25%～30%时，表明菌丝已发足，培养料已降解适当，并积累了足够的营养，正向生殖生长转化。

第二，菌龄满60天。从接种之日算起，正常发菌培养的时间称菌龄。茶薪菇菌丝达到生理成熟一般要60天。由于培养期间的温度会影响菌龄的长短，因而在生产上可以将茶薪菇的有效积温作为生理成熟的指标。4 ℃和31 ℃的温度，为茶薪菇菌丝停止生长的下限和上限，因此把4～30 ℃作为茶薪菇的有效积温区。据杨月明等（2001）报道，茶薪菇的有效积温为1 600～1 800 ℃。

第三，菌袋色泽，也是反映菌丝是否达到生理成熟的一种标志。如果菌袋内长满白色菌丝，长势旺盛浓密，气生菌丝呈棉绒状，菌袋口出现棕褐色斑或吐黄水，将引起转色。

菌丝达到生理成熟环境条件时（气温为12～27 ℃），应及时翻卷袋口。

翻卷袋口与排场同时进行，要将被杂菌污染的菌袋挑出隔离。开口前，要用3%～4%的石炭酸或25%溴氰菊酯（敌杀死）乳油3 000倍液对菌袋和场地进行消毒。若袋口有少量污染，必须清除；部分污染的，可切除或挖去，其余部分可继续转色出菇。

翻卷袋口之后，断面菌丝受到光照刺激，供氧充足，就会分泌色素吐黄水，使菌袋表面菌丝渐渐转化成褐色。随着时间的延长，菌丝体逐渐由白色变成褐色，袋口周围表面的菌丝会形成一层棕褐色菌皮。这层菌皮对菌袋内菌丝有保护作用，能防止菌袋水分蒸发，提高对不良环境的抵御能力，加强菌袋的抗震、抗杂能力，有利原基的形成。转色正常的菌皮呈棕褐色和锈褐色，且具光泽，表明出菇正常，子实体产量高，品质优良。

转色是一个复杂的生理过程，为了促进菌袋

正常转色，在翻卷袋口后 3 ～ 5 天，要保持室温 23 ～ 24 ℃，并加强通风，提高菇棚内空气湿度，促使割开的袋口迅速转色。

2）催蕾　随着褐色菌皮形成，原基也开始形成。变温刺激是促进原基形成的重要措施，温差越大，形成的原基就越多。其方法是结合菌袋转色，连续 3 ～ 7 天拉大昼夜温差，白天关闭门窗，22：00 后开窗，使昼夜温差达到 8 ～ 10 ℃，直到菌袋表面出现许多白色的粒状物，说明已经诱发原基，并将分化成菇蕾。除变温刺激外，还必须创造阶段性的干湿差和间隙光照条件，也可采用搔菌及拍击等方法进行刺激。干湿交替，是指喷水后结合通风，使菌袋干干湿湿。菌袋转色菌皮未形成前不宜通风时间过长，以免菌袋失水。光照越充足，通风越好，则转色过程越短，转色越好。光照刺激可在必要时，将棚顶的遮阴物拨开或打开门窗，使较强光线照射菌床。处理 3 ～ 5 天后，菌袋面上出现细小的晶粒，并有细水珠出现，再过 2 ～ 4 天，在袋面会出现密集的原基。原基的形成是生殖生长的开始，随着原基生长，分化出菌盖和菌柄，标志着菇蕾的形成。

在催蕾过程中，如果培养料含水量偏低、空气相对湿度偏小，以及气温较高时，已分化的原基会萎缩死亡。因此，在自然气温偏高时，不要急于催蕾。若原基已开始形成，则可采取降温措施，并注意保湿和调节干湿差。

（2）出菇管理　茶薪菇在开口催蕾之后，分春、秋两季出菇。由于春秋气候不同，故在管理上有所不同。

1）秋菇管理　秋季出菇期间，自然气温逐渐从 28 ℃以上降到 10 ℃左右(10 月常出现小高温天气)，空气干燥，12 月底进入低温期。前期气温偏高，因而保湿、补充新鲜空气及防治杂菌是秋菇管理的重点。中秋后气温渐凉，温差拉大，应保温、保湿、增氧、增加光照，以促进出菇。后期气温较低，管理的主要工作是增温、保温和保湿。

菌袋转色后 7 ～ 8 天，第一茬菇开始形成。

此时应注意通风换气，限温和增湿，可采用喷雾调湿、覆盖薄膜保湿的措施来实现。当气温降到 23 ℃左右，每天早中晚各通风一次；当气温降到 18 ～ 23 ℃时，每天早晚各通风一次；当气温降到 18℃以下时，可每天通风一次，每次约半小时，尽可能维持菇房内空气相对湿度在 90％左右，减少菌袋失水。菌袋含水量若低于 65％，可通过喷雾保湿来减少菌袋水分的蒸发量。每天喷水的次数，取决于菇房(棚)的空气相对湿度，空气相对湿度 70％时，每天喷水 2 ～ 3 次；空气相对湿度 80％时，喷水 2 次；若空气相对湿度大于 85％时，则不宜喷水。

当子实体长至 2 ～ 3 cm 时，要拉直袋口，以增加二氧化碳浓度，抑制菌盖生长，刺激菌柄伸长，培养盖小柄长的优质茶薪菇。

第一茬菇采收后，应立即清理菇场，剔除残留在袋内的菇脚、老根和死菇，防止菇脚腐烂和杂菌侵入，并停止喷水 7 ～ 10 天，增加通风次数，延长通风时间，降低菌袋表面湿度，使菌丝迅速恢复生长、积蓄养分，以供第二茬菇生长。

当菌袋采菇后留下的凹陷处菌丝发白时，应在白天进行喷水，关紧门窗提高温度，晚上通风干燥，拉大温差和干湿差，每天喷水 1 ～ 3 次。在具体实施中，可以灵活掌握，还可利用气温的周期变化，通过 3 ～ 5 天干湿交替，冷热刺激，促使第二茬原基和菇蕾形成。第二茬菇发生在 10 月末至 11 月。这时，南方气温为 18 ℃左右，正符合茶薪菇子实体生长发育的要求。喷水是促进第二茬菇发生的主要措施，以满足出菇对水分的需要。

第三茬秋菇的形成，依气候变化、翻卷袋口时间及二茬菇的管理情况而定。如翻卷袋口早、天气暖和，第三茬菇也能优质高产。第三茬菇以保温、保湿为主，养菌复壮。秋菇一般采收 2 ～ 3 茬。根据秋菇出菇情况及菌袋出菇后的重量情况，给菌袋注水或浸水，增加菌袋的含水量使菌丝复壮。如果冬末保温好，还可收 1 ～ 2 茬菇；或越冬至翌年春季继续出菇。

秋菇管理的另一个重要内容是防治杂菌污染，危害茶薪菇的主要杂菌是绿霉和曲霉，轻者使菌袋表面形成霉斑，影响出菇和使菇蕾腐烂，重者导致菌袋报废。出现局部污染时，可用5%新洁尔灭或3%石炭酸液或5%来苏儿溶液涂抹霉斑处，然后挖除或切除。如发生大面积霉害，可加大通风量，降低湿度，抑制霉菌生长，促使菌丝健壮生长，提高自身抗霉力。

2）春菇管理　春菇生长期间，气温逐渐升高，气候温和，空气湿润，雨量充沛，适合茶薪菇菌丝的生长和出菇。管理要点是降低湿度，防止杂菌污染。春天要加强通风换气，保持菇房内的清洁卫生，清除杂菌污染源。如后期气温升高，管理上应采取相应降温措施。室外出菇采用野外荫棚，加厚遮阳物，或在四周种植丝瓜、冬瓜等藤蔓植物，攀爬到棚上遮阳，又可增加收入，创造"九阴一阳"的阴凉环境。畦沟内灌水保持棚内湿润，每天午后向棚顶喷水，降低棚内温度。有条件的生产专业户，菇棚可以安装喷雾系统，采用喷灌降温增湿，在35～38℃高温时，喷雾后棚内温度可降到28～31℃，地表温度降到25～29℃。喷雾后须适当通风，不致过分潮湿。

出菇后菌袋减轻时，应及时浸水，但补水不宜过量，否则会因高温高湿引起菌丝死亡，杂菌滋生，菌袋软腐解体。喷水和采收等管理工作，应放在气温低的早晚进行，白天关紧门窗，到中午温度最高时可打开门窗加速空气流通，使温度迅速下降，然后关闭。这样在高温季节也可继续出菇。

（五）适时采收

从菇蕾到采收一般5～7天，当茶薪菇子实体的菌盖呈半球形，颜色转成暗红色，菌环尚未脱离菌柄时就要及时采收。因茶薪菇菇质较脆，菌柄易折断，菌盖易碰碎，所以采收时应手抓住基部轻轻拔下，同时要防止周围菇蕾受损伤。菇采下后要去掉小菇、烂菇，将合格的菇及时包装销售或干制存放。

（六）子实体转茬管理

茶薪菇袋栽，菌丝体不直接裸露于环境之中。菌袋内的小环境相对稳定，菌丝受到袋膜的保护。各季产菇的茬次，因气候不同，转茬时间有别。秋季菌袋培养料好，每月可采二茬菇，间隔7～8天；冬季气温低，子实体发育慢，间隔10～13天；春季气温虽适，但菌袋培养料差，出菇量少，品质稍差，间距5～6天。在管理上，要区别采取相应措施。

1. 头茬菇管理　开口出菇的菌丝体，由袋膜包裹，料内水分仍能继续被菌丝吸收。因此，头茬菇自然温度比较适宜子实体生长。但应调节湿度，一般采取空间喷雾，使水雾点落于袋内；地面浇水，可增加空气相对湿度，以满足子实体生长。

2. 转茬期管理　转茬期必须满足菌丝、原基和子实体对生长条件的不同需求。在管理中针对当地、当季气候条件变化，加强对光照、温度、空气、湿度的调节，灵活掌握。采完每一茬菇后，清理残留菇根，停止喷水6～8天，加强通风换气，直到菌袋表面菌丝发白时，再按照前述各季的出菇管理方法进行。转茬期管理的重点是养菌，使菌丝恢复活力与积累养分，为下一茬菇的形成提供必需的物质基础，以促进下一茬菇的迅速生长。

3. 后茬菇管理　随着出菇茬次的增加，菌袋内的营养大量消耗，含水量严重减少，菌丝活力渐弱。因此，适时、适量给菌袋补充水分和养分，就成为茶薪菇后茬菇管理的重点。

二、塑料袋墙式出菇生产模式

塑料袋墙式出菇，是把菌丝生理成熟的菌袋或出过二茬菇的菌袋，脱去部分塑料袋，然后像垒墙一样用泥巴把菌袋垒成墙，让子实体从墙的两侧长出。该模式的优点是可以充分利用菇房空间，增加菇房容量，易于管理，特别是后期补水补营养比较方便，可明显提高茶薪菇的产量和质量。

（一）装袋

选用 15 ～ 17 cm×33 ～ 35 cm 的折角袋或 17 ～ 18 cm×45 ～ 50 cm 的筒袋。装料 20 ～ 30 cm，一端或两端留出 8 ～ 10 cm 的袋膜，作为子实体生长之用。装袋要下松上紧，整平表面，中间用直径 2 cm 的木棒打一洞，深达料的 2/3，轻轻旋转拔起（或插入塑料棒，接种时拔出），及时套上套环或扎紧袋口。在制作过程中严防料袋刺破穿孔。

（二）灭菌接种

装袋后要及时灭菌，避免久置发酵变酸。常压或高压灭菌。常压灭菌，温度上升到 100 ℃，保持 12 ～ 14 h。灭菌后将料袋趁热搬进杀菌消毒过的接种箱或接种室，用紫外灯照射 20 ～ 30 min，待料温降至 30 ℃以下时接种。接种前，将接种工具、双手用 75％的酒精擦拭。接种时，首先将菌种上层老化的部分扒掉一薄层，然后掰成蚕豆大小接种，每瓶菌种（750 mL）接 30 ～ 40 袋。

（三）发菌管理

发菌应在干净、通风、干燥、避光的培养室内进行。培养室使用前用气雾消毒剂进行熏蒸。其间密闭培养室，2h 后开窗换气，再过 24h 后将菌袋放入。发菌期间，控温在 25 ～ 28℃，保持空气相对湿度在 65％～ 70％，暗光环境下经常通风换气。待菌丝过肩后松绳，通风换气，但不可过猛，培养室保持 1 ～ 2 个小通风口即可。外界风大时，不要让大风强烈灌入。外界温度低于 15℃时，仅在 12:00 ～ 14:00 通风换气 1 ～ 2h；外界温度高于 30℃时于早晚通风换气 30min。室内空气相对湿度超过 70％时，除加强通风换气外，可在室内放生石灰块除湿。发菌期间温度低于 10℃，而菌丝已吃料较多时，可用消过毒的大头针刺数十个孔以增氧刺激菌丝生长，一般接种后 40 ～ 45 天菌丝可发满袋。

（四）出菇管理

选发满菌丝，达到生理成熟的菌袋，用刀按菌袋长度的 1/3 ～ 1/2 割去（折角袋割去底部菌袋，筒袋割去中间），端部袋子留着以防泥沙流到菇体上。

选择肥沃的菜园土、池塘土或沙壤土＋石灰、磷肥各 2％＋尿素 0.5％。

把处理好的菌袋像垒墙一样两端朝外整齐排放在菇场上，留好人行道，袋与袋之间留 2 ～ 3 cm 的空隙，每排好一层覆上 2 ～ 4 cm 的泥，泥上撒上一层复合肥（按培养料干重的 0.5％）更好，这样一层袋一层土一层肥，共排放 6 ～ 8 层。最上面一层要覆土多一些，整成一个小水沟，通过对小水沟浇水，可经常保持营养土的湿润。既保证了水分的供应，又减少了喷水的次数。

利用此法出菇，省工，出菇集中，品质好。折角袋可采用两个菌袋横向排列，即两垛靠在一起，每袋只从一端出菇的垒法，可以防止倒塌，适于短菌袋垒墙。

菌墙垒好后，菇房控温在 25 ～ 28 ℃，空气相对湿度保持在 85％～ 90％，菌墙土壤保持湿润不发白。10 天左右即可现蕾。

（五）采收

菇蕾形成后，按常规管理，茶薪菇在菌盖转白呈半球形，直径 2 ～ 3 cm，菌膜未破时应及时采收。不脱袋采收时抓住菌柄基部旋转，一次性将整丛菇一起拔下即可。

三、大袋两端出菇生产模式

茶薪菇大面积生产时，常用 15 cm×30 ～ 33 cm 的栽培袋，单头开口出菇。江西省抚州市曾爱民、危贵茂（2006）研究采取 17 ～ 24 cm×40 ～ 50 cm 的大袋，两端出菇，并结合覆土方式进行栽培，省工、省料、出菇期长、产量高，取得了很好的经济效益。下面介绍其具体操作方法。

（一）季节选择

大袋栽培法，菌袋接种宜选择在冬季或秋末冬初进行。在此期间人为创造菌丝生长发育所需要的温度条件，使其安全过冬养菌。经冬季和早春养菌至菌丝长满全袋后，待春季气温回升适宜出菇时，即可进行催蕾出菇管理。这样出菇期长，基本上当季可出完菇。另外，冬季栽培杂菌污染率低，且此时农村处于冬闲，更有利于进行大规模的茶薪菇大袋栽培。

具体时间安排：长江以南地区，可在 11 ～ 12 月进行，这样抢温接种，有利于菌丝萌发，及时占领料面，减少杂菌污染；长江以北地区，可提前到 10 ～ 11 月进行，防止气候寒冷，菌丝难以萌发。

（二）装袋灭菌

培养料配制按常规进行，因地制宜选用配方，培养料混合搅拌均匀，含水量以 60% 为适。装袋时先将塑料袋一端用线绳扎紧，再将配制好的培养料装入袋内，边装边按压，使料松紧度适宜。装满袋后将另一端也用线绳扎紧，每袋湿料 3 kg 左右。装袋后及时灭菌，由于大袋装料多，高压灭菌相对比常规适当延长 1 ～ 2 h，即采用 147kPa 的压力、128 ℃的温度，灭菌 4 ～ 5 h；常压灭菌要求在 5 h 内升温至 100 ℃，并保持 24 h，这样才能达到彻底灭菌的目的。

（三）冷却接种

当袋温冷却至 28 ℃以下时，以无菌操作方式抢温接种。先将两端袋口打开，用消毒过的锥形木棒在料面上钻接种穴，穴口直径 2 cm 左右、穴深 3 ～ 5 cm，两端各 2 ～ 4 穴。接种时应尽量接满穴口，有利于菌丝尽快占领料面，减少杂菌污染。接种后两端再套颈圈封口。

（四）保温养菌

将接种后的菌袋，搬入培养室进行排袋发菌，菌垛堆高 6 ～ 8 层，垛后覆膜。菌袋培养 15 ～ 20 天后，接种口菌丝向四周蔓延，布满料面，此时进行翻堆检查。养菌期间若遇霜冷天气，培养室须加温，以保证菌丝正常生长。如若是野外栽培，要采取增温保温措施，可在白天将大棚遮阳物揭去，加强光照提高菇棚内温度；晚上在棚膜上加盖草苫保温。注意通风换气，防止二氧化碳积累过多，造成菌丝发育不良。冬季养菌由于气温低，培养时间长达 3 ～ 4 个月，营养积累丰富，出菇质量好，产量

较高。

（五）两端出菇

惊蛰前后，气温回升时，可将生理成熟的菌袋进行两头开口（或割膜）转色催蕾。同时注意通风、控温、保湿协调进行。在出菇阶段，应轻喷、勤喷雾化水，维持空气相对湿度在 90% ～ 95%。天气潮湿时减少喷水次数。转茬阶段，空气湿度要适当降低，应停止喷水数日，让菌丝恢复生长。

（六）后期管理

两头出菇的菌袋，出菇采收 2 ～ 3 茬后，袋内菌丝失水严重，可采取脱袋覆土栽培。覆土既可减少袋内水分散失，又便于灌水施肥，利于菌丝体缓慢吸收营养、水分，增强后劲，创造后期生殖生长良好的生态条件，促使后续菇良好生长。覆土方式有两种：一是菌墙式覆土，二是畦床式覆土。后者具体操作方法：将摘过 2 ～ 3 茬菇后的菌袋脱去袋膜，切成两段。切断面朝上，直立摆放两排于畦床上，菌袋间留间隙 3 ～ 5 cm，然后用肥土填充间隙，表面覆盖 1 ～ 2 cm 厚的肥土。覆土后立即喷水，调整土粒水分，保持覆土层湿润。连续调水 3 天，采取轻喷勤灌，不可一次喷水太多，同时注意通风换气，促使菌丝扭结成原基。菇蕾形成后适度喷出菇水，保持空气相对湿度为 90% ～ 95%，使子实体正常生长。覆土出菇期可持续 2 ～ 4 个月，出菇时间可至 7 月小暑期间，再收 3 ～ 4 茬菇。

大袋装料，冬季保温发菌，菌袋成品率高，菌丝生长健壮。早春即可开始催菇管理，出菇 2 ～ 3 茬后，结合覆土栽培，出菇时间明显延长。由于出菇时间早，当季菌袋就可以出完菇，不需再经越夏。

四、防空洞反季节出菇生产模式

我国南北方各地有许多防空洞、地下室等人防设施，利用这些人防设施发展反季节栽培茶薪菇，不仅可以填补夏季货源紧缺，而且还可以充分利用防空洞冬暖夏凉的优势，降低成本，提高经济效益。

（一）防空洞夏季环境

防空洞有多种形式，南方常开山建洞，北方多设在距地面10 m以下。洞有单巷通道式和回廊式，其温度波动受外界自然气温的影响较少。在北方防空洞内常年保持18～23 ℃，此温区比较适合茶薪菇子实体生长发育。防空洞最好是单巷道，设两个出口，洞内壁及洞顶均为水泥磨光面，坚固防水，洞长100 m、宽1.8～2 m。由于洞内外温差较大，洞内比较潮湿，空气相对湿度为95%，而通风后地面热空气进入洞内，遇冷产生湿气，会使空气湿度增加，所以夏季防空洞内的环境，比较适合茶薪菇出菇。

（二）生产季节安排

防空洞栽培季节安排，应发挥夏季环境条件的优势，多产菇，抢占市场缺货期，卖个好价钱。为此应在4月初清明开始接种菌袋，6～9月为出菇期。

（三）菌袋接种培养

防空洞栽培茶薪菇的培养料配方与制作按常规操作，栽培袋用15 cm×33 cm的折角袋，接种后的菌袋培养，应采取以下特殊措施。

1. 重点排湿防潮　防空洞内一般比较潮湿，养菌期间应重点加强通风排湿，降低洞内湿度，并在地面上撒石灰吸湿。

2. 摆袋罩膜间隔　菌袋排放采取单向，再用薄膜围罩，使菌袋与洞壁和走道隔离，人为创造干燥环境。

3. 加温发菌培养　茶薪菇菌丝在18～23 ℃条件下生长比较旺盛，但长速较慢，而25 ℃最适。因此，接种后的菌袋在防空洞内培养时，要采取洞内加温或菌袋罩膜使温度达25 ℃，让菌丝正常发育，培养50～60天后菌丝生理成熟，这样出菇期才能赶得上夏季。如果仅靠洞内自然温度培养，生理成熟的时间要推迟10～15天，就会影响出菇上市的时间。

4. 控光通风换气　菌袋培养期间不宜日夜开灯，而在翻袋检查时需要开灯，作业完毕应及时关灯，黑暗环境菌丝照常生长。但每天必须要通风换气，使洞内外空气交流，通风时应揭膜，使菌袋接触新鲜空气。

（四）出菇管理措施

菌袋生理成熟后，进入子实体生长期，防空洞内的温度不需调控，但要掌握好以下几点特殊技术措施。

1. 清场叠袋　以防空洞作为出菇的场所，首先打扫干净，并用石灰消毒。菌袋摆放采取两旁叠墙，中间留作业道，叠成高7～8层袋，袋口向外。

2. 开口增氧　将袋口扎绳解散，如是塑料套环的应去掉，然后松动袋口，造成袋膜小量通风。待原基形成后，把袋口开大，以利于子实体生长。

3. 控湿通风　解口后向空间喷雾，让雾状水落于袋面，使水透进袋口内。当原基形成后袋口开大，随着洞内的通风，空气相对湿度也开始增大，不要喷水，以防过湿烂菇。空气相对湿度掌握在90%左右，超标时应采取通风降湿，每天通风2～3次，每次2 h，最好早晚进行，形成干湿刺激、温差刺激，促进原基发生。

4. 适度光照　在洞的顶端每隔10 m左右，安装一盏15瓦的白炽灯，子实体生长阶段可以整天开灯照射，光照强度500～800 lx均可。

五、周年出菇生产模式

在自然条件下，茶薪菇一般是3～6月和9～11月栽培出菇。这两个时段的自然温度、湿度较适宜，管理容易。冬季气温低，出菇量少，甚至不出菇；而菌袋越冬消耗养分、水分，需到翌年春季，气温回升时才能出菇；夏季气温高，不适出菇，菌袋越夏消耗养分和水分，到秋季气候凉爽时才出菇。这样越夏、越冬时间长，菌袋营养损耗大，又浪费生产设施和资源。而夏、冬季茶薪菇货源紧缺，市场销路畅通，价格好。特别是鲜品成为抢手货，价格高，经济效益成倍增加。因此，在冬季和夏季选择气候适宜的区域，创造与茶薪菇子实体自然生长相类似的环境条件，进行反季节栽培出菇，形成春夏秋冬周年生产的格局，是提高茶薪菇生产经济效益的一项有效措施。

（一）夏季栽培技术

1. 产地条件　夏季气温高，茶薪菇子实体生长处于休停状态，为此夏季栽培管理上称为反季节生产。夏季产菇的区域条件，在南方各地应选择海拔800 m 以上的山区，在北方各地以 6～8 月平均气温不超过 30 ℃的地区适合生产。要在夏季出菇，其菌袋生产一般安排在 3～4 月，养菌 2 个月后进入夏季出菇。

实施夏季出菇的栽培场地，应选择依山傍水、通风良好、水源充足、太阳照射时间短、无太阳西照的林荫地搭建塑料荫棚，或利用人防地道。野外荫棚要加厚遮盖物，棚旁种瓜豆藤蔓作物，以利于隔热，并开好棚旁围沟，引入流动水，棚顶安装微喷，创造阴凉环境。

2. 配套菌株　选择抗逆力强、中高温型的优良菌株，如丰茶 1 号、闽茶 1 号、赣茶 2 号等，菌丝生长适温广，子实体原基在 25～30 ℃条件下也能分化生长。适当加大接种量，特别是料面要尽量多放菌种，使菌丝尽快生长，占领料层表面，减少杂菌污染机会。

3. 培养料配制　棉籽壳应选择籽壳多、纤维少、疏松柔软的；木屑应适当增加粗木屑的含量，以提高培养料的透气性。培养料的含水量宜小不宜大，最好控制在 55% 左右。适当减少麸皮、玉米粉、饼肥及糖的用量。培养料装袋要松一些，不宜太紧。因菌丝生长时，会增高袋温，袋料疏松一些有利于散发热量。装袋后要立即灭菌，防止在天热条件下放置时间长，培养料容易酸败。接种时间应安排在午夜气温较低、杂菌活动较弱的时间进行，防止接种操作过程受杂菌污染。

4. 发菌培养　春季接种夏季出菇，气温由低到高，发菌期管理的重点和难点是防止温度过高造成菌丝生长不良。室内发菌堆码不宜太高，堆与堆之间不能太挤，菌袋要疏散排列，以防袋温上升过快，热量不易散发引起烧菌。白天要关好门窗，外用遮阳网或草苫遮阳，防止室外热气进入室内。夜晚打开门窗进行降温。气温超过 30 ℃时，应开动电扇或排风扇强行降温。野外荫棚应加厚加密遮阳物，使之阴凉通风，清洁干燥，光线暗淡。如遇高温可在外界草苫上浇水降温。在菌袋发菌到 1/2～2/3 时，选择阴凉天气，在每个菌袋上分别刺 2～5 个微孔，使菌丝增氧复壮。避免堆温、袋温过高。

5. 出菇控温　南方高海拔山区或是北方夏季无高温地区，在夏季都会偶然有气温超过 35 ℃时段，同时在菌袋催蕾时期，菌丝新陈代谢加强，会放出大量的热，使室温、堆温升高。一般袋温比室温会高 5 ℃以上，极易造成高温烧菌，导致菌丝变弱，产量大减，因此夏季出菇控温可采取以下措施。

（1）开袋催蕾观气象　夏季开袋催蕾必须关注中长期的气象预报，选择连续阴凉、下雨天气前开袋，并采用地面或多层架直立排袋出菇。同时加强通风换气，野外荫棚加厚遮阳物，创造一个"九阴一阳"的阴凉环境。每天午后高温阶段向棚顶喷水。最好是菇棚安装喷灌系统，采用喷雾降温。

（2）利用地表温差　棚内喷雾后温度可降至28 ℃，利用地表温差，自然可降至 26 ℃。喷雾后适当通风，有利于水分的汽化散热，平均降温可达4～8 ℃，基本上可满足子实体生长对温、湿度的要求。

（3）保持适宜水分　喷水要有节制，既要保持一定的水分，又不致终日过分潮湿。出菇后菌袋重量减轻时，应及时浸水。但补水不宜过量，否则造成高湿高温，会引起菌丝死亡、杂菌滋生、菌袋解体。

（4）保持空气新鲜　夏季野外荫棚空气清新，氧气充足，只要棚内温度控制在 26 ℃左右，子实体就会迅速生长。如果管理得当，照常可获得较好的收成。

（二）冬季栽培技术

冬季天寒地冻，茶薪菇子实体生长困难，生产基本处于停滞。但冬季又是元旦、春节以及民间操办喜庆宴席旺季，茶薪菇消费量大，供求不平衡，菇价也较高，是栽培效益好的黄金时段。因此积极发展冬季生长茶薪菇成为一个亮点，具体技术措施如下。

1. 产地条件　冬季生产茶薪菇宜在低海拔、冬季气温在 0 ℃以上的平原地区。茶薪菇在气温低于 10 ℃时，原基分化子实体困难。因此，冬季栽培场地要选择背风向阳的地方，室内菇房要暖和，保温性能好。野外栽培利用有保护设施的冬暖型塑料大棚、小拱棚等，充分利用阳光作能源，棚内温度会比外界高 5～10 ℃，基本上能满足出菇的温度要求。

2. 配套菌株　选择中低温耐寒性强、适应性好的菌株，如 AS-1，AS-2，AS·b 等，耐低温，抗性强，产量高。

3. 菌袋制作　冬季栽培的菌袋，应安排在 9～10 月进行制袋接种。培养料应选择棉籽壳等富含纤维素、氮素的原料，并适当增加细木屑的含量。辅料麸皮可比常规增加 3%，以使养分充足，有利于菌丝生长。袋料含水量控制在 60% 左右，装袋要紧实，在菌丝生长发育时，可以增高袋内温度。

培养料灭菌时常因气候寒冷温度难以上升，灭菌不彻底，导致菌袋成品率低。因此冬季灭菌时间应适当延长。

4. 发菌培养　冬季菌袋采取密集码垛，用薄膜覆盖，门窗密封，保温发菌。菌袋接种 15～20 天后，接种口菌丝向四周蔓延，覆盖料面。此时应进行翻堆检查，将菌袋堆紧些，并覆盖薄膜保温。养菌期间气温低于 15 ℃时应加温，以促进菌丝生长。菌丝生长过程中吸收氧气、放出二氧化碳，并释放热量，使堆温、料温升高。一般堆温、料温比室温高 3～8 ℃，因此冬季养菌，在菌丝封口后，应及时解袋增氧，加快菌丝生长速度。当菌丝生长至菌袋 1/2 时，适当拉开袋口，以增强呼吸，加快新陈代谢。低温期加温时，应注意室内通风换气，防止二氧化碳聚集沉积伤害菌丝。野外保护设施养

菌的，白天可将菇棚遮阳物揭去，使棚膜吸收太阳热能，提高菇棚内温度；晚上则要在薄膜上加盖草苫保温。

5. 出菇管理　冬季出菇要求人为创造一种近似秋季自然条件的环境，利用保护设施或加温措施增温保湿。将秋末制袋接种的、菌丝已长满的菌袋，进行催蕾出菇管理。主要利用冬暖塑料大棚设施，不需加温就会比室外高 8～12 ℃，且保温性能好，晴天中午应开门通风换气。也可通过人工加温，将室温控制在 16～23 ℃。可在冬季菇房旁边开设火炕燃烧口，房内用砖砌或用铁皮制成烟道，通过火炕烧火增加室温。同时采取塑料薄膜罩住菇房四周及顶部，以提高保温性能。此外注意开设排气窗或通风口，以及时排除废气。冬季升温培养时，水分容易蒸发，应经常在地面和四周喷水保湿，保持菇房内空气相对湿度不低于 80%，做到保温保湿和通风换气协调进行，促使寒冬照常出菇。

6. 包装与加工

（1）包装　剪掉菌柄基部的杂质，拣出伤、残、病菇，并根据市场需要分拣后，使用包装模具，把菇一根根排放在包装模具盒内，两头向外，弃掉长度 5 cm 以下无效菇，进行半抽真空，大包装每袋 2.5 kg。也有的进行简易包装，在 6 ℃冷藏环境下贮藏。也可抽真空小包装直接供给超市。

（2）加工　茶薪菇加工的方法有浸泡法、腌制法和干制法等，通常采用干制的方法加工。干制品比鲜品香味更浓，泡发后更加筋道，也便于贮藏运输。干制分为自然干制和人工干制两种。

1）自然干制　将菇体洗净，上蒸笼蒸 10～15 min，以 2～3 cm 厚度摊放在竹筛或席子上晒至含水量 12% 以下。翻动时要顺次轻拿轻放，以免折断菇体。

2）人工干制　以采用远红外线和微波干燥法为宜。其产品外观、营养成分都优于传统的烘房、烘箱干燥法。干燥温度不要超过 70 ℃。干品含水量应在 12% 以下，并用无毒塑料袋包装密封。

木腐菌生产技术

第五节
工厂化生产技术

近年来，由于自然条件下生产茶薪菇的成本不断增加，受其他食用菌工厂化栽培的影响，人们也在不断探索茶薪菇的工厂化栽培。

一、栽培场所设计要求及布局

栽培场所根据生产工艺，设置有生活区、原材料存放区、拌料区、装包区、灭菌区、冷却区、接种区、培养区、出菇区。各个区域要合理安排布局，做到生产时既井然有序，又省时省工。

二、温控菇房构造及制冷设备配置

温控菇房地面为水泥硬化地面，四周及房顶全部采用 10 cm 厚的夹芯彩钢板。每间出菇房一般长 8 m，宽 5 m，高 3.5 m，墙内四周及房顶铺贴 2.5 cm 厚的塑板两层。每间温控菇房面积以 40 m² 左右为宜，面积过大生长条件难以控制，过小利用率降低，单位成本过高（图 7-10-1）。每间菇房可容纳 5 000 个菌袋出菇，房间的多少根据生产规模确定。制冷设备单一控制比中央空调控制方便、节能。每间菇房由压缩机、冷凝器、加压泵、冷风机组装配套成制冷机组。冷却塔、水池可共用一个，以最少的能耗达到最佳制冷要求。

图 7-10-1　温控菇房及制冷设备

三、温控菇房内栽培架的设计

栽培方式使用床架栽培，床架不能过高，4～5 层为宜，第一层离地 20 cm，层间距 60 cm，顶层距房顶隔热泡沫板 100 cm。在顶层与天花板之间用无滴膜隔开，避免制冷机冷气直接吹到菌袋。床架的宽度以 1 m 宽为宜（图 7-10-2），每层床架的背面要安装 LED 灯带，灯带的多少要根据床架的宽度来确定，一般 0.5 m 宽就需安装一条灯带。

图 7-10-2　多层床架

四、通气设施配置

通风包括内循环通风和外循环通风（室内外换气）两个方面，是栽培的重要环节。

茶薪菇在子实体生长过程中，会产生一定量的二氧化碳，需要适时更换新鲜空气。二氧化碳的相对密度大于空气的相对密度，会在室内向下沉积，冷空气也往下沉积，使上下层之间温度、湿度、二氧化碳浓度不一致。

在考虑通风时，应同时考虑内循环通风和外循环通风两个方面。

内循环通风可在层架的中间及两侧上方设一往复式内循环风扇；而外循环通风不仅要求适时更换适量的新鲜空气，还应考虑温度与湿度的变化。

五、智能控制

为节省人力物力，最大限度地提高茶薪菇产品的质量，必须通过合理的冷房控制技术，使光照、水分、空气各个生长因子达到最佳状态。这需要把上述各项设计科学合理地连接起来，构成一个完整的控制系统。

一是温度。将感温探头连接到控制器，温度超出设定范围时，自动开启制冷系统。

二是光照。将照明系统连接到控制器，设定不同时期的光照强度与光照时间。

三是内外循环通风。将内外循环风扇分别连接到控制器，然后分别对内循环通风和外循环通风作不同设定。低速、低风量的内循环风对子实体生长极为有利，一般可每小时内循环通风 10 ～ 20 min。外界湿度较大时，可增加内循环风量，减少外循环通风，以此来降低子实体周围二氧化碳浓度，稳定菇房内空气湿度，促进子实体正常生长。

更换新鲜空气时，应根据二氧化碳测定仪测定的数值，针对茶薪菇不同生长时期和不同气候条件，设定相应的换气时间和换气量，基本实现茶薪菇出菇的自动控制。

六、栽培管理技术

（一）栽培前准备

栽培前需要准备培养料、栽培袋及封口材料、菌种等。

1. 栽培原料　茶薪菇栽培的原料包括主料和辅料两大类。主料可以选择用棉籽壳、木屑、玉米芯等，辅料包括麸皮、细米糠、玉米粉、饼粕粉、白糖、石膏、过磷酸钙等。

栽培茶薪菇的棉籽壳要求新鲜，无结块，无霉变，质地干燥，含棉籽仁粉粒多，色泽略黄带粉灰，附着纤维适中，手感柔软，吸水湿透后，挤出液汁较浓。木屑应选择软质阔叶树木屑，木屑使用前最好经过 3 ～ 6 个月的堆积，不断淋水发酵后才能使用。为防止尖锐的木刺刺破袋，木屑要用振动过筛机过筛。玉米芯含糖量高，颗粒较大，配料前需要经过发酵处理才好

2. 栽培袋及封口材料　目前工厂化栽培茶薪菇多数采用高压灭菌，所以都使用耐高温的聚丙烯塑料袋，栽培袋的规格是折径 18 cm × 长 35 cm × 厚 0.005 cm 的折角袋，要求一端封口。这种菌袋装好后底端为一平面，便于摆放。

为提高菌袋的透气性和接种速度，袋口需要套上颈圈，用棉花、纤维棉等封口，现在市场上也有专门生产的无棉盖体，使用起来非常方便。

3. 菌种准备　规模化生产多数采用瓶装木屑菌种。一般每支母种接种原种 5 ～ 6 瓶，每瓶原种接种栽培种 30 瓶左右，每瓶栽培种接种栽培袋 20 袋左右。按照母种 8 天长满，木屑原种和栽培种大约 30 天长满来进行计划。现在部分企业已采用液体菌种，由于液体菌种不耐贮藏，母种、摇瓶种子和发酵罐菌种的生产计划更要详尽。

优质菌种应该纯度高、生长旺、菌龄适宜，幼龄菌种菌丝量少，老化菌种萌发力差，直接影响栽培效果。

（二）拌料

配方 1：棉籽壳 40 ％，杂木屑 33 ％，麸皮 25 ％，白砂糖 1 ％，轻质碳酸钙 1 ％。

配方 2：棉籽壳 50 ％，杂木屑 22 ％，麸皮 26 ％，白糖 1 ％，轻质碳酸钙 1 ％。

配方 3：棉籽壳 20 ％，杂木屑 55 ％，麸皮 15 ％，玉米粉 5 ％，豆饼 3 ％，白糖 0.5 ％，石膏 1 ％，磷酸二氢钾 0.4 ％，硫酸镁 0.1 ％。

配方 4：玉米芯 60 ％，棉籽壳 10 ％，杂木屑 10 ％，麸皮 12 ％，玉米粉 6 ％，白糖 0.5 ％，石膏 1 ％，磷酸二氢钾 0.4 ％，硫酸镁 0.1 ％。

拌料使用大型拌料机。拌料前要先将棉籽壳和玉米芯用水浸泡 4h 以上，可将石灰加入到水中一起浸泡。棉籽壳和玉米芯充分浸泡后将水放掉，等到不再有水从棉籽壳和玉米芯中流出后，捞出倒进拌料机中，然后再加入其他营养料，所有营养料加入的多少要根据配方和拌料机的大小来计算。要求搅拌 30 min 以上。搅拌后的培养料要均匀，干湿度一致，无块状物，培养料含水量控制在

62%～65%，pH 7.5～8。

（三）装袋

装袋用冲压式装袋机流水作业，每袋装料高17 cm左右，每袋湿料重1 100～1 200 g。培养料装好后，拉紧袋口，套上套环，中间插入接种棒，最后盖上无棉封盖，封盖要求以提起后不掉为准。

（四）灭菌

采用蒸汽高压灭菌。生产中要边装袋边装锅，装袋临近尾声时，即开始给锅炉加热，积蓄蒸汽，封闭好灭菌锅后即可向灭菌锅内通入蒸汽，这样可以减少袋中微生物的自繁量。通入蒸汽时打开下方排气阀，热蒸汽从锅顶向下将锅内冷空气挤压出去，当排气口排出不间断的白色蒸汽时，关闭排气阀。继续加热，当压力升至0.05 MPa时，打开排气阀使压力恢复到0，关闭排气阀继续加热。这样缓慢排气和集中排气相结合，可以排净锅内的冷空气。当压力升至0.11 MPa时开始计时，控制压力在0.11～0.14 MPa，保温保压控制2 h。灭菌结束后，让锅体自然冷却，压力指示降至0后，微开门，让余热烘干棉塞。待袋温降至60 ℃后出锅。灭菌前用较厚的塑料膜（防潮膜）盖住菌袋，可以避免棉塞被打湿，运到冷却室后即可去掉防潮膜。

（五）冷却

灭菌完成后，待菌袋温度降到60 ℃以下时，将菌袋移到预先消毒好的冷却室中先自然冷却，待菌袋中心温度降到50 ℃以下时，打开制冷机，开始强制冷却，直到菌袋中心温度降到25 ℃以下。

（六）接种

当培养袋中心温度降到25℃以下后，就可以开始接种。接种应严格按照无菌操作规程进行。采用液体菌种或固体菌种均可。

（七）菌丝培养

培养室排袋前应预先清洗消毒。菌袋接好种后要整齐地排放在床架上，袋与袋之间要留有1 cm左右宽的间隙。培养过程中，培养室要保持黑暗，温度控制在25 ℃左右，空气相对湿度在65%以下，每天通风2～3次，保持室内空气清新。接种后1周应检查栽培袋，观察菌丝生长情况，发现污染袋，应及时将其清理出培养室。此后每半个月检查1次。菌丝长满后，要继续培养10～15天，使菌龄达到50～60天。

（八）出菇管理

茶薪菇栽培采用层架式栽培，管理过程如下：

1. 进袋　菌袋在培养室培养好后，要将其运到出菇房的床架上。在搬运和摆放的过程中，一定要轻拿轻放，以防其破损；排放时，行与行之间留5cm左右的间隙。

2. 开袋　拿掉封盖和套环，拉开袋口，并将袋口折底，袋口距料面留2 cm左右的距离，然后盖上无纺布。6～8天后，当发现菌袋表面有密密麻麻的菇蕾后，就可拿掉无纺布。

3. 温度管理　温度可控制在18～23 ℃。

4. 湿度管理　菌袋刚进菇房，待开袋盖上无纺布之后，要浇一次重水，使无纺布完全湿透。以后打开加雾器，保持菇房内的空气相对湿度在80%～90%。在夏天，制冷机运转频繁，菇房内湿度降低快，菌袋和地面上也要喷少量的水，以保证菇蕾正常生长。

5. 通风管理　菇房内每天通风2次，早晚各1次，每次8～15 min。每次通风时间根据菇房内菇的多少决定，菇多就多通，菇少就少通。需要注意的是每次通风的同时，制冷机都必须在工作。主要是为了通风均匀，并防止菇房内温度变化太大。

6. 光照管理　菌袋进菇房后，前3天保持黑暗，不用光照。第4天开始，开启床架上的LED灯带，保证每3 h光照5 min。当菇长到2 cm高时，要连续开启LED灯带4 h，可以使整袋菇都能垂直向上生长，达到菇形美观。此后则保持黑暗，直到采收。

7. 拉袋　当子实体长到3 cm左右时，要把袋口拉直，上端要余出8～10 cm，减少通风，增加二氧化碳的浓度到0.1%左右，以培养柄长盖小的优质商品菇（图7-10-3）。

图 7-10-3 出菇场景

（九）采收

当茶薪菇子实体约八成熟时，即应及时采收，采收的基本标准：菌盖呈半球形，直径 1～2 cm，柄长 8～10 cm，最长可达 20 cm。按市场需求具体调整。采收时手握紧菌柄旋转拔起，注意不要用力过大，然后剪掉菌柄基部的杂质，拣出伤、残、病菇后，及时冷藏或包装销售。

（朱青山　张华珍）

木腐菌生产技术

第十一章　滑菇

　　滑菇因其菌盖表面黏滑而得名。其表面黏性物质是一种核酸，可促进人体脑力和精力的保持，菇体中所含滑子菇多糖有抗肿瘤和抑制病毒生长的作用。滑菇味道鲜美，营养丰富，深受消费者喜爱，市场需求量逐年增大。

第一节
概述

一、分类地位

　　滑菇隶属真菌界、担子菌门、蘑菇亚门、蘑菇纲、蘑菇亚纲、蘑菇目、球盖菇科、鳞伞属。

　　拉丁学名：*Pholiota microspora*(Berk.)Sacc.。

　　中文别名：小孢鳞伞、滑子蘑、光帽鳞伞。

二、营养价值与经济价值

　　滑菇营养丰富，味道鲜美，口感极佳，作为我国食用菌种植的七大品种之一，在我国东北地区已成为出口创汇的主要食用菌。其含有丰富的蛋白质、人体必需的多种氨基酸、多糖、维生素等，属于低脂肪、低热量的健康食品。

　　滑菇中粗蛋白质含量为其干重的13％～14％，远高于水果、蔬菜和粮食作物，可与鱼肉蛋类食物媲美。蛋白质所含氨基酸种类齐全。8种必需氨基酸在总氨基酸中比例为30％～50％，是极好的营养保健食品。滑菇中的维生素类有维生素 B_1、维生素 B_2、烟酸等 B 族维生素，也含维生素 C、维生素 D、维生素 E、胡萝卜素等；此外，还含有少量维生素 A。其中维生素 B_{12} 含量比肉类还高，可用于预防恶性贫血。滑菇不仅含有人体必需的大量元素钙、镁、钾、磷、硫，还含有人体必需的微量元素锌、铜、铁、锰、镍、铬、硒、锗等，矿质元素的总量占全部成分的 2.37%～4.5%，其中铁、钾、钠含量较高。

滑菇多糖具有免疫调节作用，并有较强的抗肿瘤作用和抗病毒作用。医学组织形态学观察发现，滑菇多糖对脾脏和肝脏在衰老过程中的退行性变化有明显改善作用。其还是一种非特异性免疫促进剂，能增强网状内皮系统的吞噬功能，通过对淋巴细胞、巨噬细胞、网状内皮系统等的作用，提高、调节机体免疫功能。

三、发展历程

滑菇是低温菇类，其自然分布于日本以及我国的台湾、福建、黑龙江、吉林、辽宁等省。人工栽培起源于日本，最初为野生采集，但采集数量不多。在 20 世纪 20 年代初期，日本利用段木人工栽培滑菇，由于受到林木资源的限制，总产量一直较低。到 20 世纪 60 年代初，日本人改变了滑菇的栽培方式，开始利用木屑箱式栽培。此法使年产量得到迅速提高。由 20 世纪 60 年代初年产量 200 t 猛增到 3 000 t，到 20 世纪 80 年代初其年产量达 16 500 t，日本因此成为世界上大面积栽培滑菇的国家。

1976 年以来，我国辽宁省先后从日本引进一些滑菇菌种进行试验栽培，在短时间内取得了成功，并将熟料箱栽技术改进为半熟料盘栽。几年后滑菇栽培扩展到黑龙江、吉林，成为东北地区人工栽培食用菌最早实现产业化的菇类。1989 年河北省平泉县开始规模生产以来，利用本地的资源优势和气候优势，经过广大科技人员的不断技术创新，

使滑菇的生产量、质量不断提高，现已成为平泉县食用菌产业的主导产品，年产量 10 万 t，拥有较大的市场份额，已成为广大农村脱贫致富的首选项目。据有关部门统计，2017 年全国滑菇鲜品总产量 65.3 万 t，其中辽宁省产量为 27 万 t，约占全国总产量的 41%，是我国滑菇的主要产区。目前我国河北北部及辽宁、黑龙江、内蒙古、福建、台湾等地区都有栽培，其中辽宁省和河北省栽培面积较大，辽宁省岫岩县、吉林省磐石市、黑龙江省林口县是重点滑菇产区。近几年全国滑菇年产量在 65 万 t 左右。

四、主要产区

我国幅员辽阔，四季分明，滑菇对培养料适应范围广，凡是富含纤维素、半纤维素的农副产品下脚料，其物理结构、营养结构略加调整，几乎都能被用来栽培滑菇。但滑菇属于低温菌，适宜在冷凉气候下栽培。我国各省、区、市均可依据当地气候、原材料资源条件进行栽培。目前，我国的滑菇栽培，主要以季节性栽培为主，工厂化栽培还处于探索阶段。滑菇自然季节栽培在我国可划分为冀辽蒙产区、辽东半岛产区、吉黑产区和零星产区，各产区都具备地理、资源、气候等不同优势。

（一）冀辽蒙产区

主要分布在河北平泉、辽宁朝阳、内蒙古赤峰及库伦旗等地区，其中河北平泉栽培量最大。主要以盘栽和袋栽为主，栽培原料以木屑、麸皮为主，栽培品种主要有早丰 112、早生 2 号和西羽等。半熟料盘栽 1～3 月装盘，4～7 月发菌，8～11 月出菇。由于采用冷棚出菇，11 月以后受气温及培养料营养的限制，不能出菇，因此，该地区又有反季袋式栽培和袋式正季生产延后出菇两种模式。反季袋式栽培 10～11 月制袋、12 月至翌年 4 月发菌，翌年 5～11 月出菇；袋式正季生产延后出菇 1～3 月装盘，4～9 月发菌，10 月至翌年 5 月出菇。此二模式可以弥补盘式栽培夏季无菇上市的不

足，且污染率低，节约支架成本。产品主要由北京行销全国，小部分销往承德、沈阳等地；出口外销也是主要途径之一，鲜品出口较少，出口的绝大部分是水煮盐渍品；加工菇酱、制成干品等也是销售途径。

（二）辽东半岛产区

该地区是我国最早栽培滑菇的地区，也是目前产量最大的地区，其产量占全国产量的60%以上，主要包括岫岩、庄河两县及周边地区。栽培方式主要是半熟料盘栽，近几年半熟料袋栽、熟料袋栽产量逐年上升，工厂化熟料瓶栽也有少量栽培，栽培主料是木屑及麸皮，栽培品种主要有C31及早丰系列等。半熟料盘栽、半熟料袋栽通常1～3月制袋接种，4～7月发菌，8～11月集中出菇。熟料袋栽、熟料瓶栽主要生产反季产品，填补市场空白。

（三）吉黑产区

该区主要包括吉林省磐石市，黑龙江省林口县、方正县等地，生产量不大，占全国总产量的10%左右。培养料以木屑、麸皮为主，受木耳、香菇大量使用木屑影响，当地政府限制了林木采伐，减少了木屑供应，现在配方中多辅以玉米芯、棉籽壳、豆秸等。栽培品种主要有C31、K44、明治1号及早丰系列等。通常1～3月制袋接种，4～7月发菌，8～10月出菇，熟料栽培有少量跨年出菇。

（四）零星产区

零星产区通常分布在我国高海拔地区，陕西、四川、福建、浙江等地。栽培方式主要是熟料袋栽，栽培品种主要有C31、早生2号和西羽等。培养料除木屑外，玉米芯、棉籽壳、各种菌糠等也占大量比重，与木屑的比例通常为1：1左右，出菇方式一般采用踩式或斜靠式。

五、发展前景

（一）生产经营模式

自滑菇在我国种植开始直到现在，单户生产模式仍是主流，随着市场经济的发展，开始出现公司＋农户或菇农自发成立专业合作社的生产经营模式。农户之间联合起来形成相对稳定的合作体，由企业统一提供菌种、技术，农户单独生产，生产的产品统一定价，按合同出售给企业或合作社，然后走向市场。进入21世纪，由于社会分工的细化、投资盈利的需求等因素，工厂化生产滑菇开始出现。企业根据滑菇生物学特性，利用工业技术控制温光水气等环境要素，使滑菇发菌及出菇均在人工模拟生态环境中完成，从而实现工厂化、标准化、周年化生产。

目前，我国滑菇生产三种模式并存，单户生产和公司（专业合作社）＋农户生产模式是主流，工厂化生产产量很小。

（二）市场需求

随着生活水平的提高，人们的饮食也由温饱型向健康型转变。人们不仅要吃得饱，而且要吃得好、吃得健康，科学饮食、平衡营养是现代快节奏形势下提出的新概念，是人们普遍关心的话题。近年来，菇类在各大餐馆的"点击率"也呈上升趋势，各地均有以食用菌为名的餐饮企业。世界卫生组织提出的六大保健饮品就包括绿茶、红葡萄酒、豆浆、酸奶、骨头汤和蘑菇汤。

世界各国的人均食用菌消费量差别很大。总体而言，发达国家干品食用菌人均消费量一般在2～5 kg/年，而非发达国家的干品食用菌人均年消费量为1～1.5 kg。据有关部门调查统计，我国人均干品食用菌消费量尚不足1 kg，而且消费极不均衡，东部地区多于西部地区，城市多于农村。随着我国生活水平的提高，食用菌消费量将会大大增加，滑菇作为其中一员，其生产规模、产量还有很大的发展空间。

第二节
生物学特性

一、形态特征

根据滑菇生长阶段不同，将其生理结构分为菌丝体和子实体两部分。菌丝体生长于培养料中，是滑菇的营养器官；子实体成熟后能散发大量的担孢子，是滑菇的繁殖器官，也是人们食用的部分。

（一）菌丝体

菌丝体由许多丝状菌丝组成。滑菇菌丝呈白色，绒毛状，相互结合呈网状，蔓延于枯木和培养基中，不断繁殖集合成菌丝体（图7-11-1）。在显微镜下观察，滑菇菌丝有横隔和分枝，细胞壁薄，直径10～20μm，有多而大的锁状联合。

图 7-11-1　滑菇菌丝体

（二）子实体

滑菇子实体丛生，极少单生（图7-11-2）。菌盖初期半球形，逐渐平展，开伞后直径2～8 cm，淡黄色至黄褐色，菌盖中央凹陷、颜色较深，边缘呈波浪形、颜色略淡，后期出现放射状条纹。新鲜时菌盖覆有黏液，干燥时略有光泽。菌肉淡黄色，菌盖的薄厚及开伞程度因不同品种及环境条件的变化而有差异，一般厚0.2～1.4 cm。菌褶密集、不等长，初期白色或黄色，成熟时变为锈褐色或赭石色。菌褶延生或弯生，菌褶边缘呈波浪状，近边缘处较密，褶缘囊状体近棒状，无色。菌柄中生，近圆柱形。菌柄长短粗细因环境条件、培养料内营养水平不同而有差异，一般长3～8 cm，直径0.3～1.8 cm，上下等粗或下部略粗，纤维质，内部实心或稍空，或随时间推移而呈中空。菌柄上部有薄膜质菌环，黏性而易脱落。菌环以上菌柄呈白色至淡黄色，菌环以下色深，同菌盖颜色，并有黏液和黄褐色鳞片。孢子印锈褐色，孢子椭圆形、卵圆形，2.5～3μm×5～6μm，光滑，浅黄色。

图 7-11-2　滑菇子实体

二、生活史

滑菇的生活史比较复杂，主要分为有性生活史和无性生活史。了解其有性生活史和无性生活史对品种选育及菌种生产培养具有重要意义。在分离、选育、制种生产时，选取菌丝生长最强壮的部位进行转接、扩繁，避免将单核菌丝扩大培养带来不必要的损失。

（一）有性生活史

在适宜的环境条件下，滑菇的担孢子从子实体上弹落，并且萌发、生长、分枝，形成具有不同性别的单核菌丝。2个不同性别的单核菌丝发生细胞质融合（质配）形成双核菌丝，双核菌丝绒毛状，初期白色，随着生长而逐渐变为乳黄色。双核菌丝比单核菌丝粗壮，生长速度快、生命力强。双核菌丝不断吸收养分、增殖发育，其气生菌丝在外界环境条件的刺激下经扭结而组织化，形成近球形的原基，原基继续分化形成菌盖、菌柄、菌幕等组织结构，随着子实体的继续长大，菌褶上的担孢子开始进行减数分裂，从而孢子成熟、弹落。这一循环过程称为滑菇的有性生活史（图7-11-3）。

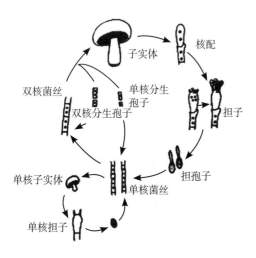

图 7-11-3　滑菇有性生活史

（二）无性生活史

滑菇属单因子控制、二极性异宗配合的担子菌，生活史较复杂。无性繁殖不经过两性细胞的结合，由母体直接产生后代，可保存种群原有的遗传性状，人工扩繁菌种或组织分离等都是无性繁殖。除正常的有性生活史外，据报道还有5种无性繁殖方式。

1. 单核化子实体　这种子实体由单核菌丝未经双核化而直接形成子实体，子实体瘦小质硬。担子内只有1个核，这个核不分裂或经过1～2次分裂，成为1～4个子核，即在1个担子里外生1～4个担孢子，成熟担孢子萌发后重新形成单核菌丝。

2. 单核菌丝　单核菌丝形成分生孢子，分生孢子萌发后又形成单核菌丝。

3. 双核菌丝　双核菌丝断裂后形成单核分生孢子，分生孢子萌发后形成单核菌丝，单核菌丝经质配又形成双核菌丝。

4. 双核分生孢子　双核菌丝产生双核分生孢子，双核分生孢子萌发后又形成双核菌丝。

5. 双核菌丝脱双　双核菌丝经脱双核化形成单核菌丝，单核菌丝经质配又形成双核菌丝。

三、营养

滑菇属木腐菌，在自然界中常着生于阔叶树的伐根、倒木及腐木上，尤其是壳斗科的伐根、倒木上。在生长发育过程中，滑菇完全依靠菌丝体从培养料中摄取碳源、氮源和无机盐类等作为自己生存的营养物质。人工栽培滑菇以木屑、玉米芯、米糠、麸皮等富含木质素、纤维素、半纤维素、蛋白质的农副产品下脚料为培养料。

（一）碳源

碳源是滑菇最重要的营养来源，是合成碳水化合物的重要营养，是生命活动的能量来源。滑菇所需要的碳源都来自于有机物，如纤维素、半纤维素、木质素、淀粉、果胶、戊聚糖类等。富含纤维素的农副产品、林副产品下脚料几乎都可以用来栽培滑菇，如棉籽壳、玉米芯、棉柴、修剪果枝、林枝、紫穗槐等。不同的原料对滑菇的产量会有较大的影响。经堆积的陈旧木屑比新鲜的要好。榉树、板栗、合欢树的木屑不适合栽培滑菇，松杉木屑含量在20%以上会影响滑菇菌丝的生长。麦芽糖是滑菇子实体形成的一种良好碳源，其产量比用葡萄糖的产量高。蔗糖是滑菇菌丝生长的良好碳源，但只用蔗糖作为唯一的碳源则滑菇形不成子实体。碳源能否被充分吸收利用要受培养料中其他成分所限制，在一定的限度内，若供给足够的氮源，滑菇的产量可因较高的碳源而增加。

（二）氮源

氮源是合成蛋白质和核酸所必不可少的主要原料。主要氮源有蛋白质、氨基酸、尿素、氨、铵盐、硝酸盐等。生产中常用的氮源有豆粉、酵母汁、蛋白胨、米糠、麸皮、豆粕、棉籽饼、菜籽饼、花生饼等。滑菇菌丝体能直接吸收分子量较小的氨基酸、尿素、氨类化合物。高分子化合物蛋白质等不能直接被利用，必须经过蛋白酶分解成氨基酸后才能被吸收。不同种类的氮源对滑菇菌丝生长的影响差异很大，有机氮源明显优于无机氮源，铵态氮优于硝态氮。有试验表明，麸皮最适宜滑菇菌丝生长，平均日生长速度可达 3.26 mm。

（三）矿质元素

无机盐类是滑菇生命活动中不可缺少的物质，其主要功能是构成菌体成分、作为各种酶的组成部分、调节氧化还原电位，还可以调节培养料（基）的渗透压和 pH。滑菇的生长发育所需要的无机盐可分为大量元素和微量元素两大类，大量元素所需要量较多，如镁、磷、钾、钙等；微量元素所需量相对要少得多，如铁、锌、锰、钴、钼等。大量元素在培养料（基）、中需要特别添加，如在生产中常添加硫酸钙、硫酸镁、碳酸钙、磷酸二氢钾、磷酸氢二钾、过磷酸钙等来补充镁、磷、钾、钙；微量元素虽然也是必需的，但在生产中往往不需要刻意添加，因为其用量极其微小，且栽培主料及辅料中已经存在，所以不需另外补充。

（四）其他

近年来，大量研究表明，外源激素不仅对食用菌菌丝体的生长发育具有促进作用，而且还能够改善其品质，提高多种营养素含量。如 NAA 与 2,4-D 组合对菌丝体生长有很大的促进作用；低浓度6-BA 对菌丝体生长和蛋白质、核酸合成均有促进作用，而较高浓度的 6-BA 则有抑制作用。

维生素是食用菌生长发育必不可少而又用量甚微的另一类特殊有机营养物质，主要起辅酶作用，参与酶的组成和菌体代谢。如维生素 B$_1$、维生素 B$_2$、泛酸、维生素 B$_6$、维生素 B$_7$、烟酸等。

四、环境条件

滑菇生长除需要营养物质外，温度、光照、水分、氧气等外部环境因子对其生长有着至关重要的作用。在栽培管理中，不能只重视某些条件而忽略

其他条件，在滑菇所要求的各种条件中，它们之间既有矛盾又互相联系。因此，滑菇栽培只有在综合适宜的生态条件下才能获得成功。

（一）温度

滑菇属低温、变温结实性食用菌，温度对孢子萌发、菌丝生长、子实体形成和产量、质量影响都很大。

1. 菌丝生长阶段　滑菇菌丝一般在 4 ～ 32℃均能生长，适宜温度 20 ～ 25 ℃，超过 32 ℃菌丝停止生长，40 ℃以上菌丝很快死亡，与平菇、香菇相比，滑菇菌丝在较低温度条件下生长快于前两者。在较高的温度条件下生长则不及前两者。培养基内的温度一般要比室温高 2 ～ 3 ℃，所以一般在 20 ～ 22 ℃的室温条件下培养菌丝比较合适。

2. 子实体生长阶段　滑菇在子实体生长发育阶段所需要的温度比在菌丝发育阶段的温度低。出菇温度一般要求在 5 ～ 20 ℃，高于 20 ℃子实体菌盖薄、菌柄细、易开伞，低于 5 ℃子实体生长得非常缓慢，基本上不生长。因此，出菇阶段菇房温度一般调节在 7 ～ 15 ℃比较好。当菌"吃"透培养料达到生理成熟时，给予 10 ℃左右的低温刺激，昼夜温差在 7 ～ 12 ℃，以促进其原基的形成。低温刺激的结果是可逆的，即低温刺激后已形成原基或开始形成时，如果温度提高到 20 ℃以上时，菌丝又转向营养生长，低温刺激的效应也就消失，原基停止发育，菇蕾营养倒流而萎蔫。

（二）水分

滑菇生长发育所需水分绝大部分都来自培养料。菌丝生长阶段培养料含水量以 60％～ 65％为宜，水分过少影响菌丝体对营养物质的吸收和利用，生活力降低，菌丝灰白，密度差，不利于菌丝生长；水分过多导致透气性不良，氧气不足，使菌丝体的生长发育受到抑制，甚至可能窒息死亡。空气相对湿度则以 60％～ 70％为宜，在此条件下，菌丝体可以正常生长。

培养料含水量的多少对滑菇子实体生长发育有很大影响，含水量过低，使滑菇子实体的生

理活动受到抑制，子实体凋萎，失去生存能力。滑菇出菇阶段应当适当增加培养料水分，可至70%～73%，对子实体生长有促进作用。空气相对湿度要求在85%～95%。过低会影响产量；过高又使子实体表面细胞向外蒸腾水分的能力降低，影响营养物质在菌体内的运转，不利于菇蕾发育生长，同时高湿条件下容易感染杂菌，培养料表面积水易导致烂菇，且容易滋生杂菌。因此，在菇蕾形成阶段，不要直接向培养料喷水，可逐渐加大空气湿度。子实体形成阶段培养料含水量为70%～75%，空气相对湿度要求保持在85%～95%，这是出菇高产的关键。

（三）空气

滑菇是好氧性真菌，菌丝生长和子实体生长都需要有足够的氧气。早春接种之初，气温低，菌丝生长缓慢，少量的氧气即能满足需要；随着气温升高，菌丝新陈代谢加快，呼吸量增加，菌丝量增加，就要注意菇房通风和菌袋内外换气。因此滑菇栽培室中如果通风不良或培养料的通透性差时，就使得氧气不足而二氧化碳增多，菌丝体的呼吸受到抑制，从而影响菌丝体的正常生长发育，同时培养料也易感染杂菌。

子实体比菌丝的呼吸强度大，对氧气的需要量比营养生长阶段的大。出菇时菇房要及时通风换气，否则环境中二氧化碳的浓度过高，浓度超过1%就会导致出菇晚、菌柄长而粗，但菌盖小，形成畸形。菇房要经常通风换气，这是栽培中确保子实体正常发育的一项关键措施。同时，适当通风，还能调节空气湿度，防止病菌滋生。

（四）光照

滑菇各个发育阶段对光照的要求不尽相同。菌丝体生长阶段一般不需要光照，直射光会抑制菌丝的生长，而子实体分化阶段必须有一定的散射光，在完全黑暗的条件下，不能形成子实体。在光线较弱时虽然能形成子实体，但子实体多为畸形，菌盖小、菌柄长、色淡、品质差，同时还会影响菇蕾的形成。出菇时光照强度一般以700～800 lx为宜。

子实体有向光性，尤其在幼期阶段反应灵敏。光线过暗，子实体畸形，菌盖小、色淡，菌柄细长、肉薄、质差、色黄，品质差。适度的散射光是促使子实体早熟丰产的重要生态条件。

（五）酸碱度

滑菇适宜在微酸性的环境中生活。菌丝体在pH4～7范围内都能正常生长，以pH5～6.5为宜。生产中以木屑、麸皮、米糠等制成的培养料pH一般为7～8，但经加温灭菌后pH会下降，所以无须特殊调整pH。并且配方中常常添加碳酸钙作为缓冲物，使培养料内pH保持稳定。菌丝在生长发育过程中产生一些有机酸，会增加培养料的酸度，降低pH，碳酸钙亦可中和酸性，保持pH稳定。

第三节
生产中常用品种简介

滑菇按子实体发生温度的不同可划分为：低温型，出菇温度5～10 ℃；中温型，出菇温度7～12 ℃；高温型，出菇温度7～20 ℃。生产者应根据生产方式和目的来选用品种，供外贸出口的，最好选用子实体紧凑、成熟期较集中的品种；加工罐头应按工厂要求选用品种，鲜销应选子实体大、产期较分散的品种；在一个菇场内，为避免出菇过于集中，可采取不同成熟期的品种进行搭配。

一、认（审）定品种

（一）牡滑1号

1. 选育单位　黑龙江省农业科学院牡丹江分院。

2. 形态特征　子实体丛生，菌盖适中（直径1.8～2.5 cm），菌柄粗壮，长2～3.5 cm，菌盖橙红色，出菇整齐，抗杂能力强，产量较高。

3.菌丝培养特性 菌丝体生长整齐、粗壮，菌丝淡黄色、浓密，菌落边缘整齐。菌丝适宜生长温度为15～23℃，适宜pH5.5～6.5，发菌阶段要严格避光管理，转色阶段注意防止高温、高湿，防止蜡质层过厚。

4.出菇特性 子实体生长温度6～20℃，适宜温度12℃，培养料含水量以55%～60%为宜，空气相对湿度85%～90%。

5.栽培技术要点 春季栽培接种期11月至翌年1月，适时开口出菇。秋季栽培接种期3～4月，立秋前后搔菌出菇。适宜种植方式有熟料、半熟料墙式栽培和棚架盘（袋）式栽培。栽培密度每平方米50～60盘（袋）。生物学效率94%。

（二）早生2号

1.选育单位 河北省平泉县食用菌研究会。

2.形态特征 子实体出菇量适中，菌盖黄白色，少有斑点，黏液较重，直径3～5cm，不易开伞；菌柄白色，直径1～2.5cm，长4～8cm，鳞片大而少，中空，中空大小与袋内营养和出菇温度有关。

3.菌丝培养特性 菌丝体洁白、粗壮，绒毛型，气生菌丝较旺盛，节孢子和厚垣孢子分裂较强。培养基碳氮比为（20～23）:1，含水量60%～65%；发菌温度5～32℃，适宜温度15～25℃，空气相对湿度在60%以下。

4.出菇特性 在出菇阶段温度要求在8～22℃，并要求有5～10℃的温差，低于8℃或高于22℃不能形成菇蕾，温度过高柄空色淡，易开伞。空气相对湿度85%～95%。可作反季节栽培品种使用。生物学效率95%。

二、未认（审）定品种

（一）早丰112

菌丝体洁白、粗壮，匍匐型，气生菌丝

较少，节孢子和厚垣孢子分裂较强。子实体出菇较稀，菌盖黄白色，没有斑点，黏液较重，直径2～4cm，不易开伞；菌柄白色，直径0.5～2cm，长4～8cm，鳞片大而少，中空，但中空大小与袋内营养和出菇温度有关。该品种培养基碳氮比为（21～22）:1，含水量60%～65%；发菌温度5～28℃，适宜温度15～23℃；在出菇阶段温度要求在8～22℃，并要求有5～8℃的温差，低于8℃或高于22℃不能形成菇蕾，温度过高柄空色淡，易开伞。发菌阶段要求空气相对湿度在60%以下，出菇阶段要求空气相对湿度为85%～95%。

（二）C3-3

菌丝体洁白、粗壮，绒毛型，气生菌丝较旺盛，节孢子和厚垣孢子分裂较强。子实体出菇较密，菌盖红褐色，少有斑点，黏液较重，直径2～3cm，不易开伞；菌柄白色，直径1～2.5cm，长3～5cm，鳞片较少，中空，但中空大小与袋内营养和出菇温度有关。该品种培养基碳氮比为（20～23）:1，含水量60%～65%；发菌温度4～28℃，适宜温度15～23℃；在出菇阶段温度要求在5～18℃，并要求有5～8℃的温差，低于8℃或高于20℃不能形成菇蕾，温度过高柄空色淡，易开伞。发菌阶段要求空气相对湿度在60%以下，出菇阶段要求空气相对湿度85%～95%。

（三）龙江1号

菌柄粗壮，不易开伞，颜色微黄，聚生，抗杂性强，适宜温度8～25℃，积温时间短，适应春秋或反季栽培，产量高。产品干制、盐渍品质优，最适鲜品销售。

（四）K44

属低温品种，出菇温度5～12℃，子实体红褐色，单生或丛生。出菇时间长，菇形大，品质好，出菇均匀。适合黑龙江省、吉林省东北部栽培。

第四节
主要生产模式及其技术规程

我国幅员辽阔，地形多变，导致南北、不同海拔间气候差异较大。各地经济发展条件、自然气候资源、原材料资源及其食用菌栽培习惯、食用方法等均不相同，因此形成了具有不同地域特色的滑菇栽培模式。常见的栽培模式主要有两种：一是盘式栽培（图7-11-4），二是袋式栽培。在此两种栽培模式的基础上，各地又结合自身实际，发明了多种制袋、出菇等生产方式。日本等地则出现了工厂化周年生产模式。

图 7-11-4　盘式栽培出菇

一、盘式栽培模式

（一）出菇设施建造

该模式以木架为支撑，上覆塑料薄膜防雨及秸秆或稻草遮阳。自滑菇开始引进种植就采用这种菇棚，到现在仍有50%以上农户采用。这种菇棚就地取材、因陋就简，投入少，基本能够满足滑菇发菌、出菇的需要。此棚跨度一般6～10 m，高2 m以内，长50 m或因地制宜。四周以草苫遮阳，并留通风孔（图7-11-5）。

图 7-11-5　木制简易菇棚外观

（二）季节安排

滑菇适宜在低温潮湿的环境下生长，北方地区无霜期短，夏季凉爽，常采用春种秋收的栽培模式，每年只生产一个周期，设备利用率较低。北方春秋两季的平均气温为10 ℃左右，是出菇季节，又是制盘的好时机。目前有两种方式均可行：春季制盘，秋季出菇，即春种秋出，是传统栽培模式；另一种是秋季制盘，翌年春季出菇，即秋种春出，可以适当延长出菇时间，供应夏初市场。春种秋出在气温较低时（3～4月）接种，既有利于防污染，又有利于发菌。春夏期（4～8月）养菌，菌袋单层摆放在培养架上，或"品"字形摆放在培养架上，每半月倒垛一次，以免烧菌。7～8月出菇房要覆盖草苫，通风控温，安全越夏，此期菌丝充分积累营养。至9月开膜喷水出菇，10月底出菇结束。秋种春出于10～11月接种，气温较低不易污染杂菌。可码垛养菌，每垛高10～12层，室温维持在15～20 ℃，每月倒垛一次，以利发菌均匀一致。菌丝发满袋后，12月至翌年3月可在0 ℃左右堆放。4月升温到10 ℃以上，即可上架出菇，至6月底出菇结束。

（三）品种选择

滑菇各品系对子实体发生的温度要求有所差异，根据这些差异可将滑菇分为4种类型：极早熟种20 ℃；早熟种15 ℃；中熟种10 ℃；晚熟种10℃以下。由此可见，滑菇中熟种、晚熟种形成子实体原基所需温度更低一些。

一般情况下，菌盖颜色因品种而异，早生种菌盖呈橘红色，中晚熟品种呈红褐色。早熟品种菌柄比晚熟品种细而长，后者菌盖上的黏液比前者多；在 15℃ 左右早熟品种生长正常，10℃ 左右中晚熟品种生长良好。我国北方地区属于大陆性气候，夏、秋季的温度变化很大，靠自然条件进行滑菇栽培，根据不同的栽培方式选择不同温型的品种。

（四）托盘制作

滑菇盘式栽培采用秸秆托盘或木板托盘。规格一般为 55 cm×35 cm。制作托盘的材料可因地制宜，高粱秆、玉米秆（图 7-11-6）、废木板均可做成托盘，无论哪种材料，做成的托盘均要求光滑无刺，以免扎破塑料薄膜。玉米秆托盘的做法是：先将秸秆上的叶子扒掉，用刀将秸秆秸节处的刺突削平，截成所需的长度。在玉米秸上相距 30 cm 穿 2 个孔，用 2 根坚硬的枝条穿插固定，一个托盘需要 7～8 段玉米秆。

图 7-11-6　玉米秆制托盘

（五）培养料配制

1. 原料选择　栽培原料的选择可本着就地取材、廉价易得、择优利用的原则。

（1）营养丰富　滑菇属于异养菌，菌丝不能制造养分，所需营养需要从培养料中获得，因此培养料内所含营养要能够满足滑菇整个生育期内对营养的需求。

（2）持水性好　滑菇子实体生长阶段需要大量的水分，这些水分一部分来自保湿喷水，但

80%以上的水分需要从培养料中获得，培养料含水量的高低、持水性能的好坏，都直接影响到滑菇产量的高低。合理搭配培养料的物理结构，在不影响菌丝正常生长的情况下，适当加大培养料含水量是高产稳产的基础。

（3）疏松透气　滑菇属木腐菌，分解木质素、纤维素能力强，但需要大量的氧气。所选用的培养料粗细搭配合理、富有弹性，能含蓄较多的水分，更要透气。

（4）干燥洁净　要求所用原料无病虫侵害、无霉变、无刺激性气味和杂质，并且没有工业"三废"残留及农药残留。

2. 配方　通常的配方如下，各地可根据资源情况，在试验的基础上形成高产配方。

配方 1：木屑 89%，麸皮（米糠）10%，石膏 1%。

配方 2：木屑 49%，作物秸秆粉 40%，麸皮（米糠）10%，石膏 1%。

配方 3：玉米芯 69%，豆秸 20%，麸皮（米糠）10%，石膏 1%。

配方 4：木屑 79%，甜菜粕 15%，麸皮 5%，石膏 1%。

3. 拌料　将上述配方所需要的原料混匀，加水闷堆 2～3 h 后拌匀，用手握料，指间有水渍，培养料含水量在 60%～61%。蒸料会使培养料中的水分增加 2%，达到 62%～63%。

（六）蒸料消毒

滑菇生产的培养料灭菌不同于其他品种，其常压蒸锅系自制而成。蒸料操作如下：烧开锅内水后，先在蒸屉底层撒 5～7cm 厚的干料，以吸收上部滴下的冷凝水，然后向有热气冒出的地方撒正常含水量的料，要严格按照"见气撒料"的要求进行，严禁将料一次性快速倒入屉内，否则出现"夹生料"。屉装满料后盖上 2 层麻袋，从大量热气逸出时算起，持续蒸 2 h，停气后 40 min，料温在 90℃ 左右时趁热出锅包盘。如果低于 70℃ 再包盘，接种后易染杂菌。

（七）装盘

木框 55 cm×35 cm×8 cm；刮板 25 cm×12 cm；聚丙烯包膜 105 cm×100 cm×0.003 cm。将蒸好的培养料倒入木框内的塑料薄膜内，每盘用料 4.5 kg，压实后厚度在 4～4.5 cm。使料面中间稍微隆起，以避免出菇时盘面积水。

（八）接种

盘内料温冷却到 25 ℃以下时接种。接种时每组 5 人，其中 2 人包盘、搬盘，3 人备种、掰种、撒种。用净手小心将菌种掰成玉米粒大小的块，不能用手搓。打开料盘，迅速而均匀地撒入一层菌种，轻轻压实，使菌种与料面充分接触，以利菌种的萌发吃料。

（九）发菌管理

发菌管理是滑菇栽培过程中的一个重要环节，在选用优良菌种、严格蒸料灭菌、认真接种的基础上，加上良好的管理措施，滑菇才有稳产、高产的可能。同样大小的菌盘，管理得当，每块能产鲜菇 2 kg，而管理差的只有 0.5 kg。根据滑菇菌丝生长各阶段的不同特点，滑菇发菌管理可分为发菌初期管理、发菌中期管理和发菌后期管理。

1. 发菌初期管理　从接种后到菌丝布满整个菌盘表面为发菌初期。此期管理的目的是使菌丝尽快恢复生长，迅速布满菌盘表面，管理的重点应放在保温和通风上。接种后的菌盘，因夜间菇房内的气温较低，不能直接摆放在培养架上，以防菌盘受冻害。通常是选择温度在 2～4 ℃的菇房或闲置的房屋，把菌盘每 7 个垛在一起，用棉帘或草苫盖好（图 7-11-7），保持菌盘温度在 2～4 ℃，发菌期间不需要光照。每隔 5 天倒一次垛，将上部的菌盘倒至底部，底部的倒至上部。此阶段除了维持菌盘的最低发菌温度，还要注意场所的通风（图 7-11-8）。在室外气温较低时（-5～3 ℃），每隔 3～5 天打开棚底角的塑料薄膜通风 1 h 或打开房屋的窗户通风 1 h。接种后 5～7 天菌种块萌发变白，表明菌丝已恢复正常生长。在 4～8 ℃条件下经 10～15 天，菌盘表面布满白色菌丝，并开始向

培养料深层生长，发菌初期结束。发菌初期时间虽短，但对栽培成败关系极大，因为此时温度变化大，有急速上升的可能，一旦气温上升，不能及时将菌盘疏散开，由于温度越高，菌丝生长越旺，菌丝呼吸作用产生的热量因薄膜包裹而散发很慢，几天后就会使培养料变酸，出现通常所说的"烧堆"现象。

图 7-11-7　发菌时覆盖草苫

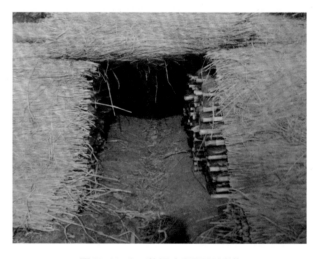

图 7-11-8　菌垛内留通风过道

2. 发菌中期管理　从菌种布满培养料表面到长满整个培养料为发菌中期，此期间管理的重点是加强菇房内通风换气，确保菌丝预定期限内布满整个培养料。到了发菌中期，菌盘应该上架了（图 7-11-9）。堆垛发菌时间的长短，应根据气温回升的快慢而定，不能将堆垛时间拖得太久。堆垛发菌时间过长对菌盘内菌丝正常生长十分不利，原因是缺

氧菌丝弱化，易污染杂菌。接种 20 天后，气温逐
渐上升，菌丝生长更加旺盛，必须加强培养场所的
通风，每隔 1～2 天就应给菇房通风，同时简易菇
房顶部要盖上遮阳物品如草苫、苇帘等，以防阳光
暴晒使菇房内温度骤然上升。这个阶段是杂菌污染
的多发期，因此要经常检查菌盘，如果个别菌盘发
现杂菌污染，如属于链孢霉、根霉、毛霉污染的，
可将其移到阴凉、通风的地方继续培养。在接种后
的 40 天左右应将菌盘上下调换一下位置。

图 7-11-10 发菌完好的菌盘（上面）

图 7-11-9 菌盘上架

图 7-11-11 发菌完好的菌盘（下面）

3. 发菌后期管理 发菌后期指菌丝布满整个
培养料到蜡质层形成的时期。这个时期与前两个
时期管理的不同点是适当提高菇房温度，使之保
持 18～22 ℃。在外界环境气温正常上升的情况
下，从接种到菌丝布满整个培养料需 50～60 天，
此时菌丝与培养料联成一体，两手平托可将菌块
托起而不碎，培养料表面开始出现水珠和黄褐色
分泌物。在这种情况下要给菌盘增加散射光照，还
要加强菇房通风，一般是将菇房周围的保温帘子撤
掉。如果是在空闲房屋内栽培，应将门窗打开，保
持经常性的通风，以促进表面菌丝转色，并逐渐形
成蜡质层。蜡质层形成的好坏，对产量结果影响很
大。正常的蜡质层有橘黄色和红褐色之分，厚度在
0.5～0.8 mm。蜡质层对盘内菌丝起保护作用，既
防止水分蒸发，又防止外部害虫和杂菌的侵入。形
成良好的蜡质层，也是菌丝健壮和高产的重要标志
（图 7-11-10、图 7-11-11）。

（十）越夏管理

菌盘表面形成蜡质层后，表明菌块的发菌已
结束，菌丝体基本达到生理成熟，已具备出菇能力
了。但此时正值夏季，外界环境温度高，不具备出
菇条件，因此需要越夏。越夏管理的主要任务是保
持菇房温度正常，加大菇房的遮阳程度，防止日光
直射进菇房而导致温度升高。这个时期应使菇房温
度控制在 26 ℃以下，如果超过 26 ℃，在加强通风
的同时，可采取喷冷水降温的措施。具体做法是：
在菇房过道上铺一层沙子，厚度在 2～3 cm，然
后向菇房内空间和地面喷洒井水，对菇房降温起到
一定作用。在高温期间如果不采取降温措施，使菌
盘长时间处于高温条件下，菌丝体就会受到伤害，
出菇能力将大大减弱。进入 8 月中旬即出菇管理的
前夕，应对整个菌盘检查一遍，如果有整盘污染杂
菌的，应及时拣出处理掉，对于局部污染的菌盘可
移出菇房与正常完整的菌盘分开，单独进行管理。

木腐菌生产技术

（十一）开盘

滑菇接种后，经过春季发菌和越夏，到秋季自然温度降到 20 ℃ 以下时，即可进入开盘阶段。黑龙江、吉林在 8 月中旬，长城以北其他地区在 8 月下旬至 9 月初，平均气温一般能降到 20 ℃ 以下，此时具备了开盘条件。可自制划面刀片，每隔 3 cm 在盘上划开蜡质层，深度视蜡质层厚度而异，厚的划 0.5 cm 深，薄的划 0.2 cm 深，一般划 6 ～ 7 行（图 7-11-12）。划面后的菌盘要继续覆盖塑料薄膜，5 天后待划痕处长出新生菌丝后，方可进行喷水管理，而不能在划面后立即向盘面喷水，否则由于表面菌丝创伤还没有愈合，喷水后受到突然的刺激而菌丝萎缩，不仅推迟出菇时间，还会影响产量。

图 7-11-12　划面后的菌盘

（十二）出菇

1. 原基形成　喷水可诱发子实体原基的形成。水太凉时，要在菇房内放置一段时间后再用，使其温度与菇房内温度一致；含有漂白粉的自来水，应先在缸里或水池内放一段时间，使氯气释放干净后再用；受工业和生活污水污染的水源或含盐、含酸、含碱较高的水源不宜使用。喷水工具应使用喷雾器，喷出的雾滴细小均匀。喷水后菌盘表面不能积水。若气温不稳定，下降后又回升，致使菇房温度超过 20 ℃，有时高达 25 ℃，应停止向盘面喷水，防止烂盘和杂菌发生。此时应待菌盘表面的积水蒸发后，用塑料薄膜暂遮盖，向地面、空间喷水，以降低菇房内的温度。等高温天气过后气温降低到 15 ～ 20 ℃ 时，每天可向菌盘喷水 4 ～ 5 min，以晚间喷洒为主。菌盘表面出现少量原基时，停止向盘面喷水，只向地面和空间喷水，保持菇房内空气相对湿度在 90％ 左右，遇到降温时再向盘面喷水，这样可使盘面出菇整齐。滑菇子实体原基刚形成时呈乳白色的颗粒状，经 1 ～ 2 天变成黄褐色或红褐色，待形成具有菌盖、菌柄的菇蕾（图 7-11-13），就可以转入出菇管理。

图 7-11-13　菇蕾形成

2. 出菇管理　出菇管理是菇蕾形成后到采收前的管理。

（1）湿度　原基发育成正常子实体，受到培养料含水量和空气湿度双重因素影响，子实体生长要求培养料含水量在 70％ 以上，空气相对湿度在 85％ 以上。出菇时加大喷水量常常是利少弊多。喷水过多时，菌盘颜色呈暗红褐色，无光泽，子实体生长缓慢，颜色呈深红褐色，黏液层厚。此外，培养料内水分过大时，特别是在不通风条件下，除了容易引起杂菌污染外，还诱发菇蝇类、蛾类、线虫等虫害发生。害虫主要是吞食菌丝，使培养料块变得松散，过多地吸水变黑，最后导致不出菇。总之，出菇期的水分管理，主要是保持空气湿度，并根据菇体长势适当向盘面喷水。

（2）温度　滑菇商品菇要求不开伞，菌柄在单个菇体中所占比例较大。因此，在出菇管理中要尽可能控制菇体开伞，以增加菌柄在总产量中的比例。温度适合菌柄生长有利于提高产量，一般菌柄发育所需温度较原基形成时稍高。当菌盘出菇较整齐时，可采取暂时控制通风，喷水 1～2 天的方法来提高室温。如出菇不整齐时，可对刚出现原基的培养块停止喷水 1～2 天来提高室温，菌柄向上生长时再喷水。如果出菇期温度过高时，则形成的原基小，菌盖色淡，易开伞。

（3）光照　出菇时必须有散射光，忌直射光。菇房顶部如果遮盖物过多，房内架层间距过小，会导致房内光线不足，菌柄长而弯曲，菇色淡，子实体小，开伞早。因此出菇期要适当减少房顶遮盖物，保证菌盘有适当的光照。光照过强对子实体生长也不利，菌盘水分容易散失，不利于子实体正常生长，直接影响产量。出菇时散射光强度以 700～800 lx 为宜，也就是在架层间能看清报纸正文小字的光强。

滑菇子实体生长时所表现的特征不完全取决于单一的条件，而是综合因素作用的结果。环境条件对滑菇子实体的影响见表 7-11-1。

3. 采后管理　每次采菇后要及时清理好菌盘表面，清除残根，并停止向菌盘喷水，盖上塑料薄膜，防止菌盘表面干燥，稍微提高培养温度，以利于菌丝积累更多的营养，出好下茬菇。滑菇菌丝经组织化形成原基，它所能利用的水分和营养

表 7-11-1　环境条件对滑菇子实体的影响

环境条件	菌盖特征			菌柄特征	其他
	颜色	光泽	黏液		
培养料过湿	深	无	过多		
空气干燥	正常	似漆光	极少	子实体发育慢	
温度过高	淡			长	易开伞
温度过低	深	无	正常	短粗	子实体体发育慢
光照不足	淡			细长趋光	子实体小易开伞
通气不良				细长	

是由原基下部的菌丝供应的，这可通过掰开长有子实体的菌盘部分观察出来，在子实体下方有明显变粗的洁白束状菌丝，而不出菇处仍为白色絮状菌丝，没有白色束状菌丝，这就从菌丝营养生理的角度要求菇农在采完一茬菇之后，必须为菌丝从生殖生长转为营养生长创造条件。停止喷水 5～7 天后，菌盘表面生出新的菌丝时，再打开塑料薄膜，向菇房的空间和地面喷水，使空气相对湿度达到85%～90%，几天后又有新的原基形成。

（十三）采收和加工

要想保证和提高滑菇产品的质量，必须严格把握住采收这一环节。

1. 采收标准　从销售来看，目前我国外贸部门是按子实体大小和是否开伞来分级，实行按质论价。一级品：菌盖直径 1～2 cm、菌柄长 3 cm以内的菇蕾；二级品：菌盖直径 2～3 cm，菌柄长 3 cm 以内的半开伞或小开伞的菇蕾；三级品：菌盖直径 3.5 cm、菌柄长 3 cm 以内的大开伞菇蕾。按上述等级标准衡量，采收不开伞的一级品规格的菇蕾是理想的选择。无论是出口还是国内市场鲜销，都要坚持采收菇蕾的标准，因为开伞的滑菇不耐运输、质量不佳、口感不好，在国内市场同样不受欢迎。

2. 采收方法　当菇体长到所要求的菌盖直径标准时就要进行采收。采收时将整盘或袋、瓶上的菇体全部采下，方法是用左手的中指、食指按住菇根

部的菌块，右手捏住菌柄向上拔，这样可以减少菌块随菇根带走。如遇到整盘滑菇成熟度不同时，为防止先成熟的菇开伞，可用锋利的刀片将先成熟菇在柄的基部割下，这样既达到适时采菇的要求，又防止因采菇而导致小菇蕾死亡。采收后要及时清理菌块表面，将菇根和菌块碎渣打扫干净。

3. 初加工　采收的滑菇要及时切根。时间过长（超过1天以上）会因开伞而降低商品质量。切根主要是切掉根部所带的培养料杂质和老化根部分，菌柄留的长短视销售要求而定。一般用小刀切根或用剪子剪根。可在切根过程中分级或切根后分级，根据加工的要求，确定一个级别内伞径的上下限后，就可进行分级。

二、袋式栽培模式

滑菇袋式栽培是近十几年开始的生产模式，与盘式栽培相比具有成功率高、出菇方式多样、节省支架材料、出菇季节多变等优势，越来越受到广大生产者的欢迎。袋式栽培分为半熟料栽培和熟料栽培两种方式，半熟料栽培类似于盘式栽培。熟料袋栽是指将培养料装袋后经过高温灭菌，然后进行接种、发菌、出菇的一种栽培方法。与半熟料的盘栽、袋栽相比，最大的优点是一年四季均可进行接种，可以按照市场需求，结合当地气候条件科学合理地安排制袋、出菇时间。在我国滑菇新兴栽培地区，如闽东地区、川陕地区人们均根据当地气候条件，选择冬季或夏季出菇，避免同传统栽培地区滑菇的上市时间冲突。

熟料袋栽的优点：一是成本大大降低。袋式栽培在平地上摆放，省去了盘式栽培的棚内支架与菌盘托架（帘子）等材料，大大提高了棚室利用率，是盘式栽培棚室空间利用率的1倍。二是熟料袋式栽培是盘式栽培用菌种量的1/5，大大节省了菌种。三是菌袋成品率高。熟料袋栽是用全熟料和暖棚作为发菌和出菇场地，从根本上解决了半熟料盘栽存在的易污染、越夏难、粘菌病发生率高等难题。四是劳动强度低。全熟料栽培可免除搭架子和穿玉米秆帘子的用工，可以采用机械装袋，效率大大提高。五是出菇时间长，可以反季节生产。袋式栽培打破了传统的春种秋收常规，菌丝发好后30天就可出菇，长年可以生产。六是袋式栽培从袋两头出菇，整个出菇期间菌丝在塑料袋的保护下，不易受到杂菌污染等。

（一）出菇设施建造

熟料袋栽用木制简易菇棚、遮阳中拱棚及钢构日光温室均可。构造简单，建材可因地制宜、因陋就简，投资小，适合普通农户使用。

（二）季节安排

所谓滑菇的栽培时间通常指的是滑菇的出菇时间。温度是首先考虑的因素，确定栽培季节是指依据滑菇的生物学特性，选择合适的出菇季节，滑菇各品种间出菇温度有着较大的差异，必须依据品种特性综合考虑各种因素，才能合理地安排制种时间、出菇季节。滑菇各品种出菇积温不同，出菇温度也不相同，但都需要在比较低的温度下子实体才能分化、生长。通常滑菇的出菇温度为10～18℃，发菌温度虽然4～32℃均能生长，但以25℃生长最好，超过32℃不能生长。实际栽培中控制的温度都要稍低一些，以22℃为宜，既可有效抑制杂菌生长，又能使滑菇菌丝生长健壮。

我国地域辽阔，地形多样。在同一季节因地区不同而气候各异，同一地区也因海拔不同而气候差异明显，所以在选择滑菇的栽培季节时，要根据滑菇的低温出菇特性、积温特点，以及生产目的、生产条件、本地特点综合考量，做到因地制宜、科学安排。

（三）品种选择

选择品种要根据品种特性和销售方式综合考量。

滑菇属于低温型菌类，出菇温度要求较低，不同品种对温度的要求及菌丝生长、后熟时间长短不同。根据滑菇各品系对子实体发生的温度要求有所差异，可将滑菇分为4种类型：极早生种（出菇适温 7 ~ 20 ℃）、早生种（出菇适温 8 ~ 18 ℃）、中生种（出菇适温 7 ~ 15 ℃）、晚生种（出菇适温 5 ~ 12 ℃）。掌握了品种特性，综合抗病、抗杂能力，传统式滑菇栽培通常采用低温季节接种、高温季节发菌、低温季节出菇的栽培模式。选好品种是栽培成功的根本。

（四）培养料配制

栽培滑菇的主要原料有木屑、麸皮或米糠。木屑应选用以柞木为主的硬杂木屑，使用前，最好露天堆放半年以上并经雨水浸湿，采用这样的木屑栽培滑菇发菌快，产量高，混有大量松木屑的原料不宜使用。麸皮或米糠必须新鲜，无霉变，不结块，如果存放过久，闻起来有异味时则不能使用。

1. 木屑过筛　用 2 ~ 3 目的竹筛或铁筛剔除木屑中的小木片、小枝条及其他有棱角的硬物，以免在装袋时扎破塑料袋。

2. 原料称量　配方选择好后，按照配方尽可能准确地称取各种原料。称料前先要准确知道各种原料的含水量，以避免因水分问题影响原料数量。数量较多的主料，可先称量一筐或一车的重量，然后按筐或车的数量计算出总料量；辅料直接称量即可；加水时可称出一桶（汽油大桶或木桶等）的重量，并做好刻度线标记，然后数出桶数计算总加水量即可。

3. 拌料　先将不溶于水的辅料由少到多逐一混匀，然后将其均匀撒在摊平的主料上，最后用铁锹翻拌至混匀。如果采用搅拌机拌料，则直接加入搅拌机混匀。将溶于水的辅料平均加入桶中，搅拌至全部溶解即可向干料加水，边加水边搅拌，加水不要过快，避免流失、渗漏。人工拌料时要反复翻堆 3 次以上，才能均匀；搅拌机拌料时搅拌时间至少需要 30min，随机抓取见不到干料方可。

（五）装袋

通常采用一端封底 18cm × 55 cm 的低压聚乙烯塑料袋。

通常使用装袋机装袋，需要 2 ~ 3 人。新式装袋机 1 人填料，1 人套袋并操作装袋机，每小时可装 800 ~ 1 000 袋；老式装袋机需 1 人填料、1 人套袋、1 人操作装袋机，每小时可装 600 袋左右。装袋时要求料袋松紧一致、无涨破、无刺孔。袋装好后将袋口料面按平、擦净，把袋口收紧并用绑绳扎紧，或用扎口机封口，准备灭菌。

（六）灭菌

滑菇熟料袋栽采用常压灭菌的方法，一是安全，二是灭菌量可大可小，三是设备简单、投资小。以普通蒸汽锅炉产汽加热，100 ℃ 维持 12 ~ 16 h 即可。具体做法是：在平整的地面上用木板搭成高 20 cm 左右的平台底座，面积为 3 m × 3 m，在平台上按"井"字形排列料袋，四周用铁质围栏围住，高 1.5 m 左右，每次码放 3 000 ~ 5 000 袋，料袋间留有一定空隙。料袋装完后首先在表面覆盖一层软布，并包住四周铁制围栏；然后软布上覆盖灭菌专用加厚塑料薄膜，大小一般 9 m × 9 m，由上到下整个包住平台及料袋，最后在薄膜上再加盖一层保温帆布或保温被，四周用沙袋等重物将薄膜、保温帆布压实，下端用绳捆紧，防止漏气。

灭菌时，3 ~ 4 h 内将灭菌锅内的温度升到 100 ℃，然后维持 12 ~ 16 h。根据锅内的物料多少、生产季节确定灭菌时间，物料少、冬季灭菌时间就可短些，夏季、物料多则应延长灭菌时间。

（七）冷却

灭菌后，待料袋温度降至 70 ℃ 左右时方能打开保温材料。搬运料袋时一定要小心轻拿轻放以防刺破料袋，一旦发现有破孔要及时用胶带纸粘好，以降低污染率。灭菌后的料袋应放在经过消毒、干净、通风、宽敞的场所，使之冷却，同时晾干料袋表面的水分。

（八）接种

1. 接种场所的准备　因为生产料袋较多，为减少菌袋运输的成本及破损率，通常采用在养菌棚接种的方法，即在养菌棚内直接接种，接种后就地发菌，叫作"就地开放式单袋互压封口接种技术"。具体做法是：在养菌棚内用塑料薄膜临时搭建一个接种帐，地面用塑料薄膜覆盖，入料袋前先用杀菌剂整体喷雾，出锅料袋码放整齐，并将菌种、接种工具等一并放入，然后再用杀菌剂喷雾，最后料袋冷却至25℃开始接种。

2. 接种方法　接种时由2～3人合作，接种速度快、效率高。

第一，接种人员在接种帐外穿上工作服、戴上乳胶手套。

第二，用75%酒精棉球擦拭双手，全身用2%来苏儿水喷雾，尤其鞋底、鞋面要仔细消毒。

第三，点燃酒精灯，菌种表面再次消毒。

第四，打孔棒消毒并火焰灼烧后，打孔。

第五，摆放一层菌棒，一人打孔一人接种，接种时用手直接把菌种掰成花生般大小迅速填入穴中，把接种穴填满，并略高于穴口。

第六，再摆放一层菌棒再打孔接种，用上一层菌袋封闭下一层接种口。

第七，最上层菌棒接种口朝下。

该方法减少了菌袋搬运工序，更便于接种操作。接种速度由原来的每人每小时400袋增加到1 000袋，效率提高150%，污染率在0.3%以下，菌丝浓密洁白，菌丝满袋时间较双套袋、覆膜法提前2～3天，原料成本和人工成本减低。

（九）发菌

发菌期管理的主要任务就是创造适宜的生活条件，促使菌丝加快萌发、定植、蔓延生长，在50～70天长满全袋，并有一定程度的转色，为出菇打下基础。

1. 发菌场地的选择　发菌场地一般选择在培养室，要求干燥卫生，通风良好。

2. 培养条件的控制　温度的控制要以袋温来调节，袋温控制在10～15℃，滑菇菌丝生长快、健壮。空气相对湿度应控制在60%～70%；注意通风换气，保持室内空气新鲜，有充足的氧气；暗光发菌，菌丝洁白，长势旺。菌袋在培养室内呈"井"字形摆放。

3. 管理　滑菇菌丝生长发育的整个过程中，表现出不同的阶段性特点，每阶段持续的时间，菌落形态与生理特点均有差异，应根据每个时期的特点进行管理。

（1）菌丝萌发定植期　调节室内温度10～15℃，空气相对湿度60%左右，并且结合通风管理。尽量做到恒温养菌，经常检查菌垛，发现有杂菌的菌袋要及时处理。

（2）菌丝生长蔓延期　菌丝萌发定植后，进入旺盛生长期，调节室内温度15～20℃，加强室内通风管理，发菌期间可根据菌丝生长情况进行刺孔增氧。当菌丝生长缓慢、边缘纤细、颜色发黄时可进行刺孔补氧，在菌丝外边缘向里1.5 cm处刺6～8个孔，孔深1～1.5 cm。如果菌袋装得较松或含水量偏低可不刺孔。

（3）发菌成熟期管理　当菌袋发满由白逐渐变成浅黄色的菌膜，这表明已达到生理成熟，进入了转色后熟阶段，完成转色需10天左右。菌膜不是出菇的必要条件，但它能起到类似"树皮"的作用，对延长菌袋的寿命有一定的作用。没用形成菌膜的菌袋也能出1～2茬菇，但浇水后很容易发黑变散；菌膜较薄，呈黄褐色或浅红褐色为好；菌膜厚且呈深红色时其产量反而低一些。

（十）开袋

当最低气温降至20℃以下时，就可以开袋划膜了。开袋前，要提前将出菇棚消毒、杀虫。无论以何种方式出菇，开袋时则只开出菇部位的菌袋。将出菇部位的菌袋去掉，然后每隔3～5 cm用小刀划开深约0.5 cm的浅痕，2天内不喷水，以恢复菌丝生长。

开袋2天后，最低气温达到20℃以下，即可喷大水，为出菇做准备。滑菇出菇前要求培养料水分必须达到70%才能保证产量和出菇质量。每天早、中、晚三次向菌袋喷水，喷水后通风半小时，以使菌袋表面没有水分，并防止烂袋或发生虫害。当用手按培养料表面有水溢出时，表明培养料含水量已达70%，停止喷水，开始催菇。通过喷水可以形成温差刺激、干湿刺激，再结合光照刺激就可以出菇。

白天揭去菇棚顶部覆盖物，增加棚内温度，夜间则揭开四周覆盖物，降低温度，形成 8 ～ 10 ℃ 的温差，刺激出菇。向菌袋喷水时已经进行了干湿刺激，如菌袋此时尚未现蕾，则隔 3 ～ 5 天喷一次大水，并且不通风，以创造干湿交替的环境刺激出菇。当有原基形成后，立即停止刺激，转入出菇管理。光照刺激可以结合温差刺激操作完成，不必单独进行。经以上刺激，大约开袋 3 周后就可以看见原基形成。

（十一）出菇管理

出菇时菌袋的摆放方式通常有 5 种，一是"井"字形，二是"△"形，还有地栽、层架、斜靠等。

1."井"字形出菇 "井"字形菌袋摆放容量加大，菌垛比较稳定，但出菇密集，集中出菇时采摘难以下手（图 7-11-14）。

图 7-11-14 "井"字形出菇

2."△"形出菇 菌垛"△"形（图 7-11-15）错位叠放，使得菌垛中间有一定的空间，形成烟囱效应，加速垛内空气流通，菌袋两端或外侧定向开口出菇，避免垛内侧出菇拥挤，不便于采收。

3.地栽式出菇 一般夏季出菇时用地栽式。滑菇出菇最高温度不超过 22 ℃，即使在相对凉爽的北方，气温也在 25 ℃以上，因此夏季正常出菇采用此方法。

图 7-11-15 "△"形出菇

（1）脱袋时机 脱袋时机关系滑菇产量及优质菇率高低，太早易出现污染；太晚袋内出现菇蕾，影响菇形。一般接种后经过 45 ～ 60 天的培养，菌丝长满菌袋，开始吐水形成菌膜，便可以脱袋入地。脱袋的最佳标准：①手抓菌袋松软有弹性。②菌袋内分泌出褐色色素，菌膜形成。③菌龄 80 天以上。

（2）脱袋方法 脱袋时用锋利的小刀轻轻地将菌袋塑料薄膜划破撕下。

（3）菌棒排放 将床土充分松软后，四周略微起埂，放水和成稀泥，使菌棒能浸于稀泥当中而不致漂起为好，然后将长满的菌棒 2/3 埋于泥中，1/3 暴露于泥浆之外。注意：可适当多埋，泥干后要收缩；接种孔一律向上，避免菌棒下部出菇，影响产量、品质。每床摆放 3 ～ 4 排。采用"和稀泥"法比传统"做畦覆土"操作简单，菌棒下部不易产生空隙，菌棒之间排放紧密，产生畸形菇少。

还有一种地摆式出菇（图 7-11-16），类似于地栽式出菇。区别在于菌袋不再覆于土中，而是摆放在地表。菌袋割去上表面 1/5 塑料袋，下部纵向划开两道。将畦床放水浸泡松软后，菌袋摆放于土上，轻轻按压，使下部菌袋与土贴合紧密，2/3 菌袋露在土面以上。

地栽式和地摆式出菇的优点在于：①有效利用地温降低菌棒（袋）温度，创造低温环境有利于出菇；②菌棒（袋）可从土壤中吸收水分与养分，有明显的增产作用。

木腐菌生产技术

图 7-11-16　地摆式出菇

4. 层架式出菇　发菌完成后菌袋移入出菇棚室，出菇层架（图 7-11-17）可用木制或铁制，材料不限。此种方法可有效利用空间，每亩棚室可以摆放菌袋 3 万袋。工厂化生产通常采用此方式出菇。

图 7-11-17　层架式出菇

5. 斜靠式出菇　此种方法常用于出菇棚内。事先在棚内固定木桩，木桩上拉紧铁丝或绳子。菌袋交叉斜靠在铁丝或绳子上，菌袋间距 6 cm，以免出菇时子实体相互挨挤，造成采菇困难。此种出菇方式每亩可摆放菌袋 1.5 万～1.8 万袋（图 7-11-18）。

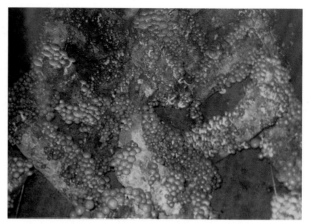

图 7-11-18　斜靠式出菇

不管以何种方式出菇，出菇期间的管理都相差不多，只要做好温、光、水、气的调控，就能够出好菇，取得较高的经济效益。

（1）温度管理　滑菇子实体生长适宜温度为 8～20 ℃，但以 13～15 ℃为好。温度太高子实体肉薄、易开伞；温度太低则生长缓慢。不同季节围绕中心温度要求做好升温或降温措施，充分利用自然温差，既节省人工、能源，又可以多产菇、产好菇。

（2）水分管理　由于滑菇表面分泌黏液，所以其对水分的需求比其他食用菌要大。一般菌袋含水量要达到 70%，空气相对湿度要达到 90%，子实体生长才可正常。喷水要勤喷、细喷，采用微喷系统喷水时，应适当调高压力，以使水滴细小。还可安装定时开关，省工省时。喷水还与天气、子实体多少等有关，天气干燥、风大，可适当增加喷水次数；子实体发生多，生长旺盛，需加大喷水量。

（3）通风管理　应保持菇棚空气清新，保证棚内有足够的氧气供子实体需要。当菌盖直径达到 0.5 cm 时，可适当通风，并逐渐加大，给子实体一个适应的过程。当菌盖直径达到 0.8～1 cm 时，可大通风，但此时要注意温度和湿度的变化，避免顾此失彼，得不偿失。

（4）光照管理　滑菇子实体生长需要一定散射光，前述各式棚室均能满足光照要求。

各种管理措施是相互协调、相互影响的，只有综合条件适宜滑菇生长，才能获得高产、高收益。

调控环境条件时，要具体分析，更要综合考虑，切不可顾此失彼。

（十二）采摘、加工分级

滑菇应在开伞前采收，开伞后采收品质下降，采收标准根据收购商要求确定。采摘时要按住菌柄，旋转一下将菇掰下，最好不带培养料，不要将菇根留在菌袋表面，不伤菇袋，否则不利于下茬出菇。

滑菇采摘后，剪去菇脚，按要求分级（表7-11-2），也可根据市场要求分级，然后分装于塑料保鲜袋或保鲜盒内（根据销售要求包装）。

表 7-11-2　滑菇鲜品分级标准

级别	指标
L 级	不开伞，柄长≤2.5 cm，菌盖直径 1.8～2.5 cm
M 级	不开伞，柄长≤2.5 cm，菌盖直径 1.2～1.8 cm
S 级	不开伞，柄长≤2.5 cm，菌盖直径 0.8～1.2 cm

（十三）下茬菇管理

采完头茬菇后，停水2～3天，使菌袋上的菌丝恢复、积累养分，使菌袋含水量达到70%，空气相对湿度达85%，加强通风，拉大温差，促使下茬菇形成。

1. 清理菌袋　采收完后及时将菌袋表面菇根和菌渣清理干净，并将菌袋污染部位以石灰粉覆盖，最后及时清洁菇棚。

2. 干燥养菌　采菇过后，将棚密闭，去掉棚顶覆盖物，白天提高棚内温度22～26℃，降低空气相对湿度至65%～75%，促进菌丝生长积累养分，1周后再开始出菇管理。

3. 补充水分和养分　养菌结束后，加大喷水频率，当菌袋含水量达到65%～75%，棚内空气相对湿度达到85%以上，即可出下茬菇。补充菌袋水分时，可以添加0.1%磷酸二氢钾或0.1%白糖，以改善菌丝营养，加快出菇。

三、工厂化栽培模式

日本首先发明筐式栽培，一般为工厂化栽培采用。主要优点是采用筐或瓶发菌、出菇，易于机械操作、流水线生产。

（一）配方选定

工厂化栽培与传统式栽培一样，以阔叶树木屑为主，也可混用20%～25%的针叶树旧木屑或经发酵处理的木屑。锯木屑有带锯、盘锯之分，带锯木屑较细，盘锯木屑较粗。滑菇好氧，较粗的盘锯木屑透气性好，利于发菌。配方：木屑89%，新鲜米糠或麸皮10%，石灰1%，含水量约65%。

（二）容器定型

箱栽时料箱用木板制成，规格为长60 cm、宽35 cm、深10 cm，装湿料8 kg左右。瓶栽通常采用1 100mL或800 mL耐高压专用塑料瓶。装箱时要用聚丙烯塑料薄膜包裹培养料，薄膜大小为1 m×1.2 m。旧薄膜要用0.1%高锰酸钾或0.5%来苏儿溶液消毒后使用。料箱则用0.5%五氯酚钠溶液浸泡灭菌，或涂抹0.2%硫酸铜溶液。

（三）拌料装瓶

各种培养料按配方称量完毕后，由搅拌机搅拌均匀，并调整含水量；然后由装瓶（箱）机自动填装。装瓶时适当压紧、压平，料面装至距瓶口1 cm处，中间打接种孔至瓶底；装箱时，将薄膜铺到木箱内，装入培养料，压实，特别是四边要紧压，然后将表面压平，料厚约8 cm，再用打孔板在料面打20～24个接种孔（5～6行，每行4

个孔）。接种孔上部直径 2 cm，下部 1.5 cm，深 5 ～ 6 cm，用薄膜将料包好。

（四）灭菌

通常采用高压灭菌。将培养箱或料瓶箱呈"品"字形或直接堆放于灭菌容器内，高压蒸汽锅炉通汽灭菌。0.103 MPa 121 ℃灭菌 3.5 ～ 4 h，或者 0.147 MPa 128 ℃灭菌 2 ～ 2.5 h。

（五）接种

灭菌完成后，将料箱或瓶箱整垛出锅至冷却室，冷却室通常保持正压无菌空气，即无菌冷却。在料温降到 30 ℃以下时方能接种。接种一般采用接种机接种，无菌车间流水作业。早期的箱式工厂化栽培多以人工接种，3 人为一组，采用流水作业法，其中 1 人搬箱，1 人揭膜，1 人接种。接种速度要快，尽量减少开膜时间，要求每个料箱开膜接种时间不得长于 10 s。每瓶菌种（750 g）可接种 5 ～ 7 箱。接种时，将菌种从瓶内挖出，用手掰成小块，但不要弄碎，然后均匀撒在料面，一部分菌种自然落入接种穴内，不必逐一往接种穴内放种。接种后迅速掩盖薄膜，用木板压实，使菌种紧贴在培养料上，然后用胶布将薄膜开口粘上，以防在搬运时散开。瓶栽采用接种机流水线接种，全部实现自动化。

（六）发菌

接种后，将箱子移至培养室培养。早期多采用重叠法堆箱，高 1 m 左右，每堆 8 ～ 10 箱，温度较低的房间，可堆 10 ～ 12 箱。

箱子的下面要用方木或砖块垫起，离地面 30 cm，这样有利于通风透气并预防鼠咬。每堆之间应留有走道，以便检查和倒箱。温度保持在 15 ℃左右。自然气温在 10 ℃以上，且室内上下温差较大时，应 15 天左右倒箱重码 1 次，以使菌丝发育均衡，出菇期一致。一般在接种 5 ～ 7 天后菌种开始变白，经 10 ～ 15 天培养，培养料表面已被白色菌丝所覆盖，2 个月左右，菌丝可以长透料。发菌期间，室内空气相对湿度为 70% ～ 75%。发菌时，要注意通风换气，因为菌丝呼吸所产生的二

氧化碳和热量，积聚在箱瓶内，会阻碍菌丝正常发育，而且在菌丝旺盛生长时，由于热量散发不出去，会造成"烧菌"。

随着培养时间的延长，箱瓶内培养料温度也随之升高，此时要改成"十"字形或"品"字形堆放，便于空气流通，降低培养料温度，促进菌丝发育。倒箱时，要随时检查菌种成活情况，菌种没有成活的，可以采用加大接种量（每箱用种 2 ～ 3 瓶）的方法补种。对污染杂菌的菇箱，则要分别进行处理。凡污染链孢霉、根霉、毛霉的，污染程度不严重，可用木板压好薄膜，放在低温、黑暗处继续培养；严重者可重新灭菌接种或埋掉。在正常温度下，约经 2 个月，培养料表面会形成菌膜。菌膜是在温度较高并有良好散射光的条件下，菌块表面出现的黄褐色或红褐色分泌物干涸后形成的。菌膜的作用类似树皮，能避免菌块的水分过多蒸发，但菌膜过厚又不利于空气、水分的进入而影响出菇。一般说，发育良好的菌块，表面菌膜呈橙黄色或锈褐色，有漆样光泽，用手指按有弹性；剖开看，内部白色菌丝充满料间，不干涸，有典型滑菇气味。始终处于暗处或见光不多的菌块，菌膜形成晚，或只有部分地方能形成菌膜，这样的菌块，一般产量低。如果菌块发黏，培养料松散或发黑，有臭味，应立即淘汰。

（七）出菇

箱瓶栽滑菇经 60 ～ 80 天培养，温、湿度合适就能出菇。但靠自然温度发菌时，要到立秋以后气温下降到 15 ℃以下才能出菇。黑龙江省一般从 9 月中下旬开始出菇，辽宁省则从 9 月下旬至 10 月上旬出菇。

1. 搔菌催蕾　在出菇前 15 ～ 20 天，应将培养好的菌块从箱内倒出，摆在出菇架上，打开塑料薄膜，使之有充足氧气的供应，以利于原基分化。若菌膜太厚，还要进行搔菌，以利于空气和水分渗入，菌膜太厚则不利于菇蕾形成。搔菌的工具是竹刀、铁钉或专用搔菌耙。搔菌耙的耙齿要尖利、齿间距 3 cm。在菌块上纵横搔动、划透菌膜，深

度一般为 0.5 ～ 1 cm。然后平放在出菇架上，调节室温至 15 ℃。当搔菌处有新菌丝出现时，立即浇水，使菌块含水量达 70%，再盖上薄膜，搔菌处很快就有原基出现。分化的原基呈褐色颗粒状，经 1 ～ 2 天转变成黄褐色或红褐色，可辨认出菌盖、菌柄的幼小菇蕾。此时要打开薄膜，进入出菇管理。瓶栽时，用搔菌机揭去瓶盖，并划破瓶口菌膜，然后整箱摆放在出菇架上，准备出菇。

2. 出菇管理　出菇期间，室温控制在 10 ～ 15 ℃，高于 20 ℃，子实体发育慢，盖小，柄细，肉薄，易开伞。若低于 5 ℃，则生长慢。子实体生长期间向空中或地面喷水，将空气相对湿度提高到 90%。菌块上只能根据子实体长势适量喷水，浇水过多，菌块变成暗红褐色，失去光泽，子实体生长缓慢，呈深红褐色，黏质多。水分过多则引起腐烂。滑菇从原基出现，经 7 ～ 10 天，趁未开伞前采收，采收过迟，菌盖张开，变为锈褐色，则降低商品价值。每次采收后，要及时清除菌块表面残根和 3 ～ 4 mm 厚老菌皮，并停止浇水，保温保湿。经 5 ～ 7 天恢复生长，当培养料表面出现新的原基时，打开塑料薄膜，经过 1 ～ 2 天再浇水促进子实体生长。严冬季节采取保温措施，只要有 5 ～ 10 ℃，滑菇的菇茬仍然很盛。瓶栽时，考虑到商品价格、人工成本以及产出的经济效益，一般只收获一茬菇。

（周廷斌　解文强）

第十二章　灰树花

　　灰树花不仅味道鲜美，营养丰富，而且保健医疗作用较强，以中国、日本为主的科学家研究证明，灰树花多糖具有明显的抗肿瘤、抗 HIV 病毒、改善免疫系统、调节血糖血脂及胆固醇水平、降血压等作用，美国食品药品监督管理局（FDA）证实了灰树花提取物治疗晚期乳腺癌和前列腺癌的效果，并允许将其作为癌症的有效抑制剂进行临床应用，因此，灰树花开发前景广阔。

第一节
概述

一、分类地位

　　灰树花隶属真菌界、担子菌门、蘑菇亚门、蘑菇纲、多孔菌目、巨盖孔菌科、树花孔菌属。

　　拉丁学名：*Grifola frondosa* (Dicks.) Gray。

　　中文别名：莲花菇（福建）、栗子蘑（河北）、云蕈（浙江）、千佛菌（四川）。

　　灰树花的中文名由邓叔群最早提出，见于我国权威专著《中国的真菌》，目前已经是通用汉语名称。

二、营养价值与经济价值

　　灰树花是我国著名的食药兼用菌，肉质嫩脆、味如鸡丝，脆似玉兰，鲜美诱口。灰树花营养十分丰富，营养价值很高，所含氨基酸、蛋白质比香菇高出 1 倍，具有防癌、抗癌及提高人体免疫功能的作用，对肝硬化、糖尿病、水肿、脚气病、小便不利等症有显著疗效，常食能补身健体、益寿延年。

（一）营养价值

1. 蛋白质与氨基酸　干灰树花要比禾谷类粮食的蛋白质含量高 2～4 倍，如大米为 7.3%，小麦为 12.7%，而灰树花干品的蛋白质的含量则高达 31.5%。虽然黄豆的蛋白质含量高达 39.1%，但其蛋白质的利用率却只有 43%，而灰树花的蛋白质利用率则高达 80%，这主要是因为黄豆中的必需氨基酸含量只有 0.46%。如果将黄豆与灰树花搭配食用，就可使黄豆的蛋白质利用率提高到 79%～80%。

同是含水鲜品，鲜灰树花的蛋白质含量与蔬菜和肉、蛋、奶相比较，不但比菠菜、马铃薯、番茄高出许多，甚至比牛奶还高，虽不及肉类和蛋类，但灰树花的脂肪含量与热量却低得多。因而营养学家对灰树花的营养价值评价很高，称其为高蛋白、低脂肪、低热量的"植物肉"。

据研究分析，河北省迁西县人工栽培的灰树花干品，含有 18 种氨基酸（总量为 18.68%），人体必需的氨基酸在人们常用的 14 种食用菌中最高。灰树花的氨基酸含量也比其他食物高，超过了瘦猪肉和鸡蛋。由此可见灰树花含有全面而均衡的营养，在食用菌中属上品。特别值得一提的是，禾谷类富含的色氨酸在灰树花中的含量也是比较高的。因而，灰树花与其他食物配餐，营养可以互补，使氨基酸的摄入比例更接近人体需要的模式，从而提高食物的营养效价。

2. 维生素　维生素是维持生物正常生命活动所必需的一类重要物质，其主要功能是作为辅酶参与生物体的新陈代谢。人体只能合成少数的维生素，大多数的维生素需要由食物来供给。灰树花子实体含维生素 E 的比例很高，长期口服能达到安全美容和延缓衰老的作用。

灰树花中维生素 B_1 的含量比较高，达到了每克干品含 1.47 mg。一个成年人吃 50 g 灰树花鲜品即可满足身体一天所需要的维生素 B_1。

灰树花含有丰富的维生素 C，每 100 g 干灰树花含 17 mg。

3. 矿质元素　灰树花子实体组织经燃烧后残留在灰分中的化学物质，包括钾、磷、硫等大量元素和铜、铁等微量元素。

无论是野生灰树花还是人工栽培的灰树花，均含有多种对人体有益的矿质元素如钾、磷、钙、铁等。灰树花中的有机铬能与胰岛素协调作用，维持人体正常的糖代谢量，对肝硬化、糖尿病均有效果。灰树花每千克干品硒含量能达 400 μg。按 1998 年我国确定的 7 岁以上人群每日最低需硒标准 50 μg，1 000 g 灰树花干品的含硒量可供一个人食用 8 天，每天食用 100 g 即可达到国家规定的健康标准。

4. 脂肪和膳食纤维　经中国预防医学科学院营养与食品卫生研究所权威检测，100g 灰树花含脂肪 3.2 g、膳食纤维 33.7 g、碳水化合物 21.4 g、热能 900 kJ，较低的脂肪含量和较优质的膳食纤维决定了灰树花作为健康食品的优良特性，使之具有加强食欲、促进消化、减少脂肪沉积、预防直肠疾病等功效。

（二）经济价值

灰树花具有极高的医疗保健功能。据文献报道，灰树花干粉片剂口服有抑制高血压和肥胖症的功效。由于它富含铁和维生素 C，能预防贫血、坏血病、白癜风，防止动脉硬化和脑血栓的发生；它的硒和铬含量较高，有保护肝脏、胰脏，预防肝硬化和糖尿病的作用；硒含量高使其还具有防治克山病、大骨节病和某些心脏病的功能；它兼含钙和维生素 D，两者配合能有效地防治佝偻病；较高的锌含量有利于大脑发育、保持视觉敏锐，促进伤口愈合；高含量的维生素 E 和硒配合，能延缓衰老、增强记忆力和灵敏度。

作为中药，灰树花具有猪苓和灵芝的功效，能够直接食用，可治小便不利、水肿、脚气、肝硬化腹水等。灰树花可以降低糖尿病（Ⅱ型）病人的血糖、甘油三酯水平以及肌肉细胞对胰岛素的耐受性。因此，可以肯定灰树花是非常宝贵的药用真菌。

灰树花还是引人注目的抗癌药源，较高的硒含量有抗御癌肿的作用，尤其是所含灰树花多糖，以β-葡聚糖为主，其抗癌与抗突变活性最强，其中带6条支链的β-（1，3）-葡聚糖占相当大的比重，通过作用于免疫系统抑制癌细胞增殖。国外专家试验证实灰树花多糖的"D组合"具有治疗艾滋病的功能，但没有AZT（治疗艾滋病的主要药物）的毒副作用，是极好的免疫调节剂。

从灰树花中提取抗癌活性物质对每只小鼠腹腔给药4 mg，发现对小鼠恶性肉瘤细胞S180的抑制率高达99%～100%，而且部分鼠的癌瘤完全消退了。日本神户女子大学难波宏彰教授的研究以及日本1992年药学会发表的研究报告，均证实了灰树花提取物对艾滋病病毒的抵抗能力。给美国艾滋病病毒感染者每日口服，给药60天，结果表明50%的患者T淋巴细胞增加，50%的患者淋巴细胞停止下降。因此，可以推测灰树花提取物能够抑制或改善艾滋病的相关症状。

三、发展历程

灰树花起源于我国古代，生产发展经历了野外采摘、人工驯化和人工栽培等阶段。

（一）野外采摘阶段

灰树花在我国民间有着悠久的采食历史。公元2世纪的《太上灵宝芝草品》中有对灰树花的记载。1245年，我国宋代科学家陈仁玉的《菌谱》也有灰树花为食用菌的记载。

中国和日本都属比较早认识灰树花的国家，灰树花很早就被作为野生蔬菜而食用。1941年，日本向坂正次在我国东北采收标本，在其编著的《满洲野生食用菌植物图说》一书中灰树花被收入为食用真菌。

（二）人工驯化阶段

我国灰树花栽培起源于1980年，最先由四川省农业科学院土壤肥料研究所刘芳秀、张丹栽培成功，她们从四川蒙顶山野生灰树花中分离得到菌种后栽培取得成功，但由于栽培面积小，所以推广面积不大。1983年，浙江省庆元县食用菌研究所韩省华等从国外引种并培育出菇。

（三）人工栽培阶段

规模栽培源自浙江省庆元县和河北省迁西县。1985年，吴克甸、周永昌发表了《灰树花栽培初探》，这是我国最早的灰树花大面积栽培成功的报道。到了1990年，庆元县出口盐渍灰树花50余t，1995年栽培量达到1 400多万袋，灰树花成为庆元县仅次于香菇的第二大菌类产业。

河北省迁西县在1982年利用当地野生资源进行灰树花驯化栽培获得成功，被列为河北省"八五"重点科技攻关项目。1991年迁西县三屯营职业技术中学教师纪天宝、于田两位老师对灰树花进行了人工驯化栽培研究。他们经过菌种分离、扩大培养、多次出菇试验，于1992年夏季初见成效，1993年获得栽培成功，并在迁西县范围内大面积推广。1994年培育出的迁西1号、迁西2号菌种和仿野生栽培模式、栽培技术生物效能等有了突破性进展，生物学效率达128%。通过省级技术鉴定，并被原国家科学技术委员会列入"星火计划"，1996年获国家仿野生栽培法发明专利证书，推广到全国各地。灰树花现已成为我国一种重要的人工栽培食用菌，迁西县已经成为我国灰树花主要产区之一，到2013年，仅唐山地区灰树花栽培总量就达到3 000万袋。2017年河北省灰树花鲜菇产量达到1.27万t，约占当年全国总产量2.63万t的一半。

为了灰树花能规模化栽培和产品开发，1987年，浙江省科技厅和浙江省丽水地区科委将"灰树花栽培高产技术"列为科研课题，由韩省华、吴克甸等人进行专门攻关。他们先后在浙江庆元、吉林长白山等地采集到10多份野生植株，并发现了灰树花的菌核现象。他们研究的灰树花高产栽培技术，在1988年获浙江省丽水地区行政公署科技进步二等奖。这项技术在浙南和闽北的食用菌主栽区得到广泛推广。庆元、龙泉等地区已经成为我国灰树花栽培的主要产区。

四、主要产区

（一）河北产区

灰树花在河北以迁西县为主产区，在遵化、丰润等地区也有小面积栽培。栽培方式以小拱棚仿野生栽培、双棚大畦栽培为主。仿野生栽培灰树花的适宜出菇期在5月上旬至10月上旬，此期间迁西县的日平均气温为15 ℃，最高气温22 ℃。灰树花脱袋入土栽培时间掌握在4月。仿野生栽培的优点是设施简易、投资小，生物学效率可高达128.5%。双棚大畦栽培的优点是建造"七分阴三分阳"的田间小气候环境适宜灰树花的生长发育，而且管理方便，土地利用率高，还省工省原料。栽培品种以小黑汀、迁西1号为主。栽培原料以壳斗类树种的木屑为主，其中以板栗树木屑为最好，辅料为棉籽壳、麸皮、米糠等。大部分销往北京、天津等大中型城市及日本等国外市场。

（二）浙江产区

灰树花在浙江以庆元为主产区，主要集中在黄田镇、岭头乡等，是我国灰树花人工栽培最早、栽培规模最大的产区，生产规模1 600万～1 800万袋，年产鲜菇8 000 t以上。栽培主要品种为庆灰151、庆灰152。栽培模式为菌棒式两茬出菇，菌棒划口式栽培生产的灰树花菇体不沾土，含水量较低，质量安全性好，朵形大小较为一致，商品性好，且菌棒式出菇可人工调控，适合室内或大棚栽培。2012年浙江省庆元县食用菌科研中心对灰树花菌棒二茬出菇栽培技术进行重大技术改进，灰树花菌棒二茬非土覆盖出菇技术研究成功。非土覆盖二茬出菇有易操作、菇体不带泥沙杂质、产品优质高效等特点，避免了重金属及农药残留问题的困

扰，彻底解决了灰树花二茬菇带土问题。种植制度为一年两季栽培，分春季栽培和秋季栽培。春季栽培2～3月接种，5～6月出菇；秋季栽培6～7月接种，10～11月出菇；覆土栽培6～7月覆土，9～10月出菇。

2003年庆元县灰树花产业列入省优势农产品区域布局规划。2009年庆元县黄田镇被中国食用菌协会授予"中国灰树花之乡"称号。2014年庆元灰树花被农业部批准为地理标志登记保护的农产品。经过30多年的发展，庆元灰树花已形成生产、加工和流通较完整的产业链，而且灰树花盐渍加工、干制、保鲜及深加工技术相对较成熟，初步形成灰树花产业化和市场体系。安全性很高的菌棒划口式栽培生产的灰树花菇体适合作为深加工原料，浙江方格药业有限公司研发并大批量生产保力生和麦特消灰树花多糖产品，其中麦特消灰树花胶囊取得了国药准字批号（批准文号：国药准字B20020023），是我国唯一的灰树花国药准字产品。

灰树花今后的发展方向：一是选育、繁育和推广高产、优质灰树花品种，加强灰树花良种繁育体系建设，提高统一供种水平。二是集成灰树花菌棒式高效栽培技术，重点推广菌棒工厂化栽培、二茬非土覆盖出菇技术，研究熟化灰树花工厂化栽培技术。三是建设一批核心示范基地，以"公司＋基地""公司＋基地＋农户""合作社＋基地＋农户"为主要模式，提高灰树花产业化水平，推行标准化生产。四是培育龙头企业，延长产业链，发展深加工产业，实现产品转化增值。引导和扶持方格药业、绿园食品等龙头企业，提升产业化开发水平，增强灰树花产品市场竞争力。

五、发展前景

任何一个产业的形成都会经历由诞生到成熟的发展历程，都有其阶段性的发展模式。其发展速度的快慢，前景的好坏，取决于该产品对人类回报率的高低。目前，我国的灰树花产业展现出良好的发展前

景，主要体现在生产经营模式和市场需求两个方面。

（一）生产经营模式

灰树花行业主要存在四种生产经营模式，即传统农户生产模式、公司＋农户生产模式、公司＋专业合作社＋农户生产模式和工厂化生产模式（图7-12-1）。其中灰树花工厂化栽培是具有现代农业特征的产业化生产模式，其采用工业化的技术手段，利用生物及工业技术控制温、湿、光、气等环境要素，在相对可控的环境条件下，组织高效率的机械化、自动化作业，实现灰树花的规模化、集约化、标准化、周年化生产，产品可全年均衡生产和供应，产品质量高、产量稳定。工业化生产将是未来的主要生产模式。

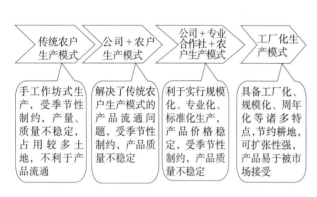

传统农户生产模式	公司＋农户生产模式	公司＋专业合作社＋农户生产模式	工厂化生产模式
手工作坊式生产，受季节性制约，产量、质量不稳定，占用较多土地，不利于产品流通	解决了传统农户生产模式的产品流通问题，受季节性制约，产品质量不稳定	利于实行规模化、专业化、标准化生产，产品价格稳定，受季节性制约，产品质量不稳定	具备工厂化、规模化、周年化等诸多特点，节约耕地，可扩张性强，产品易于被市场接受

图 7-12-1　灰树花不同生产模式的演变

（二）市场需求

放眼未来，灰树花产业具有更广阔的市场。随着我国居民家庭收入的增加和生活消费水平的不断提高，越来越多的家庭更加注重生活质量和生活品位，营养丰富的绿色、环保食品备受青睐。灰树花营养丰富，富含蛋白质、氨基酸等营养物质，并具备抗癌、抗衰老等保健功效，能够提高机体免疫力，有益于人类健康，契合了现代消费升级的要求，其消费量也逐年增加，未来发展前景广阔。

与大宗菌类生产相比，灰树花种植业正处于产业发展红利期，灰树花干品礼品盒已在市场上占有一席之地。随着灰树花工厂化栽培技术的开发及产业的进一步规模化发展，灰树花必将成为人们的大众化食品，它的市场也必将朝着大众食用、医药使用和保健开发多元化的方向发展。

第二节
生物学特性

一、形态特征

灰树花根据生长阶段不同，分为菌丝体和子实体两大部分。菌丝生长于培养料中，是灰树花的营养器官；子实体成熟后能散发大量的担孢子，是灰树花的繁殖器官，也是人们食用的部分。

（一）菌丝体

灰树花菌丝在越冬或遇不良环境时能形成菌核，菌核直径 5 ～ 15 cm，它的外层由菌丝密集交织形成黑褐色（图 7-12-2）。菌核内部由密集的菌丝、土壤沙粒和培养料组成。菌核既是越冬的休眠器官，又是营养贮藏器官，野生灰树花的世代就是由菌核延续的。因此野生灰树花在同一个地点能连年生长。

图 7-12-2　灰树花菌丝体

（二）子实体

子实体是灰树花的繁殖器官，一个成熟的灰树花子实体由多个菌盖组成，重叠呈覆瓦状，群生（图 7-12-3）。菌盖肉质呈扇形或匙形，直径

2～8 cm，厚2～7 mm，灰白色至黑色（菌盖颜色与品种及光照强度有关），有放射状条纹，边缘薄，内卷。菌柄多分枝，侧生，扁圆柱形，中实，灰白色，肉质。

图 7-12-3　灰树花幼嫩子实体

二、生活史

灰树花担孢子在一定温度和营养条件下先吸水膨大后长出芽管，芽管不断分枝伸长，在芽管分枝伸长的过程中产生横隔，形成初生菌丝。初生菌丝继续生长，由不同性别的菌丝相互结合发生质配后形成较粗的双核菌丝。双核菌丝在培养料中不断生长发育。在适宜条件下一般接种20～25天后，双核菌丝互相扭结形成灰树花原基，原基经过分化后进一步发育成幼小子实体，幼小子实体逐渐发育成熟，在菌盖背面和菌柄下面长出菌孔，在菌孔侧壁的双核菌丝的顶端细胞（顶细胞）发育成担子细胞。先是顶细胞中的两个核进行核配形成双倍体核，然后进行一次减数分裂，形成四个单倍体的子核，这时顶细胞膨大成担子，在担子上部生出四个小梗。每个子核分别进入一个小梗，最后每个小梗各形成一个担孢子，担孢子成熟后弹射散发出来在自然界随风传播，也可以人工采收供繁殖和杂交育种用。在适宜条件下，孢子又萌发，开始新的生活史（图7-12-4）。

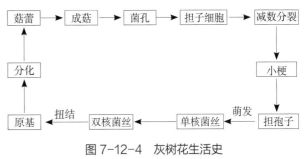

图 7-12-4　灰树花生活史

三、营养

灰树花在生长发育过程中，必须不断地从培养料中吸收所需要的碳水化合物、含氮化合物、无机盐类和维生素等营养物质。

（一）碳源

碳源又叫碳素营养物质。灰树花细胞干重的一半是由碳元素组成，这表明了灰树花生长发育过程中碳元素的重要性。在灰树花的生长发育中，碳提供了两种基本的功能，首先它对细胞关键组分的合成提供了所需的碳素，而且构成了这些关键组分的基本骨架，例如糖类（碳水化合物）、蛋白质、脂肪和核酸等。其次碳源的氧化过程为灰树花基本生命过程提供了能源。

灰树花所吸收利用的碳素都来自培养料中的含碳有机物，如纤维素、半纤维素、木质素、淀粉、蔗糖、葡萄糖、某些有机酸和某些醇类。在常见的碳源中，凡单糖、有机酸和醇等小分子化合物都可直接被菌丝细胞吸收，而纤维素、半纤维素、木质素、淀粉等大分子化合物则不能直接被吸收，必须通过灰树花的纤维素酶、淀粉酶、半纤维素酶和木质素酶分解成葡萄糖、阿拉伯糖、木糖、半乳糖和果糖后才能被吸收利用。在母种培养基中，葡萄糖、麦芽浸膏、酵母膏、马铃薯汁、木屑汁、可溶性淀粉等都是较好的碳源。原种和栽培种的碳源主要来自板栗木屑（其他硬杂木木屑）、棉籽壳、蔗糖和麸皮等。

（二）氮源

氮源又叫氮素营养物质。氮源对于灰树花的生长和发育是不可缺少的，它的作用主要是合成各种关键的细胞组分。灰树花能够利用自然界中的有机氮变成可被吸收的氨基酸，当使用碳酸氢铵、硫酸铵等无机氮时，菌丝虽能利用但生长缓慢，此外灰树花不能利用硝酸盐。因此，在制作母种培养基时常用作氮源的物质有蛋白胨、牛肉膏、酵母粉，以及麸皮、玉米粉、马铃薯等的浸出液。在生产上，常用麸皮、玉米粉和米糠等作为氮源添加，以补充其氮源的不足。

碳、氮营养是按比例吸收的，称为碳氮比，在菌丝生长阶段为（15～20）∶1，子实体生长发育阶段为（30～35）∶1。如果氮素不足，就会明显影响灰树花的产量；若氮素过多，不但会造成浪费，还会因碳氮比失调而导致出菇困难。常用原料的碳氮含量与碳氮比见表7-12-1。

（三）矿质元素

灰树花生长发育所需要的矿质元素有磷、硫、钾、钙、镁、铁、钴、锰、锌、钼等。其中磷、钾、钙、镁需要量较多，称其为大量元素；其余的需求量极少，称为微量元素。这些矿质元素是细胞结构的必要组成成分，用来合成细胞中的酶，维持酶的作用、能量的转移，提高菌丝细胞的生理活性，维持细胞正常的渗透压等。对大量元素，在配制培养基时需要适量加入0.5%左右的磷酸二氢钾，0.1%～0.2%的硫酸镁，1%～2%的过磷酸钙、硫酸钙等。对微量元素，由于农林副产物中已经含有这些矿质元素，一般无须另外加入。

表7-12-1 常用原料的碳氮含量与碳氮比

原料名称	C/%	N/%	C/N
木屑	49.18	0.10	491.80
栎树落叶	49.00	2.00	24.50
稻草	45.39	0.63	72.05
大麦秸	47.09	0.64	73.58
小麦秸	47.03	0.48	97.98
玉米秆	43.30	1.67	25.93
谷壳	41.64	0.64	65.06
马粪	11.60	0.55	21.09
猪粪	25.00	0.56	44.64
黄牛粪	38.60	1.78	21.69
奶牛粪	31.79	1.33	23.90
羊粪	16.24	0.65	24.98
兔粪	13.70	2.10	6.52
纺织屑	59.00	2.32	25.43
沼气肥	22.00	0.70	31.43
花生饼	49.04	6.32	7.76
豆饼	47.46	7.00	6.78

四、环境条件

灰树花生长需要温度、水分、空气、光照、酸碱度等环境条件。这些环境条件起综合作用，某一条件不具备，灰树花就不能健康生长。

（一）温度

灰树花属于中温型的变温结实性菇类，菌丝生长温度 5～32 ℃，适宜温度 20～25℃；原基分化温度 18～22 ℃。子实体发育温度 10～25 ℃，适宜温度 18～23 ℃。

（二）水分

培养料含水量与培养料的松紧度有关，培养料紧实的含水量要求低，疏松通气好的培养料含水量要求高。木屑培养料含水量以 55% 为宜；棉籽壳及玉米芯培养料含水量以 65% 最适宜；甘蔗渣培养料要求较高的含水量，以 65%～75% 为宜；通用含水量为 60%～65%。培养料含水量高，菌丝生长快但易衰老。如果培养料含水量高于 65%，培养料内部孔隙充满水分会造成供氧不足使菌丝生长减慢，稀而粗，很快吐黄水。培养料含水量低，细胞液浓度高抗逆性强，不易衰老，但菌丝生长减慢，且细而密。若培养料含水量低于 55%，有可能造成菌丝无法生长，即使能长满袋，对产量也会有较大影响。

菌丝培养阶段空气相对湿度以 60%～65% 为宜。子实体形成阶段空气相对湿度以 85%～90% 为宜，此时子实体生长迅速而洁白。若低于 70%，则子实体表面失水严重，子实体干缩，生长缓慢导致减产，反之若超过 95%，则子实体易腐烂。因此，在栽培灰树花时应保持足够的空气相对湿度，但要注意不能向菇蕾上直接喷水，以避免烂蕾现象的发生。

（三）空气

灰树花属极好氧的菇类，对氧气的需求量比其他食用菌要多。菌丝和子实体生长发育时会不断吸收大量的氧气并放出二氧化碳。如果氧气不足，二氧化碳浓度过高，会阻碍灰树花正常生长。因此加强通风管理，调节空气中氧气和二氧化碳浓度十分重要。灰树花菌丝生长阶段对氧气需要量较少，前期可不通风，后期要每天通风换气 2～3 次，以加速菌丝发育。子实体生长阶段对氧气的需求量比其他食用菌多，是菇类中需氧量较多的种类之一，栽培室每天要较彻底更换空气 4～5 次，在半地下棚四周，要开空气对流通道。通风不良，氧气不足，菌丝徒长，子实体很难分化，菌盖变畸形呈珊瑚状，开片困难。严重缺氧时，子实体停止生长甚至霉烂。

在实际栽培中，通风时间过长菇房内空气相对湿度迅速下降，这样反而不利于灰树花的生长发育，因此调节好通风和保湿非常重要。

（四）光照

菌丝生长不需要强光，光照强度为 15～50 lx，光照过强会抑制菌丝生长，完全黑暗菌丝将生长过厚而形成"菌被"。原基形成及子实体发育则需要散射光，光照强度为 200～500 lx（日光灯或日落前的光照强度）。散射光越强，菌盖颜色越深，香味越浓，品质越好，反之则颜色浅，品质差。光照严重不足会影响子实体的分化，出现畸形。

（五）酸碱度

灰树花较适宜弱酸性环境，菌丝在 pH 4～7.5 均能生长，适宜 pH 5.5～6.5，过酸或碱都不利于灰树花的生长发育。培养料的 pH 随着灰树花生长时间的延长而逐渐下降，初始 pH 在 6.5 时，发菌 10 天后可降至 5，并一直维持到出菇。

在灰树花生产中培养料经过灭菌后，pH 会有所下降；菌丝在生长过程中会产生一些有机酸类物质，这也会使培养料中的 pH 进一步降低。为防止培养料过度酸化，在大量配制培养料时常常加入 1% 石膏或石灰，使培养料 pH 提高到 6.5～7.5。这样既可起到中和菌丝代谢产生的有机酸，稳定培养料 pH 的作用，同时又起到向培养料中补充钙、硫元素的作用。在配制培养料时，为降低 pH，也可用苹果酸、柠檬酸或低浓度的盐酸来调节。

第三节
生产中常用品种简介

目前，灰树花的优良品种主要来源于野生资源的驯化和生产过程中对优良变异的不断人工筛选，现将目前国内主要产区常用的灰树花菌株的特征特性进行简要介绍。

一、认（审）定品种

（一）庆灰151 ［浙（非）审菌2013004］

庆元县食用菌科学技术研究中心育成品种，是目前灰树花主栽品种，属中温型品种，通过浙江省品种审定。其子实体丛生，菇形大或特大，多分枝，重叠呈覆瓦片状，一般朵大，直径10～20 cm，最大可达60 cm，末端生扇形或匙形菌盖；菌盖宽2～8 cm，灰褐色，表面有细绒毛，干后硬，老后光滑，有放射状条纹，边缘薄呈波状，菌盖背面布满白色管孔，管口多角形无规则排列；菌柄白色，粗短充实，不正圆柱形，长4～7 cm；菌肉白色，厚2～5 mm。孢子无色，光滑，卵圆形至椭圆形。菌丝生长温度5～32 ℃，适宜温度20～25 ℃；原基形成温度18～22 ℃；子实体生长温度12～27 ℃，适宜温度15～20 ℃；适宜菌棒式和覆土栽培，可进行春秋两季栽培。庆元县春季栽培2～3月接种，5～6月出菇；秋季栽培7～8月接种，10～11月出菇。

（二）庆灰152

庆元县食用菌科学技术研究中心育成品种。庆灰152属中温型品种，通过浙江省品种审定。子实体盖面灰白色，朵大肉厚柄短，分枝多、重叠成丛，原基分化快。菌丝体生长温度5～32℃，适宜温度20～25 ℃；原基分化温度18～22 ℃；子实体发育温度12～27℃，适宜温度17～22℃。菌丝耐高温能力较强，在32 ℃时也可缓慢生长。

适宜菌棒式和覆土栽培，可春秋两季栽培。庆元县春季栽培2～3月接种，5～6月出菇；秋季栽培6～7月接种，9～10月出菇。

（三）小黑汀（国品认菌2008056）

河北省燕山科学试验站育成品种，通过国家品种认定。子实体群生，重叠呈覆瓦片状；菇形小，菇片适中；菌盖灰黑色，宽5～6 cm，厚2～7 mm，有放射状条纹；菌柄白色，长4～10 cm，直径1.2 cm，多分枝，侧生；成熟时，菌孔延伸到菌柄；发菌广温型，菌丝生长适宜温度为15～25 ℃，出菇适宜温度为18～25℃，适宜反季节栽培；风味浓，品质好，糖肽含量高，适于多种原料栽培。适宜采用仿野生出菇管理覆土栽培。

（四）灰树花泰山-1

泰安市农业科学研究院选育品种，2009年通过山东省品种审定。生物学效率94%。菌丝体较浓密、白。子实体覆瓦状叠生；菌柄多分枝，末端生重叠成丛的菌盖。菌盖宽2～7 cm，扇形，表面灰褐色，有细毛，老后光滑，有放射状条纹，边缘内卷。菌肉厚1～3 mm，白色，肉质。管孔延生，孔面白色，管口多角形。此品种适宜春秋两季常规熟料栽培。发菌温度为18～25 ℃，空气相对湿度65%以下，发菌期避光。子实体原基形成温度为16～24 ℃，生长温度为16～28 ℃，空气相对湿度85%～95%。子实体分化需氧量大，通气不够易形成畸形，需要散射光，有条件的栽培场所门窗可加防虫网以防止害虫进入。

（五）灰树花GF-4

青岛农业大学选育品种，通过山东省品种审定。菌丝体较浓密、白。子实体肉质，呈珊瑚状分枝。菌盖宽4～7 cm，匙状，灰褐色，表面有细毛，老后光滑，有放射状条纹，边缘薄，内卷。菌肉白，厚4～7 mm。菌管长1～4 mm，管孔延生，孔面白色，管口多角形。子实体氨基酸总量达14.5%，水溶性多糖含量达8%以上。适宜春秋两季常规熟料栽培，采用袋栽覆土栽培。菌丝在 5 ～ 32 ℃均能生长，适宜温度 25 ～ 27 ℃，发菌期环境的空气相对湿度控制在 60 %～ 65 %，发菌期不需要光照，黑暗培养。原基形成适宜温度 18 ～ 22 ℃，子实体生长发育适宜温度 15 ～ 20 ℃，适宜空气相对湿度在 85 %～ 95 %，子实体生长发育阶段要求较强的散射光和稀疏的直射光，光照不足，色泽浅，风味淡，品质较差。灰树花菌丝生长和子实体发育都需要新鲜空气，特别是子实体生长期更需要通风换气。

二、未认（审）定品种

（一）迁西一号

1. 选育单位　河北迁西食用菌所。

2. 产量表现　生物学效率110%以上，商品率94%。

3. 特征特性　适宜仿野生（脱袋覆土）栽培，菇形大、肉厚、分枝多，单叶展可达10 ～ 18 cm，最大单株曾重达49.3 kg，因此也叫大株灰树花。菇色因光照强弱和温度变化，常规条件下为浅灰色，适于内销，出菇产量高。

4. 栽培技术要点　该品种菌丝培养最适温度25 ℃，子实体形成温度20 ～ 30 ℃，抗病性强。16 cm×55 cm 的菌棒，发菌期50 ～ 60 天。现蕾至采收15 天，转茬间隔15 ～ 20 天。

（二）飘香60

1. 选育单位　河北迁西食用菌所。

2. 产量表现　生物学效率90%。

3. 特征特性　浓香型品种，菇体颜色黑褐色，适宜发菌温度为18 ～ 27 ℃，菌丝粗壮，菇形紧凑，菇片小，菌盖宽3 ～ 5 cm，单株重2 ～ 3 kg。

4. 栽培技术要点　该品种菌丝培养最适温度为24 ℃，子实体形成温度为20 ～ 25 ℃。16 cm×55 cm 的菌棒，发菌期60 天。现蕾至采收天数17 天，转茬间隔15 ～ 20 天。

（三）庆灰151

1. 选育单位　庆元县食用菌科研中心。

2. 产量表现　生物学效率90%。

3. 特征特性　中温型品种，栽培产量高，子实体品质好、多糖含量高，浓香型品种，菇体颜色黑褐色，适宜发菌温度18 ～ 27 ℃，菌丝粗壮，菇形紧凑，菇片小，菌盖宽3 ～ 5 cm，单株重2 ～ 3 kg。

4. 栽培技术要点　适宜代料直接出菇栽培，浙江、福建等南方地区选用。适宜发菌温度23 ～ 27 ℃，出菇温度18 ～ 22 ℃，当地秋季投料，早春出菇。单株朵形如白菜，整齐一致，适宜切片加工干品。

（四）小黑汀（高糖肽品种）

1. 选育单位　河北迁西食用菌所。

2. 产量表现　生物学效率120%。

3. 特征特性　菇形小，菇片适中，菌盖宽5 ～ 6 cm，菇色浅黑，风味浓，品质好，适于多种原料栽培及反季节栽培。糖肽含量2.51%，比其他品种高20%以上。

4. 栽培技术要点　该品种发菌广温型，菌丝生长适宜温度15 ～ 25 ℃，子实体生长适宜温度18 ～ 25 ℃。

第四节
主要生产模式及其技术规程

一、庆元菌棒式栽培模式

（一）栽培季节

庆元县进行春秋两季栽培。春季栽培一般在2 ～ 3 月接种，5 ～ 6 月出菇；秋季栽培7 ～ 8 月接种，10 ～ 11 月出菇。二茬出菇管理6 ～ 7 月下畦，9 ～ 10 月出菇。

（二）培养料配制

菌棒式栽培模式常用配方：杂木屑34%，

棉籽壳 34%，麸皮 10%，玉米粉 10%，山表土 10%，石膏 1%，红糖 1%，含水量 55%～60%，pH 自然。原料要求优质、新鲜、干燥。配料前棉籽壳加水预湿，配料时再与其他原料充分拌匀，做到原料与辅料混合均匀，干湿搅拌均匀，含水量适宜。

按生产 1 000 根菌棒（采用 15 cm×50 cm×0.006 cm 塑料袋）计，需投干料约 900 kg，其中杂木屑 306 kg，棉籽壳 306 kg，麸皮 90 kg，玉米粉 90 kg，石膏 9 kg，红糖 9 kg，山表土 90 kg，菌种 50 瓶。

（三）装袋

灰树花菌棒的装袋操作与香菇菌棒相似。要求装袋及时，紧实度适宜，每棒装料量为 1.7～1.9 kg，长度为 35～38 cm。

（四）灭菌

装好袋后要及时进行灭菌，避免培养料发酵酸败。采用常压灶灭菌的，要求料温达到 98～100℃后保持 14～15 h。

（五）接种

将灭菌后的菌棒移至冷却室冷却，当料温降到 30 ℃以下时开始接种。灰树花接种与香菇接种工艺相似，采用打穴接种方式。但由于灰树花菌丝抗逆性较弱、菌丝萌发生长较慢，故菌种量要适当加大，通常每个菌棒需接种 3～4 穴，每瓶菌种接 15～20 根菌棒。接种时要严格按照无菌操作要求，接种工具和接种人员的手要用 75% 酒精擦拭消毒，消毒要仔细彻底，接种要做到严和快，打穴要与接种相配合，打一穴接一穴，接种后菌棒加套外袋。

（六）发菌管理

菌棒要置于遮光且室温在 20～25 ℃的培养室里，按"井"字形堆放培养。灰树花初期菌丝较稀疏、纤细，培养后逐渐变粗、浓、白。灰树花菌丝生长不需要光照，在黑暗条件下菌丝生长良好，强光照反而易诱使菌丝产生黄水，因此培养室应尽可能遮光，以保持弱散射光为宜，特别是避免阳光的直接照射。

发菌阶段主要技术措施有翻堆、通风、刺孔增氧。早期的灰树花菌丝比较稀疏、纤细，菌丝生长的末端不整齐，在较适的温度条件下培养 10 天左右，菌丝才会逐渐变得浓白。接种 10 天后进行第一次翻堆，20 天后进行第二次翻堆，剔除受杂菌污染的菌棒，并采取通风降温措施以免烧菌闷堆。当培养室内的温度在 26 ℃以上即要加强通风，并在地面洒水降温；当培养室的温度在 20 ℃以下时，则应做好加温和保温工作。在温度 20～25 ℃、空气相对湿度 60% 以下的条件下经 35～45 天的培养，菌丝可长满全棒。发菌阶段一般进行两次刺孔增氧，以满足菌丝生长对氧气的需求，排出二氧化碳等废气。第一次在菌丝圈直径达 8 cm 时用半寸铁钉沿接种孔周围各刺 4～6 个孔，孔深 1 cm；第二次在菌丝长满全棒 4～5 天后均匀刺孔 25～30 个，注意通风降温。

菌丝长满全棒后再经过 10～20 天的培菌（后熟阶段），当环境温度达到适宜灰树花子实体生长的温度（20 ℃左右）条件时，即进入出菇管理阶段。

（七）出菇管理

同一灰树花菌棒式栽培可长两茬菇，第一茬划口出菇，第二茬覆土出菇。当前灰树花第二茬覆土出菇已进行了技术改进，采用非土覆盖栽培出菇方式取得了突破，并在生产中全面推广。

1.灰树花菌棒第一茬划口出菇管理技术

（1）出菇场地与菇棚要求　划口出菇管理模式要具备良好的保湿条件，出菇场地要求通风、阴凉、洁净、易于保湿、有散射光。有外遮阳设施的塑料大棚（如香菇棚、蔬菜大棚等）是较为理想的出菇场地，另外保湿性、通风度好的室内房间也可作为出菇场地。菇棚应搭建在通风、阴凉、洁净、排水方便的地方，室外菇棚要求为两层结构，外层为遮阳层，内层为塑料大棚。遮阳棚一般高为 2.5～3 m，长和宽可根据实际情况决定，顶部和四周用茅草、树枝等遮阳。塑料大棚一般长 20～25 m，宽 6～7 m，顶部高 2～2.5 m。

（2）划口搔菌　在适宜出菇的温度条件下，将长满菌丝并经过适当的后熟培养的菌棒搬入出菇场地进行划口出菇。划口方法：选择菌丝生长浓密之处，用直径 12 mm 的皮带冲划口，深 2～3 mm，或用锋利小刀片将筒袋割成"V"字形（长度为 1.5～2 cm），刮去划口处的菌皮及少许培养料，深 2～3 mm。每个菌棒划口 1～3 个，划口后的菌棒平行排放于地面或层架上，摆成"井"字形或"△"，并将划口朝向空隙处，不能压着。

（3）催蕾管理　菌棒划口后应及时放下大棚四周的塑料薄膜或在菌棒上盖好塑料薄膜，保持棚内空气相对湿度 85%～90%，温度控制在 20～24 ℃。此时温度和湿度都是十分关键的，如果温度在 16 ℃ 以下、25 ℃ 以上，空气相对湿度在 75% 以下，都将严重影响原基的形成，所以必须采取有效的调控措施。在适宜的温湿度条件下，划口后的菌棒经 7 天左右培养在划口处即可形成原基（白色突起物），此时应相对增加光照强度（200～500 lx），促使原基逐步转为灰色、黑色。

在原基形成阶段，绝对不允许直接向菌棒洒水，为了保持原基形成及转色所需要的较高空气湿度，可采取向地面洒水或向空间喷雾状水。塑料大棚内只要盖好塑料薄膜并保持地面湿润，一般可达到原基形成的湿度要求。

（4）子实体生长期管理　灰树花原基在适宜条件下由白色转为灰色、黑色，然后在原基表面形成蜂窝状并分泌小水珠，这表明原基将进入分枝及叶片生长阶段，要进行菌棒摆畦，将棒与棒交错平排，原基朝上。此阶段主要技术措施是合理调控温度、湿度、通气三大要素，并适当增加光照，创造一个适宜灰树花子实体生长发育的良好环境。

灰树花子实体生长的适宜温度为 18～23 ℃，在原基形成与分化阶段要求保持恒温状态，而进入分枝及叶片生长阶段后则不受温差的影响，在 14～30 ℃ 的温度范围内均可正常生长，当温度在 23 ℃ 以上时，则应加强通风降温，也可采取喷雾状水、地面洒水等措施来降温。

子实体生长阶段要求空气相对湿度在 80% 以上。菇蕾期只能采取喷雾状水、地面洒水、盖膜保湿等措施来提高湿度。叶片分化以后可适当增加喷水次数与强度，每天喷水 3～5 次。

随着子实体的不断生长，它对氧气的需求量愈来愈大，并产生二氧化碳等废气，这时必须加强通风以保持空气清新，同时逐步增加光照强度。在适宜条件下，一般经 15～20 天的培养，子实体达七八分成熟时即可采收。

（5）采收

1）采收标准　子实体七八分成熟时采收。即当菌盖下已开始出现菌孔长出了细小的菌管，菌管长度在 0.5 mm 以内尚未形成针刺状菌管，菌盖表面颜色开始由深灰色退至浅灰色且呈水渍状尚未出现干焦状时，为采收适期。

2）采摘方法　用小刀将整朵灰树花子实体从基部割下即可，也可以用手拿住灰树花，轻轻将其从栽培袋上扭下。需注意的是，灰树花子实体朵形松散，叶片脆嫩易碎，采摘时应小心轻放，采取单层排放保持菇体完整性。采摘后的灰树花子实体呈松散的分枝形，一般都需进行切片后烘干或加工。

2. 灰树花菌棒二茬覆土出菇管理技术

（1）覆土时间选择　划口出菇后的灰树花菌棒在阴凉、通风场地以"井"字形堆放进行养菌，选择适宜的时间覆土进行二茬出菇。庆元县春栽灰树花菌棒 5～6 月出菇后，安排 6～7 月覆土，9～10 月出菇；秋栽灰树花菌棒 10～11 月出菇后，菌棒养菌，安排于翌年 6～7 月覆土，9～10 月出菇。

（2）出菇场地与菇棚要求　覆土出菇场地要求选用通风、凉爽、洁净、保湿性好、排水方便的农田或沙性地块，不用熟地和旱地。菇棚为双层，外层为遮阳棚，内层为塑料大棚，棚四周要有深 50 cm 的排水沟。棚内先整成 90～130 cm 宽畦面，再在畦床中间挖成宽 80～120 cm、深约 15 cm 的沟畦，用于排放菌棒。

（3）土壤处理　土壤处理包括菇棚地表土的

清洁消毒和覆盖用土的消毒。在覆土前 7 天，清理菇棚四周的杂草和其他废弃物，喷洒菊酯类农药进行杀虫，然后在棚四周和畦沟内撒上石灰（每 100 m² 用量为 25 kg）。覆盖用土可选用沙性的山表土或田底土，土壤颗粒大小为直径 1 cm 以下，在覆土前 10 天备齐。覆土前 7 天，土壤中拌入 1% 的石灰消毒，然后叠堆、盖膜，再用气雾消毒剂消毒闷堆 7 天待用。

（4）割袋摆畦覆土　将当年春季栽培或上年度秋季栽培已划口长过一茬菇后的菌棒移至出菇棚，沿畦长方向排开分两层排列，一棒紧靠一棒地排放于畦沟内，棒与棒之间的接合部位用锋利的小刀在菌棒中部横向划出一长约 10 cm、宽 2 cm 的口子，上下层间菌棒划口对齐，上盖一层厚度为 3 ～ 4 cm 的经消毒处理过的土壤。

（5）原基的形成　覆土后应及时放下大棚四周的塑料薄膜，保持棚内的空气相对湿度 85% ～ 90%、温度 18 ～ 25 ℃，同时保持畦面湿度（当覆土层呈干白色时向畦面喷雾状水）。温度适宜时可在土表看到原基长出，此时应相对增加光照强度，促使原基逐步转为灰黑色。为了保持原基形成及转色所需要的较高空气相对湿度，可通过在畦沟内喷水、灌水来提高棚内的湿度。在塑料大棚内只要盖好塑料薄膜，并保持地面湿润，一般即可达到原基形成的湿度要求。

（6）子实体生长期管理　原基开始分化形成子实体时，要增加畦内湿度，加强通风，增强光照和适当调控温度，空气相对湿度在 85% ～ 90%，菇蕾期只能采取喷雾状水和地面喷水等措施来提高湿度，叶片分化以后可适当增加喷水次数与强度，每天喷水 3 ～ 5 次。

（7）采收　灰树花子实体七八成熟时即可采收，要成熟一朵采摘一朵。由于覆土栽培的子实体基部会带有较多的泥土，应一边采摘一边及时清理基部的泥土等杂质。采摘时也应小心轻放，单层排放，以保持菇体完整性。

3. 灰树花菌棒二茬非土覆盖出菇管理技术　灰树花菌棒二茬非土覆盖出菇管理技术是将菌棒割袋后放置平整畦床，其上部不再覆沙土，通过控温控湿来促进灰树花子实体形成。

割袋摆畦、出菇管理、采收、出菇场地菇棚要求、菌棒下畦时间都与灰树花菌棒二茬覆土出菇管理相同。

（1）畦床平整　棚内畦床先整成 90 ～ 130 cm 宽畦面，再在畦床中间挖成宽 80 ～ 120 cm、深约 20 cm 的沟畦，用于排放菌棒。

（2）覆盖保湿　菌棒排好后，向菌棒畦床周边填土不留空隙，然后在菌棒表面铺一层覆盖材料，覆盖材料可选择遮阳网、编织袋、稻草、棉毡等，其中遮阳网和编织袋要用两层，棉毡覆盖用一层。日常管理用小水泵和微喷管对畦床表面进行喷水，起到降温和保湿作用，保持畦床表面湿润。

（3）喷水催菇　在环境温度降到 20 ℃ 左右时，加大喷水时间和次数，少量多次，以促进原基生长，使得环境温度和湿度处于适宜灰树花子实体生长的状态。在菌棒大量出原基后掀去覆盖物，放下大棚四周薄膜，喷雾状水保湿。

二、迁西县反季节日光温室栽培模式

河北省迁西县常见的栽培模式有露地小拱棚栽培、中型拱棚密植栽培、林菌间作栽培和反季节日光温室栽培，这些栽培模式中培养料的配制、装袋、灭菌、接种、发菌管理等基本上是一样的，只是在出菇方式、出菇时间上有所不同，下面主要以反季节日光温室栽培为主对灰树花的技术规程进行介绍。

反季节日光温室栽培技术是迁西县最近几年在中型拱棚的基础上利用温室改造发展起来的。反季节日光温室栽培灰树花出菇早，生长周期长，产量高，经济效益是传统栽培的 4 倍。该栽培模式光照充足，空气清新，灰树花颜色好，气味芳香，品质上乘。

（一）主栽品种

反季节日光温室栽培灰树花选用品种主要是小黑汀（图7-12-5），该品种属于中低温品种，菇片适中，菇色浅黑，风味好，适用于多种料栽培，广温型，菌丝生长适宜温度15～25℃，子实体生长适宜温度18～25℃，生物学效率为120%，适宜反季节栽培，可在多种环境和用途中应用。

图7-12-5　小黑汀子实体

（二）栽培季节

反季节日光温室栽培是秋季制作菌棒，冬季和春季出菇。

（三）场地选择

应符合《无公害食品　食用菌产地环境条件》（NY 5358—2007）要求。菇场交通方便，水电供应有保证。

（四）栽培设施

日光温室是为进行冬季食用菌生产而对普通塑料大棚改进后的结构形式，这种结构的大棚可最大限度地利用光能，保温保湿性能好，在寒冷的冬季连续几天阴雨雪天气，棚内气温不低于5℃。利用日光温室进行灰树花的生产，在冬季适当调控便可以满足灰树花正常生长对温度的要求，解决了一般大棚加温困难、保暖性差的问题，可以节约大量的燃料费用，省工省时。例如，采用"塑料薄膜＋棉被＋黑白膜"的组合形式，可有效调控棚内温度。

日光温室搭建：跨度为6～10 m，棚长50～60 m或因地制宜。前坡一拱到底，拱杆可用水泥、钢筋预制，也可用钢管、钢筋焊接。后坡长1.2～

1.5 m，矢高2.6～3.2 m，后墙高1.5～1.8 m，厚0.5 m，距地面1～1.2 m，留25 cm×30 cm的通气孔，孔距1.2～1.5 m。中间无支柱，后坡构造及覆盖层主要由木板或混凝土预制件构成，温室四周设排水沟。

（五）栽培技术

1.原料的选择与准备　灰树花是木腐菌，对木质的理化营养性能有选择性。野生灰树花生长于板栗树、腐菌根，以板栗树的木屑最适。按植物科属分类，一般同属同科的植物内含的理化性能也相近，这样说来壳斗类的树种的木屑都适合进行灰树花生产。对于栽培灰树花的木屑培养料要求是：不含有其他杂菌的壳斗科类所有的木段枝条的木屑、果皮、壳等都可为栽培灰树花原料，木屑粗细的要求是过直径5～7 mm筛孔，灰树花栽培品种菌丝浸透木料能力较弱，颗粒料太大不利于丰产。辅料的选择应用是根据灰树花的营养需要特点而定的：一是物理性能需要，二是营养性能的需要，科学选用培养原料，制定出合理的生产配方，如棉籽壳、麸皮、米糠等无化工、农药污染、无毒无霉烂变质，就可安全选用。木屑、棉籽壳、麸皮等，应新鲜无霉变，木屑要提前晒干过筛。

2.培养料配方

配方1：棉籽壳41 kg，栗木屑41 kg，麸皮15 kg，石膏、糖、磷肥各1 kg，驱菌净0.5 kg，灰树花增长素50 g。加水110～115 kg，含水量57%～60%。

配方2（无棉籽壳资源地区也可采用如下配方）：栗木屑70 kg，麸皮20 kg，生土（20 cm以下土壤）8 kg，石膏1 kg，糖1 kg，驱菌净0.5 kg，灰树花增长素50 g，含水量57%～60%。

3.培养料配制　先干混，就是将不溶于水的辅料由少到多逐一混匀，然后将其均匀撒在摊平的主料上，最后用铁锹翻拌至混匀。如果搅拌机拌料，则直接加入拌料机混匀。拌料时将溶于水的辅料平均加入桶中，搅拌至全部溶解即可向干料加水。边加水边搅拌，加水不要过快，避免流失、渗漏。人

木腐菌生产技术

工拌料时要反复翻堆3次以上才能拌均匀，拌料机拌料时搅拌时间至少需要30 min，随机抓取见不到干料方可。

4. 装袋和灭菌

（1）选袋与装袋　聚丙烯塑料袋透明度好，高压、常压灭菌均可使用，但是手感滞涩、韧性差，底部易出现微孔从而造成发菌后期污染，破损率高，在低温季节更为严重。聚乙烯塑料袋手感光滑韧性好，操作过程中不易出现微孔，破损率低，但不耐高压，透明度低。塑料袋规格为宽17～20 cm、长30～33 cm、厚0.005 cm。

边装袋边压实，装到2/3时表面按平压实，松紧度以手握菌袋拿起松手后指印应能恢复且表面光滑无褶为准。一般装料高13 cm左右，料表面按压紧实，在中间位置扎1～3个直径1.5～2 cm的直通料底部的通气孔。一般菌棒直径达到10 cm则选择一个通气孔，达到13cm则需要3个通气孔，3个通气孔分别距离菌棒中心轴2～3 cm并直通料底部，这样可以保障发菌时通气，菌丝生长健壮。有的生产户在装料时装得松，误以为可以代替通气孔，这是错误的。装料松使菌丝连接受阻，菌丝生长不健壮，并且容易感染杂菌。通气孔部位要在灭菌后用菌种封口，这样利于灰树花菌丝占据料面抵制杂菌入侵，保障发菌迅速成功。3个孔通气发菌方式一般23天可以发满，而其他方式均需要30天以上。

（2）套环加塞　用于食用菌生产的塑料口径环，一般直径、宽和高均是3～4 cm，套环时环的小口朝下，大口朝上，塑料袋由下向上伸出，袋口向环外侧翻转，需用拇指在塑料环中间扭转一周使塑料袋紧贴于套环内壁，这样便于接种。最后要塞好棉塞，上面加上纸盖，用胶皮筋扎紧。

（3）灭菌　料袋装好以后，随即放入常压灭菌锅内，平放3～4层，料袋码放整齐，袋与袋之间要留空隙，不可堆积太高或太紧以免料袋受挤压，使间隙堵塞，蒸汽难以流通，影响灭菌效果。加热至100 ℃，保持10～12 h，停火后再闷

8～10 h，然后将料袋取出冷却备用。高压灭菌时用大容量高压灭菌锅，料袋亦分层放置，要求在0.147MPa的压力下保持2 h。

5. 接种与发菌

（1）接种　灭菌后的料袋移入接种箱或接种室等接种空间。接种前对料袋及接种空间进行消毒，用气雾消毒盒密闭熏蒸0.5 h，且在料袋冷却至28 ℃以下时接种。接种量一般为每袋接入菌种15～20 g，一瓶容量为500 mL的原种一般可接40～60个栽培袋。接种人员进入接种室后的操作流程如下：

第一步，接种人员双手戴上乳胶手套或用肥皂水洗净。

第二步，用75%酒精棉球擦拭双手。

第三步，双手进入接种箱内，取出酒精棉球擦拭双手及接种钩。

第四步，打开酒精灯盖用火柴点燃。

第五步，将接种瓶口打开，用酒精棉球反复擦拭菌种瓶口内外。

第六步，再将菌种瓶口内外在酒精灯火焰上方旋转灼烧灭菌。

第七步，使用接种钩扒去上部老菌种块，并搅碎菌种。

第八步，打开料袋，迅速接入栽培种15 g左右。

第九步，使菌种呈颗粒状覆盖整个料面。

接种过程中两人配合要默契，动作要熟练迅速，严格遵守无菌操作规程。其中一人扣纸盖。每接完一瓶菌种后要对接种用具重新消毒，防止交叉感染。

（2）菌丝培养及后熟　接种后可在培养室培养发菌，也可将菌袋直接移入大棚培养发菌，移入大棚前应对大棚消毒、灭虫。灰树花是一种强好氧型菇类，因此通风换气是灰树花发菌过程中一个不可忽视的环节。接种后的菌袋可排放在多层床架上，采用分层横放方式，每层床架放3～5层。整个发菌期内要创造适宜条件，保持清洁、干燥、通风、遮光以促进菌丝健壮生长(图7-

12-6、图 7-12-7）。接种后的 10 天内菌丝处于萌发定植期，培养室的温度应控制在 23～25 ℃，促使菌丝快速定植。10 天后菌丝已经封料面并长入料中，由于呼吸作用产生热量袋内温度往往比室温高 2～4 ℃，此时室温以 18～20 ℃ 为宜，若高于 25 ℃ 要立即采取通风降温措施，以免造成菌丝发黄萎缩或杂菌污染。菌丝长满后再后熟培养 30 天左右，温度适宜时即可进行出菇管理。

图 7-12-6　菌丝培养

图 7-12-7　长满菌丝的菌袋

6. 出菇场地准备

（1）挖坑做畦　要求东西走向，畦宽 45～55 cm，长 2.5～3 m，深 20～25 cm，各畦之间排列整齐有序，畦间的距离 120 cm，行间距 80 cm，行距之间为排水沟和人行道，以便管理和排水。

（2）栽前预备和消毒工作　坑畦挖好后，在准备排放菌袋的前一天浇一次大水，水量以浇后坑畦内积水 10 cm 深左右为准，可根据土壤的渗透性和天气旱涝情况适当增加或减少。水渗干后在畦底层放入一薄层石灰粉，以表面见白即可，目的是增加钙质和消毒，同时还可以稳定栽培出菇后期培养料内的酸碱度，最后在沟底铺少量的生土（从畦内铲出来的净土）。

7. 排菌　将发好菌的菌袋全部剥去塑料袋，剥去塑料袋时为了防止杂菌带入栽培畦内，要多人进行流水作业，一人用刀划破塑料袋，另一人随即剥开塑料袋，将裸袋放入消过毒的大盆或塑料筐内。如果发现有杂菌污染的部分，要用刀从受污染点附近健康菌块的部位用力把杂菌块挖掉，注意刀子不能挨着污染料部位。如果不小心挨着了，要及时把刀子或剪子放在有消毒液的盆内消毒，灭菌后再进行使用。第三个人把剥去塑料袋的菌块运到栽培畦附近，第四个人按照每排 4～5 个菌块，一个挨一个地单层顺畦摆满畦面。菌块不要对缝排，中间应当有自然缝隙，并以菌块肩部摆平，不平的菌块要在畦底部去土或填土，以上面平整为准。

8. 覆土上水　先用松散细土填满菌块之间的空隙，再铺平畦面 1～2 cm 的土，表面尽量平整，灌透水一次。

9. 包帮　用塑料薄膜或尼龙袋将坑槽四周包严，以防坑边土脱落造成局部覆土过厚。塑料薄膜宽度为 30～40 cm，首先把坑畦上沿的四周堆出 5～10 cm 的土埂，塑料薄膜内边埋入土层 5 cm 左右，上沿在土埂的外面用土压实。挖槽所出的土 1/3 放南侧，2/3 放北侧，东西两侧作为通风口，包好后的槽帮北面比南面略高 5～6 cm。

10. 摆设微喷管　排菌后即可铺设微喷管线。选用 4 cm 黑质塑料喷灌管，沿管直线打喷头孔，孔间距 60～80 cm，将塑料管固定到灰树花槽内北侧支柱上，将喷头伸向槽内。

11. 铺设石砾　一般在覆土上水管理 7 天以后摆放直径 1.5～2.5 cm 大小的石砾一层，防止畦内上水时把泥沙溅在菇体上（图 7-12-8）。

木腐菌生产技术

图 7-12-8　铺砾、铺微喷管

12. 出菇管理　如果温度适宜，一般经过10～35天就可出菇。出菇的早晚主要取决于温度的高低，另外与覆土的厚薄、畦的深度有关。一般温度高、覆土薄、畦浅的出菇早，相反出菇则迟些。但是（以迁西为例）4月底以前栽培的，一般都要到5月中下旬才能出菇，因为5月中旬以前达不到出菇温度。6、7月栽培的，一般15～20天即可出菇，有的第7天就可出菇，但是第一茬菇是袋内原基直接生长形成的，产量较低，朵形较小。原基形成以后要加强管理，增加畦内湿度，加强通风，增强光照和适当调控温度，协调温、湿、光、气四大要素，创造灰树花生长发育所需的最佳条件，达到高产优质的目的。

原基刚形成出土是半球形凸起，表面光滑，为白色或灰白色，上有许多晶莹透明的小水珠，这些水珠是灰树花原基分泌的，与灰树花分化有关。水珠下面有小孔，随着原基生长增大，小孔增大形成凹陷。没水珠的地方凸起，形成类似大脑沟状结构，凸起的尖端为生长点，能继续生长、分裂使凸起进一步伸长，形成分枝，有的分枝还能再分枝形成树枝状，最后在分枝末端分化形成菌盖。菌盖边缘为生长点使菌盖进一步伸长并长大发育成一个多分枝的块状灰树花。

（1）温度管理　子实体生长温度14～30℃，适宜温度22～26℃，畦内温度长时间处于30℃以上时很难形成原基。畦内温度超过30℃时，就要通过加厚遮阳物、上水和通风等措施降温。

（2）水分管理　出菇时菌袋含水量要达到65％～70％，畦内空气相对湿度要升到85％～95％，每天向畦内上3～4次水。上水次数和水量视天气和菇棚情况而定：晴天多上阴雨天少上甚至不上；大风天气多上，无风天气少上；保湿好的菇棚少上，保湿差的菇棚勤上水；温度低时少上，温度高时多上，保持菇棚湿度。

喷水方法：从原基形成至分化前不能直接向原基上浇水，更不能用水淹没，可用喷雾器雾喷或向原基周围洒水增加湿度，一般需要3～5天。灰树花原基上的水珠若多次被水冲掉时，原基将不再分化或从四周再形成新原基发育成畸形菇。灰树花分化以后每天可浇一次水，让水从畦的一端刚好流到另一端即可，注意不要积水，更不要淹没灰树花；浇水时不要溅起泥沙，只要用水淋湿灰树花和畦的周围，保持畦内空气湿度即可。待采摘前1～2天，就不要直接向子实体上淋水，只能向周围洒水。菌袋含水量低于40％或空气相对湿度长期小于50％时，不能形成子实体，形成的原基和子实体也停止生长，原基不能长出地面，形成角质化黄色硬块。

（3）通风管理　原基形成以后对氧气需求量增加，所以要加大通风，减少畦内二氧化碳含量。通风和保温是相互矛盾的，为了解决这个矛盾，一般结合水分管理进行通风。通风一般选在无风的早、晚温度较低时进行，在上水的同时将北侧薄膜掀起，通风0.5～1 h，通风时要用水淋湿灰树花，刚形成的原基要避开通风口。除定时通风外，在棚的两端要留有永久性的通风口，在干旱季节通风口要用湿草遮上，使畦内既透气又保湿。

通风不良影响灰树花分化，轻则形成空心菇，即灰树花中央的分枝不分化，不能形成菌盖，只是四周分化形成菌盖。重则由于二氧化碳含量过高，抑制分化而形成"小老菇"或"鹿角菇"，甚至造成溃烂死亡。

（4）光照管理　原基的形成不需要光，但原基形成以后需要较强的散射光，因此在畦的南面加盖草苫，使阳光不能直射畦内，严格控制直射光从南面塑料薄膜射入，对子实体进行长期照射。光照强弱影响灰树花的分化、菌盖颜色的深浅和香味的大小。

在出菇管理过程中，温、水、气、光四个方面应相互协调，任何一项达不到要求都可能造成栽培失败，因此不能顾此失彼。

（六）采收、包装与干制

1. 采收　当子实体长到八成熟时为最佳采摘时期，过早采摘影响产量，过晚则影响质量。采收前2天停止向菇体喷水，准备好盛放灰树花的塑料筐和小刀。采收时不要损伤菌盖，保证菇体完整。采收后用小刀将菇体上粘有的泥沙和杂质去掉，以免粘污其他菇体，轻放入筐中。

2. 包装　目前，市场上出售的灰树花有干品和鲜品两种，大部分为干品，包装分大、小两种包装。随着经济的发展，礼品包装的产品也纷纷上市。

3. 干制　灰树花子实体脱水干制是通过热能的作用使子实体吸热，水分蒸发，并随着热气流上升排入空气中，直到子实体干燥为止。灰树花的干制方法有晒干、烘干及两者结合等多种方法。

（1）晒干法　先将采摘下的鲜菇去根，清除泥沙等杂质，把大朵分割成50g鲜重的小朵。晴天鲜菇在晒场上晾晒，用长凳将竹帘架起，按菇的大小、薄厚、色泽、等级分别摊晒在竹帘上，切口朝上，在暴晒的过程中要勤翻动，小心操作以防破碎。白天晒晚上回收。晒3～5天后以手握稍微有针扎手感为宜。由于晒干后的子实体很容易吸潮，常常将晒干后的子实体装入塑料袋、密封贮藏待销。

该方法经济、简单，但是占地面积大，所需时间长，易受天气限制，不适宜大面积应用。

（2）烘干法　烘干是通过烘干机或灶、房等配套设施，在人为控制条件下进行，通过热能的作用使食用菌吸热，水分蒸发，从而菇体水分被排除。优点是所需时间短，含水量易控制，产品质量好售价高，适用于规模化生产。缺点是成本偏高。常见的烘干设施有烘干机、土烘箱、热风

式烘房等。

1）烘干机　是专用的热风干燥设备，可用电、煤炭等做燃料，通过燃烧室和排烟管，将燃烧产生的热量通过风扇扩散到整个箱体内，再由排风口将水分排出箱外。灰树花首先分级整理，然后放入烤箱，升温、通风、排湿，1～2h温度控制在30～40℃，3～5h后升温至45～55℃，烘烤6～8h，当含水量降至10%左右即可结束烘烤。在烘烤过程中加强通风排出水蒸气，并且要倒筛或翻筛4～6次，以便使灰树花烘烤均匀。

2）土烘箱　按照晒干法将灰树花晒4～6h，在摊晒的最后2h前关闭箱门，点火加温烘箱，可用煤火、炭火加温，也可以在土烘箱下挖一倾斜的烧火炕，点燃木材加温。待箱温升至35～40℃时，将晒过的灰树花装入烘箱，按等级分别摊放在烘筛上。打开排气筒，经过2h后让箱温升至45～50℃，再过2h升至55～60℃。2h后关小排气筒，箱温降至40℃，1h后即可结束。在烘烤过程中要翻动菇体，并根据干湿程度上下调动烘筛位置，以便使灰树花烘干均匀。

3）热风式烘房　通过干热气流通过物体表面迅速排出水分，脱水速度快、效率高，并能提高烘烤产品的质量。

热风式烘房整个结构可分为干燥室、散热管、送风设备三个部分。干燥室分2层，下面是烘房，高2m，上面是排气层。干燥室长5～7m，墙上有20cm左右的玻璃窗，窗外挂温度计，定时观察。散热管由2层竖立钢管组成，每行6根，上面焊接在2根粗20cm的横向钢管上，下面焊在10cm厚40cm²的钢板上。钢板下面是深60cm、宽40cm的火炕。火炕距离干燥室1m，坑墙外是烧火口，对面砌一个80cm²、高5m的烟筒与火炕相连。当生火时，热气通过钢管以辐射方式进入干燥室内，煤烟则从烟筒排出。送风设备是一台10kW电动机带动的大型电风扇。电风扇安装在距离散热管30cm处，在电风扇后墙上开一个50cm²的吸气孔，以增加通风量。电动机安装在灶外的

墙边。为了排除灶内水分，干燥室上部有 1 m 的排气层，在干燥室的另一端与下层相通，并在上方开 80 cm 的通天窗排出蒸汽。干燥室内设木质筛架，宽 180 cm，长 90 cm，放 8 层烤筛，烤筛层距 20 cm。为便于操作，在筛架上安 4 个滑轮，干燥室地面再铺 2 条钢轨，进出都很方便。

（七）采后管理

适宜的条件下，地栽灰树花可采收 3～4 茬。第一茬菇采摘完以后，要拣净碎菇片，清理好畦面，停水养菌 2～3 天，再按出菇管理条件进行出菇管理，经 15～20 天后，形成第二茬菇蕾。养菌期间，温度保持在 22～25 ℃，空气相对湿度控制在 70% 以下，采取加盖草苫等措施降低光照强度，适当通风。

让菌丝恢复生长，3 天后喷一次重水，继续按出菇前的方法管理，15～30 天后出下茬菇，但也有茬次不明显、连续不断出菇的情况。

三、露地小拱棚栽培模式

该模式也称为灰树花仿野生栽培，是河北省迁西县在室内养菌、室外出菇栽培模式的基础上发展起来的。栽培一次能出 3～5 茬菇，生物学效率突破了 100%，最高可达 128.5%。

优点是：设施简易投资小，生物学效率较高，适应范围广。利用地下挖槽保证温湿度要求，适应于各种地形、农家庭院、树下地块栽培（图 7-12-9、图 7-12-10）。

图 7-12-9 露地小拱棚外观

图 7-12-10 露地小拱棚内部

缺点是：对温度、湿度、光照控制能力弱，不适应规模生产和机械化管理。

原料准备、培养料配制、装袋、灭菌、接种、菌丝培养及后熟等过程同本节"迁西县反季节日光温室栽培模式"。出菇场地准备、排菌、覆土上水、包帮等过程与本节"迁西县反季节日光温室栽培模式"有所不同。

（一）出菇场地准备

灰树花脱袋入土栽培的时间掌握在 4 月。此期气温明显回升，5 cm 深地温达 10 ℃ 左右。菌袋入地后菌丝萌发生长，菌袋间逐渐连接为一体，这样不仅有利于出大朵菇，而且能提高抗杂菌能力。头茬菇单株朵大，产量高，质量好，可占总产量的 40%。选择好出菇场地后，按照要求做畦，对畦进行消毒，上面搭建遮阳网。

（二）排菌

将培养好的菌袋运送到出菇场地进行脱袋，然后按照每排 4 个菌袋一次摆放整齐。

（三）覆土上水、包帮

菌袋摆放好以后上面覆土（约 2 cm 左右）灌透水一次，用塑料薄膜或尼龙袋将坑槽四周包严，以防坑边土脱落造成局部覆土过厚。

（四）拱棚搭建

选择地势平坦靠近水源环境洁净的地方建小拱棚。一般用竹木结构，面积根据地方和材料可大可小。在选好的场地上挖成东西走向的小畦，长 2.5～3 m，过长不便管理而且通风不好，畦宽 45 cm 或 55 cm，深 25～30 cm，畦间距 60～80 cm，行间距 80～100 cm，可作为人行道，同时也有排水功能，在畦四周筑成宽 15 cm、高 10 cm 的土埂，以便挡水。

（五）摆设微喷管

小拱棚建好以后开始摆放微喷灌。选用直径 4 cm 黑质塑料喷灌管，沿管直线打喷头孔，孔间距 60～80 cm，长度根据小拱棚的长度决定。

（六）铺设石砾

摆放微喷管结束后，就可以在畦面上铺上一层薄薄的石砾，防止喷水时水溅到灰树花子实体上。

（七）出菇管理

出菇管理的关键是控温、通风、保湿。将棚内空气相对湿度提高到 80％～85％，棚内温度保持在 14～26 ℃（出菇期适宜温度为 16～20 ℃），并加强通风换气。一般经 30～40 天即开始现蕾。现蕾后可将棚内的空气相对湿度提高到 85％～95％。通常采用微喷的方法增加棚内的空气相对湿度，通过调节棚膜上的草苫进行通风并控制通风量大小和温度，但通风时应防止风直吹菇体，否则会造成菇体变色萎缩。出菇后要注意不可向袋口和菇蕾喷水，否则水渗入袋中会造成菇蕾萎缩，进而变质腐烂。

（八）采收

从下地到采收一般需要 40～50 天，当灰树花的叶片展开，孢子未弹射之前为采收适期。采收过晚孢子散出品质下降质量差。采收时，不要损伤菌盖，保证菇体完整。

（九）采后管理

采摘后要拣净碎菇片，清理好畦面。降低空气相对湿度并加强通风，使菌丝体获得充分的新鲜空气，随后进行补水让菌丝恢复生长。再把温度调整到 20～25 ℃，使菌丝体积累养分。待原基形成时，把温度再降至 16～20 ℃，空气相对湿度提高到 85％左右，促使菇蕾形成及子实体生长。一般经 15～20 天又可出第二茬菇。

四、中型拱棚密植栽培模式

中型拱棚密植栽培模式是从小拱棚栽培演化而来的，它选用竹竿或木板条来搭建。该模式的优点是：土地利用率达 90％，既节约土地又可降低投资成本，而且省工省时便于管理，采摘方便。这种模式还可以延长出菇周期，生长出的成品灰树花质量好。缺点是：抗风抗雨能力差。

中型拱棚（图 7-12-11）的搭建方法是：中型拱棚需要选择直径为 10 cm 以上的竹、木作柱，柱高 2.5～3 m，埋深 0.5 m，沿菇场四周每隔 3～4 m 立一柱，柱最好立在排水沟中，便于人行和操作管理。柱顶端或纵剖半圆形，便于固定横梁，把粗 8 cm 以上的横梁放于柱顶用铁丝扎牢。用遮阳率 95％的遮阳网遮阳，可在柱的顶端用 8 号铁丝，东西和南北向拉紧并固定立柱，然后将遮阳网固定在铁丝上，网距地 1.9～2m。在拱棚内挖出东西走向的小畦，畦宽 80 cm，深 8 cm，畦间沟宽 40 cm，排水沟的深度、宽度应根据土质、坡度、地势高低、地下水位高低而定，要求达到排、灌两便，雨季不积水。原料选择、培养料配方、接种、排菌、出菇管理等过程同本节"迁西县反季节日光温室栽培模式"。

图 7-12-11　中型拱棚内部

五、林菌间作栽培模式

该模式是在传统的露地小拱棚栽培模式基础

木腐菌生产技术

上改进的，它利用栗树的枝叶遮阳，避免高温影响，抵御自然风险能力强，可提高灰树花的产量和品质。同时，种植灰树花为栗树园增加有机肥，可极大地促进栗树的生长，实现双赢效益（图7-12-12）。

原料选择、培养料配方、接种、排菌、拱棚搭建、出菇管理等过程同本节"露地小拱棚栽培模式"。

图 7-12-12　林菌间作小拱棚内部

六、大棚床架立体栽培模式

浙江省庆元县的灰树花栽培技术不同于河北省迁西县的仿野生栽培（即露地小拱棚栽培），而是采用大棚床架立体栽培，不覆土出菇，菇体洁净，出二茬菇，生物学效率较低，一般为60%左右。但因所产灰树花菇形比较整齐，适宜出口干品的加工，所以仍被许多地方采用。

原料准备、培养料配制、装袋、灭菌、接种、菌丝培养等过程同河北省迁西县的仿野生栽培，但在子实体生长发育时期的管理有所不同。

（一）开袋

栽培出菇菌袋在 23 ℃左右培养 50 ～ 60 天，培养料表面菌丝隆起，此时将培养料温度降到 20 ～ 22 ℃，同时给予较强的光照，6 ～ 10 天后袋内出现灰黑色原基。待原基发育长大些，拔掉棉塞和套环，用塑料绳扎紧袋口后将多余的塑料剪掉，最后用刀片在扎口两侧的培养料顶面轻划 2 个 "X" 形划口。如果菌袋中的原基已顶到棉塞，则保留套环，以便让菇体从袋口长出。

（二）上架

将处理好的菌袋转移到光线充足、空气相对湿度80%以上、16 ～ 20 ℃的大棚内上架床，有利于灰树花菇体伸展；袋与袋间隔 3 cm，每平方米架床摆 4 ～ 5 袋。

（三）出菇管理

灰树花是最喜氧的食用菌，因此大棚的通气孔要长期打开使空气对流。通气窗口最好有纱网以防蚊蝇等害虫进入。此阶段管理技术的关键，就是如何调节通气与保湿之间的矛盾。天气晴干时，每天早、中、晚各喷雾水 1 次，空气相对湿度保持在 90% 以上，温度为 16 ～ 20 ℃。刮大风时可暂闭窗口保湿保温。

菌袋进棚上架 10 ～ 15 天后，灰黑色的菇蕾逐渐伸出菌袋，初期似脑状皱褶，分泌黄色液滴。此时若擦掉液滴则子实体停止发育，逐渐呈珊瑚形，菌孔显现。子实体长大后与料面角度变小，逐渐平展。过熟的菇体，其扇形菌盖向下垂卷，弹射孢子，菌盖色泽变白。

无覆土栽培的灰树花子实体由于无土层支撑，菌柄较长且菇形较小，但其基部洁净。要想增大子实体，则需增大菌袋培养料重量。日本工厂化栽培所用的菌袋，含干料 2 ～ 3 kg，比我国浙江庆元的菌袋重 1 ～ 2 倍。

（四）采收

菌袋上架 20 ～ 25 天后。子实体七八成熟就可采摘，要成熟一朵采摘一朵。采摘的标准以菇背侧刚见微孔为宜。头茬菇 200 g 左右，生物学效率 30% ～ 40%。

（周廷斌　彭学文　蔡为明）

第十三章　羊肚菌

　　羊肚菌人工驯化栽培已经有 100 多年的历史，被认为是世界难题，实现羊肚菌的人工栽培是人们梦寐以求的愿望。近年来，羊肚菌人工栽培取得突破性进展，商业化栽培在四川省农业科学院取得成功，大面积栽培的平均产量达到 200 kg/ 亩以上，部分地区可达 500 kg/ 亩以上，创造了显著的经济和社会效益。

第一节
概述

一、分类地位、资源分布与系统发育

（一）分类地位

　　羊肚菌隶属真菌界、子囊菌门、盘菌亚门、盘菌纲、盘菌亚纲、盘菌目、羊肚菌科、羊肚菌属，是羊肚菌属真菌的统称，因其子实体外观形似羊肚而得名。

　　拉丁学名：*Morchella* spp.。

　　中文别名：羊雀菌、羊肚蘑、包谷菌、麻子菌、狼肚等。

（二）资源分布与系统发育

　　羊肚菌资源分布广泛，是一类适应性较强的大型真菌，海拔 500 ～ 3 400 m 均有分布。常见于沙地、针叶林、针阔混交林地、林中草地、灌木丛或落叶林，河边沼泽、田间、菜地，火烧之后的林地，杨树、栎树、桦树为主的潮湿针阔叶林下的腐殖土，树势衰弱的树木，橡树、山胡桃树、榆树、

木腐菌生产技术

苹果园等地都有羊肚菌生长，Lonik 曾列出了 62 种发现羊肚菌的地方。我国河北、河南、山西、甘肃、吉林、黑龙江、云南、青海、新疆、江苏、四川、西藏、陕西等广大地区均有羊肚菌资源的分布。世界上羊肚菌资源量较大的国家有印度、巴基斯坦、美国、中国、加拿大、法国、德国。

根据英国真菌索引数据库最新的结果，基于欧美标本和发表的羊肚菌属下的分类名称已超过 320 个，除去错名、重名的情况，有效记录的羊肚菌物种单元约 250 种。

由于环境条件对羊肚菌子囊果的形状、颜色、大小的影响较大，同时用于区分羊肚菌物种的特征有限，一直以来，对于羊肚菌属的种类数量一直存在着较多的争议。现代生物技术的发展为探究羊肚菌的系统发育和分类提供了新的途径。根据 O'Donnell 等用 GCPSR 方法，基于 LSU，$ef1-\alpha$, $rpb1$ 和 $rpb2$ 这 4 个基因的核苷酸序列对欧洲为主的羊肚菌资源系统发育研究结果，将羊肚菌属分为黄色羊肚菌支系、黑色羊肚菌支系和变红羊肚菌支系，分别包含 16 个、32 个和 1 个物种。杨祝良课题组用类似的方法对我国羊肚菌属的物种研究表明：该属 61 个物种分别由黄色羊肚菌支系 27 个种、黑色羊肚菌支系 33 个种和变红羊肚菌支系 1 个种构成。认为我国共有 30 种羊肚菌，分布于北京、河北、河南、山东、山西、安徽、浙江、湖北、甘肃、陕西、新疆、台湾等地区。

当前 20 个系统发育物种有形态特征的描述，分别为黑脉羊肚菌、褐坑羊肚菌、头丝羊肚菌、隐形羊肚菌、小羊肚菌、泛美羊肚菌、中立羊肚菌、梯纹羊肚菌、杨柳半开羊肚菌、曲棱羊肚菌、点柄半开羊肚菌、变红羊肚菌、光柄半开羊肚菌、北方羊肚菌、七妹羊肚菌、六妹羊肚菌、粗柄羊肚菌、草原羊肚菌、绒毛羊肚菌、弗吉尼亚羊肚菌。这 20 个形态种有各自独特的形态特征，可以利用形态加以区分。

2010 年戴玉成等在《中国食用菌名录》中记录了在我国羊肚菌属种类 11 个，主要包括了黑脉羊肚菌、肋脉羊肚菌、粗柄羊肚菌、小羊肚菌、高羊肚菌、高羊肚菌紫褐变种、羊肚菌、羊肚菌坚挺变种、羊肚菌褐赭色变种、薄棱羊肚菌、普通羊肚菌。

杨祝良认为在羊肚菌属已知物种中，约 77.6% 的物种为地区特有种，22.4% 的物种为洲际广布种，分布最广的为黑色羊肚菌支系，呈现欧亚-东亚-北美间断分布格局。中国目前报道分布的 30 种羊肚菌，其中 20 个物种分布于中国-日本森林植物亚区，17 个分布于中国-喜马拉雅植物亚区，4 个分布于青藏高原亚区，4 个分布于欧亚森林亚区，仅 1 个物种分布于马来西亚亚区。推测中国-喜马拉雅植物亚区是羊肚菌在中国物种丰富度最高的地区，也是该属物种多样性分布中心。

二、营养价值与经济价值

（一）营养价值

羊肚菌在欧洲是仅次于块菌的美味食用菌，市场价格高昂，有"菌中之王""蕈中之后"的美誉，在美国被称为"陆地鱼"，一直被欧美等发达国家作为高级补品和接待贵宾的佳肴，有较高的营养价值。

羊肚菌味道鲜美，含有丰富的蛋白质、含有 7 种人体必需氨基酸、维生素和矿质元素，并有羊肚菌特有的氨基酸和功能成分。羊肚菌子实体含有丰富的蛋白质，如黑脉羊肚菌蛋白质含量 29.32%，粗腿羊肚菌蛋白质含量 28.88%。对 3 份四川人工栽培的羊肚菌样本蛋白质含量测定的结果显示，梯棱羊肚菌子实体鲜样蛋白质含量分别为 4.02%、3.24% 和 3.41%。

羊肚菌子实体中氨基酸含量较高，测定结果表明，3 份四川人工栽培梯棱羊肚菌样本谷氨酸含量占总氨基酸含量的百分比分别为 17.29%、15.02% 和 15.45%。与其他食用菌相比，羊肚菌谷氨酸含量较高，并有羊肚菌独有的脯氨酸类似物，这可能是羊肚菌味道鲜美的原因之一。1969 年，从羊肚菌和其相关种中分离了新的氨基酸，证实为顺-3-氨基酸-L-脯氨酸，该氨基酸在羊肚菌、尖顶羊肚菌和粗腿羊肚菌菌丝和子实体中呈游离状态，并可能存在于整个属中；1971 年，获得另一种新的氨基酸 Morchelline，高锰酸钾氧化后的产物为 β-丙氨酸和天冬氨酸；1981 年在羊肚菌中发现有一种类似氨基酸的物质，即开链式的 mycosporine-2；1983 年纯化获得了 γ-L-谷氨酰胺-顺-3-氨基-L-脯氨酸。人们还先后从羊肚菌菌丝或子实体中分离出了顺-3-氨基酸，α-氨基异丁酸和 2，4-二氨基异丁酸和具特殊的香味的脯氨酸类似物。

羊肚菌子实体中矿质元素和微量元素含量较高。其中钾含量达到 1 417.25～2 540.51 μg/100g。微量元素中铁的含量达到为 418.20～1 887.7 μg/100g。同时，羊肚菌子实体还含有维生素 B_1、维生素 B_2、烟酸、泛酸、维生素 B_6、叶酸、维生素 B_{12} 和维生素 B_7 等多种维生素。

羊肚菌含有丰富的多糖，是其主要的活性物质之一。研究表明羊肚菌多糖具有降血脂、增加小鼠非特异性免疫能力，对小鼠肝损伤有保护作用，可以促进小鼠细胞免疫功能，提高体液免疫功能，是一种比较有效的免疫调节剂。羊肚菌多糖能显著提高 S180 肉瘤小鼠的脾脏指数、T-淋巴细胞百分率和巨噬细胞吞噬率，能直接杀死小鼠恶性肉瘤细胞 S180，具有显著的抗肿瘤活性和增强免疫功能，同时研究还表明尖顶羊肚菌胞外多糖提取物具有促进 HSF 细胞增殖、胶原蛋白合成，延缓细胞衰老的作用，羊肚菌胞外多糖对小鼠恶性肉瘤细胞 S180 生长有抑制作用。羊肚菌多糖对埃希氏大肠杆菌、枯草芽孢杆菌、金黄色葡萄球菌以及放线菌的抗菌活性都比较强；羊肚菌多糖还具有抗疲劳、抗氧化、抗衰老功效。对羊肚菌多糖的提取与纯化、分子量测定和分子量分布的确定及提取的工艺研究等均有较多的报道。

从羊肚菌中还先后分离出吡喃酮抗生素的前体 1，5-D-脱水果糖，抗菌、抗病毒的活性成分。还从羊肚菌中分离得到一种效价比阿司匹林还高 2.57 倍血小板集落抑制因子，为今后抗栓药物开发提供

了新的信息。Iwahara 从羊肚菌培养液中得到一种黑色素形成抑制剂，可有效地防止脂褐质沉积、抑制黑色素形成的抑制剂。研究者从羊肚菌中获得了一种可以分解纤维素的复合酶并进行了纯化；先后分离了 γ-谷氨酰转肽酶并确定了其分子量；2000 年前后，研究者还对葡萄糖裂解酶、脂肪酸氧化酶等进行了分离纯化及特性的研究。

羊肚菌被证实有多种功效，《中华本草》记载羊肚菌消食和胃，化痰理气，主治消化不良，痰多咳嗽。可以增强免疫、抗辐射、抗肿瘤、保肝、促进胃排空与加强小肠推进，具有抑制胃酸的分泌，减少胃液量，减少溃疡面积，促进溃疡面愈合的作用。《本草纲目》记载羊肚菌甘寒无毒，益肠胃，化痰利气。当前的研究结果显示，羊肚菌含丰富的亚油酸，它可调节血脂浓度，使血脂浓度从异常的高水平降到正常水平，从而对动脉粥样硬化起着良好的预防作用。羊肚菌可以改善运动大鼠心脏和肝脏中血管收缩状态，使血管舒张，血供增加。羊肚菌有调节肠胃蠕动的功效，还对胃溃疡和胃黏膜具有保护作用。

（二）经济价值

羊肚菌子实体所含的香气物质、微量元素、单细胞蛋白、纤维素酶、食用色素等成分已陆续被开发利用，其中色素成分已用于医药、化工、纺织等行业，取得了较好的经济效益。但人们对于羊肚菌产品的开发还远远不够，随着羊肚菌人工栽培技术的发展和成熟，羊肚菌的活性物质进一步被开发利用，将会为我们带来更加丰厚的经济效益。

三、发展历程

人们采食野生羊肚菌历史悠久，由于野生采集受季节、气候等因素的影响，产量波动较大，所以羊肚菌只是少数人才可以享用的珍品，实现羊肚菌的人工驯化栽培一直是人们梦寐以求的愿望。

国内外开展羊肚菌的人工驯化栽培研究迄今已有 100 多年的历史。早在 19 世纪 90 年代，国外就

有羊肚菌人工栽培的尝试，进行了羊肚菌的室外和室内栽培研究，直到20世纪80年代，才开始有羊肚菌栽培成功的报道。至1982年，Ower等发明了羊肚菌人工栽培方法，以菌核为接种体获得了子实体，现代羊肚菌的人工栽培技术初具雏形。在羊肚菌的人工驯化中主要有以下事件：

Repin从1892年开始以培养多月的羊肚菌菌丝体作为菌种，在花盆中进行栽培试验，于1901年成功获得子实体；并且在经碳酸钙处理至碱性的干叶组成的苗床上和以苹果残物填满的山沟中也都获得了羊肚菌。

Baron dyvoire（1898）在5、6月将羊肚菌子实体组织块接种到菊芋畦中，秋天菊芋茎基四周施放苹果渣，1～2周后再盖上枯枝落叶。翌年春天除去枯枝落叶，在比较潮湿的条件下，羊肚菌菌丝体在这种培养料中蔓延生长，其后年年产生子实体。

Molliard（1904，1905）用苹果渣，Matruchat（1909，1910）用废纸浆和腐木混合物以类似方法栽培羊肚菌，都获得了羊肚菌的子实体。

刘波于1953—1954年4月中旬，在山西羊肚菌产区的自然条件下，进行了新鲜菌丝体人工栽培实验，并获得完全正常的第二代子实体。他的实验结论之一是从子实体组织块分离到的菌丝体移到自然条件下可以产生子实体。无论是天然的菌丝体、子实体或人工培养的菌丝体，在适当的条件下接种于林中腐殖质落叶层后，都能成活并长出子实体。

20世纪50年代末至60年代中期，美国、法国成功进行了羊肚菌深层发酵培养。

Ower（1982）首次进行室内栽培羊肚菌获得成功。他与G. Mills及J. Malachowski于1986年和1989年两次获得羊肚菌人工栽培的美国专利。他们发明的羊肚菌室内人工浅箱栽培，其技术关键是以菌核作为接种体，在栽培过程中提供一种非营养性的覆土层，促进小菌核的形成，然后通过降低外界环境营养物质和高湿环境刺激，促进羊肚菌子实体的产生。首次在人工控制条件下观察了羊肚菌

子囊果发育过程。

1990年，Volk和Leonard利用球根秋海棠半人工栽培获得羊肚菌，并总结出羊肚菌的生活史。

姚秋生（1991）以尖顶羊肚菌组织分离得到的纯培养菌丝体作为母种，以棉籽壳39%，青冈栎木屑39%，麸皮20%，石膏1%，砂糖1%（料∶水=1∶1）制作原种和栽培种。于3月接种在海拔485 m的梨园中，同年5月即获得了羊肚菌子实体。

Paul Stamets（1993）在铺上泥炭或杂木屑补以硫酸钙的火烧地栽培黑脉羊肚菌获得完全成功。他认为从白天到夜晚温度波动，一种生理节奏循环，对羊肚菌的形成和发育是至关重要的。室外羊肚菌菌床常伴有棕色杯菌等蘑菇生长，它们常作为"指示者"，说明这地方确实适于羊肚菌生长。且三角叶杨似乎是羊肚菌室外栽培的理想候选者。

卢亚兵（1993）研究发现羊肚菌菌丝体长满培养料后，一段时间的低温刺激是子实体形成的必要条件之一。认为自然发生过羊肚菌的腐殖质土内有某种特殊的物质存在，此物质是羊肚菌子实体发育的重要生长因子，并可能是生长在腐殖土内的某种真菌的代谢产物。

1993年，朱斗锡用泥土、植物有机质等为原料经控温、控湿培养获得羊肚菌子实体，并有关于获得羊肚菌的大面积栽培成功的文献或新闻报道。

陈惠群（1995）从1991年冬季开始播种，野外栽培尖顶羊肚菌，连续3年均获成功。试验面积由10 m²扩大到40 m²，每平方米产量最高达212朵。

董淑凤（1995）野外栽培羊肚菌仅获8株硕大的子实体。试验证明用组织分离的方法得到的羊肚菌菌丝体可以转化为子实体，并认为菌核阶段是转化成子实体的重要时期。菌核在外界适合条件下转变为子实体。当外界条件不适宜时，菌核就会老化，致使羊肚菌的人工栽培不易成功。

罗凡（1995）介绍四川省青川县菇农从1990年起开始探索羊肚菌的人工栽培技术，通过模拟野

生羊肚菌的生境，已成功地培养出了子实体，有的每平方米产量达 40 朵。在清溪菌种场曾发现一特大型丛生羊肚菌，由 64 朵组成，鲜重达 1.825 kg，是采用山上熬过香樟油后的经自然堆制的樟木渣作栽培原料人工栽培而成的。

李素玲等（2000）于 1995 年起开始对羊肚菌进行人工驯化栽培的研究，主要研究了羊肚菌和黑脉羊肚菌两个菌种在不同栽培原料上和不同栽培条件下菌丝的生长情况、菌核的培养特征以及子实体的形成特性。结果表明，菌核是羊肚菌子实体产生的重要标志和重要阶段；光照、温度和湿度是子实体形成的关键因子；北芪渣对菌核和子实体的形成有刺激作用；人工栽培适宜在杨树林地和苹果园进行；草木灰和杨树根土可促进羊肚菌子实体的产生。

"十五"期间，四川省将羊肚菌的人工驯化列入蔬菜（食用菌）育种攻关计划，四川省林科院谭方河等开展尖顶羊肚菌的人工驯化栽培，对菌丝体原生质体制备技术、菌株生物学特性等进行了分析，并在一定条件下，获得羊肚菌子实体。

李峻志等（2001）于 2000 年 3 月初在商洛地区的试验点播种，至 4 月成功地栽培出了分化完全的羊肚菌子实体。这次单例的成功既支持了以往研究中杨树环境、桐树环境、火烧灰环境及充分的雨水对羊肚菌子实体发生的积极作用，又否定了羊肚菌子实体的发生必须经过越冬长达 7 个月的积温变温的生理过程这一理论，认为无须越冬的长时间低温刺激就能获得分化完全、生长成熟的子实体。

赵琪（2003）采用纯培养的尖顶羊肚菌菌丝体播种在农田和退耕还林地，再加少量圆叶杨作辅料，2004 年获得成功。

Miller（2004）申请了变红羊肚菌人工种植的美国专利，其栽培方法的一个显著特点就是在羊肚菌菌丝生长阶段必须与植物（包括榆树、桃树、松树、苹果树等）相互作用，才能形成羊肚菌子实体。栽培过程主要包括：第一，接种羊肚菌菌丝于植物幼苗的根系；第二，通过萎蔫处理接种树苗使其刺激菌丝形成菌核；第三，诱导菌核产生羊肚菌子实体。该项技术获得美国专利（6907691B2），并创办了 Diversified Natural Products (DNP) Company。

2008 年朱斗锡介绍了他在 1992 年栽培的羊肚菌形成子实体，2007 年攻克了大田栽培关键技术，直接生产成本 1 000 元 / 亩，产量达到 50 ～ 150 kg/ 亩；采用的栽培方式为室外荫棚畦式栽培，播种后覆盖腐殖质和落叶，保持湿度。

赵琪等 2009 年报道了利用圆叶杨进行尖顶羊肚菌仿生栽培技术，由于需要消耗大量木材，难以大面积应用。

2013 年四川省农业科学院土壤肥料研究所食用菌研究团队通过在羊肚菌新品种选育和大田栽培技术上的创新，利用农林副产物，开展大田覆土栽培，选育出第一个梯棱羊肚菌新品种——川羊肚菌 1 号，并通过四川省农作物品种审定委员会的审定，该菌种出菇稳定且产量达到 75 kg/ 亩以上。2014 年在四川新都柑橘林下创造 337.5 kg/ 亩的高产纪录，实现羊肚菌的商业化栽培。川羊肚菌 1 号的选育在国内外羊肚菌的驯化研究中具有十分重要意义，是羊肚菌人工栽培成功的标志性事件。

回顾历史可以发现，羊肚菌的人工驯化经历了漫长、曲折的过程，对羊肚菌的生态环境、生理要求、营养结构、菌种驯化、培养料配方和栽培管理等方面进行了深入细致的研究，并在一定的条件下培 育出子实体。先后有尖顶羊肚菌、粗柄羊肚菌、黑脉羊肚菌等栽培成功的报道，但出菇的稳定性和丰产性一直是阻碍羊肚菌商业化栽培的两大难题。

四川省农业科学院土壤肥料研究所在多年开展羊肚菌的种质资源评价的基础上，确定梯棱羊肚菌为驯化对象，并建立相应的配套栽培技术模式。2011 年，在四川新都四川省农业科学院示范基地栽培 12 个菌株共 10 亩，部分菌株形成子实体，且产量较高，具有栽培价值；2011—2012 年在四川省农业科学院实验基地，羊肚菌成功出菇；2012 年冬至 2013 年春，四川省农业科学院土壤

木腐菌生产技术

肥料研究所在四川金堂赵家播种川羊肚菌1号品种，结合转化袋的作用，矮棚栽培羊肚菌产量达到150 kg/亩以上，实现人工栽培的盈利；2013—2014年继续在金堂、甘孜等地种植羊肚菌13.33 hm²，栽培初具规模，出菇良好，产量稳定上升；2014—2015年在金堂示范推广面积超过100 hm²，平均出菇产量达到200 kg/亩，部分种植地区平均产量超过350 kg/亩，高产田块可超过500 kg/亩，连续3年在四川金堂的稳定出菇，表明羊肚菌作为一种可商业化栽培的种类，驯化获得成功。2015—2016年，四川羊肚菌栽培面积超过1 000 hm²。目前该品种及配套技术已辐射到四川及周边地区，国内部分适宜地区已开始规模种植，带动全国形成了羊肚菌栽培的热潮。2015年四川省农业科学院发掘并评价了另一个可以大面积人工栽培的羊肚菌新类群——六妹羊肚菌（图7-13-1），在四川金堂、甘孜等地示范成功，为羊肚菌人工栽培家族再添新成员。

图7-13-1　六妹羊肚菌

四、主要产区

当前羊肚菌主要有野生和人工栽培两种方式，野生羊肚菌产区分布较广，在我国由南到北的广大地区均有分布。人工栽培的羊肚菌发源于四川、云南等地，云南羊肚菌的栽培主要利用圆叶杨

进行仿生栽培。四川以金堂、甘孜州泸定县、绵阳北川等地为代表，进行羊肚菌的大田人工栽培，据不完全统计，2015年四川羊肚菌栽培面积达到1 000 hm²，是羊肚菌栽培面积最大的省份。近年来羊肚菌的人工栽培辐射到河南、湖北利川、福建等广大地区，吉林、青海、新疆、甘肃、西藏等地栽培获得成功，面积迅速扩大。基于羊肚菌较强的适应性和驯化栽培技术的快速发展，有理由相信，羊肚菌的生产在未来几年将会以四川为中心逐步地辐射全国适宜地区。

五、发展前景

羊肚菌具有较广泛的适应性，在平原、丘陵、山区和高原地区均可以采用相应的技术进行人工种植，栽培规模可大可小，投入可多可少，管理和采收方便，产品鲜销和干制均可。可充分利用林下资源，或与粮食作物、经济作物种植轮作、套种，消耗秸秆资源，获得较高的收入，是种植增收的优选项目。

羊肚菌的大田栽培季节在11月至翌年4月，不影响水稻和玉米的生产，因此，可在水稻和玉米收获后进行羊肚菌种植，在保证粮食生产的同时，提高农户的收入，是稳粮增收的首选项目。

羊肚菌栽培还处于起步阶段，高产稳产技术研究还需要进一步加强，产量潜力还具有进一步发掘的可能。但目前因羊肚菌栽培操作简单，不需要过多的设备投入和无菌操作的培训，易学易推广，迅速在适宜地区扩大了栽培面积。

随着栽培技术的成熟，羊肚菌工厂化、设施化栽培将会迅速被提上日程，实现在人工控制下的周年栽培，将在更大程度上满足市场的需求。

按照2014—2015年140元/kg的价格，平均产量150～200 kg/亩，纯收入可10 000～20 000元/亩。在栽培水平较高和环境条件适宜的地区，产量可达到500kg/亩以上，纯收益可达到60 000元/亩，羊肚菌作为传统的名贵珍稀食用菌具有较大的消费市场和突出的经济效益，吸引了较多的企业和种植户，具有较广阔的发展前景。

第二节
生物学特性

一、形态特征

在羊肚菌从孢子到孢子的生长发育过程中，一般认为大体上经历了孢子萌发、菌丝融合、菌核形成、子实体发生、发育至成熟等过程。不同种类的子实体形态及发育有一定的区别，各个阶段的特征结构也各不相同。

（一）菌丝体

羊肚菌菌丝透明，但较为粗大，在培养皿上生长的菌丝可以用肉眼较为清楚地识别出来。菌丝交织成为菌丝体，菌丝体黄白色或黄褐色，菌落绒毡状或絮状（图7-13-2），有或无气生菌丝，有的菌株气生菌丝絮状，集中或分散分布平板上，有的菌丝分泌色素。菌丝多核，有分隔，有分枝，宽 $5 \sim 10 \mu m$。羊肚菌菌丝生长速度较快，每天平均生长 $1 \sim 2$ cm。Volk 等研究结果显示，羊肚菌菌丝在 CYM 培养基上，$22 \sim 25$ ℃条件下每小时生长可达 $0.4 \sim 0.5$ mm，即使在 4 ℃低温条件下，$12 \sim 15$ 天也可长满直径 8.5 cm 的平板。

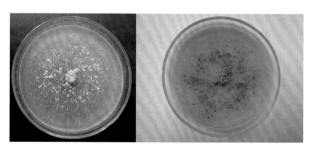

图7-13-2　培养 7 天与 10 天的梯棱羊肚菌菌落形态
（陈影　摄）

羊肚菌菌丝包被细胞壁，细胞壁的主要成分为蛋白质、多糖、葡萄糖、几丁质、甘露糖、半乳糖，少量的磷酸盐，不含脂类物质。菌丝分隔、分枝、多核和较易融合联结是羊肚菌菌丝生长的特点（图7-13-3）。Volk 在 1990 年对羊肚菌菌丝的细胞学研究时发现，羊肚菌细胞内平均有 $10 \sim 15$ 个细胞核，最少 1 个，最多的可达 65 个。通过细胞核的染色，有时可在菌丝或菌核或子实体不孕的细胞中发现配对的细胞核，其余没有配对的单倍体核继续存在于细胞中，羊肚菌异核体的形成及其作用目前尚未有充分的研究。

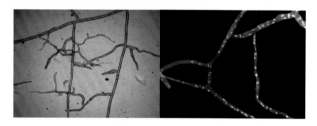

图7-13-3　梯棱羊肚菌菌丝显微形态及细胞核荧光染色
（陈影　摄）

（二）子实体

羊肚菌子实体形态受环境影响较大，目前对羊肚菌子实体形态的描述是不充分的，对羊肚菌的形态有准确描述的仅 20 种，约占已知羊肚菌种类的 1/3。

羊肚菌子实体形态因环境条件、物种和菌株的差异而有较大的不同，Volk 和 Leonard 等 1989 年根据菌盖近中部与菌柄是否分离、菌盖边缘是否明显向外伸展、菌盖的形状和颜色、盖表棱纹排列和凹坑的深浅，以及根据成熟时子囊果的子实层和菌柄变红与否等特征，将羊肚菌分为 4 个类群：黑色羊肚菌类、黄色羊肚菌类、半开羊肚菌类和变红羊肚菌类。不同类型的羊肚菌子实体色泽差异较大，同一类群的羊肚菌子实体色泽还受遗传、发育阶段、光照、土壤条件等影响。

野生状态下，羊肚菌子实体单生或丛生，子实体形态大体分为羊肚形状的菌盖部分和圆柱状的菌柄两部分。菌盖圆锥形、近圆柱形或二者之间的形状，中空；表面凹凸不平，有较多的小坑，形似

木腐菌生产技术

羊肚，在肚状凹褶的两侧产生子囊；边缘与菌柄相连。菌柄中空，圆柱形，白色或黄白色，表面有颗粒状突起或无，基部膨大或不膨大。

刘蓓等（2009）对滇西北地区羊肚菌、高羊肚菌、黑脉羊肚菌和尖顶羊肚菌子囊果的形态进行了测量和统计分析，多样性分析结果显示，不仅不同种羊肚菌具有不同的特征，种内不同个体之间在外观形态上亦差异较大。人工栽培的羊肚菌与野生状态下的子实体比较，形态具有相对的稳定性，但不同子实体之间，部分指标仍具有较大的变化幅度。

人工栽培的梯棱羊肚菌子实体分为菌盖和菌柄两部分，菌盖和菌柄内部中空。菌柄白色或黄白色，梯棱羊肚菌菌柄均匀分布了细小的颗粒，基部膨大或不膨大，长度因生长时的温度和覆土层的情况而有较大的变化。菌盖深褐色至黄褐色，棱纹明显，有蜂窝状的凹坑，凹坑的深浅因品种、栽培模式和环境有一定的差异。

梯棱羊肚菌子实体形态：子囊果中等大，高5～18 cm。菌盖近圆锥形，偶不规则，高3～10 cm，直径2～5 cm，中空，表面凹陷，呈蜂窝状；幼时浅灰褐色，成熟时橄榄色或浅褐色。菌柄长3～9 cm，直径2～4 cm，灰白色或米白色，被细颗粒或粉粒，空心。子囊近柱状，孢子8个，单行排列。子囊孢子椭圆形，光滑，19～22μm×10～12μm。

六妹羊肚菌子实体形态：子囊果中等大，高5～12 cm。菌盖近圆锥形，高3～8 cm，直径2～5 cm，中空，表面凹陷，呈蜂窝状；幼时灰白色、灰色，成熟时灰褐色至黑褐色略带红色色调。菌柄长3～6 cm，直径2～3 cm，光滑，白色。子囊近柱状，孢子8个，单行排列。子囊孢子椭圆形，光滑，18～23μm×10～14μm。

（三）子囊及子囊孢子

羊肚菌子囊着生于子囊果肚状凹褶的两侧。子囊棒状，无隔，具一层壁，子囊顶部有囊盖，在特定的时候开裂，弹射孢子（图7-13-4）。羊肚菌子囊中一般含有8个子囊孢子，子囊孢子椭圆形，

多数子囊中的8个孢子不是完全发育良好，发育良好的孢子具有3层壁，内容物与核质丰富。

经Volk等观察，羊肚菌子囊的形成，经历了有丝分裂、细胞核融合和减数分裂等过程。子囊母细胞为多核细胞，两个配对的细胞核向子囊母细胞顶端移动，之后融合形成一个大的二倍体细胞核，随后发生减数分裂、有丝分裂，成熟的子囊包含有8个子囊孢子，Maire 1905年报道了子囊孢子含有8个细胞核。羊肚菌子囊为单囊壁，有囊盖，孢子成熟后经子囊盖，弹射出体外。另有研究显示，成熟的子囊孢子有15～30个单倍体核，孢子萌发形成多核或多倍体菌丝。

图7-13-4　子囊及子囊孢子（陈影　摄）

（四）菌核

羊肚菌菌丝在适宜的条件下，生长至一定阶段形成菌核是许多羊肚菌菌落的特点之一。菌核大小、分布、色泽等差异较大。Volk的研究结果显示，在CYM培养基中添加2%的羊粪，或者在低温下培养菌丝长满平板即会产生菌核。在PDA培

养基上，菌丝常温培养也较易产生菌核。适宜条件下，菌丝在平板上生长7天左右，可见菌核生长，菌核初期为白色、白黄色或黄色细小的绒毛状凝聚物，逐渐转为白色、褐色或金黄色（图7-13-5）。

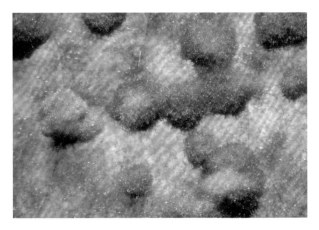

图7-13-5 平板上的羊肚菌菌核形态（陈影 摄）

菌核较为坚硬，均匀或集中分布在平板中央或外缘。显微镜下观察，菌核为有分枝的粗壮细胞（图7-13-6）。羊肚菌菌核为假菌核，是菌丝反复分枝联结而成的，形状不规则，外表有较坚硬的"壁"。构成羊肚菌菌核的菌丝也为多核。菌核可贮存脂类、油滴等物质，是羊肚菌抵御低温和干燥等不良条件而具备的特殊结构。在适宜的条件下，菌核可萌发形成菌丝，Volk认为菌核萌发的菌丝可分为两种：一种菌丝与菌核形成前的菌丝一致，称为myceligenic germination；另一种菌丝萌发后可产生子实体，称为carpogenic germination（图7-13-7）。

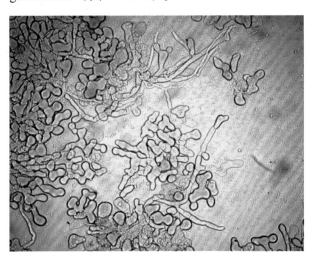

图7-13-6 羊肚菌菌核的显微形态

图7-13-7 固体培养料上的羊肚菌菌核形态

菌核阶段一直被认为是形成子实体的关键阶段。Ower在1982年，利用菌核作为接种体，成功培育形成子实体。因此，菌核成为之后羊肚菌研究的重点内容之一，人们对羊肚菌菌核的形成、温度变化、干湿变化和酸碱度变化对菌核的影响均有较多的分析。发现不同的碳源和氮源对于菌核的形成具有明显的差异，添加天冬酰胺或天冬氨酸可促进菌核的形成，在培养基中添加草木灰、磷酸二氢钾和硫酸镁，采用综合PDA培养基，以及利用恒温培养有利于菌核的形成和发育。进一步的研究还发现，产菌核和不产菌核的菌株在胞外酶系活力上有明显的差异，不同的羊肚菌菌株形成子实体的能力有差异，尖顶羊肚菌单孢按照培养特性可分为9类。单孢杂交后菌核形态、菌丝形态、生长势及产菌核能力会消失和发生转移。石灰、火土、杨树浸泡液对羊肚菌菌核的萌发和出菇均有不同程度的刺激作用。

（五）分生孢子

Alexopoulos、Masaphy等先后对羊肚菌的分生孢子进行过描述，当菌丝在土壤表面生长后，会产生分生孢子。Masaphy（2010）以菌核为接种体，经适当的水分管理2～4周后，实验条件下变红羊肚菌形成子实体。据此提出羊肚菌子实体的形成有5个阶段：菌核的形成，菌核的萌发，无性孢子的形成，原基形成和子实体的形成。首次提出了无性孢子是羊肚菌子实体形成的必要条件。Stamets报道在室外栽培羊肚菌，接种木屑后会产生分生孢子。在人工栽培中，菌种播种到土壤后，逐渐在土

木腐菌生产技术

壤表层形成白色粉状的分生孢子。分生孢子的多少因菌株和物种的不同而有非常显著的差异，随着生长时间的增加，白色的分生孢子逐渐变少，至出菇阶段，基本消失，但也有部分品种的分生孢子会留存至出菇阶段。显微镜下的分生孢子轮枝状着生在孢子梗上。分生孢子圆球形，数量较多（图 7-13-8）。对于分生孢子的细胞核数量和分生孢子与子实体形成之间是否具有某种联系尚未有相关报道。

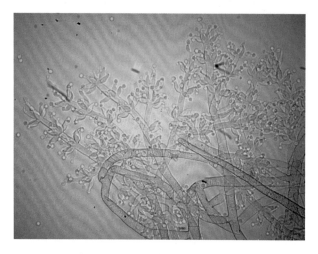

图 7-13-8　显微镜下的分生孢子

二、生活史

成熟羊肚菌子实体产生子囊孢子，子囊孢子萌发长出菌丝，菌丝在适宜条件下形成菌核，由菌核萌发形成无性孢子，完成羊肚菌的一个生活史。

羊肚菌生活史与其他担子菌类食用菌相比具有非常显著的差异，同时由于研究的欠缺，对生活史中的一些环节还存在不同观点和争议。

羊肚菌的生活史较为复杂，20 世纪 90 年代，Volk 通过系统研究提出羊肚菌的生活史，2007 年 Pilz 总结新的资料，在 Volk 的基础上补充了羊肚菌的生活史。羊肚菌生活史从孢子到孢子的发育过程，包括了有性生殖和无性生殖阶段。前期研究认为羊肚菌是菌根菌，需要与植物根部形成菌根或在火烧的土壤中形成子实体。

Pilz 认为含子囊孢子的子实体成熟是羊肚菌有性生殖完成的表现。一般认为，羊肚菌减数分裂前的配对可进行自体配对和异体配对。子囊释放子囊孢子，单倍体的子囊孢子在适宜条件下萌发，形成多核菌丝，菌丝结合形成异核体菌丝。菌丝可与活的植物形成外生菌根，或腐生在死树根上，并能在灌木的次级根上形成菌丝套，通过菌核的形成，最终发育形成子实体。

1982 年，Ower 利用菌核为接种体，培养获得羊肚菌子实体。Volk 认为，羊肚菌子囊孢子萌发产生的初级菌丝，经与另一孢子萌发的初级菌丝融合产生次级菌丝，次级菌丝形成菌核，由菌核产生子实体，并且认为菌核是羊肚菌子实体形成的必需阶段。

当羊肚菌子囊孢子成熟，每一个子囊孢子内并不是单一的细胞核，Weber 认为含有 15 ～ 30 个单倍体细胞核，孢子的萌发形成多核的菌丝，每一个细胞均含有减数分裂时形成的单倍体核，菌丝有隔，隔上有洞，一些目前尚不清楚的生理过程控制着营养物质、水分、细胞质和细胞核的移动。

羊肚菌子囊孢子萌发后，有时并不与另一单倍体菌丝融合形成二倍体，而是与异核化的菌丝融合，被认为与提高其适应环境的能力有关，因为这样的菌丝与二倍体菌丝比较有更丰富的遗传多样性。羊肚菌子实体由异核化的菌丝形成，即使紧密邻近的羊肚菌也具有明显的遗传差异。羊肚菌菌丝是多核的，且这些多核并不是来源于同一单倍体核，典型的羊肚菌菌丝含有来源不同的单倍体核，共同存在于羊肚菌菌丝中。

研究显示羊肚菌的菌核是一些结构紧密的菌丝团，没有组织的分化，被认为是假菌核。羊肚菌初级菌丝和次级菌丝均可形成菌核。两种可亲和的不同交配型的初生菌丝融合产生次生菌丝，由次生菌丝直接产生菌核，菌核或是重新萌发出新的菌丝体，或是在适宜的条件下产生出子实体。对于初级菌丝形成的菌核能否发育形成子实体，还需要进一步的研究。

羊肚菌无性繁殖是由菌丝形成孢子囊梗，进而形成分生孢子，孢子成熟后散出。初生菌丝可以产生分生孢子，由分生孢子再萌发长出新的菌丝，也可以在适宜的条件下形成菌核以抵御不良环境和越冬。Pilz认为羊肚菌的单核子囊孢子经人工驯化栽培技术的发展，可以让人们在更加可控的条件下分析羊肚菌的生活史。四川省农业科学院的研究显示，当前已成功实现商业化栽培的梯棱羊肚菌和六妹羊肚菌均可以营腐生生活，生活史的完成不需要其他寄主植物的参与。同时，在羊肚菌菌种播种进入土壤之后，逐步生长发育并形成子实体，其间并没有发现大量菌核的形成，有理由相信，羊肚菌的菌丝可能已经生长成熟，直接进入子实体的生长阶段，不必经过菌核阶段。同时也观察到，不同于Volk的描述，菌丝播种到土壤内，次生菌丝也可形成明显的分生孢子。

三、营养

（一）营养类型

羊肚菌的营养类型一直是一个颇有争议的问题，在相当长的一段时间内，人们认为羊肚菌为菌根菌，可与松科植物形成外生菌根，并从兰科植物根部DNA中扩增到羊肚菌ITS序列。利用同位素对羊肚菌营养类型分析得到不同的结果，Hobbie（2001）、Baynes（2012）等认为羊肚菌为腐生菌，但李青连等认为羊肚菌有腐生菌，也有菌根菌。有学者提出，羊肚菌生活史中既有腐生阶段，又有菌根菌生长阶段。基于以上的观点，在羊肚菌的驯化栽培中，沿着这一技术路线，开展了较多的利用菌根菌技术进行驯化栽的研究工作，2004—2005年，Miller报道了利用变红羊肚菌菌丝侵染植物根部形成菌根，培养获得羊肚菌子实体，获得美国专利（6907691B2）。对六妹羊肚菌的营养类型分析结果显示，火烧可促进六妹羊肚菌、粗柄羊肚菌侵染早雀麦的根部，形成菌根。近年来六妹羊肚菌在四川大面积人工栽培成功的事实表明：六妹羊肚菌侵染寄主形成菌根，并不是出菇的必需条件。

据推测，羊肚菌中可能包含不同营养类型的物种，分别具有腐生、共生或兼性共生特性，由于研究不足，尚未有定论。根据对四川羊肚菌人工商业化栽培物种的研究结果表明，在我国目前的羊肚菌种类梯棱羊肚菌和六妹羊肚菌应为腐生类型，在生长过程中不需与植物建立共生关系也能完成生活史。

（二）营养条件

1. 碳氮源　羊肚菌生长可利用的碳氮源较广，在多种真菌培养基上都能生长。羊肚菌能较好利用的碳源有玉米粉、淀粉、麦芽糖、果糖、松二糖、蔗糖、葡萄糖和糊精等，甘露醇不宜作为羊肚菌的碳源。

羊肚菌菌丝在不同氮源培养基及无机氮培养基中均可生长，对氮源要求不严格，较好的氮源是天冬氨酸、半胱氨酸、丙氨酸、谷氨酸、天冬酰胺、尿素、硝酸钾、硝酸钠、亚硝酸钠及各种铵盐等。尿素和硫酸铵是较差的氮源，柠檬酸铵、硫脲、盐酸羟胺及2–盐酸肼对羊肚菌有毒害作用。

不同的碳源和氮源对羊肚菌菌核的形成有较大的影响，Kanwal的研究结果显示，核糖、纤维二糖、半乳糖、木糖和蔗糖甘露醇可使粗柄羊肚菌产生奶油色的较大菌核，对于供试菌株高羊肚菌核糖、半乳糖和山梨糖则易产生较小的菌核和色素。氮源对于菌核的形成表现为：以鼠李糖、甘露糖、果糖、可溶性淀粉、山梨糖为碳源不能形成菌核，以酪蛋白、胰蛋白胨、亚硝酸钠、氯化铵为氮源未发现菌核的形成。碳源和氮源也影响了羊肚菌菌丝胞外酶的活性。

生物信息学的研究结果显示，羊肚菌木质素降解酶种类和基因拷贝数远低于平菇，只有漆酶基因，无锰过氧化物酶和木质素过氧化物酶基因，对木质素分解的催化体系有缺陷。

2. 维生素　有研究者认为羊肚菌是一种维生素自养微生物，维生素 B_1 和维生素 B_2、泛酸、烟酰胺等对它的生长无作用，酵母提取液可抑制羊肚菌生长。但也有研究报道维生素 B_1、维生素 B_2、维生素 B_6、维生素 H、叶酸对羊肚菌菌丝有明显的促进作用，而维生素 B_{12} 和维生素 C 则有抑制作用，可能因不同种类的羊肚菌而出现差异。根据作者的研究，羊肚菌菌丝生长不需添加维生素。

3.矿质元素　有研究表明，适量的锌、铜、硒等微量元素对羊肚菌菌丝生长有积极的作用，但羊肚菌菌种制作、栽培过程中原料和土壤中均含有丰富的矿质元素，在栽培过程中不需要特别添加。

4.其他　许多研究者都发现譬如木材提取液、苹果提取液、番茄汁、麦芽提取液等对羊肚菌生长有促进作用，这可能是由于它们提供了某些生长活性物质。羊肚菌菌丝在平板上较难发现分生孢子，而在土壤中则较易形成，推测土壤中含有对于羊肚菌分生孢子的形成有促进作用的物质，或土壤条件更适宜于孢子的形成。

人工栽培羊肚菌需要转化袋。即使在羊肚菌菌丝在土壤中生长后，放置在土壤表面有一定配方要求的培养料，转化袋对于羊肚菌子实体的发生有促进作用，没有转化袋的作用，羊肚菌出菇不稳定、产量低和子实体畸形，其作用机制目前不是很清楚，有待进一步的研究。

四、环境条件

自然条件下，羊肚菌分布范围极广，对不同的环境条件具有较强的适应性。一般在石灰岩、白垩纪土壤中分布，土壤 pH 6～8，含水量 56%～65%。羊肚菌的发生与环境温度和湿度有十分密切的关系，一般产生在每年春季 4～5 月或秋季 8～9 月，温度不高于 20 ℃的地区，6～8 月也偶尔可见羊肚菌的发生。四川省凉山州盐源县、会东县和冕宁县等地秋季发生的羊肚菌为七妹羊肚菌等种类。在美国及加拿大南部地区，从每年2 月底至 6 月中旬均有羊肚菌的发生。

人工栽培羊肚菌需要一定的环境条件，这种环境条件因栽培种类而有一定的变化。当前报道的可人工驯化栽培的羊肚菌种类不多，文献报道了尖顶羊肚菌和粗柄羊肚菌等种类的驯化研究，在杨树

下、火烧土等环境中发生羊肚菌子实体，并模拟该环境条件进行羊肚菌的仿生栽培。美国实现人工栽培的羊肚菌为变红羊肚菌，在国内目前人工栽培种类主要为梯棱羊肚菌和六妹羊肚菌。

赵琪等报道了尖顶羊肚菌仿生栽培，需要以圆叶杨为原料。梯棱羊肚菌和六妹羊肚菌在沙性、透气、肥沃的土壤中生长较好，菌丝培养阶段对温度的敏感性低于出菇阶段，在原基形成和子实体发育阶段，超过 20 ℃、低于 5℃均不利于子实体的生长。

（一）土壤

从栽培技术方面分析，土壤是羊肚菌生产不可缺少的条件，不同的土壤类型可能导致最终产量的明显差异。羊肚菌的栽培以沙土、菜园土为佳。一般水稻田内的土壤也较适宜于羊肚菌的栽培，过于黏重或板结的土壤不太适宜进行羊肚菌的人工栽培。

土壤应充分打碎，若土块过大，在土块缝隙中形成的原基不易生长出土面，或致子实体畸形。也可以在土壤中添加部分有机肥用于改良土壤，对于促进羊肚菌子实体的发生和提高产量有一定的效果。

四川省农业科学院土壤肥料研究所食用菌课题组在四川经 2～3 年的试验栽培，表明实行稻菌轮作，收获水稻后进行羊肚菌的栽培，至翌年 3～4 月，羊肚菌收获后，播种水稻，可以充分利用土地，保证粮食生产和食用菌栽培。同时经轮作后的土地，未发现羊肚菌产量的明显降低，但有待于进一步的证实。

（二）温度

自然条件下，不同的羊肚菌出菇季节有较显著的差异，多数的种类在春季出菇，秋季也有部分种类出菇，在云南就至少有 3 个物种在夏天出菇。但总体分析，羊肚菌为中低温出菇类型较多，一般小环境温度不能过高，在温度偏高的地区，羊肚菌的自然发生较少。

对粗柄羊肚菌的研究认为，羊肚菌菌丝在 4～30 ℃范围内均可生长，在 4～25 ℃，随着温度的升高，菌丝生长速度上升较快，而在

25 ～ 35 ℃，随着温度的升高，菌丝生长速度降低。粗柄羊肚菌菌丝体在 20 ～ 25 ℃生长较快。

梯棱羊肚菌属偏低温型真菌。孢子萌发适宜温度为 15 ～ 20 ℃。菌丝体生长温度为 3 ～ 28 ℃，适宜温度为 18 ～ 22 ℃；低于 3℃或高于 28 ℃生长缓慢或停止生长，30 ℃以上甚至死亡。子实体生长温度为 10 ～ 22 ℃，适宜温度为 15 ～ 18 ℃；昼夜温差大，能促进子实体形成，但温度低于或高于生长范围均不利于其正常发育。

谢放等 2010 年的研究结果表明，恒温有利于菌丝的生长，变温有利于菌核的形成。经验认为，冬季低温条件下菌核的形成有利于子实体的发生。但自然界中不乏秋季出菇的种类，对于羊肚菌在生产中是否需要一段时间的低温刺激，尚未有相关的报道。

四川省农业科学院土壤肥料研究所食用菌课题组对羊肚菌的栽培研究发现，羊肚菌原基形成和子实体分化所需的温度有差异：在原基形成阶段，过低温度不利于原基的生长和分化；原基形成和子实体生长阶段，过高或过低的温度均会造成子实体的枯萎和死亡。

（三）水分

水分是羊肚菌栽培最关键的因素之一，直接影响羊肚菌产量和栽培的效益。有专利报道可通过淋水刺激子实体的形成，基于此，在羊肚菌驯化的栽培管理中，许多人采用注水、灌水和浸泡的方式，但实践证实这种方式具有相当的风险性，稍有不慎，即会颗粒无收，因此，在生产管理中，我们不推荐羊肚菌栽培进行泡水的方式。

在自然条件下，降水量的多少可影响羊肚菌的发生时间、数量和种类、子实体大小、色泽及发生地点等。羊肚菌适宜在较湿润的环境中生长。菌丝体生长的培养基含水量为 50%～80%，最适含水量为 65%；子实体形成和发育阶段，适宜空气相对湿度为 85%～ 90%。

羊肚菌菌种播种后，可喷水 1 次，保持土壤的湿度，促进菌丝生长；播种后 4 ～ 5 天，可再喷水 1 次；在温度逐渐回升至 12 ～ 15 ℃之前，喷重水 1 次，促进原基的形成；之后，保持水分含量，但不能喷水过多，土壤含水量或空气相对湿度过高，会出现原基和子实体的死亡。在子实体生长阶段需要充足的水分，可通过喷水或喷灌的方式进行水分管理。

（四）空气

羊肚菌是好氧性真菌，菌丝体生长、菌核的形成和子实体生长发育需要通气性良好。菌丝体培养阶段，氧气不足，斜面上菌核形成时间延迟，菌核少或小。出菇阶段，二氧化碳浓度过高时，还会出现出菇缓慢，子实体瘦小、柄长盖小的畸形菇，甚至腐烂的情况。因此，充足的氧气对羊肚菌的正常生长发育必不可少。

（五）光照

自然条件下，羊肚菌子实体一般发生在通风良好有散射光照射的林间草地，菌丝体生长阶段不需要光照，光照过强则会抑制菌丝生长，羊肚菌菌丝在黑暗和光暗交替的条件下均能生长，长速存在较显著的差异。在黑暗条件下，菌丝长速比光暗交替时快，且气生菌丝较旺盛。子实体形成和生长发育需要一定散射光刺激，"三分阳七分阴"，光照太弱或太强均不利于子实体的形成。覆盖物过厚、树林过密或太阳直射的地方都不适宜羊肚菌生长，天然林或人工荫棚下的散射光较好。光照影响菌核的形成，散射光的刺激有利于菌核的形成。据观察，在遮光不足的棚内栽培羊肚菌，可能会有杂草较多的现象，影响羊肚菌的生长。

光照的强弱也影响子实体的色泽，光强色深，光弱色浅。菌丝体生长不需要光照，菌丝在暗处或微光条件下生长很快。

光照还可影响子实体的生长方向，生产观察显示，羊肚菌子实体有较为明显的向光性，子实体向光源方向生长。

（六）酸碱度

羊肚菌菌丝在 pH 4 ～ 11 均可生长，适宜 pH 5 ～ 8，在 pH 6 ～ 7.5 生长较快。子实体发生的土壤 pH 6～8。试验结果显示，具有不同出菇能力的羊肚菌在不同 pH 的培养基上，呈现较为显著的生长速度的差异。

（七）其他

在人工栽培条件下，播种在土壤中的菌种，靠自然条件产生子实体的概率偏低，不能作为商业化生产，需要在栽培过程中添加促进子实体形成的转化袋促进菌丝的生殖生长。转化袋的创新利用是羊肚菌人工栽培成功的关键环节之一，但作用机制不清，生产中转化袋的使用还存在较大的盲目性，亟待进一步的研究。

第三节
生产中常用品种简介

当前羊肚菌品种选育主要靠采集野生羊肚菌子实体，经多孢分离或组织分离的方法获得纯培养，再通过系统选育获得。在全国范围内，目前已有 4 个羊肚菌新品种通过了四川省农作物品种审定委员会的审定。还有部分生产中使用的菌株，在四川金堂赵家、甘孜等产区均表现较好，可作为生产用种的选择。

一、认（审）定品种

（一）川羊肚菌 1 号（川审菌 2013007）

川羊肚菌 1 号是四川省农业科学院土壤肥料研究所和四川金地菌类有限责任公司从四川省阿坝州理县通化乡采集分离的羊肚菌子实体，通过多孢分离和组织分离获得，经鉴定为梯棱羊肚菌。2013 年通过田间技术鉴定，2014 年通过四川省品种审定。

该品种子实体散生或群生；子囊果黑色、尖顶，长 4～6 cm，直径 4～6 cm；菌褶有蜂窝状凹陷，似羊肚状；菌柄中生、白色，长 5～7 cm，直径 2～2.5 cm，有浅纵沟，基部稍膨大；产量高，菇形好。菌丝体生长温度为 5～30 ℃，适宜温度为 15～20 ℃；子实体生长温度为 5～20 ℃，适宜温度为 10～15 ℃。菌丝体生长的培养基含水量为 50%～80%，最适含水量为 65%；子实体形成和发育阶段，适宜空气相对湿度为 85%～90%。

2011—2013 年在四川成都、金堂和华阳 3 个试验点的试验，川羊肚菌 1 号产量稳定，平均产量 150 kg/亩以上。栽培主料为木屑，辅料为麸皮、石灰、石膏等。自然条件下适宜在 11 月播种，翌年 2～3 月出菇，大田覆土栽培。出菇期间温度控制在 8～20 ℃，空气相对湿度 85%～90%，光照强度 10 lx 以上，通风良好，保持空气新鲜。四川适宜盆地及盆周山区均可种植。

（二）川羊肚菌 2 号

川羊肚菌 2 号是从阿坝州小金县新格乡采集的高羊肚菌中分离获得的。子囊果中等大，高 8～15 cm，盖部高 3～12 cm，直径 2.5～5 cm，长形至近圆锥形，下部边缘与菌柄相连，黄褐色，由近放射状的长条棱形成蜂窝状。菌柄长 5～12 cm，直径 2～4 cm，近白色，被细颗粒或粉粒，空心，与野生状态基本一致。该菌株是典型的腐生真菌，菌丝多在腐熟培养料上生长。属于偏低温型真菌，孢子萌发温度为 12～21℃，适宜温度为 15～18 ℃。菌丝体生长温度为 3～27 ℃，适宜温度为 15～21 ℃。子实体生长发育温度为 10～20℃，适宜温度为 12～18 ℃。菌丝体生长 pH 为 4～9，适宜 pH 为 5～8。从接种到出菇的生育期为 120 天左右。

经过在崇州和绵阳 2 个区试点的多点试验，平均产量 130 kg/亩。菌丝体在棉籽壳发酵料培养料和麦粒＋发酵牛粪粉培养料上能够萌发、生长，且在麦粒＋发酵牛粪粉培养料上生长良好。10 月下旬播羊肚菌菌种，11 月中下旬（40 天左右）播种伴生菌。保持土壤湿度。沿厢拱架盖遮阳网遮阳并防止雨水冲刷菌床。在环境温度 10～20 ℃时，四川省大部分地区都可生产。

（三）川羊肚菌 3 号

川羊肚菌 3 号是四川省农业科学院土壤肥料研究所与四川金地菌类有限责任公司联合选育的梯棱羊肚菌新品种，2014—2015 年经过在四川金堂、甘孜和宣汉等地的大面积栽培，证实具有较为广泛的适应性。

该品种从四川青川县青溪镇野生采集，经分离纯化并进行系统选育获得，子实体中等，单生或丛生；高 8 ～ 15 cm；子囊果不规则圆锥形、长圆形，长 4 ～ 6 cm，直径 2 ～ 4 cm，表面形成许多凹坑，似羊肚状，浅棕色；菌柄白色，中空，长 5 ～ 7 cm，直径 2 ～ 2.5 cm，有浅纵沟，基部稍膨大。子实体形态田间表现一致，性状稳定（图 7-13-9）。

图 7-13-9　川羊肚菌 3 号出菇情况

（四）川羊肚菌 4 号

川羊肚菌 4 号是四川省农业科学院土壤肥料研究所与四川金地菌类有限责任公司联合选育的梯棱羊肚菌新品种，2014—2015 年在四川经过大面积栽培，证实品种商品性较好，产量和品质表现均较为突出。

该品种从四川青川县青溪镇野生采集，经分离纯化并进行系统选育获得。菌株子实体单生或丛生；子实体较小或中等，高 5 ～ 10 cm；子囊果不规则圆形，卵圆形，长 3 ～ 5 cm，直径 2 ～ 4 cm，表面形成许多凹坑，似羊肚状，深棕色或黑色；菌柄白色，中空，长 4 ～ 6 cm，直径 1.5 ～ 2 cm，有浅

纵沟，基部稍膨大。子实体形态田间表现一致，性状稳定。

二、未认（审）定品种

六妹羊肚菌

六妹羊肚菌是四川省农业科学院 2015 年新推出的羊肚菌栽培新种类，是可人工栽培的另一个新羊肚菌类群。该类群的羊肚菌耐高温的能力较强，在超过 20 ℃的条件下，不影响子实体的发育，同期播种的六妹羊肚菌和梯棱羊肚菌，六妹羊肚菌出菇晚，对温度的变化不如梯棱羊肚菌敏感。不足之处是子实体稍易碎（图 7-13-10）。

图 7-13-10　六妹羊肚菌出菇情况

六妹羊肚菌子实体颜色偏红褐色，成熟后褐色，与梯棱羊肚菌比较，菌盖偏细长，顶部圆锥形，菌肉较厚，菌柄中空、洁白、光滑无颗粒。

第四节
主要生产模式及其技术规程

目前羊肚菌的人工栽培能稳定出菇的方式有大田栽培、利用圆叶杨栽培和美国利用菌根菌栽培的

木腐菌生产技术

生产模式。利用圆叶杨栽培的生产模式由于对树木的砍伐和对环境的破坏，已逐渐被大田栽培的生产模式替代，2013年后基本不再应用。美国变红羊肚菌的室内栽培和利用菌根菌栽培的生产模式因各种原因未能大面积应用。

一、圆叶杨仿生栽培模式

该种模式主要见于云南。根据赵琪等介绍，2008年已在云南等地示范推广约20 hm²，基本稳产，干品产量可达到135 kg/hm²，按照10 kg鲜菇制成1 kg干品折算，平均产量约合羊肚菌鲜品1 350 kg/hm²。

（一）菌种制作

野外采集的生长健康、无病虫害的子实体经组织分离或多孢分离获得母种，用PDA培养基扩繁获得二级种。二级菌种在22～25 ℃条件下培养，该温度下菌丝生长速度较快，每天可生长0.91 cm，且菌丝健壮，菌苔较厚。超过25 ℃不易培养出优良菌种。栽培种的培养采用杂木屑78%、麸皮20%、蔗糖1%、石膏1%的配方，在此条件下，羊肚菌吃料较快，菌丝封面快，菌丝洁白浓密，出现菌核的时间最短，45天左右可以使用。

（二）场地选择

栽培场地的选择一般为土质肥沃的沙壤土为宜，红壤黏土掺加山积土也可，板结的土壤不利于子实体的形成，沙性太强影响菌丝的萌发和扩展。

（三）适时播种

8～10月中旬为播种时间。将菌种、山积土、杂木屑、火土、水泥等混合，与菌材圆叶杨一起埋入土中，形成金字塔形的土堆。在这一过程中，需要注意的是：菌材为20～40年树龄的圆叶杨，每亩需要菌材4 m³；菌种、火土、水泥等用量适宜均匀；种植密度为堆距40 cm，行距50 cm；覆土2～3 cm，保证菌种菌材充分接触，但不影响羊肚菌出土。

（四）日常管理

春节前简单水分管理，保证土壤水分含量不低于40%。春节后需要集中使用遮阳网遮阳。2月下旬开始增加土壤水分至70%～80%。一般3月开始有少量出菇，4月中旬前后为高峰，5月底结束。根据管理水平的差异，一般产量3～9 kg/亩。

据介绍，在这种栽培过程中，若改用其他的原料替代圆叶杨，羊肚菌产量会有明显的降低甚至绝收，因此该种模式对圆叶杨有较大的依赖性，存在着产量的不稳定性和对环境的破坏，有待进一步的改进。

二、稻菌轮作大田栽培模式

该种模式是当前的主要栽培模式，发源于四川。根据四川省农业科学院土壤肥料研究所羊肚菌课题组在四川金堂、甘孜等地的种植，一般鲜菇产量可超过175 kg/亩，管理水平较高地区，鲜菇产量可以超过500 kg/亩。由于生产栽培过程主要原料为农林废弃物和小麦等，极大地提高了示范推广的可能性。近年来，在国内适宜地区均有种植。

羊肚菌的该种模式（图7-13-11），主要特点是与水稻轮作，利用水稻田冬季闲置时间，进行羊肚菌的栽培。四川及周边地区的种植季节安排，一般是在水稻收割后的10～11月播种，翌年3～4月采收结束。因此，羊肚菌的生产不影响水稻的种植，同时水稻采收后的秸秆可以用作羊肚菌栽培的原料。通过几年的实践，证实这种模式设施简单，投入可大可小，是目前推广面积最大的栽培模式。

图7-13-11 稻田羊肚菌栽培

（一）搭棚

大田栽培羊肚菌需要搭建简单的棚架，便于翌年种植结束之后拆除。可根据具体的条件搭建高4 m或以上的高棚、棚高2 m的中棚或棚高0.75 m左右的矮棚。中棚和矮棚以竹竿做支架，用一层遮阳网覆盖棚外，以遮挡阳光直射。高棚需要以钢架为支撑。

1. 矮棚　是四川省农业科学院在羊肚菌栽培之初采用的模式，棚高0.75 m，宽1 m，长度随地势而变。矮棚可分为圆顶矮棚（图7-13-12）和平顶矮棚（图7-13-13）两种，因圆顶矮棚在利用喷灌设施进行水分管理时，容易造成水分分流，造成棚顶正下方土壤水分不足，因此四川羊肚菌的矮棚栽培以平顶矮棚居多。矮棚便于冬季覆盖薄膜保温，但因通风和降温条件不足，栽培的羊肚菌在出菇阶段子实体易受高温突然升高的影响，因此，在温度升高之前，需覆盖草苫。当前林下行间栽培仍采用矮棚，但在面积较大的栽培中，一般不采用。

图7-13-12　圆顶矮棚

图7-13-13　平顶矮棚

2. 中棚　羊肚菌中棚栽培便于管理，已逐渐成为重要栽培设施类型（图7-13-14、图7-13-15）。中棚一般高2 m，用竹竿作为支架，用托膜线作为遮阳网的铺设依托，搭建平顶棚，成本较低，搭建方便且便于拆除后进行水稻生产，便于喷水设施的安装，人员的出入、采收和观察，在气候温和地区大面积栽培多以中棚为主，但在冬季寒冷的地区，不便于保温。

图7-13-14　中棚外观

图7-13-15　中棚内部出菇场景

3. 高棚　为尖顶或平顶的钢架大棚，矢高4 m左右，搭建成本较高，适于长期使用或采用蔬菜大棚改造后使用（图7-13-16）。

图7-13-16　高棚内部

木腐菌生产技术

（二）整地做畦

翻耕疏松土壤，需要将土块均匀打碎，颗粒不能过大，否则会影响后期的出菇。为了便于操作，整地做畦也常在搭建大棚之前进行。开畦面宽度为 0.8～1.2 m，长度不限；畦面与畦面之间留宽 40～60 cm、深 15～20 cm 的过道。顺着畦面开 2～3 条沟或横着畦面每隔 30 cm 开一条沟，深 5～8 cm（图 7-13-17 至图 7-13-19）。

图 7-13-17　整地做畦

图 7-13-18　横开沟

图 7-13-19　竖开沟（唐杰 摄）

（三）上料播种

羊肚菌播种期选择在温度稳定在 10～15 ℃期间。四川平原、丘陵地区播种期适宜安排在 11～12 月，出菇期间为翌年 2～3 月。在冬季温度较低的地区，播种季节应适当提前，播种时间延后可能会影响出菇。

羊肚菌栽培种播种量按 500 瓶/亩。将菌种从菌种瓶内挖出，加 0.2% 拌种剂拌湿混匀后，均匀地播种在沟内，覆土并整平厢面。播种后的土壤必须保持一定的湿度。

在一些生产中，为了减少栽培的环节，也采用菌种撒播，以旋耕机将菌种和土壤混匀，也能达到预期的效果。

为了促进羊肚菌菌丝的生长，有的栽培者会将经配方和处理的农林副产物或有机肥作基料，铺在沟底部，厚 2～3 cm，含水量 60%～65%，对羊肚菌产量的提高有促进作用。

（四）发菌培养

播种后在温度、水分管理适宜的情况下，20～30 天，可见土层表面长满白色的粉状物（图 7-13-20），这是羊肚菌菌丝的分生孢子，分生孢子的多少与品种和环境有关，与子实体的形成似乎无直接的联系。菌丝的生长需要一定的温度和湿度，在冬季寒冷的地区，适当提前播期有利于羊肚菌子实体的产生，推测可能与菌丝在土壤内生长足够的数量，或形成足以抵挡严冬的菌核有关。菌丝生长的好坏与子实体的产量高低密切相关。

图 7-13-20　土层表面的白色粉状物

（五）摆转化袋

转化袋的摆放是羊肚菌人工栽培技术的重要环节，也是羊肚菌实现商业化栽培的重要技术创新，是羊肚菌生产过程中的特殊要求。对于转化袋的作用机制目前还是一片空白，有人认为转化袋是营养袋，也有人认为转化袋是促进菌丝富营养化和由营养生长向生殖生长转变的中转站。一般在菌丝及孢子生长后，在土壤表面摆放转化袋，促进羊肚菌子实体的形成。

播种后 25～30 天，无论白色粉状孢子出现或不出现，均需要摆放转化袋。转化袋所用培养料的成分各异，以适宜羊肚菌菌丝生长的培养料配制，经灭菌后使用。

在播种沟或土壤表面摆放转化袋，转化袋割袋立放或打孔横放均可（图7-13-21、图7-13-22），划口或扎孔面向下，稍微压紧与土壤表面接触，间隔30 cm放置一袋，放置转化袋1 800～2 000袋/亩。菌丝逐渐向转化袋内生长，转化袋内菌丝初期白色，后期变为黄褐色。土壤表面的分生孢子消失或留存。条件适宜时，在菌袋周围形成羊肚菌原基并发育形成子实体。转化袋在土壤表面放置保持1～2个月，正常情况下，转化袋的重量有明显的减少。

去除转化袋的时间应在羊肚菌原基形成之前，一旦原基形成，去除转化袋的操作将会十分困难，因稍不留意将会大量损伤原基，因此在一些种植地区可以放置至羊肚菌采收结束。但转化袋在田间放置时间过长，容易滋生病虫杂菌，可能会导致严重后果。

图7-13-21　割袋立放　　图7-13-22　打孔横放

（唐杰 摄）

（六）水分管理

栽培面积较大时，应安装微喷灌设施，便于水分的管理（图7-13-23）。在日常水分管理过程中，必须保持土壤湿润。在气温逐渐回升，稳定在12 ℃前10天左右，逐渐加大水分管理，喷重水1次，促进原基的发生（图7-13-24）。

图7-13-23　喷淋增湿

图7-13-24　原基形成

（七）出菇管理

出菇期棚内温度控制在8～20 ℃，空气相对湿度85%～90%，保持畦面土壤湿润，光照控制在"三分阳七分阴"，避免阳光直射，保持通风良好、空气新鲜。子实体原基产生、生长和成熟，均需要保持土壤的湿润，但水分过重会导致菇蕾死亡或菌柄基部发黄和腐烂。

羊肚菌为好氧性真菌，在子实体形成期间，必须保持空气新鲜。在温度回升较快的地区，一般羊肚菌可采收一茬子实体，但对于温度稳定时间较长地区，羊肚菌可以采收二茬甚至三茬。

三、林下、行间栽培模式

在树冠生长相对茂密的树林下或在行间较宽的果树林间栽培羊肚菌均取得了较好的效果。林下栽培羊肚菌需要树种对水分耐受性相对较高，在羊肚菌出菇期间水分较重的阶段，不影响树木的生长。同时树木需要发育到一定阶段，林下具有适宜于羊肚菌菌丝和子实体生长发育所需的光照，并避免阳光的直射。

柑橘林和天竺桂林下栽培可在林间搭建小拱棚或者利用树干为支撑，离地2 m左右加盖一层遮阳网，保持林间的通风透气（图7-13-25至图7-13-27）。林下栽培的品种、栽培季节和操作环节与大田栽培基本一致。

木腐菌生产技术

图 7-13-25　天竺桂林下架的遮阳网

直射。这种栽培模式的大棚造价较高，但在金堂赵家等地的栽培证实，蔬菜棚栽培羊肚菌冬季的保温效果较好，可有效促进菌丝生长，羊肚菌生长较好。

利用塑料大棚种植羊肚菌（图 7-13-28、图 7-13-29）可取得较好的效果，但设施的投入相对较高，其种植方式与稻菌轮作模式大体相似，但由于塑料大棚可在一定范围内实现对温度的控制，在菌丝培养和出菇管理阶段更能体现出优越性，有利于取得较好的栽培效果，但不利于轮作栽培的实施。

图 7-13-26　林下栽培的羊肚菌

图 7-13-28　大棚纵向栽培

图 7-13-29　大棚横向栽培

五、其他栽培模式

羊肚菌的栽培模式多样，除了上述模式，一些生产者还利用层架筐式、床式及草莓套种的模式栽培羊肚菌，均获得了成功（图 7-13-30 至图 7-13-32）。

图 7-13-27　柑橘林间矮棚栽培的羊肚菌

四、塑料大棚栽培模式

羊肚菌的栽培也可利用冬季闲置的蔬菜大棚，若温度过高或光照较强，可以在大棚内部 80～100 cm 的上方加盖一层遮阳网，减少阳光的

图 7-13-30 层架筐式栽培

图 7-13-31 层架床式栽培

图 7-13-32 草莓套种

需要注意的是，在与其他作物套种时，应避免二者对环境、水分的要求不一致而损害其中一方的产量，或因植保措施的不当引起产品的农药残留超标，危害消费者的健康。

羊肚菌工厂化栽培也是目前受到广泛关注的内容，利用工厂化设施和工艺进行栽培技术的研究，需要品种、技术和工艺等配套，是具有发展潜力的栽培模式，目前相关的研究已引起了诸多爱好者的重视，相信在不久的将来，羊肚菌的工厂化生产将逐渐提上日程。

六、采收及烘干

子实体出土后，在温度、水分适宜的条件下7～10天便生长成熟，当羊肚菌蜂窝状的子囊果部分已基本展开时及时采摘。按照目前采收和出口的要求，以菌盖部分不超过6 cm为佳（图7-13-33），对于子实体本身较大的品种，可以适当放宽标准。采收时，用小刀沿着菌柄基部横切，基部见空，不能封闭，将泥脚留在土层中，避免泥土污染子实体，造成泥沙对产品的污染。

图 7-13-33 采收后的鲜羊肚菌

采收后用于鲜销的子实体应用塑料筐分级摆放，及时销售。用于干制的产品，应及时风干，或烘干，保持菇形的完整和菌盖的饱满（图7-13-34至图7-13-36）。

木腐菌生产技术

烘干可采用简易烘干机。将采收的新鲜羊肚菌单层平铺在烘烤层架上，共14层。放进烘箱后，前4 h温度不超过35 ℃，4 h后烘箱内下层温度不超过50 ℃，9～10 h后，下面4～5层即可抽出（视情况而定），抽出后上层剩余依次下移，上面继续添加新菇。4～5 h后再取出下面4～5层（视情况而定），此时下层温度为保证高效烘干可保持50 ℃，同时上层鲜菇部分温度不得超过35 ℃，烘干时干品菌柄白色最佳，温度过高可致柄部发黄、菌盖内部仍有少量水分残留，从而影响后期产品贮藏。烘干标准以单手紧握单个烘干子实体，轻轻用力捏后子实体不会变形为准。

图 7-13-35 羊肚菌晒干

图 7-13-34 风干产品

图 7-13-36 烘干产品

（彭卫红 唐杰 何晓兰 陈影 姜邻 甘炳成）

第十四章　猴头菇

　　猴头菇是我国著名的食药兼用菌，因其营养丰富，味道鲜美而与熊掌、海参、鱼翅并列中国四大名菜，素有"山珍猴头""海味燕窝"之美称。随着人们保健意识的增强，传统山珍猴头菇必将受到更多消费者的青睐。

第一节
概述

一、分类地位

　　猴头菇隶属真菌界、担子菌门、蘑菇亚门、蘑菇纲、红菇目、猴头菌科、猴头菌属。

　　拉丁学名：*Hericium erinaceus*(Bull).Pers.。

　　中文别名：猴头菌、花菜菌、对脸菇、刺猬菌、山伏菌、阴阳蘑。

二、营养价值与经济价值

（一）营养价值

　　猴头菇为名贵高档菜肴，肉质鲜嫩，味道鲜美，其营养价值居菌类之首，为高蛋白、低脂肪、营养丰富的"天然食品"，被誉为"素中荤""植物肉"，常食猴头菇有滋补强身作用。现代营养学家认为，猴头菇是药膳皆宜的理想保健食品。据测定，每100 g猴头菇干品含蛋白质26.3 g，脂肪4.2 g，碳水化合物44.9 g，粗纤维6.4 g，水分10.2 g，磷856 mg，铁18 mg，钙2 mg，维生素B_1 0.69 mg，维生素B_2 1.89 mg，胡萝卜素0.01mg，维生素 B₃ 16.2 mg，热量 1 351.432 kJ。它还含有 16 种氨基酸，其中 7 种属人体必需氨基酸，总量为 11.12 mg。根据测定可以看出，猴头菇含有的脂肪、磷、维生素 B₁ 等，与目前人工栽培的各类食用菌相比，均居首位。

（二）经济价值

猴头菇有独特的药用经济价值。中医认为，猴头菇性平、味甘、无毒，具有利五脏、健脾益胃、降胆固醇、抗癌、保肝等功能，适用于消化不良、体质虚弱等病症。现代医学研究证明，猴头菇子实体内含有多肽、多糖和脂肪族酰胺等物质，具有抑制癌细胞、增强细胞活力、美容健体、延年益寿的作用，并且还能诱导干扰素的产生，增强巨噬细胞和淋巴细胞活性，增加重要器官的循环血量。猴头菇还具有滋补强壮、调节血液循环和增强免疫作用。用猴头菇的培养菌丝体制成的"猴头菇菌片"，用于临床，不仅是治疗胃痛、胃闷胀、胃窦炎和慢性胃炎的特效药，而且对治疗胃癌、贲门癌、食道癌等消化系统的恶性肿瘤有效率达 69.3%，其中疗效显著的占 15%，且没有一般化疗药物的毒性反应；猴头菇还是著名中成药"胃乐新"的主要原料；近年开发的"猴头菇口服液"也深受消费者欢迎。民间用猴头菇治病的方法甚多，如将猴头菇水发后切片，水煎服，黄酒为引，或猴头菇炖鸡汤服，治疗消化不良、胃溃疡、神经衰弱、身体虚弱等症。

三、发展历程

猴头菇的人工栽培较晚。20 世纪 60 年代以前主要是野外采食。1959 年，我国开始人工驯化；1960 年，我国食用菌专家陈梅明先生在黑龙江省从采集的野生猴头菇中分离出猴头菇的纯菌种，经过驯化后用木屑作代料首次栽培成功；1975 年，河南省南阳市环城公社北关七队在《微生物学通报》（1975 年第 4 期）上发表文章《利用棉子壳培养药用与食用真菌》，首次记载了猴头菇驯化栽培情况。1978 年，徐序坤等选育出了生产周期短、产量高的"常山 99"猴头菇菌株，解决了猴头菇栽培推广中需高产优质的菌种问题，并且试验成功了用金刚刺酒糟栽培猴头菇的方法；1979 年，猴头菇开始规模栽培并使我国产量位居世界各国之首；1984 年，严济慈题词："常山猴头、浙江一宝。"1983 年，由李志超等编著的《猴头栽培技术》，对猴头菇生产技术的传播起着重要作用。20 世纪 90 年代以前是用瓶子进行猴头菇子实体培养，90 年代之后改用塑料袋栽培。

猴头菇现已成为我国一种重要的人工栽培食用菌，2007 年全国猴头菇产量 5.7 万 t（鲜品），2010 年增长至 12.7 万 t，年均增长率 55%，其中产量较大的是黑龙江、广东、福建、山东、河南、湖南、浙江、江西等地。

我国黑龙江小兴安岭和完达山出产的猴头菇最负盛名。黑龙江省海林市猴头菇具有毛短、单个重量大、内部实心硬实、口感好、无苦味、营养丰富等特点。2010 年以来，海林市大力推广猴头菇标准化生产，市财政列支专项经费，用于支持标准化示范园区、菌包厂的建设。2005 年海林猴头菇种植区被国家标准委员会定为国家级猴头菇标准化示范区，2007 年海林被中国食用菌协会认定为"中国猴头菇之乡"，2013 年，海林市建成超千万袋生产规模的猴头菇专业村 4 个、猴头菇标准化示范园区（图 7-14-1）8 个，猴头菇生产总量突破 6 000 万袋，鲜品产量达到 3 万 t，占全省总产量的 84.8%，连续 7 年猴头菇产量位居全国第一，实现产值 23 000 万元，人均增收 1 700 余元；海林市还大力发展猴头菇产品精深加工带动基地建设，产业龙头发展到 37 家，形成了北味、森宝源等食用菌龙头产业集群。海林猴头菇以品质优良而享誉全国，产品销往全国各地，并出口到日本、韩国等国家和地区。

20 世纪 80～90 年代初，常山县的猴头菇闻名全国，产量位居世界之首，但因种种原因，其后规模逐渐萎缩直至剩下一些零星栽培。据报道，

2011 年以来，常山县有人提出复兴常山猴头菇的计划，现正付诸实施。2012 年，福建古田县吉巷乡前坑村 90％以上农户种植猴头菇，现有食用菌菇房 1 000 多间，其中猴头菇专用菇房 110 多间，被称为"猴头菇之村"，该村采用"猴头菇—银耳"一棚两用、高效种植的栽培模式，年食用菌总产量 1 500 多 t，年产值可达 3 400 多万元。

图 7-14-1　海林市模范村猴头菇示范园区

为提高猴头菇生产的标准化水平，黑龙江、甘肃、四川、浙江、河南、新疆等地均发布了猴头菇生产地方标准、规范。

2017 年我国猴头菇鲜菇产量达到 8.68 万 t，黑龙江、福建、河南等省超过 1 万 t。

四、主要产区

我国幅员辽阔，四季分明，加之猴头菇对培养料适应范围广，凡是富含纤维素、半纤维素的农副产品下脚料，其物理结构、营养结构略加调整，几乎都能被用来栽培猴头菇。因此，我国各省、区、市均可依据当地气候、原料资源条件进行猴头菇栽培。目前，我国的猴头菇栽培，主要以季节性栽培为主，工厂化栽培还处于探索阶段。猴头菇自然季节栽培在我国可划分为东北、南方和中部三大产区，各产区都具备地理、资源、气候等不同优势。

（一）东北产区

东北产区主要分布于东北大、小兴安岭及长白山区，自然发生多，也有较久的栽培历史和栽培习惯。黑龙江省海林市猴头菇全国闻名，现已成为全国最大的猴头菇主产区。东北森林资源丰富，是我国粮食主产区，主要栽培原料为木屑、玉米芯、米糠或麸皮等。东北较为冷凉的气候资源较适宜猴头菇栽培，出菇期较长。主要栽培品种为"牡育猴头 1 号""俊峰 2 号""俊峰 3 号"等。栽培模式以海林市的短袋栽培、菌袋立摆、袋壁一孔出菇为主。东北地区以秋季栽培为主，7 月中旬至 8 月上旬接种，8 月下旬至 9 月下旬是猴头菇出菇的适宜季节，出菇期可到翌年 3 月；东北地区春季较短，为了充分利用春季自然气候出菇，可在人工加温条件下发菌，自然条件下出菇，春季栽培一般在 2 月底 3 月初接种，发菌完成后，3 月底至 6 月底正值自然条件下适宜出菇的时期，生产成本低，效益高。目前东北一次种植两茬出菇较为普遍，即利用春季低温季节种植，一茬菌袋安排在 5～7 月出菇，另一茬菌袋采取越夏措施，初秋出菇。产品以干品销售为主，销往全国各地及日本、韩国等；鲜品主要销往哈尔滨、大连、长春、北京、天津等国内各大中城市。

（二）南方产区

南方产区主要包括福建、浙江、四川、广西、湖北等地区，以福建省古田县、浙江省常山县猴头菇最具代表性，采用同栽培香菇相似的长袋栽培法，层架出菇，主要栽培原料为棉籽壳、木屑、米糠、麸皮，三穴接种，从接种穴出菇，出菇口朝下。古田县主要栽培品种猴头 911，常山县主要栽培品种猴头 99。由于当地原料资源较少，所用棉籽壳均是从外地调入，而近年棉籽壳价格较高，造成菇农生产成本大幅度提高。近年在广西、浙江等桑蚕产区，已开发利用桑枝屑替代阔叶树木屑栽培猴头菇。南方各省气候温暖，相对潮湿，适合猴头菇生长发育的自然季节较长，总体上春季 2～4 月，秋、冬季 10～12 月是多数省份猴头菇自然条件下出菇的适宜季节。如果结合地理优势，利用高海拔和防空洞等特殊环境优势，基本可达到周年生产。南方各省猴头菇产品也是以干品销售为主，主要产品销往国内各大中城市。

（三）中部产区

中部产区包括河南、河北、山西、山东、陕西等黄河中下游地区的省份，中部产区是我国猴头菇传统产区，栽培范围广，栽培历史悠久，栽培模式多样，以短袋栽培墙式出菇为主、长袋栽培层架出菇为补充。中部产区原料资源丰富，主要原料为棉籽壳、玉米芯、木屑、麸皮等。由于自然气候条件适宜，每年可栽培两次，秋季栽培接种时间为8月中旬至9月中旬，9月中旬至11月中旬适宜出菇，接种较晚时，翌年3月采菇结束；春季栽培接种时间为1月下旬至2月下旬，2月下旬至5月中旬适宜出菇。产品以干品本地销售为主，主要销往郑州、石家庄、济南、西安、武汉等大中城市，鲜品在本地市场有零星销售，不成规模。

五、发展前景

任何一个产业的形成都会经历由诞生到成熟的发展历程，都有其阶段性的发展模式。其发展速度的快慢、前景的好坏，取决于该产品对人类回报率的高低。目前，我国的猴头菇产业正在展现出良好的发展前景，主要体现在生产经营模式和市场需求两个方面。

（一）生产经营模式

猴头菇行业主要存在四种生产经营模式，即传统农户生产模式、公司＋农户生产模式、公司＋专业合作社＋农户生产模式和工厂化生产模式（图7-14-2）。其中猴头菇工厂化生产模式是具有现代农业特征的产业化生产模式，其采用工业化的技术手段，利用生物及工业技术控制温、湿、光、气等环境要素，在相对可控的环境条件下，组织高效率的机械化、自动化作业，实现猴头菇的规模化、集约化、标准化、周年化生产，产品可全年均衡生产和供应，产品质量高、产量稳定。工业化生产模式将是未来的主要生产模式。

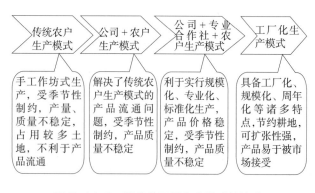

图7-14-2　猴头菇不同生产模式的演变

（二）市场需求

猴头菇产业将具有更广阔的市场。首先，食用菌生产尤其是工厂化生产符合我国国情和粮食发展战略要求。食用菌占用耕地少、用水量少的生长特性符合我国国情，能为居民提供营养丰富的食品来源，在一定程度上保障粮食供应安全。包括食用菌在内的农业一直是国家大力扶持的产业，近年来，国家陆续出台了一系列农业扶持政策以促进农业发展。其次，发展食用菌产业符合《中华人民共和国循环经济促进法》有关发展循环经济提出的"减量化、再利用、资源化"要求，可有效促进循环经济发展，提高资源利用效率，保护和改善环境，实现可持续发展。另外，近年来食用菌行业技术水平发展较快。食用菌是技术密集型产业，自改革开放以来，我国的食用菌在基础研究和栽培技术上均取得较大进展，尤其在遗传育种、生产工艺以及液体菌种培育技术、秸秆类栽培原料的创新处理技术、反季节栽培技术等一些关键技术上进步明显，为工艺化奠定了良好基础。随着我国居民家庭收入的增加，生活消费水平的不断提高，越来越多的家庭更加注重生活质量和生活品位，营养丰富、绿色环保食品备受青睐。食用菌营养丰富，富含蛋白质、氨基酸等营养物质，并具备抗癌、抗衰老等保健功效，能够提高机体免疫能力，有益于人们健康，契合了现代消费升级的要求，其消费量也逐年增加，未来发展前景广阔。

与大宗菌类生产相比，猴头菇种植业正处于产业发展红利期，猴头菇干品礼品盒及围绕猴头菇的营养保健功能开发的猴头菇多糖胶囊、猴头菇茶、猴头菇饼干、猴头菇琼浆、猴头菇超细粉、猴头菇开袋即食品等精深加工产品，已在市场上占有一席之地。随着猴头菇工厂化栽培技术的开发及产业的进一步规模化发展，猴头菇必将成为人们的大众化食品，猴头菇市场也必将朝着大众食用、医药使用和保健开发多元化的方向发展。

第二节
生物学特性

一、形态特征

根据猴头菇生长阶段不同，将其生理结构分为菌丝体和子实体两部分。菌丝体生长于培养料中，是猴头菇的营养器官；子实体成熟后能散发大量的担孢子，是猴头菇的繁殖器官，也是人们食用的部分。

（一）菌丝体

菌丝体由许多丝状菌丝组成。猴头菇菌丝呈白色，绒毛状，相互结合呈网状，蔓延于枯木和培养料中，不断繁殖集合成菌丝体。在显微镜下观察，猴头菇菌丝有横隔和分枝，细胞壁薄，直径 $10 \sim 20\,\mu m$，有多而大的锁状联合。

猴头菇菌丝在不同的培养条件下，形态略有差异。在 PDA 培养基上，菌丝生长不均匀，菌丝体贴生，气生菌丝短、稀、细，粉白色，呈绒毛状，基内菌丝发达，在培养基上极易形成珊瑚状子实体原基，外观形似小疙瘩。在木屑或甘蔗渣培养料中，菌丝开始吃料后，菌丝体比较稀薄，菌丝产生的可溶性色素，使培养料呈淡黄褐色，随着菌丝体不断增殖，培养料呈白色或乳白色。

（二）子实体

猴头菇的子实体（图 7-14-3）幼时呈乳白色，老熟后变为黄白色或黄褐色，通常为单生，直径 $5 \sim 20$ cm，也有更大者。猴头菇子实体是由菌丝聚集而成的紧密块状组织，肉质，基部狭窄或略有短柄，不分枝，上部膨大，其上除基部外布满肉质针状菌刺，菌刺较发达，长 $1 \sim 5$ cm，直径 $1 \sim 2$ mm，密集下垂，初白色，后黄褐色，猴头菇菌刺上密布子实层，整个子实体外形头状或倒卵形，状似猴子的头，故名"猴头"（图 7-14-4）。

图 7-14-3　幼嫩子实体

图 7-14-4　成熟子实体

二、生活史

猴头菇的繁殖方式可分为有性繁殖和无性繁殖两种。在自然条件下，猴头菇进行有性繁殖，从担孢子萌发开始到下一轮产生新的担孢子需要经过很长时间；在人工栽培条件下，一般进行无性繁殖，一个生活周期需要 $3 \sim 6$ 个月，从菌丝体到子实体只需要30天左右。猴头菇完成一个正常的生活史，必须经过担孢子→初生菌丝（一次菌丝）→次生菌丝（二次菌丝）→三次菌丝（子实体）→担孢子等几个连续的发育阶段（图7-14-5）。

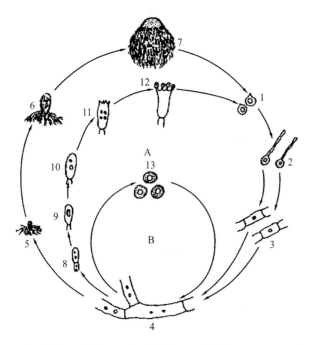

1.担孢子 2.芽管 3.初生菌丝 4.次生菌丝 5.三次菌丝和幼小的子实体 6.子实体膨大 7.子实体 8.双核菌丝顶端细胞 9.合子 10.第一次细胞分裂（减数分裂）11.第二次细胞分裂（有丝分裂）12.担孢子 13.厚垣孢子 A.有性大循环 B.无性小循环

图7-14-5 猴头菇生活史

担孢子是猴头菇的有性繁殖体，产生于菌刺表面子实层的担子上。担子是由处在子实层部位的双核菌丝的顶端细胞(原担子)发育而成。先是原担子细胞内的两个细胞核融合成为一个二倍体的核，称为合子，即为"核配"。合子进行一次减数分裂，形成2个单倍体核，这2个核再分别进行一次有丝分裂，即形成了4个单倍体的子核。这时顶端细胞膨大成担子，然后在担子上发生出4个小梗，4个子核分别进入担子小梗的膨大部位，就发育成4个单倍体担孢子。

猴头菇子实体成熟时，其菌刺上产生大量的担子，一个担子上能形成两种不同性别的担孢子（+、−），担孢子为单核、单倍体，在适宜的温、湿度条件下，担孢子萌发产生芽管，芽管不断延伸形成菌丝，叫一次菌丝或初生菌丝，因初生菌丝细

胞中只有一个核，故又称为单核菌丝。在培养基斜面上，单核菌丝瘦弱而稀疏，生长能力差，存在时间短，无锁状联合，不能发育成子实体。

单核菌丝在生长发育的同时，两根不同交配型（+、−）的相邻的单核菌丝相互结合，经过细胞质融合，两个细胞核共同存在于一个细胞的细胞质中，形成异核的双核菌丝，故又称为二次菌丝或次生菌丝。双核菌丝具有锁状联合，生命力强，在猴头菇的生活史中存在时间长，在生理上起吸收、运输养分和水分的作用。

双核菌丝大量生长繁殖达到生理成熟时，在外界条件适宜的情况下，双核菌丝扭结在一起，形成菌丝团，再进一步分化成子实体原基，原基继续分化即可形成新的子实体。组成子实体的菌丝称三次菌丝，它是组织化的菌丝，不具有吸收养分和水分的功能。随着子实体的膨大，子实体上长出白色菌刺，在菌刺表面形成子实层并长出担孢子。

担子是由双核菌丝的顶端细胞（原担子）发育而成的。其形成担孢子的过程，如前所述。这种从担孢子萌发开始，经过各个不同生长阶段，再形成担孢子的过程，称为猴头菇生活史中的有性大循环。猴头菇在有性大循环中还会发生无性小循环，即在干燥、高温等不良环境条件下，双核菌丝中的部分细胞会转变成厚垣细胞或厚垣孢子，这种细胞壁厚、个体大、贮存养分多，呈休眠状，当外部环境条件适宜时，它又会萌发成菌丝，继续生长繁殖。

三、营养

猴头菇在生长发育过程中，必须不断地从培养料中吸收所需的碳水化合物、含氮化合物、无机盐类和维生素等营养物质。这些物质按其功能不同，大致分为碳源、氮源、矿质元素等。

（一）碳源

碳源又叫碳素营养物质。猴头菇吸收的碳素约有20%用于合成细胞原生质和细胞壁，80%用

于提供生命活动的能量而被氧化分解。猴头菇不能直接利用自然界中的二氧化碳和碳酸盐等无机碳，它所需要的碳素营养物质主要来自农林副产品中的木质素、纤维素、半纤维素、淀粉、果胶、戊聚糖等。在常见的碳素营养物质中，如单糖、有机酸和醇类等小分子化合物能直接吸收利用，对双糖如蔗糖的利用效果较差。据试验，以葡萄糖为碳源，菌丝前期生长较快，以红薯淀粉为碳源则后期生长较好。因此，在制作母种培养基时，不宜使用蔗糖作碳源，以葡萄糖为好。木质素、纤维素、半纤维素、淀粉、果胶等大分子化合物，不能被直接吸收利用，需由菌丝细胞在生长发育过程中分泌的多种酶把大分子物质降解成葡萄糖等单糖后，才能直接吸收利用。许多含有纤维素的农副产品下脚料，如棉籽壳、甘蔗渣、木屑、稻草、酒糟等都是栽培猴头菇的良好原料。猴头菇在富含棉籽壳的培养料上产量较高，随着阔叶树木屑含量的增加，产量下降。但松、杉、柏等木屑，其含有的芳香油或树脂，具有抑制猴头菇生长发育的作用，未经处理不能利用。

（二）氮源

氮源又叫氮素营养物质。氮素是合成蛋白质和核酸的重要物质。猴头菇生长发育所需的氮素营养物质主要有蛋白质、氨基酸等。菌丝只能直接吸收氨基酸类小分子化合物，而蛋白质一类的高分子化合物，需由菌丝细胞在生长发育过程中分泌的蛋白酶，将其分解成氨基酸后，才能被吸收利用；猴头菇也能少量利用铵盐和硝酸盐等无机氮，但生长速度迟缓，如果仅用无机氮为氮源则不出菇，这是因为菌丝没有利用无机氮合成细胞所需全部氨基酸的能力。在制作母种培养基时，常用作氮源的物质有蛋白胨、牛肉膏、酵母粉，以及麸皮、玉米粉、马铃薯等的浸出液。在生产上，常用麸皮、玉米粉和米糠等作为氮源添加在碳素营养物质中，以补充其氮源的不足。因为猴头菇利用无机氮源的能力较差，所以栽培过程中尽量不要添加硫酸铵、硝酸铵等。

在猴头菇不同的生长阶段，碳氮比不同，菌丝生长阶段以 25：1 为宜，子实体生长发育阶段以（35～45）：1 为宜。氮素营养不宜过多，否则菌丝生长过于旺盛，使其分解木质素和纤维素的能力下降，子实体不能形成，或形成迟缓；用量过大，还会使菌丝生长速度减慢。而碳素营养过多，子实体瘦小。

（三）矿质元素

猴头菇生长发育所需要的矿质元素有磷、硫、钾、钙、镁、铁、钴、锰、锌、钼等。其中磷、钾、钙、镁需要量较多，被称为大量元素，其余的需求量极少，被称为微量元素。这些矿质元素是细胞结构的必要组成成分，用来合成细胞中的酶，维持酶的作用、能量的转移，提高菌丝细胞的生理活性，维持细胞正常的渗透压等。对大量元素，在配制培养基时需要适量加入，如常加入 0.5% 左右的磷酸二氢钾，0.1%～0.2% 的硫酸镁，1%～2% 的过磷酸钙、硫酸钙等；对微量元素，由于农林副产品中已经含有这些矿质元素，一般不需要另外加入。但有人做过试验，在猴头菇菌丝满袋后 4 天或采过一茬菇后，向培养料内注入 10 mL 浓度为 1.25 mg/L 的硫酸锌溶液，比不添加时增产 36.5%，可见适量添加微量元素也是提高猴头菇产量的重要措施之一。

四、环境条件

猴头菇的生长发育不仅需要一定的营养物质，还需要适宜的温度、水分、空气、光照、酸碱度等环境条件。这些条件是综合性地起作用，某一条件不具备，猴头菇就不能健康生长。

（一）温度

猴头菇是中温结实性菌类。菌丝生长温度为 6～34 ℃，最适温度为 25 ℃左右。低于 6 ℃，菌丝代谢作用停止；高于 30 ℃时菌丝生长缓慢易老化，35 ℃时停止生长。子实体形成温度为 14～25 ℃，20～22 ℃菌丝易扭结形成菇蕾；

木腐菌生产技术

25 ℃时原基分化数量减少，高于25 ℃原基形成受到抑制，30 ℃时则不能形成原基；低于14 ℃子实体很难形成；子实体生长适宜温度为16～20 ℃；低于16 ℃子实体变红，随着温度的下降，色泽加深，无食用价值。温度对子实体的形态影响也很明显，温度达到18 ℃以上时，子实体个数增多，生长快，菌刺细长，个体较小，疏松，出现发黄现象；温度16 ℃时，子实体致密、雪白，菌刺粗壮较长。

（二）水分

段木栽培含水量以40%左右为宜；木屑培养料含水量以55%为宜；棉籽壳及玉米芯、木屑培养料含水量以65%最适宜；甘蔗渣培养料要求的含水量以65%～75%为宜；通用含水量为60%～65%。

菌丝培养阶段空气相对湿度以60%～65%为宜。子实体形成阶段空气相对湿度以85%～90%为宜，此时子实体生长迅速而洁白。若低于70%，则子实体表面失水严重，菇体干缩，变黄，菌刺短，生长缓慢，导致减产；反之菇房空气相对湿度超过95%，则菌刺长而粗，菇体球心小，分枝状，形成畸形菇，子实体味苦。因此，在栽培猴头菇时，应保持足够的空气相对湿度，但要注意不能向菇蕾上直接喷雾，以避免烂蕾现象的发生。

（三）空气

猴头菇属好氧性真菌，通过呼吸作用，吸入氧气、排出二氧化碳，分解有机物质，产生热量。但子实体和菌丝体对空气的要求有所不同，菌丝能够忍受较高的二氧化碳浓度，可以在含二氧化碳浓度0.3%～1%的空气中正常生长，菌丝培养阶段采用棉塞或海绵双套环可有效增加氧气供应，使菌丝生长健壮；子实体生长阶段对二氧化碳的浓度十分敏感，若通风换气好，氧气充足，则子实体生长迅速，菇形好，孢子形成早。当空气中二氧化碳浓度超过0.1%时，就会刺激菌柄不断分枝，形成珊瑚状的畸形菇，因此加强菇房的通风换气极为重要。

（四）光照

猴头菇菌丝体生长不需要任何光照，在完全黑暗的条件下能正常生长；在7～25 lx的弱光下生长良好，但在25 lx以上的散射光下，随着光照强度的增加，菌丝生长速度明显降低，与暗光培养相比，菌丝生长速度能减少40%～60%。但在无光条件下不能形成原基，需要有50～100 lx的散射光，才可刺激原基形成。猴头菇子实体生长阶段，则需要充足的散射光，光照强度在200～400 lx时，子实体膨大顺利，菌刺较长，菇体硕大而洁白；但光照强度超过1 000 lx时，子实体膨大变缓，菇体发红，质量差，产量下降。

猴头菇菌刺有明显的向地性。若在菌刺形成时，不断改变培养容器的摆设方向，会使子实体不圆整，品质下降，形成菌刺弯曲的畸形菇。

（五）酸碱度

猴头菇属喜酸性菌类，菌丝中的酶系要在偏酸条件下才能分解有机质。因此，只有在偏酸性培养料中，猴头菇才能正常生长发育，而在弱碱性条件下则受强烈抑制，不仅菌丝生长缓慢，而且对原基的形成也有不良影响。

菌丝生长pH为2.4～8.5，适宜pH为4～6。当pH为5.5时，菌丝生长最快；当pH在4以下和7以上时，菌丝生长不良。当pH在2以下和9以上时，菌丝完全停止生长。子实体的形成和发育以培养料pH 4～5为宜。

在猴头菇生产中，培养料经过灭菌后，pH会有所下降；菌丝在生长过程中会产生一些有机酸类物质，也会使培养料中的pH进一步降低。为防止培养料过度酸化，在大量配制培养料时，常常加入1%石膏或石灰，使培养料pH提高到6.5～7.5。这样既可起到中和菌丝代谢产生的有机酸、稳定培养料酸碱度的作用，同时又起到向培养料中补充钙、硫元素的作用。在配制培养料时，为降低pH，可用苹果酸、柠檬酸或低浓度的盐酸来调节。

第三节
生产中常用品种简介

猴头菇易发生变异，在某一环境条件下经过较长时间培养，就可以形成与亲本有一定差异的特征。这些差异表现在对温度的适应范围、子实体形态、大小、色泽、形成迟早、菌刺长短等与当初不同。

根据《国家食用菌标准菌株库菌种目录》，国家食用菌标准菌株库共保藏25份猴头菇栽培种质、16份猴头菇野生种质，保藏1份珊瑚猴头菇野生种质。目前，猴头菇优良品种主要来源于野生资源的驯化和生产过程中对优良变异品种不断的人工筛选。

一、认（审）定品种

（一）猴头911（国品认菌2007048）

1. 选育单位　上海市农业科学院食用菌研究所。

2. 形态特征　子实体圆形或近圆形，直径5～10 cm，新鲜时白色，干燥后淡黄色，上被长圆锥形下垂菌刺，质地较疏松，柔软有弹性，口感柔软，略带苦味。2～5 ℃可贮存10～15天。

3. 菌丝培养特性　发菌适宜温度20～28 ℃，最适温度25 ℃，超过35 ℃或低于6 ℃，菌丝基本停止生长。

4. 出菇特性　子实体生长适宜温度16～20 ℃，低于4 ℃或高于25 ℃子实体停止生长。原基形成不需温差刺激，分化和生长阶段需要散射光，光照太强，也容易造成菇体发黄。子实体生长适宜二氧化碳浓度≤0.2%，二氧化碳浓度过高时，易使菌刺分化不良，子实体生长缓慢、畸形、发黄，甚至死亡；pH在7.5以上和4以下时，菌丝生长和子实体形成受到影响。发菌期为30～40天，栽培周期

为70～100天，可采收2～3茬，每茬间隔20天左右。上海及江浙地区，春栽：2月中下旬制袋，3月下旬至4月出菇，6月底前出菇结束。秋栽：9月中旬制袋，10月中下旬出菇。其他地区可根据培养和出菇温度调整制种和接种时间。

（二）猴杂19号（苏猴19）（国品认菌2007049）

1. 选育单位　江苏省农业科学院蔬菜研究所。

2. 品种来源　采用老山猴头与常山猴头单孢杂交育成。

3. 产量表现　代料栽培条件下，生物学效率90%～100%。

4. 形态特征　子实体单生，大小中等，菇体圆整、头状或团块状，结实，刺短，直径10～25 cm，乳白色，无柄，质地致密。4 ℃下可贮存10～20天，口感柔、滑、清香。

5. 菌丝培养特性　发菌适宜温度22～26 ℃，适宜pH 4～5；发菌期30天，后熟期5～10天的，后熟适宜温度18～22 ℃，栽培周期80～90天。栽培中菌丝可耐受最高温度32 ℃，最低温度0 ℃。

6. 出菇特性　子实体生长适宜温度15～25 ℃，可耐受最高温度30 ℃，最低温度10 ℃。原基形成不需要温差刺激，出菇温度15～32 ℃。子实体对二氧化碳的耐受性一般，菇茬明显，间隔期10天左右。培养料含水量要求在65%，碳氮比为20∶1。以福建为代表的南方地区，9月至翌年2月为接种期，11月至翌年4月为出菇期。以北京为代表的北方地区，春季2～3月接种，4～6月出菇；秋季8～9月接种，10～12月出菇。培养室温度保持在22～24 ℃，空气相对湿度控制在70%左右。一般30天菌丝长满袋，降温至18～22 ℃培养7～10天后，等袋口部分原基出现时移入栽培室，开袋喷水保湿，低温刺激催蕾，温度控制在15～25 ℃范围以内，最高不能超过28 ℃。空气相对湿度保持在85%～90%。室内注意通风，早晚开窗换气，通风不足易形成畸形菇。

木腐菌生产技术

出菇期给予适当的散射光，防止菇体变红，光照过强时菇体表面变为淡红色。

（三）牡育猴头1号

1. 选育单位　黑龙江省农业科学院牡丹江分院。

2. 形态特征　子实体单生，中等大小，直径9～15 cm，产量较高，单重150～250 g，圆整、头状、结实，菌刺长10～24 mm、乳白色、无柄、质地细密，抗杂菌能力强（图7-14-6）。

图7-14-6　牡育猴头1号

3. 菌丝培养特性　培养料含水量以55％～60％为宜，pH 4～8均可生长，栽培生产时适宜pH 6～7；菌丝培养适宜温度22～25 ℃，黑暗培养，发菌期30天左右。

4. 出菇特性　子实体生长适宜温度15～24 ℃，温度超过25 ℃，会导致菌柄增生，形成菜花状畸形菇，或不长毛刺的光头菇；子实体生长适宜空气相对湿度为85％～90％，应采用地面洒水、空间喷雾、空中挂湿布等方法，保持一定的空气相对湿度；子实体生长适宜二氧化碳浓度≤0.2％，室内注意通风，通风不足易形成畸形菇；出菇期给予适当的散射光，但不宜过强，否则菇体表面变为淡红色。现蕾至采收15～20天，可采收2～3茬菇。生物学效率90％～100％。

二、未认（审）定品种

（一）猴杰2号

1. 选育单位　华中农业大学。

2. 产量表现　第一茬菇产量高。

3. 形态特征　子实体中等大小，直径137.8 mm，高111.7 mm，菌刺中等，长19.8 mm，近白色或略带米黄色。

4. 栽培技术要点　该品种菌丝生长温度10～35 ℃，最适温度30 ℃，最高致死温度40 ℃；培养料适宜含水量60％～70％；pH 4～10均可生长，最适pH 8。

（二）猴头

1. 选育单位　四川省农业科学院。

2. 产量表现　第一茬菇产量高。

3. 形态特征　子实体宽扁，直径150.0 mm，高96.0 mm，菌刺长23.4 mm，近白色或略带米黄色。

4. 栽培技术要点　菌丝生长温度10～30 ℃，最适温度25 ℃，最高致死温度35 ℃；培养料适宜含水量60％～70％；pH 4～9均可生长，最适pH 4。

（三）H-22

1. 选育单位　福建省轻工业研究所蘑菇菌种站。

2. 产量表现　第一茬菇产量高。

3. 形态特征　子实体直径144.0 mm，高117.0 mm，菌刺长24.4 mm，近白色或略带米黄色。

4. 栽培技术要点　菌丝生长温度10～30 ℃，最适温度25 ℃，最高致死温度35 ℃；培养料适宜含水量60％～70％；pH 4～9均可生长，最适pH 4。

（四）猴头-2

1. 选育单位　福建省漳州龙海九湖食用菌研究所。

2. 产量表现　第一茬菇产量中等。

3. 形态特征　子实体中等大小，直径121.0 mm，高121.0 mm；菌刺粗、长，直径1.55 mm，长28.6 mm，近白色或略带米黄色。

4. 栽培技术要点　菌丝生长温度10～35 ℃，最适温度30 ℃，最高致死温度40 ℃；培养料适宜含水量 60%～70%；pH 4～9 均可生长，最适 pH 8。

（五）黑威 9910

1. 选育单位　黑龙江省科学院微生物研究所。

2. 产量表现　适合代料栽培和液体发酵培养，生物学效率为 80%～110%，对发酵培养基中的营养物质利用率高，干菌丝产率高。

3. 形态特征　专利猴头菇品种。子实体单生、球形，乳白色，干菇呈金黄色，直径 7～15 cm，单重 150～250 g；菌柄短，菇形圆整，菌肉组织致密，菌刺短而细密。

4. 栽培技术要点　菌丝培养最适温度 25 ℃，子实体形成温度 15～22 ℃；发菌期 35～40 天，一茬菇生产周期 48～52 天。适合东北地区栽培。

（六）猴头泰山-3

1. 选育单位　山东省泰安市农业科学院。

2. 产量表现　生物学效率 100%，商品率 94%。

3. 形态特征　子实体馒头状，直径 8～10 cm，成熟猴头乳白色，个体单重 120～150 g，菌柄短，菇形圆整，菌肉组织致密，菌刺长 11 mm。干品金黄色，干品率 13.54%，干品形状完整。

4. 栽培技术要点　菌丝培养最适温度 25 ℃，子实体形成温度 12～25 ℃；较耐低温及二氧化碳，抗病性强。发菌期 30～35 天，发菌期间现蕾极少，现蕾至采收 17 天，转茬间隔 10 天，生产周期 78 天。

第四节
主要生产模式及其技术规程

猴头菇出菇方式的多样性，决定了栽培模式的多样性。我国地域辽阔、南北气候差异较大，各地依据经济、自然气候资源、原料资源、食用菌栽培习惯的不同，形成了具有不同地域特色的猴头菇栽培模式。

一、菌袋墙式一端出菇栽培模式

（一）塑料大棚建造

选择地势平坦、靠近水源、环境洁净的地方建棚。大棚南北走向，可选用竹木结构、装配式钢管结构、氧化镁预制件结构等材料的大棚，面积在 300～700 m² 为宜。

（二）栽培季节

根据猴头菇生长发育对温度的要求，应用塑料大棚栽培，可以在春季和秋季利用自然条件栽培。各地可依据当地自然气候条件及猴头菇生长发育对环境温度的要求选择适宜的栽培季节。一般在摆袋出菇前 30～40 天菌袋制作完毕。

（三）培养料配方

配方 1：棉籽壳 90%，麸皮 8%，石膏 1%，过磷酸钙 1%。

配方 2：棉籽壳 58%，杂木屑 30%，麸皮 10%，石膏 1%，过磷酸钙 1%。

配方 3：棉籽壳 50%，玉米芯 38%，麸皮 10%，石膏 1%，过磷酸钙 1%。

将上述各配方原料拌匀，按料水比 1:（1.2～1.5）加水，调至含水量 60%～65%。为提高产品质量，拌料时在允许范围内可尽量多加水，这样头茬菇朵大球重，色白味佳，商品质量好。

（四）装袋

一般用高密度低压聚乙烯塑料短袋栽培，也可选用耐高压聚丙烯塑料袋。根据选用的出菇方式不同而选用筒袋或一端封口的塑料袋，常用规格为折径 15 cm，长 32～34 cm，厚 0.004～0.005 cm，或折径 17 cm，长 33 cm，厚 0.004～0.005 cm。采用机械装袋，料要适度压紧，外紧内松，以防培养料失水影响正常出菇，此外料要装满，少留空间，以免菌柄过长，多耗营养。用绳子活结系紧袋口或加套环并用套环盖封口，扎口或套环前在料袋内插入接种棒。

（五）灭菌

常压灭菌时，将料袋分层置放灭菌锅内，注意合理摆放，加热至100℃，保持10～12 h，停火后再闷8～10 h，然后将料袋取出冷却备用；高压灭菌时，用大容量高压灭菌锅，料袋亦分层放置，对高密度低压聚乙烯塑料袋灭菌，要求在0.12 MPa的压力下保持4 h，对聚丙烯塑料袋灭菌时，要求在0.147 MPa的压力下保持2 h。

（六）接种

灭菌后的料袋移入接种箱、接种室等接种空间。接种前对料袋及接种空间进行消毒，常用气雾消毒盒密闭熏蒸0.5 h，且在料袋冷却至28℃以下时接种。用筒袋装料的，采用两端接种、一端封口的料袋，接种棒拔除后，接种穴上、中、下部位均要接入菌种，适当加大菌种量，利于菌丝早日发满菌袋。

（七）发菌管理

接种后可在培养室培养发菌，也可将菌袋直接移入大棚培养发菌，移入大棚前应对大棚充分消毒、灭虫，使其清洁、干燥、通风、遮光。可采用菌袋层架立式摆放发菌，也可采用卧式堆叠发菌。立式摆放发菌用于气温较高时培养，卧式堆叠发菌用于气温较低时培养。控制发菌温度20～27℃，空气相对湿度70%以下，用草苫、遮阳网遮光，使发菌棚保持黑暗；适时通风换气，保持空气新鲜；接种后1周内结合翻堆检查1次，及时清理杂菌污染的菌袋。经30天左右的培养，菌丝接近发满时，倒袋检查，清除杂菌污染严重的菌袋；菌丝长满后再后熟5～15天，温度适宜时即可进行出菇管理。

（八）摆袋

春季平均温度7℃左右、最低温度0℃以上，秋季平均温度17℃左右、最高温度28℃以下时，即可摆袋。摆袋方式采用卧式堆叠摆放，在摆袋处垫砖，将袋卧放在垫有砖块的地面上（图7-14-7），由于猴头菇子实体较大，为防止相邻子实体

接触联结形成"猴头菇墙"，导致菇形不好、不易采收等，摆袋时上下层出菇口反向排列（图7-14-8），或相邻出菇口反向设置（图7-14-9）。根据大棚通风条件，垛高3～10层，每垛间距70 cm，大棚中间主过道为1 m。当菌袋摆放层数在5层以上时，为防止菌袋滑动或倒塌，在每一"袋墙"的两端设置一立柱固定菌袋；为防止因摆放层数多而使菌袋内积聚热量多造成"烧袋"，层与层之间用两根细木棍、细竹竿等隔开。这样400 m²的大棚可摆袋近3万袋。

图7-14-7　菌袋卧放砖块上面

图7-14-8　上下层出菇口反向排列

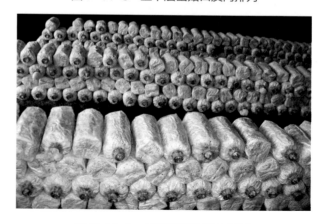

图7-14-9　相邻出菇口反向设置

（九）出菇管理

出菇管理的关键是控温、通风、保湿。将发满菌并经后熟的菌袋两端系绳解开，割去袋口多余薄膜并保留袋口折痕，或去掉套环盖（图7-14-10），以使猴头菇有个出菇的口子并改善菌袋内部通气条件，袋口太长会形成长柄猴头菇。将棚内空气相对湿度提高到80%～85%，棚内温度保持在14～26℃（出菇期适宜温度为16～20℃），并加强通风换气。一般经7～10天即开始现蕾，现蕾后，可将棚内空气相对湿度提高到85%～95%，直至子实体发育成熟（图7-14-11）。通常采用微喷的方法增加棚内湿度，通过调节棚膜上的草苫及大棚两侧的裙膜进行通风（图7-14-12）并控制通风量大小和温度，通风时，应防止风直吹菇体，否则会造成菇体变色萎缩。对北方秋栽猴头菇而言，进入11月中旬后，日照增温强度明显减弱，白天可适当去草苫增加日照增温，夜间盖草苫保温。如光线强，棚内温度偏高，白天可适当加盖草苫遮阳。出菇后注意不可向袋口和菇蕾喷水，否则水渗入袋中会造成菇蕾萎缩，进而变质腐烂。

图7-14-10　去掉套环盖

图7-14-11　套环出菇

图7-14-12　调节四周围护通风

（十）采收

从摆袋到猴头菇成熟约需25天，当猴头菇子实体菌刺长约0.5 cm，未弹射孢子前为采收适期。采收过晚，孢子散出（图7-14-13），质地变疏松，颜色发黄，味苦，质量差。采收时可将菇体拧下，并把残留的柄处理干净，以利下茬出菇。

图7-14-13　子实体开始散发孢子

（十一）采后管理

第一茬菇采收后，要将料面的残菇、碎菇清理干净。停止喷水3～4天，降低空气相对湿度，并加强通风，使菌丝体获得充分的新鲜空气，随后进行补水。补水后揭膜通风12 h，让采收后的菇根表面收缩，防止发霉；再把温度调整到23～25℃，使菌丝体积累养分。待原基形成时，把温度再降至16～20℃，空气相对湿度提高到85%左右，促使菇蕾形成及子实体生长。一般经10～15天，又可出第二茬菇。如果秋季栽培晚了，或遇上严冬季节，如大棚保温效果差，可暂停出菇管理，至3月气温回升后再行管理。整个生产周期，正常气温条件下60～70天结束，一般可收3～4茬菇，生物学效率可达80%～100%。

二、菌袋吊挂出菇栽培模式

猴头菇菌袋吊挂出菇栽培模式，具有通风好、受光均匀、子实体不粘连、菇体大、菇形好、商品价值高的优点，其吊挂方法与毛木耳吊挂栽培、黑木耳吊挂栽培方法类似。

栽培季节、灭菌、接种、发菌管理、采收等与本节"菌袋墙式一端出菇栽培模式"的相关内容相同。

（一）菇房要求

空闲房舍、温室、大棚及简易菇棚等都可作为出菇场所。菇房要求通风透光好，清洁卫生，水源方便。上部(2 m高即可)应有吊挂出菇袋的横杆或弧形梁等。

（二）培养料配方、装袋

适宜配方是棉籽壳88%，麸皮12%，含水量60%～65%；也可依据当地资源条件选用适宜配方。采用筒袋或一端封口的折角袋，塑料袋规格：折径17～18 cm，长33～37 cm，厚0.004～0.005 cm，聚丙烯袋或高密度聚乙烯袋。常规拌料，料拌好后，采用机械装袋，具体操作方法参照本节"菌袋墙式一端出菇栽培模式"的相关内容。

（三）吊挂出菇

1. 吊挂适期　待菌丝长满袋并已经后熟、菇房温度达12～26℃时即可吊（挂）袋。各地可依据当地的气候条件确定吊（挂）袋适期。

2. 吊架搭建　吊挂出菇是将菌袋用绳串联起来挂在吊挂架上，整串或整架悬挂在菇棚内横杆或弧形梁上出菇。这种方式能节省竹竿或木材等原材料，利于通风，但制作较复杂，后期补水不易。吊架制作方法是：先在菇房顶部2 m处排放横杆。相

距1.2 m放一根，一排一排地排放，作为吊挂菌袋的横杆。或者采用"一宽一窄"横杆放置法，即相距1.2 m放一根横杆后，相距50 cm再放一根。横杆要粗、结实，间隔1 m左右直立一根立柱，以增强横杆的承受力，主要用钢筋水泥混凝土柱作横杆及立柱，也有用钢架作为支撑框架。要使整个支撑架牢固，吊上菌袋后不会倒塌，还要在四周立斜杆支撑吊架。

3. 吊袋方法　选择无风天吊袋，先将菌袋浸入消毒药中（如2%～3%的来苏儿等），进行表面消毒，然后在菌袋上原基发生部位用刀片开2个"V"字形或"十"字形或"一"字形口，二口要上下错开，对面开口，口边长2 cm左右，注意不要损伤原基。开口后的菌袋吊挂方法多种多样，例如，用两根尼龙绳将菌袋两边1/3处捆绑好，串联起来，成为似"软梯状"菌袋串；或者用一根尼龙绳将菌袋中部捆绑好，成串吊起（图7-14-14）；也可用细绳或铁丝系住袋口，成串吊挂在菇房的横杆上；也可用专用菌袋吊挂架吊挂菌袋，或用两根尼龙绳与套环配合吊挂菌袋。2 m高的菇房每串可吊挂8～10袋，相邻串之间间隔不少于20 cm，下端离地面50 cm左右。采用吊袋出菇，注意不要将部分被杂菌污染的菌袋或菌丝生长不良的菌袋混合串在一起，以免被污染的菌袋提早变软，断裂开来，从串联的菌袋中掉下来，或绳子变软，造成整串正在出菇或出菇未结束的菌袋掉下来，影响整串菌袋的结构。

图 7-14-14　菌袋吊挂

（四）出菇管理

吊袋后在空气相对湿度80%～85%、温度16～22℃、光照强度200～400 lx的条件下进行催蕾，经过7～10天，划口处就会分化出菇蕾。此时加强水分管理和通风，每日视天气情况确定微喷次数，使空气相对湿度保持在85%～90%，加强通风，使菇房内空气清新。在适温环境下，从蕾到发育成菇，一般10～12天即可采收。

三、菌瓶直立出菇栽培模式

猴头菇适合瓶栽，瓶栽猴头菇的特点是：污染率低，出菇整齐，从瓶口长出的菇形紧凑，菇体美观，畸形菇少，商品率高。此外，管理上规范整洁，便于工厂化层架立体栽培。尽管要购置栽培瓶，一次性投入较高，但仍不失为猴头菇的一种重要栽培模式。

（一）培养料配方

猴头菇是一种木腐菌，能将木质素、纤维素、半纤维素等高分子糖类物质分解为葡萄糖等单糖后，再吸收利用。猴头菇常用栽培原料有木屑、木薯渣、甘蔗渣、棉籽壳、甘薯粉、金刚刺、玉米芯及酒糟等，其中以棉籽壳为主的培养料栽培猴头菇产量最高。辅料中可添加麸皮、米糠、蔗糖等营养成分较高的物质。培养料配方如前述。培养料的选择，应根据本地资源情况因地制宜。

（二）选瓶装瓶

选用750 mL、口径4 cm的栽培瓶为好。口径小于4 cm，会导致菇体小、菇形差，部分出现黄色。其次是口径5 cm左右，容积为750～1 000 mL的化工瓶。罐头瓶因较小，装料量不足，影响产量而不宜选用。装瓶不能装得太浅，否则会在瓶颈以下形成长柄猴头菇，使食用部分的比例下降。猴头菇只有在氧气充分的环境中才能发育成形态正常的子实体，并获得高产，所以培

养料要装至瓶颈以上距瓶口1.5 cm处。将培养料压平后，在中部打孔，直达瓶身中、下部，用聚乙烯薄膜和牛皮纸先后封好瓶口。

（三）灭菌和接种

培养料经高压或常压灭菌后，冷却至28℃以下，在无菌室接种。猴头菇菌丝易扭结形成原基，有时菌丝刚长满1/4培养料时就现蕾。为使菌丝发菌快，常采用两点接种法，即先将一小块菌种沿事先打好的接种穴送入培养料底部，然后再将另一块较大的菌种固定在接种孔上，以便上、下同时发菌。

（四）发菌

接种后把栽培瓶竖立在培养架上，提供适宜的条件促使菌丝萌发、定植、生长。培养3～5天，待菌丝定植后，拣出杂菌污染及破损的菌瓶。发菌期间，培养室空气相对湿度控制在70%以下，并定期通风。无光或暗光培养，在25℃左右的培养温度下，30天左右菌丝满瓶。

（五）原基分化

瓶栽猴头菇有竖直和平卧两种出菇形式。菌丝全部满瓶后，把瓶子竖立于床架上，瓶与瓶之间要留有一定的空隙，以免膨大的子实体相互粘连，影响猴头菇的商品性；平卧出菇是常用出菇形式，占用空间少，利于管理，可将菌瓶瓶口交叉卧放于床架上，堆高3～4层。温度降到14～25℃，提供50 lx以上的散射光，加强通风，提高空气相对湿度至85%左右，刺激形成菇蕾，5天左右，在瓶口边缘处形成原基。在靠近瓶口1.5 cm有原基处，用刀片割成"十"字形或"V"字形小口，注意不要伤到原基，几天后便有原基凸出盖膜形成菇蕾。

（六）出菇管理

菇蕾出现以后，要加强出菇房温度、湿度、氧气、光照的管理，提供给猴头菇子实体适宜的生长环境。猴头菇菌刺生长有"向地性"，出菇期间，不要随意转动瓶的方向，防止猴头菇菌刺发生弯曲，影响其商品性。

1. 温度　调节出菇房温度在 16 ~ 20 ℃。高于 25 ℃或低于 14 ℃，子实体生长减慢，质量降低。

2. 湿度　保持出菇房空气相对湿度在 85% ~ 90%。菇蕾对环境湿度很敏感，当湿度低于 70% 时，很快干缩发黄，湿度低于 80% 时，产生不能恢复的永久性瘢痕，在湿度提高后虽然局部仍可恢复生长，但畸形菇多。菇房内空气相对湿度也不可太高，若高于 95%，则蒸腾作用下降，代谢活动减弱，生长缓慢，易烂菇，或颜色发红，形成菌刺变短的畸形菇。常用微喷法调节空气相对湿度，若用喷水法调节，注意不能把水喷到子实体上。

3. 通风　防止出菇房二氧化碳浓度超过 0.1%。猴头菇对二氧化碳及空间废气十分敏感，当二氧化碳浓度超过 0.1% 时，就会刺激菌柄不断分枝，抑制中心部分发育，形成珊瑚状的畸形菇。因此，出菇期间要逐渐加大通风量和通风时间与次数，但在通风时，应避免室外风直接吹于菇体上，否则菇体畸形，甚至发黄死亡。

4. 光照　提供 200 ~ 400 lx 的散射光照。如果室内光线暗，可用白炽灯光补充光照强度。

（七）采收

采收方法与上述两种模式基本相同。当菌刺长约 0.5 cm，瓶体或盖膜上有少量白色孢子时即可采收。采收时，把菇体从基部拧下，稍用力压紧培养料，封上牛皮纸，大约再经过 10 天，又能产生新的子实体。瓶栽一般可收获 2 次。

四、短袋层架立摆出菇栽培模式

猴头菇短袋层架立摆出菇，以黑龙江省海林市的"短袋、层架立摆、侧壁一孔出菇"的栽培模式最具有代表性。其栽培技术要点：短袋栽培，使用接种棒或菌棍以增大接种量，一端接种，菌袋层架摆放 3 ~ 4 层，侧壁一孔出菇，地面铺设河砂或稻草保湿。短袋层架立摆栽培猴头菇选用品种主要有牡育猴头 1 号、俊峰 2 号和俊峰 3 号，这些品种

的突出特点是适合东北地区较为冷凉的气候特点及以木屑为主的培养料，菌刺短、单个球体大、内部实心、菇质硬实、口感好、无苦味，适宜鲜销及干制，营养丰富。

（一）栽培季节

海林地区全年安排两茬栽培。第一茬栽培是秋季栽培，6 月下旬至 7 月中旬制袋，完全在自然状态下发菌，8 月下旬至 9 月下旬采 1 ~ 2 茬菇，翌年 5 月温度适宜时再采收一茬菇。因 6 月下旬本地区自然气温一般在 13 ~ 31 ℃，正适合猴头菇菌丝生长，进入 8 月下旬至 9 月下旬，自然气温逐渐下降到 10 ~ 20 ℃，正适合出菇温度要求；第二茬栽培是春季栽培，接种时间在 2 月中旬至 3 月上旬，采用室内加温堆积培养菌袋，室温保持在 20 ~ 22 ℃，菌袋温度稳定在 22 ~ 25 ℃，保证菌丝正常发育，5 月中旬至 7 月下旬气温回升到 10 ~ 20 ℃，即可自然出菇。

（二）原料准备

1. 原料选择　选择原料应依当地资源条件和原料价格而定，主要选择适合猴头菇栽培而价格相对低廉的原料。栽培猴头菇的主要原料为木屑、棉籽壳、玉米芯等。常用的辅料有两大类：一是天然有机物质，如麸皮、米糠、玉米粉、豆粉等；二是化学物质，如石膏、硫酸镁、过磷酸钙等。

2. 培养料配方　培养料配方是否适宜，直接影响到猴头菇产量的高低及品质的优劣。生产实践认为，在众多的培养料配方中，以 85% 棉籽壳与 15% 麸皮混配，鲜菇产量较高，品质也好，但由于海林地区棉籽壳量少、价高，所以这个配方并不适用。当地常用的原料为木屑和玉米芯。以木屑为主料时，选用阔叶树为主的木屑，木屑粒径 5 mm 左右，或者细木屑与粗木屑混用，堆积半年以上的木屑，其营养更利于猴头菇菌丝分解利用；玉米芯粉碎成黄豆粒大小，透气性和持水性好，适宜猴头菇菌丝生长。当地常用的两个以木屑为主料的高产优质配方：

配方1：木屑79%，麸皮18%，玉米麸1.2%，石膏1%，豆粉0.8%，含水量58%。

配方2：木屑49%，玉米芯30%，麸皮（或米糠）20%，石膏1%，含水量62%。

3. 培养料配制　玉米芯、麸皮、玉米麸等，应新鲜无霉变，木屑要提前晒干过筛。拌料时要按照配方的比例要求，准确称料。按照先干拌后湿拌、先主料后辅料的原则拌料。先将木屑、玉米芯等主料放在拌料场的水泥地上摊平，混拌均匀，洒水预湿，预湿时要湿透、湿匀，预湿时间约12 h。装袋前，再把麸皮、玉米麸、豆粉、石膏等辅料拌匀，均匀地撒到预湿好的主料上，人工用铁耙、铁锹反复翻拌，或机械拌料。采用搅拌装袋机组时，现场配料，边拌料边装袋。

培养料配制注意事项：选用的主、辅料要符合配方要求；拌料要均匀；控制培养料的含水量在55%～65%，控制pH为5～6；配料之前对主料进行预湿，有利于彻底灭菌。

（三）选、装袋和灭菌

1. 选袋与装袋　聚丙烯塑料袋透明度好，高压、常压灭菌均可使用，但手感滞涩、韧性差，底部易出现微孔，造成发菌后期污染率高，在低温季节更为严重，因此，低温季节制袋不宜选用聚丙烯塑料袋。如果低温季节选用聚丙烯塑料袋，则需将聚丙烯塑料袋放到温度较高的地方预热，装袋室的温度保持在15 ℃以上。聚乙烯塑料袋透明度低，手感光滑、韧性好，操作过程中不易出现微孔，破损率低，但不耐高压。塑料袋的规格选用折径16.5 cm、长38 cm、厚0.006 cm一端折角的低压聚乙烯塑料袋或高压聚丙烯专用塑料袋。

拌好的培养料应立即装袋，用装袋机或人工装料，每袋装1.1～1.2 kg湿料（高度约20 cm），装好后压紧压实。机械装料时，装袋机套筒内部的螺旋形搅龙轴会使料袋中心自然形成一个接种穴；人工装料时，需在料中心用直径2 cm的木棒扎接种穴，深度为料的3/4，注意拔起时不要将料面松动。料装好后，用较大规格的无棉盖体或套圈加棉塞等封口，确保接种后料袋口通气顺畅。还可采用插棍的形式，即培养料装到一定高度后将多余的塑料袋人工或采用窝口机窝入中心孔中，插入塑料菌棒。接种时，拔出菌棒接入菌种。菌棍有两种规格：Φ22 mm×160 mm和Φ20 mm×95 mm。

料袋装好后，随手放入周转筐中，以便于搬运。周转筐规格为长44 cm、宽33 cm、高26 cm或长55 cm、宽44 cm、高26 cm。周转筐应光滑，铁筐需用编织袋等物品包裹，以防铁筐上的尖锐物刺破料袋。装好的料袋应尽快整筐装锅灭菌，气温在15 ℃以下，装好的料袋存放不宜超过8 h；气温在15 ℃以上，装好的料袋存放不宜超过3 h。

2. 灭菌　生产上规模化栽培猴头菇多采用常压蒸汽灭菌，把装料袋的周转筐整齐码放在垫板、竹笆或砖块上，外覆薄膜和保温层。灭菌温度达到100 ℃后保持12～14 h，待温度降到60 ℃以下时出锅，将料袋直接搬进冷却室中冷却。

（四）接种与发菌

猴头菇菌袋的接种在接种室内进行，接种室要保持清洁。初次使用前要对环境进行全面消毒处理。每次使用接种室接种前打开臭氧灭菌器0.5 h，再用3%来苏儿溶液喷雾降尘消毒。对所用菌种要严格检查，发现生长不正常或杂菌污染的菌种要杜绝使用。经检查合格的菌种，使用前用金星消毒液30倍液（或75%酒精，或0.1%高锰酸钾溶液等）清洗外壁，以杀灭附在菌种袋外表的杂菌。

一般每袋（栽培种塑料袋规格折径16.5 cm，长33 cm）栽培种可接60～80个栽培袋。在整个接种操作过程中，每接完一袋菌种或接种钩从手中滑落一次，都要进行一次彻底消毒。采用袋装菌种需两人配合接种，一人负责接种，一人负责打开无棉盖，接种后，再盖上无棉盖。接种人员进入接种室后的操作流程如下：

木腐菌生产技术

第一步，接种人员双手戴上乳胶手套或用消毒液洗手（图7-14-15）。

图7-14-15 双手戴乳胶手套

第二步，用75%酒精棉球擦拭双手、菌种袋周身及接种镊子（图7-14-16）。

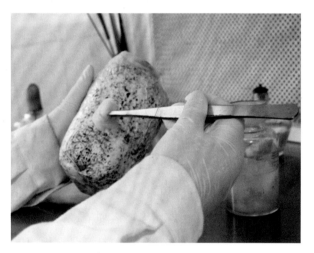

图7-14-16 酒精棉球擦拭菌种袋

第三步，打开酒精灯盖，用打火机点燃（图7-14-17）。

图7-14-17 点燃酒精灯

第四步，将接种镊子在酒精灯火焰上方灼烧灭菌（图7-14-18）。

图7-14-18 灼烧镊子

第五步，把菌种袋底部塑料袋撕开，露出菌种（图7-14-19）。

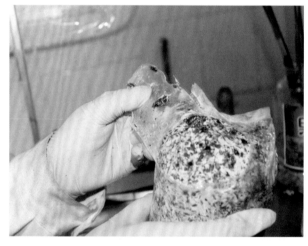

图7-14-19 撕开菌种袋底部

第六步，一人用接种镊子取出菌种块（图7-14-20）。

图7-14-20 用镊子取菌种块

第七步，另一人打开料袋后，接入栽培种 15 g 左右（图 7-14-21）。

图 7-14-21　接入栽培种

第八步，使菌种呈颗粒状覆盖整个料面后，盖上无棉盖（图 7-14-22）。

图 7-14-22　盖无棉盖

第九步，注意离袋口上部约 2 cm 厚的一层菌种，弃之不用（图 7-14-23）。

图 7-14-23　弃去菌袋上部一层菌种

（五）菌丝培养

接种后的菌袋移入事先消毒好的培养室内培养菌丝。培养场所要求清洁、干燥、通风、避光，室内放置温度计或干湿温度表，用来测定室内温度及空气相对湿度。菌袋在培养架上摆放间距上层为 1 cm，中间层为 0.5 cm，下层可挨袋摆放（图 7-14-24）。也可利用周转筐堆叠，周转筐可堆放 6 ～ 8 层，或者室内直接堆码菌袋（图 7-14-25），一般堆码 5 ～ 7 层高，但应随菌袋温度的变化而变化。菌丝培养前期，培养室内温度应保持 23 ～ 25 ℃，使菌种迅速萌发定植。避免空气湿度过大滋生杂菌。菌袋培养 20 ～ 25 天，进入菌丝培养中期，此期菌丝生长旺盛，释放大量热量，室内温度应降至 21 ～ 23 ℃，每天应通风 1 ～ 2 次。当菌丝深入到菌料的 1/3 处时，培养料表面就可能有白色菇蕾出现，此时可继续在 25 ℃ 培养，对原基分化有一定的抑制作用。适温下经 30 ～ 50 天，菌丝即可长满菌袋，此时进入菌丝培养后期。为促进菇蕾形成，菌丝培养后期，提供 40 ～ 50 lx 的散射光。当菌丝达到生理成熟后，及时把菌袋移入出菇房进行出菇管理。菌丝培养期间，每隔 10 天检查 1 次，如发现杂菌污染的菌袋，要及时挑出处理。

图 7-14-24　层架摆放菌袋

木腐菌生产技术

图 7-14-25　室内大堆码放菌袋

（六）出菇管理

海林猴头菇采用菌袋层架立摆、侧壁一孔出菇方式。菌丝生理成熟后，开始进行出菇管理。出菇房内的菌袋摆放不宜太密，否则通风不好、菇形较差。一般折径 16.5 cm、长 38cm 的菌袋，每平方米摆放 50 袋为宜。出菇管理关键工序包括菌袋开口、催蕾以及出菇环境因子调控等。

1. 开口

（1）开口时间　猴头菇具有边发菌边出菇的特点，当菌丝长到料袋的 1/3 ～ 2/3 时，如发菌场地的环境条件适宜，菌袋内就可能出现原基。但为提高出菇质量和产量，常通过提高培养温度（至 25 ℃）的办法抑制菇蕾形成，在菌丝满袋后 3 ～ 5 天（此时菌丝生理成熟），再开出菇口。

（2）开口方法　用锋利的小刀在菌袋的上部或中下部轻划一个边长 2 cm 的"V"字形或"一"字形口（图 7-14-26），开口深度为 0.5 cm。开口后，将菌袋放入栽培室的栽培架上，袋间距 5 ～ 10 cm。开口处交错摆放，以利于通风和避免猴头菇子实体间的相互挤压及粘连。一孔出菇（图 7-14-27），营养供应集中，个大质优，效益好；一茬菇采收后，再在菌袋另一面开口出菇。

图 7-14-26　"一"字形口

图 7-14-27　一孔出菇

2. 催蕾

在适宜的出菇条件下，菌袋开口后 10 天左右，出菇口即可形成白色菇蕾。催蕾为出菇管理关键工序，直接关系到猴头菇的质量和产量，因此，应综合调节出菇所需的温度、湿度、光照、通风条件，使其在最适环境条件下，产生出肥壮的菇蕾。但菇蕾的产生是猴头菇的自然生理过程，在菌丝生理成熟和环境条件适宜的情况下，猴头菇很容易产生菇蕾。常用的催蕾方法如下：

（1）干湿差刺激　菌袋开出菇口后，采用向地面喷水和向空间喷雾等措施，使出菇房空气相对湿度达到 90％ 以上，停水 2 ～ 3 天，再增加湿度至 90％ 以上，依此反复 2 ～ 3 次，使出菇房空气相对湿度处在干、湿交替状态，促使菌丝扭结出菇。

（2）光照刺激　增加出菇房内光照强度至 100 ～ 200 lx，刺激原基形成。

（3）温差刺激　利用昼夜自然温差刺激出菇，如果温差变化小，可采取白天关闭门窗增温、夜间通风降温的办法制造温差，刺激出菇。温度在 16 ～ 22 ℃ 范围内变化有利于菇蕾形成。

3. 出菇环境因子调控

（1）空气相对湿度　为便于调节菇房湿度，常在菇房地面上覆约 1 cm 厚的河砂或 2 ～ 3 cm 厚的稻草。出菇前期，采用地面浇水、喷雾状水等措施，使出菇房内空气相对湿度达 90％ ～ 95％，注意不能直接向幼嫩菇蕾喷水。当菌刺长到 1 cm 左右时，空气相对湿度控制在 85％ ～ 90％，子实体生长较慢，菌刺短，猴头菇品质好。若空气相对湿度超过95%，子实体蒸腾速度减缓或几乎停止，影响菌丝体内物质向子实体传送，导致生长迟缓，易发生病虫害或子实体颜色发红，形成菌刺粗短的畸形菇；若空气相对湿度低于70%，分化的子实体发黄、干缩，生长迟缓；当子实体直径达5～6 cm时，可向子实体上喷雾状水，喷水后要通风30 min，采收前一天停止喷水。

（2）温度 菇蕾形成以后，出菇房内温度控制在16～20℃，不低于10℃，不高于22℃。可通过加强通风、加厚覆盖物遮阳，洒水等措施降温；通过关闭门窗、菇房内加温、采用双层膜等措施增温保温。

（3）光照 子实体形成和生长需要适量散射光，光照强度以100～200 lx为宜。光照强，空气相对湿度小，菌刺长，子实体小；光线弱，子实体采后转茬慢。

（4）通风 子实体生长期间需要大量氧气，氧气决定菇形，通风不良，子实体易发育成珊瑚状，且生长缓慢、菌刺少而粗；通风良好，子实体生长快，菇体大，品质好。因此，必须加强通风，保持出菇房内空气新鲜。出菇期间，空气中二氧化碳含量不能超过0.1%，以0.03%为宜。每天通风1～2次，每次30～50 min。通风时，减少对流风，防止风直吹菇体，有风天可在通风口挂湿的无纺布。海林市的标准化出菇房用竹、木篱笆做窗户，其主要目的就是为猴头菇提供类似野外的通风条件。

4.向地性 猴头菇菌刺有明显的向地性，在子实体生长期间，不要移动菌袋或改变菌袋放置方向，因为移动菌袋后，菌刺有可能卷起、变形，形成畸形菇，影响商品质量。

（七）采收、包装与干制

1.采收

（1）采收标准 猴头菇的出菇期较短，在管理正常的情况下，从开口到猴头菇子实体成熟需25～30天，从原基形成到猴头菇子实体成熟需15天左右。猴头菇的成熟标准为菌刺长1～1.5 cm，未弹射孢子，子实体颜色由纯白变至稍黄，手摸菌刺会沾上白色粉状孢子。子实体成熟后应及时采摘。菇体过熟，鲜重减轻，且烹调后会产生苦味，风味差。

（2）采收方法 成熟的猴头菇要全部采净，不要采大留小。采摘时一手按住菌柄基部，一手捏住菌柄轻轻旋扭，不要将整块培养料带离，以促进下茬菇蕾的及早形成。采收后，立即将猴头菇放入垫有塑料薄膜的筐内或塑料周转筐中（图7-14-28），避免因挤压或过量堆积，造成菇体机械损伤。

图7-14-28 塑料周转筐盛放

2.包装 市场上猴头菇鲜品常以高密度聚乙烯保鲜袋包装、低温冷藏保鲜。分大、小两种包装，大包装常采用食品级包装纸包裹单个猴头菇，然后装入容积为3～5 kg的专用纸箱或泡沫保鲜箱内，也可不包裹直接装箱（图7-14-29、图7-14-30）；或者采用规格为2 kg袋，手工装袋、过秤，用自制专用压包工具排出空气或用吸尘器吸出空气后，用塑料袋封口机封紧袋口。小包装采用生鲜托盘，内装2～4个猴头菇，上覆保鲜膜，也可直接用高密度聚乙烯保鲜袋包装。少量鲜菇保鲜，可在检选、整形、分级包装后，再预冷、冷藏；大量鲜菇保鲜应在预冷库中检选、分级与包装。包装好的鲜菇在-1℃条件下可保鲜15天。

图 7-14-29　白纸包裹装箱

图 7-14-30　不包裹直接装箱

3. 干制

（1）自然晾晒法　猴头菇采收前一天停止喷水。猴头菇采收后，及时切除菌柄，按大小划分后，均匀码放于距离地面约 70cm 的晒帘、苇席或尼龙纱网上，先将切面朝上晒 1 天，再翻转过来晾晒至含水量达到 14% 以下即可。晒帘不直接摊在地面上，以利于通风。为防雨水，晒帘上需架起小拱棚，晴天，去除棚膜，雨天放下棚膜（图 7-14-31）。

图 7-14-31　自然晾晒猴头菇

（2）烘干法　猴头菇子实体采收后，在室外筛网上自然晾晒 1～2 天，待鲜菇部分水分脱除后，再在烘箱内烘干。烘箱起始温度 42～48 ℃，将排气口打开一半，4 h 后温度提高到 48～52 ℃，并将排气口完全打开，再烘干 4 h，将温度提高到 65 ℃，直至干品含水量达 13% 时，将排气口逐渐关闭。

（3）干品分级　将干制的猴头菇按分级标准分级后，装塑料袋，密封保存待用。

（八）采后管理

鲜猴头菇中的水分占菇重的 90% 以上，这些水分一部分来自培养料，一部分来自菌刺吸收的空间水分。在猴头菇生长过程中，由于菇体吸收、分解培养料中的养分，菇体的蒸腾作用以及培养料自身水分的蒸发，培养料中水分大量散失，导致培养料萎缩，第 1～2 茬菇采收后，每袋培养料净重减轻 20%～30%。所以在前两茬菇采收完后，及时补充水分或营养液，弥补水分及养分亏缺，是第 3～4 茬菇生长健壮整齐，获得高产优质的关键。

1. 养菌　适宜的条件下，袋栽猴头菇可采收 3～4 茬。第一茬菇采摘完以后，将留在菌袋出菇口的白色菌皮（膜）状物除净，停水养菌 2～3 天，再按出菇管理条件进行出菇管理，经 10～15 天后，形成第二茬菇蕾。养菌期间，提供给菌袋发菌期的环境条件，即温度保持在 22～25℃，空气相对湿度控制在 70% 以下，采取加盖草苫等措施降低光照强度，适当通风。

2. 补水　第二茬菇采摘完以后，停水养菌 2～3 天，补充菌袋水分。补水量根据培养料的失水情况而定，以使培养料含水量达到 58% 左右为宜。补水太少，效果不明显，补水太多，反而会推迟出菇或造成杂菌污染。若条件许可，可补充营养液，生产中常用的营养液配制及使用方法是：维生素 B_1 250 mg，硫酸镁 20 g，硼酸 5 g，硫酸锌 10 g，尿素 50 g，水 50 kg，混合后喷施菇蕾或采用菌袋注入法补充，可增产 10%～20%。

3. 改口　一茬菇采收时，出菇口培养料常被菌根带离，呈凹穴状，菌丝消退或易污染。为此，后茬菇可重新划出菇口，俗称改口。一般在养菌或补充营养液后，在上茬开口的空隙处或菌袋另一面重划一个直形或"V"字形出菇口，划口方法与第一茬菇相同。划口以后，经5～7天，菌袋开口处就能出现菇蕾。现蕾后进行常规出菇管理。

五、长袋层架平卧出菇栽培模式

猴头菇长袋层架平卧出菇，以福建古田的"中棚、细长袋、层架出菇、出菇口朝下"的栽培模式最具有代表性。其技术要点是，中棚、细长袋栽培，层架摆放；3孔接种，3孔出菇，接种穴即是出菇口，出菇口朝下；菌袋层架摆放3～4层。其技术原理是，长袋栽培，利于"井"字形摆放菌袋，散热好，防止烧菌；3穴出菇，大小适宜，菇形美观，商品性好；层架中下层湿度大，温度较低，容易满足菇体对空气相对湿度和偏低温度的需求；出菇口朝下，既能防止水分从出菇口进入菌袋，从而造成积水烂袋，又符合菌刺向下生长的生物极性原理；中棚摆放菌袋，棚内菌袋密度适宜，空气流通性好，氧气提供充分，符合猴头菇生长需氧量大的特性。

这种栽培模式符合猴头菇生长发育的生物技术原理，能充分利用空间，节约用地，通风好，便于管理，产品高产优质，适用于规模化生产，是我国猴头菇栽培中优势突出、较具有代表性的一种栽培模式。

（一）主栽品种

猴头菇长袋层架平卧出菇栽培模式，以选用适应性强、产量高、菇体球形、菌刺短、内部实心、菇质硬实、口感好、无苦味或略带苦味、适宜鲜销及干制的品种为好。常选用经国家或省（市、区）认（审）定的猴头菇品种，如猴头911、猴杂19号（苏猴19）等，也可以选用经品种比较试验或已在当地推广应用多年、性状优良、稳定，适宜当地栽培的地方品种或外引品种。

（二）栽培季节

猴头菇栽培可分春、秋两季，各地可依据当地的自然气候条件，选择出菇棚内温度14～26℃为出菇适宜温度。一般在出菇始期以前30～40天为菌袋制作时间。例如，福建古田猴头菇栽培，春栽一般在1～2月制种，3～4月栽培，5～6月出菇；秋栽8月中旬至9月上旬制种，9～10月栽培，10～12月出菇。中原地区春栽菌袋制作应于2月上旬前结束，以防出菇棚内温度高于26℃而影响正常出菇；秋栽时菌袋制作以8月中下旬为宜，提前接种，可在气温降至14℃以下时基本结束采收。

（三）栽培设施

猴头菇长袋层架平卧出菇栽培模式，栽培设施多种多样，但无论何种设施，均需满足猴头菇生长发育对环境条件的要求，设施内必须搭建能摆放菌袋的层架。栽培设施宜搭设在环境清洁、通风良好的空闲地，湿度较大的沟渠、池塘边更适合猴头菇生长。以福建古田的双棚栽培设施（遮阴平棚内搭建中型塑料拱棚）较为典型。

1.遮阴平棚搭建　外层遮阴平棚高2.5～3 m，以立柱支撑棚顶，立柱行距3.6 m，株距3 m，把直径约8 cm的竹（木）固定在立柱上，横梁间用细竹竿作经纬，棚顶铺设草苫、稻草等不易腐烂的遮阳材料或直接铺设遮阳网，棚四周围遮阳网或草苫。棚顶密度以"三阳七阴"为宜（图7-14-32）。2～6架内拱棚共用一架遮阴平棚较利于通风。每两架遮阴平棚间距不得少于2 m。

图7-14-32　遮阴平棚外观

2. 塑料拱棚搭建

（1）层架规格　拱棚内层架横断面总宽3 m，中间为宽1 m的人行道，两边层架宽各1 m，层间距40 cm，共4～5层，底层距地面20 cm，顶层离棚顶60 cm（图7-14-33）。每层沿菇棚纵向固定2×4根架材用于摆放菌袋。内菇架柱顶上绑扎拱形（也可脊形）竹片，用来覆盖薄膜。棚膜幅宽7.5～8 m。菇棚长度以16～20 m为宜。

图7-14-33　拱棚内层架结构

（2）层架材料　可用毛竹、木料等作架柱，也可用钢管焊制，或用钢筋混凝土预制。排放菌袋的架材可用竹木、钢管、粗铁丝、黄金绳等。

（四）培养料配方

配方1：棉籽壳88%，麸皮12%。

配方2：棉籽壳50%，木屑30%，麸皮15%，玉米粉3%，糖和石膏各1%，另加磷酸二氢钾0.1%，柠檬酸0.03%～0.05%。

配方3：棉籽壳90%，麸皮5%，玉米粉3%，糖和石膏各1%。

含水量60%～65%，pH自然。还可以依据当地原料资源选择配方，选用原料的原则为营养丰富、持水性好、疏松透气、干燥洁净。

（五）拌料

根据制作袋数，估计好培养料用量，按配方比例称取棉籽壳、木屑和麸皮等主、辅材料，先将棉籽壳、木屑等主料预湿约12 h，再均匀撒入麸皮、玉米粉，把糖、石膏、磷酸二氢钾等溶于水后，洒入主料堆中，人工或机械拌料，使混合均匀。

（六）选袋与装袋

选用规格为折径12～15 cm、长50～55 cm、厚0.004～0.005 cm的高密度低压聚乙烯塑料袋。一般每袋能装干料0.5～1 kg，菌丝发满之后的菌棒长度为35～40 cm。春栽出菇期较短，宜使用折径较小的塑料袋，而秋栽可以延至第二年春季出菇，可选用折径较大的塑料袋。

机械装袋，培养料填装到离袋口8 cm左右。将料袋口内外两面黏附的培养料擦抹干净后，人工用线扎紧或采用铝制卡扣，用扎口机扎紧。配制好的培养料，必须在5 h内装袋结束，并转入灭菌程序。

（七）灭菌

采用常压灭菌，料袋按"井"字形叠垒，每锅装6 000～7 000袋，用篷布包紧扎严后，猛火加温，在6 h之内，使锅内下层料袋温度上升到100 ℃，并维持12～14 h，停火静待1～2 h后卸灶。灭菌结束后，把料袋搬到已清洗干净并经消毒的冷却室内，"井"字形堆叠冷却。

（八）接种

选择菌丝洁白、浓密、粗壮、上下内外均匀一致，没有子实体原基，菌龄26～30天的优良菌种。待灭菌后的料袋温度降至26 ℃以下时接种。接种方法同香菇料袋打孔接种法，仅单面打3孔，穴直径1.5 cm，深2 cm左右，接种穴用菌种封满，接种后套外袋或贴胶布；接种、发菌在同一棚（室）内进行的，也可直接用地膜覆盖接种穴。一般每袋栽培种可接25～30袋栽培袋。

（九）菌丝培养

猴头菇菌丝培养，袋温控制在23～26 ℃，室内相对湿度控制在60%左右，前期室内应密闭黑暗，中后期需适当通风换气，并增加少量光线以促进菌丝生理成熟。

接种后，控制室温24～26 ℃，促使菌丝早定植、早蔓延、早封穴，减少杂菌侵染机会。接种后4～8天，菌丝已定植，应进行翻堆检查杂菌，控制袋温23～25 ℃，每天通风2次，每次10 min，若袋温低于 23 ℃时，可加温培养；接种后 10 天，菌落直径达 5 cm 左右时，脱外袋或撕开胶布一角或去除覆盖地膜，增加穴口供氧量，同时，疏袋散热、降低菌堆高度，或者将菌袋直接排放于层架的横杆上。经 25 ～ 35 天培养，菌丝基本长满菌袋，再经 5 ～ 15 天的后熟培养即可进行出菇管理。

菌丝培养，既要防止高温"烧菌"，又要防止低温延迟菌丝生长。秋栽时，可按"井"字形堆叠 6 ～ 10 层（图 7-14-34），堆叠高度依袋温而定，袋温超过 25 ℃时，降低堆高，可降低袋温；春栽时可成批堆码成实堆，但仍需通过数显温度计时刻观察袋温，出现高温可通过疏散菌袋的办法降低袋温。

图 7-14-34　菌袋"井"字形堆叠

（十）出菇管理

将长袋单层、卧排于层架上，采取穴口向下出菇方式，利用接种穴作出菇口（图 7-14-35）。每个 2 m 长、1 m 宽的层架可以摆放菌袋 20 ～ 24 袋，每个 20 m 长的菇棚摆放菌袋 1 600 ～ 2 000 袋。当菌丝长满袋且已后熟 5 ～ 15 天，扭结菌丝增白增厚、出现原基，气温稳定在 16 ～ 20 ℃且昼夜温差小于 5 ℃时进行催蕾。可将接种穴的老接种块挖除，穴口朝下排放在架上，但要避免将接种穴口压在横杆上，否则，会造成菇体畸形（图 7-14-36）。排袋结束，采用微喷法增加棚内湿度，经 4 ～ 5 天，菇蕾即从接种穴口长出，此时接种穴口即是出菇口。由于出菇口统一朝下，菇体下

方空气好，不易积累二氧化碳，也不会积聚大量水分，因而所出菇无水渍腐烂，极少有畸形菇，质量较优（图 7-14-37）。如果出菇口朝上，摆袋密度太大，则易出畸形菇（图 7-14-38）。出菇阶段，提供少量散射光。菇蕾期，空气相对湿度保持在 90%，不能直接向菇蕾喷水。菇蕾发育成直径 4 ～ 5 cm 大小时，发育加快，空气相对湿度仍维持在 85% ～ 90%，但不能超过 95%，控制温度不低于 14 ℃，不高于 26 ℃，菇棚内保持空气新鲜，以入棚后无憋闷感觉为度。若菇棚温度超过 26 ℃以上时，应增加对菇棚及四周的喷水次数和喷水量，同时揭开薄膜通风，加厚棚顶遮阳物；严禁干燥冷风直接吹到菇体或光照太强刺激菇体，引起菇体泛黄而商品性降低。菇蕾形成后，约经 10 天子实体发育成熟即可采收。

图 7-14-35　长袋层架平卧多点出菇方式

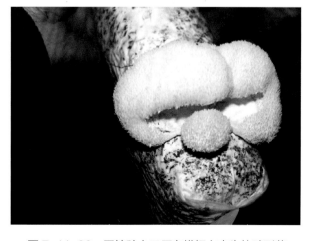

图 7-14-36　因接种穴口压在横杆上产生的畸形菇

木腐菌生产技术

图 7-14-37　袋穴口朝下出菇

图 7-14-38　穴口朝上畸形菇多

（十一）采收与干制

1. 采收　猴头菇的采收适期视加工方式而异。菌刺形成初期的猴头菇，白嫩圆整，菌肉细密坚实，满布短小菌刺（刺长 0.5～1 cm），营养丰富，氨基酸含量高，干物质积累较高，柄蒂短小，基本无苦味，口感好，镜检无成熟孢子，是鲜食及盐渍猴头菇采收的最佳时期（图 7-14-39）。猴头孢子成熟期，子实体干物质积累量最高，氨基酸含量也较高，是药用干制猴头菇采收的最佳时期，此期子实体洁白圆整，手压松软有弹性，菇球芯内菌体有微孔，外观子实体多刺，刺长 1～1.5 cm，镜检可见饱圆的大量成熟孢子。若采收稍晚，猴头菇颜色开始变黄并散放孢子，由于猴头菇生理代谢加剧，消耗了大量营养，出干率降低，反而不适于干制。食用干制猴头菇采收适期较药用干制猴头菇提前 1 天，此时猴头菇菌刺多为 0.7～1.2 cm，而子

实体氨基酸含量却更高，干物质积累与适期采收的药用干品也基本相当。

图 7-14-39　适宜采摘的子实体

采收前 6～8 h 停止喷水，采收时可用手从菇体基部拧下。加工前还要整理挑选，剔出虫蛀及腐烂变软的猴头，以免影响商品价值。

2. 干制　当天采收的猴头菇应当天进行干制。干制方法有自然晾晒法和烘干法两种，自然晾晒法如前所述；烘干法可采用电控香菇烘干机或类似脱水干燥设备。干制时把个体较大、形状圆整的放于烘烤室上部，畸形菇放在最底层。猴头菇肉细密坚实，菇芯内部含水量大，烘烤起始温度以 36～38 ℃为宜，初期升温要缓慢，可每隔 1 h 升 1 ℃，当烘烤室温度升到 43 ℃，菇体内部水分扩散加快，此时可每隔 2 h 升 3 ℃，并加大通风量，让菇体水分通过气流大量蒸发排出体外。当室温升至 58～60℃时，要降低通风量，保持热风低速状态，继续烘烤 2 h 左右，让菇芯水分充分扩散，最高温度不可超过 60 ℃，以免褐变焦化，这样烘 16～18 h 即可。为减少干制成本，还可采用晒、烘结合法进行干制，即将采收的鲜猴头菇，风干 1～2 天后，再按大小分别烘烤。此外，也可采用蒸汽烘干。一般每 8 kg 左右的鲜猴头菇可烘制 1 kg 干品。为了使菌刺保存良好，烘干后的猴头菇（含水量 12％以下）可放置几小时，待菌刺受潮后（含水量 15％以下）再进行密封包装。经这样处理的猴头菇，外形美观，菌刺完整，色泽淡黄，

香味浓郁，深受市场欢迎。

第五节
标准厂房周年生产模式

一、生产模式类型

大部分生产环节机械参与操作，室内发菌，室内出菇，培养室、出菇房安装空调设备，周年生产，但投资大，目前只有个别地方试行生产，但这是猴头菇生产的发展方向。

二、标准厂房周年生产优势

（一）适宜周年生产

第一，出菇集中、出菇同步性好，生产周期相对较短，出二茬菇需 1 个月左右时间，第 1～2 茬菇的产量占总产量的 80%，品质好。

第二，猴头菇可以定点出菇，菌袋多点出菇，出菇方式多种多样，菇体大小易于控制。

第三，猴头菇对环境条件的要求可以通过标准厂房建造及其设备进行调控。

（二）环境因子全程调控

1. 温度　空调设备容易对温度进行调控。

2. 湿度　高压微雾加湿器可以解决湿度问题。

3. 空气　猴头菇生产需要充足的氧气。可通过空气交换设备及增加对流窗来实现。

4. 光照　菌丝生长不需要光照。原基形成及子实体发育需要散射光，可以通过灯光调节光照强度来满足生长需要。

三、技术特点

（一）栽培容器

聚丙烯、聚乙烯塑料袋或栽培瓶。根据出菇方式和要求的菇体大小选择容器规格，一般选用折径 15～18 cm、长 32～40 cm 的塑料袋，也可选用 750 mL、口径 4 cm 的栽培瓶。

（二）周年生产

可以实现周年生产。周年不间断出菇，实现鲜菇周年均衡供应市场。

（三）厂房建造或改造

砖混结构、彩钢板、旧房改造等均可。要求保温、通风、排风、加湿、控光。

（四）栽培方式

采用袋栽或瓶栽，机械装料。

（五）出菇方式及其优势

立体、层架摆放，每天有固定的出菇量。

（王延锋　班新河）

第十五章　秀珍菇

　　秀珍菇是 20 世纪 90 年代开始发展起来的侧耳属新兴菇种，其外形小巧秀美，质地细嫩，味道鲜美，深受消费者喜爱。秀珍菇是一种特别适合在热带和亚热带地区栽培的食用菌，在夏季高温期通过一定时间的低温冷刺激即能整齐出菇，可以人工控制出菇时间，具有实现规模化、集约化生产的良好特性。

第一节
概述

　　秀珍菇是 20 世纪 90 年代在台湾首先选育开发出的平菇（糙皮侧耳）新品种，之后引进内地栽培。目前，秀珍菇已在苏、浙、粤、皖、豫等许多地区栽培，产品主要销往深圳、广州、福州、杭州、上海等地。

一、分类地位

　　秀珍菇隶属真菌界、担子菌门、蘑菇亚门、蘑菇纲、蘑菇亚纲、蘑菇目、侧耳科、侧耳属。

　　拉丁学名：*Pleurotus pulmonarius*（Fr.）Quél.。

　　中文别名：迷你蚝菇、珍珠菇、袖珍菇、珊瑚菇、凤尾菇、凤尾侧耳、肺形侧耳等。

英文名：Baby oyster mushroom。

二、营养价值与经济价值

秀珍菇朵小形美，质地细嫩，鲜甜爽口，营养丰富，风味独特。其蛋白质含量接近于肉类，比一般蔬菜高 3～6 倍，富含人体必需的 8 种氨基酸和多种维生素，特别是硒含量达 0.4～0.5 mg/kg，所以有"菇中极品"之称。据分析，每 100 g 鲜菇含粗蛋白质 3.6～5 g，粗脂肪 1.13～1.18 g，粗纤维 0.74～2.2 g，可溶性糖 5.7～7 g，并含有 17 种氨基酸，还含有磷 130 mg、铁 14.7 mg、锌 6.7 mg、钙 7 mg、钾 317 mg、钠 49.2 mg 及硒、锗等微量元素，并含维生素 B_1 0.64 mg、维生素 B_2 5.84 mg、维生素 B_6 186.99 mg、维生素 C_1 3.8 mg。

秀珍菇还含有真菌多糖等活性物质，具有抗癌、防癌、清除体内垃圾、提高人体免疫力等功能，常吃秀珍菇有利于身体健康。台湾科研人员利用秀珍菇水提物对癌细胞生长抑制作用的研究结果表明，加入秀珍菇冷水萃取物后，活化的淋巴细胞对 CT26 细胞（小鼠大肠腺癌细胞株）的抑制率提高到 90% 左右。

秀珍菇具有令人愉快的蟹香味，而且特别耐烹调，久煮不烂，适合煲汤、涮火锅、油炸等多种烹饪方式，深受餐饮业和家庭消费者欢迎。2006 年黄毅曾测算，仅上海市场的秀珍菇日批发量达 20 余 t。据统计，2007 年全国秀珍菇消费量为 17.4 万 t，至 2014 年全国消费量达 32 万 t，秀珍菇市场消费量平均每年增幅达 10%；2014 年全国秀珍菇总产量为 33.1 万 t，占同期国内食用菌总产量的 1% 左右，种植产值近 30 亿元。

三、发展历程

20 世纪 90 年代有研究人员发现，如果将秀珍菇的采收时间适当提前，风味异常鲜美。台湾农业试验所通过不断改进栽培工艺及菌株多代系统选育，开发出适于采收幼嫩子实体的栽培品种与技术，又因其子实体外形小巧秀气，取名"秀珍菇"。1998 年，秀珍菇从台湾引入上海和福建罗源等地栽培，以其独特的品质，深受市场欢迎，需求量不断上升，加上栽培原料丰富，栽培水平不断提高，生产规模迅速扩大。

近年来，我国秀珍菇生产在品种选育方面取得长足进步，各地选育出一批通过审（认）定的优新品种，生产模式得到不断改进提升。如通过引进新型栽培设施、完善菌袋冷激出菇方式和专业化制袋、分户出菇管理等技术的开发与应用，秀珍菇的生产效率和产品质量得到不断提高，生物学效率从初期的 35% 提高到 70%，高的可达 90%。秀珍菇生产已成为浙西地区、福建罗源等主产地农村经济支柱产业。

四、主要产区

秀珍菇栽培始于我国台湾，经过 20 多年的研究推广，技术日益成熟。现已推广到华东、华南、华中和西南地区，主产区有福建、浙江、广西和江苏等地。

五、发展前景

秀珍菇可在夏季高温季节采用冷激的方法催蕾出菇，具有可通过人工控制出菇时间的栽培特性，适于规模化、集约化定时定量生产，所以具有广阔的市场前景和产业化发展前景。

同时，秀珍菇栽培原料资源丰富、生态效益好，可利用棉籽壳、棉柴、桑枝、梨枝等，也可利用工厂化栽培金针菇、杏鲍菇后的菌渣等多种可再生资源材料作栽培基质，因此，秀珍菇是一种值得大力开发和发展的食用菌。

第二节

生物学特性

一、形态特征

秀珍菇根据生长阶段不同，分为菌丝体和子实体两部分。菌丝体生长于基质中，是秀珍菇的营养器官；子实体成熟后能散发大量的担孢子，是秀珍菇的繁殖器官，也是人们可食用的部分。

（一）菌丝体

菌丝白色，绒毛状，分枝发达，粗壮，爬壁能力强，不分泌色素。菌落外观菌丝细、薄、平坦、舒展，在PDA培养基上生长良好，气生菌丝数量不如普通平菇（图7-15-1）。

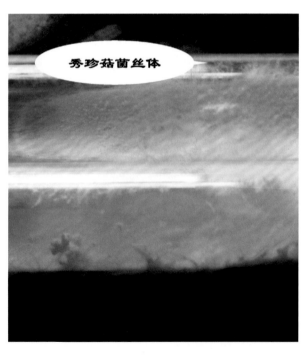

图7-15-1　秀珍菇菌丝体

在显微镜下观察，菌丝直径 1.4～2.8 μm，成熟后锁状联合明显。在24℃环境下菌丝生长速度快、长势良好，一般10天就可以长满试管斜面。老熟的斜面培养基颜色会转为淡黄色，常有原基发生甚至形成子实体（图7-15-2）。

图7-15-2　PDA平板出菇

（二）子实体

秀珍菇单生或丛生，初生原基白色，呈碎米粒或碎泡沫状，基部稍膨大，丛生的常见基部粘连生长，中上部开始分叉生长，而后分化出菌盖，单生的近直柱形或纺锤形（图7-15-3）。分化的菌盖多呈扇形，也有肾形、圆形、半圆形，菌盖边缘内卷，浅灰色至灰褐色，表面光滑。菌柄白色，多侧生，少有中生，商品菇菌柄长 3～6 cm，上粗下细，直径 0.6～1.5 cm（图7-15-4）。根据不同区域的市场要求，一般菌盖直径 3～5 cm。成熟的子实体，菌盖伸展常呈波浪状卷曲，老熟后盖缘反卷，直径可达 5～20 cm；菌褶延生，白色，狭窄、密集、不等长（图7-15-5）。成熟子实体会弹射大量孢子（图7-15-6）。孢子印白色。孢子 8.1～10.7 μm×3～5.1 μm，无色近透明，光滑，近椭圆形（图7-15-7）。

图7-15-3　秀珍菇菇蕾

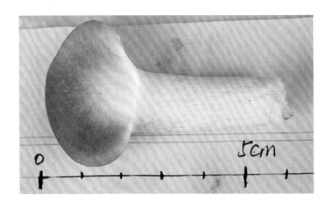

图 7-15-4　秀珍菇子实体

图 7-15-5　秀珍菇菌褶

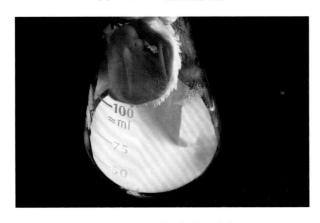

图 7-15-6　秀珍菇孢子收集

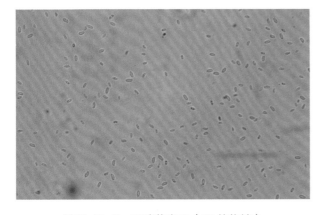

图 7-15-7　秀珍菇孢子（10 倍物镜）

二、生活史

秀珍菇属四极性异宗配合的食用菌，其生活史与平菇相似，均为孢子→单核菌丝→双核菌丝→子实体→孢子的循环过程。秀珍菇孢子在适宜的条件下萌发、伸长、分枝，形成单核菌丝，性别不同的单核菌丝结合（质配）后形成双核菌丝。双核菌丝借助于锁状联合，不断进行细胞分裂，产生分枝，并在环境适宜的条件下，无限地进行生长繁殖，最终形成子实体。在子实体菌褶的子实层中，双核菌丝顶端产生担子，其遗传物质进行重组和分离，形成四个担孢子。孢子成熟后，从菌褶上弹射出来，从而完成秀珍菇的一个生活周期。

三、营养

秀珍菇依靠分解有机物质营腐生生活，生长发育需要的碳、氮、磷和钾等各种养分均从栽培料内获得。秀珍菇属木腐菌，分解木质素、纤维素能力较强，能从多种作物秸秆、枝条等农副产品下脚料中获取营养和能量来源，可以利用棉籽壳、棉柴、甘蔗渣、杂木屑、玉米芯、豆秆、桑枝等作为碳素营养，利用麸皮、米糠、玉米粉等作为氮素营养，利用石膏、碳酸钙、过磷酸钙、磷酸二氢钾等无机盐作为矿物质营养。秀珍菇菌丝生长的适宜碳源是麦芽糖、葡萄糖，适宜氮源是酵母膏、黄豆粉。生产上多以陈积的杂木屑、桑枝屑、棉籽壳、豆秆粉作为栽培主料，加入麸皮、玉米粉等，碳氮比以（30～50）:1为宜。虽然各种作物秸秆、枝条等农副产品下脚料都能够用来栽培秀珍菇，但不同种类的原料理化性状和养分各异，秀珍菇产量、质量也存在差异。

四、环境条件

（一）温度

秀珍菇属广温中偏高温型菇类。菌丝生长

木腐菌生产技术

温度 5 ～ 35℃，适宜温度为 24 ～ 26℃。温度低于 10℃，菌丝生长缓慢；高于 30℃，菌丝生长稀疏，色泽变黄，易于老化；超过 35℃，菌丝停止生长，发黄，萎缩。

子实体生长的温度范围较广，在 10 ～ 32℃条件下都能生长，最适温度是 20 ～ 25℃（因菌株不同而异）。温度低于 10℃，很难形成原基；低于 15℃，子实体生长缓慢；高于 25℃，菇蕾生长快，成熟早，菌盖成熟时近柄处容易下凹而呈漏斗状；高于 35℃，子实体即开始萎缩。原种和栽培种菌丝老熟后在适宜温度下，对光线和变温敏感，易自然形成原基和菇蕾，从营养生长转入生殖生长。10℃以上的温差刺激，能够诱导大量原基的形成，一般在 12 ～ 30℃环境温度下，能够分化出原基。温度较高时菌盖颜色较浅，温度低时则较深（图 7-15-8）。

图 7-15-9　培养料含水量过高菌丝生长缓慢

从原基形成至子实体成熟，要求空气相对湿度为 85% ～ 90%。低于 80%，子实体发育缓慢，容易短小、干缩（图 7-15-10）；低于 70% 时，子实体难以形成，或生长发育受阻，干缩死亡；超过 95%，子实体蒸腾作用受阻，影响物质输送和新陈代谢，抗逆性衰退，出现大量畸形个体影响品质，甚至萎蔫腐烂（图 7-15-11）。

图 7-15-8　不同温度培养下秀珍菇颜色变化

（二）水分

菌丝生长阶段，培养料含水量要求在 60% ～ 65%。培养料含水量过高，易导致料内通气不良，菌丝生长缓慢（图 7-15-9）；含水量偏低，装袋不容易紧实，菌袋松软，后期易发干、散袋，影响产量。含水量低于 50%，菌丝生长缓慢，料面菌丝不容易达到均匀浓白的程度。发菌期环境的空气相对湿度以 60% ～ 70% 为好。

图 7-15-10　子实体干缩

图 7-15-11　死菇

（三）空气

　　秀珍菇为好氧性菌类，在菌丝生长阶段，能忍耐较高的二氧化碳浓度，不需要特殊的通气条件。但随着菌丝伸长扩展，需氧量也随之增大，因此发菌期要注意定期通风换气。菇蕾形成初期，菌丝呼吸量逐渐加大，要增加菇房内的空气供应，否则将会使部分菇蕾因缺氧而萎缩，影响产量。进入伸长期后，需要保持一定浓度的二氧化碳，一般以 $0.3\% \sim 0.4\%$ 为宜，以促进菌柄伸长，抑制菌盖过快扩展（图 7-15-12），否则菌柄短、菌盖大，容易形成畸形开伞菇（图 7-15-13）。如果空气中二氧化碳浓度高于 1%，极易形成菌盖小、菌柄长的畸形菇（图 7-15-14）。从现蕾直至采收仅有十几小时，应特别注意菇房内的空气氧浓度和湿度变化。

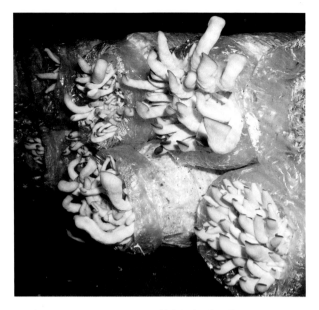

图 7-15-14　盖小柄长畸形菇

（四）光照

　　秀珍菇菌丝生长不需要光照，强光对它的生长是不利的，光刺激易促使菌丝过早形成原基。子实体分化和发育阶段则需要光照，散射光可诱导原基的形成和分化。黑暗条件下子实体难以形成。子实体发生所需的光照强度为 $50 \sim 2\,000$ lx，以 $500 \sim 1\,000$ lx 为宜。光线过暗，在 60 lx 以下，易形成畸形菇（图 7-15-15）；光线过强，尤其是直射光照射易使子实体干枯。子实体伸长、成熟期，降低光照强度，也会导致菌盖颜色变浅（图 7-15-16）。

图 7-15-12　控菌盖、促菌柄伸长

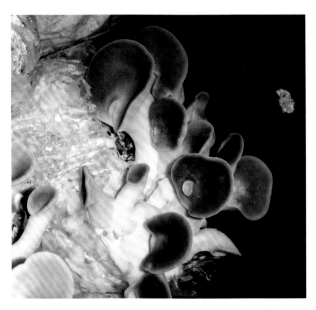

图 7-15-13　畸形开伞菇

图 7-15-15　光线过暗形成畸形菇

木腐菌生产技术

图 7-15-16　光照弱导致菇色浅

（五）酸碱度

秀珍菇菌丝体对酸碱度的适应性较强，一般培养料 pH 5～8.5，均能生长，但中性略偏酸性环境更有利于秀珍菇生长，pH 6.5～7 为适宜。pH 高于 9 或低于 5，菌丝生长会受影响，生产中可通过添加 0.5%～2% 的石灰加以调节。

第三节
生产中常用品种简介

认（审）定品种

（一）秀珍菇 5 号（国品认菌 2008026）

1. 选育单位　上海市农业科学院食用菌研究所。

2. 品种来源　国外引进秀珍菇品种。

3. 特征特性　子实体单生或丛生，多数单生。菌盖直径 2～5 cm，呈扇形、贝壳形或漏斗形，生长初期浅灰色，后呈棕灰色或深灰色，成熟后变浅，呈灰白色。菌柄白色、偏生，柄长受二氧化碳浓度影响。

4. 产量表现　生物学效率 60%～70%。

5. 栽培技术要点　培养料以木屑、棉籽壳等为主，培养料适宜含水量为 60%～70%，菌丝生长适宜偏酸性环境，配制培养料时初始 pH 6.2～7，夏季高温时可提高 pH 至 7.5。菌丝生长阶段不需要光照，空气相对湿度控制在 70% 左右。子实体生长温度 10～32℃，最适温度 20～22℃，温度高于 25℃ 时，菇蕾生长快，易开伞。出菇期间注意通风，避免高浓度二氧化碳影响子实体正常生长。子实体分化和发育阶段给予微弱光照，避免强光影响其正常生长。

6. 适宜种植地区　长江以南地区及江淮地区。

（二）中农秀珍（国品认菌 2008027）

1. 选育单位　中国农业科学院农业资源与农业区划研究所。

2. 品种来源　国外引进品种。

3. 特征特性　子实体丛散生，中小型，大小均匀。菌盖浅棕褐色，菌柄白色，不连接。

4. 产量表现　纯棉籽壳栽培条件下，生物学效率 70%～80%。

5. 栽培技术要点　适宜北方春、秋、冬季栽培和南方初冬季节栽培。栽培料含水量 62%～64%，子实体生长期间空气相对湿度控制在 85%～92% 为宜。菌丝生长最适温度 25℃ 左右，出菇温度 10～20℃，最适出菇温度 12～14℃。子实体分化快而均匀，发育中不死菇，口感较同类品种清脆、幼嫩。在适宜条件下，栽培周期 70～90 天，接种 20 天后即可出菇，30 天左右即可采收第一茬菇，一般可采收 3～4 茬，适宜七成熟或更早采收。贮藏温度 3℃，1℃ 时细胞失水，出现冷害。

6. 适宜种植地区　建议在北京、河北、山东、福建等地栽培。

（三）农秀 1 号（浙认菌 2008001）

1. 选育单位　浙江省农业科学院园艺研究所。

2. 品种来源　杂交选育。

3. 特征特性　菌丝色白、浓密，生长速度 0.6 cm/天。子实体单生或丛生，单菇重约 5.6 g。商品菇菌盖灰白色至灰色，表面光滑，呈扇形，采后不易破裂，厚度中等，菌盖中部厚约 0.5 cm；菌褶密集，白色，延生，狭窄，不等长，髓部近缠绕形。菌柄中等偏长，3 ～ 6 cm，直径 0.7 ～ 1 cm，白色，多数侧生，上粗下细，基部少绒毛。

4. 产量表现　平均每袋产量 341.8 g，生物学效率 67.5%。

5. 栽培技术要点　从接种到头茬菇采收一般需50 ～ 60 天。生产上表现吐黄水少，较抗黄枯病。栽培袋制作时间，自然气候条件下以 8 ～ 9 月为宜，反季节栽培以 1 ～ 4 月为宜。菌丝长满袋后，宜在 20 ～ 28℃条件下后熟培养 10 天左右。

6. 适宜种植地区　浙江各秀珍菇种植地区，以及气候条件相近的地区。

（四）秀迪 1 号（闽认菌 2012010）

1. 选育单位　福建省农业科学院食用菌研究所。

2. 品种来源　以秀 57 自交 (La5 × Ld2) 选育而成。

3. 特征特性　子实体多单生，菌盖直径 3.5 ～5 cm，厚 0.5 ～ 1.5 cm，鼠灰色或黑灰色，扇形，边缘微内卷不易开裂；菌褶白色，延生。菌柄长3 ～ 6 cm，直径 0.8 ～ 1.5 cm，多侧生，少中生。经福建省分析测试中心检测，每 100 g 鲜菇含粗蛋白质 6.06 g、粗纤维 1.81 g、粗脂肪 0.06 g、总糖1.09 g。

4. 产量表现　经新罗区、罗源县、龙海市、福清市等地多年多点试种，产量较高，平均每袋（干料重 650 g）产量 323 g，生物学效率 49.7%。

5. 栽培技术要点　培养料配方为杂木屑45%，棉籽壳 28%，麸皮 25%，红糖 1%，石灰 1%，含水量 63% ～ 65%。菌丝生长适宜温度23 ～ 25℃，子实体生长适宜温度 12 ～ 25℃，空气相对湿度 80% ～ 90%，栽培周期为 150 天。

6. 适宜种植地区　适宜福建省秀珍菇种植地区秋冬季栽培。

（五）秀珍菇 LD-1（鲁农审 2009084）

1. 育种单位　鲁东大学。

2. 品种来源　秀珍菇 18（GY18）孢子经紫外线辐射诱变育成。

3. 特征特性　中高温型品种。菌丝洁白、细密，子实体单生或丛生。菌盖灰白色至深褐色，扇形，边缘薄初内卷、后反卷，表面光滑干爽；菌褶白色，延生，稍密不等长。菌柄长 4 ～ 6 cm，直径 0.5 ～ 1.5 cm，白色，内实，多侧生，基部稍细无绒毛。

4. 产量表现　平均生物学效率 98.4%。

5. 栽培技术要点　适宜春季、早秋常规熟料栽培。菌丝适宜生长温度 23 ～ 25℃，菌丝满袋后需要 8 ～ 10℃温差刺激以利原基形成。出菇温度15 ～ 32℃，最适温度 18 ～ 25℃，空气相对湿度85% ～ 95%，适度散射光照射并通风。

6. 适宜种植地区　山东省秀珍菇种植地区。

第四节
主要生产模式及其技术规程

我国各地的秀珍菇生产模式基本相同，各地可因地制宜在原料配方、发菌与栽培出菇设施、冷刺激方式等方面进行改进，以适应当地的气候和原料资源条件，提高生产效率。

一、栽培场地与设施设备

（一）场地选择

栽培场地要求地势较高，通风良好，交通方便，近水源，环境清洁，无污染源。

（二）栽培设施

秀珍菇可采用菇房栽培。菇房建造要求坐北朝南，多采用砖瓦或竹、木、钢管等材料建造，也可利用民房、仓库、蔬菜大棚等改建。

菇房由蔬菜大棚或连栋大棚改建，其棚膜须改用黑白反光膜或加覆遮阳网，并配置外遮阳物，棚顶与外遮阳物间架设喷水带，最好设置可启闭的通风散热口。

（三）栽培场所清洁消毒

不论采用何种设施栽培秀珍菇，都须做好栽培前的清洁消毒工作，尤其是多年连续栽培的菇房。

首先必须清除栽培场所及其周围的所有残渣杂物、垃圾杂草，消除死水、污水沟坑，减少污染源，清洗菇架、地面，然后撒布石灰粉、漂白粉等进行消毒。菇房四壁可用浓石灰水涂刷，地面撒石灰粉消毒。

栽培前，菇房可选用以下方法进行消毒：①硫黄熏蒸消毒。密封菇房，每立方米空间用硫黄粉15 g，加适量木屑、稻壳等易燃物放在水泥瓦片上燃烧熏蒸消毒。②甲醛熏蒸消毒。在密闭的菇房内，每立方米空间用甲醛 10 mL、高锰酸钾 4 g，放在玻璃容器内混合释放甲醛气体进行熏蒸消毒。③混合熏蒸消毒。以 100 m² 菇房计，用硫黄500 g、敌敌畏 100 mL、甲醛 200 mL，快速与锯木屑或稻壳混合后，点燃熏蒸消毒。为保证消毒、杀虫效果，一是需注意菇房密闭不漏气；二是需注意采用多个燃放点均匀布置在菇房内，以达到消毒均匀周到；三是需确保熏蒸消毒 48 h 以上。完成消毒工作后必须开门窗通风排气，直至药味消除后才能使用。

（四）冷库建设和移动制冷机组的选用

1. 冷库建设　冷库是秀珍菇生产所需的重要设施，根据生产的用途，冷库可分为用作菌袋低温刺激的冷刺激库和鲜菇的冷藏保鲜库。

冷库建造之前应对建设地址、库房设计、附属配套设施的安排及未来发展余地等进行综合考虑。冷刺激库应建在菇房附近，方便菌袋进出；保鲜库应建在便于秀珍菇采收后迅速预冷和贮藏的地点，同时须与鲜菇包装间相邻。

1）冷刺激库建设　冷刺激库一般采用砖砌库墙加 10 cm 保温板或夹芯保温板建造库体，冷库容

量和功率需与栽培规模、每批次低温刺激的菌袋数量相配套。如 15 万袋栽培规模的菇场，需要建一个容积规格为 4 m×6.5 m×2.6 m、一次可放 7 000袋左右的冷刺激库，功效性能要求达到高温冷库标准（0～5℃）。

2）冷藏保鲜库建设　冷藏保鲜库一般采用10 cm 保温板建造库体（组合冷库），组合冷库具有保温性好、安装方便、建造工期短、增容分割方便以及外形美观等优点。冷库容量需与栽培规模相配套。一般栽培 15 万～20 万袋的菇场，需要建设一个规格为 4 m×6 m×2.6 m 的保鲜库。可在保鲜库中间用保温板隔成两间，有冷风机的里间用于鲜菇的冷藏保鲜，门口外间用作包装间，既便于操作，又有利于节约能源。

2. 移动制冷机组的选用　由于采用固定的冷刺激库，每养一茬菇都需将菌袋从菇架上搬运至冷库内进行低温刺激，完成冷刺激后再放回菇架进行催蕾出菇，费工费时，生产效率低，因此，许多菇场采用移动制冷机组，在菇房内搭建简易冷房，对菇架上的菌袋进行原地低温刺激，大大提高了生产效率。

移动制冷机组指将制冷机组安装在可移动的车架上，根据需要将制冷机组推移至搭建的简易冷房旁对其内的菌袋进行低温刺激。一般低温刺激的菌袋数量为 1 万袋的简易冷房需用一套压缩机及配套设备总功率为 15 kW 的制冷机组。

（五）其他设施设备

1. 拌料装袋机组　采用拌料装袋机组制备料袋，生产效率高。应选择与生产投资规模、生产条件等相配套的拌料装袋机组，要求拌料机容量合适、搅拌均匀度高，同时拌料效率高，避免拌料时间过长导致培养料酸败。拌料机与装袋机数量应与日生产量相配套。装袋机型号种类较多，大致可分两种：一种是自动装袋机组，另一种是小规模生产用的半自动或手动拌料装袋设备。

2. 灭菌设备　灭菌设备总体上可分常压灭菌灶和高压灭菌锅两种。详见本书第五篇相关内容。

3.周转筐　周转筐用于承载料袋，周转筐内料袋应单层竖放排列，起着减少搬运次数、降低劳动强度、提高劳动效率、降低劳动力成本的作用，同时保证灭菌时料袋之间气流的畅通，达到灭菌彻底的目的。

通常采用耐高温高压的塑料筐，或用角铁、扁铁、圆钢等焊接而成的铁筐作为周转筐。设计秀珍菇周转筐时应注意一筐多用，既可用于料袋灭菌，又可用于菌袋的冷刺激。

二、栽培季节

我国大部分秀珍菇产区主要安排在春末夏初至秋季出菇，秀珍菇菌丝在不同温度条件下长满菌袋所需的时间也不同。菌袋在 20 ～ 25℃适宜温度下培养，发菌满袋时间为 30 ～ 35 天，后熟时间 15 ～ 20 天；在较低温度下培养，发菌时间与后熟时间均相应增加。因此，各地秀珍菇栽培场或专业化菌袋生产企业，应根据当地气温变化情况、栽培量和菌袋日生产能力，依据菌袋发菌和后熟所需的时间，推算开始制作菌袋的时间。我国秀珍菇产量最大的闽浙产区，多安排在春节前后陆续开始制作菌袋，五一节前后开始逐批开袋出菇，至 11 月初结束。

三、栽培原料的选择与处理

秀珍菇属于典型的木腐菌类，具有较强的分解纤维素和木质素能力，可利用杂木屑、各种作物秸秆及其副产物，以及桑枝、果枝等林果副产物作为栽培基质材料。此外，适当加入矿物质，如石灰、过磷酸钙、碳酸钙、石膏等有助于秀珍菇的生长。

当前用于栽培秀珍菇的主要原料有棉籽壳、杂木屑、棉柴、甘蔗渣、玉米芯、豆秆、桑枝等。玉米芯、豆秆、棉柴、桑枝等原料须经粉碎后使用；棉籽壳、麸皮、玉米粉等原料要求新鲜无霉变；杂木屑须在使用前 2 ～ 3 个月进行堆积发酵，通过

堆积发酵软化杂木屑，降低其中的单宁含量，提高持水和保水能力，同时木质纤维得到初步降解，有利于秀珍菇菌丝生长。具体做法是：杂木屑经过筛去除杂物后堆置于距离拌料、装袋室较近，具一定坡度不积水的水泥场地上，堆宽 5 ～ 8 m，高 1.8 ～ 2 m，长度不限，堆顶呈龟背形，料堆表面撒少量石灰粉，喷水调湿料堆进行自然发酵，堆积发酵期间需翻堆 2 ～ 3 次。经这样堆积发酵的杂木屑呈深褐色，具有一定发酵香味。棉籽壳也宜在使用前 3 天用 1%的石灰水调湿后进行堆积处理，隔天翻堆一次。采用经堆积处理的杂木屑、棉籽壳栽培秀珍菇，具有接种后萌发生长好、吃料快，菌袋污染率低，提高生物学效率等优点。

四、培养料配方与配制

当前各秀珍菇产区的栽培原料及来源各异，各地的配方也不一。以下是几种常用的配方：

配方 1：木屑 44 %，棉籽壳 30 %，麸皮 18%，玉米粉 5%，石膏粉 1.5%，石灰 1.5%。

配方 2：木屑 37 %，棉籽壳 50 %，麸皮 10%，石灰 2%，石膏 1%。

配方 3：木屑 63 %，棉籽壳 20 %，麸皮 12%，玉米粉 2%，石灰 2.5%，过磷酸钙 0.5%。

培养料配制时，各种原料必须搅拌均匀，木屑、棉籽壳、玉米芯等主料须预湿、预拌，最后加入麸皮、玉米粉等营养辅料，加入营养辅料后应尽快拌匀、装袋灭菌，避免培养料中加入营养辅料后搅拌、装袋工序超时而导致酸败。在温度较高的季节配制培养料时，除了尽快拌料、装袋、灭菌外，可适当增加石灰添加量，以防控培养料灭菌前酸化。控制培养料灭菌后的 pH 稳定在 6.5 左右，有利于降低菌袋污染率。

在培养料的配制过程中，由于各种原料的颗粒大小等物理性状、持水能力不同，初始含水量也不同，甚至配料时的天气、场所不同等都对拌料时培养料所需的加水量产生影响，因此，在拌料加水

时，应灵活掌握加水量。原料颗粒较细、偏干时，拌料时需适当多加水；原料颗粒较粗、持水性差，或原料含水量偏高时，拌料时应适当少加水。晴天气温高、风大时水分易蒸发，拌料时宜适当多加水，而阴天空气湿度大时，拌料时应适当少加水。一般培养料的含水量以60%～65%为佳。

五、装袋

秀珍菇栽培袋的规格一般为18 cm×36 cm×0.045 mm的聚丙烯或高密度聚乙烯塑料袋，一般采用装袋机装袋。装袋机的型号较多，无论采用何种装袋机，在装袋时都需调节控制好合适的装料松紧度，以培养料紧贴袋壁为度。由于不同原料及不同颗粒大小的同种原料的容重不同，因此，不同原料配方的装料量也存在差异，一般每袋装干料500～600 g，湿料1 200～1 400 g，装料高18～20 cm。料中间打接种孔，以便菌种（尤其是枝条菌种）进入料内，加快发菌速度和提高成品率。

料袋的封口方式主要有三种：一是用塑料绳扎口，二是采用塑料套环加棉塞封口，三是采用塑料套环盖封口。用塑料绳扎口，透气性差，发菌较慢；塑料套环加棉塞封口，棉塞容易在蒸汽灭菌时潮湿而影响成品率，需加盖专用塑料套盖防潮；采用塑料套环盖封口，可克服上述两种封口方式存在的问题，是当前普遍采用的料袋封口方式。

在装料、封口及搬运等操作过程中，需小心轻放料袋，避免擦破或刺破料袋导致发菌培养过程中杂菌通过破孔感染菌袋，影响成品率。

六、灭菌

完成装料的料袋须及时装入高压灭菌锅或常压灭菌灶内进行灭菌。排放料袋时，注意留出一定空隙使蒸汽流通，以消除死角。采用灭菌筐可以较好地解决这一问题，同时可有效提高生产效率。

采用常压灭菌灶灭菌时，升温灭菌需做到"猛火攻头、匀火保温、闷灶保尾"12字诀。猛火攻头，指灭菌开始时，须用大火，争取在最短时间（5 h）内使灶内温度上升至100℃以上，以防升温缓慢、高温微生物繁殖而导致培养料酸化。宜采用感应式温度仪检测灭菌温度，将感应探头置于堆叠的料袋中间和下部等温度不易达标的多个部位，只有各部位温度均达100℃以上才可以开始计时，并保持14～16 h。匀火保温，指用匀火保温，不能停火，同时锅内水不足时须补加80℃以上的热水。补加水温低于80℃，易使灭菌灶内的温度下降，影响灭菌效果。闷灶保尾，指达到保温灭菌时间后，自然降温至80℃以下时出灶。

采用高压灭菌锅灭菌时，升温灭菌过程中须按工艺要求排净锅内冷空气，随着加热升温，锅内冷空气会从排气阀不断排出锅外，直至从排气阀排出高热蒸汽时，才可关闭排气阀。继续加热升温，当压力达0.11～0.14 MPa（后者工作温度126℃）时，维持2.5～3 h，然后排气降温后取出移入接种室或接种帐中冷却。

七、接种

待料温降至28℃以下时，采用接种箱、接种室进行接种，有条件的地方还可采用超净工作台、净化接种室进行接种操作。

（一）接种箱接种

小规模栽培可采用接种箱接种，具体程序是：选用菌龄适宜，菌丝粗壮、洁白，无杂菌污染的健壮菌种，不使用出现杂色斑块、干枯收缩、吐黄水等现象的菌种。接种前应先做好接种环境的卫生消毒工作，菌种瓶外壁和棉塞要用0.2%高锰酸钾溶液消毒。接种用的所有料袋、菌种、酒精灯、接种工具等放入接种箱内，用气雾药剂密闭熏蒸消毒30 min。接种时要严格按照无菌操作规程，先点燃酒精灯，用75%酒精擦拭菌种外壁、瓶口及接种耙等接种工具，右手持接种耙在火焰上灼烧，左手握住菌种瓶并靠近火焰处，拔去棉塞，剔除瓶口表面的老菌种块，将菌种块挖成小块，在靠近酒精灯的无菌区内，把菌种块送入经灭菌的料袋内。接种时要求操作迅速、准确，尽量缩短暴露时间，同时要注意不可让火焰碰到料袋，防止塑料烧熔，最后把棉塞快速置于火焰上灼烧并塞回套环内，至此接种完毕。

（二）净化接种室接种

将冷却后的料袋全部移入专用的净化接种室内，采用化学或物理（空气净化）等技术措施，使接种室内局部接种环境达到相对高的无菌度等级，操作人员换上工作服后进入接种室内，按照传统接种操作程序接种。该接种工艺的最大优点是通过空气净化减少污染源，没有因室内外的空气对流而造成接种污染。

八、发菌培养

（一）培养室发菌管理

将接种后的菌袋移入预先经过消毒的专用培养室内进行菌丝培养。室内发菌可采用层架式发菌（图7-15-17），也可采取堆积式发菌（图7-15-18）。堆积式发菌的做法是先在室内地面撒一些石灰，然后用砖头和木板构成支架，相距地面10 cm，把菌袋靠在一起逐层堆放，其目的是不让菌袋直接堆放在地面，形成透气道，以利菌袋散热。其堆放高度视气温情况而定，气温在18～20℃时，堆高60～80 cm；气温在10～15℃时，堆高可达1 m左右，并加盖塑料薄膜保温。接种5～7天后，要及时检查发菌情况，如发现菌丝不定植或被污染，应及时拣出。接种10天后，菌丝开始进入生长旺期，要注意堆温的变化，及时通风、散热，保持空气新鲜。室内温度应控制在20～22℃，堆温控制在23～25℃。气温高时应注意观察料温变化，将经70%酒精擦拭消毒的温度计，插入中间部位的菌袋培养料内，当堆温超过28℃时，要及时翻堆散温，严防高温烧菌，以致影响产量，甚至绝收。

培养室空气相对湿度控制在70%以下，整个发菌期间均应避光培养。一般经25～30天培养，菌丝即可长满菌袋。再经过15天左右后熟培养，菌袋就能够达到生理成熟。生理成熟的标志是菌袋结实，菌丝粗壮、洁白，袋口出现少量黄水或形成少量原基。随后就可以进入出菇期的管理。

图 7-15-17　层架式发菌

图 7-15-18　堆积式发菌

（二）菇棚发菌管理

菇棚发菌管理与培养室发菌管理基本相同。由于菇棚通风性好，保温性差，因此，冬季及早春制备的菌袋排放后，除了关闭菇棚门窗、覆盖严实四周的薄膜保温外，还需要用地膜覆盖排放或堆放的菌袋，利用菌丝生长产生的生物热提高菌袋温度。接种10天后，在中午气温高时，揭开地膜换气，但也须注意袋温不能超过28℃。同时，菇棚内的温度易受环境影响，发菌期应注意棚内的温度不能波动过大，以免菌袋受温差刺激过早形成子实体，影响发菌质量。一般经过35～45天后菌丝可长满袋，再经过15天左右后熟培养，菌袋可达到生理成熟，进入出菇期管理。

不论栽培环境怎样，秀珍菇菌丝生长要求的条件是基本一致的，发菌培养需注意如下事项：①恒温。相对恒定的温度环境有利于秀珍菇菌丝生长，菌袋培养环境要求保持在 22～24℃，不能忽高忽低。②恒湿。培养环境空气相对湿度宜在 70% 以下。③通风良好。避免通风不良影响菌丝正常生长，引发杂菌、菇蚊、菇蝇等的发生。④避光培养。秀珍菇菌丝生长不需要光照，发菌期的光照不仅影响菌丝生长，同时还会诱导形成子实体，造成菌袋边发菌边出菇，影响发菌质量。

九、出菇管理

出菇管理的技术要点：前期促进原基多形成，中期促进原基多分化保成菇量，后期促进菌柄伸长育优质菇。

（一）自然季节出菇管理

早春气温低（12～18℃）时，将生理成熟的菌袋排放在栽培架上，拔去棉塞或套环盖，沿着料面割去塑料袋口进行出菇管理。开袋后，立即覆盖薄膜，或边开袋边罩膜，以防袋口料面干燥，影响原基形成。菇棚内增加散射光，并通过夜间通风降温等措施，使栽培棚内的昼夜温差达 10℃以上，利用温差与光照刺激促进原基形成。

秀珍菇不同生长期的管理要点如下。

1. 原基形成期管理　达到生理成熟的秀珍菇菌袋，在适宜的温度条件下，通过散射光和温差等诱导，由分裂特别旺盛的菌丝相互扭结，形成原基。秀珍菇原基属于"松散型"原基，一般说来，参与扭结的菌丝多，其原基就大，发育后形成的个体菌柄粗，菌盖大；反之菌柄细，菌盖小。单生子实体由单生原基形成，丛生子实体由丛生原基形成。这个时期的管理要点：覆盖薄膜，菇棚内的温度保持在 20～25℃，并创造 10℃左右的昼夜温差条件；通过地面浇水、空间喷雾等方法，使空气相对湿度提高到 90%～95%。此阶段对通风的要求不是非

常严格，二氧化碳浓度控制在 0.1% 以下即可，每天给予一定的散射光，一般 3 天后可以看见料面上形成原基，进而生成大量的菇蕾。

2. 原基分化期管理　正常情况下，当原基长至 2～5 mm、直径 0.5～1.5 mm 时，即开始分化；当菌盖直径长至 10 mm 左右时，菇蕾已形成。此阶段的管理要点：需通风增氧、供给足够的新鲜空气，同时保持 90% 左右的空气相对湿度及适宜的温度环境，促进原基分化形成菇蕾。当菇蕾长至 2 cm 左右时（图 7-15-19），需增加光照和通风量，但空气相对湿度需保持在 85%～90%。由于此时菇蕾分化快，应加大通风量，增加散射光强度至 600～800 lx；喷水时 80% 水量喷向空间，20% 水量喷向子实体，确保小菇蕾发育成幼菇。

图 7-15-19　幼菇期子实体

3. 幼菇伸长期管理　伴随子实体成长，其外观特征主要出现如下变化：一是菌盖的颜色逐渐变浅，原基分化形成幼菇时为深灰色至灰黑色，随后逐渐变为浅灰色；二是菌柄逐渐偏向一侧着生。这个阶段的管理要点：当菌柄伸长至 3～4 cm、菌盖直径达 2 cm 即菌盖渐平展时，要细喷和勤喷水，雾点可直接喷在子实体上，尤其是在晴天干燥的天气条件下，需加强水分管理，为子实体生长提供足够的水分。此阶段可减少通风，提高二氧化碳浓度，促进菌柄伸长，控制菌盖生长，提高优质菇率。子实体成熟期（图 7-15-20）特征是子实体停止生长，大量散发孢子，菌盖开裂，边缘向上翻

卷。秀珍菇子实体成熟时基本上失去商品价值，因此必须在伸长期及时采收。

图 7-15-20　成熟期子实体

4. 适时采收　商品秀珍菇采收标准为菌盖边缘内卷，菌盖直径 2～4 cm，菌柄伸长至 2～6 cm，颜色由深逐渐变浅时采收。采收时抓住菌柄轻轻扭转拔下后，剪去带有培养料的菌柄基部，或直接用剪刀从菌柄基部剪下子实体。秀珍菇多为单生，可采大留小；丛生的可整丛一次采收，并保持子实体完整。因高温季节生长快，一天需采 3～5 次。采收后的鲜秀珍菇要及时置于冷库内预冷，按销售和加工需要进行分拣、分级和包装，及时销售。

5. 采后管理　秀珍菇采收后及时清理菌袋料面和地面菌渣，做好清洁卫生工作，然后进行养菌、转茬管理。

（1）清理料面和地面　采收后停止喷水，待菌袋表面干燥后清理表面菌柄残渣与枯死的幼菇及菇蕾，清除地面菌渣保持棚内外的环境干净卫生。菇棚内的空气相对湿度维持在 70%～80%，适当降低培养料表面的湿度，有利于防止杂菌和害虫的发生；料面过干时，每天轻喷一次雾化细水。

（2）养菌　采收后的养菌过程中停止喷水，增加通风量，光照强度降至 100 lx 以下，整个养菌过程一般需要 10～15 天，然后转入下茬菇管理。下茬菇出菇前需要对菌袋进行补水处理，为出好下一茬菇提供水分保证，一般补水增重要达到

30～50 g。补水时感染杂菌的菌袋应分开处理，以防交叉感染。补水后的菌袋出菇管理方法同第一茬。

一般情况下，在春末夏初经过 1～2 茬出菇后，气温已经较高，自然气温条件下已不能正常出菇，菌袋需要给予低温刺激后才能出菇，即反季节出菇。

（二）高温反季节出菇管理

当气温达 25 ℃以上时，在自然气温条件下进行昼夜温差刺激，已难以诱导原基发生，因此，菌袋需要通过人为低温冷激处理，加大温差刺激，促使秀珍菇原基整齐发生，实现反季节栽培。

已在自然气候条件下出过 1～2 茬菇的菌袋，需经养菌、补水后进行低温冷刺激（"打冷"）催蕾和育菇管理；未安排在自然气候条件下出菇的菌袋，经后熟培养达到生理成熟后，拔去棉塞或套环盖，沿着料面割去塑料袋口，进行低温冷激催蕾和出菇管理。

冷刺激诱导子实体形成的最低需冷量为 15 ℃、6 h，最佳冷刺激出菇的需冷量为 5 ℃、12 h，出菇整齐度和产量最高。在生产上，早期的秀珍菇冷刺激出菇工艺中采用的是固定冷库冷刺激法，即将准备好出菇的菌袋移入 4～10 ℃的冷库中给予 12～14 h 的低温刺激，菌袋中心温度冷却至 10～12 ℃时移出冷库，重新排放在育菇棚的栽培架上进行出菇管理。由于每出一茬菇菌袋都需移入、移出冷库一次，费工费时，需工量大、劳动力成本高，近年来，大多秀珍菇栽培场采用移动制冷机组对栽培架上的菌袋进行就地冷刺激，即将准备好的出菇菌袋，利用栽培架为支撑用塑料薄膜围成一个封闭的简易冷刺激室，采用可移动的制冷机组进行"打冷"，一般 15 kW 的制冷机组可以处理 1 万袋左右。

采用移动制冷机组对栽培架上的菌袋进行就地冷刺激后，继续封闭四周的薄膜；经固定冷库冷刺激后的菌袋搬回菇棚、排放在菇架上后，放下周围薄膜形成密闭空间，使菌袋温度自然回升，大棚内

的气温宜控制在30℃以下，密闭6～8 h，俗称"闷包"（图7-15-21）。随后逐步揭开四周的薄膜进行通风，菇棚内的温度宜控制在25℃左右，如温度超过28℃，应采取棚顶及棚内空间喷水降温等措施，一般经过3～4天，培养料表面就会出现原基，一天后可见大量菇蕾。

图7-15-21 闷包

秀珍菇高温反季节栽培的主要技术措施如下。

1. 催蕾

（1）干湿刺激 经转茬养菌管理的菌袋，菌袋内部菌料及表面均不同程度失水干燥，在菌袋"打冷"前3天，通过向菌袋料面喷重水或向袋内灌水的方法，提高培养料和环境的湿度，通过干湿刺激，促进菌丝扭结形成原基。

（2）温差刺激 秀珍菇为变温结实性菌类，冷刺激是促进秀珍菇在高温季节出菇的核心技术措施。将准备出菇的菌袋移入冷库，或采用移动制冷机组对栽培架上的菌袋进行就地冷刺激的方法，促进原基发生。生产中一般将冷刺激温度调节至4～10℃，刺激12～14 h。

（3）光照刺激 子实体发生、分化和发育阶段均需要光照，散射光可诱导原基的形成和分化。催蕾室内的光照强度以500～1 000 lx为宜，通过光照刺激促进出菇。

（4）搔菌刺激 在转茬管理期间，由于停水养菌，常使料面板结，透水透气能力下降，表层菌丝不断老化，会影响原基形成，随着出菇茬次的增多，这种现象会愈加明显。可采取搔菌法，即刮除表层板结或老化的菌料，促进原基形成，提高出菇率。搔菌后，需注意待菌丝恢复生长后，再进行喷水、冷刺激等催蕾出菇管理。

2. 护蕾育菇 催蕾形成的秀珍菇原基个体小，抗逆能力弱，对环境因子较为敏感。因此，通过温、湿、气等的协调管理，促进原基分化和菇蕾的健康发育，是提高产量的重要环节。

（1）温度管理 高温热害是夏季秀珍菇栽培中引起原基凋萎、菇蕾死亡的主要原因之一，因此，防高温侵袭是该阶段管理的重点，可采取以下防高温措施：一是菇房(棚)顶设通风口，俗称"开天窗"，通过天窗排出热气实现散热降温；二是在菇房（棚）覆盖保温遮阳物、反光膜，加设架空的外遮阳网等，以阻截辐射热进入菇房（棚），实现降温的目的；三是菇房（棚）顶及内部空间设喷水、喷雾装置，通过房顶或棚顶，以及内部空间的喷水、喷雾可起良好的降温效果。

（2）通风管理 原基形成和子实体的生长，对氧气的要求不同，原基发生所需的氧气少，较高的二氧化碳浓度有利于原基的形成，但原基的分化和子实体的生长发育需氧量高，供氧不足会导致畸形菇的发生，因此，完成催蕾后，应及时揭开覆盖的薄膜通风，提供足够的新鲜空气，促进原基分化和子实体生长发育。当菇蕾长至2 cm左右，进一步增加通风量或全天通风，但也需注意避免通风过强，并加强水分和湿度管理，以免菇蕾失水枯萎。当菌柄长3～4 cm、菌盖直径达2 cm时，应逐步减少通风，控制菌盖生长、促进菌柄伸长，提高优质菇率。

（3）湿度管理 在高湿封闭的环境中形成的原基，进入分化发育期管理后，需揭开覆盖的薄膜通风，以提供菇蕾生长发育所需的新鲜空气，但通风会导致湿度下降，因此，为了同时保障菇蕾生长发育所需的环境湿度，应向空间、地面喷水，以提高环境湿度，空气相对湿度保持在90%左右为宜。湿度管理时应避免向原基及幼小菇蕾直接喷水，否则容易引起原基、幼蕾成批死亡。当菇蕾长至 2 cm 左右，应进一步增加通风量，或全天通风，但空气相对湿度须保持在 85%～90%，喷水时 80% 水量喷向空间，20% 水量喷向菇蕾，满足菇蕾生长所需的水分。当菌柄长 3～4 cm、菌盖直径达 2 cm 时，要细喷、勤喷水，雾点可直接喷在子实体上，尤其遇晴天干燥时，需注意避免子实体生长发育所需水分供应不足而影响产量和质量。

（4）光照管理　原基形成、分化和子实体生长发育都需要一定的散射光。当菇蕾长至 2 cm 左右，增加光照强度至 600～800 lx；当菌柄长 3～4 cm、菌盖直径达 2 cm 时，可适当降低光照强度，使之既满足子实体生长发育所需的光照，又能使子实体具有良好的色泽。

原基分化和菇蕾的良好发育是多种生长环境因子综合作用的结果，因此在进行护蕾育菇管理时，要注意各因子之间的协调管理。尤其要正确把握通风供氧、降温、保湿这三者之间的关系，使温、湿、气三大环境因子最大限度地处于原基分化和子实体生长发育的适宜范围。

3. 养菌转茬管理　每茬菇结束采收及清理残渣后停止喷水，增加通风量，降低光照强度进行养菌管理。菌袋的多次出菇及养菌管理会带走大量的水分，因此在进行下一茬出菇的"打冷"催蕾前，需要补充水分。补水前先刮去菌袋表层稍干的菌料，既可清除表面可能携带的虫卵和病菌，又能增加菌料吸水性。"打冷"催蕾前 3 天，向袋口菌料表面喷水，失水严重的菌袋可直接灌水，使菌料浸润吸水。也可采取菌袋倒置浸泡法补水，即将菌袋口料面朝下装筐，装筐时挑出感染杂菌的菌袋，避免补水时交叉感染，再将装筐的菌袋置于浅蓄水池中，然后注入 5～10 cm 深水，浸泡时间 12～24 h。浸泡结束后放去池内的水，将菌袋移回菇架或移入冷库进行下一茬菇的"打冷"催蕾。

（蔡为明　王志军）

第十六章　美味扇菇

　　新鲜的美味扇菇，菌盖浅黄色、赭褐色，有时呈紫褐色或绿褐色，菌褶白色至浅黄色。其味道鲜美，营养丰富，具有一定的药用价值和广阔的研究、开发与利用前景，是我国重要的食药兼用菌资源。多发生在夏秋季桦树或其他阔叶树的腐木上，分布于吉林、黑龙江、河北、广西、云南等地。

第一节
概述

一、分类地位

　　美味扇菇隶属真菌界、担子菌门、蘑菇亚门、蘑菇纲、蘑菇亚纲、蘑菇目、小菇科、扇菇属。

　　拉丁学名：*Panellus edulis* Y.C. Dai et al.。

　　中文别名：亚侧耳、黄蘑、冬蘑（东北地区）、元蘑、冻蘑、剥茸（日本）、晚生北风菌（云南）、美味冬菇。

二、营养价值与经济价值

　　美味扇菇细嫩清香，富含蛋白质、氨基酸、脂肪、糖类、维生素及矿物质等多种营养物质。其中蛋白质含量为 16.4%，糖类 21.8%，脂肪 1.5%，膳食纤维 18.3%。

　　美味扇菇不仅味道鲜美，营养丰富，还具有疏风活络、强筋健骨的功效，它是一种药食同源的食用菌种类。现代药理研究表明，其多糖蛋白对癌细胞有显著的抑制作用及明显的抗氧化和抗辐射作用。

美味扇菇是一种珍稀食用菌，目前栽培量较少，产品售价较高，从经济效益看，美味扇菇的投入产出比可达 1∶2 以上。

三、发展历程

美味扇菇是我国著名的野生食用菌之一，它的栽培历史较短，是一个新兴的很有发展潜力的栽培品种。人工栽培美味扇菇，尤其是规模化代料栽培，还是近十几年的事。20 世纪 80 年代初，首先由刘凤春驯化栽培成功；此后，1981 年延边农学院杨淑荣教授也对美味扇菇这种东北传统著名食用菌的人工栽培方法进行了研究；曹丽茹于 1998～1999 年进行了美味扇菇的室内人工栽培试验；1998 年刘玉璞等在简易大棚内采用代料栽培与段木栽培两种方式进行了美味扇菇的栽培试验，筛选出了适宜的母种、原种和栽培种生长培养基；而后王海英等于 2004 年进行了大棚栽培美味扇菇的试验，这些研究都为其人工栽培积累了宝贵的经验。美味扇菇栽培经历了多种方式，包括瓶栽、畦栽、床栽、袋栽等，目前主要的生产方式为袋栽。

四、主要产区

在我国，野生美味扇菇主要分布于吉林、黑龙江、河北、山西、广西、陕西、四川、云南、西藏等地，以东北林区最多。美味扇菇产业尚在起步阶段，种植面积相对较小，用于生产的品种较少，在黑龙江的牡丹江市、哈尔滨市、伊春市、五大连池市和吉林的敦化市、吉林市、延边朝鲜族自治州汪清县有一定的栽培面积。此外，在浙江和福建均有驯化栽培成功的报道，为美味扇菇产业从东北向南方延伸奠定了基础。

五、发展前景

美味扇菇是东北著名的山珍，吉菜名品"小鸡炖蘑菇"里的蘑菇即指美味扇菇。每年在野生资源主要分布地区可以获得大量野生的美味扇菇。20 世纪 80 年代初开始人工驯化栽培，到现在已经发展出瓶栽、畦栽、床栽、袋栽等多种栽培方法。从产业发展的角度看，美味扇菇与其他大宗食用菌如平菇、黑木耳、香菇相比存在较大差距，但也说明美味扇菇具有较大的发展潜力。

随着食用菌产业的迅猛发展，美味扇菇生产对林木资源的消耗越来越大，对林木资源具有较严重的依赖性。针对这种情况，一方面可以通过开展其他替代料进行栽培，另一方面美味扇菇还可以利用生产其他食用菌的菌渣来进行生产，从而大大降低其对林木资源的依赖与消耗，体现出食用菌绿色农业的巨大优势，具有较好的发展前景。

美味扇菇适宜制成干品或盐渍产品，便于距离城市较远、交通不便利地区发展相关产业。目前方便即食等深加工产品还很少，今后可以进一步开发美味扇菇的深加工产品，延长商品的货架期，提高产品的附加值。随着人们生活水平的提高，健康意识的增强，深加工产品需求量会越来越大，发展食用菌深加工前景非常广阔。

此外，美味扇菇具有抗肿瘤、抗辐射、提高机体免疫力的功能及疏风活络、强筋健骨的功效，采用生物工程的方法进行液体发酵生产菌丝体和发酵代谢产物，提取有效活性成分，制成药品或保健品，具有巨大的发展潜力。

木腐菌生产技术

生物学特性

一、形态特征

（一）菌丝体

在 PDA 培养基上，菌丝体为白色，菌落呈絮状。在光学显微镜下菌丝无色透明，有隔膜。单核菌丝分枝少，无锁状联合，主枝与侧枝的直径差异不明显；双核菌丝分枝多，主枝较分枝的直径大，且差异显著，具有明显的锁状联合。

（二）子实体

子实体中型，丛生或叠生。菌盖直径 3 ～ 12 cm，幼时呈球形、扇形或肾形，后渐平展，米黄色、黄绿色或淡褐色，湿时稍黏，有短绒毛，边缘平滑，表皮易剥离，初期内卷，后平展，老熟翻卷；菌肉白色、厚、柔软；菌褶延生，较密，白色或淡黄色，薄，幅宽，前方窄。菌柄短，上粗下细，长 1 ～ 2 cm，直径 1.5 ～ 3 cm，有绒毛，中实，淡黄色。孢子印白色。孢子小，4.5 ～ 5.5 μm×1.5 ～ 2 μm，腊肠形，无色光滑。囊状体 30 ～ 45 μm×10 ～ 15 μm，梭形，中部膨大，顶端有结晶体。

二、生活史

美味扇菇的生活史是从担孢子开始，适宜条件下，孢子萌发形成单核菌丝，再有不同性别可交配的单核菌丝融合形成双核菌丝，双核菌丝扭结形成子实体，在子实体菌褶的子实层中形成大量的孢子，孢子成熟后，从菌褶上弹射出来，从而完成一个完整的生活史。

三、营养

（一）碳源

碳源是美味扇菇的重要营养来源，是构成细胞和代谢产物中碳架来源的物质，其主要作用是合成糖类和氨基酸。美味扇菇可以利用多种碳源，如小分子物质单糖、双糖和有机酸等，这些小分子物质可以直接被美味扇菇的菌丝吸收和利用。大分子物质包括纤维素、半纤维素、木质素、淀粉和果胶等，它们不能被菌丝直接吸收和利用，需要通过分泌胞外酶并分解成阿拉伯糖、木糖、葡萄糖、果糖和半乳糖等小分子物质后才能吸收和利用，美味扇菇的菌丝分解和利用这些物质能力较强。在生产中阔叶树木屑、甘蔗渣、棉籽壳等均可作为培养料使用。

（二）氮源

氮源是合成美味扇菇细胞蛋白质、核酸和酶类的主要原料，主要包括有机氮源和无机氮源。根据测定，美味扇菇培养料的碳氮比（20 ～ 40）：1 较为适宜。碳氮比过高，菌丝生长缓慢，稀疏；碳氮比过低，则造成菌丝"徒长"，影响子实体形成。在栽培中，天然氮源主要来自树木、秸秆、腐殖质中的蛋白质、氨基酸及其他含氮物质。为了达到高产、稳产和优质，常在配制培养料的过程中加入一定量的豆饼、豆汁、蛋白胨以及其他含氮化合物。

（三）矿质元素

矿质元素是美味扇菇生命活动所不可缺少的物质，主要有硫、磷、钾、钙、镁等，这些物质主要以碳酸钙、硫酸钙、硫酸镁、硫酸亚铁、磷酸二氢钾和磷酸氢二钾等无机盐的形式存在，占无机盐的90%。此外还包括其他微量元素，如铁、锰、锌等。在实际生产中可根据培养料的养分组成，适当添加石膏、石灰、磷肥、磷酸二氢钾等物质来满足美味扇菇对矿质元素的需求。

四、环境条件

（一）温度

美味扇菇属于低温结实性菌类，菌丝生长温度为 6 ～ 32℃，适宜温度为 20 ～ 25℃，34℃以上生长受抑制。出菇温度为 5 ～ 22℃，最适温度为 10 ～ 20℃。适宜早春、晚秋栽培。

（二）水分

美味扇菇出菇期间培养料含水量在 50％～ 70％均可生长，但以 65％～ 70％最为适宜。出菇期间需要充分的环境湿度，空气相对湿度以 85％～ 95％最为适宜，低于 70％，则不易产生子实体，形成的子实体也极易萎蔫。

（三）空气

美味扇菇属于好氧性真菌，营养生长期间充分的氧有利于菌丝的快速生长。子实体形成阶段对于二氧化碳特别敏感，二氧化碳浓度大于 0.15％以上将使菌柄过度分化，菌盖发育受阻，子实体畸形，生长速度缓慢，甚至受抑制，致使菌柄变长，菌盖变小。因此在栽培中要求发菌、出菇场所通风良好，保持空气流通。

（四）光照

美味扇菇各个生长发育阶段对光照要求不同。在菌丝生长期不需要光照，在黑暗中菌丝生长比在光照下生长快。子实体分化阶段要求一定散射光，以刺激原基的形成。子实体膨大、生长期需要大量散射光，最适光照强度为 60 ～ 100 lx。

（五）酸碱度

美味扇菇在 pH 3.5 ～ 9 均可生长，以 pH 5 最适宜。在生产中，由于培养料需要进行灭菌处理，导致其 pH 有所下降；另一方面，由于菌丝在生长过程中会产生一些酸性的代谢产物，造成培养料中的 pH 降低。因此在配制培养料时一般通过添加 1％的石灰来提高其 pH，避免由于培养料在灭菌和菌丝培养阶段 pH 的降低对生产造成影响。

第三节
生产中常用品种简介

认（审）定品种

（一）蕈谷黄灵菇（国品认菌 2008057）

1. 选育单位　吉林省敦化市明星特产科技开发有限责任公司。

2. 品种来源　长白山野生元蘑人工驯化而成。

3. 认（审）定情况　2006 年吉林省农作物品种审定委员会审定。

4. 特征特性　子实体丛生，菌肉厚，色黄白。菌盖直径最大可达 10 cm。低温型中早熟品种，抗病虫害和抗杂能力强。在 35℃以上高温和空气相对湿度达 95％的高湿条件下菌丝会自溶。出菇快，生产周期短，品质优良，口感好。

5. 产量表现　生物学效率达 100％以上。

6. 栽培技术要点　一般 5 ～ 6 月接种，7 月出菇；从接种到采第一茬菇为 110 ～ 120 天，从出现原基到采菇一般为 20 ～ 30 天；菌丝培养温度 20 ～ 25℃，30 ～ 40 天即可长满栽培袋，菌丝满袋后继续培养 10 天。养好菌后去掉棉塞，打开袋口，将栽培袋堆放在大棚内的畦床上，可堆放 4 ～ 5 层，形成两个出菇面。出菇温度为 10 ～ 20℃，最适出菇温度 15 ～ 18℃；出菇前期空气相对湿度控制在 85％～ 90％，现蕾后控制在 90％～ 95％。菌丝满袋后 25 天出菇，再经 15 天即可采收，一般采收 2 茬菇。

7. 适宜种植地区　建议在吉林省等北方适温地区栽培。

（二）旗冻 1 号（吉登菌 2011008）

1. 选育单位　吉林农业大学。

2. 品种来源　原始野生菌株筛选而成。

3. 认（审）定情况　2011 年吉林省农作物品种审定委员会审定。

4. 特征特性　旗冻1号属中低温型中熟品种，从接种到采收110～120天。菌丝洁白、浓密。子实体深黄色，丛生，扇贝形，边缘内卷至平展（图7-16-1）。抗杂菌能力较强，商品性优良。单个子实体大小为6～9 cm×7～11 cm，菌盖厚1～1.5 cm，每100 kg干料可产鲜菇83.8 kg。

图7-16-1　旗冻1号（子实体）

5. 栽培技术要点　菌种制作相应提前进行。5～6月生产料袋、接种。料袋为17 cm×33 cm的聚丙烯折角袋，每袋装干料500 g。

培养料配方为木屑78%、麸皮17%、玉米粉1.5%、豆粉1.5%、糖1%、石膏粉1%，可添加1%的豆粉及30%的木屑浸汁作为氮源及生长因子，促进菌丝的生长。灭菌后的培养料最适pH为5。

发菌管理阶段最适温度为20～24℃，最适空气相对湿度为65%～70%。经过25～45天的后熟达到生理成熟，8～9月气温降至22℃以下划口出菇，从接种到采收110～120天。

子实体生长期最适温度15～18℃，最适空气相对湿度85%～95%，低于70%则不易产生子实体，即使形成子实体也极易萎蔫。

6. 适宜种植地区　建议在吉林省适温地区栽培。

第四节
主要生产模式及其技术规程

美味扇菇出菇适宜温度为10～20℃，适宜早春、晚秋栽培，各地可根据自然气候情况安排生产。在东北的黑龙江地区，春季一般2月初接种，4月中旬开始出菇；秋季一般6～7月开始接种，9月出菇；在南方的浙江庆元接种期宜安排在7月至翌年2月，出菇期为11月至翌年5月。

美味扇菇栽培方式有多种，包括袋栽、瓶栽、畦栽、床栽等，其中袋栽为目前主要的生产模式。

一、培养料配方

常用配方有以下几种：

配方1：木屑84%，麸皮14.5%，豆粉1%，石膏0.5%。

配方2：木屑39%，棉籽壳39%，麸皮20%，石膏1%，糖1%。

配方3：木屑78%，麸皮20%，石膏1%，糖1%。

配方4：木屑78%，稻糠或麸皮16%，黄豆粉2%，玉米粉3%、石膏1%。

二、拌料

拌料可以采用人工拌料，也可以用拌料机进行拌料，先将石灰、石膏、麸皮等辅料干拌，然后与主料混匀，第一遍干拌，第二遍加水，含水量在60%～65%。

三、装袋

栽培美味扇菇可以用规格为17 cm×33 cm，或采用15 cm×52 cm聚丙烯或聚乙烯塑料折角袋，要求塑料袋厚薄均匀，无折痕、无漏洞、耐高温、耐压力。采用机械装袋时向进料桶加入拌好的培养料，把塑料袋套在接料桶上，待培养料装完后，将高于料面的部分塞入培养料中间的孔隙中，然后再将接种棒塞入料面。如采用人工装袋要注意将培养料装实且紧实度保持均一。

四、灭菌

生产中一般采用常压灭菌方法进行灭菌，灭菌时温度达到100℃时开始计时，冬季10～12 h，夏季12～15 h。灭菌结束后，培养料需在灭菌锅内继续放置4～6 h后方可出锅。

五、接种

接种时要求无菌操作，在料袋温度降至室温时方可接种。接种室要求进行消毒处理，可用二氯异氰尿酸钠烟雾剂熏蒸。接种工具和容器用酒精或消毒剂擦洗消毒，金属工具可以灼烧灭菌。消毒之后，先去掉瓶口表层菌种，取下层菌种使用。接种时在酒精灯火焰上10 cm范围内进行操作，打开料袋，钩取出菌种放入袋口内并压实。然后用已灭菌的棉花封口，但不要塞得过紧，应保证一定的透气性。

六、培养

接种后将菌袋移至培养室中进行培养。培养室的温度控制在25℃左右，1周以后降到20 ℃。一般经35～45天菌丝即可长满袋。空气相对湿度应控制在60%～70%左右为宜。

七、出菇管理

菌丝满袋后仍需一段时间生理后熟期，生理成熟的标志是菌袋表面出现黄色色素膜，重量减轻，袋体变软，此时即可进行划口处理。处理前先用0.1%高锰酸钾擦洗袋的表面，一般划4～5个"丨"字形，口长4～5 cm，或6～7个"品"字形排列的"V"形口，角度为45°～50°，角的斜线长2～2.5 cm，划口深度0.5 cm，划口后即进入出菇管理阶段。

美味扇菇是低温结实性食用菌，子实体发育的最适温度为10～20 ℃，因此出菇温度应保持在10～20℃。温度过高，子实体生长速度缓慢或不能形成子实体。

美味扇菇是好氧性真菌，生长需要大量的氧气，因此出菇阶段应及时通风换气。通过通风换气也可将培养室过高的温度降低。

在湿度管理方面，子实体生长阶段对湿度要求较高，喷水量根据子实体发育阶段和季节与天气情况而定，一般要求空气相对湿度在85%～95%。子实体发育初期空气相对湿度以70%～75%为最适；子实体发育中期需要水分较大，一般空气相对湿度控制在85%～95%；子实体发育后期空气相对湿度控制在70%～80%。如采用露地栽培，可以通过覆盖草苫进行保湿，初期以保持草苫湿润即可，不宜浇水过多，待到子实体发育中期浇水量要适当提高。

在光照管理方面，子实体发育阶段需要一定的散射光，避免强光直射，否则可使菌丝长势衰弱。光照不足影响子实体的分化、生长和子实体的重量及颜色。光照强度以60～100 lx为宜。棚室栽培可以通过增加照明进行调节，露地栽培可用草苫覆盖进行调节。

八、采收

在适宜的环境条件下15～25天形成菇蕾，再过15～20天进入子实体成熟期。子实体的采收标准是：菌盖颜色由黄绿色变成黄白色，子实体平展，菌盖边缘微微上翘、由光滑变为波浪状，菌褶展开并开始弹射孢子。采收时一般要求整袋一次性采收完毕。采收后养菌15～20天可长出第二茬菇。

九、加工

采收后的子实体可以直接烘干，当含水量降至13%以下时即可装入密封袋中。这种方法的优点是成本低、简便易行，但不适宜气候潮湿的地区。此外，采收后的子实体也可以直接装入塑料袋并抽真空，或者充氮气再行包装，然后在0～5℃条件下冷藏。该方法的优点是不受环境条件的限制，但加工保藏的成本较高。

（姚方杰）

第十七章　鲍鱼菇

　　鲍鱼菇属中高温型菌类，肉质肥厚，菌柄粗壮。鲍鱼菇是一种深受人们喜爱的食药兼用菌，营养丰富，脆嫩爽口，风味独特，接近鲍鱼味道，经常食用，可增强人体免疫力和促进人体的新陈代谢。原产越南、印度、中国及非洲，在中国分布于台湾、福建、浙江等地区。

第一节
概述

一、分类地位

　　鲍鱼菇隶属真菌界、担子菌门、蘑菇亚门、蘑菇纲、蘑菇亚纲、蘑菇目、侧耳科、侧耳属。

　　拉丁学名：*Pleurotus abalonus* Y.H. Han et al.。

　　中文别名：鲍鱼侧耳、台湾鲍鱼菇、高温鲍鱼菇、台湾平菇、黑鲍耳。

二、营养价值与经济价值

　　鲍鱼菇因其鲜食有海产鲍鱼风味而得名。鲍鱼菇的子实体肉质肥厚，硬实脆嫩，质地致密，营养丰富，清香浓郁，口感独特，蛋白质含量高于大部分蔬菜，低脂肪，富含维生素及矿物质，颇受人们的喜欢。由于鲍鱼菇子实体韧性强，耐运输，自然保鲜期相对较长，产品经煮耐贮，所以除鲜品供应市场外，还制成罐头出口；并且鲍鱼菇出干率较高，干品质量佳，因此具有较高的食用价值和经济价值。

据分析，鲜鲍鱼菇含水分92.75%，干品含粗蛋白质19.2%，脂肪13.49%，可溶性糖16.61%，粗纤维4.8%。含有16种氨基酸，氨基酸总量占21.87%，丙氨酸含量最大为1.87%，其他为天冬氨酸1.82%，谷氨酸1.62%。赖氨酸1.2%，亮氨酸1.13%，缬氨酸1.08%，甘氨酸1.01%，丝氨酸1.01%。8种人体必需氨基酸含量为6.54%，占总量的43.19%。由于它的淀粉含量非常低，所以极适合糖尿病患者食用。对肥胖症、脚气病、坏血病及贫血患者来说，也是一种食药兼用的理想食品。鲍鱼菇中的磷、镁、硫元素含量非常丰富，钙、锌、铁等有益元素含量也很高，而铅、砷等有害元素含量却很低，经常食用，能增强人体的免疫力，促进人体内的新陈代谢，达到防病健身之功效。

三、发展历程

我国台湾地区20世纪70年代已经开始栽培鲍鱼菇并投入商业化生产，产品除以鲜品供应市场外，还制成罐头销售到东南亚等地。内地于1972年开始进行鲍鱼菇的开发研究，以福建晋江、厦门等地以及浙江杭州一带采集和分离野生的鲍鱼菇菌株进行驯化栽培试验，也采用不同亲本的菌株进行杂交育种，并不断从栽培实践中总结出了优质高产的栽培技术，现已在一些地区推广。

四、主要产区

鲍鱼菇广泛生长于热带和亚热带地区，我国海南、福建、台湾、广东、云南和广西等地均有分布。在气候炎热的夏季发生于榕树、刺桐、凤凰木、番石榴、法国梧桐等的朽木上。

五、发展前景

鲍鱼菇是我国近年推广的一种高温型侧耳类食用菌，是适宜春末、夏季及初秋栽培的新品种，是食药兼用的珍稀食用菌之一。在干燥炎热的夏季，大部分食用菌无法适应气候生长，食用菌市场断档，而鲍鱼菇却一枝独秀，占领市场，独领风骚，填充夏季食用菌市场品种的稀缺，满足人们对食用菌的需求，而且其营养十分丰富，风味独特，成为人们喜欢的美味佳肴。鲍鱼菇可利用农副产品下脚料如棉籽壳、木屑、甘蔗渣、稻草等进行栽培，产品又较易保存和运输，因而有其广阔的发展前景。

第二节
生物学特性

一、形态特征

（一）菌丝体

鲍鱼菇菌丝由孢子萌发而成，分为单核菌丝和双核菌丝。

菌丝白色，绒毛状，有分枝。大量菌丝相互交织扭结成为菌丝体。菌丝气生，直径约2 μm，有锁状联合。

（二）子实体

鲍鱼菇子实体的外形、颜色等因品种不同而各有差异，但其基本结构是一样的，都由菌盖、菌柄等组成（图7-17-1）。

鲍鱼菇子实体中等至大型，单生或丛生。菌盖直径5～24 cm，扇形或半圆形，中央稍凹，暗灰色至污褐色；表面有刚毛状囊状体，近圆柱形或近棍棒状，茶褐色至暗褐色；菌褶延生，有许多脉

图 7-17-1 鲍鱼菇

络，呈奶油白色，成熟时，边缘呈暗黑色，褶间距离稍宽。菌柄长 5 ～ 8 cm，直径 1 ～ 3 cm，白色或浅灰白色。褶缘生囊状体棍棒状或近柱形，浅褐色。有褶侧生囊状体。担子四小梗。孢子印奶白色。孢子 10.5 ～ 13.5 μm×3.8 ～ 5 μm，无色，光滑，长椭圆形。鲍鱼菇的主要特征是双核菌丝在培养基上会形成黑色的分生孢子梗束，有时在成熟子实体的菌褶和菌柄上也会产生大量分生孢子梗束和分生孢子。

二、生活史

鲍鱼菇子实体成熟后产生分生孢子，分生孢子萌发形成菌丝体，菌丝体扭结形成子实体，子实体再产生孢子的过程，即是鲍鱼菇的一个生活史。

三、营养

（一）碳源

碳是鲍鱼菇最重要的营养来源，它是合成碳水化合物和氨基酸的原料，也是重要的能量来源，在实际栽培中，以棉籽壳、稻草、麦秸、玉米芯、木屑等作为培养料，供给鲍鱼菇生长所需要的碳源。

（二）氮源

氮是鲍鱼菇合成蛋白质和核酸所不可缺少的主要原料，因而也是一种极其重要的营养来源，在实际栽培中，一般是利用各种天然的含氮化合物，如细米糠、麸皮、玉米粉、大豆粉、大豆饼粉、棉籽粉为主要氮素营养来源。

（三）矿质元素

鲍鱼菇在生长过程中还需要一定量的矿质元素，如钙、磷、钾等矿质元素，一般来说，木屑、棉籽壳、秸秆等培养料中的矿质元素含量已基本能够满足其生长发育的需要，生产中添加量很少。生产中应根据培养料的养分组成，适当添加磷酸二氢钾、碳酸钙等来满足鲍鱼菇对矿质元素的需求。

（四）维生素

鲍鱼菇在生长过程中还需要一定量的维生素，需求量虽然很少，但不可缺少。生产中常通过适当添加维生素含量丰富的米糠、麸皮等物质来满足鲍鱼菇生长发育对维生素的需求。

四、环境条件

（一）温度

鲍鱼菇菌丝生长发育的适宜温度为 20 ～ 33℃，最适温度 25 ～ 28℃。在适宜的温度下，菌丝呈白色，浓密粗壮，常形成树枝状的菌丝束，有爬壁能力，菌落表面经常产生洁白色的分生孢子梗束和似墨汁的分生孢子堆；温度过低和过高，均会影响菌丝的生长。子实体发生的温度为 20 ～ 28℃，适宜温度 25 ～ 30℃，最适温度 27 ～ 28℃。温度会影响鲍鱼菇子实体的颜色，25 ～ 28℃子实体呈灰黑色，28℃以上子实体呈灰褐色，20℃以下子实体呈黄褐色，低于 25℃或者高于 35℃菇蕾不会发生。

（二）水分

鲍鱼菇为喜湿性菌类，抗干旱能力较弱。培养料含水量达 60％～ 65％时，菌丝生长迅速。若培养料含水量太高，菌丝难以生长；含水量太低，则会影响子实体形成。鲍鱼菇是夏季栽培的种类，因气温高，水分散失快，因而配制培养料时含水量宜在 70％左右。培养菌丝的时候，菇房的空气相对

木腐菌生产技术

湿度应该保持在60%左右。出菇期菇房空气相对湿度在90%左右时,鲍鱼菇的发育状况最佳。

(三)空气

鲍鱼菇为好氧性菌类,菌丝生长阶段,对氧气的要求不严格,一定浓度的二氧化碳能刺激菌丝生长,但是当二氧化碳的浓度积累至30%时,菌丝生长量就骤然下降。一般菇房的空气含氧量均能适合鲍鱼菇菌丝生长。子实体发生和生长阶段,需要充足的氧气,如果通风不良,则容易形成柄长盖小或菌盖中央深凹或不发育、具有疣突的畸形菇。出菇期要保持通风,防止菌柄伸长,影响品质。

(四)光照

鲍鱼菇菌丝生长期间,不需要光照。子实体形成与生长需要一定的散射光,在有散射光的室内或大棚内开袋,可以促进子实体成长,使菌盖色泽加深,但严禁阳光直射。在黑暗条件下,子实体发育速度慢,且易形成细长菌柄的畸形菇。

(五)酸碱度

鲍鱼菇的菌丝在pH 5.5～8的培养料中均能生长,以pH 6～7最适宜。夏季高温拌料可添加1%～2%的石灰,调节培养料pH,抑制各类杂菌生长。

第三节
生产中常用品种简介

一、认(审)定品种

明鲍8120(国品认菌2009001)

1.选育单位　福建省三明市真菌研究所。

2.品种来源　野生鲍鱼菇驯化选育而成。

3.特征特性　子实体丛生。菌盖直径5～18 cm,灰褐色或黑褐色,与菌柄相连的部位稍凹陷,色较浅,表面光滑而干燥;菌褶延生,有许多横脉,褶片宽,乳白色,与菌柄连接处灰褐色。菌柄长5～8 cm,直径2～3 cm,偏心生,中实,质地致密,灰白色。菌丝生长温度17～32℃,最适温度22～25℃,光照抑制菌丝生长。子实体生长温度20～32℃,最适温度25～28℃。培养料含水量62%～68%,子实体生长期间空气相对湿度90%～95%。40 lx以上光照有助于子实体生长。

4.产量表现　生物学效率70%左右。

5.栽培技术要点　栽培季节因各地气候条件而定,一般南方地区5～10月,北方地区6～9月;用棉籽壳、玉米芯、甘蔗渣等栽培产量高,也可用木屑栽培,但宜选择材质较松的树种;培养料适宜pH 6～7.5;利用菌袋上表面出菇,剪去塑料袋料面以上部分;如培养过程中有散射光,会在培养料表面形成原基或小菇,开袋时应清除;要求菇房卫生、通风良好、湿度合适。

6.适宜种植地区　建议在福建、浙江、广东等南方地区栽培。

二、未认(审)定品种

目前生产中栽培的鲍鱼菇未认(审)定品种主要有鲍鱼菇8120、鲍鱼菇53、鲍鱼菇822、鲍鱼菇BY-1、台湾鲍鱼菇、白鲍鱼菇等。

第四节
主要生产模式及其技术规程

一、塑料袋生料栽培模式

(一)栽培季节

鲍鱼菇是一种高温型的食用菌,我国南方地区

5～10月为栽培适期，以5月下旬至7月下旬、6月上旬至8月下旬栽培产量较为稳定。北方地区栽培以6月初至8月下旬为适期。其他各地应根据当地气温条件安排生产。

（二）菌种制备

1.母种培养基配方

配方1：马铃薯200 g，葡萄糖20 g，琼脂20 g，维生素B₁ 10mg，水1 000mL。

配方2：马铃薯200 g，葡萄糖20 g，琼脂20 g，磷酸二氢钾3 g，硫酸镁1.5 g，维生素B₁ 10 mg，水1 000mL。

2.原种、栽培种培养料配方

配方1：木屑78%，麸皮20%，红糖1%，硫酸镁及碳酸钙各0.5%，含水量65%。

配方2：木屑74%，麸皮24%，糖1%，碳酸钙1%，料水比为1：1.3。

（三）培养料准备

生料栽培对原料要求更为严格，一般选用棉籽壳等适宜鲍鱼菇菌丝生长的原料，要求原料新鲜、无虫卵、无霉变，还要降低培养料配方中含氮量，从而减少杂菌感染的机会。按照配方将原料拌匀，使培养料含水量控制在60%左右，pH达到10为宜，培养料中需添加克霉灵等杀菌剂。

（四）装袋与接种

生料栽培一般选用折径22～26 cm、长45～55 cm、厚0.02 mm聚乙烯塑料袋。采用层播法接种，一般以播种四层或三层为宜，料袋两端用菌种封面，中间层菌种放在四周，两头扎通气塞。生料栽培接种尽量选在环境较卫生的地方进行，场内避免苍蝇等害虫侵害。

（五）培养菌丝

生料栽培的发菌阶段较其他栽培方式要求更为严格，关键是控制好温度。生料栽培的发菌温度要低于20℃，这样可以防止杂菌污染。发菌初期要及时翻堆，防止料温过高引起"烧菌"或杂菌感染。同时，生料栽培还要注意通风换气。随着菌丝生长速度加快，应加大通风换气，满足菌丝生长需

要的氧气，促进菌丝生长。

（六）出菇管理

采用平摆菌袋两端打孔出菇，或者平摆菌袋两端套环开口出菇，或者菌袋两端敞口出菇的方式（图7-17-2）。温度控制在16～30 ℃，空气相对湿度控制在85%～95%，给予100～500 lx的散射光照射，保持空气新鲜，二氧化碳浓度低于0.06%。在以上环境条件下，经7～15天原基形成。

图7-17-2　菌袋两端敞口出菇

鲍鱼菇开袋出菇的方式与秀珍菇、榆黄蘑等出菇方式不同，如果在袋壁开出菇口，会在开口处形成柱状分生孢子梗束和含分生孢子的液滴；若脱袋出菇，会使整个菌棒布满分生孢子梗束和黑色液滴，难以形成子实体。鲍鱼菇最适宜的出菇方法是培养料表面出菇法，即菌丝满袋后拔掉棉塞，脱去套环，并将袋口卷至培养料表面，使其在袋口培养料表面出菇。

（七）采收

在菌盖直径3～5 cm，边稍内卷，呈灰黑色，菌柄长1～2 cm，弹射孢子之前采收。

（八）包装

采收后应去掉柄基黄色部分，否则，煮后有苦涩味。采用聚乙烯塑料袋包装，每袋500 g。再将包装好的塑料袋放入纸箱中，每箱5 kg。

（九）后茬菇管理

采收结束后清理料面，进行搔菌，停止喷水3天（养菌），然后进行正常出菇管理。

二、塑料袋熟料栽培模式

（一）栽培季节

同本节"塑料袋生料栽培模式"。

（二）菌种制备

参考本节"塑料袋生料栽培模式"。

（三）培养料准备

1. 配方

配方1：棉籽壳37%，木屑37%，麸皮24%，糖1%，石膏1%。

配方2：棉籽壳88%，麸皮10%，糖1%，石膏1%。

配方3：棉籽壳或废棉93%，麸皮5%，糖1%，碳酸钙1%。

配方4：棉籽壳40%，木屑或甘蔗渣40%，麸皮18%，糖1%，碳酸钙1%。

配方5：阔叶树木屑73%，麸皮20%，玉米粉5%，白糖1%，碳酸钙1%。

配方6：稻草粉37%，木屑37%，麸皮20%，玉米粉4%，白糖1%，碳酸钙1%。

配方7：麦秸（经粉碎）25%，豆秸（经粉碎）25%，玉米芯（经粉碎）25%，杂木屑12%，麸皮10%，石灰1%，过磷酸钙1%，石膏1%。

2. 拌料 按配方称料，木屑晒干过筛，以免刺破塑料袋。棉籽壳为主料，先要进行预湿，让其吸足水分，再与木屑、麸皮等混匀，闷料后测含水量，以手紧握培养料、指缝间有1～2滴水滴下为宜。水过多为培养料过湿，水滴不下为培养料过干。调pH 6.5左右，然后装袋。

（四）装袋

栽培袋规格为折径20 cm、长30 cm或折径17 cm、长35 cm，厚0.05 mm的聚丙烯塑料袋。装袋完毕，料中央打通气孔，套塑料颈圈，加棉花塞，加盖一层牛皮纸，扎好。

（五）灭菌

装袋后应立即进行高温灭菌，常压灭菌温度达到100℃后维持12～15 h，高压灭菌压力达到0.15 MPa后维持2 h。灭菌结束后取出菌袋置接种室冷却到30℃以下。

（六）接种

出锅后待料温降至室温，在接种箱（室）中无菌操作接入栽培种。

（七）培养菌丝

接种后置发菌室培养，2～3天后菌块开始萌动，此时培养室温度控制在25～28℃，空气相对湿度控制在60%左右。一般25～30天菌丝可长到袋底。当菌丝达到生理成熟，即可搬入菇房立于床架上进行出菇管理。在培养过程中，要严防鼠害和杂菌污染，并经常检查，发现有污染的菌袋，要及时处理，一旦发现要及时处理。

（八）出菇管理

1. 采用开袋出菇 方法是：菌丝满袋后拔掉棉塞，不脱套环（图7-17-3）或脱去套环，并将袋口卷至培养料表面，使其在袋口培养料表面出菇。

图7-17-3 菌袋端口套环出菇

2. 清除袋口培养料表面的菌丝残留物 鲍鱼菇为恒温结实性食用菌，经常出现菌丝尚未长到袋底，而在培养料表面却已长出有细长菌柄但无菌盖、畸形的子实体，既消耗养分，又影响正常出菇。因此，要及时清除培养料表面的菌丝残留物和不正常的根状物。此外，在出菇过程中会出现菌袋料面长满孢子梗束，顶端全是黑色的孢子囊，迟迟不能出菇的现象。出现这种情况时，可用清水把黑色孢子囊冲洗掉，再放原处让其出菇。

3.菌袋排放　菌袋可叠放成墙、直立排放在架上或倾斜堆放在地上，三种方式因条件而定。为防止料面积水腐烂，可在袋口割一缺口，让多余的水分流出。

4.环境控制　适宜的生态条件，一是控温，催蕾和子实体生长发育期间温度控制在 25 ～ 27℃。二是调湿，催蕾期空气相对湿度以 85% 为宜，子实体生长期空气相对湿度保持 90% 左右。湿度偏低，菌盖色泽浅，表面粗糙。三是通风，定期通风，保持空气新鲜，以防形成畸形菇。四是给一定散射光，暗光下子实体不易形成。

（九）覆土及后期管理

1.备土与建畦　鲍鱼菇覆土材料一般采用腐殖质较多的有团粒结构，透气性、持水力强，pH 6 ～ 7.5 的土最适合，使用前拌入 2% 石灰或蘑菇祛病王 80 倍液进行喷雾消毒处理，拌匀后建堆覆膜，7 天后待用。阳畦建在大棚内，畦宽 60 ～ 100 cm，长依地势和需要而定，畦深 5 ～ 10 cm，四周开好排水沟。畦内和四周要消毒。

2.脱袋覆土　将出了第二茬菇的菌袋脱去薄膜，排放于建好的畦床上，袋与袋间隔 4 cm 左右，并用培养土填满，然后覆盖处理后的土壤，土厚 3 ～ 4 cm，适当压实整平。

3.覆土后管理　覆土后要经常检查土壤干湿情况，并进行喷水管理，补水应少量多次。后期可加一些维生素和激素，B 族维生素对子实体的形成有辅助作用，激素能促进转化有增产作用。同时做好控温保湿和通风换气的工作。每天通风 2 次，每次 30 min，晴天加盖遮阳物。经 10 ～ 20 天后，可形成原基。之后的管理同"（八）出菇管理"的环境控制部分。覆土出菇产量可提高 30%。

（十）采收、包装及后茬菇管理

该生产模式的采收、包装及后茬菇管理同"塑料袋生料栽培模式"。

塑料瓶栽培工厂化生产模式

一、生产场地与主要设备

（一）生产场地

按照食用菌工厂设计建造，包括原料仓库、装瓶区、灭菌区、净化接种区、培养区、出菇区、包装区等。

（二）主要设备

包括瓶栽工艺的所有设备，主要有自动拌料机、自动装瓶机、自动接种机、自动挖瓶机等。

二、栽培季节

采用瓶栽工厂化生产，全年可以实现不间断生产，根据设计产量决定每日生产数量，不受季节限制。

三、菌种准备

（一）固体菌种

母种→原种→栽培种。培育时间：母种 8 天，原种 30 天，栽培种 30 天，全程培育时间 68 ～ 80 天。

（二）液体菌种

三角瓶→种子罐→菌种罐。培育时间：三角瓶 6 天，种子罐 7 天，栽培种 6 天，全程培育时间 19 ～ 20 天。

四、培养料准备

（一）配方

培养料配方通常采用棉籽壳 100 kg，麸皮 10 kg，磷酸二氢钾 0.1 kg，尿素 0.2 kg，酵母粉

0.1 kg，生石灰 3 kg；料水比为 1 :（1.3 ～ 1.4）。

（二）配制

采用专用拌料机进行拌料，通常采用二次混合搅拌技术，即用搅拌机搅拌一次后再进入第二个搅拌机搅拌，然后进入装瓶程序，保证所有原料与水混合均匀。

五、装瓶

培养料拌好后立即装瓶，以免造成酸败。所用塑料瓶的规格为 750 mL、850 mL、1 000 mL、1 100 mL、1 400 mL，瓶口直径 75 ～ 90 mm，配有专用瓶盖。工厂化生产，拌好的培养料由提升机送至装瓶机料斗，由装瓶机组自动装瓶，装好的料瓶松紧均匀一致。小规模生产，一般用手工装瓶，要求上紧下松，以利于发菌。料装至瓶颈与瓶肩交界处，压实料面，打孔封盖。

六、灭菌

料瓶装好后应立即进行灭菌。常用的灭菌方式有两种，即高压蒸汽灭菌和常压蒸汽灭菌。工厂化生产多以高压蒸汽灭菌为主，高压灭菌在 0.15 MPa 128℃ 仅需 2 ～ 3 h，而常压灭菌在 98 ～ 100℃ 则需灭菌 12 ～ 15 h。灭菌结束后的料瓶，出锅时料温仍在 90 ℃ 左右，需置于洁净通风的冷却室内，冷却至料温 30℃ 以下方可接种。

七、接种

冷却好的料瓶，搬入接种室，然后对所使用的菌种进行认真细致的检查，以免菌种混杂或生长不良，确保菌种质量及种性稳定。接种前按操作程序对接种室先行消毒，接种人员需更换清洗、消毒后的衣、帽、鞋，佩戴口罩，通过洁净后进入接种室。用自动接种机接种，保证每瓶接种量在 10 g 左右，一般 850 mL 菌种瓶可接 45 ～ 50 瓶，使菌种块基本覆盖整个培养料面。

八、培养菌丝

接好种的料瓶移入培养室培养，室温控制在 18 ～ 22 ℃，空气相对湿度控制在 60％ ～ 65％。培养室温度的控制应根据品种特性和不同培养阶段而定。接种后第 1 周为菌丝萌发定植阶段，培养室温度控制在 22 ～ 26 ℃。1 周后菌丝已植入料内，其自身因呼吸代谢而产生一定的热量，特别是在接种后 10 ～ 20 天，菌丝处于旺盛生长阶段，产热量较大，可将室温适当降低 2 ～ 4 ℃。培养室要保持洁净卫生，通排风条件良好，保证料瓶发菌一致。

九、出菇模式

1. 直立出菇 菌丝长好后培养 7 天再进行搔菌，把瓶口部位的老菌种块扒掉，同时把料面整平。这一过程可使用搔菌机完成，也可自制搔菌工具手工完成。不管用机器还是手工搔菌，搔菌前都必须对料瓶进行一次仔细检查，以免杂菌污染的菌瓶通过搔菌工具造成交叉感染。搔菌后将成筐的鲍鱼菇菌瓶放置在出菇室内的层架上，瓶口向上（图 7-17-4）。控制温度在 15 ～ 22℃，空气相对湿度控制在 85％ ～ 95％，每天用 50 ～ 100 lx 的散射光照射 1 h 左右，定时通风换气，保证空气新鲜。

图 7-17-4　塑料瓶栽培直立出菇

2. 平行出菇 搔菌后将成筐的鲍鱼菇菌瓶放

置在专用的层架上，瓶口呈平行状态。控制温度在15～30℃，空气相对湿度在85%～95%，每天用50～100 lx 的散射光照射 1 h 左右，定时通风换气，保证空气新鲜。瓶口出菇，层架放置，出菇集中，管理方便，出菇一致，菇形整齐。

十、出菇期管理

子实体进入旺盛生长发育期，管理的重点是促使子实体形态、色泽发育正常，生长整齐一致。此时菇房温度控制在 20～30 ℃，空气相对湿度在 80%～85%，适当增加光照强度，加强通风换气。特别是工厂化生产，在密闭的菇房内，加之高密度、立体式栽培，二氧化碳浓度控制适当与否，直接影响到产量及品质。

十一、采收、包装、贮藏

在菌盖直径 3～5 cm，边稍内卷，呈灰黑色，菌柄长 1～2 cm，弹射孢子之前采收。

采收后经过分级、修整，及时将鲜菇移入 0～3 ℃的冷库中充分预冷，使菇体温度降至 1～4 ℃，然后用塑料袋进行包装，每袋 500g。运输时轻装、轻卸，避免机械损伤。运输工具要清洁、卫生、无污染物、无杂物。

十二、挖瓶清房

采收结束后，应立即将料瓶清出菇房，对菇房进行一次彻底清理消毒及设备检修，然后将清出的料瓶用挖瓶机挖去，塑料瓶可以重复使用。

（王艳婕　康源春）

木腐菌生产技术

第十八章　榆黄蘑

　　榆黄蘑子实体丛生或覆瓦状叠生，常连成大片，菌盖为鲜艳的浅黄色、中黄色至深黄色。其味道鲜美，香味浓郁，营养丰富，不饱和脂肪酸含量高，能有效降低血脂、预防肥胖、增强人体免疫力等，是一种深受人们喜爱的食药兼用菌。夏秋季生于榆属树木的枯立木、倒木、树桩和原木上，偶尔见生于衰弱的活立木上。

第一节
概述

一、分类地位

　　榆黄蘑隶属真菌界、担子菌门、蘑菇亚门、蘑菇纲、蘑菇亚纲、蘑菇目、侧耳科、侧耳属。

　　拉名学名：*Pleurotus citrinopileatus* Singer。

　　中文别名：金顶侧耳、金顶蘑、榆黄侧耳、黄平菇、玉皇蘑、黄蘑。

二、营养价值与经济价值

　　榆黄蘑因菌盖呈黄色而得名，味道鲜美，香味浓郁，营养丰富，属高营养、低热量食品，不饱和脂肪酸含量很高，能有效降低血脂、预防肥胖及心血管疾病。榆黄蘑含有人体必需的各种氨基酸及钾、磷、铁、钙、钠、镁、锰等矿质元素，但对人体有害的重金属铜、锌含量却极低，还含有对人体有益的微量元素硒和锗。据我国的医学文献记载，榆黄蘑入药有滋补强壮之效，可治疗虚弱、痿证、痢疾，民间用于治疗肺气肿。从子实体中分离出的活性成分具有抗肿瘤、增强机体免疫力、利尿、止咳平喘、抗衰老的作用。

榆黄蘑色泽艳丽，形态高贵典雅，是市场上非常受欢迎的菌类食品，生产经营效益较一般农产品高得多。榆黄蘑既适宜鲜食，又可利用冷冻、快速脱水干燥、盐渍等方法进行加工，经济价值十分可观。

三、发展历程

榆黄蘑是东北地区著名的食药兼用型真菌。人工栽培始于20世纪70年代，王柏松等人在长白山区用菇木菌丝分离法获得了其野生菌种，并对其生物学特性进行观察记录，为榆黄蘑的栽培成功奠定了基础。到20世纪80年代中期，开始大面积栽培。榆黄蘑生长周期约3个月，不耐高温。栽培基质来源广泛，不仅能在阔叶树的枯木和木屑上生长，还可以利用玉米芯、木屑、甘蔗渣、稻草、酒糟、棉籽壳、豆秸、甜菜渣等多种农林副产物进行生产，生物学效率较高。栽培方式因各地栽培环境的不同而各有差异，在生产实践中不断改良，它可栽培于大棚或露地，使榆黄蘑生产由室内走向室外，改平面栽培为立体栽培，结合露地和保护地生产，已经达到周年生产的水平。随着食用菌产业的发展，榆黄蘑在全国范围内逐步形成一定的栽培规模，金顶侧耳DUS（特异性、一致性和稳定性）测试指南的制定及颁布实施，为榆黄蘑产业的菌种管理和菌种保护提供了有力依据并为确立种质资源创新技术奠定了基础。

四、主要产区

榆黄蘑分布于我国东北以及河北、四川、云南等地，日本与东南亚、欧洲、北美洲也有分布，在温暖多雨的夏秋季节腐生于榆、栎、桦、杨、柳、核桃等树的枯立木干基部、伐桩和倒木上。

目前，吉林、黑龙江、辽宁、山西、山东、江苏等省已有大面积栽培。

五、发展前景

榆黄蘑的营养成分及药用价值很高，非常适宜作为一种保健品原料进行大规模开发。随着时代的发展、科技的进步，针对榆黄蘑的栽培方法、营养特性、药用价值等方面的研究不断深入。今后的研究方向应主要放在榆黄蘑的化学成分和药理活性方面，可以为新药的开发提供研究基础。榆黄蘑的栽培模式已经确立，大量栽培榆黄蘑既可以调整我国农村的产业结构，同时也是广大农村致富的首选项目之一。榆黄蘑产业开发潜力大，需进一步深入细致研究、制定行业标准，实现规范化栽培。

第二节
生物学特性

一、形态特征

榆黄蘑由营养器官菌丝体和繁殖器官子实体两部分组成。

（一）菌丝体

榆黄蘑菌丝由榆黄蘑孢子萌发而成。菌丝又可分为单核菌丝和双核菌丝。单核菌丝细胞内只有一个细胞核，无结实能力。两条不同性别的单核菌丝经质配形成了有两个细胞核的双核菌丝。双核菌丝有结实能力且菌丝粗壮，生命力旺盛，抵抗力强。

榆黄蘑双核菌丝白色，绒毛状，有分枝。大量菌丝相互交织扭结成为菌丝体。菌丝体生长在培养基质内，是营养器官（图7-18-1）。

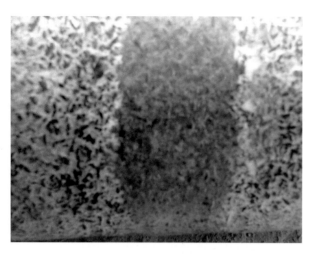

图 7-18-1　榆黄蘑菌丝体

（二）子实体

子实体是榆黄蘑的繁殖器官，相当于植物的"果实"。榆黄蘑子实体的外形、颜色等因品种不同而各有差异，但其基本结构是一样的，都由菌盖、菌柄等组成。

榆黄蘑子实体多丛生或簇生，金黄色。菌盖直径 2 ～ 10 cm，初期扁平球形、偏漏斗形或扇形、漏斗形、偏心形、扁半球形或正扁半球形，光滑，肉质，边缘内卷；菌肉白色；菌褶宽 1 ～ 1.5 mm，长在菌盖下方，呈刀片状，质脆易断，延生，白色带黄色，稍密，往往在柄上形成沟状。菌柄长 2 ～ 6 cm，直径 5 ～ 8 mm，白色至淡黄色，偏生或近中生，圆柱形，基部相连成簇。在显微镜下观察，菌褶的横切面两面是子实层，中间为菌髓细胞。子实层里的棍棒状细胞是担子。当榆黄蘑成熟后，就会散发出许多担孢子。孢子光滑无色。据测定，一个菌盖就可产生数百亿个孢子。担孢子 7.5 ～ 9 μm×2.3 ～ 2.8 μm，近圆柱形或长椭圆形，光滑，无色，非淀粉质。

二、生活史

榆黄蘑属于四极性异宗配合的食用菌，也就是说榆黄蘑的性别是由两对独立的遗传因子 Aa、Bb 所控制。每个担子上产生近似于四种性别的四个担孢子，分别为 AB、Ab、aB、ab。

担孢子成熟后，孢子从子实体上弹射出来，在适宜的温度、水分和营养条件下，开始萌发，形成具上述四种基因型的单核菌丝。这种单核菌丝的细胞中只有一个细胞核，菌丝较细，没有锁状联合，也不能形成子实体。随着单核菌丝的发育，两条不同性别的单核菌丝结合即发生质配就形成了双核菌丝，也叫作次生菌丝。次生菌丝中含有具不同遗传性质的两个核，可以不断地进行细胞分裂，产生分枝，从而进一步地生长发育直至生理成熟。次生菌丝遇到适宜的温度、湿度、光照就开始扭结，在培养料上形成菇蕾，直至形成子实体。子实体成熟后，又在菌褶的子实层中产生担子。在担子中，两个细胞融合，经过核配，再经过减数分裂和有丝分裂，使遗传物质得到重组和分离，产生四个子核，每个子核在担子梗端各形成一个担孢子。当孢子成熟后，就会从菌褶上弹射出来，这样榆黄蘑就完成了它的一个生活周期。

三、营养

（一）碳源

碳素是榆黄蘑的重要能量来源，也是合成氨基酸的原料。大分子的碳素主要以木质素、纤维素、半纤维素和淀粉等形式存在，小分子物质为蔗糖、葡萄糖等。榆黄蘑为木腐菌，能够分泌胞外酶，具有分解木质素、纤维素和半纤维素的能力，将大分子的碳素营养物质分解成小分子物质再吸收利用，因此榆黄蘑不仅可在阔叶树和木屑上生长，亦可在棉籽壳、高粱壳、玉米芯、麦秸、甘蔗渣、甜菜渣、酒糟、稻草、豆秸等上生长。

（二）氮源

氮素是榆黄蘑生长必需的营养成分，主要的氮源有氨基酸、蛋白质、铵盐和尿素等。与碳素营养的利用方式相同，菌丝必须分泌胞外酶将大分子的氮素营养物质分解成小分子物质再加以利用。在生产中一般以玉米粉、麸皮、饼肥等物质作为氮源。在菌丝营养生长阶段，培养基质中适宜的含氮量为

0.016%～0.064%，在生殖生长阶段含氮量应保持在0.016%～0.032%。

（三）矿质元素

榆黄蘑生长发育还需要少量的矿质元素，如磷、硫、钾、钙、镁、铁、钴、锰、锌、钼等。一般来说，木屑、米糠、麸皮、秸秆等培养料和水中的矿质元素含量已基本能满足其生长发育的需要，生产中很少添加。在实际生产中应根据培养料的养分组成，适当添加石膏、石灰、磷酸二氢钾等来满足榆黄蘑对矿质元素的需求。

四、环境条件

（一）温度

榆黄蘑菌丝生长温度为 12～30℃，最适温度为 23～27℃。温度高于 30℃时，菌丝的生长受到抑制，32℃时菌丝很难生长。子实体生长发育的温度为 10～29℃，最适温度为 17～23℃。温度高于 24℃后，产量下降。随着温度降低，子实体生长发育的速度减缓，产量降低，颜色变深；随着温度的升高，子实体生长发育的速度加快，超过最适温度范围，菌盖薄，产量开始下降。榆黄蘑子实体的分化不需要变温刺激，一般在 14～28℃均可形成菇蕾，17～25℃为适宜温度。

（二）水分

水分是榆黄蘑生长发育过程中保证新陈代谢和吸收营养不可缺少的基本条件，各个阶段对水分有不同要求。在菌丝营养生长阶段，栽培榆黄蘑的培养料含水量要求在 60%～65%，进入生殖生长阶段培养料中含水量要求在 70%～75%。同时，在榆黄蘑的子实体生长期间对空气相对湿度要求也较高，一般在 80%～90%。湿度过低，子实体则生长速度减缓，产量和品质下降；湿度过高，则容易导致病害的发生，菌盖脆且易碎，对商品性状产生较大的影响。

（三）空气

榆黄蘑在不同生长阶段对氧气的要求不同。

在菌丝营养生长阶段，对氧气的需求量较低，随着营养生长向生殖生长过渡，对氧气的需求量逐渐增加。二氧化碳浓度对子实体的生长发育也会产生一定的影响。空气中的二氧化碳浓度过高会抑制子实体的生长，造成菌盖变小。因此，在室内栽培时，一定要保障良好的通风换气条件。

（四）光照

榆黄蘑不同的生长阶段对光照的要求不同。在菌丝营养生长阶段不需要光照，而子实体生长发育时需要一定的散射光。在 500 lx 以内，随着光照强度的提升子实体颜色呈现加深的趋势，说明光照能够促进子实体色素的合成。因此，在榆黄蘑出菇阶段要注意控制光照，避免颜色变淡，降低产品的质量。

（五）酸碱度

pH 在 5～7 时，菌丝生长良好；当 pH 小于 4 或大于 7.5 时，菌丝稀疏，生长速度变慢，进而造成出菇困难。生产中在配制培养料时一般通过添加 1% 的石膏来稳定其 pH，避免由于培养料在灭菌和菌丝培养阶段 pH 的降低对生产造成的影响。

第三节
生产中常用品种简介

一、认（审）定品种

（一）旗金 1 号（吉登菌 2011005）

1. 选育单位　吉林农业大学。

2. 品种来源　杂交品种。

3. 特征特性　菌丝洁白浓密，子实体金黄色，丛生，喇叭形。单个子实体直径 3.5～7.8 cm，菌盖厚 4.5～7.5 mm。生物学效率为 85.7%。属中温、中晚熟品种，春茬从接种到采收 55～75 天。

具有丰产、抗杂、优质等特性。

4.栽培技术要点　适宜春秋常规熟料或发酵料栽培。春季4月接种，秋季8月接种，大棚或温室栽培。栽培袋选用规格为22 cm×43～45 cm的塑料袋，每袋装干料1 kg，5～7层菌袋堆垛、两头出菇。基本配方为玉米芯（木屑）78%、麸皮（米糠）20%、石膏1%、玉米粉1%。发菌温度为20～25 ℃，20～30天发好菌后两端解口出菇。原基发生温度为20～25 ℃，空气相对湿度为85%～90%，每天通风2～3次，要求有300～800 lx散射光，8～11天现蕾。子实体生长期每天喷水3～4次，每次不超过1 h，避免向菇蕾上喷水，保持空气相对湿度在85%～90%，防止形成畸形菇。子实体长大后不忌讳直接向其喷水。子实体六七分熟时成丛采收，一般采收3～4茬。

5.适宜种植地区　吉林省内。

（二）旗金2号（吉登菌2011006）

1.选育单位　吉林农业大学。

2.品种来源　杂交品种。

3.特征特性　菌丝洁白浓密，子实体金黄色，丛生，喇叭形。单个子实体直径3.4～5.1 cm，菌盖厚3.7～6.3 mm。生物学效率为84.9%。属中温、早熟品种，从接种到采收春茬需要50～70天，秋茬需要20～45天。具有早熟、抗杂、丰产、优质等特性。

4.栽培技术要点　同旗金1号。

5.适宜种植地区　吉林省内。

（三）吉金1号（吉登菌2012011）

1.选育单位　吉林农业大学等。

2.品种来源　通过野生菌株的系统选育而来。

3.特征特性　菌丝洁白浓密，子实体深黄色，丛生，喇叭形。单个子实体直径3.1～8 cm，菌盖厚4.8～7.8 mm。生物学效率为86.9%。属中温、中熟品种，春茬从接种到采收60～70天。具有中熟、抗杂、丰产和优质等特性。

4.栽培技术要点　同旗金1号。

5.适宜种植地区　吉林省内。

（四）旗金3号（吉登菌2012012）

1.选育单位　吉林农业大学等。

2.品种来源　杂交品种。

3.特征特性　菌丝洁白浓密，子实体浅黄色，丛生，喇叭形。单个子实体直径3.4～7.7 cm，菌盖厚4.3～7.6 mm。生物学效率为85.8%。春茬从接种到采收52～65天。具有中早熟、抗杂、丰产和优质等特性。

4.栽培技术要点　同旗金1号。

5.适宜种植地区　吉林省内。

（五）蕈谷2号（吉审特2006003）

1.选育单位　敦化市明星特产科技开发有限责任公司。

2.品种来源　以长白山野生榆黄蘑菌株进行系统选育而成。野生榆黄蘑菌株是从敦化、抚松二市县18个乡、镇林场采集到的187个菌株，经过子实体分离、单孢分离，从中筛选出24个菌株，再经过抗杂、菌丝体生物学特性以及出菇试验选育而成。

3.特征特性　蕈谷2号榆黄蘑从接种到第一茬菇采收50～70天。菌株在PDA培养基上菌丝洁白、浓密，气生菌丝发达，菌丝呈绒毛状，菌落边缘整齐，健壮均匀。子实体丛生，金黄色，喇叭形，品质好。单个子实体直径3～8 cm，菌盖厚5～8 mm。对绿色木霉、链孢霉等杂菌抗性较强，同时在高温高湿年份抗病虫害。平均1 000袋产鲜菇3 000 kg以上。

4.栽培技术要点　一般采用发酵料栽培，4月接种，栽培袋选用规格为50 cm×50 cm的塑料袋，每袋装干料3 kg。菌丝生长最适温度20～25 ℃，避光培养。子实体生长最适温度20～25 ℃，空气相对湿度85%～90%，每天通风2～3次，需要一定的散射光。现蕾后禁止向菇蕾上喷水，禁止大通风，防止温差过大造成死菇现象。子实体长到六七分熟时成丛采收，可采收3～4茬菇。生物学效率100%以上。

5.适宜种植地区　吉林省内。

（六）榆黄菇 Ld-1（鲁农审 2009095 号）

1. 选育单位　鲁东大学。

2. 品种来源　用大连榆黄菇 818 经钴 60γ 射线辐射选育而成。

3. 特征特性　中高温型品种。菌丝浓密、洁白，气生菌丝多。子实体丛生。菌盖直径 3～10cm，漏斗形或扇形，平滑，不黏，鲜黄色或金黄色；菌肉白色，表皮下带黄色，脆，中等厚度；菌褶白色或黄白色，延生，稍密，不等长。菌柄长 2～11cm，直径 0.5～1.1cm，白色至淡黄色，中实，偏生，有细毛，常弯曲，基部相连。孢子印白色。

4. 产量表现　在 2008～2009 年春季山东全省榆黄菇品种区域试验中，两季平均生物学效率 135.25%，比对照品种榆黄菇 818 高 16.85%。在 2009 年春季生产试验中，平均生物学效率 139.6%，比榆黄菇 818 高 22.4%。

5. 栽培技术要点　适宜春夏常规熟料或发酵料栽培。菌丝生长最适温度 22～26℃，避光培养；子实体生长最适温度 20～24℃。空气相对湿度 85%～95%，适度散射光照射和通风。采用常规覆土法可以提高产量。

6. 适宜种植地区　在山东全省榆黄蘑种植地区利用。

二、未认（审）定品种

（一）Pl.e0001

1. 特性综述　福建省食用菌种质资源保藏管理中心库藏编号为 Pl.e0001 的金顶侧耳品种，引自福建省轻工业研究所蘑菇菌种站，原菌号为"金顶侧耳"。该品种菌盖鲜黄色，扇形的菌盖自然生长呈小喇叭状；菌盖小，直径 24.52mm；菌肉较厚，中心厚度 1.18mm。菌柄短，长 15.59mm，柱状，上端直径 3.98mm，中部直径 4.08mm，基部直径 4.04mm。第一茬菇每袋产量高达 245g，菌丝满袋时间 28 天，生理成熟较快，出菇较早（6 天），子实体发育快（6 天）。

2. 栽培技术要点　该品种菌丝生长温度 10～35℃，适宜生长温度 30℃，致死高温 40℃；基质含水量 50%～75% 均可生长，最适含水量 75%；pH 4～10 均可生长，适宜 pH 7～8，栽培料中适宜添加 2% 石灰。

（二）Pl.e0011

1. 特性综述　福建省食用菌种质资源保藏管理中心库藏编号为 Pl.e0011 的金顶侧耳品种，引自山东省寿光市食用菌研究所，原菌号为"榆黄菇"。该品种菌盖鲜黄色，表面光滑，呈喇叭状；菌盖大，直径 42.82mm；菌肉厚，中心厚度 3.42mm。菌柄较长，长 35.51mm，上粗下细，上端直径 9.08mm，中部 5.90mm，基部 4.44mm。第一茬菇产量较高，每袋 146g，菌丝满袋时间 26 天，生理成熟较快，出菇较早（6 天），子实体发育快（6 天）。

2. 栽培技术要点　该品种菌丝生长温度 10～35℃，适宜生长温度 25℃，致死高温 40℃；基质含水量 50%～75% 均可生长，最适含水量 75%；pH 4～10 均可生长，适宜 pH 8，栽培料中适宜添加 1% 石灰。

第四节
主要生产模式及其技术规程

榆黄蘑人工栽培根据生产方式分为塑料袋栽培生产模式、床式栽培生产模式、长柱体栽培生产模式、盆栽直接出菇生产模式、塑料瓶栽培生产模式，现对这五种主要生产模式进行介绍。

一、塑料袋栽培模式

塑料袋栽培（图 7-18-2）目前应用最为普遍，

技术较成熟。根据培养料的不同处理方式分为熟料、发酵料、生料和发酵熟料四种形式，我国大多采用发酵熟料栽培。

图 7-18-2　塑料袋栽培

下面对发酵熟料栽培技术进行介绍。

（一）栽培季节

榆黄蘑为中温型食用菌品种，其原基分化温度应不超过 28 ℃，最适温度为 20 ～ 24 ℃。根据各地不同的气候特点，合理安排生产，有控温设备的可随时播种。一般情况下，分春、秋两季栽培，春季 3 ～ 4 月栽培，秋季 9 ～ 10 月栽培。

（二）培养料配方与配制

1. 配方

配方 1：玉米芯 77%，麸皮 15%，石灰 4%，钙镁磷肥 3%，石膏 1%。

配方 2：豆秸 40%，玉米芯 40%，麸皮 13%，钙镁磷肥 3%，石灰 3%，石膏 1%。

配方 3：稻草 78%，麸皮 15%，钙镁磷肥 3%，石灰 3%，石膏 1%。

2. 配制　主料粉碎加水预湿，完全吸水后沥出多余水分，加入辅料拌匀，调节培养料含水量至 60% ～ 75%。

（三）堆制发酵

混拌均匀后将料堆成宽 1 ～ 1.3 m、高 1 ～ 1.5 m、长度不限的料堆。料堆四周尽可能堆陡一些。建堆时，将料抖松抛落。堆成之后，用木棒（直径 5 cm 左右）在料上插通气孔，每隔 20 cm 插一孔。建堆后用塑料薄膜覆盖，或用草苫、稻草覆盖。发酵料多在春、秋季堆制，建堆后 48 ～ 72 h 应进行第一次翻堆。翻堆时仍须将料抖松，以增加料中含氧量，同时，将上下、里外的培养料互换位置，以便培养料均匀发酵。发酵过程历时 3 ～ 6 天，翻堆 2 ～ 3 次即可。开堆时可见适量白色菌丝，表示堆料含水适中，发酵正常。发酵后的培养料呈棕褐色、松软，用手轻拉秸秆即断，以含水量 60% ～ 65%、pH 7 ～ 7.5 为宜，无氨味。

（四）装袋灭菌

将发酵好的培养料装入聚乙烯或聚丙烯塑料袋内，装料松紧适度，用线绳扎紧或者使用套环，放入常压灭菌锅或高压灭菌锅内进行灭菌，常压要求保持 100 ℃ 15 h 以上。高压灭菌需先排净锅内冷空气，关闭排气阀，当压力升到 0.14 MPa 后，保持恒压 2.5 ～ 3.5 h。

（五）接种

在无菌室或者接种帐（用薄膜在温室或大棚中隔离出 30 ～ 40 m² 的相对密闭空间）中接种，接种前 30 min 利用 3% 甲酚皂、5% 石炭酸溶液喷雾消毒或者打开紫外灯等对接种工具、栽培袋、空气消毒。

用 0.15% 高锰酸钾溶液擦洗菌种瓶，拔去瓶塞（棉塞等），用接种钩去掉菌种表面菌膜，掏出菌种，掰成玉米粒大小的菌种块。

一般采用两头接种，先解开料袋一头袋口，将菌种放入料袋内，套上直径 8 ～ 10 cm 的颈圈后再用报纸和橡皮筋将袋口封严，倒过来在另一头接种。接种完毕的菌袋运到培养室内培养。

接种时，操作人员应少说话、少走动、动作快，以减少污染。接种量要够大，一般 750 mL 菌种瓶可接种 10 ～ 15 袋。

（六）发菌管理

榆黄蘑栽培宜采用叠袋发菌法进行发菌，即把接种后的菌袋放入菇房内，直接平放堆成高约 1 m 的菌袋墙，菌墙之间留 50 ～ 60 cm 的人行道。根据当时的气温灵活掌握菌墙高度和菌墙间距，保证菇房内温度保持在 20 ～ 25 ℃，空气相对湿度在

50%～70%，保证空气新鲜，保持黑暗状态。每天观察发菌温度及菌丝长势，为使发菌均匀，每隔7～10天将菌袋上下层互换位置。接种后35～40天菌袋发满。

（七）出菇管理

当菌丝发满后，再经过5～7天，从袋口长出大量子实体原基，即可打开封口纸，让原基长大，此时需要一定的散射光，调整菇房内空气相对湿度为85%～90%，温度控制在25℃左右，经常通风换气，保证出菇良好。

（八）采收

应选择菌盖展开尚未弹射孢子前进行采收，此时菇质紧实，个体重达到高峰，产量高、质量好（图7-18-3）。采收前，应停止喷水一天，子实体含水量低，香味浓，菌盖在储运过程中不易破碎；采收时，一手捏住菌柄，用利刀轻轻割下，不要将料面破坏。

图7-18-3　成熟榆黄蘑子实体

采收一茬菇后，应及时清理并松动板结的料面，停水3～5天。菌丝长好后，再喷水催菇，继续出菇管理，一般情况下一个生产周期需要70天左右，采收2～3茬菇。

二、床式栽培模式

（一）栽培季节

床式栽培以春季、夏季和秋季为宜，即4月下旬至10月上旬。

（二）培养料配方与配制

该模式的培养料配方与配制参照本节"塑料袋栽培模式"。

（三）堆制发酵

堆制发酵的方法与塑料袋栽培生产模式的相同，由于床式栽培培养料只进行堆制发酵，省去装袋灭菌环节，因此，翻堆次数增加至4～5次，发酵时间延长至6～8天，同时维持料堆高温达到灭菌效果，保证发酵料质量。建堆48 h左右，若能正常升温至60℃以上，开堆时可见适量白色菌丝，表示堆料含水量适中，发酵正常。堆料不能发酵升温，应及时翻堆，将料摊开晾晒，或添加干料至含水量适量，再将料抖松重新建堆发酵。

优质培养料应具有棕褐色、无臭、松紧适中、透气性能好等理化性状。培养料的含水量为60%～65%，可用手抓一把料，握紧，指缝间有3～4滴水渗出来判断。以pH 7～7.5为宜，无氨味。

（四）菇房消毒

菇房和床架一般先用现配制的浓石灰水刷洗1～2次，晾干后，每立方米空间用硫黄15 g掺入少量木屑，点燃密闭熏蒸24 h，开窗通风2天后方可使用。

（五）上架播种

采用层播法进行播种，铺三层料播三层菌种。铺料厚10～15 cm。播种量为干料重的15%。首先在床架上撒一层8 cm厚的发酵培养料，撒一层菌种，然后用木板压实让菌种与培养料紧密结合，有利于吃料，防止污染。最上面一层菌种量是其余两层的2倍。播种完毕，先铺一层报纸，再封上塑料薄膜，达到避光、保温、保湿的效果。

（六）发菌管理

从播种到出菇前为发菌期。保持室温18～22℃，料温22～28℃，空气相对湿度在60%～70%，避光培养，保持空气新鲜，切忌高温高湿。正常情况下，经20～25天菌丝可完全覆盖整个料面。

（七）出菇管理

发菌结束后要尽快进行搔菌，即把老化菌种、菌皮成块刮掉，菌丝受搔菌的机械刺激和低温刺激后可形成原基。催菇期间，温度控制在 10～15 ℃，用报纸或薄膜覆盖保湿，向菇房地面及四壁喷雾状水，保持空气相对湿度在 90%～95%，以散射光照射，加强通风，诱导原基形成，待原基形成后再揭去覆盖的报纸或薄膜。菇蕾生长期间，温度不低于 10 ℃ 和高于 30 ℃，适宜保持在 18～26 ℃；向菇房地面及四壁喷雾状水，空气相对湿度保持在 85%～95%；给以散射光，每天通风 2～3 次，每次 30 min。当菌盖直径达 2 cm 以上时，每天轻喷水 2～3 次，并结合通风，使菌盖上不保留过多水分。一般经 10 天左右，子实体便可长大成熟。

（八）采收

参照本节"塑料袋栽培模式"中的方法操作。

三、长柱体栽培模式

（一）栽培季节

分春、秋两季生产，春季 3～4 月栽培，秋季 9～10 月栽培。

（二）培养料配方

配方 1：玉米芯 77%，麸皮或米糠 15%，石灰 4%，钙镁磷肥 3%，石膏 1%。

配方 2：豆秸 40%，玉米芯 40%，麸皮或米糠 13%，钙镁磷肥 3%，石灰 3%，石膏 1%。

配方 3：棉籽壳 98%，生石灰 2%。

配方 4：棉籽壳 100 kg，石灰 2 kg，复合肥 2 kg，麸皮 5 kg，磷酸二氢钾 0.1 kg。

（三）堆制发酵

同本节"塑料袋栽培模式"中的操作。

（四）准备塑料袋

将折径 28 cm 的塑料袋，裁成长度为 150～180 cm 的栽培用袋。

（五）装袋接种

将发酵好的培养料装入塑料袋内，两端封好口，在袋子周身打穴接种，接种穴的菌种块上撒少量石灰粉，也可用塑料胶带将穴口封闭（图 7-18-4）。

图 7-18-4　塑料胶带封接种穴口

（六）培养菌丝

接过种的长菌袋平放在发菌场地的地面上，养菌环境要求干净、干燥、遮光、通风良好，温度控制在 22～28 ℃，空气相对湿度控制在 60%～70%，避光培养，其间注意检查清除杂菌污染袋。菌丝长满袋需 30 天左右。

（七）出菇管理

菌丝满袋后，直立吊挂（图 7-18-5），再经过 5～7 天，待接种穴长出大量子实体原基，再揭开封口塑料胶带，让原基长大。此时需要一定的散射光，调整菇房内空气相对湿度为 85%～90%，温度控制在 25 ℃ 左右，经常通风换气，保证出菇良好。

图 7-18-5　吊袋开口出菇

（八）采收

参照本节"塑料袋栽培模式"的相应内容。

四、盆栽直接出菇模式

（一）栽培季节

盆栽以春季、夏季和秋季为宜，即 4 月下旬到 10 月上旬。该时期菇房内外温度均相对较高，培养料发酵时间短，发酵料灭菌彻底。

（二）培养料配方与配制及堆制发酵

可参照本节"塑料袋栽培模式"中的相应内容。

（三）菇房消毒

参照本节"床式栽培模式"中的方法进行操作。

（四）选择盆栽容器

塑料盆、瓷盆、育苗塑料袋、塑料筐等都可以用来作为栽培容器，质量好的塑料盆、瓷盆、塑料筐可以多次重复利用。

（五）播种

将发酵好的优质培养料直接装入塑料框或塑料盆内，采用穴播或层播方法接种。播种后覆盖地膜或报纸覆盖保湿。

（六）发菌管理

在干净、干燥、遮光、通风良好的室内培养菌丝，控制发菌环境温度保持在 22～28℃，空气相对湿度控制在 60%～70%，避光培养。15 天左右菌丝发好。

（七）出菇管理

菌丝发满后，移入出菇房内，去掉塑料盆上的覆盖物，放置到木制或铁质的架子上，进行出菇管理（图 7-18-6）。根据栽培品种要求调节出菇场地温度在 23～26℃。采用盆内灌水和雾化喷水方式维持出菇环境空气相对湿度在 80%～95%，切忌在料面大量喷水，以防菇蕾死亡。加强通风换气，维持出菇环境二氧化碳含量不超过 0.12%。以散射光为主，避免强光长时间照射。

图 7-18-6　盆栽出菇

采用覆土出菇时，可以将长满菌丝的菌袋脱袋放进大小合适的方形盆子或圆形花盆里面，上面附上一层 2 cm 厚的土，加水浇透即可，盆子可摆放一层，也可放层架上（图 7-18-7）。采用对覆土层灌水的方式增加出菇环境空气相对湿度。

图 7-18-7　层架盆栽出菇

（八）采收

参照本节"塑料袋栽培模式"中的方法进行操作。

五、塑料瓶栽培模式

塑料瓶栽培模式起源于日本，在我国栽培食用菌初期，也曾大面积推广应用。当时所用均为罐头瓶、菌种瓶、奶粉瓶等一般玻璃广口瓶，这些容器存在易破碎、体积和口径大小不一、不易管理、产量低、品质差等缺点，后来使用者逐渐减少。现在流行使用专用的聚丙烯塑料瓶。

（一）栽培季节

瓶栽以春季、夏季和秋季为宜，即4月下旬到10月上旬。也可进行工厂化生产。

（二）培养料配方与配制

可参照本节"塑料袋栽培模式"中的相应内容进行操作。

（三）菇房消毒

可参照本节"床式栽培模式"中的相应内容进行操作。

（四）选择容器

所用塑料瓶的规格为750 mL、850 mL、1000 mL，瓶口直径75 mm左右，配有专用瓶盖。

（五）装瓶

培养料拌好后立即装瓶，以免造成酸败。工厂化生产，拌好的培养料由提升机送至装瓶机料斗，由装瓶机组自动装瓶，装好的料瓶松紧均匀一致。小规模生产，一般用手工装瓶，要求上紧下松，以利发菌。料装至瓶颈与瓶肩交界处，压实料面，打孔封盖。

（六）灭菌

料瓶装好后应立即进行灭菌。常用的灭菌方式有两种，即高压蒸汽灭菌和常压蒸汽灭菌。工厂化生产，多以高压蒸汽灭菌为主。高压蒸汽灭菌在0.147 MPa 128 ℃仅需2～3 h。而常压蒸汽灭菌在98～100 ℃则需灭菌10～12 h。灭菌结束后的料瓶，出锅时料温仍在90 ℃左右，需置于洁净通风的冷却室内，冷却至料温30 ℃以下方可接种。

（七）接种

冷却好的料瓶，搬入接种室，然后对所使用的菌种进行认真细致的检查，以免菌种混杂或生长不良，确保菌种质量及种性稳定。接种前按操作程序对接种室先行消毒，接种人员需更换清洗且消毒后的衣、帽、鞋，佩戴口罩，通过洁净缓冲间进入接种室。用自动接种机接种，保证每瓶接种量在10 g左右，一般850 mL菌种瓶可接45～50瓶，使菌种块基本覆盖整个培养料面。

（八）培养菌丝

接好种的料瓶移入培养室培养，室温控制在22～25 ℃，空气相对湿度控制在60%～65%。培养室温度的控制应根据品种特性和不同培养阶段而定，接种后第1周为菌丝萌发定植阶段，培养室温度控制在22～26 ℃。1周后菌丝已定植并入料内，其自身因呼吸代谢而产生一定的热量，特别在接种后10～20天，菌丝处于旺盛生长阶段，菌丝产热量较大，可将室温适当降低2～4 ℃。培养室要保持洁净卫生、通风良好，保证料瓶发菌一致。

（九）搔菌催蕾

菌丝长好后再培养7天进行搔菌，把瓶口部位的老菌种块扒掉，同时把料面整平。这一过程可使用搔菌机完成，也可使用自制搔菌工具手工完成。不管用机器搔菌还是手工搔菌，搔菌前都必须对料瓶进行一次仔细检查，以免杂菌污染的菌瓶通过搔菌工具造成交叉感染。搔菌后的培养瓶移入催蕾室，控制温度在15～20 ℃，空气相对湿度85%～95%，每天用50～100 lx的散射光照射1 h左右，定时通风换气，保证催蕾室空气新鲜。如此管理经过10～15天后，控制温度在8～12 ℃，空气相对湿度在85%～95%，经过12天左右原基即可形成。现代化的出菇房室外都设有专用的控制箱。

（十）出菇管理

子实体进入旺盛生长发育期，管理的重点是促使子实体形态、色泽发育正常，生长整齐一致（图7-18-8）。此时控制菇房温度在16～25 ℃，空气相对湿度在80%～85%，并适当增加光照强度，加强通风换气。

采菇。子实体八分成熟时采收（图7-18-9）。

图 7-18-8　塑料瓶栽培出菇

图 7-18-9　塑料瓶栽培子实体成熟

（十一）采收

参照本节"塑料袋栽培模式"中的方法，适期

（姚方杰　宋志波）

木腐菌生产技术

第十九章　长根菇

　　长根菇是北温带常见的一种土生木腐菌，初夏至秋季于阔叶林中或林缘地单生或群生，是新开发应用的一个珍稀菇种，食用菌中的上品。子实体中等至稍大，肉质细嫩，柄脆可口，味道鲜美，富含蛋白质、氨基酸等多种营养物质，食用价值高，并具有一定的药用功效。

第一节
概述

一、分类地位

　　长根菇隶属真菌界、担子菌门、蘑菇亚门、蘑菇纲、蘑菇亚纲、蘑菇目、泡头菌科、小奥德蘑属。

　　拉名学名：*Oudemansiella radicata* (Relhan) Singer。

　　中文别名：长根小奥德蘑、长根干蘑、长根金钱菌、露水鸡枞、大毛草菌、长根金钱菌。

　　国内外专家陆续发现了许多变种。例如，杨祝良和臧穆（1993）报道了4个：长根小奥德蘑原变种（*O. radicata* var. *radicata*）、长根小奥德蘑鳞柄变种（*O. radicata* var. *furfuracea*）、长根小奥德蘑双孢变种（*O. radicata* var. *bispora*）和长根小奥德蘑白色变种（*O. radicata* var. *alba*）。2009年杨祝良等把长根菇以及与之亲缘关系相近的种分到了一组，称为长根组（sect. *Radicatae*）。

二、营养价值与经济价值

长根菇（图 7-19-1）富含蛋白质、氨基酸、脂肪、碳水化合物、维生素、微量元素以及真菌多糖、三萜类、朴菇素、生物碱、牛磺酸、磷脂、叶酸等多种营养成分，肉质细嫩，食之软滑鲜美、脆嫩清香。特别是长根菇生长于其他食用菌较少的夏秋季节，更显珍贵。江枝和等（2003）研究发现长根菇中含有丰富的苏氨酸、蛋氨酸、胱氨酸、缬氨酸、异亮氨酸、亮氨酸、苯丙氨酸、酪氨酸和赖氨酸等。其中蛋氨酸和胱氨酸含量总和分别比大杯蕈和虎奶菇高 1.48 倍和 1.67 倍，缬氨酸含量分别比大杯蕈和虎奶菇高 1.07 倍和 1.22 倍。

图 7-19-1　菇床上的长根菇

长根菇药用价值独特，具有温胃健脾、清肝利胆的功效，长根菇的活性因子能使无活性胃蛋白酶原转变为胃蛋白酶，分解蛋白质；能抑制幽门螺旋杆菌的滋生，修复破损的胃黏膜，防止氢离子逆向扩散，使胃壁血液供应丰富，增加胃黏膜层血流量，使黏膜上皮增长和纤维组织再生。长根菇还有镇静安神、缓解胃肠痉挛、提高免疫力和吞噬巨噬细胞的能力，以及抑制肿瘤细胞生长和防止正常细胞突变为癌细胞的能力。长根菇中含有的长根素（oudenone)，具有降血压功效。长根菇发酵菌丝提取物对小鼠恶性肉瘤细胞 S180 和艾氏腹水癌均有很好的抑制效果，其抑制率分别为 100% 和 90%。

正常情况下，生产 1 万袋长根菇仅需 5 000 kg 干木屑、1 000 kg 麸皮和少量的豆粉等，原材料成本约 1.5 万元。一般可出菇 2 ～ 3 茬，生物学效率可以达 80% ～ 100%，即每袋 600 g 培养料，可产鲜长根菇 500 g，约可制成干品 50 g。

三、发展历程

长根菇最早记录出现于 20 世纪 30 年代，Singer 发现了长根菇，并命名为 *Oudemansiella radicata* (Relhan:Fr.) Sing.。后来一些专家学者陆续在世界各地都有发现。我国的张光亚（1984）、卯晓岚（1993）、戴贤才（1988）和谭伟（2001）等先后对野生长根菇的分布、形态、生物学特性、食药用价值作了介绍。

1982 年，纪大干等人首次对野生菌种进行驯化研究，并探索出一套人工栽培长根菇的方法。后来应国华、胡昭庚等也做了这方面的尝试，并取得成功。从此，长根菇开始从野生采集逐步向人工栽培过渡。

四、主要产区

野生长根菇在热带、亚热带和温带都有分布，大多生长在土壤偏酸、腐殖质较厚的灌木林地上，细长的假根长在阔叶树根或土中腐木上，亦生于腐根周围。长根菇广泛分布于亚洲、非洲、大洋洲、欧洲的广大地区。我国的云南、河北、吉林、江苏、浙江、安徽、福建、河南、广东、广西、海南、四川、西藏、台湾等地均有分布。

人工栽培长根菇规模都不大，福建、浙江、四川、湖北、贵州、河南等多个省份都有批量栽培，其中，福建、浙江、湖北等省份栽培规模稍大（图 7-19-2）。

图 7-19-2　人工栽培的长根菇

上单生或群生。菌盖直径 5 ~ 10 cm，幼时半球形，后期平展，盖缘全缘，中部微凸起呈脐状，并有深色辐射状皱褶，光滑，湿时具强黏性，淡褐色或茶褐色至棕黑色（图 7-19-3）；菌肉白色，薄；菌褶直生至弯生，中疏有小褶，广弧形，全缘，较宽，稍稀，不等长（图 7-19-4）。菌柄长 6 ~ 20 cm，直径 0.5 ~ 2 cm，近圆柱形（图 7-19-5），浅褐色，中生，中实，表面有细毛鳞，近光滑，有纵条纹，常发生扭曲，表皮脆骨质，肉部纤维质且松软，基部稍膨大，有细长假根向下延伸。孢子印白色。孢子 13 ~ 18 μm × 10 ~ 15 μm，无色，光滑，卵圆形至宽圆形。囊状体 75 ~ 175 μm × 10 ~ 29 μm，近梭形。褶缘囊状体 87 ~ 100 μm × 10 ~ 25 μm，无色，近梭形，顶端稍钝。

五、发展前景

栽培长根菇设施设备简单，生产周期短，便于操作，广大山区、农村、城郊都可以栽培，经济效益显著，市场前景广阔。

第二节
生物学特性

一、形态特征

（一）菌丝体

菌丝白色、绒毛状，具分枝，有锁状联合。扫描电子显微镜观测显示，长根菇菌丝生长茂密，无隔，无孢子产生。菌丝在 PDA 培养基上可以正常生长，一般 10 天左右可以满管。

（二）子实体

子实体在阔叶林、混交林或竹林、茶林地

图 7-19-3　长根菇菌盖正面

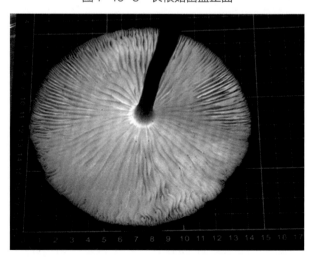

图 7-19-4　长根菇的菌褶

图 7-19-5 长根菇的菌柄

二、生活史

由于长根菇开发应用较晚，对其研究较少，长根菇的生活史还不是十分清楚。2009 年湖南师范大学李浩经过一系列的研究，在其发表的研究生论文上推测了长根菇的生活史：四孢长根菇的单个担孢子在合适的环境条件下萌发出芽管，接着发育成为初生菌丝。不同极性的初生菌丝相遇发生交配，完成质配过程，形成双核的次生菌丝。次生菌丝经过生长发育达到生理成熟后，在外界因素的刺激下，双核营养菌丝开始形成原基，已分化的菌丝扭结发育为不同的器官，产生四孢子实体。在四孢子实体的担子内又发生一系列的核配、减数分裂和有丝分裂后产生担孢子，最终完成四孢长根菇的整个生活史。如果初生菌丝没有遇到不同极性的初生菌丝，不经历菌丝交配，无质配过程，也无锁状联合现象，一直保持单核菌丝的状态，发育成熟后，在外界环境因素刺激作用下，单核的营养菌丝形成原基，分化为不同的器官，在担子细胞中只经过核的分裂产生两个担孢子，最终完成了长根菇的另一种生活循环模式，即双孢长根菇的生活史。

可见，长根菇生活史有两种不同的循环生活模式，即四孢长根菇循环生活模式和双孢长根菇循环生活模式。这两种生活模式不是完全独立的，二者均需经过担孢子萌发成为单核菌丝的阶段。也就是说，担孢子萌发前，长根菇孢子之间没有任何区别。只是在菌丝交配阶段，不同极性的初生菌丝相遇，交配菌丝进入四孢循环生活模式；而在没有遇到不同极性的初生菌丝时，交配菌丝则进入双孢循环生活模式。长根菇的这两种生活模式是相互辅助，而不是相互竞争的，两种生活模式同时存在是为了更好地适应环境。暂时尚无证据能够证明哪种是对长根菇的进化发育更为有利的生活循环模式。

三、营养

（一）碳源

碳素是长根菇的重要能量来源，也是合成氨基酸的原料。大分子的碳素主要以木质素、纤维素、半纤维素和淀粉等形式存在，小分子物质为蔗糖、葡萄糖等。长根菇是一种木腐菌，能够分泌胞外酶，具有分解木质素、纤维素和半纤维素的能力，将大分子物质分解成小分子物质再被吸收利用，可以在木屑、棉籽壳、玉米芯等多种农副产品下脚料上生长。一般能栽香菇、木耳、平菇等的栽培原料均可栽培长根菇，例如甘蔗渣、杂木屑、玉米芯和各种作物秸秆。

（二）氮源

氮素是长根菇生长必需的营养成分，主要的氮源有氨基酸、蛋白质等。与碳素营养的利用方式相同，菌丝必须分泌胞外酶将大分子的氮素营养分解成小分子物质再加以利用。在生产中一般以玉米粉、米糠、麸皮等物质作为氮源。

（三）矿质元素

长根菇生长发育还需要少量的矿质元素，如磷、硫、钾、钙、镁、铁、钴、锰、锌、钼等。一般来说，木屑、米糠、麸皮、秸秆等培养料和水中的含量已基本能满足其生长发育的需要，生产中很少添加。在实际生产中应根据培养料的养分组成，适当添加石膏、石灰、磷酸二氢钾、硫酸镁等来满足长根菇对矿质元素的需求。

木腐菌生产技术

四、环境条件

（一）温度

菌丝的生长温度为 12～35℃，最适温度为 26℃。子实体生长发育温度为 15～28℃，最适温度为 25℃左右。其菌丝生长和子实体发育的适温在同一范围，这与多数食用菌是不同的。

（二）水分

长根菇培养基质适宜含水量为 65% 左右，低于 60% 或高于 70%，菌丝体生长发育则受抑制。长根菇生长环境所需空气相对湿度在菌丝培养期要求在 70% 左右，子实体生长期要求在 85%～95%，出菇时要求在 85%～90%。

（三）空气

长根菇生长发育要求空气清新，二氧化碳浓度在 0.01% 以下。

（四）光照

长根菇菌丝生长阶段不需要光照，和大多数菇种相似，暗光条件下，菌丝生长更加整齐、粗壮。强光下培养菌袋，则会过早形成子实体原基。子实体阶段，需要一定强度的光照刺激，光照会影响其形态、色泽的形成。它对光照表现不太敏感，光照强度在 30～500 lx 范围内均可正常生长，以 100～300 lx 最为适宜。

（五）酸碱度

长根菇适宜在 pH 5～6.5 的中性或弱酸环境中生长，最佳生长 pH 5。在人工栽培时，调整培养料 pH 7.5 左右较好，这样经过灭菌过程和菌丝的生长过程产酸，出菇阶段才能为子实体的生长发育提供一个 pH 5～6.5 的弱酸性环境。

（六）覆土

长根菇子实体形成一般不需要覆土，但是，覆土后子实体发生更多，生长更健壮。

第三节
生产中常用品种简介

长根菇在我国开发应用较晚，栽培面积较小，所以，目前还没有经国家认（审）定的品种。

长根菇品种较少，在生产上应用较为广泛的是长秀 1 号。长秀 1 号菌丝生长温度为 12～35℃，最适温度为 22～26℃。温度低于 12℃菌丝生长缓慢，高于 30℃菌丝易老化、结皮。子实体发育温度为 15～30℃，出菇期适宜温度在 25℃左右。荫棚覆土栽培时，可以在夏季气温 38℃下出菇。

第四节
主要生产模式及其技术规程

长根菇属于中温偏高型菇类，常采用塑料袋覆土栽培模式。

一、栽培季节

长根菇菌丝长满袋需要 30～45 天，满袋后还需 30～45 天的生理成熟才能出菇，要求适温下菌龄达 60 天以上。因此，根据长根菇生物学特性，菌丝生长温度为 12～35 ℃，最适温度为 20～26 ℃；出菇温度 16～30 ℃，最适温度 23～25 ℃。在我国南方地区可采用春秋两季栽培，春栽一般选择在 12 月至翌年 1 月制袋，3～5 月出菇；秋季选择在 7 月上旬制袋，9～11 月出菇。而北方地区宜采用秋冬季制袋，翌年夏秋季出菇。一般选择在 9～11 月制袋，常温或加温条件下发菌，翌年 5～9 月出菇。夏季栽培宜在高海拔山区或移到林下遮阴进行栽培。每年可在夏末至秋季栽培一季，秋末接种翌年4～5月再安排一季。根据福建省中部地区气候，安排秋末冬初接种翌年4月出菇最好，可避开病虫发生高峰期，生理成熟时间充足，室内菌丝生长温度适合，大大降低污染率，提高产量。在东北地区，气温转低，一般每年7～8月制母种、原种，9月下旬至11月上旬制栽培袋，待菌丝长满袋后即进入低温季节，这时菌丝生长缓慢而健壮，并能积累足够的养分。翌年5月，将发好的菌袋搬到野外荫棚下进行覆土出菇，5～9月是子实体生长的季节。

二、菌种制备

菌种生产时间一般根据长根菇栽培季节的安排确定。

（一）母种制备

一般母种于生产栽培接种前95天制备。

（二）原种制备

原种于生产栽培接种前80天制备。

（三）栽培种制备

栽培种于生产栽培接种前40天左右制备。

三、原料准备

大多数的农副产品下脚料都可用于栽培长根菇，如各种杂木屑、甘蔗渣、棉籽壳、稻草、玉米芯、玉米秆、木薯秸、桑枝条等。各地可因地制宜，选择既经济又高产的原料来配制长根菇的配方。所用原料均要求新鲜、无霉变，因此原料在使用前应进行暴晒。

四、培养料配制

（一）培养料配方

配方1：杂木屑68%，棉籽壳7%，麸皮23%，糖1%，碳酸钙1%，含水量60%左右。

配方2：杂木屑75%，麸皮（或米糠）15%，玉米粉6%，糖1%，磷酸二氢钾1%，过磷酸钙1%，石膏粉1%，含水量60%左右。

配方3：玉米芯60%，稻草17%，麸皮（或米糠）20%，糖1%，过磷酸钙1%，石膏粉1%，含水量65%左右。

配方4：杂木屑60%，玉米芯20%，麸皮（或米糠）18%，糖1%，石膏粉1%，含水量60%左右。

配方5：棉籽壳50%，木屑35%，米糠12%，石膏1%，过磷酸钙1%，糖1%，含水量60%～65%。

配方6：棉籽壳80%，麸皮（或米糠）12%，玉米粉5%，糖1%，过磷酸钙1%，石膏粉1%，含水量65%左右。

（二）配制搅拌

按照配方定量称取各种原料，先将主料拌匀，再和其他辅料混合，然后调节含水量至60%～65%，并用石灰调节pH至7.5。测含水量时用手握紧培养料，稍用力挤压，在指缝间看见有水渗出但不下滴，此时的含水量为60%～65%。如果使用棉籽壳作为主要原料，棉籽壳需要提前一天预湿。在夏季预湿棉籽壳时，应加放1%的石灰，并且预湿后的棉籽壳不可堆放，只能摊开，以免发酸。第二天按照配方，把预湿的棉籽壳、麸皮、糖水和碳酸钙混合拌匀，调节含水量至65%。生产规模较大的，可以采用拌料机拌料。

五、塑料袋的选择与装袋

（一）塑料袋的选择

栽培长根菇用的塑料袋由于材质不同，可分为聚乙烯和聚丙烯两种。另外还有塑料袋的粗细、长短也不一样，各自可以根据实际情况进行选择使用。

1. 根据灭菌方式选择塑料袋材质　采用高压灭

菌时，一定要选择聚丙烯塑料袋，这种袋子透明度好，虽然材质较脆，低温条件下易破损，但它能耐126 ℃的高温和 0.137 MPa 的高压。而聚乙烯塑料袋透明度不高，材质柔软，不易破碎，但在高温高压条件下会熔化粘连。如果采用常压灭菌两种塑料袋均可。

2. 根据出菇方式选择塑料袋规格　长根菇的出菇方式受气候条件影响很大，气候冷凉干燥的北方地区，可选用孔径较粗的塑料袋；而气候温热湿润的南方地区则选用孔径较细的塑料袋较为适宜。生产上常采用的规格有 15 cm×33 cm、17 cm×33 cm 等几种，厚度多为 0.04～0.05 mm。

（二）装袋

将拌好的培养料装入塑料袋中，装料量以压紧后高度 18 cm 左右较为适宜，每袋装干料0.4～0.45 kg。装好袋后用绳子将袋口扎紧，绳头留成活结，以利于接种时操作；也可套好颈圈，塞紧棉塞。第一茬菇采用室内出菇的，可在料袋中间打一直径约 1.5 cm、深 12 cm 的孔，有利于长根菇菌丝生长，加快发菌速度，从而达到缩短培养期和减少污染的目的；采用荫棚出菇的，制袋时不提倡中央打孔，南方沿海雨水多，避免出菇管理时孔中积水。

生产规模较大者可以采用机械装袋。不论是人工装袋，还是机械装袋，袋内的原料要求松紧适度、虚实均匀。太紧影响菌丝生长，太松菌袋内的原料不易成型。适宜的松紧度应是用手指轻按不留指窝，手握有弹性。装袋当天要及时灭菌，否则培养料在袋内会发生酸败。

另外在装袋和料袋搬运过程中，注意不要扎破或碰破料袋，发现料袋破损要及时采取补救措施。

六、灭菌

（一）灭菌形式

装好的料袋不宜过夜，应该立即装锅进行灭菌。一般灭菌分为高压灭菌和常压灭菌两种形式。

1. 高压灭菌　要求在 0.137 MPa 的压力下，维持 150 min 左右。若塑料袋规格大，则灭菌时间相应延长。高压灭菌过程中一定要注意将高压蒸汽灭菌锅内冷空气排放干净，避免因锅体内冷空气放不完而影响灭菌效果。

2. 常压灭菌　是食用菌生产中最常见的灭菌方法。常压灭菌灶有简易常压灭菌灶、常压灭菌灶和专用蒸汽发生炉等形式。在长根菇生产上使用专用蒸汽发生炉进行灭菌较为普遍。

（二）常压灭菌方法

常压灭菌设备简单，容量大，成本低，生产上多采用常压灭菌灶进行灭菌。灭菌要求在 4～6 h 内料温上升到 100 ℃，升温时间过长会导致培养料酸败。达 100 ℃后要保持 12～15 h。灭菌结束后不能马上出锅，在灶内闷一天或一夜，以提高灭菌效果。然后打开进料门，使温度自然降到 60℃以下时出锅，将料袋搬入事先消毒处理好的接种室。

（三）常压灭菌注意事项

灭菌是菌袋生产的关键环节，灭菌不彻底，会导致生产的失败。采用常压灭菌应注意以下几点。

1. 及时灭菌　当天装的料袋必须当天灭菌，不宜停放过夜。若不得已延长了装袋时间，则要添加生石灰调节培养料的 pH，防止酸败。

2. 严格控温　开始时尽量大火猛攻，争取使灶体温度尽快上升到 100℃。当灶体最底层料袋中心温度上升到 100 ℃时，维持 12 h 以上。灭菌期间不能停火，也不能降温，否则要重新计时。

3. 注意补水　烧火中间要注意补水，一次补水量不要太多，防止灶体内温度骤然下降。

4. 料袋摆放适宜　灶体内料袋的摆放不宜太密实，袋与袋之间一定要留有间隙，作为蒸汽流动的通道。

七、接种

接种是袋栽长根菇非常关键的技术环节，接种的质量将直接影响栽培的成功率。接种方式有接种箱接种、接种室接种等。

（一）接种箱接种

采用接种箱接种时，先将冷却好的料袋放入接种箱，再将所用菌种、接种工具、消毒物品一同放进箱内，用气雾消毒剂熏蒸 30 min 后开始接种。

（二）接种室接种

接种室接种的消毒方法与接种箱的相同，但室内接种时要将门窗封闭严密，接种时 2～3 人合作，接种操作时每隔 30 min 用消毒大王或金星消毒液在操作区上方喷雾一次。接种过程要求操作快速、准确，确保接种质量。袋栽长根菇多采用一端接种方式，接种时在室内解开袋口，将菌种放入料表面，最好能将料表面覆盖，然后迅速将袋口扎好。

（三）接种注意事项

根据在实际生产中发现的问题，接种要做到以下几点：

一是做好接种前环境的消毒工作，接种箱要搬到太阳底下暴晒一天，然后进行空箱熏蒸；接种室要在使用前 72 h 内，进行药物熏蒸和紫外灯照射双重消毒灭菌一次。

二是要做好接种人员的清洁卫生，接种要穿消过毒的工作服，特别是不要留长指甲，不戴首饰，避免划破料袋或菌袋。

三是严格进行手和器械的消毒，手臂要用 75% 酒精擦拭消毒；接种器械使用前最好进行灭菌处理，使用时再用 75% 酒精或甲酚皂消毒液擦拭消毒。

四是在接种室接种，不要喧哗，不要来回走动，减少室内空气流动。每隔 30 min 要用药物喷洒空间进行消毒，对器械、手等也要同时进行擦拭消毒。

八、发菌期管理

菌袋的培养很关键，菌袋培养得好，将来出菇产量高、品质好；菌袋培养得不好，将来出菇产量低、品质差。如果在发菌期菌袋发热受损，后期可能还会导致不出菇。

这一阶段管理的重点在控制温度，及时拣出杂菌袋，保持良好的通风和黑暗条件。在温度控制上，要坚持做到对菌袋内部的温度进行经常性的观测，特别是菌垛中间菌袋的温度。也可以在每垛中间插一支温度计，经常进行观察，以便及时掌握菌袋温度的变化。因为菌丝生长产生的呼吸热容易积累，有时使菌袋温度高出环境温度很多，从而造成烧菌，这一点千万要引起重视。

接好菌种的菌袋要尽快移入培养室进入发菌期管理。培养室要求干净、干燥、黑暗、保温性能好，能够通风。移入菌袋前，培养室要先打扫干净，并用气雾消毒剂熏蒸消毒一次。有条件的，培养室内可做多层式的培养架，以增加房间的利用率。没有培养架的，可先将地面整理干净，再铺上一层薄木板或者透气性较好的保温物，再排放菌袋。将菌袋两袋对头相挨摆在一起，顺码往上摆成一排，堆高 8～10 层，排与排之间留 50 cm 左右宽的走道，以便于检查菌袋发育情况。秋栽因气温较高，摆放时菌袋间应留一定距离，以利于散热；春栽因气温较低，菌袋可紧密排放。

发菌期要求培养料的温度基本恒定在 24 ℃左右，空气相对湿度在 70% 以下，暗光或无光，通风良好。菌袋培育过程通常分为以下三个主要管理阶段。

（一）菌丝萌发定植期

接种后的菌袋，第 1～3 天为萌发期，接入菌袋的菌种开始长出白色菌丝。第 4～6 天为定植期，萌发的菌丝开始向培养料中生长。此时袋温比室温低 1～3 ℃，室温可控制在 26～28 ℃，创造适宜长根菇菌丝萌发定植的最佳温度。一般不通风，更不要翻动菌袋。若此时室温低于 23 ℃，需要采取加温措施，棚室堆垛发菌的，可在菌袋上覆盖塑料薄膜或保温被提高袋温；若室温高于 30 ℃，需通风降温。经过 6 天时间的培养，接种穴周围可看到白色绒毛状菌丝，说明菌种已萌发定植。

（二）菌丝生长发育期

1. 接种后第 7～10 天　接种穴口菌丝直径可达 2～3 cm。此时，可将菌袋扎口的细绳放松一些，以增加通气量，促进菌丝快速生长。这时的菌袋温度要比室温低 1～2 ℃，室温可降低并控制在 25～26 ℃，早晚通风一次，每次 20～30 min，保持新鲜空气；室内空气相对湿度控制在 50%～70%。同时进行第一次翻堆检查，发现杂菌应立即用药液处理。

2. 第 11～15 天　菌丝已开始旺盛生长，菌丝吃料达 4～6 cm。袋温与室温基本相等，此时室温控制在 24～25 ℃，以保温为主，加强通风，进行第二次翻堆。

3. 第 16～20 天　菌丝大量增殖，菌落直径达 7～10 cm，菌丝代谢旺盛。袋温比室温高 3～4℃，室温可控制在 20～21 ℃，适当通风，保温为主。此后，要随时测量袋温，不可使袋温超过 27 ℃。要特别注意加强通风，可采用电风扇排风，加大空气流量，以降低温度。

4. 第 21～30 天　此时菌丝生长迅速，逐渐长满菌袋，这段时间，由于菌丝生长产生的呼吸热，使菌袋温度高于室温 4～5 ℃，管理上应注意加强通风、散热降温。正常情况下，40～50 天长根菇菌丝发满菌袋。

发菌关键时期注意三方面工作：

第一，接种后 10 天内是非常时期，各种杂菌异常活跃，应在第 6 天就翻袋检查杂菌，在翻袋前及每天通风后喷洒金星消毒液 50～100 倍液，直到第 15 天结束。

第二，控制温度，严防烧菌。此阶段关门窗、翻堆后容易引起升温，长根菇菌丝快速生长及天气长期闷热等都会引发烧菌。故在管理上应勤开门窗，降低堆高，随时观察温度变化，及时采取降温措施。

第三，根据发生杂菌类别采取不同措施。绿霉是长根菇生产的大敌，应早发现、早隔离，污染点菌落不超过 3 cm 时，先干净彻底地将病菌穴挖掉，用克霉灵 100 倍液拌木屑填平，用胶带封口。黄曲霉、链孢霉在发菌前期危害大，尤其在长根菇菌丝未定植或刚定植（菌穴不超过 4 cm）发生感染的菌袋，应做报废处理。一旦接种穴菌丝直径超过 4 cm 就不要处理病穴，虽影响生长但不影响菌袋成功率。需要注意的是，发现链孢霉应立即隔离，以防传染。无论是发生哪种杂菌都应采取降温处理，抑制杂菌生长。

（三）菌袋的后熟处理

一般经过 45 天左右，菌丝可以长满菌袋，不要急于覆土出菇。长根菇菌丝长满后，此时的菌袋从外观上看菌丝已经长满袋，但并没有完全发透全部培养料，要继续养菌 20～30 天，使菌袋彻底发透，菌丝充分生理成熟。否则，会影响长根菇的产量和品质。这一时期的管理要点是：控制培养室温度在 24～28℃，空气相对湿度 80% 左右，增加光照刺激，加强通风，以促进长根菇菌丝从营养生长向生殖生长转化。当菌丝颜色逐渐变深，说明此时已达到生理成熟，可将菌袋运往出菇场转入出菇管理。

九、覆土

菌丝达到生理成熟后要进行覆土出菇。其实，长根菇和双孢蘑菇不同，不覆土也可以出菇，但是覆土能有效地保持水分，并能为长根菇子实体的生长提供养分，提高产量。

（一）土质选择与调制

覆土材料要求质地疏松，富含腐殖质，透气性、保水性要好，直径以 0.5～2 cm 为好。覆土材料应提前准备，取透气性良好的菜园土作为覆土材料，在使用前暴晒 2～3 天，再喷上 2% 甲醛溶液，覆膜密闭熏蒸消毒 2～3 天，然后摊开散去甲醛味，过筛备用。

（二）覆土模式

1. 袋面直接覆土　准备工作做好后，把菌丝已达到生理成熟的菌袋选出来，拔去棉塞套环，挖去接种点的老化菌种和菌丝，并把袋口拆开竖起，折成边缘比料面高 3～4 cm，再把处理好的菜园土略调湿覆在长根菇菌袋料面，厚 2～3 cm，然后喷雾状水，把覆土调成含水量约 65% 的湿土（图 7-19-6）。最后在靠近料面的塑料袋的不同侧面割 2～3 个渗水口，以防袋内积水。开好口的菌袋排放于地板或层架上，由于夏季炎热，袋与袋之间最好有 2 cm 的距离。在催蕾期，为保持覆土湿度，应勤喷水、喷轻水，以防覆土太湿或结块。在温度适合时，15～30 天就可现蕾。在子实体生长期间，喷水应掌握"干干湿湿"的原则，因为长期高湿容易滋生菇蝇、螨虫和杂菌，长期干燥也不利于子实体的生长。另外，喷水还应喷雾状水，以免泥土溅到子实体上影响商品价值。

图 7-19-6 袋内覆土

2. 脱袋覆土 脱去菌袋，并清除菌棒原接种点处的老化菌种和菌丝。然后把菌棒横排或竖排放在事先经灭菌杀虫处理过的畦面上，一般横排每排放入 4 个菌棒，竖排每排放入 8 个菌棒，菌棒间留有 3 cm 左右的空隙。摆放好后，先用处理过的黄土填实菌棒之间的缝隙（图 7-19-7），再在菌棒上覆 3～4 cm 厚的肥土。

以上两种覆土出菇方式，只需开袋后将老化的菌种和不健康的老化菌丝清除，不提倡搔菌，因为黑褐色菌皮能减少菇袋的水分蒸发和防止杂菌感染。

十、出菇场地的选择

（一）出菇场地

根据长根菇子实体生长发育所需外界环境条件的要求，可以选择日光温室、塑料大棚、简易遮阳棚、林地等不同形式的场地栽培长根菇。炎热的夏季，林地间作能养树护树，树木又能为长根菇遮阴保湿，而且还能减少设施投资。

（二）出菇场地内的设施

1. 床架栽培 按栽培规模 10 000 袋设置，约需 170 m² 的层架。要求棚长 10 m，棚宽 5 m，棚高 3.5～4 m，床架 4 层。

搭建时按设计要求搭建床架，床架宽 150 cm，床架层距 65 cm，底层离地面 20～30 cm。三走道二床架要求中间走道 90 cm，两边走道 55 cm。棚架中柱高 3.7 m，边柱高 3.1 m。在床架顶上部固定若干拱形棚架，用粘接好的宽幅塑料薄膜将棚体整体覆盖，膜外再加盖草苫等遮阳物。通气窗开设在大棚两侧，可以先在塑料薄膜上划开窗洞，再用大小相同的塑料窗纱粘上，窗的大小为 0.4 m×0.5 m。大棚可以不设拔气筒，在门上部增设通气窗来代替。棚体要牢固，确保雨天不滴漏，下雪不凹陷。

2. 地床栽培（图 7-19-8） 每个大棚内设 3 畦，两边畦宽各 90 cm，中间畦宽 150 cm，长依据地形而定。棚内设作业沟 2 条，宽 50 cm，深 30 cm，挖出的沟土作为畦边的挡料堤。中柱高 115 cm，边柱高 50 cm，中、边柱上用竹片搭制拱棚，上覆薄膜和草苫。棚可以连片搭建栽培，棚间挖排水沟，棚与棚之间搭架，上覆草苫遮阳、控温。

图 7-19-7 菌棒间填土

图7-19-8　地床栽培

处理好的菌棒直接铺放在地床表面进行栽培。由于地床栽培受温度、下雨和刮风等自然气候影响较大，土壤中存在的不利因素也较多，环境条件控制难度较大，所以要选择好栽培季节。出菇前，对棚内和土壤要严格消毒1～2次，以防病虫害发生。

长根菇出菇场内需要有喷水用的胶管，有条件的可增设雾化喷灌装置，以保持出菇场地内空气湿度的稳定性。

十一、出菇管理

（一）调控环境温度

长根菇属变温结实型菌类，因此在原基形成期间需要10℃以上的温差，才有利于原基的形成及发育。若自然温差达不到要求，可以采取白天盖膜增温、晚上揭膜通风降温的措施来满足。长根菇在夏季35℃的高温下仍能出菇，但气温过高子实体消耗大、积累少，柄细肉薄，很容易开伞，对产量、品质都有影响。因此出菇温度最好控制在26℃左右，高于26℃时，要通风降温，低于26℃则要注意盖膜保温。

（二）控制环境湿度

长根菇覆土后，畦面上覆盖地膜（图7-19-9）。保持覆土湿润，每天早晚向土面喷水保湿，保持覆土层含水量在65%左右，并使空气相对湿度保持在90%左右。喷水一定要做到少量多次，

轻喷勤喷，避免喷水过大过猛。喷水原则是：喷水要均匀、全面，不能有干湿不匀的现象。喷水雾点要细，喷头朝向上面或侧面喷雾，以减少对幼菇的冲击。移动时速度要均匀而有规律，高低一致，不能乱扫或忽高忽低，严禁停留在一个地方不动。喷水量和喷水次数要根据菇的多少、大小，天气等情况而适当增减。菇多时多喷，菇少时少喷；晴天多喷，阴雨天少喷。前期菇生长集中时多喷、勤喷；后期菇发生少时少喷。气温高于25℃，早晚或夜间通风喷水；气温低于15℃，中午通风和喷水。不打"关门水"，喷水后还要适当通风，确保菌盖表面不积水。采菇前不喷水，以防子实体含水量过高而影响品质。

图7-19-9　畦面覆膜

（三）加强通风

长根菇子实体生长阶段呼吸作用旺盛，需氧量大。因此菇房要保持空气新鲜，需随时注意通风换气。秋菇前期，尤其是第一至第三茬菇发生期间，出菇多，需氧量大，更要加强菇房内的通风换气，保证长根菇的正常生长和发育。在正常气候条件下，可采取长期持续通风的方法，即根据长根菇的生长情况和菇房的结构、保温保湿性能等特点，选定几个通风窗长期开启。这种持续通风的方法，能减少菇房温度和湿度在短时间内的剧烈波动，保证相对稳定的空气流通。如果遇到特殊的气候条件如寒流、大风和阴雨天等，则通过增减通气窗的数量来调控通气量。有风时，只开背风窗，阴雨天可日

夜通风。为了防止外界强风直接吹入菇床，在选择长期通风口时，应选留对着通道的窗口，不要选择正对菇床的窗口，同时要避免出现通风死角。通风换气要结合控温保湿进行，当菇房温度在 25 ℃ 以上时，要加强通风；当菇房温度在 15 ℃ 以下时，应在白天中午打开门窗，以提高菇房内的温度。

（四）控制光照

长根菇覆土后，对光照条件要求不高，但是子实体长出覆土层后，则需要一定的光照。一般在覆土后用小竹条、双层遮阳网做成小拱棚，满足"三分阳七分阴"的遮光条件，以便更有利于子实体的生长发育。

在上述管理条件下，经过 10 ～ 15 天即可形成子实体原基并长出假根。原基继续吸收营养并不断生长，3 ～ 5 天后凸出土面形成菇蕾（图 7-19-10）。出土的菇蕾经过 7 ～ 10 天的生长，菌盖开始平展但边缘仍内卷，菌褶颜色为白色，此时就可以采收了（图 7-19-11）。

图 7-19-10　菇蕾形成

图 7-19-11　长大的长根菇子实体

十二、采收

长根菇子实体发生季节在 5 ～ 9 月，气温较高。所以，商品菇应在六七分成熟（图 7-19-12），菌盖尚未充分展开前采收，采大留小（图 7-19-13）。如子实体开始释放孢子，菌盖边缘上翻，菌褶发黄，此时已过采收期，其商品性将受到影响。采收前 2 天停止喷水，使子实体组织保持一定韧性，以减少采摘时的破损。采收时用手指夹住菌柄基部轻轻向上拔起，随即用小刀将菌柄基部的假根、泥土和杂质削除。采收后要清理料面，养菌促下茬菇的发生。采摘一两茬后，袋面覆土减少，要及时补土。

图 7-19-12　六七分成熟的子实体

图 7-19-13　成熟的和未成熟的长根菇子实体

畦床脱袋覆土栽培长根菇，一般可采收 2 ～ 3 茬菇，每茬菇间隔的时间 12 ～ 15 天。80%的产量

木腐菌生产技术

集中在前两茬菇，第一茬菇可占前两茬菇产量的70%。因此，抓好前两茬菇特别是第一茬菇的出菇管理特别重要。第二茬菇以后，床面出菇没有较明显的茬次。总生物学效率为80%～100%，高产者可达120%～140%。

十三、包装

长根菇适于鲜销，商品菇的菌盖褐色、圆整，菌褶白色，菌柄长而脆。可以按菌盖大小、菌柄长短进行分级，然后装入纸箱中运送到市场销售，也可进行速冻或干制。经过烘焙的干菇，香味很浓。干品用塑料袋包装，防止返潮。

（赵现方　杜适普　王艳婕）

第二十章 黄伞

黄伞子实体色泽鲜艳，呈金黄色，菌盖、菌柄上布满黄褐色鳞片，且菌盖上有黏液。春末到秋季群生、丛生于阔叶树倒木上。其菌盖肥厚，柄脆质嫩，清香爽口，风味独特，味道鲜美，且营养丰富，具有一定的药用价值，是一种极具推广价值的食药兼用菌。

第一节
概述

一、分类地位

黄伞隶属真菌界、担子菌门、蘑菇纲、蘑菇目、球盖菌科、鳞伞属。

拉丁学名：*Pholiota adiposa*(Batsch)P. Kumm.。

中文别名：多脂鳞伞、肥鳞耳、黄环锈伞、黄丝菌、柳树菌、柳蘑、柳钉、刺儿蘑、黄柳菇、金柳菇、柳松菇、黄环锈菌、滑杉茸（日本）。

英文名：Golden Pholiota(金黄色鳞伞)。

二、营养价值与经济价值

黄伞营养丰富，富含蛋白质、碳水化合物、维生素及多种矿质元素，食之黏滑爽口，味道鲜美，风味独特，深受消费者青睐。据分析，每100 g 干品含粗蛋白质 33.76 g，纯蛋白质 15.13 g，脂肪 4.05 g，总糖 38.789 g，纤维素 14.23 g，灰

木腐菌生产技术

分 8.99 g。其蛋白质中有 18 种氨基酸，其中人体必需的 9 种氨基酸（组氨酸为婴幼儿必需氨基酸）齐全。菌盖表面附着的黏液状物质，据生化分析是一种生物核酸，这种物质对人体精力、脑力的恢复有特殊功效。

经试验，其子实体经盐水、温水、碱液或有机酸溶剂提取，可得到黄伞多糖体甲，该物质对小鼠恶性肉瘤细胞 S180 和艾氏腹水癌的抑制率可达 80%～90%，并对葡萄球菌、大肠杆菌、肺炎杆菌和结核杆菌的感染有一定的预防作用。

三、发展历程

据 *Atlas des Champignons*（1973）记载，欧洲人最早试图用人工方法栽培食用菌，第一个被试种的就是黄伞。公元 1 世纪，希腊医师 Dioscoride 曾介绍过栽培黄伞的方法，将天然感染该菌的白杨树木埋入泥土或森林地堆肥中培养，或将白杨树粉末散布到肥沃的腐殖土中进行培养。1550 年，意大利医师 Andrea Cesalpin 取黄伞的新鲜菌褶在杨树段木上摩擦接种，并用薄土覆盖，略微洒水，约 10 个月后长出第一批子实体。直到 1840 年，法国仍有用这种原始的方法栽培黄伞的记载。1966 年，比利时根特大学用分离的纯菌种在灭菌的木屑燕麦片碳酸钙培养基上栽培，在温度 16～20℃、空气相对湿度 85%、光照强度 250 lx 条件下获得子实体。这种方法在法国等国家被广为采用。日本的有田郁夫等（1980）、增野和彦等（1991）曾用山毛榉科树木的木屑进行栽培，其栽培方法与滑菇大致相似；除瓶栽外，也进行段木栽培，但所有努力都只停留在试验性阶段，均未进入商业性栽培。国内河北赵占国（1985）、河南苗长海（1985）、湖北陈士瑜（1988）、山东宋爱荣等（1994）、刘前进等（1994、1997）、李绍木等（1997）均报道过黄伞的驯化栽培方法。

四、主要产区

目前，黄伞在我国的栽培分布较广，但栽培规模都不是太大，按照地域可分为下列三个产区。

（一）东南产区

东南产区主要指福建、浙江、上海、江苏等地区。栽培黄伞所用的原料主要以阔叶树木屑、甘蔗渣等为主。自然季节栽培，春季 2～3 月和秋季 8～9 月均可；采用折角袋或筒袋熟料栽培。

（二）中部产区

中部产区是我国黄伞的重要生产区域，主要指湖北、安徽、河南、山东、山西、陕西、河北等地。在这些地区黄伞栽培原料以棉籽壳、玉米芯、木糖醇渣等为主。自然季节春栽 2～3 月制袋，4～6 月出菇；秋栽 8～9 月制袋，10～11 月出菇。栽培方式以折角袋或筒袋熟料栽培、墙式出菇为主。

（三）北方产区

北方产区主要指黑龙江、吉林、辽宁、内蒙古部分地区。其栽培原料主要为阔叶树木屑、玉米芯等。自然季节栽培，4～6 月制袋，7～9 月出菇。栽培方式以塑料袋熟料栽培、墙式或多层床架出菇为主。

五、发展前景

黄伞为木腐菌，常引起树干腐朽或导致木材斑状褐色腐朽，严重时使立木发生空洞。但另一方面也说明此菌对木质素、纤维素的分解能力极强，可利用木屑、树枝、农作物秸秆等作为栽培原料。经多年研究和各地栽培经验证明，黄伞确实具备适应性强、原料选择范围广、商品性状好、抗污染能力强等优点。同时，黄伞还具有金黄色的外观、独特的口感和丰富的营养，受到业内同仁及广大消费者的普遍关注，是一种具有较高商品价值的大型真菌。随着人们生活水平的不断提高、自我保健意识的增强和对功能性食品的追求，黄伞必以其优越的品质和极高的食药用价值，成为人们消费的新宠，发展潜力巨大。

图 7-20-1　黄伞菌盖

第二节
生物学特性

一、形态特征

（一）菌丝体

在 PDA 培养基上，菌丝体初期乳白色，逐渐浓密；中期淡黄色、粗壮、浓密、无杂色；后期生理成熟时分泌黄色至黄褐色色素，前端菌丝呈菌索状。在自然基质配制的培养基上，菌丝浓密、整齐，并与瓶壁或塑料袋紧贴，上部内壁附有少量水珠。将瓶打碎或脱去塑料袋，菌种呈柱状而不散。

（二）子实体

黄伞子实体单生或丛生，菌盖（图 7-20-1）幼时半球形、边缘内卷，后逐渐平展，中央稍凸起，呈扁平状，直径 3～14 cm，表面湿时黏滑，干后有光泽，谷黄色至黄褐色，中心部位色较深，有黄褐色或白色近平伏状的粉质鳞片，易脱落，菌盖边缘常附有菌幕残片；菌肉白色至淡黄色，中央厚，边缘渐薄；菌褶贴生，宽而稍密，不等长，初期淡黄色，后逐渐转为黄褐色至锈褐色。菌柄长 3～15cm，直径 0.5～3cm，圆柱形，粗壮，中生，下部弯曲；与菌盖同色，下部色较深，表面附有白色或褐色反卷的小鳞片，覆有黏液，具纤维质，内部实（图 7-20-2）。菌环生菌柄上部，白色，后变黄色，毛状，易脱落。孢子 7.5～10μm×5～6.5μm，椭圆形，光滑，锈色。孢子印锈褐色。

图 7-20-2　黄伞菌褶及菌柄

二、生活史

成熟黄伞子实体弹射出担孢子，担孢子在适宜的条件下萌发形成单核菌丝，具有亲和力的单核菌丝之间经过质配形成双核菌丝，双核菌丝发育到一定阶段就形成子实体，子实体成熟后又产生新一代孢子。

孢子→菌丝→子实体→孢子的循环过程构成黄伞的生活史。

三、营养

（一）碳源

碳源是合成碳水化合物和氨基酸的原料及生命活动的能量来源。黄伞能利用木屑、棉籽壳、玉米芯等多种富含木质素、纤维素和糖类的化合物作为碳源。因此，凡是富含木质素、纤维素、半纤维素的农副产品下脚料几乎都能作为栽培黄伞的原料，如杂木屑、棉籽壳、甘蔗渣、玉米芯、木糖醇渣等。杂木屑以阔叶树的木屑较好，不同树种的木屑对黄伞的菌丝生长和鲜菇产量均有不同程度的影响，生产者可结合当地资源合理选择。实践证明，堆积陈旧的木屑要比新鲜木屑栽培效果好。

（二）氮源

氮源是构成蛋白质和核酸的主要成分，蛋白质和核酸是原生质的主要成分，在有机体生长和繁殖过程中起着重要的作用。氮源的数量对菌丝的生长和子实体的发育有很大的影响。实践证明，当栽培基质中氮源丰富时，菌丝生长浓密、旺盛、粗壮，鲜菇产量高、质量好，但出菇会偏迟。一般在用杂木屑、棉籽壳、甘蔗渣、玉米芯等为主料栽培时，麸皮、米糠等氮源辅料用量不宜超过20％。制作母种PDA或PSA培养基时，加入一定量的蛋白胨、酵母膏、麦芽汁或麸皮、黄豆粉的热水浸提物，均可明显提高菌丝的浓密度和生长速度。

（三）矿质元素

矿质元素是黄伞生命活动中不可缺少的物质，作为酶的组成部分，具有调节氧化还原电位与酶和培养基的渗透压、pH的作用。黄伞生长发育需要一定量的矿质元素，其中以磷、钾、镁最为重要，镁和磷酸根离子对黄伞的菌丝生长有促进作用。添加镁、磷酸根离子后，菌丝生长旺盛，速度增快，对子实体的形成和发育也有一定的效果。在生产中常添加硫酸镁、磷酸二氢钾、磷酸氢二钾或过磷酸钙等作为主要的无机营养。

各种微量元素如铁、锌、锰、钴、钼等元素，对黄伞菌丝的生长和子实体的形成也是必需的，但用量极微，普通原料以及水中的含量已能基本满足需要，一般不另外添加。

（四）维生素

在培养基质中添加一定量的维生素 B_1 和 B_2，可加快菌丝生长速度。一般在培养料中添加B族维生素含量较多的麸皮和米糠，可解决黄伞所需的维生素 B_1 和 B_2。但要注意维生素 B_1 不耐热，高于120 ℃时容易迅速分解，因此采用高压灭菌时温度不宜高于120 ℃。

四、环境条件

（一）温度

黄伞属广温型菌类。其担孢子、孢子和分生孢子在5～35 ℃范围内均能萌发，但在23～26 ℃时萌发最快，萌发率最高。菌丝生长温度为5～32 ℃，最适温度24～26 ℃，超过28 ℃，菌丝生长速度减慢并逐渐转变为黄褐色。菌丝具有较强的耐低温能力，在-18 ℃条件下，可存活72 h，在冰雪覆盖下，菇木内菌丝能顺利越冬。

子实体形成温度为12～26 ℃，最适温度15～20 ℃。由于黄伞野生分布广泛，不同地域的野生品种对温度的要求也不尽相同。因此，不同地域采集的品种，经过人工驯化，已筛选出了不同温型的菌株，不同菌株的原基形成时间和子实体发育对温度的要求亦有一定差异，大多数菌株在12～26 ℃范围内均可正常现蕾发育。

（二）水分

培养基含水量适宜是黄伞菌丝健壮生长的物质基础，也是黄伞正常出菇并达到优质高产的保障。春栽含水量以63％～65％为宜，秋栽以60％～62％为宜。低于60％或高于70％，均会对菌丝和子实体生长造成不同程度的影响。

子实体形成发育阶段，出菇环境的空气相对湿度以90％左右较为适宜。高于95％，易造成料面气生菌丝徒长而影响现蕾；低于80％，易使料面失水板结而导致现蕾困难或出现袋壁菇。子实体生长发育期间，空气相对湿度应控制在85％～90％。

（三）光照

黄伞菌丝生长不需要光照，在黑暗条件下生长正常，随着培养室内光照强度的增加，菌丝生长速度会逐渐减慢，外观色泽也会由白变黄。但菌丝达到生理成熟后，需要适量的光线刺激，以利于原基的形成。因此，在黄伞原基分化和子实体发育期间，应将光照强度控制在 200～1 000 lx。在适宜光照范围内，随着光照强度增加，子实体生长速度加快，健壮，但菇色加深，鳞片增多，商品外观质量下降。若光照偏弱，则菌盖色泽变浅，菌柄偏长。

（四）空气

无论在菌丝生长阶段还是子实体形成发育阶段，都必须满足其对氧气的需求才能健壮生长。但菌丝体成熟后，适当提高环境中二氧化碳的浓度，有利于原基的形成。当进入子实体分化、发育阶段，应将环境中二氧化碳的浓度控制在 0.05% 以下。新鲜氧气供给不足，幼菇分化受阻，发育缓慢，易出现畸形菇、钉头菇或无盖菇，菌柄会出现细长、弯曲、粗细不匀、色泽暗黄现象。

（五）酸碱度

培养料的酸碱度，直接影响黄伞菌丝细胞的新陈代谢和栽培成功率。黄伞菌丝在 pH 5～8 均可生长，但以 pH 6～7 最适宜。出菇阶段的最适宜 pH 为 6，超过 8 出菇困难。

第三节
生产中常用品种简介

认（审）定品种

（一）川黄伞 1 号 （川审菌 2005002）

1. 品种来源　四川省农业科学院土壤肥料研究所从西藏野生黄伞人工驯化培育而成。

2. 特征特性　子实体群生，菌盖直径 3～4 cm，半球形，金黄色，表面着生褐色鳞片，黏

滑。菌柄长 5～10 cm，直径 0.5～3 cm，圆柱形，中生，稍弯曲，内实，纤维质，与菌盖同色，并附有褐色鳞片。担子上着生 4 个担孢子，担孢子 7.5～9.5μm×5.1～6.4μm，锈色，椭圆形或长椭圆形，平滑。菌丝黄色，具锁状联合，属四极性异宗配合。菌丝生长的最适温度为 22～24℃，子实体生长最适温度为 15～18℃，具变温结实性。菌丝生长不需要光照，子实体生长需 10～300 lx 光照。菌丝生长的适宜培养基含水量为 60%～70%，子实体生长的适宜空气相对湿度为 85%～95%。菌丝和子实体的生长均需要充足氧气，适宜 pH 为 6.5～7。

3. 产量表现　生物学效率 80% 左右，比国内同类菌株增产 9% 左右。

4. 栽培技术要点　自然温度条件下，四川的出菇季节为 10 月至翌年 5 月（温度为 15～22℃），适宜熟料袋栽，去掉颈圈出菇。适宜的栽培原料的主料为棉籽壳、阔叶树木屑、玉米芯等，辅料为麸皮、玉米粉或米糠等。子实体菌盖未破膜时为采收适期。

5. 适宜种植地区　只要能满足该菌株生长发育条件的地区均可。

（二）黄伞 LD-1（鲁农审 2009094 号）

1. 品种来源　鲁东大学从野生黄伞（蒙山）人工驯化选育而成。

2. 特征特性　中温型品种。菌丝密、白。菌盖初期扁半球形，后渐平展，中部稍凸，直径 4.8～8.9 cm，黄褐色，中央色浓，有较大的三角形褐色鳞片，中央较密；湿时黏滑，干时有光泽。菌肉白色或淡黄色，中部厚，边缘较薄；菌褶幼时淡黄白色，成熟时浅褐色至锈褐色，直生或近弯生，稍密，不等长。菌柄长 6.3～11.4 cm，直径 0.8～2.1 cm，附有细小纤毛状鳞片，圆柱形，与菌盖同色。菌环上位，淡黄色，膜质易脱落。孢子印锈褐色。

3. 产量表现　在 2007 年秋季、2008 年春季全省黄伞品种区域试验中，两季平均生物学转化率

126.85%，比对照品种黄伞 1 号高 13.6%。在 2009 年春季生产试验中，生物学效率 124.5%，比川黄伞 1 号高 11.25%。

4.栽培技术要点　适宜春季、早秋常规熟料栽培。培养料含水量在 60% 左右为宜，超过 65% 则菌丝生长缓慢。菌丝生长适宜温度为 20～25℃，避光；原基分化温度 12～28℃，子实体生长适宜温度为 15～22℃。空气相对湿度为 80%，光照强度为 500～1 000 lx，通气好有利于丛生菇的产生。

5.适宜种植地区　在山东全省黄伞种植地区利用。

第四节
主要生产模式及其技术规程

目前国内自然季节栽培黄伞，还是以塑料袋栽培方式为主。虽然也可采用瓶栽或段木栽培，但从规模化生产的角度来看，塑料袋栽培具有可操作性强、生产工艺简单、投资少、产量高等特点。而瓶栽机械化程度较高，适宜工厂化控温生产；段木栽培的产品品质最好，但存在资源浪费严重、生产周期长、产量低等弊端，不适宜大规模推广。

一、塑料袋长袋熟料栽培模式

（一）栽培季节

秋季种植一般 8 月上旬至 10 月中旬制袋，春季种植一般在 2 月中旬至 4 月下旬制袋。春季气候由低到高，子实体生长阶段常会遇到气温偏高的现象，因此，要提早播种，使出菇期避开高温季节。

（二）塑料袋规格

栽培黄伞常用的塑料袋有高压聚丙烯或低压聚乙烯塑料两种材质，规格有 17～18 cm×33～ 35 cm×0.04～0.05 mm 或 15～17 cm×55～ 60 cm×0.05～0.08 mm 的筒袋或折角袋，袋膜要厚薄均匀、无微孔。

（三）菇棚选择

菇棚是用于黄伞发菌、出菇的主要设施，菇棚应建在地势高燥、平坦、坐北朝南、背风向阳、环境清洁、排水方便的地块。棚宽 6～8 m，长 50～60 m，矢高 2.8～3.5 m；墙体用砖、泥土砌制，墙厚 0.5 m 以上，后墙高 1.5～1.8 m，距地面 1～1.2 m 处留 25 cm×30 cm 的通气孔，孔距 1.2～1.5 m；骨架可以采用混凝土预制、钢管、竹竿等材料；上盖棚膜、专用棉被或草帘遮光、保温。

（四）原料准备

原料选择坚持就地取材、因地制宜的原则。常用主料有阔叶树木屑、棉籽壳、玉米芯等，也可用粉碎加工后的农作物秸秆、甘蔗渣等农副产品下脚料；辅料可用麸皮、米糠、玉米粉等。

木屑以使用陈旧的较好，因新鲜木屑含挥发性物质，对黄伞的菌丝生长发育有一定影响。由于锯木屑所含营养比原木及棉籽壳低，因此，不宜单一使用木屑作为培养料，以木屑、棉籽壳、玉米芯（秆）、麸皮（米糠）等混合作培养料效果较好。

（五）培养料配方与配制

所用原料要求新鲜、干燥、无霉变，木屑需过筛，玉米芯、秸秆均需粉碎成颗粒状后使用。常见培养料配方有以下几种：

配方 1：阔叶树木屑 48%，玉米芯 30%，麸皮 15%，玉米粉 6%，碳酸钙 1%。

配方 2：玉米芯 44%，棉籽壳 40%，麸皮 15%，石灰 1%。

配方 3：秸秆 31%，棉籽壳 30%，阔叶树木屑 20%，麸皮 15%，玉米粉 3%，石灰 1%。

配方 4：棉籽壳 84%，麸皮 15%，碳酸钙 1%。

配方 5：甘蔗渣 50%，豆秸 30%，麸皮 14%，玉米粉 5%，石灰 1%。

配方 6：木糖醇渣 40%，棉籽壳 38%，麸皮

12%，玉米粉 7%，石灰 3%。

配制培养料时，先按照配方准确称料，然后将棉籽壳、锯末、玉米芯等主料放在拌料场的水泥地上摊平，边洒水边用脚踩，直到湿透。如摊料面积大，需在料中间留一条排水道，便于多余的水自然沥出（预湿 6～12 h）。再把麸皮、石灰等辅料拌匀，均匀地撒到预湿好的主料上，用铁耙、铁锹或自走式翻料机翻拌均匀即可。春栽含水量控制在 63%～65%，秋栽控制在 60%～62%。

（六）装袋

培养料拌好后应立即装袋，装袋采用手工、机械均可。不论采用哪一种方法，装袋人员都应将指甲剪平，以免操作过程中划破料袋。机械装袋具有装料松紧一致、长短均匀、工作效率高等特点，是规模化生产的首选装袋方式，特别适合折角袋或长袋。装好的料袋要求四周紧密、均匀、松紧适宜，料面平整，套上套环、塞上棉塞或盖上无棉盖体或用绳扎紧。

（七）灭菌与冷却

装好的料袋应尽快装锅灭菌，若自然气温在 15 ℃以下，装好的料袋存放不宜超过 8 h；气温在 15 ℃以上，装好的料袋存放不宜超过 3 h。为减少料袋破损率和提高装、出锅效率，可将料袋装入周转筐内装锅灭菌，筐与筐、料袋与料袋之间留缝隙，以便于蒸汽流通、料袋受热均匀。常压灭菌在袋温达 100 ℃保持 12～14 h，再闷 4～6 h 后出锅。高压灭菌可在 0.11 MPa 121℃条件下灭菌 3～3.5 h，或在 0.147 MPa 128℃条件下灭菌 2～2.5 h，自然降压后出锅。灭菌后的料袋移入消毒后的冷却室或棚内自然冷却，春栽袋温降至 35 ℃左右接种，秋栽袋温降至 30℃以下接种。

（八）接种

接种箱（室、帐）应于接种前一天打扫干净，然后用消毒剂熏蒸或喷洒消毒，并对所用菌种进行认真细致的检查，以免菌种混杂或生长不良，确保菌种质量。再将料袋、菌种、酒精灯、打火机、接种钩等工具和装有 75% 酒精棉球的瓶放入，每立方米用气雾消毒剂 4～6 g，点燃密闭熏蒸 30 min。工作人员入室（帐）接种时，需穿无菌服、佩戴帽子和口罩。

接种人员双手先用 75% 酒精棉球擦拭一遍，进入接种箱（室、帐）内后再擦一遍，并将接种钩一起擦拭，然后点燃酒精灯，将接种钩放在酒精灯火焰上灼烧消毒。打开原种瓶，用 75% 酒精棉擦拭瓶口内外，用接种钩扒去原种瓶上部菌种 1～2 cm，再将瓶内菌种搅碎成颗粒状，按无菌操作将菌种接入料袋。一瓶 750 mL 容量的固体菌种所接料袋的数量因料袋而异，一般一端接种可接料袋 20～25 个，两端接种可接 10～12 个，打孔接种的长袋可接 10 个左右（图 7-20-3）。

图 7-20-3　接种后菌袋

（九）发菌管理

培养室（棚）在进袋前打扫干净，通风 2～3 天，密闭后按每立方米用甲醛 10 mL、高锰酸钾 5 g 或硫黄 10 g 进行熏蒸消毒 48 h。然后将接种后的菌袋及时运到培养室内摆放，前 7 天室温控制在 26～27 ℃，以后控制在 22～24 ℃，避光，每天通风换气 2～3 次，每次 30～60 min。菌袋放入培养室 5～7 天，应进行一次全面检查，对于漏接、未萌发、感染杂菌的菌袋应及时处理。以后每隔 10 天翻袋一次，使发菌均匀一致，35 天左右菌丝可发满袋（图 7-20-4）。

图7-20-4 接种后码放的菌袋

黄伞菌丝发满袋后，不会立即出菇，需在23~25℃环境中，继续培养15~20天，待菌袋内菌丝色泽由浅黄变深，接种块处菌丝呈黄褐色或有大量黄色水珠状分泌物时，表明菌丝已达到生理成熟，方能进入出菇管理。

（十）出菇管理

由于接种方式不同，菌袋的出菇方式也有较大差异，如一端接种的折角短袋需直立出菇（图7-20-5），两端接种的筒袋需平放墙式出菇，打孔接种的长袋需平放于多层床架上出菇（图7-20-6）。

图7-20-5 折角短袋直立出菇

图7-20-6 长袋打孔接种床架出菇

1.松口与催蕾 其方法是去除扎口绳、棉塞、无棉盖体，拉松袋口使袋膜与料面形成0.3 cm左右空隙。然后在地面或空间喷洒清水，保持菇棚内温度在15~20℃，空气相对湿度在80%~85%，光照强度达200~800 lx，适量通风保持空气新鲜。

如此培养7~10天，袋口料面出现一层黄褐色油滴状细密的小米粒状原基，此时可挽起袋口薄膜，加强通风换气。注意空气相对湿度不要超过85%，湿度过大，培养料表面吐出大量黄水，可使原基由于缺氧窒息死亡，并易滋生绿霉污染。

2.成形期 当培养料表面的部分原基逐渐伸长，形成表面带有膜质鳞片的细圆锥体，继续培养2~3天，其顶部开始膨大，逐渐长出半球形菌盖，内菌幕使菌盖与菌柄紧密相连，此期子实体生长最快，菌盖迅速膨大，连接菌盖与菌柄的内菌幕破裂，残留在菌柄上部的部分形成菌环，菌盖逐渐伸展。在此期间，应控制空气相对湿度在85%~90%，采取向空中、墙壁、地面轻喷雾化水，按晴天多、阴天少、雨天停的喷水原则调控湿度，并加强通风，保持空气新鲜。根据自然温度，选择早、中、晚时间段通风，防止棚内温度骤升骤降。

（十一）采收

当菌盖逐渐展平，边缘尚保持内卷，锈色孢子尚未弹射时，及时采收。这一时期，除加大通风量外，应降低棚内空气相对湿度至80%以下，使子实体含水量不致过高，以利于延长货架期。采菇人员需剪平指甲，带一次性手套或用肥皂洗净双手，握住菌柄基部，整丛采下，轻轻放入干净的塑料周转筐内，每采满一筐应及时放入冷藏库内，以免菇体呼吸产热而造成鲜菇品质下降。

（十二）茬间管理

黄伞一般出菇3~4茬，每茬菇采收后，及时清理料面残留菌柄、死菇，加强通风，停止喷水3~5天，使菌丝再次积累营养后，恢复出菇管理，15天左右，可采收下一茬菇。

二、塑料袋长袋熟料栽培覆土出菇生产模式

（一）栽培季节

黄伞属于中低温菌类，菌丝生长的最适温度在 24 ~ 26 ℃，子实体发生和发育的最适温度为 15 ~ 20 ℃。各地应根据当地气温特点，当日最高气温在 20 ℃以下、最低在 15 ℃以上时为最适出菇期。根据最适出菇期，向前推 30 ~ 40 天即为制袋时间。在北方地区，一年之中有两个最适宜的栽培季节，即春季的 2 ~ 3 月和秋季的 8 ~ 9 月。

春季 2 ~ 3 月栽培的菌袋，到 4 ~ 6 月出菇；秋季 8 ~ 9 月栽培的菌袋，从 10 月一直出菇到翌年的 5 月。在我国的大部分地区，以秋季栽培为主。

（二）菌种准备

栽培品种选择应结合当地的环境及气候条件。一年分为春、秋两季栽培。秋季气温由高到低，只要选定适合黄伞出菇温度的时期，再往前推算约 30 天（菌丝生长时期）就是制袋期。

（三）培养料配方及配制

配方 1：食用菌废料 40％，棉籽壳 40％，麸皮 20％；每 100 kg 料用石灰 3 ~ 4 kg 调 pH，料水比是 1 ∶ 1.3。

配方 2：棉籽壳 80％（堆料发酵后的料），麸皮 20％；用 2％ ~ 6％石灰水调制，使料含水量达 65％。

配方 3：玉米芯 78％，米糠 20％，糖 1％，石膏 1％，料水比为 1 ∶ 1.8。

配方 4：食用菌废菌料 50％，棉籽壳 38％，玉米粉 10％，尿素 0.5％，石灰 1.5％，料水比为 1 ∶ 1.4。

棉籽壳、玉米芯等在使用前要按 1 ∶ 1 加水预湿后并堆置 8 ~ 12 h，这样有利于棉籽壳、玉米芯吸水和部分营养成分的分解，从而确保黄伞的高产。将上述堆置好的棉籽壳、玉米芯等按配方加入辅料并拌匀，再加入适量水将培养料含水量调至 60％ ~ 65％，pH 自然。

（四）装袋

选用 17 ~ 24 cm×35 ~ 50 cm×0.04 mm 的低压聚乙烯塑料或高压聚丙烯塑料筒袋或折角袋。手工或机械装袋均可。装料要松紧适中（以料袋外观圆滑、用手指轻按不留指窝、手握料袋有弹性为标准）。若装袋过紧，菌丝长速缓慢，且易出现灭菌不彻底现象；装袋过松，会出现袋内中空出菇，不利于出菇管理，在搬运过程中还会出现料袋断裂而影响产量。在装袋过程中要检查袋子破损情况，对局部破损的微孔及时用透明胶封好。装袋原则上是当天拌料当天装完，不可过夜，以防止菌料酸败。

（五）灭菌、接种

同本节"塑料袋长袋熟料栽培模式"中的操作。

（六）发菌管理

接种结束后，将菌袋运至培养室，控制环境温度在 25℃左右，保持空气新鲜、环境干燥、暗光发菌。定期检查，一旦发现杂菌污染的菌袋，及时运至培养室外处理。

1. 摆放方式　气温高时最好直立摆放，袋间留空隙，每 4 排留一条管理通道；气温低时可摆放 3 ~ 4 层，排间留管理通道。

2. 控温　袋内温度以 23 ~ 25 ℃为宜，超过 28 ℃易造成杂菌污染。

3. 遮光　较强光线会抑制菌丝生长，同时会造成早出菇现象，应避光培养。

4. 通风　每天通风 1 ~ 2 次，保持空气新鲜、室内无异味。

5. 翻堆　竖放时每隔 7 ~ 10 天倒头一次，卧放时根据袋温变化及时翻堆，以使发菌均匀，同时可防"烧菌"。

6. 防杂　发现杂菌及时用克霉灵 100 ~ 200 倍液或菌绝杀注射，并置于低温处培养。严重污染的菌袋应远离培养场所，避免交叉感染。

7. 发菌时间　玉米芯、玉米秆透气性好，一般接种 20 ~ 25 天即可满袋。菌丝长满后，复壮 5 ~ 8 天，待外表菌丝浓白、菌袋变硬、有少数菌袋已形

成原基时才能进行出菇管理。

（七）覆土

在出菇场地内，整理出宽 100～120 cm、深 15～25 cm 的畦床，畦床内松土，将发满菌丝的黄伞菌袋脱去塑料袋，平放摆在畦床上，袋与袋之间留出 2～3 cm 的间隙，用细土将菌袋覆盖，土层厚 2～3 cm，在土层上浇清水，水退后用细土覆盖畦床（图 7-20-7）。

图 7-20-7　覆土出菇

（八）出菇管理

出菇是黄伞实现优质、高产、高效的最关键时期，关键技术措施有以下几点：

1. 调控环境温度　出菇环境温度 20℃左右，覆土后 20～30 天，即在土层上见到大量的黄伞小菇蕾。小菇蕾形成后，调控环境温度在 15～25℃。温度低于 15℃，子实体生长迟缓，但菇质优；高于 25℃，子实体生长极快，但品质差；温度超过 30℃，则子实体易开伞。

2. 控制环境湿度　空气相对湿度以 85%～90% 为宜，尽量往空中或地面喷水，尽可能少往子实体上喷，尤其是气温高于 20℃时，不要往子实体上喷水。

3. 加强通风　每天通风 1～2 次，每次 30～60 min。

4. 控制光线　调控光线以微光为主，即大棚内能看清 10 m 远的物体即可，防止强光。

（九）采收

黄伞成熟后，极易开伞，菌盖自溶为黑色汁液，仅留菌柄，失去商品价值。黄伞商品期的标准是：子实体高 5～13 cm，菌盖直径 1.5～3 cm，用手指轻捏菌盖，中部有变松空的感觉，表示已经成熟，即可采收。

采摘方法：由于黄伞生长参差不齐，采摘时间不一致，在采收时对已成熟的子实体，一手按住它一侧的覆土层，一手捏住它左右转动轻轻摘下。由于黄伞丛生较多，采收稍不注意，易使子实体连根带土脱离料面而拉动其他幼菇，造成其他整丛幼菇死亡，所以要注意。

（十）采后管理

待一茬菇采收后，及时清理畦内菇根和杂物，如采菇后发现料面有菌蛆或其他虫害，可用氯氰菊酯 800 倍液喷洒后覆土。覆土时先填平因出菇造成的凹陷部分，再在料面上覆盖 1 cm 厚的薄土层，然后在畦间走道内浇水（畦间走道应低于畦面），从下面浸透，即可出二茬菇。采收完二茬菇后，用土填平畦面凹陷处，再从畦间走道内浇水，即可出三茬菇。

（康源春　王志军　崔筱）

第二十一章　奶油炮孔菌

　　野生奶油炮孔菌是一种较为珍稀的野生食药兼用菌，其子实体色彩鲜艳，幼嫩至成熟期味道鲜美，营养丰富，口感似鲑鱼；老后次之，但可入药。药用性温、味甘，对小鼠恶性肉瘤细胞 S180 及艾氏腹水癌抑制率分别为 80％和 90％，也是治疗乳腺癌、前列腺癌的理想辅助食品。

第一节
概述

一、分类地位

　　奶油炮孔菌（图 7-21-1）隶属真菌界、担子菌门、蘑菇亚门、蘑菇纲、多孔菌目、拟层孔菌科、炮孔菌属。

　　拉丁学名：*Laetiporus cremeiporus*. Y. Ota &T. Hatt.。

　　中文别名：在东北地区俗称梨树鸡或树鸡蘑、硫黄菌等。

图 7-21-1　奶油炮孔菌子实体

二、营养价值与经济价值

奶油炮孔菌子实体幼嫩至成熟阶段味道鲜美，口感与鲑鱼极其相似。经测定，每100 g干品中，多种氨基酸的含量明显高于香菇、双孢蘑菇、平菇和木耳等，特别是丙氨酸的含量比香菇高489 mg，比双孢蘑菇高133 mg，比木耳高302 mg。老熟后子实体提取物具有一定的抗癌作用。随着人们生活水平的不断提高及对营养、健康和功能性食品的追崇，仅靠采集野生奶油炮孔菌已不能满足日益扩大的市场需求，以致造成个别市场鲜品售价达80元/kg左右，因此，奶油炮孔菌已成为一种亟待开发的食药兼用菌。

三、发展历程

1993年浙江省庆元县供销社食用菌厂的吴锡鹏奶油炮孔菌驯化成功，2005年成都市农林科学院的曾先富对奶油炮孔菌进行驯化栽培研究，此后，有关该菌的驯化栽培陆续有报道。2010年2月，河南汤阴县食用菌研究所的王志军进行春季仿生栽培奶油炮孔菌试验获得成功，8月进行秋季栽培试验也获得成功，并以"一种野生奶油炮孔菌的仿生栽培工艺"为题申报了国家专利，在2012年10月得到授权，但由于产量和市场开拓等问题至今未得到推广，仅局限于小规模栽培。该品种尚未进入规模化、商品化栽培。

四、主要产区

野生奶油炮孔菌在我国分布较广，在辽宁、吉林、黑龙江、河南、四川、云南、广东、广西等地均有分布。

五、发展前景

奶油炮孔菌不但味道鲜美，营养丰富，亦有较

好的保健功能和医疗功效。虽然目前尚无检测机构对其所含营养成分作详细分析，但在民间悠久的采食历史和医疗功效，足以证明其食药用价值之高。奶油炮孔菌必将以其独特的优势，成为食药兼用菌家族中的新宠，受到食药兼用菌行业和广大消费者的普遍关注。

第二节
生物学特性

一、形态特征

（一）菌丝体

在PDA斜面试管培养基上气生菌丝旺盛，淡黄色至橘黄色。

（二）子实体

奶油炮孔菌子实体大型，初期瘤状，形似脑髓（图7-21-2），而后长出一层层菌盖，覆瓦状排列，肉质，多汁，干后轻而脆。菌盖直径8～30 cm，基部厚边缘渐薄（图7-21-3），表面颜色因品种而异，有硫黄色、鲜橙色或橘红色，有放射状条棱和皱纹，无环带，波浪状至瓣裂，侧

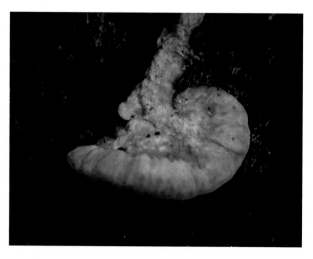

图7-21-2 幼嫩子实体形态

图 7-21-3 菌盖表面

生，基部狭窄无柄。菌肉厚 0.3 ～ 3 cm，白色或浅黄色。菌管面硫黄色或淡黄色（图 7-21-4），干后褪色；孔口多角形，平均每毫米 3 ～ 4 个。孢子 4.5 ～ 7μm × 4 ～ 5μm，卵形或近球形，光滑，无色。

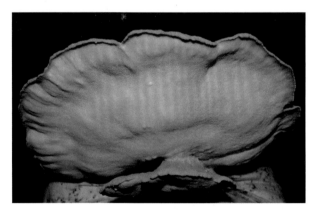

图 7-21-4 菌盖腹面

二、营养

奶油炮孔菌是一种木腐菌，对木质素和纤维素具有极强的分解能力，自然状态下多生于柞、柳、云杉、蒙古栎等阔叶树活立木和倒木上，所需要的营养主要包括碳源、氮源、矿质元素等。

（一）碳源

碳源是奶油炮孔菌最主要的营养来源。一方面，碳源是构成碳水化合物和氨基酸等物质的原料；另一方面，碳源又是奶油炮孔菌生命活动的重要能量来源。在实际栽培中，各种农副产品的下脚料是奶油炮孔菌生长发育的重要碳源，如木屑（阔叶树类）、棉籽壳、玉米芯、豆秸等，这些原料富含木质素、纤维素，均能被奶油炮孔菌菌丝分解、吸收和利用。

（二）氮源

氮源是奶油炮孔菌生长发育过程中重要的营养来源，是合成蛋白质和核酸不可缺少的原料。奶油炮孔菌可利用多种含氮化合物，其中以有机氮最为合适，栽培实践中，一般以麸皮、米糠、玉米粉等作为主要氮源。和其他食用菌相比，奶油炮孔菌所需的氮素营养比较高，是一种喜氮的菌类。

（三）矿质元素

矿质元素主要参与细胞结构物质的组成与能量的转换，维持细胞原生质胶态以及作为酶的组成成分。矿质元素虽然很重要，但需要量不大，一般培养料和普通水中的含量已经能够满足奶油炮孔菌生长发育的需要，可不另行添加。

（四）其他

维生素和生长激素等对奶油炮孔菌生长发育有直接的影响，但与矿质元素一样，需求量很小。生产中，麸皮、米糠、玉米粉等物质含有的维生素类已经能够满足奶油炮孔菌生长发育的需要，因此配制培养料时不需要另行添加。

三、环境条件

（一）温度

野生奶油炮孔菌（图 7-21-5）多发生在早秋季节，自然温度在 14 ～ 25℃时发生最多。菌丝在 5 ～ 35℃均可生长，但以 24 ～ 26℃最适宜，温度低于 5℃或高于 35℃均停止生长。在 12 ～ 25℃均可形成子实体，但以 14～22℃发育最好，产量最高。温度低于 12℃或高于 26℃子实体难以形成，或已形成的子实体颜色变淡、畸形，不能正常发育。

图 7-21-5　野生奶油烙孔菌

（二）水分

菌丝生长阶段，要求培养料含水量在 60%～65%，空气相对湿度为 60% 左右。子实体形成阶段，培养料最适宜含水量为 70% 左右，空气相对湿度为 85%～95%。

（三）空气

菌丝生长阶段对二氧化碳不太敏感，低浓度的二氧化碳对菌丝生长无明显影响。但在子实体形成和发育阶段则需要充足的氧气，菇房要经常通风换气，保持出菇环境空气新鲜。

（四）光照

菌丝发育阶段不需要光照，黑暗环境下菌丝生长浓密。在子实体形成和发育阶段，则需要一定的散射光，光照强度以 400～800 lx 为宜，光线偏强、偏弱都不利于子实体正常生长发育。

（五）酸碱度

菌丝在 pH 3～9 范围内均可生长，但以 pH 5～6.5 最为适宜。出菇期要求料袋 pH 6～7，小于 4 或大于 8 均不利于菌丝和子实体的生长和发育。覆土栽培时，土壤以 pH 7 左右为宜。

第三节
生产中常用品种简介

由于奶油烙孔菌尚未进入大规模商业化栽培，所用品种来源均系野生驯化，品种名称均系驯化单位自行命名，目前尚无国家审定品种。笔者栽培使用的品种通过近几年驯化培养，其种性和农艺性状均较稳定，适宜大面积推广应用，该品种暂定名为汤研-01（图 7-21-6）。

图 7-21-6　汤研-01 袋栽子实体

第四节
主要生产模式及其技术规程

由于奶油烙孔菌人工驯化栽培成功的时间较短，其生产模式、管理技术及市场销售等方面尚未充分成熟和普及，其生产模式还是参考传统食用菌生产模式，主要采用塑料袋熟料栽培墙式摆袋出菇。

一、栽培季节

豫北及周边地区春栽可在2月上旬至3月下旬制袋，4月中旬至6月中旬出菇；秋栽可在8月上旬至9月中旬制袋，9月中旬至10月下旬出菇。其他地区可结合当地气候，合理确定栽培季节。

二、培养料配方与配制

1.配方

配方1：阔叶树木屑76%，麸皮10%，玉米粉8%，黄豆粕5%，碳酸钙1%。

配方2：棉籽壳33%，木屑30%，玉米芯20%，麸皮16%，石灰粉1%。

配方3：棉柴或黄豆秸（粉碎）40%，木屑40%，麸皮15%，玉米粉4%，石灰粉1%。

2.配制　按配方称取培养料，搅拌均匀。春栽含水量保持在63%～65%，秋栽保持在60%～62%。

三、装袋

应根据灭菌设施选择合适材质的塑料袋，以免给生产带来不必要的损失。高压蒸汽灭菌选用聚丙烯塑料袋，常压蒸汽灭菌选择聚乙烯塑料袋。规格为17～18 cm×33～35 cm×0.04～0.05 mm的筒袋或折角袋，袋膜要厚薄均匀无微孔。

装袋分手工和机械两种，不论采用哪一种方法，都必须使装好的料袋均匀一致、松紧适宜，采用棉塞或无棉盖体封口。每袋装湿料1.2～1.4 kg。

四、灭菌

将料袋装入周转筐并放入灭菌锅内。常压蒸汽灭菌，袋内料温达100 ℃，恒温保持10～12 h；高压蒸汽灭菌，在0.14～0.15 MPa条件下保持2.5～3 h。

五、接种

1.料袋冷却　灭菌后的料袋移入消毒后的冷却室内，自然或降温冷却，春栽袋温降至35℃以下开始接种，秋栽袋温降至30℃以下开始接种。

2.消毒　接种箱（室、帐）应于接种前一天打扫、清洗干净，用消毒剂熏蒸或喷洒。料袋、菌种、接种工具和装有75%酒精棉球的瓶放入后，每立方米用气雾消毒剂4～6 g，点燃密闭熏蒸30 min。工作人员入室（帐）接种时，需穿无菌服，佩戴帽子和口罩。

3.接种　工作人员双手、菌种瓶（袋）外壁用75%酒精棉球擦拭消毒，打开菌种，用经酒精灯火焰灭菌后的接种工具去掉上层3 cm左右的老化菌种，按无菌操作将菌种接入料袋。一瓶750 mL容量的固体菌种，一端接种时可接20～25袋，两端接种时可接10～12袋。

六、发菌管理

接种后菌袋移入培养室即为发菌管理的开始，培养环境的卫生、通风、温湿度调节等都不同程度地影响着菌丝的生长。此外，菌丝培养期间还应尽量减少非管理人员出入培养室，以免对环境造成影响。

1.培养室处理　培养室预先打扫干净，密闭后用消毒剂进行喷洒或熏蒸24 h，消毒后进行通风换气。

2.菌袋摆放　初期将菌袋直立或平放于培养架上，待菌种定植后，可根据环境温度将菌袋码放培养，外界气温低于15℃码放5～7层，外界气温高于20℃码放1～3层。

3.环境调控　前10天室温控制在26～28℃，以后控制在23～25℃，空气相对湿度控制在70%以下，避光，注意通风换气，保持空气新鲜。

4.检查翻袋　菌袋放入培养室3～5天，进行一次全面检查，对于漏接、未萌发、感染杂菌的菌袋及时处理。以后每隔 7～10 天翻袋一次，并根据菌丝生长情况，上下、内外调换位置，使菌丝生长均匀一致。

5. 菌袋培养　菌袋培养 40 天左右，菌丝可发满袋。菌丝发满袋后，在室温 22～24 ℃下，继续培养 7～10 天，当菌袋由白色变为淡黄色并达到生理成熟，进入出菇管理。

七、出菇管理

由于奶油烔孔菌人工驯化栽培的时间尚短，其出菇模式也较单一，随着栽培技术的普及，出菇模式和管理方法会更加完善。下面仅对生产上常用的出菇管理方法作一简要介绍。

1. 菇棚整理　进袋前先将菇棚内及出菇层架清理干净，地面均匀撒一层新鲜石灰粉。若就地码放菌袋，需用砖块在菇棚内横向或纵向摆放宽 25～30 cm（单排）或 50～60 cm（双排）、高 5～10 cm 的墙基，行距 80～100 cm，用食用菌专用杀菌杀虫剂进行一次全面杀菌杀虫处理。

2. 排袋　将菌袋整齐地横放入墙式网格或层架内，层架排放高度为 3～5 层，地面墙基排放高度为 5～7 层。

3. 冲洗　水管接上增压喷头或高压喷枪，将摆好的菌袋两端冲洗干净，通风 4～6 h。

4. 消毒　用喷雾器向菌袋、大棚内壁、棚顶及空间雾化喷洒一遍 0.1％克霉灵 300 倍液或漂白粉溶液，密闭消毒 2～4 h。消毒时，工作人员应穿长袖上衣和长裤，并佩戴帽子、口罩及眼镜，以免消毒药液灼伤皮肤和眼睛。

5. 割口　左手捏住棉塞或无棉盖体，右手拿刀片沿料面将其割掉，使料面形成一个直径 2～3 cm 的圆口。

6. 催蕾期管理　温度控制在 16～22 ℃，空气相对湿度控制在 85％～95％，给以散射光，光照强度控制在 500～800 lx，加强通风，保持空气新鲜，二氧化碳浓度控制在 0.1％以下，7～10 天可形成瘤状原基。

7. 育菇期管理　空气相对湿度控制在 85％～90％，喷水时向空中、墙壁、地面轻喷雾化水，按晴天多、阴天少、雨天停的喷水原则调控。温度控制在 16～20 ℃，给以散射光，光照强度控制在 200～600 lx，加强通风，保持空气新鲜，二氧化碳浓度控制在 0.1％以下。

八、采收

1. 采收要求　采菇人员剪平指甲，用肥皂洗净双手。装菇容器清洗干净，用 0.1％克霉灵溶液消毒或用肥皂液洗净，晾干备用。

2. 采收方法　当菌盖平展，外缘白边基本消失，色泽由粉红色变为橘红色时应及时采收。采收时用手捏住菌盖基部，轻轻掰下或用刀割下，放入装菇容器内。

3. 茬间管理　奶油烔孔菌可出菇 2～3 茬，第一茬菇采收后，加强通风，停止喷水 4～5 天，恢复正常管理，21 天左右可采收下一茬菇。

（王志军）

第二十二章　漏斗多孔菌

　　漏斗多孔菌夏季单生或数个簇生于多种阔叶树死树或倒木上，菌盖近圆形至漏斗状，菌柄中生至近中生，菌孔呈放射状排列。漏斗多孔菌是近年驯化栽培成功的野生菌，幼时肉质韧嫩，味道鲜美，营养丰富，真菌多糖、氨基酸含量较高，常食能提高人体免疫力等，是一种极具开发价值的珍稀食药兼用菌。

第一节
概述

一、分类地位

　　漏斗多孔菌隶属真菌界、担子菌门、蘑菇亚门、蘑菇纲、多孔菌目、多孔菌科、多孔菌属。

　　拉丁学名：*Polyporus arcularius*（Batsch）Fr.。

中文别名：漏斗棱孔菌、漏斗大孔菌等。

二、营养价值与经济价值

　　漏斗多孔菌幼时可食，肉质韧嫩，味道鲜美，具特殊菌香味，营养十分丰富，真菌多糖、氨基酸含量较高，常食对提高人体免疫力、调节生理平衡具有良好的作用。

　　成熟的漏斗多孔菌子实体质韧，失去直接食用的价值，但其特有的菌香味增加，仍可干制或加工

木腐菌生产技术

成调味品或直接作为炖煮和煲汤的天然佐料食用。

研究发现漏斗多孔菌菌丝对木质素、纤维素分解能力较强,原料选择范围极广,凡含木质素、纤维素的农副产品下脚料经过处理再加辅料合理调配后,均可用于漏斗多孔菌栽培。因此,漏斗多孔菌作为一种新开发的珍稀食药兼用菌,其经济价值不言而喻。

三、发展历程

据中国知网查询情况,早在 1981 年,寺下、吴锦文在《酶抑制剂对担子菌子实体形成的影响》一文中就有关于在培养基中添加胃蛋白酶抑制剂培养漏斗多孔菌的介绍;1985 年,敬一兵、欧阳宁也在《神农架食用菌资源》一文中提及有关漏斗多孔菌的分布情况,此后陆续可见对其化学成分、液态发酵产漆酶等研究的有关报道。2009 年,河南汤阴王志军进行代料栽培获得成功,并以“一种利用塑料袋代料栽培漏斗多孔菌的方法”为题获得国家专利,其栽培的子实体经菌物学家卯晓岚先生鉴定后,送检的子实体标本被保存于中国科学院微生物研究所标本馆(HMAS);2010 年,又将漏斗多孔菌母种保藏于中国微生物菌物保藏管理委员会普通微生物中心。现在对漏斗多孔菌的栽培研究仍在进行中。

四、主要产区

漏斗多孔菌在我国黑龙江、辽宁、吉林、河北、河南、湖北、海南、四川、云南等省均有野生分布,但人工栽培面积较小。

五、发展前景

漏斗多孔菌营养丰富,药用价值极高,虽然目前尚未对其所含营养成分进行系统的检测分析,但据研究发现,漏斗多孔菌幼嫩的子实体味道鲜美、口感韧嫩、独具特色。成熟后的子实体虽因纤维化而无法直接食用,但其干品鲜香味浓郁,仍可作为天然调味料。特别是用手洗子实体后,感觉手十分润滑,能否从其子实体中提取出某种成分用于天然化妆品尚待分析。相信随着科技的发展和对稀有资源的不断开发,漏斗多孔菌必将会以其独特的优势引起行业专家及相关开发者的普遍关注。

第二节
生物学特性

一、形态特征

(一)菌丝体

在 PDA 培养基上菌丝白色、纤细、棉絮状,在 26℃恒温条件下培养,10 天可长满 18 mm×180 mm 试管斜面培养基。

(二)子实体

子实体中等大,单生或叠生。菌盖侧生或偏生,直径 5～13 cm,厚 2～8 mm,扇形、肾形或半圆形,中部稍下凹呈浅漏斗状(图 7-22-1),表面平滑,色泽因生长阶段和环境而异,呈浅棕色、淡黄色或污白色,韧肉质,似有环带或环纹,边缘薄而稍内卷,老熟后翻卷;菌肉白色,幼时嫩、可食,后期近似纤维质,具特殊菌香气味。野生子实体无柄或具短柄,人工栽培的子实体菌柄一般长 1～3 cm,直径 0.5～1.5 cm,白色,中实(图 7-22-2)。菌管棱形,放射状排列(图 7-22-3),乳白色至淡黄色,孔口长 0.3～0.6 mm,宽 0.25～0.5 mm,边缘呈锯齿状。取菌管做切片在高倍显微镜下观察,孢子 6.5～12 μm×3～4 μm,长椭圆形,光滑,无色。孢子印白色(图 7-22-4)。

图 7-22-1 菌盖

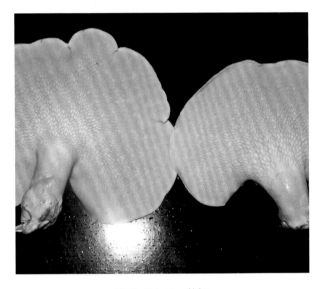

图 7-22-2 菌柄

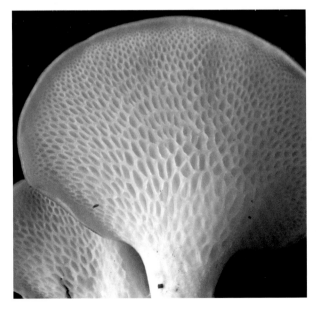

图 7-22-3 菌管

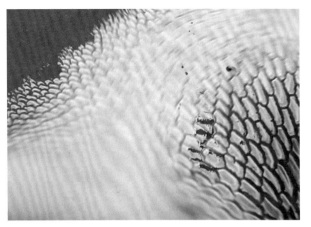

图 7-22-4 孢子印

二、营养

漏斗多孔菌是一种分解木质素、纤维素能力较强的木腐菌，可充分利用阔叶树木屑、棉籽壳、麸皮、米糠、玉米粉等代用料中的碳源和氮源。其生长所需的营养物质大致可分为碳源、氮源、矿质元素和维生素四大类。

（一）碳源

漏斗多孔菌能利用木屑、棉籽壳原料中的木质素、纤维素和糖类等化合物作为碳源。因此，所有富含木质素、纤维素的农副产品下脚料进行合理配比后，均可用于栽培漏斗多孔菌。

（二）氮源

氮源对菌丝体和子实体的生长发育有很大的影响。试验证明，漏斗多孔菌在加入麸皮、米糠、玉米粉、豆粉和饼粕等为主要氮源的培养基质上，菌丝生长旺盛，出菇早、产量高。

（三）矿质元素

矿质元素是漏斗多孔菌生命活动中不可缺少的物质，其主要功能是构成菌体成分，作为酶的组成部分，调节培养料的渗透压和 pH。漏斗多孔菌生长发育需要一定量的矿质元素，其中以磷、钾、镁最为重要，磷酸根离子、钾或镁对漏斗多孔菌的菌丝生长有促进作用，因此在生产中常添加适量的硫酸镁、磷酸二氢钾、磷酸氢二钾或过磷酸钙、钙镁磷肥等作为补充。

木腐菌生产技术

（四）维生素

维生素 B_1 和维生素 B_2 等，需要量虽然不大，但不可缺少。生产中常通过添加适量的米糠、麸皮等来满足漏斗多孔菌对维生素 B_1 和维生素 B_2 的需求。

三、环境条件

（一）温度

菌丝生长温度为 5 ～ 38℃，以 25 ～ 27℃最为适宜。低于 5℃，菌丝生长缓慢；高于 38℃，菌丝生长不良或停止生长。子实体在 10 ～ 35℃均可形成和生长发育，但以 12 ～ 26℃最为适宜。漏斗多孔菌属中高温型菌类，环境温度低于 10℃，原基难以形成；高于 28℃，菌盖偏薄，色泽变白，子实体纤维化程度增加，菇香味偏淡，产量较低。

（二）水分

漏斗多孔菌比较耐旱，但培养料含水量适宜，更有利于菌丝和子实体的生长发育，提高子实体产量和品质。菌丝生长阶段，培养料含水量以 60% ～ 65% 为宜，空气相对湿度为 65% 左右。子实体形成阶段，空气相对湿度要求为 85% ～ 90%，若菇棚内湿度过低，原基难以分化，已分化的原基也会干裂萎缩，停止生长；湿度太高则易造成畸形，尤其是高温期更应注意。

（三）空气

菌丝生长阶段需氧量不大，低浓度的二氧化碳对菌丝生长有促进作用。菇蕾形成和发育期则需要充足的氧气，菇房二氧化碳浓度应降低到 0.1% 以下，否则会影响原基的分化和子实体的正常生长发育。

（四）光照

菌丝生长阶段不需要光照，黑暗环境更有利于菌丝的生长。子实体形成和发育阶段要求散射光，光照强度在 300 ～ 800 lx。

（五）酸碱度

菌丝在 pH 3 ～ 8.5 均可生长，但以 pH 5.5 ～ 7 最为适宜。出菇期要求培养料 pH 5 ～ 6.5，小于 4 或大于 8 均不利于子实体的生长发育。覆土栽培时，土壤以 pH 6.5 ～ 7.5 为宜。

第三节
生产中常用品种简介

由于漏斗多孔菌产品及其药理功效尚未引起相关部门及行业专家的关注，其人工代料栽培规模不大，所用品种还是以汤阴县食用菌研究所驯化保藏的 TY-1 为栽培品种（图 7-22-5、图 7-22-6）。该品种属中高温型，从接种到第一茬菇采收需要 70 天左右。

图 7-22-5　TY-1 覆土栽培的子实体

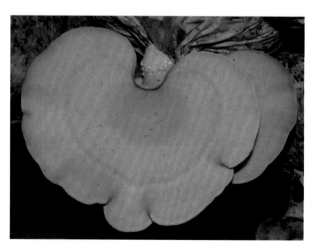

图 7-22-6　TY-1 墙式出菇的子实体

第四节
主要生产模式及其技术规程

目前，漏斗多孔菌的主要生产模式是塑料袋熟料栽培，出菇方式有自然堆叠墙式出菇、半脱袋墙式覆土出菇和阳畦覆土出菇三种。

一、栽培季节

当地自然条件下栽培，春栽 2～3 月制袋，5～8 月出菇；秋栽 8 月制袋，9～11 月出菇。其他地区可根据其生长发育条件，结合当地气候特点合理调整栽培季节。

二、原料准备

目前用于栽培漏斗多孔菌的主要原、辅材料为阔叶树木屑、棉籽壳及麸皮和玉米粉，随着栽培面积的普及和参与技术研究人员的增多，相信还会有新的栽培原料用于漏斗多孔菌栽培，但不论采用哪种原料，都必须具备下列四个条件。

1. 营养丰富　漏斗多孔菌是一种木腐生菌，所需营养全部从培养料中获得，因此，培养料内所含的营养应能够满足其整个生育期内对营养的需求。

2. 持水性好　因为漏斗多孔菌在子实体生长阶段所需水分主要从培养料中获得，培养料的含水量、持水性能直接影响其产量和品质。因此，合理搭配好培养料的营养结构，在不影响菌丝正常生长情况下，适当加大培养料的含水量，是提高漏斗多孔菌品质和产量的基础。

3. 质硬透气　漏斗多孔菌是一种分解木质素、纤维素能力较强的食药兼用菌，属好氧性菌类。其栽培原料材质和透气性，对产量和品质均有较大影响。

4. 干燥洁净　要求所用原料无病虫侵害、无霉变、无刺激性气味和杂质，无工业"三废"残留及农药残毒等有毒有害成分。

三、培养料配方与配制

1. 配方

配方 1：棉籽壳 45%，杨树木屑 40%，黄豆粉 6%，玉米粉 5%，高粱粉 3%，石膏粉 1%。

配方 2：阔叶树木屑 76%，麸皮 20%，玉米粉 2.5%，碳酸钙 1.2%，磷酸二氢钾 0.2%，硫酸镁 0.1%。

配方 3：棉籽壳 84%，麸皮 10%，玉米粉 5%，石膏粉 1%。

2. 配制　培养料要求新鲜、干燥、无霉变。按配方称取主、辅料，加水搅拌至含水量 60%～65%，自然 pH。拌料要求做到"两匀一充分"，即料与料均匀、料与水均匀、吸水要充分。

四、装袋

1. 塑料袋材质与规格的选择　常用塑料袋的材质有两种，一种是能耐 130℃以上高温的聚丙烯塑料袋，另一种能耐 120℃以下高温的低压高密度聚乙烯塑料袋。这两种材质的袋子除在耐高温上有区别外，其透明度、韧性亦不相同，聚丙烯塑料袋透明度高，但韧性差、易破裂，特别在低温季节更为严重。聚乙烯塑料袋韧性好、不易破、不受环境温度影响，但透明度较低。生产者可根据配套的灭菌设备进行选择。

所用塑料袋的规格因季节、出菇模式、生产习惯等不同而有所差异。在高温季节生产，常采用厚 0.05～0.06 mm、宽 15 cm、长 33～35 cm 的小规格塑料袋。在低温季节可采用厚 0.05～0.06 mm、宽 17 cm、长 35～38 cm 的大规格塑料袋。

2. 装袋　有手工装袋和机械装袋两种，不论采用哪种装袋方法，都必须使装好的料袋均匀一致、松紧适中。

（1）手工装袋　拌好的培养料应立即装袋。装袋人员的指甲要剪平，以免操作时划破料袋。折角袋可直接使用，筒袋应事先捆扎好一头待用。装袋时采用自制工具（用废洗发液瓶或饮料瓶剪成铲斗状），边装边压实，然后用无棉盖体或用绳子捆扎封口，装好的料袋要四周紧密、均匀、松紧适宜。

（2）机械装袋　机械装袋具有装料松紧一致、长短均匀、工作效率高等特点。目前，用于漏斗多孔菌生产的装袋机，均为手工套袋后装料、压料（或手推）、打孔同步完成，然后手工封口。

五、灭菌

1.常压灭菌　常压湿热蒸汽灭菌在食用菌生产上应用广泛。

（1）合理装锅　装好的料袋直接摆放到灭菌周转筐内，若料袋采用棉塞或普通无棉盖体封口，上面应加防水盖或在每个筐上覆盖一层防水布，以免在灭菌过程中冷凝水通过棉塞或无棉盖体浸入料袋内，造成水袋。装好的料袋必须尽快灭菌，自然气温在15℃以下停放时间不宜超过6 h，气温在15℃以上不宜超过3 h。装锅时整筐装入锅内，筐与筐之间要留些缝隙，便于锅内蒸汽流通，使料袋受热均匀。

（2）恒温灭菌　常压灭菌不论采用哪种方式，在开始送入蒸汽时，都必须将预留排气孔全部打开，直到锅内料袋温度达到90℃以上，再将排气孔关小或减少。在整个灭菌过程中，排气孔始终都要有蒸汽逸出，这样才能保证灭菌锅内蒸汽循环。

正常情况下，由开始向锅内送汽至料袋中心温度达到100 ℃需要6 h。锅内料袋中心温度达到100 ℃后，恒温保持12 h以上，即可关闭送汽阀，停止输汽，继续闷锅6 h左右，然后打开锅盖或覆盖物，使锅内蒸汽逸出后，趁热出锅，移入消毒后的冷却室。

2.高压灭菌　高压锅的型号较多，但从外形上只有圆形和方形两种。生产上常用高压锅灭菌的操作要点是：

（1）加水点火　直接加热的高压锅，可先打开进水阀加水到标准高度，点火或通电加热。

（2）合理装锅　无论使用哪一种形状的高压锅，料袋都不宜装得太挤，以免影响蒸汽流通，造成灭菌不彻底。

（3）封盖排汽　装好后将锅盖上紧，打开排气阀，加强火力或输入蒸汽。当排气孔有大量热蒸汽排出时，适当关小排气阀，使增压、排汽同步进行。当压力达到0.1 MPa时，再次将排汽量减小，排汽时间的长短应根据锅体大小和灭菌物多少决定。

（4）保压灭菌　根据高压锅设定的承压标准，在0.103 MPa 121℃条件下灭菌3.5 h，在0.147 MPa 128℃条件下灭菌2.5 h。实践证明，在此条件下灭菌后的料袋，其一切微生物包括真菌孢子、细菌芽孢和休眠体等耐高温的个体均可被杀死。

（5）降温出锅　灭菌达标后，停止烧火或送汽，使其自然降压到0.05 MPa，轻轻打开排气阀，缓慢放汽至压力表回零，松开锅盖，开一条小缝，让锅内蒸汽逸出，利用余热将棉塞或无棉盖体上的水分烘干后出锅。

六、接种

1.料袋冷却　刚出锅的料袋温度尚在80 ℃左右，需待温度降至30 ℃以下方能接种。在冷却过程中，必然有一定量的空气通过棉塞或无棉盖体进入料袋，因此要有一个良好的冷却环境，料袋口要封严，否则就会使空气中的微生物进入袋内，造成料袋污染。料袋冷却有自然冷却和降温冷却两种方式。

（1）自然冷却　灭菌后的料袋自然冷却，是广大食用菌生产者普遍使用的一种冷却方法。但冷却室必须通风良好、环境清洁卫生，使用前进行严格消毒处理，并在使用过程中定期消毒。每次料袋摆放不宜过多或过紧，以免料袋降温不均匀或过慢。有条件的生产者，可根据冷却室的大小，在窗或墙上按每30 m³安装一台100级空气自净器，由外向内吹入净化风，使冷却室内始终保持正压状态，既可加速料袋冷却，又可防止料袋在冷却过程中遭受杂菌感染。

（2）降温冷却　降温冷却适宜工厂化周年生产应用。该方法是在安装降温、空气净化设备的密闭的冷却室内进行，可避免在高温季节因部分料袋降温不均匀而出现烧伤或烧死菌种现象，能明显提高接种成活率。由于该方法设备投资较大，目前实际应用尚未得到普及，相信随着工厂化生产企业的逐步扩大和机械化程度的提高，必将受到行业同仁的普遍关注。

2. 接种环境消毒　接种室或接种箱在使用前必须经过打扫、清洗和消毒，使之达到适宜接种的生物洁净等级方能使用。但由于建造标准生物洁净室的投资较大，目前仅在工厂化生产上得到了广泛应用，以自然季节栽培为主的广大农村尚难普及。

目前，国内生产食用菌所用的接种设备主要以接种室、接种箱、接种帐等为主，其消毒方法主要是以臭氧、紫外线、烟雾剂、甲醛等为代表的静态消毒方法。这些方法具有使用方便、消毒快捷、效果稳定等特点，是目前在生产中广泛应用的几种方法。接种时不论采用哪一种消毒方法，都必须保证消毒产品的有效剂量和消毒时间，以确保消毒效果达标。

3. 接种　接种的质量将直接影响菌种的成活率与成品率，应该在接种环节内做好每项工作，确保无菌操作，切实提高接种质量。

（1）菌种选择及消毒　所用菌种要求菌丝生长整齐、健壮浓密、色泽洁白、均匀一致，菌龄在45天左右，无脱壁、萎缩现象。发现生长异常或杂菌污染的菌种要杜绝使用。经严格检查合格的菌种，在使用前先用1％Ⅰ型克霉灵或用0.1％高锰酸钾溶液擦洗外壁，以清除、杀灭附着在瓶壁上的灰尘和杂菌，然后将冷却好的料袋、菌种及接种工具全部放入消毒后的接种箱（室、帐）内，再进行一次熏蒸消毒。

（2）接种方法　接种应严格按照无菌操作技术规程进行。接种程序是：

第一步，接种人员穿工作服、戴工作帽和口罩。

第二步，双手用肥皂水洗净或戴乳胶手套。

第三步，用75％酒精棉球擦拭双手消毒。

第四步，打开接种箱（室、帐）入口。

第五步，接种人员双手插入接种箱或进入接种室（帐）内。

第六步，再次用酒精棉球擦拭双手及接种工具。

第七步，点燃酒精灯，将接种钩或接种匙在火焰上反复灼烧灭菌。

第八步，将菌种瓶口打开，用酒精棉球反复擦拭菌种瓶口。

第九步，将菌种瓶口在酒精灯火焰上方旋转灼烧灭菌。

第十步，用接种钩剔除菌种表面的老菌皮。

第十一步，将菌种用接种钩搅碎呈颗粒状。

第十二步，打开料袋，在酒精灯火焰上方的无菌区接入栽培种。

第十三步，晃动菌袋使菌种覆盖整个料面后封严袋口。

一瓶750 mL的瓶装菌种，可接折角料袋（一头接种）30～40袋，或筒袋（两头接种）15～20袋。在操作过程中速度要快，尽量缩短料面和菌种在空气中的暴露时间。接种钩每滑落或碰到其他物体一次或接完一瓶菌种，都要进行一次擦拭消毒和火焰灭菌，减少杂菌交叉感染的机会。接种时间最好选在早晚进行，有利于提高接种成功率，特别在自然季节栽培时，这一点十分重要。

七、发菌管理

培养场所要求环境清洁、干燥、通风、避光。

菌袋移入后，要想减少发菌期的污染概率，应在培养环境的卫生状况、通风条件、温度控制、湿度调节、光照影响几方面做好管理。定期在培养环境内消毒，保证培养环境干净卫生，减少各类杂菌的密度。加强通风，促进菌丝快速健壮生长，增强菌丝对外界环境条件的适应能力和抵抗能力。调控环境温度，以适宜菌丝生长为度，不宜过高或过低。菌丝培养期间尽量减少非管理人员出入，以免对环境造成影响。

1. 前期管理　菌袋接种后 7～9 天，菌丝处于萌发定植时期。培养场所温度应控制在 25～27 ℃，促使菌种尽快封面定植。在此期间，应进行翻垛检查，因为接种或灭菌不彻底造成的污染，都会在这期间表现。所以，必须对每个菌袋都要认真细致地进行检查，发现有污染的要及时挑出，菌种不萌发或漏接的要挑出重新接种。若局部少量污染可用药物防治。若遇环境温度偏高，可将菌袋摆成"井"字形，以便于散热。

2. 中期管理　培养 10 天后，菌丝已封严料面并深入料内，由于呼吸作用产生热量，袋内温度往往略高于环境温度，应将室温控制在 24℃，这段时间培养环境温度不应低于 18℃ 或高于 25℃，以免因温度波动过大而影响菌丝正常发育。当菌丝长入菌袋 5 cm 深时，需进行第二次翻垛检查，同时将菌袋上下层调换，促使发菌均匀。随着菌丝量的增多，生长速度加快，代谢活动加强，需氧量增加，应根据培养环境的实际情况，合理进行通风换气，以保证环境空气新鲜。菌袋培养过程中，每隔 7～10 天需用消毒剂喷洒或熏蒸培养环境一次，以减少环境中的杂菌数量。

3. 后期管理　菌袋在正常情况下经过 40 天左右的培养，菌丝即可长满。漏斗多孔菌菌丝发满菌袋不能立即出菇，需在 24 ℃ 左右的环境中继续培养 20 天左右，使菌袋充分成熟，积累够充足的营养物质后才能进行出菇管理。

八、出菇管理

漏斗多孔菌的出菇方式有下列三种。

1. 墙式两边出菇　该方法是一种传统而简单的出菇方式，具有出菇早、菇形好、管理方便、省工省时等优点，但不足之处是子实体较小，总产量偏低。

（1）修整土埂　为防止底层菌袋出菇后沾染泥土和便于菇棚内增湿，可根据大棚走向，在菇棚内横向或纵向修建宽 30～35 cm、高 10 cm 的土埂（或用砖摆成）并拍实，排与排间隔 60～80 cm，便于管理和采菇。为防止地面因浇水增湿而造成管理不便，也可在土埂两侧挖一条宽、深各 10 cm，同土埂等长的水沟，用于调整菇棚内空气湿度。

（2）摆放菌袋　将达到生理成熟的菌袋倒入棚内，整齐地挤紧横摆在土埂上（折角袋两袋对底摆放）。若棚内温度在 22℃ 左右，可摆 5 层，为防止菌袋产热，层与层之间或每隔 3 层用 2 根或 4 根细竹竿隔离。若棚内温度在 15℃ 以下，可不放竹竿摆放 7 层。

（3）开口催菇　菌袋摆放成菌墙后，用高压喷雾的方式对菌袋进行一次冲洗，特别是准备开口出菇的一头，一定要反复冲洗干净，然后用消毒过的刀片将捆扎袋口或无棉盖体割掉，露出培养料 2～3 cm²，合理调节棚内温、湿、光、气，促使菌袋现蕾出菇。

2. 立式半脱袋覆土出菇　由于土壤中含有丰富的腐殖质和氮、磷、钾等矿质元素，能为漏斗多孔菌提供部分辅助性营养物质，并可通过浇水有效地促进菌袋对营养物质的吸收，且覆土后的地温、湿度比较恒定，有利于子实体的生长发育。因此，半脱袋覆土出菇具有菌盖肥厚、产量高、易管理等优点，是一种简便易行的增产出菇模式。

（1）畦床制作　事先应将用于出菇的大棚清扫干净，并进行一次彻底杀虫、消毒处理。若棚内土壤偏干，需提前 3 天浇一遍透水，然后根据大棚走向横向或纵向挖出宽 1.2 m、深度 10 cm、长度因棚而异的畦床，床与床之间留 60 cm 宽的人行道，便于管理和采菇。为提高土壤 pH，减少病害发生，可在挖好的畦床及挖出的活土上撒一层新鲜石灰粉。

（2）排床覆土　将发满菌丝并达到生理成熟的菌袋倒入出菇棚内，用刀片将菌袋一端的袋膜割去 5～8 cm，将菌袋裸露部分向下，直立排放于畦床内。袋与袋之间最好留出 3 cm 的间距并用细土填实，以免菌袋连体产热影响出菇。菌袋上端带膜部分留 5 cm 左右不覆土。

（3）割口催蕾　畦床摆好后，将菌袋上端的扎口绳或无棉盖体去掉，增加菌袋通气量，提高棚内湿度和光照，促使菇蕾尽快形成。

3. 全脱袋覆土出菇　较半脱袋覆土栽培产量更高，但必须在环境温度 15℃左右时进行。若在环境温度 25℃以上采用该方法，极易造成菌袋产热而导致杂菌感染。其特点是子实体肥大、产量高、易管理，适宜于简易大棚栽培。

（1）畦床制作　其菇棚处理、畦床制作及规格与半脱袋覆土栽培相同，但畦床深度应根据菌袋长短而定，以能直立排放菌袋为宜。

（2）脱袋排床　将待出菇的菌袋倒入出菇棚内，用壁纸刀将袋膜轻轻划破取出菌棒，菌丝较好的一头向上立栽于畦内，菌棒与菌棒之间留 3 cm 空隙，用细土填平，喷洒一遍重水，使土壤和菌棒紧密结合。然后再用细土覆平并将整个畦床覆盖 2～3 cm，畦床四周用土围严即可。

（3）覆土后的管理　覆土完成后，根据土壤含水量高低，轻喷或重喷一遍 1% 石灰水上清液，增加菇棚光照和适当通风，促使子实体尽快形成。畦床保湿要掌握三个要点：一是床面土层不发白，二是喷水不使土板结，三是维持棚内空气相对湿度 85%～90%，促使子实体形成后能正常发育。

4. 出菇技术要点　不论采用哪一种出菇方式，都必须营造一个适宜漏斗多孔菌子实体形成和生长发育的环境，才能为子实体的优质高产奠定基础。

（1）保温　菇棚温度直接影响原基的形成和子实体发育。当气温低于 10℃ 时，原基难以形成，即使已伸长的幼菇也会停止生长、萎缩、变黄直至死亡；当气温持续在 25℃ 以上时，已分化的子实体生长迅速，品质下降；当气温达 30℃ 以上时，已形成的幼菇也会萎缩死亡。因此，出菇期菇房温度应控制在 12～22℃，这样出菇快，菇质优且整齐。

（2）控湿　菇棚空气相对湿度应保持在 85%～95%，湿度太低，子实体会萎缩，原基干裂不能分化。为了提高空气湿度，最好采用微喷管或喷雾器喷头朝上轻喷雾化水增湿，切勿重水直喷子实体，否则会变黄影响品质，严重时会造成腐烂。

（3）多通风　出菇期如果通风不良，二氧化碳浓度过高，子实体会出现畸形，若再遇高温高湿天气，还会引起腐烂。因此，出菇期菇棚内必须保持良好的通风换气条件，特别是菇蕾大量发生时，环境二氧化碳浓度不得高于 0.1%。

九、采收

漏斗多孔菌一般在现蕾后 10 天左右即可采收。当菌盖即将平展、孢子尚未弹射时，为采收适期。第一茬菇采收后，停水 3～5 天并适当通风，然后正常管理，大约 21 天可采收第二茬菇。

（王志军）

第二十三章　虎奶菇

　　虎奶菇是一种生于热带和亚热带地区的能产生大型菌核和子实体的担子菌。菌核呈不规则团块，卵圆形或扁球形，大小不一，表面多黄白色，少数浅黄色，成熟时外皮红褐色。子实体初期肉质，表面光滑，中部有小的平伏状鳞片，灰白色至红褐色。虎奶菇菌核及其子实体均可食用，也可入药，开发前景较好。

第一节
概述

一、分类地位

　　虎奶菇隶属真菌界、真菌门、担子菌亚门、层菌纲、伞菌目、侧耳科、侧耳属。是一种产于热带和亚洲热带地区的珍稀食药兼用菌。

拉丁学名：*Plouotus tuber-regium* (Fr.) Sing.。

中文别名：核耳菇、菌核侧耳、茯苓侧耳、虎奶菌、南洋茯苓。

二、营养价值与经济价值

　　虎奶菇具有很高的营养价值和药用价值。其菌核含葡萄糖、果糖、半乳糖、甘露糖、麦芽糖、油酸、硬脂酸等，可以提供丰富的蛋白质（含16%以上）、多糖、游离氨基酸等活性物质，以及钾、钙、镁等矿质元素。

据《本草纲目》等记载，虎奶菇子实体及菌核具有治疗胃病、哮喘、高血压等疾病的功效。最新研究表明，虎奶菇多糖具有增强人体免疫力，抑制多种肿瘤生长，以及治疗胃痛、便秘、发热、感冒、水肿、胸痛、神经系统疾病等多种功效，并能促进胎儿发育，提高早产儿成活率。也有报道，虎奶菇菌核能入药，外敷可治疗妇女乳腺炎，是一种有很好发展前景的食品和药品资源。

虎奶菇不论是菌丝体、菌核还是子实体，均含有丰富的蛋白质、碳水化合物、矿质元素等，营养价值高，长期食用可起到保健美容、延年益寿的作用，是很好的保健食品。因此，虎奶菇是一种极具开发前景的保健食品。近年来，虎奶菇的人工栽培面积逐年增加，销售价格居高不下。目前市场上鲜菇售价每千克不低于 50 元，干品每千克售价高达 480 元，人工栽培虎奶菇每袋成本 1.2 ~ 1.5 元，可产鲜菇 0.1 ~ 0.2 kg，按市场价每千克 50 元计算，每袋可获纯利润 3.5 元左右。人工种植虎奶菇利润可观。

三、发展历程

20 世纪 90 年代，中国江西省抚州市金山食用菌研究所技术员江国志在野外采得虎奶菇，经过多年驯化培育出虎奶菇-1 号。2005 年 3 月，成功实现利用棉籽壳、木屑等原料规模化大棚培育虎奶菇。

四、主要产区

虎奶菇为热带真菌，主要分布在热带和亚热带地区，在我国主要分布在云南、海南等地。

五、发展前景

虎奶菇是一种典型的木腐菌，能够利用多种阔叶树和农作物秸秆进行生产。其作为名贵的食用菌产品，消费量不断增加，随着生产技术的成熟和技术水平的不断提高，应该是发展前景非常好的一个食用菌新品种。

第二节
生物学特性

一、形态特征

（一）菌丝体

虎奶菇菌丝白色，绒毛状，有横隔、分枝及锁状联合。菌丝体发育到一定程度，互相扭结形成子实体原基，原基进一步发育成子实体。

（二）子实体

虎奶菇子实体中等至大型。菌盖直径 8 ~ 20 cm，漏斗状或杯状，中部明显下凹，初期肉质，表面光滑，中部有小的平伏状鳞片，灰白色至红褐色；边缘无条纹，薄，初期内卷，后伸展，有时有沟条纹；菌褶延生，不等长，薄而窄，浅污黄色至淡黄色。菌柄长 3.5 ~ 13 cm，直径 0.7 ~ 3.5 cm，常中生，圆柱形，颜色同菌盖，有小鳞片或有绒毛，内部实心，基部膨大，生于菌核上。菌核直径 10 ~ 25 cm，卵圆形、椭圆形或块状，表面光滑，暗色，内部实而近白色。孢子印白色。孢子 7.5 ~ 10 μm × 2.5 ~ 4 μm，长椭圆形至近柱形，无色，光滑，壁薄，含少量颗粒。担子有 4 小梗，棒状。菌丝具锁状联合，无囊状体。

虎奶菇是热带和亚热带地区的一种伞菌，是一种能产生大型菌核和子实体的担子菌。在分类上和中药茯苓完全不同，茯苓属多孔菌科，主要侵染松柏类等针叶树种，而虎奶菇属侧耳科，主要侵染各种阔叶树种。虎奶菇侵染木材或树桩后，引起木材的白色腐朽，并在地下形成直径 10～30 cm 的菌核。菌核放在温暖潮湿的地方，就会一个接一个地产生子实体。子实体产期的长短，取决于菌核的大小。从原基出现到子实体成熟大约需要 7 天。如果天气较冷，菌核发生子实体的时间就很长。虎奶菇是一种典型的木腐菌，能利用多种阔叶树（如柳叶桉、枫树、拟赤杨）的木材和各种农作物的秸秆，以及其他碳水化合物。虎奶菇的菌丝在含果糖的培养基质上生长最好，其次为甘露糖、葡萄糖，最次为木糖。寡糖中只能利用纤维二糖和麦芽糖，但利用纤维二糖比利用麦芽糖好。在多糖中可以利用糊精和淀粉，但在含糊精的培养基质上生长更快、更好。虎奶菇菌丝不能利用山梨糖、半乳糖、鼠李糖，在含阿拉伯糖的培养基质上，虎奶菇的菌丝生长较弱。在含三种糖醇培养基质上，虎奶菇菌丝利用甘露醇最好，其次为山梨醇，不能利用阿拉伯糖醇。虎奶菇菌丝在含水量 60%～70% 的木材或木屑培养基质上生长旺盛。虎奶菇子实体发生需明亮光线，菌核在黑暗和明亮之处均可形成。

二、生活史

虎奶菇是从担孢子开始，由担孢子萌发形成单核菌丝，然后由"雌""雄"性之分的单核菌丝结合形成双核菌丝。双核菌丝进一步发育，在适宜的条件下，产生有组织分化的子实体，这些组织化的双核菌丝体称为三生菌丝体。子实体的分化发育可分为原基期、瘤状体、棒状体、成形期和成熟期五个主要阶段。由于虎奶菇产品是以采收菌盖未展平的子实体为主，所以成形后要注意及时采收。

三、营养

虎奶菇是一种木腐菌，分解木质素和纤维素的能力很强。在生长过程中所需的营养成分主要有碳源、氮源、矿质元素和维生素，碳源和氮源是主要营养。生产中常用棉籽壳、稻草、麦秸、玉米芯、木屑和甘蔗渣等作为碳素营养的来源；以麸皮、米糠、豆饼和玉米粉等作为氮素营养的来源；通过添加石膏、石灰来提供其所需的矿质元素；对维生素的需求量少，天然有机培养料中的含量已可满足。

四、环境条件

（一）温度

虎奶菇孢子可在 18～33℃ 的条件下萌发，最适萌发温度为 22～26℃。菌丝在 15～40℃ 范围均能生长，适宜温度为 28～35℃。菌核生长适宜温度为 23～28℃。子实体分化温度为 22～40℃，最适温度 28～32℃。

（二）水分

水分对虎奶菇生长发育的影响主要体现在培养料含水量与空气湿度。通过研究发现，虎奶菇菌丝体含水量约占鲜重的 80%，室内分化生长的子实体含水量约占鲜重的 70%，室外覆土分化生长的子实体含水量约占鲜重的 86%。虎奶菇菌丝生长培养料含水量以 60% 为最好，这个要求比平菇的 65% 略低，比香菇的 50% 要高。虎奶菇不同生长发育阶段对空气湿度的要求不同，菌丝生长对空气相对湿度的要求为 70%。湿度太低易造成培养料干缩，菌丝生长缓慢；湿度太高则污染率提高。子实体分化最适空气相对湿度为 85%～90%，室外出菇时土壤含水量为 80% 有利于子实体分化。子实体的生长，需要较高的空气相对湿度，一般为 95%。空气相对湿度偏低或变化波动大都容易造成子实体畸形，甚至死亡；空气相对湿度过高，易造成子实体水肿，加重病虫害对子实体的危害。

（三）空气

在发菌过程中，前期由于菌丝量少，培养料中氧气充足，菌丝生长速度快，随着菌丝量的增加，培养料中氧气逐渐减少，二氧化碳浓度不断增加，菌丝生长速度明显受到抑制。为了改善培养料的通气状况，在长满菌丝体的部位（距离生长线内侧 1 cm）扎适当密度的小孔，以改善其通气条件，使菌丝生长速度明显加快。虎奶菇在子实体发育的生殖生长阶段，需氧量比菌丝体营养生长阶段明显加大，尤其是在子实体生长阶段。二氧化碳对虎奶菇整个发育过程中的不同阶段表现出不同影响。其中，在菌丝生长时期，菌袋中二氧化碳浓度（体积比）在 5% 以下，对菌丝生长的影响不明显；浓度超过 10% 时，菌丝生长受到明显抑制；子实体分化阶段，二氧化碳浓度在 0.1% 以下时，对瘤状体的形成有促进作用；当二氧化碳浓度过高时，瘤状体形成的棒状体容易分叉甚至开裂。在棒状体与典型子实体生长阶段，二氧化碳对其影响非常明显，浓度超过 0.1%，生长速度极其缓慢，有些棒状体顶端开裂、褐变甚至枯萎，有些棒状体不能长出菌盖，有些即使形成了菌盖，也会导致菇形畸变。

（四）光照

虎奶菇不同生长阶段对光照强度和光质的要求不同。孢子必须在光照强度 150 ～ 400 lx 下才能形成并散发。菌丝在黑暗条件下生长良好，光照强度超过 80 lx，菌丝生长速度受到抑制。子实体分化与生长需要散射光，光照强度范围在 200 ～ 1 000 lx。如果光照强度小于 200 lx，子实体不易形成；光照太强，易造成子实体畸形。光照强弱还会影响子实体的颜色，一般光照越强，子实体颜色越深。光质对虎奶菇的生长发育有不同的影响，其中黄光（波长 580 ～ 620 nm）影响最强，蓝光（波长 400 ～ 500 nm）、绿光（波长 490 ～ 580 nm）次之，红光（波长 620 ～ 760 nm）影响最小。

（五）酸碱度

菌丝体、菌核在 pH 6.5 ～ 9 均能生长，以 pH 7.5 最为适宜，pH 5.5 时不形成菌核。

第三节 生产中常用品种简介

认（审）定品种

虎奶菇（国品认菌 2009003）

1. 选育单位　福建省三明市真菌研究所。

2. 形态特征　子实体单生或丛生，革质。菌盖直径 10 ～ 20 cm，淡灰白色至肉桂色。菌柄长 3.5 ～ 13 cm，直径 0.7 ～ 3.5 cm，中生，与菌盖同色，中实，圆柱状。菌核为主要食用部分，直径 10 ～ 25 cm，内部白色，外皮褐色，呈不规则圆球状，坚实。菌核在温暖潮湿的条件下产生漏斗状的子实体，偶尔也可不经过菌核阶段直接形成子实体。

3. 菌丝培养特征特性　最适碳源为果糖。菌丝的生长温度为 15 ～ 40 ℃，适宜温度为 30 ～ 35 ℃，耐最高温度 40 ℃，耐最低温度 10 ℃。菌丝生长旺盛、洁白，爬壁力强，菌丝束末端偶有小菌核。

4. 出菇特性　子实体的生长温度为 25 ～ 35℃，空气相对湿度为 80% ～ 90%。菌核在 30 ～ 35℃条件下发菌 40 天左右形成，菌核逐渐长大，一般每袋形成一个菌核。

第四节 主要生产模式及其技术规程

一、短段木地窖式覆土出菇生产模式

（一）栽培季节

虎奶菇属于高温型食用菌，栽培一般安排在每

年的春秋季节。北方地区一般在 4～5 月栽培，5月上旬至 9 月下旬出菇。

（二）菌种制备

菌种的生产时间应根据栽培时间而决定。参考栽培所需的时间，根据母种、原种、栽培种三级菌种的生产周期，推算出不同级别菌种的生产日期。

（三）原料准备

主要用栓皮栎、麻栎作为段木栽培树种，也可用槐树、柳树、核桃树等作为栽培材料。

砍伐应选择在晴天进行，砍伐后不能立即修去树枝，否则会造成树木水分和养分大量流失。一般砍伐 15 天后修去树枝，将树干截成 30～45 cm 长的小段木，段木直径超过 15 cm 的用斧头劈开，风干后备用。

（四）修建畦床

在塑料大棚或大田内开挖深 15～20 cm、宽 100～120 cm 的畦床。

（五）接种

将备用的小段木平摆在畦床内，三根一组"品"字形摆放，段木中间填上菌种。

（六）覆土

在接种后的段木上覆土，厚 5 cm 左右，用水将土层浇灌湿润。

（七）栽培管理

保持土层湿润，防止覆土层干燥，清除畦床表面及周边杂草。

（八）出菇管理

当畦床上有子实体形成时，保持土层湿润，通过喷水保持环境空气相对湿度在 85%～95%。

（九）采收

虎奶菇菌褶发育成形后，即可采收。

二、塑料袋熟料覆土出菇生产模式

（一）栽培季节

虎奶菇属于高温型食用菌，各地根据气候特点合理安排生产时间。北方地区一般在 3～4 月生产菌袋，5 月上旬至 9 月下旬出菇。

（二）菌种制备

根据菌袋生产日期，提前安排菌种生产。

（三）原料选择与培养料配制

1. 原料选择　棉籽壳、木屑、玉米芯、玉米秆、麸皮、玉米粉等原料都可以作为培养料。

2. 培养料配制

（1）配方

配方 1：棉籽壳 49%，玉米芯 49%，石灰 2%，含水量 65%～70%。

配方 2：玉米芯 89.5%，麸皮 5%，尿素 1.5%，过磷酸钙 2%，石灰 2%，含水量 65%～70%。

（2）配制　按培养料配方将各种原料混合后按要求量加水，用搅拌机搅拌 30 min 以上，确保培养料混合均匀。

（四）装袋

选用长 17～18 cm ×35～50 cm × 0.04 mm 的低压聚乙烯筒袋或聚丙烯塑料袋，手工或机械装袋均可。装料要松紧适中。

（五）灭菌

常压灭菌时，当灭菌灶的中心温度达到 100℃ 后维持 12～16 h。高压灭菌时，在 121～126℃ 温度下维持 2 h。

（六）接种

待料袋冷却至 30℃ 以下时无菌操作接种。

（七）发菌管理

接种结束后，将菌袋运至培养室，控制环境温度在 26～35℃，保证空气新鲜、环境干燥、暗光发菌。

（八）覆土

1. 畦床覆土　在塑料大棚或大田内开挖深 15～20 cm、宽 100～120 cm 的畦床。在做好的畦床上撒一层生石灰粉，菌袋发满菌后脱去塑料袋，菌棒之间留出空隙 2 cm，覆土厚 3～5 cm。

2. 袋内覆土　发满菌丝的菌袋，打开袋口，在料面上均匀撒入含水量适宜的土壤，覆土厚 3 cm 左右。

（九）出菇管理

当畦床上有子实体形成后，保持土层湿润，通过喷水保持环境的空气相对湿度维持在85%～95%。

（十）采收

虎奶菇菌褶发育成形后，即可采收。

（十一）后茬菇管理

采收结束后，清理床面，捡去菇脚和死菇等，去掉表层土，按要求进行二次覆土。然后浇一遍水，把料面补平，按第一茬管理方法进行管理。一般可出 3 ～ 4 茬菇。

（王志军　康源春）

第二十四章　广叶绣球菌

　　广叶绣球菌是一种新近栽培成功、极具市场潜力的珍稀食药兼用菌，其名贵程度可比肩冬虫夏草、块菌等珍品。因其子实体瓣片曲折、形似巨大绣球而得名。其营养丰富，口感鲜美，富含活性多糖，具有提高机体免疫力及抗癌防癌的特殊功效。由于广叶绣球菌所需营养与生境条件不明且特殊，人工栽培一直是世界性难题，甚至被认为是一种不可人工栽培野生菌，产品非常紧缺，价格相当昂贵。迄今为止，我国仅福建省全面实现了工厂化、商业化栽培。

第一节
概述

一、分类地位

　　广叶绣球菌隶属真菌界、担子菌门、蘑菇亚门、蘑菇纲、多孔菌目、绣球菌科、绣球菌属。

拉丁学名：*Sparassis latifolia* Y. C. Dai & Zheng Wang。

中文别名：绣球蕈、绣球菇、绣球菌。

二、营养价值与经济价值

　　广叶绣球菌肉质细嫩，口感鲜美，香气浓郁。据测定，广叶绣球菌干品中粗蛋白质含量为12.9%，粗纤维13.7%。子实体中氨基酸种类较齐全，必需氨基酸总量为3.77%，非必需氨基酸总量为6.16%，谷氨酸和谷氨酰胺含量最高，其次为天冬氨酸、亮氨酸、丙氨酸，氨基酸总量高于普通食用菌子实体，如香菇（6.93%）、双孢蘑菇（7.78%）。广叶绣球菌中含有多种矿质元素，Shin等报道广叶绣球菌子实体每100 g含有钾1 299.44 mg，磷104.73 mg，钠98.21 mg，镁54.86 mg，钙8.39 mg，铁7.61 mg，锌6.37 mg，铜1.31 mg和锰0.63 mg，其中钾含量最高，且人体较易缺乏的铁、锌、锰含量也很丰富。广叶绣球菌中含有多种维生素，干品中维生素C含量为112 mg/kg，维生素E含量为3.5 mg/kg，维生素B_3含量为17.4 mg/kg。

广叶绣球菌不仅味道鲜美，营养价值高，而且具有很好的医疗保健功效。据日本食品研究中心的分析结果，广叶绣球菌子实体中多糖含量丰富，每100 g含有β-葡聚糖43.6 g，比灵芝和姬松茸高出3～4倍。广叶绣球菌中的β-葡聚糖能提高人体免疫力，具有机体造血功能及抗癌防癌的特殊功效，可预防及改善由于血酸、过敏及生活习惯产生的高血压、高血糖等诸多疾病，对某些肿瘤也有一定的预防和抑制作用。通过深层培养，广叶绣球菌可产生抗真菌化合物广叶绣球菌素（重菇醇）。广叶绣球菌和灰树花的混合提取物可以治疗癌症和艾滋病。因此，广叶绣球菌是一种食药同源的健康和保健食品。

三、发展历程

广叶绣球菌具有很好的医疗与保健功效，国内外许多学者都先后对其展开了广泛的研究。

日本最早于20世纪80年代进行野生广叶绣球菌的菌株分离、驯化工作，1990年开始进行人工栽培研究，包括培养基选择、栽培各阶段环境因子调控等，至1993年人工栽培出全世界第一朵广叶绣球菌，1995年广叶绣球菌原木栽培技术得到完善，1996年瓶栽成功，2000年以后人工栽培广叶绣球菌进入小面积生产并推向市场。目前在日本已有一些企业开始进行广叶绣球菌人工栽培，如Unitika、Minahealth。韩国对广叶绣球菌的研究也较早，2004年人工栽培广叶绣球菌获得成功，成为世界上第二个实现广叶绣球菌人工栽培的国家，目前，Korea Forest Research Institute，Hanabiotech Ltd. (Goyang, Korea) 等单位均保藏有广叶绣球菌菌株。虽然已实现人工栽培，但日本、韩国均对广叶绣球菌相关栽培技术申请了专利保护，在公开资料中很难查到。

我国是继日本、韩国之后，第三个掌握广叶绣球菌栽培技术的国家。国内关于广叶绣球菌的研究最早始于20世纪80年代，孙朴、刘正南等对其形态特征、地理分布及生态环境进行了调查，并对分离到的菌种进行了驯化研究，但由于人工栽培难度大，直到近些年关于广叶绣球菌栽培的研究才逐渐火热起来。

2004年，福建省农业科学院食用菌研究所在国内率先开始对广叶绣球菌的营养生理、生物学特性、基质配方及工厂化栽培技术进行了研究。2005年，林衍铨等在"首届海峡两岸食用菌学术研讨会"上对广叶绣球菌菌丝生长的营养生理特性进行了报道，发现广叶绣球菌适宜的母种培养基为PDPA，南方的芒果、马尾松可作为广叶绣球菌的栽培基质，米糠、麸皮、玉米粉可作为其栽培辅料，成功地培育出我国第一批人工栽培的广叶绣球菌子实体。2006年，游雄等对紫外线诱变出的广叶绣球菌菌株进行深层发酵工艺研究，筛选出最佳的发酵培养基配方。2007年，黄建成等分析了广叶绣球菌子实体的营养成分，并采用国际通用的营养评价方法，对广叶绣球菌子实体蛋白质进行营养价值评价。其他学者也对其生物学特性、营养功效、深层发酵及人工栽培技术进行了研究。经过多年研究，福建省农业科学院食用菌研究所于2009年成功实现广叶绣球菌工厂化栽培，使广叶绣球菌栽培进入商业化生产阶段。此外，国内还有其他单位对广叶绣球菌的人工栽培技术进行了研究，如四川省绵阳市食用菌研究所、杭州市农业科学院蔬菜研究所、吉林农业大学等。经过国内食用菌工作者的共同努力，广叶绣球菌栽培技术取得了很大的进步，为广叶绣球菌产业的发展奠定了基础。

广叶绣球菌目前主要采用工厂化栽培模式进行生产，我国主要以袋栽为主。近年来，福建、四川、吉林、浙江等地的科研院所先后进行了广叶绣球菌栽培试验，并取得突破性进展，尤其是福建省广叶绣球菌栽培已形成一定规模，率先进入工厂化、商业化生产阶段。

四、主要产区

广叶绣球菌主要采用工厂化栽培模式进行生产。目前为止，全国仅福建省能够实现广叶绣球菌商业化栽培，且已形成一定规模，在福州、三明等地已有 3 个分别日产 2～5 t 的广叶绣球菌生产示范基地，福建已成为全国唯一的集广叶绣球菌研发、生产、销售于一体的产业化生产基地。

五、发展前景

近年来，我国食用菌产业发展如火如荼，但可进行工厂化栽培的品种仍然较少，如金针菇、杏鲍菇、真姬菇、双孢蘑菇等，随着工厂化生产迅速发展，产量急增的同时，产品市场竞争也日趋激烈。广叶绣球菌的成功栽培可缓解同一品种竞争压力，优化生产品种结构，丰富食用菌市场。同时，广叶绣球菌栽培具有能利用未经处理的松木屑做原料的优势，不与其他品种争原料，推广广叶绣球菌能有效缓解食用菌生产原料资源紧张局面。

广叶绣球菌营养丰富，药用价值高，具有提高机体免疫力及防癌抗癌的功效。随着对其药理作用研究的深入，一些广叶绣球菌产品也逐渐开发出来，如袋泡茶、果蔬粉、咀嚼片、多糖饮品、化妆品等。目前，全球正掀起广叶绣球菌研究、开发的热潮。因此，发展广叶绣球菌具有广阔的产业化前景和可观的经济效益，必将成为我国食用菌行业一个新的经济增长点。

第二节
生物学特性

一、形态特征

（一）菌丝体

菌丝白色绒毛状，较浓密（图 7-24-1），稍有爬壁现象，气生菌丝长势较旺盛，不分泌色素，有锁状联合。

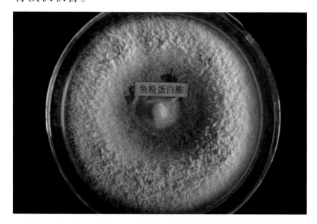

鱼粉蛋白胨

图 7-24-1　广叶绣球菌菌丝生长情况（以鱼粉蛋白胨为氮源的 PDA 培养基）

（二）子实体

子实体单生，肉质，白色或乳白色，部分品种灰白色，较大且脆。底部有柄，从柄上分化出许多不规则的小枝梗，枝梗末端形成许多有褶的扁平瓣片，瓣片相互交错似波浪状或银杏叶状、较薄、不规则、边缘弯曲不平，相互交错且密集成丛，形如绣球（图 7-24-2）。

图 7-24-2　广叶绣球菌子实体

子实层生于瓣片下侧，菌肉洁白、肉质、柔软有弹性。人工栽培子实体直径 10～15 cm，白色或乳白色，单朵重 150～200 g。鲜菇耐贮性较好，烘干后收缩成角质，质硬而脆，黄色或金黄色。

孢子 4～5 μm×4～4.6 μm，无色、光滑，卵圆形至球形（图 7-24-3），双型菌丝系，有锁状联合（图 7-24-4）。

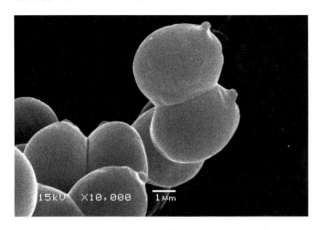

图 7-24-3　广叶绣球菌孢子（显微镜下）

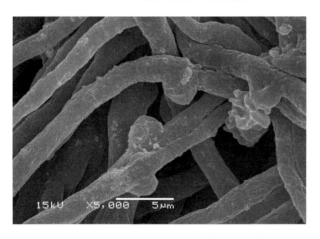

图 7-24-4　广叶绣球菌菌丝（显微镜下）

二、生活史

广叶绣球菌属于异宗配合菌类，其生活史从担孢子开始。担孢子在适宜条件下，以芽殖方式形成芽孢子或次生担孢子，芽孢子或次生担孢子进而萌发形成单核菌丝。可亲和的两个单核菌丝相互结合，经质配形成双核菌丝，并不断繁殖生长成为具有锁状联合的双型菌丝系。菌丝生理成熟后在适宜的环境条件下最终形成胚胎组织，即原基，并不断

在原基上分化形成子实体。子实体成熟再释放出担孢子，从而完成广叶绣球菌一个完整的生活的全过程。

三、营养

广叶绣球菌是木腐菌类，属异养型生物，菌丝体内不含叶绿素，不能通过光合作用来制造养分，只能依靠菌丝前端分泌的胞外酶来分解环境中的营养物质，转化为可溶性的小分子有机物质后再摄入利用。

（一）碳源

广叶绣球菌菌丝分解能力较强，可利用多种碳源作为营养物质，包括单糖、双糖、多糖类等。采用固体培养基时，以单糖中的葡萄糖为碳源，菌丝生长速度快，菌丝浓密、健壮，其次为果糖、半乳糖、木糖。在双糖中，广叶绣球菌对麦芽糖的利用优于蔗糖，以麦芽糖为碳源时，菌丝尖端生长较整齐，有疏密相间条纹，气生菌丝呈绒毛状翘起。另外，适宜广叶绣球菌菌丝生长的碳源还有玉米淀粉、糯米淀粉等。在淀粉为碳源的培养基中，菌丝尖端生长整齐，有典型的疏密相间条纹。摇瓶发酵培养菌丝的适宜碳源有可溶性淀粉、玉米粉等。采用啤酒酵母、蜂蜜粉培养基时，广叶绣球菌液体培养效果也较好。根据福建省农业科学院食用菌研究所对广叶绣球菌液体培养的研究，在供试碳源中，当液体培养结束后，除红糖外，其余各碳源液体培养基的 pH 均出现下降；以红糖、乳糖、果糖为碳源时，广叶绣球菌菌丝生物量最大，而葡萄糖为碳源的培养基中菌丝球直径最小。在供试的各种淀粉类物质中，液体培养结束后，培养基 pH 也都出现下降，但下降幅度不大。糯米粉培养基中菌丝生物量最大，且菌丝球直径最小；玉米粉培养基中，菌丝球密度最大。

人工栽培时，各种农副产品下脚料均可作为广叶绣球菌的栽培基质，如针叶林木屑、玉米秆、棉柴、大豆秆、玉米芯、甘蔗渣、棉籽壳、

麸皮、花生壳等。栽培料中添加淀粉可促进广叶绣球菌的生长，新鲜去皮马铃薯块比马铃薯淀粉效果好，大米淀粉、小麦淀粉效果与马铃薯块接近，甘薯淀粉与马铃薯淀粉效果接近。在南方进行广叶绣球菌生产时，可选用马尾松代替落叶松、云南松等作为栽培原料。

（二）氮源

不同种类氮源对广叶绣球菌菌丝生长的影响差异很大，有机氮源的利用明显优于无机氮源。有机氮源中，蛋白胨、牛肉膏适宜菌丝生长，菌丝生长洁白、浓密，添加量以 0.3% 较为合适；无机氮源中的硫酸铵适宜菌丝生长，不能利用硝酸铵、尿素、复合肥等。广叶绣球菌液体培养时，适宜产菌丝及产胞外多糖的氮源为蛋白胨，添加浓度分别为 0.15%、0.25%。福建省农业科学院食用菌研究所对广叶绣球菌液体培养效果进行研究后发现，采用鱼粉蛋白胨、牛肉蛋白胨、牛肉膏为氮源时，广叶绣球菌菌丝生物量最大，且菌丝球直径较小。人工栽培时，可利用的氮源类物质主要有麸皮、玉米粉、米糠等。

（三）矿质元素

在固体培养基中，添加不同无机盐可在一定浓度范围内促进广叶绣球菌菌丝的生长。当硫酸镁、磷酸二氢钾和氯化钠质量浓度为 1 g/L 时，菌丝生长速度达到最大；在一定浓度范围内，硫酸钠和氯化钙对菌丝生长有一定促进作用，但效果不明显。在液体培养中，钾盐对广叶绣球菌菌丝生物量的增大有促进作用。

（四）其他

维生素 B_1 和维生素 B_6 的质量浓度低于 4 mg/L 时，对广叶绣球菌菌丝生长速度影响不显著；当质量浓度为 6 mg/L 时，可促进广叶绣球菌菌丝的生长。随着维生素 B_4 质量浓度的增加，菌丝生长速度逐渐增大；当添加量达 8 mg/L 时，菌丝生长速度最大。在供试质量浓度范围内，维生素 B_2 和维生素 B_{12} 可促进广叶绣球菌菌丝的生长，但效果不明显。

IAA、NAA 在供试浓度范围内对广叶绣球菌菌丝生长有抑制作用，6-BA、6-KT 在供试浓度范围内对广叶绣球菌菌丝生长有促进作用，其中 6-BA 对广叶绣球菌菌丝生长的促进作用较强，6-KT 浓度低时对广叶绣球菌菌丝生长的促进作用较小，随着浓度增加对菌丝生长的促进作用逐渐上升。

四、环境条件

与大多数食用菌一样，广叶绣球菌的生长发育除与营养条件有关，还受温度、水分、光照、空气及酸碱度等因素的影响。

（一）温度

广叶绣球菌属中温型菌类，其菌丝生长的温度为 10 ~ 30 ℃，适宜温度为 20 ~ 26 ℃，最适温度为 22 ~ 24 ℃，此时菌丝生长速度快，菌丝浓密、健壮、长势好。在 10 ℃以下和 30 ℃以上菌丝生长停止，菌丝生长的限制温度为 30℃，致死温度为 40℃（图 7-24-5）。广叶绣球菌菌丝生长缓慢，培养室保持适宜的温度对加速菌丝生长至关重要。原基形成的温度为 17 ~ 23℃，最适温度为 20 ~ 22℃。子实体生长发育温度一般控制在 15 ~ 23℃为宜。温度过低时，子实体生长缓慢，出菇期延长；温度过高时，虽然生长加快，但子实体容易变老、颜色偏黄。

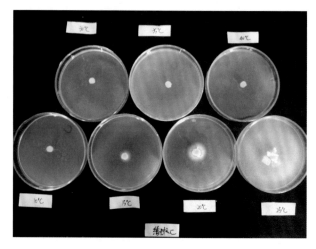

图 7-24-5　不同温度对广叶绣球菌菌丝生长的影响

（二）水分

广叶绣球菌菌丝基质含水量在 45% ～ 65%，随着含水量的增加，菌丝生长速度逐渐加快、长势增强，含水量超过 65% 以后，菌丝生长速度变慢、长势减弱（图 7-24-6）。广叶绣球菌生长周期较长，栽培后期培养基质适宜的含水量是保证广叶绣球菌高产的前提。基质内含水量与基质密度有关，密度高的基质含水量稍低，密度低的基质含水量稍高。

图 7-24-6　不同含水量对广叶绣球菌菌丝生长的影响

广叶绣球菌接种后，移入培养间进行菌丝培养，保持空气相对湿度 60% ～ 65% 为宜。菌丝培养结束后进入原基诱导阶段，此时空气相对湿度在 85% ～ 90%，随后原基发育逐渐增大，表面出现突起并分化出小叶片，完成原基分化。在出菇后期，空气相对湿度较高时，子实体瓣片可完全展开，晶莹剔透，外观优美，一般空气相对湿度保持在 80% ～ 95% 较为合适。

（三）空气

广叶绣球菌属好氧性真菌，菌丝生长、原基诱导及子实体生长发育阶段都需要充足的氧气，因此，在广叶绣球菌生长发育过程中，必须根据不同的生长阶段对培养室进行通风换气。广叶绣球菌菌丝生长阶段需要新鲜空气，培养室里二氧化碳浓度保持在 0.3% 以下即可。原基形成在分化阶段对空气中的二氧化碳浓度极其敏感，具有独特的原基发育生理现象，具有"兼性嫌氧微生态"或"兼性需氧"发育生理现象。在生长过程中，适宜的通风有助于子实体生长，但风速也不可过大，否则易开片不均、朵形不好，不但产量低，且影响商品价值。

（四）光照

广叶绣球菌生长速度缓慢，成熟期较长，据报道，广叶绣球菌生长过程中喜阳光，是目前所知的需要光照最多的一种食用菌，有"阳光蘑菇"之称。广叶绣球菌菌丝生长阶段不需要光照，应避免光照直射，防止原基过早出现。原基诱导阶段需要适量的光线刺激，生长后期给予一定量的散射光有利于广叶绣球菌原基的形成。子实体生长发育需要光照刺激。试验表明：光照强度调控在 500 ～ 800 lx，能维持广叶绣球菌子实体正常发育；有时光照强度达到 1 000 lx 左右，子实体发育也未受阻。

（五）酸碱度

广叶绣球菌是一种适宜在偏酸性条件下生长的食药兼用菌，菌丝在 pH 3.5 ～ 7 均可正常生长，最适 pH 4 ～ 5，pH 低于 3 时菌丝难以生长，超过 7.5 时菌丝生长受阻（图 7-24-7）。

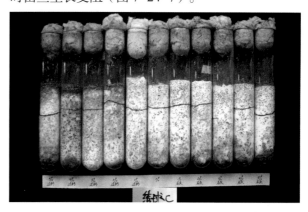

图 7-24-7　培养基质酸碱度对广叶绣球菌菌丝生长的影响

第三节
生产中常用品种简介

近年来，随着对广叶绣球菌药理作用研究的逐步深入，特别是子实体中 β-葡聚糖含量高的特

木腐菌生产技术

点已逐渐引起广大学者关注，许多研究单位也加快了其人工栽培技术的研究。由于广叶绣球菌是近年来新近开发出的一种新的食药兼用菌，全世界仅日本、韩国和中国可实现其人工栽培，因此，关于新品种的研究也主要集中于这三个国家。

日本关于广叶绣球菌的研究起步较早。在野生菌株驯化栽培方面，日本许多研究机构中都保藏有广叶绣球菌菌株，如日本微生物资源学会（JSCC, Japan Society for Culture Collections），该学会网站中已注册有广叶绣球菌菌株 7 株；日本已有一些可用于人工栽培的优良品种，如 Unitika、Minahealth 公司目前已可进行商业化栽培，但其栽培技术目前却处于保密阶段，鲜有文献报道。韩国也是广叶绣球菌研究的热点国家之一，目前韩国许多研究机构中也保藏有广叶绣球菌菌株，如韩国林业研究所（KFRI, Korea Forest Research Institute）、韩国生命工学研究院（KRIBB, Korea Research Institute of Bioscience and Biotechnology）、韩国仁川大学（University of Incheon）、东国大学（Dongguk University）等。但在公开报道的文献中，可用于工厂化栽培的优良品种较少。

我国是在 2004 年，福建省农业科学院食用菌研究所引进广叶绣球菌菌株，对其营养生理、生物学特性、基质配方及工厂化栽培技术进行了系统的研究，2005 年人工栽培获得成功，2009 年实现工厂化栽培。2013 年 4 月 26 日，该单位选育的广叶绣球菌新菌株"闽绣 1 号"通过福建省农作物品种审定委员会审定，该菌株是目前为止国内唯一一个通过省级认定的菌株，具有完全的自主知识产权，适合工厂化栽培。除此之外，国内其他单位也分离、保藏了许多广叶绣球菌菌株，如中国林业微生物菌种保藏管理中心（CFCC）、四川省绵阳市食用菌研究所、杭州市农业科学院蔬菜研究所、吉林农业大学、青岛农业大学等。

总体而言，国内虽然在广叶绣球菌野生菌株驯化、人工栽培、优良菌株筛选等方面取得了一定进展，并且选育出适宜工厂化栽培的优良品种，但关于广叶绣球菌种质资源的搜集、保存、评价及其种质创新的研究还远远不够，还未能充分发掘出种质资源的优良特性和利用潜力，这在很大程度上影响和制约了我国广叶绣球菌新品种选育工作的进一步发展。因此，需进一步加快我国广叶绣球菌种质资源的收集、评价、保护和利用，选育出更多的具有自主知识产权的优良广叶绣球菌品种。

认（审）定品种

闽绣 1 号（原名：绣 C）（闽认菌 2013005）

1. 选育单位　由福建省农业科学院食用菌研究所选育，2013 年通过福建省农作物品种审定委员会审定。

2. 特征特性　子实体单生，白色或乳白色，菌肉洁白、肉质、柔软有弹性。底部有柄，从柄上分化出许多小枝梗，枝梗末端形成许多有褶的瓣片。子实体瓣片相互交错似波浪状，较薄，不规则，边缘弯曲不平，形似绣球，直径 11.63 ～ 13.58 cm，单朵重 150 ～ 200 g，栽培周期 120 天左右。鲜菇耐贮性较好，烘干后收缩成角质，质硬而脆，黄色或金黄色，外观品质良好。

菌丝白色、较浓密，稍有爬壁现象，气生菌丝长势较旺盛，不分泌色素，有锁状联合。

第四节
主要生产模式及其技术规程

广叶绣球菌生产有自然栽培和工厂化栽培等模式，目前主要采用工厂化栽培袋栽生产模式。近年来，福建、四川、吉林、浙江等地先后进行了广叶绣球菌栽培试验，并取得了突破性进展，尤其是福建，率先实现广叶绣球菌工厂化栽培，目前已进入商业化生产阶段。

工厂化塑料袋栽培模式

（一）栽培季节

广叶绣球菌属中低温结实型菌类，菌丝生长最适温度为 22～24 ℃，子实体发育温度为 15～20 ℃，空间温度超过 22 ℃或低于 14 ℃都会影响广叶绣球菌原基分化及子实体正常发育。广叶绣球菌整个生长周期需要 120 天左右，根据这一特性，采用自然栽培时，要满足各阶段生长对温度的需求，这是栽培成功与否至关重要的因素之一。在实际栽培过程中，可根据需要，在出菇房配置增、降温设施设备，我国南方地区一般可在秋末生产栽培袋。工厂化栽培时，菇房温度、湿度、光照等环境因素可根据需要适时调整，一年四季均可栽培。

（二）菌种准备

1. 母种制作　适合广叶绣球菌生长的母种培养基有许多种，一般采用 18 cm×180 cm 或 20 cm×200 cm 规格的试管，常用培养基如下：

（1）PDA 培养基　马铃薯（去皮）200 g，葡萄糖 20 g，琼脂 20 g，水 1 000 mL，pH 自然。

（2）PSA 培养基　马铃薯（去皮）200 g，蔗糖 20 g，琼脂 20 g，水 1 000 mL，pH 自然。

（3）PDPYA 培养基　马铃薯（去皮）200 g，葡萄糖 20 g，蛋白胨 2 g，酵母粉 2 g，琼脂 20 g，水 1 000 mL，pH 自然。

母种质量鉴别：正常的广叶绣球菌母种菌丝洁白，生长健壮，边缘整齐，稍有爬壁现象，无分泌色素，镜检菌丝有锁状联合。试管完好无破裂，棉塞干燥无霉变。

2. 原种制作　原种一般采用 650～750 mL 玻璃瓶，常采用以下配方。

配方 1：木屑 70%，玉米粉 28%，碳酸钙 2%。

配方 2：木屑 76%，麸皮 18%，玉米粉 2%，蔗糖 1.5%，石膏 1.5%，过磷酸钙 1%。

按比例称取原料，加水搅拌均匀后装瓶，一般

装至瓶肩处，用工具将料面压平压实，瓶外壁擦拭干净。装好的菌种瓶用棉花将瓶口塞紧，高压蒸汽灭菌，温度升至 126 ℃后保持 2.5 h。灭菌完毕后，待原种瓶温度降至室温时，在接种箱或超净工作台内接种。接种后，将已接种的原种瓶移入培养室，竖直摆放在菌种培养架上。菌种培养期间注意通风换气，定期检查，发现污染要及时挑出并做妥善处理。

原种质量鉴别：优良的广叶绣球菌原种菌丝浓密，洁白，粗壮有力，生长均匀（图 7-24-8），无杂色，无黄水，无原基或子实体形成。同一菌株，在相同的培养基和培养条件下，长速、长相应基本相同。容器完好无破损，棉塞干燥无霉变。

图 7-24-8　广叶绣球菌原种

栽培种配方及制作工艺与原种相同。由于广叶绣球菌菌丝生长缓慢，培养时间长，建议生产上直接利用原种接栽培袋。

（三）原料选择与培养料配制

1. 配方　广叶绣球菌属木腐型真菌，可利用的栽培原料来源广泛，许多农副产品下脚料均可作为其栽培基质。栽培主料有木屑（图 7-24-9）、玉米秆、棉柴、大豆秆、玉米芯、甘蔗渣、棉籽壳、花生壳等，辅料有麸皮、米糠、玉米粉、白糖、蛋白胨、石膏、轻质碳酸钙、磷酸二氢钾、硫酸镁等。常用的栽培配方有：

配方 1：木屑 70%，玉米粉 28%，碳酸钙 2%。

配方 2：木屑 76%，麸皮 18%，玉米粉 2%，

蔗糖1.5%，石膏1.5%，过磷酸钙1%。

配方3：木屑70%，米糠28%，糖1%，碳酸钙1%。

图7-24-9　原料准备

2.搅拌　培养料配制之前，应首先过筛除去木屑中混有的杂质、异物等，以防刺破塑料袋，造成杂菌污染。随后，根据生产计划及配方要求，任选一种培养料配方，按比例准确称取各种原料，混合均匀后加入所需水分并搅拌均匀，含水量控制在60%～65%，pH为7。配制培养料时，以满足广叶绣球菌生长对养分的需求、降低生产成本为原则进行配制。

（四）装袋

培养料加水搅拌均匀后，应及时装入袋中。目前常用的有聚乙烯和聚丙烯两种塑料袋。聚丙烯塑料袋由于耐高压、质地柔软、灭菌冷却后袋膜不发脆、透明度高等特点，广泛应用于工厂化栽培中，所用规格为17 cm×33 cm×0.04 mm。采用常压灭菌时，两种塑料袋均可选用。

装袋时力求袋内培养料上下松紧一致且松紧适宜。装袋过松，菌丝生长过程中培养料与塑料袋之间容易形成空隙，进而形成大量的原基，不便于后期管理；装袋过紧，透气性差，影响菌丝及子实体生长。

（五）灭菌

装好的料袋要及时灭菌，堆放时间过长易造成培养料酸败变质，影响质量，同时袋中微生物会大量繁殖，影响灭菌效果。工厂化栽培一般采用高压蒸汽灭菌，温度升至126 ℃保持2.5 h。灭菌结束后，使温度自然下降，不可强制排汽降温。当温度降至40 ℃左右时，缓慢打开灭菌锅大门，将菌袋推入提前除尘、已消毒的冷却室内冷却。

（六）接种

料袋温度降至室温时送入净化室内接种。容量为750mL的玻璃瓶，每瓶原料接种料袋24袋左右。

（七）发菌管理

将接种后的菌袋移入发菌室，进行保温、控湿管理。自然栽培时，菌袋排放量视气候及培养条件而定，低温季节堆放密度可高些，以利加温；高温季节堆放密度要低些，以利散热。菌丝培养阶段无须光照设备，只要照明灯光，方便室内工作。菌丝培养阶段注意通风换气，使室内保持空气清新。

广叶绣球菌菌丝生长的最适温度为24～26℃，接种后室温控制在25 ℃左右，促进接种菌块萌发生长。菌丝生长盖面后，由于产生生物热，使得袋内温度比袋外空间温度高，因此，保持培养室温度22～24 ℃为宜。温度高于28 ℃时要及时通风散热，温度低于20 ℃时要及时关闭门窗保温发菌。广叶绣球菌菌丝生长较缓慢，培养室保持适宜的温度对加快菌丝生长至关重要。在菌丝培养阶段，培养室要保持相对干燥，空气相对湿度60%～65%为宜。湿度过大会引起霉菌侵染，湿度过低会因空间干燥引起袋内培养料失水而不利菌丝生长。

广叶绣球菌在菌丝生长期间（图7-24-10），培养室需定时通风换气，保持空气新鲜，以利于菌丝生长。培养期间无须光照设备，只需照明灯光，以方便室内工作。原基诱导需要散射光刺激，黑暗条件下菌丝难以完成生长转化，强光直射时菌丝生长也会受到抑制。

图 7-24-10　菌丝培养

（八）诱导原基

控制温度在 17～23℃，空气相对湿度 80%，散射光刺激。随后，菌袋周围可见菌丝聚集扭结，进而出现原基。随着原基块的不断增大，表面吐水珠，出现突起组织，原基进入分化阶段，此时加强光照（图 7-24-11）。原基逐渐分化出小叶片。

图 7-24-11　加强光照

（九）育菇

原基形成及分化后，将菌袋移入出菇室开袋。控制温度在 16～20℃，空气相对湿度在 90%～95%（图 7-24-12）。

图 7-24-12　保证湿度

（十）采收

当子实体叶片颜色由白色转为淡黄色，且瓣片展开呈波浪状，背面略现白色绒毛时即可采收，采收前 12 h 应停止喷水加湿（图 7-24-13）。

图 7-24-13　准备采收的广叶绣球菌

（十一）包装

广叶绣球菌采收后可直接上市鲜销，鲜品耐贮性好，一般在温度 3～5 ℃条件下，可保鲜 15 天左右。如果制成干品，采收后，先将菌柄与瓣片切开，子实体瓣片可直接烘干。菌柄部分由于水分含量过高，可切成片烘干。由于子实体含水量及含糖量较高，烘烤过程与其他菌类也稍有不同，初期要严格控制温度，掌握先低后高的原则。一般从 35 ℃开始，随后逐渐升高温度。烘烤过程中需结合通风排气。温度过高时子实体易烤焦，以不超过 60 ℃为宜。子实体烘干后收缩成角质，质硬而脆，黄色或金黄色，外观品质良好，在常温下，可密封保存 4～6 个月。

（林衍铨）

第二十五章 榆耳

　　榆耳主要生长在腐朽的枯树干上，特别是砍伐后的树桩榆木墩子上，其子实体质地胶质，形态似黑木耳，但粉红棕色，富有弹性。榆耳味道鲜美，兼具药效，享有"森林食品之王"的美称。近年来，人们对榆耳的食药用价值认识加深，市场需求量越来越大，市场前景广阔。

第一节
概述

一、分类地位

　　榆耳隶属真菌界、担子菌门、蘑菇亚门、蘑菇纲、蘑菇亚纲、蘑菇目、挂钟菌科、榆耳属。由我国率先驯化栽培成功，是东北地区珍贵的大型食药兼用菌。

　　拉丁学名：*Gloeostereum incarnatum* S. Ito & S. Imai。

　　中文别名：肉色胶韧革菌，在民间俗称榆蘑、肉蘑、沙耳。

二、营养价值与经济价值

　　榆耳子实体味道鲜美，肉质肥厚，口感嫩滑，含有丰富的蛋白质和多糖、黄酮苷、三萜皂苷、生物碱、酚类、甾醇、脂肪酸以及多种维生素和钙、铁、磷、锌等（李典忠，2002），享有

"森林食品之王"的美誉。与野生榆耳子实体相比，人工栽培的榆耳子实体中碳水化合物含量较低，但粗蛋白质含量几乎是野生子实体的2倍。从榆耳子实体分离得到的多糖，是由葡萄糖、甘露醇、半乳糖、木糖以及少量糖醛酸组成的酸性杂多糖，是一种以天冬氨酸、谷氨酸、甘氨酸为主要氨基酸组成的蛋白质结合的多糖。榆耳多糖能够增强机体免疫活性，并对肿瘤细胞有抑制作用。榆耳子实体含有17种氨基酸，其中有7种为人体必需氨基酸，占总量的89.78%；甘氨酸和脯氨酸是构成胶原蛋白必需的氨基酸，含量为0.67%；缬氨酸是一种支链氨基酸，含量达76.24%，支链氨基酸可以随着血液流入大脑，降低大脑中使人产生疲倦感的5-羟色胺含量，从而有效地减轻脑力疲劳。子实体中的多酚和黄酮可以作为抗氧化剂，有延缓老年性色素斑出现并限制其增长的作用。

榆耳的发酵产物中含有蛋白质、脂类、多糖、18种氨基酸、倍半萜化合物、多种维生素及微量元素。榆耳发酵产物抑菌谱广且抑菌活性强，对痢疾杆菌、绿脓杆菌、金黄色葡萄球菌、大肠杆菌、肠炎沙门杆菌均产生抑菌作用，所以民间采用榆耳煮汤来治疗痢疾是有一定科学根据的。将乳酸链球菌素与榆耳发酵液混合后，研究混合液对多黏芽孢杆菌的抑制作用，得到温度在80℃、pH为4、榆耳发酵液含量为40%的混合液抑菌效果最好，可替代苯甲酸钠等作为天然防腐剂使用。

近年来，随着人们对榆耳的营养价值及药用价值认识的加深，市场需求量不断加大。20世纪80年代我国首次将榆耳驯化栽培成功，经过深入研究，榆耳的袋栽技术日趋成熟，产品质量好，色泽纯正，病虫害发生少，无农药残留，干品价格80～120元/kg。利用家榆和春榆的木段栽培榆耳，效益也颇丰。榆树木段可产榆耳干品15 kg/m³，市场售价是300元/kg。

三、发展历程

榆耳的研究始于1933年，日本学者S.Ito和S.Imai曾发表一篇关于新种胶韧革菌的报道。我国榆耳标本最早出现在1963年，由朱友昌等人在辽宁本溪县采集获得，但当时未能进行鉴定，直到1988年王云对其鉴定，才确认这个榆耳标本就是发表于1933年的新种胶韧革菌，榆耳的学名和分类地位得以确定，由此开启了我国科研工作者对榆耳生物学特性、人工驯化栽培及活性成分的大量研究。

榆耳多生长在空气充足、环境阴湿的山区林间，主要腐生在榆树和春榆的枯干或树洞上，每年8～9月是榆耳子实体大量发生的季节。日本学者S. Ito和S. Imai发现在槭属植物树干上榆耳也能正常生长，图力古尔在糖槭树上也发现榆耳。野生榆耳主要分布在我国东北地区和内蒙古大清沟自然保护区及日本的北海道地区，在我国新疆和俄罗斯西伯利亚地区也有一定的分布。

四、主要产区

榆耳生长发育所需培养基质的主要原料为玉米芯和硬杂木屑，栽培设施为温室或大棚，属于保护地栽培，因此榆耳适宜栽培区域为具有林木资源和农作物资源的地区，如平原玉米主产区和林木资源丰富的山区和半山区。自20世纪80年代我国首次将榆耳驯化栽培成功，山东省鱼台县，吉林省四平、桦甸等地，辽宁省的清原、新宾、抚顺等地以及黑龙江省东部地区成为榆耳的主产区。其中鱼台县的榆耳干品年产量已达到350万t，在四平市的叶赫镇也形成了规模超过100万袋的榆耳生产基地，栽培经济效益十分显著。

五、发展前景

榆耳是我国东北地区珍贵的大型食药兼用

菌，具有极高的食用及医疗保健价值。榆耳颜色娇艳，肉质肥厚，口感极佳，含有丰富的营养物质。随着研究的不断推进，榆耳受到广大消费者的青睐，并逐渐被国外市场所接受。榆耳中的多糖有抑菌的作用，其发酵液粗多糖制剂应用于临床试验观察，在肠胃疾病方面取得了良好的疗效，具有开发成治疗肠炎、胃炎及胃溃疡药品的潜力。

目前榆耳的野生资源非常匮乏，人工栽培的成功不但可以保护野生资源，又可以调节市场供不应求的状况。榆耳属中低温型菌类，由于出菇时的气温比较低，虫害现象很少发生。榆耳通常以干品形式销售，耐贮存，运输方便，商品的保值能力强，而且榆耳的发酵产物在作为食品的防腐剂的同时，又可以作为食品营养成分的添加剂，具有十分广阔的开发前景。

第二节
生物学特性

一、形态特征

（一）菌丝体

榆耳菌丝洁白浓密，呈线形绒毛状，具有分枝，气生菌丝短而旺盛，有锁状联合及横隔。

（二）子实体

子实体原基期呈平伏或不规则脑状。子实体胶质，肉质肥厚，富有弹性。菌盖呈肾形、扇形、花形或耳片形，乳白色或粉红色，无菌柄，单生或覆瓦状叠生，边缘内卷呈波浪状（图 7-25-1）。上表面着生排列较密的橘黄色或粉红色的绒毛，菌盖边缘的绒毛颜色较浅，排布稀疏；下表面凹凸不平，有放射状排列的粉红色疣状突起，直径为 1～3 mm。子实体层由担子和囊状体组成，担

子呈棍棒状，表面有稀疏凸起的网状纹饰。囊状体呈长圆柱形或圆锥形，表面有致密不规则的网状纹饰。担子梗上的担孢子呈椭圆形或腊肠形。孢子印白色。榆耳子实体晾干后收缩、坚硬，受温度影响呈红褐色或呈浅咖色，经水浸泡后复原肉质。晒干的野生榆耳子实体浸水后，浸出液呈红褐色，再次晾干体积变化不大，而经人工栽培的榆耳体积则膨大 2～3 倍，浸出液颜色变浅。

图 7-25-1　榆耳子实体

二、生活史

榆耳属于异宗配合四极性双因子控制的真菌。榆耳孢子多数含有 1 个细胞核，极少数担孢子含有 2 个细胞核，在适宜条件下，担孢子萌发伸长，形成单核菌丝，表示生活史开始。萌发形成的单核菌丝共有 4 种不同交配型的单核菌丝，当两条具有不同遗传性的可亲和的单核菌丝结合后进行质配，产生具有锁状联合结构的双核菌丝，双核菌丝在适宜条件下生长发育，最终形成榆耳子实体。在子实体中，双核菌丝的顶端细胞发育成棒状担子，担子中的双核体进行减数分裂重新形成 4 个单元核，每个单元核分别通过担子小梗，在小梗顶端形成 4 个担孢子，担孢子发育成熟后弹射，从而完成榆耳完整的一个生活史。

三、营养

榆耳是一种木腐菌，碳源、氮源、矿质元素以及维生素是榆耳生长发育所需的主要营养。不同培养料因成分的不同，所栽培的榆耳品质和产量也有所不同。因此，在生产中要选择适宜的培养料来满足榆耳不同生长阶段对营养物质的需求。

（一）碳源

碳源不仅为榆耳的营养生长和生殖生长提供能量，同时也是构成菌丝细胞的碳素骨架，是榆耳生长发育最重要的营养源。榆耳菌丝生长阶段可利用的碳源包括很多种类，其中可溶性淀粉、甘油、甘露醇、糊精和糖蜜的效果最好，其次是葡萄糖、麦芽糖、蔗糖、果糖，而乳糖、半乳糖和卫矛醇较差。不同栽培基质所提供的碳源对榆耳菌丝生长和出耳影响不同，在棉籽壳基质上榆耳菌丝生长最好；在玉米芯、豆秸和花生壳等栽培料中也可生长，但产量不高；在硬杂木屑中生长最差；在稻草中菌丝不生长。榆耳在生长发育的过程中不能直接吸收栽培基质的纤维素、半纤维素和木质素等大分子物质，需要分泌能降解这些大分子物质的胞外酶，将其分解成可溶于水且易被细胞吸收的小分子物质，并吸收转化为满足自身生长所需的营养物质。木质素的利用主要是在菌丝生长阶段，利用率较低；半纤维素的利用主要是在生殖生长阶段；而对纤维素的利用贯穿于整个生长阶段，是榆耳在栽培基质中生长发育的最主要碳源。

（二）氮源

榆耳可利用多种氮源，其中以有机氮为最好，豆饼粉和玉米浆为最佳氮源，其次是蛋白胨、酵母膏、甘氨酸和丙氨酸，以谷氨酸和硝酸钠较差，不能利用尿素和硫酸铵。在栽培时主要采用麸皮、米糠、玉米粉、大豆粉等作为氮源。榆耳栽培基质的碳氮比适宜范围为（24～30）：1。如果碳氮比过高，虽然菌丝生长快、生育期短，但产量低、质量差；而碳氮比过低，不仅生育期长，产量也低。

（三）矿质元素

矿质元素可以调节细胞的渗透压和pH，参与细胞结构物质的组成；作为酶的活性基因的组成成分，有的是酶的激活剂。虽然对矿质元素的需求量较少，但也是榆耳生长发育必不可少的营养物质。榆耳需要的矿质元素主要是磷、镁、钾、硫、锌、铁、锰、铜等。一般在栽培生产中常添加硫酸镁、磷酸二氢钾、磷酸钙，作为酶的激活剂和培养基质缓冲剂，增强酶的活性，调节培养基质的pH，以促进菌丝生长。铁、锰、铜等在常用的培养基质中的含量足以满足榆耳生长发育的要求，无须另外添加，如果添加过量会抑制菌丝的生长。

（四）维生素

榆耳有维生素 B_1 的天然缺陷性，不能自身合成，需外源补给，若以麸皮、玉米粉、酵母膏等含维生素 B_1 较多的营养物质作为辅料，不需另外添加维生素 B_1。维生素 B_1 对榆耳的生长发育具有重要作用，当严重缺乏时，菌丝不能正常生长。有研究表明适当添加维生素 H 也有利于榆耳菌丝的生长。

四、环境条件

（一）温度

榆耳的生长发育必须在一定的温度范围内进行，在不同的生长阶段对温度的要求也有所不同。榆耳属低温结实性菌类。在 5～35℃的温度范围内菌丝可以生长，适宜温度为 22～27℃，以 25℃最为适宜。接种 2 天后，菌丝即可萌发，菌丝粗壮浓密，生长速度快。30℃以上的高温，菌丝生长速度快，但菌丝稀疏纤细；35℃以上停止生长甚至死亡，榆耳菌丝的致死温度低于大多数食用菌；在 15℃以下菌丝生长速度缓慢；10℃以下，一般需经 12 天菌丝开始萌动。子实体原基形成的温度为 5～26℃，要比菌丝生长阶段的低，适宜温度为 10～22℃，温差 10℃有利于原基的分化。营养生长期间的温度也会影响原基的分化，如果菌丝生长时的温度高于 30℃，很难形成原基，菌丝只有在适宜温度下生长，才有利于原基的形成。榆耳子实体生长发育的温度为 10 ～ 23℃，最适温度为 18 ～ 22℃。在适宜的温度范围内，子实体生长发育的速度随温度升高而加快。

（二）水分

榆耳在营养生长过程中需要的水分主要来自培养料，而在生殖生长过程所需的水分主要来自空气。培养料的含水量为 40％～ 75％，榆耳菌丝均可生长，而最适宜的含水量为 60％～ 65％。若培养料的含水量低于 55％，菌丝虽可生长，但不易形成原基；高于 70％时，影响菌丝的呼吸作用，菌丝生长缓慢甚至停止。菌丝生长阶段培养室内的空气相对湿度不宜超过 60％，否则出现杂菌污染的现象。在原基分化和子实体生长期间，空气相对湿度应达到 85％～ 95％。若低于 70％时，原基不分化或已分化的原基干枯死亡；低于 80％、高于 70％时，原基和子实体生长缓慢。与恒湿条件相比，干湿交替环境对榆耳子实体生长发育更为有利，同时也可有效地抑制杂菌及病虫害的侵染。

（三）空气

榆耳属好氧性菌类，在其生长发育的各个阶段都需要充足的氧气供给，因此，在菌丝生长阶段要保持发菌室内空气的充足，一般早晚各通一次风，可以保证室内空气新鲜，氧气充足。若二氧化碳浓度过高，可能导致菌丝变黄甚至停止生长。在原基的形成和子实体的生长期，对氧气的需求量更大，如果此时二氧化碳浓度过高时，原基不能正常分化，子实体出现畸形，严重影响榆耳的品质。

（四）光照

榆耳菌丝生长阶段要求无光培养，此时不需要光照。在黑暗条件下，榆耳的菌丝浓密粗壮，并且生长速度快。光照强度越大对菌丝生长的抑制作用越强，榆耳菌丝在强光照射下萌发缓慢，菌丝生长前端分枝减少，稀疏纤细，气生菌丝消失。因此，菌丝生长阶段需要在黑暗条件下进行。在生殖生长阶段，要有一定的散射光诱导子实体原基形成，在黑暗和强光条件下，抑制子实体原基的形成。榆耳

菌丝对光照极为敏感，长满培养料的菌丝，每天给予 6 ～ 8 h 15 lx 光照，就可刺激原基的形成和子实体的生长。光照强度和子实体的颜色相关，暗光下子实体的颜色较浅，而散射光照和强光照下子实体的颜色深。

（五）酸碱度

榆耳菌丝在 pH 4 ～ 9 的培养料上均能生长。最适 pH 5.5 ～ 6，pH 3 以下时菌丝不萌发，pH 高于 8 时，菌丝纤细，生长速度缓慢。在不同 pH 条件下，菌丝生长情况不同。子实体生长阶段，适宜 pH 6 左右，因此，榆耳属于喜微酸性环境的真菌。高温灭菌会使培养料的酸性增加，在榆耳的实际生产中，在拌料时加入一定量的石膏和生石灰可以起到调节 pH 的作用。

第三节
生产中常用品种简介

根据整个生育期所需要的时间不同，榆耳有早熟、中熟和晚熟品种。依据菌丝生长期对不同温度的适应情况，榆耳可分为耐高温类型、中温类型和耐低温类型。不同品种在子实体大小、颜色、朵形和产量等方面差异较大，遗传性状比较丰富。目前，已有两个榆耳新品种通过吉林省农作物品种审定委员会审定。

认（审）定品种

（一）旗肉 1 号（吉登菌 2012014）

1. 选育单位　吉林农业大学等。

2. 品种来源　野生榆耳经过系统选育而来。

3. 特征特性　中熟品种，从接种到采收需要 90 ～ 105 天；菌丝洁白，粗壮浓密；子实体褐粉

色至粉红色，朵形如花（图 7-25-2），单朵直径 7.2～11.5 cm，质量 110～200 g，品质佳，商品性好。

绿色木霉等杂菌抗性较强。

图 7-25-2　旗肉 1 号

图 7-25-3　旗肉 2 号

4. 产量表现　每 100 kg 干料产鲜榆耳 55.2 kg。

5. 栽培技术要点　大棚、温室熟料栽培，春茬 2 月上旬至 3 月中旬接种，6 月收获；秋茬 6 月下旬至 7 月中旬接种，10 月收获。栽培袋规格为 17 cm×33 cm，每袋装干料 0.3～0.5 kg。培养料配方为玉米芯 77%、麸皮或稻糠 15%、玉米粉 3%、豆粉 2%、石灰 1%、石膏 1%、草木灰 1%，或玉米芯 40%、木屑 40%、麸皮或稻糠 16%、豆粉 2%、石灰 1%、石膏 1%。原基出现后要求有散射光。当原基表面有明显凹凸不平，可看出呈片状锥形时，增加通风量，保持温度 16～22 ℃，空气相对湿度 90% 以上，每天上下午喷水，保持湿润。当子实体边缘颜色变浅、厚度变薄、呈波浪状时及时采收。

6. 适宜种植地区　建议在吉林省内或相似环境内栽培。

（二）旗肉 2 号

1. 选育单位　吉林农业大学等，2013 年 1 月通过吉林省农作物品种审定委员会审定并命名。

2. 品种来源　杂交育种和系统选育相结合选育而来。

3. 特征特性　属早中熟品种，从接种到采收需要 85～100 天；菌丝洁白，粗壮浓密；子实体粉红色，朵形如花（图 7-25-3），平均单朵直径 9.2 cm，平均鲜重 115 g，品质佳，商品性好。对

4. 产量表现　每 100 kg 干料产鲜榆耳 52.8 kg。

5. 栽培技术要点　大棚、温室熟料栽培，春茬 2 月上旬至 3 月中旬接种，6 月收获；秋茬 6 月下旬至 7 月中旬接种，10 月收获。栽培袋规格 17 cm×33 cm，每袋装干料 0.3～0.5 kg。培养料配方为玉米芯 77%、麸皮或稻糠 15%、玉米粉 3%、豆粉 2%、石灰 1%、石膏 1%、草木灰 1%。原基期要求有散射光，当原基表面有明显凹凸不平，可看出呈片状锥形时，增加通风量，保持温度 16~22℃，空气相对湿度 90% 以上。当子实体边缘发白、变薄、呈波浪状、刚散射孢子时及时采收。

6. 适宜种植地区　适于吉林省栽培。

第四节
主要生产模式及其技术规程

一、塑料袋熟料栽培模式

（一）栽培季节

榆耳主要栽培季节为春秋两季。春季栽培以 2

月上旬至 3 月上旬为适宜接种期，4 月下旬至 6 月上旬为出耳期；秋季栽培以 6 月上旬至 7 月上旬为适宜接种期，8 月下旬至 10 月中旬为出耳期。

（二）菌种准备

1. 母种培养基的制作　将马铃薯去皮、洗净、挖去芽眼，切成 0.5 cm 均匀条状，称取 200 g，放入锅中用 1 L 清水加热煮沸，煮至软而不烂为止。用八层纱布进行过滤，然后滤液定容至 1 L，再加入 20 g 琼脂继续加热，完全溶化后，添加葡萄糖搅拌均匀。趁热分装至试管，塞上棉塞。在 0.12 MPa（123℃）的压力下，灭菌 20 min，出锅后趁热摆斜面，斜面的长度为试管总长的 1/2 ～ 2/3。接种后置于 25℃温箱培养，并观察萌发和污染情况，发现污染和不萌发的立即剔除，及时补充菌种，培养 15 天左右，菌丝长满试管。

2. 原种培养料配方

配方 1：高粱粉 99%，石灰 1%。

配方 2：玉米粉 99%，石灰 1%。

配方 3：木屑 78%，麸皮 20%，糖 1%，石膏 1%。

榆耳原种可瓶栽，也可袋栽。接种后的原种要放在发菌室中，发菌室要求黑暗、清洁、空气流通，切勿堆放得过挤。每天要观察菌丝萌发及生长情况，及时挑拣未萌发和污染的原种，培养时间约为 30 天。

（三）原料选择与培养料配制

1. 配方

配方 1：玉米芯 60%，麸皮 20%，硬杂木屑 18%，石膏 1%，糖 1%。

配方 2：玉米芯 79%，麸皮 10%，豆饼 5%，玉米粉 3%，石膏 1%，石灰 1%。

配方 3：木屑 78%，麸皮 20%，糖 1%，石膏 1%。

2. 搅拌　栽培料配制之前，应首先过筛除去木屑中混有的杂质、异物等，以防刺破塑料袋，造成杂菌污染。随后，根据生产计划及配方要求，任选一种培养料配方，按比例准确称取各种原料、辅料，混合均匀后加入所需水分并搅拌均匀，含水量控制在 60% ～ 65%，pH 7。配制培养料时，应以满足榆耳生长对养分的需求，降低生产成本为原则进行配制。

（四）装袋

培养料加水搅拌均匀后，应及时装入袋中。目前常用的有聚乙烯和聚丙烯两种塑料袋。聚丙烯塑料袋由于耐高压、质地柔软、灭菌冷却后袋膜不发脆、透明度高等特点，广泛应用于工厂化栽培中。采用常压蒸汽灭菌时，两种塑料袋均可选用。常用料袋规格有 33 ～ 35 cm×17 ～ 18 cm×0.05 mm，也可选用较大规格料袋。

装袋时力求袋内培养料上下松紧一致且松紧适宜。装袋过松，菌丝生长过程中培养料与塑料袋之间容易形成空隙，进而形成大量的原基，不便于后期管理；装袋过紧，透气性差，影响菌丝及子实体生长。

（五）灭菌

1. 高压蒸汽灭菌　高压蒸汽灭菌是最常用的灭菌方法，生产效率高，灭菌效果好。榆耳的栽培料一般由木屑、玉米芯等天然物质组成，需要 0.15 MPa 灭菌 2 ～ 2.5 h。

2. 常压蒸汽灭菌　常压蒸汽灭菌适用于聚乙烯薄膜袋，在温度达到 100℃以后，维持 8 ～ 10 h。灭菌后，自然冷却 2 h，摆放在干燥通风处或接种室内床架上冷却。注意在搬运过程中应轻拿轻放，防止硬物将袋扎破而污染。

（六）接种

采用两端接种法，先用 2% ～ 3% 甲酚皂溶液喷雾消毒，再按 2 ～ 4 g/m³ 的用量用气雾消毒盒点燃熏蒸 30 min。接种时，拔去菌袋的棉塞，用接种钩将原种表面的老化菌皮抠除后再取菌种，迅速移入袋口，然后迅速重新将棉塞塞好。

（七）发菌管理

发菌期间，菌丝培养的温度为 25℃左右，发菌室要清洁、保温、干燥，要有良好的通风换气条件，使菌丝生长处于完全黑暗条件下，忌用照明灯。春季发菌可通过室内加温或在棚膜上覆盖草苫或棉被起到升温作用。秋季发菌要采取遮阳网等降温措施，如果温度过高，杂菌易滋生，使菌丝生活力下降。多雨季节注意通风排潮。一般 35 ～ 50 天，菌丝即可长满菌袋。

（八）育菇

当菌丝长满后，培养料表面菌丝变浓、加厚，形成白色菌团时，温度要控制在 17 ～ 22 ℃，给予一定的光照刺激，诱导原基形成，但光照不能过强，否则会抑制子实体原基形成。菇房内空气相对湿度控制在 75％～ 85％，当原基出现后将袋口松开，增加透气性。当原基直径达到 3 cm 左右时，进入分化期。此时要打开袋口向地面和墙壁喷水以达到增湿效果，使菇房内空气相对湿度保持在 80％～ 90％。若湿度不够，可直接向原基表面喷水。喷水后及时通风，如果通风不良，室内二氧化碳浓度过高，原基不能正常分化甚至腐烂。原基分化后，当耳片超过 3 cm 时，保持温度在 18℃左右，每天喷水 2 ～ 3 次，每次喷水后彻底通风。当耳片长到 4 cm 时，给予适量散射光，提高产品色泽。榆耳从原基形成到子实体成熟需 20 ～ 25 天。

（九）采收

1. 采收　当子实体颜色由浅粉色变成深粉色，耳片边缘变薄呈现波状时，表明子实体已发育成熟，应及时采收。采收前一天停止喷水，采用割耳的方法进行采收，小刀要用 75％ 酒精擦拭消毒，留 0.3 cm 的耳基。待耳基创面不黏时，将袋口松扎养菌，直到创面萌生白绒状菌丝层后，才能根据情况补水或喷水。一般在补水 7 天后，可从创口平面上长出新的子实体。由于第二茬子实体是在第一茬耳基上形成的，所以子实体发育较快，采收方法是摘取。

2. 晾晒　采收后将榆耳耳片平铺在筛网上，为防止后熟弹射孢子降低榆耳品质，光面朝上，如果耳片较大，可以在耳片中间分成两片。同时做好防雨措施，可以用塑料布将晾晒床苫好。榆耳即将干

燥时要在阴天进行回潮，防止形成"外干内湿"导致贮藏时发霉变质。

二、段木栽培模式

（一）栽培季节

春季栽培以 2 月上旬至 3 月上旬为适宜接种期，4 月下旬至 6 月上旬为出耳期。

（二）菌种准备

同本节"塑料袋熟料栽培模式"。

（三）耳材选择

段木栽培榆耳最适宜的树种为家榆和春榆。树龄一般在 12 年左右，末端树径 5 cm 以上适宜利用。树木在新叶萌发前砍伐，截成 1 m 长的段木，适当干燥，使其含水量在 40％～ 50％。

（四）接种

选择气温稳定在 5 ～ 10 ℃的春季接种。接种时用 12 mm 钻头的手电钻或打孔器，打深 2 cm 左右的孔穴，孔穴行株距为 5 cm × 10 cm，以"品"字形排列。在接种前，对栽培种要进行严格检查，随打穴随接种，接种要压实并及时封盖，不宜装得过满。接种后及时用木盖、玉米芯或黄泥木屑混合（黄泥：木屑 =7∶3，用多菌灵 80 倍液和成稠糊状）封口，使之与树皮密合。

（五）上垛发菌

耳木接种后，以"井"字形放入深 1 m、宽 1.5 m 的长坑内，盖草苫和薄膜保温、保湿，以利发菌。待自然气温稳定在 15℃左右时，可将耳木移入荫棚内，地面垫沙石，按"井"字形堆放，堆高不超过 1 m，上面覆盖针叶树枝，防止阳光直射段木。每隔 10 天翻一次堆。每 5 天喷一次水，使段木保持适当的含水量，空气相对湿度要保持在 80％～ 85％。接种后 30 天左右菌丝即可定植。要经常检查发菌情况，发现杂菌要及时处理，一般采用 10％石灰水涂擦污染处。

（六）出耳管理

当整个耳木发好菌时即可将其锯成三段，

并将耳木放在架上按"人"字形排列。如耳木干燥，可浸入水中24 h左右，使其含水量达65%～70%，浸水后榆耳大量从截断面发生。出耳期间温度以15～23℃为宜，给予一定的散射光，保证空气流通，并要经常喷水，使空气相对湿度控制在85%～95%，以利于子实体原基的形成和发育。如湿度低，其上部不易出耳，只在靠近地面部位出耳。接种当年出耳量较小，第二年是产耳旺期，一般可连续出耳3～4年。

（姚方杰）

第二十六章　灵芝

　　灵芝外形呈伞状，菌盖肾形、半圆形或近圆形；菌柄侧生，少偏生，红褐色至紫褐色，有漆样光泽，坚硬，为多孔菌目真菌赤芝或紫芝的子实体。具有补气安神、止咳平喘的功效，用于眩晕不眠、心悸气短、虚劳咳喘等病的治疗，药用价值较高。中国很多地方都有分布。

第一节
概述

　　在我国古代，灵芝是人们心目中长生不老、延年益寿的"仙丹""妙药"，标志着"吉祥"和"如意"。随着科学技术的不断进步，菌物学科技工作者发现了灵芝神奇功效的主要物质成分。医学研究表明，这些成分能够增强人体的免疫力，从而起到防病治病、强身健体的作用。随着现代育种和栽培技术的发展，灵芝已实现了人工规模化生产。昔日珍贵稀少、高不可攀的灵芝，如今已经被开发成保健佳品。

一、分类地位

　　灵芝是一种大型药用真菌，隶属真菌界、担子菌门、蘑菇亚门、蘑菇纲、多孔菌目、灵芝科、灵芝属。

　　拉丁学名：*Ganoderma lingzhi* Sheng H. Wu et al.。

中文别名：赤芝、红芝、木灵芝、灵芝草、万年蕈等。

英文名：Ling Chih；Varnished Conk。

二、营养价值和经济价值

灵芝具有较高的营养价值、药用价值和观赏价值。

（一）营养价值

灵芝含有多种氨基酸、蛋白质、生物碱、香豆精、甾类、三萜类、挥发油、甘露脑、树脂及糖类、维生素 B_1、维生素 C 等。粗纤维比较丰富，子实体中多达 54%～56%。

林娟等（1999）测定了人工栽培赤芝"川芝 6 号"的子实体主要营养成分（干重）为水分 16.31%、灰分 3.09%、粗蛋白质 15.66%、纯蛋白质 9.56%、粗脂肪 8.6%、粗纤维 13.7%、总糖 19.6%；菌丝体主要营养成分（干重）为水分 11.1%、灰分 3.09%、粗蛋白质 4.26%、纯蛋白质 29.95%、粗脂肪 9.77%、粗纤维 1.12%、总糖 27.6%。而且分析认为，人工栽培灵芝的蛋白质含量高于野生灵芝，菌丝体的纯蛋白质含量为子实体的 1.4～2.14 倍，其余成分也稍高于子实体，总体上看来菌丝体的营养价值优于子实体。

周选围等（1998）分析了人工栽培赤芝"川芝 6 号"子实体中 18 种氨基酸的组成及含量。赤芝子实体中必需氨基酸的相对总含量达 50% 以上，高于一般食用菌平均约 40% 的水平。并且，作为影响一般菌类蛋白质价值的第一限制氨基酸——蛋氨酸，在赤芝中的含量平均为 0.46%，高于一般食用菌。可见，灵芝的营养价值较高。分析灵芝子实体中含有 10 种主要微量元素，其中钙、镁、铁含量较高，砷、硒含量较低。

林树钱等（2005）测定分析了段木灵芝与代料灵芝的子实体主要营养成分。段木灵芝子实体的主要营养成分（干重）为水分 2.64%、蛋白质 8.85%、粗脂肪 3.08%～3.86%、多糖

0.4%～0.5% 和灰分 1.24%；代料栽培的灵芝的主要营养成分为水分 2.7%、蛋白质 14.34%、粗脂肪 3.82%～4.08%、多糖 0.4%～1.3% 和灰分 1.2%。结果表明，代料栽培的灵芝蛋白质含量是段木灵芝的 1.6 倍，代料栽培的灵芝多糖含量是段木灵芝多糖的 1～2.6 倍。

（二）药用价值

灵芝是我国传统的一种名贵中药材。现代科技研究证明，灵芝含有的有效成分，对人体健康非常有益。赤芝和紫芝最早被收载于 2000 版《中华人民共和国药典》。赤芝、紫芝和松杉灵芝亦被收入卫生部 2001 年发布的《可用于保健食品的真菌菌种名单》。目前国际医药学界也非常重视灵芝的研究与开发，2000 年美国出版的《美国草药药典和治疗概要》收载了灵芝。

科技工作者先后从灵芝的子实体、菌丝体及其代谢产物中分离得到对人体健康有益的多种有效成分：灵芝多糖、灵芝酸、腺苷及其衍生物、赤芝孢子内酯 A、赤芝孢子酸 A、灵芝碱甲、灵芝碱乙、尿嘧啶、尿嘧啶核苷、腺嘌呤核苷、腺嘌呤、油酸、灵芝总碱、薄醇醚、孢醚、灵芝纤维素等。

灵芝在整体上双向调节人体机能平衡，调动机体内部活力，调节人体新陈代谢机能，提高自身免疫力，促使全部的内脏或器官机能正常化。药理学研究结果证明，灵芝类真菌的药理活性作用主要表现在 11 个方面：免疫调节作用、提高机体耐缺氧作用、抗衰老作用、抗氧化自由基作用、降血糖作用、降血压作用、抗过敏作用、抗炎作用、调节核酸和蛋白质的代谢平衡作用、促进 DNA 的合成作用和抗放射损伤作用。

饶发元（2001）根据成都中医药大学附属医院及华西医科大学附一院、成都永康医院的临床应用的总结报告，归纳认为灵芝制剂有九个方面的临床应用疗效：一是调节免疫功能，增强人体对疾病预防和抵抗能力；二是改善睡眠功能；三是治疗神经衰弱，表现为睡眠改善，食欲、体重增加，心悸、头痛、头晕减轻或消失，精神振奋、记忆力和体力

增强；四是对治疗慢性支气管炎有较好疗效；五是对各种原因所致的白细胞减少症有较好疗效，对改善贫血和增加机体抵抗力有明显疗效；六是治疗冠心病，灵芝制剂对冠心病、心绞痛及高脂血症均有一定疗效；七是治疗肝炎，灵芝制剂对各种病毒性肝炎的治疗总有效率为73.07%～97%，显效率为44%～76.4%；八是对心律失常有一定疗效；九是对进行性肌营养不良和萎缩性肌强直等疾病，以及潜在型和慢型克山病、高血压、脑发育不全、视网膜色素变性等都有一定疗效。另有报道，在临床上灵芝还可辅助治疗肿瘤病，对硬皮病、皮肌炎、红斑狼疮等疾病有不同程度的疗效。

（三）观赏价值

已知我国有108种灵芝，其中大部分品种形态别致又古朴典雅，具有特殊的艺术美。尤其许多品种表面光滑油亮，华丽夺目，令人陶醉和寻味，具有极高的观赏价值。人们利用灵芝的生物学特性，通过对其生长环境的调控和造型艺术相结合的方法，还可培育出栩栩如生、造型独特、古朴清新的灵芝盆景，并以山石、树桩和苔藓等陪衬，形成"立体的画，无形的诗"，给人留下驰骋想象的空间、愉悦的感觉和美的享受，体现出灵芝较高的艺术观赏价值。适合栽培观赏的灵芝品种有赤芝、紫芝、鹿角灵芝、黑芝、泰山赤灵芝、热带灵芝等。赤芝色泽鲜红，盖圆且正，轮纹清晰，柄长多呈弯曲状；鹿角灵芝呈鹿角状，手指形，极具艺术观赏价值；紫芝和黑芝可以观赏灵芝丰富的色彩，并且通过不同处理会有多变的造型（图7-26-1）。

三、发展历程

我国是世界上最早崇拜、研究和应用灵芝的国家。灵芝的生产发展历程经历了认识探索、技术形成和技术深化三个发展阶段。

（一）古代认识探索阶段

1. 古人视灵芝为仙丹妙药　在公元前2550年至公元前2140年间就有关于灵芝的记载，其记载

图7-26-1　"龙抱柱"灵芝造型

比西方国家约早4000年。我国古代人民崇拜灵芝，视灵芝为长寿健康、吉祥如意、高尚尊贵的象征，赋予"仙丹"和"妙药"的美誉。有道家葛洪（约281—341）以灵芝和植物为原料炼"仙丹"、嫦娥食芝奔月、白娘子"盗灵芝"救许仙、秦始皇派徐福率员入东海求仙草灵芝、麻姑以灵芝酒献给西王母寿礼等脍炙人口的传奇神话故事。

2. 古代探索段木栽培灵芝　关于我国古代对灵芝的栽培，可追溯到唐代。魏露苓（2003）引用唐诗"偶游洞府到芝田，星月茫茫欲曙天。虽则似离尘世了，不知何处偶真仙"，认为在唐代人们栽培灵芝要利用截成一定长度的木段，从唐诗中提及的"芝田"来看，这些木段埋入土中。明朝李时珍（1518—1593）《本草纲目》云"方士以木积湿处，用药敷之，即生五色芝"，该句话中的"用药敷之"可理解为"接种菌种"的意思。笔者认为该"药"也许是灵芝的子实体，也有可能是长有灵芝菌丝体的腐木，将灵芝子实体或长有灵芝菌丝体的腐木作为菌种使用，进行仿野生栽培的探索。在当时不会有灵芝纯菌种。

（二）现代技术形成阶段

现代灵芝生产已经形成了成熟的栽培技术，主要有两种生产方式：一是段木栽培，即以青冈栎等

木腐菌生产技术

阔叶树的段木为栽培原料，接种灵芝纯菌种，通过培养发菌，在一定环境下产生灵芝子实体；二是代料栽培，即利用杂木屑、棉籽壳等农林副产物作为栽培主要原料（代替木材），装入瓶（或塑料袋）中灭菌后接种灵芝纯菌种，通过人为培养菌丝长满菌瓶（或菌袋），在一定环境下产生灵芝子实体。现代灵芝生产具有产量相对稳定、单产高、产品品质好等优点。我国现代灵芝研究始于20世纪60年代，其研究和生产发展历程可以概括为两个阶段。

1. 20世纪60年代驯化研究阶段　我国现代灵芝栽培始于20世纪60年代初，1960年陈梅朋首先进行人工瓶栽；1969年中国科学院微生物研究所成功栽培出赤芝和紫芝等4个菌株。灵芝人工驯化栽培研究的成功，为后来的进一步栽培研究奠定了坚实基础。

2. 20世纪七70～80年代技术熟化阶段　20世纪70年代，国内许多单位如广东省微生物研究所（1970）、北京双清路中学（1972）、中国科学院微生物研究所（1972）、西南农学院（1972）、吉林医科大学（1974）等单位先后开展灵芝栽培研究，出现我国第一次灵芝栽培热，这期间主要以室内瓶栽为主。进入20世纪80年代，中国农业科学院研究生院（1981）、河南省焦作市金属结构厂（1982）、扬州新华中学（1982）、湖北省黄梅县微生物研究所（1983）、吉林省延边农垦敦化制药厂（1983）、山东省宁津县科委（1985）、上海市闸北区第五中学（1987）、湖南桃源剪市综合厂（1987）、山西省农业科学院食用菌研究所（1989）等单位开展了灵芝栽培技术试验和应用，这期间熟化了灵芝栽培技术，发展为塑料袋栽培或在室外脱袋覆土栽培，少数地方采用段木栽培。

（三）现代技术深化阶段

进入20世纪90年代，全国各地许多单位开展灵芝研究，出现第二次灵芝栽培热。福建省农业科学院植物保护研究所于1993年在福建全省推广段木熟料仿野生栽培法，1990年、1993年和1994年曾3次召开全国性灵芝学术研讨会，推动了我国灵

芝栽培技术的重大变革。之后，各地栽培技术不断深化，而今灵芝的人工栽培既有段木栽培又有代料栽培，还有灵芝与其他作物轮作套作的高效种植新模式等。

近20年来，国内外举办过10多次全国或国际性灵芝专题研讨会，如1996年台北国际灵芝研讨会、2001年新西兰国际灵芝学术研讨会、2006年第15届世界药理学大会上灵芝专题讨论会、2013年南京灵芝产品研究与开发学术研讨会、2015年怀化国际灵芝研发与应用学术研讨会、2015年龙泉第一届中国灵芝大会等。这些会议的举办，在总结灵芝相关研究成果的同时，进一步推动了灵芝栽培技术与应用研究持续升温。

近年来，随着科学技术的不断进步，灵芝研究的手段和途径越来越多，在灵芝分子生物学特性研究、室内连作栽培及工厂化栽培、产品质量安全控制、化学成分和有效成分、药理作用与机制以及防病治病方面的研究均取得了很大进展。灵芝产品的产量、品质不断提高，生产规模不断扩大，据中国食用菌协会估计，2010年我国灵芝干品产量约为91 222 t，2013年产量约为83 449 t，我国成为世界上灵芝主要生产国；同时，我国也是灵芝产品出口大国，我国生产的段木灵芝以其优良的品质出口到韩国、日本。

四、主要产区

我国地域辽阔，气候多样，全国各省（自治区、直辖市）均发现有野生灵芝。灵芝生产主要布局于木材资源较为丰富的区域，袋栽灵芝主产地主要在山东、江苏，其次在浙江、河北、辽宁等；段木栽培灵芝主产地主要在福建，其次在浙江、吉林、安徽、四川、河南等。

五、发展前景

我国从事食用菌研发工作的菌物学科技工作者

数量庞大，遍布祖国各地的大专院校、科研院所、农技推广应用部门和企业等，他们中有许多人在各自地区、各自单位或机构，从不同角度、不同层面和不同层次上努力开展着灵芝产业技术的研发工作。"人多力量大，人多做事全"，我们坚信，我国的灵芝生产技术将会有更加全面的发展。我国在不久的将来，将形成崭新和美好的灵芝产业技术发展前景。主要体现在三个方面：一是灵芝品种专一化。育种工作者将会育出专一性很强的灵芝专用栽培品种，如段木栽培品种、代料栽培品种、主要药用成分含量高的品种、产孢量大的品种、盆景用品种等，新品种的优质、丰产性和抗逆性在专一性中也得到充分体现。二是栽培技术精准化。无论是段木栽培还是代料栽培，从事栽培研发的科技人员将会不断深化和细化出其栽培技术措施，形成具操作性的、技术参数量化的灵芝栽培技术规程。三是生产设施技术轻简化。将开展以减少劳动用工、减轻劳动强度和提高生产效率为目的的轻简化灵芝生产设施技术体系研究，形成其轻简化生产技术，以缓解劳动力紧张、生产用工成本不断上涨的局面，从而提高生产者的经济效益。

第二节
生物学特性

一、形态特征

灵芝由菌丝体和子实体两大部分组成。菌丝体是灵芝的营养器官，子实体是灵芝的繁殖器官。

（一）菌丝体

作为灵芝营养器官的菌丝体，主要功能是分解基质，吸收、输送和贮藏养分，以满足灵芝生长发育的需要。

灵芝的菌丝体是由无数条管状菌丝组成的集合体，白色，绒毛状。菌丝纤细，直径 $5 \sim 6\,\mu m$，多弯曲，有分枝并交织形成菌丝群，壁厚无隔膜，匍匐生长；显微镜下观察菌丝具有锁状联合。菌丝体生长扩大到一定程度会在菌落表面逐渐形成具韧性的菌膜，分泌色素。

灵芝的菌丝体可分为初生菌丝体、次生菌丝体和三次菌丝体。担孢子萌发形成芽管，芽管伸长生长成为管状菌丝，并形成隔膜，隔膜使其成为单核的多细胞菌丝，这种单核菌丝就称为初生菌丝。初生菌丝的集合体称为初生菌丝体，其特点是生长缓慢，不具结实性。两条亲和的初生菌丝经原生质融合（质配）形成次生菌丝，次生菌丝的每一个细胞中都含有两个分别来自两个亲本（单核菌丝）的细胞核。次生菌丝发育形成的菌丝体称为次生菌丝体，又称双核菌丝体，其特点是生长快，具结实性。双核菌丝是灵芝的主要菌丝形态。组织化的双核菌丝体则称为三次菌丝体，三次菌丝体可形成正常的子实体。

灵芝的次生菌丝体能在基质中不断蔓延扩展，在没有障碍物、不受恶劣环境影响和培养基质适宜条件下呈现无限生长状态。菌丝一边吸收基质中的养分和水分，一边向基质扩展而增加数量，只要有充足的养分、水分供给，菌丝会在基质中一直生长下去。当菌丝繁殖达到一定程度，只要外界环境条件适宜，菌丝体就会扭结形成一定的组织，分化为灵芝子实体原基，最终发育成灵芝繁殖器官——子实体，并可持续多年形成子实体。如在野外林下同一腐木上可多年采摘到灵芝子实体；使用较大的段木来栽培灵芝，可以连续采收 $2 \sim 4$ 茬的子实体。

灵芝科真菌的菌丝系统通常是三体型，它包括生殖菌丝、骨架菌丝和缠绕菌丝；少数种类的菌丝系统是二体型，即只有生殖菌丝和骨架菌丝而无缠绕菌丝。灵芝生殖菌丝透明，薄壁，分枝，直径 $3.5 \sim 4.5\,\mu m$。生殖菌丝在新鲜灵芝标本菌盖边缘处容易观察到锁状联合，而在干标本上不易观测到。灵芝骨架菌丝和缠绕菌丝由生殖菌丝通过细胞分化产生，也称为营养菌丝或体细胞菌丝，不会产生担子。骨架菌丝淡黄褐色，厚壁到实心，树状分枝，骨架干直径 3～5μm，分枝末端形成鞭毛状无色缠绕菌丝。灵芝缠绕菌丝无色，厚壁，多弯曲，分枝，直径 1.5～2μm。

菌丝系统是灵芝科的稳定形状，是灵芝标本鉴定的重要参考依据之一。

灵芝的纯菌丝体可以通过对幼嫩子实体进行组织分离获得。

（二）子实体

灵芝子实体是灵芝菌丝体的特化结构，是人们主要食用和药用的部分，人们常常提到的灵芝实际上就是灵芝的子实体。灵芝的子实体由菌盖和菌柄组成。

1. 菌盖　灵芝的菌盖（芝盖）多为肾形、半圆形，少数近圆形，木质化，大小一般为 3～12 cm×4～20 cm，厚 0.5～2 cm；形成初期边缘为黄（白）色，后渐变为红褐色，上表面有同心环沟和辐射状条纹，并有皱褶，幼嫩时边缘淡黄色、薄；菌肉（芝肉）厚约 1 cm，呈淡白色或木材色，接近菌管处常呈淡褐色或近褐色；菌管长 1 cm，初为白色，后变为淡褐色或褐色，管口近圆形，平均每毫米 4～5 个。菌盖背面管孔内着生有担孢子，因担孢子非常小无法用肉眼直接观察，在显微镜下可观察到孢子 9～11μm×6～7μm，卵圆形或顶端平截（图 7-26-2），双层壁，外壁无色透明、平滑，内壁淡褐色或近褐色，有小刺，有时中央有一个油滴。

灵芝菌盖表面由皮壳构成，皮壳为拟子实层型，淡褐色，菌丝棍棒状，顶端膨大部分通常宽 6～7.5μm，长 20～30μm。

皮壳构造是鉴定灵芝科属、亚属、组及种的重要性状，皮壳有四种类型：拟子实层型、栅栏状皮壳型、毛皮壳型和圆孢皮壳型。拟子实层型皮壳的菌丝末端垂直排列而形成一层棍棒状细胞，很像子实层。

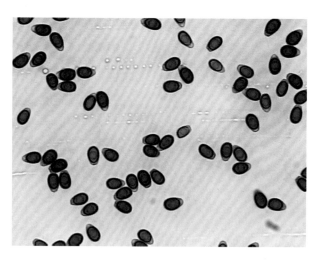

A. 光学显微镜下孢子形态

B. 电子显微镜下孢子形态

图 7-26-2　灵芝孢子

2. 菌柄　灵芝的菌柄（芝柄）一般长 10～20 cm，直径 2～5 cm，近圆柱状，紫褐色，侧生或偏生，少中生，表面似漆样光泽，中实，组织紧密，木质化。

二、生活史

（一）繁殖方式

灵芝的繁殖方式可分为有性繁殖和无性繁殖两种。在自然条件下，灵芝进行有性繁殖，从担孢子萌发开始到下一轮产生新的担孢子需要经过很长时间。在人工栽培条件下，一般进行无性繁殖，根据代料栽培和段木栽培模式的不同，一个生活周期一般需要4~9个月，从菌丝体到子实体只需要2~4个月。

（二）生活史

1. 生活周期　灵芝的生活史就是灵芝一生所经历的生活周期。

灵芝的孢子在适宜的条件下，萌发形成单核菌丝（又称一次菌丝）；两种不同极性的单核菌丝发生细胞质融合（核配），经减数分裂后形成双核菌丝（二次菌丝）；双核菌丝进一步发育形成特殊化的组织，这种组织化的双核菌丝被称为结实性菌丝体（三次菌丝）；由结实性菌丝体分化为子实体原基，原基生长发育成为成熟的子实体，子实体产生孢子，孢子成熟，从菌盖的子实层上弹射出去，又重新开始新的生活周期（图7-26-3）。

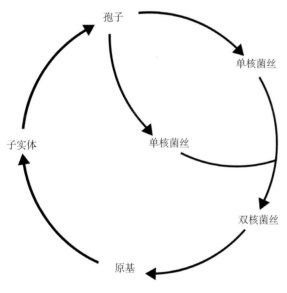

图 7-26-3　灵芝生活史示意图

自然界的灵芝为了延续自身后代，当子实体发育成熟时，孢子会从菌孔中弹射出来，随风四处飘落或被昆虫带到别的地方，一旦遇到有适宜生长发育的基质和环境条件时就会萌发成菌丝，以此来保持自身种族的延续。

2. 子实体生长发育过程　当外界条件适宜时，灵芝的结实性菌丝体就会扭结成白色的团状原基，

之后逐渐长大，纵向伸长生长，分化成为圆柱状的菌柄。菌柄顶端黄（白）色的幼嫩部分是其活跃的生长点，菌柄发育到一定程度，顶端的生长点横向生长，向四周扩展生长而逐渐分化成肾形或半圆形的菌盖。菌盖边缘黄（白）色的幼嫩部位成为灵芝最活跃的生长点，随着菌盖的不断长大，菌盖表面不断积聚褐色、粉末状细小颗粒，这就是灵芝孢子，大量聚集成孢子粉。菌盖边缘生长点的完全消失，标志着灵芝子实体发育成熟。人工栽培的灵芝，从原基形成到子实体成熟需60天左右。

根据灵芝子实体生长发育过程中的形态变化特点，可将其生长发育过程划分为四个阶段：瘤状芝蕾（原基）分化期、芝柄伸长期、芝盖形成期、子实体成熟期（图7-26-4）。

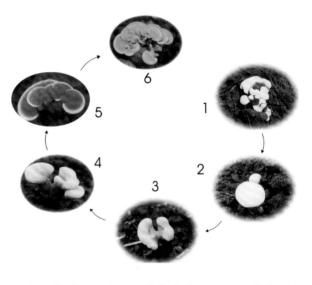

1. 瘤状芝蕾分化期　2. 芝柄伸长期　3、4. 芝盖形成期　5、6. 子实体成熟期

图 7-26-4　灵芝子实体发育过程

三、营养

（一）营养方式——腐生型

食用菌的营养方式主要有腐生型、共生型和兼性寄生型。灵芝属于腐生型的真菌，它所需要的营养物质来自死亡的有机物，主要靠分解树木、秸秆等农林副产物中的木质素、纤维素物质来生活。

灵芝对养分的吸收是靠自身分泌的多种酶类的

分解作用和细胞的渗透作用完成的。灵芝的菌丝有基内菌丝和气生菌丝之分。气生菌丝的营养物质是从基内菌丝输送来的。灵芝的子实体原基和子实体形成时，基内菌丝的养分都集中地向子实体输送。原基形成时，基内菌丝可以从培养基中吸收外源的碳素营养（低聚糖和单糖等），氮素则由菌丝体中贮存的含氮物质来供应。

（二）养分不同产量品质各异

灵芝分解利用的木材、棉籽壳、玉米芯等农林副产物不同，形成的灵芝产量也不相同。通过对不同养分含量的原料进行合理配制，可以获得较高产量和品质优良的灵芝。

程国辉等（2003）以 10 个不同树种的段木栽培灵芝，试验结果表明：灵芝在含水量低、密度大的树种的木段上菌丝定植、发菌、子实体形成及成熟都快，鲜芝产量及生物学效率高；从栽培灵芝的综合效果来看，蒙古栎、尖柞和槲栎这三个树种优于其他树种，其中又以蒙古栎最好，尖柞和槲栎次之，最差的是栗树和曲树，并由此推出柞蚕场轮伐枝干是段木栽培灵芝的宝贵原料资源。

钟礼义等（2005）以栎、槠、枫树等阔叶树林木加工的边角废料为原料栽培紫灵芝，连续 3 年出芝，平均 1 m³ 菌材产干芝 25～30 kg，产值近 2 000 元，并培养出 30～50 cm 的特大型灵芝子实体。

夏子贤等（1999）发现，可用树蔸为原料栽培灵芝。任德珠（2002）、薛鸿恩等（2005）的试验表明，以桑树枝条为原料可以栽培灵芝并获得高产；两年可出 3 茬灵芝，生物学效率达 50%。

闫茂华（2000）试验分别以废弃茶叶、栎叶和棉籽壳为主要原料栽培灵芝，获得了生物学效率 79.6%、64.6% 和 70.2% 的结果，认为栎叶、废弃茶叶是栽培灵芝很好的材料，培养的灵芝个大，外观好，色泽鲜艳；以栎叶、废弃茶叶作为培养料时，用量控制在 50% 为宜。

李荣英等（1999）成功地用橡胶树段木栽培灵芝。章华等（2004）以棉籽壳为主要原料

（占 88%）栽培灵芝，其整个生产周期为 2 个月（江苏省姜堰市），一般 100 kg 干料可产干灵芝 8～12 kg。

张玉生（2000）尝试以棉柴屑为主料（占 78%）栽培灵芝，连续两年产量和质量获较好效果，认为棉柴屑是一种栽培灵芝的好原料，可以解决农村大量棉柴出路问题。

李得勇等（2001）介绍可用玉米芯为主料（占 78%）栽培灵芝获得高产，100 kg 干料产成品灵芝 10 kg。

方白玉等（2006）的试验表明，以蔗渣为主料（占 68%）栽培灵芝是可行的，单产每袋可达 71 g。张诚等（2004）以芦笋秆为原料（占 37%）袋式栽培灵芝，发菌时间 55～60 天，9 天现蕾，收芝 3～4 茬，平均产量每袋 150 g，生物学效率达 50%。

1. 碳源和氮源

（1）碳源　提供灵芝细胞和新陈代谢产物中碳素来源的营养物质，即为灵芝的碳源物质，简称碳源。其作用是构建灵芝细胞组织和供给灵芝生长发育所需的能量。自然界中的碳素可分为有机碳和无机碳两大类，灵芝只能利用有机碳而不能利用无机碳。灵芝的生长发育所需碳源物质主要有糖类（单糖、双糖和多糖）、果胶、有机酸、醇类等以及纤维素、半纤维素、木质素、淀粉等，前者为小分子化合物，灵芝细胞可直接吸收利用，而后者则为大分子化合物，不能直接被吸收，只能靠酶的水解作用将其降解成小分子物质后才能被吸收利用。可利用的糖类物质有葡萄糖、蔗糖、果糖；有机酸有柠檬酸、乳酸、琥珀酸、延胡索酸、酒石酸等；醇类有丙三醇、甘露醇等。栽培灵芝时，阔叶树木材、木屑、棉籽壳、玉米秸等农林副产物均可作为其所需的主要碳素养料来源。

韩向红等（2003）以可溶性淀粉、玉米粉、蔗糖、葡萄糖、麦芽糖和乳糖为碳源，对日本红芝、泰山芝和韩芝 3 个灵芝栽培菌株的菌丝生长速度进行碳源试验。结果表明，菌丝日生长速度在葡萄

糖、麦芽糖与可溶性淀粉、玉米粉之间，乳糖与其他5种碳源之间，泰山芝与日本红芝之间均存在差异显著性。综合菌丝的日生长速度与长势，3个灵芝菌株菌丝生长的最佳碳源为玉米粉。通过方差分析，得知菌株间对同种碳源的利用及同一菌株对不同碳源的利用存在差异显著性。

宋爱荣等（2006）分别以葡萄糖、麦芽糖、蔗糖、玉米淀粉、甘薯淀粉、玉米粉和麦芽粉作为碳源，以不加碳源为对照，做树舌灵芝(G. applanatum)菌株"树舌灵芝01"对碳源利用的比较试验。结果表明，在固体平板基质上，利用玉米粉作为碳源时，树舌灵芝菌丝生长速度最快，为12.1 mm/天，菌落绒毡状、菌丝致密；在液体培养基中，菌丝干重达到27.4 mg/mL，菌丝球数量达到956个/100 mL，表明玉米粉利于树舌灵芝菌丝生长，是比较好的碳源物质。利用甘薯淀粉作为碳源时，发酵液粗多糖达到26.1 mg/mL，菌丝干重达到17.9 mg/mL，表明甘薯淀粉对粗多糖的积累有利。

吴保锋等（2008）分别以3%的葡萄糖、蔗糖、可溶性淀粉、玉米淀粉和碳酸钠5种不同碳源，液体培养灵芝菌株"51427"，测定菌丝生长量。结果表明，不同碳源对灵芝菌丝生长的影响有一定差异，以可溶性淀粉作为碳源的菌丝体干重最高，其次为葡萄糖、玉米淀粉、蔗糖、碳酸钠。综合认为可溶性淀粉是该菌株较适宜的碳源。

梁志群等（2011）研究认为，适宜有柄灵芝(G. gibbosum)菌丝生长的碳源为葡萄糖和麦芽糖。

袁保京等（2012）在摇瓶水平上比较研究了不同类型的碳源（6种）对灵芝胞外糖肽（EPSP）产量的影响。试验表明：玉米粉是最适合灵芝胞外糖肽生产（2.664 g/L ± 0.801 g/L）和菌丝生长（4.559 g/L ± 0.150 g/L）的碳源。玉米粉与豆粕粉组合是最适合灵芝胞外糖肽生产（4.366 g/L ± 0.434 g/L）的碳氮源组合。

（2）氮源　提供灵芝细胞和新陈代谢产物中氮素来源的营养物质，称为氮素营养物质，即

氮源。氮是灵芝合成蛋白质和核酸不可缺少的原料。灵芝主要利用有机氮，如蛋白质、蛋白胨、氨基酸、尿素、豆饼粉等，其中氨基酸、尿素等小分子物质可直接吸收利用，而大分子的蛋白质类物质必须通过菌丝分泌的蛋白酶将蛋白质水解成氨基酸来吸收利用。实际培养和栽培中，蛋白胨、酵母粉、麸皮、米糠、玉米粉等可作为其培养料中的氮素物质。

韩向红等（2003）以花生饼粉、蛋白胨、酵母膏、硫酸铵和硝酸铵为氮源，对日本红芝、泰山芝和韩芝3个灵芝栽培菌株的菌丝生长速度进行氮源试验。结果表明，总体上有机氮源优于无机氮源，以无机氮源作为唯一的氮源时，在培养后期菌丝容易老化发黄。有机氮源中，两株灵芝在以花生饼粉为氮源时日生长速度最快，蛋白胨和酵母膏次之；菌丝长势在花生饼粉、蛋白胨和酵母膏中均较好；从便于推广和成本考虑，以花生饼粉最宜。不同菌株对同种氮源的利用及同一菌株对不同氮源的利用存在显著差异，菌丝日生长速度在酵母膏与花生饼粉之间，硫酸铵、硝酸铵与花生饼粉、蛋白胨、酵母膏之间，泰山芝与日本红芝、韩芝间均存在差异显著性。

宋爱荣等（2006）分别以蛋白胨、酵母膏、酵母粉、牛肉膏、麸皮、大豆粉和磷酸二氢铵作为氮源，以不加氮源为对照，做树舌灵芝菌株"树舌灵芝01"对氮源利用的比较试验。结果表明，在固体平板基质上，酵母膏作为氮源，树舌灵芝菌丝生长速度最快（5.25 mm/天），菌落绒毡状、致密、有轮纹；在液体培养基中，菌体干重可达48.6 mg/mL，发酵液中的菌丝球数量多，达到2 660个/100mL。酵母膏和酵母粉较利于粗多糖的积累，发酵液粗多糖含量分别达到15.4 mg/mL和16.7 mg/mL。综合菌丝和粗多糖两方面考虑，选择酵母膏作为最佳氮源。

吴保锋等（2008）分别以1.5%的蛋白胨、酵母浸膏、牛肉浸膏、硫酸铵和黄豆饼粉5种不同氮源，液体培养灵芝菌株"51427"，测定菌丝生长

量。结果表明，不同氮源对灵芝菌丝生长的影响有一定差异，以牛肉浸膏为氮源的菌丝体干重最高，酵母浸膏、黄豆饼粉、蛋白胨、硫酸铵其次，无机氮源的利用较差。牛肉浸膏为最适宜氮源。

梁志群等（2011）研究认为，适宜有柄灵芝菌丝生长的氮源为胰蛋白胨和大豆蛋白胨。

袁保京等（2012）在摇瓶水平上比较研究了不同类型的氮源（6种）对树舌灵芝胞外糖肽产量的影响。试验表明：尿素是最适合灵芝胞外糖肽生产（0.636 g/L ± 0.040 g/L）的氮源，豆粕粉则是最适合灵芝菌丝生长（2.222 g/L ± 0.256 g/L）的氮源；玉米粉与豆粕粉组合是最适合灵芝胞外糖肽生产（4.366 g/L ± 0.434 g/L）的碳氮源组合。

（3）碳氮比　碳氮比是用来衡量培养基质质量优劣的重要指标，直接影响灵芝的发生时间和产量。灵芝菌丝体生长阶段要求培养基质的碳氮比为（15 ～ 45）：1，最适碳氮比为 20：1；子实体生长阶段培养基质的碳氮比以（30 ～ 40）：1 为宜。

宋爱荣等（2004）研究不同碳氮比对薄盖灵芝（G. capense）液体培养影响的结果表明，液体发酵较适宜的碳氮比为（20 ～ 40）：1；其中碳氮比 30：1 最为适宜，在此条件下发酵液的菌丝体干重最高（683.4 mg/dL），菌丝球大小均匀，数量为每 113 个 /10 mL，发酵液澄清度高，呈真溶液状。

宋爱荣等（2006）做了不同碳氮比对树舌灵芝菌株"树舌灵芝 01"菌丝体培养的影响试验。结果表明，不同的碳氮比对菌丝体干重影响不大；当碳源固定时，粗多糖含量随着氮源的减少而减少，当氮源固定时，粗多糖含量又随着碳源的增加而增加，说明该菌株多糖积累与培养基质中的碳氮源浓度有很大关系，两者含量丰富利于粗多糖的积累。当碳氮比为 20：6 时，发酵液中粗多糖最多，达到 6.6 mg/mL；菌丝生长最快，达到 8.2 mm/ 天。

2. 矿质元素　无机盐是灵芝生命活动中不可缺少的营养物质。其主要功能是：构成菌丝的成分，作为酶的组成部分，调节培养基质的渗透压与酸碱度。磷酸二氢钾、过磷酸钙、硫酸钙、碳酸钙等可

作为灵芝所需的无机盐。

梁志群等（2011）研究认为，有柄灵芝菌丝可以充分利用镁、钙和锰等离子。

灵芝在生长发育过程中除了需要一些矿质元素外，还需要一些含量更少的微量元素，如铁、铜、锰、锌、硼、钼、钴等。微量元素是灵芝体内酶的激活剂，是维持正常生长发育不可缺少的养分。由于一般的化学试剂和水、木屑、秸秆中均含有微量元素，所以在灵芝菌种生产和栽培时，无须特意添加，通常也不会表现出缺素症状而导致影响生长发育。

3. 维生素　灵芝生长还需要一定量的维生素类物质。这些物质的来源，一部分由培养料供应，另一部分由灵芝自身合成。灵芝对维生素需要量极少，配制培养料时一般不需另外添加维生素成分。

四、环境条件

（一）温度

温度与灵芝的生长发育关系密切。在灵芝生长发育适宜温度范围内，随着温度的升高，生长速度加快；但超过适宜温度范围后，无论是高温还是低温，其生长发育速度都会降低或者停止。灵芝子实体形成和发育阶段所需的适宜温度范围与菌丝生长阶段的适宜温度范围相比，狭窄得多。

灵芝属于高温型菌类。灵芝菌丝生长的温度为 3 ～ 40℃，最适温度 25 ～ 28℃，10℃以下 36℃以上菌丝生长极为缓慢，30℃以上菌丝细弱、抗逆性降低。子实体在 18 ～ 30℃均能分化（因菌株特性而异），其中以 26 ～ 28℃时分化最快，发育最好。灵芝子实体形成的最低温度为 17℃，灵芝生长时温度低于 24℃，菌盖虽厚但产量较低。子实体形成和分化时，一般不需变温即可。充分利用灵芝对温度的需求特性，在栽培灵芝过程中，合理调节外界温度，可实现优质高产；菌种保藏在 4 ～ 6℃环境下，让菌丝处于生长停滞状态但又不至于死亡，从而达到保藏的目的。

彭智华等（1994）试验了5种温度（20℃、23℃、25℃、28℃和32℃）处理对瓶栽灵芝产量的影响。结果表明，23℃、25℃和28℃处理的瓶栽灵芝产量高，分别为41.5 g/瓶、38.7 g/瓶和40.5 g/瓶，这三者产量极显著地高于32℃的产量（24.2 g/瓶），25℃处理的产量也显著高于20℃的产量。而在23℃、25℃及28℃三个处理之间的产量不存在显著差异。从试验中还观察到，在20℃及32℃下子实体的生长受到一定程度的抑制，在20℃下受抑制的程度较在32℃下要轻。

刘素萍等（2002）认为，灵芝子实体原基分化在25～26℃大量发生，20℃发生较少且生长缓慢，30℃以上可发生但原基形成后极易形成瘤状突起且停止发育。菌盖在28～30℃生长较快，轮纹较疏，表面色泽较浅，在24～26℃时生长时间长，有效成分积累多，质地硬，品质好。故原基分化温度适宜控制在28℃±1℃，菌盖生长期温度适宜在26℃±1℃。

韦会平等（2005）对金佛山灵芝（*G. lucidum*）的温度试验结果是：不同温度及昼夜温差均对其菌丝生长及子实体生物学效率有着显著影响。菌丝生长适宜温度范围为23～29℃，最适温度为26℃，昼夜温差不超过2℃。在23～29℃、0～4℃昼夜温差范围内子实体均能正常生长，而以26～29℃、昼夜温差2℃条件下的生物学效率为最高（高达71.3%）。

杨军等（2006）介绍，灵芝"韩芝1号"菌株的菌丝生长温度范围6～30℃，最适温度22～24℃，高于30℃菌丝发育不良，低于5℃菌丝几乎停止生长。子实体生长温度范围10～30℃，最适温度为25～28℃，长期处于30℃以上培养，子实体生长速度快，但是质地不紧密，皮壳的光泽较差。

薛致鸿等（2007）试验了4种不同温度（19℃、21℃、26℃和31℃）对灵芝菌株"Gal-0201"菌丝生长的影响。结果表明，4种不同温度下的菌丝生长速度有显著差异，其中26℃和31℃的菌丝生长速度快，分别为6.16 mm/天和6.13 mm/天，但二者之间差异不显著。确定"Gal-0201"菌丝的最适生长温度为26～31℃。

郭勇等（2011）认为，灵芝"川芝6号"菌丝在25～35℃生长良好，最适温度30℃左右。当培养温度达到40℃时，灵芝菌丝不萌发生长，表明40℃已经达到菌株菌丝的致死温度。

梁志群等（2011）研究认为，适宜有柄灵芝菌丝生长的温度为28～32℃。

（二）光照

灵芝在菌丝生长阶段，不需光照，黑暗环境有利于菌丝细胞的分裂和伸展。灵芝子实体对光源很敏感，黑暗的环境不利于原基的形成和菌盖分化，因此，在子实体生长阶段需要充足的散射光照，但要避免阳光长时间直射，短时间的直射光照无太大影响。

综合有关文献，光照强度在20～100 lx时，只形成类似菌柄的突起物而不分化出菌盖；在300～1 000 lx时，菌柄细长、菌盖瘦小；达到3 000～10 000 lx时，菌柄和菌盖生长正常。菌柄和菌盖生长最佳的光照强度为15 000～50 000 lx。

灵芝子实体具有很强的向光性，因此，在栽培过程中，一旦原基分化就不能随便改变光源方向或者任意挪动栽培袋的位置，否则容易形成畸形芝，影响商品质量。

中国科学院北京植物研究所和北京医学院药理教研组，曾经对灵芝进行了光量和光质对菌丝生长发育影响试验。结果表明：灵芝菌丝生长随着光照强度的增加而减慢；全黑暗条件下菌丝生长最快，当光照强度增加到3 000 lx时，菌丝每天的生长量不及全黑暗条件下的一半（表7-26-1）。

黄光对灵芝菌丝生长的抑制作用最强，其次蓝光、绿光，红光的抑制作用最小（表7-26-2）。

灵芝对光敏感。主要表现在三个方面：一是光的强弱明显影响灵芝色素的形成和显现。据此，给予不同的光量和光质，可获得浓淡不一、色彩变幻的灵芝个体。二是灵芝具有趋光性，改变光源方

木腐菌生产技术

表 7-26-1　灵芝菌丝生长与光照强度的关系

组　别	I	II	III	IV
光照强度 /lx	3 000	300	50	0
7 天后菌丝生长长度 /mm*	32.9	44.0	67.9	68.9
平均每天生长长度 /mm	4.7	6.3	9.7	9.8

* 测量长度是 20 管的平均值。

表 7-26-2　灵芝菌丝生长与光质的关系

组　别	I	II	III	IV
光质	红光	绿光	蓝光	黄光
7 天后菌丝在斜面上生长长度 /mm*	62.9	49.4	40.4	31.4
平均每天生长长度 /mm	8.9	7.1	5.8	4.5

* 每组的光照强度都是 550 lx。

向，子实体会扭头转向，据此，可获得任意伸向的芝体。三是在弱光或黑暗条件下，灵芝不会形成正常菌盖，据此，可培养出柄长而黄白色的鹿角状灵芝。利用灵芝光敏感性，可以制作出一件件精美的灵芝工艺品。

邓春海等（1999）研究认为，灵芝菌株经太空诱变后菌株生物学特性发生了较大变化，抗逆性增强，已产生了品质优秀的新菌株。空间诱变灵芝子实体水提液抑制小鼠恶性肉瘤细胞 S180 作用与生理盐水抑瘤作用相比差异极显著。"卫星灵芝 2 号"菌株子实体产量比其他 6 个菌株差异极显著，质量显著优于其他菌株；优质品率占 88.9%，没有等外品，质量显著优于其他菌株。

祁建军等（2002）利用"神舟"号飞船搭载 4 个灵芝菌株，研究了搭载组与地面对照组不同生长时期的酯酶同工酶及菌丝体的生长速度，发现空间条件处理后灵芝菌丝体的酯酶同工酶及生长速度均有不同的变化。其中 SX、S3 分别与对照组 CX、C3 的酯酶同工酶在不同生长时期差异明显，而搭载株 SH、S4 与地面对照株 CH、C4 的酯酶同工酶差异不明显。搭载株 S4 比地面对照株生长快，而搭载株 SX 比地面对照株生长较慢。S3、SH 与地面对照的生长速度无明显差异。

育种工作者可利用某些特殊射线，对灵芝进行良种选育。如用 ^{60}Co-γ 射线、紫外线和太空射线等对灵芝的孢子进行照射，可使孢子产生变异，再从变异菌株中定向选育出新品种。

王淑珍等（2000）以 ^{60}Co-γ 射线和紫外线对长白山灵芝的孢子进行交替诱变，获得了灵芝新菌株 CJL990，其菌丝生长速度快、积累量高且生物学特性稳定，适宜于深层发酵培养。他们探讨了供试与诱变灵芝菌株的过氧化物酶（POD）和酯酶（EST）同工酶的电泳分析，进一步确定它们的亲缘关系和差异。结果表明，灵芝 CL988 菌株和灵芝 CJL990 菌株，具有灵芝的某些共同的遗传和生物学特性，但它们在酶带条数 RF 值尚有差异，说明诱变灵芝菌株遗传基因有所改变；两种灵芝菌丝的 EST 和 POD 同工酶谱比较稳定，完全可以作为鉴定灵芝种类菌属变异的科学依据。

郝俊江等（2010）研究了不同光质对灵芝生长发育和灵芝多糖含量的影响，栽培灵芝时进行不同光质处理，在灵芝不同生长发育时期观测其形态变化并测量多糖含量。结果表明，不同光质处理形态上弹孢前期灵芝菌盖厚度与菌盖表面环纹的数目与对照差异显著，灵芝多糖含量出现最高值时期不同。蓝色光质处理在现蕾期、开伞期、弹孢后期多糖含量均高于对照，且差异显著。绿色光质处理有助于生长末期多糖积累。不同光质处理对灵芝子实体产量与灵芝孢子粉产量均有影响。结论：对照处理灵芝子实体产量高，性状好；蓝色光质处理可以提高灵芝多糖含量。

王立华等（2011）研究了不同光质对灵芝菌丝体生长及抗氧化酶活性的影响，采用新型半导体发光二极管（LED）光源设置不同光质处理，动态观测灵芝菌丝体生长、多糖含量及抗氧化酶活性变化。结果表明：蓝光处理及黑暗对照条件下灵芝菌丝体生长较快，黑暗对照条件下菌丝体形态纤细、菌落淡薄，蓝光、白光处理菌丝体粗壮、菌落浓密。白光处理菌丝体生物量积累最高，蓝光次之。绿光处理灵芝菌丝体 POD 活性波动变化较大，生长中后期显著高于其他处理。白光处理菌丝体过氧化氢酶（CAT）在生长过程中始终保持较高活性。生长前期黄光处理菌丝体超氧化物歧化酶（SOD）活性最高，后期黑暗对照 SOD 活性较高。前期绿光处理菌丝体多糖含量较高，生长后期蓝光处理菌丝体多糖含量显著高于其他处理。结论：光质影响灵芝菌丝体生长代谢，蓝光利于灵芝菌丝体生长代谢。

郝俊江（2011）以飞船搭载的灵芝菌株为材料，研究了不同光质对灵芝形态、灵芝多糖含量、抗氧化酶活性的效应，对栽培灵芝进行不同光质处理，在灵芝不同生长发育时期观测其形态变化并测定抗氧化酶体系中主要酶活性。蓝色光质处理在现蕾期、开伞期、弹孢后期多糖含量均高于对照，且差异显著。红色光质处理孢子粉产量最高。蓝色光质处理 POD、CAT 活性均高于对照。蓝色光质处理提高了抗氧化酶的活性，对灵芝生长有利，表现为保护效应；同时蓝色光质处理可溶性蛋白含量在生长各时期均高于对照，在灵芝菌盖形成期可溶

性蛋白含量最大，在开伞期可溶性蛋白条带上 Rf 0.18 和 0.25 处有其特征谱带。

郝俊江等（2011）以飞船搭载的灵芝（*G. lucidum*）菌株为材料，研究了不同光质对灵芝生长形态及抗氧化酶活性的效应，栽培灵芝时进行不同光质处理，在灵芝不同生长发育时期观测其形态变化，并测定抗氧化酶体系中主要酶活性。结果表明，不同光质处理的弹孢前期灵芝菌盖厚度与菌盖表面环纹数与对照差异显著。不同光质处理对灵芝子实体产量和灵芝孢子粉产量均有影响。红色、蓝色光质处理提高了 POD、CAT 活性。蓝色光质处理提高了可溶性蛋白含量，并且使丙二醛在生长末期保持相对较低水平，从而延缓了灵芝子实体衰老。绿色、黄色光质抑制了抗氧化酶活性，导致灵芝子实体可溶性蛋白含量下降及丙二醛量上升，加速了灵芝子实体的衰老过程。结论：蓝色光质可以使灵芝子实体维持较高的抗氧化酶水平，促进可溶性蛋白合成，从而增强灵芝代谢，延缓灵芝衰老。

王立华（2012）分别采用 LED 光源和滤光膜设置光质条件，研究光质对灵芝菌丝体、子实体及孢子抗氧化酶系和有效成分的影响。不同光质 LED 光源对灵芝菌丝体进行处理，结果显示：黑暗对照灵芝菌丝体生长最快；白光处理生物量积累最高；POD 活性黑暗对照最低；黄光处理 SOD 活性在生长前期最高，黑暗对照在生长后期 SOD 活性最高；CAT 活性白光处理活性最高。多糖含量，绿光处理在生长前期较高，蓝光处理在第 12 天明显高于其他处理。苯丙氨酸酶（PAL）活性黄光处理最高，绿光处理活性偏低；多酚氧化酶（PPO）活性，红光处理生长前期最高，黄光处理在生长后期活性显著提高；总酚含量红光处理较低；三萜含量黄光处理最高。光质对灵芝子实体 PAL、PPO 活性及三萜含量等的影响研究发现：PAL 活性，生长前期红光处理最高，后期绿光处理活性升高显著；PPO 活性，黄光处理始终保持高活性，绿光处理活性处于低水平；不同光质处

理总酚含量至开伞期达到最高，但差异不显著；开伞期不同光质处理黄酮含量达到顶峰，其中绿光处理显著高于其他处理；子实体三萜和多糖含量，蓝光处理总体表现高水平；孢子粉多糖含量，黑暗对照显著高于其他处理；各处理灵芝孢子粉三萜含量无显著差异。

（三）水分

水分是灵芝生命活动的必要条件。如果灵芝体细胞缺乏水分，那么灵芝的生命活动就会停止，菌丝体和子实体就会枯萎甚至死亡。

灵芝生长发育过程中所需的水分绝大部分来自培养料。营养生长阶段，培养基质中的菌丝直接从基质中吸收水分；生殖生长阶段，菌蕾或子实体形成后，子实体表面的细胞还可吸收雨水和空气中的水分，或者接受人工栽培时覆土层中的水分以及人工所喷洒的水分。

水分影响灵芝生长发育。代料栽培的灵芝菌丝生长期间，要求培养料的含水量为 $60\% \sim 65\%$。水分过少，菌丝生长细弱，子实体分化延迟；水分过多，影响基质透气，菌丝生长缓慢且发育不良。菌丝体培养期间，无须喷水或浇水，只需 $60\% \sim 70\%$ 的空气相对湿度即可。空气相对湿度太低，影响菌丝正常繁殖；湿度太高，容易导致杂菌滋生而污染灵芝菌袋（菌棒）。在子实体生长发育阶段，要求空气相对湿度在 $80\% \sim 95\%$，可通过人为喷水浇水措施加以控制。若空气相对湿度低于 80%，对子实体生长发育不利，会造成减产；若长期处于高湿度状态，会滋生杂菌和害虫。

磁水（通过磁场处理过的水）对灵芝子实体生长有影响。刘银春等（2001）的研究结果表明，喷浇磁水可使灵芝细胞内含物如线粒体、核糖体等显著增加，使其新陈代谢更加旺盛，促进子实体的形成与生长。另据资料报道，喷浇磁水可使灵芝增产。

（四）空气

灵芝属于好氧性真菌。环境空气中必须有足够的氧气提供，保证灵芝呼吸作用所需，才能使其正常生长发育。当环境空气不流通时，空气中的氧气浓度低，灵芝的呼吸受阻，呼吸代谢作用不能正常进行，菌丝生长和子实体的发育也因呼吸的窒息而受到抑制，甚至导致死亡。

空气影响灵芝生长发育。在菌丝生长阶段，菌丝对二氧化碳有一定的忍耐能力，但良好的通气条件会加速菌丝的旺盛生长。当菌丝长满培养料后，必须有充足的氧气，子实体才能形成。在子实体生长阶段，若通气不良，往往只长菌柄不长菌盖，要想使菌盖正常发育，出芝场地要经常保持空气清新。

据刘素萍等（2002）报道，灵芝的子实体对空气中的二氧化碳含量很敏感，当空气中的二氧化碳体积分数小于 0.1% 时，原基难以正常形成；当空气中的二氧化碳在 $0.03\% \sim 0.06\%$ 时，菌盖分化较快，发育正常；当空气中的二氧化碳超过 0.1% 时，菌盖难以分化形成，菌柄可延长分枝呈鹿角状。

刘冬等（2001）探讨了溶解氧对灵芝多糖深层液态发酵的影响和控制措施。灵芝菌丝体生长最适溶氧和胞外多糖生成最适溶氧基本一致，在 80% 左右，溶氧超过这一水平，不利于胞外多糖的形成。

孙东平等（2004）研究了臭氧对灵芝菌丝的杀灭作用。结果显示：随着臭氧发生器放电时间延长，臭氧浓度变大，臭氧对灵芝菌丝的致死率明显上升，到一定时间后趋于缓慢。观察到臭氧使灵芝菌丝细胞形态结构发生了变化，是因为臭氧的强氧化性破坏了菌丝细胞壁，特别是质膜及内膜系统，从而导致整个细胞受损、崩解。

（五）酸碱度

灵芝菌丝在 pH $4 \sim 8$ 的培养基质中可生长，以 pH $5 \sim 6$ 最佳。pH 在 4 以下时，菌丝就不能继续生长；pH 为 8 时，菌丝生长速度减慢，pH 大于 9 时，菌丝将停止生长。子实体生长期，需要中性或弱碱性条件，在酸性条件下，担孢子发育受到阻碍。培养基质酸碱度可通过添加 1% 石膏和 1% 石灰加以调节。

（六）与其他生物的关系

灵芝与其他生物会产生一定关系。研究灵芝与其他生物之间的相互关系，并对这种关系加以利用和控制，对于灵芝的菌种生产、病虫害防治及人工栽培，都有非常重要意义。

1. 其他微生物　其他微生物（细菌、放线菌、酵母菌和霉菌等杂菌）在营养需求上与灵芝具有相似性。其他微生物与灵芝具有争夺基质养分的关系，主要体现在这些杂菌生长在培养基质上，与灵芝争夺养分和生存空间，成为灵芝生产中的有害微生物，影响灵芝的正常生长发育，从而导致灵芝的产量或品质降低。另外，不排除土壤中某些微生物有促进灵芝生长发育的作用。

因此，在灵芝菌种培养和生产过程中，尤其是在基质灭菌和接种操作等环节上，应进行规范化生产，严格控制杂菌侵入，尽量避免和减少杂菌对灵芝产生危害。

2. 害虫　自然界的许多昆虫常常取食灵芝的菌丝、菌材（生长有菌丝体的基质）和子实体，对灵芝生产造成巨大损失。万鲁长（1994）、李开本（1995）、周功和（1997）、谭伟（2001，2002）、孙平（2001）等先后报道了段木栽培灵芝时有害于灵芝的昆虫。周功和等（1997）报告称，在浙江省龙泉市，已发生多达 14 种害虫〔按昆虫（动物）分类隶属 2 门 3 纲 8 目 11 科〕危害短段木熟料栽培的灵芝（包括灵芝贮存阶段）。

野蛞蝓的幼虫取食灵芝幼嫩子实体原基，灵芝造桥虫蛀食灵芝子实体，灵芝谷蛾取食灵芝菌盖、菌柄和原基，黑翅土白蚁取食灵芝菌材、菌丝，叶虫甲科幼虫取食灵芝的菌丝，螨虫危害灵芝菌丝，蜘蛛在灵芝菌盖背面牵丝挂网使子实层遭受伤害，菌蝇幼虫蛀食灵芝子实体成为孔洞等。这些害虫严重影响灵芝的生长发育，导致灵芝品质下降和减产。因此，在生产过程中，必须加强虫害的防治，尽量避免害虫的危害。

生产中常用品种简介

我国生产上使用的灵芝品种或菌株，有的通过了全国食用菌品种审（认）定，有的通过了省级农作物品种审（认）定，但还有多数未经审定或认定。

一、认（审）定品种

（一）金地灵芝（国品认菌 2007044）

1. 选育单位　四川省农业科学院土壤肥料研究所。

2. 品种来源　1998 年在成都狮子山林间发现的灵芝子实体经组织分离纯化，利用原生质体再生方式从再生菌株中获得。2003 年四川省农作物品种审定委员会审定。

3. 特征特性　菌盖直径 8 ～ 25 cm，厚 1 ～ 1.2 cm，肾形或半圆形，黄色至红褐色，表面有环状棱纹，质地致密单生（图 7-26-5）。菌柄长 6 ～ 10 cm，直径 1 ～ 3 cm，红褐色，侧生。段木种型，也可袋栽。发菌适宜温度 25℃，原基分化温度 24 ～ 28℃。原基形成不需要温差刺激。可连续出芝 1 ～ 2 年。

图 7-26-5　金地灵芝

4. 产量表现　段木栽培条件下，当年干产为段木重的 5% ～ 8%，总产量为段木重的 15% 左右。

木腐菌生产技术

5. 栽培技术要点　宜采用段木栽培，四川地区青冈栎段木 11 月至翌年 2 月接种。菌棒接种后 25℃ 培养，菌丝长满段木转色产生突起时，即可覆土出芝。3 ~ 4 月在大棚内进行畦栽覆土栽培，覆土厚度以段木不外露为准，覆土后喷重水一次。出芝期间保持棚内温度 18 ~ 30℃，空气相对湿度 90%，覆土 10 ~ 15 天即有幼芝出土，芝盖分化期要加强通风，增强光线。

6. 适宜种植地区　建议在四川及相似生态区栽培。

（二）川芝 6 号（国品认菌 2007045）

1. 选育单位　四川省农业科学院土壤肥料研究所。

2. 品种来源　1992 年在四川德昌县采集的一株野生灵芝，分离培养获得 GL6 菌株，经人工驯化栽培获得的灵芝新品种。2004 年四川省农作物品种审定委员会审定。

3. 特征特性　子实体单生，商品芝扇形。菌盖直径 7 ~ 10 cm，厚 1 ~ 1.2 cm，褐色，芝体致密。菌柄直径 0.8 ~ 2.2 cm，袋栽条件下长 2 ~ 4 cm，段木栽培条件下长 8 ~ 12 cm，褐色，质地坚硬。袋栽发菌期 25 ~ 30 天，无后熟期，栽培周期 100 天；短段木熟料栽培周期 150 天。栽培中菌丝可耐受最高温度 35℃，最低温度 1℃；子实体可耐受最高温度 28℃，最低温度 10℃。出芝不需温差刺激，子实体对二氧化碳耐受性较差。茬次明显，间隔期 25 天。

4. 产量表现　代料栽培条件下，干基生物学效率 20%。

5. 栽培技术要点　南方地区 10 ~ 12 月接种，北方地区 3 ~ 4 月接种。不需后熟，子实体形成对光刺激敏感，发菌期要尽量避光。出蕾后保持温度 25 ~ 28℃，光照强度 300 lx 以上，空气相对湿度 90% ~ 95%，保持通风良好。短段木熟料栽培，须覆土，覆土厚 3 ~ 5 cm。

6. 适宜种植地区　建议在四川及相似生态区栽培。

（三）灵芝 G26（国品认菌 2007046）

1. 选育单位　四川省农业科学院土壤肥料研究所。

2. 品种来源　韩芝与红芝，原生质体融合育成。2005 年四川省农作物品种审定委员会审定。

3. 特征特性　子实体单生。菌盖直径 10 ~ 15 cm，厚 1.2 cm 左右，肾形，红褐色，菌盖表面有环状棱纹，子实体致密。菌柄，常规段木栽培长 8 ~ 15 cm，直径 2 ~ 3 cm，红褐色，侧生（图 7-26-6）。原基形成不需变温刺激，原基分化温度 24 ~ 28℃，出芝适宜温度 22 ~ 28℃。

4. 产量表现　代料栽培条件下，干基生物学效率 20%。

图 7-26-6　灵芝 G26

5. 栽培技术要点　较适宜段木栽培，25℃ 培养满袋后，需继续培养至表面形成白色或黄色突起进入出芝管理。出芝阶段温度不可低于 22℃ 和高于 30℃，空气相对湿度 90% 左右。子实体生长需要较强的散射光照。采摘灵芝后，清理老化的菌皮，间隔 3 天左右开始喷水，保持空气湿度，20 ~ 25 天可采收第二茬芝。

6. 适宜种植地区　建议在四川及相似生态区栽培。

（四）TL-1（泰山赤灵芝 1 号）（国品认菌 2007047）

1. 选育单位　山东省泰安市农业科学研究院。

2. 品种来源　泰山野生种驯化育成。

3. 特征特性　子实体单生或丛生。菌盖直径
5～20 cm，厚1～1.5 cm，半圆形或近肾形，具
明显的同心环棱，红褐色至土褐色，有光泽，腹
面黄色。菌柄长1～2 cm，特殊培养可长达10 cm
以上，深红色，光滑有光泽，柱状。代料栽培发菌
期45天左右，无后熟期。原基形成不需要特殊温
差刺激，原基形成到子实体采收需时60天左右。
菌丝耐受最高温度28℃，最低温度4℃；子实体耐
受最高温度35℃，最低温度18℃。

4. 产量表现　代料栽培条件下，干基生物学效
率15%～25%。

5. 栽培技术要点　长江以北地区2～4月制
袋，5～9月为子实体生长期；长江以南地区接种期
可延续到6月。栽培袋菌丝长满后，即可打开袋口
通风加湿催蕾，开袋的同时向空间喷水（不要喷料
面），使空气相对湿度保持在90%左右，温度控制
在25～28℃，保持通风良好，适时增加光照。北方
大多数地区只收1茬；南方可根据当地气候条件，
延长栽培时间，可收2茬，也可一年进行2次栽培。

6. 适宜种植地区　建议在目前国内灵芝产区
栽培。

（五）仙芝1号［浙（非）审菌2009003］

1. 选育单位　浙江寿仙谷生物科技有限公司，
金华寿仙谷药业有限公司。

2. 品种来源　武义野生灵芝人工驯化。

3. 特征特性　子实体一年生，木栓质，有柄。
菌盖5～20 cm×8～28 cm，厚1～2 cm，肾形
或近似圆形，初期盖面呈乳黄色，边缘近白色；
成熟子实体盖面呈红褐色至暗红褐色，有时向外渐
淡，盖缘淡黄褐色，有同心环带和环沟，并有纵皱
纹；盖缘钝或锐，有时内卷。菌肉厚约10 mm，
淡白色、淡褐色至浅褐色，近菌管处呈淡褐色或近
褐色，木栓质。菌管长2～10 mm，淡白色至褐
色，菌管口初期白色，后渐变为淡褐色、灰褐色至
褐色，平均4～5 mm。菌柄长5～15 cm，直径
1.5～3 cm，侧生或偏生，少呈中生，近似圆柱形
或扁圆柱形，中实，呈紫褐色，具漆样光泽。担孢

子7.8～11 μm×4.8～7.5 μm，椭圆形至卵形，
顶部平截，呈淡褐色或黄褐色；双层壁，外壁无色
透明、平滑，内壁有小刺。代料栽培灵芝多糖、
灵芝三萜平均含量分别为2.13%、0.61%，比日
本红芝高40.13%、30.32%，比韩芝高13.75%、
13.43%；段木栽培灵芝多糖、灵芝三萜平均含
量分别为2.47%、0.83%，比对照日本红芝高
31.03%、39.04%，比韩芝高21.2%、20.48%。

4. 产量表现　经2002—2005年品种比较试
验，代料栽培子实体鲜品平均产量分别比对照日
本红芝高12.4%、韩芝高16.99%；灵芝孢子粉
平均产量分别比对照日本红芝高45.3%、韩芝高
44.66%。段木栽培子实体鲜品平均产量分别比对
照日本红芝高26.17%、韩芝高21.54%；灵芝孢子
粉平均产量分别比对照日本红芝高61.92%、韩芝
高56.4%。代料栽培平均折干率为31.49%，分别
比对照日本红芝高22.6%、韩芝高19.78%；段木
栽培平均折干率为41.64%，比对照韩芝高1.48%。

5. 栽培技术要点　气温高于30℃时应注意通风
降温。代料栽培宜1～2月接种，6月下旬采收；
段木栽培宜11～12月接种，9月上旬至10月采收。

6. 适宜栽培地区　该品种具有菌丝生长快，子
实体耐高温，菌盖厚实、菌肉致密，子实体及孢子
粉产量高、品质优，适宜于浙江省栽培应用。

（六）沪农灵芝1号［沪农品认食用菌（2009）
第003号］

1. 选育单位　上海市农业科学院食用菌研究所。

2. 品种来源　从中国农业微生物菌种收藏中心
上海分中心引进的119号中常规人工选择育种而成。

3. 特征特性　子实体质地坚硬，菌盖直径13～
21 cm，扇形、近圆形、圆形，黄红色至红褐色，
皮壳有漆样光泽，有明显环沟，边缘圆钝，菌肉分
层颜色由木材色至浅褐色，菌盖厚约1 cm，背面
颜色黄色至金黄色。菌柄长9.6～10.6 cm，侧生，
红色至红褐色，有漆样光泽。子实体产孢量大，孢
子8～11.3 μm×5.3～6.5 μm，褐色，孢子壁双
层，内壁有小刺。灵芝菌丝在5～35℃能生长，

最适温度22～27℃，超过30℃菌丝生长受到抑制，低于18℃菌丝生长缓慢；子实体生长发育温度5～30℃，最适温度18～20℃；孢子弹射温度22～30℃，最适温度25℃，低于20℃或高于30℃孢子弹射受到抑制。子实体及孢子发育适宜的空气相对湿度为85%～90%。

4. 产量表现　沪农灵芝1号孢子粉产量比对照品种101高30%～39.2%。

5. 栽培技术要点　1～3月接种，4～5月排场覆土，8月上旬套筒采集孢子粉，10月底前结束。

二、未认（审）定品种

（一）日本赤灵芝

高温型品种。子实体单生，菌盖幼时褐黄色，成熟后为红褐色至土褐色，有光泽，腹面黄色，菌盖中心厚度1.7～2.2 cm，直径10～20 cm，肾形或半圆形，表面有同心环纹带及明显较粗的环状棱纹（图7-26-7）。菌柄长7～15 cm，直径1.5～2.5 cm，红褐色，光滑有光泽，侧生，柱状。菌丝洁白、粗壮。菌丝生长最适温度24～26℃，子实体生长的最适温度28℃。出芝不需温差刺激。原基形成到子实体采收需60天左右。经河南省食品药品检验所测定，子实体内在品质（水分、总灰分、酸不溶性灰分、浸出物、多糖含量）符合现行《中华人民共和国药典》的规定。适合段木熟料栽培。该品种属采收子实体为主的品种。

图7-26-7　日本赤灵芝

（二）黄山8号

高温型品种。子实体单生，菌盖直径8～16 cm，厚1.5～2 cm，幼时褐黄色，成熟后为黄褐色，圆形、半圆形或肾形，表面有同心环纹带及较细的环状棱纹，子实体致密；背面淡黄色，菌柄长6～12 cm，直径1.5～2.5 cm，红褐色，有漆样光泽，偏中生或侧生，菌丝浓密、洁白、粗壮（图7-26-8）。原基分化温度24～28℃，出芝适宜温度22～28℃。出芝不需温差刺激。灵芝三萜和多糖含量均较高，产孢率高。适合段木熟料栽培。该品种属采芝、收粉兼用型品种，是安徽省、河南省主栽灵芝品种。

图7-26-8　黄山8号

（三）G901

赤芝，菌丝生长旺盛，抗逆性强，菌盖大而厚，芝大圆美，单生比例高，转茬快，灵芝和孢子粉产量高。适合段木栽培，是浙江省龙泉市主栽灵芝品种。

（四）G9109

福建省尤溪林业科研所陈秀炳（2005）报道了灵芝高产优质菌株"G9109"，该菌株为早熟型品种。其菌丝在6～32℃下均能生长，但菌丝生长的适宜温度为18～32℃，最适温度为26℃。在木屑培养基上菌丝粗壮、洁白、整齐，爬壁能力强，满瓶需20～21天。用于短段木栽培，其适宜性强、出芝早、子实体朵大、菌盖背面金黄色。

（五）韩国灵芝

子实体单生，菌盖厚 1.1 ～ 1.6 cm，直径 4 ～ 21 cm，半圆形或近肾形，具瓦楞状环纹，纹凸，褐色，腹面黄色。菌柄正常长 3 ～ 5 cm，深褐色，有光泽，柱状。菌丝生长温度 15 ～ 32℃，最适温度 26 ～ 28℃。子实体生长发育的温度以 27 ～ 29℃最适宜，空气相对湿度以 80%～ 90%为宜。原基形成不需要特殊温差刺激。

第四节
主要生产模式及其技术规程

我国灵芝生产有段木生产和代料生产两种方式。

灵芝段木生产是利用段木作培养料，接种灵芝菌种后，在适宜的条件下发菌、出芝的一种栽培方式。段木栽培灵芝分为熟料短段木栽培、生料段木栽培和树桩栽培等三种方法。本书中的灵芝段木生产特指灵芝熟料短段木生产。灵芝熟料短段木栽培，是将适合灵芝生长的树木截成一定长度的段木，进行灭菌处理，接上菌种，菌丝长透段木成为菌段，将菌段埋入土中，并采取精细的管理措施，使菌段长出灵芝子实体的过程。因将树木截成较短长度（15 cm 或 30 cm），而且接种前进行灭菌，故称为灵芝熟料短段木或短段木熟料生产。灵芝短段木熟料生产具有三个特点：一是栽培周期较长，从接种到出芝结束需 2 ～ 3 年；二是干灵芝的转化率（单位质量的风干培养料所培养产生的灵芝子实体风干质量）较高，一般为 5%～ 7%，高者可达 8%以上；三是品质好，子实体朵大、菌盖厚实、色泽鲜亮。根据灵芝菌段覆土时是全脱袋还是不完全脱袋，可将段木灵芝生产分为段木灵芝全脱袋覆土生产和段木灵芝不完全脱袋覆土生产两种模式。

一、短段木生产模式

（一）品种选择

灵芝种类繁多，不同的灵芝品种，其药用价值不同，一定要根据栽培目的选择相应灵芝品种。生产常用品种有金地灵芝、灵芝 G26、沪农灵芝 1 号（产孢型）、G901、G8、仙芝或通称赤芝的若干地方品种以及从韩国、日本等引进的灵芝栽培品种。

（二）栽培季节

栽培季节的选择依据是：室外栽培条件下，当自然温度上升至适宜出芝的温度时，菌棒即可下地覆土。根据菌棒发菌条件及发菌时间的长短，向前推算接种时间。河南省段木灵芝接种时间常选择在 12 月至翌年 1 月。

曹隆枢等（1999）报道，在冬季干旱时期 11 月下旬至翌年 1 月下旬接种，杂菌感染机会减少，芝木接种成品率可高达 98%以上，比春季多雨时节接种成品率提高 8%～ 15%，另因较早接种，菌丝分解木材时间长，积累的养分多，待来年清明过后芝木下地时已经完全生理成熟，出芝量多、个大，单产可提高 17%～ 28%，两项加起来综合效益提高 22%～ 45%。

（三）场地选择

河南省信阳市罗山县朱堂乡，芝农在种过水稻的田块高垄种植段木灵芝（图 7-26-9），由于排水沟内经常有流水，灵芝菌盖厚实，长势较好。

图 7-26-9　高垄种植段木灵芝

（四）栽培设施

建造的栽培设施应便于管理，能为灵芝子实体生长提供一个防雨、保湿、通气、可调控光照及温度的环境条件，并有利于病虫害的防控。

1. 遮阴平棚与塑料拱棚组合的双棚栽培设施

（1）遮阴平棚 在海拔高、气温低的地方搭建遮阴平棚，高度一般为 2～2.5m，且平棚距离内拱棚顶的高度应在 20 cm 以上。以立柱作为平棚的支撑骨架，可用竹竿、木杆、水泥柱或钢管作为立柱，一般立柱的行距为 3.2～6 m，列距为 3 m。棚顶及四周覆盖遮光率为 90% 的遮阳网。留进出通道。也可用枝材、草帘等遮阴。

在立柱行间地面开挖宽 50 cm、深 30 cm 的排水沟，并兼作操作通道。

（2）塑料拱棚 可选择搭建 3 种规格塑料拱棚。

1）大棚 大棚保温性好，管理方便，适合夏季凉爽的中高海拔地区。可以用竹、木或钢管作骨架，顶覆塑料薄膜。棚顶高 2～2.1 m，肩高 1.2 m，宽 4～5.5 m，长不超过 40 m。棚内按宽 1.5～1.8 m、高 15～20 cm 的要求做 2 个或 3 个畦床，畦间留 0.5 m 宽的通道（图 7-26-10）。

图 7-26-10　塑料大棚

2）中拱棚 中拱棚保温性好，管理方便，适合夏季炎热的中低海拔地区。可用竹竿或钢管搭建，顶覆塑料薄膜。棚高 1.5 m 左右，宽 2.5 m（或 2.9 m），长 10 m 左右。每两畦合为一个单元，畦间留 0.5 m 宽的通道。

3）小拱棚 小拱棚保湿性好，降温性能优，适合夏季气候炎热的低海拔地区。可用小竹竿或毛竹片拱成，顶覆塑料薄膜。棚高 0.5 m 左右，宽 1～1.5 m，长 8～10 m。

2. 双拱组合栽培设施 双拱大棚由内、外拱棚组合而成。外拱棚跨度 8 m，肩高 1.4～1.5 m，顶高 3 m，长 41～51 m；内拱棚跨度 7 m，肩高 1.4～1.5 m，顶高 2.5 m，长 40～50 m。外拱覆盖遮阳网，内拱覆盖塑料薄膜（图 7-26-11）。

图 7-26-11　双拱骨架

3. 彩钢大棚与塑料大棚组合栽培设施 郑林用、金鑫（2015）在成都大邑县某示范基地开展室内灵芝连作栽培技术研究，栽培设施由彩钢大棚与塑料大棚组合而成（图 7-26-12）。彩钢大棚高 6 m 以上，四周离地 1 m 高和 3 m 高处建立两排窗户，窗户尺寸为 1.5 m×2 m，每排窗户间隔 2 m，能够满足灵芝生长所需要的光照及通气要求；彩钢大棚内搭建塑料大棚，塑料大棚跨度 6 m，长 30 m，高 1.5～1.8 m。在该组合设施内，灵芝长势良好，产量较高。

图 7-26-12　彩钢大棚与塑料大棚组合设施

（五）生产技术

1. 原料准备

（1）树种选择　选择以壳斗科树种为主的阔叶树木栽培灵芝，如选用青冈栎栽培灵芝效果较好，具有菌丝生长速度快、子实体及孢子粉产量高、色泽好等优点。

（2）原木砍伐与截段　砍树时间一般以物候为准，通常以"叶黄砍树"为标准进行砍伐。当芝树的叶片三成变黄的时候，便可以砍树，直到芝树将要萌芽为止，均为砍树适期。一般应选择生长在土质肥沃、向阳山坡的芝树，原木的直径在5～20 cm，以8～12 cm为最佳。枝丫材、边材均能利用。砍伐后的原木修去细小枝条，取用直径3 cm以上的主、侧枝，运输中减少树皮机械损伤，遮阴存放，防止阳光直射，造成树皮开裂。为减少水分散失，在砍伐后15天内把原木截断，木段的长短由栽培模式决定。采用芝棒（即灵芝菌棒）立摆覆土出芝方式时，木段长度为15 cm；采用芝棒横卧覆土出芝方式时，木段长度为25～30 cm，要求截面平整，截口和木段成直角。

曹隆枢（1999）报道，30 cm长的芝木横埋，其出芝量适宜，芝盖大，尤其是直径8 cm以上的芝木因养分较充足，芝盖也较大。30 cm长的芝木横埋与15 cm长芝木竖埋比较，灵芝的优质品率提高18%～25%，综合经济效益提高22%～36%。但目前芝棒立摆覆土出芝模式在安徽、河南还广泛应用，其重要原因是该栽培模式能充分利用枝丫材，操作管理方便，利于灭菌和发菌，菌材污染率低，生产的灵芝产品适合加工。

（3）段木修整　砍树后，修去枝丫，将原木截成段，要求断面平整，并将毛刺削平，避免刺穿塑料袋。新砍伐的原木，截断后应晾晒1～3天，一般当段木断面中心有1～2 cm长的微细裂痕时，段木的含水量为28%～42%，较为适宜。采用小袋栽培，把粗段木从断面中心部位平均劈为四瓣，或在段木截面上劈几道十字形裂痕；采用大袋栽培，把直径大于塑料袋直径的段木劈开，以利于装袋、灭菌和菌丝培养。

2. 装袋和灭菌

（1）装袋　小袋式装袋法：用于装15 cm长的短段木。选用折径17～20 cm、28～35 cm、厚0.04～0.05 mm，一端封口的高密度低压聚乙烯塑料袋。装袋时，用勺子等器具把用水拌匀的细木屑装入料袋底端，高2～3 cm，把修整好的段木块大小搭配装进塑料袋，段木块要装实。发现被刺破的塑料袋，用胶布粘住。袋口用细绳扎成活结。

大袋式装袋法：用于装25～30 cm长的段木或装2段15 cm长的段木。选用两端开口的塑料袋，塑料袋规格为折径22～35 cm、长55～85 cm、厚0.04～0.05 mm。装袋时，先用塑料绳扎好袋子一端，装入截好的段木后，再扎好另一端。段木直径过大的，可用劈成的小块装袋，而直径较小的，可多条装入同一袋子，尽量装实些；也可以用塑料绳将长短一致的段木块捆成稍小于塑料袋的段木捆，捆内段木块之间要尽可能紧密接触，以利于菌丝培养。两端袋口都用活结捆扎，以利于接种时操作。大袋式装袋法在我国福建、浙江、四川地区采用较多。

（2）灭菌　生产上多采用蒸汽发生炉罩膜灭菌法，在料袋加工场边进行常压灭菌。码放料袋时，料袋间要留有空隙，以使蒸汽均匀循环并接触到每一料袋（图7-26-13）；为能时刻观察到灭菌料堆内部温度，需将压力式数显温度计的感应探头置放于料堆中下部；整个料袋堆码完后，料堆外用厚0.08 mm的塑料薄膜和保温材料覆盖，底部用沙袋等压紧压实，防止蒸汽掀开灭菌罩膜（图7-26-14）。有条件时，在灭菌仓内常压蒸汽灭菌，灭菌效果较好。

图7-26-13　料袋码放

木腐菌生产技术

图 7-26-14　外覆保温材料

灭菌时，要注意蒸汽发生量与灭菌料袋数量、体积相匹配，灭菌袋数增加或者料袋体积增加，应相应增加灭菌时间。若一次灭菌 5 000 袋，要求在 100℃ 温度下维持 20～25 h。注意一次灭菌量不宜太多，以免造成灭菌不彻底增加感染概率或者灭菌时间过长导致营养成分损失。灭菌结束后，待温度降低到 60℃ 左右时，趁热将料袋搬到接种棚（接种室）内冷却。搬运应十分小心，防止硬物及砂粒刺破塑料袋，如发现塑料袋破口，要趁热用灭菌胶布将破口封住。

3. 接种与发菌

（1）接种　料袋搬入接种箱（接种室、接种帐等）之前，清理干净接种箱（接种室、接种帐等）；在料袋运入前一天做消毒处理：一般用二氯异氰尿酸钠等消毒剂进行空间熏蒸消毒，消毒剂使用量为每立方米空间用量 4～6 g，密闭熏蒸时间 12 h 以上；料袋入室（棚）前，在地面上垫一层干净的塑料膜，将接种用具（凳子、盆、纸胶带、75% 酒精棉球、刀片等）放入室（棚）内。料袋移入接种室（棚）内，成排叠放，每排间距 0.5～0.8 m。当袋温降到 50℃ 以下时，把检查好的菌种、消毒剂放进室（棚）内，再做一次熏蒸消毒，密闭熏蒸 30 min 以上（连续接种时，一般只进行第二次消毒）。

选留的合格菌种，要求菌丝洁白、健壮浓密、无杂菌污染、无褐色菌膜，菌龄不超过 35 天。接种前，需对菌种进行预处理，放入 0.2% 高

锰酸钾或 75% 酒精等消毒剂中清洗，沥干后，划破菌种袋底部或破瓶从底部开始取种块，距袋口 1～2 cm 的菌种弃之不用。

当料温降到 30℃ 以下时开始接种。在接种室、接种帐等操作空间较大的接种设备内接种时，接种人员要做好个人卫生，用 75% 酒精棉球擦拭双手，4～6 人一组配合接种操作，一人取种，其他人解扎袋口。接种动作要迅速干练，解开一个袋口接一次，减少料袋在空气中暴露时间。接入的菌种不能过碎，以豌豆粒大小为宜。接种后袋口尽量向里扎紧，使菌种与段木截面紧密接触，有利于种块萌发吃料。小袋采用一端接种，大袋采用两端接种。每立方米段木料用种量 80～100 瓶（袋）。接好种的料袋在发菌室（棚）内可 8～10 个排成一行，高不超过 1.6 m，行间留 0.5～0.6 m 通道，以利于通风和检查发菌情况。

（2）发菌管理　通常选用培养室或塑料薄膜大棚（图 7-26-15）作为发菌场所，也可在民房、厂房、库房或其他空房内发菌。室内发菌，温度较稳定，利于发菌管理，而塑料大棚内发菌，温度变化快，需加强温度管理。

图 7-26-15　发菌棚

菌袋移入前，清理干净培养室（棚），用 2%～3% 甲酚皂溶液对空间喷雾消毒，之后每立方米空间用 66% 二氯异氰尿酸钠烟剂 4～6 g 或 7 g 高锰酸钾加 10 mL 甲醛熏蒸。室（棚）内要求清洁、干燥、通风、遮光。菌袋培养环境、培养

设备、菌袋大小、发菌阶段、自然气温不同，菌袋摆放方式也应不同，具体摆放方式要根据气温的变化灵活掌握。常用的菌袋摆放方式有层架摆放和地面墙式摆放两种。摆放菌袋时，要轻拿轻放，并要注意菌袋的防护，如地面垫上麻袋、塑料袋等物，防止菌袋被刺破。

灵芝发菌的最适温度范围随品种而异。发菌期间常把菌袋温度调整为 20 ～ 30℃，尽量不低于 15℃，不高于 30℃，以"前高后低"为调控原则。接种后，若气温低于 20℃，应进行加温（图 7-26-16），保持室温 22℃左右，促使菌种早萌发、早定植。常用的升温保温措施是：增加菌袋摆放密度、加温、覆盖草苫等。菌丝旺盛生长期，菌丝自己会产生较多热量，菌堆内部温度高于外部温度，菌袋内温度可比培养室温度高 3 ～ 5℃，为防止菌温上升到 32℃以上而出现"烧袋"或"烧菌"现象，应以菌袋温度为准进行发菌温度调控。常用的降温措施是：适当打开门窗通风换气、疏散菌袋、降低菌袋堆码层高、在发菌棚外覆遮阳网或草苫遮光等。为准确掌握发菌温度，可将数显式温度计的测温探头置于菌堆中部以测量菌温（图 7-26-17）。

在暗光或无光环境下发菌。可用遮阳网、草苫等遮光发菌（图 7-26-18）。适量的散射光可刺激原基分化，防止因光照过强致使发菌未结束就出现原基而影响发菌效果。

图 7-26-17　测量菌堆温度

图 7-26-18　遮光发菌

发菌期间环境空气相对湿度控制在 70％以下，湿度过大要及时通风降湿，防止滋生杂菌。

接种后 7 ～ 10 天，菌袋内的氧气可以满足菌丝生长的需要。当灵芝菌丝蔓延封面，向纵深生长，长速明显变慢或发菌室有较强的菌香味时，表示菌丝需氧量得不到满足，可进行翻堆，调整交换上下层、内外层菌袋的位置，逐渐加大通风量，促使均匀发菌。如果菌袋内有积水，可刺孔排水后，用无菌胶布粘贴微孔。发现杂菌感染的菌袋要及时挑出，另行堆放培养。常用的通风换气措施是：开闭通风口、菌丝长满料面并形成菌膜时微开袋口等。

发菌期间每隔 20 天对培养空间环境做一次消毒处理，常用 0.2％ ～ 0.4％过氧乙酸溶液或 100 ～ 500 mg/L 的二氧化氯溶液进行空间喷雾。

短段木外表已全部形成灵芝菌丝体后，为让

图 7-26-16　冬季加温

菌丝发透，从营养生长向生殖生长转变，仍需按照与菌丝培养相同的温度条件进行后熟培养，以利于充分积累营养，例如，在22℃的培养条件下，早熟品种后熟时间15～20天，中熟品种后熟时间20～25天，晚熟品种后熟时间30～35天；同时需增加散射光量，促使菌丝成熟（图7-26-19）。当段木间菌丝连接紧密难以分开，出现部分红褐色菌被，段木轻压微软有弹性，劈开段木，其木质部呈浅黄色或米黄色，部分有原基形成时，段木发菌达到生理成熟，可以覆土出芝。一端感染杂菌的芝棒，覆土后杂菌受到抑制，未感染一端还可以出芝，可以单独覆土栽培管理。

图7-26-19 增加散射光促菌丝成熟

灵芝品种、树种、培养温度、短段木块的大小及装袋方式不同，菌丝满袋时间也不同，菌丝培养时间一般需要1～3个月。

4. 出芝管理

（1）排场覆土 清明节前后，当旬日最高气温稳定在15～20℃时开始安排出芝。

1）练棒 把生理成熟的芝棒运到遮阴平棚，呈墙式码放（图7-26-20）或横卧式码放（图7-26-21）于地面，练棒7天左右，再脱袋排场。练棒应避免强光直射。练棒的目的，一是促使芝棒适应外界自然环境；二是促使运输过程中损伤的菌丝愈合，减少杂菌感染。

图7-26-20 芝棒墙式码放练棒

图7-26-21 芝棒横卧式码放练棒（刘德云提供）

2）整理畦床 选择无雨天气，清除地面杂草、碎石等杂物。清理场地时，注意防治白蚁。按照选定的灵芝栽培模式整理畦床，要求土壤含水量在16%～18%。若含水量不适，需要晾晒或漫灌，当达到适宜的含水量后，再整理畦床。一般挖地表土5～10 cm深，把挖出的土堆在畦边备用，畦底整理成为一个平面。

3）芝棒脱袋 按照选定的灵芝栽培模式，在覆土前对芝棒脱袋。脱袋方式有不完全脱袋和全脱袋两种。采用芝棒立摆覆土出芝模式的，常用不完全脱袋法，即从菌袋下部1/3～1/2处割去下部塑料袋，不完全脱袋覆土既能保持芝棒水分，减少病虫害的发生，又有利于芝棒吸收土壤中养分，常用于雨水相对较少的地区；采用芝棒横卧覆土出芝模式的，常用全脱袋法，即将菌袋全部脱去，全脱袋覆土既有利于芝棒吸收土壤中养分，又有利于芝棒中水分的蒸发，常用于雨水相对较多的地区。

4）排场覆土　芝棒割袋后，按照间距5 cm、行距10 cm左右的距离，将芝棒整齐排放在已挖好的畦中，边排芝棒边覆土，使芝棒上表面处在一个水平面上，在芝棒间填满土壤。

不同的段木灵芝覆土出芝方式，其覆土厚度不同，采用不完全脱袋芝棒立摆覆土出芝方式的，覆土与芝棒顶面相平或略高于芝棒顶面；采用全脱袋芝棒横卧覆土出芝方式的，覆土高过芝棒2 cm左右。覆土的厚薄应根据栽培场地的土壤湿度适当调整，场地湿的覆土适当薄些，场地偏干的覆土要厚些。排场时，应将不同品种的芝棒分开排场，以免产生拮抗反应。为让灵芝生长整齐，应根据段木直径大小、菌丝生长好坏，将芝棒分开排场覆土，以方便管理。

5）拱棚搭建　芝棒覆土后应及时搭设拱棚，提高地温，使受损菌丝恢复生长。若覆土期间遇雨，应在雨前用棚膜临时覆盖芝棒，防止已覆土芝棒淋雨霉变。

6）菌袋开口　采用半脱袋覆土出芝方式的，覆土一周后，菌丝全部恢复生长，即可开口出芝。开口大小决定灵芝原基的多少，为使开口处现1～2个原基，可从袋口扎绳处将袋口剪下，保留袋口折痕，不可把袋口全部剪下。菌袋开小口，既防止出现较多原基，消耗较多养分，又可减少袋内菌木水分的蒸发。菌袋开口后，及时盖上拱棚膜。

（2）出芝管理　人为地调控芝棚内温度、湿度、光照、空气，提供并满足灵芝不同生育阶段对环境条件的需求是获得灵芝优质高产的关键。

1）原基形成期管理　在出芝期间，要求土壤含水量在19%～22%（占干土重百分比）。土壤适宜的含水量可以稳定空气相对湿度，但土壤水分含量长期过高，会使菌丝窒息死亡。可通过安装微喷管喷水或人工喷水调节空气相对湿度和土壤湿度。采用全脱袋覆土出芝的，因喷水导致芝棒上覆土层被冲刷掉或覆土下陷露出芝棒时，应及时补上覆土。喷水要均匀，使土壤保持湿而不黏的状态。

为促进原基分化形成，可适当提高光照强度以增加畦床温度，尽量使棚内温度不低于22℃。原基形成需要适量的散射光照，但阳光直射条件下不能形成原基。芝棒埋土后，一般进行半阴半阳管理，保持光照强度在2 000 lx左右，棚内空气相对湿度保持在85%～90%。此期一般不需要揭膜通气，在观察生长情况时开启、覆盖棚膜即可达到通气要求。通常芝棒覆土后8～20天，畦床上或者菌袋开口处开始分化出瘤状的白色原基（图7-26-22），之后，原基伸长，基部逐渐变为黄褐色（图7-26-23）。

图7-26-22　瘤状原基

图7-26-23　原基形成

2）菌柄伸长期管理　原基形成以后，以保温保湿、适当通气为主。此时气温回升较快，注意棚内温度应保持在30℃以下，空气相对湿度保持在

85%～90%。若空气相对湿度低于70%，已形成的原基会干枯死亡（图7-26-24）。二氧化碳具有刺激菌柄伸长的作用，为促使原基伸长，可减少通风次数，但要防止二氧化碳超过0.1%而产生畸形灵芝。调整光照强度在3 000～6 000 lx，避免因光线过弱而使菌柄瘦长。灵芝趋光性很强，若光照不均，易产生弯曲菌柄。

图7-26-25　菌柄伸长

图7-26-24　原基干枯

菌柄伸长初期（图7-26-25），疏去瘦小、细长芝蕾或原基，对生长过快的菌柄保留基部3～5 cm长，将其余部分剪掉，用作接穗。对没有出芝的芝棒，可进行嫁接，通常把疏去或剪掉的原基（芝蕾）削成楔形，插于菌木顶部的树皮与木质部之间的菌丝层内，同时用力稍按楔形原基两侧的菌木使原基固定。控制每段芝木上的芝蕾数量，通常直径15 cm的芝木保留1个芝蕾，直径超过15 cm的芝木保留1～2个芝蕾。芝棚中出现杂草，应及时拔除。疏芝、嫁接工序完成且组织愈合后，若畦床泥土发白，土壤含水量低于19%时，要适量洒水，待水下渗后，在畦床上铺设地膜。铺设地膜既能减少土壤水分蒸发、预防病虫草害，又能防止芝体受泥土污染，还可采用地膜法收集孢子粉。在雨水较少地区及中小拱棚段木灵芝栽培时适宜铺设地膜。

3）菌盖扩展期（芝盖形成期）管理　当菌柄长到5 cm左右时，菌柄伸长期结束，条件适宜时，菌柄顶端的白色生长点横向生长并分化成菌盖（图7-26-26）。此期气温较高，日照强烈，水分蒸发快，灵芝呼吸作用旺盛，生长量大，日扩展菌盖可达0.7 cm（图7-26-27），此期管理以增湿保湿、降温、通风、适当增加光照为主。棚内空气相对湿度保持在85%～95%，低于80%菌盖不扩展或扩展缓慢，高于95%易引起缺氧而形成畸形灵芝，管理上要加大喷水量和喷水次数，根据天气情况，每隔1～3天要喷水1次，空气特别干燥时，每天早晚各喷水1次。温度保持在28～32℃，灵芝是恒温结实型菌类，温差过大易形成畸形子实体，菌盖表面皱褶（图7-26-28）。在18～28℃，两天一次的变温，菌盖表面形成轮纹状。当棚内二氧化碳积累达到0.1%时，不能形成正常的菌盖，已形成菌盖的，菌盖生长圈畸形或停止生长，为此，要增大通风量。当空气中二氧化碳含量高于0.05%时，晴天，拱形棚两端膜白天卷起，空气相对湿度、气温较高时可把棚膜全揭开通风，夜间封闭棚膜增湿，减少昼夜温差；雨天，封闭棚膜，以免被雨水冲刷。调节遮阴棚顶部的稻草等遮阴物，对遮阴棚进行半阴半阳管理，保持光照强度在3 000～15 000 lx。为防止菌盖相互粘连，可用竹、木等物将相距过近的灵芝菌柄轻轻撑开，让其各自长成完整的单柄优质灵芝。

图 7-26-26　菌盖开始分化

图 7-26-27　菌盖扩展

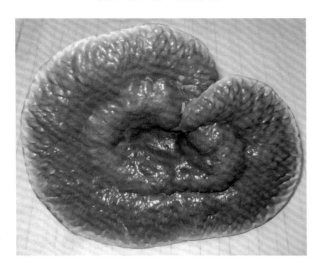

图 7-26-28　温差大致菌盖表面皱褶

4）子实体成熟期管理　灵芝菌盖开始弹射孢子时，灵芝子实体生长即进入成熟期。此期棚内空气相对湿度保持在 75%～90%，温度保持在 22～30℃，并有充足氧气和较强的光照强度，利

于菌盖扩展、增厚和孢子的散发。尽量少喷水，保持土壤湿润状态即可，喷水会将孢子粉冲掉；防止雨水滴入孢子粉而使其结块，降低商品价值（图 7-26-29）。菌盖扩展到最大，黄边基本消失时，呼吸作用加强，孢子大量弹射，管理重点是加盖遮阴物降温和通风降温增氧，避免孢子向芝棚外弹射过多。晴天，中小拱棚两端留直径 30 cm 左右的通风口，并昼夜敞开，大棚两侧薄膜向上卷至离畦床面 6～8 cm，以利于通风及降温增氧；雨天，封闭通风口，防止雨水冲刷灵芝。暴雨过后要及时将被雨水冲刷的芝棒扶正埋好。当菌盖长至不再增大、盖缘变成褐色并与中部一致、菌盖下面色泽鲜黄一致时，子实体完全发育成熟（图 7-26-30），应及时采收孢子粉及灵芝。段木灵芝从菌盖开始弹射孢子至采收一般需 35 天时间。

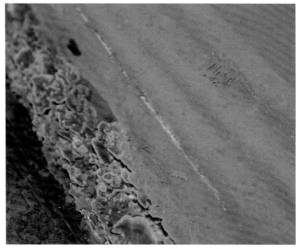

图 7-26-29　孢子粉遇水结块

图 7-26-30　灵芝成熟

5. 后茬管理　短段木熟料灵芝栽培，根据菌棒

木腐菌生产技术

大小、菌棒用材、灵芝品种及培养条件的不同，一般收获2～3茬灵芝。

后茬出芝有两种茬次安排办法：一是第一年采收两茬，第二年采收一茬。第一茬灵芝采收后，对芝棚内和四周场地做一次清理，扫除病虫滋生的载体，拔除棚内畦床及四周的杂草，整理走道和排水沟，加固棚架，视畦中土壤含水量情况，补水一次；保持棚内较高的空气相对湿度，调节芝棚中的温度和光照。经3天时间，在菌柄剪口上长出黄色或白色生长点，生长点伸长膨大形成菌柄和菌盖。此时进入二茬灵芝生长期管理，管理方法同第一茬。第二茬灵芝采收后，若段木质地较硬，可加强管理，使其在第二年继续萌发出芝（图7-26-31）。二是第一年只采收一茬，第二年采收1～2茬。此种茬次安排，可在第二年收获一茬品质较好的灵芝。

灵芝菌棒越冬方法依栽培模式及各地气候而异，中原地区短段木熟料灵芝栽培，冬季拱棚不去除，可起保温作用。第二年气温回升后，子实体从袋口长出。若段木完全腐朽，一踩即烂，则表明不能再出芝了。

图7-26-31 第二年一茬灵芝

二、熟料栽培覆土出芝生产模式

（一）栽培季节

利用自然温度栽培时，以旬平均气温达22℃以上时开始安排出芝为宜。适温出芝，原基大而饱满，出芝整齐，容易管理。菌种和栽培袋的生产可以提前安排。

南方各省，可在2～3月接种，4～6月出芝；或8月下旬至9月上旬接种，9月下旬至11月出芝。北方各省，可安排在3～4月接种，6～9月出芝。具体的栽培时间，应根据当地气候特点和栽培规模大小安排，而且在有控温设施的条件下，适期范围可以扩大。

在广东梅州市，灵芝栽培最佳出芝季节是4～6月。出芝前35天制菌袋，制菌袋前35天左右制栽培种，制栽培种前35天左右制原种，制原种前15天左右制母种。通常制菌袋时间可提前至元旦前后，此时气温较低，污染少，菌袋成功率高。（曾振基等，2004）

在山东省，利用单坡面大棚简易设施袋栽灵芝，以4月初至6月中旬栽培较为适宜。（张化峰，2004）

在淄博市，进行半地下式塑料大棚栽培灵芝，3～5月接种，4月底至6月底开始出芝较为适宜。（耿军等，1997）

在江西省，一般在4月接种，5～7月出芝；或7月接种，8～10月出芝。（杨小弟等，2002）

在河南省洛阳市，春季3月下旬至4月下旬接种，5～7月自然温度出芝。秋季为8月下旬以后播种，可采取加温的方法出芝。（张洛新，2004）

在江苏省泰州市，代栽灵芝的最适宜接种期为4～5月，5月底陆续出芝。每年6～7月是梅雨季节，因此，要确保在6月中旬前全部开袋出芝，让灵芝子实体生长能处于一个高温高湿环境，从而取得高产稳产。（陈大喜，2005）

长江三角洲的江北地区，可在4月制种，5月开始栽培，10月上旬出芝结束。

江南地带可适当提前半月至1个月。如果能搭简易温棚使室温保持24～28℃，那么一年四季均可栽培。（张永林，1994）

在辽宁地区，于4月下旬或5月上旬开始接种制栽培袋，7月中旬至9月中旬可收2～3批灵芝。9月下旬之后气温下降，子实体停止生长。（刘俊杰，1994）

在河北省，栽培期安排在4～5月为好，6～8月是出芝最适的季节。利用夏季高温季节，一年栽培1次为宜。（狄继革等，2005）

在海南省，泰山灵芝室内袋栽适宜的种植期为2月底至3月中旬。（谭业华等，2005）

（二）栽培设施

常以普通塑料大棚、半地下式塑料大棚、日光温室、阳畦、民房等作为栽培设施。

1. 半地下式塑料大棚的结构与建造　半地下式塑料大棚具有保温保湿、通风性能好、可调节光照、宜于控制病虫害的优点，且投资少，管理方便，灵芝产量高、质量好，是应用较多的灵芝栽培设施（图7-26-32）。

图7-26-32　半地下式塑料大棚

将地面下挖80 cm，用竹竿或立木等材料建成两边高2 m、中间高2.5～3.2 m、宽约9 m的塑料大棚，面积600～900 m²，棚膜上方搭草苫或遮光度75%的遮阳网，使棚内形成宜于灵芝生长的散射光。棚内分左右两边，中间留1 m宽走道，两边与走道垂直做畦埂，畦埂宽40 cm，与走道平高，畦埂间距80 cm，畦埂之间挖深25 cm排水沟，以便灌水和排水。

2. 日光温室的结构与建造　日光温室具有较好的保温、增温、保湿、通风、调光功能，春季可提

前约30天、秋季能延后约20天生产灵芝，解决了一般大棚加温困难、保暖性差的问题，是生产优质灵芝的适宜设施。

日光温室一般坐北朝南，东西向延长，向东或向西偏斜5°～7°。日光温室的常见结构有土筑墙式和砖筑墙式，高度一般2.8～3 m，后墙高1.8～2 m，跨度8～10 m，长度以80 m为宜，土筑墙的墙体厚度80～100 cm，砖筑墙的墙体厚度50 cm（图7-26-33），在后墙下方距离地面70 cm处每间隔2 m留一个直径40 cm可以开闭的通风孔。前坡下方地面下挖20～30 cm，后坡下方地面不下挖，用作管理走道。在前坡下方下挖处与走道垂直做畦埂，畦埂宽40 cm，与走道平高，畦埂间距80 cm，畦埂之间挖深25 cm排水沟，以便灌水和排水。

图7-26-33　日光温室型塑料大棚

骨架一般选用钢架材料或竹木材料，也可用专用的水泥预制骨架。棚膜多采用聚氯乙烯耐老化无滴膜或聚乙烯多功能复合膜。棚膜上覆设草帘，以利于保温调光。后坡的保温多用秸秆和草泥，前坡多用草帘。

3. 阳畦的结构与建造　阳畦具有较好的保温保湿性能，适于北方气温较低的地区。阳畦应东西走向，坐北朝南，一般宽5 m，长10～15 m，向地下挖0.6～0.8 m深，将阳畦内的土堆于阳畦四周，筑成土墙，北墙比南墙稍高，北墙高0.8 m，南墙高0.5 m，东西两侧土墙为北高南低。在南北两侧的土墙上插入弯成弧形的竹片，构成拱形架，从拱

顶到畦底高为 1.6～1.8 m，骨架上覆盖塑料薄膜，将整个阳畦罩住，薄膜上再盖草苫。畦内东西向筑成两畦，每畦宽 1.5 m，长与阳畦相同，畦间管理走道宽 70 cm。

（三）品种与菌种

代料栽培灵芝可以选用的品种有泰山赤灵芝、韩国灵芝、日本灵芝、台湾灵芝或通称赤灵芝的若干地方品种以及紫芝品种。泰山赤灵芝 1 号是代料栽培广泛应用的品种。不同品种其最适宜的栽培方式不同，栽培品种选择的主要依据是：符合现行《中华人民共和国药典》规定性状的赤芝或紫芝品种；子实体产量及有效药用成分含量高；收购商认可；栽培管理相对简单。

使用生活力强的菌种，是保持优良品种种性的基本保障，是丰产优质的基础。其外观标志是：菌丝洁白、纯正，无杂菌污染；生长快，菌丝浓密，长势旺盛；无菌膜、无黄水，菌龄适宜。要获得生活力强的菌种需要注意以下几点：选择适宜的培养基配方；培养基质灭菌一定要彻底，严防杂菌污染；逐级检查，选优汰劣；发现衰退，及时复壮；使用菌丝刚发满的菌种，不用有厚菌膜或已分化原基的老龄菌种。母种最佳培养基为 PDA+木屑培养基（马铃薯 200 g、葡萄糖 20 g、琼脂 20 g、100 g 木屑，取汁 1 000 mL）；原种和栽培种最佳培养基质均为棉籽壳（棉籽壳 990 g、石膏 10 g 和水 1 300 mL）。

（四）原料与配方

各地可因地制宜选择灵芝代料栽培的原料，灵芝生产常用主料是木屑、棉籽壳、玉米芯、高粱壳，酒糟等也可适量选用；常用辅料是麸皮、米糠、石膏等。木屑加麸皮或米糠是传统灵芝栽培的基本原料，大多数硬质阔叶树木屑均可选用，但以壳斗科、桦木科、金缕梅科、杜英科等树种为佳。近年来，大规模栽培灵芝以棉籽壳为主料，适当添加木屑和玉米芯，辅以麸皮或米糠，可增加培养料的透气性和含水量，发菌快、出芝快，容易获得优质高产。各种原料均需按配方进行配置，生产上常用配方如下。

配方 1：棉籽壳 90%，麸皮 5%，石灰 4%，石膏 1%，含水量 60%～65%。

配方 2：棉籽壳 90%，麸皮 8%，石灰 1%，石膏 1%，含水量 60%～65%。

配方 3：杂木屑 45%，棉籽壳 45%，麸皮 8%，石膏 1%，石灰 1%，含水量 55%～60%。

配方 4：杂木屑 15%，棉籽壳 60%，玉米芯 15%，麸皮 8%，石灰 1%，石膏 1%，含水量 60%。

配方 5：杂木屑 60%，棉籽壳 15%，玉米芯 15%，麸皮 8%，石灰 1%，石膏 1%，含水量 55%～60%。

配方 6：棉籽壳 96%，玉米粉 3%，石膏 1%，含水量 60%～65%。

配方 7：高粱壳 60%，木屑 20%，玉米粉 10%，米糠 8%，过磷酸钙 1%，石灰 1%，含水量 60%。

配方 8：鲜酒糟 70%，木屑 10%，玉米粉 10%，米糠 8%，过磷酸钙 1%，石灰 1%，含水量 60%。

以上所用原料要求新鲜、干净、无霉变、无虫蛀，木屑以专用粉碎机加工为好，木屑颗粒最好呈方块状，培养料颗粒度为 0.5～2 cm。较细的木屑可与棉籽壳、玉米芯混合使用，以增加培养料的透气性。木屑使用前应过筛，剔除硬木块等杂质。玉米芯使用前要粉碎成黄豆粒大小。

在同样的栽培管理条件下，配方不同，菌丝生长速度、灵芝的转化率、子实体菌盖大小和厚度、多糖和三萜含量均有明显差异。其中，配方 1 灵芝转化率较高，配方 2 灵芝多糖含量较高，配方 3 灵芝子实体三萜含量较高。

（五）培养料配制

1.场地要求　以硬化的水泥地面为好。泥土地，加水后泥土易混入料中，不宜采用。

2.配制方法

（1）称取培养料　根据计划制作袋数和所用

料袋大小，按选定的配方尽可能准确地称取各种原辅材料。

（2）预湿　将玉米芯、棉籽壳、木屑等主料按料水比1:（1～1.4）加水预湿，堆闷2天。

（3）拌料　把麸皮、米糠等干辅料混拌均匀后，撒在主料堆上；再把过磷酸钙、石膏等辅料加入少量水中，洒在主料堆上。拌料用的清水可根据需要分批泼入料中。拌料时可采用机械拌料或人工拌料。机械拌料时搅拌的时间要长一点，人工拌料时要翻拌2～4次，确保拌匀，使水、营养物质分散均匀，原料充分吸水。培养料拌匀后建堆，盖上塑料薄膜，以防水分散失。

3.注意事项

（1）翻晒旧料　若所用主料为旧料，配制培养料前，应在太阳下暴晒2～3天，晒时要勤翻，使其晒匀晒透。

（2）掌握料水比　配制好的培养料含水量控制在55%～65%。加水量依培养料性质、干湿程度而定，通透性差的含水量应低一些，通透性强的含水量应高一些。如以玉米芯为主料，料水比可为1:1.4；以棉籽壳为主料，料水比为1:（1.2～1.3），含棉绒多则加水多点，含棉绒少则加水少点；以干木屑为主料时，料水比为1:1，木屑自身含水量较高时，要适量减少加水比例。生产中应掌握"宁干勿湿"的原则，以拌料后用手握料能成团、指缝间有水渗出但不滴下、松手后料开裂、手掌心见水印为宜。

（3）拌料时间要短　拌料速度要快，培养料拌好后闷料0.5～1 h，等料吃透水后及时装袋，防止因堆料时间过长而酸败。

（4）酸碱度要适宜　灵芝喜在弱酸性环境中生长，在pH 3～7.5环境下均能生长，最适pH 5～6。培养料的pH一般不需要调节，自然酸碱度即可。

（六）装袋和灭菌

1.装袋　袋栽容器为聚丙烯或聚乙烯筒袋。聚乙烯塑料袋适合常压蒸汽灭菌，聚丙烯塑料袋采用

高压蒸汽灭菌或常压蒸汽灭菌均可。塑料袋规格为17～22 cm×28～45 cm×0.025～0.05 mm。每袋装干料0.4～0.9 kg。装袋分人工装袋和机械装袋两种。装袋时，先将料袋一头用绳子扎紧，然后再装入拌好的培养料，当装到离袋口还有8 cm左右时，将袋口扎紧。装好的料袋，袋口和袋的外面要擦干净，填料松紧度要适宜，过松、过紧都影响灵芝的生长发育，导致总产量下降。装袋与搬运过程中要轻拿轻放，避免刺破料袋引起杂菌污染。装袋时速度要快，装好的料袋要及时上锅灭菌，外界气温高于20℃时，料袋存放时间不能超过6 h，否则培养料会发酸变质。装好的料袋在灭菌锅内要合理叠放，袋与袋之间留出2 cm的空隙，一次装锅以5 000袋左右为宜，不可过多，以利于蒸汽循环使灭菌彻底。

2.灭菌　灭菌方式分高压蒸汽灭菌和常压蒸汽灭菌两种。采用高压蒸汽灭菌时，压力表指针上升到0.05 MPa时，应旋开排气阀，放尽锅内冷空气，待表针降至零位时，关闭排气阀继续加热，压力达到0.137 MPa温度达到126℃时，保持2 h。高压灭菌法常用于聚丙烯塑料袋的灭菌。对厚度为0.04～0.05 mm的聚乙烯塑料袋高压灭菌时，要求在0.103～0.117 MPa的压力下保持4 h，压力过高，聚乙烯塑料袋易发生熔袋、破裂现象，影响灭菌效果。

为防止聚乙烯塑料袋高压灭菌时胀袋，可在装袋后，在料袋肩部刺直径1～2 mm的微孔，然后用灭菌胶布粘贴，此法利于料袋内外蒸汽流通。大规模生产一般采用常压蒸汽灭菌，当灭菌灶下部料袋温度升至100℃时，保持12～14 h，停火后再闷8～12 h，即可出灶并运到经消毒过的冷却室（棚）冷却，其间，经检查发现料袋有微孔、破裂、散口现象时，趁热用透明胶带粘贴或用绳子扎紧袋口。待料袋冷却至30℃以下时，可进行接种。

（七）接种与发菌管理

1.接种

（1）接种设备　常在接种箱或无菌室内接

种，也可将塑料大棚分段隔离成接种帐或自制移动式接种帐，在接种帐内接种。为提高接种成功率，最好在接种箱内接种。

（2）接种前的两次消毒及消毒方法　接种前要做到两次消毒，即接种设备的初次消毒和料袋进入接种设备后的二次消毒。第一次对接种设备消毒，应在接种前24 h进行，消毒方法宜用药剂喷雾法，常用喷雾化学药剂有2%～3%甲酚皂溶液、0.25%新洁尔灭、1 000～1 500 mg/L金星消毒液、2%～5%漂白粉等。喷洒时雾粒越细消毒效果越好，每立方米空间以不低于30 mL为宜。而在灭过菌的料袋、菌种、酒精灯、接种工具等进入接种设备内再次消毒时，应在接种前1 h进行，通常选用二氯异氰尿酸钠等低毒、刺激性小、安全高效的消毒剂。消毒方法不宜采用化学药剂喷雾法，防止增加湿度，可采用气雾消毒剂点燃熏蒸法、臭氧发生器消毒法消毒。连续接种时，除第一批次需二次消毒外，其余批次可待料袋进入接种设备内后消毒一次即可。

（3）接种方法　接种前先对菌种预处理，在已消毒的接种箱或接种帐内点燃酒精灯，用灭菌镊子剔除菌种表层老化的菌层，并将菌种搅散，捣成花生粒大小的小块，便于镊取和快速萌发。打开料袋两端的扎口，分别接入已预处理的菌种，立即封口、扎紧。

（4）注意事项

1）选择接种时机　料袋温度降至30℃以下方可接种。尽量选择空气中悬浮的杂菌孢子浓度低、萌发力差时接种，如晴天晚上、清晨等。

严格按照无菌操作进行接种：菌种瓶（袋）的表面、接种用具等可用75%酒精、0.25%新洁尔灭或0.1%高锰酸钾（任选其中一种）溶液擦洗消毒。接种人员要做好个人卫生，接种时用75%酒精溶液擦拭双手。接种工具如接种铲、匙、钩等，在接种时先经酒精灯火焰严格进行杀菌后，方能镊取菌种转接。转接过程中，应时常进行火焰杀菌。

2）适当加大接种量　为了加快菌丝体生长，

减少杂菌污染机会，要适当加大接种量。一般按干料重的5%～8%控制接种量。常采用两头接种法，菌种撒在料面上并与之紧密接触，不要集中在袋口，以免影响发菌和出芝。

3）接种后通风换气　每一批料袋接种结束后，要对接种空间通风换气30～40 min，封闭后重新进袋、消毒，继续接种。

4）接种动作要迅速　做到快解袋口、快接种、快扎口，待一室（箱）接完后，要及时将菌袋运往发菌场所或就地摆放发菌，并将接种室（箱）清理干净。

2. 发菌　发菌过程是灵芝菌丝分解培养料、吸收营养并不断生长的过程。发菌期的管理要点是提供给灵芝菌丝健康生长的舒适的环境条件，以培养健壮的菌丝体，为出芝打好基础。

（1）发菌场所　可利用现有的民房、厂房、库房或其他空房，也可在出芝场所发菌。菌袋移入前，培养室（棚）内要清理干净，做好消毒、杀虫工作，使其保持清洁、干燥、通风、遮光。常用消毒方法为化学药剂喷雾法，如每立方米空间用30 mL 2%～3%甲酚皂溶液喷雾消毒。

（2）菌袋摆放及检查　常用的菌袋摆放方式有层架摆袋和地面墙式摆袋（图7-26-34）两种。摆放菌袋时，要轻拿轻放，并要注意菌袋的防护，如地面垫上麻袋、塑料袋等物，防止菌袋被刺破。一般摆放4～6层。气温低时，可把菌袋集中摆放并增加层高，以增加袋温，加快菌丝定植及生长；待气温升高后再分开摆放，降低层高，以利通风降温。在发菌阶段，结合检查杂菌污染，倒袋2～3次，每次倒袋时，上下、内外调换菌袋位置，以保持温度和承受压力一致，有利于菌丝均匀生长。接种5天后开始检查袋口两端及菌袋四周是否有杂菌污染，如果有少量杂菌产生，拣出经处理后另室培养。常用的杂菌防治方法：用注射器将75%酒精注到菌袋有杂菌位置，然后用无菌胶布封口，以后每隔10～15天倒袋一次。如发现菌袋内杂菌污染严重，应立即拿出焚烧或深埋处理，以防传染。

图 7-26-34 地面墙式摆袋发菌

（3）温度调控 灵芝菌丝生长的温度为 5～35℃，超出这个范围菌丝生长受到抑制，会出现生长缓慢、停止甚至死亡。最适温度范围随品种而异，一般为 24～28℃。代料栽培灵芝在 30℃的温度下恒温培养，发菌前期，菌丝生长快，但由于其在较高温度下呼吸加剧，菌丝易衰老自溶，外表胶质化，影响菌丝正常生长和灵芝产量。灵芝发菌管理必须协调好菌温（指菌丝体生长产生的温度）、堆际温度（指堆间、袋间温度）和气温的关系，预防"烧菌"，避免温度过低。外界气温较低时，可利用菌温和堆际温度，提高发菌室（棚）温度，防止发菌期过长、菌丝老化形成菌膜。外界气温较高时，可通过降低发菌室（棚）温度及堆积温度，降低发菌温度，保证菌丝安全度过高温期。菌丝旺盛生长时期，菌袋温度比发菌室（棚）温度高 3～5℃，所以控制温度应以袋温为准。发菌期以"前高后低"的原则调控温度，保持发菌温度在 20～30℃，促使菌种早萌发、早定植及菌丝健壮生长。常用的温度调节措施是合理排放菌袋、加温、揭盖草苫、通风换气、菌袋翻堆等。

（4）光线调节 发菌期间不需要光线，菌丝在黑暗条件下生长良好，光线过强反而抑制菌丝生长，并易引起菌丝老化发黄，所以光线宜弱不宜强。可使用遮阳网、草苫等遮光。适宜温度条件下，料袋两端接种，一般经 30～40 天，菌丝可长满菌袋。菌丝满袋后需在与菌丝培养相同的条件下后熟培养 15 天左右，以使之达到生理成熟。

（5）湿度调节 空气相对湿度控制在 70% 以下，通常不需要人为特殊调节，但在特别干燥的情况下，地面要少量洒水增湿。湿度过大时极易发生杂菌，要及时通风降湿。

（6）通风换气 保持空气清新，一般每天通风 2～3 次，每次 30 min，通风应结合发菌场所温度和湿度进行，低温低湿要少通风，高温高湿要加强通风换气，必要时可随时通风或全天通风。

需要注意的是，灵芝出芝适温与菌丝生长适温相同，有时发菌未结束就出现原基，不利于菌丝培养，也影响出芝管理，因而要加以控制。具体措施是：在适宜温度范围内取较低的温度发菌、遮光培养，不要提高空气湿度，更不要松袋口通气，防止原基形成，直到发菌结束。

（八）出芝管理

出芝期管理，是指从原基形成至采收结束这段时间的管理。出芝管理的目标是：及时调整限制性因素，防止出现料面干燥、空气闷热和过度的阴暗潮湿等不良状况，满足子实体形成及生长的必需条件。

出芝期要求温度为 22～30℃，最适温度 26～28℃。温度高于 30℃ 或低于 22℃，灵芝生长明显减慢，出现减产现象。灵芝是恒温结实性菌类，出芝期要避免温度出现较大的波动，防止低温、高温天气的影响。空气相对湿度要保持在 80%～90%。灵芝出芝期，气温高，蒸腾量大，需水多，菌袋内的水分满足不了子实体生长发育要求，营养的运输也因水分不足而受到限制，因此，保持适宜的湿度、减少过度蒸发和增加水分供应，有利于灵芝的正常生长发育。空气相对湿度超过 95% 时，灵芝呼吸受阻，蒸腾作用减弱，进而阻碍菌丝对营养的运输，形成畸形灵芝或死亡，且容易感染杂菌。光照要达到 1 500～15 000 lx，避免阳

木腐菌生产技术

光直射。如光照不足，只长菌柄，菌盖分化困难；如光照增强，菌盖形成快，菌柄短，菌盖色深而有光泽。要给予良好的通风条件，若出芝环境二氧化碳含量过高，则只长菌柄，不分化菌盖，大部分形成畸形鹿角芝，加之高温高湿，在已形成的原基或菌盖上，会引起霉菌感染。

1.菌袋摆放　菌丝发满后，要及时将菌袋摆放到出芝棚（室）内进行出芝管理。根据出芝环境、出芝设备、栽培习惯、品种特性、生产目的不同而采用菌袋平面摆放出芝方式或菌袋立体摆放出芝方式。

（1）菌袋平面摆放出芝　是将发满菌丝的菌袋，脱去全部或部分塑料袋覆土出芝，或不脱袋直接摆放地面出芝。这类出芝方式占用土地多，适宜少量栽培。

菌袋覆土出芝，是将已发满菌丝的菌袋，脱去全部或部分塑料袋，埋入通气较好的土壤中进行出芝的栽培方式。覆土出芝需选择土质疏松的地块，首先洒水润湿土壤，使土壤含水量达16%～18%，然后挖深25～30 cm、宽约1 m的畦，长度依地形而定，但不宜超过10 m，以利于通风。全脱袋覆土出芝操作方式是：菌丝发满后，将塑料袋全部脱去，竖立排放在畦床内，菌棒间距6～8 cm，中间用土填满，顶部覆盖2 cm厚的干净细土。覆土后视天气及土壤含水量适当喷水，保持土壤湿润，促使灵芝原基形成（图7-26-35）。半脱袋覆土出芝操作方式是：将发满菌丝的菌袋，用刀从中间环割，将一端的塑料袋脱去，另一端的塑料袋留在菌棒上，在向畦床排放时，把脱袋的一端朝向畦底，未脱袋的一端朝上，袋间距6～8 cm，袋与袋之间空隙用土填满，未脱袋的一端要露出土表2 cm。覆土后根据土壤含水量适当喷水，但喷水量不能过多，不能使游离水渗入到菌袋内部，如果土粒用手指能捏扁、不黏手，表明土壤含水量适宜，可不喷水。覆土后3～5天，待菌丝全部恢复生长，即可开口出芝（图7-26-36）。

图7-26-35　全脱袋覆土出芝

图7-26-36　半脱袋覆土出芝

菌袋地面摆放出芝，是将已发满菌丝的菌袋，不脱袋立摆或横卧地面上出芝的栽培方式。该栽培方式操作简单，但产量偏低，常用于盆景灵芝栽培。

（2）菌袋立体摆放出芝　是将发满菌丝的菌袋，立摆或平卧在层架上出芝，也可堆成墙状出芝。这类菌袋摆放出芝方式空间利用率高，适宜规模化栽培。

1）层架摆袋出芝　用来栽培灵芝的层架一般3～5层，可就地取材，用木头、竹子等材料搭制，也可以用水泥预制，层高不超过5层，层架长1.2～1.5 m，层与层间距50 cm，底层距地面不小于30 cm，顶层距房顶最短距离为1 m，层架之间走道为80 cm，层架距墙30 cm。层架搭好后，对出芝室进行消毒，然后将发满菌丝的菌袋直立放在架子上，袋口向上，菌袋之间的距离为2～3 cm。

如采用平卧式放置时，要把袋口朝向走道方向（图7-26-37）。

图7-26-37　层架摆袋出芝（林原提供）

2）墙式摆袋出芝　在菌袋长满菌丝或两端出现少量子实体原基时，应及时摆袋出芝。摆袋前，做宽30 cm、高15 cm的畦埂，间隔60～80 cm，地面上均匀撒一层石灰粉，畦埂上覆盖地膜，菌袋墙式码放在地膜上，高6～8层。每层袋与袋之间留2 cm空隙，如超过8层，层与层之间用两根细竹竿隔开，既利于通风、散热，子实体之间又不容易粘连（图7-26-38）。墙式摆放较高时容易倒垛，因此要设法加固。

图7-26-38　墙式摆袋出芝

2. 开口　待因摆袋受损的菌丝恢复生长后，要及时开袋口，以使原基从开口处长出（图7-26-39）。开口时，用75％酒精消毒刀片，沿袋口扎绳内侧垂直割下，或在已形成原基处开口，或去掉套环棉塞。菌袋开口以直径2 cm为宜，开口小，形成的原基少而饱满；开口大，易形成多头灵芝原基，且培养基易失水。一般情况下，开口7天，原基发育完成，开始生长菌盖。高温高湿天气不宜开口，以减少因开口引发的病害（图7-26-40）。

图7-26-39　开口出芝

图7-26-40　高温高湿开口引发病害

3. 出芝阶段管理

（1）原基形成期管理　菌袋开口后6～7天，在开口处形成指头肚大小的白色疙瘩，这就是灵芝子实体的原基。原基形成期，温度保持在22～28℃，空气相对湿度保持在85％～90％，给予散射光刺激，保持光照强度2 000 lx左右，二氧化碳浓度低于0.3％。根据自然气温变化，通过揭盖薄膜和草帘、开闭通风口等措施调节温度和通风，通风次数和每次通风时间应灵活掌握，一般每天通风 2～3 次，每次 30min 左右，但是要避免干风直吹子实体。保持出芝场所较高的空气相对湿度非常重要，如果空气干燥，原基不易形成，已形成的原基生长慢或易枯死，空气相对湿度超过 95%，原基易霉变、腐烂。保持湿度的办法是每天向排水沟灌水 1 次，也可采用微喷技术每天向出芝场所空气中喷雾状水 2～3 次，保持地面潮湿，禁止向原基上直接喷水，袋口处也不能存有积水。原基形成后，依据去弱留强原则，用消毒刀片削去长势弱小、着生位置差的多余原基，削口应平整。每个栽培袋一边只留一个健壮原基，以长出盖大、厚实的优质灵芝。为增加代料栽培灵芝菌盖比率，减少菌柄比率，原基形成后，直接进入菌盖扩展期管理。

（2）菌盖扩展期管理　灵芝菌盖扩展期，要求环境温度控制在 25～30℃，空气相对湿度控制在 85%～90%，光照强度控制在 3 000～15 000 lx，二氧化碳浓度不超过 0.1%。灵芝菌盖扩展期的管理要点是调整好温度、通风、湿度和光照的关系。在适宜的温度和通风条件下，灵芝原基迅速膨大，乳白色或米黄色边缘生长圈向外扩展，形成菌盖。低于 25℃ 或高于 30℃ 均会造成子实体发育不良，变温不利于子实体分化和发育，容易产生厚薄不均的分化圈或棱状环纹。灵芝对二氧化碳非常敏感，菌盖扩展期对氧气的要求比原基形成期高。若二氧化碳含量超过允许量，子实体就会柄长、盖小，严重时不能形成菌盖，呈鹿角状或棍棒状。原基形成后，如果原基长度超过 3 cm 而不横向伸展，甚至分叉，就应及时通风换气。可通过调节通风口大小及通风时间调控温度及通风。在要求的空气相对湿度范围内，湿度稍低，菌盖扩展慢但菌盖厚。空气相对湿度超过 95% 时间过长，灵芝正面覆盖一薄层白色菌丝状物质，湿度降低时可恢复正常。如果空气干燥，菌盖生长异常或停止生长。保持湿度的方法是向排水沟内灌水或采用微喷技术向出芝场所喷雾状水，保持地面潮湿，灌水或喷雾次数取决于是否能够保持适宜的湿度。菌盖较大时，也可向子实体轻轻喷水，但不得将水直接喷向幼芝。湿度过

大时应注意通风。菌盖扩展期对光照的要求比原基形成期高，光照充分，菌盖分化快，菌柄短，菌盖大，颜色深而有光泽；光照不足，只长菌柄不形成菌盖。采用墙式出芝方式的，在环境条件适宜的情况下，当菌盖扩展缓慢或不同菌盖之间粘连时，需进行翻垛，将上下层菌袋互相交换位置并调整菌袋方向，但翻垛时一定要注意菌盖背面仍应朝下。翻垛可使堆垛不同部位的灵芝受光均匀，有利于菌丝内营养向菌盖流动，促进菌盖生长，并能减少菌盖粘连。菌盖扩展期每 10～15 天翻垛 1 次，共翻垛 2～3 次。

（3）成熟期管理　子实体经过 30 天的生长发育进入成熟阶段，菌盖边缘白色或米黄色生长圈消失，菌盖不再扩展，转向增厚、增重，且木质化加重。此阶段温度控制在 22～30℃，光照强度 3 000～50 000 lx，适当控制通风，空气相对湿度保持在 80%～85%，对芝片成熟有促进作用，同时防止高温高湿产生灵芝病害。再经 7 天左右的生长发育，子实体表面呈现出漆样光泽，即可释放孢子。一般在孢子释放前，向排水沟内灌一次水，以保持适宜的湿度。菌盖开始成熟、孢子大量散发时，不要向菌盖喷水，以免冲掉孢子粉。代料栽培灵芝一般既采收孢子粉又采收灵芝，当孢子即将弹射完毕，灵芝已经完全成熟时（图 7-26-41），应及时采收，防止灵芝成熟后因代谢能力下降而霉变。根据不同的出芝管理条件，代料栽培灵芝从摆袋出芝到采收需 60～80 天时间。

图 7-26-41　子实体成熟

4. 转茬管理　代料栽培灵芝第一茬采收结束，可采用注射补水法给菌袋适量补水。保持出芝环境的空气相对湿度80%～95%，温度25～28℃，经5～8天，可出现原基或在原来的菌柄上长出新的子实体，按照第一茬灵芝的管理方法进行出芝管理，再经约1个月时间，即可以采收第二茬灵芝，但二茬灵芝菌盖小，二茬干灵芝的转化率约为干灵芝总转化率的10%～30%（依品种、栽培方式而异）。由于二茬灵芝产量低，管理费工，一般不收二茬灵芝。

三、仿野生灵芝的出芝模式

野生灵芝一般为多年生，分布在腐朽树木根部，在北方当年新出野生灵芝多见于8～9月，此时气温稳定，降水量充足，空气潮湿，光照适宜，适宜灵芝生长。仿野生栽培灵芝，是将发满菌丝的菌袋，脱去全部塑料袋后，在合适的季节，将菌棒埋入林地，在自然条件下出芝的一种栽培方式。菌棒埋地时，一般按全脱袋覆土方式操作，可1～3个菌棒埋到一个土坑内，以利于菌棒营养的流通和子实体的生长。菌棒埋到林地后，只需注意保持适宜的土壤含水量，温度、湿度、光照、空气等环境因素靠自然调节，以创造野生的栽培环境。

四、灵芝孢子粉采集与干燥技术

（一）灵芝孢子粉的散发规律

据徐新春等(1997)研究表明，段木灵芝孢子成熟期，孢子散发量与温度、湿度、菌盖厚度、昼夜时间及菌株等密切相关。

1. 孢子散发量与温度的关系　孢子散发适宜的温度为22～30℃，最适温度为25℃，低于20℃或高于31℃，停止散发。温度过低时，菌管孔收缩关闭，不能散发出孢子。孢子在气温25℃时，散发活动最为旺盛，散发量最多。

2. 孢子散发量与湿度的关系　空气相对湿度

在75%～90%范围时，较适宜孢子的散发，以80%～85%最佳。低于70%时，过分干燥使孢子的散发活动减弱甚至停止；高于90%时，过于潮湿反而抑制其散发。

3. 孢子散发量与菌盖厚度的关系　孢子粉的散发量随菌盖厚度的增加而明显增加。因为菌盖厚，子实层菌管长，故散发量多，持续的时间也长。据统计，菌盖厚度在0.8～1.4 cm的子实体，可连续收取孢子粉35～45天。菌盖厚度小于0.5 cm的子实体，仅收取孢子粉20天。菌盖厚度为1 cm的子实体，单株平均每天可收取孢子粉0.8 g，最多可达1.4 g，可连续收集39天。

4. 孢子散发量与昼夜的关系　据观察，孢子成熟后，夜间温度适中，湿度较大，孢子散发较多。高温季节，13时以后，温度超过30℃时，由于高温抑制了孢子的散发活动，散粉停止；待过了下午3时，温度回落到30℃以下时，又开始有孢子散发。

（二）影响灵芝孢子粉产量的主要相关因素

1. 自然因素　灵芝孢子散发适宜的温度为22～30℃，在自然地理条件较适合灵芝生长的地区，灵芝生长及孢子散发时间长，孢子粉产量高。

2. 管理技术　根据灵芝孢子散发规律，人工调控环境条件。夏天散孢季节，气温过高时，采用遮阴、通风、喷雾等措施，将温度控制在25℃左右，空气相对湿度控制在80%～85%，以促进散粉。

3. 栽培品种　不同的灵芝品种，其孢子粉产量差异很大。多孢品种的孢子粉与灵芝采收比例可达1：1以上，因此，若以采收孢子粉为主要栽培目的，可选用抗病力强、孢子粉产量高的灵芝品种。

4. 培养料　适宜的培养料是灵芝孢子粉高产的物质条件。不同培养料的营养成分及其含量不同，由其培育的灵芝及其孢子粉产量也存在着显著差异。

（三）孢子粉的采集

灵芝孢子粉采集方法多种多样，不同的采集方法，孢子粉回收率不同，产量差异也很大。

1. 灵芝孢子粉采收时机 灵芝子实体菌盖扩展时，菌盖沿白色（米黄色）生长圈生长，菌孔处于封闭状态。到生长后期，菌盖边缘的白色（米黄色）生长圈基本消失或完全消失，菌盖停止扩大生长，转向增厚，颜色加深至棕褐色，菌孔呈开张状态，成熟的孢子就开始从菌孔中散发出来（图7-26-42）。此时即可着手收集孢子粉。

不同的孢子粉采收方法，其采收时机不同。一般在孢子弹射3～5天后开始采收，在孢子弹射结束前3～5天停止采收。

2. 采收灵芝孢子粉的要求 孢子粉采收时，要求尽可能采集到最大量的灵芝孢子粉，且孢子粉中混有杂质应最少；采收技术简便，成本低，方法易掌握；杜绝病虫危害。

图7-26-42 段木栽培灵芝弹射孢子

3. 采收孢子粉前的准备 采收孢子粉前，对灵芝种植棚或栽培室进行卫生清理，去除杂物；采收孢子粉所用的毛刷及盛放孢子粉的容器等应是专用工具；收集孢子粉的薄膜、纸张应达到国家食品包装卫生标准的规定。

4. 采收孢子粉的方法 除套筒采孢法及套袋采孢法外，常见采收孢子粉的方法还有地膜法、风机吸附法、专用培养架密闭法、套袋法(适宜采收代料栽培灵芝孢子粉)、棚内塑料薄膜吊挂法、棚内行间铺设地膜法等。

（1）地膜法收集孢子粉

1）特点 该方法适用于拱棚内畦式段木栽培的灵芝孢子粉收集。散粉期间，调控适宜的湿度和光照，可有效减少子实体霉变，提高孢子粉及灵芝

质量。由于地面上的薄膜破损，可能有部分孢子粉散落到地膜外面，孢子粉散粉时间40天左右，一次采收。散粉期间，孢子粉在菌盖及地膜上堆积，湿度较大时，有结块现象。

2）操作方法 段木栽培灵芝疏芝、嫁接工序完成后，在畦床上铺设地膜，以便接收散射的孢子粉。大棚内铺设地膜，可把地膜四周支成水槽形（图7-26-43），散粉期间，水槽顶部覆盖地膜；中小拱棚内可直接在畦床上铺设地膜。在开始散粉时，要把地膜彻底清扫干净，以减少"地膜粉"的含杂率。收粉时，先用毛刷将菌盖上的孢子粉扫进干净的容器内。停1～2天，菌盖表面颜色恢复正常后，即可采收灵芝子实体。待灵芝采收后，再用毛刷把地膜上的孢子粉扫进不锈钢勺内，随后放到干净的容器内（图7-26-44）。从菌盖上收集的孢子粉称"菌盖粉"，从地膜上收集的孢子粉称"地膜粉"，这两种操作步骤采收的孢子粉因纯度不同，要分别盛在不同的容器内。散粉期间，中小拱棚两端要留出直径约30 cm的通风口，以满足菌盖散粉所需要的氧气。

图7-26-43 大棚内铺设地膜（郑巧平提供）

图7-26-44 中小拱棚地膜收集孢子粉

（2）风机吸附法收集孢子粉

1）特点　该方法适用于大棚栽培灵芝的孢子粉收集，收集的孢子粉杂质含量低，质量较好；散粉期间，利于调控适宜的湿度和光照，可有效减少子实体霉变，提高孢子粉及灵芝质量。但散粉期间，风机工作时间长，能源消耗较多；散失孢子粉较多，孢子粉得率偏低。

2）操作方法　将大功率轴流风机（1.5 kW以上）安装在大棚的两端，套上布袋，安装位置距地面1～1.5 m高（图7-26-45）。灵芝孢子颗粒极细、极轻，可用风机把芝棚内飘浮的孢子收集起来。在孢子弹射旺盛期每天的散粉高峰（一般在每天5～11时、17～24时）或全天打开风机电源收集灵芝孢子粉。吸完后将布袋内的孢子粉倒入容器内。200～300 m² 的出芝棚使用两台风机即可。

图7-26-45　风机吸附法收集孢子粉

（3）专用培养架密闭法收集孢子粉

1）特点　该方法适用于代料栽培的灵芝孢子粉收集。该采粉装置内氧气交换较好，有利于灵芝从培养料中吸收营养物质，从而更有利于灵芝孢子的形成、弹射和子实体的生长，使产量增加。此法初期需一定投资，骨架可搬进房间，且弹粉效果好、孢子粉纯净无异味，适合长期栽培灵芝的农户应用。孢子弹射房要求干净，弹粉架以外的室内环境要求通风阴凉，弹粉架内菌袋叠层、数量根据气温适当调整。弹粉阶段要经常观察：一要通过观察窗观察灵芝生长及孢子弹射情况；二要观察弹粉架

内有无虫害及杂菌感染现象，如发现坏芝，可将白纸割开，将手伸进架内，用锋利的小刀割出坏芝，再贴好活动口；三要保证弹粉架内外的空气流通，定期交换架内空气。一般30～40天灵芝孢子粉才能充分弹射完。

2）操作方法

①制作弹粉架：用方木（最好用杉木）或铝合金、不锈钢等材料制作弹粉架，其大小以方便操作、透气良好、便于架内外空气交换为宜，例如用不锈钢方管焊接成长180 cm、宽65 cm、高230 cm的架子，分3层(底层离地面20 cm，层间距离70 cm)。底层用镀锌板，其他各层用两根不锈钢方管作支架，用于放置灵芝菌袋，每层放置即将弹射孢子粉的灵芝菌袋70袋，堆放好后用白纸将整个架子密封，以便让孢子粉充分弹射。

②水洗菌袋和菌盖：孢子粉开始弹射时，用干净的水将灵芝菌盖和菌袋洗干净后（注意菌袋边角）晾干上架。

③上架收集孢子粉：每层弹粉架上叠放4～5层菌袋，一端出芝，奇偶层出芝端方向相反，交错叠放，菌盖不能相互接触，用白纸将弹粉架封严，使灵芝弹射的孢子与外面尘埃、废气隔开无污染。用透明薄膜做一个观察窗，用于观察灵芝孢子弹射情况，观察窗大小以能观察整架灵芝为宜，经约30天，揭开透明薄膜放入白纸，两天后观察白纸上面孢子粉多少决定是否收粉。

④灵芝孢子粉采收：经过1个多月的充分弹射，可揭开白纸采收高纯度孢子粉及子实体（图7-26-46）。将封在培养架一边的纸撕去，另外三边的纸留下，以备下次使用。用刷子等工具由外及内轻轻收集覆盖在菌袋和子实体上的孢子粉，然后将灵芝从菌柄基部剪下，最后将层架上的孢子粉也收集起来。

（4）套袋法收集孢子粉

1）特点　此法适用于层架式及墙式代料栽培的灵芝孢子粉收集，操作相对费工，但所获孢子粉比较纯净。套袋后袋内湿度大，菌盖背面水分多，

灵芝子实体易霉变。

图 7-26-46 弹粉架内高纯度孢子粉

2）操作方法 用透气性好的白纸做成高20 cm，周长约37 cm，袋底封闭的圆筒状纸袋，将纸袋撑开，套在灵芝的上半部，用橡皮筋扎紧，防止孢子粉向外飞散。套袋采粉时，不宜过早或过晚，一般在孢子弹射4～5天，进入旺盛弹射期后套袋，这时采集的孢子粉颗粒饱满，质量好。由于灵芝子实体生长不整齐，因此，套袋不能成批进行，只能成熟一个套一个。套袋操作时，切勿碰伤菌管，以免影响孢子弹射。从套袋到孢子粉采收大约需30天时间。采收时，先用干净毛刷刷去纸袋外面的灰尘，然后，取下纸袋，用毛刷将纸袋内的孢子粉轻轻刷入器皿内，最后再把子实体用刀割下。

（5）棚内塑料薄膜吊挂法收集孢子粉

1）特点 该法适用于塑料大棚内灵芝孢子粉收集，操作简单，耗费劳动量较少，孢子粉较干净，但孢子粉散失较多。散粉期间，利于调控适宜的湿度和光照，可有效减少子实体霉变，提高孢子粉及灵芝质量。

2）操作方法 当灵芝散粉时，在棚内沿畦床方向顺放塑料薄膜，薄膜幅宽1.2～1.5 m（占畦宽的2/3），长3～5 m，在距离地面0.8～1 m高的位置，吊起塑料薄膜四角及两边，中间凹陷，相邻薄膜间留1～1.5 m间隙，以便操作（喷水）和释放灵芝孢子，成熟的灵芝孢子弹射后从空间落到

塑料薄膜上，每1～2天用毛刷将塑料薄膜上的灵芝孢子粉收集到容器中。收获前7～10天，沿畦床行间铺一层地膜，增加接收孢子粉的平面面积，大量孢子粉可落到地膜上，最后结合收获灵芝进行孢子粉的采收。

（6）棚内行间铺设地膜法收集孢子粉

1）特点 该法适用于塑料大棚内墙式出芝方式的代料灵芝孢子粉收集，操作简单，耗费劳动量较少。

2）操作方法 代料灵芝子实体释放孢子前，在排水沟灌水一次，于第3天在灌水沟和走道内铺上地膜，不漏地面，以便把散发的孢子粉收集起来，同时减少通风量，防止孢子粉被风吹走，每天午后通微风一次，每次30 min，芝棚内不再喷水。经7～10天，孢子陆续释放完毕，将地膜上的孢子粉收集起来，菌盖、菌袋上的孢子粉用毛刷轻轻扫下也收集起来（图7-26-47），及时晾干。

图 7-26-47 人工收集孢子粉

（7）套筒法收集孢子法（曹隆枢，2003）

1）制作套筒 取油光卡纸，切成宽17～18 cm，长度适中的纸板，用订书机连接两端，制成直径17 cm左右的圆筒。

2）套筒时机及准备 时机选择掌握两条，一是灵芝白边消失，停止向外扩张生长，转向增厚时套筒，过早会形成畸形芝；二是孢子粉弹射4～5天后，开始进入旺盛弹射期套筒，这时采集的孢子粉成熟，颗粒饱满，质量好。套筒前，整平、压实畦内泥土，用清水喷洗一次灵芝，冲掉灵芝上的泥

土和其他污物，部分用水冲不掉的泥沙，需用纱布擦洗干净，防止采粉时泥沙混入。自然晾干芝体表面水分。套筒方法：在整平的灵芝畦面上，铺上塑料薄膜，以便隔离地面泥沙。在垫底薄膜上铺上接粉薄膜，接粉薄膜宽度要比套筒口周边大2～3 cm，便于取粉。成熟一个套一个，逐个用套筒将灵芝套住，下与接粉薄膜相接，上面盖上纸板，在封闭条件下接受弹射孢子。

3）套筒后管理　套筒盖板后，分畦罩上塑料薄膜，薄膜不能漏水，若水滴进套筒，孢子粉会结块。除气温偏高需掀开薄膜两端通风降温外，其他时间不能掀开薄膜，防止风吹掉盖板，影响采粉。

4）采粉时机与方法　采粉与灵芝采收同时进行。时间早了会影响灵芝和孢子的产量，迟了灵芝进入衰退期，孢子颗粒不饱满，灵芝底色也会变差，影响质量。套筒采集的孢子粉，分布在三个地方：一是芝盖上，二是地面接粉薄膜上，三是套筒边上和盖板下面。采粉时，首先将盖板和套筒上的粉刷下，然后再一手握住灵芝柄，将灵芝剪下，刷下芝盖上的积粉，再将灵芝倒放在筛子上，准备烘干。这时，要十分注意，不能让粉沾染灵芝底部，以免影响灵芝底色。最后小心提起地上接粉薄膜，把粉刷下，这时要特别注意不能让泥沙等杂质混入。

（四）孢子粉干燥贮存

1. 干燥处理　干燥的方法有晒干、晾干或烘干，一般采用晒干法进行干燥处理。晴天采收后及时摊晒，遇阴雨天及时晾干。干燥不及时的话，孢子粉容易发酵发酸，影响质量。灵芝孢子颗粒微小，极易被风吹走，干燥时，选择避风向阳的场所或无风的天气为佳，把刚采收的孢子粉按等级分别摊在干净的薄膜上，注意翻晒，视光照情况，一般需曝晒1～2天（图7-26-48）。直接烘干时，烘箱温度控制在40～50℃，从开始干燥时的温度算起，每2 h左右升高5℃，共烘烤7～8 h即可，其间每次升高温度时翻动孢子粉一次。烘干之前，先晾晒一天烘烤效果更好。不管采用何种方法干燥

处理，干燥结束孢子粉都有不同程度的颜色变深，但不影响其品质。

图7-26-48　孢子粉晾晒

2. 过筛　经干燥的孢子粉不结块、不成团，此时可过筛。一般选择200～350目的精选机进行过筛处理（图7-26-49），过筛后的孢子粉均匀，口感细腻。

图7-26-49　孢子粉精选机

3. 复干燥　过筛过程中，孢子粉或多或少有吸水返潮现象，过筛后需复干燥以提高其贮存时间。按孢子粉干燥时的要求，阳光曝晒1～2 h或50℃烘烤30 min即可。

4. 密闭保存　经复干燥的孢子粉不可立即密闭保存，应自然放冷至常温，否则易吸潮变质。一般采用双层袋（内层塑料袋、外层编织袋）密封保存，放置阴凉、干燥的地方，可保存2年左右。

木腐菌生产技术

（五）灵芝孢子粉的质量标准

目前灵芝孢子粉尚无统一的质量标准，其有害物指标、卫生指标须符合中华人民共和国农业行业标准《绿色食品 食用菌》（NY/T 749—2018）、中华人民共和国国家标准《食品安全国家标准 食用菌及其制品》（GB 7096—2014）等现行标准规定。曹隆枢等（2013）编制的浙江省地方标准《龙泉灵芝生产技术规程》，从感官指标、理化指标方面，提出了灵芝孢子粉的质量标准（表7-26-3、表7-26-4），可供判定灵芝孢子粉质量时参考。

五、灵芝盆景制作技术

灵芝盆景是以栽培造型的灵芝子实体和奇石、树桩、根雕等为基本材料在盆内表现自然景观的艺术品。灵芝盆景色泽艳丽、质地坚硬、造型别致、寓意深远，具有较高的观赏价值。

（一）灵芝盆景造型的生物学原理

掌握盆景灵芝的生物学特性，是对盆景灵芝造型的基础，是运用其他造型手段的根本。对灵芝造型就是对自然生长中的灵芝进行人为控制，通过调控灵芝生长的温度、湿度、光照、空气等条件，让灵芝生长出我们需要的形态。

1. 温度控制 灵芝属中高温型菌类，灵芝子实体在18～30℃均能分化。灵芝生长的适宜温度是26℃左右，25～28℃时生长较快，菌盖平整；超过28℃生长也较迅速，菌盖较薄；22～25℃时生长慢，菌盖较厚，色泽光亮。灵芝菌盖形成的最低温度为22℃，灵芝子实体在10～22℃的环境中，只长菌柄不易长菌盖，在此基础上，若营养充足菌柄就粗壮，营养不足菌柄就细小，因此，通过拉大子实体生长过程中的温差，可以调节灵芝菌柄与菌盖的比例。在18～28℃，两天一次的变温，菌盖会长成轮纹状。

2. 湿度控制 灵芝子实体生长阶段，空气相对湿度在80%～95%时，子实体生长旺盛，菌盖边缘一般总保持有0.5～1 cm宽的白色生长圈。如果这个时候空气湿度突然降低，则白色生长圈会很快变黄，菌盖生长停止，利用这一现象可培养出菌盖大小不同的子实体。空气相对湿度达到95%以上时，会存在两大生物障碍：一是使空气的流通受到影响，氧气的需要量不能满足；二是使子实体的蒸腾作用受阻，进而阻碍菌丝对营养的运输，子实体的生长速度减缓并发育成畸形，出现很多瘤状突起的小球。

3. 空气控制 充足的氧气是灵芝菌盖分化形

表7-26-3 龙泉灵芝孢子粉感官指标

项目	指标
色泽	棕褐色或咖啡色
滋味、气味	具有本品特有的滋味，无苦味、略带灵芝气味、无异味
性状	在高倍显微镜下，孢子呈近椭圆形至卵圆形；粉状，无结块、无杂质。

表7-26-4 龙泉灵芝孢子粉理化指标

项目		指标
水分（%）	≤	10
灰分（%）	≤	2
粗多糖（以葡萄糖计，%）	≤	2

成的条件之一。氧气充足，子实体呼吸旺盛，菌丝可以分解更多的营养并将其输送到菌盖部位，为其生长奠定基础。二氧化碳浓度大于0.1%时，子实体原基只伸长菌柄不形成菌盖，或柄长盖小，菌柄产生多级分枝，继续保持这样的环境条件，分枝将不断伸长。其原因是当灵芝子实体没有充足的氧气时，子实体的前端呼吸受阻，生长点前移而使菌柄拉长。因此，子实体原基形成后，可通过调节培养环境中氧气和二氧化碳浓度的不同比例控制造型。

4.光照控制　光照能刺激灵芝子实体的分化和促进其发育。灵芝对光照很敏感，主要表现在：一是光的强弱影响灵芝的色彩，调节光线的强弱，可获得浓淡不一、色彩变幻的灵芝。二是灵芝子实体的趋光性很强，改变光源方向，可培育弯曲转向的灵芝。三是在充足的散射光线下，菌盖能良好地发育扩展；光照不足，菌盖分化困难，柄长盖薄，子实体细小（图7-26-50）；完全黑暗，子实体不能分化。

图7-26-50　光照不足致子实体畸形

（二）灵芝盆景制作

1.灵芝盆景制作所需条件　灵芝造型栽培场要求干净、通风良好、光照可以调节、交通水电方便、便于操作管理，最好在室内或塑料大棚内进行。灵芝造型的最佳季节为5～10月，这期间外界气温适合灵芝的生长发育。灵芝造型时还需要准备一些工具，如大小不等的塑料袋、牛皮纸袋、刀片、钢针、钢夹、丝绳、加热器、电吹风机、加湿器、转动或移动台灯、大头针、钳子、镊子、白乳胶、强力胶、清漆（喷漆）等。

2.盆景灵芝品种选择和栽培模式选择　选用不同的灵芝品种如赤芝、紫芝等，通过人为调控，会形成颜色与形态各异的灵芝造型。制作盆景的灵芝品种称为"盆景灵芝"，常选用菌丝壮、生活力强、多分枝、柄较长、少孢子粉的品种作盆景灵芝。如泰山赤灵芝生长快、易嫁接，拟鹿角灵芝长相奇特、形似鹿角，均适宜生产盆景。代料或短段木熟料均可作为栽培基质培育盆景灵芝。菌丝体培养阶段，可按瓶（袋）栽要求进行常规管理，待原基出现后，再根据不同需要进行特殊管理，如原基形成后，以培育菌柄为主，形成适宜数量和长度的菌柄后，再促使形成不同形状及大小的菌盖。栽培基质营养的多少决定着灵芝子实体的大小，可根据拟培育子实体的大小选用相应规格的栽培容器。实践中将多个菌袋一端开口并组合在一起呈"米"字形，从菌袋结合部培育出大型灵芝。也可用折径30～35 cm、厚度0.06～0.08 mm的高密度低压聚乙烯塑料袋栽成长度80～100 cm的筒袋，将长30～40 cm的段木粗细搭配装袋，灭菌、接种、培养，菌丝生理成熟后，全脱袋覆土栽培，每两根菌棒相对排放，约10根菌棒可以培育成一个直径1 m左右的观赏灵芝。

3.灵芝造型的各种手段　根据灵芝的生物学特性，通过调控灵芝生长环境条件，结合人工嫁接技术等物理处理方法及化学处理方法，可以达到抑长、助长和造型的效果，生产出形态迥异、千姿百态的灵芝子实体。具体造型手段有以下几种：

（1）生物手段

1）菌柄弯曲　灵芝子实体（菌柄）的趋光性很强，根据这一特点，通过移动子实体或改变光源方向和强度，可使菌柄弯曲成各种形态。此法可使菌柄弯曲得自然、大方，但弯曲的形态不易改变或难以改变。

2）鹿角状菌柄　当培养温度、湿度、光照均能满足灵芝生长要求时，若二氧化碳积累过多，浓度达到0.1%以上时，菌柄上就会生成许多分枝，越往上分枝越多，而且逐渐变细，菌柄顶端始终不形成菌盖，而形成鹿角状分枝。

3）菌盖加厚　对形成菌盖而未停止生长的灵芝，在通气不畅的条件下培养即形成加厚菌盖，此后继续保持此条件，菌盖加厚部分可延伸出二次菌柄，再给以通风条件，二次菌柄上又可形成小菌盖。

4）双重菌盖　给生长旺盛期的幼嫩菌盖套上一个纸筒，让光线自顶上射入，菌盖会停止横向生长，而从盖面上生长出小突起，继续培养，小突起即可延伸成菌柄，此时去掉纸筒继续在适宜条件下培养，保持菌瓶（袋）原放位置方向不变，突起即分化出菌盖，从而成为双重菌盖（图7-26-51）。

图7-26-51　灵芝双重菌盖

5）菌盖正反面互变　灵芝菌盖背面具有顽强的向地性，菌盖长出来以后，把其上下反转，其正面会变成背面，而原来的背面会变成正面，随着生长时间延长，菌盖会加厚。

6）瘤状突起　当子实体原基形成后，人为制造高温高湿环境，子实体上会出现很多瘤状突起的小球，在此基础上可培育出一体多盖型或菌柄丛生状子实体。

（2）机械手段　灵芝通过四周及底部白色生长点加宽加厚生长，生长点可以通过施压、植入异物、切割等方式进行抑制与切除，从而改变不同方

向的生长态势。也可以通过嫁接将生长点引入菌柄与菌盖底部等部位，人为调整生长方向，造成灵芝子实体具有多方向、多层次的立体造型。

1）嫁接技术　当生物制作方法不能满足造型的整体要求时，嫁接是最好的辅助手段。通过对不同部位不同时期的嫁接处理，使之按造型设计生长。嫁接时最好选择阴天或雨后初晴的傍晚进行。空气相对湿度较高（85%～95%）和温度适合（26～28℃），是子实体伤口快速愈合最适合的条件。禁止在晴天的中午和雨天进行嫁接。原基形成期的芝蕾嫁接不易成活。嫁接时品种必须相同。嫁接后可用丝绳、丝布、铁夹、铁丝夹（用铁丝做成的"V"形夹）、大头针、书钉等，采用缠绕、夹死等方法牢固成一体。嫁接后的灵芝在未成活前严禁喷水，嫁接成活后即可按常规方法进行管理（图7-26-52）。

图7-26-52　嫁接成形盆景

2）靠接技术　分直接靠接和处理靠接两种方式。直接靠接就是将两个或多个灵芝生长点靠紧固定在一块儿，过5～7天就能牢固地长在一起（图7-26-53）。选择在子实体白色生长点十分清楚且活力旺盛时靠接，成功率较高；在十分熟前，白色生长点还存在但活力不强的情况下靠接，成功率很低。处理靠接是在生长点已经长过去的部位上，需补充从其他培养基质移过来的子实体时，可将稍带点肉质的表皮，用锋利的消过毒的刀片削掉，再将新部分的齐断面紧靠在一起，经24 h两者各自重新长出菌丝处相互连接，再过5～7天便可牢固地

生长在一起。

图7-26-53　靠接灵芝

3）人工弯曲菌柄　菌柄弯曲虽然可以通过灵芝的趋光性来达到，但有时来得较慢，对亟待弯曲的菌柄，采用人工方法更为简捷。在灵芝子实体没有全部木质化时，可用人工方法使其向人为方向弯曲，如采用石块、砖等挤、靠，也可用绳、铁丝牵拉，还可用固定型式的木套、钢筋、铁丝套固定弯曲。

4）人工修刻　用经消过毒的锋利刀片，可把不需要的或过长的部分去掉，或在子实体旺盛生长阶段用刀修刻成需要的形状，经生长愈合后与自然生长的基本一样。

5）刺激再生　当灵芝子实体的某一部位没有按要求生长时，可通过刺激造型法来完成。如用火焰灭菌处理的钢针或刀尖，将要处理的部位挑破，继续培养以长出菌柄、菌盖。

6）局部定型　灵芝盆景在按预想培育的过程中，有的形已长到位，但生长点仍在，为避免出现跑形现象，采用局部定型法，利用电吹风的热风或电加热器的热量对需定型部位进行加热，使其蒸发水分，生长受到阻碍，从而达到缓慢生长或不长的效果。

（3）化学手段　灵芝对化学药物反应敏感，恰当运用化学药物可以抑制或促进灵芝的生长，以达到其他造型手段不易达到的效果。

1）化学药剂杀控造型　利用工具将75％酒精或0.1％高锰酸钾溶液涂擦在正在生长的菌柄或菌盖某一部位，杀伤这部分组织，则会出现柄粗、偏生、分枝、扁枝、结疤等不同形状。若全部涂擦还会出现停止生长的现象。

2）营养激素促进造型　涂抹赤霉素可使菌盖局部生长加快，使之按设计形状生长。利用生长刺激素，对近似老化的组织进行涂擦，可以使其恢复一定的机能，对嫁接和继续生长都有一定的作用。

4. 盆景灵芝定型干化　盆景灵芝既可边培育边观赏，又可将造型灵芝干制后制作盆景。边培育边观赏的盆景灵芝，可将正在生长的灵芝连同基质一并植入盆中固定，覆盖湿土，表面撒上石砾，然后用灵芝造型的各种手段制作成盆景灵芝。已经制作成型的灵芝，可将灵芝定型干化后，表面涂漆，再入座成形，具体方法是：

（1）盆景灵芝定型干化　待造型的灵芝子实体菌盖边缘颜色加深并产生孢子粉时，说明灵芝已经成熟，可根据需要适时采收。有两种定型干化方法：一是用刀将子实体从菌柄基部割下，然后挂起晾3～5天，再在太阳下晒干备用；二是用毛刷加清水刷净灵芝子实体上的孢子粉及尘埃，待子实体表面水分自然蒸发掉以后，再将子实体从菌柄基部割下，挂起晾干后备用。不可在阳光下暴晒或用其他加热的方法定型，否则子实体因失水快而不饱满。干化是自然过程，不可急于求成，当子实体的含水量达15％时，达到干化标准。干燥期间，注意通风、防潮、防虫、防霉变。

（2）灵芝子实体表面涂漆或笼蒸　干燥后用醇酸清漆涂刷3次，每次晾干后再涂，涂漆既可防虫、防潮，又可防止污染和保持光亮度；或者在蒸笼中用热蒸汽对子实体蒸40 min后晾干，再涂刷醇酸清漆1次，既可杀死子实体中的虫卵，又能保持子实体光亮。

5. 盆景灵芝入座成形　制作灵芝盆景时，要按灵芝的种类、颜色、形态、大小等选择不同类型的盆，常用木盆、瓦盆、陶盆、釉盆、瓷盆、水泥盆、塑料盆为盆盎，盆的色彩不宜与灵芝相近，以免色调单一。用盆作基座时，常将造型灵芝菌柄插在事先置于盆中的铁丝网眼中，再用石膏将菌柄及配件固定，也可直接用低标号水泥混凝土固定，用泡沫、白云石等作为填充物，还可陪衬山石、树桩、枯木等及晒干的苔藓、枝状地衣、卷柏等不易碎烂的植物，使盆景显得自然，根据构思用白乳胶、玻璃胶等将配件黏结固定在适当位置，使其与灵芝造型搭配成一件优美工艺品；也可用根雕作基座（图7-26-54），灵芝与根雕巧妙搭配，制作的灵芝盆景更具有艺术气息。用根雕作基座时，一般根据灵芝的大小和形状，选择质地坚密、造型奇特、与灵芝造型相协调的有可塑性的树蔸，然后，根据灵芝菌柄的大小，在树蔸上挖出大小相当的小洞，锯平灵芝菌柄断面，将白乳胶与杂木屑搅拌，使胶的颜色与灵芝和树蔸相适合，把胶分别涂在树蔸与灵芝菌柄断面上，粘上后，用钉子固定，用胶抹平接口，做出的灵芝造型像从树蔸上长出一样。

图7-26-54 固定在根雕基座上的灵芝

6. 灵芝盆景的命名 给做好的盆景起个恰当而又寓意深刻的名称，是制作盆景的艺术手法之一。

命名可根据预定的主题标写，也可根据所用材料具备的形态来确定，如"巨龙腾飞""孔雀开屏"（图7-26-55）等。

图7-26-55 孔雀开屏

7. 灵芝盆景的保存

（1）注意防潮和防虫 做好的灵芝盆景要存放在干燥通风处，防止回潮霉变；若发现有虫时，则应进行熏蒸、冷冻或干燥处理，也可在阳光下暴晒。如果灵芝有破伤或有虫眼，要用石蜡封住，以防害虫侵入繁殖。如果灵芝上有了灰层，可以用清水冲洗之后，放在太阳下晒干。

（2）灵芝盆景包装 对一些造型较好、有重要意义的高档灵芝盆景，可用精制的玻璃罩将其罩上。一般灵芝盆景用纸箱或木箱包装，运输时内用塑料泡沫衬垫好，以防破坏。

（班新河 谭伟）

第二十七章 大革耳

大革耳是一种较常见的野生食用菌，成群地生长在林中地上。因其风味独特，似竹笋般清脆、猪肚般滑腻，因而又被称为"笋菇"和"猪肚菇"。子实体为中大型，浅漏斗状，菌盖棕黄色至黄白色，菌肉白色，其味道鲜美、营养丰富，已被市场认可。在福建、安徽、浙江、四川、广东等地已有少量栽培，是一种开发潜力较大的食药兼用菌。

第一节
概述

一、分类地位

大革耳隶属真菌界、担子菌门、蘑菇亚门、蘑菇纲、多孔菌目、多孔菌科、革耳属。

拉丁学名：*Panus giganteus* (Berk.) Corner ≡

Lentinus giganteus Berk.。

中文别名：大漏斗菌、大杯香菇、巨大香菇、大斗菇、猪肚菇、笋菇（福建）、红银盘（山西）。

二、营养价值与经济价值

大革耳的子实体具清脆、爽嫩、鲜美的口感，其蛋白质含量与金针菇相仿。其菌盖中氨基酸含量为干物重的 17% 左右，其中 8 种人体必需氨基酸占氨基酸总量的 45%，较一般食用菌要高，

木腐菌生产技术

其亮氨酸、异亮氨酸含量居一般食用菌之冠；脂肪含量为11%左右；其菌柄转化糖含量高达48%。此外，大革耳子实体中还含有若干种对人体有益的矿质元素，如钴、钡、铜、锌及磷、铁、钙等，其中多种元素在调节人体营养平衡、促进代谢、提供机能等方面有着其他元素不可替代的重要作用。

大革耳子实体清脆鲜嫩，营养丰富，烘烤或烹调时有独特的香味，鲜销和制罐均可。加之出菇期正值高温高湿的夏季，市场菌类较为稀少，所以投放市场以来深受消费者欢迎，因此，大革耳种植具有极高的经济价值。

三、发展历程

大革耳是福建省三明市真菌研究所驯化栽培成功的新品种，1979年从野生菌种分离获得。栽培技术1988年通过省级专家鉴定。先后在福建、安徽、浙江、四川、广东等地推广应用，技术逐渐成熟。

四、主要产区

自然野生分布于山西、河北、内蒙古、吉林、浙江、福建等地。

在福建、安徽、浙江、四川、广东、广西等地已有少量栽培。

五、发展前景

大革耳属于高温型食用菌，由于高温季节上市的食用菌品种较少，其外形好看，口感较好，市场价格较高，经济效益很好。不过大革耳目前仅限于超市或大酒店销售，一般蔬菜市场难觅其身影，发展潜力较大。

第二节
生物学特性

一、形态特征

（一）菌丝体

大革耳的菌丝在培养基上洁白茂密，菌丝活力旺盛。

（二）子实体

子实体是大革耳的繁殖器官，由菌盖、菌柄、菌环等组成。

子实体为中型，群生或单生。菌盖直径4～25 cm，浅漏斗状，以白色为主，稍有棕黄色至黄白色；菌肉白色、肥厚，边缘圆滑，商品性很高。菌柄长3～13 cm，白色，圆形，中生，直棒状。人工栽培中，子实体从原基形成到完全成熟经历棒形期、钉头期、杯形期、成熟期四个阶段。原基形成期初为白色、球形或卵圆形，后为棒形，埋于覆土内，出土后变为灰色并不断加深至黑褐色；然后原基分化出菌盖和菌柄，呈钉头状，以后进入快速生长期。当伸展出漏斗状长柄或高脚杯状的菌盖时，为采收期。此期之后菌盖再伸展到菌肉变薄，颜色变浅，品质下降，即为成熟期。出菇温度15～32℃，以22～28℃最好，以春夏秋生产为高产期。

二、生活史

成熟大革耳子实体弹射出担孢子，担孢子在适宜的条件下萌发形成单核菌丝，具有亲和力的单核菌丝之间经过质配形成双核菌丝，双核菌丝发育到一定阶段就形成子实体，子实体成熟后又产生新一代孢子。

孢子→菌丝→子实体→孢子的循环过程构成大革耳的生活史。

三、营养

营养是大革耳生命活动的基础。其主要营养包括碳源、氮源、无机盐和维生素。

碳源的材料包括菌渣、玉米芯、棉籽壳、豆秸、稻草等。氮源的原材料有麸皮、米糠、畜粪、尿素等。矿质元素主要包括硫、钾、磷、钙、镁等。维生素类包括维生素 B_1、维生素 B_2、维生素 B_5 和维生素 B_6 等。维生素含量丰富的原料有麸皮、豆饼等。

人工栽培一般可利用棉籽壳、玉米芯、木屑及稻草、麦草等各种农副产品下脚料，如木糖渣、中药渣、甘蔗渣等亦可添加利用，这些原料为菌丝生长提供了较为充足的碳源。但在实际栽培中还可添加一些麸皮、豆饼等有机氮源，以调节其培养料的碳氮比，从而满足其菌丝对营养的正常需求。

大革耳营养生长阶段的碳氮比为（20～25）:1，生殖生长阶段的碳氮比为（30～35）:1。

在实际栽培中，除添加充足的碳氮物质外，还应适量添加一些矿质元素和维生素，以求培养料营养的全面、均衡。

四、环境条件

(一)温度

大革耳为高温型菌类，温度是控制菌丝生长和子实体形成的主要因素之一，不同生长发育阶段对温度的要求不同。菌丝生长温度为 15～35℃，最适温度 25～28℃，过高过低，菌丝生长速度都会缓慢。在 26℃下菌丝生长最快，低于 15℃生长极慢，35℃以上菌丝停止生长，且迅速老化。子实体生长温度为 23～32℃，在此温度范围内子实体发生量最多，产量最高。低于 16℃，子实体不易形成；高于 37℃，子实体发育受抑制或停止发育，易萎缩死亡。子实体的形成不需要温差刺激，且环境温度要求较稳定，温差较小。这是大革耳与其他食用菌的最大不同之处。

（二）水分

水是大革耳菌丝和子实体的主要组成部分，它参与细胞的新陈代谢。菌丝生长期培养基含水量以 60%～65% 为宜，空气相对湿度以 70% 为宜。子实体发育时期除要求基质的含水量在 65%～70% 的基础上，还要求空气相对湿度在 80%～95%。原基分化发育后期，应适当提高覆土层的含水量；空气相对湿度低于 80% 时，菌盖易出现龟裂；高于 95% 时，子实体生长容易受阻，并引起病害发生。

（三）空气

大革耳是一种好氧性真菌，菌丝生长阶段对空气的要求不十分严格，一定浓度的二氧化碳对菌丝生长有利。子实体生长阶段需要一定浓度的二氧化碳刺激，否则不易形成，子实体生长需要充足的氧气。

（四）光照

菌丝生长不需要光照，在黑暗条件下菌丝生长旺盛，较强的光线对菌丝生长具有抑制作用；菇蕾分化和子实体生长发育阶段需要 300～1 000 lx 的光照。在微弱光照下，子实体生长粗壮、密实，白嫩。强光对子实体生长有抑制作用。

（五）酸碱度

大革耳喜欢在偏酸性培养料中生长，菌丝在 pH 4～9 时均能生长，以 pH 6～7 最适。菌丝在生长过程中会产生少量的酸性物质，故在培养料中应加入一定量的生石灰来调节 pH。实际生产中，应将培养料调至 pH 9 比较合适，但不易过高。

（六）覆土

覆土不是大革耳栽培的必需条件，但是，在高温季节出菇时，如条件具备，应对菌袋进行覆土处理，这有利于保障菌丝处于适宜的温度环境，并可保证其正常的需水。一般覆土 1～3 cm 厚，对生产有很多的好处，不仅可稳定和保持料温，保持培养料必需的水分供应，防止杂菌直接接触培养料，而且覆土材料中的有益成分对菌丝的发展壮大有相当好的促进作用。

第三节
生产中常用品种简介

目前，大革耳认（审）定品种较少，生产应用品种也不多，现将福建省三明市真菌研究所认（审）定的品种介绍如下。

明大斗 1 号（国品认菌 2009002）

（1）选育单位　福建省三明市真菌研究所。

（2）品种来源　野生大斗菇驯化选育而成。

（3）特征特性　菌丝白色、丝状。子实体单生、双生或群生；幼时菌盖半球形至扁半球形，鼠灰色，成熟时菌盖直径 4～25 cm，浅漏斗状，棕黄色至黄白色；菌肉白色，中厚边薄。菌柄长 6～16 cm，直径 1.5～3 cm，圆柱形，中生，内实，与菌盖同色，外有一层可剥的纤维质韧皮，肉白色。菌丝生长温度为 15～35℃，最适温度 26～28℃。子实体发育温度 23～32℃，最适温度 26～28℃，担孢子萌发温度 25℃以上。培养基质含水量 60%～65%，子实体生长期间空气相对湿度 80%～95%，100～1 500 lx 的光照有助于子实体生长。

（4）产量表现　生物学效率 80% 以上。

（5）栽培技术要点　栽培季节因各地气候条件而定，出菇时间一般南方地区 5～10 月，北方地区 6～9 月；用木屑、棉籽壳、玉米芯、甘蔗渣等原料栽培；培养料适宜 pH 5.1～6.4；需覆土，覆土材料有火烧土、泥炭土或干净的田土、山土或沙，覆土厚度 1.5～2 cm；采收后应停止喷水 3 天；要求菇房卫生、通风良好、湿度合适，做好病虫害防治工作。

（6）适宜栽培地区　建议在福建、江西、浙江、广东、安徽、湖南、四川、重庆、贵州、云南等地区栽培。

第四节
主要生产模式及其技术规程

塑料袋熟料袋内覆土生产模式

塑料袋熟料袋内覆土生产模式，是指装袋后对培养料进行高压或常压灭菌后再接种栽培，菌丝发满菌袋以后覆土出菇的生产方式。

（一）栽培季节

大革耳属高温菇类，菌丝长满袋需 30～35 天，春季接种制袋应在当地气温升至 23℃ 之前 40 天左右开始，一般在 4～5 月以前接种，10 月中下旬结束生产。有加温条件的菇房可提早接种，采收期也可适当延迟。我国南方也可在 3 月接种，在自然温度下发菌，经 30～40 天菌丝在袋内长满即可覆土出菇。

（二）栽培场地

大革耳的栽培与常规食用菌栽培大同小异，栽培场地除考虑温、湿、光、气四大环境因素外，还必须远离不洁之源，如垃圾场、禽畜场，并要事先做好消毒和灭虫处理。同时具备水源充足、水质清洁、排水便利等条件。大革耳出菇期正值高温高湿的夏季，因此栽培菇房应选择比较阴凉的地方，最好是水泥地板或砖铺地，以便于消毒和洗刷，也可选择地下菇房、荫棚、蘑菇大棚等。为了减轻病虫害的发生，菌袋进房（棚）前，要进行场地消毒和杀虫，如在栽培菇房（棚）内撒施石灰粉或喷洒杀菌杀虫药剂。

（三）菌种准备

栽培品种选择和制作应结合当地的环境及气候条件。一年春秋两季栽培。秋季气温由高到低，只要选定适合大革耳出菇温度的时期，再往前推算约 30 天（菌丝生长时期）就是制作栽培种的时间。

（四）原料准备

大革耳熟料栽培的主要栽培材料有：棉籽壳、

玉米芯、玉米秆、麸皮、玉米粉等。大革耳属于木腐性菌类，适应性相当广泛，木屑、棉籽壳、玉米芯、麦秸、稻草、草粉等均可作为其栽培原料。木屑应选择木质较松软的阔叶树或杂木，颗粒直径在0.5～1 cm，生产前应先预湿发酵15天左右。其他原料应选择新鲜、干燥、无霉变，生产前应进行暴晒、粉碎后贮存于干燥处备用。

（五）培养料配方

生产中常用的配方如下：

配方1：阔叶木屑78%，麸皮20%，糖1%，石膏1%。

配方2：阔叶树木屑40%，棉籽壳40%，麸皮15%，玉米粉3%，糖1%，石灰1%。

配方3：阔叶树木屑40%，稻草40%，麸皮15%，玉米粉2%，糖1%，石膏1%，石灰1%。

（六）装袋

根据上述配方称好各种培养料，稻草、玉米芯、棉籽壳等使用前一天用2%的石灰水预湿，糖类必须用干净的水溶解后配成水溶液待用。原料配好后，将主料和辅料充分搅拌均匀，调节含水量至60%～65%，pH 7～8。

培养料配制好后即可装袋。一般选择宽17 cm、长33 cm、厚0.04 mm的高密度聚乙烯塑料袋，人工或用机器装袋均可，袋内培养料装至2/3左右时，应将料面整理好，压平压实，用扎绳扎紧，装入编织袋或周转筐，待上锅灭菌。装袋要求松紧适宜，通透性好。

（七）灭菌

装好袋后要尽快灭菌，最好当天装袋当天灭菌，以免袋内培养料发酵，杂菌繁殖，导致培养料变质。将料袋装入筐内或编织袋内进行灭菌的好处：一是可以增加灭菌锅内料袋之间的通透性，灭菌更彻底；二是整体搬运减少杂菌感染的机会。当灭菌灶的中心温度达到100℃后，开始计时，维持12～16 h。灭菌时蒸汽通入应按照"攻头、控中、保尾"（即灭菌开始4 h和结束前4 h蒸汽通入量越大越好，灭菌维持阶段蒸汽

量以保持温度100℃不下降即可）原则，务必灭菌彻底。高压灭菌时，在121～126℃温度下灭菌2 h。环境气温15℃以上时，须在接种箱内接种；环境气温低于15℃时，可以采取半开放接种。半开放接种时一定要搞好接种环境的卫生和消毒工作。

（八）接种

待料袋冷却至30℃以下时无菌操作接种。在接种箱或接种室内使用高效气雾消毒剂5g/m³消毒30 min后开始接种，也可用必洁士或紫外线消毒。接种室或接种箱应备有酒精灯，接种操作在酒精灯火焰周围无菌区内进行，采用两端接种方式。每袋栽培种接15～20袋。

（九）发菌管理

接种结束后，将菌袋运至培养室，控制环境温度25～30℃，保证空气新鲜、环境干燥、暗光发菌。定期检查和剔除污染菌袋，并及时运至培养室外处理。

1. 摆放方式　气温高时最好直立摆放，袋间留空隙，每四排留一条管理通道，气温低时可平放3～4层，排间留管理通道。

2. 控温　控制和调整袋内温度，以25～30℃为宜，超过30℃易造成杂菌污染。

3. 遮光　应避光培养菌丝。有光时会抑制菌丝生长，同时会造成早出菇现象。

4. 通风　培养室每天通风1～2次，保持空气新鲜，保持室内无异味。

5. 翻堆　竖放时每隔7～10天倒头一次，平放时根据料温变化及时翻堆，以使发菌均匀，同时可防烧菌。

6. 防杂　发现杂菌及时用克霉灵100～200倍液或菌绝杀注射，并置于低温处培养。严重污染的远离培养场所，避免交叉感染。

7. 时间　接种后一般30～40天菌丝即可长满袋。菌丝长满后，复壮5～8天，待外表菌丝浓白，菌袋变硬，有少数菌袋已形成原基时才能进行出菇管理。

（十）出菇方式

1. 畦内栽培　菌袋进棚后，解开扎口，剪掉袋口塑料薄膜或向下将其折下，单层密集将其摆放于地面地畦内。该模式可将袋底薄膜剪开，使培养料与地面接触，以便吸收水分及通风。

2. 立体层架栽培　将发满菌的菌袋立式码放于培养架上，向上出菇。该模式栽培时，可先在培养架上铺一层 5 ～ 10 cm 厚的土层，再将袋底薄膜剪开，然后摆放菌袋。也可直接摆放。

3. 袋内覆土　将菌袋向下折余 3 cm 左右高出料面，将覆土材料逐袋填覆，覆土厚 2 ～ 3 cm，使袋边与覆土层基本持平。排袋后在两天内分 4 次将土层用清水喷透，但不允许有水落入料内。也可将菌袋外的塑料袋全部脱掉进行覆土出菇，将长满菌丝的菌袋，用刀片剥去，将菌棒排放于地面或畦床或床架上，袋间距为 2 ～ 3 cm，菌棒间用土填充，然后进行表面覆土，覆土厚 3 ～ 4 cm，对露出菌棒的地方进行补土，要求覆土表面平整。地面、畦床、床架使用前必须进行消毒、杀虫处理。

（十一）出菇管理

1. 催蕾　该阶段的管理措施主要有以下几点：一是间隔卷起菇棚上的草苫，加大棚内光照，完成催蕾后，应立即保持散射光在 500 lx 左右；二是加大昼夜通风，尽量拉大温差，昼夜温差在 10 ℃左右时，有利于菇蕾的形成，一旦菇蕾形成，应立即缩小温差，保持相对稳定；三是尽量增加湿度的昼夜差别，白天高温时段可保持空气相对湿度 70%左右，夜间空气相对湿度维持在 90%以上。这样管理 10 天左右即出现灰色原基，随即变为浅灰色，2 天左右原基即可分化为幼蕾，此时已具子实体形状。

2. 幼菇阶段　该阶段在适宜的温度下，应逐渐加大通风量，幼蕾 2 天左右即可进入幼菇期，已完全具备子实体的形态，即所谓的杯形期。此时菌盖发育迅速，菌肉增厚，初露菌褶，菌盖中央下凹，色泽由深逐渐变浅，初具漏斗形状。

3. 成菇阶段　继续保持菇棚原有的温、湿、气、光等条件，幼菇很快转入成菇阶段。在 32℃条件下生长速度明显加快，漏斗形状渐成，色泽趋浅，边缘逐渐伸展，约需 2 天时间就可完成基本生长过程，向成熟阶段发展。

（十二）采收

子实体长到八成熟时，应及时采收（图 7-27-1）。成熟的主要标志如下：一是菌盖色泽变至灰白色或黄白色，光泽依然；二是菌盖边缘较前期的卷曲度明显降低，逐渐向平展发展；三是菌盖中央下凹比例变小、变浅；四是尚未弹射孢子。

图 7-27-1　成熟的子实体

采收时，手持菌柄下部轻轻旋转即可采掉。注意不要用力过猛，以免破坏菌盖的完整性。每个出菇面要一次性采收干净，不可采大留小。

（十三）采后管理

采收后应及时清理料面的死菇和菇根，覆土凹陷的地方用新土填平，并喷足清水。棚内连续 2 次喷杀虫杀菌剂，密闭菇棚，遮光处理，让菌袋休养生息。过 10 ～ 15 天再度现蕾后，重复上述出菇管理措施。

一般每批投料可采收 3 茬菇，生物学效率在 80%左右。

（十四）包装

1. 分级整理　根据子实体大小进行分级，切掉多余的菌柄（图 7-27-2）。

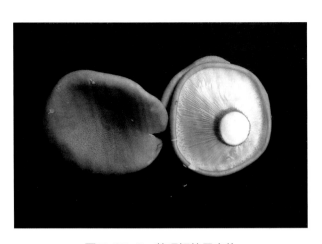

图 7-27-2　整理好的子实体

2. 包装　利用塑料袋进行包装，一般每袋 250 g 或 500 g，包装好的小袋放入纸箱中，每箱 10 kg。

3. 贮藏　包装好后置于 0～2℃的冷库中贮藏。

（姚方杰　王志军）

木腐菌生产技术

主要参考文献

［1］　包水明，方金山，李荣同 . 茶薪菇无公害栽培实用新技术 [M]. 北京：中国农业出版社 ,2010.

［2］　鲍晓梅 , 耿丽华 , 吴献礼 . 银耳免疫增强与抗肿瘤作用概述 [J]. 安徽中医学院学报 ,1999（1）:59-60.

［3］　暴增海，马桂珍 . 灰树花的生物学特性及开发利用 [J]. 河北林学院学报 ,1993(4):359-363.

［4］　边银丙 . 食用菌菌丝体侵染性病害与竞争性病害研究进展 [J]. 食用菌学报，2013,20（2）：1-7.

［5］　蔡金波 . 银耳袋栽高产新技术 [M] . 北京：中国农业出版社，2000.

［6］　蔡杨星，曹秀明，林冬梅，等 . 菌草栽培猴头菌子实体的营养成分 [J]. 福建农林大学学报（自然科学版）,2013,42(6):410-
　　　412.

［7］　曹德宾 . 食用菌生产技术速查表 [M]. 北京：化学工业出版社，2011.

［8］　曹丽茹 . 亚侧耳的人工栽培初步研究 [J]. 辽宁林业科技 ,2002(S1):48.

［9］　曹隆枢 . 椴木灵芝栽培及孢子粉采集技术 [J]. 食用菌，2003，25（增刊）：39-40.

［10］　常桂英 . 榆耳中氨基酸的组成及功能特性分析 [J]. 轻工科技 ,2012,(3):3-4.

［11］　陈惠群，刘洪玉 . 尖顶羊肚菌驯化栽培初报 [J]. 食用菌，1995,17(增刊)：17-18.

［12］　陈明，陈立国，汪国莲 . 银耳极性测定的初步研究 [J]. 华中农业大学学报，2000,19(2):138-141.

［13］　陈明，陈立国，汪国莲，等 . 两性型银耳芽孢萌发的营养条件研究 [J]. 食用菌，2002,24(2):6 - 7.

［14］　陈士瑜 . 菇菌生产技术全书 [M]. 北京：中国农业出版社，1999.

［15］　陈士瑜 . 食用菌生产大全 [M]. 北京 : 中国农业出版社，1997.

［16］　陈士瑜 . 珍稀菇菌栽培与加工 [M]. 北京 : 金盾出版社，2003.

［17］　陈喜霖 . 灵芝盆景制作工艺初探 [J]. 中国食用菌，1986（1）：42.

［18］　陈夏娇，等 . 茶薪菇规范化高效生产新技术 [M]. 北京：金盾出版社，2012.

［19］　陈影 . 黑木耳栽培种质资源多样性的研究及核心种群的建立 [D]. 长春：吉林农业大学 ,2010.

［20］　陈影，姚方杰，梁艳，等 . 木耳代用料栽培的注意事项和建议 [J]. 中国食用菌 ,2010,29(2):55-58.

［21］　程国辉，倪振田，孙娟 . 不同树种栽培灵芝效果对比试验 [J]. 辽宁农业科学，2003（3）：43-44.

［22］　程汉卿，初允绎，蒋志生 . 灵芝栽培技术的改进 [J]. 微生物学通报，1976（4）：18.

［23］　崔丹 . 金顶侧耳种质资源多样性的研究 [D]. 长春：吉林农业大学，2012.

［24］　崔丹，姚方杰，张友民 . 金顶侧耳酯酶同工酶多样性的研究 [J]. 北方园艺，2012(10)：179-181.

［25］　崔学昆 . 不同喷水方法对黑木耳产量及品质影响的研究 [D]. 长春 : 吉林农业大学 ,2006.

［26］　戴贤才，李泰辉，张伟 . 四川省甘孜州菌类志 [M]. 成都 : 四川科学技术出版社，1994.

［27］　戴玉成，李玉 . 中国六种重要药用真菌名称的说明 [J]. 菌物学报，2011，30(4): 515−518.

［28］　戴玉成，周丽伟，杨祝良，等 . 中国食用菌名录 [J]. 菌物学报 ,2010（1）:1-21.

［29］　邓春海，黄廷钰，冀宝赢，等 . 太空诱变对灵芝菌株特性的影响 [J]. 食用菌，1999(5)：9-10.

［30］　邓文龙，廖渝英 . 银耳多糖的免疫药理研究 [J]. 中草药 ,1984,15(9):23-26.

[31] 丁宝成 , 付国 , 张殿军 , 等 . 保护地榆耳无公害高产栽培 [J]. 特种经济动植物 ,2012(9):36-39.

[32] 丁湖广 . 出口灰树花无公害规范化栽培技术 [J]. 云南农业科技，2006(6):35.

[33] 丁湖广 . 出口银耳规范化栽培与加工技术 [J]. 特产研究 ,1995(3):36-38.

[34] 丁湖广 . 香菇速生高产栽培新技术 [M]. 北京：金盾出版社，2005.

[35] 丁湖广 . 银耳多层立体栽培实用技术 [J]. 特种经济动植物，2003（3）：36.

[36] 丁湖广 . 银耳菌种失控病态及避免的技术措施 [J]. 北京农业，2007(2)30-31.

[37] 丁湖广 . 银耳无公害生产病虫害防治技术 [J]. 食用菌，2005(5)：25-26.

[38] 丁湖广 , 丁荣辉 . 银耳生产关键技术百问百答 [M] . 北京：中国农业出版社，2006.

[39] 丁湖广 , 丁荣辉 . 中国黑木耳银耳代料栽培与加工 [M] . 北京：金盾出版社，2001.

[40] 董宜勋，奚家华 . 瓶栽灵芝技术要点 [J]. 河南科技，1985（6）：32-33.

[41] 杜树旺，康源春，王志军 . 金针菇栽培技术 [M]. 郑州：中原农民出版社，2006.

[42] 杜习慧 , 赵琪 , 杨祝良 . 羊肚菌的多样性、演化历史及栽培研究进展 [J]. 菌物学报 ,2014（2）:183-197.

[43] 段旭彤，姜明，孙畅，等 . 猴头菇的药用价值及其食用价值 [J]. 科技通讯 ,2013(16):64-65.

[44] 范晓光 . 滑菇高产栽培（上）[J]. 新农业， 2007(3)：56.

[45] 范晓光 . 滑菇高产栽培（中）[J]. 新农业， 2007(4)：56.

[46] 范晓光 . 滑菇高产栽培（下）[J]. 新农业， 2007(5)：56.

[47] 范晓光 . 简易棚滑菇高产栽培 [J]. 新农业，2009(8)：49.

[48] 方白玉，郑传进，柯野 . 蔗渣栽培赤芝的配方初探 [J]. 食用菌，2006，28（3）：27-28.

[49] 方金山 . 虎奶菇人工栽培技术 [M]. 北京：金盾出版社，2012.

[50] 冯道俊 . 灵芝的化学成分、功效及药理作用 [J]. 特种经济动植物，2006（8）：39-40.

[51] 冯玮，何正清 . 锌对猴头的增产效益 [J]. 中国食用菌，1990(3):21-22.

[52] 高明月 . 滑菇生产存在问题及探讨 [J]. 现代农业，2015(4)：21.

[53] 关良洲，关运兵 . 真姬菇优质高产栽培新技术 [M]. 成都：天地出版社，2008.

[54] 郭美英 . 中国金针菇生产 [M]. 北京：中国农业出版社，2000.

[55] 郭维烈，郭庆华 . 灵芝的新法栽培 [J]. 农业科技通讯，1981（5）:19-20.

[56] 郭勇，谭伟，郭治庆，等 . 灵芝盆景造型的生物学原理及制作技术 [J]. 现代农业科技，2008（3）：46-48.

[57] 郭勇，叶小金，甘炳成，等 . 不同温度和光照培养条件下 3 种食用菌菌丝的菌落及菌丝形态的研究 [J]. 西南农业学报，2011，24（6）：2301-2306.

[58] 郭勇，周洁，谭伟，等 . 我国姬菇研究现状 [J]. 中国食用菌，2009，28（6）：12-13，44.

[59] 郭予斌，李洽胜，吴昭晖，等 . 灰树花化学成分和药理作用的研究进展 [J]. 药物评价研究，2011, 34(4): 283-288.

[60] 韩建东，万鲁长，杨鹏，等 . 刺芹侧耳菌渣对肺形侧耳（秀珍菇）生长和营养成分的影响 [J]. 菌物学报 ,2014，33(2):433-439.

[61] 韩省华 . 食药两用真菌 -- 灰树花 [J]. 新农业，2010(8):7-8.

[62] 韩向红，王明诚，王海珠，等 . 几种栽培灵芝菌丝体生长营养条件之初探 [J]. 海南师范学院学报（自然科学版），2003，16（2）：88-92.

木腐菌生产技术

[63] 韩英，徐文清，杨福军，等．银耳多糖的抗肿瘤作用及其机制 [J]. 医药导报 ,2011（7）:849-852.

[64] 杭秉茜，巫冠中，吴燕，等．云芝多糖及银耳孢子多糖的抗突变作用 [J]. 南京药学院学报 ,1986（4）:305-308.

[65] 郝俊江．不同光质对灵芝生长生理和有效成分的影响及灵芝抗氧化酶的开发研究 [D]. 北京：北京协和医学院研究生院，2011.

[66] 郝俊江，陈向东，兰进．光质对灵芝生长及抗氧化酶系统的影响 [J]．中草药，2011，42（12）：2529-2534.

[67] 郝俊江，陈向东，兰进．光质对灵芝生长与灵芝多糖含量的影响 [J]．中国中药杂志，2010，35（17）：2242-2245.

[68] 何莉莉．滑菇栽培技术 [J]. 新农业，2002(10)：44-16.

[69] 何书锋，詹位梨．白色金针菇工厂化周年栽培技术 [J]. 食用菌，2003，25（5）：27-28.

[70] 洪金良．猴头菇长袋层架式栽培技术 [J]. 食药用菌，2012，20(5): 282-284.

[71] 侯建明，陈刚，蓝进，等．银耳多糖对脂类代谢影响的实验报告 [J]. 中国疗养医学 ,2008,17(4):234-236.

[72] 胡旦生，胡萍．浦城熟料短段木栽培赤灵芝技术规范简则 [J]．食用菌，2003，25（2）：36-37.

[73] 胡永光，李萍萍，袁俊杰．食用菌工厂化生产模式探讨 [J]. 安徽农业科学，2007，35(9): 2606-2607，2669.

[74] 胡昭庚．长根菇及其栽培技术 [J]. 浙江食用菌，1994(6):19-20.

[75] 胡志和，戚忠利，吴芸芸．即食银耳产品的研究与开发 [J]. 食品科学 ,1996,17(8):36-39.

[76] 黄晨阳．养生好食材——食用菌 [M]. 北京：中国农业出版社，2010.

[77] 黄晨阳，陈强，张金霞．图说白灵菇栽培关键技术 [M]. 北京：中国农业出版社，2011.

[78] 黄淳淳，徐文荣，严华建．桑枝黑木耳–单季稻连作种植技术 [J]. 浙江食用菌 ,2009,17(1):45-47.

[79] 黄建成，池美香，王茂珠，等．绣球菌驯化栽培研究 [J]. 江西农业学报 , 2007, 19(8): 120-122.

[80] 黄建成，李开本，林应椿，等．绣球菌子实体营养成分分析 [J]. 营养学报，2007, 29(5): 514-515.

[81] 黄建成，李开本，应正河，等．绣球菌蛋白质的营养评价 [J]. 菌物研究，2007, 5(1): 51-54.

[82] 黄良水．现代食用菌生产新技术 [M]. 杭州：浙江科学技术出版社，2011.

[83] 黄良水．浙江食用菌的特色品种与特色园区 [J]. 食药用菌，2012，20(5):282-284.

[84] 黄年来．中国银耳生产 [M]．北京：中国农业出版社，2000.

[85] 黄年来．18 种珍稀美味食用菌栽培 [M]. 北京：中国农业出版社，1997.

[86] 黄年来．食用菌病虫诊治（彩色）手册 [M]. 北京：中国农业出版社，2001.

[87] 黄年来．中国大型真菌原色图鉴 [M]. 北京：中国农业出版社，1998.

[88] 黄年来．中国食用菌百科 [M]. 北京：中国农业出版社，1997.

[89] 黄年来．中国最有开发前景的主要药用真菌 [J]. 食用菌 ,2005(1)：3-4.

[90] 黄年来，林志彬，陈国良．中国食药用菌学．上海：上海科学技术文献出版社 ,2010.

[91] 黄启东，陈体强．段木灵芝孢子粉的采集 [J]．中国食用菌，2004，23（4）：28-29.

[92] 黄桃阁，闻亚美．毛木耳种植能手谈经 [M]. 郑州：中原农民出版社，2016.

[93] 黄毅．金针菇工厂化栽培现状与对策 [J]. 食用菌，2009，31（6）：3-5.

[94] 黄毅．食用菌栽培．第 3 版 [M]. 北京：高等教育出版社，2008.

[95] 黄忠乾，唐利民，郑林用，等．四川毛木耳栽培关键技术 [J]. 中国食用菌，2011,30（4）：63-65.

VII

[96] 黄祖新，姚锡耀 . HACCP 体系在银耳有机栽培中的应用 [J]. 食用菌，2006（4）：32-33.

[97] 纪大干，李代芳，宋金美 . 长根菇及其栽培 [J]. 食用菌，1982，4(1):11-12.

[98] 贾静，叶云霞，王军英，等 . 菌糠袋栽元蘑技术初步研究 [J]. 山西农业大学学报 (自然科学版),2011,31（3）:247-249.

[99] 贾培培，卢伟东，郭立忠，等 . 绣球菌驯化栽培 [J]. 食用菌学报，2010, 17(3): 33-36.

[100] 贾身茂 . 中国平菇生产 [M]. 北京 : 中国农业出版社，2002.

[101] 贾身茂，王瑞霞 . 民国时期白木耳试验研究和生产贸易状况述评（一）[J]. 食药用菌，2014,22（2）：113-118.

[102] 贾身茂，王瑞霞 . 民国时期白木耳试验研究和生产贸易状况述评（二）[J]. 食药用菌，2014,22（3）：173-176.

[103] 贾身茂，王瑞霞 . 民国时期白木耳试验研究和生产贸易状况述评（三）[J]. 食药用菌，2014,22（4）：239-242.

[104] 贾身茂，王瑞霞 . 民国时期白木耳试验研究和生产贸易状况述评（四）[J]. 食药用菌，2014,22（5）：297-300.

[105] 贾新成 . 食用菌贮藏与加工 [M]. 郑州 : 河南科学技术出版社，1994.

[106] 江晓凌，马璐，应正河，等 . 绣球菌的生物学特性研究 [J]. 食药用菌，2012 (6): 341-343.

[107] 姜国基 . 滑菇高产栽培的关键技术 [J]. 黑龙江农业科学，2011(2)：118.

[108] 姜华 . 滑菇的塑料袋栽培试验 [J]. 北京蔬菜，1983(4)：29.

[109] 姜瑞芝，陈怀永，陈英红，等 . 高其银耳孢糖的化学结构初步研究及其免疫活性 [J]. 中国天然药物，2006，4（1）：73-75.

[110] 姜珊，冯志春 . 元蘑栽培技术 [J]. 现代化农业 ,2011(12):28-29.

[111] 姜涛 . 滑菇块栽技术 [J]. 特种经济动植物，2007(6)：45.

[112] 金力，张引芳，陈建华 . 工厂化生产金针菇发菌程度与产量质量关系试验 [J]. 食用菌，2003，25（7）：27.

[113] 金茜，令狐金卿，李华刚，等 . 不同基质培养下秀珍菇中蛋白质营养价值评价 [J]. 食品科技 ,2017(3):79-83.

[114] 金群力，蔡为明，冯伟林，等 . 有待开发的珍稀菇种长根菇的特性及其熟料袋栽技术 [J]. 浙江食用菌，2009，17(4):40-42.

[115] 敬一兵，欧阳宁 . 神农架食用菌资源 [J]. 食用菌，1985（4）：5-6,8.

[116] 居如生 . 平菇高产栽培技术 [M]. 北京 : 金盾出版社，1998.

[117] 康源春 . 白灵菇高产栽培问答 [M]. 郑州 : 中原农民出版社，2003.

[118] 康源春 . 图文精解鲍鱼菇栽培技术 [M]. 郑州 : 中原农民出版社，2003.

[119] 康源春，陈彦峰，任庆和，等 . 平菇优质高产栽培新技术 [M]. 郑州 : 中原农民出版社，1998.

[120] 康源春，贾春玲 . 食用菌高效生产技术 [M]. 郑州 : 中原农民出版社，2008.

[121] 康源春，王志军 . 金针菇斤菇斤料种植能手谈经 [M]. 郑州 : 中原农民出版社，2013.

[122] 康源春，袁瑞奇 . 图文精解白灵菇栽培技术 [M]. 郑州 : 中原农民出版社，2005.

[123] 雷银清 . 银耳夏季栽培关键技术 [J]. 食用菌，2007(3)：54.

[124] 李长莉 . 滑菇半熟料栽培越夏管理要点 [J]. 特种经济动植物，2008，11(4)：47.

[125] 李传华，曲明清，曹晖，等 . 中国食用菌普通名名录 [J]. 食用菌学报，2013，20（3）：50-72.

[126] 李得勇，陆凤英 . 玉米芯栽培灵芝高产技术 [J]. 农村财务会计，2001（2）：60-61.

[127] 李典忠 . 榆耳 (*Gloeostereum incarnatum*) 子实体及发酵液化学成分和药理活性研究 [D]. 长春 : 吉林农业大学，

2002.

[128] 李宏伟,宋文正.元蘑简易棚栽培方法技术要点[J].中国林副特产,2006（4）：55-57.

[129] 李开本,何修金,陈体强,等.福建原木灵芝栽培中主要病虫害防治措施[J].中国食用菌,1995,14（6）：42.

[130] 李林,张传锐,屈全飘,等.通江段木银耳适栽菌株的比较试验[J].食用菌,2004(2):16-17.

[131] 李青连,丁翠,范黎.羊肚菌营养方式的稳定碳同位素研究[J].菌物学报,2013,32: 213-223.

[132] 李秋红,罗莉萍,江国忠.毛木耳蜜饯加工工艺研究[J].食品科学,2007（9）:646-648.

[133] 李荣英,李学兰,里二.橡胶树段木露地栽培灵芝试验[J].云南热作科技,1999,22（3）：35.

[134] 李胜俊.滑菇的塑料包栽培[J].食用菌,1982(4)：24.

[135] 李守勉,李明,田景花,等.不同碳、氮源营养对秀珍菇菌丝体生长及其胞外酶活性的影响[J].北方园艺,2014(2):143-145.

[136] 李素玲,尚春树.羊肚菌子实体培育研究初报[J].中国食用菌,2000,19(1): 8-10.

[137] 李喜范,王福祥.金顶侧耳生料大袋覆土栽培高产技术[J].食用菌,2008(2):42-43.

[138] 李小雨,王振宇,王璐.食用菌多糖的抗氧化活性及抗细胞增殖活性研究[J].食品科技,2013(03):179-182.

[139] 李小雨.元蘑多糖活性部位分析及对^{60}Co-γ辐射损伤的防护作用[D].哈尔滨：哈尔滨工业大学,2013.

[140] 李燕.银耳多糖的抗衰老作用及其机制研究[D].上海：第二军医大学,2004.

[141] 李雨婷,宋慧,李艳秋,等.榆耳深层发酵浸膏醇提物的抗氧化活性研究[J].菌物研究,2010,8(2):90-92,102.

[142] 李玉.中国黑木耳[M].长春：长春出版社,2001.

[143] 李玉,李泰辉,杨祝良,等.中国大型菌物资源图鉴[M].郑州：中原农民出版社,2015.

[144] 李月梅.北方地区袋栽银耳高产优质栽培技术[J].农业与技术,2007（5）118-121.

[145] 李宗义,苗长海.侧耳蛋白的营养价值比较[J].中国食用菌,1992(6):7.

[146] 梁志群,陈子武.有柄灵芝菌丝生物学特性研究[J].中国农学通报,2011,27（18）：164-167.

[147] 林杰.长根菇栽培技术要点[J].福建农业科技,1995(6):43.

[148] 林杰,黄轮,陈菲,等.银耳增白菌株"9901"的选育[J].福建农业科技,2002（2）：12-14.

[149] 林娟,周选围.三种灵芝主要营养成分的比较分析[J].中国林副特产,1999（3）：1-2.

[150] 林树钱,王赛贞,刘斌,等.段木灵芝与代料灵芝的化学成分的研究Ⅱ.主要营养成分、孢子、多肽、油脂成分[J].海峡药学,2005,17（4）：88-90.

[151] 林衍铨,林兴生,余应瑞,等.绣球菌生物学特性若干问题的研究[J].菌物研究,2007,5(4):237-239.

[152] 林衍铨,马璐,江晓凌,等.绣球菌栽培条件优化[J].食用菌学报,2012,19(4): 35-37.

[153] 林衍铨,马璐,应正河,等.碳源和氮源对绣球菌菌丝生长的影响[J].食用菌学报,2011,18(3):22-26.

[154] 林志彬.灵芝的现代研究[M].北京：北京大学医学出版社,2007.

[155] 刘蓓,马绍宾,郭相,等.滇西北地区羊肚菌子囊果形态多样性研究[J].中国食用菌,2009,28（3）:10-14.

[156] 刘波.中国药用真菌[M].太原：山西人民出版社,1974.

[157] 刘成荣,陈振平,张之文.嗜水气单胞菌脂多糖及绣球菌多糖对泥鳅免疫功能及消化功能的影响[J].海洋科学,2008,32(12): 1-9.

[158] 刘成荣.绣球菌突变菌株液体发酵条件的研究[J].江西农业大学学报,2008,30(5): 898-902.

［159］ 刘成荣，冯旭平.绣球菌深层发酵工艺条件的研究 [J]. 莆田学院学报，2008, 15(5): 50-53.

［160］ 刘冬，李世敏，许柏球，等. pH 值及溶解氧对灵芝多糖深层液态发酵的影响与控制 [J]. 食品与发酵工业，2001, 27（6）：7-10.

［161］ 刘凤春，郭砚翠，高文轩.亚布力元蘑培养研究初报 [J]. 食用菌,1982 (1):12-13.

［162］ 刘福阳.银耳与香灰菌互作关系的研究 [D]. 福州：福建农林大学，2010.

［163］ 刘娟，候丽华，杨双熙，等.环境因子对二型态银耳节孢子形态转换的影响 [J]. 武汉大学学报 (理学版)，2007, 53（6）：737-740.

［164］ 刘娟，马爱民，卜水盛，等.银耳二型态细胞差异性的初步研究 [J]. 微生物学通报，2007, 34(5):880-882.

［165］ 刘玲，李东.灰树花的栽培技术 [J]. 蔬菜，2000(6):17-18.

［166］ 刘瑞君，李凤珍.榆耳多糖的分离及其性质的研究 [J]. 微生物学杂志,1992,12(1):17-22.

［167］ 刘书文，赵经周，于文喜，等.榆耳菌生物学特性的研究 [J]. 林业科技，1992,17(5): 28-29.

［168］ 刘素萍，杨哲.环境因素对袋栽灵芝外观品质的影响 [J]. 农村科技开发，2002(6): 11.

［169］ 刘晓峰，李玉，孙晓波，等.榆黄蘑 (Pleurotus citrinopileatus) 成分和药用活性的研究 [J]. 吉林农业大学学报，1998, 20(增刊)：181.

［170］ 刘晓龙，蒋中华.灵芝栽培技术 [M]. 长春：吉林科学技术出版社，2007.

［171］ 刘银春，尤华明.喷浇磁水的灵芝细胞超微结构的变化 [J]. 福建林学院学报，2001, 21（3）：220-223.

［172］ 刘于琳.秸秆料室外栽培灵芝 [J]. 食用菌，1987（3）：20.

［173］ 刘玉璞，张海军，刘玉玻，等.冻蘑人工栽培试验 [J]. 林业科技,2002,27(6):52，55.

［174］ 刘正南.一种珍贵的食用菌 -- 绣球菌 [J]. 食用菌，1986(5): 6-7.

［175］ 柳洪芳，王新宇，吕金超，等.榆耳多糖的分离纯化、结构鉴定及抗肿瘤活性研究 [J]. 中国生化药物杂志，2010,31(5):293-296.

［176］ 陆北路，陆志敏.南栽元蘑的生态特性与袋栽技术 [J]. 浙江食用菌，2008(6): 15-16.

［177］ 陆娜，闫静，周祖法，等.桑枝屑栽培猴头菇栽培模式试验 [J]. 食用菌，2012(4):37-38.

［178］ 罗传生，罗家燕.平菇栽培新法 150 种 [M]. 北京：中国农业出版社，1999.

［179］ 罗升辉.亚侧耳优良菌株选育及其优质高产参数的研究 [D]. 长春：吉林农业大学，2007.

［180］ 罗信昌，陈士瑜.中国菇业大典 [M]. 北京：清华大学出版社，2010.

［181］ 罗信昌，王家清，王汝才.食用菌病虫杂菌及防治 [M]. 北京：农业出版社，1992.

［182］ 吕作舟.食用菌 400 问 [M]. 北京：化学工业出版社，2007.

［183］ 吕作舟.食用菌栽培学 [M]. 北京：高等教育出版社，2006.

［184］ 吕作舟，蔡衍山.食用菌生产技术手册 [M]. 北京：中国农业出版社，1992.

［185］ 吕作舟，张引芳，谢宝贵.金针菇　真姬菇　杏鲍菇　杨树菇 [M]. 北京：化学工业出版社，2010.

［186］ 马恩龙，李艳春，伍佳，等.银耳孢糖的抗肿瘤作用 [J]. 沈阳药科大学学报,2007（7）:426-428.

［187］ 马凤，张跃新，闫宝松.东北地区元蘑优良菌株及高产配方筛选试验 [J]. 食用菌，2014(2):28-29.

［188］ 马洪艳，白宝良.秀珍菇栽培技术 [J]. 北方园艺,2014(13):140-141.

［189］ 马璐，林衍铨，江晓凌，等.无机盐、维生素与植物生长调节剂对绣球菌菌丝生长的影响 [J]. 菌物研究，2011,

9(3): 172-175.

[190]　马尚飞 , 孙洪梅 . 滑菇托盘栽培法 [J]. 吉林农业，2011(3)： 143

[191]　茅仁刚 , 林东昊 , 洪筱坤 , 等 . 灰树花活性多糖的研究进展 [J]. 中草药 ,2003(2):2-5.

[192]　卯晓岚 . 灵芝的观赏价值 [J]. 中国食用菌，1989，8（5）： 3-5,50-51.

[193]　卯晓岚 . 中国大型真菌 [M]. 郑州：河南科学技术出版社 . 2000.

[194]　卯晓岚 . 中国经济真菌 [M]. 北京：科学出版社，1998.

[195]　卯晓岚 . "中国灵芝文化"题要 [J]. 中国食用菌，1999：18（4）： 4-7.

[196]　孟国良 , 段平琴 . 畸形猴头菇的发生及防治 [J]. 食用菌，1997(2):38.

[197]　孟丽 , 等 . 食用菌常用培养料配方 200 种 [M]. 北京：中国农业出版社，1999.

[198]　闵三弟 , 臧珍娣 , 宋士良 , 等 . 长根菇深层发酵和多糖测定 [J]. 上海农业学报，1994，10（4）:36-40.

[199]　倪佳奎 . 用烫烙法控制灵芝的多头生长 [J]. 特产科学实验，1983（1）： 57.

[200]　聂春杰 . 猴头菇出现畸形的原因及防治 [J]. 特种经济动植物，2007（11）： 41.

[201]　聂伟 , 张永祥 , 周金黄 . 银耳多糖的药理学研究概况 [J]. 中药药理与临床 ,2000,16(4)： 41-45.

[202]　牛西午 , 王云 , 韩绍英 , 等 . 北方食用菌栽培 [M]. 北京：中国科学技术出版社，1994.

[203]　农业部农民科技教育培训中心，中央农业广播电视学校 . 药用真菌高效生产新技术 [M]. 北京：中国农业出版
　　　　社，2006.

[204]　彭卫红 . 不同香灰菌株生长特性差异研究 [J]. 西南农业学报，2003，16（增刊）： 161-163.

[205]　彭卫红 , 王勇 , 黄忠乾 , 等 . 我国银耳研究现状与存在问题 [J]. 食用菌学报，2005，12(1):51-56.

[206]　彭智华 , 李军 , 郑荣式 . 瓶栽灵芝的生物学特性研究 [J]. 食用菌，1994（6）： 3-4.

[207]　蒲昭和 . 抗癌味美的猴头菇 [J]. 美食 ,2005(3):22.

[208]　祁建军 , 陈向东 , 兰进 . 神舟号飞船搭载灵芝的酯酶同工酶研究及生长速度测定 [J]. 核农学报，2002，16（5）：
　　　　289-292.

[209]　钱摩龙 , 朱海珍 , 吕康健 . 灵芝的园林栽培 [J]. 生物学通报，1987（3）： 48.

[210]　乔德生 . 猴头干品加工与贮存 [J]. 农业科技通讯，1994(5):41.

[211]　乔德生 . 猴头菇的采收与加工 [J]. 食用菌，1994(1):35.

[212]　清源 . 毛木耳罐头加工工艺研究 [J]. 安徽农业科学，2010（15）:8191-8192.

[213]　清源 , 李向婷 . 毛木耳保健果冻的研制 [J]. 安徽农业科学，2010（14）:7514-7515.

[214]　丘志忠 , 何焕清 , 陈逸湘 , 等 . 代料栽培灵芝孢子粉收集方式比较试验 [J]. 广东农业科学，2008（10）： 89.

[215]　曲绍轩 , 高山 , 黄晨阳 .SRAP ,ISSR 和 RAPD 分子标记技术在银耳菌株鉴别上的应用 [J]. 食用菌学报，
　　　　2007,14(3):1-5.

[216]　冉祥春 , 朱志刚 . 营养及环境因子对灰树花生长的影响 [J]. 浙江食用菌，2008，16(3):20-22.

[217]　饶发元 . 灵芝的临床应用与国内外研究 [J]. 四川中医，2001，19（12）： 17-18.

[218]　任德珠 , 罗国庆 , 吴剑安 , 等 . 桑枝高产栽培灵芝技术 [J]. 广东蚕业，2002，36（2）： 39-43.

[219]　阮淑珊 , 张汉文 , 钟长科 . 银耳菌种培养基不同配方试验 [J]. 食用菌，2007(5):23-24.

[220]　邵立平 , 沈瑞祥 , 张素轩 , 等 . 真菌分类学 [M]. 北京：中国林业出版社 ,1984.

［221］ 申建和，陈琼华．黑木耳多糖、银耳多糖、银耳孢子多糖的抗凝血作用 [J]. 中国药科大学学报，1987（2）:137-140.

［222］ 申进文，郭恒，吴浩洁，等．平菇高效栽培技术 [M]. 郑州：河南科学技术出版社，2002.

［223］ 申进文，王波，王明才，等．平菇栽培实用技术 [M]. 北京：中国农业出版社，2011.

［224］ 沈海川．榆黄蘑栽培 [M]. 北京：中国林业出版社，1986.

［225］ 沈剑．猴头畸形菇的预防 [J]. 食用菌，2001(2):41.

［226］ 盛桂华，陈立国，马爱民．银耳交配型 A 因子的测定 [J]. 华中农业大学学报，2002,21(5):444 -446.

［227］ 寺下，吴锦文．酶抑制剂对担子菌子实体形成的影响 [J]. 食用菌，1981（2）：34-36,18.

［228］ 宋爱荣，田雪梅，谢艳萍．不同碳氮比对薄盖灵芝液体培养的影响 [J]. 菌物研究，2004，2（2）：5-9.

［229］ 宋爱荣，王光远，赵晨，等．树舌灵芝碳氮营养源利用的研究 [J]. 食用菌，2006（4）：16-17.

［230］ 宋宏，姚方杰，唐峻，等．榆耳研究概况 [J]. 中国食用菌，2008(1)： 1-3.

［231］ 宋吉玲．美味冬菇不亲和性因子多样性及优良品种选育研究 [D]. 长春：吉林农业大学，2011.

［232］ 宋金俤．食用菌病虫图谱及防治 [M]. 南京：江苏科学技术出版社，2011.

［233］ 孙东平，汪信．臭氧对灵芝菌丝杀灭作用的研究 [J]. 微生物学报，2004，（31）3：59-64.

［234］ 孙建波，张宇．食用菌及其营养保健功效 [J]. 中国食品与营养,2004(4)： 41-43.

［235］ 孙朴，汪欣，刘平．绣球菌引种驯化研究初报 [J]. 中国食用菌，1985 (3): 7-8.

［236］ 谭伟．长根金钱菌生物学特性研究 [J]. 食用菌学报，2001，8(3):16-22.

［237］ 谭伟，郭勇．化学防治野蛞蝓的试验初报 [J]. 四川林业科技，2001，22（3）：27-29.

［238］ 谭伟，郭勇，周洁，等．姬菇杂交菌株的出菇产量及商品性研究 [J]. 西南农业学报，2010，23（5）：1599-1604.

［239］ 谭伟，郑林用，郭勇，等．灵芝生物学及生产新技术 [M]. 北京：中国农业科学技术出版社，2007.

［240］ 图力古尔，李玉．我国侧耳属真菌的种类资源及其生态地理分布 [J]. 中国食用菌，2001，20(5):8-9.

［241］ 万佳宁．小孔出耳法对黑木耳品质影响效应及机制的研究 [D]. 长春：吉林农业大学,2009.

［242］ 万鲁长，曹德强，解思泌，等．灵芝常见病虫害及其防治研究 [J]. 食用菌，1994，16（S1）：37-38.

［243］ 万伍华，况丹．滑菇熟料袋栽分批出菇试验 [J]. 浙江食用菌，2009，17(5)：18-19.

［244］ 汪国莲，陈立国，陈明．银耳菌丝体生长营养条件的初步研究 [J]. 中国食用菌，2001,20(4):12- 14.

［245］ 王柏松，江日仁．金顶侧耳的生物学特性观察 [J]. 食用菌，1988（3）： 6.

［246］ 王碧将．瓶栽猴头菇技术 [N]. 山西科技报，2002-02-26(2).

［247］ 王波，鲜明耀，王蓓，等．猴头菇菌株鉴定、选育及栽培 [J]. 西南农业学报，1998(4):90-95.

［248］ 王波，禹宗本，鲜灵，等．图说香菇花菇高效栽培关键技术 [M]. 北京：金盾出版社，2005.

［249］ 王波，张丹，鲜灵．图说毛木耳高效栽培关键技术 [M]，北京：金盾出版社，2005.

［250］ 王灿琴．长根菇栽培技术要点 [J]. 农家之友（理论版），2008（14）：46,48.

［251］ 王灿琴，吴圣进，韦仕岩，等．以桉木屑为主料的秀珍菇栽培配方筛选 [J]. 南方农业学报,2016(4):624-628.

［252］ 王海英．金顶侧耳 DUS 测试指南的研制及种质创新的研究 [D]. 长春：吉林农业大学，2012.

［253］ 王海英，姜广玉，盛喜德，等．大棚栽培元蘑 [J]. 北方农业学报,2004,12(6):56.

［254］ 王慧杰．食用菌的药用保健价值 [J]. 食用菌，2001(3):41-42.

［255］ 王立安，陈惠．滑菇与黄伞生产全书 [M]. 北京：中国农业出版社，2009.

木腐菌生产技术

［256］ 王立华 . 不同光质对灵芝生长、抗氧化酶系及有效成分影响研究 [D]. 北京：北京协和医学院研究生院，2012.

［257］ 王立华，陈向东，王秋颖，等 . LED 光源的不同光质对灵芝菌丝体生长及抗氧化酶活性的影响 [J]. 中国中药杂志，2011，36（18）：2471-2474.

［258］ 王琳 . "猴头王"-- 记浙江省常山微生物总厂厂长徐序坤 [J]. 中国食用菌，1989(3):43-44.

［259］ 王淑珍，白晨 . 灵芝孢子诱变与菌丝高长速菌株选育 [J]. 中国食用菌，2000，19（6）：6-9.

［260］ 王淑珍，范俊，高雁，等 . 孢子诱变菌株 CJL990 灵芝过氧化物酶和酯酶同工酶的研究 [J]. 上海师范大学学报 (自然科学版)，2000，29（4）：69-73.

［261］ 王薇 . 猴头菇的营养保健功能及其在食品工业中的应用 [J]. 食品与药品,2008，8(4):24-26.

［262］ 王伟科，袁卫东，周祖法 . 不同碳、氮源对绣球菌菌丝生长的影响研究 [J]. 浙江农业科学，2007（1）47-49.

［263］ 王伟科，周祖法，袁卫东，等 . 绣球菌生物学特性与栽培技术 [J]. 杭州农业与科技，2010 (5): 44-45.

［264］ 王云，谢支锡，田希文，等 . 榆耳高产栽培要点 [J]. 中国食用菌,1990,9(2): 14-15.

［265］ 王云，谢支锡，鄢玉怀 . 榆耳的分类学问题和生态分布 [J]. 中国食用菌,1988(6):23-24.

［266］ 王云，周林，郭明慧，等 . 灵芝的菌株制备和栽培方法 [J]. 山西农业科学，1989，（8）：32-34.

［267］ 王运兵 . 无公害农药实用手册 [M]. 郑州：河南科学技术出版社，2004.

［268］ 王长林 . 生料栽培杏鲍菇新技术 [J]. 吉林农业，2012(4):110.

［269］ 王志彬，邹莉，尼玛帕珠，等 . 利用木耳菌糠栽培元蘑技术的研究 [J]. 中国农学通报,2012,28（28）:255-259.

［270］ 王志军 . 木糖渣栽培黄伞技术初探 [J]. 食用菌，2002(1):23.

［271］ 王子灿，王儒铎，刘明哲，等 . 银耳制剂的抗放作用 [J]. 昆明医学院学报,1981（1）:9-14.

［272］ 韦会平，刘正宇，谭杨梅，等 . 温度条件对金佛山灵芝生长的影响 [J]. 中国农学通报，2005，21（10）：85-87.

［273］ 韦仕岩，等 . 高温食用菌栽培技术 [M]. 北京：金盾出版社，2008.

［274］ 魏露苓. 唐人对菌类的认识与利用［J］. 华南农业大学学报（社会科学版），2003，2（1）：93-96.

［275］ 魏银初，班新河，王守刚，等 . 图解香菇高效栽培 [M]. 郑州：中原农民出版社，2010.

［276］ 吴保锋，刘乐乐，方志宏，等 . 营养条件对灵芝 51427 菌丝生长的影响 [J]. 安徽农学通报，2008，14(6)：57-58.

［277］ 吴春敏，陈琼华 . 毛木耳多糖对实验性血栓形成的影响 [J]. 中国生化药物杂志，1992（2）：45-46.

［278］ 吴洪军，冯磊，么宏伟，等 . 乳酸链球菌素、榆耳发酵混合液对多粘芽孢杆菌抑菌作用的研究 [J]. 中国林副特产，2009(5):10-11.

［279］ 吴梧桐，余品华，夏尔宁，等 . 银耳孢子多糖 TF-A、TF-B、TF-C 的分离、纯化及组成单糖的鉴定 [J]. 生物化学与生物物理学报,1984,16(4):393-398.

［280］ 吴锡鹏 . 硫磺菌驯化初报 [J]. 中国食用菌，1993（1）：14.

［281］ 夏而宁 . 银耳和银耳孢子多糖的生物活性比较 [J]. 南京药学院学报,1984,15(3):49.

［282］ 夏志兰 . 珍稀食用菌栽培技术 [M]. 长沙：湖南科学技术出版社，2010.

［283］ 夏子贤 . 树蒐栽培灵芝技术要点 [J]. 食用菌，1999，18（5）：22.

［284］ 谢宝贵，吕作舟，江玉姬 . 食用菌贮藏与加工实用技术 [M]. 北京：中国农业出版社，1994.

［285］ 谢放，张生香，陈京津，等 . 恒温和变温培养对羊肚菌菌丝生长及菌核形成影响的比较研究 [J]. 中国野生植物资源，2010，29（3）：37-40，61.

［286］ 熊川，李小林，李强，等.四川秋季发生的两种羊肚菌生境调查与鉴定 [J].菌物学报,2016,35(1):29-38.

［287］ 徐碧如.耳友菌促进银耳生长的研究 [J].微生物学通报，1983，10(6):7.

［288］ 徐碧如.银耳不同菌龄袋栽的研究 [J].浙江食用菌，1994(6):13-14.

［289］ 徐碧如.银耳袋栽及其注意事项 [J].中国食用菌，1987(2):26-27.

［290］ 徐碧如.银耳混种的分离与培养 [J].应用微生物，1984，3(3):16.

［291］ 徐碧如.银耳生活史的研究 [J].微生物学通报，1980(6):241-242.

［292］ 徐碧如.银耳生物学特性的研究 [J].福建农学院学报，1986,15(2):141.

［293］ 徐碧如.银耳优良菌株选育的研究 [J].中国食用菌，1996，15（1）：7-8.

［294］ 徐鸿华，吴善球.灵芝规范化栽培技术 [M].上海：上海世界图书出版公司，2011.

［295］ 徐建祥.常山猴头菇的栽培技术 [J].农业科技与信息，2005(7):41.

［296］ 徐锦堂.中国药用真菌学 [M].北京：中国协和医科大学联合出版社，1997.

［297］ 徐文清.银耳孢子多糖结构表征、生物活性及抗肿瘤作用机制研究 [D].天津：天津大学,2006.

［298］ 徐新春，徐鸿华，肖省娥，等.灵芝孢子粉散发与采收 [J].中药材，1997，20（6）：274-275.

［299］ 许益财，庞玉芬.榆耳人工段木栽培技术 [J].食用菌,1989(6):23-24.

［300］ 许泽成，邹莉.北方短草帘子覆盖地栽元蘑生产技术 [J].食用菌,2009(1):48.

［301］ 薛鸿恩，李明芝，莫治山.桑树枝条栽培灵芝试验初报 [J].北方蚕业，2005，26（3）：42-51.

［302］ 薛会丽.猴头菇畸形子实体的成因及预防 [J].食用菌，2002（5）：34.

［303］ 薛致鸿，林俊芳，钟武杰，等.灵芝 Gal-0201 的生物学特性及有效成分分析 [J].食用菌，2007（2）：19-21.

［304］ 闫茂华.栎叶、废弃茶叶栽培灵芝试验 [J].食用菌，2000，22（2）：23.

［305］ 颜军，徐光域，郭晓强，等.银耳粗多糖的纯化及抗氧化活性研究 [J].食品科学，2005，26（9）：16-18.

［306］ 彦培璐.金顶侧耳不亲和性因子多样性及优良品种选育研究 [D].长春：吉林农业大学，2010.

［307］ 杨国良，陈惠.灰树花与杨树菇生产全书 [M].北京：中国农业出版社，2003.

［308］ 杨军，张士义，陈颖.韩芝 1 号菌株特性及栽培要点 [J].中国食用菌，2006（6）：43-44.

［309］ 杨明月.茶树菇栽培技术 [M].北京：金盾出版社，2009.

［310］ 杨儒钦.金顶榆黄蘑定位出菇法 [J].食用菌，2009(5):17.

［311］ 杨儒钦.金顶榆黄蘑周年栽培技术 [J].食用菌，2001(1):32-33.

［312］ 杨文建，赵立艳，安辛欣，等.食用菌营养与保健功能研究进展 [J].食药用菌，2011，19(1):15-18.

［313］ 杨新美.中国食用菌栽培学 [M].北京：农业出版社，1989.

［314］ 杨新美，刘日新，朱兰宝，等.中国食用菌栽培学 [M].北京：农业出版社，1988.

［315］ 杨榆.棉籽壳栽培灵芝 [J].食用菌，1982（2）：39-40.

［316］ 杨祝良，臧穆.我国西南小奥德蘑属的分类 [J].真菌学报，1993，12（1）:16-27.

［317］ 杨祝良，张丽芳，GREGORY M M，等.狭义小奥德蘑属（膨瑚菌科，蘑菇目）的一个新系统 [J].菌物学报，2009，28(1):001-013.

［318］ 姚方杰."北耳南扩"的喜与忧 [J].中国食用菌，2012，31(1):61-62.

［319］ 姚方杰.金顶侧耳基因连锁图谱与双-单交配机制解析及高温型菌株选育研究 [D].长春：吉林农业大学，2002.

木腐菌生产技术

［320］　姚方杰，边银丙．图说木耳栽培关键技术 [M].北京：中国农业出版社，2011.

［321］　姚方杰，宋吉玲，罗升辉，等．美味冬菇优良菌株选育及其优质高产参数的研究 [C]// 中国菌物学会 2009 学术年会论文摘要集,2009: 129-130.

［322］　姚方杰，张友民，陈影，等．我国黑木耳两种主栽模式浅析 [J].食药用菌,2011,19(3):38-39.

［323］　姚秋生．尖顶羊肚菌人工栽培研究初探 [J].中国食用菌，1991，10(6): 15-16.

［324］　姚淑先．银耳瓶栽技术问答 [M].福州：福建科学技术出版社，1982.

［325］　应国华．长根菇驯化栽培初报 [J].食用菌，1990，12(2):13.

［326］　游明乐．光秃无刺猴头菇产生的机理初探 [J].食用菌，1993（6）：14-15.

［327］　游雄，钱秀萍，吴丽燕，等．绣球菌的诱变育种和深层发酵工艺的初步研究 [J].中国食用菌，2006, 25(3): 41-45.

［328］　于田．灰树花病害防治四则 [J].中国食用菌，1995(1)：22.

［329］　于昕，姚方杰．黑木耳菌糠复合基质对一串红生长发育影响研究 [J].北方园艺,2010,(19):179-182.

［330］　于昕，姚方杰，关佳艺，等．木耳菌糠复合基质对一串红成花质量影响研究 [J].林业实用技术，2010(8)：6-7.

［331］　于娅，姚方杰，孙梅丽，等．榆耳春秋季栽培技术 [J].北方园艺,2013(10): 145-146.

［332］　余新豪．棉子壳栽培灵芝技术 [J].中国棉花，1983（5）：46.

［333］　禹国龙，叶琳，苑世婷，等．绣球菌多糖的提取与抗氧化活性研究 [J].天津农业科学,2013, 19(4): 11-14.

［334］　袁保京，张日俊．碳氮源对灵芝液体发酵胞外糖肽产量的影响 [J].中国农业大学学报，2012，17（1）：119-124.

［335］　袁明生，孙佩琼.四川蕈菌 [M].成都：四川科学技术出版社，1995.

［336］　袁瑞奇．图解杏鲍菇高效栽培 [M].郑州：中原农民出版社，2010.

［337］　袁卫东，王世恒，郑社会，等．桑枝黑木耳生产技术规程 [J].杭州农业与科技,2011(5):40-44.

［338］　袁学军，李艳丽，陈永敢，等．野生灵芝菌种培养基筛选的研究 [J].中国食用菌，2012，31（4）：24-26.

［339］　袁志文，吕艳华．滑菇越冬明春继续采菇的管理 [J].农村科学实验，2002(11)：28.

［340］　臧穆．与银耳生长的香灰菌新种 [J].中国食用菌，1999,18(2):43-44.

［341］　曾先富，廖志勇，张军．野生朱红硫磺菌驯化栽培研究 [J].中国食用菌，2005（6）：18-20.

［342］　曾振基，古培总，陈东标，等.赤灵芝高产栽培技术 [J].广东农业科学，2004（2）：44-45.

［343］　张炳炽，朱岭仁，张卫东．银耳菌丝体的形态与银耳母种制备研究 [J].中国食用菌，1995，14（1）,17-19.

［344］　张诚，胡中娥，沈爱喜，等.芦笋秆栽培灵芝试验简报 [J].食用菌，2004，26（3）：21.

［345］　张传锐，赵树海，李燕，等.段木银耳优质高产栽培技术 [J].食用菌，2013（6）：51-53.

［346］　张春娥．茶树菇高产栽培问答 [M].郑州：中原农民出版社，2003.

［347］　张翠英．榆树荏子栽培榆耳技术 [J].北京农业,2007(28):23.

［348］　张光亚．云南食用菌 [M].昆明：云南人民出版社，1984.

［349］　张广铸．灵芝盆景 [J].食用菌，1982（3）：48-49.

［350］　张汉文．银耳菌种生理性变与生态失控所致病害的探讨 [J].食用菌，2000,22(3):36-37.

［351］　张金霞．食用菌菌种生产与管理手册 [M].北京：中国农业出版社，2006.

［352］　张金霞．榆蘑的营养成份 [J].中国食用菌,1993(6)25-26.

［353］　张金霞．中国食用菌产业科学与发展 [M].北京：中国农业出版社，2009.

[354] 张金霞 . 中国食用菌菌种学 [M]. 北京 : 中国农业出版社 ,2011.

[355] 张金霞，黄晨阳 . 无公害食用菌安全生产手册 [M]. 北京 : 中国农业出版社 ,2008.

[356] 张金霞，黄晨阳，胡小军 . 中国食用菌品种 [M]. 北京 : 中国农业出版社， 2012.

[357] 张鹏 . 木耳形态发育及木耳属次生菌丝和子实体的解剖学研究 [D]. 长春 : 吉林农业大学 ,2011.

[358] 张鹏，图力古尔，包海鹰 . 猴头菌属真菌化学成分及药理活性研究概述 [J]. 菌物研究 ,2011，9 (1): 54-62.

[359] 张青 , 张天民 . 苯酚 - 硫酸比色法测定多糖含量 [J]. 山东食品科技 ,2004(7):73-75.

[360] 张世镕 . 猴年话猴头 [J]. 烹饪知识 ,2004(2):48-49.

[361] 张寿橙 . 中国香菇栽培史 [M]. 杭州： 西泠印社出版社，2013.

[362] 张淑贤，谢支锡，王竺 , 等 . 榆耳的生物学特性初步研究 [J]. 中国食用菌，1989(1)： 5-8.

[363] 张陶，何嘉，弓力伟，等 . 长根菇生物学特性及无公害人工栽培技术研究 [J]. 中国食用菌，2005，24（4）： 23-25.

[364] 张文会，奚广生，王宏岩，等 . 猴头菇吊袋栽培新技术 [J]. 中国食用菌，1998(1):28-29.

[365] 张晓萍，李治平 . 胶韧革菌发酵产物化学成分的研究 [J]. 东北师大学报（自然科学版），1999(1):71-73.

[366] 张学敏，杨集昆，谭琦 . 食用菌病虫害防治 [M]. 北京 : 金盾出版社， 1997.

[367] 张沿江，吴金玉，孙艳辉，等 . 猴头菇的药用功能及其菌丝粉冲剂的制作 [J]. 食药用菌 ,2014，22(1): 41-42.

[368] 张引芳 . 金针菇工厂化生产工艺技术 [J]. 食用菌，2001（增刊）： 209-210.

[369] 张影，包海鹰，李玉 . 珍贵食药用菌金顶侧耳研究现状 [J]. 吉林农业大学学报，2003，25（1）： 54-57.

[370] 张玉生 . 用棉秆屑栽培灵芝技术要点 [J]. 食用菌，2000，22（3）： 25.

[371] 章华，杨俊开，李美珍 . 棉籽壳栽培灵芝新技术 [J]. 农业科技通讯，2004（6）： 12.

[372] 章克昌 . 药用真菌研究开发的现状及其发展 [J]. 食品与生物技术学报，2002，21(1)： 99-103.

[373] 章云津，洪震 . 银耳多糖的分离及理化特性的研究 [J]. 北京医学院学报 ,1984,16(8):83-88.

[374] 赵继鼎，张小青 . 中国真菌志第十八卷 灵芝科 [M]. 北京： 科学出版社，2000.

[375] 赵琪，徐中志，杨祝良，等 . 羊肚菌仿生栽培关键技术研究初报 [J]. 菌物学报，2007，26(增刊）： 360-363.

[376] 赵瑞蒲，杨志娟，周程艳 . 灰树花及其多糖的研究进展和应用前景 [J]. 华北煤炭医学院学报 ,2002(5):573-574.

[377] 赵义涛 . 榆耳高产栽培技术 [J]. 中国蔬菜 ,2003(4):53-54.

[378] 真菌学研究灵芝组 . 最早实现灵芝室内栽培研究记实［J］. 微生物学通报，1992，19（3）： 189-191.

[379] 郑林用，魏银初，安秀荣，等 . 灵芝栽培实用技术 [M]. 北京： 中国农业出版社，2011.

[380] 郑其春，陈容庄，陆志平，等 . 食用菌主要病虫害及其防治 [M]. 北京 : 中国农业出版社， 1995.

[381] 郑仕中 . 银耳的化学成分和药理研究进展 [J]. 中国药学杂志 ,1993,28(5):264.

[382] 郑武 , 姚方杰 . 黑木耳枝条菌种制作与利用的关键技术 [J]. 食药用菌 ,2012,20(3):164-165.

[383] 郑向丽，江枝和，王俊宏，等 . 花生秸秆代料栽培对秀珍菇的产量及物质转化的影响 [J]. 核农学报 ,2015,
29(6):1198-1203.

[384] 钟冬季，钟秀媚 . 银耳栽培种生产用适宜菌龄初探 [J]. 食用菌 ,2008(2):50.

[385] 钟韩，杨振湖，李惠英，等 . 毛木耳多糖诱导血小板聚集作用研究 [J]. 广州医药学院学报，2002,18（1）:27-28.

[386] 钟恒 . 银耳原基分化前期双核菌丝细胞及分生孢子边缘体及质膜体 [J]. 热带亚热带植物学报，1994,2(2):41-46.

[387] 钟礼义，邱福平，陈体强 . 阔叶树边材栽培紫芝示范试验 [J]. 食用菌，2005，27（1）： 26-27.

［388］ 仲启祥，朱锦福，刁治民.蕈菌猴头菇的经济价值及开发应用 [J]. 青海草业 ,2010，19(3):13-17.

［389］ 周爱如.银耳多糖抗肿瘤作用研究 [J]. 北京医科大学学报 ,1987,19(3):15.

［390］ 周传震，贺业宽，周薇，等.滑菇高产栽培 [J]. 特种经济动植物， 2007,10(6)：40.

［391］ 周功和，陈丽蓉，周建敏，等. 灵芝短段木熟料栽培主要虫害防治 ［J］. 中国食用菌，1997，16（6）：32-28.

［392］ 周慧杰.灰树花的母种及原种培养基筛选研究 [J]. 北方园艺，2013(14):155-156.

［393］ 周慧萍，殷霞，高红霞，等.银耳多糖和黑木耳多糖的抗肝炎和抗突变作用 [J]. 中国药科大学学报 ,1989（1）:51-53.

［394］ 周洁，谭伟，曹雪莲，等.姬菇杂交新菌株出菇主要性状研究 [J]. 西南农业学报，2016，29（1）： 159-163.

［395］ 周谦群，姚庭永，沈高潮.元蘑段式栽培技术 [J]. 食药用菌 ,2011(2) :42,44.

［396］ 周选围，林娟，周良.灵芝主要营养成分的测定分析［J］.陕西师范大学学报（自然科学版），1998，26（增刊）： 214-217.

［397］ 周玉麟.银耳段木高产菌株 T9486 的选育研究 [J]. 中国食用菌，1996,15(3):18.

［398］ 朱关平.银耳多糖体抗肉瘤 -180 的活性作用 [J]. 国外医学参考资料：药学分册 ,1974（2）:116.

［399］ 朱坚.食用菌品种特性与栽培 [M]. 福州 : 福建科学技术出版社，2011.

［400］ 朱兰宝，黄毅，胡国元，等.金针菇生产全书 [M]. 北京：中国农业出版社，2009.

［401］ 朱秀敏.食用菌中的生物活性物质 [J]. 甘肃农业，2011(2):79-80.

［402］ 邹立扣，潘欣，岳爱玲，等.长根菇菌丝培养、鉴定及氨基酸成分分析 [J]. 食品科学，2011，32（3）： 144-147.

［403］ BAE I Y, KIM K J, LEE S, et al. Response surface optimization of β -glucan extraction from cauliflower mushrooms (*Sparassis crispa*)[J]. Food Science and Biotechnology, 2012, 21(4): 1031-1035.

［404］ BAYNES M, NEWCOMBE G, DIXON L, et al. A novel plant-fungal mutualism associated with fire[J]. Fungal Biology,2012,116(1):133-144.

［405］ BROCK T D. Studies on the Nutrition of *Morchella esculenta* Fries [J]. Mycologia, 1951, 43(4): 402-422.

［406］ BUSCOT F. Field observations on growth and development of *Morchella rotunda* and *Mitrophora semilibera* in relation to forest soil temperature[J]. Canadian Journal of Botany, 1989,67(2):589-593.

［407］ BUSCOT F. Synthesis of two types of association between *Morchella esculenta* and *Picea abies* under controlled culture conditions[J]. Journal of Plant Physiology,1993,141(1): 12-17.

［408］ CHEONG J C, PARK J S, HONG I P, et al. Cultural Characteristics of Cauliflower Mushroom, *Sparassis crispa*[J]. The Korean Journal of Mycology, 2008, 36(1): 16-21.

［409］ DU X H, ZHAO Q, O' DONNELL K, et al. Multigene molecular phylogenetics reveals true morels (*Morchella*) are especially species-rich in China[J].Fungal Genetics and Biology, 2012(49): 455-469.

［410］ FOX R D, WONG G J. Homothallism and Heterothallism in *Tremella fuciformis*[J].Canadian Journal of Botany, 1990,68(1):107-111.

［411］ GAO Q P, JIANG R Z, CHEN H C, et al. Characterisation of acidic heteroglycans from *Tremella fuciformis* Berk with cytokine stimulating activity[J].Carbohydrate Research,1996,288:135-142.

［412］ GHOSH N, CHAKRAVARTY D K . Predictive analysis of the protein quality of *Pleurotus citrinopileatus*[J]. Journal of Food Science and Technol ogy,1990,27(4)：236-238.

[413]　GHOSH N，MITRA D K，CHAKRAVARTY D K.Composition analysis of tropical white oyster mushroom (*Pleurotus citrinopileatus*)[J]. Annals of Applied Biology,1991,118(3)：527-532.

[414]　HARADA T, MIURA N N, ADACHI Y, et al. Antibody to Soluble 1，3/1，6-β-D-Glucan, SCG in Sera of Naive DBA/2 Mice[J]. Biological & Pharmaceutical Bulletin, 2003, 26(8): 1225-1228.

[415]　HARADA T, MIURA N N, ADACHI Y, et al. IFN-γ induction by SCG, 1,3-β-D-glucan from *Sparassis crispa*, in DBA/2 mice in vitro[J]. Journal of Interferon & Cytokine Research, 2002, 22(12): 1227-1239.

[416]　HARADA T, MIURA N N, ADACHI Y, et al. Effect of SCG, 1,3-β-D-Glucan from *Sparassis crispa* on the Hematopoietic Response in Cyclophosphamide induced Leukopenic Mice[J]. Biological & Pharmaceutical Bulletin, 2002, 25(7): 931-939.

[417]　HASEGAWA A, YAMADA M, DOMBO M, et al. *Sparassis crispa* as biological response modifier[J]. Gan to Kagaku Ryoho, 2004, 31(11): 1761-1763.

[418]　HOBBIE E A, WEBER N S, TRAPPE J M. Mycorrhizal vs saprotrophic status of fungi: the isotopic evidence[J].New Phytologist, 2001,150: 601-610.

[419]　IMAI S. Gloeostereae S. Ito et Imai, a new tribe of Thelephoraceae[J]. Transactions of the Sapporo Natural History Society,1933, 25(13)：9-11.

[420]　KANWAL H K, REDDY M S. The effect of carbon and nitrogen sources on the formation of sclerotia in *Morchella* spp.[J]. Ann Microbiol ,2012,62:165-168.

[421]　KIM S R, KANG H W, RO H S. Generation and Evaluation of High β-Glucan Producing Mutant Strains of *Sparassis crispa*[J]. Mycobiology, 2013, 41(3): 159-163.

[422]　KUO M, DEWSBURY D R，O'DONNELL K, et al. Taxonomic revision of true morels (*Morchella*) in Canada and the United States[J]. Mycologia,2012,104(5): 1159-1177.

[423]　KUROSUMI A, KOBAYASI F, MTUI G, et al. Development of optimal culture method of *Sparassis crispa* mycelia and a new extraction method of antineoplastic constituent[J]. Biochemical Engineering Journal, 2006, 30(1): 109-113.

[424]　KWON AH, QIU Z, HASHIMOTO M, et al. Effects of medicinal mushroom (*Sparassis crispa*) on wound healing in streptozotocin-induced diabetic rats[J]. The American Journal of Surgery, 2009, 197(4): 503-509.

[425]　MASAPHY S.Biotechnology of morel mushrooms: successful fruiting body formation and development in a soilless system[J]. Biotechnology Letters,2010, 32:1523-1527.

[426]　MILLER，STEWART C．Cultivation of *Morchella* [P]. United States:6951074．2005．

[427]　NEMECEK J C, WÜTHRICH M, KLEIN B S. Global Control of Dimorphism and Virulence in Fungi[J] . Science，2006, 312（5773）:583-588.

[428]　O'DONNELL K, ROONEY A P, MILLS G L, et al. Phylogeny and historical biogeography of true morels (*Morchella*) reveals an early Cretaceous origin and high continental endemism and provincialism in the Holarctic[J]. Fungal Genetics and Biology, 2011,48(3): 252-265.

[429]　OH D S, PARK J M, PARK H, et al. Site Characteristics and Vegetation Structure of the Habitat of Cauliflower Mushroom (*Sparassis crispa*)[J]. The Korean Journal of Mycology, 2009, 37(1): 33-40.

[430] OHNO N, HARADA T, MASUZAWA S, et al. Antitumor Activity and Hematopoietic Response of a β -Glucan Extracted from the Mushroom *Sparassis crispa* (Wulf.): Fr.[J]. International Journal for Medicinal Mushrooms, 2001, 3: 193.

[431] OHNO N, MIURA N N, NAKAJIMA M, et al. Antitumor 1,3-β -Glucan from Cultured Fruit Body of *Sparassis crispa*[J]. Biological & Pharmaceutical Bulletin, 2000, 23(7): 866-872.

[432] OHNO N, NAMEDA S, HARADA T, et al. Immunomodulating Activity of a β -Glucan Preparation, SCG, Extracted from a Culinary-Medicinal Mushroom, *Sparassis crispa* (Wulf.): Fr.(Aphyllophoromycetideae), and application to Cancer Patients[J]. International Journal of Medicinal Mushrooms, 2003, 5(4): 359-368.

[433] OWER R D. Cultivation on *Morchella* [P]. United States : 4866878. 1989.

[434] PARK H G, SHIM Y Y, CHOI S O, et al. New method development for nanoparticle extraction of water-soluble β -(1 → 3)-D-glucan from edible mushrooms, *Sparassis crispa* and *Phellinus linteus*[J]. Journal of Agricultural and Food Chemistry, 2009, 57(6): 2147-2154.

[435] PILZ D, MCLAIN R, ALEXANDER S, et al. Ecology and Management of Morels Harvesteded From the Forests of Western North America [R]. Pacific Northwest Research Station: United States Deparment of Agriculture, Forest, 2007.

[436] RUIZ-H J OSORIO E. Isolation and chemical analysis of the cell wall of *Morchella* sp. [J]. Antonie van Leeuwenhoek, 1974, 40:57-64.

[437] RYOO R, SOU H D, KA K H, et al. Phylogenetic relationships of Korean *Sparassis latifolia* based on morphological and ITS rDNA characteristics[J]. Journal of Microbiology, 2013, 51(1): 43-48.

[438] RYU S R, KA K H, PARK H, et al. Cultivation characteristics of *Sparassis crispa* strains using sawdust medium of Larix kaempferi[J]. The Korean Journal of Mycology, 2009, 37(1): 49-54.

[439] SHIN H, OH D, LEE H, et al. Analysis of Mineral,Amino Acid and Vitamin Contents of Fruiting Body of *Sparassis crispa*[J]. Journal of Life Science, 2007, 17(9): 1290-1293.

[440] STAMETS P. Growing Gourmet and Medicinal Mushrooms [M]. Califomia:Ten Speed Press, 1993.

[441] TSANTRIZOS Y S, ZHOU F, FAMILI P, et al. Biosynthesis of the Hypotensive Metabolite Oudenone by *Oudemansiella radicata*. 1. Intact Incorporation of a Tetraketide Chain Elongation Intermediate [J].The Journal of Organic Chemistry, 1995,60:6922-6929.

[442] VOLK T J, LEONARD T J. Cytology of the life-cycle of *Morchella*[J]. Mycological Research,1990,94(3):399-406.

[443] WOODWARD S, SULTAN H Y, BARRETT D K, et al. Two new antifungal metabolites produced by *Sparassis crispa* in culture and in decayed trees[J]. Journal of General Microbiology, 1993, 139(1): 153-159.

[444] YAMAMOTO K, KIMURA T, SUGITACHI A, et al. Anti-angiogenic and anti-metastatic effects of β -1,3-D-glucan purified from Hanabiratake, *Sparassis crispa*[J]. Biological & Pharmaceutical Bulletin, 2009, 32(2): 259-263.

[445] YAMAMOTO K, KIMURA T. Dietary Sparassis crispa (Hanabiratake) Ameliorates Plasma Levels of Adiponectin and Glucose in Type 2 Diabetic Mice[J]. Journal of Health Science, 2010, 56(5): 541-546.

[446] YAMAMOTO K, KIMURA T. Orally and topically administered *Sparassis crispa* (Hanabiratake) improved healing of skin wounds in mice with streptozotocin-induced diabetes[J]. Bioscience, Biotechnology, and Biochemistry, 2013, 77(6): 1303-1305.

［447］ YAO M, YAMAMOTO K, KIMURA T, et al. Effects of Hanabiratake (*Sparassis crispa*) on allergic rhinitis in OVA-sensitized mice[J]. Food Science and Technology Research, 2008, 14(6): 589-594.

［448］ YOSHIKAWA K, KOKUDO N, HASHIMOTO T, et al. Novel Phthalide Compounds from *Sparassis crispa* (Hanabiratake), Hanabiratakelide A-C, Exhibiting Anti-cancer Related Activity[J]. Biological & Pharmaceutical Bulletin, 2010, 33(8): 1355-1359.

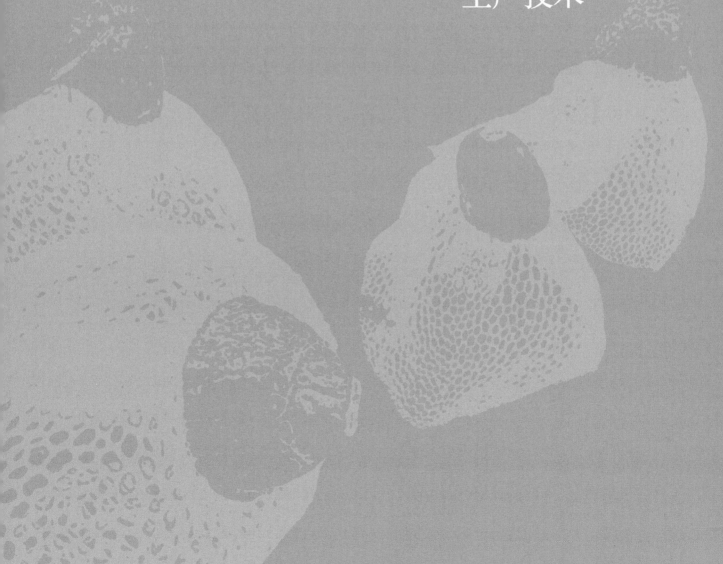

中国食用菌生产
PRODUCTION OF
EDIBLE MUSHROOM
IN CHINA

PART VIII
CULTIVATION
TECHNOLOGY
OF SYMBIOTIC
MUSHROOM

第八篇
共生菌
生产技术

第一章　蛹虫草

　　蛹虫草是一种子囊菌，含有虫草素、虫草多糖等多种生物活性物质，在抗菌、抗癌、抗衰老、提高免疫力等方面具有重要的药用价值。蛹虫草（北虫草）的子实体及虫体也可作为冬虫夏草入药，已经成为冬虫夏草的优秀替代品。

第一节
概述

一、分类地位

　　蛹虫草属于真菌界、子囊菌门、盘菌亚门、粪壳菌纲、肉座菌亚纲、肉座菌目、蛹草科、虫草属。

　　拉丁学名：*Cordyceps militaris* (L.) Link。

　　中文别名：北冬虫夏草，北虫草，虫草花。

二、营养价值与经济价值

（一）营养价值

　　蛹虫草与野生冬虫夏草具有相近的营养成分和功效成分，蛹虫草的虫草素含量要高于冬虫夏草30多倍，而虫草酸、虫草多糖、超氧化物歧化酶、核苷酸等成分也多有类似，表现出相同的药理作用，所以对人类健康具有重要意义。主要有十大功效：①扶正益气，对人体免疫系统有调节作用，可提高免疫力。②补肺平喘，改善呼吸系统功能。③强身延年，延缓机体衰老。④益精壮阳，具有雄性激素样作用，提高性能力。⑤抗癌、抗肿瘤作用。⑥抗炎、抗菌、抗应激，镇静和抗惊厥作用。⑦降脂、降糖，调节血压，对心脏、肝脏有保护作用。⑧抗缺氧，提高运动能力，抗疲劳。⑨治疗神经衰弱，改善睡眠。⑩美容护肤。

冬虫夏草是我国传统的名贵中药材，与人参、鹿茸并称为中药宝库中的"三大瑰宝"。由于其有严格的寄生性，仅寄生于蝙蝠蛾科蝙蝠蛾幼虫，生命周期较长（蝙蝠蛾生活史为 3～4 年），生长环境特殊（分布于海拔 3 500 m 以上雪线以下），天然资源非常有限。同时，随着人们生活水平的提高及保健意识的增强，冬虫夏草的需求量日益增加，再加上投机者人为炒作等因素，导致价格奇高，资源濒临枯竭，生态日趋恶化。

长期以来，国内外学者一直致力于寻找新的虫草菌种，进行产业化生产和综合开发，以替代冬虫夏草。分类学研究表明，蛹虫草与冬虫夏草同属虫草属，亲缘关系十分接近。蛹虫草始载于《新华本草纲要》，味甘性平，有益肺肾、补精髓、止血化痰之功效。蛹虫草富含虫草素、腺苷、多糖、超氧化物歧化酶、氨基酸等活性成分，以及硒、锌、铁等矿质元素。大量的药理及临床试验证明，蛹虫草的某些功效成分和药理作用接近或超过冬虫夏草，可作为冬虫夏草的替代品，具有较大的开发利用价值。

（二）经济价值

蛹虫草可栽培，技术简单易学，操作简便，可充分利用农村闲散劳动力。规模可大可小，无须专业厂房，利用闲置空房空地均可生产，种植成本低，周期短，利润大，效益高。一间 30 m² 的普通房屋生产规模可达 10 000 瓶，常温下一年最少可生产 2 个周期，实际每瓶的干草产量为 5～10 g，按每瓶产干草 5 g 计，每年可生产蛹虫草干品

100 kg。以 1 kg 蛹虫草价格 100～400 元计，一个农村闲散劳动力，利用业余时间每年可增加收益万余元，经济效益较高。

三、发展历程

（一）驯化栽培历史

我国是第一个对蛹虫草进行商业化栽培生产的国家，吉林省蚕业科学研究所于 1983 年开始立项研究，1986 年首次将蛹虫草菌在柞蚕、桑蚕、蓖麻蚕等蛹上接种并获成功，获得与天然蛹虫草相一致的子实体，开启了我国蛹虫草人工栽培的新纪元。1987 年该技术申报了国家发明专利，1993 年由中国专利局授予发明专利证书，专利号为 ZL87106987-3。在人工栽培研究方面，1932 年，日本的小林和久山首次利用以米饭为主的培养料培养出蛹虫草子实体。1997 年，张显科成功利用小米加上适当的营养液培育出正常的子实体。2002 年，李琇以大米为基本培养料加入营养液培养出正常子实体。2004 年，刘获证明了蛹虫草能利用植物蛋白质，但仍以动物蛋白质为佳。利用蚕蛹及蝉蛹等昆虫寄主生产子实体是另一重要培育途径。人工栽培蛹虫草虽已取得较大进展，但菌种退化问题仍然是制约蛹虫草产业化发展的重要因素，选育优良菌种将是今后研究的热点之一。

（二）栽培技术进展

蛹虫草的天然资源非常有限，量化利用比较困难。随着科学技术的进步和科研人员的攻关，人工培育蛹虫草已获成功，主要有以下三种培养方法。

1. 以终产物虫草菌丝体为目的的液体深层发酵与培养 蛹虫草深层发酵培养过程为，将斜面菌种接种于液体培养基中进行振荡培养，根据发酵培养规模确定扩大培养次数及数量，将振荡培养的菌种接入液体发酵罐中，调整发酵初始 pH、发酵温度、发酵时间、通气状况及外源添加物等，确定最优的发酵条件，最后对发酵培养产物进行深加工或

作为菌种进行子实体栽培。

深层发酵后作为液体菌种使用，接种方便且适合工厂化大规模生产；运用深层发酵方式获得蛹虫草的代谢产物，不受地理环境、气候及寄主的严格限制，生产周期短，菌龄一致；还可以根据虫草多糖、虫草素等物质需求调控生产工艺。但深层发酵工艺也有致命的缺点，发酵过程中所用的发酵容器主要是生物发酵罐，价格昂贵，且清洗困难，尤其是到菌丝生长后期，罐内菌液黏度大，耗能大，在发酵过程结束后需及时加工或接种。

2. 以蚕蛹为培养基的半人工栽培　这种模式是在活体蚕蛹上以注射、穿刺或喷施的方法接种液体蛹虫草菌种，经过人工培养获得子实体。这种方式获得的蚕蛹虫草中氨基酸总量及人体必需的 8 种氨基酸总量均高于野生型及其他人工培育的蛹虫草。柞蚕蛹虫草含 30 多种元素，含量类似于冬虫夏草。贡成良等报道活性成分虫草素和腺嘌呤，家蚕蛹虫草明显高于冬虫夏草，是冬虫夏草的 3 倍，暗示家蚕蛹虫草在抗肿瘤、抑制病毒方面的性能优于冬虫夏草。蚕蛹虫草人工栽培虽已获成功，但虫草接种后成功率低的问题依然存在，而使用活体蚕蛹接种蛹虫草受蚕蛹生长季节及蚕龄限制，这都制约了蛹虫草生产的发展。

3. 人工代料栽培　将菌种接种到固体培养基质上，在适宜的光照和温湿度条件下培养得到蛹虫草子实体。最早的培养基质多为大米，随着研究的不断深入，大量学者对固体栽培基质配方进行了优化。研究表明，大米加少量蚕蛹粉、大米加燕麦、大米加小麦为培养料，较适合蛹虫草栽培使用。固体培养料栽培蛹虫草，成本低，技术方法简单，易被掌握，并已实现工厂化生产。但是，另有研究表明，大米培养的蛹虫草子实体所含的粗蛋白质、人体必需氨基酸和氨基酸总量等均低于野生蛹虫草及蚕蛹虫草，且在生产过程中培养基质发生霉变概率高，在食品安全方面存在隐患。

四、主要产区

由于在我国还没有形成规模化和区域化蛹虫草栽培，生产比较分散，未形成规模产区。

五、发展前景

蛹虫草作为食药兼用菌的市场需求在不断扩大，加强其药用和保健价值的开发是未来深入研究的重要内容。蛹虫草被作为传统名贵中药冬虫夏草的替代品开发，虽然取得了不少成果，但对其自身特殊的活性成分及药理作用仍有待深入研究，如虫草素的代谢途径及主要调控因素还未完全弄清，阻碍了生物合成研究的发展。加强蛹虫草各种有效成分及药理机制的研究，可为蛹虫草由传统民间用药开发为现代保健品或药品提供科学依据。同时，进行蛹虫草优良菌种的选育和高产技术的研究，提高蛹虫草的产量和有效成分含量等，都是今后对蛹虫草进行研究的重要内容。

近几年，我国蛹虫草生产技术水平提高较快，形成不少规模化生产基地，2018 年全国蛹虫草产量达到 9 万 t 以上，产品销售形势较好。蛹虫草已作为一种新的滋补佳品受到消费者青睐，发展前景十分广阔。

第二节
生物学特性

一、形态特征

（一）菌丝体

蛹虫草菌丝初为白色，老熟后转为淡黄色，较粗壮，不呈絮状。生长速度较快，适宜条件下菌丝

7～10天长满试管斜面，从背面可看到黄色基内菌丝。

（二）子实体

蛹虫草是蛹虫草菌寄生在有关昆虫的蛹上，外形似蛹体上长出的草，故名蛹虫草。实际上，它是蛹虫草菌与虫蛹的复合体。从昆虫体长出的所谓"草"即子实体，也称为子座。子实体从蛹体的头、胸或近腹部伸出，单生，有时丛生，2～5根，一般不分枝，柄细长。子实体全长3～10 cm，直径0.2～0.9 cm。子实体头部棒形，表面粗糙，顶端钝圆，长1～2 cm，直径0.3～0.5 cm，有的叶状或上细下粗形，有纵沟，橙黄色，为可育部分。子实体上着生近圆锥形的子囊壳，表面密生许多突起的小疣，即子囊壳的开口部分，约有3/5埋生于子实体组织里（通常呈子囊壳半埋生状态）。子囊壳近圆锥形，外露部分棕褐色，成熟时由壳口喷出白色胶质孢子角或小块。切片镜下观察子囊壳大小为（500～1 098）μm×（132～264）μm。子囊壳内有多个子囊。每个子囊内有8枚平行排列的线形子囊孢子，孢子细长，直径约1 μm，几乎充满子囊，成熟时产生横隔，并断成2～3 μm的小段。子囊孢子成熟后沿子囊孢子壁横裂而分离，形成分生孢子。孢子无色或略带淡黄色，光滑。蛹虫草子实体与蛹体连接部为白色菌丝所缠绕，呈菌束状。子实体柄部近圆柱形，实心，长2.5～4 cm，直径0.2～0.4 cm。

蛹虫草与冬虫夏草都是虫草属真菌，但在形态、生态条件、化学成分等方面有很大差异（表8-1-1）。

二、生活史

蛹虫草是一种子囊菌，通过异宗配合进行有性生殖。子囊孢子萌发形成菌丝。菌丝在虫体内生长蔓延，分解蛹体内的组织，以蛹体内的营养作为自身生长发育的物质和能量来源。当蛹虫草的菌丝体发育到生理成熟，在适宜的条件下形成橘黄色或橘红色的顶部略膨大的棒状子实体，成熟后产生子囊孢子。完成从子囊孢子→菌丝体→子实体→子囊孢子的一代生活史。

三、生态习性

蛹虫草要求的生态条件不十分严格。辽宁蛹虫草分布在北纬42°，海拔100～200 m，坡度30°的向阳坡地上，气候属温和湿润区。该区植被上层林为油松、辽东栎、洋槐、榆树以及灌木丛。地表层有窃衣、欧李、狗尾草、白薇、隐子草等。土壤为棕壤土，有腐殖质层，pH 6.8。蛹虫草分布在光照较弱处的地表1～3 cm的土层中，生长温度10～27℃。

在云南昆明考察发现，蛹虫草集中分布在海拔1 900～2 000 m的山腰地带。植被上层林由华山松和部分云南松组成，几乎无下层林，地被层有迪氏蓼、炮仗花、杜鹃、梁王茶、米饭花、云南含笑及禾本科和苔藓植物。土壤为红土壤和黄红壤，土质疏松。生长季节5～11月，气温10～23℃，空气相对湿度不低于70%，林内光照弱，地表层下1～3 cm处发生最多。

吉林报道，蛹虫草发生在海拔542 m处。春季

表8-1-1 蛹虫草与冬虫夏草比较

名称	子实体颜色	子实体形状	寄生	寄主颜色
蛹虫草	橙黄色	椭圆形	昆虫蛹	酱紫色
冬虫夏草	黑褐色	圆柱形	昆虫幼虫	黄褐色

表 8-1-2　蛹虫草对碳源和氮源的利用　　　（菌丝干重 mg/mL）

碳源	菌丝重	碳源	菌丝重	氮源	菌丝重	氮源	菌丝重
葡萄糖	3.36	山梨糖	2.10	胱氨酸	1.71	硝酸钙	0.05
蔗糖	2.61	甘露醇	2.23	赖氨酸	1.48	尿素	2.09
乳糖	2.04	甘露糖	2.11	硝酸铵	0.01	甘氨酸	2.01
麦芽糖	2.71	可溶性淀粉	2.00	DL-天冬氨酸	3.01	柠檬酸铵	2.85

干旱，夏季湿热多雨，秋季凉爽，冬季寒冷，平均气温 5～6℃，极端最高气温 32℃，极端最低气温-31℃，年降水量 340～1 000 mm，雨季多在 6～7月，蛹虫草多发生在 6～8 月。天然林地带主要是褐色森林土，表层有 5～30 cm 黑褐色腐殖质土或褐色土，蛹体大部分分布在距地面 5～10 cm 的土层中。

日本小林义雄认为，蛹虫草的生态环境适应幅度大，在北回归线以北及以南均有分布，从真菌区系上看，蛹虫草是一种世界性分布的菌类。

四、生长发育条件

（一）营养

野生蛹虫草通过夜蛾科昆虫蛹提供营养。人工栽培时，蛹虫草菌丝体能利用多种碳源，但以甘露醇、葡萄糖和麦芽糖最好，可溶性淀粉和乳糖较差。对氮源的利用，以 DL-天冬氨酸和柠檬酸铵最好，硝酸钙和硝酸铵最差（表 8-1-2）。还需要多种微量元素、维生素等营养物质。人工栽培时用大米、小麦、马铃薯汁等作培养料均可培养出子实体。

（二）环境条件

1. 温度　蛹虫草孢子弹射适宜温度为 28～32℃。菌丝体在 5～30℃下均能生长，以 23～25℃最适宜，低于 10℃极少生长，高于 30℃停止生长，甚至死亡。子实体形成和生长温度为 10～25℃，适宜温度为 18～20℃。原基分化时需较大温差刺激。

2. 水分和湿度　菌丝生长阶段培养料含水量宜保持 60%～70%，空气相对湿度 65%～70%。子实体分化及发育阶段湿度要求 85%～90%，湿度不宜过大。特别在子实体形成初期，湿度过大，气生菌丝生长旺盛，原基分化受阻。但若湿度过低，低于 70%，水分供应不上，也不能形成子实体。

3. 空气　菌丝生长和子实体分化发育都要有良好的通风条件，特别是在菌丝长满后子实体发生期，要保证空气新鲜，增大通风换气量。

4. 光照　菌丝生长不需要光，原基分化需明亮的散射光，以利子实体形成。若菌丝达到生理成熟后还继续在黑暗条件下，子实体不能形成。若在连续光照条件下培养，菌丝生长较差，虽能出现原基，但数量极少、产量不高。室内每天有 12 h 的 100～200 lx 的自然光照，菌丝能正常生长，并正常形成子实体。光照要求均匀，光照不均匀会造成子实体扭曲或倒向一边。

5. pH　在 pH 5～8 范围内，蛹虫草菌丝均能生长和形成子实体，最适 pH 5.4～6.8。

第三节
生产中常用品种简介

一、认定品种

由于蛹虫草栽培还没有形成规模化和区域

化，目前尚未有国家认（审）定品种，各省、市、区也没有认（审）定品种，各地的品种都以自行命名的方式存在。

二、未认定品种

（一）辽北虫草1号

1. 选育单位　辽宁省农业科学院食用菌研究所

2. 形态特征　子座多个，簇生，橘黄色至橘红色，不分枝，头部棒状。

3. 菌丝培养特性　菌丝初期洁白、浓密、长而粗壮，后期为橘黄色。菌丝生长温度5～28℃，最适22～25℃。

4. 出菇特性　子实体分化的最适温度20～24℃，子实体生长最适温度为18～22℃；生物学效率100%左右。

（二）沈草1号

1. 选育单位　沈阳市农业科学院。

2. 形态特征　子座金黄色。头部膨大带有绒毛刺，头部平均直径0.61 cm，长2.7 cm。子座柄长11.7 cm，直径0.36 cm。出草整齐紧密。

3. 菌丝培养特性　菌丝生长适宜温度22～24℃。

4. 出菇特性　子实体生长适宜温度20～22℃，生物学效率110%。保鲜期长，折干率高，商品性好。

（三）沈阳北虫草2号

1. 选育单位　辽宁省农业科学院食用菌研究所。

2. 形态特征　子座多个，单生，橘黄色，不分枝，头部尖状。

3. 菌丝培养特性　菌丝初期洁白浓密，长而粗壮，后期为橘黄色。菌丝生长温度5～30℃，最适温度18～23℃。

4. 出菇特性　子实体分化的最适温度15～25℃，子实体生长的最适温度为18～22℃，生物学效率100%左右。

第四节

主要生产模式

一、塑料盆生产模式

（一）栽培季节与场所

根据蛹虫草对温度的要求，自然条件下春播一般安排在4月上旬播种，秋播在8月上旬播种。栽培场所要求环境清洁，水电方便，通风和光照良好，闲置空房或大棚均可用于栽培蛹虫草。

（二）品种选择

蛹虫草菌丝变异很快，种性退化比一般的菌类快得多，如果只是单纯扩大培养保留菌种，就有可能大面积减产。所以，栽培者应从权威研究机构购买周期短、易发生子实体、产量高、药用与营养价值高的菌种。优质菌种的菌丝前期洁白，粗壮浓密，边缘整齐，呈匍匐状紧贴培养基生长，无明显绒毛状白色气生菌丝，后期分泌黄色色素，菌丝见光后变为橘黄色。如果菌丝收缩脱壁，气生菌丝过多，则为劣质菌种。一般来说转色越快颜色越深的菌种出草越早，产量越高，反之则不出草或产量低。选择菌种还要注意，不要用传代次数多和保藏时间长的母种。初学者最好选购固体原种，有栽培经验者可购买斜面试管种或液体菌种，自己扩大培养原种和生产种。

（三）菌种准备

1. 固体菌种

（1）固体菌种常用培养料配方

配方1：大米50 g，磷酸二氢钾0.05 g，葡萄糖10 g，维生素$B_1$0.5 g，水50 mL。

配方2：大米10 g，木屑88 g，蔗糖1 g，石膏1 g，米汤60 mL。

（2）制作方法　将大米用水浸泡24 h，捞出放在锅内煮30 min，再捞出晾干后加入辅料装入培养瓶中，在121℃下高压灭菌2 h，培养料温度降至23℃左右后在无菌条件下接母种或原种，置于23～25℃下暗光培养20～30天菌丝即可长满瓶。

2. 液体菌种

（1）常用培养料配方　在实际生产中，蛹虫草多采用液体菌种接种，其培养液配方如下。

配方1：玉米粉20 g，葡萄糖20 g，蛋白胨10 g，酵母粉5 g，磷酸二氢钾1 g，硫酸镁0.5 g，水1 000 mL，pH 6.5。

配方2：马铃薯200 g，玉米粉30 g，葡萄粉20 g，蛋白胨3 g，磷酸二氢钾1.5 g，硫酸镁0.5 g，水1 000 mL，pH 6.5。

配方3：葡萄糖10 g，蛋白胨10 g，蚕蛹粉10 g，奶粉12 g，磷酸二氢钠1 g，磷酸二氢钾1.5 g，水1 000 mL，pH 6.5。

配方4：玉米粉30 g，磷酸二氢钾1 g，硝酸钠1 g，水1 000 mL，pH 6.5。

（2）制作方法　用500 mL锥形瓶，每瓶装培养液100～200 mL，棉塞封口，0.11 MPa灭菌30 min。冷却后接入母种，每支母种接5～6瓶，静置24 h，置往复式摇床上（频率120 r/min，振幅7～9 cm），在23～25℃温度条件下振荡培养4～6天后备用。

如果继续扩大培养，接种量为10%，按上述条件培养4～6天。培养好的液体菌种培养液深棕色，有大量的菌丝球和浓郁的虫草香味（图8-1-1）。

图8-1-1　菌丝球

（四）培养料配方

蛹虫草栽培培养料常用原料主要有优质大米、麦粒等。

配方1：麦粒84%，玉米粉10%，蚕蛹粉4%，酵母粉0.5%，蔗糖1%，蛋白胨0.5%，料水比1∶1.5。

配方2：麦粒68%，碎玉米粒19.3%，麸皮10%，蔗糖1.5%，蛋白胨0.5%，磷酸二氢钾0.2%，硫酸镁0.5%，料水比1∶1.5。

配方3：优质大米80%，玉米粉10.3%，蚕蛹粉8%，蔗糖1%，磷酸二氢钾0.2%，硫酸镁0.5%，料水比1∶1.5。

（五）培养料制作

每个长40 cm，宽30 cm，高12 cm的塑料盆（图8-1-2）一般装干小麦400 g，加营养液600 g。批量生产前最好先蒸几盆培养料，根据不同原料的实际情况确定加水量。装好料后用一层0.04～0.05 cm的聚丙烯薄膜封口，用橡皮筋扎紧。

图8-1-2　塑料盆

（六）灭菌

高压灭菌，0.15 MPa灭菌2 h；常压灭菌，100℃灭菌15 h。灭菌结束待培养料冷却至23℃左右开始接种。

（七）接种

接种室、接种箱要提前消毒处理，接种工具、菌种外壁、操作人员双手等均需用75%酒精擦拭或浸蘸消毒。一般2～3人为一组协同操作，操作人员戴口罩，不准随意走动，在酒精灯火焰区上方的无菌区进行接种操作。每次接种的时间不宜过长，以免接种区杂菌基数增多导致污染率提高。接种前先将液体菌种按1∶4比例稀释，每盆接入20 mL。接液体菌种时最好是把菌种喷洒在培养料表面。

不同的接种工具采用不同的方法，采用接种勺接种，在无菌状态下将盆一侧揭开一条缝，舀一勺液体菌种倒入盆内，盖好封口膜。采用连续注射器接种，用连续注射器扎破封口膜注射，注射部位封口膜用酒精棉球擦拭消毒。大批量生产多采用专用接种枪接种，效率高。接种枪先用沸水煮沸 30 min 消毒，当天使用。换菌种时，接种枪吸射 75％酒精 3 min（为了节约酒精，可将吸射的酒精射到一容器内，隔天制作酒精棉球循环使用）后，吸射无菌水除去酒精。接种时把接种枪吸液针（一般为 16 号针头）插入稀释好的菌种瓶胶塞，吸取菌种接种，要尽量减少接种操作时间，一般 3 个人每小时可接种 500 盆。固体菌种可采用常规方法在无菌条件下进行，接种之后要进行摇盆，使菌种块在培养料上反复滚动几次，保证均匀分布。

（八）发菌和转色

1. 培养室消毒　将培养室清理干净，并提前 1 天用气雾熏蒸盒（2 g/m³）熏蒸消毒。

2. 摆盆培养　温度为 18～22℃，空气相对湿度为 65％～70％，每天通风 1～2 次，每次 20～30 min，尽量避光，少搬动。盆可层叠式摆放，堆叠方式为交叉堆叠，堆叠成行，行与行之间留 70 cm 走道（图 8-1-3，图 8-1-4）。如上架培养，应直立培养 2～3 天，菌丝萌发定植后再上架，避免菌液及培养料倒向一侧导致出草不齐。

3. 污染检查　一般接种后 2～3 天菌丝封面。从接种第二天开始，每天检查一次发菌及污染情况，发现杂菌污染及时处理。对仅有 1～2

图 8-1-4　层叠式培养

处小污染菌斑的，可用接种铲（每次蘸 75％酒精消毒）将杂菌斑点清除，重新封盆集中到一处上架继续观察和培养，污染比较严重的重新灭菌，接种。

4. 转色管理　接种后 10～15 天菌丝可长满整盆，继续培养，表面出现一些小隆起，就要进行转色管理，这是栽培成功的关键。转色温度控制在 21～23℃，空气相对湿度控制在 75％左右，保持良好的通气条件。每天见光 2 h 以上，光照强度 100～200 lx，尽量保证光照均匀，有条件的可用日光灯照射。

（九）诱导原基

当培养料完成转色后，应尽快转入出草管理，给予适宜的光照刺激和温差刺激，经过 7～10 天的管理，培养料表面就会出现原基突起，管理方法如下。

1. 加强光照刺激　控制光照强度在 50～100 lx，每天 12 h 以上。注意光照不要太强，否则原基分化密，甚至在表面形成菌被而不长子实体。

2. 加大温差刺激　白天控制室温在 20～23℃，晚上要打开门窗使室内温度降到 15～18℃，使培养室昼夜温差达到 5～10℃，每天低温刺激 6～10 h，连续刺激 7～10 天。

3. 加强通风管理　转色完成后，盆栽的要在

图 8-1-3　盆栽蛹虫草

封口膜上扎 4～5 个孔，每天早、中、晚各通风 15～20 min，或早、晚各通风 30 min。

（十）出草管理

原基出现后进入子实体生长期管理阶段，此阶段需 15～20 天，管理要点如下。

1. 温度　控制在 18～24℃，超过 28℃不易形成子实体，同时要避免 15℃以下低温。

2. 湿度　保持 80%～90% 空气相对湿度，出草整齐，草体高，产量高。一般采取往地面上喷水的办法增加湿度，冬天两天喷一次，春秋每天喷一次，夏季每天喷两次。但也不宜过高，超过 95% 容易长杂菌。

3. 光照　每天 200～500 lx 的光照应不少于 10 h。刚开始可达到 20 h，中期每天减少 1～2 h，后期每天减少 3～5 h 即可。采收前每天多见光，这样可以让蛹虫草的颜色更漂亮，品质更好。蛹虫草有较强的趋光性，为了不长成歪头草，在子实体形成后调整室内光源方向（图 8-1-5），保证子实体的正常生长形态。

图 8-1-5　光照与蛹虫草生长

4. 空气　每天根据子实体的生长状况进行通风，保持空气新鲜。一般每天通风 1～2 次，前期每次 30～60 min，后期可适当延长。通风差原基分化密集，生长缓慢相互粘连；通风量太大引起空气湿度降低，也不利于虫草子实体生长。

（十一）采收

按照上述管理条件，经过 15 天左右，蛹虫草头部出现龟裂状花纹，表面出现黄色粉末状物，子实体长 6～10 cm 时，即应及时采收。

用镊子夹住子实体根部一起拉出，剪根摘下。采收后补充一定的营养液，将培养料表面压平，再封薄膜放到适温下遮光培养，使菌丝恢复生长。待形成菌团后再进行第二茬的出草管理。

二、罐头瓶生产模式

（一）栽培季节、场所及要求

根据蛹虫草对温度的要求，自然条件下春播一般安排在 4 月上旬播种，秋播在 8 月上旬播种。如工厂化生产则不受季节限制。栽培场所要求环境清洁，水电方便，通风和光照良好，闲置空房或大棚均可用于蛹虫草栽培。栽培室内配备床架，控温控湿设备。床架一般 4 层，长 2 m，宽 1 m，高 2.3 m，第一层离地 30 cm，每层间隔 60 cm，每层安装 1 支 25 W 的 LED 灯作为光源（图 8-1-6）。

图 8-1-6　瓶栽蛹虫草

（二）培养料配方

小麦粒 600 g，磷酸二氢钾 3 g，蛋白胨 3 g，硫酸镁 1.5 g，维生素 B$_1$ 15 mg，水 1 000 mL。先将除小麦粒以外的所有辅料溶解于 1 000 mL 水中，搅拌均匀制成营养液备用。每一个罐头瓶加小麦粒 30 g，营养液 45～50 mL，瓶口用聚丙烯薄膜封好，外用皮筋扎紧，放置 103.4 MPa 压力下灭菌 60 min 后取出放入接种室，待培养料冷却到 23℃左右接种。

（三）接种

在无菌操作下，用 50 mL 医用注射器接种。一人拿注射器和液体菌种接种，另一人打开培养瓶封口膜，每瓶注射 5 mL 菌液。尽量让菌液均匀喷洒在料面，保证整个料面都有菌种，立即密封培养瓶。接种后罐头瓶放在培养架上进行培养。固体菌株接种参考本节栽培袋栽培进行。

（四）发菌转色、诱导原基和出草

与塑料盆栽培模式基本相同，可参考前法进行管理。

（五）采收

用罐头瓶栽培蛹虫草，一般 1.5～2 个月完成一个周期。当虫草子实体长到瓶肩部，表面密生许多突起的小疣（子囊壳）即可采收（图 8-1-7）。

图 8-1-7　待采收的蛹虫草

采收时打开瓶口薄膜，用镊子取出子实体，整齐排放在竹筛上，置暗处阴干或烘干，装入塑料袋

内封存或直接出售。

三、栽培袋生产模式

（一）配料

按新鲜大米 92.7％，蚕蛹粉 2.5％，蛋白胨 2.1％，葡萄糖 2.0％，磷酸二氢钾 0.2％，硫酸镁 0.3％，柠檬酸铵 0.2％，维生素 B_1 微量（每 1 kg 料加 20 mg）的配方称量。

（二）装袋

先将除大米外的所有辅料溶解于水中，搅拌均匀，制成营养液备用。选用 0.05 mm 厚，17 cm×33 cm 的聚丙烯塑料袋为栽培容器，要求薄厚均匀，无破损，韧性强。在装袋前 1 天把塑料袋撑开，并把 2 个袋角压平，避免培养料落入袋角影响菌袋立放和发菌。每个塑料袋先装入大米 92.7 g，按大米与营养液的料水比 1：（1.5～1.7）称取营养液倒入袋内，分装完成后将套环装在塑料袋上，排空气，扎紧袋口。

（三）灭菌

装好的料袋要及时灭菌。将料袋放于不锈钢平底周转筐中，100℃常压灭菌 4～5 h 或 0.13～0.14 MPa 高压灭菌 1.5～2 h。然后，自然冷却至 70℃出锅，迅速移入接种室。灭菌后料袋内的大米粒不夹生也不成糊状，米粒之间有空隙。

（四）接种

当料袋温度降至 25～30℃时方可接种。在无菌条件下，用消毒的接种铲将菌种捣成豆粒大小的块状，每袋接入 2～3 块菌种，并使之均匀分布在料面上，扎紧袋口，整个接种过程要求迅速。液体菌种接种参考本节罐头瓶栽培模式进行。

（五）发菌

提前 1 天对培养室进行消毒，先用硫黄 10～15 g/m³ 或福尔马林 10 mL/m³ 熏蒸，地面再撒一层石灰粉。培养室门窗用草帘遮光密封，通风口用插板封严。将接好菌种的菌袋搬入已消毒的培养室中，分层摆放在培养架上并稍留空隙。发菌前3～4天室温控制在18～20℃，空气相对湿度为60%～65%。5天后将室温调整到22～25℃。因料袋发菌产热，不通风易造成烧菌，所以2～3天可适当通风1次，每次30～40 min。经过20～25天，菌丝即可长满菌袋，在房间内能闻到蛹虫草菌丝特有的香味。

（六）转色

菌丝长满菌袋后，应给予光照刺激，光照强度为150～250 lx，每天不少于10 h。白天采用自然散射光，但不能有直射光，阴天或傍晚利用日光灯补充光照。光线不要太强，否则虫草易出现太多分权。室温控制在20～22℃，空气相对湿度80%，每天通风1次，每次30 min。外界气温高时夜间通风，气温低时中午通风。经3～5天处理后，菌丝由白色转为橘黄色即完成转色。

（七）催蕾

转色完成后进入催蕾阶段，这时需拉大昼夜温差。白天温度控制在20～24℃，夜间降至15～18℃并维持8～10 h，空气相对湿度控制在65%左右（湿度过大易导致气生菌丝徒长而影响原基分化），2天通风1次，每次20 min。经6～8天管理后，菌丝开始扭结，并分泌黄色水珠，在培养料表面长出大小不一的橘黄色小米粒状原基。

（八）子实体生长

初期5～6天温度控制在20～22℃，空气相对湿度控制在80%左右。待子实体长出后，温度控制在22～25℃，空气相对湿度提高到90%。同时要注意通风，并在塑料袋上用灭菌针刺7～8个小孔以补充新鲜空气，但刺的小孔直径不能太大、数量不能太多，避免水分散失过快。子实体形成后，室内要有充足的散射光，严禁有直射光，应根据实际情况适当调整室内光源或培养袋方向，以保证子实体垂直生长。

（九）采收

当子实体高达5～8 cm，表面有黄色粉末状物质出现时，应及时采收（图8-1-8）。为获得色泽优良的虫草，可在收割前先通风1～2天，使虫草失去一部分水分，降低褐变酶活性。采收时用刀在菌袋一处割开，然后平着虫草基部收割。头茬虫草采收后，清除残渣，补充营养液后扎口继续培养，约20天即可采收第二茬虫草。

图8-1-8　适宜采收期

（十）加工

子实体采收后，将其根部整理干净，及时阴干或30℃低温烘干，整理平直后装入塑料袋中密封，置阴凉干燥处贮存待售。

四、蚕蛹生产模式

（一）生产场所

生产场所的位置应坐北向南，地势高燥，通风良好，采光时间长，有利保温、调湿与通风，上下水道畅通，电力充足。

蚕蛹虫草栽培所需的主要场所，按工作先后次序一字排开，即器具洗刷室，菌种培养室（内设高压灭菌器、摇床、恒温箱），消毒室，接种室（内设紫外线灯、超净工作台），培养室（内设空调、培养架），出草室（内设空调、出草工作台、晾草架）等。

（二）培养架和培养盘

培养架要求坚固结实，既能承重又便于拆卸、搬运和消毒。培养架规格为（长）130 cm×（宽）50 cm×（高）240 cm，最下一层培养架距地面 25 cm，上面共有 6 层，每层间距 36 cm。培养架四周和间隔的框架用角铁制作，用活动螺丝固定。隔板用玻璃板制作，安放在隔板槽之内，每层隔板下安装 1 个 40 W 的日光灯。30 m² 的房间可放 16 组培养架，每个培养架 6 层，1 层可放 3 个培养盘，每个房间可同时放置 288 个培养盘，每个硬质塑料培养盘（长）53 cm×（宽）40 cm×（高）10 cm，可装蚕蛹 250 个左右。

（三）蚕蛹的选择与消毒

一般选择化蛹 2 ~ 4 天的蚕蛹。如果化蛹超过 7 天再接种，蛹接种后僵化率将大幅降低。使用前，剔除不良蚕蛹、败血蛹、僵蛹。在消毒室内，将选好的蚕蛹体表用 75% 酒精迅速擦洗，尤其是节间膜处（或将蚕蛹用 75% 酒精浸泡 2 min），消毒后放在无菌托盘中晾干，送入接种室。

（四）接种

用微量注射器吸取菌液注入消过毒的蚕蛹翅膀下或腹部节间膜处，与蛹体平行进针（向头部方向）针尖稍向上倾斜，每只蚕蛹注射量为 0.1 mL。接种后的蚕蛹放在消过毒的培养盘中，送入培养室进行培养。

（五）蚕蛹虫草的培养

1. 初期培养　该阶段主要是注意低温避光。培养室在使用前 3 ~ 5 天，用气雾消毒剂进行消毒，用量为 5 g/m³。室外过道用石灰封闭地面，门窗用黑色塑料薄膜或黑红双层布窗帘遮光。接种后将装有蚕蛹的培养盘分层放在培养架上。培养室的温度控制在 16 ~ 18℃，空气相对湿度 60% 左右。经 7 ~ 8 天培养以后，蚕蛹逐渐开始僵化，待僵化蚕蛹达到 95% 左右时，转入下一个培养阶段。

2. 后熟培养　继续在避光条件下培养，并将温度提高到 20 ~ 22℃，空气相对湿度提高到 65% ~ 70%，再经过 7 ~ 8 天，促使菌丝成熟，尽早结束菌丝营养生长期，转向生殖生长阶段。判断营养生长转向生殖生长的主要标志有三个：①菌龄达 15 ~ 17 天；②蛹体和环节间膜处长出白色菌丝；③蛹顶由白色变成淡褐色。以上三个指标中，菌龄可作为参考，后两条必须具备，才可判定营养生长结束，转向生殖生长阶段。

3. 诱导原基　将菌丝体达到生理成熟的蚕蛹通过温差刺激，补光诱导原基形成。将装入蚕蛹的培养盘用塑料薄膜覆盖，打开门窗遮光布，使屋内散射光线充足。白天以自然光为主，温度控制在 20 ~ 22℃，傍晚用日光灯补充照明 3 ~ 4 h，夜间温度控制在 15 ~ 17℃，空气相对湿度保持在 65%。相对湿度不可过高，以防止菌丝徒长。每天上午 9 点通风 1 次 30 min。经过 5 ~ 8 天的培养，便可长出黄色的小芽形成原基，转入子实体生长阶段。

4. 生长期管理　原基形成后室内温度控制在 19 ~ 22℃，不可高过 22℃或低于 19℃。室内要有充足的散射光，傍晚可补充照明 3 ~ 4 h。调整培养盘及光源方向，以免蛹虫草弯曲生长。待蛹虫草长到 3 ~ 5 cm 高时，可用喷雾器向四周墙壁及地面喷水调湿，将室内的相对湿度调高到 75%，并进行适当的通风换气，以保证空气新鲜。再经过 15 ~ 17 天，蛹虫草子实体生长到 8 ~ 10 cm 高度时即可采收。

5. 采收保存　当子实体长到 8 ~ 10 cm 高，表面出现许多小疙瘩和黄粉时，用镊子连蛹带草一起从培养盘中提出，经过整理，放入不锈钢盘中，及时放入鼓风干燥箱或者真空干燥箱内，用自动低温冷冻干燥或用 50℃左右温度进行加热烘干。整理平直后用塑料袋真空包装，置于通风、低温、干燥、避光条件下保存。

蛹虫草在培养基上纵向生长速度要快于横向生长速度。盆栽接种时没有将菌种喷施均匀，甚至局部没有菌种，这样会使整盆的菌丝生长速度不一致，到后期出草自然就会不齐，因此接种时要保证菌种均匀洒满料面。

虫草生长过程有一定的趋光性，不均匀的光照刺激就会引起出草不均匀。可以在栽培场所均匀安装日光灯管或者 LED 灯，保证每盆（瓶）虫草都受光均匀。

目前蛹虫草工厂化生产分为两种生产模式，其中盆栽为主流生产模式。本书仅介绍盆栽工厂化生产技术。

一、厂区建设

根据生产规模，一般的工厂化企业会设有原料处理场、装盆灭菌区、冷却接种区、培养出草区、采收加工贮藏区。根据工艺流程，依据地形统筹布局。一般依次呈"一"字形、"U"形或者"口"字形摆布。其中培养出草房一般呈"非"字形排列，走廊走向和常年的风向平行。每个区域都要配备消防设施、安全通道和进出水设备，尽量保证区域与区域之间的合理衔接和隔离，做到不交叉混流又方便有效。每个培养室以 50 m² 左右为宜。

二、装盆与灭菌

在装盆灭菌区进行，该区域不需要拌料机和装袋机。直接将原料按麦粒 68%，碎玉米粒 19.3%，麸皮 10%，蔗糖 1.5%，蛋白胨 0.5%，磷酸二氢钾 0.2%，硫酸镁 0.5%，料水比 1∶1.5 的比例装入塑料盆，用塑料膜封口后放进灭菌筐中，送入灭菌锅灭菌。

三、冷却与接种

将灭菌冷却后的培养盆送入接种室进行接种。接种室要配备空气过滤进风装置，保证接种室内的空气无菌无尘。工人分坐传送带两侧，多人配合进行液体接种。液体菌种由发酵罐培养获得，用高压喷枪喷出。5 人揭膜盖膜 1 人接种，保证每盆料面喷播菌种 50 mL 左右，并保证均匀一致，全程动作要迅速快捷。接过种的培养盆就可装车运入培养室。

四、培养菌丝

接过种的培养盆在培养室中呈"品"字形叠放 14 ～ 16 层，行与行之间留走道，并均匀悬挂日光灯管。室内温度控制在 18 ～ 20℃，空气相对湿度为 65% ～ 70%，每天通风 1 ～ 2 次，每次 20 ～ 30 min。菌丝培养阶段完全黑暗，菌丝完全长满需 10 ～ 15 天，表面出现一些小隆起进入转色期。此过程是出草的关键时期，每天要有 2 h 以上的光照，强度在 100 ～ 200 lx，空气相对湿度控制在 75% 左右。

五、子实体生长期

转色结束后进入原基期，每天要有 5 ～ 10℃ 的昼夜温差刺激，连续 7 ～ 10 天；光照强度在 50 ～ 100 lx，每天 12 h 以上；加强通风，每天早晚两次，每次 30 min，并且薄膜上要刺孔 10 个左右。原基期结束进入出草期，温度控制在 18 ～ 22℃，空气相对湿度 80% ～ 90%，每天 200 ～ 500 lx 的光照应不少于 10 h，通风两次，每次 30 ～ 60 min。

六、采收

生长成熟的虫草，头部出现龟裂状花纹，表面出现黄色粉末状物，长度 6 ～ 10 cm 时即可采收。工厂栽培虫草只采收一茬，采后剩下的菌渣可以做饲料或者深加工成其他产品。

七、加工

采收后的虫草要及时送入冷库贮藏并及时销

售，一般贮藏期以 7 天为宜。不能及时销售的鲜虫草送入烘干室进行烘干。待烘干的虫草不能堆放，应及时放进木质筛子里，摆放在层架上（图8-1-9，图8-1-10）。

烘干起始温度控制在 30 ～ 35℃，往后每 2 h 升高 5℃，当达到 55 ～ 60℃停止升温，保持此温度直至虫草烘干。烘干室（箱）内开始要进行强通风，以利于水分蒸发，当温度恒定后逐渐关闭通风口，最后只留一个，直至虫草烘干。干虫草包装后销售。

图 8-1-9　层架组件

图 8-1-10　摆放在层架上的虫草

（张权　刘小奎　郭杰）

第二章 中华夏块菌

中华夏块菌是中国最为珍贵的菌根菌，是埋生在林地土壤里的大型真菌。它外表颜色是纯黑色的，被产地人称为"黑菌"或"黑果"。分布范围非常狭小，产量较小，但其味道清香，很受消费者喜爱，具有重要的商业价值。

第一节
概述

一、分类地位

中华夏块菌属于真菌界、子囊菌门、盘菌亚门、盘菌纲、盘菌亚纲、盘菌目、块菌科、块菌属。是比较珍贵的一种食用菌。

拉丁学名：*Tuber Sinoaestivum* J. P. Zhang & P. G. Liu。

中文别名：松露，猪拱菌，无娘果。

二、营养价值与经济价值

中华夏块菌是一种香味独特的可食用真菌，在欧洲其经济价值仅次于法国黑孢块菌（*T. melanosporum*）及意大利白块菌（*T. magnatum*）。中华夏块菌与欧洲产的夏块菌（*T. aestivum*）是姐妹种，形态、香味及营养成分都很相似。

（一）营养价值

中华夏块菌不仅味美，而且是理想的绿色保健食品。中华夏块菌所含氨基酸种类齐全，尤其是人体必需的8种氨基酸含量丰富，占氨基酸总量的40%以上，还含有丰富的脂肪、维生素、矿质元素及多糖等，且具有特殊的香气，是其他任何珍稀食用菌难以比拟的，经常食用具有强身健体的作用。

（二）经济价值

块菌是欧洲人最喜欢的高档食用菌。欧洲市场上，中华夏块菌与意大利白块菌、法国黑孢块菌等已经成为菌类中最负盛名的、珍贵的、奇特而稀有的富贵菌，与鱼子酱、鹅肝并称为世界最贵的三种美食，欧洲人称之为"桌上珍品""林中黑钻石""地下黄金""上帝的食物"等。在法国市场，中华夏块菌的价格每千克为200多欧元。在中国市场，中华夏块菌的价格每千克为600～1 200元人民币。中华夏块菌的价格早已超过印度块菌，具有重要的经济价值。

研究证明，中华夏块菌子实体含有雄酮前体类物质，可使新鲜块菌所散发的独特香味物质中含有一种性激素，这种激素物质具有成为新型性激素类药物的潜力。中华夏块菌的子实体还含有一种蛋白结合多糖，即块菌多糖，水溶性好，毒性低，抑制肿瘤作用明显，可望开发成抗肿瘤的药物。中华夏块菌在免疫调节、保肝、护肝等方面也具有一定的作用。

三、发展历程

夏块菌在欧洲是一个分布较广的块菌种类，在北非也有分布的报道。1831年，Vittalini根据采自意大利的标本首先报道了夏块菌，随后俄罗斯也有夏块菌分布的报道。在亚洲，土耳其和韩国先后报道了夏块菌的分布；2005年，宋曼殳等基于采自中国四川会东县的标本报道了形态特征与欧洲夏块菌相同的种类，该种类被定为夏块菌；陈娟等也

几乎同时报道了夏块菌在中国的分布，据其研究中国夏块菌孢子较欧洲夏块菌孢子更近球形，孢子表面网纹深度也有差异，但是认为这种差异可能是受环境因素的影响属于种内变异的范围。2012年，张介平等对采自四川会东的标本进行形态学、分子系统学的研究，发表了中华夏块菌。2010～2012年，苏开美等开展了中华夏块菌的菌根合成试验，寄主树种选用了化香树，试验获得成功的同时对合成的菌根进行了栽培实验。

块菌生长必须首先与适宜的宿主树木根系营共生生活并形成菌根，然后菌根在土壤里不断发育形成菌塘，菌塘发育到一定程度才能分化出块菌子囊果。因此传统的人工栽培方法不可能实现块菌的人工栽培。块菌的人工菌根合成及种植始于18世纪70年代，欧洲著名的黑孢块菌率先在法国栽培成功。近年来，波氏块菌（*T. borchii*）和夏块菌的人工栽培相继成功。中华夏块菌是我国经济价值较高的块菌种类，目前其开发利用基本上处于"自然生长、自由采摘、自发交易"的状态，多年来的商业利益驱动，无管制、无计划掠夺式的采收给中华夏块菌产区的生态环境造成了毁灭性的破坏，菌塘受到严重的干扰和损坏，而且采集幼小子囊果现象又十分普遍，导致自然产量显著下降，商业化采集区已明显减产，大部分采集区几乎采不到中华夏块菌。因此，我们要开展野生块菌资源的保护，做到科学采集，可持续开发利用，在适生地区开展人工栽培具有重要意义。

四、主要产区

野生的中华夏块菌目前只在四川省会东县发现，这是一种成熟较早的块菌种类，9月中旬就逐渐成熟，分布区域特别狭窄，主要分布在会东县中部的野租、铅锌、嘎吉和拉马四个乡镇。在人工种植中华夏块菌方面，目前已成功合成了中华夏菌块和华山松、板栗等树种的菌根幼苗，经检测合格后移栽种植，建立了种植园。

五、发展前景

半个世纪以来，石灰岩地区开展块菌种植在法国、意大利、西班牙尤为普遍，全球最大的种植园在西班牙，规模达到 600 hm²。近 30 年来，英国、德国、芬兰、瑞典、丹麦等其他欧洲国家，以及南半球国家新西兰块菌的种植也都取得成果，相关块菌及菌根知识普及开来。澳大利亚、美国和加拿大近几年来也尝试块菌种植，取得显著进展。我国块菌研究仅有十几年历史，块菌种植近几年来才开始，但迅速引起关注，取得了多方面的试验进展，尤其是中华夏块菌菌根树苗的培育成功以及推广种植，得到社会的广泛接受。

中华夏块菌具极高的营养价值及特殊的香气，可以作为美食调制成块菌馅饼、块菌牛排、块菌汤、块菌沙拉、奶酪块菌，甚至还有块菌冰激凌，可以加工成块菌罐头、块菌酒、块菌片、块菌酱、块菌饮料以及块菌保健食品等近 20 种产品。块菌还有较高的药用价值，比如块菌多糖对小鼠肿瘤的抑制作用，具有开发成治癌药物的潜力。山区特别是石灰岩地区发展块菌种植业具有巨大的市场空间，产品可以出口创汇。由此，我们可以认为发挥和利用块菌生物资源，实施块菌的人工种植产业化前景广阔。

第二节
生物学特性

一、形态特征

（一）菌根形态

中华夏块菌是一种共生性菌根菌，需要寄生在植物的根部，形成菌根。不同的树种形成菌根的形状不同，如它与云南松、华山松形成的菌根是二叉状、棒状，与化香树形成的菌根主要是棒状、不规则状，与锥连栎、板栗形成的菌根有羽状、塔状、棒状等。其中特别指出的是中华夏块菌与这几种树形成的菌根有浓密的外延菌丝，菌丝束黄褐色，卷曲呈羊毛状。

（二）子实体

中华夏块菌子实体（图 8-2-1）生于地下，块状，近球形或不规则形，直径 2～10 cm，常具浅裂，成熟时黑色。表面具明显的瘤，瘤基部宽 2～3 mm，高 0.5～1.5 mm，呈 4～6 边形，锥形，具 3～5 个棱脊。气味幼嫩时微弱，随成熟度的增加而变得稍浓。包被厚 200～400 μm，为拟薄壁组织，由多角形或不规则形细胞组成，细胞直径 4～15 μm。外围细胞深红褐色，向内逐渐色浅呈浅黄色，壁较厚，再向内逐渐过渡为由交织菌丝组成的产孢组织。产孢组织幼时白色，成熟时黄褐色或橄榄褐色，有白色较密的菌脉。菌脉由直径 2～4.5 μm 的交织菌丝构成。子囊（60～100）μm×（50～75）μm，棒形或近球形，具小柄，内含 1～7 个子囊孢子（图 8-2-2），多数 3～4 个。子囊孢子（20～45）μm×（17.5～30）μm，椭圆形或近球形，幼时无色，渐为淡黄色，成熟时黄褐色，有明显网纹。网格直径 5～10 μm，多数 5～6 边形，在孢子横径上有 2～4 个。

图 8-2-1　中华夏块菌子实体及切面

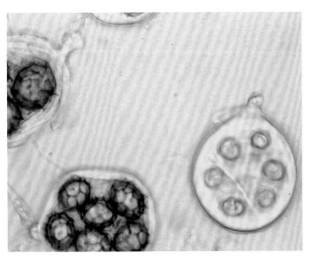

图 8-2-2　中华夏块菌子囊孢子

（三）子实体成熟期

夏块菌的生产模式产生于意大利，夏块菌子实体的最早成熟期在夏天，大约在 5 月中旬，8 ～ 10月为盛产期。在瑞典，夏块菌的成熟期为每年的10 ～ 12 月。作为欧洲夏块菌的姊妹种，中华夏块菌子实体的最早成熟期在 9 月中下旬，10 ～ 12 月为盛产期。

二、生活史

块菌的生活周期为 200 ～ 290 天。

每年的 4 月，块菌与宿主树根之间形成共生关系产生杂合器官即菌根，进而生长出菌丝。

菌丝不断繁殖，产生原基。

原基再向子实体演变，呈子囊盘状，不久即脱离菌丝体独立生长。此时块菌开始成形，呈半圆形盘状，结构上是两侧分开。然后菌体自身又重新闭合，但中间空隙保持与外界相通。盘的上部变厚，形成子囊盘深色菌丝外层。

从子囊盘生成阶段起，细胞组织（子囊盘的深色菌丝外层）向中心卷曲，边端缝合，生长成球状子实体。子囊是在当年 7 月生成的。这时候的子实体重量已达到 0.2 ～ 1 g。8 ～ 10月，块菌重量猛增的同时，子实体也在生长发育，使得将要成熟的块菌变化成为一种真正的孢子袋。

块菌重量停止增加，菌体逐渐变成黑色，即具备了美味的特性，便完成块菌的一代生活史。

三、环境条件

中华夏块菌是中国珍贵的野生菌种类，其生长发育需要适宜的生态环境，包括适宜的土壤、光、热、水、空气等非生物因素和动物、植物、微生物等生物因素。

（一）植被类型

据调查，中华夏块菌主要生长在盖度为0.2 ～ 0.6 的纯针叶林下，针叶树种主要为华山松，树龄一般为 15 ～ 35 年。华山松是野生中华夏块菌的主要共生树种。

（二）地理位置

野生中华夏块菌主产于四川省会东县中部地区的华山松林，经纬度为东经 102° 36′ 029″ ～102° 49′ 039″，北纬 26° 25′ 059″ ～ 26° 45′ 258″。据调查，中华夏块菌的生长区域极为有限，主要发生在海拔 1 800 ～ 2 800 m 的华山松为主的林地里，阴坡、阳坡、半阴坡、半阳坡都有发生，且多发生在半阳坡，一般坡度为 10° ～ 30°，上、中、下坡位都有，其中以中坡分布较多。

（三）土壤类型

土壤对中华夏块菌的分布影响很大，因为它影响寄主植物的生长，土壤的类型，特别是 pH，都与中华夏块菌的生长发育密切相关。

中华夏块菌立地环境的土壤，主要是以紫色砂页岩发育形成的森林紫色石灰土或者是石灰岩土，不仅含有丰富的钙质，而且含有镁、磷、钠等多种矿物质，砂石、风化石碎片较多，土壤疏松、腐殖质层和枯枝落叶层较厚，有机质含量通常较高。

张介平测定了 17 个生长中华夏块菌的土壤样品指标：pH 7.15 ～ 7.59，偏微碱性；总氮含量 2.77 ～ 6.28 g/kg，平均 4.91 g/kg；磷含量 0.93 ～ 3.03 g/kg，平均 2.19 g/kg；钾含

共生菌生产技术

量 5.49 ～ 7.59 g/kg，平均 7.31 g/kg；钙含量 5.65 ～ 37.42 g/kg，平均 14.61 g/kg；镁含量 6.04 ～ 26.03 g/kg，平均 11.73 g/kg；有机质含量 62.16 ～ 133.7 4g/kg，平均 99.57 g/kg，相对于印度块菌发生地的土壤环境，钾的含量较低。从统计结果来看，中华夏块菌一般生长在偏碱性的石灰质土壤中，且对钙质和有机质含量的需求高。

资料记载，中华夏块菌和欧洲夏块菌发生地的特征相似，土壤 pH 均偏碱性（pH 7 ～ 8），钙质含量高。

（四）气候条件

中华夏块菌的产地会东属亚热带季风性湿润气候，气候温和，雨热同季，日照充足，无霜期长，具有高原、山地立体气候特点。

会东县城海拔高度为 1 636 m，多年平均气温 16.2 ℃，1 月平均气温 8.3 ℃，7 月平均气温 21.6 ℃，全年日照时间为 2 322.8 h，太阳辐射强度高达 570.27 kJ/cm²，年平均降水量为 1 058 mm。

据调查，林分的郁闭度与块菌的发生密切相关，林冠郁闭度大，通风、光照条件差，林下土壤过分致密和潮湿，中华夏块菌一般很少发生。

中华夏块菌适生的林地，要求有石灰岩土的中山缓坡，雨季无积水，旱季不干燥，湿度适中，林分稀疏，有充足的阳光散射，且排水性好，土壤疏松。

第三节
生产中常用品种简介

由于中华夏块菌独特的生活条件，目前还处于半人工生产阶段，生产中使用的品种也处于野生驯化利用状态，还没有定型的品种。

第四节
块菌半人工生产技术

块菌是一种共生菌，其生长发育必须与适宜宿主树木根系营共生生活。块菌的栽培方法是，在控制的条件下合成块菌菌根化苗木，然后将菌根苗移栽到适合的造林地，精细管理，菌根苗生长 6 ～ 7 年，长出子囊果。块菌人工栽培过程实质上是一个用菌根苗造林的工程，这不仅能提高造林成活率，提高苗木的生长速度，而且能获得可观的经济收益，是一个一举两得的荒山绿化工程。

欧洲已经商业化栽培黑孢块菌、夏块菌。栽培块菌是一个漫长的过程，从种植园的建立到有块菌子囊果的收获，一般需要 6 ～ 7 年的时间，以后每年都可以收获到块菌。在法国，少数经营较好的块菌种植园最早生长块菌的时间为 4 年，通常在 10 年后产量逐步提高，并可持续收获 30 ～ 40 年，年平均产量为 2 ～ 6 g/m²，经营较好的种植园经济效益很好。中华夏块菌味道鲜美，营养丰富，市场价格不断攀升，栽培中华夏块菌前景广阔。现阶段中华夏块菌的栽培模式主要为半人工生产模式。

一、无菌苗的培育

（一）采种

块菌的生长条件虽然较特殊，但宿主范围相对广泛，在自然或人工接种条件下，块菌通常可以与栎、榛、鹅耳枥、椴、杨、柳、桤木、榉、栗、松、雪松、冷杉、胡桃、斗日花等属的树木根系形成菌根。

四川会东分布的中华夏块菌通常生长在华山松（图 8-2-3）、板栗（图 8-2-4）、化香树（图 8-2-5）、云南松（图 8-2-6）、锥连栎（图 8-2-7）和槲栎（图 8-2-8）等林下，并与这些树种有共生关系。培育中华夏块菌菌根苗首先要采摘与其共生的植物种子，壳斗科的种子一般在10月采收，针叶树一般在11月左右采收，只有采收到成熟饱满的种子才能培育出健壮的苗木。壳斗科植物的种子采回后必须及时保湿贮藏。针叶树云南松、华山松种子采回后自然风干可在下一年使用。

图 8-2-6　云南松

图 8-2-3　华山松

图 8-2-4　板栗

图 8-2-7　锥连栎

图 8-2-5　化香树

图 8-2-8　槲栎

共生菌生产技术

（二）种子消毒

壳斗科植物的种子采后用0.1%高锰酸钾溶液浸泡30 min，用无菌水冲洗干净，每500 g种子再用70%吡虫啉湿拌种剂30 g，加水50 mL拌种，晾干待用。

（三）河沙灭菌

河沙高温高压（121℃ 0.15 MPa）灭菌2 h后待用。

（四）种子贮藏

盆钵用0.1%高锰酸钾溶液浸泡30 min，用无菌水冲洗干净。壳斗科的种子采回后及时消毒杀虫，及时贮藏。方法是，在盆钵中撒一层沙，撒一层种子，装满后用沙把种子盖严，沙的含水量为50%，常温贮存3个月，注意防鼠。针叶树的种子风干常温保存。

（五）无菌苗育苗基质的处理

蛭石与泥炭比例为体积比1∶1，含水量60%，拌匀后高温高压（121℃ 0.15 MPa）灭菌2 h待用。

（六）培养

在高10 cm的盆钵中装7 cm厚的彻底灭菌的基质，第二年2月种子发芽后播在基质里，在种子上面再覆盖1.5 cm左右厚的基质。育苗盆钵放在温室中培养，培养期间用无菌水浇润基质，待长出枝叶、须根即可移植。特别说明的是高温高湿的环境，云南松苗容易得猝倒病，一般春节过后要及时育苗，待雨水多、湿度大、猝倒病容易发生时苗木已经木质化，就不容易发病。

二、接种用苗的培养

将以上方法培养的苗用干净透明的塑料胶片包裹后移植到内径为5 cm，高10 cm的盆钵中，放入日温20～25℃、夜温18～20℃的自然光照塑料大棚内培养。培养期间，用无菌水浇润基质并维持在田间持水量。培养约2个月后，苗木根系已大部分长至基质外围时，即进行接种。

三、菌根接种

（一）孢子悬浮液配制

在紫外线灯照射过的干净匀浆器内加入清洗干净的中华夏块菌及蒸馏水，每100 g中华夏块菌的子实体加1 000 mL蒸馏水，用匀浆器搅拌成孢子悬浮液后待用。

（二）接种

在每株苗（接种用苗）根系周围用滴管或注射针筒加10 mL中华夏块菌的子实体所制成的孢子悬浮液（浓度约为1.2×10^4个孢子/mL）。

（三）苗木培育

接种后的苗木，放入日温20～25℃、夜温18～20℃的自然光照塑料大棚内培养，培养期间用无菌水浇润基质使维持在田间持水量。

四、菌根形态检测

菌根苗的质量是块菌栽培是否成功的关键，每一株菌根苗移栽前都需要进行严格的检测。检测苗木，自接种后开始每隔1月取出苗木检查一次，将典型的外生菌根用无菌的小镊子取下，用超声波振动清洗干净或在体视镜下用毛刷刷掉泥土并用蒸馏水清洗干净，将根系直接放在0.7～11.5倍的立体显微镜下观察菌根形态，在20～40倍显微镜下观察外延菌丝。在接种后初期（第30天左右）形成的半透明乳白色具刚毛状外延菌丝的菌根尖，与以黑孢块菌、波氏块菌、印度块菌及意大利白块菌为接种源时形成的初始菌根在形态上非常相似。因此，区别这些块菌的菌根，必须经2～3个月后再观察菌根形态才能确认是否受到污染。倘若菌根尖初始是乳白色或近似白色，随着时间的推移，整个菌根也逐渐变成白色菌根，则可确定此白色菌根是污染的菌根。

随着菌根根尖的生长，中华夏块菌的乳白色菌根的菌丝颜色逐渐会变为浅黄至黄褐色，并逐渐有延伸菌丝形成，有些延伸菌丝再经1～2个月，如在气温接近20℃及土壤湿润时，延伸的菌丝束会由淡黄褐色变成黄绿色（图8-2-9），如气温在25℃以上则只能看到黄褐色的延伸菌丝束，具黄绿色的菌丝束不曾在其他块菌接种后的菌根有过报道，因此可作为中华夏块菌菌根的最重要判断依据。

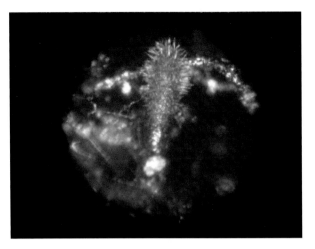

图 8-2-11　刚毛状外延菌丝

图 8-2-9　黄绿色外延菌丝束

接种后一个月所形成的外生菌根淡褐色，平滑，羊毛状（图8-2-10）或完全刚毛状（图8-2-11），这三种菌根形态，亦能在以台湾块菌、印度块菌及黑孢块菌接种所形成的菌根出现。羊毛状菌根是较常出现的菌根型，这是判断中华夏块菌菌根的重要线索。羊毛状菌根延伸出的菌丝呈明显的波浪状（图8-2-12）。

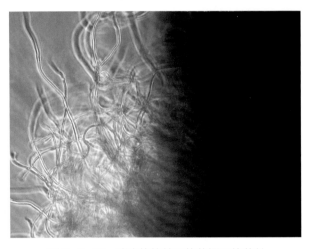

图 8-2-12　波浪状的羊毛状菌根延伸菌丝

总之，中华夏块菌接种壳斗科树苗3个月时，形成黄褐色单轴状、羽状和不规则的菌根。接种云南松、华山松3个月时形成二叉状、珊瑚状外生菌根。自菌套延伸出外延菌丝，外延菌丝呈卷曲的羊毛状，束状的呈橄榄黄色。在接种6个月后可见暗褐色及萎缩的老化菌根（图8-2-13）。

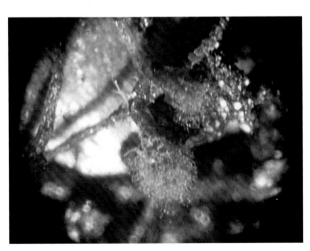

图 8-2-10　羊毛状外延菌丝

图 8-2-13　老化菌根

共生菌生产技术

五、炼苗

（一）炼苗基质的处理

蛭石与泥炭比例为体积比 1：1，含水量 60%，拌匀后高温高压（121℃ 0.15 MPa）灭菌 2 h 后待用。

（二）换盆（袋）

中华夏块菌的菌根苗生长 6 个月左右，移栽到装满灭过菌的基质的盆钵中，盆钵规格 20 cm×25 cm。

（三）苗木培育

换盆（袋）的苗木放入日温 20～25℃、夜温 18～20℃的自然光照塑料大棚内培养，培养期间用无菌水浇润基质使维持在田间持水量。

（四）栽种

炼苗 1～2 年，生长到 30 cm 左右高，菌根感染强度达到 40% 时就可以栽种到条件适合的地里。

六、园区建设

（一）选地的气候条件

在西南地区选择四季如春，与野生中华夏块菌生长发育相对应的气候条件。

（二）选地的坡度

以 10°～20° 的坡度为宜，这样不容易积水，有利于菌根的生长发育。

（三）选地的土壤及改良

在自然条件下，中华夏块菌生长的土壤类型是钙质丰富的石灰质土、紫色石灰土。土壤 pH 7～8，土壤呈弱碱性。人工接种及栽培试验进一步表明，土壤 pH 7.9 时较有利于块菌菌根的生长和发育。研究表明，富含钙离子的石灰岩土有利于块菌的生长，这种土壤条件下的块菌自然产量最高。南方各省区的土壤多数在 pH 6.5 以下，很少有能达到 pH 8 的，对低于 pH 7 的土壤，要用石灰及石灰石进行改良，石灰混入土壤的深度为 30 cm，这样根系可以在 30 cm 的范围内生长，

有利于块菌的生长发育。当然，最好能选择土壤 pH 7.5～8，而且四周无竞争性外来菌根菌的地块营造块菌林。pH 太高会影响栎树等宿主植物对金属离子等营养元素的吸收导致枯黄病，一般 pH 7.9 左右较好。

（四）土壤 pH 的检测

块菌栽培地的土壤对钙质要求较高，pH 7.5～7.9 的土壤才可以用来栽培中华夏块菌。一般可用 pH 广泛试纸对土壤进行检测，准确的土壤 pH，需要用标准的 pH 测量仪器进行测量，检测时由专业人员取一定量的土壤样品加入超纯水进行测量。

（五）栽植密度

中华夏块菌栽植株行距可以选择 3 m×3 m，4 m×4 m 或 4 m×5 m，可采用针阔叶混交林的方式栽植，有利于减少病虫害。

（六）灌溉

西南地区属于季风气候，5 月有少量的雨水，6 月栽苗后逐渐有雨水浇灌，在昆明地区栽培块菌苗一般选择在 6 月栽种，如果遇到下雨就省了很多劳力。如果没有雨水一定要进行人工浇灌，幼苗既不能干旱也不能水涝。被水泡几小时菌根会发黑死亡，干旱时菌根也会消失，一定要保持土壤湿润才有利于菌根的生长发育。

（七）虫害防治

块菌菌根苗栽后，会有地老虎危害，一般可以用气味较浓烈的昆虫驱避剂施放在树苗的基部。

（八）除草

块菌林地里会有很多杂草生长，杂草会与苗木竞争土壤中的水分、养分及阳光，太多杂草会抑制树木根系的生长，造成苗木的死亡。除草时不仅要清除苗木周围的杂草，其他空地上的杂草也要彻底清除。树苗周围有根系生长的位置，可在用钉耙松土的同时拔除杂草，其他地方可以用刀割除，或者用锄头铲除，但在铲草的过程中一定不能伤到根系。为了抑制杂草生长，可以在林中空地上种苕子。苕子是一种豆科作物，有固氮的作用，也可增

加有机物。种苕子既能抑制杂草生长，又可增加土壤的肥力。

块菌对杂草有克生性，野生块菌林下植被一般较丰富，周边杂草生长良好，唯独块菌子实体周边的草本植物会枯死，如同火烧迹地一般，这是块菌特有的"克生性"现象。分析表明，草本植物的消失，能促进土壤中氧气的流通，减少其他土壤微生物的竞争，从而有利于块菌子实体的形成。块菌菌根苗在造林地里一般生长到 5 年以后，杂草就会减少。

（九）松土

块菌林地土壤一定要疏松，以利于菌根的生长发育。一年要松土 1～2 次，昆明地区一般在 2～3 月松土，松土深度 5～10 cm 较好。对土壤表层进行松土，有利于根系在地表层的生长发育。栽后第一年离树苗 15 cm 半径范围内松土，第二年离树苗 30 cm 半径范围内松土，第三年 50～70 cm，第四年 70～100 cm 范围内。当出现烧焦区（块菌对杂草的克生性）时，松土 5～10 cm 深。

七、采收

自从 20 世纪 90 年代出口块菌以来，中国黑块菌价格由最初的 20 元/kg 攀升到 2012 年的 1 000 元/kg，块菌早已成为产地群众经济收入的重要来源。由于块菌生长在地下，人们看不到它长在哪里，采菇人靠估计挖块菌，盲目性较大，只要发现某个地方有块菌，不管成熟与否就把周边一片全部挖完。这样的采集方式，导致树根被挖断，块菌挖烂。由于树根被挖断，块菌与树木的共生关系被破坏，失去营养来源，也就不会再长出块菌。特别在一些土质好、背阴的山坡上，从下到上的泥土都被翻了一遍，这样，块菌赖以生存的环境被破坏，导致中国夏块菌严重减产。

中华夏块菌一般到每年的 10 月才能成熟，但由于市场需求巨大，收购商提前收购，产区农民的采收时间往往会提前到 8～9 月，在块菌的幼年期

就开始采挖，采出的块菌水分大，没有香味，而且不成熟的块菌个体小、营养价值低、品质差，严重影响资源持续利用。

（一）采收方法

中华夏块菌一般在 10 月逐渐成熟，10～12 月采收比较合适，有专人管理的林地可从 10 月采收到第二年 3 月。块菌深藏于树木根部，人们不容易发现，如果用锄头直接挖，大部分会挖烂，有伤口容易腐烂，不利于保鲜贮藏。中华夏块菌成熟后会散发出一种特殊的香味，使用专门训练的狗和猪寻找，确定位置后用耙子轻轻扒出，这样采收的块菌没有破损，品质高，利于保鲜贮藏。

（二）狗的培训

训练狗一般需要几个月的时间。选择小狗，先用多种玩具跟小狗玩，选出它最喜欢的玩具，然后经常用它喜欢的玩具跟它玩。小狗熟悉玩具以后就把玩具埋在土里 10 cm 左右深的地方让它去找，找到后把玩具抛出，跟狗玩一会儿表示奖励。等狗会找玩具后，再把块菌和玩具埋在一起，让它找，找到块菌后再跟它玩。这样多次训练，形成条件反射后，狗就有寻找块菌的能力了。训练好的狗可以找到块菌所在的准确位置，然后用耙子轻轻扒出。通过对以下三种狗的训练发现，史宾格狗个子小，嗅觉灵敏，搜索意识强，非常适合用于寻找块菌；马犬个子大，在树林里消耗体能大，持续工作能力强；拉布拉多犬嗅觉灵敏，搜索意识强，持续工作能力强。各有各的优点，只要狗足够聪明就可以用来训练寻找块菌。

八、保鲜贮藏

新鲜块菌味道鲜美，但是季节性很强，贮藏保鲜非常重要。轻轻挖出块菌后，用软毛刷轻轻刷掉表面的泥沙，进行保鲜贮藏，可选择冷藏保鲜、速冻保鲜、低温气调保鲜、真空包装保鲜等方法。

（一）冷藏保鲜

冷藏是一种较好的贮藏方法，主要是通过降低

贮藏环境温度，抑制新鲜块菌的呼吸代谢、组织化学反应和腐败微生物的活动，防止变质，在一定时间内有效保持鲜度。块菌的保鲜温度为 1～4℃。

（二）速冻保鲜

是把块菌置于低温环境中迅速降低其温度，在冰晶形成阶段，置于低温冷库中保藏。将块菌置于−30～−40℃环境中，使块菌中心温度短时间内（30～45 min）达到−18℃以下，在块菌组织内部形成大量均匀细小的冰晶。此操作与冻结速度密切相关，冻结速度越快，冰晶形成得越细小、均匀。完成速冻的块菌应该保存在−11～−18℃，相对湿度95%的环境中，一般能保存1年以上。

（三）低温气调保鲜

是采用调节贮藏环境中气体成分和浓度的方法来进行产品保鲜的一种贮藏方法。主要是根据呼吸耗氧并放出二氧化碳的机制，调节贮藏环境中氧、二氧化碳的比例，有时加入氮，降低氧浓度或者增加二氧化碳浓度，抑制呼吸和微生物的活动，通过控制贮藏环境的气体含量延长保鲜期。

（四）真空包装保鲜

块菌真空包装后贮藏在 0～4℃，可保存20天左右。无论是哪种保鲜方法都应该首先降低块菌表面的水分及湿度，以减少腐烂的机会。在贮藏的各个工序中，均应及时剔除腐烂块菌，并集中处理，以减少病原菌的传播。

在块菌贮运过程中使用可通风透气的麻袋、布袋或编织袋虽然会损失部分重量，但可大大降低贮运过程中腐烂的程度。只有在各个环节重视预防，才能提高块菌的品质。

（苏开美　赵永昌）

第三章 猪 苓

　　猪苓是高等专性寄生性真菌。猪苓是我国常用的菌类药材，是传统的利水渗湿常用中药，已有2 000多年的药用历史，在国内外都享有盛名。目前，在我国已实现人工栽培，分布广泛，栽培模式已经确立，产量和收益较好。

第一节
概述

一、分类地位

　　猪苓属真菌界、担子菌门、蘑菇亚门、蘑菇纲、多孔菌目、多孔菌科、多孔菌属。

　　拉丁学名：*Grifola umbellata*（Pers.）Pilát。

　　中文别名：豕零，野猪苓，猪屎苓，猪粪菌，猪灵芝，野猪粪，猪茯苓，粉猪苓，野猪食，地乌桃，枫苓。子实体又俗称猪苓花。

二、营养价值和经济价值

（一）营养价值

　　猪苓为常用中药，始载于《神农本草经》，在我国入药已有2 500多年历史。现代研究表明，猪苓菌核所含的主要化学成分有麦角甾醇、粗蛋白质、粗纤维、多糖、有机酸、微量元素、钙元素、猪苓酮等。

通过对不同年龄的野生猪苓与人工栽培猪苓菌核中各种成分的含量变化研究发现，野生猪苓与人工栽培猪苓菌核中还原糖含量均随生长年龄的增加而递减，2年龄的菌核中多糖含量最高达0.73%；菌核蛋白质含量随着年龄的增加而递增；1年龄的菌核脂肪含量最高；人工栽培2年龄菌核的麦角甾醇含量最高，达0.5 mg/g；随着菌核年龄的增加，体内氨基酸含量递增。另外，钙元素在菌核中含量最高，野生菌核达3.1%，人工栽培菌核达2.85%，且随着菌核年龄的增加而显著递增，野生3年以上菌核是2年龄菌核的2.25倍，是1年龄菌核的2.32倍，人工栽培3年龄以上的菌核钙含量是2年龄菌核的1.53倍，是1年龄菌核的4.18倍。

现代研究表明，猪苓的主要药理作用为利尿，抗肿瘤，提高免疫功能，保护肝脏，对病毒性肝炎有治疗作用，抗衰老，抗辐射，促进毛发再生等。临床上常用于治疗小便不利、水肿、泄泻、淋浊带下、肿瘤等，猪苓多糖注射液在治疗慢性病毒性肝炎方面有显著的疗效。猪苓制品有猪苓丸、猪苓散、猪苓汤和猪苓注射液等。猪苓入药用途广泛，深受人们喜爱，社会和经济效益均较一般农产品高得多。

（二）经济价值

人工栽培猪苓可在山地林下，也可在房前屋后进行。

利用塑料大棚栽培，2年后采收，鲜猪苓平均产量10～20 kg/m²，栽培成本40元/m²左右，栽培100 m²需投资4 000元左右，可产猪苓鲜品1 000～2 000 kg，按最低价20元/kg计算，100 m²产值16 000元以上。

也可以挖窖栽培，窖（长）70 cm×（宽）70 cm×（深）50 cm，每窖成本按100元计算，3年采挖，每窖可产干品10～12 kg，按市场零售价50元/kg计算，每窖产值在500～600元，

每亩按100窖计算，产值50 000～60 000元。

猪苓人工栽培技术已基本成熟，风险不大，经济效益显著，是农村农业产业结构调整，尤其是山区群众脱贫致富的好项目。

三、发展历程

猪苓是我国著名的食药兼用真菌。野生猪苓主要生长于茂密的森林或一些灌木丛林地下，以椴树、栎树、桦树、枫树、柞树等林中最多，在纯松林中未发现有猪苓分布，阔叶林、混交林、次生林、竹林中均有野生猪苓分布，但以次生林最多。近年来随着中药的普遍应用，猪苓需求量骤增，国内外市场供不应求，野生资源日趋枯竭。因而在20世纪70年代中期，我国专家开始了猪苓人工栽培的攻关研究。1985年开展了猪苓半野生栽培技术的研究，到1990年试验成功，该技术省工、投资少、操作简便、产量较高、经济效益较好，逐步推广于生产。

四、主要产区

（一）野生猪苓主要产区

野生猪苓在我国分布较广，北至黑龙江，南至贵州、云南，东至福建、浙江，西至甘肃、青海均有分布，但以湖北、山西、陕西、河南、四川、甘肃、云南最多，在数量上以云南产量最大，在质量上以陕西为最好。在国外，野生猪苓主要分布于欧洲和北美洲等国家，亚洲的日本也有少量分布。

野生猪苓多分布于海拔1 000～2 000 m的山区，以海拔1 200 m的半阴半阳、坡度20°～50°的次生林中最多。不少野生猪苓可因表土被雨水冲去而裸露，或只为一些树叶所覆盖，故有"十苓九露头"之说。在结构疏松腐殖质丰富，湿润微酸性（pH 6.5左右）的沙质黄壤土中，猪苓生长较好。

（二）人工栽培猪苓的主要产区

人工栽培的猪苓在国内也分布较广，几乎各地都有栽培。东南、华南产区以福建最多，广东、浙江、湖南、江西等地均有栽培。西南产区以云南最多，贵州的遵义、习水和四川的灌县、北川也有规模栽培。东北和华北产区主要是吉林辉南、集安、通化，内蒙古宁城、克什克滕、喀喇沁，黑龙江双鸭山、黑河以及穆棱，河北赞皇、平山等地栽培数量较多。西北产区以陕西最多，甘肃天水，宁夏泾源、隆德，山西阳曲、文水数量较多。华中产区以湖北的宜昌以及河南的南阳、洛阳、三门峡栽培规模较大。

五、发展前景

猪苓作为传统的中药已有 2 000 多年历史，货源主要来自野生的零星采集。近年来，国内外医药企业和科研部门广泛开展猪苓多糖药理研究，发现它有抗癌作用，并研发出猪苓多糖口服液等成品药。国际市场对猪苓的需求也以每年 10% 的速度增长，日、韩及东南亚各国需求甚多，猪苓已成我国中药材出口创汇的一个重要品种。20 世纪 80 年代之后，由于人们的生活、生产活动范围急剧扩大，林木无节制的砍伐，林地被开垦，森林面积大幅度缩减，猪苓生长环境惨遭破坏，野生资源急剧减少，加上人们毁灭性的无序采挖，猪苓的持续性发展遭受严重威胁，猪苓野生变人工培育迫在眉睫。

猪苓的营养成分及药用价值很高，非常适宜作为保健品原料进行大规模发展。随着时代的发展、科技的进步，针对猪苓的栽培方法、营养特性、药用价值等方面的研究不断深入，人工栽培技术已取得突破，猪苓的栽培模式已经确立，产量收益倍增。栽培猪苓有利于我国农村的产业结构调整，是广大农民致富的首选项目之一。猪苓产业开发潜力大，需进一步深入细致研究，制定行业标准，实现规范化栽培。

第二节
生物学特性

一、形态特征

猪苓的生长发育需经过担孢子、菌丝体、菌核和子实体四个阶段。担孢子在适宜的条件下萌发成菌丝和次生菌丝，无数的菌丝密集地交织而成菌核。猪苓多数时间是以菌核状态存在的，与蜜环菌有密切的营养关系。多年生的菌核，能贮存营养，环境不适时可长期休眠，遇蜜环菌和适宜的环境萌生菌丝突破菌核表层形成子实体。我们日常所能看到的完整的猪苓通常由地下的菌核（菌丝体）和地上的子实体两部分组成。

（一）猪苓的形态特征

1. 菌丝体　虽然很少看得到猪苓的菌丝，但它真实存在。猪苓菌丝是由担孢子萌发而成，白色绒毛状，有横隔和分枝。通过对猪苓子实体显微观察，猪苓菌丝大致可分为三种类型，即生殖菌丝、骨架菌丝和联络菌丝。生殖菌丝细胞质浓，内含物质丰富，具有明显的细胞核、内质网、线粒体和许多小液泡，其中线粒体数量多。生殖菌丝在菌柄、菌盖和管孔间的隔膜组织中均有分布，起着繁殖和分化骨架菌丝、联络菌丝的功能。骨架菌丝是一种细胞腔狭窄的厚壁菌丝，腔中有液泡，少量脂类颗粒，无细胞器，菌丝体不分枝，主要分布于菌盖、菌柄中，起支撑子实体、保持其形态的作用。联络菌丝多为分枝菌丝，自身互相交错连接或穿插于其他两类菌丝间，起联络固定作用，其细胞特点是多液、细胞内壁常内折形成不规则形态。

2. 菌核　菌核为多年生，常埋生于土中，呈长块形或不规则块状，半木质，富有弹性，表面皱缩不平，能贮存大量养分，环境不适时可长期休眠。个体大小不等，大者长度可达 28 cm，直径 10 cm 左右，小的如豆粒大小。人们通常把大的称为猪屎苓（图8-3-1），小的称为鸡屎苓（图8-3-2）。猪苓菌核在生长过程中一般都有三种颜色出现，即黑色、灰色和白色，俗称黑苓、灰苓和白苓。黑苓黑褐色至黑色，表皮有油漆般光泽，质地致密，但密度较小，折干率37%。断面菌丝白色或淡黄色，可以看到被蜜环菌侵入的褐色隔离腔。年久的黑苓，表皮漆黑，弹性小，断面菌丝深黄色，菌核体内有些隔离腔已成空腔，随着时间的增长，空腔越来越多，越来越大，相互连在一起，折干率可达40%以上。灰苓表面灰黄色、黄灰色或灰色，光泽暗，有一定的韧性和弹性，质地比较疏松，密度较小，折干率28%左右，断面菌丝白色，偶尔可看到蜜环菌侵入迹点。白苓皮色洁白，皮薄无弹性，质地软，用手捏易烂，断面菌丝嫩白，含水量高，折干率13%左右，内含物很少，烘干后呈米黄色，密度较黑苓和灰苓都大。

图8-3-1　猪屎苓

图8-3-2　鸡屎苓

3. 子实体　猪苓的子实体从接近地表或微凸出地表的菌核顶端生出，有短的主柄，柄直立、肉质，其上有多层树状分枝，形成一大丛菌盖，俗称"千层蘑菇"（图8-3-3）。子实体基部大的管状菌柄上延生出许多小菌柄，小菌柄白色，柔软，有弹性，每个小菌柄顶端有一直径1～3 cm左右的白色至深褐色扁圆形菌盖，肉质柔软，中部凹陷，近漏斗形，上有淡黄色至深褐色纤维状鳞片和细纹，呈放射状，无环纹，触摸有软毛样感觉，边缘薄而锐，常内卷，里侧白色，干后草黄色。担子呈短棒状，189 μm×76 μm，顶生4个孢子。孢子椭圆形或梨形，（70～83）μm×37 μm，无色透明，光滑，一端圆形，一端歪尖。猪苓子实体大小不等，大的菌丛直径可达29 cm，高37 cm，顶端可着生上百个小菌盖，小子实体菌丛直径1.5 cm，高2 cm左右。

图8-3-3　猪苓子实体

（二）蜜环菌的形态特征

1. 菌丝　菌丝是蜜环菌的营养体。在腐烂或半腐烂的树桩、树枝、树根或其他植物上，可看到白色束状或块状菌丝的集合体。菌丝纤细，肉眼看不清其个体，在培养基上，菌丝群落最初表现为乳白色绒毛状，很快转为粉棕色。随着生长时间的延长，菌丝逐渐向外生长，纵横交错，以后颜色逐渐加重。在显微镜下观察，菌丝为无色透明的丝状体，有分隔。

2. 菌索　菌索是蜜环菌菌丝体抵抗不良环境的一种特殊结构，是长期演化过程中逐步转化而形成的。菌索有一层角质的菌鞘，可以保护里面扭结在一起的菌丝在一定时期内保持鲜活状态，以便于在采伐林木或被毁坏的林地上尽快四处扩散，使蜜环菌成为林地的优势菌种，得以继续生存。幼嫩的菌索为棕红色，前端为黄白色或乳白色生长点，老化后呈暗褐色或黑色。幼壮龄菌索韧性较好，老化后较脆，折断后可见内部菌丝干瘪。菌索长可达数米，也可以分枝，再分化出数条菌索（图8-3-4），形如一条条树根。菌索的再生能力很强，如果将其截断，在适宜的条件下，还可继续生长出菌丝，菌丝又在一定的时候形成新的菌索。

图8-3-4 蜜环菌的菌材和菌索

3. 子实体 子实体是真菌在生长发育中完成有性世代产生孢子的结构。蜜环菌的子实体于夏末秋初在湿度较大的条件下产生。多丛生于老树根基部或周围，也能寄生于活树桩上。其菌柄的基部与根状菌索相连，菌柄高度一般为4～15 cm，菌盖边缘内卷，直径4～12 cm，呈蜜黄色，肉质较厚，半球形或中央稍突起，伞状。表面中央有多数暗褐色毛鳞。菌肉白色或带乳黄色。菌褶白色或污白色，成熟后与菌盖颜色相似，稍稀，贴生或延生，不等长。菌柄圆柱形，内部松软变至中空，基部膨大。上部白色，中部以下灰褐色至黑褐色，具平伏丝状纤毛，无菌环。孢子无色，光滑，宽椭圆形至近卵圆形。孢子印近白色。

二、生态习性

（一）猪苓的生态习性

1. 猪苓的生长发育特性 担孢子、菌丝体、菌核和子实体是猪苓一生要经过的四个不同生长发育阶段。担孢子成熟后，从菌管中弹出，随风飘落到适合其生长的树种的根皮缝里时，在适宜的条件下即萌发成菌丝，刚形成的菌丝叫初生菌丝。初生菌丝从它适合的环境条件中吸收养分，生长一段时间后，中间逐渐形成许多隔膜，成为多隔菌丝。多隔菌丝经过锁状联合后形成双核菌丝。当大量菌丝不断地相互交叉缠绕，密集到一定程度时，便形成大小不等、形态各异的菌核。一般情况下，埋藏较浅的猪苓，在适宜的条件下才会长出子实体，再次产生担孢子。

菌核为多年生，环境不适时可休眠，遇适宜的条件能萌生菌丝突破菌核表层长出白色绒毛状的菌丝，渐渐变成米粒大小的菌球，即成白苓。此期用手稍动白苓极易从母苓上脱落，而在母苓的萌发点上看不到明显痕迹。有的母苓菌核上可萌生出数十个萌发点，但除个别萌发点可长成白苓外，大量的萌发点菌丝长到米粒大小就会变黄停止生长而干枯，在猪苓表面留下星星斑点。随着气温的不断升高，白苓生长速度加快，并分生出数个分枝，分枝顶端为白色生长点，后部颜色逐渐加深。初冬后地温逐渐降低，猪苓生长速度渐慢，新生苓的白色生长点颜色也逐渐变深，由白变黄、黄灰色，越冬后变成灰色。春季条件适宜生长时，又可从原母苓和灰苓上萌发出新白苓，经夏、秋，灰苓色变褐、黑褐，再经过一个冬季完全变成黑色，这就是在正常情况下由白苓至灰苓到黑苓的生长发育过程。

一般情况下，猪苓生长新苓后，母苓不会腐烂。由于生活的树根及每年覆盖的树叶不断增加和供给营养，延长收获年限，母苓边缘灰苓萌发点越来越多，产量逐年增加。栽后1～2年，生长缓慢，第三年后猪苓逐渐与蜜环菌建立起营养关系，生长速度开始加快，4～5年为生长旺盛期，如果无人、畜踩踏损坏或被破坏散架仍可生长，这也是野生猪苓每穴可挖到上百千克猪苓菌核的缘故。

2. 猪苓的生长发育条件

（1）海拔与地形 野生猪苓多分布于海拔

1 000～2 000 m 的山区，以 1 200～1 600 m 半阴半阳的二阳坡分布较多。生长坡度多在 20°～50°，在坡度过大的地方，野生猪苓菌核常呈直线或斜线分布。如在某地发现 65°坡上有 1 穴猪苓，在它上方 3 m 多长的直线上又挖到 4 穴，其下又挖到 6 穴，其分布为一个宽 1 m、长 9 m 的长方形分布面，这种分布可能是因为动物踩踏后脱落的菌核由上而下滚落而成，或与孢子弹落后雨水冲刷有关。坡度小的地方分布不规律，有的地方只能挖到 1 穴，或在其周围又分布数穴，呈梅花状，可能与子实体孢子弹落有关。猪苓在土壤中分布较浅，一般深 40 cm 左右。不少猪苓会因表土被冲去而裸露，或只为一些枝叶所覆盖。

（2）植被　资料表明，在原始森林中很少发现猪苓生长，但在原始森林被砍伐后 10 多年的次生林中却分布较多。在次生林中常伴生猪苓的树种主要为桦树和黑老鸹树，其次为柞、橡、榆、柳、槭、杨等，灌木树种主要有女贞、六道木、枸骨、野山楂、山糖梨等。

（3）土壤　猪苓主要生长在埋于地下的树根上，因此与土壤环境关系密切。猪苓适宜生长在疏松、湿润（土壤含水量不低于 10%）、富含有机质，微酸性沙质黄壤及沙质黄棕壤的上层土壤中。

（4）温度　实践表明，猪苓生长最适温度为 15～24℃，当旬平均地温升高到 9.5℃时猪苓开始萌发，12℃左右时新苓能够生长膨大，14℃左右新苓萌发多，个体生长快，18～22℃生长最快，超过 28℃时生长受到限制。

（5）湿度　不同质地的土壤及土壤腐殖质含量对土壤含水量影响很大。猪苓分布地区一般腐殖质含量都较高，土壤含水量相对也比较大，一般含水量 30%～50% 适宜猪苓生长。7～8 月猪苓生长旺盛期土壤含水量可保持在 65%～90%，遇干旱年份土壤湿度就成为猪苓生长的主要限制因素。

（6）伴生菌　猪苓不能自养，也不能直接利用树根所提供的营养，必须通过蜜环菌来吸收营养进行繁殖生长。

（二）蜜环菌的生态习性

1. 蜜环菌的发光特性与兼性寄生性

（1）发光特性　蜜环菌的菌丝、根状菌索的尖端，都有自发荧光的特性。在野外，当夜深人静时，有蜜环菌的地方，可以清晰地看到其发出的荧光。蜜环菌发光的强弱与外界条件及其本身的发育阶段有关，一般衰老的菌体不发光。这可以作为刚刚涉足猪苓栽培行业的初学者判定蜜环菌真伪、优劣的标志。另外，氧气、温度和化学物质都影响其发光强度。氧气充足时发光强，温度在 25℃时发光最强。乙醚、氯仿、甲醛以及其他一些抗氧化剂的蒸气，对发光有抑制作用。

（2）兼性寄生性　蜜环菌主要以树木为营养源，既能寄生在活树上，也能腐生于死树枝上，这种特性叫兼性寄生性。而蜜环菌又特别喜欢寄生于阔叶树种。利用这种特性，可以根据当地优势的阔叶树种来选择适宜的木材培育菌材，也可以使用新材料，延长菌材的使用寿命，保证猪苓生长后期的营养供给。

2. 蜜环菌的生长发育条件

（1）温度　蜜环菌属中温型真菌，菌丝体在 6～28℃均可生长繁殖，其中以 20～25℃生长速度最快，当温度超过 30℃时即停止生长。资料显示，蜜环菌的致死温度为 70℃。高温条件（超过 35℃）持续太久，会严重加快蜜环菌的退化，给猪苓生产造成巨大的影响。因此，在高寒山区培养菌材时，要抓紧温度较高的时期，并采取措施提高地温；在夏季气温较高的低海拔山区，则应做好遮阴降温工作，以便培养出优质的菌材。

（2）湿度　蜜环菌的生长发育过程中要求较高的土壤湿度和空气湿度。湿度过低，菌丝生长受到抑制，菌索纤细；湿度过高，菌材易滋生厌气性真菌，与蜜环菌争夺营养，对其生长不利。一般适宜于蜜环菌的培养基质含水量以 50%～60% 为宜，空气相对湿度 80% 左右。

（3）空气　蜜环菌为好气性真菌。在其新陈代谢过程中，需随时吸进氧气，呼出二氧化碳。如氧气不足，二氧化碳过多，蜜环菌的生长就会受到抑制。所以在培养和种植猪苓的环境里，一定要注意培养基质的疏松通气。

（4）光照　阳光中的紫外线具有杀死真菌的作用，能杀死蜜环菌。阳光直射还可引起水分大量蒸发，使空气湿度降低，影响蜜环菌的生长。

（5）pH　蜜环菌生长最适 pH 5.5～6。南方山区土壤偏酸，故蜜环菌能旺盛生长。在配制固体或液体培养基质时，应调至 pH 6～6.5。

三、猪苓与蜜环菌的生活史

（一）猪苓的生活史

猪苓的整个生长发育过程要经历担孢子、菌丝体、菌核和子实体四个阶段。担孢子是子实体产生的有性孢子，在适宜的条件下萌发成菌丝，初生菌丝体质配后产生双核的次生菌丝，无数的次生菌丝密集地缠结成菌核。多年生的菌核能贮存营养，环境不适时可长期休眠，遇蜜环菌和适宜的环境能萌生菌丝突破菌核表层，萌生白色菌丝逐渐成团，进而变成米粒大小的小菌球。菌球表面菌丝排列致密形成一层白色的膜，此即为白苓。白苓由白色渐变为灰黄色，越冬后呈灰色，此即为灰苓。翌年春季条件合适的时候又可萌发新苓，经夏秋灰色变黑褐色，再经一冬完全变为黑苓，因此，白苓、灰苓和黑苓可区分为当年、次年和第三年不同生长年限的猪苓菌核。黑苓再继续生长，表面颜色黑而光亮，菌核内部菌丝体木质化程度高，内部形成大小不一的孔洞，形似枯木，故又称为枯苓（图 8-3-5），不能作种，只能入药。黑苓折干率很高，是商品猪苓的主要部分。从灰苓或黑苓上会长出猪苓的子实体，子实体上的担子会再产生担孢子，当担孢子成熟后，就会从菌孔中弹射出来，这样猪苓就完成了它的一个生活周期。

（二）蜜环菌的生活史

蜜环菌的子实体成熟后释放孢子，在温湿度适宜条件下萌发生长成为初生菌丝，初生菌丝相

图 8-3-5　枯苓

互结合成为次生菌丝，次生菌丝不断生长逐渐变成棕红色的菌索。菌索表面有鞘包裹，这是蜜环菌适应不良环境的特殊结构，是蜜环菌生活史中存在较长的一个阶段。菌索有很多分枝，向周围蔓延生长，寻找营养，遇到适宜其生长的低温高湿环境条件，子实体就可在菌索上产生，成熟后弹射出担孢子，进行下一个生活周期。

但是，在自然界中，蜜环菌的生活史因其所处环境条件的不同而有所差异。据周铉（1981）报道，在有些地方，如云南省西部的一些高海拔地区、青海省祁连山南麓的一些针阔混交林区，常见林地有蜜环菌旺盛生长，但久久不能形成子实体，呈现出菌丝→菌膜→菌丝的这样一种不完整小循环；而一些气候炎热、气温年变幅不大的地方，蜜环菌不能形成菌索或形成菌索数量也很少，长期通过菌丝分裂延续世代，呈现更为简单的菌丝→菌丝的不完整小循环。只有在各个阶段的环境条件都能充分满足蜜环菌的需要时，方能完成完整的生活史。

四、猪苓与蜜环菌的营养关系

（一）蜜环菌对猪苓菌核的侵染

蜜环菌不侵染新萌生的白苓，以菌索形态侵染灰苓和黑苓。蜜环菌菌索沿着猪苓表皮生长，并贴生于菌核上，与猪苓菌核表皮均有片状脱落，有一

点或几点皮层细胞迅速分裂，产生新的分枝，对猪苓菌核形成多点入侵。

（二）猪苓的反侵染反应

由于蜜环菌的入侵，激活了猪苓菌体内抵御异体侵染的免疫反应本能，在蜜环菌侵入点的猪苓表皮内的薄壁菌丝细胞加厚并且木质化，形成包围菌索的防御结构（隔离腔）起到了防御作用，阻止了蜜环菌的入侵。大量的蜜环菌菌索分枝被挡在菌核之外，菌核外表皮上许多凹陷的小坑点，即为蜜环菌未能侵入而留下的斑痕。有些较强壮的蜜环菌菌索分枝，可能是由于顶端产生机械压力，也可能是菌索细胞分泌酶的参与，可冲破菌核表皮几层木质化细胞。由于受到挤压，猪苓菌核表皮细胞崩解，在侵入处可看见菌核表面木质化细胞的脱落片层。侵入菌核的蜜环菌分枝，是由菌索皮层薄壁细胞分裂衍生而来，其细胞大小与菌核体外的蜜环菌菌索皮层细胞相同，但具有圆形、薄壁、多分枝的特点和较强的侵染性。

（三）猪苓与蜜环菌营养的吸收、转化和运输

蜜环菌为兼性寄生菌，以腐生为主兼营寄生生活。它以土壤中腐木、树根为营养基质，繁殖生长出大量的菌索，可不断地侵入猪苓菌核，并逐步扩大侵染区域，被菌核形成的隔离腔分别隔离。在消化和被消化过程中，会出现四种情况。

一是蜜环菌侵染猪苓菌核初期，猪苓菌核表皮较浅层的隔离腔形似一个个细颈的坛子，蜜环菌仍与土壤中的腐木、树根等基质紧紧相连，其营养主要来源于基质，同时也可消化隔离腔中的猪苓菌丝，并突破隔离腔向猪苓菌核深层扩大侵染。

二是由坛形隔离腔侵入猪苓菌核深层的菌索，被猪苓菌核新形成的一个个隔离腔或次级隔离腔包围，有些仍未断绝与外界基质的联系。蜜环菌的营养来源仍靠外界基质和消化腔中的猪苓菌丝，一旦把腔中的猪苓菌丝消化后，隔离腔即成为蜜环菌向猪苓菌核深层入侵的通道。在此阶段的隔离腔中，只有蜜环菌菌索，而无猪苓菌丝。

三是侵入猪苓菌核深层的菌索被隔离腔完全包

围，与外界基质失去了联系。在这些封闭式的腔中，蜜环菌主要靠消化隔离腔中的猪苓菌丝获得营养，一旦把隔离腔中猪苓菌丝消化完后，得不到外界营养补充，蜜环菌将逐渐溶解，最后隔离腔由腔壁中间断层处分裂，内壁脱落在腔中，隔离腔变成坏死的空腔。这种空腔在老苓中常常可以见到。至于在腔中的蜜环菌是本身自溶还是由于猪苓生理化学的抗病性使蜜环菌溶解的，还有待进一步研究证实。

在蜜环菌消化分隔于腔中的猪苓菌丝，并同化外界基质的代谢过程中，会产生大量的代谢产物，积聚在隔离腔中，这些代谢产物是猪苓营养的主要来源。同时，猪苓菌丝也可反侵入蜜环菌菌索上皮层细胞或侵染带边缘薄壁细胞中吸收营养，还可附着在蜜环菌菌索及侵染带细胞间吸收其代谢产物。在一些封闭的隔离腔中，蜜环菌最终溶解也成为猪苓的营养来源。这些猪苓所需营养，都是通过隔离腔壁穿插的猪苓薄壁菌丝传递到腔外。通过对隔离腔内、腔外及蜜环菌索、猪苓纯菌种脂溶性成分定性定量分析，确认除猪苓纯菌种外其他样品中都有蜜环菌的成分存在，提示腔外深色环带中也含有蜜环菌的代谢产物。将蜜环菌菌索磨成细粉，加入培养猪苓的固体培养基中，可明显地促进猪苓菌丝生长，说明猪苓菌可利用蜜环菌的代谢产物和部分菌丝作为自身营养而生长。由于蜜环菌的侵入，猪苓获得了赖以生长的营养，当外界条件适宜时，猪苓菌核即可萌发出新苓。

四是猪苓与蜜环菌营共生生活，由于蜜环菌菌索侵入猪苓菌核，并将隔离腔内的猪苓菌丝消化作为营养，可看作是蜜环菌对猪苓菌核的寄生。由于猪苓本身的防御反应形成的隔离腔将蜜环菌限制在一定范围内，同时猪苓菌丝还可以反侵入蜜环菌菌索皮层细胞及侵染带边缘细胞中吸收营养，蜜环菌的代谢产物及蜜环菌侵染后期的菌丝体都成为猪苓的营养，猪苓菌核才能萌发出新苓以繁衍后代，这对猪苓菌生长是有利的，可看作是猪苓对蜜环菌的反寄生。因此，蜜环菌与猪苓菌之间是一种寄生与

反寄生的营养关系。它们之间营养关系的建立，在不同生长发育阶段使双方都能得到一定利益，建立共生关系，营共生生活。

第三节
猪苓菌种的繁殖方法

猪苓的繁殖分为有性繁殖和无性繁殖两大类。有性繁殖过程是孢子、菌丝、菌核、子实体、孢子，无性繁殖过程是菌丝、菌核、菌丝。

一、猪苓菌的有性繁殖方法

（一）干播法

将成熟后的猪苓子实体采下晾干，打碎成粉（粉末中含有菌丝碎片和孢子）。栽培时，放好菌材后，将其作为种源按株行距 45 cm×45 cm 开穴，每穴放入孢子粉 3 ～ 5 g，播入深度 20 cm 左右，播后立即用腐殖土覆盖。

（二）鲜播法

生产实践中也可用新鲜子实体直接播种，即将采下的新鲜猪苓子实体用手撕碎后，把碎片直接放在菌材上，用腐殖土覆盖，稍加压实即可。若采回的子实体尚未成熟，可以用湿土假植于室内，防阳光直射和烟火熏烤，待子实体产生孢子后再作种源。

（三）孢子分离

利用现代生物技术，拿猪苓孢子在无菌条件下接种培养，繁殖菌种。再经扩大培养后制成原种和栽培种用于生产。

1. 母种制作　经孢子分离获得的具有结实能力的高纯度菌丝体，即为母种。母种常用于生产上扩大培养或用于菌种保藏。在无菌条件下，将孢子分离获得的猪苓菌丝体转接到备好的斜面培养基上，在 25℃条件下经 10 ～ 15 天的培养，猪苓菌丝体即可长满试管（图 8-3-6）。当气生菌丝为白色，并有部分基内菌丝时，开始扩接原种。母种繁殖的代数不可过多，如果过多地转接和培养，可能会使基因突变不断积累，导致菌种退化。

图 8-3-6　猪苓菌的母种

2. 原种制作　将母种移接到木屑、麦粒、玉米粒等固体培养料或液体培养基上所培育的具有结实能力的菌丝体和培养基质的混合体称为原种。通常用 750 mL 专用菌种瓶或 500 mL 小口径高压玻璃瓶作为培养容器，不适宜用大口罐头瓶或塑料袋培养。原种主要用于菌种的扩大生产，只能作短期的保藏，要保持较高的纯度。一支母种可扩大培养 4 ～ 6 瓶原种。原种可以用来扩大培养栽培种，也可直接用于栽培。

3. 栽培种　将原种接在木屑或麦粒培养料上，所培养的具有结实能力的菌丝体和培养基质的混合体称为栽培种。栽培种直接用于生产，最好在长满袋后 20 天内使用，常用玻璃瓶或塑料袋作为培养容器。一般一瓶原种可扩大培养 40 ～ 50 瓶（袋）栽培种。栽培种需要根据不同的栽培模式科学使用。

二、猪苓菌的无性繁殖方法

（一）组织分离

选取挖出 1 ～ 2 天、无病虫害、健壮、饱满、新鲜的灰苓，先用清水洗干净，再放无菌水中浸洗5 min备用。在无菌条件下，用0.2%氯化汞溶液擦洗菌核或菌索表面，拿无菌手术刀将猪苓菌核表皮组织削去一层，再将内核组织切成3～5 mm见方的组织块，用接种针送至试管培养基上。在25℃条件下培养7～10天，气生菌丝发白，有部分基内菌丝时，开始转接原种。或者在气生菌丝占据斜面2/3时，进行低温保存，组织分离获得的菌种能很好地保持菌株原有的优良特征特性。

（二）鲜猪苓繁殖

在栎、枫、桦等树下，于近根处挖（长）30 cm×（宽）30 cm×（深）16 cm的土穴，然后把适宜猪苓生长且带有蜜环菌菌索的菌材放入穴中，再按每穴100～150 g的数量将黄白色或灰色的鲜猪苓紧贴菌材放入坑穴内，用腐殖土贴紧菌材封严。

（三）种芽繁殖

在采挖猪苓时，立即用刀割下菌核上的种芽，用湿土包好，按行距30 cm，株距30 cm栽于备有蜜环菌菌材的坑穴内，每穴放1～2个芽，芽向上，栽后用腐殖土覆盖，压实。

第四节
蜜环菌菌种、菌枝、菌材的制作方法

一、菌种的繁殖方法

（一）母种制作

1.培养基的制备

（1）培养基配方

配方1：马铃薯200 g，琼脂20 g，葡萄糖（或蔗糖）20 g，pH 5.5～6，加水至1 000 mL。

配方2：马铃薯200 g，蔗糖20 g，磷酸二氢钾3 g，硫酸镁1.5 g，维生素B_1 10 mg，琼脂18 g，加水至1 000 mL。

（2）培养基的制备（以PDA培养基为例） 取马铃薯去皮切3～5 mm厚片，称取200 g放入锅内，加入1 000 mL加热煮沸30 min，用2～4层纱布过滤去渣。滤液补水至1 000 mL，加琼脂20 g加热溶化后，再加入葡萄糖20 g，搅匀溶化即配成PDA培养基。趁热装于试管中，每管装5～10 mL。塞好试管棉塞，10支为一捆，管口端包厚牛皮纸，用橡皮筋扎好，灭菌。

（3）灭菌 将培养基试管直立放于高压灭菌锅内，密闭加热。当锅内压力升到0.048 MPa时，打开排气阀，排放冷空气，使指针回零。关闭排气阀，当气压升到0.103 MPa时，保持30 min，停止加热。待压力表指针自然回零（当锅内压力降到0.048 MPa时，打开排气阀，手动排气降压）时，开灭菌锅，取出试管，按30°～45°的倾斜度摆斜面，冷却后即制成斜面培养基，用于扩大培养菌种或放入冰箱，低温保存。

2.纯菌种的分离培养 蜜环菌的纯菌种分离培养有组织分离法和寄主分离法两种。

（1）组织分离法 这种方法是利用蜜环菌子实体的局部切块或菌索幼嫩部分的截段，在无菌条件下，置于培养基上，让其重新生长出新的菌丝体。这种方法分离得到的蜜环菌菌种生活力强，菌丝生长快，得到的菌种纯，因此应用较广。

选择品系纯正，品质优良，处于生长旺期的蜜环菌子实体（或菌索），先用清水洗净黏附的泥土、杂物，放于接种室（柜）中的无菌器皿中，用表面消毒剂（如0.1%～0.2%氯化汞溶液、70%～75%酒精等）浸泡0.5～1 min，在无菌条件下取出，用无菌蒸馏水冲洗数次，去掉残留消毒剂。冲洗后用灭菌滤纸吸去黏附的水分，用无菌刀将子实体的菌柄与菌盖连接处（或菌索顶端）截取5 mm见方的组织块（或小段菌索），置于试管培养基斜面中央，每管1块。塞好管塞，在25℃恒温下培养7～10天，就可见有少量菌丝和棕红色的菌索出现。

需要注意的是，表面消毒时，如方法掌握不当或无菌操作不严格，往往会造成污染。若消毒过度，则菌体本身生活力丧失而分离不出纯菌种。

（2）寄主分离法　在无法得到蜜环菌子实体或良好菌索的情况下，可从蜜环菌寄生的树木中分离出菌种。

选择长过蜜环菌且菌丝发育仍较旺盛的树干、树枝或伐木碎片，去掉杂物、树皮，稍加风干，放入 0.1% 氯化汞液中浸泡约 1 min，进行表面消毒。取出，用清洁水冲去表面药液，吸干表面水分，剖开木块，从中心部位切取 5 mm 见方的小木块，用前述无菌操作法，摆放在培养基表面，在 25℃ 的培养箱中培养。待长出新的菌丝和菌索后，再移接纯化。

通过上法分离培养出来的试管菌种，就是母种，数量很少。为了满足生产用种，要将所得的菌种进行扩大培养。把待接种用的试管斜面培养基和原菌种并列放在左手中，中指夹于两试管间，斜面朝上便于准确定位。右手拿接种针，蘸酒精在酒精灯火焰上灼烧片刻（接种针进入试管的部分均要烧到），用右手小指、无名指协同手掌拔掉试管棉塞（不要放桌面上），用火焰微微灼烧试管口一周（注意不要烧坏试管），烧死管口的杂菌。然后，将过火灭菌的接种针伸入菌种管内稍冷却后，挑取连同菌丝和培养基的 5 mm 见方的菌种块，迅速送入待接种的试管斜面中央处并压紧。注意不要使菌种粘靠管壁，然后塞好棉塞，送入培养箱培养。

（二）原种制作

分离提纯的试管菌种，一方面因数量太少，不能满足生产需要；另一方面因用培养基培养的蜜环菌对木材没有适应性，直接用在木材上繁殖，不但长不好，还将因不能萌发而死亡。故试管种必须进行适应性培养和扩大培养。这次培养所用的培养料成分比较接近蜜环菌以后要寄生的对象。

1. 原种培养料的制作

配方 1：玉米芯粉（小粒）30%，木屑 50%，

麦麸 19%，蔗糖 1%。

配方 2：阔叶树木屑 70%，麦麸或糠 30%。

将上述原料按比例充分混合，加水拌匀，含水量以 60% 左右为宜。将拌好的培养料装进洗净消毒的菌种瓶（可用罐头瓶代替）。装料时边装边用钝器（如木棒等）压紧培养料，装料至菌种瓶瓶肩处，不要装得太满。然后，用直径 2 cm 的扎孔棒在瓶中央扎一个深约 10 cm 的接种孔。将瓶口用棉塞塞紧，再用牛皮纸封好，进行灭菌。

压力 0.14 MPa 高压灭菌 2 h，或当瓶内培养料温度达到 100℃ 时，常压灭菌 6 h。待灭菌后的培养料瓶温度降至 70℃ 左右时，出锅送入冷却室或接种室。

2. 接种培养　瓶内培养料温度降至 30℃ 左右时，抢温接种。培养料温度过高接上去的菌种易因高温致死，过低则萌发速度较慢。

接种时，先将待接种菌种瓶的橡皮筋和牛皮纸去掉，并稍松动一下棉塞。左手拿试管母种，拔掉试管塞，将管口过火灭菌。右手拿接种针，蘸酒精过火灭菌，放试管中稍冷却后，挑取试管里 1 cm 见方的菌块，迅速移入待接种菌种瓶，将菌块放入培养料的中央接种孔，塞好棉塞，用牛皮纸封好瓶口，扎实。接种工作即告结束。

将接过菌的菌种瓶，放在遮光的房间内培养，室温保持 20 ～ 25℃，经 1 个月左右菌丝便可长满培养料，并有棕色的菌索出现。剔出被杂菌污染的菌种，留下纯的菌种即可作生产用菌种。

（三）栽培种制作

栽培种制作的目的是扩大菌种数量，满足生产需要。培养料的制作方法与生产原种相同，较原种可以粗放一些，容器可以用生产食用菌的菌袋代替。装好后以同样的方法灭菌。在无菌条件下接种时，拔掉原种瓶塞，捣碎菌种，把待接种的瓶（袋）口部与原种瓶口靠近，用匙或镊子迅速夹起菌种块放入待接种的瓶（袋）中封口，在 20 ～ 25℃ 下培养 1 个月后即可用于生产。

二、蜜环菌菌种的提纯复壮

蜜环菌退化的主要表现是菌丝体生长缓慢，菌索细长，颜色变黑，侵染猪苓菌核的能力下降，子实体形态出现畸形，猪苓的产量下降等。有些已经产生退化的珍贵菌种，有必要继续保留和应用时，就必须进行复壮。菌种复壮时，除应改善培养基质的营养条件外，最可靠的方法就是进行有性繁殖。

三、蜜环菌的菌枝制作

因猪苓与蜜环菌的营养共生关系需要，栽培猪苓时必须预先培养好蜜环菌菌枝，为培养更多的菌材进行大面积猪苓生产打好基础。

（一）菌种制备

培养菌枝的菌种主要有野生蜜环菌和人工培养的蜜环菌两种。此外，也可以用人工培养好的菌棒来培养蜜环菌菌枝。

1. 野生采种　野生蜜环菌是一种较易采挖且质量好的菌种资源。应选择幼嫩的、无杂菌污染、生长粗壮的蜜环菌菌索，或由蜜环菌侵染的树根以及木块分离获得菌种，进而培养菌枝，这样培养出的菌枝质量较好。

2. 人工培养菌种　选取直径 0.5 ～ 1.5 cm 的壳斗科植物树种枝条，截成 2 ～ 3 cm 长的小段，拌入与其体积比例为 3∶1 的麦麸，加水拌匀，装入750 mL 的广口瓶中，高压灭菌后接入蜜环菌菌种，50 ～ 60 天蜜环菌栽培种即可长成，便可用来培养菌枝。生产上，也常用无杂菌污染和无退化现象的老菌棒作为菌种培养菌枝。

人工培养的菌种通常繁殖 3 ～ 5 代后就开始退化，应淘汰，然后再采集野生菌种更新栽培菌种，扩大生产。

（二）菌枝树种的选择

菌材是培养好蜜环菌的木段的简称，用于伴栽猪苓。菌枝是用于培养菌材的带有蜜环菌菌种的小枝、小棍。利用树枝培养菌种，蜜环菌长得快，培养时间短，容易抑制杂菌。菌枝不但可以用于培养菌材，在栽培猪苓时，还可以在蜜环菌长得较差的地方补充菌种。

菌枝是用来培养菌材的菌种来源，所需数量没有菌材多，但质量要求较高，因此应选择适宜蜜环菌旺盛生长的树种。其中桦树木发菌快，最适宜菌枝培养，但容易腐朽，适合在 1 年快速繁殖中使用。青冈、槲栎发菌慢，经久耐磨，维持时间长，适宜作菌材。在适宜蜜环菌生长的树种中，选直径1 ～ 2 cm 的树枝，或取砍菌材时砍下的枝条备用。

（三）菌枝培养时间

培养菌枝一年四季都可进行。3 ～ 8 月气温较高，雨水多，空气湿度大，菌丝生长快，是菌材培养和生长的最佳时期，培养菌枝的时间应选择在菌材接种前 1 ～ 2 个月进行。培养时间过早，菌枝已朽，空耗营养，蜜环菌生长势衰退；培养时间过晚，树枝上尚未感染菌索，或菌索只附在树枝表面，翻动时较易脱落。不同地区，气候条件不同，培育菌枝的时间也有一定差别。北方早春回暖较慢，培养菌枝宜在 4 ～ 6 月进行，在室内或有保温措施的情况下可适当提前，南方天气较暖，培养菌枝可在 3 月初进行。

（四）菌枝培养方法

1. 砍截树枝　选择直径 1 ～ 2 cm 的壳斗科植物及其他阔叶树的新鲜树枝，斜砍成 6 ～ 10 cm 长的小段（图 8-3-7）备用。由于蜜环菌菌索多在树枝韧皮部与木质部之间生长，斜砍的断面越大从斜面上发出的菌索也就越多，能有效提高接菌率。

图 8-3-7　截好的树枝

2. 挖穴培养　培养菌枝一般采用穴培法进行。选择适宜猪苓生长的树林、坡地，挖直径50～60 cm，深30 cm的培养穴，铲平穴底，先铺一层1 cm左右厚的湿润树叶，树叶上摆一层树枝，树枝间及树枝上均匀撒一层人工培养的三级菌种，在菌种上再摆一层树枝，然后盖一薄层沙土或腐殖质土。土的厚度以盖严树枝和填好枝间空隙为准，不宜太厚。铺放6～8层，层数不宜过多，以免影响穴内的通气性能。最后在顶上覆一层3～5 cm厚的沙土，用树叶覆盖，常浇水保湿。60天左右树枝上长满蜜环菌菌索，即成菌枝。

3. 野生蜜环菌及菌棒培养菌枝方法　挖穴培养时，穴底树枝摆好后，带菌树根或菌棒可横向交叉摆放，棒与棒之间可保留3～4 cm空间，两棒间隙处可顺向摆放树枝，填土后其上再摆1～2层树枝，依法摆放8～10层。菌枝一般40～60天即可培养成功。

（五）提高菌枝培养质量措施

菌枝培养时间的长短是影响菌枝质量的关键因素。表现相同的菌枝，培养时间较短的树枝中营养消耗少，菌枝质量也较好，培养时间较长的，树枝腐烂，皮层脱落，菌索老化、生活力弱，菌枝质量明显较差。为缩短培育时间，提高菌枝质量，可预先将砍好的树枝浸泡在0.25%硝酸铵溶液中约10～30 min，捞出后按穴培法进行培养。处理后的树枝发菌速度明显加快，蜜环菌生长旺盛，可提高菌枝质量。

（六）优良菌枝标准

无杂菌感染，表面应附着有蜜环菌菌索，剥去树皮应有蜜环菌菌丝生长。菌枝两头长有白色顶尖，以有毛刷状细嫩菌索的菌枝质量为最佳。

四、蜜环菌的菌材制作

（一）树种选择

栽培猪苓的菌材以壳斗科及桦木科树种制作为好，以生长于空旷地、阳坡地、土壤肥沃地的树木为最好。常用树种主要有青冈、麻栎、栓皮栎、白桦、红桦等，选用边材发达、树皮厚度适中、不宜脱落、直径8～18 cm的树木较好。

（二）菌材的砍伐

一般来说，在树木大量落叶至翌年新芽萌发之前，即冬至至惊蛰之间，为理想的菌材砍伐期。这个时期树木处于休眠状态，树液基本停止流动，含水量少，积累的养分最为丰富，树皮与树干结合紧密，而且气温低，虫害和杂菌少，有利于萌芽更新。由于各地气候条件和树木含水量不同，砍伐时间可以适当提前或推迟。

（三）菌材木段制备

将砍伐的木材，短截成50～60 cm的木段；若直径为3～5 cm的细树干或树枝，锯成30 cm左右长的木段即可。木段晾晒10～15天，由于蜜环菌一般从木段的伤口处侵入，根据木段直径大小，间隔3～5 cm砍4排或3排"鱼鳞口"，深度以砍透树皮进入木质部为度。

（四）菌种准备

菌枝是培养菌材最好的菌种来源。应选择表面附着有蜜环菌细嫩的菌索，菌索上有红色或白色生长点，无杂菌污染的优良菌枝来培养菌材。

（五）菌材培养时间

理论上一年四季均可培养，但菌材最好是当年培养当年使用。以3～4月较好，此时气温较低，湿度较大，接菌后容易发菌。6～8月培养菌材，需要避免杂菌感染。8月以后，气温下降，蜜环菌生长缓慢，当年不能使用。

（六）培养场地的选择

培养优质菌材，除了选用适宜的树种和优良的菌种外，还要控制杂菌的感染，保持穴内适当的温湿度。因此，必须选择树荫下或排水良好、土质疏松的沙砾土或沙壤土，透气、透水性能差的黏土地不宜选用。另外，在高海拔地区，应选阳坡，而且培菌穴要浅，盖土要薄，以提高穴内温度；在低海拔地区，应选阴坡或林间，采用深穴培菌，夏季加厚覆盖物，以降低穴内温度；一般山地宜选半阴半阳的地段培菌。

（七）菌材培养方法

选择树荫下或较湿润的地方，挖直径50～60 cm见方，深30 cm的培养穴，穴底松土7～10 cm，放入1/3腐殖土，整平后用（直径）6 cm×（长）50 cm的新鲜阔叶树细枝段平铺一层，其上摆放一层备好的木段，并在木段间用腐殖土和少量枯枝落叶填充缝隙，要实而不紧，木段上部要露出。然后将培养好的菌枝均匀地撒在木段上，并使其紧贴鱼鳞口。依次堆放4～5层，每穴以放100～200根菌材为宜。边铺料边洒马铃薯汁或清水保湿，湿透至底层为止，最后盖腐殖土10 cm，再用枯枝落叶或草覆盖。无树荫条件的要搭荫棚，天旱时要浇水，保持表土疏松。一般2个月左右可培养出成品菌材。

（八）提高菌材培养质量措施

培养优质菌材的措施是综合性的，必须全面贯彻到培养工作的每个环节中去，才能获得预期的效果。

1. 木材要新鲜　根据蜜环菌的兼性寄生特性，以边备材边培养最好。新鲜木材可减少杂菌污染。

2. 培菌时期要适当　要考虑适宜的自然条件，还要考虑菌材培育与使用环节相衔接，做到上一环节的培养工作结束，刚好就进入下一环节栽培使用。

3. 菌种要纯正优质，数量要充足　菌材能否培育得好，与菌种的质量好坏及用种量多少有密切关系。菌种质量好且用量适当，就会为培育出好菌材奠定良好的基础。

（九）菌材质量的检查与鉴别

菌材在培养过程中，由于培菌时期的早晚、菌种质量、数量以及温湿度的变化、透气性等因素的影响，质量差异较大，甚至有的不能使用。栽培猪苓时，必须选用质量好的菌材伴栽，不符合质量要求的坚决不用。因此，在选用菌材时，要严格检查。

1. 外观检查　菌材上无杂菌或杂菌很少容易去除。菌索棕红色，具生长点，生长旺盛。破口处有较多的幼嫩菌索长出，菌材皮层无腐朽变黑现象。

2. 皮层检查　有的菌材外表菌索很旺盛，但多数老化或部分死亡，皮层已近于腐朽，不能用。有的菌材外表虽见不到菌索或菌索很少，但菌材内部蜜环菌菌丝生长旺盛，要经过皮下检查确定。用小刀或弯刀在菌材上有代表性的部位砍一小块树皮，掀起树皮检查皮下，如有乳白色、棕红色菌丝块或菌丝束，证明蜜环菌菌丝已经侵染，只是还未长出菌索。如果多处检查，破口处都有旺盛的蜜环菌菌丝或菌丝束，就是符合质量要求的好菌材。

第五节

主要生产模式及其技术规程

一、有性繁殖生产模式

（一）选地与整地

1. 选地　在原始阔叶林、混交林或次生林中栽培，如桦、橡、槭、柞、柳等林下。选择海拔1 000～2 000 m的阴坡地或半阴半阳坡地，坡度15°～45°，土壤以20 cm以上的厚腐殖质土层为佳，微酸性土壤含水量要在40％左右，盐碱地和草炭地不宜栽培。

2. 整地　选地后顺坡挖穴，宽度60 cm，深18～20 cm，穴距50 cm，长度70 cm或更长。

（二）材料准备（以1 m² 计）

1. 猪苓栽培种　通过孢子分离获得猪苓母种，扩大培养成栽培种，选750 mL菌种3瓶备用。

2. 蜜环菌菌材　长30～50 cm，直径8～10 cm的菌材10～15根，菌枝若干。

3. 阔叶树树叶　干净的桦、栎树叶5 kg，清水浸泡后，捞起沥干水分备用。

4. 覆盖层材料　一半碎树叶，一半腐殖土，混合均匀。

（三）栽培方法

穴底铺树叶厚 2 ~ 3 cm，将蜜环菌菌材按 5 ~ 10 cm 间距平行摆放于树叶上。打破菌种瓶取出整块的猪苓菌种（图 8-3-8），分成 2 cm 左右的块状，均匀摆放在蜜环菌菌材的两侧和端头上。把菌枝放在摆好蜜环菌的树叶上，用混合物将菌材间隙填平，然后盖厚 3 cm 左右的树叶，树叶上再盖上厚 10 cm 左右的腐殖土，最后穴顶再覆盖树叶。

猪苓在地下 10 cm 深处平均地温达 9.5℃ 即可萌发，在 18 ~ 22℃ 生长最快，超过 28℃ 生长缓慢，低于 9℃、超过 30℃ 停止生长。

图 8-3-8　取出猪苓种块

二、无性繁殖生产模式

猪苓的无性繁殖生产是指不经过有性育种（产生孢子）阶段，而使用猪苓菌核组织直接播种的栽培方式，生产上一般使用灰苓作种苓进行栽培。

（一）栽培季节

除冬季土壤冰冻无法下种外，其余季节均可栽培，但以每年 11 月至翌年 5 月为最佳。此时头年新生长的白苓都变成灰苓，正适合作种。

（二）栽培场所

以坡向西南或西北的二阳坡（即白天只有半天光照的坡）为最好，半阴半阳的山坡上、树林下、苗圃林荫下、葡萄架下、果树下、普通闲置平房、防空洞、地下室或半地下室、废弃山洞、闲置养鸡棚、废旧砖瓦窑等场所均可。但要求栽培场所在汛期不得长期积水。

（三）材料准备

1. 土质要求　室外栽培时，最好选杂灌林间腐殖土或沙质生荒土以及疏松、利水、偏酸、未施过化肥或人粪尿，但底部为偏黏性的土质。该类土质养分充足、通透性好、利于排水，其底部黏性土质又利于保水保肥，防止流失。室内栽培时应调配沙土，腐殖土可直接使用，也可按土沙 7 : 3 比例混匀后使用。腐殖土资源缺乏地区，可使用菜园土或蔬菜大棚土与河沙按 6 : 4 比例混合使用。注意覆土材料应用药物处理后再使用。

2. 苓种选择　灰苓或黑苓均可，一般应使用重 30 ~ 100 g 的灰苓作为苓种，过大过小都不合适。没有灰苓时，可使用 50 ~ 80 g 大小均匀的黑苓，大块菌核从其离层处掰开，或者从其延伸生长的部位掰开。使用时还应仔细检查，确保菌核自身无病、无虫、色泽正常、无碰痕伤斑等，1 m² 栽培面积准备苓种 1 kg 左右。

3. 蜜环菌选择　使用蜜环菌菌种加木段栽培时，1 m² 选用优质、健壮的蜜环菌菌种 2 瓶、鲜（湿）木段 40 ~ 50 kg，或者菌种 1 ~ 2 瓶、菌枝 3 ~ 5 kg、木段 40 ~ 50 kg。使用菌材直接栽培时，可按 1 m² 45 ~ 50 kg 准备菌材。

4. 树叶准备　凡是阔叶树种，如杨、栎、柳、桐等的树叶均可，用量按全部栽培面均匀覆盖 10 cm 厚的数量准备。一般情况下，多用干树叶堆积喷水，使之充分湿润、软化后使用。

（四）修建猪苓沟（穴、畦）

1. 室内栽培　可用砖以干打垒形式砌高 40 ~ 50 cm，宽 100 cm 左右，长度不限。底层垫沙土（见土质要求）30 cm 厚，喷洒 50% 多菌灵可湿性粉剂 800 倍液杀菌，2 ~ 3 天后用于栽培。

2. 室外栽培　可选坡度 20° ~ 50° 的土山坡，挖深 30 ~ 50 cm（以斜坡下端的深度为准），长宽约100 cm左右的栽培穴，并将穴底20 cm左右土层挖松。室外栽培要有适当遮阴，最好6～8月时遮阴度在60%～80%，以免土层直晒后水分大量流失，使热量传导至穴内，影响猪苓及蜜环菌的生长。

在林荫下、果园内、平地上栽培，可挖深30～50 cm、宽60～100 cm、长度不限的栽培沟。

在裸地上或遮阴度严重不足的平地上栽培，可以采取种植南瓜、丝瓜等长蔓植物遮阴的方式，也可在栽培沟表面覆以秸秆、杂草予以遮阴。

平地上栽培，关键要素是选择的地块应尽可能达到既保水又不积水的要求。土壤质地疏松又不漏水漏肥的沙质土，在汛期土壤渗水性较好，地表不形成积水，较适宜。不同地区可依实际情况进行选择。

（五）播种技术

1. 使用蜜环菌菌材栽培　在栽培畦（穴、沟）底先铺一层2～5 cm厚的树叶，上面间隔7～15 cm排放一层菌材，填充沙土，与菌材持平。采用平均分布法在蜜环菌菌索较多处按1 m² 10个左右的用量摆播猪苓苓种，调整苓种之间的距离基本一致，在上面撒铺一层2～5 cm已经预湿的树叶。然后再排放下一层菌材，填沙土至与菌材持平后，再播入10个左右苓种，要求同上。撒铺一层树叶后，填沙土15～20 cm厚，稍凸出地面并拍实。山坡上栽培时，应使栽培窖表面稍凹陷，以便接收雨水，并同时使周边植被茂盛，既保持水土又可遮阴。在林地、果园等平地，则应根据土质、地形以及季节等合理确定其凹凸，比如土质偏沙性时，适当使之凹陷，土质偏黏时，则应适当凸起以免积水，汛期一般稍有凸起避免积水。在室内栽培时，直接覆平，正常管理即可。

2. 使用蜜环菌菌种栽培　如来不及培育菌材，可使用蜜环菌菌种加木段直接进行栽培，生产效果也不错。基本操作程序同菌材栽培法，只是用木段替代菌材，并在木段上适当砍花（图8-3-9）或打孔，以使蜜环菌能尽早对木段形成侵染，早日长出

菌索并与苓种结合。需要注意的是，蜜环菌菌种繁殖（继代培养）代数要少，菌龄应适当，老化、退化的菌种坚决不能用；菌种播入时应塞进木段的砍口或钻孔内，尽量使其结合紧密；木段砍口不必深入木质部太深，能使蜜环菌接触感染即可。斜向砍口，使皮层外翘，以便塞入菌种。

图8-3-9　木段砍花后接种蜜环菌菌种

（六）管理技术

1. 温度管理　猪苓作为一种真菌，与蜜环菌形成的寄生与反寄生关系，基本上确定了它们的习性相仿。一般情况下，当温度达到12℃以上时，二者开始萌发，达到14℃时猪苓即开始膨胀长大，蜜环菌才能够进入正常生长代谢阶段；此后随着温度的提高，如达到26℃以上，二者的生长均受到抑制，达到30℃时，即进入高温休眠。根据这些特性，野外选择栽培地点时尽量选在树荫下。夏季在荒山上或裸地上，则需采取搭建荫棚、种植长蔓型植物等方式予以遮阴，也可以适量浇水降温、遮阴降温等。冬春季节则应采取适当覆盖草苫、柴草、秸秆类，或在栽培沟上搭盖塑料膜等进行增温，尽量不要使温度降至8℃以下。总之，不论采取什么方法，将猪苓生长的土层温度控制在12～28℃，以满足其生长发育需要，最大限度地延长猪苓的生长时间。

2. 水分管理　苓种或菌种等在运输操作中不可避免地会受到某些外力的撞击、揉搓等，导致带伤播种。自然条件下，伤口愈合需要5天左右，在播

种后不要即时用水，约一周后方可浇透水。此后，根据土质及天气情况，每7～10天浇一次水，使沙土湿润，沙土含水量一般在30%～40%。注意春夏之交季节如有干热风、大旱天气等，则应增加浇水次数，每月还应至少灌一次透水。否则，将会因过度干燥而导致蜜环菌菌索生长缓慢、活力降低或死亡。

3.通风管理　主要针对地下室、防空洞之类的栽培场所。该类场所的最大不足之处是通气性差、湿度高且稳定。应定期通风，尤其夏季高温高湿季节，通风换气不仅可排出其中二氧化碳等废气，而且还可顺便降低湿度，从而为猪苓生长创造一个良好的条件。

4.保护管理

（1）遮阳管理。遮阳的主要作用是降温和防止水分过量蒸发流失。如果在室内栽培，不存在遮阳问题。山坡、果园及平地的栽培时，则必须采取遮阳措施。可以根据实际情况，依靠原有树木的遮阳、种植长蔓型植物搭架遮阳，搭架后利用秸秆、杂草类遮阳，植草皮、直接在栽培沟上覆盖秸秆、柴草等均可。

（2）蓄水、排水。在野外尤其是在山坡栽培猪苓，春季干旱时，应将栽培穴（沟）下游方向稍加围高，以利于保存和利用水分，但当汛期雨水频繁，雨量较大时，则应将栽培穴稍加高，以免存水。

（3）防止人、畜践踏。猪苓生长过程是其菌核的膨大过程，需要相应的土壤通气性，因此，应防止人、畜践踏。大牲畜的践踏，将使栽培穴下陷，既破坏猪苓的生长微环境，又容易积水。

三、常见栽培方法

（一）猪苓菌核、蜜环菌菌种、新木棒套旧菌棒和菌枝栽培法

在夏秋季种植，选择桦树、杨树、栗树、青冈和橡树直径在3～10 cm左右的新鲜木棒，截成与事先培养好的菌材或种过天麻和猪苓带有蜜环菌菌丝的旧菌棒同等长，在两方或四方每隔3～5 cm砍一个鱼鳞口。在预先挖好的条带或穴田上面均匀铺好树叶，间隔6～10 cm放一根新木棒，再放一根菌棒，以此类推。将直径1～2 cm新树枝斜茬砍成长6～8 cm左右，"人"字形摆在两棒之间，并靠近新木棒两侧匀称摆蜜环菌菌种，再在棒间均匀投放野生新鲜猪苓菌核（1.5 kg/m² 左右为佳），然后覆盖一层树叶，并将条带和穴田上方林下腐殖土层刮下填充间隙（厚度5 cm左右），轻轻压实，不留空隙。按同样的方式种第二层，然后盖土6～10 cm左右，形成龟背状，以利排水。

（二）猪苓菌种、蜜环菌菌种同播栽培法

在春夏季种植，种植前1个月左右选择适宜树种截成50 cm或60 cm长的同规格木棒，每隔3～5 cm砍一个鱼鳞口，利用清林的小树或枝丫梢头砍成6～8 cm左右的马蹄形树枝，堆放在林下半阴半阳的地方，经过昼晒夜露至半干备用。待有猪苓种时即可在林下环坡势开挖条带或穴田，铺一层压实约1 cm厚的林下潮湿腐烂树叶，按间隔6～10 cm顺带摆放备用木棒，两棒之间"人"字形摆放备用树枝，在木棒鱼鳞口与树枝交接处投放优质蜜环菌菌种（2瓶/m²），同时在此处摆放野生适龄猪苓菌种，再覆盖林下树叶和腐殖土5 cm左右，再种第二层，最后覆盖林下树叶和腐殖土6～10 cm即可。还可在覆盖层上直播党参或种植与猪苓生长周期相近的中药材，实行立体栽培，效益倍增。

（三）固定菌床栽培法

固定菌床的培养必须在计划种植猪苓的阔叶林下就地进行。根据地形坡势挖成条带或穴田，除了暂时不播猪苓种外，按前面两种栽培方式培养菌床。最后，将菌床覆盖的腐殖土层铲开，当见到菌棒时，便在两棒之间用手掏挖或用合适的木棒钻孔并投放适量的猪苓种，覆盖腐殖土层6～10 cm。

（四）蜜环菌菌材伴猪苓菌核栽培法

选择距离树林较近的林地，挖一直径为

60 cm，深 50 cm 的栽培穴。疏松穴底，平整后铺上一层腐殖土，然后将事先培养好的、长有蜜环菌菌索的菌材，按材间距离 6～10 cm 均匀摆好，把苓种一个一个地放在菌材的鱼鳞口上和菌材两端及菌索紧密处，一根菌材通常下种 5～8 个种苓。下种后即填腐殖土（也可先盖上一些锯屑，再盖腐殖土），轻轻压紧，不留空隙，使苓种的断面与蜜环菌结合紧密，以便两者很快建立营养共生关系。然后覆上细土 10～15 cm，上盖枯枝落叶，稍高于地面，呈龟背形，以利排水。

（五）半野生栽培法

选择海拔 1 000～1 500 m，地势平坦，坡度小于 15° 的缓坡地和沟洼地种植。在灌木树丛中，扒开腐枝枯叶，挖一个（长）30 cm×（宽）30 cm×（深）10 cm 左右的小穴，找到直径 4～5 cm 的树根，刨破或用尖刀划破根皮，在穴底铺一层半腐的潮湿树叶和树枝，将 1 根长约 30 cm 已培养好的菌材，紧贴其放置，并将菌材上密生蜜环菌菌索的鱼鳞口朝向树根。再根据猪苓菌核大小，将大块菌核由离层或菌核的细腰处分开，分成 100～150 g 的小块，把小菌块放在菌材的鱼鳞口上，使种苓的断面与蜜环菌紧密结合，然后在上面盖一层树叶，覆土填平穴面，轻轻压实，穴顶盖上一层较厚的枯枝落叶，任其自然生长。由于半野生栽培主要靠自然雨水浇灌，保持稳定的土壤湿度是提高猪苓产量的关键，为防止土壤水分大量蒸发，应选择有一定林木遮阴条件并能透过一部分阳光的林地。

四、采收、加工与贮藏

（一）采收

1. 采收时期　利用蜜环菌菌种或菌核进行人工栽培时，一般 2～3 年即可收获。开穴检查，黑苓上不再分生小（白）苓或分生量很少，甚至猪苓已散架时，及时采挖。如果蜜环菌菌材的木质较硬，或使用的木段较粗，可以只收获老苓、黑苓及灰苓，留下的白苓继续生长。如因木段已被充分腐解，不能继续为蜜环菌提供营养，则必须全部起出，重新进行栽培。

2. 采收季节　一年四季均可采收。如果是规模化栽培，可分批采挖，也可随用随挖。但是，北方地区在 12 月至来年 2 月期间采收时，应选择晴好天气，并采取适当的保温措施，以防冻伤。3～11 月，除雨天外均可安排采收。采挖时间最好选择在春季 4～5 月或秋季 9～10 月。

3. 采收方法　由于猪苓为多年生真菌，可采老留新。将培养穴掘开，取出表层猪苓，然后小心移动菌材，再取出其他猪苓。对半野生栽培猪苓，若遇有菌核抱根，可将树根砍断取出猪苓。

4. 采后管理　对采用菌材伴栽的，猪苓采收后，可在穴内增加新菌材，继续栽种灰苓。对采用半野生栽培的，可留少量与蜜环菌连接紧密的菌核在土中，盖一层树叶后再覆一层浅土即可，随后按常规管理方法进行管理，3 年后即可采收第二批猪苓。

（二）加工贮藏

1. 加工　人工栽培的猪苓单穴产量一般可达 3～5 kg，高者可达 8～10 kg，生长期在 5 年以上的可达 20 kg 以上。猪苓的加工方法比较简单，菌核采回后，首先进行分级，灰苓可直接用于无性栽培播种。老苓、黑苓则按其个体大小分级，统一安排加工。其次，将黑苓用清水冲洗，破损的黑苓可用于分离菌种，或切块后作为无性繁殖苓种，个体完整无损的直接晾干、晒干或切片后晒干或加工。当猪苓菌核含水量达 10%～12% 时，即可作为商品出售或保存。

2. 分级　猪苓的商品规格分为等级货和统装货。如大小不一的猪苓混装称统装货，如经挑选分级，则称为等级货。猪苓等级货一般可分为四个等次：一等货，1 kg 不超过 32 个；二等货，1 kg 不超过 80 个；三等货，1 kg 不超过 200 个；四等货，1 kg 超过 200 个。以个大、外皮色黑光润、断面色白、体较重者为佳，俗称"铁皮白肉"。

3. 贮藏　猪苓一般不发生霉变，也无害虫蛀食，主要应防其受潮变色。因此，贮藏时将其放置于干燥通风处即可。若使用塑料袋装贮高置，效果更好。

五、猪苓产品的鉴别

（一）性状鉴别

猪苓药材呈不规则的块状、条形、类圆形或扁块状，长5～25 cm，直径2～6 cm。表面具瘤状突起及皱缩，黑色，略有漆样光泽。质地致密而体轻，能浮于水上。断面细腻，淡棕白色或类白色，略呈颗粒状。气微，味淡。

猪苓以个大、皮黑而光泽较好、肉白、体稍重者为佳。商品上常把那种分枝少、个体大、表面较光滑的称为猪屎苓（因其形如猪粪），质量较优；另一种分枝多、凹陷深、个体小者称为鸡屎苓（因其形如鸡粪），质量较次。

（二）显微鉴别

猪苓粉末灰黄白色。以水或斯氏液装片观察可见菌丝多缠绕成团状，部分散出，无色，少数呈棕色（皮部菌丝），有的菌丝可见分枝、横隔或结节状膨大，直径2～10 μm。草酸钙方晶多为正八面体或双锥形，少数不规则，大小不一，直径3～64 μm。

（三）理化鉴别

猪苓粉末1 g加稀盐酸15 mL，煮微沸15 min，放置24 h，呈胶冻状。

猪苓粉末1 g加浓盐酸15 mL，煮微沸15 min，放置24 h，不呈胶冻状。

猪苓粉末少许，加2%氢氧化钠，放置片刻，不呈胶冻状。

猪苓粉末少许，加稀碘液，溶液不得有蓝紫色或紫黑色出现。

（四）伪品鉴别

近年来猪苓在抗乙型肝炎和抗肿瘤方面的应用日见广泛，使其市场需求量也越来越大。由于野生猪苓采集困难，栽培猪苓在技术上还存在一些问题，产量不高，新的技术推广不够，因而价格一直居高，在1 kg 60元左右波动，高时可达80～100元，远高于同类药材茯苓的3～4倍。价格居高不下，在市场上就出现了多种伪品。

1. 以陈旧变色的茯苓假冒　茯苓饮片的陈货常变色呈灰黄色，部分掺入猪苓饮片中不易被发现。主要鉴别要点是伪品颜色偏黄，而不像猪苓的断面偏红呈淡棕色。伪品边缘也不具黑而有光泽的皮层。显微鉴别中伪品无草酸钙方晶。理化鉴别中加浓盐酸和2%氢氧化钠溶液的试验，茯苓均呈胶冻状。

2. 以炒后变色的茯苓假冒　茯苓饮片炒制后常呈黄色，部分掺入猪苓饮片中也难以发现。主要鉴别要点是伪品颜色表面偏焦黄，折断后看其内部仍为白色。其余鉴别与陈茯苓相同。

3. 以山芋干、白芍的根茎或淀粉等黏合而成　主要鉴别要点是伪品颜色不正，断面有的有纤维状物。伪品边缘也不具黑色而有光泽的皮。显微鉴别中伪品无菌丝，亦无典型的正八面体或双锥体的草酸钙方晶，却常可见诸如淀粉、纤维、导管、石细胞等高等植物的组织细胞。理化鉴别中加碘液常呈蓝紫色或紫黑色反应。

4. 以建筑原料、淀粉等制成　用某些建筑上用的原料如107胶水、墙粉、氢氧化钙、石膏、滑石粉、少许颜料等制成，有的其中还掺有淀粉或各种植物的细粉。这种伪品多数质量较重，入水下沉，有的崩解或使水混浊。表面手感或粗或过细，有的在强光下有晶亮的小点。显微鉴别无菌丝体而可见各种晶体，部分还有淀粉粒或导管、纤维、石细胞等高等植物的组织细胞。

（杜适普　石景尚　刘小奎　张君　关丽云）

第四章 天　麻

天麻为珍贵的中药材，药用价值和食用营养价值都很高，已被世界自然保护联盟评为易危物种，并被列入《濒危野生动植物物种国际贸易公约》的附录Ⅱ中，同时也被列入中国《国家重点保护野生植物名录（第二批）》中，为Ⅱ级保护植物。

第一节
概述

一、分类地位

天麻属于植物界、被子植物门、单子叶植物纲、百合亚纲、兰目，兰科天麻属。为多年生草本植物。人们通常所说的"天麻"是指其干燥的地下块茎。

拉丁学名：*Gastrodia elate* Blume。

中文别名：定风草，赤箭，离母，鬼督邮，神草，独摇芝，赤箭脂，合离草，自动草，水洋芋。

二、营养价值与经济价值

天麻主要以块茎入药，是传统的名贵中药材，一般在每年的立冬后至翌年清明前采挖。此时采挖的天麻块茎称为冬麻，品质最好。天麻在《神农本草经》中已有详细记载，临床应用已有2 000多年历史。天麻富含天麻素、香荚兰醇、维生素 A 类物质、结晶性中性物质、微量生物碱、黏液质、抗真菌蛋白及微量元素。其中微量元素以铁的含量最高，其次还含有氟、锰、锌、碘等元素。天麻素也称天麻苷，是天麻的主要有效成分，含量约为 0.25%。天麻多糖也是天麻的有效成分之一。

天麻性辛温，味甘甜，无毒性，润而不燥，主入肝经，长于平肝息风，主治高血压、眩晕、头痛、口眼㖞斜、肢体麻木、神经衰弱、小儿惊厥等症。作为脑保健药物，对大脑神经系统具有明显的保护和调节作用，能增强视神经的分辨能力。

天麻是我国珍贵的生物资源，更是珍贵的中药材，具有多种药用价值，发展前景广阔。随着生活水平的日益提高，人们的健康意识也逐渐增强，天麻产品已经逐渐发展到饮食及滋补保健等行业，需求逐年扩大，甚至出现供不应求的状态，价格持续上涨，栽培效益不断提高。

三、发展历程

天麻是一种无根无绿色叶片的奇特植物，块茎常年潜入土中，不能进行光合作用。日本人草野俊助于 1911 年发表《天麻与蜜环菌共生》的文章，初步解开天麻生长发育之谜。之后半个多世纪，人们都未能对其有更深入的研究，人工栽培也未获成功。一直以来，人们主要靠挖取野生天麻以供药用。20 世纪 60 年代后期，我国人工栽培天麻技术取得突破，全国大部分野生天麻分布地区先后开始人工种植，市场供给产品逐渐由野生天麻变为人工种植的天麻。随着天麻种植技术的不断改进和发展，在栽培区域上，已从高寒地区扩展到低海拔的丘陵、平原地区，从山林坡地到房前屋后、庭院、室内、各种林下；在设施利用上，由地下、地上畦栽培扩大到木箱、竹筐、塑料箱、砖池、荫棚；在栽培材料上，由单一的柞树类到利用 100 多种阔叶树的树干、枝、叶、木屑以及玉米芯、秸秆等；在培养料上，由单一的

腐殖土到广泛利用木屑、稻壳、玉米芯以及各种农作物下脚料，进行天麻栽培。

我国人工种植天麻已有 50 多年的历史，20 世纪 60 年代徐锦堂等人通过对天麻与蜜环菌关系的研究，初步摸清天麻与蜜环菌的共生关系，并于 1964 年成功分离出蜜环菌菌株，为天麻的人工栽培奠定了基础。1965 年，徐锦堂用野生蜜环菌菌材伴栽天麻取得初步成功，同时研究成功人工培养蜜环菌菌材的技术，为我国天麻的人工种植开启了大门。之后每隔 10 年，天麻的栽培技术就有一个大的突破。20 世纪 60 年代我国主要推广的是"三下锅"栽培法，就是同时放入蜜环菌、木棒、天麻种。这种栽培方法，栽培成功率不高。70 年代推广的菌材伴栽，80 年代推广菌床伴栽，使天麻栽培成功概率大大提高。在人们研究天麻有性繁殖过程中成功分离筛选出天麻种子萌发伴生菌紫萁小菇（*Mycena osmundicola*）之后，郭顺兴、范黎等又分离筛选出小菇属 3 个新的天麻种子萌发伴生菌兰小菇（*M. orchicola*）、石斛小菇（*M. dendrobii*）、开唇兰小菇（*M. anoectochila*），为天麻的有性繁殖栽培奠定了坚实的基础。天麻的有性繁殖栽培成功是天麻人工栽培技术的又一次新突破，解决了天麻人工种植的种源短缺和连续无性繁殖栽培而导致的种质退化难题。

通过几代人几十年的试验研究，人们对天麻生物学特性以及生长发育规律的认知逐步深入，天麻人工栽培技术日趋成熟，天麻高产高效栽培技术、杂交育种技术、病虫害防治技术、加工技术、质量控制及其 GAP 基地建设相继获得成功。尤其是近几年，随着现代生物技术、自动化控制技术的快速发展以及科研手段的不断提高，天麻的生物学研究更趋微观，药理和功能性研究更趋多样化和精细化，栽培技术更趋精准，工厂化栽培技术研究也初见端倪。随着这些技术的不断发展与推广应用，必将再次助推我国天麻产业的快速发展。

共生菌生产技术

四、主要产区

（一）野生天麻区域分布

野生天麻主要分布于北纬15°～24°，东经94°～142°范围内热带、亚热带、温带及寒温带的山地。在我国分布面积很广，以四川、贵州、云南、陕西、湖北、西藏等省区为主要产地，安徽、河南、河北、甘肃、青海、湖南、江西、浙江、福建、台湾、广西、黑龙江、吉林、辽宁等地也有出产，以贵州西部、四川南部及云南东北部所产质量最佳。

（二）人工栽培天麻主产区

目前我国人工栽培天麻已成规模的主要有四大产区，分别是湖北宜昌主产区、陕西汉中主产区、安徽大别山主产区、云南昭通主产区。

1. 湖北宜昌主产区　以盛产乌红杂交天麻而闻名。下辖的各县都有大面积种植，种植面积和产量均居我国首位。主栽品种为乌红杂交天麻，由本地野生乌天麻和野生红天麻为父母本杂交而来，抗病虫害能力强，形态好，药用价值高。

2. 陕西汉中主产区　是以汉中为中心的略阳、城固、西乡、宁强、勉县和陕西商洛地区的丹凤、山阳、商南、镇安等县为主产区。其中，略阳天麻被认证为国家地理标志产品，同时略阳也是全国最大的天麻生产基地。

该区种植历史悠久，栽培技术比较成熟，规模仅次于湖北产区。

3. 安徽大别山主产区　主要分布在霍山、英山、岳西、金寨、罗田等地，发展历史与湖北、陕西相比较晚，但发展较快，规模逐年增大。主栽品种主要为从湖北宜昌引进的乌红天麻。

4. 云南昭通主产区　昭通各县，主要是以彝良小坝为中心的周围乡镇，主栽品种为红天麻。该区栽培技术较落后，产量较低，但所产天麻麻形好，品质高。

另外，河南西峡、桐柏、卢氏、栾川，四川通江、广元，贵州锦屏、务川、德江、都匀、安顺，湖北恩施及十堰的郧阳区、郧西、竹山，吉林抚松，辽宁新宾等地都有一定规模的种植。

五、发展前景

随着人们生活水平的提高和中国中医药事业的发展，人类"回归自然"呼声的高涨和保健意识的增强，我国的医疗保健用药需求日益扩大，对天麻产品的需求量也逐年增加，天麻产业的发展空间非常广阔。近十年来，国内天麻产品的消费量年均增幅达15%，这为天麻产业健康稳步发展奠定了极好的市场基础。与此同时，珍稀中药品种存在着自然分布少、生长环境特殊、再生能力差、生长周期相对较长等特点，加之多年来对中药资源的过度采挖，致使珍稀药材品种濒临灭绝，道地药材的蕴藏量逐年减少，使得中药资源的供求市场失衡。其中，天麻就是一种迫切需要我们保护与栽培的珍稀中药材。

据统计，2011年我国天麻四大主产区人工栽培天麻总产量在1 500 t，全国的总产量大概在2 000 t左右，总需求量在3 500～4 000 t，总体供不应求。天麻作为名贵中药，从采集野生到人工栽培，从单产仅3 kg到今天的超过20 kg，总体产出数量已经有数十倍的增加，但市场依然紧俏。

现在，天麻已从单纯的药用品走进了保健品的行列，而保健品的开发应用市场庞大，发展潜力无限。由于科技的不断发展，对天麻的应用研究更加深入，各种天麻制品层出不穷，天麻茶、天麻饮品等市场热销。

我国加入世界贸易组织后，随着关税及非关税壁垒的消失，天麻出口更加方便，国际市场需求量剧增。随着国内外消费市场追求"天然、绿色、保健"意识的提高，生产环境优良、产品质量及产品品牌知名度高的天麻产品将成为中高端市场需求的主流，发展潜力巨大，市场前景广阔。

第二节
生物学特性

一、形态特征

天麻是一种特殊的多年生兰科草本植物，成熟的植株由地下块茎、地上花茎、花、果实与种子等构成。

（一）天麻的地下块茎

天麻不同发育阶段的地下茎统称为块茎，成熟的地下块茎横生，表面呈黄白色、黄色或黄褐色，内部白色或棕黄色，个体肥厚，呈长椭圆形、卵状长椭圆形或哑铃形，长 5～20 cm，直径 3～7 cm，肉质，常平卧。有均匀的环节，节上轮生多枚三角状卵形的膜质鳞片。天麻块茎肉质肥厚营养丰富，具有极高的药用价值，是天麻的营养存储器官，也可用作天麻无性繁殖的种子。天麻的地下块茎在不同的发育阶段，形态大小有明显差异，据此又把天麻地下块茎分为原球茎、米麻、白麻、箭麻和母麻。

1. 原球茎　天麻的原球茎是由天麻的种子胚萌发而成，又叫原生块茎。与种胚的形态相似，尖圆形，由原球体和原球柄构成，平均长 0.25～0.7 mm，直径 0.3～0.5 mm。原球茎只有被蜜环菌侵染后，才能发育成米麻。

2. 米麻　米麻是指天麻原球茎生长形成或由箭麻、白麻芽眼分生出的长度在 2 cm 以下的较小天麻块茎个体。它不具备混合花芽，个体较小不能入药，只能作为无性繁殖扩大栽培用。

3. 白麻　白麻是指长度在 2 cm 以上但不能抽薹出土和开花的不成熟天麻块茎。其萌动时首先生长出白色的头状嫩芽，故称作白头麻，简称白麻。个体大小不一，一般较细，直径 2～3.5 cm，长 2～11 cm，单个重几十克到上百克。新鲜白麻黄白色，有 5～11 个明显横生环节，节处有膜质鳞片，鳞片腋内常可见突起的潜伏侧芽，顶端有尖圆形生长锥，外披鳞片，没有混合花芽。白麻的繁殖力强，大的既可入药又可作种，中、小白麻主要用作天麻无性繁殖的种麻。

4. 箭麻　箭麻（图 8-4-1）是由白麻生长发育成熟的具有顶生混合花芽的成熟天麻块茎。箭麻抽茎的早期花茎如箭杆，花穗如箭头，故名箭麻。箭麻的块茎肥大，营养丰富，表面呈黄白色、黄棕色或黄褐色，块茎肉质紧密，质地坚硬，横切面为白色或棕黄色，半透明，味道略甜带辛。箭麻块茎的作用有二：一是入药，也叫商品麻或药用麻；二是供有性繁殖栽种，使其抽茎并开花结果，作为培育下一代种子用。箭麻麻体长椭圆形、卵状长椭圆形或哑铃形，直径 3～7 cm，长 5～20 cm，重 30～500 g，有 7～30 个较明显的横生环节，外披膜质鳞片。块茎尾端有脐状茎基，前端有红褐色或青白色或暗红色的"鹦哥嘴状"的混合芽，尖长而突出，芽被 7～8 片鳞片包着，剥去鳞片可见到穗原体和叶原基，上有退化的鳞片状叶鞘。箭麻可进行有性繁殖，也可加工干制后成为商品麻。

图 8-4-1　箭麻

5. 母麻　母麻是指上年用的种栽麻，已经完成繁育下一代新个体的使命，经抽薹、出苗、开花、结果后，营养已消耗殆尽，既没有药效又不能繁育新个体。

（二）天麻的花茎

天麻的地上茎顶端有花穗，因此称为花茎，是由发育成熟的箭麻顶生混合芽抽薹出土后形成的。天麻的花茎单一，直立，茎秆有节，圆柱形，直径 0.5 ~ 2 cm，高 30 ~ 200 cm。成熟天麻茎秆颜色因品种不同而各异，红天麻呈橙红色，绿天麻呈淡绿色，黄天麻呈黄褐色等。茎内实心呈海绵状，下部疏生数枚膜质鞘，茎秆衰老枯萎后变为褐色中空。

（三）天麻的叶

天麻既没有绿叶也没有叶绿素，叶全部退化为鳞片状。叶片膜质具有细脉，互生，长 2 ~ 2.7 cm，宽 2.2 ~ 3 cm，上部二裂，下部鞘状抱于茎上。因为不含有叶绿素，所以不能进行光合作用，其营养器官的功能已丧失，仅可起到保护茎秆的作用。天麻的茎秆和叶片具有清热解毒功效，既可当茶又可入药。

（四）天麻的花

天麻的花顶生，总状花序，花朵近直立。品种不同，花的颜色各不相同，有淡绿、蓝绿、橙红或黄白色等。花序轴单一，长 15 ~ 50 cm，自下而上依次着生有短梗的花 30 ~ 80 朵，多者达上百朵。天麻开花期一般在 5 ~ 6 月，平均花期 10 ~ 15 天。在一个花穗上，下部花朵最先开放，然后由下向上依次开放，顶端一朵花最后开放，常常可看到花穗下部已进入结果期，而花穗上部仍在开花的情况。花朵基部生有 1 枚褐色膜质苞片，苞片长圆状披针形，直径 3 mm，长 10 ~ 15 mm。天麻花（图 8-4-2）为两性花，左右对称，花梗短于子房，自花或异花授粉。天麻花朵结构较复杂，由花被、合蕊柱、子房和花梗等构成。

图 8-4-2　天麻的花

天麻花有筒状花被，花被筒由花萼与花冠合生而成，颜色因品种而异，或淡绿黄或蓝绿或橙红色等。筒长约 10 mm，直径 5 ~ 7 mm，口部偏斜，形如歪壶状。花冠顶端 5 裂，分内外两轮，外轮为 3 枚萼片，内轮为两枚花瓣，着生于外轮中萼及 2 片侧萼之间，萼裂片大于花冠裂片。萼片三角形，顶端圆钝，花瓣卵圆形，边缘略呈波纹状。花筒基部下侧稍膨大，内壁离生一唇瓣，唇瓣藏于筒内，倾斜长出，白色有光泽、海绵质、较肥厚，前端 3 裂，卵圆形，长约 7 mm，下部宽 6 mm，上部边缘流苏状。侧裂片直立，褶片状，基部有一对肾形的浅蓝色透明胼胝体，表面密布圆形细胞组成的蜜腺。

天麻的合蕊柱由雌蕊和雄蕊合生而成，位于花的中央，白色，半圆柱状中空，常生有 2 条狭翅，中间有一凹沟。合蕊柱长 0.5 ~ 1 cm，宽 0.3 cm，顶端 3 裂，中间生有 1 枚能育的冠状雄蕊。花药着生于蕊柱顶端，2 室，上盖药帽，花粉淡黄色，呈黏润块状，不易分开。花丝很短，着生于合蕊柱顶端背裂片的尖端，两侧的裂片保护着花药。雌蕊柱头位于合蕊柱下方，着生于中间凹沟的基部，匙形，中间微凸，有光泽呈肉红色，柱头表面密布着长梭形单细胞腺毛，开花时腺毛分泌黏液，它既能黏着花粉粒授粉，同时又可供给花粉萌发所需的水分和一定的营养。在柱头和雄蕊之间有蕊喙，具有弹性，既可保护花粉块不脱落，又有利于昆虫传粉。当昆虫飞来吸蜜而把头部钻进花腔时，蕊喙就弯曲过来，于是花粉块柄顶端的着粉盘露出，花粉就接触于昆虫体上，并带到柱头完成授粉。

（五）天麻的子房

天麻的子房下位，呈倒卵形，长 5 ~ 6 mm，直径 3 mm，肉红色，由 3 个心皮构成。表面光滑有 6 条淡褐色缝线，内壁沿腹缝突起形成胎座，胚珠着生于胎座上。

（六）天麻的花梗

天麻花梗长 3 ~ 5 mm，直径 1 mm，是子房下部与花轴连接的短梗。开花时子房向花序轴外侧扭转，使花被筒口部转向离轴方向，以利于昆虫传粉，随着子房的扭转，花梗也相应扭转。

（七）天麻的蒴果

天麻的花朵授粉后逐渐凋谢，子房膨大后发育形成蒴果（图8-4-3）。天麻的蒴果长圆形或倒卵形，基部有短梗，蒴果顶端常留有枯萎花瓣的残迹。天麻的蒴果初期淡绿色或黄褐色，成熟后为淡褐色，蒴果长 12～18 mm，直径 8～9 mm。果实内分 3 室，其中充满种子，外有 6 条纵行缝线，成熟时果皮由缝线处开裂成6瓣，种子由纵缝线处散出飘落，环境适宜再发芽繁殖下一代。不同地域天麻的果期不同，一般为 7～8 月。

图 8-4-3　天麻的蒴果

（八）天麻的种子

天麻成熟蒴果内有很多种子，呈粉末状，每个果实有 3 万～5 万粒种子。天麻种子极小，呈纺锤形，千粒重仅为 1.5 mg，种子平均长 0.97 mm，中部最宽处直径 0.15 mm。种子由胚和种皮构成，无胚乳及其他营养器官。种皮膜状，白色半透明，由单层长方形薄壁细胞构成。胚位于种子中部，椭圆形，淡黄色，成熟后呈暗褐色或褐色。胚体平均长0.18 mm，直径 0.1 mm，外披一层膜，由数十个原胚体细胞、分生细胞和柄状细胞构成。柄状细胞外周附着一层形似胶状、无细胞结构的物质，是胚胎发育过程中退化的柄状细胞残迹，称为胚柄残迹。胚组织无器官分化，称为原胚。

二、生长发育

（一）天麻的生活史

天麻的一生包括从上一代种子播种到下一代种子成熟所经历的整个生长过程，即从天麻种子萌发为原球茎，原球茎发育为米麻，米麻长成白麻，白麻发育为箭麻，箭麻抽薹开花形成新一代天麻种子的整个生长过程。这一过程称为天麻的一代生活史。天麻的一生按其生理特征可分为种子萌发、营养生长、生殖生长三个阶段。天麻完成一代生活史所需要时间的长短与营养的丰歉、气候条件的差异、种子胚体先天的盈弱等因素有关。一般情况下，天麻的整个生活周期需要 2～4 年，在其整个生活周期中，只有 2 个月左右的生殖生长阶段是在地表以上完成的，其他时间都是以块茎潜居地下由蜜环菌供给营养来进行生长发育的。

1. 天麻种子的萌发　天麻的种子很小，平均长 0.97 mm，宽 0.15 mm，种子结构简单，仅由无细胞功能分化的原胚及单层细胞构成。胚长平均187 μm，无胚乳及其他营养储备。天麻种子无外源营养供给不能发芽，必须由小菇属（Mycena）一类真菌菌丝侵染种胚并建立营养关系后才能发芽，故这类真菌被称为天麻种子萌发菌。

20 世纪 70 年代，人们发现萌发的种子中有其他真菌存在，徐锦堂等先后从天麻种子发芽的原球茎中，筛选分离到 12 种可供营养给天麻种子萌发的真菌，用这 12 种菌株培养的菌液分别伴播天麻种子并观察发芽情况，结果发现两个优良菌株，种子最高萌发率可达46.02%。对这两个菌株诱导培养子实体的鉴定表明，一个为紫萁小菇，另一个为石斛小菇（国内新记录）。此外，兰小菇和开唇兰小菇均可促进天麻种子萌发。小菇属类真菌为天麻的主要萌发菌，可以通过分解杂木树叶为种子萌发提供养分。现在生产中常用的天麻萌发菌有四种真菌，都属于小菇属，分别为紫萁小菇、兰小菇、石斛小菇、开唇兰小菇。其中石斛小菇伴播天麻种子发芽率最高，而紫萁小菇用于天麻生产较早，是当

共生菌生产技术

前生产中最常用的天麻萌发菌。

天麻花粉状种子随风飘散，落于林间的落叶层中，如果能被腐叶中的萌发菌侵染，在适宜的环境条件下，就会萌发完成世代传递，未被萌发菌侵染或外界条件不适宜的就会死亡而被自然界所淘汰。在人工条件下，天麻一般在6月上旬播种。把天麻花粉状种子与萌发菌伴播在潮湿的树叶上后，天麻种子吸潮膨大，胚体细胞开始活化，天麻种子被萌发菌侵入，胚体吸收萌发菌中的营养而萌发。天麻种胚在获得营养后，胚细胞开始分裂、分化，胚体迅速膨大，逐渐胀破种皮萌发形成气球状原球茎。天麻种子萌发的最适宜环境温度为20～28℃，相对湿度80%左右，在此条件下天麻种子萌发形成气球状原球茎需要20～30天。

2. 天麻的营养生长　天麻种子萌发为原球茎后，必须通过蜜环菌获得营养而膨大分化，随后天麻进入第一次无性繁殖阶段。至7月末到8月初，原球茎膨大明显，开始进行第一次无性繁殖生长。在营养充足时，可直接形成下一级块茎即米麻或白麻（无性繁殖零代种），但这种情况比较少见，大多数都形成营养繁殖茎。如果营养条件充足，营养繁殖茎则短粗，一般长5～15 mm，直径1～1.5 mm；营养不足则细长，长度一般40～50 mm，有的甚至更长。营养繁殖茎也必须与蜜环菌建立营养关系，才能正常生长。被蜜环菌侵入的营养繁殖茎短而粗，其上有节，节间可长出侧芽，顶端可膨大形成顶芽，块茎生长具有多级分枝和顶端生长优势。顶芽和侧芽进一步发育便可形成米麻和白麻。营养繁殖茎的顶芽和侧芽所生的长度在1 cm以下的小块茎以及多代无性繁殖生长的长度2 cm以下的小块茎称米麻，米麻进一步发育便可形成白麻。进入冬季休眠期以前，米麻能够吸收营养而形成白麻，然后进行越冬休眠。白麻长度一般为2～7 cm，直径1.5～2 cm，重2.5～30 g，无明显顶芽，前端有一帽状生长锥，不能抽薹开花。

第二年早春土壤温度升高到6～8℃，蜜环菌开始萌动生长，接触并侵入米麻、白麻，当地表下10 cm地温升高到12～15℃时，米麻、白麻解除休眠，恢复活动，开始进行第二次无性繁殖生长。米麻、白麻与蜜环菌建立营养关系后，前端生长点可形成营养繁殖茎或膨大成箭麻。在蜜环菌的营养保证下分化出1～1.5 cm长的营养繁殖茎，分化出的营养繁殖茎还可发育成数个到几十个侧芽，这些芽形成更多的新生米麻、白麻（无性繁殖一代种）。原米麻、白麻逐渐衰老、变色，形成空壳，成为蜜环菌良好的培养基，成为母麻。不形成营养繁殖茎的米麻、白麻不断同化吸收蜜环菌的营养而迅速膨大，并在其顶端分化出顶芽形成箭麻。箭麻体积较大，长度可达6～15 cm，重30g以上，顶芽粗大，前端尖锐，芽内有穗原始体。箭麻形成后进行休眠越冬，翌年可抽薹开花并形成种子，进行有性繁殖。当箭麻抽薹开花后，块茎也会逐渐衰老、中空、腐烂，成为母麻。箭麻若在发芽抽薹前采收，加工干燥后即成为商品麻。

3. 天麻的生殖生长　箭麻经过越冬休眠后，在翌年的4月下旬到5月初，当地温达到12～15℃时，顶芽萌动抽出地上花茎，天麻开始进入生殖生长阶段。越冬后的箭麻已贮存足够营养，只要供给适宜的水分，无须再与蜜环菌建立营养关系就能正常生长发育。天麻的花茎期1.5～2.5个月。天麻的生殖生长大致可分为六个时期：出苗期、现蕾期、开花期、结果期、种子成熟期、倒苗期。

（1）出苗期　箭麻花茎萌动，露出地面为出苗期。开始1个月内，长速较慢，柱高仅有10 cm，6月上旬生长加快。当气温在18～22℃时生长最快，日生长量可达10 cm。

（2）现蕾期　从第一朵花蕾露出苞片，到第一朵花绽放为现蕾期。各地的现蕾期大都在5月下旬到6月下旬。天麻一般都是边生长，边现蕾，边开花。

（3）开花期　第一朵花开放到顶端最后一朵花展开为开花期。一般现蕾后半个月左右开花，各地开花期大都在6月初到7月上旬。当气温20℃

左右时，天麻开始开花。天麻每天开花有两个高峰，夜间 2～4 点，中午 12 点左右。第一朵花开后 4～6 天，达到开花盛期，天麻的花期平均为 13 天。

（4）结果期　从授粉到全部果实膨大的这一时期为结果期。各地结果期大都在 6～7 月。天麻花是两性花，雌蕊与雄蕊愈合形成合蕊柱，属于自异花授粉，主要依靠昆虫传播花粉。授粉后天麻花冠凋落，子房开始膨大，而未授上粉的花朵，凋谢以后子房略有膨大，但果实内的种子不具有种胚。花期温度影响果实发育，在开花期当气温低于 20℃ 或高于 25℃ 时，则果实发育不良。当下部果色渐深暗，纵缝线日益明显，表示蒴果即将成熟。

（5）种子成熟期　果实开裂标志着种子成熟。从授粉到果实成熟，一般需要 15～20 天。天麻果实是从果穗下部向上部陆续成熟，当最下部果壳上 6 条纵缝线刚出现开裂时，应立即采收。若待果实完全开裂后采种，发芽率会大大降低，再晚一天采收，纵缝线会大量开裂，种子便由此逸出，随风散落，因此生产上会在裂果前 1～3 天适时采收种子。

（6）倒苗期　种子成熟采收后，花茎中空霉变倒伏，这一时期为倒苗期。天麻抽薹开花后，块茎成为蜜环菌的培养基，逐渐被蜜环菌分解，在倒苗期彻底腐烂，失去营养价值。

（二）天麻的生长发育特性

1. 共生性　天麻在整个生长周期中，几乎都离不开蜜环菌，蜜环菌能和天麻块茎建立良好的共生关系，为天麻提供营养，但对天麻种子的萌发不仅没有促进作用，反而有抑制作用。天麻种子是靠共生紫萁小菇等萌发真菌的菌丝侵染给天麻种胚提供营养的。

2. 避光性　天麻是种特殊的兰科植物，天麻由种子播种直到收获的整个生活周期中，都生长在地下，只有在箭麻抽薹开花时需要部分的散射光。因此，天麻由种子到箭麻的整个过程中具有避光性。

3. 向气性　天麻由种子到箭麻的整个生长过程虽然都在地下，但其生长需要通气条件好的土壤。在土壤透气性不好的情况下，天麻有向透气的方向生长的趋势，因此认为天麻生长具有向气性。

天麻栽培要选择透气性好的土壤，表土层经常松土或采取其他的透气措施。在天麻的无性繁殖中，半年分栽不仅避免种麻的浪费，而且还起到了重新疏松土层的作用，给天麻和蜜环菌的生长提供良好的透气环境，以达到高产、稳产的目的。

4. 向湿性　在天麻的生长发育过程中，当栽培土层水分不足时，天麻有向湿度大的方向生长的特性。湿度管理与温度条件一样重要，因此在人工栽培时，在保持适宜的温度条件下，水分一定要充足。天麻栽培在林下、穴上遮阴（放树叶或树枝）、搭荫棚，既能控制温度，还可减少水分的蒸发。秋天由于温度适宜蜜环菌生长，蜜环菌生长过盛会反噬天麻，因此秋天应控制土壤湿度。

5. 负向地性　天麻在野生条件下，多分布于 10 cm 左右的土层中，不同生育形态的块茎在这 10 cm 土层中的分布也有层次之分。小白麻居最底层，距地面 8～10 cm；大白麻居中间层，距地面 5～8 cm；箭麻居最上层，距地面 1～5 cm，有许多箭麻的混合芽在地表 1 cm 的土层中。这种逐渐向地面接近的生长趋势表明了天麻的负向地性。

6. 退化性　天麻经过多代无性繁殖后会出现单窝产量降低，箭麻品质下降，商品率降低等退化现象，具体表现为产量大幅度下降，箭麻单株重量降低，被蜜环菌侵染的箭麻数增加，白麻单株重量增加，块茎细长，种麻色泽加深，被病害侵染的概率大大增加等。发生退化的原因可能是天麻在较长时期的栽培繁殖过程中受到人的干预，人工栽植减弱了天麻群体间竞争生长的能力，多代无性繁殖促使天麻的生长发育繁殖机能逐渐减退甚至消失。在生产中采用有性繁殖与无性繁殖交替进行的栽培方式，有性繁殖杂交一代和杂交二代的鲜天麻各性状均表现出显著的杂种优势。有性繁殖虽然可以解决天麻产量下降问题，却不能从根本上解决天麻品种的退化问题，因此天麻优良品种的选育才是确保天麻稳产高产的关键。

7. 低温休眠特性　天麻在冬季耐寒能力较强，能长期在0℃左右的低温条件下越冬，并形成了冬季需要低温休眠的特性。休眠温度以1～5℃为宜，休眠期不少于2.5个月。如冬季地温过高，满足不了天麻对低温的需求，将影响其翌年的生长势，严重的即使其他的生长发育条件都适宜，块茎的芽也不能正常发育。天麻解除休眠后的萌发快慢，与休眠中接受的低温条件有关。块茎在低温下处理时间长的，则萌发势强，反之则萌发势较弱。因此在生产中，作种用的米麻、白麻和箭麻，冬季应在1～5℃低温条件下保存2.5～3个月，使其度过低温休眠期，翌年方能从休眠状态转入萌发阶段。

（三）天麻的有性繁殖与无性繁殖

1. 天麻有性繁殖

（1）天麻有性繁殖的概念　天麻有性繁殖是指通过箭麻（带有鹦哥嘴的麻体）抽薹、开花、授粉得到果实，利用种子繁殖后代的方式。由于这种繁殖方式天麻经历了雌雄两性配子结合而形成种子的发育阶段，因此称为天麻有性繁殖。天麻育种，主要利用有性繁殖进行。

（2）天麻有性繁殖的过程　经历了越冬低温处理后的发育成熟的箭麻，在地温达到12～15℃时解除休眠，然后进行播种。北方地区一般于清明节前后栽植在疏松的土壤里，抽薹开花和授粉后，得到天麻的果实。果实中有大量的种子。生长期一般45～60天。

也可以将人工采集的成熟的天麻种子与共生萌发菌菌种和蜜环菌菌种（简称"两菌一果"）一起采用同步法播种，提高种子的萌发率。萌发的天麻种子经5～6个月的培育，就能长成花生仁大小的米麻和白麻，也就是天麻有性繁殖得到的天麻零代种子，又叫有性繁殖的天麻原种。天麻零代种子培育的过程就叫作天麻有性繁殖，俗称天麻育种。

通过天麻有性繁殖获得的种麻性状稳定，抗逆性强，繁殖系数高。一次育种，一般可连续种植

2～3年。

（3）天麻有性繁殖育种的种类　天麻人工有性繁殖育种有自交繁殖（有性育种）和杂交繁殖（杂交育种）两种。天麻自交繁殖和杂交繁殖的操作过程基本相同，不同之处就在于人工授粉的操作方法。自交繁殖在人工授粉操作的时候采用的是单一品种单株自花授粉或者异株异花交叉授粉的方法，杂交繁殖在人工授粉操作的时候采用的是2个品种异株异花杂交授粉。

2. 天麻无性繁殖

（1）天麻无性繁殖的概念　天麻无性繁殖就是用天麻地下块茎繁殖后代的方式。由于这种方式未经历雌雄生殖细胞结合的发育过程而繁殖后代，因此称为无性繁殖。

（2）天麻无性繁殖的过程　天麻无性繁殖的种麻一般为米麻和白麻，需要1～10℃低温，30～60天时间才能通过休眠阶段。当地温达到12℃后，栽下的白麻和米麻会结束休眠，4月上旬从顶端生长锥开始萌发长出嫩芽（营养繁殖茎），前端膨大形成新生麻。新生麻6～7月间生长得最快，到9月，新生麻定型即可分辨出是箭麻或白麻。秋后，原种麻和各级营养繁殖茎慢慢腐烂，随着温度降低，新生天麻进入休眠期。第二年新生麻已脱离母体，箭麻被采挖入药或抽薹开花，白麻、米麻继续以上述方式进行繁殖。这就是无性繁殖全过程。

（3）天麻无性繁殖的代数认定　天麻有性繁殖培育出的米麻、白麻称为天麻的零代种子。用零代种子再种植培育出天麻，带有鹦哥嘴麻体的天麻（箭麻）可以作为商品天麻出售，剩下的没有鹦哥嘴形状像花生仁大小和花生果粒大小的小天麻，就是天麻的一代种，又称继代种子。天麻一代种可以用来作种麻进行二次种植培育另一批商品麻和天麻二代种。用天麻二代种子进行商品天麻种植后的天麻三代种子就不能再进行商品天麻种植了。三代种子的分生能力微弱，种性已基本退化，种植几乎没有产量。

3. 天麻有性繁殖与无性繁殖的区别　有性繁殖与无性繁殖的区别在于，天麻有性繁殖就是单一的培育天麻零代种，即天麻育种；天麻无性繁殖就是用天麻零代种、一代种、二代种进行再种植培育商品天麻，即天麻商品培育。

4. 天麻有性繁殖的意义　利用天麻有性繁殖获得的天麻零代种进行天麻商品的种植培育，不仅较好地解决了产量低而不稳、品质差和品种老化退化的问题，而且利用有性繁殖进行杂交育种培育的新品种具有杂交优势，较好地解决了天麻品种更新的问题。天麻有性繁殖获得的天麻种子性状稳定，抗逆性强，繁殖系数高，产量比无性繁殖的天麻种增产 2～3 倍，品质也显著提高。一次育种，可连续种植 2～3 年。二代以内科学种植，也可以保障稳产高产，是天麻生产良性循环、可持续发展的重要保证。

三、营养

天麻是典型的异养型草本植物，营养器官高度退化，既无根又无绿叶，全株不含叶绿素。它既不能像一般植物一样以根从土壤中吸收生长发育所必需的水和矿质元素等养料，又不能通过光合作用制造葡萄糖等有机物供自身利用。生长发育过程中所需的大部分营养物质由先后与其建立共生关系的萌发菌和蜜环菌提供，这类真菌提供的营养称为天麻的第一营养源。另外，天麻通过种皮、块茎表皮也能从土壤中吸收少部分的水分、矿质元素供自身利用，这部分营养称为天麻的第二营养源。

（一）天麻种子萌发的营养条件

1. 天麻种子萌发的第一营养源　天麻种子形小体轻，无胚乳，仅由胚及种皮组成，萌发阶段所需养分主要来自于侵入的共生萌发菌、自身贮存的营养物质和周围土壤环境中的部分营养物。萌发菌提供的营养是天麻种子萌发的主要营养源，称为天麻种子萌发的第一营养源。

天麻种子是靠紫萁小菇等共生萌发真菌的菌丝侵染给种胚提供营养的。

紫萁小菇是腐生在林间枯枝落叶上的腐生菌。在自然条件下，天麻种子离开紫萁小菇等真菌不能发芽，但紫萁小菇等真菌离开天麻种子可营腐生生活。种子萌发阶段，紫萁小菇等萌发菌以菌丝形态由种皮侵入种子，天麻种胚的分生细胞开始旺盛分裂，消化紫萁小菇获得营养而萌发。接着种子萌发的原球茎立即进行第一次无性繁殖，分化长出 7～8 节营养繁殖茎和细小米麻。

伴播紫萁小菇的天麻种子在萌发时，紫萁小菇的菌丝从天麻胚柄细胞侵入胚体，侵入初期菌丝分布在胚柄上 2～3 层的胚细胞中。随着胚的发育，菌丝分别向胚体的两侧扩展。种子萌发至原球茎时，被菌丝侵染的细胞在原球茎基部呈"V"形分布。凡被紫萁小菇菌丝侵染的种胚或原球茎细胞，其原生质及细胞器逐渐消失而出现许多不规则的囊状体。在种胚萌发至原球茎阶段，主要靠这种囊状体对紫萁小菇菌丝进行包围消化获得营养。营养繁殖茎积累足够营养物质后，其顶端分化出白麻，侧芽分化出白麻和米麻。

天麻种子萌发所需营养，来源于侵入胚细胞的紫萁小菇等萌发菌，而紫萁小菇等萌发菌主要靠分解培养茎中的纤维素来获得营养。壳斗科植物的树叶是紫萁小菇等萌发菌的良好培养基质，是天麻种子萌发的间接营养来源。

2. 天麻种子萌发的第二营养源　天麻萌发时所需营养还可由周围溶液的渗入与自身贮藏物质的分解所提供，此即为天麻种子萌发的第二营养源。天麻种子虽然没有胚乳，但胚细胞内含有丰富的脂肪、总蛋白质及少量的碱性蛋白。其胚除柄外，每个细胞内平均含有 10 个左右近圆形多糖颗粒，围绕在核的周围，发育不良的种子，其胚内只有很少量的微小多糖颗粒，而使之不能正常萌发。所以，在萌发及原球茎形成的前期，发育正常的天麻种子，可以依靠自身所贮藏的营养物质供给所需的部分营养，但萌发后若不能获得其他营养则不能继续生长发育而自行消亡。天麻种子还可无菌萌发，即人工为天麻种子萌发提供所需的营养物质，包括植物激素，促使种子发芽。

（二）天麻营养生长期的营养条件

天麻的营养器官高度退化，在种子发芽期间胚根停止生长，胚芽伸长形成地下块茎。天麻叶退化成膜质鳞片，不能制造养料，在其一生中除抽薹开花期外，整个生长期中95%的时间是以块茎形态潜居地下，依靠蜜环菌提供营养，是一种典型的异养类型植物。

1. 天麻营养生长期的第一营养源　天麻自身缺乏同化外界元素的能力，其营养主要靠消化蜜环菌菌丝而获得，通过蜜环菌获得的营养是天麻地下块茎生长发育的主要营养来源，称为第一营养源。蜜环菌的供给情况即蜜环菌供给时期的早晚、供给数量的多少、蜜环菌生长得好坏等对天麻的增殖和生产起决定性作用。因此在天麻生长发育过程中，蜜环菌是其主要营养源。天麻种子靠同化侵入胚细胞内的紫萁小菇等一类真菌，获得营养而发芽，形成原球茎后天麻开始进行无性繁殖，需要消化蜜环菌获得营养，蜜环菌成为天麻的异养营养源。蜜环菌为兼性寄生菌，其与天麻是特殊的共生关系，一方面蜜环菌要从天麻块茎中吸收营养，菌麻之间存在营养物质的相互交换；另一方面天麻也要依赖蜜环菌从周围环境中获得营养物质，营养物质的长距离运输依靠天麻的纵向维管组织来完成。因此，二者之中任何一方生长发育不良，都将影响到另一方的健康生长，当蜜环菌侵入天麻块茎后，逐渐取代萌发菌供给天麻营养，完成了两种菌之间营养关系的交替，并向周围细胞蔓延，逐渐与早已侵入的萌发菌接触。此期萌发菌与蜜环菌同时存在于同一个营养繁殖茎中，从纵切面看，萌发菌分布在原球柄和原球体细胞中，而蜜环菌多分布在上部主、侧芽的营养繁殖茎中，其菌丝结细胞形态迥然不同，蜜环菌菌丝结分布密，萌发菌菌丝结分布稀。当两种菌丝侵染将接触时，都停止扩散，互相排斥，中间常有无菌丝的细胞间隔。蜜环菌菌索侵入天麻营养繁殖茎后，菌丝结、突破菌丝通道的菌丝流及大型

细胞等三层细胞层，呈片状环绕包围了整个营养繁殖茎，菌丝通道是天麻整个生长期营养的补给线。蜜环菌的营养主要来自菌材，即靠蜜环菌腐生或寄生于许多阔叶树上，通过分解其纤维素和木质素而获得营养。天麻摄取营养的过程是一个比较复杂的消化吸收过程，其中消化作用是吸收过程的先导，由于天麻的消化作用，菌丝中的原生质以可溶性大分子的形式渗漏出来，并被内吞泡所吸收，最后所剩的细胞壁物质被消化泡吞噬并逐渐分解吸收。天麻次生块茎的营养来源，主要依靠连接于其下方的初生块茎与营养繁殖茎提供。

2. 天麻营养生长期的第二营养源　天麻也可依靠其表皮层从周围土壤中吸收水分和矿质元素作为营养，从土壤中吸收养分作为营养的补充，土壤中的养分称为第二营养源。试验发现，天麻块茎外围土壤中的水、无机盐与矿质元素等，可以通过块茎表皮层进入块茎中，参与块茎所需营养物质的合成。土壤中的氮、磷、钾不论是直接进入天麻块茎，或是通过蜜环菌间接进入天麻块茎，都成为天麻的第二营养，或称补充营养，这些营养物质必然影响天麻的生理活动。

3. 天麻与蜜环菌的营养关系　天麻与蜜环菌之间的关系极为特殊、复杂。它们之间存在着消化与被消化的营养关系，蜜环菌以树木纤维为其生长所需的营养；天麻又靠消化侵染自身的蜜环菌而获得营养。当蜜环菌营养来源不足，天麻生长减弱时，蜜环菌又可以利用天麻体内的营养供其生长。天麻和蜜环菌生活在一起，表现出互相依存、互惠互利的共生关系。这种关系随着生长阶段和环境条件的变化而变化。

"树木"是蜜环菌与天麻生长的营养基础，蜜环菌是一种兼性寄生性真菌，在自然界，能在600多种树木或草本植物上生存。它不仅在活树、草根上寄生，而且能在死树的根和茎干上繁衍。天麻由于自身没有制造养料的能力，必须依靠蜜环菌作为营养来源生长。天麻——蜜环菌——树木（绿色植物）之间构成了一个"食物链"。蜜环菌是其中的

"营养桥梁"，树木是它们两者的物质基础。天麻人工栽培的理论基础就是对它们三者之间关系的认识。

（1）蜜环菌侵入天麻块茎的条件　当正在生长的蜜环菌菌索触及天麻后，菌索分枝尖端的生长点侵入天麻原球茎或块茎，天麻与蜜环菌的共生结合从此开始。蜜环菌依幼嫩菌索侵入天麻块茎表皮，向内产生分枝，不断破坏天麻皮层组织，延伸至消化层细胞以后，即转变为分散的菌丝沿着邻近的消化细胞向各个方向扩散，在接触消化细胞时蜜环菌菌丝迅速被消化。蜜环菌侵入天麻块茎越多，天麻细胞的繁殖和生长越快。实践表明，天麻人工栽培成败的关键就在于能否提供丰富的蜜环菌营养源。当蜜环菌菌索生长点穿透麻体表皮，束状的菌丝体进入皮层，开始以分散菌丝的方式通过细胞间隙或细胞壁纹孔进入细胞内部，使细胞核发生变化，先变大后分解，细胞器及多糖颗粒等消失，营养物质被菌丝体吸收。这个过程通常称为蜜环菌摄取天麻营养时期。蜜环菌侵入天麻块茎的条件是天麻块茎处在休眠或萌发阶段，蜜环菌菌索呈黄白色或棕红色，蜜环菌处于幼嫩期。黑褐色的衰老菌索不能侵入天麻块茎，另外处于生长盛期的天麻块茎或新生块茎是不会被蜜环菌侵入的。

（2）天麻有同化消解蜜环菌菌丝体的能力　在天麻地下块茎接近中柱部位的组织中，有数列体型较大、生活力较强的细胞，具有溶菌作用，有同化消解蜜环菌菌丝体的功能，称为消化层。当蜜环菌菌丝体逐渐进入皮层深处的细胞内部时，就会被原生质包围，扭结成团，并逐渐膨胀而被天麻细胞分解。其后消化层细胞显著变大，原生质浓稠，入侵的菌丝体被消解同化，便成为天麻生长的营养物质，而未结合蜜环菌的白麻则呈"饥饿状态"。

（3）天麻对蜜环菌营养的反馈　随着天麻的生长发育，在箭麻抽茎开花或种麻生出子麻后，原麻体（种麻）逐渐衰老，失去溶解蜜环菌的能力。这时蜜环菌居于优势，便在天麻体内大量繁殖，吸取其营养，原麻体就变成了蜜环菌的营养源，最后块茎中空腐烂。这一阶段表现为蜜环菌对天麻的寄生。

天麻在正常情况下，是依靠消解入侵其皮层与中柱细胞内的蜜环菌菌丝作为营养来源而生长的，这是天麻依靠蜜环菌的方面。而一旦环境发生旱涝、高温、低温等因素变化时，会导致天麻生理功能和生长趋势减弱。天麻与蜜环菌的关系也因此发生不利于天麻的转变，如天麻生长的后期气温降低到15℃以下时，天麻将要进入休眠期，但在此温度下，蜜环菌仍可生长。人工栽培时，秋季浇水或降雨过多，蜜环菌长势过旺，反过来危害天麻，新生麻也会发生腐烂现象。由此可见，天麻和蜜环菌之间的共生关系随着不同生长时期和环境条件的变化而发生变化。只有创造或利用适宜的环境条件和合理栽培技术，才能达到预期的栽培目标。

4.天麻地下块茎生长发育所需营养的转化与运输　天麻营养的转化与运输不同于绿色植物，虽然其不能进行光合作用，但其皮层细胞和大型细胞消化真菌所获得的营养，也必须被分配到各部位。

（1）天麻各部位营养的分配　天麻生长发育过程中，营养物质主要运输到生长旺盛、代谢作用较强的幼嫩部分，如原球茎的分生细胞、米麻和白麻萌动的生长点及箭麻抽茎出土的顶芽处。而营养物质被运输时，首先供应给邻近的生长器官。如白麻接蜜环菌后，接菌点附近的潜伏芽比远离接菌点的潜伏芽获得营养早萌动生长早。在天麻生长发育后期，营养物质主要转运于白麻、箭麻等块茎营养贮藏器官中。有机物向体内生长素浓度较高的部位集中运输，如受精后的子房生长素浓度特别高，有机质就向子房转运。

（2）天麻对营养的消化与运输　天麻对真菌的消化过程及营养输送研究表明，菌丝结细胞、空腔细胞、消化细胞三种染菌细胞中，消化细胞是消化菌丝、吸收营养的主要部位。消化细胞中含有大量的溶酶体小泡，能主动释放水解酶、溶菌酶消化侵入的菌丝。初期有侵染能力的

共生菌生产技术

菌丝逐渐被水解酶包围，最终被消化细胞吸收。在天麻初生球茎消化蜜环菌菌丝的过程中，几丁质酶和 β-1，3-葡聚糖酶也起到了重要的作用。同化产物主要由天麻维管组织运输，参与天麻的生物合成过程，天麻的维管束是同化产物的主要输送器官。另外，传递细胞对短距离运输、分配吸收、互相交换营养物质也有积极的作用。

（三）天麻生殖生长期的营养条件

天麻进入生殖发育阶段后，不再依靠消化蜜环菌来获得异源营养，而仅靠块茎本身所贮藏的大量淀粉粒供给地上部分抽薹、开花、结实。另外，天麻块茎外围土壤中的水、矿质元素等，可以通过块茎表皮层进入块茎中，参与块茎所需营养物质的合成。天麻块茎将自身贮存的多糖物质，由贮存状态转变为可溶性状态，与水、可溶性矿质元素一起通过维管系统输送到地上部分供开花结果之用。

四、环境

（一）土壤

土壤是天麻赖以生存的基质，其中的水分、含氧量和营养物质含量将直接影响天麻的生长发育状况。质地较均匀，通气透水，有一定的保水保肥能力的土壤适宜于天麻生长。黏土排水不良，当雨水过多时，积水会导致天麻死亡，同时土壤透气性不良也影响好气的蜜环菌和天麻生长。在天麻产区，天麻多栽培于沙土中，生长较快，雨水多的年份产量高。但该种土类保水性较差，如遇干旱天麻会由于缺水而生长不良，不及壤土栽培产量稳定。雨水过多时在壤土生长的天麻产量往往低于沙土。

（二）温度

温度是影响天麻生长的主要因素。天麻喜欢在夏季较凉爽、冬季又不十分严寒的环境中生长。温度适宜其生长的时间越长，对生长越有利。

1.温度对天麻营养生长的影响　天麻地下块茎在地温 14℃ 左右时开始生长，20～25℃ 生长较快，低于 12℃ 或高于 30℃ 生长受到抑制，一年之

内整个生长季需要总积温 3 800℃ 左右为宜。海拔 1 000 m 左右的地区，最适宜天麻及蜜环菌生长。

在低海拔或平原地区引种天麻时，地温应保持在 30℃ 以下。炎热的夏季土层温度持续超过 30℃ 以上，蜜环菌及天麻生长受到抑制，影响天麻产量，同时持续的高温也促进天麻种性退化的进程。因此在低海拔的地区栽培天麻，夏季高温季节，应防暑降温。

天麻虽然能耐寒冷，但不能突然降温或持续超低温。低温出现的季节不同，天麻遭受冻害的程度也不同。如果初冬温度突然降低，会使天麻遭受冻害，随着寒冷季节的到来，温度逐渐下降，新生麻组织逐渐老化，天麻块茎细胞中水分减少，细胞液浓度增加，降低植物冰点，防止原生质萎缩和蛋白质凝固，经过抗寒锻炼，增加了天麻的抗寒能力。在严寒的东北地区生长的天麻对低温有一定抵抗能力，如吉林省抚松县在海拔 774.2 m 地区，1 月平均温度 -15.7℃，最低温度可达 -34.7℃，仍有天麻分布。但在这些冰冻的环境条件下，必须长期有较厚的积雪覆盖，雪层下天麻分布层的土壤温度不低于 -5℃，天麻才能正常越冬，如揭去积雪，天麻就会遭受冻害。

由于天麻在系统发育过程中，冬季长期在 0℃ 左右的低温条件下越冬，因此形成了越冬期间需要低温的特性。低温可打破休眠，在所受的低温条件不能满足其要求时，发芽后的幼芽生长势也较衰弱，甚至栽种后种麻不烂也不萌动。一般天麻块茎需用 0～2℃ 低温处理 40 天才能打破休眠，开春后才会继续萌动生长。当进入休眠期后，没有满足一定低温时间，即使萌发条件适宜，也不会萌动发芽。而满足了低温要求，却无适宜的萌发温度条件时，块茎也不会萌发。这是自然条件下天麻冬眠可长达几个月之久的症结所在。

2.温度对生殖生长的影响　春天当地温升高到 10℃ 以上时，箭麻花茎开始萌动，4 月下旬至 5 月上旬土壤 10 cm 深处地温达到 15℃ 左右时开始出苗，5 月下旬到 6 月上旬日平均气温升高到

19.4～21.9℃时开花，种子成熟期在 6 月 14 日至 6 月底，当时平均气温升高至 21.7～22.4℃。温度由 15℃升高到 22℃经历了近 70 天，天麻也需近 70 天时间完成其出苗到种子成熟的全过程。而北京海拔 50 m 的西北郊，4 月下旬 10 cm 深地温 15℃左右时箭麻花茎芽出土，5 月中下旬气温升高到 22.9℃天麻种子成熟，仅经历了近 40 天时间，可见花茎生长周期的长短与温度升高的快慢有一定的相关性。

秋季箭麻花茎分化形成，进入生殖生长期，也必须经过一个低温阶段才能打破休眠。箭麻的休眠期比白麻和米麻都长，如果不能满足其对低温的要求，栽种后不能抽薹，偶有出苗，植株生长也不正常。箭麻一般应在 3～5℃的低温下贮藏 2.5 个月，才能通过低温休眠期，顺利抽薹开花结种。

3. 温度对种子萌发的影响　天麻种子 15～28℃都能发芽，但萌发最适宜的温度为 25～28℃，超过 30℃种子发芽受到抑制。天麻种子萌发的最适温度与共生萌发菌生长的最适温度 20～25℃不相吻合，这与天麻种子的生物学特性密切相关。在栽培实践中，一方面要考虑共生萌发菌生长所需的条件，另一方面又满足天麻种子发芽的温湿度，才能提高种子发芽率及天麻产量。6～7 月播种后正值产区炎热的暑天，20～25℃的地温既适合共生萌发菌生长又适合种子发芽的要求，由于各地所处的地理位置不同，气候条件的差异，天麻种子成熟期各不相同，播种期也有早有晚，原球茎生长速度也有差异，各地应根据当地的气候条件合理安排播种期。

（三）水分

天麻喜凉爽湿润，怕积水成潭，在积水中易腐烂，严重时导致绝收。适宜天麻生长的土壤含水量为 50%～60%，空气相对湿度 70%～80%。培养蜜环菌所用的基质一般含水量在 45%～60%，含水量低于 40% 或高于 65% 时，不利于蜜环菌生长发育，亦影响天麻块茎生长发育，过高过低都不利于天麻的正常生长。含水量适宜的土壤手紧握能成

团，但松手即散，并且指缝无水渗出。

水分是天麻块茎主要组成部分，正常生长的天麻块茎含水量在 80% 左右，低于 35% 其细胞组织就会失去活性。天麻从土壤中吸取部分矿质元素，但这些营养物质必须溶于水才能渗入天麻。因此天麻的正常发育、营养物质的代谢都离不开水的参与。另外水分还会影响天麻与蜜环菌生长环境中的氧气含量，从而影响天麻的生长发育。

我国从东北到华南都有野生天麻生长，天麻分布地区年降水量一般都在 1 000 mm 左右，空气相对湿度 80%～90%，阴雨连绵、多雨潮湿是野生天麻分布区的主要特点。

在不同的生长季节，天麻对水分的要求不同。4 月初块茎开始萌动，不需要过多的土壤水分，只要土壤能保持潮湿，天麻即可正常萌动生长。如果冬春没有有效降水，土壤干旱，则影响蜜环菌生长，降低天麻侧芽萌动率影响天麻产量。7～9 月是天麻块茎旺盛生长期，需要大量的水分供应，所以在 6 月至 9 月上旬这三个半月内，充沛的雨量是保证天麻丰产的关键。7～8 月暑热季节，温度高、蒸发量大，久不下雨引起土壤干旱，会导致幼芽死亡。在林中播种天麻，若遇轻度干旱，林木会起到荫蔽作用，尤其在播种穴覆盖一层树叶，对保持土壤水分能起到非常好的效果。但遇严重干旱年份会由于树木的蒸腾作用，林中土壤比林外更加干旱，会导致发芽原球茎大量死亡。在天麻生长后期，尤其在 10 月天麻已快进入冬眠期，雨水多土壤含水量过高，促进蜜环菌旺盛生长，反而会危害天麻，引起腐烂。故天麻生长后期，开好排水沟是保证丰产的一项重要措施。因此，在田间排水不良的土壤中栽培白麻，夏季大雨后应注意做好土壤排水工作，防止引起天麻腐烂。

（四）空气

天麻是异养型植物，生长发育是靠蜜环菌提供营养维持的，种子萌发也需萌发菌提供营养。蜜环菌和萌发菌都是好气性真菌，在缺氧条件下不能存活，正常的生长发育和新陈代谢离不开氧气的参

共生菌生产技术

与。另外，天麻自身的生长发育也需要氧气的参与。因此，良好的通风条件可以促进蜜环菌和萌发菌的生长发育，从而为天麻的生长发育提供充足的营养。

（五）光照

天麻是一种根、叶均退化的兰科植物，完全失去了进行光合作用的生理机能，它生长发育所需要的营养物质，是与蜜环菌共生而获得的。天麻长年潜伏地下，对光照没有要求。正是因为天麻有这种特性，所以在室外、室内、防空洞、地道，有光或无光的条件下均可栽培。但天麻的花茎具有明显的趋光特性，地上茎出土后需要一定的散射光，有利于种子的形成和成熟。长时间强烈的直射光会危害花茎而产生日灼病，导致植株枯死，故育种圃应搭棚遮阴。7～8月是天麻的生长旺季，如果遇上干旱，强光照也会加大土壤水分的蒸发，从而影响块茎幼芽的生长。

阴坡和阳坡直接影响到光能资源的分布。因此，在冷凉的高山区栽培天麻，增加直射光照可提高土壤温度，故应选择阳坡栽培天麻。同时可增加覆土层厚度提高地温，或用塑料薄膜覆盖，贮存光能促进天麻生长。在炎热的低山区引种天麻，应该选择阴坡栽培天麻，夏季应搭棚遮阴，减少直射光照射，降低土壤温度，使天麻能安全度过酷热的盛夏。

（六）pH

天麻喜生长在较疏松的且富含腐殖质的微酸性土壤中，pH 5.3～6既利于天麻的生长又适宜天麻共生菌的正常生长发育。因此，在人工栽培时，应选择微酸性土壤，未经改良的碱土地不适宜种植天麻。

（七）植被

植被也是野生天麻正常生长发育极为重要的环境条件。植被条件是指天麻生长地的自然环境、植物群落的综合体，这对异养型植物天麻来说尤为重要。天麻在野外生长发育过程中，要求一定的伴生物：一是乔木层，南方是指青冈、板栗等，北方是柞、桦、色木槭等；二是灌木层，南方主要是竹林，北方以榛柴为主；三是草木层，如苔藓及蕨类。上述各类伴生植物除草本植物外，多数为蜜环菌寄生或腐生的对象，是为天麻提供营养的物质源。由于这种营养关系，使天麻和伴生植物有机地联系在一起。因此，野生天麻的分布常因林地植物的改变而发生规律性的变化。一般天麻生长在山区杂木林或针阔叶混交林区，在森林砍伐后的次生林及灌丛中天麻生长也很好。天麻伴生植物种类较多，这些植物的根及其枯枝落叶生长蜜环菌后，成为天麻营养的来源。同时这些植物形成的植被为天麻与蜜环菌的生长创造了良好的生态环境。因此选择在林中栽培天麻，也是一种很好的栽培方式。但在高温干旱地区栽培天麻要注意，天稍旱时，良好的植被可有助于土壤降温保墒，有利于天麻生长；但大旱或干旱时间较长时，林中土壤水分会被茂密的树根、草根所吸收，与天麻竞争土壤中的水分，反而会影响天麻生长。

（八）共生菌

天麻不同于一般的植物，在自然条件下，天麻种子离开紫萁小菇等真菌不能发芽，但紫萁小菇等真菌离开天麻种子可营腐生生活。在天麻的整个生长周期中，几乎都离不开蜜环菌，蜜环菌能和天麻块茎建立良好的共生关系，为天麻提供营养，但对天麻种子的萌发不仅没有促进作用，反而有抑制作用。在自然条件下，凡有天麻生长的地方，必然有蜜环菌伴随而共同生存；有蜜环菌生存的地方，就不一定有天麻，因为蜜环菌离开天麻可以单独生活。良好的萌发菌和蜜环菌生活环境是天麻正常生长发育必不可少的外界环境条件。

1.紫萁小菇　近年来的试验表明，天麻种子萌发是靠萌发菌的菌丝侵染给天麻种胚提供营养。目前对天麻共生萌发菌研究得比较深入的是紫萁小菇。紫萁小菇属于真菌界、担子菌门、蘑菇亚门、蘑菇纲、蘑菇亚纲、蘑菇目，小菇科，小菇属，是一种好气性腐生真菌。

（1）形态特征　紫萁小菇的菌丝无色透明，有分隔。子实体散生或丛生。菌盖直径1.5～5 mm，发育前期半球形，灰色，密布白色鳞片，后平展，中部微突、灰褐色，边缘不规则，白色，甚薄，柔软，无味无臭；菌盖表皮细胞球形或宽椭圆形，有刺疣，长13～19 μm，宽10～15 μm；菌褶白色，稀疏，9～32片，离生，放射状排列，不等长；缘侧密布梨形的囊状刺疣，刺疣长23～31 μm，宽9～11 μm。孢子无色光滑，椭圆形，有微淀粉反应，长7～8 μm，宽5～6 μm。菌柄直立，长8～31 mm，直径0.6 mm，中空，圆柱形，上部白色，基部褐色至黑褐色，稀疏散布白色鳞片；菌柄表皮细胞长形，具刺疣，基部着生在密布丛毛的圆盘基上。

（2）生物学特性

1）腐生特性。紫萁小菇等一类真菌，多腐生于林间落叶、枯枝及植物腐根上，对纤维素有强烈的分解能力。在适当的条件下，也可兼营寄生生活，有腐生和寄生两种习性。

天麻种子成熟后，飞落在林间地面染菌的树叶上，紫萁小菇等真菌又可侵入具有生命力的天麻种子中，使种子共生萌发。

2）好气特性。紫萁小菇等天麻种子的共生萌发菌，是一类好气性真菌，在林中主要分布在林间枯枝落叶层及表层土壤中。

3）发光特性。紫萁小菇等一类真菌具有发光性，在暗室培养时常可看到微弱的荧光，强度较弱，不及蜜环菌。

4）生长的适宜温度。紫萁小菇菌丝体在5～30℃温度范围内均能生长，20～25℃最为适宜。紫萁小菇菌丝在低于5℃和高于30℃的条件下不能生长。光照条件对紫萁小菇菌丝生长的影响不大。

5）pH。紫萁小菇生长发育最适pH 4.5左右，中性和偏酸性条件下菌丝生长情况明显好于偏碱性条件。菌丝在PDA培养基上生长最快，最好的氮源是甘氨酸。

（3）菌丝培养特点　紫萁小菇菌丝的适宜生长温度20～25℃，28℃以上生长受到抑制，30℃停止生长。树叶基质最适宜的含水量为100%～200%，木屑、麸皮基质最适宜的含水量为45%～60%，菌丝生长随基物含水量的增加而逐渐减弱减慢。这是因为培养基的含氧量会随水分的增大而降低，从而抑制菌丝的生长。基础培养基（磷酸二氢钾1.5 g，硫酸镁3 g，麸皮50 g，维生素B$_1$10 mg，胡萝卜素1～3 g，蒸馏水100 mL）加上花生饼粉及麸皮，菌丝生长最好。在野外自然条件下，很少能采集到紫萁小菇的子实体，在实验室人工培养条件下，由现蕾到子实体倒伏，总共需10～12天。

将感染了紫萁小菇的菌叶，置于培养皿中保湿的海绵上，在25℃恒温条件下，培养40天左右，在白色菌丝丛中分化出菇蕾，3～6天后菌盖平展，菌柄伸长，子实体发育成熟。

小菇属几个种萌发菌的菌落、菌丝形态特征相似，菌落规则，菌丝体白色、气生菌丝发达，锁状联合明显，菌丝生长旺盛，以石斛小菇生长最快。

2.蜜环菌　见本篇第三章。

第三节
生产中常用品种简介

全世界有30多种天麻。中国有5种：天麻、原天麻、细天麻、南天麻、疣天麻，没有认定的天麻品种。我国栽培的主要是天麻，按出土时芽苞鳞片、花茎、花冠的颜色区分为4个生态类型，即红天麻、乌天麻、绿天麻、黄天麻，在生产中常用的主要是红天麻、乌天麻和绿天麻。

一、红天麻

红天麻（图8-4-4）的花茎肉红色，花橙红色，地下块茎肉红色呈椭圆形，是天麻的主要类型。主产于我国长江与黄河流域，遍及西南至东北大部分地区，主要分布在海拔500～1 800 m的半山区。块茎肥大粗壮，适应性强，耐旱，生长快、产量高，最高可达10 kg/m²左右，是驯化后的优良高产品种。

图8-4-4　红天麻

二、乌天麻

乌天麻（图8-4-5)也称铁杆天麻，花茎棕灰色，成熟花茎株高1.5～2 m，带白色纵条纹，花黄绿色，花期6～7月，蒴果有棱形、倒楔形。成体块茎椭圆形至卵状椭圆形，节较密，最长可达15 cm以上，单个最大重量达800 g，含水量常在60％～70％，折干率高。主要分布在1 500～2 400 m的半山区、高寒山区。生长期较长，块茎大，但分生力差，不耐旱，种子发芽率及无性繁殖系数都不及红天麻，产量较低，4 kg/m²左右。乌天麻外形较好（短粗、肥厚），天麻素含量较高，块茎含水量小，一般3.5～4.5 kg鲜天麻可加工1 kg干天麻，商品坚实，质量好，售价较高，大多用于出口创汇。乌天麻是驯化后的优良栽培品种，占人工栽培天麻的5％左右，主产区在贵州西

部和云南，云南栽培的天麻多为此型变种。

图8-4-5　乌天麻

生产中还有两种杂交天麻红乌天麻（鄂天麻2号）、乌红天麻（鄂天麻1号），兼有红天麻、乌天麻的优点，是优良的人工栽培品种。红乌天麻平均单体重量250～350 g，产量高达12 kg/m²以上。乌红天麻平均单体重量250～350 g，最高产量可达8 kg/m²。

三、绿天麻

绿天麻（图8-4-6）块茎肥大，种子发芽率高，繁殖率高，产量高。含水量介于红天麻与乌天麻之间，一般4 kg鲜天麻可加工1 kg干天麻，是珍稀的优良栽培品种。

图8-4-6　绿天麻

四、黄天麻

黄天麻也称黄秆天麻，株高1～1.5 m。花茎

幼时淡黄绿色，随着生长发育逐渐变为淡黄色。花淡黄色，花期 4～5 月。地下块茎扁卵圆形，淡黄色，单个块茎最大者可达 500 g，含水量 80% 左右。常生于疏林林缘，产量和天麻素含量都不及红天麻、乌天麻和绿天麻。主要分布于我国云南、贵州、四川等地，是一个驯化品种，在西南地区偶见栽培。

第四节
主要生产模式

天麻的生产方式有两种，有性繁殖方式和无性繁殖方式。有性繁殖种子播种需要与小菇属萌发菌共生获取营养而萌发；无性繁殖用初生块茎作种，需要与蜜环菌共生而获得营养。天麻种植通过有性繁殖和无性繁殖分阶段种植，将天麻种植历程分解成了两个阶段：第一阶段是天麻有性繁殖培育天麻零代原种阶段，时间是 4 月上旬到 7 月上旬进行育种栽培，11 月到第二年 6 月期间都可以采挖天麻零代种子；第二阶段是无性繁殖阶段，利用天麻零代种子进行商品天麻的繁殖阶段，时间是 5 月到第二年 11 月，收获期为第二年 11 月。两个阶段可以在同一年度同步进行，从而使天麻种植生长周期由传统的 3 年缩短到目前的 10～18 个月。

一、有性繁殖生产模式

用天麻种子作繁殖材料的种植方法称为有性繁殖栽培法。用种子繁殖生成的白头麻和米麻作种麻，生命力强，不易退化，而且繁殖系数大，是栽培天麻的一个重要途径。天麻有性繁殖可防止种质退化，扩大种源和良种繁育。

（一）萌发菌、蜜环菌菌种的生产和保藏

天麻是一种无根无绿色叶片的奇特植物，块茎常年潜入土中，不能进行光合作用。由于本身没有直接吸收土壤营养和制造营养的器官，主要依靠蜜环菌来供给营养才能正常生长发育及繁衍后代。天麻的种子很小，无胚乳，必须由小菇属真菌菌丝侵染种胚获得营养而萌发，故这类真菌称为天麻种子萌发菌。因此，生产培养蜜环菌和萌发菌是栽培天麻的首要工作。

1. 萌发菌、蜜环菌母种生产

（1）时间安排　萌发菌、蜜环菌母种一年四季均可生产，一般选择在天麻菌种伴播前 4～6 个月进行，需要多次提纯复壮的时间可进一步提前。蜜环菌菌种准备可参考本篇第三章，下面主要讲述萌发菌的菌种准备。

（2）分离材料的选择与收集

采收天麻种子发芽后的原球茎、兰科植物中的根部、诱导培养萌发菌子实体，可用来分离培养菌种，可用于萌发菌提纯复壮。

（3）培养基配方

配方 1：马铃薯 200 g，琼脂 20 g，葡萄糖（或蔗糖）20 g，pH 5.5～6，加水至 1 000 mL。（PDA 培养基）

配方 2：马铃薯 200 g，蔗糖 20 g，磷酸二氢钾 3 g，硫酸镁 1.5 g，维生素 B_1 10 mg，琼脂 18 g，加水至 1 000 mL。

PDA 培养基制备：将马铃薯切片，加水 1 000 mL 煮沸 30 min，用纱布过滤，取滤液并放入琼脂加热，使之全部溶化，最后加入葡萄糖，溶解后调节 pH 5～6，并加水定容至 1 000 mL。配方 2 的制备方法与 PDA 培养基制备基本相同。

（4）培养基灭菌　培养基趁热分装于试管内，高压灭菌（0.15～0.152 MPa）30 min，趁热取出后按 25° 斜度放置冷却后接种。

（5）接种室消毒　按 1 m^3 二氧化氯气雾消毒剂 4 g 进行熏蒸。先关闭窗户，取气雾消毒剂点燃，人随之离开接种室，关闭房门，熏蒸 1 h 即

可。熏蒸后应隔 1 天使用。

（6）接种 接种时，先将各种器具放入接种室内，开启紫外线灯灭菌 30 min 后即可工作。超净工作台或接种箱开启紫外线灯灭菌 30 min 后再进行操作。

（7）接种方法

1）组织分离。属于无性繁殖，是从子实体内部组织或菌丝体获得菌种的方法。一般不发生遗传变异，分离方法简易，周期短，因此常被生产上采用。将要分离的组织分别用水洗净表面泥土，然后切取需要的部分组织，用无菌水冲洗 3 次，放入 0.1% 氯化汞溶液浸泡 1 min，再用无菌水冲洗 3 次，洗去残存的药液，置于无菌培养皿内。将菌索等材料分别剪成 1 cm 长的小段或小块，在青霉素液（20 μg/mL）中浸泡片刻，用灭菌滤纸吸去表面附着水液，然后接种于斜面培养基上，置 25℃ 恒温培养 3～7 天，开始分别长出白色菌丝和菌索。分离子实体时，用无菌水冲洗消毒残存药液后，用灭菌滤纸吸净水珠，再用解剖刀从菌盖中部纵向剖开子实体，在菌柄及菌盖交界处取其 0.5 cm 左右的一块组织置于 PDA 培养基上培养。

2）孢子分离。进行孢子分离时要选择典型、健壮、无虫无杂菌的 6～7 分成熟的子实体。用 75% 酒精和 0.25% 新洁尔灭溶液等对子实体进行清理和表面的消毒处理，采集孢子。

3）分离菌株的鉴定。经分离、纯化得到的新菌丝体，有较大的变异性，还有可能不出菇，一般先用拮抗试验初筛，择优者培养观察，经出菇试验，选择具有优良种性的菌株应用于生产。

（8）菌种纯化培养 在培养基上最初分离出的菌种，再进行提纯培养以得到优良菌种，称作纯化。采用组织分离获得的菌种变异很小，但也必须经 1～2 次纯化选优，挑选生长健壮无污染的菌丝，转接扩大培养（图 8-4-7），经出菇试验合格后用于生产。经孢子分离获得的菌种有明显的变异，必须经过分离菌株的鉴定。

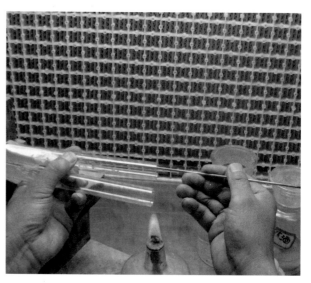

图 8-4-7 菌种的纯化扩繁

萌发菌选用菌落生长速度较为一致的菌丝体，用消毒的接种钩连同培养基一起切取生长尖端菌丝，转移到新的培养基上培养，重复转接可获纯菌种。萌发菌优良母种（图 8-4-8）的共同特征：①生长整齐，同一品种，同来源的母种，扩繁后在相同培养条件下，试管之间菌丝生长外观（色泽、菌丝体厚薄、气生菌丝多寡）应基本相同。②长速一致，生长速度快，个体间长速基本一致。③色泽正常，外观为纯白色，无污染、无老化。④形态一致，不同种、不同品种的母种具有自身的特有形态（菌落形态、色泽、气生菌丝的多寡，培养皿中色素深浅等）。同一品种菌丝形态，颜色基本相同。⑤长势健壮，整齐丰满，长势健旺。

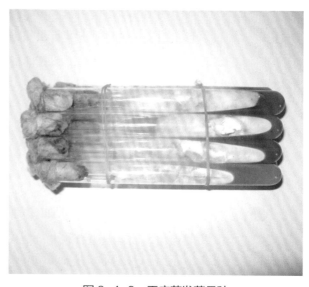

图 8-4-8 天麻萌发菌母种

2. 萌发菌、蜜环菌原种生产

（1）时间安排 萌发菌原种（图 8-4-9）一年四季均可生产，一般选择在天麻菌种伴播前 3～5 个月进行。

图 8-4-9 萌发菌原种

（2）原种制作前期准备 仪器和设备有高压灭菌锅、接种箱、恒温培养箱、天平、磅秤、搅拌机、装袋机；材料、用具有 500～750 mL 分装容器，耐 126℃ 高温的无色或近无色的玻璃菌种瓶，或 750 mL 耐 126℃ 白色半透明、符合卫生规定的塑料菌种瓶，或 15 cm×28 cm 耐高温符合规定的聚丙烯塑料袋，棉塞或无棉塑料盖。培养基原料有木屑、麸皮、小树枝段等。

（3）萌发菌原种生产

1）培养料配方。青冈、桦木等阔叶树的木屑 70％，麸皮或米糠 26％，蔗糖 1％，石膏 1％，磷酸二氢钾 1.5％，硫酸镁 0.5％，pH 5.5～6，水 55％～60％。将以上原料充分拌匀，手握可滴 1～2 滴水为宜。

2）装瓶。将拌好的培养料装入瓶中，稍压实，装至瓶肩处时，在瓶中心打直径 1 cm 的圆孔，深达培养料 2/3 处，盖好瓶盖。

3）灭菌。高压蒸汽灭菌（0.152 MPa）2.5 h，冷却后按常规接种。

4）接种。在接种室内，将菌丝连同蚕豆大小的母种培养基一起接于培养料的圆孔中，一支母种可接原种 5 瓶左右。

5）培养。盖好瓶盖后置 25℃ 恒温培养箱或培养室培养。培养期间密切注意环境条件的调控，适温培养，切忌培养温度过高。相对湿度控制在 75％ 以下。暗光培养，适当通风，注意室内培养物密度不可过大，不可高层重叠。

6）优良菌种的特征。①纯。纯度高，无杂菌感染，无斑块，无抑制线，无"退菌""断菌"现象。②正。具有亲本正宗的形态特征，菌丝纯白，有光泽，生长均匀，整齐，培养料固结成块，具有弹性等。③壮。菌丝发育健壮，生长势旺盛，在培养基上萌发，定植吃料快。④润。含水量适中，培养基湿润，与瓶（袋）壁紧贴，无干缩和积液现象。⑤香。具有品种特有的香味，无腐败、腥臭、霉变等异味。

（4）蜜环菌原种培养 见本篇第三章。

3. 萌发菌、蜜环菌栽培种生产

（1）时间安排 萌发菌（图 8-4-10）、蜜环菌栽培种一年四季均可生产，一般选择在天麻菌种伴播前 4～5 个月进行。

图 8-4-10 萌发菌栽培种

（2）萌发菌栽培种生产

1）配方。壳斗科植物落叶 70％，木屑 10％，麦麸 15％，硫酸镁 0.5％，磷酸二氢钾 1.5％，尿素 1％，蔗糖 1％，石膏 1％，料水比 1∶1.3。

2）装瓶（袋）。培养料混拌均匀后装瓶（750 mL）或高压聚丙烯塑料袋（17 mm×

共生菌生产技术

35 mm×0.06 mm），0.152 MPa 高压蒸汽灭菌 2.5 h。冷却后按常规方法接入原种，盖好瓶盖，移入培养室 25℃恒温培养，50～60 天萌发菌菌丝即可长满全瓶。

（3）蜜环菌栽培种培养　见本篇第三章。

4. 萌发菌、蜜环菌菌种的保藏

（1）母种保藏　菌种保藏是利用低温对微生物生命活动有抑制作用的原理延长菌种保存期。当母种长满试管后，用牛皮纸包扎好，放入 0～4℃的冰箱中，每隔 4～6 个月转管培养 1 次。使用时，应从冰箱中取出先经适应常温 24～48 h 后再转管培养，否则转管不易成活。

（2）原种和栽培种保藏　原种和栽培种可在冷凉、干燥、暗光、清洁的室内保藏。因为蜜环菌在 7℃以上可缓慢生长，在保藏时室温应控制在 0～6℃，可保藏 2～3 个月。

5. 蜜环菌菌枝培养　见本篇第三章。

（二）蜜环菌菌材、菌床培养

1. 蜜环菌菌材培养　一般在天麻栽培前 2 个月进行，方法可参考本篇第三章。

2. 培养菌床

（1）菌床的场地选择　菌床就是将来要栽天麻的穴，也叫窝，所以培养场地不但要考虑适合于蜜环菌的生长，而且也要考虑适合于栽种天麻。所以培养菌床选地和栽种天麻选地标准是一致的。

（2）培养菌床的时间　一般在 6～8 月进行，菌床培育好后正好能赶上冬季 11 月栽种天麻用。有性繁殖播种用的菌床，应在播种当年的 3 月培养。

（3）菌床的培养方法　挖长 70～100 cm，宽 70 cm，深 35 cm 的坑，先铺一薄层树叶，然后放一层 5～6 根较粗的新棒，在每两根棒间，摆放已培育好的菌枝 2～3 段，覆土至与棒平。然后用同法铺上层，上层用较细的棒 6～8 根，然后盖土 3 cm 厚，菌床培养法的菌材一般放两层。

用菌枝培养的菌床营养丰富，蜜环菌长得快，杂菌污染少，菌材质量好。

3. 菌材和菌床的培养管理

（1）调节湿度　培养菌材和菌床，掌握好湿度是非常重要的。蜜环菌需水量比天麻大，水分大点，蜜环菌才能长好。在生产管理上主要是保持培养地内填充物及树木段内的含水量在 50% 左右。应注意勤检查，根据培养地内湿度变化进行浇水和排水。在田间，如果 5～6 月培养菌材和菌床，冬季 11 月栽天麻，时间跨度较长。夏季雨水一般可满足其要求，不必浇水。如果 8 月才培养菌材及菌床，11 月使用，时间短，必须注意浇水。尤其是降雨少的地区，每隔 10～15 天应浇水一次。在田间下暴雨后，一定要注意排水，特别是底层排水性不良的土壤更要防止渍涝。

（2）调节温度　蜜环菌菌索在 6～28℃均可以生长，低于 6℃或超过 30℃生长受抑制，并且高温条件下易感染杂菌，18～20℃温度条件最适宜蜜环菌生长。在春秋低温季节，可覆盖塑料薄膜提高坑内温度，在培养坑上盖枯枝落叶或草可以保温保湿。夏季盖树叶、浇水都可起到降温的作用。

（三）天麻种子培育

为了提早采收天麻种子的时间，种子培育最好在早春进行，这样对种子提早发芽及早期接上蜜环菌都有很好的效果。因此，在有温室条件的地方可利用温室提前栽种箭麻，无温室条件的地方则应建造土温室或塑料大棚育种。如果栽种少量箭麻，也可将箭麻栽在木箱内，利用有保温条件的室内育种。

1. 建造温室或温棚　在进行天麻有性繁殖前，应根据繁殖数量的多少，建造简易塑料温棚或具有调控温度、湿度、光照装置的温室用于培养种子。

2. 做畦　在棚内或温室内做畦或砌砖池，一般畦长 3～4 m，宽 1 m，深 15 cm。如果砌砖池，砖池深度为 15～30 cm，大小以培养大棚来定。用腐殖质土做培养土，用于种植种麻和播种。

3. 选种　应在每年 11 月天麻收获季节，在收获穴内选择箭麻。严格防止挖伤和其他机械损伤麻体，作种用的箭麻应重 150 g 以上，顶芽保持完好，饱满红润，无病虫危害，挖出后小心放入筐中，转运期间严防撞伤。

4. 种麻种植时间　箭麻从种植到开花结果和种子成熟需要 2 个月时间，故种麻应在天麻播种期前 2 个月种植。在生产中，我国秦岭以南地区，冬季地温不低于 0℃ 左右的自然条件下，在冬季天麻收获后可立即栽培。秦岭以北较寒地区，不宜冬栽，选作种麻的穴，冬季可以不收，自然越冬，可春收春栽，或冬栽后加厚盖土，并用稻草、塑料薄膜覆盖做好防寒措施。东北严寒地区应该在春季解冻后栽植。

5. 种麻种植方法　箭麻本身贮藏着丰富的养分，完全能满足开花结果所需要的营养。箭麻用菌材伴栽和不用菌材伴栽，对结果率及种子产量影响无显著差异。因此种植箭麻时可直接栽植在土壤里，不用菌材伴栽。在大棚内做宽 60 ～ 80 cm 的畦床，两畦中间留 50 cm 宽人工授粉走道。在畦内种植种麻时，块茎顶芽朝上平放，覆土 3 ～ 5 cm，株距 15 ～ 20 cm，深度 15 cm。覆盖的土应颗粒均匀，疏松，没有石块，防止石块压住顶芽，影响出苗。也可以采用箱式种植，更省工省时。如果室外冬栽，在顶芽旁插一小树枝为标记，以防翌年插竿时使箭麻受伤，高度以高过覆盖土为宜。室外春栽，应边覆土边插一根长 1.5 m 以上的竹竿。

6. 种麻种植的管理　种麻种植后，棚内或室内温度保持 20 ～ 24℃，相对湿度 80% 左右，光照用荫蔽度 70% 遮阳网遮盖即可，畦内水分含量 45% ～ 50%。

（1）防冻　冬栽箭麻应做好防冻措施，在原 3 ～ 5 cm 覆土上，再加 10 cm 一层土，还可在覆土上再盖一层稻草。春季解冻后，可揭去加厚的土和稻草，有利于天麻出苗。

（2）防倒伏　冬栽箭麻，解冻后应拔出原插小树枝标记，在原孔处插上一根 1.5 m 长的竹竿，出苗后用细绳将花薹捆在竹竿上，以防止大风吹倒花薹。

（3）遮阴　天麻的花薹最怕直射阳光的照射。照射后会使受光面的茎秆变黑，下雨后倒伏。因此，凡在向阳地栽植的箭麻，出苗前都应用树枝或遮阳网搭棚遮阴。棚的荫蔽度以 60% ～ 70% 为宜。在我国南方多雨地区，授粉期间正值雨季，操作不方便，降低结实率。故应在树枝荫棚上面先覆盖一层塑料薄膜，防止雨水进入育种圃内。

（4）水分管理　充足的水分是天麻正常生长发育的必要条件，天气干旱时应及时浇水，保持土壤湿润。尤其是用塑料薄膜覆盖的棚，雨水淋不进棚，更加容易干旱，每周应浇水一次。

（5）摘顶　天麻顶端的几个花朵，结的果实很小，种子量少也不饱满，因此应在现蕾初期，花序展开可见顶端花蕾时，根据花蕾的多少，摘去 5 ～ 10 个花蕾，以减少养分消耗。这样，可使果实饱满盈实，提高种子产量。

7. 天麻的人工授粉　天麻花朵的构造较为特殊，其花药（花粉块）在合蕊柱头的顶端，由一药帽盖罩着，呈黏润状团块，而柱头（雌蕊）在蕊柱下部。所以花粉块不能自动散出完成自花授粉，必须借助外界条件。在野生情况下，天麻的授粉是借助个体较小的土蜂来完成的。而土蜂的活动同气候变化及环境状况有关，在自然环境条件下（如林荫、草丛中）活动频繁，在荫棚中活动较少；晴天活动多，雨天活动少，如遇阴雨天气，天麻盛开的花授粉率相当低。而在室内，根本就无法得到昆虫的传粉。所以在有性繁殖中，要想获得质好量多的种子就必须进行人工授粉。

天麻的人工授粉必须在开花前 1 天至开花后 3 天内完成。也就是说在花粉块成熟并处于较旺盛的生理活动时授粉，才能保证较高的结实率，过早（花粉块未成熟）或过迟都会降低结实率。花粉块成熟的标志是花粉块松软膨胀，将药帽盖稍顶起，在药帽盖边缘微现花粉。授粉时间一般在 10 ～ 16 时为好，雨天及露水未干时不宜授粉。授粉所需要的工具一般是尖嘴镊子，没有镊子的可用针或竹针代替。授粉时，左手轻轻握住花朵基部，右手用镊子慢慢压下花的唇瓣（或将唇瓣夹掉，夹时不要伤到合蕊柱，以免碰掉花粉块），让雌蕊柱头露出，再用镊子（或竹针）自下往上挑开药帽，粘住花粉块，把它放在雌蕊柱头上。

可以采取同株同一朵花授粉，也可采取同株异花或异株异花授粉，还可采用不同类型天麻的花互相授粉，这样授粉所得的种子往往会在生产上表现出意想不到的效果。实践证明异株异花授粉的结实率好于同株同花授粉。

8.天麻种子的采收　天麻授粉后，子房逐渐发育饱满，慢慢趋向成熟。如果温度适宜，如气温25℃左右，授粉后19～22天果实由下向上开始成熟。成熟的果实，子房饱满，纵线细而明显，果实色泽加深由鲜变暗，轻捏果实有弹性。种子成熟后要适时采收，果实开裂后采收的种子发芽率很低，应采摘嫩果及将要开裂果的种子播种，发芽率较高。授粉后第17～19天，或用手捏果实有微软的感觉，或观察果实6条纵缝线稍微突起，但未开裂，或掰开果实种子已散开，乳白色，都为适宜采收期的特征，晚了纵线开裂，种子逸出。过分成熟的种子，发芽率降低，种子采收后应及时播种，随着保存时间的延长，发芽率也逐步降低。

9.天麻种子的保管　种子采收后应及时播种。但有特殊情况时，应将未脱粒果实装入玻璃容器内保存在低温（2～3℃）条件下，有条件的应放在冰箱内。在常温条件下保存，1个月之内仍有近50%的种子可以发芽。

（四）菌种伴播

1.播种期　田间育种受自然气候条件影响较大，不同地区播种期不同。海拔1 500 m的山区，在7月中下旬播种，海拔1 100 m的地区，在6月中下旬播种好。淮河以南地区室内自然温度下，在5月上中旬播种；淮河以北地区室内自然温度下，在5月底至6月中旬播种。播种期提早是高产的关键，采取温室育种，如能争取在5月初播种，等于延长了播种当年天麻的生长期，则播种当年即可收获到高产的米麻、白麻和箭麻。

2.播种量　天麻一个蒴果中，有种子3万～

5万粒，按此数量推算，在0.5 m²的一个播种穴中，播1～2个蒴果就有6万～10万粒种子。目前采用共生萌发菌伴播，种子发芽率可达30%～70%，但大量的发芽原球茎不能和蜜环菌建立共生关系，得不到营养而死亡，只有少数原球茎萌生的营养繁殖茎被蜜环菌侵染得到营养而生存下来。接蜜环菌率低，是目前科研和生产上还未能完全解决的难题。由于天麻种子数量较多，这是天麻有性繁殖能保存后代的一个有利条件。所以目前也只有利用这一有利条件，加大播种量。一般0.5 m²的播种穴中，播10～30个蒴果为宜。

3.播种深度　天麻有性繁殖播种，应根据当地自然气候条件，选择坑播、半坑播及堆播的方法。坑播穴深30 cm左右，半坑深10～15 cm，一般播两层，用纯沙覆盖，沙厚13～15 cm，沙壤土中播种后覆土10～12 cm。

4.播种前的准备

（1）搭建菌床　选择凉爽、潮湿的环境，疏松肥沃、透气透水性好的土壤，有灌溉水源的地方做菌床。一般在春季2～3月或前一年冬季进行菌床培养。也可根据实际情况在播种前两个月做好菌床。

（2）选择菌种　萌发菌栽培种按每平方米2～5瓶（750 mL）（袋）准备。

（3）树枝选择　必须选择青冈、桦等阔叶树的树枝作为菌枝，砍成长4～5 cm，直径1～2 cm的树枝段，每平方米用量1～2 kg。

（4）制备材料　选择前一年和早春落在树林中的青冈树落叶，先在水中浸泡充分吸水，然后切碎备用。

（5）制作播种筒　用高10 cm，直径5 cm的塑料杯，将底去掉，然后用纱布盖严即成。

5.播种方法　播种方法有两种，一种是树叶菌床法，此法适用于盛产野生天麻的部分山区；另一种是纯菌种伴播法，此法在我国天麻种植区都适用。

（1）菌叶菌床法　树叶菌床法虽是利用树林

中的落叶，自然感染土壤中腐生的萌发菌，使种子萌发的一种天麻种植法。由于不同地区、不同林间地块、有无萌发菌分布及萌发菌的种类、林中树叶的干湿度等等诸多因素都会影响到种子能否感染萌发菌，这直接影响到天麻播种后的成窝率和产量。树叶菌床法在陕南部分产区推广后取得较好的效果，成窝率达88.5%，平均窝产天麻1.63 kg，缓解了当地发展天麻与种麻奇缺的矛盾。还培养生活力旺盛的种麻，使种麻得到复壮，防止天麻退化，获得较好的收成。

1）收集树叶。树叶菌床法成功的关键，是收集适宜伴播天麻种子的树叶。天麻种子播种在树叶上能够发芽，是由于树叶感染了土壤中的紫萁小菇等萌发菌。在天麻产区不同山坡土壤中萌发菌分布情况不同，从不同山坡上收集的树叶伴播天麻种子发芽率和产量有较大差异。

应在6月天麻种子成熟前就收集前一年和早春落在树林中壳斗科植物的枯黄树叶和细碎树枝，以紧贴土壤稍腐朽的潮湿树叶为佳。收集到的枯枝落叶应经常淋水保湿，保持树叶上感染的萌发菌的生活力，伴播种子才能发芽。

2）播种方法。种子采收后，立即挖开已培养好的菌床，揭去上层菌棒，将下层菌棒之间缝中的土壤铲掉，在两棒之间垫入一薄层（压实后0.5 cm厚）潮湿的壳斗科树种的树叶，将种子从果中抖出，轻轻撒在树叶上。撒时手应紧贴树叶，防止风吹走种子。大风天不能播种。最后将果皮也一块播入菌床，填土后播种上层。如果用大坑培养的菌材伴播，或菌床中蜜环菌生长旺盛，也可将下层菌棒全部揭起，垫树叶和细碎树枝后撒入种子，将菌棒按原来的摆放方法放入菌床，然后盖一薄层土壤，以填好棒间缝隙并与棒平为宜，在土壤上再垫一层树叶。用同法播种上层，最后覆土10 cm左右，播种穴顶再覆盖一层树叶和树枝以利于保持土壤中的湿度。

（2）纯菌种伴播技术

1）萌发菌菌种准备。纯菌种伴播种植应使用优质的萌发菌栽培种，菌种用量按每平方米4瓶（750 mL）计算，将准备好的菌种用清洁的铁钩从菌种瓶中掏出，放入清洁的拌种盆中。由于萌发菌种主培养料为阔叶木树叶，发满后，菌丝与树叶培养基粘连成团，为了保证菌种和天麻种子搅拌均匀，要将发透萌发菌菌丝的树叶（菌叶）撕成单张备用。

2）天麻种子用量。每平方米播种未开裂的成熟天麻蒴果20～30个，将蒴果剥开抖出种子备用。

3）拌种。将种子装入播种筒撒在菌叶上，同时用手翻动菌叶，将种子均匀拌在菌叶上，并分成两份。拌种应在室内或没风的情况下进行，防止微小的种子被风吹跑。拌种时撒种与拌种工作应两人分工合作，免得湿手粘走种子。

4）播种。纯菌种伴播有菌床播种、菌材伴播播种和畦播三种方式。菌床播种和菌材伴播播种由于蜜环菌已发透菌材，天麻种子萌发并被蜜环菌侵染后可迅速获得营养，并且也可以提前剔除杂菌污染的菌材，天麻产量稳定。畦播采取两菌一果同步法栽培天麻，技术简单易操作，若管理得当也可取得很好的效果，各地应该因地制宜采取适宜的播种方式。

A. 菌床播种。播种时挖开菌床，取出菌材，耙平床底，先铺一薄层湿阔叶树落叶，然后将分好的拌种菌叶均匀撒在落叶上。按原样摆好下层菌材，菌材间留3～4 cm距离，盖土至与菌材上表面持平。再铺湿落叶，撒另一份拌种菌叶，放菌材后覆土5～6 cm，菌床顶盖一层树叶保湿。

B. 菌材伴播播种。播种前挖好栽培穴，栽培穴选址和规格与菌床播种要求相同，播种方法与菌床播种基本一致。两者区别是菌材伴播播种要把培养好的菌材挖出，经严格挑选后运到栽培场进行栽培，而菌床播种是挖出菌材后原穴播种。

C. 畦播（菌枝、树枝、种子、菌叶播种）。挖长2～4 m，宽1 m，深20 cm畦，将畦底土壤挖松整平，铺一层预先用无菌水泡透并切碎的青冈树落叶，撒拌种菌叶一份，平放一层树枝段，

共生菌生产技术

树枝段间放入蜜环菌栽培种或培育好的菌枝，覆盖湿润腐殖质土填满树枝段间空隙。用同法播第二层，盖腐殖质土 10 cm，最后盖一层枯枝落叶，以利于保温保湿。细碎树枝也是萌发菌及蜜环菌很好的培养物，播种时将新鲜幼嫩的树枝条切成 5～10 cm 长的小枝段，撒在树叶层上，也能收到良好的效果。

（五）菌种伴播后的田间管理

1. 调节温度　天麻生长最适宜的温度是 22～25℃。若冬季播种就要做好增温措施，播种初期温度低，要加盖塑料薄膜或稻草提高地温。7～8 月气温较高时，要搭荫棚或在四周洒水降温，必要时加开电风扇吹风降温。夏季播种后首先要进行遮阴保护，可使用遮光率为 60%～70% 的遮阳网覆盖顶层及四周，也可用枝叶覆盖围护给麻穴创造一个阴凉的环境，便于蜜环菌的生长及安全越夏。据测试，遮阳良好的室外，夏季麻穴与地表之间温度一般不超过 30℃，通风良好的温室内麻穴与地表温度不超过 26℃。秋季多雨季节要做好防雨防涝措施。冬季地温低于 0℃ 要加盖覆土和麦草、稻草防冻，有条件的可加盖薄膜，东北地区加盖双层拱棚保温。

2. 控制湿度　天麻生长过程需喷水保持湿润，土壤含水量保持 50%～65%，接种后培养基质含水量应控制在 55% 左右，以利于两菌及麻种的生长，生产中播后 1 周左右，可在栽培穴周围喷水，也可给栽培穴表面覆土层喷少量水，1 个月后可在栽培穴表面覆土层重喷水。同时栽培场所要通风良好，特别是室内栽培必须定期通风，对防止菌材感染，促进麻种萌发生长及夏季降温会起到良好的调节作用。

3. 控制光照　由于天麻是非绿色植物，从栽种到收获，整个营养生长阶段都在地下进行，因此光照对地下块茎的生长繁殖没有直接影响，只能间接影响土壤温度的变化。天麻抽薹出土后（约 2 个月）需要一定的散射光照射，但忌强光。强烈的直射光会引发日灼，危害天麻茎秆，容易导致植株死亡。同时，直射的阳光会加大土壤水分的蒸发，降低土壤湿度，影响块茎的生长。故此时应注意搭棚遮阴，减少直射光的照射。

（六）采收加工

天麻在营养生长期，主要靠同化蜜环菌为营养，碳水化合物在块茎内薄壁细胞中不断积累，块茎不断长大至分化出花茎芽。进入生殖生长阶段，块茎细胞内碳水化合物的积累达到最高峰，此时是采收最佳时期。有性繁殖的生长期为一年半，即当年 4～7 月种植，第二年 11 月采收，其中大部分为米麻、白麻，是天麻的零代种麻，只有极少量的商品麻箭麻。

1. 采收方法　慢慢扒开表土，揭起菌材，即露出天麻，小心将天麻取出，防止撞伤，然后向四周挖掘，以搜索更深土层中的天麻。将挖起的商品麻、种麻（米麻、白麻）分开盛放，种麻供来年无性栽培作种用或不采收直接进行无性繁殖，商品麻采收后可加工入药或鲜藏供来年育种用。

2. 天麻加工

（1）商品麻加工　采收的商品麻（箭麻）应及时加工，不然会影响质量。采收后用清洁的水洗净泥土，按重量分级，即一级重 150～300 g，二级重 100 g，三级重 50 g。蒸制，按块茎分级分别蒸至透心，以水沸后计时，一级块茎蒸 30 min，二级块茎蒸 25 min，三级块茎蒸 20 min。先在温度 60℃ 干燥，约七成干时，对块茎压扁整形，并做块茎内水分渗出处理即"回潮"，然后再加温至 50～60℃ 烘干即成商品。

天麻烘干时最好用木炭或无烟煤烘炕，火力开始宜小，以后慢慢升高，最高不超过 90℃，保持 70～80℃，烘至七八成干后取出，用木板压扁（若有气胀用竹签插穿放气后压扁），继续炕烘，快干时火力应降到 50～60℃，不宜过急，防止烘焦。一般连续烘 3～4 d 才能烘干。

（2）留种用的天麻加工　采收后留种用的天麻，应挑选无创伤和病虫害的块茎晾晒 2～3 天，然后贮藏备用。

3.商品麻分级

（1）干天麻分级　把天麻烘干后按下列标准分为三等。

1）一等。块茎呈扁平长椭圆形，表面黄白色，半透明，质坚强，不易折断，断面较平，黄白色，味甘微辛。平均单体重 38 g 以上，每千克 26 个以内，无空心、枯糠、虫蛀和霉变。

2）二等。块茎呈扁平长椭圆形，表面黄白色，半透明，质较硬，断面角质状，黄白色，味甘微辛。平均单体重 22 g 以上，每千克 46 个以内，无空心、虫蛀和霉变。

3）三等。块茎呈长椭圆形，扁缩而弯曲，表面黄白或褐色，半透明，质较硬，断面角质状，黄白或棕色。平均单体重 11 g 以上，每千克 90 个以内。无霉变、虫蛀。

（2）种麻分级　种麻应按米麻、白麻、箭麻分为三个级别。

4.商品麻包装

（1）干天麻的包装　包装前应再次检查，清除劣质品，包装器材（袋、盒、箱）应是新的无污染材料，不易破损，以保证贮藏、运输使用过程中的质量。纸箱包装应符合以下标准：干天麻外包装采用破裂强度 18.9 MPa 以上的纸材制作纸箱，纸箱上部和下部用 5 cm 宽的胶带封口；包装符合标准，包装内随带产品合格证；客户对包装有特殊要求时，按合同进行包装。

（2）种麻的包装　销售的种麻必须包装。包装前应再次检查，清除劣质品，外包装要求同干天麻。但需在包装箱两端留两个直径 1 cm 的透气孔，内包装使用带 3 ～ 5 个 1 cm 直径透气孔的聚乙烯树脂保鲜袋。包装时每层种麻必须用软包装材料铺垫分隔，防止搬运途中擦伤种麻。

5.贮藏

（1）干天麻贮藏　干天麻仓库应通风、干燥、避光、最好有空调及除湿设备，地面为混凝土，并具有防鼠、防虫设施。天麻干品不得直接裸露于空间，应分级装入聚乙烯袋内严格密封贮存。

3 个月以内中短期贮存干天麻应避光，常温，阴凉干燥，防虫蛀，防鼠咬并有防潮设备。3 个月以上长期贮存的干天麻除按照规定包装外，应严格控制温度在 20℃ 以下，存放在货架上，与墙壁保持足够距离，箱体之间留有一定的空隙。严禁与有毒物质或其他气味重的物质混放，并定期抽查，防止虫蛀、霉变、腐烂等。

（2）种麻贮藏　采收的种麻应低温贮藏，作种麻的米麻、白麻和育种用的箭麻，冬季应在 1 ～ 5℃ 温度条件下保存 2.5 ～ 3 个月，使其度过低温休眠期，翌年方能从休眠状态转入萌发阶段。春季采收的种麻不宜贮藏，应及时播种继续培育。采收的种麻贮藏一般采用气调冷库贮藏或窖藏。

1）气调冷库贮藏。先用 500 倍氯氰菊酯溶液喷洒四周除虫，再用二氯异氰尿酸钠气雾消毒剂密闭熏蒸 24 h，气雾消毒剂用量 1 m³ 5 g。然后分级包装后的种麻直接放入冷库贮藏，保持温度 1 ～ 5℃，空气相对湿度 30% ～ 40%，可保藏 3 ～ 6 个月。

2）窖藏。北方寒冷地区贮藏在室外的，在地面挖一个 3 ～ 5 m 深的地窖，地窖大小以种麻量而定。地窖使用前，先用 500 倍氯氰菊酯溶液喷洒四周除虫，再用二氯异氰尿酸钠气雾消毒剂密闭熏蒸 24 h，或用 10% 石灰水喷洒消毒，气雾消毒剂用量 5 g/m³。摆种时先在坑穴底部平铺 2 cm 厚细沙，沙子选用干净的细河沙，然后摆放一层种麻，用细沙把缝隙填平，再在上面铺一层 3 cm 厚细沙后摆放下一层种麻，依次摆放麻种 3 ～ 5 层，最后一层上面盖 20 cm 厚细沙，细沙湿度 30%。窖口用保温材料封盖，利用留口大小调节地窖内温度，保持窖内温度 1 ～ 5℃，空气相对湿度 50% 以下，可保藏 3 ～ 6 个月。南方地区可直接在室内地面按此法沙埋贮藏。

6.运输　天麻批量运输时，不应与其他有毒、有害物质混装。运输容器应具有较好的通气性，以保持干燥，遇阴天应密闭防潮。

共生菌生产技术

二、无性繁殖生产模式

天麻的繁殖方法有种子繁殖和块茎繁殖。用天麻的块茎来作繁殖材料的种植方法称为无性繁殖栽培法。

天麻无性繁殖栽培按栽植模式又可分为田间种植、仿野生林下种植、箱式种植、室内或温室大棚种植等。

(一)田间种植生产模式

1. 栽培季节选择 每年4~10月为天麻的生长期,11月至翌年3月为休眠期。天麻无性繁殖应在休眠期栽植。在北方,12月至翌年2月为冬季严寒季节,栽植易遭冻害,要注意防冻。

(1)冬栽 此法适合于冬季不十分严寒地区,如秦岭以南地区。最好将收获工作与栽种结合起来,种麻不应贮藏过久。应在地温0℃以上的11月收获天麻,收获时边收边种。

蜜环菌菌索在6℃以上条件下即可生长。初冬栽种后,蜜环菌菌索虽不能侵入天麻皮层,但可附着在表皮上。越冬后天麻开始生长即有营养供给,新生麻会迅速生长。应避免使用受伤的种麻,否则在越冬期间,种麻会腐烂死亡,降低成活率。

(2)春栽 华北地区冬季气温较低,栽培穴做好覆盖保温即可安全越冬,可采用春收春栽的方法。东北地区冬季气温很低,地温常在-5℃以下,没有大雪覆盖,麻床易冻坏,可采取秋末冬初收获室内沙藏越冬,翌年春季地温达到0℃以上土壤解冻后栽种,但栽种不能太晚,否则天麻生长期太短就会影响产量。春栽天麻成活率高,如能保证优良的菌材及菌枝伴栽,3月初春栽仍可获得高产。

2. 准备蜜环菌菌种

3. 培养蜜环菌菌材、菌床

4. 场地的选择 根据天麻生长的特性,在选地时应选择坡度小于30°的缓坡地,土质疏松且富含有机质,排水和保墒性能良好的土地或林下空地。微生物丰富的熟地和刚种过天麻的地不宜使用,因为前者易感染杂菌导致减产,后者因蜜环菌的代谢物改变土质影响天麻生长而导致减产。若需连作则必须换土栽培。

5. 种麻的选择 天麻无性繁殖所用的种麻,也称种栽,主要是白麻和米麻。不主张将箭麻打顶后作种麻用。有的地区,为了提高繁殖系数,将箭麻打顶后栽植,以前也曾推广过这种方法,虽然也能多收点白麻及麻米,但箭麻数量很少,影响天麻产量。白麻、米麻本身繁殖系数很高,只要控制好条件,数量上可增加几十倍。

天麻无性繁殖材料的来源,目前主要靠人工栽培收获的白麻和米麻。这种种麻数量较多,采挖时间集中,损伤较少,是质量较好的种麻。但无性繁殖多代后,种麻就会出现退化,影响产量。而野生种麻,为有性繁殖各代的混合体。它混杂有一定数量的有性一代、二代后代,所以采挖的野生种麻往往栽后两三年都可高产。人工有性繁殖培养的白麻、米麻生活力最强,产量可高于多代无性繁殖的种麻1~3倍。因此,有性繁殖的白麻和米麻是最好的无性繁殖材料。

种麻选择应以白麻、米麻为宜,白麻个体一般如成人小手指头大小,重量8~20 g。个体太大往往是一种退化。米麻是优良的繁殖材料,繁殖系数高,但栽后第二年一般只能形成白麻,箭麻很少。因此,如果栽培主要目的是为了培育天麻一代、二代种,种麻应选择零代米麻,如果是为了收获商品麻,种麻就应选择零代、一代、二代白麻。

种麻要选用色泽黄白色、观感新鲜的白麻或米麻。在挑选种麻时必须选用无病虫危害的,特别应检查种麻有无介壳虫危害,表面蜜环菌菌索大量侵染的种麻也要弃用。

要选择无机械撞伤的种麻。这一点往往不被人们重视,但却是影响天麻产量的重要因素之一。产区收获天麻时往往是从穴中挖出后,装在竹筐中或竹编背篓中,运回室内时又从背篓中倒出,经过分选后商品麻出售,留种用的米麻、白麻栽培时再运到栽培场地,这样倒来倒去,幼嫩的种麻很容易弄伤,有时目测看不到伤斑,但栽种后碰破处会出现黑斑而腐烂。故收获时就应尽量保护好种麻，不能刺伤、撞伤，这也是保证天麻高产的重要因素。

6.播种

（1）播种方式

1）穴栽。此法为常规栽法，适用于我国大部分地区排水良好的山坡地和部分无渍涝灾害的平地。栽植方法就是在栽培地开挖宽 70 cm，长 100 cm，深 20～35 cm 的穴进行天麻栽植。

2）畦栽。此法是在穴栽基础上发展而来，主要适用于室内、温室大棚和淮河以南地区的缓坡地，在栽植地起畦或用砖砌池进行栽培。栽培方法与穴栽基本相同，区别在于穴栽为地下栽培，畦栽为半地下或地上栽培。

（2）穴的大小　一般以 0.5 m² 为一穴，穴的大小一直是个争议的问题。以前主张穴大些好，因为大穴栽植，蜜环菌可互相感染，提高接菌率。有的地方，一穴放 80～90 根菌材，虽然也有些穴获得高产，但在杂菌危害较严重时，大穴感染杂菌反而会造成减产或空穴等现象。据调查，每穴 1 根菌材穴产只有 0.11 kg，每穴 3 根菌材平均穴产 1.52 kg，每根菌材平均产 0.51 kg。如果每穴增加到 25～26 根菌材，每穴平均产天麻 3.68 kg，菌材平均产量只有 0.15 kg。天麻栽培以每穴 5～20 根菌材为宜。当然，菌材数的多少，还应根据菌材粗细决定，细菌材应多放。有的地方采用环山梯田栽植，开沟后每隔 70 cm 左右留出 20 cm 的地方，不放菌材，埋土后就可将大穴隔开，以避免大面积杂菌污染。

（3）天麻栽培层次　天麻栽培，最初都采用栽 1 层的方法，后逐渐改为栽 2 层，但也有地方栽 3 层、4 层。据调查分析，栽 2 层者，天旱时下层产量高；雨水多时上层产量高，天旱或雨涝都可保丰收。栽 4 层者收获时发现，天麻主要在第一、第二层，第三层天麻较少，而第四层只见到几个小白麻。这说明层次越多，下面的几层地温低、湿度大，透气性也较差，影响天麻生长，每棒平均产量低。但层次问题还应根据当地自然气候条件而定。

如我国东北地区，主要是温度低，无霜期短，为了提高土壤温度，改 2 层为 1 层，并采用地面堆栽的方法，中午太阳很快会晒透土层，提高地温，以促进天麻的生长。

（4）种栽的摆放方法及栽种量　将培养好的菌材顺坡向排放以利排水，为方便操作同穴菌材最好等长，每两根菌材之间留 1.5～3 cm 距离。麻种须摆在两棒之间，紧靠着菌材。用白麻作种，一般每两棒中间摆 3～5 个重 50～100 g 的种麻。摆放种麻时，沿菌材每隔 15 cm 摆放一个种麻，麻种最好紧靠菌材上的鱼鳞口处，两头的两个距两端 10 cm 处摆放，生长点应向外（这样长出的新生麻在棒外土壤中，不受菌材挤压，形状好），棒的两端各横摆一个种麻。一穴如果放 10 根菌材，用种麻 700 g 左右。

（5）树叶和菌枝的利用　树叶埋在土壤中，能起到透气、保水的作用，同时又是蜜环菌营养来源之一。观察发现，培养菌床时穴底先放一薄层用水浸泡过的湿树叶，蜜环菌生长旺盛，还大大减轻了杂菌污染。因此，在培养菌床、菌材和菌枝，以及有性繁殖播种天麻种子，无性繁殖栽种时，都应放一层湿树叶。天麻栽好及播种后，在穴表面盖厚 10 cm 一层树叶，还能起到明显的保水作用。但栽培穴中的树叶不宜放得太厚，0.5 cm 左右为合适。因为树叶在土壤中堆积太厚，会将菌材和土壤隔离开，接不上底层土壤湿度，干旱时树叶和菌材都变干，影响蜜环菌生长。雨水大时，树叶又会发酵，土壤温度升高，也抑制蜜环菌生长。

菌枝用幼嫩的树枝培养，蜜环菌长得快，生长旺盛，可以用来作菌种培养菌材、菌床。在栽天麻时，如果菌床蜜环菌长得不好，加点菌枝会提高接菌率。有性繁殖播种时，多放点菌枝也会提高发芽原球茎的接菌率。天麻播种时，多加点菌枝，可加大蜜环菌的接菌量，蜜环菌生长得快，就会抑制杂菌生长。因此，天麻生产中大量利用菌枝是有百利而无一弊的。

菌枝、树叶都是培养菌材时砍树后的废弃物

质。而大量利用菌枝、树叶，这样能使一棵树的树干、树枝、树叶都用来栽天麻，在提高树木利用率同时也增加蜜环菌的营养来源，相应地节约木材资源。

（6）几种常用栽培方法

1）菌材伴栽法。菌材伴栽法是最基本的栽培方法，其他方法都以它为基础。这种方法接菌率高，产量也较稳定。

开挖宽 70 cm，长 100 cm，深 30 cm 的穴，如是坡地，穴底顺着坡向做成斜面。先栽下层，在整平的穴底撒 0.5 cm 厚一层树叶，将已培养好的菌材顺坡摆 5 根，顺坡放菌材比横坡放容易排水。棒与棒的距离 1.5～3 cm。每根菌材中间放麻种 3～5 个，菌材两端各放一个麻种。木棒中间的麻种要紧靠菌材上预先砍好的鱼鳞口棒摆放，木棒两端的麻种要紧靠棒头横向摆放。这种摆放方式既可以使麻种尽快染菌，又可避免新生麻受木棒挤压而畸形。麻种摆好后用沙土填好两棒间空隙，填土厚度与棒平为宜，最后在盖好的土层上撒 0.5 cm 厚一层树叶。用同样方法栽上一层，最后在顶部盖 10 cm 厚的细沙土。

菌材伴栽法是天麻栽培的基础方法，目前仍大量使用。新引种地区或利用室内、防空洞等条件栽培天麻时均可采用此法。菌材伴栽法的优点是栽种后麻种接菌率高，产量稳定，但这种方法会因培养菌材的时间较长，木棒变朽营养较差影响产量。另外，集中培养菌材时，一旦被杂菌污染，损失也大。而且在栽种时需要把菌材从培养处搬运到栽种处，既增加了劳动量又会因搬动损伤蜜环菌菌索而延迟麻种染菌。故在此基础上，又研究成功以下几种栽培方法。

2）菌材加新棒栽培法。这种方法是在菌材伴栽法的基础上发展而来，既能使天麻同蜜环菌较快地建立好共生关系，又能保证蜜环菌有丰富的营养使天麻生长健壮，促进增产。如秦巴山区曾采用菌材加新棒栽培法栽天麻 50 穴，每穴 5 根棒，栽后一年共收箭麻 103.5 kg，每穴平均

2.07 kg，白麻 64.8 kg，合计 168.3 kg，每穴平均产 3.37 kg。

基本方法与菌材伴栽法相同，只是栽培时每隔一根菌材加一根新木棒，麻种应靠近菌材摆放。天麻收获后，有大批已栽过天麻的菌材，尤其是栽天麻时新加进去的新棒，木材还未完全腐烂，蜜环菌生长仍旺盛，为了利用这些菌棒，故又有了以下老棒套新棒的方法。

3）老菌材套新菌材栽培法。天麻收获后，选择还未朽透的粗大老菌材，无杂菌感染。另挖新穴，一根老菌材一根新菌材伴栽天麻，栽法与菌材加新棒相同。为了利用废材，降低成本，这种方法还是可以利用的，但一定应选择较粗大的还未完全腐朽的，无杂菌污染的老菌材。缺点是有半数菌材已用了一年营养较差。有人为了省工在收获时挖出天麻，拿出箭麻和多余的白麻、米麻，然后就在原地穴内利用原菌材，加入一半新菌材，栽入麻种，这种方法是不可取的，其最大缺点是原天麻老穴中，蜜环菌的代谢产物大量积累在土壤中，继续连作可加快天麻退化，杂菌污染率高，病虫害严重，天麻产量逐年降低。所以一定要消灭老穴，栽天麻后的地必须休闲或轮作 3～5 年后再用来栽天麻。土地少的地方，也应换土栽培。

4）菌床栽培法。菌床栽培法是 1973 年试验成功并推广于生产的一种方法，也是目前生产中一种较实用的栽培方法。湖北宜昌地区天麻之所以能在全区很快普及，主要是因为推广了这种方法。菌床栽培法能减少和消灭空穴，使天麻稳产高产。预先将菌床培养好，栽种天麻时，挖开菌床拿出上层菌材，下层菌材不动，然后用小铁铲在下层棒间栽麻种的地方挖一个小洞放入种麻，盖土至与棒平。上层栽法同菌材伴栽，只是要将原穴挖出的菌材放回去。

栽天麻时工作量大，事先培养菌床可以省大量的用工。这种方法的最大优点还在于分散培养菌材，每穴只有菌材 5～10 根，如果感染杂菌，可以弃而不用，浪费不多，不会影响大局，起到防

止大面积杂菌污染的作用。同时，菌材就地培养就地利用，既避免了转运过程中对蜜环菌的损伤，也节省了劳力。此外，因栽种天麻时未动下层菌材和周围的土壤，可使天麻很快和蜜环菌建立了共生关系，接菌快，接菌率高，栽后一个月左右就可接好菌。缺点是要预先占地。

5）纯菌种伴栽法。用蜜环菌栽培种伴栽天麻的方法，称为纯菌种伴栽法。首先备好蜜环菌栽培菌种，选择优良的种麻、砍伐新鲜的木棒，然后进行伴栽。挖穴深 30 cm，穴大小以 0.5 m² 较适宜，穴底铺一层湿树叶及细树枝，新棒砍鱼鳞口后摆在树叶上，棒间放入种麻，从培养瓶中掏出蜜环菌小菌枝纯栽培种，放在种麻与新棒之间，靠紧新棒与麻种，可用纯沙或沙壤土填充棒间缝隙。盖土后用同法栽上层，穴顶覆土 10 cm，然后再盖 10 cm 厚一层落叶。采用此法菌种纯度高，用沙覆盖杂菌很少感染，树棒新鲜营养丰富，只要管理得当也可获得较理想的产量。

7. 田间管理

（1）水分管理　天麻和蜜环菌的生长繁殖都需要充足的水湿条件。若土壤含水量保持 50% 以上，则不需进行人工灌溉。如果遇到干旱无雨，会造成新生幼芽大量死亡，特别是在天麻生长旺盛期的 7～8 月，干旱造成减产，损失更大。故在雨量较少的地区及干旱季节，应及时浇水，一般每隔 3～4 天浇一次，但水量不能过大，应勤浇勤灌，保持土壤湿润。在夏秋多雨季节要做好防雨和排涝工作，冬季天麻进入休眠期，应降低栽培穴的水分含量，使其保持在 20%～30%。

（2）除草松土　天麻一般可不进行除草，若作多年分批收获，在 5 月上中旬箭麻出苗前应铲除地面杂草，否则箭麻出土后不易除草。蜜环菌是好气性真菌，空气流通对其生长有促进作用，故在大雨或浇灌后，应松表土，以利空气畅通和保墒防旱。松土不宜过深，以免损伤新生的幼麻与蜜环菌菌索。

（3）补充菌材　天麻栽种 2 年后，冬季或早春要及时补充新鲜菌材，把新鲜菌材埋入旧菌材旁，以保证天麻有源源不断的营养供应，促进稳产高产。

（4）检查地温　若地温低于 -4℃，天麻易遭冻害，故越冬前要加厚盖土或覆草以防冻害；东北高寒地区，冬季气温达 -37℃ 以下，天麻最好在秋末收获，在室内越冬，春季解冻后再种植，如果一定要来年收获，就要做好保温防护，加盖有增温设施的双层膜温室大棚，并在需要时大棚内人工加温，一定要保持地温在 -4℃ 以上，避免天麻遭受冻害。高于 28℃，天麻生长受抑制，夏季高温应搭荫棚，以避高温的影响。

8. 采收加工

（1）采收　商品麻（箭麻）可以在一年之内长大，故于栽种后满一年即可收挖。冬季栽种的第二年或第三年早春收，春季栽种的当年冬或第二年春采收。一般在块茎进入休眠期采挖较适宜，加工商品率高，质量好。过早采收块茎发育不完全，过迟采收块茎养分消耗，均会影响产量和质量。一般采收与栽种可同步进行。

（2）加工　采收的天麻应及时加工，尤其是春季采收的天麻不适宜保存，箭麻应及时加工，白麻、米麻应继续培育。

（二）天麻室内箱式种植生产模式

天麻室内箱式种植方法与田间栽培基本相同，但菌材和木棒选择上要以箱体大小而定。一般采用菌材伴栽法和纯菌种伴栽法。

1. 天麻室内箱式种植优点　不受自然环境条件的限制，温湿度容易控制。不受场地限制，可充分利用室内空闲地、阳台、地下室等。

室内种植尤其适合无霜期短的北方地区，可有效解决北方地区天麻生长期短的问题，达到增长增效的目的。

制作培养料取材广泛，如木材、木屑、稻壳、玉米芯、秸秆等废弃材料。栽培箱可利用旧包装箱、竹筐、花盆、塑料箱等，简便易行，省工又省料。

共生菌生产技术

依材料箱可大可小，也可进行多层立体种植。占地面积少，管理方便，一个劳动力可管理2 000箱以上。

2. 栽培时间　可采用冬栽和春栽，一般在10月下旬至翌年5月下旬期间均可栽培。

3. 准备蜜环菌菌种

4. 培养蜜环菌菌材

5. 种麻准备　因为是在室内和温室大棚内栽培，要选用经过低温休眠的符合种麻标准的种麻。

6. 栽前备料　以种植1箱为例进行讲述。

（1）准备种植箱　标准箱规格为长、宽各50 cm，高35 cm；或长60 cm，宽40 cm，高35 cm。空木箱、钢筋制作的铁箱、各种规格的竹筐或果品市场装过水果的旧筐、泡沫箱、啤酒厂的破旧塑料箱，均可使用，不同规格箱下种时按标准箱测算下种量。箱式种植既可平面摆放亦可立体层架种植。砖砌支架，每层铺设木板，可立体4～5层种植，也可用角铁焊接成4层层架栽培，这样既可节省面积又便于集中管理。

（2）蜜环菌菌种量　每个标准箱需优质的枝条种1瓶（750 mL），或者用瓶装固体蜜环菌栽培种，用时打破玻璃瓶，将菌种分成5段，每段分成6块备用。

（3）天麻种　每个标准箱需要优质的零代或一代优质天麻种子24～30颗。选种时要严格按种麻的质量标准严格把关。

（4）填充料　①落地树叶使用前用0.05％拟除虫菊酯类杀虫剂溶液浸泡10 min，用清水冲洗后再用清水泡透，把湿重1 kg的湿透树叶，分成4等份备用。②沙土、中粗河沙（以黄沙最好）、山沙、山腐土、生荒土、红壤土均可，约40 kg。

（5）木棒　除松、杉之外的其他树种均可使用，要求要新鲜或砍下2个月以内的木棒。长10 cm，直径2～4 cm的细棒2 kg，长26～30 cm、直径6～8 cm的粗棒6根，粗棒每根两头头部和中间两面各斜砍一斜口，即一根粗棒砍4个斜口，在斜口内各卡进一粒枝条菌种或一块固体菌种备用。

（6）薄膜　截取1～1.5 m宽1.5 m长的地膜，用2 cm直径木棒，一头削尖，在展开的薄膜上，每隔10 cm见方打一孔。亦可直接买一整卷膜，用直径12～16 mm的电钻，每隔8 cm钻一孔，一次用不完，下次再用。

7. 场地消毒　破旧房屋使用前，先用500倍氯氰菊酯溶液喷洒四周除虫，再用二氯异氰尿酸钠气雾消毒剂密闭熏蒸24 h或用10％石灰水喷洒消毒，气雾消毒剂用量按5 g/ m³使用。干净的房子和水泥或瓷砖地坪也可不消毒。只在地面种一层，就无须搭架买箱，但场地利用率低。

8. 播种

（1）播种方法　第一层：把膜铺于箱底和四边，在箱内底部垫6 cm厚沙，放1份树叶，把卡好菌种的粗棒等距离摆放3根。粗棒不能紧靠箱边，留适当间距，空隙中放1 kg左右细枝，盖沙填缝至粗棒1/2处或与细枝面平，浇3 kg左右水。在每个菌种处平放一颗天麻种，盖1份树叶，再盖沙至粗棒面以上3 cm厚，浇3 kg水，盖1份树叶。第二层与第一层一样，放粗棒与第一层重叠（即方向一致），放1 kg细枝段，盖沙至细枝面平，浇3 kg水，平放麻种，盖1份树叶，盖沙至粗棒面平，再盖7～10 cm厚的沙或细沙土，浇5 kg左右的水，就完成了一箱的种植。

（2）装箱程序　菌材伴栽法的装箱程序与纯菌种伴栽法基本相同，区别在于后者栽培时不放蜜环菌菌种，直接用培养好的菌材伴播种麻。

9. 播种后管理

（1）栽培箱组装　箱式种植有三种摆放方式：一是平面摆放，二是立体码放，三是立体层架摆放。

1）平面摆放。根据箱体大小2～3箱并为一排，纵向顺摆成一行，每行宽度80～100 cm，长度以场地情况而定。行间留60 cm的人行通道，每行箱上架设雾化喷灌或滴管设施。

2）立体码放。装好的箱可以一箱紧靠一箱摆

种备用。

放，箱上四角各平放一块青砖，上面摆放另一层箱，青砖隔开的空隙便于喷水浇水，这样可一层一层立体放 4～5 层种植箱。

3）立体层架摆放。层架规格宽度为 50 cm，每层高度 60 cm，长度以场地而定。两排层架并放为一行，行间留 60 cm 人行通道。每层顶部布设雾化喷灌或滴灌设施。层架搭建有三种形式：一是砖砌层架，周围用砖砌作挡板、中间隔木板的砖木层架结构，可立体 3 层种植。二是水泥预制梯状支架，每 2 m 一个支架，每层用木板或钢管、木杆、竹竿铺平作横担，层数以 3 层为宜。三是钢管焊接成 3 层层架栽培。这样立体栽培天麻，既可节省面积又便于集中管理。

（2）水分管理　每隔 10 天左右就观察箱面 3 cm 厚沙子干湿情况。如沙子快干透，就只将 3 cm 厚沙子浇透水即可。但从 9 月开始，要控制箱内水分，喷水量减半，不能过大，以防蜜环菌菌索生长过旺，反消化天麻。

（3）温度管理　天麻生长全程无须控制光线，无须施肥，主要是温度控制。在中层箱 1/2 处插进一根温度计，以测量箱中生长期的培养料温度，适宜温度为 16～26℃。降低温度可采用井水浇水，电风扇排热调节，空调或水循环空调器降温。天麻冬眠不需要太高的温度，如黑龙江、辽宁、吉林等寒冷地区，可采用各种加温方式保证 5℃以上温度即可安全越冬。室外大棚种植的，一般采用冬暖式大棚，或是加盖 30 cm 厚杂草或农作物秸秆等保温越冬。

（4）天麻病害预防　高温季节加上纱门纱窗防蝇、虫、鼠传播病源，经常用杀虫气雾剂房间喷洒即可。天麻病害主要是块茎腐烂病，由气候环境不良造成，如高温和高湿，不利天麻生长却有利于蜜环菌生长，蜜环菌繁殖过旺时，杂菌及蜜环菌共同侵染天麻，形成反消化，导致天麻烂种、空壳，以降温控湿预防为主。另一原因是多代麻种和不良的多代菌种生活力弱，无生长优势造成，只要购买正品零代或一代麻种以及纯三代以内的蜜环菌菌种即可解决。

10. 采收扩箱　每年 10 月底至翌年 4 月均可采收。采收时将天麻箱翻转倒出培养料，按麻体大小分级，大的作为商品麻，米麻、白麻作为麻种使用。麻种在 1～5℃的半湿润沙或土内贮存，可贮存 2 个月。麻种也可以随收随种，但需要换覆盖土并更换腐朽的菌材。

（三）仿野生林下栽培生产模式

天麻仿野生林下种植方式，即因地制宜选择野生天麻生长的林地，在林下分散做小畦种植天麻。此种植方式不允许破坏生态环境，保护好生态环境是保证仿野生天麻品质和可持续发展的必需条件。

1. 栽培季节选择　在天麻休眠期种植，冬季栽培易受冻害，一般在 3～4 月种植。

2. 菌种准备

3. 培养蜜环菌菌材、菌床

4. 场地的选择与整地　在海拔 1 500 m 以上的高山地区，一般温度低湿度大，宜选用无荫蔽的阳山坡地；在海拔 1 000 m 以下的低山地区，一般温度较高而干燥，尤其在夏秋季常出现连续高温干旱现象，宜选阴坡或半阴坡林间地；在海拔 1 000～1 500 m 的地区，温湿度常介于高山区与低山区之间，根据当地气候情况，宜选半阴半阳的疏林山坡。海拔 300 m 以下的平原地区，在凉爽的室内、室外林下、人工荫棚等环境下栽培。应选择既要避免太阳暴晒，又要防止洪水冲刷的地方，最好是阴暗潮湿便于排水的坡地，环境方面有大片的自然荫林或人工荫林最好。天麻对土壤要求不十分严格，但以沙砾土和沙质壤土，土层深厚，富含腐殖质，疏松肥沃，排水良好的土地为宜。天麻对土壤湿度要求较大，一般常年要保持 50% 以上的相对湿度，但过于潮湿也不利于其生长。对于整地要求，只要砍掉地上过密的杂树、杂草或搬掉大块石头，把土石渣、杂草清除干净，就可直接挖穴或做畦栽种。

5. 种麻的选择　要选无病虫害无损伤，颜色正常，新鲜健壮的初生块茎作种。

6. 播种

（1）种麻用量　主要根据天麻初生块茎的大小，种植密度而定，用有性繁殖一年生块茎作种，每平方米种麻用量为 400 ～ 600 g。用无性繁殖的初生块茎作种，每平方米 500 ～ 800 g。

（2）播种方法

1）穴栽。常规栽法，适用于我国大部分地区排水良好的山坡地和部分无渍涝灾害的平地。栽植方法就是在栽培地开挖宽 70 cm、长 100 cm、深 20 ～ 35 cm 的穴进行栽植。

2）畦栽。在穴栽基础上发展而来，主要适用于室内、温室大棚和缓坡地，起畦或用砖砌池进行天麻栽培。栽培方法与穴栽基本相同，区别在于穴栽为地下栽培，畦栽为半地下或地上栽培。

在保证不破坏生态环境的前提下，也可在林间分散小畦种植，畦长 2 m，宽 1 m，深 15 cm。种植天麻时先将畦底挖松，铺腐殖质土 3 cm，平铺一层树枝段，再放菌材，菌材两侧、两端相间 6 ～ 10 cm，用腐殖质土填实树枝段间空隙。天麻靠菌材种植，种麻间距离 10 ～ 15 cm，在种麻间放入树枝段，盖腐殖土 15 cm，最后在最上面盖枯枝落叶以保温保湿。

7. 播种后生产管理

（1）覆盖免耕　天麻栽种完毕，在畦上面用树叶和草覆盖，保温保湿，防冻和抑制杂草生长，防止土壤板结，有利于土壤透气。

（2）春季管理　华北、东北地区做好保温保湿工作，夏秋雨水稀少时要注意及时浇水保湿，防止干旱。雨水偏多时要开好排水沟，防止积水，特别是雨季注意排水防涝。冬季淮河以北地区做好防冻工作，增加栽培畦上覆土厚度并加盖稻草保温。华北、东北地区最好是秋收春栽，室内贮藏避开低温期，保证安全越冬。

（3）注意安全　专人看管，护林防火，防盗，防践踏和防病虫害。

（四）天麻温室（大棚）种植

天麻温室（大棚）种植就是利用日光温室或塑料大棚进行天麻人工栽培。优点是可人工调节温度，给天麻生长创造适宜的环境，防止杂草滋生、便于管理。

1. 栽培季节选择　一般选择冬季和春季栽培。温控条件好的尽量提前栽植。但需要注意的是种麻一定要有一个低温休眠期，一般温度控制在 0 ～ 6℃保持 2 ～ 3 个月。这期间要少浇水，栽培基质湿度保持在 30%即可。

2. 准备菌种

3. 培养蜜环菌菌材、菌床

4. 选择场地　场地环境条件应符合无公害农产品产地环境的要求标准，周边地区无污染源，如土壤、空气、水源没有受到"三废"污染。场地要交通便利，水源充足，地势较平坦，通风良好，土壤最好为保湿性好的沙壤土。

5. 建造温室　各地应根据经济条件和实际情况选用适宜的温室。

6. 播种　温室栽培可根据土壤条件、温湿控制条件选择穴栽、池栽、畦栽和箱栽模式。温室条件好的最好选择层架立体栽培模式，可有效利用空间，提高单位面积天麻的产量。

7. 播种后生产管理

（1）水分管理　定时浇水，休眠期一般不浇水，天麻生长旺季，10 ～ 15 天浇一次水。要轻浇，切勿泼洒，确保培养料含水量 50%～ 60%，空气相对湿度在 60%～ 70%。若长时间培养料湿度超过 60%，蜜环菌长势过旺，会反消化天麻，影响天麻产量。水分过多造成积水会使天麻种腐烂，严重的甚至绝收。

（2）温度管理　利用温室条件，控制好室内温度，越冬期保持温度在 0 ～ 6℃，经过 2 ～ 3 个月低温休眠后使温度逐渐升至 20 ～ 25℃，同时要保证室内通风透气。尽量缩短培养料低于 15℃的天数，因为天麻在 5 ～ 15℃生长很慢或停止生长，但蜜环菌却可以正常生长，造成营养虚耗或反消化天麻。

（3）病虫害防治　防止杂菌污染和病虫害危

害，防止老鼠打洞偷吃种麻。一般杂菌和病虫害多发生在缺氧和高温高湿条件下，除化学防治以外，合理调控室内通风和温湿度也是一个有效的防治办法。

（4）及时采收　在天麻进入膨大后期即成熟期，须5～7天检查一次，发现箭麻、白麻颜色变黄，个别天麻被蜜环菌菌索缠住，说明天麻已不能再生长，必须及时起挖加工，否则就会减产。

（5）注意事项　温室栽培天麻需要连作的，栽培土每年都要更换，杜绝在老穴连种，以避免减产。

三、天麻块茎鉴别

天麻干燥块茎呈椭圆形或条形，略扁，皱缩而稍弯曲，长3～15 cm，宽1.5～6 cm，厚0.5～2 cm。表面黄白色至淡黄棕色，有纵皱纹及由潜伏芽排列而成的横环纹多轮，有时可见棕褐色菌索。顶端有红棕色至深棕色鹦嘴状的芽或残留茎基，另一端有脐形疤痕。质坚硬，不易折断，断面较平坦，黄白色至淡棕色，角质样。气微，味甘。

天麻干燥块茎横切面表皮有残留，下皮由2～3列切向延长的栓化细胞组成。皮层为十数列多角形细胞，有的含草酸钙针晶束。较老块茎皮层与下皮相接处有2～3列椭圆形厚壁细胞，木化，纹孔明显。中柱大，散列小型周韧维管束；薄壁细胞亦含草酸钙针晶束。髓部细胞类圆形，具纹孔。

天麻干燥块茎粉末黄白色至黄棕色。厚壁细胞椭圆形或类多角形，直径70～180 μm，壁厚3～8 μm，木化，纹孔明显。草酸钙针晶成束或散在，长25～75 μm。用乙酸甘油水装片观察含糊化多糖类物的薄壁细胞无色，有的细胞可见长卵形、长椭圆形或类圆形颗粒，遇碘液显棕色或淡棕紫色。螺纹、网纹及环纹导管直径8～30 μm。

（刘小奎　郭杰　王炯　姜宇　孙水娟　翟玉洛）

主要参考文献

[1] 陈娟.中国块菌属的分类与系统学[D].中国科学院昆明植物研究所,2007.

[2] 陈帅,贾成发,韩雪,等.蚕蛹虫草人工栽培技术研究概况[J].食用菌,2011(6):4-5.

[3] 陈顺芳,黄先敏,王锐,等.天麻的一代生活史[J].昭通师范高等专科学校学报,2009,31(5):36-39.

[4] 陈文强,邓百万,刘开辉,等.中低海拔地区猪苓人工栽培技术[J].江苏农业科学,2007(4):167-169.

[5] 陈永刚,邓百万,陈文强,等.不同猪苓菌核分离营养菌丝的研究[J].安徽农业科学,2007(28):8840-8841.

[6] 方华舟,董海波,肖习明,等.保藏温度,时间及代次对蛹虫草菌种质量的影响[J].荆楚理工学院学报,2011,26(2):5-10.

[7] 高志峰.一种猪苓有性繁殖技术及其培养方法[J].食用菌,2009(5):19.

[8] 胡弘道,苏开美,柴红梅.夏块菌与青冈栎形成外生菌根形态变化的研究[J].云南植物研究,2010,32(6):489-494.

[9] 胡树贵,马莹,郭晓凡,等.蛹虫草瓶栽高产技术[J].辽宁林业科技,2010(4):61-62.

[10] 黄海瀛,梁宗锁,王渭玲.天麻生长发育的营养研究进展[J].西北农林科技大学学报(自然科学版),2004,32(12):145-148.

[11] 兰进,徐锦堂,李京淑.应用放射性自显影技术研究标记紫萁小菇侵染天麻种胚的过程[J].真菌学报,1996(3):197-200.

[12] 李树英,李亚洁.柞蚕综合利用(Ⅱ)——利用柞蚕活蛹生产蛹虫草技术[J].中国蚕业,2013(2):80-84.

[13] 刘静波.食用菌加工技术[M].长春:吉林科学技术出版社,2007.

[14] 刘晓红,陈帅,牟雪,等.柞蚕蛹虫草栽培试验研究[J].食用菌,2011(1):39-40.

[15] 冉砚珠,路淑芳.天麻种子成熟度与萌发率关系的研究[J].中国药学杂志,1991(1):12-15.

[16] 冉砚珠,徐锦堂.蜜环菌抑制天麻种子发芽的研究[J].中国中药杂志,1988(10):15-17.

[17] 阮时珍,王鹏霖,李月桂,等.室内盆栽北虫草新技术[J].食用菌,2011(3):49-50.

[18] 宋曼殳.中国块菌属形态分类与分子系统学研究[D].中国科学院微生物研究所,2007.

[19] 苏开美,李树红,杨丽芬,等.印度块菌、夏块菌与化香树合成菌根苗技术初探[J].中国食用菌,2012(3):10-12.

[20] 谭自春,陶长友.猪苓有性繁殖栽培技术[J].中国食用菌,2005,24(1):31-32.

[21] 吴英春,修翠娟,陈杰,等.蛹虫草盆栽技术[J].新农业,2013(9):53-55.

[22] 吴媛婷,陈德育,梁宗锁,等.猪苓人工栽培技术研究进展[J].北方园艺,2012(18):201-205.

[23] 徐锦堂.天麻营繁茎被蜜环菌侵染过程中细胞结构的变化[J].中国医学科学院学报,2001,23(2):150-153.

[24] 徐锦堂.中国天麻栽培学[M].北京:北京医科大学 中国协和医科大学联合出版社,1993.

[25] 徐锦堂,郭顺星.供给天麻种子萌发营养的真菌——紫萁小菇[J].真菌学报,1989,44(3):221-226.

[26] 徐锦堂,郭顺星.天麻种子萌发菌——紫萁小菇[J].中国医学科学院学报,1988,10(4):270.

[27] 徐锦堂,郭顺星,范黎,等.天麻种子与小菇属真菌共生萌发的研究[J].菌物系统,2001,20(1):137-141.

[28] 徐锦堂,牟春.天麻原球茎生长发育与紫萁小菇及蜜环菌的关系[J].植物学报,1990(1):26-31.

[29] 徐锦堂,冉砚珠,郭顺星.天麻生活史的研究[J].中国医学科学院学报,1989,11(4):237-240.

[30] 徐锦堂,冉砚珠,牟春等.天麻种子发芽营养来源的研究[J].中药通报,1981(3):2-3.

VIII

［31］ 许永华，陈晓林，金永善，等.北方栽培猪苓技术 [J].人参研究,2009,21(3):33-35.

［32］ 杨杰，程红艳，孙绪春，等.蛹虫草发酵罐培养的工艺优化 [J].食用菌,2011(2):11-12.

［33］ 张介平.中华夏块菌的分类、群体遗传学及菌根合成研究 [D].中国科学院昆明植物研究所,2012.

［34］ 张介平，刘培贵.中华夏块菌及其生态学研究 [J].食用菌学报,2015,22(1): 34-40.

［35］ 周铉.天麻形态学 [M].北京:科学出版社,1987.

［36］ 庄毅，王荣珍，张卫芳，等.天麻的第二营养来源研究 [J].云南植物研究,1983(1): 83- 91.

［37］ CHEN J, LIU P G. Notes on Tuber aestivum (Tuberaceae,Ascomycota) from China. ActaBotanica Yunnanica,2005, 27 (4): 385-389.

［38］ CHEVALIER G,RIOUSSET L,RIOUSSET G,et al. Tuber uncinatum Chat. Et T. aestivum Vitt., espéces différertes ou simples variétés de la méme espéce？ Documents Mycologiques, 1994 (24) :17-21.

［39］ CHEVALIER G. Evolution des recherches sur les plants mycorhizés par la truffe et perspectives de développement. Giorn Bot Ital, 1994(128): 7–18.

［40］ HU B Y, LIU Q F. Ectomycorrhizal diversity of Tuber melanosporum Vittadini Formed on Cyclobalanopsis glauca(Thunb.) Qerst [J].Quartely Journal of the Experimental Forest of National Taiwan University,2008, 22 (1): 55-60.

［41］ PACIONI G, POMPONI G. Genotypic patterns of some Italian populations of the Tuber aestivum/T. mesentericum complex. Mycotaxon, 1991(42): 171-179.

［42］ PAOLOCCI F. Tuber aestivum and Tuber uncinatum: two morpHotypes or two species? FEMS Microbiology Letters, 2004 (235):109-115.

［43］ SHIN K S, PARK J S, YOSHIMI S. Note on Tuber aestivum subsp. uncinatum (newly recorded in Korea). The Korean Journal of Mycology, 1995(23): 10-13.

［44］ SONG M S, Cao J Z, Yao Y J. Occurrence of Tuber aestivum in China. Mycotaxon, 2005(91):75-80.

［45］ VITTADINI C. MonograpHia Tuberacearum. Milano, 1831:1–88.

［46］ ZAMBONELLI A, RIVETTI C, PERCUDANI R,et al. Tuber Key: A delta based tool for the description and interactive identification of truffles [J]. Mycotaxon, 2000, 75 (1): 57-76.

中国食用菌生产
PRODUCTION OF
EDIBLE MUSHROOM
IN CHINA

PART IX
DISEASE, PEST
AND RODENT CONTROL
TECHNOLOGY

第九篇
病虫鼠害
防控技术

第一章 食用菌病虫害防控原理与策略

　　牢固地树立病虫害防控观念，把防控病虫害的重点转移到生产之前并融入栽培程序之中，用农业生态、物理和化学的综合方法，将病虫危害阈值控制在最低限度内，确保食用菌产品的原生态性、营养性和安全性。

　　本章以食用菌生理为基础，简要叙述病虫与食用菌之间的关系，提出食用菌病虫害综合防控的方法与建议。

第一节
食用菌病害基础知识

一、病害的概念

　　在食用菌栽培过程中，由于某些生物侵染食用

菌菌丝体、子实体、培养料或环境，或食用菌生长发育的因子不适宜，导致食用菌菌丝体或子实体生长发育受到显著的不利影响并表现出一定的症状，称为食用菌病害。

二、病害的类型

　　根据病原体，食用菌病害可以归为 2 种类型。

（一）侵染性病害

主要是由真菌、细菌、病毒、线虫等病原体引起，这些病原体侵染子实体或菌丝体后引起的病害称为侵染性病害，又叫病理性病害。

有些病原体主要侵染菌丝体，引起菌丝体凋亡，如香菇菌棒腐烂病 Trichoderma spp.。有些病原物主要侵染子实体，引起斑点、腐烂或畸形，如平菇黄斑病 Pseudomonas spp.、鸡腿菇黑头病 Lecanicillium lecanii、双孢蘑菇病毒病 La France Isometric Virus（简称 LIV）等。有些病原体既可以在菌丝体、原基和幼蕾上危害，也可以在子实体成熟期危害，如子囊菌门类壳菌纲 Sordariomycetes 肉座菌目 Hypocreales 真菌中的双孢蘑菇疣孢霉 Mycogone perniciosa。

（二）非侵染性病害

由不适宜的培养料或环境条件引起的食用菌生长发育受阻的现象，由于该类病害无病原体，不会造成侵染，称为非侵染性病害，又称为生理性病害。非侵染性病害常引起培养失败，无法出菇，子实体畸形、萎蔫或枯死等，在生产中常造成巨大的经济损失。

培养料配方不合理，或者原料质量达不到要求，是非侵染性病害发生的重要原因之一。例如培养料 pH 过高、过低，或阔叶树木屑中被针叶树木屑混入，或使用劣质麦麸、假石膏等，最终造成烂袋或烂棒现象发生。

菇房通风不良，温度过高或湿度过大，是非侵染性病害发生的另一类常见原因。通风不良导致子实体畸形，特别是灵芝、平菇、鸡腿菇、杏鲍菇等，对空气中过高的二氧化碳浓度十分敏感，子实体易畸形。

温度过高导致菌丝因"烧菌"而凋亡，或者菌丝抗逆能力下降，出现烂袋、烂棒现象，或者引起幼蕾萎蔫、枯死或子实体腐烂。湿度过高易引起子实体发生侵染性病害。

三、病原体的类型

引起侵染性病害的病原体包括真菌、细菌、黏菌、病毒、线虫等。

（一）真菌

真菌是一类真核微生物，依靠丝状的菌丝体从各种有机物（包括活体有机物和死体有机物）中吸取养分，将养分不断累积到菌丝体中（图9-1-1）。

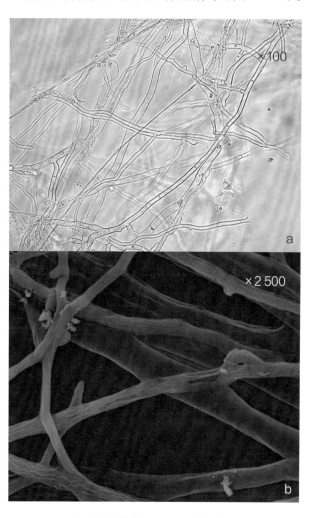

a. 绿色木霉菌菌丝体 b. 香菇菌丝体

图 9-1-1　两种菌丝体的形态（曹现涛　供图）

在培养料上，菌丝体形成各种形态的菌落，不同的真菌在菌落形态方面存在明显差异。早期菌落通常是无色或白色，后期有时呈灰色或灰褐色，有时呈绿色、黄色或红色（图9-1-2）。

一般引起病害的真菌在培养基质上形成各种色泽菌落时，在食用菌子实体或菌丝体发病部位也会出现相同或类似的菌落。

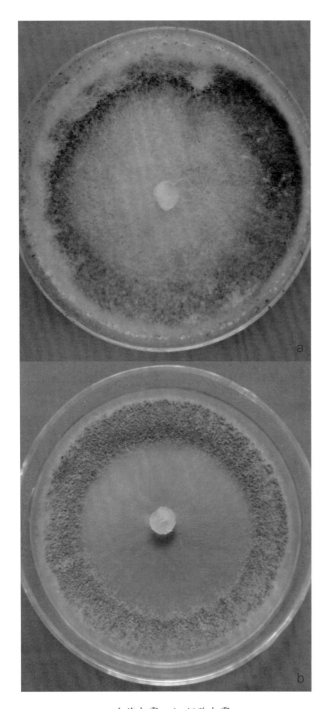

a. 哈茨木霉　b. 矩孢木霉

图 9-1-2　香菇绿霉病相关木霉菌 Trichoderma
spp. 菌落形态（曹现涛　供图）

图 9-1-3　菇体葡枝霉 Cladobotryum protrusum
早期菌落形态（王刚正　供图）

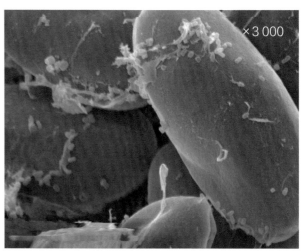

图 9-1-4　截形炭团菌 Hypoxylon annulatum
分生孢子形态（张有根　供图）

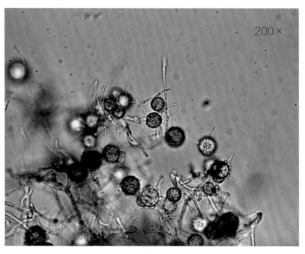

图 9-1-5　疣孢霉 Mycogon perniciosa 的
厚垣孢子（詹佳丹　供图）

　　真菌无性繁殖形成分生孢子（图 9-1-3）、芽孢子、孢囊孢子、游动孢子或厚垣孢子（图 9-1-4、图 9-1-5），而有性繁殖形成卵孢子、子囊孢子、担孢子等。

　　孢子是真菌有性繁殖或无性繁殖的产物，在病害传播中具有重要作用，孢子萌发后侵染子实体、菌丝体和培养料。

引起食用菌侵染性病害的真菌，大多数通过无性繁殖产生大量的分生孢子。

分生孢子通常由菌丝体顶端的分生孢子梗产生，分生孢子梗或长或短，丛生于菌丝体上，有时整齐排列于分生孢子器或分生孢子盘中（图9-1-6～图9-1-8）。

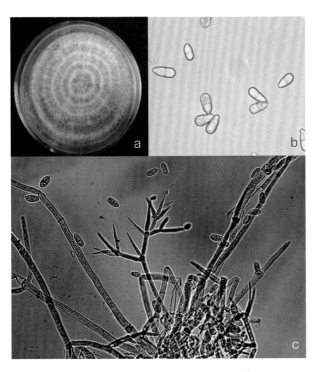

a. 菌落形态　b. 分生孢子形态　c. 分生孢子梗及分生孢子形态

图9-1-6　粉红聚端孢 *Trichtheciumroseum* 菌落及分生孢子形态（曹现涛　供图）

分生孢子成堆时，常呈现绿色、青灰色、鲜黄色或橘黄色等色泽。菌落表面粉状物通常是真菌的分生孢子梗及分生孢子（图9-1-4，图9-1-5和图9-1-6），分生孢子产生于分生孢子梗上（图9-1-6c，图9-1-7）。

分生孢子随着气流、雨水或人工操作传播，在培养基质上萌发成菌丝体侵染食用菌菌丝体或子实体，导致病害发生。

在培养基质或子实体中，有些病原体通过有性生殖形成子囊孢子或担孢子。子囊孢子一般着生在棒状或近球状子囊中，有些子囊着生在子囊壳或子囊盘中。极少数病原体在段木或已发酵的培养料上产生担子果，担子果多为伞状，担孢子着生于担子

果菌褶或菌管上。

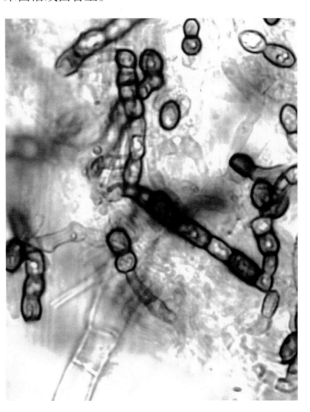

图9-1-7　木栖柱孢霉 Scytalidium lignicola 菌丝体及厚垣孢子形态（孙婕　供图）

在食用菌栽培中，一般分为菌丝体生长阶段和子实体发育阶段。在菌丝体生长阶段结束后，通常需要开口，使菌丝体暴露在外，同时调节温度、湿度、通风或光照等环境条件，促进原基分化。在原基分化形成子实体时，容易被许多病原体侵染，引起病害发生。

（二）危害食用菌的主要真菌群

1. 链孢霉

（1）病原体　主要是好食脉孢霉 *Neurospora sitophila*，也有脉孢霉属其他种类，属于子囊菌门。无性生殖阶段为链孢霉属 *Monilia* 真菌，能产生大量分生孢子。

（2）症状　链孢霉污染又称红色面包霉污染。链孢霉菌丝白色或灰色，侵入菌袋或栽培瓶后生长极快，2～3天侵入点周围即出现橘红色或灰白色的分生孢子。此后病原体在料面或袋口形成一团团橘红色、黄色或灰白色的分生孢子团（图9-1-8）。

a.菌袋口出现锈黄色分生孢子堆　b.菌袋口出现黄色和白色的分生孢子堆　c、d.菌袋内感染链孢霉，出现黄色分生孢子堆

图9-1-8　链孢霉在菌袋中污染培养料的症状（边银丙　供图）

2.绿色木霉菌

（1）病原体　常见病原体有绿色木霉 *T. viride*、康氏木霉 *T. koningii*、哈茨木霉 *T. harzianum*、长枝木霉 *T. longibrachiatum*、多孢木霉 *T. polysporum* 等。它们属于半知菌类真菌，菌丝初为白色，产生大量分生孢子后，菌落变成深绿色或蓝绿色。在生产中通常将上述木霉菌统称为绿霉菌。

（2）症状　各种食用菌培养料均适宜绿霉菌生长。

绿霉菌菌丝初期纤细，白色絮状，生长快，后期产生大量绿色的分生孢子，几天后整个料面变为绿色。培养料腐败，有强烈的霉味。有时绿霉菌与食用菌菌丝之间形成拮抗线，有时绿色木霉菌能侵入并覆盖食用菌菌丝体。培养料被绿霉菌侵染后，常常导致菌袋报废（图9-1-9）。

a. 绿霉菌从香菇接种点感染培养料，并向培养料中蔓延　b. 绿霉菌在菌袋中与平菇菌丝对峙生长　c. 绿霉菌可以从菌袋破损处感染培养料　d. 绿霉菌常造成黑木耳菌袋大量被感染

图 9-1-9　绿霉菌在菌袋中污染培养料的症状（边银丙　供图）

病虫害防控技术

3. 葡枝霉

（1）病原体　病原体是一类葡枝霉 *Cladobotryum* sp.，属于半知菌类真菌，能产生大量的分生孢子。

（2）症状　在姬松茸、双孢蘑菇等覆土层表现症状。先出现白色稀疏的菌丝，渐浓密，丝网状覆盖在原基、子实体及覆土层上，后菌丝迅速扩展，出现一层雪白的绒毛状菌丝，之后白色菌丝上出现淡红色分生孢子堆。严重时大面积污染菇床，覆盖原基或子实体，发病区域不再出菇，对产量造成极大影响（图9-1-10）。

a. 病原体菌丝覆盖在姬松茸幼蕾上　b. 病原体在覆土层上形成稀疏的网状菌丝层　c. 在病原体白色菌丝层上出现粉红色孢子堆

图9-1-10　姬松茸菇床上葡枝霉
污染的症状（边银丙　供图）

4. 青霉菌

（1）病原体　常见青霉菌种类包括常现青霉 *Penicillium frequentans*、鲜绿青霉 *P. viridicatum*、产黄青霉 *P. chrysogenum* 等，属于半知菌类真菌，能产生大量分生孢子。

（2）症状　青霉菌在发病初期的菌丝与食用菌菌丝相似，不易区分。当青霉菌分生孢子形成后，在培养料上呈现出淡蓝色或淡绿色的粉层。青霉菌能抑制食用菌菌丝体生长，一旦覆盖食用菌菌丝体，将导致食用菌无法出菇（图9-1-11）。

图9-1-11　青霉菌污染金针菇栽培瓶（边银丙　供图）

5. 曲霉

（1）病原体　曲霉常见的种类有黑曲霉 *Aspergillus niger*、黄曲霉 *A. flavus*、白曲霉 *A. candidus* 和灰绿曲霉 *A. glaucus* 等，均属半知菌类真菌。

（2）症状　曲霉菌属菌落的颜色多种多样，而且比较稳定，黑曲霉呈现黑色，黄曲霉呈现黄绿色，白曲霉呈现黄绿色，灰绿曲霉呈现灰绿色。曲霉与食用菌菌丝争夺养料，也能分泌毒素，抑制食用菌菌丝的生长。

黑曲霉发生时，菌丝初为白色透明，其菌落呈黑褐色或灰黑色。黑曲霉在25～30℃，空气相对湿度85%以上时易发生。

黄曲霉，菌丝初为白色透亮，菌落呈现黄绿色（图9-1-12），疏松状。黄曲霉在25～30℃，空气相对湿度大于85%时繁殖较快。黄曲霉能产生黄曲霉素，它是一种较强的致癌物质，该菌也是污染菌种的主要霉菌。

图9-1-12　黄曲霉污染栽培瓶的症状（边银丙　供图）

IX

6. 毛霉菌

（1）病原物　毛霉菌 *Mucor* 是接合菌亚门，接合菌纲，毛霉目，毛霉科，毛霉属的一种真菌。

（2）症状　毛霉，又叫长毛菌。菌落初为白色，棉絮状，后变为黄色、灰色或浅褐色。毛霉菌丝生长迅速，能深入培养料中，与菌丝争夺水分和养分，并在培养料表层形成一个覆盖层，抑制食用菌菌丝的生长（图9-1-13）。

图9-1-13　毛霉菌丝体（江苏省农业科学院
食用菌研究室　供图）

毛霉的孢囊孢子随气流传播，在 25～30℃ 条件下萌发成菌丝体，在潮湿的环境下生长迅速。食用菌制种或栽培中，一旦感染毛霉，毛霉菌丝就会迅速生长，其速度为白灵菇菌丝生长速度的 5～10 倍。

7. 根霉菌

（1）病原体　根霉菌 *Rhizopus*，又叫黑根霉菌、葡枝根霉、黑色面包霉，属接合菌亚门，毛霉目，根霉属。

（2）症状　根霉又称黑色面包霉，菌落初为白色棉絮状，后变为淡灰黑色或灰褐色。根霉菌丝白色透明，与毛霉相比，其气生菌丝少，菌丝体呈棉絮状，在培养料表面形成一层黑色颗粒状霉层（图9-1-14）。

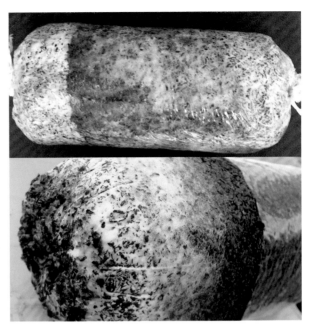

图9-1-14　根霉污染

根霉常见繁殖方式为无性繁殖，为孢囊孢子，孢囊球形，孢囊内是囊孢子，球形、卵形。传播途径为空气传播。

8. 白色石膏霉

（1）病原体　白色石膏霉的病原菌为粪生帚霉 *Scopulari opsis*，又名面粉菌，臭霉菌，是半知菌类的一种真菌。

（2）症状　白色石膏霉（图9-1-15）开始在料面上出现白色绵毛状菌丝体，随后扩展到覆土层，形成菌落，进而变成白色形似石膏的粉状物，最后变成粉红色粉状颗粒。白色石膏霉发生后与食用菌菌丝争夺营养，阻止食用菌菌丝向上或向下延伸，到后期食用菌菌丝消失，培养料发黏、变黑、发臭，白色石膏霉病菌也随之发黄。出现不出菇现象，严重的可导致绝收。

图9-1-15　白色石膏霉

病虫害防控技术

9. 酵母菌

（1）病原体　病原体是子囊菌门，酵母菌纲，酵母菌目，酵母菌科，酵母菌属的酵母菌*Saccharomyces*。

（2）症状　酵母菌是一类细胞真菌，在自然界分布很广，在培养料上多数不能形成菌丝。酵母菌的菌落与细菌相似，表面光滑、湿润，有黏稠性，菌落大多呈乳白色，少数呈粉红色（图9-1-16），比细菌的菌落大而厚。

图9-1-16　酵母菌侵染菌袋

被酵母菌侵染的培养料会发生浓重的酒味，引起培养料酸败，并使食用菌菌丝生长受到抑制。

10. 鬼伞

（1）病原体　主要有毛头鬼伞*Coprinus comatus*、墨汁鬼伞*C. atramentarius*等，属于担子菌门的鬼伞属。

（2）症状　鬼伞常于高温季节发生于粪草类培养料上或覆土层上。鬼伞菌丝稀疏，菇床表面难以见到其菌丝，但其菌丝生长通常比食用菌菌丝快。鬼伞子实体长出料面后，可看到一簇簇灰黑色的小型伞菌，12～24 h即可成熟开伞，之后溶化并流出墨汁状液体，不久即腐烂发臭（图9-1-17）。

图9-1-17　鬼伞在草菇覆土层表面形成的
子实体（边银丙　供图）

11. 裂褶菌

（1）病原体　病原体是担子菌门，担子菌纲，伞菌目，裂褶菌科，裂褶菌属的裂褶菌*Schizophyllum commune*。

（2）症状　裂褶菌是一种可以形成子实体的菌类，裂褶菌的菌丝比食用菌菌丝生长快，菌丝灰白，与食用菌菌丝的交界处形成明显的拮抗线，后期在温度、湿度等条件适应时形成子实体。裂褶菌的菌盖宽1～3 cm，革质无柄，扇形或似掌状，白色或灰白色，表面密生白色绒毛或粗毛。菌褶狭窄不等长，每片菌褶边缘纵裂为两半，成熟后为灰褐色（图9-1-18）。

a. 白灵菇菌袋上的裂褶菌　b. 香菇菌袋上的裂褶菌
图9-1-18　菌袋上的裂褶菌

（三）细菌

细菌是一类个体十分微小，在光学显微镜下放大几百倍才能看到的微小生物，一般杆状或球状（图9-1-19）。

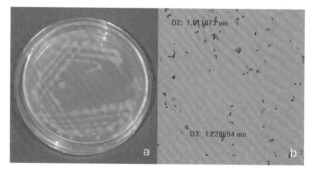

a. 培养基上乳白色的细菌菌落　b. 显微镜下细菌呈杆状
图9-1-19　恶臭假单胞菌*Pseudomonas putida*
显微形态及菌落（黄子炎　供图）

侵染食用菌子实体和菌丝体后，通常产生乳白色或淡黄色黏稠的菌脓，导致子实体出现斑点或腐烂。侵染培养料后使培养料变质，影响菌丝体的生长。细菌以裂殖方式繁殖，通过喷灌水、雨水或人工操作传播。

（1）病原体　侵染食用菌的细菌种类很多，主要是芽孢菌属 *Bacillus*、假单胞菌属 *Pseudomonas*、黄单胞菌属 *Xanthomonas* 和欧文菌属 *Erwinia* 的某些种类。

（2）症状　各种培养基质均可被细菌侵染。谷粒及麦粒培养基被细菌污染后，表面有水渍状黏液，并散发出腐烂性臭味，致使成批菌种报废。

栽培袋或栽培瓶受细菌侵染后，培养料局部出现湿斑，食用菌菌丝生长缓慢，出菇期延迟，产量下降（图9-1-20）。

发酵料在低温和通气不良时，也可能受细菌影响，致使发酵料黏结，颜色变黑，并散发酸臭味。

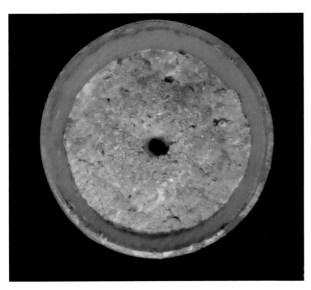

图 9-1-20　培养料受细菌污染的
症状（边银丙　供图）

（四）黏菌

黏菌是一群介于原生动物和真菌之间的生物，是一类与真菌、细菌等不同的菌类。黏菌在生长期或营养期为裸露的无细胞壁、多核的原生质团，其营养构造、运动和摄食方式与原生动物中的变形虫相似。黏菌在繁殖期产生具纤维质细胞壁的孢子，具有真菌性状，但没有菌丝的出现。

在自然界中，黏菌分布甚广，种类较多，常见的危害食用菌的黏菌有：长发丝菌 *Stemonaria longa*、美发网菌 *Stemonitis splendens*、暗红团网菌 *Arcyriadenudata*、煤绒菌 *Fuligo septica* 等。它们共同特点是在子实体表面呈匍匐状生长，不同种类的黏菌其菌体颜色和形状不同（图9-1-21）。

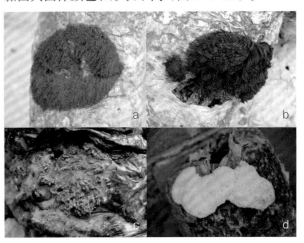

a. 长发丝菌　b. 美发网菌　c. 暗红团网菌　d. 煤绒菌

图 9-1-21　危害食用菌的常见黏菌种类与
形态（杜适普　供图）

黏菌主要生长在菇床料面、菌袋表面及菌棒上，生长扩繁迅速。常常是当日未发现任何异常，翌日就会在基物的表面长出一大团的原生质团，而且该原生质团能慢慢地以变形体式移动，有的原生质团还可以移动到菇床床架、覆盖的塑料薄膜等上面，并产生孢子囊和孢囊孢子。黏菌以变形体、孢囊孢子通过空气、昆虫及人为传播。

（五）病毒

病毒是非细胞形态的微小生物，肉眼难见，只有在电子显微镜下放大十几万倍或几十万倍才能看见（图9-1-22）。病毒病的症状在初期难以察觉，直到某个时期才表现出症状，或者偶然出现症状，造成较大损失。病毒病在子实体上引起的病害症状包括畸形、菌盖变小、变薄、变色等，在菌丝体上症状表现为菌丝体生长缓慢，变稀疏。

（六）线虫

线虫是一类无脊椎动物，属于动物界线形动物门，个体小，一般体长 3～6 mm（图9-1-23）。通常在培养料或覆土层中取食菌丝体，严重时可导致菌丝体完全消失，使培养料变黑、发臭或下沉。在危害子实体时，会引起子实体变黄，萎蔫，流出汁液，最后导致子实体腐烂发臭。

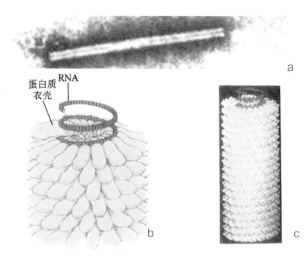

蛋白质衣壳
RNA

a.TMV 粒子的电镜图像　b.TMV 的结构　c.TMV 的模型

图 9-1-22　烟草花叶病毒（TMV）的形态及构造（引自赵斌，2011 年）

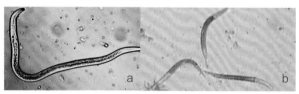

图 9-1-23　引起香菇菌袋腐烂的线虫形态
（a、b 图分别由蔡婧、焦海涛　供图）

四、病害循环

病原体从一个栽培季节开始侵染食用菌菌丝体或子实体，到下一个栽培季节再次侵染菌丝体或子实体的过程，称之为病害循环，也称为侵染循环（图 9-1-24）。病害循环一般包括以下环节。

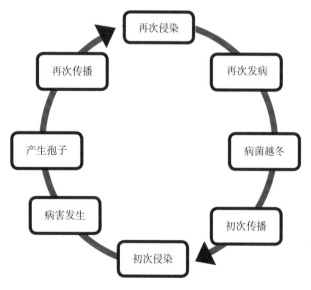

图 9-1-24　食用菌真菌性病害的病害侵染循环途径示意图（边银丙　供图）

（一）病原体越冬（或越夏）

在常规栽培方式下，冬季气温偏低，夏季气温偏高，此时通常栽培季节结束，病原体在这种气温偏低（或偏高）条件下会出现暂时休眠，称之为越冬（或越夏）。一般病原体以孢子或菌丝体的形式在培养料、感病子实体、土壤有机物或菇房等场所越冬（或越夏）。可以采取清扫、灭菌、高温蒸汽消毒或化学药剂消毒等措施，尽可能将病原体消灭在越冬（或越夏）场所。这是减少病原体数量，预防下一个生产季节病害发生的关键。

（二）病原体传播

病原体在越冬（或越夏）场所，需要通过某种方式才能传播到其他健康的食用菌菌丝体或子实体上。主要的传播方式是通过培养料带菌传播，尤其是培养料灭菌或发酵不彻底时，会携带和传播大量病原体。其次是菌种传播，当菌种携带病毒或线虫时，易导致接种失败，造成重大损失。喷、灌水或雨水是细菌、真菌孢子和线虫传播的重要方式之一。

气流传播是病原孢子传播的主要方式，而菇蚊、菇蝇等昆虫的体足常携带和传播病原真菌孢子与细菌。

人工操作传播包括培养原（辅）料运输、铺料、覆土、喷水、通风或菌渣下架等操作过程传播病原体，也包括疏蕾、采摘等接触传播。

不同种类的病原体，其传播方式往往不同。

（三）初次侵染和再次侵染

病原体从越冬或越夏场所传播到食用菌菌丝体或子实体上之后，第一次侵染菌丝体或子实体，称为初次侵染。当发生初次侵染后，在感病部位上常产生大量病原体。这些病原体通过各种传播方式，再次传播到健康的子实体或菌丝体上，引起病害再次发生，称之为再次侵染。

在病原体侵染食用菌子实体或菌丝体时，会分泌胞外酶、毒素、抗生素等化学物质到培养料中，破坏子实体组织或菌丝体，有时病原真菌的菌丝体会重寄生或缠绕在寄主的菌丝体上，最终导致子实体腐烂或菌丝体凋亡（图 9-1-25）。通常在侵染性病害发生时，病原体在培养料中产生各种胞外酶或其他次生代谢产物，抑制食用菌菌丝体的正常生长。

在食用菌栽培季节中，再次侵染可能多次反复发生，造成病害流行，直至生产季节结束。

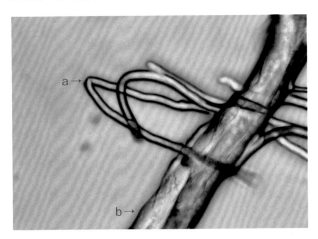

a. 木栖柱孢霉菌丝　b. 毛木耳菌丝

图9-1-25　毛木耳油疤病发生时木栖柱孢霉缠绕在毛木耳菌丝上

五、病害流行的条件

食用菌病害流行需要满足3个条件：①具有致病力的病原体；②处于病害状态的菌丝体或子实体；③适宜病害流行的环境条件。

栽培场所卫生状况对病害发生的影响非常明显。一般新的栽培场所病害发生较轻，旧的栽培场所病害发生较重。这是因为在旧的栽培场所中，废弃的菌渣、子实体残体和各种劳动工具上病原体数量多所致。

栽培场所环境条件也是影响病害发生的关键因素之一。栽培场所温度、湿度和通风状况是三个相互关联的环境因子，多数病害易在高温、高湿和通风不良的条件下发生，少数病害在低温、高湿和通风不良的条件下发生。环境条件同时影响食用菌和病原体的生长，当环境条件不利于食用菌生长，而有利于病原体生长时，病害会暴发流行。

绝大多数食用菌品种都不具有较强的抗病能力或免疫能力，在病原体大量存在的栽培场所，只要

出现高温、高湿和通风不良，或低温、高湿和通风不良的环境，病害就会暴发流行（图9-1-26）。

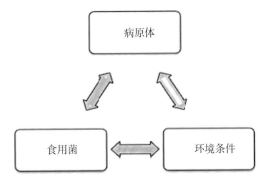

图9-1-26　食用菌、病原体和环境条件之间的相互关系（边银丙　供图）

第二节
食用菌病虫害的发生特点及绿色防控

一、病害发生特点

（一）食用菌营养丰富、气味浓重，易受害

食用菌的菌丝体和子实体营养丰富，水分充裕、气味浓重，缺乏保护层，病虫易于侵染。食用菌以高蛋白、低脂肪、低纤维、好口感而赢得众生喜欢，也更加受到众多的微生物和虫类的青睐，加之每个品种都会散发出特有的菌香味，菌丝体和子实体表层没有相应的保护层，很容易受到多种生物的侵袭、掠夺与占领。

（二）侵害食用菌的病虫种类多、危害重、损失大

据初步统计，侵染食用菌培养料、菌丝体和子实体的杂菌、病菌、害螨、害虫和小动物种类达数百种。各种病菌和害虫（螨）在不同的季节以不同的方式与食用菌争夺营养，侵害菌丝和子实体。全国每年有20％以上的培养料和子实体为此而报

病虫害防控技术

废，直接经济损失达 100 亿元以上。

（三）食用菌培养料为病虫繁殖提供了食源

培养料营养丰富，在为食用菌生长发育提供营养的同时，也为病虫生存与繁殖提供了良好的食源。多种害虫以腐熟的有机质为食源，如跳虫、螨虫、线虫、白蚁和蚤蝇、蚊类等都喜食腐熟潮湿的有机质。经发酵熟化后用于栽培双孢蘑菇、草菇和鸡腿菇的草腐料散发出特有的气味，吸引害虫在料里产卵。在食源丰富的条件下，螨虫、瘿蚊能以母体繁殖方式在短时间内快速地增殖后代，在 30～40 天暴发成灾。经灭菌熟化的木腐菌培养料能成为多种真菌快速繁殖的基地，如木霉、根霉、链孢霉孢子侵入培养料内便能快速繁殖，与食用菌争夺养料，而同时接种的菌种生长速度只有根霉的 1/30，木霉的 1/20，接种面被杂菌侵染后食用菌菌种则会失去营养源而无法生长，导致菌袋报废。因此接种成功率，直接决定着生产效益。

（四）食用菌与病虫生长发育所需环境条件相似

多数食用菌发菌温度在 20～26℃，出菇温度 10～25℃，培养料含水量 65% 左右，出菇房空气相对湿度在 85% 以上；这些人工创建的适宜于菌丝和子实体生长的环境，同样也适合病虫生存和繁殖。优越的生存环境，使害虫生育周期缩短，繁殖代数增加，并且消除了冬眠期和越夏期。

（五）食用菌与病原菌生理特性相近

食用菌与病原菌同属于微生物，生理特性大致相同。在营养与生长环境条件需求方面都表现一致，所以它们相伴相随，难以分开。许多杀菌剂、杀虫剂在灭菌杀虫的同时，也伤害着食用菌的菌丝和子实体，如甲基硫菌灵和百菌清用于拌料，易抑制菌丝生长。多菌灵对灵芝、猴头菇、木耳等菌丝都有抑制作用，多种食用菌在施用敌敌畏后出现抑制出菇或长成畸形菇的现象。

（六）栽培原料上常携带着多种病虫源

绝大多数杂菌和害虫，其寄主都是农作物的残体，如稻草、棉籽壳、禽畜粪便，常携带大量病菌孢子、菌丝体和螨虫、蚊蝇的虫卵，因此，只有对栽培原料做灭菌或发酵处理，以消灭或减少病虫源的基数，才能减少病虫害的危害程度。

（七）病虫源分布广、繁殖快、危害重

病虫分布广，隐蔽性强，食性杂，体形小，繁殖快，暴发性强，药剂难以控制。

在出菇期由于一定厚度的培养料层，有的病害深入培养料内，施用触杀性药剂不能与病菌接触，药效难以发挥，如细菌性的黑斑病和黄菇病等要用药 3 次以上才能控制病情。螨虫、瘿蚊、菇蚊从培养料、菌丝到子实体都能取食危害。

有的病害，如胡桃肉状菌和炭角菌一旦发生则无药可治。

（八）病、虫同时入侵造成交叉感染

菇蚊、菇蝇携带螨虫和病原体，在取食和产卵时就传播病毒、螨虫和病菌。疣孢霉菌致使食用菌发病，感病食用菌又引发细菌和线虫入侵危害，随后子实体腐烂发臭，导致整个菇房和环境遭受污染。

二、绿色防控策略

食用菌生产从培养料制作，菌丝体生长到子实体生长发育以至干品的贮存过程中，都易遭受病虫的侵害。

病害的发生与虫害的发生密不可分，有了虫源，虫可致病；反之，有了病源，病可招虫。因此，病虫害防治必须协调统一，统筹兼顾，从各环节切入，环环相扣，处处把关，用农业防控、物理防控、化学防控和生物防控等多种方式将病虫控制在萌芽阶段，确保安全出菇及高产稳产。

（一）农业防控

农业防控是指在生产前对环境、原料、场所、人员等进行清洁处理，在生产中采用栽培措施防控食用菌病虫害，既是有效、经济和根本的防控方法，也是保障食用菌产品质量安全的关键举措。

其基本原理是在越冬或越夏场所减少或消灭病原体和虫源，阻断病虫害的传播途径，创造适宜于食用菌生长发育而不适宜病虫繁殖或传播的栽培基质和环境条件。

1. 保持环境清洁干燥

（1）场地要求　菌种场、栽培场要保持清洁、干燥、通风，是提高栽培成功率的基础条件。

（2）清理污物　栽培场所的各种有机物，包括菌渣，残、次子实体，堆肥，垃圾，杂草等，尤其注意清理染病的残、次子实体，已污染的菌渣，使用过的覆土材料等，都要及时进行清理。

2. 严把生产资料关

（1）精选原、辅材料　确保木屑、麸皮、玉米粉、石膏等原、辅材料的质量，防止因所用的原、辅材料质量差，而影响菌丝生长。

（2）优选生产资料　严格选择优质的菌袋、菌瓶、颈圈等生产资料，防止因为菌袋破损、菌瓶或颈圈变形引起的培养料被病虫害侵染。

（3）原辅材料处理　对培养料进行彻底灭菌或充分发酵，对覆土材料进行严格选择和消毒处理，防止培养料和覆土材料带有病虫源。

3. 生产实行分场制

（1）生产过程分场制　如果在同一时间和同一环境下，菌种（袋）制作和栽培出菇同时进行，二者要求的温度、空气相对湿度、通风条件和光照条件都不尽相同，病虫害就易于交叉感染，在发菌室内重复侵害，难以根除。只有在不同场所分别制种（袋）和栽培出菇，才能保持制种（袋）场和栽培出菇场地的清洁卫生，确保制种（袋）和栽培出菇的成功。

（2）不同品种分场制　生产上，同一出菇房内最好排放同一接种期和出菇期的同一品种，这样，在日常管理的每个环节，尤其是在病虫害防治环节上，便于统一方案，统一管理，对有效地防控病虫害更加有利。

4. 换茬、轮作　在上季发生过致病性强的病害或虫害的菇房不应连续栽培同一种品种，防止同一

种病虫再度暴发。如春季鸡腿菇栽培时发生了叉状炭角菌危害的菇房，秋季在同一菇房就应安排不易被叉状炭角菌侵染或对叉状炭角菌免疫的菇类品种进行生产，切断病菌传播链，从根本上消除病菌再发生机会。

5. 把好菌种关

（1）选用抗病品种　抗性强的品种体现出的是品种遗传优势，而菌种的生活力和纯度则由供种单位的生产技术和条件所决定。国内外研究表明，平菇不同的栽培品种对病原体托拉斯假单胞杆菌 *Pseudomonas tolaasii* 的抗性存在明显差异，双孢蘑菇不同栽培品种对疣孢霉病病原体有害疣孢霉 *M. peiniciosa* 的抗病性亦存在显著差异。在产量和品质等差异不显著的情况下，应尽量选用抗病品种，减轻病害发生程度，降低经济损失。

（2）熟悉品种特征特性　在引用优良品种的同时，更要了解品种的特征特性。只有视品种的特性，把发菌室温度控制在最适宜某一菌类生长的温度范围，并根据其独有的特征特性选择适宜的季节出菇，才能更好地体现一个优质品种高产、高抗的优越性。

（3）严格筛选菌种　严格把关，杜绝因菌种携带病虫源而传播病虫害。生产上，应避免使用菌丝生长不均匀、稀疏、黄萎等表现异常的菌种。

6. 强化日常管理

（1）科学统筹管理因子　通过采用菇房通风控温，微喷增湿，人工补光等科学合理的栽培措施，人为创造适宜食用菌生长发育而不适宜病虫繁殖或传播的温、湿、气、光等环境条件，防止顾此失彼。

（2）分品种、分时段精细管理

1）菌丝体培养阶段　根据不同品种采取不同的措施，如草菇需要高温、高湿的环境条件，而香菇则需要防止高温烧菌。

2）原基形成或子实体生长阶段　通过控制温度、浇水量和通风时间，防止子实体表面长时间积

水或出现水膜。尽量使菇房中既保持一定的空气相对湿度，又保障子实体表面不出现积水或水膜。

3）子实体采收阶段　先采收健康的子实体，后采收感病的子实体。必要时，需将感病的培养料或子实体集中掩埋处理。

（3）规范管理措施　在整个生产过程中，都需要规范管理措施，杜绝采用大水浇灌方式进行补水保湿，防止水滴反溅；杜绝随手丢弃带病虫的垃圾等，避免因为不规范的生产行为而传播病虫害。

（二）物理防控

物理防控是指利用光、电、放射线、热源、红外线辐射、激光等物理因子，对有害病原体生长发育和繁殖进行干扰或破坏，以减少病原体数量，减轻或避免病害发生的方法。

1. 规范基质熟化处理

（1）高温灭菌　食用菌病害防控可以采用的最重要的物理方法就是利用高温灭菌，将培养料或覆土中的病虫源全部消灭。一般菌袋常压灭菌需在100℃维持8～10 h，高压灭菌需在125℃维持2～3.5 h，灭菌期间要保持温度稳定，不应低于要求的温度指标，如中途因停电或是其他原因造成的温度下降，应以延长灭菌时间进行弥补，切实杀死培养料内的一切微生物体和芽孢，减少污染。

（2）高温发酵　通过对培养料的建堆发酵，杀死其中大多数不耐高温的病虫。高温发酵要求堆温达到60℃维持16 h后，进行下一次翻堆，保证培养料的内外上下发酵均匀。

2. 规范消杀程序，严格无菌操作　利用紫外灯、高温等对接种场所或栽培场所进行消毒处理，尽可能消灭病虫源。菌种生产应按照无菌程序操作，层层把关，严格控制，生产出纯度高、活力强的菌种。操作人员穿戴好工作服，确保接种室的高度无菌、无虫。

3. 安全发菌、防止杂菌害虫侵入菌袋　在接种室或栽培室的门窗上安装防虫网，阻隔害虫与病原体进入生产场所，有利于减少害虫繁殖和传播病原体，减轻病虫害发生。同时遮光培养，减少蚊蝇飞

入传播危害。

（三）化学防控

化学防控是采用化学消毒剂或杀菌剂进行处理（喷洒、浸泡、涂抹、熏蒸等手段），以减少或消灭病虫害的方法。

1. 场所器具药剂处理　食用菌病害的化学防控多数是利用药剂对生产场所进行化学消杀，包括对接种室、接种工具、栽培室、覆土材料、运输工具等进行化学药剂处理。必要时，在采收过后的菌袋表面、菌渣表面或菇床上喷洒杀菌剂，防控病原体传播蔓延。

2. 培养料药剂处理　在大规模栽培场，周年循环生产，场内的空气杂菌基数较高，污染途径也较多，因此有必要在培养料中加入微量的杀虫、灭菌剂，有效地抑制杂菌繁殖，提高菌袋成品率，如用40%噻菌灵可湿性粉剂或50%咪鲜胺可湿性粉剂2 000倍处理培养料，可抑制木霉等杂菌的发生量，并能有效抑制木霉、根霉、曲霉的发菌，保证食用菌菌丝的正常生长。用25%除虫脲可湿性粉剂与发酵料按1∶2 000拌匀，能有效杀灭粪草发酵期和发菌期的蚊蝇和跳虫等害虫，保证发菌安全。

3. 覆土材料消毒处理　土壤能吸水保湿，刺激菇体形成，但土壤也是许多病菌和害虫的滋生场地，因此在使用前必须用化学药剂进行杀菌灭虫处理。覆土材料宜推广使用好气性致病菌少，且保湿性好的河泥砻糠土，2～3茬菇基本不用浇水也能保持土壤水分。对于取自旱田或水田的覆土材料，拌入5%生石灰粉后，摊开置于太阳下暴晒几天，使用前的5～7天，再喷施40%噻菌灵可湿性粉剂，或50%咪鲜胺可湿性粉剂2 000倍液和4.3%高氟氯氰·甲·阿维乳油1 000倍液的混合液，用薄膜覆盖闷置5天后使用。

在清除感病子实体或感病的菌袋后，用杀菌剂与干细土混合拌匀，撒施在菇床发病区域及周围，或撒施在发病菌袋表面及周围区域。

4. 选择出菇间歇期用药　出菇期间不宜用药，

避免在子实体或菌丝体上因喷施化学药剂产生药害和药剂残留超标。在出菇期间用药防控病虫害时，应在出菇间歇期，料面无菇时用药，同时应选择高效低毒的生物性药剂，如选用 Bti、甲氨基阿维菌素、农用链霉素和高氟氯氰·甲维盐乳剂等安全性药剂，防止出现食品安全问题。

严禁使用高毒高残留农药，尽可能减少化学投入品的用量，减少化学投入品对环境和生产者健康造成的危害。

（四）生物防控

生物防控是利用某些生物或微生物对食用菌病原体和害虫具有拮抗、重寄生或吞食等作用，或者利用某些植物提取物具有抑菌（虫）或杀菌（虫）作用的病虫害防控方法。

1. 微生物制剂　采用病毒感染病原真菌，使病原真菌致病力下降和害虫死亡或失去繁殖、危害的能力；或采用某些拮抗细菌抑制病原菌的生长繁殖，从而减轻病害的严重程度，都是生物防控的范畴。

2. 植物提取物　广泛筛选对病原体或害虫具有抑制作用的植物提取物，将植物提取物用于栽培场地消杀。

在用于菌袋或菇床表面喷雾时，特别是在子实体表面喷雾时，应十分谨慎，避免因食用菌子实体或菌丝体接触植物提取物产生过敏反应，导致药害发生。

（章首图由段敬杰提供）

第二章 食用菌病害综合防控技术

食用菌病害不仅给食用菌生产者带来了重大的经济损失，也给生态环境和产品质量安全带来了威胁和隐患。本章针对全国范围内食用菌在生产过程中，因真菌、细菌、黏菌、病毒、线虫侵染引发的侵染性（病理性）病害，及因栽培与环境条件不适引发的非侵染性（生理性）病害的症状、病原体、发病原因、发病规律、侵染循环途径、防控（治）方法进行了介绍。

第一节
侵染性病害的发生与防控

一、双孢蘑菇（双环蘑菇）病害

（一）疣孢霉病

1. 症状　疣孢霉病又称湿泡病，在菌丝扭结至子实体成熟的整个过程中均可发生。菌丝扭结期被侵染时，菇床表面先出现一堆堆黄褐色绒状物，并渗出褐色水珠。原基分化期受侵染时，菇床表面出现不规则的白色絮状硬团块，渐由白色变为黄褐色至暗褐色，并渗出暗褐色液滴。幼蕾生长期被病原体侵染时，菌柄膨大变形，菌盖停止生长发育，子实体呈现各种畸形，内部中空，菌盖和菌柄交界处长出白色绒毛状菌丝，渐变成暗褐色，渗出褐色液滴，腐烂，散发出恶臭气味。子实体分化后被病原物侵染时菌柄膨大，菌盖变小，其表面部分变褐色，并产生褐色液滴。子实体生长后期菌盖被侵染时，出现褐色病斑（图9-2-1）。

2.病原体 病原体为有害疣孢霉 *M. perniciosa*，属于子囊菌门粪壳菌纲肉座菌目真菌。疣孢霉可以产生2种孢子：一种是无色、薄壁的分生孢子；另一种是厚壁的厚垣孢子。分生孢子梗轮状分枝，分生孢子单生，无色。厚垣孢子中较大的细胞呈褐色，球形，表面粗糙，布满短刺状瘤突，较小的细胞无色，半球形或杯状，壁较薄，表面光滑。不同地区的疣孢霉菌株在菌落特征、菌丝生长速度和孢子特征等方面存在差异。

3.发生规律 疣孢霉是常见的土壤栖居菌，其厚垣孢子可在土壤中存活多年。环境适宜时，厚垣孢子萌发成菌丝体，并产生大量分生孢子，再次侵染子实体或菌丝体。菇房内温度高，湿度大，通风不良时，病害发生严重。

病原体的厚垣孢子在55℃ 4 h或62℃ 2 h即可死亡，培养料充分发酵可以杀死病原体。病原体初次侵染来源多为覆土材料或旧菇房，以后由喷水，操作工具，菇蚊、菇蝇或人工操作等方式传播。

4.侵染循环途径 如图9-2-2所示。

a.菌丝扭结期被侵染，出现黄褐色绒状物　b.幼蕾分化期被侵染，出现畸形，表面有黄褐色水滴渗出　c.幼小子实体被侵染，停止发育，表面渗出黄色水滴　d.子实体生长后期被侵染，菌盖上出现褐色病斑

图9-2-1 双孢蘑菇疣孢霉病的症状（边银丙　供图）

病虫害防控技术

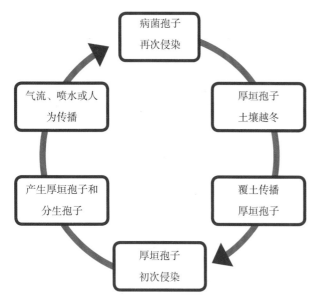

图 9-2-2 双孢蘑菇疣孢霉病病害侵染循环途径示意图（边银丙 供图）

5. 防治措施

（1）及时清除菇房中的菌渣 提前清洁菇房和消毒，消毒后空置一段时间，不要等到新的培养料进入菇房前才清理。菇房中可通入60～80℃热蒸汽，持续6 h以上，之后再通风干燥。

（2）清洗菇房 菇房中选用钢材或塑料等材料做床架。清洁冲洗菇房床架和地面，尽量在干净场合混合或存放覆土材料。

（3）覆土处理 选择泥炭土或草炭土做覆土材料，并在太阳下暴晒。可按1∶2 000倍将50%咪鲜胺锰盐可湿性粉剂加入到覆土材料中，充分混匀后建堆，盖膜处理3天，尽可能消灭覆土中的病原体，然后方可使用。

（4）调节菇房温、湿度 注意菇房通风降温，控制菇房温度在17℃以下，空气相对湿度在90%以下。使用清洁水源，严禁菇房温度在20℃以上时喷水，采用雾状喷头，适量喷水，切忌大水喷灌、浇灌。

（5）药剂处理 菇床上发现染病子实体时，应及时清除，并停止浇水。按1∶2 000倍，将50%咪鲜胺锰盐可湿性粉剂与干细土拌匀，或使用干石灰，撒在菇床上的发病区域。在每茬子实体采

收后，用50%咪鲜胺锰盐可湿性粉剂2 000倍液对菇床进行喷雾防控。

（6）菇床处理 取1 kg蒲公英干品，放在20 kg的50%酒精中，浸泡24 h；然后煮沸至原体积的1/4，收集剩余的液体作为原液。将原液用水稀释10倍，对菇房和覆土出菇前的菇床表面进行喷雾，或者用原液对采菇后的料面进行喷雾，可以有效地防治疣孢霉病。

（二）蛛网病

1. 症状 病害主要在覆土层的子实体上出现。先在覆土层表面出现灰白色绒毛状霉斑，之后迅速扩大，产生大量分生孢子，迅速蔓延至子实体菌柄，再至菌盖，有时菌盖上产生褐色不规则水晶状病斑，最后整个子实体被蛛网状菌丝所覆盖，菌盖上出现暗褐色或淡褐色病斑，严重时子实体变成褐色或黑色，腐烂（图9-2-3）。

a. 原基及幼小子实体表面形成蛛网状菌丝　b. 从菌柄基部侵染，并向上蔓延，菌盖表面出现褐色病斑

图9-2-3 双孢蘑菇蛛网病的症状（边银丙 供图）

2. 病原体 常见病原体是树枝状葡枝霉

C. dendroides，也可以由变孢葡枝霉 *C. variospermum* 引起，它们属于半知菌类真菌。在实验室培养条件下可以形成微小的菌核。

3. 发生规律　病原体是一类土壤习居菌，长期在土壤有机质上生活。覆土材料或废弃的培养料是病原体初次侵染来源之一，病原体也可能通过气流或塑料筐等工具带入菇房。病原体侵染双孢蘑菇菌丝体或子实体后，在发病部位上产生大量分生孢子，分生孢子以气流传播为主，喷灌水、塑料筐出入菇房等其他人为操作也可以传播。菇房温度超过25℃，空气相对湿度90%以上，通风不良，容易导致此病爆发。

4. 侵染循环途径　如图9-2-4所示。

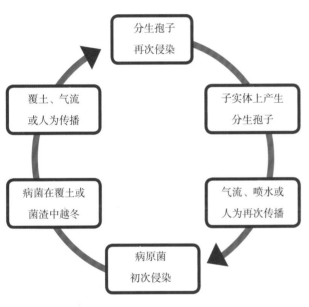

图 9-2-4　双孢蘑菇蛛网病病害侵染
循环途径示意图（边银丙　供图）

5. 防治措施

（1）调控菇房内环境湿度　避免覆土层表层湿度过大，空气相对湿度应控制在90%以下。

（2）物理防控　对培养料进行彻底发酵，对覆土材料采用60℃以上高温熏蒸30 min，能有效地消灭病原体的分生孢子。用食盐直接撒施覆盖在发病区域，也可以使用湿纸巾小心覆盖发病区域，再在湿纸巾四周撒上食盐。注意不要触动发病区域的分生孢子，以免分生孢子随气流四处传播。菇房内反复使用的采收筐或搬运筐可能携带传播病原

体，应在进入菇房前进行流水冲洗，或者在常温的0.05%次氯酸盐（次氯酸钠或次氯酸钙）溶液中浸泡消毒。

（3）其他防治方法　参考双孢蘑菇疣孢霉病。

（三）褐斑病

1. 症状　菌盖表面发病初期出现暗褐色小斑点，后逐渐扩大成圆形病斑，呈淡褐色至深褐色，略凹陷，水浸状。严重时菌盖上布满大小不一的褐色斑点，有时斑点连成片状，产生褐色黏液。菌盖上的发病部位，往往是菌盖积水最严重的部位，病斑干燥后，菌盖易畸形、开裂（图9-2-5）。

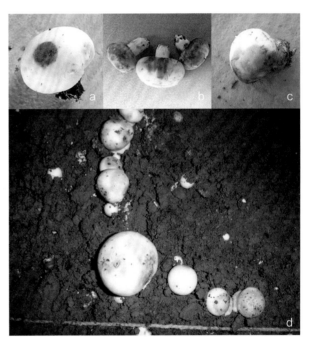

a. 菌盖上形成圆形病斑　b. 菌盖上病斑连接成片　c. 发病严重时，可引起菌盖腐烂　d. 菇床上病害具有明显的发病中心，并向四周蔓延

图 9-2-5　双孢蘑菇褐斑病的症状（边银丙　供图）

2. 病原体　病原体主要是假单胞杆菌属 *Pseudomonas* spp. 如托拉斯假单胞杆菌 *P. tolaasii*、*P. reactans* 等多种细菌都能引起褐斑病。

3. 发生规律　病原体广泛存在于土壤、露天水源、培养料或菇房环境中，成为初次侵染来源；主要通过喷灌水，或者菇房冷凝水滴再次传播，也可通过手工操作，菇蚊、菇蝇活动传播。当菇房温度达到

20℃，空气相对湿度达90%以上，子实体表面水膜保持时间较长，极易在子实体表面出现病害。采收后的子实体若存放于环境潮湿的地方，也易出现病害，导致子实体丧失商品价值。

4. 其侵染循环途径 如图9-2-6所示。

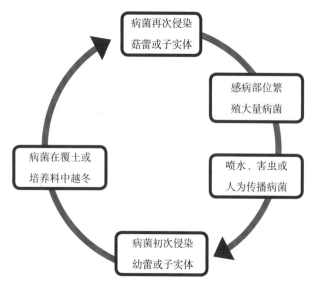

图9-2-6 双孢蘑菇褐斑病病害侵染
循环途径示意图（边银丙 供图）

5. 防治措施

（1）通风排湿 加大菇房通风量，降低空气相对湿度，特别是避免子实体表面长时间存在水膜，是减少病害发生的有效办法之一。

（2）物理防控 及时防控菇蚊、菇蝇等害虫，避免采用大水浇灌方式喷水，防止冷凝水滴在菇床子实体上形成水膜。

（3）化学防控 采用0.05%次氯酸钠或次氯酸钙在菇床覆土层表面喷雾，可以减少细菌的数量。

（四）细菌性软腐病

1. 症状 病害症状最初出现在子实体表面的凹陷区域，迅速渗出褐色黏液，有时一夜之间整个子实体被侵染，病原体对培养料及覆土层的菌丝体、幼蕾和子实体均具有侵染能力，在菇蕾期侵染可以在48 h之内使菇蕾完全腐烂。幼蕾和子实体通常呈片状发病，具有明显的发病中心区域，但也可以单菇发病（图9-2-7）。特别是在子实体采收后，若出现高温、高湿条件，会造成毁灭性的损失。

a. 病菌随冷凝水滴在培养料的菌丝体上，引起菌丝死亡、培养料腐烂 b. 幼蕾感病后出现死亡现象 c. 采收后的子实体出现病斑 d. 菇床上具有明显的发病中心，并向四周蔓延

图9-2-7 双孢蘑菇细菌性软腐病的症状（边银丙 供图）

2. 病原体 双孢蘑菇细菌性软腐病是由蘑菇紫色杆菌 Janthinobacterium agaricidamnosum 引起的。双环蘑菇上细菌性软腐病是由唐菖蒲霍尔德菌 Burkholderia gladioli pv. agaricicola 引起。2种细菌率先侵染子实体之后，其他细菌亦可能相继侵染子实体。

3. 发生规律 病原体存在于培养料、覆土和菇房环境中，成为初次侵染来源。发病子实体上病原体成为再次侵染的主要来源，其次是覆土材料。病原体通过喷水、手工采收或机械采收进行再次传播。菇房环境潮湿，特别是覆土层局部积水或有冷凝水滴在菇床上，容易形成发病中心。

4. 侵染循环途径 如图9-2-8所示。

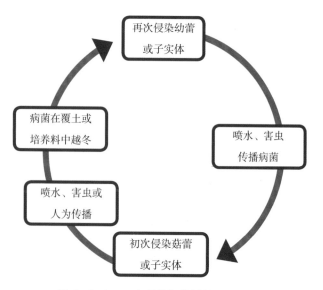

图9-2-8 双孢蘑菇细菌性软腐病病害
侵染循环途径示意图（边银丙 供图）

5. 防治措施

（1）通风排湿　加强菇房通风管理，防止子实体表面过度潮湿或出现积水。

（2）物理防控　菇床上应尽可能采用雾状喷水，喷水应均匀，同时防止冷凝水滴在菇床上。

加强菇房消毒处理，必要时对覆土层进行蒸汽消毒。

（五）绿霉病

1. 症状　双孢蘑菇绿霉病又称为木霉病。在双孢蘑菇菌丝体培养阶段，病害初期症状通常表现为浓密的白色菌丝团，有时出现在培养料表面，有时在床架下方的栽培网上，第一茬菇出菇之前出现在覆土层上，逐渐变成暗绿色的孢子堆，能引起严重的减产。在子实体上危害时，常引起菌盖呈现淡褐色至灰色、边缘不清晰的斑点。有时病斑暗褐色，边缘散射状，斑块较大，甚至引起子实体干燥腐烂（图9-2-9）。

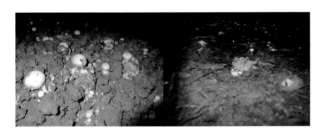

a. 病原体感染幼蕾和子实体引起腐烂　b. 病原体在培养料上出现绿色孢子堆

图9-2-9　双孢蘑菇绿霉病的症状（边银丙　供图）

2. 病原体　在双孢蘑菇上先后发现了哈茨木霉 *T. harzianum* 4 个生理小种 Ta1、Ta2、Ta3 和 Ta4，其中 Ta2 和 Ta4 感染双孢蘑菇子实体和菌丝体，而 Ta1 和 Ta3 只在双孢蘑菇培养料中出现。近年来有人采用分子指纹将 Ta2 鉴定为侵占木霉欧洲变种 *T. aggressivum f. europaeum*，将在北美地区危害严重的 Ta4 鉴定为侵占木霉侵占变种 *T. aggressivum f. aggressivum*。

此外，康宁木霉 *T. koningii* 和假康宁木霉 *T. pseudokoningii* 也能感染双孢蘑菇子实体。在双孢蘑菇培养料中，不仅有上述 4 种木霉菌生理小种，还有深绿木霉 *T. atroviride*、绿色木

霉 *T. viride*、长枝木霉 *T. longibrachiatum*、金绿木霉 *T. aureoviride*、钩状木霉 *T. hamatum*、非钩木霉 *T. inhamatum*、绿木霉 *T. virens* 等。

3. 发生规律　能引起双孢蘑菇绿霉病的木霉菌广泛存在于土壤各种有机质中，在菌渣、培养料及各种栽培场所都广泛存在，通过气流、害虫和人工操作传播到菇床上，在条件适宜时侵染菌丝体和子实体。多数木霉菌最适生长温度在 22 ～ 28℃，它们均属于半知菌类真菌，接近 28℃时木霉菌生长速度快，易产生大量带黏性的孢子。在长时间潮湿的菇房中，木霉菌易在各种木质或竹质材料床架上腐生，并产生分生孢子，成为重要的侵染来源。老熟的子实体上带有大量木霉菌的分生孢子，也能成为再次侵染来源。

4. 侵染循环途径　如图9-2-10所示。

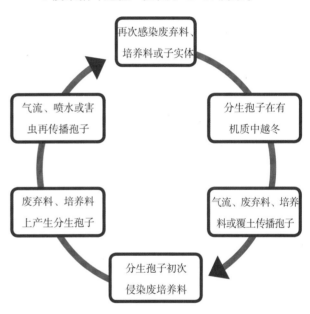

图9-2-10　双孢蘑菇绿霉病病害侵染
循环途径示意图（边银丙　供图）

5. 防治措施　彻底清除菇房及周边环境中各种有机质，并喷洒50%咪鲜胺锰盐可湿性粉剂2 000倍液进行杀菌消毒。必要时先清除菇房菌渣，再采用高温蒸汽（65℃左右）持续 6 h 以上，对菇房进行蒸汽消毒，消灭各种木霉菌孢子。菇房内的木质或竹质材料床架应先进行防腐处理，尽可能采用塑料或金属材料作为床架。播种时培养料温度不可过高或过低，播种后应用干净纸张对菇床进行覆盖。

菇床上出现绿色木霉后，可以在发病区域用湿纸巾覆盖，或撒上食盐后再覆盖。及时防控菇蚊、菇蝇，减少害虫对病原体孢子的传播。注意调控菇房内环境条件，菌丝生长期间避免温度高于24℃，出菇期间温度控制在20℃以下。

（六）假块菌病

1. 症状　病原体不仅在菇床上或栽培菌袋中与食用菌子实体争夺养分和空间，而且对食用菌菌丝体具有侵染性，可导致菌丝体死亡。双孢蘑菇、鸡腿菇、姬松茸等各种覆土栽培的食用菌均可能发生此病。初期出现短而浓密的白色菌丝，后在培养料表面或覆土层表面冒出胡桃肉状小颗粒，初期白色，后渐变为红褐色，并散发出刺激性的漂白粉味道（图9-2-11）。

图9-2-11　假块菌病在双孢蘑菇
菇床上的症状（宋金俤　供图）

2. 病原物　病原体为胡桃肉状菌 Diehliomyces microsporus，又称小孢德氏菌，属于子囊菌门的假块菌属。菌丝体白色，渐变成奶白色至淡粉色，逐渐长成浓密的菌丝丛，红褐色，在菌丝丛中后期形成子囊果，类似假的块菌。子囊果大小3～40 mm，初期色泽较淡，后渐变为黄色至红褐色，表面皱缩，似胡桃状或胡桃果肉状。子囊果可以在菇床的覆土层、培养料或菇床底部等随机产生，子囊果被细菌分解后释放出大量子囊孢子。

3. 发生规律　病原体主要存在于土壤和培养料质中，通过覆土材料或培养料质进入菇床，主要侵染培养料，也可以侵染双孢蘑菇菌丝体，导致菌丝体死亡。病原体在菇床上产生子囊果和大量的子囊孢子，子囊孢子通过气流、喷灌水和人事操作传播。高温、高湿环境有利于病害发生，高温型品种较中低温型品种发病重。已致病菇房中病原体较难清除，易导致持续多年发病。

4. 侵染循环途径　如图9-2-12所示。

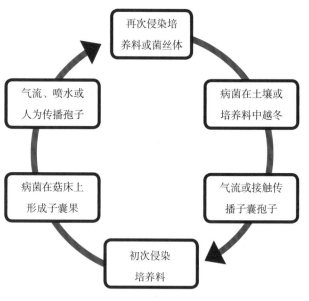

图9-2-12　双孢蘑菇假块菌病病害侵染
循环途径示意图（边银丙　供图）

5. 防治措施

（1）物理防控　发生病害严重的双孢蘑菇菇房，宜改种其他食用菌，必要时将草腐菌与木腐菌进行轮种。覆土材料应暴晒，并用70℃以上的高温蒸汽消毒10 h，最好用泥炭土或草炭土做覆土材料。注意菇房通风，避免高温、高湿。推广培养料二次发酵技术，保持菇房 70℃ 高温并维持 7 h 以上，尽可能消灭菇房内的病原体。

（2）化学防控　在菇房中发现病害后，停止浇水，挖除病原体，先在病灶处撒上 50% 咪鲜胺锰盐可湿性粉剂 1∶2 000 倍药土或生石灰，再铺上干净的覆土材料。

（七）病毒病

1. 症状　子实体发生病害时出现菌柄伸长、菌盖歪斜、菌柄基部异常膨大或菌盖极小等畸形症状，但这些症状几乎很少同时出现。子实体内部常出现褐变的条纹（图 9-2-13），与干腐病症状类似，但内部有时充满水分，有时表现为干燥。菌褶发育较差，颜色淡。菇床表面菌丝长势差，或长势正常但不出菇，菌丝体逐渐变为絮状，培养料潮湿，菌丝体消退。有时菌丝体或子实体病害症状不明显，但减产十分严重。

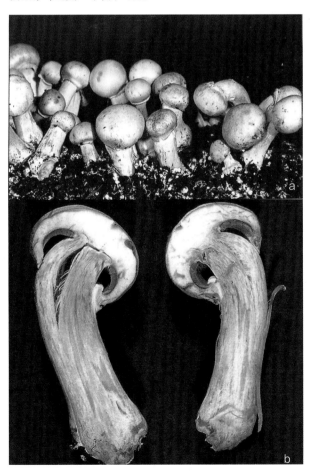

a. 菇床上子实体大量发病，菌盖变褐色，畸形　b. 子实体剖面上出现褐变条纹

图 9-2-13　双孢蘑菇病毒病症状（John T.F. et al）

2. 病原体　双孢蘑菇病毒病通常由法国等轴病毒 LIV 引起。没有证据表明病毒粒子与病毒病症状存在必然联系，但人们依然认为它们两者之间存在某种关联。

3. 发生规律　病毒病常通过双孢蘑菇孢子或菌丝体接触传播。在双孢蘑菇栽培场，灰尘中可能带有双孢蘑菇的孢子或菌丝体碎片，灰尘可能是主要的传播介质。虽然没有证据表明菇蚊、菇蝇能直接传播病毒，但这些昆虫可能携带孢子或菌丝碎片，从而传播病毒。

4. 侵染循环途径　如图 9-2-14 所示。

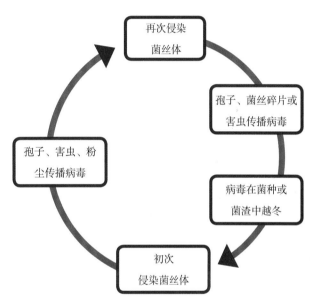

图 9-2-14　双孢蘑菇病毒病病害侵染循环途径示意图（边银丙　供图）

5. 防治措施

（1）场所隔离　避免带病毒的孢子或菌丝体碎片传播到健康子实体上，应采取措施避免栽培场所灰尘四处传播孢子或菌丝体碎片。

（2）材料消毒　严格进行培养料发酵和覆土材料消毒处理。

（3）洁净栽培环境　及时清除菌渣，采用高温蒸汽进行菇房消毒灭菌，彻底消灭菇房内带病毒的孢子和菌丝体碎片。

（八）X 病毒病

1. 症状　在菇床上出现圆形或不规则形的不出菇区域，有时不出菇区域呈线状或旋涡状，而周围长出正常的子实体。有时病害区域推迟出菇4天，有时出现病害的子实体提前开伞。有时白色菌株中出现黄褐色至深褐色子实体，但极少数情况下子实体出现畸形（图9-2-15）。

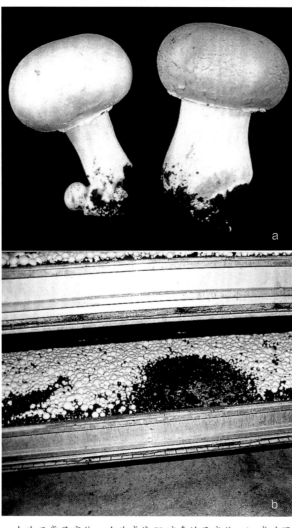

a.左为正常子实体，右为感染X病毒的子实体 b.感病区周围正常生长的子实体（未出菇处为感病区）

图9-2-15 双孢蘑菇X病毒病的症状类型
（引自John T.F. et al）

2.病原体 引起该种症状的病毒种类尚不能确定，故称为X病毒。目前的研究还没有发现该种病毒的颗粒，且感病子实体中双链核糖核酸浓度极低。

3.发生规律

（1）种子传播 在菌丝体生长期间，传播病毒而发生病害，因为同一菌株或亲缘关系相近的菌株之间，菌丝体能够发生细胞质交换。

（2）人为传播 在搬运已经发菌完成的培养料时，会产生大量菌丝碎片或灰尘，它们通过空气流动而传播。

在菇床床架任何部位残留的带病毒的菌丝片段，均可能成为侵染来源。

播种、发菌期间和覆土期间产生的灰尘，以及采收时的机器，都可能传播病毒。

带毒菌丝体与健康菌丝体之间相互接触融合也可以传播病毒。

4.侵染循环途径 如图9-2-16所示。

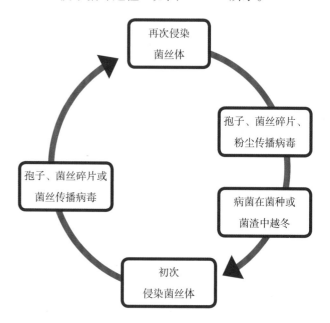

图9-2-16 双孢蘑菇X病毒病病害侵染循环途径示意图（边银丙 供图）

5.防治措施

（1）物理防治 采取措施防止带病毒的孢子、菌丝体碎片和灰尘传播到发酵过的培养料中。

（2）其他防治措施 可参照双孢蘑菇病毒病。

二、鸡腿菇病害

（一）黑头病

1.症状 鸡腿菇黑头病又称黑斑病。在子实体生长发育期发生，菌盖顶端形成黑色或褐色斑块。当栽培环境空气相对湿度偏低时，随着菌盖上鳞片的开裂，病斑呈不规则的形状；当环境中空气相对湿度较高时，病斑上形成一层白色的霉状物（图9-2-17）。

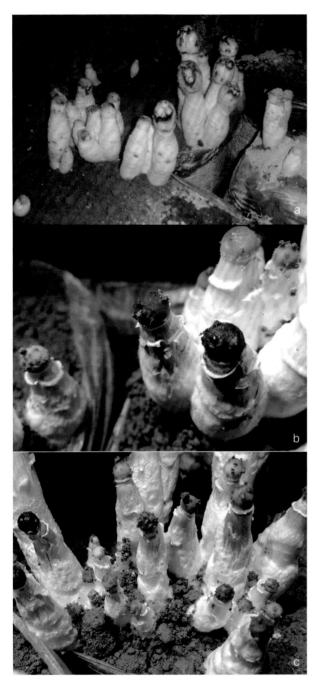

a. 侵染初期　b. 侵染中期　c. 侵染后期

图 9-2-17　鸡腿菇黑头病的症状（边银丙　供图）

2. 病原体　病原体是蜡蚧轮枝菌 *L. lecanii*，无性生殖阶段属于半知菌类真菌轮枝霉 *Verticillum fungicola*，能产生大量的分生孢子。

3. 发生规律　病原体初次侵染主要来自覆土材料和不洁净水源。在发生病害的部位能产生大量分生孢子，随气流、喷水、工具或菇蚊、菇蝇而传播，造成再次侵染。温度在 22 ～ 28℃，空气相对湿度 90% 以上，特别是菌盖上有积水时，该病最容易发生。多年栽培鸡腿菇的场所，病害发生较为严重。

4. 侵染循环途径　如图 9-2-18 所示。

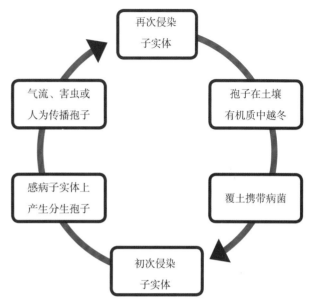

图 9-2-18　鸡腿菇黑头病病害侵染循环途径示意图（边银丙　供图）

5. 防治措施

（1）环境清洗　彻底清除菌渣、覆土材料和发生病害的子实体。

（2）菇房消毒　采用 50% 咪鲜胺锰盐可湿性粉剂 2 000 倍液喷洒菇房，或者采用高温蒸汽对菇房进行消毒 8 h，并在地面撒生石灰消毒。

（3）控制床温　覆土时菇床温度应稳定在 20℃ 以下，避免幼蕾形成时出现 22℃ 以上高温，防止病害暴发。

（4）覆土处理　选择通透性好，持水能力强的覆土材料，在烈日下暴晒干燥，粉碎成细小土粒。按（1:2 000）～（1:3 000）比例将 50% 咪鲜胺锰盐可湿性粉剂加入到覆土材料中，进行消毒处理，再经日晒后使用。

（5）菇床处理　子实体采收后，用 50% 咪鲜胺锰盐可湿性粉剂 3 000 倍液对菇床进行喷雾。或取 1 kg 石榴皮或者龙葵全草浸泡在 20 L 50% 酒精中，浸提 24 h，然后煮沸至原体积的 1/4，制成原液，再用水稀释 10 倍，对菇房和菌袋表面进行消毒，或者用原液对采菇后的菇床表面进行喷雾处

病虫害防控技术

理。避免直接将药液喷到菇体上。

（二）灰霉病

1. 症状　鸡腿菇灰霉病又称软腐病、蛛网病。先在菌柄基部或覆土层上出现白色霉斑，之后病原物菌丝迅速蔓延扩展至菌柄上，形成一层雪白的绒毛状菌丝，最后病原体蔓延至菌盖上，形成淡褐色不规则的水渍状斑点。严重时整个子实体变褐色或黑色，软化、倒伏、腐烂，在出现病害的部位形成灰白色的分生孢子堆（图9-2-19）。

病害区域不再出菇，对鸡腿菇产量影响极大。

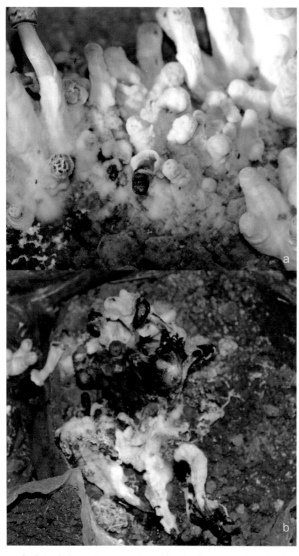

a. 在菌柄基部和覆土层上出现灰白色菌丝层，并向菌柄和菌盖蔓延　b. 病菌侵染整个子实体，使菇体变褐，萎蔫，倒伏和腐烂

图9-2-19　鸡腿菇灰霉病的症状（边银丙　供图）

2. 病原体　病原体是菇体葡枝霉 *C. protrusum*，属于半知菌类真菌，能产生大量的分生孢子。

3. 发生规律　病原体属于土壤习居菌。初次侵染主要来自覆土材料，病原体分生孢子通过气流、喷水、害虫和人为传播。病原体生长最适温度在25℃左右，覆土层含水量偏高，菇房中空气相对湿度过大，均有利于病害发生。栽培出菇后期，随着温度上升，培养料 pH 升高，病害程度会加重。

4. 侵染循环途径　如图9-2-20所示。

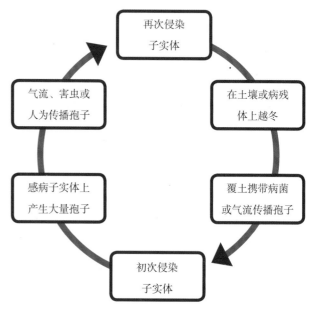

图9-2-20　鸡腿菇灰霉病病害侵染循环途径示意图（边银丙　供图）

5. 防治措施　参考鸡腿菇黑头病的防治措施。

（三）菌柄溃疡病

1. 症状　病原体仅侵染鸡腿菇菌柄，对菌盖没有侵染能力。菌柄下半部分出现病害后，表面变褐色，后变深褐色形成病斑。有时病斑部位渗出黄水，渐腐烂，后期病斑上出现稀疏菌丝层和暗红色粉状孢子层，干燥后病斑变为灰色（图9-2-21）。

2. 病原体　病原体是粉红聚端孢 *Trichothecium roseum*，属于半知菌丛梗孢目真菌，能产生大量的分生孢子。

a. 菌柄中下部感病后，出现褐色水渍状病斑　b. 菌柄基部伤口接种病菌后，出现水渍状病斑，并向四周扩展

图 9-2-21　鸡腿菇菌柄溃疡病的症状（边银丙　供图）

3. 发生规律　病原体适宜在 20～27℃ 环境下生长。栽培环境中空气相对湿度大于 85%，覆土层含水量偏高，病害发生较为严重。尤其在菇蕾刚出土时，若覆土层含水量偏高，通风差，则菌柄上易发生此病害。

4. 侵染循环途径　如图 9-2-22 所示。

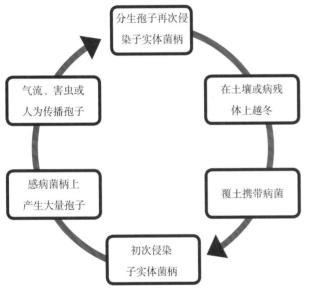

图 9-2-22　鸡腿菇菌柄溃疡病病害侵染循环途径示意图（边银丙　供图）

5. 防治措施

（1）控水　控制覆土含水量，加强通风，保持覆土层表面干燥。

（2）其他防治方法　可参考鸡腿菇黑头病的防治措施。

（四）叉状炭角菌（鸡爪菌）

1. 症状　受感染的菌床，菌丝变细发暗，逐渐退菌，停止出菇，并在床面上长出形似鸡爪的子实体（图 9-2-23）。

a. 长在菇床上的叉状炭角菌子实体　b. 从覆土层挖出的叉状炭角菌子实体

图 9-2-23　受叉状炭角菌侵染的子实体

2. 病原体　子囊菌门的叉状炭角菌 *Xylaria furcata*。

3. 发生规律　叉状炭角菌是一种生长在土壤中的子囊菌，在土壤中可存活 1 年以上，覆土层中该菌数量与发病率呈正相关，主要通过覆土传染，其产生的子囊孢子也可迅速扩散引起二次发病。在覆土层中，叉状炭角菌菌丝遇到鸡腿菇菌丝，二者很快结合在一起。叉状炭角菌菌丝具有很强的寄生能力，一旦与鸡腿菇菌丝结合，便吸食鸡腿菇的营养并进行极快生长，由覆土层进入培养料，很快寄生在更多的鸡腿菇菌丝上。

4. 侵染循环途径　如图9-2-24所示。

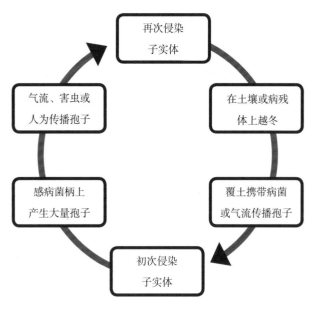

图9-2-24　叉状炭角菌病害侵染循环
途径示意图（边银丙　供图）

叉状炭角菌菌丝生长的最适温度是25～30℃，低于20℃或高于32℃生长速度显著降低，低于15℃几乎不发生此菌。因此，高温是诱发叉状炭角菌发病的重要因素。另外，空气相对湿度过高（超过90%）、覆土中含水量高也会引起发病或造成病情加重。在出菇阶段易遭受叉状炭角菌危害。叉状炭角菌已成为制约鸡腿菇生产发展的重要病害，轻者减产30%～50%，重者导致绝收。

5. 防治措施

（1）覆土彻底消毒　在覆土中拌入2%生石灰粉，并在使用前喷2%～3%福尔马林溶液，覆盖熏蒸消毒24～36h，散去药味后马上使用，不可久放。

（2）旧床架、菇房消毒　栽培结束后，应及时清除菌渣，揭膜暴晒菇房及床架。进料前半个月用石灰水喷洒，栽培前1周按每立方米空间用福尔马林水剂3毫升熏蒸48h后开窗通风。

（3）调节出菇时间　秋季或春季出菇，为避免叉状炭角菌危害，可采用早秋栽培，晚秋出菇，或早春栽培，春季出菇。出菇温度控制在15～20℃，既能抑制叉状炭角菌生长，又可提高鸡腿菇的产量和品质。

（4）早发现，早治疗　要勤观察，一旦发

现，应立即降低湿度，让土壤干燥，小心取出叉状炭角菌子实体，带出菇房深埋或烧掉。挖除患处周围10cm左右的覆土及培养料，再浇灌10%福尔马林水溶液，换上新的消毒土粒，最后用薄膜盖严。

三、竹荪黏菌（褐发网菌）病

1. 症状　褐发网菌发生在竹荪畦面的裸露土或畦面的稻草上，蔓延迅速。受褐发网菌危害的竹荪畦床内层培养料变潮湿易腐烂，菌丝生长受抑制以至逐步消亡，菌蕾受到危害呈水渍状、霉烂而停止生长发育褐发网菌危害状与病原形态，如图9-2-25所示。

2. 病原体　病原体为褐发网菌 Stemonitis fusca，隶属于黏菌门黏菌纲发网菌目发网菌科发网菌属。常生于朽木上，孢囊细圆柱形，大群丛生在褐色膜质的基质层上，全高5～20mm，钝头，深暗紫褐色至暗红褐色，孢子散出后色浅；柄黑色发亮，较长。囊轴暗褐色或近黑色，接近囊顶；孢丝从囊轴全长伸出，分枝并联结，暗褐色，分叉处有些扩大膜质片，末端连接表面网；表面网较密，网孔小，多角形，孔径一般在20μm以下，表面平整，光滑或有短刺；孢子成堆时暗褐色，镜下呈紫褐色，有小疣组成细密网纹，或仅有小疣或小刺，直径6～10μm。其危害状与病原形态如图9-2-25所示。

a.菇床上生长的褐发网菌　b.无孢子粉网　c.单朵子实体　d.侵染菇蕾

图9-2-25　褐发网菌（刘叶高　供图）

3. 发生规律

（1）高温、高湿环境条件　在高温、高湿

条件下，最利于褐发网菌孢子的萌发与生长。其营养体菌落扩展很快，1天内可扩展20 cm，3～4天就会覆盖大片菇床。

（2）培养料污染　如果竹荪培养料或竹荪菌蕾被细菌污染，就极易发生褐发网菌病。

（3）土壤或水源受污染　覆土材料消毒不彻底，带有褐发网菌孢子；水源受到褐发网菌污染。

4. 防控措施　使用优质菌种，选择向阳、通风、土壤肥沃和易排水，周边有清洁的水源的田块作为竹荪栽培地，栽培竹荪的原料，必须通过科学的堆制发酵，消灭原料中的杂菌及害虫。竹荪下料播种时要选晴天，播种覆土后菇床表面撒些竹叶或覆盖稻草，并搭建小拱棚，遮盖薄膜保温、保湿、防雨。发现褐发网菌侵染，及时喷洒1∶1∶200波尔多液，或72%农用链霉素可溶性粉剂3 000倍液，隔天喷1次，连喷2次就可杀灭褐发网菌。

四、平菇病害

（一）黄斑病

1. 症状　黄斑病又称为褐斑病。子实体原基出现病害后，呈淡黄色至微红色，迅速萎蔫，停止发育。子实体出现病害后，表面布满褐色凹陷的点状病斑，或形成成片的黄色锈状病斑，病斑周围常有黄色或红色的圈纹。在高温、高湿条件下，子实体出现病害后迅速腐烂，并发出刺鼻的气味（图9-2-26）。

a. 菌盖表面出现黄色锈斑　b. 黄褐色病斑凹陷明显　c. 幼蕾感病后变黄褐色，萎蔫，停止发育　d. 菌盖感病后，变黄，枯萎　e. 菌盖基部易积水处易感病，出现黄色锈斑　f. 菌盖表面布满黄色锈斑

图9-2-26　平菇黄斑病的症状

（a、b、f由边银丙　供图；c、d由程阳　供图；e由申进文　供图）

2. 病原体 病原体主要是托拉斯假单胞杆菌 P. tolaasii 和 P. reactans 2 种细菌。最近研究表明，欧文菌 Erwinia sp.、美洲爱文菌 Ewingella americana 和恶臭假单胞杆菌 P. putida 亦能侵染平菇子实体，但不同病原体致病力不同，症状也存在差异。

3. 发生规律 黄斑病一般在子实体生长发育阶段发生。病原体来自培养料以及栽培场地四周的垃圾等有机物上，特别是废弃的污染菌袋。在采用生料或发酵料栽培的地区，黄斑病在季节交替时发生严重，而灭菌熟料栽培区域发生较轻。病原体主要通过水传播，尤其是采用水管淋喷补水加湿时，传播大量病原体。此外，菇蚊、菇蝇活动或人为操作也可传播。在 18～24℃，通风不良和子实体表面有水膜时，病害较为严重。不同的平菇品种对黄斑病的抗病性存在差异。

4. 侵染循环途径 如图 9-2-27 所示。

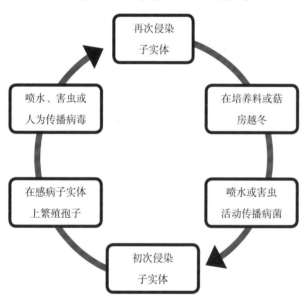

图 9-2-27 平菇黄斑病病害侵染循环途径示意图（边银丙 供图）

5. 防治措施

（1）选种 尽量选用抗病能力较强的优良品种。

（2）培养料处理 将培养主料与辅料经暴晒后，先堆制发酵 3 天以上，再装袋灭菌。在条件的情况下，尽可能采用发酵料栽培。

（3）调控湿度 菇房内安装排风扇和雾状喷灌设施，喷水后应开门窗进行通风，避免菌盖表面长时间存在水膜。

（4）施药防控 及时摘除出现病害的子实体，并在四周撒生石灰粉进行消毒，停止浇水，加强通风，地面喷施 3% 石灰水。

（5）喷醋控菌 子实体采收后，将食醋与水按 1:13 的比例稀释，喷施在菌袋的袋口附近，控制病害蔓延。

（二）绿霉病

1. 症状发生 病害主要在食用菌菌丝体抵抗力弱时在培养料中迅速繁殖，占领营养与空间，可造成平菇菌丝退菌消失。有时病原体从菌袋破损处侵染，与平菇健康菌丝之间形成明显的拮抗线。后期病原体大量繁殖，形成深绿色或蓝绿色的霉层，使整个菌袋软化腐烂，并散发出刺鼻的霉味。

2. 病原体 常见病原体是半知菌类的平菇木霉 T. pleurotum 和 T. pleuroticola 2 个种，它们可以在培养料中生活，与平菇菌丝竞争营养与空间，甚至侵染平菇菌丝使之凋亡，有时也可以侵染平菇子实体。哈茨木霉 T. harzianum，长枝木霉 T. longibrachiatum 和绿色木霉 T. viride 也可以存在于培养料中，引起病害发生。木霉菌菌丝无色，分枝发达，产生大量的分生孢子，使整个菌落变成深绿色或蓝绿色（图 9-2-28）。

a. 侵染初期 b. 侵染后期

图 9-2-28 平菇菌袋中的绿霉（边银丙 供图）

3. 发生规律 病原体主要来源于栽培场所中各

种有机质，包括菌渣和废弃培养料。在发酵料栽培中，由于培养料发酵不充分，导致培养料带病原体过多，当菌袋中氧气不足时，平菇菌丝生长受阻，而病原体迅速生长并大量繁殖，导致病害发生。部分产区露天接种时，病原体分生孢子随风传播，在接种时易进入菌袋。菌丝培养期间出现25℃以上的连续高温，易导致病害严重发生。

4.侵染循环途径　如图9-2-29所示。

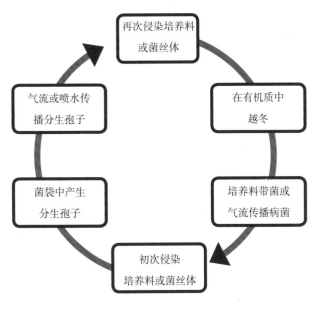

图9-2-29　平菇绿霉病病害侵染循环途径示意图（边银丙　供图）

5.防治措施

（1）清洁环境　做好接种场所的清洁卫生和消毒处理，最好选择温度偏低，干燥且无风的晴天进行接种。

（2）灭菌　培养料堆制发酵3～7天，再装袋灭菌，尽量避免直接采用发酵料进行栽培。

（3）选择优质塑料袋　选用厚度在0.03 mm以上的塑料袋，避免栽培袋损坏。

（4）及时刺孔　保证菌袋内部氧气充足。

（三）胡桃肉状病

1.症状　一般在平菇菌袋之间的覆土层上出现症状，或者在塑料袋栽培后期菌袋表面出现症状。病原体不仅在菌袋中与平菇争夺养分，而且对平菇菌丝体具有侵染性。侵染初期覆土层表面出现浓密的白色菌丝，后长出胡桃肉状小颗粒，小颗粒初期

白色，后渐变为红褐色，逐渐连成团粒状，并散发出刺激性的漂白粉味道（图9-2-30）。

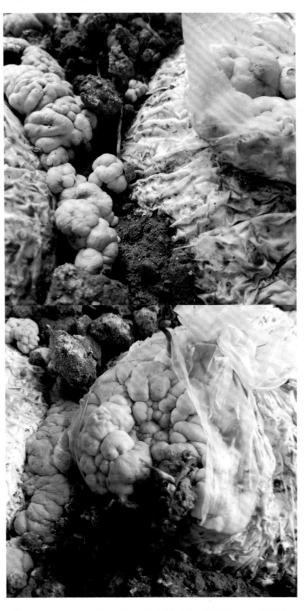

图9-2-30　平菇胡桃肉状病的症状（边银丙　供图）

2.病原体　病原体为胡桃肉状菌*D. microsporus*，属于子囊菌门的假块菌属。子囊果初期色泽较淡，后变为黄色或红褐色，表面皱缩似胡桃果肉状。子囊果在平菇床栽的覆土层或菌袋表面产生，后期子囊果释放出大量子囊孢子。

3.发生规律　病原体主要存在于覆土中，或存在于发酵不彻底的培养料中，通过覆土或培养料进入菇床。病原体在菌袋料面或覆土上产生子囊果和子囊孢子，孢子通过气流、喷灌水和人工操作传播。病菌主要侵染培养料，也可以侵染菌丝体，导

致菌袋不能出菇。高温高湿环境有利于病害发生，感病的菇房容易多年持续发病。

4. 侵染循环途径　如图9-2-31所示。

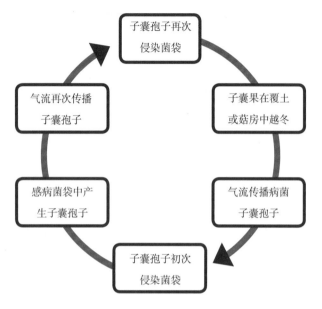

图9-2-31　平菇胡桃肉状菌病病害侵染
循环途径示意图（边银丙　供图）

5. 防治措施

（1）轮作　更换场地，发病的旧菇房宜改种其他食用菌。

（2）覆土处理　覆土材料应先暴晒，再并用70℃以上的高温蒸汽消毒10 h。

（3）环境调控　及时挖除病原体，停止浇水，注意菇房通风，避免出现高温高湿。

（4）药剂防治　在发病区域喷洒50％咪鲜胺锰盐可湿性粉剂1 000倍液，或撒施生石灰粉。

（四）病毒病

1. 症状　病害寄生在菌株的胞内。在PDA平板上，携带病害的菌株菌丝生长速度比健康的菌株慢，菌落边缘往往不整齐（图9-2-32）。在棉籽壳或甘蔗渣为原料的培养料上，子实体有如下几种症状：菌柄肿胀呈近球形，不形成菌盖或只形成很小的菌盖；菌柄扁形弯曲，表面凹凸不平，菌盖小，边缘波浪形；菌柄短小，菌盖扁平，常伴有畸形（图9-2-33）；菌盖、菌柄表面有明显的水渍状条纹或斑纹；菌盖颜色发生变化（图9-2-34）。

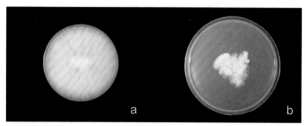

a. 健康　b. 染病

图9-2-32　平菇感染病毒后菌丝体发生的形态变化

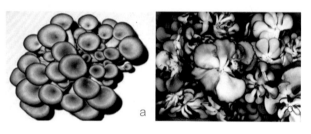

a. 健康子实体形态　b. 病毒感染后的子实体形态

图9-2-33　平菇感染病毒后子实体的形态变化

图9-2-34　平菇感染病毒后菌盖颜色发生变化

2. 病原体　平菇病毒病 Oyster Mushroom Spherical Virus 的病原体是直径为24 nm的球形病毒。经提取得到多个双链核糖核酸（ds RNA）片段，以黄瓜花叶病毒 ds RNA 为参照物测得相对分子质量为 1.3×10^6、1.10×10^6、9.8×10^7 和 8.5×10^7 4个主要 ds RNA 片段和2个衣壳蛋白为片段，相对分子质量为 22 000 Da 和 44 000 Da。

3. 发生规律　病毒主要通过带毒菌丝和正常菌丝之间的菌丝联结扩散传播。

带毒菌丝可来源于携带病毒组织的菌丝体和萌发的孢子等。

病毒可以通过感病孢子、组织、菌丝体等传播，或依靠带毒菌丝和健康菌丝之间的菌丝联结方式扩散传播。带毒孢子萌发后形成带毒菌丝与健康菌丝发生菌丝联合病害。

4. 防治措施

（1）清洁菇房 旧菇房特别是发现病毒侵染的菇房要彻底清扫、消毒，防止病菇残留组织传播病毒。

（2）消毒 培养料、覆土材料、菇房等，通70℃热蒸汽消毒12 h。

（3）防止气流传播 发生病毒病的菇房，平菇子实体开伞前采完，防止带毒孢子飘逸扩散。菇房使用配备空气过滤器的通气设备。

（4）选择良种 注意选育抗病、耐病品种。

五、香菇病害

（一）菌棒腐烂病

1. 症状 菌棒腐烂病在香菇菌丝生长期、转色期、催蕾期和出菇期均可发生。菌棒局部被侵染后，病斑向菌棒四周及内部蔓延，菌棒表面先出现白色浓密菌丝，后出现绿色霉斑，有时在感病部位与健康菌丝之间形成红褐色拮抗线。随着发病程度加重，香菇菌棒表面开始软化腐烂，内部菌丝呈豆渣状，出现散棒现象，散发出强烈的霉味。出现病害的菌棒上不能形成子实体，已长出的子实体也逐渐萎蔫或死亡（图9-2-35）。

2. 病原体 病原体主要是哈茨木霉 T. harzianum，还有深绿木霉 T. atroviride、绿色木霉 T. viride 和矩孢木霉 T. oblongisporum 等，属于半知菌类真菌，能产生大量的分生孢子。

3. 发生规律 菌棒腐烂病发生原因主要是在香菇菌丝体培养期间菌丝受到高温伤害，抗病能力急剧下降，此时易被木霉属真菌侵染。或由于菌棒翻堆不及时，菌棒相互接触处造成高温"烧菌"，致使"烧菌"部位局部被木霉菌侵染。试验表明，香菇菌丝用连续37℃高温处理24 h以上，会彻底丧失对哈茨木霉的抗病力，但处理6 h以内的香菇菌

a. 菌棒表面出现暗褐色水渍状斑块 b. 菌棒表面形成绿色分生孢子堆 c. 菌棒横切面上香菇菌丝与木霉菌之间形成暗红色拮抗线 d. 木霉菌感染香菇菌包后迅速扩展，病健交界处有拮抗线

图9-2-35 菌棒腐烂病的症状（边银丙 供图）

丝对哈茨木霉的抗病力没有受到影响。受到高温伤害的香菇菌棒在补水后，内部菌丝易缺氧，会加剧菌棒腐烂速度。

4. 侵染循环途径　如图9-2-36所示。

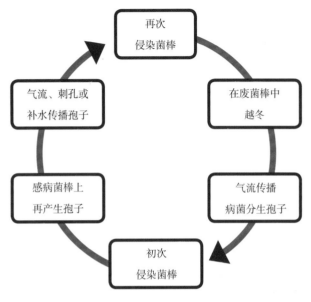

图9-2-36　香菇菌棒腐烂病病害侵染循环途径示意图（边银丙　供图）

5. 防治措施

（1）温度调控　加强菌丝培养场所的温度管理，尽量采取控温、降温措施，通风散热，避免在28℃以上环境中培养菌丝。

（2）清洁环境　加强生产场所卫生管理，及时防治菇蚊、菇蝇等害虫，避免害虫传播病原体。

（二）病毒病

1. 症状　香菇菌丝被病毒侵染后，通常生长速度和外观形态没有明显变化。但有些菌丝被病毒侵染后，生长速度会明显减缓，在培养料中表现为菌丝稀疏，延迟长满菌棒的时间；或生长不均匀，常不能正常转色和出菇（图9-2-37）。有些菌棒被病毒侵染后即使能出菇，但子实体也比较稀少，且易畸形；或子实体明显矮小，菌盖小或呈球形，菌柄膨胀成圆筒状；或菌柄细长，子实体倒伏，贴近培养料表面生长，菌盖干缩、失水萎蔫呈烘干状。

图9-2-37　香菇病毒病引起菌棒不能正常转色的现象（边银丙　供图）

2. 病原体　侵染香菇的病毒有6～7种，分为球形、线形和杆状病毒三大类，病原体不详。

3. 发生规律　香菇病毒病最初来源是带病毒的菌株。带病毒的菌株在形成子实体之后，产生大量带病毒的担孢子，通过气流在栽培场所扩散，落到其他菌棒上，待条件适宜时萌发成菌丝体。带病毒的菌株可以通过菌丝联合方式，将病毒传播给健康菌株的菌丝体。尽管菌种带病毒的现象相当普遍，但绝大多数情况下带病毒菌株并不一定会发病，目前尚不清楚带病毒的菌株开始发病的条件。一般认为，品种抗病能力差，环境温度过高或通风不良时病害发生概率增加。菇场连续多年使用，害虫数量多，也会增加发病概率。

4. 侵染循环途径　如图9-2-38所示。

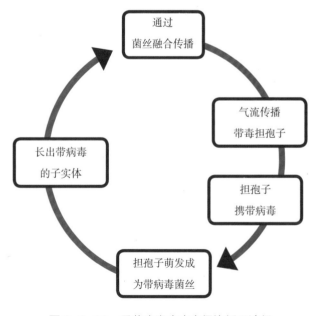

图9-2-38　香菇病毒病病害侵染循环途径示意图（边银丙　供图）

5.防治措施

（1）选用优质良种　选用无病毒的菌种进行生产，最好从技术力量较强、信誉度较高的单位引种或购买菌种。

（2）搞好环境调控　保持菇房清洁，场地消毒严格，及时防治菇蚊、菇蝇，减少病害传播。保持出菇场所适宜的温度和湿度，加强通风，避免出现高温、高湿的环境条件。

（3）及时采收　避免香菇子实体老熟开伞，防止带病毒的担孢子传播病毒。

（4）菌种脱毒　采用高温处理或原生质体再生技术，进行脱毒处理。

（三）线虫病

1.症状　线虫侵染香菇菌棒后，以针状口器刺吸菌丝体，受害菌棒松散，褐色，水浸状或菌丝呈豆腐渣状，出现"退菌"现象。取受害培养料少许，置于水滴中，在解剖镜下观察可见许多细长、首尾尖细的虫体蠕动。由于虫体微小，肉眼无法观察到，常误认为是螨虫危害或高温"烧菌"所致（图9-2-39）。

a.线虫取食香菇菌丝后，菌棒腐烂，菌丝呈豆腐渣状　b.香菇脱袋栽培中大量菌棒受到线虫危害

图9-2-39　香菇线虫病危害菌棒的症状（边银丙　供图）

2.病原体　侵染香菇菌棒的线虫主要是居肥滑刃线虫 *Aphelenchoides composticola* 和小杆线虫 *Rhabditis* spp.。

3.发生规律　连续多年使用的栽培场所、覆土材料、废弃菌棒和不洁净水源是线虫的主要侵染来源。线虫主要靠流水、害虫和人为活动传播，自身也能在水中蠕动传播。线虫抗干燥能力强，怕高温、高湿，适合在温暖湿润的环境中生活。碱性环境条件不利于线虫生存，当环境 pH > 8 时，线虫

会100%死亡。夏季地栽香菇时，菌棒脱袋覆土处理后，由于土壤中线虫数量多，大量取食香菇菌丝。随着气温上升，线虫数量迅速增加，导致香菇线虫病危害加重。

4.侵染循环途径　如图9-2-40所示。

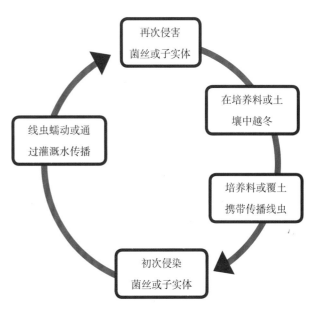

图9-2-40　香菇线虫病病害侵染循环途径示意图（边银丙　供图）

5.防治措施

（1）清洁栽培环境　及时清除栽培场所的菌渣，严格消毒处理；更换栽培场地，保持栽培场所清洁。必要时在栽培场地上撒生石灰粉进行消毒。

（2）选择优质水　切勿使用不洁净水源拌料或浇灌菇床，尽量用无污染的河水或井水。

（3）化学防治　菌棒表面发现少许线虫危害时，可在病斑处滴 0.03% ~ 0.05% 碘液，也可喷洒1%乙酸溶液，及时消灭线虫。

（四）黏菌病

1.症状　根据黏菌菌落及子实体形态，黏菌病症状在菌棒上有棕色和黄色 2 种表现。棕色黏菌发病初期，在香菇菌棒表面出现黏糊稀疏的网状菌落，会变形运动。后期菌落消失，形成黑褐色子实体，呈卷发状（图9-2-41 a、b）。子实体略呈圆形分布，中心区域培养料略变白。黄色黏菌初期在香菇菌丝体表面形成橘黄色菌落，后期菌丝消失后形成黄褐色孢子囊，呈胡桃肉状。子实体较小，分

布密集，数量较多，橘黄色，胶质状，干燥后较硬。菌棒表面长满黏菌后，会影响后期出菇（图9-2-41 c、d）。

在菌棒脱袋覆土栽培中，覆土层表面也常出现黏菌。通常初期呈黄色，黏稠状变形菌落，迅速蔓延，干燥时菌落形态固定，表面呈丝网状或粉末状（图9-2-41 e、f）。有时覆土层表面也出现棕色黏菌的卷发状菌落和子实体。

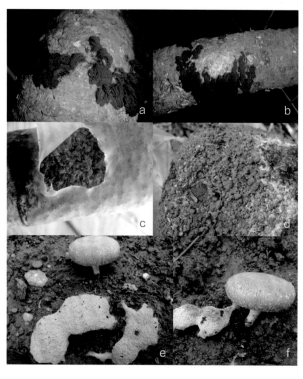

a、b.菌棒表面出现棕色卷发状孢子囊　c、d.菌棒表面出现黏菌橘黄色菌落　e、f.在覆土层表面出现淡黄色变形的黏菌菌落，干燥后菌落表面呈粉末状

图9-2-41　香菇菌棒黏菌病的症状(a、b、e、f由边银丙　供图；c、d由曾凡清　供图)

2.病原体　在香菇菌棒表面危害的棕色黏菌属于发丝菌属 *Stemonaria*，其营养体是一团多核的没有细胞壁的原生质团，子实体柱状，棕色，丛生，产生大量孢囊孢子。黄色黏菌初步鉴定为煤绒菌属的一种黏菌 *Fuligo* sp.。

3.发生规律　严格意义上而言，黏菌并不是一种病原体，但在黏菌所覆盖的菌棒表面区域，不能长出子实体。当栽培环境处于高温、高湿状态时，特别是菌棒表面有水膜时，黏菌迅速繁殖，并产生孢子囊和孢囊孢子。孢囊孢子靠气流、反溅水或害虫传播。旧

菇房和生长期较长的品种发病较重。培养料含水量偏高，环境处于高温、高湿状态，是黏菌病发生的两个重要原因。

4.侵染循环途径　如图9-2-42所示。

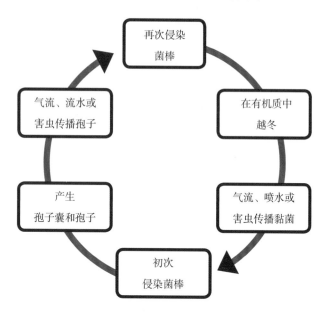

图9-2-42　香菇菌棒黏菌病病害侵染循环途径示意图（边银丙　供图）

5.防治措施

（1）环境调控　及时清除菌渣，适时进行晒棚处理。增强栽培出菇场所的光照，降低温度和湿度，保持通风良好。

（2）及时脱袋或刺孔　降低菌袋内部菌丝表面的含水量。发病区域应停止喷水，并撒适量生石灰粉或挖除病灶区域的培养料。

（3）化学防治　喷洒晶体高锰酸钾500倍和72%农用链霉素可溶性粉剂2 000倍的混合溶液，7天1次，连续3次，可有效控制黏菌的蔓延。

六、金针菇病害

（一）腐烂病

1.症状　金针菇原基期、幼菇期和成熟期均可发病，病害症状主要出现在菌柄上。一般在搔菌时，病菌侵染菌瓶的培养料，使培养料表面变褐色；后期在幼蕾表面出现褐色水浸状病斑，菌柄发病后呈水浸状，松软，褐色，停止生长，成团腐

烂，最后菌盖亦变褐色水浸状（图9-2-43）。

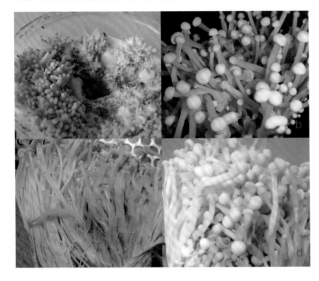

a.菇蕾感病后停止发育，呈水渍状腐烂　b.菌柄感病后呈水渍状　c.子实体成团腐烂　d.成簇的子实体中央出现腐烂症状

图9-2-43　金针菇腐烂病的症状（边银丙　供图）

2.病原体　病原体是一种假单胞杆菌属的细菌 *Pseudomonas* sp.。

3.发生规律　感染菌瓶中培养料表面的菌丝，病原物主要来源于带病原物的培养瓶和不洁净水源，通过搔菌操作在菌瓶之间进行传播。搔菌时料面补水过多，或者菇房顶部有冷凝水滴进栽培瓶中，导致局部培养料含水量偏高，瓶口处积水，容易引发此病。

4.侵染循环途径　如图9-2-44所示。

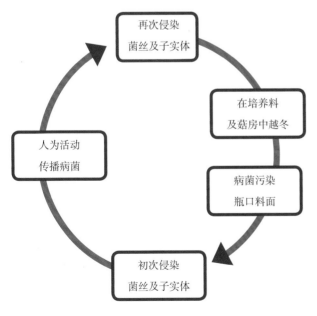

图9-2-44　金针菇腐烂病病害侵染循环
途径示意图（边银丙　供图）

5.防治措施　该病一旦发生，无药可治，常通过下述措施控制发病，降低生产损失。搔菌前对栽培瓶逐个进行检查，剔除已发病的栽培瓶；对搔菌室和搔菌机进行消毒，保持环境卫生，使用洁净水进行瓶口冲洗。控制菇房空气相对湿度，防止冷凝水形成；及时清除发病的栽培瓶。

（二）褐斑病

1.症状　褐斑病又名黑斑病，主要在菌盖上发生，菌柄上偶有小斑点，菌褶不易受害。发病初期，菌盖上出现零星的针状小斑点，后渐扩大，略呈椭圆形，褐色逐渐加深，水渍状，有黏液，有少许臭味，仅侵染菌盖表层（图9-2-45）。

图9-2-45　金针菇褐斑病的症状（边银丙　供图）

2.病原体　病原体是托拉斯假单胞杆菌属杆菌 *P. tolaasii*。

3.发生规律　病原体广泛存在于各种有机质和栽培环境中，通过喷水和人工操作传播。栽培环境在温度15℃以上，空气相对湿度90％以上，且通

病虫害防控技术

风不良时，病害发生严重。尤其是在黄色金针菇套袋出菇期，扎口太紧，菌盖表面水分不易蒸发，子实体表面形成一层水膜时，发病极为严重，常造成重大损失。

4. 侵染循环途径　如图9-2-46所示。

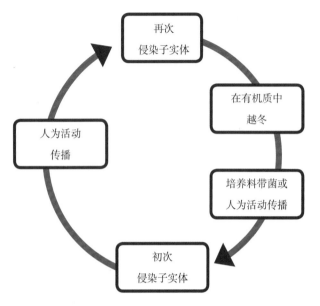

图9-2-46　金针菇褐斑病病害侵染循环途径示意图（边银丙　供图）

5. 防治措施

（1）严格菇房消毒处理　先通入70℃蒸汽消毒2 h，再用二氧化氯气雾消毒剂熏蒸5 h以上。对发病严重的菇房，应晾干空置一段时间再使用。

（2）温湿度调节　出菇期菇房环境温度应控制在15℃以下，空气相对湿度控制在85%以下，适当加大通风量。

出菇期进行套袋时，应避免扎口太紧，以利袋口透气通风，降低菌盖表面湿度。

（三）绵腐病

1. 症状　病害在原基分化期和子实体生长期均可发生。最初在瓶口料面的幼小原基上，覆盖一层白色浓密的菌丝团，色泽明显，且菌丝团不断增大，并逐渐连成片，导致幼蕾无法正常生长。在金针菇子实体生长期危害时，一般在菌柄基部着生白色浓密的菌丝团，并逐渐扩大，形成一层似霜的绒毛层，使子实体停止生长，严重时造成菌柄软腐、倒伏（图9-2-47）。

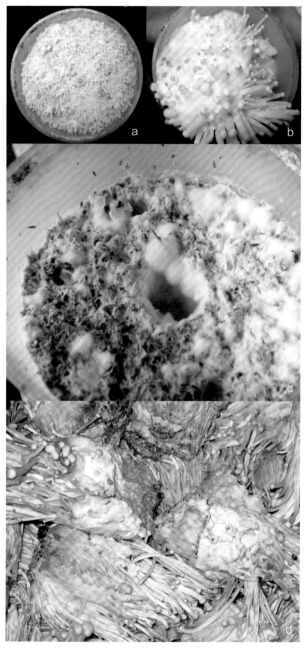

a. 菇蕾被感染后，出现成团的白色区域　b. 菌柄基部被病菌白色菌丝所覆盖　c. 搔菌后料面被病菌感染，出现一层较厚的病菌菌丝层　d. 菌柄基部被病菌白色菌丝所缠绕

图9-2-47　金针菇绵腐病的症状（边银丙　供图）

2. 病原物　病原物为异形葡枝霉 *C. vairum*，属于半知菌类真菌，能产生大量分生孢子。

3. 发生规律　病害发生在高温、高湿的梅雨季节，此时空气中病原物数量庞大。病原物通过菇房的通风系统进入出菇房，随着气流在菇房中传播，通风口处发病最为严重。当菇房卫生极差，空气相对湿度高于90%，环境消毒不彻底，人为活动频繁时，发病严重。

4. 侵染循环途径　如图9-2-48所示。

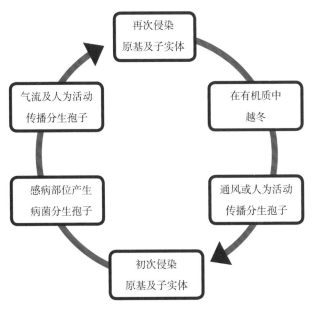

图 9-2-48　金针菇绵腐病病害侵染循环途径示意图
（边银丙　供图）

5. 防治措施

（1）清洁环境　保持菇房良好的卫生环境，注意维护通风设备，更新空气过滤设施，避免外界环境中病原体经通风系统进入菇房。

（2）防交叉感染　当菇房出现病害时，及时清除发病的栽培瓶，防止再次传播。

出菇期尽量减少人为活动，避免菇房空气相对湿度高于90％。

采收结束后，对菇房进行清洗和干燥，再将二氧化氯气雾消毒剂按 4g/m³ 的剂量点燃，对菇房熏蒸消毒 5 h 以上。

（四）肉瘤病

1. 症状　金针菇肉瘤病又称胡桃肉状病，主要在黄色金针菇秋季袋栽中发生。病菌侵染金针菇菌丝，在菌袋中早期形成胡桃肉状小颗粒，白色，后颗粒逐渐变大，相互连接成片，渐变成淡黄色或黄色，表面皱缩呈脑髓状膨大，在菌袋中形成肉瘤状。病原体大量吸收培养料中的养分，抑制金针菇生长，有时在肉瘤表面长出细而疏的金针菇子实体。菌袋中金针菇菌丝体表面变褐色，吐黄水，有时产生刺激性的气味（图9-2-49）。

图 9-2-49　金针菇肉瘤病症状（边银丙　供图）

2. 病原体　病原体为胡桃肉状菌 *D. microsporus*，属于子囊菌门的假块菌属。子囊果初期色泽较淡，后渐变为黄色或红褐色，表面皱缩，似胡桃肉状。子囊果在金针菇菌袋内部菌丝体表面产生，成熟后释放出大量子囊孢子。

3. 发生规律　病原菌主要来自灭菌不彻底的培养料，或者在菇房环境中的越冬孢子。在金针菇制种或制袋过程中，胡桃肉状菌子囊孢子易侵染菌丝，并与金针菇菌丝共同生长，后期形成块状或脑髓状子实体，使菌袋变形，导致金针菇子实体停止生长发育，严重影响产量。

4. 侵染循环途径　如图9-2-50所示。

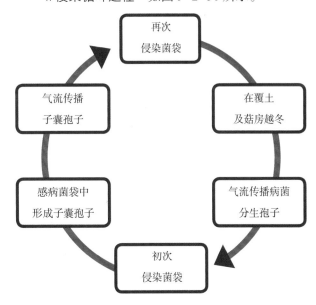

图 9-2-50　金针菇肉瘤病病害侵染循环途径示意图（边银丙　供图）

5. 防治措施

（1）轮作　更换栽培场所，将发病的旧菇房改种其他食用菌。

（2）无杂菌操作　培养料应充分灭菌，接种时应严格无杂菌操作，及时清理感病菌袋。

病虫害防控技术

（3）化学防治 在发病区域撒施 1：2 000 倍 50%咪鲜胺锰盐可湿性粉剂稀释剂，亦可以撒生石灰粉防控。

（五）黑斑病

1. 症状 发病初期，菌盖或菌柄上出现淡褐色小斑点，扩展后，菌盖上的病斑呈圆形或半圆形（从菌盖边缘开始发病的病斑），直径 3 mm 左右，黑色，凹陷明显，边缘清晰而整齐。菌柄上的黑斑呈长椭圆形，病斑表面均可长出稀疏的白色霉状物，病原体侵入菌肉，并可从菌盖表面向下扩展到菌盖下面的菌褶上，引起病部的菌肉及菌褶呈黑褐色腐烂；菌柄上的病斑可引起菌柄扭曲及弯折。该病发生于子实体生长期，尤以菌盖开展期发生较多。

2. 病原体 病原体是半知菌类的真菌轮枝霉 *Verticillium fungicola*。

3. 发生规律 菇房通风量小，空气相对湿度偏大，喷洒用水不洁，温度偏高，均有利于该病害发生。

4. 防治措施

（1）清洁环境 搞好菇房内外的环境卫生。

（2）温湿度调节 控制好菇房的温度和空气相对湿度，将温度控制在 10℃左右，空气相对湿度控制在 85%～90%，可减轻病害的发生。

（3）防交叉感染 一旦发病及时清除染病菇体，带出菇房深埋或烧掉，对其他未发病的子实体及时采收。

（4）化学防治 采收后菇房内喷洒 45%噻菌灵可溶性粉剂 1 000 倍液。

七、杏鲍菇病害

（一）细菌性腐烂病

1. 症状 初期在菌柄或菌盖上出现黄褐色水渍状病斑，不凹陷，有黏液，后期病斑可扩展至整个子实体。有时病斑凹陷，子实体腐烂，有时出现略隆起的黄褐色菌脓，有光泽，并散发出臭味（图 9-2-51）。

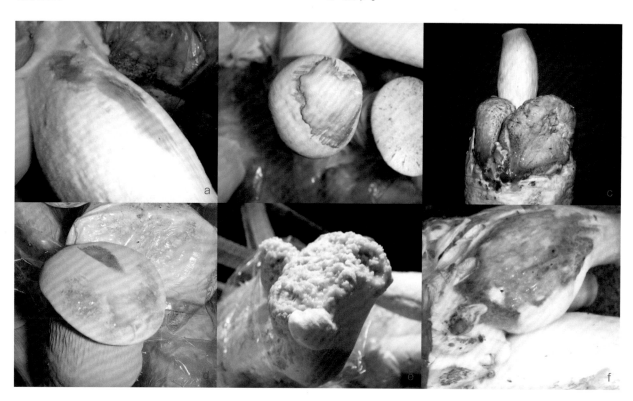

a. 菌盖上出现隆起的浅黄色菌脓 b. 菌柄上出现褐色水渍状条形病斑 c. 感病子实体腐烂 d. 菌盖上出现乳白色菌脓和褐色水渍状病斑 e. 感病菌柄腐烂 f. 菌柄上出现褐色腐烂的病斑呈溃疡状

图 9-2-51 杏鲍菇腐烂病的症状（边银丙 供图）

2. 病原体　病原体主要是恶臭假单胞杆菌*P. putida*，泛菌 *Pantoea* sp. 及欧文菌 *Erwinia* sp. 也能引起杏鲍菇细菌性腐烂病。

3. 发生规律　病原物来源于菇房环境、培养料和不洁净水源，主要通过喷水和人工操作传播。幼蕾形成期空气相对湿度偏高，通风不良，特别是采用喷水方式补水加湿，是此病发生的主要原因。菌袋袋口处积水，原基或幼菇表面有水膜时，极易引发该病。在菌丝体长满菌袋和完成后熟后，菌袋进入出菇房开袋催蕾时，如果空气相对湿度高于90%，则易导致此病发生。

4. 侵染循环途径　如图9-2-52所示。

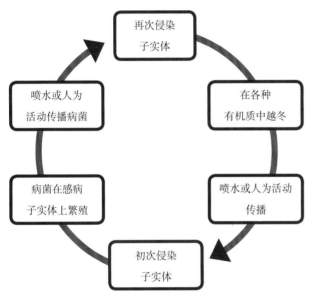

图9-2-52　杏鲍菇细菌性腐烂病病害侵染循环途径示意图（边银丙　供图）

5. 防治措施

（1）环境处理　及时清除菌渣，彻底清洁菇房。采用洁净水冲洗床架，通风干燥，最后采用气雾消毒剂进行密闭熏蒸消毒48 h以上。

（2）搞好湿度调控　菌袋在进入出菇房制冷（18℃以下）前6～8天，当菌袋开始吐黄水时，严禁对菇房加湿，避免原基和幼蕾染病。子实体生长期间空气相对湿度保持在90%以下，温度控制在17℃以下，合理通风。应使用无污染的清洁水源，采用微喷方式进行雾化加湿。

（二）黄腐病

1. 症状　子实体初期易出现黄褐斑病，随后扩展到整个菇体，菇体停止生长，最后变黄、变软、腐烂（图9-2-53），病情发展迅速。

图9-2-53　杏鲍菇黄腐病的症状

2. 病原体　细菌类假单胞杆菌 *Pseudomonas* sp.。

3. 发生规律　高温（20℃以上）、高湿、通风不良时极易发生。主要是通过水来传播，当子实体含水量过高时也易发生。

4. 防治措施

（1）选择抗病品种　创造适宜杏鲍菇子实体生长发育的环境条件。但在出菇期间，当温度高于18℃时，切勿向子实体喷水，只能向地面和四周墙壁上喷水来增加空气相对湿度。

（2）加强通风换气管理　避免出现高温、高湿环境。出菇期间，每次结合喷水，进行通风换气管理，降低菇体表面上水分，可防止病害发生。

（3）科学管理　出现病害后，及时摘除病菇，加强通风换气管理，安装防虫网，用杀虫灯、悬挂黄板等诱杀害虫，防止病原体侵染其他菇体。

八、白灵菇病害

（一）细菌性腐烂病

1. 症状　主要危害菌盖表面或菌褶。菌盖发病后，表面布满连片的淡黄色水渍状病斑。在发病后期，菌盖表面或菌褶上结成黄色硬痂，连成不规则形状，有许多点状凹陷，呈畸形。菌褶部位变黄褐色，腐烂，发黏（图9-2-54）。

a.菌褶感病后变黄褐色　b.感病菌盖上出现黄色病斑，表面有硬痂，引起畸形

图9-2-54　白灵菇腐烂病的症状（边银丙　供图）

2.病原体　病原体是假单胞杆菌属的一种细菌 *Pseudomonas* sp.。

3.发生规律　病原体主要来自培养料和不洁净的水源，随喷水、工具和人员操作传播。温度高于20℃，空气相对湿度偏高，通风不良，特别是子实体表面长时间有水膜时，发病较严重。

4.侵染循环途径　如图9-2-55所示。

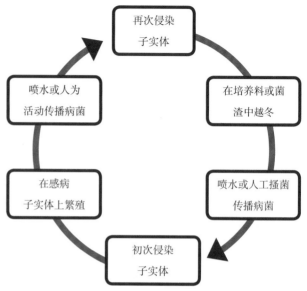

图9-2-55　白灵菇腐烂病病害侵染循环途径示意图（边银丙　供图）

5.防治措施　参考杏鲍菇细菌性腐烂病的防治措施。

（二）绿霉病

1.症状　在受感染的料面上，初期产生灰白色棉絮状的菌丝，后从菌丝层中心开始向外扩展，最后转为深绿色并出现粉状的分生孢子。菌落表面颜色呈浅绿、黄绿、蓝绿等。病原体除与白灵菇菌丝争夺养分外，还分泌毒素抑制白灵菇菌丝的生长。病原物繁殖迅速，常在短时间内暴发，造成严重的危害并导致减产。

2.病原体　病原体为半知菌类的木霉。常见病原体有绿色木霉 *T. viride*、康氏木霉 *T. koningii*、哈茨木霉 *T. harzianum*、长枝木霉 *T. longibrachiatum*、多孢木霉 *T. polysporum* 等。

3.发生规律　木霉菌丝在温度4～24℃生长，孢子萌发温度为25～30℃，空气相对湿度为95%。在稍干燥的条件下木霉的孢子不会死亡。木霉的孢子可在空气中传播，培养料和覆土材料中都会带入，人工操作都可将木霉孢子带入栽培场和培养室。

4.防治措施

（1）清洁环境　搞好菇房和培养室的卫

生，注意环境消毒；做好通风换气，防止高温、高湿。

（2）科学管理　生产时要严格灭菌，无论高压或常压灭菌，都要保证灭菌时间，灭菌必须彻底。培养料中加入2%生石灰粉，调节培养料的pH至8～9，装袋时掌握好料的松紧度，不要太紧。控制培养料的含水量，以宁干勿湿为原则。发菌期防止环境温度超过28℃。

（3）预防为主，治疗为辅　发菌期勤观察，一旦发现有木霉菌侵染，要及时处理。局部发生时可在侵染部位涂抹石灰膏，或注射5%清石灰水。

（三）细菌性褐斑病

1.症状　病原体主要危害白灵菇的表皮，并不深入到菌肉组织。在菌盖表面，病斑多出现在与菌柄相连的凹陷处，近圆形或梭形，稍凹陷，边缘整齐，表面有一薄层菌脓，单个菌盖上有几十个或上百个病斑，但不会引起子实体变形或腐烂。

2.病原体　病原体主要是托拉斯假单胞杆菌 *P. tolaasii*。

3.发生规律　土壤带菌、用水不洁、菇房通风不好、空气相对湿度过大、菌盖表面长时间有水膜都易导致该病的发生。高温、高湿的环境，有利于该病的发生和传播。

4.防治措施

（1）清洁环境　日常管理用水一定要使用清洁的水源，注意多通风，防止菌盖表面长期积水。对所用的覆土材料进行彻底的消毒处理。

（2）化学防治　发病初期，可喷洒150 mg/L漂白粉溶液，可起到一定的防治效果。

（四）枯萎病

1.症状　病原体只侵染白灵菇幼小的子实体，菌盖超过2 cm以上时不易发病。染病的幼嫩子实体初期绵软，渐呈现失水状，后变为软革质状，子实体体枯萎。

2.病原体　病原体尚不明确，可能是细菌或真菌，有待科学考证。

3.发生规律　病原体的孢子可随风传播，并长期生活在土壤和病残组织上。在菇房通风不良，高温、高湿的条件下易发生。

4.防治措施

（1）清洁环境　搞好出菇场地环境卫生。旧场地、旧菇房在培养料进场（房）前用蒸汽消毒，清除环境中的菌渣、病残体等杂物。

（2）科学管理　加强菇房通风，防止高温、高湿，采用少量多次的喷水方法。

（3）化学防治　发病初期先摘除染病子实体，后用"菱必治"120倍的水溶液喷洒料面，每天2次。

（五）细菌性黄斑病

1.症状　染病的子实体分泌黄色水滴，后子实体停止生长，最后萎缩。

2.病原体　病原体主要是托拉斯假单胞杆菌 *P. tolaasii* 和 *P. reactans* 两种细菌。

3.发生原因　出菇场地温度过高，空气相对湿度在95%以上，通风不良易发生。

4.防治措施

（1）选水　日常管理用水一定要使用清洁的水源，注意适量通风，防止出现高温、高湿的环境条件。

（2）化学防治　发病后，可喷洒150 mg/L漂白粉溶液，或用72%农用链霉素可溶性粉剂2 000倍液，或用万消灵8～10片加水10千克连续喷洒2～3天，每天喷洒1～2次，可起到有效的防治效果。

九、毛木耳病害

（一）油疤病

1.症状　油疤病又称疣疤病。病原体侵染毛木耳菌丝后形成病斑，病斑呈深褐色，圆形，边缘不规则，质地硬实，表面有滑腻感，具光泽，病原体与毛木耳菌丝交界处有时会出现红褐色拮抗带。病斑在毛木耳菌丝上迅速扩展，毛木耳菌丝迅速凋亡，呈豆腐渣状（图9-2-56）。

图9-2-56　毛木耳油疤病的症状（边银丙　供图）

2. 病原体　病原体是木栖柱孢霉菌 *S. lignicola* 和木耳柱孢霉 *S. auriculariicola*，属于子囊菌门丛梗孢目 Moniliales，菌丝上易形成厚垣孢子。

3. 发生规律　病原体在各种朽木、农作物秸秆等有机质上营腐生生活。培养料灭菌不彻底时，玉米芯或木屑等栽培料携带病原体，成为初次侵染来源。病原体通过浇灌水再次传播，也可以通过气流传播。病原体在毛木耳菌丝上可以形成大量厚垣孢子，厚垣孢子可以再次侵染其他菌袋，导致病害流行。油疤病主要发生在高温、高湿环境下出耳的黄背木耳产区，白背毛木耳栽培面积较小，油疤病发病也较少，但白背毛木耳品种对病原体并没有明显的抗病力。菇房中空气相对湿度高于90%以上，

气温25℃以上，通风不良，特别是浇灌或淋灌补水加湿时，会导致此病流行。

4. 侵染循环途径　如图9-2-57所示。

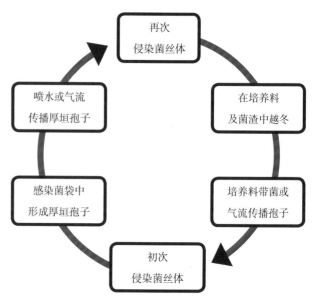

图9-2-57　毛木耳油疤病病害侵染循环途径示意图
（边银丙　供图）

5. 防治措施

（1）清洁环境，科学通风　栽培结束后及时清理菌渣，去掉菇房覆盖物，使栽培场所在阳光下暴晒，地面上撒生石灰粉进行消毒。

菇房尽可能在顶端设置人字形的通风结构；可随时卷起菇房周围的遮阳网或塑料薄膜，以利于通风。

（2）菌袋选择与管理　选择厚度0.04 mm以上耐高压的聚丙烯塑料袋进行毛木耳栽培，避免栽培袋在装袋、灭菌和搬运过程中出现破损。

增加生石灰粉用量至2%～4%防止培养料酸化，改进喷水方式，尽量采用雾状喷头补水加湿。菌袋划口催耳前，使用漂白粉700倍液或5%石灰水泡袋消毒后，再进行划口。每次采耳结束后第一次喷水时，都需在水中加入消毒剂。

（3）化学防治　在菌袋已经出现病斑时，先挖除病斑及周围1～2 cm培养料，然后按1：250将50%咪鲜胺锰盐可湿性粉剂与干细土拌匀，加少许水搅拌成稀泥状，涂抹在挖除部位，抑制病斑扩展。发病较为轻微时，可以挖出病斑，然后让料

面自然风干或洒上干石灰粉。经过处理的菌袋还可以正常发菌和出耳（图9-2-58）。

图9-2-58 挖掉油疤病病斑后正常出耳状

（二）黏菌病

1.症状 耳片背面出现毛发状、深棕褐色、簇生孢子囊，孢子囊下耳片表面灰白色，如图9-2-59所示。

图9-2-59 毛木耳黏菌病的症状（马晓龙 供图）

2.病原体 病原体为黏菌门发网菌属的一类黏菌 Stemonitis sp.，其营养体是一团多核的没有细胞壁的原生质团，子实体深棕色或深褐色，圆柱状，簇生。

3.发生规律 菇房中高温、高湿和菇蚊、菇蝇发生严重时，此病发生较重。病原体孢子靠气流、雨水、喷灌水或害虫活动传播。

4.侵染循环途径 如图9-2-60所示。

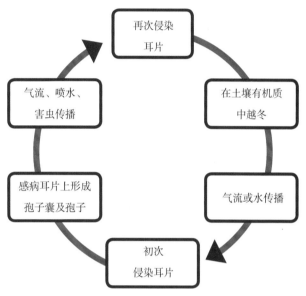

图9-2-60 毛木耳黏菌病病害侵染循环途径示意图（边银丙 供图）

5.防治措施 及时清除菌渣，地面撒生石灰粉，适时掀掉菇房遮盖物，进行暴晒处理。

适当增强菇房内的光照度，降低温度和空气相对湿度，保持通风良好。

（三）白斑病

1.症状 白斑病发生在子实体（耳片）阶段，在耳片背面和腹面均可出现症状。病斑初为近圆形，中央部分有白色稀疏菌丝，在耳片腹面的病斑边缘常有水渍状环状晕圈，后病斑逐渐扩大，并相互连接成片。在耳片背面病原体的菌丝更加浓密，常呈网状或粗丝状，耳片色泽变浅。通常耳片基部易出现病斑，导致耳片基部萎缩，严重时菌袋之间耳片被病原体的网状菌丝覆盖，且相互联结成片，发病部位能产生大量单细胞或多细胞的分生孢子。如图9-2-61所示。

a. 耳片腹面边缘出现白色圆形病斑，渐连成片　b. 耳片背面出现近圆形白色霉斑　c. 耳片基部易感染，并出现白色霉层　d. 近地面的菌袋上耳片易感病、先感病，形成明显的发病中心

图9-2-61　毛木耳白斑病的症状（汪彩云　供图）

2.病原体　病原体种类待鉴定。

3.发生规律　白斑病通常在高温、高湿条件下发病严重。在墙式码垛摆袋栽培时，靠近地面的菌袋耳片发病较重。具有明显的发病中心，在环境条件适宜病原物生长时，病害迅速由发病中心向四周蔓延。菇房卫生条件差，染病耳片没有及时清理时，病害较重。

4.侵染循环途径　如图9-2-62所示。

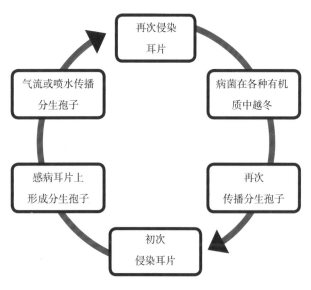

图9-2-62　毛木耳白斑病病害侵染循环途径示意图
（边银丙　供图）

5.防治措施　加强菇房通风管理，控制喷水量，避免出现高温高湿。

注意菇房场地卫生管理，及时摘除染病的耳片。摘除染病耳片时，可先用塑料袋套住耳片，再进行采摘，防止病原体孢子传播。必要时在发病菇房地面上撒一层生石灰粉。

（四）流耳

1.症状　流耳是毛木耳出耳期间常见的一种病害。具体症状为在毛木耳出耳期间，耳片变成胶质状流下，并可扩散传播，从而造成商品率下降，产量降低。如图9-2-63，图9-2-64所示。

图9-2-63　毛木耳流耳状

图9-2-64　染病耳和正常耳片比较

2.病原体　病原体不详，一般认为是细菌类和线虫类侵袭所致。

3.发生规律　在高温、高湿、通风不良的环境下易发生。毛木耳成熟过度，因天气或其他原因引起的采收不及时，或有病虫危害子实体等情况下均会出现大量的流耳现象。

4.防治措施　耳片生长期间，气温高于30℃时，要加强通风换气，避免环境高温、高湿的现象出现。增湿或补水要用清洁的水。水分管理时要干湿交替，夏天闷热的天气要加强通风和相应的降湿措施。毛木耳成熟后要及时采收，以免耳片成熟过度，遇到阴雨天气产生流耳。及时防控病虫害。出现流耳后要及时摘除，并喷水冲洗去掉残渣，挖出袋口上的耳蒂，停止喷水，加强通风换气，待下一茬耳片形成后，进行正确的保湿管理，就可正常出耳。

十、黑木耳病害

（一）白毛病

1. 症状　黑木耳白毛病又称为白毛菌病。症状主要出现在子实体耳片腹面，形成一层白色网状霉层，病菌菌丝较浓密，不易与耳片分离，霉层主要分布在耳片中心部位或基部近耳根处。一般在菌袋靠近地面处的耳片先发病，之后向上部耳片扩展，严重时菌袋靠近地面的耳片全部染病。受害部位耳片发黄，受害严重时可导致黑木耳耳片腐烂。感病耳片晒干后，白色霉状物依然存在，极大地影响耳片的商品价值（图9-2-65）。

图9-2-65　黑木耳白毛病的症状（孔祥辉　供图）

2. 病原体　引起黑木耳白毛病的病原体是厚垣镰孢 *Fusarium chlamydosporum* 和尖孢镰孢 *F. usarium oxysporum* 2种真菌，它们均属于半知菌类真菌，能产生大、小2种类型的分生孢子。小型分生孢子较多，呈卵圆形，矩圆形，无隔膜或有1个

分隔。大型分生孢子呈镰刀形或纺锤形，3～5个隔膜，顶端细胞渐狭细，基部脚胞明显。

3. 发生规律　白毛病主要发生在黑龙江、吉林和辽宁等地夏季黑木耳袋料栽培产区，一般在盛夏高温、高湿季节发生，6月底至7月初为发病高峰期。病原体主要来自土壤有机质中，通过浇灌水反溅到耳片上，在耳片腹面积水严重的中心部位或耳根近基部感染，影响耳片生长。一般靠近地面的耳片发病较重，而菌袋上部耳片发病较轻。耳片较大，摆袋较密集，尤其是出耳期遇到高温、高湿天气，发病严重。

4. 侵染循环途径　如图9-2-66所示。

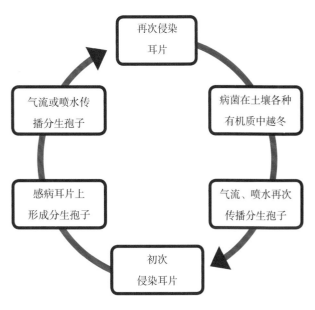

图9-2-66　黑木耳白毛病病害侵染循环途径示意图
（边银丙　供图）

5. 防治措施　选择通风较好的地方作为出耳场所，避免地表积水，做好清洁卫生，地表面摆袋前撒上一层生石灰粉。菌袋之间保留适当距离，避免摆袋过于密集。尽量采用微喷方式进行补水增湿，避免浇灌水反溅传播病原体。

（二）绿霉病

1. 症状　病害在黑木耳菌丝体长满菌袋之后，耳芽形成之前发生。病原体分生孢子从菌袋刺孔或划口处进入，萌发后菌丝体迅速向黑木耳菌棒的菌丝体表面扩散，并很快再产生粉状的黄绿色的分生孢子层。能产生大量分生孢子时，菌落变成深绿色。脱掉菌袋后，可见发病区料面呈墨绿色，干燥开裂（图9-2-67）。

图9-2-67 黑木耳绿霉病的症状（边银丙 供图）

2. 病原体 常见病原体是绿色木霉 *T. viride* 和康氏木霉 *T. koningii*，属于半知菌类真菌。

3. 发生规律 病原体广泛存在于栽培场所和废弃的培养料中。使用不洁净的工具刺孔或划口时，极易传染病原体，风雨传播或浇水淋灌也是病原体主要的传播方式。木霉菌可以通过重寄生或拮抗反应危害黑木耳菌丝。塑料袋因质量较差而出现袋壁分离，菌袋刺孔后遇到大雨天气，或采用浇灌方式补水保湿，耳芽形成前出现高温、高湿天气是此病害流行的重要原因。

4. 侵染循环途径 如图9-2-68所示。

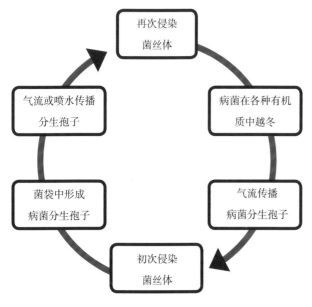

图9-2-68 黑木耳绿霉病病害侵染循环途径示意图
（边银丙 供图）

5. 防治措施

（1）温湿度调控 尽量在气温20℃以下，空气相对湿度90%以下集中催芽，避免耳芽形成

前遇到高温、高湿的天气。

（2）其他 参考黑木耳白毛病的防治方法。

（三）黑疔病

1. 症状 黑木耳菌袋中菌丝体长满之后，菌袋表面长出黑色的菌丝体，逐渐连成片，后期长出瘤状的子座，直径约5 mm，表面粗糙，质地坚脆，炭质，初期咖啡色，后转为黑色。不规则的黑疔常互相连接成片，致使黑木耳菌丝生长受阻，无法长出耳芽（图9-2-69）。

图9-2-69 黑木耳黑疔病的症状（边银丙 供图）

2. 病原体 病原体是一种炭团菌 *Hypoxylon* sp.，属于子囊菌门真菌，能产生子囊孢子和分生孢子。

3. 发生规律 病原体是阔叶树上一种常见的弱寄生菌，杂木屑上常带有该病原体。在黑木耳耳芽形成前，病原体从菌袋刺孔处侵入，侵染黑木耳菌丝体。高温、高湿的环境有利于黑疔病发生。常因培养料灭菌不彻底，病原体在菌袋中存活，并初次侵染黑木耳菌丝体，之后产生病菌孢子随气流再次传播，也可以通过浇灌水传播，通过刺孔处再次感染菌袋。

4. 侵染循环途径　如图 9-2-70 所示。

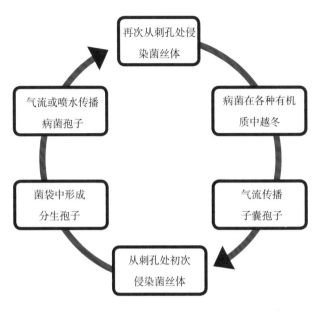

图 9-2-70　黑木耳黑疗病病害侵染循环途径示意图
（边银丙　供图）

5. 防治措施　培养料应灭菌彻底，防止培养料带菌。选用质量好的塑料袋进行栽培，避免料袋分离，使菌袋内壁形成空隙产生积水，造成病原体孢子侵染和萌发。采取措施集中催芽，避免耳芽形成之前遇到高温、高湿的天气。出耳期喷水时，应尽量喷雾状水，避免浇灌水反溅传播病原体。

十一、银耳病害

（一）绿霉病（木霉病）

1. 症状　木霉是竞争性兼寄生性的病原体，在银耳菌袋、子实体和段木上均可发生木霉的危害。特别是高温、高湿的环境，极易发生木霉的侵害，危害较为严重。木霉可迅速地分解富含淀粉、纤维素和木质素的栽培基质，也能寄生生活力不足的菌丝或子实体。菌落初期白色，菌丝致密，向四周扩展，菌落中央产生绿色孢子，最后菌落变为深绿色或深蓝色。木霉分泌的毒素可以使菌丝生长受到阻碍，使菌丝萎缩，泛黄或消失，同时木霉的菌丝也可缠绕、穿透银耳菌丝，造成菌丝的破坏和死亡。在段木栽培中，银耳子实体受到侵染后，子实体变黄，逐渐在银耳表面产生白色菌丝，随后产生绿色

的霉层（图 9-2-71），最后死亡。

图 9-2-71　银耳绿霉病症状

2. 病原体　绿霉病的病原菌为木霉属真菌，常见种类有绿色木霉 *T. viride* 和康氏木霉 *T. koningii*。

3. 发生规律　木霉菌丝和孢子广泛分布于自然界，通过气流、水滴侵入寄主，孢子萌发后，菌丝生长迅速，在适宜条件下，几天可布满料面，远远快于银耳和香灰菌丝的生长，是银耳生长中最常见的病害病原体。

4. 防治措施　使用合格菌种，菌种带有病原体是造成后期污染的原因之一。做好环境卫生。这是防控木霉病的最关键环节之一，及时清理受污染的菌袋。保持适温发菌，降低因高温对菌丝的伤害，避免温差引起的空气流动带入病原体。

出耳期注意通风换气，适当降低空气相对湿度，干湿交替管理。

段木栽培菌棒上有少量绿霉出现时，注意菇房内经常通风透气，即可控制绿霉继续发生。如菌棒上绿霉严重，可将菌棒移出菇房，用水冲刷干净，放阳光下暴晒 1～2 天。如果发病十分严重，绿霉已侵入木质部，要先用刀刮削，再涂上生石灰水或 5% 硫酸铜溶液，还可用浓度为 0.1%

多菌灵溶液涂抹，均可起到好的效果。晾干后，再喷水管理出耳。

如果通过上述办法均无法控制，要在发病初期及时采收子实体，再将菌棒迅速焚毁。同时注意做好栽培菇房周围的环境卫生，通风降温。

（二）瓦灰霉病

1. 症状　发病初期，菌棒上长出白色菌丝，随着病情加重，出现类似瓦灰样的粉状物（图9-2-72），最终导致银耳子实体逐渐萎蔫变黄、变小，菇房内无清香味，带明显的酸味，发病越重酸味越浓。

图9-2-72　银耳耳棒上的瓦灰霉

2. 病原体　瓦灰霉常见于银耳段木栽培中。据刘勇等鉴定，引起银耳瓦灰霉的主要病原体为球黑孢霉 *Nigrospora sphaerica*，属半知菌亚门、丝孢纲、暗色菌科、黑孢霉属真菌。

3. 发生规律　瓦灰霉与银耳共同生长在段木上，当日平均温度达15℃以上，空气相对湿度达100％时开始发病，随着温度的升高，病害蔓延加快，流行的最适温度为25～28℃，超过32℃病害发展缓慢。银耳采收后，瓦灰霉菌在废弃段木、菇房泥土及四周墙壁上越冬。在菌棒接种"发汗"期间，由于高温、高湿的双重作用，病原体从休眠转化为萌发状态。

4. 防治措施　选用优良银耳菌种，接种前选用42％特克多胶悬剂1 000倍液浸棒或涂抹菌棒，可减少菌棒的瓦灰霉菌和杂菌量，以利银耳菌丝和伴生菌丝正常生长发育。

当发现菌棒有酸味，长有瓦灰霉时，应立即将其移出菇房外隔离管理，发病较重的应用火烧掉，防止传染、传播、侵染。此时特别注意加强菇房通风透气，防止闷热，保持空气新鲜流通。

在银耳生长期用50％咪鲜胺可湿性粉剂1 000倍液涂抹菌棒两头，有较好的防病增产效果；但对菌棒直接喷雾有药害。经试验，用噻菌灵抹棒，浓度高达60倍也无药害，而直接喷雾药害也较重。因此，在银耳生长期使用药剂涂抹菌棒两端，不喷雾，可以起到抑制银耳病害发生，提高银耳产量和品质的作用。

（三）白粉病

1. 症状　在被侵染的银耳耳片上，表面密生一层白色粉状物，逐步使耳片僵化，停止生长，后期使银耳耳基变成深褐色。

2. 病原体　银耳白粉病的病原体为半知菌亚门的顶孢头孢霉 *Cephalos porium* sp.。

3. 发生规律　在高温多雨的季节，闷热、高湿、通风差、菇房内积水多，容易造成该病的大量发生。病原体在银耳子实体或耳基周围特别容易发生，此病传播力极强，病耳采收后，新长出的耳片常会出现同样的症状，危害严重。

4. 防治措施　在菇房周围深挖排水沟，避免菇房积水。加强通风，降低空气相对湿度，保持菌棒适当干燥。

此病侵染能力强，易传播，要及时治理。出耳前，使菌丝在菌棒内充分发透。出耳后，加强菇房通风，防止闷热、高湿。在菇房周围喷50％甲基硫菌灵可湿性粉剂500倍液，每平方米用药液0.5 kg，可预防该病的发生。

如有少量白粉病出现，幼耳喷石硫合剂，控制蔓延，成耳需提前采收，并用刀将耳根剜去涂抹0.5％苯酚溶液（石炭酸），或用75％百菌清可湿性粉剂1 000倍液喷雾1次。

如果整根菌棒感染，要将病棒移出菇房烧掉，以免传染。

（四）链孢霉病

1.症状　受到链孢霉侵染的菌袋，病原体分泌的代谢产物会影响菌丝的生长，导致幼菇的死亡。

2.病原体　病原体为链孢霉 *N. Sitoohila*。

3.发生规律　病原体通过接种穴、菌袋砂眼或系口侵入，菌丝稀疏，污白色，生长迅速，菌袋污染部分产生白色、浅黄色至浅橙色的孢子堆，不能正常出耳，且传染性极强。在高温、高湿的季节生产菌袋，操作不慎，极易产生病害。病原体一旦侵入，试管内菌丝2天可长满，第三天出现橘红色的分生孢子，第五天即可穿透棉塞在试管口产生孢子团，并随着空气或操作人员、虫媒等传播。

链孢霉在自然界广泛分布，耐高温，在25～35℃下生长迅速，培养料含水量60%～70%长势较好，在密闭的瓶内菌丝生长稀疏。

4.防治措施　注意发菌场所的清洁卫生。发现个别的菌袋长出链孢霉的菌丝，立即先用湿润的毛巾包住或薄膜套住病部，然后烧毁。

链孢霉的其他防控措施参照木霉的防治措施。

（五）红银耳病

1.症状　在银耳出耳季节，菇房内高温、高湿和通风不良的条件下，耳片局部变为红色，逐渐扩大至整个子实体，颜色变红，耳基失去再生能力。该病害传播较快，在数天可至整个菇房被侵染，病原物主要通过雨水、害虫和操作人员的不规范操作传播，夏秋季高温25℃以上，出菇房高湿和通风不良的条件下，容易导致该病害的大量发生。

2.病原体　病原体为浅红酵母菌 *Rhodoto rula pallida*。

3.发生规律　病原体广泛分布于空气、植物残体和水中，在高温、通风不良、含水量高的段木或菌棒上发生率较高。在银耳段木栽培中，常见红色的大块病斑。

4.防治措施　预防的方法主要是控制菇房的温度，尽量在25℃下出耳管理，做好环境卫生，发病前喷施新洁尔灭、土霉素，或用2%过氧乙酸消毒菇房，可以预防该病的发生。发病后喷施3%晶体高锰酸钾水溶液可控制红银耳病的蔓延。

（六）裂褶菌病

1.症状　发病后，裂褶菌菌丝生长较快，树皮下菌棒腐朽的范围比子实体着生的部位大得多，菌丝侵入的部位银耳菌丝不能生长。裂褶菌腐朽部往往全部变为淡黑褐色。菌棒表面上的裂褶菌，菌盖1～3 cm，无柄，以菌盖的一侧或背面的一部分附着于菌棒上，扇形或圆形，有时掌状开裂，表面密生粗毛，白色至灰色或灰褐色；菌褶白色至灰色，淡肉色或淡紫褐色，每片菌褶边缘纵裂为两半，近革质（图9-2-73），干燥后收缩，吸水后回复原形。

图9-2-73　银耳菌棒上的裂褶菌

2.病原体　病原体是裂褶菌 *S. commune*. 属担子菌亚纲，伞菌目，白蘑科，裂褶菌属，又称为白参、鸡冠子菌。

3.发生规律　菌丝生长温度10～42℃，最适宜温度28～35℃。菌棒受日光暴晒，菌棒温度升高干燥，容易发生裂褶菌，该菌是菌棒过干的指示菌。

4.防治措施　防止菌棒暴晒，发生裂褶菌的菇房实行遮阴处理，病害严重的菌棒应烧掉或进行隔离处理。

（七）截头炭团菌病

1.症状　发病初期，从菌棒树皮裂缝中和横断面上发生许多黄绿色的小菌落，菌落逐渐生长，互相愈合，连成一片，逐渐开始长出黑色的子座，后黄绿色的霉菌逐渐消失，子座不断生长，不久成熟，子座半球形至瘤形，直径5 mm或相互连接成不规则形（图9-2-74）。

a.银耳菌棒上的炭团菌 b.炭团菌子囊果和子囊孢子显微结构

图9-2-74 银耳菌棒上的截头炭团菌与显微图

2.病原体 病原体截头炭团菌 *Hypoxylon truncatum*，属子囊菌纲，球壳菌目，炭棒菌科，炭团属。

3.发生规律 阳光直射，菌棒温度升高是诱发本病原体侵染的原因。该菌在木材内部生长较快，受害的银耳段木腐朽形成淡褐色的斑点，银耳产量大减。在空气相对湿度90%以上，温度5～30℃子囊孢子开始放出，在20～25℃放出最多，子囊孢子外层透明的细胞壁遇水后脱掉，露出内壁的发芽孔，菌丝就从这个芽孔长出，因此，子囊孢子要有足够的水分才能萌发，空气相对湿度达不到95%以上，就不会萌发。萌发温度5～35℃，以25～35℃最好，萌发的pH为3.0～8.0，最适为pH4.5～7.0，菌丝生长温度10～35℃，最适生长温度25～30℃。

4.防治措施 选择适宜的栽培季节，清除菇房周围的杂草、灌木，使菇房空气流通，避免菇房高温、高湿。用70%甲基硫菌灵可湿性粉剂800倍液浸蘸接种前的段木，能抑制病菌孢子萌发和菌丝生长的作用。

（八）线虫病

1.症状 银耳子实体受线虫危害后，造成鼻涕状腐烂。线虫的排泄物是多种腐生细菌的营养，被线虫危害过的菌棒散发臭味，出耳阶段造成烂耳。

2.病原体 线虫属于无脊椎动物，危害食用菌的线虫有多个种类，银耳是较易受线虫危害的食用菌种类，由于虫体微小，肉眼无法观察，常被误认为是病害，或高温烧菌。

3.发生规律 在气温15～30℃，含水量大的菌棒上都有线虫的存在，在25℃左右，10天可繁殖1代，在5℃以下停止活动，在50℃干燥状态下，虫体休眠。6～8月，气温超过34℃，银耳线虫（小杆线虫）大量死亡。

4.防治措施 降低菌棒内的水分和栽培场所的空气相对湿度，减少线虫的繁殖量，减轻危害。强化菌棒处理，高温杀死线虫，使用清洁水喷施子实体。池塘死水含有大量的虫卵，常导致线虫泛滥，可加入适量明矾沉淀，除去线虫后使用。在菌棒进入菇房前可用磷化铝6 g/m³进行熏蒸，封闭2天后使用，或使用50%高氟氯氰·甲维盐乳剂1 000倍喷或拌料，可有效杀死料内线虫。

十二、滑菇病害

（一）绿霉病（木霉病）

1.症状 受感染的料面初期产生灰白色棉絮状的菌丝后从菌丝层中心开始向外扩展，最后转为深绿色并出现粉状物的分生孢子。菌落表面颜色呈浅绿、黄绿、蓝绿等。这些病原体繁殖非常迅速，常在短时间内大量发生，轻则减产，重则绝收。

2.病原体 常见病原体有绿色木霉 *T. viride*、康氏木霉 *T. koningii*、哈茨木霉 *T. harzianum*、长枝木霉 *T. longibrachiatum*、多孢木霉 *T. polysporum* 等。它们属于半知菌类真菌，菌丝初为白色，产生大量分生孢子后，菌落变成深绿色或蓝绿色。

3.发生规律 培养料携带病原体，灭菌不彻底，生产季节滞后，覆膜破损，菇房环境恶劣，产生高温高湿，通风不畅等环境因素，均可造成绿霉病的发生。

4. 防治措施　培养料配制时尽量不加入糖，控制麦麸用量，必要时加 1%～3% 生石灰粉。保证菌种纯度和活力，尽量在低温下接种，20～22℃下进行菌丝培养。保证培养料灭菌彻底，接种和养菌场所要严格消毒。使用高质量塑料袋做栽培袋，严防破损。加强检查，及时剔除染病菌袋。发病初期及时采用 70% 甲基硫菌灵可湿性粉剂，或 50% 多菌灵可湿性粉剂 1 000 倍液对发病区域喷雾处理，3 天后再进行 1 次。

（二）链孢霉病

1. 症状　初为白色粉粒状，很快变为橘黄色绒毛状，迅速蔓延，在培养料表面形成一层团块状的孢子团，呈橙红色或粉红色。橙红色的霉在覆膜外面，呈团状或球状，轻微震动，其分生孢子即随气流扩散。遇光照增强，菌丝由灰白色转变成黄白色，这是被链孢霉侵染所致。

2. 病原体　属于子囊菌门好食脉孢霉 *N. sitoohila*，无性阶段为链孢霉属 *Monilia* 真菌，能产生大量分生孢子。

3. 发生规律　链孢霉在空气和各种有机物上分布广泛，生活力强，随气流、水流和操作传播。分生孢子粉末状，个体小、数量大，蔓延迅速。培养料灭菌不彻底、环境温度高、湿度大等易产生此病。

4. 防治措施　注意环境清洁卫生。防止棉塞受潮。可用牛皮纸或双层报纸包扎棉塞进行灭菌，多雨季节可在棉塞与袋口相交处撒新鲜生石灰粉，预防链孢霉感染。当发现个别菌袋有链孢霉感染时，立即用塑料袋套上，拣出烧毁。菇床上发现病害时，可用新鲜生石灰粉覆盖病灶处，再用浸过 0.1% 高锰酸钾的湿纱布盖在石灰粉上。一经发现污染菌袋，立即拿开远离菇房、培养室，注意要轻拿轻放，不可震动，以防病菌孢子扩散，然后深埋或焚毁。

（三）毛霉病

1. 症状　培养料被污染后，菌盘上长出粗糙、疏松、发达的营养菌丝，初期白色，后变为灰色、棕色或黑色，环境条件适宜时 7 天布满整个菌袋，

导致菌袋变黑、绝产。

2. 病原体　病原体是毛霉菌 *Mucormycosis*。隶属于接合菌亚门，接合菌钢，毛霉目，毛霉科，毛霉属。

3. 发生规律　毛霉是好湿性真菌，生活在各种有机物质上。孢子成熟后随气流传播，温度较高和湿度过大时生长迅速，培养料灭菌不彻底、菌种带杂、生产环境不洁、环境温度高、湿度大等易产生此病。

4. 防治措施　高温季节制种时，在培养料中加入 2% 生石灰粉，再加 0.1% 的 50% 多菌灵可湿性粉剂，加水不宜过多。生料栽培，拌料前需将原料暴晒，利用阳光中的紫外线杀死病菌的孢子。最好将培养料发酵 5～8 天再用。加强培菌环境的通风换气，防止高温高湿。出现毛霉侵染时，应将受侵染的菌袋移至阴凉通风处，集中隔离管理，促进滑菇菌丝生长，利用滑菇菌丝生长的优势，将毛霉菌丝吃掉。滑菇菌丝满袋后，仍能正常出菇，但已被毛霉侵染的菌种不宜再做种子使用。毛霉侵染较重的菌袋，在采取降温通风措施后，若毛霉仍继续生长，可采用 5% 石灰水涂抹感染部位，或用 0.2% 多菌灵水溶液注射被侵染部位。

（四）青霉病

1. 症状　在培养料上，青霉菌初为白色菌丝，很快转为松棉絮状，大部分呈灰绿色，能明显抑制滑菇菌丝的生长，出菇期还可侵染子实体。

2. 病原体　常见青霉菌种类有：常现青霉 *P. frequentans*、淡紫青霉 *P. linacinum*、鲜绿青霉 *P. viridicatum*、产黄青霉 *P. chrysogrenum* 等，属于半知菌类真菌，能产生大量分生孢子。

3. 发生规律　青霉菌菌丝生长速度不快，侵染能力也比木霉差，但其产生绿色分生孢子的速度极快，侵染传播速度也极快。青霉菌广泛分布于自然界中，其分生孢子通过气流、水流等传播，20～35℃高温、空气相对湿度 70% 以上、偏酸的培养料非常适合孢子萌发。

病虫害防控技术

4. 防治措施　参照绿霉病的防治措施。

（五）曲霉病

1. 症状　侵染初期为白色或灰白色绒毛状菌丝体，常分布于菌盘内部，覆膜并无孔隙，开始时斑斑点点，随即在菌丝体上形成不同颜色的颗粒、粉状霉层，颜色多种多样，常见的有黄色、黑色、灰绿色等。会分泌毒素，抑制滑菇菌丝生长。

2. 病原体　曲霉常见的种类有黑曲霉 *A. niger*、黄曲霉 *A. flavus*、白曲霉 *A. candidus* 和灰绿曲霉 *A. glaucus* 等。均属半知菌类真菌。

3. 发生规律　曲霉属分布广泛，能在有机残体、土壤、水等环境中生存，分生孢子随气流扩散，萌发温度 10～40℃。20℃以上、空气相对湿度 80% 适合曲霉生长。

4. 防治措施　除参照绿霉菌的防治外，特别需要强调的是，曲霉孢子极耐热，常压灭菌时 100℃必须保持在 12 h 以上才能杀死，所以一定要注意严格灭菌。

十三、灰树花病害

（一）黑疔病

1. 症状　病害主要发生在灰树花菌丝体上。在灰树花培养料表面的白色菌丝体上，先长出黑褐色的病原体菌丝，后形成瘤状的子座。子座表面粗糙，边缘略卷起，质地硬，炭质，初期咖啡色，后转为黑色，常互相连接成片（图9-2-75）。

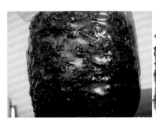

图9-2-75　灰树花黑疔病的症状（方白玉　供图）

2. 病原体　病原体初步鉴定为截形炭团菌 *H. annulatum*，属于子囊菌门真菌。

3. 发生规律　病原体通常在阔叶树枯木上寄

生。灭菌不彻底时，杂木屑上带有病原体。菌袋破损时，病原体亦能从菌袋破损处侵染灰树花菌丝体。病原体孢子主要随气流传播，尚不确定是否产生分生孢子及再次侵染现象。

4. 侵染循环途径　如图9-2-76所示。

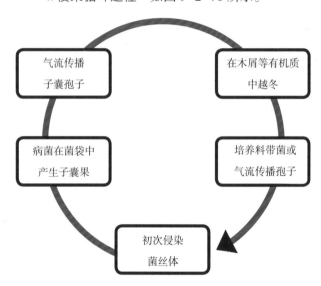

图9-2-76　灰树花黑疔病病害侵染循环途径示意图（边银丙　供图）

5. 防治措施　采用优质塑料袋进行菌种培养和袋式栽培，对培养料进行彻底灭菌，避免菌袋破损。严格进行环境消毒和无菌操作。

（二）黄腐病

1. 症状　多发生在夏、秋季节。子实体表面黄色，并伴有黄色黏稠状汁液渗出，扩散速度极快。染病的菌盖后期呈黄褐色，进而腐烂，散发出恶臭气味。

2. 病原体　不详。多认为是荧光假单胞杆菌属中的细菌引起。

3. 发生规律　黄腐病病菌大多潜伏在土壤的有机质中，发生时在畦内土壤表面呈黄色树根状分枝向四周扩散，使灰树花子实体染病。

4. 防治措施　出菇场地应远离菌棒生产场地。栽植菌棒时所用的覆土要用深层的生土或从远处运来的山皮土，必要时用 40% 福尔马林溶液，或50% 多菌灵可湿性粉剂 600 倍液消毒。

灰树花发病时，在病灶处喷施 50% 多菌灵可湿性粉剂 600 倍液，或半量式波尔多液，可控制病害传播。

（三）线虫病

1. 症状　菇床遭受线虫危害后，主要是引起菌丝生长不良或不发菌，还有的发菌后会出现菌丝逐步消失的"退菌"现象，菌袋变质腐烂，子实体停止生长或死亡，不同种类的线虫危害症状有差异。

2. 病原体　发生在灰树花菇床上的线虫种类有十多种，分成两大类：一是以吞食或取食菌丝、孢子及细菌为主的，称腐生类线虫，以小杆线虫目中的伊可辛皮线虫及小杆线虫为代表；另一类为寄生性线虫或叫嗜菌丝线虫，此类线虫以茎线虫属的灰树花嗜菌丝线虫和滑刃属的灰树花菌袋线虫为代表。

3. 发生规律　小杆线虫（即口器中无吻针的线虫）在菇床上发生后以吞食灰树花菌丝、孢子及菌袋中的细菌为主，此类线虫大量发生时菌袋发生湿腐症状，灰树花菌丝消失，菇床毁坏。寄生性线虫（口器内有吻针的线虫）以吻针刺入菌丝细胞内及子实体组织内吸取细胞液，并分泌毒素使被害细胞及菌丝死亡或萎缩，感病菇床床面出现下陷斑块并散发出特殊的腥臭气味，菇床不出菇或严重减产。子实体被侵染后，表现为生长发育不良，菇色变黄，严重受害的子实体松软呈海绵状或呈湿腐状，表面黏滑，散发出腥臭气味，失去商品价值。菇床上发生的线虫病，大多为两类线虫混合发生。

4. 防治措施　选择无线虫污染的场地堆制灰树花菌袋，防止菌袋受线虫侵染。菌袋进菇房后进行后发酵处理，可有效杀死害虫和病菌。

覆土（土粒）用杀线虫剂处理，或用70℃蒸气密闭处理。栽培结束后及时将菌渣清除出菇房，最好运到水田作肥料，切勿堆放在菇房附近或堆料的仓贮场地上。

播种后发现线虫危害应及时挖沟进行隔离，对发病部位停止喷水管理，将其处于较干燥条件下以便控制线虫的活动。保持床面清洁卫生环境，及时

清除老菇根及死亡子实体，用干净细土将凹陷的床面填平。

十四、灵芝病害

（一）褐斑病

1. 症状　灵芝主要在菌丝体长满菌袋之后，至脱袋覆土之前。发病初期菌袋内的灵芝的白色菌丝体表面出现褐色斑点，后迅速扩大为褐色斑块，病斑边缘水渍状，形状不规则，有时边缘产生明显拮抗线。后期病斑上形成绿色的霉层，具有浓烈的霉味（图9-2-77）。

a. 菌袋内菌丝体表面出现褐色病斑，边缘明显　b. 感病部位出现橘红色或淡绿色的霉层

图9-2-77　灵芝褐斑病的症状（边银丙　供图）

2.病原体　病原体主要是哈茨木霉
T. harzianum，还包括深绿木霉 *T. atroviride*、长枝
木霉 *T. longibrachiatum* 等，均属于半知菌类真菌，
能产生大量的分生孢子。

3.发生规律　病原体广泛存在于土壤有机质、
培养料及栽培场所。分生孢子主要依靠气流传播，
从菌袋破损处、袋口或脱袋割口处感染。当灵芝菌
丝长满菌袋进入后熟期之后，如果遇到高温、高湿
天气，则此病害易流行。

4.侵染循环途径　如图9-2-78所示。

a.灵芝子实体表面出现褐色病斑和淡绿色霉层　b.感病子
实体表面出现绿色霉层，变黑色，腐烂

图9-2-79　灵芝子实体绿霉病症状（边银丙　供图）

2.病原体　常见病原体是绿色木霉 *T. viride* 和
康氏木霉 *T. koningii*，属于半知菌类真菌，能产生
大量分生孢子，菌落呈深绿或蓝绿色。

3.发生规律　病原体主要来源于栽培场所和覆
土中的各种有机质。分生孢子通过气流、害虫和人
工操作传播。高温、高湿环境有利于病害发生。

4.侵染循环途径　如图9-2-80所示。

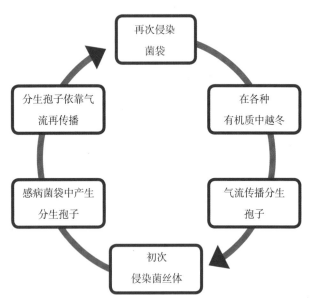

图9-2-78　灵芝褐斑病病害侵染循环途径示意图
（边银丙　供图）

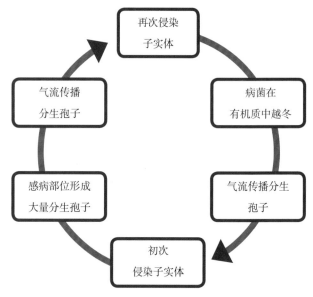

图9-2-80　灵芝绿霉病病害侵染循环途径示意图
（边银丙　供图）

5.防治措施　参考灵芝褐斑病的防治措施。

5.防治措施　菌丝培养期应控制温度在25℃
以下，避免将菌袋摆放在高温、高湿环境中，菌丝
后熟期应防止雨淋。灵芝在采用短段木栽培时，应
采用较厚的塑料袋，避免菌袋破损。

选择地势较高、通气性好的沙壤土进行栽培出
芝。菌棒覆土至现蕾前，不得用地膜覆盖，确保畦
面通风。

十五、秀珍菇腐烂病

（二）绿霉病

1.症状　灵芝菌盖感病后，先在侵入点周围出
现浅褐色水渍状病斑，之后逐渐出现稀疏的白色菌
丝层，并迅速向周边扩展，很快形成绿色霉层（图
9-2-79）。发病后期，染病的灵芝子实体出现变
黑、腐烂，有时干裂的症状。

1.症状　主要在菌柄上发病。菌柄感病时，初
期出现淡黄色水渍状斑点，之后迅速扩展，整个菌
柄呈淡黄色水渍状腐烂（图9-2-81）。

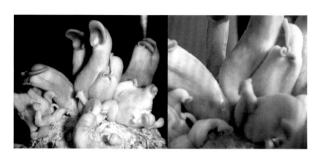

图 9-2-81　秀珍菇腐烂病的症状（边银丙　供图）

2. 病原体　病原体是假单胞杆菌属的一种细菌 *Pseudomonas* sp.。

3. 发生规律　病原体来源于灭菌不彻底的培养料和不洁净的水源，随喷水、工具、害虫取食和人工操作传播。高温、高湿和通风不良时，病害发生严重。栽培袋袋口料表面积水时，病害容易发生。

4. 侵染循环途径　如图 9-2-82 所示。

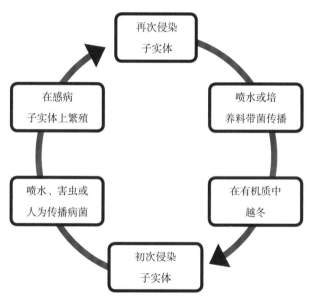

图 9-2-82　秀珍菇腐烂病病害侵染循环途径示意图
（边银丙　供图）

5. 防治措施　参考杏鲍菇细菌性腐烂病的防治措施。

十六、蛹虫草白霉病

1. 症状　病害发生在蛹虫草原基分化期和子实体发育期。病原体在蛹虫草菌丝表面形成白色菌丝，迅速覆盖蛹虫草菌丝体表层，使原基无法继续分化，直至萎缩死亡。病原体在蛹虫草黄色棒状子座基部的表面长出浓密的白色菌丝，渐向子座顶端蔓延，导致子座停止生长，感病部位随感病时间延长而腐烂（图 9-2-83）。

a.病原体感染蛹虫草菌丝体表面，形成白色霉层，抑制原基分化　b.病原体感染蛹虫草棒状子座基部，使子座表层覆盖一层白色霉状菌丝

图 9-2-83　蛹虫草白霉病的症状（边银丙　供图）

2. 病原体　病原体是一种待鉴定的真菌。

3. 发生规律　病害发生在蛹虫草原基分化期。在给栽培瓶或栽培盆（盒）上的覆盖膜刺孔通气时，病原体从刺孔处进入料面，在蛹虫草培养料面形成一层白色菌丝，并向蛹虫草子座上部蔓延。当菇房卫生条件差，消毒不彻底，且栽培瓶或栽培盆（盒）内部潮湿时，此病容易发生。

4. 侵染循环途径　如图 9-2-84 所示。

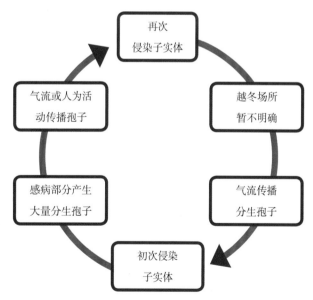

图 9-2-84　蛹虫草白霉病病害侵染循环
途径示意图（边银丙　供图）

5. 防治措施　加强菇房卫生管理，严格进行环境消毒。适当增加栽培瓶薄膜上的刺孔数量，加强通风，避免料面潮湿。

第二节
非侵染性病害

一、双孢蘑菇病害

（一）菌种不萌发

1.症状　播种 3 天后，菌种块还迟迟不萌发菌丝（图 9-2-85）。

图 9-2-85　菌种不萌发

2.发生原因　如果培养料温度连续 2～3 天高于 33℃，菌种块会被"烧死"而不能萌发。

如果室温高于 30℃，菇房通风不够，菌种因闷热而失去活力，也不能萌发。

料内氨气（NH_3）含量太高，菌种块在 NH_3 的刺激下，不能正常萌发。

发生螨害，菌种被螨虫咬食而不能萌发。

3.防治方法　遇到上述情况，必须及时查明引起菌丝不能萌发的原因，采取相应措施。

（1）加强菇房通风　保持菇房空气新鲜，降低室温和料温，排除氨臭。

（2）灭虫　提前杀灭螨虫，防止咬食菌丝。

（二）菌丝不吃料

1.症状　播种后菌种块萌发正常，但迟迟不往培养料上生长。菌丝生长稀少，纤细无力（图9-2-86）。

图 9-2-86　菌种萌发不吃料

2.发生原因

（1）营养失调　培养料中营养成分配比失调，特别是碳氮比例不当，不适宜双孢蘑菇菌丝体生长而引起菌丝久不吃料。

（2）pH 不适　培养料 pH 值超过 10 或低于 5，均会对菌丝的生长有明显的抑制作用。

（3）水分不适宜　培养料含水量过高或过低、空气相对湿度过低均不利于双孢蘑菇菌丝生长。

（4）菌种质量差　所用的菌种质量差或过于老化，菌丝生活力低下。

3.防治方法

（1）精选栽培种　选用 30～40 天菌龄的优质栽培种，以保证菌种的活力。

（2）科学配制培养料　按配方要求配料，不要随意添加或增减辅助材料。另外，培养料配置、堆沤过程中，要严格控制培养料的含水量在 55%～65%。

（3）精细管理　播种后，料面用报纸或薄膜覆盖保湿，并加强培养料含水量和菇房内空气相对湿度的调控，创造适合双孢蘑菇菌丝生长的环境条件。

（三）菌丝生长缓慢

1.症状　料内菌丝细弱无力，生长缓慢。

2.发生原因　使用已经发酵过的粪、草或遭受过霉菌污染的培养料再次进行发酵栽培，致使培养料松散，营养匮乏。

前发酵期间料温不高，又未进行后发酵。

发菌期间温度太高，菌丝也会稀疏无力，生长缓慢。

3.防治方法　双孢蘑菇栽培尽量选择新鲜、无霉变的粪肥和草料。

精准配料，细心管理，提高培养料前发酵的质量，使之达到高温快速发酵的要求；条件允许的，最好经过后发酵。

适时播种，避免播种后出现高温；一旦遭遇高温天气，要细心管理，加强通风降温，确保菌丝能在适温下健康生长。

（四）菌丝稀疏

1. 症状　料内线状菌丝多，绒毛菌丝少，料内菌丝体显得稀疏不旺（图9-2-87）。

a. 培养料含水量正常的菌丝　b. 培养料含水量过大的菌丝
图9-2-87　菌丝正常与否比较

2. 发生原因　造成这种病害的原因，主要是培养料配比不当，粪肥过量或含水量过高，培养料内透气性差、氧气不足而妨碍了绒毛菌丝的生长，提前形成线状菌丝。

3. 防治方法　防止这种情况的发生，需要设法改善培养料的通气性。配料时粪肥不宜过多，堆制时间不宜过长，并在料内打洞增加透气性，防止厌氧发酵。另外，培养料含水量控制在68％左右，铺料也可以适当薄一点，以利于透气。

（五）菌丝徒长

1. 症状　覆土后，双孢蘑菇绒状菌丝冒出土层，茂密生长（图9-2-88）。形成一层细密的、不透水的菌皮。

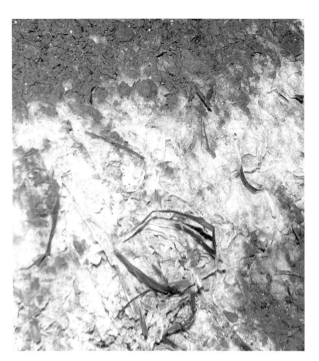

图9-2-88　菌丝徒长

2. 发生原因

（1）发菌环境不适　菇房内温度过高、通风不良的环境条件会引起菌丝徒长。

（2）菌种问题　制种时，气生菌丝挑取过多也会造成菌丝徒长。

3. 防治方法

（1）把好菌种关　在转接菌种过程中，挑选半基内半气生菌丝混合接种，不要挑取过多的气生菌丝来接种。另外，防止制种用的培养料过熟、过湿。避免培养室湿度过高。

（2）土层调水不宜过急　覆土后，土层调水应在每天早、晚气温较低时喷水，并加大菇房通风量，以降低菇房内相对湿度。

（3）做好菇房日常管理工作　菇床的菌丝徒长后，及时用刀具或其他工具破坏徒长的菌丝体，同时加大菇房通风量，降低空气相对湿度，然后，再喷结菇水，促使双孢蘑菇菌丝体及时扭结形成子实体。

（六）菌丝萎缩

1. 症状　双孢蘑菇菌丝在发菌、覆土和出菇阶段，都可能会出现菌丝生长不良，由白转黄，继而发黑死亡的退化、萎缩现象（图9-2-89）。

病虫害防控技术

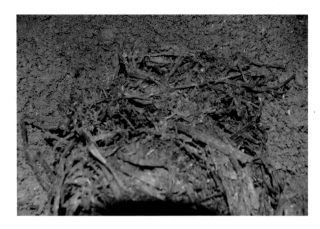

图9-2-89 菌丝萎缩

2.发生原因

（1）菌种质量不高　菌种质量不好，菌丝生活力差，播种后培养料过干，加上气候干燥，菌种块的菌丝由于缺少水分而干瘪萎缩，不能正常生长。

（2）培养料质量差　由于培养料过干或过湿、料内 NH_3 含量过高、前发酵堆温不高而导致酸化（pH值小于6）、培养料发酵不足或腐熟过度等诸多因素，都会使菌种块萌发后长时间不往培养料上生长，致使菌种块的菌丝逐渐萎缩。

（3）水分调节不合理　覆土层调水是双孢蘑菇栽培至关重要又非常细致的工作。粗土调水、细土调水、调结菇水、出菇水和春菇调水，任何一次喷水过急过重，使水分经土缝流到料面而隔绝了料表的空气，表层菌丝由于缺氧而萎缩死亡，形成了夹层，尤其是在高温情况下调水过重，菇房内通风不良，最易引起培养料表面菌丝的萎缩。

（4）培养料营养不足或搭配不合理　在双孢蘑菇栽培中，由于培养料营养配比不当，C/N过高，氮素营养缺乏，不利于菌丝生长，引起料内菌丝萎缩。

（5）环境突变　在越冬春菇调水阶段，若春菇调水之后遇到突然的低温影响或受到干燥的西南风的侵袭，土层中开始萌发的菌丝便会很快变黄，进而萎缩死亡。

3.防治方法

（1）选择优良菌种　选用菌丝生长旺盛、菌龄适中的优质栽培种。

（2）调节料面湿度　依菌种含水量和持水能力，用1%石灰水调节培养料，使料面湿润，播种后，用农膜或旧报纸覆盖保湿，促使菌种块尽快萌发，以利后期健壮生长。

（3）合理调节培养料含水量　播种前，检查培养料含水量是否适宜。如果过湿，应在进菇房前摊晒，若已进菇房，则应多翻动几次，并打开门窗通风，散发掉一些多余的水分；如料过干，应用1%石灰水上清液补充一些水分。如果料内仍有氨气味，应喷洒5%石灰水上清液，中和培养料中的氨气。如果培养料酸性过大，料干时可用pH值为9的石灰水调节；料湿时可用石灰粉来进行调节。

（4）精准调水　粗土调水前，应用中土填缝。结菇重水、出菇重水要分2～3天喷洒，每天喷3～4次，防止水分直接流入料面。

（5）调水要注意通风　要掌握在高温时不喷重水，喷水时和喷水后菇房要进行适当的通风；春菇调水要严格把握好季节，密切注意天气预报，寒流来临前不调水。菌丝萌发后，注意菇房的通风，严防干燥的西南风吹入菇房。

（6）培养料增氧　秋季采完第二茬菇后，出现板结的床面应及时打扦松动土层，采完第三茬菇后要在培养料底部打扦戳洞，增加料内的透气性，以防料内菌丝萎缩。

（7）加强管理　把好培养料发酵关，提高培养料前发酵的堆温和营养成分，可以防止出菇后期料内菌丝萎缩。

（七）菌丝不上土

1.症状　覆土5天后，仍不见菌丝上土，培养料中的菌丝颜色发灰、稀疏、纤弱无力，严重者料面见不到菌丝甚至发黑。

2.发生原因

（1）覆土材料酸碱度不适　覆土材料的pH值大于9或pH值小于6均不利于双孢蘑菇菌丝体生长。

（2）调水过重　在给覆土层调水期间，一次性喷水过重，水分直接流入培养料。

（3）温度过高，菇房通风不够；或覆土前料面潮湿，水分过多，氧气供应不足，料面菌丝逐渐失去生活力而萎缩不能上土。

（4）覆土层偏干　通风过量导致覆土层干燥缺水，菌丝得不到充足的水分，不能向土层生长。

3.防治方法

（1）覆土前　覆土前将料面吹干；调整覆土pH值在 7.5～8，以满足双孢蘑菇菌丝体正常生长发育所需。

（2）覆土后　进行调水时，采用轻喷、勤喷，防止一次性喷水过多直接流入料面，造成菌丝断裂层。遇到 25℃以上高温时，应立即停止喷水，待气温下降后再喷水。同时喷水最好安排在早、晚或夜间进行，并在喷水期间，加强菇房通风换气，切忌喷关门水。

（八）子实体不分化

1.症状　子实体原基形成后，不分化菌盖和菌柄，只形成一个菌丝团（图 9-2-90）。

a. 不分化子实体外观　b. 不分化子实体剖面

图 9-2-90　子实体不分化

2.发生原因

（1）环境不适　菌丝生长到一定程度，适宜的环境条件能促使子实体原基的形成，但随后的环境条件却不适宜子实体的分化而导致病害。

（2）药害　取用了被除草剂污染的地表土或使用农药不当，也会造成子实体不分化。

3.防治方法　加强菇房管理，为双孢蘑菇子实体的健康生长创造良好的环境条件。

使用无污染的泥炭土或地面 30 cm 以下的壤土、黏壤土。

播种前将菇房四周清理干净，彻底消毒菇房，防止病虫害发生，合理使用安全农药，防止农药过量。

（九）地雷菇

1.症状　双孢蘑菇出菇初期，子实体原基在覆土层之下分化，有的破土而出，菇根长，菇形不圆整；有的干脆不出土，将培养料拱起一个大包，这些都是地雷菇（图 9-2-91）。

图 9-2-91　地雷菇的几种形态

2. 发生原因

（1）培养料过湿或料内混有泥土　双孢蘑菇菌丝在料内生长过程中遇到潮湿的环境，加上透气性差，绒毛状菌丝便会在料内、料表等位置扭结形成子实体；双孢蘑菇发酵料栽培中，因培养料内含有泥土，在培养料过湿时，便易产生地雷菇。

（2）菇房内湿度过低　覆土后，粗土调水时间过长，菇房通风过量，菇房内温度降低，都会抑制菌丝向粗土层内生长，而在粗土层下提早结菇。

（3）覆细土误时　细土覆盖过迟，调水过快、过急，菇房通风过多，不利于菌丝在土层内继续生长，造成结菇部位过低，形成地雷菇。

（4）菌种潜在因素　采用基内菌丝类型的菌种上土较慢，易结菇，若在管理上稍不注意，很容易产生地雷菇。

3. 防治方法

（1）适当降低培养料湿度　培养料不宜太湿，严禁混进泥土，生料栽培的培养料更应偏干一些。

（2）合理调节通风　粗细土调水时，菇房适当通风，调水后减少通风，保持85%左右的空气相对湿度，促使菌丝向土层生长。

（3）及时覆上细土层　尽量在粗土层尚未形成小菌蕾时覆盖细土，创造菌丝继续向细土层生长的条件，防止造成出菇部位过低。

（十）死菇

1. 症状　出菇期间，由于环境条件不适或忽视管理工作，造成菇床上的小菇发生萎缩，变黄，最后死亡；有时还会成批死亡，损失惨重（图9-2-92）。

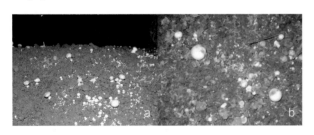

a. 高温危害导致死菇　b. 覆土层缺水导致死菇

图9-2-92　死菇

2. 发生原因

（1）高温危害　秋菇生产时气温由高到低，基本适合双孢蘑菇子实体生长发育所需。但秋季出菇前期，也就是10月下旬或11月上旬，有时会突然出现23℃以上的高温，出菇房内如果连续几天处于22℃以上的高温环境中，床面上黄豆大的小菇就会死亡。另外，春菇出菇后期也有类似现象，当幼小蘑菇子实体连续几天处于21℃以上温度环境中，再加上菇房通风不好，O_2不足，CO_2浓度过高，菌丝生长和出菇过程中产生的热量积聚，不能得到及时散失，会使大批幼菇闷死。22℃以上的温度不适合蘑菇子实体的发育，但适合菌丝体的生长，已形成的子实体会将营养流向菌丝，也会导致幼小菇蕾缺乏营养而萎缩死亡。

（2）出菇部位过高　双孢蘑菇栽培中，如果覆土后出菇前菌丝生长过快，出菇部位过高，在土表形成过密的子实体，由于营养供应不上，也会造成小菇部分死亡。

（3）操作不当　如果第一、第二茬菇过密，采菇时操作不慎，往往会损伤周围的小菇，导致死亡。

（4）缺氧　菇房内长期通风不良，严重缺氧，加上高温、高湿，会使大批幼菇闷死。在秋菇生产中，如因用水不当，当子实体开始转茬时，排出大量废气，床温高于室温和水温，也会造成大批小菇死亡（图9-2-93）。

图9-2-93　操作不当导致的死菇

（5）覆土层缺水及用水方法不当　秋菇前期出菇多，气温高，耗水量大，如果没有及时补充水分，幼菇得不到足够的水分就会大批死亡。

（6）菇房内温差过大　菇房昼夜温差大于10℃，靠门边的小菇菌盖边缘会出现黄斑，随即死亡或硬开伞。

（7）使用食盐、石灰及农药不当　适当使用盐水喷雾，可以改善菇质，但如果频繁地大量使用盐水，致使土粒中含盐量急剧增加，盐分沉积土层下部，形成高渗透压，使菌丝体产生质壁分离现象，造成死菇。过量施用农药，也会发生药害，导致死菇。

（8）pH过高　适量使用石灰水溶液喷雾，可以调节覆土层的pH成偏碱性，更适合双孢蘑菇子实体生长，还能防止嗜酸性的绿霉等霉菌的发生，但蘑菇覆土层pH值适宜在8～8.5，若使用石灰水浓度过大，pH值超过9.5，尤其是未经充分沉淀，带石灰沫喷洒床面，强碱就会抑制子实体正常生长，造成大批幼菇死亡。

3.防治方法

（1）科学安排出菇时间　根据当地气温变化特点和不同品种生产温度的要求，科学地安排双孢蘑菇播种时间，防止双孢蘑菇在高温季节出菇。

（2）密切关注天气预报　对高温天气出现应有预见，提前停止床面用水，阻止小菇出现。如果已经出现小菇，要多开门窗，加强通风，增加菇房内新鲜空气，提高双孢蘑菇生活力，同时向地面、墙壁喷浇凉井水，菇房上增加遮盖物，以降低菇房温度。

（3）降低出菇部位　加强双孢蘑菇土层调水阶段的管理，防止菌丝长出土面，压低出菇部位，以免出菇过密。如果出菇部位已经是高位，可采用加覆小土粒的方法来补救。

（4）避免幼菇受伤　如果菇床上出菇过密，采菇时要谨慎小心，手捏菇柄左右拧动，避免伤及周围小菇。

（5）降低菇房内有害气体　双孢蘑菇子实体生长阶段，要在保持一定空间相对湿度的同时，

尽量加大通风量，排除NH_3、CO_2等有害气体，确保菇房内CO_2浓度低于0.1%，以利于子实体生长发育。

（6）科学用水　双孢蘑菇子实体发育阶段，覆土层含水量宜控制在20%左右，空气相对湿度宜控制在85%～90%。高温期间，杜绝喷"关门水"，防止菇房内高温、高湿闷死小菇，喷水也不能过量，否则，菇床浸水，致使菌丝窒息死亡，形成的小菇也会随着死亡。

（7）加强菇房管理，控制温差　按要求合理使用盐水、石灰和农药。食盐使用浓度宜在0.5%，石灰水浓度为1%，农药的使用应以杀虫为目的，在国家规定的范围内，使用最低的有效剂量。使用浓度应低于1%，防止使用过量造成死菇。

（十一）硬开伞

1.症状　子实体尚未发育长大，幼菇阶段就发生盖柄脱离，提早开伞，失去商品价值。

2.发生原因

（1）覆土层与空间湿度过大　由于气温变化大，造成料温、土层温度与空气温度之间的差异。当冷空气来临时，气温首先降低，而土层温度和料温则是缓慢下降，这样便形成了培养料和土层温度高，而菇房内气温低的状况，使得扎根于土层内的菌柄和暴露于土层表面空间的菌盖生长不平衡而产生开裂。

（2）昼夜温差大且湿度低　当菇房内昼夜温差在10℃以上，且空气相对湿度低于85%时，也会出现硬开伞。

（3）基内型菌丝易开伞　硬开伞与菌丝在母种内的生长形态和挑选的类型有一定的关系。在母种移接时，若从气生型的菌种中挑选基内型菌丝，当年栽培很容易产生硬开伞现象。

3.防治方法

（1）温、湿控制　加强春菇前期和秋菇后期菇房的保温工作，减少温度变化，增加空气相对湿度，促进菇体均衡生长。

（2）合理选种　在选种时，应逐渐改变挑选

菌丝的形态，避免很快地将气生型菌种改变为基内型。

（3）避免冷空气直吹床面 严防冷空气直接吹到床面，形成温差，导致双孢蘑菇受害。

（十二）空根白心菇

1. 症状 子实体菌柄中空或柄内部组织白色疏松，类似植物的髓部，柄细而脆，严重影响双孢蘑菇质量，此病多发生于子实体生产盛期。

2. 发生原因 主要是由于覆土层和空气湿度过低。当气温高于18℃，空气相对湿度低于80%，土面喷水少，覆土过干，尤其是粗土层含水量不足时，正在迅速生长的子实体不能从覆土层中得到充足的水分供给，又要通过菇盖表面大量蒸发水分，菇柄中间由于缺水而产生白色髓组织，甚至中空，形成空管状。

3. 防治方法

（1）补足水分 在调粗土水、结菇水和出菇水时，要保证粗土层含水量达到20%左右。第一茬菇采收结束后，要再喷一次重水，使粗土层在整个双孢蘑菇盛产期能均衡得到水分补充。

（2）提高菇房湿度 盛产期要在菇房内经常喷雾，加强菇房内空气相对湿度和温度的管理，使菇房内温度不高于18℃，空气相对湿度保持在85%~90%，以利于双孢蘑菇子实体的均衡生长。

（十三）薄皮早开伞

1. 症状 双孢蘑菇子实体柄细盖薄，提早开伞，品质低劣。

2. 发生原因

（1）管理不当 出菇密度过大，温度偏高，子实体生长过快，成熟早，加之此时空气相对湿度不够，在床面土层含水量偏低时最容易形成薄皮菇。

（2）基内型菌种易发病 薄皮早开伞与使用的菌种形态有一定关系，若使用基内型菌丝，出菇密度大，如果水分不足，更易形成薄皮菇。

3. 防治方法

（1）科学选用菌丝形态 使用气生菌丝和基内菌丝混合型菌丝，可有效防止薄皮菇发生。

（2）合理控制出菇部位 尤其在使用基内型菌丝时，防止菌丝吊得过高出菇过密。

（3）合理调节通风时间 双孢蘑菇盛产期，菇房通风时间放在早晨或夜间，降低菇房温度。

（4）适当补水 适当增加菇床土面含水量和空气相对湿度，可有效减少薄皮菇。

（十四）红根菇

1. 症状 双孢蘑菇子实体生长后期，菇根部逐渐变为红色，有的甚至呈绿色，品质降低。

2. 发生原因

（1）水分过多 出菇早期，高温阶段喷水过多，土层含水量过大，尤其在双孢蘑菇采收前，床面喷水过多；出菇后期，低温阶段水分过多，也会产生红根菇。

（2）营养失调 追施葡萄糖过量，菇房通风不良，便会产生红根菇。

3. 防治方法

（1）科学用水 出菇期间，土层不能过湿，覆土层含水量宜保持在18%~20%，采菇前床面上不能喷水。

（2）加强管理 加强菇房内的温度、湿度及通风管理工作，尽量满足双孢蘑菇生长所需的条件。

（3）合理追施葡萄糖 追施葡萄糖时，应把浓度控制在1%左右，且要放在采菇后期使用。

（十五）水锈斑

1. 症状 双孢蘑菇子实体表面出现直径2~5 mm的铁锈色斑点。

2. 发生原因 主要是由于通风不良所致。双孢蘑菇子实体出土后的生长过程中，在床面上喷水后，若不及时通风，致使空气相对湿度超过95%，菇体表面水分蒸发慢，有水滴或水膜在菇体表面凝固，凝固水蒸发后，在凝固水位置形成铁锈色斑点。

3. 防治方法 菇房内喷水后，及时适量通风。如果遇到阴雨潮湿天气，必须做好菇房的通风换气工作，以便及时蒸发掉菇体表面水分。

（十六）鳞片菇

1.症状　菌盖上长出鳞片（图9-2-94）。

图9-2-94　鳞片菇

2.发生原因　气温偏低，干湿度变化快，易使菌盖长出鳞片。

3.防治方法　出菇期注意控制好空气相对湿度，不能忽高忽低，为双孢蘑菇子实体创造适宜的生长条件。

二、草菇病害

（一）菌丝生长细弱

1.症状　草菇菌丝体生长不旺盛，细弱无力。

2.发生原因

（1）培养料透气性差　在配制培养料时，如果培养料透气性差，原种瓶、栽培种袋内靠近瓶壁和袋壁部分菌丝生长旺盛，但中间部分由于缺氧菌丝生长细弱。

（2）培养料酸碱度不合适　在配制培养料时，一方面是培养料配制酸碱度不合适，另一方面是培养料灭菌时达到灭菌温度时间过长，导致培养料酸败造成培养料酸碱度下降。草菇菌丝体生长喜欢偏碱性环境，在偏酸环境（pH≤7）中草菇菌丝体生长不旺盛、细弱。

（3）培养料未做预处理　草菇菌丝本身生长势不如平菇、金针菇等其他食用菌品种，只能吸收利用小分子有机物，对于高分子有机物和无机物必须依靠菌丝分泌水解酶降解后再利用，如对培养料进行预处理、发酵，可以加速培养料分解促进菌丝生长，培养出的菌丝也必定旺盛、粗壮；反之，菌丝生长必定细弱。

（4）培养料含水量不合适　培养料含水量直接关系菌丝生长，培养料含水量过高、过低都不利于菌丝生长。培养料含水量过高，发菌初期菌丝生长旺盛，但培养料含水量过高必定引起缺氧现象，造成菌丝生长势不旺；培养料含水量过低，培养料外湿内干不利于菌丝生长，因而菌丝生长细弱。

（5）菌种培养温度偏高　菌种培养室温度在30～33℃情况下，原种瓶与瓶以及栽培种袋与袋之间温度可达33～36℃，最适合菌丝生长，菌丝生长速度快；如果菌种培养室温度超40℃，虽然菌丝生长速度快，但不利于菌丝健壮生长，培养出的菌丝必定弱而不旺。

（6）营养不良　培养料配方不合理，营养不全面，导致菌丝生长细弱。

3.防治办法

（1）精选原辅料　配制培养料时选料要合理，不要单一使用透气性差的培养料；去除料中各种杂质，尤其是要防止培养料中有大量泥土。选用合理配方，保证培养料营养全面。

（2）调pH　配制培养料时将培养料的pH调节到9以上。另外，培养料不要长时间发酵，并且在使用培养料时要提前对培养料的pH进行调节。

（3）彻底灭菌　培养料灭菌时，前期加温要快，常压灭菌时袋温达到100℃的时间不要超过4 h。

（4）预处理　提前做好培养料的预处理。

（5）调好温湿度　调节好培养料的含水量并搅拌均匀；严格按照草菇菌丝生长发育所需的适宜温度控温发菌。

每天观察和记录发菌温度，发现异常要及时处理。

（二）菌丝萎缩

1. 症状　草菇播种后24 h，菌丝仍未萌发或仍不向料内生长，就可能是菌丝发生萎缩。

2. 发生原因

（1）高温烧菌　当培养料内的温度长时间超过45℃时，就会使菌丝萎缩死亡。

（2）药物影响　草菇对农药十分敏感，播种后，喷洒农药防病杀虫，致使菌丝因药害而萎缩。

（3）缺氧窒息　培养料含水量超过70%，或塑料薄膜覆盖过严，使草菇菌丝因缺氧窒息而萎缩。

（4）NH_3 危害　培养料内尿素添加过量，或田内化肥含量高，挥发出来的 NH_3 散发不了，即对草菇菌丝造成危害。

（5）菌种质量低劣　菌种的菌龄太短或太长，生活力弱，抗逆性差，在环境条件不适宜的情况下即出现菌丝萎缩。

（6）温差过大　草菇的菌丝对温差较敏感，如白天气温在35℃以上，夜间在28℃以下，喷重水后，即会发生菌丝萎缩。

（7）发生虫害　培养料中发生虫害，由于害虫的咬食危害，致使菌丝萎缩。

3. 防治方法　草菇的生长周期短，发现菌丝萎缩，应及时找出原因，采取有效措施，并补种新种，以减少不必要的损失。

（1）防止高温　露地阳畦栽培，最好搭简易的遮阳棚，防止中午高温时烧坏菌丝。培养料堆制时，料温要达75℃左右，翻堆2次。建床时铺料厚度视季节而定，早春及晚秋温室栽培时铺料宜厚一些；盛夏时节，应略薄一些。

（2）不用农药治病虫　要在处理原料时，按要求杀虫消毒，预防病虫害发生。播种后不能再向料面施药杀虫治病。

（3）水分要适当　播种时培养料含水量以62%左右为宜，以用手紧握料有1～2滴水珠从指缝中渗出为度。在培养料含水量及气温偏高的情况下，应将覆盖在料面的薄膜撑起，以利通气散湿。

（4）预防氨害　尿素的添加量不能超过0.2%，而且要在堆料时加入。

（5）选用优质菌种　草菇菌种以菌龄15～20天，菌丝分布均匀，生长旺盛整齐，菌丝灰白有光泽，有红褐色厚垣孢子，无杂菌、无虫螨为好。菌龄超过1个月的不宜使用。

（6）依温度用水　培养料的调水，要根据当时的气温灵活掌握，用水须经处理，水温要与气温基本一致。

（7）搞好环境卫生，注意防虫　栽培场地要远离畜禽舍，使用材料要干净无霉，用前暴晒2～3天，菇房必须彻底消毒，以杜绝虫源。

（三）菌丝徒长

1. 症状　在草菇发菌阶段，种种原因会致菌丝生长过旺，料面出现大量白色绒毛状气生菌丝（图9-2-95），在培养料表面形成一层菌皮，消耗培养料养分，现蕾推迟，成菇少，严重时影响草菇产量。

图9-2-95　菌丝徒长

2. 发生原因

（1）培养料含氮量过高　是造成气生菌丝生长旺盛的一个主要原因。

（2）气温低　在提早、延后栽培以及反季节栽培过程中，因为气温低，要使用蒸汽进行连续加温，在高温、高湿环境中，草菇的气生菌丝生长旺盛、浓密，如果通风不及时和通风量不够，就会在培养料表面形成菌皮覆盖料面，影响幼菇形成，严重时还会"吞没"幼菇，影响产量。

（3）高温、高湿环境　常规种植季节的菌丝生长期，如果喷水量大、气温高，特别是喷结菇水以后，没有进行有效通风，在高温、高湿环境中同样会出现菌丝旺长，形成菌皮。

（4）通风不良　菇房和菇床通风不良，CO_2浓度高，刺激了菌丝徒长。菌丝徒长后，不能及时转入生殖生长，推迟现蕾。

3. 防治方法

（1）按照配方进行配料　使用棉籽壳、废棉栽培草菇时，不添加过多的麸皮、米糠、氮肥等含氮物质；用稻草、麦秸等原料栽培草菇时，不降低含氮物质添加量。

（2）控制培养料含水量　气温低的季节种植时，培养料含水量要低一些，不要超过65%。出菇前培养料含水量如果符合正常含水量，可以不喷出菇水或少喷出菇水。

（3）注意通风　选择在每天的中午气温最高时进行通风换气。一般播种2～3天后，根据菌丝的生长情况，料面覆盖的塑料膜要在白天定期揭膜，适当通气和降温、降湿，促使草菇菌丝往料内生长。喷结菇水后更要注意通风降温、降湿，通过通风降低培养料温度到30～33℃为宜，不得超过35℃，通风还能带走培养料表面多余水分。

（四）菌种现蕾

1. 症状　草菇接种2～3天后，裸露料面的菌种上出现白色菇蕾。

2. 发生原因　菇房光线过强，菌种受光刺激，使一部分菌丝扭结，过早形成菇蕾。用菌龄过长、菌丝老化的菌种，也容易在菌种上过早产生菇蕾。

3. 防治方法　选用适龄的菌种，杜绝使用老化的菌种。

接种后，在菌种上覆盖一层薄的培养料，不使其外露。

菇房上覆盖草帘，控制室内光照度，有利于菌丝萌发和吃料。

（五）菌种老化

1. 症状　草菇菌丝的萌发和出菇都正常，第一茬菇产量也不错。但第二茬、第三茬菇的产量明显降低。

2. 发生原因　使用了老化的菌种，生产后期，菌丝体分解利用营养的能力差，使得产量明显降低。

3. 防治方法　购买菌种时，必须挑选优质适龄的草菇菌种。有杂菌污染、虫害、破损的菌种，弃之不用；菌种的菌龄应控制在20天以内，菌龄超长、菌丝变黄老化的菌种不使用。

（六）培养料酸化

1. 症状　菇床上菌丝生长稀弱无力，菌丝色暗无光泽，子实体发生既少又小，且易破膜开伞。同时鬼伞大量发生。

2. 发生原因　配制培养料时，加入石灰过少，培养料pH值太低，限制了草菇菌丝体内酶的活性，不能正常地分解利用培养料中的养分供菌丝体生长。

3. 防治方法　配制培养料时，pH值应调整为8～9。

如果培养料pH较低于8，播种后，水分管理由喷清水改为喷0.5%石灰水，用以改善培养料的pH。

（七）培养料塌陷

1. 症状　培养料变薄，表面坑坑洼洼，塌陷严重，造成菌丝断裂，出菇量减少。

2. 发生原因　培养料铺料过薄过少，播种前又没有进行压实，培养料过于疏松。菌丝生长一段时间之后，养分有所消耗，培养料会自行塌实，出现塌陷现象。

3. 防治方法　培养料上床和播种后，一定要注意将培养料略为压实。若采用堆垛法栽培，堆形宜低不宜高。

（八）菌丝生长迟滞

1. 症状　草菇播种萌发后菌丝发育不良生长缓慢，稀疏无力。

2. 发生原因

（1）温度不适　草菇菌丝体生长的适宜温度为 20 ~ 38℃，最适温度为 36℃。如果菇房温度低于 15℃ 或高于 40℃，则会引起菌丝体生长停滞，并导致菌丝体死亡。

（2）营养失调　配制草菇培养料时，应严格按照营养比例进行。如果培养料含氮量过低，菌丝生长得不到充足的氮素供应，菌丝就不能健壮生长。如用玉米秸秆作主料时，因其含碳量较高，而含氮量较低，如果不加入豆饼、麦麸等含氮量高的原料调高氮素含量，就会使培养料的碳氮比失调，导致菌丝生长不良。

（3）湿度过低　培养料中含水量过低，影响酶活性，使菌丝分解利用营养物质的能力降低，而引起菌丝生长迟缓。

（4）其他因素　菇房 CO_2 浓度过高、光线过强、培养料偏酸等都会引起菌丝生长受阻，发育不良。

3. 防治方法

（1）加强管理　控制草菇培养料含水量在 75% 左右，pH 值为 8 ~ 9；控制菇房温度在 36℃ 左右，空气相对湿度 75%；并给予适宜的散射光。

（2）科学配料　严格按配方对料，不能随意更改原料及其比例。

（3）加强通风　做好菇房的通风换气工作，既不要通风过量，造成菇房内温度降低，也不能使菇房内 CO_2 浓度过高，影响菌丝生长。

（九）菌丝自溶

1. 症状　草菇菌丝在正常生长过程中出现菌丝萎缩，并伴有自溶的现象。

2. 发生原因

（1）菌种问题　菌种菌龄过长或者草菇菌种培养好后在低温环境中存放时间过长。

（2）培养料温度控制不合适　当气温较高、培养料铺得偏厚、发菌室保温性能较好时，培养料内温度长时间超过 42℃，会因培养料温度过高而发生"烧菌"，出现菌丝生长萎缩和自溶现象。

（3）水分控制不合适　当培养料含水量超过 75% 时，培养料透气性差，再加上菇房通风条件不好，培养料会出现缺氧等问题，导致菌丝萎缩而自溶。

（4）喷水不合适　给培养料补水时，使用的水温度过低，使用的喷雾器内残留有农药，或者一次喷水量过大等因素，都会引起正在生长的菌丝萎缩和自溶。

3. 防治方法　使用菌丝生长旺盛的适龄菌种，菌种存放环境温度不得低于 28℃。

播种后，要注意观察培养料温度变化，温度高时应采取通风换气和地面喷水、空间喷雾等措施进行降温；温度低时要进行保温或加温，控制培养料温度进行恒温发菌。

培养料配制时要严格控制培养料含水量，做到宁干勿湿，严防培养料含水量过高。

喷水容器在使用前要清洗干净，防止有残留农药；使用的水温不宜低于 25℃；采用少喷、勤喷的方法进行喷水，防止一次喷水量过大。

（十）肚脐菇

1. 症状　草菇在子实体形成过程中，外包膜顶部出现整齐的圆形缺口，形似肚脐状。既影响产量，又影响品质。

2. 发生原因　肚脐菇（图 9-2-96）主要发生在通风不良、CO_2 浓度过高的出菇场地。

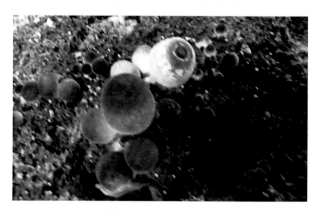

图 9-2-96　肚脐菇

3. 防治方法　草菇子实体形成期间，呼吸量增大，需氧量增高，管理上应定期进行通风，保持空气新鲜，即可有效地防止肚脐菇的发生。

（十一）子实体长白毛

1. 症状　在草菇子实体的表面，长出白色浓密的绒毛，影响子实体成熟，甚至引起子实体萎缩死亡。

2. 发生原因　草菇出菇期，由于菇房通风不良，CO_2浓度过高，抑制了草菇的生殖生长，激发了营养生长，使其菌丝体旺盛生长导致病害。

3. 防治方法　加强通风换气，保持清新空气，白色绒毛可自行消退。

（十二）死菇

1. 症状　生长发育中的幼小子实体成片地萎蔫而死亡（图9-2-97）。

图9-2-97　草菇幼菇死亡

2. 发生原因

（1）通气不良　草菇是高温型好气性真菌，生长发育需要足够的氧气。但是，在生产过程中，为了提高料温，往往要用薄膜覆盖，如果覆盖时间过长，就会使料中CO_2浓度过高引起缺氧，导致幼菇死亡。

（2）缺少水分　草菇的生长需要大量的水分，如果建堆播种时培养料含水量不足，或是采菇后没有及时补水，或是草被盖得过薄，保湿性能差，均会导致幼小子实体因缺水而萎蔫死亡。

（3）温度骤变　草菇菌丝生长和子实体发育

时对温度有一定的要求，如果遭遇寒潮或台风天气，气温必定会急剧下降；盛夏季节气温持续高达37℃以上，都会导致幼菇因对外界环境不适应而成批死亡。

（4）环境偏酸　草菇菌丝体适宜在偏碱性环境中生长，当pH6以下时，草菇子实体便很难生长，即使形成菇蕾，也长不成菇，很快死亡。

（5）水温不适　草菇对水温有一定的要求，适宜的水温为30℃左右，但在栽培过程中常常被忽视。出菇期间，如果喷用22℃左右的井水或被阳光直射水温达40℃以上的地面水，翌日，幼菇将会全部萎蔫死亡。

（6）机械损伤　在草菇生长发育过程中，切忌人为碰撞，机械损伤幼菇。如果采摘不注意，碰伤了旁边正在生长的幼菇，就会造成死亡。

（7）菌种退化　草菇菌种无性繁殖的代数过多，栽培种菌龄过长，菌种老化，生活力下降，影响其对营养物质的分解利用，当第二茬菇现蕾后，因养分供给跟不上而萎缩死亡。

3. 防治方法

（1）适时适量通风　在播种后4天内，注意小通风，每天约30min；随着菌丝量增多，适当增大通风量；出现针头菇时，要加大通风量，保证菇房内空气清新。

（2）分期管好水分　建堆播种时，培养料含水量要达到75%；菌丝长满后，形成针头菇前，如觉得水分不足，可补一次重水；头茬菇结束后，要补充水分，并且要在草被上喷水，防止料内水分蒸发；出菇期，特别是纽扣期，不能喷水；随着子实体的长大，可喷微量雾化水，保持培养料有适宜的含水量。

（3）预防温度骤变　草菇出菇期，必须维持菇房恒温，通风换气必须缓缓进行，并且密切注意气候的突然变化，大风天严禁开窗通风。喷水时也要注意使用的水温与菇房温度一致。遇到寒流或台风时，要尽量采取保温措施，防止气温骤变；盛夏酷暑要选择阴凉场地栽培，菇房上覆盖遮阴物，防止菇房高温。

（4）防培养料变酸　采完头茬菇后，可喷1％石灰水或5％草木灰水，以保持培养料的pH 8左右，防止培养料变酸。

（5）控制适当水温　喷水要选择适当时候，如早上或晚上喷水，水温要控制在30℃左右。

（6）避免碰撞幼菇　采摘草菇时，动作要轻，一手按住菇的生长部位，保护好幼菇，另一手将成熟的菇拧转摘下。如有密集簇生菇，则可一起采下，以免采摘时的碰撞，导致多数未成熟菇的死亡。

（7）谨防菌种退化　可采用草菇幼龄菌褶分离菌种，斜面扩大繁殖培养不要超过3代。栽培种的菌龄应控制1个月以内，保藏的菌种要定期提纯复壮，防止菌种退化，保持其旺盛的生命力。

（十三）群菇丛生

1.症状　菇床上，子实体成丛发生，出菇不均匀。

2.发生原因　播种量过大，播种不均匀，容易导致群菇丛生。

3.防治方法　根据实际情况酌情减小播种量，必要时，播种量每100 kg干料可减为10～15瓶。播种方法可采用层播、混播或撒播，最好不用穴播。

（十四）早开伞

1.症状　草菇子实体生长不健壮，菇体瘦小。开伞早，菌盖薄，颜色淡，产量低，质量差。

2.发生原因　早开伞发生的主要原因是气温过高。草菇子实体生长的适宜温度是28～32℃，只有在适宜温度或略低于适宜温度条件下，才能高产优质。如果气温高于33℃，草菇子实体生长加快，水分、养分供给不足，致使子实体提前成熟开伞，形成菇体小，菌盖薄的"小老菇"。

3.防治方法　加强菇房管理，控制菇房内温度不超过33℃，如遇高温天气，要采取降温措施。使用塑料大棚栽培草菇的，可以在晴天中午盖严草帘遮阴或向草帘上喷凉水降温。

（十五）子实体色淡

1.症状　菇床上长出的草菇子实体颜色较浅，或几近白色，失去了草菇本有的灰黑色（图9-2-98）。

图9-2-98　子实体色淡

2.发生原因　子实体生长期，菇房的光照度不足引起的。

3.防治方法　只要适当增加散射光，子实体颜色即恢复正常。注意出菇房光照也不可过强。

三、鸡腿菇病害

（一）菌丝生长缓慢

1.症状　播种后，菌丝生长稀疏无力，生长速度非常缓慢，有的甚至在菌丝生长前沿出现明显的拮抗线。

2.发生原因

（1）原料选材不当　鸡腿菇是一种草腐型菌类，应以秸秆等富含纤维素的草类为原料，如果以木屑为原料，菌丝分解木质素的能力较差，菌丝生长缓慢。

（2）培养料含水量过高或者过低　培养料含水量超过70％，无法为菌丝生长提供充足的氧气；含水量低于50％，无法为菌丝生长提供充足的水分，都会影响到菌丝对营养物质的吸收，导致菌丝生长受到抑制。

（3）酸碱度不适　培养料酸碱度过高或过

低都会影响菌丝对养分的吸收利用，生长速度明显降低。

（4）其他 菌种退化，温度过高或过低，培养料碳氮比（C/N）失调都将影响菌丝的生长，导致菌丝生长缓慢。

3.防治方法

（1）精心配制培养料 培养料配置是否适宜，对菌丝生长影响非常大，严格按照下列指标把好培养料配制关：培养料含水量60％，pH6～7，C/N25∶1且培养料中草类要占80％以上，这样才能满足鸡腿菇菌丝生长的要求。

（2）加强菇房管理 播种后应细心管理菇房，要求室内空气相对湿度为65％～70％，温度为22～25℃，微量散射光，适量通气，保证菌丝生长有一个适宜的环境。

（3）防止菌种退化 定期引进优良品种，对保藏的菌种要及时提纯、复壮，以保持其良好的种性。

（二）不出菇

1.症状 鸡腿菇出菇前，在培养料表面或覆土层表面结一层菌被，原基不能形成，导致不出菇。

2.发生原因

（1）覆土时间没掌握好 覆土过早或过迟，导致土粒下结成原基或菇床表面结成菌被，影响出菇。

（2）菇房管理不到位 菇房内温度过高，加上通风不良，菌丝长至覆土层表面形成网状，降低了覆土层的持水性和通透性，使鸡腿菇菌丝处于缺水和缺氧状态，不能形成原基，出现只长菌丝不长菇的现象。

（3）培养料含水量不合适 培养料含水量低于50％，菌丝生长缓慢、细弱，常造成菌丝不扭结，原基无法形成；培养料含水量超过70％，菌丝会因缺氧而生长细弱，原基也无法形成。

3.防治方法

（1）加强菇房管理 细心管理，使出菇期菇房内保持温度16～20℃，空气相对湿度

85％～95％，培养料含水量60％，光照强度500～1 000 lx的散射光和良好的通风条件，使其尽快形成原基。

（2）适时覆土 鸡腿菇覆土宜在菌丝生长到培养料的2/3时进行，时间不要提早或推后过多，以免影响出菇。

（3）给培养料补水 如果是由于培养料含水量过低，就要先除去覆土材料，用利刀或铁锹将畦内培养料切成10 cm×10 cm的小块，浇重水1次，通风2天后覆土，一般2周后即可现蕾。

（三）转荏困难

1.症状 头荏菇密度大，个体小，成丛的菇蕾将覆土掀起，造成大批小菇因脱离料面而死亡，第二荏菇蕾难以形成。

2.发生原因 菌袋排列过密或是畦栽时播种量过大，而且播种不均匀，发菌也不均匀，局部菌丝成熟早，营养生长过盛。

3.防治方法 覆土时，菌袋不宜排列过密，袋与袋之间留下10 cm左右的距离。若采用畦栽，料层厚度宜控制在12～15 cm，播种量不宜过大，而且要播均匀。

覆土前每隔10 cm在料面上铺一条宽8 cm的塑料薄膜，然后覆土，头荏菇结束后，去掉薄膜，进行第二荏出菇。

（四）水菇

1.症状 子实体呈水浸样，继而变软死亡，腥味特重。

2.发生原因 菇房空气相对湿度过大，培养料含水量过高或培养料积水，使菌丝体处于缺氧状态，子实体被"泡"在水中，组织细胞充水，成为水菇而死亡。

3.防治方法

（1）控制培养料含水量 出菇期控制培养料含水量在55％～60％，如果含水量过高，可以用细钢管从畦面一侧插进料内，通风排湿后，再用土塞住小孔。

（2）细心管理菇房 统筹协调菇房内各环境

因子，尽量减少喷水，在保持空气相对湿度85%的同时，应尽量加强通风。

（五）菇体黄化

1. 症状　子实体从菌盖到菌柄渐渐变黄，颜色变深，品质下降。

2. 发生原因　菇房内空气相对湿度过大，严重缺氧。

3. 防治方法　适时适量通风换气，控制菇房内空气相对湿度在85%左右，不得超过90%，防止菇病发生。

（六）鳞片菇

1. 症状　鸡腿菇菌盖和菌柄上长出白色鳞片，反卷，影响品质。如图9-2-99所示。

图9-2-99　鳞片菇

2. 发生原因　菇房内空气相对湿度过低，当空气相对湿度低于60%时，子实体表层细胞缺水而与内部组织部分脱离，形成鳞片菇。

3. 防治方法　科学地管理菇房，在控制好菇房内温度和保持充足氧气的条件下，保证每日及时喷雾状水，保持菇房内空气相对湿度在85%左右，预防鳞片菇的发生。

（七）菌盖斑点病

1. 症状　鸡腿菇子实体菌盖表面出现大小不一的黄褐色水渍状斑点。

2. 发生原因　菇房内空气相对湿度超过

95%，子实体部分组织细胞充水，生长发育受阻滞而引起的。

3. 防治方法　做好菇房内日常管理工作，及时通风换气，控制菇房内空气相对湿度在85%左右，不能超过90%，这样就可以有效地防止斑点菇的发生。

（八）早开伞

1. 症状　鸡腿菇子实体，个体尚未长大，菌柄就过早伸长、开裂、菌盖开伞的现象称为早开伞。

2. 发生原因

（1）温度过高　菇房内温度超过25℃，菇体生长发育加快，提早成熟，开伞释放孢子。如图9-2-100所示。

图9-2-100　早开伞的鸡腿菇

（2）培养料及环境湿度过低　培养料含水量低于50%或空气相对湿度低于70%时，都会使子实体处于缺水状态。在这种恶劣的环境中，鸡腿菇子实体也要提早成熟，释放孢子，延续后代。

3. 防治方法

（1）合理安排栽培季节　选择适宜的栽培季节，使子实体生长发育阶段刚好处于气温适合或略低于鸡腿菇子实体生长的温度，这样既能省工、省时，又能预防病菇发生。

（2）人为控温　采取各种措施，控制菇房内温度在24℃以下，温度略低，会使子实体品质更好。

（3）调整湿度　细致检查培养料含水量，及时调整，保证培养料含水量处于55%左右，同时控制菇房内空气相对湿度在85%左右。

（九）沉底菇或地雷菇

1. 症状　鸡腿菇形成在菌袋底面或侧面，难以钻出土面，形成沉底菇或地雷菇。

2. 发生原因　主要是由于覆土太松散，菌袋间缝隙未用土填实，有比较充足的氧气供应，子实体就在这样的缝隙中形成。

3. 防治方法　覆土的时候，一定要将菌袋之间的缝隙填实，不留空隙，减弱底层菌丝的生命活动，促使鸡腿菇子实体在菌袋表面形成。

四、姬松茸病害

（一）培养料发酵异常

1. 症状　发酵料堆温升不高，料中有臭味、酸味或氨味。

2. 发生原因

（1）发酵料的堆温升不高　建堆后2～3天料温仍难上升，常与原料偏干、偏湿有关，也与氮素含量过低有关。

（2）料中有臭味和酸味　主要是料堆过宽，造成厌氧发酵所致。

（3）料中出现氨味　料中有浓厚氨味，表明料中存在大量游离氨，尤其是采用合成培养料堆制时更为明显。在含有大量游离氨的培养料中，接种后菌丝不吃料，因营养不足而死亡。

3. 防治方法　料温升不高的应提前翻堆，必要时重新建堆。

原料偏干时，可向料中补足水分；原料偏湿时，可摊开晾晒或添加部分干料混合；缺少氮素养分时，应添加饼粉或尿素。

料中有臭味和酸味的可将料堆散开，根据干湿情况，加入石灰水或生石灰粉拌匀，调节pH值至7.5～8，重新建堆，控制料堆高度和宽度，并在料堆上打通气孔，增加供氧量，降低厌氧发酵面积。

料中出现氨味的，可向料中喷施1%过磷酸钙进行中和，或在铺料后暂缓播种，加大通风量，待氨气挥发后再播种。

（二）菌种不萌发

1. 症状　播种2天后，菌种块仍不萌发。

2. 发生原因　料内有NH_3抑制菌丝萌发。

培养料发酵不彻底，播种后，培养料继续发酵，料温过高。

菌种失去活力而影响萌发。

3. 防治方法　及时加强菇房通风，在料堆上戳洞，促进氨气散发。

若料温持续过高，应立即加强菇房和料内的通风，以散发热量，降低料温。

及时检查，发现菌种不萌发，则应及时补种。

（三）菌种萌发但不吃料

1. 症状　正常情况下，菌种萌发后菌丝就应该开始吃料，并迅速向培养料深层生长。但播种后6～7天，菌丝迟迟不能吃料。

2. 发生原因

（1）培养料发黏发臭　培养料厌氧发酵致使培养料腐败变质，抑制了菌丝生长。

（2）培养料过干或过湿　培养料过干或播种过浅，菌种得不到足够水分。若料内水分太多，培养料过湿缺氧，菌丝也无法生长。

（3）培养料发酵过生或过熟　培养料过生，菌丝不能得到适宜的养分，影响吃料。培养料发酵过熟，过碎，通气条件不好，也不利菌丝吃料。

（4）其他　培养料过酸或过碱，害虫和杂菌的危害，也是造成菌种萌发后不吃料的原因。

3. 防治方法　可拌入石膏粉，以缓解培养料的黏臭性状。

培养料过干，可以覆盖报纸，每天喷水1～2次。若7天菌丝仍未生长，则说明菌种已死，要重新播种。若料内水分太多，应戳料通气，并加强菇房通风。

培养料过生，可用发酵料浸出液喷施，每10 kg发酵腐熟料加热水100 kg浸泡，冷却后去渣喷施；培养料发酵过熟，可加强菇房通风，改善培养料通气条件。

对因酸碱度不适造成的问题，可喷施石灰水或过磷酸钙水剂，调整培养料酸碱度。

（四）不出菇

1.症状　按播种时间推算，该出菇的却迟迟没有出菇。

2.发生原因

（1）栽培季节不当　不出菇的菇床，多因播种过早气温低造成。低海拔地区或海拔500～800 m的山区在3月前播种，气温普遍低于18℃，菌丝在料床上无法正常吃料生长或生长极为缓慢，加上病虫危害严重，菌丝很快萎蔫。

（2）培养料配制不合理　培养料配方不合理，粪肥或氮肥使用量过大，造成C/N失调，菌丝生长过旺；石灰用量过大，pH偏高，导致菌丝较长时间处于生长不良环境下，从而影响出菇。

（3）发酵过度　室外堆制发酵时，遇到连续阴雨，堆温无法升至65～70℃，加之翻堆不及时，造成发酵不均匀；堆料偏湿，后发酵质量不高，造成菌丝无法正常吃料生长。

（4）发菌期和出菇期管理不当　发菌期管理不当，会使菌丝体发育不健康，影响后期出菇；出菇期管理不当，会使菌丝衰退，也影响出菇。

3.防治方法　姬松茸的栽培季节，一般以3月中旬至5月播种（一般山区在4月中旬，高寒山区在5月中旬以后播种）为宜。

严格按照专业技术人员的要求进行培养料配制。正常发酵时间约为20天，共翻堆5次间隔时间分别为7天、5天、3天、2天、1天，且每次翻堆后，料堆中心温度均要升至65～70℃。如果前期发酵效果不好，应由后期发酵做补救，直至发酵料呈褐色，手拉草料不易断裂为止。

发菌管理初期，主要应掌握好覆土时间及方法。覆土不能过早，也不宜过迟，一般以播种后2周左右，即菌丝布满培养料层2/3时为最适时间。应多喷细水，喷微水；后期低温时应缓喷水；菌丝稀疏应喷水，采菇盛期后暂停喷水；高温天气早、晚多喷水；后期追施营养水。在喷水后，应及时开门、开窗，加大通风量。

（五）原基萎缩

1.症状　姬松茸子实体原基在菇床上形成后，很快变软，发黄，萎缩，死亡。

2.发生原因

（1）温度过高　菇房连续几天30℃以上高温，再加上通风不良，易造成死菇。

（2）通风不良　菇房内通风不良，氧气不足，CO_2浓度过大，易闷死菇蕾。

（3）喷水不当　覆土层没有及时喷出菇水，出菇时喷水温度过低或补水时喷水过量；另外，高温喷水过多、菇房空气相对湿度达95%以上、通气不良等，均易使菇蕾死亡。

（4）出菇过密　培养料过薄或偏干、覆土过薄、菌丝长出土层、覆土后水分管理不到位等，均易造成出菇不正常、菌丝生活力弱、出菇过密，子实体相互争夺养分，造成部分菇蕾枯萎。

（5）出菇部位过高　覆土过少并遇到高温而致使出菇过密；覆土过薄，原基未发育成熟就长出土面；覆土后未及时喷出菇水而致使菌丝向上冒出，结菇部位提高，也可造成部分死菇。

（6）营养失调　单纯增加氮源或以草料代替粪料，致使C/N失去平衡；培养料用量减少，出菇后期营养不足；培养料发酵过熟或时间过长，致使营养不足，或堆肥时间不足，料温不够，培养料没有得到充分分解转化，均可造成营养失调。

（7）菌丝衰老　母种转管繁殖代数过多，菌种制作温度过高、保存不当或保存时间过长，均可造成菌丝老化，出菇后易死亡。

（8）农药危害　防控病虫害时用药不当，可造成死菇。出菇期间难免发生一些病虫害，防治过程中使用农药失误时，也可导致栽培的失败。

（9）机械损伤　采菇时操作不慎，损伤了周围的幼菇，也是造成死菇的原因之一。

3. 防治方法　出菇期要密切注意气温变化，根据气温调控菇房温度，及时通风换气，严防菇房内出现高温。

结合天气变化，气温高时应加强通风，每天2～3次。通风时要注意不可让大风直接吹到菇蕾上。

喷水增湿要坚持少喷、勤喷，防止喷水过多，严防水分渗入料内。喷水要结合调控温度进行通风换气。

覆土的厚度要适当，覆土后应调控温度，保持土层适宜湿度。

要严格按照配方要求制备培养料，保持适宜的C/N，按要求堆制、发酵。

选用优良菌种，并及时播种使用，创造适宜菌丝生长发育的条件，严防高温培养和保存。

出菇期间，防治病虫害要坚持防重于治、综合防治的原则，力争早发现、早除治。尽可能采用生物防治或诱杀的方法，以免造成药物危害，影响商品菇品质。

（六）畸形菇

1. 症状　姬松茸子实体出土后，形成菌盖小、菌柄细长和不对称等畸形菇。

2. 发生原因

（1）覆土质量差　覆盖的粗土块过大，出菇部位低，菌盖受挤压，形成畸形菇。

（2）菇房内 CO_2 浓度过高　当菇房内 CO_2 浓度超过 0.1％，呼吸作用增强，有机物质消耗量大，积累受阻，菌盖发育不良，形成畸形菇。

（3）有害物质污染　农药、化学药品、矿物油、柴油烟等物质的污染，能造成子实体不分化、菌盖边缘向上翻，有时菌盖上形成水红色直立柱状的菌褶组织。

3. 防治方法

（1）覆土颗粒要均匀　菇床的覆土必须过筛，确保颗粒均匀，无＞1 cm 的土块。

（2）加强菇房管理　在菇房日常管理中，应注意通风换气，降低 CO_2 浓度，使 CO_2 浓度保持在 0.1％ 以下。

（3）防止污染　菇房内严禁存放易发生污染的化学药品。在日常管理中亦不能使用含有污染成分的化学物品。

（七）子实体色斑

1. 症状　姬松茸子实体原基、幼菇或已开伞的菌盖上，出现黄褐色斑块，严重的像日光烧灼的焦斑，变色部位生长受抑制，但子实体不会死亡或干腐。如果后期喷水适当，幼菇色斑症状会随菇体的长大而减轻或消失。

2. 发生原因　主要是由于使用了质量差的塑料薄膜覆盖所致。这类薄膜中含有某种可溶解于水的化学物质，气温高时，薄膜上凝聚的水滴到菇蕾或菌盖上，引起局部中毒而变色。

3. 防治方法　菇房覆盖塑料薄膜要选择无残毒、质量好的流滴膜或无滴膜，防止因滴水而引发病害。

菇房支架保持半圆形或成斜坡形，使薄膜上凝结的水滴不至于滴到菇盖上，而是流到菇床的边缘，减少危害。

（八）鳞片菇

1. 症状　菌盖上长出鳞片，品质下降。

2. 发生原因　子实体生长阶段气温偏低，干湿度变化过大，易使菌盖长出鳞片。

3. 防治方法　出菇期注意控制好空气相对湿度，不能忽高忽低，为姬松茸子实体创造适宜的生长条件。

（九）空根白心菇

1. 症状　子实体菌柄中空或柄内部组织白色疏松，类似植物的髓部，柄细而脆，严重影响姬松茸质量，此病多发生于盛产期。

2. 发生原因　主要是由于覆土层和空气相对湿度过低。当气温高于 18℃，空气相对湿度低于80％，土面喷水少，覆土过干，尤其是粗土层含水量不足，导致正在迅速生长的子实体，不能从覆土层中得到充分的水分供给，形成空柄。

3.防治方法

（1）补足水分　在调粗土水、结菇水、出菇水时，水一定要喷足，使粗土层水分充足，含水量为20%～22%；第一茬菇采收结束后，再喷1次重水，使整个姬松茸生长期内粗土层能够不断地得到水分的补给。

（2）提高菇房温湿度　盛产期要在菇房内经常喷雾，加强菇房内空气相对湿度和温度的管理，使菇房内温度不高于18℃，空气相对湿度保持在85%～90%，以利于姬松茸子实体的均衡生长与发育。

（十）水锈斑

1.症状　姬松茸子实体表面出现直径2～5 mm的铁锈色斑点，影响品质。

2.发生原因　该病主要是由于通风不良。子实体出土后的生长过程中，在床面上喷水后，若不及时通风，致使空气相对湿度超过95%，菇体表面水分蒸发慢，有水滴在菇体表面凝固，就会形成铁锈色斑点。

3.防治方法　菇房内喷水后，必须适量通风，如果遇到阴雨潮湿天气，必须做好菇房的通风换气工作，以便及时蒸发掉菇体表面水分。

（十一）水菇

1.症状　姬松茸子实体在生长过程中，柄部出现水浸状条纹；菌盖表面有浅褐色斑点，继而表面发红，变黏，萎缩死亡。

2.发生原因　培养料含水量过高、空气相对湿度过大，使培养料与菇房内严重缺氧，子实体组织细胞充水膨胀，生理生化功能紊乱，生命力减弱。子实体被细菌感染后发黏、发臭死亡。

3.防治方法　出菇期控制培养料含水量过高，是预防水菇的有效措施。另外，空气相对湿度宜保持在85%左右。在保持空气相对湿度不过低的情况下，加强通风，尽量减少喷水量。

（十二）龟裂菇

1.症状　姬松茸子实体的表面逐渐形成龟裂。裂纹浅时，仅看到纵横交错的裂纹；裂纹深

时，可看到白色菌肉外露，形似香菇栽培中出现的花菇。

2.发生原因　该病主要是由于菇房内空气相对湿度过低和温差、湿差过大，菌盖表层细胞停止生长，而子实体内部细胞不断生长，胀破表层菌盖形成龟裂。

3.防治方法　加强出菇期菇房的管理，在子实体发育期将温度控制在15～18℃，空气相对湿度控制在85%左右。切忌忽干忽湿，忽冷忽热，更不宜持续干燥。

（十三）菌盖瘤突

1.症状　姬松茸子实体随着个体发育长大，在菌盖上面出现不规则的瘤状突起，颜色较菌盖稍深，明显降低姬松茸商品价值。

2.发生原因　在姬松茸幼菇期，外界气温较低，菇房温度管理不善，温度变化幅度过大，引起菌盖组织生长速率不同，最终形成不规则的瘤状物。

3.防治方法

（1）科学通风换气　菇房通风换气，冬季宜在中午温度高时进行。也可以在菇房两端的墙壁上开挖小型通气孔，可长时微量通风换气，使菇房内的温度和空气相对湿度相对稳定，不会出现急剧的变化，避免产生瘤状物。

（2）勿用冷水增湿　冬季日常管理中，补充菇房内水分和提高菇房内湿度时，将水提前放在菇房内，使其温度与菇房内温度接近时再使用，避免用冷水喷菌盖，刺激菌盖细胞，形成瘤状物。

（十四）死菇

1.症状　在姬松茸出菇后期，幼菇长至2～3 cm时，变软发黄，成批死亡。

2.发生原因

（1）高温高湿　菇房通气不良，空气相对湿度过高，缺少氧气，使幼菇闷死；春菇出菇后期，温度过高，超过了子实体正常生长所需的温度，子实体生长发育受阻死亡。

（2）出菇过密　营养供应不足，部分菇蕾缺氧死亡。

（3）湿度低　空气相对湿度低于70%，培养料含水量小于40%，使子实体缺水干枯死亡。

（4）养分不足　培养料中养分由于前中期消耗过多，营养匮乏，不能够满足子实体正常发育所需的营养，致使子实体饥饿死亡。

（5）施用农药不当　施药不当产生药害，致使子实体死亡。

3.防治方法

（1）按品种特性选择出菇期　如低温型品种就要避开在高温季节出菇。

（2）加强菇房湿度管理　在保证出菇温度的同时，控制菇房内空气相对湿度在85%左右，保证子实体正常生长和发育。

（3）用营养液喷施培养料　出菇前，特别是第二茬菇出菇前，要仔细检查。如果培养料含水量低于40%，应当及时补水。也可使用适当浓度的营养液喷施。这样既能防止培养料缺水，又能防止培养料中养分的不足。

（4）科学使用农药　不使用高毒、高残留及姬松茸敏感的农药，按药剂使用说明书要求浓度和剂量科学使用符合国家标准的高效低毒低残留农药，以防药害。

五、竹荪病害

（一）接种成活率低

1.症状　无论是生料栽培或是发酵料栽培模式，在竹荪栽培的播种初期，会出现竹荪菌丝萌发弱，活力不足，吃料、发菌缓慢，成活率低的现象。

2.发生原因　影响竹荪菌种萌发的原因很多，培养料质量较差，菌种质量不高，温度、空气相对湿度等环境因子不适宜都会导致竹荪菌种萌发困难。

3.防治方法

（1）培养料处理要合理　竹荪的栽培原料十分广泛，不管是林业下脚料还是农作物秸秆，均应及时晒干。通过暴晒可使各种原料内的活组织细胞受损，并将所含有的、会抑制竹荪菌丝生长的生物碱降解挥发。然后严格按照适宜的培养料配比投料，通过合理的发酵工艺，消灭原料中的杂菌及虫害，排尽料中的 NH_3 等有害气体。播种前培养料的含水量控制在60%～65%，同时辅料播种时应将料层压实，以防菌种与料面脱离，从而影响菌种的萌发与吃料。

（2）选用优良菌种，科学播种　优良的菌种是菌丝萌发最根本的保障。生产者应从有资质的菌种生产企业购买菌丝色白，长势旺盛、强壮，气生菌丝浓密的优质竹荪栽培种。在播种时将菌种掰成完整的 2 cm×2 cm 大小的块状，不宜过小过碎。同时也可以通过加大接种量促进萌发，播种量以每平方米 1～1.5 kg 为佳。

（3）发菌温度适宜　播种时的气温也是影响竹荪菌丝萌发的关键因子。其发菌阶段若遇雨天或寒冷的天气（气温低于15℃），除了必要的通风透气外，要盖好薄膜保温防雨才能促进菌丝萌发；若春栽播种期偏迟，遇高温天，天热无雨，则要揭膜降温。防止气温超过30℃导致"烧菌"而使菌种失去活力不萌发。3～4月进行播种，对竹荪菌丝萌发较为有利。

（二）菌丝"退菌"

1.症状　播种后3～5天菌种能正常萌发、吃料，并以播种点为中心向培养料蔓延形成菌落，菌丝洁白、粗壮有力；播种15～20天未发现异常；播种20天后菌落内菌丝逐渐变黄，仅在菌落外围可见少许白色菌丝，菌丝纤弱、稀疏。菌落内部的培养料呈黄色，与菌丝未蔓延到黑褐色培养料形成鲜明对比；菌落内培养料松散，不能结块。随时间的推移，少量菌丝可逐渐在局部覆土中蔓延，但菌丝纤细、稀疏，形成的菌索也明显偏细弱，菌丝陆续萎缩死亡。

2.发生原因　长期生产实践经验表明，过量添加尿素会产生氨害，是导致"退菌"的主要原因。

福建高允旺等认为：在发酵法栽培竹荪的生产中添加适量的尿素可促进增产，而当尿素添加超量时，在 40～60 天的发酵过程中未能完全分解，便可能残留在培养料内，而在后续的发菌过程中继续分解而产生 NH_3。竹荪栽培过程是一个气温逐步升高的过程。随着气温逐步升高，细菌分解尿素的能力增强，培养料中的 NH_3 会逐渐增加并累积。当培养料中 NH_3 不断积累达到或超过竹荪菌丝所承受的极限时，便会使菌丝生长停滞或逐步萎缩，导致"退菌"现象发生。

3. 防治方法

（1）培养料配比要合理

1）推荐投料量　每亩投入干料 4 000～5 000 kg：干竹屑 1 500～2 000 kg，干木屑 1 500～2 000 kg，谷壳 1 000 kg，尿素 50 kg，碳酸钙或过磷酸钙 25 kg（如培养料竹屑为主时用碳酸钙，木屑为主则用过磷酸钙），石膏粉 50 kg。

2）适宜的尿素添加量　竹荪栽培中测算栽培投料的干重，在堆料发酵时加入。按总投料干重的 1% 的比例添加尿素，不能加入太晚或直接施用尿素而导致氨害。

3）添加适量的石膏粉　石膏粉具有中和培养料中氨气的作用。通常在竹荪生产中要求培养料中添加 1% 石膏粉，以减少氨害的发生。此外，过磷酸钙或碳酸钙亦有中和氨气的作用，在添加石膏粉的同时再添加 0.5% 过磷酸钙或碳酸钙对预防氨害发生也会有良好的效果。

（2）规范培养料发酵工艺

1）科学配方　严格按照专业技术人员推荐的培养料配方备料，掌握好适宜的原料配比。

2）水分调控　培养料含水量要控制在 60%～65%，有利于发酵过程中培养料及尿素的分解。

3）科学堆制培养料　建堆时，尿素等辅料要均匀分层撒于料中，翻堆应选择晴好天气进行。发酵时堆中心温度峰值应达 60～65℃，不得低于 50℃，翻堆应在培养料堆温上升至峰值开始下降时进行；发酵过程翻堆 3～4 次，每次翻堆应将料堆上下、左右、内外培养料互换位置，并注意将各种原料充分混合均匀，以达到发酵均匀的目的。

温馨提示

发酵结束后，不宜立刻播种，应密切关注培养料内是否存有氨味，待发酵料中氨味完全散尽，方可进行播种。

（三）缺水性萎蕾

1. 症状　菌蕾色泽变浅黄色，外膜皱褶收缩，剖开菌蕾，肉质呈白色，质地柔软，无味。培养料松散，基内菌丝有萎缩迹象，培养料含水量只有 40%～50%，明显偏低。

2. 发生原因　播种前培养料含水量偏低，未达 60%～65%。因遮阴不足或遇高温天气、通风过量，导致培养料中水分过量蒸发。

3. 防治方法　晚间在畦沟内灌"跑马水"，清晨排净，为培养料补足水分。在菇房内将喷头朝上喷雾状水，提高菇房内的空气相对湿度，然后盖上薄膜保湿，同时加盖遮阳网调节菇房的遮阴度为"三阳七阴"，避免强光照射。

（四）渍水性萎蕾

1. 症状　菌蕾褐色或深褐色，外膜皱纹清晰，剖开菌蕾，肉质呈褐色或紫黑色，质地较脆，有沤水味。上层培养料棕黄色，菌丝浓白、强壮，下层料发黑，菌丝稀疏。手捏培养料有较多水分渗出，含水量 70% 以上。

2. 发生原因　雨水浸泡菌床。

整畦欠妥，畦面未整成"龟背"状而是畦面四周高于中间，畦沟超过料底。

覆土过厚或所用土质不佳造成板结，透气性差，料内水分难以蒸发。

喷水过量，造成培养料水分过多。

3. 防治方法

（1）深挖畦沟，排净积水　先挖掉畦床两

旁外沿的覆土，并将竹管插入畦床料内，促进水分的蒸发并增强通风。若畦床凹陷积水而难以排出，则应先排净积水再将畦面整成"龟背"状。

（2）重新覆土　先挖去覆土层排净积水后，重新覆上 3 ～ 5 cm 适宜的土壤。

六、平菇病害

（一）菌种不萌发

1.病状　接种后，菌种块长时间不萌发（图9-2-101）。

图 9-2-101　菌种块不萌发

2.发生原因

（1）高温烧死菌种　接种时，料温超过40℃，菌种块被烧死。

（2）培养料过酸　熟料栽培从拌料到灭菌耽误时间过长，导致培养料变酸；发酵料栽培的，在发酵过程中密闭太严实，厌氧微生物活动旺盛，培养料变酸。

（3）培养料过碱　拌料过程中，添加石灰过量，培养料 pH 值大于 12。

（4）培养料内 NH_3 浓度过大　熟料栽培的菌袋，培养料添加尿素、硝酸铵等化学肥料，在灭菌过程中，经高温分解为 NH_3，NH_3 能杀伤菌丝；发酵料栽培的，生产者往往担心由于化学肥料施得早养分流失，在装袋前才施用大量化学肥料，使得培养料内积聚大量的 NH_3。

（5）菌种问题　菌种过于老化，接种块大部分是菌皮，很难萌发菌丝；菌种受到污染，丧失活力；菌种退化严重，无生命力。

3.防治方法

（1）优选菌种　选用适龄的优质菌种，接种时要刮去老化的接种块和菌皮。

（2）适温接种　培养料温度要降到30℃以下再进行接种，创造合适的发菌温度。

（3）防酸防碱　熟料栽培，一定要缩短从拌料到灭菌的时间，避免培养料发酸；培养料如果发酸，要用生石灰调适 pH；严格按要求添加生石灰，防止过碱。

（4）堆制发酵料要打孔透气　料堆上要打孔透气，覆盖物不要太实，防止厌氧发酵。

（5）慎用化肥　发酵培养料，施用化肥应从第二次翻堆就开始分批加入，禁止在最后一次翻堆时集中施入；熟料栽培严禁添加化学肥料。

（二）菌丝不吃料

1.病状　菌种块也能萌发，但萌发后菌丝生长缓慢，纤弱，颜色发灰或变黄，不向料中生长。

2.发生原因

（1）菌种问题　菌种菌龄过长或菌种老化，菌丝体失去活力。

（2）培养料含水量过高　培养料含水量超过70％时，料中氧气供应不足，影响到菌丝对其所需的营养物质的吸收，从而导致菌丝生长受到抑制。

（3）酸碱度不适　培养料 pH 值过高或过低，均不利于菌丝体的正常生长发育，生长速度明显降低。

（4）培养料发酵不彻底　培养料发酵时升温太慢，滋生了杂菌，致使培养料酸败；或发酵料未发透，有酸臭味，影响菌丝生长。

（5）培养料配比问题　培养料中加入了过多的新鲜针叶树锯末，抑制了菌丝体生长；拌入了过量的敌敌畏或其他杀虫杀菌剂，导致药害。

3.防治方法

（1）优选菌种　选择菌龄为30 ～ 35 天的适龄优质菌种。

（2）严格控制含水量　拌料时，一定要确保培养料干湿均匀，含水量控制在60%左右。初次栽培，可以根据配料重量按料水比1:1.2的比例，称重对水，能有效地防止培养料过湿。

（3）调适pH　装袋前要测试培养料的pH，生料栽培pH值不能大于8，熟料栽培pH值不能大于9。

（4）刺孔通气排水　培养料含水量过大时，在菌丝圈边沿，靠近菌丝圈内侧，用毛衣针绕圈刺孔；菌丝发黄的，可用螺丝刀刺孔进行通风换气和排出多余的水分。刺孔后遮光、保温、单排摆放。

（5）培养料发酵要精细管理　力求尽快升温，避免酸败。

（6）选用新鲜无发霉变质的原料　针叶树锯末要经发酵或预煮除油后才能使用；不能将过量的敌敌畏等对平菇菌丝敏感的杀虫杀菌剂拌入料中。

（三）培养料变酸发臭

1.症状　装袋接种后培养料变酸，严重的散发刺鼻的臭味。

2.发生原因　接种后，培养料升温，未及时采取措施降温，致使杂菌大量繁殖，发酵变酸，腐败变臭；培养料水分过多，造成厌氧发酵，导致变酸发臭；装袋后没有及时打通气孔，料袋废气不能及时排出，导致培养料酸败。

3.防治方法　把培养料倒出来翻晒后重新堆积发酵，调整培养料pH值到8.5，培养料发酵好后重新装袋。需要注意的是，如培养料腐败严重，不能再使用。

（四）菌丝萎缩

1.症状　装袋接种后，平菇菌丝生长正常，但在接种后5～10天，出现菌丝萎缩现象。

2.发生原因　料袋堆置太密、太高，培养料不断产热，又未及时翻袋散热，高温导致菌丝萎缩；菇房温度过高，通风不良，高温加上缺氧，菌丝难以承受而萎缩；装袋太紧实、培养料过湿、通气差，造成菌丝萎缩。

3.防治方法　接种后5～10天，培养料还有发酵热产生，应及时翻袋散热；改善菇房条件，注意通风，降低温度和湿度。培养料过湿，可在菌袋两端有菌种处刺孔排湿；装袋太紧实，在袋上打孔或稍微松开袋口。

（五）菌丝稀疏不紧实

1.症状　菌袋内菌丝非常稀疏松散。

2.发生原因　菌种退化，生活力降低。

培养料质量差，营养缺乏。

菌袋装料过松。

3.防治方法　选用种性良好的优质菌种。

在原料中添加适宜辅料，丰富营养，并改善其物理性状。

装袋时要边装边压，松紧适宜，以手托起菌袋不下垂为准。

（六）发菌中后期菌丝生长缓慢

1.病状　菌丝体开始发育正常，菌丝圈长到4～5cm时，菌丝开始生长缓慢，甚至停止生长。

2.发生原因　太阳光直射到袋面，杀伤菌丝体；发菌温度过高，烧坏菌丝体。

这两种情况都会造成培养料内部的大量水分转化为水蒸气，在菌袋表面又冷凝成水膜，淹没菌丝，加重对菌丝体的伤害，甚至导致菌丝体死亡。

3.防治方法

（1）做好菌袋的遮阴　严禁强光直射菌袋。

（2）控温发菌　适温恒温条件下发菌，避免忽冷忽热导致菌袋表面形成冷凝水。一旦出现冷凝水，应立即刺孔，控温20℃以下，单排摆放继续发菌。

（七）发菌后期菌丝迟迟长不满菌袋

1.症状　接种后，初期菌丝生长正常，但后期生长逐渐缓慢、迟迟长不满菌袋。

2.发生原因　袋两头扎口过紧，袋内氧气不足；培养料过湿，向下的一面有积水，造成缺氧；菌袋局部感染杂菌。

3.防治方法　袋两端最好插上通气塞，或将绳扎松些，增加透气性；培养料过湿时，将菌袋翻转，使水分扩散，改善缺氧状况；在菌袋两端打通气孔，通风增氧，加快菌丝生长；发病场所，要提前杀虫消毒与防治杂菌。

（八）菌丝未长满菌袋就出菇

1. 症状　菌丝尚未长满，菌袋中的一些部位就开始出菇。

2. 发生原因　菇房的光线过强、温差过大，刺激一部分成熟的菌丝扭结出菇。

3. 防治方法　菇房应保持黑暗和恒温，创造适于平菇菌丝生长的条件，使菌丝健壮生长。

（九）烧菌

1. 症状　"烧菌"又叫烧堆、烧料，是平菇菌丝生长阶段容易发生的问题，尤以夏、秋高温季节最为常见。"烧菌"既能造成菌丝活力下降甚至失活，也能导致减产、栽培失败。"烧菌"发生时，菌袋或菌床内的温度常达35℃以上，导致菌丝生长停滞，并逐渐退淡、泛黄、萎缩、自溶，菌丝消失殆尽。严重时整个菌袋软化、变形、手捏无弹性。

2. 发生原因

（1）堆闷发热　菌袋堆垛过挤，料温过高，当温度超过32℃，菌丝生长即受到抑制；如果料温达到40℃时，2 h内菌丝几乎全部死亡。

（2）培养料发酵不彻底　采用发酵料栽培，发酵不彻底，播种后培养料继续发酵，料温升高也是"烧菌"的重要原因。

（3）自热　平菇菌丝生长代谢和其他微生物活动产生的生物热聚积叠加，若不能有效控制，不仅会促使料温大幅度提高，还能带动小环境温度上升，即使在冬季，也有发生"烧菌"的可能。

（4）天气热　环境通风换气条件差、散热降温措施不力，导致环境温度和料温相继升高和持续上升，最终造成"烧菌"。

3. 防治方法

（1）选择适宜的播种期　不同的设施条件，选择不同的栽培季节。如棚畦栽培，宜在早春和晚秋进行，避开高温危害。

（2）把好发酵关　培养料发酵要均匀、充

分、彻底，防止有夹生料。高温季节，采用熟料栽培，能有效防止袋内温度环境升高，减少"烧菌"的机会。

（3）合理堆放，精心管理　袋栽要以温度来决定堆垛的层数和方式，根据不同季节和环境温度条件，垛与垛之间留出空隙，以利于通风降温；平菇菌丝培养温度应控制在23～27℃。勤观察袋内温度，发现温度过高，加强通风降温。当环境温度超过30℃时，就必须警惕"烧菌"的发生。当料温接近32℃时，应采取散热降温措施，控制料温不再持续上升，避免菌袋长时间高温。菇房应具备良好的通风换气条件，并根据环境温度和料温的变化，调整菌袋的堆放方法和密度，及时拣出杂菌污染的菌袋。

（4）"烧菌"后的补救措施　畦栽平菇发生"烧菌"后，立即揭去薄膜和报纸，用2%石灰水喷洒料面，将"烧菌"部位全部覆盖，待其自然干至含水量为65%左右时，补种同品种的菌种，并盖上一层新鲜的培养料，保湿发菌；袋栽平菇"烧菌"后，菌丝还可以生长，及时在菌丝边缘刺孔，尽快恢复菌丝活力；若菌丝彻底失去活力，应立即解开袋口，取出培养料进行常规灭菌，重新接种培养。

（十）不出菇

1. 病状　菌袋内的菌丝生长良好，菌丝满袋后却迟迟不现蕾。如图9-2-102所示。

图9-2-102　菌丝满袋不出菇

2.发生原因

（1）温度不适 出菇时温度持续过高或者持续过低，菌丝体不能进行正常的生理代谢，影响出菇。尤其是秋栽的低温型品种，在菌丝体培养成熟的菇床，若无较低温度的刺激，料温高于出菇温度范围，则原基难以发生。

（2）选择菌株不当 使用菌株的温型与出菇时的环境温度不相符。高温型品种，出菇期安排在低温季节或低温型品种出菇期安排在高温季节，都会导致不出菇。如在春夏之交使用中低温型品种，菌丝长满后正值高温季节就难以出菇。

（3）积温不足 在低温下种植时，菌丝长期处于缓慢生长状态，虽然发菌时间较长，但由于有效积温不足，菌丝生理成熟度不够，而迟迟不能出菇。此外，无论何时种植，出菇前的温差变化太大，均不利于出菇。

（4）水分不足 菌袋内培养料失水严重，或菌丝刚长好时，长出零星小菇，误认为已开始正常出菇而过早地开袋、揭膜，再加上环境温度较高、湿度较低，使菌袋口或菌床表面严重失水，形成一层干硬的菌膜，使菌丝体无法扭结成原基。此外，产菇期菇体大量消耗培养料的水分后，如菇床水分补充过少，也会造成不出菇或转茬后不能正常出菇的现象。

（5）菌丝徒长 培养料含水量过高，菇床表面湿度饱和，干湿差变化小，会造成菌丝徒长，在菇床表面形成厚厚的菌皮。

（6）通风不良 菇床通风不良，供氧差，膜内 CO_2 浓度过高，光线太弱，均不利于出菇。这种现象在地下菇房较为常见。

（7）培养料不适 培养料中麦麸、米糠或尿素等含氮较丰富的物质添加过多，C/N 失调，致使菌丝徒长、结成菌被，推迟出菇，严重影响平菇的产量。

3.防治方法

（1）慎选菌株 选择适宜温型的菌株或选择广温型菌株，以便更好地适应出菇期的温度。

（2）调控温度 科学调控出菇时的环境条件，在确保有适宜温度的同时，还要保证湿度、通风和光照能满足平菇出菇的需求。

（3）搔菌处理 出现老化菌皮的，可以采用搔菌的方法，将老菌皮表面划破或采用覆土刺激的方法促使其出菇

（4）精细管理 对失水严重的菌袋要酌情及时补水；加强栽培场所通风换气，将过多的 CO_2 排出；低温季节白天增温，高温季节晚上通风降温，创造温差，促使现蕾；并给予 200 ～ 1 000 lx 的散射光刺激，促使菌丝扭结出菇。

（十一）袋内出菇

1.症状 菌袋开口处不出菇，而是在菌袋里面形成原基。袋内出菇多为畸形菇，既无商品价值，又消耗营养、影响产量。

2.发生原因 这是因为开口处料面过干，不利于菇蕾形成；装袋过松，菌块与袋壁之间有较大的空隙。

3.防治方法 发现袋内出菇，应隔袋膜将菇蕾压死，同时采取增湿补水等措施，尽快使开口处出菇；装袋要虚实均匀，不能过松。

（十二）幼菇枯萎

1.症状 平菇针头期至珊瑚期，幼菇长势瘦弱，子实体颜色黄白或淡黄色，菇丛由顶部向下逐渐变软，直至萎缩枯死，分化的菌盖及菌柄呈皱缩干瘪状（图 9-2-103）。

图 9-2-103 幼菇枯萎

2.发生原因

（1）水分管理不当 主要由菌袋缺水和空气

相对湿度过低引起，多发生在培养料的含水量和菇房的空气相对湿度都偏低的情况下。

培养料含水量过低（低于40％）和出菇期的菇房空气相对湿度太低（低于80％），或通风和阳光暴晒时间过长，或出菇期没有及时喷水，都可使幼菇缺水干枯而死亡。另外，向菇体喷淋大量冷水，也可造成死菇。

（2）强风侵袭　幼菇遭受强风吹袭，失水枯萎。

（3）强光直射　强光暴晒幼菇，杀死表皮细胞，造成表面失水枯萎。

3. 防治方法

（1）调节培养料含水量　出菇前后，如果发现培养料含水量过低时，要及时补水，使培养料的含水量达60％左右，出菇期保持菇房空气相对湿度85％～90％；露地畦栽的，除床面灌水外，菇床周围的土壤也要充分浇水，让土壤中的水分渗到培养料中。

（2）提高菇房内湿度　出菇前后应保持菇房内空气相对湿度在85％～90％。如果空气相对湿度较小，应及时增加喷水次数，提高菇房内湿度，同时应做好通风换气工作。

（3）禁喷冷水　禁止向菇体大量喷冷水，避免幼菇死亡，减少其他病变。

（4）其他　避免菌袋或菌床受阳光暴晒；菇房通风时间不要过长。

（十三）子实体萎缩

1. 症状　菇体分化发育后尚未充分长大，便停止生长或死亡，呈干瘪开裂或皱缩枯萎状，色泽多呈黄褐色。如图9-2-104所示。

图9-2-104　子实体萎缩

2. 发生原因　菇丛的个体间相互生存竞争而造成的优胜劣汰，导致部分子实体萎缩死亡；菌丝长势差，菇体所需养分得不到满足；菇房通风过度，菇体水分散失过快；菌床、菌袋含水量低，失水严重，养分运输不畅。管理粗放，菇体受物理损伤。喷洒浓度过高的营养液（尿素、糖水等），使菇体组织细胞出现生理性脱水。

3. 防治方法

（1）培养健壮的菌丝　控制好原基发生密度，原基发生过密时，可采取疏蕾、早采等方法加以调整。

（2）水分与营养管理　出菇期间，要结合菇场空气湿度、培养料含水量、菇体大小和发生量以及气温高低等情况，确定喷水量和喷水次数，并避免阳光直晒和干热风直吹。

把握好追肥的时机和肥水浓度；失水过多的菌床或菌袋要在转茬期补足水分或采用覆土方式补水出菇。

（十四）水肿状畸形菇

1. 症状　病菇形态基本正常或盖小柄粗，但菇体含水量高、组织软泡肿胀、半透明、色泽泛黄。感病重的菇体往往没采收就已停止生长或死亡。病菇触之即倒、握之滴水。水肿菇口感较差，货架期短，容易变质。

2. 发生原因

（1）水多　子实体生长阶段用水过频过重，菌袋或菌床含水量高，常积水，菇体大量吸水后不能适度蒸发，导致生理代谢功能减弱，若继续喷水、吸水，便停止生长或逐渐死亡，最终形成水肿病状。菌袋或菌床上残留的物理性损伤菇或成熟过度的菇体，其吸水力往往较强，即使管理用水正常，这类菇也能形成水肿病状。

（2）通风不良　常发生在含水量过大的菌袋或菌床上，也可发生在空气相对湿度过高的菇房内。

3. 防治方法　提高子实体生长期管理技术，喷水时必须保持一定的通风换气状态，不要让游离水长时间附着在菇体上，特别是出菇密集的菌袋和菌盖重叠间隙小、柄短体形大的菇丛。适时采摘，发现病菇要及时摘除。加强通风换气，调节好菇房湿度，防止诱发其他病虫害。

（十五）菜花菇

1. 症状　子实体原基形成后，不能进一步正常分化成菌盖，或者形成很小的球状小菌盖，随着原基的生长发育，在细小的柄上不断产生分叉，使原基不断扩大，形成类似菜花状的原基团，直径可达十几厘米，重量可达 1.5～2 kg，但不能进一步分化成正常的子实体。如图 9-2-105 所示。

图 9-2-105　菜花菇

2. 发生原因

（1）通风不良　CO$_2$ 浓度过高，在通风条件很差的菇房内菌袋，或揭膜过迟未及时进行通风的菇床上，以及冬季用蒸汽加温的菇房内的 CO$_2$ 浓度超过 0.2% 时，容易出现菜花状畸形子实体。

（2）空气相对湿度过大　空气相对湿度接近或达到饱和（大于 95%），导致缺氧而发生病害。

3. 防治方法

（1）加强通风换气　菇房必须有良好的通风设施，在子实体开始形成期，一定要经常通风换气，保持充足的氧气，使空气中 CO$_2$ 浓度低于 0.1%、空气相对湿度不超过 95%。

（2）揭膜增氧　畦栽平菇，当子实体原基形成时，要及时揭掉盖在畦面上两头的薄膜，以保证畦面有充足的氧气；只要加强通风、改善环境条件，仍可长出正常子实体。

（3）摘除病菇　发现菜花状畸形菇，应及时摘掉，并加强通风，仍可正常再出菇。

（十六）珊瑚菇

1. 症状　平菇子实体原基形成后，长出粗而长的菌柄，但菌柄长到一定程度时，不进一步分化形成菌盖，而是在菌柄的顶端长出多个小菌柄，并继续分叉，呈重复分枝开叉状，结果长成似珊瑚状的畸形子实体，颜色苍白，无菌盖或仅形成小的菌盖，形成不了正常的子实体，或在菌盖出现二次分化形成密集珊瑚状，直接影响商品外观和食用价值。

2. 发生原因

（1）CO$_2$ 浓度过高　原基形成后，菇房没有及时转入开放式通气管理，环境通风不良、CO$_2$ 浓度超过 0.1%，抑制了菌盖分化和发育，是形成珊瑚状畸形菇的主要原因。

（2）光照强度过弱　当栽培场所光照度低于 10 lx 时，菌盖的伸展受到抑制，不能正常分化成形，容易出现珊瑚菇。此病多发生在人防地道或严重通风不良和光照极弱的栽培场所。

3. 防治方法

（1）加强通风换气　当子实体原基形成以后，每天必须保证两次以上的通风，使菇房内或畦面上空气中 CO$_2$ 的浓度不超过 0.1%。

（2）提高光照度　改善光照条件，减少棚面覆盖物，使光照度保持在 100 lx 左右；每日光照时长在 4～6 h。

（3）摘除病菇　病状轻微的子实体，在通风和光照条件迅速改善后，只要加强管理，畸形病状可以得到矫正，发育可恢复正常。病状严重的子实体，因早期发育缺陷较大，即使条件改善，也很难改变畸形状态，要及时摘除，并改善通风和光照条件，继续后期正常出菇管理。

（十七）高脚菇

1. 症状 子实体各部分比例失调，菌盖较小、菌柄细长且明显超过菌盖直径（图9-2-106），颜色苍白；菌盖边缘向上翻卷，中心下凹，形似高脚酒杯。高脚菇不影响食用，但影响价格。高脚菇与菜花状和珊瑚状子实体相比，还有一定的经济价值。

图9-2-106 高脚菇

2. 发生原因

（1）光照过弱 菇房内的光照太弱，形成菌盖太慢。

（2）供氧不足 菇房通风不良、CO_2积累过多，氧气供应不足，菌盖发育较慢，也容易产生高脚菇。

（3）温度过高 菇房气温偏高，菌柄生长发育过快，形成高脚菇。此类畸形子实体在人防地道栽培平菇时较常见。

3. 防治方法

（1）改善光照条件 子实体形成期，保持100 lx以上的散射光照，每天4～6 h。

（2）通风降温 加强通风换气，保持菇房内有新鲜的空气；白天菇房内气温超过30℃时，可以结合通风，喷水降温；人防地道或地面栽培平菇，均要加强通风、拉大温差和降低CO_2浓度，创造适宜子实体生长的条件，促使菌盖发育。

（十八）粗柄菇

1. 症状 子实体分化后，菌盖发育迟缓、开片小或不开片，而菌柄的长速不减、在伸长的同时不断增粗、质地较硬。病状严重的，几乎无菌盖。子实体可以食用，韧性强但商品价值低。

2. 发生原因 子实体分化后，由于环境温度过低，不能满足菌盖开片的需求，加上通风不良、供氧严重不足，又进一步抑制了菌盖的伸展。多发生在冬季通风差的菇场。

3. 防治方法 环境温度要满足菌盖生长发育的最低要求，至少要确保菌盖分化后到伸展开片这段时间内温度不要过低。同时，利用气温较高的时间段进行适当的通风换气，防止长时间缺氧给菇体发育带来不良影响。

（十九）光杆菇

1. 病状 子实体只有细长的柄，柄的顶端只有小小的凹坑，颜色略深，完全没有菌盖和菌褶，更没有孢子的形成（图9-2-107）。

图9-2-107 光杆菇

2. 发生原因 主要原因是低温，冻害。平菇子实体形成菌盖和产生孢子阶段要求较高的温度，如果菌柄在较低气温下伸长到一定高度时，而气温仍在0℃左右且持续时间过长。菌柄表面就会有冰冻现象，虽不会冻死，但不能分化形成菌盖。此类畸形平菇一般发生在较寒冷的地区，或保温条件较差的菇房里。

3. 防治方法 采取增温保暖措施。在子实体发育前期，如果遇到0℃左右的低温天气时，在保证有适当通风的前提下，尽力保暖和加温，确保菇房内没有冻害。

（二十）敌敌畏药害

1.症状　原基形成后，不能进一步分化形成菌柄和菌盖，长成不规则的菌块，2～3 cm 或更大，初期表面凹凸不平，如同肿瘤，灰黑或灰白色。后期增大的团块上会生出大量原基。原基不分化或极少分化成菌柄，但不形成菌盖，没有菇体常态，生长迟缓，但不影响食用。如图 9-2-108 所示。

图 9-2-108　肿瘤菇

幼菇受害后，菌柄肿胀变形，上下粗细差别大，菌盖不伸展，外观"发僵"，后期顶部龟裂露出菌肉。

成熟菇受害后，菌柄变形。子实体则会全部变软，呈水渍状死亡。菌褶呈海绵状暴露在菌盖表面，菌盖边缘常皱缩，有时盖缘反卷，病情严重的，菌盖萎缩和向上翻卷，形成卷耳菇。如图 9-2-109 所示。

图 9-2-109　卷耳菇

2.发生原因　侧耳属的真菌对敌敌畏特别敏感。从原基形成到子实体生长期间，当菇房内喷洒敌敌畏或用棉球、布条蘸敌敌畏药液熏杀害虫时，都会发生药害。气温越高，越容易发生，受害越重。

3.防治方法　当子实体原基形成后，应避免使用敌敌畏直接防治虫害，可以采用黑光灯诱杀，也可以改用对平菇无明显药害的杀虫剂，如高效低毒的菊酯类杀虫剂进行杀虫；喷药在采菇后进行，且要限量使用，药量过大时要通风排除。

如果其他杀虫剂使用效果欠佳，必须使用敌敌畏时，可选择一茬菇结束后的间歇养菌期使用，还要控制药量，药味过重时，应立即进行通风。

该病一旦发生，要立即先摘除团块物，以免团块增大消耗养分。加大通风量，进行降湿处理，延缓转茬菇的发生速度。再用 2% 石灰水上清液喷洒 2～3 次，然后增湿恢复正常管理。

（二十一）死菇

1.症状　菌袋中长出了许多菇蕾，但几天后，不少原基开始枯死。

2.发生原因

（1）菌种老化　如菌种时间过长、用种量又大，菌丝尚未长满菌袋即出菇，幼菇得不到养分供应，就会发生萎缩死菇。

（2）气温骤变所致　原基形成后，气温骤然上升，并且持续高温 25℃ 以上，菌柄停止输送养料，使菌盖逐渐枯萎死亡。遇低温突然袭击，又会出现养分倒流现象，已分化的原基得不到养分而枯死。

（3）培养料缺水　菇蕾形成后，得不到充足的水分供给，菌盖很快展开，然后枯死。

（4）水分过多，通风不良　洒水过多，造成小菇水肿而死亡。通风不良时，有些原基因缺氧而死亡。

（5）出菇密度过大　平菇是丛生性的菇类，出菇过密，在子实体生长过程中，部分菇蕾得不到养分，加上相互挤压，必然会萎缩死亡。

（6）菌种老化 由于片面增加菌种用量，致使出菇袋两端面出现较厚的老菌皮，长出的幼菇营养输导受到抑制而死亡。

（7）机械损伤 平菇茬次不明显，采收成熟菇时，幼菇受震动或牵带、碰伤，也会引起死菇。

（8）化学药品 出菇场所内外有油漆、汽油、煤油、浓香水等异味，不但会使平菇菌盖边缘和表皮组织坏死而造成大批死菇，而且能抑制下茬菇的原基分化，可使出菇场所在一段时间内多次出现死菇现象。

（9）病虫害侵染 平菇变为黄色或褐色，呈软腐状，最后干萎或发黏呈水渍状，与线虫、细菌侵染有关。

3. 防治方法 在安排平菇栽培时，要尽量避开在高温季节里出菇，同时选择耐高温的平菇菌株系。避免使用老龄甚至出过菇的菌种，并适当控制播种量。

原基分化后，注意保持菇房温度稳定。遇有天气骤变，应及时采取措施，防止菇房内温度剧烈变化。

菌袋干时，应立即补充水分，但切不可大量浇水，防止出现继发性细菌感染。

菇蕾期是平菇发育最敏感的时期，既怕干又怕湿，更怕高温和通风不良，管理上要控制空气相对湿度在90%左右，喷水时，尽量避免喷到菇蕾上，随着菇体的长大，要逐渐加大通风量。

注意采收操作，避免机械损伤。

追施营养液，增加营养供应；积极预防病虫危害等，均可减少或避免该病的发生。

（二十二）色斑病

1. 症状 子实体原基、幼菇或成菇的菌盖上，出现黄褐色的病变斑块，严重时像日光灼烧的焦斑，变色部位生长受抑制，但不会死亡或干腐，如果以后喷水适当，随幼菇日渐长大，病斑也会随之逐渐淡化。

2. 发生原因 使用质量差的塑料薄膜极易造成子实体色斑病，这类薄膜中含有某种可溶于水的有毒化学物质，气温高时，溶于薄膜上凝聚的水中，这样的水滴到菇蕾或菇盖上，就会引起局部中毒而导致色斑病。

3. 防治方法

（1）优选薄膜 选质量好的，无易溶有害物质的薄膜覆盖菇房或菇畦；最好选用无滴膜用于平菇生产。

（2）科学建棚 棚架设计为半圆形或斜坡形，使薄膜上凝聚的水能沿薄膜流下，而不致滴到菇盖上。

（二十三）蓝菇病

1. 症状 子实体形态正常，只是菌盖全部或部分变成蓝青色到深蓝色，盖边缘色更深。此病多发生于冬季加温的菇房内。

2. 发生原因 该病主要是一氧化碳（CO）等有害气体中毒所致。冬季或者低温季节，菇房内常用煤火加温，煤气排出不顺畅，子实体形成后，局部CO等有害气体浓度过高，引起平菇中毒。

3. 防治方法

（1）及时排出有害气体 冬春季节，给菇房加热时，要设法将产生的有害气体排出室外，有条件的可以设计加热设施，如火墙、火道，避免有害气体直接进入菇房，造成危害。

（2）密切注意菇房通风 在加温保暖的同时，千万要注意通风换气，防止平菇和管理者造成有害气体中毒。

（3）补救措施 发生此种病害时，及时进行通风换气，增加光照等管理，可以使症状得到有效缓解。

（二十四）小老菇

1. 症状 子实体加快成熟，较早出现孢子，菇体小，菌盖薄，颜色淡，产量低，质量差。

2. 发生原因 在气温较高时，子实体生长发育加快，培养料中水分蒸发加快，这时需要较多的水分和养分供应，但这时如果水分、养分供应不足；空气相对湿度过低，即提前成熟，弹射孢子，形成小老菇。

3. 防治方法

（1）加强水分管理　每茬菇出菇前，都要检查培养料含水量，必要时，适量补水，保证有适当的水分供应；加强菇房、菇畦的喷水管理，确保空气相对湿度不低于85%。

（2）降低菇房温度　如果菇房内气温高于30℃，可以采取向空间、地面、墙壁喷冷水的方法来降低温度，以防止出现小老菇。

（二十五）菌盖瘤突

1. 症状　子实体发育过程中，菌盖表面出现疣瘤状赘生物，外观为突起的小疙瘩，多分布在菌盖近外缘处，呈环形或其他不规则形排列，病状严重时，疣瘤增多、菌盖僵硬、生长停滞。菌盖上出现瘤状体突起，颜色变得灰暗，失去光泽，菇体生长缓慢。菌盖瘤突仅影响菇体外观，但对菇质无不良影响。

2. 发生原因

（1）湿度过大，通风不良　低温条件下，通风不良，菇房内湿度大，蒸发量小，菌盖表面长期积有一层水膜，造成菌盖表面细胞为了获得透气机会，突出生长造成的。

（2）温度骤变　白天温度高，夜间温度骤降，昼夜温差达10℃以上，使部分组织细胞分裂发生错乱而形成瘤突。

（3）温度过低　所处环境温度过低，且低温持续时间过长，造成菌盖表面内外层细胞生长膨大不能同步，进而产生的一种组织增生的变形病状。此病多发生在严冬季节且菇房保温措施又比较差的情况下。

3. 防治方法

（1）选择适宜品种　熟悉所用品种的生物学特性，了解其正常生长发育所能承受的最低温度，通常低温型品种温度宜控制在2℃以上，中低温型品种宜控制在8℃以上。

（2）保温通风　冬季在气温下降时，注意加强保温措施。白天揭开草帘，利用阳光使菇房升温，并适当通风；下午提前堵住通风孔保温，避免低温刺激。

（3）加温保菇　低温季节，晚上菇房内温度过低时，要采取加温措施，减轻过低气温对菇体发育的影响，以利于平菇子实体正常生长。

（4）不喷闭门水　低温季节，不喷重水；在喷水的同时要进行通风，避免菌盖积水。

七、香菇病害

（一）菌丝淡化

1. 症状　菌袋内菌丝生长稀少，纤弱无力，菌棒软绵无弹性（图9-2-110）。

图9-2-110　正常菌袋与病袋对比（杜适普　供图）

2. 发生原因

（1）培养料酸败　灭菌前，培养料已经发生霉变或酵母菌感染，杂菌的活动改变了培养料的pH，同时杂菌释放的抗生素抑制香菇菌丝体的正常生长。

（2）培养料选择不当　如未经脱脂处理的针叶树木屑中油脂及萜烯类物质浓度过高，抑制香菇菌丝生长。

（3）过量添加某种化学物质　如硫酸镁等。

（4）营养元素缺乏　缺乏某种必需的营养元素，如氮素。

3. 防治方法

（1）科学配制培养料　选用新鲜优质、无霉变的培养料，采用合理的培养料配方，不随意添加化学物质。

（2）严格灭菌　拌好料后及时装袋，并严格灭菌，防止酵母菌侵染而改变培养料的pH。

（二）菌丝徒长

1.症状　袋栽香菇菌丝体长满菌袋后，表面气生菌丝发白，且有黄色水珠产生，最终形成一层白色浓厚的菌皮，抑制菇蕾的形成。

2.发生原因　当香菇菌丝体处于没有温差，空气湿度大的环境条件下，气生菌丝快速生长，且有大量黄水出现，如不及时刺孔增氧、透气、降温，表面菌丝就会过度旺盛生长，形成一层厚厚的老菌皮，隔绝空气，导致菌袋内菌丝体的营养生长不能及时向生殖生长转化，菌丝迟迟不能结实。

3.防治方法　适时刺孔增氧，改善条件。当菌袋表面气生菌丝发白，有黄水珠产生时，及时刺孔放水增氧，换气降温，抑制气生菌丝生长，防止菌丝徒长纠结成老菌皮。

（三）"烧菌"烂袋

1.症状　表现为培养料发热、发酸，菌丝退淡变黄、死亡。整个菌袋软化，手捏无弹性，最后成泥浆状，菌棒解体（图9-2-111）。此病在发菌后期、刺孔增氧阶段易发生。

图9-2-111　香菇"烧菌"烂袋

2.发生原因

（1）培养菌袋的环境条件不适宜　菌袋越夏场所高温，温差过大，光线过强，再加上菇房空间过小，堆码菌袋过多，排放过密，造成严重缺氧，使子实体原基形成过早，抗逆性变弱而引起"烧菌"或烂袋。

（2）选择菌株特性不适　低温型菌株，耐高温及抗逆性较弱，易引起烂袋，再加上菌株传代频繁，又未及时复壮，导致菌种退化，使原基过早形成，加重了烂袋的发生。

（3）管理不当　香菇菌袋刺孔增氧不够，或刺孔后排放过挤，通风不良，使菇房内长时间处在高温、高湿、严重缺氧的状态，导致菌丝生命力下降或造成菌丝窒息死亡；刺孔时，伤到香菇原基或产生黄水不及时放掉、处理不当等，都易引起"烧菌"或烂袋（图9-2-112）。

图9-2-112　香菇"烧菌"烂袋

（4）菌袋转色差或抵御外界环境变化的能力差　春栽香菇生产较晚（4～5月）的菌袋，因温差较小，转色较差，甚至没有转色，一旦出现持续高温或在高温季节随意搬动，震动菌袋，导致菌袋温度上升，加上外界高温袭击，就会造成"烧菌"。

3.防治方法

（1）选择适宜的栽培品种　制袋时应依据栽培季节和当地气候条件，选择适宜的栽培品种。将高温型品种安排在高温季节出菇，低温型品种安排在低温季节出菇。

（2）选择适宜的越夏场所　香菇菌袋越夏的场所宜选在通风、阴凉、避光、低湿的环境，菌袋排放不能过挤，保持空气流通。同时要搞好消毒与杀虫工作。

（3）做好菌袋刺孔和通气工作　菌袋适时刺孔，排除袋内的废气，增加氧气，促进菌丝正常生长繁衍。刺孔后3～5天，特别注意要加大通风量，降低堆码层数，防止菌袋温度急剧上升而"烧菌"。

（4）综合调控温、湿、光、气　香菇菌袋转色期，一定要严格控制菇房内的温度、湿度、光照、空气等环境因子指标，为菌袋创造最适宜的生长环境，确保转色适当。

（5）及时处理烂袋　菌袋内大量产生黄水，应及时处理，割破菌袋排出沉积的黄水，再用竹刀刮去腐烂的培养料，用药棉擦干后撒一层生石灰粉，然后将菌袋排放于通风条件良好的地方，可控制烂袋的蔓延。

（四）菌袋不出菇

1.症状　菌袋长满菌丝后，气生菌丝生长旺盛，结一层厚厚的菌皮，有的呈失水收缩状，有的表面起包，似瘤状体，不出菇或者只能形成花生米大小的柱状体，不能正常出菇（图9-2-113）。

图9-2-113　香菇菌袋不出菇（边银丙　供图）

2.发生原因

（1）培养料C/N失调　袋栽香菇的培养料中C/N过低，使培养料中氮素过剩，营养生长不断进行，不能由营养生长转为生殖生长，故不能形成子实体。

（2）转色过厚　香菇菌袋转色是一个至关重要的步骤。如果在转色期间，气温不适宜或昼夜温差过大，会使菌袋表面形成一层厚厚的老菌皮，严重阻碍了袋内菌丝体的呼吸作用，缺氧的菌丝体也很难进行生殖生长，形成子实体。

（3）品种不适宜　低温型品种生殖生长阶段安排在高温季节，或高温型品种生殖生长阶段安排在低温季节，菌丝体处于休眠状态，故而很难形成子实体；另外，有些香菇品种生育期很长，根本不适合作为袋料品种，如段木香菇品种用在袋料栽培上，营养生长期极长，就表现为不出菇。

（4）栽培管理措施不当　香菇菌丝进入生殖生长阶段后，没有适合产生子实体的环境条件，也会造成出菇困难。

3.防治方法

（1）合理调节C/N　拌料时，一定要严格按照配方进行，使培养料C/N保持在（25～40）:1，防止C/N失调。

（2）做好转色期管理工作　转色阶段，要精心管理，认真做好菇房内的正常管理工作，尤其是适当通风换气和适宜的昼夜温差，防止转色过厚。

（3）选择适宜品种　按季节安排适宜的香菇品种，杜绝不经试验而直接引种或使用段木香菇品种，防止因选种不当而造成不出菇。

（4）合理调节催菇阶段的环境因子　香菇栽培进入催菇阶段，一定要人为创造10℃以上的昼夜温差和15%以上的湿度差；控制温度12～15℃，空气相对湿度85%～90%，培养料含水量为50%～55%；并给予充足的氧气和散射光，促使香菇子实体的形成。

（五）再次生长现象

1.症状　香菇菌棒在完成转色，即将开始催蕾出菇时，由于气温回升或空气湿度偏高，部分菌皮破损处内部菌丝体外露，开始在菌棒表面再次生长扩展，形成厚厚的一层白色菌丝（见图9-2-114）。

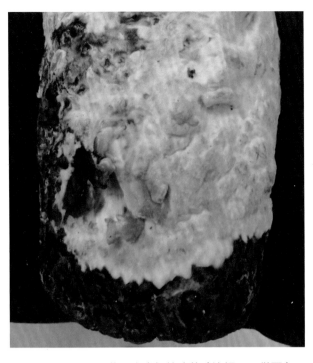

图 9-2-114　香菇再次生长的症状（边银丙　供图）

2. 发生原因　发生原因尚待研究。初步认为：再次生长可能是由于温度、湿度和空气等环境条件适宜，菌丝再次生长或者子实体再次发育所致。

3. 防治方法　香菇菌棒完成转色后，避免菌皮受伤；达到生理成熟的菌袋，应降低温度和湿度，增大昼夜温差，早日催蕾出菇。

（六）大柄菇

1. 症状　香菇菌柄短而粗，菌盖肥厚而不易张开。

2. 发生原因　主要是由于出菇温度过低。在子实体生长过程中，3 天内日平均气温低于 10℃时，培养料被菌丝不断分解，并向菌柄输送养分，促使菌柄生长膨大，而菌盖因外界气温较低而生长很慢，就形成了粗柄、小盖的大柄菇。

3. 防治方法　按香菇品种的温型特点，合理安排栽培季节，确保出菇期有较适宜的温度。

减少覆盖物，增加阳光照射来提高菇房温度，促使菌盖的正常生长。

（七）高脚菇

1. 症状　菌柄很长，菌盖较小。柄与盖相连处呈扇形或多边形，菌盖表面高低不平，呈暗褐色（图 9-2-115）。

图 9-2-115　高脚菇（杜适普　供图）

2. 发生原因　出菇房内空气相对湿度过高，导致菇房内 O_2 不足；菌袋排放过密，造成通风不良；门窗遮蔽过严，通风条件差，光照太弱，造成子实体发育不良；香菇品种种质退化严重。

3. 防治方法

（1）选择优良品种　购买菌种时，一定要找正规的菌种生产企业，防止买到退化严重的劣质菌种。

（2）科学排袋　在排放菌袋时，间隔应达 5 cm 以上，以便增加光线和通气。

（3）精心管理　日常管理时应及时加强菇房的通风换气，及时排除菇房内多余水分，及时降低菇房温度，及时供给充足的 O_2。

（八）空心软柄菇

1. 症状　菇柄空心，柔软，菌盖很小，子实体成丛出现（图 9-2-116）。

图 9-2-116　空心软柄菇（杜适普　供图）

2. 发生原因 主要原因是使用菌种质量太差。使用老化、退化的菌种，菌丝生活力低，影响养分的正常吸收，以致菇体细胞不能正常而紧密地排列生长。

3. 防治方法 选用适龄的、生活力强的菌种；切实做好菌种保藏工作，及时进行菌种种性复壮，防止菌种的退化。

（九）平顶菇

1. 症状 香菇菌盖形状不规则，不像伞形，而是中央平坦或明显凹陷，色泽正常，菇形很差（图9-2-117）。

图9-2-117 平顶菇（杜适普 供图）

2. 发生原因 香菇现蕾后，没有及时划口放菇，塑料袋挤压菇蕾成扁平的畸形菇，划口放菇后，难以恢复原有形状。

3. 防治方法

（1）及时划口放菇 当香菇菇蕾长到1cm时，就应及时划口放出，让其自由生长。

（2）选用免割袋 可以选用免割袋，袋膜很薄，香菇菇蕾可自行长出，能有效避免平顶菇的发生。

（十）拳状菇

1. 症状 出菇成丛，菌盖卷缩，菌柄扭曲，形似拳头状（图9-2-118）。

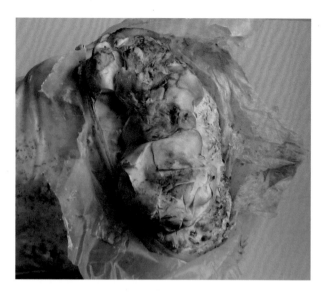

图9-2-118 拳状菇（杜适普 供图）

2. 发生原因

（1）装料质量不高 装料虚实不均匀，袋内菌丝长势及成熟度不一样，空隙较大处菌丝先成熟并出菇，又无法正常生长发育，形成上下翻转的畸形菇。

（2）打穴接种太深 当接种穴内菌丝先成熟，形成子实体，但因受到穴壁的限制，子实体无法正常伸长展开，待长出穴时，已形成拳状菇。

3. 防治方法 装袋时，一定要做到装料虚实均匀一致，接种打穴1.5～2cm即可，不要太深。

（十一）荔枝菇

1. 症状 原基呈荔枝状突起，不能分化成菌柄和菌盖，或者仅有很小的菌盖。

2. 发生原因

（1）出菇温度不适 高温型品种在低温下催菇，或低温型品种在高温下催菇，均易形成荔枝菇。

（2）培养料营养失调 培养料内氮素太多，也可诱致荔枝状畸形菇。

（3）菌袋发育不成熟 菌袋尚未发育成熟就急于进行出菇，结果是原基形成后，营养跟不上。

3. 防治方法

（1）科学安排栽培季节 严格掌握品种的温型特点，安排好接种和出菇期，保证出菇期有适宜的温度、湿度条件。

（2）摘除病菇 一旦发现病菇，应及时摘

除，养护好菌丝体，待气温、菌龄等条件适宜时，立即进行催菇管理。

（3）科学配置培养料　严格按配方配料，防止养分及 C/N 失调。

（4）延长养菌时间　按照香菇品种的特性，使其菌龄达到要求的时间，菌袋有弹性时，再进行管理出菇。

（十二）死菇

1. 症状　在出菇阶段，出现小菇萎缩、变软，最后死亡的现象（图 9-2-119）。有时还会出现成批死亡，损失惨重。

图 9-2-119　死菇（杜适普　供图）

2. 发生原因

（1）温度　香菇菇蕾形成期间，低温型品种遇上菇房内温度过高，或高温型品种遇上菇房内温度过低，且缺少温差刺激的情况下，菌袋上已形成的菇蕾会因营养向菌丝体内倒流而萎缩死亡。

（2）其他　使用农药不当。采摘不慎损伤小菇，也会造成部分小菇死亡。

3. 防治方法

（1）合理安排出菇时间　科学地安排不同类型品种的接种和出菇时间，避免在温度不适、缺少温差的情况下形成菇蕾。

（2）科学使用农药　使用农药要严格掌握用药种类及适宜的浓度和用药时间。

（3）规范采菇　采菇时，一手按住香菇基部培养料，另一只手拇指和食指捏住香菇柄下段，左右掰动，轻轻拿起，避免硬拉带起培养料，或损伤周围小菇。

（十三）菌棒衰败

1. 症状　菌棒内部菌皮坚硬，菌丝灰暗无光泽，培养料遇水松散；第一茬菇后，菌棒不能正常收缩，以后无产量。此症状在脱袋管理的香菇菌棒中易发生。

2. 发生原因　品种选择不当；使用劣质培养料；管理不善，菌丝受损，造成后期菌丝生长不良，菌丝残短，失去粘连培养料、拉结成菌索和形成原基的能力。

3. 防治方法

（1）品种选择　选用抗逆性强的品种，抵抗后期不良的环境条件。

（2）杜绝使用碳酸钙　选用优质的培养料，坚持使用石膏，而不应以碳酸钙代替，更要避免使用以碳酸钙掺假的劣质麸皮。

（3）加强后期管理　菌棒入菇房后，天气较热还需要加强降温防护，通风换气散热，防止后期"烧菌"。

八、金针菇病害

（一）发菌难

1. 症状　菌种萌发后，菌丝生长缓慢，迟迟长不满袋，不能解袋出菇。

2. 发生原因　播种时用的菌种太少，难以保证全面发菌；中期消耗大量养分和氧气，又没能及时补充，使菌丝长到 2/3 时，袋内氧气不足，影响了菌丝的生长速度；发菌期菇房温度不适、培养料含水量不适、酸碱度不适等均可影响菌丝的正常生长，致生长期延长。

3. 防治方法

（1）用足菌种　接种制袋时，确保用种足量。

（2）适温适湿管理　发菌期保持菌袋温度 19～20℃，空气相对湿度 70% 左右，争取 30～35 天使菌丝长满袋。

（3）补足氧气　菌丝长到 1/3 时，解开袋口，增加袋内氧气，加速菌丝生长。

（二）料面出菇异常

1. 症状　菌袋中间部位出菇，第一茬菇多为丛生，严重时可将菌袋撑破，第二茬以后则以单生为主，导致料面不能正常出菇，影响产量。

2.发生原因　料袋装料的松紧不匀；发菌时间过长，或菇房过于干燥，菌袋失水严重、基料发生"离壁"现象，使基料与菌袋之间形成一定空隙；菌袋长时间接受较强光照或其他刺激等原因均可引起料面出菇异常。

3.防治方法　发现有料面菇发生迹象时，即用力按或用木棍敲其菇蕾发生点，遏制其生长；菇蕾发生量多并已长大，可将菌袋挑出，割破菌袋，任其生长。

（三）"麻花"菇

1.症状　金针菇子实体的菌柄较粗，发生程度不同的弯折或扭曲，严重时菌柄则呈麻花状，商品价值低下，成熟后菌柄纵向破碎，如同一个细"麻花"，失去商品价值。

2.发生原因　菇蕾发生数量过多，菇丛过密，生长空间不足，营养失衡引起幼菇发育不良，导致菇柄弯挤、扭曲；菌袋移动过于频繁或菇房内光照方向改变过频，也会引起菇柄扭曲。

3.防治方法

（1）合理疏蕾　金针菇出菇太密，应早期进行疏蕾，控制数量，提高质量。

（2）稳定光源　管理过程中，尽量不移动菌袋或稳定受光方向，促使金针菇朝一个方向长。

（四）祖孙菇

1.症状　同株子实体中，有粗有细、有早有晚、有长有短，不但生长不整齐，而且差异极大，俨然祖孙数代。

2.发生原因　未进行搔菌，原接种块上先有菇蕾发生，继之料面又现蕾，前后有2～3天的时间差，导致同株不同龄。

3.防治方法　按期规范进行搔菌处理；用疏蕾或搔菌的办法，将料面上先期发生的幼蕾拔掉或搔去，使其再生新蕾。

（五）针头菇

1.症状　子实体不能正常生长发育，整个菇体呈胡须状，尖细，无菌盖，或菌盖直径小于菌柄直径，中下部稍粗，形似针头，严重影响产量和商品价值。

2.发生原因　栽培场所过于密闭，通风不良，CO_2 积累浓度过高引起。菇房内通风死角处表现最为明显。

3.防治方法　加强通风换气，不留死角。

（六）"烫发头"菇

1.症状　当菌袋或菌瓶的菌丝体，由菌丝生长转到子实体形成阶段时，出现菇蕾丛生，只长菌柄不形成菌盖，菌柄伸长到一定长度时，顶端产生分枝，小分枝生长一定时间后又产生分枝，小分枝越长越细弱并下垂，形成一丛纤细的菌丛，顶端膨大后形成菌盖，酷似"烫发头"。

2.发生原因　出菇场所 CO_2 浓度过高和湿度过大导致缺氧而引起该病发生。

3.防治方法　子实体原基出现后要注意适当通风和给予一定的光照刺激，防止菌袋或菌瓶内外的 CO_2 气体积累过多和湿度过大，为子实体形成提供适宜的环境条件。一旦发现菇蕾生长不正常、菌柄顶端产生分叉并下垂时，应及时清除，重新创造有利于子实体形成的环境条件仍可正常出菇。

（七）软根菇

1.症状　菇柄中下部软而不挺，东倒西歪，最后慢慢萎缩而死（图9-2-120）。

图9-2-120　软根菇

2.发生原因　产菇期间温度偏高而且严重缺氧或菇体染病等，金针菇部分细胞组织的正常生理活动受到抑制，发育不正常，导致菇柄柔软。

3.防治方法

（1）加强菇房管理　在菇房日常管理中应注意降温、通风，杜绝高温缺氧的情况出现。

（2）及时摘除病菇　发现软根菇，应立即摘除，改善环境条件，促使下茬菇正常出菇。

（八）连体菇

1.症状　在金针菇子实体上生长出几个甚至几十个孪生菇，菇体发育细小。

2.发生原因　引起该病的原因是菇体受伤，染病后未及时摘除，加上较长时间的高温环境所致。

3.防治方法　加强菇房管理，注意通风换气，防止高温是预防该病发生的主要措施；在菇房的日常管理中，应细心谨慎，避免人为碰伤幼菇，如发现幼菇受伤或连体菇，应及时摘除，尽量减少养分消耗，保证出好下茬菇。

（九）早产菇

1.症状　发菌期，菌丝体在培养料中刚长出很少一部分，大部分培养料还未长满菌丝体，即开始产生菇蕾，菇少而小，头茬菇产量很低。

2.发生原因　菇房温度低，菌丝生长缓慢，菌丝虽然吃料不多，但已达到生理成熟；空气相对湿度过高，易发生早出菇现象；不同品种早出菇现象表现也不一样。

3.防治方法　安排好栽培季节，控制好菇房的温、湿度，使金针菇菌丝体在20～25℃的温度和60%～70%空气相对湿度等适宜的环境条件下发菌，即可有效避免早出菇现象。

（十）早开伞

1.症状　金针菇菌盖展开过早，早开的菌盖易脱落，造成光柄菇。

2.发生原因　菌丝未发满袋就开始进入出菇管理，促使出菇；培养料中含水量过低，菌丝代谢异常，无法供应子实体生长所需水分，致使子实体过早开伞；第二茬菇采收之后，培养料中养分含量明显不足，缺少养分供应的子实体，就会过早开伞；通风时间过长，供氧过量，而且温度偏高，湿度偏低，也会引起子实体早开伞。

3.防治方法　菌袋发满菌丝后，再经5～7天培养，使其达到生理成熟，再行管理出菇；拌料时，一定要按配方要求使培养料含水量达到65%。出菇前或出菇期间，仔细检查培养料含水量并及时补给无菌水，提高培养料含水量；第二茬菇采收之后，用含有不同营养成分的营养液浸泡1～2 h，既补充了水分，又可增加营养含量，有利于再出菇。

加强菇房内日常管理，严格按照要求给金针菇菌袋套袋，以提高袋内 CO_2 浓度，可大大减少早开伞菇的发生。

（十一）菌瘤块

1.症状　在采收头茬菇之后，部分菌袋内出现形状不规则，大小不一的菌瘤块，不断消耗养分，使料面出菇稀疏或者根本不出菇。

2.发生原因

（1）菌块断裂　金针菇菌丝长满袋后，因运输、堆置不当而造成菌块断裂，在袋内断裂处形成子实体。

（2）培养料过松　培养料装的过松，袋料之间产生空隙，在袋内形成子实体，不断分叉结成菌瘤块。

3．防治方法

（1）精心装袋、小心搬运　料袋要紧实，且保持虚实均匀一致，搬运料袋时要轻拿轻放，尽量避免袋内菌块受到破坏。

（2）科学放袋　袋口要向上竖直排放，不要上下堆压。

（3）加强栽培管理　及时转茬，调好温度，适当通风。催蕾期间空气相对湿度不超过95%。

（十二）褐根病

1.症状　金针菇菌柄由基部向上，逐渐变为褐色，有的还会出现鳞片状物，但无臭味。

病虫害防控技术

2.发生原因

（1）栽培品种特性 该病发生与栽培菌株的特性有关，一般来说，黄色品种易变褐色，白色品种相对不易变为褐色。

（2）生长期过长 子实体生长时间过长，又套有较长的套袋，过熟的子实体，易出现褐根病。

（3）水多、光强 喷水多，或光线强的环境中子实体易变褐色。

3.防治方法

（1）选择适宜品种 选择白色品种，色泽漂亮，口感好，价高而且不易出现褐根病。

（2）严防明水进袋 金针菇喷水时，袋口一定要用报纸或薄膜覆盖，不能使明水进入袋内流落到菇根部。

（3）加强管理 在日常管理中，适当给菇房100lx的散射光；及时采收已成熟或接近成熟的子实体，即可避免出现褐根菇。

（十三）转茬难

1.症状 金针菇头茬菇结束后，第二茬菇迟迟不能现蕾。

2.发生原因

（1）温度 头茬菇出菇期温度过高，消耗大量营养物质，或温度过低，有机物质难以转化，导致第二茬菇转茬困难，难以出菇。

（2）湿度 菌袋内湿度小，培养料含水量低于65％时，菌丝不能充分吸收水分和营养，导致菌丝生长纤弱，生长和发育失衡，影响到正常转茬。

3.防治方法

（1）调节温度 出菇期一定要保持适宜的温度（25℃）和空气相对湿度（65％），不能忽高忽低。如果碰到低温或高温天气，应视情况进行保温或降温。低温天气，少向菇体和空气喷水，并减少通风次数，尽量达到菇体所需要的温度；高温天气，应增加通风次数，使温度在最短时间内降下来。

（2）清残补水 头茬菇采收结束后，及时清

理残留物，如果培养料含水量不足，应补充水分，并进行变温处理和干湿交替，促使第二茬菇的菇蕾在20天内形成。

九、杏鲍菇病害

（一）菌丝生长迟缓

1.症状 栽培袋接种后，菌丝纤弱，生长势差，生长速度缓慢，菌丝前沿出现明显的拮抗线。

2.发生原因

（1）培养料含水量高 培养料含水量过高（超过70％），培养料中氧气严重不足，并影响到菌丝对其所需的营养物质的吸收，导致菌丝生长受到明显抑制。

（2）培养料酸碱度不适 培养料pH过大或者过小，均不利于菌丝的正常生长，生长的速度明显降低。

（3）装料技术不到位 装袋时，培养料装得过实，料中氧气缺乏；装得过虚，菌丝吃料困难；装料不均匀，菌丝既要通过缺氧的考验，又要遇到吃料困难的问题。诸种情况，均不利于菌丝的正常生长。

3.防治方法

（1）控制培养料含水量 拌料时，要求做到干湿均匀一致，含水量在60％左右，初次栽培者，最好按比例称重对水，可有效防止培养料过湿。

（2）控制培养料pH 培养料pH对菌丝的生长影响非常大，因此，拌料时要保证pH值在7～7.5，灭菌后，pH值降到6～6.5正好适合杏鲍菇菌丝体生长需要，培育健壮的菌丝。

（3）装料应虚实均匀 装袋时，保证内外上下装料虚实均匀。切勿过实，亦不可过虚，更不能一块实一块虚。

（二）"烧菌"

1.症状 菌袋内培养料温度过高，引起发热和培养料酸化，菌丝颜色变淡，且逐渐发黄，萎缩死

亡；此病多发生在发菌期。

2. 发生原因　杏鲍菇菌丝呼吸作用需消耗大量氧气，并释放热量，在发菌初期，菌袋堆码过密过挤，造成通气不良，呼吸作用释放的热量无法及时排出而迅速积累，致使料温升高，而料温升高，又加剧菌丝的呼吸代谢，进入恶性循环。当料温升高至30℃以上时，氧气供应跟不上，在厌氧微生物的作用下很快使培养料分解酸化，最终导致菌丝死亡。

3. 防治方法

（1）确保菌袋之间通风透气　菇房内堆码菌袋应科学，不能过挤，也不能过密，袋与袋之间最好留出5 cm的距离，以利于通气散热。

（2）适当增加通风时间和通风量　加强菇房的管理工作，在保证温、湿度适宜的前提下，适当加大通风量和延长通风时间，不仅能满足菌丝生长对氧气的需求，而且有利于料堆中通风透气和散热，确保菌丝正常生长。

（3）经常检查发菌情况　要经常检查料袋发菌和冷热情况，及时倒堆，并拣出污染袋后重新堆码，确保通风。

（三）不出菇

1. 症状　菌袋菌丝发满后，菌丝体未通过后熟，即开袋进行出菇，致使外露的培养料结成一层干皮，阻碍空气的进入；或出现旺盛的气生菌丝团、子实体原基难以形成，久不出菇。

2. 发生原因

（1）营养物质配比失调　培养料中各物质配比不当，特别是C/N失调，使杏鲍菇菌丝体难以很快从营养生长转向生殖生长。

（2）开袋过早　开袋时间过早而且开袋后菇房内空气相对湿度过低，使培养料失水干燥，形成干皮，阻隔了氧气进入，满足不了杏鲍菇子实体原基形成所需的条件，导致久不出菇。

（3）温、湿、光条件不良　出菇期温度低于6℃或高于20℃，且培养料含水量低于45％；光照度过低，光刺激强度不够均可能造成不出菇。

3. 防治方法

（1）严格掌握营养配比　严格按要求进行营养配制，保证培养料中的C/N、pH、含水量符合杏鲍菇发菌和出菇的要求。

（2）及时补充水分　出菇前要仔细检查菌袋中的含水量。如果培养料含水量低于45％，应及时补充水分，再行出菇。

（3）科学掌握出菇时间和空气相对湿度　掌握好开袋的适宜时期，待菌袋长满菌丝，再培养10天左右，菌丝体充实，袋口菌丝达到生理成熟、开始扭结时，开袋转入出菇。开袋后，控制菇房内的空气相对湿度在85％～90％。待菇蕾长至1 cm大小时，再控制空气相对湿度在80％～85％。

（4）确保光照和温差刺激　杏鲍菇原基形成期，需500～1 000 lx的散射光和8℃左右的温差刺激，但不能让阳光直射到子实体。

（5）及时调整出菇期的温度　杏鲍菇子实体形成期，适宜温度在10～15 ℃，发育期适宜温度在15～18 ℃。不能让温度低于6℃或超过20 ℃。

（四）水菇

1. 症状　杏鲍菇子实体在生长过程中，柄部出现水浸状条纹；菌盖表面有浅褐色斑点，继而表面发红，变黏，萎缩死亡。

2. 发生原因　培养料含水量过多、空气相对湿度过大，使培养料及菇房内严重缺氧，子实体组织细胞充水膨胀，生理生化功能紊乱，生命力减弱。子实体被细菌感染后发黏、发臭死亡。

3. 防治方法　出菇期，空气相对湿度宜保持在85％左右。在保持空气相对湿度不过低的情况下，加强通风，尽量减少喷水量。控制培养料含水量不超过65％，是预防水菇的有效措施。

（五）原基萎缩

1. 症状　杏鲍菇子实体原基在栽培袋内形成后，用刀片划口，原基露出袋外很快变软发黄，萎缩死亡，不能形成正常的子实体。

2.发生原因

（1）原基幼嫩　子实体原基形成时间短，划口过早，幼嫩的子实体对外界环境不适应而萎缩死亡。

（2）湿度过低　菇房内空气相对湿度低于80%时，子实体原基不能充分吸收所需水分，而萎缩死亡。

3.防治方法

（1）确保湿度　加强菇房管理，保证子实体形成期，菇房空气相对湿度保持在85%～90%，以满足子实体原基对湿度的需求。

（2）准确把握开袋时间　掌握适时开袋时机，是杏鲍菇能否出菇的关键。防止划口过早，子实体原基幼嫩，难以适应新环境而造成萎缩。防止划口过晚，子实体原基无生长和膨大的空间而形成畸形菇。

（六）龟裂菇

1.症状　杏鲍菇子实体的表面逐渐形成龟裂。裂纹浅时，仅看到纵横交错的裂纹；裂纹深时，可看到白色菌肉外露，形似香菇栽培中出现的花菇（图9-2-121）。

图9-2-121　龟裂菇

2.发生原因　出菇房内空气相对湿度过低和温差、湿差过大，菌盖表层细胞停止生长，而子实体内部细胞不断生长，胀破表层菌盖形成龟裂菇。

3.防治方法　加强出菇期菇房的管理，在子实体发育期将温度控制在15～18℃，空气相对湿度控制在85%左右。不能忽干忽湿，忽冷忽热，更不能持续干燥。

（七）菌盖瘤突

1.症状　杏鲍菇子实体随着个体的发育长大，在菌盖上面出现不规则的瘤状突起，瘤状突起颜色较菌盖稍深。出现瘤状物的杏鲍菇商品价值明显降低（图9-2-122）。

图9-2-122　菌盖瘤突

2.发生原因　在幼小子实体生长期间，外界气温较低，菇房温度变幅过大，引起菌盖组织生长速率不同，最终形成不规则的瘤状物。

3.防治方法

（1）科学通风换气　菇房通风换气，冬季宜在中午温度高时进行。也可以在菇房两端的墙壁上开挖小型通气孔，这样就可以长时间微量通风换气，使菇房内的温度和空气相对湿度相对稳定，不会出现急剧的变化，避免产生瘤突。

（2）勿用冷水增湿　日常管理中，补充菇房内水分和提高菇房内的空气相对湿度，应将水提前放在菇房内使其温度与菇房内气温接近时再使用，避免用冷水喷菇盖，否则，冷水会刺激菌盖细胞，形成瘤状物。

（八）死菇

1.症状　在杏鲍菇出菇后期，菌袋上的幼菇长至2～3 cm时，变软发黄，成批死亡（图9-2-123）。

图 9-2-123　死菇

2. 发生原因

（1）温度高　春菇出菇后期，温度过高，超过了子实体正常生长所需的温度，子实体生长发育受阻，腐烂死亡。

（2）湿度低　空气相对湿度低于 70%，培养料含水量小于 40%，使子实体缺水干枯死亡。

（3）养分不足　培养料中养分由于前中期消耗过多，营养匮乏，不能够满足子实体生长发育所需营养，致使子实体饥饿死亡。

3. 防治方法

（1）按品种选择不同的出菇期　按使用菌株品种特性，选择适宜的栽培季节。低温型品种，要避开高温季节出菇。

（2）加强菇房湿度管理　在保证出菇温度的同时，控制菇房内空气相对湿度在 85% 左右，保证子实体正常生长和发育。

（3）用营养液浸泡菌袋　出菇前，特别是第二茬菇出菇前，要仔细检查菌袋培养料含水量。如果低于 50%，应使用适量适当浓度的营养液浸泡 1 ~ 2 h。这样既能防止培养料缺水，又能防止培养料中养分的不足。

（九）空柄菇

1. 症状　在杏鲍菇子实体生长中后期，菇柄逐渐形成空心，中心出现白色的髓组织或海绵状组织，海绵体组织变软萎缩而形成空柄，使杏鲍菇品质下降，产量降低。

2. 发生原因

（1）菌株退化　使用的菌株转代频繁，又未能及时提纯复壮，造成种质退化，菌丝分解营养物质能力下降。

（2）子实体生长速度过快　由于菇房内温度过高，湿度过大，加快了杏鲍菇子实体生长发育。过快生长的子实体，需要大量的营养物质供给，而培养料中的营养物质短时内又满足不了它的需求，故菌盖生长从菌柄中掠夺部分营养供其所用，导致菇柄变空。

（3）培养料营养不足　由于培养料中原有营养成分不足，含水量偏低，加上出菇的密度偏大，杏鲍菇子实体个体间相互争夺养分和水分，在这种情况下，菇柄中的营养物质不得不向菌盖输送，形成空柄。

3. 防治方法

（1）选用良种　引进的优良品种，应定期进行提纯复壮或精选菇种进行分离、培养，保持菇种原有的优良特性，保证品质和产量。

（2）合理疏蕾，适时开袋　合理疏蕾，每袋每茬只留 1 ~ 3 个健壮的子实体，确保养分的足量供给。

（3）调整温、湿度　合理安排栽培季节，控制好出菇房内的温、湿度，既要保证子实体的正常生长，又要防止徒长。

（4）严格按配方配料　在培养料配方中，适当增加氮素含量，使 C/N 保持在 25∶1 左右，保证其中有足够的养分供给子实体生长需要。

（十）红菇

1. 症状　子实体在一夜之间或中午的短时间内，表面变成红褐色，无臭味，无黏液，表面干燥，品质下降。

2. 发生原因　造成红菇的主要原因是菇房内空气相对湿度低于 60%，子实体表皮细胞缺水死亡并产生色素，变成红褐色。

3. 防治方法　加强菇房水分管理，控制菇房内空气相对湿度不低于 80%，预防产生红菇。如果发生红菇，应及时清除，减少养分损耗，做好出菇管理工作，出好下茬菇。

（十一）子实体丛生病

1. 症状　杏鲍菇菌袋表面菌丝扭结后，成片地形成子实体原基，而后分化成丛生的子实体，菇形不整，品质较差（图9-2-124）。

图9-2-124　子实体丛生病

2. 发生原因

（1）品种选择不当　选用了易丛生出菇的品种。

（2）光线强，光照区域固定　发菌期菇房内光照度超过1 000 lx，而且受光部位固定，使局部的菌丝生理成熟早，集中形成大量的子实体原基，随着子实体原基的发育生长，长成纤细成束的子实体。

（3）菇房气温过高或过低　杏鲍菇子实体原基形成初期，气温过高时，菌袋与地面接触的部位温度较低，有利于子实体原基的形成，出菇集中且密度大；气温过低时，在菌袋的侧面或在袋与袋相挨部位，温度相对高一些，容易形成子实体原基，引起丛生病。

（4）疏蕾不及时　子实体形成后，没有及时疏蕾，致使子实体密度过大而形成丛生病。

3. 防治方法　选择适宜的栽培品种，在黑暗条件下发菌。杏鲍菇发菌期必须保持菇房黑暗，或者在极微弱的散射光条件下发菌，以防光照刺激形成丛生子实体。子实体原基形成期，菇房内应保持

13～15 ℃的适宜温度，保证子实体原基在菌袋内均匀形成。当子实体长到1 cm大小时，要及时疏蕾，小心切掉多余的菇蕾，每袋留1～3个（依菌袋大小而定）健壮的菇蕾即可。

（十二）细长菇

1. 症状　菇体多为细长的畸形菇，常表现为子实体的菇柄与正常菇相比又细又长，菌盖极小，严重时甚至无菌盖（图9-2-125）。

图9-2-125　细长菇

2. 发生原因　主要是因为菇房内，光照度过低而引起的。杏鲍菇子实体生长和发育需要200～1 000 lx的散射光，如果光照度低于200 lx，其生殖生长就会受到抑制，形成菇柄细长的畸形菇。

3. 防治方法　做好菇房日常管理工作。在保证温、湿度和充足氧气供应的条件下，给以适量的散射光，其光照度应不低于200 lx，不高于1 000 lx，同时不能让太阳光直射菇体。

十、白灵菇病害

（一）菌丝徒长

1. 症状　白灵菇的发菌期菌丝持续生长，浓密成团，结成菌块，或形成一层又白又厚的菌皮，过多消耗培养料内的水分和养分，影响菌丝正常的呼吸作用，妨碍子实体原基的分化和生长，难以形成

子实体。

2.发生原因　培养料内营养过于丰富，添加营养成分过量；发菌期温度过高，缺少温差刺激，菌丝难以由营养生长向生殖生长转化；选用菌种温型不对，或菌种自身有问题。

3.防治方法　降温增湿，增大菇房温差，以抑制菌丝生长，促进子实体分化；菌皮过厚的，用刀片纵横划破菌皮，再进行喷水，并加大通风量，可有利于子实体的形成。

（二）菌盖发育不全

1.症状　子实体在生长过程中因温度、通风等因素使菌盖发育不完全，外形呈条状、面包状、蛋状等形状（图9-2-126和图9-2-127）。

图9-2-126　面包状菇

图9-2-127　蛋状菇

2.发生原因　白灵菇属于低温出菇型菇种，出菇期温度要求偏低。但是，当子实体原基形成后，气温长时间低于5℃时，即会出现菌盖不分化的畸形菇。通风不良，菇房缺氧也会导致白灵菇子实体菌盖的分化缺陷。

3.防治方法　加强菇房管理，通过加温、保温等一系列措施，人为创造10℃左右的温度环境，避免畸形菇的发生。精细管理，统筹协调菇房内温度、湿度、光照和通风工作，在保证菇房内有适宜温度的前提下，尽量加大通风量，保持空气新鲜。

（三）长柄菇

1.症状　白灵菇子实体分化和发育不协调，柄长，菌盖不发育或发育不良，呈现长柄高脚菇形（图9-2-128）。

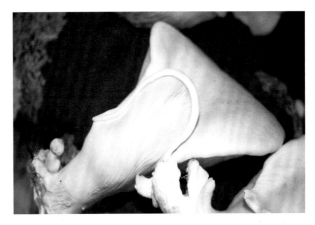

图9-2-128　长柄菇

2.发生原因　菇房通风不良，室内缺氧，CO_2浓度过高。光照不足、温度偏高等均会导致长柄菇。

3.防治方法　适当增加散射光照或人工补光至100 lx以上。加强通风，降低温度。

（四）菇体萎缩

1.症状　子实体分化后，幼菇逐渐停止生长，变黄萎缩，有的枯死，有的腐烂（图9-2-129）。

图9-2-129　菇体萎缩

病虫害防控技术

2. 发生原因 形成原基过多，营养供应不足，导致部分小菇蕾死亡。高温、高湿，菇房通风不良，CO_2 浓度过高，导致幼菇闷死。施用农药引起药害，导致幼菇萎缩死亡。

3. 防治方法 加强菇期管理，科学调控菇房内温、湿度，增加散射光照或人工补光，并强化通风管理，保持菇房空气清新，慎用农药防病治虫。

（五）"烧袋"

1. 症状 菌袋的菌落长到 10 cm 以上后，表面菌丝体逐渐发黄、萎缩，菌袋变软。

2. 发生原因 在发菌期间，由于菌袋堆垛太高、太密，引起袋内料温升高，氧气缺乏，造成菌丝生活能力下降或死亡。"烧袋"多发生在早秋接种，发菌气温过高的季节。大面积生产时，一个发菌场所内菌袋堆码过多，通风不良无法散热时，"烧袋"常有发生。

3. 防治方法 掌握好接种季节，当地气温在30℃以上切勿接种，即使在 9 月上旬，若气温仍高于 30℃时，也不要开始制袋接种。气温高的季节发菌切勿堆垛过高、过密。9 月发菌，气温忽高忽低，为防止"烧袋"，堆垛以 4 层为宜，堆垛之间的距离 20 cm。在层与层之间放上两根竹竿，使两层菌袋之间有一定的距离，以利通气。

（六）出菇慢且不整齐

1. 症状 当气温达到适宜白灵菇出菇的温度时，仍不出菇，或出菇慢，现蕾不整齐。

2. 发生原因

（1）菌丝菌龄短，营养积累不够 白灵菇菌丝刚长满栽培袋时，菌丝稀疏，数量不多，分解吸收营养少，不能提供足够的营养使营养生长转化为生殖生长。

（2）未采取催蕾措施 当白灵菇菌袋内菌丝浓密洁白，手触坚实时，菌丝已发育成熟，但若不采取催蕾措施，仅靠自然出菇，必然出菇慢，现蕾不整齐。

（3）环境条件不适宜 白灵菇菌丝从营养生长转向生殖生长，除本身具备的物质基础外，还需

要一定的外界条件，如合适的温度、湿度、充足的氧气和一定的光照。如果这些环境条件满足不了要求，也难以现蕾。

3. 防治方法

（1）适温发菌 让菌丝在适宜温度下充分繁殖，当菌丝长满菌袋后，不要马上进行出菇管理，让菌丝再继续生长一段时间，充分吸收培养料中的营养，达到菌丝浓白、浓密，手抓菌袋有坚实感后再进行出菇管理。

（2）创造合适的出菇环境条件 统筹调控温度、空气相对湿度、通风和光照，使环境条件达到出菇时的最佳要求，再进行出菇管理。

（3）采取催蕾措施 如搔菌、低温和温差刺激等，促进早出菇，整齐出菇。

（七）畸形菇

1. 症状 主要有菌盖不发育型、菌柄过长型、马蹄型、不规则型（图9-2-130）、超大型等。

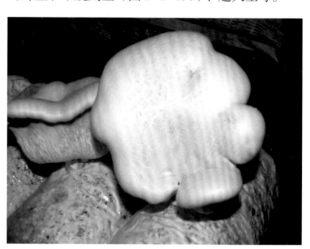

图 9-2-130 菌盖不规则

2. 发生原因 多发生在低温季节。温度低于8℃时，菇房的角落，或通风不良，光线较差，较长时间覆盖薄膜而没有注意换气的情况下易出现畸形菇。

3. 防治方法 在低温季节，白灵菇子实体原基分化生长期要保持菇房温度在 10～15℃；若气温连续几天低于 8℃，易形成菌柄粗长的畸形菇。调节菇房的光线，对那些容易被遮光的角落处，设法给以充足的光照。低温季节出菇时，当白灵菇子实

体正处于成形阶段，要注意通风换气，保持空气清洁。白灵菇原基形成和分化阶段，要保持菇房内空气相对湿度在80%～90%。栽培白灵菇选择原料时，要严格掌握不使用被农药污染的材料。

十一、毛木耳生理性病害

（一）畸形耳

1. 症状　毛木耳子实体耳基形成后，不形成子实体，而是长成指状耳，从而失去商品价值。

2. 发生原因　出耳场地通风不良，CO_2 浓度过高，使用农药或其他化学药品不当，出现药害，导致畸形；空气相对湿度过低，温度超过 36℃时也会出现畸形耳（图 9-2-131）。

图 9-2-131　干燥导致畸形耳

3. 防治方法　耳基形成后要加强通风换气，搭建菇房时，各座菇房之间要预留出一定量的空隙以利于通风，并保持菇房空气新鲜，降低 CO_2 浓度，从而促使耳基分化成子实体，并正常生长。

做好菇房管理工作，给毛木耳子实体的生长提供良好的温度、湿度、通风和光照条件。出耳期间禁用化学药品，以免引起药害，产生畸形耳。出现畸形耳后要及时摘除，并改善环境条件，让下一茬耳及时恢复正常生长。

（二）孢子粉病

1. 症状　毛木耳生长后期，在子实体上形成一层白色粉状物，即毛木耳的孢子。在湿度大时，附着在子实体上的孢子萌发，在子实体上长成白色的菌丝体（图 9-2-132、图 9-2-133），严重降低毛木耳的商品质量。

图 9-2-132　耳片上的孢子粉病

图 9-2-133　孢子粉从栽培袋口侵染子实体

2. 发生原因　采收过迟，大量成熟孢子弹射出来，落在子实体上，形成的孢子印。采收后的子实体没有及时晾晒而造成孢子粉污染。

3. 防治方法　成熟的子实体要及时采收晾晒；子实体上出现大量的白色孢子印后，用清水洗去，再晒干，可提高子实体质量。

（三）拳头状耳

1. 症状　耳基形成，并能分化出杯状子实体，但子实体长不大，不能正常展开成片而长成拳头状耳（简称拳耳），从而降低产品质量。

2.发生原因　耳基形成后，环境中空气相对湿度低于70%，或者耳基形成后遇到低温，生长发育受到抑制会出现拳耳。在出耳期间，菇房内菌袋摆放太满，菇房（大棚）搭建太低，形成了小环境内通风差，也会形成拳耳现象。在出菇阶段，若喷洒了敌敌畏、水胺硫磷等农药，出现药害后也可形成拳耳。

有时出现拳耳与菌种退化有关。

3.防治方法　耳基形成后要加强菇房管理，保持空气相对湿度在85%～90%，并防止15℃以下的低温出现。菇房在使用之前和子实体生长期间不要使用对子实体生长有药害的农药。出现拳耳后，应及时摘除，改善环境条件继续出耳。使用优质品种，不要将分离的菌种不经出耳试验就使用。

十二、黑木耳病害

（一）菌丝生长缓慢

1.症状　木耳菌袋内菌丝生长稀少、缓慢、纤弱无力。

2.发病原因

（1）水分失调　培养料含水量过高易引起菌丝吸水膨胀，严重时可引起菌丝死亡；含水量过低时，培养料营养难以转化，造成菌丝营养缺乏，同时低水分可使菌丝干枯，生长停止。

（2）酸碱度失衡　培养料pH值高于8或低于4时对菌丝生长不利，严重时可导致菌丝死亡。

（3）氧气缺乏　菇房内通风不良，严重缺氧时，菌丝得不到充足的氧气供应而窒息，其生长速度显著降低。

3.防治方法

（1）调节水分　调节培养料含水量，使之保持在50%～70%，为黑木耳菌丝体生长提供适宜的环境条件。

（2）调整培养料pH　黑木耳菌丝生长的最适pH值为5～6.5，严禁培养料pH值过高或过低。

（3）强化日常管理　加强菇房的温度、湿度、通风换气管理，为黑木耳菌丝正常生长提供优越的环境条件。

（二）菌丝衰老

1.症状　黑木耳菌袋生长到一定程度，遇上高温，会大量吐黄水，进而菌袋变软，失去使用价值。

2.发病原因

（1）菌丝老化　培养料含水量过低，菌丝生长速度慢，生长期延长，导致老化，失去活力。

（2）温度过高　菌丝处在30℃以上的高温，会使分泌的水解酶失去活性，同时细胞膜结构受到破坏，细胞内外物质交换失控，代谢紊乱，生命力丧失。

3.防治方法

（1）合理安排茬口　合理安排栽培季节，使黑木耳菌袋开袋出耳时有适宜的菌龄（40～50天），切勿在黑木耳菌丝未达生理成熟时就开袋出耳，同时，也不能使黑木耳菌丝过于老化。

（2）控制温度　发菌期温度宜控制在25℃左右，不能高于30℃和低于18℃，确保菇房温度能满足黑木耳菌丝体生长发育。

（三）珊瑚耳

1.症状　黑木耳子实体耳朵中心有硬块，变成珊瑚状，子实体不开片。

2.发生原因

（1）CO_2浓度过高　通风不良，会使CO_2逐渐积累，过多的CO_2可与培养料中的一些物质化合生成碳酸盐或碳酸氢盐，对菌丝造成毒害。

（2）光照度不够　光照度低于400 lx，子实体生长失衡，也极易引起此病的发生。

3.防治方法　精细菇房管理，做好通风换气工作；提高光照度，确保光强在400 lx以上。

（四）烂袋

1.症状　黑木耳菌袋划口开始出耳后不久，袋内积水，菌丝体会因通气不良而死亡，随之菌袋腐烂。

2. 发生原因　黑木耳菌袋划口后，担心划口处菌丝失水，大量向菌袋喷水，使菌袋划口处严重积水，而导致菌丝缺氧死亡。

3. 防治方法

（1）规范划口技术　木耳菌袋划口宜采用"V"字形口，减少多余水分进入菌袋，并且划口宜小不宜大，两边长 1.5～2 cm，夹角 50°～70°；近年来，随着栽培技术的不断提高，划"1"字形小口或采用大头针刺孔，能有效防止烂袋。

（2）提高菇房内的空气相对湿度　黑木耳菌袋划口后，每天向菇房内的地面、空间喷雾来增加空气相对湿度，使之迅速形成耳芽。切勿直接向菌袋喷水，以防造成烂袋。

（五）烂耳

1. 症状　黑木耳原基分化出子实体后，从耳根或边缘逐渐变软，进一步就会自溶或腐烂，流出乳白色、黄色或粉红色黏稠状汁液（图 9-2-134）。耳穴腐烂后，即不再出耳，可导致产量损失 20%～90%。

图 9-2-134　烂耳

2. 发生原因　烂耳是黑木耳组织细胞过度充水膨胀而破裂的一种生理障碍现象。造成烂耳的原因较多，主要有以下三个方面：

（1）湿度过大　黑木耳在接近成熟时期，不

断产生担孢子，消耗子实体内的营养物质，使子实体趋于衰老，此时，湿度过大极易腐烂。

（2）温度过高　在温度较高时，特别是在湿度较大，光照和通风条件较差的情况下，更易发生子实体溃烂。

（3）培养料 pH 与温差　pH 过大或过小，温差过大都是造成烂耳的原因。

3. 防治方法

（1）选好耳场　所选耳场必须配备良好的通风设施，加强栽培管理，注意通风换气和光照供给等，是预防烂耳的前提。

（2）及时采收　子实体接近成熟，应及时采收。

（六）子实体黄化

1. 症状　黑木耳子实体能正常发育，伸展长大，厚度尚可，但子实体颜色看上去透亮不黑，并略带黄色。

2. 发生原因　子实体颜色浅而发黄，主要原因是菇房内光照度过低，子实体不能正常形成黑色素。选用品种不当也会引起这种病。

3. 防治方法

（1）提高光照度　搞好菇房遮阴设施，使黑木耳处在"三分阴七分阳"的光照环境中为好。研究发现：木耳子实体在 15 lx 以下的光照条件下，呈现白色；在 200～400 lx 的光照条件下，子实体呈浅褐色；在 400 lx 以上的光照条件下，子实体生长健壮、肥厚、色黑。因此，黑木耳子实体出现后，在保证温、湿度适宜的条件下，尽量减少覆盖物，给予充足的散射光。

（2）合理选种　选择适宜的黑木耳菌株，袋料栽培和段木栽培的菌株未经试验，绝不能混用。

（3）及时补光　如发现黑木耳子实体颜色浅而发黄，应及时给予充足的散射光，颜色会逐渐变黑。

（七）薄片耳

1. 症状　黑木耳子实体开片早，耳片薄而小，颜色浅、质量差。

2. 发生原因

（1）培养料含水量低　培养料含水量过低，使酶的活性降低，菌丝分解利用营养物质的能力丧失。

（2）培养料营养缺乏　培养料营养缺乏，不能供给子实体充足的营养，子实体不充实而形成薄片状。

（3）菌丝老化　菌袋内菌丝老化，生活能力减弱，不能供给子实体生长所需的养分和水分。

（4）温度过高　温度过高使黑木耳子实体生长速度加快，子实体内干物质积累不够，就已迅速长大。

3. 防治方法

（1）严格按要求配料　加强制袋期管理，按配方要求对料，控制培养料 pH、C/N、含水量等指标在适宜水平。

（2）加强日常生产管理　做好菇房日常管理工作，控制好菇房内温、光、气、湿等生态因子，为生产优质黑木耳提供良好的环境条件。

十三、茶树菇病害

（一）高温"烧菌"

1. 症状　气温超过 34℃，菌丝停止生长，有些菌丝开始死亡。

2. 发生原因　茶树菇春季栽培，出菇阶段会遇到高温天气。秋季栽培，发菌阶段也会遇到高温天气。高温的影响是不可逆的。超过 34℃菌丝停止生长，温度过高菌丝就会死亡。

3. 防治方法　发菌期发现温度偏高，应及时翻堆，避免"烧死"菌丝。菌丝发满后及时开袋或扎微孔通气，以加速菌丝吃料。出菇期应保证空气新鲜且相对湿度在 85%～90%。注意出菇场地清洁，以防止虫害的发生，茶树菇出菇期害虫较多，通风孔及门窗要加装防虫网，防止成虫飞入产卵。一旦出现虫害可采用菊酯类杀虫剂喷雾或在菇场吊挂敌敌畏棉球熏蒸。

（二）子实体生长受限

1. 症状　茶树菇子实体原基形成后，分化出子实体，但子实体迟迟不能伸展长大。

2. 发生原因　子实体采收 3～4 茬后，菌袋内的营养大量消耗，菌丝活力渐弱，菌袋内的水分大量减少，子实体生长受到抑制，出菇受到影响。

3. 防治方法　为使菌丝尽快恢复营养生长，加速分解和积累养分，除延长养菌时间外，最有效的办法就是适时、适量给袋内补充水分和营养。

（1）补水方法　菌袋补水各产区方法不同。福建古田县菇农，多采用喷水至袋内蓄水 1～2 cm，使袋内菌丝吸收，含水量不低于 50%。江西遂川、广昌等地多采用浸水法和注水法。浸水法是将菌袋用 8 号铁丝在袋中央打 2～3 个洞，深为菌袋直径的 1/2，然后将菌袋一层一层叠放入浸水沟或浸水池，再用木板压紧上层菌袋，用石块固定，不让菌袋浮起，然后灌进清水或配制的营养液，直至淹没菌袋为止。浸水以达到出菇前的重量标准为止。注水法是在菇房设一个 2 m 高的铁桶水塔，接上数根小塑料管，每根小管头上接一个钻有小孔的注水器，注水器垂直插入袋口，水就会通过小孔均匀地流灌进菌袋中。注水结束后，加强通风，沥干表面水分。

（2）追施营养液　茶树菇采收多茬后，培养料的养分逐渐消耗完，可追施营养液，刺激原基形成，有效地促进菇柄苗壮生长，提高产量。

1）施用时期　子实体采收 2～3 茬后，菌袋停止喷水，让菌丝体休养生息 10～12 天，料面干燥，菌丝进入生长恢复阶段时进行施液为适。

2）营养液配置　常用营养液有以下几种配方，可任选一种。

配方 1：葡萄糖 500 g，尿素 20 g，磷酸二氢钾 10 g，清水 100 L。

配方 2：白糖 500 g，农用氨基酸 50 g，清水 100 L。

配方 3：白糖 500 g，复合肥 60 g，清水 100 L。

3）追施方法　一是喷雾器朝向菌袋内，喷洒于袋内菌体表面，喷量以湿润即可；二是营养液浓度要按规定标准稀释，浓度过大、用量过度，都不利于菌丝萌发与出菇；三是施液前打开门窗通风，让空气对流，施后按常规通风管理；四是营养液交替使用，使营养全面又合理。

> **温馨提示**
>
> 　　喷施营养液要掌握"五不喷"原则：出现幼小菇蕾不喷，刚采过菇不喷，雨天空气湿度过大不喷，菇房内虫害发生时不喷，气温超过23℃以上时不喷，因气温高菌丝难以形成优质子实体。

（三）菇蕾枯萎

1.症状　子实体原基形成后，不再继续生长，而是逐渐枯萎。

2.发生原因　出菇环境干燥、光线过强都会使形成的菇蕾逐渐枯萎。

3.防治方法　在子实体原基形成过程中，要注意保湿、增氧和控光（光照强度控制在300 lx），避免空气干燥和CO_2浓度过高。

（四）畸形菇

1.症状　出菇期间，大批的菇蕾长成畸形菇。

2.发生原因　菌袋已达到生理成熟，气温下降有利于子实体形成，但没有及时开袋，大批的菇蕾迅速生长，受袋膜的限制而长成畸形。

3.防治方法　菌袋上架摆放时，应及时开口，保湿、增氧，每天通风换气，结合喷水调湿，保持空气相对湿度在90%～95%，促使子实体正常生长。

（五）菇小而密

1.症状　菌袋上出菇小而密，影响茶树菇的品质。

2.发生原因　菌袋未完全达到生理成熟，昼夜温差大，或水刺激过重，菌袋现蕾后，营养跟不上。栽培后期营养耗尽，菌袋内的营养不能满足子实体正常生长的需求，而造成出菇小而密。

3.防治方法　菌丝生理成熟后，温差刺激时间不宜太长，一般不超过3～5天。在浸水或注水处理上，应适可而止。在出菇后期给菌袋补充营养源，并延长转茬的养菌时间，使菌丝积累充足营养。

（六）侧生菇

1.症状　子实体原基从菌袋侧面出现，形成侧生菇。

2.发生原因　装料偏松，料与薄膜之间形成空隙，开口时进入大量空气，加上光照刺激，表面基质收缩，子实体原基从袋旁出现，形成侧生菇。还有的菌袋摆放于光线偏暗位置，子实体原基从偏光方向的侧面发生。

3.防治方法　为避免侧生菇发生，装料要求紧实，摆袋时不宜过早开口，开口后注意调整菌袋上下里外位置，以保障菌袋均衡受光。

十四、滑菇病害

（一）花脸状退菌

1.症状　发菌后期，进入6～7月的高温季节，菌丝正处在长透培养料，并形成蜡质层阶段。菌丝自溶消退，形成花脸状退菌现象，继而菌袋内培养料变黑腐败，轻则减产，重则绝收。

2.发生原因　6～7月的高温季节，日照时间长、光照强，是一年中温度最高的季节，一旦遇到28℃以上连续高温天气，培养料内部的热量不易向外扩散，菌丝受热，呼吸不良，代谢失常，菌丝易自溶消退，就形成花脸状退菌现象。

3.防治方法　接种后的菌袋，应放在通风凉爽地方发菌。待菌丝长满菌袋时应将菌盘单层摆放，防止"烧菌"。当气温达28℃以上时，打开菇房门窗，昼夜通风，促使降温；将向阳窗户遮阳，防止阳光直射，降温；也可在菇房顶加厚草帘等覆盖物，在地面洒冷水降温。用消毒的竹筷子在菌丝消退的花脸处刺孔，再撒一薄层生石灰粉，有利通气，吸湿。

（二）死菇

1.症状　菇蕾、幼菇或成菇腐烂、发黑，严重时绝收。

2.发生原因

（1）强对流风危害　当滑菇的菌盖生长致黄豆粒大时遇上菇房内的湿度不够，加之通风口过大，较强的干热风进入菇房，使菇体被风吹干而死，浇水后则烂菇。

（2）高温高湿　滑菇的子实体生长到米粒大小时，遇上持续高温，加之向菇体上喷水不当造成高温、高湿，缺氧而死菇。

（3）出菇过密　喷施生长素等药物过量、过勤时，菌袋出菇过密，大小不均，造成营养供应不足，造成小菇死亡。

（4）菇蝇、蚊蛆咬噬　滑菇的菌丝、子实体被菇蝇、蚊蛆咬伤之后喷水，加之害虫粪便的交叉感染造成死菇。

（5）黄黏菌危害　黄黏菌属围食性病害，病原体来源于高温、高湿时的阔叶腐木及烂草丛等，风、雨、蚊虫、人为操作等，都可传播，初发点线状，后连成片，颜色鲜黄，有腥臭味，严重时导致绝收。

3．防治方法

（1）保持湿度、适当通风　每天菇房内喷水3～4次，使空气相对湿度达85%～90%。通风口的大小，要根据天气而定，下雨天或早、晚通风口要适当大些。大风天，则要小开口或不开通风口。

（2）防止高温　一定要待外界气温稳定在24℃以下，温差在10℃以上时，再开袋出菇。一旦温度过高时，要喷冷水或加盖遮阳网，昼夜通凉风。

（3）慎用营养与药物　营养与生长素要等滑菇采收1～2茬菇后再使用，出现密菇时及早去大养小。

（4）防虫　在菇蝇繁殖旺期，菇房内晚间严禁有灯光，菇房内挂黄板或用糖醋液来诱杀菇蝇，用符合国家标准的食用菌专用杀虫药剂，及时杀灭。

（5）防病　及时清理菇房外的杂草，开袋前严格消毒，重喷食用菌专用药，开袋后发现黏菌，及时挑出处理，并加强通风，结合药剂防治。

十五、灰树花病害

（一）小老菇

1.症状　菇体过小，多为白色，生长缓慢，叶片小而少，内卷，边钝圆，内外均有白色菌孔，呈现严重老化现象，6～8月高温季节较多见。

2.发生原因　菌棒未达生理成熟，菌袋内层原基直接分化而来，营养来源供应不足。通风不良，菇体缺氧。未掌握成熟标准，未及时采收，人为造成老化。

3.防治方法　出菇期间加强菇房内通风，降低温度；适当覆土；及时采收。

（二）鹿角菇（或掌形菇）

1.症状　菇体白色，形似鹿角，有枝无叶或小叶如指甲，或紧握如拳。

2.发生原因　菇房遮盖过严，光照不足。通风不良，造成菇房内严重缺氧。受油漆等化学物质不良气味影响。

3.防治方法　根据出菇场地和菇体形状，适当增加光照时间和强度，在炎热天气，早、晚要延长通风时间或进行夜间通风。尽可能避开有特殊气味的刺激。

（三）白化菇和黄尖菇

1.症状

（1）白化菇　菇体完全白色、质脆味淡。

（2）黄尖菇　菇体叶片的正面黄色，边缘

上卷。

2.发生原因　白化菇和黄尖菇都是由于光照时间和光照强度不适宜所致。温度过高，会导致黄尖菇的发生。

3.防治方法

（1）白化菇　需要及时补光。

（2）黄尖菇　要及时覆盖遮阴，降低光照度，并加强通风，增加喷水次数和喷水量。

（四）烂菇

1.症状　原基或子实体部分变黄、变软，进而腐烂如泥，并伴有难闻气味，多发生在高温多雨季节。

2.发生原因　菇房内空气相对湿度过高，导致子实体抗性差，细菌繁殖快。通风不良，或病虫害及机械损伤。出菇旧场地或卫生不良的生产新场地均可引发此病。

3.防治方法　栽培场地应选择通风向阳、干净无污染的出菇场地。适时适量补水，并加强通风换气。发现病菇及早摘除并深埋。

十六、羊肚菌病害

（一）烧顶

1.症状　羊肚菌菌盖顶端颜色变深（图9-2-135），出现洞穿，形成畸形菇和残菇，降低品质。

图9-2-135　羊肚菌烧顶

2.发生原因　春季温度回升过快，菇房温度控制不当，易造成原基和幼小的菇蕾受到伤害，造成

原基的大量死亡和幼菇的畸形。温度对幼嫩子实体的顶部伤害尤其明显。

3.防治方法　做好羊肚菌出菇场地遮阴棚的搭建工作。遮阳网距离地面不少于3m，遮阴度不低于80%。

（二）幼菇死亡

1.症状　子实体原基形成后，没有继续长大，而是逐渐变黄、萎缩死亡。

2.发生原因　子实体原基形成后对温、湿度的变化十分敏感，温度过高，湿度过高或过低均可造成幼菇的死亡。另外，幼菇的死亡也可能是病原菌侵染引起的，还有待于进一步的深入研究。

3.防治方法　子实体原基刚形成时是羊肚菌出菇期最为关键的时期，稍有不慎就会造成大片死亡，前功尽弃。管理上需要及早覆盖遮阳网、盖膜保温保湿，创造适宜羊肚菌子实体生长发育的温、湿、气、光综合环境。

（三）红柄病

1.症状　在羊肚菌栽培中，子实体形成后，逐渐出现菌柄变红的症状，接着，子实体停止生长并死亡。

2.发生原因

（1）抗性差　不同的羊肚菌品种对环境条件的适应能力各不相同，自身生命力弱，抵抗力差，稍有不适的环境就会使其受到伤害。

（2）温度高　羊肚菌是低温型真菌，对高温适应能力差。由于气温突然升高，超过20℃，又遭遇干热风袭击。

（3）湿度小　羊肚菌是一种土生的好湿型真菌，一旦土壤含水量低于20%即会致病。

3.防治方法

（1）选种　选择生命力强，抵抗力好的优质适龄（菌龄不超过40天）菌种。

（2）遮阳　搭建遮阳棚，为羊肚菌的发育生长提供保障。防止每年4月的干热风袭击。

（3）搭建菇房　保证羊肚菌健康生长所需的高湿环境。

（四）药或肥毒害

1. **症状** 羊肚菌子实体呈水渍状变软死亡。

2. **发生原因** 羊肚菌对于农药较为敏感，用药不慎会造成子实体的死亡（图9-2-136）。一些种植户为获得高产使用来历不明的有机肥，也会造成药害。

图9-2-136 药害导致的子实体死亡

3. **防治方法** 采用物理方法或综合防治方法防治羊肚菌病虫害，不随意使用农药、化肥，避免因用药、用肥不当而致病害发生。

十七、猴头菇病害

（一）不出菇

1. **症状** 袋栽或瓶栽猴头菇，在菌丝长满培养料后，长时间不能现蕾出菇。

2. **发生原因** 猴头菇母种气生菌丝多，原种和栽培种菌丝密度过大，甚至密集成块，栽培袋菌丝易徒长不出菇。猴头菇菌丝长满培养料后，需继续培养几天，加大菌丝量，达到生理成熟才会发生菇蕾。如果开袋或敞开瓶口过早，又不采取保湿措施，易使培养料因表面失水而产生干皮，致使菌丝体缺水、缺氧而难以发生菇蕾。菇房温度超过28℃，通风不良，易使菌丝徒长不出菇。

3. **防治方法**

（1）把好菌种关 扩繁原种时挑选母种培养基内菌丝和气生菌丝混合接种。

（2）确保菌丝生理成熟 菌丝长满袋后，继续培养7～10天，待发生原基时，再挑出来打开袋口或瓶口催蕾，进行出菇管理。

（3）及时补充水分 开袋或敞开瓶口后，及时向菇房内地面、墙面、空间喷水，保持空气相对湿度在85%～95%，促使菇蕾及早形成。必要时，也可采用纱布、报纸覆盖集中催蕾。

（4）精心管理 发现开口处料面有干皮形成，及时用小刀等工具划破干皮，并用净水喷湿培养料，再松扎袋口或盖上瓶口，保持适宜湿度，促使菇蕾发生。

（5）其他 发现菌丝徒长，用小刀划破徒长菌丝，加强通风换气，降低空气相对湿度，并喷重水，促进菌丝扭结形成菇蕾。

（二）长柄菇

1. **症状** 猴头菇菌柄过长（图9-2-137），严重影响猴头菇的产量和品质，因长柄菇的菌柄多有苦味。

图9-2-137 长柄菇

2. **发生原因** 瓶栽猴头菇时，瓶内料装得过少，距瓶口较高，猴头菇子实体从料面伸出瓶口的距离较长形成长柄菇。袋栽猴头菇采用袋口出菇时，挽起袋口不及时，猴头菇子实体从袋口深处伸出来形成长柄菇。

3. **预防方法** 瓶栽要将培养料装得满些，尽量接近瓶口。袋口出菇时，要及时挽起袋口，让猴头菇子实体得到充分的氧气，则可避免长柄猴头菇的产生。

（三）幼菇萎缩

1. **症状** 猴头菇幼菇生长势弱，颜色变黄，并逐渐从顶部向下变软，萎缩死亡（图9-2-138）。

图9-2-138 幼菇萎缩

2. 发生原因

（1）水分管理不当 猴头菇出菇期，如果培养料含水量低于45%或菇房内空气相对湿度低于70%时，幼小的子实体就会因缺水而萎缩死亡；喷水过多或直接对幼菇喷水，易导致菇体水肿、黄化，甚至溃烂死亡。

在菇房日常管理中，如果大量使用温度过低的水进行喷淋，也会使幼菇因不适应低温刺激而造成死菇。

（2）缺乏营养 幼菇太多，营养不足，导致部分幼菇死亡。

（3）缺氧 高温、高湿，通风不良，氧气不足等不适宜的环境条件，也会将幼菇闷死。

（4）采菇操作不当 采菇时"采大留小"，操作不慎，造成幼菇机械损伤。

（5）用药不当 不当喷药致幼菇中毒死亡。

3. 防治方法

（1）科学安排接种时间 使菌袋在最适宜的气候条件下出菇，防止高温季节出菇。

（2）科学调节培养料含水量及菇房湿度 出菇前检查培养料含水量，如果发现含水量低于50%时，就必须及时采用注水或浸水措施给菌袋补水，防止出菇期幼菇生长缺水。

出菇期菇房内空气相对湿度宜控制在80%～90%。如果空气相对湿度低于80%，即使猴头菇子实体能够长大，也显得干瘪不新鲜。

（3）避免强光暴晒 菇房和菌袋严禁长时间受阳光暴晒，防止强风劲吹子实体，造成菇体因失水而死亡。

（4）科学补水 禁止冷水喷淋，整个出菇过程中，禁止向幼菇大量喷淋冷水。使用的水可事先放在菇房内，使其自然接近室温，可有效防止因冷水刺激造成的病害。

如果幼菇萎缩是由于生理缺水和空气相对湿度过低引起，所需条件满足后，有些子实体仍能正常生长，但需要继续细心管理。

（5）科学用药 避免用药不当造成药害。

（四）球形菇

1. 症状 球形菇又称光秃型子实体（图9-2-139）。子实体呈块状或球状分枝，表面粗糙，有皱褶，无菌刺，略带黄色；个体肥大，菌肉松软，略呈黄色或褐色，香味正常。这类子实体仍可食用，但商品价值相当低，严重影响经济效益。

图9-2-139 球形菇

2. 发生原因

（1）温度过高 一般情况下，在子实体发育期间，当菇房内温度高于25℃时，子实体生长速度很快，而菌刺生长极慢，产生病害。

（2）水分管理不善 若菇房温度超过24℃，空气相对湿度低于80%，子实体水分蒸发量过大，而湿度又没及时跟上，致使不长菌刺，形成光秃菇。

3. 防治方法

（1）控温 气温高时，可以采用早、晚通风换气，午间气温高时不通风；向空间、薄膜上喷雾状冷水、向地面洒水或畦沟灌水等方法控制温度在

15~22℃。必要时可直接向子实体喷少量清水，注意不能将水溅入袋内，避免积水引起培养料腐烂。

（2）保湿 可采用地面喷水，空间喷雾化水，畦沟灌水以及增加喷水次数等多种措施，来保持菇房空气相对湿度不低于80%；加厚遮盖物，减少阳光透射，降低水分蒸发。

（3）控温保湿相结合 控温和保湿密切结合，既要满足猴头菇子实体对温度的需求，同时也要满足其对湿度的需求。野外仿生栽培的菇床应早、晚揭开盖膜通风，白天只把两头盖膜打开，使其透气。中午加厚荫棚遮盖物，减少阳光透射，降低水分蒸发。

（五）珊瑚状菇

1. 症状 猴头菇子实体以基部为轴心，进行不规则的多次分枝，在每个分枝上不规则地再多次分枝形成珊瑚状丛集，基部有一条根状菌索与培养料相连，以吸收营养，这种子实体有的在早期死亡，有的能继续生长发育，有的小枝顶端不断膨大，形成具有猴头形态特征的一个个小子实体，失去了商品价值（图9-2-140）。

图9-2-140 珊瑚状菇

2. 发生原因

（1）CO_2浓度高 菇房内空气相对湿度过高，CO_2浓度超过0.1%，猴头菇呼吸作用加强，同化能力下降，刺激菌柄不断分化，抑制中心部位的发育，致使形成珊瑚状子实体。

（2）营养缺乏 培养料配方不当，养分含量不足，采收两茬菇后，易出现珊瑚状畸形菇。

（3）有害物质作用 培养料中含有烤焦物料

或油松、杉、柏、樟等含有芳香族化合物及其他抑菌物质，使菌丝生长受到抑制或刺激，易形成珊瑚状菇。

3. 防治方法

（1）精细管理 加强管理，确保适宜的温度、湿度、通风和光照条件；尤其是在满足适宜温、湿度的条件下，加强菇场通风换气，改善环境条件。

（2）科学配料 选择适宜的培养料配方，并精确称量，对料。

（3）严禁使用有害原料 选择培养料时，注意剔除杉、松、樟等含抑菌物质的树木。尽量杜绝培养料中含有芳香类物质的原材料。

（4）及时剔除珊瑚菇 对已发生的珊瑚状子实体，在幼小时将它连同表面培养料一起刮掉，减少养分消耗，为下茬出菇打好基础。

（六）色泽异常型菇

1. 症状 子实体生长的中后期逐渐由白色变成黄褐色、粉红色，菌刺变短变粗，有的子实体从幼菇开始到成熟均呈粉红色，其菇体味苦，不能食用。

2. 发生原因

（1）子实体发红 主要是菇房温度长期低温所致。常因秋冬季气温突降，菇房温度低于猴头菇子实体正常生长发育所需的温度15~20℃时，子实体即开始发红，这种颜色会随温度下降，色泽逐渐加深直至生长停止，甚至死亡；长时间的强光照射子实体也会出现红色（图9-2-141）。

图9-2-141 子实体发红

（2）子实体发黄　菌刺稀疏粗短、卷曲，呈黄褐色，且口感苦（图9-2-142）。

图9-2-142　子实体发黄

主要原因是：菇房内空气相对湿度低于70%；通风时间长，或通风时外界风大，造成菇体湿度降低，或者子实体受到直流风刺激；温度高于27℃、光照过强、光照时间长、冷风侵袭、温度骤降等都会使猴头菇子实体变黄。

3.防治方法

（1）统筹调控环境因子　菇蕾形成后，务必将菇房内的温度控制在16～20℃，空气相对湿度控制在85%～95%，同时将光照度调控在200～400 lx。在通风或喷水时，也应保持温度不低于14℃。低温季节出菇的，野外仿生畦栽者可把塑料薄膜盖严，中午气温高时通风，并拉开遮盖物，引光增温。

（2）合理安排栽培季节　为防止低温危害，在安排接种时就要考虑接种后30天左右，当地气温不得低于14℃，以此为界往前推算最佳接种期，即可避开低温危害。

（3）气体与光照管理　避免劲风直吹菇体，通风时，如外界有大风，要缩短通风时间，或通风前先向菇房内喷雾增加湿度，避免强风直吹菇体，也可在近风口的菇袋上盖上湿纱布，在菇房的门窗上挂草帘、编织袋或麻袋等，并经常向上喷水以保湿。

适当降低光照度和减少光照时间。

（4）及时摘除病菇　发现病菇及时摘下，节约养分，出好下茬菇。

（七）菌刺稀疏型菇

1.症状　子实体球心很小，菌刺稀少、粗短，菇体易萎缩，往往不等长大就死亡。

2.发生原因　培养料C/N失调，培养料中有芳香族化合物或有毒物质。

3.防治方法　要严格按照比例配制培养料；培养料中不得混入松、杉、柏、樟等木屑。

（八）菇体霉烂

1.症状　猴头菇子实体萎缩后被霉菌侵染或直接被霉菌侵染（图9-2-143），使子实体失去商品价值。

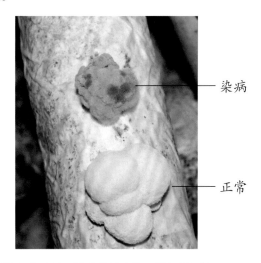

图9-2-143　猴头菇子实体正常与否对比

2.发生原因　菇房通风不良，空气相对湿度大于95%，猴头菇子实体生活力差，被霉菌侵染。

子实体因温度高、空气干燥，营养不足等原因而萎缩干枯后，受到霉菌侵染。

3.防治方法　及时摘除并清理被霉菌侵染子实体。加强通风，降低菇房空气相对湿度。加强管理，提高菇蕾抵抗杂菌侵染能力。在菌袋患处涂抹3%漂白粉溶液，或1%石灰水溶液，防止其蔓延。

十八、秀珍菇病害

（一）袋口出黄水

1.症状　秀珍菇菌袋内的菌丝生长初期旺盛，长至菌袋1/2时，袋口菌丝逐步泛黄，吐出黄水（图9-2-144）。

图 9-2-144　袋口出黄水

黄水初期色浅，而后逐步变深，最后转为酱油色。黄水严重时会从袋口流出，而且随着温度的升高而加剧。黄水大量产生时，隔绝了菌丝的正常呼吸，菌丝生长速度减慢，最终停止生长。表面的菌种块长时间被黄水浸泡而变得松软，菌丝自溶，最后感染霉菌。

2. 发生原因

（1）缺氧　进入出菇前期的菌丝，常有棕黄色水珠分泌在培养料表面，这种现象一般是菌丝体已进入生理成熟期，是出菇的先兆。但是过早、过多地形成黄水这种异常情况应该是菌丝缺氧所致。

（2）菌种活力弱　菌种活力包括种性、菌龄和菌种培养环境。种性退化、菌龄太长，以及菌种培养温度过高或偏低、通风不良、光照过强等都会影响菌丝生活力。生产中使用已老化或在低温环境长时间自然发菌的菌种，接种后菌丝能萌发、吃料，并且可以长满袋，但留在袋口的老菌块生活力差，已无力抵御开袋后外界杂菌的侵袭，甚至老菌块变成了杂菌萌发的温床。

（3）细菌污染　袋口出黄水还与袋口扎口方式、菌袋是否被细菌污染等因素有关。采用棉花塞或无棉盖体封口不易产生黄水，采用扎口绳封口，通气性差就很容易出黄水。高温季节制袋、装袋、灭菌前培养料酸败的菌袋，容易产生吐黄水现象。

3. 防治方法　选择适宜的品种和使用活力强的菌种。采用棉花塞、无棉盖体等通透性好的材料封口。缩短拌料与灭菌之间的时间，控制微生物在此期间的繁殖量，防止培养料酸化，降低灭菌不彻底的风险。一旦发现有出黄水迹象，应及时松开袋口，加强通风，使袋口料面干爽，促进菌丝生长。当菌丝长满全袋后，搔去菌袋表面的老菌块，直接进入出菇管理。

（二）菌袋霉烂

1. 症状　秀珍菇菌袋内的菌丝生长初期旺盛，而后逐步转色、软化，前端约 5 cm 菌丝仍保持生长旺盛，可见明显的分层现象，类似高温圈。这种菌袋的菌丝长至 2/3 时，袋口菌丝逐步被木霉感染，开袋前产生大量黄水，菌袋局部会呈深绿色。开袋后或第一茬菇采收后，有的菌袋表面也会呈深绿色，并逐步延伸到中部，甚至全袋（图 9-2-145）。浸水或灌水后，有的菌袋菌丝从底部逐步退缩，料变黑，最后霉烂。

图 9-2-145　菌袋霉烂

2. 发生原因　菌袋受高温热害，菌丝活力下降，甚至死亡，导致杂菌感染。装袋、灭菌前培养料酸败，导致菌丝生长不良、活力下降。菌袋含水量高，袋口通气性差，袋内菌丝未能完全长满培养料。第一茬菇采收后，未经养菌立即进行第二茬菇的出菇管理，菌袋抗逆能力弱，遇高温、高湿环境，易发生霉菌污染。

3. 防治方法　选择抗性强的品种、使用活力强的菌种。控制好发菌温度，避免菌袋受高温侵袭。

另外，尽可能避免在 5～6 月梅雨季节进行大规模的开袋出菇管理。控制好适宜的培养料含水量。第一茬菇采收后，需进行停水养菌，加强通风，降低环境湿度，保育健壮的菌袋。需待菌丝长满全袋并达到生理成熟后进行开袋出菇管理。做好周围和栽培环境卫生工作。

（三）不出菇

1. 症状　秀珍菇菌袋内的菌丝生长健壮，但菌袋长时间不出菇。

2. 发生原因　气温高于 25℃，菌袋未经"打冷"催蕾，在自然气温条件下，依靠自然气候的昼夜温差刺激，难以诱导原基发生而不出菇，或"打冷"催蕾后环境温度过高导致原基难以形成而不出菇。

"打冷"温度不够低或低温处理时间过短，未达到诱导原基发生的需冷量而不出菇。

菌袋未达生理成熟或转茬养菌时间不足，导致出菇少甚至不出菇。

菌袋口表层失水板结，导致原基难以形成而不出菇。

菌种严重退化造成不出菇。

3. 防治方法　控制好菌袋的生理成熟度，菌袋需经后熟培养或转茬养菌达生理成熟后进行出菇管理。"打冷"催蕾时需保证足够诱导原基发生的冷环境，即在足够低的温度下保持足够的时间。选择使用适宜的品种、使用活力强的菌种。对袋口料面板结的菌袋，采取搔菌方法，促进原基形成。

（四）出菇不齐

1. 症状　同一批菌袋催蕾后出菇时间不一致，造成长势不均，主要发生在二茬菇以后。

2. 发生原因　养菌时间不足，营养物质积累和生理成熟度不够。采收后的转茬养菌期间湿度过大，造成袋口表面菌丝徒长，形成菌皮。喷水或浸水过程中吸水不均匀，导致有的菌袋表面培养料或内部含水量不足，造成出菇不整齐，有的菌袋表现为在相对较湿润的袋口下沿或边缘出菇。菌袋"打

冷"不均匀，叠放过紧或冷气分布不均时，有些部位的菌袋冷处理的温度或时间不足，导致出菇不整齐（图 9-2-146）。

图 9-2-146　出菇不齐

3. 防治方法　养菌充分，使菌袋达到生理成熟。表面菌料板结或老化的菌袋，需先搔菌后再进行出菇管理，栽培后期的菌袋可在另一端开口出菇。养菌期间保持菌袋表层培养料适度干爽，不能过湿而导致菌丝徒长形成菌皮，也不能过干而板结。"打冷"催蕾处理时菌袋不能叠放过紧，尽可能使冷气分布均匀，使各部位菌袋均匀得到冷刺激处理的需冷量。

（五）侧生菇

1. 症状　子实体在菌袋的袋口内侧发生，有的子实体甚至在菌袋四周内侧发生，而形成"侧生菇"（图 9-2-147）。

图 9-2-147　侧生菇

2. 发生原因　由于培养料装袋时不够紧实，料壁之间出现间隙，子实体容易在料壁间隙发生。选用的栽培料质地较疏松，随着秀珍菇生长发育对基

病虫害防控技术

质的降解和营养消耗，培养料快速收缩导致料壁分离形成间隙。出菇管理期间，水分管理不当，培养料严重失水干缩，导致料壁分离形成间隙。

3.防治方法　培养料装袋时要求紧实、均匀。选用合适的原料和配方，采用质地较疏松的原料配方时，可适当添加填充料以提高培养料的抗收缩能力。选用能随着培养料同步收缩的栽培袋。加强水分管理，防止袋口培养料表面干燥板结或干缩。

（六）萎缩、死菇

1.症状　催蕾后原基形成和菇蕾分化良好，随后逐渐枯黄、凋亡。

2.发生原因

（1）水分控制不当

1）积水或过湿引起死菇　菌丝或菇体表面积水导致窒息或引发黄枯病逐渐枯黄、凋亡（图9-2-148）。

图9-2-148　积水导致死菇

2）高温缺水　通风过量，尤其是夏季晴天，干燥的热风导致培养料和菇体均过多失水而导致子实体枯萎（图9-2-149）。

图9-2-149　缺水导致死菇

（2）温度不适　一是温度变化过大引起死菇。二是持续高温、闷热导致菇体松软枯亡。

（3）通风不良　通气不良不仅会引起畸形菇的发生，同时导致秀珍菇抗病能力下降，容易诱发黄枯病等病害，引起成批死菇。

（4）施药不慎　菇房及周围环境施用秀珍菇敏感的敌敌畏等有害农药，导致畸形，甚至死菇（图9-2-150）。

图9-2-150　药害

3.防治方法

（1）水分调节　调节培养料初始含水量至60%～65%；菇房空气相对湿度控制在90%左右；控制好菌袋袋口菌料的湿度，既要防止过干板结，又要防止菌袋表面积水；出菇期通风时，防止热风或冷风直吹菇蕾；喷水时水温应接近菇房内菇体温度，原基和幼蕾期尽量不喷水。

（2）温度控制　保障菌袋的"打冷"催蕾有足够的冷刺激强度，有利于形成健壮的子实体；幼菇形成后，在防止过高、过低温度的同时，应保持菇房内相对稳定的温度，昼夜温差不宜过大。

（3）通风管理　秀珍菇的生长发育对氧气需求量较大，同时，为了获得优质高产的子实体，不同阶段有不同的通风管理要求，需严格按照催蕾、护蕾和育菇的通风管理要求进行通风管理。

（4）谨慎用药　提倡通过做好菇场卫生、制备健壮菌袋、科学育菇和采用防虫网、杀虫灯（图9-2-151）及粘虫板（图9-2-152）等农业综合防治技术防治病虫害的发生。

图 9-2-151 杀虫灯

图 9-2-152 粘虫板

十九、灵芝病害

（一）菌丝徒长

1. 症状 覆土后，畦床上菌丝浓密茁壮生长，迟迟不会转入出芝阶段，长时间不出芝。

2. 发生原因 没有及时通风或通风透气时间不够，畦床处于缺氧状态，菌丝生理活动发生紊乱而徒长；畦床所处环境相对湿度太大，气生菌丝不倒伏。

菌丝没有发育成熟，过早进行覆土，使菌丝在畦床上继续旺盛徒长。

培养料中含氮比例过高，易造成菌丝徒长。

3. 防治方法 严格按培养料配方进行配料，常用的麦麸或米糠一般不超过20%，以免菌丝徒长。菌丝体培养成熟后再进行覆土出芝。注意通风透气，降低畦床水分和空气相对湿度，控制菌丝徒长。

用1%～3%石灰水喷洒畦床，待表面稍干后再覆盖树枝等遮盖物防止菌丝徒长。

（二）菌丝萎缩

1. 症状 菌棒覆土后迟迟不萌发或萌发后生长不良，慢慢萎缩，或是头茬芝产出后出现菌丝萎缩，影响产量。

2. 发生原因

（1）高温高湿 畦床覆盖物太薄，进床后温度过高，发生"烧菌"，导致菌丝萎缩。培养料水分过高，引起菌丝自溶。

（2）药害 喷洒多菌灵或其他药液不当，抑杀菌丝而导致萎缩。

（3）种质差 菌种质量太差，抗逆性差，经不起不良环境的刺激。

（4）透气性差 畦床环境缺氧，菌丝生理活动受阻导致萎缩。

3. 防治方法 选用优质菌种；因菌床环境缺氧而引起的菌丝萎缩，可重新排棒覆土进行补救；注意畦床湿度、温度的调节和通风换气。控制喷药浓度，以免对菌丝产生不良影响。

（三）原基畸形

1. 症状

（1）芝体不分化 原基发生后，芝体各组织不分化，只形成大小不一的菌丝团，如图9-2-153所示。

图 9-2-153 原基畸形

病虫害防控技术

（2）芝体分化异常　原基发生后，芝体各部分分化不正常，只向上伸长，不长菌盖，形似蜡烛。

2.发生原因　品种选择失误或栽培季节不适；菌袋或菌棒积累养分不足，营养缺乏；温度过低，不适于原基的生长；菇房或畦床通风不良，高度缺氧，光线太暗。

3.防治方法　选择优质菌种，不使用老龄退化的菌种。严格按照配方进行配料，确保培养料有适宜灵芝生长的C/N。空气相对湿度保持在85%～90%，但畦床不能积水。温度要保持24～28℃，不能太高，也不能太低。光线不能太暗，否则会影响子实体生长。

（四）菌盖畸形

1.症状

（1）鹿茸芝　灵芝子实体生长发育不能形成正常的芝盖和菌柄，而是菌柄不断分叉，形似鹿茸状、鸡爪状，没有或很少有菌孔，严重影响产量和质量。

（2）盖缘内卷　呈钟罩形或盖缘反翘呈波浪状（图9-2-154）。

图9-2-154　芝盖畸形内卷

（3）柱状畸形　菌柄长出后不形成菌盖，而是分化成不规则的柱状（图9-2-155）。

图9-2-155　柱状畸形

（4）脑状畸形　子实体分不清菌柄与菌盖，菌孔上翻（图9-2-156）。

图9-2-156　脑状菇

2.发生原因　菇房通风不良、O_2不足、CO_2浓度过高（超过1%）。光照方向和受光量经常改变或光线不足时，就会促使菌柄不断分枝，抑制芝盖形成，出现鹿茸状灵芝。如果温度低于20℃或高于30℃，空气相对湿度低于80%，也会影响灵芝正常生长而形成鹿茸状灵芝。菇房环境气象条件不稳定，温度忽高忽低或子实体原基膨大后遇到冷空气袭击，则会使灵芝盖表面形成高低不平的沟纹。

3.防治方法　灵芝子实体生长期间，要综合调节温、湿、气、光等环境条件，将温度控制在

25～28℃，空气相对湿度稳定在85%～95%，CO_2浓度低于0.1%，光照度控制在700～1 000 lx的散射光，充分保障灵芝子实体正常的生长条件，即可避免形成菌盖畸形。

（五）芝柄畸形

1. 症状

（1）菌柄细长　如图9-2-157所示。

图9-2-157　菌柄细长

（2）柄盖弯斜不正　如图9-2-158所示。

图9-2-158　柄盖不正

2. 发生原因　菇房内光线不足；菌种老化或退化，菌丝发育不良。畦床失水，空气相对湿度低于70%。幼芝期被害虫蛀食。出芝环境通风不良，CO_2浓度偏高。

3. 防治方法　选取优质菌种，不使用老龄退化的菌种。配料和喷洒用的水质要清洁卫生。

菌棒排放时要隔5～6 cm的距离，进行定点出芝。

保持芝场的清洁卫生，杜绝病虫害的发生。

（六）芝体畸形

1. 症状　地栽灵芝覆土出芝时，芝盖左右相连，相互重叠成连体芝，形状多不整齐、不圆整，芝盖易出现黄斑，降低品质，失去商品价值。

2. 发生原因　灵芝菌种退化。出芝时，袋与袋排放太挤、间距太小，致使芝盖彼此相连。芝体受雨水淋泡或积水时间长，造成组织变色。出芝时期温度太低，含水量不足。外来损伤或病虫危害，使芝体变形。

3. 防治方法

（1）科学排袋　灵芝出芝排袋时，为避免连体芝的发生，可在码袋墙时，层与层之间加放竹竿，袋与袋之间留5～7 cm的间距。或者在出芝时，间隔一袋解开一袋袋口，控制栽培袋隔袋出芝，这样拉大芝盖的距离，就可避免连体灵芝的发生。

（2）其他　参照"芝柄畸形"的防治方法。

二十、蛹虫草病害

（一）菌种不萌发或发菌慢

1. 症状　蛹虫草接种后，菌种迟迟不萌发或菌种萌发后发菌缓慢。

2. 发生原因　培养料受杂菌污染，腐臭发黏；菇房过低，菌丝生长迟缓。

3. 防治方法

（1）确保培养料的灭菌效果　灭菌结束，不要急于出锅，待压力表指针回零后，再冷却一段时间，以防止高温出锅料瓶内外空气交换。

（2）温度调节　若环境温度偏低，菇房要辅以加温措施，保持20～22℃，以加快菌种萌发，迅速占领料面。

（二）不分化子实体

1. 症状 蛹虫草的菌丝长势很好，但迟迟不转色，不能分化成子实体。

2. 发生原因 配料中氮素偏高，菇房光照不匀，菇房环境温度过低，母种退化严重。

3. 防治方法

（1）选用良方 采用科学配方，配料中严格掌握各成分的组合比例。

（2）光照调控 调整菇房光照度在 200 ～ 500 lx，使菌丝受光均匀，不存死角。

（3）温度调控 进入生殖生长期管理后，要及时调整菇房温度在 18 ～ 23℃，结合通风，促其转色。

（4）选用优质品种 定期对菌种进行选育和复壮，认真做好育种、选种工作。

（三）盆栽出菇不齐、不匀

1. 症状 盆栽的蛹虫草出菇不整齐、不均匀。

2. 发生原因

（1）接种质量差 蛹虫草子实体在培养料上生长纵向速度要快于横向速度。盆栽接种时，没有将菌种喷施均匀，甚至局部没有菌种，这就使整盆的菌丝生长速度不一致，到后期出菇自然就会不齐。

（2）光照不良 蛹虫草生长过程有一定的趋光性，不均匀的光照刺激就会引起出菇不均匀。

3. 防治方法 接种时要细致操作，确保菌种均匀分布。可以在菇房内均匀安装日光灯管或者 LED 灯，保证每盆（瓶）蛹虫草都受光均匀。

二十一、猪苓病害

（一）菌核生长慢

1. 症状 菌核生长速度缓慢。播种半年后，用菌种播种的猪苓菌核大头直径不到 2 cm；用菌核播种的，菌核大头直径不到 4 cm（图 9-2-159）。

图 9-2-159 菌核生长慢

2. 发生原因 猪苓属于长周期菌类作物，一般需要 3 年左右才能长成。正常情况下，蜜环菌菌索需要 2 个月左右才能与猪苓密切接触，此后还要经历一个营养与反营养的阶段，然后猪苓菌种或菌核才能恢复生长，进入正常的生长阶段。如果使用的猪苓菌种块或种核过小，播种后恢复生长较慢，甚至会因失水严重而死亡，这样的猪苓菌种或菌核发育就会较慢。

3. 防治方法 无论是采用猪苓菌种播种还是采用猪苓菌核播种，都要保证种块适中。菌种块不小于 5 cm 见方，菌核块不小于 3 cm 见方。

（二）菌核消失

1. 症状 打开栽培穴，找不到猪苓的大菌核，甚至连小菌核也没有，这就是所谓"猪苓消失"（图 9-2-160）。

图 9-2-160 菌核消失

2. 发生原因

（1）种性退化 无性栽培用的猪苓（菌核）

种有问题，或者感染病毒、病菌，或者因各种因素已失去活性，被蜜环菌"吃掉"；有的可能是有性栽培用的猪苓菌种老化、退化，或者在运输途中受热等不适条件失活，导致栽培后期营养被蜜环菌吸收殆尽。

蜜环菌菌材属于多代培养，自身活力较差，没有能力为猪苓的生长供应营养，使猪苓没有营养来源而消失；或者有性栽培用的蜜环菌种老化、退化、抗性差，无法给猪苓提供营养供给。

（2）环境条件差　蜜环菌可以在水中正常生长，而猪苓则要求土壤含水量在30%～40%，水分稍大，猪苓因通气不足而不能从蜜环菌菌索上吸收营养；水分过大，猪苓因通气不足而失去活性。这时，蜜环菌菌索就会很自然地从猪苓菌核中吸收营养，最后导致猪苓的"消失"。

3. 防治方法

（1）选择优质良种　要选用优质、新鲜的猪苓种和蜜环菌菌种，从源头上避免这类情况的发生。

（2）做好水分管理工作　在野外仿生栽培，尤其山坡上栽培猪苓，如遇春季干旱或春夏之交有干热风时，应加大浇水频率，并保证每月至少灌透水一次，防止过度干燥致蜜环菌菌索生长缓慢、活力降低或死亡。

二十二、天麻块茎软腐烂病

1. 病状　发生软腐烂病的块茎，皮部萎黄、中心组织腐烂，掰开块茎，内部变成异臭稀浆状，有的组织内部充满黄白色或棕红色的蜜环菌菌丝，严重时整穴腐烂。

2. 发生原因

（1）种质差　天麻种的挑选不当，使用的天麻菌种转代次数过多，抗性较差。

（2）栽培场地选择不当　选用碱性土壤作为栽培场地，易导致失败。

（3）田间日常管理不善　种麻在贮运过程中受阳光直射或在27℃以上的环境下时间过长；长期处于高温环境；栽培穴湿度超过70%以上或受水浸泡等。

3. 防治方法

（1）严格天麻种的挑选　生产中应选用无性繁殖未超过3代，且生长点明显、芽瘤突起、无菌无病的优良天麻种。或者选用有性杂交繁育的零代或一代杂交天麻良种。挑选天麻种时，如发现种麻体不饱满，生长点不明显、有腐烂斑迹都应弃之不用。

（2）严格挑选蜜环菌材　培养菌材时，要挑选无杂菌的蜜环菌菌材，发现杂菌感染的菌材要及时剔除。

（3）严格选择栽培场地　野外仿生栽培要选择无杂菌或杂菌较少的、不带菌或带菌较少的生荒土地，栽培前做好消毒灭菌工作；室内栽培要注重清洁卫生，搞好环境卫生。

（4）田间科学管理　控制适宜的温度和湿度，避免穴内长期积水或干旱。

第三章 食用菌主要害虫害鼠识别与防治

侵害食用菌的生物种类繁多，本书介绍了能直接侵食食用菌培养料、菌丝和子实体的38种（类）害虫及7种害鼠的形态特征、生活习性、危害状及防控要点。这些有害生物以食用菌培养料、菌丝、子实体为食源，进行生长和繁殖，如瘿蚊、跳虫、螨虫、线虫、白蚁和蚤蝇等害虫都喜食腐熟湿润的培养料，以及风味各异的菌丝体、菇蕾和子实体，常给食用菌生产造成很大的损失。

第一节
双翅目害虫

双翅目害虫主要为蝇蚊类昆虫。

蚊蝇类的典型特征是：体小至中型，口器为刺吸式、舐吸式，具膜质前翅一对，后翅退化成平衡棒。幼虫无足型，蛹多为围蛹。现介绍本目对食用

菌危害较重的类别。

一、多菌蚊

俗称菇蚊或菇蚋，属于双翅目，长角亚目，菌蚊科，多菌蚊属，该属有古田山多菌蚊 *Docosia gutiuushana*、中华多菌蚊 *D. sinensis*。

以古田山多菌蚊为主要优势种（图9-3-1）。

a. 雌成虫　b. 雄成虫　c. 多菌蚊幼虫

图 9-3-1　古田山多菌蚊

1. 形态特征（古田山多菌蚊）

（1）成虫　体长 3.5 ～ 4.5 mm，翅与腹部等长。

（2）卵　通常椭圆形，白色发乳光。幼虫借助于一个几丁质的小助卵器破壳。

（3）幼虫　通常细长，老熟幼虫体长4 ～ 6 mm。体白色，有一明显的黑色头囊，头囊密闭，不可伸缩，上颚相对，处同一平面上。

（4）蛹　大多在室内化蛹，有茧或无茧，一般在附近有食用菌生产的土壤里、黑暗中进行，有时会在疏松的茧里。蛹期十分短。

2. 危害状（图 9-3-2）　多菌蚊是食用菌栽培中最主要的害虫之一。其幼虫直接危害食用菌菌丝和子实体，如双孢蘑菇、茶树菇。

a. 多菌蚊成虫危害双孢蘑菇　b. 多菌蚊幼虫危害茶树菇菌丝体

图 9-3-2　多菌蚊危害状

杏鲍菇、白灵菇、姬松茸、金针菇、秀珍菇、灰树花、毛木耳、黑木耳、银耳和平菇等多种食用菌都是多菌蚊的取食对象。多菌蚊尤其喜食秀珍菇菌丝、钻蛀幼嫩子实体，造成菇蕾萎缩死亡。

幼虫危害茶树菇、金针菇、灰树花子实体时常从柄基部蛀入，在柄中咬食菇肉，造成断柄或倒伏；幼虫咬食毛木耳、黑木耳、银耳子实体时，导致耳基变黑黏糊，引起流耳和杂菌感染。

成虫体上常携带螨虫和病菌，随着虫体活动而传播，造成多种病虫同时交叉与重复危害，严重影响食用菌产量和质量。

3. 生活习性　古田山多菌蚊适宜于中低温环境下生活，在温度 0 ～ 26℃，都能完成正常的生活周期，以 15 ～ 25℃ 为活跃期，成虫喜欢在菌袋口上及菌床上飞行交尾，适温下成虫寿命较长，可达 3 ～ 5 天。在食源丰富，温度适宜的条件下，成虫产卵量达 100 ～ 250 粒，因此每年的 3 ～ 6 月与 10 ～ 12 月，是多菌蚊的繁殖高峰期。当温度在 10 ～ 22℃ 时，卵期 5 ～ 7 天；温度在 18 ～ 26℃ 时，卵期 3 ～ 5 天，孵化期 7 ～ 10 天。幼虫 4 ～ 5 龄，幼虫期 10 ～ 15 天，初孵化的幼虫丝状，群集于水分较多的培养料内，随着虫龄的增长边取食边向培养料内或子实体内钻蛀，老熟幼虫爬出培养料面，在袋边或菇脚处结茧化蛹，以蛹的形式越夏。冬季菇房内幼虫正常取食，延长生长期，无明显的越冬期。

4. 防控方法

（1）合理选择栽培季节与场地　选择不利于多菌蚊生活的季节和场地栽培，在多菌蚊多发地区，把出菇期与多菌蚊的活动期错开，同时选择清洁干燥、向阳的栽培场所。栽培场周围 50 m 范围内无水塘、无积水、无腐烂堆积物，这样可有效地减少多菌蚊寄宿场所，减少虫源也就降低了危害程度。

（2）轮作切断多菌蚊食源　在多菌蚊高发期的 3 ～ 6 月和 10 ～ 12 月，选用多菌蚊不喜欢取食的菇类栽培出菇，如选用香菇、鲍鱼菇、猴头菇等栽培，用此方法栽培两个季节，可使该区内的虫源减少或消失。

（3）重视培养料的前处理工作，减少发菌期多菌蚊繁殖量　生料或发酵料栽培的双孢蘑菇、平菇等易感多菌蚊的品种，应对培养料和覆土进行药剂处理，做到无虫发菌、少虫出菇，轻打农药或不打农药，如双孢蘑菇在经 2 次发酵后，播种前应在料面喷施 4.3% 高氟氯氰·甲·阿维乳油（商品名：43% 菇净乳油）或 5% 除虫脲乳剂 2 000 倍液，驱避发菌期成虫产卵和消灭培养料内幼虫，在覆土后结合喷施调菇水时再用4.3%高氟氯氰·甲阿维乳油1 000倍液喷雾，可防治出菇期多种害虫繁殖危害。

（4）物理防治　在成虫羽化期，菇房加装防虫网（图9-3-3），阻隔成虫飞入危害和繁殖；还可以在菇房内悬挂杀虫灯（图9-3-4），每间隔10 m挂一盏灯，在晚间开灯，早上熄灭，诱杀大量的成虫，可有效减少虫口数量。在无电源的菇房可用黄色的粘虫板（图9-3-5）悬挂于菌袋上方，待黄板上粘满成虫后再换上新的粘虫板使用。

图9-3-3　防虫网阻隔成虫

图9-3-4　频振式杀虫灯诱杀成虫

图9-3-5　黄板诱杀效果

（5）对症下药　在出菇期密切观察培养料中虫害发生动态，当发现袋口或料面有少量多菌蚊成虫活动时，结合出菇情况及时用药，将外来虫源或菇房内始发虫源消灭，则能消除整个季节的多菌蚊虫害。

（6）化学防治　4.3%高氟氯氰·甲·阿维乳油和甲氨基·阿维菌素乳剂用量在1 000倍，Bt（苏云金杆菌）悬浮剂可用4 000～8 000 ITU/μL（ITU是国际毒力单位International Toxicity Unit的缩写），或8 000～16 000 ITU/mg可湿性粉剂100～150 g加水50 kg喷雾，整个菇场要喷透、喷匀。

> **温馨提示**
>
> 　　在喷药前将能采摘的子实体全部采收，并停止喷水1天。如遇成虫羽化期，要多次用药，直到羽化期结束，选择对人和环境安全的药剂，如4.3%高氟氯氰·甲·阿维乳油、Bt、甲氨基·阿维菌素等低毒农药。
>
> 　　使用Bt需在气温18℃以上，宜傍晚施药，可发挥其杀虫最佳效果；对家蚕、蓖麻蚕毒性大，不能在桑园及养蚕场所附近使用；不能与杀菌剂混用，应避光、阴凉、干燥保藏；随配随用，从稀释到使用，一般不要超过2 h。

二、闽菇迟眼蕈蚊

闽菇迟眼蕈蚊 *Bradysia minpleuroti*，又叫黄足菌蚊，属双翅目，眼蕈蚊科（或眼菌蚊科）。

1. 形态特征

（1）成虫（图9-3-6）　雄虫体长2.7～3.2 mm，暗褐色，头部色较深，复眼有毛，眼桥小，眼面3排；触角褐色，长1.2～1.3 mm；第四鞭节长是宽的1.6倍，顶端部短粗。下颚须基节较粗，有感觉窝，有毛7根；中节较短，有毛7根；端节细长毛8根。胸部黑褐色，翅淡烟色，长

1.8～2.2 mm，宽0.8～0.9 mm，足的基节和腿节污黄色，转节黄褐色，胫节和跗节暗褐色，前足基节长0.4 mm，腿节与胫节长各为0.6 mm，跗节长0.7 mm，胫节的胫梳1排，梳6根，爪有齿2个；腹部暗褐色，尾器基节宽大，基毛小而密，中毛分开不连接，端节小，末端较细，内弯，有3根粗刺。雌虫较大，体长3.4～3.6 mm；触角较雄虫短，长1 mm；翅长2.8 mm，宽1 mm；腹部粗大，端部细长，阴道叉褐色，细长略弯，叉柄斜突。

（2）卵　长0.24 mm，宽0.16 mm，长圆形，初期淡黄色，半透明，后期白色，透明。

（3）幼虫　初孵化体长0.6 mm，老熟幼虫6～8 mm，体乳白色，头部黑色，圆筒形。

（4）蛹　在薄茧内化蛹，蛹长3～3.5 mm，初期乳白色，后期黑色。

2.危害状　以幼虫咬食菌丝、原基和子实体，被害后造成退菌、原基消失、菇蕾萎缩、缺刻和子实体孔洞等危害状。被害部位呈糊状，颜色变黑，菇质呈现黏糊状，继而感染各种病菌，造成菌袋污染报废。闽菇迟眼蕈蚊主要侵害南方秋冬季地区毛木耳、鲍鱼菇、秀珍菇（凤尾菇）、双孢蘑菇（图9-3-6）等品种。

图9-3-6　双孢蘑菇被害状

3.生活习性　闽菇迟眼蕈蚊在福建漳州、龙海、莆田等地发生多，危害重。温度低于13℃时，幼虫活动缓慢；当温度在16～26℃，幼虫大量取食和繁殖。幼虫期10～15天，蛹期4～5天，成虫3～4天，卵期6～7天，产卵量100～300粒，以蛹或卵的形式越夏，以蛹或幼虫的形式越冬。每年发生2～3代。

4.防控方法　参照多菌蚊的防控方法。

三、中华新蕈蚊

中华新蕈蚊 *Neoempheria sinica* 属双翅目，菌蚊科。

1.形态特征（图9-3-7）

a.成虫　b.幼虫　c.蛹

图9-3-7　中华新蕈蚊

（1）成虫　黄褐色，体长5～6.5 mm；头部黄色，触角中间到头后部有一条深褐色纵带穿过单眼中间；单眼2个，复眼大，紧靠复眼后缘各有1前宽后窄的褐斑；触角长，鞭节14节；下颚须褐色，3节；胸部发达，背板多毛并有4条深褐色纵带，中间两条长，呈"V"字形；前翅长5 mm，宽1.4 mm，其上有褐斑；足细长，胫节末端有一对距；腹部9节，1～5节背板后端均有深褐色横带，中部连有深褐色纵带。

（2）卵　椭圆形，但顶端尖，背面凹凸不平，腹面光滑。

（3）幼虫　初孵时体长1～1.3 mm，老熟时10～16 mm，头壳黄色，胸和腹部淡黄色，共12节，气门线深色波状。

（4）蛹　体长5.1 mm，宽1.9 mm；初蛹乳白色，后渐变淡褐色至深褐色。

2.危害状　幼虫危害食用菌的菌丝体和子实

体，多爬行于菌丝之间咬食菌丝，使菌丝量减少，培养料变黑、松散、下陷，造成出菇困难。出菇以后，幼虫从菇柄基部蛀入取食，并蛀到子实体内部，形成孔洞和隧道，其中以原基和幼菇受害最为严重。虫口数量大的部位幼菇发育受到抑制，并使被害菇变褐后呈革质状，或群集蛀空菌柄，使被害菇变软呈海绵状，最后腐烂，如图9-3-8、图9-3-9所示。

图9-3-8　毛木耳被害状

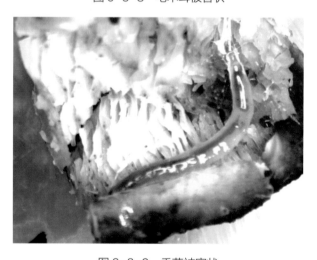

图9-3-9　香菇被害状

3. 生活习性　成虫的盛发期在3～4月和10～11月，有很强的趋腐性和趋光性。成虫的卵多数产在培养料缝隙表面和覆土上，很少产在子实体上。幼虫喜在15～28℃的温度下活动，生长发育较好。老熟幼虫多在土层缝隙或培养料中做室化蛹。该菌蚊食性杂，喜腐殖质，常集居在不洁净之处，如垃圾、废料、死菇和菇根上。

4. 防控方法　参照多菌蚊的防控方法。

四、真菌瘿蚊

危害食用菌的瘿蚊有真菌瘿蚊 *Mycophila fungicola*、异翅瘿蚊 *Heteropeza Pygmaea*。

其中以真菌瘿蚊为常见种。

1. 形态特征（图9-3-10）

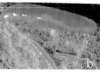

a. 成虫　b. 幼虫　c. 蛹

图9-3-10　真菌瘿蚊（黄年来　供图）

（1）成虫　成虫似同细小家蝇，体长1.07～1.12 mm，展翅1.8～2.3 mm。触角念珠状，每节上都有环生、放射状细毛；头黑色，复眼较大，左右连接；腹、足和平衡棒为橘红色或淡黄色；腹部可见8节；末节有2个尾突状外生殖器；足细长，基节较短，胫节长而无端距；前翅透明，翅脉简单；足有4根或5根纵脉。

（2）卵　长0.23～0.26 mm，长圆锤形，初产时呈乳白色，以后慢慢变为橘黄色。

（3）幼虫　幼虫呈纺锤形蛆状，有性繁殖孵化的幼虫，体长0.20～0.30 mm，白色；无性繁殖破壳复生的幼虫，长1.3～1.46 mm，淡黄色（从母体中带的色素）；老熟幼虫体长2.3～2.5 mm，橘红色或淡黄色，无足，在中胸腹面有一个端部分叉的红褐色或黑色的剑骨。

（4）蛹　蛹倒漏斗形，前端白色，半透明，后端腹部橘红色或淡黄色，蛹长1.3～1.6 mm。头顶2根毛，随着时间的延长，蛹的复眼和翅芽转为黑色。

2. 危害状　瘿蚊危害期主要在秋、冬、春季的中低温时期，以幼虫危害多种食用菌的菌丝和子实体［图9-3-10（b）、图9-3-11、图9-3-12］。

图 9-3-11　真菌瘿蚊危害双孢蘑菇

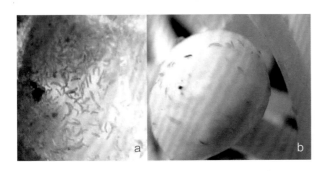

a 危害菌丝　b. 危害子实体

图 9-3-12　真菌瘿蚊危害金针菇

3. 生活习性　在丰富的食源中，很快就在培养料和子实体的菌褶内繁殖大量幼虫，幼虫咬食菌丝和子实体，带虫的子实体降低了商品性。瘿蚊幼虫也能携带杂菌，致使病菌在伤口上侵入而引发病害。在温度为 5 ～ 25℃，瘿蚊能取食菌丝和子实体并以母体繁殖，3 ～ 5 天繁殖一代，每只雌虫产出 20 多条幼虫，虫口数量迅速递增，很短的时间就在菇床的料面和子实体中出现橘红色的虫体。遇干燥时，虫体密集结成球状，以保护生存，待环境适合时，球体瓦解，存活的幼虫继续繁殖。幼虫喜潮湿环境，在潮湿的培养料上可爬行，在干燥处虫体很快失水死亡。虫体可用自身卷曲的弹力，向远处迁移。温度在 5℃以下时，以幼虫形式在培养料中休眠越冬。在 30℃以上时，虫体转为蛹的形式越夏，等待温、湿度适宜时成虫产卵，进入下一世代的繁殖。成虫羽化多在 16 时前后，少量在 10 时左右，成虫羽化 2 ～ 3 h 后出现雌雄交尾，雄虫交尾后不久死亡，雌虫交尾后短期内在培养料间产卵或在菇床土缝间产卵，每处产卵 2 ～ 3 粒，每只雌虫可产 10 ～ 28 粒，

产完后在 1 ～ 2 天内死亡，未经交配的成虫寿命为 2 ～ 3 天。卵在室温 18℃，空气相对湿度 20%～ 30%时，卵期 4 天左右。室温 0 ～ 10℃，空气相对湿度 10%～ 15%时，幼虫经过 11 ～ 13 天，老熟幼虫进入培养料表层或土块表面处做土室化蛹。在羽化的蛹体不断地左右蠕动，1 ～ 3 h 后羽化。在室温 18 ～ 20℃，空气相对湿度在 68%～ 75%时，蛹期 3 ～ 7 天。

4. 防控方法　双孢蘑菇培养料宜进行二次发酵，杀死培养料中的虫卵，减少出菇期的虫源。平菇尽量用灭菌熟料栽培，发菌场所保持适当的低温和干燥，能有效地控制瘿蚊危害，在常年发生瘿蚊危害的旧菇房内栽培双孢蘑菇，其培养料和覆土材料先拌药处理，可有效地减少瘿蚊危害。在出菇期遇瘿蚊暴发时，采菇后喷 4.3%高氟氯氰·甲·阿维乳油 1 000 倍液可有效地减少虫口数量。

五、广粪蚊

广粪蚊 *Cobolidia fuscipes* 属双翅目、粪蚊科。

1. 形态特征（图 9-3-13）

（1）成虫　体长 1.7 ～ 2.1 mm，体黑亮、少毛，是小型粗壮的蚊类。头小，触角短粗棒状，共 10 节。单眼 3 个，复眼发达。胸部高而隆起，翅长 1.5 mm，宽 0.6 mm，灰色，翅端较圆，足粗短。腹部圆筒形，有 7 节。

a. 成虫　b. 初羽成虫　c. 幼虫　d. 老熟幼虫　e. 蛹

图 9-3-13　广粪蚊

（2）卵　长 0.11 ～ 0.2 mm，宽 0.12 mm，长圆形，初产乳白色，孵化前变亮，表面光滑。

（3）幼虫　刚孵化出的小幼虫体长 0.3 mm，色稍白灰；老熟幼虫体长 1.8 mm，体稍扁，淡灰褐色。头黄色，头后缘有一黑边。触角棒状，有小分支。体 13 节，背面可见 11 节。

（4）蛹　裸蛹，体长 1.7 ～ 3.2 mm，褐色，气门明显。

2.危害状　以幼虫危害平菇培养料、菌丝、原基和子实体。高温时期，毛木耳及平菇的耳片和原基遭受幼虫危害。被害后造成培养料松散、黏糊，失去出菇能力。耳片被害后造成缺刻、孔洞和流耳，随之被绿霉等杂菌感染。如图 9-3-14 所示。

图 9-3-14　幼虫吞食菌丝体

3.生活习性　在气温 15 ～ 30℃的春、夏季节，是广粪蚊活动期，秋天危害较轻，春、夏季危害严重，以 4 ～ 6 月栽培的毛木耳和平菇受害严重，虫体以老熟幼虫和蛹在培养料中越冬，以蛹的形式越夏。

4.防控方法　参照多菌蚊的防控方法。

六、蚤蝇

蚤蝇属双翅目，芒角亚目，蚤蝇科。危害食用菌蚤蝇种类有：白翅蚤蝇 *Megaselia* sp.、东亚异蚤蝇 *M. spiracularis*、蘑菇虼蚤蝇 *Puliciphora fungicola* 和短脉异蚤蝇 *M. curtineura* 等。

其中以短脉异蚤蝇（图 9-3-15）对食用菌的

危害最为普遍和严重。

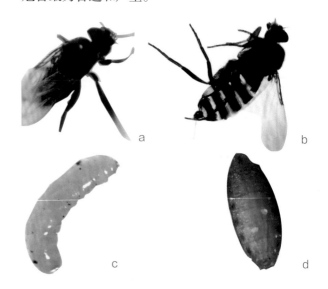

a.成虫正面　b.成虫侧面　c.幼虫　d.蛹

图 9-3-15　短脉异蚤蝇

1.形态特征

（1）成虫　体长 1.1 ～ 1.8 mm，雌成虫一般比雄成虫个头稍大，体黑色或黑褐色；头、胸、腹、平衡棒黑色，足、下颚须土黄色；复眼深黑色，大，馒头形，两复眼无接触；触角 3 节，基部膨大呈纺锤形，触角芒长；胸部大，中胸背板大、向上隆起呈驼背形；翅透明，翅长过腹，翅脉前缘基部 3 条粗壮，中脉及其他脉细弱；腹部 8 节，圆筒形，除末节外，各节几乎等粗，末节有 2 个尾状突；足基节、腿节粗肥，各节密布微毛。

（2）卵　圆至椭圆形，白色，表光滑。

（3）幼虫　体长 2 ～ 4 mm，蛆形，无足，无明显头部，体有 11 节痕，乳白色至蟹黄色，前端狭后端宽，体壁多有小突起。

（4）蛹　围蛹，长椭圆形，两端细，黄色至土黄色，腹面平而背面隆起。

2.危害状　主要以幼虫咬食中高温期的食用菌菌丝和子实体（图 9-3-16），如平菇和毛木耳在发菌期极易遭受幼虫蛀食，菌袋内菌丝被蛀食一空，只剩下黑色的培养料，致使整个菌袋报废。成虫只蛀食新鲜的富含营养的菌丝，长过菇的菌丝或菌索未发现被害现象。幼虫蛀食子实体形成孔洞和隧道，使子实体萎缩、干枯失水而死亡。

a. 毛木耳菌袋被害状　b. 平菇料面上的幼虫和蛹　c. 发菌中的平菇被害状（上部为正常菌袋）　d. 菌袋断面对照（左为被害状，右为正常菌丝）

图 9-3-16　短脉异蚤蝇危害菌袋

3. 生活习性　短脉异蚤蝇耐高温，在气温 15～35℃的 3～11 月为活动期，尤其在 5～10 月是危害高峰期。在菇房保温条件下，春季的 3 月中旬、菇房内温度达 15℃以上时，开始出现第一代成虫，成虫体小、隐蔽性强，往往是进入暴发期后才被发现。成虫不善飞行，但活动迅速，善于跳跃，在袋口上产卵，7～10 天后孵化出幼虫，幼虫钻蛀菌袋内咬食菌丝。第二代成虫在 4～5 月产卵。到第三代以后出现世代重叠现象。在 15～25℃，35～40 天繁殖 1 代；在 30～35℃，20～25 天繁殖 1 代。幼虫期 7～10 天，老熟幼虫钻出袋口，在培养料表面、袋壁和菇柄上化蛹，蛹期 5～7 天，成虫期 5～8 天，卵期 3～4 天。11 月后以蛹在土缝和菌袋中越冬。高温平菇、草菇、双孢蘑菇和鸡腿菇等是短脉异蚤蝇的取食对象，尤其是平菇，在开袋后遭短脉异蚤蝇危害，只能生长一茬菇。若发菌期遭短脉异蚤蝇蛀食，常导致菌丝体被吃净，袋内只剩下培养料。在南京地区的平菇，夏秋季短脉异蚤蝇危害严重，常常出现整座菇房菌袋报废，生产停止的现象。

4. 防控方法　菇房应远离垃圾场地，并及时铲除菇房四周杂草，减少短脉异蚤蝇的寄居场所。发菌袋与出菇袋不宜同放一座菇房，以免成虫趋向发菌袋产卵危害。虫口发生量大的菌袋要及时回锅灭菌后重新接种。及时清除菌渣，虫源多的废料要及时运至远处或就地烧毁，防止虫卵继续繁殖危害。菌袋发菌期发现成虫在袋口处活动时，要及时用药防治，选择能熏杀成虫的药剂，可用磷化铝熏蒸 10 h，在纱窗上喷雾 4.3% 高氟氯氰·甲·阿维乳油。出现幼虫钻入菇袋内时及时将菌袋从菇房出取出销毁。

七、黑腹果蝇

黑腹果蝇 *Drosophila melanogaster* 属果蝇科害虫。

1. 形态特征（图 9-3-17）

a. 雄成虫　b. 雌成虫　c. 蛹

图 9-3-17　黑腹果蝇

（1）成虫　体长在 5 mm 以下，黄褐色，腹末有黑色环纹，复眼有红、白色 2 种变型，触角第三节圆形，腹部粗短，臀式小。

（2）卵　乳白色，长约 0.5 mm，背面前端有一对触角。

（3）幼虫　体长 4.5～5.5 mm，乳白色，似蛆形。

（4）蛹　围蛹，初期白色而软化，后渐硬化变为黄褐色。

2. 危害状　主要以幼虫危害平菇、毛木耳、黑木耳等菇类的子实体和菌丝，造成子实体萎缩、干瘪和烂耳等，并导致杂菌污染，菌棒（或菌袋）发生水渍状腐烂，严重影响食用菌的产量和质量（图 9-3-18、图 9-3-19）。

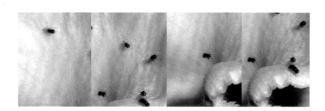

图9-3-18 黑腹果蝇成虫危害平菇子实体

图9-3-19 黑腹果蝇幼虫危害平菇菌丝

3. 生活习性　黑腹果蝇生活史短，繁殖率高，每年可繁殖多代，适温范围广，10～30℃条件下成虫都能产卵和繁殖，30℃以上成虫不育或死亡。10℃由卵到幼虫需经57天，15℃时需要18天，20℃时需要6天，25℃仅需4～5天。成虫喜欢在腐烂水果、发酵料上取食和产卵，幼虫孵化后取食菌丝、子实体，老熟后爬至较干燥的菌袋壁上化蛹。

4. 防控方法

（1）诱杀成虫　根据成虫喜欢在烂果、发酵料上取食和产卵的特性，在菇房出现成虫时，取一些烂果或酒糟放在盆内，倒入80%敌敌畏乳油1000倍液诱杀成虫。

（2）其他　参照短脉异蚤蝇的防控方法。

八、毛蠓

毛蠓 *Psychoda* sp.，又称蛾蚋、菇蛾蠓，属双翅目长角亚目，毛蠓科或蛾蠓科，蛾蚋属。

1. 形态特征（图9-3-20）　体长3～5 mm，体色灰褐色，翅膀布满灰色的细毛，翅面具不明显的白色细小斑点，触角长，形态酷似蛾类，微小至小型，体翅多毛，翅常呈梭形，纵脉多。

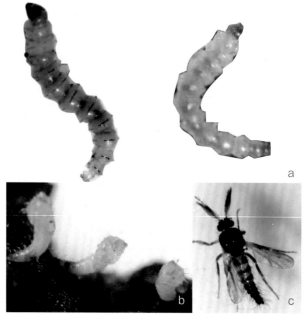

a. 幼虫　b. 培养料中毛蠓的蛹　c. 成虫

图9-3-20 毛蠓

2. 危害状　毛蠓是中高温期在食用菌培养料中生活的小蠓虫，如图9-3-21所示。被毛蠓幼虫取食后的培养料变黑，呈黏糊状并散发出臭味，被害处杂菌增多，无法出菇。

图9-3-21 秀珍菇培养料中的毛蠓幼虫

3. 生活习性　当菇房中温度达20℃以上，空气相对湿度达85%以上，出菇菌袋中培养料松散，水分过多，菌丝抗性下降时，较易引发毛蠓取食危害。幼虫常几十只群集一起取食，不易活动，就地化蛹，成虫微小不善飞翔，把卵产在培养料腐烂处。当培养料干燥时幼虫死亡，或钻入木耳原基或耳片的缝隙处以及伞菌类的菌褶内部，影响子实体品质。

4.防控方法　参照多菌蚊的防控方法。

九、家蝇

家蝇 *Musca domestica* 属双翅目，蝇科。

1.形态特征　如图9-3-22所示。

a.成虫在发酵料上产卵　b.成虫在袋口处活动　c.蛹

图9-3-22　家蝇

（1）成虫　体长5～8 mm，灰褐色，复眼红褐色。雄蝇复眼在额部几乎接近，雌蝇两眼分离。胸部有4条等宽黑色纵纹，1对翅。腹部正中有黑色纵纹。

（2）卵　长约1 mm，乳白色，呈香蕉形。卵壳的背面有2条脊，脊间的膜最薄，卵孵化时壳在此处裂开，幼虫钻出。

（3）幼虫　称蝇蛆，呈锥形，前端尖，后端钝圆，有明显的体节，通常为11节。初孵幼虫体长约2 mm，3龄老熟幼虫体长8～12 mm。1～3龄幼虫的体色逐渐由透明、乳白色变为乳黄色。

（4）蛹　长约6.5 mm，长椭圆形，初化蛹时黄白色，几小时后变红褐色，羽化前呈黑褐色。

2.危害状　在培养料堆积发酵期间，家蝇成虫产卵于堆料中，幼虫群集于料面取食。在高温期覆土栽培的斑玉蕈、草菇、双孢蘑菇等品种，当原基形成菇蕾成长时，成虫产卵于子实体上，幼虫取食原基后可造成原基消失或腐烂，幼菇菌柄被蛀食，使子实体发黄、萎缩、倒伏（图9-3-23）。

图9-3-23　家蝇

3.生活习性　气温上升至15℃以上时，成虫开始活动，在25～35℃时家蝇繁殖世代周期为10～15天。每只雌成虫产卵量达600～800粒。

夏季草菇培养料发酵不彻底，虫卵带入菇房，出菇时菇房内幼虫暴发，成虫也飞满菇房。夏季培养料拌料和装袋期间，在料内放入糖和麸皮，会吸引大量的家蝇成虫取食和产卵，家蝇也会钻入菌种瓶内产卵危害。

4.防控方法　发酵料应及时翻堆和进行二次发酵，利用发酵高温杀灭家蝇虫卵，并在培养料中按料∶药1∶4 000加入25%除虫脲乳剂，可显著减少发酵期的蚊蝇产卵危害，并减少环境污染。菇房宜封闭，用空调控温，遮光，防止家蝇飞入产卵危害。

十、异迟眼蕈蚊

异迟眼蕈蚊 *Bradysia difformis* 属眼蕈蚊科（或眼菌蚊科）。

1.形态特征（图9-3-24）

（1）成　虫　雄虫体长1.4～1.8 mm，褐

色，复眼黑色、裸露、无眼桥，触角16节，下颚须3节，有毛3～7根，翅灰褐色。腹部末端的尾器宽大，端节短粗。顶端钝圆有毛。雌虫体长1.6～2.3 mm，褐色。

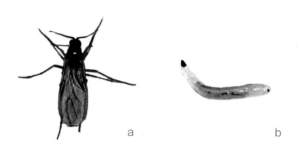

a.成虫　b.幼虫

图9-3-24　异迟眼蕈蚊

（2）卵　椭圆形，乳白色。

（3）幼虫　体长5～7 mm，蛆形，体乳白色，头部黑色。

（4）蛹　被蛹，褐色。

2.危害状　此虫主要分布在北美洲和欧洲，我国的北京、河北、江苏、云南等地也有分布与危害。其幼虫危害双孢蘑菇、平菇（图9-3-25）、灰树花、茶树菇、秀珍菇等食用菌的菌丝和子实体。

图9-3-25　平菇被害状

3.生活习性　异迟眼蕈蚊在河北等地一年发生3～4代，雌虫产卵量为50粒左右，最大可达100粒，从产卵到羽化的发育历期约18天，雄虫比雌虫羽化早1～2天。幼虫共4龄，卵期为3～4天，幼虫期10～12天，蛹期为3～4天。一般在4月初至5月中旬为成虫羽化期，各代幼虫出现时间

为：第一代4月下旬至5月下旬，第二代6月上旬至下旬，第三代7月上旬至10月下旬，第四代（越冬代）10月上旬至翌年5月初。

4.防控方法　参照多菌蚊的防控方法。

第二节
革翅目害虫

蠼螋

蠼螋俗称耳夹子虫，又名剪刀虫，属于有翅亚纲革翅目、蠼螋科。咀嚼式口器。前翅短，革质，作截断状；后翅大，半圆形，膜质，或缺如。腹端有强大尾夹状尾须，不分节。栖土石、树皮杂草中，杂食性或肉食性。成虫有护卵和若虫的习惯。我国分布最广的是一种原蠼螋 *Labidura riparia*（图9-3-26），该种是世界共有的种。我国常见的种类有红褐蠼螋 *L. Forficula scudderi* 及日本原螋 *L. japonica*。

蠼螋能危害竹荪、草菇、平菇菌丝，影响菌丝体扭结现蕾，咬食子实体，形成凹塘和缺刻，严重时能食尽子实体。

图9-3-26　蠼螋成虫

1.形态特征

（1）成虫　头呈扁阔形，通常有"Y"字形盖缝，顶部扁平或隆凸。缺单眼，复眼大小不一；触角10～50节不等，脆弱易断，鞘翅和翅发达，

盖住中胸背板。前翅短截，后翅纵褶如扇，藏于鞘翅之下，只露出革翅的翅柄，后翅展开时呈宽卵形，有放射状的翅脉。足通常较短，部分种类细长，腹部11节，第十一节由臀板代替。所以雄性可见10节，而雌性由于第八、第九节隐藏不见，只可见到8节，腹端有尾夹，雌夹简单而直，雄夹发达多变化。

（2）若虫　与成虫相似，若虫个体较小，触角节数少。

（3）卵　球形。

2. 危害状　蠼螋从若虫到成虫均能危害食用菌的菌丝体和子实体（图9-3-27）。

图9-3-27　毛木耳菌袋上的蠼螋

种在地面又经覆土栽培的食用菌种类最易遭受蠼螋危害，如平菇、竹荪、草菇、双孢蘑菇、木耳类等品种都易被蠼螋取食危害。成、若虫可钻入覆土层咬食菌丝，也咬食菇蕾和子实体，造成菇蕾被食尽，大的子实体表面被咬食成孔洞、缺刻（图9-3-28），严重时还钻入子实体内部将菌肉吃空只剩外壳。

菇场内虫口密度大时也能造成严重的损失。

a. 采收的双孢蘑菇被害状　　b. 菇床上双孢蘑菇被害状

图9-3-28　双孢蘑菇被害状

3. 生活习性　蠼螋每年发生的代数因各地域温度差异而不同。成虫昼伏夜出，活动迅速。食性较杂，有些种类具有肉食性。成虫产卵于土中，雌虫常守护其上，孵化后仍有保护子代的特性。

4. 防控方法　做好菇房四周的清洁卫生工作，在菇房的走道和角落撒上石灰，切断其通道。在夜间用应急灯或电筒照射，捉拿成虫。当虫口密度大时，将菇采收后，喷施4.3％高氟氯氰·甲·阿维乳油500～1 000倍液，可驱杀成虫。

第三节
鞘翅目害虫

鞘翅目昆虫多为甲虫，属有翅亚纲、全变态类。

一、黑光伪步甲

黑光伪步甲 *Ceropria intuta*，又称鱼儿虫或黑壳子虫，属鞘翅目，拟步行虫科。

1. 形态特征（图9-3-29）

（1）成虫　体长9～12 mm，长椭圆形，初羽化时黄白色，后变为蓝褐色。鞘翅具有青、蓝、紫多种色的金属光泽。

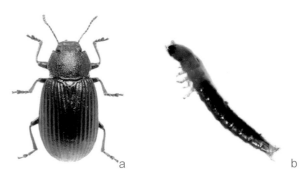

a. 成虫　b. 幼虫

图9-3-29　黑光伪步甲

（2）卵　长 0.8 ～ 0.9 mm，椭圆形，乳白色，表面光滑。

（3）幼虫　老熟幼虫体长 9.5 ～ 12 mm，灰褐色，体背部有黑色圈。

（4）蛹　裸蛹，初化蛹为乳白色，后变为黄白色。

2.危害状　黑光伪步甲在长江以北地区主要危害段木栽培黑木耳，成虫和幼虫都能咬食生长期的子实体，被害后的子实体凹凸不平或被咬食成孔洞，并能取食贮藏期的黑木耳。在南方地区，成、幼虫主要咬食贮藏期的灵芝。灵芝菌盖被害后，形成中空，菌盖内部充满绒毛状、似头发丝状的黑褐色粪便。

3.生活习性　黑光伪步甲在长江中下游地区，一年发生 1 ～ 2 代，成虫自 9 月开始在树洞、石缝或是干菇内越冬，4 ～ 6 月出来继续取食和产卵。幼虫活动期 5 ～ 11 月。雌成虫产卵量 30 ～ 80 粒。成虫善爬行，不善于飞翔，受惊后有假死现象，有群集性，昼伏夜出。幼虫活动性大，食量大，一朵灵芝盖内有 4 ～ 6 只幼虫十余天即将菌盖蛀食一空。

4.防控方法　保持菇房清洁干净，及时清除菌渣和表土层，铲除菇房周围杂草，减少成虫的越冬场所。子实体生长期，常检查子实体是否有被害状，如发现有虫害，应及时防治。另外，灵芝子实体在收获后也要勤检查，发现有虫眼的灵芝要及时挑出，扒开菌盖，将虫体消灭，防止带虫贮藏。发现成、幼虫危害，及时用 4.3% 高氟氯氰·甲·阿维乳油 1 000 倍液喷雾，药后 3 天检查死亡率，如有少量虫体存活仍需继续用药防治。

二、脊胸露尾甲

脊胸露尾甲 *Carpophilus dimidiatus*，又名米出尾虫和米露尾虫，属于鞘翅目，露尾甲科。

1.形态特征（图 9-3-30）

（1）成虫　体长 2 ～ 3.5 mm，倒卵形至两

a.成虫　b.幼虫

图 9-3-30　脊胸露尾甲

侧近平行，表皮淡栗褐色至黑色。鞘翅有一淡黄色宽纹，自肩部斜至翅内缘端部。触角第二节远短于第三节。前胸背板横宽，近基部 1/3 最宽，侧缘弧形。两鞘翅合宽大于其长。前脊折缘上的刻点粗而密，刻点间光滑。前胸腹板在两基节之间略隆起。

（2）卵　长 0.5 ～ 1.0 mm，宽 0.2 ～ 0.3 mm，呈肾形，初产时乳白色，有光泽，表面光滑或略糙；卵壳薄而透明，随胚胎发育完成渐变为淡黄白色。

（3）幼虫　初孵幼虫 0.3 ～ 0.5 mm，乳白色，透明；老熟幼虫体长 5.0 ～ 6.0 mm，宽 1.0 ～ 1.1 mm，淡黄白色，腹部肥大，表皮有光泽且具多量微小尖突。触角 3 节，短于头长，基部后方各有相连的色斑 2 个，色斑后方有单眼 2 个。上颚白叶内缘有多量简单的弱骨化齿，下颚叶端部的刚毛尖长。第九腹节的臀突 2 个，近末端突然收缩，且臀突间狭而呈圆形。气门环双室状，各有骨化气门片，中胸气门位于前、中胸之间侧面的膜质部上，第一至第八腹节气门位于背侧部，第一对气门位于腹节前部的 1/3 处，其余气门位于腹节中部。

（4）蛹　裸蛹，长 2.0 ～ 3.5 mm，宽 1.0 ～ 1.3 mm；乳白色，有光泽；胸、腹部多粗刺，粗刺上有微毛，头部隆起，有多量微毛，无粗刺。

2.危害状　此虫分布广泛，世界各地均有发生。食性杂，幼虫蛀食多种贮藏期间的粮食、干果和食用菌干品，其中灵芝、香菇、木耳等食用菌子实体均可被蛀食。蛀食子实体造成孔洞和隧道，并充满黑色柱状粪便。

3.生活习性　脊胸露尾甲在热带及亚热带地区一年发生 5 ～ 6 代，以成虫群集于子实体内或

在仓库内隐蔽处越冬。每年的 5～10 月为活动盛期。越冬成虫多在 3 月开始产卵，每只雌虫产卵 175～225 粒。幼龄幼虫咬食子实体外表，长大后蛀入子实体内部，可把子实体蛀空。室内饲养观察及实地调查数据表明，每代历期 35～40 天，卵历期 3～5 天，幼虫期 18～20 天，蛹期 8 天。成虫夏季寿命 63 天，冬季 200 天。在夏季适宜时 18 天即可完成 1 代，冬季低温则需 150～200 天才可完成 1 代，世代重叠现象明显。成虫行动迟缓，但飞翔力较强，喜在黄昏时飞出仓外寻找食物，并能在田间生活。有趋光性、群居性和假死性。

4. 防控方法　食用菌子实体采收后及时烘干包装，在烘烤后期温度控制在 50～65℃，经 5～7 h 能将虫卵烘死。烘干后及时装入密封的容器内，既防潮又可防止成虫进入产卵。贮藏期发现虫害，应将干品再次烘干，或放入 -5℃ 的冰箱 7～10 天，冻死害虫。

三、锯谷盗

锯谷盗 *Oryzaephilus surinamensis* 属鞘翅目，锯谷盗科。

1. 形态特征

（1）成虫　长 2～3.5 mm，扁长椭圆形，深褐色，体上被黄褐色密的细毛。头部大三角形，复眼黑色突出，触角棒状 11 节；前胸背板长卵形，中间有 3 条纵隆脊，两侧缘各生 6 个锯齿突；鞘翅长，两侧近平行，后端圆；翅面上有纵刻点列，雄虫后足腿节下侧有 1 个尖齿。幼虫扁平细长，体长 3～4 mm，灰白色，触角与头等长，3 节，第三节长度为第二节的 2 倍，胸足 3 对，胸部各节的背面两侧均生一暗褐色近方形斑，腹部各节背面中间横列褐色半圆形至椭圆形斑。

（2）幼虫　体长 4～4.5 mm，细长筒形，灰白色。

（3）卵　长约 0.57 mm，椭圆形，一端稍细且弯曲。

（4）蛹　体长约 3 mm，雌蛹的肉刺为 3 节，雄蛹为 2 节。

2. 危害状　锯谷盗发生面广，世界各地均有发现。杂食性强，其成虫和幼虫均能蛀食食用菌干品、粮食和药材等。食用菌子实体被蛀食后造成破碎和孔洞（图 9-3-31），失去商品性。

图 9-3-31　锯谷盗在菇柄中危害

3. 生活习性　15～35℃ 的气温时段，是成虫和幼虫活动期，25～30℃ 时完成 1 代为 20～30 天。南方地区 1 年发生 4～5 代，北方地区 1 年发生 2～3 代。成虫在仓库缝隙或食用菌子实体内越冬。每只雌成虫可产卵 50～300 粒。雌成虫期一般为 6～10 个月，幼虫期 12～75 天，蛹期 6～12 天，卵期 3～7 天。锯谷盗的危害程度随着被取食物的含水量增加而加大。在温度 30℃ 及空气相对湿度 80% 的条件下，整个世代周期缩短，代数增加，危害程度加重。其成、幼虫的抗药性很强，一般药剂难以杀死。

4. 防控方法　参照脊胸露尾甲的防控方法。

四、土耳其扁谷盗

土耳其扁谷盗 *Cryptolestes turcicus* 属鞘翅目，扁甲科。

1. 形态特征（图 9-3-32）

（1）成虫　雄虫体长 1.62 ～ 2.71 mm，雌虫体长 1.5 ～ 2.1 mm，体长扁形。全体赤褐色，有显著光泽。头部唇基前缘近圆形；复眼圆形，黑色，较突出；触角 11 节，丝状细长；胫节末端较膨大。前胸背板近方形，前缘角稍带圆形，后缘角较尖。雄虫跗节 5-5-4 式；雌虫跗节 6-5-5 式。

a. 成虫　b. 幼虫

图 9-3-32　土耳其扁谷盗

（2）卵　长 0.4 ～ 0.5 mm，椭圆形，乳白色。

（3）幼虫　老熟幼虫体长 3.5 ～ 4.5 mm，长形，触角 3 节，前胸腹面具丝线 1 对，端部略向内弯，顶端具长刚毛，毛端略弯。

（4）蛹　长 2 mm 左右，淡黄白色。

2. 危害状　幼虫和成虫均能蛀食香菇（图 9-3-33）、草菇等干品，还蛀食谷物等食品。危害后造成子实体孔洞、破碎，失去商品性。

图 9-3-33　香菇菌褶被害状

3. 生活习性　视各地区温度变化，每年发生 3 ～ 6 代。以成虫在取食的物品中越冬。成虫产卵于食物中，雌成虫产卵量 20 ～ 80 粒。老熟幼虫用蛀食的粉屑做成薄茧化蛹。此虫为高温性害虫，在温度 32℃、空气相对湿度 90% 时一代周期只需 28 天。而在 21℃ 以下需 80 ～ 100 天。

4. 防控方法　参照脊胸露尾甲的防控方法。

五、窃蠹

窃蠹 *Lasioderma serricorne* 属鞘翅目，窃蠹科。

1. 形态特征（图 9-3-34）

a. 幼虫　b. 蛹　c. 成虫

图 9-3-34　窃蠹

（1）成虫　体长 2 ～ 6 mm，卵圆形，红或黑褐色；体表具半竖立毛；头部被前胸背板覆盖；触角 9 ～ 11 节，端部 3 节明显膨大；上颚短宽，三角形；上唇明显，但非常小；前胸背板前端圆，后缘弧形相连；鞘翅具明显的纵纹；足细长，前足基节窝开放，基前转片外露，后足基节横宽，具沟槽，可纳入腿节；跗节 5-5-5；腹部可见 5 节。

（2）卵　长约 0.5 mm，长椭圆形，淡黄色。

（3）幼虫　触角 2 节，腹部各节背面具横的小刺带。

（4）蛹　长约 3 mm，椭圆形，乳白色。前胸背板后缘两侧角突出。复眼明显。

2. 危害状　以幼虫和成虫蛀食多种食用菌干品和粮食干品，危害食用菌干品造成孔洞，严重时内部被蛀空，只剩粉末。

3. 生活习性　在灵芝干品中常年发现成虫和幼虫危害。在温度 5 ～ 35℃，成虫和幼虫均能取食危害。窃蠹是近年来灵芝干品中的主要害虫。

4.防控方法 参照脊胸露尾甲的防控方法。

六、食菌花蚤

食菌花蚤（*Mordellistena* sp.）属鞘翅目，花蚤科。

1.形态特征

（1）成虫 体长平均为 2.1 mm，体宽 1.8 mm。体形小，近似长椭圆形。体暗色、赤褐色或栗褐色；触角、下唇须、下颚须及足均为淡褐色或棕黄色。体背及腹面密生灰白色短绒毛，尤以背面绒毛较多。

（2）幼虫 一般圆筒状，或短或粗壮，长 5～16 mm，通常短于 10 mm；白色，有足。

2.危害状 食菌花蚤是夏季高温时期危害食用菌的甲虫。成虫群集于子实体表面，咬食子实体、培养料和菌丝。

近年发现覆土栽培食用菌，如大球盖菇（图9-3-35）、灵芝、平菇等，在初夏期间常遭食菌花蚤危害，咬食菌盖造成孔洞和缺刻。

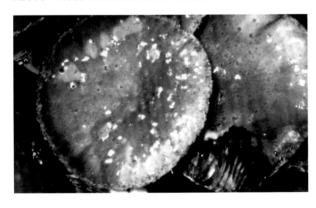

图9-3-35 大球盖菇被害状

在毛木耳菌袋上也发现有食菌花蚤危害菌丝和耳片。

3.生活习性 在温度 20～30℃，菇房内空气相对湿度在 85％以上，尤其是光线较暗的菇房内，成虫群集量较多，受惊后成虫迅速逃离。

4.防控方法 适当降低菇室内空气相对湿度，提高光线强度，能有效地降低食菌花蚤的危害程度。发现危害时用 4.3% 高氟氯氰·甲·阿维乳油

1 000 倍液喷雾能及时驱赶成虫，杀死幼虫。

七、黄斑露尾甲

黄斑露尾甲 *Carpophilus hemipterus* 属鞘翅目，露尾甲科。

1.形态特征（图 9-3-36）

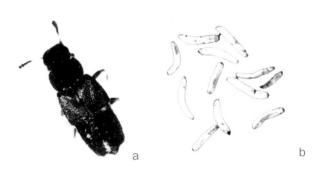

a.成虫 b.幼虫

图9-3-36 黄斑露尾甲

（1）成虫 长 2～4 mm，长卵形，赤褐色，多细毛，有光泽。触角 11 节，末端 3 节明显膨大而呈球状。鞘翅短，不全部盖住腹部，腹部末端有 2 节外露，故有露尾甲之名。在鞘翅基部和端部两侧各有黄色或黄红色的斑纹，因此取名为黄斑露尾甲。

（2）卵 长约 1 mm，长椭圆形，乳白色，半透明，表面粗糙。

（3）幼虫 长约 3 mm。幼虫期约 10 天。

（4）蛹 长约 3 mm，乳白色，有光泽，身上有许多刺。

2.危害状 以幼虫蛀食菌丝，被蛀食的菌丝体形成隧道，幼虫排出的粪便造成菌袋污染。

3.生活习性 黄斑露尾甲分布广泛，成虫咬破菌袋进入袋内取食菌丝并产卵于菌丝体中。幼虫取食菌丝，在 25℃恒温下幼虫期达 60 天以上，蛹期10～15 天。成虫期 70 天以上。成虫善飞，每年发生数代，如冬天的温度适宜，仍可继续活动并进行繁殖；温度降低时以老熟幼虫、蛹或成虫越冬。田野的树皮，土壤表层之下以及仓库等处，都是其越冬场所。

4. 防控方法　加强菇房卫生管理，定期在菇房内喷 4.3% 高氟氯氰·甲·阿维乳油 500 ~ 1 000 倍液以杀死外来虫源。菇房保持干燥、密封，减少人员进出次数。

发现菇房有害虫危害的菌袋，要及时拣出处理，防止害虫在菇房内繁殖。

八、隐翅甲

隐翅甲 *Oxytelus batiuculus* 属鞘翅目，隐翅甲科。

1. 形态特征（图 9-3-37）

a. 成虫　b. 幼虫

图 9-3-37　隐翅甲

（1）成虫　体长 0.5 ~ 23 mm，黑色，体狭长，鞘翅很短，后翅大，纵横折叠完隐藏于鞘翅下，腹部的 6 ~ 7 节露出。

（2）幼虫　体细长，除无翅外，形似成虫。

2. 危害状　成虫和幼虫食性杂，能咬食菌丝、子实体，或咬食培养料内的跳虫和菇蚊幼虫。

3. 生活习性　成虫活动性强，在菌袋和菇床上迅速爬行。6 ~ 9 月的高温期是隐翅甲的活动盛期。

4. 防控方法　参照食菌花蚤的防控方法。

九、凹黄蕈甲

凹黄蕈甲 *Dacne japonica*，又名细大蕈甲、凹赤蕈甲，属鞘翅目，大蕈甲科。

1. 形态特征（图 9-3-38）

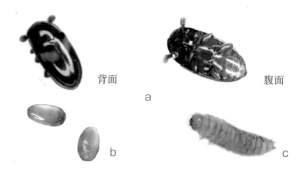

a. 成虫　b. 卵　c. 幼虫

图 9-3-38　凹黄蕈甲

（1）成虫　体长 3 ~ 4.5 mm，长椭圆形，有光泽。头部黄褐色，触角 11 节，褐色。复眼大，圆球形。前胸背板宽大于长，黄褐色，中间较深。鞘翅基内缘各有一对方形黑斑，鞘翅基半黄褐色，端部黑色。足黄褐色，较细。自肩角斜向中缝有红黄色斑纹相接，且红黄色斑纹在鞘翅背几乎形成"凹"字形，故名凹黄蕈甲。

（2）幼虫　初孵化长 0.8 mm，老熟 5 ~ 6 mm，黄白色，头部棕褐色，足淡黄色。

2. 危害状　成虫和幼虫食性杂，能咬食多种食用菌和其他食物。成虫危害段木和代料栽培的香菇（图 9-3-39）、灵芝、平菇（图 9-3-40）和木耳等品种，成虫从段木裂缝或孔洞边缘咬食菌丝体，子实体发生后转移到菌柄和菌盖上取食。幼虫多从表皮蛀入段木木质部或菌袋内，纵横交错地蛀食菌丝体和子实体，形成弯曲的孔道，对食用菌的产量和品质影响很大。

a. 香菇菌棒上的成虫　b. 香菇被害状

图 9-3-39　凹黄蕈甲危害香菇状

图9-3-40 凹黄蕈甲取食平菇

3. 生活习性　一年发生2代，在室内可发生3～4代，以老熟幼虫和成虫越冬。4月上旬开始活动，4月中旬至5月下旬产卵。成虫有假死性，喜群居，5月下旬至6月孵化为幼虫，6月下旬化蛹，7月下旬羽化为成虫，8月中旬交尾产卵。

4. 防控方法　搞好栽培场所的卫生，铲除菇房周边杂草，减少虫害中间寄主。发现有凹黄蕈甲危害的子实体，可将其放入5℃以下冷库3～5天，冻死害虫。带虫的段木或子实体可用磷化铝密封熏蒸杀虫。

十、弯胫大粉甲

弯胫大粉甲 *Promethis valgipes* 属于鞘翅目，拟步甲科，大轴甲属。

1. 形态特征（图9-3-41）

a. 成虫　b. 蛹　c. 幼虫

图9-3-41 弯胫大粉甲成虫

（1）成虫　体长2.1～2.4 mm，宽7～8 mm，长卵形，黑色。触角、下唇和口须栗色，背面有弱光泽。上唇梯形，前缘被毛，布稠密刻点；唇基前缘直截，前颊弯圆，后颊端两边缘急收缩，而基部两边缘较平行。眼部最宽；头背面扁平，前面与后面有稀疏、粗大的刻点。触角长达前胸中部，基节光亮，余节昏暗并被短毛，但雌性毛少；第三、第四、第五节圆柱形，第三节最长，第六、第七节内侧略突出，第八、第九节长略大于宽，末节粗大扁卵形。前胸背板近正方形，宽略大于长，四周围以边框，框后缘和前缘中部较粗；后缘弯曲；前角钝圆，后角直角形；背中线宽凹，两侧凹入，布模糊浅圆刻点。小盾片三角形，有粗刻点。

（2）卵　长0.8～1 mm，宽0.3～0.4 mm，近长椭圆形，乳白色，有光泽，表面光滑。

（3）幼虫　老熟幼虫体长40 mm左右，乳白色；头壳色微深，上颚红褐色；前胸背板宽大，有乳黄色小刻点；中、后胸背面各有一条波浪状红褐色横膜；腹部各节前缘有乳黄色刻点，后缘乳黄色。

（4）蛹　体长25 mm，宽8 mm，淡黄褐色，体向腹面弯曲，头部复眼及上颚紫褐色。腹背有明显的褐色背中线，1～8腹节两侧各有一脊状突起，其中1、7、8节的突起上有角状刺突2～3个，其余各节的突起上有角状刺突4个；腹末有1对上翘的臀棘。鞘翅芽伸达第四腹节（图9-3-42）。

图9-3-42 弯胫大粉甲的蛹

2. 危害状　低龄幼虫在段木木质部表层蛀食，容易造成树皮脱落。长大后逐渐沿段木纵向向木质部内层蛀食形成洞道，其中充满木屑和虫粪。喜食栽培2年以后长满菌丝的香菇段木，也危害培养料（图9-3-43）。

图 9-3-43　幼虫危害培养料

3. 生活习性　弯胫大粉甲在河南省及周边地区 2 年发生 1 代，不同龄期的幼虫和成虫均可越冬。越冬的老熟幼虫多于翌年 5 月中旬开始在蛀道内做蛹室化蛹，5 月下旬开始羽化。羽化后成虫不交尾只取食危害，越冬后于翌年 6 月才开始交尾、产卵。卵期一般 6～10 天。幼虫期较长，约 390 天。蛹期一般 11～18 天。成虫期最长，约 480 天。产卵多选择在段木的接种穴和树皮裂缝近木质部处，散产。

第一年接种的段木菌丝未发满受害较轻。老熟幼虫化蛹前在蛀道内做蛹室。虫口密度大时常有一室多蛹。

成虫羽化时体乳白色，逐渐变为棕黄色，直至变为黑色时才开始活动。沿蛀道爬出段木，寻找子实体取食，造成菌盖缺刻或咬断菌柄。无子实体时取食菌丝体和长有菌丝的段木。白天在阴暗处活动，有假死现象。越冬期有群集现象，成虫聚集时交尾。

4. 防控方法

（1）清洁菇场　保持菇场清洁、通风、透光，可降低该虫发生量，新段木接种后单独培养，不进入旧菇场以防止成虫产卵。旧段木虫量大，需及时清理并焚毁处理。

（2）人工捕杀　在 6～8 月成虫活动频繁时期，清晨和傍晚结合采菇、翻堆或浇水时注意捕杀成虫。发现幼虫危害较重的段木清除出菇场烧毁。

（3）糖醋诱杀　成虫对糖醋有趋性，用糖 1 份、醋 0.5 份、酒 1.5 份、90% 敌百虫晶体 0.3 份、水 8～10 份配成诱杀液，装于盆罐中，挂在离地 1m 高处诱杀。

（4）化学防治　在成虫危害和幼虫孵化盛期的 6～8 月，在没长菇时对段木表面喷施高效低毒菊酯类农药，如 2.5% 溴氰菊酯（敌杀死）乳油、2.5% 三氟氯氰菊酯（功夫）乳油、5% 高氰戊菊酯（来福灵）乳油、5% 高效氯氰菊酯（高效灭百可）乳油、20% 甲氰菊酯（灭扫利）乳油 1 000 倍液；40% 菊马合剂、20% 菊杀乳油 2 000 倍液；10% 吡虫啉可湿性粉剂 2 000 倍液。隔 5～7 天喷 1 次，每次喷透树皮。

（5）杀除菌袋内幼虫　在 7～9 月正是处于幼虫危害期，找到新排粪的蛀虫孔。先挖去粪屑，将药剂塞入或注入蛀道内，随即用湿黏土或湿黄泥将孔口封严，过 7～10 天检查效果，如有新粪便排出应进行补治。所用药剂的种类及方法有：塞卫生球（樟脑丸），在虫道内塞入黄豆粒大小的卫生球 2～4 粒（每个卫生球预先切成 25～30 粒）。

十一、金龟子类

金龟子是金龟子科昆虫的总称，属无脊椎动物，昆虫纲，鞘翅目。

1. 形态特征

（1）成虫　体长 18～21 mm，宽 8～10 mm。背面有铜绿色、黑色、褐黄色等，有光泽，前胸背板两侧为黄色。鞘翅有栗色反光，并有纵纹突起。雄虫腹面深棕褐色，雌虫腹面为淡黄褐色。

（2）卵　为圆形，乳白色。

（3）幼虫　称蛴螬，乳白色，体肥，并向腹面弯成“C”字形，有胸足 3 对，头部为褐色。

2. 危害状　主要危害天麻。该虫以幼虫在天麻穴内咀食天麻块茎将天麻咬成空洞，并能在菌材上蛀洞越冬破坏菌材。

3. 生活习性　蛴螬是金龟子类的幼虫，成虫夜间活动，21～23 时出土取食，零时左右入土潜伏，有假死现象且趋光性较强，该虫以幼虫在天麻穴内咀食天麻块茎将天麻咬成空洞，并能在菌材上蛀洞越冬破坏菌材。

4. 防控方法

（1）成虫防治　在成虫发生期，用90%敌百虫晶体或50%辛硫磷乳油800倍液喷雾，亦可在100 m²内用90%敌百虫晶体或50%辛硫磷乳油0.05 kg加少量水稀释后拌细土5 kg制成毒土撒施。

（2）幼虫防治　栽培天麻时用上述毒土撒于栽培穴内覆盖一层土后再栽种天麻，同时若发现土中有幼虫应及时捕杀。

第四节
鳞翅目害虫

本目包括蛾、蝶两类昆虫，属有翅亚纲、全变态类。

一、食丝谷蛾

食丝谷蛾 *Hapsifera barbata* 属鳞翅目，谷蛾科，又名蛀枝虫、绵虫等。

1. 形态特征

（1）成虫　体长5～7 mm，翅展14～20 mm。体灰白色；触角丝状，头黑色，密具白毛；复眼发达，黑色，内侧各有一丛浅白色隆毛；下颚须3节，第二节粗而长，具鳞毛。前胸背板暗红色，密被灰白色鳞毛；前翅具3条不规则的横带，后翅缘毛显著；胸部腹面暗红色，具灰白色鳞毛；足浅黄色，着生鳞毛和长毛；前足胫节末端具1距，中后足胫节末端具2对长距；腹部7节，每节后缘密被鳞毛。

（2）卵　直径0.5 mm左右，圆球或近圆球形，光滑透明，乳白色至淡黄色。

（3）幼虫　初孵幼虫体长0.4～0.8 mm，乳白色或淡黄色。老熟幼虫18～23 mm。头部棕黑色，中后胸背板浅黄色。胸足3对，腹足5对。腹足趾钩列为二横带式。

（4）蛹　被蛹，棕黄色。头部及翅芽黑棕或深棕色。蛹长9～11 mm，宽2 mm左右。每节的前缘和中部各有一横列粗刺，后缘具一横列细刺。

2. 危害状　食丝谷蛾在北方地区主要蛀食段木黑木耳、银耳及香菇，近年在江苏省及周边地区发现在段木灵芝、代料灵芝、蜜环菌棒、平菇的培养料和子实体上取食危害（图9-3-44～图9-3-46）。

图9-3-44　食丝谷蛾危害灵芝菌材

图9-3-45　食丝谷蛾危害平菇培养料

病虫害防控技术

a.幼虫取食平菇菌丝体　b.紫芝子实体被害状

图 9-3-46　食丝谷蛾危害状

在覆土灵芝上，食丝谷蛾钻蛀芝体，将粪便排到灵芝盖上，芝内容物被食空只剩下外壳。食丝谷蛾蛀食平菇子实体和培养料，钻入菌袋咬食培养料和菌丝，将菌袋蛀成隧道，并将粪便覆盖在表面形成一条条黑色的蛀道。虫口密度大时每袋有 5 ～ 10 条幼虫，对食用菌产量造成很大的影响。

3.生活习性　食丝谷蛾在江苏省及周边地区 1 年发生 2 代。越冬幼虫在 3 月开始活动，取食出菇期菌袋，7 ～ 8 月出现第二代成虫，8 ～ 10 月是第二代幼虫危害高峰期，因此，在同一菇房连续排袋出菇的菌袋在 8 ～ 10 月受害最重。在温度下降至 11℃ 以下时，幼虫开始吐丝与粪便、培养料黏合一起做茧；当温度回升到 14℃ 时幼虫又开始取食。14 ～ 30℃ 的气温时段，是食丝谷蛾活动时期，平均温度 25℃ 时，空气相对湿度 80%，卵期 7 ～ 8 天，幼虫期 45 ～ 48 天，蛹期 17 ～ 20 天，成虫期 7 ～ 9 天。雌虫产卵 70 ～ 120 粒。成虫将卵产在培养料表面和袋口处，初孵化的幼虫能迅速爬入菌袋内蛀食菌丝和培养料，幼虫的群集性较强，能在同一袋中出现多条虫体。幼虫常聚集出菇口取食，致使原基和菇蕾被食空，无法出菇，随后粪便污染而引发杂菌侵害，导致出菌袋报废。

4.防控方法

（1）清洁环境　及时清除越冬期菌渣，消灭越冬虫源。

（2）药剂防治　掌握成虫羽化期和幼虫孵化期用药，提高杀虫效果。用 4.3% 高氟氯氰·甲·阿维乳油 1 000 倍液喷雾，从羽化或是孵化期的初期至末期的 10 ～ 20 天用药 2 ～ 4 次，可有效地降低当代成、幼虫数量和下一代虫源，降低危害程度。

二、夜蛾类

危害食用菌的夜蛾类害虫有平菇尖须夜蛾 *Bleptina* sp. 和平菇星狄夜蛾 *Diomea cremata*。属鳞翅目，夜蛾科。

1.平菇尖须夜蛾形态特征（图 9-3-47）

a.成虫　b.幼虫　c.蛹与用排泄物做成的茧

图 9-3-47　平菇尖须夜蛾

（1）成虫　体长 11 mm，翅展 25 ～ 26 mm，雄蛾暗紫褐色，雌蛾暗褐色。头部、胸部和腹部第一、第二节背面均有厚密鳞毛丛，雄蛾这些鳞毛丛尤为发达；雄蛾腹部末节后缘和 1 对抱器上也各有长鳞毛丛，钩形突显露。雄蛾翅紫黑褐色，有光泽，杂有黄色细鳞；雌蛾后翅散布黄鳞较多，翅面黑纹明显，前后翅均散布有黄色乃至白色斑纹和点列。前翅基线、内线、中线和外线各为双线，基线黄色向外弯曲，其中贯有细黑线纹，内线和中线不完整，均仅在前端显现一段黄色曲纹，及其后方的黑白点纹（雌无此白点），翅中域有两道不明显的黑色双线纹。

（2）卵　橘子形，菜绿色，后期转为黄褐色，卵表有隆起纵脊 40 余条，其中达到顶部的只 10 余条，纵脊间有 20 多条细密的横脊相连。

（3）幼虫　末龄幼虫体长 25 ～ 30 mm。头部黑褐色，有光泽，侧单眼黑褐色，头颅两侧毛基周围淡黄色，两侧各呈现 6 个淡黄斑。

（4）蛹　体长 11 ～ 13 mm，红褐色，胸部腹面的翅芽和足肢常暗绿色。体表有少许刻点，头顶纵脊两侧刻点密布，腹末有短刺2对。雌雄蛹的鉴别：雄蛹生殖孔与肛孔分别位于第九和第十腹节，两者之间距离较近；雌蛹生殖孔位于第八腹节上，第九腹节腹面中部向前凸，且该处与第八腹节无明显分界线，肛孔位于第十腹节。第九、第十腹节腹面中部分界模糊，两孔距离较远。

2. 危害状　平菇尖须夜蛾以平菇、香菇、灵芝的菌丝和子实体为食（图9-3-48）。

图9-3-48　平菇尖须夜蛾幼虫咬食香菇子实体

星狄夜蛾杂食性强，能以多种食用菌为食物，如幼虫咬食平菇子实体，将菌盖咬成缺刻、孔洞并排泄上粪便，在无菇可食时，幼虫咬食菌丝和原基，使菌袋无法出菇。幼虫群集在灵芝子实体的背面，咬食芝肉，形成凹槽、缺刻（图9-3-49），幼小的灵芝常被食尽菌盖，剩下光柄。夜蛾常在7～10月暴发，对高温期栽培的食用菌产量和质量造成很大的影响。

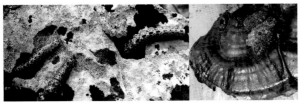

a.幼虫取食灵芝子实体　b.在灵芝菌盖上化蛹

图9-3-49　星狄夜蛾危害灵害

3. 生活习性　苏、浙、皖一带5～6月出现第一代幼虫，主要危害平菇和灵芝子实体；第二代幼虫发生在7～8月，以取食灵芝为主；第三代在9～10月，以取食平菇为主。以蛹的形式越冬。翌年温度上升至16℃以上时，成虫开始产卵于培养料和菌盖上。幼虫5龄，3龄后进入暴食期，幼虫期12～15天。蛹期12～18天。卵期4～6天，成虫期4～12天，幼虫喜高温，在温度30～37℃的菇房内均能正常取食。

4. 防控方法　在夜蛾危害时期，要常检查子实体的背面，量少时用人工捕捉，量大时用4.3%高氟氯氰·甲·阿维乳油1 000倍液喷雾，用药一次就可杀死当代幼虫。

三、印度螟蛾

印度螟蛾也称印度谷螟 *Plodia interpunctella*，属鳞翅目，螟蛾科。

1. 形态特征

（1）成虫（图9-3-50）　雌虫体长5～9 mm，翅展13～16 mm；雄虫体长5～6 mm，翅展14 mm。头部灰褐色，头顶复眼间有一伸向前下方的黑褐色鳞片丛。下唇须发达伸向前方。前翅狭长，内半部2/5为黄白色，外半部约3/5为棕褐色，并带有铜色光泽；后翅灰白色，半透明。

图9-3-50　印度螟蛾成虫

（2）卵　长约0.3 mm，椭圆形，乳白色，一端尖，表面粗糙，有许多小粒状突起。

（3）幼虫（图9-3-51）　老熟幼虫体长10～13 mm，淡黄白色，腹部背面带淡粉红色，头部黄褐色，每边有单眼5～6个。前胸盾及臀板淡黄褐色。颅中沟与额沟长度之比为2∶1。腹足趾钩双序中全环。雄虫第八腹节背面有1对暗紫色斑点。

图 9-3-51　印度蛾蛾幼虫

（4）蛹　体长约 6 mm，细长形，橙黄色。腹末着生尾钩 8 对，其中以末端近背面的 2 对最长。

2.危害状　以幼虫蛀食多种食用菌干品，造成子实体孔洞、缺刻、破碎和褐变，如图 9-3-52、图 9-3-53 所示。

图 9-3-52　印度蛾蛾幼虫危害状

图 9-3-53　香菇被害状

3.生活习性　1 年发生 4 ～ 8 代，适宜温度为 24 ～ 30℃，高于 30℃时，完成 1 代 40 ～ 55 天，其中幼虫期 20 ～ 25 天，蛹期 7 ～ 10 天，卵期 2 ～ 10 天，成虫期 8 ～ 14 天。雌虫产卵 150 多粒，卵产在菌盖上或菌褶中。初孵化幼虫蛀食菌盖，后钻入菌褶中危害。老熟幼虫在包装物、仓库角落结茧化蛹越冬。

4.防控方法　参照脊胸露尾甲的防控方法。

四、地老虎

危害食用菌的地老虎种类常见的有黄地老虎 *Agrotis segetum*、小地老虎 *A. ypsilon* 和大地老虎 *A. tokionis*。属鳞翅目，夜蛾科害虫。

危害食用菌的地老虎多为小地老虎，危害对象多为覆土栽培类的食用菌（图 9-3-54）。

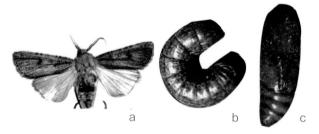

a.成虫　b.幼虫　c.蛹

图 9-3-54　小地老虎

1.形态特征

（1）成虫　体长 16 ～ 23 mm，翅展 42 ～ 54 mm；前翅黑褐色，有肾状纹、环状纹和棒状纹各一，肾状纹外有尖端向外的黑色楔状纹，与亚缘线内侧 2 个尖端向内的黑色楔状纹相对。

（2）卵　半球形，直径 0.6 mm，初产时乳白色，孵化前呈棕褐色。

（3）幼虫　体长 37 ～ 50 mm，黄褐色至黑褐色；体表密布黑色颗粒状小突起，背面有淡色纵带；腹部末节背板上有 2 条深褐色纵带。

（4）蛹　体长 18 ～ 24 mm，红褐色至黑褐色；腹末端具 1 对臀棘。

2.危害状　小地老虎主要危害天麻、茯苓和灵芝等覆土栽培类药用菌。

幼虫咬食天麻籽粒或茯苓菌块，造成孔洞和缺刻；咬断蜜环菌菌索，切断天麻养分来源，造成死麻和烂麻；咬食灵芝菇蕾，造成畸形菇和死菇；咬食天麻块茎造成天麻块茎形成孔洞或隧道。如图9-3-55 所示。

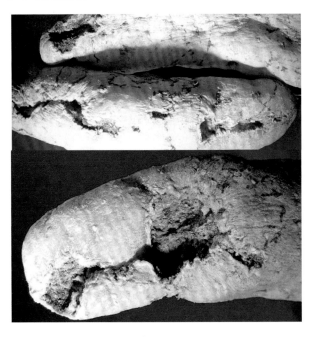

图 9-3-55　天麻块茎被害状

3. 生活习性　小地老虎年发生代数为 1 ~ 7 代，由北向南不等，在南方以老熟幼虫、蛹越冬，在北方以成虫越冬羽化后 3 ~ 5 天交配，交配第二天产卵，每雌产卵 800 ~ 1 000 粒。成虫对黑光灯及糖、醋、酒等趋性较强。幼虫食性杂，昼伏夜出，动作敏捷，生性残暴，能自相残杀。15 ~ 30℃时，幼虫期 18 ~ 67 天。地老虎喜欢温暖潮湿的环境，在地势低洼、雨水充足的壤土或沙壤土条件中，发生量大，危害严重。

4. 防控方法

（1）农业防治　选择向阳干燥的地方作为栽培场所，有效地减少小地老虎发生量。

（2）化学防治　用糖醋液诱杀成虫。糖 6 份、醋 3 份、白酒 1 份、水 10 份、90％敌百虫晶体 1 份调匀，分成几个盆，放入菇场的不同角落诱杀成虫。

在幼虫的 3 龄期内，用 4.3％高氟氯氰·甲·阿维乳油 1 000 倍液喷杀。

第五节
半翅目害虫

蚜虫

危害食用菌的半翅目害虫主要是蚜虫。

蚜虫俗称腻虫或蜜虫等，隶属于半翅目（原为同翅目 Hemiptera），包括球蚜总科 Adelgoidea 和蚜总科 Aphidoidea。蚜虫可孤雌生殖，是繁殖最快的昆虫。

1. 形态特征

成虫　蚜虫为多态昆虫，同种又分有翅、无翅两种类型，体长 1.5 ~ 4.9 mm。

2. 危害状　危害天麻的蚜虫种类有多种，其繁殖能力极强，每年至少发生 10 ~ 30 代，5 ~ 6 月以成虫和若虫群集于天麻花茎及花穗上，刺吸组织汁液，植株被害后细胞受到破坏，生长失去平衡，花穗畸形，影响开花结实导致果实瘦小。蚜虫不仅阻碍天麻生长，形成虫瘿，还传播病毒。

3. 生活习性　以成蚜或若蚜群集于天麻叶背面、嫩茎、生长点和花上，用针状刺吸口器吸食天麻植株的汁液，使细胞受到破坏，生长失去平衡，叶片向背面卷曲皱缩，心叶生长受阻，严重时植株停止生长，甚至全株萎蔫枯死。蚜虫危害时排出大量水分和蜜露，滴落在下部叶片上，引起霉菌病发生，或使叶片生理机能受到障碍，减少干物质的积累。不仅阻碍植株生长，形成虫瘿，传布病毒，而且造成花、叶、芽畸形。

4. 防控方法

（1）利用糖醋液诱杀蚜虫　糖醋液配方为：酒：水：糖：醋 =1：2：3：4。把配好的糖醋液置于上端开口的器皿内，一般于傍晚放置于蚜虫大量发生的植株地点，诱杀效果十分显著。

（2）利用黄色粘虫板诱杀蚜虫　利用蚜虫的趋化性，蚜虫发现黄色，就会纷纷扑向黄色板，这样蚜虫就会被粘于黄色板上。待到一定数量时，把粘于黄色板上的蚜虫加以处理即可。

（3）利用天敌防治蚜虫 利用天敌防治蚜虫，是目前较经济有效的方法。七星瓢虫是蚜虫的天敌。为此可采集一定量的七星瓢虫，置于蚜虫发生危害的天麻植物上，效果很好。

（4）利用辣椒水防治蚜虫 其方法是取一定量的辣椒（熟透晒干），置于沸水中煮 10～15 min，待水凉后，过滤出辣椒，然后把辣椒水喷洒于蚜虫危害的植株上，可收到立竿见影的效果。

（5）利用叶面喷肥防治蚜虫 利用 10% 碳酸氢铵溶液，或 0.5% 氨水溶液，或 2% 尿素溶液进行根外喷施，每隔 7 天左右喷施 1 次，连喷 2～3 次，对于防治植株上的蚜虫效果很好。

（6）化学防治 可用 50% 抗蚜威可分散粒剂 2 000 倍液，或 20% 灭多威乳油 1 500 倍液，或 40% 蚜松悬浮剂 1 000～1 500 倍液，或 50% 辛硫磷乳油 2 000 倍液，或 80% 敌敌畏乳油 1 000 倍液喷洒受害部位。在天麻孕蕾及开花期间，每 667 m² 用 50% 抗蚜威可湿性粉剂 10 g 对水 40 kg 均匀喷雾，也有较好防治效果。

第六节
等翅目害虫

白蚁

危害食用菌的等翅目昆虫主要是白蚁，分类学上简称"螱"，为社会性昆虫，生活于隐藏的巢居中，有完善的群体组织，由有翅和无翅的生殖个体（蚁后和雄蚁）与多数无翅的非生殖个体（工蚁和兵蚁）组成，白蚁是大多数食用菌的主要害虫。

白蚁主要侵害食用菌菌丝和培养料，常见有：黑翅土白蚁 *Odontotermes formosanus*、

家白蚁 *Coptotermes formosanus* 和黄翅大白蚁 *Macrotermes barneyi* 等种类。这几种白蚁的幼虫、成虫的外观形态大致相似。如图 9-3-56、图 9-3-57 所示。

a. 兵蚁　b. 工蚁

图 9-3-56　不育的兵蚁和工蚁

图 9-3-57　黑翅土白蚁幼虫

1. 形态特征 雌、雄白蚁都自受精卵发育而成。白蚁成虫胸腹之间没有像蚁那样的细腰，两对膜翅，几乎等大，脱落时沿一缝裂开，只剩翅基附着在胸部。

2. 危害状 在食用菌中以土栖性的黑翅土白蚁危害最为严重。黑翅土白蚁蛀食多种段木栽培的食用菌和覆土及地面排袋的食用菌菌袋。如白蚁蛀食香菇和段木木耳，破坏了段木的树皮并蛀空木质部，导致失水和营养基质被毁而无法出菇；茯苓在下种后就吸引了白蚁蛀食种木，随着蛀食松木，当茯苓生长时白蚁又蛀食。白蚁蛀食放于地表处出菇的平菇、香菇菌袋（图 9-3-58），将菌袋蛀成隧道和不规则的孔洞，严重时全袋蛀空，只剩下外壳。白蚁还蛀食覆土栽培的竹荪、杏鲍菇、茶树菇等菌袋，使之减产甚至绝收。

白蚁危害面广，在长江地区的食用菌常遭白蚁侵害。

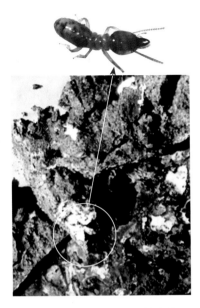

图 9-3-58　香菇菌袋被害状

3.生活习性　白蚁是一种具有较复杂性社会组织与分工的群栖性昆虫。每个巢中都有不同功能的白蚁，如蚁后、工蚁和兵蚁，它们分工明确，各司其职，危害食用菌的蚁种为工蚁。白蚁到巢外取食时，先用泥土和排泄物等混合筑成隧道式的通道，经通道找到各种食源。每年4～12月，温度10～37℃是白蚁活动期，在4～6月是白蚁分群繁殖期，蚁后的生命长达10多年，在壮年期，昼夜能产数千粒卵，卵孵化期30多天。一个蚁巢经3～4年的繁殖后再分巢繁殖。

4.防控方法

（1）选用无蚁源之地种植　在旱地和靠近树林地表腐殖质丰富的场所，蚁量多，种植后常遭白蚁侵害，而水田和多年种植的老菜地蚁源较少或无蚁害。

（2）挖深沟防蚁　对于必须搭建在多蚁区的菇房，应在菇房的四周挖一条深50 cm，宽40 cm的封闭沟，沟内常年灌水，切断白蚁过道。

（3）淹杀　对于蛀入菌袋内的白蚁，可将菌袋从土中挖出用水浸泡10 h后捞起排袋，既可淹杀袋内的白蚁，又可起到补水的作用。

（4）化学防治　可用4.3%高氟氯氰·甲·阿维乳油500～1 000倍液注入蚁穴内，杀死穴内的白蚁。

弹尾目害虫

跳虫

弹尾目属于无翅亚纲节肢动物门的一目，遍布全世界，常大批群居在土壤中，多栖息于潮湿隐蔽的场所，如土壤、腐殖质、原木、粪便、洞穴，甚至终年积雪的高山上也有分布。

危害食用菌的跳虫种类有：角跳虫 *Folsomia fimefaria* 、球角跳虫 *Hypogastrura matura* 、长角跳虫 *Entomobrya sauteri* 、紫跳虫 *H. communis* 、黑角跳虫 *E. sauteri* 、菇疣跳虫 *Achorutes armalus* 、黑扁跳虫 *Xenyalla longauda* 、姬圆跳虫 *Sminthurinus aureus bimaculata* 和菇紫跳虫 *H. armata.* 等，如图9-3-59所示。

a.角跳虫　b.球角跳虫　c.长角跳虫　d.紫跳虫　e.黑角跳虫

图 9-3-59　危害食用菌的跳虫

1.形态特征　跳虫体形较小，体长1.0～1.5 mm，最长不超过5 mm，淡灰色至灰紫色，有短状触须，身体柔软，常在培养料或子实体上快速爬行。尾部有弹器，善跳跃，跳跃高度可达20～30 cm，稍遇刺激即以弹跳方式离开或假死不动。体表具蜡质层，不怕水。幼虫白色，多群居，体形与成虫相似，休眠后蜕皮，变为银灰色如同烟灰，故又名烟灰虫。

2. 危害状　跳虫食性杂，危害广，取食多种食用菌的菌丝和子实体（图9-3-60～图9-3-62），同时携带螨虫和病菌，造成菇床上病虫交叉感染，常在夏秋高温季节暴发。跳虫取食菌丝，导致菇床菌丝退菌；子实体形成后，跳虫群集于菌盖、菌褶和根部咬食菌肉，造成菌盖遍布褐斑、凹点或孔道；排泄物污染子实体，引发细菌性病害；跳虫暴发时，菌丝被食尽，导致栽培失败。

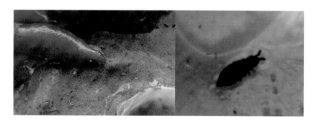

图9-3-60　紫跳虫危害黑木耳

图9-3-61　双孢蘑菇菌盖上的黑角跳虫

图9-3-62　鸡腿菇菌丝被害状

3. 生活习性　温度在15℃以上时，跳虫开始活动，长江中游1年发生6～7代，4～11月是跳虫繁殖期，中间寄主是腐败的植物、杂草等有机物。在食用菌中以草腐菌受害严重，春播的高温双孢蘑菇和秋播的中温双孢蘑菇、鸡腿蘑、大球盖菇等覆土栽培的种类受害严重。双孢蘑菇播种后，其气味就吸引跳虫在料内产卵，未发酵彻底的草料内带有大量成活的虫卵。跳虫自幼虫到成虫都在取食危害，1代周期30多天，雌虫产卵100～800粒，由于虫体小，颜色深（如灰色的角跳虫）隐蔽性强，在培养料中无法观察到，一经打药后，虫体跳出落入地面上形成一层虫体。高温栽培的双孢蘑菇，尤其是地坑式菇床，跳虫发生量大，危害严重。段木栽培的黑木耳，跳虫危害后造成流耳现象。

4. 防控方法

（1）保持栽培场所卫生　在夏季种植之前，先将栽培场及菇房清洗干净再用硫黄熏蒸，菇房外围20 m之内的杂草、垃圾要清除，填平坑洞，防止积水引发跳虫繁殖。

（2）培养料需高温处理　双孢蘑菇培养料要进行二次发酵，杀灭料中虫源。

（3）出菇期防治　高温期栽培时，培养料和覆土材料都需要用药处理，防止发菌期和出菇期跳虫危害。可在培养料中拌入5%除虫脲乳油4 000倍液，防治发酵期和发菌期的虫害；在覆土材料上拌入5%除虫脲乳油4 000倍液，可防治出菇期的害虫，因为用药后距出菇期还有15天以上，子实体药剂残留量低，经检测：按此方法方式施药栽培的食用菌，农药残留均在0.03 mg/L以内，处于日本国对食用菌药残的最低限量（0.1 mg/L）之内。

出菇期发现虫害，在采完菇后进行用药处理，可结合浇水时放入1%甲氨基·阿维菌素乳剂1 000倍液防治。

第八节

缨翅目害虫

蓟马

危害食用菌的蓟马 *Hoplothrips fungosus* 种类较多，但分类上多数属缨翅目、皮蓟马科，俗称黑蝇、小红虫。分布于全国各地，危害黑木耳、香菇等露地和设施栽培的食用菌。

1. 形态特征（图 9-3-63）

a. 成虫　b. 若虫　c. 卵

图 9-3-63　蓟马

（1）成虫　体长 1.5 ～ 2.2 mm，黑褐色，翅 2 对，边缘具长缨毛，前翅无色，仅近基部较暗。头略呈方形，3 个单眼呈三角形排列在复眼间。触角 8 节，第三节长是宽的 2 倍，第三、第四、第五节基部较黄。复眼为聚眼式。口器为锉吸式，左右不对称。腹部末端延长呈管状，称尾管。

（2）卵　长约 0.45 mm，长椭圆形，黄色。

（3）若虫　4 龄，无翅，初孵若虫浅黄色，后变红色，触角念珠状，尾管黑色。

（4）蛹　围蛹，浅红色，翅芽显露。触角伸向头两侧，色深。

2. 危害状　蓟马取食菌类孢子、菌丝体、子实体或培养料汁液，并传播病毒及病害。成虫和若虫群集性强，日间活动，行动敏捷，能飞善跳。露地和设施栽培的木耳、灵芝、香菇、平菇、鸡腿菇等都易受蓟马危害，成虫和若虫用锉吸式口器锉破木耳子实体表皮（图 9-3-64），吸取汁液，使耳片扭曲皱缩，不能伸展，严重时造成流耳。危害菌丝体使菌丝消失，危害幼菇使子实体萎缩死亡。

图 9-3-64　黑木耳被害状

3. 生活习性　以若虫在露地的草根部或地表下 10 cm 处越冬，日均温度 8℃时开始活动，发育繁殖适温为 10 ～ 30℃，最适温度 15 ～ 25℃。福建、浙江等南方地区终年危害。成虫产卵时把产卵器插入耳片表皮下，卵散产于表皮下的耳肉内或段木内、培养料细缝里。春、夏、秋 3 季各虫态世代重叠，群体量大，食用菌受害严重。

4. 防控方法

（1）消灭越冬虫源　结合防治其他害虫，清除田块及其周围田块中的杂草、枯枝落叶，有助减少或消灭越冬虫源。

（2）驱避、诱杀相结合　大棚使用银灰膜覆盖，对蓟马有忌避作用；用蓝色的粘虫板悬挂于菌袋之间，具有诱捕和预测的作用。

（3）化学防治　掌握在若虫始盛期和出菇间歇期，用 5% 除虫脲乳剂 3 000 倍液，或 25% 噻嗪酮可湿性粉剂 1000 倍液，或 10% 吡虫啉可湿性粉剂 2 000 倍液，或 4% 鱼藤精乳油 400 倍液，或 1% 甲氨基阿维菌素苯甲酸盐乳油 1 000 倍液喷雾。

不同药剂隔 1 周左右交替使用，杀虫效果明显。

第九节
蜱螨目害虫

螨虫属于节肢动物门、蛛形纲、蜱螨亚纲、蜱螨目的一类体型微小的动物，身长一般在0.5 mm左右，有些小到0.1 mm，大多数种类小于1 mm。危害食用菌的螨虫种类繁多，但各地不同食用菌品种上出现的螨虫种类有所不同。

一、腐食酪螨

1.形态特征（图9-3-65）

腐食酪螨 *Tyrophagus* putrescentiae 属蛛形纲，蜱螨亚纲，蜱螨目，粉螨科，食酪螨属。

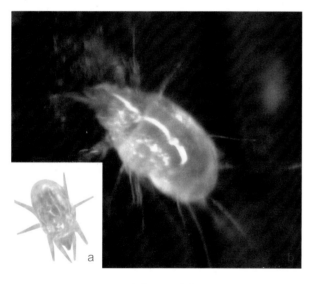

a.成虫　b.若虫

图9-3-65　腐食酪螨

（1）成螨　体长0.28～0.42 mm，卵圆形，柔软光滑；污白色或乳白色，雄性小于雌性；体前躯与体后躯有一横缢缝分界；无眼、无触角、口器为钳状螯肢；躯体上生长许多刚毛；足4对，跗节末端生一爪。

（2）卵　卵白色，长椭圆形。

（3）幼螨　体长0.12～0.15 mm，体乳白色，体形与成螨相似，足3对。

（4）若螨　体形与成螨相同，第一龄若螨体长0.20～0.22 mm，第二龄若螨体长0.32～0.36 mm，足4对。

2.危害状　腐食酪螨取食多种食用菌的菌丝体和子实体。其中在双孢蘑菇、金针菇、茶树菇、草菇上危害最为普遍和严重。当螨虫群集于菇根部取食，致使根部光秃，子实体干枯而死亡。危害菌丝造成退菌、培养料潮湿、松散，只剩下菌索，培养料失去出菇能力。螨虫携带病菌，导致菇床感染病害。

3.生活习性　腐食酪螨在从幼螨、若螨到成螨的成长过程中，都在取食危害。腐食酪螨喜高温，15～38℃是繁殖高峰。当温度在5～10℃时，虫体处于静止状态；在温度上升至15℃以上虫体开始活动；在20～30℃，1代历期15～18天；每只雌螨产卵量为50～200粒，有些螨能幼体生殖，因此繁殖量大，繁殖速度快。

茶树菇发菌期常遭螨虫危害，造成退菌，引发杂菌滋生，致使菌袋报废。金针菇发菌期也常遭螨虫危害而导致发菌失败。螨虫能以成螨和卵的方式在菇房层架间隙内越冬，在温度适宜和养料充分时继续危害。菇房一旦出现螨虫后，一时内难以控制，连续几年都易出现螨虫危害。

4.防控方法

（1）选用无螨菌种　种源带螨是导致菇房螨害暴发的主要原因。因此，菌种厂应保证菌种质量，提供生活力强的纯净菌种；菇农应到有菌种生产资格的菌种厂购买菌种。

（2）培养料和菇房需经二次发酵处理　利用二次发酵的高温杀死培养料中的螨虫，同时也杀灭了菇房尚存的虫源。菇房层架材料宜用塑钢或钢铁的，以减少螨虫的滋生场所，也便于消毒处理。

（3）选用安全高效杀螨剂　出菇期出现螨虫时，采净菇床上子实体，用4.3%高氟氯氰·甲·阿维乳油1 000倍液喷雾，过5天后再用10%浏阳霉素乳油1 000～1 500倍液进行均匀喷雾，可在1～2周内保持良好防效。在下一茬菇的间歇期视螨虫量和危害程度，使用1%甲氨基·阿维菌素微乳剂1000倍液，或240 g/L螺螨酯悬浮剂3000～5000倍液喷雾1次，均可控制螨虫危害。

二、木耳卢西螨

木耳卢西螨 *Luciaphorus auriculariae* 属于蜱螨目，前气门亚目，矮蒲螨科，卢西螨属。

1. 形态特征　雌螨的前足体与颚体间有一类似"颈"的囊状部分，额体可缩入前足体内；气门狭长，彼此远离，呈"V"字形；胫跗节Ⅰ粗大，强烈骨化，顶端具一发达的爪。

（1）未孕雌螨　体长0.147 mm，宽0.075 mm，椭圆形；体黄白色，大量个体聚集在一起时呈锈红色粉末状。

（2）怀孕雌螨　即膨腹体（图9-3-66）一般直径为1.27～2.79 mm，呈球形。初晶莹无色，后呈白色至乳白色，常聚在一起。

图9-3-66　木耳卢西螨膨腹体

（3）雄螨　颚体退化，不取食，足Ⅳ向后成弧状弯曲，交配时用以握持雌螨，寿命比雌螨短。

2. 危害状　木耳卢西螨取食菌丝和子实体（图9-3-67），在毛木耳栽培整个阶段均可危害，无论是母种、原种还是栽培袋、耳片均可被害。

图9-3-67　木耳卢西螨危害黑木耳状

此螨害主要危害特点是：在菌袋内或耳片处，肉眼可见大量晶莹剔透的白色颗粒，球形，大小不一，形似鱼子或尿素粒。而这些颗粒是交配后的雌螨后半体膨大而成的球形体，卵就在其内发育成成螨。当木耳卢西螨危害菌丝时，造成退菌、培养料发黄发黏、松散，最后成褐色的菌渣，没有养分也没有菌丝，整个菌袋报废。出耳期间，木耳卢西螨聚集在毛木耳耳背基部的皱褶里（图9-3-68）。耳片汁液被取食后出现收缩、干枯、变薄、泛黄、生长缓慢或停止生长的现象，严重者耳片萎蔫死亡。

图9-3-68　卢西螨危害毛木耳状

3.生活习性　木耳卢西螨在 20～35℃下均能生长繁殖，以 25～30℃为宜。在 20℃、25℃、30℃、35℃下，1 代历期分别为 21～33 天、10～15 天、7～10 天、6～9 天。该螨营卵胎生，每只雌螨产卵量为 80～160 粒，卵在雌螨的膨腹体内孵化成成螨后，成螨可在母体内交配之后从膨腹体内钻出，取食菌丝或直接形成膨腹体繁殖下 1 代，因此，一般我们看到白色的颗粒都是在繁殖的螨体。雌螨喜高湿环境，但在干燥的环境中也可以存活 30 多天，这是因为雌螨的膨腹体内还有丰富的营养可以提供成螨生活一段时间，并且在干燥失水时膨腹体的体壁会变厚，能防止水分散失，使膨腹体内的子代滞留于母体中以度过不良环境。残存于菌渣上的膨腹体会随着昆虫、风雨和人的传播进入其他出耳场所，造成该地区大规模发生。

4.防控方法

（1）选用无螨菌种　种源带螨是导致螨害暴发的主要原因。因此，菌种厂应保证菌种质量，防止木耳卢西螨随菌种传播扩散。

（2）注意环境卫生　栽培环境有螨是引起木耳卢西螨暴发的另一重要原因。由于木耳卢西螨对不良的环境条件有很强的抵抗力，因此必须及时清除菌渣，搞好环境卫生。

（3）调整栽培时间　木耳卢西螨喜高温，可以推迟出耳时间，避开繁殖最适温度，可有效控制该螨的危害。

（4）及时清除虫源　发现带螨菌袋应立即清除，带离耳房焚烧掉，减少虫量。

（5）药剂防治　参照腐食酪螨的防治方法。

三、速生薄口螨

速生薄口螨 Histiostoma feroniarum 属薄口螨科薄口螨属。该螨为世界性害螨，凡适宜食用菌生长的环境，就有它的存在和发生的可能。

1.形态特征

（1）成螨（图 9-3-69）长 400～620μm，

体近似卵圆形，无色或淡色。

图 9-3-69　速生薄口螨成虫

（2）休眠体　体扁平，后缘尖狭，表面强骨化，腹面具一吸盘板，其上着生吸盘 8 对，足细长具爪，4 足前伸。

2.危害状　速生薄口螨能危害食用菌菌种，降低成品率；双孢蘑菇、平菇等子实体均可被取食。危害双孢蘑菇菇床，影响产量，是栽培双孢蘑菇的害螨之一。当菇床水分太低或食料缺乏，就产生大量的红棕色活动型休眠体，集聚在菇床表面或子实体上，凭借微风飘散或吸附在昆虫及其他动物体上扩散。该螨取食残菇体或培养料中的腐殖质，菇床一旦发生就会加速子实体腐败，被危害的食用菌就会歉收或绝产。

3.生活习性　在腐烂的双孢蘑菇、香菇、平菇等子实体上或湿润培养料中，经常发现速生薄口螨幼螨、若螨、成螨等螨态，当子实体失水或培养料较干燥，就有休眠体出现。该螨喜湿怕干，在潮湿的食用菌菇床和腐烂有机物质中经常发生，尤其在渗有悬浮液子实体上数量甚多，在其表面缓慢爬行取食和繁殖。当条件不适宜时，就会有大量休眠体聚集在培养料表面。休眠体以足Ⅲ和足Ⅳ撑着地，并将足Ⅰ和足Ⅱ上举，以便附着在它身旁穿行动物体而随之扩散传播。从总体上看，食用菌生长不良和后期菌丝衰退的菇床，发生较普遍。

4.防控方法

（1）选用无螨菌种　种源带螨是导致菇房螨害暴发的主要原因。培养健康菌种，提高菌种成品率，使菌种菌丝粗壮有力。

（2）注意环境卫生　菇房周围不随地堆放杂物和废料，避免杂菌污染，减少害螨滋生地。菇房不建在粮食仓库附近。

（3）严格消毒　菌袋进菇房前彻底清扫菇房，并用化学药剂熏蒸消毒；培养料用堆制发酵或以喷拌农药来消灭其中害螨。

四、害长头螨

害长头螨 Dolichocybe perniciosa 属于长头螨属，隶属蒲螨总科，长头螨科。

1.形态特征（图9-3-70）

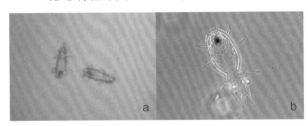

a.背面　b.腹面

图9-3-70　害长头螨

（1）未孕雌螨　体细小，扁平，无色透明，背面有2对刚毛。前足体背毛3对。腹端部膨大呈梨形。腹面刚毛6对，光滑纤细。

（2）怀孕雌螨　属后半体膨腹型。大多数膨腹体呈筒形或长筒形，少数呈球形，其余特征同未孕雌螨。

（3）雄螨　体无色透明，比雌螨更小。前足体背毛4对。腹毛6对。后半体背毛7对，腹毛短小。足Ⅰ胫节和跗节共有3根感棒。

2.危害状　害长头螨在各种食用菌上常见，不但直接取食银耳、毛木耳、黑木耳、香菇及金针菇等食用菌的菌丝、子实体和原基，还取食和传播链孢霉、木霉等杂菌，因而常给食用菌栽培和制种带来重大损失。

3.生活习性　该螨营卵胎生。怀孕雌螨常固定一地取食，后半体渐渐膨大成圆筒形，最长可达7 mm，一般2～5 mm，故易误认为是线虫。卵在

母体中直接发育为成螨后从母体中钻出。该螨在母种试管中也能膨腹繁殖，因此，防止母种带螨是避免害螨蔓延的重要手段。搞好环境卫生，及时处理杂菌瓶是杜绝该螨危害的有力措施。

4.防控方法　参照腐食酪螨的防控方法。

第十节
柄眼目害虫

一、蛞蝓

蛞蝓又名鼻涕虫，属软体动物门，腹足纲，柄眼目，蛞蝓科。陆生。

危害食用菌的蛞蝓主要种类有野蛞蝓 Agriolimax agrestis、双线嗜黏液蛞蝓 Philomycus bilineatus、黄蛞蝓 Limax flavus 3种。危害严重的是双线嗜黏液蛞蝓。

1.形态特征

（1）野蛞蝓　体长30～60 mm，宽4～6 mm。体表暗灰色、黄白色或灰红色，少数有不明显的暗带或斑点。触角2对，暗黑色，外套膜为体长的1/3，其边缘卷起，上有明显的同心圆线生长线，黏液无色。

（2）黄蛞蝓　体长100 mm，宽12 mm。体表为黄褐色或深橙色，并有散的黄色斑点，靠近足部两侧的颜色较淡。在体背前端的1/3处有一椭圆形外套膜。

（3）双线嗜黏液蛞蝓　体长35～37 mm，宽6～7 mm。体灰白色或淡黄褐色，背部中央和两侧有1条黑色斑点组成的纵带，外套膜大，覆盖整个体背，黏液为乳白色。

2.危害状　蛞蝓危害各种食用菌（图9-3-71～图9-3-75）咬食原基和子实体，造成孔洞和

缺刻，并留下黏液，严重影响食用菌的商品性。蛞蝓爬行于菇床中，携带和传播病害，常造成杂菌从伤口侵染引发多种病害。

图 9-3-71　滑菇被害状

图 9-3-72　双孢蘑菇被害状

图 9-3-73　茶树菇被害状

图 9-3-74　平菇被害状

图 9-3-75　香菇被害状

3. 生活习性　蛞蝓昼伏夜出，白天躲藏于菇床、菇箱和石块底下，夜晚出来取食，除了取食食用菌的子实体外，还取食蔬菜、花卉和其他植物。

蛞蝓 1 年繁殖 1 代，在 15～30℃都可危害。卵多产于土粒缝隙中，堆成 10～20 粒的卵块，卵为白色，小粒，具卵囊，每囊 4～6 粒。孵化后，幼体待秋后发育为成虫。生活在阴暗潮湿的墙缝、土缝等地方。

4. 防控方法

（1）严格消毒　在菇房地面和四周撒上干生石灰粉，无土面露出，减少蛞蝓躲藏场所。

（2）人工捕捉　在夜间和阴雨天，乘其出来取食时捕捉。

（3）药物防治　在蛞蝓大发生时，将菇提前采摘后喷施 4.3％高氟氯氰·甲·阿维乳油 500 倍液，可将蛞蝓杀死。

二、蜗牛

蜗牛属无脊椎动物软体动物门，腹足纲，柄眼目，蜗牛科。全球约有 4 万种，因此，此处不再给出拉丁学名。蜗牛有一个比较脆弱的、低圆锥形的壳，不同种类的壳有左旋或右旋的，头部有两对触角，后一对较长的触角顶端有眼，腹面有扁平宽大的腹足，行动缓慢，足下分泌黏液。降低自行摩擦力以帮助行走。

1. 形态特征　蜗牛的整个躯体包括外壳、头、颈、外壳膜、足、内脏、囊等部分，身背螺旋形的外壳，其形状各异，大小不一，有宝塔形、陀螺形、圆锥形、球形、烟斗形等。眼睛长在触角上。

2. 危害状　蜗牛食性杂，能取食多种食用菌（图 9-3-76、图 9-3-77）和蔬菜。危害食用菌时，用尖锐小齿舐食食用菌子实体，使之造成许多孔洞和缺刻。在潮湿的环境下，在蜗牛爬行过的菌盖上还会留下一道白色透明的分泌物。

3. 生活习性　蜗牛一般生活在比较潮湿的地方，在植物丛中躲避太阳直晒。在寒冷地区生活的蜗牛会冬眠，在热带生活的种类旱季也会休眠，休眠时分泌出的黏液形成一层干膜封闭壳口，全身藏在壳中，当气温和湿度合适时就会出来活动。

危害食用菌的蜗牛种类较多，有灰蜗牛、同型巴蜗牛、江西巴蜗牛和华蜗牛等。其中灰蜗牛 1 年发生 1～15 代，寿命达 24 个月。每年温度达 20℃以上时，蜗牛开始活动，11 月进入越冬期。

图 9-3-76　平菇上的蜗牛

图 9-3-77　菇床上的蜗牛

4. 防控方法

（1）人工捕捉　在蜗牛的活动盛期，用人工捕捉的方式，可消灭大量的蜗牛。

（2）药物防治　在蜗牛的躲藏地撒上生石灰粉或 5% 食盐水进行驱杀。

第十一节
等足目害虫

鼠妇

危害食用菌的鼠妇 *Armadillidium vulgare*，又名潮虫和西瓜虫，属节肢动物门，甲壳纲，等足目，鼠妇科。鼠妇科的动物用鳃呼吸，而鳃只能在湿润的环境中运作，所以鼠妇居住在潮湿的地方。

1. 形态特征

（1）成虫　体长 10～14 mm，宽 5～6.5 mm，共 13 节，长椭圆形，灰褐色。头部具 1 对线状触角；胸部 8 节，各节具 1 对足，腹部具 7 对腹足，尾节末端为两个片状突起。雌成虫体背暗褐色，隐约可见黄褐色云状纹，每节后缘具白边，雄虫较青黑。

（2）卵　近球形至卵形，黄褐色。

（3）幼虫　长 1.3～1.5 mm，宽 0.5～0.8 mm，初孵幼虫白色，半透明，后逐渐变深，形态与成虫近似，仅大小、体色不同。

2.危害状　鼠妇主要危害覆土栽培的食用菌，如平菇（图9-3-78）、姬松茸、大球盖菇、鸡腿菇等。鼠妇啃食发酵过的培养料、菌丝体、菇蕾和耳基，并能从菌褶中钻入侵害菌盖，造成孔洞和缺刻。

图9-3-78　平菇菌褶上的鼠妇

严重时菇床上群集大量的成体鼠妇取食危害（图9-3-79），被害食用菌产量和质量都受到较大影响。

图9-3-79　菇床上的鼠妇

3.生活习性　在3月菇房内温度高于10℃以上时，鼠妇开始取食活动。在6～10月高温和高湿的菇房内，鼠妇大量繁殖危害。其幼体在雌虫的胸腹前端孕育，每雌体可产小鼠妇50～200只。成体活动迅速，昼伏夜出，受惊后蜷缩成团呈假死状。

4.防控方法

（1）严格管理　保持菇房清洁卫生，及时清除死菇与烂袋。在各角落处撒上石灰，切断鼠妇活动通道。

（2）药物防治　鼠妇发生量大时，用4.3%高氟氯氰·甲·阿维乳油1 000倍液喷雾能有效地杀灭鼠妇，降低危害程度。

第十二节
带马陆目害虫

马陆

马陆属节肢动物门，多足纲，圆马陆科。身体有多节，头部有触角，生活在潮湿的地方，大多以枯枝落叶为食。危害食用菌的主要是约安巨马陆 *Prospirobolus joannsi*（图9-3-80）。

图9-3-80　马陆成虫

1.形态特征　体节两两愈合（双体节），除头节无足，头节后的3个体节每节有足1对外，其他体节每节有足2对，足的总数可多至200对。头节含触角、单眼及大、小颚各 1 对。体节数各异，从 11 节至 100 多节，体长 2～280 mm。除 1 个目外，所有马陆有钙质背板。自卫时马陆并不咬噬，多将身体蜷曲，头卷在里面，外骨骼在外侧。许多种可具侧腺，用分泌一种刺激性的毒液或毒气以防御敌害。

2. 危害状　马陆主要取食食用菌发酵料（图 9-3-81）中的腐殖质、菌丝体和幼小的菇蕾（图 9-3-82、图 9-3-83）。

图 9-3-81　马陆成虫取食发酵料

图 9-3-82　马陆危害毛木耳状

图 9-3-83　马陆危害斑玉蕈

被害的菌床培养料变黑发黏、发臭并散发出马陆特有的骚味。菇蕾被咬食成孔洞或缺刻，并留下骚味，严重时整个发菌期的培养料被毁，菇房中骚味难闻。

3. 生活习性　在菇房内温度 15℃以上时，马陆开始活动，尤其是在夏季多雨季节，菇房空气相对湿度达 90% 以上时，马陆群集于培养料或菌袋取食并散发出难闻的臊味。

4. 防控方法

（1）严格管理　保持菇房清洁卫生，适当减少培养料和菇房内的空气湿度，增加光照度，可减少马陆危害程度。

（2）药物防治　当马陆量较大时，可用 4.3% 高氟氯氰·甲·阿维乳油 1 000 倍液喷布于料面和整个菇房，杀死和驱赶马陆。

第十三节
害鼠

害鼠属于啮齿目，鼠科。鼠科分布于世界各地，体小轻盈，是体型最小的啮齿类动物，尾部具缠绕性。

鼠科成员适应不同的生存环境，形态和习性都比较多样化。典型的鼠科成员形态和习性与家鼠类似。

危害食用菌的常见鼠类，如图 9-3-84 图 9-3-90 所示。

图 9-3-84　三趾跳鼠

病虫害防控技术

图 9-3-85　达乌尔黄鼠

图 9-3-89　长爪砂鼠

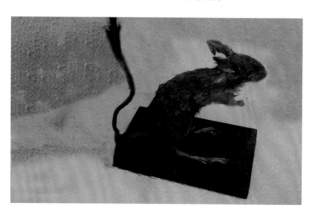

图 9-3-86　五趾跳鼠

图 9-3-90　家鼠

图 9-3-87　布氏田鼠

2.危害状　在食用菌的菌种生产和菌袋的发菌期间都极易遭受鼠害。尤其是麦粒菌种在发菌期间被老鼠找到后它能拔掉瓶口棉塞或咬破薄膜袋咬食麦粒，老鼠携带多种病菌，被害后的菌袋都会因为被杂菌污染而报废。在高温期间被老鼠扒出的培养料上常长出链孢霉，污染整座菇房，迫使生产中断。在田间栽培的品种，如茯苓、灵芝、天麻等，老鼠能钻入打洞，咬断菌丝和原基，传播病害，严重时菇床上一片狼藉，甚至绝收。

3.生活习性　老鼠昼夜活动，黄昏和黎明是两个活动高峰，但在室内白天常见老鼠外出觅食。

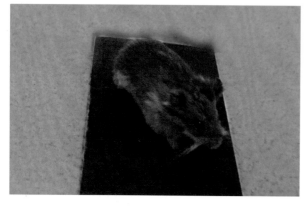

图 9-3-88　黑线仓鼠

4.防控方法

（1）严格管理　保持发菌场所和菇房清洁卫生，不能在菇房内外堆放生活垃圾。菌种房要有能封闭的门窗，防止老鼠进入危害。

（2）生物防治　养猫防鼠。在菇场内养猫是防止鼠害的安全有效的生物防治方法。

5.注意事项

禁止在培养料上投放毒鼠药，以免菌丝吸收后引发人食后的二次中毒现象。

（边银丙　宋金俤　杜适普　曲绍轩　马林
肖扬　徐章逸　黄桃阁　段敬杰）

病虫害防控技术

主要参考文献

[1] 黄年来，林志彬，陈国良，等. 中国食药用菌学 [M]. 上海：上海科学技术文献出版社，2010.

[2] 罗信昌，陈士瑜. 中国菇业大典 [M]. 北京：清华大学出版社，2010.

[3] 宋金俤，曲绍轩，马林. 食用菌病虫识别与防治原色图谱 [M]. 北京：中国农业出版社. 2013.

[4] 边银丙. 食用菌病害鉴别与防控 [M]. 郑州：中原农民出版社.2016.

[5] PENG W. H, He X, Wang Y, et al. A new species of Scytalidium causing slippery scar on cultivated Auricularia polytricha in China [J]. FEMS Microbiol Lett，2014,359 :72–80.

中国食用菌生产

PRODUCTION OF
EDIBLE MUSHROOM
IN CHINA

P ART X

UTILIZATION
TECHNOLOGY
OF EDIBLE MUSHROOM
CULTIVATING RESIDUE

第十篇
食用菌
菌渣利用技术

第一章　食用菌菌渣存在现状及应用价值

　　随着我国食用菌产业的快速发展，大量食用菌菌渣不断产生，成为制约食用菌产业发展的一个重要因素。以食用菌生产为纽带，循环利用废弃物已取得了显著进展，在利用食用菌转化农业废弃物的同时，实现菌渣的综合利用。通过食用菌菌渣综合利用，将食用菌生产与生态养殖、绿色种植、加工增值和产业化服务有机衔接，建立闭路循环工艺，形成多级利用和循环利用相结合的循环型农业模式，延长了农业废弃物利用的循环链条，产业经济、生态和社会效益明显。

第一节
食用菌菌渣存在现状

　　食用菌菌渣又称食用菌菌糠，是指食用菌生产结束后剩余的包含菌丝体的培养料。我国食用菌产业快速发展的同时食用菌菌渣不断增多。2018年全国食用菌生产总量达 3 842.04 万 t，产生干菌渣 3 000 余万 t，数量巨大。

一、大量废弃造成环境污染

　　我国食用菌菌渣的再利用问题一直没有得到很好的解决，菌渣年综合利用率较低。

　　大部分菌渣被随意堆放或无效焚烧，不仅造成资源浪费和环境污染，而且容易导致霉菌和害虫滋生，给食用菌生产带来安全隐患。如图 10-1-1 滋生杂菌的食用菌菌渣。

图 10-1-1　滋生杂菌的食用菌菌渣

二、可利用模式

目前，食用菌循环经济理念的认识逐步得到提高，食用菌菌渣的循环利用问题已得到社会的广泛关注。2010 年以来，我国食用菌菌渣综合利用的研究和开发工作不断深入，涉及研发领域非常广泛，取得了一系列成果，形成了多种以食用菌生产和菌渣综合利用为纽带的农业废弃物高效循环利用模式，并不断完善，逐步得到推广。目前生产中主要应用模式有：

农业废弃物 → 食用菌 → 菌渣
种植业 ← 堆肥（有机肥）

农业废弃物 → 食用菌 → 菌渣 → 二次种菇
种植业 ← 堆肥

农业废弃物 → 食用菌 → 菌渣 → 生物饲料
养殖业

农业废弃物 → 食用菌 → 菌渣 → 养殖垫料
种植业 ← 有机肥

农业废弃物 → 食用菌 → 菌渣 → 沼气
还田 ← 沼渣

农业废弃物 → 食用菌 → 菌渣
种植业 ← 育苗（栽培基质）

农业废弃物 → 食用菌 → 菌渣
生态修复材料

农业废弃物 → 食用菌 → 菌渣
生物活性酶（功能性组分）

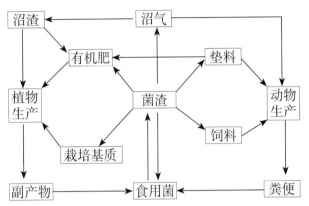

三、存在问题

近几年食用菌菌渣利用率有了明显提高，特别是工厂化食用菌生产后的菌渣，具有养分较高、来源稳定、质量稳定、收集方便等条件，利用率大幅提高。

但是我国食用菌生产仍然以分散式经营为主，小规模食用菌种植户或企业生产的菌渣种类多、质量参差不齐、规模化处理程度低，导致其利用率偏低。

在菌渣利用方面还存在其他一些问题，如菌渣中无机盐成分造成的土壤盐渍化问题，菌渣还田对生态环境影响评价不足，菌渣利用的机制研究尚不深入，针对不同利用途径缺乏技术标准等，因此菌渣资源化利用还有很多工作需要开展。

四、利用前瞻

随着菌渣多功能性研究的不断推进，我国菌渣综合利用技术将逐步建立起相应的技术标准，向专业化生产发展，从回收、处理专业化到制造、应用产业化。

国外在菌渣利用方面研究起步早，主要集中在生态环境的修复、改良土壤、栽培基质、能源再生等方面，取得了较好的研究成果。

第二节
食用菌菌渣的应用价值

一、食用菌菌渣营养成分分析

食用菌菌渣中含有农作物生长所必需的氮（N）、磷（P）、钾（K）等大量营养元素，钙（Ca）、镁（Mg）、硫（S）等中量营养元素，铜、锌、铁、锰等微量元素。常见的食用菌菌渣含水量为 30％～55％，粗蛋白质为 5.8％～15.4％，粗纤维为 9.3％～37.1％，粗脂肪为 0.2％～4.6％，粗灰分为 1.6％～38.7％，无 N 浸出物为 13.8％～63.5％，Ca 为 0.2％～4.6％，P 为 0.3％～1.8％，全 N、全 P、全 K 总养分含量为 2.0％～5.4％，碳氮比（C/N）一般在 30∶1 以下。大多数菌渣的有机质含量达到了 45％以上。

食用菌菌渣氨基酸种类齐全，含量丰富。菌渣中许多氨基酸的含量都与玉米中氨基酸含量接近，氨基酸总量与玉米也较接近。食用菌菌渣中不仅含有大量的营养物质，而且还存在着多种微生物、多糖类、有机酸类、酶类及其他生物活性物质，对改良土壤理化性状和微生态环境，促进养分转化和植物营养吸收都有着积极的作用。

二、食用菌菌渣的利用价值

食用菌生产的主要原料有棉籽壳、玉米芯、木屑、农作物秸秆等。食用菌在生长繁殖过程中，能产生大量分解纤维素、半纤维素的复合酶，降解木质素的过氧化物酶和漆酶等，将培养料中的纤维素、半纤维素和木质素分解成葡萄糖、醌类化合物等，供给食用菌生长繁殖。栽培完食用菌后，培养料中布满菌丝（图 10-1-2），变得更加疏松松软，营养价值得到显著改善。粉碎后的菌渣如图 10-1-3 所示。

食用菌培养料所用的原料不同，其菌渣营养价值不同；不同种类的食用菌在原料相同的培养料上栽培，其菌渣营养价值也不尽相同；食用菌采收茬次越多剩余养分越少。有关研究报道表明，食用菌栽培原料通过食用菌菌丝体的生物转化过程，粗纤维降低 50％左右，木质素降低 30％左右，粗蛋白质、粗脂肪提高 1 倍以上。

图 10-1-2　布满菌丝的食用菌菌渣

图 10-1-3　粉碎后的食用菌菌渣

第二章 食用菌菌渣资源化利用途径

　　食用菌菌渣的利用技术和利用率有了显著提高，利用途径主要集中在二次种菇、有机肥料、土壤改良、育苗基质、栽培基质、能源再生、动物饲料、养殖垫料、生态修复、活性物质开发等方面。通过建立食用菌菌渣综合利用技术体系，将农业废弃物生产食用菌与绿色种植、生态养殖有机衔接，实现产业链条的延伸和增值。

第一节
食用菌菌渣种菇

一、食用菌菌渣种菇研究现状

　　不同种类的食用菌对培养料的利用程度不同，有些培养料栽培完食用菌后仍具有丰富的营养成分，特别是工厂化栽培的食用菌，由于采收茬次少，菌渣中剩余养分多，添加到新料中可再次栽培食用菌。

　　1.国外研究状况　Dilena 等认为，培养料经前茬菌物分解后，存在着较多的简单化合物，能被菌丝直接吸收利用，使菌丝快速生长；另外，菌渣的持水性和物理性质都比较好，更有利于菌丝的生长

和穿透。利用菌渣再次栽培食用菌可部分替代棉籽壳、阔叶木屑、玉米芯、作物秸秆等，拓宽食用菌培养料来源，降低生产成本，二次种菇后的菌渣可直接生产堆肥或加工成商品有机肥。

　　Singh 等用木耳菌渣栽培双孢蘑菇和褐蘑菇，Siddhant 用双孢蘑菇菌渣栽培草菇，均表明食用菌菌渣种菇是可行的。Sharma 等研究表明，食用菌菌渣通过清水淋洗，柠檬酸和乙二胺四乙酸（EDTA）螯合处理除去金属阳离子，再经巴氏消毒杀灭有害微生物后，与草炭土混合使用能够作为双孢蘑菇的覆土材料。其中经 EDTA 螯合处理的菌渣和草炭土混合使用效果最好，与用纯草炭作覆土材料相比，双孢蘑菇产量差异不显著，但干物质含量明显提高。Royse 用香菇菌渣为主料栽培凤尾

菇,生物学效率达到了 79%。

食用菌菌渣的营养组成与食用菌栽培料的种类和降解利用程度有关,不同种类菌渣的理化性能与物质成分也各有特点,在菌渣种类选择和添加比例上应通过研究进一步规范。

2.国内研究状况 研究表明,食用菌菌渣用作栽培食用菌的配料,在降低栽培成本、提高产量等方面效果明显。万水霞等在培养基培养料中加入 30% 秀珍菇菌渣栽培双孢蘑菇,生物学效率达 63%,比常规栽培料提高 10%。宫志远等用工厂化栽培金针菇后的菌渣用农法栽培秀珍菇,不同配方上秀珍菇长势均良好,在菌渣含量一定的情况下,随着培养料中棉籽壳含量的增加,秀珍菇的产量也逐渐增加,按金针菇菌渣∶棉籽壳∶玉米芯 = 6∶3∶1 的比例制作培养料,成本较对照降低约 26.9%,产量高于对照。韩建东等以工厂化栽培金针菇后的菌渣用农法栽培榆黄蘑和金福菇:栽培榆黄蘑时培养料中菌渣添加量为 50% 时,生产成本可降低 18.33%,产量与常规棉籽壳配方无明显差异,且转茬快;栽培金福菇时培养料中菌渣添加量为 55% 时,生产成本可降低 28%,产量比常规棉籽壳配方提高 25%,而且转茬期明显缩短。王庆武等利用金针菇菌渣替代部分棉籽壳栽培平菇,随着菌渣添加量的增加,菌丝长速加快,生物学效率提高,当添加量在 70% 时生物转化率最高,达 110% 以上,栽培成本比全棉籽壳原料降低 30% 以上,经济效益提高 12% 以上。张娣等用灵芝菌渣和鲍鱼菇菌渣栽培黑木耳,从黑木耳菌丝的长势、出耳情况和子实体产量来看,灵芝菌渣适于黑木耳的栽培,其中 30% 灵芝菌渣的掺入量最适合。韩建东等以常规棉籽壳培养料为对照,用工厂化栽培杏鲍菇后的菌渣代替部分棉籽壳进行秀珍菇栽培试验,并测定秀珍菇的营养成分。结果表明,添加杏鲍菇菌渣可以促进秀珍菇菌丝的生长,菌渣添加量 10%~70% 时均能获得较高产量,生物学效率在 90% 以上,对前 3 茬菇产量无显著影响,总产量随菌渣添加量的增加呈逐渐降低趋势,菌渣添加量 10%~50% 时秀珍菇产量与棉籽壳培养基无显著差异。虽然菌渣添加量在 50%~70% 时产量偏低,但栽培成本更低,仍能够获得很好的经济效益。供试菌渣培养料栽培秀珍菇的粗蛋白质和总氨基酸含量略高于或显著高于对照,说明添加适量的杏鲍菇菌渣栽培秀珍菇可提高子实体的营养成分。

二、食用菌菌渣种菇的关键技术

(一)生产工艺流程

菌渣选择 → 菌渣预处理 → 建堆发酵 →
接种培养 ← 装袋灭菌 ← 原料调配
出菇管理 → 采收

(二)食用菌菌渣选择

应选择新鲜、无污染和无霉变的食用菌菌渣,如金针菇菌渣、杏鲍菇菌渣、斑玉蕈菌渣等,带覆土材料的菌渣应去掉覆土后使用(图 10-2-1)。

图 10-2-1 新鲜的食用菌菌渣

(三)食用菌菌渣预处理

食用菌栽培结束后采用机械或人工脱袋(瓶),并将菌渣粉碎过筛,将混有的硬结块、残菇、木棒、塑料薄膜及线绳等杂物清除干净(图 10-2-2 和图 10-2-3)。如果菌渣长期存放,可将新鲜菌渣粉碎晒干或烘干,贮存备用;如果菌渣新鲜且无杂菌污染,也可不经发酵直接粉碎后立即使用。

图 10-2-2 食用菌菌渣脱袋粉碎

图 10-2-3 食用菌菌渣过筛除杂

（四）食用菌菌渣发酵

将预处理后的菌渣混合均匀，调节含水量为 60%～65%，pH 6.5～8.0。然后建底宽 2.0～3.0 m、顶宽 1.2～2.0 m、高 0.8～1.0 m 的堆，堆长不限。每隔 30 cm 在料面用木棍从上到下打直径 3～5 cm 通气孔（图 10-2-4）。

图 10-2-4 食用菌菌渣建堆发酵

当堆温达 55℃以上时，保持 24 h 后翻堆，并补足水分，共翻 3 次，发酵周期 5～7 天。发酵期间应防止雨淋及害虫。

（五）培养料配方

配方一：新鲜工厂化栽培食（折干计算）30%～60%，棉籽壳或玉米芯 30%～50%，麸皮 6%，过磷酸钙 1%，石膏 1%，石灰 2%。

配方二：传统方法栽培新鲜菌渣或发酵菌渣（折干计算）30%，棉籽壳 30%，玉米芯 30%，麸皮 6%，过磷酸钙 1%，石膏 1%，石灰 2%。

由于不同菇种、不同来源菌渣的原培养料组成成分不同，与棉籽壳、玉米芯、木屑、作物秸秆配合作为食用菌栽培原料再次利用时添加的比例应适当调整，可做小面积的配方试验确定最佳配比。

（六）栽培管理

栽培管理有拌料装袋、灭菌接种、发菌培养、出菇管理、病虫害防控等技术环节，根据不同食用菌种类按常规方法进行管理。

三、食用菌菌渣种菇的应用实例

（一）工厂化金针菇菌渣栽培金福菇

1. 金福菇品种和菌渣来源　金福菇杭金 1 号，引自杭州市农业科学研究院蔬菜研究所。食用菌菌渣是出过 1 茬菇的工厂化栽培金针菇的菌渣，原料初始配方为棉籽壳 50%、玉米芯 20%、麦麸 28%、轻质碳酸钙 2%。经检测发现，金针菇菌渣中含有 17 种氨基酸，氨基酸总量为 8.49%，粗蛋白质、粗纤维和粗脂肪含量分别为 11.29%、7.3% 和 2.0%，氮、磷、钾、钙等矿物元素含量丰富（表 10-2-1）。

2. 栽培配方　工厂化金针菇菌渣 55%、棉籽壳 35%、麸皮 6%、过磷酸钙 1%、石灰 2%、石膏 1%。其中工厂化金针菇菌渣经发酵处理。

3. 栽培效果　栽培金福菇，菌丝洁白浓密，长势好，平均生长速度为 0.396 cm/d，与棉籽壳培养基（棉籽壳 90%、麸皮 6%、过磷酸钙 1%、石灰

表 10-2-1　工厂化金针菇菌渣中的营养成分含量（%）

氨基酸				常规营养成分	
天冬氨酸	0.67	异亮氨酸	0.44	粗蛋白质	11.29
苏氨酸	0.39	亮氨酸	0.64	粗纤维	7.3
丝氨酸	0.38	酪氨酸	0.17	粗脂肪	2.0
谷氨酸	1.23	苯丙氨酸	0.41	N	1.30
甘氨酸	0.65	组氨酸	0.23	P	0.72
丙氨酸	0.52	赖氨酸	0.40	K	0.78
胱氨酸	0.21	精氨酸	0.54	Ca	1.77
缬氨酸	0.83	脯氨酸	0.51	灰分	9.18
蛋氨酸	0.27	AA 总和	8.49		

2%、石膏 1%）差异不显著。第一茬菇现蕾时间较棉籽壳培养料提前 4 天，第二茬和第三茬菇的现蕾期也明显提前。金福菇产量明显高于棉籽壳培养料，3 茬菇合计生物学效率达 110%，比棉籽壳培养料提高近 25%，成本降低约 28%，说明培养料中添加出过 1 茬菇的金针菇菌渣，对金福菇的总产量不但具有促进作用，而且能够明显降低栽培成本。菌袋发菌和出菇情况见图 10-2-5 和图 10-2-6。

图 10-2-6　工厂化金针菇菌渣栽培金福菇的出菇情况

（二）工厂化杏鲍菇菌渣栽培秀珍菇

1. 秀珍菇品种和菌渣来源　秀珍菇为高温型的秀珍菇 705。杏鲍菇菌渣为工厂化栽培结束后的杏鲍菇菌渣，原料初始配方为木屑 50%、玉米芯 30%、麦麸 17%、石灰 3%。

2. 栽培配方　工厂化杏鲍菇菌渣 30%～70%，棉籽壳 20%～60%，麸皮 7%，石灰 3%。选用新鲜的杏鲍菇菌渣，预处理后不经发酵直接用作栽培原料。

3. 栽培效果　添加杏鲍菇菌渣可以促进秀珍菇菌丝的生长，菌种萌发快，发菌前期生长速度也快于常规棉籽壳配方，菌渣添加量较多时在发菌后期

图 10-2-5　工厂化金针菇菌渣栽培金福菇的菌袋发菌情况

菌丝生长速度变慢，这是因为杏鲍菇菌渣主要含有木屑，菌渣比重较大且颗粒度小，透气性较差，导致后期菌丝生长变慢。菌渣添加量越高，原基出现时间越早，转茬期也越短，表明培养料中添加杏鲍菇菌渣可以促进秀珍菇的生长发育，有助于出菇期的提前，缩短整个生长周期。秀珍菇产量集中在前3茬菇，菌渣添加量30%～70%时对前2茬菇产量无显著影响，但是当菌渣添加量在50%时，第四、第五茬菇产量明显降低，说明菌渣替代比越大，对后期产量影响较大，表现出后期培养料养分供应不足。菌渣添加量30%～70%时秀珍菇生物学效率都达90%以上，虽然菌渣添加量在50%～70%时产量偏低，但栽培成本更低，仍能够获得很好的经济效益。

杏鲍菇菌渣添加量50%时秀珍菇菌袋发菌和出菇情况见图10-2-7和图10-2-8。

杏鲍菇菌渣添加量30%、50%和70%时秀珍菇营养成分变化见表10-2-2。培养料中添加杏鲍

图10-2-7 工厂化杏鲍菇菌渣添加量50%时栽培秀珍菇的菌袋发菌情况

图10-2-8 工厂化杏鲍菇菌渣添加量50%时栽培秀珍菇的出菇情况

菇菌渣栽培秀珍菇的子实体营养成分含量没有降低，粗蛋白质和氨基酸含量方面还有所提高，说明利用杏鲍菇菌渣栽培秀珍菇可提高子实体中营养成分含量。

4.菌渣选择 选择新鲜、无霉变的菌渣。菌渣移出菇房不能放置过久，应及时粉碎，在阳光下暴晒，减少病原杂菌和害虫。如果菌渣不能立即使用，可在晒干或烘干后集中贮存备用。菌渣发酵时间不宜过长，否则容易变碎发黏，发酵前期要注意及时翻堆，如果翻堆不及时料堆表层会滋生大量的杂菌。食用菌菌渣的营养品质与食用菌栽培料的种类和降解利用程度有关，不同种类菌渣的理化性能与物质成分也因此各有特点。再次作为栽培原料，以生产周期短、采收茬次少的食用菌菌渣为宜。

食用菌菌渣中含有大量的菌类分泌物质，对其他食用菌的作用不同。需通过栽培试验筛选出适宜栽培的食用菌种类和添加配比。

食用菌菌渣中的C/N小，用食用菌菌渣栽培

表10-2-2 杏鲍菇菌渣培养料对秀珍菇常规营养成分及氨基酸含量的影响

菌渣添加量（%）	粗蛋白质（%）	粗脂肪（%）	粗纤维（%）	总糖（%）	氨基酸含量（g/100g）
0	3.88 ± 0.12 b	0.17 ± 0.01 a	1.68 ± 0.07 a	3.22 ± 0.11 a	2.66 ± 0.09 b
30	4.12 ± 0.19 ab	0.18 ± 0.00 a	1.72 ± 0.08 a	3.34 ± 0.20 a	2.79 ± 0.05 a
50	4.21 ± 0.13 a	0.18 ± 0.01 a	1.75 ± 0.05 a	3.16 ± 0.08 a	2.81 ± 0.07 a
70	4.06 ± 0.13 ab	0.17 ± 0.00 a	1.71 ± 0.04 a	3.24 ± 0.04 a	2.68 ± 0.04 ab

食用菌菌渣利用技术

其他食用菌时可少量添加麦麸等氮源，同时适当补充棉籽壳等碳源。

第二节
食用菌菌渣的肥料化利用

一、食用菌菌渣肥料化应用效果

1.菌渣营养丰富　目前农业生产中化肥的大量使用，对生态环境平衡和人类健康的影响日渐加重。食用菌菌渣中有机质含量高，各种速效性养分齐全，菌丝在生产过程中分泌的一些生物活性物质能够分解复杂的有机物，抑制部分土传性病害，促进植物生长。并且菌渣含大量有机质，在土壤中可进一步转化成具有良好通气蓄水能力的腐殖质，有效改良土壤。山东省农业科学院农业资源与环境研究所对农户农法栽培和工厂化栽培食用菌菌渣进行了有机质和N、P、K等养分测定（表10-2-

3）。从表10-2-3可以看出，不同种类菌渣的养分含量差异较大，除双孢蘑菇菌渣有机质含量较低外，其余菌渣的有机质含量均大于国家有机肥标准（NY 525—2012）的要求，氮磷钾三要素含量为2.12%～4.58%，因此，食用菌菌渣可用于堆肥生产，亦可以通过复配生产商品有机肥。所以利用菌渣生产有机肥是可行的，菌渣有机肥作为一种化学肥料替代品是极具潜力的。

2.菌渣有机肥生产　孙建华等在食用菌菌渣堆肥中接种高温放线菌，发现接种后可使堆内温度上升至45℃以上，并可持续18～20天，其总养分、有机质含量和外观等指标均达到有机肥料的行业标准。万伍华等采用真姬菇菌渣进行快速堆制有机肥料的研究，无须添加其他原材料，只要做好水分、pH、通气、温度等管理，就可获得各项养分指标均符合行业标准的有机肥料产品。从食用菌生产投料至有机肥的产出，以干料计，生产率为25.5%左右。

3.增产明显　胡清秀等在双孢蘑菇菌渣中添加发酵剂腐熟生产堆肥，用于稻田作基肥试验发现水稻空秕粒数少，稻穗饱满，与农民常规施肥相比水稻产量增产20.55%，与不施肥相比增产44.18%，

表 10-2-3　部分食用菌菌渣的营养成分

菌渣种类	主料	有机质（%）	全氮（%）	全磷（%）	全钾（%）	总养分（%）
工厂化金针菇菌渣	玉米芯、米糠、棉籽壳等	72.36	1.55	0.58	0.75	2.88
工厂化杏鲍菇菌渣	木屑、玉米芯、麦麸等	69.40	1.49	0.27	0.82	2.58
香菇菌渣	果树木屑、麦麸等	63.98	1.16	0.32	0.64	2.12
平菇菌渣	棉籽壳、玉米芯等	53.22	1.45	0.37	1.70	3.52
双孢蘑菇菌渣	麦秸、鸡粪等	39.58	1.79	0.72	2.07	4.58

增产效果明显。

Ribas 等将姬松茸鲜菌渣按 5％、10％、25％ 和 40％ 的重量比，香菇鲜菌渣按 5％、10％、25％ 的重量比分别与土壤混合，进行莴苣盆栽试验，收获以后测莴苣地上部干重和叶片中的可溶性蛋白含量。含 5％ 和 10％ 姬松茸菌渣的基质培养的莴苣地上部干重，均高于含 25％ 和 40％ 菌渣的基质处理、土壤中添加 N、P、K 化学肥料处理和对照。添加 10％ 姬松茸菌渣的基质培养的莴苣地上部的干重，分别是对照和土壤中添加 N、P、K 化学肥料处理的 2.2 倍和 1.3 倍。莴苣叶片可溶性蛋白含量随姬松茸菌渣量的增加而升高。此研究揭示了姬松茸鲜菌渣在莴苣盆栽中作有机肥料的潜在应用价值。Segun 等利用凤尾菇菌渣与花园土混合栽培番茄、秋葵、辣椒、中华辣椒这 4 种常见的蔬菜，结果表明，各种蔬菜在添加菌渣的土壤中生长良好。6 kg 花园土中添加 600 g 菌渣种出的 4 种蔬菜开花结果数和株高都最高。而未添加菌渣的花园土种的蔬菜发育不良，生长缓慢，开花少或不开花。Zhu 等用 1.5 g 玉米粉加 28.5 g 粉碎干燥过的菌渣灭菌后作培养基，接种 1×10^6 个指数生长期的粉状毕赤酵母，半固体发酵 10 天后，粉状毕赤酵母的细胞密度升高到 5.6×10^8 CFU/g，培养基的 pH 值降到 4.0。制成的生物肥料与土混合进行大豆的温室盆栽试验，施用生物肥料后土壤中的有效磷浓度超过了 200 mg/L，粉状毕赤酵母的细胞密度升高到 2×10^6 CFU/g，大豆植株的干重最高为 0.49 g，而未施肥料的植株干重最高为 0.24 g。

4. 改善作物品质　王建忠通过研究发现施用平菇菌渣有机肥后，番茄的可溶性总糖含量、可溶性固形物含量和维生素 C 含量均较常规施肥得到极显著提高，而硝酸盐含量则极显著降低，这表明施入平菇菌渣有机肥可有效改善番茄的品质。

5. 促进作物生长　孙丽范以食用菌菌渣为载体发酵制备微生物菌肥并对菌肥进行盆栽试验，结果表明单一磷菌肥能显著促进植物生长，提高植物干重，并且解磷菌可以很好地在不同的土壤中生存并

有效地分解无机磷，使土壤中有效磷的含量上升至 200 mg/kg。混合菌肥同样能促进植物生长，提高植物干重。经过混合菌肥处理后，土壤中有效磷的含量上升至 359 mg/kg 以上，有效钾的含量上升至 1 200 mg/kg 以上，总氮量比未经混合菌肥处理的盆栽增加 100 mg/kg。

6. 培肥地力　马嘉伟等在盆栽试验条件下，研究不同比例黑木耳菌渣与化肥配施对水稻生育期内红壤养分动态变化和水稻生长的影响，结果表明，高用量菌渣各处理均显著提高了收获期土壤有效磷的含量，高用量菌渣与高用量化肥配施显著提高了收获期土壤有机质的含量，高用量菌渣与中低用量化肥配施显著提高了土壤速效钾的含量，但是各处理间土壤碱解氮的含量差异不明显。低用量菌渣时，水稻叶片 SPAD 指数随着化肥施用量的增加而增加；高用量菌渣时，水稻叶片 SPAD 指数没有显著增加；高用量化肥与高用量菌渣配施获得稻草生物量和稻谷产量都最高，经济系数最大。刘亚娟将杏鲍菇菌渣与 15％ 鸡粪混合，接种枯草芽孢杆菌等进行堆制发酵制成生物有机肥，作底肥用于保护地番茄生产，结果表明，施入菌渣生物肥可显著降低土壤容重，提高土壤孔隙度，增加速效氮、速效磷和速效钾的含量，明显提高番茄的产量和品质。

二、食用菌菌渣肥料生产的关键技术

1. 菌渣贮存　为了满足菌渣生产商品有机肥的需要，菌渣原料应进行贮存。如需建设临时贮存区堆放新鲜菌渣时，应有避雨设施，并及时处理。原料量大时，将鲜菌渣粉碎晒干或烘干，放于专门的贮存区域可长期存放。不同来源、不同种类的菌渣要分开存放。

2. 菌渣预处理　采用机械或人工脱袋（瓶）（图 10-2-9），并将菌渣粉碎过筛，粒径小于 2 cm，将混有的大硬结块、塑料薄膜及线绳等杂物清除干净，调整 C/N 为（25∶1）～（40∶1）、pH 为 6.5～8.5。

图 10-2-9　菌渣预处理

3.菌渣堆肥化处理关键技术　将食用菌菌渣移至处理场，采用条垛式、圆堆式、机械强化槽式和密闭仓式堆肥等技术进行好氧堆肥处理，在发酵过程中通过机械翻堆、机械搅动、机械通风等方式保证氧气需求，可根据建设和运营成本、技术要求、占地面积等因素选择发酵方式，条垛式建堆方式见图 10-2-10。

图 10-2-10　食用菌菌渣发酵处理

好氧堆肥工艺包括一级发酵和二级发酵，其主要技术要求应符合 CJJ 52—2014 的相关规定。一级发酵过程即高温阶段，应保证堆体内物料的温度在 50 ～ 60℃，当堆体温度超过 65℃时应进行翻堆操作或强通风，此过程发酵温度在 50 ℃以上保持10 天以上或 45℃以上的时间不少于 15 天。一级发酵过程中含水量控制在 50% ～ 60% 为宜，发酵周期 30 ～ 40 天。二级发酵即降温阶段，堆体温度

50℃以下，适时控制堆高、通风和翻堆作业，发酵周期 15 ～ 20 天。二级发酵结束后物料含水量降到25% ～ 35%，当堆温不再上升时，料呈黑褐色或黑色、无异味时发酵结束。

4.菌渣堆肥利用　食用菌菌渣堆肥发酵处理后可直接施用于大田或林间，也可经堆肥化处理后，粉碎过筛，加辅料复配加工成商品有机肥（图 10-2-11）。菌渣有机肥产品的技术指标应达到国家有机肥料农业行业标准 NY 525—2012 的要求。

图 10-2-11　食用菌菌渣商品有机肥

三、菌渣有机肥在作物上的应用实例

（一）菌渣有机肥种植油菜

1.施用方法　在中上等施肥水平上，每亩使用金针菇菌渣有机肥 300 kg，氮磷钾（15-15-15）复合肥 25 kg，根据地力可做适当调整。化肥和菌渣有机肥都作底肥，在油菜播种前撒施并耕翻土地，使肥料与土壤充分混匀。

2.施用效果　比农民常规施肥［每亩单施氮磷钾（15-15-15）复合肥 50 kg 作底肥］显著增产，每亩增产 326.7 kg，增产幅度为 24.6%。计算种田效益，每亩比农民常规施肥增收 681.8 元，增收幅度为 21.5%。

（二）菌渣有机肥种植花生

1.施用方法　在中上等施肥水平上，每亩使用金针菇菌渣有机肥 500 kg，氮磷钾（15-15-15）

复合肥 20 kg，根据地力可做适当调整。化肥和有机肥都作底肥，在花生播种前撒施并耕翻土地，使肥料与土壤充分混匀。

2. 施用效果　与农民常规施肥［每亩单施氮磷钾（15–15–15）复合肥 40 kg 作底肥］相比，每亩增产 42.2 kg，增产 16.2％。计算种田效益，与农民常规施肥基本持平，每亩增收 13.8 元，增收幅度为 0.8％。

（三）菌渣有机肥种植棉花

1. 施用方法　在中上等施肥水平上，底肥每亩施金针菇菌渣有机肥 200 kg 和氮磷钾（15–15–15）复合肥 12.5 kg，追肥为氮磷钾（15–15–15）复合肥 20 kg，根据地力可做适当调整。底肥在棉花播种前撒施并耕翻土地，使肥料与土壤充分混匀，追肥在棉花花蕾期追施。

2. 施用效果　比农民常规施肥［底肥每亩氮磷钾（15–15–15）复合肥 25 kg，追肥相同］显著增产，每亩增产籽棉 24.5 kg，增产幅度为 8.2％。计算种田效益，比农民常规施肥增收明显，每亩增收 331.5 元，增收幅度为 9.6％。

（四）菌渣有机肥种植番茄

1. 施用方法　在中上等施肥水平上，底肥每亩施金针菇菌渣有机肥 700 kg，氮磷钾（14–8–20）复合肥 50 kg，磷酸二铵 30 kg，生长季追施 5 次氮磷钾（16–8–18）高氮高钾复合肥，每次 50 kg。

2. 施用效果　施用菌渣有机肥对提高番茄的产量有明显的效果，在施用等量化肥的基础上加施不同量的菌渣有机肥，与农民常规施肥相比均有所增产。适当增施菌渣有机肥，减少化肥用量，仍然可以获得较高的产量。每亩比常规施肥［底肥每亩施鸡粪 1 000 kg，氮磷钾（14–8–20）复合肥 50 kg，磷酸二铵 30 kg，追肥相同］产量提高 4.5％，生产效益提高 5.2％。

（五）菌渣有机肥种植生姜

1. 菌渣商品有机肥在生姜种植中的应用

（1）施用方法　在中上等施肥水平上，底肥每亩施金针菇菌渣有机肥 300 kg，尿素 20 kg，磷酸二铵 24 kg，硫酸钾 24 kg，苗期施用氮磷钾（18–9–18）生姜配方肥 24 kg，尿素 16 kg，分枝期施用配方肥 56 kg，尿素 24 kg，膨大期施用生姜配方肥 NPK 配方肥 24 kg，尿素 16 kg。

（2）施用效果　施用菌渣有机肥对提高生姜的产量有明显的效果，但还没有达到农民常规施肥［底肥每亩施鸡粪 1 000 kg，尿素 25 kg，磷酸二铵 30 kg，硫酸钾 30 kg，苗期施用氮磷钾（18–9–18）生姜配方肥 30 kg，尿素 20 kg，分枝期施用配方肥 70 kg，尿素 30 kg，膨大期施用配方肥 30 kg，尿素 20 kg］的产量。在生姜生产上适当增施菌渣有机肥可以替代部分化肥投入，施用适量的菌渣有机肥在生姜生产上可以实现效益的增加，以上施肥方法比农民常规施肥虽然每亩减产 14.1％，但可以增收 5.2％。

2. 菌渣堆肥在生姜种植中的应用

（1）施用方法　在中上等施肥水平上，底肥每亩施金针菇菌渣堆肥 1 000 kg，尿素 20 kg，磷酸二铵 24 kg，硫酸钾 24 kg。苗期、分枝期和膨大期分别施氮磷钾（18–9–18）生姜配方肥 32 kg、48 kg 和 24 kg。有机肥和部分化肥作底肥，在生姜播种前撒施并耕翻土地，使肥料与土壤充分混匀，其余化肥在苗期、分枝期和膨大期分 3 次追肥。

（2）施用效果　每亩比农民常规施肥［底肥每亩施干鸡粪 1 000 kg，尿素 25 kg，磷酸二铵 30 kg，硫酸钾 30 kg，苗期、分枝期和膨大期分别施氮磷钾（18–9–18）生姜配方肥 40 kg、60 kg 和 30 kg］增产 1.3％，增收 11.8％。说明菌渣堆肥效果优于农民常规施肥。

第三节
食用菌菌渣的饲料化利用

一、食用菌菌渣饲料化研究现状

多数食用菌的菌渣，因培养料蛋白质含量较低，或因粗纤维含量过高，导致了其可饲用性能较差及畜禽对营养物质的需求亏缺，所以通常很少或不作为畜禽饲料，但经过多种微生物的发酵作用和食用菌的分解作用，纤维素、半纤维素和木质素等均被不同程度地降解，同时还产生了大量的菌体蛋白、糖类、有机酸类、多种活性物质，这样不仅增加了菌渣中有效营养成分的含量，而且提高了畜禽对营养物质的消化利用率。菌渣中还含有一些食用菌生长代谢产物，如微量酚性物、少量生物碱、黄酮、苷类、肌酸、多肽、皂苷植物甾醇及三萜皂苷等化学物质。其中多肽衍生物可以作为抗体，多糖具有抗凝血、解毒和免疫作用，皂苷的衍生物有抗菌作用，这些物质共同构成了抗病系统，在饲料中添加可提高畜禽的抗病力，此外，菌渣中含有的植物甾醇及其衍生物，还有调节畜禽代谢机能及促进其生理功能的作用。据美国 Total Nutraceutical Solutions（简称 TNS）报道，菌渣中具有的某些生物活性物质可作为天然的抗氧化剂和抗炎药物，将之添加到动物饲料中可以预防一些动物因食物链问题而引起的疾病。Belewu 等研究表明，饲喂真菌处理过的农作物副产品，不会影响动物的血液生理指标、免疫功能及动物健康状况。叶红英等试验表明，在育肥猪日粮中添加 40％发酵菌渣，不仅能促进育肥猪生长，明显降低腹泻率，而且还能减少精饲料用量，降低养殖成本。潘军等用菌渣替代麦秸饲喂肉牛，结果表明，菌渣替代麦秸对肉牛的生长有一定的提高作用，其中以 40％替代组的效果最为明显，同时发现，菌渣对肉牛的

免疫机能和血液生理指标无负面影响。曹启民等研究灵芝菌渣发酵饲料对育肥猪生长性能、胴体品质及血细胞的影响，结果表明，添加 20％灵芝发酵菌渣对育肥猪的日增重无显著影响，但每千克增重饲料成本下降了约 5.19％，瘦肉率显著提高，且对猪血细胞计数无显著影响。

二、食用菌菌渣饲料加工及利用

（一）用菌渣饲料养殖奶牛

1.菌渣饲料配方　菌渣饲料由奶牛用菌渣精饲料与粗饲料按重量比为（8～11）：30 的比例混匀后制成。

其中奶牛用菌渣精饲料组成（重量百分比）：玉米 25％～30％、金针菇菌渣（或其他菌渣）15％～20％、豆粕 12％～14％、整粒次枣 5％～9％、大豆皮 5％～8％、棉粕 13％～15％、DDGS 5％～8％、食盐 1％、碳酸氢钠 3％、磷酸氢钙 1.5％、石粉 1.5％和预混合饲料 1％。精饲料中额外添加霉菌毒素吸附剂，霉菌毒素吸附剂选择蒙脱石、酯化葡甘露聚糖等，添加量比例为霉菌毒素吸附剂：奶牛用菌渣精饲料为 1：（1 000～2 000）。预混合饲料组分组成（重量百分比）：硫酸铜 0.8％、硫酸亚铁 3.0％、硫酸锌 4.5％、硫酸锰 1.5％、质量百分浓度为 1％碘化钾 0.15％、质量百分浓度为 1％亚硒酸钠 0.15％、质量百分浓度为 1％氯化钴 0.08％、维生素 A 0.22％、维生素 D_3 0.1％、维生素 E 1.2％、维生素 B_3 1.5％和沸石粉 86.8％。

粗饲料由 27 份的青贮玉米和 3 份的干草组成。

2.菌渣饲料加工方法

（1）选优去杂　首先将霉变的菌袋剔除，去掉菌袋表面的塑料袋，将菌渣干燥后粉碎成 5～20 目粒度，库存备用。

（2）配比　按照预混合饲料配方称取各原料，混合均匀，配制成预混合饲料。按照奶牛用菌渣精饲料配方准确称取各原料。将霉菌毒素吸附

剂与0.5％石粉混匀后，再与其他材料在搅拌机中混匀，制成含有霉菌毒素吸附剂的奶牛用菌渣精饲料。将含有霉菌毒素吸附剂的奶牛用菌渣精饲料与粗饲料按质量比为（8～11）：30的比例混匀后制成奶牛用菌渣饲料全价日粮饲喂奶牛。

3.饲养效果　菌渣饲料饲养奶牛，产奶量稍高于常规饲料，两种饲料的乳脂率差异不大，说明饲喂奶牛菌渣全价日粮可提高奶牛产奶量，菌渣饲料成本降低，可增加经济效益。

（二）用菌渣饲料养殖肉羊

1.菌渣饲料配方（质量百分比）　按精饲料30％、苜蓿草粉40％、干草30％配成全价料。其中精饲料配方：玉米58％、豆粕9％、棉粕6％、菜粕6％、金针菇菌渣（或其他菌渣）16％、预混合饲料5％。

2.菌渣饲料加工方法　挑选菌丝洁白、无污染的金针菇废菌袋（或其他菌袋），去掉菌袋塑料袋后，干燥粉碎成20目的菌渣备用。按照配方配制成全价料。

3.饲养效果　与常规饲料相比，菌渣饲料饲养肉羊，平均日增重比常规饲料高16.58％，表明菌渣饲料提高了肉羊产肉性能。菌渣饲料精饲料成本和全价料成本分别下降11.23％和5.33％，经济效益提高29.72％。

（三）用菌渣饲料养殖肉兔

1.菌渣饲料配方（质量百分比）　玉米20％、金针菇菌渣（或其他菌渣）20％、豆粕20％、磷酸氢钙1.0％、食盐0.5％、草粉37.5％、兔用预混合饲料1％、蒙脱石粉0.25 g/kg。菌渣要求无污染和霉变，脱去外袋破碎晒干待用。

2.菌渣饲料加工方法　按比例取各种原料备用，首先将玉米、菌渣和豆粕进行粉碎，然后将蒙脱石粉、兔用预混合饲料、食盐、磷酸氢钙及草粉混合均匀，再与粉碎的玉米、菌渣和豆粕混匀，挤压制粒。干燥后喂兔。

3.饲养效果　取食相同量饲料的情况下，饲喂菌渣颗粒饲料的肉兔增重更多。

第四节
食用菌菌渣制作畜禽养殖发酵床垫料

一、食用菌菌渣发酵床垫料的研究现状

发酵床养殖技术是一种新型的环保养殖技术，畜禽在铺有锯末、稻壳和微生物的发酵床垫料上生长，畜禽粪污被垫料中的微生物分解，畜禽舍无臭味，改善了养殖环境。发酵床养殖技术的关键在于垫料配制比例是否科学合理。在垫料成分中，无污染的天然杂木屑是目前制作发酵床垫料的首选，其他成分包括稻壳、米糠、秸秆粉等亦有应用。但是，森林资源缺乏，锯末、稻壳等垫料原料供应紧张，导致发酵床垫料成本上涨，制约了发酵

床养殖技术的进一步推广。寻找锯末、稻壳的廉价替代原料成为当务之急。食用菌菌渣制作发酵床垫料，不但可以降低发酵床垫料成本，而且可以促进菌渣的再利用。

1. 增效提质作用　目前，国外尚没有以食用菌菌渣作发酵床垫料的报道，仅有一些国内学者以菌渣代替部分木屑对发酵床养猪效果进行了研究。

刘小莉等按锯末 50%、金针菇菌渣 50% 的比例配制发酵床垫料，接种微生物菌种，堆积发酵后，铺在发酵池中，发酵床深 90 cm。间隔 24 h 后进猪饲养。在发酵时间、发酵床表面及不同深度的温度、猪上床饲养的健康状况与生长性能方面，菌渣发酵床与常规发酵床效果相当，能保障猪的正常生长。陈燕萍等采用椰子壳和菌渣为配比基料，制作发酵床养猪，以常规垫料（稻壳：锯末 =1：1）为对照，发现椰子壳：菌渣 =2：1 配制垫料在堆积发酵过程中的温度、pH、EC、盐分细菌数量、真菌数量变化趋势均与常规发酵床相似，菌渣垫料色泽上保持椰子粉的黄棕色，养猪过程中猪身上干净清洁，无垫料黏着，下沉速度慢，且保持蓬松能力好于常规发酵床。猪肉感官和重金属指标均符合农业农村部所规定的鲜猪肉标准要求，且菌渣发酵床养猪的出肉率、瘦肉率、肌肉脂肪含量等品质均好于常规发酵床。

贾月楼等研究发现，菌渣代替部分锯末制作发酵床养猪，不影响发酵效果及生猪的育肥性能，且使垫料成本降低 30 元 /m²。

冯国兴等研究发现，在不接种任何菌剂的条件下，金针菇菌渣作为发酵床垫料使用时表现出较高的发酵温度，并且发酵温度持续时间长。与常规水泥地面饲养猪相比较，金针菇菌渣发酵床饲养的猪平均增重和日增重分别提高 14.41% 和 12.59%，差异显著，料肉比优势明显。

潘孝青等分别采用木屑、酒糟和菌渣为垫料制作发酵床养猪，同时以常规水泥地面饲养作对照，比较不同饲养方式及垫料环境下发酵床猪生产性能及常规肉品质差异。结果发现，发酵床处理的猪增

重显著高于常规水泥地面养殖方式，其中菌渣发酵床效果最好，猪死亡率为零，且料肉比最低。秦枫等研究发现，菌渣发酵床养殖条件下猪脾脏、胰腺重量，脾脏重量比总体重均显著高于传统水冲圈养殖。免疫指标方面，育肥前期两种养殖方式猪血清中总蛋白、白蛋白浓度没有显著差异，但发酵床条件下猪血清 IgG、IgA、IgM 浓度极显著高于传统养殖。育肥后期，两种养殖方式的猪血清中各项免疫指标均无显著差异，但猪血清 IgG、IgA、IgM浓度有升高的趋势。

2. 重金属残毒　由于饲料中超量添加铜（Cu）、锌（Zn）元素以及有机砷（As）等，发酵床养殖垫料中累积的重金属可能会对土壤环境构成污染，并通过不同的途径进入食物中从而危害人类健康。

张霞等分别以木屑与稻壳、发酵猪粪、果树枝、菌渣、中药渣为垫料，研究了猪发酵床不同原料垫料重金属元素的累积特性。结果表明，在育肥猪的一个饲养周期内，不同垫料内重金属元素砷、锌、铬、铜含量随垫料使用时间延长而显著增加，发酵猪粪、果树枝、菌渣、中药渣垫料内砷、锌、铜元素含量有由浅层（0 ～ 20 cm）到深层（20 ～ 40 cm、40 ～ 60 cm）降低的趋势。以发酵猪粪为主的垫料内重金属元素含量均显著高于果树枝、菌渣、中药渣为主的垫料，菌渣对垫料内重金属含量的影响不显著。

张丽萍等为了研究猪舍不同发酵床垫料及发酵床底部表层土壤中重金属砷的累积特征与活性大小，以节约经济成本和适宜猪生长发育为前提选取3 种发酵床垫料组合：40% 稻壳 + 60% 菌渣、40%稻壳 + 60% 锯木屑、40% 稻壳 + 60% 酒糟，采用物质流分析和潜在生态危害评价的方法进行研究。结果表明，经过一个饲养周期，木屑组合的发酵床垫料中重金属砷的累积量最高；菌渣组合中有效态砷显著高于其他两种，占全量砷的 14.25%；表层土壤首先是菌渣组合中有效态砷显著高于其他两种，占全量砷的 8.68%；其次是酒糟组合、木屑组合。

影响重金属砷活性大小的因素众多，除了全量砷含量、pH 等外，发酵床的微生物生态系统也是一个值得研究的影响因素。从减少砷污染角度出发，木屑组合优于菌渣组合和酒糟组合。经过生态危害评价分析，3 种垫料组合在养殖结束后其潜在生态危害均未超过轻微生态危害临界值，在不断补充垫料的前提下发酵床可以使用约 3 年。

目前的研究表明，以菌渣为原料制备发酵床对猪和鸡的养殖效果相当于或好于其他垫料，而饲养牛、鸭等其他畜禽的养殖效果还需要进一步探讨。

二、食用菌菌渣制作畜禽发酵床及应用实例

（一）菌渣发酵床的设计和建造

随着发酵床养殖技术的不断推广，一些不足也陆续暴露出来，生产中面临的实际问题之一为地下水位高时，地下挖建发酵池会导致发酵池底地下土壤中的积水上移和垫料霉变。为了阻止地下水的上移，发酵池底常进行水泥地面硬化。水泥地面的硬化，阻止了地下水位的上移，但也阻止了垫料中水分的下行，导致下行的垫料水在发酵池底聚集，发酵池底部厌氧，底层垫料霉变。为了解决发酵池底的积水问题，提高垫料消纳粪污功能，山东省农业科学院农业资源与环境研究所创新设计和建造了一种地下式发酵床。发酵池底为外侧高、中间低的斜坡面，两个斜坡面相交的中间部分设有沟槽，沟槽深度为 5～10 cm，宽度为 10～20 cm。沟槽与舍外相连，斜坡面上间隔设有支撑物，支撑物上表面与发酵池底的水平面平行，支撑物上方铺设有透气性的发酵池网垫。发酵池网垫上方的发酵池中装填发酵床垫料，禽畜在垫料上生产。斜坡面与水平面之间的夹角为 1°～20°。该夹角有利于网垫上垫料中的贮存液以及发酵床地下土壤中的上移水通过斜坡表面流入沟槽中。沟槽底部为砖面或水泥地面，沟槽内表面为水泥面。沟槽通过管道与舍外的抽水泵连接，将沟槽内的污液排出。发酵池底部的

地面不会积水。发酵池网垫采用网格状结构。发酵池网垫为竹笆、格栅、防水毡、纱网等其中的一种或多种，见图 10-2-12。

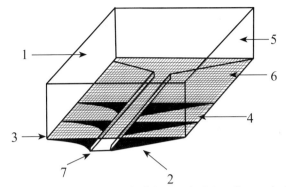

1. 发酵池　2. 斜坡面　3. 支撑物　4. 发酵池网垫　5. 发酵床垫料　6. 发酵池底　7. 沟槽

图 10-2-12　地下式发酵床结构示意图

（二）菌渣发酵床饲养生猪

1. 菌渣发酵床制作

（1）垫料组成配方　按体积比，稻壳 30%～40%，木屑 20%，金针菇或杏鲍菇菌渣 40%～60%，按总体积数添加油糠 0.3 kg/m³ 和发酵床菌种 200～250 g/m³（发酵床菌种为能分解粪污的芽孢杆菌，其芽孢杆菌活菌含量不低于每克 10^7 个，从应用效果好坏来看，发酵床菌种制剂优选干粉制剂）。

（2）配料　按上述比例取原料备用，首先将油糠和发酵床菌种混匀；然后将稻壳、木屑、菌渣和油糠发酵床菌种混合物混匀形成垫料；混匀时可机械也可人工混匀，在此混匀过程中不加水，见图 10-2-13。

图 10-2-13　菌渣发酵床垫料的配制

（3）铺床 首先将70%～80%的垫料填入发酵池中，将垫料摊开铺平，在垫料表面均匀喷洒已填入垫料体积0.5%～1%的猪粪尿水（猪粪尿水为猪场粪尿固液分离后的液体）。然后再填入剩余的混匀垫料，将垫料再次摊开铺平，然后再在垫料表面均匀喷洒剩余垫料体积2%～3%猪粪尿水。最后将垫料表面用透气性的草帘或麻袋全覆盖或部分覆盖，2～4天后可进猪饲养，见图10-2-14。

图10-2-14　菌渣发酵床养猪

2.应用效果 在山东省历城区唐王镇用菌渣发酵床养猪，垫料配比为菌渣50%、稻壳30%和木屑20%。与常规垫料床相比，生猪增重3.6%，血清生长激素、免疫球蛋白、抗氧化能力上升，垫料成本降低24.8%，床温提高2～3℃，养殖过程中氨气、硫化氢、3-甲基吲哚浓度显著降低。

（三）菌渣发酵床饲养蛋雏鸡

1.菌渣发酵床垫料配方及制作方法 发酵床配方为菌渣30%～40%、锯末20%～30%、稻壳40%～50%、玉米面2.0 kg/m³、发酵床菌种150 kg/m³。原料按配方混匀后，调节水分含量至50%，堆积发酵7天，然后将堆积垫料摊开铺平，隔日进鸡。

2.应用效果 在山东省济南军区后勤基地用菌渣发酵床养鸡，垫料配比为菌渣30%、稻壳50%和木屑20%。随着垫料深度的增加，垫料表面、垫料深10 cm、20 cm处的温度逐渐升高，菌渣垫料温度高于常规发酵床垫料（图10-2-15）。菌渣垫料组雏鸡平均体重、日增重均高于对照组；日采食量和料肉比低于常规发酵床垫料；两组差异不显

著，表明菌渣发酵床与常规发酵床饲养效果一致，但垫料成本显著降低。

图10-2-15　菌渣发酵床养鸡

（四）菌渣发酵床垫料废弃物堆肥化处理

采用条垛式堆肥技术进行好氧堆肥处理。

首先将菌渣垫料混合均匀，堆放于夯实的平整地面上，周围设置好排水沟，以免雨水冲淋流失，同时也有利于排走堆肥腐熟过程产生的水分。垫料中加入发酵专用微生物菌剂，先按发酵菌剂与菌渣垫料按1:5的比例预混，再撒在发酵料堆上混合均匀。养殖结束后菌渣垫料的C/N稍低，直接发酵会使氮迅速降解以氨的形式挥发而导致氮元素大量损失。

在实际操作过程中应先添加作物秸秆提高C/N到（20～30）:1，调节水分含量至55%左右，pH值调至7.0～8.5。然后进行建垛形堆，堆宽1.2～2.0 m，高1.0～1.5 m，长度视堆肥规模和场地条件而定。好氧堆肥工艺包括一级发酵和二级发酵。一级发酵过程即高温阶段，含水量控制在50%～60%，堆体顶面间隔50 cm垂直到底均匀打制通气孔，孔径3～5 cm，目的是保证良好的通风，促进微生物活动和有机物的分解，也可向堆中插入带孔的通风管或借助高压风机强制通风供氧。一级发酵过程中应保证堆体内物料的温度在50～60℃，4～6天翻堆1次，当堆体温度超过65℃时应立即进行翻堆操作，一级发酵过程需保持发酵温度在50℃以上不少于10天。二级发酵即降温阶段，堆体温度达到50℃以下，控制堆高、

通风和翻堆作业，含水量控制在 40%～50%，7～10 天翻堆 1 次，发酵周期为 10～20 天。天气降水时覆盖塑料薄膜，避免雨水冲淋。当堆温不再上升，料呈黑褐色、质地松软、无异味时发酵结束。发酵处理后可直接施用于田间，也可以加工成商品有机肥。

第五节
食用菌菌渣基质化利用

一、食用菌菌渣直接利用

（一）食用菌菌渣用作育苗基质

草炭是目前广泛使用的育苗基质。然而，草炭不可再生，不仅价高，而且大量开采会使资源枯竭，造成地貌与生态环境的破坏。因此，寻找草炭替代型基质便成为科研人员富有挑战性的课题。菌渣中含有糖类、有机酸类、蛋白质、酶等可再利用的成分，合理利用这些废料，既提高了经济效益，保护生态环境，又可增加对生物资源的多层次利用，提高生态效益，实现废物循环利用和农业的可持续发展。菌渣腐熟物的理化性能测试结果表明：菌渣腐熟物的容重、总孔隙度、通气孔隙度与持水孔隙度之比、pH 等都比较理想，适于制备育苗基质。并且重金属含量指标远低于国家标准规定的限量值，不会带来二次污染。菌渣腐熟后，其基质中含有一定数量的放线菌群，而放线菌产生的抗生素，使菌渣育苗的抗病害性能也较好。菌渣经腐熟处理后，部分替代草炭，制备的菌渣复合基质不仅含有丰富的养分，而且有良好的通透性，可以较好地满足植株苗期生长对水分、气体、养分的需要，在育苗期间也不再追肥。

Medina 等，将双孢蘑菇菌渣、平菇菌渣及二者按 50%体积比混合的菌渣 45℃烘干 48 h，研磨成粒径 5 mm 大小。3 种菌渣分别以 25%、50%、75%的体积比与草炭混合成 100%，纯草炭做对照。选对盐敏感度不敏感的番茄、中等敏感的西葫芦、最敏感的辣椒，进行穴盘育苗。结果表明，3 种蔬菜种子萌发的育苗基质中菌渣的最大添加量为 75%，且与纯草炭相比，种子萌发率随育苗基质中菌渣含量的增加而下降。菌渣基质培育的可移栽植株的生物量和营养成分相当于或高于纯草炭基质培育的植株。试验中的所有基质都适于番茄育苗，而双孢蘑菇菌渣、少量的平菇菌渣及混合菌渣的基质更适合西葫芦和辣椒育苗。

陈建州等，将香菇菌渣均匀喷湿使其含水量为 60%～70%，厌氧发酵 1 个月后，按香菇菌渣：土壤：煤渣为 4：6：6 混合，培育番茄幼苗的成活率最高达 94.2%，株高、茎粗、叶面积分别比对照增加 4.34 cm、0.72 cm 和 102.42 cm^2，壮苗指数显著提高；菌渣混合基质在抗干旱性以及幼苗品质特性上都优于其他处理。

赫新洲等将菌渣高温堆制发酵并粉碎后，按茶树菇菌渣 40%、草菇菌渣 35%、珍珠岩 10%和黏土 15%混合均匀，穴盘育苗，番茄种子出苗率高达 90.6%，番茄和青花菜的壮苗指数分别为 0.050 6 和 0.052 3，电导率（EC）低（746.7 ms/cm），不易出现肥害或植株徒长。

张国胜等，将双孢蘑菇菌渣经粉碎过 1 cm 筛，在脱盐池中淋洗，使基质 EC < 1.25 ms/cm，洗后的菌渣调水分至含水量 60%～75%，在室内建堆发酵后自然晾晒干燥备用。按双孢蘑菇菌渣 65%、珍珠岩 20%、蛭石 15%的比例混合制备烤烟漂浮育苗基质，在基质中添加 1%的 PGPR 制剂，播种后 25 天，出苗率可达到 83%，与商品基质无显著性差异，茎高、茎粗、茎干质量、根干质量、根长等成苗素质与商品基质也无显著性差异，说明双孢蘑菇菌渣能够替代商品基质中的草炭。

孙步峰等，将 80%杏鲍菇菌渣和 20%草炭土称重配制基质，用 5%多菌灵可湿性粉剂消毒后，装入苗盘，播种黄豆、红豆和绿豆，生产芽菜。发芽率达90%以上，平均苗高14.6 cm，且茎粗、叶片数多，市场价值高。

马嘉伟等利用新鲜食用菌菌渣，经过前期发酵、烘干、粉碎后，按菌渣体积百分比分别为10%、20%、40%、60%、80%、100%，与土壤充分搅拌混合后，对青菜和水稻进行育苗。适宜的菌渣比例与土壤配制的基质对青菜、水稻幼苗生长具有促进作用，特别是40%比例长势最好。菌渣添加量为0～40%时，幼苗的株高、茎粗、鲜重都随着菌渣比例的提高呈现上升趋势，因为适宜的菌渣土壤配比范围内，基质保水、保肥、透气性好，菌渣矿化释放的营养物质对于幼苗生长起到促进作用。

（二）食用菌菌渣用作栽培基质

食用菌菌渣因具备良好的物理性状，也可作为种植业上的栽培基质，能够促进农作物的生长，提高农产品的产量和品质。

Sendi等，将草炭土风干后过筛（粒径＜2 mm）与秀珍菇菌渣按不同体积比混合，100%草炭、100%菌渣、草炭：菌渣分别为1：1、1：2、2：1，添加或不添加氮、磷、钾肥，以草炭：珍珠岩1：1为对照，进行芥蓝盆栽试验。秀珍菇菌渣与草炭土按1：1混合并添加NPK肥的栽培基质与100%草炭对芥蓝生长的促进作用相当。此研究证实菌渣最多可替代栽培基质中50%的草炭土，且NPK肥能补充无机元素以保证芥蓝高产。

Zhang等将新鲜的金针菇菌渣经堆肥后，用蒸汽60℃消毒48 h，与珍珠岩或蛭石以不同比例混合配制基质栽培黄瓜和番茄。结果表明，菌渣：蛭石为2：1体积比混合基质和菌渣：珍珠岩为4：1体积比混合基质栽培的番茄和黄瓜植株的株高、叶面积、鲜重、干重和壮苗指数均高于对照。因此，菌渣可作为草炭的替代品用于温室蔬菜栽培。

于昕等将黑木耳菌渣：草炭：蛭石按体积比4：3：3配制复合基质栽培一串红，可显著提高成花

质量，花序最长，在开花末期平均长度达23.1 cm；单株花头数最多，平均达100个；花盖度最大，达到93.3%。

吕明亮等，将香菇菌渣堆制高温发酵35天后，与破碎成2 cm以下片状物的树皮按7：3的比例混配，添加10%鹅卵石（粒径2～3 cm）作无机基质，配制成栽培基质，用45%晶体石硫合剂400倍液边翻拌边喷雾杀菌1次。然后摊铺到试验大棚内的畦床上，畦床底部垫碎石块10 cm，其上摊铺20 cm厚基质，表面整平。畦床建好后7天，栽植铁皮石斛组培苗。结果表明，栽植30天后，铁皮石斛组培苗的移植成活率为98%，株高为7.75 cm，茎粗5.91 mm，明显超过常规基质。萌蘖数平均14.4个，相对较高，全株生物量最大。

Jordan等从爱尔兰戈特莫尔地区的铅锌矿地表下20～30 cm深处采挖矿渣，部分干燥后过8 mm网筛。菌渣以0 t/hm³、50 t/hm³、100 t/hm³、200 t/hm³和400 t/hm³的比例添加到矿渣中，制备栽培基质。将不同比例的处理装入1 L的塑料盆中进行黑麦草盆栽试验，以评估菌渣作为栽培基质对铅锌矿渣理化性质的影响和对植物生长是否有促进作用。结果表明，各处理均表现出增产作用。原因是菌渣的添加改善了矿渣的结构，为植物提供了营养，通过有机改良剂的稀释效果或菌渣中的有机质与金属形成稳定螯合物而降低金属浓度，短时期内提高了黑麦草的生物产量。

二、食用菌菌渣基质化发酵技术

（一）食用菌菌渣基质发酵工艺流程

发酵配方和菌剂选用 → 原料预处理

建堆发酵处理 ← 混合调配 ← 原料预处理（↓）

发酵后处理 → 基质材料

（二）食用菌菌渣发酵配方

菌渣（折干）80%～90%，牛粪或羊粪（折干）

$10\% \sim 20\%$。腐熟菌剂 $0.1\% \sim 0.2\%$。

（三）腐熟菌剂的选用

腐熟菌剂应具有快速启动有机物料（包括食用菌菌渣、农作物秸秆、畜禽粪便等）堆制发酵过程，提升堆制温度和加速降解、转化有机物料中大分子物质的作用。

（四）食用菌菌渣发酵技术

1. 原料预处理　将食用菌生产结束后的菌棒或菌瓶及时进行脱袋（瓶）处理，菌渣粉碎至粒径 $\leqslant 1.5$ cm，牛粪、羊粪粉碎至粒径 $\leqslant 1.2$ cm，并剔除其中的硬块、瓦砾、塑料薄膜、金属物等杂物。

2. 混合调配　使用装载机或人工按发酵配方将菌渣和牛羊粪混合均匀，加入混合物料干重 $0.1\% \sim 0.2\%$ 腐熟菌剂。固体菌剂与麦麸按 $1：5$ 的比例预混后，再与混合物料拌匀；液体菌剂可直接均匀喷洒到混合物料中。调整混合物料的 C/N 为（$20 \sim 25$）：1，C/N 低时添加适量的木屑或作物秸秆粉，C/N 高时添加适量的尿素水溶液。加水调节含水量为 $55\% \sim 60\%$，并调节混合物料 pH 值在 $6.5 \sim 8.0$。

3. 建堆发酵处理　使用装载机或人工将菌渣混合物料建成高 $0.8 \sim 1.2$ m、底宽 $2.5 \sim 3.0$ m、顶宽 $1.5 \sim 2.0$ m 的梯形条垛发酵堆。堆体顶面间隔 50 cm 垂直到底均匀打制通气孔，孔径 $3 \sim 5$ cm，表面覆盖 1 层塑料薄膜。当最高堆温升到 $60℃$ 以上，保持 3 天，采用机械或人工翻堆，以后每天翻堆 1 次，共翻堆 5 次。最后 1 次翻堆后，用塑料薄膜覆盖料堆，堆置 5 天左右，使用温度计测温，将温度感应端插入堆体距离顶面约 30 cm 深处，当料温接近环境温度、不再升高时发酵完成。发酵总时间为 $13 \sim 15$ 天，期间应预防雨淋和积水。

（五）发酵后处理

食用菌菌渣堆制发酵结束后，适度晾晒或自然风干，过直径 1.2 cm 的网筛，即成为植物栽培基质材料。可直接配制使用，也可贮存备用。

第六节

食用菌菌渣能源化利用

一、食用菌菌渣焚烧产能

利用菌渣集中焚烧产能，需要考虑菌渣原料供应是否充足，尽量缩小原料供应的运输半径，以减小运输成本。还需检测菌渣的成分组成和变化以判断是否适合焚烧及其热回收率。

将菌渣和煤炭洗选时废弃的尾煤分别干燥至 10% 的含水量后，按 $50：50$ 的重量百分比充分混合压缩，制成 15.5 mm $\times 12.5$ mm 的颗粒后，用流化床焚烧炉焚烧，燃烧效率达 97%，产生的热值可用于发电或供热。菌渣焚烧产生酸性气体（NO_x、SO_x 和 HCl）及大量含碱性金属氧化物的飞尘，为防止二次污染，焚烧的烟尘排放到大气之前要进行洗涤、除尘等处理。

目前世界各国对废弃物处理所花费的时间和所占的空间都提出了十分严格的要求，宁肯消耗一定的能源，也要求处理速度快、减量化程度高的工艺。菌渣含水率高，体积大，焚烧后变成灰，体积减少为原来的 10%。菌渣焚烧形成的灰可以作为粉煤灰复合水泥中的化学活化剂，提高混凝土的早期强度。

二、食用菌菌渣生物燃料

生物燃料作为替代能源，可避免石油使用带来的环境、经济和政治等问题。将木质纤维素转化为生物燃料正受到学术界和公众的极大关注。菌渣是食用菌产业的副产品，该副产品含有大量木质纤维素。木质纤维素材料的细胞壁中含木质素而很难转化为糖或酒精等。通常需要用酸、碱、微生物或蒸汽爆破等进行预处理去木质素，再用酶和微生物进行同步糖化发酵获得糖类，进而将糖转化为酒精或氢气，或直接以糖作为碳源培养微生物，生产生物农药或高价值的化合物。

（一）生物酒精

香菇菌渣经 2 000 kPa（214℃）5 min 蒸汽爆破预处理后，用纤维素酶和酿酒酵母进行同步糖化发酵可有效地将香菇菌渣转化为酒精，酒精转化率达 87.6%，产率为 159 g/kg。食用菌的菌丝能够分泌多种生物活性酶，如漆酶、木聚糖酶、木素过氧化物酶、纤维素酶和半纤维素酶。分解培养料中的木质素、纤维素、半纤维素等，使菌渣更易于转化为可发酵糖，进一步用来生产生物酒精。栽培了 3 年香菇的段木结晶度为 33%，比普通木头（49%）低。粉碎栽培段木需要的能量为每吨 70 kW/h，而普通木头粉碎需要每吨 145 kW/h。香菇栽培段木的木质素是酶法水解制糖过程中的抑制剂，段木中的木质素含量接种香菇前为 21.07%，栽培香菇后降为 18.78%。栽培段木经酶解和酸解得到的总糖量比普通木头分别高 7.21% 和 10.82%。栽培段木和普通木头经 1% 硫酸 120℃ 预处理 1 h 后，同步糖化发酵 24 h，栽培段木的酒精产率为 12 g/L，普通木头的酒精产率为 8 g/L，结果表明，废弃的栽培段木作为木质纤维素材料生产可发酵糖，进而生产生物酒精在经济上是比较适用的。

（二）生物产氢

当今的能源系统主要依靠越来越少且不可持续的石化能源。氢气因具备清洁、高效、可再生、燃烧不产生任何有毒的副产物等特点而被视为倍具吸引力的替代燃料，以克服未来的能源危机。与传统生产氢气的热化学方法相比，通过发酵途径生物产氢更利于保护环境，且消耗的能源更少。食用菌菌渣因来源丰富、易于收集而被作为生物产氢的原料。菌渣 105℃ 烘干，粉碎后过 0.297 mm 的网筛。取 125 mL 的血清瓶用氩气净化后，向其中加 1.2 g 烘干的菌渣、10 mL 种子接种物（污泥、牛粪或猪粪）、40 mL 去离子水或营养液、10 mL pH 调解剂（1 mol/L HCl 或 1 mol/L NaOH），然后将瓶子置于摇床上 150 转/min 55℃ ±1℃ 培养。反应的初始 pH 值为 8。结果表明，以牛粪和猪粪作种子接种时，添加的营养液抑制了产氢效率和产氢量，这种抑制与氮等营养的浓度高有关。而不接种或以污泥接种时，添加的营养液提高了产氢效率和产氢量。菌渣在添加或不添加营养液的情况下，接种活性污泥，可作为原料产氢。菌渣中内在的细菌可在添加营养液时厌氧发酵达最高产氢量 0.73 mmol/g 干菌渣。牛粪接种体可不需要添加营养液而直接降解菌渣，最高产氢率为 10.11 mmol/（L·d）。

（三）生产沼气

中国科学院青岛生物能源与过程研究所的 Shi 等运用厌氧消化 1 号模型评估了对牛粪和菌渣的共厌氧消化过程中的甲烷产量和 pH 变化，优化其共厌氧消化条件。将牛粪：菌渣按 3:1 的质量比混合，在水里停留时间分别为 12 天、20 天和 28 天时，按总固体量 6% 的浓度将料添加到 2 L 的反应器中，检测水里停留时间和牛粪：菌渣的混合比率对甲烷产量和 pH 的影响。结果表明，在水里停留时间为 22 天，牛粪：菌渣的混合比率由 0.1 升高到 5 时，每克挥发性固体产甲烷量由 6.46 mL 升高到 64.41 mL。而 pH 随牛粪：菌渣混合比率的升高而下降，与甲烷产量趋势完全相反。李亚冰等以食用菌菌渣为原料，接种农家沼气池中的厌氧活性污泥，进行发酵产沼气试验。结果表明，菌渣可以作为沼气发酵原料，添加尿素可以显著提高沼气产气量。其中，木耳菌渣的总固体和可挥发性固体的产气潜力分别为 180 mL/g 和 208 mL/g，平菇菌渣的产气潜力分别为 154 mL/g 和 183 mL/g，滑子菇菌渣的产气潜力分别为 116 mL/g 和 131 mL/g。

三、食用菌菌渣生产还原糖

菌渣富含木质纤维素，是一种潜在的还原糖，可进一步生产生物燃料和其他生物材料。天津大学的老师用6%（W/W）的稀硫酸120℃对平菇菌渣预处理2 h，每千克菌渣获得还原糖267.57 g。将预处理过的菌渣在40℃下用纤维素酶和木聚糖酶进行水解，可得还原糖79.85 g/kg。同时，将菌渣水解液的pH调为中性，可作为碳源培养乳酸链球菌，生产乳链菌肽和乳酸等高价值的化合物。福建农林大学的老师对几种菌渣预处理方式进行比较发现，金针菇菌渣用2%的稀硫酸121℃处理1 h，每千克菌渣可获得284.24 g还原糖，且经处理菌渣的水解产物培养苏云金芽孢杆菌产孢量最高。因此，菌渣提取物可作为较好的碳源培养微生物，生产生物农药。

目前多数采用稀酸预处理菌渣，在此过程中，降解产生的糖和化合物对后续的酶法水解和发酵有抑制作用。美国宾夕法尼亚州立大学的老师测定双孢蘑菇菌渣中含30%多糖，其中66%为葡聚糖。研究人员在对菌渣进行稀酸预处理和酶解时都添加了表面活性剂，比较发现聚乙二醇（PEG）6000能显著提高稀酸预处理和酶解的效率，使菌渣中97%葡聚糖和44%木聚糖转化成相应的单糖。添加PEG 6000还可以减少77%纤维素酶的用量。平菇菌渣分别经3种碱液预处理：1 mol/L KOH，80℃，90 min；1 mol/L石灰80℃，120 min；10 mol/L氨70℃，120 min，总还原糖的产量分别为258.6 mg/g、204.2 mg/g、251.2 mg/g。将碱液和稀硫酸预处理过的菌渣组合起来，再进行酶解，每克菌渣原材料可得总还原糖233.6 mg。低温碱和高温酸两种预处理方式对菌渣成分物理结构上的破坏程度和纤维素结晶度的影响相当。低温碱预处理后的菌渣酶解时对木质素的分解率更高（67.6%），酶消化率达85.6%，而高温酸预处理对半纤维素的分解率更高（85.3%），但酶消化率低（43.5%）。将酸碱预处理-酶解后的菌渣的滤渣制成半固体培养基，接种粉状毕赤酵母发酵，可以促进粉状毕赤酵母的生长及生物产量。

第七节
食用菌菌渣用作生态修复材料

一、用食用菌菌渣吸附重金属离子

吸附剂是能有效地从气体或液体中吸附其中某些成分的固体物质。

近年来，利用农业副产物，如木屑、树皮、米糠和玉米芯等作为吸附剂去除溶液中重金属离子的研究备受关注。食用菌菌渣作为一种农业废弃物，除了富含多种农作物基质外，还含有丰富的真菌菌丝，这些菌丝体表面有吸附作用，使其作为生物吸附剂成为可能。另外，由于菌渣来源广泛，价格低廉，用它来作废水中重金属离子的吸附剂具有很好的研究前景。

（一）吸附原理

吸附剂一般有以下特点：大的比表面、适宜的孔结构及表面结构对吸附质有强烈的吸附能力；一般不与吸附质和介质发生化学反应；制造方便，容易再生；有良好的机械强度等。

吸附剂可按孔径大小、颗粒形状、表面极性等分类，如粗孔和细孔吸附剂，粉状、粒状、条状吸附剂；碳质和氧化物吸附剂；极性和非极性吸附剂等。

按化学成分分类吸附剂又可分为有机物和无机物两类。有机物类吸附剂是目前研究的热点，包括小麦胚粉、脱脂玉米胚粉、玉米芯碎片、粗麸皮、大豆细粉以及吸水性强的谷物类等。食用菌菌渣含有大量的有机成分，菌渣中菌丝体表面也具有吸附作用，使其作为生物吸附剂成为可能。

（二）研究进展

食用菌菌渣通常需要经过一定的改造来发挥其吸附重金属离子的作用。有研究者将金福菇菌渣用蒸馏水洗净后在50℃下干燥72 h，磨粉机研磨后通过孔径为0.075 mm的筛子，得到均一的菌渣颗粒。

然后对菌渣颗粒的表面进行改造：将 15 g 菌渣颗粒加入到 500 mL 1%十二烷基二甲基溴化胺溶液中，震荡 24 h 后进行过滤、洗涤，直至将溴离子完全去除，然后重复干燥和研磨，得到经过表面改造的金福菇菌渣。吸附试验结果表明，经过表面改造的金福菇菌渣对重金属铬的吸收作用显著提高，在铬离子初始浓度分别为 10 mg/mL 和 100 mg/mL 的实验组中，经改造的金福菇菌渣吸附作用比对照组（未改造）分别提高了 7 倍和 9.4 倍。

孙玉寒等人研究了食用菌菌渣对人工配制的溶液中铅离子和锌离子的吸附作用，研究结果表明食用菌菌渣对铅离子和锌离子有较强的吸附作用，可作为一种新型的生物吸附剂使用。在实验条件下，铅离子和锌离子的最佳吸附条件分别为 pH 值为 5 和 6，初始质量浓度均为 20 mg/l，吸附剂用量分别为 16 g/l 和 12 g/l，吸附时间为 3h，温度为室温。吸附后水中铅离子和锌离子的浓度与污水综合排放标准（GB 8978—1996）中规定的浓度相接近。食用菌菌渣对铅离子和锌离子的吸附等温线符合 Freundlich 模式。另外有研究者采用相似的菌渣改造方法研究了食用菌菌渣对铜离子离子的吸附作用，也取得了较理想的效果。

二、用食用菌菌渣吸附农药等污染物

食用菌尤其是平菇类食用菌具有很强的降解木质素、纤维素和半纤维素的能力，它们能够分泌多种酚氧化酶类，这类酶不但对降解木质素至关重要，也能够降解很多种环境污染物，因此利用食用菌菌渣来帮助去除环境中的农药等污染物在理论上是可行的。

（一）对滴滴涕（DDT）的降解作用

DDT（双对氯苯基三氯乙烷）是最早被广泛使用的合成农药之一。DDT 难以被降解，在人体内具有富集作用，能够毒害人体的中枢神经系统，破坏 DNA 和血细胞，扰乱内激素的合成与代谢，因此发展 DDT 的生物修复技术非常重要。

食用菌菌渣含有丰富的微生物以及生物降解酶系，能够用于 DDT 的生物降解与环境修复。目前已有报道称平菇菌渣对人工模拟的 DDT 污染的土壤具有良好的修复作用。所用培养料为桦木木屑与米糠以 16:1 的比例混合，含水量调至 60%左右。研究者先是比较了平菇出菇前的培养料与出菇后菌渣对 DDT 的降解作用，结果表明经过 28 天时间的处理后，分别有 37%和 48% DDT 被降解，菌渣效果更好。进而比较了新鲜菌渣和经过热堆肥处理的菌渣对人工模拟的 DDT 污染的土壤的修复作用，28 天处理后分别能够降解 49%和 32%的 DDT，表明该实验条件下新鲜菌渣的 DDT 修复功能更好。

（二）对戊唑醇的降解作用

戊唑醇是一种合成的真菌抑制剂，能够有效防治谷物多种病害，能够控制菜园与葡萄园中的多种病原菌。用戊唑醇制成的农药又叫作得克粒和立克秀，能够被土壤高效吸收，尤其是容易在表层土壤中富集，造成环境污染。近年来食用菌菌渣对戊唑醇的修复作用得到了证实，用 75% 双孢蘑菇菌渣和 25% 平菇菌渣对戊唑醇污染的土壤进行修复处理，为期 1 年的实验室与大田试验结果表明在土壤中添加食用菌菌渣不但能够提高戊唑醇的去除速率，还对其具有持续性、迁移性的影响。

（三）对五氯苯酚（PCP）的降解作用

PCP 属于氯酚家族，自从 20 世纪 80 年代就作为一种广谱杀虫剂广泛使用，尤其是作为一种木材防腐剂使用。尽管现在已经被禁用，但是仍然在环境中被发现，成为一种潜在的环境危害。

以稻草为主料的秀珍菇菌渣被认为具有去除五氯苯酚的作用。质量分数 5%的该菌渣能够在 2 天时间里去除水体中（89±0.4）%的 PCP。经测定，每克菌渣对 PCP 的最大去除容量为（15.5±1.0）mg。根据研究结果，PCP 的生物降解主要是由食用菌菌丝分泌的固定化的木质素降解酶系来完成的。通过 GC-MSD 和离子化质谱分析表明 PCP 的降解包括脱氯作用、甲基化作用、羧化作用和环切作用，废菌渣作为一种处理 PCP 污染的水体的生物材料具有良好的应用潜力。

（四）对百菌清（CTN）的降解作用

CTN，商品名叫百菌清，化学名为四氯间苯二甲腈，是一种广谱有机氯杀真菌剂，常用于番茄、洋葱和一些热带作物，如香蕉和木瓜的生产中。以美国为例，每年使用 CTN 总量约为 6 000 t，是用量第二大的农业用杀真菌剂。CTN 易造成土壤和表层水体的严重污染，被认为对人体有致癌性、生殖发育毒性和神经毒性等危害。目前已有关于利用食用菌菌渣去除 CTN 的报道。有研究者比较了秀珍菇新鲜菌渣与放置 1～2 周的菌渣对 CTN 的降解作用，结果表明新鲜菌渣对 CTN（2 mg/mL）的降解效率为 100%，降解效率随着放置时间增加而降低。

三、食用菌菌渣对土壤结构的改良作用

随着农业生产的不断进步，耕地退化问题也日趋严重。研究和解决耕地土壤退化问题极为重要。向土壤中添加有机物料，能够改善土壤微生态环境，改变土壤微生物群落的结构，提高土壤肥力。土壤微生物对土壤环境的变化十分敏感，土壤的微小变动都会引起土壤微生物的变化。利用食用菌菌渣改良退化土壤是一项值得研究的技术。食用菌菌渣含有丰富的有机质、生物活性成分、可利用有效矿物质元素成分以及多种可溶性有机营养，除了供给植物根部的吸收利用外，更能为栽培土壤提供长效优质的培育温床，有利于土壤层生物群落的发展、团粒结构的形成、土壤可利用性微量元素营养成分的持续补充，以及其他土壤理化性质的调理优化，对农业资源的有效循环利用具有十分重要的意义。

在生产实践中，关于食用菌菌渣改良土壤结构、提高作物产量的国内外报道很多。张华微等以香菇菌渣为底肥，以种植玉米的土壤为研究对象，研究了菌渣不同施用量（0 kg/hm²、2 500 kg/hm²、5 000 kg/hm²、7 500 kg/hm² 和 10 000 kg/hm²）对土壤孔隙度的改良效果。结果表明，施用食用菌菌渣改良土壤孔隙度效果良好，随着菌渣施用量从 0 kg/hm² 增加到 10 000 kg/hm²，土壤孔隙度由 40.0% 增加到 54.8%，处理间差异达到了极显著水平，而且该土壤上种植的玉米产量和品质均有所提高，证明了施用香菇菌渣改良黏黄土土壤孔隙度是可行的。郝淑丽以多种食用菌菌渣为底肥，以种植玉米的土壤为研究对象，在室内采用威尔克科斯法测定土壤的田间持水量，结果显示随着施用菌渣量的增加，土壤的田间持水量由 2.08% 增加到 2.50%，菌渣改良土壤的田间持水量的效果良好，并且玉米的产量明显的提高。关跃辉等用平菇菌渣作底肥，以种植番茄的土壤为材料，测定了土壤的主要理化性质和番茄产量，结果施用菌渣后蔬菜保护地有机质增加 0.7%～23.2%，全氮增加 4.3%～57.1%，速效磷增加 22.3%～170.8%，速效钾提高 9.0%～64.0%，番茄产量增加 1.5%～20.3%，这表明了施用菌渣能够有效地增加保护地土壤有机质、速效磷和速效钾的含量，提高土壤肥力，增加蔬菜产量，对蔬菜的长期生产极为有利。

西班牙学者研究了两种菌渣对莴苣园土壤物理、化学、生物特性的影响。两种试验菌渣分别为双孢蘑菇菌渣（T1 组）、双孢蘑菇菌渣与平菇菌渣混合（1:1，T2 组）。以未添加菌渣处理的土壤作为对照。在菌渣处理后的 126 天测定了土壤的 pH、EC、可氧化有机碳、可利用磷、有机氮、土壤呼吸作用以及各种酶（过氧化氢酶、脲酶、磷酸酶等）活性等。结果表明，处理后的土壤尤其是 T1 组土壤过氧化氢酶活性、可氧化有机碳和可利用磷含量显著增加，而对土壤物理、化学特性（pH 和 EC）的影响并不大。

另外，菌渣处理后的土壤呼吸作用和磷酸酶活性显著增强。这些结果表明食用菌菌渣的施用能够增加土壤肥力，但是不能显著改变土壤盐渍度和酸碱度。

第八节
食用菌菌渣中活性成分的提取

由于菌渣中残留大量的食用菌菌丝体，因此从食用菌中可以获取的生物活性物质也能够从菌渣中获得。另外，食用菌在富含纤维素类物质的培养料上的生长繁殖过程中，能产生大量纤维素、半纤维素复合酶系，过氧化氢酶和漆酶，来分解农作物秸秆等副产物中的纤维素、半纤维素和木质素，生成葡萄糖、醌类化合物等，供给食用菌和菌丝体生长繁殖。菌渣残留丰富的菌丝体以及经食用菌酶分解后结构发生质变的粗纤维复合物，其营养价值得到显著改善。菌渣中还含有丰富的氨基酸、多糖及铁、钙、锌和镁等微量元素，以及一些代谢产物，如微量酚性物、少量生物碱、黄酮，还含有肌酸、多肽等化学物质。由此可见，食用菌菌渣丰富的营养价值使其不但可以作为良好的育苗栽培基质和有机肥生产原料，而且可作为获得多糖、寡糖、生物酶等生物活性物质的原料。

一、菌渣多糖

多糖具有提高免疫力、抗菌、抗病毒、抗肿瘤、抗衰老以及改善动物生产性能等生物活性，是近年来的研究热点。已有很多报道从食用菌的子实体、孢子和菌丝体中提取出多糖且被证实具有抗菌、抗肿瘤、免疫调节等作用。但是到目前为止，从食用菌菌渣中提取多糖的报道并不多见。

（一）菌渣多糖研究进展

2012 年有研究者从香菇菌渣中提取到了一种多糖。利用出菇 3 茬后的香菇菌渣为原料，烘干后研磨成 800 μm 大小的颗粒，用蒸馏水 80℃浸提 1 h，将水相合并过滤，然后减压浓缩。浓缩后的样品离心后加入 4 倍体积的 95%酒精沉淀，沉淀后用 75%酒精冲洗，最后在 45℃条件下烘干。

然后用 Sevag 法去除蛋白，用 Sephadex G-100（1.6 cm×90 cm）层析柱进行层析分离，最后得到纯化的菌渣多糖。通过毛细管电泳分析得出该多糖主要由 3 种单糖组成，葡萄糖、鼠李糖和甘露糖，三者之间的比例为 1∶3.13∶1.16。体外抗菌试验表明该多糖对大肠杆菌和金黄色葡萄球菌具有抑制作用，抑菌圈大小分别是 10.46 mm 和 9.22 mm。

有人以香菇菌渣为材料，研究了微波辅助提取菌渣多糖的提取工艺。通过单因素试验，探讨了提取温度、料液比、提取时间、微波功率等对香菇菌渣多糖得率的影响，并以多糖得率为评价指标，优化提取工艺。

实验结果表明，微波辅助提取香菇菌渣多糖的最佳工艺条件为：提取温度 100℃、料液比 1∶20（g/mL）、提取时间 60 min 和微波功率 700 W。在此条件下，香菇菌渣多糖的提取率为 5.92%，提取时间较传统水提法缩短 40%。

有研究者以蛹虫草菌渣为原料，利用纤维素酶解提取菌渣多糖，通过分级酒精沉淀与 Sevag 脱蛋白技术对所提的多糖进行初级分离纯化，得到了 4 种多糖成分（P1、P2、P3、P4）。利用凝胶色谱、GC-MS 实验对这 4 种多糖的分子量分布与单糖组成进行了分析；利用 Superdex 200 凝胶柱层析进一步对 P2 进行纯化精制，通过高碘酸氧化、Smith 降解、红外光谱和 NMR 表征了 P2 的一级结构。结果表明，酒精分级沉淀与 Sevag 脱蛋白方法的结合能满足蛹虫草菌渣多糖初级纯化的要求，得到了较纯的 P2、P3、P4，分子量分别为 35.9 kDa、9.4 kDa、3.7 kDa；其中 P2 是葡聚糖，P3 和 P4 是由甘露糖、葡萄糖和半乳糖组成的杂多糖。

有研究者以茶树菇菌渣（未出菇）为材料，采用正交试验，进行水提醇沉法优选。根据优选出的最佳工艺条件，对茶树菇菌渣（出菇）、茶树菇菌渣（未出菇）、鸡腿菇菌渣（出菇）和鸡腿菇菌渣（未出菇）4 种食用菌菌渣进行粗多糖的提取。结果表明食用菌菌渣粗多糖的最佳提取条件为料液比

1:30，提取温度90℃，提取时间4h；测得上述4种食用菌菌渣中多糖含量分别为0.39%、0.70%、0.47%、0.99%。

（二）菌渣多糖的提取方法

菌渣多糖的提取方法与传统的真菌多糖提取方法相似，主要包括以下几种：水提醇沉法、微波提取法、酶提取法和超声波法等，这些方法各具特点。

1. 水提醇沉法　包括热水浸提法（适用于水溶性多糖），稀酸水提法（适用于酸溶性多糖）及稀碱水提法（适用于碱溶性多糖）。热水浸提法耗时长，并且提取率不高，而在酸、碱条件下，又易引起糖苷键的断裂，破坏多糖结构及活性。

2. 微波提取法　是通过微波的加热作用，并借助微波的电磁场，以加速被萃取成分向萃取溶剂界面扩散，从而提高提取率。

3. 超声波法　利用超声波产生强烈的震动、空化效应，并在高加速及搅拌作用下，加速多糖的溶解，缩短提取时间。

4. 酶提取法　多用于去除提取液中含有的少量蛋白质，并可水解与多糖结合在一起的蛋白质，降低多糖与原料的结合力，有利于多糖浸出。

由于不同的提取方法各有利弊，在对不同提取方法的工艺优化条件基础上，越来越偏向于不同提取方法的结合运用，寻求最佳的组合提取工艺，以提高多糖的提取率。

粗多糖的纯化一般包括去除蛋白（包括sevage法、三氟三氯乙烷法、三氯乙酸法和酶解法），脱色素（主要是活性炭吸附法、H_2O_2氧化法、离子交换法等）及去除其他杂质（主要有超速离心、超滤、层析法和半透膜逆向流水透析法）。实验室常用的方法是利用不同多糖在酒精中的溶解度不同进行分级分离，一般作为粗多糖纯化的初级处理方法，即向粗多糖饱和水溶液中相继加入95%酒精，使酒精的终浓度依次达40%、60%、80%，离心每次所得的沉淀，即可作为3个等级的粗多糖组分。均一多糖还需进一步应用色谱、电泳、超滤等技术进行分离纯化。常用的是色谱法，包括离子交换色谱和凝胶色谱等。色谱法是利用填料对不同种类的糖，如不同构型的吡喃糖苷及呋喃糖苷在吸附作用上的差异，使混合物中各多糖组分达到彼此分离的目的。根据不同的多糖特性选用不同的色谱柱。

二、菌渣中的活性酶

食用菌的菌丝体能够分泌多种生物活性酶，如纤维素酶、木聚糖酶、蛋白酶、淀粉酶、漆酶、果胶酶、多酚氧化酶等。经过这些酶的作用，基质中的纤维素、半纤维素、木质素、蛋白质被分解，从而满足食用菌生长繁殖所需的营养。食用菌采收后一部分酶仍会滞留于菌渣中，分析菌渣中的生物活性酶，并进行提取再利用，可变废为宝，具有十分重要的意义。

（一）食用菌菌渣中的生物活性酶

1. 纤维素酶　纤维素酶是降解纤维素生成葡萄糖的一组酶的总称，它不是单种酶，而是起协调作用的多组分酶系，由内切纤维素酶和葡萄糖苷酶组成。内切纤维素酶是作用于纤维素主链，能够分解β-1，4-糖苷键，产物为纤维糊精、纤维三糖、纤维二糖和葡萄糖。葡萄糖苷酶可将纤维二糖、纤维三糖及其他低分子纤维糊精分解为葡萄糖。废弃菌渣的菌丝体中富含纤维素酶，可提取再利用。刘莹莹等研究了香菇菌渣、凤尾菇菌渣、姬菇菌渣、秀珍菇菌渣和金针菇菌渣等5种食用菌菌渣，通过酶活性测定发现这5种菌渣均具有纤维素酶活性，其中以香菇菌渣纤维素酶活性最高，其次是金针菇菌渣，分别为16.56U/g、6.63U/g，其他菌渣均较低。

2. 木聚糖酶　木聚糖酶能破坏植物的纤维组织，将木聚糖分解成木糖。在酿造、饲料工业中，木聚糖酶可以分解酿造饲料工业中的原料细胞壁以及β-葡聚糖，降低酿造中物料的黏度，促进有效物质的释放，降低饲料用粮中的非淀粉多糖，促进营养物质的吸收利用。食用菌栽培常选用木屑、棉籽壳、麦麸等物质构成栽培基质，其中含有大量的纤维素和半纤维素，可诱导食用菌分泌木聚糖酶等，将大分子物质分解为小分子物质，以供食用菌生长发育利用。在食用菌采收后，菌渣中残存一定量的木聚糖酶。张国庆等对食用菌菌渣中的木聚糖酶活性进行了测试，结果发现被测 8 种食用菌菌渣均具有木聚糖酶活性，其中双孢蘑菇和毛木耳菌渣中木聚糖酶活性最高，分别为 2.856 U/g 和 1.109 U/g；黑木耳、金针菇、平菇和草菇菌渣中的木聚糖酶活性在 0.5 ～ 1.0 U/g；杏鲍菇和白灵菇菌渣中木聚糖酶活性在 0.4 U/g 左右。

3. 多酚氧化酶和漆酶　多酚氧化酶又称儿茶酚氧化酶、酪氨酸酶、苯酚酶、甲酚酶、邻苯二酚氧化还原酶等，是自然界中分布极广的一种金属蛋白酶，普遍存在于植物、真菌、害虫体内。在土壤中腐烂的植物残渣里都可检测到多酚氧化酶的活性。多酚氧化酶是一种含铜金属酶，是引起食用菌酶促褐变的主要酶类，能催化两种不同的反应，在有氧情况下单酚通过羟基化作用形成相应的 O－联苯酚（单酚氧化酶活性），O－联苯酚进一步氧化形成 O－苯醌（二元酚氧化酶活性）。苯酚具有很高的亲电子活性，能聚合形成褐色或黑色色素。漆酶是一种含有多个铜离子的多酚氧化酶，亦称对苯二酚氧化酶广泛存在于植物、动物、细菌及真菌中。食用菌是大型腐生类真菌，具有较高产漆酶能力，菌渣中含有大量的菌丝体，因而通常具有较高漆酶活性。Lau 等研究发现在 45℃下双孢蘑菇菌渣堆肥中漆酶活性为 0.88 U/g。

4. 植酸酶　植酸酶具有特殊的空间结构，能够依次分解植酸分子中的磷，将植酸（盐）降解为肌醇和无机磷，同时释放出与植酸（盐）结合的其他营养物质，属磷酸单酯水解酶。有些食用菌菌渣具有明显的植酸酶活性。张国庆等研究发现被测 8 种食用菌菌渣中，毛木耳菌渣在 pH 2.5 和 pH 5.2 下均具有植酸酶活性，分别为 0.139 U/g 和 0.222 U/g，杏鲍菇菌渣和平菇菌渣在 pH 5.2 下植酸酶活性分别为 0.126 U/g 和 0.122 U/g，其他菌渣均不具有明显的

植酸酶活性。

5. β-葡聚糖酶　β-葡聚糖酶是一种内切酶，专一作用于 β-葡聚糖的 1,3 及 1,4 糖苷键，产生 3 ～ 5 个葡萄糖单位的低聚糖及葡萄糖，可有效分解麦类和谷类植物胚乳细胞壁中的 β-葡聚糖，在饲料中可用于降低非淀粉多糖及其抗营养因子的含量，改善畜禽对营养物质的吸收，提高畜禽的生长速度和饲料转化效率；在啤酒酿造上用于降低麦汁黏度，改善过滤性能，提高麦芽溶出率，防止啤酒浑浊，稳定啤酒质量。部分食用菌菌渣具有明显的 β-葡聚糖酶活性。张国庆等研究发现被测的 8 种食用菌菌渣具有不同程度的 β-葡聚糖酶活性，其中以杏鲍菇菌渣和毛木耳菌渣中 β-葡聚糖酶活性最高，分别为 0.389 U/g 和 0.351 U/g；双孢蘑菇菌渣，白灵菇菌渣和草菇菌渣中活性在 0.2 U/g 左右，而黑木耳菌渣和金针菇菌渣中活性较低。

6. 果胶酶　果胶酶是分解果胶的一种多酶复合物，通常包括原果胶酶、果胶甲酯水解酶和果胶酸酶，它们的联合作用使果胶质得以完全分解。天然的果胶质在原果胶酶的作用下，转化成可溶于水的果胶，果胶被果胶甲酯水解酶催化去掉甲酯基团，生成果胶酸，果胶酸经果胶酸水解酶类和果胶酸裂合酶类降解生成半乳糖醛酸。有些食用菌菌渣具有明显的果胶酶活性。刘莹莹等研究发现果胶酶活性以香菇菌渣为最高，其次是金针菇菌渣，分别为 2.61 U/g、2.31 U/g，其他菌渣都较低。

7. 超氧化物歧化酶（SOD）　SOD 是一类以自由基为底物的金属酶，有胞内酶、胞外酶之分，可以催化超氧阴离子歧化为过氧化氢，具有抗衰老，提高机体免疫力，增强机体对外界环境的适应能力等生理功能。部分食用菌菌渣也含有丰富的 SOD。王金胜等研究发现杏鲍菇菌渣中的 SOD 含量随着食用菌的生长而变化，呈现出先增加后减少的趋势，即使是到出菇后期，SOD 的活性仍可达 1 088.26 U/g，比其他菇类菌渣的含量都高。

8. 其他酶　除上述含量较多的生物活性酶外，

一些食用菌菌渣还含有少量 α-半乳糖苷酶、过氧化物酶等,如 Lau 等研究发现,在 75 ℃下蘑菇渣堆肥中锰过氧化物酶活性为 0.58 U/g。但这些酶的活性相对较低,含量较少,还需进一步分析测定。

(二)菌渣中酶的提取与制备方法

要从菌渣中获得干酶制剂,必须经过提取、浓缩、干燥等过程,以纤维素酶和木聚糖酶的制备为例,主要有以下几种不同的方法。

取自然干燥的菌渣加 10 倍蒸馏水,置于匀浆机中充分打碎,根据目的酶的适冷性,可以采取 4 种不同的处理方法制备粗酶液:

在 40℃恒温水浴中浸提 45 min。

在 40℃恒温水浴中浸提 90 min。

在 10℃下浸提 90 min。

在 10℃下浸提 12 h。各浸提液经多层纱布过滤,滤液以 3 000 r/min 离心 5 min,得上层清液即为粗酶液。

以纤维素酶(CMC)为例,可以用以下 3 种方法浓缩粗酶液。

(1)酒精沉淀法 取粗酶液 50 mL,缓慢加入无水酒精并不停地搅拌,直至产生混浊,4℃静置过夜,4 000 r/min 离心 15 min,收集上清液和沉淀,并用 1 mL 蒸馏水溶解沉淀,分别测定上清液和沉淀物中的 CMC 酶活性。

(2)硫酸铵沉淀法 取粗酶液 50 mL,加固体硫酸铵至 30%饱和度,4℃静置过夜,4 000 r/min 离心 15 min,收集上清液和沉淀,并用 1 mL 蒸馏水溶解沉淀,分别测定上清液和沉淀物中的 CMC 酶活。

(3)中空纤维膜过滤法 取粗酶液 5 000 mL,选用中空纤维超滤小型试验装置,在 0.1 MPa 下,首先经截留分子量为 100 KDa 的膜过滤,收集流出液,再经过截留分子量为 3 KDa 的膜过滤浓缩至 100 mL,取样测定 CMC 酶活性和木聚糖酶酶活性。

然后用以下方法对酶液进行透析:向 1 L 粗酶液中加入固体硫酸铵至 80%饱和度,4℃放置过夜,4 000 r/min 离心 20 min,收集沉淀,用少量蒸馏水溶解,装入透析袋中,置于 4℃冰箱中,根据酶的特性选用不用缓冲液充分透析,每隔 3 h 更换 1 次透析液,透析 12 h,得到除盐的酶液,分别测定酶液中纤维素酶酶活性和木聚糖酶酶活性。

最后进行酶液的干燥,将透析后的酶液放入真空干燥箱中,40℃恒温干燥,干燥物磨粉后即得到干酶制剂,分别测定其中的纤维素酶酶活性和木聚糖酶酶活性。

(宫志远 韩建东 谢红艳 任鹏飞 郭兵)

主要参考文献

[1]　曹启民 , 张永北 , 宋绍红 , 等 . 灵芝菌糠发酵饲料对育肥猪生产性能的影响 [J]. 资源开发利用 , 2013, 9: 39-41.

[2]　陈建州 , 何建玲 , 易敏 , 等 . 香菇菌糠作栽培基质对番茄幼苗生长的影响 [J]. 北方园艺 , 2011, 7: 15-19.

[3]　陈燕萍 , 刘波 , 夏江平 , 等 . 不同配比椰子壳粉和菌糠制作微生物发酵养猪垫料的理化性质及养殖效果研究 [J]. 福建农业学报 , 2012, 27(12): 1369-1377.

[4]　冯国兴 , 刘鎏 , 潘孝青 , 等 . 农业废弃物菌糠作为发酵床养猪垫料使用效果分析 [J]. 上海畜牧兽医通讯 , 2014, 2: 65-66.

[5]　宫志远 , 韩建东 , 任鹏飞 , 等 . 工厂化金针菇菌糠栽培秀珍菇配方筛选试验 [J]. 中国食用菌 , 2010, 29(4): 14-16.

[6]　宫志远 , 韩建东 , 魏建林 , 等 . 金针菇菌渣有机肥在油菜上施用技术研究 [J]. 中国食用菌 , 2012, 31(5): 42-44.

[7]　韩建东 , 宫志远 , 任海霞 , 等 . 利用金针菇工厂化生产的菌渣栽培洛巴伊大口蘑 [J]. 食用菌学报 , 2011a, 18(3): 39-41.

[8]　韩建东 , 宫志远 , 任鹏飞 , 等 . 金针菇菌渣栽培金顶侧耳研究 [J]. 北方园艺 , 2011b, 21: 154-156.

[9]　韩建东 , 宫志远 , 姚强 , 等 . 金针菇菌渣栽培秀珍菇的营养成分分析 [J]. 中国食用菌 , 2013, 32(6): 30-31, 35.

[10]　韩建东 , 万鲁长 , 杨鹏 , 等 . 刺芹侧耳菌渣对肺形侧耳（秀珍菇）生长和营养成分的影响 [J]. 菌物学报 , 2014, 33(2): 433 - 439.

[11]　郝淑丽 . 菌糠改良土壤田间持水量效果的研究 [J]. 杂粮作物 , 2010, 30 (4): 306-307.

[12]　赫新洲 , 曹健 , 陈琼贤 , 等 . 不同食用菌菌糠复配基质对番茄和青花菜秧苗出苗的影响 [J]. 中国农学通报 , 2012, 28: 133-136.

[13]　胡清秀 , 卫智涛 , 王洪媛 . 双孢蘑菇菌渣堆肥及其肥效的研究 [J]. 农业环境科学学报 , 2011, 30 (9): 1902-1909.

[14]　贾睿琳 , 张雅雪 , 殷中琼 , 等 . 酒糟菌糠水溶性多糖的提取与含量测定 [J]. 安徽农业科学 , 2011, 12: 7104-7105,7109.

[15]　贾月楼 , 陆亚珍 , 张敏 , 等 . 菌糠在发酵床垫料中的应用研究 [J]. 当代畜牧 , 2013, (3) : 13-14.

[16]　姜殿文 , 宫志远 , 盛清凯 . 金针菇菌渣日粮对肉牛生产性能的影响 [J]. 中国草食动物 , 2011, 31(5):32-34.

[17]　姜慧燕 , 林茂 , 邵平 . 微波辅助提取香菇菌糠多糖的工艺研究 [J]. 安徽农学通报 , 2010, 16(24): 34-36.

[18]　刘小莉 , 何振刚 , 张欣 . 添加菌渣配制发酵床养猪效果试验 [J]. 畜牧兽医杂志 . 2012, 31(3): 28-30.

[19]　刘亚娟 . 菌糠生物肥在日光温室番茄上的应用试验 [J]. 天津农林科技 . 2014, 2: 5-6.

[20]　刘莹莹 , 张坚 , 王红兵 , 等 . 不同菌糠酶活力测定及微生物菌种发酵效果比较 [J]. 饲草饲料 , 2010, 3: 59-60.

[21]　刘志平 , 黄勤楼 , 冯德庆 , 等 . 蘑菇渣对香蕉生长和土壤肥力的影响 [J]. 江西农业学报 , 2011, 23 (7): 102-104.

[22]　吕明亮 , 应国华 , 斯金平 , 等 . 废菌糠配合基质栽培铁皮石斛试验 [J]. 南方园艺 , 2013, 24: 11-13.

[23]　马嘉伟 , 黄其颖 , 程礼泽 , 等 . 菌渣化肥配施对红壤养分动态变化及水稻生长的影响 [J]. 浙江农业学报 , 2013, 25 (1) : 147-151.

[24]　马嘉伟 , 叶正钱 . 菌渣育苗效果初探 [J]. 现代农业 . 2013, 7: 14-16.

[25]　马征 , 魏建林 , 张柏松 , 等 . 金针菇菌渣有机肥对棉花产量及经济效益影响 [J]. 中国食用菌 , 2014,33(2):38-40.

[26]　潘军 , 曹玉凤 , 吕超 , 等 . 菌糠对肉牛生长性能和血液生理生化指标的影响 [J]. 西北农林科技大学学报 , 2011, 39(1): 21-28.

[27]　潘孝青 , 杨杰 , 徐小波 , 等 . 不同饲养方式及垫料环境下的发酵床猪生产性能及肉品质 [J]. 江苏农业科学 , 2013,

41(12) : 205-207.

[28] 秦枫 , 潘孝青 , 李晟 , 等 . 发酵床养殖对猪组织器官和血液免疫指标的影响 [J]. 畜牧与兽医 , 2013, 45(10): 72-74.

[29] 盛清凯 , 赵红波 , 宫志远 , 等 . 菌渣发酵床对雏鸡生产性能的影响 [J]. 山东农业科学 , 2011, 4: 100-102

[30] 孙步峰 , 郭婷 , 何亚丽 , 等 . 利用杏鲍菇菌糠栽培芽菜试验 [J]. 食用菌 . 2013 (5): 62-63.

[31] 孙丽范 . 利用耐盐碱解磷、解钾、固氮菌发酵菌糠制备菌肥的研究 [D]. 天津大学硕士学位论文 , 2012.

[32] 孙玉寒 , 周飞 , 王钦钦 , 等 . 食用菌菌糠对重金属离子的吸附性 [J]. 西安工程大学学报 , 2011, 25 (1): 51-54.

[33] 王建忠 . 平菇菌糠生物有机肥在保护地番茄上的应用效果 [J]. 湖北农业科学 , 2011, 50 (9) : 1762-1764.

[34] 王庆武 , 安秀荣 , 李秀梅 , 等 . 金针菇菌渣栽培平菇配方试验 [J]. 山东农业科学 , 2012, 44(9): 56-58.

[35] 王栩 . 菌糠改良保护地土壤容重退化效果的研究 [J]. 安徽农业科学 , 2010, 38 (15): 8091-8093.

[36] 卫智涛 , 周国英 , 胡清秀 . 食用菌菌渣利用研究现状 [J]. 中国食用菌 , 2010, 29(5): 3-6 .

[37] 魏建林 , 崔荣宗 , 宫志远 , 等 . 菌渣有机肥在花生生产上施用效果研究 [J]. 花生学报 , 2013, 42(3) : 48-51.

[38] 叶红英 , 张宗庆 , 肖明举 , 等 . 菌糠饲料饲喂可乐育肥猪的试验 [J]. 饲料研究 , 2011, 3: 81-82.

[39] 于昕 , 姚方杰 , 关佳艺 , 等 . 黑木耳菌糠复合基质对一串红成花质量影响研究 [J]. 林业实用技术 , 2010, 8: 6-7.

[40] 张娣 , 姜国胜 , 王艳 , 等 . 菌糠二次利用栽培黑木耳试验研究 [J]. 菌物研究 , 2013, 11(3): 186-189.

[41] 张国胜 , 王豹祥 , 张朝辉 , 等 . 食用菌菌糠替代草炭制备烤烟漂浮育苗基质研究 [J]. 河南农业科学 , 2011, 40(3): 52-55.

[42] 张华微 , 张天翼 , 王栩 . 菌糠改良土壤孔隙度效果的研究 [J]. 河北农业科学 , 2011, 15 (8): 37-38, 68.

[43] 张丽萍 , 盛婧 , 孙国锋 , 等 . 基于物质流分析的发酵床重金属 As 的累积特征 [J]. 江苏农业学报 , 2014,30(2): 319-324.

[44] 张霞 , 杨杰 , 李健 , 等 . 猪发酵床不同原料垫料重金属元素累积特性研究 [J]. 农业环境科学学报 , 2013, 32(1): 166-171.

[45] 张颖 , 曾艳 , 张丽姣 , 等 . 蛹虫草菌糠多糖的分离纯化及结构组成分析 [J]. 食品科学 , 2014, 35(13): 54-58.

[46] 张芝利 , 周飞 . 改性菌糠对水中铜离子的吸附能力 [J]. 西安工程大学学报 , 2012, 26 (1): 62-66.

[47] 周巍 , 盛萱宜 , 彭霞薇 , 等 . 菌糠的综合利用研究进展 [J]. 生物技术 , 2011, 21(2): 94-97.

[48] CHIKAOKO ASADA, AI ASAKAWA, CHIZURU SASAKI, et al. Characterization of the steam-exploded spent Shiitake mushroom medium and its efficient conversion to ethanol[J]. Bioresource Technology, 2011, 102: 10052-10056.

[49] FIDANZA M A, SANFORD D L, BEYER D M, et al . Analysis of fresh mushroom compost[J]. Hort Technology, 2010, 20(2): 449-453.

[50] JING X B, CAO Y R, ZHANG X Y, et al . Biosorption of Cr (VI) from simulated wastewater using a cationic surfactant modified spent mushroom[J]. Desalination, 2011, 269: 120-127.

[51] KAPU N U S, MANNING M, HURLEY T B, et al . Surfactant-assisted pretreatment and enzymatic hydrolysis of spent compost for the production of sugars[J]. Bioresource Technology, 2012, 114: 399-405.

[52] LAY C H, SUNG I Y, GOPALAKRISHNAN KUMAR,et al. Optimizing biohydrogen production from mushroom cultivation waste using anaerobic mixed cultures[J]. International Journal of Hydrogen Energy, 2012, 37: 16473-16478.

[53] MEDINA E, PAREDES C, BUSTAMANTE M A, et al . Relationships between soil physico-chemical, chemical and biological properties in a soil amended with spent mushroom substrate[J].Geoderma, 2012,173-174: 152-161.

[54] QIAO J J, ZHANG Y F, SUN L F, et al . Production of spent mushroom substrate hydrolysates useful for cultivation of Lactococcus lactis by dilute sulfuric acid, cellulase and xylanase treatment[J]. Bioresource Technology, 2011, 102: 8046-

8051.

[55] ROSA A, CORAOVA JUAREZ, LILLIAM L. Gordillo Dorry, Ricardo Bello-Mendoza, José E. Sánchez. Use of spent substrate after cultivation for the treatment of chlorothalonil containing wastewater[J]. Journal of Environmental Management, 2011, 92(3): 948-952.

[56] SEGUN G J, MURITALA M L, OLUSOLA J O. Effect of Spent Mushroom Compost of on Growth Performance of Four Nigerian Vegetables[J]. Mycobiology, 2011, 39(3):164-169.

[57] SHI X S, YUAN X Z, WANG Y P, et al . Modeling of the methane production and pH value during the anaerobic co-digestion of dairy manure and spent mushroom substrate[J]. Chemical Engineering Journal, 2014, 244: 258-263.

[58] ZHNG R H, DUAN Z Q , LI Z G. Use of spent mushroom substrate as growing media for tomato and cucumber seedlings[J]. Pedosphere, 2012, 22(3): 333-342.

[59] ZHU H J, LIU J H, SUN L F, et al . Combined alkali and acid pretreatment of spent mushroom substrate for reducing sugar and biofertilizer production[J]. Bioresource Technology, 2013, 136: 257-266.

[60] ZHU H J, SHENG K, YAN E F, et al. Extraction, purification and antibacterial activities of a polysaccharide from spent mushroom substrate[J]. International Journal of Biological Macromolecules, 2012, 50: 840-843.

[61] ZHU H J, Sun L F, et al. Conversion of spent mushroom substrate to biofertilizer using a stress-tolerant phosphate-solubilizing FL7[J]. Bioresource Technology, 2012, 111: 410-416.

编 后 记

2012 年 10 月，李玉院士一声召唤，一群对食用菌事业怀着执着情愫的科技工作者集聚郑州，拉开了"中国菌物资源与利用"的编纂序幕。

时光如梭，一晃几年过去了，"中国菌物资源与利用"的第二卷《中国食用菌生产》还未能正式与读者见面，焦虑万分。

2019 年 8 月，终于完成了第六次修稿，这使我们看到了曙光，感觉甚是欣慰。2020 年 3 月，我们第七次对书稿进行了去芜存菁。

在编纂出版这套图书之前，主编思考最多的是该出一部什么样的食用菌生产技术类图书。纯粹的纸上谈兵或大篇幅的理论详述，很难对读者起到直接的指导作用，也很难引起读者的兴趣。既保证学术权威性又兼顾实战实用性，既保证科学严谨性又兼顾通俗易懂性，既保障技术的传承性又满足当前生产的急需性，是我们编纂团队的立足点和目标。

关于本书内容选择与编写格式的问题，意见纷呈，众口不一，也一直困扰着编纂团队，一时很难形成统一意见。

可是，开弓没有回头箭，再难也得搞！本书近百位作者，遍布大江南北，长城内外，在编写书稿时的"地方方言"与个人的"口头语"，都是规范创作的难点。好在有李玉院士的基本指导思想："规范、清晰、可靠、持续、专业"。这一基本指导思想为全书的编纂与通稿指明了方向。也好在河南省内有一批热爱食用菌事业的老一辈食用菌专家，如贾身茂、王传福、姚占芳等，一直参与后期书稿的修改完善，付出了大量的劳动和心血。

河南省农业科学院的领导对本套图书编纂出版非常关心，无时不在关注图书的进展。河南省农业科学院植物营养与资源环境研究所张玉亭所长，组织单位的有关人员，为本书的编纂、修改提供了一系列的帮助，我们在此表示衷心的感谢。

在崇尚学术与技能并进的时代背景下，本书融入了"匠人"的精神和"接地气"的学风，文字与图片紧密结合能使读者如亲临现场，甚至达到手把手指导的境地。

时代在进步，科技在发展，食用菌生产的从业者在进步，食用菌生产的配套设施与设备在进步，促使食用菌生产技术研究快速进步，需要从事食用菌的科研工作者及时总结新的生产与科研成果。

一卷"大书"的形成之初，就像一棵培好土的小树苗，众多的人士都在关注、关心、关怀，期望这棵小树苗能够长成茁壮的参天大树。在这几年中，编纂团队一刻也不敢懈怠，编写提纲数易其稿，编写规范不断充实，大型通稿、修稿集中会议举行过6次，倾注了大量精力和心血。出版社的领导与策划编辑，更是把《中国食用菌生产》这卷书作为工作重点，念念不忘，十分关注。

众人拾柴火焰高，一群人围着一个炉灶添柴，那么这个火炉一定会炉火通红。一帮高厨为一桌菜精心操刀，那么品菜的食客一定会尝出独到的美味。一支高水平的业内精英群体共同努力，那么形成的作品读者定会品出其中高妙之处。正是有一帮行业高手亲自操刀，共同打造这卷专著，全书的内容与品质，才会达到这样的高度。

为打造一卷精品图书，编纂团队小心谨慎、深思熟虑、精雕细凿、披沙拣金。是否能达到读者期盼，我们拭目以待。

我们虽然努力了，但是毕竟水平有限，疏漏肯定难免，真诚恳请读者指出，以便再版时完善！

作者

2020 年 3 月